"十三五"国家重点出版物出版规划项目
国家科技基础性工作专项重点项目
国家社会公益研究专项项目
中国农业科学院科技创新工程

中国土壤剖面数据集
·重庆、四川卷

主　编　张维理
本卷主编　张认连　林超文　刘红兵　王　帅

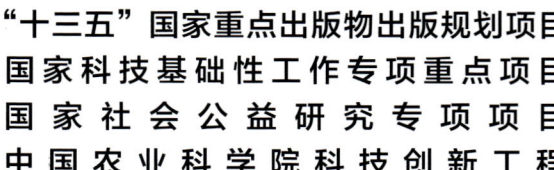

浙江科学技术出版社·杭州

版权所有　侵权必究

图书在版编目（CIP）数据

中国土壤剖面数据集. 重庆、四川卷 / 张维理主编；张认连等本卷主编. -- 杭州：浙江科学技术出版社，2024. 6. -- ISBN 978-7-5739-1286-2

Ⅰ. S152.2

中国国家版本馆CIP数据核字第2024RQ2053号

书　　名	中国土壤剖面数据集·重庆、四川卷
主　　编	张维理
本卷主编	张认连　林超文　刘红兵　王　帅
出版发行	浙江科学技术出版社
	杭州市拱墅区环城北路177号　邮政编码：310006
	办公室电话：0571-85152719
	销售部电话：0571-85176040
排　　版	杭州万方图书有限公司
印　　刷	浙江新华数码印务有限公司
经　　销	全国各地新华书店
开　　本	787 mm × 1092 mm　1/8　　　印　张　127.5
字　　数	2252千字
版　　次	2024年6月第1版　　　　　　　印　次　2024年6月第1次印刷
书　　号	ISBN 978-7-5739-1286-2　　　定　价　950.00元
地图审核号	GS浙（2024）312号

策划组稿	詹　喜　章建林	**责任编辑**	赵雷霖　王季丰
责任校对	赵　艳	**责任美编**	金　晖　　**责任印务**　叶文炀

如发现印、装问题，请与承印厂联系。电话：0571-85155604

《中国土壤剖面数据集》
编委会

主　　任　　赵其国

副 主 任　　张维理

委　　员　（按姓氏笔画排序）

　　　　　毛达如　　史学正　　刘　旭　　刘先林　　刘更另
　　　　　孙　睿　　孙九林　　孙铁珩　　杨　鹏　　张洪江
　　　　　张维理　　周健民　　赵其国　　陶　澍　　黄鸿翔
　　　　　黄德明　　傅伯杰

《中国土壤剖面数据集·重庆、四川卷》
编写人员

主　　编　　张维理

本卷主编　　张认连　　林超文　　刘红兵　　王　帅

本卷编委　（按姓氏笔画排序）

　　　　　王　帅　　王　宏　　田有国　　刘红兵　　刘海涛
　　　　　张　兰　　张　奇　　张认连　　张怀志　　张维理
　　　　　武　娟　　林超文　　岳现录　　赵敬坤　　姚　莉
　　　　　徐爱国　　黄鸿翔　　雷秋良　　詹林庆　　冀宏杰

土壤大数据整合与数字制图

设　　计　　张维理

制　　作　　徐爱国　　张认连　　冀宏杰

程序编制　　贾　萌　　吴章生　　严　豪

地图编辑　　中国地图出版社集团有限公司

内容提要

本数据集以分县主要土壤类型与土壤剖面点分布图、土壤剖面理化性状表的形式，提供了我国各地详尽的土壤资源与质量的科学数据。全集共25卷，收录了全国2200多个县（市、区）的分县土壤图和6万多个土壤剖面的分层理化性状数据。根据各省级行政区土壤剖面数量和地域关联特征，既有一个省（自治区）的单卷，也有多个省（自治区、直辖市、特别行政区）的合订卷。各卷内容包含分县主要土类说明、主要土壤类型与土壤剖面点分布图、中心区气候特征图表，还含有全国和各卷所涉省级行政区的土壤图、土壤有机质含量图与地势图，以便读者在全国、省级和县级不同视角和尺度上，了解土壤资源与质量状况及其空间分布特征，以及土壤类型、土壤肥力与气候条件、地势、地貌之间的相互关联。

重庆市、四川省位于我国西南地区内陆，地处长江上游。重庆市地势由南北向长江河谷逐级降低，西北部和中部以丘陵、低山为主，东南部靠大巴山和武陵山两座大山脉，坡地较多，有"山城"之称。重庆市属亚热带季风性湿润气候，年平均气温为16—18℃，年平均降水量为1000—1350mm，年平均相对湿度多在70%—80%，在我国属高湿区。主要土壤类型有紫色土、黄壤、水稻土、石灰（岩）土、黄棕壤、棕壤、黄褐土、红壤、粗骨土、新积土、山地草甸土等11个土类。四川省地势西高东低，西部为高原、山地，海拔多在3000m以上；东部为盆地、丘陵，海拔多在500—2000m。地貌复杂，以山地为主要特色，具有山地、丘陵、平原和高原4种地貌类型。全省可分为四川盆地、川西高山高原区、川西北丘状高原山地区、川西南山地区、米仓山大巴山中山区五大部分。四川省分属三大气候，分别为四川盆地中亚热带湿润气候、川西南山地亚热带半湿润气候、川西北高山高原高寒气候，总体气候宜人。主要土壤类型有紫色土、草毡土、黑毡土、水稻土、暗棕壤、棕壤、黄壤、黄棕壤、褐土、寒冻土、红壤、石灰（岩）土、棕色针叶林土、沼泽土、黄褐土、草甸土、泥炭土、粗骨土、新积土、燥红土、石质土、潮土、山地草甸土、赤红壤等24个土类。本卷收录了重庆市36个县（区）和四川省159个县（市、区）共计6524个典型土壤剖面的分层理化性状数据，便于读者了解重庆市、四川省主要土壤类型的分布特征及剖面特征，可作为农业、林业、环境、气象、国土、水利、经济等领域的科研、管理和技术人员的工具书和参考书，也适合高等院校相关专业研究生参考使用。

序

万物土中生，有土斯有粮。土为万物之本，土壤的重要性是怎么强调都不为过的。现在，土壤相关数据已成为农业、林业、环境、气象、国土、水利等各部门、各行业的基础数据。土壤研究最基础、最重要的表现形式是土壤剖面数据，其反映了不同层次的土壤理化性状。然而，长期以来，我国一直缺乏一套完整的系统性表现全国各区域土壤性状的剖面数据。

中华人民共和国成立以来，我国曾开展了两次全国性土壤普查，其中20世纪70年代末开始的全国第二次土壤普查是迄今为止最完整的。当时全国挖掘了550余万个剖面，各地分县完成了大比例尺土壤图，数据完整且可靠性高；然而，限于种种因素，当时仅完成了全国范围小比例尺土壤类型图和养分图的汇总，未及时完成全国土壤剖面库的整理。这些纸质资料散落于各地，并且年代久远，面临丢失、损毁的风险。这些宝贵数据具有时空尺度的唯一性，一旦出现问题，将对国家和社会各层面造成无法挽回的损失。

自2001年起，在国家社会公益研究专项项目资助下，张维理研究员带领团队，在全国范围开始对分散存留各地的土壤调查资料进行抢救性收集和整理。2006年，科技部启动了国家科技基础性工作专项项目，"我国1:5万土壤图籍编撰及高精度数字土壤构建"项目被列入首批重点项目并连续获得两期资助。该项目由中国农业科学院农业资源与农业区划研究所牵头，全国近20个科研单位（两期）共同承担任务，极大地加快了土壤数据抢救的进程，为编制本数据集奠定了基础。在参与本数据集编制的土壤科技工作者20年的持续努力下，在2019年度国家出版基金的资助下，在中国农业科学院科技创新工程的持续支持下，本数据集终于得以面世。

本数据集以涵盖全国2200多个县的土壤剖面分层数据为主体，首次同时展示了分县土壤图与典型土壤剖面分布图，描述了影响土壤发生的气候特征、主要土类的性状等，内容丰富，兼具专业性和科普性。全集共25卷，既有一个省、自治区的单卷，也有多个省、自治区、直辖市、特别行政区的合订卷。鉴于其数据的完整性、系统性、科学性，本数据集可成为我国资源环境领域的必备工具书之一。

本数据集至少可以应用于以下几个方面：

第一，直接服务于农业生产，保障粮食安全和食品安全。全国分县的不同土壤类型分层养分数据、土壤质地信息，可为科学施肥、土壤培肥与耕作措施的制定提供决策依据。

第二，为水利、环境、建筑、旅游等行业提供便捷、直观的土壤分层次基础信息。信息后标有剖面点经纬度，便于查询获取。

第三，对于土壤质量演变、耕地地力演变、碳储量、面源污染、气候变化等多学科研究具有土壤科学起始点数据意义。

我国疆域辽阔，编制本数据集需要对各地分县完成的大比例尺土壤图和土壤调查资料进行数字化整合，创建覆盖我国全域的高精度数字土壤，再进行分县土壤剖面表的提取与分县土壤图的缩编。本数据集的总数据处理量达到 TB 级且数据来源多而复杂、专业性强、处理难度大，按常规方法，需数万人历时多年方能处理完成。张维理研究员创造性地将数据科学、人工智能与人机交互设计原理引入土壤学范畴，首创土壤大数据方法，以土壤科学需求设计统领其他各层级设计，以智能化、自动化、人机交互式的数据分析流程替代人工流程，高效、精准地完成了土壤大数据的时空整合和表达，这一巨著才得以面世。作为两期项目的专家组组长，我亲历了整个项目的全过程，对张维理研究员勇于创新、踏实、勤奋、务实、敬业、有担当的优秀品质印象深刻，也深感钦佩！

本数据集的完成前后历时 20 年之久，直接参与数据收集、编撰人数近百人，涉及我国各省（自治区、直辖市）的土壤肥料相关单位。正是他们的付出和努力，才使得本数据集得以面世。衷心希望本数据集能在农业、林业、环境、气象、国土、水利以及肥料工业等领域发挥积极作用，更好地服务于我国经济和社会发展。

中国科学院院士 赵其国

2021 年 12 月

前 言

土壤是农业的基础，是陆地生态系统生命过程的基础，也是维持地球上能量与水的交换、生命元素循环的重要基础。《中国土壤剖面数据集》首次以分县土壤图和土壤剖面理化性状表的形式，提供了我国陆域全覆盖的土壤资源与质量的科学数据，为农业、林业、环境、气象、国土、水利等部门和相关行业精准了解各地土壤资源分布与质量状况，科学利用土壤资源，发展绿色农业、特色农业和节水农业，进行耕地保育、科学施肥、面源污染防治和基本农田保护等提供了科学依据；也为农业科学、环境科学及地学、气象、测绘、水利等多个学科领域的科研工作者研究陆地生态系统生产力演变、地球物质循环、气候与环境变化提供了基础数据。

编入本数据集的分县土壤图和土壤剖面理化性状表主要源于对全国第二次土壤普查（以下简称"二普"）调查资料的收集、整理、提取与汇总。二普是我国现代规模最大的以查清土壤资源和土壤肥力为主要目标的土壤资源综合调查，既完成了我国迄今为止最详尽的土壤分类调查，也首次在全国范围进行了较高密度的土壤采样化验，开启了我国用土壤理化性状量化指标描述土壤资源与质量状况的时代。二普地面调查采样实施于1979—1987年，通过550万个土壤剖面观测和采样，分县完成了1∶5万比例尺土壤图绘制和10万余个土壤剖面的分层采样、化验、记录，其中的土壤质量稳定性要素，如土体构造、质地、母质、成土条件、土壤类型等时效性长，CRT值（土壤特性响应时间，characteristic response time）达上千年，可长久使用；土壤有机质含量，氮、磷、钾含量，酸碱度，耕层厚度等土壤质量变化性要素为了解土壤与环境质量演变提供了重要信息。无论从数量还是质量上看，二普获取的土壤科学数据至今都是我国最详尽、最有价值的土壤资源基础数据，其精度与质量超过许多发达国家的土壤资源基础数据。

20世纪末期以来，全球性人口和经济快速增长导致的人均土地资源与水资源紧缺、环境污染、气候变化、粮食安全危机，使科学界对土壤及其形成过程的关注度不断提高，关注重点也从了解土壤与环境质量现状转变为弄清演变趋势、引致变化的内在机理和驱动因素。土壤圈处于地球大气圈、水圈、生物圈和岩石圈的交会处。土壤层中的生物过程和物质循环过程既活跃，又具有一定的稳定性，能较好地反映地球水圈、土壤圈、大气圈、生物圈及岩石圈五大圈层动态交互作用的结果。只要对近年来国际上关于碳足迹、气候变化的研究进展稍加关注，就可知晓具有时空维度的土壤科学数据对于阐明土壤与环境过程并弄清其驱动因素、预测未来土壤与环境质量变化具有无可替代的作用。本数据集编入的土壤质量数据既是我国在全国范围内首次完成的土壤理化性状的科学记载，也是40多年前对我国土壤质量变化性要素的客观记录，能帮助我们了解改革开放以来经济、农业高速发展以及农用化学品投入量高速增长对土壤与环境质量的影响，对了解我国土壤与环境质量时空演变亦具有起始点土壤科学数据的意义。本数据集编入的起始点数据使我们对全国土壤及相关过程的认识延伸了40多年。历史上的土壤调查结果不能被新的调查结果替代，这一不可替代性使得本数据集将成为我国农业与环境领域最具影响力的工具书和参考书之一。

本数据集既是我国老一辈土壤与农业科研工作者在全国土壤普查工作中取得的成果，也是数据集编制人员长期以来默默耕耘的结晶。二普完成的大比例尺土壤图件和土壤剖面理化性状主要为手绘纸质图件和非正式出版的铅印或油印资料，份数少且由各地自行保存。二普结束后，随着各地机构调整与人员变动，土壤调查资料被损毁或丢失严重，难以发挥作用。在我国多位知名科学家的倡议和推动下，"十一五"期间，"我国1∶5万土壤图籍编撰及高精度数字土壤构建"项目（2006—2017）被列为国家科技基础性工作专项重点项目。其目的是对各地宝贵的土壤科学数据进行抢救性收集、数字化和整合，提升我国科学研究与管理基础数据的条件。为实现这一目标，项目组研究人员首先对各地分散存留的纸质分县土壤调查资料进行了全面的收集、修复和整理。针对国际范围内缺少对异源、异质、异构、异形土壤大数据的提取、整合方法的难题，项目组研究人员积极探索、勇于创新，融合应用土壤学、地理信息系统技术、数据科学、人工智能、人机交互设计方法，创建了土壤大数据方法，以层级化的流程设计实现土壤科学层面的需求设计统领体系架构、数据流程及模块设计，以独立于数据流程的监控设计实现土壤科学家对全流程的掌控和人工干预，以智能化、人机交互式数据流程替代人工流程，优质、高效地完成了对各地异源土壤资料的审核、提取、过滤、分类、整合与表达，完成了覆盖我国全陆域的1∶5万比例尺土壤图绘制与土壤剖面点空间数据库建设工作。为满足各行各业准确了解我国各地土壤资源与质量状况的广泛需求，编者通过对1∶5万比例尺土壤图数据的缩编表达与10万余个土壤剖面理化性状数据的进一步提取，最终完成了本数据集的编制。

本数据集共25卷，收录了全国2200多个县（市、区）的分县土壤图和6万多个土壤剖面的理化性状数据。根据各省级行政区土壤剖面数量的多寡和地域关联特征，既有一个省（自治区）的单卷，也有多个省（自治区、直辖市、特别行政区）的合订卷。为便于读者了解全国及各省级行政区土壤资源与质量的分布特征，特别编制了全国及各省级行政区土壤图、土壤有机质含量图与地势图三个序图，读者可以方便地查询全国及各省级行政区任何地区拥有的主要土壤类型，了解其土壤有机质含量及地势、地貌特征。在各分卷中，分县土壤资源与质量性状由主要土类说明、中心区气候特征图表、分县主要土壤类型与土壤剖面点分布图以及土壤剖面理化性状表共同呈现。

本数据集既可作为工具书、参考书，供农业、林业、环境、气象、国土、水利、经济等领域的管理人员和技术人员使用，也适合高等院校相关专业研究生参考使用。

我国幅员辽阔，从收集、整理全国分县土壤调查资料，到完成覆盖我国全境的1∶5万比例尺土壤图籍，再到完成本数据集的编制，来自全国近20家研究机构的科研人员组成项目组，辛苦工作了20多年。其间，本项工作得到了国家社会公益研究专项项目、国家科技基础性工作专项重点项目的长期、连续资助和在项目实施年限上给予的充分理解，同时得到了中国农业科学院科技创新工程的资助，全国50多家国家级及省级土壤、测绘、农业科研与管理机构的大力支持以及我国老一辈土壤科学家自始至终的关心和鼓励。在整个项目实施期间，有9位院士和7位长期从事土壤科学、农业资源环境研究的专家给予了直接和全程的指导。近20年间，项目组研究人员一方面要承担艰难而繁重的科研任务，另一方面要顶着多年没有科研产出的压力，没有他们的坚持和付出，就没有本数据集的面世。在此，谨向所有参加数据集编制的科研人员及对本项工作给予支持的部门和人员一并表示衷心的感谢！

由于本数据集包含的数据量庞大，且不限于土壤学本身，尽管我们在编撰过程中极尽斟酌，仍难免存在不足之处，敬请读者批评指正，以便今后修订完善。

中国农业科学院研究员 张维理

2021年12月

目 录

第一编 编制说明与序图

编制说明

编制目的	002
土壤数据基础知识	002
数据集内容	005
土壤数据来源	005
编制方法——土壤大数据方法	006
中国土壤图、中国土壤有机质含量图与中国地势图编制	007
分省土壤图、分省土壤有机质含量图与分省地势图编制	009
县域中心区气候特征图表编制	011
分县主要土壤类型与土壤剖面点分布图编制	012
分县土壤剖面理化性状表编制	012
土壤专题图与土壤剖面数据可靠性检验	017
参编单位	019

序 图

中国土壤图	020
中国土壤有机质含量图	022
中国地势图	024
重庆市土壤图	026
重庆市土壤有机质含量图	028
重庆市地势图	030
四川省土壤图	032
四川省土壤有机质含量图	034
四川省地势图	036

第二编　重庆市分县土壤图与土壤剖面数据

重　庆　市

万州区	040	铜梁区	129
涪陵区	047	潼南区	135
江北区	050	荣昌区	140
沙坪坝区	055	开州区	147
九龙坡区	059	梁平区	153
南岸区	063	武隆区	158
北碚区	068	城口县	162
綦江区	073	丰都县	168
大足区	079	垫江县	171
渝北区	085	忠县	174
巴南区	091	云阳县	180
黔江区	097	奉节县	184
长寿区	101	巫山县	190
江津区	105	巫溪县	197
合川区	111	石柱土家族自治县	201
永川区	117	秀山土家族苗族自治县	205
南川区	120	酉阳土家族苗族自治县	209
璧山区	124	彭水苗族土家族自治县	215

第三编　四川省分县土壤图与土壤剖面数据

成　都　市

金牛区	220	金堂县	258
龙泉驿区	226	大邑县	264
青白江区	231	蒲江县	269
新都区	236	都江堰市	274
温江区	242	彭州市	280
双流区	245	邛崃市	288
郫都区	250	崇州市	296
新津区	253	简阳市	301

自 贡 市

贡井区 …… 306	荣县 …… 318
大安区 …… 310	富顺县 …… 323
沿滩区 …… 314	

攀枝花市

仁和区 …… 329	盐边县 …… 341
米易县 …… 335	

泸 州 市

纳溪区 …… 349	叙永县 …… 366
泸县 …… 355	古蔺县 …… 370
合江县 …… 360	

德 阳 市

旌阳区 …… 375	广汉市 …… 386
罗江区 …… 378	什邡市 …… 390
中江县 …… 381	绵竹市 …… 393

绵 阳 市

安州区 …… 398	北川羌族自治县 …… 419
三台县 …… 405	平武县 …… 423
盐亭县 …… 410	江油市 …… 427
梓潼县 …… 414	

广 元 市

市辖区 …… 434	剑阁县 …… 452
旺苍县 …… 439	苍溪县 …… 457
青川县 …… 446	

遂 宁 市

市辖区 …… 462	射洪市 …… 470
蓬溪县 …… 466	

内 江 市

市辖区	475	资中县	485
威远县	478	隆昌市	491

乐 山 市

市辖区	496	沐川县	519
金口河区	501	峨边彝族自治县	524
犍为县	505	马边彝族自治县	528
井研县	510	峨眉山市	533
夹江县	514		

南 充 市

顺庆区	539	仪陇县	560
南部县	544	西充县	565
营山县	549	阆中市	568
蓬安县	554		

眉 山 市

彭山区	573	丹棱县	585
仁寿县	577	青神县	588
洪雅县	582		

宜 宾 市

翠屏区	591	高县	616
南溪区	594	珙县	622
叙州区	601	筠连县	627
江安县	605	兴文县	634
长宁县	610	屏山县	637

广 安 市

市辖区	643	邻水县	658
岳池县	649	华蓥市	661
武胜县	653		

达 州 市

市辖区	667	大竹县	685
宣汉县	674	渠县	691
开江县	682	万源市	697

雅 安 市

市辖区	701	石棉县	721
名山区	706	天全县	726
荥经县	711	芦山县	729
汉源县	716	宝兴县	732

巴 中 市

市辖区	735	南江县	746
通江县	740	平昌县	752

资 阳 市

市辖区	755	乐至县	764
安岳县	760		

阿坝藏族羌族自治州

马尔康市	767	小金县	790
汶川县	771	黑水县	796
理县	774	壤塘县	801
茂县	778	阿坝县	805
松潘县	781	若尔盖县	809
九寨沟县	784	红原县	813
金川县	787		

甘孜藏族自治州

康定市	818	炉霍县	841
泸定县	821	甘孜县	847
丹巴县	826	新龙县	850
九龙县	831	德格县	854
雅江县	835	白玉县	858
道孚县	838	石渠县	862

色达县	865	乡城县	876
理塘县	868	稻城县	879
巴塘县	873	得荣县	882

凉山彝族自治州

西昌市	885	金阳县	937
会理市	891	昭觉县	942
木里藏族自治县	896	喜德县	949
盐源县	900	冕宁县	955
德昌县	904	越西县	960
会东县	908	甘洛县	966
宁南县	915	美姑县	969
普格县	923	雷波县	974
布拖县	930		

附　录

附录1　重庆市县级行政区及分县主要土壤类型与土壤剖面点分布图地域名对照表 ······ 982

附录2　四川省县级行政区及分县主要土壤类型与土壤剖面点分布图地域名对照表 ······ 983

附录3　专题图基础地理要素图例 ······ 987

附录4　土壤图土类图例 ······ 988

附录5　中国主要土壤类型简表 ······ 990

附录6　重庆市、四川省主要土壤类型表 ······ 995

附录7　分省土壤有机质含量图有机质含量分级图例 ······ 997

附录8　重庆市、四川省典型剖面0—20cm土层土壤理化性状中位数与平均数 ······ 998

附录9　重庆市、四川省主要土地利用类型0—30cm土层土壤有机质含量 ······ 999

附录10　重庆市、四川省耕地、园地、林地和草地中主要土壤类型占比 ······ 1000

附录11　《中国土壤剖面数据集》参编单位 ······ 1002

参考文献 ······ 1004

中国土壤剖面数据集·重庆、四川卷

第一编 | 编制说明与序图

编制说明

编制目的

土壤是农业的基础,也是维持地球碳、氮、硫、磷等重要生命元素正常循环的基础。肥沃的土壤促进了人类文明的诞生和繁荣。科学研究表明,地球上种类繁多、形态各异的土壤是在气候、生物、地形、时间、成土母质五大成土因素共同作用下形成的。北京社稷坛铺设的青、白、红、黑、黄五种不同颜色的土壤(五色土),分别代表我国东、西、南、北、中五大区域的典型土壤。不同类型的土壤性状差别很大。例如,南方红壤呈酸性,易缺乏钾离子、钙离子、镁离子等阳离子,农业生产上要注意调酸和补充富含钾、钙、镁的肥料;而西部土壤有机质含量低,施用有机肥料和秸秆还田对提高地力至关重要。我国人均土地资源紧缺,要实现粮食安全、环境安全和可持续发展,需要精准掌握各地土壤资源与质量状况,做到因土制宜,科学管理。

《中国土壤剖面数据集》是国家自然资源基本资料之一,其首次以分县土壤图和土壤剖面理化性状表的形式,提供了我国各地详尽的土壤资源与质量科学数据,为农业、林业、环境、气象、国土、水利等部门了解各地土壤质量状况,科学利用土壤资源,发展绿色农业、特色农业和节水农业,进行耕地保育、科学施肥、面源污染防治和基本农田保护提供了基础数据,也为农业科学、环境科学及地学、气象、测绘、水利多个学科领域的科研工作者研究陆地生态系统生产力及其演变、地球物质循环、气候与环境变化提供了科学依据。

本数据集编入的土壤质量数据亦是我国在全国范围内首次完成的土壤理化性状的科学记载,对了解我国土壤与环境质量时空演变具有起始点数据的意义。通过这些数据,科研工作者可以追溯我国全国范围土壤与环境相关过程至20世纪80年代,分析和了解导致土壤质量变化的环境和人为因素,并对土壤与环境质量演变趋势进行预报与预警。历史上的土壤调查结果不能被新的调查结果替代,这一不可替代性使得本数据集将成为我国农业与环境领域最具影响力的工具书和参考书之一。

土壤数据基础知识

本数据集收录的土壤数据源于土壤调查。为便于读者了解和应用这些数据,本节对土壤调查的目标、内容与主要方法,土壤数据的时空维度特征,土壤数据的应用领域与时效性做一简要介绍。

(一)土壤调查的目标、内容与主要方法

土壤调查的主要目标是查清一个区域内土壤资源与质量状况及其空间分布特征。19世纪末期至20世纪中后期,各国土壤调查的主要目标是查清土壤类型及分布特征[1-2]。由于不同土壤类型最典型的区别是成土过程中形成的土壤剖面特征,因而在传统的土壤调查中,需要在调查区域内进行多点采样,并在每个采样点对0—1—2m深土体的土壤剖面进行分层采样、观测、理化性状分析,记录剖面各分层土壤理化性状,据此进行土壤

分类、命名，并最终依据多点调查结果完成土壤图的绘制。

20世纪末期以来，全球人口及经济快速增长导致人均土地资源和水资源紧缺、环境污染、气候变化与粮食安全危机，不同行业及学科领域对土壤生产功能和环境功能的关注度不断提高，土壤调查的核心内容也逐步从查清土壤类型分布特征转为土壤功能调查。土壤功能调查的目标是了解土壤生产力、土壤环境质量和土壤健康质量等。例如，为了耕地保育和科学施肥，需要进行土壤有效养分含量状况、土壤障碍因素调查；为了了解环境质量，需要进行土壤污染状况、土壤环境容量调查；为了发展节水农业，需要进行土壤保水性状调查；为了控制水污染，需要进行流域农田土壤氮、磷流失特征与风险调查。土壤功能调查的内容主要为可量化的，或含义单一且明确、易于被其他学科和行业认知的土壤功能性指标，如土壤有机碳含量、土壤重金属含量、土壤质地类型、耕层厚度等。在土壤功能调查中，也需要在调查区进行多点采样，并根据调查目标的不同，选择适宜的采样深度。例如，当调查目标是了解土壤有效养分供应量或农田土壤污染物含量时，通常仅对耕层土壤进行采样；当调查目标是了解土壤保水性能、土壤水土流失与养分流失性状时，则需要对较深的土壤剖面进行分层采样和观测。

较早的土壤调查主要通过地面多点采样来了解一个区域土壤资源与质量性状的空间分布特征。近年来，随着遥感技术、地理信息系统（GIS）技术、模拟技术与大数据技术的发展，土壤质量相关数据（如数字高程、土地覆盖、植被数据等）产生量急剧增长，这使得在大区域尺度内通过多类型相关信息精确地捕捉和表达土壤质量性状以及相关过程成为可能。在国际上，地面采样调查与辅助信息结合的方法——数字土壤制图方法（digital soil mapping）已成为土壤调查的重要方法[3]。该方法能利用采样设计、辅助信息、推理模型与地统计检验，大幅度减少地面采样和土壤理化性状测试分析的工作量。与传统方法相比，采用数字土壤制图方法进行土壤调查，可缩短调查周期，降低调查成本，提高用土壤专题地图表征土壤资源与质量性状空间分布特征的可靠性和精度，从而提高土壤调查的效率与质量。

（二）土壤数据的时空维度特征

在现代社会，农业、环境等领域的专业工作者要了解最新的土壤调查结果，更需要掌握未来土壤质量变化趋势，以便根据变化趋势、自然与人为要素对土壤质量的影响，制定具有针对性的政策与技术措施，实现高产、稳产和环境安全。要精确进行土壤与环境质量预测和预警，就需要对重要的土壤质量性状进行周期性的采样、调查、记录，构建具有时空维度的土壤质量数据。这意味着历史上完成的土壤调查不能被新的调查所替代，所以其结果十分宝贵。

土壤数据最重要的特征之一是时空维度特征。通过历史上的土壤调查结果记录，构建具有时间序列的土壤质量科学数据，能将土壤质量现状与土壤质量演变过程相关联，并以此对土壤质量演变趋势和导致其变化的因素进行分析、预测。而土壤数据标有空间坐标，便于科研工作者将土壤调查结果与其他类别的要素和过程，如与气候、地形、土地利用情况有关的变化信息，以及随施肥投入农田的碳、氮、硫、磷数据等相关联，从而进一步提高分析的精度和预测、预报的可靠性。

土壤圈处于地球大气圈、水圈、生物圈和岩石圈的交会处。土壤层中的生物过程和物质循环过程既活跃，又具有一定的稳定性，能较好地反映地球水圈、土壤圈、大气圈、生物圈及岩石圈五大圈层动态交互作用的结果。具有时空维度的土壤科学数据对于阐明土壤与环境过程并弄清其驱动因素、预测未来土壤与环境质量变化具有不可替代的作用。

近年来，具有地理坐标的土壤剖面点数据受到科学界的广泛关注。剖面数据记载了土体构造、剖面分层土壤理化性状，是了解成土过程的基础，也是构建推理模型，量化表征区域尺度土壤过程、流域水土流失与氮磷流失特征、碳氮循环与环境质量演变的基础。在过去的半个世纪中，尽管完成了大量的土壤剖面调查，但由于在较早的土壤调查中尚未使用全球定位系统（GPS）设备，各国在构建地理坐标的土壤剖面点数据库上差别较大。目前，美国完成了约2万个有地理位点标识的土壤剖面数据[4]，澳大利亚已完成约16万个有地理坐标的土壤剖面数据[5]，欧盟各成员国共享使用的土壤剖面数据库含4000个剖面的分层土壤理化性状数据[6]。本数据集则汇集了我国总计6万多个有地理坐标的土壤剖面数据。

（三）土壤数据的应用领域与时效性

表 1 汇总了本数据集编入的土壤理化性状及其主要影响因素与过程、时间变化特征、所关联的土壤质量性状和应用领域。

表 1　土壤理化性状及其主要影响因素与过程、时间变化特征、所关联的土壤质量性状和应用领域

土壤理化性状	主要影响因素与过程	时间变化特征	所关联的土壤质量性状	应用领域
土壤类型	成土过程	变化慢	土壤肥力与环境质量	农业、水利、环境、建筑、肥料工业等
剖面深度（指剖面各土层厚度的总和）	成土过程	变化慢	土壤肥力、土壤环境容量、土壤保水和保肥性能、土壤持水性能	农业、环境等
土体构造（指土壤剖面各发生层有规律的组合，是土壤剖面最重要的特征）	成土过程	变化慢	土壤肥力、土壤环境容量、土壤保水和保肥性能、土壤持水性能、土壤透水性能	农业、水利、环境等
母质	成土因素	变化慢	土壤肥力、土壤矿物组成、矿质养分含量、土壤质地	农业、水利、环境、肥料工业等
质地	成土过程、母质	变化慢	土壤肥力、土壤环境容量、土壤持水性能、土壤耕性、土壤有机碳与养分含量、土壤重金属吸附性能等	农业、水利、环境、建筑等
颜色	土壤氧化还原、淋溶等成土过程，土壤有机质累积过程	变化较慢	土壤肥力、土壤有机碳与养分含量	农业
土壤结构	成土过程、耕作措施	耕层：变化快；深层：变化慢	土壤水分、通气与养分供应状况，土壤持水性能、土壤透水性能、土壤阳离子交换量、土壤孔隙度、土壤松紧度、土壤耕性等多个土壤肥力相关性状	农业
有机质含量	成土过程、质地、土地利用、施肥、轮作等	变化较慢	与多项土壤肥力与环境指标密切相关，是土壤肥力最重要的指标	农业、环境、肥料工业等
全氮含量	成土过程、土地利用、施肥、轮作等	变化较慢	土壤肥力、土壤供氮性能	农业、环境等
全磷含量	成土过程、母质等	变化较慢	土壤肥力、土壤供磷性能	农业、环境等
全钾含量	成土过程、母质等	变化较慢	土壤肥力、土壤供钾性能	农业、环境等
pH	成土过程、酸雨、土壤调理剂施用等	变化快	土壤肥力、土壤养分有效性、土壤结构及重金属吸附性能	农业、环境、肥料工业等
碱解氮含量	土地利用、施肥等	变化快	土壤供氮性能、土壤氮素流失特征	农业、环境、肥料工业等
有效磷含量	土地利用、施肥等	变化快	土壤供磷性能、土壤磷素流失特征	农业、环境、肥料工业等
速效钾含量	土地利用、施肥等	变化快	土壤供钾性能、土壤钾素流失特征	农业、环境、肥料工业等
阳离子交换量	成土过程、黏粒、有机质含量、盐分含量	变化较慢	土壤供肥和保肥性能、土壤重金属吸附性能	农业、环境

在表 1 中，主要影响因素与过程指对某项理化性状起主要作用的过程和因素。例如，土壤类型、土壤剖面深度、土体构造、母质、土壤质地类型主要由成土过程或成土条件决定；土壤有机质含量和土壤全氮含量则受成土过程、施肥及轮作等农业技术措施的共同影响；在耕地土壤上，施肥等农业技术措施对土壤碱解氮、有效磷、速效钾等土壤有效养分含量的影响很大。

土壤理化性状的现势性主要取决于其影响因素与过程的时间尺度。自然条件下，成土过程通常需要数万年。受成土过程影响的土壤类型、土层厚度、土体构造、土壤质地类型、母质等土壤理化性状变化很慢，CRT值（土壤特性响应时间，characteristic response time）达上千年，可称为土壤稳定性要素或慢变化性状，其相关数据时效性很长，可长久使用。而农田土壤有效养分含量、酸碱度、耕层厚度等土壤质量性状受施肥和耕作等农业措施影响大，变化较快。例如，农田土壤有效磷、速效钾养分含量，在大量施用磷、钾肥条件下，10余年后可成倍提升。这些土壤理化性状亦可称为土壤变化性要素或快变化性状。

不同土壤理化性状的应用范围既取决于其现势性、时空维度特征，又取决于其所关联的土壤质量性状。土壤剖面深度、土体构造、质地、有机质含量等与土壤持水、保肥、通气和透水性能密切相关，可供农业、水利、环境、金融等行业用于农田稳产、高产性能，农田排灌设施规划与灌溉定额编制，农田水土流失风险分级，流域农田蓄水容量与降雨后流失水量分级，农田水、旱灾害风险分级，农田环境容量测算等各方面的地力评价。土壤有效养分含量、pH与土壤需肥性状和调酸性状密切相关，可供农业、肥料生产和销售部门用于科学施肥和土壤改良。土体构造和质地、土壤结构、土壤有效养分含量还影响流域农田土壤养分流失特征，农业和环境部门在进行农业面源污染防控时，可利用这些土壤性状与其他要素共同编制流域污染源解析与控制类型区分布图，以便对农业面源污染采取分类型、分区段的源头控制措施。土壤有机质含量变化也是了解气候变化和碳减排措施效果的基础，对于环境管控和环境外交具有重要意义。

数据集内容

本数据集全集共25卷，收录了我国2200多个县（市、区）的分县土壤图和6万多个土壤剖面的理化性状数据。根据各省级行政区土壤剖面数量的多寡和地域关联特征，既有一个省（自治区）的单卷，也有多个省（自治区、直辖市、特别行政区）的合订卷。

为便于读者了解各地土壤资源与质量分布概况及其主要特征，编者为各分卷编制了省级行政区的土壤图、土壤有机质含量图与地势图三图。读者可通过分省三图查询各省级行政区任何地区拥有的主要土壤类型，了解其土壤有机质含量及其地势、地貌特征。此外，编者还编制了全国土壤图、土壤有机质含量图与地势图三图附于各分卷，供读者比较和了解各省级行政区土壤资源及质量特征同全国其他地区的区别和关联。

各分卷的第二部分为分县土壤图与土壤剖面数据。在每个省级行政区内，各分县按四部分展示土壤及其相关信息，即分县主要土类说明、本区域中心区气候特征、主要土壤类型与土壤剖面点分布图以及土壤剖面理化性状表。在本卷目录中，分县按民政部于2022年3月发布的《2021年中华人民共和国行政区划代码》中的地级、县级行政区顺序排序。本卷目录中仅收录了县域内有土壤剖面数据的县级行政区，无土壤剖面数据的县级行政区未纳入本卷目录中，并在附录1、附录2中对其进行了标注。

土壤数据来源

编入数据集的分县土壤图与土壤剖面理化性状数据主要源于全国第二次土壤普查（以下简称"二普"）。二普是我国现代规模最大的、以查清土壤类型和土壤肥力为主要目标的土壤资源综合调查。二普之前，我国土壤调查以观测性调查和定性评价为主，很少有采样化验。在总结之前国内外土壤调查经验的基础上，二普不仅完成了我国迄今为止最为详尽的土壤分类调查，也首次在全国范围进行了高密度土壤采样化验，开启了我国用土壤理化性状量化指标描述土壤资源与质量状况的时代。

二普地面采样调查实施于1979—1987年，调查区域基本覆盖我国全陆域。二普不仅地面采样密度高，科学性和系统性也比较突出。全国百余名长期从事土壤研究的科研工作者共同制定了全国土壤分类系统和统一的土壤调查技术规程[7]。在地面调查中，各地以1∶1万比例尺地形图作为工作底图，以乡为调查单元进行野外采样作业，全国共挖取土壤观察剖面550余万个，记录了1—2m深土体各发生层形态和特征，并根据土壤分类标准对土壤进行了分类和命名。对边远区、高寒区和无人区应用遥感解译方法，填补了之前土壤调查及成图中上述地区土壤数据的空白。在大量剖面土体观测和采样调查的基础上，完成了全国绝大部分分县1∶5万比例尺土壤图的绘制，牧区和边疆地区完成了 1∶20 万—1∶10 万比例尺土壤图的绘制。二普还完成了 10 余万个典型剖面的分层采样，化验分析了剖面分层质地，有机质含量，大量、中量和微量元素含量，pH，阳离子交换量，土壤矿物组成等多项土壤理化性状，编制了分县土壤志。二普通过野外实地调查、采样和测试获取的土壤科学数据，至今仍是我国最详尽、最有实用价值的土壤资源基础数据，其精度与质量超过许多发达国家的土壤资源基础数据[8]。

如图 1 所示，收录于本数据集的土壤质量数据是对我国 40 多年前土壤质量状况的客观记录，亦是我国在全国范围内首次完成的土壤理化性状的科学记载，其中的土壤稳定性要素现势性较长，可在今后若干年间长期使用；而土壤变化性要素对了解我国土壤与环境过程的作用亦不可替代。这些数据使我们用现代科学手段研究各地土壤及相关过程的历史可上溯至 20 世纪 80 年代。

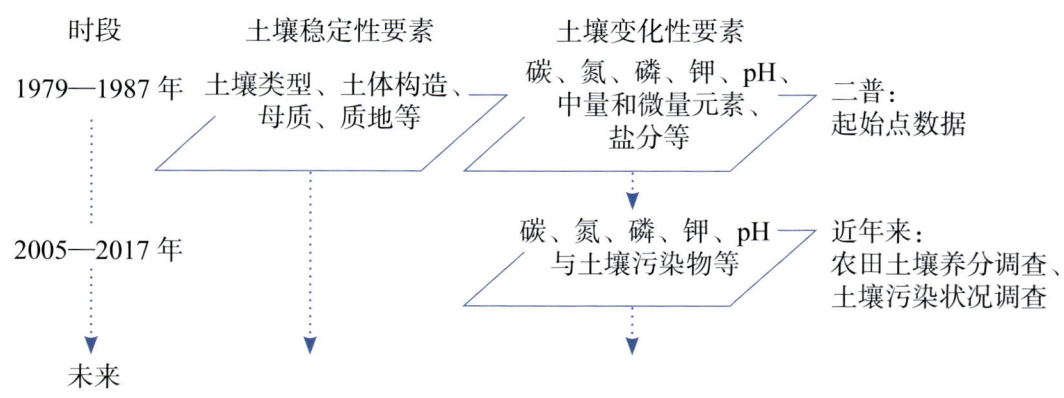

图 1　全国性土壤调查所覆盖的时段

受历史条件限制，二普完成的大比例尺土壤图和土壤剖面理化性状主要为手绘纸质图件、非正式出版的铅印或油印资料，份数少且由各地自行保存。二普结束后，随着各地机构调整与人员变动，土壤调查资料被损毁或丢失严重。2000 年以来，编者开始对各地分散存留的纸质分县土壤调查资料进行系统性收集、修复与整理，通过对宝贵的土壤科学数据的提取、整合和表达，我国科学研究与管理基础数据的水平得到了提升。本数据集收录的分县土壤图和剖面数据主要源于对全国分县土壤图、分县土种志和分省土种志的整理、提取、汇总与表达（表 2）。

表 2　数据集主要土壤资料与数据来源

资料类型	资料名称及数量
土壤图（纸质）	1∶5 万分县土壤图，总计约 1600 个县
	1∶100 万—1∶50 万省级土壤图，总计 570 个县
土壤剖面资料（纸质）	分县土种志：约 2200 册，计约 2200 个县；分省土种志：28 册
土壤有机质含量图（纸质）	全国、分省土壤有机质含量图
农区土壤耕层采样数据（电子）	2005—2017 年在全国农区采集的、含 GPS 坐标定位的 1000 万个采样点耕层有机质含量数据

为编制全国与分省土壤有机质含量分布图，本数据集还使用了我国于二普期间完成的全国、分省土壤有机质含量图纸质图件和于 2005—2017 年在全国采集的 1000 万个具有 GPS 坐标定位的采样点耕层有机质含量数据[9]。

编制方法——土壤大数据方法

我国幅员辽阔，不同地区土壤的土壤类型及其质量状况和分布特征差别较大，各地土壤调查技术条件和水平差别也较大，因此各地分县完成的图件和剖面资料在形式和内容上有较大差异。在用异源土壤数据生成新数据时，新数据的科学性既取决于各异源数据本身的科学性和可靠性，也取决于数据整合采用方法的科学性和可靠性。例如，对分县剖面资料进行整合时，对国标上未出现过的土壤类型名进行归并需要有土壤分类学上的依据；用新的土壤调查数据对原有土壤有机质含量图进行更新，也需要有进行合并表达的科学依据。编制本数据集需要对海量异源数据进行提取、分析、整合、缩编与表达，数据分析流程复杂。同时，在数据分析过程中，土壤专业问题，非标准化数据问题，计算机硬、软件平台系统问题和数据分析员、程序员疏漏问题等可能引致多类别数据分析错误。若既要准确无误地完成各项数据分析技术任务，又要在繁复的数据分析流程中有效贯彻科学原则、实现数据分析科学目标，这就需要一套科学的方法体系。为此，本数据集编者通过研究异源非标准土壤数据特征，融合应用土壤学、数据科学、人工智能、人机交互设计方法与地理信息系统技术，创建了土壤大数据方法[10-11]。

土壤大数据方法是专门供土壤科研工作者使用的一种设计方法，是对经典土壤学研究方法的补充，主要适用于对海量异源土壤数据信息的提取、筛选、分析与表达。通过土壤大数据方法的使用，科研工作者能够分析、认识和阐明土壤性状及相关过程和规律。土壤大数据方法的主要设计规则为以层级化的流程设计实现土壤科学层面的需求设计统领体系架构设计，界定各分段流程目标和关联，部署低层级分段流程、模型和功能模块；以独立于数据流程的监控设计实现土壤科学家对全流程的掌控和人工干预。土壤大数据方法的设计内容包括数据科学分析目标与科学基础界定，数据流程体系架构，流程及软件工具设计，数据流程监控设计。设计中，所有节点均采用双命名制命名，即对流程中各节点数据同时进行土壤科学内涵命名和函数代码命名。应用以上设计方法编制设计文档，能在庞杂的异源、异质、异形、异构大数据分析中，实现以科学目标引领数据分析流程，以自动化、人工智能、人机交互式的数据流程替代人工流程，提高大数据分析效率。

在本数据集编制过程中，编者需要完成图件与资料数字化、矢量化，元数据构建，信息提取、过滤、分类、赋码，土壤空间数据逻辑结构、存储结构归一化，统计检验，数据整合，缩编表达、输出等多项数据分析任务，分段流程达 1500 余个，需要存储的重要节点数据超过 2000 个，数据量超过 20TB。采用土壤大数据方法，编者自主设计和完成了 6 个土壤大数据分析工具软件包，其中包含 157 个功能模块（表3），设计文档的科学和工程目标实现率超过 99%，为准确、高效完成数据集编制提供了保障，也为土壤学研究提供了新的方法。

表3　系列化土壤大数据分析软件包及其主要功能与模块数

软件包	主要功能	模块数/个
IMAT2.0（intelligent mapping tools）智能化制图工具	异源土壤空间数据的要素提取、过滤、分类、赋码、坐标转换，空间库要素与字段的编辑，图幅与图层的编辑，土壤要素空间库外挂属性表编辑与管理等	35
IMAT-big（intelligent mapping tools for big data）智能化大数据制图工具	超大土壤及相关要素空间数据的要素筛选、图层拆分、数据整合、节点监控、逻辑结构重组等分析	37
IMAP（intelligent map presentation）智能化地图表达工具	土壤大数据地图制图表达与输出	30
ISPA（intelligent soil profile data analysis）智能化土壤剖面数据分析	异源土壤剖面数据的信息提取、过滤、赋码、坐标匹配、检验、整合与统计等	22
ISPP（intelligent soil profile presentation）智能化土壤剖面表达	土壤剖面图表及辅助信息的表达	12
IMAT-SOM（intelligent mapping tools-SOM）土壤有机质制图工具	异源土壤有机质数据整合与表达	21

中国土壤图、中国土壤有机质含量图与中国地势图编制

编制全国三图的目的是便于读者在全国视角和尺度上了解我国各地区土壤资源与质量状况空间分布特征，土壤类型和土壤肥力与地势、地貌之间的相互关联。其中，土壤图用于展示土壤资源分布状况及与成土过程相关的土壤质量状况；土壤有机质含量图用于直观反映土壤肥力情况；地势图便于读者了解不同类型和肥力水平土壤的地势、地貌特征。全国三图的制图比例尺为 1∶1300 万。

全国三图中采用的境界、城市等基础地理信息要素源于中国地图出版社出版的《第一次全国地理国情普查地图集》[12] 和《中国地图集》[13]。全国三图中，境界、水系、居民地、地级以上城市等基础地理信息要素的图示与图例表达见附录3。

（一）中国土壤图

由于制图比例尺小，中国土壤图是在二普完成的1∶400万比例尺全国土壤图的基础上进行矢量化和缩编表达获得的。在缩编表达过程中，土壤类型仅保留了我国土壤分类系统中的第三层级——土类。

在土壤图中，土类颜色主要根据不同土类在其成土因素、发育程度下形成的典型颜色进行设计（附录4）。红色系供土壤富铝化程度高的土壤选用，如红壤、砖红壤、赤红壤等；黄色系、棕色系供干旱区发育程度低的土壤选用，如黄绵土、灰漠土、灰棕漠土等。受灌水、耕作和地下水影响大的土壤采用绿色系，如水稻土、灌淤土、潮土、草甸土等，表示土壤肥力较高，绿色植物生长茂盛；黑土、黑钙土、栗钙土、棕壤、褐土、黄棕壤、紫色土等分别选用深棕色系、褐色系、紫色系；盐土、碱土、沼泽土等植物生长有障碍的土类采用暗色系，如暗紫色系、灰褐色系、青灰色系等，表示土壤生产力低下，植物生长较差。这一颜色设计与国标相关规定一致[14]。

在图例中，按照我国主要土壤类型从南到北、从东向西的地带性分布规律对土类进行排序，附录5所列中国主要土壤类型的排序也按此规则编排。

（二）中国土壤有机质含量图

土壤有机质含量是指土壤中各种含碳有机物质的总和。土壤有机质主要包括土壤腐殖质、半分解的动植物残体、与土壤黏粒和细粉粒紧密结合的有机物质、土壤微生物体所含的有机物质等。以动植物残体形式进入土壤的有机物质成为土壤生物的食物，供养土壤生物的生命活动；在土壤生物，特别是土壤微生物作用下生成的土壤腐殖质，能够促进土壤团聚体形成，提高土壤保水、保肥、供水、供肥性能，提高土壤肥力，并大幅度提高耕地土壤高产、稳产性能。因此，土壤有机质含量是最重要的土壤质量指标之一。土壤有机质碳量是大气总碳量的2倍，是地球植被总碳量的3倍，参与地球陆域碳循环总碳量中80%的碳以土壤有机质碳的形式存在。研究显示，土壤有机质含量实质上是土壤有机碳投入和分解之间动态平衡的表现，影响这一平衡的主要因素为气候、土壤质地与土地利用方式，施肥和耕作等农业技术措施对其影响则相对较小。当影响平衡的主要因素未发生变化时，土壤有机质含量也比较稳定[15]。

中国土壤有机质含量图由各分省土壤有机质含量图（0—30cm土层）合并编制生成。制图用源数据和编制方法在分省土壤有机质含量图编制说明中加以叙述。

为展示全国范围的土壤有机质含量空间分布特征，编者在中国土壤有机质含量图的图示和图例表达中采用了有机质含量范围的非等距划分分级方式，将我国土壤有机质含量分为7个等级（表4），各分级所占我国陆域面积的比例也列于表中。其中，占我国陆域面积29%的"很低"和"低"两个分级的土壤（有机质含量小于10g/kg）主要分布于西北干旱地区，而"较高""高""很高"三个分级的土壤（有机质含量大于25g/kg）主要分布于东北、西南地区，这些地区森林覆盖率较高，雨量充沛，温度适宜，有利于土壤有机质的累积。

表4 中国土壤有机质含量（0—30cm土层）分级

分级	分级释义	有机质含量/（g/kg）	换算系数	有机碳含量/（g/kg）	占陆域面积/%
1	很低	≤5	1.724	≤2.9	5
2	低	5—10（含）	1.724	2.9—5.8（含）	24
3	较低	10—15（含）	1.724	5.8—8.7（含）	18
4	中	15—25（含）	1.724	8.7—14.5（含）	19
5	较高	25—35（含）	1.724	14.5—20.3（含）	9
6	高	35—45（含）	1.724	20.3—26.1（含）	16
7	很高	>45	1.724	>26.1	6

（三）中国地势图

地势图是表示制图区域地貌特征的专题地图，强调表现地面的高低起伏、倾斜程度及其区域对比关系，以及与地形密切相关的河流、湖泊等水系要素分布特征，显示出制图区域山河分布的脉络体系、结构形式、各种地貌类型的形态特征。地势是影响土壤类型的重要因素，地势图也是编制土壤图、气候图、植被图等的基础。

中国地势图的地貌晕渲图采用 SRTM3 DEM（shuttle radar topography mission, digital elevation model, 2003）数据，考虑我国地势呈三级阶梯状分布的特点，按 0—50—100—200—500—800—1000—1200—1500—2000—2500—3000—3500—5000m 及以上设计高度表，以深绿色—黄绿色—棕色—紫色色调的象征色表示海拔由低向高过渡。其他矢量数据来源于中国地图出版社编制的 1∶400 万《中国地形图》[16]。河流参照中国地图出版社编制的《中国河流、水运资料图》进行选取、表达，三级及以上河流全部选取，二级及以上河流标注名称，低级别河流适当选取以反映区域水系特点；成图面积 4mm² 以上湖泊和水库全部表示，但仅标注大型湖泊名称，小面积湖泊适当选取以反映区域特点，如青藏高原湖泊群分布；山脉、山峰参照中国地图出版社编制的《中国山脉资料图》选取，三级及以上山脉全部选取、表达，二级山脉主峰及知名山峰标注名称和高程，我国主要高原、平原、盆地和沙漠均选取、表达；自然地理要素分级参考中国地图出版社采用的地图编制分级系统；根据版面载负量情况选取省会、部分地级市和少量县级居民点（主要位于西部地区），居民地主要用于定位参照。

分省土壤图、分省土壤有机质含量图与分省地势图编制

编制分省土壤图、分省土壤有机质含量图与分省地势图三图的主要目的是使读者了解各省级行政区内不同地区土壤类型、土壤肥力与地貌的主要分布特征及其相互关联。其中，土壤图用于展示土壤资源分布状况及与成土过程相关的土壤质量状况；土壤有机质含量图用于直观反映土壤肥力情况；地势图便于读者了解不同类型和肥力水平土壤的地势、地貌特征。为便于比较，每个省级行政区的分省三图采用的比例尺相同，制图则采用幅面固定、各省级行政区制图比例尺自适应方法。

分省三图中采用的境界、城市等基础地理信息要素源于中国地图出版社出版的《第一次全国地理国情普查地图集》[12] 和《中国地图集》[13]。分省三图中，境界、水系、居民地、地级以上城市等基础地理信息要素的图示与图例表达见附录 3。

（一）分省土壤图

为编制数据集用分省土壤图，编者对二普完成的纸质分省土壤图（原图比例尺主要为 1∶50 万）进行了地理校正、空间要素提取、图层与分级码标准化、土壤学专业校正、属性表制作、挂接和专题图缩编表达。在缩编表达过程中，制图比例尺一般在 1∶200 万—1∶100 万之间。由于制图比例尺较小，土壤类型仅保留了我国土壤分类系统中的第三层级——土类。各土类颜色与中国土壤图中采用的土类颜色相同（附录 4）。在分省土壤图中，按照我国主要土壤类型从南到北、自东向西的分布规律对图例中的土壤类型进行排序。附录 5 所列中国主要土壤类型的排序也按此规则编排。附录 6 列出了重庆市、四川省主要土壤类型及其占省（市）级行政区域面积百分比。

（二）分省土壤有机质含量图

1. 数据源说明

本数据集中，土壤剖面理化性状表给出了有确切时间和空间坐标的剖面信息。分省土壤有机质含量图的主要作用是便于读者直观了解各省级行政区最重要的土壤肥力指标——土壤有机质含量的空间分布特征。

二普中，受当时技术条件限制，全国仅完成了比例尺为1∶400万的纸质土壤有机质含量分布图的绘制，19个省、自治区、直辖市完成了比例尺为1∶250万—1∶50万的纸质分省土壤有机质含量分布图的绘制。直接采用小比例尺纸质图矢量化生成的土壤有机质含量等级划线图作为分省土壤有机质含量图，存在有机质含量分级的级差大、信息均化、图斑大、制图精度不够等问题，难以精细表现一个省级行政区域内土壤有机质含量的空间分布特征。

2005—2017年，我国在农区进行了测土施肥，农田耕层采样点达到1000万个。这批数据的主要优点是采样密度大且有空间坐标，通过对这批数据进行空间插值分析，可较精细地展示各地农田土壤有机质含量分布特征；其缺点是采样点主要集中于占陆域面积不到20%的农田，仅采用这批数据难以绘制覆盖全域的土壤有机质含量分布图。考虑到土壤，尤其是林地、草地土壤的有机质含量变化较慢，在制图中采用了混合时段数据合并表达的方式。对无测土数据的林地、草地等，仍然采用从小比例尺土壤有机质含量等级划线图中提取的数据；对有测土数据的农田，则采用2005—2017年间耕层采样数据，对原有数据进行了更新。通过对两源数据的提取、土层转换、合并、插值，最终生成各省级行政区土壤有机质含量分布图（土层厚度0—30cm），这样既可较精细展示出各省级行政区土壤有机质含量的空间分布特征，也能保证所做专题图有很强的现势性。

三个数据源制图表达结果比较显示，采用异源数据合并表达的方式制图，各分省图展示的有机质含量空间分布特征与二普小比例尺图相近，但制图精度有较大改进，一个省级行政区域内土壤有机质含量的空间分布特征更为清晰（表5）。

表5 三个数据源制图表达结果比较

数据源	土壤有机质含量图制图表达效果	
	优点	存在问题
采用二普完成的手绘图	小比例尺手绘图中，土壤有机质含量地带性分布特征十分明显；基本无数据空区	局部地区图斑大，制图精度不够
采用新的测土数据插值生成	有数据的区域制图精度高	占陆域面积约80%的林地、草地和一些县域无新的测土数据，难以通过采样点插值生成覆盖全域的有机质含量图
异源数据合并表达	基本无数据空区；制图精度有较大改进；小比例尺图中土壤有机质含量的地带性分布特征被保留	用混合时段数据表达全陆域土壤有机质分布状况，其中林地、草地数据主要源于20世纪80年代采样数据，农田数据更新至2017年

表6汇总了分省土壤有机质含量图的主要制图信息。制图采用异源数据合并表达的方式，生成的分省土壤有机质含量图所代表的时间段为1979—2017年，图中核算土壤有机质含量的土层厚度为0—30cm。

表6 分省土壤有机质含量图制图信息

制图数据	异源数据合并表达
采样时间	草地、林地及其他非农田土壤采样时间段为1979—1987年，农田土壤采样时间段为2005—2017年
土层厚度	0—30cm（对采样深度不足0—30cm的耕层采样数据，用剖面数据进行了土层厚度转换，统一转换为0—30cm）
制图方法	普通克利金插值（ordinary Kriging）
网格尺寸	200m

2. 制图表达说明

我国地域辽阔，各地土壤有机质含量差异极大。西北部地区降水量少，土壤粗砂粒含量高，风沙土、漠土大量分布，占我国陆域总面积的12.6%，其0—30cm土层内有机质平均含量不到10g/kg；东北部地区雨量充沛，气候、植被有利于土壤有机碳累积，其0—30cm土层有机质平均含量在40g/kg以上。另外，一些省级行政区的土壤有机质含量变化范围很宽，如内蒙古土壤有机质含量主要为4—70g/kg；而北京、山东等地土壤有机质含量变化范围很窄，为7—17g/kg。

为使各省级行政区域内土壤有机质含量空间分布特征均能得到充分展示，编者在分省土壤有机质含量图的图示和图例表达中对有机质含量范围进行等距划分分级,根据各省级行政区土壤有机质含量分布特征,将有机质含量分为 7—14 个等级。各分级的颜色设计及其 RGB 与 CMYK 色码见附录 7。

(三) 分省地势图

根据各省级行政区的成图比例尺和地形特点,选取合适精度的数字高程模型(DEM)栅格数据,确定设色原则和色层表进行分层设色,编制彩色晕渲的分省地势图。图中的河流水系及山峰、山脉等地理要素基于中国地图出版社研制的多尺度中国地图数据库选取,按各省级行政区地图设定的投影参数和比例尺投影转换后进行数据融合处理,再进行图形化编辑和地图整饰,最后输出成图。各省级行政区的彩色地貌晕渲图,按 0—50—200—500—1000—1500—2000—3000—4000—5000—6000m 及以上设计统一的高度表,但对一些低海拔平原地区,如天津、山东、上海等省、直辖市,则增添了 20m 等高距。确定统一的设色原则,建立色层表,以深绿色—黄绿色—棕色—紫色色调的象征色过渡方式表示海拔由低向高过渡,低海拔地区以绿色为主,中海拔地区以棕色为主,高海拔地区的高寒地带则用冷色调紫色。地势图中的其他地理要素,地级市及以上级别居民地全部选取,县级居民地根据图面载负量情况酌情选取;河流按等级选取以反映地域水系结构特点,主要河流加注名称;成图面积 $4mm^2$ 以上的湖泊和水库全部选取,大型湖泊、水库加注名称,适当选取小面积湖泊以反映区域分布特点;山脉按等级选取,仅标注主要山脉主峰和知名山峰。

县域中心区气候特征图表编制

气候是五大成土因素之一,也是土壤质量的重要影响因素。为便于读者了解各地土壤资源与质量状况及其与气候特征的关联,编者编制了各县域中心区(位于各县域中心点、代表面积约为 $400km^2$ 的区域)气候特征值表、月平均气温与月平均降水量分布图。各县域中心区气候特征值是通过对 160 个中国地面国际交换站的气象年值、月值以及日值数据的计算和空间分析获得的。气象数据的相关用语也采用中国地面国际交换站所用的表达方式。鉴于各地气候特征值需要依据多年气象观测数据分析和提取,而二普采样时段为 1979—1987 年,因此采用了 1971—2000 年共计 30 年的年值、月值和日值气象数据,气象数据时段覆盖二普采样时段。

在分县气候特征值编制过程中,先从相应的各数据源中提取出各站点年值、月值以及日值数据,再按照表 7 所示计算方法,计算 160 个站点的各项气候特征值并对其分别进行插值计算,获得覆盖我国全域、网格尺寸约为 20km 的网格化气候特征年值与月值数据,最后再与县域中心点图层叠加,提取出各县中心区气候特征值。各县所处气候带则是通过县域中心点图层与中国气候区划图叠加后提取获得的[17]。

表 7 县域中心区气候特征值的计算方法与数据来源

县域中心区气候特征	计算方法	气象数据来源
年平均气温 /℃	30 年的年值平均	中国地面国际交换站气候标准值年值数据集(160 个站点,1971—2000 年)
年平均最高气温 /℃		
年平均最低气温 /℃		
年降水量 /mm		
年平均相对湿度 /%		
年日照时数 /h		
月平均气温 /℃	30 年的月值平均	中国地面国际交换站气候标准值月值数据集(160 个站点,1971—2000 年)
月平均降水量 /mm		
≥10℃的积温 /℃	一年中日平均气温≥10℃的温度值加和	中国地面国际交换站气候资料日值数据集(160 个站点,1971—2000 年)
干燥度	修正的谢良尼诺夫公式: 干燥度 $= 0.16 \times \dfrac{\text{全年} \geq 10℃ \text{的积温}}{\text{全年} \geq 10℃ \text{期间的降水量}}$	
气候带	提取	1:3200 万中国气候区划图

分县主要土壤类型与土壤剖面点分布图编制

编制分县主要土壤类型与土壤剖面点分布图的主要目的是使读者在一个较小的图幅上也能大致了解一个县域内主要土壤类型概况。编者通过对全国1:5万土壤图的缩编表达，为有土壤剖面数据的县级行政区编制了分县主要土壤类型图。受地图幅面限制，在分县土壤图中，仅保留了我国土壤分类系统中的第三层级——土类，通过缩编滤掉了亚类、土属、土种信息。

各分县主要土壤类型与土壤剖面点分布图的制图采用幅面固定、制图比例尺自适应的方法，制图比例尺一般为1:35万—1:20万，自适应制图由编制者自行设计的软件模块自动完成。

在分县主要土壤类型与土壤剖面点分布图中，各土类颜色与中国土壤图中采用的土类颜色相同（附录4）。图中各土类在图例中的排序则按各土类占本县县域面积比例从大到小的顺序排列，便于读者了解本县内主要土壤类型的分布。

在分县主要土壤类型与土壤剖面点分布图中，为便于读者查找，剖面点按照其在图面的位置，先左后右、先上后下顺序编码，编码过程也由ISPP软件包（表3）中的模块自动完成。

分县主要土壤类型与土壤剖面点分布图中的基础地理底图来源于国家基础地理信息中心提供的1:25万DLG（公众版）数据（使用许可协议编号：非2011-1011），基础地理信息要素的图示与图例表达主要参照相关国标（详见附录3）。为保证本数据集中主要土壤类型与土壤剖面点分布图的内容和土壤剖面数据表对应，分县主要土壤类型与土壤剖面点分布图中的市级界线、县级界线均采用二普时的普查界线，并以此作为分县主要土壤类型与土壤剖面点分布图的分幅标准。为兼顾地名位置定位准确性和图书实用性，地图中乡镇级及以上居民地分别根据新版《中华人民共和国行政区划简册》和各省级行政区地图册进行了更新，现势性截至2021年12月。为更好地表现全书的系统性与协调性，在地图下方加注说明县级行政区划变更情况，部分市辖区图幅的图名根据图上县级居民点进行了更新。

二普后，随着城市化的加快，城市周边土地利用情况变化很大，居民地面积大幅增加，导致一些分县土壤图中的土壤面积占县域面积比例和分县主要土类说明中的一些土类面积占县域面积比例较二普时均有下降。在一些大城市周边县（市、区），土地利用情况的变化使各类土壤总面积不到县域面积的60%。

二普时，分县完成了1:5万比例尺土壤图编绘后，还通过省级汇总和缩编制图，完成了1:50万比例尺省级土壤图。在省级汇总中，对一些分县土壤图中原有土壤类型名进行了修订。例如，浙江在进行省级汇总时，将分县土壤图中原命名为侵蚀型红壤亚类的大部分土属划归粗骨土土类；安徽、湖北等省在省级汇总时将黏盘黄棕壤亚类改为黄褐土类。在对二普调查成果的数字整合中，编者仅收集到约1600个县的大比例尺土壤图（表2）。对大比例尺图数据缺失的县，则以省级土壤图裁切方式进行了补全。这种补全虽有利于完成覆盖我国全域的高、中精度土壤图，但也引起了在一个省级行政区里源于分县和分省的两类土壤图中土壤分类命名不统一的问题，编者在尽量保持调查资料原始记载的前提下，对这类问题进行了力所能及的修订。

分县土壤剖面理化性状表编制

分县土壤剖面理化性状表是本数据集的主体内容。前文已对各项土壤理化性状应用范围以及从分县纸质土种志中进行信息提取、表达和制作的方法做了说明，本节仅对土壤理化性状测试方法、剖面点坐标匹配方法与土壤剖面分类名的修订加以说明。

（一）土壤理化性状测定方法

本数据集所列土壤理化性状的测定方法见表8。其中，土壤有机质含量，土壤氮、磷、钾全量与有效态含量，pH，土壤阳离子交换量的测定方法以及土壤分类方法均为国标方法。剖面理化性状表中的土壤全氮、全磷、全钾、碱解氮、有效磷、速效钾含量均以N、P、K纯养分量计。

在二普中，我国大多数地区土壤质地分级采用了卡庆斯基制，仅极少数地区采用了国际制。其中，卡庆斯基制采用了简制,将土壤质地分为3组9种类型;国际制将土壤质地分为12种类型(表9)。由于两种分级制中的质地分级名并无重复,因此在分县土壤剖面理化性状表中未对两种分级制的分级名进行合并。

表8 土壤理化性状的测定方法

土壤理化性状	测定方法
有机质	湿灰化或干灰化消化后,重铬酸钾滴定法测定(丘林法)
全氮	凯氏定氮法测定
全磷	酸溶或碱熔消化后,钼锑抗比色法测定
全钾	碱熔或酸溶消化后,火焰光度法或四苯硼钠比浊法测定
pH	水浸提法,水土比为5:1或2:1
碱解氮	扩散吸收法(康惠法)测定
有效磷	中性及石灰性土壤:Olsen法测定;酸性土壤:Bray法测定
速效钾	醋酸铵浸提后,火焰光度法或四苯硼钠比浊法测定
阳离子交换量	醋酸铵法测定

表9 卡庆斯基制与国际制土壤质地分级名

等级序号	卡庆斯基制[1] 土壤质地分级名	等级序号	国际制[2] 土壤质地分级名
1	松砂土	1	砂土
2	紧砂土	2	壤质砂土
		3	砂质壤土
3	砂壤土	4	壤土
4	轻壤土	5	粉砂质壤土
		6	砂质黏壤土
5	中壤土	7	黏壤土
6	重壤土	8	粉砂质黏壤土
7	轻黏土	9	砂质黏土
		10	壤质黏土
8	中黏土	11	粉砂质黏土
9	重黏土	12	黏土

注:1)卡庆斯基制指按卡庆斯基粒径分级的质地分类。该分类制有简制和详制两种。简制有3组9种质地,其主要特点是将土粒分为物理性黏粒和物理性砂粒两级;按物理性黏粒或物理性砂粒的数量进行质地分类,而不是按照砂粒、粉粒、黏粒三个粒级的质量比分组。详制是在简制的基础上,把9种质地进一步细分为39种质地类别,把含量最多和次多的粒组作为冠词,顺序放在简制名称前面,主要用于土壤基层分类及大比例尺制图。卡庆斯基还提出根据石砾含量而定的附加分类,也可作为质地分类的冠词,主要应用于山地土壤的质地分类。

2)国际制土壤质地分类在第二届国际土壤学会上通过,根据砂粒(粒径0.02—2mm)、粉粒(粒径0.002—0.02mm)、黏粒(粒径小于0.002mm)三粒组含量的比例,通过国际制土壤质地分类三角图,以黏粒含量为主要标准,小于15%者为砂土质地组和壤土质地组,15%—25%者为黏壤组,黏粒含量大于25%者为黏土组,划定12种质地类别。

(二)土壤剖面点的坐标匹配

含地理坐标的剖面数据可直观展示该土壤剖面点所代表土壤的土层厚度、土体构造及理化性状等特征,也是构建推理模型,进行土壤及其理化性状数字制图的基础。

二普完成的分县土种志中虽无典型剖面地理坐标记载,却有关于剖面采样地点、景观和土壤剖面分类命名的详细记录,如乡镇名、村名、高程和土类、亚类、土属、土种名等。从1:5万土壤类型图与1:5万基础地理信息数据库中也能提取出上述信息。在1:5万比例尺空间数据库中，空间对象分辨率可达到100m×100m精度，折合为1hm²。在全国性土壤调查中，对于选择、确定典型剖面采样点点位，通常要求其所代表的土壤类型在面积上能代表采样点周围100亩（1亩≈666.7m²）以上的土壤，通过这种匹配方法获得的点位对实际采样点点位有较高的代表性。

为了使分县土种志中记载的剖面数据获得坐标，编者构建了多要素土壤剖面点坐标匹配模型，无空间坐标的土壤剖面从1:5万土壤类型图和基础地理信息数据库中获得空间坐标。坐标匹配模型工作机制如图2所示。首先，从分县土种志中提取出A源数据，即每个剖面隶属的土类、亚类、土属、土种名及剖面采样点地名、采样点高程等多要素信息；然后，用分县1:5万土壤图与多要素基础地理信息数据库叠加，生成含土类、亚类、土属、土种名和村名、乡镇名、高程等要素信息的空间数据，即B源数据；最后，利用多要素匹配模型，逐县对A、B两源数据进行匹配。当A源数据中某剖面点土类、亚类、土属、土种名和采样点地名、高程与B源数据中某土壤要素空间对象的四个土壤分类名、地名、高程等多要素信息一致时，该剖面点获得B源数据中土壤要素空间对象中心点坐标。若一个县域内，某剖面点与B源数据中多个空间对象存在配对关系，则取其中面积最大的空间对象的中心点坐标。

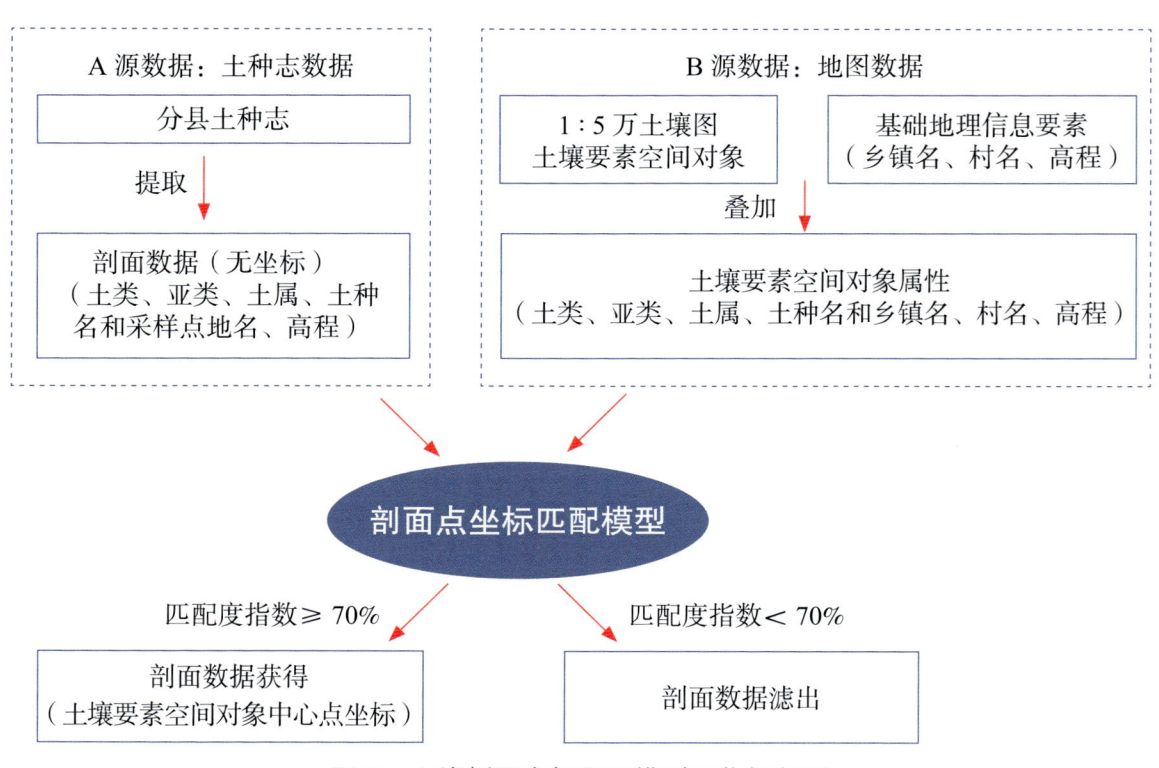

图2　土壤剖面坐标匹配模型工作机制图

为衡量每个土壤剖面坐标匹配的质量，在匹配模型中植入了匹配度评价模型，分析和提取每个土壤剖面点坐标匹配中多要素信息的吻合度。匹配度指数较高，代表两源数据中的土类、亚类、土属、土种名和地名、高程等多要素信息一致性高；匹配度指数较低，代表A、B两源多要素信息存在一些不一致性；匹配度指数小于70%的剖面数据会被滤出，该剖面也会从分县土壤剖面理化性状表中删除（表10）。利用坐标匹配模型，从分县土种志中提取出的10万余个剖面数据中，有6万多个获得了地理坐标并被收录于本数据集的分县土壤剖面理化性状表中，有约3万个由于匹配度指数较低被滤出。

表10　坐标匹配的匹配度指数及释义

匹配度指数/%	释义
90—100	匹配度高：A（分县土种志）、B（地图）两源数据中乡镇名、村名和三个以上土壤分类名（土类、亚类、土属、土种）、高程均一致
80—90	匹配度较高：A、B两源数据中乡镇名、村名和两个土壤分类名（土类、亚类）、高程一致
70—80	具有一定匹配度：A、B两源数据中乡镇名、村名、土类名、高程一致
<70	匹配度较低：A、B两源数据中地名和土类名不能全匹配

为检验通过匹配模型获得地理坐标的剖面对当地土壤类型是否具有代表性，编者自2008年以来，在河北、

山东、黑龙江、宁夏、海南等地挖取了300余个校验剖面，进行了比对研究。比对研究结果显示，校验剖面与二普完成的剖面记载在土壤类型、土体构造、母质、质地等土壤质量慢变化性状上都有很好的一致性。

（三）土壤剖面分类名的修订

分县土壤剖面理化性状表列出了每个土壤剖面的分类名。土壤分类名是对某一类土壤资源的抽象概括和表达，表述了各类土壤的主要成土过程以及各类土壤综合性的典型特征。如黑土是指在温带半湿润地区草甸草原植被条件下形成的具有深厚均匀腐殖质层的土壤，呈黑色，富含有机质和各种养分；褐土是指在暖温带半湿润地区形成的具有弱腐殖质表层和黏化层的土壤，盐基饱和度较高，呈棕褐色。土壤分类名既具有典型性，又具有综合性，是土壤最基本的属性。

二普中，我国基于全国第一次土壤普查经验制定了六等级土壤分类系统，这也是目前的国标系统。该系统中的六等级分别为土纲、亚纲、土类、亚类、土属和土种，从高级到低级，不同层级之间为隶属关系。其中，土纲用于界定水、温等主要的土壤成土条件，亚纲用来进一步区分土纲内成土条件与过程的差异，土类反映成土条件引致的最典型土壤特征，亚类反映土类内成土条件引致剖面特征的进一步分异，土属反映母质等成土条件引致亚类剖面的分异，土种反映同一土属中土壤的分异或当地群众对该土壤的命名。

在对各地土壤调查数据进行全国汇总时，编者发现，从全国2200多个分县土壤剖面资料中提取出的土壤分类名与我国在1998—2009年发布的三版《中国土壤分类与代码》国标差异较大[18-20]。国标发布的土类、亚类、土属、土种名数量分别为60个、229个、663个和3246个，而从2200多个分县土壤图件与剖面资料中提取出的土类、亚类、土属、土种名数量分别为312个、1520个、12150个和43200个。对国标上从未出现的土壤类型名进行审核和归并需要有土壤分类学上的依据。通过对俄罗斯、美国、加拿大、澳大利亚、德国、英国等各国土壤分类研究及发展状况的研究，编者总结了我国和其他世界各国过去半个世纪中在土壤分类方面的经验，确定了土壤剖面分类名的修订原则[1]。

研究显示，我国国标分类系统中的第三层级——土类（附录5），能很好地反映我国主要土壤类型形态上的典型特征。通过土类及其隶属的12大土纲可清晰展现出我国60个土类受温度、海拔、降雨、土壤发育度、地下水盐运动、耕种垦殖等主要成土条件影响而形成的地带性分布特征。另外，土类本身属于高层级分类，数目有限，命名符合汉语语言特征，易于专业及非专业人员掌握。通过土类名，读者能够辨识各种土壤类型，了解其成土过程、土壤质量与肥力特征。因此，在土壤剖面分类名的修订中，应重视维护土类名的稳定性。根据这一原则，在对分县资料中土壤分类名的编审中，编者将国标发布的60个土类名进行了归并，对亚类及以下的中、低级分类名称则在尽量保留现场获取的一手土壤调查信息的前提下进行适度归并与整合。

为便于读者了解我国目前采用的土壤分类名与国际土壤学会推荐的土壤分类名（world reference base for soil resources，WRB）[21]之间的关联，附录5中还给出了由史学正研究员通过剖面比对建立的WRB土组名与我国60个土类名的关联及WRB土组名对我国土类名的最大可参比性[22]。

（四）剖面土层代码

在形成过程中，由于物质迁移和转化，土壤会分化成一系列组成、性质和形态各不相同的层次，称为发生层或土层。土壤剖面各土层的顺序和变化情况，反映了土壤形成过程及土壤性质。

目前各国尚无统一的土层命名。1967年国际土壤学会提出将土壤剖面划分成O层（有机层）、A层（腐殖质层）、E层（淋溶层）、B层（淀积层）、C层（母质层）和R层（基岩）等6个主要土层。全国土壤普查办公室编制出版的《中国土种志》（6卷）[23-28]、《中国土壤》[29]则将自然土壤剖面划分成O层（凋落物有机质层）、A层（表层）、B层（淀积层）、C层（母质层）、D层（岩石碎屑层）和R层（坚硬岩石层）等6个主要土层；将旱地农田土壤划分成A（耕层）、C_1（心土层）和C_2（底土层）等几个主要土层；将水田土壤划分成Aa（耕作层）、Ap（犁底层）、P（渗育层）、W（潴育层）和G（潜育层）等5个主要土层。

由于分县土种志中，土层代码和释义与以上文献给出的土层码不尽相同，因此在数据集编制中，编者主要保留了2200多个分县土种志中实际采用的土层代码和释义（表11）。为便于读者参考，编者在附录5中列出了引自《中国土壤》部分土类典型剖面的土体构造及其关联的土层代码[29]。

表 11　土壤剖面土层代码和释义[1]

代码		释义
自然土壤与旱地土壤	Ao	位于土表的枯枝落叶层
	A	自然土壤指表土层，耕地土壤指耕作层
	B	心土层，受成土作用形成的淋溶淀积层
	C	底土层，受成土作用少的母质层，较紧实，通常不受耕作、施肥影响
	D	未风化的母岩层，岩石碎屑层
水田土壤	A	耕作层，亦称淹育层和作物栽培层
	P	犁底层，位于耕作层下，经机械耕作和黏粒淀积，结构较为紧实
	W[2]	潴育层，位于犁底层下，水田在干湿交替作用下，铁、锰淋溶淀积形成斑纹层，使水稻土有较好的通透性，渗水而不漏水，渍水而不滞水
	G	潜育层，存在于水稻土、沼泽土和泥炭土中。土体长期积水，通透性不良，在还原状态下形成青灰色土层又叫青泥层，作物受还原性物质危害。若在其他土层出现，可用 g 表示，如 Pg、Wg
	E	漂洗层，侧渗作用下黏粒、有机质被淋洗，铁质溶脱，形成灰白色或白色漂洗层

注：1）表中土层代码和释义主要根据全国各分县土种志中实际采用代码和释义进行综合与汇总。土体构造中，两个字母并列表示过渡层土壤，例如 AB 层、BC 层等。

2）一些地区将潴育层细分为 W_1（渗育层）和 W_2（淀积层）两层。渗育层指有明显水化铁层，多见黄色锈斑；淀积层指明显有铁锰淀斑或铁锰结核的土层。

（五）其他

分县土壤剖面理化性状表中，空格代表本项无数据。

若土壤剖面的土层码为数字，则表示调查中未对该剖面的各分层进行土层代码赋码。对这类剖面，编者按从地表至底土顺序赋土层序号 1、2、3……。土层序号不具有土壤发生学上的含义，仅表达每一土层的顺序。

分县土壤剖面理化性状表中土层厚度的上、下边界表示该土层采样范围。例如：土层厚度为 0—17cm，表示土层采自剖面 0—17cm 部位；土层厚度为 50—100cm 表示采自剖面 50—100cm 部位。一些剖面底土的土层厚度仅有上界而无下界。例如：85—，表示该土层采自剖面 85cm 至更深部位。

个别剖面上、下土层的上、下边界相互不衔接，例如：两个土层厚度分别为 0—10cm、30—35cm，表示该剖面的采样为不连贯采样，每个土层只选取了该土层的代表性层段。

一些剖面分层样本上、下土层的上、下边界相互不衔接，例如：按从地表至底土顺序，6 个土层采样范围分别为 0—13cm、13—18cm、18—40cm、18—32cm、32—100cm、50—100cm，其中第三个土层 18—40cm 为额外增加的采样层。在土壤调查中，当调查者认为需要对某些区域或土类的特定土层进行单独采样和分析时，往往会出现这一情形。为了最大限度保持第一手调查资料的完整性，编者将这类土层也编入了分县土壤剖面理化性状表中。

本卷收录的重庆市和四川省典型土壤剖面分别为 1338 个和 5186 个，共计 6524 个。通过对剖面数据的土层厚度转换，附录 8 给出了这些典型剖面 0—20cm 土层土壤理化性状中位数与平均数。二普剖面采样为典型土类采样，而非网格化采样。0—20cm 土层土壤理化性状中位数与平均数不代表重庆市、四川省土壤理化性状平均状况。但二普是我国最早的大样本量调查，附录 8 所示的 0—20cm 土层土壤理化性状中位数与平均数对了解重庆市和四川省 20 世纪 80 年代土壤肥力性状具有一定参考价值。

附录 9 列出了重庆市和四川省耕地、园地、林地、草地和湿地 0—30cm 土层土壤有机质含量的平均值。该值由重庆市和四川省土壤有机质含量图和自然资源部土地科学数据中心编制的 2019 年 1∶100 万比例尺全国土地利用缩编图通过叠加、计算生成。其中，耕地包括水田、水浇地、旱地三种土地利用类型；园地包括果园、茶园和其他园地三种土地利用类型；林地包括有林地、灌木林地和其他林地三种土地利用类型；草地包括天然牧草地、人工牧草地和其他草地三种土地利用类型；湿地包括沼泽地、沿海滩涂和内陆滩涂三种土地利用类型。鉴于重庆市和四川省土壤有机质含量图源于大样本量地面采样，土壤有机质含量亦为变化较慢的土壤质量性状[15]，附录9对了解重庆市和四川省耕地、园地、林地、草地和湿地的土壤有机质含量状况及演变具有较高的参考价值。为便于读者了解重庆市和四川省耕地、园地、林地和草地四种土地利用类型中受成土过程影响而形成的各主要土壤类型及其在各土地利用类型中的占比情况，附录10给出了主要土壤类型在这四种土地利用类型中的占比。

土壤专题图与土壤剖面数据可靠性检验

该检验目的是对数据集中的土壤专题图和土壤剖面数据能否真实反映土壤资源与土壤理化性状及其空间分布特征给出科学、客观的评价。另外，数据集中的土壤专题图和土壤剖面数据主要源于1979—1987年的二普和2005—2017年在全国测土配方施肥项目中的土壤养分调查，因此，该检验也是对我国两次全国性土壤调查所获成果的质量评估。

对土壤专题图及含地理坐标的剖面数据的检验涉及地图制图学、测绘科学、土壤学、地统计学等多学科内容，而对于不同的学科，数据检验的目标和内容也不同。对于地图制图，精度检验十分重要；而在土壤学范畴，可靠性检验更为重要。精度检验方面，本数据集剖面坐标是通过1∶5万比例尺地图数据匹配获得，匹配用地图精度直接影响剖面数据坐标精度。可靠性检验方面，土壤专题图和土壤剖面数据均属于土壤学范畴，还需要从土壤学角度给出科学评价。借助目前仍在发展中的地统计方法，编者最终给出了合理的可靠性检验方法。为便于读者理解，本节将重点说明两点：一是地图精度与土壤专题图制图的关联；二是土壤专题图和剖面数据的地统计检验结果。

在地图制图中，地图精度用于衡量某一地物点或地物轮廓点的平面位置和高程位置偏离其真实位置的平均误差。这里的地物点或地物轮廓点可以是测量控制点、水准点、道路交叉点、境界线方向变化点、山脚点、山顶等。地图精度与地图投影、比例尺、制作方法和工艺有关。地图比例尺不同，误差控制要求也不同。一般来说，地图比例尺越大，误差越小，精度越高。换言之，地图精度或比例尺主要反映对地图中基础地理信息要素，如测量控制点、河流、道路、等高线、境界的误差控制要求。

在土壤专题图制图中，需要用基础地理信息要素标识土壤要素空间位置。在较早的土壤调查中，没有GPS设备，通常用纸质地形图为底图标识采样点位置。地面土壤采样调查完成后，根据底图标记的采样点位置和实测获得的土壤要素值，由经验丰富的土壤科学家依据土壤及相关要素的空间分布、空间相关性和空间依赖性规律进行人工综合判图，在底图上手工完成土壤专题图的勾绘和制图。我国的二普与欧美各国在20世纪80年代之前进行的全国性土壤调查基本均采用这一方法进行土壤专题图编绘。二普为大样本量土壤调查，采样密度高，采用1∶1万大比例尺地形图为工作底图，全国共挖取土壤观察剖面550余万个，采集0—20cm土壤表层样本200余万个，通过综合判图和人工勾绘，最终完成分县1∶5万比例尺土壤图和各类土壤养分含量图的编制。土壤专题图比例尺不代表地图中对土壤要素的误差控制要求，客观上，地面采样中应用大比例尺的工作底图，采样密度高，土壤采样点均衡分布于调查区域中，以此为依据编制的土壤专题图能精细地表达调查区域内土壤要素的空间变化特征。采样密度低的土壤调查结果则不适合编制大比例尺土壤专题图。

近年来，随着GPS和GIS技术的发展，地统计方法已较多用于反映和研究土壤要素的空间变化规律。地统计方法不仅提供了利用含地理坐标的土壤采样点数据制作土壤专题图的地统计模型，还提供了对模拟结果进行不确定性检验的方法。地统计检验的主要目的是了解模拟结果对真实情况反演的客观性和可靠性，而不是评价地图中土壤要素的精度或误差控制。检验结果既受地面采样原则、采样量的影响，也受所选模型类型、建模过程中是否引入协变量等因素的影响。

由于二普完成的土壤图和养分含量图中没有采样点标注，难以对其进行地统计检验。为此，编者同时对我国在全国测土配方施肥项目中完成的有GPS定位坐标的农田耕层土壤有机质含量数据进行了地统计分析和检验。与二普相似，全国测土配方施肥项目也按网格化均匀分布原则进行大样本量、高密度土壤采样，全国总计完成1000万个农田土壤耕层样本的采集。

检验方法为：首先，在我国东、南、西、北、中不同地域选取7个代表性片区，每片区包含地域相连、域内无大面积剖面点缺失的多个行政县，且含土壤剖面点500个以上。其次，提取7个片区源于二普剖面0—

20cm土层和源于2005—2017年0—20cm农田耕层采样的土壤有机质含量数据。二普剖面数据的采样特征为在优先选取典型土壤类型的前提下，尽量均衡分布；样本量较小，全国有6万多个具有匹配坐标的剖面。2005—2017年农田养分调查数据为网格化均衡分布的大样本量，全国完成了1000万个有GPS定位坐标的耕层样本。最后，用普通克利金插值（ordinary Kriging）方法进行地统计分析和检验。在每片区剖面点和耕层采样点的数据中分别随机选取80%作为训练样本集，20%作为验证样本集，同时进行建模；将验证样本预测值与实测值进行线性回归，计算R^2（决定系数）和RMSE（均方根误差），以此评价两组数据表达土壤要素空间分布特征的可靠性和误差。选择土壤有机质含量作为检验指标的原因为该指标是最重要的土壤质量性状之一，且可量化表达，便于进行地统计检验。

二普剖面数据的检验结果显示，在7个代表性片区，剖面点数据表达的有机质含量分布状况可靠性均达极显著水平（表12）。这表明，尽管二普典型剖面数据为非网格化采样，含地理坐标样本量较少，需采用匹配坐标替代原点坐标，但在一个由多县组成的片区内，当剖面样本量达到一定数量后，即使未引入可极大改进R^2的地形、土地利用类型等辅助变量，用普通克利金插值仍然能比较真实、可靠地反演土壤要素空间分布特征。2005—2017年耕层采样点数据的检验结果显示，与二普剖面点数据相比，大部分片区的有机质含量分布数据R^2更大（达到中等相关至强相关），RMSE更小，可靠性和预测精度明显更优，这说明就表征土壤要素空间分布特征而言，网格化均衡分布的大样本量采样得到的数据可靠性和精度相对较高。这为二普大比例尺土壤专题图数据（土壤图和土壤pH、有机质、氮、磷、钾养分含量图）的地统计检验特征提供了佐证。二普大比例尺土壤专题图数据均源于网格化均衡分布的大样本量地面调查，其可靠性和精度应优于二普剖面点数据。

两组数据地统计检验结果还显示，尽管相隔近30年，两时段调查的土壤有机质含量也有一定变化，但各片区土壤有机质含量的空间分布规律总体相近。图3展示了东北片区两组数据通过普通克利金插值获得的土壤有机质含量分布图。可以看出，尽管二普土壤剖面样本数（546）远少于农田耕层土壤样本数（45182），20%校验集所获R^2较低，预测值与实测值偏差较大，但两组数据展示的土壤有机质含量空间分布格局相近，均为东北角最高，西南角最低。另外，该片区2005—2017年的农田耕层有机质含量均值为36.41g/kg，低于1979—1987年的二普采样结果（40.53g/kg），这一结果与东北地区所做长期定位试验结论一致。这表明，本数据集剖面数据可为了解土壤质量时空演变规律提供可靠的数据支持[9]。

表12 二普典型土壤剖面数据和2005—2017年耕层采样点数据的地统计检验结果

编号	片区名	县数	面积/km²	二普剖面土壤有机质含量[1]			耕层土壤有机质含量[2]		
				样本量	R^2 [3]	RMSE[3]	样本量	R^2 [3]	RMSE[3]
1	东北片区	19	72353	546	0.329**	14.77	45182	0.689**	6.32
2	冀鲁豫片区	64	50071	881	0.363**	5.65	256341	0.429**	3.47
3	江浙片区	53	63003	1312	0.334**	8.83	51759	0.666**	4.05
4	湖北片区	10	21044	515	0.286**	20.21	60545	0.281**	11.09
5	四川片区	39	98052	1283	0.380**	9.20	206682	0.344**	7.08
6	粤闽赣片区	27	58745	801	0.223**	13.33	51759	0.285**	6.42
7	陕甘片区	47	109010	990	0.296**	7.20	256341	0.558**	2.48

注：1）数据源于二普土壤剖面（1979—1987年采样，0—20cm土层）数据库，土壤有机质含量单位为g/kg。
2）数据源于2005—2017年农田耕层（0—20cm）土壤养分调查数据库，土壤有机质含量单位为g/kg。
3）20%验证样本所获预测值与实测值的线性回归R^2（决定系数，其中**表示1%水平显著）和RMSE（均方根误差）。

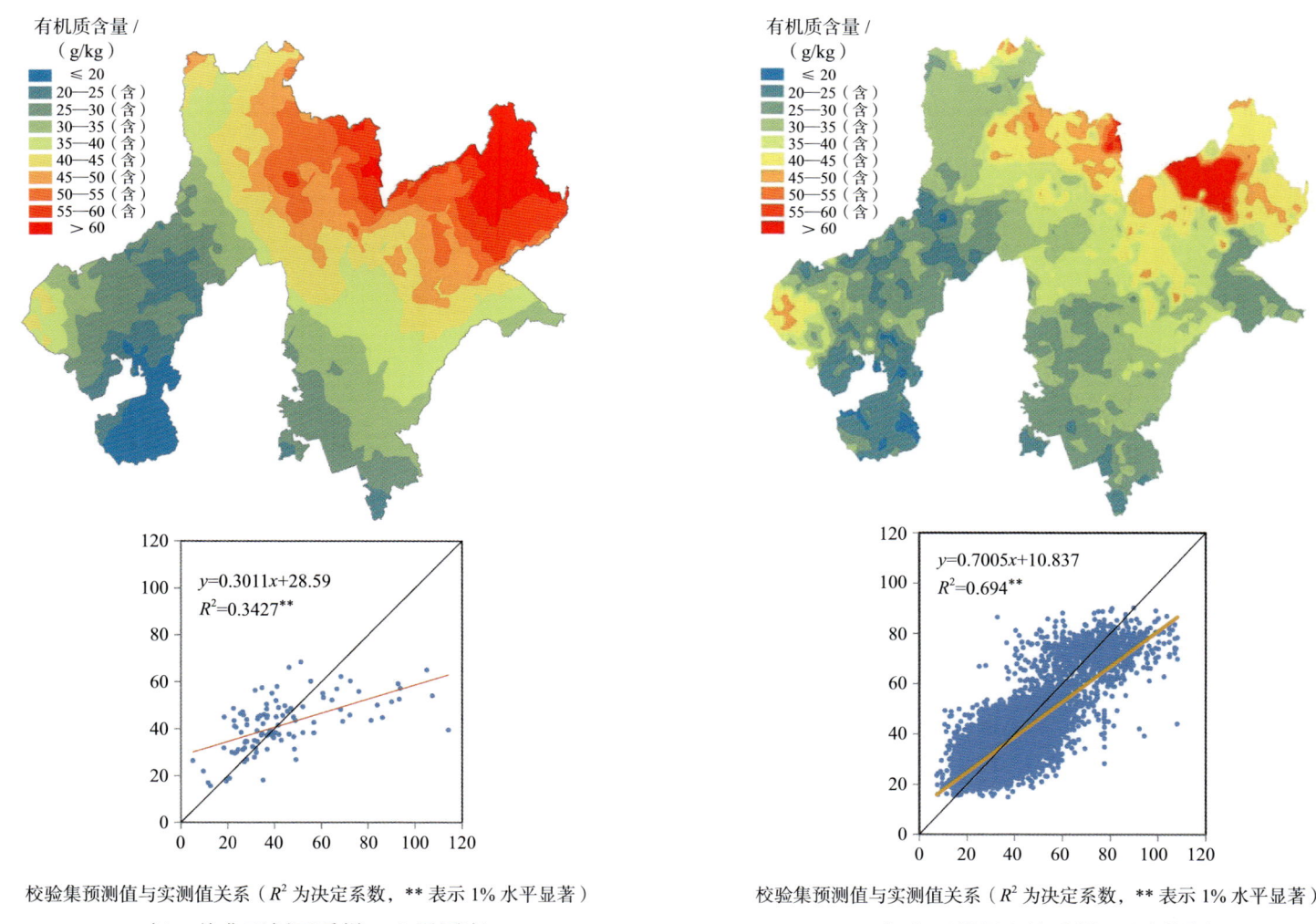

图 3　东北片区土壤有机质含量分布图及地统计检验结果

参编单位

《中国土壤剖面数据集》的编制工作始于1998年。其编制过程主要分为以下两个阶段：

第一阶段为全国1∶5万土壤图编制和中国剖面数据库构建阶段。20世纪末，随着现代科学研究与管理对土壤时空信息的迫切需要和大数据技术的发展，利用土壤调查结果构建我国土壤资源与质量时空数据库日益显现出可行性和必要性。1998年，我国土壤科技工作者开始对二普分县土壤图件和资料进行系统收集和整理，这项工作曾得到国家社会公益性研究专项的资助。"十一五"期间，"我国1∶5万土壤图籍编撰及高精度数字土壤构建"被列为国家科技基础性工作专项重点项目。在全国各地农业、国土、档案等多家单位的大力配合和各地土壤科技工作者的支持下，项目组汇聚全国土壤科学、农业、测绘与环境领域多家专业科研院所的科研力量，深入31个省、自治区、直辖市以及数百个县的原始图件与资料存放部门，完成了2200多个县的分县大比例尺纸质土壤图与土种志的收集。同时，项目组还收集了31个省、自治区、直辖市的分省土壤图、土壤有机质含量图等多类别土壤专题图和分省土壤调查资料，并在此基础上，项目组研究人员通过融合多学科方法创建土壤大数据方法，以方法创新带动异源非标准海量土壤信息的时空整合与表达，至2017年，完成了我国1∶5万土壤图的整合表达和中国土壤剖面数据库的构建，为编制《中国土壤剖面数据集》奠定了科学基础、方法基础和数据基础。

第二阶段为《中国土壤剖面数据集》编制阶段。为满足我国农业、林业、环境、气象、国土、水利等各部门对公众版土壤资源与质量信息的迫切需求，项目组于2017年启动了数据集编制工作。在数据集编制过程中，项目组一方面利用土壤大数据方法进行数据的审核、土壤专题图的缩编与剖面数据表的表达等多项工作，另一方面组织了各省级土壤专业科研院所参与各分卷内容的审核和修订工作。数据集的编制还得到了中国农业科学院科技创新工程的资助。

本数据集的最终面世离不开多家科研单位在过去20多年时间里的共同付出。这些单位包括国家科技基础性工作专项重点项目"我国1∶5万土壤图籍编撰及高精度数字土壤构建""我国1∶5万土壤图籍编撰及高精度数字土壤构建二期工程"主持与参加单位、参加数据集各分卷审核和修订工作的土壤专业科研单位以及参与分县大比例尺纸质土壤图与土种志收集的各地相关管理与科研部门（附录11）。

（张维理、徐爱国、张认连、冀宏杰）

序图

中国土壤图
1:13 000 000

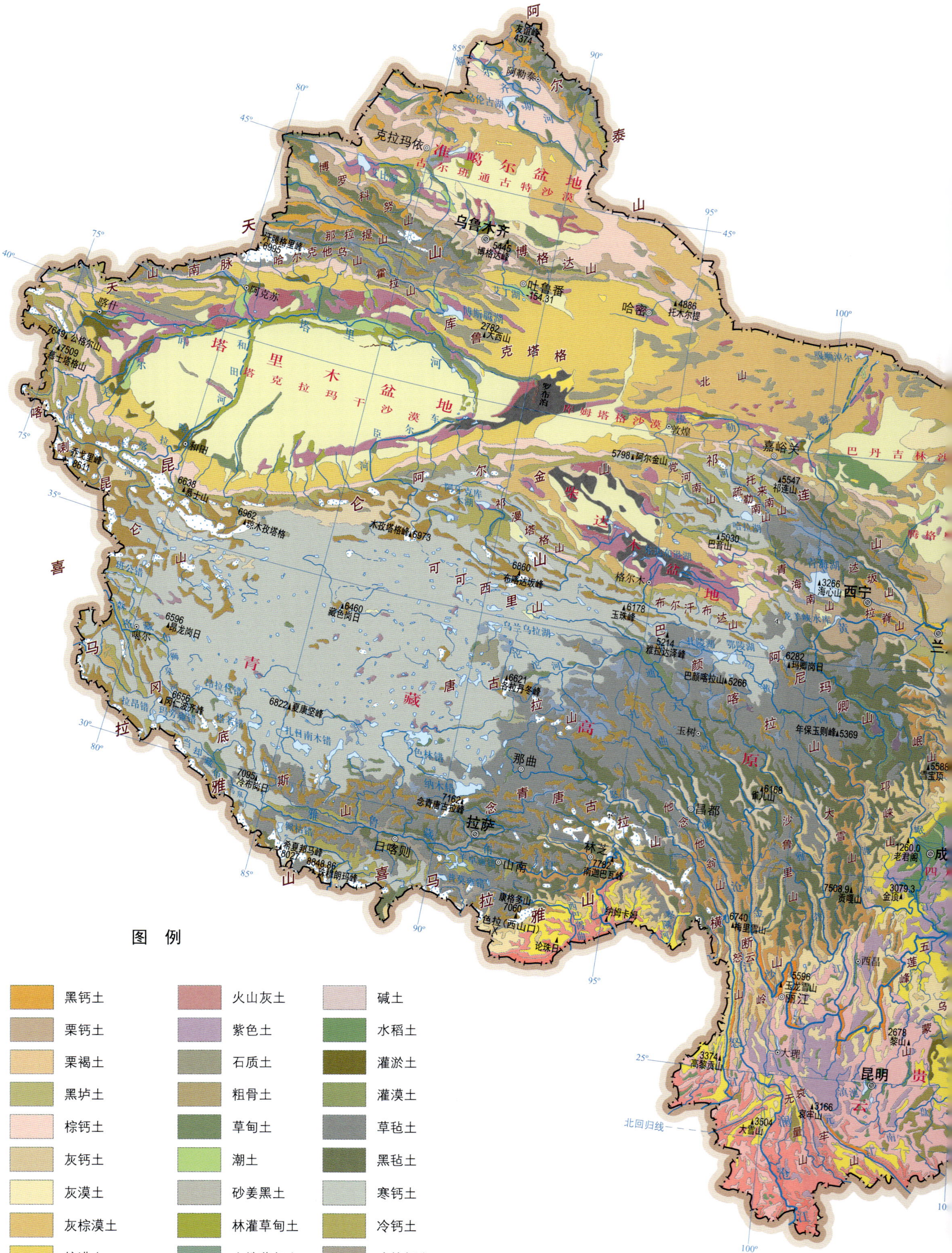

图例

砖红壤	黑钙土	火山灰土	碱土	
赤红壤	栗钙土	紫色土	水稻土	
红壤	栗褐土	石质土	灌淤土	
黄壤	黑垆土	粗骨土	灌漠土	
黄棕壤	棕钙土	草甸土	草毡土	
黄褐土	灰钙土	潮土	黑毡土	
棕壤	灰漠土	砂姜黑土	寒钙土	
暗棕壤	灰棕漠土	林灌草甸土	冷钙土	
白浆土	棕漠土	山地草甸土	冷棕钙土	
棕色针叶林土	黄绵土	沼泽土	寒漠土	
燥红土	红黏土	泥炭土	冷漠土	
褐土	新积土	草甸盐土	寒冻土	
灰褐土	龟裂土	滨海盐土		
黑土	风沙土	漠境盐土		
灰色森林土	石灰（岩）土	寒原盐土		

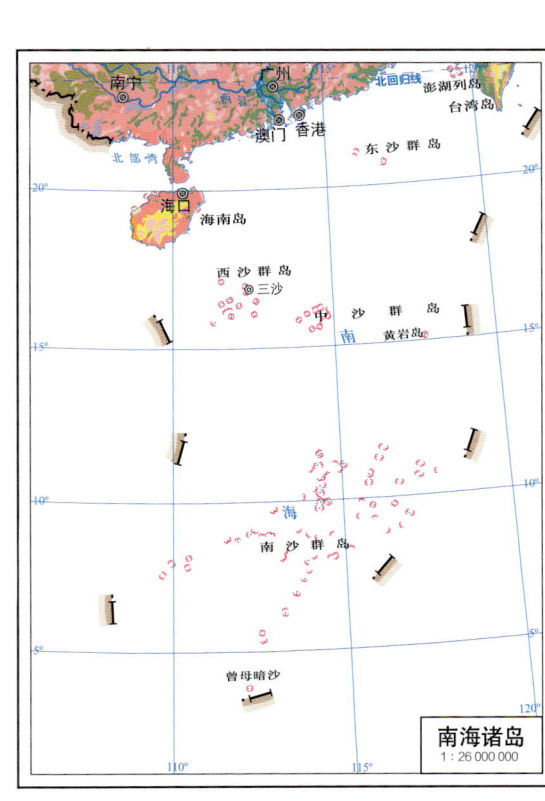

中国土壤有机质含量图
1∶13 000 000

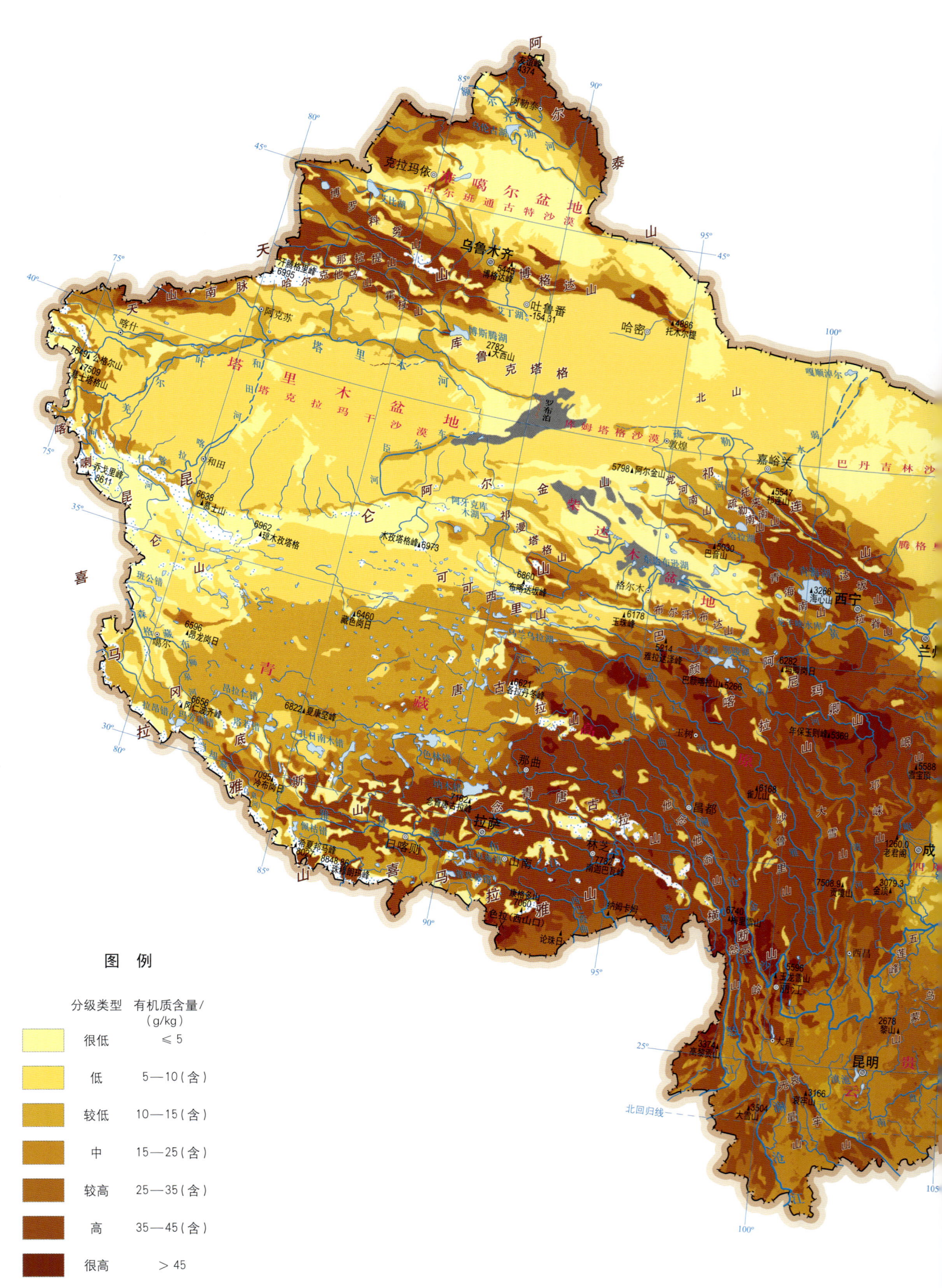

图 例

分级类型	有机质含量/(g/kg)
很低	≤5
低	5—10（含）
较低	10—15（含）
中	15—25（含）
较高	25—35（含）
高	35—45（含）
很高	>45

注：土层厚度为0—30cm。

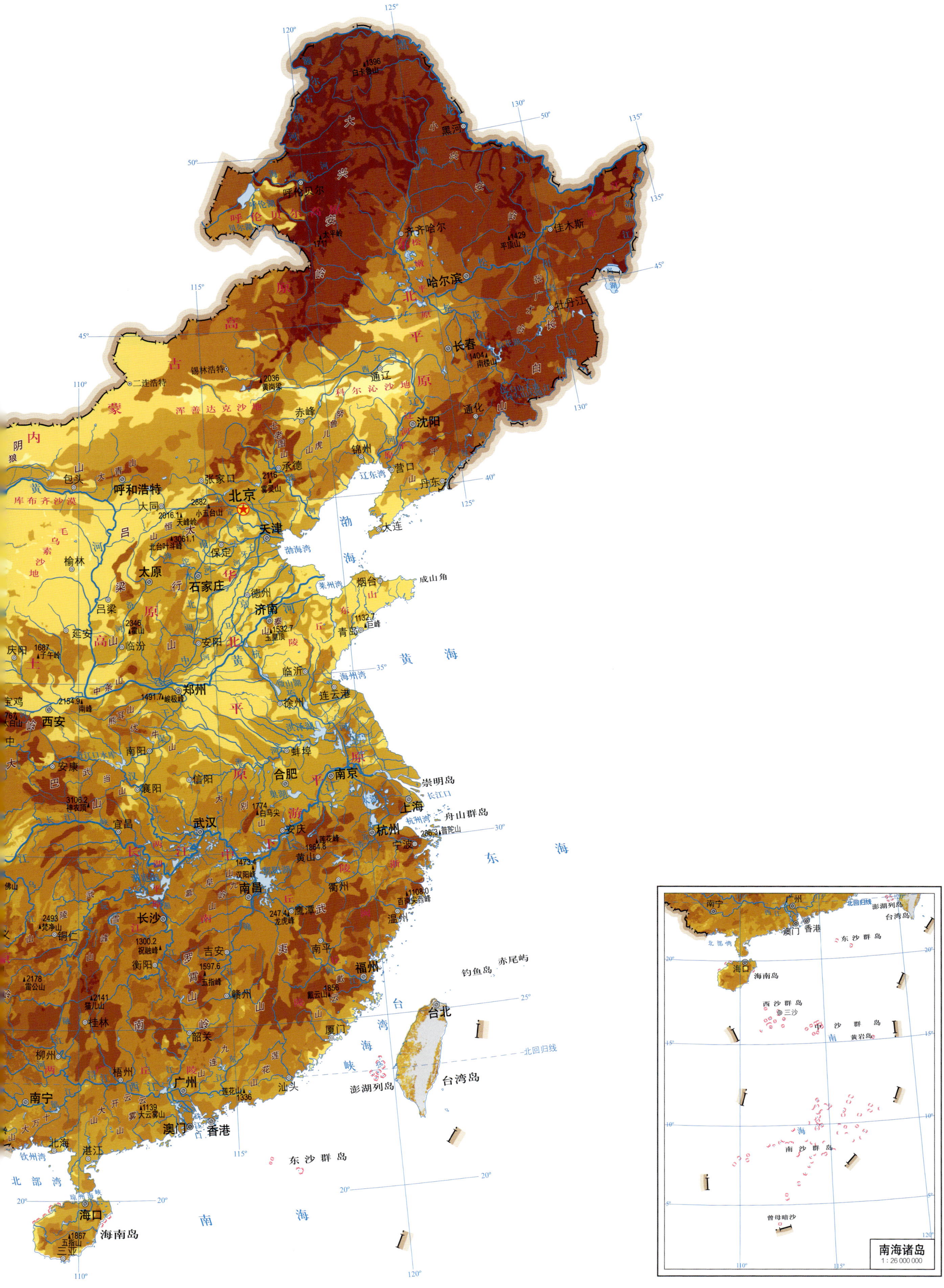

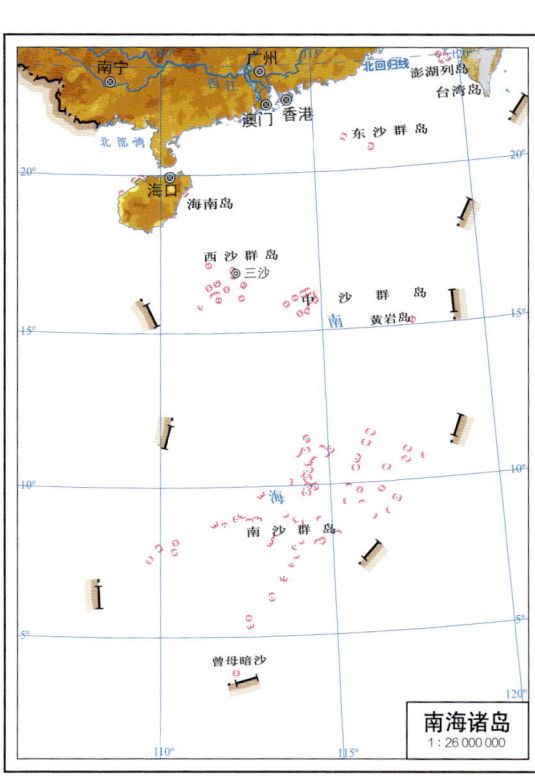

南海诸岛
1:26 000 000

第一编 编制说明与序图

中国地势图
1∶13 000 000

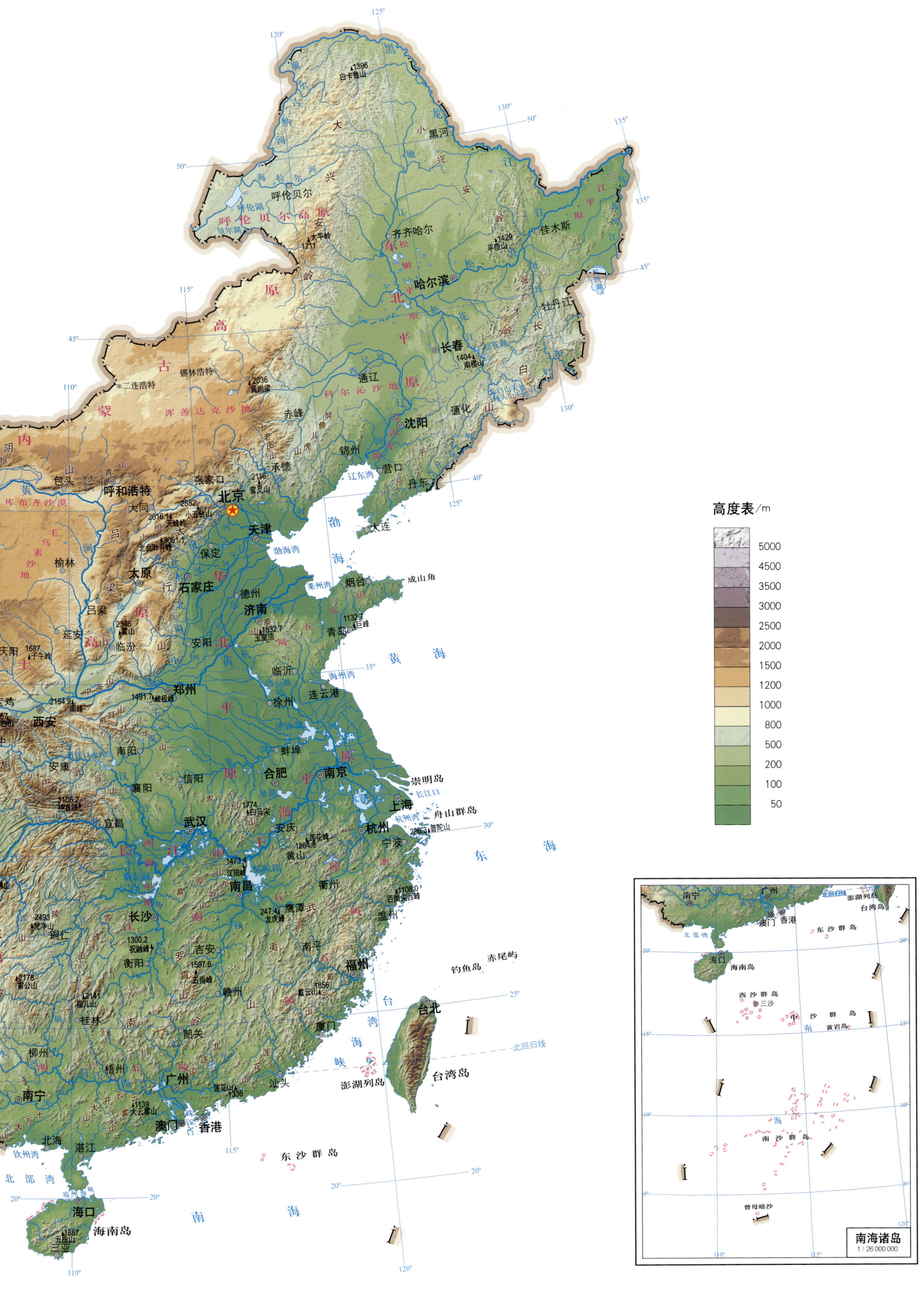

重庆市土壤图
1∶1 440 000

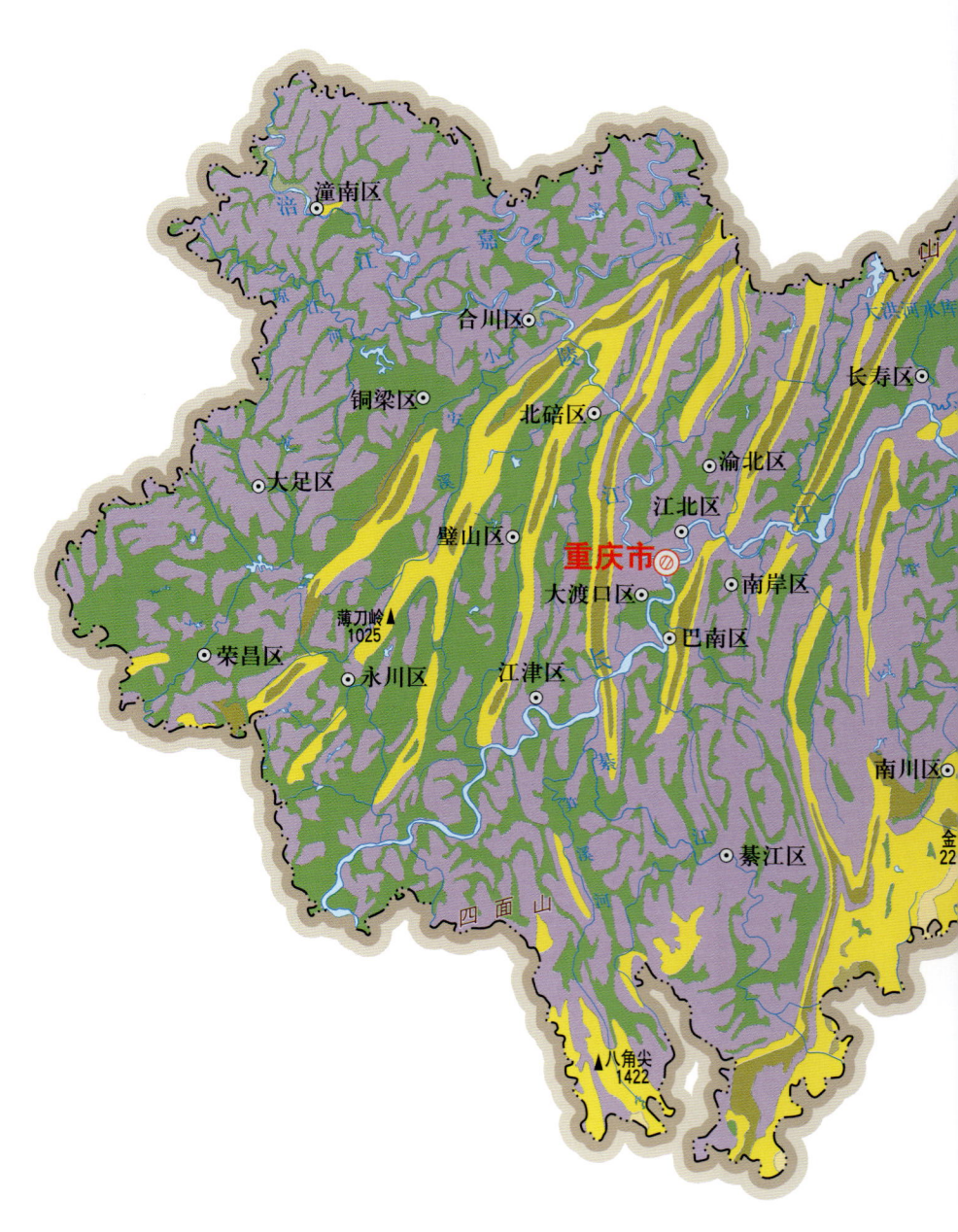

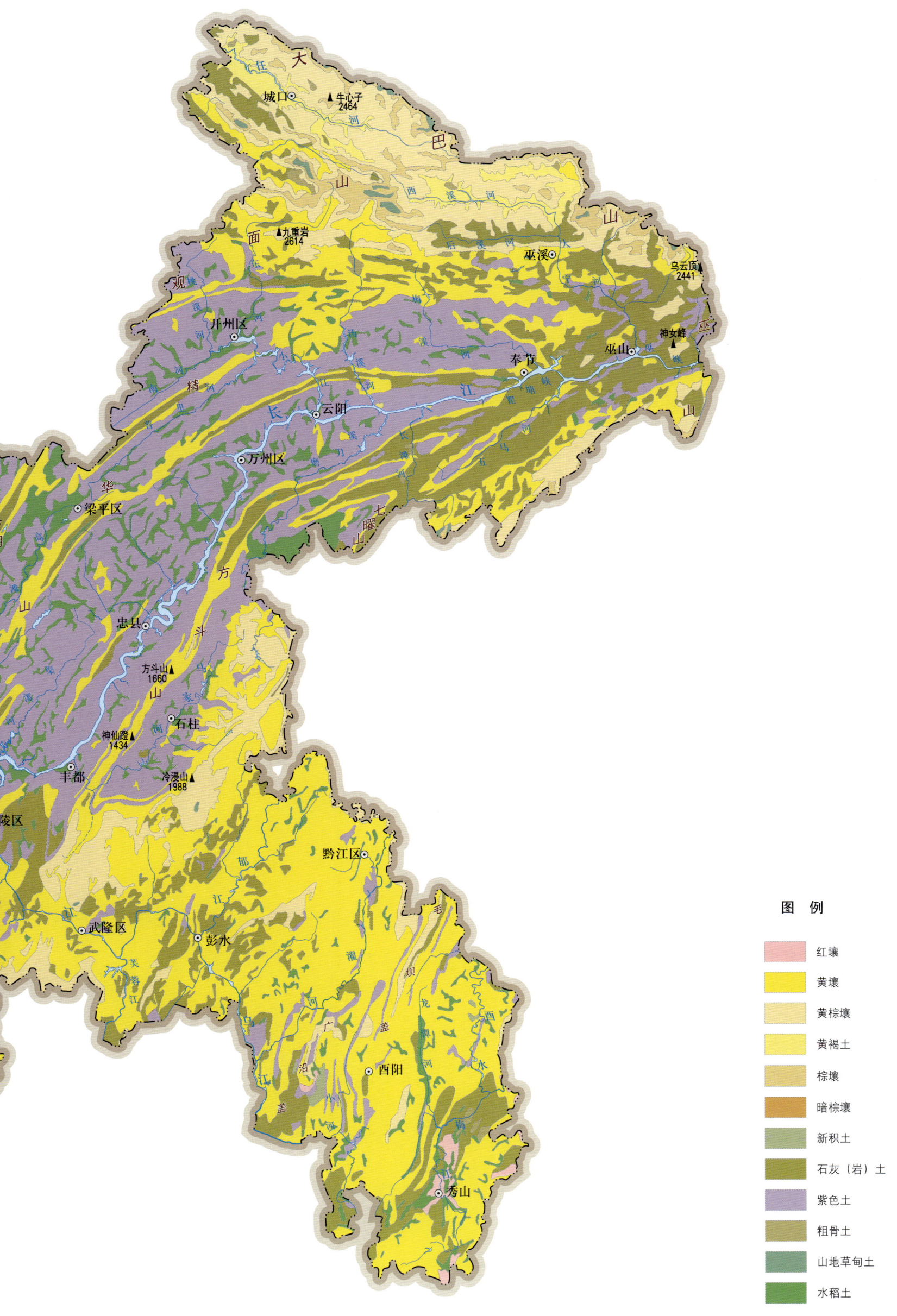

重庆市土壤有机质含量图
1 : 1 440 000

注：土层厚度为0—30cm。

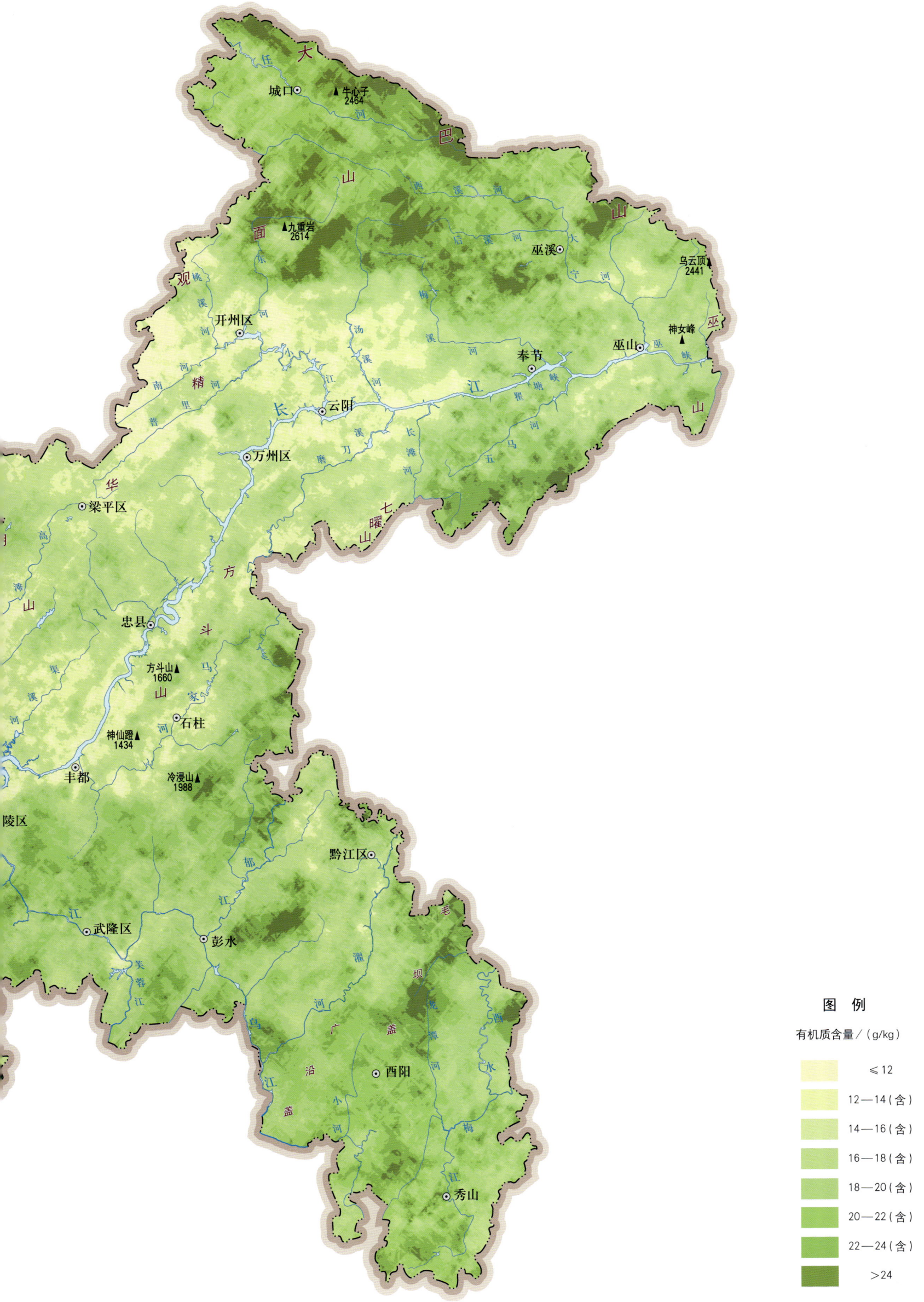

重庆市地势图
1∶1 440 000

四川省土壤图
1∶3 000 000

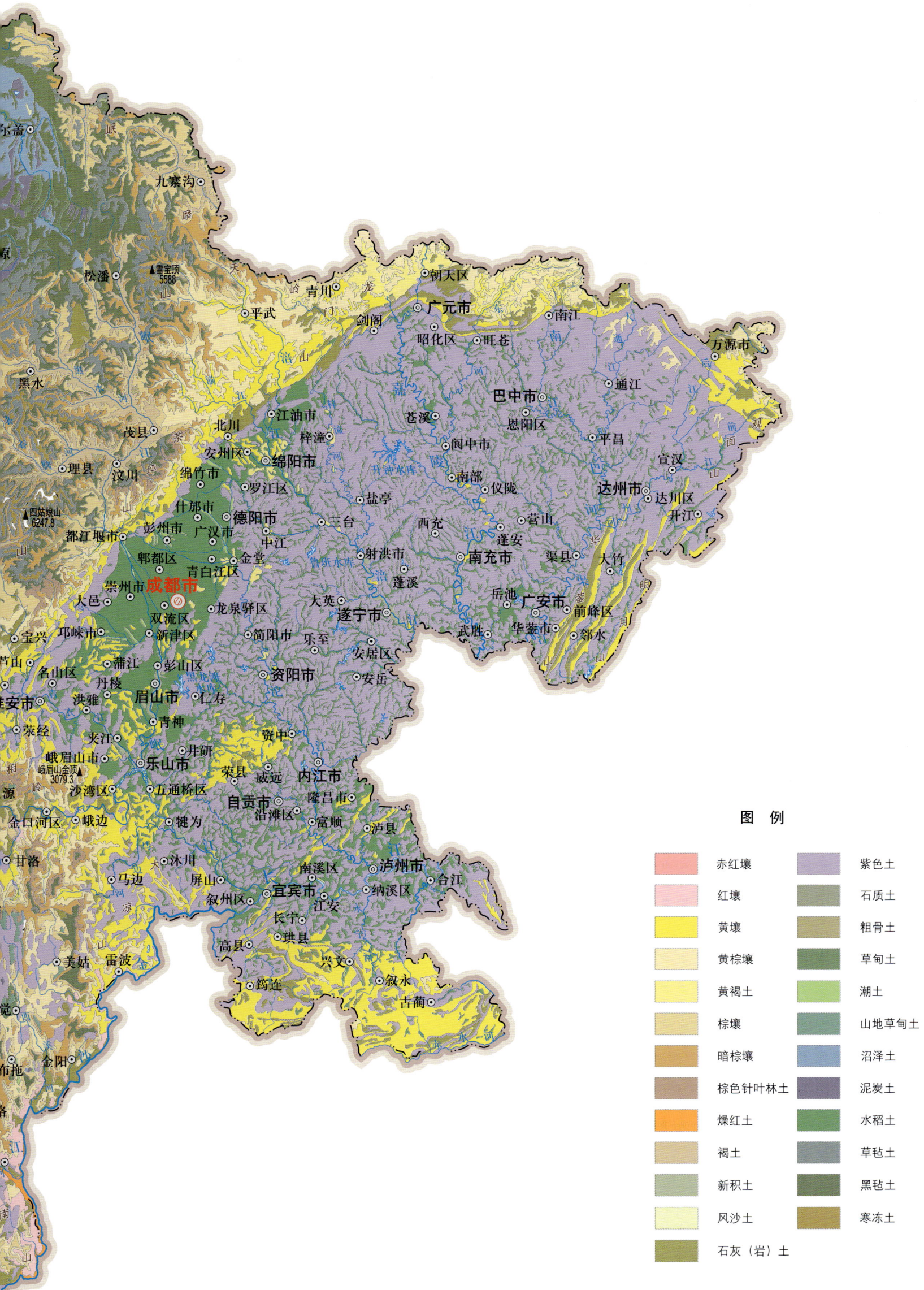

四川省土壤有机质含量图
1∶3 000 000

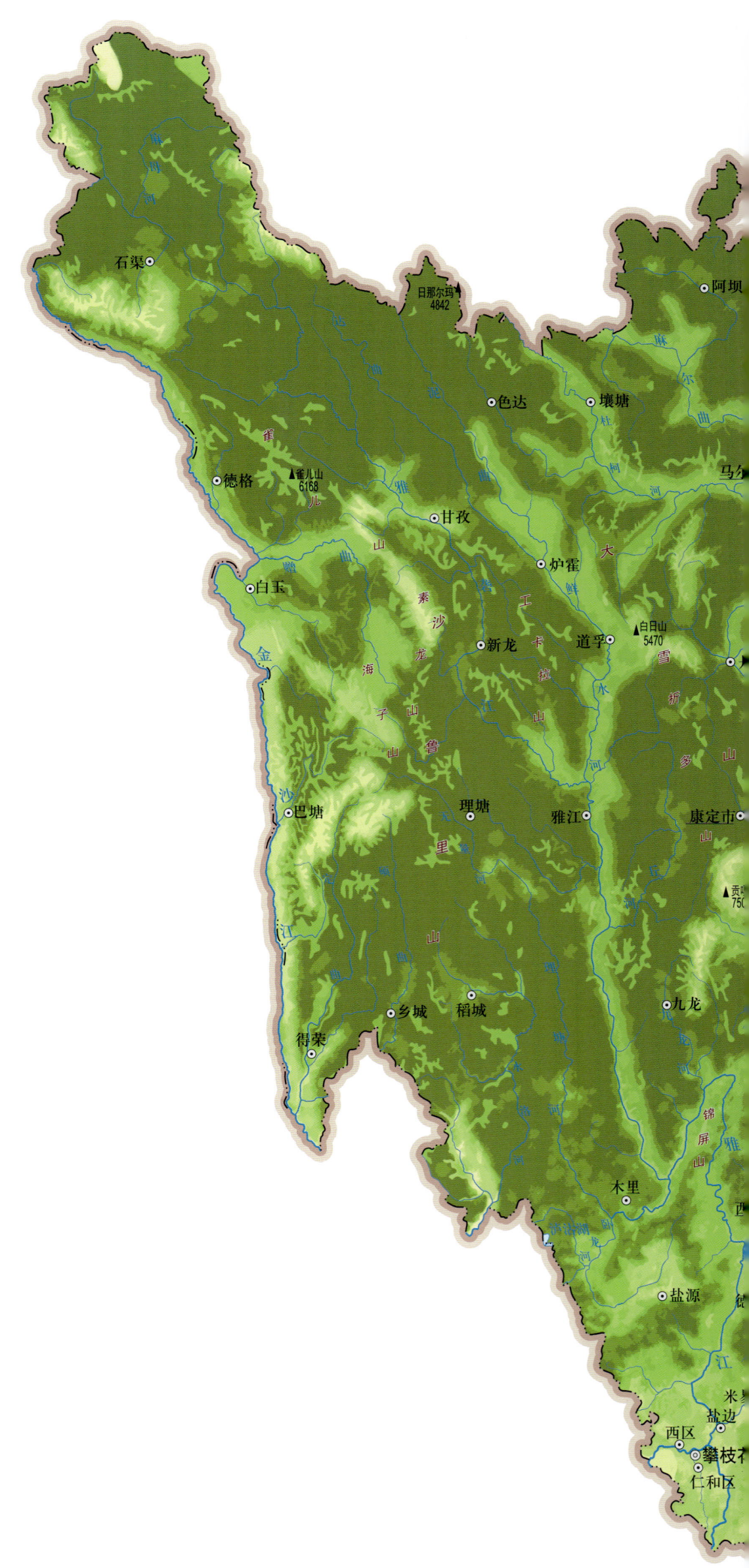

注：土层厚度为 0—30cm。

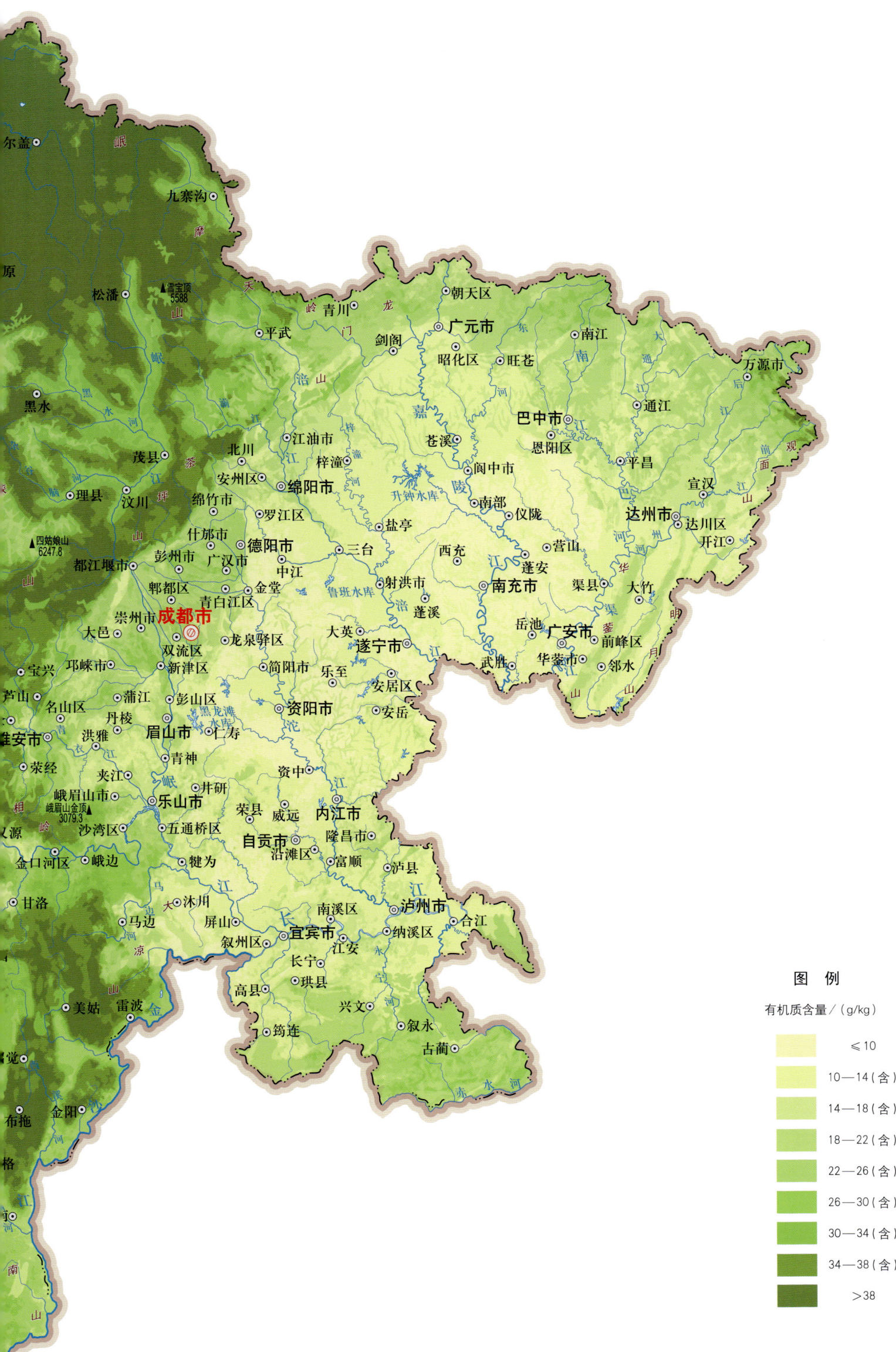

四川省地势图
1∶3 000 000

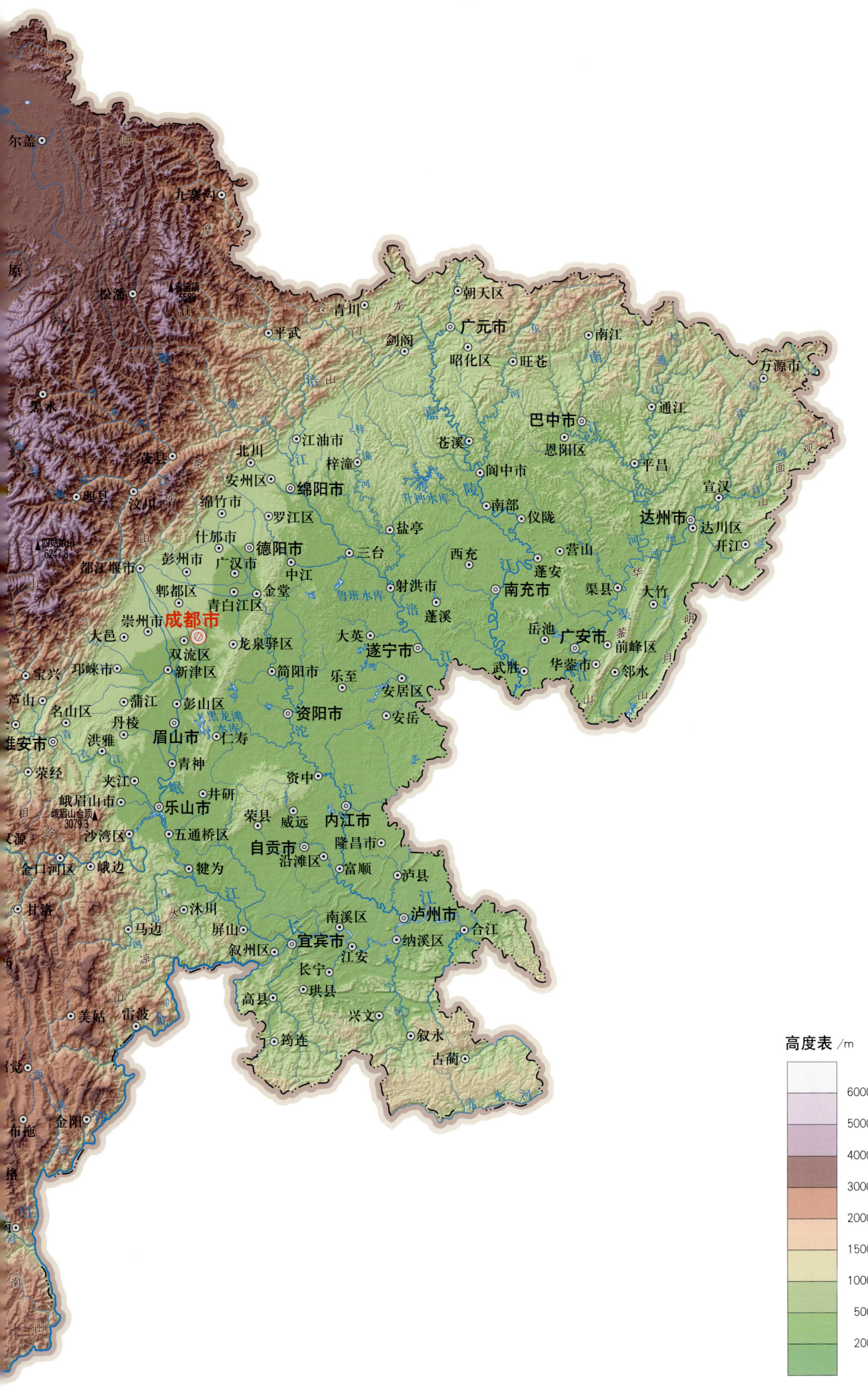

中国土壤剖面数据集·重庆、四川卷

第二编 | 重庆市分县土壤图与土壤剖面数据

重 庆 市

万 州 区

主要土类说明

紫色土是万州区的主要土壤类型，占本区地域面积的47%。紫色土是由热带、亚热带紫红色岩层直接风化形成的A-C型土壤。其理化性质与母岩组成直接相关，土层浅薄，剖面层次发育不明显，仍处于初育阶段。母岩富含矿质养分，且风化迅速。

水稻土是万州区第二大土壤类型，占本区地域面积的34%。水稻土是在长期季节性淹灌、水下翻耕、季节性脱水、氧化还原交替影响下，原来成土母质或母土的特性发生重大改变，形成的新的土壤类型。由于干湿交替，水稻土形成糊状淹育层、较坚实板结的犁底层、渗育层、潴育层与潜育层等多种发生层段是在人为耕作、水浆管理下形成的。

黄壤是万州区第三大土壤类型，占本区地域面积的17%。黄壤发生于亚热带湿润条件下，多见于700—1200m的山区，中度富铝化，土壤有机质累积较多，具O-A-AB-B-C剖面构型。pH为4.5—5.5。淀积层（B层）富含水合氧化物（针铁矿），呈黄色，有时多含三水铝石。

小于本区地域面积3%的土壤类型还有新积土等。

本区域中心区气候特征

本区域中心区气候特征值
Regional climate characteristics in central area of the region

气候带：中亚热带湿润气候 Climate region: Subtropical humid climate	
年平均气温 /℃ Annual average temperature /℃	16.0
年平均最高气温 /℃ Annual average maximum temperature /℃	20.6
年平均最低气温 /℃ Annual average minimum temperature /℃	12.7
年降水量 /mm Annual precipitation /mm	1325
≥10℃的积温 /℃ Daily temperature accumulated in a year (≥10℃) /℃	5799
年日照时数 /h Annual sunshine /h	1196
年平均相对湿度 /% Annual average relative humidity /%	78
干燥度 Dryness	0.79

本区域中心区月平均气温与月平均降水量
Monthly temperature and precipitation in central area of the region

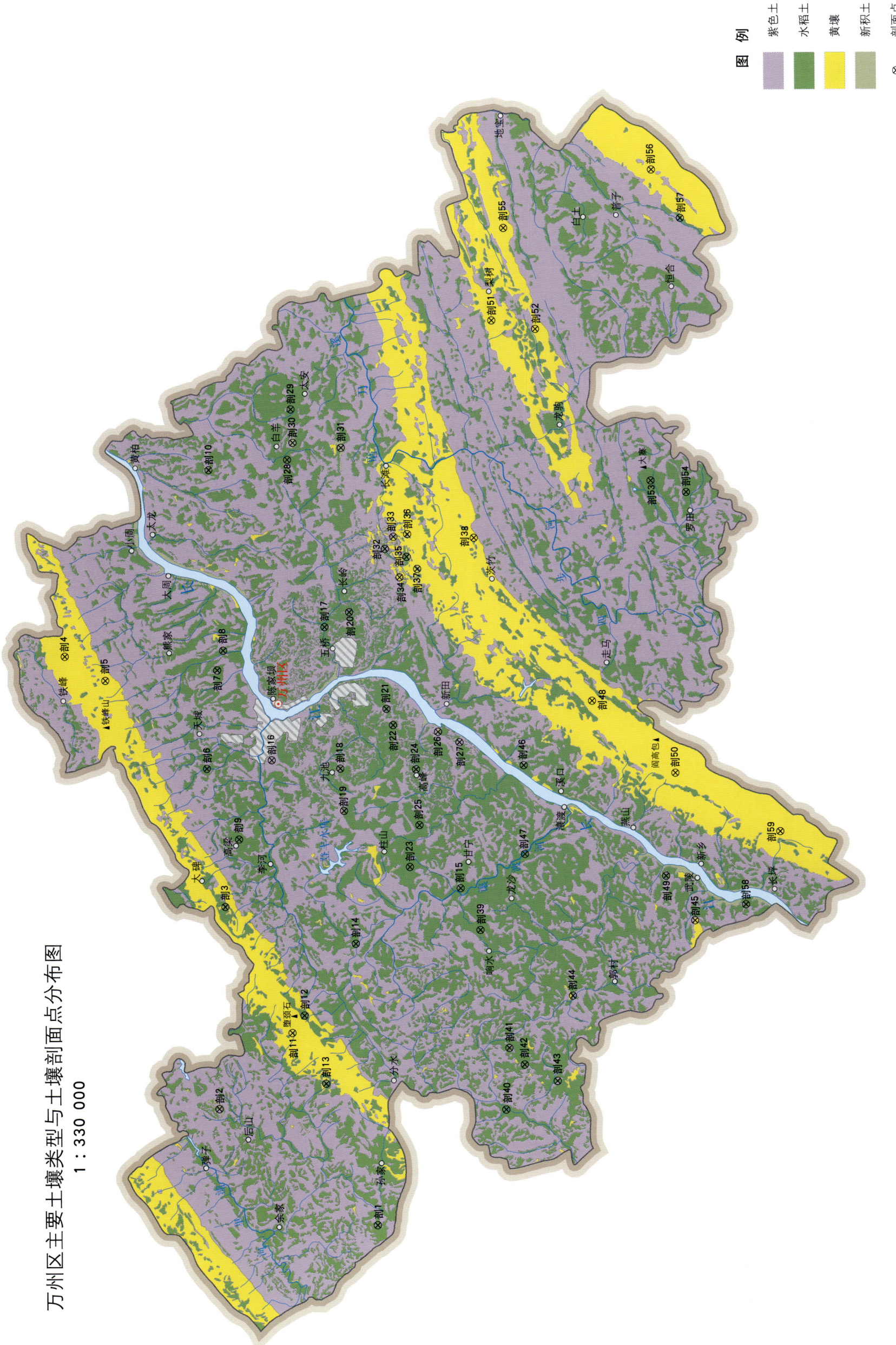

万州区土壤剖面理化性状表

剖面号 Soil profile	土纲 Soil order	土类 Soil great group	亚类 Soil subgroup	土属 Soil genus	土种 Soil species	土层码 Layer code	土层厚度 Depth/cm	颜色 Soil color	质地 Soil texture	土壤结构 Soil structure	pH	有机质 OM/(g/kg)	全氮 TN/(g/kg)	碱解氮 AN/(mg/kg)	土壤母质 Parent material	剖面点坐标 Profile coordinate	匹配指数 Matching index/%
剖1	人为土	水稻土	灰棕冲积水稻土	灰棕冲积土	潮砂泥田	A'	0—18	灰棕色	轻壤土	粒状	7.8	18.0	2.80	90	长江新冲积物	E 107°57′42.7″ N 30°43′54.9″	90
						P	18—41	灰棕色	中壤土	棱块状	7.8						
						Wa₁	41—60	棕灰色	中壤土	棱块状	7.8						
剖2	初育土	新积土	冲积土	紫色冲积土	河砂土	A	0—21	棕灰色	砂壤土	粒状	6.9	6.7	0.20	17	河流冲积物	E 108°03′19.4″ N 30°50′55.3″	90
						B	21—45	灰棕色	砂壤土	块状	7.0	4.0	0.49	15			
						D	45—	棕灰色	砂土	块状	7.0						
剖3	人为土	水稻土	黄壤性水稻土	冷砂黄泥田	冷白鳝泥田	A'	0—19	浅黄色	重壤土	块状	6.5	11.4	1.17	65	厚砂岩、泥岩	E 108°13′26.7″ N 30°50′50.4″	97
						Wa₁	19—29	白灰色	重壤土	棱块状	6.3	5.4	0.79	34			
						Wa₂	29—50	灰白色	重壤土	棱块状	6.0	4.3	0.89	30			
剖4	黄壤	黄壤	黄壤	冷砂黄泥土	冷白鳝泥土	A	0—21	浅棕色	重壤土	块状	6.7				砂岩、泥岩	E 108°25′55.2″ N 30°58′03.4″	99
						B	21—53	黄棕色	重壤土	块状	6.3						
						C	53—	灰灰色										
剖5	黄壤	黄壤	黄壤	矿子黄泥土	砂泥土	A	0—19	灰黄色	中壤土	粒状	7.2				灰岩、泥页岩	E 108°24′44.3″ N 30°56′16.4″	100
						B	19—48	棕灰色	重壤土	块状	7.6						
						C	48—										
剖6	人为土	水稻土	紫色土性水稻土	灰棕紫色水稻土	砂田	A'	0—16	灰棕色	轻壤土	粒状	6.7				砂页岩、泥岩	E 108°20′24.7″ N 30°51′45.4″	90
						B	16—56	灰棕色	轻壤土	块状	6.7						
						C	56—										
剖7	人为土	水稻土	紫色土性水稻土	红棕紫色水稻土	棕黄泥田	A'	0—17	棕色	中壤土	小块状	6.8				厚层钙质泥岩	E 108°25′22.4″ N 30°51′23.4″	91
						G₁	17—27	灰棕紫色	重壤土	无明显结构	7.0						
						Wa₂	25—50	黄棕紫色	重壤土	棱块状	6.5						
						Wb₁	50—70	棕黄色	重壤土	棱块状	6.5						
剖8	人为土	水稻土	冲积型水稻土	紫色冲积水稻土	紫潮砂田	A'	0—23	灰棕紫色	中壤土	粒状	7.0	12.9	0.87	67	河流新冲积物	E 108°26′22.9″ N 30°51′09.0″	77
						P	23—32	灰棕色	轻壤土	柱状	7.0	11.0	0.74	36			
						Wb₀	32—70	灰棕色	重壤土	柱状	7.0	8.7	0.62	36			
剖9	人为土	水稻土	紫色土性水稻土	灰棕紫色水稻土	黄泥田	A'	0—18	蓝灰色	重壤土	块状	6.9	16.5	0.67	78	砂岩、泥岩	E 108°16′51.2″ N 30°50′17.9″	92
						G₁	18—27	黄棕色	重壤土	块状	7.0						
						Wa₂	27—77	黄棕色	重壤土	棱柱状	7.0						
						Wb₁	77—100	棕黄色	中壤土	棱柱状	7.5						
剖10	人为土	水稻土	紫色土性水稻土	棕紫色水稻土	粗砂大土泥田	A'	0—20	棕黄色	轻壤土	小块状	6.0	14.2	0.67	80	砂泥岩	E 108°35′28.0″ N 30°51′56.5″	97
						P	20—39	黄棕色	轻壤土	块状	6.0						
						Wb₁	39—	黄棕色	重壤土	粒状	6.3						
剖11	铁铝土	黄壤	黄壤性水稻土	冷砂黄泥田	夹砂田	A'	0—21	黄棕色	中壤土	块状	5.4				砂岩、泥岩	E 108°07′11.3″ N 30°47′48.1″	97
						B	21—35	棕黄色	重壤土	棱柱状	5.5	23.0	1.54	67			
						C	35—80	棕黄色	重壤土	块状	6.0						
剖12	人为土	水稻土	黄壤性水稻土	冷砂黄泥田	冷黄泥田	A'	0—18	黄灰色	轻壤土	粒状	6.3				厚砂岩、泥岩	E 108°04′03.8″ N 30°47′17.5″	77
						Wb₁	18—37	灰黄色	砂壤土	块状	6.0						
剖13	人为土	水稻土	黄壤性水稻土	冷砂黄泥田	冷砂田	A'	0—20	棕紫色	轻壤土	粒状	6.0				厚砂岩、泥岩	E 108°04′41.9″ N 30°46′17.0″	70
						Wb₂	37—68	棕紫色	中壤土	棱柱状	7.0						
剖14	人为土	水稻土	紫色土性水稻土	红棕紫色水稻土	大土泥田	A'	0—20	棕紫色	中壤土	棱柱状	7.5				厚层钙质泥岩	E 108°11′42.7″ N 30°45′06.5″	72
						P	20—35	灰棕紫色	中壤土	棱柱状	7.0						
						Wa₁	35—75										

续表 Continued

剖面号 Soil profile	土纲 Soil order	土类 Soil great group	亚类 Soil subgroup	土属 Soil genus	土种 Soil species	土层码 Layer code	土层厚度 Depth/cm	颜色 Soil color	质地 Soil texture	土壤结构 Soil structure	pH	有机质 OM/(g/kg)	全氮 TN/(g/kg)	碱解氮 AN/(mg/kg)	土壤母质 Parent material	剖面点坐标 Profile coordinate	匹配指数 Matching index/%
剖15	人为土	水稻土	冲积型水稻土	紫色冲积水稻土	紫潮泥田	A'	0—22	灰棕紫色	中壤土	粒状	6.0	20.6	1.75	123	河流新冲积物	E 108°14'37.7" N 30°40'35.4"	91
						P	22—33	灰棕紫色	重壤土	核柱状	6.0	21.1	1.10	84			
						Wa₁	33—53	棕紫色	砂壤土	块状	5.5	20.2	0.86	72			
剖16	初育土	紫色土	中性紫色土	灰棕紫泥土	夹砂土	D	53—	灰棕色	砂壤土	无明显结构	6.5					E 108°20'53.8" N 30°48'56.3"	83
剖17	人为土	水稻土	冲积型水稻土	紫色冲积水稻土	潮砂田	A	0—29	灰棕紫色	中壤土	粒状	7.3	9.4	0.74	96	冲积物	E 108°27'39.6" N 30°46'44.8"	77
						B	29—64	灰棕紫色	中壤土	核状	7.5	6.3	0.49	80			
						C	64—	灰棕紫色	中壤土	块状	7.5	3.2	0.20	66			
剖18	人为土	水稻土	紫色土性水稻土	红棕紫泥水稻土	紫大泥田	A'	0—23	红棕色	砂壤土	粒状	6.5	9.2	0.29	27	红紫色页岩	E 108°20'33.0" N 30°45'56.5"	79
						P	23—50	红棕色	轻壤土	核柱状	7.0						
						W	50—65	黄棕色	轻壤土	块状	7.5						
剖19	人为土	水稻土	紫色土性水稻土	棕紫泥水稻土	白散砂田	A'	0—17	红棕色	重壤土	粒状	7.0	23.5	1.69	154	灰白长石砂岩	E 108°20'25.6" N 30°45'44.6"	94
						W	17—42	红棕色	中壤土	核柱状	7.0	19.8	1.48	129			
						P	42—78	红棕色	砂壤土	核柱状	7.0	10.0	0.91	67			
						C	78—	黄棕色	中壤土	整体状	7.5	3.1	0.59	41			
剖20	人为土	水稻土	紫色土性水稻土	灰棕紫泥水稻土	豆瓣泥田	A'	0—18	白棕色	砂壤土	粒状、核状	5.5	17.4	0.72	160	紫色页岩	E 108°28'26.8" N 30°45'41.0"	85
						P	18—39	黄棕色	重壤土	整体状	6.0	10.3	0.66	127			
剖21	人为土	水稻土	紫色土性水稻土	棕紫色水稻土	石骨子泥田	A'	0—14	灰棕紫色	砂壤土	整体状	6.5	13.6	1.23	140	厚层钙质泥岩	E 108°23'36.2" N 30°43'58.8"	95
						G₁	14—27	黄棕紫色	重壤土	核柱状	6.8	13.3	1.17	131			
						P	27—52	灰棕紫色	中壤土	整体状	7.0	6.0	0.95	65			
						C	52—	紫色	砾中壤土	整体状	7.0	2.9	0.51	38			
剖22	人为土	水稻土	紫色土性水稻土	灰棕紫色水稻土	砂田	A'	0—13	灰棕紫色	砾轻壤土	核块状	7.0	11.0	0.72	146	砂岩风化物	E 108°22'47.6" N 30°43'49.3"	98
						P	13—22	棕紫色	砾中壤土	整体状	7.3	9.0	0.66	129			
						C	22—	棕紫色	砾土	核状	7.5	4.0	0.25	45			
剖23	人为土	水稻土	紫色土性水稻土	灰棕紫色水稻土	红紫田	A'	0—19	灰棕色	砂壤土	核状	6.0	18.7	1.19	152	厚层钙质泥岩	E 108°15'38.5" N 30°42'49.3"	72
						P	19—53	黄棕紫色	重壤土	块状	6.5	9.0	0.66	78			
						W	53—81	黄棕紫色	中壤土	块状	7.0	4.2	0.54	37			
						C	81—	黄色	砂壤土	小块状	7.0	3.8	0.40	26			
剖24	人为土	水稻土	紫色土性水稻土	红棕紫色水稻土	大土泥田	A'	0—22	棕红色	重壤土	核块状	6.5	17.9	1.13	158	紫色页岩	E 108°22'35.5" N 30°43'38.5"	76
						P	18—47	红棕紫色	重壤土	核块状	7.0	10.5	0.78	122			
						W	47—	黄棕紫色	中壤土	小块状	7.0	6.8	0.69	76			
剖25	人为土	水稻土	紫色土性水稻土	灰棕紫色水稻土	泥田	A'	0—22	灰棕紫色	重壤土	粒状	6.5	15.3	0.80	70	砂页岩、泥岩	E 108°17'47.4" N 30°42'26.6"	74
						P	22—32	黄棕紫色	重壤土	块状	7.0						
						Wb₁	32—68	黄棕紫色	重壤土	块状	7.0						
						Wa₁	68—80	棕黄色	中壤土	粒状	7.5						
剖26	铁铝土	黄壤	黄壤	姜石黄泥土	姜石黄泥土	A	0—20	棕黄色	重壤土	小块状	7.5	19.0	1.44	111	冲积物	E 108°22'30.2" N 30°41'42.1"	74
						B	20—30	棕黄色	中壤土	核状	8.0						
剖27	初育土	紫色土	中性紫色土	灰棕紫泥土	大土泥土	A	0—20	灰棕紫色	重壤土	无明显结构	7.0	16.5	0.91	73	厚页岩	E 108°22'00.5" N 30°40'45.3"	79
						C	20—70	棕黄色	重壤土	块状	7.0						
剖28	人为土	水稻土	紫色土性水稻土	灰棕紫泥水稻土	夹砂田	A'	0—18	灰棕紫色	轻壤土	粒状	7.5	12.7	0.89	67	砂页岩、泥岩	E 108°36'03.2" N 30°48'30.6"	92
						Wb₁	18—52	灰棕紫色	中壤土	核柱状	7.6	10.4	0.69	55			
						C	52—										

续表 Continued

剖面号 Soil profile	土纲 Soil order	土类 Soil great group	亚类 Soil subgroup	土属 Soil genus	土种 Soil species	土层码 Layer code	土层厚度 Depth/cm	颜色 Soil color	质地 Soil texture	土壤结构 Soil structure	pH	有机质 OM/(g/kg)	全氮 TN/(g/kg)	碱解氮 AN/(mg/kg)	土壤母质 Parent material	剖面点坐标 Profile coordinate	匹配指数 Matching index/%
剖29	人为土	水稻土	紫色土性水稻土	灰棕紫色水稻土	白鳝泥田	A'	0—13	灰棕色	重壤土	块状	5.5	14.0	0.96	77	砂页岩、泥岩	E 108°38'36.2" N 30°48'23.8"	76
						Wb₂	13—39	灰黄色	中壤土	棱柱状	5.6	10.0	0.30	70			
						Wa₁	39—66	白灰色	重壤土	棱柱状	6.0	1.9	0.48	25			
						Wa₃	66—114	白灰色	轻壤土	棱柱状	5.6	15.0	0.76	70			
剖30	初育土	新积土	冲积土	紫色冲积土	紫潮砂土	A	0—25	黄棕色	轻壤土	粒状	7.2	6.8	0.64	46	河流冲积物	E 108°36'55.4" N 30°48'16.9"	75
						B	25—50	黄棕色	轻壤土	块状	7.2						
						D	50—70	黄棕色	砂壤土	块状	7.2						
剖31	初育土	新积土	冲积土	紫色冲积土	紫潮泥土	A	0—20	灰棕紫色	轻壤土	粒状	7.0	8.5	0.90	62	河流冲积物	E 108°36'43.2" N 30°46'10.9"	89
						B	20—40	灰棕紫色	中壤土	棱块状	7.0						
						D	40—	黄棕色	砂壤土	块状	7.2						
剖32	人为土	水稻土	冲积型水稻土	紫色冲积水稻土	潮泥夹砂田	A'	0—20	棕灰色	砂壤土	粒状	6.5	14.6	1.10	85	紫色冲积物	E 108°31'40.8" N 30°44'10.3"	83
						P	20—40	灰棕色	中壤土	棱块状	7.0						
						W	40—65	棕色	砂壤土	棱柱状	7.0						
						C	65—90	棕紫色	砂壤土	块状	7.0						
剖33	初育土	紫色土	中性紫色土	暗紫泥土	杂色石骨子土	A					7.5	6.3	0.86	73	页岩碎屑	E 108°32'17.5" N 30°43'48.7"	76
						B					7.0	3.9	0.70	61			
						C					7.0	2.9	0.51	42			
剖34	铁铝土	黄壤	黄壤	冷砂黄泥土	冷砂土	A	0—22	黄棕色	砂壤土	粒状	5.0	13.9	0.79	89	石英砂岩	E 108°30'15.7" N 30°43'30.7"	86
						B	22—30	棕黄色	砂壤土	粒状	5.5	8.2	0.68	81			
剖35	人为土	水稻土	紫色土性水稻土	暗紫泥田	灰大土泥田	A'	0—18	灰棕色	重壤土	小块状	7.5	33.0	2.75	114	页岩、灰岩	E 108°31'18.1" N 30°43'13.4"	81
						P	18—41	灰棕紫色	重壤土	棱柱状	8.0						
						W	41—60	棕紫色	砂壤土	块状	7.5						
剖36	人为土	水稻土	黄壤性水稻土	冷砂黄泥田	冷砂田	A'	0—20	黄棕色	砂壤土	粒状	5.5	15.1	0.75	80	石英砂岩	E 108°32'26.1" N 30°43'12.8"	82
						P	20—40	棕紫色	砂壤土	块状	6.5						
						C	40—	棕紫色	砂壤土	块状	5.5						
剖37	人为土	水稻土	黄壤性水稻土	冷砂黄泥田	白鳝泥田	A	0—18	棕黄色	重壤土	粒状	5.5	16.3	1.25	117	泥质粉砂岩	E 108°30'42.1" N 30°42'45.0"	76
						P	18—45	灰白黄色	重壤土	棱柱状	6.0	13.9	0.96	93			
						Wa	45—	白黄色	砾砂壤土	块状	6.0	9.8	0.87	79			
剖38	黄壤	黄壤	黄壤	矿子黄泥土	石渣子土	A	0—19	黄灰色	砾砂壤土	粒状	7.8				灰岩、泥页岩	E 108°32'19.3" N 30°40'18.1"	74
						B	19—48	灰棕色	中壤土	块状	7.8						
						C	48—	棕紫色	重壤土	块状	7.0						
剖39	人为土	水稻土	紫色土性水稻土	红棕紫色水稻土	豆瓣泥田	A'	0—16	棕色	重壤土	小块状	7.6	18.2	1.57	94	厚层钙质泥岩	E 108°12'32.8" N 30°39'41.4"	82
						Wa₁	16—46	棕紫色	黏土	棱柱状	7.8	16.6	1.10	57			
						Wa₂	46—80	红棕紫色	黏土	块状	7.8	17.7	0.92	63			
剖40	铁铝土	黄壤	冲积型水稻土	紫色冲积水稻土	夹砂田	P	22—35	灰棕色	轻壤土	粒状	6.5				河流新冲积物	E 108°03'36.7" N 30°38'24.4"	91
						Wb₁	35—46	黄棕色	中壤土	棱柱状	6.5						
						Wb₂	46—80	灰棕色	重壤土	块状	7.0						
剖41	人为土	水稻土	紫色土性水稻土	棕紫色水稻土	黄泥田	A'	0—20	棕色	重壤土	块状	7.0	16.1	1.29	79	砂泥岩	E 108°06'40.3" N 30°38'19.3"	80
						P	20—30	黄棕色	黏土	棱柱状	7.6	10.5	2.60	51			
						Wb₁	30—57	棕棕色	黏土	棱柱状	6.8	3.9	1.00	29			
剖42	人为土	水稻土	紫色土性水稻土	棕紫色水稻土	瘦砂田	A'	0—14	黄棕色	砂壤土	块状	6.3	11.6	0.34	67	砂泥岩	E 108°05'51.7" N 30°37'38.3"	100
						P	14—32	黄棕色	砂壤土	粒状	5.5						
						Wb₁	32—55	黄棕色	砂壤土	块状	5.5						

续表 Continued

剖面号 Soil profile	土纲 Soil order	土类 Soil great group	亚类 Soil subgroup	土属 Soil genus	土种 Soil species	土层码 Layer code	土层厚度 Depth/cm	颜色 Soil color	质地 Soil texture	土壤结构 Soil structure	pH	有机质 OM/(g/kg)	全氮 TN/(g/kg)	碱解氮 AN/(mg/kg)	土壤母质 Parent material	剖面点坐标 Profile coordinate	匹配指数 Matching index/%
剖41	人为土	水稻土	紫色土性水稻土	棕紫色水稻土	半砂半泥田	A'	0—18	黄棕色	轻壤土	粒状	6.5	13.2	0.62	71	砂泥岩	E 108°05′05.6″ N 30°36′11.5″	100
						P	18—26	棕黄色	轻壤土	小块状	6.5						
						Wb₁	26—47	黄灰色	砂壤土	大块状	6.0						
剖44	人为土	水稻土	紫色土性水稻土	红棕紫色水稻土	棕夹砂田	A'	0—25		轻壤土	粒状	6.7				厚层钙质泥岩	E 108°09′21.2″ N 30°35′35.5″	89
						P	25—35		中壤土	棱柱状	7.0						
						Wb₁	35—100	红棕紫色	中壤土	棱柱状	7.0						
剖45	铁铝土	黄壤	黄壤性水稻土	姜石黄泥土	姜石黄泥土	1	0—20	棕黄色	重壤土	块状	7.2				黄土性运积物	E 108°13′16.2″ N 30°30′19.6″	91
						2	20—55	棕黄色	重壤土	棱柱状	7.9						
						C	55—			大块状							
剖46	人为土	水稻土	黄壤性水稻土	姜石黄泥田	姜石黄泥田	A'	0—15	暗灰色	中壤土	块状	7.5				黄土性运积物	E 108°20′55.3″ N 30°37′56.4″	80
						Wb₁	15—35	灰黄色	重壤土	棱柱状	8.0						
						Wb₂	35—95	黄灰色	重壤土	棱柱状	8.0						
剖47	人为土	水稻土	黄壤性水稻土	灰棕冲积水稻土	潮沙田	A'	0—19	灰黄色	砂壤土	粒状	7.5	14.2	2.74	61	长江新冲积物	E 108°16′25.3″ N 30°37′48.4″	80
						P	19—34	灰棕色	棱块状	棱块状	7.5						
						Wa₀	34—90	棕黄色	中壤土	棱块状	7.5						
剖48	铁铝土	黄壤	黄壤	堆积黄泥土	堆积黄泥土	1	0—16	灰黄色	重壤土	小块状	7.6	13.5	1.20	37	灰岩蚀余堆积物	E 108°24′14.6″ N 30°35′00.3″	83
						2	16—36	棕黄色	中壤土	块状	7.8	9.7	0.95	54			
						3	36—										
剖49	人为土	水稻土	黄壤	姜石黄泥田	夹砂田	A'	0—18	灰黄色	轻壤土	粒状	7.8				黄土性运积物	E 108°15′28.6″ N 30°31′37.4″	70
						Wa₂	18—35	灰黄色	重壤土	棱柱状	7.8						
						Wb₂	35—110	黄灰色	轻壤土	棱柱状	8.0						
剖50	铁铝土	黄壤	黄壤	矿子黄泥土	大土泥土	A	0—21	棕灰色	重壤土	粒状	7.3	17.7	1.44	54	灰岩、泥页岩	E 108°20′41.7″ N 30°31′18.3″	96
						B	21—45	棕灰色	重壤土	块状	7.9	18.5	1.57	52			
						C	45—										
剖51	铁铝土	黄壤	黄壤	冷砂黄泥土	冷砂土	A	0—18	黄灰色	砂壤土	粒状	5.5				砂岩、泥岩	E 108°43′17.8″ N 30°39′42.5″	94
						C	18—										
剖52	铁铝土	黄壤	黄壤	卵石黄泥土	卵石黄泥土	1	0—20	黄灰色	中壤土	棱柱状	5.2				黄壤性运积物	E 108°42′54.7″ N 30°37′47.3″	84
						2	20—100	棕灰色	重壤土	块状	5.4						
						3	100—										
剖53	人为土	水稻土	紫色土性水稻土	灰棕紫色水稻土	豆瓣泥田	A'	0—19	灰棕紫色	中壤土	块状	6.5	20.5	1.30	88	砂页岩、泥岩	E 108°35′23.6″ N 30°32′38.0″	70
						Wb₁	19—64	棕黄色	重壤土	棱柱状	6.8						
							64—80										
剖54	铁铝土	黄壤	黄壤	灰棕紫色水稻土	夹砂田	A'	0—17	棕灰色	中壤土	粒状	6.5	16.7	1.17	168	紫色砂页岩	E 108°34′50.9″ N 30°31′03.9″	81
						G₁	17—36	黄灰色	中壤土	整体状	6.8	14.1	0.86	146			
						P	36—60	黄棕紫色	中壤土	块状	7.0	8.4	0.56	86			
						Wa	60—		重壤土	整体状	7.0	5.7	0.25	44			
剖55	铁铝土	黄壤	黄壤	冷砂黄泥土	冷砂黄泥土	A	0—20	灰黄色	中壤土	小块状	6.4				砂岩、泥岩	E 108°47′56.8″ N 30°39′15.1″	70
						B	20—50	浅黄色	重壤土	块状	6.2						
						C	50—										
剖56	铁铝土	黄壤	黄壤性水稻土	矿子黄泥土	豆面泥田	A	0—23	深灰色	中壤土	粒状	7.6				灰岩、泥页岩	E 108°51′01.2″ N 30°32′49.7″	95
						B	23—55	黄棕色	重壤土	块状	7.8						
						C	55—										
剖57	人为土	水稻土	黄壤性水稻土	冷砂黄泥田	夹砂田	A'	0—20	棕紫色	中壤土	粒状	6.0				厚砂岩、泥岩	E 108°48′36.7″ N 30°31′31.8″	91
						P	20—25	棕紫色	中壤土	棱柱状	6.2						
						Wb₂	25—50	黄棕色	中壤土	棱柱状	6.3						

续表 Continued

剖面号 Soil profile	土纲 Soil order	土类 Soil great group	亚类 Soil subgroup	土属 Soil genus	土种 Soil species	土层码 Layer code	土层厚度 Depth/cm	颜色 Soil color	质地 Soil texture	土壤结构 Soil structure	pH	有机质 OM/(g/kg)	全氮 TN/(g/kg)	碱解氮 AN/(mg/kg)	土壤母质 Parent material	剖面点坐标 Profile coordinate	匹配指数 Matching index/%
剖58	人为土	水稻土	黄壤性水稻土	姜石黄泥田	大泥田	A'	0—14	棕灰色	中壤土	粒状	7.5				黄土性运积物	E 108°14'07.5" N 30°28'06.9"	74
						Wb₂	14—44	黄灰色	重壤土	棱柱状	7.5						
						Wb₁	44—90	黄灰色	重壤土	棱柱状	7.5						
剖59	铁铝土	黄壤	黄壤	矿子黄泥土	矿子黄泥土	A	0—18	黄棕色	重壤土	块状	7.2	7.3	0.70	49	灰岩、泥页岩	E 108°17'51.8" N 30°26'40.7"	97
						B	18—45	棕黄色	重壤土	块状	7.8	9.1	0.83	57			
						C	45—										

涪 陵 区

主要土类说明

紫色土是涪陵区的主要土壤类型，占本区地域面积的42%。紫色土是紫色砂岩、页岩、泥岩风化物在亚热带湿润气候条件下形成的幼年土壤，基本保持了母质理化性质。其物理风化作用强烈，成土速度快，化学风化作用微弱，发育进程慢，是发育度浅的岩性土。岩石风化形成的土壤中，除钙、钠有明显淋失外，其他元素无明显淋失，铁铝积累不明显，不具有亚热带的脱硅富铝化作用。其理化性质与母岩组成直接相关，土层浅薄，剖面层次发育不明显，仍处于初育阶段，具 A–C 剖面构型。由于母岩富含磷、钾等矿质养分，结构良好、易耕作，所以紫色土是本区重要的农业土壤资源和旱粮、多种经济作物的生产基地。

水稻土是涪陵区第二大土壤类型，占本区地域面积的33%。水稻土是在长期的周期性淹灌种稻过程，即水耕熟化过程中形成的具有独特土体构型和物质循环的特殊耕种土壤。它受人类生产活动影响最深，在耕作、施肥、灌溉、轮作等条件下，发生了还原淋溶和氧化淀积等作用，产生了一系列不同于旱地的形态和理化性状，土体一般出现糊状淹育层、较坚实板结的犁底层、渗育层、潴育层与潜育层等多种发生层。本区水稻土主要起源于紫色土、黄壤、新积土和石灰（岩）土。水稻土土层深厚，土质肥沃，光热条件较好，以水稻为主的复种轮作方式较多。

黄壤是涪陵区第三大土壤类型，占本区地域面积的22%。黄壤是形成于湿润的亚热带生物气候条件下的地带性土壤，脱硅富铝化过程明显。各地质时期的黄色、灰白色石英砂岩、页岩、千枚岩、泥质灰岩和第四纪黏土砾石层均可发育成黄壤。黄壤化学风化较强烈，矿物的水解作用比较深刻，盐基物质的淋溶势强，铁质也普遍水化，土壤在发育过程中产生明显的黏化、黄化和脱硅富铝化成土过程。黄壤具 O–A–AB–B–C 剖面构型，土壤有机质累积较高，可达 100g/kg，pH 为 4.5—5.5，多见于海拔 700—1200m 的低中山区。植被为常绿阔叶林与针叶阔叶混交林，次生林被主要为马尾松、杉木、香樟等乔木林和种类繁多的竹林、灌木、草本植物，林下附生多种药材。

小于本区地域面积 3% 的土壤类型还有石灰（岩）土、新积土等。

本区域中心区气候特征

本区域中心区气候特征值
Regional climate characteristics in central area of the region

气候带：中亚热带湿润气候 Climate region: Subtropical humid climate	
年平均气温 /℃ Annual average temperature /℃	16.8
年平均最高气温 /℃ Annual average maximum temperature /℃	20.9
年平均最低气温 /℃ Annual average minimum temperature /℃	13.9
年降水量 /mm Annual precipitation /mm	1216
≥ 10℃的积温 /℃ Daily temperature accumulated in a year（≥ 10℃）/℃	6094
年日照时数 /h Annual sunshine /h	1072
年平均相对湿度 /% Annual average relative humidity /%	80
干燥度 Dryness	0.83

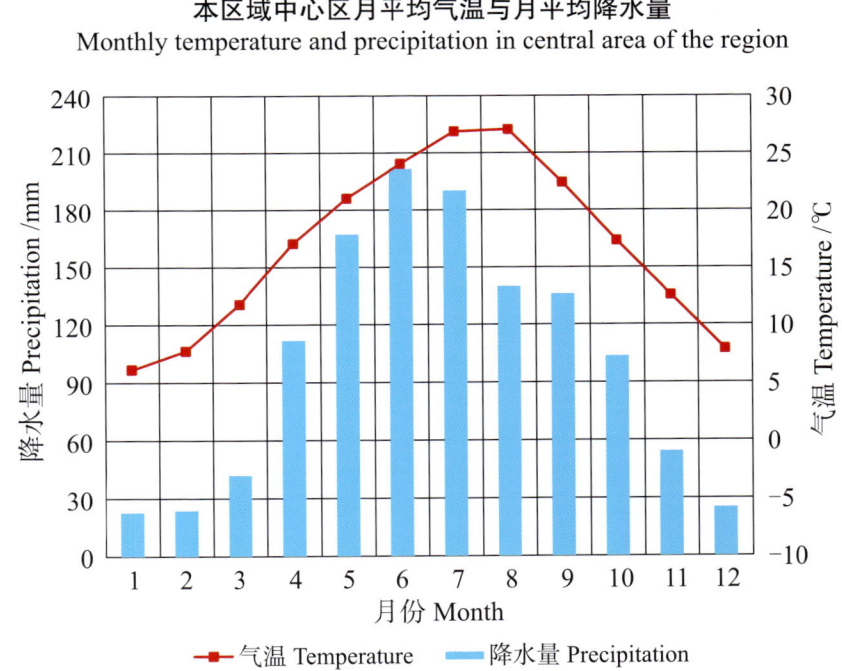

本区域中心区月平均气温与月平均降水量
Monthly temperature and precipitation in central area of the region

涪陵市主要土壤类型与土壤剖面点分布图
1:320 000

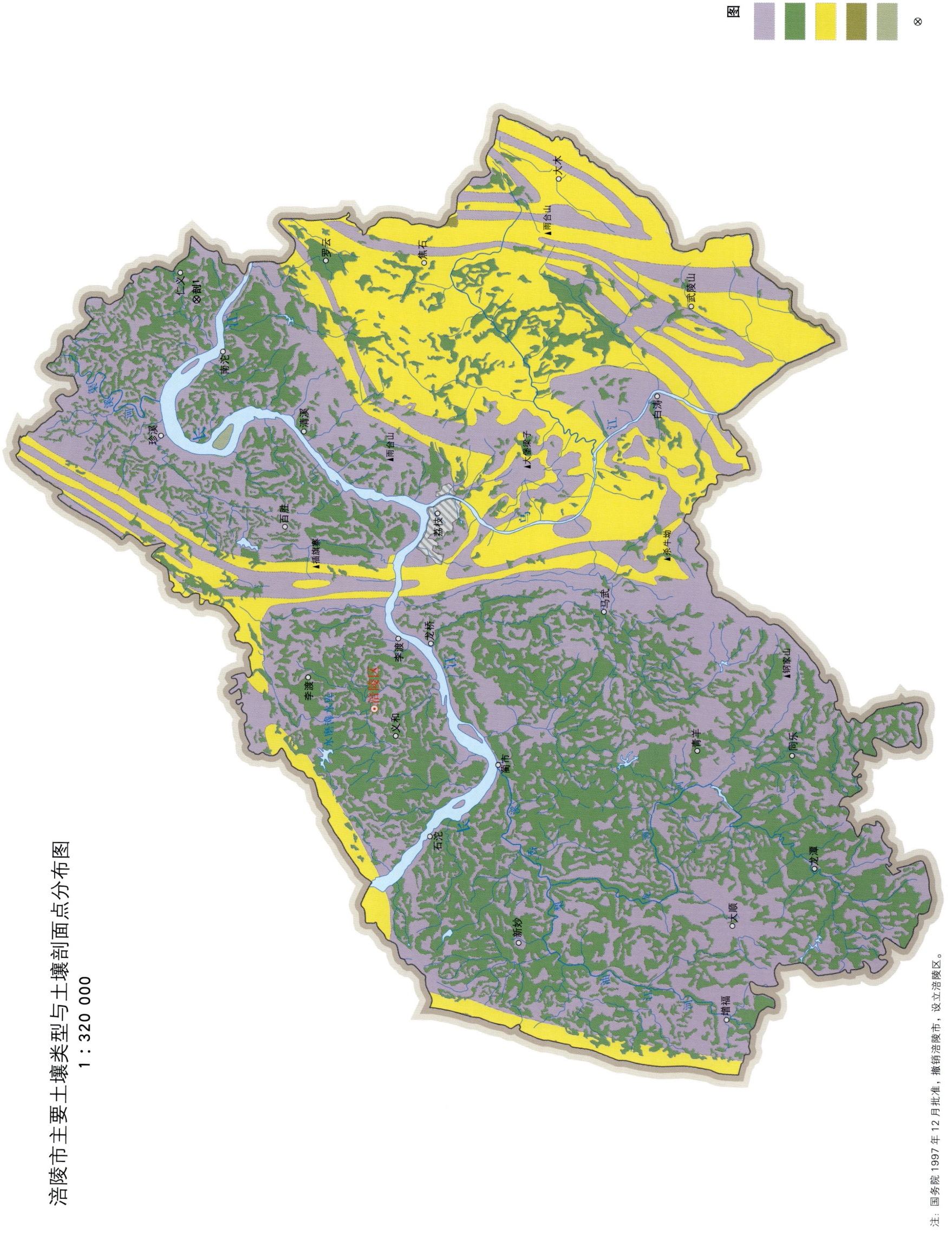

涪陵区土壤剖面理化性状表

剖面号 Soil profile	土纲 Soil order	土类 Soil great group	亚类 Soil subgroup	土属 Soil genus	土种 Soil species	土层码 Layer code	土层厚度 Depth/cm	颜色 Soil color	质地 Soil texture	土壤结构 Soil structure	pH	有机质 OM/(g/kg)	全氮 TN/(g/kg)	阳离子交换量CEC/(cmol/kg)	土壤母质 Parent material	剖面点坐标 Profile coordinate	匹配指数 Matching index/%
剖1	初育土	紫色土	中性紫色土	紫砂泥土	灰棕紫砂泥土	A_{11}	0—25	棕色	砂质黏壤土	团块状	6.5	11.9	0.80	19.5	砂页岩风化物	E 107°34′15.6″ N 29°52′27.8″	88
						AC	25—40	棕色	黏壤土	小块状	6.6	8.0	0.60	19.1			
						C	40—	灰棕色		块状							

江 北 区

主要土类说明

水稻土是江北区的主要土壤类型，占本区地域面积的33%，主要分布于本区内丘陵和坪状低山区。水稻土是在长期的周期性淹灌种稻过程，即水耕熟化过程中形成的具有独特土体构型和物质循环的特殊耕种土壤。本区水稻土主要起源于紫色土和黄壤。水稻土所在地点水文条件的不同，导致剖面形态的分化和土壤发育有较大的差异。处于坡下部冲沟、塝田的水稻土，水分易于停滞，剖面淋溶淀积现象较明显，常形成潴育水稻土。处于深沟阴山中下段的田块，因长期灌冬水，表土层多分散，结构变坏，且土质黏重，其下通透性不良，土体中铁质多处于缺氧还原状态，剖面多发育成潜育水稻土；其上种植的水稻常年有不同程度的坐蔸现象，水稻产量雨年较低，旱年较高。在丘陵坡腰或支冲上段因天旱无雨、无水源保证、土层过薄、土质过砂等原因，稻田较长时间漏水，形成当地群众所说的"望天田"，土体内多处于氧化状态，剖面为淹育水稻土，水稻产量雨年较高，旱年则低。

紫色土是江北区第二大土壤类型，占本区地域面积的30%，由紫色砂泥岩风化发育而来。其风化度低，矿质养分丰富，具有先天性肥力充足的特点，盐基饱和度高（80%以上），pH适当，呈中性至弱酸性，质地为中壤土至重壤土。本区紫色土位于海拔170—390m的地区，其地理位置比黄壤低，温光条件好，适合多种农作物生长。然而，由于过度垦殖，加上岩层倾角较大，冲刷严重，导致本区紫色土常受到干旱，特别是伏旱的威胁，产量常常高而不稳。

黄壤是江北区第三大土壤类型，占本区地域面积的13%，是形成于湿润的亚热带生物气候条件下的地带性土壤。黄壤化学风化较强烈，矿物的水解作用比较深刻，盐基物质的淋溶势强，铁质也普遍水化，因此土壤在发育过程中产生明显的黏化、黄化和脱硅富铝化成土过程。剖面通体呈棕黄色，有黏粒移动和铁锰淋溶淀积。由于母岩的影响，土壤质地过砂或过黏，土性冷凉，速效磷缺乏，pH偏酸性。黄壤适宜多种林木生长，经济作物主要有茶树、栀子、芍药、菊花、苡仁、竹类、西瓜等。

石灰（岩）土占本区地域面积的3%。石灰（岩）土是在亚热带湿润条件下，石灰岩经溶蚀风化，形成的厚薄不同的钙质饱和或含游离钙质的土壤。成土母质主要为石灰岩，富含碳酸钙，主要分布于背斜低山槽谷内，多见于石隙、溶洞或峰丛底部。土壤碳酸钙淋溶程度不一，多黏土，多为铁钙质胶结物，风化程度不一，盐基饱和度高，有机质含量及胶结状态有较大差异。

小于本区地域面积3%的土壤类型还有新积土等。

本区域中心区气候特征

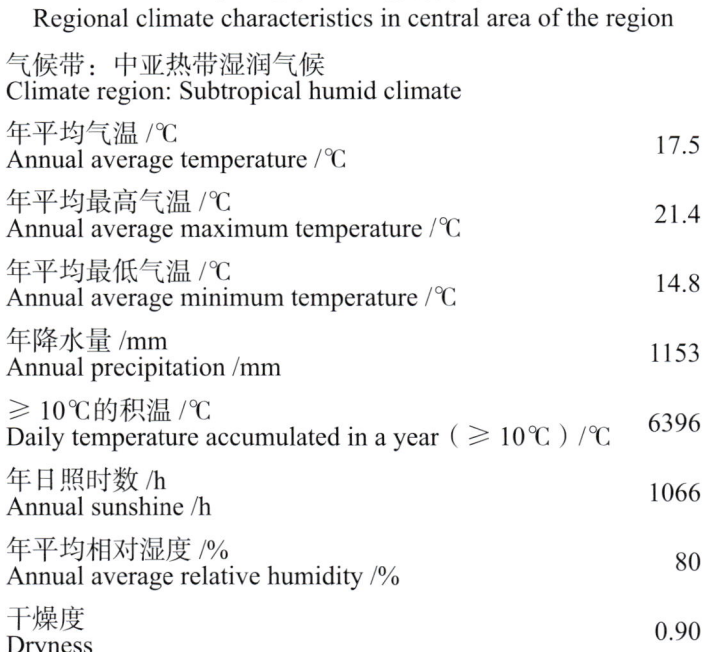

本区域中心区气候特征值
Regional climate characteristics in central area of the region

气候带：中亚热带湿润气候 Climate region: Subtropical humid climate	
年平均气温 /℃ Annual average temperature /℃	17.5
年平均最高气温 /℃ Annual average maximum temperature /℃	21.4
年平均最低气温 /℃ Annual average minimum temperature /℃	14.8
年降水量 /mm Annual precipitation /mm	1153
≥10℃的积温 /℃ Daily temperature accumulated in a year (≥10℃) /℃	6396
年日照时数 /h Annual sunshine /h	1066
年平均相对湿度 /% Annual average relative humidity /%	80
干燥度 Dryness	0.90

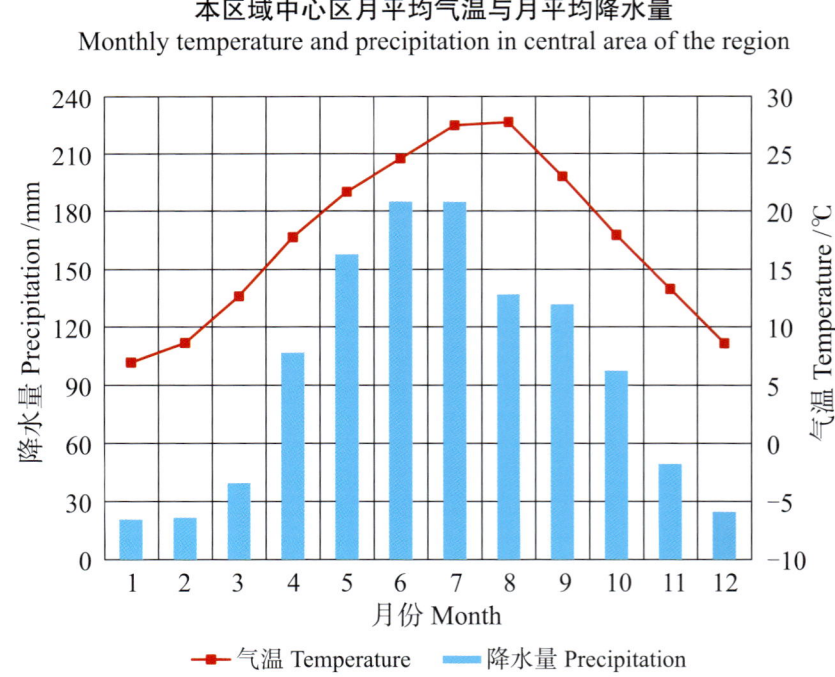

本区域中心区月平均气温与月平均降水量
Monthly temperature and precipitation in central area of the region

江北区主要土壤类型与土壤剖面点分布图

1∶140 000

图 例
- 水稻土
- 紫色土
- 黄壤
- 石灰（岩）土
- 新积土
- ⊗ 剖面点

第二编　重庆市分县土壤图与土壤剖面数据 | 051

江北区土壤剖面理化性状表

剖面号 Soil profile	土纲 Soil order	土类 Soil great group	亚类 Soil subgroup	土属 Soil genus	土种 Soil species	土层码 Layer code	土层厚度 Depth/cm	颜色 Soil color	质地 Soil texture	土壤结构 Soil structure	pH	有机质 OM/(g/kg)	全氮 TN/(g/kg)	碱解氮 AN/(mg/kg)	阳离子交换量 CEC/(cmol/kg)	土壤母质 Parent material	剖面点坐标 Profile coordinate	匹配指数 Matching index/%
剖1	铁铝土	黄壤	黄壤	老冲积黄泥土	卵石死黄泥土	A	0—20	黄红色	轻黏土	粒状夹块状	4.3	15.5	0.76	69	1.2	老冲积物	E 106°28′30.0″ N 29°36′18.7″	87
						B	20—44	棕黄色	轻黏土	块状	4.4	7.3	0.51	40	0.2			
						P	44—76	棕黄色	轻黏土	棱柱状	4.4	6.4	0.48	34	2.3			
						Wa₂	76—100	褐黄色	轻黏土	棱柱状		6.2	0.52	35	4.4			
剖2	铁铝土	黄壤	黄壤	老冲积黄泥土	卵石黄泥土	A	0—30	棕红色	轻黏土		5.0	23.8	0.90	109	5.5	老冲积物	E 106°28′26.3″ N 29°35′57.4″	86
						B	30—37	棕黄色	中黏土	棱柱状	6.4	11.7	0.30	34	18.1			
						P	37—93	砖红色		棱柱状	4.7	8.5	0.30	34	10.1			
						HA₃	93—	红棕色										
剖3	人为土	水稻土	黄壤性水稻土	老冲积黄泥田	卵石黄泥田	A′	0—25	棕黄色	中黏土	团块状	4.9	16.7	0.71	66	7.7	老冲积黄壤	E 106°28′50.2″ N 29°35′46.3″	71
						B	25—40	棕黄色	中黏土	大块状	4.8	17.9	0.66	74	7.1			
						Wa₃	40—72	棕黄色	中黏土	棱柱状	4.8	11.2	0.55	58	8.0			
剖4	人为土	水稻土	黄壤性水稻土	老冲积黄泥田	卵石豆瓣泥田	A′	0—16	浅灰黄色	重黏土	块状	5.0	17.8	0.96	89	8.3	老冲积黄壤	E 106°28′35.8″ N 29°35′44.9″	92
						B	16—23	浅灰黄色	重黏土	块状	5.0	16.5	0.88	81	7.7			
						Wb₂	23—45	灰黄色	重黏土	棱柱状	5.0	13.1	0.69	75	7.7			
						G	45—67	青灰色	重黏土	整体状	5.1	11.6	0.66	58	7.8			
剖5	初育土	紫色土	棕紫泥土	灰棕紫泥土	砂土	A	0—16	灰黄色	中壤土	单粒状	4.2	17.7	0.60	64	3.9	砂岩	E 106°27′57.2″ N 29°34′48.8″	87
						Pg₁	16—26	青灰白色	中壤土	团块状	4.5	16.7	0.60	63	3.9			
						Wa₂	26—38	灰白色	中壤土	大块状	4.9	8.3	0.30	31	3.0			
						C	38—	黄褐色										
剖6	铁铝土	黄壤	暗黄壤	冷砂黄泥土	砂黄泥土	A	0—25	棕黄色	重壤土	团粒状	5.2	16.6	0.80	90	1.9	砂页岩	E 106°36′51.8″ N 29°38′12.1″	81
						B	25—37	褐黄色	重壤土	团粒状	5.3	9.0	0.50	56	2.9			
						Wa₁	37—55	橙黄色	重壤土	棱柱状	5.0	5.4	0.30	31	3.3			
						HA₁	55—	黄褐色										
剖7	初育土	紫色土	棕紫泥土	暗紫泥土	细砂土	A	0—20	黄灰色	轻壤土	单粒状	5.3	12.2	0.60	57	8.7	砂岩	E 106°37′42.6″ N 29°38′04.2″	97
						B	20—35	灰黄褐色	轻壤土	小块状	5.6	9.2	0.50	44	11.7			
						P	85—	灰黄色	轻壤土	棱块状	6.0	8.7	0.40	35	11.5			
剖8	初育土	新积土	灰棕冲积土	灰棕冲积土	潮砂土	A	0—16	暗棕紫色	重壤土	核状夹粒状	8.2	23.7	1.39	100	22.1	河流新冲积物	E 106°35′54.2″ N 29°37′54.5″	82
						B	16—52	灰棕黄色	重壤土	棱柱状	7.7	16.0	1.04	73	24.6			
						P	52—	灰棕色	重壤土	棱柱状	7.7	12.0	0.98	68	24.0			
剖9	人为土	水稻土	紫色土性水稻土	灰棕紫色水稻土	红砂泥田	A′	0—15	棕紫色	中壤土	小块状	7.6	23.1	1.32	118	25.4	紫色页岩	E 106°39′39.2″ N 29°37′42.2″	96
						B	15—23	棕紫色	中壤土	棱柱状	7.9	17.2	1.21	109	20.5			
						Pb	23—58	红棕紫色	重壤土	整体状	7.2	17.2	0.98	85				
						C	58—	红棕紫色	重壤土	碎胃状								
剖10	人为土	水稻土	紫色土性水稻土	灰棕紫色水稻土	紫黄泥田	A′	0—14	橙色	重壤土	棱块状	7.8	20.4	1.10	83	40.6	页岩	E 106°35′31.9″ N 29°37′35.4″	92
						Pb₁	14—29	红棕色	重壤土	棱柱状	8.0	20.4	1.10	82	46.3			
						G	29—61	蓝灰色	重壤土	整体状	7.9	19.9	1.00	75	47.9			
						HA₃	61—95	暗棕色	重壤土	棱柱状	8.0	16.6	0.80	67	34.6			
剖11	人为土	水稻土	紫色土性水稻土	暗紫泥田	大豆瓣泥田	A′	0—12	暗紫色	重壤土	大块状	8.1	17.0	1.10	66	51.7	页岩	E 106°40′14.5″ N 29°37′32.2″	89
						P	12—22	暗紫色	重壤土	棱柱状	8.5	16.3	1.07	51	51.7			
						Wa	22—70	紫蓝色	重壤土	棱柱状	8.5	11.7	0.98		52.1			
						Wa₂b₂	70—	紫黄白色										

续表 Continued

剖面号 Soil profile	土纲 Soil order	土类 Soil great group	亚类 Soil subgroup	土属 Soil genus	土种 Soil species	土层码 Layer code	土层厚度 Depth/cm	颜色 Soil color	质地 Soil texture	土壤结构 Soil structure	pH	有机质 OM/(g/kg)	全氮 TN/(g/kg)	碱解氮 AN/(mg/kg)	阳离子交换量 CEC/(cmol/kg)	土壤母质 Parent material	剖面点坐标 Profile coordinate	匹配指数 Matching index/%
剖12	人为土	水稻土	黄壤性水稻土	冷砂黄泥田	砂黄泥田	A'	0—19	棕黄色	中黏土	块状	4.8	14.6	0.80	71		砂页岩	E 106°40′38.6″ N 29°37′31.1″	77
						B	19—23	棕黄色	中黏土	块状	4.8	14.6	0.90	69				
						G	23—27	灰褐色	中黏土	棱柱状	5.1	14.2	0.80	67				
							27—65	黄橙色	中黏土	棱柱状		5.9	0.50	45				
剖13	人为土	水稻土	紫色土性水稻土	灰棕紫色水稻土	小豆瓣泥田	A'	0—13	棕紫色	重壤土	棱柱状	5.7	13.0	0.80	61	14.4	页岩	E 106°38′51.7″ N 29°37′24.2″	73
						Pa₁	13—19	浅灰紫色	重壤土	棱柱状	5.6	12.0	0.96	58	14.2			
						G	19—25	深灰紫色	中壤土	整体状	5.6	13.7	0.76	54	13.9			
						Wb₁	25—65	棕灰黄杂色	中壤土	棱柱状	5.6	9.9	0.53	39	11.6			
剖14	初育土	紫色土	棕紫泥土	暗紫泥田	白鳝泥土	A	0—23	黄白色	轻黏土	团块状	5.0	12.0	0.80	56	3.6	潴育淀积物	E 106°37′20.6″ N 29°37′19.6″	78
						Ba₁	23—50	黄白色	轻黏土	棱柱状		7.9	0.60	41	3.7			
						Wa₂	50—											
剖15	人为土	水稻土	紫色土性水稻土	暗紫泥田	黄泥田	A'	0—14	紫橙黄色	轻黏土	块状	5.7	13.8	0.79	62	5.0	泥岩	E 106°40′23.9″ N 29°37′09.5″	74
						P	14—23	紫橙黄色	轻黏土	棱柱状	5.8	11.3	0.75	61	4.7			
						Wa₁	23—45	青灰色	轻黏土	棱柱状	6.0	9.3	0.70	47	5.6			
						G	45—			整体状								
剖16	人为土	水稻土	棕紫泥土	暗紫泥田	夹砂泥田	A'	0—14	棕紫色	中壤土	小块状	5.6	17.2	1.00	78	14.1	砂页岩	E 106°40′07.8″ N 29°37′07.6″	85
						B	14—29	暗棕紫色	中壤土	块状	6.0	16.1	1.03	76	14.6			
						Wa₁	29—51	棕紫色	松砂土	棱柱状	6.4	10.2	0.60	55	15.6			
剖17	初育土	新积土	灰棕冲积土	灰棕冲积土	白砂土	1	0—20	灰白色	松砂土	单粒状	8.3	5.6	0.22	10	5.1	河流沉积物、新冲积物	E 106°35′22.9″ N 29°37′02.6″	94
						2	20—48	灰棕色	轻壤土	单粒状	8.3	19.6	0.50	48	10.3			
						3	48—78	灰棕色	中壤土	单粒状	8.3							
						4	78—	灰棕色										
剖18	铁铝土	黄壤			山地黄壤土	Ao	0—5	褐黑色	中壤土	团粒状	4.1	33.4	1.35	144			E 106°41′16.4″ N 29°36′56.2″	71
						A₁	5—18	黑褐色	重壤土	团粒状	4.2	11.7	0.53	61				
						Ba₁	18—59	红黄色	轻壤土	粒状	4.7	7.2	0.65	56				
							59—99	棕红色	重壤土	棱柱状	4.7	6.8	0.47	52				
剖19	初育土	紫色土	棕紫泥土	冷砂黄泥田	夹砂泥田	A	0—18	棕紫色	中壤土	团块状	5.9	8.2	0.43	42	11.0	砂页岩	E 106°39′30.6″ N 29°36′34.9″	93
						B	18—32	棕紫色	中壤土	棱柱状	6.3	5.8	0.35	32	11.5			
						P	32—	暗棕紫色	中壤土	棱柱状	6.3	5.5	0.37	30	11.0			
剖20	初育土	紫色土	棕紫泥土	暗紫泥田	冷砂田	A'	0—24	灰棕色	轻砂土	团块状	5.0	17.9	0.93	93		紫色页岩	E 106°39′58.3″ N 29°36′31.0″	78
						Bb₁	24—29	深棕色	中壤土	棱柱状	6.0	16.8	0.89	66				
						Wb₁	29—69	深棕色	中壤土	团块状	5.2	11.4	0.59	75				
剖21	初育土	紫色土	棕紫泥土	暗紫泥田	黄石骨子土	B	0—38	深黄色	中壤土	团块状	5.5	24.3	0.70	54	11.6	厚岩岩	E 106°39′30.2″ N 29°36′21.6″	93
						C	38—52	深黄色	中壤土	棱柱状	5.6	8.5	0.60	43	9.8			
							52—											
剖22	人为土	水稻土	黄壤性水稻土	冷砂黄泥田	黄砂田	A'	0—18	灰棕色	中壤土	团块状	5.0	22.0	1.30	113		厚岩岩	E 106°40′58.4″ N 29°36′20.5″	88
						B	18—33	黄褐色	中壤土	棱柱状	5.2	18.9	0.99	96				
						Wa₁	33—43	棕黄色	中壤土	棱柱状	6.0	8.3	0.46	50				
						Wb₂	43—78	暗褐色	轻壤土	块状	6.1	4.7	0.24	24				
剖23	铁铝土	黄壤			黄砂土	A	0—23	黄褐色	重壤土	小块状	4.8	11.3	0.60	79	2.4		E 106°39′36.4″ N 29°36′08.6″	83
						Bb₁	23—40	淡黄色	重壤土	整体状	4.8	21.1	1.10	109	2.3			
						Wb₂	40—51	黄黄色	中壤土	块状	5.1	18.9	0.90	104				
剖24	人为土	水稻土	黄壤性水稻土	冷砂黄泥田	砂白鳝泥田	B	0—17	黄灰色	重壤土	棱柱状	5.2	15.9	0.80	97		砂岩	E 106°40′42.6″ N 29°35′46.0″	75
						Wb₁	17—25	黑灰色	中壤土	棱柱状	5.9	6.3	0.40	49				
						Wa₁	25—32	黄白色	重壤土	棱柱状	5.9	6.6	0.50	47				
							32—54											

续表 Continued

剖面号 Soil profile	土纲 Soil order	土类 Soil great group	亚类 Soil subgroup	土属 Soil genus	土种 Soil species	土层码 Layer code	土层厚度/cm Depth/cm	颜色 Soil color	质地 Soil texture	土壤结构 Soil structure	pH	有机质 OM/(g/kg)	全氮 TN/(g/kg)	碱解氮 AN/(mg/kg)	阳离子交换量CEC/(cmol/kg)	土壤母质 Parent material	剖面点坐标 Profile coordinate	匹配指数 Matching index/%
剖25	初育土	新积土	灰棕冲积土	灰棕冲积土	潮砂土	A	0—24	灰棕紫色	中壤土	粒状、团粒状	7.9	8.5	0.65	36	15.1	河流新冲积物、沉积物	E 106°38′24.0″ N 29°35′38.0″	73
						B	24—40	灰黄色	中壤土	棱柱状	8.0	5.9	0.45	22	12.1			
						P	40—100	灰黄色	中壤土	棱柱状	8.0	5.9	0.55	25	14.0			
剖26	初育土	紫色土	棕紫泥土	灰棕紫泥土	小豆瓣泥土	A	0—20	灰褐紫色	重壤土	粒状夹棱柱状	6.1	40.0	0.93	57	16.7	页岩	E 106°30′40.7″ N 29°34′34.0″	78
						Pb₁	20—40	褐黄紫色	重壤土	棱柱状	6.1	17.3	0.87	55	11.9			
						Pb₂	40—	褐黄紫色		棱柱状								

沙 坪 坝 区

主要土类说明

水稻土是沙坪坝区的主要土壤类型，占本区地域面积的 38%。水稻土是在长期的周期性淹灌种稻过程，即水耕熟化过程中形成的具有独特土体构型和物质循环的特殊耕种土壤。本区水稻土由各种母土长期水耕熟化而成，较成片地分布于背斜低山的槽谷区及丘陵谷地中。受母土及地形、水文条件的影响，土体出现糊状淹育层、较坚实板结的犁底层、渗育层、潴育层与潜育层等多种发生层。本区的水稻土中，以发育于紫色土的大泥田、油砂田、大眼泥田，发育于石灰（岩）土的黄泥田、黄砂泥田等土种的肥力较高。

黄壤是沙坪坝区第二大土壤类型，占本区地域面积的 22%，是形成于湿润的亚热带生物气候条件下的地带性土壤。黄壤化学风化较强烈，矿物的水解作用比较深刻，盐基物质的淋溶势强，铁质也普遍水化，有明显的黏化、黄化和脱硅富铝化成土过程，具 O–A–AB–B–C 剖面构型。本区黄壤主要分布于背斜低山翼部及槽谷区。母质为灰岩夹砂岩、砂泥岩、灰岩及第四纪老冲积风化残积物、坡积物、冲积物。土壤盐基少，酸度大，pH 一般在 4.5—5.5。该土类主要位置为林区，以生长马尾松为主，其次是杉树等。农耕条件较差，具砂、酸、瘦、冷等特点，宜种范围窄，作物产量低。

紫色土是沙坪坝区第三大土壤类型，占本区地域面积的 20%。紫色土是紫色砂岩、页岩、泥岩风化物，在亚热带湿润气候条件下形成的幼年土壤。本区紫色土广泛分布于向斜丘陵、坝地和背斜低山轴部南段。成土母质为紫色泥页岩及砂岩和紫色泥岩风化残积物、坡积物。紫色土风化度浅，剖面层次发育不明显，为 A–C 剖面构型，颜色较均一，淋溶、淀积作用微弱，胶体品质好，盐基饱和度高，中性或微酸性，质地为中壤土至黏壤土，磷、钾含量较高，是本区的主要蔬菜生产基地，种植粮食作物也可获得较高产量。

石灰（岩）土占本区地域面积的 12%。石灰（岩）土是在湿热的亚热带气候条件下，石灰岩经溶蚀风化，形成的厚薄不同的钙质饱和或含游离钙质的土壤。成土母质主要为石灰岩，富含碳酸钙。石灰（岩）土主要分布于本区背斜低山的岩溶槽谷区和内山灰岩出露地带。该类土宜种作物多，是本区主要农业土壤，以生产蔬菜为主，可种植根茎类、果菜类、豆类和叶菜类等多种类型蔬菜。粮食作物也生长良好。由于该类土处于槽谷，地势较平坦，且地下水位较高，所以部分地块易受涝成灾。同时，由于成土母质先天缺乏矿质养分，成土过程又以化学风化为主，所以该土壤一般都缺乏磷、钾，也有缺钙情况。

小于本区地域面积 3% 的土壤类型还有潮土等。

本区域中心区气候特征

本区域中心区气候特征值
Regional climate characteristics in central area of the region

气候带：中亚热带湿润气候 Climate region: Subtropical humid climate	
年平均气温 /℃ Annual average temperature /℃	18.2
年平均最高气温 /℃ Annual average maximum temperature /℃	22.0
年平均最低气温 /℃ Annual average minimum temperature /℃	15.6
年降水量 /mm Annual precipitation /mm	1102
≥10℃的积温 /℃ Daily temperature accumulated in a year (≥10℃) /℃	6794
年日照时数 /h Annual sunshine /h	1057
年平均相对湿度 /% Annual average relative humidity /%	80
干燥度 Dryness	0.97

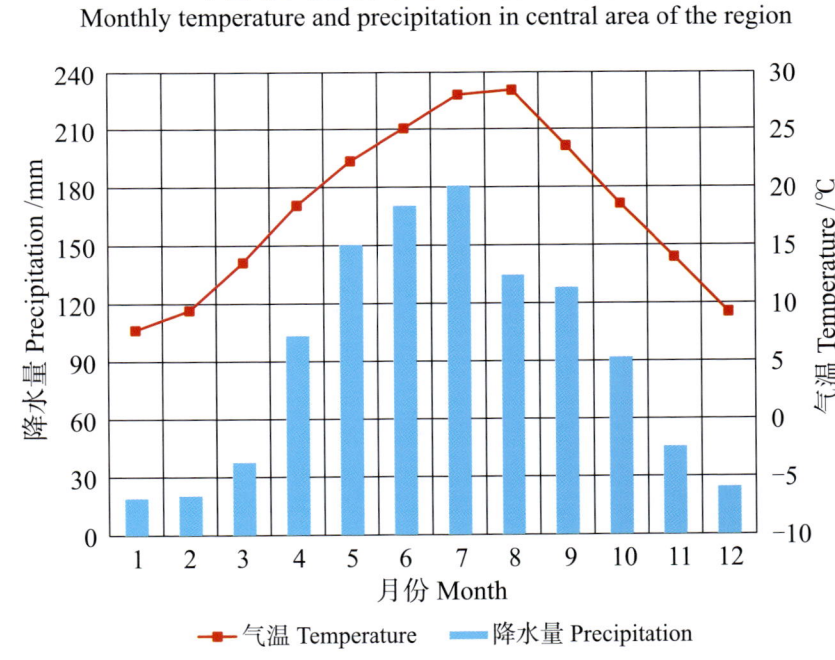

本区域中心区月平均气温与月平均降水量
Monthly temperature and precipitation in central area of the region

沙坪坝区主要土壤类型与土壤剖面点分布图
1:110 000

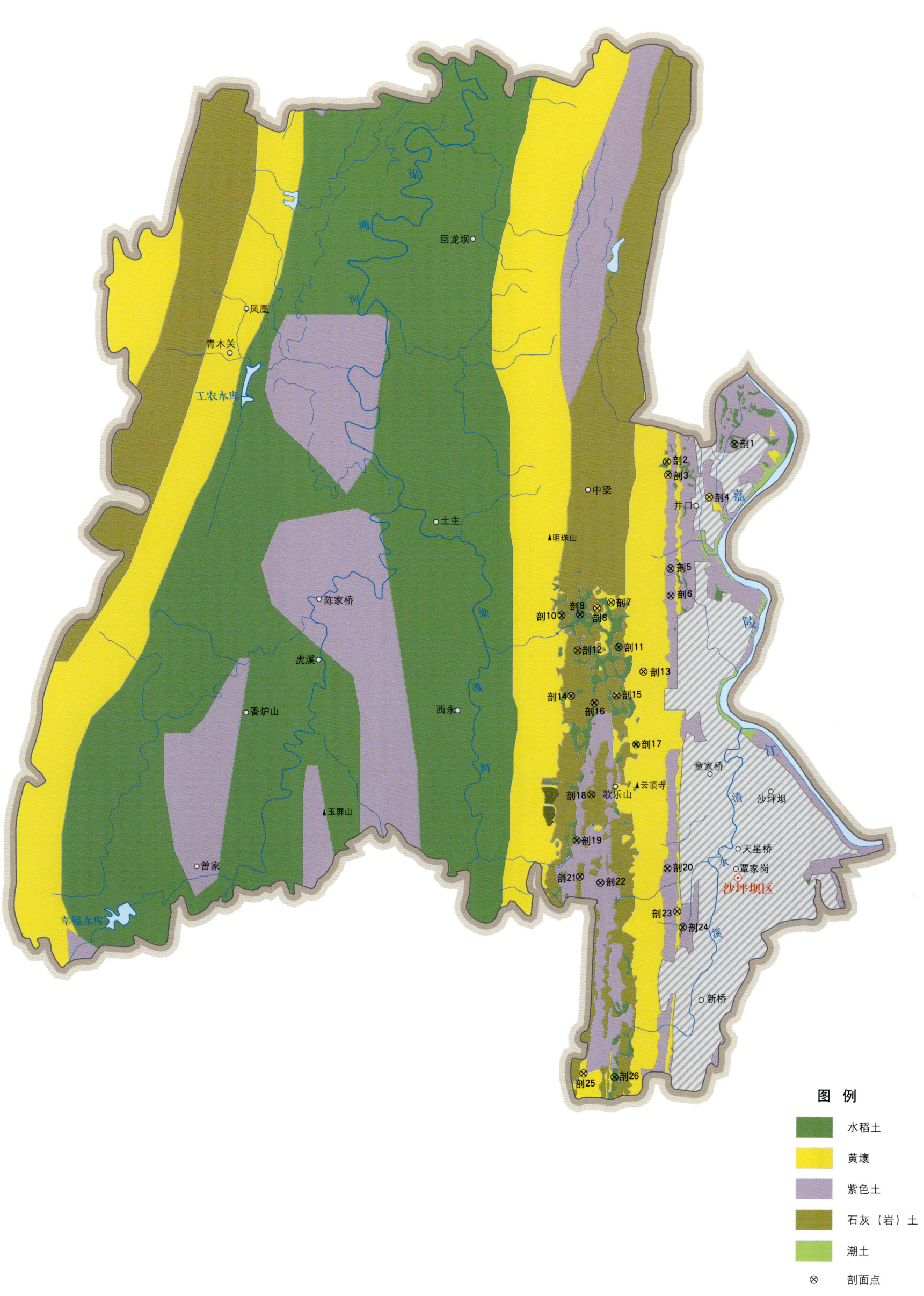

沙坪坝区土壤剖面理化性状表

剖面号 Soil profile	土纲 Soil order	土类 Soil great group	亚类 Soil subgroup	土属 Soil genus	土种 Soil species	土层码 Layer code	土层厚度 Depth/cm	颜色 Soil color	质地 Soil texture	土壤结构 Soil structure	pH	有机质 OM/(g/kg)	全氮 TN/(g/kg)	全磷 TP/(g/kg)	全钾 TK/(g/kg)	碱解氮 AN/(mg/kg)	有效磷 AP/(mg/kg)	速效钾 AK/(mg/kg)	阳离子交换量CEC/(cmol/kg)	土壤母质 Parent material	剖面点坐标 Profile coordinate	匹配指数 Matching index/%
剖1	人为土	水稻土	紫色土性水稻土	灰棕紫泥水稻田	大眼泥田	A'	0—28	棕紫色	重壤土	糊状	5.6	18.2	1.28	0.50	19.3	126	10.0	128		泥页岩、砂岩风化坡积物	E 106°26′56.4″ N 29°39′13.7″	98
						Pb₁	28—41	淡棕紫色	轻黏土	小块状	6.7	15.2	1.00	0.43	19.3	112	6.0	105				
						Wb	41—100	灰棕紫色	中壤土	棱柱状	6.8	7.7	0.76	0.85	18.9	76	12.0	81				
剖2	人为土	水稻土	黄壤性水稻土	冷砂黄泥田	冷砂田	A'	0—20		中壤土		5.7	25.5	1.03	0.34	19.7		1.0	83			E 106°25′48.1″ N 29°38′59.2″	83
剖3	人为土	黄壤	黄壤	冷砂黄泥土	炭渣土	A	0—20		中壤土		4.8	18.1	1.82	0.40	25.2	105	6.0	175			E 106°25′49.0″ N 29°38′47.4″	78
剖4	铁铝土	黄壤	黄壤	老冲积土	卵石黄泥土	A	0—20	淡黄色	中壤土	粒状	4.1	13.9	0.76	0.45	13.7	87	1.0	58	11.0	老冲积物	E 106°26′30.6″ N 29°38′27.9″	95
						B	20—45	黄棕色	中壤土	小块状	4.2	10.3	0.60	0.48	12.7	71	3.0	43	11.0			
						C	45—100	黄色	中壤土	小块状	4.2	5.8	0.56	0.32	13.3	56		32	8.0			
剖5	人为土	水稻土	紫色土性水稻土	灰棕黄泥水稻田	白鳝泥田	A'	0—20		轻壤土		6.0	20.0	1.11	3.07	21.5	145	1.0	119			E 106°25′50.5″ N 29°37′25.3″	79
剖6	初育土	紫色土	中性紫色土	暗紫黄泥土	二泥土	A	0—23	红棕色	轻黏土	粒状、核状	7.7	14.2	1.29	0.25	19.3	94	6.0	95	24.6	泥页岩、钙质泥岩、泥岩	E 106°25′50.5″ N 29°37′01.6″	88
						B	23—80	红紫色	中壤土	棱柱状	7.4	11.2	0.98	0.23	19.1	82	3.0	85	25.2			
						G	80—100	红紫色	中黏土	块状	7.3	11.3	0.86	0.16	18.6	72		80	29.2			
剖7	铁铝土	黄壤	黄壤	矿子黄泥土	黄砂泥土	A	0—26	棕黄色	轻黏土	粒状	4.7	16.7	0.95	0.24	15.1	103	14.0	55	8.4	灰岩、灰岩风化残积物、坡积物	E 106°24′50.4″ N 29°36′56.2″	72
						B	26—40	棕黄色	重壤土	分散粒状	5.9	9.3	0.92	0.12	16.0	91	1.0	51	8.6			
						C	46—100	黄色			5.8	7.4	0.86	0.11	15.6	55		40	9.2			
剖8	铁铝土	黄壤	黄壤	矿子黄泥土	豆面砂泥土	A	0—12	棕黄色	中壤土	分散粒状	5.0	20.9	1.36	0.36	16.9	93	16.0	140	15.4		E 106°24′36.4″ N 29°36′51.1″	85
						B	12—100	黄红白色	中壤土	糊状	5.1	6.0	0.78	0.17	16.9	38	3.0	53	15.2			
剖9	人为土	水稻土	石灰岩性水稻土	石灰岩性水稻土	黄泥田	A'	0—26	黄棕色	重壤土	小块状	6.2	21.0	1.27	0.18	16.2	106	14.0	43	12.6	灰岩及灰岩风化坡积物	E 106°24′19.1″ N 29°36′46.1″	80
						Pb	26—37	棕黄色	轻壤土	块状	6.9	14.7	0.97	0.31	16.5	90	7.0	36	12.5			
						Pb₂	37—46	棕黄色	中黏土	块状	6.2	12.5	0.84	0.20	18.1	78		40	9.7			
						Wba	46—100		重壤土		5.3	7.2	0.68	0.24	18.1	56		54	10.7			
剖10	人为土	水稻土	石灰岩性水稻土	石灰岩性水稻土	黄泥田	A'	0—20		重壤土		6.3	36.8	1.92	0.50	17.2	104	4.0	118	15.0		E 106°24′00.4″ N 29°36′45.4″	81
剖11	人为土	水稻土	石灰岩性水稻土	石灰岩性水稻土	黄泥田	A'	0—20		轻壤土		6.5	38.2	2.47	0.33	19.0	106	6.0	107			E 106°24′57.6″ N 29°35′16.9″	81
剖12	初育土	石灰(岩)土	黄色石灰土	黄色黄泥土	矿子黄泥土	A'	0—26	棕黄色	重壤土	粒状	5.1	17.4	1.21	0.24	17.8	111	16.0	105	15.0		E 106°24′16.2″ N 29°36′14.4″	76
						BMn	26—72	棕黄色	轻壤土	小块状	6.2	6.9	0.77	0.08	19.6	84		74	12.3			
						CMn	72—100	黄色	中黏土	小块状	6.1	6.4	0.92			70		40	17.0			
剖13	铁铝土	黄壤	黄壤	冷砂黄泥土	冷砂土	A	0—21	灰黄色	轻黏土	粒状、核状	5.8	16.6	1.15	0.24	20.1	107	3.0	72	11.8		E 106°25′22.4″ N 29°35′55.3″	88
						C	21—48	灰黄色	轻黏土	粒状、小块状	6.7	12.9	1.12	0.20	21.4	87		73	13.3			
剖14	初育土	紫色土	中性紫色土	灰棕紫泥土	黄紫泥土	A	0—25	深紫灰色	重壤土	小块状	5.4	20.0	1.01	0.32	20.2	89	13.0	52	18.6		E 106°24′09.4″ N 29°35′34.8″	87
						Pb	25—36	黄紫色	轻壤土	小块状	6.0	12.0	0.85	0.11	20.9	66		49	19.8			
						BMn	36—65	黄紫色	轻壤土	棱柱状	5.9	17.3	0.70	0.24	20.4	87	4.0	41	19.6			
						CMn	65—100	灰白色	重壤土	大块状	6.2	18.2	1.03	0.15	20.4	83		62	19.1			
剖15	初育土	紫色土	中性紫色土	灰棕紫泥土	白鳝泥土	A	0—22	黄紫色	重壤土	小块状	6.4	22.2	1.27	0.47	19.8	105	19.0	80	14.1		E 106°24′55.1″ N 29°35′34.8″	99
						BMn	22—40	灰紫色	重壤土	大块状	6.0	28.9	1.10	0.50	19.1	107	15.0	54	14.2			
							40—70	灰紫色	重壤土	大块状	5.2	9.5	0.84	0.20	22.5	76	1.0	79	14.6			
						CMn	70—100	灰棕黄色			5.2	6.2	0.67	0.21	24.4	72	3.0	100	15.1			

续表 Continued

剖面号 Soil profile	土纲 Soil order	土类 Soil great group	亚类 Soil subgroup	土属 Soil genus	土种 Soil species	土层码 Layer code	土层厚度 Depth/cm	颜色 Soil color	质地 Soil texture	土壤结构 Soil structure	pH	有机质 OM/(g/kg)	全氮 TN/(g/kg)	全磷 TP/(g/kg)	全钾 TK/(g/kg)	碱解氮 AN/(mg/kg)	有效磷 AP/(mg/kg)	速效钾 AK/(mg/kg)	阳离子交换量CEC/(cmol/kg)	土壤母质 Parent material	剖面点坐标 Profile coordinate	匹配指数 Matching index/%
剖16	初育土	石灰(岩)土	黄色石灰土	黄色石灰土	黄泥土	A	0—25	棕黄色	轻黏土	粒状、小块状	6.0	27.4	1.47	0.43	24.3	123	36.0	94	18.9	灰岩风化坡积物、冲积物	E 106°24′32.8″ N 29°35′28.7″	73
						Pb	25—41	棕黄色	中黏土	小块状	6.9	13.2	1.26	0.29	24.9	83	10.0	94	20.2			
						B	41—100	黄色	中黏土	小块状	7.1	10.2	1.06	0.16	25.4	70	1.0	98	20.3			
剖17	人为土	水稻土	黄壤性水稻土	冷砂黄泥田	炭渣田	A′	0—20	浅黄色	中壤土		5.8	55.0	1.80	0.51	20.4	157	5.0	65	22.0		E 106°25′14.5″ N 29°34′51.6″	82
剖18	初育土	石灰(岩)土	黄色石灰土	黄色石灰土	紫黄大泥土	A	0—22	浅黄紫色	轻黏土	粒状	7.7	25.6	1.01	0.54	22.2	122	21.0	75	20.5	灰岩风化坡积物	E 106°24′28.8″ N 29°34′08.0″	78
						Pb	22—33	黄紫色	中黏土	小块状	7.9	20.6	1.22	0.34	16.8	106	5.0	71	19.9			
						B	33—100	黄紫色	中黏土	小块状	7.7	16.9	1.33	0.32	17.0	81	1.0	84				
剖19	人为土	紫色土性水稻土	暗紫泥田	暗紫泥田	油砂田	A′	0—25	棕紫色	中壤土	稀糊状	7.6	30.7	2.60	0.62	23.7	138	16.0	118	38.3		E 106°24′13.7″ N 29°33′27.7″	86
						Pb	25—33	棕紫色	中壤土	小块状	7.7	24.3	1.04	0.41	23.2	107	4.0	107	36.4			
						Pb1	33—59	棕紫色	重壤土	棱块状	7.5	26.2	1.25	0.33	22.8	139		117	39.5			
						Wb2	59—100	深紫色	重壤土	棱块状	7.7	28.2	1.23	0.49	23.1	129		107	38.8			
剖20	初育土	紫色土	中性紫色土	暗紫泥土	大泥土	A	0—26	棕紫色	轻黏土	粒状、核状	7.8	11.3	1.09	0.31	17.1	84	8.0	81	16.4	泥页岩、钙质泥岩、泥岩	E 106°25′44.8″ N 29°33′02.2″	80
						B	26—73	棕紫色	重黏土		7.7	9.2	0.88	0.25	19.3	69	1.0	74	19.5			
						C	73—110	暗紫色	重黏土		7.7	10.0	0.70	0.21	19.3	69		81	20.2			
剖21	初育土	紫色土	中性紫色土	暗紫泥土	油砂土	A	0—29	黄棕色	中壤土	粒状、小块状	7.9	22.9	1.62	0.60	22.9	130	52.0	84	33.4	泥页岩、钙质泥岩、泥岩	E 106°24′16.6″ N 29°32′55.7″	97
						B	29—58	黄紫色	中壤土	块状	8.0	15.6	1.17	0.70	21.1	91	31.0	59	33.7			
						C	58—120	棕紫色	重壤土	棱柱状	8.1	14.5	1.08	0.64	20.8	78	13.0	64	33.4			
剖22	初育土	紫色土	中性紫色土	暗紫泥土	棱砂土	A	0—25	黄紫色	重壤土	粒状	8.1	20.0	1.50	0.72	23.5	110	21.0	84	40.0	泥页岩、钙质泥岩、泥岩	E 106°24′37.1″ N 29°32′50.3″	95
						C	25—29	黄紫色	重壤土	棱块状	8.1	17.7	1.22	0.58	23.7	93	8.0	77	39.8			
						D	29—	暗紫色														
剖23	铁铝土	黄壤	黄石骨子土	砂黄泥	黄石骨子土	A	0—26	紫黄色	轻黏土	小块状	5.6	17.0	1.32	0.37	21.5	83	2.0	95	18.7	砂泥岩、泥岩残积物、坡积物	E 106°25′54.3″ N 29°32′24.5″	95
						B	26—56	灰黄色	轻黏土	小块状	5.9	10.1	1.12	0.28	20.9	62	2.0	76	18.8			
						C	56—100	浅黄色	轻黏土	小块状	5.1	6.9	1.07	0.31	23.0	39		76	25.0			
剖24	人为土	水稻土	黄壤性水稻土	灰棕紫泥水稻土	泥夹石骨子田	A′	0—23	棕紫色	重壤土	稀糊状	7.0	28.3	1.49	0.92	21.2	158	25.0	137	17.0	泥页岩、砂岩风化坡积物	E 106°25′59.5″ N 29°32′10.3″	89
						Pb	23—33	棕紫色	重壤土	小块状	6.8	27.0	1.56	1.17	21.2	166	20.0	149	18.0			
						Pb1	33—100	灰棕紫色	重壤土	棱柱状	6.2	22.3	1.25	0.74	21.2	152	9.0	120	18.0			
剖25	铁铝土	黄壤	矿子黄泥土	火石子黄泥土	A	0—24	紫黄色	轻黏土	粒状	6.1	25.2	1.43	0.35	15.1	120	10.0	126	22.0	灰岩、灰岩风化残积物、坡积物	E 106°24′18.6″ N 29°30′03.7″	73
						B	24—47	棕黄色	轻黏土	小块状	6.3	19.6	1.36	0.31	15.4	109	4.0	74	20.0			
						C	47—100	浅黄色	轻黏土	小块状	6.3	13.7	1.18	0.22	15.9	82		63	19.0			
剖26	人为土	紫色土性水稻土	暗紫泥田	大泥田	A′	0—20	紫褐色	中壤土	糊状	7.1	40.2	2.36	0.55	21.8	159	25.0	165	24.9		E 106°24′49.7″ N 29°30′00.4″	79
						Pb	20—36	紫褐色	中壤土	小块状	7.3	40.2	2.19	0.46	21.9	153	12.0	153	23.1			
						Pb1	36—45	紫褐色	轻壤土	小块状	7.4	38.8	2.06	0.24	22.1	144	2.0	145	23.9			
						Wb2	45—100	紫褐色	中壤土	棱块状	7.1	33.2	1.77	0.31	21.8	131	4.0	129	24.2			

九 龙 坡 区

主要土类说明

紫色土是九龙坡区的主要土壤类型，占本区地域面积的34%，是在热带及亚热带（少部分暖温带）气候条件下，由紫色砂页岩风化发育而成的幼年土壤。紫色土化学风化作用微弱，基本保持了母质理化性质。剖面层次发育不明显，具 A-C 剖面构型。紫色土土壤有机质缺乏，而矿质养分较丰富。紫色土母质矿质养分一般含量：K_2O 为 1%—3%，P_2O_5 为 0.1%—0.3%，Mg 为 0.16%—1.8%，CaO 为 2.1%—2.6%，Na_2O 为 1.9%—2.1%，钼（Mo）为小于 0.0003%，锰（Mn）为 0.05%—0.3%，铜（Cu）为 0.003%—0.005%，硼（B）为 0.003%—0.007%，锌（Zn）为 0.01%。紫色土广泛分布在本区向斜丘陵区，是本区主要的农耕土壤。本区紫色土分为中性紫色土和石灰性紫色土两个亚类，其中，中性紫色土亚类占紫色土总面积的74%。

水稻土是九龙坡区第二大土壤类型，占本区地域面积的32%。水稻土在长期的周期性淹灌种稻过程，即水耕熟化过程中，土体受还原淋溶和氧化淀积等作用影响，出现糊状淹育层、较坚实板结的犁底层、渗育层、潴育层与潜育层等多种发生层。本区水稻土起源于紫色土、黄壤、新积土和石灰（岩）土，海拔为 180—450m。按照水稻土水文条件与剖面层次变化，本区水稻土分为渗育型、潴育型和潜育型三个亚类。其中，以渗育水稻土所占面积最大。该亚类主要分布于子湾、支沟及长期实行水旱轮作的田块，此类水稻土肥力较高，土体内水热肥气比较协调，耕层绒而不烂，底层爽水透气，在水源有保证的条件下，为高产稳产水稻土。

黄壤是九龙坡区第三大土壤类型，占本区地域面积的14%，主要分布在南泉、华岩等地的背斜低山、深丘、中梁山背斜轴部等地。黄壤是形成于湿润的亚热带生物气候条件下的地带性土壤，脱硅富铝化过程明显。各地质时期的黄色、灰白色石英砂岩、页岩、千枚岩、泥质灰岩和黏土砾石层均可发育成黄壤。黄壤化学风化较强烈，盐基物质的淋溶势强，有明显的黏化、黄化和脱硅富铝化成土过程，具 O-A-AB-B-C 剖面构型。土壤盐基少、酸度大，pH 为 4.5—5.5。本区黄壤空间主要为林区，农耕条件较差，具砂、酸、瘦、冷、缺磷等特征，宜种范围窄，作物产量低。

石灰（岩）土占本区地域面积的8%。石灰（岩）土是在亚热带湿润条件下，石灰岩经溶蚀风化，形成的厚薄不同的钙质饱和或含游离钙质的土壤。本区石灰（岩）土成土母质为嘉陵江组、雷口坡组浅灰色灰岩、白云岩、白云质灰岩夹页岩的风化产物。成土母质多数为轻度至中度化学风化的残积母质，局部地形为强度化学风化。土壤 pH 为中性至微碱性，局部呈酸性，土质黏重，耕性不良，矿质胶体品质较好，盐基物质丰富。该土适种作物范围较广，最宜种植西瓜、番茄、豆薯、萝卜。土壤物理性黏粒为 39%—68%，pH 为 7.4—8.3。

本区域中心区气候特征

本区域中心区气候特征值
Regional climate characteristics in central area of the region

气候带：中亚热带湿润气候 Climate region: Subtropical humid climate	
年平均气温 /℃ Annual average temperature /℃	17.8
年平均最高气温 /℃ Annual average maximum temperature /℃	21.7
年平均最低气温 /℃ Annual average minimum temperature /℃	15.2
年降水量 /mm Annual precipitation /mm	1105
≥10℃的积温 /℃ Daily temperature accumulated in a year（≥10℃）/℃	6968
年日照时数 /h Annual sunshine /h	1046
年平均相对湿度 /% Annual average relative humidity /%	80
干燥度 Dryness	0.95

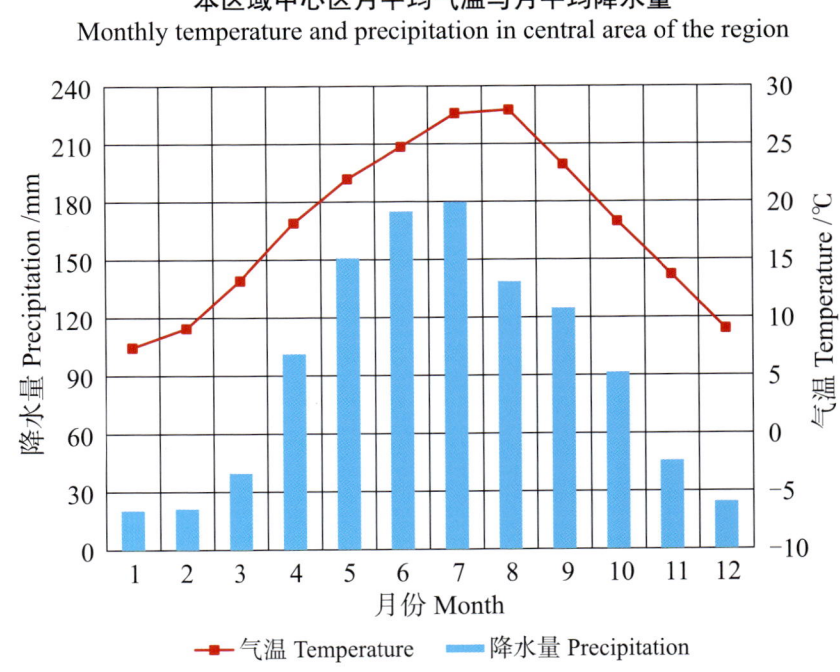

本区域中心区月平均气温与月平均降水量
Monthly temperature and precipitation in central area of the region

九龙坡区主要土壤类型与土壤剖面点分布图
1 : 130 000

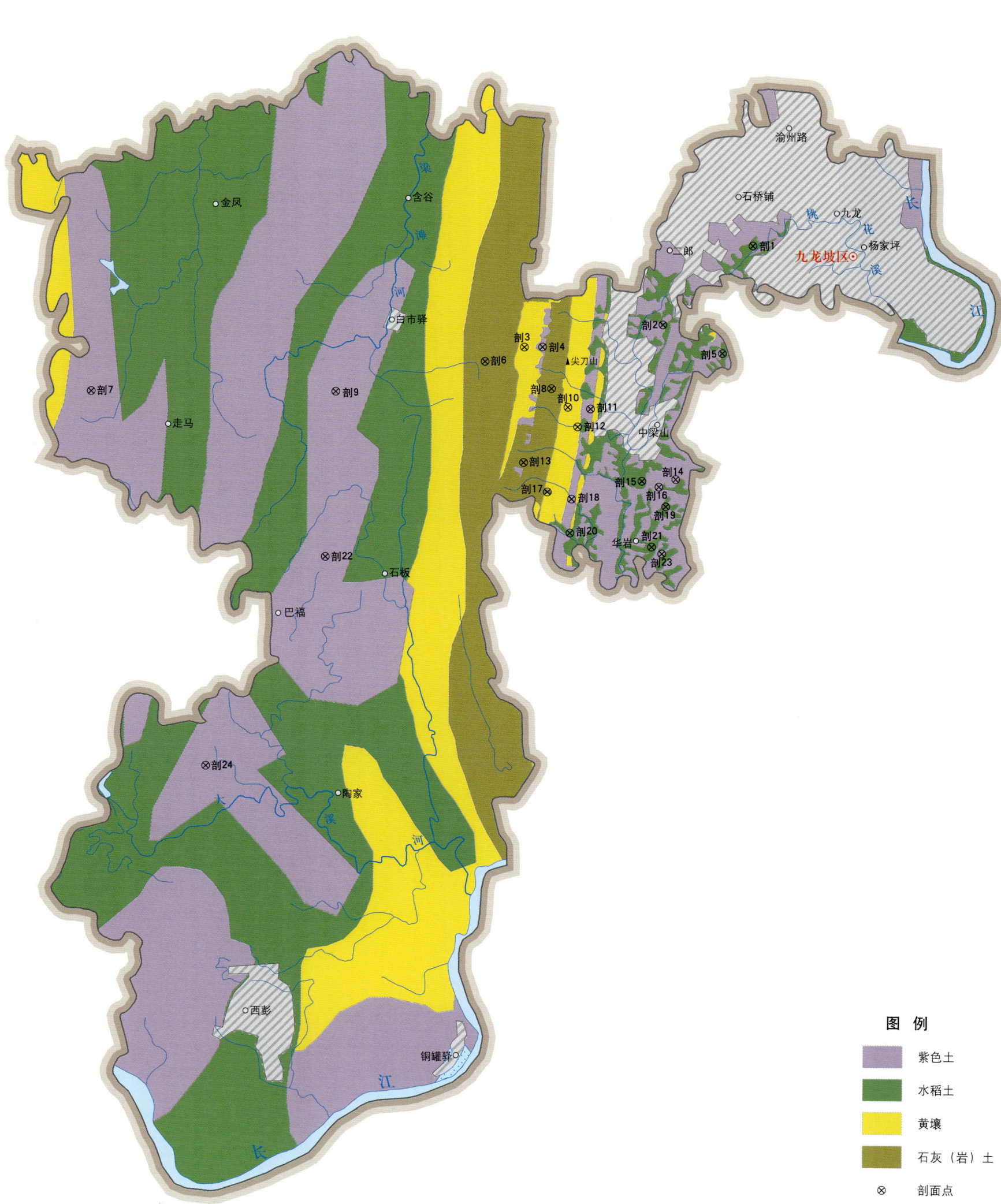

九龙坡区土壤剖面理化性状表

剖面号	土纲	土类	亚类	土属	土种	土层码	土层厚度/cm	颜色	质地	土壤结构	pH	有机质OM/(g/kg)	全氮TN/(g/kg)	碱解氮AN/(mg/kg)	阳离子交换量CEC/(cmol/kg)	土壤母质	剖面点坐标	匹配指数/%
剖1	人为土	水稻土	紫色土性水稻土	灰棕紫色水稻土	冷浸烂泥田	A' g₁	0—46	灰色	重壤土	整体状	7.7	24.2	1.15	112	21.0	泥页岩	E 106°28′22.7″ N 29°30′31.0″	71
剖2	人为土	水稻土	紫色土性水稻土	灰棕紫色水稻土	夹砂田	Gb₁	46—120	灰色	轻黏土	小块状	7.0	22.7	1.21	84	28.0	紫色页岩	E 106°26′42.4″ N 29°29′15.7″	91
						Ab₀g₀	0—20	灰褐色	中壤土	粒状	5.5	12.0	0.64	64	16.0			
						Ba₁b₂	20—27	褐色	中壤土	小块状	5.4	9.0	0.44	51	16.0			
						Pa₂b₂	27—62	黄褐色	中壤土	核柱状	6.0	5.0	0.52	28	15.0			
剖3	铁铝土	黄壤	黄壤	矿质黄泥土	火石子黄黄泥土	A	0—22	棕黄色	轻黏土	粒状	7.3	24.0	2.00	104	16.0	块状灰岩风化物	E 106°24′09.4″ N 29°28′55.6″	80
						B	22—34	黄黄色	中黏土	核柱状	7.0	20.7	1.26	91	16.0			
						P	34—60	灰黄色	重黏土	核柱状	6.3	11.2	1.13	61	19.0			
剖4	初育土	紫色土	中性紫色土	暗紫泥土	二泥土	A	0—20	暗紫色	重壤土	粒状	8.1	10.8	0.72	55	15.0	泥岩、砂岩夹灰岩	E 106°24′29.5″ N 29°28′55.6″	99
						B	20—39	暗紫色	重壤土	核柱状	7.9	8.3	0.72	50	16.0			
剖5	人为土	水稻土	紫色土性水稻土	灰棕紫色水稻土	砂田	A'	0—17	灰棕色	轻壤土	小块状	6.8	16.7	1.13	85	17.0	砂页岩	E 106°27′47.8″ N 29°28′47.5″	72
						Bb₁	17—25	深灰棕色	中壤土	整体状	7.2	16.1	0.97	76	17.0			
						Pa₂b₂	25—62	黄褐色	中壤土	核柱状	7.2	11.5	0.72	57	17.0			
剖6	初育土	石灰（岩）土	黄色石灰土	黄色石灰泥土	黄砂泥土	A	0—13	灰褐黄色	中壤土	粒状	8.3	9.6	0.38	48	10.0	灰岩、白云质灰岩夹页岩风化物	E 106°23′25.8″ N 29°28′42.2″	100
						B	13—24	黄黄色	中壤土	小块状	8.5	3.5	0.20	17	6.0			
						C	24—											
剖7	初育土	紫色土	中性紫色土	灰棕紫泥土	豆瓣泥土	A	0—25	灰棕色	中壤土	棱块及棱块状	6.9	12.4	0.62	64	15.0	砂泥岩	E 106°16′10.4″ N 29°28′16.8″	86
						P	25—75	棕棕色	中壤土	核柱状	7.3	6.3	0.41	28	13.0			
						P	75—	灰灰色	中壤土	棱块状	7.3	2.5	0.30	18	19.0			
剖8	初育土	石灰（岩）土	黄色石灰土	黄色石灰泥土	黄褐泥土	A	0—20	黄棕色	轻黏土	粒状	7.4	25.3	0.29	106	11.0	灰岩、白云质灰岩夹页岩风化物	E 106°24′38.9″ N 29°28′15.2″	83
						B	20—30	黄褐色	中黏土	小块状	7.8	17.8	0.32	83	14.0			
						P	30—70	黄褐色	中黏土	核柱状	7.8	8.4	0.25	43	14.0			
剖9	初育土	紫色土	中性紫色土	暗紫泥土	砂土	C	70—											
						A	0—15	灰棕色	中壤土	粒状	5.7	16.8	0.88	93	11.0	砂泥岩	E 106°20′40.4″ N 29°28′14.4″	71
						B	15—33	黄棕色	轻壤土	小块状	5.7	15.3	0.81	90	10.0			
剖10	铁铝土	黄壤	黄壤	冷砂黄泥土	冷砂土	A	0—28	黄棕色	轻壤土	单粒状	5.2	15.7	0.28	89	8.0	长石石英砂岩、粉砂岩及泥岩	E 106°24′56.9″ N 29°27′57.2″	93
						B	28—70	棕棕色	中壤土	小块状	6.0	13.4	0.22	80	14.0			
						C	70—	黄褐色	粗砂土									
剖11	初育土	紫色土	中性紫色土	暗紫泥土	暗石骨子土	A	0—20	暗棕褐色	多砾中壤土	粒状	8.4	6.4	0.55	39	18.4	泥岩、砂岩夹灰岩	E 106°25′21.7″ N 29°27′55.4″	78
剖12	铁铝土	黄壤	黄壤	砂黄泥土	黄石骨子土	A	0—16	黄棕色	中砾中壤土	粒状	5.1	8.9	0.38	54	26.0	页岩夹泥质粉砂岩残积物、坡积物	E 106°25′07.3″ N 29°27′38.2″	97
						C	16—											
剖13	初育土	石灰（岩）土	黄色石灰土	黄色石灰泥土	黄泡泥土	A	0—18	深黄褐色	重黏土	粒状	7.8	31.2	0.70	141	24.0	灰岩、白云岩夹页岩风化物	E 106°24′07.6″ N 29°27′04.3″	98
						B	18—28	黄棕色	轻黏土	小块状	7.8	24.2	0.48	108	24.0			
						P	28—80	黄黄色	重黏土	核柱状	8.0	20.3	0.48	88	26.0			
剖14	初育土	紫色土	石灰性紫色土	红棕紫泥土	红石骨子土	C	80—											
						A	0—20	红棕色	多砾中壤土	粒状	8.1	11.6	0.80	60	13.6	泥岩、砂质泥岩	E 106°26′55.3″ N 29°26′46.7″	88
剖15	人为土	水稻土	紫色土性水稻土	灰棕紫泥土	大眼泥田	A'	0—16	灰棕紫色	重壤土	粒状、整体状	6.6	16.9	1.00	74	24.0	泥页岩、长石英砂岩	E 106°26′17.9″ N 29°26′45.2″	96
						B	16—27	棕紫色	重壤土	整体状	7.4	13.8	0.88	74	22.0			
						P	27—117	棕紫色	重壤土	核柱状	7.4	6.4	0.58	36				
剖16	初育土	紫色土	石灰性紫色土	红棕紫色泥土	红砂土	A	0—20	暗棕色	砂壤土	单粒状	5.4	9.2	0.16	61	8.0	泥岩、砂粉砂岩及粉砂岩	E 106°26′36.6″ N 29°26′39.5″	94

续表 Continued

剖面号 Soil profile	土纲 Soil order	土类 Soil great group	亚类 Soil subgroup	土属 Soil genus	土种 Soil species	土层码 Layer code	土层厚度 Depth/cm	颜色 Soil color	质地 Soil texture	土壤结构 Soil structure	pH	有机质 OM/(g/kg)	全氮 TN/(g/kg)	碱解氮 AN/(mg/kg)	阳离子交换量 CEC/(cmol/kg)	土壤母质 Parent material	剖面点坐标 Profile coordinate	匹配指数 Matching index/%
剖17	人为土	水稻土	黄壤性水稻土	冷砂黄泥田	冷砂田	A′	0—16	浅灰黄色	轻壤土	单粒状	6.6	25.5	1.18	104	28.0	长石、石英砂岩	E 106°24′33.5″ N 29°26′35.9″	86
						2	16—24	深灰色	轻壤土	整体状	5.3	21.1	0.98	77	10.0			
						Pa₁b₂	24—72	黄灰色	轻壤土	棱柱状	5.2	11.5	0.64	77	8.0			
剖18	初育土	紫色土	中性紫色土	暗紫色泥土	大泥土	A	0—25	棕紫色	轻壤土	粒状	8.0	11.8	0.83	47	19.0	泥岩、砂岩夹灰岩	E 106°25′00.1″ N 29°26′28.7″	92
						P	25—85	棕紫色	中壤土	棱柱状	7.9	8.5	0.63	32	22.0			
剖19	人为土	水稻土	紫色土性水稻土	红棕紫色水稻土	红砂田	A′	0—15	黄褐色	轻壤土	粒状	4.8	17.4	0.82	87	13.0	砂岩、粉砂岩	E 106°26′43.8″ N 29°26′20.5″	72
							15—22	黄棕色	轻壤土	小块状	5.0	13.0	0.59	64	11.0			
						P	22—48	黄棕紫色	轻壤土	棱柱状	5.3	5.5	0.43	39	4.0			
剖20	人为土	水稻土	紫色土性水稻土	暗紫色泥土	大泥田	A′	0—18	暗紫色	轻黏土	粒状	8.2	10.0	0.99	46	18.0	泥页岩	E 106°24′57.9″ N 29°25′56.0″	100
						Pb	18—26	暗紫色	轻黏土	棱块状	8.2	11.8	1.01	52	17.0			
						Pa₁	26—80	暗紫色	轻黏土	棱柱状	8.2	8.1	0.79	37	17.0			
剖21	人为土	水稻土	紫色土性水稻土	红棕紫色水稻土	红紫泥田	A′	0—22	黄褐紫色	重壤土	整体状	7.9	34.2	1.91	123	23.0	泥页岩	E 106°26′28.0″ N 29°25′41.9″	95
						B	22—32	棕紫色	重壤土	小块状	8.0	27.9	1.66	112	22.0			
						P	32—100	棕紫色	重壤土	棱柱状	8.1	24.9	1.46	105	21.0			
剖22	初育土	紫色土	中性紫色土	灰棕紫泥土	夹砂土	A	0—20	暗褐色	轻壤土	团粒状	5.2	15.0	0.70	79	18.0	砂岩	E 106°20′27.7″ N 29°25′35.3″	93
						B	20—30	棕紫色	中壤土	小块状	5.7	4.4	0.37	40	18.0			
						P	30—100	暗棕紫色	中壤土	棱柱状	6.8	7.3	0.49	62	15.0			
剖23	初育土	紫色土	石灰性紫色土	红棕紫泥土	红紫泥土	A	0—26	暗棕紫色	轻壤土	粒状	8.1	16.5	1.05	79	22.0	泥岩、砂质泥岩及粉砂岩	E 106°26′39.1″ N 29°25′35.0″	99
						B	26—39	棕紫色	轻壤土	小块状	8.3	10.4	0.63	52	22.0			
						P	39—58	红棕色	轻壤土	棱柱状	8.3	8.8	0.56	49	25.0			
剖24	初育土	紫色土	中性紫色土	灰棕紫泥土	大眼泥土	A	0—18	棕紫色	重壤土	粒状	7.1	8.7	0.70	68	18.0	砂泥岩	E 106°18′14.6″ N 29°22′14.1″	90
						B	18—28	灰紫色	重壤土	块状	6.9	6.1	0.48	46	20.0			
						P	28—90	灰紫色	重壤土	棱柱状	7.9	5.1	0.39	36	18.0			

南 岸 区

主要土类说明

紫色土是南岸区的主要土壤类型，占本区地域面积的35%。紫色土是紫色砂岩、页岩、泥岩风化物在亚热带湿润气候条件下风化发育而成的一个特殊土类。母质富含矿质养分，且在高温高湿、雨量分布不均的气候条件下，频繁的热胀冷缩，易发生机械破碎，因此以物理风化为主，而化学风化作用微弱。主要分布在平缓地，由泥页岩母质发育的紫色土，遭到淋溶有明显的黏化现象。处于丘坡上部和顶部砂岩发育的紫色土有一定黄化、酸化现象。由于母质富含碳酸盐，加之植被稀少，阻止了化学风化过程的深入，土壤仍处于富钙阶段。紫色土大多属于与母质近似的幼年土壤。因风化度浅、矿质养分丰富，又大多处于光热资源丰富的平缓开阔地带，故本区紫色土宜种范围广，土地利用率高，作物产量水平也较高。

黄壤是南岸区第二大土壤类型，占本区地域面积的21%，大多分布在本区低山，只有老冲积黄泥零星分布在沿江。黄壤是形成于湿润的亚热带生物气候条件下的地带性土壤，脱硅富铝化过程明显。各地质时期的黄色、灰白色石英砂岩、页岩、千枚岩、泥质灰岩和黏土砾石层均可发育成黄壤。黄壤化学风化较强烈，矿物的水解作用比较深刻，盐基物质的淋溶势强，铁质也普遍水化，具有弱富铝化、黄化及黏化过程；砂岩母质风化深、养分贫乏，灰岩母质风化浅、矿质养分丰富。

水稻土是南岸区第三大土壤类型，占本区地域面积的21%。水稻土是在长期的周期性淹灌种稻过程，即水耕熟化过程中，发生一系列的氧化还原、淋溶淀积、分解合成等发育过程后，发育成的一个特殊独立土类。本区水稻土主要起源于紫色土、黄壤、石灰（岩）土和因河流冲积沉淀而形成的潮土。水稻土所处地形部位、发源土壤、气候因素和水文条件不同，土体发育和演变也不同，土体出现糊状淹育层、较坚实板结的犁底层、渗育层、潴育层与潜育层等不同类型发生层。本区近一半的水稻土是冬水田 – 中稻种植模式。

潮土占本区地域面积的3%。潮土系近代河流冲积沉积物，主要分布在本区内长江沿岸及广阳坝河畔一、二级阶地。因地下水位浅，潜水参与成土过程，底土氧化还原交替作用，形成锈色斑纹和小型铁子。潮土土体质地分层，具有明显的水力分选特性。垂直河床方向，由河漫滩到阶地，质地变化是离河岸越近越粗，反之越细。这种差异决定了潮土的水肥气热状况与生产特性。潮土土体构造一般是上砂下黏较好，下砂上黏较差。近河床的卵石粗白砂土、白眼砂土，一般具砂、漏、瘦等特点，生产力极低。离河床较远的潮砂土、潮砂泥土、潮泥土，土层深厚肥沃，母质成分复杂，耕性良好，复种指数高，高产稳产。

小于本区地域面积3%的土壤类型还有石灰（岩）土。

本区域中心区气候特征

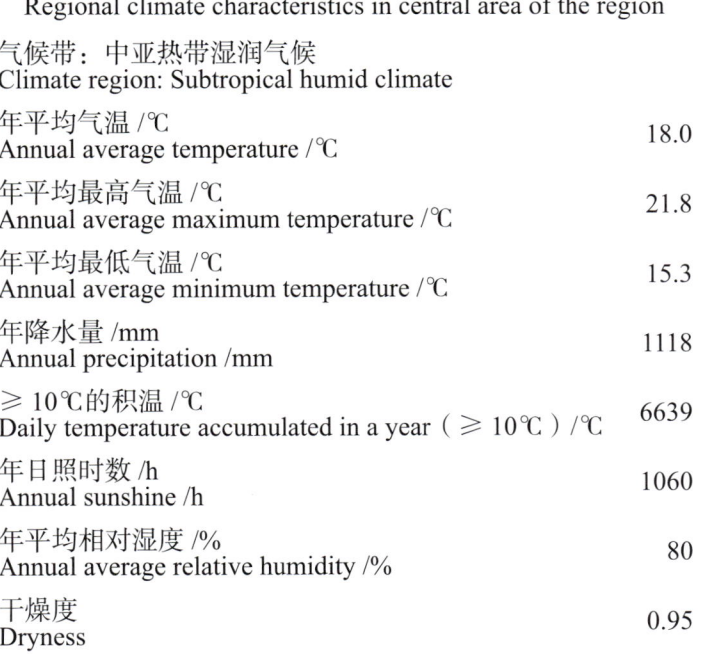

本区域中心区气候特征值
Regional climate characteristics in central area of the region

气候带：中亚热带湿润气候 Climate region: Subtropical humid climate	
年平均气温 /℃ Annual average temperature /℃	18.0
年平均最高气温 /℃ Annual average maximum temperature /℃	21.8
年平均最低气温 /℃ Annual average minimum temperature /℃	15.3
年降水量 /mm Annual precipitation /mm	1118
≥10℃的积温 /℃ Daily temperature accumulated in a year（≥10℃）/℃	6639
年日照时数 /h Annual sunshine /h	1060
年平均相对湿度 /% Annual average relative humidity /%	80
干燥度 Dryness	0.95

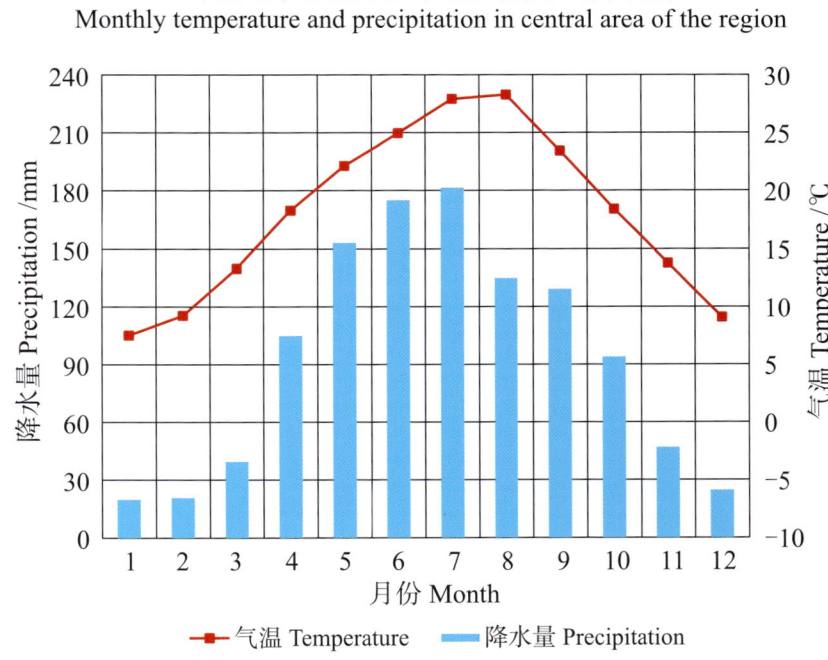

本区域中心区月平均气温与月平均降水量
Monthly temperature and precipitation in central area of the region

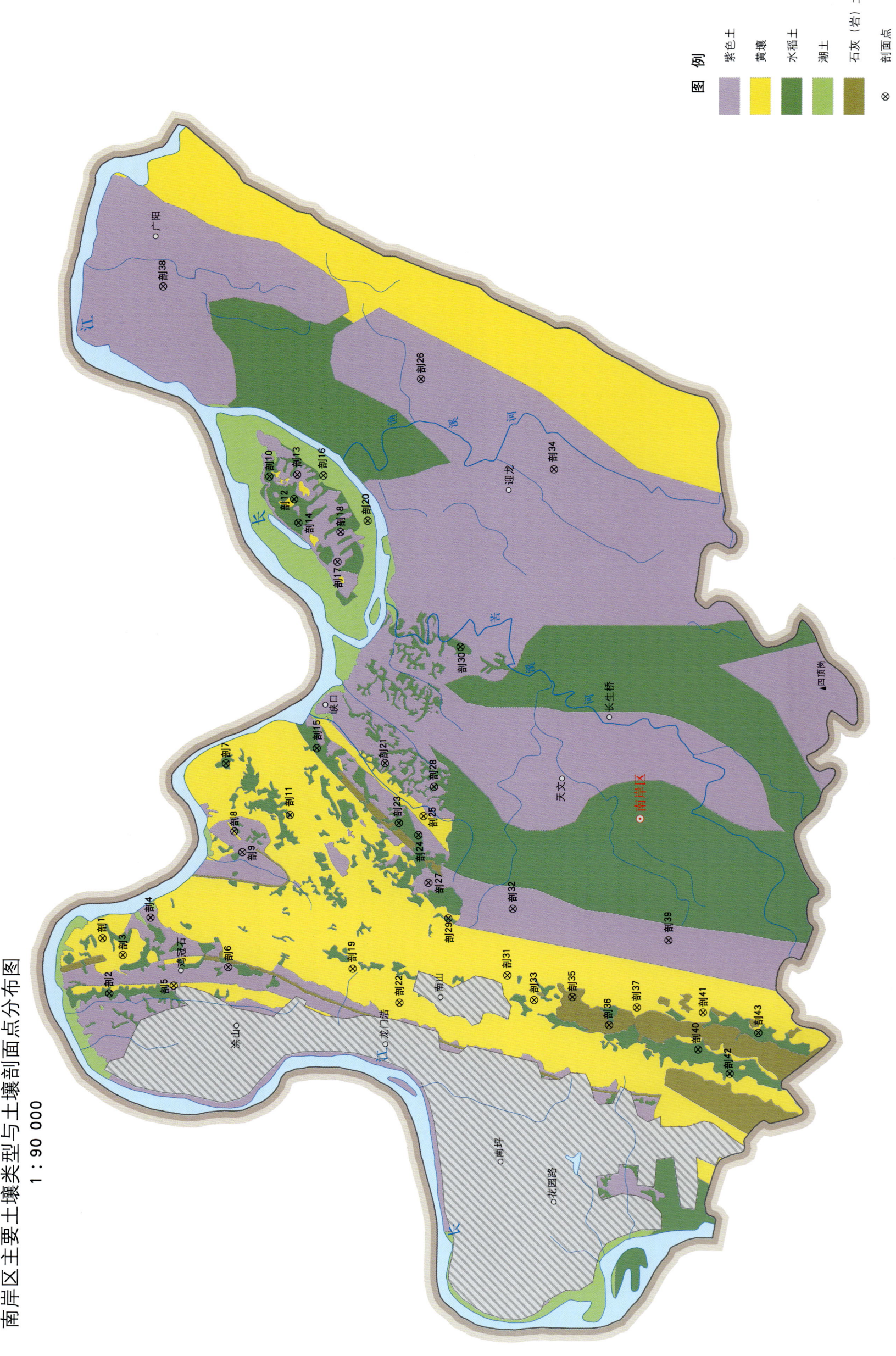

南岸区土壤剖面理化性状表

剖面号 Soil profile	土纲 Soil order	土类 Soil great group	亚类 Soil subgroup	土属 Soil genus	土种 Soil species	土层码 Layer code	土层厚度 Depth/cm	颜色 Soil color	质地 Soil texture	土壤结构 Soil structure	pH	全氮 TN/(g/kg)	碱解氮 AN/(mg/kg)	土壤母质 Parent material	剖面点坐标 Profile coordinate	匹配指数 Matching index/%
剖1	铁铝土	黄壤	黄壤	冷砂黄泥土	黄砂泥土	A	0—24	灰黄色	粉砂质重壤土	散粒状	5.8	1.00	116	砂岩夹薄页岩残积物、坡积物	E 106°36′54.0″ N 29°36′29.5″	95
						Pb₀	24—40	灰黄色	粉砂质重壤土	整体状	5.6	0.66	52			
						HA₁	40—100	棕黄色	砂质中壤土	整体状	5.2	0.52	36			
剖2	人为土	水稻土	紫色土性水稻土	中性紫泥田	砂田	A₁	0—20	灰棕色	中壤土	粒柱状	5.9	0.75	72		E 106°36′09.4″ N 29°36′25.2″	77
						P₀b₁	20—56	黄棕黄色	中壤土	粒柱状	6.4	0.41	44			
						BD	56—100	黄棕色	中壤土	棱柱状	6.0	0.26	31			
剖3	铁铝土	黄壤	黄壤	老冲积黄泥土	卵石黄泥土	A₁b₁	0—33	黄红色	粉黏质中壤土	小块状	5.0	0.83	68	冰水沉积物黏土、砂岩，夹卵石	E 106°36′40.3″ N 29°36′15.5″	87
						W₁b₂	33—100	灰黄红色	粉黏质中壤土	整体状	5.1	0.46	48			
剖4	初育土	紫色土	中性紫色土	暗紫泥土	黄紫泥土	A	0—19	浅紫棕紫色	粗粉黏质轻黏土	小块状	6.5	0.63	67	泥沙页岩、泥岩、粉砂质砂岩	E 106°37′10.2″ N 29°35′55.7″	99
						B	19—32	浅黄棕黄色	粉黏质轻黏土	棱柱状	5.7	0.66	55			
						AD	32—100	紫黄色	粉黏质轻黏土	棱块状	5.5	0.64	42			
剖5	铁铝土	黄壤	黄壤	砂泡黄泥土	黄泡砂泥土	A	0—26	灰黄色	多砾中壤土	散粒状	5.5	0.48	31	黄砂岩、砂岩页岩风化物	E 106°36′15.1″ N 29°35′39.8″	89
						2	26—									
剖6	初育土	紫色土	中性紫色土	暗紫泥土	油石骨子土	A	0—20	暗紫色	砾质重壤土	碎屑状	7.6	0.66	56		E 106°36′29.5″ N 29°35′01.3″	76
						2	20—									
剖7	人为土	水稻土	黄壤性水稻土	山地黄泥田	白鳝泥田	Aa₁b₁	0—22	棕白黄色	粉黏质重黏土	稀糊状	5.7	1.47	92	砂岩夹薄页岩残积物、坡积物	E 106°37′13.7″ N 29°35′01.3″	82
						Wa₂b₂	22—58	灰白色	粉黏质重黏土	整体状	5.4	0.73	31			
						Wa₃b₀	58—100	深灰白色	粉黏质轻黏土	整体状	5.7	0.58	25			
剖8	铁铝土	黄壤	黄壤	冷砂黄泥土	炭渣土	A	0—18	灰色	多砾中壤土	散粒状	4.2	1.07	64	砂岩夹薄页岩残积物、坡积物	E 106°38′19.0″ N 29°34′55.9″	82
						B	18—36	灰色	多砾中壤土	柱状	4.4	1.99	69			
						D	36—									
剖9	初育土	紫色土	中性紫色土	暗紫泥土	大泥土	A	0—26	暗棕紫色	轻黏土	粒状夹棱块状	7.8	0.95	75	泥沙页岩、泥岩、粉砂页岩、砂岩	E 106°38′02.0″ N 29°34′50.5″	88
						B	26—52	暗黄紫色	轻黏土	棱块状	8.1	0.84	55			
						Pb₀	52—100	浅黄紫色	轻黏土	棱柱状	7.7	0.69	42			
剖10	人为土	水稻土	紫色土性水稻土	石灰性黄泥田	红砂大泥田	A₁	0—18	红棕紫色	粉黏质重黏土	稀糊状	7.5	1.63	85	泥岩、砂岩	E 106°43′03.6″ N 29°34′28.0″	95
						P	18—35	红棕紫色	轻黏土	小块状夹棱块状	7.8	1.27	48			
						WD₀	35—100	红棕紫色	轻黏土	柱状	7.6	0.87	46			
剖11	人为土	水稻土	黄壤性水稻土	山地黄泥田	黄紫泥田	A₁	0—23	棕黄色	粗粉黏质重壤土	稀糊状	6.0	1.49	114	泥岩、砂岩	E 106°38′31.6″ N 29°34′16.7″	77
						Pa₁b₁	23—34	暗黄紫色	少黏重黏土	稀糊状	5.7	0.90	66			
						W₁b₂	34—100	红黄紫色	多砾重黏土	棱柱状	5.4	0.57	31			
剖12	人为土	水稻土	紫色土性水稻土	红紫性紫泥田	紫黄泥田	A₁	0—25	棕紫色	粉黏质重黏土	稀糊状	6.8	1.15	110	泥岩、砂岩	E 106°42′45.0″ N 29°34′10.9″	90
						W₁b₁	25—100	红棕紫色	轻黏土	小块状	7.1	0.45	37			
剖13	初育土	紫色土	石灰性紫色土	红紫紫泥土	紫黄泥土	A₁	0—23	棕紫色	粉黏质轻黏土	块状	6.8	1.18	103	泥岩、砂岩	E 106°43′04.8″ N 29°34′08.4″	94
						P	23—100	红棕紫色	中黏土	块状	6.9	0.79	69			
剖14	人为土	水稻土	黄壤性水稻土	老冲积黄泥田	卵石黄泥田	A₁	0—16	浅黄灰色	中黏土	稀糊状	8.1	1.59	114	江河冲积物	E 106°42′26.3″ N 29°34′08.0″	70
						Pbg₀	16—21	灰色	中黏土	棱块状	8.0	1.57	115			
						P₁b₃	21—70	浅灰黄色	中黏土	块块状	7.9	1.45	101			
						HA₃	70—100	中黏土	中黏土	小块状	7.7	0.94	52			
剖15	人为土	水稻土	冲积型水稻土	潮土田	潮砂泥田	A	0—26	暗黄灰色	砂质中壤土	棱块状	7.8	0.91	82	江河冲积物	E 106°39′24.8″ N 29°33′57.2″	80
						Pb₁	26—60	浅灰黄色	砂质中壤土	块块状	8.0	0.55	26			
						Wb₁	60—100	浅灰黄色	砂质中壤土	整体状	7.5	0.59	56			

续表 Continued

剖面号 Soil profile	土纲 Soil order	土类 Soil great group	亚类 Soil subgroup	土属 Soil genus	土种 Soil species	土层码 Layer code	土层厚度 Depth/cm	颜色 Soil color	质地 Soil texture	土壤结构 Soil structure	pH	全氮 TN/(g/kg)	碱解氮 AN/(mg/kg)	土壤母质 Parent material	剖面点坐标 Profile coordinate	匹配指数 Matching index/%
剖16	半水成土	潮土	潮土	灰棕潮土	潮砂泥土	A	0—32	暗棕灰色	中壤土	团粒状	7.3	0.59	72	河流冲积物	E 106°43′03.7″ N 29°33′50.0″	73
						Bb₁	32—66	黄棕色	重壤土	棱块状	7.3	0.41	24			
						P	66—100	灰棕色	轻黏土	棱块状	7.7	0.73	37			
剖17	初育土	紫色土	石灰性紫色土	红棕紫泥土	红石骨子土	A	0—27	红棕紫色	砾质重壤土	碎屑状	7.9	0.93	59	泥岩、砂岩	E 106°41′54.2″ N 29°33′41.0″	70
						C	27—									
剖18	初育土	紫色土	石灰性紫色土	红棕紫泥土	红砂大泥土	A	0—25	红棕紫色	粉黏质轻黏土	小块状	8.4	1.24	82	泥岩、砂岩	E 106°42′18.4″ N 29°33′38.5″	84
						P	25—100	红棕紫色	粉黏质轻黏土	棱块状	8.5	0.96	60			
剖19	铁铝土	黄壤	黄壤	冷砂黄泥土	冷砂土	A	0—24	浅灰黄色	轻壤土	单粒状	4.7	0.97	56	砂岩夹薄页岩残积物、坡积物	E 106°36′27.0″ N 29°33′33.8″	75
						2	24—									
剖20	半水成土	潮土	潮土	灰棕潮土	潮砂土	A	0—22	浅灰棕色	中壤土	散粒状	6.6	0.83	49	河流冲积物	E 106°42′27.0″ N 29°33′19.4″	80
						B	22—40	浅黄棕色	轻壤土	棱块状	6.8	0.76	51			
						P	40—82	浅黄棕色	轻壤土	棱块状	6.8	0.25	26			
剖21	人为土	水稻土	黄壤性水稻土	山地黄泥田	砂黄泥田	A₁b₁	19—33	深灰黄色	重壤土	小块状	6.6	1.28	90			88
						Pbg₁										
						HA₁	33—100	灰黄色	轻黄土	稀糊状	6.8	1.21	91			
											6.8	0.79	42			
剖22	铁铝土	黄壤	黄壤	森林土	冷砂森林土	Ao	0—3	灰黑色	轻黄土	棱块状	4.6	1.29	130	长石石英砂岩及砂质泥、页岩和炭质页岩	E 106°39′12.2″ N 29°33′09.4″	89
						A₁	3—25	黄黄色	轻壤土	粒状夹团粒状	5.6	0.89	79			
						B₁	25—73	黄色	中壤土	棱块状	6.6	0.51	30			
						B₁	73—100	黄色	轻砂土	小鳞片状	6.8	0.74	34			
剖23	人为土	水稻土	紫色土性水稻土	中性紫泥田	豆瓣泥田	A₁	0—22	暗紫色	粉黏质黄壤土	暗糊状	7.8	1.02	34		E 106°35′59.3″ N 29°33′01.1″	95
						Pb₁	22—64	暗紫色	粉黏质轻黏土	棱块状	8.2	0.48	21			
						C	58—									
剖24	人为土	水稻土	紫色土性水稻土	中性紫泥田	大泥田	A	0—25	暗紫色	粗黏质轻黏土	小块状	6.8	1.07	69		E 106°38′24.0″ N 29°33′00.1″	74
						B	25—100	暗紫色	粗粉质中壤土	棱块状	6.2	0.94	50			
剖25	铁铝土	黄壤	黄壤	砂黄泥土	砂黄泥土	A	0—20	浅黄棕色	粉黏质轻壤土	细粒状	6.4	1.00	76	黄砂岩、砂岩页岩	E 106°38′29.4″ N 29°32′42.7″	79
						Pb₀	20—31	灰棕黄色	粉黏质轻黏土	棱块状	6.5	0.67	50			
						wb₁	31—100	灰黄色	粗砂质黄中壤土	棱块状	6.5	0.63	5			
剖26	初育土	紫色土	中性紫色土	灰棕紫泥土	石骨子土	A	0—27	紫灰色	轻壤土	散粒状	5.8	0.50	23		E 106°44′20.1″ N 29°32′40.3″	81
						B	27—58	灰紫色	中壤土	散粒状	5.6	0.50	18			
						C	64—									
剖27	初育土	紫色土	中性紫色土	灰棕紫泥土		A	0—23	棕紫色	砾质中壤土	屑细状夹粒状	7.7	0.52	45		E 106°37′35.6″ N 29°32′39.7″	92
						B	23—49	暗紫色	砾质中壤土	小碎块状	7.8	0.34	29			
						C	49—									
剖28	人为土	水稻土	紫色土性水稻土	中性紫泥田	夹黄泥田	A₁	0—10	灰黄棕色	粉质重壤土	稀糊状	6.5	0.92	92		E 106°38′52.8″ N 29°32′35.2″	81
						Pbg₁	10—30	青灰色	粉质重壤土	整体状	6.6	0.99	99			
						P₂b₀	30—56	浅黄紫色	砂质重壤土	棱块状	6.5	0.68	61			
						wb₁	56—100	灰黄紫色	粗砂质中壤土	棱块状	6.5	0.21	24			
剖29	人为土	水稻土	黄壤性水稻土	山地黄泥田	冷砂田	A	0—25	灰色	轻壤土	散粒状	5.6	1.30	99		E 106°37′06.6″ N 29°32′26.2″	79
剖30	人为土	水稻土	紫色土性水稻土	中性紫泥田	黄紫泥田	A₁b₀	0—20	黄紫色	轻黏土	核粒状块状	5.8	1.05	69		E 106°40′44.7″ N 29°32′15.1″	78
						Pbz₀	20—29	黄紫色	重黏土	整体状	6.1	0.98	69			
						Pb₁	29—53	浅紫紫色	重黏土	棱块状	6.1	0.69	43			
						wb₁	53—73	浅棕黄色	重壤土	棱体状	6.2	0.66	38			
						C	73—									
剖31	铁铝土	黄壤	黄壤	矿子黄泥土	黄砾夹砂土	A	0—27	灰黄色	小砾重壤土	小块状	6.5	1.23	86	灰岩风化残积物	E 106°36′20.1″ N 29°31′45.0″	93
						B	27—66	浅黄色	小砾重壤土	棱块状	6.4	0.92	72			
						Pb₁	66—100	黄色	小砾轻黏土	片状	6.4	0.86	54			

续表 Continued

剖面号 Soil profile	土纲 Soil order	土类 Soil great group	亚类 Soil subgroup	土属 Soil genus	土种 Soil species	土层码 Layer code	土层厚度 Depth/cm	颜色 Soil color	质地 Soil texture	土壤结构 Soil structure	pH	全氮 TN/(g/kg)	碱解氮 AN/(mg/kg)	土壤母质 Parent material	剖面点坐标 Profile coordinate	匹配指数 Matching index/%
剖32	初育土	紫色土	中性紫色土	暗紫泥土	豆瓣泥土	A	0—26	暗紫色	粉质轻黏土	核块状	7.6	1.15	77	泥质页岩、泥岩、粉砂质页岩、砂岩	E 106°37′13.7″ N 29°31′40.7″	80
						Pb₀	26—60	暗紫色	粉质轻黏土	核块状	6.9	0.61	56			
						Wb₂	60—100	浅棕黄色	粉黏质轻黏土	核柱状	7.4	0.38	24			
剖33	铁铝土	黄壤		矿子黄泥土	矿子黄泥土	A	0—25	灰黄色	小块状夹粒状	核块状	6.5	1.86	130	灰岩风化残积物	E 106°36′00.1″ N 29°31′26.4″	95
						B	25—40	浅黄色	粉黏质黏土	核块状	6.6	1.84	110			
						W₀	40—100	黄黄色	粉黏质中黏土	核柱状	7.1	1.39	67			
剖34	初育土	紫色土	中性紫色土	灰棕紫泥土	夹黄泥土	A	0—23	浅黄紫色	粉黏质重壤土	核块夹块状	7.1	0.92	89		E 106°43′05.8″ N 29°31′07.6″	89
						P₁b₁	23—49	黄黄色	粉黏质轻黏土	核块状	7.7	0.60	67			
						Wa₁b₁	49—100	黄紫色	粉砂质重黏土	核柱状	7.4	0.75	63			
剖35	初育土	石灰(岩)土	黄色石灰土	黄色石灰土	碗碗泥土	A	0—32	浅灰黄色	粉砂质重黏土	小块状夹粒状	7.2	2.49	148	灰岩	E 106°36′02.2″ N 29°30′59.4″	94
						B	32—100	黄黄色	粉黏质中黏土	碎块状	7.2	1.48	87			
剖36	初育土	石灰(岩)土	黄色石灰土	黄色紫泥土	石灰性黄泥土	A	0—29	灰黄色	粉质黏土	团块状	8.4	2.03	126	灰岩坡残积物	E 106°35′39.1″ N 29°30′33.8″	81
						P	29—60	黄黄色	粉黏质重黏土	柱状	8.1	1.06	64			
						W₀b₀	60—100	黄黄色	粉黏质重黏土	柱状	8.1	0.85	4			
剖37	铁铝土	黄壤		矿子黄泥土	灰渣土	A	0—20	灰黑色	多砾质中壤土	散粒状	6.9	3.03	174		E 106°35′53.2″ N 29°30′14.0″	77
						2	20—	灰黄色								
剖38	初育土	紫色土	中性紫色土	灰棕紫泥土	大眼泥土	A	0—23	浅灰紫色	粉质重黏土	粒状夹核状	6.9	0.72	38		E 106°36′37.4″ N 29°35′41.0″	91
						W₁b₂	23—56	浅灰黄色	粗粉质重黏土	核块状	6.9	0.40	26			
						Pb₁	56—100	浅灰棕色	粉粉质重黏土	核柱状	7.4	0.37	17			
剖39	初育土	紫色土	中性紫色土	灰棕紫泥土	夹砂泥土	A	0—24	灰黄色	砂质黏土	粒状夹小核状	7.1	0.75	35		E 106°36′46.8″ N 29°29′51.3″	81
						B	24—50	棕紫色	粉质黏土	小块状夹核状	6.8	0.60	29			
						P	50—100	紫紫色	粉黏质重黏土	核块状	6.9	0.60	28			
剖40	人为土	水稻土	石灰岩土性水稻土	石灰性黄泥田	石灰性黄泥田	A₁g	0—4	灰色	粉黏质中黏土	稀糊状	6.7	1.68	44	石灰性旱土	E 106°35′19.0″ N 29°29′31.2″	71
						A₁	4—21	浅灰黄色	粉黏质黏土	小块状	7.2	1.26	43			
						P₁b₁	21—60	棕黄色	粉黏质中黏土	核块状	7.3	1.01	33			
						W₀	60—100	黄黄色	粉粉质重黏土	整体状	8.0	0.59	7			
剖41	铁铝土	黄壤	黄壤	矿子黄泥土	黄鳝底土	A	0—16	灰黄色	轻黏土	核粒状	7.2	1.25	86		E 106°35′48.5″ N 29°29′27.6″	85
						Wb₂	16—28	黄黄色	重黏土	整体状	7.2	0.92	56			
						B	28—100	黄黄色								
剖42	人为土	水稻土	黄壤性水稻土	山地黄泥田	矿子黄泥田	A₁	0—20	灰黄色	少砾轻黏土	核粒状	6.0	1.88	125	灰岩风化残积物	E 106°34′59.5″ N 29°29′09.2″	99
						Pb₁	20—42	浅灰黄色	少砾轻黏土	核块状	6.2	1.16	86			
						Wb₂	42—100	棕黄色	粗粉质轻黏土	核柱状	6.5	0.98	58			
剖43	人为土	水稻土	黄壤性水稻土	山地黄泥田	黄泥夹砂田	A₁	0—27	灰黄色	粉黏质重壤土	小块状	6.4	1.37	99		E 106°35′31.6″ N 29°28′48.7″	100
						P	27—71	灰黄色	粉黏质黏土	核块状	6.5	1.12	67			
						Wb₀	71—100	灰黄色	粗粉质重黏土	核柱状	6.5	1.03	63			

北 碚 区

主要土类说明

紫色土是北碚区的主要土壤类型，占本区地域面积的34%。本区紫色土分布于海拔200—400m的向斜丘陵地区，在观音峡背斜内山也有少量分布，海拔多在450—700m。紫色土是紫色砂岩、页岩、泥岩风化物，在亚热带湿润气候条件下形成的幼年土壤，基本保持了母质理化性质。紫色土物理风化作用强烈，化学风化作用微弱，是发育度浅的岩性土，除钙、钠有明显淋失外，其他元素无明显淋失，不具有亚热带的脱硅富铝作用，其剖面层次发育不明显，具A-C剖面构型。本区紫色土由于母岩富含磷、钾等矿质养分，结构良好，易耕作，宜种范围广。

黄壤是北碚区第二大土壤类型，占本区地域面积的30%，广泛分布于我区各背斜低山区及山麓。黄壤是形成于湿润的亚热带生物气候条件下的地带性土壤。各地质时期的黄色、灰白色石英砂岩、页岩、千枚岩、泥质灰岩和黏土砾石层均可发育成黄壤。黄壤化学风化较强烈，盐基物质的淋溶势强，铁质也普遍水化，土壤在发育过程中产生明显的黏化、黄化和脱硅富铝化成土过程，具O-A-AB-B-C剖面构型。本区黄壤多呈酸性，pH为5.0—6.0，主要范围为林区。

水稻土是北碚区第三大土壤类型，占本区地域面积的27%，主要分布在向斜丘陵的坡腰、坡脚冲沟里，溪河沿岸的低阶地和低山中的槽谷及平缓的山坡上均有分布。水稻土在长期的周期性淹灌种稻过程，即水耕熟化过程中，土体经还原淋溶和氧化淀积作用，出现糊状淹育层、较坚实板结的犁底层、渗育层、潴育层与潜育层等多种发生层。本区水稻土主要源于潮土、紫色土和黄壤。水稻土肥力、生产性能各不相同。本区水稻土一般土层较深厚，且由于水层保护作用，水肥气热等肥力因素趋于协调，故水稻土肥力一般比旱作土壤高，大、小春作物产量较高而且稳定。

石灰（岩）土占本区地域面积的6%，主要分布在观音峡背斜低山中石灰岩地区。石灰（岩）土是在亚热带湿润条件下，石灰岩经溶蚀风化，形成的厚薄不同的钙质饱和或含游离钙质的土壤。成土母质主要为石灰岩，富含碳酸钙。该土壤主要分布于背斜低山槽谷内，多见于石隙、溶洞或峰丛底部。碳酸钙淋溶程度不一，多黏土，多为铁钙质胶结物，风化程度不一，盐基饱和度高，土壤有机质含量及胶结状态有较大差异。

小于本区地域面积3%的土壤类型还有潮土等。

本区域中心区气候特征

本区域中心区气候特征值
Regional climate characteristics in central area of the region

气候带：中亚热带湿润气候 Climate region: Subtropical humid climate	
年平均气温 /℃ Annual average temperature /℃	18.1
年平均最高气温 /℃ Annual average maximum temperature /℃	21.9
年平均最低气温 /℃ Annual average minimum temperature /℃	15.4
年降水量 /mm Annual precipitation /mm	1098
≥10℃的积温 /℃ Daily temperature accumulated in a year（≥10℃）/℃	6761
年日照时数 /h Annual sunshine /h	1064
年平均相对湿度 /% Annual average relative humidity /%	80
干燥度 Dryness	0.98

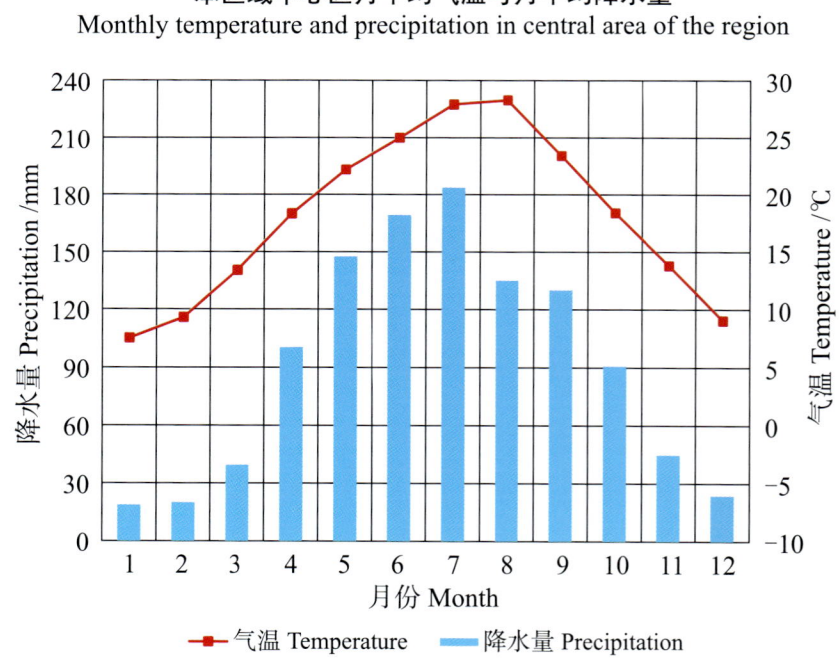

本区域中心区月平均气温与月平均降水量
Monthly temperature and precipitation in central area of the region

北碚区主要土壤类型与土壤剖面点分布图
1：170 000

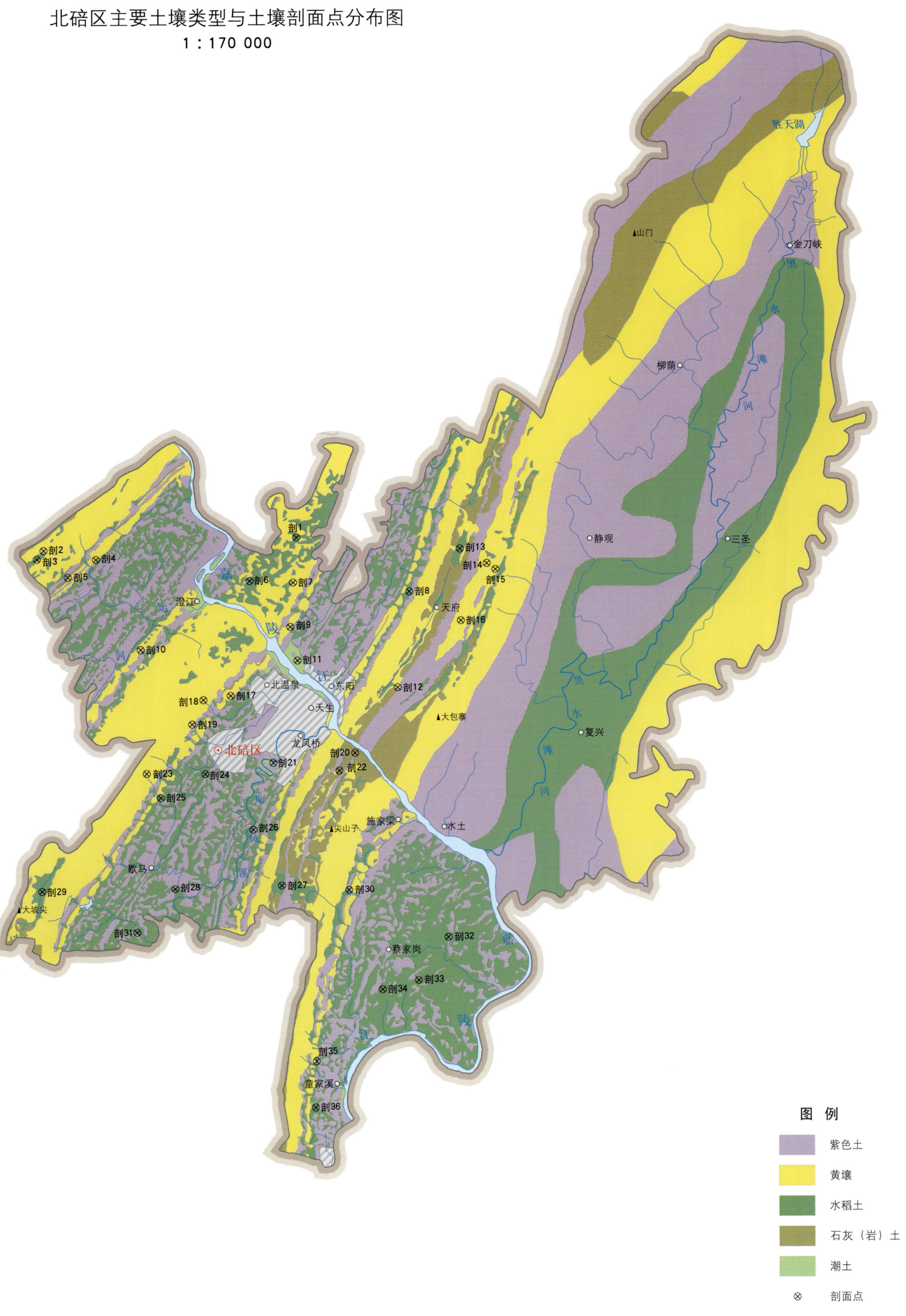

北碚区土壤剖面理化性状表

剖面号 Soil profile	土纲 Soil order	土类 Soil great group	亚类 Soil subgroup	土属 Soil genus	土种 Soil species	土层码 Layer code	土层厚度 Depth/cm	颜色 Soil color	质地 Soil texture	土壤结构 Soil structure	pH	有机质 OM/(g/kg)	全氮 TN/(g/kg)	全磷 TP/(g/kg)	全钾 TK/(g/kg)	碱解氮 AN/(mg/kg)	有效磷 AP/(mg/kg)	速效钾 AK/(mg/kg)	土壤母质 Parent material	剖面点坐标 Profile coordinate	匹配指数 Matching index/%
剖1	人为土	水稻土	黄壤性水稻土	冷砂黄泥土	黄砂泥田	A'	0—29	灰黄色	中壤土	粒状	5.9	15.7	0.67	0.18	16.0	60	5.0	84		E 106°25′53.6″ N 29°53′35.5″	83
						P	29—60	浅棕黄色	轻壤土	棱柱状	5.8	9.6	0.62	0.18	58	4.0	85				
						Wb₁	60—100	浅黄色	轻壤土	棱块状											
剖2	铁铝土	黄壤	黄壤	冷砂黄泥土	炭渣土	A	0—24	灰黑色	轻砾重壤土	粒状	5.0	93.3	2.06	0.23	17.7	100	8.0	95		E 106°19′12.2″ N 29°53′21.7″	92
						B	24—40	浅黄色	中砾重壤土	粒状	5.3	22.0	1.19	1.62	18.1	84	4.0	53			
						C	40—	黑色													
剖3	人为土	水稻土	黄壤性水稻土	冷砂黄泥土	冷砂田	A'	0—30	灰黄色	轻壤土	粒状	5.9	15.7	0.67	0.18	16.0	6	5.0	84		E 106°19′01.4″ N 29°53′09.7″	98
						P	30—65	灰黄色	中壤土	棱柱状	5.8	9.6	0.62	0.18	15.1	58	4.0	85			
						D	65—	浅黄色													
剖4	铁铝土	黄壤	黄壤	砂黄黄泥土	糠石骨子土	A	0—26	灰黄色	重砾轻壤土	砾核状	5.8	14.2	1.20	0.31	23.0	84	5.0	73		E 106°20′35.2″ N 29°53′08.5″	92
						C	26—														
剖5	初育土	石灰(岩)土	黄色石灰土	黄色石灰土	矿子泥土	A	0—17	棕紫色	重壤土	块状	7.2	11.7	0.94	0.45	24.7	65	14.0	87	灰岩、泥岩风化残积物、坡积物	E 106°19′50.2″ N 29°52′44.4″	75
						B₁	17—25	黄棕紫色	重壤土	大块状	7.2	10.0	0.88	0.41	24.2	61	11.0	78			
						B₂	25—53	棕灰色	轻黏土	棱柱状	7.0	6.0	0.77	0.34	23.2	57	10.0	73			
						C	53—	浅灰色													
剖6	人为土	水稻土	黄壤性水稻土	冷砂黄泥土	黄泥田	A'	0—22	黄棕色	重壤土	块状	5.0	16.9	1.01	4.15	11.2	88	14.0	47		E 106°25′47.3″ N 29°52′36.5″	87
						Pb	22—48	橙黄色	重壤土	整体状	5.2	13.5	0.79	0.25	11.1	75	8.0	26			
						Wb₁	48—100	灰黄色	重黏土	棱柱状	5.3	3.4	0.38	0.11	12.8	31	3.0	26			
剖7	铁铝土	黄壤	黄壤	冷砂黄泥土	黄砂泥土	A	0—23	棕灰色	中壤土	核状	5.8	20.3	0.88	0.27	15.0	116	6.0	109		E 106°19′41.9″ N 29°51′33.6″	95
						B₁	23—39	灰黄色	中壤土	核状	6.2	16.8	0.72	0.33	14.6	96	5.0	95			
						B₂	39—54	棕黄色	中壤土	柱状	6.1	4.8	0.40	0.11	11.8	56	3.0	71			
						C	54—	棕黄色													
剖8	人为土	水稻土	紫色土性水稻土	暗紫泥田	大泥田	A'	0—26	暗紫色	轻黏土	块状	5.7	21.8	1.38	0.56	18.8	112	9.0	219	泥岩、砂岩互层风化坡积物、残积物	E 106°24′38.2″ N 29°52′51.2″	77
						P	26—45	暗紫色	轻黏土	棱柱状	6.3	20.5	0.98	0.43	18.1	82	7.0	118			
						Wb₂	45—100	棕紫色	轻黏土	棱块状	6.5	15.3	0.96	0.24	18.4	72	5.0	110			
剖9	铁铝土	黄壤	黄壤	砂黄黄泥土	黄砂土	A	0—24	灰黄色	轻壤土	粒状	5.4	12.8	0.64	0.36	15.8	54	4.0	52	砂岩、泥岩互层风化残积物、残积物	E 106°25′41.9″ N 29°51′32.4″	71
						B	24—55	黄色	砂壤土	粒状	5.4	3.0	0.20	0.21	13.7	29	3.0	21			
						D	55—														
剖10	铁铝土	黄壤	黄壤	砂黄黄泥土	黄砂泥土	A	0—22	灰黄色	中壤土	粒状、核状	5.6	9.9	0.73	0.34	15.6	74	5.0	43	泥岩、砂岩互层风化坡积物、残积物	E 106°21′44.3″ N 29°51′03.6″	75
						B₁	22—47	浅绿黄色	中壤土	棱块状	5.6	7.3	0.61	0.36	15.9	56	4.0	43			
						B₂	47—90	灰棕黄色	中壤土	棱块状	5.6	6.9	0.57	0.33	15.9	50	3.0	35			
剖11	半成土	潮土	潮土	灰棕潮土	潮泥土	A'	0—16	浅黄色	中黏土	团块状	7.2	18.2	1.33	0.77	28.2	95	22.0	97	河流冲积物	E 106°25′52.7″ N 29°50′46.3″	86
						B₁	16—35	黄棕色	中黏土	棱柱状	7.2	17.4	1.29	0.71	28.0	84	21.0	83			
						B₂	35—68	黄棕黄色	中黏土	棱柱状夹块状	7.4	11.4	0.83	0.51	27.0	51	13.0	74			
						B₃	68—96	灰棕黄色	中黏土	棱柱状夹块状	7.4	10.2	0.77	0.56	26.4	41	10.0	70			
						C	96—106	棕黄色	中黏土	棱柱状夹粒状	7.2	8.9	0.86	0.34	30.0	41	7.0	69			
剖12	铁铝土	黄壤	黄壤	矿子黄泥土	黄泥土	A	0—25	棕黄色	轻黏土	块状	6.4	14.8	1.05	0.60	24.8	93	16.0	144		E 106°28′27.1″ N 29°50′06.7″	92
						B	25—60	棕黄色	轻黏土	块状夹粒状	7.2	10.0	0.80	0.38	20.0	62	4.0	68			
						D	60—	灰白色													
剖13	人为土	水稻土	紫色土性水稻土	暗紫泥田	粗油砂田	A'	0—25	暗紫色	中壤土	小块状夹粒状	6.8	25.6	1.21	1.20	20.3	87	8.0	90	泥岩、砂岩灰岩、灰质泥岩	E 106°30′12.6″ N 29°53′17.5″	87
						P	25—50	棕紫色	中壤土	棱柱状	7.1	13.7	0.72	1.11	21.6	50	4.0	68			
						Wb₁	50—100	暗紫色	中壤土	棱柱状夹粒状	7.1	13.7	0.72	1.11	20.9	50	4.0	68			

续表 Continued

剖面号 Soil profile	土纲 Soil order	土类 Soil great group	亚类 Soil subgroup	土属 Soil genus	土种 Soil species	土层码 Layer code	土层厚度 Depth/cm	颜色 Soil color	质地 Soil texture	土壤结构 Soil structure	pH	有机质 OM/(g/kg)	全氮 TN/(g/kg)	全磷 TP/(g/kg)	全钾 TK/(g/kg)	碱解氮 AN/(mg/kg)	有效磷 AP/(mg/kg)	速效钾 AK/(mg/kg)	土壤母质 Parent material	剖面点坐标 Profile coordinate	匹配指数 Matching index/%
剖14	铁铝土	黄壤	黄壤	矿子黄泥森林土	豆面泥土	A_1	0—10	灰棕色	轻黏土	粒状	4.8	78.3	3.32	1.07	8.6	265	6.0	149	灰岩夹泥岩风化坡积物、残积物	E 106°30′54.7″ N 29°52′57.4″	88
						A_1b_1	10—20	浅黄棕色	轻壤土	粒状、核状	4.8	39.7	1.73	1.02	8.3	146	2.0	80			
						B_1	20—60	棕色	重壤土	核块状	5.0	21.5	1.23	0.93	8.4	111	1.0	37			
						B_2	60—100	暗黄黄色	重砾重壤土	核块状	5.2	18.4	1.24	0.91	8.7	78	1.0	37			
剖15	铁铝土	黄壤	黄壤	矿子黄泥土		A	0—26	灰黄色	轻壤土	粒状	5.5	14.8	1.26	0.23	24.3	99	3.0	108		E 106°31′08.4″ N 29°52′48.7″	99
						B	26—75	黄黄色	轻壤土	块状	5.5	8.4	0.93	0.15	24.7	55	2.0	99			
						D	75—	青灰色													
剖16	铁铝土	黄壤	黄壤	矿子黄泥土	火石子土	A	0—28	棕黄色	中砾重壤土	粒状	5.8	20.8	1.08	0.37	15.4	101	14.0	68		E 106°30′12.6″ N 29°51′38.5″	81
						B_1	28—45	橘黄色	中砾重壤土	块粒状	6.0	8.9	1.00	0.26	18.4	76	6.0	85			
						B_2	45—100	灰黄色	中砾重壤土	核块状	6.3	5.7	0.83	0.23	18.9	5	4.0	72			
剖17	铁铝土	黄壤	黄壤	砂黄泥土	黄泥土	A	0—25	棕黄色	重壤土	粒状	6.0	15.6	1.07	0.34	13.5	77	4.0	62	砂岩、泥岩互层风化坡积物、残积物	E 106°24′05.8″ N 29°49′58.8″	87
						B_1	25—43	棕黄色	重壤土	核块状	6.6	12.5	1.05	0.27	15.0	65	3.0	53			
						B_2	43—61	深黄色	砾重壤土	核块状	6.6	3.8	0.65	0.23	14.0	32	2.0	41			
剖18	铁铝土	黄壤	黄壤	冷砂黄泥土	冷砂土	A	0—21	黄色	砂壤土	粒状	5.5	11.9	0.57	0.15	12.2	90	8.0	119		E 106°23′22.2″ N 29°49′53.4″	79
						D	21—	暗黄色	重壤土	块状	5.2	11.6	0.82	0.22	14.3	68	5.0	94			
剖19	铁铝土	黄壤	黄壤	冷砂黄泥土	黄泥土	A	0—21	黄灰色	轻壤土	核柱状	5.1	7.8	0.72	0.20	15.8	61	3.0	87		E 106°23′03.8″ N 29°49′20.3″	91
						B_1	21—50	浅黄紫色	轻壤土	核块状	4.9	6.8	0.65	0.21	15.8	57	1.0	54			
						B_2	50—100	棕黄色	重壤土	核块状	6.6	64.3	2.95	0.60	24.9	256		233			
剖20	初育土	石灰（岩）土	黄色石灰土	黄色黄灰森林土	石碴子土	A	0—2	黑灰色	重壤土	粒状	7.1	31.3	1.74	0.48	24.8	123	16.0	125	灰岩风化残积物	E 106°27′21.6″ N 29°48′38.2″	83
						B_1	2—8	棕黄色	轻壤土	核状	7.2	11.1	1.01	0.30	25.3	66	8.0	109			
						B_2	8—44			核状夹小块状	7.2	13.7	0.67	0.83	15.0	52	7.0	36			
剖21	半水成土	潮土	潮	灰棕潮土	潮砂土	A	0—25	浅灰色	砂壤土	粒状	7.2	8.4	0.43	0.46	8.8	29	8.0	37	河流冲积物	E 106°25′11.6″ N 29°48′25.9″	86
						AB	25—48	暗黄色	砂壤土	粒状、核状	7.2	5.1	0.37	0.42	15.6	20	7.0	29			
						B	48—85	浅紫灰色	砂壤土	粒状	7.0	4.1	0.27	0.38	16.2	14	8.0	21			
剖22	初育土	石灰（岩）土	黄色石灰土	黄色黄灰森林土		A	0—20	灰黄色	重壤土	粒状	7.3	24.9	1.56	0.51	19.1	117	15.0	135	灰岩风化残积物	E 106°26′56.0″ N 29°48′14.0″	91
						B	20—70	棕黄色	砂壤土	核柱状	7.2	18.0	1.26	0.41	19.7	84	3.0	104			
						D	70—	黄色													
剖23	铁铝土	黄壤	黄壤	冷砂黄泥土		$A_1 g'$	0—3	灰褐色	砂壤土	粒状	5.7	17.4	0.68	0.27	15.1	83	2.0	48		E 106°21′50.8″ N 29°48′13.3″	77
						A_2	3—12	黄褐色	砂壤土	粒状	5.5	8.8	0.37	0.19	14.3	46	1.0	28			
						B	12—44	灰黄色	砂壤土	粒状	5.4	6.8	0.34	0.17	17.5	39	1.0	24			
						C	44—	棕色													
剖24	水稻土	紫色土性水稻土	灰棕紫色水稻土	大眼泥田	A'	0—35	暗棕紫色	中黏土	小块状	6.7	19.3	1.14	0.78	21.9	114	13.0	54	泥岩、云母、长石砂岩风化坡积物	E 106°23′23.6″ N 29°48′11.9″	91
						P	35—65	暗棕紫色	重黏土	核柱状	6.7	6.7	0.46	0.57	22.2	42	11.0	53			
						HA_3	65—100	暗红紫色	重黏土	核块状	6.9	3.5	0.38	0.34	21.9	25	10.0	49			
剖25	水稻土	紫色土性水稻土	暗紫泥土	黄砂泥田	A'	0—22	灰黄色	轻壤土	粒块状	5.7	7.3	0.54	0.29	18.5	36	9.0	62	泥岩、砂岩及灰岩、灰泥岩	E 106°22′12.7″ N 29°47′39.8″	74
						Pb	22—37	棕黄色	重黏土	粒状	5.8	6.8	0.53	0.25	19.7	32	7.0	54			
						P	37—65	黄灰色	重黏土	核柱状	5.9	6.2	0.44	0.25	19.8	27	6.0	53			
							65—	棕灰色													
剖26	水稻土	潮土型水稻土	紫色潮土	紫潮泥田	$A' g'$	0—20	黄灰紫色	中黏土	块状	7.7	17.5	1.32	0.74	26.8	99	5.0	140	冲积物	E 106°24′38.2″ N 29°46′54.1″	97
						P	20—65	灰紫色	中黏土	核柱状	7.7	18.1	1.39	0.71	25.8	84	4.0	157			
						Wb_2	65—100	灰棕色	中黏土	核柱状	7.9	8.9	0.96	0.72	26.4	77	5.0	96			
剖27	水稻土	黄壤性水稻土	矿子黄泥田	鸭屎泥田	$A_1 g_2$	0—21	蓝灰色	轻黏土	糊状	7.4	45.2	2.17	0.65	17.7	177	6.0	93	灰岩、白云岩的溶蚀残积物	E 106°25′22.4″ N 29°45′36.4″	97
						G_3	21—54	浅绿色	轻黏土	糊状	7.5	45.2	2.03	0.61	18.7	168	4.0	87			
						Wg_1	54—100		轻壤土	块状	7.4	18.2	1.04	0.67	19.7	86	8.0	79			

续表 Continued

剖面号 Soil profile	土纲 Soil order	土类 Soil great group	亚类 Soil subgroup	土属 Soil genus	土种 Soil species	土层码 Layer code	土层厚度 Depth/cm	颜色 Soil color	质地 Soil texture	土壤结构 Soil structure	pH	有机质 OM/(g/kg)	全氮 TN/(g/kg)	全磷 TP/(g/kg)	全钾 TK/(g/kg)	碱解氮 AN/(mg/kg)	有效磷 AP/(mg/kg)	速效钾 AK/(mg/kg)	土壤母质 Parent material	剖面点坐标 Profile coordinate	匹配指数 Matching index/%
剖28	人为土	水稻土	紫色土性水稻土	灰棕紫色水稻土	紫黄泥田	A'	0—24	灰棕色	重壤土	块状	5.2	17.7	0.98	0.22	20.9	99	8.0	130	泥岩、云母、长石砂岩风化坡积物	E 106°22′33.1″ N 29°45′33.8″	72
						P	24—42	棕黄色	重壤土	棱柱状	5.2	14.3	0.87	0.18	20.9	82	6.0	58			
						Wb₁	42—59	紫黄色	重壤土	棱块状	5.2	6.6	0.47	0.14	19.8	87	5.0	46			
剖29	人为土	水稻土	黄壤性水稻土	矿子黄泥田	黄泥田	A'	0—26	棕黄色	轻黏土	块状	6.5	61.8	1.83	0.68	19.4	132	10.0	112	灰岩、白云岩的溶蚀残积物	E 106°19′02.3″ N 29°45′32.4″	80
						Pb	26—54	橙黄色	轻黏土	整体状	6.5	25.7	1.14	0.76	20.8	85	8.0	108			
						P	54—100	黄色	轻黏土	棱柱状	6.5	9.7	0.80	0.26	21.9	51	7.0	103			
剖30	人为土	水稻土	紫色土性水稻土	暗紫泥田	二泥田	A'	0—32	暗紫色	中壤土	小块状	6.7	14.5	0.94	0.69	22.7	92	16.0	91	泥岩、砂岩及灰岩灰质泥岩	E 106°27′08.6″ N 29°45′29.2″	89
						P	32—53	暗紫色	重壤土	棱柱状	7.5	11.7	0.90	0.60	15.7	73	9.0	86			
						C	53—														
剖31	人为土	水稻土	紫色土性水稻土	灰棕紫色水稻土	豆瓣泥田	A'	0—22	棕黄色	重壤土	核状	5.4	13.3	0.83	0.16	20.3	76	4.0	102	泥岩、云母、长石砂岩风化坡积物	E 106°21′32.1″ N 29°44′34.4″	75
						Pbg₁	22—43	棕黄色	重壤土	整体状	5.4	8.4	0.64	0.14	19.5	55	4.0	69			
						P	43—76	棕黄色	中壤土	棱柱状	5.5	7.9	0.55	0.07	19.1	53	3.0	60			
						Wa_b₂	76—100	灰红黑色	中壤土	棱块状	5.4	2.2	0.26	0.41	17.9	21	3.0	30			
剖32	人为土	水稻土	紫色土性水稻土	灰棕紫色水稻土	深脚烂泥田	A' g₁	0—17	棕黄色	轻壤土	稀糊状	6.2	22.8	1.34	0.77	23.1	84	13.0	232	泥岩、云母、长石砂岩风化坡积物	E 106°29′44.9″ N 29°44′22.2″	91
						G₃	17—67	蓝灰色	轻壤土	稀糊状	5.6	18.8	1.12	0.63	23.3	85	12.0	204			
						Pg₁	67—100	淡棕灰色	轻壤土	棱柱状	5.4	10.4	0.74	0.46	23.7	52	9.0	156			
剖33	人为土	水稻土	紫色土性水稻土	灰棕紫色水稻土	半砂半泥田	A'	0—21	棕紫色	中壤土	粒状	5.4	20.5	1.07	0.28	21.7	107	8.0	101	泥岩、云母、长石砂岩风化坡积物	E 106°28′56.6″ N 29°43′23.9″	99
						P	21—55	灰棕色	中壤土	棱柱状	5.6	16.9	0.83	0.14	21.4	80	5.0	98			
						HA₃	55—100	灰棕色	中壤土	棱块状	5.7	12.6	0.66	1.35	21.1	74	2.0	96			
剖34	人为土	水稻土	紫色土性水稻土	灰棕紫色水稻土	砂田	A'	0—20	灰紫色	轻壤土	粒状	5.7	13.7	0.63	0.26	17.6	84	20.0	84	泥岩、云母、长石砂岩风化坡积物	E 106°27′59.4″ N 29°43′12.0″	71
						HA₁	20—42	灰棕紫色	轻壤土	棱柱状	6.3	5.6	0.33	0.24	18.4	31	19.0	50			
						D	42—	灰棕紫色													
剖35	人为土	水稻土	紫色土性水稻土	暗紫泥田	鸭屎烂泥田	A' g₂	0—35	黑灰色	中壤土	糊状	7.1	28.8	1.21	0.49	17.8	87	9.0	126	泥岩、砂岩及灰岩灰质泥岩	E 106°26′12.8″ N 29°41′35.2″	82
						Pg₁	35—65	灰黑色	中壤土	糊状	7.2	25.9	1.12	0.34	16.3	86	9.0	83			
						P	65—100	浅棕灰色	中壤土	棱块状	7.2	25.7	1.03	0.29	16.6	71	8.0	68			
剖36	人为土	水稻土	紫色土性水稻土	暗紫泥田	黄泥田	A'	0—22	棕黄色	重壤土	块状	5.6	17.0	1.09	0.51	15.5	102	14.0	77	泥岩、砂岩及灰岩灰质泥岩	E 106°26′10.3″ N 29°40′32.5″	89
						Pb	22—30	灰黄色	重壤土	整体状	5.6	15.5	1.03	0.45	14.6	93	10.0	58			
						P	30—81	棕黄色	重壤土	棱柱状	6.0	10.8	0.80	0.38	15.8	73	8.0	50			
						HA₃	51—100	浅黄色	重壤土	棱块状	5.9	9.9	0.76	0.34	15.8	70	5.0	40			

綦江区

主要土类说明

紫色土是綦江区的主要土壤类型，占本区地域面积的49%。紫色土是紫色砂岩、页岩、泥岩风化物，在亚热带湿润气候条件下形成的幼年土壤，其物理风化作用强烈、成土速度快，化学风化作用微弱、发育进程慢。紫色土矿质养分丰富，剖面无明显的层次分化，土层中物质淋溶和淀积作用较弱，黏砂比例适中，质地一般为壤土，结构良好，吸收容量较高，保蓄性能较强，供肥能力强，水气热肥诸因素协调，多呈中性，是本区重要的农林土壤。但处低山丘陵区的紫色土土层浅薄，抗灾能力弱，在湿热气候条件下，部分土壤酸化、黄化现象突出。

水稻土是綦江区第二大土壤类型，占本区地域面积的22%。水稻土是在长期的周期性水耕熟化过程中，形成的具有独特土体构型和物质循环的特殊耕种土壤，土体出现糊状淹育层、较坚实板结的犁底层、渗育层、潴育层与潜育层等多种发生层。本区水稻土主要分布于海拔265—1300m的中低山中下部及槽谷丘陵平坝地带，90%分布在海拔265—800m的地带。起源母土包括冲积土、紫色土、石灰岩、黄壤等。

黄壤是綦江区第三大土壤类型，占本区地域面积的22%，广泛分布于本区中低山各类坡地上，海拔300—1400m。黄壤形成于湿润的亚热带生物气候条件下，主要由灰岩、泥页岩、砂岩等母质发育而成。其成土过程，除明显的黏化和脱硅富铝化过程外，影响更大的是黄化过程。土体呈酸性，pH为4.0—5.5，具有黏、酸、瘦、冷、缺磷的特点。本区黄壤土表腐殖质层较厚（大于5cm），呈黑色或灰黑色。

石灰（岩）土占本区地域面积的6%，是在亚热带湿润条件下，石灰岩经溶蚀风化，形成的厚薄不同的钙质饱和或含游离钙质的土壤。本区石灰（岩）土由灰岩母质发育而成，主要分布于中低山灰岩出露地段及槽谷、槽坝地带，海拔265—1200m。该类土壤形成受母岩影响深刻，发育微弱，富含碳酸钙。土壤中氧化铁的水化程度较高，剖面通体呈黄色，中性，无碳酸盐反应，仅在底层接近母岩处有石灰反应，为中壤土至中黏土，阳离子交换量较大，土壤保蓄性能强，潜在养分较充足，是本区粮菜作物高产土壤类型之一。

小于本区地域面积3%的土壤类型还有黄棕壤、粗骨土、潮土等。

本区域中心区气候特征

本区域中心区气候特征值
Regional climate characteristics in central area of the region

气候带：北亚热带湿润气候 Climate region: North subtropical humid climate	
年平均气温 /℃ Annual average temperature /℃	16.7
年平均最高气温 /℃ Annual average maximum temperature /℃	20.8
年平均最低气温 /℃ Annual average minimum temperature /℃	14.0
年降水量 /mm Annual precipitation /mm	1133
≥10℃的积温 /℃ Daily temperature accumulated in a year（≥10℃）/℃	6465
年日照时数 /h Annual sunshine /h	1041
年平均相对湿度 /% Annual average relative humidity /%	80
干燥度 Dryness	0.87

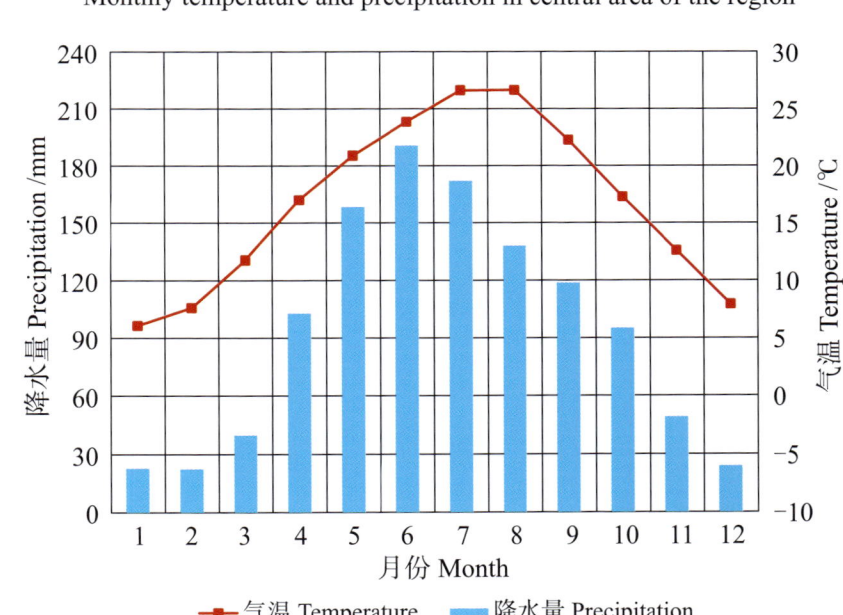

本区域中心区月平均气温与月平均降水量
Monthly temperature and precipitation in central area of the region

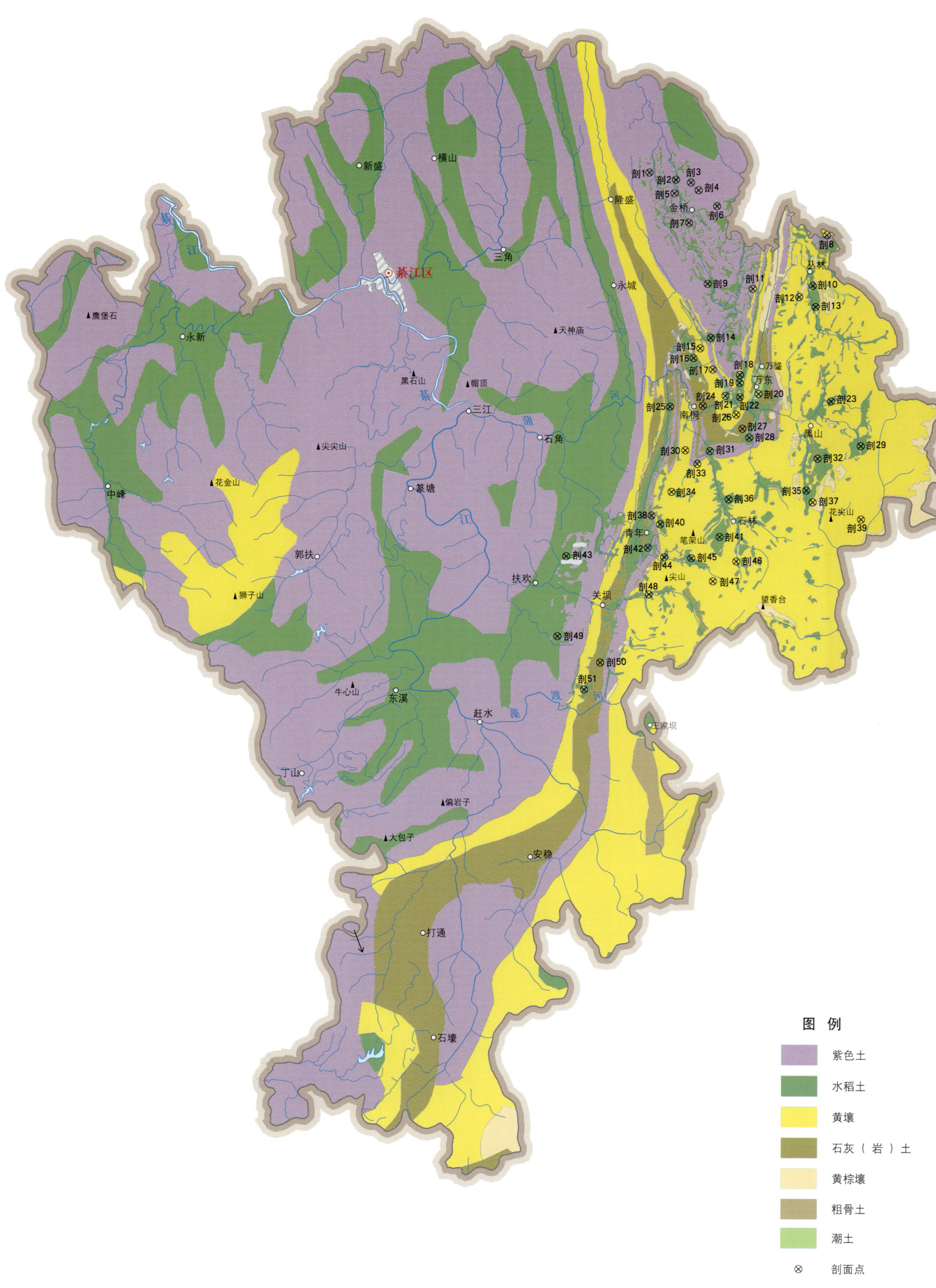

綦江区土壤剖面理化性状表

剖面号 Soil profile	土纲 Soil order	土类 Soil great group	亚类 Soil subgroup	土属 Soil genus	土种 Soil species	土层码 Layer code	土层厚度 Depth/cm	颜色 Soil color	质地 Soil texture	土壤结构 Soil structure	pH	有机质 OM/(g/kg)	全氮 TN/(g/kg)	全磷 TP/(g/kg)	碱解氮 AN/(mg/kg)	有效磷 AP/(mg/kg)	速效钾 AK/(mg/kg)	阳离子交换量CEC/(cmol/kg)	土壤母质 Parent material	剖面点坐标 Profile coordinate	匹配指数 Matching index/%
剖1	初育土	紫色土	棕紫泥土	灰棕紫泥土	砂土	A	0—20	灰紫色	轻壤土	单粒状	5.1	9.7	0.79	0.23	42	5.2	17	9.5	泥岩、长石石英砂岩	E 106°50′41.6″ N 29°05′48.1″	85
						B	20—35	灰紫色	砂壤土	单粒状	5.5	13.4	0.80	0.24							
						C	35—														
剖2	人为土	水稻土	紫色土性水稻土	红棕紫色水稻土	红棕紫泥田	A'	0—20	灰紫色	重壤土	小块状	7.7	21.3	1.64	0.41	94	3.5	92	21.0	偏低硅型泥岩	E 106°51′51.9″ N 29°05′30.4″	79
						W	20—76	棕紫色	轻黏土	棱柱状	7.7	15.8	1.09	0.46							
						C	76—														
剖3	人为土	水稻土	棕紫泥土	棕紫色水稻土	砂夹泥田	A'	0—20	浅灰黄色	中壤土	粒状	5.5	17.4	1.15	0.29	62	4.4	微量	9.3	泥岩夹长石石英砂岩	E 106°52′31.3″ N 29°05′23.5″	71
						B	20—40	灰灰黄色	重壤土	块状	5.5	13.4	0.90	0.23							
						C	40—														
剖4	初育土	紫色土	棕紫泥土	棕紫泥土	砂土	A	0—20	浅紫黄色	中壤土	粒状	4.7	15.0	0.97	0.22	60	3.1	107	10.4	泥岩夹长石石英砂岩	E 106°52′51.0″ N 29°05′05.4″	70
						B	20—50	紫黄色	中壤土	粒状	4.5	6.1	0.63	0.04							
						C	50—														
剖5	初育土	紫色土	红棕紫泥土	红棕紫泥土	棕紫泥田	A	0—20	灰棕色	砂壤土	单粒状	4.8	7.3	0.67	0.13	43	2.6	6	8.8	泥岩夹薄层长石石英砂岩	E 106°51′47.2″ N 29°04′58.8″	93
						B	20—45	棕紫色	轻壤土	小块状	5.2	6.3	0.49	0.15							
						C	45—														
剖6	人为土	水稻土	紫色土性水稻土	棕紫泥土水稻	棕紫泥田	A'	0—20	棕紫色	重壤土	块状	6.5	16.9	1.28	0.22	68	4.4	70	16.1	泥岩夹长石石英砂岩	E 106°53′39.8″ N 29°04′27.5″	91
						P	20—52	棕紫色	轻壤土	棱柱状	6.3	5.0	0.63	0.16							
						C	52—														
剖7	人为土	水稻土	黄壤性水稻土	矿子黄泥水稻土	黄泥田	A'	0—18	浅黄色	轻壤土	小块状	6.0	41.4	2.30	0.81	115	9.2	75	21.8	硅铁质灰岩	E 106°52′24.6″ N 29°03′50.4″	100
						B	18—28	黄色	轻壤土	块状	6.0	42.0	2.15	0.59							
						P	28—68	黄色	轻壤土	棱柱状	5.5	24.3	1.34	0.37							
						C	68—														
剖8	铁铝土	黄壤	黄壤	粗骨性黄泥土	粗骨性黄森林土	Ao	0—4	黑色	轻砾土	碎屑状	5.5	21.5	1.68	0.30	66	8.3	108	14.5	泥页岩	E 106°58′29.3″ N 29°03′16.4″	90
						A₁	4—10	棕黄色	轻黏土	块状	5.5	14.7	0.91	0.23							
						B	10—55	黄色	中壤土	粒状	6.0	4.5	0.47	0.11							
剖9	人为土	水稻土	紫色土性水稻土	灰棕紫泥土	夹砂泥田	A'	0—25	灰黄色	中壤土	棱柱状	6.0	55.4	2.32	0.93	40	8.3	41	20.2	泥岩、长石石英砂岩	E 106°53′11.8″ N 29°01′27.8″	80
						P	25—70	棕紫色	多砾轻壤土	核状	6.0	13.6	0.99	0.23							
						C	70—														
剖10	人为土	水稻土	黄壤性水稻土	矿子黄泥土	火石子黄泥田	A'	0—26	浅黄色	重壤土	块状	4.5	8.5	0.57	0.15	92	1.7	32	15.5	硅铁质砂岩	E 106°57′50.0″ N 29°01′19.6″	79
						C	26—														
剖11	初育土	紫色土	棕紫泥土	灰棕紫泥土	紫黄泥土	A	0—20	棕黄色	重壤土	块状	5.0	29.4	1.68	0.47	68	3.5	47	35.4	泥岩、长石石英砂岩	E 106°55′11.6″ N 29°01′14.9″	70
						B	20—80	黄色	重壤土	小块状	4.7	16.8	1.10	0.33							
						C	80—														
剖12	铁铝土	黄壤	黄壤	矿子黄泥土	黄泡泥土	A	0—20	黄色	重壤土	小块状	4.8	25.9	1.68	0.38	90	4.4	11	11.0	灰岩及页岩	E 106°57′14.0″ N 29°00′54.4″	95
						B	20—35	灰黄色	轻黏土	整体状	5.5	23.3	1.46	0.33							
						C	35—95	黄色	轻黏土	棱柱状	5.0	13.9	1.10	0.44							
剖13	初育土	紫色土	矿子黄泥田	黄泡泥田	黄泡泥田	A	0—20	灰黄色	中壤土	块状	6.3	16.5	0.68	0.34	60	10.9	17	8.0	硅铁质砂岩	E 106°57′56.9″ N 29°00′30.6″	84
						B	20—44	紫灰色	重壤土	大块状	6.5	8.7	0.65	0.10							
剖14	人为土	水稻土	冲积型水稻土	紫色冲积水稻土	半砂半泥田	A'	0—20	黄灰色	重壤土	棱柱状	6.5	2.9	0.34	0.17					河流冲积物	E 106°53′18.2″ N 28°59′22.2″	100
						W	44—120														

续表 Continued

剖面号 Soil profile	土纲 Soil order	土类 Soil great group	亚类 Soil subgroup	土属 Soil genus	土种 Soil species	土层码 Layer code	土层厚度 Depth/cm	颜色 Soil color	质地 Soil texture	土壤结构 Soil structure	pH	有机质 OM/(g/kg)	全氮 TN/(g/kg)	全磷 TP/(g/kg)	碱解氮 AN/(mg/kg)	有效磷 AP/(mg/kg)	速效钾 AK/(mg/kg)	阳离子交换量CEC/(cmol/kg)	土壤母质 Parent material	剖面点坐标 Profile coordinate	匹配指数 Matching index/%
剖15	铁铝土	黄壤	黄壤	冷沙黄泥土	森林土	Ao A₁ B	0—6 6—14 14—60	黑色 灰色 黄色	轻壤土 轻壤土	单粒状 单粒状 碎屑状	5.5 4.5 5.0	78.3 47.7	2.44 1.42	0.28 0.24	180 90	5.7 2.2	55 44		长石、黄色石英砂岩夹杂色泥岩	E 106°52′49.8″ N 28°58′58.4″	78
剖16	初育土	石灰（岩）土	黄色石灰土	黄色石灰土	白扁砂土	A B C	0—20 20—50 50—	灰白色 浅黄色	轻砾土 中砾土	碎屑状 碎屑状	7.7 7.7	17.6 12.5	1.52 0.38	0.47 0.39	71		84	17.0	薄层状泥质灰岩坡积物、残积物	E 106°52′32.2″ N 28°58′36.1″	80
剖17	铁铝土	黄壤	黄壤	冷沙黄泥土	窑罐泥土	A B C	0—20 20—30 30—65 65—	黄色 黄色 棕黄色	重壤土 重壤土 重壤土	小块状 块状 梭柱状	4.6 4.6 4.5	17.2 12.6 6.4	1.06 0.83 0.67	0.47 0.34 0.17	69	7.0	37	12.1	长石、黄色石英砂岩夹杂色泥岩	E 106°53′22.2″ N 28°58′08.4″	95
剖18	人为土	水稻土	黄壤性水稻土	砂黄泥田	黄砂泥田	A' P C	0—20 20—80 80—	黄色 深黄色	轻黏土 重壤土	小块状 梭柱状	5.5 4.6	18.7 7.6	1.66 0.79	0.49 0.47	84	5.2	51	15.4	页岩夹砂岩	E 106°54′33.8″ N 28°57′55.1″	94
剖19	人为土	水稻土	紫色土性水稻土	暗紫泥田	大泥田	A' P C	0—20 20—67 67—	暗紫色 暗紫色	轻壤土 重壤土	块状 梭柱状	7.4 7.0	15.0 7.9	1.18 0.88	0.36 0.28	53	2.6	26	12.9	泥页岩	E 106°54′32.8″ N 28°57′37.1″	85
剖20	半水成土	潮土	潮土	黄色潮土	潮泥土	A B P C	0—20 20—34 34—60 60—	浅黄色 浅黄色 黄色	重壤土 重壤土 重壤土	小块状 块状 梭柱状	7.0 7.0 6.5	45.9 32.1 33.1	1.92 1.62 1.47	0.46 0.28 0.22	110	9.2	51	16.9	河流冲积物	E 106°55′22.4″ N 28°57′10.4″	92
剖21	半水成土	潮土	潮土	紫色潮土	潮砂土	A B₁ B₂ C	0—15 15—25 25—55 55—	黄紫色 微灰紫色 灰紫色	中壤土 中壤土 中壤土	粒状 粒状 粒状	7.5 7.5 7.3	27.0 17.3 38.7	1.04 0.72 1.37	0.41 0.36 0.42	40	4.8	18	9.6	河流冲积物	E 106°53′55.3″ N 28°57′07.6″	75
剖22	人为土	水稻土	黄壤性水稻土	冷沙黄泥田	窑罐泥田	A' W C	0—18 18—60 60—	灰黄色 棕黄色	重壤土 重壤土	块状 梭柱状	5.5 6.0	22.1 18.1	1.39 1.07	0.42 0.17	67	5.2	29	13.0	长石、黄色石英砂岩夹杂色泥岩	E 106°54′33.4″ N 28°57′04.1″	98
剖23	人为土	水稻土	石灰岩土性水稻土	冷黄泥田	鸭屎泥田	G₁ G₂ C	0—22 22—40 40—	黄色 深茶色	重壤土 重壤土	块状 稀糊状	6.5 7.0	38.9 38.5	2.36 2.11	0.46 0.36	123	5.2	78	15.5	古灰岩	E 106°58′34.0″ N 28°56′50.6″	76
剖24	初育土	石灰（岩）土	石灰岩土性水稻土	黄色石灰岩土	大眼泥田	A' P C	0—20 20—100 100—	黄紫色 棕黄色	重黏土 稀糊状	小块状 稀糊状	7.1 7.0	31.2 9.6	1.54 0.78	0.41 0.29	84	7.4	8	14.4	灰岩坡积物、残积物、洪积物	E 106°52′54.8″ N 28°56′45.2″	97
剖25	人为土	水稻土	黄壤性水稻土	黄色石灰岩水稻土	鸭屎泥田	A' G	0—21 21—75	深茶色 棕黄色	轻黏土 单粒状	块状 单粒状	7.5 7.5	45.7 41.6	2.44 2.11	0.44 0.06	138	3.1	112	21.1	石灰岩	E 106°51′27.7″ N 28°56′44.5″	89
剖26	铁铝土	黄壤	黄壤	冷沙黄泥土	冷砂土	A B C	0—20 20—48 48—	棕黄色 黄色	轻壤土 轻壤土	单粒状 粒状	5.0 5.4	14.7 14.3	0.89 0.63	0.18 0.21	56	0.9	微量	7.9	长石、黄色石英砂岩夹杂色泥岩	E 106°54′23.0″ N 28°56′23.3″	95
剖27	初育土	石灰（岩）土	黄色石灰土	黄色石灰土	小黄泥土	A B W C	0—20 20—40 40—70 70—	灰黄色 黄色 黄色	轻黏土 轻黏土 重壤土	粒状 块状 梭块状	7.0 7.0 7.0	29.6 32.9 27.8	2.27 1.33 1.33	1.11 0.78 0.24	111	5.2	23	33.5	灰岩坡积物、残积物	E 106°54′38.5″ N 28°55′50.9″	87
剖28	人为土	水稻土	潜育型水稻土	矿毒田	黄淀田	A' W C	0—20 20—100 100—	棕黄色 灰黄色	重壤土 重壤土	小块状 梭块状	4.4 5.0	48.8 38.1	2.55 1.91	0.91 0.48	135	1.7	23	17.5	灰岩、页岩、残积坡积物、残积物	E 106°54′56.2″ N 28°55′29.6″	82

续表 Continued

剖面号 Soil profile	土纲 Soil order	土类 Soil great group	亚类 Soil subgroup	土属 Soil genus	土种 Soil species	土层码 Layer code	土层厚度 Depth/cm	颜色 Soil color	质地 Soil texture	土壤结构 Soil structure	pH	有机质 OM/(g/kg)	全氮 TN/(g/kg)	全磷 TP/(g/kg)	碱解氮 AN/(mg/kg)	有效磷 AP/(mg/kg)	速效钾 AK/(mg/kg)	阳离子交换量CEC/(cmol/kg)	土壤母质 Parent material	剖面点坐标 Profile coordinate	匹配指数 Matching index/%
剖29	人为土	水稻土	黄壤性水稻土	冷黄泥田	冷黄泥田	A'	0—17	灰黄色	轻黏土	小块状	5.5	27.0	1.48	0.52	93	4.4	10	10.9	古灰岩	E 106°59′50.6″ N 28°55′06.2″	91
						B	17—37	灰黄色	轻黏土	块状	5.5	18.0	1.39	0.45							
						P	37—60	棕黄色	轻黏土	棱柱状	5.5	11.6	0.99	0.39							
						C	60—														
剖30	铁铝土	黄壤	黄壤	矿子黄泥土	煤盖子黄泥土	A	0—20	灰黄色	轻黏土	粒状	5.0	26.9	2.60	0.46	91	3.5	19	22.1	灰岩及页岩	E 106°52′07.0″ N 28°55′03.0″	84
						B	20—40	浅黄色	轻黏土	小块状	5.0	33.4	2.25	0.23							
						P	40—86	黄黄色	轻黏土	棱柱状	5.5	13.2	1.20	0.21							
						C	86—														
剖31	人为土	水稻土	石灰岩土性水稻土	黄色石灰岩水稻土	大眼泥田	A'	0—23	灰黄色	轻黏土	粒状	7.5	46.6	2.08	0.65	90	4.4	70	21.6	石灰岩	E 106°53′11.0″ N 28°54′59.8″	73
						P	23—65	浅黄色	轻黏土	棱柱状	7.5	43.3	2.24	0.43	82	2.6	5	20.6			
						C	65—														
剖32	初育土	石灰(岩)土	黄色石灰土	黄色石灰岩水稻土	黄泥土	A	0—20	灰黄色	轻砾土	碎屑状夹块状	7.0	15.4	1.73	0.29	68	1.3	20	22.7	灰岩坡残积物	E 106°57′56.2″ N 28°54′38.5″	79
						B	20—60	黄黄色	轻砾土	碎屑状夹块状	7.0										
						C	60—														
剖33	铁铝土	黄壤	黄壤	矿子黄泥土	黄泥土	A	0—25	黄色	中黏土	小块状	5.6	30.4	1.82	0.43	95	2.6	47	19.9	灰岩及页岩	E 106°52′37.9″ N 28°54′30.6″	90
						C	25—														
剖34	铁铝土	黄壤	黄壤	矿子黄泥土	火石子黄泥土	A	0—20	黄色	轻砾土	棱柱状	5.1	46.5	1.91	0.48	90	3.9	57	17.5	灰岩及页岩	E 106°51′28.8″ N 28°53′26.9″	100
						B	20—80	深黄色	多砾中黏土	碎屑状夹块状	4.7	11.9	1.30	0.40							
						C	80—														
剖35	人为土	水稻土	黄壤性水稻土	粗骨性黄壤水稻土	扁砂田	A'	0—20	灰色	中壤土	小块状	6.0	24.3	1.57	0.47	81	13.5	28	10.4	泥岩、页岩	E 106°57′25.0″ N 28°53′25.7″	93
						P	20—48	黄灰色	重壤土	棱柱状	6.0	15.4	1.49	0.55							
						C	48—														
剖36	人为土	水稻土	黄壤性水稻土	粗骨性黄壤水稻土	鸭屎泥田	A'	0—18	褐黄色	重壤土	块状	6.8	32.3	2.00	0.41	97	0.9	21	14.2	泥岩、页岩	E 106°53′59.6″ N 28°53′07.8″	72
						G	18—85	深灰色	中壤土	稀糊状	7.0	30.0	1.77	0.22							
						C	85—														
剖37	铁铝土	黄壤	黄壤	粗骨性黄壤	扁砂土	A	0—20	灰黄色	中砾土	碎屑状	6.0	37.0	1.87	0.59	105	12.2	107	12.0	泥页岩	E 106°57′41.4″ N 28°52′57.7″	87
						B	20—60	黄色	轻砾土	碎屑状	5.5	34.4	1.26	0.38							
						C	60—														
剖38	人为土	水稻土	紫色土性水稻土	暗紫泥田	油砂田	A'	0—20	暗紫色	轻黏土	小块状	7.0	44.6	1.93	1.04	104	23.1	131	22.1	泥岩、页岩	E 106°50′35.5″ N 28°52′33.2″	70
						B	20—35	灰紫色	轻黏土	块状	7.0	46.2	1.90	0.19							
						P	35—100	暗紫色	重壤土	棱柱状	7.0	21.2	1.23	0.41							
						C	100—														
剖39	铁铝土	黄壤	黄壤	冷黄泥土	冷黄泥土	A	0—20	灰黄色	重壤土	粒状	4.6	25.1	1.41	0.29	89	7.9	78	10.4	泥岩、页岩	E 106°59′48.1″ N 28°52′16.3″	78
						W	20—80	黄色	重壤土	块状	4.6	8.1	0.74	0.06							
						C	80—														
剖40	铁铝土	黄壤	黄壤性水稻土	矿子黄壤土	鸭屎泥田	A'	0—20	深灰色	轻黏土	块状	7.3	45.6	2.00	0.54	82	9.6	11	13.0	白云质灰岩	E 106°50′57.8″ N 28°52′12.7″	92
						P	20—92	黄黄色	轻黏土	棱柱状	7.4	34.1	2.14	0.30							
						C	92—														
剖41	人为土	水稻土	黄壤性水稻土	粗骨性黄壤水稻土	黄泡泥田	A'	0—15	浅灰黄色	重壤土	小块状	5.5	28.5	1.85	1.00	105	4.4	88	13.0	硅铁质灰岩	E 106°53′33.7″ N 28°51′41.4″	85
						P	15—40	黄灰色	重壤土	棱柱状	5.5	25.3	1.69	0.59							
						C	40—														
剖42	人为土	水稻土	石灰土性水稻土	黄色石灰岩水稻土	黄泥田	A'	0—16	黄灰色	轻黏土	棱状	7.0	45.6	2.41	0.58	124	6.1	104	19.8	石灰岩	E 106°50′24.0″ N 28°51′18.7″	81
						B	16—24	灰黄色	轻黏土	块状	7.0	44.1	2.15	0.43							
						P	24—54	黄黄色	轻黏土	棱柱状	7.0	22.3	1.54	0.35							
						W	54—89	灰黄色	重壤土	棱柱状	7.0	9.6	0.70	0.14							
						C	89—														

续表 Continued

剖面号 Soil profile	土纲 Soil order	土类 Soil great group	亚类 Soil subgroup	土属 Soil genus	土种 Soil species	土层码 Layer code	土层厚度 Depth/cm	颜色 Soil color	质地 Soil texture	土壤结构 Soil structure	pH	有机质 OM/(g/kg)	全氮 TN/(g/kg)	全磷 TP/(g/kg)	碱解氮 AN/(mg/kg)	有效磷 AP/(mg/kg)	速效钾 AK/(mg/kg)	阳离子交换量CEC/(cmol/kg)	土壤母质 Parent material	剖面点坐标 Profile coordinate	匹配指数 Matching index/%
剖43	人为土	水稻土	紫色土性水稻土	灰棕紫色水稻土	鸭屎泥田	A′	0—20	棕色	重壤土	块状	6.0	20.3	1.14	0.17	59	1.3	微量	10.9	泥岩、长石石英砂岩	E 106°46′48.0″ N 28°51′01.8″	85
						G	20—75	深灰色	重壤土	稀糊状	6.0	16.6	0.93	0.08							
						C	75—														
剖44	人为土	水稻土	黄壤性水稻土	矿子黄泥田	煤盖子黄泥田	A′	0—25	灰黄色	轻黏土	小块状	5.0	62.3	2.71	0.57	60	3.9	52	24.5	硅铁质灰岩	E 106°51′07.2″ N 28°50′56.0″	81
						P	25—45	黄黄色	轻黏土	枝柱状	4.7	11.5	1.53	0.05							
						C	45—														
剖45	人为土	水稻土	黄壤性水稻土	冷黄泥田	死黄泥田	A′	0—22	浅黄色	轻黏土	小块状	6.0	25.5	1.65	0.69	72	5.2	80	13.0	古灰岩	E 106°52′18.5″ N 28°50′52.8″	92
						B	22—32	浅黄色	轻黏土	块状	6.0	21.7	1.42	0.21							
						P	32—120	黄黄色	轻黏土	枝柱状	6.0	15.0	1.21	0.27							
剖46	铁铝土	黄壤	粗骨性黄壤土		黄泡泥土	A	0—20	浅黄色	中砾土	碎屑状	4.5	20.2	1.36	0.41	79	3.9	70	9.3	泥页岩	E 106°54′17.6″ N 28°50′43.4″	77
						C	20—														
剖47	铁铝土	黄壤	冷黄泥土		死黄泥土	A	0—20	灰黄色	轻黏土	小块状	4.6	22.1	0.75	0.38	93	4.8	66	11.6	白云质灰岩	E 106°53′14.6″ N 28°49′58.4″	75
						B	20—43	黄色	轻黏土	块状	4.8	7.2	0.74	0.10							
						C	43—														
剖48	人为土	水稻土	冲积型水稻土	黄色冲积水稻土	潮泥田	A′	0—19	黄黄色	重壤土	小块状	7.0	33.9	1.71	0.42	78	5.2	44	15.6	河流冲积物	E 106°50′25.4″ N 28°49′30.0″	94
						P	19—44	黄灰色	重壤土	枝柱状	7.0	29.4	1.62	0.06							
						W	19—125	浅灰色	重壤土	块块状	7.0	12.0	0.96	0.05							
剖49	人为土	水稻土	紫色土性水稻土	灰棕紫色水稻土	砂泥田	A′	0—20	浅黄色	轻壤土	粒状	5.0	10.0	0.85	0.34	50	5.2	3	6.8	泥岩、长石石英砂岩	E 106°46′22.5″ N 28°47′56.4″	95
						P	20—50	黄灰紫色	轻壤土	块块状	4.7	8.5	0.67	0.05							
						C	50—														
剖50	初育土	石灰(岩)土	黄色石灰土	黄色石灰土	石砾土	A	0—20	灰黄色	轻黏土	小块状	7.4	31.5	2.31	0.21	120	3.1	54	29.2	灰岩坡积物、残积物、洪积物	E 106°48′14.4″ N 28°46′54.1″	94
						P	20—65	灰黄色	重黏土	枝柱状	7.2	26.0	1.78	0.29							
						C	65—														
剖51	人为土	水稻土	黄壤性水稻土	冷砂黄泥田	冷砂田	A	0—20	灰黄色	轻壤土	单粒状	4.9	16.3	0.80	0.23	36	2.2	微量	4.6	长石、黄色石英砂岩夹杂色泥岩	E 106°47′31.3″ N 28°45′51.6″	100
						P	20—45	灰黄色	中壤土	枝柱状	5.5	14.4	0.83	0.11							
						C	45—														

大 足 区

主要土类说明

水稻土是大足区的主要土壤类型，占本区地域面积的51%。水稻土是在长期的周期性淹灌种稻过程中，受还原淋溶和氧化淀积等作用影响，形成的具有独特土体构型和物质循环的特殊耕种土壤。本区水稻土的起源土壤有紫色土、潮土、黄壤。本区淹育水稻土主要分布于紫色母质发育的坡脚、塝田、子湾、支沟或宽谷内以及水旱轮作的农田中，剖面层次呈渗育态，土壤颜色与母质近似，基本上具备完整的A′-B-P结构，其通透性略良，渗漏适量，水肥气热较为协调，适宜水稻生长和水旱轮作，如有水源保证或适当改良，即可获得较高产量。潴育水稻土主要为矿子黄泥水稻土、紫色冲积水稻土及少部分紫色母质发育的黄泥田、白鳝泥田、冷松泥田；水旱交替频繁，淋溶黏化剧烈，铁的氧化、淀积程度较高，侧向渗透漂洗作用使土壤中盐基物质大量流失，土壤黏重黄化，甚至发生白土化而使其变瘦变酸，全量及速效养分含量低，结构不良，保肥供肥性能差，作物长势弱，产量低。潜育水稻土主要分布于丘陵地区正冲、支冲或宽谷低洼地带，因地下水位较高、荫蔽度大、长期淹水处于还原状态、泥粒细烂泥脚深、土壤内还原物质增多或有毒物质积累或土温冷浸而易发生水稻坐蔸。大多数水稻土宜种范围较广，适宜种植各种粮油作物。

紫色土是大足区第二大土壤类型，占本区地域面积的44%，分布于深、中、浅、缓丘地区。紫色土是由侏罗系紫色砂泥页岩母质直接风化形成。由于高温高湿、雨量不均、热胀冷缩，其易发生机械破碎。因富含的碳酸盐，在植被稀少情况下，阻止了化学风化的深入，所以土壤仍停留在富钙阶段，形成与母质颜色、性质极相似的幼年土壤。矿质养分含量较丰富，具碳酸盐反应，土壤有机质含量低，剖面无明显层次分化，具A-C剖面构型。本区紫色土多为中性偏碱，适应性强，宜种作物范围较广。

黄壤是大足区第三大土壤类型，占本区地域面积的4%，主要分布于东南侧山地上。本区黄壤由砂页岩母质发育而成，是本区用材林主要基地。黄壤源于亚热带温暖湿润条件下发生的矿物化学风化，岩石或母质中矿物质发生分解并在多雨条件下产生流失，铁铝氧化物相对积累并富铝化，具O-A-AB-B-C剖面构型。此类土壤最大特点是颜色棕黄或浅黄，特别是矿子黄泥土属的土壤，铁氧化淀积明显，质地较黏重；石灰岩母质发育的黄壤和森林冷砂土常为轻黏土，因盐基分解流失呈酸性，甚至强酸性，如森林土pH可小于4.3；多数黄壤耕层浅薄，矿质养分缺乏，土温低，不利于农作物生长。

小于本区地域面积3%的土壤类型还有新积土等。

本区域中心区气候特征

本区域中心区气候特征值
Regional climate characteristics in central area of the region

气候带：中亚热带湿润气候 Climate region: Subtropical humid climate	
年平均气温 /℃ Annual average temperature /℃	18.0
年平均最高气温 /℃ Annual average maximum temperature /℃	21.7
年平均最低气温 /℃ Annual average minimum temperature /℃	15.4
年降水量 /mm Annual precipitation /mm	1037
≥10℃的积温 /℃ Daily temperature accumulated in a year（≥10℃）/℃	8173
年日照时数 /h Annual sunshine /h	1011
年平均相对湿度 /% Annual average relative humidity /%	82
干燥度 Dryness	1.05

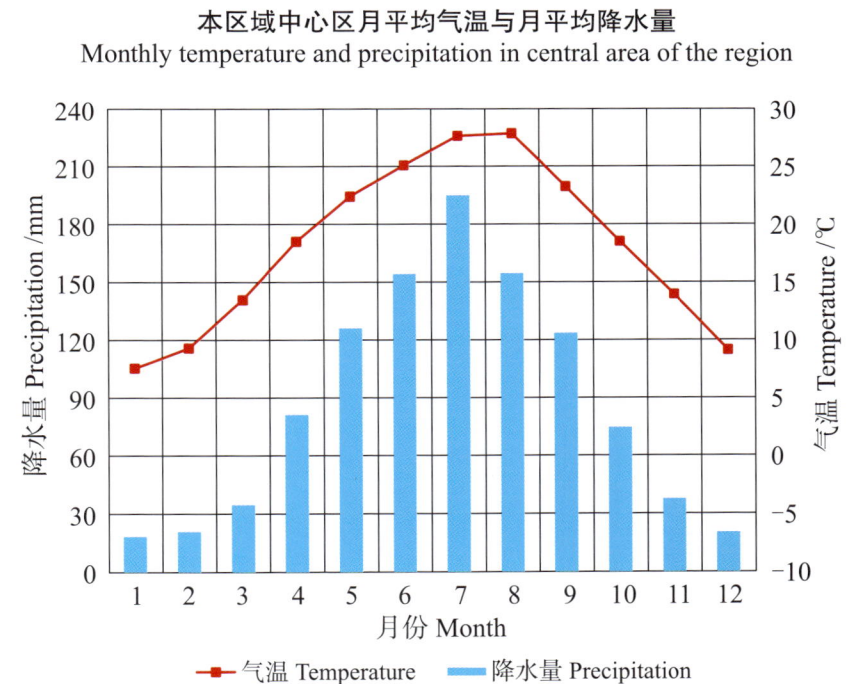

本区域中心区月平均气温与月平均降水量
Monthly temperature and precipitation in central area of the region

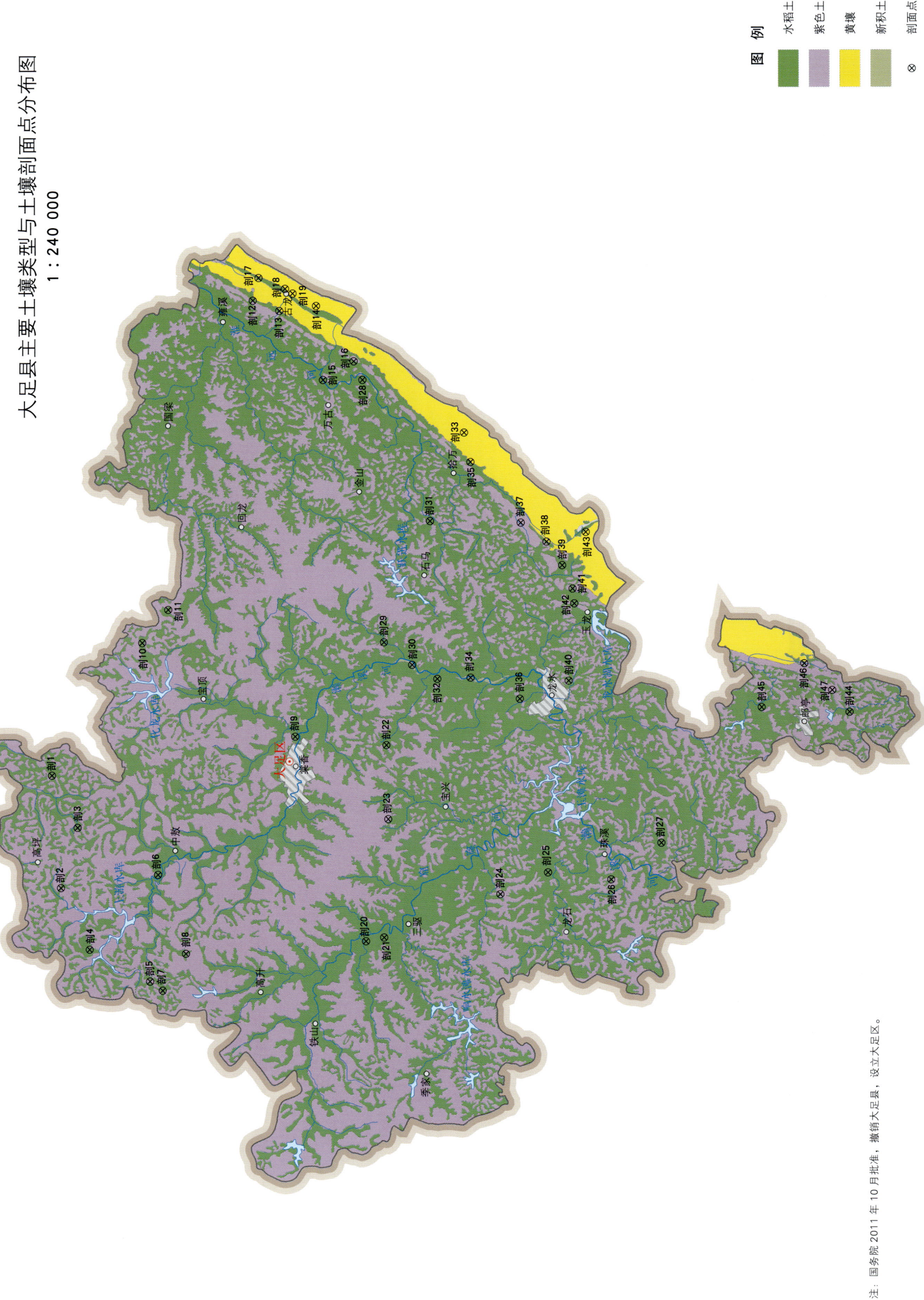

大足区土壤剖面理化性状表

剖面号 Soil profile	土纲 Soil order	土类 Soil great group	亚类 Soil subgroup	土属 Soil genus	土种 Soil species	土层码 Layer code	土层厚度 Depth/cm	质地 Soil texture	pH	有机质 OM/(g/kg)	全氮 TN/(g/kg)	碱解氮 AN/(mg/kg)	土壤母质 Parent material	剖面点坐标 Profile coordinate	匹配指数 Matching index/%
剖1	人为土	水稻土	紫色土性水稻土	棕紫色水稻土	大眼泥田	A'	0—18	轻黏土	8.7	7.4	0.72	43		E 105°42′44.3″ N 29°49′43.3″	70
						B	18—25	轻黏土	8.8	8.2	0.74	34			
						Pb	25—100	重壤土	8.6	3.2	0.52	31			
剖2	人为土	水稻土	紫色土性水稻土	红棕紫色水稻土	深脚烂泥田	A'(g₁)	0—18	轻黏土	8.5	30.1	1.95	136		E 105°38′39.8″ N 29°49′26.8″	100
						G₁	18—36	轻黏土	8.6	28.6	1.81	126			
						G₂	36—100	轻黏土	8.7	30.5	1.76	113			
剖3	人为土	水稻土	紫色土性水稻土	棕紫色水稻土	深脚烂泥田	A'g	0—27	轻黏土	8.5	30.1	1.86	138		E 105°40′50.5″ N 29°48′55.1″	75
						G₁	27—40	轻黏土	8.5	31.2	1.86	135			
						G₂	40—100	轻黏土	8.5	26.2	1.69	121			
剖4	人为土	水稻土	紫色土性水稻土	棕紫色水稻土	冷砂田	HA₁	0—20	中壤土	5.4	8.3	0.53	50		E 105°36′24.5″ N 29°48′32.4″	78
						Wa₂b₁	20—31	中壤土	5.5	4.5	0.40	42			
						HA₁	31—44	中壤土	5.6	1.5	0.23				
剖5	人为土	水稻土	紫色土性水稻土	棕紫色水稻土	黄紫泥田	A'	0—23	轻黏土	8.3	12.4	0.84	90		E 105°35′14.3″ N 29°46′37.9″	82
						Pb₁	23—80	轻黏土	8.5	10.1	0.81	63			
						W	80—100	紧砂土	8.4	2.2	0.30	31			
剖6	人为土	水稻土	紫色土性水稻土	红棕紫色水稻土	白鳝泥田	HA₁	0—19	重壤土	7.6	12.8	1.02	90		E 105°39′07.6″ N 29°46′22.4″	100
						Wa₂b₁	19—36	重壤土	7.6	12.5	0.88	75			
						Wa₃	36—68	重壤土	7.5	2.9	0.18	22			
						Wa₃b₁	68—100	紧砂土	6.3	1.5					
剖7	人为土	水稻土	紫色土性水稻土	棕紫色水稻土	泥砂田	A'	0—22	中壤土	7.5	10.5	0.72	63		E 105°34′54.5″ N 29°46′13.8″	77
						P	22—44	中壤土	7.6	4.4	0.40	37			
						HA₃	44—56	中壤土	7.8	1.7	0.25	22			
						Wa₂b₂	56—100	重壤土	7.6	2.3	0.37	34			
剖8	人为土	水稻土	紫色土性水稻土	棕紫色水稻土	黄泥田	A'	0—21	中壤土	7.1	8.1	0.66	52		E 105°36′14.8″ N 29°45′29.5″	94
						HA₁	21—40	轻黏土	6.3	4.0	0.48	34			
剖9	人为土	水稻土	冲积型水稻土	紫色冲积水稻土	泥砂田	A'	0—19	中壤土	6.8	6.5	0.73	57	河流紫色冲积物	E 105°44′07.0″ N 29°42′01.1″	73
						B	19—27	轻壤土	7.0	3.6	0.57	44			
						Pb₁	27—78	中壤土	7.9	2.2	0.42	31			
						Wb₁	78—100	轻壤土	8.1	2.1	0.35	11			
剖10	人为土	水稻土	紫色土性水稻土	棕紫色水稻土	砂田	A'	0—16	中壤土	7.4	9.3	0.61	57		E 105°47′32.6″ N 29°46′51.2″	90
						HA₁	16—31	中壤土	7.5	2.5	0.28	23			
剖11	人为土	水稻土	黄壤性水稻土	矿子黄泥田	矿子黄泥田	A'a₁	0—33	轻黏土	6.0	18.0	1.51	96	灰岩	E 105°48′43.9″ N 29°46′01.1″	78
						HA₁	33—100	中壤土	5.4	2.3	0.99	34			
剖12	人为土	水稻土	紫色土性水稻土	暗紫泥田	鸭屎泥田	A'g₁	0—20	重壤土	8.1	52.5	2.22	136		E 105°59′54.2″ N 29°43′16.7″	86
						G₂	20—30	轻黏土	8.2	53.6	1.93	130			
						G₃	30—53	轻黏土	8.2	52.8	1.97	120			
						G₄	53—100	轻黏土	7.8	39.2	1.61	128			
剖13	人为土	水稻土	黄壤性水稻土	冷砂黄泥田	冷松砂田	Wa₁	0—13	中壤土	6.6	44.1	1.16	90	砂岩页岩	E 105°59′31.2″ N 29°42′26.6″	94
						HA₁	23—31	中壤土	6.5	46.0	1.12	85			
						HA₃	31—81	中壤土	6.0	18.8	0.69	62			
						HA₁	81—100	中壤土	5.2	7.8	0.38	59			

续表 Continued

剖面号 Soil profile	土纲 Soil order	土类 Soil great group	亚类 Soil subgroup	土属 Soil genus	土种 Soil species	土层码 Layer code	土层厚度 Depth/cm	质地 Soil texture	pH	有机质 OM/(g/kg)	全氮 TN/(g/kg)	碱解氮 AN/(mg/kg)	土壤母质 Parent material	剖面点坐标 Profile coordinate	匹配指数 Matching index/%
剖14	铁铝土	黄壤	黄壤	冷砂黄泥土	冷松砂土	A	0—18	中砾中壤土	5.1	15.9	1.09	87		E 105°59′41.5″ N 29°41′16.4″	98
						B	18—33	少砾中壤土	4.9	11.6	0.90	80			
						B	33—100	少砾重壤土	5.2	8.7	0.68	57			
剖15	人为土	水稻土	冲积型水稻土	紫色冲积水稻土	古眼砂田	A	0—25	中壤土	6.2	4.1	0.40	33	河流紫色冲积物	E 105°57′00.7″ N 29°41′04.6″	73
						P	25—70	轻壤土	6.7	0.7	0.23				
						P	70—100	轻壤土	7.1	0.3					
剖16	人为土	水稻土	紫色土性水稻土	暗紫泥田	冷松泥田	HA₁	0—14	轻黏土	5.4	13.6	1.35	90		E 105°57′40.7″ N 29°40′06.2″	72
						Wa₁	14—24	轻黏土	5.3	13.8	1.27	79			
						HA₂	24—61	重壤土	5.8	5.3	0.89	61			
剖17	人为土	水稻土	黄壤性水稻土	矿子黄泥田	冷砂黄泥田	A′	0—21	重壤土	6.8	25.1	1.43	96	灰岩	E 106°00′43.1″ N 29°43′05.4″	85
						HA₁	21—44	中壤土	7.2	14.8	1.07	62			
						Wb₂	44—100	轻壤土	7.2	4.6	0.97	36			
剖18	铁铝土	黄壤	黄壤	矿子黄泥田	冷砂黄泥田	A	0—18	轻壤土	4.8	12.6	1.32	96	灰岩	E 106°00′19.2″ N 29°42′15.3″	79
						P	18—38	重壤土	4.8	5.5	0.87	61			
						B	38—100	重壤土	5.3	6.0	0.83	38			
剖19	铁铝土	黄壤	黄壤	矿子黄泥田	矿子黄泥土	A	0—16	重壤土	6.9	30.4	2.59	188	灰岩	E 106°00′09.0″ N 29°42′01.1″	75
						B	16—26	中壤土	6.3	32.5	2.50	181			
						C	26—100	中壤土	5.7	4.7	1.44	49			
剖20	人为土	水稻土	冲积型水稻土	紫色冲积水稻土	砂黄泥田	HA₁	0—18	中壤土	6.0	7.5	0.89	66	河流紫色冲积物	E 105°36′41.6″ N 29°39′47.5″	89
						Wa₂b₁	18—28	中壤土	6.3	6.2	0.72	50			
						Wa₂b₂	28—42	中壤土	7.0	3.0	0.50	37			
						Wb₂	42—72	中壤土	7.2	0.6	0.30	16			
						Wa₂b₂	72—100	紧壤土	7.2						
剖21	人为土	水稻土	冲积型水稻土	紫色冲积水稻土	黄紫田	A′b₁	0—16	轻壤土	6.2	9.9	1.10	70		E 105°36′49.7″ N 29°39′13.3″	74
						Ba₁b₁	16—27	轻壤土	6.0	9.5	1.14	73			
						Pb₁	27—45	中壤土	5.5	5.5	1.00	61			
						B(W)	45—100	重壤土	6.0	2.2	0.60	24			
剖22	人为土	水稻土	紫色土性水稻土	红棕紫色水稻土	黄紫泥田	A′	0—18	轻壤土	8.9	10.6	1.17	72		E 105°43′48.0″ N 29°39′08.3″	74
						B	18—30	轻壤土	8.9	10.6	1.15	70			
						P	30—80	轻壤土	8.9	5.4	1.01	50			
						HA₂	80—100	轻壤土	9.0	1.0	0.72	26			
剖23	初育土	紫色土	棕紫泥土	红棕紫色水稻土	大眼泥田	A	0—20	轻壤土	5.5	8.9	0.98	81	泥页岩	E 105°41′07.4″ N 29°39′05.0″	86
						Pb₁	20—29	轻壤土	5.3	6.7	0.85	65			
						B(W)	29—50	中壤土	5.4	1.8	0.74	46			
						C	50—100	中壤土	5.4	1.6	0.75	36			
剖24	人为土	水稻土	紫色土性水稻土	灰棕紫色水稻土	冷松泥田	A′	0—23	重壤土	7.6	9.4	1.02	70		E 105°38′24.0″ N 29°35′32.3″	92
						B	23—35	重壤土	7.8	8.4	0.98	76			
						P	35—75	重壤土	7.9	5.9	1.02	61			
						Pb₁	75—100	重壤土	8.3	3.2	0.77	53			
剖25	人为土	水稻土	紫色土性水稻土	灰棕紫色水稻土	冷松泥田	A′b₁	0—14	轻壤土	5.3	16.1	1.06	89		E 105°41′10.8″ N 29°34′01.6″	98
						Bb₁	14—24	中壤土	5.4	14.9	1.02	74			
						P	24—43	中壤土	5.1	16.2	1.00	76			
						HA₃	43—61	重壤土	5.3	8.7	0.52	66			
剖26	人为土	水稻土	紫色土性水稻土	灰棕紫色水稻土	砂田	A′	0—20	轻壤土	6.0	5.3	0.86	64		E 105°38′55.0″ N 29°32′02.0″	77
						Bg₁	20—28	中壤土	6.9	3.2	0.55	43			
						Pb₁	28—65	轻壤土	6.9	2.1	0.47	63			

续表 Continued

剖面号 Soil profile	土纲 Soil order	土类 Soil great group	亚类 Soil subgroup	土属 Soil genus	土种 Soil species	土层码 Layer code	土层厚度 Depth/cm	质地 Soil texture	pH	有机质 OM/(g/kg)	全氮 TN/(g/kg)	碱解氮 AN/(mg/kg)	土壤母质 Parent material	剖面点坐标 Profile coordinate	匹配指数 Matching index/%
剖27	人为土	水稻土	紫色土性水稻土	灰棕紫色泥田	深脚烂泥田	A'b₁(G₁)	0—23	轻黏土	6.9	22.7	1.20	126		E 105°40' 14.5" N 29°30' 26.6"	92
						Wb₁(G₂)	23—100	重壤土	6.9	12.9	0.85	77			
剖28	人为土	水稻土	冲积型水稻土	紫色冲积水稻土	白散泥田	A'a₁b₁	0—24	重壤土	6.2	23.6	1.11	92	河流紫色冲积物	E 105°57' 00.4" N 29°39' 50.0"	74
						Wa₂b₁	24—58	重壤土	6.5	3.6	0.31	18			
						Wa₃b₁	58—100	重壤土	6.3	1.9					
剖29	人为土	水稻土	冲积型水稻土	紫色冲积水稻土	半砂半泥田	A'	0—19	中壤土	5.9	24.4	0.91	83	河流紫色冲积物	E 105°47' 31.6" N 29°39' 12.2"	85
						B	19—31	轻壤土	6.6	8.7	0.38	37			
						P	31—84	轻壤土	7.1	1.1					
剖30	初育土	新积土	冲积土	紫色冲积土	泥砂土	A	0—25	轻壤土	7.5	6.4	0.41	41	河流冲积物	E 105°46' 43.0" N 29°38' 18.6"	75
						B	25—100	轻壤土	7.6	1.3	0.22	17			
剖31	人为土	水稻土	紫色土性水稻土	灰棕紫色水稻土	半砂半泥田	A'	0—23	重壤土	6.7	6.5	0.70	60		E 105°51' 53.3" N 29°37' 43.3"	88
						B(b₁)	23—31	中壤土	7.1	8.5	0.66	61			
						P	31—45	中壤土	7.5	6.2	0.58	40			
						HA₃	45—100	中壤土	7.4	2.8	0.29	13			
剖32	人为土	水稻土	冲积型水稻土	紫色冲积水稻土	白鳝泥田	A'	0—19	重壤土	6.0	10.3	0.77	67	河流紫色冲积物	E 105°46' 12.0" N 29°37' 31.1"	81
						Ba₁b₁g₁	19—28	重壤土	5.8	5.0	0.59	48			
						Wa₂b₁g₁	28—43	重壤土	5.8	3.8	0.44	31			
						Wa₃b₁	43—100	轻壤土	6.2	0.9	0.18	10			
剖33	铁铝土	黄壤	黄壤	冷砂黄泥土	森林冷砂土	Ao	0—7	中壤土	4.3	38.7	1.36	128		E 105°55' 05.5" N 29°36' 37.4"	74
						A₂	7—24	中壤土	4.5	12.7	0.61	53			
						B	24—100	中壤土	4.6	2.8	0.27	22			
剖34	初育土	新积土	冲积土	紫色冲积土	古眼砂土	A	0—21	砂壤土	7.7	31.1	0.93	39	河流冲积物	E 105°46' 14.2" N 29°36' 27.7"	73
						B	21—100	砂壤土	7.6	31.6	0.56				
剖35	人为土	水稻土	紫色土性水稻土	暗紫泥田	炭渣泥	A'	0—18	中壤土	8.3	201.6	3.48	98		E 105°54' 01.1" N 29°36' 25.6"	93
						G₁	18—31	中壤土	8.3	240.9	3.25	81			
						Wa₁	31—100	中壤土	8.3	57.3	1.73	116			
剖36	人为土	水稻土	棕紫泥田	红棕紫色水稻土	大眼泥田	A'	0—18	轻壤土	8.6	25.3	1.67	124		E 105°45' 27.2" N 29°34' 54.3"	70
						B	18—29	中壤土	8.8	22.5	1.67	115			
						P	29—67	中壤土	8.8	23.4	1.59	105			
						Wb₁	67—100	中壤土	8.9	4.2	0.81	70			
剖37	初育土	紫色土	棕紫泥土	暗紫泥土	冷松泥田	A	0—16	重壤土	5.5	18.8	0.74	80		E 105°51' 48.6" N 29°34' 51.2"	78
						Pb₁	16—22	重壤土	5.6	16.0	0.75	79			
						Ba₁b₂	22—87	重壤土	5.4	21.0	0.89	80			
剖38	人为土	水稻土	黄壤性水稻土	冷砂黄泥田	炭渣泥	Wa₂g₁	0—15	中壤土	6.3	70.5	1.61	81		E 105°51' 06.8" N 29°34' 02.3"	87
						G₂	15—29	轻壤土	5.8	85.8	1.50	63			
剖39	人为土	水稻土	紫色土性水稻土	暗紫泥田	大眼泥田	A'	0—16	轻壤土	8.4	18.2	1.31	102		E 105°50' 15.7" N 29°33' 32.8"	86
						B	16—26	轻壤土	8.8	16.6	1.26	82			
						P	26—100	轻壤土	8.6	9.0	0.56	59			
剖40	人为土	水稻土	紫色土性水稻土	红棕紫色水稻土	黄泥田	A'g₁	0—20	重壤土	6.9	17.5	1.21	90		E 105°46' 06.3" N 29°33' 21.5"	88
						HA₁	20—47	轻壤土	7.1	8.3	0.74	50			
						Wa₂b₁	47—76	轻壤土	6.4	2.3	0.16	15			
						HA₁	76—100	轻壤土	5.5	2.3	0.14	86	砂岩页岩		
剖41	人为土	水稻土	紫色土性水稻土	暗紫泥田	黄紫泥田	A'	0—18	轻壤土	7.1	18.1	1.25	86		E 105°49' 25.0" N 29°33' 13.3"	98
						B	18—30	轻壤土	7.2	19.4	1.36	81			
						Pb₁	30—48	轻壤土	7.5	14.8	1.09	66			
						HA₃	48—98	轻壤土	7.6	1.3	0.60	26			

续表 Continued

剖面号 Soil profile	土纲 Soil order	土类 Soil great group	亚类 Soil subgroup	土属 Soil genus	土种 Soil species	土层码 Layer code	土层厚度 Depth/cm	质地 Soil texture	pH	有机质 OM/(g/kg)	全氮 TN/(g/kg)	碱解氮 AN/(mg/kg)	土壤母质 Parent material	剖面点坐标 Profile coordinate	匹配指数 Matching index/%
剖42	人为土	水稻土	紫色土性水稻土	灰棕紫色水稻土	黄紫泥田	A'g_0	0—20	重壤土	6.2	8.6	1.01	83		E 105°48′52.9″ N 29°33′10.4″	75
						Bg_0	20—31	重壤土	6.3	8.2	1.02	85			
						Pg_0	31—67	重壤土	6.2	6.5	0.77	61			
						Pg_0b_1	67—100	重壤土	6.3	8.9	0.49	57			
剖43	铁铝土	黄壤	黄壤	冷砂黄泥土	炭渣土	A	0—20	中砾中壤土	7.4	11.7	3.60	104		E 105°51′27.4″ N 29°32′47.8″	96
						B	20—70	轻砾中壤土	8.6	7.0	0.78				
						B	70—100	多砾中壤土	8.1	3.8	1.19	74			
剖44	人为土	水稻土	紫色土性水稻土	灰棕紫色水稻土	黄泥田	HA_1	0—20	重壤土	5.6	9.3	0.90	96		E 105°44′55.7″ N 29°24′28.4″	84
						Wa_2b_1	20—35	重壤土	5.9	7.0	0.85	81			
						HA_1	35—65	重壤土	6.4	4.9	0.71	69			
						Wa_2b_1	65—100	重壤土	6.2	3.4	0.60	61			
剖45	人为土	水稻土	紫色土性水稻土	灰棕紫色水稻土	白鳝泥田	Wa_3	0—22	重壤土	6.0	23.5	1.43	111		E 105°45′06.8″ N 29°27′15.1″	83
						Wa_3b_1	22—40	重壤土	5.9	9.5	0.85	70			
						Wa_3b_1	40—80	重壤土	5.7	1.3	0.50	22			
						Wa_3b_2	80—100	轻黏土	6.0	0.6	0.58	29			
剖46	人为土	水稻土	紫色土性水稻土	暗紫泥田	矿子泥田	A'	0—18	轻黏土	8.6	16.4	1.49	98		E 105°46′41.5″ N 29°25′54.1″	99
						B	18—26	轻黏土	8.6	16.6	1.48	103			
						P	26—100	轻黏土	8.5	2.6	0.72	36			
剖47	初育土	紫色土	棕紫泥土	灰棕紫泥土	冷松泥土	A	0—12	重壤土	5.1	7.3	0.72	63	砂页岩残积物、坡积物	E 105°45′43.1″ N 29°25′01.4″	73
						P	12—17	重壤土	4.8	4.3	0.52	41			
						B	17—57	重壤土	5.0	1.0	0.45	31			

渝 北 区

主要土类说明

紫色土是渝北区的主要土壤类型，占本区地域面积的 50%，主要分布于海拔 200—1200m 的丘陵、河谷及中、低山的内山。成土母质为湖相沉积物与海相沉积的红棕紫色、灰棕紫色、暗紫色等砂泥（页）岩交互层或泥（页）岩与灰岩交互层的残积物、坡积物。本区紫色土是发育度浅的岩性土，其理化性质与母岩组成直接相关，土层浅薄，剖面层次发育不明显，具 A-C 剖面构型，仍处于初育阶段。本区紫色土的有机质含量为 5.1—33.6g/kg。pH 为 4.8—8.4，大多数石灰反应较明显。

水稻土是渝北区第二大土壤类型，占本区地域面积的 25%，主要分布于海拔 180—1000m 的丘陵河谷及中、低山。水稻土在耕作、施肥、灌溉、轮作等条件下，发生了还原淋溶和氧化淀积等作用，土体一般出现糊状淹育层、较坚实板结的犁底层、渗育层、潴育层与潜育层等多种发生层。本区水稻土主要起源于黄壤、紫色土和潮土，并保持了各自母土的性状和特点。本区水稻土的土壤肥力高，有效土层深厚，持水抗旱力强。水稻土在生产特性方面表现出适种范围广泛、耐旱耐涝、供肥稳定、单产水平高等良好性状。

黄壤是渝北区第三大土壤类型，占本区地域面积的 21%，主要分布于海拔 500—1300m 的背斜中、低山坡地及区域积水困难的石灰岩槽谷，极少数零星分布于海拔 200—300m 的长江和嘉陵江二、三级阶地的侵蚀丘坡。黄壤是形成于湿润的亚热带生物气候条件下的地带性土壤。成土母质源于海相或海陆交互相沉积的各种灰岩、灰岩夹页岩、砂岩夹页岩和含煤层等，以及第四纪黏土砾石层残积物、坡积物。具 O-A-AB-B-C 剖面构型。黄壤富含水合氧化物（针铁矿），呈黄色，中度富铝化，多含三水铝石。耕层土壤有机质累积较高，可达 11.2—38.6g/kg，pH 为 4.6—8.5，大多数土种无石灰反应。黄壤是本区山区重要的旱粮和多种经济作物基地，主产玉米、小麦、豌豆、西瓜、核桃、板栗、桑树、白蜡、棕榈等多种作物和药材。黄壤区也是森林广泛分布的区域，自然植被为针阔叶混交林，主要有次生马尾松、杉木、柏木、香樟等乔木林和灌木、草本植物。

小于本区地域面积 3% 的土壤类型还有潮土等。

本区域中心区气候特征

本区域中心区气候特征值
Regional climate characteristics in central area of the region

气候带：中亚热带湿润气候 Climate region: Subtropical humid climate	
年平均气温 /℃ Annual average temperature /℃	17.9
年平均最高气温 /℃ Annual average maximum temperature /℃	21.8
年平均最低气温 /℃ Annual average minimum temperature /℃	15.3
年降水量 /mm Annual precipitation /mm	1115
≥ 10℃的积温 /℃ Daily temperature accumulated in a year（≥ 10℃）/℃	6603
年日照时数 /h Annual sunshine /h	1067
年平均相对湿度 /% Annual average relative humidity /%	80
干燥度 Dryness	0.95

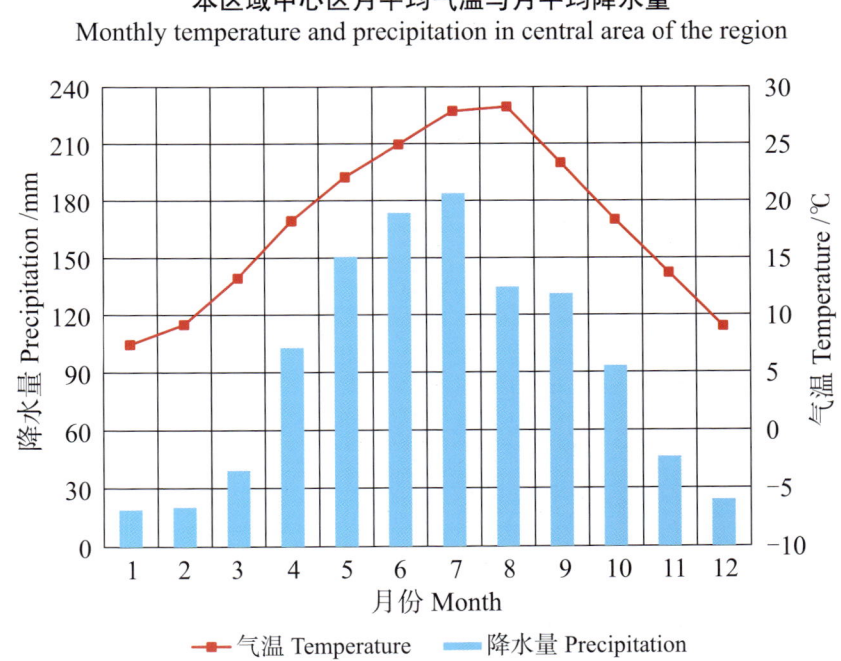

本区域中心区月平均气温与月平均降水量
Monthly temperature and precipitation in central area of the region

江北县主要土壤类型与土壤剖面点分布图
1∶230 000

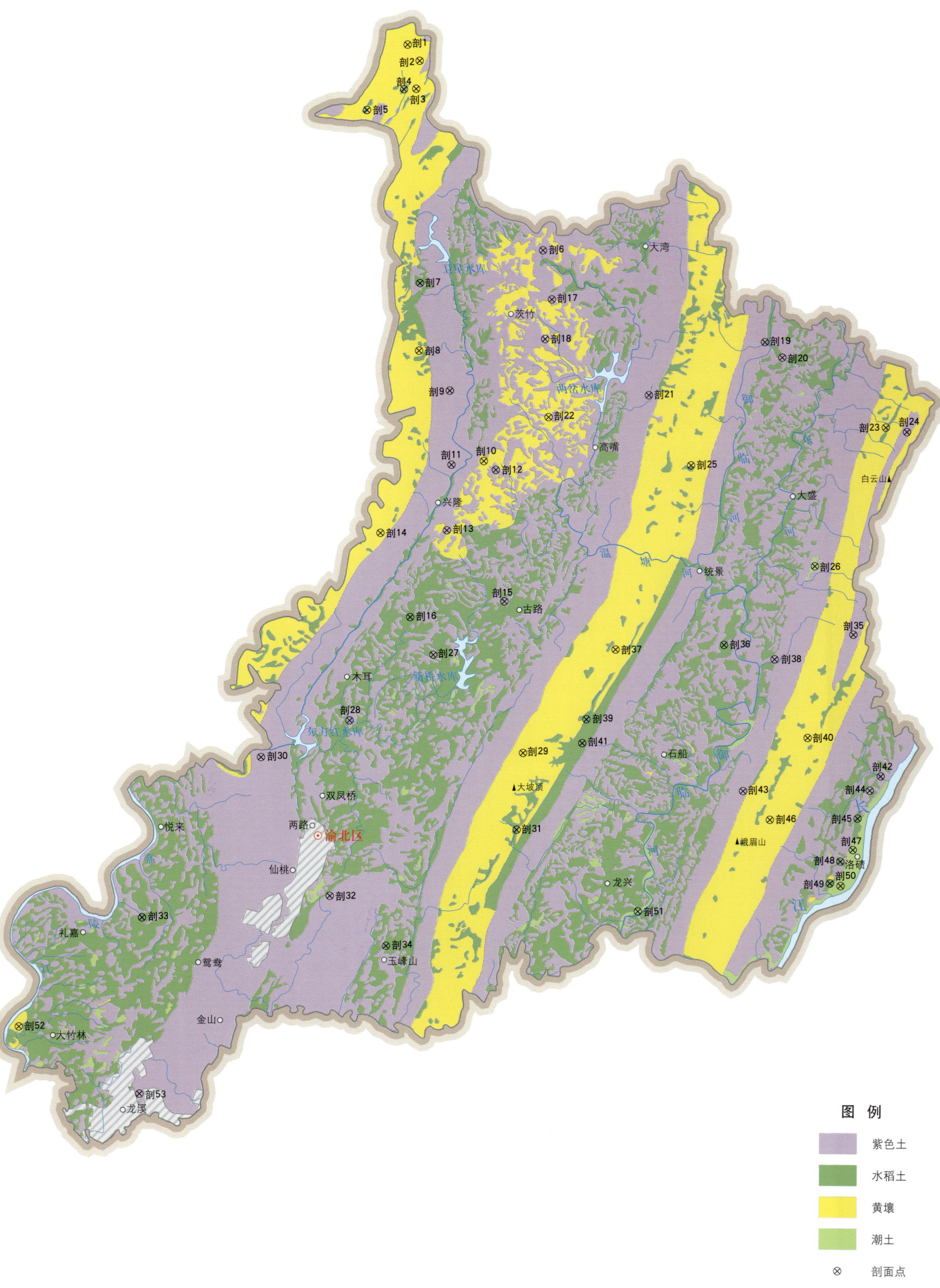

注：国务院 1994 年批准，撤销江北县，设立渝北区。

渝北区土壤剖面理化性状表

剖面号 Soil profile	土纲 Soil order	土类 Soil great group	亚类 Soil subgroup	土属 Soil genus	土种 Soil species	土层码 Layer code	土层厚度 Depth/cm	颜色 Soil color	质地 Soil texture	土壤结构 Soil structure	pH	有机质 OM/(g/kg)	全氮 TN/(g/kg)	碱解氮 AN/(mg/kg)	土壤母质 Parent material	剖面点坐标 Profile coordinate	匹配指数 Matching index/%
剖1	铁铝土	黄壤	黄壤	矿子黄泥土	墨石土	A	0—15	棕褐色	中砾土	粒状	7.3	21.6	1.08	208	灰岩、泥灰岩、灰页岩残积物、坡积物	E 106°40′53.4″ N 30°07′00.8″	96
						2	15—37	棕褐色	轻砾土	块状	7.6	20.1	2.10	189			
						C	37—										
剖2	铁铝土	黄壤	黄壤	矿子黄泥土	火石子土	A	0—20	棕黄色	中砾土	粒状	5.7	29.8	1.14	84	灰岩、泥灰岩、灰页岩残积物、坡积物	E 106°41′17.5″ N 30°06′31.7″	82
						2	20—35	淡灰黄黄色	轻砾土	小块状	5.4	23.0	0.94	76			
						3	35—70	灰黄色	中壤土	块状	5.6	7.1	0.47	32			
						C	70—										
剖3	铁铝土	黄壤	黄壤	矿子黄泥土	棕黄泥土	A	0—20	暗黄棕色	轻砾土	粒块状	6.7	40.0	1.34	106	灰岩、泥灰岩、灰页岩残积物、坡积物	E 106°41′09.6″ N 30°05′41.6″	97
						2	20—50	灰灰棕黄色	轻黏土	块状	6.5	10.7	0.57	34			
						C	50—										
剖4	人为土	水稻土	黄壤性水稻土	矿子黄泥田	火石子黄泥田	A_1	0—20	暗棕黄色	轻砾土	粒块状	6.5	32.6	1.67	125	灰岩、灰页岩残积物、坡积物	E 106°40′44.8″ N 30°05′40.9″	92
						Pb	20—45	暗黄棕色	重壤土	棱块状	6.3	25.5	1.25	106			
						Wb	45—100	棕灰黄色	重壤土	小块状	6.0	21.2	1.03	75			
剖5	人为土	水稻土	黄壤性水稻土	矿子黄泥田	棕黄泥田	A_1	0—18	棕褐色	轻褐土	粒块状	6.2	31.6	1.58	115	灰岩、灰页岩残积物、坡积物	E 106°39′28.1″ N 30°05′04.9″	97
						Pb	18—29	棕灰褐色	轻黏土	整体状	6.1	28.4	1.45	97			
						P	29—60	黄灰黄色	轻黏土	棱块状	5.9	25.7	1.24	82			
						Wb	60—100	暗黄黄色	重壤土	小块状	5.8	20.7	1.01	65			
剖6	初育土	紫色土	酸性紫色土	火红紫泥土	火红紫泥土	A	0—30	棕红紫色	中壤土	粒状	5.8	11.0	0.73	78	砂泥岩互层页岩残积物、坡积物	E 106°45′25.7″ N 30°00′52.3″	100
						2	30—70	淡紫红紫色	中壤土	块状	6.1	6.2	0.49	46			
						C	70—										
剖7	人为土	水稻土	黄壤性水稻土	冷砂黄泥田	冷砂田	A_1	0—20	黄灰棕色	砂壤土	粒状	6.3	21.4	1.27	111	砂岩夹泥页岩互层残积物、坡积物	E 106°41′12.8″ N 29°59′56.8″	81
						Pb	20—29	褐灰棕色	砂壤土	棱状	6.1	21.2	1.25	98			
						Wb	29—100	灰灰黄色	砂壤土	块状	5.8	13.4	0.50	43			
剖8	铁铝土	黄壤	黄壤	冷砂黄泥土	炭渣土	A	0—20	灰褐色	多砾土	粒状	5.7	15.8	1.58	59	砂岩夹泥岩残积物、坡积物	E 106°41′09.6″ N 29°57′56.2″	85
						C	20—										
剖9	初育土	紫色土	中性紫色土	暗紫泥土	黄砂泥土	A	0—25	灰黄色	中砾砂泥土	粒状	6.0	12.7	1.17	63	砂泥页岩、灰岩、泥页岩夹粉砂岩	E 106°42′11.5″ N 29°56′44.5″	82
						2	25—50	棕灰黄色	少砾砂泥土	块状	6.3	10.8	1.10	58			
						C	50—										
剖10	铁铝土	黄壤	黄壤	冷砂黄泥森林土	油石骨土	A	0—5	暗棕色	松砂土	粒状	4.6	33.7	1.25	107	灰岩、灰岩残积物、坡积物	E 106°43′19.6″ N 29°54′38.9″	90
						AB	5—28	黄灰白色	松砂土	颗粒状	4.6	20.1	0.70	61			
						C	28—										
剖11	初育土	紫色土	中性紫色土	暗紫泥土	瘦黄泥土	A	0—20	暗红紫色	多砾土	粒状	8.3	5.4	0.69	34	灰岩夹页岩残积物、坡积物	E 106°42′13.3″ N 29°54′33.1″	75
						C	20—										
剖12	初育土	紫色土	酸性紫色土	火红紫泥土	豆瓣泥土	A	0—20	棕黄紫色	重壤土	粒块状	4.9	11.2	0.60	61	砂泥岩互层残积物、坡积物	E 106°43′44.0″ N 29°54′23.0″	95
						2	20—100	棕灰黄紫色	重壤土	小块状	4.9	8.4	0.55	47			
剖13	初育土	紫色土	酸性紫色土	火红紫泥土	豆瓣泥土	A	0—25	黄红紫色	重壤土	块状夹粒状	5.0	16.9	0.94	89	砂泥岩互层残积物、坡积物	E 106°42′02.2″ N 29°52′36.5″	97
						2	25—66	棕黄紫色	重壤土	块状	5.0	5.0	0.37	30			
						3	66—100	灰紫棕色	重壤土	大粒状	4.9	13.6	0.73	74			
剖14	铁铝土	黄壤	黄壤	冷砂黄泥土	冷砂土	A	0—20	黄灰棕色	松砂土	单粒状	5.9	27.9	1.31	115	砂岩夹页岩残积物、坡积物	E 106°39′46.1″ N 29°52′33.2″	80
						2	20—42	棕灰色	轻砾砂土	粒状		21.5	1.07	104			
						C	42—										

续表 Continued

剖面号 Soil profile	土纲 Soil order	土类 Soil great group	亚类 Soil subgroup	土属 Soil genus	土种 Soil species	土层码 Layer code	土层厚度 Depth/cm	颜色 Soil color	质地 Soil texture	土壤结构 Soil structure	pH	有机质 OM/(g/kg)	全氮 TN/(g/kg)	碱解氮 AN/(mg/kg)	土壤母质 Parent material	剖面点坐标 Profile coordinate	匹配指数 Matching index/%
剖15	初育土	紫色土	中性紫色土	灰棕紫泥土	半砂泥土	A	0—22	棕紫色	少砾砂壤土	粒状	7.8	7.7	0.40	86	砂泥岩互层残积物、坡积物	E 106°43′58.4″ N 29°50′28.7″	91
剖16	人为土	水稻土	紫色土性水稻土	火红紫色水稻土	豆瓣泥田	2	22—35	棕紫色	轻壤土	粒状	7.8	6.6	0.33	83	砂泥岩互层残积物、坡积物	E 106°40′44.8″ N 29°50′02.8″	93
						3	35—85	棕灰黄色	砾质轻壤土	块状	7.6	5.2	0.29	64			
						C	85—										
剖17	初育土	紫色土	酸性紫色土	火红紫色土	瘦砂土	A₁	0—25	淡红棕黄色	重壤土	小块状	4.9	12.2	0.77	82	砂泥岩互层残积物、坡积物	E 106°45′42.8″ N 29°59′24.4″	87
						Pb	25—40	棕紫色	重壤土	整体状	4.9	10.6	0.61	79			
						Wb	40—75	灰白黄色	重壤土	块状	5.0	12.0	0.64	88			
						C	75—										
剖18	初育土	紫色土	酸性紫色土	火红紫色土	砂泥土	A	0—20	黄棕色	松砂土	单粒状	5.2	8.9	0.49	48	砂泥岩互层残积物、坡积物	E 106°45′28.1″ N 29°58′14.2″	88
						C	25—										
						A	0—20	棕红色	轻壤土	粒状	5.0	13.6	0.77	64			
						2	20—34	棕红色	轻壤土	块状	5.3	9.5	0.70	59			
						C	34—										
剖19	初育土	紫色土	中性紫色土	灰棕紫泥土	大土泥土	A	0—20	淡棕紫色	中壤土	粒夹团粒状	7.3	18.7	1.07	79	砂泥岩互层残积物、坡积物	E 106°52′58.8″ N 29°58′03.4″	96
						2	20—62	灰棕紫色	中壤土	块状	7.3	4.0	0.92	68			
						3	62—100	淡黄灰紫色	中砾壤土	小块状	7.3	5.6	0.54	36			
剖20	初育土	紫色土	中性紫色土	灰棕紫泥土	石膏土	A	0—17	棕红紫色	中壤土	粒状	7.9	11.6	0.60	36	砂泥岩互层残积物、坡积物	E 106°53′33.7″ N 29°57′35.3″	87
						C	17—										
剖21	初育土	紫色土	中性紫色土	暗紫泥土	大眼泥土	A	0—27	淡紫暗紫色	中壤土	块状夹粒状	8.1	18.1	1.08	71	灰岩、灰岩夹粉砂岩、泥页岩	E 106°48′59.8″ N 29°56′31.9″	77
						2	27—68	淡黄棕紫色	重壤土	块状	8.2	6.9	0.79	36			
						3	68—100	黄黄棕色	重壤土	小块状	8.0	3.4	0.60	26			
剖22	铁铝土	黄壤	黄壤	冷砂黄泥土	冷砂黄泥土	A	0—24	黄棕色	轻壤土	粒状	4.6	14.6	0.94	83	砂岩夹泥页岩残积物、坡积物	E 106°45′33.1″ N 29°55′55.2″	98
						2	24—100	棕灰黄色	轻壤土	块状	4.9	3.8	0.41	38			
剖23	铁铝土	黄壤	黄壤	矿子黄泥森林土		A₁	0—3	黄棕色	重壤土	粒状、核状	7.0	84.1	3.50	282	灰岩、灰岩残积物	E 106°57′04.7″ N 29°55′28.6″	97
						AB	3—10	黄灰色	轻黏土	块状	7.4	45.0	2.17	203			
						B	10—65	红灰色	轻黏土	块状	7.6	25.3	1.57	136			
						C	65—										
剖24	初育土	紫色土	中性紫色土	暗紫泥土	粗油砂土	A	0—25	暗紫色	中砾砂壤土	粒状	7.6	21.7	1.47	156	砂泥页岩、灰岩夹粉砂岩	E 106°57′47.5″ N 29°55′19.9″	87
						2	25—50	暗紫色	少砾砂壤土	粒状	7.6	17.5	1.06	119			
						C	50—										
剖25	铁铝土	黄壤	黄壤	矿子黄泥土	泡黄泥土	A	0—14	灰棕黄色	重黏土	块粒状	6.1	16.8	1.26	106	砂泥岩互层残积物、坡积物	E 106°50′24.0″ N 29°54′26.3″	90
						2	14—100	黄灰黄色	重黏土	小块状	5.9	6.2	0.76	54			
剖26	半水成土	潮土	潮土	灰棕潮土	潮泥土	A	0—22	灰棕色	重壤土	粒状夹团粒状	7.3	13.7	1.16	59	近代冲积物	E 106°54′35.3″ N 29°51′23.8″	73
						2	22—100	灰棕色	重壤土	棱状	7.5	4.9	0.72	31			
剖27	初育土	紫色土	中性紫色土	灰棕紫泥土	豆瓣泥土	A	0—20	淡黄棕紫色	重壤土	块状夹粒状	6.4	17.9	0.92	87	砂泥岩互层残积物、坡积物	E 106°41′31.6″ N 29°48′55.4″	71
						2	20—60	棕黄棕紫色	重壤土	大块状	6.2	13.6	0.86	65			
						3	60—100	棕黄棕色	重壤土	小块状	6.1	16.4	0.55	45			
剖28	初育土	紫色土	中性紫色土	灰棕紫泥土	紫泥土	A	0—25	淡黄棕紫色	重壤土	块状夹粒核状	6.3	14.9	0.97	90	砂泥岩互层残积物、坡积物	E 106°38′39.1″ N 29°47′00.2″	86
						2	25—49	灰黄棕紫色	重壤土	块状	6.2	12.8	0.76	79			
						3	49—100	棕黄色	重壤土	粒状	6.1	6.3	0.54	46			
剖29	铁铝土	黄壤	黄壤	冷砂黄泥森林土		A₁	0—24	黄棕色	砂壤土	粒状	5.4	67.6	3.34	328	灰岩、岩残积物	E 106°44′33.0″ N 29°45′59.0″	79
						AB	24—43	黄黄白色	砂壤土	粒夹粒状	5.5	24.9	1.24	180			
						B	43—66	棕灰白色	砂壤土	粒状	5.8	11.7	0.68	112			
						C	66—										

续表 Continued

剖面号 Soil profile	土纲 Soil order	土类 Soil great group	亚类 Soil subgroup	土属 Soil genus	土种 Soil species	土层码 Layer code	土层厚度 Depth/cm	颜色 Soil color	质地 Soil texture	土壤结构 Soil structure	pH	有机质 OM/(g/kg)	全氮 TN/(g/kg)	碱解氮 AN/(mg/kg)	土壤母质 Parent material	剖面点坐标 Profile coordinate	匹配指数 Matching index/%
剖30	初育土	紫色土	中性紫色土	暗紫泥土	盔镙泥土	A	0—20	黄灰白色	重壤土	粒块状	5.9	13.2	1.06	68	砂泥页岩、灰岩、泥页岩夹粉砂岩	E 106°35′36.6″ N 29°45′56.5″	97
剖31	人为土	水稻土	黄壤性水稻土	矿子黄泥田	黄泥田	2	20—47	灰白色	重壤土	块状	5.2	9.5	0.71	28	灰岩、灰岩残积物、坡积物	E 106°44′18.2″ N 29°43′42.2″	94
						3	47—100	淡黄灰白色	重壤土	块状	5.0	5.4	0.58	16			
剖32	初育土	紫色土	中性紫色土	暗紫泥土	黄石骨土	A_1	0—18	棕灰黄色	轻黏土	核块状	8.1	30.9	1.64	113		E 106°37′54.8″ N 29°41′47.4″	91
						Pb	18—28	黄灰褐色	中黏土	整体状	8.2	29.6	1.55	113			
						P	28—100	灰黄色	中黏土	核块状	8.2	29.1	1.15	89			
剖33	人为土	水稻土	紫色土性水稻土	暗紫褐土	粗油砂泥田	A	0—25	灰黄色	多砾土	粒状	5.8	8.7	1.30	56	砂泥页岩、灰岩、泥页岩夹粉砂岩	E 106°31′30.7″ N 29°41′12.1″	93
						C	25—										
						A_1	0—20	淡黄暗紫色	中壤土	粒块状	6.8	25.1	1.68	140			
						Pb	20—27	淡黄紫褐色	中壤土	整体状	6.9	20.1	1.03	125			
						P	27—100	黄灰紫色	中壤土	核块状	7.1	12.2	0.97	90			
剖34	人为土	水稻土	紫色土性水稻土	火红紫色水稻土	瘦砂泥田	A_1	0—22	黄黄棕色	砂壤土	单粒状	5.1	12.1	0.70	81	砂页岩互层残积物	E 106°39′48.6″ N 29°40′17.0″	70
						P	22—58	灰黄棕色	砂壤土	块粒状	5.2	10.6	0.66	75			
						C	58—										
剖35	初育土	紫色土	中性紫色土	暗紫泥土	黄石骨土	A	0—20	暗红紫色	多砾土	粒状	6.7	17.5	0.99	101		E 106°55′52.0″ N 29°49′21.4″	96
						C	20—										
剖36	人为土	水稻土	紫色土性水稻土	暗紫泥土	黄砂泥田	A_1	0—22	棕灰黄色	中壤土	粒块状	5.8	14.5	0.92	70	砂泥页岩、灰岩、泥页岩夹粉砂岩	E 106°51′27.0″ N 29°49′06.2″	77
						Pb	22—30	灰白黄色	中壤土	整体状	5.5	15.9	0.95	71			
						P	30—75	黄灰色	中壤土	核块状	5.5	12.0	0.76	51			
						C	75—										
剖37	铁铝土	黄壤	黄壤	矿子黄泥土	油秆泥土	A	0—21	淡黄暗棕色	重黏土	核块状	7.5	20.6	1.39	123	灰岩、泥岩、灰岩残积物	E 106°47′44.9″ N 29°49′00.5″	91
						2	21—40	黄黄棕色	重黏土	块状	7.4	15.9	1.34	118			
						3	40—100	棕黄色	中黏土	小块状	7.6	13.0	1.11	81			
剖38	初育土	紫色土	中性紫色土	灰棕紫泥土	砂土	A	0—26	灰棕色	紧砂土	颗粒状	6.4	14.0	0.71	85	砂页岩互层残积物、坡积物	E 106°53′10.3″ N 29°48′39.6″	80
						C	26—										
剖39	人为土	水稻土	黄壤性水稻土	矿子黄泥田	鸭粪泥田	A_1	0—16	棕黄黄色	中黏土	核块状	7.5	21.9	1.15	128	灰岩、灰岩残积物、坡积物	E 106°46′43.3″ N 29°46′57.4″	71
						Pb	16—32	褐黄棕黄色	中黏土	整体状	7.6	21.9	1.37	113			
						Pg	32—50	褐棕黄色	中黏土	核块状	7.5	21.7	1.08	91			
						G	50—100	灰绿色	中黏土	烂浆状	7.4	21.0	1.05	80			
剖40	铁铝土	黄壤	黄壤	矿子黄泥土	死黄泥土	A	0—24	灰棕黄色	重黏土	核块状	6.5	10.6	1.08	108	灰岩、灰岩残积物、坡积物	E 106°54′16.2″ N 29°46′19.6″	100
						2	24—47	黄红黄色	中壤土	核柱状	6.1	8.3	0.92	81			
						3	47—100	棕黄色	中壤土	整体状	6.1	7.6	0.96	75			
剖41	人为土	水稻土	黄壤性水稻土	冷砂黄泥田	冷黄砂泥田	A	0—20	黄灰棕色	中壤土	粒块状	5.3	23.3	1.36	117	砂岩夹页岩互层残积物、坡积物	E 106°46′34.3″ N 29°46′15.2″	94
						2	20—60	黄灰紫色	中壤土	块状	5.7	16.7	1.06	107			
						C	60—	黄灰棕色	中壤土	块状	5.5	19.2	0.80	101			
剖42	初育土	紫色土	石灰性紫色土	红紫泥土	红紫泥土	A	0—20	棕红紫色	重黏土	核块状	7.2		1.00	73		E 106°56′44.4″ N 29°45′09.4″	80
						2	20—60	棕红紫色	重黏土	块状	6.7		6.70	31			
剖43	初育土	紫色土	中性紫色土	暗紫泥土	灰塘泥土	A	0—25	棕黄色	轻黏土	粒粒状	6.7	15.0	1.44	79		E 106°52′02.6″ N 29°44′46.3″	88
						2	25—80	灰棕黄色	中黏土	块状	6.4	9.4	1.24	50			
						C	80—										
剖44	初育土	紫色土	石灰性紫色土	红棕紫泥土	红石骨子土	A	0—23	棕红紫色	多砾土	粒粒状	7.9	16.5	0.81	53		E 106°56′21.5″ N 29°44′44.2″	85
						C	23—										

续表 Continued

剖面号 Soil profile	土纲 Soil order	土类 Soil great group	亚类 Soil subgroup	土属 Soil genus	土种 Soil species	土层码 Layer code	土层厚度 Depth/cm	颜色 Soil color	质地 Soil texture	土壤结构 Soil structure	pH	有机质 OM/(g/kg)	全氮 TN/(g/kg)	碱解氮 AN/(mg/kg)	土壤母质 Parent material	剖面点坐标 Profile coordinate	匹配指数 Matching index/%
剖45	人为土	水稻土	紫色土性水稻土	灰棕紫色水稻土	半砂半泥田	A₁	0—22	灰紫棕色	轻壤土	块粒状	6.5	14.9	0.69	83	砂泥岩互层残积物、坡积物	E 106°55′55.9″ N 29°43′55.2″	71
						Pb	22—30	灰棕褐色	轻壤土	整体状	6.3	12.2	0.63	70			
						P	30—100	棕紫色	轻壤土	棱柱状	6.2	8.6	0.41	52			
剖46	铁铝土	黄壤	黄壤	矿子黄泥土	黄泥土	A	0—20	淡灰棕黄色	中黏土	核柱状	7.1	22.3	1.30	115	灰岩、泥灰岩、灰页岩残积物、坡积物	E 106°52′56.6″ N 29°43′54.8″	94
						2	20—70	灰棕黄色	重黏土	块状	7.2	13.7	1.26	89			
						C	70—										
剖47	潮土	潮土	潮土	灰棕潮土	潮砂泥土	A	0—22	灰棕色	轻壤土	粒状	7.9	13.7	0.78	56	近代冲积物	E 106°55′45.7″ N 29°42′59.3″	72
						2	22—54	灰棕色	轻壤土	粒状、核块状	8.1	12.1	0.75	48			
						3	54—100	棕灰色	轻壤土	粒块状	8.2	8.3	0.65	43			
剖48	人为土	水稻土	紫色土性水稻土	灰棕紫色水稻土	白散泥田	A₁	0—19	棕灰白色	中壤土	块粒状	6.0	16.1	0.88	118	砂泥岩互层残积物、坡积物	E 106°55′19.6″ N 29°42′38.9″	95
						Pb	19—31	灰棕白色	中壤土	整体块状	6.3	15.4	0.66	101			
						P	31—55	黄灰棕黄色	中壤土	核块状	6.0	12.3	0.44	54			
						Wb	55—80	灰白色	轻壤土	块状	5.2	3.0	0.27	47			
						C	80—										
剖49	人为土	水稻土	黄壤性水稻土	老冲积黄泥田	卵石黄泥田	A₁	0—20	棕黄色	轻黏土	块状	5.1	13.2	0.68	72	黏土夹砾石、铁钙填无胶结坡积物、残积物	E 106°54′58.0″ N 29°41′59.6″	94
						P	20—42	淡棕黄色	轻黏土	棱块状	5.0	19.6	0.98	101			
						Wb	42—100	红棕黄色	轻黏土	块状	5.6	5.9	0.36	26			
剖50	半水成土	潮土	潮土	灰棕潮土	潮砂土	A	0—20	灰白色	松砂土	单粒状	8.9	10.8	0.45	47	近代冲积物	E 106°55′19.2″ N 29°41′55.0″	81
						2	20—60	灰白色	松砂土	颗粒状	8.3	3.6	0.19	14			
						3	60—95	淡黄灰棕色	轻砂土	粒状状	8.2	8.3	0.48	41			
						4	95—100	灰棕色	轻壤土	粒状状	7.1	6.6	0.48	38			
剖51	半水成土	潮土	潮土	紫色潮土	河砂土	A	0—23	棕灰紫色	轻砂土	粒状	7.6	13.9	0.65	34	近代冲积物	E 106°48′24.1″ N 29°41′13.9″	74
						2	23—100	棕灰紫色	紧砂土	颗粒状	7.8	15.8	0.56	41			
剖52	铁铝土	黄壤	黄壤	老冲积黄紫泥土	卵石黄泥土	A	0—20	灰棕紫色	砾黏土	粒状状	5.0	12.5	0.91	72	老积残积物、坡积物	E 106°27′17.3″ N 29°37′58.4″	71
						2	20—65	淡黄、灰黄色	轻壤土	块状	5.6	9.4	0.57	45			
						3	65—100	灰黄色	轻壤土	块状	5.1	6.1	0.43	29			
剖53	初育土	紫色土	中性紫色土	暗紫泥土	油砂泥土	A	0—25	棕暗紫	少砾砂壤土	粒状	6.8	7.5	0.52	36	砂泥页岩、灰岩、泥页岩夹粉砂岩	E 106°31′22.6″ N 29°35′58.7″	83
						2	25—60	淡黄棕紫色	中壤土	块粒状	6.5	6.6	0.47	35			
						C	60—										

巴 南 区

主要土类说明

紫色土是巴南区的主要土壤类型，占本区地域面积的 44%，广泛分布于本区各种地形地貌上，尤以丘陵地区分布面积最大。紫色土是在亚热带湿润气候条件下形成的幼年土壤。其成土母质为紫色砂岩、页岩、泥岩风化物。紫色母岩组织疏松、矿物成分复杂，受热胀冷缩影响，极易崩解破碎，物理风化强烈，化学风化微弱，加之母岩富含碳酸钙为主的各种盐类，使矿物风化停留在脱钙阶段。由于该土壤多处于丘陵地带，植被破坏，水流冲刷大，水土流失严重，基岩裸露且屡遭侵蚀，成土物质不断更新，新风化形成的土壤只有很轻的发育程度，剖面层次发育不明显，具 A–C 剖面构型。本区紫色土 pH 为 6.7。低丘带、坝区发育的灰棕紫泥土，其土层深厚，养分丰富，生产水平高。而地处背斜低山中岭，岩层倾角大，坡陡，冲刷严重，发育的紫色土砾石含量高，多为梭沙土，虽矿质养分含量丰富，但有机质含量低，粗骨性明显，水肥气热不协调，土壤肥力亦低。

水稻土是巴南区第二大土壤类型，占本区地域面积的 37%，在海拔 160—1000m 的各种地形地貌均有广泛分布。水稻土是在人为作用下，经长期水耕熟化和栽培水稻等因素影响，形成的一种特殊土壤。在耕作、施肥、灌溉、轮作等条件下，发生了还原淋溶、氧化淀积和有机质的合成和分解过程，进而产生了独特的剖面构型。本区水稻土剖面发生层主要有：淹育层（即耕作层）、初期潴育层、潴育层、潜育层和母质层。本区水稻土的起源土壤有紫色土、潮土、黄壤。受母土的成土母质、水文条件和成土过程的影响，所形成的水稻土在理化性状和土壤属性上都有很大区别，在生产上表现出不同的障碍因子，应采取不同的改良利用措施。

黄壤是巴南区第三大土壤类型，占本区地域面积的 15%，主要分布于海拔 500—1000m 的低山区和长江二级以上的阶地上。黄壤是形成于湿润的亚热带生物气候条件下的地带性土壤，脱硅富铝化过程明显。成土母质有灰岩、砂岩、砂页岩、第四纪冰水沉积物和古风化壳残积物。黄壤化学风化较强烈，矿物的水解作用比较深刻，盐基物质的淋溶势强，铁质也普遍水化，因此土壤在发育过程中产生明显的黏化、黄化和脱硅富铝化成土过程，具 O–A–AB–B–C 剖面构型。形成的土壤虽然质黏性酸，但具有一定厚度的腐殖质层和较深厚的土层，自然肥力较高。黄壤是本区的主要林业和茶叶基地。

小于本区地域面积 3% 的土壤类型还有石灰（岩）土、潮土等。

本区域中心区气候特征

本区域中心区气候特征值
Regional climate characteristics in central area of the region

气候带：中亚热带湿润气候 Climate region: Subtropical humid climate	
年平均气温 /℃ Annual average temperature /℃	17.5
年平均最高气温 /℃ Annual average maximum temperature /℃	21.4
年平均最低气温 /℃ Annual average minimum temperature /℃	14.8
年降水量 /mm Annual precipitation /mm	1119
≥10℃的积温 /℃ Daily temperature accumulated in a year（≥10℃）/℃	6813
年日照时数 /h Annual sunshine /h	1045
年平均相对湿度 /% Annual average relative humidity /%	80
干燥度 Dryness	0.92

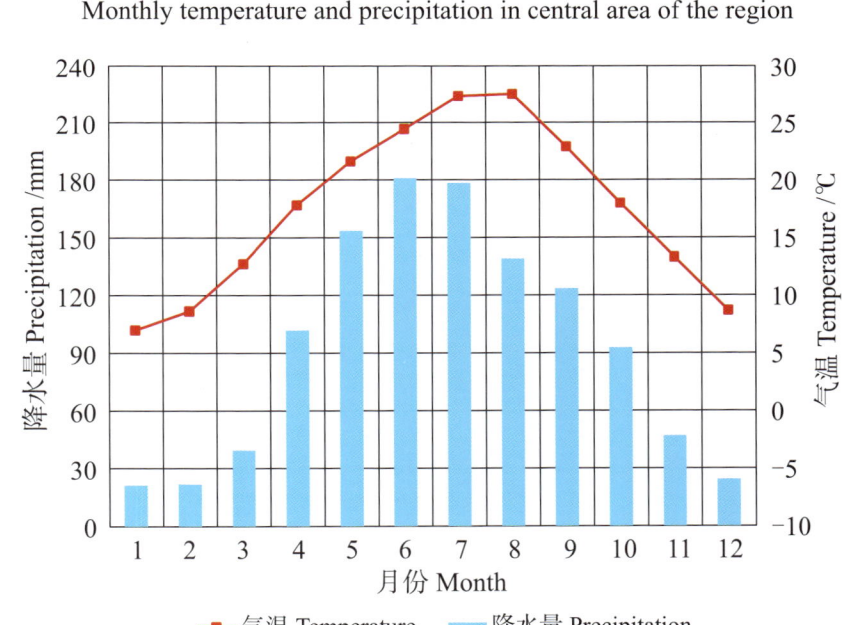

本区域中心区月平均气温与月平均降水量
Monthly temperature and precipitation in central area of the region

巴南区土壤剖面理化性状表

剖面号 Soil profile	土纲 Soil order	土类 Soil great group	亚类 Soil subgroup	土属 Soil genus	土种 Soil species	土层码 Layer code	土层厚度 Depth/cm	颜色 Soil color	质地 Soil texture	土壤结构 Soil structure	pH	有机质 OM/(g/kg)	全氮 TN/(g/kg)	碱解氮 AN/(mg/kg)	阳离子交换量CEC/(cmol/kg)	土壤母质 Parent material	剖面点坐标 Profile coordinate	匹配指数 Matching index/%
剖1	初育土	紫色土	棕紫泥土	暗紫泥土	暗紫色黄砂土	A	0—25	浅灰黄色	砂壤土	单粒状	5.3	7.8	0.51	87	11.9	泥页岩、砂岩、炭质页岩	E 106°58′35.8″ N 29°45′23.8″	76
						C	25—											
剖2	初育土	紫色土	棕紫泥土	暗紫泥土	暗紫色梭砂土	A	0—24	暗灰棕色	多砾轻壤土	粒状	7.9	19.4	1.10	104	31.9	泥页岩、砂岩、炭质页岩	E 106°58′37.2″ N 29°40′59.9″	86
						C	24—											
剖3	人为土	水稻土	灰棕潮土田	灰棕潮土田	灰棕潮泥田	A′	0—42	紫色	重壤土	团块状	5.6	21.9	1.26	104	16.0	近代冲积物	E 106°54′46.4″ N 29°40′55.6″	90
						P	42—78	灰棕色	重壤土	梭柱状	7.0	15.0	0.90	68	14.7			
						W	78—100	浅灰棕色	中壤土	梭柱状								
剖4	半水成土	潮土	潮土	灰棕潮土	灰棕潮砂田	A	0—15	灰棕色	重壤土	单粒状	8.5	5.9	0.34	14	5.8	近代冲积物	E 106°54′41.8″ N 29°40′25.7″	98
						B	15—100	棕色	重壤土	柱状	8.5	2.0	0.34	9	7.2			
剖5	人为土	水稻土	黄壤性水稻土	矿子黄泥田	矿子鸭屎泥田	A′	0—22	浅灰黄色	中黏土	大梭状	6.9	24.0	1.52	120	12.3	白云质灰岩和石灰岩残积物	E 106°57′11.2″ N 29°39′21.2″	73
						G	22—58	灰黄色	轻黏土	大黄状	6.6	20.7	1.27	113	11.8			
						P	58—100	浅黄黄色		梭柱状	6.9	19.9	1.20					
剖6	水稻土	水稻土	紫色土性水稻土	灰棕紫色水稻田	砂田	A′	0—22	浅灰黄色	中壤土	粒状	6.0	12.1	0.74	76	13.5	砂岩残积物、坡积物	E 106°56′04.5″ N 29°39′12.5″	85
						P	22—100	浅灰黄色	中壤土	柱状	6.8	6.6	0.48	50	16.3			
剖7	人为土	水稻土	紫色土性水稻土	暗紫泥田	暗紫色炭质黄泥田	A′	0—22	浅黄橙色	少砾轻黏土	大块状	5.3	13.5	1.05	89	14.3	泥页岩、砂岩风化物	E 106°57′25.4″ N 29°38′36.5″	72
						P	22—98	浅灰黄色	少砾轻黏土	梭柱状	5.6	9.3	0.63	65	12.6			
剖8	人为土	水稻土	黄壤性水稻土	冷砂黄泥田	冷砂黄泥田	A′	0—23	浅灰黄色	中壤土	粒状	5.3	19.3	1.11	93	9.8	砂岩夹薄层泥页岩间夹煤层	E 106°57′14.4″ N 29°37′55.6″	77
						P	23—34	浅黄黄色	重壤土	梭柱状	5.3	16.8	0.96	103	9.4			
						W	34—100	浅灰黄色	重壤土	梭柱状	5.5	12.2	0.65	68	8.5			
剖9	黄壤	黄壤	黄壤	冷砂黄泥田	冷砂土	A	0—22	浅灰黄色	少砾砂壤土	单粒状	5.4	13.5	0.84	78	6.9	砂岩夹泥页岩间夹煤层	E 106°56′03.1″ N 29°36′51.1″	72
						B	22—84	浅灰黄色	轻壤土	粒状	5.6	8.8	0.43	60	7.9			
						C	84—											
剖10	人为土	水稻土	紫色土性水稻土	红棕紫色水稻土	红棕紫色砂田	A′	0—21	紫色	重壤土	小粒状	5.8	7.4	0.49	50	12.9		E 106°52′26.6″ N 29°36′31.9″	72
						P	21—52	紫色	重壤土	小柱状	6.4	3.3	0.21	27	9.4			
						C	52—											
剖11	初育土	紫色土	棕紫泥土	红棕紫泥土	红棕紫色泥田	A	0—23	浅灰黄色	中壤土	粒状	5.4	10.5	0.63	66	13.1	泥页夹薄层砂岩残积物、坡积物	E 106°51′56.4″ N 29°35′48.7″	75
						B	23—37	浅灰黄色	轻黏土	小柱状	6.2	5.7	0.31	46	15.4			
						C	37—											
剖12	人为土	水稻土	紫色土性水稻土	暗紫泥田	暗紫泥田	A′	0—19	暗紫色	重壤土	粒状	7.8	21.6	1.75	144	30.9	泥页岩、砂岩、化积物	E 106°56′14.6″ N 29°34′59.9″	89
						P	19—100	浅紫棕色	重壤土	梭柱状	7.6	15.5	0.99	86	24.1			
剖13	初育土	紫色土	棕紫泥土	暗紫泥土	暗紫色油砂土	A	0—26	浅黑棕色	中砾中壤土	团粒状夹粒状	7.8	22.0	1.34	179	31.4	泥页岩、砂岩、化积物	E 106°56′07.8″ N 29°32′13.2″	70
						B	26—58	浅灰黄色	重壤土	柱状	7.8	12.4	0.84	80	35.3			
						C	58—											
剖14	人为土	水稻土	紫色土性水稻土	灰棕紫色水稻土	半砂田	A′	0—21	紫色	重壤土	大粒状	5.7	13.5	0.86	83	17.4	砂岩残积物、坡积物	E 106°47′12.8″ N 29°31′44.8″	70
						P	21—92	紫色	重壤土	梭柱状	6.4	9.4	0.61	61	18.1			
剖15	人为土	水稻土	紫色土性水稻土	暗紫泥田	暗紫色二泥田	A′	0—20	紫色	轻黏土	团块状	5.5	13.9	0.97	83	19.7	泥页岩、砂岩风化物	E 106°53′45.8″ N 29°30′23.6″	71
						P	20—100	浅黄橙色	轻黏土	梭柱状	6.1	9.4	0.66	61	17.0			
剖16	铁铝土	黄壤	黄壤	老冲积黄泥田	卵石黄泥田	A	0—27	浅棕色	少砾重壤土	团块状	5.4	20.6	1.03	114	11.6	老冲积物	E 106°29′06.4″ N 29°23′36.3″	72
						W	27—100	暗黄橙色	重壤土	梭柱状	5.1	5.2	0.38	48	11.4			
剖17	人为土	水稻土	黄壤性水稻土	老冲积黄泥田	卵石黄泥田	A′	0—21	浅黄橙色	少砾轻黏土	小块状	7.4	16.6	1.18	117	16.7	老冲积物	E 106°29′36.4″ N 29°23′11.9″	93
						W	21—100	暗黄橙色	中砾轻黏土	梭柱状	6.4	11.1	0.67	67	16.7			
剖18	半水成土	潮土	潮土	灰棕潮土	灰棕潮泥田	A	0—28	灰棕色	中壤土	粒状	8.1	9.7	0.59	52	9.1	近代冲积物	E 106°26′48.9″ N 29°21′49.2″	87
						P	28—100	浅棕色	重壤土	柱状	8.2	4.6	0.28	28	8.2			

续表 Continued

剖面号 Soil profile	土纲 Soil order	土类 Soil great group	亚类 Soil subgroup	土属 Soil genus	土种 Soil species	土层码 Layer code	土层厚度 Depth/cm	颜色 Soil color	质地 Soil texture	土壤结构 Soil structure	pH	有机质 OM/(g/kg)	全氮 TN/(g/kg)	碱解氮 AN/(mg/kg)	阳离子交换量 CEC/(cmol/kg)	土壤母质 Parent material	剖面点坐标 Profile coordinate	匹配指数 Matching index/%
剖19	初育土	紫色土	棕紫泥土	暗紫泥土	暗紫色盐泥土	A	0—22	浅黄色	重黏土	大核状	5.8	14.2	0.86	70	10.9	泥页岩、砂岩	E 106°44′32.3″ N 29°28′55.9″	73
						W	22—72	浅黄色	轻黏土	棱柱状	5.2	3.8	0.67	42	11.5			
						C	72—											
剖20	铁铝土	黄壤	黄壤	冷砂黄泥土	冷砂黄泥土	A	0—24	浅棕色	重黏土	团块状	5.6	13.7	0.74	117	10.2	砂页岩夹薄页岩间夹煤层	E 106°43′55.2″ N 29°26′44.2″	74
						P	24—100	浅棕色	重黏土	棱柱状	5.5	8.0	0.70	77				
剖21	初育土	紫色土	棕紫泥土	暗紫泥土	暗紫色砂土	A	0—25	浅黄色	轻黏土	单粒夹小粒状	5.7	7.9	0.56	88	17.7	泥页岩、砂岩、炭质页岩	E 106°44′33.0″ N 29°26′16.4″	81
						B	25—47	浅黄色	轻黏土	单粒夹小粒状	5.5	3.8	0.34	41	10.4			
						C	47—											
剖22	初育土	紫色土	棕紫泥土	红棕紫泥土	红棕紫泥土	A	0—23	紫棕色	轻黏土	核状	7.0	13.2	0.91	78	24.5	泥岩夹薄砂岩残积物、坡积物	E 106°38′22.9″ N 29°26′10.0″	72
						P	23—76	红棕色	轻黏土	棱柱状	7.0	8.1	0.73	56	24.0			
						C	76—											
剖23	初育土	石灰（岩）土	黄色石灰土	黄色石灰土	石碗土	A	0—25	暗棕色	轻黏土	团粒状	7.1	23.6	1.54	144	19.6	石灰岩	E 106°34′02.3″ N 29°26′01.3″	72
						P	25—82	浅灰黄色	轻黏土	核状夹粒状	7.2	19.3	1.17	103	20.1			
						C	82—											
剖24	铁铝土	水稻土	紫色土性水稻土	红棕紫紫水稻土	红棕紫泥田	A′	0—21	暗棕红色	中黏土	团块状	7.4	16.0	1.03	88	22.6	砂泥岩	E 106°38′10.7″ N 29°25′33.2″	93
						P	21—91	暗棕红色	中黏土	棱柱状	7.1	10.6	0.75	65	23.8			
剖25	黄壤	黄壤	黄壤	紫黄泥土	砂土	A	0—30	浅灰黄色	中壤土	粒状	4.5	12.0	0.68	65	8.5		E 106°39′52.2″ N 29°24′55.4″	78
						B	30—44	浅灰黄色		柱状	4.7	5.3	0.43					
						C	44—											
剖26	人为土	水稻土	紫色土性水稻土	灰棕紫紫水稻土	暗紫色砂夹砂土	A′	0—21	紫色	轻黏土	团块状	5.9	14.1	0.89	85	20.7	砂岩残积物、坡积物	E 106°41′43.8″ N 29°24′54.7″	82
						P	21—100	紫色	重黏土	棱柱状	6.7	10.1	0.66	59	21.2			
剖27	初育土	紫色土	棕紫泥土	红棕紫泥土	红棕紫泥土	A	0—23	浅灰紫色	重黏土	团块状	5.6	11.8	0.86	75	19.7	泥页岩、砂岩、炭质页岩	E 106°42′45.7″ N 29°24′09.7″	75
						P	23—79	浅灰黄色	重黏土	团块状	6.4	6.9	0.69	55	18.9			
						C	79—											
剖28	人为土	水稻土	紫色土性水稻土	红棕紫紫水稻土	红棕紫色烂泥田	G	0—63	暗棕黄色	中黏土	大块状	7.6	30.5	1.89	124	27.3		E 106°37′13.1″ N 29°22′31.4″	76
						P	63—100	紫棕色	轻黏土	棱柱状	7.7	29.0	1.57	111	27.0			
剖29	人为土	水稻土	紫色土性水稻土	红棕紫紫水稻土	暗紫色炭质黄泥田	A′	0—22	紫色	中黏土	团块状	6.7	18.0	1.13	88	21.4		E 106°38′21.5″ N 29°22′10.6″	96
						W	50—100	紫色	中黏土	棱柱状	7.3	12.2	0.90	65	22.6			
							22—50											
剖30	初育土	紫色土	棕紫泥土	灰棕紫紫泥土	灰棕紫色砂夹砂土	A	0—23	浅紫黄色	轻黏土	粒状	6.2	9.0	0.80	81	20.7			
						B	23—64	灰紫色	中黏土	柱状	6.1	9.4	0.67	66	19.9	砂泥岩残积物、坡积物	E 106°40′06.6″ N 29°21′59.0″	78
						C	64—	灰紫色			7.0	6.8	0.48	47	19.8			
剖31	人为土	水稻土	紫色土性水稻土	暗紫泥田	暗紫色大泥田	A′	0—20	浅黄色	轻黏土	团块状	7.3	12.7	0.98	67	19.3	泥页岩、砂岩风化物	E 106°34′46.2″ N 29°21′19.1″	83
						P	20—100	浅黄色	轻黏土	棱柱状	7.3	8.0	0.75	44	16.5			
剖32	人为土	水稻土	紫色土性水稻土	暗紫泥田	暗紫色炭质烂泥田	A′	0—25	棕黄色	中黏土	稀糊状	7.4	25.5	1.56	116	19.0	泥页岩、砂岩风化物	E 106°52′05.9″ N 29°29′57.5″	96
						P	25—100	浅黄色	轻黏土	大块状	6.4	27.5	1.54	92	18.5			
剖33	初育土	紫色土	棕紫泥土	暗紫泥土	暗紫棕质黄泥土	A	0—23	浅紫棕色	少砾轻黏土	大块状	5.3	16.3	1.09	100	19.1	泥页岩、砂岩、炭质页岩	E 106°53′32.1″ N 29°29′57.0″	91
						C	23—											
剖34	人为土	水稻土	紫色土性水稻土	灰棕紫泥田	暗紫色砂夹砂土	A′	0—21	灰红色	中黏土	小块状	5.2	19.0	1.44	109	15.4	泥页岩、砂岩风化物	E 106°55′02.6″ N 29°29′32.3″	91
						P	21—44	灰红色	中黏土	棱柱状	5.4	17.7	1.05	74	14.4			
						W	44—100		中黏土	棱柱状	5.5	14.3	0.87	67	13.6			
剖35	黄壤	黄壤	黄壤	矿子黄泥土	矿子红黄泥土	A	0—30	浅黄色	轻黏土	核状	5.3	13.6	1.03	85	12.2	石灰质白云质灰岩残积物、坡积物	E 106°55′55.8″ N 29°29′14.8″	75
						W	30—70	浅黄棕色	重黏土	棱柱状	6.2	2.3	0.47	81	11.8			
						C	70—											
剖36	人为土	水稻土	紫色土性水稻土	棕紫色水稻土	鸭屎泥田	A′	0—25	紫灰色	轻黏土	大核状	5.2	21.1	1.09	117	17.4	砂岩和泥岩残积物、坡积物	E 106°49′28.2″ N 29°28′48.0″	92
						G	25—100	暗紫黄色	轻黏土	大块状	5.9	16.7	1.00	101	16.0			

续表 Continued

剖面号 Soil profile	土纲 Soil order	土类 Soil great group	亚类 Soil subgroup	土属 Soil genus	土种 Soil species	土层码 Layer code	土层厚度 Depth/cm	颜色 Soil color	质地 Soil texture	土壤结构 Soil structure	pH	有机质 OM/(g/kg)	全氮 TN/(g/kg)	碱解氮 AN/(mg/kg)	阳离子交换量 CEC/(cmol/kg)	土壤母质 Parent material	剖面点坐标 Profile coordinate	匹配指数 Matching index/%
剖37	铁铝土	黄壤	黄壤	矿子黄泥土	火石子黄泥田	A	0—25	浅灰黄色	少砾轻黏土	核状	5.4	20.2	1.39	141	21.2	石灰岩、白云质灰岩残积物、坡积物	E 106°50′13.6″ N 29°25′54.1″	71
						P	25—100	浅灰黄色	轻壤土	棱柱状	5.7	12.9	0.99	97	16.0			
剖38	人为土	水稻土	紫色土性水稻土	暗紫泥田	暗紫色砂泥田	A′	0—16	浅黄色	重壤土	团块状	6.1	8.2	0.92	83	10.6	泥页岩、砂岩、砂岩风化物	E 106°54′46.8″ N 29°25′52.3″	83
						P	16—100	浅黄色	重壤土	棱柱状	5.9	8.6	0.55	114	9.9			
剖39	人为土	水稻土	黄壤性水稻土	矿子黄泥田	矿子暗黄泥田	A′	0—21	暗黄棕色	重壤土	团块状	7.6	29.9	1.79	129	18.5	白云质灰岩和石灰岩残积物	E 106°55′17.8″ N 29°25′02.3″	73
						P	21—63	暗黄棕色	重壤土	棱柱状	7.6	27.6	1.49	95	17.6			
						W	63—100	浅黄棕色	重壤土	棱柱状	7.1	22.0	1.21	78	15.3			
剖40	人为土	水稻土	黄壤性水稻土	矿子黄泥田	矿子黄泥田	A′	0—24	灰黄色	轻壤土	小块状	6.6	26.3	1.51	120	14.4	白云质灰岩和石灰岩残积物	E 106°50′02.8″ N 29°24′56.9″	73
						P	24—67	浅黄棕色	重壤土	棱柱状	6.8	15.4	1.03	85	10.9			
						W	67—100	浅黄棕色	重壤土	棱柱状	6.2	6.6	0.60	54	11.0			
剖41	铁铝土	黄壤	黄壤	矿子黄泥土	矿子黄泥土	A	0—24	浅黄黄色	重壤土	核状	7.0	19.5	1.27	113	17.8	石灰岩、白云质灰岩残积物、坡积物	E 106°48′41.8″ N 29°21′54.4″	100
						P	24—88	浅黄棕色	轻壤土	棱状	7.2	10.2	0.95	73	19.4			
						C	88—											
剖42	初育土	紫色土	棕紫泥土	棕紫泥土	棕紫色黄泥土	A	0—27	浅紫色	重壤土	小块状	5.4	11.5	0.78	72	14.7	砂岩夹泥岩残积物、坡积物	E 106°29′07.8″ N 29°19′00.1″	71
						W	27—55	浅紫色	轻壤土	棱柱状		11.2	0.52	50	16.1			
						C	55—											
剖43	初育土	紫色土	紫泥土	紫黄泥土	紫黄泥土	A	0—21	红棕色	轻黏土	核状	6.3	18.2	1.11	104	8.4	砂泥岩	E 106°41′29.8″ N 29°19′01.2″	72
						P	21—48	红棕色	轻壤土	棱柱状	6.1	14.3	1.03	82	7.5			
						W	48—100	红棕色	轻壤土	棱柱状	6.3	3.1	0.41	39	6.5			
剖44	人为土	水稻土	紫色土性水稻土	灰棕紫色水稻土	豆瓣田	A′	0—23	紫色	轻壤土	粒状	5.7	13.1	0.86	79	21.6	砂岩残积物、坡积物	E 106°37′51.2″ N 29°19′00.1″	94
						P	23—44	浅灰紫色	轻壤土	棱柱状	6.4	12.4	0.80	74	22.8			
						W	44—96	浅灰棕色	中壤土	棱柱状	6.3	9.5	0.66	56	21.6			
剖45	人为土	水稻土	紫色土性水稻土	暗紫泥田	烂泥田	A′	0—18	浅紫色	中壤土	团块状	5.3	8.8	0.69	58	12.2	泥岩、砂岩、灰黄页岩	E 106°34′04.4″ N 29°18′59.8″	92
						W	18—60	浅灰黄色	轻壤土	棱柱状	5.6	5.8	0.42	36	11.6			
						C	60—											
剖46	初育土	紫色土	棕紫泥土	红棕紫色石骨田	砂泥土	A	0—24	紫色	轻壤土	团块状	7.1	12.2	0.82	67	19.0	泥页岩、砂岩、灰黄质页岩	E 106°31′41.2″ N 29°18′47.9″	95
						P	24—78	紫色	轻壤土	棱柱状	6.9	6.0	0.69	47	18.2			
						C	78—											
剖47	铁铝土	黄壤	黄壤	矿子黄泥土	矿子夹沙土	A	0—22	浅黄黄色	少砾轻壤土	小块状	5.8	13.6	0.88	91	15.4	石灰岩、白云岩残积物、坡积物	E 106°32′34.1″ N 29°17′37.3″	76
						P	22—72	浅黄棕色	轻壤土	棱柱状	6.3	7.9	0.59	58	14.4			
						C	72—											
剖48	人为土	水稻土	紫色土性水稻土	灰棕紫色水稻土	红棕紫色石骨田	A′	0—27	灰紫色	轻黏土	大核状	6.8	22.0	1.24	119	24.6	砂岩残积物、坡积物	E 106°34′22.8″ N 29°16′59.9″	81
						G	27—100	紫灰棕色	重壤土	大核状	6.9	19.0	0.98	91	23.6			
剖49	初育土	紫色土	棕紫泥土	红棕紫色水稻土	砂泥土	A′	0—25	红棕色	少砾中壤土	粒状	8.1	11.7	0.81	54	21.0	泥岩夹薄砂岩残积物、坡积物	E 106°41′50.6″ N 29°16′33.6″	91
						C	25—											
剖50	人为土	水稻土	紫色土性水稻土	紫泥土	砂泥土	A	0—24	紫色	轻壤土	大粒状	5.3	10.6	0.70	86	15.3	砂岩	E 106°42′54.7″ N 29°15′35.3″	95
						P	24—90	紫色	重壤土	棱柱状	5.6	5.4	0.46	52	17.0			
						C	90—											
剖51	初育土	紫色土	红棕紫色土	红棕紫色石骨田		A′	0—21	紫棕色	少砾轻壤土	粒状	8.4	11.3	0.76	58	20.1		E 106°34′12.0″ N 29°14′10.7″	81
						P	21—54	紫棕色	少砾轻壤土	柱状	8.3	10.9	0.66	58	22.5			
						C	54—											
剖52	铁铝土	黄壤	紫色土性水稻土	棕紫色水稻土	冷砂田	A′	0—19	浅黄黄色	中壤土	粒状	5.2	13.4	0.74	90	12.9	砂岩残积物、坡积物	E 106°37′12.7″ N 29°13′50.9″	97
						P	19—80	浅黄黄色	中壤土	柱状	5.4	9.6	0.58	68	11.8			
剖53	人为土	水稻土	紫色土性水稻土	棕紫色水稻土	棕紫色冷砂田	A′	0—24	浅灰黄色	中壤土	粒状	5.1	16.7	1.15	110	14.1	砂岩和泥岩残积物、坡积物	E 106°39′13.0″ N 29°13′45.8″	87
						P	24—60	浅灰黄色	重壤土	柱状	5.1	12.6	0.66	86	16.3			
						C	60—											

续表 Continued

剖面号 Soil profile	土纲 Soil order	土类 Soil great group	亚类 Soil subgroup	土属 Soil genus	土种 Soil species	土层码 Layer code	土层厚度/cm Depth/cm	颜色 Soil color	质地 Soil texture	土壤结构 Soil structure	pH	有机质 OM/(g/kg)	全氮 TN/(g/kg)	碱解氮 AN/(mg/kg)	阳离子交换量CEC/(cmol/kg)	土壤母质 Parent material	剖面点坐标 Profile coordinate	匹配指数 Matching index/%
剖54	人为土	水稻土	紫色土性水稻土	棕紫色水稻土	棕紫色砂泥土	A'	0—22	浅灰黄色	重壤土	粒状	5.3	15.0	0.94	96	11.4	砂岩和泥岩残积物、坡积物	E 106°33′49.3″ N 29°13′22.4″	79
						P	22—69	浅灰黄色	重壤土	棱柱状	5.3	12.6	0.65	72	10.0			
						C	69—											
剖55	初育土	紫色土	棕紫泥土	红棕紫泥土	红棕紫色夹砂土	A	0—23	灰红色	重壤土	团块状	6.5	8.3	0.78	65	18.0	泥岩夹薄砂岩残积物、坡积物	E 106°38′49.6″ N 29°13′18.1″	73
						B	23—64	灰黄棕色	重壤土	柱状	6.8	5.9	0.44	51	22.7			
						C	64—											
剖56	初育土	紫色土	棕紫泥土	棕紫泥土	棕紫泥土	A	0—21	紫色	重壤土	团块状	6.5	13.1	0.84	83	19.1	砂岩夹泥岩残积物、坡积物	E 106°42′40.7″ N 29°12′02.5″	84
						P	21—77	紫色	轻壤土	棱柱状	6.7	9.5	0.58	65	19.5			
						C	77—											
剖57	人为土	水稻土	紫色土性水稻土	棕紫色水稻土	棕紫色黄泥田	A'	0—17	浅棕色	轻壤土	小块状	4.9	14.5	0.79	84	12.5	砂岩和泥岩残积物、坡积物	E 106°52′36.3″ N 29°19′57.1″	70
						W	17—86	浅棕色	重壤土	棱柱状	5.1	8.7	0.52	46	12.2			
						C	86—											
剖58	人为土	水稻土	紫色土性水稻土	红棕紫泥土	红棕紫色豆瓣泥田	A'	0—20	浅灰黄色	中壤土	大粒状	5.0	12.4	0.86	98	16.1		E 106°45′23.8″ N 29°19′41.5″	77
						P	20—35	浅灰黄色	中壤土	棱柱状	5.6	10.6	0.70	73	7.1			
						W	35—100	浅黄棕色	轻壤土	棱柱状	6.0	6.6	0.54	41	2.8			
剖59	人为土	水稻土	紫色土性水稻土	棕紫色水稻土	棕紫色豆瓣田	A'	0—24	紫棕色	轻壤土	团块状	5.5	15.8	0.98	69	17.1	砂岩和泥岩残积物、坡积物	E 106°52′51.2″ N 29°19′07.0″	73
						P	24—46	紫棕色	重壤土	团块状	6.3	5.4	0.74	57	22.7			
						W	46—100	浅黄棕色	轻壤土	团块状	6.0	5.6	0.46	48	21.7			
剖60	人为土	水稻土	黄壤性水稻土	矿子黄泥田	矿子夹砂田	A'	0—24	浅灰黄色	重壤土	团块状	7.4	21.9	1.32	120	14.8	白云质灰岩和石灰岩残积物	E 106°47′25.4″ N 29°18′21.2″	82
						P	24—100	浅黄棕色	重壤土	团块状	7.6	20.6	1.21	70	16.2			
剖61	人为土	水稻土	紫色土性水稻土	棕紫泥土	棕紫泥田	A'	0—19	紫色	重壤土	团块状	6.0	15.5	1.01	94	19.9	砂岩和泥岩残积物、坡积物	E 106°52′48.4″ N 29°17′42.0″	95
						P	19—63	紫色	重壤土	棱柱状	6.3	9.8	0.68	66	19.6			
						C	63—											
剖62	初育土	紫色土	棕紫泥土	棕紫泥土	棕紫色石骨土	A	0—25	浅灰黄色	少砾重壤土	粒状	7.5	13.5	0.87	90	23.8	砂岩夹泥岩残积物、坡积物	E 106°52′30.0″ N 29°16′59.5″	95
						C	25—											
剖63	初育土	紫色土	棕紫泥土	灰棕紫泥土	灰棕紫色紫泥土	A	0—25	紫色	重壤土	粒状	6.2	11.0	0.72	75	20.8	砂泥岩残积物、坡积物	E 106°49′57.4″ N 29°15′48.6″	89
						P	25—72	紫色	重壤土	柱状	6.6	8.2	0.59	56	20.9			
						C	72—											
剖64	人为土	水稻土	紫色土性水稻土	灰棕紫色水稻土	白鳝泥田	A'	0—20	灰棕色	轻壤土	团块状	5.9	18.0	1.02	107	18.4	砂岩残积物、坡积物	E 106°53′56.4″ N 29°14′43.4″	89
						W	20—96	白色	中壤土	棱柱状	6.1	11.5	0.69	70	19.8			
剖65	铁铝土	黄壤	黄壤	紫色土性黄壤		A_1	0—16	紫灰色	中壤土	块状	4.8	9.0	0.50		12.4	砂岩、泥页岩和灰岩	E 106°52′08.8″ N 29°13′49.4″	81
						B	16—100	紫色	中壤土	块状	5.2	1.8	0.29					
剖66	初育土	紫色土	棕紫泥土	棕紫色冷泥土	棕紫色冷砂土	A	0—28	浅紫色	中粒土	单粒状	5.8	9.6	0.62	84	12.7	砂岩夹泥岩残积物、坡积物	E 106°51′36.7″ N 29°12′20.9″	71
						B	28—58	浅灰紫色	中壤土	粒状	5.7	7.3	0.50	64	10.2			
						C	58—											
剖67	人为土	水稻土	黄壤性水稻土	冷砂黄泥田	冷砂田	A'	0—18	灰黄色	轻壤土	小粒状	5.2	15.9	0.92	85	10.1	砂岩夹薄层泥页岩间夹煤层	E 106°49′39.5″ N 29°15′10.2″	76
						P	18—60	灰黄色	轻壤土	柱状	5.4	17.1	0.76	74	6.4			
						W	60—100	浅灰黄色	轻壤土	小粒状	5.6	11.8	0.82	60	7.1			
剖68	铁铝土	黄壤	黄壤	矿子暗黄泥土	矿子夹黄泥土	A	0—27	暗黄色	轻黏土	团块状	7.2	28.1	1.63	157	19.4	石灰岩、白云质灰岩残积物、坡积物	E 106°47′43.1″ N 29°12′03.2″	71
						P	27—85	灰黄色	轻黏土	棱柱状	7.4	22.2	1.12	102	19.0			
						C	85—											
剖69	初育土	紫色土	棕紫泥土	灰棕紫泥土	灰棕紫色石骨土	A	0—24	紫色	少砾中壤土	粒状	7.5	9.8	0.68	60	20.7	砂泥岩残积物、坡积物	E 106°49′49.2″ N 29°11′09.1″	88
						C	24—											

黔 江 区

主要土类说明

黄壤是黔江区的主要土壤类型，占本区地域面积的84%，分布于海拔500—1400m的低山及中山中下部地带，全区各乡均有分布。黄壤是形成于湿润的亚热带生物气候条件下的地带性土壤，由碳酸岩、砂页岩及第四纪老冲积母质发育而成。黄壤在发育过程中受中度脱硅富铝化过程影响，化学风化较强烈，盐基物质淋溶势强，铁质也普遍水化，呈明显的黏化、黄化过程。黄壤具O-A-AB-B-C剖面构型，耕层土壤有机质累积较高，可达11.2—38.6g/kg，pH为4.6—8.5，大多数土种无石灰反应。低山区黄壤坡度较小，土层肥厚，种植粮食及多种作物；中山地区黄壤以发展林业为主，自然植被为针阔叶混交林。

黄棕壤是黔江区第二大土壤类型，占本区地域面积的6%，主要分布于本区海拔1400—1938m的中山地带。黄棕壤为垂直地带土壤，随着海拔高度上升，自然植被出现了能适应寒冷、潮湿气候的植物。黄棕壤脱硅富铝化过程弱于黄壤，成土过程主要为脱钙、黏化。在此条件下，紫红色砂岩、黄绿色泥页岩与泥质灰岩均发育成黄棕壤，呈黄棕色黏土状，具A-B-C或A-（B）-C剖面构型。B层黏聚现象明显，硅铝率为2.5左右。铁的游离度较红壤低，交换性酸B层大于A层，pH为5.5—6.0。

水稻土是黔江区第三大土壤类型，占本区地域面积的4%，广泛分布于本区海拔160—1000m的不同地形地貌中。水稻土是在长期的周期性淹灌种稻过程，即水耕熟化过程中，形成的具有独特土体构型和物质循环的特殊耕种土壤。由于干湿交替，水稻土出现糊状淹育层、较坚实板结的犁底层、渗育层、潴育层与潜育层多种发生层。本区水稻土主要起源于三类母土：河溪沿岸一级阶地及带状坝地冲积形成的潮土、分布于低山丘陵地带的紫色土、山地黄壤及水耕熟化的老冲积黄壤。

紫色土占本区地域面积的3%，主要分布于阿蓬江河谷地带的低山丘陵区。其成土母质为砖红色砾灰岩、紫色砂页岩及紫色泥页岩等。紫色土是在亚热带温暖潮湿生物气候条件下形成的非地带性土壤，其母岩组织疏松，极易崩解破碎，物理风化强烈，化学风化微弱。由于该土壤多处于丘陵地带，水土流失严重，基岩裸露，且屡遭侵蚀，新风化形成的土壤只有很轻的发育程度，故其较大程度地保持了母质特征，矿质养分丰富、胶体品质好。土中易夹有母质碎屑，剖面层次无明显分化，缺乏有机质。

石灰（岩）土占本区地域面积的3%，分布于本区中、低山石灰岩岩溶地貌区，与黄壤呈复区分布。由地层出露的碳酸盐风化物发育而成。土壤发育进程推迟，游离碳酸盐存在于土体中，使土壤呈中性至弱碱性，质地较黏重（耕层为重砾中壤土至轻砾重壤土），具有核粒状结构，有机质含量较高，但开垦后肥力有所下降。

小于本区地域面积3%的土壤类型还有棕壤等。

本区域中心区气候特征

本区域中心区气候特征值
Regional climate characteristics in central area of the region

气候带：中亚热带湿润气候 Climate region: Subtropical humid climate	
年平均气温 /℃ Annual average temperature /℃	15.6
年平均最高气温 /℃ Annual average maximum temperature /℃	20.0
年平均最低气温 /℃ Annual average minimum temperature /℃	12.5
年降水量 /mm Annual precipitation /mm	1346
≥10℃的积温 /℃ Daily temperature accumulated in a year（≥10℃）/℃	5664
年日照时数 /h Annual sunshine /h	1100
年平均相对湿度 /% Annual average relative humidity /%	80
干燥度 Dryness	0.69

本区域中心区月平均气温与月平均降水量
Monthly temperature and precipitation in central area of the region

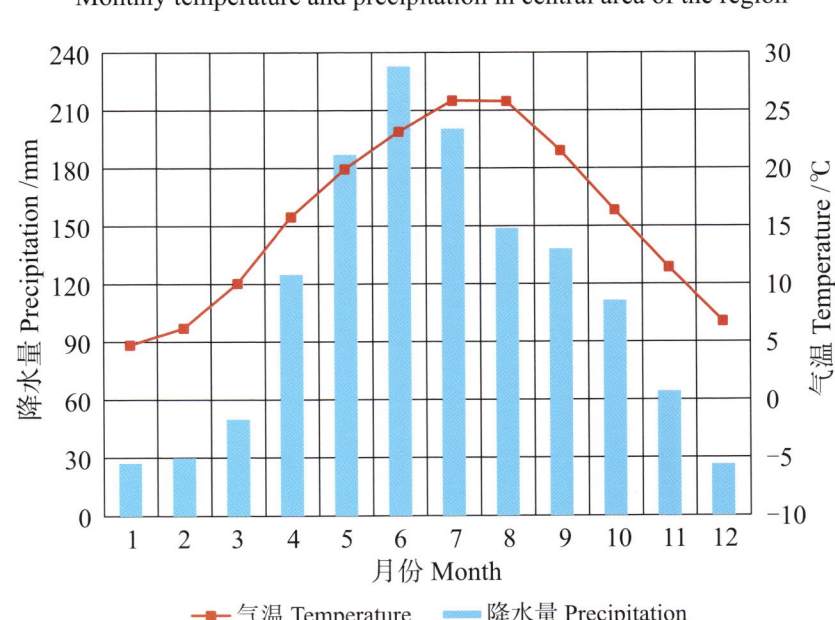

黔江土家族苗族自治县主要土壤类型与土壤剖面点分布图
1 : 290 000

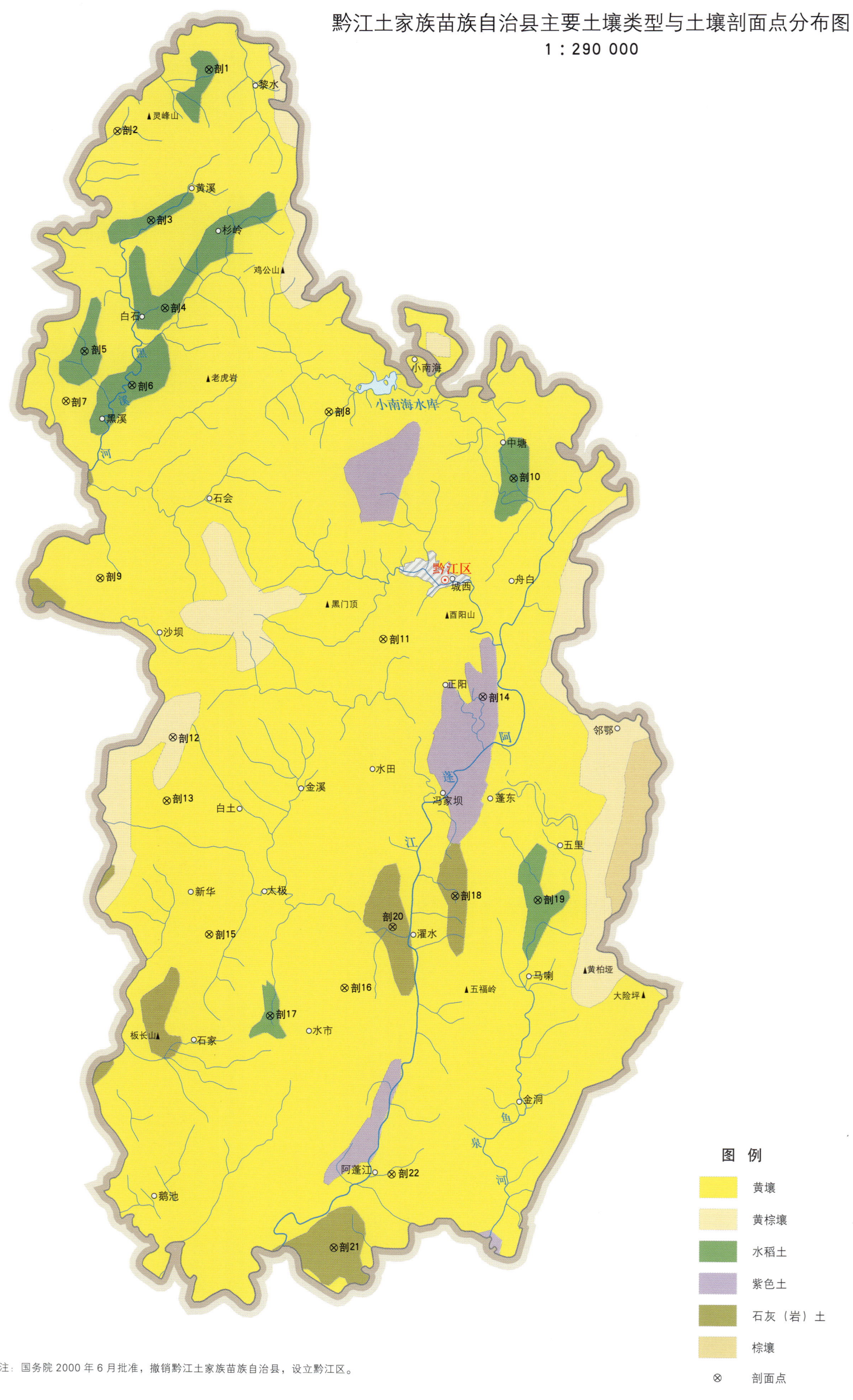

图 例
- 黄壤
- 黄棕壤
- 水稻土
- 紫色土
- 石灰（岩）土
- 棕壤
- ⊗ 剖面点

注：国务院 2000 年 6 月批准，撤销黔江土家族苗族自治县，设立黔江区。

黔江区土壤剖面理化性状表

剖面号 Soil profile	土纲 Soil order	土类 Soil great group	亚类 Soil subgroup	土属 Soil genus	土种 Soil species	土层码 Layer code	土层厚度 Depth/cm	颜色 Soil color	质地 Soil texture	土壤结构 Soil structure	pH	有机质 OM/(g/kg)	全氮 TN/(g/kg)	全磷 TP/(g/kg)	全钾 TK/(g/kg)	碱解氮 AN/(mg/kg)	有效磷 AP/(mg/kg)	速效钾 AK/(mg/kg)	土壤母质 Parent material	剖面点坐标 Profile coordinate	匹配指数 Matching index/%
剖1	人为土	水稻土	灰棕冲积水稻土	灰棕冲积水稻土	二泥田	A₁	0—18	灰黄色	重壤土	小块状	7.8	15.5	1.14	0.61	27.7		5.0	54	灰色冲积物	E 108°36′32.0″ N 29°50′15.4″	92
						P	18—30	浅灰色	轻壤土	棱柱状	7.7	11.0	1.51	0.59	27.0						
						HA₁	30—61	暗灰色	轻砾重壤土	棱柱状	7.7	33.0	1.16	0.55	26.0						
						HA₃	61—100	灰棕色	轻砾轻壤土	棱柱状	6.9	11.7	1.31	0.46	29.0						
剖2	铁铝土	黄壤	黄壤	老冲积黄泥土	白鳝泥土	A	0—20	浅黄棕色	中砾轻壤土	粒状	4.9	14.4	1.46	0.93	22.7	81	2.0	127	黏土岩风化物	E 108°32′40.6″ N 29°47′53.9″	97
						B₁	20—45	暗黄橙色	重砾重壤土	棱柱状	5.0	9.6	1.16	0.90	22.7						
						B₂	45—70	鲜黄橙色	重砾重壤土	棱柱状	5.9	3.9	0.96	0.69	25.5						
剖3	人为土	水稻土	灰棕冲积水稻土	灰棕冲积水稻土	半砂泥田	A₁	0—20	灰黄色	中壤土	团块状	7.7	3.1	1.07	0.52	27.2	53	7.0	78	灰色冲积物	E 108°34′12.4″ N 29°44′36.6″	96
						Pb	20—45	灰黄色	重壤土	棱柱状	7.7		1.58	0.68	25.1						
						P	45—100	灰黄色	重壤土	棱柱状	7.7		1.55	0.81	23.5						
剖4	人为土	水稻土	黄壤性水稻土	粗骨性黄泥水稻土	砂白鳝泥田	A₁	0—18	暗灰黄棕色	重砾轻壤土	小粒状	5.7	39.4	2.20	0.59	22.7	119	4.0	114	泥岩、页岩、片岩、板岩风化物	E 108°34′53.0″ N 29°41′22.6″	93
						Pb	18—33	暗灰黄色	轻黏土	棱柱状	6.3	28.0	1.65	0.47	22.2						
						P	33—57	浅黄灰色	中砾重壤土	棱柱状	6.7	4.3	0.39	0.31	21.2						
						C	57—100	黄灰棕色	轻砾重壤土	整体状	6.6	3.8	0.44	0.27	20.8						
剖5	人为土	水稻土	紫色土性水稻土	暗紫泥田	大泥田	A₁	0—18	暗红紫色	轻黏土	粒状、小块状	7.6	14.4	1.21	0.45	21.6	87	3.0	113		E 108°31′29.6″ N 29°39′42.5″	84
						Pb	18—28	暗红紫色	轻砾轻壤土	棱柱状		10.8		0.41	19.8						
						Wa₁b₂	28—100	暗红紫色	轻砾轻壤土	棱柱状		9.8		0.41	19.8						
剖6	人为土	水稻土	黄壤性水稻土	老冲积黄泥水稻土	小黄泥田	A₁b₁	0—14	浅绿灰色	轻砾轻壤土	小粒状	5.2	2.3	0.18	0.54	21.8	117	3.0	74	河流老冲积物	E 108°33′32.8″ N 29°38′28.7″	87
						G₁	14—25	浅绿灰色	轻砾轻壤土	整体状	5.6	8.0	1.60	0.57	21.9						
						HA₁	25—57	浅黄灰色	中砾中壤土	棱柱状	5.4		1.22	0.62	21.2						
						HA₃	57—67		轻砾重壤土	棱柱状	5.5	19.0	1.04	1.03	20.8						
						C	67—100	杂色	轻砾轻壤土		5.8	15.5	0.85	0.80	25.5						
剖7	铁铝土	黄壤	黄壤	粗骨性黄泥土	黄泥土	A	0—20	浅黄棕色	轻砾轻壤土	小粒状	5.1	11.1	0.69	0.29	19.1	69	3.0	59		E 108°30′44.8″ N 29°37′50.1″	98
						Pb	20—47	暗黄棕色	轻砾重壤土	块状	5.1	6.6	0.51	0.25	28.0						
						B	47—100	暗黄棕色	轻砾重壤土	棱柱状	5.0	4.8	0.56	0.43	26.8						
剖8	铁铝土	黄壤	黄壤	老冲积黄泥土	卵石黄泥土	A	0—18	棕黄色	轻砾中壤土	小团块状	4.7	19.6	1.05	0.54	30.0	66	5.0	99	黏土岩风化物	E 108°41′58.3″ N 29°37′38.7″	95
						B	18—64	棕黄色	重砾中壤土	棱柱状	4.8	17.4	0.88	0.47	30.1						
						C	64—100	棕黄色	轻砾中壤土	棱柱状	5.1	9.4	0.71	0.46	31.4						
剖9	铁铝土	黄壤	黄壤	矿子黄泥土	黄泥土	Am	0—18	浅黄灰色	轻砾轻壤土	微团粒状	6.1	18.0	1.52	0.49	24.8	83	4.0	116	碳酸岩类坡积物、残积物	E 108°32′22.9″ N 29°31′17.4″	88
						Pb	18—29	暗黄棕色	轻砾重壤土	块状	6.1	13.9	1.34	0.29	25.1						
						B	29—46	暗黄棕色	轻砾重壤土	柱状	6.1	10.6	1.22	0.27	31.4						
						C	46—100	暗黄棕色	轻砾中壤土	棱柱状	6.3	4.9	1.18	0.18	25.7						
剖10	人为土	水稻土	黄壤性水稻土	粗骨性黄泥水稻土	黄泥田	A₁	0—20	暗黄色	轻砾轻壤土	小块状	5.2	19.2	1.23	0.55	22.3	113	4.0	64	泥岩、页岩、片岩、板岩风化物	E 108°49′55.2″ N 29°35′19.0″	78
						Pb	20—30	浅灰黄色	轻砾轻壤土	小块柱状	5.3	17.9	1.20	0.59	23.5						
						Wb₂	30—38	浅黄棕色	中黏土	柱状	5.1	8.5	1.11	0.45	28.8						
						C	38—57	暗黄棕色	轻砾重壤土	大柱状	5.1	15.1	1.10	0.43	35.0						
剖11	铁铝土	黄壤	黄壤	粗骨性黄泥土		Ao	0—0.5	暗棕色								92	11.0	108		E 108°44′30.5″ N 29°29′15.4″	70
						A₁	0.5—1.5					18.7	1.44	0.84							
						As	1.5—3	浅黄灰色	重砾重壤土	粒状		11.4	0.94	0.87							
						A₂	3—23	黄灰棕色	重砾重壤土	团块状											
						BC	23—63	浅棕色	重砾重壤土	团块状											
						D	63—100	浅灰棕色	重砾重壤土	大块状											

续表 Continued

剖面号 Soil profile	土纲 Soil order	土类 Soil great group	亚类 Soil subgroup	土属 Soil genus	土种 Soil species	土层码 Layer code	土层厚度 Depth/cm	颜色 Soil color	质地 Soil texture	土壤结构 Soil structure	pH	有机质 OM/(g/kg)	全氮 TN/(g/kg)	全磷 TP/(g/kg)	全钾 TK/(g/kg)	碱解氮 AN/(mg/kg)	有效磷 AP/(mg/kg)	速效钾 AK/(mg/kg)	土壤母质 Parent material	剖面点坐标 Profile coordinate	匹配指数 Matching index/%
剖12	淋溶土	黄棕壤	山地黄棕壤	山地黄棕壤		A₁	0—5	黄褐色	轻砾中壤土	粒状	6.8	66.0	3.22	0.89	23.5				以碳酸岩类风化物为主	E 108°35′38.4″ N 29°25′26.4″	93
						As	5—20	黄褐色	中砾重壤土	粒状	7.1	16.5	1.20	0.49							
						B	20—100	浅黄棕色	重壤土	棱块状	7.3										
剖13	铁铝土	黄壤		矿子黄泥土	矿子黄泥土	A	0—16	灰黄棕色	轻砾重壤土	粒状、团块状		29.2	1.65	0.54	22.0	82	3.0	115	碳酸岩类坡积物、残积物	E 108°35′26.5″ N 29°23′04.9″	80
						B	16—63	灰棕棕色	轻砾重壤土	棱柱状		17.8	1.02	0.48	21.1						
						C	63—100	暗黄棕色	轻黏土			29.3	1.40	0.43	19.4						
剖14	初育土	紫色土	石灰性紫色土	砖红紫色泥土	大土	A	0—18	浅棕色	重砾中壤土	小块状	8.0		1.09	0.60	38.8	60	3.0	214		E 108°48′48.6″ N 29°27′11.5″	78
						B	18—70	黄棕色	棱柱状		7.9	13.4	1.00	0.59	40.7						
						C	70—100	暗黄棕色	重壤土	棱柱状	7.7	13.0	0.62	0.42	38.2						
剖15	铁铝土	黄壤		矿子黄泥土	豆面泥土	Pb	0—20	黄棕色	中砾中壤土	单粒状	6.1	13.6	1.03	0.51	25.1	101	2.0	99	碳酸岩类坡积物、残积物	E 108°37′22.8″ N 29°18′08.6″	87
						Pb	20—37	黄棕色	重砾中壤土	棱柱状	6.7	10.4	0.96	0.42	26.0						
							37—100	浅红黄棕色	轻砾重黏土	棱柱状	6.7	7.5	0.84	0.69	20.0						
剖16	铁铝土	黄壤		矿子黄泥土	黄砂泥土	1	0—22	暗棕黄棕色	粉砂质壤土	小块状									碳酸岩类坡积物、残积物	E 108°43′11.4″ N 29°16′15.4″	77
						2	22—44	浅棕黄色	中壤土	棱柱状											
						3	44—124	浅红黄棕色	黏土	鳞片状											
						4	124—144	暗棕黄棕色													
剖17	人为土	水稻土	黄壤性水稻土	粗骨性黄泥水稻土	假碌石田	A₁	0—16	浅棕黄色	轻砾重壤土	团块状	4.9	25.5	1.61	0.42	19.7	114	4.0	68	泥岩、页岩、片岩、板岩风化物	E 108°40′03.7″ N 29°15′09.4″	72
						Pb	16—30	浅黄棕色	轻砾重壤土	鳞片状	6.1	12.6	0.92	0.54	17.3						
						HA₃	30—67	浅棕黄色	轻砾土	棱柱状	6.5	7.4	0.62	0.48	16.2						
剖18	初育土	石灰（岩）土	黄色石灰土	黄色石灰土	大土泥	A	0—25	黄棕色	重砾重壤土	团粒状	6.5	25.2	1.07	0.51	25.5	103	3.0	140		E 108°47′49.2″ N 29°19′47.3″	96
						Pb	25—40	黄棕色	团块状		5.6	16.6	0.91	0.56	23.6						
						B	40—70	浅黄色	重砾重壤土	整体状	5.6	19.4	0.82	0.62	29.5						
剖19	人为土	水稻土	黄壤性水稻土	粗骨性黄泥水稻土	粗砂田	A₁	0—18	黄色	重砾中壤土	团块状	5.4	14.4	1.12	0.67	33.3	94	5.0	80	泥岩、页岩、片岩、板岩	E 108°51′20.5″ N 29°19′42.2″	90
						Pb	18—30	黄色	轻砾中壤土	块状	6.2	10.8	0.89	0.56	28.8						
						WD₂	29—41	浅棕黄色	轻砾轻壤土	棱柱状	6.2	9.8		0.59	29.3						
						WD₁	41—70	浅黄色	轻砾轻壤土	棱柱状	5.6	9.6		0.62	28.8						
剖20	初育土	石灰（岩）土	黄色石灰土	黄色石灰土	大土泥	A	0—17	灰黄棕色	重砾中壤土	小粒状	7.2	2.8	1.42	0.45	30.8	103	3.0	146	泥岩、页岩、片岩、板岩风化物	E 108°45′11.2″ N 29°18′34.9″	93
						Pb	17—29	暗棕黄色	中砾轻黏土	棱柱状	7.3	9.9	1.36	0.34	30.2						
						B	29—100	暗棕色	轻砾轻黏土	棱柱状	7.3	9.6	1.20	0.31	30.6						
剖21	初育土	石灰（岩）土	黑色石灰土	黑色石灰土	黑泡泥土	A	0—18	灰黄棕色	重壤土	粒状	7.3	5.7	1.99	0.83	36.3	107	3.0	123	泥质灰岩残积物	E 108°43′00.5″ N 29°06′38.9″	74
						B₁	18—43	暗棕色	中砾重黏土	棱柱状	7.4	14.1	1.81	0.67	12.1						
						Bca	43—66	暗棕色	轻砾重黏土	棱柱状	7.3	18.1	2.12	0.74	12.6						
						C	66—100	浅棕色	轻砾土	棱柱状	7.3	9.6	1.34	0.59	13.4						
剖22	铁铝土	黄壤		矿子黄泥土	火石子黄泥土	A	0—23	黄棕色	重砾中壤土	团粒状	6.0	14.1	1.05	0.52	25.1	120	3.0	99	碳酸岩类坡积物、残积物	E 108°45′23.4″ N 29°09′24.5″	74
						B	23—60	黄棕色	重砾重壤土	棱柱状	6.0	9.7	0.80	0.47	23.3						
						C	60—100	黄棕色													

长 寿 区

主要土类说明

水稻土是长寿区的主要土壤类型，占本区地域面积的57%。水稻土是在长期季节性淹灌、水下翻耕、季节性脱水、氧化还原交替影响下，原来成土母质或母土的特性发生重大改变，形成的新的土壤类型。由于干湿交替，水稻土形成糊状淹育层、较坚实板结的犁底层、渗育层、潴育层与潜育层等多种发生层。这些不同发生层段是在人为耕作、水浆管理下形成的。

紫色土是长寿区第二大土壤类型，占本区地域面积的26%，广泛分布于丘陵坝地，是本区主要的农业土壤。其成土母质为紫色砂页岩风化物，是亚热带地带性黄壤区的一种特殊的土壤类型。在亚热带气候条件下紫色母质以物理风化为主，化学风化微弱，成土过程主要是黏化过程，富铝化过程不明显，所以成土后的肥力普遍较高。由于高温多湿，热量丰富，土壤矿质养分丰富，土壤微生物活跃，有机质矿化度高，因此紫色土普遍存在着矿物风化不深，层次分化不明显，色泽均一，淋溶淀积作用均弱，吸收容量高，保肥力强，矿质营养元素丰富，养分补充快，有机质缺乏等特征。

黄壤是长寿区第三大土壤类型，占本区地域面积的11%。黄壤发生于亚热带湿润条件下，中度富铝化，多见于海拔700—1200m的山区。土壤有机质累积较多，具O-A-AB-B-C剖面构型。pH为4.5—5.5。淀积层（B层）富含水合氧化物（针铁矿），呈黄色，有时多含三水铝石。

小于本区地域面积3%的土壤类型还有石灰（岩）土、新积土等。

本区域中心区气候特征

本区域中心区气候特征值
Regional climate characteristics in central area of the region

气候带：中亚热带湿润气候 Climate region: Subtropical humid climate	
年平均气温 /℃ Annual average temperature /℃	17.3
年平均最高气温 /℃ Annual average maximum temperature /℃	21.3
年平均最低气温 /℃ Annual average minimum temperature /℃	14.5
年降水量 /mm Annual precipitation /mm	1170
≥10℃的积温 /℃ Daily temperature accumulated in a year（≥10℃）/℃	6241
年日照时数 /h Annual sunshine /h	1087
年平均相对湿度 /% Annual average relative humidity /%	79
干燥度 Dryness	0.89

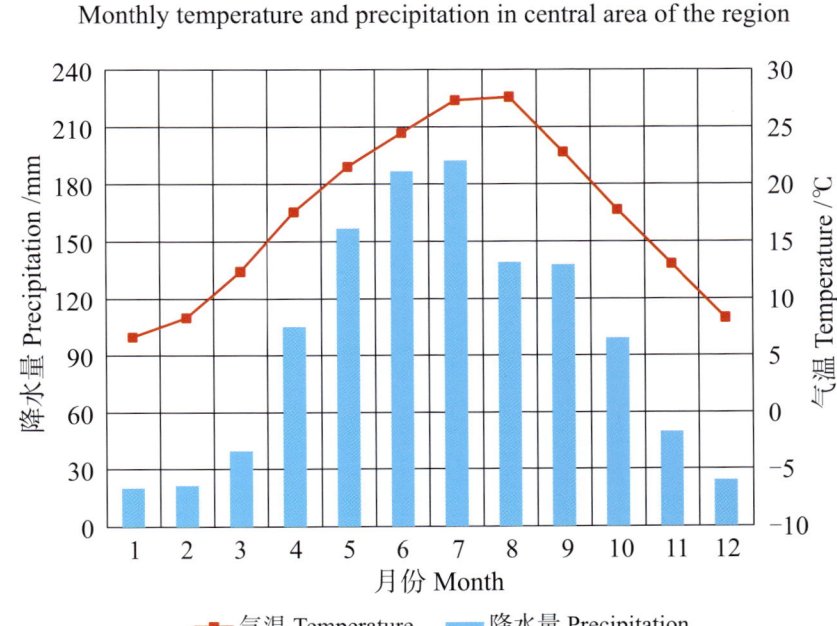

本区域中心区月平均气温与月平均降水量
Monthly temperature and precipitation in central area of the region

长寿县主要土壤类型与土壤剖面点分布图
1 : 260 000

注：国务院 2001 年 12 月批准，撤销长寿县，设立长寿区。

图 例

- 水稻土
- 紫色土
- 黄壤
- 石灰（岩）土
- 新积土
- ⊗ 剖面点

长寿区土壤剖面理化性状表

剖面号 Soil profile	土纲 Soil order	土类 Soil great group	亚类 Soil subgroup	土属 Soil genus	土种 Soil species	土层码 Layer code	土层厚度 Depth/cm	颜色 Soil color	质地 Soil texture	土壤结构 Soil structure	pH	有机质 OM/(g/kg)	全氮 TN/(g/kg)	碱解氮 AN/(mg/kg)	阳离子交换量 CEC/(cmol/kg)	土壤母质 Parent material	剖面点坐标 Profile coordinate	匹配指数 Matching index/%
剖1	初育土	紫色土	棕紫泥土	灰棕紫泥土	白鳝泥土	ABW	100	黄白色	壤质黏土	块状、棱柱状	6.4	14.2	0.84	142	13.8		E 106°59′59.7″ N 30°02′44.8″	77
剖2	人为土	水稻土	紫色土性水稻土	灰棕紫色水稻土	死黄泥田	AGW	100—	紫黄色	黏土、重黏土	块状、棱柱状	7.9	22.9	1.00	109	46.5		E 106°56′17.2″ N 30°01′37.6″	92
剖3	人为土	水稻土	紫色土性水稻土	红棕紫色水稻土	硝白鳝田	A′W	100—	黄白色	壤质黏土	棱柱状	6.6	26.3	1.40	125	14.3		E 107°12′47.9″ N 30°07′47.3″	94
剖4	人为土	水稻土	紫色土性水稻土	暗紫泥田	大眼泥田	AGW或GW	100—	棕紫色	黏土	块状、棱柱状	7.3	23.7	1.02	92	18.9		E 107°08′39.8″ N 30°06′05.0″	70
剖5	人为土	水稻土	紫色土性水稻土	红棕紫色水稻土	红砂田	APC	50—80	红棕色、黄棕色	砂壤土	整体状	6.9	12.6	0.65	74	7.0		E 107°09′44.6″ N 30°04′16.7″	78
剖6	铁铝土	黄壤	黄壤	冷砂黄壤土	冷砂土	AC、ABC	30	棕色	砂质黏壤土	整体状	6.4	13.1	0.85	71	3.5		E 107°05′13.6″ N 30°02′39.1″	78
剖7	初育土	新积土	冲积土	紫色冲积土	半砂泥土	ABPW	100—	紫棕色	壤质黏土	粒状、棱柱状	7.9	8.1	0.47	57			E 107°12′41.0″ N 30°02′20.8″	85
剖8	人为土	水稻土	紫色土性水稻土	灰棕紫色水稻土	大土泥田	A′PGW	100—	灰紫色	黏土	核状、棱柱状	7.4	23.0	1.40	109	26.1		E 107°06′16.9″ N 30°02′05.3″	85
剖9	人为土	水稻土	黄壤性水稻土	矿子黄泥田	山地黄泥田	A′GW	100—	黄色	粉砂质黏土	块状、棱柱状	7.6	16.4	1.10	92	1.4		E 107°01′21.4″ N 30°01′03.0″	84
剖10	人为土	水稻土	紫色土性水稻土	暗紫泥田	暗石骨青田	A′PC	50—80	紫黄色	砾质黏土	块状	7.9	15.2	2.10	92	14.0		E 107°15′33.1″ N 30°06′00.7″	81
剖11	初育土	紫色土	棕紫泥土	红棕紫泥土	红砂土	AB或AC	30	砖红色	砂质黏土	整体状	6.8	8.0	0.59	70	13.2		E 107°16′44.4″ N 30°01′09.8″	90
剖12	初育土	紫色土	棕紫泥土	灰棕紫泥土	砂夹泥土	ABP	<80	紫棕色	砂质黏土	粒状、块状	6.8	10.3	1.01	68			E 106°55′55.2″ N 29°59′46.4″	100
剖13	初育土	黄壤	黄壤	矿子黄泥土	火石子黄泥土	ABC、ABPC	80	黄色	壤质黏土	块状	5.7	13.4	1.03	99			E 106°59′57.8″ N 29°57′45.0″	74
剖14	人为土	水稻土	黄壤性水稻土	冷砂黄泥田	冷砂黄泥田	A′P	50—80	灰棕色、黄棕色	砂质黏壤土	整体状	6.4	23.7	1.33	115	2.4		E 106°59′36.2″ N 29°54′58.0″	79
剖15	人为土	水稻土	黄壤性水稻土	矿子黄泥田	火石子黄泥田	APW	50—80	黄色	粉砂质黏土	块状、棱柱状	7.0	24.0	1.33	164	43.2		E 106°57′29.5″ N 29°53′46.7″	88
剖16	人为土	水稻土	黄壤性水稻土	矿子黄泥田	矿子黄泥田	APW	50—100	黄色	壤质黏土	核状、棱柱状	7.0	15.3	2.50	69	12.8		E 106°57′19.8″ N 29°57′07.0″	85
剖17	初育土	紫色土	棕紫泥土	红棕紫色水稻土	大土泥土	ABP	<100	棕紫色	黏土	大块状	6.1	12.8	0.95	87			E 107°10′59.5″ N 29°59′59.3″	80
剖18	人为土	水稻土	棕紫泥性水稻土	灰棕紫色水稻土	黄泥田	A′GW	100—	黄紫色	黏土	棱柱状、棱柱状	7.9	16.8	1.00	81	26.9		E 107°09′52.2″ N 29°59′55.7″	84
剖19	铁铝土	黄壤	黄壤	矿子黄泥土	矿子黄泥土	ABPC	<80	黄色	粉砂质黏土	块状	5.9	11.8	1.07	90	17.3		E 107°00′46.4″ N 29°59′42.4″	74

续表 Continued

剖面号 Soil profile	土纲 Soil order	土类 Soil great group	亚类 Soil subgroup	土属 Soil genus	土种 Soil species	土层码 Layer code	土层厚度 Depth/cm	颜色 Soil color	质地 Soil texture	土壤结构 Soil structure	pH	有机质 OM/(g/kg)	全氮 TN/(g/kg)	碱解氮 AN/(mg/kg)	阳离子交换量 CEC/(cmol/kg)	土壤母质 Parent material	剖面点坐标 Profile coordinate	匹配指数 Matching index/%
剖20	人为土	水稻土	冲积型水稻土	紫色冲积水稻土	半砂泥田	A'PW	100—	棕紫色	壤质黏土	块状、棱柱状	7.5	19.6	0.85	93	1.0		E 107°05'24.7" N 29°59'04.2"	71
剖21	初育土	紫色土	棕紫泥土	灰棕紫泥土	死黄泥土	ABP	<100	紫黄色	黏土、重黏土	块状、棱块状	6.4	15.1	0.80	86	9.3		E 107°14'08.2" N 29°58'55.9"	77
剖22	初育土	紫色土	棕紫泥土	灰棕紫泥土	豆瓣泥土	ABP	<100	黄棕紫色	壤质黏土	块状、棱块状	6.7	12.9	0.10	76	26.4		E 107°12'53.3" N 29°57'37.1"	90
剖23	初育土	紫色土	暗紫泥土	暗紫泥土	黄砂泥土	ABP	<50	紫黄色	黏土	核状、棱块状	7.5	8.7	0.77	54	22.2		E 107°00'04.0" N 29°57'22.0"	74
剖24	人为土	水稻土	紫色土性水稻土	灰棕紫色水稻土	豆瓣泥田	A'GW	100—	浅棕紫色	壤质黏土	小块、棱块状	7.3	19.7	1.01	117	22.0		E 107°11'28.0" N 29°57'15.1"	87
剖25	人为土	水稻土	紫色土性水稻土	灰棕紫色水稻土	砂夹泥田	A'P	<100	棕紫色	壤土	小块、棱块状	7.0	18.7	1.03	88	17.8		E 107°02'32.3" N 29°57'12.6"	77
剖26	人为土	水稻土	紫色土性水稻土	灰棕紫色水稻土	砂田	A'PC	50—80	灰紫色、黄色	砂质黏壤土	整体状	6.6	14.8	0.69	71	7.9		E 107°14'27.6" N 29°56'00.2"	77
剖27	人为土	水稻土	紫色土性水稻土	灰棕紫色水稻土	白鳝泥田	A'PW	100—	黄白色、灰色	壤质黏土	块状、棱柱状	6.1	27.4	1.24	177	8.2		E 107°04'57.0" N 29°53'30.5"	75
剖28	初育土	紫色土	棕紫泥土	棕紫泥土	夹砂土	AB、ABC	30	棕色		整体状	7.1						E 107°02'20.0" N 29°52'10.2"	84
剖29	初育土	紫色土	棕紫泥土	红棕紫泥土	黄泥土	ABP	<100	棕色	黏土	块状、棱块状	6.8	12.6	0.88	87	15.9		E 107°03'02.9" N 29°52'08.8"	84
剖30	人为土	水稻土	灰棕冲积水稻土	灰棕冲积水稻土	潮砂泥田	A'PW	100—	棕灰色	壤质黏土	粒状、棱块状		19.6	0.85	93	11.1		E 107°02'04.1" N 29°46'09.5"	71
剖31	人为土	水稻土	黄壤性水稻土	老冲积黄泥田	卵石黄泥田	A'GW	100—	黄色		块状、棱块状	6.2	18.1	0.86	79	1.2		E 107°02'28.0" N 29°49'37.6"	99
剖32	人为土	水稻土	紫色土性水稻土	灰棕紫色水稻土	石骨子田	A'P	50—80	棕紫色	砾粉砂黏土	块状	7.8	14.8	0.82	62	1.5		E 107°07'31.2" N 29°49'13.5"	87
剖33	人为土	水稻土	紫色土性水稻土	红棕紫色水稻土	红石青子田	APC	50—80	棕紫色	砾粉砂黏土	核状	8.1	12.4	0.74	76		冲积物	E 107°01'20.6" N 29°49'13.4"	93
剖34	铁铝土	黄壤	黄壤	老冲积黄泥田	卵石黄泥田	ABPC	100—	黄色	黏土	棱块状	5.5	11.5	0.88	86	13.3		E 107°02'31.6" N 29°49'05.5"	75
剖35	初育土	新积土	灰棕冲积土	灰棕冲积土	潮砂泥土	ABP	<100	棕灰色	壤质黏土	粒状、块状	6.8	8.1	0.47	57	17.9		E 107°02'15.1" N 29°47'54.0"	85
剖36	初育土	紫色土	棕紫泥土	灰棕紫泥土	砂土	AB或AC	25—30	棕紫黄色	砂质黏壤土	整体状	7.6	7.8	4.40	61			E 107°06'20.2" N 29°47'51.7"	92
剖37	初育土	紫色土	棕紫泥土	暗紫泥土	大眼泥土	ABPW	100—	棕紫色	黏土	块状、棱块状	6.3	12.6	0.95	69			E 107°06'43.9" N 29°46'49.8"	98
剖38	人为土	水稻土	紫色土性水稻土	暗紫泥土	黄砂泥田	A'PGW	80—100	紫黄色	黏土	块状、棱柱状	6.9	16.0	1.17	82	17.3		E 107°03'57.6" N 29°46'07.3"	92
剖39	初育土	紫色土	棕紫泥土	暗紫泥土	暗石骨子土	AC	30	紫黄色	砾质黏土	粒状	6.9	8.0	0.81	53			E 107°03'21.2" N 29°45'39.2"	72

江 津 区

主要土类说明

水稻土是江津区的主要土壤类型，占本区地域面积的43%，分布于海拔180m的长江之滨至海拔1250m的四面山等，集中分布于丘陵地区，尤是浅丘宽谷、阶地平坝。水稻土是在长期水耕熟化过程中，形成的具有独特土体构型和物质循环的特殊耕种土壤。本区水稻土主要起源于紫色土（占水稻土面积的93%）、黄壤（占6%）和冲积土（占1%）。水稻土形成多种发生层分异。淹育层：即水稻土耕作层，该层物质和能量的循环转化活跃，腐殖质含量较高，土色较均一，排水落干多呈块状、粒状、碎块状结构和"鳝血"斑块，沿根孔、裂隙有锈纹锈斑，熟化度较高。犁底层：在耕层之下，因频繁耕种、机械挤压和黏粒淀积而成的较紧实层次，呈板状或扁平棱块状，水分下渗缓慢或停滞，托水托肥。初期潴育层：在渗水影响下发育起来，无明显颜色分化，垂直裂隙不发育，多为大棱柱状结构，结构面上常有灰色胶膜淀积物。潴育层：在表层淹灌水向下渗漏或地下水升降活动的影响下，土壤干湿交替和氧化还原交替形成颜色斑，铁锰物质迁移变化强烈，多为小棱块状结构的心土层。潜育层：为长期渍水条件下形成的还原层，铁锰为低价化合物形态，无机硫多以灰黑硫化物形态存在，土色变为青灰色（或蓝灰色、绿灰色、黑灰色），土粒分散无结构。

紫色土是江津区第二大土壤类型，占本区地域面积的35%，广泛分布于本区丘陵区和南部低山区。紫色土是由紫色砂岩、页岩、泥岩风化发育的岩成土。其物理风化作用强烈、成土速度快，化学风化作用微弱、发育进程慢，不具有亚热带的脱硅富铝化作用。紫色土理化性质与母岩组成直接相关，故磷、钾含量丰富，pH为7.5～8.5。剖面层次发育不明显，具A-C剖面构型，为初育土。部分紫色土碳酸钙被淋失，土壤呈中性，无石灰反应。紫色土矿质养分丰富，宜种范围广，是本区主要的耕地土壤。

黄壤是江津区第三大土壤类型，占本区地域面积的20%，主要分布于本区中、低山和长江两岸的二、三级阶地上，在地形倒置的坪状高丘边缘的森林迹地上也有零星残存。黄壤是在亚热带温热湿润生物气候条件下形成的地带性土壤，气候特点是海拔较高，气温较低，降雨多，雾多，光照少，干湿季不明显。黄壤的形成特点以黄化过程为主，富铝化作用表现较弱。但因淋溶作用较强，交换性盐基很低，土壤呈酸性，土体呈黄色至蜡黄色，土层下部出现颜色斑杂的网纹层，在土壤冷湿和良好自然植被覆盖的条件下，土壤有机质累积多。黄壤的共同问题是酸、瘦、冷、缺磷。自然植被为常绿阔叶林与针叶阔叶混交林，林下附生多种药材。

小于本区地域面积3%的土壤类型还有新积土等。

本区域中心区气候特征

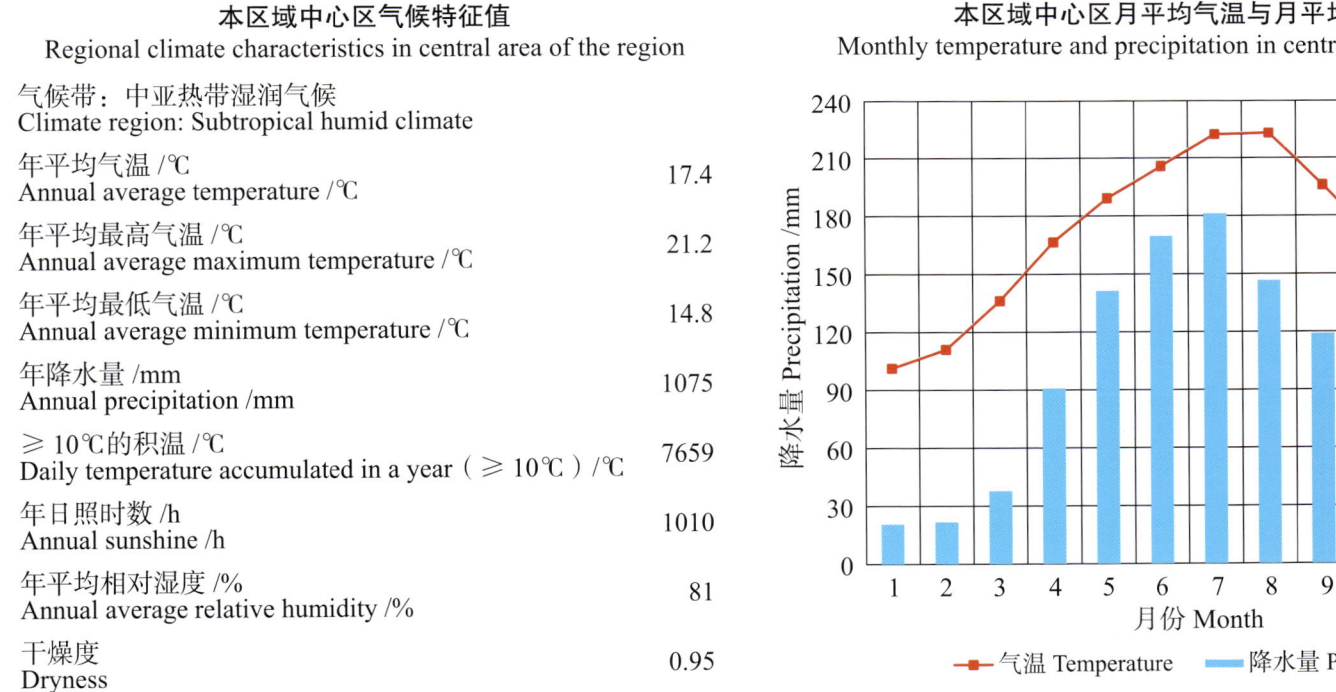

本区域中心区气候特征值
Regional climate characteristics in central area of the region

气候带：中亚热带湿润气候 Climate region: Subtropical humid climate	
年平均气温 /℃ Annual average temperature /℃	17.4
年平均最高气温 /℃ Annual average maximum temperature /℃	21.2
年平均最低气温 /℃ Annual average minimum temperature /℃	14.8
年降水量 /mm Annual precipitation /mm	1075
≥10℃的积温 /℃ Daily temperature accumulated in a year（≥10℃）/℃	7659
年日照时数 /h Annual sunshine /h	1010
年平均相对湿度 /% Annual average relative humidity /%	81
干燥度 Dryness	0.95

本区域中心区月平均气温与月平均降水量
Monthly temperature and precipitation in central area of the region

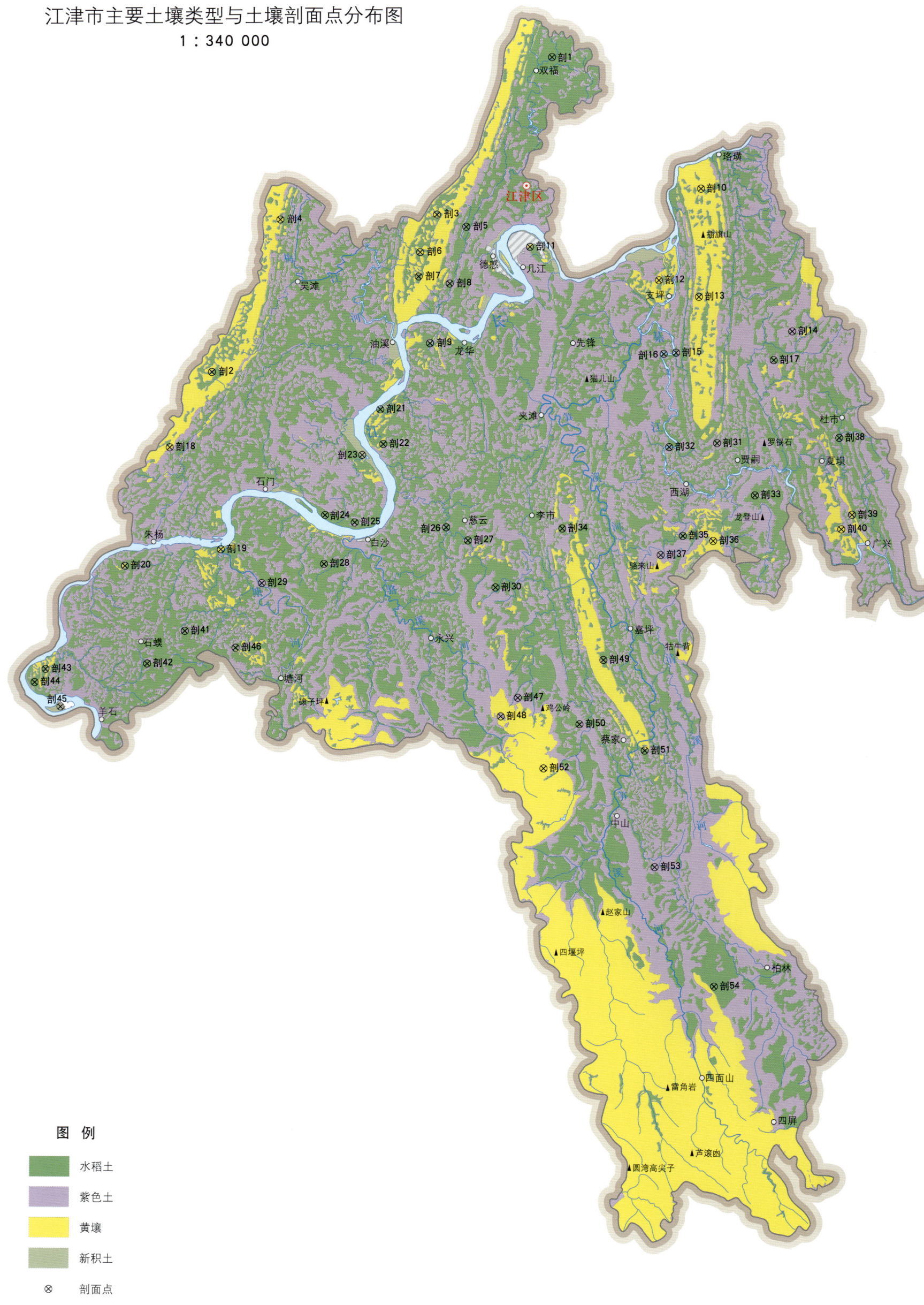

江津区土壤剖面理化性状表

剖面号 Soil profile	土纲 Soil order	土类 Soil great group	亚类 Soil subgroup	土属 Soil genus	土种 Soil species	土层码 Layer code	土层厚度 Depth/cm	颜色 Soil color	质地 Soil texture	土壤结构 Soil structure	pH	有机质 OM/(g/kg)	全氮 TN/(g/kg)	碱解氮 AN/(mg/kg)	阳离子交换量 CEC/(cmol/kg)	土壤母质 Parent material	剖面点坐标 Profile coordinate	匹配指数 Matching index/%
剖1	人为土	水稻土	紫色土性水稻土	灰棕紫泥水稻土	白鳝泥田	A₁a₂b₁	0—20	灰色	重壤土	团粒状	4.8	14.9	0.76	37	25.8	砂页岩	E 106°17′01.0″ N 29°25′27.5″	75
						Wa₁b₁	20—42	淡黄白色	重壤土	小块状	5.2	2.7	0.28	23	20.0			
						Wa₂b₁	42—100	灰白色	中壤土	小块状	5.4	3.1	0.22	17	25.0			
剖2	人为土	水稻土	黄壤性水稻土	矿子黄泥田	死黄泥田	A₁	0—22	灰黄色	轻黏土	整体状	5.4	22.6	1.09	81	17.3	灰岩风化坡积物、残积物	E 105°59′12.1″ N 29°11′21.1″	72
						Pbao	22—32	暗灰黄色	轻黏土	块状	5.5	22.2	1.03	70	22.3			
						Pa₂b₁	32—100	浅黄黄色	轻黏土	棱柱状	5.5	21.3	1.18	68	22.7			
剖3	人为土	水稻土	黄壤性水稻土	矿子黄泥田	青矿子黄泥田	A₁	0—20	黄棕色	重壤土	棱柱状	5.8	26.3	1.36	98	12.3	灰岩风化坡积物、残积物	E 106°10′57.7″ N 29°18′24.1″	83
						Pb	20—24	黄棕色	重壤土	片块状	5.1	26.4	1.29	104	12.8			
						P	24—100	黄棕色	重壤土	棱柱状	5.2	25.4	1.16	84	10.8			
剖4	铁铝土	黄壤	黄壤	矿子黄泥土	死黄泥土	A	0—18	棕黄色	轻壤土	粒状	6.2	17.5	1.08	72	21.1		E 106°02′49.8″ N 29°18′14.5″	88
						B	18—100	棕黄色	轻壤土		6.0	15.4	0.99	60				
剖5	人为土	水稻土	黄壤性水稻土	冷砂泥田	黄砂田	A₁	0—22	浅灰色	中壤土	粒状	5.6	11.5	0.55	37	8.0		E 106°12′28.1″ N 29°17′49.9″	99
						Pb	22—30	灰棕色	中壤土	整体状	5.6	8.3	0.53	26	4.5			
						P	30—44	黄棕色	中壤土	棱柱状	5.9	7.0	0.50	23	4.3			
						HA₃	44—100	灰棕紫色	轻壤土	块状	5.2	18.9	1.01	50	4.0			
剖6	铁铝土	黄壤	黄壤	矿子黄泥土	黄砂泥土	A	0—27	红棕色	轻黏土	颗粒状	5.0	14.8	0.85	42	16.8		E 106°10′04.1″ N 29°16′42.1″	75
						B	27—50	暗红棕色	重黏土	整体状	5.3	7.0	0.59	19	15.3			
						C	50—100	暗灰黄色	重黏土	大块状	7.3	39.6	1.93	84	12.3			
剖7	人为土	水稻土	黄壤性水稻土	矿子黄泥田	鸭屎泥田	A₁g₁	0—30	淡灰黄色	重黏土	稀糊状	7.3	43.3	1.86	81	18.9	灰岩风化坡积物、残积物	E 106°09′58.6″ N 29°15′35.6″	93
						Pg₂	30—100	棕黄色	重壤土	大块状	5.4	11.9	0.86	44	21.8			
剖8	人为土	紫色土性水稻土	灰棕紫泥水稻土	豆瓣泥田	A₁	0—24	浅黄黄色	重壤土	块状	5.8	16.8	0.85	49	11.5	砂页岩	E 106°11′35.2″ N 29°15′15.5″	76
						Pbg	24—36	红棕黄色	重壤土	整体状	5.2	16.8	0.71	28	12.9			
						HA₃	36—100	暗紫色	重壤土	团粒状	7.2	12.2	0.90	28	8.9			
剖9	人为土	水稻土	黄壤性水稻土	矿子黄泥田	麻矿黄泥田	A₁	0—17	暗棕黄色	重壤土	棱柱状	7.1	8.3	0.71	21	14.8	灰岩风化坡积物、残积物	E 106°10′31.8″ N 29°12′34.2″	75
						Pb	17—39	棕黄色	重壤土	小块状	6.8	9.2	0.75	22	8.8			
						HA₃	39—100	棕黄色	重壤土	小块状	6.7	25.7	1.29	60	12.8			
剖10	铁铝土	黄壤	黄壤	矿子黄泥土	青矿子黄泥土	Ba₁b₁	23—37	浅灰黄色	轻壤土	大块状	6.7	18.6	1.05	44	22.5		E 106°24′40.3″ N 29°19′25.7″	78
						Ca₂b₂	37—100	棕黄色	中壤土	棱柱状	6.2	6.5	0.95	18	18.1			
剖11	铁铝土	黄壤	老冲积黄泥土	卵石砂土	A	0—22	暗黄色	中壤土	粒状	7.2	13.0	0.83	26	4.5	砾石层冲积物	E 106°15′45.9″ N 29°16′52.9″	72
						B	22—100	红黄色	中壤土	团粒状	7.2	3.3	0.35	10	14.1			
剖12	铁铝土	黄壤	老冲积黄泥土	黄泥土	A	0—30	黄色	中壤土	整体状	6.1	10.8	0.57	25	16.5	砾石层冲积物	E 106°22′26.4″ N 29°15′17.6″	90
						Ba₂b₀	30—80	暗黄色	重壤土	块状	6.3	9.8	0.42	22	21.5			
						Ca₃b₂	80—100	淡黄色	重壤土	块状	6.3	4.5	0.59	15	14.2			
剖13	铁铝土	黄壤	冷砂黄泥土	冷黄砂土	A	0—21	灰黄色	砂壤土	粒状	5.5	11.5	0.56	37	17.9		E 106°24′29.9″ N 29°14′31.6″	93
						B	21—41	淡黄色	轻壤土	粒状	5.3	5.4	0.45	21	14.0			
						C	41—								15.0			
剖14	初育土	紫色土	棕紫泥土	暗紫泥土	夹砂泥土	A	0—24	暗棕色	轻壤土	粒状	5.3	8.8	0.47	28	7.2	砂页岩夹灰岩	E 106°29′19.7″ N 29°12′55.1″	79
						B	24—66	暗棕色	轻壤土	粒状	5.4	7.1	0.45	23	9.2			
						C	66—											

续表 Continued

剖面号 Soil profile	土纲 Soil order	土类 Soil great group	亚类 Soil subgroup	土属 Soil genus	土种 Soil species	土层码 Layer code	土层厚度 Depth/cm	颜色 Soil color	质地 Soil texture	土壤结构 Soil structure	pH	有机质 OM/(g/kg)	全氮 TN/(g/kg)	碱解氮 AN/(mg/kg)	阳离子交换量CEC/(cmol/kg)	土壤母质 Parent material	剖面点坐标 Profile coordinate	匹配指数 Matching index/%
剖15	人为土	水稻土	冲积型水稻土	紫色冲积水稻土	潮泥田	A₁	0—27	黄棕色	重壤土	团粒状	7.8	22.6	1.49	46	20.7	冲积物	E 106°23′17.0″ N 29°12′00.8″	80
						P	27—40	灰棕色	重壤土	棱柱状	7.3	10.1	0.89	61	11.7			
						Wb₁	40—85	灰黄色	重壤土	棱柱状	7.6	4.4	0.48	25	13.2			
剖16	初育土	新积土	冲积土	紫色冲积土	潮泥土	D	85—									河流冲积物	E 106°22′38.8″ N 29°11′58.1″	81
						A	0—30	灰棕紫色	中壤土	小粒状	8.2	22.7	0.83	26	7.7			
						B	30—100	红棕紫色	中壤土	粒状	8.0	18.7	0.80	26	14.4			
剖17	人为土	水稻土	紫色土性水稻土	暗紫泥田	夹砂田	A₁	0—28	暗棕紫色	重壤土	团粒状	6.0	14.4	0.87	38	20.5	砂页岩	E 106°28′20.3″ N 29°11′37.7″	72
						Pb	28—35	棕紫色	重壤土	小块状	6.0	14.4	1.00	38	19.4			
						Wb₁	35—100	灰棕紫色	中壤土	大块状	6.4	10.9	0.61	48	11.9			
剖18	铁铝土	黄壤	黄壤性水稻土	冷砂黄泥土	冷砂黄泥土	A	0—22	棕黄色	中壤土	粒状	6.9	14.6	0.89	35	14.9		E 105°56′59.4″ N 29°07′57.2″	82
						B	22—100	棕黄色	重壤土	小粒状	7.1	11.8	0.65	22	16.1			
剖19	铁铝土	黄壤	黄壤性水稻土	老冲积黄泥土	死黄泥土	A	0—20	黄棕色	重壤土	整体状	6.4	16.1	0.69	47	11.5	砾石层冲积物	E 105°59′36.2″ N 29°03′17.6″	94
						Ba₀	20—100	黄棕色	重壤土	块状	5.8	3.5	0.40	11	16.7			
剖20	铁铝土	黄壤	黄壤性水稻土	老冲积黄泥土	红黄泥土	A	0—20	暗红色	轻黏土	块状状	4.8	11.5	0.57	27	14.8	砾石层冲积物	E 105°54′38.2″ N 29°02′34.8″	71
						Ba₁	20—50	灰黄色	轻黏土	小块状	5.0	7.3	0.41	19	15.9			
						Ca₃	50—70	灰黄色	中壤土	粒状	5.2	4.3	0.34	17	17.4			
剖21	人为土	水稻土	灰棕冲积水稻土	灰棕冲积水稻土	砂泥田	A₁	0—22	灰黄棕色	中壤土	粒柱状	6.4	13.1	0.78	34	7.0	灰棕冲积物	E 106°07′55.6″ N 29°09′35.3″	85
						Pa₀	22—100	暗棕色	重壤土	块状	6.5	13.8	0.60	21	14.4			
剖22	人为土	水稻土	黄壤性水稻土	老冲积黄泥土	黄泥田	A₁	0—20	黄棕色	重壤土	整体状	5.6	15.1	0.86	30	15.2	砾石层冲积物	E 106°08′04.2″ N 29°08′01.3″	70
						Pb	20—55	暗黄棕色	中壤土	块状	6.5	10.1	0.64	25	13.8			
						HA₃	55—100	浅棕色	中壤土	块状	5.9	6.2	0.60	18	14.5			
剖23	初育土	新积土	灰棕冲积土	灰棕冲积黄泥土	砂土	A	0—20	棕色	砂壤土	粒状	6.2	7.7	0.41	27	10.7	河流冲积物	E 106°06′58.0″ N 29°07′31.8″	99
						B	20—47	黄紫色	砂壤土	粒状	6.2	3.4	0.33	17	10.0			
						C	47—100	黄棕色	紧砂土	粒状	7.2	2.3	0.32	8	9.7			
剖24	人为土	水稻土	紫色土性水稻土	老冲积紫泥田	卵石砂泥田	A₁	0—20	浅灰棕色	重壤土	稀糊粒状	5.2	13.6	0.79	45	9.3	砾石层冲积物	E 106°05′00.8″ N 29°04′48.8″	99
						Pa₁b₀	20—62	浅灰棕色	重壤土	柱状	5.9	11.1	0.55	37	10.3			
						Pa₀b₁	62—100	棕灰色	重壤土	小块状	5.3	6.1	0.44	32	8.5			
剖25	人为土	水稻土	红棕紫泥土水稻土	红棕紫泥田	凡泥田	A₁	0—20	红棕色	重壤土	团粒状	7.6	9.0	0.95	31	24.8	红棕紫泥厚层泥岩、砂质泥岩风化物	E 106°06′33.1″ N 29°04′28.2″	85
						Pb	20—30	红棕色	重壤土	整体状	7.6	8.4	0.85	32	24.3			
						P	30—65	红棕色	重壤土	棱柱状	7.8	7.5	0.89	27	24.8			
						W	65—100	红棕色	轻壤土	棱柱状	7.8	5.8	0.51	19	18.1			
剖26	人为土	水稻土	紫色土性水稻土	灰棕紫泥水稻土	鸭屎泥田	A₁g	0—19	暗紫棕色	重壤土	粒状	5.0	25.0	0.85	107	13.8	砂页岩	E 106°11′17.5″ N 29°04′12.7″	95
						G₂	19—50	黑灰色	重壤土	柱状	4.8	21.3	0.66	63	10.9			
						G₃	50—100	黑灰色	重壤土	小块状	4.8	25.1	0.94	76	10.7			
剖27	人为土	水稻土	红棕紫泥土水稻土	红棕紫泥田	砂泥田	A₁	0—22	暗棕紫色	重壤土	团粒状	7.3	8.4	0.48	27	19.4	红棕紫泥厚层泥岩、砂质泥岩风化物	E 106°12′24.5″ N 29°03′36.7″	95
						Pa₁b₀	22—70	黄棕紫色	重壤土	整体状	7.0	5.7	0.35	25	14.7			
						Wa₁b₀	70—100	棕色	重壤土	粒状	6.8	6.0	0.28	23	16.8			
剖28	人为土	水稻土	紫色土性水稻土	灰棕紫泥水稻土	砂田	A₁	0—25	棕灰色	轻壤土	梭柱状	5.4	16.6	0.82	66	15.4	砂页岩	E 106°04′56.3″ N 29°02′36.2″	92
						Wa₂b₁	25—65	灰灰色	轻壤土	块状	6.2	5.7	0.24	19	14.9			
						HA₃	65—	浅棕色	砂壤土	粒状	6.3	3.9	0.25	16	16.4			
剖29	初育土	紫色土	棕紫泥土	灰棕紫泥土	砂土	A	0—20	暗棕紫色	砂壤土	小块状	4.9	11.3	0.52	41	16.0	砂页岩	E 106°01′42.6″ N 29°01′44.8″	95
						B	20—45	黄棕紫色	轻壤土	粒状	5.5	7.7	0.42	31	20.9			
						C	45—											
剖30	人为土	水稻土	黄壤性水稻土	紫黄泥水稻土	黄泡泥田	A₁	0—20	棕紫色	重壤土	粒状	5.2	16.3	1.02	53	14.9	长石石英砂岩、砂页岩等风化物	E 106°13′49.1″ N 29°01′28.2″	93
						Pb	20—50	灰棕紫色	重壤土	棱柱状	5.2	11.5	0.66	40	12.0			
						Wb₁	50—100	棕紫色	重壤土	粒状	4.9	5.8	0.45	22	10.9			

续表 Continued

剖面号 Soil profile	土纲 Soil order	土类 Soil great group	亚类 Soil subgroup	土属 Soil genus	土种 Soil species	土层码 Layer code	土层厚度 Depth/cm	颜色 Soil color	质地 Soil texture	土壤结构 Soil structure	pH	有机质 OM/(g/kg)	全氮 TN/(g/kg)	碱解氮 AN/(mg/kg)	阳离子交换量CEC/(cmol/kg)	土壤母质 Parent material	剖面点坐标 Profile coordinate	匹配指数 Matching index/%
剖31	人为土	水稻土	紫色土性水稻土	暗紫泥田	大泥田	A₁	0—18	棕紫色	轻黏土	小块状	8.1	14.9	0.98	39	21.6	砂页岩	E 106°25′22.1″ N 29°07′54.5″	72
						Pb	18—28	棕紫色	轻黏土	块状	7.9	15.0	0.98	40	21.0			
						P	28—100	棕紫色	重壤土	柱状	8.1	10.0	0.76	30	22.7			
剖32	初育土	新积土	冲积土	紫色冲积土	潮砂土	A	0—26	灰棕紫色	砂壤土	颗粒状	7.9	12.7	0.40	15	12.4	河流冲积物	E 106°22′52.7″ N 29°07′45.5″	93
						B	26—100	灰黄紫色	轻壤土	块状	7.9	19.9	0.46	23	18.4			
剖33	人为土	水稻土	紫色土性水稻土	棕紫泥水稻土	冷砂田	A₁	0—30	黄紫	砂壤土	粒状	6.1	8.3	0.26	24	18.5	泥岩、长石石英砂岩风化物	E 106°27′17.6″ N 29°05′31.2″	75
						wb₁	30—70	黄褐色	砂壤土	小块状	5.3	6.6	0.32	22	17.0			
						C	70—											
剖34	人为土	水稻土	冲积型水稻土	紫色冲积水稻土	潮泥田	A₁	0—18	黄紫色	重壤土	颗粒状	7.2	16.7	1.08	36	20.5	冲积物	E 106°17′17.9″ N 29°04′06.6″	94
						P	18—100	浅黄紫色	重壤土	棱柱状	7.6	12.4	0.92	30	13.2			
剖35	人为土	水稻土	紫色土性水稻土	棕紫泥水稻土	大土泥田	A₁	0—24	黄阁紫色	重壤土	粒状	5.4	15.6	1.00	69	20.7	泥岩、长石石英砂岩风化物	E 106°23′32.3″ N 29°03′43.6″	80
						wb₁	24—27	黄棕紫色	重壤土	整体状	5.5	14.2	0.82	63	24.6			
						P	27—80	黄灰棕色	中壤土	棱柱状	5.3	5.4	0.49	50	26.8			
剖36	铁铝土	黄壤	黄泡黄泥土	紫色黄泥土	黄泡黄泥土	A	0—20	黄棕色	中壤土	粒状	5.6	13.7	0.70	78	21.0	砂泥岩风化残积物、坡积物	E 106°25′07.0″ N 29°03′28.8″	85
						B	20—64	黄紫色	重壤土	小块状	5.9	9.9	0.53	54	11.0			
						C	64—100	棕黄色	重壤土	片状	5.5	11.4	0.51	55	62.0			
剖37	初育土	紫色土	棕紫泥土	棕紫泥土	大土泥土	A	0—30	灰黄色	轻黏土	块状	7.1	12.8	0.72	29	24.5	砂页岩等风化物	E 106°22′22.8″ N 29°02′52.1″	79
						B	30—67	黄色	轻黏土	棱柱状	6.8	9.7	0.56	24	26.0			
						C	67—97	黄色	中壤土	整体状	6.4	7.0	0.56	20	26.0			
剖38	人为土	水稻土	紫色土性水稻土	灰棕冲积水稻土	半砂半泥田	A₁	0—23	灰棕灰色	中壤土	细粒状	5.3	14.7	0.76	46	9.9	砂页岩	E 106°31′41.5″ N 29°08′05.3″	93
						P	23—75	浅灰灰色	轻壤土	棱块状	5.4	7.9	0.44	24	7.2			
						HA₃	75—93	浅灰棕色	轻壤土	整体状	5.8	8.2	0.32	21	12.3			
剖39	铁铝土	黄壤	冷砂黄泥土	冷砂黄泥土	黄黄土	A	0—19	棕黄色	砂壤土	粒状	5.4	9.2	0.40	31	16.6		E 106°32′18.6″ N 29°04′35.4″	80
						B	19—	棕黄色										
剖40	人为土	水稻土	黄壤	矿子黄泥土	麻矿黄泥土	A	0—28	浅黄黄色	重壤土	粒状	5.0	13.4	0.88	42	20.5	砂页岩	E 106°31′44.8″ N 29°03′56.9″	94
						B	28—95	棕黄色	中壤土	棱柱状	4.8	10.8	0.60	28	12.0			
						C	95—	浅棕黄色	轻壤土	整体状	4.9	7.3	0.47	22	20.7			
剖41	铁铝土	黄壤	红棕紫泥水稻土	红棕紫泥土	深脚冷浸田	A₁	0—20	棕紫色	重壤土	粒状	8.2	23.9	1.15	61	23.6		E 105°57′42.5″ N 28°59′36.2″	88
						G	20—100	灰棕紫色	重壤土	粒状	8.4	18.4	0.84	43	26.7			
剖42	人为土	水稻土	紫色土性水稻土	灰棕紫泥水稻土	紫泥田	A₁	0—20	浅棕紫色	重壤土	粒状	5.2	14.6	0.92	37	27.0	砂页岩	E 105°55′45.2″ N 28°58′08.3″	87
						Pb	20—31	棕黑紫色	重壤土	小块状	5.2	16.2	0.89	43	27.0			
						P	31—44	黑紫紫色	中壤土	块状	5.6	13.6	0.79	36	30.5			
剖43	人为土	水稻土	黄壤性水稻土	老积冲积黄泥土	死黄泥田	wa₀	44—100	灰棕棕色	中壤土	小块状	6.3	11.4	0.70	32	20.5			
						A₁	0—16	暗黄棕色	轻壤土	整体状	7.2	17.4	1.08	51	9.4	砾石层冰积物	E 105°50′30.1″ N 28°57′54.7″	78
						Pa₀	16—66	棕棕色	中壤土	粒状	7.4	8.9	0.59	24	14.5			
						wa₂b₀	66—100	红黄色	轻壤土	整体状	7.0	3.7	0.40	13	18.3			
剖44	人为土	水稻土	灰棕冲积水稻土	灰棕冲积水稻土	砂泥田	A₁g	0—24	黑灰色	中壤土	粒状	6.3	21.0	1.15	47	9.1	灰棕冲积物	E 105°49′55.7″ N 28°57′19.0″	72
						Pa₁	24—66	黑黑紫色	重壤土	整体状	6.9	15.0	0.68	38	7.3			
						wa₀	66—100	暗棕棕色	中壤土	整体状	7.7	7.1	0.63	27	12.3			
剖45	初育土	新积土	灰棕冲积土	灰棕冲积土	砂泥土	A₁	0—26	棕紫色	轻壤土	粒块状	8.0	14.7	0.76	25	16.0	河流冲积物	E 105°51′16.2″ N 28°56′11.4″	79
						Ba₀	26—100	棕色	轻壤土	粒状	8.0	10.0	0.58	15	15.2			
剖46	人为土	水稻土	紫色土性水稻土	暗紫泥田	鸭屎泥田	G₂	0—20	灰灰色	重壤土	稀糊状	5.7	21.0	1.13	63	23.8	砂页岩	E 106°00′20.2″ N 28°58′49.8″	74
						G₁	20—35	暗黄紫色	重壤土	整体状	8.2	14.7	0.54	35	22.7			
						Pg₁	35—75	棕灰紫色	重壤土	棱柱状	7.4	10.9	0.48	27	16.5			
						W	75—100	红灰紫色	中壤土	棱块状	7.2	3.8	0.30	12	14.3			

续表 Continued

剖面号 Soil profile	土纲 Soil order	土类 Soil great group	亚类 Soil subgroup	土属 Soil genus	土种 Soil species	土层码 Layer code	土层厚度 Depth/cm	颜色 Soil color	质地 Soil texture	土壤结构 Soil structure	pH	有机质 OM/(g/kg)	全氮 TN/(g/kg)	碱解氮 AN/(mg/kg)	阳离子交换量CEC/(cmol/kg)	土壤母质 Parent material	剖面点坐标 Profile coordinate	匹配指数 Matching index/%
剖47	初育土	紫色土	棕紫泥土	棕紫泥土	冷砂泥土	A	0—27	暗黄色	轻壤土	细粒状	4.8	11.0	0.65	32	14.4	砂页岩等风化物	E 106°14′55.7″ N 28°56′28.0″	89
						B	27—43	棕黄色	砂壤土	粒状	4.8	7.6	0.45	23	8.3			
						C	43—											
剖48	初育土	紫色土	棕紫泥土	红紫泥土	红砂土	A	0—15	红棕色	轻壤土	颗粒状	6.5	10.6	0.66	34	11.9		E 106°14′02.4″ N 28°55′37.6″	73
						B	15—30	红棕色	轻壤土	整体状	5.7	5.4	0.51	26	19.0			
						C	30—	棕色	轻壤土	整体状	6.2	8.7	0.40	21	24.4			
剖49	人为土	水稻土	黄壤性水稻土	冷砂黄泥田	冷砂黄砂田	A_1	0—19	棕灰色	轻壤土	块状	5.1	26.6	0.72	54	14.6		E 106°19′22.4″ N 28°58′08.8″	74
						Pb	19—28	棕黄色	中壤土	块状	5.6	22.3	0.67	36	15.2			
						Pa_2	28—53	棕黄灰色	中壤土	块状	5.6	16.4	0.65	34	8.7			
						Wa_2	53—100	灰黄褐色	中壤土		5.6	26.9	0.64	25	9.8			
剖50	人为土	水稻土	黄壤性水稻土	紫黄泥水稻土	小土黄泥田	A_1	0—23	黄棕色	中壤土	块状	5.4	18.2	0.74	44	6.6	长石石英砂岩、砂页岩等风化物	E 106°18′06.8″ N 28°55′14.5″	81
						HA_1	23—100	黄红色	重壤土	棱柱状	5.7	6.1	0.45	21	8.0			
剖51	人为土	水稻土	黄壤性水稻土	冷砂黄泥田	冷砂黄泥田	A_1	0—22	浅灰黄色	重壤土	小块状	4.7	14.4	0.81	43	14.5		E 106°21′28.8″ N 28°54′01.1″	71
						Pb	22—29	黄灰色	重壤土	整体状	4.6	12.7	0.76	38	15.5			
						Wa_2b_1	29—93	黄白色	轻黏土	棱块状	4.7	8.3	0.60	28	15.7			
						C	93—											
剖52	铁铝土	黄壤	黄壤	紫黄泥土	灰色土	A	0—28	灰黄色	中壤土	小块状	6.0	30.3	1.75	99	7.3	砂泥岩风化残积物、坡积物	E 106°16′13.8″ N 28°53′15.4″	97
						B	28—100	黄色	重壤土	棱柱状	6.0	7.1	0.53	28	8.7			
剖53	初育土	紫色土	棕紫泥土	灰棕紫泥土	豆瓣泥土	Aa_1b_2	0—23	灰棕紫	重壤土	棱柱状	5.7	16.8	1.17	50	9.9	砂页岩	E 106°21′56.5″ N 28°48′44.6″	77
						Ba_2b_1	23—100	浅灰棕色	重壤土	粒柱状	5.7	17.3	0.78	35	12.4			
剖54	人为土	水稻土	紫色土性水稻土	棕紫泥水稻土	砂泥田	A_1	0—23	灰紫色	中壤土	粒状	5.3	19.9	1.08	52	21.8	泥岩、长石石英砂岩风化物	E 106°24′58.0″ N 28°43′17.0″	85
						Wb_1	23—38	灰黄紫色	中壤土	小块状	5.5	16.3	0.83	46	17.3			
						W	38—78	黄紫色	中壤土	棱柱状	6.4	5.0	0.29	13	24.0			
						C	78—											

合 川 区

主要土类说明

紫色土是合川区的主要土壤类型，占本区地域面积的45%，广泛分布于丘陵区。紫色土是紫色砂岩、页岩、泥岩风化物，在亚热带湿润气候条件下形成的幼年土壤，基本保持了母质理化性质。其物理风化作用强烈、成土速度快、化学风化作用微弱、发育进程慢，是发育度浅的岩性土，剖面无明显层次分化，具A–C剖面构型，为初育土。紫色土土壤理化性质与母岩组成直接相关，富含磷、钾等矿质养分，结构良好。紫色土质地、酸碱度因母质不同而差异大。另外，紫色土风化度低，盐基饱和度高，自然肥力高，多呈中性，加之分布区域内气候温暖湿润，光热条件好，因此垦殖指数高，宜种作物广。

水稻土是合川区第二大土壤类型，占本区地域面积的41%，主要分布于海拔210—1100m的丘陵、河谷和中、低山。水稻土是在长期的周期性淹灌种稻过程，即水耕熟化过程中，形成的具有独特土体构型和物质循环的特殊耕种土壤，在耕作、施肥、灌溉、轮作等条件下，发生了还原淋溶和氧化淀积等作用，使它产生了一系列不同于旱地的形态和理化性状，土体一般出现糊状淹育层、较坚实板结的犁底层、渗育层、潴育层与潜育层等多种发生层。依据母土来源，水稻土划分为潮土性、紫色土性和黄壤性水稻土三个亚类。潮土性水稻土主要分布于嘉陵江、涪江、渠江和小溪河两岸的平坝地段，自然肥力高、宜种作物多。紫色土性水稻土所占比重最大，肥力仅次于潮土性水稻土。黄壤性水稻土存在黏、酸、瘦、缺磷等特点，肥力较低。一般而言，水稻土土层较深厚，土质肥沃，光热条件较好，宜种范围广，以水稻为主的复种轮作方式较多。

黄壤是合川区第三大土壤类型，占本区地域面积的8%，主要分布于华蓥山背斜低山和嘉陵江、渠江、涪江两岸的三至五级阶地上，是形成于湿润的亚热带生物气候条件下的地带性土壤。黄壤成土母质多为石灰岩、砂泥岩和第四纪砾石及黏土的残积、坡积和堆积母质。黄壤化学风化较强烈，矿物的水解作用比较深刻，盐基物质的淋溶势强，铁质也普遍水化，因此土壤在发育过程中产生明显的黏化、黄化和脱硅富铝化成土过程。剖面上下均显黄色、棕黄色，铁锰及硅分解淋溶，活性铝相对累积，土壤多呈微酸性至酸性。黄壤是本区发展松、杉、竹类、茶叶、药材等的基地，耕地多数具有黏、酸、瘦、缺磷等特点，施用有机肥、灰肥和磷肥效果好。

小于本区地域面积3%的土壤类型还有潮土、石灰（岩）土等。

本区域中心区气候特征

本区域中心区气候特征值
Regional climate characteristics in central area of the region

气候带：中亚热带湿润气候 Climate region: Subtropical humid climate	
年平均气温 /℃ Annual average temperature /℃	18.0
年平均最高气温 /℃ Annual average maximum temperature /℃	21.7
年平均最低气温 /℃ Annual average minimum temperature /℃	15.3
年降水量 /mm Annual precipitation /mm	1068
≥10℃的积温 /℃ Daily temperature accumulated in a year（≥10℃）/℃	6836
年日照时数 /h Annual sunshine /h	1074
年平均相对湿度 /% Annual average relative humidity /%	80
干燥度 Dryness	1.01

本区域中心区月平均气温与月平均降水量
Monthly temperature and precipitation in central area of the region

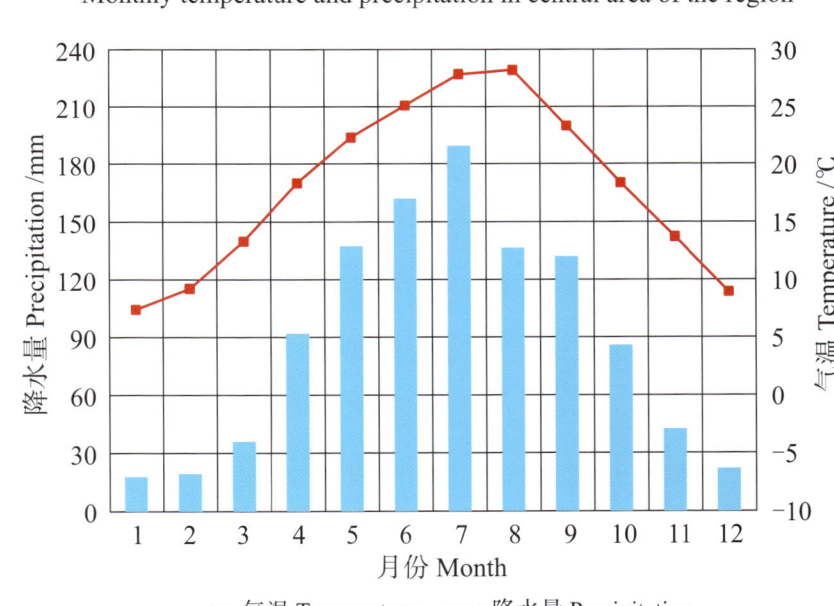

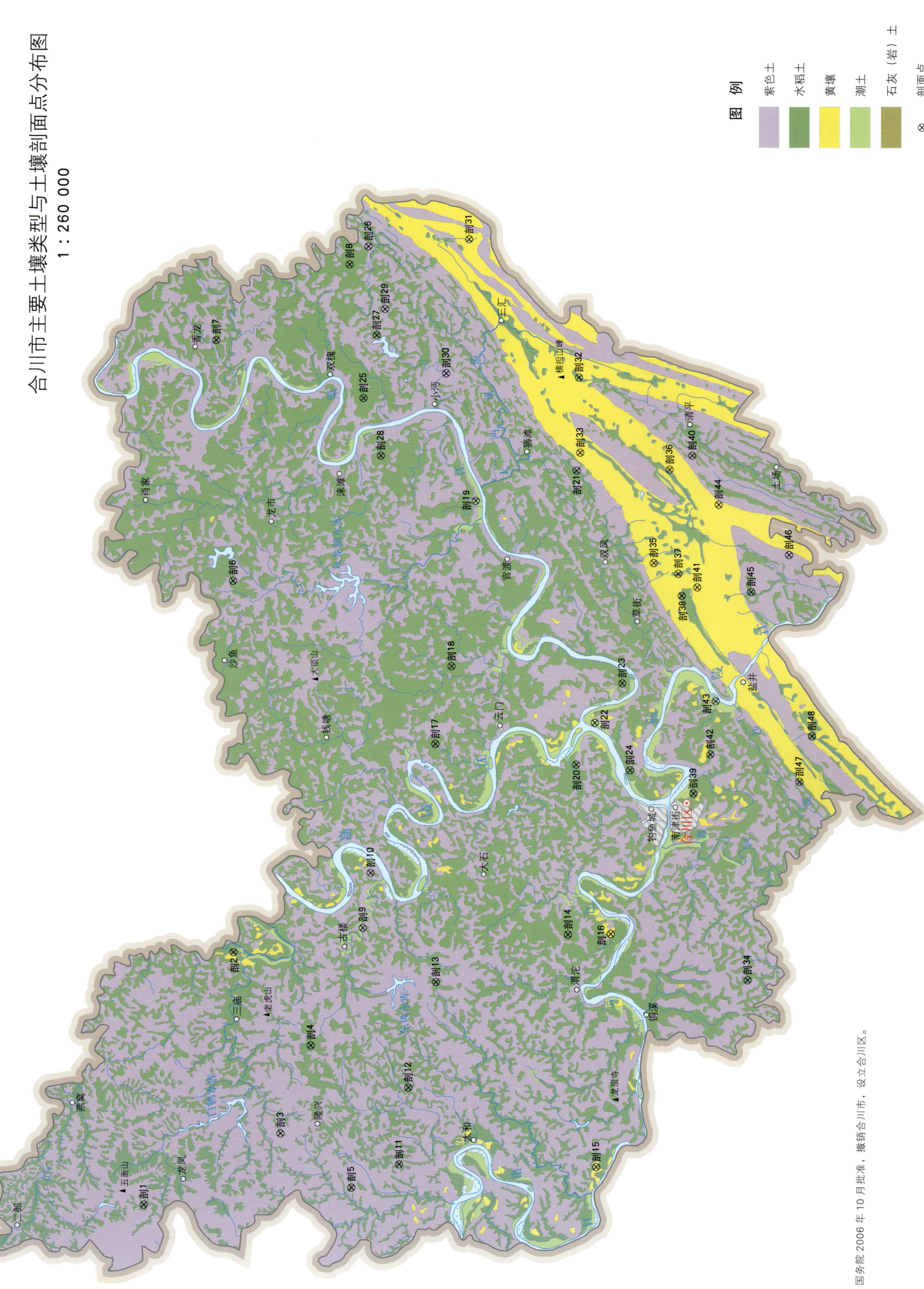

合川区土壤剖面理化性状表

剖面号 Soil profile	土纲 Soil order	土类 Soil great group	亚类 Soil subgroup	土属 Soil genus	土种 Soil species	土层码 Layer code	土层厚度 Depth/cm	颜色 Soil color	质地 Soil texture	土壤结构 Soil structure	pH	有机质 OM/(g/kg)	全氮 TN/(g/kg)	碱解氮 AN/(mg/kg)	土壤母质 Parent material	剖面点坐标 Profile coordinate	匹配指数 Matching index/%
剖1	人为土	水稻土	紫色土性水稻土	红棕紫色水稻土	红棕紫色冷浸烂泥田	G₁	0—21	黑灰紫色	重壤土	糊状	7.4	19.3	0.90	64	黏土夹砾石残积物、坡积物	E 106°00′23.2″ N 30°17′26.9″	85
						G₂	21—110	紫黑灰色	重壤土	整体状	7.3	16.8	0.78	56			
剖2	人为土	水稻土	黄壤性水稻土	老冲积黄泥田	死黄泥田	A′	0—18	灰棕黄色	轻黏土	大粒状	5.3	10.8	0.69	32	砂泥岩风化坡积物、残积物	E 106°10′21.3″ N 30°14′20.0″	72
						B	18—30	浅黄色	轻黏土	棱块状	5.2	9.7	0.57	29			
						Wa₀b₁	30—60	灰黄色	轻黏土	棱块状	5.2	7.4	0.40	27			
剖3	人为土	水稻土	紫色土性水稻土	灰棕紫色水稻土	冷砂田	A′	0—20	灰棕紫色	轻壤土	粒状	6.7	16.6	0.79	54	砂泥岩风化坡积物、残积物	E 106°03′10.4″ N 30°12′43.2″	75
						B	20—28	棕紫色	轻壤土	小块状	7.0	16.0	0.69	51			
						P	28—100	棕紫色	轻壤土	棱柱状	6.9	14.8	0.44	49			
剖4	人为土	水稻土	紫色土性水稻土	红棕紫色水稻土	红棕紫色夹泥田	A′	0—20	黄棕紫色	轻黏土	小块状	8.2	17.6	0.86	72	泥岩、砂质泥岩夹钙质、石英质、砂岩	E 106°06′37.8″ N 30°11′40.2″	89
						B	20—35	棕紫色	轻黏土	块状	8.2	15.4	0.73	68			
						P	35—100	棕紫色	轻黏土	棱柱状	8.1	12.6	0.64	59			
剖5	人为土	水稻土	紫色土性水稻土	红棕紫色水稻土	红棕紫色黄泥田	A′	0—22	棕紫紫色	轻壤土	小块状	5.6	13.7	0.62	54	泥岩、砂质泥岩夹钙质、石英质、砂岩	E 106°01′02.6″ N 30°10′16.3″	86
						B	22—33	棕紫色	重壤土	整体状	6.2	13.2	0.54	51			
						P	33—100	黄棕紫色	重壤土	大块状	5.0	3.2	0.27	20			
剖6	人为土	水稻土	紫色土性水稻土	灰棕紫色水稻土	半砂半泥田	A′	0—18	灰棕紫色	中壤土	粒状	6.9	18.2	0.81	71	砂泥岩风化坡积物、残积物	E 106°25′07.7″ N 30°14′16.8″	86
						B	18—30	棕紫色	中壤土	块状	7.0	17.1	0.58	66			
						P	30—90	棕紫色	中壤土	棱柱状	7.3	11.6	0.51	48			
剖7	人为土	水稻土	紫色土性水稻土	灰棕紫色水稻土	油砂田	A′	0—20	深灰紫色	轻壤土	微团粒状	6.9	21.8	0.93	84	砂泥岩风化坡积物、残积物	E 106°34′41.9″ N 30°14′46.7″	86
						B	20—60	灰棕紫色	轻壤土	片块状	7.3	13.1	0.49	43			
						C	60—										
剖8	人为土	水稻土	紫色土性水稻土	灰棕紫色水稻土	黄泥田	A′	0—20	棕紫色	重壤土	粒块状	5.6	12.1	0.64	43	砂泥岩风化坡积物、残积物	E 106°37′38.1″ N 30°10′08.8″	96
						B	20—31	棕紫色	重壤土	整体状	5.5	11.3	0.55	38			
						Wb₁	31—90	棕紫色	重壤土	棱块状	5.1	9.1	0.48	29			
剖9	半水成土	潮土	潮土	灰棕潮土	灰棕潮泥土	A	0—23	棕黄色	重壤土	块状	7.8	19.7	0.89	86	河流冲积物	E 106°11′17.3″ N 30°09′51.5″	83
						P	23—37	棕黄色	中壤土	块状	7.9	14.4	0.55	44			
						B	37—90	棕黄色	砂壤土	微粒状	7.7	9.5	0.41	49			
剖10	初育土	紫色土	棕紫泥土	红棕紫色	红棕紫色黄砂田	A	0—19	黄棕紫色	轻壤土	小块状	6.1	6.5	0.51	38	泥岩、砂质泥岩夹泥质或石英砂岩风化残积物、坡积物	E 106°13′30.0″ N 30°09′34.9″	72
						P	19—32	红棕紫色	轻壤土	块状	5.7	3.1	0.53	23			
						B	32—52	红棕紫	砂壤土	微粒状	6.2	2.8	0.29	22			
剖11	人为土	水稻土	紫色土性水稻土	红棕紫色水稻土	红棕紫色黄砂田	A′	0—18	黄棕紫色	轻壤土	整体状	6.1	11.3	0.51	42	泥岩、砂质泥岩夹钙质、石英质、砂岩	E 106°01′57.0″ N 30°08′37.3″	96
						B	18—30	黄棕紫色	轻壤土	小块状	6.4	7.7	0.57	40			
						Wb₁	30—70	灰棕紫色	轻壤土	块状	6.1	3.0	0.37	13			
剖12	人为土	水稻土	紫色土性水稻土	红棕紫色水稻土	红棕紫色红石骨子田	A′	0—17	棕黄紫	多砾中壤土	粒状	7.9	11.1	0.83	57	灰岩风化坡积物、残积物	E 106°04′58.1″ N 30°08′17.9″	84
						B	17—27	棕黄紫	少砾中壤土	棱柱状	7.8	9.5	0.70	55			
						P	27—45	红棕紫	少砾轻壤土	块状	7.9	5.8	0.61	53			
						4	45—										
剖13	人为土	水稻土	黄壤性水稻土	矿子黄泥田	火石子黄泥田	A′	0—23	黄棕黄色	中砾中壤土	粒状	6.4	36.1	1.57	32	砂泥岩风化坡积物、残积物	E 106°09′07.9″ N 30°07′20.6″	81
						B	23—33	灰棕黄色	少砾中壤土	小块状	6.3	35.3	1.45	29			
						Wb₁	33—82	棕黄色	轻壤土	棱柱状	6.1	13.0	0.69	27			
剖14	人为土	水稻土	紫色土性水稻土	灰棕紫色水稻土	黄砂田	A′	0—18	棕黄色	轻壤土	小粒状	5.5	12.5	0.52	60	砂泥岩风化坡积物、残积物	E 106°10′59.5″ N 30°02′46.0″	81
						B	18—29	棕黄色	轻壤土	小片状	5.1	9.7	0.45	49			
						Wb₁	29—50	灰棕黄色	砂壤土	棱柱状	5.2	8.4	0.47	45			

续表 Continued

剖面号 Soil profile	土纲 Soil order	土类 Soil great group	亚类 Soil subgroup	土属 Soil genus	土种 Soil species	土层码 Layer code	土层厚度 Depth/cm	颜色 Soil color	质地 Soil texture	土壤结构 Soil structure	pH	有机质 OM/(g/kg)	全氮 TN/(g/kg)	碱解氮 AN/(mg/kg)	土壤母质 Parent material	剖面点坐标 Profile coordinate	匹配指数 Matching index/%
剖15	铁铝土	黄壤	黄壤	老冲积黄泥土	老冲积黄泥土	A	0—20	灰棕色	重壤土	粒状	6.3	9.2	0.98	37	黏土夹卵石残积物、坡积物	E 106°01′49.8″ N 30°01′48.7″	74
						P	20—49	棕黄色	重壤土	块状	6.0	8.9	0.91	32			
						B	49—100	棕黄色	重壤土	棱块状	5.8	5.3	0.86	28			
剖16	铁铝土	黄壤	黄壤	老冲积黄泥土	老冲积卵石黄泥土	A	0—22	灰棕黄色	中砾中壤土	粒状	5.4	14.5	0.67	62	黏土夹卵石残积物、坡积物	E 106°11′00.2″ N 30°01′17.8″	83
						B	22—44	棕黄色	多砾中壤土	块状	5.2	10.2	0.57	51			
剖17	人为土	水稻土	紫色土性水稻土	灰棕紫色水稻土	豆瓣泥田	A′	0—18	棕紫色	重壤土	小块状	6.9	14.3	0.94	75	砂泥岩风化坡积物、残积物	E 106°18′35.6″ N 30°07′19.6″	96
						B	18—30	棕紫色	轻黏土	棱块状	7.2	9.8	0.46	42			
						P	30—72	棕紫色	重壤土	大块状	7.1	6.6	0.37	34			
剖18	人为土	水稻土	紫色土性水稻土	灰棕紫色水稻土	大眼泥田	A′	0—18	棕紫色	重壤土	小块状	7.3	19.1	0.97	72	砂泥岩风化坡积物、残积物	E 106°21′41.0″ N 30°06′45.0″	76
						B	18—28	棕紫色	重壤土	棱柱状	7.6	15.5	0.76	68			
						P	28—100	棕紫色	重壤土	棱柱状	7.5	13.4	0.46	47			
剖19	半水成土	潮土	潮土	灰棕潮土	灰棕潮砂泥土	A	0—30	灰棕色	重壤土	粒状	8.0	17.6	0.93	61	河流冲积物	E 106°28′13.2″ N 30°05′51.9″	98
						P	30—42	灰棕色	中壤土	小块状	7.9	14.9	0.69	47			
						B	42—70	灰棕色	中壤土	棱柱状	7.8	7.5	0.47	22			
剖20	人为土	水稻土	黄壤性水稻土	老冲积黄泥田	白鳝泥田	Wa₀	0—21	浅白棕色	重壤土	小块状	5.4	13.9	0.62	61	黏土夹砾石残积物、坡积物	E 106°17′44.2″ N 30°02′27.6″	72
						HA₁	21—32	浅白棕色	重壤土	块状	5.3	7.8	0.56	58			
						HA₃	32—70	灰白色	重壤土	棱柱状	5.3	3.0	0.51	31			
剖21	人为土	水稻土	紫色土性水稻半水稻田	暗紫泥田	暗紫色半砂泥田	A′	0—20	暗紫色	中壤土	粒状、小块状	6.8	19.0	0.82	75	紫色砂泥岩风化物	E 106°29′22.2″ N 30°02′22.6″	99
						B	20—30	棕紫色	中壤土	块状	6.5	13.8	0.69	61			
						Pb₁	30—100	黄灰紫色	中壤土	棱柱状	6.9	13.3	0.58	50			
剖22	半水成土	潮土	潮土	灰棕潮土	潮砂泥土	A	0—26	灰褐棕色	砂壤土	粒状	8.2	17.7	0.52	33	河流冲积物	E 106°19′23.0″ N 30°01′48.9″	81
						P	26—44	灰褐棕色	轻壤土	棱块状	8.1	14.1	0.53	44			
						B	44—100	灰黄褐色	轻壤土	大块状	8.2	10.0	0.47	27			
剖23	人为土	水稻土	灰棕潮土田	老冲积潮土田	白鳝泥田	A′	0—20	灰棕色	中壤土	小块粒状	8.2	15.6	0.68	61	近代河流冲积物	E 106°20′57.0″ N 30°00′51.4″	89
						B	20—33	灰棕色	砂壤土	大块状	7.8	11.8	0.59	34			
						P	33—103	黄棕色	中壤土	棱柱状	7.9	9.3	0.51	20			
剖24	人为土	水稻土	黄壤性水稻土	老冲积黄泥土	卵石黄泥田	A′	0—18	灰棕黄色	少砾重壤土	粒状	5.3	14.2	0.80	67	黏土夹砾石残积物、坡积物	E 106°17′30.1″ N 30°00′36.4″	94
						B	18—32	棕黄色	中砾重壤土	块状	5.2	11.1	0.49	61			
						P	32—50	棕黄色	中砾重壤土	棱柱状	5.1	7.6	0.26	35			
剖25	人为土	水稻土	紫色土性水稻土	灰棕紫色水稻土	潮砂黄泥田	A′	0—21	黄棕紫色	重壤土	小块状	6.4	11.6	0.79	59	砂泥岩、砂岩	E 106°32′20.0″ N 30°09′42.8″	94
						P	21—35	灰棕紫色	重壤土	大块状	6.1	8.8	0.58	54			
						B	35—100	灰棕色	重壤土	块状	6.4	2.3	0.18	21			
剖26	初育土	紫色土	棕紫泥土	灰棕紫泥土	石骨子田	A	0—27	棕紫色	重壤土	小块粒状	5.6	17.4	0.89	83	泥岩、砂岩夹灰色砂岩	E 106°38′20.4″ N 30°09′29.3″	70
						P	27—45	棕紫色	重壤土	整体状	5.4	9.5	0.51	57			
						B	45—80	浅棕紫色	重壤土	棱柱状	5.6	5.9	0.23	47			
剖27	人为土	水稻土	紫色土性水稻土	灰棕紫色水稻土	砂田	A′	0—20	棕紫色	中砾中壤土	粒状	7.5	11.7	0.74	48	砂泥岩风化坡积物、残积物	E 106°34′48.7″ N 30°09′14.4″	93
						B	20—40	棕紫色	少砾中壤土	小块状	7.6	6.9	0.31	31			
						D	40—										
剖28	人为土	水稻土	棕紫泥土	灰棕紫泥土		A′	0—18	棕紫色	砂壤土	粒状	5.9	10.1	0.57	27	砂泥岩风化坡积物、残积物	E 106°30′02.5″ N 30°09′07.9″	85
						Wb₁	18—65	黄灰棕色	砂壤土	小块状	6.1	8.9	0.54	25			
						C	65—										
剖29	初育土	紫色土	棕紫泥土	灰棕紫泥土	灰棕紫黄砂土	A	0—24	棕黄色	砂壤土	单粒状	6.1	6.7	0.67	66	泥岩、砂岩、质泥岩夹灰色砂岩	E 106°35′51.0″ N 30°08′56.4″	98
						B	24—50	浅黄色	砂壤土	整体状	5.8	5.8	0.41	40			
						C	50—										

续表 Continued

剖面号 Soil profile	土纲 Soil order	土类 Soil great group	亚类 Soil subgroup	土属 Soil genus	土种 Soil species	土层码 Layer code	土层厚度 Depth/cm	颜色 Soil color	质地 Soil texture	土壤结构 Soil structure	pH	有机质 OM/(g/kg)	全氮 TN/(g/kg)	碱解氮 AN/(mg/kg)	土壤母质 Parent material	剖面点坐标 Profile coordinate	匹配指数 Matching index/%
剖30	初育土	紫色土	棕紫泥土	灰棕紫泥土	灰棕紫砂土	A	0—25	灰紫色	砂壤土	无明显结构	6.2	7.5	0.61	28	泥岩、砂岩、砂质泥岩夹灰色砂岩	E 106°33′16.9″ N 30°06′51.1″	78
						B	25—45	灰棕色	松砂土	小块状	6.1	5.5	0.43	25			
						C	45—										
剖31	铁铝土	黄壤	黄壤	矿子黄泥土	火石子黄泥土	A	0—41	棕黄色	中砾中壤土	小块粒状	6.2	15.5	1.03	93	石灰岩残积物	E 106°38′34.4″ N 30°06′00.4″	97
						B	23—41	棕黄色	中砾中壤土		6.3	11.4	0.93	92			
剖32	人为土	水稻土	黄壤性水稻土	冷砂黄泥田	冷砂田	A′	0—20	灰棕黄色	中壤土	粒状	5.4	13.5	0.74	38	砂岩风化坡积物、残积物	E 106°33′03.2″ N 30°02′15.9″	98
						B	20—31	棕黄色	砂壤土	整体状	5.5	10.8	0.65	37			
						Wb	31—100	浅黄色	轻黄土	整体状	5.3	8.4	0.57	24			
剖33	铁铝土	黄壤	黄壤	冷砂黄泥土	冷砂土	A	0—15	浅黄灰色	轻壤土	单粒状	5.3	12.9	0.61	38	石英粗砂岩夹薄层泥岩风化物	E 106°30′04.7″ N 30°02′14.6″	80
						P	15—70	浅黄灰色	砂壤土	细粒状	4.8	8.9	0.41	36			
						C	70—										
剖34	人为土	水稻土	紫色土性水稻土	灰棕紫色水稻土	冷浸烂泥田	A′	0—21	灰黑紫色	重壤土	细粒状	6.6	27.6	1.45	82	砂泥岩风化坡积物、残积物	E 106°09′09.2″ N 29°56′34.7″	71
						G₁	21—100	黄紫黑色	重壤土	整体状	6.8	15.7	0.78	78			
剖35	铁铝土	黄壤	黄壤	冷砂黄泥土	炭渣土	A′	0—20	灰黑色	中砾轻壤土	粒状状	5.2	54.6	1.70	24	石英粗砂岩夹薄层泥岩风化物	E 106°25′41.5″ N 29°59′44.5″	72
						C	20—										
剖36	铁铝土	黄壤	黄壤	矿子黄泥土	黄泥土	A	0—21	灰棕黄色	轻黏土	小粒状	6.6	14.5	0.74	35	石灰岩残积物	E 106°29′22.2″ N 29°59′09.6″	98
						P	21—40	棕黄色	中黏土	小块块状	6.5	12.1	0.69	27			
						B	40—100	棕黄色	轻壤土	棱柱状	6.9	8.9	0.54	43			
剖37	人为土	水稻土	黄壤性水稻土	冷砂黄泥田	炭渣田	A′	0—22	浅灰黄色	砂壤土	单粒状	5.6	44.6	1.01	63		E 106°25′15.6″ N 29°58′53.8″	91
						Wa₀b₁	22—32	浅灰黄色	轻壤土	小块状	5.7	46.6	1.31	35			
						C	32—										
剖38	人为土	水稻土	黄壤性水稻土	矿子黄泥田	矿子灰塘泥田	A′	0—18	黑黑紫色	重壤土	细粒状	7.4	40.9	1.81	91	砂岩风化坡积物、残积物	E 106°24′23.4″ N 29°58′46.9″	90
						G₁	18—100	深灰黑色	整体状	整体状	7.5	36.3	1.37	87			
剖39	人为土	水稻土	灰棕潮土田	灰棕潮土田	潮泥田	A′	0—20	灰棕色	中砾壤土	粒状、小块状	7.7	21.4	1.26	78	近代河流冲积物	E 106°16′34.0″ N 29°58′25.3″	82
						B	20—30	棕黄色	重壤土	大块状	7.6	29.3	1.02	68			
						P	30—100	灰棕色	中壤土	棱柱状	7.6	9.6	0.81	47			
剖40	初育土	紫色土	棕紫泥土	暗紫泥土	暗紫白石骨土	A	0—20	灰白色	中砾轻壤土	小片状	7.4	12.4	0.76	40	泥岩	E 106°29′55.3″ N 29°58′22.4″	95
						B	20—30	灰白色	中砾轻壤土	单粒状	7.7	5.9	0.61	26			
						C	30—										
剖41	铁铝土	黄壤	黄壤	矿子黄泥土	矿子黄泥土	A	0—22	灰棕黄色	重壤土	块状	8.4	19.9	0.89	60	石灰岩残积物	E 106°24′42.8″ N 29°58′14.5″	93
						P	22—90	棕黄色	重壤土	块状	8.1	16.7	1.10	50			
剖42	人为土	水稻土	黄壤性水稻土	老冲积黄泥田	黄泥田	A′	0—18	灰棕黄色	重壤土	粒状	6.3	14.2	0.92	36	梨土夹砾石残积物、坡积物	E 106°18′06.1″ N 29°57′49.3″	80
						B	18—28	棕黄色	重壤土	块状	6.4	12.1	0.86	32			
						Wa₀b₁	28—95	灰棕黄色	紫砂土	棱柱状	6.1	3.7	0.25	29			
剖43	半水成土	潮土	灰棕潮土	灰棕潮土	灰棕白砂土	A	0—19	灰白色	砂壤土	单粒状	8.2	7.0	0.40	22	河流冲积物	E 106°20′12.5″ N 29°57′37.8″	75
						P	19—50	浅棕黄色	砂壤土	整体状	8.0	8.1	0.73	21			
						B	50—90	浅棕黄色	砂壤土	整体状	8.2	4.7	0.51	16			
剖44	铁铝土	黄壤	黄壤	森林冷砂土	松毛土	Ao	0—2	浅黑褐色	轻壤土	无明显结构	4.1	42.6	2.05	121	砂岩夹薄泥岩	E 106°27′58.3″ N 29°57′28.4″	86
						A₁	2—11	浅黑黑色	轻壤土	整体状	4.7	24.9	1.02	70			
						C	11—39	浅黄棕色	轻壤土		3.2	11.0	0.39	56			
							39—										
剖45	人为土	水稻土	紫色土性水稻土	暗紫泥田	暗紫色黄泥田	A′	0—19	棕黄色	重壤土	粒状	5.9	17.2	0.79	62	紫色砂泥岩风化物	E 106°24′31.0″ N 29°56′22.9″	88
						B	19—30	灰棕黄色	重壤土	块状	5.8	11.1	0.67	58			
						Wb₂	30—106	浅黑黄色	重壤土	小块状	5.9	7.2	0.57	54			

续表 Continued

剖面号 Soil profile	土纲 Soil order	土类 Soil great group	亚类 Soil subgroup	土属 Soil genus	土种 Soil species	土层码 Layer code	土层厚度 Depth/cm	颜色 Soil color	质地 Soil texture	土壤结构 Soil structure	pH	有机质 OM/(g/kg)	全氮 TN/(g/kg)	碱解氮 AN/(mg/kg)	土壤母质 Parent material	剖面点坐标 Profile coordinate	匹配指数 Matching index/%
剖46	初育土	紫色土	棕紫泥土	暗紫泥土	暗紫黄泥土	A	0—25	棕黄色	重壤土	粒状	6.2	23.2	0.89	86	泥岩	E 106°25′57.5″ N 29°55′03.6″	70
						P	25—60	浅棕黄色	重壤土	块状	6.2	14.1	0.71				
						B	60—100	浅黄色	重壤土	棱块状	5.3	5.2	0.42	22			
剖47	人为土	水稻土	紫色土性水稻土	暗紫泥田	暗紫色大眼泥田	A′	0—20	暗紫色	重壤土	块状	6.9	17.5	1.17	72	紫色砂泥岩风化物	E 106°17′00.2″ N 29°54′45.4″	87
						B	20—30	暗紫色	重壤土	棱柱状	6.9	12.8	1.05	60			
						P	30—100	暗紫色	重壤土	片粒状	7.1	10.9	0.87	48			
剖48	人为土	水稻土	紫色土性水稻土	暗紫泥田	暗紫色梭砂石骨子田	A′	0—18	暗紫色	多砾中壤土	片粒状	6.9	23.9	1.02	90	紫色砂泥岩风化物	E 106°18′48.2″ N 29°54′18.7″	97
						B	18—27	暗紫色	小砾中壤土	小块状	7.2	16.6	0.94	78			
						Wb₁	27—50	棕紫色	小砾中壤土	小块状	7.0	8.4	0.52	37			

永 川 区

主要土类说明

水稻土是永川区的主要土壤类型，占本区地域面积的51%，主要分布在丘陵区。水稻土是在长期的周期性淹灌种稻过程，即水耕熟化过程中，形成的具有独特土体构型和物质循环的特殊耕种土壤，在耕作、施肥、灌溉、轮作等条件下，发生了还原淋溶和氧化淀积等作用，使它产生了一系列不同于旱地的形态和理化性状，土体一般出现糊状淹育层、较坚实板结的犁底层、渗育层、潴育层与潜育层等发生层。本区水稻土主要起源于紫色土、黄壤、新积土和石灰（岩）土。其中，紫色土性水稻土所占比重最大。按水稻土剖面层次，亦可划分为淹育型、潴育型、潜育型三种类型。淹育水稻土水热肥气较协调，耕层绒而不烂，爽水透气，水稻生长良好，如水源有保证，则高产稳产。其主要分布于塝田、正沟上部及支沟地段。

紫色土是永川区第二大土壤类型，占本区地域面积的32%，广泛分布于本区向斜丘陵区大小丘坡上。紫色土由紫色砂泥岩母质风化发育而成。母岩对紫色土的形成有着深刻影响，其物理风化作用强烈、成土速度快，化学风化作用微弱，是发育度浅的岩性土。紫色土无论形态还是组成，都与母质特性相似，故紫色土磷、钾矿质养分丰富，盐基饱和度大，自然肥力较高，多呈中性，水气状况良好，加之所处地形平缓，光热条件好，宜种作物多，适宜粮食作物和多种经济林木的生长。

黄壤是永川区第三大土壤类型，占本区地域面积的12%，主要分布于低山上。黄壤是形成于湿润的亚热带生物气候条件下的地带性土壤，脱硅富铝化过程明显。本区黄壤母质比较复杂，有石灰岩残积物，也有石英砂岩物，还有长江老冲积黄壤堆积物等，形成的黄壤性状差异较大。由于地处低山，日照少，云雾多，冬无严寒，夏无酷暑，在这种气候条件下，土壤的黏化和富铝化过程比较明显，所以土壤酸化、黏化和黄化。黄壤土性冷凉，全磷及有效磷缺乏。在森林植被下，有机质和氮素水平则较高，是松、杉、竹类和茶叶等用材林和经济林的重要基地。垦殖为耕地后，有机质迅速下降，呈酸、瘦、缺磷等特点。

石灰（岩）土占本区地域面积的4%，主要分布于背斜低山槽谷内，多见于石隙、溶洞或峰丛底部。石灰（岩）土是在亚热带湿润条件下，石灰岩经溶蚀风化，形成的厚薄不同的钙质饱和或含游离钙质的土壤。成土母质主要为石灰岩。因母质碳酸钙含量高，延缓了土壤中盐基成分的淋失和脱硅富铝化作用的进行，故为幼年土壤。石灰（岩）土的基本特征是土体内砾石含量多，土层薄，石灰反应强烈，钾含量比黄壤高，土壤呈中性至弱碱性。

本区域中心区气候特征

本区域中心区气候特征值
Regional climate characteristics in central area of the region

气候带：中亚热带湿润气候 Climate region: Subtropical humid climate	
年平均气温 /℃ Annual average temperature /℃	17.6
年平均最高气温 /℃ Annual average maximum temperature /℃	21.4
年平均最低气温 /℃ Annual average minimum temperature /℃	15.0
年降水量 /mm Annual precipitation /mm	1066
≥10℃的积温 /℃ Daily temperature accumulated in a year（≥10℃）/℃	7934
年日照时数 /h Annual sunshine /h	1009
年平均相对湿度 /% Annual average relative humidity /%	81
干燥度 Dryness	0.98

本区域中心区月平均气温与月平均降水量
Monthly temperature and precipitation in central area of the region

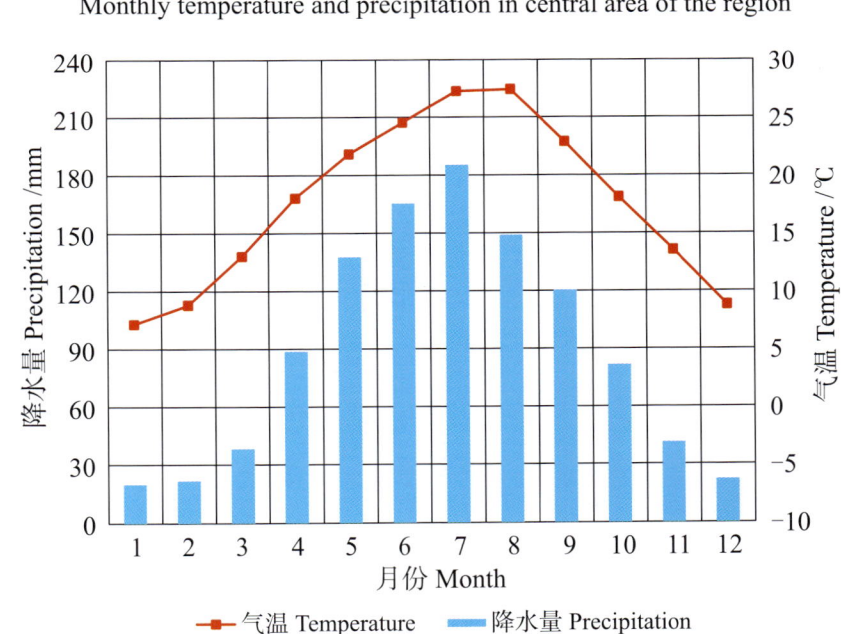

永川市主要土壤类型与土壤剖面点分布图
1 : 230 000

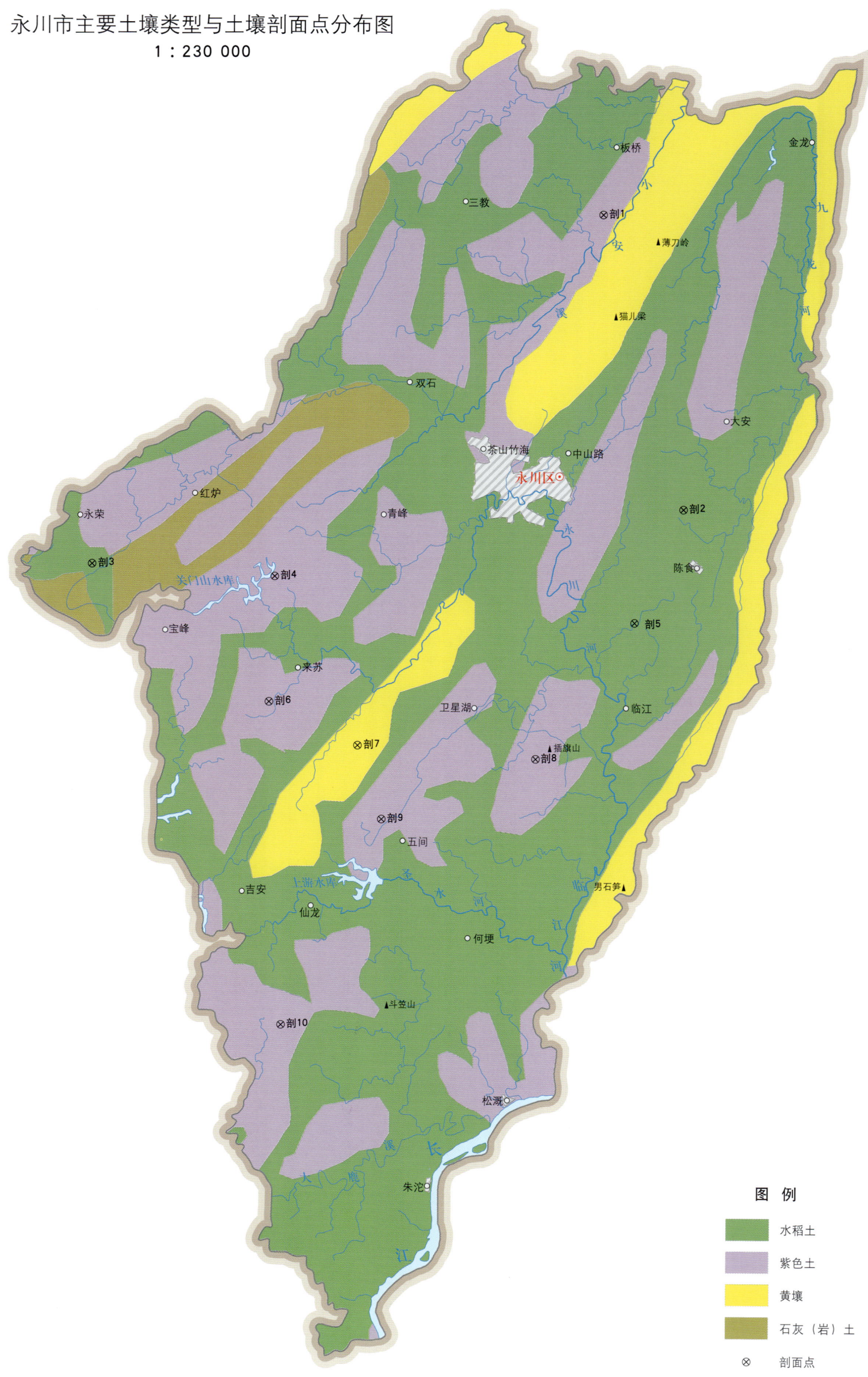

注：国务院 2006 年 10 月批准，撤销永川市，设立永川区。

图 例
- 水稻土
- 紫色土
- 黄壤
- 石灰（岩）土
- ⊗ 剖面点

永川区土壤剖面理化性状表

剖面号 Soil profile	土纲 Soil order	土类 Soil great group	亚类 Soil subgroup	土属 Soil genus	土种 Soil species	土层码 Layer code	土层厚度/cm Depth/cm	颜色 Soil color	质地 Soil texture	土壤结构 Soil structure	pH	有机质 OM/(g/kg)	全氮 TN/(g/kg)	碱解氮 AN/(mg/kg)	土壤母质 Parent material	剖面点坐标 Profile coordinate	匹配指数 Matching index/%
剖1	初育土	紫色土	棕紫泥土	灰棕紫泥土	半砂半泥土	A	0—22	棕紫色	中壤土	核状	6.7	11.3	0.82	42	泥岩、长石石英砂岩	E 105°56′42.7″ N 29°28′47.6″	71
						B	22—52	棕紫色	中壤土	小块状	7.0	8.9	0.74	39			
						P	52—82	棕紫色	中壤土	块状	7.1	8.6	0.64	34			
						C	82—										
剖2	人为土	水稻土	黄壤性水稻土	老冲积黄泥田	白鳝泥田	HA₁	0—19	黄灰色	轻黏土	小块状	5.3	13.7	0.82	48	老冲积物	E 105°59′17.5″ N 29°20′21.1″	99
						Wa₃b₂	19—46	灰白色	轻黏土	块状	5.3	13.2	0.74	43			
						Wa₃b₁	46—100	灰白色	重壤土	块状	5.2	4.5	0.33	16			
剖3	人为土	水稻土	黄壤性水稻土	冷砂水稻土	黄泥田	A′	0—18	黄棕色	重壤土	小块状	5.5	14.8	1.16	56	石英粗砂岩夹薄层炭质页岩	E 105°39′52.5″ N 29°18′53.8″	84
						B	18—34	黄棕色	重壤土	整体状	5.1	13.2	1.11	51			
						Pa₃b₁	34—53	棕黄色	重壤土	棱柱状	5.4	8.4	0.91	45			
						Wa₃b₁	53—100	浅黄色	中壤土	块状	5.2	4.9	0.77	38			
剖4	初育土	紫色土	棕紫泥土	暗紫泥土	半砂半泥土	A	0—16	棕紫色	中壤土	棱块状	7.4	17.8	1.01	33	泥岩	E 105°45′51.8″ N 29°18′31.0″	96
						P	16—59	暗紫色	中壤土	块状	7.6	13.6	0.76	20			
						W	59—100	暗紫色	轻壤土	小块状	7.8	10.2	0.63	12			
剖5	人为土	水稻土	黄红壤性水稻土	黄红壤性水稻土	白鳝泥田	HA₁	0—18	黄灰色	重壤土	块状	5.1	18.2	0.91	61	残积型红色黏土	E 105°57′40.3″ N 29°17′06.7″	92
						Wa₃b₂	18—55	灰白色	轻壤土	块状	4.8	3.8	0.27	23			
						Wa₃b₁	55—100	灰白色	重壤土	块状	4.7	3.7	0.26	24			
剖6	初育土	紫色土	棕紫泥土	灰棕紫泥土	大眼泥土	A	0—18	棕紫色	重壤土	核粒状	7.4	15.6	0.93	70	泥岩、长石石英砂岩	E 105°45′39.9″ N 29°14′55.2″	88
						P	18—100	棕紫色	重壤土	棱块状	7.4	11.0	0.74	48			
剖7	铁铝土	黄壤	黄壤	矿子黄泥土	黄泥土	A	0—20	灰黄色	重壤土	小块状	7.1	27.2	1.87	85	石灰岩	E 105°48′33.8″ N 29°13′39.7″	73
						B	20—39	浅黄色	重壤土	大块状	6.9	26.5	1.63	76			
						Wb₁	39—100	浅黄色	重壤土	块状	6.4	13.6	1.02	58			
剖8	初育土	紫色土	棕紫泥土	灰棕紫泥土	石骨子土	A	0—18	棕紫色	轻壤土	碎屑状	8.3	8.3	0.64	31	泥岩、长石石英砂岩	E 105°54′24.2″ N 29°13′14.4″	81
						C	18—										
剖9	初育土	紫色土	棕紫泥土	灰棕紫泥土	砂土	A	0—15	灰紫色	砂壤土	单粒状	6.7	11.3	0.44	30	泥岩、长石石英砂岩	E 105°49′20.3″ N 29°11′32.3″	76
						B	15—40	灰紫色	砂壤土	单粒状	5.8	8.7	0.27	21			
						C	40—										
剖10	初育土	紫色土	棕紫泥土	灰棕紫泥土	黄泥土	A	0—22	紫黄色	重壤土	小块状	7.5	13.5	0.93	46	泥岩、长石石英砂岩	E 105°46′02.3″ N 29°05′38.8″	90
						B	22—80	黄黄色	中壤土	小块状	7.9	9.1	0.67	28			
						P	80—100	黄紫色	中壤土	棱块状	7.8	6.1	0.47	17			

南 川 区

主要土类说明

黄壤是南川区的主要土壤类型，占本区地域面积的53%，主要分布于本区腹心地带及东南部龙骨溪背斜和金佛山向斜的两翼。黄壤是形成于湿润的亚热带生物气候条件下的地带性土壤，脱硅富铝化过程明显。成土母质为黄色、灰白色石英砂岩、页岩、千枚岩、泥质灰岩和第四纪黏土。黄壤化学风化较强烈，矿物的水解作用比较深刻，盐基物质的淋溶势强，铁质也普遍水化，有明显的黏化、黄化和脱硅富铝化成土过程。具O–A–AB–B–C剖面构型，土壤有机质累积较高，可达100g/kg，pH为4.5—5.5。植被为常绿阔叶林与针叶阔叶混交林，亦有农作物。

紫色土是南川区第二大土壤类型，占本区地域面积的26%，主要分布在南川城区的西北部、石溪向斜的全部和丰盛场背斜的东翼海拔500—800m的低山谷坝地带。成土母质是紫色泥页岩。紫色土成土母质岩性疏松，易于物理风化、成土速度快，化学风化作用微弱，是发育度浅的岩性土。紫色土形态及组成与母质特性相似，故磷、钾等矿质养分丰富，盐基饱和度大，自然肥力较高，多呈中性，加之环境水气状况良好，日照好，是本区粮油生产的主要基地。

水稻土是南川区第三大土壤类型，占本区地域面积的10%，主要分布于紫色土区和黄壤区的谷坝地带。水稻土是在长期的周期性淹灌种稻过程中，形成的具有独特土体构型和物质循环的特殊耕种土壤。由于干湿交替，水稻土形成糊状淹育层、较坚实板结的犁底层、渗育层、潴育层与潜育层等多种发生层。本区水稻土土层深厚，土质肥沃，光热条件较好，宜种性好，以水稻为主的复种轮作方式较多。

黄棕壤占本区地域面积的6%，主要分布于金佛山、柏枝山等海拔1530m以上的中山地带。黄棕壤是在北亚热带生物气候条件下，经过脱硅富铝化过程和黏粒淀积过程而形成的一类地带性土壤。成土母质多为泥页岩。其脱硅富铝化过程弱于黄壤，向脱钙、黏化方向发展，具A–B–C或A–（B）–C剖面构型，表层有机质含量高，下层急剧下降，pH为4.4—6.0。自然植被有丝栗、猴栗、水青杠、平竹等，还有名贵的天麻、当归等中药材。由于海拔高，树木生长缓慢，多为阔叶杂木林，郁闭度极大，故黄棕壤土区是很好的水源涵养地。

石灰（岩）土占本区地域面积的6%。石灰（岩）土是在亚热带湿润条件下，石灰岩经溶蚀风化，形成厚薄不同的钙质饱和或含游离钙质的土壤，多见于石隙、溶洞或峰丛底部。因母质碳酸钙含量高，延缓了土壤中盐基成分的淋失和脱硅富铝化作用的进行，成为喀斯特地区较为年幼的土壤，游离碳酸盐存在于土体中，土壤呈中性至弱碱性，石灰含量高，钾含量比黄壤高。

本区域中心区气候特征

本区域中心区气候特征值
Regional climate characteristics in central area of the region

气候带：北亚热带湿润气候 Climate region: North subtropical humid climate	
年平均气温 /℃ Annual average temperature /℃	16.8
年平均最高气温 /℃ Annual average maximum temperature /℃	20.8
年平均最低气温 /℃ Annual average minimum temperature /℃	14.0
年降水量 /mm Annual precipitation /mm	1166
≥10℃的积温 /℃ Daily temperature accumulated in a year (≥10℃) /℃	6321
年日照时数 /h Annual sunshine /h	1046
年平均相对湿度 /% Annual average relative humidity /%	80
干燥度 Dryness	0.86

本区域中心区月平均气温与月平均降水量
Monthly temperature and precipitation in central area of the region

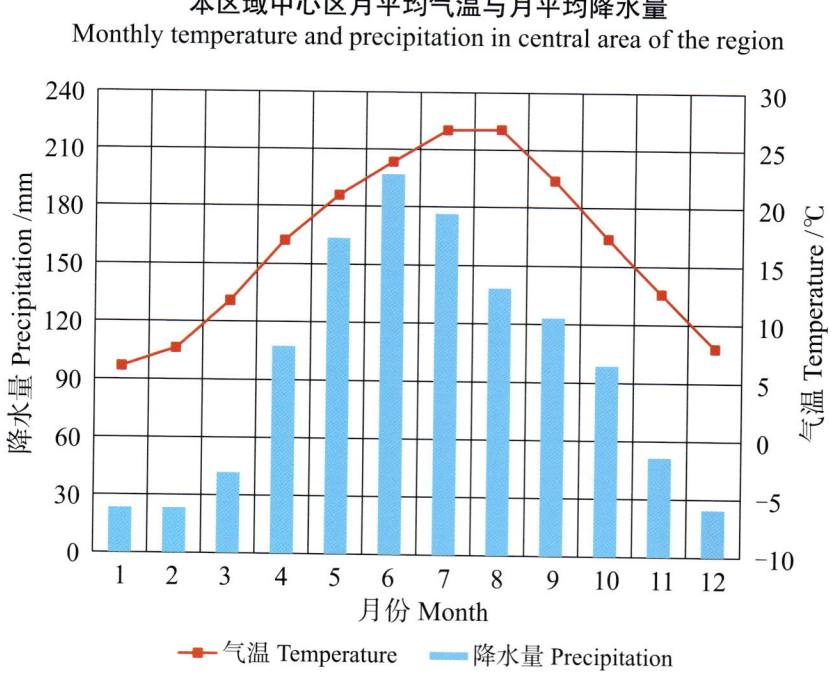

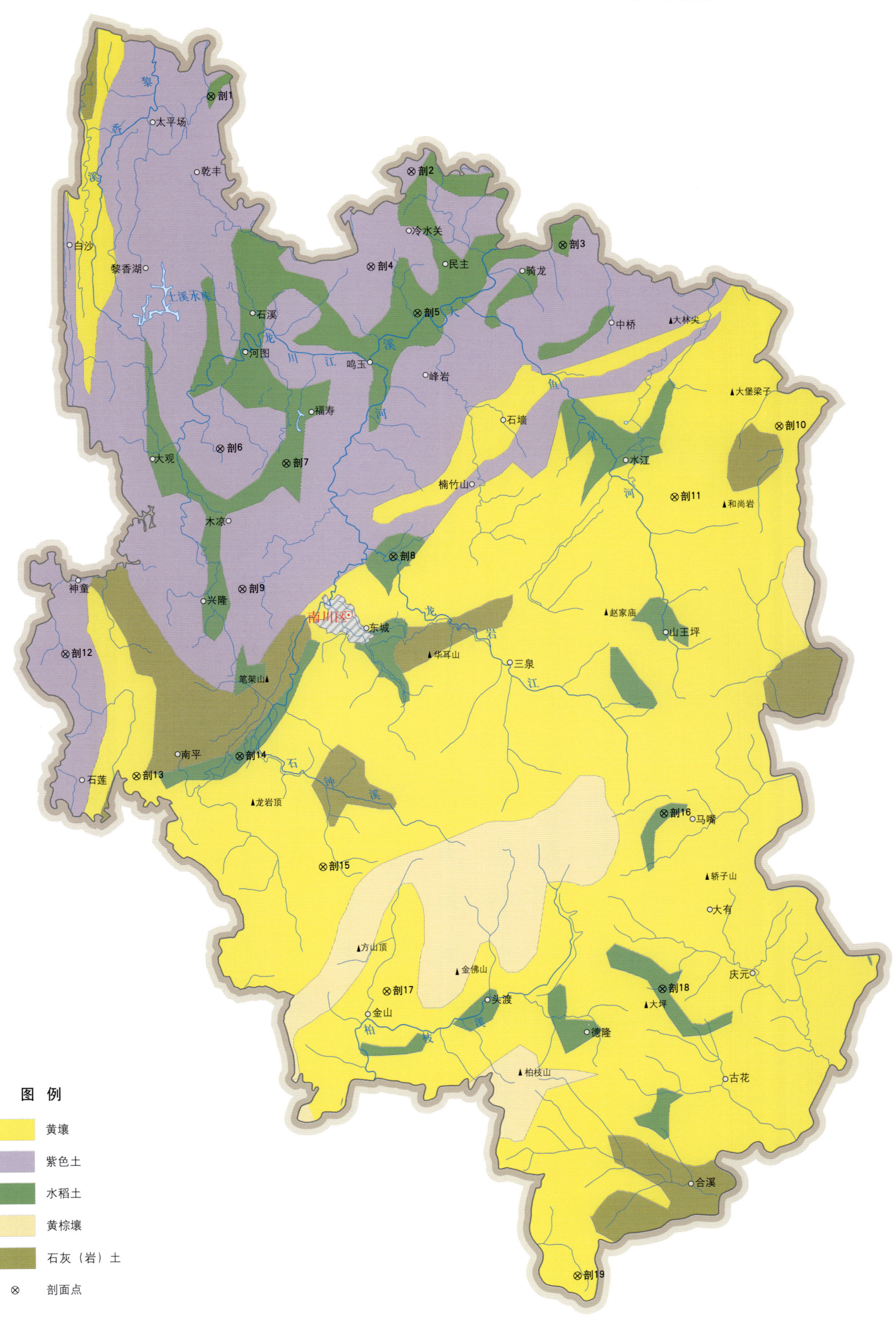

南川区土壤剖面理化性状表

剖面号 Soil profile	土纲 Soil order	土类 Soil great group	亚类 Soil subgroup	土属 Soil genus	土种 Soil species	土层码 Layer code	土层厚度 Depth/cm	颜色 Soil color	质地 Soil texture	土壤结构 Soil structure	pH	有机质 OM/(g/kg)	全氮 TN/(g/kg)	碱解氮 AN/(mg/kg)	土壤母质 Parent material	剖面点坐标 Profile coordinate	匹配指数 Matching index/%
剖1	人为土	水稻土	黄壤性水稻土	矿子黄泥田	死黄泥田	1	0—20	棕灰色	黏土	小块状	6.9	40.0	1.82	192	石灰岩	E 107°00′55.7″ N 29°27′31.1″	77
						2	20—30	浅棕灰色	黏土	块状	7.1	34.4	1.82				
						3	30—84	黄棕色	中黏土	棱柱状	7.2	16.4	1.02				
						4	84—100	黄褐色	中黏土	整体状	7.1	12.0	0.98				
剖2	初育土	紫色土	棕紫泥土	灰棕紫泥土	紫泥土	1	0—20	浅黄棕紫色	重壤土	粒状	5.8	10.6	0.64	76	泥页岩、砂岩	E 107°08′47.3″ N 29°24′48.6″	76
						2	20—60	黄棕紫色	重壤土	棱柱状	6.1	8.2	0.42				
						3	60—	棕紫色	黏壤土	整体状							
剖3	人为土	水稻土	黄壤性水稻土	矿子黄泥田	黄泥田	1	0—20	浅黄棕色	黏壤土	小块状	6.0	38.6	1.78	169	石灰岩	E 107°14′41.7″ N 29°22′11.8″	91
						2	20—38	灰黄色	黏壤土	棱柱状	6.2	33.6	1.62				
						3	38—63	浅黄色	轻黏土	棱柱状	6.3	37.4	0.94				
						4	63—100	黄色	轻壤土	整体状	6.3	10.8	0.79				
剖4	初育土	紫色土	棕紫泥土	灰棕紫泥土	砂土	1	0—25	灰黄色	砂壤土	微粒状	6.4	8.4	0.92	30	泥页岩、砂岩	E 107°07′06.2″ N 29°21′34.2″	89
						2	28—										
剖5	人为土	水稻土	冲积型水稻土	黄色冲积水稻土	半砂半泥土	1	0—20	灰棕色	轻壤土	粒状	8.3	24.1	1.22	106	河流新冲洪积物、淀积物	E 107°08′54.6″ N 29°19′55.9″	92
						2	20—51	浅黄棕色	中壤土	棱柱状	8.0	10.2	0.45				
						3	51—86	浅黄色	中壤土	大块状	7.7						
剖6	初育土	紫色土	棕紫泥土	暗紫泥土	黄砂土	1	0—16	浅黄棕色	中壤土	粒状	4.9	138.0	10.20	48	紫色泥页岩、砂岩风化残积物、坡积物	E 107°01′00.8″ N 29°15′24.8″	72
						2	16—30	浅黄色	砂壤土	块状	5.8	8.9	0.65				
						3	30—										
剖7	人为土	水稻土	黄壤性水稻土	粗骨性水稻土	白鳝泥田	1	0—31	棕褐色	黏土	微粒状	6.3	46.7	2.37	202	页岩、泥岩、粉砂岩	E 107°03′36.7″ N 29°14′51.7″	74
						2	31—50	灰黄褐色	黏土	棱柱状	7.0	26.5	1.77				
						3	50—	浅灰黄色	黏土	整体状	7.1	26.7	1.74				
剖8	初育土	紫色土	棕紫泥土	棕紫色水稻土	砂田	1	0—20	灰黄色	中壤土	粒状	4.9	25.2	1.21	131	砂岩、泥岩、砂岩风化残积物、坡积物	E 107°07′44.4″ N 29°11′34.1″	82
						2	20—42	浅黄色	轻壤土	棱柱状	4.9	16.6	0.89				
						3	42—100	浅黄色	中壤土	整体状	5.8	6.2	0.36				
剖9	初育土	紫色土	暗紫泥土	暗紫泥土	二泥土	1	0—25	暗棕紫色	中壤土	粒状	6.8	36.8	1.18	148	紫色泥页岩、砂岩风化残积物、坡积物	E 107°01′46.2″ N 29°15′34.0″	89
						2	25—50	棕紫色	重壤土	块状	6.4	15.6	0.92				
						3	50—	黄棕紫色	黏土	棱柱状							
剖10	人为土	黄壤	黄壤	粗骨性黄泥土	冷泥土	1	0—17	灰黄色	中壤土	粒状	5.2	18.2	1.27	86	页岩、泥岩、白云岩、粉砂岩	E 107°23′03.8″ N 29°15′47.2″	79
						2	17—26	褐黄色	中壤土	整体状							
						3	26—										
剖11	铁铝土	黄壤	黄壤	粗骨性黄泥土	黄泥土	1	0—15	灰黄色	重壤土	棱块状	6.7	27.8	1.78	121	页岩、泥岩、白云岩、粉砂岩	E 107°18′52.6″ N 29°13′26.4″	72
						2	15—45	浅黄色	黏壤土	棱块状	6.9	18.4	1.48				
						3	45—										
剖12	初育土	紫色土	棕紫泥土	灰棕紫泥土	石骨子土	1	0—15	棕紫色红黄色	中壤土	颗粒状	4.6	10.8	0.69	64	泥岩、砂岩	E 106°54′44.6″ N 29°08′28.0″	85
						2	15—										
剖13	铁铝土	黄壤	黄壤	粗骨性黄泥土	砾质泥土	1	0—20	暗黄棕色	黏土	块状	6.3	42.4	2.06	88	页岩、泥岩、白云岩、粉砂岩	E 106°57′26.4″ N 29°04′13.0″	90
						2	20—52	棕黄色	黏土	块状	6.5	39.0	1.98				
						3	52—										
剖14	人为土	水稻土	紫色土性水稻土	棕紫色水稻土	白鳝泥田	1	0—20	黄灰紫色	中壤土	粒状	5.5	22.2	1.24	108	砂岩、泥页岩风化残积物、坡积物	E 107°01′31.1″ N 29°04′49.4″	96
						2	20—55	暗黄灰色	重壤土	棱柱状	5.3	12.2	0.59				
						3	55—100	紫灰色	黏壤土	大块状	5.5						

续表 Continued

剖面号 Soil profile	土纲 Soil order	土类 Soil great group	亚类 Soil subgroup	土属 Soil genus	土种 Soil species	土层码 Layer code	土层厚度 Depth/cm	颜色 Soil color	质地 Soil texture	土壤结构 Soil structure	pH	有机质 OM/(g/kg)	全氮 TN/(g/kg)	碱解氮 AN/(mg/kg)	土壤母质 Parent material	剖面点坐标 Profile coordinate	匹配指数 Matching index/%
剖15	铁铝土	黄壤	黄壤	矿子黄泥土	火石子黄泥土	1	0—20	浅黄色	中壤土	团块状	7.0	38.0	1.67	140	石灰岩、灰岩	E 107°04′41.5″ N 29°00′56.5″	74
						2	20—30	棕黄色	黏壤土	块状	7.3	24.7	1.38				
						3	30—	棕黄色	黏壤土	棱柱状							
剖16	人为土	水稻土	黄壤性水稻土	矿子黄泥田	半砂半泥田	1	0—24	黄灰色	中壤土	粒状	8.4			128	石灰岩	E 107°18′09.4″ N 29°02′31.2″	80
						2	24—58	浅黄灰色	中壤土	棱块状	8.5	22.5	1.00				
						3	58—100	浅黄色	紫砂土	棱块状	8.3						
剖17	铁铝土	黄壤	黄壤	粗骨黄泥土	扁砂土	1	0—15	黄灰色	砂壤土	粒状	6.0	25.7	1.74	121	页岩、泥岩、白云岩、粉砂岩	E 107°07′04.9″ N 28°56′36.0″	87
						2	15—30	棕黄色	砂壤土	小块状	6.0						
						3	30—										
剖18	人为土	水稻土	紫色土性水稻土	棕紫色水稻土	黄泥田	1	0—20	暗紫色	中壤土	粒粒状	5.2	22.4	1.28	154	砂岩、泥页岩风化残积物、坡积物	E 107°17′55.0″ N 28°56′27.6″	75
						2	20—80	浅棕紫色	黏壤土	棱块状	6.2						
						3	80—100	红棕紫色	黏壤土	整体状	5.4						
剖19	铁铝土	黄壤	黄壤	冷砂黄泥土	冷砂土	1	0—21	黄灰色	砂壤土	微粒状	6.2	16.8	1.06	34	酸性砂岩和砂岩	E 107°14′16.8″ N 28°46′45.1″	81
						2	21—30	灰黄色	砂壤土	块状	6.4	15.0	0.87				
						3	30—										

璧 山 区

主要土类说明

水稻土是璧山区的主要土壤类型，占本区地域面积的 66%。水稻土是在长期的水耕熟化过程中，形成的具有独特土体构型和物质循环的特殊耕种土壤。由于干湿交替，水稻土一般形成糊状淹育层、较坚实板结的犁底层、渗育层、潴育层与潜育层等多种发生层。根据水稻土剖面层次变化，本区水稻土分为淹育型、潴育型、潜育型等亚类。淹育水稻土主要分布于塝田、子湾、支沟及长期实行水旱轮作的田块，其土体内的水热气肥较协调，耕层绒而不烂，爽水透气，水温、土温较高，水稻生长良好，一般无坐蔸，是本区种植双季稻的主要水稻土，如水源有保证，则为高产稳产水稻土，其代表土种为灰棕紫泥田土属的黄泥田。潴育水稻土主要分布于丘陵陡坡转缓的塝田、冲沟转弯处和溪河两岸的地段，水分侧渗，土体充分淋洗，盐基物质流失，有效养分含量低，结构不良，水稻全生育期长势差，发蔸力弱，故产量多稳而不高，其代表土种是白鳝泥田、豆瓣泥田。潜育水稻土分布于深沟窄谷和长期灌冬水的塝田，土体内水多气少，水热气肥不协调，水稻易坐蔸，产量低而不稳，其代表土种是鸭屎泥田。水稻土宜种范围较广，本区以水稻为主的复种轮作方式可多达 8 种。

黄壤是璧山区第二大土壤类型，占本区地域面积的 17%。黄壤是形成于湿润的亚热带生物气候条件下的地带性土壤，脱硅富铝化过程明显。各地质时期的黄色、灰白色石英砂岩、页岩、千枚岩、泥质灰岩和第四纪黏土砾石层均可发育成黄壤。黄壤化学风化较强烈，矿物水解作用比较深刻，盐基物质的淋溶势强，铁质也普遍水化，因此土壤在发育过程中产生明显的黏化、黄化和脱硅富铝化成土过程。本区黄壤土性冷凉，酸碱幅度变化大，缺乏有效磷，但仍是种植松、杉、茶叶、橙子、竹类等用材林和经济林的主要基地。

紫色土是璧山区第三大土壤类型，占本区地域面积的 15%。紫色土是紫色砂岩、页岩、泥岩风化物，在亚热带湿润气候条件下形成的幼年土壤，基本保持了母质理化性质。其物理风化作用强烈、成土速度快，化学风化作用微弱，是发育度浅的岩性土，剖面层次发育不明显，具 A–C 剖面构型。土壤中除钙、钠有明显淋失外，其他元素无明显淋失，铁铝积累不明显，不具有亚热带的脱硅富铝化作用。受地貌类型影响深刻，土层浅薄。紫色土因母岩富含磷钾等矿质养分，结构良好，易耕作，肥力水平高于黄壤，多呈中性，质地为中壤土至重壤土，加之所在地形平缓，光热条件好，宜种作物范围广。

小于本区地域面积 3% 的土壤类型还有石灰（岩）土、红壤等。

本区域中心区气候特征

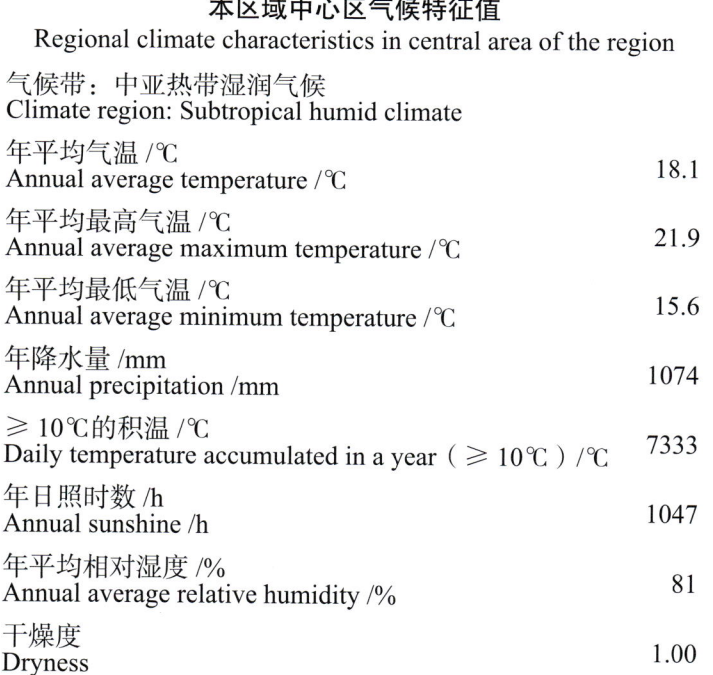

本区域中心区气候特征值
Regional climate characteristics in central area of the region

气候带：中亚热带湿润气候 Climate region: Subtropical humid climate	
年平均气温 /℃ Annual average temperature /℃	18.1
年平均最高气温 /℃ Annual average maximum temperature /℃	21.9
年平均最低气温 /℃ Annual average minimum temperature /℃	15.6
年降水量 /mm Annual precipitation /mm	1074
≥ 10℃的积温 /℃ Daily temperature accumulated in a year (≥ 10℃) /℃	7333
年日照时数 /h Annual sunshine /h	1047
年平均相对湿度 /% Annual average relative humidity /%	81
干燥度 Dryness	1.00

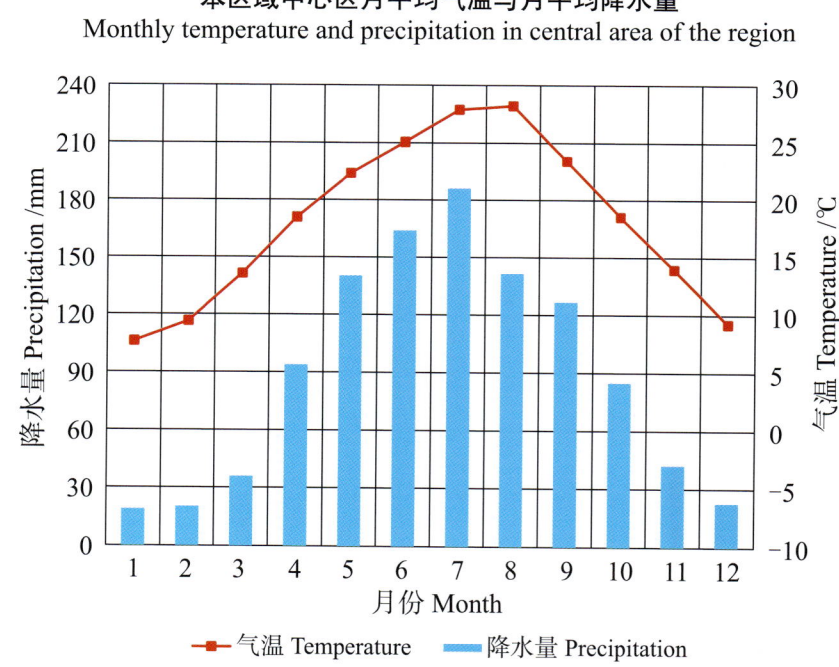

本区域中心区月平均气温与月平均降水量
Monthly temperature and precipitation in central area of the region

璧山县主要土壤类型与土壤剖面点分布图
1∶220 000

注：国务院 2014 年 5 月批准，撤销璧山县，设立璧山区。

璧山区土壤剖面理化性状表

剖面号 Soil profile	土纲 Soil order	土类 Soil great group	亚类 Soil subgroup	土属 Soil genus	土种 Soil species	土层码 Layer code	土层厚度 Depth/cm	颜色 Soil color	质地 Soil texture	土壤结构 Soil structure	pH	有机质 OM/(g/kg)	全氮 TN/(g/kg)	碱解氮 AN/(mg/kg)	土壤母质 Parent material	剖面点坐标 Profile coordinate	匹配指数 Matching index/%
剖1	人为土	水稻土	紫色土性水稻土	灰棕紫泥田	鸭屎泥田	G_3	0—16	紫棕色	轻黏土	稀糊状	7.7	24.2	1.18	121	泥页岩、长石石英砂岩	E 106°18′25.9″ N 29°50′48.5″	95
						G_2	16—66	黄棕紫色	轻黏土	整体状	8.0	15.8	0.80				
						Pb_2	66—100	灰紫棕色	轻黏土	棱柱状	7.0	5.0	0.34				
剖2	半水成土	潮土	潮土	紫色潮土	潮砂泥土	A	0—14	浅灰色	砂壤土	无明显结构	6.5	18.0	0.87	61	冲积物	E 106°18′56.9″ N 29°50′01.3″	83
						B	14—54	浅褐黄色	砂壤土	粒状	6.5	10.4	0.47				
						W	54—100	浅黄色	轻壤土	整体状	6.5	4.3	0.26				
剖3	铁铝土	黄壤	山地黄壤	冷砂黄泥土	黄砂泥土	A	0—20	黄色	中壤土	粒状	6.8	22.3	0.99	96	石英粗砂岩夹薄层炭质页岩	E 106°10′09.0″ N 29°45′37.1″	81
						B	20—47	红黄色	中壤土	小块状	6.2	7.4	0.35	24			
						W	47—100	黄黄色	中壤土	整体状	6.3	5.4	0.32	32			
剖4	铁铝土	黄壤	山地黄壤	冷砂黄泥土	冷砂土	A	0—19	浅黄色	松砂土	单粒状	5.8	18.4	0.61	87	石英粗砂岩夹薄层炭质页岩	E 106°10′30.4″ N 29°45′11.9″	90
						B	19—90	黄棕色	粗砂土	整体状	5.8	10.4	0.42				
						C	90—	黄棕色	粗砂土	块状							
剖5	人为土	水稻土	紫色土性水稻土	暗紫泥田	黄砂田	A'	0—24	棕黄色	轻壤土	粒状	5.8	12.4	0.84	47	泥页岩、粗砂岩	E 106°11′58.6″ N 29°44′28.0″	87
						Ba_0	24—40	灰黄棕色	砂壤土	整体状	5.8	9.3	0.69	38			
						Wa_0b_2	40—100	灰黄色	砂壤土	整体状	6.5	8.1	0.64	32			
剖6	铁铝土	黄壤	山地黄壤	森林冷砂土	松毛土	Ao	0—2	浅黑褐色	砂壤土	无明显结构	4.1	87.8	2.09	156	厚砂夹薄页岩	E 106°11′11.4″ N 29°43′45.1″	88
						A_1	2—6	浅黑褐色	砂壤土	微粒状	4.1	35.9	1.49	79			
						B	6—23	黄褐色	砂壤土	整体状	4.5	9.2	0.32	44			
						C	23—	黄黄色	中壤土	粒状							
剖7	人为土	水稻土	黄壤性水稻土	冷砂黄泥田	鸭屎泥田	G_3	0—20	灰黑棕色	中壤土	稀糊状	6.9	40.2	1.85	139	石英粗砂岩夹薄层炭质页岩	E 106°10′40.8″ N 29°41′53.9″	76
						G_1	20—30	浅灰黑色	中壤土	整体状	6.9	36.0	1.82				
						G_2	30—95	黑灰色	中壤土	块状	7.0	34.4	1.55				
						Wa_2	95—100	浅灰白色	中壤土	棱体状	6.9	19.2	0.20				
剖8	初育土	紫色土	中性紫色土	灰棕紫泥土	石骨子土	A	0—16	棕色	中壤土	小块状	7.5	11.1	0.66	34	泥页岩	E 106°16′48.7″ N 29°49′22.8″	93
						C	16—										
剖9	人为土	水稻土	紫色土性水稻土	暗紫泥田	暗紫泥田半砂田	$A'b_1$	0—24	黄棕紫色	轻壤土	粒状、块状	6.4	16.4	0.98	87	泥页岩、粗砂岩	E 106°19′32.5″ N 29°48′31.0″	80
						Wa_0b_2	24—61	棕紫色	轻壤土	棱体状	6.3	14.7	1.05	96			
						G_1	61—100	蓝灰色	轻壤土	整体状	6.3	13.1	0.83	100			
剖10	人为土	水稻土	红棕紫泥田	红棕紫泥田	豆瓣泥田	A'	0—23	黄棕色	重壤土	棱体状	7.4	24.4	1.23	95	厚泥岩、厚层砂岩	E 106°16′06.6″ N 29°47′48.5″	80
						G	23—100	深灰紫色	重壤土	块状	7.6	21.6	1.09	92			
剖11	人为土	水稻土	黄壤性水稻土	矿子泥田	矿子泥田	G_1	0—26	灰蓝色	黏土	稀糊状	8.2	23.5	1.28	94	石灰岩	E 106°08′11.8″ N 29°39′16.0″	87
						Pa_0b_1	26—46	浅灰棕色	黏土	棱体状	8.1	15.5	0.72				
						Pa_1b_1	46—95	灰黄棕色	砂黏土	棱体状	8.2	13.0	0.70				
						HA_1	95—	棕黄色	中壤土	小块状	7.7	11.1	0.68				
剖12	铁铝土	黄壤	黄壤	红棕紫泥田	黄鳝底土	Wb_2	0—11	浅棕黄色	重壤土	棱状	6.2	17.3	1.17	109	石灰岩	E 106°07′43.9″ N 29°38′54.6″	86
						B	11—77	黄黄色	重壤土	块状	6.7	12.3	0.74				
						A'	77—100	黄黄色	中壤土	整体状	6.7	10.0	0.73				
剖13	人为土	水稻土	红棕紫泥田	红棕紫泥田	半砂半泥土	A'	0—18	红棕紫色	重壤土	粒状	7.1	13.9	0.95	63	厚泥岩、厚层砂岩	E 106°11′33.8″ N 29°38′05.7″	78
						B	18—42	红棕紫色	中壤土	整体状	7.1	11.8	0.80	50			
						P	42—100	红棕紫色	中壤土	棱柱状	7.4	4.5	0.46	19			
剖14	初育土	紫色土	中性紫色土	红棕紫泥土	半砂半泥土	A	0—23	棕紫色	中壤土	粒状	6.9	11.8	0.56	52	厚泥岩、厚层砂岩	E 106°11′52.7″ N 29°36′48.7″	79
						B	23—44	棕紫色	中壤土	整体状	7.5	12.2	0.57	52			
						P	44—100	棕紫色	中壤土	棱柱状	7.5	10.1	0.48	42			

续表 Continued

剖面号 Soil profile	土纲 Soil order	土类 Soil great group	亚类 Soil subgroup	土属 Soil genus	土种 Soil species	土层码 Layer code	土层厚度 Depth/cm	颜色 Soil color	质地 Soil texture	土壤结构 Soil structure	pH	有机质 OM/(g/kg)	全氮 TN/(g/kg)	碱解氮 AN/(mg/kg)	土壤母质 Parent material	剖面点坐标 Profile coordinate	匹配指数 Matching index/%
剖15	人为土	水稻土	红棕紫泥田	红棕紫泥田	红火泥田	A'	0—18	棕黄紫色	重壤土	块状	7.5	15.0	1.03	59	厚泥岩，厚层砂岩	E 106°12'54.3" N 29°36'28.1"	96
						B	18—30	棕紫色	重壤土	整体状	7.5	11.9	0.93	53			
						P	30—100	棕紫色	重壤土	棱柱状	7.0	7.2	0.43	50			
剖16	人为土	水稻土	紫色土性水稻土	暗紫泥田	鸭屎泥田	G₁	0—17	灰棕紫色	重壤土	稀糊状	7.3	45.6	1.68	115	泥页岩，粗砂岩	E 106°14'13.9" N 29°35'24.7"	82
						G₂	17—37	黑紫色	重壤土	整体状	7.1	37.2	1.38				
						G₃	37—100	蓝灰色	重壤土	棱柱状	6.7	9.6	0.40				
剖17	铁铝土	黄壤	黄壤	矿子黄泥土	矿子泥土	A	0—27	棕黄色	中壤土	粒状、大块状	7.0	20.9	1.18	112	石灰岩	E 106°06'12.8" N 29°34'37.7"	83
						B	27—37	紫棕黄色	重壤土	块状	7.5	12.1	0.75				
						Wa₀	37—100	浅黄色			7.0	6.0	0.67				
剖18	初育土	紫色土	中性紫色土	红棕紫泥土	红火泥土	A	0—20	红棕紫色	轻黏土	粒状、核状	7.4	14.2	0.93	91	厚泥岩，厚层砂岩	E 106°12'29.2" N 29°34'23.5"	77
						W	20—63	红棕紫色	重壤土	块状	7.5	9.8	0.77	57			
						C	63—										
剖19	人为土	水稻土	红棕紫泥田	红棕紫泥田	鸭屎泥田	G₁	0—18	紫黑灰色	重壤土	稀糊状	7.0	13.9	0.95	63	厚泥岩，厚层砂岩	E 106°11'37.3" N 29°34'03.4"	83
						G₂	18—42	紫黑紫色	重壤土	整体状	8.0	11.8	0.80	50			
						G₁P	42—100	灰紫紫色	轻壤土	棱柱状	7.5	4.5	0.46	19			
剖20	人为土	水稻土	紫色土性水稻土	灰棕紫泥土	油砂泥田	A'	0—20	深灰紫色	重壤土	微团粒状	6.0	13.7	0.63	61	泥页岩，长石石英砂岩	E 106°08'56.8" N 29°33'59.8"	97
						B	20—42	紫黑紫色	重壤土	片状	6.8	9.9	0.67	65			
						C	42—										
剖21	初育土	紫色土	中性紫色土	灰棕紫泥土	半砂半泥土	A	0—21	灰棕紫色	中壤土	粒状	7.2	10.9	0.47	49	泥页岩，长石石英砂岩	E 106°09'52.2" N 29°33'49.7"	93
						P	21—62	棕紫色	中壤土	棱柱状	7.0	7.0	0.34	30			
							62—100	棕紫色	重壤土	整体状	7.0	5.9	0.28	28			
剖22	人为土	水稻土	红棕紫泥田	红棕紫泥田	白鳝泥田	Wa₀	0—20	红棕紫色	重壤土	小块状	6.8	22.3	1.02	90	厚泥岩，厚层砂岩	E 106°12'16.2" N 29°33'24.1"	92
						Wa₀b₁	20—30	红棕紫色	中壤土	大块状	6.8	14.4	0.81				
						Wa₀b₁	30—100	红棕紫色	砂壤土	微团粒状	6.3	4.5	0.23				
剖23	人为土	水稻土	红棕紫泥田	红棕紫泥田	红砂田	A'	0—22	红棕紫色	砂壤土	整体状	6.5	12.3	0.51	56	石英粗砂岩夹薄层紫质页岩	E 106°10'43.3" N 29°32'37.0"	85
						B	22—36	红棕紫色	砂壤土	小块状	7.0	9.3	0.43	48			
						Wb₁	36—100	黄灰棕色	重壤土	小块状、粒状	6.9	8.0	0.37	40			
剖24	人为土	水稻土	黄壤性水稻土	冷砂黄泥田	黄砂泥田	A'	0—29	黄灰棕色	轻壤土	块状	7.5	21.1	1.16	71	石英粗砂岩夹薄层紫质页岩	E 106°04'42.0" N 29°30'19.4"	80
						Wb₁	29—58	浅黄灰色	砂壤土	粒状	7.5	4.6	0.42	22			
						Wa₀b₁	58—100	淡灰黄色	中壤土	棱柱状	7.5	5.9	0.41	22			
剖25	人为土	水稻土	紫色土性水稻土	暗紫泥田	大眼泥田	A'	0—22	暗紫色	重壤土	整体状	7.3	19.3	1.38	80	泥页岩	E 106°15'33.0" N 29°38'29.0"	86
						Pb₁	22—100	暗紫色	重壤土	单粒状	8.1	17.4	1.21	79			
剖26	人为土	水稻土	黄壤性水稻土	矿子泥田	白鳝泥田	Wa₁	0—40	灰棕黄色	砂壤土	整体状	8.1	28.0	1.65	117	石灰岩	E 106°15'45.3" N 29°37'07.9"	74
						HA₃	40—100	灰棕黄色	轻黏土	整体状	6.2	18.2	1.20	79			
剖27	人为土	水稻土	黄壤性水稻土	冷砂黄泥田	冷砂田	A	0—17	浅棕黄色	砂壤土	微粒状	6.2	13.9	0.91	66	石英粗砂岩夹薄层紫质页岩	E 106°15'02.6" N 29°36'06.0"	79
						B	17—36	黄色	砂壤土	棱柱状	8.9	10.3	0.80	52			
						W	36—100	灰棕色	轻壤土	小块状	5.7	5.3	0.41	29			
剖28	初育土	紫色土	酸性紫色土		砂土	A	0—19	灰棕色	重壤土	块状	6.0	10.5	0.65	55	泥页岩，长石石英砂岩	E 106°09'19.1" N 29°25'32.2"	93
						B	19—36	灰棕色	重壤土	棱柱状	6.2	8.3	0.49	36			
						C	36—										
剖29	人为土	水稻土	紫色土性水稻土	灰棕紫泥田	白鳝泥田	HA₁	0—17	黄棕紫色	重壤土	块状	6.2	17.3	0.94	39	泥页岩，长石石英砂岩	E 106°07'01.9" N 29°25'23.5"	82
						Wa₀b₂	17—55	灰棕紫色	重壤土	棱柱状	6.2	14.2	0.81	58			
						Wa₀b₁	55—82	灰白紫色	中壤土	大块状	6.5	8.4	0.60	36			
						C	82—										

续表 Continued

剖面号 Soil profile	土纲 Soil order	土类 Soil great group	亚类 Soil subgroup	土属 Soil genus	土种 Soil species	土层码 Layer code	土层厚度 Depth/cm	颜色 Soil color	质地 Soil texture	土壤结构 Soil structure	pH	有机质 OM/(g/kg)	全氮 TN/(g/kg)	碱解氮 AN/(mg/kg)	土壤母质 Parent material	剖面点坐标 Profile coordinate	匹配指数 Matching index/%
剖30	人为土	水稻土	紫色土性水稻土	灰棕紫泥田	半砂半泥田	A′	0—21	灰棕紫色	中壤土	粒状	6.7	16.6	0.69	66	泥页岩、长石石英砂岩	E 106°05′49.2″ N 29°24′31.3″	70
						B	21—69	棕紫色	中壤土	整体状	7.2	6.9	0.29	27			
						P	69—100	棕紫色	中壤土	棱柱状	7.2	4.6	0.23	16			
剖31	初育土	紫色土	中性紫色土	灰棕紫泥土	黄泥土	A	0—17	灰棕紫色	中壤土	粒状	7.0	14.4	0.75	85	泥页岩、长石石英砂岩	E 106°09′28.1″ N 29°24′20.2″	75
						P	17—62	黄棕紫色	中壤土	棱柱状	7.3	10.4	0.59	35			
						B	62—100	黄棕紫色	中壤土	整体状	7.0	5.6	0.33	32			
剖32	人为土	水稻土	紫色土性水稻土	灰棕紫泥田	砂田	A′	0—20	棕紫色	砂土	粒状	6.2	10.2	0.65	6	泥页岩、长石石英砂岩	E 106°08′38.6″ N 29°24′14.4″	90
						Wb_1	20—39	黄灰紫色		小块状	6.5	8.5	0.48	24			
						C	39—										
剖33	人为土	水稻土	紫色土性水稻土	灰棕紫泥田	黄泥田	A′	0—18	灰棕紫色	重壤土	粒状	6.8	20.0	1.26	62	泥页岩、长石石英砂岩	E 106°07′21.4″ N 29°22′57.0″	95
						B	18—62	棕紫色	轻黏土	整体状	6.8	16.0	0.96	83			
						P	62—100	黄棕紫色	轻壤土	棱柱状	6.0	7.9	0.54	35			
剖34	初育土	紫色土	酸性紫色土	暗紫泥土	黄砂土	A	0—20	棕紫色	轻壤土	单粒状	6.0	6.6	0.59	30	泥页岩、粗砂岩	E 106°04′11.8″ N 29°21′10.7″	80
						B	20—39	浅黄紫色		整体状	6.0	5.3	0.54	28			
						C	39—										
剖35	人为土	水稻土	紫色土性水稻土	灰棕紫泥田	豆瓣泥田	A′	0—20	棕紫色	重壤土	小块状	6.8	14.6	0.72	77	泥页岩、长石石英砂岩	E 106°05′25.1″ N 29°21′01.8″	74
						P	20—34	棕紫色	重壤土	棱柱状	7.2	13.0	0.65	51			
						Pa_0b_1	34—100	黄灰紫色	重壤土	棱柱状	6.8	4.6	0.36	19			
剖36	初育土	紫色土	石灰性紫色土	暗紫泥土	油石骨子土	A	0—18	暗紫色	砾质中壤土	粒片状	8.0	9.6	0.50	77	泥页岩、粗砂岩	E 106°04′00.8″ N 29°20′38.4″	90
						C	18—										
剖37	人为土	水稻土	紫色土性水稻土	黄棕紫泥田	半砂半泥田	$A′b_1$	0—35	黄棕紫色	中壤土	棱块状	6.4	13.6	0.82	71	页岩、厚砂岩	E 106°05′59.6″ N 29°19′30.0″	84
						Wa_0b_1	35—48	黄棕紫色	中壤土	小块状	6.3	13.5	0.72	71			
						HA_3	48—100	灰棕紫色	中壤土	块状	6.0	9.3	0.56	48			
剖38	初育土	紫色土	石灰性紫色土	红棕紫泥土	红石骨子土	A	0—21	红紫色	砾质中壤土	碎屑状	7.6	8.7	0.62	42	厚砂岩、厚层砂岩	E 106°06′58.7″ N 29°19′28.9″	74
						C	21—										
剖39	人为土	水稻土	紫色土性水稻土	黄棕紫泥田	黄泥田	A′	0—17	棕紫色	重壤土	块状	7.0	11.7	0.90	38	页岩、厚砂岩	E 106°05′20.4″ N 29°18′08.3″	97
						Bb_1	17—27	棕紫色	重壤土	整体状	6.9	10.0	0.89	44			
						Pb_2	27—100	棕紫色	重壤土	棱柱状	6.8	8.6	0.65	29			

铜 梁 区

主要土类说明

水稻土是铜梁区的主要土壤类型，占本区地域面积的50%，广泛分布于本区河坝、丘陵、低山、槽谷地带。本区水稻土起源于紫色土、黄壤、新积土和石灰（岩）土。水稻土是在长期周期性淹灌种稻过程中，形成的具有独特土体构型和物质循环的特殊耕种土壤。由于干湿交替，水稻土形成糊状淹育层、较坚实板结的犁底层、渗育层、潴育层与潜育层等多种发生层。这些不同发生层段是在人为耕作、水浆管理下形成的。在支沟、子湾、塝田或长期水旱轮作的田块，水分作用不深刻，常发育为淹育水稻土，代表土种是大眼泥田、半砂半泥田，质地适中，托水托肥，爽水易耕，作物高产。潴育水稻土主要在陡坡转缓处或溪河沿岸，淋溶漂洗强烈，颜色发白，代表土种是白鳝泥田，矿质养分贫乏，土壤酸瘦、僵板，肥力低下。在深沟窄谷或长期冬水田多为潜育水稻土，代表土种是鸭屎泥田，土壤泥脚深烂，土温低，还原性有毒物质聚积，水稻易黑根坐苑。

紫色土是铜梁区第二大土壤类型，占本区地域面积的34%。紫色土是紫色砂岩、页岩、泥岩风化物，在亚热带湿润气候条件下形成的幼年土壤。成土母质为紫色砂泥岩及泥灰岩坡积物、残积物，成土过程以物理风化为主，化学风化微弱，其母岩经过一至两个月即可崩解成碎屑，但很难发生黄化、酸化、富铝化作用。紫色土土层浅薄，剖面层次发育不明显，具 A-C 剖面构型，为初育土壤。紫色土理化性质与母岩组成直接相关，保持着母质原色，富含磷、钾等矿质养分，盐基物质多，胶体品质好，吸收容量高，保肥力强，养分补充快，多数为中上等土壤。紫色土区海拔较低，一般在300m左右，光热充足，雨量充沛，有利于植物繁茂生长，是本区重要的粮经作物生产基地。

黄壤是铜梁区第三大土壤类型，占本区地域面积的13%，集中成片分布于东西两低山的岗岭及槽谷，涪江沿岸二至四级阶地上亦有分布。黄壤是形成于湿润的亚热带生物气候条件下的地带性土壤，脱硅富铝化过程明显。成土母质为灰岩、石英砂岩以及第四纪老冲积砾质黄色亚黏土。黄壤化学风化较强烈，矿物的水解作用比较深刻，盐基物质的淋溶势强，铁质也普遍水化，有明显的黏化、黄化和脱硅富铝化成土过程，具 O-A-AB-B-C 剖面构型。土壤有机质累积较高，可达 100g/kg，pH 为 4.5—5.5。由于盐基物淋溶，矿质养分缺乏，土质瘦、土性酸，磷钼贫。其有机质含量虽高于紫色土，但地处低山，气候温凉，土温低，分解缓慢，难以满足作物生长对养分的要求。黄壤中，灰岩发育的矿子黄泥土的肥力较高；老冲积砾石黏土上形成的卵石黄泥肥力较差，但易熟化培肥；石英砂岩所发育的冷砂黄泥肥力最低，不易改造，却是发展松、杉、茶、竹等经济林木的理想基地。

小于本区地域面积3%的土壤类型还有潮土等。

本区域中心区气候特征

本区域中心区气候特征值
Regional climate characteristics in central area of the region

气候带：中亚热带湿润气候 Climate region: Subtropical humid climate	
年平均气温 /℃ Annual average temperature /℃	18.1
年平均最高气温 /℃ Annual average maximum temperature /℃	21.9
年平均最低气温 /℃ Annual average minimum temperature /℃	15.5
年降水量 /mm Annual precipitation /mm	1068
≥10℃的积温 /℃ Daily temperature accumulated in a year（≥10℃）/℃	7225
年日照时数 /h Annual sunshine /h	1053
年平均相对湿度 /% Annual average relative humidity /%	80
干燥度 Dryness	1.01

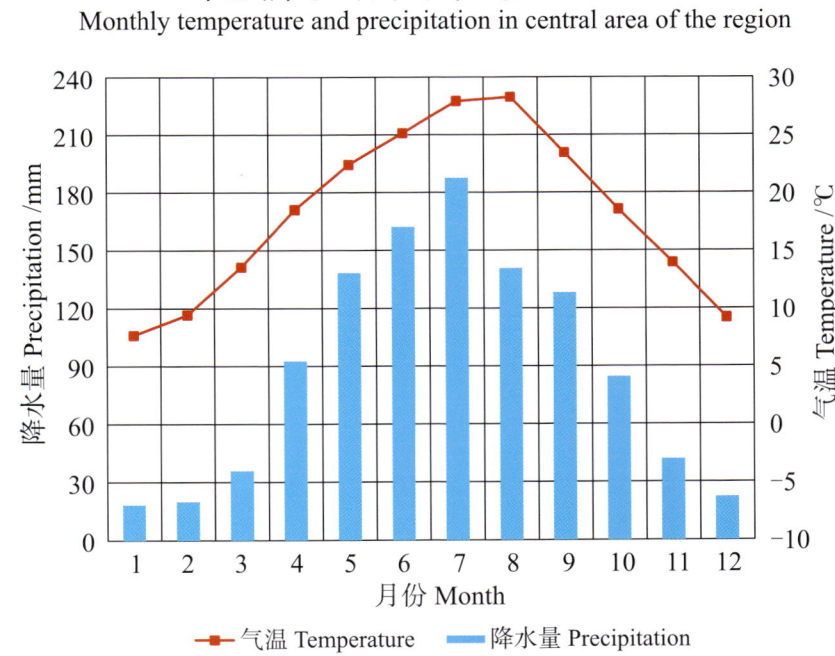

本区域中心区月平均气温与月平均降水量
Monthly temperature and precipitation in central area of the region

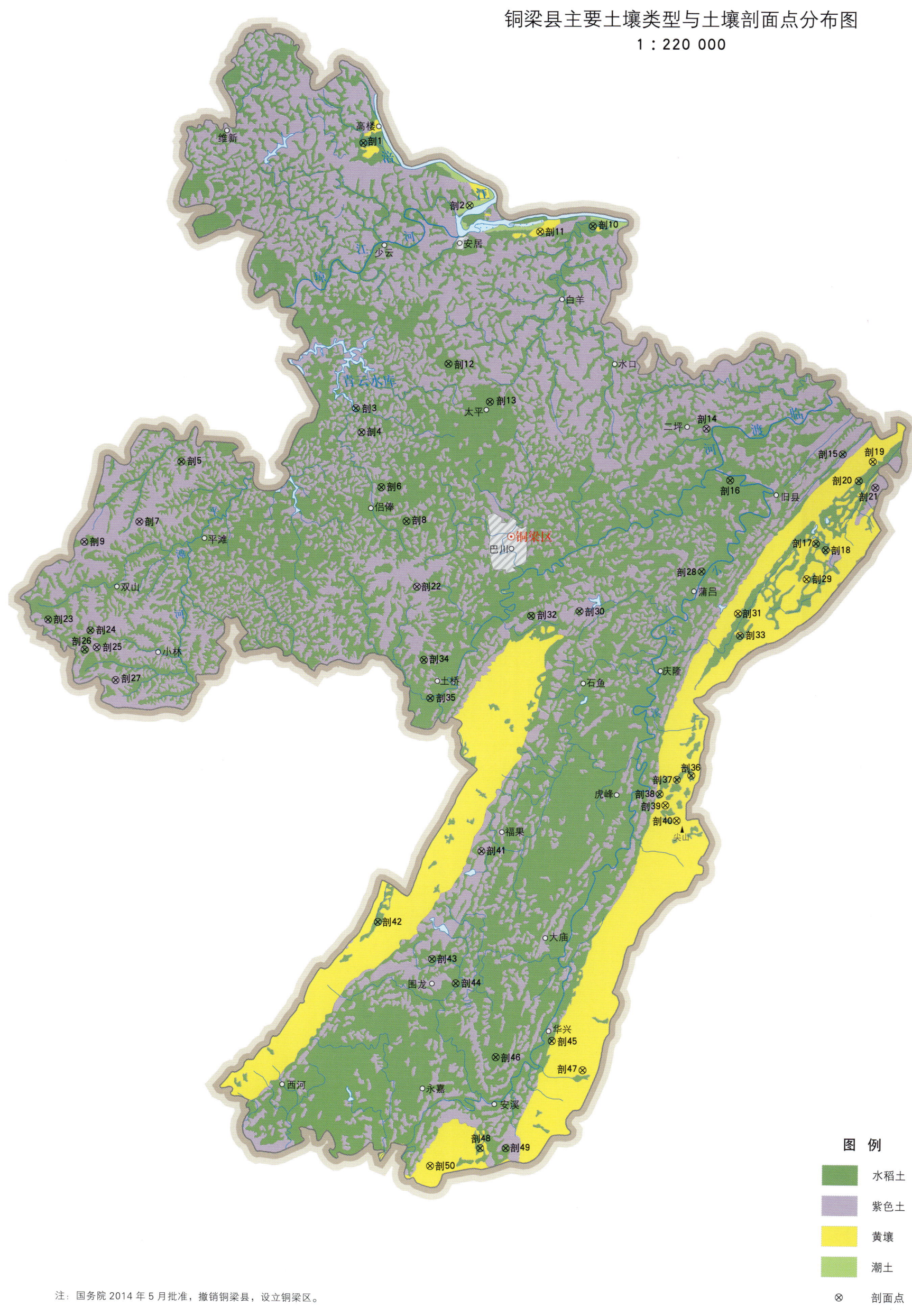

铜梁区土壤剖面理化性状表

剖面号 Soil profile	土纲 Soil order	土类 Soil great group	亚类 Soil subgroup	土属 Soil genus	土种 Soil species	土层码 Layer code	土层厚度 Depth/cm	颜色 Soil color	质地 Soil texture	土壤结构 Soil structure	pH	有机质 OM/(g/kg)	全氮 TN/(g/kg)	全磷 TP/(g/kg)	全钾 TK/(g/kg)	碱解氮 AN/(mg/kg)	速效钾 AK/(mg/kg)	阳离子交换量CEC/(cmol/kg)	土壤母质 Parent material	剖面点坐标 Profile coordinate	匹配指数 Matching index/%
剖1	人为土	水稻土	冲积型水稻土	潮土田	灰棕潮泥田	A	0—25	浅灰色	中壤土	粒状、小块状	6.2	23.6	1.19			108		11.2	近代河流新冲积物	E 105°58′07.1″ N 30°02′22.6″	92
						Pb	23—35	浅灰色	中壤土	片状	7.2	16.1	0.92			60		11.1			
						Pab₁	35—70	棕灰黄色	重壤土	棱柱状	7.3	12.1	0.65			59		13.7			
						Wab₁	70—100	棕灰黄色	中壤土	块状	7.0	4.8	0.32			23		10.2			
剖2	半水成土	潮土	潮土	灰棕潮土	灰棕潮泥田	A′	0—30	浅灰白色	砂壤土	单粒状	8.8	7.0	0.37			59		5.1	近代河流冲积物	E 106°01′44.5″ N 30°00′30.3″	87
						B	30—100	黄棕黄色	砂壤土	单粒状	8.8	4.4	0.23			20		5.1			
剖3	人为土	水稻土	紫色土性水稻土	灰棕紫色水稻土	砂田	A′	0—25	黄棕紫色	轻壤土	粒状	5.6	11.4	0.65			59		11.2	泥岩、砂岩风化物	E 105°57′49.9″ N 29°54′30.2″	87
						Pa₃b₁	25—55	浅灰棕色	中壤土	棱柱状	7.1	10.1	0.50			40		12.0			
						HA₁	55—65	黄棕紫色	中壤土	小块状	7.4	6.3	0.44			35		13.5			
						C	65—											23.2			
剖4	人为土	水稻土	紫色土性水稻土	灰棕紫色水稻土	鸭屎泥田	A′g	0—30	灰棕色	重壤土	糊状	6.9	19.8	1.11			96		22.1	泥岩、砂岩风化物	E 105°58′01.2″ N 29°53′47.3″	77
						Pbg₁	30—40	紫灰色	重壤土	整体状	7.0	18.9	1.00			88		23.5			
						G₁	40—100	紫灰色	重壤土	棱柱状	7.8	6.8	0.45			36		20.7			
剖5	人为土	水稻土	紫色土性水稻土	红棕紫色水稻土	死黄泥田	A′	0—27	红棕紫色	中壤土	小块状	8.3	18.5	0.96			84		14.8	泥岩夹薄层粉砂岩	E 105°51′51.0″ N 29°52′56.0″	86
						Pb	27—40	黄棕紫色	中壤土	棱柱状	8.4	8.7	0.51			38		16.9			
						Wa₁	40—100	黄棕紫色	中壤土	棱块状	7.7	3.5	0.27			24		18.2			
剖6	人为土	水稻土	紫色土性水稻土	红棕紫色水稻土	红石骨子砂田	A′b₀	0—17	黄棕紫色	轻壤土	粒状	7.4	9.1	0.55			61		18.0	泥岩夹薄层粉砂岩	E 105°58′41.5″ N 29°52′09.5″	90
						Pb	17—22	黄棕紫色	中壤土	整体状	7.5	4.8	0.34			32					
						Pa₃b₁	22—36	黄棕紫色	中壤土	棱柱状	7.4	4.7	0.33			33		11.0			
						D	36—														
剖7	初育土	紫色土	棕紫泥土	红棕紫泥土	红石骨子砂田	A	0—22	浅棕紫色	砂壤土	粒状	8.1	9.3	0.59	0.28	11.4	57	67	26.6	厚泥岩、薄砂岩	E 105°50′25.1″ N 29°51′09.4″	84
						C	22—											25.8			
剖8	人为土	水稻土	紫色土性水稻土	红棕紫色水稻土	鸭屎泥田	G	0—32	浅黄紫色	轻黏土	稀糊状	8.1	49.3	2.25			208		26.2	泥岩夹薄层粉砂岩	E 105°59′33.0″ N 29°51′09.0″	71
						Pb	32—39	暗紫色	轻黏土	整体状	8.2	47.8	2.06			186		26.4			
						P	39—100	棕紫色	轻黏土	棱柱状	8.5	42.5	2.23			171					
剖9	初育土	紫色土	棕紫泥土	老冲积黄泥田	卵石黄泥田	A	0—20	棕紫色	重壤土	粒块状	8.0	12.5	0.90			68		25.6		E 105°48′32.0″ N 29°50′33.3″	96
						Pb	20—27	棕紫色	重壤土	片状	8.1	13.1	0.87			65		23.9			
						B	27—100	黄棕紫色	重壤土	粒状	8.3	8.7	0.65			50		11.4			
剖10	水稻土	黄壤性水稻土	老冲积黄泥田	卵石黄泥田		A′	0—20	黄色	重壤土	小块状	6.1	17.6	1.04			96		12.0	冰流沉积物	E 106°05′58.0″ N 29°59′52.0″	93
						Pb	20—27	黄色	重壤土	小块状	6.3	13.8	0.82			76		17.4			
						Wa₂	27—100	褐棕黄色	重壤土	棱柱状	6.0	4.3	0.47			78					
剖11	铁铝土	黄壤	黄壤		油砂田	A	0—15	浅棕黄色	轻黏土	小块状	5.2	18.8	1.14			102		11.8	老冲积物	E 106°04′09.7″ N 29°59′43.0″	76
						BFe	15—100	灰棕紫色	轻壤土	粒状	5.7	9.0	0.63			46		16.7			
剖12	人为土	水稻土	紫色土性水稻土	灰棕紫色水稻土	半砂半泥田	A	0—25	灰暗紫色	中壤土	粒状	7.1	12.0	0.61			53		21.4	泥岩夹薄层粉砂岩	E 106°01′00.1″ N 29°55′48.7″	88
						Pb₁	25—55	灰暗紫色	轻壤土	粒块状	7.2	6.4	0.38			34		21.0			
						Wb₁	55—72	灰棕紫色	少砾重壤	小块状	8.3	4.4	0.23			20		16.3			
剖13	人为土	水稻土	紫色土性水稻土	红棕紫色水稻土	半砂半泥田	A′	0—25	红棕紫色	重壤土	粒状	8.3	15.4	0.99			87		27.7	冰流沉积物	E 106°02′25.4″ N 29°54′40.7″	70
						Pb₁	25—32	红棕紫色	重壤土	粒块状	8.3	9.2	0.66			60		27.7			
						Pb₂	32—63	红棕紫色	重壤土	棱柱状	8.4	7.4	0.54			48		27.5			
						Pb	63—100	棕紫色	重壤土	粒状	8.3	11.9	0.76			60		27.9			
剖14	初育土	紫色土	棕紫泥土	红棕紫泥土	红灰火泥土	A	0—23	棕紫色	重壤土	片状	8.3	11.7	0.71			60		27.5	厚泥岩、薄砂岩	E 106°09′49.7″ N 29°53′50.6″	84
						B	23—38	棕紫色	重壤土	棱块状	8.8	10.5	0.65			60		27.5			
						D	38—85														
							85—														

续表 Continued

剖面号 Soil profile	土纲 Soil order	土类 Soil great group	亚类 Soil subgroup	土属 Soil genus	土种 Soil species	土层码 Layer code	土层厚度 Depth/cm	颜色 Soil color	质地 Soil texture	土壤结构 Soil structure	pH	有机质 OM/(g/kg)	全氮 TN/(g/kg)	全磷 TP/(g/kg)	全钾 TK/(g/kg)	碱解氮 AN/(mg/kg)	速效钾 AK/(mg/kg)	阳离子交换量 CEC/(cmol/kg)	土壤母质 Parent material	剖面点坐标 Profile coordinate	匹配指数 Matching index/%
剖15	人为土	水稻土	紫色土性水稻土	暗紫泥田	粗油砂田	A'	0—24	紫灰色	中砾中壤土	粒状	6.8	29.6	1.48			121		23.0	砂泥岩、硬质页岩	E 106°14'29.0" N 29°53'04.2"	75
						Pb	24—33	紫灰色	少砾重壤土	整体状	6.7	27.2	1.32			107		22.7			
						Pb₁	33—100	紫灰色	少砾中壤土	棱柱状	6.7	26.6	1.30			95		27.9			
剖16	人为土	水稻土	紫色土性水稻土	灰棕紫色水稻土	黄泥田	A'	0—21	浅棕黄色	重壤土	粒状	6.2	10.4	0.63			58		13.8	泥岩、砂页岩风化物	E 106°10'37.9" N 29°52'18.8"	95
						Pb	21—31	浅黄灰色	重壤土	整体状	6.6	13.4	0.74			69		12.8			
						Wa₂b₁	31—100	白黄色	重壤土	小块状	6.0	7.2	0.35			25		11.2			
剖17	人为土	水稻土	黄壤性水稻土	矿子黄泥田	死黄泥田	A'	0—20	黄色	轻黏土	块状	5.6	25.2	1.46			112		16.0	灰岩坡积物、残积物	E 106°13'33.4" N 29°50'25.6"	83
						Pb	20—28	黄色	轻黏土	整体状	5.3	20.3	1.18			94		15.5			
						HA₃	28—64	黄色	轻黏土	棱柱状	5.5	12.1	0.76			58		12.1			
						Wa₂b₀	64—100	棕黄色	重壤土	小块状	5.4	8.4	0.50			42		14.1			
剖18	人为土	水稻土	黄壤性水稻土	矿子黄泥田	鸭屎泥田	G	0—40	青黄色	稀糊状	稀糊状	8.2	57.4	2.77			210		16.1	灰岩坡积物、残积物	E 106°13'53.3" N 29°50'13.7"	86
						Pb	40—50	青黄色	轻黏土	整体状	8.4	51.8	2.43			177		16.3			
						G	50—100	青黄色	重壤土	整体状	8.4	39.6	2.07			177		15.8			
剖19	铁铝土	黄壤	黄壤	矿子黄泥田	黑砂泥土	A	0—25	灰黑色	轻黏土	粒状	6.4	37.6	1.85			83		16.7	石灰岩	E 106°15'31.0" N 29°52'50.9"	87
						B	25—100	黄黑色	轻黏土	粒状	6.5	30.4	1.47			54		14.8			
剖20	人为土	水稻土	黄壤性水稻土	矿子黄泥田	黑砂泥田	A'	0—23	灰黑色	中壤土	小块状	6.8	45.0	2.02			183		20.6	灰岩坡积物、残积物	E 106°15'02.2" N 29°52'16.7"	84
						Pb	23—30	黄黑色	中壤土	棱柱状	6.7	35.0	1.76			109		20.8			
						B	3—60	灰黑色	中壤土	砾粒状	6.2	28.5	1.64			89		16.9			
						D	60—100	砾黑色	多砾土	粒砾状	7.5	16.8	0.84			60		16.9			
剖21	初育土	紫色土	棕紫泥土	暗紫泥土	粗砂泥土	A	0—24	紫灰黑色	多砾土				34.8	1.77			118		35.5		E 106°15'36.0" N 29°52'04.6"	96
						C	24—															
剖22	初育土	紫色土	棕紫泥土	棕紫泥土	砂土	A	0—27	灰白色	轻壤土	单粒状	7.6	10.2	0.51			42		14.7		E 105°59'54.6" N 29°49'12.0"	88
						D	27—															
剖23	人为土	水稻土	紫色土性水稻土	棕紫色水稻土	半砂半泥田	A'	0—25	棕紫色	多砾重壤土	小块状	7.8	18.6	1.15			88		21.5	砂泥岩、石英砂岩	E 105°47'17.9" N 29°48'14.8"	74
						Pb	25—32	棕紫色	中壤土	整体状	7.8	18.7	0.79			87		21.4			
						P	32—61	黄棕紫色	重壤土	棱柱状	8.0	9.1	0.48			37		19.3			
						Wa₂b₁	61—100	黄棕紫色	中壤土	小块状	8.0	5.8	0.34			28		17.5			
剖24	人为土	水稻土	紫色土性水稻土	棕紫色水稻土	紫黄泥田	A'	0—24	棕紫色	重壤土	小块状	7.2	15.6	0.95			83		22.8	砂泥岩、石英砂岩	E 105°48'44.3" N 29°47'55.1"	83
						Pb	24—35	棕紫色	重壤土	整体状	7.3	15.1	0.91			80		22.6			
						Wa₁	35—100	棕紫色	重壤土	棱柱状	7.9	16.4	0.73			59		21.8			
剖25	初育土	紫色土	棕紫泥土	棕紫泥土	石骨子土	A	0—27	棕紫色	砾质中壤土	粒状	8.6	11.0	0.62			51		23.5		E 105°48'57.2" N 29°47'25.1"	100
						C	27—															
剖26	人为土	水稻土	紫色土性水稻土	棕紫色水稻土	砂田	A'	0—22	紫灰色	粗砂质中壤土	粒块状	5.9	16.3	0.98			85		17.2	砂泥岩、石英砂岩	E 105°48'32.8" N 29°47'21.1"	72
						Pb	22—26	棕紫色	粗砂质中壤土	整体状	6.3	15.1	0.94			79		16.4			
						Wa₂b₁	26—57	粗紫黄色	粗砂质中壤土	棱柱状	5.8	10.9	0.73			53		12.8			
						HA₃	57—100	粗紫黄色	中壤土	小块状	5.8	11.7	0.48			43		16.0			
剖27	初育土	紫色土	棕紫泥土	棕紫泥土	半砂半泥田	A	0—26	棕紫色	中壤土	粒状	8.2	14.3	1.03			66		18.2		E 105°49'35.6" N 29°46'26.6"	89
						B	26—33	棕紫色	中壤土	片状	8.3	11.0	0.87			58		15.9			
						C	33—100	棕紫色	中壤土	小块状	8.4	6.9	6.30			43		14.9			
剖28	人为土	水稻土	冲积型水稻土	潮泥田	紫潮泥田	A'	0—28	紫灰色	重壤土	小块状	6.6	41.2	1.32			93		21.0	近代河流新冲积物	E 106°09'38.5" N 29°49'36.8"	90
						Pb	28—41	浅灰色	中壤土	整体状	6.3	33.8	1.02			74		23.1			
						Wab	41—100	灰色	中壤土	块状	6.2	10.8	0.39			37		14.0			
剖29	铁铝土	黄壤	黄壤	矿子黄泥土	死黄泥土	A	0—28	棕黄色	中黏土	棱状	6.2	18.0	1.19			97		18.7	石灰岩	E 106°13'14.2" N 29°49'22.1"	74
						B	28—100	红棕黄色	中黏土	棱块状	5.9	7.0	0.79			65		19.2			

续表 Continued

剖面号 Soil profile	土纲 Soil order	土类 Soil great group	亚类 Soil subgroup	土属 Soil genus	土种 Soil species	土层码 Layer code	土层厚度 Depth/cm	颜色 Soil color	质地 Soil texture	土壤结构 Soil structure	pH	有机质 OM/(g/kg)	全氮 TN/(g/kg)	全磷 TP/(g/kg)	全钾 TK/(g/kg)	碱解氮 AN/(mg/kg)	速效钾 AK/(mg/kg)	阳离子交换量 CEC/(cmol/kg)	土壤母质 Parent material	剖面点坐标 Profile coordinate	匹配指数 Matching index/%
剖30	人为土	水稻土	紫色土性水稻土	暗紫泥田	矿子泥面田	A'	0—17	浅灰色	重壤土	小块状	8.6	30.3	1.60			129		16.1	砂泥岩、硬质页岩	E 106°05′27.8″ N 29°48′27.1″	92
						Pb	17—23	浅灰色	轻黏土	整体状	8.4	10.2	0.59			53		17.5			
						Pb	23—74	灰黄色	中壤土	粒块状	8.6	10.7	0.66			83		14.2			
剖31	铁铝土	黄壤		矿子黄泥土	豆面泥土	A	0—18	紫黄色	重壤土	粒状	6.6	19.7	1.19			95		28.0	石灰岩	E 106°10′53.0″ N 29°48′21.6″	82
						B	18—58	褐黄色	轻黏土	棱块状	6.7	13.4	0.78			67		20.4			
						C	58—100	棕黄色	重壤土	棱柱状	6.3	10.2	0.61			58		32.1			
剖32	人为土	水稻土	紫色土性水稻土	暗紫泥田	白鳝泥田	A'	0—27	褐黄色	轻黏土	块状	6.3	16.5	1.38					18.7	砂泥岩、硬质页岩	E 106°03′48.2″ N 29°48′19.4″	99
						Wa₂b₂	27—60	褐黄紫色	轻黏土	棱柱状	6.8	9.6	1.02			68		18.4			
						Wa₂b₂	60—100	黄白紫色	轻黏土	棱柱状	6.2	7.4	0.73			52		14.5			
剖33	人为土	水稻土	黄壤性水稻土	矿子黄泥田	矿子黄泥田	A'	0—20	浅黄灰色	重壤土	块状	6.5	23.8	1.21			118		13.9	灰岩坡积物、残积物	E 106°10′57.0″ N 29°47′42.4″	74
						Pb	20—33	浅黄灰色	重壤土	块状	6.1	20.0	1.17			101		13.6			
						HA₁	33—80	黄色	重壤土		6.2	14.3	0.84			65		12.7			
						Wa₂b₂	80—	褐黄色	重壤土	小块状	6.2	5.6	0.62			47		10.6			
剖34	人为土	水稻土	紫色土性水稻土	红棕紫色水稻土	红火泥田	A'	0—25	黄红紫色	轻黏土	块状	8.2	33.6	1.79			160		26.1	泥岩夹薄层粉砂岩	E 106°00′08.4″ N 29°47′01.5″	80
						Pb	25—32	黄红紫色	轻黏土	整体状	8.2	32.8	1.62			147		25.0			
						Pa₀b₁	32—80	黄红紫色	轻黏土	棱柱状	8.3	30.8	1.54			139		25.3			
剖35	人为土	水稻土	灰棕紫色水稻土	灰棕紫泥田	白鳝泥田	A'	0—22	黄白色	重壤土	块状	6.4	18.9	0.97			75		12.1	泥岩、砂岩风化物	E 106°00′21.2″ N 29°45′53.3″	89
						Pb	22—43	黄灰棕色	重壤土	柱状	6.3	15.7	0.67			52		9.6			
						Wa₂b₂	43—100	白黄色	中壤土	棱块状	6.7	5.0	0.41			32		16.3			
剖36	人为土	水稻土	黄壤性水稻土	冷沙黄泥田	炭渣田	A'	0—21	黑灰色	砾质中壤土	砾粒状	5.2	46.3	1.71			114		9.8	灰岩坡积物	E 106°09′15.8″ N 29°43′33.6″	96
						C	21—100	黑色	砾土	单粒状	5.6	24.1	1.25			88		7.1			
剖37	人为土	水稻土	黄壤性水稻土	冷沙黄泥田	冷沙田	A'	0—17	灰棕黄色	轻壤土	整体状	5.6	14.6	0.75			70		6.4	石英砂岩夹薄层炭质岩	E 106°08′46.6″ N 29°43′26.5″	78
						Pb	17—28	灰棕黄色	重壤土	核块状	5.7	17.0	0.88			80		10.4			
						Wa₂b₃	28—100	黄褐色	重壤土	稀糊状	5.2	28.0	1.36	0.21	9.5	109	71	8.5			
剖38	人为土	水稻土	黄壤性水稻土	冷沙黄泥田	沙白黄泥田	W	0—16	白黄色	重壤土	整体状	5.1	23.1	1.01	0.17	8.1	94	61	5.4	石英砂岩夹薄层炭质岩	E 106°08′11.0″ N 29°43′00.8″	88
						Pb	16—25	浅黄土	重壤土	棱块状	5.3	16.7	0.78	0.18	7.6	51	45	4.5			
						Wa₂b₁	25—45	白黄色	重壤土	棱块状	5.5	8.0	0.45	0.10	6.9	37	31	4.8			
						Wa₂b₃	45—100	灰白色	重壤土	单粒状	5.4	14.7	0.67			57		6.0			
剖39	铁铝土	黄壤		冷沙黄泥土	冷沙土	A	0—24	紫黄灰色	轻黏土	小块状	5.2	12.4	0.53			43		5.7	石英粗砂岩夹薄层页岩风化物	E 106°08′22.6″ N 29°42′41.0″	75
						B₁	24—39	灰黄灰色	轻黏土	小块状	5.5	9.2	0.42			33		5.1			
						B₂Fe	39—100	黄灰灰色	重壤土	粒状	6.2	52.8	2.05			106		15.4			
剖40	铁铝土	黄壤		冷沙黄泥土	炭渣土	A	0—25	灰黑色	轻壤土	粒块状	6.5	53.3	2.01			64		19.5	石英粗砂岩夹薄层页岩风化物	E 106°08′45.6″ N 29°42′13.7″	78
						C	25—50	灰黄色	中壤土	小块状	5.3	19.2	1.21			101		16.7			
						D	50—	棕黄色	中壤土	核块状	5.6	17.9	1.20			93		16.6			
剖41	人为土	水稻土	暗紫土性水稻土	暗紫黄泥田	黄泥田	Pb	0—17	淡黄黄色	中壤土	整体状	5.8	9.9	0.73			56		14.9	砂泥岩、硬质页岩	E 106°02′05.6″ N 29°41′20.4″	80
						Wa₂b₂	17—34	黄白色	重壤土	棱块状	5.8	15.4	0.83			35		21.7			
						Wa₂b₃	34—40	浅灰黄褐色	中壤土	棱柱状	6.5	25.6	1.37			109		20.6			
剖42	铁铝土	水稻土	黄壤性水稻土	矿子黄泥田	白鳝泥田	A	0—23	灰黄色	中壤土	小块状	6.6	6.3	0.36	0.27	17.9	28	55		灰岩坡积物、残积物	E 105°58′32.9″ N 29°39′13.7″	74
						Pb	23—29	棕黄色	重壤土	小块状	6.6	5.3	0.30	0.28	16.2	23	46	9.0			
						Wa₂b₁	29—59	黄白色	轻壤土	棱柱状	6.7	4.2	0.29	0.26	13.0	23	26	8.9			
						Wa₂b₂	59—100	黄色	中壤土	粒状	6.6	8.2	0.53	0.17	12.0	44	24	24.8			
剖43	人为土	水稻土	紫色土性水稻土	暗紫泥田	黄砂田	A'	0—17	黄色	中壤土	小块状	5.8	23.3	1.03			98			砂泥岩、硬质页岩	E 106°00′24.1″ N 29°38′07.4″	81
						Pb	17—24	棕黄色	重壤土	棱块状	6.5	19.7	0.96			90					
						Wb₂	24—37	黄色	中壤土	棱柱状	6.7	14.0	0.72			57					
						W	37—100	棕色	中壤土		6.6										

续表 Continued

剖面号 Soil profile	土纲 Soil order	土类 Soil great group	亚类 Soil subgroup	土属 Soil genus	土种 Soil species	土层码 Layer code	土层厚度 Depth/cm	颜色 Soil color	质地 Soil texture	土壤结构 Soil structure	pH	有机质 OM/(g/kg)	全氮 TN/(g/kg)	全磷 TP/(g/kg)	全钾 TK/(g/kg)	碱解氮 AN/(mg/kg)	速效钾 AK/(mg/kg)	阳离子交换量CEC/(cmol/kg)	土壤母质 Parent material	剖面点坐标 Profile coordinate	匹配指数 Matching index/%
剖44	人为土	水稻土	紫色土性水稻土	灰棕紫色水稻土	大眼泥田	A'	0—30	灰棕紫色	重壤土	小块状	6.7	23.3	1.01			112		25.6	泥岩、砂岩	E 106°01′12.7″ N 29°37′23.9″	82
						Pb	30—36	灰棕紫色	重壤土	整体状	7.1	11.4	0.86			61		24.9			
						Pa$_0$b$_2$	36—90	灰棕紫色	重壤土	棱柱状	7.3	6.6	0.61			55		25.2			
						Wa$_0$b$_2$	90—100	灰棕紫色	重壤土	棱块状	7.0	4.8	0.44			31		24.6			
剖45	人为土	水稻土	紫色土性水稻土	暗紫泥田	大眼泥田	A'	0—2	暗棕紫色	轻黏土	粒状	8.0	28.8	1.48			134		23.0	砂泥岩、硬质页岩	E 106°04′29.3″ N 29°35′40.9″	96
						Pb	20—35	棕紫色	轻黏土	片状	8.2	22.2	1.27			99		23.2			
						Pb$_1$	35—100	棕紫色	轻黏土	棱柱状	8.3	14.6	0.75			75		22.0			
剖46	人为土	水稻土	紫色土性水稻土	灰棕紫色水稻土	半砂半泥田	A'	0—26	浅灰棕紫色	中壤土	粒块、块状	6.8	19.3	0.94			83		14.1	泥岩、砂岩、硬风化物	E 106°02′34.8″ N 29°35′12.8″	81
						Pb$_1$	26—70	浅灰棕紫色	中壤土	棱柱状	6.6	8.7	0.54			47		13.4			
						HA$_1$	70—100	浅灰棕紫色	中壤土	小块状	7.2	5.0	0.34			29		11.6			
剖47	铁铝土	黄壤	黄壤	矿子黄泥土	矿子黄泥土	A	0—24	灰黄色	中壤土	粒块状	6.6	28.2	1.54			109		14.5	石灰岩	E 106°05′32.3″ N 29°34′49.4″	98
						B	24—100	棕黄色	中壤土	棱块状	6.5	10.8	0.67			55		7.8			
剖48	人为土	水稻土	黄壤性水稻土	冷砂黄泥田	黄砂泥田	A'	0—26	灰灰色	中壤土	粒状	6.5	9.4	0.62			59		12.2	石英砂岩夹薄层炭质页岩	E 106°02′02.8″ N 29°32′31.9″	71
						Pb	26—35	浅灰棕色	中壤土	块状	6.4	20.2	0.96			88		8.7			
						Wab$_2$	35—50	棕黄色	中壤土	块状	6.3	10.8	0.73			68		9.5			
						C	50—80	黄色	轻壤土	块状	6.2	4.2	0.32			27		8.9			
剖49	人为土	水稻土	紫色土性水稻土	暗紫泥田	半砂半泥田	A'	0—22	暗棕紫色	中壤土	粒状	6.5	12.9	0.68			58		19.1	砂泥岩、硬质页岩	E 106°02′55.0″ N 29°32′31.6″	71
						Pb	22—32	棕紫色	重壤土	片状	6.1	13.4	0.75			95		25.1			
						P	32—100	棕黄色	重壤土	棱柱状	6.4	10.5	0.58			47		17.5			
剖50	铁铝土	黄壤	黄壤	冷砂黄泥土	黄砂泥土	A	0—20	橙黄色	重壤土	粒块状	5.8	18.8	1.01			90		14.4	石英粗砂岩夹薄层炭质页岩风化物	E 106°00′20.2″ N 29°32′00.6″	89
						B	20—32	橙黄色	重壤土	团块状	5.7	12.9	0.60			54		14.0			
						C	32—75	红黄色	重壤土	棱块状	5.4	10.1	0.57			43		10.6			
						D	75—														

潼 南 区

主要土类说明

紫色土是潼南区的主要土壤类型，占本区地域面积的59%。紫色土是由侏罗系紫色砂岩、页岩、泥岩风化物，在亚热带湿润气候条件下形成的幼年土壤。其物理风化作用强烈、成土速度快，化学风化作用微弱，是发育度浅的岩性土。紫色土除钙、钠有明显淋失外，其他元素无明显淋失，铁铝积累不明显，不具有亚热带的脱硅富铝化作用。紫色土理化性质与母岩组成直接相关，剖面层次分化不明显，具A-C剖面构型，颜色均一。由于母岩富含磷、钾等矿质养分，紫色土养分全面，自然肥力高，质地较适中，结构好，胶体品质好，硅铝铁率高，盐基饱和度大，土水气矛盾小。如果水肥管理得当，多种作物均能获得较好收成，即使土层较薄，也可得到一定的产量。紫色土是本区粮、油、棉花、甘蔗、柑橘和多种经济作物的生产基地。然而，紫色土的过度垦殖导致水土流失和土层变薄，使之遇旱不经干，遇雨易冲刷，跑水跑肥。

水稻土是潼南区第二大土壤类型，占本区地域面积的34%。本区种植水稻历史悠久，广泛分布于平坝、浅丘、中丘、高丘各种地貌区。任何母质在淹水种稻的情况下均可形成水稻土。按起源母土，本区水稻土可分为潮土性水稻土、紫色土性水稻土、黄壤性水稻土、红壤性水稻土四种类型。按水稻土水耕熟化差异，本区水稻土亦可分为淹育型、潴育型、潜育型三种类型。淹育水稻土主要分布于紫色丘陵坡脚的两塝、子湾、支沟或宽谷内，以及水旱轮作的坝地，土壤颜色与母质相近，剖面多为A-Pb-P构型，其代表土种有沙溪庙组母质发育的二泥田、遂宁组母质发育的红石骨夹泥田、新冲积母质发育的半砂半泥田。潴育水稻土主要指老冲积黄泥水稻土、潮土性水稻土中的少数潮泥田，以及少部分紫色母质发育的紫黄泥田、黄泥底大泥田、白鳝泥底大眼泥田，剖面多为A-Pb-W构型，这类水稻土因淋洗，土壤盐基物质流失，矿质养分含量低，土质瘦，结构不良，水稻发蔸力弱，长势差，产量稳而不高。潜育水稻土主要分布于丘陵区或宽谷坝地的浅洼地带。这些地带由于地下水位较高，荫蔽度大，长期排水不畅，使土壤呈还原态，土粒分散，泥脚深。因土体内还原态有毒物质多，水温、土温低而导致水稻坐蔸产量低。其剖面多为A-Pb-G或A-G构型，土种包括深脚烂泥田、冷浸田、鸭屎泥田等。

小于本区地域面积3%的土壤类型还有潮土、黄壤和红壤等。

本区域中心区气候特征

本区域中心区气候特征值
Regional climate characteristics in central area of the region

气候带：中亚热带湿润气候 Climate region: Subtropical humid climate	
年平均气温 /℃ Annual average temperature /℃	18.0
年平均最高气温 /℃ Annual average maximum temperature /℃	21.7
年平均最低气温 /℃ Annual average minimum temperature /℃	15.3
年降水量 /mm Annual precipitation /mm	1039
≥10℃的积温 /℃ Daily temperature accumulated in a year (≥10℃) /℃	7162
年日照时数 /h Annual sunshine /h	1064
年平均相对湿度 /% Annual average relative humidity /%	81
干燥度 Dryness	1.04

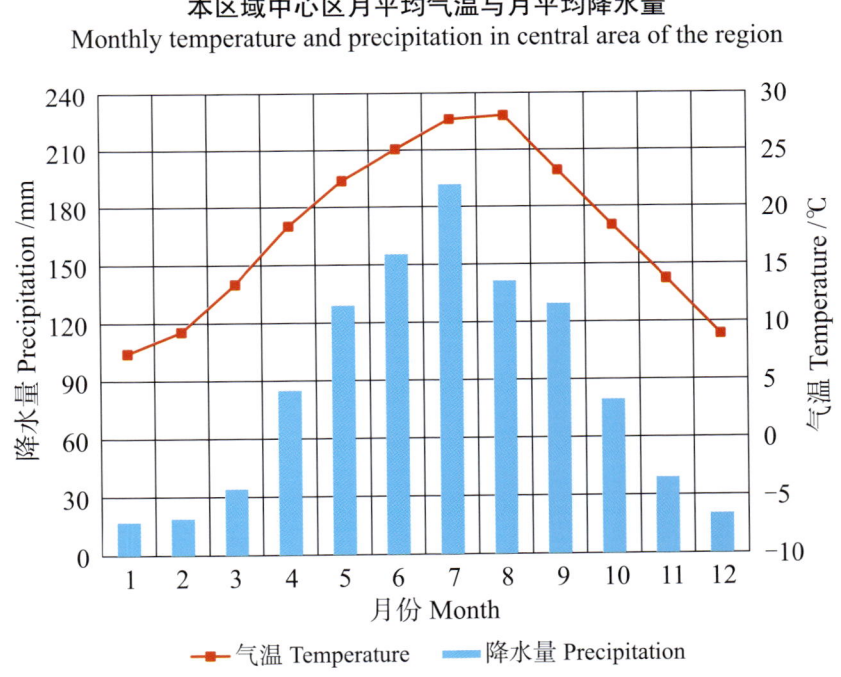

本区域中心区月平均气温与月平均降水量
Monthly temperature and precipitation in central area of the region

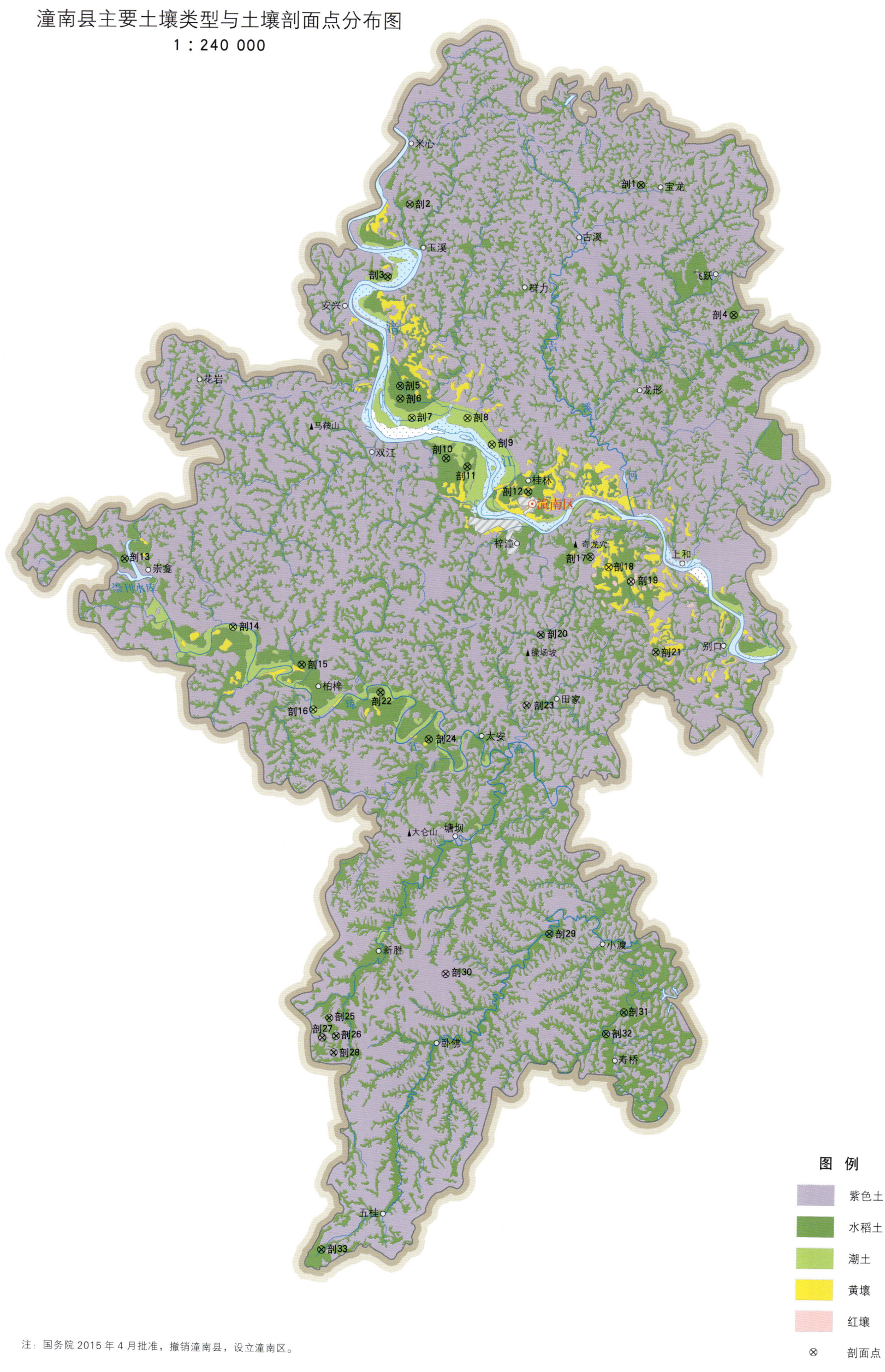

潼南县主要土壤类型与土壤剖面点分布图
1:240 000

注：国务院 2015 年 4 月批准，撤销潼南县，设立潼南区。

潼南区土壤剖面理化性状表

剖面号 Soil profile	土纲 Soil order	土类 Soil great group	亚类 Soil subgroup	土属 Soil genus	土种 Soil species	土层码 Layer code	土层厚度 Depth/cm	颜色 Soil color	质地 Soil texture	土壤结构 Soil structure	pH	有机质 OM/(g/kg)	全氮 TN/(g/kg)	碱解氮 AN/(mg/kg)	阳离子交换量CEC/(cmol/kg)	土壤母质 Parent material	剖面点坐标 Profile coordinate	匹配指数 Matching index/%
剖1	人为土	水稻土	紫色土性水稻土	灰棕紫泥水稻土	深脚烂泥田	Ag	0—20	灰色	重壤土	无明显结构	8.1	31.9	2.01	105	20.9		E 105°54′28.1″ N 30°21′24.8″	97
						G₂	20—80	绿灰色	中壤土	无明显结构	7.2	16.2	1.15		13.3			
剖2	人为土	水稻土	紫色土性水稻土	灰棕紫泥水稻土	二泥田	A	0—20	暗红棕色	中壤土	粒状夹块状	7.1	13.8	0.88	60	16.7		E 105°46′04.4″ N 30°20′48.1″	98
						Pb	20—29	棕色	中壤土	块状	6.7	14.1	0.80		10.2			
						P	29—100	棕紫色	中壤土	棱柱状	7.5	9.3	0.59		14.1			
剖3	人为土	水稻土	黄壤性水稻土	老冲积黄泥水稻土	黄砂泥田	A	0—20	黄棕色	中壤土	小块状	6.6	12.8	1.07	85		黏土、卵石	E 105°45′16.6″ N 30°18′32.0″	76
						Pb	20—27	黄色	中壤土	块状	7.0	12.7	0.83					
						HA₁	27—35	棕黄色	中壤土	棱柱状	7.0	7.2	0.63					
						HA₃	35—100	棕黄色	重壤土	棱柱状	7.4	4.4	0.61					
剖4	人为土	水稻土	红棕紫泥水稻土	红棕紫泥水稻土	深脚烂泥田	Ag	0—20	蓝灰色	重壤土	无明显结构	7.8	32.6	1.78	117	23.3	泥岩、钙质或石英粉砂岩风化物	E 105°57′50.4″ N 30°17′20.9″	84
						G₁	20—60	蓝灰色	重壤土	无明显结构	7.9	31.2	1.68		25.5			
						G₂	60—100	灰绿色	重壤土	无明显结构	7.9	30.4	1.71		21.7			
剖5	人为土	水稻土	黄壤性水稻土	再积黄泥水稻土	黄泥田	A	0—18	灰黄色	中壤土	小块状	6.4	12.4	1.04	79	5.8	红黄泥、再积黄泥	E 105°45′44.6″ N 30°15′06.8″	100
						Pb	18—26	黄棕色	中壤土	块状	6.3	12.0	1.01		7.9			
						HA₃	26—80	棕黄色	中壤土	棱柱状	7.4	4.5	0.54		10.0			
剖6	人为土	水稻土	黄壤性水稻土	再积黄泥水稻土	砂黄泥田	A	0—18	灰黄色	中壤土	碎块状	4.7	14.7	0.93	77	7.0	红黄泥、再积黄泥	E 105°45′45.4″ N 30°14′43.1″	84
						Pb	18—28	灰黄色	中壤土	棱柱状	5.4	13.8	0.83		5.5			
						HA₃	28—85	灰黄色	重壤土	棱柱状	6.4	12.6	0.61		8.0			
剖7	半水成土	潮土	灰棕潮土	灰棕潮土	砂土	A	0—22	灰棕色	砂壤土	无明显结构	7.8	7.6	0.55	32	2.5	近代河流冲积物	E 105°46′10.5″ N 30°14′07.3″	75
						B	22—90	棕色	中壤土	团块状	7.9	6.1	0.45		4.8			
剖8	半水成土	潮土	灰棕潮土田	灰棕潮土	半砂半泥田	A	0—20	灰棕色	中壤土	粒状夹块状	7.5	15.0	1.14	69	10.8	近代河流冲积物	E 105°48′11.4″ N 30°14′07.3″	93
						B₁	20—70	灰黄色	中壤土	小块状	8.3	8.6	0.79					
						B₂	70—100	灰棕色	重壤土	块状	8.4	6.2	0.57					
剖9	半水成土	潮土	灰棕潮土田	灰棕潮土	潮砂土	A	0—23	灰棕色	轻壤土	粒状	7.8	11.8	0.84	47	7.9	近代河流冲积物	E 105°49′04.8″ N 30°13′17.0″	83
						B	23—80	灰棕色	轻壤土	片状	7.8	10.4	0.70					
剖10	人为土	水稻土	灰棕潮土田	灰棕潮土	潮泥田	A	0—18	灰棕色	中壤土	粒状夹块状	7.6	18.1	1.16	75	16.6	灰棕冲积物	E 105°47′25.7″ N 30°12′50.9″	97
						Pb	18—29	浅灰棕色	中壤土	棱柱状	7.0	16.7	1.10		18.0			
						P	29—100	浅灰棕色	重壤土	棱柱状	7.0	10.2	0.76		15.1			
剖11	人为土	水稻土	黄壤性水稻土	老冲积红黄泥水稻土	半砂半泥田	A	0—17	灰棕色	中壤土	粒状夹块状	7.8	13.1	1.05	68	13.6	灰棕冲积物	E 105°48′11.5″ N 30°12′35.7″	88
						Pb	17—24	浅灰棕色	中壤土	碎块状	7.5	10.3	0.89					
						P	24—100	灰棕色	重壤土	块状	8.1	7.5	0.80					
剖12	人为土	水稻土	黄壤性水稻土	老冲积红黄泥水稻土	黄泥田	A	0—18	棕黄色	重壤土	碎块状	5.5	14.8	0.99	74	7.4	黏土、卵石	E 105°50′24.4″ N 30°11′48.8″	99
						Pb	18—28	棕黄色	中壤土	块状	5.8	11.0	0.82		9.4			
						HA₁	28—53	棕黄色	中壤土	棱柱状	6.7	9.3	0.74		10.6			
						HA₃	53—100	棕黄色	重壤土	棱柱状	7.0	3.5	0.56		10.1			
剖13	人为土	水稻土	红壤性水稻土	老冲积红黄泥水稻土	铁子红泥田	A	0—17	橙红色	轻壤土	碎块状	5.7	8.8	0.74	42	4.2	老冲积物、冰水沉积物	E 105°35′47.7″ N 30°09′39.3″	79
						Pb	20—30	淡红色	重黏土	块状	5.7	5.7	0.52		9.1			
						Wa₂b₃	30—95	淡红色	重黏土	棱柱状	5.6	3.2	0.49		10.8			
剖14	半水成土	潮土	潮土	紫色潮土	砂土	A	0—16	紫色	轻壤土	无明显结构	8.0	5.2	0.35	22	7.7	冲积物	E 105°39′43.6″ N 30°07′32.5″	82
						B₁	16—35	紫色	砂壤土	片状	8.2	6.2	0.44		7.7			
						B₂	35—88	棕色	砂壤土	块状	8.2	5.3	0.22		8.7			

续表 Continued

剖面号 Soil profile	土纲 Soil order	土类 Soil great group	亚类 Soil subgroup	土属 Soil genus	土种 Soil species	土层码 Layer code	土层厚度 Depth/cm	颜色 Soil color	质地 Soil texture	土壤结构 Soil structure	pH	有机质 OM/(g/kg)	全氮 TN/(g/kg)	碱解氮 AN/(mg/kg)	阳离子交换量CEC/(cmol/kg)	土壤母质 Parent material	剖面点坐标 Profile coordinate	匹配指数 Matching index,%
剖15	人为土	水稻土	潮土型水稻土	紫色潮土田	潮泥田	A	0—23	紫色	重壤土	粒状夹块状	7.8	23.0	1.11	77	16.7	紫色土的新冲积物	E 105°42′13.7″ N 30°06′21.6″	97
						Pb	23—29	棕紫色	重壤土	块状	8.0	18.5	0.91		17.0			
						P	29—74	灰紫色	重壤土	棱柱状	7.9	23.5	1.19		17.8			
剖16	半水成土	潮土	潮土	紫色潮土	半砂半泥土	HA₁	74—100	紫棕色	中壤土	棱柱状	8.2	6.0	0.34		14.8	冲积物	E 105°42′39.2″ N 30°04′57.0″	98
						A	0—20	紫色	中壤土	粒状	7.8	7.0	0.74	59	16.4			
						B₁	20—28	紫灰棕色	中壤土	块状	7.9	6.8	0.69		13.3			
						B₂	28—70	紫色	中壤土	块状	8.0	5.3	0.62		13.3			
剖17	人为土	水稻土	黄壤性水稻土	老冲积黄泥田	卵石黄泥田	A	0—18	黄色	重壤土	块状	5.4	8.9	0.57	49	5.6	黏土、卵石	E 105°52′40.1″ N 30°09′46.4″	88
						Pb	18—28	黄色	中壤土	块状	5.7	7.2	0.46		5.5			
						Wa₂b₃	28—90	棕黄色	重壤土	棱柱状	6.1	3.3	0.38		5.0			
剖18	铁铝土	黄壤	黄壤	老冲积黄泥田	卵石黄泥田	A	0—20	黄棕色	轻黏土	碎块状	5.6	9.3	0.76	53	15.0	冲积物	E 105°53′19.7″ N 30°09′27.0″	85
						B₁	20—34	红黄色	重壤土	块状	6.6	6.3	0.65		14.8			
						B₂	34—80	红棕色	重壤土	块状	5.7	6.6	0.57		16.9			
剖19	铁铝土	红壤	红壤	老冲积红泥土	铁子红泥土	A	0—20	红棕色	重黏土	块状	5.5	6.3	0.63	37	4.6	老冲积红壤	E 105°54′09.0″ N 30°09′00.4″	86
						BFe	20—90	红棕色	重壤土	碎块状	5.5	3.2	0.64		5.1			
剖20	人为土	水稻土	紫色土性水稻土	灰棕紫泥水稻土	大泥田	A	0—23	灰棕紫色	重黏土	小块状	8.2	21.5	1.30	82	24.7	黏土、卵石	E 105°50′52.4″ N 30°07′19.9″	82
						Pb	23—34	暗灰棕色	重壤土	块状	8.1	21.5	1.30		23.1			
						P	34—100	青灰色	重壤土	棱柱状	8.1	19.9	1.22		22.5			
剖21	人为土	水稻土	黄壤性水稻土	老冲积黄泥田	夹黄泥田	A	0—20	紫黄色	重壤土	块状	6.7	16.8	1.13	81	18.0		E 105°55′03.0″ N 30°06′47.9″	98
						Pb	20—30	蓝灰色	重壤土	块状	7.1	15.2	0.97					
						P	30—40	蓝灰色	轻黏土	棱柱状	6.9	13.5	0.75					
						HA₁	40—85	灰棕色	重壤土	棱柱状	6.5	4.1	0.32					
剖22	人为土	水稻土	潮土型水稻土	紫色潮土田	鸭屎泥田	Ag	0—21	灰棕色	重壤土	大块状	6.8	22.5	1.23	94	9.8	紫色土的新冲积物	E 105°45′05.0″ N 30°05′30.5″	93
						Pb	21—28	暗棕紫色	重壤土	无明显结构	6.5	22.4	1.25		13.2			
						P	28—80	青灰色	重壤土	无明显结构	6.8	21.7	1.23		18.4			
剖23	人为土	水稻土	紫色土性水稻土	灰棕紫泥水稻土	冷浸田	Ag	0—18	蓝灰色	中壤土	无明显结构	7.6	24.9	1.33	81		冲积物	E 105°50′22.9″ N 30°05′07.1″	88
						Pbg	18—30	蓝灰色	中壤土	无明显结构	7.6	24.9	1.32					
						G₁	30—89	青灰色	中壤土	无明显结构	7.7	23.9	1.14					
剖24	人为土	水稻土	黄壤性水稻土	老冲积黄泥田	鸭屎泥田	Ag	0—23	蓝灰色	中壤土	无明显结构	5.9	29.0	1.65	119	13.7	黏土、卵石	E 105°46′50.5″ N 30°04′02.3″	88
						Pbg	23—33	蓝灰色	中壤土	无明显结构	5.9	27.0	1.14		12.5			
						G₁	33—63	青灰色	中壤土	无明显结构	6.2	20.5	1.00		13.6			
						G₂	63—100	黄绿色	中壤土	无明显结构	5.9	19.0	0.90		10.8			
剖25	人为土	水稻土	紫色土性水稻土	棕紫泥水稻土	半砂半泥田	A	0—19	浅棕紫色	重壤土	粒状夹块状	6.6	22.1	1.36	88	19.6	长石砂、紫色泥岩风化物	E 105°43′19.0″ N 29°55′15.5″	91
						Pb	19—27	棕紫色	重壤土	块状	6.7	22.2	1.36		19.6			
						P	27—42	棕紫色	中壤土	小块状	7.7	16.3	1.02		17.8			
剖26	人为土	水稻土	紫色土性水稻土	棕紫泥水稻土	大眼泥田	A	0—23	棕紫色	重壤土	块状	7.9	15.4	1.13	103	14.0	长石砂、紫色泥岩风化物	E 105°43′34.2″ N 29°54′41.5″	100
						Pb	23—33	棕紫色	中壤土	棱柱状	8.0	7.4	0.64					
						P	33—113	棕紫色	中壤土	棱柱状	8.1	8.7	0.71					
剖27	初育土	紫色土	棕紫泥土	棕紫泥土	黄砂土	A	0—27	棕色	轻壤土	无明显结构	5.3	4.4	0.21	37	11.0	含钙的砂岩为主	E 105°43′04.0″ N 29°54′37.9″	95
						B	27—52	棕棕色	中壤土	无明显结构	5.4	5.2	0.45					
						C	52—											
剖28	人为土	水稻土	紫色土性水稻土	棕紫泥水稻土	黄泥砂田	A	0—19	黄棕色	中壤土	粒状夹块状	5.0	12.9	0.66	96	5.3	长石砂、紫色泥岩风化物	E 105°43′28.9″ N 29°54′09.7″	96
						Pb	19—29	黄棕色	中壤土	块状	4.9	15.8	0.35		5.3			
						HA₃	29—100	黄棕色	中壤土	棱柱状	5.3	4.5	0.32		8.6			

续表 Continued

剖面号 Soil profile	土纲 Soil order	土类 Soil great group	亚类 Soil subgroup	土属 Soil genus	土种 Soil species	土层码 Layer code	土层厚度 Depth/cm	颜色 Soil color	质地 Soil texture	土壤结构 Soil structure	pH	有机质 OM/(g/kg)	全氮 TN/(g/kg)	碱解氮 AN/(mg/kg)	阳离子交换量CEC/(cmol/kg)	土壤母质 Parent material	剖面点坐标 Profile coordinate	匹配指数 Matching index/%
剖29	人为土	水稻土	潮土型水稻土	紫色潮土田	半砂半泥田	A	0—21	棕紫色	中壤土	粒状夹块状	7.8	17.1	1.04	93	14.2	紫色土的新冲积物	E 105°51′14.8″ N 29°57′56.9″	87
						Pb	21—29	棕紫色	重壤土	块状	7.9	12.5	0.75					
						P	29—85	浅紫色	中壤土	棱柱状	8.1	3.6	0.27					
剖30	初育土	紫色土	棕紫泥土	棕紫泥土	黄夹泥土	A	0—18	紫黄色	轻黏土	小块状	6.0	10.0	0.71	43	22.2	含钙的砂岩为主	E 105°47′30.5″ N 29°56′40.2″	86
						B	18—65	黄棕色	轻黏土	块状	5.1	7.0	0.56		25.8			
剖31	人为土	水稻土	紫色土性水稻土	灰棕紫泥水稻土	紫黄泥田	A	0—20	黄紫色	重壤土	小块状	5.2	16.6	0.92	100	14.3		E 105°53′57.8″ N 29°55′28.9″	70
						Pb	20—30	黄灰色	重壤土	块状	5.5	13.2	0.74		13.1			
						HA₁	30—70	黄灰色	重壤土	棱柱状	6.4	4.5	0.58		11.6			
						G1	70—88	黄灰色	中壤土	整体状	5.6	9.2	0.30		8.4			
剖32	人为土	水稻土	红棕紫泥水稻土	红棕紫泥水稻土	夹泥田	A	0—17	红棕色	轻黏土	小块状	8.1	17.0	1.32	95	25.4	泥岩、钙质或石英粉砂岩风化物	E 105°53′19.3″ N 29°54′48.2″	93
						Pb	17—27	红棕色	轻黏土	块状	8.1	15.4	1.17		25.0			
						P	27—100	红棕紫色	轻黏土	棱柱状	8.2	11.7	0.94		24.1			
剖33	人为土	水稻土	红棕紫泥水稻土	红棕紫泥水稻土	红石骨夹泥田	A	0—19	红棕色	重壤土	小块状	8.4	14.3	1.07	70	22.5	泥岩、钙质或石英粉砂岩风化物	E 105°43′05.6″ N 29°48′02.5″	85
						Pb	19—25	紫棕色	重壤土	块状	8.3	12.5	1.02		24.7			
						P	25—80	棕色	重壤土	棱柱状	8.4	12.2	1.00		26.5			

荣 昌 区

主要土类说明

水稻土是荣昌区的主要土壤类型,占本区地域面积的47%,广泛分布于丘陵区。水稻土是在长期周期性淹灌种稻过程中,形成的具有独特土体构型和物质循环的特殊耕种土壤。全区水稻土起源土壤有冲积土、紫色土、黄壤等。按水稻土剖面层次的组合方式,本区水稻土可划分为淹育型、潴育型和潜育型三种基本类型。淹育水稻土主要分布在塝田、子湾、支沟及正沟上部长期实行水旱轮作的田块,一般熟化程度较高,在淹水情况下土壤柔软,落干后呈颗粒状、团块状或块状,质地适中,土体内水热气肥较协调,耕层绒而不烂,爽水透气,土温水温较高,为高产稳产水稻土,其代表土种为灰棕紫泥土属的大眼泥田。潴育水稻土主要分布在丘陵陡坡转缓的塝田及冲沟转弯处、岚坳田和溪河两岸的地段,多受水分侧渗的影响,土体盐基物质流失,有效养分降低,土质瘦,结构差,产量常稳而不高,其代表土种为白鳝泥田。潜育水稻土主要分布于中丘窄谷深沟落槽的地段和冲沟汇水处,以及长期蓄冬水的正沟田,长期水分饱和,还原过程较强,铁锰物质还原,使土壤颜色变为灰色或蓝灰色、绿灰色,土粒分散无结构,水热气肥不协调,产量低而不稳,代表土种为深脚烂泥田。

紫色土是荣昌区第二大土壤类型,占本区地域面积的46%,广泛分布于本区向斜丘陵区的大小丘坡上。紫色土是紫色砂岩、页岩、泥岩风化物在特殊的亚热带温热湿润气候条件下形成的幼年土壤。由于紫色岩矿质养分丰富,易于物理风化,而化学风化微弱,因而紫色土形态与组成和母质特性相似。紫色土土壤层次分化不明显,色泽均一,矿质养分丰富,盐基饱和度较大,淋溶淀积均弱,吸收容量高,保肥力强,水气状况好,养分补充快,但有机质较低,多呈中性,适宜粮食作物和多种经济林木的生产。紫色土的主要问题是林被稀少,水土流失严重,抗灾能力弱。

黄壤是荣昌区第三大土壤类型,占本区地域面积的5%,主要分布在本区低山区及古河道一带。黄壤是形成于湿润的亚热带生物气候条件下的地带性土壤,脱硅富铝化过程明显。成土母质有灰岩、砂岩、页岩、第四纪冰水沉积物以及古风化壳残积物。黄壤化学风化较强烈,矿物的水解作用比较深刻,盐基物质的淋溶势强,铁质也普遍水化,土壤在发育过程中产生明显的黏化、黄化和脱硅富铝化成土过程,具O–A–AB–B–C剖面构型。有机质虽较紫色土高,但因土性冷凉,分解转化慢,活化度低,土壤肥力仍然不高。黄壤普遍酸、黏、瘦、缺磷,宜耕期短,宜种范围窄,作物产量低,但能较好的生长各类经济林木,是本区发展经济林木的良好基地。

小于本区地域面积3%的土壤类型还有新积土、石灰(岩)土等。

本区域中心区气候特征

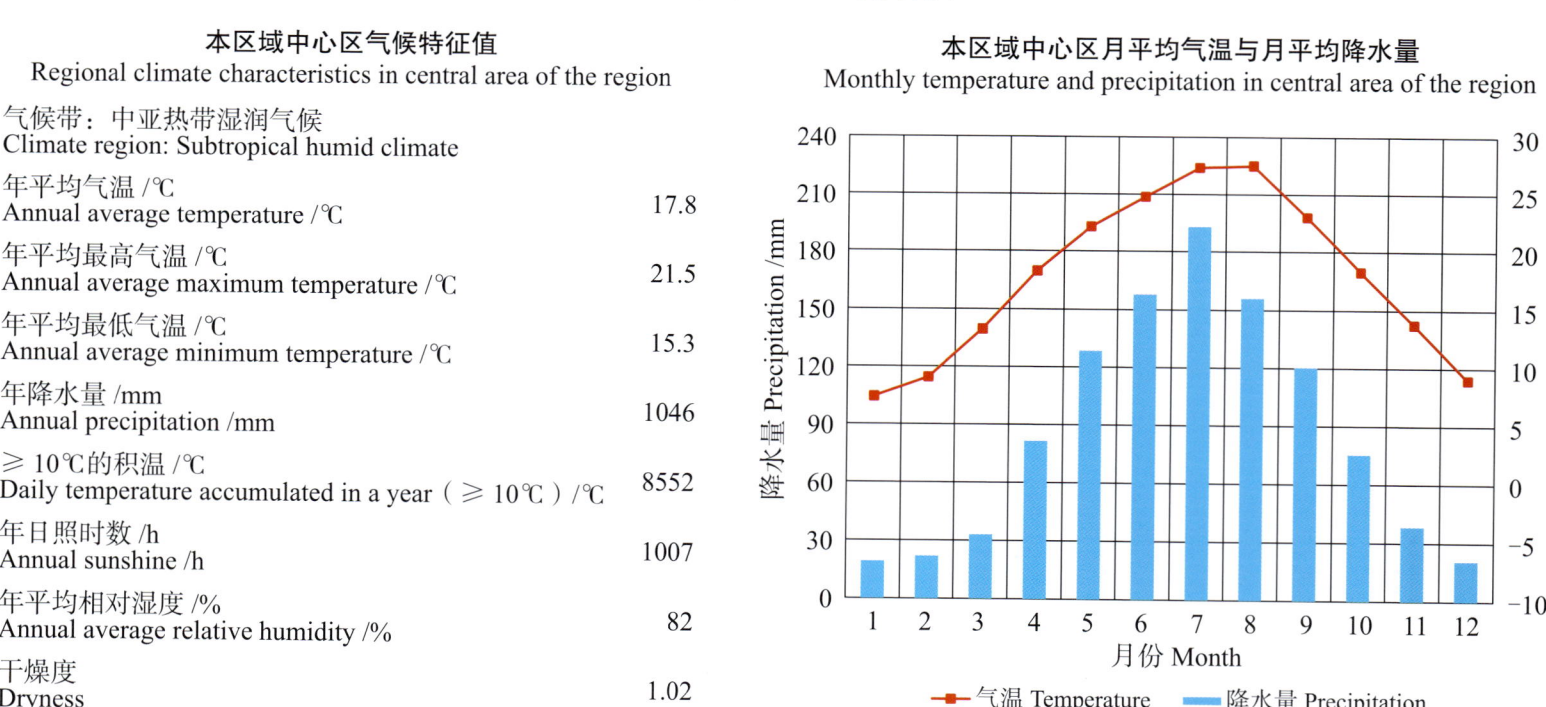

本区域中心区气候特征值
Regional climate characteristics in central area of the region

气候带:中亚热带湿润气候 Climate region: Subtropical humid climate	
年平均气温 /℃ Annual average temperature /℃	17.8
年平均最高气温 /℃ Annual average maximum temperature /℃	21.5
年平均最低气温 /℃ Annual average minimum temperature /℃	15.3
年降水量 /mm Annual precipitation /mm	1046
≥10℃的积温 /℃ Daily temperature accumulated in a year (≥10℃) /℃	8552
年日照时数 /h Annual sunshine /h	1007
年平均相对湿度 /% Annual average relative humidity /%	82
干燥度 Dryness	1.02

本区域中心区月平均气温与月平均降水量
Monthly temperature and precipitation in central area of the region

荣昌县主要土壤类型与土壤剖面点分布图
1∶190 000

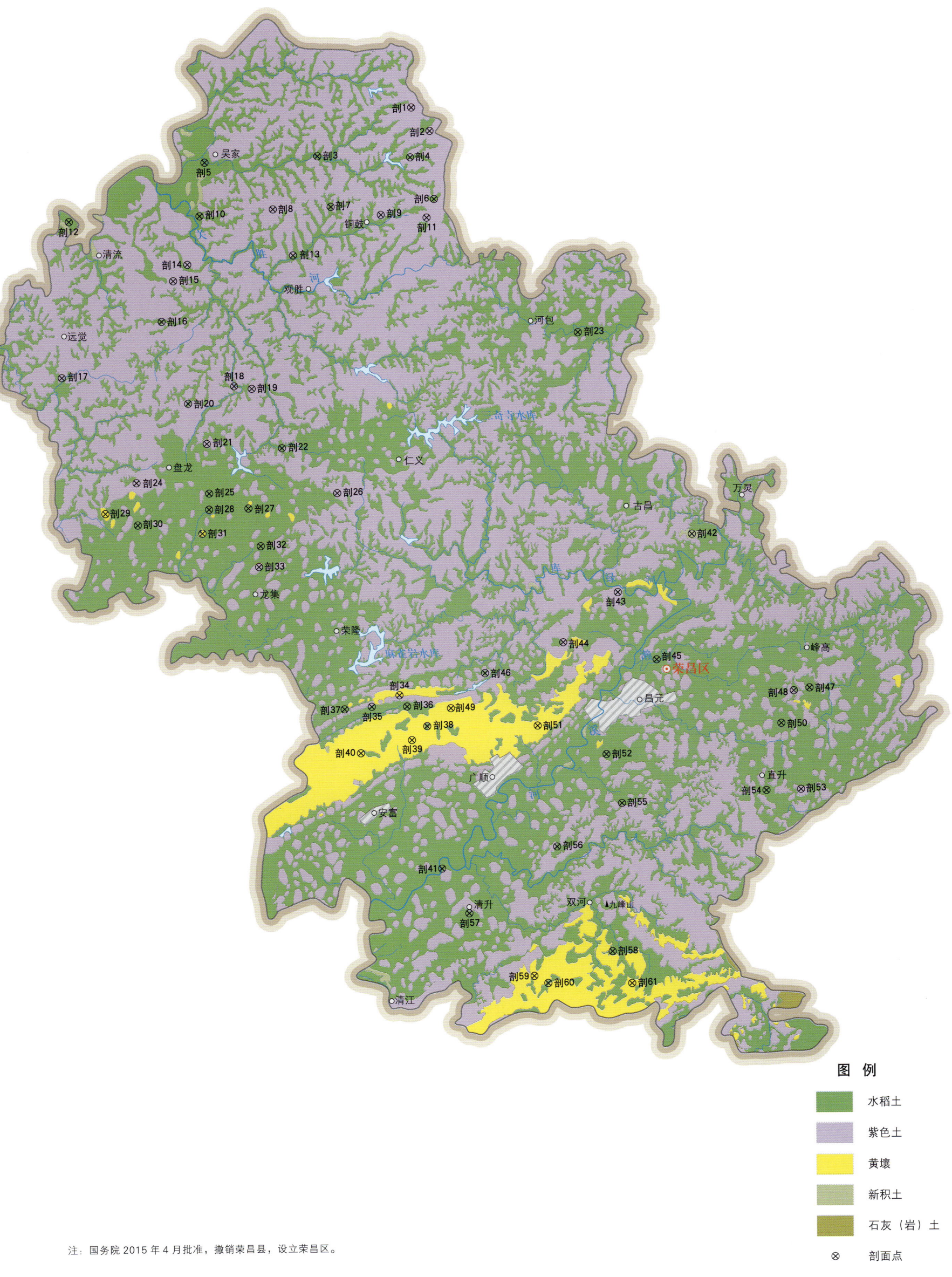

注：国务院 2015 年 4 月批准，撤销荣昌县，设立荣昌区。

图例：水稻土、紫色土、黄壤、新积土、石灰（岩）土、剖面点

荣昌区土壤剖面理化性状表

剖面号 Soil profile	土纲 Soil order	土类 Soil great group	亚类 Soil subgroup	土属 Soil genus	土种 Soil species	土层码 Layer code	土层厚度 Depth/cm	颜色 Soil color	质地 Soil texture	土壤结构 Soil structure	pH	有机质 OM/(g/kg)	全氮 TN/(g/kg)	全磷 TP/(g/kg)	全钾 TK/(g/kg)	碱解氮 AN/(mg/kg)	有效磷 AP/(mg/kg)	速效钾 AK/(mg/kg)	阳离子交换量CEC/(cmol/kg)	土壤母质 Parent material	剖面点坐标 Profile coordinate	匹配指数 Matching index/%
剖1	初育土	紫色土	棕紫泥土	棕紫泥土	大土泥土	A	0–25	棕紫色	重壤土	粒块状	8.2	11.5	0.69	0.21	22.1	38	3.1		18.0	砂页岩	E 105°29′10.2″ N 29°39′16.0″	72
						B₁	25–40	棕紫色	重壤土	棱柱状	8.2	10.0	0.63	0.17	22.3							
						B₂	40–60	棕紫色	轻黏土	棱柱状	8.2	10.4	0.62	0.14	21.6							
						C	60–80	棕紫色	中壤土	碎块状	8.2	8.3	0.49	0.08	23.3							
剖2	初育土	紫色土	棕紫泥土	棕紫泥土	黄泥土	A	0–20	淡红棕色	轻黏土	团块状	7.7	16.0	1.00	0.10	16.8	73	2.1		24.1	砂页岩	E 105°29′42.0″ N 29°38′40.6″	95
						B	20–43	黄棕色	轻黏土	团块状	5.3	10.5	0.76	0.06	19.5							
						BC	43–50	黄棕色	重壤土	团块状	5.3	9.4	0.69	0.06	19.1							
剖3	人为土	水稻土	紫色土性水稻土	红棕紫色水稻土	深脚烂泥田	A,g₁	0–20	灰棕紫色	轻黏土	整体状	8.1	29.3	1.66	0.25	20.2	112	3.5		27.0	泥岩, 粉砂岩	E 105°26′27.2″ N 29°38′03.1″	72
						G₂	20–31	灰棕紫色	轻黏土	整体状	8.1	28.6	1.64	0.25	19.5				18.5			
						Pb	31—	灰棕紫色	重壤土	整体状	8.1	29.3	1.67	0.26	20.4				10.0			
剖4	人为土	水稻土	紫色土性水稻土	红棕紫色水稻土	大夹泥田	A′	0–23	红棕紫色	轻黏土	团块状	8.1	16.4	1.25	0.25	22.6	73	2.5		19.0	泥岩, 粉砂岩	E 105°29′07.8″ N 29°38′01.0″	92
						Pb	23–31	红棕紫色	轻黏土	块状	8.1	11.2	0.89	0.25	22.9				19.0			
						W	31–100	红棕紫色	轻黏土	棱柱状	8.2	12.2	0.97	0.23	22.0				22.6			
剖5	人为土	水稻土	冲积型水稻土	紫色冲积水稻土	半砂半泥田	A′	0–21	暗灰棕色	中壤土	粒状	6.3	13.3	0.92	0.10	13.9	86	2.5		15.3	紫色冲积物	E 105°23′11.4″ N 29°37′54.5″	93
						Pb	21–29	棕色	中壤土	整体状	7.5	9.9	0.70	0.09	13.1							
						P	29–60	棕色	中壤土	棱柱状	8.1	3.0	0.30	0.07	12.4							
						HA₁	60–80	淡黄棕色	中壤土	棱柱状	8.2	2.1	0.23	0.05	11.8							
剖6	人为土	水稻土	紫色土性水稻土	棕色水稻土	大土泥田	A′	0–20	黄棕紫色		粒柱状	7.1	14.9	0.92	0.11	20.0	76	1.7		18.9	泥岩, 砂质泥岩与石夹砂岩	E 105°29′48.8″ N 29°36′57.6″	83
						Pb	20–45	黄棕紫色	重壤土	棱柱状	8.2	12.9	0.77	0.17	20.1				24.4			
						P	45–60	红棕紫色		整体状	8.2	14.6	1.01	0.26	21.7				21.0			
剖7	人为土	水稻土	紫色土性水稻土	红棕紫色水稻土	鸭尿泥田	A,g₁	0–20	红棕紫色	重壤土	整体状	7.8	25.0	1.61	0.31	21.9	105	9.7		23.5	泥岩, 粉砂岩	E 105°26′49.9″ N 29°36′46.4″	100
						Pbg₂	20–30	红棕紫色	轻黏土		8.0	24.9	1.55	0.29	22.2				17.6			
						Pg₂	30—	红棕紫色	轻黏土	粒状	8.1	24.4	1.48	0.28	21.5				17.5			
剖8	初育土	紫色土	棕紫泥土	红棕紫色水稻土	红石骨梭砂土	A	0–15	红棕紫色	中壤土	粒状	8.2	9.2	0.76	0.31	27.9	42	8.1		26.4	泥岩, 长石石英砂岩	E 105°25′09.5″ N 29°36′43.2″	78
						C	15–20	浅灰黄色	中壤土	粒状	4.8	17.5	0.90	0.22	10.7	66	42.4		13.6			
剖9	初育土	紫色土	棕紫泥土	灰棕紫色水稻土	白鳝泥土	A	0–20	浅灰黄色	中壤土	块柱状	4.9	15.9	0.76	0.19	10.5					泥岩, 长石石英砂岩	E 105°28′16.7″ N 29°36′34.2″	78
						BFe	20–36	浅灰黄色	中壤土	棱柱状	5.3	11.3	0.62	0.17	11.3							
						BFeMn	36–52	深灰黄色	中壤土	整体状	6.5	2.6	0.26	0.06	11.0							
						C	52–80	淡黄色	轻壤土	整体状	6.9	11.8	0.75	0.08	25.0				22.5			
剖10	初育土	紫色土	紫色土性水稻土	红棕紫色水稻土	白鳝泥田	A′	0–20	淡黄色	轻壤土	粒状	6.9	11.0	0.69	0.25			2.1			泥岩 砂页岩	E 105°23′02.4″ N 29°36′33.5″	93
						Pb	19–24	深黄色	中壤土	片状	7.4	4.0	0.35	0.08								
						Wa₂b₂	24–44	深黄色	中壤土	整体状	7.3	2.6	0.20	0.06								
						Wa₂b₃	44–70	暗黄色	轻壤土	整体状	8.2	12.3	0.76	0.25		49	3.3		18.7			
剖11	初育土	紫色土	棕紫泥土	棕紫泥土	石骨子土	A′	0–20	淡黄色	轻壤土	粒状	5.0	7.7	0.52	0.06	9.5		1.4			砂页岩	E 105°29′35.9″ N 29°36′29.8″	87
						Pb	19–24	淡黄色	轻壤土	片状	5.5	6.1	0.40	0.05	9.5	57			13.7			
						Wa₂b₁	19–24	深黄色	中壤土	整体状	6.6	3.4	0.23	0.04	12.2							
						Wa₂b₃	44–70	深黄色	轻壤土	整体状	6.7	1.5	0.18	0.08	11.9					黄色冲积物	E 105°19′15.8″ N 29°36′25.4″	83
剖12	人为土	水稻土	黄壤性水稻土	老冲积黄泥田	白散砂田	A	0–20	淡红棕色	中壤土	粒块状	8.1	11.3	0.81	0.27	23.6	43	4.0		21.7	厚泥夹细砂岩, 粉砂岩	E 105°25′44.0″ N 29°35′33.7″	97
剖13	初育土	紫色土	棕紫泥土	红棕紫泥土	红石骨夹泥土	B	20–40	淡红棕色	中壤土	棱块状	8.2	8.8	0.60	0.24	23.6							
						C	40–70	淡红棕色	中壤土	碎块状	8.3	7.6	0.56	0.23	22.5							

续表 Continued

剖面号 Soil profile	土纲 Soil order	土类 Soil great group	亚类 Soil subgroup	土属 Soil genus	土种 Soil species	土层码 Layer code	土层厚度 Depth/cm	颜色 Soil color	质地 Soil texture	土壤结构 Soil structure	pH	有机质 OM/(g/kg)	全氮 TN/(g/kg)	全磷 TP/(g/kg)	全钾 TK/(g/kg)	碱解氮 AN/(mg/kg)	有效磷 AP/(mg/kg)	速效钾 AK/(mg/kg)	阳离子交换量CEC/(cmol/kg)	土壤母质 Parent material	剖面点坐标 Profile coordinate	匹配指数 Matching index/%
剖14	初育土	紫色土	棕紫泥土	红棕紫泥土	黄泥土	A	0—16	淡红棕紫色	中壤土	粒状夹块状	8.2	10.4	0.78	0.19	18.6	45	2.4		23.3	厚泥夹细砂岩，粉砂岩	E 105°22′41.0″ N 29°35′20.6″	88
剖15	初育土	紫色土	棕紫泥土	红棕紫泥土	大夹元泥土	B	16—32	淡紫棕色	中黏土	棱柱状	8.0	5.6	0.45	0.05	20.2		2.3		20.5	厚泥夹细砂岩，粉砂岩	E 105°22′16.5″ N 29°34′56.1″	100
						C	32—								19.3	66						
剖16	人为土	水稻土	紫色土性水稻土	灰棕紫色水稻土	深烂田	A	0—20	暗紫棕色	重壤土	碎块状	3.2	13.7	0.90	0.21	17.7	76	1.5		24.5	砂岩、泥岩	E 105°21′55.8″ N 29°33′55.1″	81
						B	20—40	暗紫棕色	重壤土	棱柱状	8.4	10.7	0.64	0.20	18.1	86						
						C	40—80	暗紫棕色	重壤土	棱柱状	8.3	7.3	0.62	0.18	17.3	55						
						A_1g	0—20	灰黄色	中壤土		6.0	25.1	1.32	0.07	18.2	89						
剖17	初育土	紫色土	棕紫泥土	灰棕紫泥土	大眼泥土	G_2	20—31	灰黄色	重壤土	小块状	5.9	21.1	1.10	0.07	20.3	60	2.4		14.7	泥岩、长石石英砂岩	E 105°19′02.3″ N 29°33′31.2″	75
						G_2	31—50	灰黄色	中壤土	棱柱状	6.0	19.4	1.01	0.06	20.6							
						G_1	50—100	浅灰黄色	中壤土	棱柱状	6.0	16.2	0.85	0.06	23.3							
剖18	初育土	紫色土	棕紫泥土	灰棕紫泥土	斑鸠窝土	A	0—19	棕紫色	重壤土		7.3	17.1	0.93	0.22	20.3		4.8		19.6	泥岩、长石石英砂岩	E 105°24′00.7″ N 29°32′17.9″	91
						B	19—70	棕紫色	重壤土		7.4	11.2	0.60	0.20	20.6							
						C	70—100	棕紫色	轻壤土		8.1	6.4	0.47	0.22	23.3							
剖19	初育土	紫色土	棕紫泥土	灰棕紫泥土	砂土	A	0—23	棕紫色	轻壤土	碎屑状	7.9	10.3	0.67	0.29	24.0	28	4.7		11.5	砂岩、泥岩	E 105°24′31.0″ N 29°32′13.9″	85
						C	23—															
剖20	人为土	水稻土	紫色土性水稻土	灰棕紫色水稻土	鸭屎泥田	A	0—9	暗紫色	中壤土		5.3	10.9	0.56	0.14	18.0	43	11.3		22.8	泥岩、长石石英砂岩	E 105°22′40.8″ N 29°31′51.6″	88
						B	9—25	暗紫棕色	中壤土		5.1	9.9	0.52	0.10	18.0							
						C	25—			棱柱状	5.5											
						A,ga	0—15	蓝灰色	中壤土	棱柱状	5.3	14.6	0.87	0.14	17.3	69		77	20.5			
剖21	初育土	紫色土	棕紫泥土	灰棕紫色	黄泥土	G_3	15—25	黄棕色	中壤土	小块状	5.2	15.3	0.91	0.13	17.1		7.3	107		砂岩、泥岩	E 105°23′12.5″ N 29°30′50.8″	72
						HA_1	25—80															
剖22	人为土	水稻土	紫色土性水稻土	灰棕紫色水稻土	黄泥田	A	0—20	淡黄紫	重壤土	块状	6.8	16.5	0.98	0.14	15.1		7.7		21.2	泥岩、长石石英砂岩	E 105°25′22.8″ N 29°30′43.6″	97
						B	20—36	淡黄紫	重壤土	块状	6.2	13.6	0.78	0.11	14.7							
						BC	36—55	黄棕色	重壤土	块状	6.7	4.7	0.41	0.06	15.4							
						A'	0—23	淡黄紫	重壤土	棱柱状	5.1	23.7	1.26	0.12	16.3	58	3.9		20.2			
剖23	人为土	水稻土	紫色土性水稻土	灰棕紫色水稻土	白鳝泥田	Pb	23—39	浅灰紫	重黏土	小块状	5.2	19.3	1.09	0.10	12.0	47				砂岩、泥岩	E 105°33′56.5″ N 29°33′36.4″	84
						HA_1	39—93	浅灰紫	重壤土	大块状	5.0	13.8	0.82	0.07	12.3	16						
						Pbg_1	17—22	灰黄紫	重壤土	大块状	5.0	15.3	0.72	0.08	11.6							
						Wa_2	22—57	浅白黄紫	轻黏土	整体状	5.6	11.9	0.71	0.07	14.9							
						C	57—				6.0	3.9	0.25	0.03	15.2							
剖24	初育土	紫色土	棕紫泥土	灰棕紫色	半砂半泥土	A	0—22	深暗紫	轻壤土	粒状夹块状	7.4	22.6	1.12	0.26	17.2	73	15.8		15.8	泥岩、长石石英砂岩	E 105°21′10.4″ N 29°29′52.4″	91
						B	22—32	暗紫色	中壤土	粒状、团块状	7.6	16.5	0.81	0.22	17.3							
						BC	32—56	暗紫色	轻壤土	粒状	7.7	9.0	0.53	0.21	19.1							
剖25	人为土	水稻土	黄壤性水稻土	老冲积黄泥田	黄泥砂田	A'	0—20	浅黄棕色	轻壤土	粒状	5.9	9.2	0.60	0.10	11.9	56	10.9		10.2	黄色冲积物	E 105°23′16.1″ N 29°29′36.2″	76
						Pb	20—28	浅黄黄棕	砂壤土	板状	6.5	9.5	0.58	0.09	12.8							
						HA_1	28—55	浅黄黄棕	砂壤土	棱柱状	6.7	5.7	0.37	0.05	11.9							
						HA_1	55—71	浅黄黄棕	砂壤土	棱柱状	6.6	6.0	0.37	0.05	12.8							
剖26	初育土	紫色土	棕紫泥土	黄紫泥土	黄紫泥土	A'	0—20	铁铸色	重壤土	粒状		14.9	0.87	0.11	14.9	82	1.7		14.8	砂页岩	E 105°26′57.8″ N 29°29′35.5″	72
						B_1	20—40	铁红色	重壤土	棱柱状	4.5	5.9	0.42	0.04	15.2							
						B_2	40—60	铁红棕色	轻黏土	块状	4.7	5.2	0.36	0.04	17.0							
						C	60—80	铁红棕色	中壤土	块状	4.7	4.2	0.35	0.04	17.3							
剖27	人为土	水稻土	黄壤性水稻土	老冲积黄泥田	黄泥田	A'	0—22	浅棕黄色	中壤土	片状	5.3	17.0	1.03	0.09	11.5	88	4.3		17.8	黄色冲积物	E 105°24′24.1″ N 29°29′13.2″	88
						HA_1	22—32	浅棕黄色	中壤土	棱柱状	6.0	16.1	0.96	0.08	11.6							
						Wa_2b_2	32—45	浅棕黄色	中壤土		6.0	15.1	0.88	0.07	11.9							
							45—80	浅棕黄色	中壤土	整体状	5.5	5.8	0.43	0.07	12.0							

续表 Continued

剖面号 Soil profile	土纲 Soil order	土类 Soil great group	亚类 Soil subgroup	土属 Soil genus	土种 Soil species	土层码 Layer code	土层厚度 Depth/cm	颜色 Soil color	质地 Soil texture	土壤结构 Soil structure	pH	有机质 OM/(g/kg)	全氮 TN/(g/kg)	全磷 TP/(g/kg)	全钾 TK/(g/kg)	碱解氮 AN/(mg/kg)	有效磷 AP/(mg/kg)	速效钾 AK/(mg/kg)	阳离子交换量 CEC/(cmol/kg)	土壤母质 Parent material	剖面点坐标 Profile coordinate	匹配指数 Matching index/%
剖28	人为土	水稻土	黄壤性水稻土	老冲积黄泥田	白鳝泥田	A,g	0—20	灰黄色	重壤土	大块状	5.0	18.9	1.14	0.12	14.1	104	10.3		25.0	黄色冲积物	E 105°23′15.7″ N 29°29′11.8″	95
						Wga,b₂	20—50	灰黄色	中壤土	小块状	5.1	4.9	0.40	0.11	19.2		16.4					
						Wa₂b₂	50—	浅灰黄色	中壤土	棱柱状	5.3	9.6	0.61	0.13	13.8	89			19.0			
剖29	铁铝土	黄壤	黄壤	砂黄泥土	半砂半泥土	A	0—23	暗灰紫色	轻壤土	团粒状	4.9	15.8	0.98	0.14	11.0							
						B	23—33	暗紫灰色	砂壤土	块状	4.4	4.9	0.34	0.06	11.9							
						C	33—45	黄灰紫色	轻壤土		4.4	2.9	0.24	0.06	12.4							
剖30	人为土	水稻土	紫色土性水稻土	黄棕色水稻土	黄泥土	A′	0—17	黄棕紫色	轻黏土	小块状	4.6	14.7	1.01	0.10	18.2	88	3.4		25.1	砂页岩	E 105°20′16.1″ N 29°29′06.0″	91
						Pb	17—29	黄棕紫色	轻黏土	板状	4.7	11.0	0.78	0.08	18.0							
						HA₃	29—64	黄棕紫色	轻黏土	棱柱状	4.8	8.0	0.60	0.07	18.2							
						HA₄	64—110	红黄棕色	轻黏土	棱柱状	4.8	5.2	0.48	0.07	18.3							
剖31	铁铝土	黄壤	黄壤	老冲积黄泥土	黄泥土	A	0—15	黄色	重壤土	粒状	4.9	13.4	0.89	0.10	6.8	88	5.2		13.6		E 105°21′12.2″ N 29°28′48.7″	79
						B	15—40	黄色	重壤土	棱柱状	4.8	6.7	0.45	0.07	6.6							
						C	40—100	黄色	重壤土	棱柱状	5.1	3.5	0.27	0.04	6.3							
剖32	人为土	水稻土	黄壤性水稻土	砂黄泥田	白鳝泥田	A,g₁	0—16	浅黄灰色	中壤土	块状	5.1	17.0	0.97	0.09	7.6	62	7.8		9.1	冲积物	E 105°23′03.8″ N 29°28′35.8″	97
						Pbg₁	16—24	浅黄灰色	中壤土	板状	5.0	16.7	0.98	0.07	7.8							
						Wa₁	24—39	浅黄灰色	中壤土	棱柱状	5.3	7.8	0.56	0.05	7.1							
						Wa₂b₁	39—	黄色	中壤土	棱柱状	5.2	5.1	0.40	0.06	6.2							
剖33	初育土	紫色	棕紫泥土	暗紫泥土	矿子泥土	A	0—16	黄色	中壤土	块状	4.8	11.8	0.74	0.09	10.9	59	1.7		16.7	砂页岩	E 105°24′44.6″ N 29°28′16.3″	79
						B	21—42	深黄色	中壤土	块状	4.6	4.3	0.43	0.08	11.7							
						C	42—60	黄色	重壤土	块状	4.7	4.3	0.39	0.07	11.5							
剖34	铁铝土	黄壤	黄壤性水稻土	矿子黄泥田	矿子泥田	A	0—20	浅黄灰色	重壤土	小块状	7.3	31.8	1.81	0.28	18.1	106	10.9		13.2	灰岩坡积物、残积物	E 105°24′42.6″ N 29°27′45.0″	78
						B	20—50	浅灰黄色	中壤土	大块状	7.8	13.6	0.98	0.17	17.8							
						C	50—	浅灰黄色	重壤土	大块状	7.9	9.8	0.79	0.13	17.0							
剖35	人为土	水稻土	紫色土性水稻土	暗紫泥田	深烂田	A,g₁	0—16	大黄色	轻黏土	大块状	5.9	22.5	1.46	0.30	13.7	55	13.7		21.8	石灰岩	E 105°27′54.4″ N 29°24′13.0″	94
						Pb	16—23	灰黄色	轻黏土	大块状	5.0	21.4	1.00	0.30	13.5							
						HA₃	23—55	浅灰黄色	中壤土	棱柱状	6.1	15.1	1.01	0.26	13.2							
剖36	人为土	水稻土	紫色土性水稻土	暗紫泥田	半砂半泥田	A,g₁	0—23	灰黄棕色	轻黏土	整体状	7.7	29.1	1.51	0.12	15.3	102	2.7		19.3	页岩、泥岩、粗砂岩	E 105°28′55.6″ N 29°24′13.0″	87
						G₂	23—35	灰黄棕色	中壤土	整体状	7.6	27.3	1.42	0.11	15.0				6.6			
						G₁	35—	灰黄棕色	重壤土	整体状	7.6	23.7	1.28	0.11	14.9				18.6			
剖37	人为土	水稻土	紫色土性水稻土	暗紫泥田	半砂半泥田	A′	0—20	灰灰紫色	中壤土	小块状	5.4	12.6	0.77	0.11	11.4	64	3.9		20.3	页岩、泥岩、粗砂岩	E 105°27′07.6″ N 29°24′09.4″	84
						Pb	20—30	灰黄灰色	中壤土	棱柱状	5.7	11.7	0.83	0.10	11.3				20.4			
						P	30—50	灰黄灰色	中壤土	棱柱状	6.7	7.9	0.62	0.11	13.2				20.1			
剖38	人为土	水稻土	黄壤性水稻土	冷沙黄泥田	冷浸土	A₁a₁,b₁	0—16	浅黄灰色	重壤土	小块状	4.9	24.5	1.23	0.10	9.9	79	7.2		14.1	砂页岩	E 105°27′30.1″ N 29°23′43.1″	73
						Pb	16—22	浅黄色	中壤土	块状	5.0	22.4	1.07	0.10	9.6							
						Wa₂b₂	22—60	黄棕色	中壤土	棱柱状	5.1	4.9	0.53	0.06	13.6							
剖39	铁铝土	黄壤	黄壤	冷沙黄泥土	黄砂土	A	0—16	橘红黄色	砂壤土		4.7	6.5	0.43	0.10	6.8	35	9.4		6.0		E 105°29′03.5″ N 29°23′22.2″	94
						B	16—35	浅黄灰色	中壤土	核状	8.2	4.5	0.36	0.05	8.2							
剖40	铁铝土	黄壤	黄壤	冷沙黄泥土	黄砂土	A	0—30	灰黄灰色	中壤土	核状	8.2	37.6	1.36	1.31	16.6	86	17.2		13.7		E 105°27′34.9″ N 29°23′02.8″	70
						B	30—	浅黄灰色	轻壤土	核状	8.3	29.2	1.08	0.07	16.4							
剖41	人为土	水稻土	冲积型水稻土	紫色冲积水稻土	砂田	A′	0—20	灰黄棕色	轻壤土	团块状	5.5	15.6	0.82	0.13	14.3	44	13.6		14.5	紫色冲积物	E 105°29′53.2″ N 29°20′06.7″	81
						Pb	20—33	暗灰紫色	轻壤土	板状状	7.0	16.4	0.70	0.14	12.4	32	6.5					
						HA₁	33—50	暗紫色	轻壤土	棱柱状	7.4	11.6	0.56	0.13	11.9	23						
						HA₁	50—75	黄棕色	砂壤土	粒状	6.2						18.7					
剖42	初育土	新积土	冲积土	紫潮土	砂土	A	0—19	暗紫色	砂壤土	小块状	8.0	17.4	0.84	0.17	13.9	41			9.1	河流冲积物	E 105°37′11.3″ N 29°28′30.7″	82
						B	19—37	暗棕紫色	砂壤土	小块状	7.5	10.4	0.61	0.20	13.3							
						BC	37—67	棕紫色	砂壤土		7.8	5.8	0.36	0.12	12.8							

续表 Continued

剖面号 Soil profile	土纲 Soil order	土类 Soil great group	亚类 Soil subgroup	土属 Soil genus	土种 Soil species	土层码 Layer code	土层厚度 Depth/cm	颜色 Soil color	质地 Soil texture	土壤结构 Soil structure	pH	有机质 OM/(g/kg)	全氮 TN/(g/kg)	全磷 TP/(g/kg)	全钾 TK/(g/kg)	碱解氮 AN/(mg/kg)	有效磷 AP/(mg/kg)	速效钾 AK/(mg/kg)	阳离子交换量CEC/(cmol/kg)	土壤母质 Parent material	剖面点坐标 Profile coordinate	匹配指数 Matching index/%
剖43	初育土	紫色土	棕紫泥土	暗紫泥土		梭砂土	A₁	0—17	浅黄棕色	中壤土	小块状	7.9	11.3	0.87	0.15	16.8	35	2.1		15.6	砂泥岩	E 105°35′02.0″ N 29°27′04.0″	97
						BC	17—29	黄棕色	轻壤土	小块状	7.2	5.1	0.62	0.14	16.8							
						C	29—		重壤土		7.1	7.5	0.76	0.11	18.3							
剖44	初育土	紫色土	棕紫泥土	暗紫泥土	大泥土	A	0—20	浅黄紫色	重壤土	粒状	8.0	36.9	1.66	0.23	18.7	76	5.3		21.7	砂泥岩	E 105°33′26.6″ N 29°25′48.4″	93
						B	20—50	棕紫色	轻黏土	棱柱状	8.1	13.3	0.82	0.12	19.3							
						BC	50—80	棕紫色	重壤土	小块状	8.1	8.9	0.71	0.17	19.8							
剖45	人为土	水稻土	冲积型水稻土	紫色冲积水稻土	白鳝泥田	A′	0—18	白灰黄色	中壤土	小块状	4.9	16.4	1.00	0.07	16.1	55	3.9		14.3	紫色冲积物	E 105°36′07.9″ N 29°25′21.4″	86
						Wa₁b₁	18—27	白灰黄色	中壤土	块状	5.8	11.8	0.79	0.07	16.3	33						
						Wa₂b₁	27—43	黄棕紫色	中壤土	棱柱状	6.2	4.7	0.35	0.05	16.2	24						
						HA₁	43—	黄棕色		棱柱状	6.0											
剖46	人为土	水稻土	紫色土性水稻土	暗紫泥土	大泥土田	A′	0—18	黄棕紫色	轻壤土	大块状	5.3	18.8	1.31	0.13	13.4	106	5.5		15.1	页岩, 泥岩, 粗砂岩	E 105°31′10.9″ N 29°25′02.3″	85
						Pb	18—26	黄棕色	重壤土	小块状	5.3	15.4	1.13	0.11	13.5				8.3			
						HA₃	26—63	灰黄色	重壤土	棱柱状	6.6	8.0	0.71	0.12	12.2				7.8			
						BC	63—	黄黄色	重壤土		6.3	4.4	0.62	0.10					10.9			
剖47	人为土	水稻土	紫色土性水稻土	黄紫色水稻土	黄砂田	A′	0—20	灰黄色	砂壤土	粒状	5.6	8.3	0.54	0.07	17.4	46	6.5		10.3	砂页岩	E 105°40′31.8″ N 29°24′36.7″	98
						Pb	20—35	灰黄色	砂壤土	小块状	5.7	7.7	0.47	0.09	16.8							
						P	35—55	灰黄色	砂壤土	棱柱状	5.9	5.5	0.42	0.06	16.3							
剖48	初育土	紫色土	棕紫泥土	砂黄泥土	砂土	A	0—15	黄色	砂壤土	小块状	6.0	5.2	0.34	0.16	9.7	28	9.0		19.0	砂页岩	E 105°40′04.8″ N 29°24′32.8″	98
						C	15—27	黄色	砂壤土	小块状	6.7	9.2	0.60	0.11	9.5							
剖49	铁铝土	黄壤	冷砂黄泥土	黄泥土	A	0—20	青灰黄色	中壤土	粒块状	5.4	21.7	1.08	0.13	10.4	69	3.1		14.0		E 105°30′11.2″ N 29°24′09.7″	88
						B	20—48	青灰黄色	中壤土		5.6	20.9	1.02	0.12	11.4							
						C	48—59	蜡黄黄色	中壤土	块状	5.3	6.5	0.69	0.08	15.3							
剖50	人为土	水稻土	紫色土性水稻土	灰棕紫色水稻土	半砂半泥田	A′	0—21	暗紫色	中壤土	粒状	5.0	16.9	1.03	0.17	15.2	63	22.5		24.2	砂岩, 泥岩	E 105°39′42.5″ N 29°23′43.8″	70
						Pb	21—29	暗紫色	中壤土	小块状	5.7	13.5	0.83	0.16	16.2	49						
						P	29—55	中壤土	棱柱状	6.3	11.5	0.64	0.18	16.0	38							
剖51	黄壤	黄壤	砂黄泥土	泥砂土	A	0—24	浅灰黄色	轻壤土		4.4	11.2	0.54	0.07	3.8	50	4.0		7.0		E 105°32′41.3″ N 29°23′42.7″	72
						B	24—52	深黄色	中壤土		4.6	4.3	0.32	0.05	6.2							
						C	52—					2.0	0.18	0.03	4.0							
剖52	人为土	水稻土	紫色土性水稻土	砂黄泥土	砂泥田	A′	0—25	黄棕色	中壤土	粒状	4.8	20.6	1.09	0.21	9.6	128	43.4		16.6	砂页岩	E 105°34′39.4″ N 29°22′58.8″	74
						Pb	25—35	黄棕色	中壤土	块状	4.9	20.3	1.06	0.21	9.7							
						HA₃	35—60	黄色	中壤土	棱柱状	5.0	11.0	0.66	0.19	9.3							
剖53	初育土	紫色土	棕紫泥土	黄砂泥土	黄砂泥田	A	0—40	浅棕黄色	轻壤土	中壤土	4.8	5.0	0.24	0.03	9.0	25	0.1		14.3	砂页岩	E 105°40′15.2″ N 29°22′03.4″	76
						B	40—84	浅棕黄色	中壤土	棱柱状	4.8	7.1	0.36	0.06	8.0							
						C	84—110	浅棕黄色	中壤土	棱柱状	4.8	3.1	0.22	0.03	8.6							
剖54	人为土	水稻土	黄壤性水稻土	砂黄泥土	黄泥田	A′	0—15	浅棕色	重壤土	块状	5.4	17.0	1.08	0.15	8.9	95	14.4		10.3		E 105°39′15.6″ N 29°22′02.3″	80
						Pb	15—21	黄色	中壤土	块状	5.6	16.0	1.00	0.14	9.0							
						Wb₂	21—60	黄色	中壤土	棱柱状	5.6	9.1	0.69	0.10	8.8							
剖55	铁铝土	水稻土	紫色土性水稻土	灰棕紫色水稻土	大眼泥田	A′	0—17	浅棕紫色	重壤土	小块状	5.8	16.1	0.98	0.18	21.0	54	10.1		25.6	砂岩, 泥岩	E 105°35′05.6″ N 29°21′44.3″	71
						Pb	17—26	浅橘黄色	重壤土	小块状	6.2	14.8	0.86	0.18	22.2	54						
						P	26—80	浅黄色	中壤土	棱柱状	6.6	8.3	0.60	0.13	21.4	34			26.1			
剖56	人为土	水稻土	黄壤性水稻土	灰棕紫色水稻土	豆瓣紫泥田	A′	0—15	浅黄紫色	中壤土	小块状	5.7	17.1	0.97	0.10	20.6	53	1.9		25.0	砂岩, 泥岩	E 105°33′12.6″ N 29°20′39.5″	88
						Pb	15—25	浅黄紫色	重壤土	小块状	5.8	15.7	0.94	0.10	19.1	53			17.9			
						P	25—			大块状	5.5	14.1	0.80	0.08	20.1	46						

续表 Continued

剖面号 Soil profile	土纲 Soil order	土类 Soil great group	亚类 Soil subgroup	土属 Soil genus	土种 Soil species	土层码 Layer code	土层厚度 Depth/cm	颜色 Soil color	质地 Soil texture	土壤结构 Soil structure	pH	有机质 OM/(g/kg)	全氮 TN/(g/kg)	全磷 TP/(g/kg)	全钾 TK/(g/kg)	碱解氮 AN/(mg/kg)	有效磷 AP/(mg/kg)	速效钾 AK/(mg/kg)	阳离子交换量CEC/(cmol/kg)	土壤母质 Parent material	剖面点坐标 Profile coordinate	匹配指数 Matching index/%
剖57	人为土	水稻土	紫色土性水稻土	灰棕紫色水稻土	砂田	A'	0—17	灰紫黄色	轻壤土	小块状	5.0	11.8	0.65	0.07	15.6	68	4.5		12.2	砂岩,泥岩	E 105°30′39.2″ N 29°18′59.0″	78
						Pb	17—24	灰棕紫色	轻壤土	块状	5.1	10.6	0.60	0.07	15.5							
						P	24—45	灰紫黄色	中壤土	棱柱状	4.9	8.2	0.54	0.06	15.5							
						Wb₂	45—57	灰紫黄色	轻壤土	棱柱状	4.6	6.5	0.42	0.06	14.9							
剖58	人为土	水稻土	黄壤性水稻土	砂黄泥田	泥砂田	A'	0—15	灰黄色	中壤土	棱柱状	5.5	16.7	0.75	0.20	7.1	72	48.0		13.3		E 105°34′46.6″ N 29°18′00.7″	79
						Pb	15—20	浅灰黄色	中壤土	棱柱状	5.5	13.7	0.64	0.19	8.2				13.5			
						Wa₁	20—40	浅黄色	中壤土		5.2	3.7	0.29	0.05	7.3				13.8			
剖59	铁铝土	黄壤	黄壤	冷砂黄泥土	松毛泥土	A	0—22	黄夹灰色	中壤土	碎块状	4.8	11.6	0.87	0.11	16.3	60	7.2		11.9		E 105°32′30.8″ N 29°17′24.6″	96
						B	22—38	黄夹灰色	中壤土	块状	5.0	9.7	0.73	0.11	17.2							
						C	38—64	桶黄色	中壤土	棱柱状	5.5	6.3	0.63	0.08	18.3							
剖60	人为土	水稻土	黄壤性水稻土	冷砂黄泥田	黄泥田	A,g	0—20	灰黄色	重壤土	棱柱状	5.1	35.7	1.69	0.17	17.6	106	13.1		15.6	砂页岩	E 105°32′54.8″ N 29°17′13.7″	85
						Pb	20—30	黄黄色	重壤土	棱柱状	5.2	37.2	1.45	0.14	17.8				14.9			
						HA₃	30—60	浅灰黄色	轻黏土	棱柱状	4.7	10.5	0.90	0.10	17.9				12.6			
剖61	铁铝土	黄壤	黄壤	砂黄泥土	黄泥大土	A	0—17	重灰黄色	重壤土	粒状	5.7	19.7	1.21	0.17	11.7	82	3.8		20.5		E 105°35′19.7″ N 29°17′12.5″	85
						B	17—39	黄色	重壤土	块状	5.1	21.1	1.13	0.16	16.8							
						C	39—100	浅灰黄色			5.5	17.2	1.14	0.16	13.8							

开 州 区

主要土类说明

紫色土是开州区的主要土壤类型，占本区地域面积的44%，广泛分布于丘陵台地和部分低山区。紫色土由紫色砂页岩风化发育而成。其主要特点为物理风化强烈，表土更替频繁；化学风化微弱，不具有富铝化过程；剖面层次发育不明显，具A-C剖面构型；盐基物质丰富，淋溶损失少；土壤有机质和氮素累积较少；普遍有碳酸盐反应，呈微酸性到微碱性，其理化性质与母岩组成直接相关。丘陵顶部的土壤，土层薄，粗骨性，养分易流失，产量低而不稳；丘陵中部的土壤，黏砂适宜，质地趋向重壤，产量较高；下部及坡脚的土壤，土层厚，质地黏重，土壤肥沃，产量高。

水稻土是开州区第二大土壤类型，占本区地域面积的27%。水稻土由人为长期水耕熟化而形成。由于干湿交替，水稻土形成糊状淹育层、较坚实板结的犁底层、渗育层、潴育层与潜育层等多种发生层。这些不同发生层段是在人为耕作、水浆管理下形成的。水稻土土层深厚，土质肥沃，生产水平较高。分布在支冲、台地、低塝上的二泥田、半砂半泥田、大眼泥田等，剖面形态发育良好，土体内水热气肥协调，是高产稳产水稻土。分布在三里河流沿岸低坝的下湿田和分布于冲沟下部及两冲交汇处的冷浸烂泥田、硝田等，剖面形态发育差，土体内水热气肥不协调，水稻常因障害和缺素而坐蔸。

石灰（岩）土是开州区第三大土壤类型，占本区地域面积的10%。石灰（岩）土是在亚热带湿润条件下，石灰岩经溶蚀、淋洗和风化，形成的厚薄不同的钙质饱和或含游离钙质的土壤，成土母质为石灰岩。石灰（岩）土主要分布于背斜低山槽谷内，多见于石隙、溶洞或峰丛底部，富含碳酸钙，碳酸钙淋溶程度不一，多黏土，多为铁钙质胶结物，风化程度不一，盐基饱和度高，土壤有机质含量及胶结状态有较大差异。

红壤占本区地域面积的9%。红壤由第四纪红色黏土母质发育而成，是古生物气候条件下的产物。硅和盐基淋失，黏粒与次生黏土矿物不断形成，铁铝氧化物聚积明显。黏粒中游离铁占全铁的50%—60%，深厚红色土层，具A-Bs-Bv或A-Bs-C剖面构型。黏土矿物以高岭石、赤铁矿为主，黏粒硅铝率为1.8—2.4，风化淋溶系数小于0.2，盐基饱和度低于35%，pH为4.5—5.5。

黄棕壤占本区地域面积的5%，分布在北部山地海拔1500—2100m的地区。黄棕壤与黄壤一道构成本区山地垂直带谱，并分布于黄壤之上。其脱硅富铝化过程弱于黄壤，向脱钙、黏化方向发展，呈黄棕色黏土状，具A-B-C或A-（B）-C剖面构型。B层黏聚现象明显，硅铝率约为2.5，铁的游离度较红壤低，交换性酸B层大于A层。

小于本区地域面积3%的土壤类型还有棕壤、黄壤和新积土等。

本区域中心区气候特征

本区域中心区气候特征值
Regional climate characteristics in central area of the region

气候带：中亚热带湿润气候 Climate region: Subtropical humid climate	
年平均气温 /℃ Annual average temperature /℃	15.6
年平均最高气温 /℃ Annual average maximum temperature /℃	20.4
年平均最低气温 /℃ Annual average minimum temperature /℃	12.0
年降水量 /mm Annual precipitation /mm	1288
≥10℃的积温 /℃ Daily temperature accumulated in a year（≥10℃）/℃	5727
年日照时数 /h Annual sunshine /h	1272
年平均相对湿度 /% Annual average relative humidity /%	76
干燥度 Dryness	0.85

本区域中心区月平均气温与月平均降水量
Monthly temperature and precipitation in central area of the region

开县主要土壤类型与土壤剖面点分布图
1:410 000

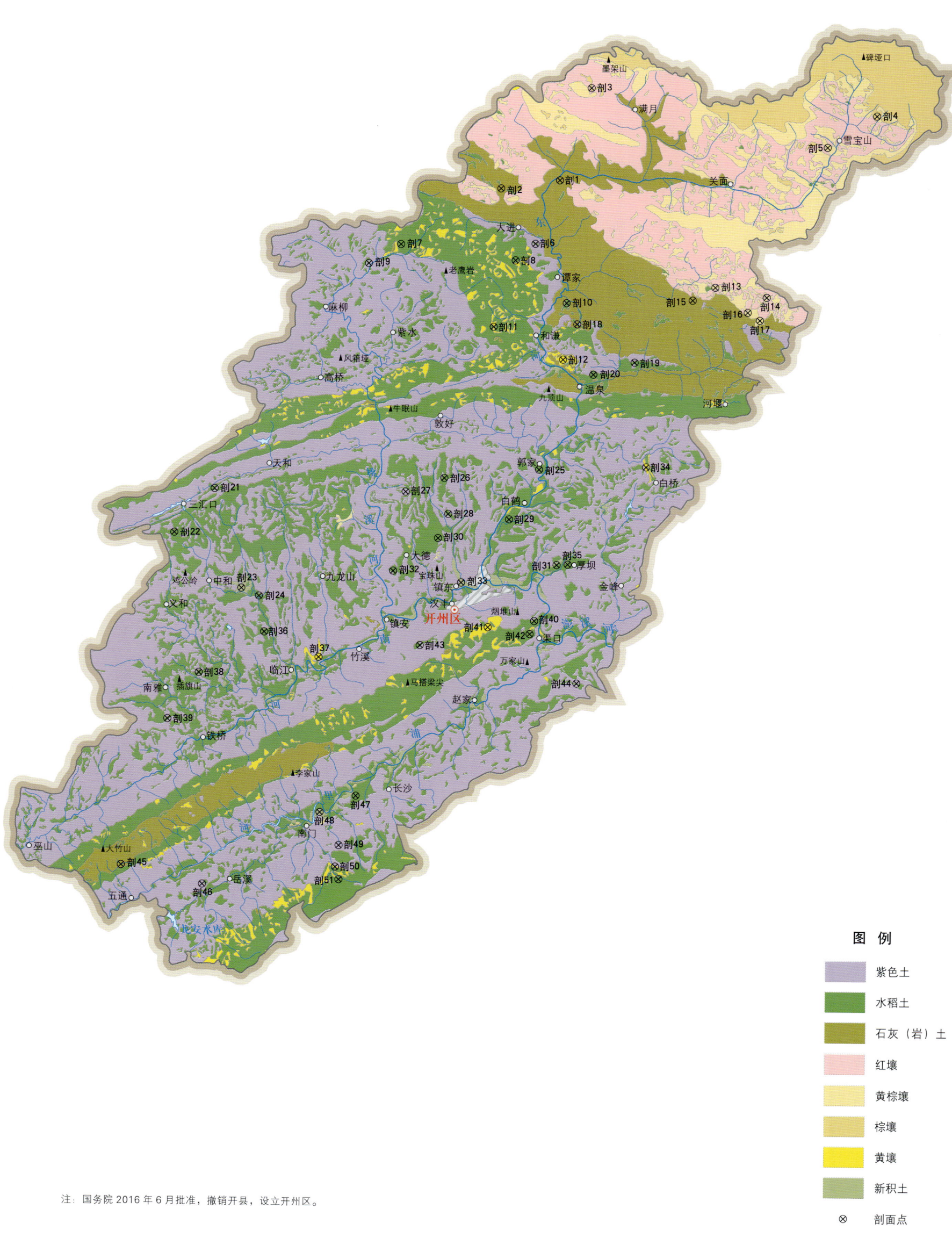

注：国务院 2016 年 6 月批准，撤销开县，设立开州区。

开州区土壤剖面理化性状表

剖面号 Soil profile	土纲 Soil order	土类 Soil great group	亚类 Soil subgroup	土属 Soil genus	土种 Soil species	土层码 Layer code	土层厚度 Depth/cm	颜色 Soil color	质地 Soil texture	土壤结构 Soil structure	pH	有机质 OM/(g/kg)	全氮 TN/(g/kg)	碱解氮 AN/(mg/kg)	土壤母质 Parent material	剖面点坐标 Profile coordinate	匹配指数 Matching index/%
剖1	初育土	石灰（岩）土	黄色石灰土	黄色石灰土	火石子黄泥土	A	0—19	灰棕色	砾质重壤土	粒状	7.6	43.1	2.39	177	燧石灰岩风化物	E 108°29′12.1″ N 31°33′13.3″	74
						BC	19—75	棕黄色	砾质重壤土	小块状	7.9	35.3	2.19	144			
剖2	初育土	石灰（岩）土	黄色石灰土	黄色石灰土	矿子黄泥土	A	0—19	暗黄棕色	轻黏土	团块状	8.3	18.9	1.03	55	石灰岩坡积物、残积物	E 108°25′28.9″ N 31°32′41.6″	71
						B	19—32	黄黄棕色	轻黏土	小块状							
						C	32—	浅棕黄色	轻黏土	块状							
剖3	淋溶土	棕壤	山地棕壤土	山地棕壤土	冷黄砂土	As	0—14	黑褐色	中壤土	团块状	6.5	175.7	5.18	171	板岩残积物	E 108°31′04.8″ N 31°38′16.1″	90
						A_1	14—25	棕色	中壤土	团块状	6.0	62.4	2.71	155			
						B_1	25—54	黄棕色	中壤土	粒状	6.2	33.5	1.40	63			
						B_2	54—90	浅黄棕色	中壤土	棱柱状	6.2	21.1	0.92	56			
						C	90—		中壤土		6.2	6.2	0.43	24			
剖4	淋溶土	棕壤	山地棕壤土	山地棕壤土	森林棕壤	Ao	0—4	黑色							砂页岩、灰岩坡积物、残积物	E 108°49′20.6″ N 31°37′07.0″	72
						A_1	4—14	黄棕色	中壤土	团粒状	6.3	94.0	4.66	270			
						B_1	14—27	浅黄棕色	中壤土	棱柱状	6.2	73.8	3.03	225			
						B_2	27—60	黄色	中壤土	棱柱状	6.3	41.2	2.08	100			
						C	60—105	浅黄色	中壤土	片状夹棱块状	6.5	30.2	1.51	96			
剖5	淋溶土	黄棕壤	山地黄棕壤土	山地黄棕壤土	扁石渣土	A	0—23	暗灰棕色	砾质重壤土	粒状	6.4	46.1	2.33	213	硅质页岩残积物、坡积物	E 108°46′14.2″ N 31°35′21.5″	82
						BC	23—80	浅黄棕色	砾质重壤土	小块状	6.4	45.2	2.16	151			
剖6	人为土	水稻土	冲积型水稻土	黄色冲积水稻土	黄泥田	A′	0—22	浅黄棕色	重黏土	大块状	8.2	9.8	0.72	76	冲积物	E 108°27′46.1″ N 31°29′44.9″	89
						Pb	22—33	黄黄棕色	重黏土	棱柱状	8.3	7.7	0.65	60			
						P	33—65	黄棕色	轻黏土	棱柱状	8.4	6.3	0.41	42			
剖7	人为土	水稻土	黄壤性水稻土	老冲积黄泥田	黄泥田	A′	0—24	黄棕色	中壤土	小块状	6.0	20.9	1.05	89	老冲积物	E 108°19′12.4″ N 31°29′31.2″	99
						Pb	24—31	黄褐色	中壤土	块状	7.0	8.3	0.42	57			
						Wb_1	31—62	黄棕色	中壤土	棱柱状	6.9	5.2	0.39	47			
						HA_3	62—85	黄棕色	中壤土	小块状	6.9	4.7	0.37	51			
剖8	人为土	水稻土	黄壤性水稻土	冷砂黄泥田	冷砂田	A′	0—16	暗灰棕色	轻黏土	粒状	6.3	27.7	1.42	137	厚砂岩夹薄层泥页岩风化物	E 108°26′31.6″ N 31°28′49.1″	92
						Pb	16—27	暗灰棕色	轻黏土	板状	6.9	24.2	1.25	103			
						P	27—44	灰棕色	轻黏土	棱块状	6.4	18.7	1.01	85			
						Wb_1	44—70	棕灰色	砂黏土	小块状	5.9	8.7	0.68	78			
剖9	人为土	水稻土	紫色土性水稻土	灰棕紫色水稻土	冷浸烂泥田	A′g	0—25	青灰色	重黏土	无明显结构	6.2	22.0	1.20	84	页岩、砂岩结晶	E 108°17′11.8″ N 31°28′26.4″	79
						G_1	25—45	棕灰色	重黏土	无明显结构	7.0	16.5	0.87	70			
剖10	人为土	水稻土	黄壤性水稻土	矿子黄泥田	黄砂田	A′	0—21	暗黄棕色	中壤土	棱块状	5.9	25.7	1.35	98	灰岩	E 108°29′51.1″ N 31°26′34.5″	90
						Pb	21—30	棕棕色	轻黏土	小块状	6.0	17.2	0.93	82			
						HA_1	30—65	暗黄棕色	砂黏土	棱块状	6.0	16.9	0.91	96			
剖11	铁铝土	黄壤	黄壤	冷砂黄泥土	黄砂土	A	0—17	黄棕色	轻黏土	粒状夹团粒结构	6.2	6.6	0.44	51	石英粗砂岩夹薄层泥质页岩、砂岩	E 108°25′14.9″ N 31°25′10.2″	96
						B	17—45	暗黄棕色	重黏土	棱块状	6.2	5.1	0.32	42			
						C	45—81	浅黄棕色	砂黏土	小块状	6.2	4.8	0.25	37			
剖12	铁铝土	黄壤	黄壤	冷砂黄泥土	黄砂泥土	A	0—18	黄棕色	重黏土	小块状	6.2	10.6	0.68	82	石英粗砂岩夹薄层泥质页岩、砂岩	E 108°29′43.8″ N 31°23′29.8″	74
						B	18—41	黄黄棕色	中壤土	大块状	5.9	7.5	0.57	57			
						C	41—90	黄棕色	中壤土	粒状	6.6	6.0	0.43	48			
剖13	淋溶土	黄棕壤	山地黄棕壤	山地黄棕壤	黄泥土	A	0—19	黄棕色	重黏土		6.0	20.6	1.23	62	砂页岩坡积物、残积物	E 108°39′18.0″ N 31°27′37.4″	80
						B	19—52	浅黄棕色	轻黏土	粒状	5.4	3.8	0.19	50			
						C	52—										

续表 Continued

剖面号 Soil profile	土纲 Soil order	土类 Soil great group	亚类 Soil subgroup	土属 Soil genus	土种 Soil species	土层码 Layer code	土层厚度 Depth/cm	颜色 Soil color	质地 Soil texture	土壤结构 Soil structure	pH	有机质 OM/(g/kg)	全氮 TN/(g/kg)	碱解氮 AN/(mg/kg)	土壤母质 Parent material	剖面点坐标 Profile coordinate	匹配指数 Matching index/%
剖14	淋溶土	黄棕壤	山地黄棕壤	山地黄棕壤	青夹泥土	A	0—18	灰黄色	中黏土	小块状	6.3	7.8	0.52	19	砂页岩风化残积物、坡积物	E 108°42′35.9″ N 31°27′09.1″	73
						B₁	18—54	浅灰黄色	轻黏土	棱块状	6.4	6.1	0.40	18			
						B₂	54—58	灰黄色	轻黏土	小块状	6.4	3.9	0.20	10			
						C	58—100	深灰色	轻黏土		6.4	14.8	0.73	16			
剖15	初育土	石灰（岩）土	黄色石灰土	黄色石灰土	豆面泥土	A	0—16	灰黄色	中壤土	粒状	8.5	23.2	1.16	91	泥质和炭质石灰岩风化物	E 108°37′53.0″ N 31°26′54.1″	99
						AC	16—40	灰黄色	砾质中壤土	无明显结构	8.5	13.4	0.77	81			
剖16	淋溶土	黄棕壤	山地黄棕壤	山地黄棕壤	豆粉土	A	0—17	黄棕色	重壤土	核状	6.3	16.3	0.84	42	泥页岩、灰岩泥岩风化物	E 108°41′25.1″ N 31°26′18.2″	93
						B₁	17—47	灰黄色	重壤土	粒状	6.5	12.1	0.74	40			
						B₂	47—75	浅黄色	中壤土	块状	6.5	8.9	0.57	14			
						C	75—98	黄棕色	中壤土	粒状	7.0	6.8	0.37	19			
剖17	淋溶土	黄棕壤	山地黄棕壤	山地黄棕壤	中层黄砂土	A	0—23	暗黄黄色	中壤土	粒状	6.1	31.7	1.60	114	砂页岩风化坡积物、残积物	E 108°42′11.9″ N 31°25′53.0″	90
						B	23—62	暗黄黄色	中壤土	小块状	6.3	21.3	1.07	69			
						C	62—										
剖18	初育土	石灰（岩）土	黄色石灰土	黄色石灰土	黄泥土	A	0—20	浅棕黄色	轻黏土	粒状	7.8	29.9	1.74	112	石灰岩坡积物、残积物	E 108°30′34.6″ N 31°22′25.7″	89
						B	20—50	紫棕色	中壤土	块状	7.8	18.4	1.17	85			
						C	50—90	棕黄色	中壤土	块状	7.7	10.5	0.78	50			
剖19	人为土	水稻土	紫色土性水稻土	暗紫泥田	二泥田	A′	0—20	暗紫色	中壤土	粒状	7.0	25.1	1.31	104	灰岩	E 108°34′17.8″ N 31°23′25.8″	89
						Pb	20—30	紫黄色	中壤土	块状	7.0	24.9	1.17	95			
						P	30—54	紫黄色	中壤土	棱柱状	6.8	15.5	0.83	68			
剖20	人为土	水稻土	黄壤性水稻土	矿子黄泥田	泡红泥田	Wb₁	54—70	浅红棕色	重壤土	棱柱状	5.9	23.2	1.28	118	砂泥岩风化物	E 108°31′41.5″ N 31°22′43.0″	71
						A′	0—18	棕色	中黏土	粒状	6.3	19.9	1.19	102			
						Pb	18—24	暗棕色	中壤土	块状	6.9	7.6	0.63	49			
						Wb₁	24—68	暗棕色		无明显结构	7.5	7.3	0.62	20			
剖21	人为土	水稻土	紫色土性水稻土	红棕紫色水稻土	红砂大土泥田	C	68—74	暗红棕色	轻壤土	小块状	6.6	19.5	1.27	102	泥сs岩、砂岩、泥质钙质石英砂岩风化物	E 108°07′50.5″ N 31°15′56.9″	79
						A′	0—23	红棕色	中壤土	大块状	6.9	18.8		91			
						Pb	23—31	红棕色	中壤土	棱柱状	7.6	5.3		34			
						P	31—66	红棕色	中壤土	小块状	7.9	2.9		26			
						HA₁	66—86										
剖22	人为土	水稻土	棕色紫泥水稻土	棕紫泥水稻土	砂田	A′	0—21	紫棕色	砂壤土	粒状	6.3	13.8	0.79	76	砂岩、泥岩及长石砂岩、钙质岩芽砂岩等	E 108°05′21.8″ N 31°13′29.8″	78
						Wb₁	21—49	紫棕色	轻壤土	粒状	6.3	10.4	0.66	72			
						C	49—										
剖23	新积土	冲积土	紫色冲积土	砂土	A	0—20	灰棕色	中壤土	粒状	6.6	5.0	0.46	43	河流冲积物	E 108°09′44.3″ N 31°10′34.3″	99		
						B	21—38	灰棕色	轻壤土	粒状	7.7	10.3	0.44	55			
						C	38—	浅棕灰色	中壤土	粒夹小块状	8.2	3.1	0.22	39			
剖24	初育土	冲积型水稻土	紫色冲积水稻土	砂田	A′	0—17	暗棕色	中壤土	片状	8.6	3.0	0.14	38	紫色岩风化物	E 108°10′52.0″ N 31°10′09.8″	90		
						Pb	17—28	暗棕色	轻壤土	小块状	8.3	11.7	0.67	72			
						P	28—57	灰棕灰色	轻壤土	小块状	8.2	9.7	0.60	66			
剖25	人为土	水稻土	紫色土性水稻土	灰紫色水稻土	砂田	A′	0—20	黄棕色	轻壤土	板块状	8.1	3.4	0.34	36	页岩、砂岩及长石砂岩、钙质岩等	E 108°28′25.0″ N 31°17′29.4″	100		
						Pb	20—35	棕色	中壤土	粒状	6.8	5.1	0.22	58			
						C	35—	棕色		小块状	6.7	7.3	0.39	60			
剖26	人为土	水稻土	紫色土性水稻土	棕紫泥水稻土	夹砂田	A′	0—20	黄棕色	轻壤土	小块状	6.7	6.9	0.36	51	砂岩、泥岩及长石砂岩、钙质岩等	E 108°22′25.0″ N 31°16′53.0″	93		
						Pb	20—28	棕黄色	中壤土	片状	5.5	12.9	0.73	89			
						Wb₁	28—70	棕黄色	中壤土	小块状	5.6	8.4	0.56	63			
						C	70—	浅棕色	砂土	无明显结构	5.6	6.8	0.45	54			
剖27	初育土	紫色土	棕紫泥土	棕紫泥土	瘦砂土	A	0—23	浅棕色	砂土	粒状	5.8	6.7	0.42	47		E 108°19′58.6″ N 31°16′04.7″	86
						C	23—33	黄棕色	砂土		5.7	6.4	0.40	117			
											5.5	3.5	0.29	109			

续表 Continued

剖面号 Soil profile	土纲 Soil order	土类 Soil great group	亚类 Soil subgroup	土属 Soil genus	土种 Soil species	土层码 Layer code	土层厚度 Depth/cm	颜色 Soil color	质地 Soil texture	土壤结构 Soil structure	pH	有机质 OM/(g/kg)	全氮 TN/(g/kg)	碱解氮 AN/(mg/kg)	土壤母质 Parent material	剖面点坐标 Profile coordinate	匹配指数 Matching index/%
剖28	人为土	水稻土	紫色土性水稻土	红棕紫色水稻土	红石骨子砂田	A'	0—20	红棕色	砂壤土	小块状	8.5	10.6	0.65	62	泥岩、砂岩、泥质钙质页岩夹砂岩风化物	E 108°22'43.8" N 31°14'56.3"	98
						P	20—44	红棕色	轻壤土	棱块状	8.5	6.3	0.44	42			
						C	44—	暗棕色	轻黏土	粒状	8.3	5.2	0.36	40			
剖29	人为土	水稻土	黄壤性水稻土	老冲积黄泥田	小黄泥田	A'	0—18	暗灰棕色	轻黏土	块状	8.2	13.1	0.76	76	老冲积物	E 108°26'36.2" N 31°14'44.2"	93
						Pb	18—28	暗黄棕色	轻黏土	块状	8.2	12.7	0.72	84			
						P	28—40	暗黄棕色	轻黏土	棱柱状	8.0	3.6	0.46	46			
						C	40—			粒状	7.8	3.7	0.23	52			
剖30	人为土	水稻土	紫色土性水稻土	棕紫泥水稻土	大土泥田	A'	0—18	紫灰棕色	轻黏土	粒状	6.5	17.8	0.97	109	砂岩、泥岩及长石砂岩、钙质石英砂岩等	E 108°22'08.0" N 31°13'36.1"	72
						Pb	18—24	紫灰棕色	轻黏土	棱块状	6.7	15.8	0.88	105			
						P	24—68	紫棕色	轻黏土	棱柱状	7.0	0.7	0.70	87			
						C	68—										
剖31	人为土	水稻土	冲积型水稻土	紫色冲积水稻土	大眼泥田	A'	0—30	灰棕色	轻壤土	块状	6.1	24.9	1.13	89	紫色风化物	E 108°29'42.7" N 31°12'18.4"	100
						Pb	30—40	灰棕色	轻黏土	片状	7.1	16.3	0.74	60			
						P	40—56	浅棕色	轻黏土	棱柱状	7.5	4.1	0.29	39			
						G	56—92	灰色	轻黏土	无明显结构	7.7	3.8	0.15	46			
剖32	人为土	水稻土	紫色土性水稻土	棕紫泥水稻土	黄泥田	A'	0—15	棕黄色	重壤土	块状	6.4	16.5	0.99	83	砂岩、泥岩及长石砂岩、钙质岩等	E 108°19'19.9" N 31°11'44.9"	84
						Pb	15—25	黄棕色	轻黏土	棱柱状	6.3	15.7	0.71	65			
						P	25—36	黄棕色	轻黏土	棱柱状	6.1	10.0	0.52	47			
						Wb₁	36—74	棕色	轻黏土	块状	6.2	8.8	0.29	21			
						C	74—100				6.3	6.3	0.17	20			
剖33	初育土	新积土	冲积土	紫色冲积土	油砂土	A	0—25	暗棕色	中壤土	团粒状夹粒状	7.7	9.8	0.61	57	河流冲积物	E 108°23'40.2" N 31°11'13.2"	93
						B	25—45	棕灰色	轻壤土	小块状	8.0	6.8	0.39	46			
						C	45—75	棕灰色	轻壤土	无明显结构	8.2	5.6	0.35	44			
剖34	铁铝土	黄壤	黄壤	老冲积黄泥田	黄泥土	A	0—22	红黄色	中黏土	粒状	5.6	14.2	0.95	63	冲积物	E 108°35'12.5" N 31°17'46.0"	87
						B	22—65	浅红黄色	中黏土	小块状	5.1	7.0	0.57	46			
						C	65—										
剖35	人为土	水稻土	冲积型水稻土	紫色冲积水稻土	半砂泥田	A'	0—19	棕灰色	中壤土	小块状	8.0	16.3	0.86	58	紫色风化物	E 108°30'24.5" N 31°12'20.9"	89
						Pb	19—29	棕灰色	中壤土	大块状	8.0	16.3	0.86	56			
						Wb₁	29—41	红棕色	轻壤土	板状	7.8	4.7	0.36	30			
剖36	人为土	水稻土	紫色土性水稻土	灰棕紫色水稻土	紫泥田	A'	0—20	红黄棕色	中黏土	小块状	7.4	11.5	0.75	77	页岩、砂岩风化物	E 108°11'16.1" N 31°08'13.2"	99
						Pb	20—30	黄棕色	中壤土	板状夹块状	7.6	8.2	0.60	57			
						Wb₁	30—52	灰黄棕色	中壤土	小柱状	7.3	6.1	0.48	48			
剖37	铁铝土	黄壤	黄壤	冷砂黄泥土	炭渣土	AC	0—18	暗灰黑色	砾质轻黏土	粒状	5.4	96.5	2.24	106		E 108°14'46.3" N 31°06'55.4"	92
						C	18—25			无明显结构	5.3	106.0	2.11	101			
剖38	人为土	水稻土	紫色土性水稻土	灰棕紫色水稻土	大眼泥田	A'	0—21	棕色	重壤土	小块状	6.1	10.8	0.68	77	页岩、砂岩风化物	E 108°07'12.4" N 31°05'53.9"	99
						Pb	21—27	棕色	重壤土	板状	6.5	9.1	0.58	59			
						Wb₁	27—93	棕色	重壤土	棱柱状	6.8	6.0	0.44	57			
剖39	人为土	水稻土	紫色土性水稻土	暗紫泥田	夹砂田	A'	0—30	棕紫色	轻黏土	块状	6.3	19.4	0.96	89	页岩、砂岩风化物	E 108°05'19.3" N 31°03'19.4"	78
						Pb	30—37	暗棕色	中壤土	粒状	6.7	12.7	0.59	69			
						Wb₁	37—	暗紫色	中壤土	块状	6.9	4.2	0.21	49			
剖40	人为土	水稻土	紫色土性水稻土	暗紫泥田	大泥田	A'	0—20	棕色	轻壤土	块状	6.4	13.4	0.86	90	砂泥岩风化物	E 108°28'23.2" N 31°09'13.7"	98
						Pb	20—30	棕色	轻壤土	粒状	7.5	10.8	0.75	55			
						Wb₁	30—75	暗棕色	轻黏土	棱柱状	7.5	7.7	0.61	55			
剖41	铁铝土	黄壤	黄壤	冷砂黄泥土	冷砂土	A	0—25	暗黄色	砂壤土	粒状	6.1	22.7	1.10	85	石英粗砂岩夹薄层炭质页岩、砂岩	E 108°25'26.4" N 31°08'49.9"	84
						B	25—49	灰黄色	砂壤土	片状	6.2	18.3	0.91	75			
						C	49—69	浅黄色	松砂土	无明显结构	6.4	10.4	0.73	64			

续表 Continued

剖面号 Soil profile	土纲 Soil order	土类 Soil great group	亚类 Soil subgroup	土属 Soil genus	土种 Soil species	土层码 Layer code	土层厚度 Depth/cm	颜色 Soil color	质地 Soil texture	土壤结构 Soil structure	pH	有机质 OM/(g/kg)	全氮 TN/(g/kg)	碱解氮 AN/(mg/kg)	土壤母质 Parent material	剖面点坐标 Profile coordinate	匹配指数 Matching index/%
剖42	人为土	水稻土	黄壤性水稻土	冷砂黄泥田	砂白鳝泥田	A'	0—15	黄灰色	轻壤土	团块状	6.0	19.0	1.13	113	厚砂岩夹薄层泥页岩风化物	E 108°28'07.3" N 31°08'31.6"	75
						Pb	15—22	黄灰色	中壤土	棱块状	6.4	18.3	1.00	118			
						Wa₁	22—43	黄灰色	中壤土	小块状	7.0	11.4	0.64	70			
剖43	人为土	水稻土	紫色土性水稻土	暗紫泥田	黄砂泥田	A'	0—19	黄灰色	轻壤土	核状	6.3	11.5	0.52	81	砂泥岩风化物	E 108°21'10.1" N 31°07'44.4"	87
						Wb₁	19—27	灰黄紫色	砂壤土	小柱状	6.7	8.0	0.43	70			
						C	27—										
剖44	人为土	水稻土	紫色土性水稻土	红棕紫色水稻土	大眼泥田	A'	0—22	红棕色	轻黏土	块状	6.9	15.3	0.85	85	泥岩、砂岩、泥质钙质石英砂岩、石英砂岩风化物	E 108°31'10.9" N 31°05'54.2"	99
						Pb	22—30	暗红棕色	中黏土	大块状	7.2	9.6		50			
						P	30—66	棕色	中壤土	棱块状	7.2	5.1		31			
						Wb₁	66—100	暗棕红色		小块状							
剖45	初育土	石灰(岩)土	黄色石灰土	黄色石灰土	石渣子土	A	0—18	浅棕红色	砾质重壤土	核状	8.5	11.0	0.83	67	石灰岩风化物	E 108°02'40.6" N 30°55'16.3"	75
						B	18—25	浅棕红色	重壤土	块状	8.3	10.5	0.78	62			
						D	25—										
剖46	初育土	紫色土	棕紫泥土	红棕紫色土	红砂大土	A	0—18	暗红棕色	重壤土	团块状	7.2	14.2	0.74	62	泥岩、砂质泥岩、钙质粉石英粉砂岩、石英砂岩	E 108°07'52.0" N 30°54'20.9"	81
						B	18—38	暗棕红色	重壤土	块状	7.2	9.8	0.53	44			
						C	38—	浅棕红色	重壤土		7.8	5.3	0.35	14			
剖47	人为土	水稻土	冲积型水稻土	紫色冲积水稻土	下湿田	A'g	0—30	深灰色	重壤土	无明显结构	8.1	29.9	1.33	129	紫色风积物	E 108°17'24.7" N 30°59'26.2"	86
						G₂	30—58	深灰色	重壤土	无明显结构	8.3	29.5	1.30	128			
						Wb₁	58—79	灰棕色	轻黏土	块状	8.3	29.2	1.29	138			
剖48	初育土	新积土	冲积土	紫色冲积土	紫泥土	A	0—23	浅棕紫色	重壤土	小块状	7.9	16.7	0.89	80	河流冲积物	E 108°15'09.7" N 30°58'28.6"	90
						B	23—53	浅棕紫色	重壤土	小块状	8.2	9.2	0.54	54			
剖49	初育土	紫色土	暗紫泥土	暗紫泥土	黄砂土	A	0—15	浅黄色	轻壤土	块状	7.6	5.5	0.36	40	砂泥岩坡积物、残积物	E 108°16'26.0" N 30°56'42.0"	88
						2	15—25	浅黄色	轻壤土		7.3	3.8	0.18	43			
剖50	铁铝土	黄壤	黄壤	冷砂黄泥土	扁砂土	A	0—20	暗棕色	砾质轻壤土	粒状	6.3	16.3	1.17	64		E 108°16'14.9" N 30°55'31.1"	71
						C	20—			粒状	6.4	15.1	1.12	54			
剖51	人为土	水稻土	黄壤性水稻土	冷砂黄泥田	黄砂泥田	A'	0—19	暗黄黄色	中壤土	粒状夹小块状	6.4	18.9	1.02	102	厚砂岩夹薄层泥页岩风化物	E 108°16'29.6" N 30°54'49.7"	75
						Pb	19—28	暗黄灰色	中壤土	大块状	6.9	17.1	0.93	96			
						Wb₂	28—50	黄棕色	中壤土	块状	7.7	5.5	0.45	53			

梁 平 区

主要土类说明

紫色土是梁平区的主要土壤类型，占本区地域面积的38%，分布于本区广阔的丘陵地带。紫色土是紫色砂岩、页岩、泥岩风化物，在亚热带湿润气候条件下形成的幼年土壤，基本保持了母质理化性质。其物理风化作用强烈、成土速度快，化学风化作用微弱、发育进程慢，是发育度浅的岩性土。该土壤除钙、钠有明显淋失外，其他元素无明显淋失，铁铝积累不明显，不具有脱硅富铝化作用。紫色土理化性质与母岩组成直接相关，受地貌类型影响深刻，土层浅薄，剖面层次发育不明显，仍处于初育阶段，具 A-C 剖面构型。由于母岩富含磷、钾等矿质养分，所以紫色土养分充足，且结构良好、易耕作、宜种度广，是本区主要农业土壤。肥力状况是西部高于中部，中部高于东部。土壤 pH 为 7.4。

水稻土是梁平区第二大土壤类型，占本区地域面积的38%，在山区、平坝、浅丘或高丘都有分布。水稻土是在长期的周期性淹灌种稻过程中形成的。它受人类生产活动影响最深，在耕作、施肥、灌溉、轮作等条件下，发生了还原淋溶和氧化淀积等作用，产生了一系列不同于旱地的形态和理化性状，土体一般出现糊状淹育层、较坚实板结的犁底层、渗育层、潴育层与潜育层等多种发生层。本区水稻土起源于紫色土、黄壤、新积土和石灰（岩）土，其生产性能较复杂。水稻土土层深厚，土质肥沃，光热条件较好，宜种范围广，土壤生产性能优于旱作土壤。土壤 pH 为 6.7。

黄壤是梁平区第三大土壤类型，占本区地域面积的24%，分布于海拔500m以上的低山，具有明显地带性土壤特征。黄壤形成于湿润的亚热带生物气候条件下，脱硅富铝化过程明显。各地质时期的黄色、灰白色石英砂岩、页岩、千枚岩、泥质灰岩和第四纪黏土砾石层均可发育成黄壤。黄壤化学风化较强烈，盐基物质的淋溶势强，铁质也普遍水化，因此土壤在发育过程中产生明显的黏化、黄化和脱硅富铝化过程，为本区松、杉、竹、茶等用材林和经济林的主要产地。土壤 pH 为 6.7。

小于本区地域面积3%的土壤类型还有新积土、石灰（岩）土等。

本区域中心区气候特征

本区域中心区气候特征值
Regional climate characteristics in central area of the region

气候带：中亚热带湿润气候 Climate region: Subtropical humid climate	
年平均气温 /℃ Annual average temperature /℃	16.4
年平均最高气温 /℃ Annual average maximum temperature /℃	20.8
年平均最低气温 /℃ Annual average minimum temperature /℃	13.3
年降水量 /mm Annual precipitation /mm	1240
≥10℃的积温 /℃ Daily temperature accumulated in a year（≥10℃）/℃	5834
年日照时数 /h Annual sunshine /h	1158
年平均相对湿度 /% Annual average relative humidity /%	78
干燥度 Dryness	0.85

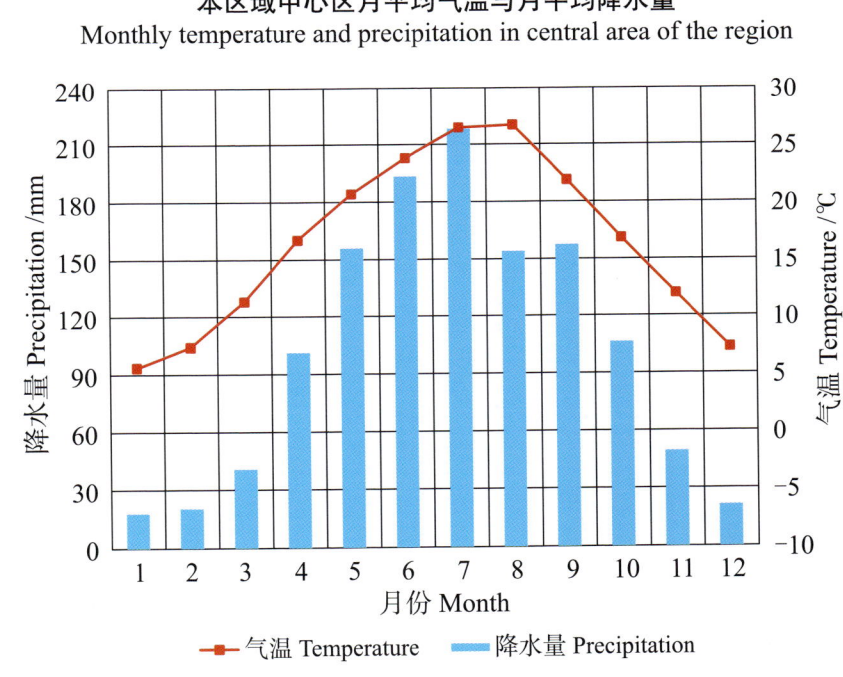

本区域中心区月平均气温与月平均降水量
Monthly temperature and precipitation in central area of the region

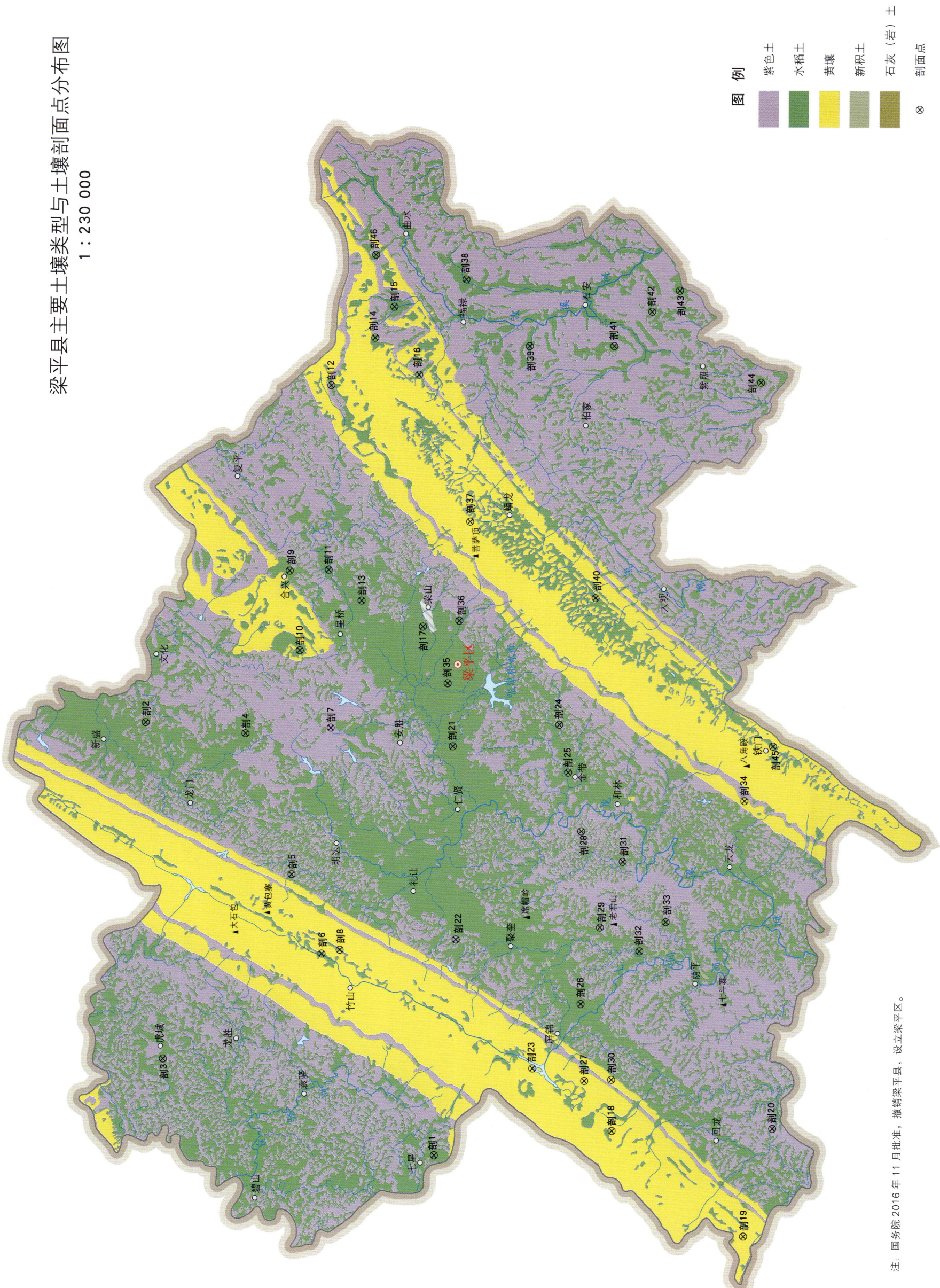

梁平区土壤剖面理化性状表

剖面号 Soil profile	土纲 Soil order	土类 Soil great group	亚类 Soil subgroup	土属 Soil genus	土种 Soil species	土层段码 Layer code	土层厚度 Depth/cm	颜色 Soil color	质地 Soil texture	土壤结构 Soil structure	pH	有机质 OM/(g/kg)	全氮 TN/(g/kg)	全磷 TP/(g/kg)	全钾 TK/(g/kg)	碱解氮 AN/(mg/kg)	有效磷 AP/(mg/kg)	速效钾 AK/(mg/kg)	土壤母质 Parent material	剖面点坐标 Profile coordinate	匹配指数 Matching index/%
剖1	人为土	水稻土	紫色土性水稻土	灰棕紫色水稻土	石骨子田	A₁ HA₁	0—19 19—75	灰黄棕色 暗红棕色	轻砾中壤土 中壤土	粒状 棱柱状	6.8 7.5	9.8 5.0	0.61 0.39	0.54 0.52	16.2 16.4	47	13.0	93	泥岩、长石石英砂岩风化坡积物	E 107°28′28.7″ N 30°40′34.4″	71
剖2	人为土	水稻土	紫色土性水稻土	灰棕紫色水稻土	大泥田	A₁ P HA₁	0—26 26—81 81—118	暗棕色 暗棕色 棕色	重壤土 重壤土 轻黏土	团块状 棱柱状 块状	7.0 7.7 7.8	16.3 8.0 7.8	0.92 0.33 0.34	0.67 0.71 0.64	19.5 23.0 22.0	84	8.0	187		E 107°43′59.5″ N 30°49′17.0″	100
剖3	人为土	水稻土	紫色土性水稻土	暗棕紫色水稻土	半砂半泥田	A₁ P	0—24 24—80	暗红棕色 暗红棕色	中壤土 中壤土	粒状 块状	7.4 7.7	13.9 6.4	0.79 0.12	0.69 0.59	23.3 23.0	75	6.0	75		E 107°31′59.2″ N 30°48′54.0″	90
剖4	人为土	水稻土	黄壤性水稻土	老冲积黄泥田	黄泥砂田	A₁ Wa₂b₁ Wa₃b₃	0—29 29—85 85—100	暗黄棕色 浅黄棕色 灰白色	中壤土 中壤土 轻壤土	块状 棱柱状 棱柱状	5.4 5.3 5.5	15.7 11.6 3.0	0.89 0.65 0.19	0.18 0.11 0.15	13.3 8.1 6.6	99	3.0	25	老冲积物	E 107°43′32.9″ N 30°46′13.1″	73
剖5	人为土	水稻土	紫色土性水稻土	灰棕紫色水稻土	鸭屎泥田	A₁ G₂ Wa₂	0—27 27—60 60—80	暗棕色 暗棕灰色 棕灰色	中壤土 中壤土	棱柱状	6.7 7.1 7.2	26.3 25.4 20.7	1.49 1.11 0.74	0.24 0.27 0.16	17.0 17.3 16.2	88	3.0	420	泥岩、长石石英砂岩风化坡积物	E 107°38′29.4″ N 30°44′49.6″	72
剖6	人为土	水稻土	黄壤性水稻土	矿子黄泥田	矿子黄泥田	A₁ Pb Wa₂b₁	0—28 28—38 38—100	暗灰棕色 暗灰黄色 浅灰黏色	轻砾重壤土 重壤土 重壤土	团块状 整体状 棱柱状	7.3 7.2 7.4	33.5 28.5 3.8	1.96 1.54 0.32	0.13 0.29 0.02	14.9 15.1 15.1	138	7.0	213	石灰岩	E 107°35′40.9″ N 30°43′57.7″	100
剖7	初育土	紫色土	棕紫泥土	灰棕紫色土	石骨子土	A B	0—13 13—20	暗红棕色 暗红棕色	轻砾中壤土 重黏土	粒状	6.3 6.7	11.4 8.5	0.52	0.11 0.04	17.0 21.5	52	3.0	53		E 107°43′41.9″ N 30°43′35.0″	93
剖8	人为土	水稻土	黄壤性水稻土	矿子黄泥田	鸭屎泥田	A₁g G₂ G₃	0—30 30—45 45—65	暗灰色 绿灰色 青灰色	重黏土 重壤土 重壤土		7.7 7.7 7.7	47.6 38.8 41.7	2.52 2.35 2.53	0.64 0.06 0.59	22.5 22.5 22.5	198	22.0	265	石灰岩	E 107°35′48.8″ N 30°43′23.2″	87
剖9	人为土	水稻土	紫色土性水稻土	扁砂黄泥田	黄泥田	A₁ HA₁ C	0—23 23—83 83—	暗灰棕色 暗灰棕色	重壤土 轻砾重壤土	团块状 棱柱状	6.3 6.6	15.7 8.1	0.94 0.64	0.31 0.33	16.0 15.5	111	4.0	96	页岩、砂岩风化物	E 107°49′18.5″ N 30°44′46.0″	74
剖10	人为土	水稻土	黄壤性水稻土	扁砂黄泥田	扁砂黄泥田	A₁ HA₁	0—22 22—83	暗黄棕色 暗黄棕色	重壤土 重壤土	块状 棱柱状	6.1 6.6	14.7 8.1	0.87 0.54	0.22 0.27	12.4 11.8	75	1.0	79	页岩、砂岩风化物	E 107°46′27.8″ N 30°44′29.8″	79
剖11	人为土	水稻土	紫色土性水稻土	灰棕紫色水稻土	砂田	A₁ HA₁	0—30 30—85	暗棕色 暗棕色	轻壤土 轻壤土	粒状 棱柱状	6.7 7.1	10.8 8.6	0.49 0.33	0.14 0.06	13.8 13.0	62	13.0	71		E 107°49′19.2″ N 30°43′34.0″	87
剖12	人为土	水稻土	紫色土性水稻土	暗紫泥田	黄泥田	A₁ P	0—25 25—75	暗黄棕色 暗黄棕色	中壤土 重壤土	小块状 棱柱状	6.9 7.5	19.5 19.7	1.44 1.29	0.36 0.34	11.8 14.5	148	1.0	57		E 107°55′53.4″ N 30°43′20.6″	78
剖13	人为土	水稻土	紫色土性水稻土	灰棕黄泥田	黄泥田	A₁ C	0—31 31—65 65—	浅棕色 红灰黄色	重壤土 重壤土	块状 棱柱状	5.5 6.3	13.3 2.8	0.76 0.21	0.26 0.25	17.5 16.6	89	2.0	83	页岩、砂岩风化物	E 107°48′12.2″ N 30°42′34.2″	71
剖14	人为土	水稻土	黄壤性水稻土	冷砂黄泥田	冷砂田	A₁ Wa₂b₁	0—20 20—100	暗灰棕色 浅灰黄色	轻砾轻壤土 轻壤土	块状 块状	6.6 6.5	27.0 15.7	1.31 0.78	0.33 0.44	21.2 21.5	110	4.0	33	砂岩风化物	E 107°57′31.3″ N 30°41′60.0″	74
剖15	人为土	水稻土	紫色土性水稻土	暗紫泥田	鸭屎泥田	A₁ HA₁	0—25 25—85	浅灰黄色 暗灰黄色	轻黏土 重壤土	块状 棱柱状	7.1 7.5	27.5 24.7	2.10 1.94	0.44 0.33	15.5 14.9	142	5.0	124		E 107°58′36.1″ N 30°41′23.3″	77
剖16	人为土	水稻土	黄壤性水稻土	冷砂黄泥田	冷砂黄泥田	A₁ HA₁ C	0—20 20—85 85—	暗灰黄色 暗黄色	轻砾重壤土 重壤土	粒状 小块状	5.7 6.0	16.6 15.1	1.11	0.27 0.35	11.1 11.1	97	2.0	169	砂岩风化物	E 107°56′11.0″ N 30°40′39.7″	93

续表 Continued

剖面号 Soil profile	土纲 Soil order	土类 Soil great group	亚类 Soil subgroup	土属 Soil genus	土种 Soil species	土层码 Layer code	土层厚度 Depth/cm	颜色 Soil color	质地 Soil texture	土壤结构 Soil structure	pH	有机质 OM/(g/kg)	全氮 TN/(g/kg)	全磷 TP/(g/kg)	全钾 TK/(g/kg)	碱解氮 AN/(mg/kg)	有效磷 AP/(mg/kg)	速效钾 AK/(mg/kg)	土壤母质 Parent material	剖面点坐标 Profile coordinate	匹配指数 Matching index/%
剖17	人为土	水稻土	黄壤性水稻土	老冲积黄泥田	黑夹泥田	A₁	0—18	暗黄棕色	轻黏土	块状	5.7	31.4	1.50	0.28	19.9	160	6.0	86	老冲积物	E 107°47′15.4″ N 30°40′38.6″	82
						Pb	18—55	暗黄棕色	轻黏土	棱柱状	5.7	29.7	1.30	0.28	16.2						
						Wb₁	55—90	黄棕色	重壤土	棱柱状	6.2	2.8	0.03	0.21	16.8						
剖18	铁铝土	黄壤	矿子黄泥土	矿子黄泥土		A	0—20	暗黄棕色	轻砾轻黏土	核状	8.1	20.2	1.19	0.40	28.5	104	2.0	241	石灰岩	E 107°29′15.4″ N 30°35′05.6″	71
						B	20—45	棕灰色	轻壤土	块状	8.3	14.7	1.03	0.34	28.5						
						C	45—100														
剖19	铁铝土	黄壤	矿子黄泥土	豆粉土		A	0—25	灰黄棕色	轻黏土	核状	6.7	19.9	1.12	0.48	19.0	157	4.0	197	石灰岩	E 107°25′30.2″ N 30°31′04.8″	72
						B	25—49	黄棕色	轻壤重壤土	大块状	7.1	12.1	0.75	0.40	17.8						
						C	49—														
剖20	新积土	冲积土	紫色冲积土	砂土		A	0—40	暗黄棕色	紫砂土	粒状	7.0	9.4	0.15	0.28	16.1	43	7.0	55	河流冲积物	E 107°29′15.7″ N 30°30′08.6″	86
						B	40—100	黄棕色	松砂土	粒状	7.2	0.9	0.11	0.31	18.0						
剖21	水稻土	冲积型水稻土	紫色冲积水稻土	半砂半泥土		A₁	0—33	暗灰棕色	中壤土	粒状	5.7	19.0	0.90	0.41	14.9	90	12.0	54	泥岩、长石石英砂岩风化坡积物	E 107°43′01.2″ N 30°39′49.7″	93
						Wa₃b₁	33—85	暗灰棕色	轻壤土	粒状	6.6	5.9	0.20	0.24	16.0						
剖22	紫色土	棕紫泥土	灰棕紫色土	大泥土		A	0—20	暗红棕色	重壤土	小块状	6.3	12.2	0.71	0.34	19.5	69	4.0	118		E 107°36′05.0″ N 30°39′47.2″	98
						B	20—28	棕色	中壤土	块状	6.8	6.4		0.14	16.6						
						C	28—														
剖23	铁铝土	黄壤	矿子黄泥土	黄泥土		A	0—30	灰黄色	轻黏土	小块状	8.3	17.8	1.05	0.35	14.9	70	4.0	264	石灰岩	E 107°31′28.9″ N 30°37′31.1″	77
						B	30—100	黄棕色	重壤土	块状	8.2	4.4	0.42	0.19	15.8						
剖24	人为土	水稻土	紫色土性水稻土	豆瓣泥田		A₁	0—20	暗黄棕色	中壤土	小棱块状	6.2	11.5	0.53	0.23	17.5	57	3.0	50	泥岩、长石石英砂岩风化坡积物	E 107°43′40.1″ N 30°36′32.8″	71
						Wa₂b₂	20—65	暗砾棕色	轻黏土	棱柱状	6.5	9.4	0.42	0.24	16.6						
						Wa₃b₃	65—90	暗棕色	中壤土	棱柱状	7.2	2.6	0.05	0.27	16.6						
剖25	人为土	水稻土	黄壤性水稻土	老冲积黄泥田	黄砂泥田	A₁	0—21	浅黄棕色	中壤土	粒状	5.7	22.3	1.06	0.21	14.7	138	3.0	75	老冲积物	E 107°41′57.8″ N 30°36′17.3″	76
						Pb	21—27	暗黄棕色	中壤土	整块状	5.7	20.5	1.03	0.21	14.5						
						Wa₃b₁	27—72	暗黄棕色	轻黏土	棱柱状	6.1	16.7	0.83	0.17	14.3						
						Wa₃b₂	72—92	灰黄色	重壤土	棱柱状	6.6	9.4	0.40	0.21	13.5						
						Wa₃b₃	92—	灰白色	轻黏土	块状	7.3	4.2	0.32	0.23	15.5						
剖26	人为土	水稻土	黄壤性水稻土	老冲积黄泥田	碱性鸭屎泥田	A,g₁	0—25	暗黄棕色	中壤土	块状	8.0	37.6	1.89	0.33	17.0	138	8.0	65	老冲积物	E 107°33′43.2″ N 30°36′00.4″	86
						G₂	25—38	暗灰色	轻壤土	块状	7.9	32.1	1.51	0.26	14.5						
						Wa₃b₁	38—96	浅灰色	轻黏土	棱柱状	7.5	3.4	0.19	0.13	14.9						
剖27	铁铝土	黄壤	冷砂黄泥土	冷砂土		A	0—22	棕色	中砾轻壤土	粒状	6.1	11.9	1.06	0.46	29.5	87	8.0	56		E 107°31′00.8″ N 30°35′55.3″	76
						B	22—45	浅砾色	轻砾轻黏土	棱柱状	6.9	6.8		0.31	30.5						
						D	45—														
剖28	水稻土	紫色土性水稻土	红棕紫色水稻土	红砂田		A₁	0—25	暗红棕色	轻壤土	粒状	7.5	9.7	0.58	0.29	14.9	61	4.0	51	泥岩、钙质砂岩风化物	E 107°39′56.2″ N 30°35′51.7″	84
						P	25—110	暗红棕色	中壤土	块状	7.7	6.5	0.42	0.10	14.4						
剖29	水稻土	紫色土性水稻土	红棕紫色水稻土	红砾骨青田		A₁	0—19	暗红棕色	重砾中壤土	块状	8.7	8.2	0.38	0.65	18.8	32	3.0	77	泥岩、钙质砂岩风化物	E 107°36′26.3″ N 30°35′20.8″	96
						P	19—47	暗红棕色	轻砾中壤土	棱柱状	8.8	6.4	0.24	0.65	18.0						
						Wb₁	47—70	暗红棕色	轻砾重壤土	块状	8.7	4.1	0.23	0.58	14.9						
						C	70—														
剖30	铁铝土	黄壤	扁砂黄泥土	扁砂黄泥土		A	0—22	浅黄棕色	轻砾中壤土	块状	6.6	11.3	0.83	0.22	18.3	57	4.0	43	页岩、砂岩风化物	E 107°31′05.5″ N 30°35′03.8″	87
						B	22—40	暗黄棕色	重砾中壤土	块状	6.9	11.3	0.82	0.24	18.8						
						C	40—														
剖31	人为土	水稻土	紫色土性水稻土	红棕紫色水稻土	黄泥田	A₁	0—21	暗黄棕色	重壤土	块状	7.2	13.1	0.83	0.37	19.5	69	2.0	80	泥岩、钙质砂岩风化物	E 107°38′46.3″ N 30°34′39.0″	86
						P	21—47	灰黄棕色	重壤土	棱柱状	7.3	11.5	0.78	0.35	18.5						
						HA₁	47—100	黄棕色	中壤土	块状	8.0	2.9	0.58	0.24	18.1						

续表 Continued

剖面号 Soil profile	土纲 Soil order	土类 Soil great group	亚类 Soil subgroup	土属 Soil genus	土种 Soil species	土层码 Layer code	土层厚度 Depth/cm	颜色 Soil color	质地 Soil texture	土壤结构 Soil structure	pH	有机质 OM/(g/kg)	全氮 TN/(g/kg)	全磷 TP/(g/kg)	全钾 TK/(g/kg)	碱解氮 AN/(mg/kg)	有效磷 AP/(mg/kg)	速效钾 AK/(mg/kg)	土壤母质 Parent material	剖面点坐标 Profile coordinate	匹配指数 Matching index/%
剖32	人为土	水稻土	紫色土性水稻土	红棕紫色水稻土	豆瓣泥田	A₁ P HA₁	0—22 22—48 48—105	暗红棕色 暗红棕色 暗灰棕色	轻黏土 轻黏土 轻黏土	小块状 棱柱状 棱柱状	8.2 8.7 8.8	16.0 7.3 3.2	1.08 0.62 0.32	0.55 0.46 0.14	19.0 19.3 12.9	64	2.0	114	泥岩、钙质砂岩风化物	E 107°35′34.4″ N 30°34′10.2″	89
剖33	人为土	水稻土	潜育型水稻土	矿毒田	硝田	A₁g G₂ Wg	0—25 25—40 40—80	暗灰棕色 青灰色 暗棕灰色	中壤土 重壤土 重壤土	棱柱状 片状	8.3 8.5 8.6	27.5 25.9 22.5	1.53 1.33 1.23	0.36 0.34 0.34	15.8 19.0 15.8	122	1.0	75	泥岩、钙质砂岩风化物	E 107°36′39.6″ N 30°33′18.0″	90
剖34	铁铝土	黄壤	黄壤	扁砂黄泥田	扁砂石骨子土	A₁ B	0—25 25—40	暗黄棕色 暗棕黄色	轻砂土 重壤中壤土	小块状 小块状	6.3 5.8	25.3 22.5	1.51 1.37	0.31 0.12	17.5 19.5	132	3.0	250	页岩、砂岩风化物	E 107°40′51.6″ N 30°30′52.2″	81
剖35	人为土	水稻土	黄壤性水稻土	老冲积黄泥田	黄泥田	Pb Wa₂b₂ Wa₃b₃	0—21 21—31 31—85 85—	黄棕色 浅棕褐色 浅棕黄色 灰白色	重壤土 重壤土 重壤土 砂壤土	整块状 棱柱状 棱柱状 粒状	5.6 5.7 6.0 6.6	18.9 18.4 7.0 3.4	1.12 0.98 0.37 0.33	0.21 0.17 0.28 0.16	10.9 12.0 11.1 12.9	120	4.0	52	老冲积物	E 107°45′12.2″ N 30°39′57.6″	85
剖36	铁铝土	黄壤	冷砂黄泥土	冷砂黄泥土	冷砂黄泥田	A₁ B	0—30 30—70	灰棕色 紫棕色	轻壤土 重壤中壤土	棱柱状 核状	7.3 7.4	10.0 5.6	0.42 0.14	0.52 0.20	16.0 13.8	27	5.0	26		E 107°47′24.4″ N 30°39′32.0″	72
剖37	人为土	水稻土	紫色土性水稻土	红棕紫色水稻土	半砂半泥田	A B	0—24 24—100	灰黄棕色 浅黄棕色	重壤中壤土 重壤中壤土	块状 核状	6.7 6.7	18.6 11.0	1.14 0.66	0.31 0.29	11.8 12.1	182	2.0	146	泥岩、钙质砂岩风化物	E 107°50′57.8″ N 30°39′09.7″	92
剖38	铁铝土	黄壤	红棕紫色水稻土	红棕紫色水稻土	半砂半泥田	A₁ P	0—24 24—90	灰黄棕色 灰棕色	中壤土 中壤土	核状 核状	8.1 8.4	13.9 10.6	0.84 0.64	0.24 0.27	15.8 16.0	71	2.0	90	泥岩、钙质砂岩风化物	E 107°59′31.2″ N 30°39′09.4″	83
剖39	人为土	水稻土	紫色土性水稻土	棕紫色水稻土	大泥田	A₁ HA₁ Pb	0—23 23—50 50—83	紫棕色 灰棕色 灰棕色	重壤土 重壤土 重壤土	块状 棱柱状 棱柱状	7.7 8.2 8.3	15.5 11.7 12.1	0.86 0.55 0.62	0.38 0.27 0.30	21.0 18.6 18.3	77	1.0	118	泥岩、钙质砂岩风化物	E 107°57′06.5″ N 30°37′13.4″	81
剖40	人为土	水稻土	黄壤性水稻土	棕紫色水稻土	黄泥田	A₁ HA₁ C	0—24 24—60 60—	红黄色 红棕色 红棕色	轻砾土 轻砾土 轻砾土	小块状 大块状	6.3 6.7	13.2 8.8	0.83 0.56	0.40 0.33	27.5 27.7	74	4.0	278	石灰岩	E 107°48′11.2″ N 30°35′19.3″	81
剖41	人为土	水稻土	紫色土性水稻土	棕紫色水稻土	半砂半泥田	A₁ P C	0—23 23—49 49—	浅棕色 棕色	中壤土 中壤土	小块状 整块状	5.7 6.6	12.0 7.9	0.64 0.45	0.15 0.14	14.7 14.5	69	3.0	83	石英砂岩和棕紫色泥岩风化坡积物	E 107°57′05.0″ N 30°34′38.3″	70
剖42	人为土	水稻土	紫色土性水稻土	棕紫色水稻土	大泥田	A₁ P C	0—20 20—66 66—	棕色 浅黄棕色	轻壤土 重壤土	小块状 棱柱状	7.5 7.7	16.4 8.6	0.88 0.49	0.28 0.24	22.8 21.1	82	4.0	156	石英砂岩和棕紫色泥岩风化坡积物	E 107°58′16.0″ N 30°33′26.6″	80
剖43	人为土	水稻土	紫色土性水稻土	棕紫色水稻土	砂泥田	A₁ P C	0—25 25—75 75—	暗棕色 黄棕色	轻壤土 轻壤土	粒状 小块状	7.3 8.0	7.3 1.7	0.49 0.10	0.19 0.13	15.8 14.9	83	2.0	40	石英砂岩和棕紫色泥岩风化坡积物	E 107°58′57.2″ N 30°32′35.6″	80
剖44	人为土	水稻土	黄壤性水稻土	矿子黄泥田	黄泥田	A₁ Pb Wa₂b₁	0—20 20—27 27—75	暗黄棕色 暗黄棕色 浅黄棕色	轻壤土 重壤土 重壤土	块状 整块状 棱柱状	6.4 6.2 6.1	12.9 11.4 2.4	0.73 0.62 0.08	0.13 0.08 0.09	15.1 15.5 15.8	97	0.5	138	石英砂岩和棕紫色泥岩风化坡积物	E 107°55′41.9″ N 30°30′07.2″	100
剖45	人为土	水稻土	紫色土性水稻土	矿子黄泥田	大眼泥田	A₁ Pb	0—25 25—34 34—70	暗棕黄色 暗棕色 暗灰色	轻壤土 重壤土 轻壤土	整块状 棱柱状 棱柱状	8.1 8.0 7.9	28.4 29.0 24.5	1.81 1.74 1.47	0.41 0.39 0.37	28.7 27.5 26.8	127	6.0	169	石灰岩	E 107°42′48.7″ N 30°29′55.7″	84
剖46	人为土	水稻土	黄壤性水稻土	暗紫泥田	大眼泥田	A₁ P Wa₂	0—28 28—68 68—92	暗灰色 暗灰黄色 浅棕黄色	轻砾轻黏土 轻砾轻黏土 轻黏土	棱柱状 大块状 小块状	7.3 7.9 8.3	32.1 18.8 4.7	2.76 1.73 0.91	0.61 0.43 0.63	17.8 17.0 17.5	202	6.0	215		E 108°00′27.7″ N 30°41′55.3″	91

武 隆 区

主要土类说明

黄壤是武隆区的主要土壤类型，占本区地域面积的59%，大多分布在本区高海拔地区，主要分布于海拔700—1200m的背斜中、低山坡地及区域积水困难的石灰岩槽谷，极少数零星分布于海拔200—300m的长江和嘉陵江二、三级阶地的侵蚀丘坡。黄壤是形成于湿润的亚热带生物气候条件下的地带性土壤。成土母质以灰岩母质和黄灰色页岩母质所占比重最大。具 O-A-AB-B-C 剖面构型。富含水合氧化物（针铁矿），呈黄色，中度富铝风化，有时多含三水铝石。土壤有机质累积较高，可达11.2—38.6g/kg，pH为4.8—6.5，大多数土种无石灰反应。自然植被为针阔叶混交林。

黄棕壤是武隆区第二大土壤类型，占本区地域面积的21%。黄棕壤是在北亚热带生物气候条件下形成的一类地带性土壤，分布于黄壤之上，海拔高于1400m。黄棕壤多由砂页岩及花岗岩风化物发育而成，其脱硅富铝化过程弱于黄壤，向脱钙、黏化方向发展，呈黄棕色黏土状，具 A-B-C 或 A-（B）-C 剖面构型。B层黏聚现象明显，硅铝率约为2.5，铁的游离度较红壤低，交换性酸B层大于A层。黄棕壤是本区重要的林地和草地土壤，亦作为耕地。

石灰（岩）土是武隆区第三大土壤类型，占本区地域面积的10%，主要分布于本区海拔200—900m的石灰岩地区，是由石灰岩母质发育而成的岩性土。本区石灰（岩）土有两种类型。一种是未风化彻底的石灰岩碎块残留于土壤，如砾状灰岩、薄层灰岩和泥灰岩等风化发育的土壤；其风化壳很厚，但土体中含有大量石灰岩碎块，pH较高，石块上附有较多的游离碳酸钙形成砂姜状结核，如灰泡泥土、黄泥土、偏砂土，主要分布在海拔400m的坡麓一带。另一种是母质彻底的物理风化后，通过复钙过程形成的石灰岩土；在海拔较高的石灰岩地区，地势低凹地带，山坡底部的石灰（岩）土多是这种类型。该类土质地均匀，土层也较深厚。pH较前类土低，是生产性能较好的土壤。自然植被多为灌木或疏林，低海拔区为农用地。

紫色土占本区地域面积的8%，集中分布于本区向斜地区。紫色土是紫色砂岩、页岩、泥岩风化物，在亚热带湿润气候条件下形成的幼年土壤，基本保持了母质理化性质，其成土速度快、发育进程慢，是发育度浅的岩性土。其理化性质与母岩组成直接相关，土层浅薄，剖面层次发育不明显，具 A-C 剖面构型。在逆倾坡面，土壤呈阶梯状分布；在底部一般呈中性至微碱性，越往上土壤酸性越大。在顺倾坡面，土壤多呈中性。在砂岩出露地区，土壤呈酸性，并出现黄化。由自流井泥岩母质发育的土壤，土层较深厚。由于母岩富含磷、钾等矿质养分，紫色土结构良好，在农业土壤中占有较大比重。

小于本区地域面积3%的土壤类型还有水稻土、山地草甸土等。

本区域中心区气候特征

本区域中心区气候特征值
Regional climate characteristics in central area of the region

气候带：中亚热带湿润气候 Climate region: Subtropical humid climate	
年平均气温 /℃ Annual average temperature /℃	16.5
年平均最高气温 /℃ Annual average maximum temperature /℃	20.7
年平均最低气温 /℃ Annual average minimum temperature /℃	13.6
年降水量 /mm Annual precipitation /mm	1235
≥10℃的积温 /℃ Daily temperature accumulated in a year (≥10℃) /℃	6017
年日照时数 /h Annual sunshine /h	1067
年平均相对湿度 /% Annual average relative humidity /%	80
干燥度 Dryness	0.81

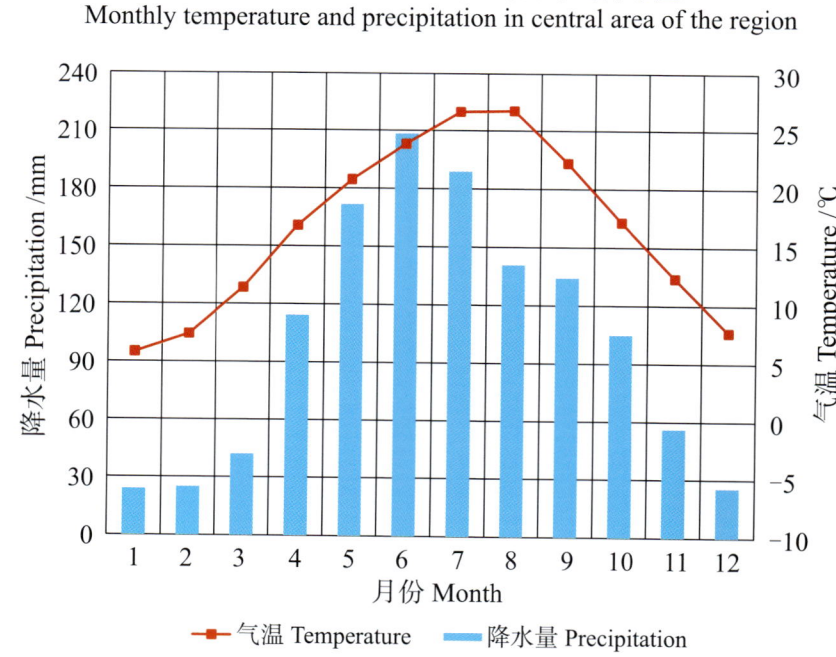

本区域中心区月平均气温与月平均降水量
Monthly temperature and precipitation in central area of the region

武隆县主要土壤类型与土壤剖面点分布图

1 : 320 000

图 例：黄壤、黄棕壤、石灰（岩）土、紫色土、水稻土、山地草甸土、⊗ 剖面点

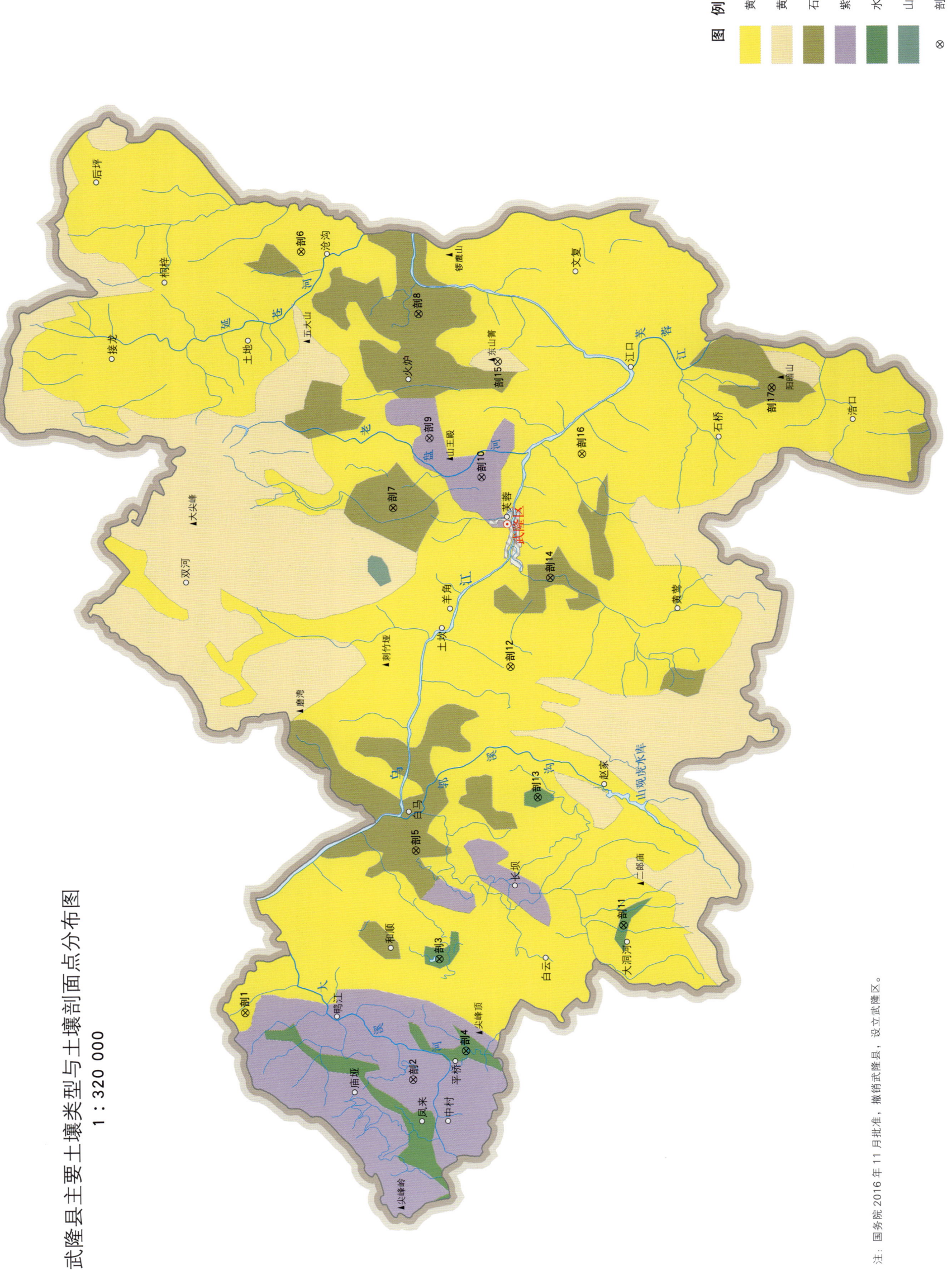

注：国务院2016年11月批准，撤销武隆县，设立武隆区。

武隆区土壤剖面理化性状表

剖面号 Soil profile	土纲 Soil order	土类 Soil great group	亚类 Soil subgroup	土属 Soil genus	土种 Soil species	土层码 Layer code	土层厚度 Depth/cm	颜色 Soil color	质地 Soil texture	土壤结构 Soil structure	pH	有机质 OM/(g/kg)	全氮 TN/(g/kg)	碱解氮 AN/(mg/kg)	土壤母质 Parent material	剖面点坐标 Profile coordinate	匹配指数 Matching index/%
剖1	铁铝土	黄壤	黄壤	砂黄泥土	砂黄泥土	A	0—20	灰黄色	中壤土	粒状		10.5	1.29	161	砂泥岩坡积物、残积物	E 107°23′00.2″ N 29°31′04.8″	95
						B	20—56	橙黄色	中壤土	粒状夹小块状		8.9	0.98				
						C	56—64	橙黄色	中壤土			5.4	0.69				
剖2	初育土	紫色土	中性紫色土	暗紫泥土	大泥土	A	0—21	灰棕色	轻黏土	块状		14.3	1.19	56	泥岩坡积物	E 107°19′41.5″ N 29°24′16.4″	73
						B	21—55	红棕色	轻黏土	大块状		10.6	1.10				
						C	55—86	红棕色									
剖3	人为土	水稻土	淹育型水稻土	山地黄泥田	粗骨黄泥田	A	0—20	暗灰黄色	轻黏土	小块状夹粒状			2.27	78	黄壤	E 107°25′12.0″ N 29°23′03.8″	75
						P	20—45	黄灰黄色	轻黏土	棱柱状			1.47				
						C	45—100	灰灰黄色									
剖4	人为土	水稻土	淹育型水稻土	潮土田	半砂半泥田	A	0—22	暗黄灰色	重壤土	小块状		28.9	2.33	95	河流冲积物	E 107°20′57.1″ N 29°22′04.2″	85
						P_1	22—45	暗黄灰色	重壤土	棱柱状		10.3	0.82				
						P_2	45—73	暗灰黄色	重壤土	棱柱状		1.0	0.32				
						C	73—100										
剖5	初育土	石灰（岩）土	黄色石灰土	黄色石灰土	黄泥土	A	0—35	灰灰黄色	中黏土	粒状夹小块状		28.1	2.58	99	石灰岩	E 107°30′16.6″ N 29°23′53.2″	81
						B	35—70	黄棕色	重黏土	块状		8.4	1.28				
						BC	70—108	黄棕色	重壤土	大块状			1.73				
剖6	铁铝土	黄壤	黄壤	粗骨性黄泥土	假磨石土	A	0—25	棕黄色	中壤土	粒状		15.2	1.26	85	页岩、粉砂岩坡积物、残积物	E 107°58′21.2″ N 29°27′51.1″	92
						B	25—60	暗黄灰色	中壤土	块状		14.1	1.57				
						C	60—										
剖7	初育土	石灰（岩）土	黄色石灰土	黄色石灰土	灰包泥土	A	0—30	黄棕色	中壤土	粒状		20.9	2.41	97	石灰岩	E 107°46′18.1″ N 29°24′23.8″	81
						B	30—70	棕黄色	中壤土	块状		8.7	2.23				
						C	70—		中壤土				1.50				
剖8	初育土	石灰（岩）土	黄色石灰土	黄色石灰土	扁砂土	A	0—25	棕绿色	轻壤土	块状		15.6	2.00	59	石灰岩	E 107°55′18.5″ N 29°23′07.1″	80
						B	25—52	黄绿色	轻壤土	小块状		14.0	1.81				
						C	52—70										
剖9	紫色土	紫色土	石灰性紫色土	暗紫泥土	红扁砂土	A	0—25	棕红色	中壤土	粒状		9.0	1.03	60	紫色泥岩	E 107°49′30.4″ N 29°22′49.4″	98
						B	25—55	棕黄色	中壤土	粒状夹小块状		5.8	0.67				
						C	55—										
剖10	初育土	紫色土	中性紫色土	灰棕紫泥土	猪网子泥	A	0—30	黄褐黄	中壤土	块状		16.0	1.01	95	砂泥岩坡积物、残积物	E 107°47′37.3″ N 29°20′43.8″	93
						B	30—65	棕黄色	重壤土	大块状		7.6	1.16				
						C	65—100	棕黄色	重壤土			3.1	0.48				
剖11	人为土	水稻土	淹育型水稻土	山地黄泥田	矿子黄泥田	A	0—20	黄黄色	重壤土	粒状		3.06		159	黄壤	E 107°26′32.6″ N 29°15′27.7″	99
						P	20—38	灰黄灰色	重壤土	棱柱状		2.91					
						C	38—67	灰黄色	重壤土			2.58					
剖12	铁铝土	黄壤	黄壤	粗骨性黄泥土	扁砂土	A	0—25	暗黄灰色	重壤土	块状夹粒状		23.8	1.97	116	页岩、粉砂岩坡积物、残积物	E 107°38′46.0″ N 29°19′46.9″	92
						BC	25—75	黄黄灰色	中壤土	粒状夹块状		21.0	1.94				
						C	75—										
剖13	人为土	水稻土	淹育型水稻土	山地黄泥田	冷砂黄泥田	A	0—13	灰黄色	轻壤土	粒状		3.5	0.97	47	黄壤	E 107°32′36.6″ N 29°18′49.7″	83
						P	13—22	黄黄色	轻壤土	小块状		6.7	0.94				
						C	22—	棕黄色		小块状		4.6	0.49				
剖14	初育土	石灰（岩）土	黄色石灰土	黄色石灰土	小土	A	0—15	黄黄色	中壤土	小块状		13.3	1.36	72	石灰岩	E 107°42′50.8″ N 29°18′02.4″	85
						B	15—42	灰黄色	轻黏土	大块状		5.3	1.04				
						C	42—90										

续表 Continued

剖面号 Soil profile	土纲 Soil order	土类 Soil great group	亚类 Soil subgroup	土属 Soil genus	土种 Soil species	土层码 Layer code	土层厚度 Depth/cm	颜色 Soil color	质地 Soil texture	土壤结构 Soil structure	pH	有机质 OM/(g/kg)	全氮 TN/(g/kg)	碱解氮 AN/(mg/kg)	土壤母质 Parent material	剖面点坐标 Profile coordinate	匹配指数 Matching index/%
剖15	淋溶土	黄棕壤	山地黄棕壤	山地黄棕壤		Ao	0—2	黑色	中壤土						灰岩残积物	E 107°52′59.2″ N 29°19′55.6″	87
						A₁g₂	2—10	黑灰色	中壤土			25.0					
						A₃	10—40	黄棕色	中壤土		4.7	15.2					
						B	40—100	黄棕色			4.8						
						C	100—										
剖16	铁铝土	黄壤	黄壤	矿子黄泥土	火石子黄泥土	A	0—20	灰黄色	重壤土	粒状夹小块状		21.6	1.85	75	灰岩、白云质灰岩、白云岩、燧石灰岩残积物	E 107°48′35.3″ N 29°16′35.4″	73
						B	20—70	淡黄色	中壤土	块状		3.4	0.54				
						C	70—										
剖17	初育土	石灰(岩)土	黄色石灰土	黄色石灰土	火石子土	A	0—26	黄灰色	重壤土	粒状		28.6	2.22	99	石灰岩	E 107°51′24.7″ N 29°08′43.9″	74
						AB	26—39	黄灰色	轻黏土	粒状夹小块状		16.9	1.25				
						B	39—63	黄灰色	中壤土	块状		9.5	0.79				

城 口 县

主要土类说明

黄壤是城口县的主要土壤类型，占本县地域面积的49%，分布于本县的低山河谷海拔1500m以下地带，与水稻土、石灰土等呈复区分布。黄壤是形成于温暖湿润的亚热带生物气候条件下的地带性土壤。本县黄壤化学风化较强烈，具有弱富铝化、黏化和黄化的成土过程。由于施肥的影响，土壤pH变幅较大，为5.2—8.0。在砂页岩母质上发育的黄壤仍具质粗及土薄、瘦、缺磷的特点，在石灰岩母质上发育的黄壤具黏、瘦、缺磷的特点。自然植被以常绿阔叶林带植物占优势。黄壤区是本县的主要粮食作物基地，山地黄壤则以发展林业为主。

黄棕壤是城口县第二大土壤类型，占本县地域面积的36%，分布在海拔1500—2000m的中山地带，位于黄壤带和山地棕壤带之间，本带下界线与箬叶竹出现范围一致，上界线与箭竹出现范围一致。黄棕壤在形成上具有明显的过渡性，兼有棕壤的黏化作用和黄壤的弱富铝化作用，具A–B–C或A–（B）–C剖面构型。B层黏聚现象明显，心土层（淀积层）呈浅黄棕色、黄棕色，具棱块状和块状结构，结构体表面被棕色或暗棕色胶膜，由于黏粒的聚积，心土层质地黏重、紧密，甚至形成黏盘，硅铝率约为2.5，铁的游离度较红壤低，交换性酸B层大于A层。本县黄棕壤主要为林地土壤，为常绿阔叶林和落叶阔叶林混交。

棕壤是城口县第三大土壤类型，占本县地域面积的10%，主要分布于本县海拔2000m以上的中山，峰丛台地有少量分布。本县棕壤只有山地棕壤一个亚类。山地棕壤出现于半湿润的山地垂直地带中，分布于黄棕壤带之上。棕壤形成过程的基本特点：具有明显的黏化过程、淋溶过程和较强盛的物质生物循环过程。在成土过程中，由于所在地区雨量较多，淋溶作用强，土壤中的易溶性盐类和碳酸盐均被淋失，所以土体中不存在碳酸盐，无碳酸盐反应，土壤呈微酸性至酸性。土壤中的黏化作用明显，土壤质地较为黏重。从形态而言，棕壤的剖面具有浅棕色的心土层（淀积层），厚度为80cm以上，黏粒聚集明显，棱块状结构明显，结构面多覆被铁锰胶膜，心土层之上有明显的凋落物层与薄腐殖质层，心土层之下为母质层。剖面构型为A_o–A_1–B–C。

小于本县地域面积3%的土壤类型还有山地草甸土、石灰（岩）土、水稻土等。

本区域中心区气候特征

本区域中心区气候特征值
Regional climate characteristics in central area of the region

气候带：北亚热带湿润气候 Climate region: North subtropical humid climate	
年平均气温 /℃ Annual average temperature /℃	15.1
年平均最高气温 /℃ Annual average maximum temperature /℃	20.2
年平均最低气温 /℃ Annual average minimum temperature /℃	11.2
年降水量 /mm Annual precipitation /mm	1232
≥10℃的积温 /℃ Daily temperature accumulated in a year（≥10℃）/℃	5750
年日照时数 /h Annual sunshine /h	1375
年平均相对湿度 /% Annual average relative humidity /%	74
干燥度 Dryness	0.92

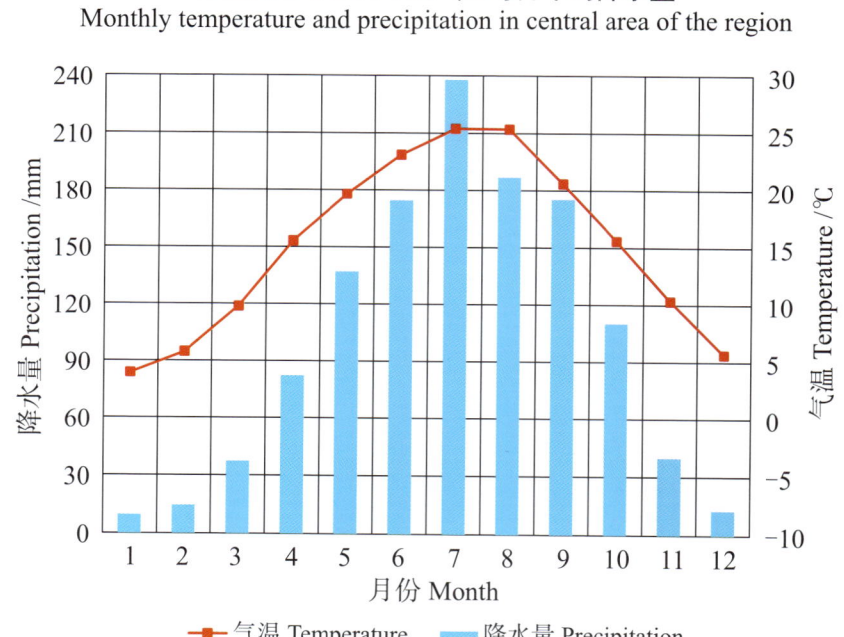

本区域中心区月平均气温与月平均降水量
Monthly temperature and precipitation in central area of the region

城口县主要土壤类型与土壤剖面点分布图

1∶320 000

图例
- 黄壤
- 黄棕壤
- 棕壤
- 山地草甸土
- 石灰（岩）土
- 水稻土
- ⊗ 剖面点

城口县土壤剖面理化性状表

剖面号 Soil profile	土纲 Soil order	土类 Soil great group	亚类 Soil subgroup	土属 Soil genus	土种 Soil species	土层码 Layer code	土层厚度 Depth/cm	颜色 Soil color	质地 Soil texture	土壤结构 Soil structure	pH	有机质 OM/(g/kg)	全氮 TN/(g/kg)	全磷 TP/(g/kg)	碱解氮 AN/(mg/kg)	有效磷 AP/(mg/kg)	速效钾 AK/(mg/kg)	土壤母质 Parent material	剖面点坐标 Profile coordinate	匹配指数 Matching index/%
剖1	人为土	水稻土	淹育型水稻土	山地黄泥田	黄泥田	A'	0—15	暗灰棕色	重壤土	分散状	5.0	16.8	1.78	0.46	88	1.0	141	凝灰岩、砂页岩坡积物、残积物	E 108°27′56.2″ N 32°06′37.1″	82
						Pb	15—20	暗灰黄色	重壤土	块状	5.4	15.2	1.60	0.49						
						C	20—													
剖2	铁铝土	黄壤	黄壤	粗骨性黄泥土	黄泥巴	A	0—25	暗黄棕色	中壤土	粒状	5.9	15.2	1.15	0.92	68	4.0	129	板岩、灰质页岩、页岩坡积物	E 108°29′23.1″ N 32°02′41.1″	91
						B	25—58	暗黄棕色	中壤土	块状	6.1	9.1	0.92	0.43						
						C	58—	黄棕色	轻壤土	块状	6.0	5.6	0.88	0.27						
剖3	铁铝土	黄壤	黄壤	粗骨性黄泥土	浅层黄泡砂土	A	0—24	灰黄棕色	中壤土	粒状夹小块状	5.9	21.0	1.45	0.64	110	2.0	150		E 108°29′55.3″ N 32°01′13.1″	87
						C	24—	黄棕色	砂壤土		6.0	1.9	0.58	0.71						
剖4	人为土	水稻土	淹育型水稻土	山地黄泥田	砂子田	A'	0—10	棕色	轻壤土	小块状	6.4	30.0	1.45	1.20	119	4.0	108	页岩坡积物、残积物	E 108°30′36.0″ N 32°07′42.6″	83
						Pb	10—15		中壤土	核柱状	6.0	18.3	1.34	0.52						
						C	15—		轻壤土	块状	7.1	8.2	0.71	0.34						
剖5	铁铝土	黄壤	黄壤	粗骨性黄泥土	粗砂土	A	0—15	暗黄棕色	中壤土	粒状	6.4	37.1	2.18	0.70	204	6.0	196		E 108°31′31.3″ N 32°01′50.5″	90
						B	15—100	暗黄棕色	中壤土	小块状	6.7	29.0	1.63	0.64						
剖6	铁铝土	黄壤	黄壤	山地黄泥土	粗砂田	A'	0—20	暗灰棕色	中壤土	分散状	5.0	35.9	2.25	0.92	94	4.0	77	凝灰质砂岩、页岩、砾岩坡积物	E 108°31′36.8″ N 32°01′17.4″	90
						P	20—80	灰黄棕色	中壤土	核柱状	7.0	12.5	1.04	0.68						
						C	80—													
剖7	人为土	水稻土	淹育型水稻土	山地黄泥田	黄泥巴巴	A'	0—22	暗黄棕色	重壤土	分散状	7.3	26.3	1.95	1.10	123	23.0	88	石灰岩坡积物、残积物	E 108°39′40.7″ N 32°00′58.7″	77
						P	22—100	暗棕黄色	中壤土	核柱状	7.5	24.6	1.84	1.14						
剖8	铁铝土	黄壤	黄壤	粗骨性黄泥土	青砂土	A	0—23	暗棕灰色	中壤土	单粒状	6.1	20.4	1.26	0.25	109	3.0	102		E 108°30′04.4″ N 32°00′32.3″	84
						C	23—													
剖9	铁铝土	黄壤	黄壤	冷砂黄泥土	黄砂土	A	0—20	浅青红色	轻壤土	单粒夹团粒状	6.1	9.0	0.84	0.30	71	1.0	66		E 108°31′27.1″ N 32°02′12.9″	75
						C	20—	浅棕红色	砂壤土	单粒状	5.5	3.5	0.55	0.26						
剖10	铁铝土	黄壤	黄壤	粗骨性黄泥土	黄泥土	A	0—20	栗色	重壤土	小块夹粒状	6.4	31.6	1.84	0.48	174	24.0	184		E 108°42′54.8″ N 32°03′53.4″	90
						B	20—100	暗黄棕色	中壤土	块状	6.3	20.4	1.23	0.47						
剖11	铁铝土	黄壤	黄壤	粗骨性黄泥土	冷砂土	A	0—31	暗棕黄色		粒状	6.1	28.5	1.72	0.72	192	3.0	223	泥质板岩、页岩坡积物、残积物	E 108°20′20.4″ N 31°57′30.2″	71
						B	31—67	黄棕黄色	中壤土	小块状	6.3	13.3	1.19	0.66						
						C	67—	浅棕黄色		小块状	6.2	11.1	0.88	0.71						
剖12	人为土	水稻土	淹育型水稻土	粗骨性黄泥田	铁板砂	A'	0—27	暗灰黄色	中壤土	块状	5.3	18.4	1.21	0.49	110	1.0	115		E 108°28′57.7″ N 31°57′20.2″	96
						P	27—			分散状	5.5		0.56	0.28						
剖13	人为土	水稻土	淹育型水稻土	山地黄泥田	潜土田	A	0—15	灰黄棕色	中壤土	块状	6.9	34.0	1.87	0.55	182	1.0	132	灰岩、白云岩坡积物	E 108°30′33.1″ N 31°59′57.8″	95
						Pb	15—20	暗黄棕色	中壤土	块状	8.0	26.9	1.54	0.69						
						P	20—100	暗黄灰色	轻壤土	核柱状	8.1	4.2	1.10	0.45						
剖14	铁铝土	黄壤	黄壤	矿子黄泥土	石渣子土	A	0—29	暗棕黄色	中壤土	核状夹粒状	6.7	33.1	2.21	1.81	156	16.0	51	白云岩夹硅质页岩坡积物	E 108°34′15.2″ N 31°58′09.5″	99
						B	29—71	黄棕黄色	轻壤土	小块状	6.8	16.1	1.51	1.72						
						C	71—													
剖15	铁铝土	黄壤	黄壤	粗骨性黄泥土	油砂土	A	0—20	暗灰色	轻壤土	团粒状	7.8	44.0	3.44		104	58.0	112		E 108°34′57.0″ N 31°57′38.9″	94
						B	20—100	暗黄棕色	中壤土	小块状	7.6	44.0	2.40	0.61						
剖16	人为土	水稻土	淹育型水稻土	山地黄泥田	砂田	A'	0—20	灰黄棕色	轻壤土	分散状	7.5	43.0	2.44	0.59	176	3.0	154	页岩坡积物	E 108°30′04.3″ N 31°56′54.6″	96
						P	20—60		中壤土	核柱状	7.7	23.4	1.89							
						C	60—	黄棕色	重壤土	小块状夹粒状	6.8	9.8	0.86	0.39	78	1.0	218			
剖17	铁铝土	黄壤	矿子黄泥土		黄泥巴土	A	0—25	浅棕黄色	重壤土	团粒状	6.7	3.4	0.56	0.39				石灰岩、白云岩坡积物	E 108°34′55.7″ N 31°55′58.2″	75
						B	25—100													

续表 Continued

剖面号 Soil profile	土纲 Soil order	土类 Soil great group	亚类 Soil subgroup	土属 Soil genus	土种 Soil species	土层码 Layer code	土层厚度 Depth/cm	颜色 Soil color	质地 Soil texture	土壤结构 Soil structure	pH	有机质 OM/(g/kg)	全氮 TN/(g/kg)	全磷 TP/(g/kg)	碱解氮 AN/(mg/kg)	有效磷 AP/(mg/kg)	速效钾 AK/(mg/kg)	土壤母质 Parent material	剖面点坐标 Profile coordinate	匹配指数 Matching index/%
剖18	初育土	石灰（岩）土	红色石灰土	红色石灰土	红砂子泥	a	0—27	红棕色	轻壤土	核状夹粒状	7.8	47.0	2.88	0.65		12.0	152	紫红色泥灰岩、白云岩坡积物、残积物	E 108°37′42.2″ N 31°55′48.7″	93
剖19	人为土	水稻土	淹育型水稻土	潮土田	泥子田	B	27—73	暗红棕色	中黏土	小块状	7.9	33.4	2.09	0.53	75	9.0	67	河流冲积物夹页岩坡积物	E 108°37′12.4″ N 31°55′33.4″	79
						C	73—	暗红棕色		块状										
剖20	初育土	石灰（岩）土	红色石灰土	红色石灰土	大眼泥	A'	0—17	栗色	中壤土	分散状	7.7	25.8	1.73	1.96	121	3.0	222	石灰岩坡积物	E 108°35′25.8″ N 31°55′09.5″	81
						P	17—28	暗黄棕色	中壤土	小块状夹单粒	7.9	24.4	1.62	1.79						
						D	28—				8.2	11.1	0.92	1.72						
剖21	铁铝土	黄壤	黄壤	矿子黄泥土	大眼泥沱土	A	0—15	浅棕色	重壤土	块状	5.9	37.2	2.72	1.20	165		114	灰岩、白云岩坡积物	E 108°38′18.0″ N 31°54′55.9″	77
						B	15—50	浅棕红色	重壤土	块状	5.8		1.76	1.43						
						C	50—	暗红棕色		块状										
剖22	铁铝土	黄壤	黄壤	矿子黄泥土		A	0—25	灰黄棕色	中壤土	粒状夹核状	6.8	35.3	2.18	0.95	102	26.0				83
						B₁	25—69		中壤土	核状夹粒状	6.6	31.3	1.98	0.81						
						B₂	69—100	黄褐色	重壤土	小块状	6.5	30.6	1.96	0.69						
剖23	铁铝土	黄壤	黄壤	粗骨性黄泥土	麻枯砂土	A	0—17	灰黄棕色	中壤土	单粒夹团粒状	5.9	25.1	1.43	0.39	174	14.0				77
						B	17—39	灰棕色	轻壤土	小块状	6.8	7.3	0.54	0.21						
						C	39—													
剖24	铁铝土	黄壤	黄壤	矿子黄泥土	火石子黄泥土	A	0—35	棕色	轻壤土	小块状夹粒状	6.2	20.3	1.52	0.96	215	25.0	256			73
						B	35—100	暗黄棕色	轻壤土	块状	6.0	15.2	1.21	0.93						
剖25	淋溶土	黄壤棕壤	山地黄棕壤	山地黄棕壤	黄泡土	A	0—15	暗黄棕色	中壤土	核状夹粒状	6.3	45.3	2.83	0.73	81	4.0	103			87
						BC	15—63	黄棕色	中壤土	块状	6.8	24.1	1.50	0.54						
剖26	人为土	水稻土	黄色水稻土	山地黄棕壤	闭口砂夹铜盘底	A	0—18	灰黄棕色	轻壤土	粒状夹小块状	5.9	32.4	2.00	0.48	167	1.0	326			84
						B	18—100	浅黄棕色	中壤土	大块状	5.6	9.3	0.63	0.21						
剖27	初育土	石灰（岩）土	黄色石灰土	黄色石灰土	烧根土	A'	0—14	暗黄棕色	中黏土	分散状	5.9	44.5	2.58	0.69	161	3.0	37	页岩、板岩坡积物	E 108°45′49.3″ N 31°59′37.3″	87
						Pb	14—30	黑色	轻壤土	块状	6.0	44.0	2.41	0.69						
						P	30—100	暗黄棕色	重壤土	棱柱状	6.8	25.4	1.77	0.47						
剖28	铁铝土	黄壤	黄壤	粗骨性黄泥土	黄泥土	A	0—16		中壤土	粒状夹块状	8.5	25.6	2.69	1.17	160	57.0	135	页岩、泥质粉砂岩、页岩等坡积物	E 108°56′49.9″ N 31°53′25.4″	95
						B₁	16—35	暗黄棕色	轻壤土	块状	8.3	24.7	2.46	1.11						
						B₂	35—100	暗黄棕色	中壤土	小块状	8.0	24.2	2.22	0.84						
剖29	铁铝土	黄壤	黄壤	矿子黄泥土	黄泡土	A	0—31	浅黄棕色	中壤土	粒状	6.4	23.5	1.33	0.43	121	3.0	116			75
						B	31—74	暗黄棕色	中壤土	小块状	5.9	21.1	1.37	0.35						
						C	74—	浅黄棕色	重壤土	块状	5.7	7.8	0.62	0.21						
剖30	初育土	石灰（岩）土	黄色石灰土	黄色石灰土		A	0—32	暗黄棕色	中黏土	核状夹粒状	6.5	16.0	1.04	0.42	107	1.0	77	页岩坡积物	E 108°50′21.5″ N 31°52′25.3″	83
						B₁	32—65	暗黄棕色	中黏土	块状	7.0	13.4	0.98	0.73						
						B₂	65—	暗黄棕色	中壤土	核柱状	7.2	12.8	0.90	0.71						
剖31	铁铝土	黄壤	黄壤	粗骨性黄泥土	黄泥土	A	0—34	红黄色	重壤土	小块状	6.8	28.0	0.92	0.68	156	1.0	333	灰岩坡积物	E 108°48′01.1″ N 31°52′15.0″	91
						B	34—67	红黄色	中壤土	块状	5.9	6.8	0.86	0.27						
						C	67—100	浅红棕色	中壤土	分散状	5.7	7.8	0.89	0.40						
剖32	人为土	水稻土	淹育型水稻土	山地黄泥土	朱砂泥田	A'	0—29	浅棕红色	轻壤土	块状	6.1	31.9	1.91	0.51	151	10.0	120	紫红色泥质灰岩坡积物	E 108°48′40.3″ N 31°51′54.4″	82
						P	29—71	暗黄棕色	中壤土	分散状	7.6	19.8	1.29	0.54						
						D	71—													
剖33	铁铝土	黄壤	黄壤	粗骨性黄泥土	火链渣土	A	0—20	黑棕色	中壤土	分散状	7.9	34.3	2.55	0.48	138	1.0	78	灰岩、白云岩坡积物	E 108°52′37.2″ N 31°51′20.2″	83
						B	20—90	暗黄灰色	中壤土	核柱状	7.8	27.1	1.98	0.47						
						C	90—							0.40						
剖33	人为土	水稻土	淹育型水稻土	山地黄泥田	大眼泥田	A'	0—13	浅灰色	重壤土	分散状	5.5	25.3	1.95	0.48	124	28.0	173	灰岩、白云岩坡积物	E 108°53′05.6″ N 31°51′03.6″	71
						Pb	13—21	暗黄灰色	重壤土	核柱状	5.4	24.9	1.87	0.47						
						P	21—100	褐色	重壤土	棱柱状	6.4	14.2	1.32	0.40						

续表 Continued

剖面号 Soil profile	土纲 Soil order	土类 Soil great group	亚类 Soil subgroup	土属 Soil genus	土种 Soil species	土层码 Layer code	土层厚度 Depth/cm	颜色 Soil color	质地 Soil texture	土壤结构 Soil structure	pH	有机质 OM/(g/kg)	全氮 TN/(g/kg)	全磷 TP/(g/kg)	碱解氮 AN/(mg/kg)	有效磷 AP/(mg/kg)	速效钾 AK/(mg/kg)	土壤母质 Parent material	剖面点坐标 Profile coordinate	匹配指数 Matching index/%
剖34	人为土	水稻土	淹育型水稻土	山地黄泥田	黄泥夹砂田	A'	0—22	暗灰黄色	轻黏土	分散状	7.3	29.1	1.67	0.66	137	31.0	87	页岩坡积物	E 108°46′08.4″ N 31°50′15.4″	90
						Pb	22—32	暗黄棕色	重壤土	块状	7.3	26.2	1.74	0.58						
						P	32—100	灰黄棕色	重壤土	棱柱状	7.5	9.7	1.63	0.61						
剖35	铁铝土	黄壤	黄壤	粗骨性黄泥土	闭口砂土	A	0—25	暗黄棕色	中壤土	团块状夹单粒	6.2	15.0	1.13	0.36	84	3.0	127	粉砂质页岩、砂岩、页岩坡积物、残积物	E 108°38′43.8″ N 31°49′12.4″	85
						B	25—60	灰棕色	中壤土	粒状	6.7	10.5	0.70	0.30						
						C	60—	淡棕黄色	中壤土	块状	6.6	10.6	0.86	0.30						
剖36	人为土	水稻土	淹育型水稻土	山地黄泥田	潲泥田	A'	0—20	暗灰色	重壤土	分散状	7.1	35.9	1.93	0.57	146	1.0	63	石灰岩坡积物夹少量河流冲积物	E 108°37′16.7″ N 31°49′00.5″	74
						Pb	20—32	暗灰色	重壤土	块状	6.9	34.9	1.87	0.57						
						P	32—100	暗棕色	中壤土	块状	7.7	15.7	1.07							
剖37	初育土	石灰(岩)土	黄色石灰土	黄色石灰土	黄泥巴	A	0—34	棕色	轻黏土	小块状夹团粒	7.8	34.0	1.59	0.61	165	2.0	214	硅质岩、灰岩风化物	E 108°42′55.1″ N 31°48′28.8″	78
						B	34—76	浅棕黄色	轻壤土	块状	7.8	29.9	2.00	0.72						
						C	76—	黄棕色	轻壤土	块状	7.9	23.8	1.72	0.82						
剖38	初育土	石灰(岩)土	黄色石灰土	黄色石灰土	大眼泥土	A	0—31	暗黄棕色	重壤土	团粒状	6.7	28.4	1.59	0.36	134	17.0	140	石灰岩坡积物	E 108°31′18.1″ N 31°47′48.5″	84
						B	31—63	红黄色	中壤土	块状	7.3	22.1	1.26	0.45						
						C	63—	暗黄棕色	中壤土	块状	6.7	6.3	0.66	0.34						
剖39	初育土	石灰(岩)土	黄色石灰土	黄色石灰土	泥巴地	A	0—20	暗黄棕色	重壤土	核状夹团粒状	7.7	29.2	1.55	0.39	135	6.0	213	石灰岩坡积物、残积物	E 108°44′23.3″ N 31°44′39.8″	85
						B	20—100	暗黄棕色	中壤土	块状	6.9	6.9	0.88	0.30						
剖40	人为土	水稻土	潮土	潮土	泥砂田	A'	0—24	暗灰棕色	轻壤土	分散状	7.8	27.3	1.76	0.54	145	5.0	257	页岩坡积物夹河流冲积物	E 108°35′48.5″ N 31°42′39.6″	91
						P	24—37	暗灰棕色	重壤土	块状	7.7	22.2	1.55	0.40						
						C	37—	暗棕黄色												
剖41	人为土	水稻土	淹育型水稻土	山地黄泥田	死黄泥田	A'	0—21	浅棕灰色	轻壤土	分散状	6.0	30.0	1.69	0.55	184	5.0	171	石灰岩坡积物、残积物	E 108°37′24.6″ N 31°41′44.2″	80
						Pb	21—48	棕灰色	重壤土	块状	5.8	30.5	1.66	0.52						
						C	48—	浅红黄色	中壤土	柱状	6.5	11.2	0.85	0.45						
剖42	铁铝土	黄壤	黄壤	矿子黄泥土	死黄泥土	A	0—23	红黄色	轻壤土	小块状夹粒状	7.0	24.3	0.58	0.31	96	1.0	194	灰岩坡积物	E 108°36′13.3″ N 31°41′15.0″	76
						B	23—61	浅红黄色	轻壤土	块状	7.0	20.1	0.99	0.46						
						C	61—100	红黄色	重壤土	块状	7.0	11.0	0.82	0.45						
剖43	铁铝土	黄壤	黄壤	粗骨性黄泥土	炭渣土	A	0—21	黑棕色	轻壤土	粒状	6.0		4.53	1.52	221	4.0	70		E 108°37′18.8″ N 31°41′13.2″	86
						B	21—45	黑色	中壤土	小块状夹粒状	5.5	31.2	4.50	1.08						
						C	45—	灰黄棕色	重壤土	小块状	5.2	9.5	4.43	0.93						
剖44	淋溶土	黄棕壤	山地黄棕壤	山地黄泥土	黄泡泥	A	0—26	浅棕黄色	中壤土	粒状夹粒状	5.9	7.9	1.70	0.42	194	3.0	284	页岩坡积物	E 108°37′56.6″ N 31°40′28.9″	97
						B₁	26—89	浅黄棕色	重壤土	块状	5.9		0.77	0.33						
						B₂	89—100	浅黄棕色	重壤土	柱状	6.1		0.67	0.36						
剖45	淋溶土	黄棕壤	山地黄棕壤	山地黄泥土	黄泡泥	A	0—18	浅黄棕色	轻壤土	小块状	5.2	23.1	2.24	0.47	177	1.0	315		E 108°56′57.5″ N 31°48′00.7″	99
						B	18—100	浅黄棕色	中壤土	块状	5.5	11.0	1.76	0.58						
剖46	铁铝土	黄壤	黄壤	粗骨性黄泥土	黑灰泡土	A	0—26	暗黄棕色	中壤土	粒状	6.2	24.4	2.04	0.73	121	1.0	118		E 108°51′30.2″ N 31°45′52.9″	90
						B₁	26—50	黄黄棕色	轻壤土	粒状夹核状	6.5	19.4	1.76	0.47						
						B₂	50—100	暗棕色	中壤土	小块状	6.7	17.3	1.48	0.78						
剖47	淋溶土	黄棕壤	山地黄棕壤	山地黄棕壤	泥巴地	A	0—20	暗黄棕色	重壤土	核状夹粒状	7.7	32.8	1.62	0.43	130	3.0	111	灰岩、泥灰岩坡积物	E 108°47′55.7″ N 31°45′05.8″	98
						B	20—56	灰黄色	重壤土	大块状	7.5	23.5	1.32	0.57						
						C	56—100	灰白色	中壤土	核状夹粒状	8.2	1.2	0.32							
剖48	初育土	石灰(岩)土	黄色石灰土	黄色石灰土	黄泥巴	A	0—20	暗黄棕色	中黏土	小块状	7.0	28.0	2.11	0.66	132	3.0	133	石灰岩、白云岩坡积物、残积物	E 108°45′10.8″ N 31°42′13.3″	100
						B₁	20—80	红黄色	中黏土	核状夹粒状	6.6	10.9	1.08	0.61						
						B₂	80—100	浅棕黄色	轻壤土	块状	6.7	12.3	1.17	0.64						
剖49	淋溶土	黄棕壤	山地黄棕壤	山地黄棕壤	石窖地	A	0—20	黄黄棕色	重壤土	粒状夹粒状	8.0		4.17	1.63	229	11.0	157	石灰岩坡积物、残积物	E 108°55′50.2″ N 31°41′48.8″	95
						B	20—45	暗黄棕色	重壤土	核状夹粒状	7.9		3.76	1.02						
						C	45—													

续表 Continued

剖面号 Soil profile	土纲 Soil order	土类 Soil great group	亚类 Soil subgroup	土属 Soil genus	土种 Soil species	土层码 Layer code	土层厚度 Depth/cm	颜色 Soil color	质地 Soil texture	土壤结构 Soil structure	pH	有机质 OM/(g/kg)	全氮 TN/(g/kg)	全磷 TP/(g/kg)	碱解氮 AN/(mg/kg)	有效磷 AP/(mg/kg)	速效钾 AK/(mg/kg)	土壤母质 Parent material	剖面点坐标 Profile coordinate	匹配指数 Matching index/%
剖50	铁铝土	黄壤	黄壤	粗骨性黄泥土	扁砂土	A	0—28	浅黄棕色	轻壤土	粒状	6.0	33.4	1.45	0.50	123	10.0	113	泥质板岩、页岩坡积物、残积物	E 108°54′22.0″ N 31°41′29.0″	81
						B	28—46	浅棕黄色	轻壤土	小块状	5.6	28.3	1.45	0.34						
						C	46—	浅黄棕色	中壤土	块状	5.3	3.9	0.89	0.38						
剖51	初育土	石灰（岩）土	黄色石灰土	黄色石灰土	乱石窖	A	0—26	暗黄棕色	轻黏土	核状	7.8	21.5	1.54	0.61	91	3.0	137	石灰岩坡积物、残积物	E 108°56′54.6″ N 31°40′49.4″	93
						B	26—57	棕色	轻黏土	块状	7.8	20.3	1.48	0.46						
						C	57—	浅黄黄色	重壤土	小块状	7.7	12.6	1.18	0.61						
剖52	初育土	石灰（岩）土	红色石灰土	红色石灰土	朱砂泥	A	0—28	浅黄红色	中壤土	粒状夹小块状	7.3	16.0	1.10	0.39	44	2.0	82	紫红色灰岩、泥岩残积物	E 108°55′01.2″ N 31°40′35.4″	84
						B	28—57	暗棕红色	中壤土	块状	7.0	1.9	0.38	0.38						
						C	57—	红色	中壤土	块状	6.8	1.9	0.30	0.56						
剖53	人为土	水稻土	淹育型水稻土	山地黄泥田	火风泥田	A′	0—15	黑色	重壤土	分散状	5.7	36.2	2.48	1.14	152	6.0	31	炭质页岩、泥质板岩坡积物	E 109°11′02.5″ N 31°47′05.0″	72
						P	15—22	黑黑色	中壤土	小散状	6.4	29.9	2.11	0.97						
						C	22—													
剖54	人为土	水稻土	淹育型水稻土	山地黄泥田	砂田	A′	0—15	暗棕黄色	中壤土	粒状	5.4	16.5	2.18	0.52	115	9.0	52	炭质页岩、板岩坡积物	E 109°11′25.3″ N 31°46′47.3″	74
						P	15—100	褐色	重壤土	小块状	7.0	16.1	1.92	0.56						
剖55	人为土	水稻土	淹育型水稻土	山地黄泥田	火链渣田	A′	0—25	暗灰黄色	中壤土	分散状	6.4	44.5	1.73	0.54	140	1.0	67	炭质页岩、板岩坡积物	E 109°06′22.7″ N 31°46′31.8″	99
						P	25—100	暗灰黄色	重壤土	块状	6.5	27.8	1.48	0.58						
剖56	人为土	潴育型水稻土		山地黄泥田	黄泥巴田	A′	0—36	暗灰黄色	轻壤土	分散状	7.0	25.1	1.67	0.50	120	2.0	116	灰岩坡积物	E 109°05′07.8″ N 31°44′22.2″	71
						W	36—69	棕灰黄色	轻黏土	核柱状	6.9	24.6	1.51	0.53						
						C	69—	浅棕黄色			7.2	18.0	1.26	0.54						
剖57	铁铝土	黄壤	黄壤	粗骨性黄泥土	砂子土	A	0—26	暗棕黄色	中壤土	粒状	6.3	29.8	1.70	0.57	128	5.0	83	页岩、板岩坡积物、残积物	E 109°06′42.8″ N 31°44′19.3″	82
						B₁	26—75	浅棕色	中壤土	粒状夹小块状	6.0	14.5	1.48	0.52						
						B₂	75—100	浅黄黄色	中壤土	分散状	6.7	13.3	1.32	0.47						
剖58	人为土	水稻土	淹育型水稻土	潮田	潮砂田	A′	0—17	棕灰色	砂壤土	分散状	8.0	11.0	0.81	0.61	66	7.0	107	近代河流冲积物	E 108°42′48.2″ N 31°39′58.7″	77
						P	17—45	棕灰色	轻壤土	小块状	8.2	8.7	0.69	0.72						
						D	45—													

丰 都 县

主要土类说明

紫色土是丰都县的主要土壤类型，占本县地域面积的46%。紫色土是由热带、亚热带紫红色岩层直接风化形成的A-C型土壤。其理化性质与母岩组成直接相关，土层浅薄，剖面层次发育不明显，仍处于初育阶段。母岩富含矿质养分，且风化迅速。

黄壤是丰都县第二大土壤类型，占本县地域面积的8%。黄壤发生于亚热带湿润条件下，中度富铝化，多见于海拔700—1200m的山区。土壤有机质累积较多，具O-A-AB-B-C剖面构型。pH为4.5—5.5。淀积层（B层）富含水合氧化物（针铁矿），呈黄色，有时多含三水铝石。

水稻土是丰都县第三大土壤类型，占本县地域面积的3%。水稻土是在长期季节性淹灌、水下翻耕、季节性脱水、氧化还原交替影响下，原来成土母质或母土的特性发生重大改变，形成的新的土壤类型。由于干湿交替，水稻土形成糊状淹育层、较坚实板结的犁底层、渗育层、潴育层与潜育层等多种发生层。这些不同发生层段是在人为耕作、水浆管理下形成的。

小于本县地域面积3%的土壤类型还有黄棕壤和新积土等。

本区域中心区气候特征

本区域中心区气候特征值
Regional climate characteristics in central area of the region

气候带：中亚热带湿润气候 Climate region: Subtropical humid climate	
年平均气温 /℃ Annual average temperature /℃	16.5
年平均最高气温 /℃ Annual average maximum temperature /℃	20.8
年平均最低气温 /℃ Annual average minimum temperature /℃	13.5
年降水量 /mm Annual precipitation /mm	1270
≥10℃的积温 /℃ Daily temperature accumulated in a year（≥10℃）/℃	5954
年日照时数 /h Annual sunshine /h	1094
年平均相对湿度 /% Annual average relative humidity /%	79
干燥度 Dryness	0.79

本区域中心区月平均气温与月平均降水量
Monthly temperature and precipitation in central area of the region

丰都县主要土壤类型与土壤剖面点分布图
1∶320 000

丰都县土壤剖面理化性状表

剖面号 Soil profile	土纲 Soil order	土类 Soil great group	亚类 Soil subgroup	土属 Soil genus	土种 Soil species	土层码 Layer code	土层厚度 Depth/cm	质地 Soil texture	pH	有机质 OM/(g/kg)	全氮 TN/(g/kg)	土壤母质 Parent material	剖面点坐标 Profile coordinate	匹配指数 Matching index/%
剖1	人为土	水稻土	黄壤性水稻土	河流老冲积黄泥水稻土	半砂半泥田	1	0—20	中壤土	7.5	9.0	0.70	河流老冲积物	E 107°46′51.6″ N 29°55′10.9″	92
剖2	人为土	水稻土	紫色土性水稻土	暗紫泥田	暗紫泥田	1	0—20	轻黏土	6.6	19.9	1.16		E 107°55′12.7″ N 29°52′51.2″	87
剖3	铁铝土	黄壤	黄壤	冷砂黄泥土	黄泥土	1	0—20	轻黏土	7.0	13.7	1.06		E 107°48′44.3″ N 29°50′31.9″	70
剖4	淋溶土	黄棕壤	山地黄棕壤	山地黄棕壤	黄棕泥土	1	0—20	轻黏土	6.2	40.5	2.16		E 107°46′40.1″ N 29°35′58.6″	82
剖5	人为土	水稻土	紫色土性水稻土	红棕紫色水稻土	红紫泥田	1	0—20	轻黏土	6.9	15.0	0.90		E 108°00′52.6″ N 29°55′41.9″	96

垫 江 县

主要土类说明

紫色土是垫江县的主要土壤类型，占本县地域面积的51%，分布于本县广阔丘陵地带，是本县主要的农业土壤。紫色土是由紫色砂岩、页岩、泥岩风化物，在亚热带湿润气候条件下形成的幼年土壤。其物理风化作用强烈，成土速度快，化学风化作用微弱、发育进程慢，是发育度浅的岩性土，除钙、钠有明显淋失外，其他元素无明显淋失，铁铝积累不明显，不具有亚热带的脱硅富铝作用。紫色土理化性质与母岩组成直接相关，剖面层次发育不明显，具 A-C 剖面构型。由于母岩富含磷、钾等矿质养分，紫色土结构良好、易耕作、宜种范围广，适宜粮食作物和多种经济林木的生产。

水稻土是垫江县第二大土壤类型，占本县地域面积的26%。水稻土在长期的周期性淹灌种稻过程中，发生了还原淋溶和氧化淀积等作用，使其产生了一系列不同于旱地的形态和理化性状，土体一般出现糊状淹育层、较坚实板结的犁底层、渗育层、潴育层与潜育层等多种发生层。本县水稻土起源于紫色土、黄壤、新积土和石灰（岩）土。本县水稻土土层深厚、土质肥沃、光热条件较好，宜种性广，土壤生产性能比旱地好，生产力也比旱地更高，以水稻为主的复种轮作方式较多。

黄壤是垫江县第三大土壤类型，占本县地域面积的18%，分布于海拔500m以上的低山。黄壤是形成于湿润的亚热带生物气候条件下的地带性土壤，脱硅富铝化过程明显。各地质时期的黄色、灰白色石英砂岩、页岩、千枚岩、泥质灰岩和第四纪黏土砾石层均可发育成黄壤。黄壤化学风化较强烈，矿物的水解作用比较深刻，盐基物质的淋溶势强，铁质也普遍水化，因此土壤在发育过程中产生明显的黏化、黄化和脱硅富铝化成土过程。具 O-A-AB-B-C 剖面构型，土壤有机质累积较高，可达 100g/kg，pH 为 4.5—5.5。黄壤区为本县松、杉、竹、茶等用材林和经济林的主要产地。

石灰（岩）土占本县地域面积的4%。石灰（岩）土是在亚热带湿润条件下，石灰岩经溶蚀风化，形成的厚薄不同的钙质饱和或含游离钙质的土壤。成土母质主要为石灰岩，富含碳酸钙。石灰（岩）土主要分布于背斜低山槽谷内，多见于石隙、溶洞或峰丛底部。碳酸钙淋溶程度不一，多黏土，多为铁钙质胶结物，风化程度不一，盐基饱和度高，土壤有机质含量及胶结状态有较大差异。自然植被为柏木、大叶香樟、棕榈以及种类繁多的灌木、草本植被。

本区域中心区气候特征

本区域中心区气候特征值
Regional climate characteristics in central area of the region

气候带：中亚热带湿润气候 Climate region: Subtropical humid climate	
年平均气温 /℃ Annual average temperature /℃	17.0
年平均最高气温 /℃ Annual average maximum temperature /℃	21.1
年平均最低气温 /℃ Annual average minimum temperature /℃	14.0
年降水量 /mm Annual precipitation /mm	1197
≥10℃的积温 /℃ Daily temperature accumulated in a year（≥10℃）/℃	6097
年日照时数 /h Annual sunshine /h	1108
年平均相对湿度 /% Annual average relative humidity /%	79
干燥度 Dryness	0.88

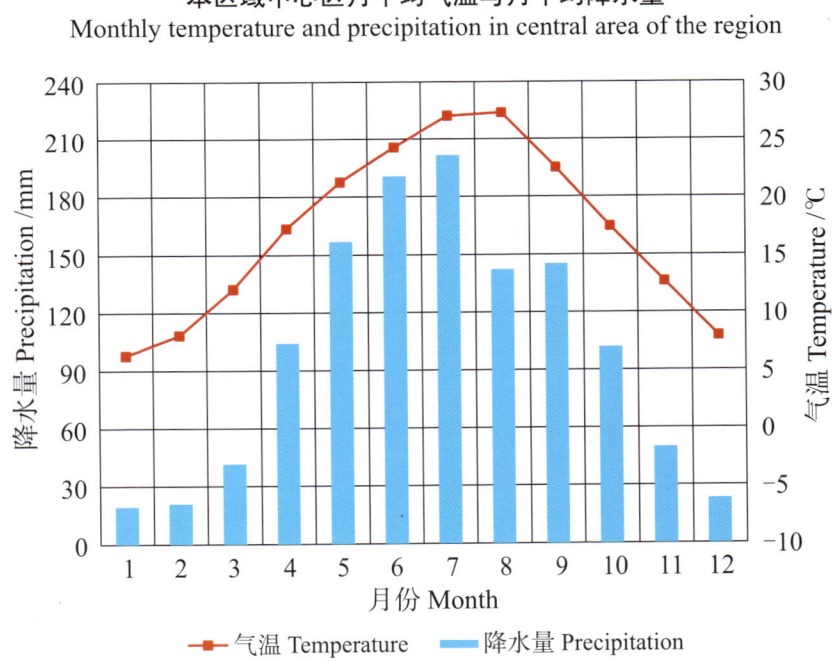

本区域中心区月平均气温与月平均降水量
Monthly temperature and precipitation in central area of the region

垫江县主要土壤类型与土壤剖面点分布图
1∶200 000

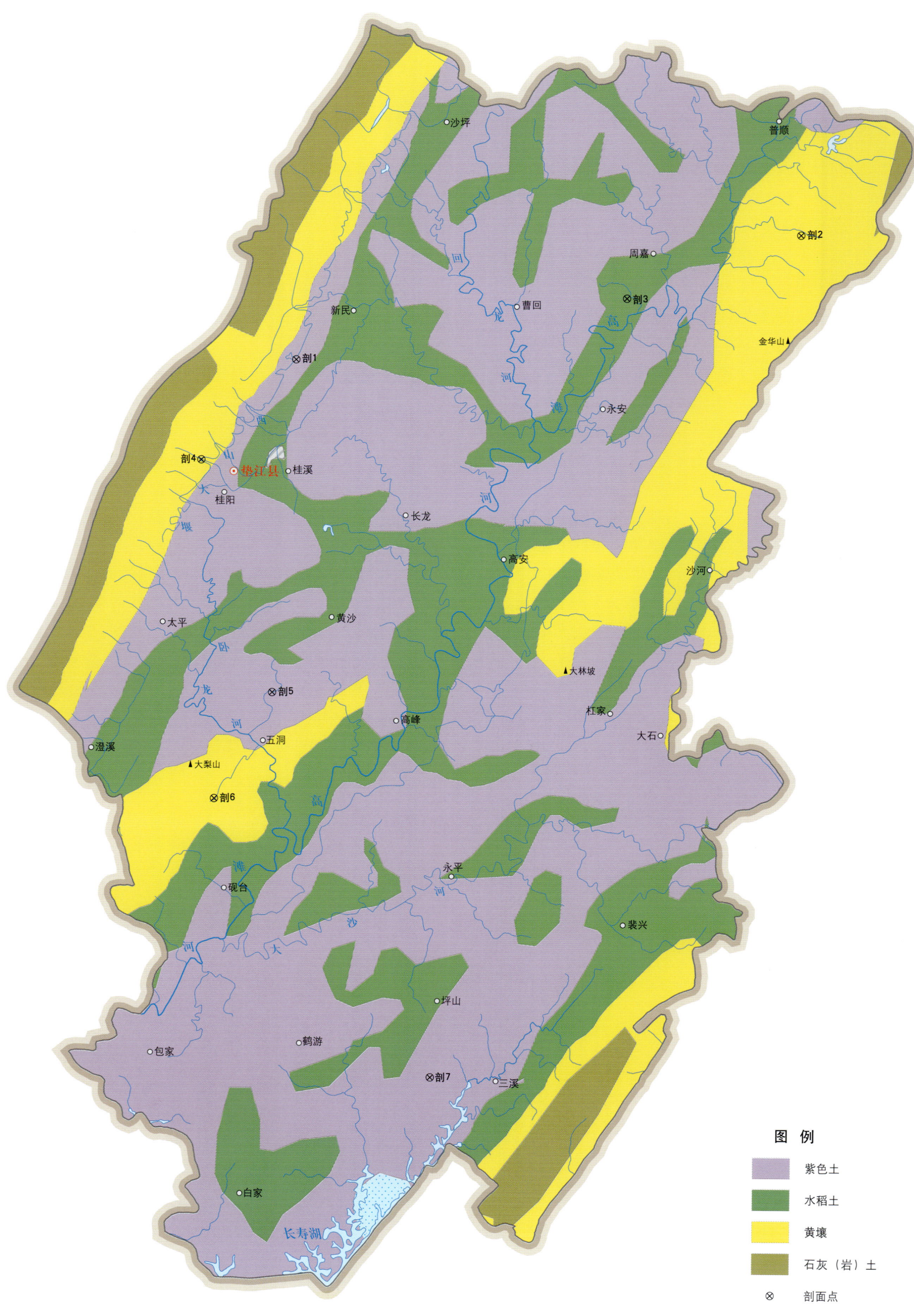

垫江县土壤剖面理化性状表

剖面号 Soil profile	土纲 Soil order	土类 Soil great group	亚类 Soil subgroup	土属 Soil genus	土种 Soil species	土层码 Layer code	土层厚度 Depth/cm	颜色 Soil color	质地 Soil texture	土壤结构 Soil structure	pH	有机质 OM/(g/kg)	全氮 TN/(g/kg)	碱解氮 AN/(mg/kg)	土壤母质 Parent material	剖面点坐标 Profile coordinate	匹配指数 Matching index/%
剖1	初育土	紫色土	中性紫色土	灰棕紫泥黄	豆瓣泥土	A	0—20	暗棕色	中壤土	粒状	7.0	11.9	0.67	83	粉砂质泥岩、块状长石砂岩风化坡积物	E 107°21′37.8″ N 30°22′28.6″	81
						B	20—38	暗棕色	轻黏土	粒状	5.8	12.3	0.79				
						C	38—100	暗棕色	中壤土	小块状	5.6	6.0	0.37				
剖2	铁铝土	黄壤	黄壤	河流老冲积黄泥土	黄泥土	A	0—17	棕黄色	轻壤土	粒状	5.0	9.5	0.55	57	河流老冲积物	E 107°36′48.2″ N 30°25′26.0″	98
						B	17—28	棕黄色	轻壤土	粒状	4.7	6.9	0.37				
						C	28—100	棕黄色	中壤土	块状	4.7	6.3	0.36				
剖3	人为土	水稻土	冲积型水稻土	黄色冲积水稻土	黄泥田	A$_1$	0—18	灰黄色	轻黏土	块状	7.0	22.6	1.15	114	山地黄泥冲积物	E 107°31′33.2″ N 30°23′53.2″	97
						Wa$_3$b$_1$	18—32	灰黄色	轻黏土	大块状	7.4	21.2	1.05				
						HA$_4$	32—100	浅黄色	轻壤土	棱块状	7.3	5.2	0.49				
剖4	铁铝土	黄壤	黄壤	矿子黄泥土	豆面黄泥土	A	0—18	浅黄色	轻壤土	粒状	7.5	15.7	1.06	81	白云岩、白云质灰岩、灰岩风化坡积物	E 107°18′44.6″ N 30°19′56.6″	93
						B	18—40	棕黄色	中黏土	团块状	8.1	14.8	1.02				
						C	40—100	棕黄色	中壤土	团块状	7.7	9.3	0.59				
剖5	初育土	紫色土	棕紫泥土	暗紫泥土	大眼泥土	A	0—19	浅棕色	轻壤土	小块状	8.0	17.7	1.09	94	砂岩、页岩、结壳灰岩	E 107°20′45.6″ N 30°13′53.7″	93
						B	19—26	浅棕色	中壤土	块状	7.6	15.4	0.84				
						C	26—100	浅棕色	中壤土	棱块状	5.2	12.3	0.77				
剖6	铁铝土	黄壤	黄壤	河流老冲积黄泥土	卵石黄泥土	A	0—14	灰棕色	轻壤土	粒状	5.1	18.4	1.01	27	河流老冲积物	E 107°18′59.0″ N 30°11′10.0″	74
						B	14—25	灰棕色	中壤土	团块状	4.7	11.8	0.72				
						C	25—100	黄色	轻壤土	大块状	4.6	9.4	0.54				
剖7	初育土	紫色土	棕紫泥土	棕紫泥土	黄泥土	A	0—20	浅黄色	重壤土	大块状	7.1	14.1	0.69	68		E 107°25′19.2″ N 30°03′51.8″	76
						C	20—40	浅黄色	轻壤土	棱块状	5.5	10.5	0.68				

忠 县

主要土类说明

紫色土是忠县的主要土壤类型，占本县地域面积的65%，集中分布于拔山、忠州海拔800m以下地区。紫色土由紫色砂页岩母质直接风化发育而成，主要特点是以物理风化为主，风化度浅，从形态到性质都与母质相似，剖面层次发育不明显，具A–C剖面构型。由于母岩富含磷、钾等矿质养分，紫色土矿质养分丰富，盐基饱和度大，自然肥力高，多呈中性，质地为砂壤土至重壤土，加之所在地形较平缓，光热条件好，是本县粮、油、菜、烟、麻等各种作物的主要产地。

水稻土是忠县第二大土壤类型，占本县地域面积的27%，主要分布在海拔800m以下地区，尤以海拔400—600m最多。水稻土在长期的水耕熟化过程中，通过还原淋溶和氧化淀积等作用，使土体出现糊状淹育层、较坚实板结的犁底层、渗育层、潴育层与潜育层等多种发生层。本县水稻土主要起源于紫色土、黄壤、新积土和石灰（岩）土。根据全县水稻土剖面层次变化状况，本县水稻土分为淹育型、潴育型、潜育型等。淹育水稻土主要分布于塝田、支冲及长期水旱轮作的田块，这类水稻土层次、结构良好，土体内水热气肥诸因素较为协调，水稻生长良好，无坐蔸现象，如有水源保证，为高产稳产的水稻土。潴育水稻土主要分布在丘陵陡坡转缓的塝田冲沟转弯处，因侧渗作用，土体充分淋洗，盐基物质流失，土质瘦，养分贫乏，结构不良，水稻长势差，产量常稳而不高。潜育水稻土主要分布在深沟窄谷和长期灌冬水的田块，土体内水肥气热不协调，水稻易坐蔸，产量低而不稳。

黄壤是忠县第三大土壤类型，占本县地域面积的6%，主要分布于海拔500m以上的山地。由石英砂岩、石英砂岩残积母质发育而成。黄壤是形成于湿润的亚热带生物气候条件下的地带性土壤，脱硅富铝化过程明显。各地质时期的黄色、灰白色石英砂岩、页岩、千枚岩、泥质灰岩和第四纪黏土砾石层均可发育成黄壤。黄壤化学风化较强烈，矿物的水解作用比较深刻，盐基物质的淋溶势强，铁质也普遍水化，因此土壤在发育过程中产生明显的黏化、黄化和脱硅富铝化成土过程。具O–A–AB–B–C剖面构型，土壤一般偏酸，盐基物质含量一般较低，活性铁富集，缺磷，耕性差，为本县松、杉、竹、茶等用材林和经济林的主要产地，适宜多种林木生长。

小于本县地域面积3%的土壤类型还有新积土等。

本区域中心区气候特征

本区域中心区气候特征值
Regional climate characteristics in central area of the region

气候带：中亚热带湿润气候 Climate region: Subtropical humid climate	
年平均气温 /℃ Annual average temperature /℃	16.4
年平均最高气温 /℃ Annual average maximum temperature /℃	20.8
年平均最低气温 /℃ Annual average minimum temperature /℃	13.2
年降水量 /mm Annual precipitation /mm	1261
≥10℃的积温 /℃ Daily temperature accumulated in a year (≥10℃) /℃	5820
年日照时数 /h Annual sunshine /h	1150
年平均相对湿度 /% Annual average relative humidity /%	78
干燥度 Dryness	0.82

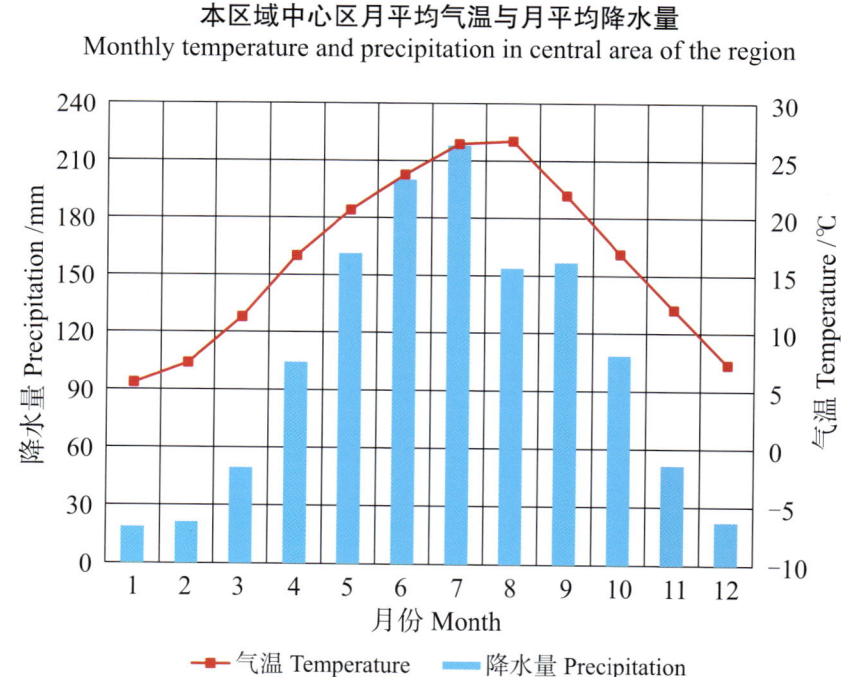

本区域中心区月平均气温与月平均降水量
Monthly temperature and precipitation in central area of the region

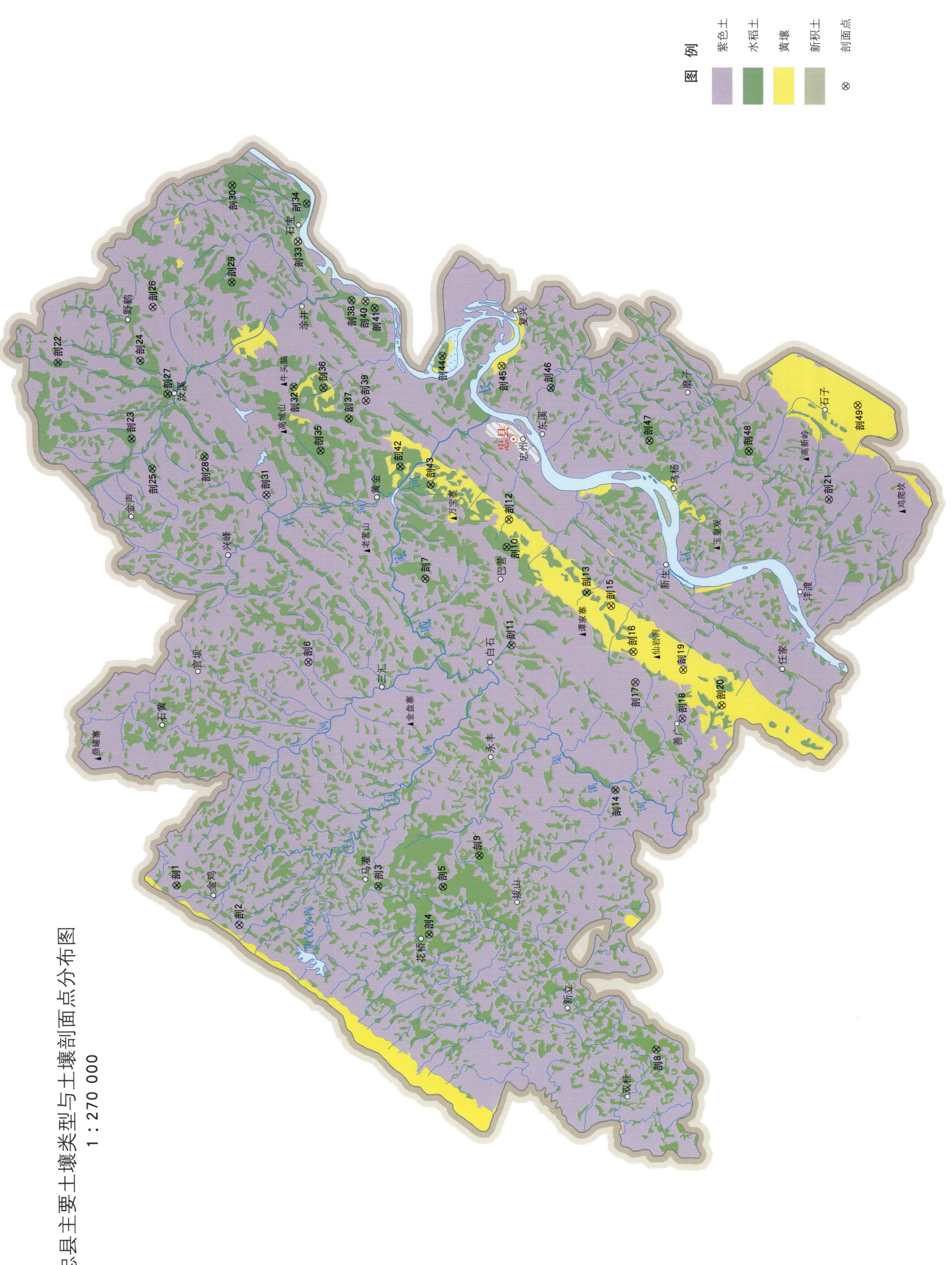

忠县主要土壤类型与土壤剖面点分布图
1∶270 000

忠县土壤剖面理化性状表

剖面号 Soil profile	土纲 Soil order	土类 Soil great group	亚类 Soil subgroup	土属 Soil genus	土种 Soil species	土层码 Layer code	土层厚度 Depth/cm	颜色 Soil color	质地 Soil texture	土壤结构 Soil structure	pH	有机质 OM/(g/kg)	全氮 TN/(g/kg)	碱解氮 AN/(mg/kg)	土壤母质 Parent material	剖面点坐标 Profile coordinate	匹配指数 Matching index/%
剖1	人为土	水稻土	紫色土性水稻土	灰棕紫色水稻土	黄泥田	A₁	0—20	灰黄色	重壤土	粒状	5.0	14.2	0.78	76	泥岩风化物	E 107°44′10.7″ N 30°30′16.2″	96
						P	20—70	暗黄黄色	中壤土	核块状	5.9	6.6	0.43				
						W	70—110	棕黄色	中壤土	核块状	5.7	5.6	0.35				
剖2	初育土	紫色土	棕紫色土	暗紫泥土	黄泥土	A	0—27	棕黄色	重壤土	块状	5.1	17.3	1.10	86	页岩、泥岩风化物	E 107°42′29.1″ N 30°28′05.1″	85
						B	27—50	黄色	重壤土	块状	5.1	7.8	0.80				
						P	50—83	灰黄色	重壤土	核块状	4.9	9.6	0.77				
						C	83—	黄绿色									
剖3	人为土	水稻土	紫色土性水稻土	棕紫色水稻土	砂田	A′	0—22	暗紫色	砂壤土	核状、粒状	5.7	13.7	0.78	76	砂岩风化物	E 107°43′54.5″ N 30°23′06.7″	85
						P	22—65	灰棕色	重壤土	核块状	5.3	3.1	0.21				
						C	65—95	黄色			6.4	2.4	0.18				
剖4	人为土	水稻土	紫色土性水稻土	棕紫色水稻土	油砂田	A′	0—17	暗黄棕色	轻壤土	团粒状	5.4	13.5	0.79	87	砂岩风化物	E 107°41′53.2″ N 30°21′21.6″	82
						W	17—110	棕黄色	轻壤土	核块状	6.2	12.4	0.73				
						C	110—120	黄色			5.7	4.1	0.30				
剖5	人为土	水稻土	紫色土性水稻土	棕紫色水稻土	夹砂田	A′	0—20	棕紫色	中壤土	核状	7.2	14.2	0.80	68	砂岩、泥岩风化物	E 107°43′48.7″ N 30°20′48.8″	88
						P	20—45	暗紫棕色	重壤土	块状	7.8	8.5	0.47				
						W	45—50	暗黄色	重壤土	核块状	7.5	3.5	0.32				
剖6	初育土	紫色土	棕紫色土	棕紫泥土	砂土	A	0—25	暗棕色	紧砂土	粒状	5.8	3.9	0.26	31	砂岩碎屑物	E 107°53′10.3″ N 30°25′21.4″	80
						C	25—	棕紫色	砂壤土	单粒状							
剖7	人为土	水稻土	紫色土性水稻土	灰棕紫色水稻土	夹砂田	A′	0—23	灰棕色	中壤土	核状	5.7	10.8	0.69	58	砂岩风化物	E 107°56′24.4″ N 30°21′00.7″	93
						P	23—65	暗黄棕色	重壤土	核块状	6.0	12.0	0.76				
						W	65—100	暗黄色	中壤土	核块状	5.8	7.6	0.53				
剖8	人为土	水稻土	紫色土性水稻土	棕紫色水稻土	大土泥田	A′	0—15	棕紫色	轻黏土	核状、粒状	8.6	14.1	1.01	78	泥页岩风化物	E 107°37′00.2″ N 30°13′23.9″	79
						P	15—72	棕紫色	中壤土	整体状	8.6	7.4	0.59				
						C	72—	黄紫棕色	轻壤土	粒状	8.8	4.7	0.45				
剖9	人为土	水稻土	紫色土性水稻土	棕紫色水稻土	黄泥田	A′	0—20	黑黄色	黏土	核块状	6.4	15.1	1.10	90	泥页岩风化物	E 107°45′03.2″ N 30°19′29.3″	78
						P	20—100	棕红色	黏土	块状	6.5	10.3	0.89				
剖10	人为土	水稻土	紫色土性水稻土	暗紫色水稻土	白鳝泥田	A′	0—25	灰白色	黏土	无明显结构	5.2	15.8	1.22	71	砂页岩风化物	E 107°57′39.7″ N 30°18′12.2″	75
						g	25—40	灰绿色	黏土	团粒结构	5.3	9.0	0.99				
						Wab	40—120	棕灰色、黄白色	黏土	核块状	5.0	4.8	0.84				
剖11	人为土	水稻土	冲积型水稻土	紫色冲积水稻土	半砂半泥田	A₁	0—22	灰白色	中壤土	团粒结构	5.6	12.9	0.86	67	紫色冲积物	E 107°53′41.3″ N 30°18′09.4″	80
						Pa₂	22—53	紫灰色	中壤土	核块状	6.8	8.5	0.57				
						Pb₂	53—86	暗紫棕色	轻壤土	核块状	7.0	2.4	0.28				
						W	68—150	暗灰棕色	黏土	核块状	6.8	2.6	0.29				
剖12	铁铝土	黄壤	黄壤	冷沙黄泥土	冷砂土	A	0—30	黄棕色 黄色	砂壤土	粒状、核状	5.6	17.3	0.60	70	厚砂岩风化物	E 107°58′45.5″ N 30°18′05.4″	93
						C	30—	暗黄色									
剖13	人为土	水稻土	黄壤性水稻土	石灰性黄泥水稻土	石灰性黄泥田	A′	0—22	灰黄色	重壤土	粒状、块状	7.0	35.0	1.58	109	灰岩、泥岩风化物	E 107°55′42.6″ N 30°15′24.1″	99
						P	22—49	灰黄色	轻壤土	核块状	8.0	12.9	0.98				
						Wb	49—110	灰黄、黑色	重壤土	核块状	7.8	12.0	0.75				
						C	110—	黄色									
剖14	人为土	水稻土	紫色土性水稻土	红棕紫色水稻土	豆瓣泥田	A′	0—14	黄棕色	重壤土	粒状	6.7	16.4	1.11	75	泥页岩风化物	E 107°47′36.6″ N 30°14′35.2″	100
						W	14—56	灰棕色	黏土	核状、块状	6.7	15.0	1.11				
						P	56—	黄棕色	黏土	核块状	7.3	7.2	0.67				

续表 Continued

剖面号 Soil profile	土纲 Soil order	土类 Soil great group	亚类 Soil subgroup	土属 Soil genus	土种 Soil species	土层码 Layer code	土层厚度 Depth/cm	颜色 Soil color	质地 Soil texture	土壤结构 Soil structure	pH	有机质 OM/(g/kg)	全氮 TN/(g/kg)	碱解氮 AN/(mg/kg)	土壤母质 Parent material	剖面点坐标 Profile coordinate	匹配指数 Matching index/%
剖15	铁铝土	黄壤	黄壤	石灰性黄泥土	石灰石渣子土	A	0—16	灰棕色	砾质中壤土	单粒状、片状	8.6	10.0	0.69	43	灰岩风化物	E 107°55′08.8″ N 30°14′33.0″	94
						D	16—										
剖16	铁铝土	黄壤	黄壤	冷砂黄泥土	冷黄泥土	A	0—15	浅黄色	重壤土	粒状、核状	5.2	9.8	0.87	53	页岩风化物	E 107°53′14.6″ N 30°13′48.4″	80
						C	15—30	黄色	砾质砂壤土		5.1	1.4	0.20				
剖17	初育土	紫色土	棕紫泥土	灰棕紫泥土	紫黄泥土	A	0—18	灰棕黄色	重壤土	块状、核状	5.6	11.4	0.62	84	泥页岩风化物	E 107°51′59.8″ N 30°13′45.8″	91
						P	18—40	灰棕黄色		核状、块状	5.3	8.1	0.57				
剖18	初育土	紫色土	棕紫泥土	暗紫紫泥土	石骨子土	A	0—20	暗紫色	重砾轻壤土	粒状、片状	5.4	7.2	0.69	39	泥页岩风化物	E 107°50′27.6″ N 30°12′07.9″	71
						C	20—										
剖19	铁铝土	黄壤	黄壤	冷砂黄泥土	白鳝泥夹砂土	A	0—20	灰白色	中壤土	块状	6.4	8.7	0.82	42	砂岩、泥岩风化物	E 107°52′26.8″ N 30°12′03.2″	75
						P	20—60	黄棕色	中壤土	核块状	5.9	7.0	0.70				
						C	60—110	灰棕紫色	中黏土	整体状	5.9	3.0	1.07				
剖20	铁铝土	黄壤	黄壤	冷砂黄泥土	冷黄砂土	A	0—15	紫黄色	轻壤土	粒状	6.2	12.8	0.86	68	厚砂岩风化物	E 107°50′57.1″ N 30°10′43.3″	87
						B	15—72	浅黄色	中壤土	核状、小块状	5.7	5.9	0.54				
剖21	初育土	紫色土	棕紫泥土	灰棕紫泥土	夹砂土	A	0—25	棕紫色	中壤土	粒状、核状	6.2	7.2	0.78	46	厚页厚岩风化物	E 107°59′13.6″ N 30°06′42.1″	75
						B	25—83	灰棕紫色	轻壤土	块状	5.9	1.2	0.32	19			
						C	83—98				6.0	1.0	0.28	21			
剖22	人为土	水稻土	紫色土性水稻土	红棕紫色水稻土	夹砂田	A′	0—19	红棕紫色	中壤土	核状、粒状	8.5	17.2	1.12	76	砂页岩风化物	E 108°05′41.3″ N 30°33′57.2″	78
						P	19—79	棕紫色	中壤土	核块状	8.6	12.7	0.84				
						G	79—90	灰紫色	中黏土	无明显结构							
剖23	人为土	水稻土	紫色土性水稻土	红棕紫色水稻土	夹砂田	A′	0—16	栗色	中壤土	块状	7.9	15.4	1.08	71	泥页岩风化物	E 108°02′29.0″ N 30°31′25.0″	72
						Pa	16—78	暗紫色	重壤土	核块状	8.1	4.8	0.40				
						W	78—150	浅棕紫色、黑色	重壤土	块状	8.1	5.1	0.49				
剖24	人为土	水稻土	紫色土性水稻土	灰棕紫色水稻土	大土泥田	A′g	0—30	浅棕紫色	重壤土	粒状	6.8	25.2	1.48	128	泥页岩风化物	E 108°05′35.9″ N 30°30′56.2″	100
						P	30—100	灰棕色	重壤土	核块状	6.7	16.4	1.01				
						W	100—150	灰灰棕色、白色	中壤土	无明显结构	8.4	21.8	1.31	85			
剖25	初育土	水稻土	紫色土性水稻土	红棕紫色水稻土	冷浸烂泥田	A′g	0—35	红棕紫色	中壤土	块状	8.5	17.8	1.10		泥页岩风化物	E 108°01′14.5″ N 30°30′42.8″	85
						P	35—150	红棕紫色、灰色	重壤、中壤土	块状	5.3	8.7	0.48	53			
剖26	初育土	水稻土	紫色土性水稻土	灰棕紫色水稻土	黄泥田	A	0—20	暗黄色	重壤、中壤土	大块状	5.0	4.8	0.32		泥岩风化物	E 108°07′50.2″ N 30°30′31.7″	71
						B	20—65	黄色	重壤、中壤土	大块状							
						C	65—										
剖27	人为土	水稻土	紫色土性水稻土	棕紫泥土	泥田	A′g	0—14	灰棕色	重壤土	粒状	6.2	16.2	1.00	79	泥页岩风化物	E 108°04′17.0″ N 30°30′05.4″	84
						P	14—85	灰棕紫色	重壤土	核块状	7.2	8.3	0.60				
						W	85—		重壤土	块状	7.5	7.4	0.51				
剖28	人为土	水稻土	紫色土性水稻土	红棕紫色水稻土	黄泥田	A′	0—15	棕黄色	重壤土	核块状	5.7	11.0	0.81	88	泥页岩风化物	E 108°01′40.8″ N 30°28′50.5″	71
						W	15—70	灰色	中壤土	核块状	5.6	7.2	0.57				
						C	70—130										
剖29	人为土	水稻土	紫色土性水稻土	棕紫泥土	死黄泥田	A′g	0—24	红棕紫灰色	重壤土	粒状	5.8	13.2	1.32	76	泥页岩风化物	E 108°08′44.5″ N 30°27′41.8″	86
						P	21—60	暗棕黄色	重壤土	团粒状	5.8	11.7	1.25				
						W	60—120	棕灰黄白色	中壤土	核块状	6.4	7.2	1.02				
剖30	人为土	水稻土	紫色土性水稻土	灰棕紫泥土	油砂田	A′	0—21	暗黄黄色	重壤土	团粒状	6.2	18.0	1.05	88	沙田熟化	E 108°12′42.8″ N 30°27′34.6″	77
						P	24—45	暗黄色	中壤土	小块状	5.8	17.6	0.86				
						W	45—95	棕灰色	中壤土	核块状	5.3	13.6	0.72				
						C	95—										
剖31	初育土	紫色土	棕紫色土	灰棕紫泥土	砂土	A	0—21	深灰色	轻壤土	团粒状、粒状	6.2	5.8	0.28	31	砂岩风化物	E 108°00′02.5″ N 30°26′40.9″	85
						C	21—60	深灰色	轻壤土	单粒状	6.3	3.1	0.20				

续表 Continued

剖面号 Soil profile	土纲 Soil order	土类 Soil great group	亚类 Soil subgroup	土属 Soil genus	土种 Soil species	土层码 Layer code	土层厚度 Depth/cm	颜色 Soil color	质地 Soil texture	土壤结构 Soil structure	pH	有机质 OM/(g/kg)	全氮 TN/(g/kg)	碱解氮 AN/(mg/kg)	土壤母质 Parent material	剖面点坐标 Profile coordinate	匹配指数 Matching index/%
剖32	人为土	水稻土	紫色土性水稻土	暗紫冲积泥田	大土泥田	A'	0—20	灰棕紫色	重壤土	粒状、核状	8.4	7.6	1.47	83	砂页岩风化物	E 108°04′26.0″ N 30°25′34.0″	77
剖33	初育土	新积土	冲积土	紫色冲积土	夹砂土	P	20—105	紫灰棕色	重壤土	块状	8.5	12.4	1.06	51	河流冲积物	E 108°10′20.2″ N 30°25′18.5″	96
剖34	人为土	水稻土	灰棕冲积水稻土	灰棕冲积泥田	潮砂夹泥田	A	0—23	灰紫色	中壤土	粒状	8.1	9.6	0.68	44	新积冲积异源物	E 108°11′52.8″ N 30°24′57.2″	70
						B	23—35	灰紫色	中壤土	小块状	7.8	6.5	0.51				
						D	35—140	棕黄色	重壤土	整体状	7.1	2.7	0.28				
剖35	人为土	水稻土	紫色土性水稻土	暗紫冲积泥田	夹砂田	A'	0—22	紫色	砂壤土	团粒状	8.7	11.6	0.75	126	砂页岩风化物	E 108°01′47.3″ N 30°24′42.8″	82
						P	22—110	紫色	重壤土	核块状	8.8	7.9	0.58				
剖36	人为土	水稻土	黄壤性水稻土	冷砂黄泥田	冷砂田	A'	0—20	暗紫色	中壤土	团粒状、核状	5.4	11.4	1.89	56	砂岩风化物	E 108°04′20.6″ N 30°24′32.8″	92
						P	20—80	暗紫棕色	中壤土	核块状	6.0	13.6	1.32				
						W	80—140	暗紫黄色	重壤土	核块状	6.9	8.3	0.78				
						C	140—										
剖37	人为土	水稻土	紫色土性水稻土	暗紫泥田	黄砂泥田	A'	0—17	黄棕色	砂壤土	单粒状	5.6	11.3	0.64	57	砂岩风化物	E 108°03′02.5″ N 30°23′38.8″	81
						P	17—58	棕黄色	砂壤土	核状	7.1	8.6	0.60				
						C	58—68										
剖38	人为土	水稻土	灰棕冲积水稻土	灰棕冲积泥田	潮泥田	A'	0—17	黄棕黄色	砂壤土	单粒状	5.7	11.7	1.19	61	砂页岩风化物	E 108°07′52.3″ N 30°23′27.6″	88
						P	17—103	暗黄棕色	重壤土	核状	5.9	12.5	1.07				
							103—										
剖39	初育土	紫色土	棕紫紫色土	暗紫色土	夹砂土	A' g	0—35	灰绿色、灰紫色	重壤土	粒状、核状	8.7	14.2	1.08	72	砂页岩	E 108°07′46.4″ N 30°23′03.1″	71
						P	35—105	棕黄色	重壤土	核块状	8.8	8.9	0.77				
						W	105—150	棕黄棕色	轻壤土	核状							
剖40	初育土	新积土	灰棕冲积土	灰棕冲积泥土	潮泥土	A	0—20	暗黄棕色	轻壤土	粒状	6.3	16.2	1.16	38	河流冲积物	E 108°07′49.1″ N 30°22′58.1″	87
						C	20—24	黄棕色	砂壤土	单粒状、核状	6.4	13.2	0.91				
剖41	人为土	水稻土	灰棕冲积水稻土	灰棕冲积泥田	潮泥夹泥田	A'	0—17	灰棕色	中壤土、砂壤土	整体状、核状	8.7	7.7	0.59	54	新积冲积异源物	E 108°07′32.2″ N 30°22′39.0″	88
						B	17—35	黄棕色	轻壤土	粒状、块状	8.9	2.1	0.15				
						D	35—	黄棕色	砂壤土	块状	8.9	1.9	0.13				
剖42	人为土	水稻土	黄壤性水稻土	冷砂黄泥田	冷黄泥田	A'	0—20	灰棕色	重壤土	整体状、核状	7.6	12.3	0.92	104	泥岩风化物	E 108°01′04.4″ N 30°21′52.2″	91
						W	21—125	暗红色	重壤土	单粒状	7.9	13.0	0.92				
						C	125—	棕黄色	重壤土	块状	7.9	6.6	0.62				
剖43	人为土	水稻土	黄壤性水稻土	冷砂黄泥田	白鳝泥夹砂田	A'	0—14	紫灰色	重壤土	核块状	5.0	18.2	1.23	65	砂岩、页岩风化物	E 108°00′16.2″ N 30°20′48.5″	75
						P	14—55	黄黄棕色	重壤土	核块状	5.8	2.5	0.44				
						W	55—70	灰白色	黏土	块状	5.3	11.3	0.87				
剖44	人为土	水稻土	黄壤性水稻土	老冲积黄泥田	卵石黄砂田	A'	0—20	浅黄色	重壤土	核块状	5.9	7.5	0.75	74	老冲积异源物	E 108°05′25.1″ N 30°20′16.8″	100
						P	20—80	黄色	重壤土	块状	5.5	1.7	0.64				
						W	80—115	棕黄色、黑色	重壤土	核块状	5.3	13.5	0.98				
剖45	铁铝土	黄壤	黄壤	老冲积黄泥土	卵石黄泥土	A	0—20	棕黄色	重壤土	核状	5.8	11.3	0.82	86	冲积物	E 108°05′02.4″ N 30°18′11.9″	83
						B	20—85	棕黄色	轻黏土	核状	5.8	7.0	0.54				
						D	85—	棕黄色	中壤土	块状	5.6	14.9	1.09				
剖46	人为土	水稻土	冲积型水稻土	紫色冲积水稻土	大土泥田	A₁	0—15	紫灰色	中壤土	团粒状	5.0	14.8	1.09	114	紫色冲积物	E 108°04′05.4″ N 30°16′28.4″	92
						P	15—70	黄灰黄色	重壤土	核块状	6.5	24.2	1.53				
						W	70—110	浅灰色、杂色	中壤土	核块状	6.3	17.2	1.04				
						D	110—				7.1	3.4	0.24				
剖47	人为土	水稻土	紫色土性水稻土	棕紫冲积水稻土	冷烂田	A' g-G	0—101	蓝灰色	重壤土	无明显结构	7.5	2.1	0.18	76	泥页岩风化物	E 108°01′49.4″ N 30°13′01.9″	85
											7.5	17.0	1.06				

续表 Continued

剖面号 Soil profile	土纲 Soil order	土类 Soil great group	亚类 Soil subgroup	土属 Soil genus	土种 Soil species	土层码 Layer code	土层厚度 Depth/cm	颜色 Soil color	质地 Soil texture	土壤结构 Soil structure	pH	有机质 OM/(g/kg)	全氮 TN/(g/kg)	碱解氮 AN/(mg/kg)	土壤母质 Parent material	剖面点坐标 Profile coordinate	匹配指数 Matching index/%
剖48	人为土	水稻土	紫色土性水稻土	灰棕紫色水稻土	砂田	A′	0—21	暗棕黄色	轻壤土	粒状	5.6	10.6	0.68	66	砂岩风化物	E 108°01′18.1″ N 30°09′30.2″	73
						P	21—35	黄棕色	中壤土	小块状	5.9	6.8	0.58				
						C	35—				6.2	5.9	0.37				
剖49	铁铝土	黄壤	黄壤	石灰性黄泥土	石灰性黄泥土	A	0—23	暗褐色	轻黏土	粒状、核状	7.7	25.3	1.75	139	灰岩、泥岩风化物	E 108°03′00.4″ N 30°05′31.2″	72
						B	23—57	浅黄色	轻黏土	大块状	7.2	12.4	1.25				
						W	57—77	黄红色	重黏土	棱块状	7.1	5.2	0.85				
						C	77—	黄红色									

云 阳 县

主要土类说明

紫色土是云阳县的主要土壤类型,占本县地域面积的51%,广泛分布于本县向斜低方山、单斜低山区域。紫色土母质是紫色砂岩、页岩、泥岩风化物。母岩以物理风化为主、成土速度快,但化学风化弱、发育进程慢,是发育度浅的岩性土。其理化性质与母岩组成直接相关,土层浅薄,剖面层次发育不明显,具A-C剖面构型,仍处于初育阶段。在向斜轴部的坪台或单面山坡脚平缓处,地表汇水形成下渗水,层间水较丰富,土壤中产生潴育淋溶的黏化成土过程,在局部地势低洼渍水处,土壤产生黄化至富铝化过程。紫色土风化度浅,磷、钾较丰富,自然肥力高,微酸至微碱性,宜种范围广,是本县主要的农业土壤。但是,由于垦殖系数高,林地少,水土流失情况严重。

黄壤是云阳县第二大土壤类型,占本县地域面积的24%,主要分布在石灰岩低、中山(1000m)以及背斜低山地势平缓地段。黄壤是形成于温暖湿润的亚热带生物气候条件下的地带性土壤,兼具黏化和富铝黄化过程,带有明显的地带性特征。剖面通体呈棕黄色,具O-A-AB-B-C剖面构型。黄壤是松、杉等用材林和经济林的最佳生境,质地过砂过黏,用于农耕较少。土性冷,淋洗强烈,大量盐基流失,呈酸性,缺乏有效磷。

石灰(岩)土是云阳县第三大土壤类型,占本县地域面积的15%,分布在石灰岩中山、岩溶峰丛低山及喀斯特地区山体中上部,与黄壤呈复区状态。本县石灰(岩)土的成土环境与黄壤基本相同,但亦存在差异。石灰(岩)土母质碳酸钙含量高和重碳酸钙水的渗入补充,延缓了石灰(岩)土中盐基成分的淋失和脱硅富铝化作用的进行,使之成为喀斯特地区较为年幼的土壤,pH约为8.0。基本特征是土体内砾石含量多,质地为多砾重壤土至多砾轻黏土,石灰反应强烈,钾含量比山地黄壤高,自然植被多属喜钙的柏木、马柴等。在农业利用上多种植旱粮作物。主要问题是土层薄,砾石多,耕作困难,再生力弱,水土流失。

水稻土占本县地域面积的8%,遍布河谷低坝、单斜低山下部、低方山坪台、岩溶低山洼地、槽谷和盆地上,海拔上限达1300m,以海拔400—800m分布最多。水稻土是在长期水耕熟化过程中,受还原淋溶和氧化淀积等作用影响,形成的具有独特土体构型和物质循环的特殊耕种土壤。根据水稻土母土类型划分,本县有冲积性、紫色土性和黄壤性水稻土三个亚类。本县水稻土亦可分为淹育型、潴育型、潜育型三种类型。其中,以淹育水稻土面积最大。其剖面形态发育良好,土体内水热气肥协调,肥力高,宜种性广,高产稳产。一般而言,本县水稻土坡度平坦,有利于水土保持,土层厚度平均比旱地厚20—30cm,土壤酸碱度变化小,土壤有机质含量比旱地土壤高出0.5%—1.0%,产量水平高于旱地土壤。

小于本县地域面积3%的土壤类型还有粗骨土、黄褐土等。

本区域中心区气候特征

本区域中心区气候特征值
Regional climate characteristics in central area of the region

气候带:中亚热带湿润气候 Climate region: Subtropical humid climate	
年平均气温 /℃ Annual average temperature /℃	15.7
年平均最高气温 /℃ Annual average maximum temperature /℃	20.5
年平均最低气温 /℃ Annual average minimum temperature /℃	12.1
年降水量 /mm Annual precipitation /mm	1314
≥10℃的积温 /℃ Daily temperature accumulated in a year (≥10℃) /℃	5776
年日照时数 /h Annual sunshine /h	1287
年平均相对湿度 /% Annual average relative humidity /%	77
干燥度 Dryness	0.80

本区域中心区月平均气温与月平均降水量
Monthly temperature and precipitation in central area of the region

云阳县主要土壤类型与土壤剖面点分布图
1 : 360 000

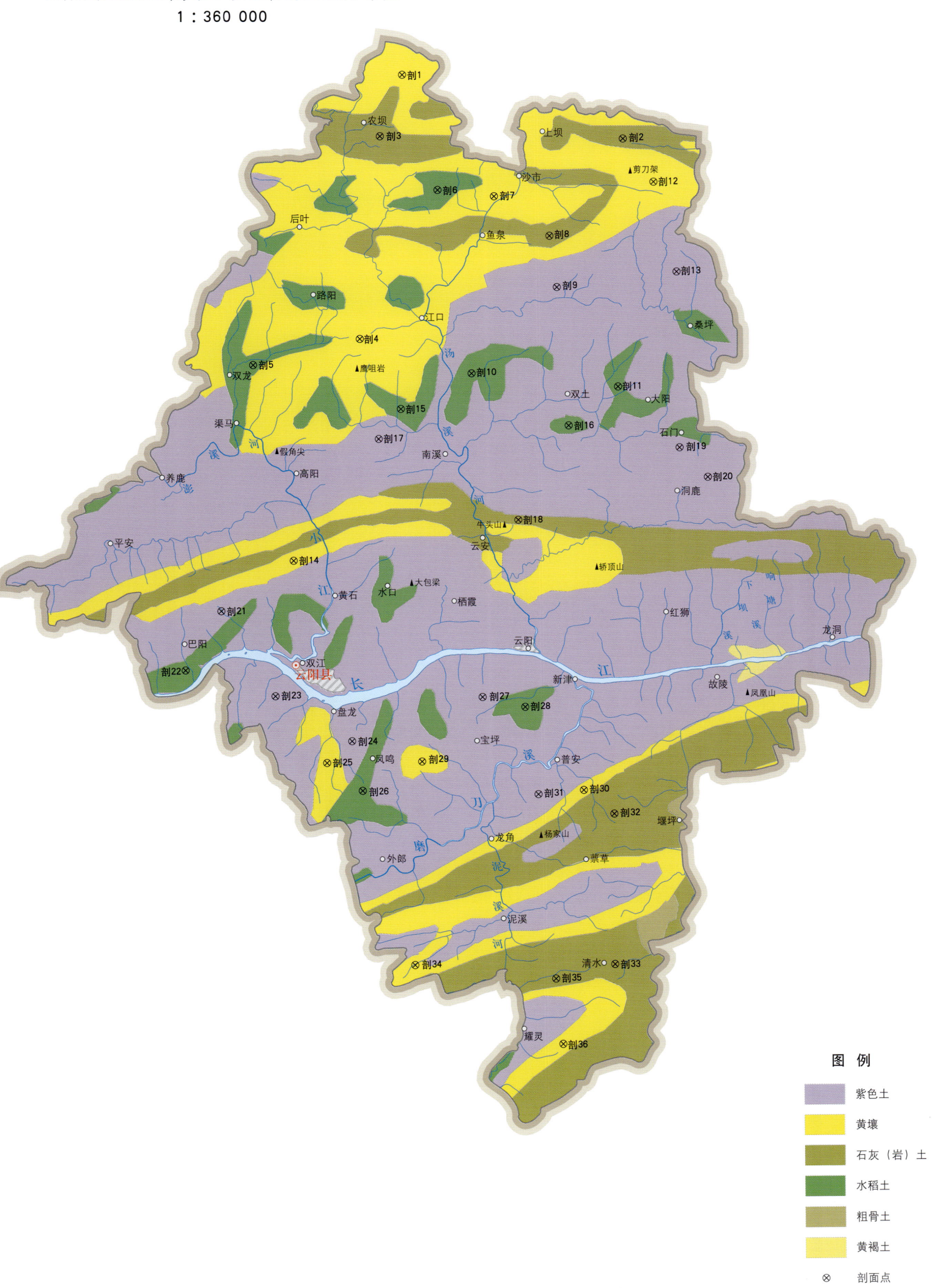

云阳县土壤剖面理化性状表

剖面号 Soil profile	土纲 Soil order	土类 Soil great group	亚类 Soil subgroup	土属 Soil genus	土种 Soil species	土层码 Layer code	土层厚度 Depth/cm	颜色 Soil color	质地 Soil texture	土壤结构 Soil structure	pH	有机质 OM/(g/kg)	全氮 TN/(g/kg)	全磷 TP/(g/kg)	全钾 TK/(g/kg)	碱解氮 AN/(mg/kg)	速效钾 AK/(mg/kg)	土壤母质 Parent material	剖面点坐标 Profile coordinate	匹配指数 Matching index/%
剖1	铁铝土	黄壤	黄壤	矿子黄泥土	大土泥土	A	0—21	暗灰黄色	多砾黏土	小块状	6.4	29.8	1.49	0.68		93	95	白云质灰岩、砂质页岩风化残积物	E 108°46'13.2" N 31°24'50.7"	94
剖2	初育土	石灰(岩)土	黄色石灰土	黄色石灰土	火石渣土	B	21—43	棕黄色	多砾黏土	棱柱状	5.5	19.1	1.20	0.55		77	32		E 108°58'40.1" N 31°21'59.4"	84
						C	43—	棕黄色	轻砾土	无明显结构	5.2	16.6	0.98	0.52		64	48			
剖3	初育土	石灰(岩)土	黄色石灰土	黄色石灰土	火石渣土	1		棕黄色	中砾中壤土	无明显结构	5.5	19.8	1.09	0.32	7.6	73	121		E 108°45'02.9" N 31°21'52.2"	81
剖4	铁铝土	黄壤	山地黄壤	姜石黄泥土	姜石黄泥土	A	0—20	灰黄色	黏土	无明显结构									E 108°44'06.0" N 31°12'08.6"	79
						C	20—27	棕黄色												
						A	0—18	棕黄色	黏土	小块状	7.6	6.6	0.78	0.35	19.1	27	43	河流运积物		
						B	18—96	浅棕黄色	轻砾黏土	棱柱、棱块状	8.0	4.2	0.45	0.30	19.1	12	42			
						C	96—	棕黄色	轻砾土	无明显结构										
剖5	人为土	水稻土	灰棕冲积水稻土	灰棕冲积水稻土	潮泥田	A'	0—20	暗黄色	重壤土	粒状	7.3	17.9	0.98	0.44	23.4	50	76	冲积物	E 108°38'09.6" N 31°10'48.4"	100
						P	20—40	暗黄色	重壤土	棱柱状	7.6	19.8	1.14	0.37	22.9	59	87			
						3	40—100	暗黄色	黏壤土	粒状	7.7	19.6	1.12	0.31	22.9	53	101			
剖6	人为土	水稻土	紫色土性水稻土	灰棕紫色水稻土	紫泥田	A'	0—22	灰棕紫色	中壤土	粒状、小块状	7.7	32.0	1.41	0.34	22.2	74	72	泥岩、页岩、长石石英砂岩	E 108°48'19.1" N 31°19'20.6"	71
						P	22—50	灰棕紫色	重壤土	棱柱状、块状	7.9	21.0	1.04	0.28	21.2	63	46			
						Wb	50—	棕黄色	重壤土	大块状	8.2	10.9	0.65	0.25	20.6	26	46			
剖7	铁铝土	黄壤	黄壤	矿子黄泥土	黄泥巴土	A	0—15	棕黄色	多砾黏土	大块状	6.2	12.6	0.93	0.17	20.7	56	95		E 108°51'29.9" N 31°19'06.2"	82
						C	15—38	棕黄色	轻砾土	无明显结构	5.5	4.0	0.38	1.48		25	96			
剖8	初育土	石灰(岩)土	黄色石灰土	黄色石灰土	黄泥土	A	0—20	黄棕色	多砾轻壤土	粒状、核状	5.3	32.9	1.45	0.71	14.7	130	170		E 108°54'38.5" N 31°17'16.1"	70
						C	20—	黄棕色	轻砾紫砂土	无明显结构	5.7	14.8	1.02	0.64	14.9	52	25			
剖9	初育土	紫色土	棕紫泥土	灰棕紫泥土	砂土	A	0—12	紫棕色	松砂土	单粒状	6.4	11.4	0.67	0.19	24.1	28	51		E 108°55'05.9" N 31°14'49.2"	81
						C	12—	黄色	中壤土	无明显结构	6.8	3.0	0.18	0.12	14.9	7	22			
剖10	人为土	水稻土	黄壤性水稻土	姜石黄泥田	黄泥田	A'	0—18	棕黄色	重壤土	小块、大块状	7.8	16.7	1.07	0.38	24.1	36	147	黏土	E 108°50'24.4" N 31°10'35.4"	97
						P	18—60	灰黄色	重壤土	棱柱状	7.9	9.8	0.72	0.29	23.2	23	87			
						C	60—	棕褐黄色		无明显结构										
剖11	人为土	水稻土	黄壤性水稻土	矿子黄泥田	扁砂田	A'	0—16	暗黄棕色	轻砾中壤土	粒状	7.8	24.0	1.32	0.46	22.4	47	38	灰岩及白云质页岩	E 108°58'37.2" N 31°10'05.5"	98
						P	16—52	灰黄色	轻砾轻壤土	棱柱状	8.1	14.0	0.83	0.42	19.9	46	50			
						C	52—	黄色		无明显结构										
剖12	铁铝土	黄壤	黄壤	矿子黄泥土	小土泥土	A	0—19	灰白色	少砾中壤土	小块状	6.2	15.9	0.98	0.29	15.4	30	123		E 109°00'25.6" N 31°19'56.6"	99
						C	19—38	灰白色	少砾中壤土	小块、大块状	5.8	11.3	0.67	0.27	15.7	43	40			
剖13	初育土	紫色土	棕紫泥土	灰棕紫泥土	紫黄泥土	A	0—25	紫棕色	重壤土	小块状	7.7	12.1	0.84	0.62	24.1	38	46		E 109°01'48.0" N 31°15'39.7"	73
						B	25—40	淡棕色	黏土	棱柱状	7.3	4.9	0.48	0.34	29.8	28	41			
						C	40—	暗棕色		块状										
剖14	人为土	水稻土	黄壤性水稻土	姜石黄泥田	小土泥田	A'	0—20	黄棕色	中壤土	小块状									E 108°40'36.1" N 31°01'27.8"	95
						C	20—45	浅黄棕色	重壤土	核状、粒状										
剖15	人为土	水稻土	黄壤性水稻土	矿子黄泥田	黄小土泥田	A'	0—18	黄褐色	少砾中壤土	粒状、小块状	8.1	27.3	1.52	0.45	31.5	59	183	灰岩及白云质页岩	E 108°46'28.6" N 31°08'49.6"	78
						P	18—58	黄棕色	少砾中壤土	棱柱状	8.0	17.8	0.91	0.30	25.7	37	109			
						C	58—85	灰黄色	少砾中壤土	无明显结构	7.9	18.1	0.86	0.32	29.9	34	85			
剖16	人为土	水稻土	黄壤性水稻土	矿子黄泥田	黄泥巴田	A'	0—16	黄黄色	黏土	大块状	8.3	23.2	1.44	0.47		75	155	灰岩及白云质页岩	E 108°55'52.3" N 31°08'11.8"	98
						P	16—90	灰黄色	黏土	棱柱状	8.5	15.9	1.21	0.42		50	120			
						C	90—	灰白色	黏土	无明显结构	8.3	9.9	0.40	0.33		31	77			
剖17	初育土	紫色土	棕紫泥土	红紫泥土	大土泥土	A	0—21	红棕色		小块状	7.9	9.2	0.46	0.52		20	36	泥岩、粉砂岩	E 108°45'15.8" N 31°07'22.1"	83
						B	21—35	暗灰棕色		粒状										
						C	35—41	棕红色		整体状										

续表 Continued

剖面号 Soil profile	土纲 Soil order	土类 Soil great group	亚类 Soil subgroup	土属 Soil genus	土种 Soil species	土层码 Layer code	土层厚度 Depth/cm	颜色 Soil color	质地 Soil texture	土壤结构 Soil structure	pH	有机质 OM/(g/kg)	全氮 TN/(g/kg)	全磷 TP/(g/kg)	全钾 TK/(g/kg)	碱解氮 AN/(mg/kg)	速效钾 AK/(mg/kg)	土壤母质 Parent material	剖面点坐标 Profile coordinate	匹配指数 Matching index/%
剖18	初育土	石灰(岩)土	黄色石灰土	黄色石灰土	扁红砂土	A	0—23	暗棕色	中砾轻壤土	小块状	7.8	17.6	0.79	0.53	23.4	53	155		E 108°53′07.8″ N 31°03′37.1″	94
剖19	初育土	紫色土	棕紫泥土	红棕紫泥土	豆浆泥土	C	23—38	紫色	中砾轻壤土	大块状	7.9	6.9	0.42	0.90		15	71	泥岩、粉砂岩	E 109°02′06.4″ N 31°07′13.1″	83
						A	0—20	灰棕色	黏壤土	小块状	7.6		0.37	0.65	23.9	10	80			
剖20	初育土	紫色土	暗紫泥土	暗紫泥土	夹砂土	C	20—	灰棕色	黏壤土	整体状	7.8	5.3	0.52	0.37	26.8	13	62		E 109°03′41.8″ N 31°05′48.5″	87
剖21	初育土	紫色土	暗紫泥土	暗紫泥土	黄砂土	A	0—20	紫黄色	砾轻壤土		6.9	6.8	0.96	0.31	49.8	30	58		E 108°36′36.4″ N 30°58′59.9″	78
						C	20—	紫黄色	轻砾黄砂土	单粒状	7.5	10.4	0.62	0.48	44.0	22	86			
剖22	人为土	水稻土	黄壤性水稻土	矿子黄泥田	大土泥田	A	0—15	浅棕黄色	中砾砂土	无明显结构	6.3	12.0	0.58	0.50	24.1	22	93	灰岩及白云岩	E 108°34′41.0″ N 30°56′07.8″	98
						A'	0—20	黄棕色	少砾重壤土	小块、大块状	7.8	39.0	2.03	0.45	21.6	102	41			
						P	20—70	黄棕色	少砾重壤土	梭柱状	7.9	26.0	1.25	3.54	20.7	53	67			
						C	70—	浅黄灰色	少砾重壤土	梭黄状	8.0	22.0	1.34	0.34		84	102			
剖23	初育土	紫色土	棕紫泥土	红棕紫泥土	扁石子土	A	0—15	棕红色		碎屑状								泥岩、粉砂岩	E 108°39′42.5″ N 30°54′58.2″	93
						C	15—21	棕红色		单粒状										
剖24	初育土	紫色土	暗紫泥土	暗紫泥土	大土泥土	A	0—20	紫黄色	多砾重壤土	小块状	6.8	8.0	0.81	0.48	26.6	20	29		E 108°44′01.3″ N 30°52′52.7″	75
						C	20—60	黄棕色	多砾重壤土	块状	6.0	4.6	0.61	0.48	25.7	13	31			
剖25	铁铝土	黄壤	山地黄壤	冷砂黄泥土	铁板砂土	A	0—18	暗黄色	多砾轻壤土	大黄状	7.0	22.3	0.62	0.27	20.7	51	115		E 108°42′38.5″ N 30°51′49.1″	76
						C	18—	灰黄色	多砾砂壤土	整体状	6.4	20.4	0.58	0.24	22.4	42	52			
剖26	人为土	水稻土	黄壤性水稻土	矿子黄泥田	白小土泥田	A'	0—16	棕黄色	中砾中壤土	大黄状	7.2	9.6	0.66	0.18	16.6	22	52	灰岩及白云岩	E 108°44′39.2″ N 30°50′29.3″	77
						P	16—24	灰黄色	中砾中壤土		7.6	9.0	0.81	0.13	16.6	26	37			
						C	24—	灰黄色		无明显结构	7.3	5.1	0.40	0.15	15.8	16	30			
剖27	初育土	紫色土	棕紫泥土	红棕紫泥土	灰色泥田	A	0—20	棕黄色	少砾重壤土	小块状	7.9	7.7	0.46	0.59	43.9	13	77	泥岩、粉砂岩	E 108°51′16.6″ N 30°55′05.2″	74
						C	20—	浅棕色		小块状										
剖28	人为土	水稻土	黄壤性水稻土	矿子黄泥田	鸡屎大眼泥田	A'	0—22	暗青灰色	中砾中壤土	粒状	7.4	37.2	1.68	0.59	19.9	91	264	灰岩及白云岩	E 108°53′39.8″ N 30°54′38.9″	77
						P	22—80	暗棕黄色	中砾中壤土	梭柱状	7.5	20.8	0.58	0.44	19.1	55	143			
剖29	铁铝土					A	0—5	灰色	粉砂土		6.1	41.7	1.89	0.29	18.4	127	138	砂岩、石灰岩风化坡积物、残积物	E 108°47′56.8″ N 30°51′56.9″	96
						A₁	5—15	黄色			6.4	15.8	0.34	0.19	21.2	13	22			
						AFe	15—30													
						C	30—													
						D	50—													
剖30	铁铝土	黄壤	山地黄壤	冷砂黄泥林土	白鳝泥土	A	0—20	灰棕色	多砾中壤土	大黄状	7.9	9.6	0.58	0.27	40.3	27	20		E 108°56′59.3″ N 30°50′41.6″	70
						C	20—	浅棕灰色	多砾中壤土	无明显结构	8.1	5.2	0.31	0.23	21.2	10	12			
剖31	初育土	紫色土	棕紫泥土	暗紫泥土	扁砂土	A	0—15	暗黄色	重壤土	单粒状	6.9	14.9	0.71	0.53	40.3	29	120		E 108°54′28.1″ N 30°50′27.2″	81
						C	15—	灰黄色	砾土	无明显结构	6.3	12.5	1.04	0.38	42.2	17	119			
剖32	初育土	石灰(岩)土	黄色石灰土	黄色石灰土	大眼泥土	A	0—20	棕黄色	多砾重黏土	整体状	7.0	50.4	2.07	0.71	24.6	100	249		E 108°58′42.6″ N 30°49′35.0″	79
						B	20—55	棕黄色	多砾重黏土	小块、梭体状	7.1	18.9	1.13	0.33	23.9	58	55			
						C	55—	浅棕黄色	中砾黏土		7.2	8.0	0.63	0.29	26.1	30	52			
剖33	初育土	石灰(岩)土	黄色石灰土	黄色石灰土		A	0—16	浅棕黄色	多砾黏土	大块状	7.5	16.7	0.86	0.24	27.5	24	72		E 108°58′50.9″ N 30°42′20.7″	78
						C	16—47	浅棕黄色	轻砾土	整体状	7.5	10.4	0.41	0.23	30.9	21	46			
剖34	黄壤	山地黄壤	冷砂黄泥林土			A	2—10	黄色			3.9	5.6	0.86	0.17	24.9	27	71		E 108°47′42.9″ N 30°42′10.1″	100
						BFe	10—	灰黄色			4.0	3.7	0.39	0.31	33.2	9	54			
剖35	初育土	石灰(岩)土	黑色石灰土	黑色石灰岩土	黑小土泥土	A	0—25	灰黑色	中壤土	小粒、团粒状	6.7	67.0	1.92	0.32	18.3	117	161	砂岩、石灰岩风化坡积物、残积物	E 108°55′34.0″ N 30°41′37.0″	99
						B	25—35	黑棕色	中壤土	小块状	7.3	32.1	1.10	0.66	14.9	83	154			
						C	35—77	棕色	重壤土	整体状	7.8	13.6	0.72	0.63	12.4	49	144			
剖36	铁铝土	黄壤	山地黄壤	冷砂黄泥土	冷砂土	A	0—20	棕黄色	轻砾砂土	小核、单粒状	5.6	15.4	0.61	0.23		33	116	灰岩、泥岩风化坡积物、坡积物	E 108°56′00.6″ N 30°38′31.2″	85
						C	20—	棕黄色		大块状										

奉 节 县

主要土类说明

石灰（岩）土是奉节县的主要土壤类型，占本县地域面积的 53%，主要分布于岩溶低中山峰丛洼地。在亚热带湿润条件下，石灰岩经溶蚀风化，形成厚薄不同的钙质饱和或含游离钙质土壤。该土壤碳酸钙淋溶程度不一，多黏土，多为铁钙质胶结物，风化程度不一，盐基饱和度高，土壤多呈微碱性，土壤有机质含量及胶结状态有较大差异。在坪、垧地段，剖面多为 A–B–C 构型；在坡地、山脊地带，剖面多为 A–C 构型。本县石灰（岩）土有机质累积较高，平均达 27.7g/kg，最高达 49.8g/kg。但是，砾石含量高，耕作困难，水土流失严重。

紫色土是奉节县第二大土壤类型，占本县地域面积的 27%，主要分布于本县各向斜、岭脊中山及单斜低山和岩溶低山沟谷坡地，多集中在海拔 100—1100m 的地区。成土母质为紫红色泥岩风化物。其物理风化作用强烈，化学风化作用微弱，是发育度浅的岩性土。紫色土理化性质与母岩组成直接相关，剖面层次发育不明显，具 A–C 剖面构型，结构良好，宜种度广。在坡度大的地段，土壤常处于初始成土阶段，形成梭沙土、石骨子土等粗骨性土。在向斜轴部平坦台地或缓坡处，母质以坡积物为主，形成有夹砂土、大土泥土等半砂半泥土。而在局部地区，地表水汇集，黄化或酸化较明显，形成黄泥土、紫黄泥土等，趋于向黄壤方向发展。

黄壤是奉节县第三大土壤类型，占本县地域面积的 11%，主要分布于本县背斜轴部和向斜翼部的单斜低山地区、长江沿岸及其支流下游低坝阶地。母质为长石石英砂岩、石英砂岩残积物。母岩以化学风化为主，富铝化过程明显，土壤中铁质水化，产生黄化过程，剖面通体呈棕黄色。黄壤多呈酸性，缺磷。黄壤所处海拔较高，有机质不易分解，但由于速效养分含量不高，有酸、瘦、冷、缺磷的特点，生产水平不高。

水稻土占本县地域面积的 7%，分布于本县中小河流一级台地、岩溶中山溪河坝地，单斜及岭脊低中山中下部平缓地等。本县有冲积型水稻土、紫色土性水稻土和黄壤性水稻土三个亚类。由于干湿交替，水稻土一般出现糊状淹育层、较坚实板结的犁底层、渗育层、潴育层与潜育层等发生层。本县淹育水稻土主要分布于坡度较大的支沟或高塝田块，其土体内水热气肥较协调，爽水易耕，水温、土温较高，只要保证水源，便能稳产高产。潴育水稻土分布于坡脚的支沟田、陡坡转缓的塝田、冲沟转弯处等，有效养分含量较低，水稻产量不高。潜育水稻土主要分布于深沟窄谷或排水不良的漕田和长期灌冬水的田块，土性表现为冷、烂、毒等，水稻产量低而不稳。

小于本县地域面积 3% 的土壤类型还有新积土、棕壤、黄棕壤、山地草甸土等。

本区域中心区气候特征

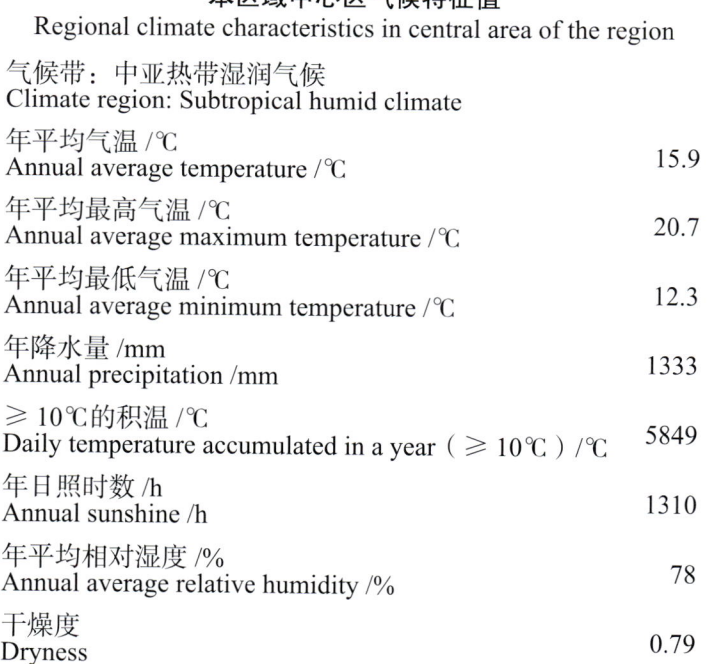

本区域中心区气候特征值
Regional climate characteristics in central area of the region

气候带：中亚热带湿润气候 Climate region: Subtropical humid climate	
年平均气温 /℃ Annual average temperature /℃	15.9
年平均最高气温 /℃ Annual average maximum temperature /℃	20.7
年平均最低气温 /℃ Annual average minimum temperature /℃	12.3
年降水量 /mm Annual precipitation /mm	1333
≥10℃的积温 /℃ Daily temperature accumulated in a year (≥10℃) /℃	5849
年日照时数 /h Annual sunshine /h	1310
年平均相对湿度 /% Annual average relative humidity /%	78
干燥度 Dryness	0.79

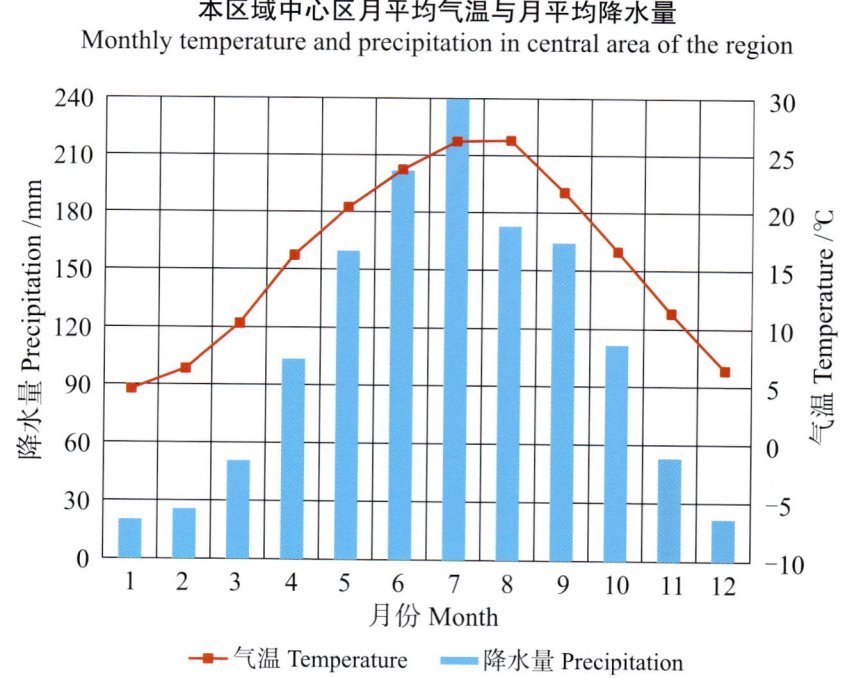

本区域中心区月平均气温与月平均降水量
Monthly temperature and precipitation in central area of the region

奉节县主要土壤类型与土壤剖面点分布图
1∶330 000

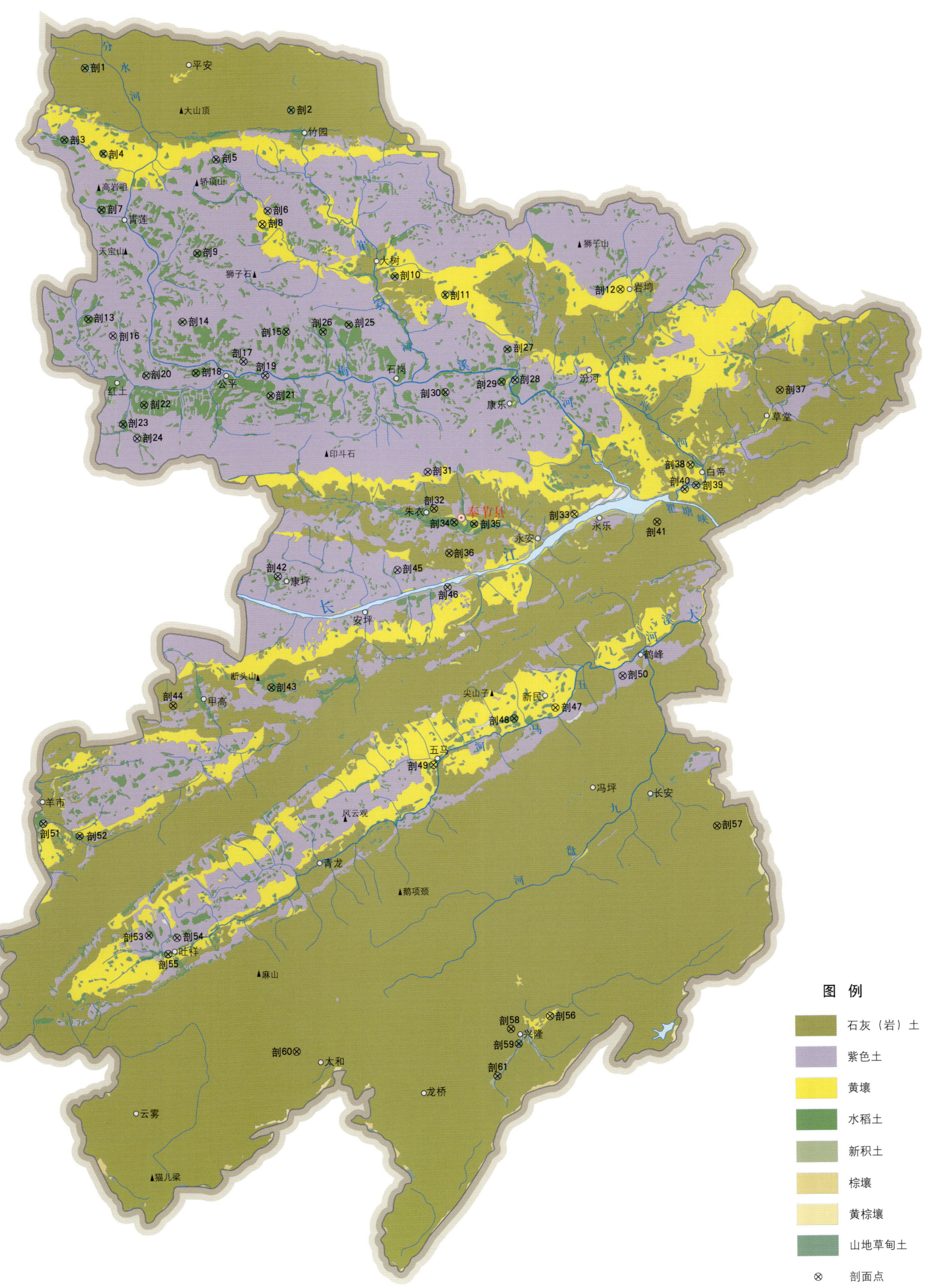

奉节县土壤剖面理化性状表

剖面号 Soil profile	土纲 Soil order	土类 Soil great group	亚类 Soil subgroup	土属 Soil genus	土种 Soil species	土层码 Layer code	颜色 Soil color	质地 Soil texture	土壤结构 Soil structure	pH	有机质 OM/(g/kg)	全氮 TN/(g/kg)	碱解氮 AN/(mg/kg)	土壤母质 Parent material	剖面点坐标 Profile coordinate	匹配指数 Matching index/%
剖1	人为土	水稻土	黄壤性水稻土	姜石黄泥田	姜石黄泥田	A'	暗黄棕色	重壤土	粒块状	8.1	17.7	0.93	76	砂黏土	E 109°04'29.3" N 31°20'43.1"	71
						Pb	棕黄色	重壤土	片状	8.2	16.6	0.87				
						Pb$_1$	黄棕色	重壤土		8.4	11.1	0.61				
剖2	人为土	水稻土	黄壤性水稻土	石灰岩性水稻土	石灰岩性烂泥田	A'	暗棕色	重壤土	块状	8.1	34.2	1.62	102	灰岩及泥质灰岩风化物	E 109°14'52.4" N 31°19'01.6"	87
						G	灰黑色	中壤土	整体状	8.4	30.7	1.57				
剖3	人为土	水稻土	紫色土性水稻土	暗紫泥田	暗紫色黄泥田	A'	暗黄棕色	中壤土	粒状	5.0	24.9	1.40	110	砂页岩、灰岩、钙质泥岩	E 109°03'30.2" N 31°17'38.0"	99
						Pb	黄棕色	中壤土	棱柱状	5.4	24.0	1.30				
						Pa$_0$b$_1$	棕黄色	中壤土	棱柱状	6.2	16.0	0.92				
						C	棕黄色	重壤土	块体状	6.7	3.9	0.28				
剖4	人为土	水稻土	黄壤性水稻土	冷砂黄泥田	砂白鳝泥田	A'	浅灰白色	重壤土	粒块状	8.0	12.9	0.77	43	石英砂岩、长石石英砂岩、粉砂岩	E 109°05'27.2" N 31°17'03.8"	78
						Wa$_0$b$_1$	灰黄色	重壤土	整体状	7.8	10.4	0.67				
						C	浅黄棕色	重壤土	整体状	7.5	2.4	0.14				
剖5	人为土	水稻土	紫色土性水稻土	暗紫泥田	暗紫色冷浸田	A'	暗黄棕色	重壤土	整体状	8.1	27.2	1.20	88	砂页岩、灰岩、钙质泥岩	E 109°11'06.7" N 31°16'51.6"	89
						G	暗棕色	重壤土	整体状	8.1	26.8	1.12				
剖6	初育土	紫色土	棕紫泥土	暗紫泥土	暗紫色白鳝泥土	A	灰白色	重壤土	块状	5.3	9.8	0.55	45	砂泥岩、泥岩	E 109°13'44.0" N 31°14'41.6"	86
						C	灰白色	重壤土	无明显结构	5.4	1.7	0.10				
剖7	人为土	水稻土	紫色土性水稻土	灰棕紫色水稻土	黄泥田	A'	暗棕黄色	重壤土	粒状	7.9	15.2	0.89	63	泥岩、砂岩	E 109°05'24.7" N 31°14'38.8"	76
						Pb	棕黄色	中壤土	块状	8.0	13.5	0.79				
						Pa$_0$b$_1$	棕黄色	重壤土	棱柱状	7.7	6.1	0.47				
						HA$_3$	黄棕色	重壤土	小块状	7.5	3.3	0.29				
剖8	铁铝土	黄壤	黄壤	冷砂黄泥土	冷盐砂土	A	灰棕黄色	砂壤土	粒状	5.4	9.2	0.53	44	砂岩夹薄层页岩	E 109°13'28.9" N 31°14'06.0"	88
						C	黄黄色	轻壤土	无明显结构	4.8	2.8	0.13				
剖9	人为土	水稻土	紫色土性水稻土	暗紫泥田	暗紫色黄砂田	A'	暗黄色	轻壤土	粒状	5.3	18.4	0.93	76	砂页岩、灰岩、钙质泥岩	E 109°10'14.2" N 31°12'51.1"	72
						P	灰黄色	轻壤土	块状	6.9	10.6	0.56				
						C	黄黄色	砂壤土	整体状	7.0	6.3	0.39				
剖10	人为土	水稻土	黄壤性水稻土	冷砂黄泥田	黄砂泥田	A'	暗黄棕色	中壤土	粒状	6.9	15.9	0.94	78	石英砂岩、长石石英砂岩、粉砂岩	E 109°20'09.6" N 31°11'57.8"	83
						Pb$_2$	黄棕色	轻壤土	棱柱状	8.2	10.6	0.67				
						C	棕黄色	轻壤土	整体状	8.2	4.0	0.35				
剖11	人为土	水稻土	黄壤性水稻土	石灰岩性水稻土	石灰岩性死黄泥田	A'	暗黄棕色	中黏土	块状	8.4	17.9	0.82	54	灰岩及泥质灰岩风化物	E 109°22'42.2" N 31°11'11.4"	84
						HA$_3$	黄灰棕色	轻黏土	棱柱状	8.4	17.3	0.72				
						G	灰绿色	轻黏土	整体状	8.1	11.2	0.48				
						C	黄色	重黏土	整体状	7.8	4.2	0.19				
剖12	铁铝土	黄壤	黄壤	冷砂黄泥土	黄砂土	A	暗棕色	砂壤土	粒状	5.1	10.6	0.47	32	砂岩夹薄层页岩	E 109°31'28.9" N 31°11'30.8"	84
						C	灰黄色	砂黏土	无明显结构	5.4	2.0	0.17				
剖13	人为土	水稻土	紫色土性水稻土	红棕紫色水稻土	红棕紫色黄砂田	A'	暗黄棕色	轻壤土	粒状	5.7	16.9	0.78	66	砂岩、泥岩	E 109°04'49.7" N 31°09'59.1"	93
						P	暗黄棕色	轻壤土	块状	7.5	11.0	0.47				
						C	黄黄色	中壤土	整体状	7.4	5.6	0.26				
剖14	人为土	水稻土	紫色土性水稻土	红棕紫色水稻土	红棕紫色烂泥田	A	暗棕色	中壤土	团粒状	8.5	16.1	0.96	66	泥岩、砂岩	E 109°09'32.4" N 31°09'54.7"	75
						G	暗灰棕色	中重壤土	棱柱状	6.8	46.5	3.99				
剖15	人为土	水稻土	紫色土性水稻土	灰棕紫色水稻土	大土泥田	A'	暗灰棕色	重壤土	块状	5.5	18.2	0.94	85	泥岩、砂岩	E 109°14'44.9" N 31°09'32.0"	71
						Pa$_0$b$_0$	灰黄色	重壤土	棱柱状	7.2	10.8	0.50				
						C	灰黄色	重壤土	整体状	7.4	4.5	0.21				

续表 Continued

剖面号 Soil profile	土纲 Soil order	土类 Soil great group	亚类 Soil subgroup	土属 Soil genus	土种 Soil species	土层码 Layer code	颜色 Soil color	质地 Soil texture	土壤结构 Soil structure	pH	有机质 OM/(g/kg)	全氮 TN/(g/kg)	碱解氮 AN/(mg/kg)	土壤母质 Parent material	剖面点坐标 Profile coordinate	匹配指数 Matching index/%
剖16	初育土	紫色土	棕紫泥土	棕紫泥土	棕紫白砂土	A	灰棕色	紧砂土	粒状	6.6	8.8	0.41	32	砂岩、泥岩	E 109°06′03.6″ N 31°09′16.9″	92
						C	灰白色	松砂土	整体状	5.7	2.2	0.09				
剖17	初育土	紫色土	棕紫泥土	红棕泥土	紫黄泥土	A	暗黄棕色	中壤土	粒状	7.5	10.7	0.59	50	砂岩、泥岩风化物	E 109°12′36.7″ N 31°08′14.6″	94
						B	黄棕色	中壤土	块状	7.8	5.8	0.37				
						C	棕黄色	中壤土	无明显结构	7.4	3.8	0.32				
剖18	人为土	水稻土	紫色土性水稻土	红棕紫色水稻土	红棕紫色夹砂田	A′	暗黄棕色	中壤土	粒状	6.4	15.5	0.72	53	砂岩、泥岩	E 109°10′13.4″ N 31°07′44.8″	75
						P	浅黄棕色	轻壤土	棱柱状	8.0	7.2	0.46				
						C	浅棕黄色	轻壤土	整体状	8.2	2.8	0.19				
剖19	初育土	紫色土	棕紫泥土	红棕紫泥土	红棕紫黄泥土	A	灰黄色	砂壤土	粒状	4.8	7.9	0.35	30	砂岩、泥岩风化物	E 109°13′42.6″ N 31°07′39.2″	100
						C	灰黄色	松砂土	无明显结构	5.5	1.0	0.05				
剖20	人为土	水稻土	紫色土性水稻土	棕紫泥土	棕紫色白砂田	A′	灰白色	轻壤土	粒状	7.1	7.7	0.39	29	泥岩、长石质砂岩、石英砂岩等坡积物、残积物	E 109°07′45.5″ N 31°07′35.8″	95
						Pb₀	灰白色	砂壤土	小柱状	6.9	6.7	0.31				
						Wb₁	灰白色	轻壤土	块状	7.1	6.3	0.34				
						C	灰白色	松砂土	整体状	6.9	1.5	0.12				
剖21	人为土	水稻土	紫色土性水稻土	红棕紫色水稻土	红棕紫色大土泥田	A′	棕紫色	重壤土	团粒状	7.3	24.4	1.31	83	砂岩、泥岩	E 109°13′59.8″ N 31°06′47.2″	83
						Pa₀b₁	灰紫棕色	重壤土	棱柱状	6.7	20.2	1.03				
						HA₃	棕黄色	重壤土	块状	6.8	18.6	0.92				
剖22	人为土	水稻土	紫色土性水稻土	红棕紫色水稻土	红棕紫色紫黄泥田	A′	暗黄棕色	重壤土	棱柱状	6.7	14.3	0.83	75	砂岩、泥岩	E 109°07′40.1″ N 31°06′19.8″	74
						Pa₁b₁	灰白色	砂壤土	块状	7.4	4.7	0.36				
						HA₃	灰白色	轻壤土	整体状	7.2	7.4	0.48				
						C	灰白色	松砂土	整体状	7.0	4.7	0.36				
剖23	人为土	水稻土	冲积型水稻土	紫色冲积土	紫色冲积潮砂土	A′	暗紫棕色	轻壤土	小块状	8.3	11.2	0.73	57	紫色岩石风化物、搬运沉积物	E 109°06′38.3″ N 31°05′29.6″	83
						P	棕棕色	轻壤土	整体状	8.4	7.4	0.33				
						D	棕棕色	重壤土	整体状	8.8	7.1	0.46				
剖24	初育土	紫色土	棕紫泥土	灰棕紫泥土	灰棕紫红砂土	A	暗棕红色	中壤土	粒状	6.9	17.2	0.87	68	砂岩、泥岩	E 109°07′19.5″ N 31°04′53.0″	82
						B	暗棕红色	中壤土	整体状	7.0	14.0	0.74				
						C	红棕色	中壤土	整体状	6.0	11.3	0.57				
剖25	人为土	水稻土	紫色土性水稻土	灰棕紫色水稻土	红砂田	A′	暗棕红色	中壤土	粒状	6.9	7.6	0.57	44	泥岩、砂岩	E 109°17′52.8″ N 31°09′52.6″	97
						Pa₀b₁	棕红色	中壤土	棱柱状	6.4	6.5	0.45				
						C	棕红色	中壤土	整体状	6.6	4.5	0.38				
剖26	人为土	水稻土	紫色土性水稻土	灰棕紫色水稻土	烂田	A	暗棕红色	中壤土	整体状	7.5	21.8	1.12	93	泥岩、砂岩	E 109°16′36.8″ N 31°09′33.8″	98
						G	黄棕色	轻砾重壤土	整体状	7.4	40.2	2.93				
剖27	人为土	水稻土	紫色土性水稻土	灰棕紫色水稻土	黄砂田	A	棕棕色	轻壤土	块状	5.1	14.3	0.73	61	泥岩、砂岩	E 109°25′50.2″ N 31°08′53.5″	83
						Pb₂	棕黄色	轻壤土	整体状	5.4	13.4	0.70				
						C	棕黄色	砂壤土	整体状	5.6	2.1	0.20				
剖28	初育土	新积土	冲积土	紫色冲积土	紫色潮砂土	A	棕褐色	中壤土	粒状	8.6	11.4	0.51	31	河流冲积物	E 109°26′13.5″ N 31°07′35.0″	94
						B	棕灰色	中壤土	块状	8.6	10.1	0.43				
						D	暗黄黄色	轻壤土	粒块状	6.0	28.6	1.34				
剖29	人为土	水稻土	黄壤性水稻土	老冲积黄泥田	黄泥田	A′	浅黄黄色	轻黏土	棱块状	7.1	21.7	1.14	92	砂黏土	E 109°25′32.6″ N 31°07′29.7″	74
						Pb₁	灰黄色	轻黏土	块状	6.9	10.7	0.63				
						Wb₂	浅黄棕色	中壤土	整体状	7.5	3.6	0.17				
剖30	人为土	水稻土	紫色土性水稻土	灰棕紫泥土	夹砂田	A′	暗紫棕色	中壤土	团粒状	8.4	14.6	1.12	97	泥岩、砂岩	E 109°22′44.4″ N 31°07′01.6″	72
						P	紫棕色	中壤土	柱状	8.9	12.0	0.52				
						C	灰棕色	砂壤土	整体状	8.2	2.1	0.21				

续表 Continued

剖面号 Soil profile	土纲 Soil order	土类 Soil great group	亚类 Soil subgroup	土属 Soil genus	土种 Soil species	土层码 Layer code	颜色 Soil color	质地 Soil texture	土壤结构 Soil structure	pH	有机质 OM/(g/kg)	全氮 TN/(g/kg)	碱解氮 AN/(mg/kg)	土壤母质 Parent material	剖面点坐标 Profile coordinate	匹配指数 Matching index/%
剖31	初育土	紫色土	棕紫泥土	暗紫泥土	暗紫棱砂土	A	暗棕灰色	中砾轻壤土	粒状	6.4	6.5	0.47	40	砂泥岩、泥岩	E 109°21′52.6″ N 31°03′34.6″	97
						C	棕灰色	中砾轻壤土	整体状	6.8	5.1	0.36				
剖32	初育土	石灰（岩）土	黄色石灰土	黄色石灰土	扁砂土	A	暗灰黄色	中砾中壤土	粒状	8.2	26.8	1.21	69	灰岩及泥质灰岩风化物	E 109°22′14.1″ N 31°02′00.9″	87
						B	灰黄色	中砾中壤土	块状	8.4	15.8	0.90				
						C	黄棕色	中砾中壤土	整体状	8.3	9.5	0.75				
剖33	铁铝土	黄壤	黄壤	姜石黄泥土	姜石黄泥土	A	暗黄棕色	重砾重壤土	粒状	8.5	16.5	0.98	69	砂黏土	E 109°29′15.7″ N 31°01′50.5″	74
						B	黄棕色	重砾重壤土	小块状	8.5	7.6	0.70				
						C	黄棕色	重砾重壤土	无明显结构	8.6	7.3	0.60				
剖34	人为土	水稻土	冲积型水稻土	紫色冲积水稻土	紫色冲积水稻田	A′	暗棕色	中壤土	粒状	8.0	12.3	0.79	67	紫色岩石风化物、搬运沉积物	E 109°23′14.3″ N 31°01′24.2″	85
						Pb	紫棕色	中黏土	粒块状	8.1	11.3	0.64				
						P	紫棕色	中黏土	块状	8.2	6.9	0.46				
						D	灰棕色	中黏土	整体状	8.1	5.5	0.40				
剖35	人为土	水稻土	黄壤性水稻土	老冲积黄泥田	豆浆泥田	A′	灰白色	重壤土	片块状	7.6	17.7	0.97	70	砂黏土	E 109°24′14.3″ N 31°01′22.3″	91
						Pb	棕灰色	重壤土	棱柱状	8.1	15.6	0.92				
						Pa,b₁	灰棕色	重壤土	棱块状	7.6	12.4	0.71				
						HA₃	灰棕色	重壤土	棱块状	7.4	2.1	0.11				
剖36	初育土	石灰（岩）土	黄色石灰土	黄色石灰土	死黄泥土	A	棕黄色	轻壤土	粒状	7.9	13.4	0.82	52	灰岩及泥质灰岩风化物	E 109°22′58.9″ N 31°00′07.1″	100
						B	浅黄棕色	轻黏土	粒块状	7.3	7.8	0.61				
						C	暗棕黄色	中黏土	整体状	6.8	6.7	0.60				
剖37	初育土	石灰（岩）土	黄色石灰土	黄色石灰土	黄泥石渣土	A	暗棕黄色	轻砾重壤土	块状	8.3	31.3	1.90		灰岩及泥质灰岩风化物	E 109°39′30.2″ N 31°07′15.2″	92
						C	暗黄棕色	重砾重壤土	棱柱状	8.2	17.4	1.36				
剖38	铁铝土	黄壤	黄壤	老冲积黄壤土	黄泥大土	A′	暗黄棕色	紧砾重壤土	粒状	8.2	13.6	0.77	54	砂黏土夹卵石	E 109°35′04.0″ N 31°03′59.4″	83
						B	黄棕色	重砾重壤土	粒块状	8.1	6.1	0.48				
剖39	初育土	新积土	灰棕冲积土	灰棕冲积土	灰棕河砂土	A	灰白色	砂壤土	粒状	8.7	2.3	0.12	8	河流冲积物	E 109°35′19.5″ N 31°03′08.4″	97
						B	浅灰色	砂壤土	粒块状	8.6	2.6	0.12				
剖40	初育土	新积土	灰棕冲积土	灰棕冲积土	灰棕糖砂土	A	灰棕色	轻砾轻壤土	粒状	8.2	16.3	0.96	58	河流冲积物	E 109°34′46.2″ N 31°02′57.4″	83
						B	棕色	中壤土	块状	8.2	16.1	0.74				
剖41	初育土	石灰（岩）土	棕紫泥土	黄色石灰土	白鳞泥土	A	灰白色	重壤土	块状	8.1	6.7	0.65	40	灰岩及泥质灰岩风化物	E 109°33′24.1″ N 31°01′32.5″	78
						B	灰白色	中壤土	块状	8.0	6.1	0.44				
						C	暗黄色	中壤土	整体状	7.9	2.9	0.21				
剖42	初育土	紫色土	棕紫泥土	灰棕紫泥土	灰棕紫夹砂土	A	棕红色	重壤土	粒状	6.1	13.9	0.63	52	砂岩、泥岩	E 109°14′26.5″ N 30°59′03.5″	89
						C	棕红色	中壤土	块状	7.1	6.8	0.41				
剖43	人为土	水稻土	黄壤性水稻土	石灰岩性水稻土	石灰岩性黄泥田	A′	暗棕黄色	重壤土	整体状	7.5	4.9	0.34		灰岩及泥质灰岩风化物	E 109°14′09.6″ N 30°54′15.8″	88
						Pa,b₁	暗黄棕色	轻黏土	棱柱状	8.5	24.8	1.34	81			
剖44	初育土	石灰（岩）土	黄色石灰土	黄色石灰土	白砂泥土	A	灰白色	轻壤土	粒状	8.3	18.6	0.98		灰岩及泥质灰岩风化物	E 109°09′15.5″ N 30°53′28.3″	78
						C	浅灰黄色	轻壤土	整体状	8.1	10.3	0.79	69			
剖45	初育土	紫色土	棕紫泥土	暗紫泥土	暗紫偏砂土	A	暗灰黄色	轻砾中壤土	粒状	8.0	8.1	0.58		砂黏土夹卵石	E 109°20′25.1″ N 30°59′22.9″	90
						C	灰灰色	中砾中壤土	整体状	6.9	30.5	1.24	98			
剖46	初育土	新积土	灰棕冲积土	灰棕冲积土	灰棕砂砂土	A	暗灰棕色	砂壤土	粒状	6.2	8.9	0.71		河流冲积物	E 109°22′55.9″ N 30°58′39.7″	74
						B₁	灰棕色	轻砾轻壤土	粒块状	8.2	8.9	0.44	27			
						B₂	浅灰棕色	中壤土	小块状	8.2	5.7	0.29				
剖47	铁铝土	黄壤	黄壤	冷砂黄泥土	冷砂黄泥土	A	浅黄棕色	轻壤土	粒状	8.2	4.4	0.27	49	砂岩夹薄层页岩	E 109°28′23.2″ N 30°53′30.8″	79
						B	黄黄棕色	中壤土	块状	7.0	6.9	0.35				
						C	棕黄色	中壤土	无明显结构	6.8	3.3	0.26				

续表 Continued

剖面号 Soil profile	土纲 Soil order	土类 Soil great group	亚类 Soil subgroup	土属 Soil genus	土种 Soil species	土层码 Layer code	颜色 Soil color	质地 Soil texture	土壤结构 Soil structure	pH	有机质 OM/(g/kg)	全氮 TN/(g/kg)	碱解氮 AN/(mg/kg)	土壤母质 Parent material	剖面点坐标 Profile coordinate	匹配指数 Matching index/%
剖48	人为土	水稻土	紫色土性水稻土	暗紫泥田	白鳝泥田	A'	暗灰白色	重壤土	小块状	5.2	30.4	1.36	118	砂页岩、灰岩、钙质泥岩	E 109°26'20.0" N 30°53'02.4"	91
						Pba₀b₁	灰白色	重壤土	片状	5.4	25.8	1.15				
						HA₁	灰白色	重壤土	大块状	5.7	8.3	0.76				
						C	浅灰黄色	重壤土	整体状	5.6	4.6	0.32				
剖49	铁铝土	黄壤	黄壤	冷砂黄泥土	豆瓣泥土	A	灰灰黄色	中壤土	块状	5.8	11.2	0.68	41	砂岩夹薄层页岩	E 109°22'18.5" N 30°51'01.1"	83
						C	浅黄棕色	中壤土	无明显结构	5.8	3.3	0.28				
剖50	初育土	紫色土	棕紫泥土	暗紫泥土	暗紫黄泥土	A	黄棕色	重壤土	粒状	6.9	23.2	1.22	86	砂泥岩、泥岩	E 109°31'43.3" N 30°54'54.4"	81
						B	浅黄棕色	中壤土	小块状	7.6	12.0	0.82				
						C	棕黄色	中壤土	整体状	5.5	4.0	0.29				
剖51	初育土	新积土	冲积土	紫色冲积土	紫色夹砂土	A	暗灰棕色	轻壤土	粒状	8.0	9.6	0.57	41	河流冲积物	E 109°02'49.2" N 30°48'19.6"	96
						B	灰黄色	中壤土	梭块状	8.4	8.7	0.50				
						C	灰棕黄色	中壤土	整体结构							
剖52	人为土	水稻土	黄壤性水稻土	冷砂黄泥土	冷盐砂田	A'	暗黄灰色	轻壤土	粒状	5.6	34.0	1.46	124	石英砂岩、长石石英砂岩、粉砂岩	E 109°04'38.6" N 30°47'48.5"	73
						P	暗灰色	轻壤土	梭块状	5.9	30.9	1.28				
						Pa₀b₁	灰黄色	轻壤土	块状	7.4	16.7	0.77				
						C	浅灰棕色	砂壤土	整体状	7.9	4.3	0.22				
剖53	人为土	紫色土	紫色土性水稻土	暗紫泥田	暗紫色扁砂田	A'	黄灰棕色	中壤土	粒块状	7.1	13.6	0.79	50	砂页岩、灰岩、钙质泥岩	E 109°08'08.9" N 30°43'34.3"	99
						P	浅灰黄色	中壤土	块柱状	7.9	13.3	0.80				
						C	暗灰棕色	中壤土	整体状							
剖54	初育土	紫色土	棕紫泥土	暗紫泥土	暗紫黄砂土	A	暗黄灰色	砂壤土	无明显结构	6.1	6.5	0.31	30	砂泥岩、灰岩、钙质泥岩	E 109°09'32.8" N 30°43'28.6"	96
						C	灰黄色	紫黏土	片状	6.2	1.8	0.10				
剖55	人为土	水稻土	冲积型水稻土	黄色冲积水稻土	黄色冲积夹砂田	A'	暗黄灰色	中壤土	梭柱状	7.4	28.7	1.25	81	冲积物	E 109°09'06.8" N 30°42'46.8"	76
						Pb	浅灰黄色	中壤土	片状	7.0	27.1	1.17				
						Pa₀b₁	浅灰黄色	中壤土	整体状	8.0	16.1	0.78				
						HA₁	黄棕色	重壤土	块状	7.9	14.6	0.66				
剖56	铁铝土	黄壤	黄壤	老冲积黄泥土	黄泥土	A	暗黄棕色	重壤土	粒状	8.2	14.4	0.72	63	砂黏土夹卵石	E 109°28'09.8" N 30°40'16.7"	92
						B	棕黄色	重壤土	块状	8.1	7.0	0.43				
						C	浅黄棕色	重壤土	整体状	8.0	2.9	0.32				
剖57	初育土	石灰(岩)土	黄色石灰土	黄色石灰土	黄泥土	A'	暗黄棕色	重壤土	粒状	7.3	18.4	0.78	43	灰岩及泥质灰岩风化物	E 109°36'28.8" N 30°48'28.1"	79
						B	黄棕色	中壤土	小块状	7.3	8.1	0.59				
						C	棕黄色	轻壤土	整体状	7.1	4.4	0.41				
剖58	初育土	石灰(岩)土	黄色石灰土	黄色石灰土	灰包土	A	暗黄灰色	重壤土	梭块状	8.0	26.4	1.40	115	灰岩及泥质灰岩风化物	E 109°26'13.2" N 30°39'41.8"	73
						B	浅灰黄色	重壤土	块状	7.4	21.4	1.16				
						C	灰黄色	重壤土	粒状	8.0	5.2	0.32				
剖59	人为土	水稻土	冲积型水稻土	黄色冲积水稻土	黄色冲积冷潮砂田	A'	暗褐色	重壤土	团粒状	5.8	43.8	2.40	204	冲积物	E 109°26'36.6" N 30°39'04.3"	86
						Pb	暗黄棕色	重壤土	片状	6.7	40.8	2.03				
						Pa₀b₁	浅黄棕色	中壤土	梭柱状	7.3	22.0	1.41				
						HA₃	黄棕色	重壤土	块状	7.5	13.4	1.25				
						D	棕黄色	重壤土	整体状	7.5	10.8	1.15				
剖60	初育土	石灰(岩)土	黄色石灰土	黄色石灰土	黄泥大土	A	暗黄灰色	重壤土	粒状	7.8	26.0	1.37	118	灰岩及泥质灰岩风化物	E 109°15'33.8" N 30°38'40.9"	88
						B₁	黄棕色	重壤土	梭块状	7.8	23.5	1.33				
						B₂	黄棕色	重壤土	块状	7.8	12.3	0.74				
剖61	初育土	新积土	冲积土	黄色冲积土	黄色潮泥土	A	暗黄色	中壤土	团粒状	7.5	42.0	1.96	174	河流冲积物	E 109°25'34.0" N 30°37'41.9"	83
						B	重壤土	块状	7.6	25.6	1.28					
						C	灰灰黄色	重壤土	整体状	7.4	11.7	1.00				

巫 山 县

主要土类说明

石灰（岩）土是巫山县的主要土壤类型，占本县地域面积的 56%，主要分布在海拔 1500m 以下的石灰岩区。本类土盐基成分的淋失和脱硅富铝化作用的进行缓慢，形成较为年幼的土壤。土壤中岩石碎屑物较多，均呈微碱性或碱性，pH 多在 7.5 以上，甚至高于 8.5，石灰反应强烈，一般碳酸盐含量约为 5%，盐基饱和度高。本县属亚热带湿润气候区，石灰岩在这种较湿热气候条件影响下，土体中的氧化铁水化程度较高，致使土壤通体呈黄色，被归为黄色石灰岩土。其植被多为喜钙性植物。

黄棕壤是巫山县第二大土壤类型，占本县地域面积的 14%，分布在本县海拔 1500—2000m 的中山地带，位于黄壤带和山地棕壤带之间。在北亚热带暖湿气候条件下，紫红色砂岩、黄绿色泥页岩与泥质灰岩均可发育成黄棕壤。其脱硅富铝化过程弱于黄壤，呈黄棕色黏土状，具 A-B-C 或 A-（B）-C 剖面构型。B 层黏聚现象明显，硅铝率约为 2.5，铁的游离度较红壤低，交换性酸 B 层大于 A 层。

黄壤是巫山县第三大土壤类型，占本县地域面积的 12%，主要分布在海拔 1500m 以下的中、低山及丘陵区。黄壤发生于亚热带湿润条件下，兼具富铝化、黏化、黄化的成土过程，母质属低硅性，盐基物质遭受淋洗，矿质养分含量低，土体以黄色为主，并伴铁锰淋溶和淀积物，质地偏黏，土性冷凉，酸碱度和石灰反应的变化幅度较大，磷含量缺乏。

紫色土占本县地域面积的 11%，主要分布在丘陵区及部分低山。成土母质为砂页岩。紫色土在亚热带气候条件下形成，以物理风化为主，成土速度快，化学风化作用微弱，是发育度浅的岩性土。紫色土颜色、性质与母质相似，多呈中性至微碱性，土层浅薄，剖面层次发育不明显，具 A-C 剖面构型，为初育土。由于母岩富含磷、钾等矿质养分，结构良好，宜种度广，因此，紫色土区为本县重要粮食生产区。当坡度较大、侵蚀严重时，土层浅薄，易受干旱威胁。

水稻土占本县地域面积的 3%，主要分布在冲积坝、河流两岸的阶地以及山间盆地、岩溶槽谷，在低山区的低洼处或较平缓且又有水源的地方亦有分布。水稻土经过长期水耕熟化后发育形成剖面层次，可分为淹育型、潴育型、潜育型三种类型。淹育水稻土分布在阶地和台缓地，水热气肥协调，水温、土温较高，养分含量较高，水稻生长良好。潴育水稻土主要分布在冲沟两旁，结构不良，有效养分低，土质瘦，水稻产量不高。潜育水稻土分布在低洼地形，土体潜育，水稻减产。

小于本县地域面积 3% 的土壤类型还有棕壤、潮土等。

本区域中心区气候特征

本区域中心区气候特征值
Regional climate characteristics in central area of the region

气候带：中亚热带湿润气候 Climate region: Subtropical humid climate	
年平均气温 /℃ Annual average temperature /℃	15.9
年平均最高气温 /℃ Annual average maximum temperature /℃	20.8
年平均最低气温 /℃ Annual average minimum temperature /℃	12.3
年降水量 /mm Annual precipitation /mm	1259
≥10℃的积温 /℃ Daily temperature accumulated in a year（≥10℃）/℃	5899
年日照时数 /h Annual sunshine /h	1392
年平均相对湿度 /% Annual average relative humidity /%	77
干燥度 Dryness	0.84

本区域中心区月平均气温与月平均降水量
Monthly temperature and precipitation in central area of the region

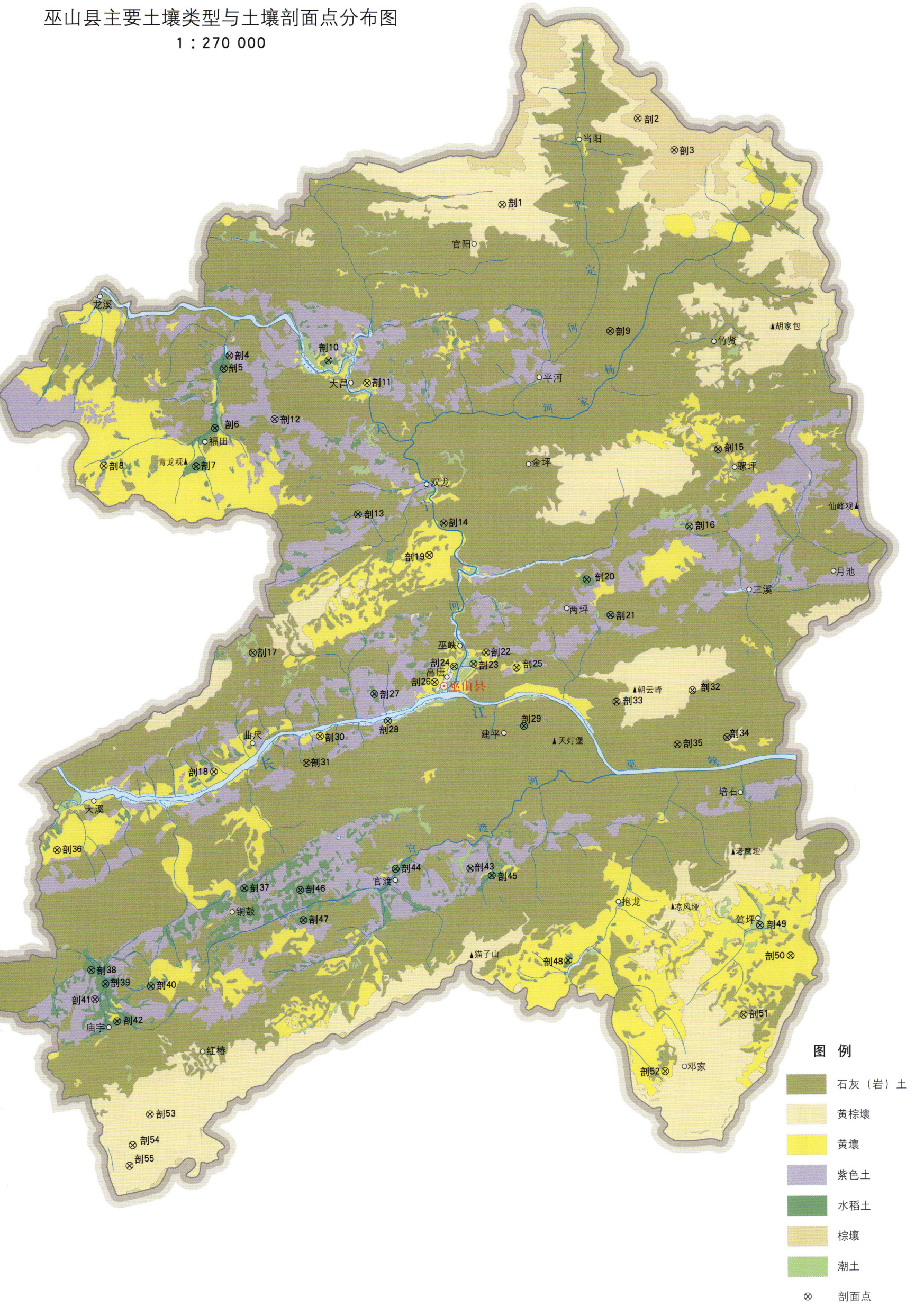

巫山县主要土壤类型与土壤剖面点分布图 1:270 000

巫山县土壤剖面理化性状表

剖面号 Soil profile	土纲 Soil order	土类 Soil great group	亚类 Soil subgroup	土属 Soil genus	土种 Soil species	土层码 Layer code	土层厚度 Depth/cm	颜色 Soil color	质地 Soil texture	土壤结构 Soil structure	pH	有机质 OM/(g/kg)	全氮 TN/(g/kg)	全磷 TP/(g/kg)	全钾 TK/(g/kg)	碱解氮 AN/(mg/kg)	有效磷 AP/(mg/kg)	速效钾 AK/(mg/kg)	土壤母质 Parent material	剖面点坐标 Profile coordinate	匹配指数 Matching index/%
剖1	淋溶土	黄棕壤	山地黄棕壤	山地黄棕壤		Ao	0–3	棕黑色	中砾中壤土	粒状	7.0	81.0	5.40	1.35	17.5	351	5.0	325		E 109°55′12.0″ N 31°21′54.4″	97
						A₁	3–17	棕黑色	中砾中壤土	粒状	7.0	37.5	2.20								
						B	17–64	浅棕色	中砾重壤土	块状	6.0	20.4	1.10								
						C	46–90	暗棕黄色	中砾轻黏土	棱柱状	6.8										
剖2	淋溶土	棕壤	山地棕壤	棕壤性森林土		Ao	0–5	暗黑色		粒黑状	5.9								石灰岩、白云岩、泥质页岩风化物	E 110°00′57.6″ N 31°25′05.6″	87
						A₁	5–20	暗黑色	重黏土	粒状	5.9	66.4	6.05	0.83	15.4	79	6.0	244			
						B	20–50	灰棕色	轻黏土	块状	5.9	36.2	1.85								
						C	50–90	黄棕色	中砾重壤土	棱柱状	6.0	14.1	0.75								
剖3	淋溶土	棕壤	草甸棕壤	草甸棕壤土		A₁	0–15	浅灰棕色	重黏土	粒状	5.4	147.2	6.62	1.22	17.3	564	9.0	113	石灰岩、白云岩、泥质页岩风化物	E 110°02′31.5″ N 31°23′57.9″	83
						Bg	15–35	灰灰棕色	重黏土	棱块状	5.1	117.2	1.43								
						C	35–59	黄灰黄色	重黏土	棱柱状	6.0	56.8	2.62								
剖4	半水成土	潮土	潮土	紫色潮土	紫色泥土	A	0–28	暗黑色	轻砾重壤土	粒状夹小块状	7.9	8.1	0.50	0.34	18.7	26	1.0	72	河流冲积物	E 109°43′36.9″ N 31°16′25.2″	75
						B	28–64	浅黄土	重砾重黏土	粒状、小块状	8.1	6.4	0.82								
						C	64–100	浅灰棕色	重砾重黏土	大块状	7.8	4.4	0.52								
剖5	人为土	水稻土	冲积型水稻土	潮土田	黄潮砂泥田	A′	0–21	暗黑色	重黏土	核状、碎块状	7.9	28.7	1.07	0.41	20.3	66	6.0	50		E 109°43′25.3″ N 31°15′51.1″	99
						Pb	21–31	暗灰色	中砾中壤土	扁块状	8.2	11.3	0.79	0.25	19.6						
						W	31–66	浅棕黄色	轻砾重黏土	棱柱显结构	8.2	1.9	0.97	0.37	21.0						
						C	66–100	黄色	重砾紧砂土	无明显结构	9.0	3.2	0.28	0.32	19.7						
剖6	人为土	水稻土	冲积型水稻土	潮土田	黄潮砂泥田	A′	0–18	灰棕色	砂壤土	粒状	8.6	7.4	0.39	0.27	18.3	25	3.0	65		E 109°43′03.7″ N 31°13′41.5″	83
						B	18–38	浅灰黄色	中砾砂壤土	分散状	8.6	6.1	0.41	0.41	24.1						
						W	38–55	棕黄色	砂壤土	块状、棱柱状	8.8	2.4	0.20	0.32	21.3						
						C	55–100	暗黄棕色	重黏土	无明显结构	8.3	12.7	1.27	0.47	18.6						
剖7	人为土	水稻土	黄壤性水稻土	山地黄泥田	冷砂田	A′	0–18	灰黄色	重砾中壤土	块状	6.2	26.9	0.83	0.39	19.6	54	5.0	68	灰岩、砂页岩残积物、坡积物	E 109°42′16.2″ N 31°12′16.9″	78
						Pb	18–25	灰黄色	中砾中壤土	粒状	7.0	19.5	0.37								
						P	25–60	黄色	中砾中壤土	块状	6.1	12.4	0.50								
剖8	铁铝土	黄壤	黄壤	砂黄泥土	黄砂泥土	A	0–19	浅棕黄色	重砾重黏土	粒状、块状	6.0	23.1	0.96	0.48	18.2	111	4.0	64	砂页岩风化物	E 109°38′20.8″ N 31°12′16.2″	95
						B	19–63	棕黄色	中砾中壤土	块状	5.9	21.1	1.04								
						C	63–100	黄色	重黏土	粒状	6.2	8.4	0.33								
剖9	初育土	石灰(岩)土	黄色石灰土	黄色石灰土	白散泥土	A	0–18	灰灰色	重黏土	粒状	8.3	11.0	0.60	0.22	14.7	5	1.0	51	石灰岩残积物、坡积物	E 109°59′51.0″ N 31°17′20.8″	83
						B	18–33	黄白色	重黏土	块状	7.5	9.2	0.63								
						C	33–70	棕黄色	重黏土	无明显结构	7.6	6.2	0.21								
剖10	人为土	水稻土	黄壤性水稻土	山地黄泥田	冷浸烂泥田	A′ B₁	0–20	绿黄色	轻砾轻黏土	整体状	8.1	24.9	1.99	0.55	23.4	113	6.0	66	灰岩、砂页岩残积物、坡积物	E 109°47′52.4″ N 31°16′10.6″	82
						Pbg₁	20–30	绿黄色	重黏土	扁块状	8.1	13.7	1.89								
						G	30–100	绿蓝色	中砾中壤土	整体状	8.0	31.7	1.99								
剖11	铁铝土	黄壤	黄壤	老冲积黄泥土	黄泥土	A	0–18	黄棕色	中砾重壤土	粒状夹小块状	6.2	12.0	0.64	0.48	27.5	26	5.0	119	老冲积物	E 109°49′30.7″ N 31°15′21.6″	76
						B	18–52	棕黄色	重黏土	块状	6.4	6.8	0.82								
						C	52–100	棕黄色	重黏土	块状	6.4	8.1	0.48								
剖12	初育土	紫色土	棕紫泥土	暗紫泥土	红石渣土	A	0–18	暗紫色	重砾重壤土	小块状	7.5	10.4	0.33	0.23	19.4	28	2.0	48	紫色砂页岩残积物	E 109°45′35.6″ N 31°14′02.0″	97
						C	18–26	棕棕色		粒状	7.8	10.1	0.40								
						3	26–														
剖13	人为土	水稻土	黄壤性水稻土	山地黄泥田	黄泥大田	A′	0–19	褐黄色	轻黏土	核粒状	8.2	22.8	1.72	0.67	21.8	112	4.0	58	灰岩、砂页岩残积物、坡积物	E 109°49′10.2″ N 31°10′35.4″	91
						Pb	19–29	浅黄色	轻砾轻黏土	块状、板状	7.9	19.2	1.57	0.50	17.4						
						P	29–100	棕黄色	轻砾轻黏土	棱柱状	8.2	12.2	1.18	0.37	21.3						

续表 Continued

剖面号 Soil profile	土纲 Soil order	土类 Soil great group	亚类 Soil subgroup	土属 Soil genus	土种 Soil species	土层码 Layer code	土层厚度 Depth/cm	颜色 Soil color	质地 Soil texture	土壤结构 Soil structure	pH	有机质 OM/(g/kg)	全氮 TN/(g/kg)	全磷 TP/(g/kg)	全钾 TK/(g/kg)	碱解氮 AN/(mg/kg)	有效磷 AP/(mg/kg)	速效钾 AK/(mg/kg)	土壤母质 Parent material	剖面点坐标 Profile coordinate	匹配指数 Matching index/%
剖14	初育土	石灰（岩）土	黄色石灰土	林草地石灰性土		Ao	0—2	浅黄灰色	中黏土	粒状	7.8	39.1	1.40	0.30	13.2	98	1.0	97		E 109°52′48.4″ N 31°10′17.4″	86
						A₁	2—15	浅黄灰色	轻黏土	粒状	7.9	29.1	1.56								
						B	15—45	灰黄色	轻黏土	小块状	7.9	19.3	1.34								
						C	45—80	浅黄色	轻砾轻黏土	大块状	8.4										
剖15	初育土	石灰（岩）土	黄色石灰土	黄色潮土	灰包土	A	0—17	黄灰色	重壤土	分散状、粒状	8.0	35.5	1.27	0.15	25.4	163	5.0	105	白云岩、白云质灰岩残积物、坡积物	E 110°04′27.8″ N 31°13′04.8″	72
						B	17—38		重壤土	粒状夹小块状	7.3	17.5	0.32								
						C	38—66	棕黄色		大块状	7.2										
剖16	半水成土	潮土	黄色潮土	卵石黄泥土		A	0—18	灰黄色	中砾重壤土	粒状	6.7	26.2	1.21	0.39	15.1	77	5.0	205	河流冲积物	E 110°03′15.5″ N 31°10′14.5″	99
						B	18—44	棕黄色	中砾重壤土	棱块状	7.0	21.3	1.48								
						C	44—100	浅棕黄色	轻砾重壤土	棱柱状	6.8	6.9	0.34								
剖17	半水成土	潮土	山洪潮土	黄泥夹石渣土		A	0—21	暗棕黄色	轻砾重壤土	粒状夹小块状	8.3	26.2	0.38	0.52	18.1	25	13.0	131	河流冲积物	E 109°44′44.5″ N 31°05′32.3″	71
						B	21—72	棕黄色	轻砾重壤土	块状	8.2	20.8	0.89								
						C	72—		重砾中壤土			30.9	0.49								
剖18	铁铝土	黄壤	冷砂黄泥土	冷砂黄泥土		A	0—23	浅棕黄色	中砾中壤土	粒状	5.8	25.8	1.02	0.45	27.2	65	11.0	109	长石石英砂岩残积物、坡积物	E 109°43′07.0″ N 31°01′12.0″	77
						B	23—63	暗棕黄色	中砾重壤土	小块状	5.8	9.9	0.64								
						C	63—100	棕黄色	重砾重壤土	块状	6.0	8.0	0.60								
剖19	铁铝土	黄壤	粗骨性黄泥土			A	0—9	灰黄棕色	重砾重壤土	小块状	5.8	50.4	1.56	0.22	8.5	154	2.0	133	砂页岩残积物、砂页岩坡积物	E 109°52′13.4″ N 31°09′07.6″	73
						B	9—46	中砾重壤土		大块状	5.8	12.4	0.48								
						C	46—90	白灰黄色	重砾重壤土		5.4	4.9	0.20								
剖20	人为土	水稻土	黄壤性水稻土	姜石黄泥田	冷砂黄泥田	A′	0—23	暗棕黄色	轻砾重壤土	粒状、碎块状	5.1	33.0	1.37	0.29	16.4	111	1.0	51	灰岩、砂页岩残积物、坡积物	E 109°58′54.5″ N 31°08′17.5″	98
						Pb	23—36	暗棕黄色	轻黏土	扁块状	7.0	27.9	1.41								
						Pa₁b₁	36—100	浅棕黄色	轻黏土	棱块状	7.4	16.4	1.28								
剖21	人为土	水稻土	黄壤性水稻土	山地黄泥田	冷砂黄泥田	A′	0—24	暗黄棕色	重壤土	细粒状	6.0	39.1	1.94	0.52	15.2	129	7.0	43	砂页岩坡积物、砂页岩坡积物	E 109°59′55.7″ N 31°07′00.8″	88
						Pb	24—35	暗棕黄色	重壤土	块状	6.2	37.6	2.01								
						Pa₁b₁	35—100	浅黄棕色		重壤土	棱柱状、小块状	6.6	5.5	0.80								
剖22	铁铝土	黄壤	姜石黄泥土	姜石黄泥土	砂黄泥田	A	0—25	暗黄棕色	重壤土	粒状、小块状	8.4	11.4	0.29	0.26	22.1	18	3.0	112	老冲积物	E 109°54′39.2″ N 31°05′36.7″	76
						B	25—72	灰棕色	重壤土	小块状	8.2	4.2	0.07								
						C	72—100	灰黄色	重黏土	棱块状	7.9	3.5	0.05								
剖23	半水成土	潮土	灰棕潮土	潮泥土	姜石黄泥田	A	0—22	暗棕黄色	重壤土	粒状夹小块状	8.6	20.8	0.48	1.92	25.0	31	30.0	84	河流冲积物	E 109°54′07.1″ N 31°05′11.2″	91
						Pb	22—32	浅棕色	重壤土	块状、扁块状	8.5	11.4	0.52								
						Pa₁b₁	32—56	浅黄棕色	重黏土	棱块状	8.7	11.0	0.39								
						C	56—100	棕黄色		棱块状	8.2										
剖24	半水成土	潮土	灰棕潮土	潮泥土	大土	A	0—30	灰灰黄色	中壤土	粒状	8.2	18.0	0.52	0.61	22.8	41	10.0	121	河流冲积物	E 109°53′18.6″ N 31°05′05.0″	83
						B₁	30—65	浅灰棕色	重壤土	小块状	7.9	8.2	0.24								
						B₂	65—100	暗棕色	重壤土	棱柱状	8.5	7.3	0.18								
剖25	铁铝土	黄壤	老冲积黄泥土	黄砂土		A	0—26	暗棕黄色	轻黏土	小块状	7.5	19.3	0.91	0.83	24.1	52	22.0	129	老冲积物	E 109°55′56.6″ N 31°05′03.8″	74
						B	26—46	棕棕色	轻黏土	棱块状	8.2	10.9	0.32								
						C	46—100	暗棕黄色	重壤土	棱块状	8.2	10.0	0.37								
剖26	铁铝土	黄壤	姜石黄泥土			A	0—25	棕黄色	重壤土	团粒状、粒状	8.2	12.8	0.80	0.61	16.4	53	20.0	57	老冲积物	E 109°52′27.8″ N 31°04′30.0″	88
						B	25—60	棕黄色	重壤土	粒状、小块状	7.9	6.7	0.70								
						C	60—100	棕紫色	重壤土	棱柱状	7.6	5.4	1.15								
剖27	人为土	水稻土	紫色土性水稻土	暗紫泥田	红砂田	A′	0—22	浅红紫色	重砾中壤土	粒状	6.6	13.5	0.60	0.25	17.3	39	2.0		砂泥岩	E 109°49′54.8″ N 31°04′03.4″	86
						B	22—38	棕棕色	轻砾重壤土	小块状	7.2	7.1	0.36	0.20	21.3						
						P	38—65	暗棕色	重砾中壤土	棱柱状	7.0	3.6	0.30	0.18	20.0						
						C	65—	红棕紫色	重砾轻壤土			3.0	0.05	0.17	19.4						

续表 Continued

剖面号 Soil profile	土纲 Soil order	土类 Soil great group	亚类 Soil subgroup	土属 Soil genus	土种 Soil species	土层码 Layer code	土层厚度 Depth/cm	颜色 Soil color	质地 Soil texture	土壤结构 Soil structure	pH	有机质 OM/(g/kg)	全氮 TN/(g/kg)	全磷 TP/(g/kg)	全钾 TK/(g/kg)	碱解氮 AN/(mg/kg)	有效磷 AP/(mg/kg)	速效钾 AK/(mg/kg)	土壤母质 Parent material	剖面点坐标 Profile coordinate	匹配指数 Matching index/%
剖28	半水成土	潮土	潮土	灰棕潮土	潮砂土	A	0—30	灰棕色	轻砾轻壤土	片状	8.4	11.0	0.44	0.65	17.6	21	2.0	72	河流冲积物	E 109°50′30.5″ N 31°03′04.3″	96
						B	30—100	浅棕灰色	轻砾轻壤土	无明显结构	8.8	7.1	0.37								
剖29	人为土	水稻土	黄壤性水稻土	山地黄泥田	黄泥夹火石渣田	A′	0—21	灰棕黄色	轻黏土	粒状夹块状	6.6	24.6	1.19	0.33	19.3	63	2.0	117	灰岩、砂页岩残积物、坡积物	E 109°56′16.1″ N 31°02′56.4″	97
						P	21—51	棕黄色	轻砾轻黏土	棱块状	8.0	17.2	1.28	0.45	20.1						
						W	51—100	浅黄色	轻砾轻黏土	棱块状	8.5	3.6	0.26	0.28	17.0						
剖30	铁铝土	黄壤	黄壤	姜黄黄泥土	白散土	A	0—21	灰白色	轻壤土	分散状	8.2	11.0	0.33	0.35	12.2	23	3.0	48	老冲积物	E 109°47′37.0″ N 31°02′30.5″	74
						B	21—59	灰棕黄色	重壤土	粒状夹小块状	8.4	7.6	0.16								
						C	59—85	浅黄色	重壤土	棱柱状	8.7	4.9	0.08								
剖31	初育土	石灰（岩）土	黄色石灰土	黄色石灰土	黄泥夹重渣土	A	0—18	暗棕黄色	轻砾重壤土	粒状、核状	6.9	11.8	0.57	0.17	25.5	38	1.0	176	灰岩残积物、坡积物	E 109°47′03.5″ N 31°01′32.5″	75
						B	18—51	棕黄色	中砾重壤土	块状、碎质状	7.3	3.2	0.66								
						C	51—90	黄黄色	中砾轻壤土	棱柱状	7.3	3.8	0.69								
剖32	淋溶土	黄棕壤	山地黄棕壤	山地黄棕壤	灰包土	A	0—20	灰白色	中砾重壤土	粒状	8.2	42.3	2.24	0.65	12.4	105	8.0	86	页岩、片岩、砂岩和灰岩	E 110°03′25.9″ N 31°04′16.3″	95
						B	20—50	棕灰黄色	中砾重壤土	粒状、小块状	6.1	22.3	1.67								
						C	50—100	浅灰黄色	中砾中壤土	块状	7.3	9.7	1.10								
剖33	初育土	石灰（岩）土	黄色石灰土	黄色石灰土	黄泥夹重渣土	A	0—24	浅灰黄色	中砾重壤土	粒状	6.9	15.6	0.79	0.39	14.0	49	4.0	29	砾石灰岩残积物、坡积物	E 110°00′11.9″ N 31°03′50.4″	91
						Pb	24—35	棕黄色	中砾中壤土	块状	6.5	5.7	0.29								
						B	35—67	浅棕黄色	中砾中壤土	棱块状	6.3	5.1	0.41								
						C	67—100				6.8										
剖34	初育土	石灰（岩）土	黄色石灰土	黄色石灰土	黄泥大土	A	0—21	灰棕色	轻砾重壤土	粒状夹小块状	8.3	16.1	0.46	0.44	33.7	31	32.0	95	灰岩残积物、坡积物	E 110°04′54.1″ N 31°02′33.4″	95
						B	21—40	暗棕黄色	中砾中壤土	小块状	8.4	11.9	0.15								
						C	40—100	黄黄色	中砾中壤土	无明显结构	8.2	4.3	0.63								
剖35	黄壤	黄壤	黄壤	冷砂黄泥土	冷砂土	A	0—22	褐棕色	重壤土	无明显结构	7.9	22.1	0.39	0.52	19.1	55	4.0	147	黄泥土	E 110°02′47.8″ N 31°02′17.9″	70
						B	22—59	灰黄色	轻砾重壤土	粒状夹团粒状	7.7	17.3	0.96								
						C	59—100	浅黄色	重壤土	大块状	7.7	11.2	0.69								
剖36	铁铝土	水稻土	黄壤性水稻土	姜石黄泥田	姜石黄泥田	A′	0—19	暗棕黄色	轻黏土	粒状夹块状	6.5	16.8	0.77	0.38	21.0	93	7.0	122	长石夹砂岩残积物、坡积物	E 109°36′29.4″ N 30°58′17.8″	81
						P	19—60	浅黄色	重黏土	碎块状	6.3	12.6	0.68								
						HA₃	60—100	灰黄色	重黏土	扁块状	6.1	7.4	0.56								
剖37	人为土	水稻土	冲积型水稻土	潮土田	紫潮泥田	A′	0—23	棕黄色	重砾中壤土	粒状	8.2	16.8	0.70	0.48	17.1	47	2.0	77		E 109°44′26.6″ N 30°56′57.1″	85
						Pb	23—36	暗棕紫色	中黏土	扁块状	8.1	3.5	0.14								
						P	36—75	浅黄色	重黏土	棱块状	7.8	3.3	0.10								
						HA₁	75—100	浅紫色	重黏土	棱柱状	8.5	13.7	1.19								
剖38	人为土	水稻土	冲积型水稻土	潮土田	紫潮泥田	A′	0—23	灰紫色	轻砾重壤土	扁块状	8.7	12.4	0.78	0.43	22.4	52	3.0	53		E 109°37′58.4″ N 30°53′55.7″	70
						Pb	20—26		轻砾重壤土	棱柱状	8.4	17.3	0.40	0.42	21.9						
						P	26—60		轻壤土	棱柱状		12.3	0.53	0.40	22.2						
						C	60—100		重壤土					0.41	22.1						
剖39	人为土	水稻土	冲积型水稻土	潮土田	深脚烂泥田	A′	0—18	浅灰黄色	重壤土	无明显结构	7.9	14.6	0.94	0.40	15.0	58	10.0	56		E 109°38′34.4″ N 30°53′26.2″	72
						Bg₁	23—35	浅紫黄色	重壤土	分散状	8.4	13.1	0.93	0.42	15.1						
						G₂	35—60	深灰色	重壤土	无明显结构	8.3	23.2	1.77	0.44	18.3						
						G₃	60—100	黑灰色	重壤土	整体状	8.5	22.1	1.30	0.43	18.0						
剖40	人为土	水稻土	冲积型水稻土	潮土田	红砂大土	A	0—23	暗紫色	重砾中壤土	粒状、核状	8.2	21.6	0.56	0.41	23.3	76	8.0	108		E 109°40′30.0″ N 30°53′21.5″	71
						B	23—35	红紫色	重砾中壤土	小块状	8.4	11.4	0.33								
剖41	初育土	紫色土	棕紫泥土	暗紫泥土	红砂大土	A	0—32	暗紫色	重砾中壤土	粒状、核状	8.4	11.4	0.33			34	15.0	135	坡积物、残积物	E 109°38′08.2″ N 30°52′53.0″	91
						B	32—53	红紫色	重砾中壤土	小块状	8.4	9.1	0.33								
						C	53—100	红棕紫色	重砾重壤土	棱块状	7.4	6.2	0.21								

续表 Continued

剖面号 Soil profile	土纲 Soil order	土类 Soil great group	亚类 Soil subgroup	土属 Soil genus	土种 Soil species	土层码 Layer code	土层厚度 Depth/cm	颜色 Soil color	质地 Soil texture	土壤结构 Soil structure	pH	有机质 OM/(g/kg)	全氮 TN/(g/kg)	全磷 TP/(g/kg)	全钾 TK/(g/kg)	碱解氮 AN/(mg/kg)	有效磷 AP/(mg/kg)	速效钾 AK/(mg/kg)	土壤母质 Parent material	剖面点坐标 Profile coordinate	匹配指数 Matching index/%
剖42	人为土	水稻土	冲积型水稻土	潮土田	黄潮泥田	A'	0—20	灰黄色	轻砾轻黏土	粒状夹小块状	8.2	30.4	1.25	0.63	18.5	100	7.0	171		E 109°39′04.7″ N 30°52′05.5″	81
						Pb	20—30	灰黄色	轻黏土	扁块状	8.5	22.6	0.81	0.53	19.8						
						P	30—100	棕黄色	轻黏土	棱柱状	8.1	14.5	0.11	0.55	20.3						
剖43	人为土	水稻土	紫色土性水稻土	暗紫泥田	冷浸田	A'	0—18	暗紫色	中砾重壤土	粒状	8.5	25.6	1.13	0.45	13.3	67	8.0	73	砂泥岩	E 109°54′01.5″ N 30°57′43.1″	90
						Pb	18—27	暗紫色	轻砾重黏土	扁片状	8.1	27.2	1.35	0.44	12.9						
						W	27—70	棕黄色	轻砾重黏土	小块状	7.0	24.2	0.81	0.39	13.5						
						G	70—90	深灰色	轻砾重壤土	无明显结构	8.3	25.9	1.49	0.41	13.1						
剖44	人为土	水稻土	黄壤性水稻土	老冲积黄泥田	烂泥田	A' g₂	0—22	灰绿色	重砾轻黏土	无明显结构	8.0	27.7	1.89	0.48	22.2	108	4.0	135		E 109°50′51.0″ N 30°57′41.0″	71
						Pb₁	22—47	暗灰绿色	中黏土	小块状	8.1	26.5	1.67								
						Pg₁	47—100	黄灰黄色	中黏土	棱块状	8.4	10.4	0.62								
剖45	人为土	水稻土	黄壤性水稻土	老冲积黄泥田	黄泥田	A'	0—24	浅灰黄色	中砾重壤土	粒状、核状	8.2	16.7	0.51	0.56	16.8	42	6.0	88		E 109°54′56.5″ N 30°57′28.1″	94
						Pb	24—31	浅灰黄色	中砾重壤土	扁块状	8.6	8.8	0.73								
						P	31—65	黄棕黄色	中砾中壤土	棱柱状	7.8	6.0	0.08								
						Wa₂b₂	65—100		轻砾重壤土	棱柱状	7.9	4.2	0.60								
剖46	人为土	水稻土	紫色土性水稻土	暗紫泥田	红砂泥田	A'	0—19	浅黄紫色	中砾重壤土	粒状夹小块状	8.2	23.8	1.21	0.59	22.6	78	8.0	78	砂泥岩	E 109°46′48.7″ N 30°56′53.7″	93
						Pb	19—30	浅黄紫色	重砾重壤土	板块状	8.4	23.2	1.47	0.51	22.3						
						P	30—59	棕紫色	重砾重壤土	棱柱状	8.3	14.9	0.34	0.58	22.6						
						W	59—100	棕紫色	重砾重壤土	块块状	8.2	9.4	0.67	0.53	22.2						
剖47	人为土	水稻土	黄壤性水稻土	山地黄泥田		A'	0—26	棕黄色	重砾重壤土	块状	7.8	16.4	1.01	0.30	26.1	72	2.0	38		E 109°46′57.4″ N 30°55′47.6″	88
						Pb	26—32	棕黄色	重砾重壤土	棱柱状	7.7	6.5	0.39	0.27	25.5						
						P	32—64	棕黄色	重砾重壤土	棱柱状	7.6	6.4	0.32	0.27	21.9						
						W	64—100	灰棕黄色	重砾重壤土	棱块状	7.5	5.4	0.32	0.27	27.6						
剖48	人为土	水稻土	黄壤性水稻土	山地黄泥田	皮砂泥田	A'	0—25	棕黄色	轻砾重壤土	粒状夹小块状	7.0	19.5	0.99	0.39	28.2	66	6.0	66		E 109°58′10.9″ N 30°54′22.7″	100
						Pb	25—56	浅黄棕色	轻砾重壤土	棱柱状	7.2	16.5	1.06								
						P	56—80	棕黄色	重砾中壤土	棱柱状	7.0	13.7	0.55								
剖49	半水成土	潮土	潮土	黄色潮土	黄泥大土	A	0—25	棕黄色	中砾中壤土	粒状夹核状	7.0	31.4	1.45	0.61	16.6	115	6.0	142	河流冲积物	E 109°58′19.1″ N 30°55′41.5″	79
						B	25—50	棕黄色	重砾重壤土	碎块状	7.3	26.6	1.35								
						C	50—100	棕黄色	重砾中壤土	棱柱状	7.0	15.8	0.66								
剖50	铁铝土	黄壤	黄壤	粗骨性黄壤	黄泥大土	A	0—21	褐黄色	重砾轻壤土	粒状	7.0	22.2	0.68	0.57	18.1	48	6.0	97	灰岩、砂页岩残积物、坡积物	E 110°07′36.5″ N 30°54′35.3″	99
						B	21—45	暗黄色	重砾重壤土	小块状	8.1	5.8	0.47								
						C	45—60	黄色			7.3	3.1	0.17								
剖51	铁铝土	黄壤	黄壤	矿子黄泥土	皮石渣土	Ao	0—3	灰黄色	重砾重壤土	粒状	5.4	68.8	1.52	0.57	9.0	223	5.0	188	石灰岩、白云岩、泥质页岩风化物	E 110°05′38.4″ N 30°52′26.0″	91
						A₁	3—26	灰褐色	重砾重壤土	粒状	5.5	21.6	1.03								
						B	26—56	浅黄棕色	重砾重壤土	小块状	5.4	9.5	0.46								
						C	56—87	黄棕色	重砾重壤土	大块状	5.9										
剖52	铁铝土	黄壤	黄壤	粗骨性黄壤	洋渣石土	A	0—22	灰黄色	重砾轻壤土	粒状	8.6	24.4	1.12	0.44	17.4	80	3.0	119	砂页岩残积物、坡积物	E 110°02′18.2″ N 30°50′23.3″	83
						C	22—														
剖53	淋溶土	黄棕壤	山地黄棕壤	山地黄棕壤	黄泥大土	A	0—20	黄棕色	轻黏土	小块状	6.5	34.4	0.72	1.13	17.5	128	8.0	265	页岩、片岩、砂岩和灰岩	E 110°05′38.4″ N 30°48′44.5″	81
						B	20—65	棕色	中砾重壤土	棱块状	6.9	7.0	0.69								
						C	65—100	黄棕色	重砾重壤土	块块状	6.8	6.7	0.68								
剖54	淋溶土	黄棕壤	山地黄棕壤	山地黄棕壤	黄泥土	A	0—22	褐棕色	轻砾轻黏土	粒状、核状	8.0	28.9	1.40	0.26	20.8	107	4.0	155	页岩、片岩、砂岩和灰岩	E 109°40′29.0″ N 30°48′44.5″	75
						B	22—53	棕黄色	轻砾轻黏土	块状夹粒状	7.7	30.6	1.25								
						C	53—100	黄紫色	轻砾轻黏土	块状	7.4	7.1	0.33								

续表 Continued

剖面号 Soil profile	土纲 Soil order	土类 Soil great group	亚类 Soil subgroup	土属 Soil genus	土种 Soil species	土层码 Layer code	土层厚度 Depth/ cm	颜色 Soil color	质地 Soil texture	土壤结构 Soil structure	pH	有机质 OM/ (g/kg)	全氮 TN/ (g/kg)	全磷 TP/ (g/kg)	全钾 TK/ (g/kg)	碱解氮 AN/ (mg/kg)	有效磷 AP/ (mg/kg)	速效钾 AK/ (mg/kg)	土壤母质 Parent material	剖面点坐标 Profile coordinate	匹配指数 Matching index/%
剖55	淋溶土	黄棕壤	生草黄棕壤	生草黄棕壤		A₀	0—3	灰黑色		粒状	6.4								岩层风化物	E 109°39′38.2″ N 30°46′53.3″	93
						A₁	3—15	灰黑色	轻黏土	粒状	6.4	104.2	3.95	0.35	18.2	254	11.0	60			
						As	15—25	灰黑色	轻黏土	块状夹粒状	6.5	64.7	2.41	0.79	14.5	147	4.0	38			
						B	25—45	黄灰色	轻黏土	小块状	6.8	19.9	0.75								
						C	45—80	棕黄色	重黏土	大块状	6.8	13.9	1.43								

巫 溪 县

主要土类说明

黄棕壤是巫溪县的主要土壤类型，占本县地域面积的35%，主要分布在海拔1300—2100m的中、高山地区。黄棕壤是在北亚热带生物气候条件下，经过脱硅富铝过程和黏粒淀积过程而形成的一类地带性土壤。成土母质多为页岩、泥岩、砂质页岩等。黄棕壤脱硅富铝化作用弱于黄壤，具有脱钙、黏化与微弱的富铝化特征。黄棕壤具A–B–C或A–（B）–C剖面构型，表层有机质高，下层急剧下降。黄棕壤是发展林业、药材产业的良好土壤，农业生产力水平很低。

黄壤是巫溪县第二大土壤类型，占本县地域面积的24%，分布于海拔200—1300m的地区。黄壤在亚热带气候和针阔叶混交林植被条件下形成，成土母质多为石灰岩、白云质灰岩及新、老地层中的砂岩、泥页岩。黄壤区雨量充沛，湿度大，日照少，干湿季节不明显，成土过程兼具黏化、酸化、黄化、富铝化过程，具O–A–AB–B–C剖面构型，剖面通体呈棕黄色，质地黏化，淋洗强烈，大量盐基被淋失，呈酸性至微酸性，土壤中有效磷缺乏。该土适宜种植用材林和经济林木，只有少量森林，亦有农用。

紫色土是巫溪县第三大土壤类型，占本县地域面积的11%。紫色土分布较广，其成土母质为紫红色页岩、泥岩的风化物。其理化性质与母岩组成直接相关，土层浅薄，剖面层次发育不明显，具A–C剖面构型，仍处于初育阶段。该土壤以物理风化为主，化学风化弱，呈微酸性至微碱性，母岩富含磷、钾等矿质养分。紫色土宜种范围广，作物产量高，是本县的主要耕地土壤。

黄褐土占本县地域面积的10%。黄褐土地处北亚热带，由较细粒的黄土状母质发育而成，多组成丘岗。该土壤土体中游离碳酸钙已不复存在，土壤呈灰黄棕色，在底部可散见圆形石灰结核。土壤黏化淀积明显，B层黏聚，黏粒硅铝率约为3.0，表层pH为6.0—6.8，底层pH为7.5，盐基饱和度由表层向底层逐渐趋向饱和。

棕壤占本县地域面积的10%，是山地暖温带和中温带湿润或半湿润气候条件下发育的地带性土壤。在土壤垂直带中，棕壤一般在最上端，其下多与黄棕壤相接。棕壤处于硅铝风化阶段，盐基已淋失，土体见黏粒淀积，土壤呈棕色，pH为6.0—7.0，见少量游离铁。自然植被为湿润暖温带落叶阔叶林。

石灰（岩）土占本县地域面积的9%，主要在石灰岩风化壳上发育而成，与黄壤呈复区分布，海拔在250—1000m。由于受母岩的影响，土体与黄壤、黄棕壤有差别。因母质碳酸钙含量高，延缓了土壤中盐基成分的淋失和脱硅富铝化作用的进行，而成为喀斯特地区较为年幼的土壤。游离碳酸盐存在于土体中，使土壤呈中性至弱碱性，石灰含量高，质地黏重，具有核状结构，土壤保水保肥性较强，宜种范围广，粮食产量高而稳定。自然植被常以喜钙植物居多。

小于本县地域面积3%的土壤类型还有山地草甸土、粗骨土等。

本区域中心区气候特征

本区域中心区气候特征值
Regional climate characteristics in central area of the region

气候带：中亚热带湿润气候 Climate region: Subtropical humid climate	
年平均气温 /℃ Annual average temperature /℃	15.4
年平均最高气温 /℃ Annual average maximum temperature /℃	20.5
年平均最低气温 /℃ Annual average minimum temperature /℃	11.6
年降水量 /mm Annual precipitation /mm	1223
≥10℃的积温 /℃ Daily temperature accumulated in a year（≥10℃）/℃	5881
年日照时数 /h Annual sunshine /h	1399
年平均相对湿度 /% Annual average relative humidity /%	76
干燥度 Dryness	0.89

本区域中心区月平均气温与月平均降水量
Monthly temperature and precipitation in central area of the region

巫溪县主要土壤类型与土壤剖面点分布图

1∶410 000

图 例

黄棕壤	
黄壤	
紫色土	
黄褐土	
棕壤	
石灰（岩）土	
山地草甸土	
粗骨土	
⊗	剖面点

巫溪县土壤剖面理化性状表

剖面号 Soil profile	土纲 Soil order	土类 Soil great group	亚类 Soil subgroup	土属 Soil genus	土种 Soil species	土层码 Layer code	土层厚度 Depth/cm	颜色 Soil color	质地 Soil texture	土壤结构 Soil structure	pH	有机质 OM/(g/kg)	全氮 TN/(g/kg)	碱解氮 AN/(mg/kg)	阳离子交换量 CEC/(cmol/kg)	土壤母质 Parent material	剖面点坐标 Profile coordinate	匹配指数 Matching index/%
剖1	铁铝土	黄壤	黄壤	矿子黄泥土	冷砂土	A	0—22		重砾重壤土	粒状	5.2	27.9	1.50	142		灰岩风化物	E 109°41′11.4″ N 31°40′03.4″	92
						B₁	22—80		轻砾重壤土	块状	5.0	22.5	1.30					
						B₂	80—100		重砾重壤土	块状	5.0	17.9	1.00					
剖2	淋溶土	棕壤	酸性棕壤土	残坡积酸棕泥土	厚层酸棕泡砂泥土	Ao	0—4		粉砂质黏土			99.2	4.22	477	11.3	砂岩风化物	E 108°58′22.1″ N 31°35′12.1″	85
						A₁	4—12	暗棕色	粉砂质黏土	粒状	5.2	61.3	3.12		5.7			
						A₁,B	12—24	棕色	粉砂质黏壤土	粒状	4.7	50.2	2.55		5.1			
						B	24—88	黄棕色	粉砂质黏壤土	团块状	4.6	19.6	1.15		2.6			
						BC	88—100	淡黄棕色	粉砂质黏壤土	块状	5.4							
剖3	铁铝土	黄壤	黄壤	冷砂黄泥	扁石渣子土	A	0—14		重砾重壤土		5.4	27.2	1.40	58		长石石英砂岩风化物	E 108°55′35.0″ N 31°34′07.3″	94
						B₁	14—30		重砾重壤土		5.1	21.8	1.20					
						B₂	30—100		重砾重壤土		5.4	21.3	1.20					
剖4	铁铝土	黄壤	黄壤	冷砂黄泥	扁砂土	A	0—20		重砾土		6.1	30.8	1.70	117		炭质页岩风化残积物	E 108°53′57.1″ N 31°31′42.2″	76
						B	20—50		重砾土		6.4	19.7	1.10					
剖5	淋溶土	黄棕壤	山地黄棕壤	粗骨性黄泥土	皮砂土	A	0—16		轻砾土		5.3	41.7	2.00	195		页岩风化物	E 108°50′20.8″ N 31°28′59.2″	84
						C	16—38		轻砾土		5.2	31.3	1.50					
							38—											
剖6	初育土	石灰（岩）土	黄色石灰土	黄色石灰土	黄泥夹石渣土	A	0—20		中砾土	块状	8.1	21.4	1.50	60		灰岩风化物	E 108°52′37.2″ N 31°24′57.5″	78
						B	20—100		中砾重壤土		8.1	15.4	1.30					
剖7	铁铝土	黄壤	黄壤	粗骨性黄泥土	砂土	A	0—15	暗黄色	中砾土		7.7	42.7	2.30	129		页岩夹灰岩风化物		78
						B	15—45		中砾土		7.8	38.4	2.20					
						C	45—											
剖8	初育土	石灰（岩）土	黄色石灰土	黄色石灰土	大土	A	0—23	黄褐色	中砾轻黏土	粒状	8.0	32.5	1.90	79		灰岩风化物，多为坡积物	E 109°02′16.4″ N 31°24′33.8″	97
						B₁	23—49		轻砾轻壤土	块状	8.1	25.7	1.60					
						B₂	49—100		轻砾重壤土	块状	8.0	19.8	1.40					
剖9	初育土	石灰（岩）土	黄色石灰土	矿子黄泥土	黄泥包	A	0—17	黄色	轻砾土	粒状	5.8	30.2	1.70	175		灰岩风化物	E 109°01′37.2″ N 31°23′20.8″	77
						B	17—100		轻砾轻壤土	块状	5.3	15.2	1.00					
剖10	铁铝土	黄壤	黄壤	冷砂黄泥	盐砂土	A	0—20	黄灰色	中砾中壤土	粒状	5.6	17.8	0.80	71		长石石英砂岩风化物	E 109°14′47.4″ N 31°22′25.3″	90
						B	20—40		中砾中壤土	块状		13.2	0.60					
						C	40—											
剖11	紫色土	紫色土	石灰性紫色土	暗紫泥土	石灰性暗紫泥土白土砂土	A	0—23	暗黄色	重砾重壤土	粒状夹块状	8.4	12.3	1.00	58		泥灰岩风化物	E 109°26′07.1″ N 31°28′26.0″	95
						B	23—44		重砾重壤土	块状	8.3	23.0	1.50					
						C	44—											
剖12	初育土	石灰（岩）土	黄色石灰土	黄色石灰土	红泥土	A	0—18	棕红色	轻砾轻壤土	粒状	7.9	24.1	1.40	104		紫红色泥灰岩、灰岩风化物	E 109°20′27.6″ N 31°24′43.9″	82
						B₁	18—80		重砾重壤土	块状	6.6	11.2	0.90					
剖13	紫色土	紫色土	石灰性紫色土	暗紫泥土	石灰性暗紫泥土红砂土	A	0—20		轻砾土	粒状	8.0	22.1	1.20	55		紫红色泥页岩风化物	E 109°20′51.5″ N 31°22′52.5″	72
						B	20—60		轻砾土	块状	8.1	17.0	1.00					
						C	60—											
剖14	初育土	石灰（岩）土	黄色石灰土	黄色石灰土	黄泥土	A	0—23	暗黄色	重砾重壤土	粒状夹块状	8.3	19.3	1.30	101		灰岩风化物，多为坡积物	E 109°24′24.1″ N 31°20′47.8″	80
						B₁	23—45		重砾重壤土	块状	8.3	10.8	0.90					
						B₂	45—100		重砾轻壤土	柱状	8.1	13.5	0.80	83				
剖15	铁铝土	黄壤	黄壤	矿子黄泥土	黄泥土	A	0—23	棕黄色	轻砾轻壤土	粒状夹块状	6.4	11.0	0.50				E 109°31′58.1″ N 31°24′18.7″	88
						B	23—100	暗棕黄色	中砾中黏土	块状	5.8							

续表 Continued

剖面号 Soil profile	土纲 Soil order	土类 Soil great group	亚类 Soil subgroup	土属 Soil genus	土种 Soil species	土层码 Layer code	土层厚度 Depth/cm	颜色 Soil color	质地 Soil texture	土壤结构 Soil structure	pH	有机质 OM/(g/kg)	全氮 TN/(g/kg)	碱解氮 AN/(mg/kg)	阴离子交换量CEC/(cmol/kg)	土壤母质 Parent material	剖面点坐标 Profile coordinate	匹配指数 Matching index/%
剖16	铁铝土	黄壤	黄壤	冷砂黄泥	炭渣土	A	0—13		轻砾土		5.3		2.30	87		炭质页岩风化物	E 109°47′37.0″ N 31°23′47.4″	97
						B	13—100		中砾土		4.8		2.50					
剖17	初育土	石灰（岩）土	黄色石灰土	黄色石灰土	潮泥土	A	0—15		轻砾重壤土	粒状	8.3	23.1	1.30	99		灰岩坡积物，少量冲积物	E 109°45′08.6″ N 31°23′16.8″	89
						B_1	15—34		重壤土	粒状	8.0	18.9	1.20					
						B_2	34—100		重壤土	块状	7.4	15.9	1.00					
剖18	铁铝土	黄壤	黄壤	矿子黄泥土	灰包土	A	0—23		重壤土	粒状	6.4	31.1	1.60	95		灰岩风化物	E 109°27′15.5″ N 31°16′47.3″	99
						B_1	23—63		重壤土	块状	6.8	28.2	1.40					
						B_2	63—100		重砾重壤土	块状	6.9	23.0	1.40					
剖19	初育土	紫色土	酸性紫色土	酸性暗紫泥土	扁砂土	A	0—16	暗紫色	中砾土		6.3	48.5	2.20	158		暗紫色页岩风化物	E 109°24′14.7″ N 31°15′37.5″	71
						B	16—52		中砾土		6.3	31.7	1.50					
						C	52—											
剖20	铁铝土	黄壤	黄壤	冷砂黄泥	黄泥土	A	0—18		重壤土	粒状	5.5	18.1	0.80	72		黄色石灰砂岩，黄色粉砂岩风化坡积物，残积物	E 109°40′36.9″ N 31°19′53.8″	89
						B_1	18—51		轻砾砂重壤土	棱柱状	5.2	3.7	0.30					
						B_2	51—100		黏土	棱柱状	5.2							

石柱土家族自治县

主要土类说明

黄壤是石柱土家族自治县的主要土壤类型，占本县地域面积的40%，分布于海拔400—1450m的低山丘陵、中山槽坝、山原地带，主要分布于两背斜轴部及其两翼和黄水山原上。各地质时期的黄色、灰白色石英砂岩、页岩、千枚岩、泥质灰岩和第四系黏土砾石层均可发育成黄壤。黄壤化学风化较强烈，盐基物质的淋溶势强，铁质也普遍水化，因此土壤在发育过程中产生明显的黏化、黄化和脱硅富铝化成土过程，具O-A-AB-B-C剖面构型，土壤有机质累积较高，可达100g/kg，pH为4.5—5.5。植被为常绿阔叶林与针叶阔叶混交林，林下附生多种药材。

紫色土是石柱土家族自治县第二大土壤类型，占本县地域面积的30%，主要分布于石柱向斜的低山区和西沱向斜的部分丘陵区。成土母质是紫色砂岩、页岩、泥岩风化物，紫色土以物理风化为主，化学风化微弱，发育度浅，除钙、钠有明显淋失外，其他元素无明显淋失，铁铝积累不明显，不具有亚热带的脱硅富铝作用。剖面层次发育不明显，具A-C剖面构型，仍处于初育阶段。由于紫色土理化性质与母岩组成直接相关，且母岩富含磷、钾等矿质养分，故其结构良好，宜种范围广。紫色土肥力水平高于黄壤，是本县旱粮、多种经济作物的主产基地。

黄棕壤是石柱土家族自治县第三大土壤类型，占本县地域面积的23%，分布于海拔1450m以上的中山地区。黄棕壤是在北亚热带生物气候条件下，经过脱硅富铝化过程和黏粒淀积过程而形成的一类地带性土壤，多由砂页岩及花岗岩风化物发育而成。其脱硅富铝化过程弱于黄壤，向脱钙、黏化方向发展，呈黄棕色黏土状，具A-B-C或A-（B）-C剖面构型。本县黄棕壤的主要特点是：表层有机质含量极高，下层骤降；土体颜色暗棕色或黄棕色；酸性反应重；非砂岩母质发育的黄棕壤质地黏重；阳离子交换量比黄壤略高。

水稻土占本县地域面积的3%，在本县丘陵、低山、中山有广泛分布，大面积水稻土集中在石柱向斜和西沱向斜。水稻土是在长期的周期性淹灌种稻过程，即水耕熟化过程中，形成的具有独特土体构型和物质循环的特殊耕种土壤。按母质类型，本县水稻土分为冲积型水稻土、紫色土性水稻土和黄壤性水稻土三个亚类。

棕壤占本县地域面积的3%。棕壤是山地暖温带和中温带湿润或半湿润气候条件下发育的地带性土壤，在土壤垂直带的最上端，下与黄棕壤相接。棕壤处于硅铝风化阶段，盐基已淋失，土体见黏粒淀积，土壤呈棕色，具O-A-Bt-C剖面构型，pH为6.0—7.0，见少量游离铁。自然植被为湿润暖温带落叶阔叶林。

小于本县地域面积3%的土壤类型还有石灰（岩）土、山地草甸土等。

本区域中心区气候特征

本区域中心区气候特征值
Regional climate characteristics in central area of the region

气候带：中亚热带湿润气候 Climate region: Subtropical humid climate	
年平均气温 /℃ Annual average temperature /℃	16.1
年平均最高气温 /℃ Annual average maximum temperature /℃	20.5
年平均最低气温 /℃ Annual average minimum temperature /℃	13.0
年降水量 /mm Annual precipitation /mm	1335
≥10℃的积温 /℃ Daily temperature accumulated in a year (≥10℃) /℃	5694
年日照时数 /h Annual sunshine /h	1118
年平均相对湿度 /% Annual average relative humidity /%	80
干燥度 Dryness	0.74

本区域中心区月平均气温与月平均降水量
Monthly temperature and precipitation in central area of the region

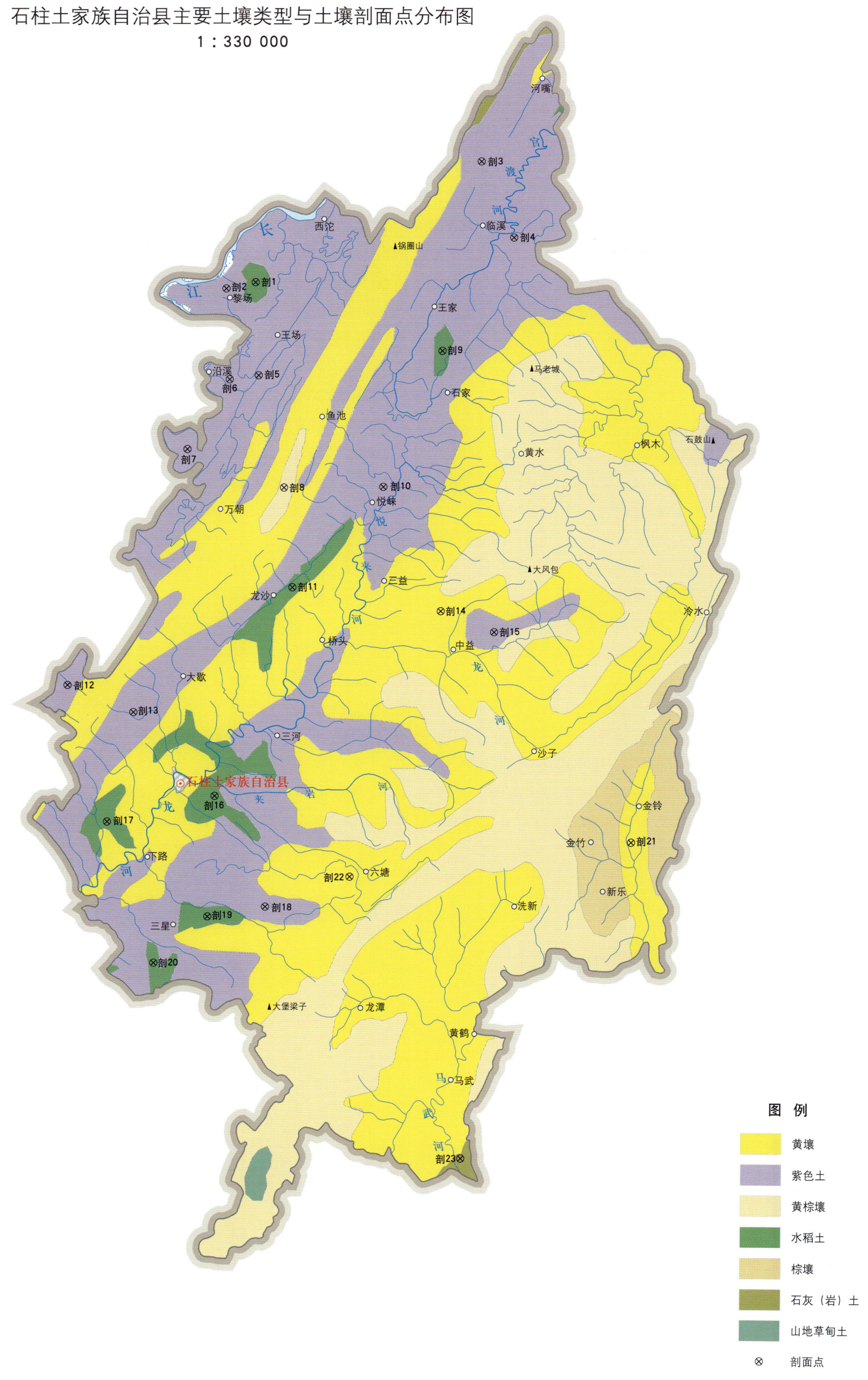

石柱土家族自治县土壤剖面理化性状表

剖面号 Soil profile	土纲 Soil order	土类 Soil great group	亚类 Soil subgroup	土属 Soil genus	土种 Soil species	土层码 Layer code	土层厚度 Depth/cm	颜色 Soil color	质地 Soil texture	土壤结构 Soil structure	pH	有机质 OM/(g/kg)	全氮 TN/(g/kg)	全磷 TP/(g/kg)	全钾 TK/(g/kg)	碱解氮 AN/(mg/kg)	有效磷 AP/(mg/kg)	速效钾 AK/(mg/kg)	阳离子交换量CEC/(cmol/kg)	土壤母质 Parent material	剖面点坐标 Profile coordinate	匹配指数 Matching index/%
剖1	人为土	水稻土	冲积型水稻土	黄色冲积水稻土	半砂泥田	A'	0—18	紫棕色	中壤土		6.7	19.2	1.20	0.39	20.8	93	3.4	38			E 108°09′41.4″ N 30°21′39.2″	92
						Pb	18—27	紫棕色	中壤土		5.0	11.1	0.75	0.37	21.2							
						W	57—85	紫棕色	中壤土		5.3	11.2	0.74	0.50	18.8							
						G	85—	紫棕色	中壤土		5.4	8.3	0.56	0.52	21.0							
剖2	初育土	紫色土	石灰性紫色土	棕紫泥土	粗砂大土	A	0—21	棕紫色	中壤土		7.2	12.7	0.83	0.54	22.7	62	1.3	108			E 108°08′13.8″ N 30°21′21.1″	96
						Pb	21—30	棕紫色	中壤土		7.1	5.1	0.38	0.39	19.8							
						B	30—98	棕紫色	重壤土		7.0	4.6	0.41	0.31	21.9							
剖3	初育土	紫色土	石灰性紫色土	红棕紫泥土	砂土	A	0—15	灰黄色	轻壤土		6.8	7.2	0.54	0.21	9.6	57	1.7	25		紫色厚泥岩	E 108°20′53.5″ N 30°27′09.4″	72
						B	15—65	黄色	重壤土		6.0	4.0	0.32	0.18	9.1							
剖4	初育土	紫色土	石灰性紫色土	红棕紫泥土	大眼泥土	A	0—16	紫色	重壤土		5.9	12.7	1.04	0.42	22.4	84	1.7	88		紫色厚泥岩	E 108°22′37.2″ N 30°23′53.2″	71
						Pb	16—25	紫色	重壤土		6.1	2.7	0.14	0.23	19.7							
						B	25—50	紫棕色	重壤土		6.0	5.9	0.77	0.22	21.4							
剖5	初育土	紫色土	中性紫色土	灰棕紫泥土	夹砂土	A	0—16	黄灰色	重壤土		7.5	8.0	0.52	0.52	25.9	43	0.4	94		砂泥岩风化物	E 108°09′58.3″ N 30°17′37.7″	94
						Pb	16—21	黄灰色	重壤土		7.9	8.0	0.57	0.62	25.1							
						B	21—98	黄灰色	重壤土		8.0	5.7	0.40	0.61	24.7							
剖6	初育土	紫色土	石灰性紫色土	棕紫泥土	黄泥土	A	0—18	黄棕色	重壤土		7.9	11.7	0.89	0.48	23.1	62	0.7	115			E 108°08′31.2″ N 30°17′25.4″	92
						Pb	18—24	紫棕色	重壤土		7.7	8.1	0.58	0.39	21.0							
						B	24—102	紫棕色	重壤土		7.7	7.6	0.58	0.38	21.9							
剖7	淋溶土	黄棕壤	山地黄棕壤	山地黄棕壤	大眼泥土	A	0—15	紫棕色			7.4	15.4	1.04	0.54	21.5	62	3.3	114			E 108°06′29.7″ N 30°14′19.9″	81
						Pb	15—23	紫棕色		粒状夹块状	7.3	11.0	0.69	0.55	20.7							
						B	23—60	紫棕色	重壤土	小块状	7.2	8.0	0.47	0.57	20.7							
						C	60—94	紫棕色	重壤土	小块状	7.3	1.0	0.63	0.55	20.8							
剖8	人为土	水稻土	黄壤性水稻土	冷砂黄泥田	黄泥田	A	0—21	紫棕色	重壤土		4.7	33.9	1.62	0.48	20.3	171	2.5	85		砂岩风化物	E 108°11′24.0″ N 30°12′46.8″	71
						Pb	21—28	紫棕色	重壤土		4.8	14.8	1.02	0.45	20.8							
						B	28—114	紫棕色	重壤土		5.4	7.9	0.63	0.35	20.7							
剖9	人为土	水稻土	酸性紫色土	酸紫泥土	冷砂田	A'	0—17	红黄色	中壤土		6.3	15.2	1.03	0.35	17.9	76	0.9	88		砂页岩风化残积物、坡积物	E 108°19′10.2″ N 30°18′54.0″	91
						Pb	17—25	红黄色	中壤土		6.3	8.2	0.59	0.28	17.6							
						P	25—100	红黄色	中壤土		6.5	6.8	0.39	0.23	17.8							
剖10	初育土	紫色土	酸性紫色土	酸紫泥土	酸紫砂泥土	A	0—16	浅棕红色	黏壤土		6.0	12.7	1.04	0.18	18.6	84	1.7	88	17.4	泥岩风化残积物、坡积物	E 108°16′23.5″ N 30°12′55.8″	76
						B	16—25	紫棕色	黏壤土		6.0	7.2	0.77	0.10	16.3				16.6			
						C	25—50	紫棕色	黏壤土		6.0	5.9	0.77	0.10	17.8				15.1			
剖11	人为土	水稻土	紫色冲积型水稻土	紫色冲积水稻土	大眼泥田	A'	0—20	紫棕色	重壤土		5.8	16.9	1.09	0.24	20.3	81	0.6	77		紫色冲积物	E 108°11′57.5″ N 30°08′27.6″	77
						Pb	20—31	紫棕色	重壤土		6.0	15.3	0.98	0.22	20.1							
						P	31—55	紫棕色	重壤土		7.0	8.1	0.61	0.22	19.5							
						W	55—76	紫棕色	重壤土		6.6	7.3	0.60	0.29	21.5							
剖12	初育土	紫色土	中性紫色土	灰棕紫泥土	紫泥土	A	0—18	浅红色	中壤土		6.6	9.3	0.72	0.54	26.5	43	2.9	81		砂泥岩风化物	E 108°00′50.0″ N 30°03′55.1″	94
						Pb	18—23	浅红色	重壤土		6.8	3.9	0.28	0.50	27.0							
						B	23—100	浅红色	重壤土		7.0	3.9	0.29	0.49	26.8							
剖13	初育土	紫色土	中性紫色土	灰棕紫泥土	砂土	A	0—20	黄色	轻壤土		5.8	10.9	0.59	0.69	14.3	78	9.4	35		砂泥岩风化物	E 108°04′10.2″ N 30°02′49.2″	96
						Pb	20—24	黄色	轻壤土		6.1	9.9	0.49	0.59	14.9							
						B	24—57	黄色	轻壤土		6.1	6.9	0.37	0.41	14.9							

续表 Continued

剖面号 Soil profile	土纲 Soil order	土类 Soil great group	亚类 Soil subgroup	土属 Soil genus	土种 Soil species	土层码 Layer code	土层厚度 Depth/cm	颜色 Soil color	质地 Soil texture	土壤结构 Soil structure	pH	有机质 OM/(g/kg)	全氮 TN/(g/kg)	全磷 TP/(g/kg)	全钾 TK/(g/kg)	碱解氮 AN/(mg/kg)	有效磷 AP/(mg/kg)	速效钾 AK/(mg/kg)	阳离子交换量CEC/(cmol/kg)	土壤母质 Parent material	剖面点坐标 Profile coordinate	匹配指数 Matching index/%
剖14	铁铝土	黄壤	黄壤	老冲积黄泥土	黄泥土	A	0—24	灰黄色	中壤土		6.1	13.5	0.88	0.56	21.5	70	3.8	48		老冲积物	E 108°19′25.7″ N 30°07′36.5″	73
						Pb	24—36	灰黄色	中壤土		6.2	12.5	0.90	0.60	23.0							
						B	36—160	灰黄色	中壤土		6.1	13.7	0.82	0.55	24.7							
剖15	初育土	中性紫色土	中性紫色土	灰棕紫泥土	石膏子土	A	0—20	暗红棕色	重壤土		6.5	11.6	0.88	0.34	29.1	68	2.6	185		砂泥岩风化物	E 108°22′08.4″ N 30°06′45.4″	78
						B	20—29	暗红棕色	重壤土		6.9	8.9	0.71	0.26	22.9							
剖16	人为土	冲积型水稻土	紫色冲积水稻土	半砂泥田		A'	0—23	紫色	中壤土		5.5	15.3	0.96	0.38	23.6	78	2.1	36		紫色冲积物	E 108°08′21.8″ N 29°59′17.2″	82
						Pb	23—32	浅棕色	中壤土		5.3	14.6	0.89	0.40	24.1							
						P	32—86	紫棕色	中壤土		5.6	8.7	0.55	0.38	22.9							
剖17	人为土	黄壤性水稻土	山地黄泥田	黄砂泥田		A'	0—22	灰黄色	重壤土		4.8	34.7	1.79	0.48	26.9	148	3.0	61			E 108°03′01.4″ N 29°58′01.6″	80
						Pb	22—34	灰黄色	重壤土		5.0	25.2	1.30	0.32	22.0							
						Wa₂b₁	34—68	浅黄棕色	重壤土		5.7	5.2	0.34	0.17	22.7							
剖18	初育土	中性紫色土	灰棕紫泥土	大眼泥土		A	0—18		重壤土		7.2	11.6	0.78	0.49	22.1	66	0.4	122		砂页岩残积坡积物	E 108°11′04.2″ N 29°54′31.7″	91
						Pb	18—27		轻黏土		7.5	9.2	0.66	0.54	24.0							
						B	27—90		轻黏土		7.2	7.1	0.49	0.53	24.0							
						C	90—125		重黏土		7.5	6.4	0.48	0.50	23.2							
剖19	人为土	冲积型水稻土	紫色冲积水稻土	砂田		A'	0—18	紫棕色	轻壤土		5.5	13.4	1.05	0.40	20.8	63	3.2	71		紫色冲积物	E 108°08′11.8″ N 29°54′01.8″	84
						Pb	18—45	紫棕色	轻壤土		6.0	12.6	0.66	0.47	21.2							
						W	45—90	紫棕色	中壤土		6.3	5.9	0.42	0.33	20.4							
剖20	人为土	黄壤性水稻土	冷砂黄泥田	黄砂泥田		A'	0—20	黄色	轻黏土		6.1	25.5	1.41	0.48	28.3	122	1.6	117		砂页岩风化残积物、坡积物	E 108°05′34.7″ N 29°51′55.9″	72
						P	20—31	黄色	中壤土		5.2	20.4	1.25	0.44	27.7							
						C	31—65	浅黄棕色	中黏土		7.2	4.3	1.29	0.51	34.9							
						W	65—84	浅棕色	中壤土		6.8	4.3	0.55	0.45	40.7							
剖21	铁铝土	黄壤	砂黄泥土	黄泥土		A	0—21	浅棕色	中壤土		6.1	19.1	0.97	0.49	17.0	80	0.5	126		砂泥、页岩、砂岩风化物	E 108°29′17.5″ N 29°57′46.4″	84
						B	21—30	黄色	中壤土		6.3	8.0	0.59	0.31	15.5							
						C	30—85	黄色	重壤土		6.1	10.0	0.77	0.22	15.7							
							85—145	黄色	重壤土		6.3	5.0	0.38	0.15	16.8							
剖22	铁铝土	黄壤	粗骨性黄泥土	粗骨性黄泥土		A	0—16	灰黄色	轻壤土		6.0	22.7	1.64	0.47	19.4	132	2.2	92		砂泥岩、页岩风化残积物、坡积物	E 108°15′09.7″ N 29°55′50.9″	91
						Pb	16—22	灰黄色	中壤土		6.5	16.5	1.19	0.47	18.9							
						B	22—42	灰黄色			6.4	14.1	0.95	0.46	18.3							
						C	42—92	灰黄棕色			6.5	13.3	0.90	0.47	19.1							
剖23	初育土	石灰（岩）土	黄色石灰土	黄色石灰土	黄泡泥土	A	0—20	黄色	重壤土		6.8	34.0	1.78	0.42	10.0	28	2.4	118		灰岩风化物	E 108°21′13.7″ N 29°43′51.5″	92
						Pb	20—25	黄色	中壤土		7.1	15.7	0.88	0.26	8.9							
						B	25—100	黄色	轻壤土		6.3	8.4	0.68	0.24	14.8							

秀山土家族苗族自治县

主要土类说明

黄壤是秀山土家族苗族自治县的主要土壤类型，占本县地域面积的50%，主要分布于本县的中、低山地区，海拔500—1200m。黄壤是形成于湿润的亚热带生物气候条件下的地带性土壤，脱硅富铝化过程明显。各地质时期的黄色、灰白色石英砂岩、页岩、千枚岩、泥质灰岩和第四纪黏土砾石层均可发育成黄壤。黄壤化学风化较强烈，盐基物质的淋溶势强，铁质也普遍水化，土壤在发育过程中产生明显的黏化、黄化和脱硅富铝化成土过程，具O-A-AB-B-C剖面构型。土壤有机质累积较高，可达100g/kg，pH为4.5—5.5。黄壤植被为常绿阔叶林与针叶阔叶混交林，适宜种植松、杉、茶叶和药材等用材林和经济林，只有少量森林，多为次生灌木林、疏林以及荒山草坡，亦有农用。

石灰（岩）土是秀山土家族苗族自治县第二大土壤类型，占本县地域面积的29%，多见于石隙、溶洞或峰丛底部，与黄壤呈复区分布。成土母质为灰岩残积物。在亚热带湿润条件下，石灰岩经溶蚀、淋洗和风化，形成厚薄不同的钙质饱和或含游离钙质的土壤。因该土母质碳酸钙含量高，延缓了土壤中盐基成分的淋失和脱硅富铝化作用的进行，而成为喀斯特地区较为年幼的土壤，游离碳酸盐存在于土体中，使土壤呈中性至弱碱性，石灰含量高，土层薄，一般在40cm以内。植被主要为柏树和稀疏草丛，亦有农用。

红壤是秀山土家族苗族自治县第三大土壤类型，占本县地域面积的9%，分布于本县中部海拔350—500m的浅丘盆地坝区和洪安－雅江槽谷区、溶溪槽谷区、梅江槽谷区。本县红壤是在湿热气候条件下，由第四纪红色黏土母质发育而成的。在成土过程中，硅酸盐类矿物强烈分解，硅和盐基淋失，黏粒与次生黏土矿物不断形成，铁铝氧化物聚积明显。黏粒中游离铁占全铁的50%—60%，呈深厚红色土层，土体厚度一般为5—6m，在中部坝区可达10m以上，黏粒硅铝率为1.8—2.4，风化淋溶系数小于0.2，盐基饱和度小于35%，pH为4.5—5.5，土体剖面构造为A-B-C型。除水源较缺乏的高处为旱地外，其余多垦为稻田。

水稻土占本县地域面积的9%，广泛分布于本县浅丘坝区以及低、中山区。水稻土发育于不同的母质上，分布在不同的地形地貌条件下，如坝田、冲田、沟垄田、梯田等。水稻土是在长期水耕熟化过程中，形成的具有独特土体构型和物质循环的特殊耕种土壤。它受人类生产活动影响最深，在耕作、施肥、灌溉、轮作等条件下，发生了还原淋溶和氧化淀积等作用，使其产生了一系列不同于旱地的形态和理化性状，土体出现糊状淹育层、较坚实板结的犁底层、渗育层、潴育层与潜育层等多种发生层。水稻土有机质及养分还原积累比旱地多，生产力比旱地高。

小于本县地域面积3%的土壤类型还有粗骨土、黄棕壤等。

本区域中心区气候特征

本区域中心区气候特征值
Regional climate characteristics in central area of the region

气候带：中亚热带湿润气候 Climate region: Subtropical humid climate	
年平均气温 /℃ Annual average temperature /℃	15.4
年平均最高气温 /℃ Annual average maximum temperature /℃	19.8
年平均最低气温 /℃ Annual average minimum temperature /℃	12.2
年降水量 /mm Annual precipitation /mm	1296
≥10℃的积温 /℃ Daily temperature accumulated in a year（≥10℃）/℃	5690
年日照时数 /h Annual sunshine /h	1202
年平均相对湿度 /% Annual average relative humidity /%	80
干燥度 Dryness	0.70

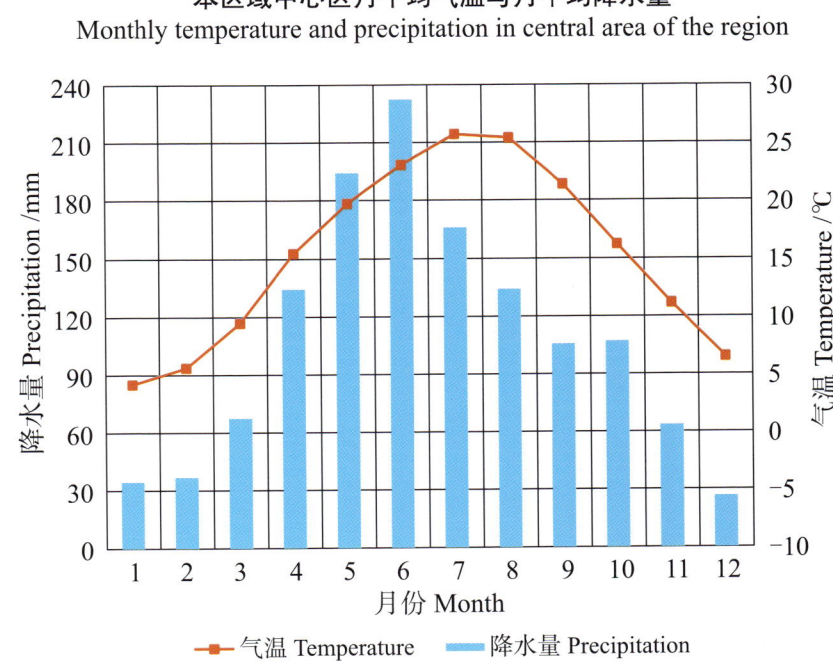

本区域中心区月平均气温与月平均降水量
Monthly temperature and precipitation in central area of the region

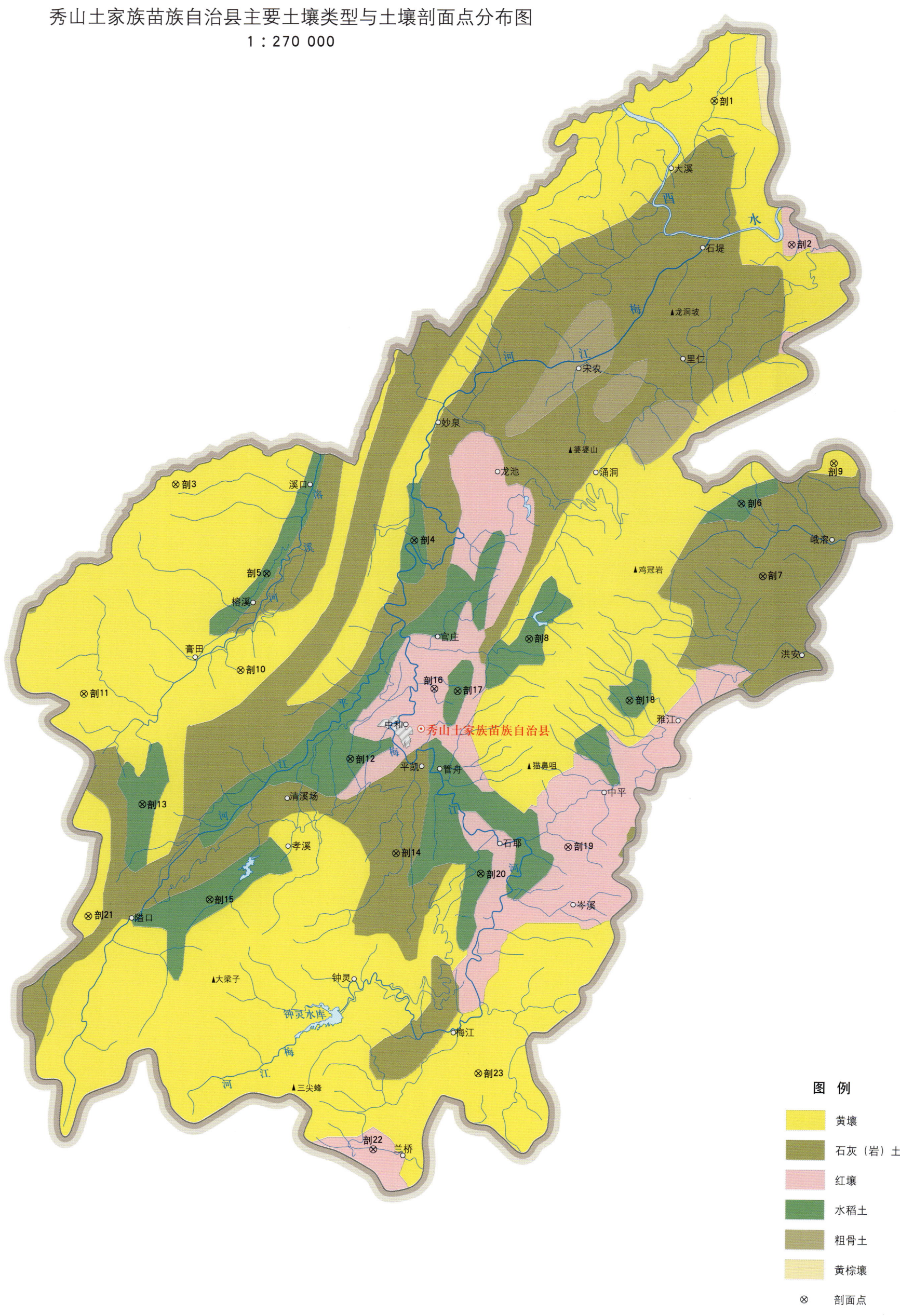

秀山土家族苗族自治县土壤剖面理化性状表

剖面号 Soil profile	土纲 Soil order	土类 Soil great group	亚类 Soil subgroup	土属 Soil genus	土种 Soil species	土层码 Layer code	土层厚度 Depth/cm	质地 Soil texture	pH	有机质 OM (g/kg)	全氮 TN (g/kg)	全磷 TP (g/kg)	有效磷 AP (mg/kg)	土壤母质 Parent material	剖面点坐标 Profile coordinate	匹配指数 Matching index/%
剖1	铁铝土	黄壤	黄壤	粗骨性黄泥土	扁砂土	A	0–15	轻砾土	6.4	18.7	1.25	0.43	1.7	砂页岩、页岩	E 109°11′50.9″ N 28°50′29.2″	93
						B	15–45	中砾土	6.3	14.6	1.06	0.41				
						C	45–60	轻砾土	6.0	8.2	0.82	0.28				
剖2	铁铝土	红壤	黄红壤	红黄泥	死黄红泥土	A	0–19	中黏土	6.0	18.5	1.31	0.49	2.2		E 109°15′12.9″ N 28°45′13.2″	96
						C	19–100	中黏土	5.8	5.9	0.70	0.31				
剖3	铁铝土	黄壤	黄壤	矿子黄泥土	矿子黄泥土	A	0–20	轻砾重壤土	6.8	23.5	1.54	0.54		灰岩强度风化坡积物、残积物	E 108°49′26.2″ N 28°35′53.6″	96
						B	20–58		6.9	14.7	0.94	0.45				
						C	58–100		6.7	15.9	1.13	0.39				
剖4	人为土	水稻土	黄壤性水稻土	粗骨性黄泥水稻土	油砂田	A′	0–17	重砾中壤土	7.0	44.5	1.59	0.59		砂页岩、少数为砂岩	E 108°59′33.0″ N 28°34′00.8″	94
						Pb	17–23		7.2	45.8	1.58	0.58				
						P	23–51		6.9	18.9	1.46	0.71				
						W	51–100		6.6	11.4	1.36	0.69				
剖5	人为土	水稻土	黄壤性水稻土	粗骨性黄泥土	扁砂田	A′	0–15	轻砾重壤土	5.9	24.8	1.79	0.63		砂页岩、少数为砂岩	E 108°53′21.8″ N 28°32′39.8″	88
						Pb	15–23		6.2	22.8	1.52	0.52				
						P	23–50		6.2	19.2	1.48	0.51				
						C	50–100		6.4	18.0	1.24	0.50				
剖6	人为土	水稻土	黄壤性水稻土	冷砂黄泥田	玉石子黄泥田	A′	0–15	中砾重壤土	6.4	43.4	2.34	0.64	4.8	粉砂岩、变质砂页岩	E 109°13′18.5″ N 28°35′37.0″	86
						Pb	15–25		6.7	38.3	2.16	0.58				
						P	25–50		6.7	21.8	1.41	0.69				
						C	50–100		6.7	17.8	1.41	0.87				
剖7	初育土	石灰(岩)土	黄色石灰土	黄色石灰土		A	0–12	重砾重壤土	6.1	31.6	1.38			白云质灰岩残积物	E 109°14′16.8″ N 28°32′56.8″	85
						B	12–36		6.4	17.7	1.01					
						C	36–70		6.7	11.0	0.95					
剖8	人为土	水稻土	黄壤性水稻土	冷砂黄泥田	小黄泥田	A′	0–12	轻砾轻黏土	7.0	31.3	2.77	0.38	2.2	粉砂岩、变质砂页岩	E 109°04′28.6″ N 28°30′27.4″	74
						Pb	12–20		7.1	31.3	2.77	0.39				
						P	20–30		6.9	14.2	0.98	0.41				
						W	30–100		6.8	14.6	0.93	0.51				
剖9	铁铝土	黄壤	黄壤	冷砂黄泥土	黄砂泥土	A	0–16	重砾重壤土	6.2	14.2	1.44	0.28		砂页岩和变质砂页岩坡积物、残积物	E 109°17′11.0″ N 28°37′10.6″	90
						B	16–70		5.9	11.8	0.96	0.26				
						C	70–100		6.6	11.4	1.02	0.23				
剖10	铁铝土	黄壤	黄壤	粗骨性黄泥土	油砂土	A	0–17	轻砾土	6.2	17.6	1.02	0.37		砂页岩、页岩	E 108°52′21.4″ N 28°29′03.5″	91
						B	17–27		6.1	15.4	1.03	0.34				
						C	27–100		6.1	14.1	0.94	0.35				
剖11	铁铝土	黄壤	黄壤	矿子黄泥土	火石子黄泥土	A	0–20	重砾重壤土	6.9	22.9	1.36	0.28		灰岩强度风化坡积物、残积物	E 108°45′46.8″ N 28°28′02.3″	94
						B	20–50		6.9	15.4	0.90	2.27				
						C	50–100		6.9	12.5	0.76	0.24				
剖12	人为土	水稻土	红壤性水稻土	硅铁质红壤性水稻土	白鳝泥田	A′	0–18	轻砾土	7.3	25.5	1.52	0.29		红色黏土	E 108°57′04.0″ N 28°25′50.9″	79
						Pb	18–26	重壤土	7.1	18.3	1.08	0.25				
						Pa₃b₁	26–39	轻黏土	6.8	15.5	0.96	0.21				
						Wa₂b₂	39–47	重壤土	6.9	7.1	0.42	0.22				
						E	47–100	轻黏土	6.9	4.0	0.68	0.24				

续表 Continued

剖面号 Soil profile	土纲 Soil order	土类 Soil great group	亚类 Soil subgroup	土属 Soil genus	土种 Soil species	土层码 Layer code	土层厚度 Depth/cm	质地 Soil texture	pH	有机质 OM/(g/kg)	全氮 TN/(g/kg)	全磷 TP/(g/kg)	有效磷 AP/(mg/kg)	土壤母质 Parent material	剖面点坐标 Profile coordinate	匹配指数 Matching index/%
剖13	人为土	水稻土	黄壤性水稻土	冷砂黄泥田	冷砂泥田	A'	0—16	轻砾重壤土	5.8	35.8	1.88	0.46	4.4	粉砂岩，变质砂页岩	E 108°48′21.6″ N 28°23′58.9″	72
						Pb	16—22		6.0	34.7	1.78	0.45				
						P	22—47		6.4	23.1	1.22	0.38				
						C	47—100									
剖14	初育土	石灰（岩）土	黄色石灰土	黄色石灰土	岩窝土	A	0—17	轻砾中壤土	6.8	17.1	1.12	0.45		白云质灰岩残积物	E 108°59′05.6″ N 28°22′23.5″	93
						B	17—34		6.5	15.7	0.95	0.26				
						C	34—70		6.5	8.5	0.45	2.18				
剖15	人为土	水稻土	黄壤性水稻土	粗骨性黄泥水稻土	白鳝泥田	A'	0—17	轻砾轻黏土	6.0	34.6	1.96	0.46	5.7	砂页岩，少数为砂页岩	E 108°51′17.6″ N 28°20′29.0″	83
						Pb	17—27		6.2	29.4	1.28	0.44				
						P	27—50		6.1	20.8	1.40	0.55				
						C	50—100		6.1	6.9	0.74	0.34				
剖16	铁铝土	红壤	黄红壤	红黄泥	泡黄红泥土	A	0—27	轻砾轻黏土	6.7	19.1	1.28	0.48	3.1		E 109°00′32.4″ N 28°28′31.4″	79
						B	27—48	轻砾轻黏土	5.9	13.5	0.99	0.52				
						C	48—100	轻黏土	5.8	6.3	0.76	0.48				
剖17	人为土	水稻土	黄壤性水稻土	冷砂黄泥水稻土	冷黄泥田	A'	0—18	轻砾中壤土	5.8	28.7	1.72	0.37	3.1	粉砂岩，变质砂页岩	E 109°01′31.1″ N 28°28′27.1″	86
						Pb	18—25		5.9	21.9	1.35	0.31				
						P	25—45		6.1	17.9	1.10	0.39				
剖18	人为土	水稻土	石灰岩土性水稻土	黄色石灰土性水稻土	黄泥田	A'	0—15	轻砾轻黏土	6.6	27.5	1.34	0.40		灰岩残积物	E 109°08′46.0″ N 28°28′14.5″	93
						Pb	15—35	中砾轻黏土	6.7	25.2	1.32	0.38				
						C	35—60	轻砾轻黏土	6.7	23.2	1.08	0.17				
剖19	铁铝土	红壤	黄红壤	红黄泥	黄红泥田	A	0—19	轻砾轻黏土	6.0	15.1	0.85	0.62	1.7		E 109°06′19.4″ N 28°22′46.2″	83
						B	19—51	轻砾轻黏土	6.2	11.2	0.71	0.54				
						C	51—100	轻砾轻黏土	6.0	8.2	0.51	0.59				
剖20	人为土	水稻土	黄壤性水稻土	粗骨性黄泥水稻土	黄泥田	A'	0—20	轻砾重壤土	7.3	27.0	1.42	0.37		砂页岩，少数为砂页岩	E 109°02′40.2″ N 28°21′42.1″	99
						Pb	20—27		7.3	13.0	0.82	0.31				
						P	27—36		7.1	11.2	0.72	0.29				
						C	36—100		6.7	13.7	1.20	0.37				
剖21	铁铝土	黄壤	黄壤	粗骨性黄泥土		A	0—25	轻砾土	5.4	13.6	0.78		0.4	砂页岩	E 108°46′12.4″ N 28°19′45.5″	96
						B	25—60		5.4	31.8	1.28	0.48				
						C	60—		5.5	32.2	1.26	0.47				
剖22	铁铝土	红壤	黄红壤	红黄泥	黑黄红泥土	A	0—22	轻砾轻黏土	6.4	16.9	1.31	0.48		砂页岩	E 108°58′26.0″ N 28°11′24.2″	92
						B	22—64		6.1	17.6	1.20	0.47				
						C	64—100		5.8	19.2	1.17	0.48				
剖23	铁铝土	黄壤	黄壤	粗骨性黄泥土	死黄泥土	A	0—15	中砾重壤土	5.8	19.9	1.28	0.35	1.3	砂页岩，页岩	E 109°02′46.3″ N 28°14′17.2″	100
						B	15—30		5.9	15.4	0.95	0.32				
						C	30—100		6.0	16.2	0.99	0.33				

酉阳土家族苗族自治县

主要土类说明

黄壤是酉阳土家族苗族自治县的主要土壤类型，占本县地域面积的64%，主要分布于本县海拔500—1200m的中、低山地区。黄壤在湿润的亚热带生物气候条件下，脱硅富铝化过程明显。各地质时期黄色、灰白色石英砂岩、页岩、千枚岩、泥质灰岩和第四系黏土砾石层均可发育成黄壤。黄壤化学风化较强烈，矿物的水解作用比较深刻，盐基物质的淋溶势强，铁质也普遍水化，有明显的黏化、黄化和脱硅富铝化成土过程，具O–A–AB–B–C剖面构型。土壤有机质累积较高，可达100g/kg，pH为4.5—5.5，富含水合氧化物（针铁矿），呈黄色，黏土矿物以蛭石和高岭石为主，次为伊利石，亦有少量三水铝石。植被为常绿阔叶林与针叶阔叶混交林，间亦耕种。

水稻土是酉阳土家族苗族自治县第二大土壤类型，占本县地域面积的12%，主要分布在有溪河流水且现代河床较低的槽谷、坡立谷的一、二级坪坂上，如龙潭坝、老寨大河坝、涂市坡立谷、铜西向斜谷。水稻土是在长期水耕熟化过程中，形成的具有独特土体构型和物质循环的特殊耕种土壤。在人为耕作、水浆管理下，它产生了一系列不同于旱地的形态和理化性状，土体一般出现糊状淹育层、较坚实板结的犁底层、渗育层、潴育层与潜育层等多种发生层，有机质及养分还原积累比旱地多，生产力比旱地高。

石灰（岩）土是酉阳土家族苗族自治县第三大土壤类型，占本县地域面积的11%。凡是本县石灰岩出露的地方均可能出现该土壤，但以海拔650m以下分布较多，与黄壤呈复区分布。石灰（岩）土是在亚热带湿润条件下，石灰岩经溶蚀风化后，形成的厚薄不同的钙质饱和或含游离钙质的土壤。受母岩影响，石灰（岩）土延缓了土壤中盐基成分的淋失和脱硅富铝化作用，成为喀斯特地区较为年幼的土壤。剖面上层多显中性或酸性，而下层有石灰反应，剖面上部显黄色或黑色，心土层呈黄红色，土壤较黏重但常多石块。石灰（岩）土盐基饱和度高，风化程度不一，土壤有机质含量及胶结状态有较大差异，生产性能不一。

紫色土占本县地域面积的8%。该土类成土过程以物理风化为主，土壤为含有较多碎块的幼年土，抗蚀能力弱。土壤碳酸钙含量多数在5%以上，pH约为7.5。本县紫色土宜种性较广。

黄棕壤占本县地域面积的4%，主要分布于本县中西北海拔1200m以上山地，位于黄壤之上。黄棕壤脱硅富铝化过程弱于黄壤，成土母质为石灰岩残积物、洪积物。本县黄棕壤分为生草黄棕壤、山地黄棕壤两个亚类。前者位于海拔1300m以上地区，气候特点是湿润、半湿润，植被以灌丛草本为主，pH低于5.5，表层有机质含量多在100g/kg以上，不宜农作。山地黄棕壤土壤性状优于前者，植被主要为暖温带落叶阔叶林，其中栎类生长较好，土体内有明显的黏化，剖面构型为A–B–C。

小于本县地域面积3%的土壤类型还有新积土等。

本区域中心区气候特征

本区域中心区气候特征值
Regional climate characteristics in central area of the region

气候带：中亚热带湿润气候 Climate region: Subtropical humid climate	
年平均气温 /℃ Annual average temperature /℃	15.1
年平均最高气温 /℃ Annual average maximum temperature /℃	19.5
年平均最低气温 /℃ Annual average minimum temperature /℃	12.0
年降水量 /mm Annual precipitation /mm	1338
≥10℃的积温 /℃ Daily temperature accumulated in a year（≥10℃）/℃	5599
年日照时数 /h Annual sunshine /h	1112
年平均相对湿度 /% Annual average relative humidity /%	80
干燥度 Dryness	0.66

本区域中心区月平均气温与月平均降水量
Monthly temperature and precipitation in central area of the region

酉阳土家族苗族自治县主要土壤类型与土壤剖面点分布图
1：440 000

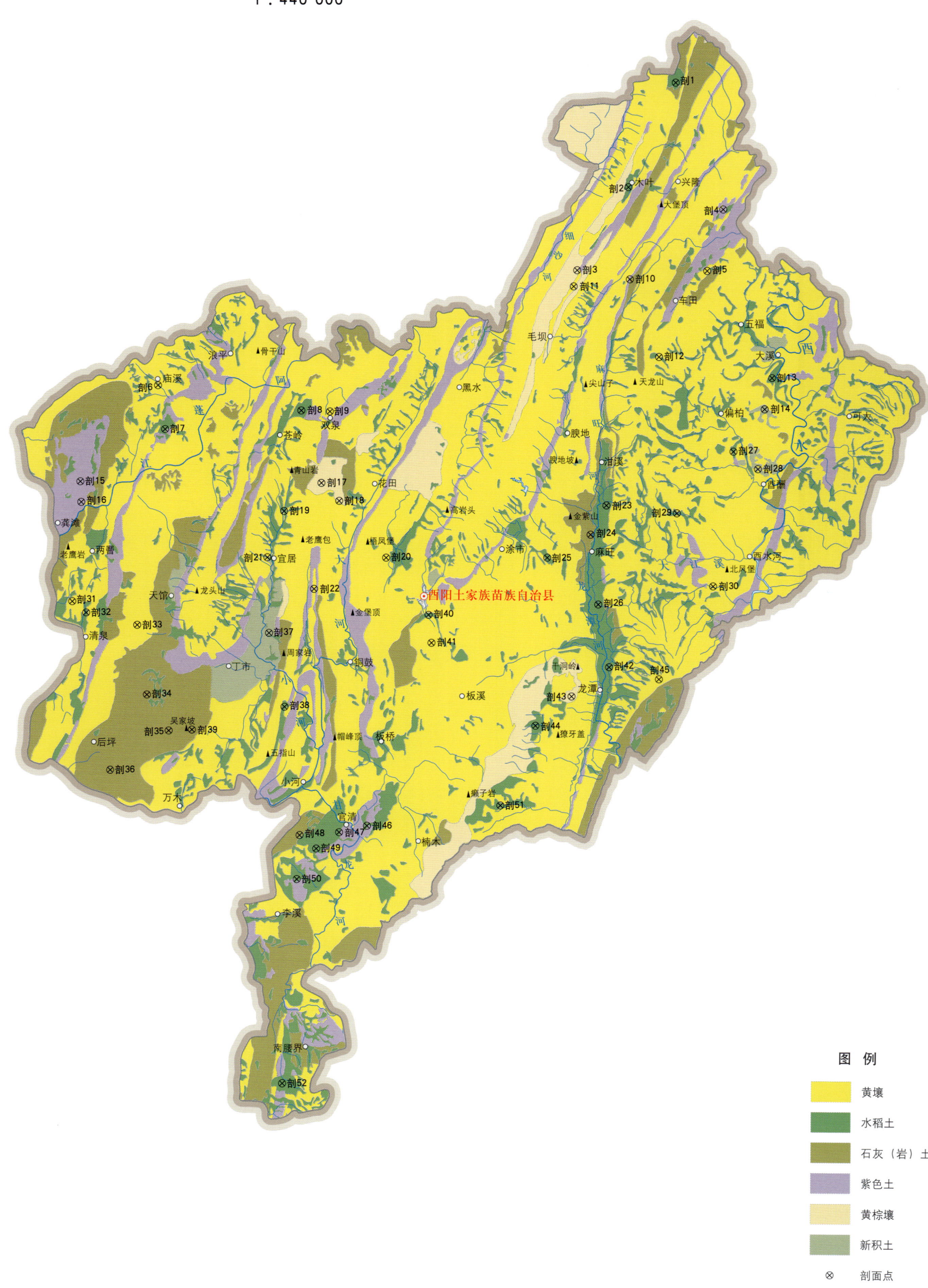

酉阳土家族苗族自治县土壤剖面理化性状表

剖面号 Soil profile	土纲 Soil order	土类 Soil great group	亚类 Soil subgroup	土属 Soil genus	土种 Soil species	土层码 Layer code	土层厚度 Depth/cm	颜色 Soil color	质地 Soil texture	土壤结构 Soil structure	pH	有机质 OM/(g/kg)	全氮 TN/(g/kg)	碱解氮 AN/(mg/kg)	土壤母质 Parent material	剖面点坐标 Profile coordinate	匹配指数 Matching index/%
剖1	人为土	水稻土	黄壤性水稻土	矿子黄泥田	石渣子田	A'	0—24	灰白色	轻砾轻壤土	粒状夹片状状	6.9	22.2	1.40	91	石灰岩风化物	E 109° 02' 03.3" N 29° 21' 17.8"	82
						Pb	24—26	白黄色	轻砾重壤土	块状	6.1	13.4	1.01				
						P	26—55	黄白色	重砾重壤土	柱状	6.2	7.0	0.74				
剖2	人为土	水稻土	黄壤性水稻土	矿子黄泥田	小黄泥田	A'	0—21	深灰色	重砾轻壤土	团粒状	6.7	15.6	1.02	92	石灰岩风化物	E 108° 59' 00.2" N 29° 15' 08.3"	70
						Pb	21—32	灰黄色	中砾轻壤土	小块状	7.3	12.0	0.81				
						P	32—88	灰黄色	轻砾轻壤土	棱柱状	7.5	14.4	1.11				
剖3	淋溶土	黄棕壤	山地黄棕壤	山地黄棕壤	黄泥土	A	0—20	棕黄色	轻砾中壤土	粒状	7.1	24.3	1.56	86		E 108° 55' 38.3" N 29° 10' 11.6"	100
						AB	20—45	暗棕色	轻砾重壤土	块状	7.1	31.1	2.24				
						C	45—92	暗棕色	中砾轻壤土	粒状	7.1	14.4	1.10				
剖4	初育土	紫色土	石灰性紫色土	暗紫泥土	紫潮土	A	0—20	灰紫色	重砾中壤土	粒状	7.7	16.6	1.11	84	紫色泥页岩	E 108° 55' 25.8" N 29° 13' 55.9"	100
						Pb	20—33	浅紫色	轻砾中壤土	小块状	7.7	8.8	0.74				
						B	33—80	暗紫色	轻砾中壤土	大块状	7.7	9.0	0.66				
剖5	铁铝土	黄壤	黄壤	矿子黄泥土	死黄泥土	A	0—27	灰黄色	轻砾重壤土	团块状	6.1	15.8	1.26	80	石灰岩、白云质灰岩风化残积物、冲积物	E 109° 05' 26.0" N 29° 10' 18.1"	83
						Pb	27—37	浅黄色	轻砾砂土	块状	6.3	9.6	0.64				
						B	37—110	蜡黄色	轻砾砂土	柱状	6.1	5.5	0.75				
剖6	铁铝土	黄壤	山地黄壤	老冲积黄泥土	豆面泥土	A	0—16	黑灰色	中砾紫砂土	颗粒状	7.5	25.6	1.46	90	泛滥洪冲积物	E 108° 27' 31.0" N 29° 02' 51.4"	91
						B	16—57	黄灰色	中砾紫砂土	块状	7.2	15.9	0.73				
剖7	人为土	水稻土	黄壤性水稻土	矿子黄泥田	白鳝泥田	A'	0—23	灰白色	重砾重壤土	小块状	6.1	19.0	1.16	92	石灰岩风化物	E 108° 28' 04.4" N 29° 00' 15.8"	75
						Pb	23—36	黄黄色	重砾重壤土	大块状	6.2	14.4	0.83				
						W	36—100	灰黄色	重砾重壤土	棱柱状	6.1	14.2	0.97				
剖8	人为土	水稻土	黄壤性水稻土	矿子黄泥田	死黄泥田	A'	0—17	白黄色	轻砾中壤土	粒状	6.3	14.6	1.04	67	石灰岩风化物	E 108° 37' 14.2" N 29° 01' 34.0"	97
						Pb	17—26	暗黄色	轻砾中壤土	块状	6.7	13.4	1.13				
						P	26—100	紫黄色	轻砾中壤土	柱状	6.7	17.5	0.75				
剖9	铁铝土	黄壤	黄壤	矿子黄泥田	壤质小黄泥土	A	0—18	棕黑色	中砾中壤土	团粒状	6.9	17.1	1.01	70	石灰岩、白云质灰岩风化残积物、冲积物	E 108° 39' 09.4" N 29° 01' 32.9"	76
						Pb	18—27	浅黄色	中壤土	块状	6.8	9.0	0.61				
						B	27—83	棕黄色	中壤土	柱状	6.9	4.6	0.38				
剖10	初育土	紫色土	石灰性紫色土	暗紫泥土	红紫泥土	A	0—23	紫红色	重砾中壤土	块状	7.5	8.2	0.89	42	紫色泥页岩	E 108° 59' 12.8" N 29° 09' 43.6"	95
						Pb	23—44	紫红色	重砾中壤土	块状	7.5	6.0	0.62				
						C	44—108	紫黄色	重砾中壤土	碎屑状	7.0	3.6	0.48				
剖11	铁铝土	黄壤	山地黄壤	粗骨黄泥土	扁砂土	A'	0—24	灰黄色	轻砾土	粒状	6.5	14.7	1.17	85	泥页岩坡积物、冲积物	E 108° 55' 25.7" N 29° 09' 14.8"	77
						B	24—72	黄黄色	中砾土	块状	5.9	5.9	0.69				
剖12	铁铝土	黄壤	山地黄壤	粗骨黄泥土	假塔石泥土	A	0—24	灰黄棕色	轻砾轻壤土	团粒状	6.1	19.7	1.20	91	泥页岩坡积物、冲积物	E 109° 01' 17.8" N 29° 05' 11.8"	75
						B	24—50	浅黄棕色	轻砾轻壤土	块状	6.1	17.2	1.27				
						C	50—69	黄黄色	重砾中壤土	柱状	6.0	11.5	0.93				
剖13	人为土	水稻土	黄壤性水稻土	矿子黄泥田	冷浸田	A'	0—25	黄黄色	中砾重壤土	团块状	6.1	26.5	1.66	116	石灰岩风化物	E 109° 08' 57.1" N 29° 04' 08.4"	87
						Pb	25—49	灰黄色	中砾重壤土	块状	6.7	16.0	1.14				
						W	49—85	棕黄色	中砾重壤土	小柱状	6.9	13.7	0.96				
剖14	初育土	新积土	冲积土	山地黄冲积土	小黄泥土	A	0—21	黑黄色	重砾重壤土	团粒状	6.5	14.7	1.01	91	河流冲积物	E 109° 02' 30.1" N 29° 02' 13.2"	96
						Pb	21—35	浅黄色	中砾轻壤土	小块状	6.4	6.6	0.81				
						B	35—90	蜡黄色	中砾轻黏土	柱状	6.1	5.3	5.31				
剖15	初育土	紫色土	石灰性紫色土	暗紫泥土	红色石骨子土	A	0—25	灰紫色	重砾中壤土	小块状	7.3	17.4	1.20	77	紫色泥页岩	E 108° 22' 27.8" N 28° 57' 03.2"	95
						C	25—54	灰紫色	重砾中壤土	块状	7.5	21.2	1.36				

续表 Continued

剖面号 Soil profile	土纲 Soil order	土类 Soil great group	亚类 Soil subgroup	土属 Soil genus	土种 Soil species	土层码 Layer code	土层厚度 Depth/cm	颜色 Soil color	质地 Soil texture	土壤结构 Soil structure	pH	有机质 OM/(g/kg)	全氮 TN/(g/kg)	碱解氮 AN/(mg/kg)	土壤母质 Parent material	剖面点坐标 Profile coordinate	匹配指数 Matching index/%
剖16	初育土	紫色土	石灰性紫色土	暗紫泥土	紫黄泡泥土	A	0—23	紫黄色	中砾中壤土	粒状夹块状	7.6	11.0	0.77	50	紫色泥页岩	E 108°22′33.2″ N 28°55′50.2″	85
						Pb	23—42	紫红色	轻砾中壤土	块状	7.6	9.8	0.78				
						B	42—105	暗紫色	重砾中壤土	柱状	7.6	9.0	0.70				
剖17	淋溶土	黄棕壤	生草黄棕壤	生草黄泥土	黄泥土	Ai	0—10	灰黑色		块状	5.9	107.5	4.96	473		E 108°38′42.4″ N 28°57′19.1″	72
						As	10—38	黄色	重砾重壤土	粒状	5.9	32.9	2.11				
						Aj	38—63	浅黄色	中砾砂壤土	小块状	5.9	17.1	1.27				
						B	63—105	黄色	重砾重壤土	小块状	5.9	11.3	0.93	100			
剖18	淋溶土	黄棕壤	生草黄棕壤	生草黄砂土	黄砂土	Ai	0—3	棕色		块状	5.5	171.1	6.33	585		E 108°39′56.2″ N 28°56′16.4″	72
						As	3—40	灰黄色	重砾重壤土	粒状块状	5.9	39.7	2.40				
						Aj	40—48	灰黄色	轻砾中壤土	团块状	5.7	34.5	2.18				
						B	48—108	浅黄色	重砾中壤土	团块状	5.9	10.8	0.93				
剖19	人为土	水稻土	冲积型水稻土	黄色冲积水稻土	白鳝泥田	A′	0—25	灰白色	轻砾重壤土	块状	6.0	20.7	1.24	88	河流冲积物、洪积物	E 108°36′14.4″ N 28°55′36.1″	98
						Pb	25—35	灰红色	轻砾重壤土	粒块状	6.1	11.4	0.81				
						P	35—95	灰黄色	轻砾重壤土	棱柱状	6.3	9.7	0.80				
剖20	铁铝土	黄壤	山地黄壤	老冲积黄泥土	砾石子土	A	0—23	黑黄色	轻砾重壤土	粒块状	7.5	38.1	1.99	155	泛滥冲积物、冲积物	E 108°43′11.3″ N 28°52′59.9″	74
						AB	23—54	浅黄色	轻砾砂壤土	块状	7.2	26.9	1.53				
						B	54—103	中砾中壤土		柱状	7.2	15.7	1.09				
剖21	人为土	水稻土	冲积型水稻土	黄色冲积水稻土	鸭屎泥田	A′g	0—21	青灰色	重砾重壤土	粒状夹小块状	6.8	27.9	2.13	187	河流冲积物、洪积物	E 108°35′12.1″ N 28°52′50.5″	76
						Pb	21—47	灰白色	轻砾轻黏土	大块状	6.8	23.6	1.77				
						W	47—93	灰灰色	重砾重壤土	棱块状	6.5	15.9	1.42				
剖22	铁铝土	石灰（岩）土	黄石石土	矿子黄泥土	玉石子黄泥土	A	0—17	浅灰色	重砾重壤土	片状	6.5	14.7	1.12	86		E 108°38′23.3″ N 28°51′03.2″	70
						B	17—45	黄棕色	重砾重壤土	块状	7.3	10.4	0.68				
剖23	人为土	水稻土	黄壤性水稻土	老冲积黄泥土	潮河田	A′	0—24	灰灰色	轻砾重壤土	粒砂状	6.7	22.6	1.62	101	冲积物	E 108°57′57.6″ N 28°56′21.5″	76
						Pb	24—57	浅黄色	轻砾重黏土	柱状	6.7	22.6	1.47				
						W	57—96	灰黄色	轻砾重黏土	棱柱状	6.8	20.2	0.88				
剖24	初育土	石灰（岩）土	黄石石土	岩石黄泥土	岩碴土	A	0—37	黄灰色	轻砾中壤土	团粒状	7.3	38.8	2.47	155		E 108°56′56.0″ N 28°54′37.1″	90
						C	37—62	黄灰色	轻砾中壤土	块状	7.1	11.2	0.74				
剖25	人为土	水稻土	黄壤性水稻土	老冲积黄泥土	死黄泥田	A′	0—23	浅灰色	重砾重壤土	粒块状	6.1	21.3	1.34	95	冲积物	E 108°54′02.5″ N 28°53′12.5″	86
						Pb	23—34	黄棕色	重砾重壤土	大块状	6.7	13.8	1.05				
						P	34—80	黄棕色	重砾重壤土	柱状	6.2	10.3	1.03				
剖26	人为土	水稻土	黄壤性水稻土	老冲积黄泥土	冷砂田	A′	0—21	灰灰色	中砾中壤土	粒状夹块状	6.3	25.6	1.64	105	冲积物	E 108°57′33.5″ N 28°50′30.8″	79
						Pb	21—36	浅黄色	轻砾重壤土	块状	6.1	20.4	1.23				
						W	36—90	灰黄色	轻砾重壤土	棱柱状	6.2	16.5	1.15				
剖27	人为土	水稻土	紫色土性水稻土	中性紫泥田	红泥田	A′	0—20	紫黄色	轻砾重壤土	片状	6.9	20.0	1.45	93	富含碳酸钙的紫色泥页岩坡积物、冲积物	E 109°06′27.4″ N 28°59′41.3″	76
						W	20—41	紫黄色	轻砾中壤土	块状	7.6	8.7	1.05				
							41—95	紫黄色	轻砾重壤土	小柱状	7.1	8.5	0.69				
剖28	初育土	新积土	冲积土	山地黄色冲积物	潮砂土	A′	0—19	灰黄色	重砾中壤土	粒状	7.1	19.3	1.64	118	河流冲积物、洪积物	E 109°08′07.4″ N 28°58′40.8″	78
						Pb	19—30	浅黄色	轻砾重壤土	小块状	7.3	13.3	1.01				
						B	30—93	白黄色	重砾重壤土	粒状	7.1	5.2	0.61				
剖29	人为土	水稻土	冲积型水稻土	黄色冲积水稻土	潮砂田	A′	0—18	灰黄色	中壤土	团粒状	7.5	16.7	1.20	93		E 109°02′42.7″ N 28°55′59.2″	74
						Pb	18—34	浅黄色	轻砾轻黏土	扁块状	7.7	5.8	0.68				
						W	34—78	红黄色	轻砾重壤土	棱块状	7.3	11.5	0.96				
剖30	铁铝土	黄壤	黄壤	矿子黄泥土	粉质小黄泥土	A	0—18	浅黄色	轻砾中壤土	块状	6.7	15.7	1.07	84	石灰岩、白云质灰岩风化残积物、冲积物	E 109°05′16.0″ N 28°51′44.3″	91
						Pb	18—36	黄棕色	轻砾中壤土	块状	6.2	10.4	0.67				
						B	36—90	黄棕色	重砾中壤土	块状	6.2	8.2	0.39				

续表 Continued

剖面号 Soil profile	土纲 Soil order	土类 Soil great group	亚类 Soil subgroup	土属 Soil genus	土种 Soil species	土层码 Layer code	土层厚度 Depth/cm	颜色 Soil color	质地 Soil texture	土壤结构 Soil structure	pH	有机质 OM/(g/kg)	全氮 TN/(g/kg)	碱解氮 AN/(mg/kg)	土壤母质 Parent material	剖面点坐标 Profile coordinate	匹配指数 Matching index/%
剖31	铁铝土	黄壤	山地黄壤	粗骨性黄泥土	墨石土	A	0—18	灰黄色	轻砾轻壤土	粒块状	6.1	25.0	1.74	106	泥页岩坡积物、冲积物	E 108°22′08.0″ N 28°49′57.7″	78
剖32	人为土	水稻土	黄壤性水稻土	粗骨性黄泥水稻土	油砂土	B	18—32	灰黄色	轻砾轻壤土	块状	6.0	20.8	1.45		泥页岩坡积物、冲积物	E 108°23′05.3″ N 28°49′19.1″	92
						A′	0—30	浅灰黄色	重砾重壤土	粒块状	6.0	19.8	1.28	82			
						Pb	30—45	灰黄色	重砾中壤土	块状	6.1	12.9	0.73				
						P	45—100	灰绿色	重壤土	柱状	6.0	13.9	1.08				
剖33	铁铝土	黄壤	黄壤	矿子黄泥土	大黄泥土	A	0—18	浅灰黄色	重砾中壤土	团块状	6.9	36.2	2.22	199	石灰岩、白云质灰岩风化残积物、冲积物	E 108°26′33.0″ N 28°48′39.6″	93
						Pb	18—36	黄色	重砾重壤土	块状	6.8	13.7	1.18				
						B	36—90	黄棕色	重砾重壤土	块状、柱状	7.3	8.8	0.84				
剖34	初育土	石灰（岩）土	黄色石灰土	黄色石灰土	黄泡土	A	0—18	白灰色	中砾重壤土	颗粒状	7.3	29.5	2.05	141		E 108°27′19.4″ N 28°44′32.6″	72
						AB	18—39	灰黄色	中砾中壤土	小块状	6.7	7.1	2.09				
						B	39—87	灰黄色	中砾轻黏土	块状	7.3	30.4	2.24				
剖35	初育土	石灰（岩）土	黄色石灰土	黄色石灰土	龙凤泥土	A	0—20	灰黑色	中砾重壤土	团块状	7.5	34.7	2.13	156		E 108°28′51.2″ N 28°42′27.0″	97
						AB	20—39	灰黑色	中砾重壤土	团块状	7.3	32.9	1.34				
						B	39—97	暗黄色	中砾重壤土	团块状	7.1	20.8	1.15				
剖36	初育土	石灰（岩）土	黑色石灰土	黑色石灰土	黑泡泥土	A	0—19	灰黑色	中砾重壤土	粒块状	6.9	32.2	1.89	161		E 108°24′59.0″ N 28°40′02.3″	98
						AB	19—41	黑黑色	中砾重壤土	块状	6.7	33.3	2.07				
						B	41—89	黑黑色	中砾重壤土	块状	6.7	37.1	2.06				
剖37	初育土	新积土	冲积土	山地黄色冲积土	卵石黄泥土	A	0—18	灰黄色	中砾重壤土	粒块状	6.8	23.8	1.49	94	河流冲积物	E 108°35′26.5″ N 28°48′22.3″	76
						Pb	18—24	灰黄色	中砾中壤土	块状	6.9	21.2	1.45				
						B	24—101	浅灰色	中砾中壤土	柱状	6.9	27.6	0.73				
剖38	人为土	水稻土	紫色土性水稻土	中性紫泥田	紫黄泥土	A′	0—15	紫黄色	中砾中壤土	小块状	7.6	27.1	1.91	114	富含碳酸钙的紫色泥页岩坡积物、冲积物	E 108°36′36.4″ N 28°44′01.7″	74
						Pb	15—22	紫黄色	中砾轻壤土	块状	7.5	14.4	1.37				
						C	22—45	黄白色	中砾中壤土	块状	7.6	11.8	0.84				
剖39	初育土	石灰（岩）土	黄色石灰土	黄色石灰黄泥土	玉石子黄泥土	A	0—20	灰黄色	中砾中壤土	团块状	7.7	17.2	0.86	50	坡积物、残积物	E 108°30′24.8″ N 28°42′32.0″	94
						Pb	20—35	浅红黄色	重砾重壤土	团块状	7.5	11.4	0.62				
						B	35—90	黄红色	重砾重壤土	块状	7.3	8.3	0.57				
剖40	人为土	水稻土	冲积型水稻土	黄色冲积水稻土	白青田	A′	0—21	灰黄色	轻黏土	粒块状	6.5	29.0	2.15	142	河流冲积物、洪积物	E 108°46′08.4″ N 28°49′40.8″	81
						Pb	21—43	灰黄色	轻黏土	棱柱状	6.4	19.3	1.57				
						W	43—85	灰白色	轻黏土	团块状	6.5	16.3	1.28				
剖41	铁铝土	黄壤	山地黄壤	老冲积黄泥土	潮泥土	A	0—22	橙黄色	轻砾重壤土	块状	6.2	19.2	1.22	81	泛滥洪积物、冲积物	E 108°46′22.8″ N 28°48′01.8″	72
						Pb	22—51	橙黄色	重砾重壤土	块状、柱状	6.4	19.4	1.01				
						B	51—101	红黄色	重砾砂壤土	块状	6.5	15.6	1.04				
剖42	人为土	水稻土	黄壤性水稻土	老冲积黄泥田	大黄泥田	A′	0—20	黑灰色	重砾砂壤土	小块状	7.5	23.1	1.00	94	冲积物	E 108°30′24.8″ N 28°42′32.0″	90
						Pb	20—37	灰黄色	中砾砂壤土	颗粒状	7.5	16.5	0.73				
						3	37—89	灰黄色	中砾中壤土	小块状	7.5	21.1	1.22				
剖43	淋溶土	黄棕壤	山地黄棕壤	山地黄棕壤	黄砂土	A	0—17	灰黄色	重砾中壤土	颗粒状	6.1	28.9	1.79	191		E 108°46′23.2″ N 28°45′02.9″	73
						AB	17—32	橙黄色	重砾重壤土	小柱状	6.1	22.2	1.70				
						C	32—54	暗黄色	重砾中壤土	小块状	6.1	7.6	0.66				
剖44	人为土	水稻土	黄壤性水稻土	老冲积黄泥田	大肥田	A′	0—21	黑灰色	轻砾轻壤土	粒块状	7.5	38.2	2.23	182	冲积物	E 108°58′53.8″ N 28°43′15.6″	88
						Pb	21—26	黄灰色	重砾轻壤土	块状	7.5	9.1	0.49				
						W	26—51	灰黄色	轻砾砂壤土	小柱状	7.5	3.4	0.34				
剖45	铁铝土	黄壤	山地黄壤	粗骨性黄泥土	豆面泥土	A	0—25	黄灰色	重砾中壤土	粒块状	6.0	11.2	1.09	70	泥页岩坡积物、冲积物	E 109°01′45.1″ N 28°46′10.2″	73
						AB	25—68	浅黄色	重砾中壤土	粒块状	6.3	9.2	0.81				

续表 Continued

剖面号 Soil profile	土纲 Soil order	土类 Soil great group	亚类 Soil subgroup	土属 Soil genus	土种 Soil species	土层码 Layer code	土层厚度 Depth/cm	颜色 Soil color	质地 Soil texture	土壤结构 Soil structure	pH	有机质 OM/(g/kg)	全氮 TN/(g/kg)	碱解氮 AN/(mg/kg)	土壤母质 Parent material	剖面点坐标 Profile coordinate	匹配指数 Matching index/%
剖46	人为土	水稻土	紫色土性水稻土	中性紫泥田	黄红砂泥田	A'	0—22	黄紫色	轻砾重壤土	粒状	6.1	25.8	1.57	100	富含碳酸钙的紫色泥页岩坡积物、冲积物	E 108°42′20.9″ N 28°37′07.3″	99
						Pb	22—39	紫黄色	轻砾重壤土	小块状	6.3	19.7	1.37				
						P	39—69	灰紫色	轻砾重壤土	柱状	6.6	13.8	1.05				
						W	69—109	灰紫色	轻砾重壤土	小柱状	6.6	13.3	0.89				
剖47	人为土	水稻土	黄壤性水稻土	粗骨性黄泥水稻土	冷水田	A'	0—20	棕灰色	重砾重壤土	粒状	6.1	30.1	1.65	120	泥页岩坡积物、冲积物	E 108°40′29.3″ N 28°36′42.1″	83
						Pb	20—30	灰黄色	重砾重壤土	小块状	6.1	27.8	1.57				
						P	30—45	灰黄色	重砾重壤土	柱状	6.1	24.4	1.63				
						W	45—90	灰黄色	中砾重壤土	小柱状	6.1	22.2	1.28				
剖48	初育土	石灰(岩)土	黑色石灰土	黑色石灰土	墨石土	A	0—19	灰黑色	重砾中壤土	大粒状	7.6	17.8	1.24	80	灰岩	E 108°37′49.8″ N 28°36′28.4″	87
						B	19—76	灰黑色	中砾重壤土	粒块状	7.1	13.4	1.00				
剖49	人为土	水稻土	黄壤性水稻土	粗骨性黄泥水稻土	假磨石泥田	A'	0—20	浅灰色	重砾中壤土	块状	6.0	27.1	1.60	135	泥页岩坡积物、冲积物	E 108°38′58.2″ N 28°35′42.0″	72
						Pb	20—26	浅黄色	重砾重壤土	小块状	6.1	12.6	0.92				
						W	26—67	浅黄色	重砾重壤土	粒状	6.3	14.5	0.96				
剖50	人为土	水稻土	冲积型水稻土	黄色冲积水稻土	豆瓣泥田	A'	0—25	青灰色	轻砾重壤土	粒块状	6.5	29.0	2.15	142	河流冲积物、洪积物	E 108°37′43.6″ N 28°33′49.6″	94
						Pb	25—35	灰色	重砾重壤土	小块状	6.4	19.3	1.57				
						P	35—95	灰黄色	重砾重壤土	柱状	6.5	16.3	1.28				
剖51	人为土	水稻土	黄壤性水稻土	矿子黄泥土	大黄泥田	A'	0—23	灰黄色	中砾重壤土	团块状	7.2	18.2	1.18	78	石灰岩风化物	E 108°51′17.3″ N 28°38′31.6″	92
						Pb	23—44	灰白色	轻砾重壤土	块状	6.9	16.8	1.13				
						W	44—100	黄色	重砾砂壤土	柱状	7.1	8.0	0.73				
剖52	人为土	水稻土	紫色土性水稻土	中性紫泥田	红紫泥田	A'	0—29	暗紫色	中砾中壤土	粒柱状	6.3	37.9	2.26	151	富含碳酸钙的紫色泥页岩坡积物、冲积物	E 108°37′07.0″ N 28°21′45.0″	90
						Pb	29—48	红紫色	中砾砂壤土	块状	7.1	20.5	1.23				
						W	48—95	暗紫色	中砾砂壤土	棱柱状	7.1	14.7	0.95				

彭水苗族土家族自治县

主要土类说明

黄壤是彭水苗族土家族自治县的主要土壤类型，占本县地域面积的62%，主要分布于海拔250—1350m的地区，是在温暖湿润气候条件和常绿阔叶林下形成的地带性土壤。成土母质为灰岩、白云质灰岩、白云岩、粉砂岩、粉砂质页岩、页岩风化物以及第四纪老冲积物。成土过程以化学风化为主，物理风化为辅，淋洗作用强，土壤发育深，黄化、酸化、黏化明显。剖面上下为不同程度的黄色，土壤呈酸性至微酸性，盐基饱和度低，无石灰反应，有机质含量为2.91%。本县黄壤区自然植被为常绿阔叶林，但已被次生的松、杉、樟木枫香及草本植被代替，36%的黄壤已垦为农田。自然土壤在垦殖后有机质含量下降。

石灰（岩）土是彭水苗族土家族自治县第二大土壤类型，占本县地域面积的23%，主要分布于岩溶中低山地区的石灰岩地区，与黄壤呈复区分布。石灰（岩）土是直接发育在各系石灰岩风化壳上的岩成土，土壤受母质的影响很大。在特定地貌条件下，石灰岩中含大量碳酸钙，延缓了土壤淋溶风化进程，土体存在的游离碳酸盐，使土壤呈中性至弱碱性。土壤碳酸钙含量达4.17%，pH为7.3，土层一般较薄，土体内含母质碎块较多，质地为轻砾石土，物理性砂粒和黏粒分别达31.11%和28.56%，壤质部分表现比较黏重。因本县石灰（岩）土自然肥力较高，垦殖程度大，森林植被破坏较严重，水土流失严重，裸岩遍布，洪涝灾害严重。

黄棕壤是彭水苗族土家族自治县第三大土壤类型，占本县地域面积的9%，分布于海拔1350m以上的中山区，是全县垦殖指数最低的土类。黄棕壤是在北亚热带生物气候条件下，经过脱硅富铝化过程和黏粒淀积过程而形成的地带性土壤，但其脱硅富铝化过程弱于黄壤。母质为石灰岩、砂岩、页岩坡积物、残积物。剖面层次分化明显，土体呈黄棕色，有暗棕色胶膜包于结构表面，下部有铁锰结核，无石灰反应，pH上低下高，呈微酸性，质地因母质而差异大，一般较黏，为中壤土至重壤土，从上至下砾石含量增大。黄棕壤为本县用材林基地，农耕地面积小，零星分布。

粗骨土占本县地域面积的4%，分布于河谷、丘陵、低山和中山等多种地貌单元和地形部位，由于土壤富含砾石，难以农业利用。母质为基岩风化残积物、坡积物。粗骨土属于A-C型，甚至（A）-C型土壤。A层发育不明显，与母质土层性状相似，略显有机质累积。有时母质层富含砾石，甚少出现剖面分异与发育特征。

小于本县地域面积3%的土壤类型还有紫色土、水稻土等。

本区域中心区气候特征

本区域中心区气候特征值
Regional climate characteristics in central area of the region

气候带：中亚热带湿润气候 Climate region: Subtropical humid climate	
年平均气温 /℃ Annual average temperature /℃	15.7
年平均最高气温 /℃ Annual average maximum temperature /℃	20.1
年平均最低气温 /℃ Annual average minimum temperature /℃	12.6
年降水量 /mm Annual precipitation /mm	1329
≥10℃的积温 /℃ Daily temperature accumulated in a year（≥10℃）/℃	5678
年日照时数 /h Annual sunshine /h	1089
年平均相对湿度 /% Annual average relative humidity /%	80
干燥度 Dryness	0.70

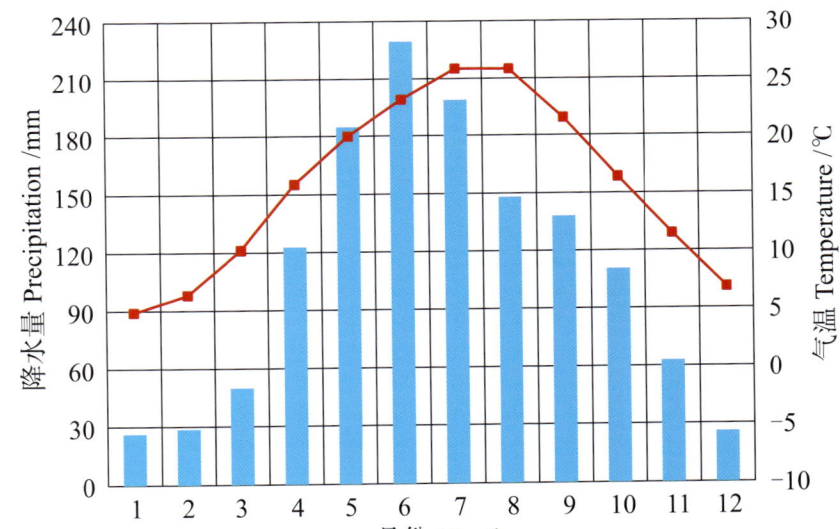

本区域中心区月平均气温与月平均降水量
Monthly temperature and precipitation in central area of the region

彭水苗族土家族自治县主要土壤类型与土壤剖面点分布图
1:340 000

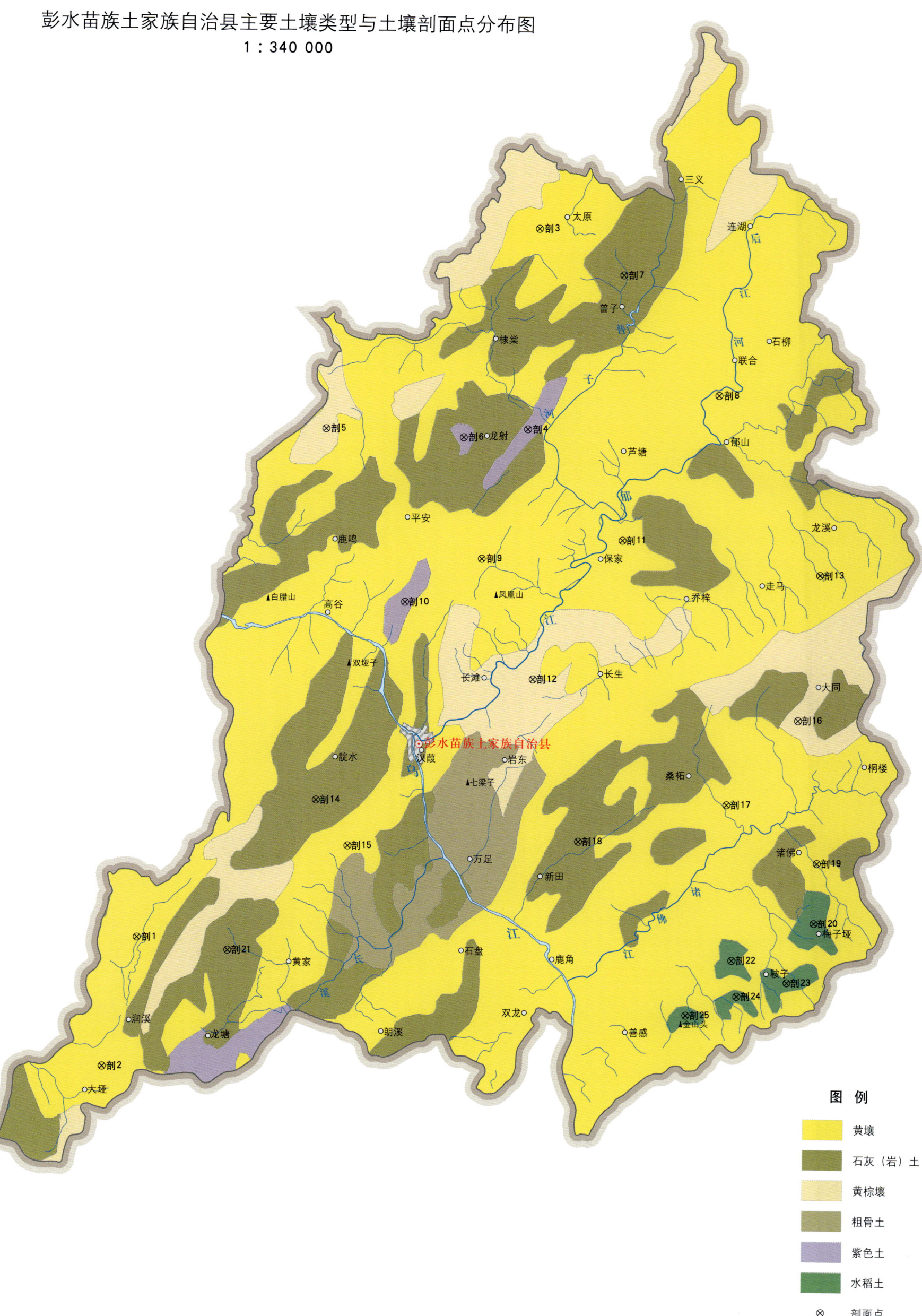

彭水苗族土家族自治县土壤剖面理化性状表

剖面号 Soil profile	土纲 Soil order	土类 Soil great group	亚类 Soil subgroup	土属 Soil genus	土种 Soil species	土层码 Layer code	土层厚度 Depth/cm	颜色 Soil color	质地 Soil texture	土壤结构 Soil structure	pH	有机质 OM/(g/kg)	全氮 TN/(g/kg)	碱解氮 AN/(mg/kg)	土壤母质 Parent material	剖面点坐标 Profile coordinate	匹配指数 Matching index/%
剖1	铁铝土	黄壤	黄壤	矿子黄泥土	饭黄泥土	A	0—16	棕黄色	中砾中壤土	核状	6.0	24.3	0.81	82	石灰岩、白云质灰岩风化物	E 107°55′17.0″ N 29°08′27.2″	76
						B	16—31	灰黄色	重砾轻黏土	团粒状	6.9	15.2	0.59				
						C	31—101	黄色	轻砾重黏土	棱柱状	5.8	4.8	0.42				
剖2	铁铝土	黄壤	粗骨性黄壤			Ao	0—3	褐色		无明显结构				87	石灰岩、白云质灰岩风化物	E 107°53′42.0″ N 29°02′28.7″	70
						A_1	3—5	棕黄色	中砾土	团粒状	6.1	21.3	1.44				
						B	5—64	浅棕黄色	重砾中壤土	团块状	6.1	13.4	1.14				
						C	64—93	浅黄色	轻砾土	块状	6.1	16.1	1.21				
剖3	铁铝土	黄壤	黄壤	矿子黄泥土	火石子黄泥土	A	0—18	灰黄色	中砾土	团块状	6.4	19.9	1.28	106	石灰岩、白云质灰岩风化物	E 108°15′05.4″ N 29°41′24.7″	99
						B	18—47	黄色	中砾土	小块状	6.6	15.4	0.92				
						C	47—87	紫红色	重砾中壤土	小块状	6.7	6.7	0.28				
剖4	初育土	紫色土	中性紫色土	暗紫泥土	紫红泥土	A	0—21	紫红色	中砾土	核状	7.5	9.5	1.02	60	紫色页岩、砂页岩坡积物、洪积物	E 108°14′48.8″ N 29°32′14.6″	85
						B	21—39	紫红色	重砾中壤土	块状	7.5	6.1	0.56				
						C	39—104	紫红色	中砾土	柱状	7.5	4.5	0.88				
剖5	淋溶土	黄棕壤	山地黄棕壤	山地黄色棕壤	石块黄泥土	A	0—15	浅黄色	重砾土	核状	6.0	27.4	1.36	93	砂页岩残积物、坡积物	E 108°04′14.5″ N 29°31′59.9″	81
						B	15—100	黄橙色	重砾土	团块状	5.9	12.5	0.53				
剖6	初育土	紫色土	中性紫色土	暗紫泥土	紫砂泥土	A	0—18	紫红色	重砾重壤土	粒状	6.2	7.4	0.80	68	钙质页岩和泥质灰岩残积物、坡积物	E 108°11′27.6″ N 29°31′47.6″	77
						B	18—55	紫红色	重砾重壤土	粒状	6.7	3.9	0.67				
						C	55—100	暗紫红色	重砾土	柱状	6.5	6.0	0.59				
剖7	初育土	石灰(岩)土	黄色石灰土	黄色黄石灰土	白砂泥土	1	0—18	灰白色	重砾土	团块状	7.5	21.7	0.57	68		E 108°19′35.8″ N 29°39′23.8″	78
						2	18—52	暗紫红色	重砾土	团块状	7.5	21.6	1.13				
						3	52—										
剖8	铁铝土	黄壤	粗骨性黄壤	粗骨性黄壤	砂砂土	A	0—14	棕黄色	重砾土	无明显结构	6.2	8.7	1.50	118	页岩、砂页岩坡积物、残积物	E 108°24′47.9″ N 29°34′02.6″	75
						B	14—54	浅灰黄色	重砾土	无明显结构	6.3	8.7	2.48	68			
						C	54—										
剖9	铁铝土	黄壤	灰化黄壤	灰化黄壤	大土黄泥土	Ao	0—3	棕黑色		无明显结构	6.8			48	粉砂岩、粉质砂页岩残积物	E 108°12′37.4″ N 29°26′16.8″	81
						A_1	3—11	棕黄色	重砾中壤土	团粒状	6.9	75.0	0.65				
						$A_2a_3b_3$	11—24	灰黄色	重砾轻壤土	团块状	6.1	43.6	0.57				
						Ba_3b_3	24—61	黄色	轻砾土	大块状		11.8	0.44				
						Ca	61—100										
剖10	初育土	紫色土	中性紫色土	暗紫泥土	紫红泥土	A	0—18	紫黄色	中砾土	粒状	7.3	16.0	1.82	110	紫色页岩、砂页岩坡积物、洪积物	E 108°08′40.6″ N 29°24′11.9″	72
						B	19—40	暗黄色	重砾重壤土	团块状	7.2	19.1	1.56				
						C	40—100	暗黄色	轻砾重壤土	团块状	7.2	12.7	1.18				
剖11	铁铝土	黄壤	黄壤	矿子黄泥土	大土黄泥土	A	0—18	暗黄灰色	重砾重壤土	团粒状	6.4	40.4	1.85	130	石灰岩、白云质灰岩风化物	E 108°19′57.7″ N 29°27′18.0″	70
						Pb	18—34	浅黄灰黄色	中砾重壤土	板状	6.5	35.5	1.57				
						B_1	34—58	暗黄灰色	重砾重壤土	棱柱状	6.4	35.6	1.77				
						B_2C	58—100	灰黄棕色	轻砾中黏土	团块状	6.4	49.4	2.09				
剖12	淋溶土	黄棕壤	山地黄棕壤	山地黄棕壤	石子黄泥土	A	0—14	暗黄棕色	中砾土	团粒状	6.3	49.6	2.36	62	硅质灰岩、灰质白云岩坡积物、残积物	E 108°15′29.9″ N 29°20′51.4″	86
						B	14—100	浅黄棕色	重砾土	团粒状	6.3	6.6	0.58				
剖13	铁铝土	黄壤	粗骨性黄壤	粗骨性黄泥土	油砂土	A	0—15	暗灰色	轻砾土	粒状	6.4	47.5	2.38	150	页岩、砂页岩坡积物、残积物	E 108°30′22.0″ N 29°25′58.8″	98
						B	15—27	暗灰色	重砾土	粒状	6.6	17.2	2.30				
						C	27—										

续表 Continued

剖面号 Soil profile	土纲 Soil order	土类 Soil great group	亚类 Soil subgroup	土属 Soil genus	土种 Soil species	土层码 Layer code	土层厚度 Depth/cm	颜色 Soil color	质地 Soil texture	土壤结构 Soil structure	pH	有机质 OM/(g/kg)	全氮 TN/(g/kg)	碱解氮 AN/(mg/kg)	土壤母质 Parent material	剖面点坐标 Profile coordinate	匹配指数 Matching index/%
剖14	初育土	石灰（岩）土	黄色石灰土	黄色石灰土	石渣子土	1	0—16	灰黄色	中砾土	团块状	6.8	28.8	1.52	115	灰岩、白云质灰岩残积物、坡积物	E 108°04′22.4″ N 29°15′01.8″	76
						2	16—89	褐黄色	中砾土	团块状	7.4	22.4	1.85				
						C	89—										
剖15	铁铝土	黄壤	粗骨性黄壤	粗骨性黄泥土	响砂土	A	0—14	青灰色	轻砾土	无明显结构	6.7	13.7	2.18	113	页岩、砂页岩坡积物、残积物	E 108°06′06.8″ N 29°12′59.0″	87
						C	14—100	青灰色	重砾土	无明显结构	6.5	4.3	1.15				
剖16	淋溶土	黄棕壤	山地黄棕壤	山地黄棕壤	黄棕泥土	A	0—15	暗黄棕色	中砾土	粒状	6.4	33.4	1.88	169	灰岩、页岩坡积物、残积物	E 108°29′27.2″ N 29°19′19.9″	87
						B	15—50	灰黄棕色	中砾土	团块状	6.3	17.2	0.94				
						C	50—100	灰黄棕色	轻砾土	小块状	6.3	3.5	0.77				
剖17	铁铝土	黄壤	矿子黄泥土	矿子黄泥土	豆面泥土	A	0—21	棕黄色	中砾壤重壤土	核粒状	6.3	58.8	2.88	224	石灰岩、白云质灰岩风化物	E 108°25′50.7″ N 29°15′23.8″	99
						B	21—32	棕黄色	重砾壤重壤土	小块状	6.3	51.2	1.34				
						C	32—100	灰黄色	轻砾重壤土	块状	6.1	33.5	0.73				
剖18	初育土	石灰（岩）土	黄色石灰土	矿子黄泥土	小黄泥土	1	0—20	灰棕黄色	重砾重壤土	团块状	7.5	14.8	1.14	64	泥质灰岩、白云质灰岩风化物	E 108°18′09.0″ N 29°13′30.4″	88
						2	20—35	棕黄色	中砾中壤土	块状	6.9	5.6	0.78				
						3	35—100	棕黄色	重砾重壤土	棱柱状	7.3	7.8	0.21				
剖19	铁铝土	黄壤	矿子黄泥土	矿子黄泥土	矿子黄泥土	BFe	18—37	浅黄色	重砾重壤土	块状	6.2	19.7	0.98	100	石灰岩、白云质灰岩坡积物	E 108°30′40.0″ N 29°12′50.4″	88
								浅黄色	中砾中壤土	棱柱状	6.8	15.8	0.90				
						C	37—100				6.7	15.0	0.82				
剖20	人为土	水稻土	冲积型水稻土	黄色潮土水稻土	白砂泥田	A′	0—20	浅灰色	重砾土	团块状	6.2	52.1	1.10	153	黄壤再积物	E 108°30′35.6″ N 29°10′04.8″	92
						Pb	20—29	黄灰色	中砾土	小块状	6.3	13.0	0.80				
						HA₁	29—92	灰灰色		大块状	6.0	48.8	1.05				
							92—100										
剖21	初育土	石灰（岩）土	黄色石灰土	黄色潮土	黄泡泥土	A	0—17	灰棕色	轻砾土	粒状	7.1	13.2	0.81	53	灰岩、白云岩和钙质砂页岩坡积物、残积物	E 108°00′02.0″ N 29°07′59.6″	81
						B	17—80	黄棕色	重砾中壤土	小块状	7.1	13.0	0.82				
						C	80—100	棕色	重砾中壤土	棱柱状	6.8	6.5	0.66				
剖22	人为土	水稻土	冲积型水稻土	黄色潮土水稻土	黄潮泥田	A′	0—21	灰黄色	重砾中壤土	块状	6.4	24.8	1.23	120	黄壤再积物	E 108°26′22.6″ N 29°08′16.8″	82
						Pb	21—31	棕黄色	重砾轻壤土	块状	6.4	22.7	1.72				
						Wab₂	31—100	灰黄色	重砾砂壤土	棱柱状	6.7	19.4	1.15				
剖23	人为土	水稻土	黄壤性水稻土	粗骨性黄壤水稻土	白鳝泥田	A′	0—20	暗黄色	轻砾重壤土	团块状	6.4	22.5	1.30	149	页岩、砂页岩混合坡积物	E 108°29′17.2″ N 29°07′19.2″	78
						Pb	20—30	灰白色	中砾重壤土	块状	6.1	32.7	1.20				
						HA₁	34—65	灰棕白色	中砾重壤土	棱柱状	6.9	15.5	0.75				
						Wa₂b₂	65—100	黄棕色	中砾重壤土	板状	6.9	9.4	0.62				
剖24	人为土	水稻土	黄色潮土水稻土	黄色潮土水稻土	黄潮砂泥田	A′	0—23	灰棕色	轻砾轻壤土	棱柱状	7.2	20.8	1.32	83	黄壤再积物	E 108°26′42.0″ N 29°06′37.8″	87
						Pa₂b₁	23—31	暗黄棕色	轻砾重壤土	块状	6.3	15.6	1.25				
						Pa₂b₂	31—81	棕黄色	轻砾轻壤土	块状	6.4	19.7	0.36				
						C	81—100										
剖25	人为土	水稻土	灰棕潮田	灰棕潮泥田	潮泥田	A′₁	0—19	棕灰色	轻砾轻壤土	粒状	7.3	15.6	1.49	41	河流冲积物	E 108°24′03.6″ N 29°05′42.0″	75
						P	19—31	灰黄色	轻砾轻壤土	粒状	7.4	10.2	0.62				
						A′₂	31—49	暗棕灰色	轻砾轻壤土	小块状	7.3	23.1	1.21				
						Pb	49—54	灰白色	轻砾轻壤土	片状	7.3	21.0	1.06				
						Wa₂b₃	54—100	暗青灰色	轻砾中壤土	棱柱状	7.2	21.6	1.14				

中国土壤剖面数据集·重庆、四川卷

第三编 | 四川省分县土壤图与土壤剖面数据

成 都 市

金 牛 区

主要土类说明

水稻土是金牛区的主要土壤类型，占本区地域面积的64%。水稻土是在长期季节性淹灌、水下翻耕、季节性脱水、氧化还原交替影响下，原来成土母质或母土的特性发生重大改变，形成的新的土壤类型。由于干湿交替，水稻土形成糊状淹育层、较坚实板结的犁底层、渗育层、潴育层与潜育层等多种发生层。本区水稻土主要起源于三类母土：河溪沿岸一级阶地及带状坝地形成的冲积型水稻土，起源于紫色土和黄壤的紫色土性水稻土和黄壤性水稻土。其中，以位于岷江冲积扇边缘即本区平坝地带，岷江冲积物发育而成的冲积型水稻土所占面积最大。该类型水稻土地势平坦，土层深厚，土壤肥沃，砂黏适中，质地多为中壤土至重壤土，上下比较均匀，土壤呈浅灰色或灰色，耕层熟化度高，结构良好，多呈粒状或团粒状，有鳝血斑纹或锈纹、锈斑。心土层呈块状或棱柱状，表面有灰色胶膜，有少量铁锰结核，土壤孔隙较多，通透性良好，呈中性至微酸性，有机质含量较高。

黄壤是金牛区第二大土壤类型，占本区地域面积的5%，多见于本区浅丘地带及四级阶地和五级阶地。黄壤形成于湿润的亚热带气候条件下，成土母质为黏土。黄壤化学风化较强烈，盐基物质的淋溶势强，铁质也普遍水化，在发育过程中产生明显的黏化、黄化和脱硅富铝化过程。本区黄壤土质黏重，养分渗漏流失少，保水保肥力强。因其分布海拔位置较高，多为坡地，冲刷严重，水源不足，易受干旱，土体中砂姜含量较多，加之土质黏重，结构不良，不利于作物生长。

小于本区地域面积3%的土壤类型还有紫色土、新积土等。

本区域中心区气候特征

本区域中心区气候特征值
Regional climate characteristics in central area of the region

气候带：中亚热带湿润气候 Climate region: Subtropical humid climate	
年平均气温 /℃ Annual average temperature /℃	15.8
年平均最高气温 /℃ Annual average maximum temperature /℃	20.2
年平均最低气温 /℃ Annual average minimum temperature /℃	12.7
年降水量 /mm Annual precipitation /mm	866
≥10℃的积温 /℃ Daily temperature accumulated in a year (≥10℃) /℃	5844
年日照时数 /h Annual sunshine /h	1107
年平均相对湿度 /% Annual average relative humidity /%	81
干燥度 Dryness	1.12

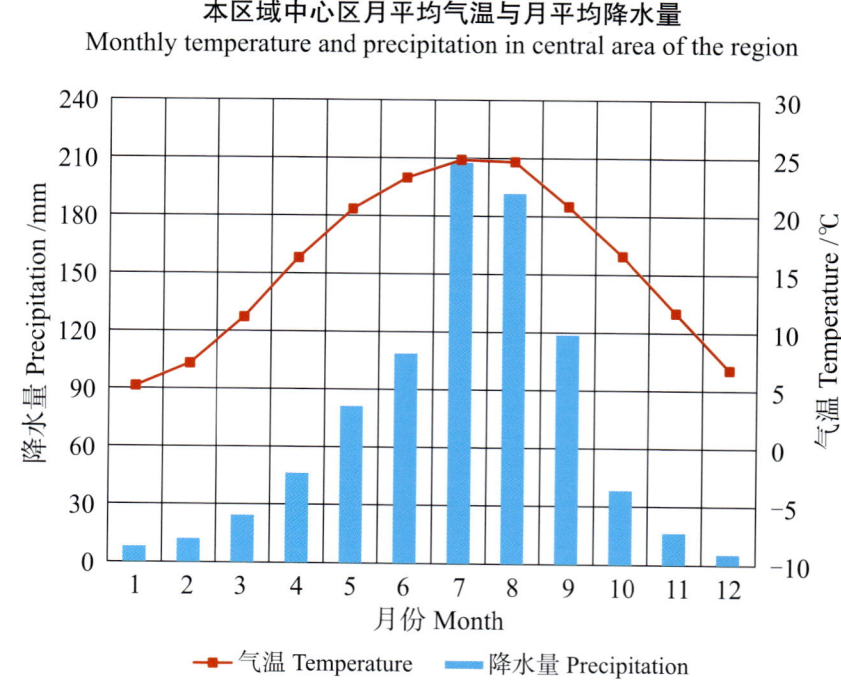

本区域中心区月平均气温与月平均降水量
Monthly temperature and precipitation in central area of the region

金牛区主要土壤类型与土壤剖面点分布图

1∶70 000

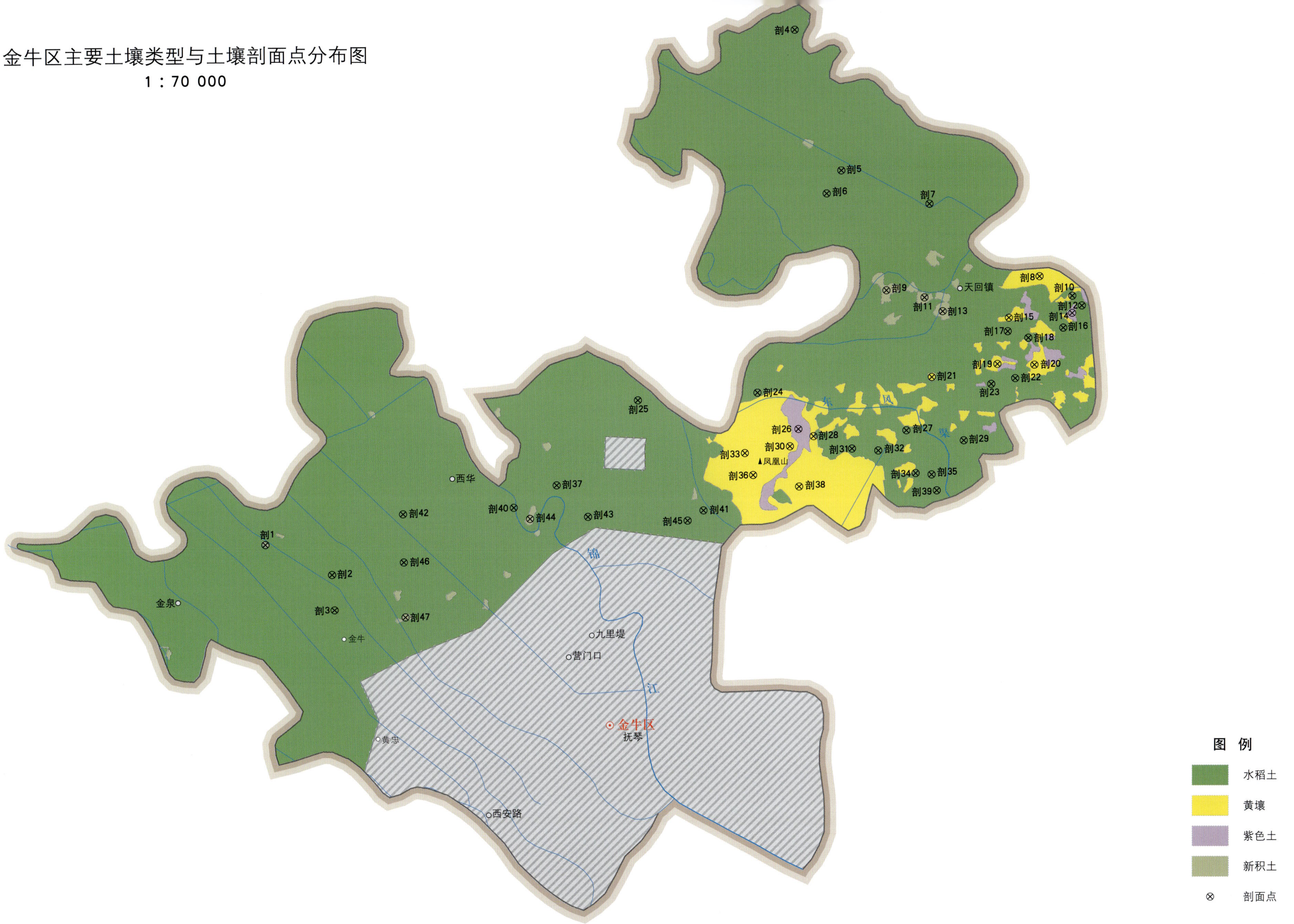

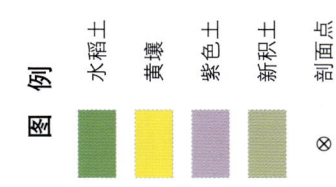

第三编 四川省分县土壤图与土壤剖面数据

金牛区土壤剖面理化性状表

剖面号 Soil profile	土纲 Soil order	土类 Soil great group	亚类 Soil subgroup	土属 Soil genus	土种 Soil species	土层码 Layer code	土层厚度 Depth/cm	颜色 Soil color	质地 Soil texture	土壤结构 Soil structure	pH	有机质 OM/(g/kg)	全氮 TN/(g/kg)	全磷 TP/(g/kg)	全钾 TK/(g/kg)	碱解氮 AN/(mg/kg)	有效磷 AP/(mg/kg)	速效钾 AK/(mg/kg)	阳离子交换量CEC/(cmol/kg)	土壤母质 Parent material	剖面点坐标 Profile coordinate	匹配指数 Matching index/%
剖1	初育土	新积土	冲积土	灰色冲积土	二泥砂土	1	0—28	灰色	中壤土	粒状	7.7	27.2	1.18	0.43	1.5	89	22.8	4	7.2	河流冲积物	E 103°59′13.9″ N 30°43′26.1″	82
						2	28—44	浅黄灰色	中壤土	块状	7.4	7.9	0.87	0.76	1.7				7.0			
						3	44—84	浅黄灰色	中壤土	块状	7.2	7.6	1.20	0.28	1.7				9.5			
						4	84—100	浅黄灰色	中壤土	块状	7.3	6.0	0.34	0.19	1.7				9.3			
剖2	人为土	水稻土	冲积型水稻土	灰色冲积水稻土	油砂田	1	0—17	浅黄灰色	中壤土	粒状	5.8	31.0	1.43	0.78	2.4	169	16.7	17	10.9	灰色冲积物	E 103°59′56.8″ N 30°43′09.5″	93
						2	17—29	浅黄灰色	中壤土	板状、片状	7.0	19.0	7.00	0.47	2.4				9.7			
						3	29—100	浅黄灰色	砂壤土	大棱柱状	7.1	7.6		0.48	2.4				7.9			
剖3	人为土	水稻土	冲积型水稻土	灰色冲积水稻土	潴田	1	0—16	浅黄灰色	重壤土	块状	7.5	41.1	2.51	0.84	1.4	160	12.8	56	11.2	灰色冲积物	E 103°59′58.6″ N 30°42′49.7″	78
						2	16—29	蓝灰色	重壤土	棱柱状	7.8	37.7	2.41	0.76	1.6				9.9			
						3	29—74	浅黄灰色	重壤土	棱柱状	6.4	7.9	0.85	0.54	1.4				7.2			
						4	74—100	黄灰色	轻壤土	棱柱状	6.3	5.1	0.45	0.19	1.4				8.5			
剖4	人为土	水稻土	冲积型水稻土	灰色冲积水稻土	砂田	1	0—13	浅灰色	中壤土	粒状、小块状	7.7	21.4	1.08	0.90	2.4	89	4.2	37	4.6	灰色冲积物	E 104°04′54.1″ N 30°48′16.6″	93
						2	13—19	浅灰色	中壤土	板状	8.1	24.1	1.24	0.84	1.9				5.8			
						3	19—62	浅灰色	重壤土	大棱柱状	8.1	16.5	0.58	0.89	1.8				4.1			
						4	62—100	浅黄灰色	砂壤土	单粒状	8.3	4.9	0.18	0.83	1.6				1.4			
剖5	人为土	水稻土	冲积型水稻土	灰色冲积水稻土	二泥田	1	0—17	浅灰色	中壤土	块状、粒状	5.6	34.1	1.97	0.59	1.9	155	25.7	24	7.4	灰色冲积物	E 104°05′24.7″ N 30°46′57.7″	96
						2	17—33	浅灰色	中壤土	板状	5.9	30.7	1.81	0.48	1.9				7.6			
						3	33—73	浅灰色	砂壤土	小块状、团粒状	7.3	12.3	5.50	0.35	2.3				9.8			
						4	73—100	浅灰色	砂壤土	小块状	7.6	13.4	4.50	0.20	2.5				12.0			
剖6	人为土	水稻土	冲积型水稻土	灰色冲积水稻土	二潲田	1	0—15	浅灰色	轻壤土	粒状、粒状	7.4	16.3	1.09	0.75	1.8	74	10.9	20	4.7	灰色冲积物	E 104°05′15.4″ N 30°46′44.8″	90
						2	15—24	蓝灰色	轻壤土	块状	7.8	14.0	0.89	0.76	2.2				4.1			
						3	24—40	浅灰色	轻壤土	小棱柱状	7.5	7.8	0.54	0.70	1.3				3.7			
						4	40—100	黄灰色	重壤土	块状	7.4	5.8	0.42	0.58	1.5				3.1			
剖7	人为土	水稻土	冲积型水稻土	灰色冲积水稻土	白鳝泥田	1	0—13	浅灰色	重壤土	块状、小块状	6.1	31.1	1.53	0.72	1.9	115	10.7	24	11.6	灰色冲积物	E 104°06′21.6″ N 30°46′39.4″	96
						2	13—19	灰白色	轻壤土	块状	7.6	24.1	1.31	0.49	2.0				11.3			
						3	19—34	白灰色	轻壤土	鳞片状	7.9	9.1	0.49	0.19	2.2				17.8			
						4	34—100	灰白色	轻黏土	小块状	7.5	7.2	0.44	0.32	2.3				20.6			
剖8	铁铝土	黄壤	黄壤	老积黄泥土	卵石黄泥土	1	0—14	紫黄色	中壤土	片状、小块状	7.0	12.2	0.74	0.25	1.0	50	1.5	33	17.8	黏土	E 104°07′32.9″ N 30°45′59.0″	99
						2	14—100	红黄色	中壤土	粒状、团粒状	7.2	2.3	0.39	0.11	0.7				13.3			
剖9	初育土	新积土	冲积土	灰色冲积土	二泥土	1	0—21	浅黄灰色	重壤土	块状、团粒状	7.6	26.6	1.46	0.97	2.5	135	5.2	8	23.6	河流冲积物	E 104°05′54.2″ N 30°45′50.7″	82
						2	21—70	棕褐色	重壤土	小块状	6.8	15.2	1.19	0.70	1.4				10.0			
						3	70—100	灰色	轻壤土	块状、粒状	7.4	7.2	0.55	0.35	1.5				16.5			
剖10	人为土	水稻土	紫色土性水稻土	红紫色水稻土	下湿田	1	0—14	灰紫色	轻壤土	块状	7.9	28.0	1.64	0.54	1.9	156	2.5	5	19.9	红紫色砂泥岩风化物	E 104°07′54.1″ N 30°45′48.2″	77
						2	14—65	深灰紫色	轻壤土	无明显结构	8.0	20.1	1.02	0.26	1.9				19.9			
						3	65—	浅灰紫色	轻壤土	块状	7.2	3.8	0.29	0.16	1.9				17.7			
剖11	初育土	新积土	冲积土	灰色冲积土	砂土	1	0—28	浅灰棕色	中壤土	粒状、团粒状	7.6	14.4	0.70	1.12	1.3	50	12.2	4	4.5	河流冲积物	E 104°06′18.7″ N 30°45′46.8″	92
						2	28—100	浅黄棕色	中壤土	粒状、小块状	8.4	7.9	0.35	0.72	2.1				27.7			
剖12	人为土	水稻土	黄壤性水稻土	姜石黄泥田	油砂黄泥田	1	0—15	浅黄棕色	轻黏土	团粒、团粒状	7.3	39.2	2.15	0.77	1.7	151	6.8	50	28.6	黏土	E 104°08′00.2″ N 30°45′42.8″	71
						2	15—23	浅黄棕色	轻黏土	片状	7.6	25.9	1.52	0.33	1.1				24.7			
						3	23—51	浅黄棕色	轻黏土	棱柱状	7.7	18.2	1.09	0.31	1.0				26.8			
						4	51—100	黄棕色	轻黏土	棱柱状	7.4	5.4	0.31	0.24	1.2							

续表 Continued

剖面号 Soil profile	土纲 Soil order	土类 Soil great group	亚类 Soil subgroup	土属 Soil genus	土种 Soil species	土层码 Layer code	土层厚度 Depth/cm	颜色 Soil color	质地 Soil texture	土壤结构 Soil structure	pH	有机质 OM/(g/kg)	全氮 TN/(g/kg)	全磷 TP/(g/kg)	全钾 TK/(g/kg)	碱解氮 AN/(mg/kg)	有效磷 AP/(mg/kg)	速效钾 AK/(mg/kg)	阳离子交换量CEC/(cmol/kg)	土壤母质 Parent material	剖面点坐标 Profile coordinate	匹配指数 Matching index/%
剖13	初育土	新积土	冲积土	灰色冲积土	下湿土	1	0~20	浅棕灰色	中壤土	粒状	7.8	36.7	1.68	1.03	1.5	106	12.0	6	9.2	河流冲积物	E 104°06′30.5″ N 30°45′39.1″	89
						2	20~30	深灰色	中壤土	块状	7.9	12.8	0.61	0.74	1.6				8.0			
						3	30~80	浅黄灰色	轻壤土	小棱柱状	7.7	6.5	0.81	0.69	1.5				5.5			
						4	80~100	浅黄灰色	轻壤土	小棱柱状	8.0	1.7	0.13	0.63	1.7				4.9			
剖14	初育土	紫色土	红紫泥土	红紫泥土	红砂土	1	0~25	浅红紫色	砂壤土	粒状	6.3	5.8	0.44	0.22	1.7	41	4.8	11	7.2	红紫色砂泥岩风化物	E 104°07′54.1″ N 30°45′38.5″	87
						2	25~65	红紫色	砂壤土	粒状	6.6	4.9	0.23	0.12	1.7				13.7			
						3	65~	红紫色	紫砂土		7.2	0.8		0.05	1.8				12.5			
剖15	铁铝土	黄壤	老冲积黄泥土	黄泥土	1	0~16	黄棕色	轻黏土	粒状	7.0	11.8	0.66	0.33	1.8	48	3.3	21	21.3	黏土	E 104°07′13.4″ N 30°45′35.6″	84
						2	16~21	黄棕色	轻黏土	粒状、小块状	7.4	8.4	0.53	0.20	1.5				21.2			
						3	21~100	姜黄色	轻黏土	粒状、小块状	7.8	2.2	0.22	0.18	1.5				20.1			
剖16	人为土	水稻土	黄壤性水稻土	老冲积黄泥田	黄泥田	1	0~16	黄棕色	重壤土	粒状、团块状	5.7	23.8	1.51	0.59	2.2	145	5.7	43	23.6	黏土	E 104°07′48.4″ N 30°45′30.2″	87
						2	16~26	黄棕色	轻壤土	块状、团块状、片状	7.1	12.6	0.76	0.34	2.0				17.9			
						3	26~44	黄棕色	轻壤土	核状	7.4	7.3	0.39	0.22	1.9				20.3			
						4	44~100	姜黄色	中壤土	小棱柱状	7.9	4.8	0.34	0.17	1.9				19.9			
剖17	人为土	水稻土	黄壤性水稻土	姜石黄泥田	下湿田	1	0~15	棕色	重壤土	块状、团粒结构	6.2	31.8	1.38	0.40	1.3	124	2.9	4	20.3	黏土	E 104°07′12.7″ N 30°45′28.1″	93
						2	15~22	蓝灰色	重壤土	无明显结构	6.4	31.5	1.38	0.46	1.5				20.1			
						3	22~48	黄棕色	重壤土	棱柱状	6.6	21.0	0.90	0.22	1.5				19.6			
						4	48~100	灰白黄色	轻壤土	小棱柱状	6.8	4.6	0.24	0.18	2.0				18.2			
剖18	人为土	水稻土	紫色土性水稻土	红紫色水稻土	红砂田	1	0~17	重棕紫色	重壤土	粒状、团块状	6.5	10.1	1.11	0.31	1.3	87	13.3	36	17.6	红紫色砂泥岩风化物	E 104°07′26.0″ N 30°45′24.5″	83
						2	17~25	棕红紫色	重壤土	块状、片状	7.6	4.7	0.62	0.14	1.3				17.4			
						3	25~42	棕紫色	重壤土	核状	7.5	4.3	0.39	0.11	1.2				17.7			
						4	42~	棕紫色	中壤土	棱柱状	7.9	1.9	0.20	0.06	1.3				19.4			
剖19	铁铝土	黄壤	姜石黄泥土	二黄泥土	1	0~27	浅黄棕色	重黏土	粒状、核状	5.7	14.6	0.95	0.43	1.2	116	6.0	23	19.0	黏土	E 104°07′06.2″ N 30°45′09.7″	77
						2	27~75	黄棕色	重黏土	核状、块状	7.8	10.8	0.44	0.13	1.3				21.8			
						3	75~100	鲜黄棕色	重黏土	核状、粒状	8.0	1.4	0.30	0.11	1.1				23.6			
剖20	铁铝土	黄壤	老冲积黄泥土	小土砂土	1	0~24	黄棕色	重黏土	块状	5.9	16.4	0.79	0.23	1.0	73	3.0	26	12.6	黏土	E 104°07′30.0″ N 30°45′09.4″	90
						2	24~40	黄褐色	重黏土	小块状	6.1	15.7	0.88	0.15	1.0				15.4			
						3	40~84	黄棕色	重黏土	块状	6.8	7.8	0.37	0.13	1.6				26.0			
						4	84~120	黄棕色	重黏土	核状	7.2	6.4	0.24	0.09	1.5				21.9			
剖21	铁铝土	黄壤	老冲积黄泥土	大黄泥土	1	0~22	浅黄棕色	重黏土	粒状、块状	7.3	12.4	0.53	0.28	1.3	68	0.8	21	21.3	黏土	E 104°07′23.8″ N 30°45′02.2″	76
						2	22~61	黄棕色	重黏土	核状、块状	7.5	10.2	0.50	0.25	1.2				21.7			
						3	61~100	黄棕色	重黏土	块状	7.8	2.7	0.10	0.15	1.6				23.9			
剖22	铁铝土	黄壤	红紫色水稻土	卵石黄泥田	1	0~15	浅黄棕色	重黏土	块状、核状	7.0	14.5	0.98	0.31	1.4	78	0.5	23	21.4	黏土	E 104°07′17.8″ N 30°45′01.8″	80
						2	15~22	黄棕色	重黏土	无明显结构	7.1	11.6	0.85	0.28	1.1				21.5			
						3	22~63	黄棕色	重黏土	块状	7.4	2.6	0.42	0.38	1.1				16.9			
						4	63~100	黄棕色	重黏土	核状	7.5	2.0	0.39	0.14	1.2				29.0			
剖23	人为土	水稻土	紫色土性水稻土	红紫色水稻土	楮床田	1	0~15	浅红紫色	重黏土	团块状	6.3	17.8	1.07	0.40	2.1	121	1.3	34	24.2	红紫色砂泥岩风化物	E 104°07′02.3″ N 30°44′58.6″	83
						2	15~22	红紫色	重黏土	块状、团块结构	5.6	14.6	0.95	0.42	1.8				24.7			
						3	22~	红紫色	重黏土	无明显结构	5.2	9.9	0.86	0.32	1.7				29.1			
剖24	人为土	水稻土	黄壤性水稻土	姜石黄泥田	红紫泥田	1	0~14	浅红棕色	轻黏土	块状、团粒结构	6.8	32.8	1.69	0.56	2.1	91	9.2	38	21.0	黏土	E 104°04′31.4″ N 30°44′52.8″	88
						2	14~23	浅红棕色	轻黏土	板状	7.4	25.6	1.31	0.36	1.4				20.5			
						3	23~52	浅黄棕色	轻黏土	棱柱状	7.3	16.8	0.93	0.20	1.5				19.4			
						4	52~100	黄棕色	轻黏土	小棱柱状	7.8	4.9	0.40	0.19	1.4				17.4			

续表 Continued

剖面号 Soil profile	土纲 Soil order	土类 Soil great group	亚类 Soil subgroup	土属 Soil genus	土种 Soil species	土层码 Layer code	土层厚度 Depth/cm	颜色 Soil color	质地 Soil texture	土壤结构 Soil structure	pH	有机质 OM/(g/kg)	全氮 TN/(g/kg)	全磷 TP/(g/kg)	全钾 TK/(g/kg)	碱解氮 AN/(mg/kg)	有效磷 AP/(mg/kg)	速效钾 AK/(mg/kg)	阳离子交换量 CEC/(cmol/kg)	土壤母质 Parent material	剖面点坐标 Profile coordinate	匹配指数 Matching index/%
剖25	人为土	水稻土	冲积型水稻土	灰色冲积水稻土	黄泥底二泥田	1	0—13	浅灰色	重壤土	粒状、小块状	5.8	29.2	1.21	0.63	2.7	150	22.2	10	8.4	灰色冲积物	E 104°03′14.0″ N 30°44′48.1″	86
						2	13—31	灰色	重壤土	板状	6.3	23.6	0.93	0.53	2.5				7.9			
						3	31—58	黄灰色	重壤土	棱柱状	7.2	8.3	0.17	0.29	2.4				8.7			
						4	58—100	棕黄色	重壤土	小棱柱状	7.4	5.5		0.21	2.6				10.7			
剖26	初育土	紫色土	红紫泥土		糟糠土	1	0—22	暗红紫色	轻黏土	核状、小块状	5.1	17.9	1.22	0.34	1.4	79	4.2	30	29.0		E 104°04′58.1″ N 30°44′32.6″	91
						2	22—	暗红紫色	轻黏土	核状、片状	6.8	11.6	0.81	0.27	2.0				25.4			
剖27	人为土	水稻土	黄壤性水稻土	姜石黄泥田	鸭粪泥田	1	0—13	深灰紫色	轻黏土	块状	7.1	44.8	2.02	0.60	1.4	145	5.1	25	21.2	黏土	E 104°06′07.6″ N 30°44′32.3″	78
						2	13—29	蓝蓝灰色	轻黏土	无明显结构	7.4	39.5	1.95	0.49	1.4				20.9			
						3	29—100	浅蓝灰色	轻黏土	无明显结构	7.4	31.6	1.52	0.27	1.4				21.4			
剖28	铁铝土	黄壤	黄壤	姜石黄泥土	红紫黄泥土	1	0—19	紫棕黄色	中黏土	核状、团结结构	7.5	17.9	0.98	0.49	2.1	74	9.9	83	30.3	黏土	E 104°05′07.8″ N 30°44′28.7″	89
						2	19—58	紫棕黄色	轻黏土	大块状、块状	7.6	9.9	0.60	0.30	1.9							
						3	58—100	黄棕色	轻黏土	块状	7.9	5.6	0.41	0.18	2.1							
剖29	人为土	水稻土	黄壤性水稻土	姜石黄泥田	二黄泥田	1	0—16	黄黄棕色	重壤土	团粒、团块状	5.6	32.9	1.82	0.49	1.1	148	6.7	33	20.7	黏土	E 104°06′44.6″ N 30°44′26.9″	81
						2	16—24	浅黄棕色	轻黏土	核状、片状	7.1	29.2	1.63	0.37	1.1				20.4			
						3	24—48	棕黄色	轻黏土	棱柱状	7.5	11.0	0.71	0.21	1.2				18.1			
						4	48—100	鲜棕黄色	轻黏土	小棱柱状	7.5	2.0	0.21	0.15	1.0				15.3			
剖30	铁铝土	黄壤	黄壤	姜石黄泥土	死黄泥土	1	0—16	浅黄棕色	重黏土	块状、核状	7.9	6.9	0.51	0.28	1.8	55	2.5	28	22.3	黏土	E 104°04′52.7″ N 30°44′22.9″	81
						2	16—100	浅黄棕色	重黏土	块状	8.1	1.7	0.26	0.12	1.8				22.9			
剖31	铁铝土	黄壤	黄壤性水稻土	姜石黄泥田	死黄泥田	1	0—15	黄黄棕色	重黏土	无明显结构	7.7	12.2	0.60	0.44	1.8	73	9.9	42	21.7	黏土	E 104°05′32.6″ N 30°44′21.8″	96
						2	15—72	蓝棕色	重黏土	无明显结构	7.8	6.7	0.37	0.17	1.9				22.9			
						3	72—100	黄黄棕色	重黏土	块状、块状	6.9	38.4	1.91	0.19	2.1				24.9			
剖32	人为土	水稻土	黄壤性水稻土	姜石黄泥田	大黄泥田	1	0—15	浅黄黄棕色	重黏土	块状、团结结构	7.4	17.3	0.80	0.43	2.8	68	0.8	8	21.5	黏土	E 104°05′49.6″ N 30°44′20.8″	86
						2	15—26	浅黄黄棕色	重黏土	大块状	7.1	9.3	0.34	0.19	1.8				22.0			
						3	26—100	浅黄黄棕色	重黏土	无明显结构	7.1	4.7	0.32	0.14	2.1				20.3			
剖33	铁铝土	黄壤	黄壤	姜石黄泥土	油砂黄泥土	1	0—20	棕褐色	重黏土	粒状	5.6	19.5	0.94	0.38	1.9	201	3.5	58	16.3	黏土	E 104°06′23.5″ N 30°44′19.0″	71
						2	20—48	黄黄棕色	中黏土	核状、块状	6.0	12.2	0.70	0.31	1.1				20.3			
						3	48—100	鲜黄棕色	重黏土	核状、块状	8.0	4.6	0.18	0.16	1.2				26.8			
剖34	人为土	水稻土	黄壤性水稻土	姜石黄泥田	砂黄泥田	1	0—15	浅黄黄棕色	重黏土	粒状、团块状	5.8	30.3	1.17	0.60	1.2	115	7.1	46	18.9	黏土	E 104°04′13.7″ N 30°44′08.2″	85
						2	15—27	黄黄棕色	重黏土	块状、片状	6.9	23.6	1.04	0.25	1.1				18.5			
						3	27—66	黄黄棕色	重黏土	块状、块状	6.9	19.9	0.83	0.18	1.2				18.3			
						4	66—100	黄灰白色	重黏土	小棱柱状	6.9	8.6	0.33	0.16	1.8				16.1			
剖35	人为土	水稻土	黄壤	姜石黄泥田	泥田	1	0—16	棕褐色	重黏土	粒状、小块状	6.0	32.8	1.42	0.40	1.7	141	0.5	100	17.0	黏土	E 104°06′24.1″ N 30°44′20.8″	99
						2	16—25	黄黄棕色	重黏土	大块状、块状	7.6	17.7	0.74	0.26	1.7				15.2			
						3	25—70	浅黄棕色	重黏土	块状	7.2	5.6	0.27	0.15	1.7				13.9			
						4	70—100	黄灰白色	中黏土	小棱柱状	7.0	4.5	0.12	0.14	1.8				16.7			
剖36	铁铝土	黄壤	黄壤	姜石黄泥土	砂黄泥土	1	0—22	黄棕色	重黏土	粒状、块状	6.1	15.4	0.74	3.60	1.1	83	0.2	27	14.6	黏土	E 104°04′23.1″ N 30°44′06.5″	94
						2	22—81	黄棕色	重黏土	核状	7.5	4.1	0.25	1.40	1.5				23.5			
						3	81—100	黄棕色	重黏土	块状	7.5	4.1	0.12	1.20	1.3				27.6			
剖37	人为土	水稻土	冲积型水稻土	灰色冲积水稻土	二泥田	1	0—17	灰色	重黏土	粒状、块状	5.5	34.2	1.48	0.61	2.0	161	15.4	16	7.6	灰色冲积物	E 104°02′22.2″ N 30°44′00.2″	74
						2	17—32	浅黄棕色	轻黏土	块状、核状	7.3	15.1	0.94	0.39	2.1				7.6			
						3	32—100	浅黄棕色	轻黏土	棱柱状	7.7	10.0	0.61	0.39	2.2				9.2			
剖38	铁铝土	黄壤	黄壤	姜石黄泥土	姜黄黄泥土	1	0—24	黄棕色	轻黏土	粒状、核状	7.3	16.7	1.05	0.45	1.8	78	6.4	16	20.3	黏土	E 104°04′58.8″ N 30°44′00.2″	85
						2	24—46	黄黄棕色	中黏土	核状	7.7	12.2	0.77	0.28	1.8				20.8			
						3	46—76	浅黄棕色	重黏土	块状、块状	7.9	2.8	0.27	0.11	1.8				19.7			
						4	76—100	鲜黄棕色	重黏土	块状、核状	8.0	2.2	0.22	0.11	1.8				27.0			

续表 Continued

剖面号 Soil profile	土纲 Soil order	土类 Soil great group	亚类 Soil subgroup	土属 Soil genus	土种 Soil species	土层码 Layer code	土层厚度 Depth/cm	颜色 Soil color	质地 Soil texture	土壤结构 Soil structure	pH	有机质 OM/(g/kg)	全氮 TN/(g/kg)	全磷 TP/(g/kg)	全钾 TK/(g/kg)	碱解氮 AN/(mg/kg)	有效磷 AP/(mg/kg)	速效钾 AK/(mg/kg)	阳离子交换量 CEC/(cmol/kg)	土壤母质 Parent material	剖面点坐标 Profile coordinate	匹配指数 Matching index/%
剖39	人为土	水稻土	潴育水稻土	潮泥田	假白鳝泥田	Aa	0—13	灰色	黏壤土	团块状	6.8	29.9	1.71	0.68	2.0				12.7	冲积物	E 104°06′27.5″ N 30°43′58.5″	81
						Ap	13—23	浅灰色	粉砂质黏壤土	块状	7.8	11.9	0.72	0.61	2.2				12.3			
						W₁	23—46	浅灰色	壤质黏土	棱块状	7.7	7.7	0.55	0.63	2.4				12.1			
						W₂	46—77	油黄色	砂质黏壤土	棱块状	7.8	5.3	0.30	1.01	1.9				6.8			
剖40	人为土	水稻土	冲积型水稻土	灰色冲积水稻土	漏砂田	1	0—17	浅黄灰色	中壤土	粒状、小块状	5.8	23.1	1.06	0.80	1.7	101	1.4	20	6.0	灰色冲积物	E 104°01′54.5″ N 30°43′47.6″	100
						2	17—23	浅黄灰色	轻壤土	片状	6.2	18.3	0.79	0.75	1.7				6.1			
						3	23—100	麻灰色	紧砂土	单粒状	7.8	2.8		0.72	1.3				0.6			
剖41	人为土	水稻土	冲积型水稻土	灰色冲积水稻土	黄泥底田	1	0—16	深灰色	重壤土	粒状、团粒状	5.8	32.5	1.77	0.67	1.3	143	5.9	8	14.0	灰色冲积物	E 104°03′57.0″ N 30°43′46.6″	95
						2	16—28	棕灰色	重壤土	板状	7.1	29.9	1.41	0.45	1.4				14.3			
						3	28—42	浅灰黄色	轻黏土	棱柱状	7.4	5.2	0.70	0.29	1.5				15.1			
						4	42—100	棕黄色	重壤土	小棱柱状	8.2	5.2	0.33	0.20	1.8				18.0			
剖42	人为土	水稻土	冲积型水稻土	灰色冲积水稻土	二泥田	1	0—15	浅黄灰色	重壤土	粒状、团粒状	6.3	27.2	1.49	0.45	1.6	129	129.0	4	7.2	灰色冲积物	E 104°00′42.5″ N 30°43′43.7″	71
						2	15—21	浅黄灰色	轻黏土	板状	7.0	15.4	1.18	0.41	1.1				6.3			
						3	21—55	浅灰黄色	重壤土	棱柱状	8.1	11.6	0.58	0.48	2.0				6.5			
						4	55—100	浅灰黄色	重壤土	小棱柱状	7.0	8.9	0.47	0.38	1.9				6.7			
剖43	人为土	水稻土	冲积型水稻土	灰色冲积水稻土	二泥砂田	1	0—14	浅黄灰色	中壤土	粒状	5.3	32.9	1.78	0.97	1.8	191		15	7.8	灰色冲积物	E 104°02′42.6″ N 30°43′42.6″	96
						2	14—27	浅灰黄色	重壤土	板状	7.4	24.0	1.35	0.55	1.9				7.0			
						3	27—59	浅灰黄色	重壤土	棱柱状	7.5	10.3	0.46	0.59	2.1				6.9			
						4	59—100	浅灰黄色	中壤土	小棱柱状	7.6	8.3	0.29	0.78	1.9				5.6			
剖44	初育土	新积土	冲积土	灰色冲积土	油砂土	1	0—24	灰色	重壤土	团粒状、小块状	6.5	11.7	1.34	0.88	1.8	55	5.4	4	5.8	河流冲积物	E 104°02′05.1″ N 30°43′41.4″	74
						2	24—58	灰棕色	重壤土	板状	7.6	5.2	0.18	0.79	1.6				8.4			
						3	58—100	灰棕色	重壤土	小块状	7.7	9.6	0.32	0.82	2.1				8.2			
剖45	人为土	水稻土	黄壤性水稻土	再积黄泥土	黄泥田	1	0—14	浅棕色	重壤土	块状	7.1	15.3	1.05	0.39	1.2	125	5.1	41	11.0	黏土	E 104°03′46.8″ N 30°43′40.8″	70
						2	14—22	浅棕色	重壤土	板状	7.3	10.9	0.71	0.32	1.4				12.2			
						3	22—100	浅棕黄色	重壤土	小棱柱状	7.6	6.3	0.39	0.13	1.4				22.2			
剖46	人为土	水稻土	冲积型水稻土	灰色冲积水稻土	二泥田	1	0—14	浅黄灰色	重壤土	粒状、块状	5.8	33.3	1.97	0.59	2.5	156	4.0	20	8.8	灰色冲积物	E 104°00′43.2″ N 30°43′16.7″	73
						2	14—23	浅黄灰色	重壤土	粒状、块状	6.5	30.2	1.79	0.83	2.4				8.5			
						3	23—72	黄棕色	重壤土	小棱柱状	7.6	9.7	0.54	0.53	2.7				8.0			
						4	72—100	黄棕色	重壤土	棱柱状	7.9	7.4	0.36	0.46	2.7				7.0			
剖47	初育土	新积土	冲积土	灰色冲积土	黄泥底土	1	0—19	浅黄灰色	轻黏土	团块状、粒状	6.7	37.4	1.41	0.45	1.7	112	10.9	42	13.5	河流冲积物	E 104°00′44.5″ N 30°42′45.8″	82
						2	19—41	浅黄灰色	轻黏土	大块状	7.0	9.2	0.43	0.19	1.7				12.6			
						3	41—64	黄棕灰色	轻黏土	块状	7.0	5.5	0.26	0.17	1.5				13.0			
						4	64—100	灰黄棕色	轻黏土	小块状	6.9	5.8	0.32	0.41	1.7				13.0			

龙 泉 驿 区

主要土类说明

水稻土是龙泉驿区的主要土壤类型，占本区地域面积的 57%。水稻土是在季节性淹水、水旱轮作、早耕熟化和人为因素的综合影响下形成的，受还原淋溶和氧化淀积等作用，土体出现不同的剖面发生层次，包括淹育层（亦称耕作层）、初期潴育层、犁底层、潴育层、潜育层、母质层等。本区水稻土按起源母土可分为三类：冲积型水稻土分布在沿河两岸质地较轻的新冲积阶地上；紫色土性水稻土多分布于海拔较低的沟谷地带，在水源较好的缓坡台地也有分布；黄壤性水稻土主要分布于坝丘地区。

紫色土是龙泉驿区第二大土壤类型，占本区地域面积的 40%，主要分布在龙泉山低山地区，坝丘也有极少分布，是亚热带地区特殊的隐域土壤。其成土母质为紫红色砂岩、页岩、泥岩风化物。紫色砂页岩吸热性强，处于昼夜温差大环境下时受热胀冷缩影响，产生物理风化，使母岩分解为碎屑状物质，物理风化快，而化学风化弱，母质颜色、矿物组成、理化性质等常会显现在紫色土上，从而影响紫色土的肥力水平。紫色土剖面层次发育不明显，具 A-C 剖面构型，仍处于初育阶段。由于母岩富含磷、钾等矿质养分，本区紫色土供肥力强，磷、钾营养元素丰富，结构良好，易耕作，宜种度广。但坡度较大时，侵蚀严重，土层浅薄，易受干旱威胁。

小于本区地域面积 3% 的土壤类型还有黄壤、新积土、黄褐土等。

本区域中心区气候特征

本区域中心区气候特征值
Regional climate characteristics in central area of the region

气候带：中亚热带湿润气候 Climate region: Subtropical humid climate	
年平均气温 /℃ Annual average temperature /℃	16.4
年平均最高气温 /℃ Annual average maximum temperature /℃	20.5
年平均最低气温 /℃ Annual average minimum temperature /℃	13.5
年降水量 /mm Annual precipitation /mm	896
≥10℃的积温 /℃ Daily temperature accumulated in a year (≥10℃) /℃	6477
年日照时数 /h Annual sunshine /h	1072
年平均相对湿度 /% Annual average relative humidity /%	82
干燥度 Dryness	1.12

本区域中心区月平均气温与月平均降水量
Monthly temperature and precipitation in central area of the region

龙泉驿区主要土壤类型与土壤剖面点分布图
1:130 000

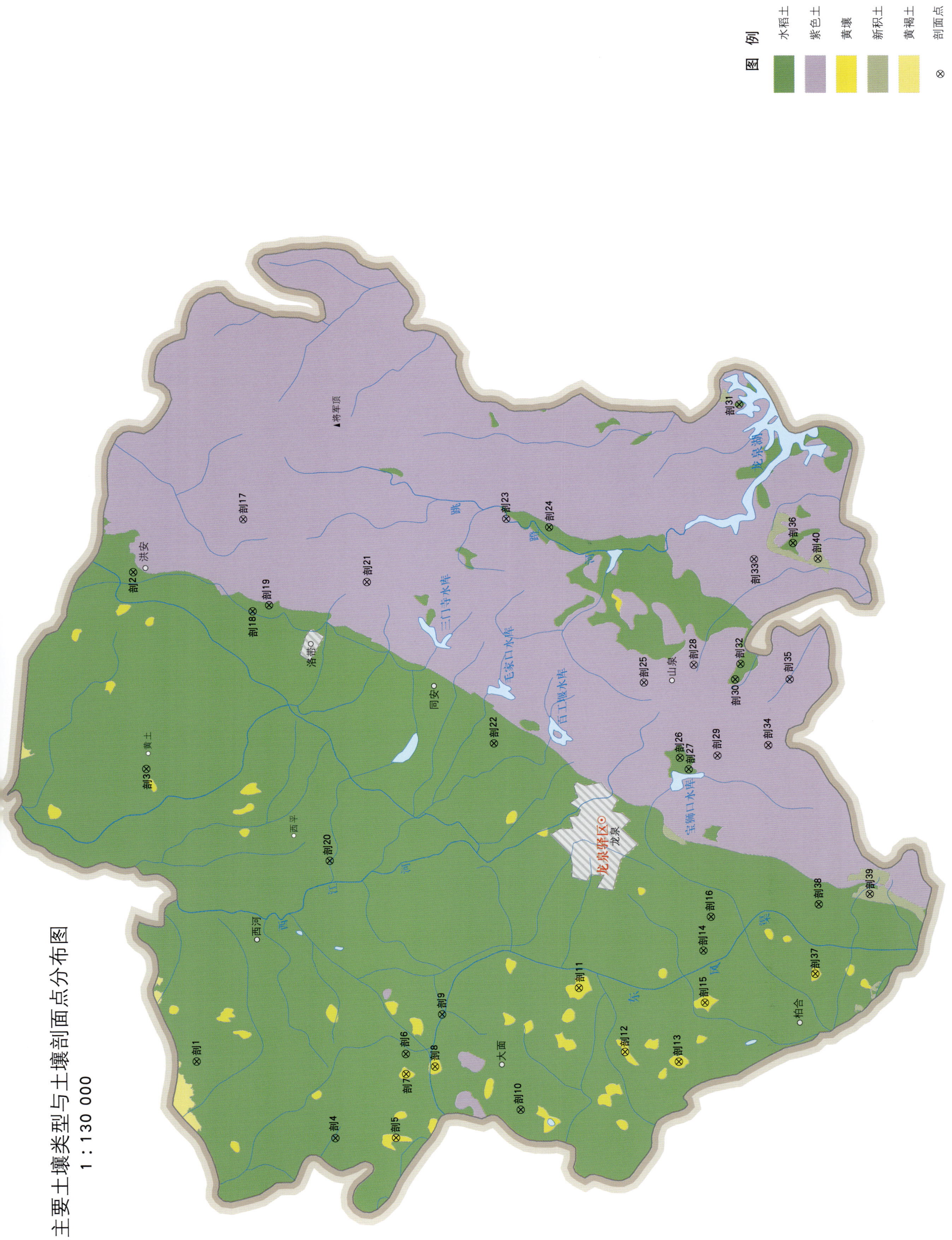

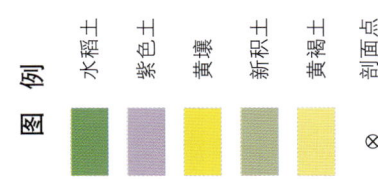

龙泉驿区土壤剖面理化性状表

剖面号 Soil profile	土纲 Soil order	土类 Soil great group	亚类 Soil subgroup	土属 Soil genus	土种 Soil species	土层码 Layer code	土层厚度 Depth/cm	颜色 Soil color	质地 Soil texture	土壤结构 Soil structure	pH	有机质 OM/(g/kg)	全氮 TN/(g/kg)	全磷 TP/(g/kg)	全钾 TK/(g/kg)	碱解氮 AN/(mg/kg)	有效磷 AP/(mg/kg)	速效钾 AK/(mg/kg)	土壤母质 Parent material	剖面点坐标 Profile coordinate	匹配指数 Matching index,%
剖1	人为土	水稻土	黄壤性水稻土	姜石黄泥田	死黄泥田	1	0~19	浅棕黄色	重黏土	块状	6.6	14.4	0.65	1.23	1.7	56	4.8	43	第四纪黏土	E 104°11′15.4″ N 30°40′22.1″	85
						2	19~38	橙黄色	重黏土	棱柱状	7.1	11.3	0.49	0.40	1.3						
						3	38~	橙黄色	重黏土	小棱柱状	7.4	4.9	0.39	0.49	1.3						
剖2	人为土	水稻土	黄壤性水稻土	老冲积黄泥田	鸭屎泥田	1	0~18	浅黄黄色	轻黏土	小块状	6.2	26.8	1.16	1.02	1.9	77	5.2	48	黄色老冲积物	E 104°20′44.5″ N 30°41′26.5″	82
						2	18~50	蓝黄色	重黏土	棱状	6.7	23.2	0.72	0.50	1.4						
						3	50~100	蓝灰色	中黏土	无明显结构	7.1	5.0	0.31	0.40	1.4						
剖3	人为土	水稻土	黄壤性水稻土	姜石黄泥田	黄泥田	1	0~20	棕色	重黏土	块状	5.8	19.2	1.11	1.01	1.8	81	9.6	52	第四纪黏土	E 104°16′55.6″ N 30°41′13.2″	90
						2	20~30	灰棕黄色	中黏土	棱柱状	6.0	16.0	0.65	0.55	1.4						
						3	30~78	浅棕黄色	中黏土	棱柱状	6.1	10.6	0.53	0.53	1.4						
						4	78~100	浅棕黄色	重黏土	棱柱状	6.1	10.2	0.61	0.46	1.6						
剖4	人为土	水稻土	黄壤性水稻土	姜石黄泥田	下湿田	1	0~18	浅黄黄色	轻黏土	小块状	6.4	35.4	2.13	1.43	1.6	98	3.4	46	第四纪黏土	E 104°09′46.8″ N 30°38′01.3″	77
						2	18~	蓝黄色	中黏土	无明显结构	7.1	28.3	1.30	0.55	1.8						
剖5	铁铝土	黄壤	姜石黄泥土	姜石黄泥土	死黄泥土	1	0~18	棕色	重黏土	棱状	6.0	10.2	0.53	0.83	1.3	42	1.9	54	黏土	E 104°09′47.2″ N 30°36′59.8″	86
						2	18~	浅棕黄色	中黏土	棱柱状	6.0	9.0	0.43	0.41	1.0						
剖6	人为土	水稻土	黄壤性水稻土	老冲积黄泥田	黄泥土	1	0~20	浅棕黄色	中黏土	块状	6.0	22.8	0.78	1.29	1.6	79	6.6	34	黄色老冲积物	E 104°11′24.0″ N 30°36′50.0″	86
						2	20~35	浅黄黄色	轻黏土	块状	6.2	15.0	0.79	0.55	2.6						
						3	35~100	浅棕黄色	中黏土	棱柱状	6.9	9.0	0.38	0.25	2.1						
剖7	铁铝土	黄壤	老冲积黄泥土	黄泥土	1	0~15	灰褐黄色	中黏土	块状	7.3	14.0	1.03	0.85	2.1	45	3.5	55	第四纪黄色冰水沉积物	E 104°11′01.0″ N 30°36′49.7″	82
						2	15~35	褐黄色	中黏土	粒状、块状	7.4	12.0	0.29	0.62	2.1						
						3	35~70	紫棕色	中黏土	块状	7.8	11.0	0.73	0.60	2.0						
剖8	铁铝土	黄壤	姜石黄泥土	砂黄泥土	1	0~27	灰棕黄色	重黏土	块状	6.5	26.5	2.34	0.70	1.4	83	5.5	51	黏土	E 104°11′09.6″ N 30°36′20.5″	79
						2	27~45	褐黄色	中黏土	棱状	6.6	22.0	1.93	0.60	1.3						
						3	45~72	灰黄色	重黏土	棱柱状	6.8	19.6	1.73	0.50	1.3						
						4	72~100	橙黄色	重黏土	棱柱状	6.8	18.8	1.13	0.50	1.1						
剖9	人为土	水稻土	黄壤性水稻土	姜石黄泥田	砂黄泥田	1	0~19	棕黄色	中黏土	小块状	6.4	16.8	1.02	1.12	1.8	54	1.9	37	第四纪黏土	E 104°12′09.4″ N 30°36′13.3″	82
						2	19~30	浅棕黄色	中黏土	粒状、块状	6.6	11.2	0.80	0.50	1.7						
						3	30~55	灰黄色	重黏土	棱柱状	6.7	7.0	0.60	0.40	1.6						
						4	55~	灰黄色	重黏土	棱柱状	7.2	6.0	0.50	0.38	1.6						
剖10	人为土	水稻土	紫色土性水稻土	红紫泥水稻土	大眼黄田	1	0~15	红紫色	轻黏土	粒状、块状	7.6	17.8	0.96	1.08	7.2	64	1.8	41	砖红色砂页岩	E 104°10′19.9″ N 30°34′53.8″	80
						2	15~25	棕红紫色	轻黏土	小块块状	7.8	15.8	0.76	0.41	1.5						
						3	25~	浅黄黄色	轻黏土	块状	7.8	13.1	0.53	0.79	1.3						
剖11	铁铝土	黄壤	姜石黄泥土	二黄泥土	1	0~16	褐黄黄色	中黏土	棱状	5.9	21.3	1.00	1.29	1.4	48	0.7	48	黏土	E 104°12′40.7″ N 30°33′54.7″	76
						2	16~35	灰棕黄色	中黏土	大棱状	6.0	18.0	0.90	0.80	1.3						
						3	35~	棕黄色	中黏土		6.0	14.3	0.74	0.60	1.1						
剖12	铁铝土	黄壤	姜石黄泥土	黄泥土	1	0~25	褐黄黄色	轻黏土	块状	6.5	11.3	0.97	0.99	1.4	37	2.4	29	黏土	E 104°11′26.9″ N 30°33′07.9″	77
						2	25~100	灰棕黄色	轻黏土	块状	6.6	2.5	0.42	0.32	1.4						
剖13	铁铝土	黄壤	老冲积黄泥土	白砂黄泥土	1	0~20	浅黄黄色	轻黏土	块状	5.6	12.0	0.60	1.02	1.6	42	7.9	41	黏土	E 104°11′15.7″ N 30°32′13.6″	92
						2	20~40	浅灰黄色	轻黏土	粒状	5.2	8.0	0.56	0.56	1.5						
						3	40~	暗黄紫色	轻黏土	粒状	5.6	6.2	0.60	0.31	2.2						
剖14	人为土	水稻土	紫色土性水稻土	棕紫泥水稻土	大泥田	1	0~20	暗棕紫色	中壤土	粒状、块状	8.1	13.3	1.14	1.40	2.2	32	5.7	65	第四纪黄色冰水沉积物	E 104°13′23.9″ N 30°31′48.4″	81
						2	20~43	棕紫色	重壤土		8.2	9.0	0.90	0.80	2.0						
						3	43~100	浅棕紫色	重壤土		8.2	7.0	0.80	0.80	1.8						

续表 Continued

剖面号 Soil profile	土纲 Soil order	土类 Soil great group	亚类 Soil subgroup	土属 Soil genus	土种 Soil species	土层码 Layer code	土层厚度 Depth/cm	颜色 Soil color	质地 Soil texture	土壤结构 Soil structure	pH	有机质 OM/(g/kg)	全氮 TN/(g/kg)	全磷 TP/(g/kg)	全钾 TK/(g/kg)	碱解氮 AN/(mg/kg)	有效磷 AP/(mg/kg)	速效钾 AK/(mg/kg)	土壤母质 Parent material	剖面点坐标 Profile coordinate	匹配指数 Matching index/%
剖15	铁铝土	黄壤	黄壤	老冲积黄泥土	死黄泥土	1	0—30	紫黄色	重黏土	块状	6.4	13.1	0.78	0.81	2.2	58	3.9	44	第四纪黄色冰水沉积物	E 104°12′23.8″ N 30°31′46.9″	92
						2	30—95	褐黄色	重黏土	块状	6.8	8.0	0.72	0.45	1.5						
						3	95—	浅黄棕色	重黏土		7.2	5.3	0.43	0.19	1.1						
剖16	人为土	水稻土	黄壤性水稻土	老冲积黄泥田	砂黄泥田	1	0—20	棕黄色	轻黏土	块状	5.5	20.0	1.18	1.02	1.5	76	4.6	34	黄色老冲积物	E 104°14′03.5″ N 30°31′40.8″	71
						2	20—50	浅灰黄色	轻黏土	大棱状	7.5	11.8	0.67	0.35	1.7						
						3	50—100	深灰黄色	轻黏土	粒状、块状	7.0	6.2	0.68	0.29	1.5						
剖17	初育土	紫色土	紫色土	红紫泥土	石岗红砂土	1	0—20	红紫色	轻黏土	粒状	6.7	8.1	0.82	1.93	2.4	27	2.5	61		E 104°21′46.4″ N 30°39′34.9″	95
						2	20—	砖红紫色	轻壤土	石盘状	7.3	4.0	0.77	1.00	1.9						
剖18	人为土	水稻土	冲积型水稻土	紫色新冲积水稻土	半砂泥田	1	0—18	棕黄色	轻黏土	粒状、块状	6.9	25.5	1.31	1.59	2.8	66	6.3	59	第四纪紫色新冲积物	E 104°19′59.2″ N 30°39′25.2″	80
						2	18—30	浅棕黄色	中黏土	粒状	8.6	10.3	0.82	0.44	2.2						
						3	30—65	棕红色	中黏土	大棱状	8.1	6.7	0.76	0.98	3.0						
						4	65—	棕褐色	重黏土		8.1	6.2	0.73	0.46	2.6						
剖19	人为土	水稻土	冲积型水稻土	紫色新冲积水稻土	夹泥田	1	0—17	灰棕紫色	中黏土	小块状	7.1	35.5	1.82	1.23	2.2	82	6.4	67	第四纪紫色新冲积物	E 104°20′06.4″ N 30°39′08.6″	90
						2	17—29	灰棕色	中黏土	棱状	7.8	12.3	1.07	0.16	2.2						
						3	29—	紫褐色	重壤土		8.0	7.1	0.82	0.25	2.1						
剖20	人为土	水稻土	冲积型水稻土	紫色新冲积水稻土	红砂田	1	0—25	红紫色	中黏土	粒状、块状	7.8	22.4	1.34	1.61	3.4	76	2.7	46	第四纪紫色新冲积物	E 104°15′08.3″ N 30°38′07.1″	91
						2	25—50	红色	中黏土	棱柱状	8.0	13.1	0.70	0.74	2.9						
						3	50—100	紫红色	重黏土	粒状、块状	8.0	5.7	0.46	0.80	2.6						
剖21	初育土	紫色土	紫色土	棕紫泥土	饿磅砂土	1	0—20	棕紫色	轻壤土	粒状	7.7	7.6	0.52	1.20	2.2	23	4.7	58		E 104°20′33.4″ N 30°37′29.6″	78
						2	20—	棕紫色	中黏土	石盘状	5.2	5.9	0.41	1.15	2.3						
剖22	人为土	水稻土	黄壤性水稻土	姜石黄泥水稻土	大泥田	1	0—18	棕黄色	中黏土	块状	6.2	27.7	1.26	1.21	2.1	91	6.8	7		E 104°17′26.2″ N 30°35′20.8″	82
						2	18—32	灰棕色	中黏土	大盘状	6.7	24.2	1.14	0.43	1.8						
						3	32—100	浅黄色	中黏土	小块状	7.0	21.2	1.02	0.37	1.5						
剖23	初育土	紫色土	紫色土	红棕紫泥土	粗砂石骨子土	1	0—12	红棕紫色	轻壤土	粒状	7.3	10.8	0.56	1.18	2.7	17	1.0	57		E 104°21′47.5″ N 30°35′08.5″	78
						2	12—	灰棕紫色	中黏土	石盘状	8.1	5.4	0.54	1.23	1.8						
剖24	人为土	水稻土	黄壤性水稻土	老冲积黄泥田	死黄泥田	1	0—15	黄灰色	中黏土	棱柱状	5.6	20.8	1.50	0.74	2.2	74	0.5	64	黄色老冲积物	E 104°21′37.8″ N 30°34′25.0″	84
						2	15—42	黄色	中黏土	大棱状	6.0	19.2	1.48	0.78	2.2						
						3	42—	棕黄色	重黏土		6.2	14.2	1.21	0.41	2.0						
剖25	初育土	紫色土	紫色土	红棕紫泥土	大土	1	0—18	褐紫红色	轻壤土	块状	8.4	7.0	0.31	1.32	1.9	24	2.9	61	红紫色钙质厚泥岩夹薄砂岩	E 104°18′37.4″ N 30°32′48.8″	86
						2	18—34	浅紫棕色	中壤土	大盘状	8.4	6.0	0.29	1.12	1.7						
						3	34—	棕紫色	重壤土		8.2	4.0	0.17	0.95	1.3						
剖26	初育土	紫色土	紫色土性水稻土	红棕紫泥水稻土	大土田	1	0—18	黄棕紫色	中壤土	粒状	8.1	15.6	1.09	1.23	2.6	47	9.3	58		E 104°17′10.0″ N 30°32′12.5″	83
						2	18—28	红棕紫色	轻黏土	粒状	8.2	13.3	0.67	0.90	2.0						
						3	28—	紫红紫色	重壤土	粒状	8.5	5.8	0.47	0.80	2.0						
剖27	初育土	紫色土	紫色土性水稻土	红棕紫泥水稻土	半砂泥田	1	0—18	暗紫色	轻壤土	粒状	8.1	11.0	0.76	0.90	2.1	34	4.0	65	红紫岩厚质厚泥岩夹薄砂岩	E 104°16′56.3″ N 30°32′03.7″	80
						2	18—28	浅紫棕色	重壤土	粒状	8.2	8.0	0.60	0.60	1.9						
						3	28—	紫棕色	中壤土	粒状	8.5	5.0	0.42	0.40	1.7						
剖28	初育土	紫色土	紫色土	红棕紫泥土	夹砂泥田	1	0—13	紫棕色	中壤土	棱柱状	8.2	12.8	0.73	1.12	3.1	40	3.6	71	红紫色钙质厚泥岩夹薄砂岩	E 104°18′58.0″ N 30°31′58.5″	79
						2	13—60	红棕紫色	中壤土	粒状	8.1	11.4	0.41	0.51	2.2						
						3	60—	棕红色	砂土	石盘状	8.0	0.7	0.19	0.24	2.2						
剖29	初育土	紫色土	紫色土	棕紫泥土	半砂土	1	0—18	棕紫色	中壤土	粒状	8.0	12.3	1.16	1.58	2.0	38	5.7	71	棕紫色厚砂薄泥岩、页岩风化物	E 104°17′12.5″ N 30°31′34.3″	81
						2	18—40	浅棕紫色	中壤土	棱柱状	7.8	10.2	0.82	1.03	2.0						
						3	40—100	暗棕紫色	中壤土	粒状	7.8	8.2	0.52	0.83	1.8						
剖30	人为土	水稻土	紫色土性水稻土	红棕紫泥水稻土	夹砂泥田	1	0—18	棕紫色	中壤土	小棱柱状	7.8	11.4	0.89	1.47	1.7	36	2.2	55		E 104°18′41.2″ N 30°31′16.5″	99
						2	18—33	红棕紫色	中壤土	块状	8.0	9.0	0.70	1.12	1.5						
						3	33—	紫红紫色	中黏土		8.0	8.0	0.50	0.97	1.0						

续表 Continued

剖面号 Soil profile	土纲 Soil order	土类 Soil great group	亚类 Soil subgroup	土属 Soil genus	土种 Soil species	土层码 Layer code	土层厚度 Depth/cm	颜色 Soil color	质地 Soil texture	土壤结构 Soil structure	pH	有机质 OM/(g/kg)	全氮 TN/(g/kg)	全磷 TP/(g/kg)	全钾 TK/(g/kg)	碱解氮 AN/(mg/kg)	有效磷 AP/(mg/kg)	速效钾 AK/(mg/kg)	土壤母质 Parent material	剖面点坐标 Profile coordinate	匹配指数 Matching index/%
剖31	人为土	水稻土	紫色土性水稻土	红紫泥水稻土	半砂泥田	1	0—18	红棕色	中壤土	小块状	7.6	6.7	0.40	0.90	1.4	41	1.3	52	砖红色砂页岩	E 104°24′01.3″ N 30°31′12.5″	90
						2	18—38	棕红色	中壤土	粒状、块状	8.0	6.0	0.30	0.80	1.2						
						3	38—100	棕红色	中壤土	梭状	8.0	4.6	0.10	0.50	1.0						
剖32	人为土	水稻土	紫色土性水稻土	灰棕紫泥水稻土	油砂泥田	1	0—18	暗紫色	轻壤土	粒状	7.8	27.3	1.50	1.39	2.8	83	6.3	56	砂页岩风化物	E 104°18′59.3″ N 30°31′11.1″	76
						2	18—50	灰紫色	重壤土		8.0	20.3	1.40	1.36	2.6						
						3	50—	深灰紫色	重壤土	大梭状	8.3	19.7	0.91	1.13	2.0						
剖33	初育土	紫色土	紫色土	红紫泥土	红砂泥土	1	0—30	暗红紫色	中壤土	粒状	7.1	7.4	0.82	0.45	1.5	34	3.9	26		E 104°21′01.1″ N 30°31′57.6″	80
						2	30—100	棕紫色	中壤土	粒状	6.7	5.9	0.42	0.68	1.6						
剖34	初育土	紫色土	紫色土	棕紫泥土	大泥土	1	0—16	棕紫色	中壤土	粒状、块状	7.3	9.1	0.59	1.58	2.3	23	2.3	76		E 104°17′24.7″ N 30°30′43.2″	93
						2	16—36	浅棕紫色	重壤土		8.2	6.7	0.52	1.43	2.6						
剖35	初育土	紫色土	紫色土	灰棕紫泥土	油砂泥土	1	0—26	灰棕紫色	中壤土	团粒状	7.8	19.0	1.12	1.56	1.5	68	3.6	54	砂泥岩、页岩互层风化物	E 104°18′41.4″ N 30°30′21.2″	92
						2	26—	暗棕紫色	中壤土		8.0	12.0	1.00	1.14	1.5						
剖36	人为土	水稻土	紫色土性水稻土	红紫泥水稻土	石岗旺子泥田	1	0—15	棕红紫色	轻壤土	小块状	7.2	10.3	0.79	0.98	1.2	38	5.4	61	砖红色砂页岩	E 104°21′20.2″ N 30°30′18.0″	75
						2	15—50	暗棕紫色	中壤土	粒状、块状	7.3	7.7	0.31	0.80	1.1						
						3	50—	紫红色	重壤土	块状	7.3	6.8	0.30	0.70	1.1						
剖37	铁铝土	黄壤	黄壤	老冲积黄泥土	黄泥大土	1	0—18	浅橙黄色	中壤土	块状	6.6	23.0	1.25	0.31	1.5	89	1.8	32	第四纪黄色冰水沉积物	E 104°12′57.2″ N 30°29′55.3″	84
						2	18—42	黄棕色	中壤土	梭块状	7.0	22.0	1.10	0.30	1.4						
						3	42—	黄棕色	中壤土		7.2	19.0	0.90	0.29	1.3						
剖38	人为土	水稻土	黄壤性水稻土	老冲积黄泥田	大土泥田	1	0—20	灰棕色	轻壤土	小梭状	5.9	26.9	1.35	0.87	2.3	95	7.1	75	黄色老冲积物	E 104°14′18.2″ N 30°29′51.7″	90
						2	20—40	褐灰色	重黏土	大梭状	7.5	10.3	0.72	0.50	2.3						
						3	40—70	棕黄色	重黏土	块状	7.2	8.5	0.73	0.58	2.1						
						4	70—	浅黄色	重黏土	梭柱状	7.5	8.0	0.54	0.59	1.7						
剖39	初育土	新积土	冲积土	紫色新冲积土	红砂土	1	0—20	紫红色	轻壤土	粒状	6.8	25.8	1.01	1.59	1.9	96	5.0	42		E 104°14′30.1″ N 30°28′59.9″	97
						2	20—	紫红色	重壤土	块状	6.2	22.1	0.92	1.19	1.5						
剖40	初育土	新积土	冲积土	紫色新冲积土	半砂泥土	1	0—24	浅紫棕色	轻壤土	粒状、块状	7.5	22.1	0.73	0.95	2.3	53	4.8	45	紫色岩石风化物、沉积物	E 104°21′01.8″ N 30°29′52.8″	73
						2	24—40	棕紫色	轻壤土		7.6	11.0	0.65	0.45	2.2						
						3	40—100	棕紫色	轻壤土	大块状	7.8	9.7	0.39	0.21	2.0						

青 白 江 区

主要土类说明

水稻土是青白江区的主要土壤类型，占本区地域面积的54%。水稻土是在人为长期栽种水稻的影响下，改变了土壤的发育过程，经水耕熟化，形成具有明显水文层次的农业土壤。按起源母土，本区水稻土分为冲积型水稻土、黄壤性水稻土、紫色土性水稻土等亚类。冲积型水稻土主要分布于青白江南岸的一、二级阶地上，由岷江冲积物发育而成，占水稻土总面积的63%。这一地区地势平坦，绿竹成荫，河渠纵横交替，良田沃野，有"天府之国"的美称。黄壤性水稻土主要分布在浅丘地带，占水稻土总面积的35%。紫色土性水稻土主要分布在龙泉山沟谷与坪台丘陵地区。

紫色土是青白江区第二大土壤类型，占本区地域面积的26%，主要分布在低山地区及龙泉山西麓的浅丘，是亚热带地区特殊的隐域土壤。其成土母质为紫红色砂岩、页岩、泥岩风化物。紫色母岩物理风化快，成土时间短，以物理风化为主，化学风化微弱，剖面层次发育不明显，具A-C剖面构型，基本上保持了母岩的颜色和理化性质。受母岩影响，紫色土富含磷、钾等矿质元素，成土后自然肥力高，养分补充快。按其母质性状，本区紫色土分为酸性紫色土、中性紫色土、石灰性紫色土等亚类。

黄壤是青白江区第三大土壤类型，占本区地域面积的19%。黄壤是在亚热带常绿阔叶林下发育形成的地带性土壤，分布在本区浅丘地带上。黄壤的成土过程主要是在湿热条件下产生的黏化和富铝化过程，土壤中铁质水化，剖面上下均显黄色或黄棕色，由于盐基物质流失，含活性铁、铝特别多，呈微酸性或中性，各层的颜色差异主要受有机质含量、地形部位、水热变化影响而呈现棕黄色、浅黄色、灰棕黄色等。

小于本区地域面积3%的土壤类型还有黄褐土、新积土等。

本区域中心区气候特征

本区域中心区气候特征值
Regional climate characteristics in central area of the region

气候带：中亚热带湿润气候 Climate region: Subtropical humid climate	
年平均气温 /℃ Annual average temperature /℃	16.1
年平均最高气温 /℃ Annual average maximum temperature /℃	20.3
年平均最低气温 /℃ Annual average minimum temperature /℃	13.1
年降水量 /mm Annual precipitation /mm	883
≥10℃的积温 /℃ Daily temperature accumulated in a year (≥10℃) /℃	6189
年日照时数 /h Annual sunshine /h	1101
年平均相对湿度 /% Annual average relative humidity /%	81
干燥度 Dryness	1.09

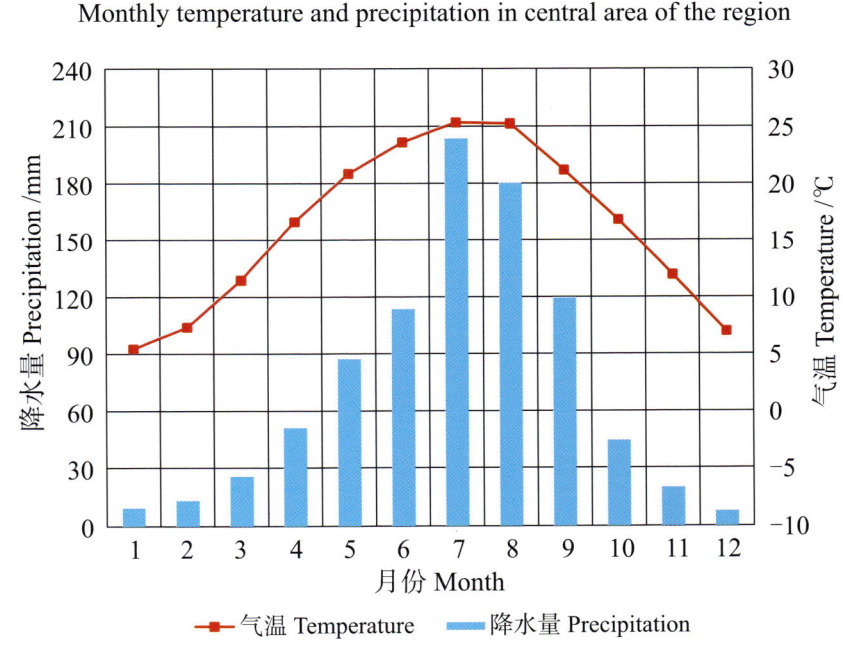

本区域中心区月平均气温与月平均降水量
Monthly temperature and precipitation in central area of the region

青白江区主要土壤类型与土壤剖面点分布图
1 : 130 000

图例：水稻土 紫色土 黄壤 黄褐土 新积土 剖面点

青白江区土壤剖面理化性状表

剖面号 Soil profile	土纲 Soil order	土类 Soil great group	亚类 Soil subgroup	土属 Soil genus	土种 Soil species	土层码 Layer code	土层厚度 Depth/cm	颜色 Soil color	质地 Soil texture	土壤结构 Soil structure	pH	有机质 OM/(g/kg)	全氮 TN/(g/kg)	全磷 TP/(g/kg)	碱解氮 AN/(mg/kg)	有效磷 AP/(mg/kg)	速效钾 AK/(mg/kg)	阳离子交换量CEC/(cmol/kg)	土壤母质 Parent material	剖面点坐标 Profile coordinate	匹配指数 Matching index/%
剖1	人为土	水稻土	冲积型水稻土	灰色冲积水稻土	泥田	1	0—18	棕灰色	重壤土	粒状、小块状	6.8	31.9	1.84	1.21	146	20.3	56	13.9	冲积物	E 104°14′06.0″ N 30°53′26.2″	79
						2	18—32	棕灰色	重壤土	大棱柱状	6.8	10.8	1.76	0.92	135	6.1	21	13.4			
						3	32—100	棕黄色	轻黏土	棱柱状	7.2	11.8		0.63	52	3.3	13	17.5			
剖2	人为土	水稻土	冲积型水稻土	灰色冲积水稻土	油砂田	1	0—17	棕灰色	中壤土	团粒状	6.8	17.3	0.94	1.20	85	1.3	26	9.1	冲积物	E 104°12′27.4″ N 30°52′58.8″	85
						2	17—31	棕灰色	中壤土	块状、粒状	5.9	15.3	0.69	1.14	76	1.3	8	3.0			
						3	31—	棕黄灰色	中壤土	小棱柱状	6.5	5.7	0.20	1.38	20	18.5	21	7.9			
剖3	人为土	水稻土	冲积型水稻土	紫色新冲积水稻土	砂田	1	0—30	黄棕色	中壤土	团粒状	8.1	7.8	0.41	0.37	29	3.9	15	7.1	紫色岩石风化物	E 104°13′37.9″ N 30°52′49.1″	92
						2	30—50	浅棕色	中壤土	粒状	8.3	8.5	0.49	0.35	42	3.9	18	8.5			
						3	50—90	灰棕色	中壤土	小棱柱状	8.8	7.3	0.45	0.45	29	1.4	13	9.4			
						4	90—100	棕紫色	松砂土	小块状	8.8	1.3		0.05	16	1.4	10				
剖4	人为土	水稻土	冲积型水稻土	灰色冲积水稻土	二泥田	1	0—18	灰棕色	中壤土	粒状	7.0	30.6	1.40	0.75	67	40.0	34	13.5	冲积物	E 104°16′21.4″ N 30°53′28.3″	77
						2	18—42	棕灰色	中壤土	块状	7.7	16.4	0.69	0.61	19	0.7	13	13.7			
						3	42—55	浅棕灰色	重壤土	大棱柱状	7.8	8.0	0.20	0.63		1.1	13	20.5			
						4	55—100	黄棕灰色	重壤土	小棱柱状	7.9	7.7	0.15	0.74		2.0	10	18.3			
剖5	人为土	水稻土	冲积型水稻土	灰色冲积水稻土	白鳝泥田	1	0—17	灰灰色	中壤土	小块状	6.1	19.9	1.50	0.82	121	3.3	34	13.5	冲积物	E 104°20′29.0″ N 30°53′22.6″	74
						2	17—35	黄灰白色	中壤土	片状、块状	7.1	14.3	0.85	0.57	62	3.3	5	13.7			
						3	35—	棕灰色	重壤土	棱柱状	7.2	9.3	0.30	0.54	37	1.1	11	12.2			
剖6	人为土	水稻土	黄壤性水稻土	姜石黄泥田	白鳝泥田	1	0—18	灰白色	重壤土	小块状	7.6	18.1	0.40	0.23	71		11	18.3	第四纪黏土	E 104°19′57.7″ N 30°53′16.1″	91
						2	18—34	黄灰白色	重壤土	片状、块状	7.4	18.0	0.24	0.25	69	3.4	12	12.2			
						3	34—100	浅白黄色	中壤土	棱柱状	7.9	9.2	0.68	0.15	35	2.1	17	22.3			
剖7	人为土	水稻土	黄壤性水稻土	姜石黄泥田	烂泥田	1	0—18	暗黄棕色	重壤土	块状	7.2	39.4	1.89	0.27	143	5.9	52	24.5	第四纪黏土	E 104°21′04.7″ N 30°52′01.9″	76
						2	18—60	棕灰色	重壤土	无明显结构	6.9	40.2	1.85	0.17	134	0.7	57	24.5			
剖8	人为土	新积土	冲积型水稻土	灰色冲积水稻土	半砂半泥土	1	0—16	浅灰色	砂壤土	团粒状	7.8	12.2	0.25	0.80	4	11.0	11	5.3		E 104°18′44.2″ N 30°51′47.2″	82
						2	16—22	浅灰色	砂壤土	小块状	8.0	9.9	0.18	0.89	4	7.0	3	10.3			
						3	22—100	灰灰色	砂壤土	粒状	8.1	7.6	0.20	0.77	4	9.0	8				
剖9	人为土	新积土	冲积型水稻土	灰色冲积水稻土	半砂半砂土	1	0—25	浅灰色	中壤土	团粒状	7.8	12.2	0.25	0.80	4	11.0	11		第四纪紫色新冲积物	E 104°18′39.7″ N 30°51′40.1″	86
						2	25—50	浅灰色	重壤土	小块状	8.0	9.9	0.18	0.89	4	7.0	8				
						3	50—100	灰灰色	砂壤土	粒状	8.1	7.6	0.20	0.77	4	9.0	8				
剖10	人为土	水稻土	冲积型水稻土	灰色冲积水稻土	二泥田	1	0—20	棕灰色	中壤土	粒状	7.0	26.5	1.60	1.04	122	3.0	44	12.8	冲积物	E 104°17′47.0″ N 30°51′24.1″	94
						2	20—33	黄灰黄色	重壤土	块状	7.4	18.4	1.04	0.86	78	1.6	39	11.6			
						3	33—	深黄棕色	重壤土	大棱柱状	7.3	8.7	0.75	0.63	36	1.7	39	22.3			
剖11	人为土	水稻土	冲积型水稻土	灰色冲积水稻土	下湿田	1	0—12	棕灰色	中黏土	小块状	8.0	48.2	2.90	1.86	188	14.7	31	4.5	冲积物	E 104°17′02.0″ N 30°50′28.7″	73
						2	12—	棕灰色	轻壤土	片状	7.3	41.0	2.50	1.50	146	1.2	24	4.5			
剖12	人为土	水稻土	冲积型水稻土	灰色冲积水稻土	砂田	1	0—15	棕灰色	砂壤土	粒状	6.9	19.5	0.82	1.23	73	5.4	9	9.1	冲积物	E 104°19′31.4″ N 30°49′31.1″	91
						2	15—24	棕灰色	轻壤土	小块状	7.0	13.7	0.32	1.20	40	1.8	1	8.1			
						3	24—	棕灰色	中壤土	小块状	7.2	10.1	2.01	1.13	33	1.0	5				
剖13	人为土	水稻土	冲积型水稻土	灰色冲积水稻土	漏砂田	1	0—17	棕灰色	中壤土	团粒状	7.0	20.9	1.32	1.68	84	0.7	27	6.5	冲积物	E 104°16′37.9″ N 30°49′20.3″	92
						2	17—25	棕灰色	砂壤土	单粒状	6.5	21.5	1.06	2.09	87	0.4	21	6.4			
						3	25—	白灰色	轻壤土	团块状	7.0	6.6	0.33	0.02	22	0.3	5	7.1			
剖14	铁铝土	黄壤	黄壤	姜石黄泥土	二黄泥土	1	0—30	浅棕黄色	轻壤土	块状	6.4	12.3	0.68	1.03	38	1.2	16	21.2	黏土	E 104°18′41.8″ N 30°47′40.9″	90
						2	30—100	灰棕黄色	中黏土	块状	6.8	7.5	0.35	0.27	10	0.9	13	23.6			

续表 Continued

剖面号 Soil profile	土纲 Soil order	土类 Soil great group	亚类 Soil subgroup	土属 Soil genus	土种 Soil species	土层码 Layer code	土层厚度 Depth/cm	颜色 Soil color	质地 Soil texture	土壤结构 Soil structure	pH	有机质 OM/(g/kg)	全氮 TN/(g/kg)	全磷 TP/(g/kg)	碱解氮 AN/(mg/kg)	有效磷 AP/(mg/kg)	速效钾 AK/(mg/kg)	阳离子交换量CEC/(cmol/kg)	土壤母质 Parent material	剖面点坐标 Profile coordinate	匹配指数 Matching index/%
剖15	人为土	水稻土	黄壤性水稻土	姜石黄泥田	死黄泥田	1	0—14	棕黄色	轻黏土	团块状	6.6	8.6	0.25	0.83	28	2.0	4	20.4	第四纪黏土	E 104°19′35.0″ N 30°47′27.2″	73
						2	14—27	灰黄色	轻黏土	块状、片状	7.0	7.4	0.18	0.63	16	1.0	9	22.4			
						3	27—100	黄棕色	轻黏土	棱柱状	7.9	2.8	0.09	0.34		1.0	14	21.7			
剖16	人为土	水稻土	黄壤性水稻土	姜石黄泥田	二黄泥田	1	0—17	棕褐色	重壤土	团块状	5.4	25.8	0.82	1.29	72	2.1	12	22.9	第四纪黏土	E 104°17′41.6″ N 30°46′26.0″	91
						2	17—31	灰黄色	中黏土	块状、片状	6.5	18.7	0.61	0.61	47	2.1	9	23.1			
						3	31—47	棕黄色	轻黏土	棱柱状	6.9	15.0	0.35	0.42	35	2.1	11	22.2			
						4	47—100	黄色	中黏土	棱柱状	7.3	3.8	0.12	0.39	9	2.0	13	22.5			
剖17	铁铝土	黄壤		姜石黄泥土	死黄泥土	1	0—15	黄色	轻壤土	小块状	6.3	9.5	0.39	0.77	32	4.1	18	23.0	黏土	E 104°19′00.5″ N 30°46′22.8″	82
						2	15—30	灰黄色	中黏土	棱柱状	6.7	6.6	0.03	0.34	6	4.1	17	17.8			
						3	30—100	黄色	中黏土	棱柱状	7.0	4.1	0.03	0.26	8	2.0	12	13.5			
剖18	铁铝土	黄壤		姜石黄泥土	砂黄泥土	1	0—23	棕黄色	中壤土	棱柱状、块状	6.3	11.1	0.84	0.25	93	4.3	37	17.1	黏土	E 104°18′20.2″ N 30°46′17.8″	90
						2	23—53	浅黄色	中壤土	粒状、块状	6.2	9.8	0.55	0.20	76	7.1	30	19.1			
						3	53—100	浅黄色	中壤土	块状	6.5	9.6	0.52	0.14	61	3.2	20	17.4			
剖19	紫色土			红紫泥土	红砂石岗土	1	0—20	红紫色	轻壤土	粒状	6.5	7.1	0.30	0.18	34	16.0	29	8.3	厚层砂岩、薄层砂质泥页岩风化物	E 104°21′43.2″ N 30°45′03.2″	86
						2	20—38	红紫色	砂壤土	粒状	7.0	5.4	0.16	0.15	28	1.8	24	10.8			
						D	38—	砖红色		无明显结构											
剖20	人为土	水稻土	紫色土性水稻土	红紫泥土	红砂田	1	0—18	棕红色	轻壤土	团粒状	5.1	6.3	0.47	0.29	10	1.5	10	11.6	砖红色厚砂岩	E 104°21′52.2″ N 30°44′56.8″	79
						2	18—32	棕红色	中壤土	小棱柱状	5.6	5.9	0.35	0.17	10	1.5	8	13.7			
						3	32—65	棕黄色	中壤土	大棱柱状	7.4	2.1	0.13	0.19	10	1.5	9				
						4	65—100	棕红色	中壤土	大棱柱状	7.9	1.4	0.09	0.18		1.5	5	12.6			
剖21	初育土	紫色土	石灰性紫色土	棕紫泥土	棕紫色石骨子土	1	0—18	棕紫色	砂壤土	粒状	8.4	9.8	0.40	0.51	24	2.5	37	15.1		E 104°26′04.9″ N 30°44′43.8″	91
						2	18—	棕紫色	砂壤土	石盘状	8.3	7.5	0.43	0.61	13	0.8	23	14.5			
剖22	铁铝土	黄壤		老冲积黄壤土	卵石黄泥土	1	0—16	棕紫色	中黏土	小块状	7.5	13.2	1.08	0.79	35	3.2	40	20.7	第四纪老冲积物	E 104°21′44.6″ N 30°44′36.6″	85
						2	16—27	浅黄色	中黏土	块状	8.0	12.5	0.57	0.62	28	2.0	20	20.2			
						3	27—100	黄色	中黏土	块状	8.0	10.0	0.64	0.59	10	1.4	8	20.7			
剖23	人为土	水稻土	黄壤性水稻土	姜石黄泥田	黄泥田	1	0—18	棕黄色	轻壤黏土	片状	6.7	21.9	0.76	0.72	57	3.5	16	19.1	第四纪黏土	E 104°20′24.4″ N 30°44′26.2″	95
						2	18—26	黄棕色	中黏土	大棱柱状	7.8	12.8	0.55	0.40	26	2.0	10	20.2			
						3	26—	黄黄色	中壤土	小棱柱状	7.8	9.2	0.30	0.36	18	2.0	16	20.7			
剖24	铁铝土	黄壤		姜石黄泥土	砂黄泥土	1	0—12	棕黄色	中黏土	柱状、块状	7.8	12.7	0.40	0.20	75	3.0	23	19.1	黏土	E 104°19′45.8″ N 30°44′16.4″	71
						2	12—24	黄色	轻黏土	棱柱状	7.9	5.0	0.25	0.15	24		13	24.3			
						3	24—100	浅黄色	中黏土	块状	8.1	3.9	0.68	0.11	16		12	23.3			
剖25	紫色土	石灰性紫色土		棕紫泥土	二砂土	1	0—20	棕紫色	中壤土	团块状	8.2	10.5	0.52	0.39	37	0.5	48	9.6	棕紫色厚砂岩、薄泥页岩风化物	E 104°25′35.4″ N 30°44′04.9″	80
						2	20—66	棕紫色	轻黏土	小团块状	8.2	7.6	0.51	0.52	36	10.4	11	10.8			
						3	66—	棕紫色	轻黏土	块状	8.1	5.0	0.26	0.37	27	2.3	11				
剖26	初育土	紫色土	黄壤性水稻土	姜石黄泥田	砂黄泥田	1	0—16	暗黄色	重壤土	团块状	5.5	8.7	0.10	0.20		5.9	3	4.1	第四纪黏土	E 104°18′58.7″ N 30°43′59.5″	70
						2	16—30	黄灰色	中壤土	片状、块状	7.6	1.4	0.13	0.10	8	1.0	2	4.4			
						3	30—58	灰黄色	轻黏土	大棱柱状	6.2	3.8	0.14	0.10	9	1.0		8.2			
						4	58—100	黄色	轻黏土	小棱柱状	7.2	0.4	0.08	0.10			6	7.5			
剖27	紫色土	石灰性紫色土		棕紫泥土	棕紫色砂土	1	0—20	暗紫色	中壤土	粒状	8.3	11.8	0.76	0.58	53	2.8	128	17.3	棕紫色厚砂岩、薄泥页岩风化物	E 104°24′06.8″ N 30°42′48.6″	94
						2	20—25	紫色	砂壤土	粒状	8.3	11.2	0.72	0.60	49	0.8	58	18.8			
						3	25—100	暗紫色	轻壤土	团粒状	8.5	4.1	0.26	0.59	18	3.0	79	13.7			
剖28	人为土	水稻土	紫色土性水稻土	棕紫泥田	棕紫色半砂田	1	0—18	棕紫色	中壤土	块状	8.6	19.8	1.05	0.81	74	26.4	75	15.1		E 104°21′15.5″ N 30°42′32.8″	77
						2	18—26	棕紫色	轻壤土	块状	8.5	18.0	1.03	0.84	69	26.0	85	13.9			
						3	26—	棕紫色	轻壤土		8.4	8.7	0.55	0.64	43	3.7	44	12.1			

续表 Continued

剖面号 Soil profile	土纲 Soil order	土类 Soil great group	亚类 Soil subgroup	土属 Soil genus	土种 Soil species	土层码 Layer code	土层厚度 Depth/cm	颜色 Soil color	质地 Soil texture	土壤结构 Soil structure	pH	有机质 OM/(g/kg)	全氮 TN/(g/kg)	全磷 TP/(g/kg)	碱解氮 AN/(mg/kg)	有效磷 AP/(mg/kg)	速效钾 AK/(mg/kg)	阳离子交换量CEC/(cmol/kg)	土壤母质 Parent material	剖面点坐标 Profile coordinate	匹配指数 Matching index/%
剖29	初育土	紫色土	石灰性紫色土	棕紫泥土	棕紫色二泥土	1	0—20	棕紫色	中壤土	粒状、小块状	8.1	11.1	0.69	0.48	54	2.5	47	15.4	棕紫色厚砂薄泥页岩风化物	E 104°22′27.8″ N 30°42′24.1″	93
						2	20—72	暗紫紫色	中壤土	块状	8.2	5.7	0.31	0.46	26	3.5	56	16.7			
						3	72—	棕紫色	中壤土												
剖30	人为土	水稻土	紫色土性水稻土	棕紫泥田	棕紫色二泥田	1	0—28	棕紫色	中壤土	片状、块状	8.2	14.7	0.82	0.53	58	8.9	50	11.6		E 104°23′38.8″ N 30°41′30.1″	93
						2	28—60	棕紫色	轻壤土	小棱柱状	8.3	13.7	0.81	0.06	61	2.0	28	20.3			
						3	60—100	棕紫色	砂壤土	粒状	8.4	12.8	0.67	0.57	52	2.1	28				
剖31	初育土	紫色土	石灰性紫色土	棕紫泥土	棕紫色泥土	1	0—18	暗棕棕色	中壤土	小块状	8.1	12.9	0.93	0.50	49	7.6	43	14.2	棕紫色厚砂薄泥页岩风化物	E 104°27′50.8″ N 30°41′05.6″	87
						2	18—80	浅棕棕色	轻壤土	块状	8.3	6.4	0.52	0.42	30	1.4	6	15.5			
						3	80—	棕紫色	轻壤土												

新 都 区

主要土类说明

水稻土是新都区的主要土壤类型，占本区地域面积的90%，主要分布于平原区，在缓丘区也有少量分布。水稻土是长期水耕熟化发育的一个土类，通过季节性淹灌、水下翻耕、季节性脱水、氧化还原交替、淋溶淀积、分解合成等发育过程，使原来成土母质或母土的特性发生改变，形成的新的土壤类型。由于干湿交替，水稻土形成糊状淹育层、较坚实板结的犁底层、渗育层、潴育层与潜育层等多种发生层。本区水稻土分为冲积型水稻土、黄壤性水稻土、紫色土性水稻土等亚类。冲积型水稻土占水稻土总面积的86%，分布于青白江、毗河及西江河沿岸河漫滩与一级阶地，为第四纪冲积母质、灰色潮土、灰棕潮土、紫潮土发育而成。其地下水位在1—3m，丰水期1—2m，枯水期1.5—3m，呈季节性周期变化。但底水与土体关联较大，土层较厚，耕层质地为壤土，结构性好，熟化度高，爽水通气，回润力强，宜耕期长，宜种性广，保蓄性和供肥力好，矿质养分较丰富。

黄壤占本区地域面积的4%，分布于平原区二级阶地和缓丘区一、二级台地。本区黄壤母质为第四纪黏土，是在亚热带常绿阔叶林植被下，母质经黄化、脱硅富铝化等化学风化过程而发育的地带性土壤。本区黄壤耕层物理性黏粒含量为4.02%—71.3%，pH为6.0—7.4，碳酸钙含量为0.66%—1.47%，容重1.04—1.33g/cm^3，阳离子交换量为17.3—28.0cmol/kg，总孔隙度48.45%—60.64%，有机质含量为8—23g/kg。多数黄壤具铁锰淀积物以及大小、形状各异的碳酸盐结核（姜石）。本区黄壤主要为旱作农田。

小于本区地域面积3%的土壤类型还有潮土和紫色土等。

本区域中心区气候特征

本区域中心区气候特征值
Regional climate characteristics in central area of the region

气候带：中亚热带湿润气候 Climate region: Subtropical humid climate	
年平均气温 /℃ Annual average temperature /℃	15.2
年平均最高气温 /℃ Annual average maximum temperature /℃	19.9
年平均最低气温 /℃ Annual average minimum temperature /℃	11.9
年降水量 /mm Annual precipitation /mm	856
≥10℃的积温 /℃ Daily temperature accumulated in a year (≥10℃) /℃	5591
年日照时数 /h Annual sunshine /h	1164
年平均相对湿度 /% Annual average relative humidity /%	80
干燥度 Dryness	1.11

本区域中心区月平均气温与月平均降水量
Monthly temperature and precipitation in central area of the region

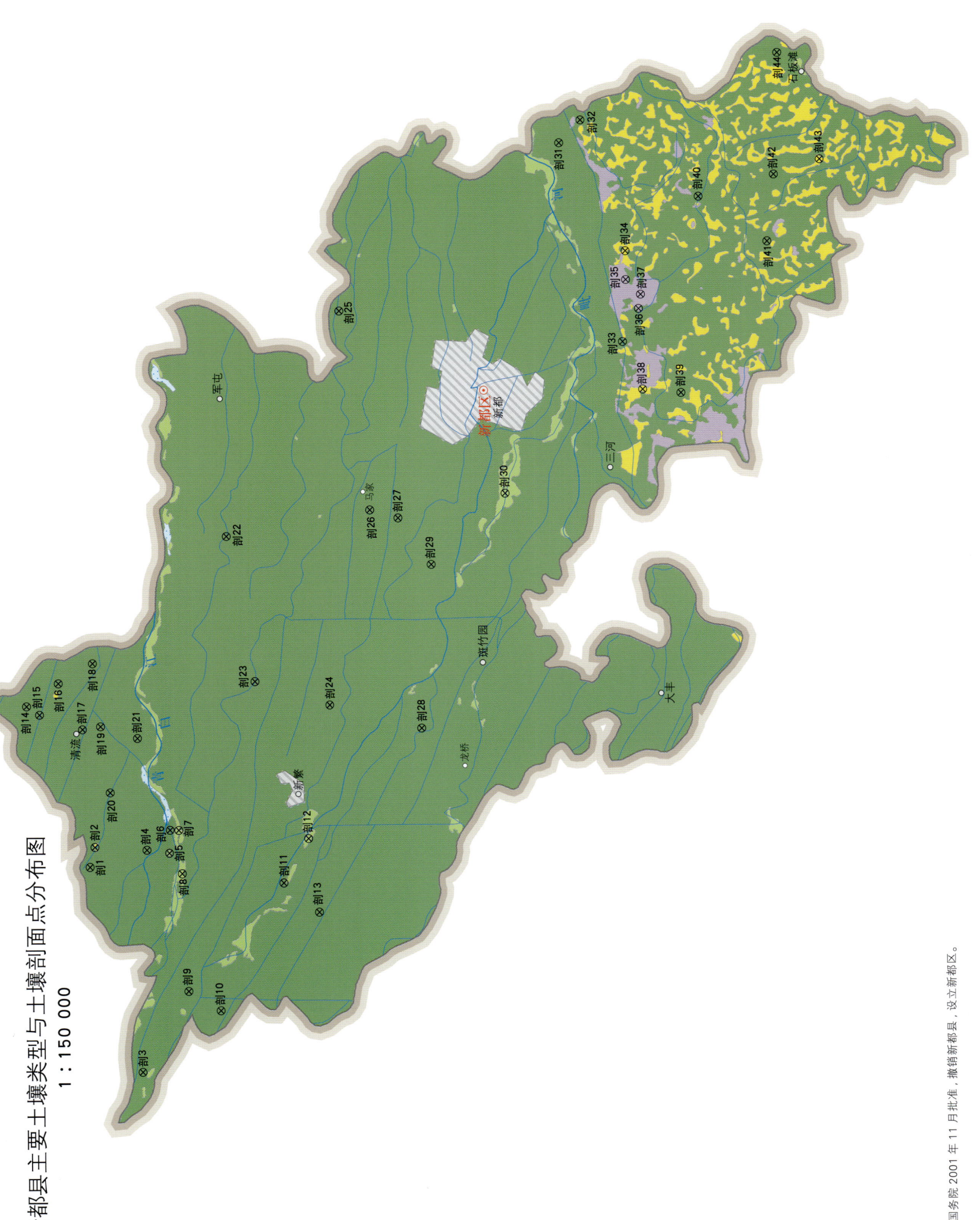

新都区土壤剖面理化性状表

剖面号 Soil profile	土纲 Soil order	土类 Soil great group	亚类 Soil subgroup	土属 Soil genus	土种 Soil species	土层码 Layer code	土层厚度 Depth/cm	颜色 Soil color	质地 Soil texture	土壤结构 Soil structure	pH	有机质 OM/(g/kg)	全氮 TN/(g/kg)	全磷 TP/(g/kg)	全钾 TK/(g/kg)	碱解氮 AN/(mg/kg)	有效磷 AP/(mg/kg)	速效钾 AK/(mg/kg)	阳离子交换量 CEC/(cmol/kg)	土壤母质 Parent material	剖面点坐标 Profile coordinate	匹配指数 Matching index/%
剖1	人为土	水稻土	冲积型水稻土	灰棕冲积水稻土	泥炭底潴田	1	0—14	绿灰棕色	中壤土	无明显结构	7.4	56.9	2.95	1.13	2.0	243	9.0	39	24.9	灰棕色泥砂沉积物	E 103°59′13.2″ N 30°56′17.2″	72
						2	14—34	蓝灰棕色	中壤土	整体状	6.7	71.5	2.89	0.93	2.0				29.1			
						3	34—64	暗褐色			5.9	14.1	6.54	0.95	1.9				54.4			
						4	64—100	暗灰色	重壤土	整体状	6.0	10.7	4.05	0.87	1.9				40.0			
剖2	铁铝土	黄壤	黄壤	再积黄泥土	黄砂泥土	1	0—17	灰黄棕色	轻砾重壤土	粒状、块状	6.0	23.0	1.21	1.42	1.5	121	22.0	69	21.9	冰水沉积物	E 103°59′38.0″ N 30°56′12.0″	89
						2	17—30	灰黄棕色	轻砾重壤土	块状	6.7	15.8	0.83	1.20	1.7				20.5			
						3	30—100	黄棕色	重壤土	块状	7.5	5.2	0.36	1.07	1.9				20.3			
剖3	人为土	水稻土	冲积型水稻土	灰棕冲积水稻土	砂田	1	0—14	浅灰色	砂壤土	粒状	8.0	30.3	1.27	1.19	1.7	82	2.0	44	9.0	灰色砂泥沉积物	E 103°54′59.8″ N 30°55′19.2″	71
						2	13—21	浅灰色	砂壤土	片状	8.2	30.2	1.14	1.10	1.8				11.3			
						3	21—41	浅灰色	砂壤土	大棱柱状	8.3	22.2	0.65	1.13	1.8				8.0			
						4	41—100	浅灰色	紧砂土	单粒状	8.1	12.0	0.37	0.80	1.8				5.6			
剖4	人为土	水稻土	冲积型水稻土	灰棕冲积水稻土	油砂田	1	0—17	灰棕色	重壤土	粒状、小块状	6.9	27.7	1.65	0.99	1.9	133	6.0	42	16.0	灰棕色砂泥沉积物	E 103°59′34.8″ N 30°55′15.6″	75
						2	17—28	灰棕色	重壤土	片状	7.0	21.9	1.26	0.82	1.9				16.6			
						3	28—45	浅灰棕色	中壤土	片状	7.4	12.7	0.73	0.79	1.7				15.5			
						4	45—80	灰灰棕色	轻壤土	块状	7.5	7.5	0.41	0.76	0.8				16.1			
剖5	半水成土	潮土	潮土	灰棕潮土	砂泥土	1	0—19	灰棕色	重壤土	粒状、团块状	7.8	34.5	1.61	1.73	2.1	103	7.0	63	10.9	灰棕色砂泥冲积物	E 103°59′31.2″ N 30°54′51.1″	70
						2	19—37	灰棕色	重壤土	片状、块状	8.1	28.3	1.14	1.35	2.1				11.2			
						3	37—64	浅灰棕色	中壤土	小块状	8.2	19.7	0.67	1.24	2.0				8.1			
						4	64—100															
剖6	人为土	水稻土	冲积型水稻土	灰棕冲积水稻土	砂田	1	0—17	浅灰棕色	轻壤土	粒状	8.0	38.0	1.51	2.02	1.9	107	23.0	31	9.3	灰棕色砂泥沉积物	E 104°00′00.0″ N 30°54′50.4″	85
						2	17—31	灰棕色	砂壤土	片状	8.2	35.0	1.00	1.52	1.9				8.6			
						3	31—57	浅灰棕色	砂壤土	单粒状	8.3	23.2	0.87	1.43	2.0				9.4			
						4	57—100	浅灰棕色	紧砂土		8.3	27.3	0.47	1.14	1.8				5.8			
剖7	半水成土	潮土	潮土	灰棕潮土	泥土	1	0—23	灰棕色	重壤土	块状	7.3	10.4	0.81	1.47	3.0	57	17.0	100	17.3	灰棕色砂泥冲积物	E 104°00′00.0″ N 30°54′41.0″	98
						2	23—66	灰棕色	重壤土	块状	7.4	17.3	0.95	2.00	2.7				22.6			
						3	66—100	浅灰棕色	轻砾重壤土	块状	7.1	30.3	1.65	2.23	2.2				20.6			
剖8	半水成土	潮土	潮土	灰棕潮土	砂土	1	0—12	浅灰棕色	砂壤土	粒状	7.7	19.7	0.83	1.45	1.9	56	13.0	27	8.0	灰棕色砂泥冲积物	E 103°59′06.0″ N 30°54′37.1″	100
						2	12—25	灰棕色	紧砂土	单粒状	7.8	19.0	0.67	1.32	1.9				6.6			
						3	25—52	灰色	紧砂土	小块状	7.8	13.5	0.31	0.89	1.7				3.8			
						4	52—67	灰棕色	重壤土	小块状	8.3	31.3	0.87	1.05	1.9				8.0			
剖9	人为土	水稻土	冲积型水稻土	灰色冲积水稻土	油砂田	1	0—16	灰色	重壤土	团粒、小块状	6.8	21.3	1.29	1.37	2.7	111	10.0	47	13.6	灰棕色砂泥冲积物	E 103°56′40.6″ N 30°54′29.5″	100
						2	16—26	灰色	重壤土	板块状、块状	7.2	10.1	0.71	0.90	2.6				12.1			
						3	26—60	黄棕色	重壤土	大棱柱状	7.3	9.5	0.67	0.93	2.7				11.4			
						4	60—100	油黄色	重壤土	块状	7.4	8.6	0.63	0.50	2.8				15.4			
剖10	人为土	水稻土	渗育水稻土	渗潮泥田	新都大泥田	Aa	0—25	灰色	粉砂质黏土	小块状	6.6	28.2	1.77	0.58	2.5	141	5.0	46	12.0	冲积物	E 103°56′16.5″ N 30°53′54.7″	82
						Ap	25—31	黄灰色	粉砂质黏土	块状	6.9	25.4	1.59	0.52	2.5				11.3			
						P	31—92	油黄色	粉砂质黏土	小棱块状	7.3	10.7	0.68	0.50	2.4				11.4			
剖11	人为土	水稻土	冲积型水稻土	灰色冲积水稻土	潴田	1	0—16	灰色	轻壤土	粒状、块状	8.2	34.6	1.47	1.39	1.9	101	5.0	38	10.6	灰色砂泥沉积物	E 103°58′55.2″ N 30°52′46.9″	71
						2	16—25	暗黄色	砂壤土	片状、块状	8.3	26.7	0.91	1.35	1.9				9.8			
						3	25—100	蓝灰色	砂壤土	无明显结构	8.5	21.0	6.30	1.30	2.2				8.4			
剖12	半水成土	潮土	潮土	灰色冲积潮土	菜园土	1	0—20	灰色	轻壤土	粒状、团粒状	7.4	27.9	1.08	1.80	1.8	45	5.0	24	9.4	灰棕色泥砂沉积物	E 103°59′50.3″ N 30°52′20.3″	78
						2	20—52	灰色	砂壤土	粒状	8.0	20.1	0.72	1.65	1.8				12.6			
						3	52—100	浅灰色	紧砂土	单粒状	8.4	11.3	0.32	1.37	1.6				9.8			

续表 Continued

剖面号 Soil profile	土纲 Soil order	土类 Soil great group	亚类 Soil subgroup	土属 Soil genus	土种 Soil species	土层码 Layer code	土层厚度 Depth/cm	颜色 Soil color	质地 Soil texture	土壤结构 Soil structure	pH	有机质 OM/(g/kg)	全氮 TN/(g/kg)	全磷 TP/(g/kg)	全钾 TK/(g/kg)	碱解氮 AN/(mg/kg)	有效磷 AP/(mg/kg)	速效钾 AK/(mg/kg)	阳离子交换量 CEC/(cmol/kg)	土壤母质 Parent material	剖面点坐标 Profile coordinate	匹配指数 Matching index/%
剖13	人为土	水稻土	冲积型水稻土	灰色冲积水稻土	油砂田	1	0–15	灰色	重壤土	团粒、小块状	7.1	37.4	1.65	1.45	2.5	117	8.0	107	15.2	灰色砂泥沉积物	E 103°58′19.0″ N 30°52′08.2″	76
						2	15–20	浅黄色	重壤土	块状	7.2	33.3	5.70	0.90	2.6				14.8			
						3	20–80	浅黄色	重壤土	大棱柱状	7.3	17.9	0.87	1.31	2.4				12.6			
						4	80–100	浅黄色	轻壤土	单粒状												
剖14	人为土	水稻土	冲积型水稻土	灰棕冲积水稻土	半砂泥田	1	0–14	灰棕色	中壤土	粒状、小块状	6.7	31.3	1.63	1.36	2.2	121	13.0	47	18.3	灰棕色砂泥砂沉积物	E 104°02′34.8″ N 30°57′26.6″	76
						2	14–23	灰棕色	中壤土	片状、块状	6.6	29.3	1.51	1.35	2.1				18.5			
						3	23–68	浅灰棕色	轻砾轻壤土	小块状	7.1	16.2	0.77	1.19	1.8				18.6			
						4	68–100	浅灰棕色	砂壤土	单粒状	7.0	6.0	0.30	1.17	1.9				11.4			
剖15	人为土	水稻土	黄壤性水稻土	再积黄泥水稻土	黄泥田	1	0–14	灰黄棕色	轻砾重壤土	块状	7.0	32.5	2.05	1.64	1.8	186	20.0	228	29.8	黄棕色黏土	E 104°02′24.0″ N 30°57′12.6″	100
						2	14–22	黄棕色	重壤土	板状	7.1	26.4	1.65	0.80	1.9				28.6			
						3	22–100	黄棕色	重壤土	板块状	7.6	6.5	0.43	0.57	1.9				28.2			
剖16	人为土	水稻土	黄壤性水稻土	再积黄泥水稻土	泥炭底下湿田	1	0–18	深灰黄色	重壤土	整体状	8.0	47.1	2.75	1.17	1.7	193	7.0	39	22.0	黄棕色黏土	E 104°03′03.6″ N 30°56′52.4″	73
						2	18–44	深灰黄色	重壤土	整体状	7.8	43.8	2.29	0.91	1.6				21.4			
						3	44–82	暗棕色	轻壤土	整体状	6.6	63.2	3.21	1.83	2.0				23.4			
						4	82–100	褐色		纤维状	6.2	3.92		0.99	1.8				18.7			
剖17	人为土	水稻土	冲积型水稻土	灰棕冲积水稻土	二漕田	1	0–16	暗灰棕色	中壤土	块状	7.4	30.8	1.55	1.21	2.1	111	1.0	24	17.3	灰棕色砂泥沉积物	E 104°02′06.0″ N 30°56′26.2″	95
						2	16–22	灰棕色	重壤土	片状、块状	8.0	40.3	2.47	1.38	2.0				16.0			
						3	22–46	灰棕色	重壤土	棱柱状	8.5	25.4	1.24	1.13	2.2				12.5			
						4	46–100	灰棕色	轻砾轻壤土	无明显结构	8.0	7.1	0.31	1.24	1.7				6.7			
剖18	人为土	水稻土	冲积型水稻土	灰棕冲积水稻土	漕田	1	0–14	暗灰棕色	中壤土	无明显结构	8.2	49.5	2.83	2.25	2.1	243	17.0	27	16.6	灰棕色砂泥沉积物	E 104°03′28.8″ N 30°56′15.4″	84
						2	14–30	蓝灰棕色	中壤土	整体状	8.3	32.3	1.59	1.32	2.0				15.7			
						3	30–44	蓝灰棕色	中壤土	整体状	8.3	35.0	1.55	1.35	2.1				12.0			
						4	44–100	蓝灰棕色	中壤土	整体状	7.4	33.8	1.49	1.19	1.9				8.6			
剖19	人为土	水稻土	冲积型水稻土	灰棕冲积水稻土	二泥田	1	0–13	灰色	重壤土	小块状	6.7	43.9	2.94	1.27	1.9	201	6.0	51	18.7	灰棕色砂泥沉积物	E 104°02′06.0″ N 30°56′26.4″	81
						2	13–20	灰棕色	重壤土	板状	7.2	35.2	2.43	0.99	1.9				16.9			
						3	20–48	灰棕色	中壤土	大棱柱状	7.9	11.0	0.62	0.80	2.0				18.4			
						4	48–100	灰棕色	轻壤土	大块状	7.9	9.6	0.46	0.80	2.1				20.1			
剖20	人为土	水稻土	冲积型水稻土	灰棕冲积水稻土	大泥田	1	0–15	浅灰棕色	中壤土	块状	6.6	34.1	2.17	0.93	2.0	181	6.0	43	20.9	灰棕色砂泥沉积物	E 104°03′28.8″ N 30°55′55.6″	95
						2	15–23	浅灰棕色	中壤土	糊散状	7.0	22.2	1.45	0.65	2.0				18.7			
						3	23–100	灰棕色	重壤土	整体状	7.5	9.7	0.65	0.52	2.2				22.2			
剖21	人为土	水稻土	冲积型水稻土	灰棕冲积水稻土	烂漕田	1	0–14	暗灰棕色	重壤土	整体状	7.3	50.7	2.77	11.10	1.5	245	14.0	65	17.2	灰棕色砂泥沉积物	E 104°01′55.2″ N 30°55′26.4″	75
						2	20–40	蓝灰色	中壤土	块状	7.3	32.2	1.51	0.67	1.6				21.1			
						3	40–100	黑灰色	中壤土	块状	6.9	25.3	1.16	0.53	1.7				16.1			
剖22	人为土	水稻土	冲积型水稻土	灰色冲积水稻土	二泥田	1	0–14	灰色	重壤土	块状	7.2	25.3	1.61	1.31	2.8	119	7.0	34	12.1	灰棕色砂泥沉积物	E 104°06′09.1″ N 30°53′50.7″	74
						2	14–21	灰色	重壤土	板状	7.9	21.7	1.31	1.05	2.8				10.1			
						3	21–62	灰色	中壤土	大棱柱状	8.0	9.6	0.55	1.12	2.8				18.1			
						4	62–100	灰色	轻壤土	棱柱状	6.7	13.0	0.87	0.75	3.3				23.4			
剖23	人为土	水稻土	冲积型水稻土	灰色冲积水稻土	半砂泥田	1	0–19	深灰色	中壤土	粒状、团块状	6.7	26.0	1.52	1.70	2.4	122	4.0	52	14.1	灰色砂泥沉积物	E 104°03′07.2″ N 30°53′19.0″	78
						2	19–33	浅灰色	轻壤土	片状、小块状	8.4	17.9	0.79	1.65	2.2				14.5			
						3	33–100	浅灰色	轻黏土	板状	8.5	13.3	0.59	1.51	2.2				9.0			
剖24	人为土	水稻土	冲积型水稻土	灰色冲积水稻土	白鳝泥田	1	0–14	灰黄色	轻黏土	大块状	6.6	32.9	1.88	1.08	2.1	160	10.0	60	22.2	灰色砂泥沉积物	E 104°02′38.4″ N 30°51′57.6″	100
						2	14–21	浅黄色	轻黏土	棱状	7.3	26.3	1.77	0.73	2.1				20.7			
						3	21–37	浅灰色	轻黏土	棱状	7.9	10.8	0.79	0.54	2.2				24.9			
						4	37–100	浅棕黄色	轻壤土	大棱块状	7.8	6.2	0.48	0.30	2.1				22.3			

续表 Continued

剖面号 Soil profile	土纲 Soil order	土类 Soil great group	亚类 Soil subgroup	土属 Soil genus	土种 Soil species	土层码 Layer code	土层厚度 Depth/cm	颜色 Soil color	质地 Soil texture	土壤结构 Soil structure	pH	有机质 OM/(g/kg)	全氮 TN/(g/kg)	全磷 TP/(g/kg)	全钾 TK/(g/kg)	碱解氮 AN/(mg/kg)	有效磷 AP/(mg/kg)	速效钾 AK/(mg/kg)	阳离子交换量CEC/(cmol/kg)	土壤母质 Parent material	剖面点坐标 Profile coordinate	匹配指数 Matching index/%
剖25	人为土	水稻土	冲积型水稻土	灰色冲积水稻土	砂田	1	0—14	浅灰色	轻壤土	粒状	7.9	31.9	1.25	1.49	2.0	79	5.0	51	7.6	灰色砂泥沉积物	E 104°10′51.6″ N 30°51′49.3″	94
						2	14—22	浅灰色	轻壤土	片状	8.0	30.4	1.15	1.43	2.1				7.4			
						3	22—50	浅灰色	轻壤土	小块状	8.4	21.9	0.69	1.27	2.0				6.5			
						4	50—100			单粒状												
剖26	人为土	水稻土	冲积型水稻土	灰色冲积水稻土	二泥田	1	0—16	浅灰色	重壤土	小块状	6.8	22.9	1.40	1.25	2.7	106	9.0	41	14.6	灰色砂泥沉积物	E 104°06′43.2″ N 30°51′15.1″	80
						2	16—26	浅灰色	重壤土	板状	7.2	21.1	1.23	1.03	2.6				12.3			
						3	26—54	浅黄灰色	重壤土	大梭柱状	7.3	9.3	0.55	1.13	2.8				11.8			
						4	54—100	黄灰色	重壤土	梭柱状	7.3	10.1	0.66	0.64	2.7				16.4			
剖27	人为土	水稻土	冲积型水稻土	灰色冲积水稻土	二潮田	1	0—17	浅灰色	重壤土	大块状	8.1	41.6	2.62	1.60	2.3	198	10.0	51	22.2	灰色砂泥沉积物	E 104°06′33.5″ N 30°50′44.5″	74
						2	17—23	浅蓝灰色	重壤土	板状	8.3	32.9	2.19	1.13	2.3				21.8			
						3	23—77	浅黄灰色	重壤土	大梭柱状	8.4	18.7	1.24	1.02	2.4				16.4			
						4	77—100	黄灰色	重壤土	梭柱状	7.7	11.3	0.66	0.75	2.3				18.5			
剖28	人为土	水稻土	冲积型水稻土	灰色冲积水稻土	潜田	1	0—15	浅蓝灰色	重壤土	无明显结构	8.0	42.9	2.61	1.35	2.2	196	5.0	51	19.4	灰色砂泥沉积物	E 104°02′09.6″ N 30°50′17.9″	86
						2	15—22	蓝灰色	重壤土	无明显结构	8.0	33.7	2.45	1.22	2.5				17.7			
						3	22—100	蓝灰色	重壤土	整体状	7.7	22.2	1.35	1.13	2.5				18.3			
剖29	人为土	水稻土	冲积型水稻土	灰色冲积水稻土	大泥田	1	0—15	灰色	轻壤土	大块状	6.6	28.2	1.77	1.33	2.9	141	15.0	43	12.0	灰色砂泥沉积物	E 104°05′34.8″ N 30°50′08.2″	86
						2	16—21	浅灰色	重壤土	板状	6.9	25.4	1.59	1.20	3.0				11.3			
						3	21—80	浅灰色	重壤土	梭柱状	7.3	10.7	0.86	1.14	2.9				11.4			
						4	80—100	浅灰色	重壤土	整体状	7.3	7.2	0.53	1.12	3.1				11.5			
剖30	半水成土	潮土			砂土	1	0—18	浅黄灰色	轻砾砂壤土	粒状	8.1	15.5	0.89	1.42	2.0	58	2.0	17	6.6	灰色冲积物	E 104°07′04.8″ N 30°48′48.2″	87
						2	18—36	黄灰色	中砾砂壤土	片状	8.5	13.4	0.57	1.35	2.0				9.4			
						3	36—56	浅灰色	中砾轻壤土	粒状、小块状	8.2	11.8	0.65	0.65	2.2				8.0			
						4	56—100	白灰色														
剖31	人为土	水稻土	冲积型水稻土	姜石黄泥田	黄屎底泥田	1	0—15	黄灰色	重壤土	大块状	6.4	30.9	2.67	1.13	2.6	168	3.0	51	18.7	灰色砂泥沉积物	E 104°14′24.0″ N 30°47′51.7″	81
						2	15—21	浅灰色	重壤土	板状	7.5	15.2	1.00	0.87	2.6				18.4			
						3	21—60	浅黄灰色	重壤土	大黄块状	7.6	10.8	0.73	0.98	2.7				18.2			
						4	60—100	浅灰色	重壤土	无明显结构	7.8	20.0	0.77	0.55	2.4				19.9			
剖32	人为土	水稻土	黄壤性水稻土	姜石黄泥田	死黄泥田	1	0—14	浅棕黄色	轻壤土	大块状	7.4	16.0	1.00	0.73	2.1	93	7.0	112	28.2	棕黄色黏土	E 104°14′52.8″ N 30°47′28.7″	80
						2	14—20	棕黄色	重壤土	块状	7.7	9.2	0.61	0.40	2.1				28.3			
						3	20—50	褐黄色	重壤土	核状	7.5	7.1	0.45	0.33	2.1				29.1			
						4	50—100	棕黄色	重壤土	核状	7.3	3.9	0.35	0.26	1.7				26.5			
剖33	人为土	水稻土	紫色土性水稻土	砖红紫泥水稻土	烂泥田	1	0—15	灰紫色	轻黏土	整体状	7.2	40.5	2.29	0.90	2.1	153	6.0	88	38.2	厚层夹泥岩夹砂岩	E 104°10′15.6″ N 30°46′41.5″	87
						2	15—25	浅灰紫色	轻黏土	整体状	7.4	43.7	2.20	0.95	2.1				37.7			
						3	25—100	浅灰紫色	中黏土	无明显结构	7.7	20.0	1.91	0.63	2.2				38.8			
剖34	铁铝土	黄壤	黄壤	姜石黄泥土	死黄泥田	1	0—14	褐黄色	中黏土	块状	7.4	17.1	1.11	0.80	1.8	35	6.0	129	23.9	第四纪红土	E 104°12′09.9″ N 30°46′39.2″	85
						2	14—35	棕黄色	中黏土	核块状	7.5	9.8	0.75	0.45	1.9				24.5			
						3	35—100	棕黄色	中黏土	核状	7.2	2.4	0.33	0.39	1.8				18.4			
剖35	初育土	紫色土	石灰性紫色土	砖红紫泥土	大土	1	0—15	浅灰紫色	轻黏土	核状、小块状	7.2	18.3	1.19	0.65	2.0	114	4.0	115	25.8	厚层钙质泥岩夹砂岩	E 104°11′33.7″ N 30°46′38.6″	97
						2	15—25	浅紫色	轻黏土	小块状	7.1	15.3	1.03	0.53	2.1				25.1			
						3	25—100	浅紫色	中黏土	块状	7.4	13.7	1.01	0.59	2.4				26.3			
剖36	初育土	紫色土	石灰性紫色土	砖红紫泥土	夹石骨子土	1	0—21	棕紫色	重砾轻黏土	块状	7.2	16.6	1.19	0.83	2.3	101	10.0	129	24.4	厚层钙质泥岩夹层粉砂岩	E 104°10′57.4″ N 30°46′24.6″	78
						2	21—28	黄红紫色	重砾中黏土	块状	7.4	16.1	0.42	0.31	2.1				26.6			
						3	28—78	浅红紫色	重砾轻黏土	块状	7.7	13.7	0.39	0.50	2.6				22.5			
						4	78—100															
剖37	初育土	紫色土	石灰性紫色土	砖红紫泥土	石骨子土	1	0—20	红紫色	重砾中黏土	粒状、核状	7.8	5.7	0.63	18.80	3.2	39	10.0	193	26.9	厚层夹泥岩夹层粉砂岩	E 104°11′15.2″ N 30°46′22.3″	73
						2	20—	砖红紫色	重砾中黏土	核状	8.5	3.0	0.36	13.10	3.1				25.0			

续表 Continued

剖面号 Soil profile	土纲 Soil order	土类 Soil great group	亚类 Soil subgroup	土属 Soil genus	土种 Soil species	土层码 Layer code	土层厚度 Depth/cm	颜色 Soil color	质地 Soil texture	土壤结构 Soil structure	pH	有机质 OM/(g/kg)	全氮 TN/(g/kg)	全磷 TP/(g/kg)	全钾 TK/(g/kg)	碱解氮 AN/(mg/kg)	有效磷 AP/(mg/kg)	速效钾 AK/(mg/kg)	阳离子交换量CEC/(cmol/kg)	土壤母质 Parent material	剖面点坐标 Profile coordinate	匹配指数 Matching index/%
剖38	铁铝土	黄壤	黄壤	姜石黄泥土	白砂土	1	0—22	浅黄色	中壤土	粒状、块状	6.9	11.4	0.68	0.49	2.0	61	2.0	68	13.8	第四纪黄土	E 104°09′16.4″ N 30°46′19.6″	84
						2	22—28	浅黄色	中壤土	板状	7.2	0.5	0.27	0.26	1.8				9.6			
						3	28—100	姜黄色	重壤土	棱块状	7.2	4.3	0.25	0.27	1.6				11.6			
剖39	人为土	水稻土	紫色土性水稻土	砖红紫泥水稻土	大土田	1	0—15	浅黄紫色	轻黏土	块状	7.2	15.7	0.57	0.39	2.0	90	7.0	125	23.2	厚泥夹粉砂岩	E 104°09′12.4″ N 30°45′37.9″	75
						2	15—27	浅棕紫色	轻黏土	板状	7.7	11.4	0.89	0.56	1.9				14.9			
						3	27—100	棕紫色	重壤土	棱柱状	7.5	6.8	0.67	0.45	1.9				23.0			
剖40	人为土	水稻土	黄壤性水稻土	姜石黄泥田	下湿田	1	0—13	蓝灰黄色	轻黏土	无明显结构	7.6	37.1	2.10	1.01	1.9	183	10.0	89	23.4	棕黄色黏土	E 104°13′18.1″ N 30°45′20.2″	78
						2	13—21	灰棕黄色	中黏土	板状	7.9	30.7	1.73	0.75	1.8				23.6			
						3	21—100	深灰黄色	中壤土	整体状	8.0	29.8	1.41	0.44	1.8				23.7			
剖41	人为土	水稻土	黄壤性水稻土	姜石黄泥田	二黄泥田	1	0—16	灰棕黄色	轻黏土	大块状	7.4	31.0	1.98	1.23	1.8	183	12.0	105	30.1	棕黄色黏土	E 104°12′23.0″ N 30°44′05.3″	94
						2	16—22	灰棕黄色	轻黏土	板状	7.7	35.4	1.83	0.85	1.9				32.2			
						3	22—60	灰棕黄色	轻黏土	棱柱状	7.5	33.2	1.72	0.45	1.9				30.4			
						4	60—100	深灰黄色	轻黏土	整体状	7.5	32.5	1.57	0.34	1.9				28.3			
剖42	人为土	水稻土	黄壤性水稻土	姜石黄泥田	大黄泥田	1	0—12	浅灰黄色	轻黏土	块状	6.8	31.2	1.87	1.24	1.9	165	11.0	95	29.1	棕黄色黏土	E 104°13′46.3″ N 30°43′58.6″	97
						2	12—17	棕黄色	轻黏土	板状	7.0	21.0	1.39	0.75	1.9				26.3			
						3	17—100	棕黄色	轻黏土	棱块状	7.5	20.7	1.39	0.72	1.9				26.7			
剖43	铁铝土	黄壤	黄壤	姜石黄泥土	姜石黄泥土	1	0—20	褐黄色	轻黏土	粒状、块状	7.3	16.3	1.05	0.88	1.9	100	10.0	113	27.5	第四纪黄土	E 104°14′05.9″ N 30°43′08.9″	83
						2	20—30	浅黄色	轻黏土	板状	7.3	11.3	0.75	0.62	1.9				29.8			
						3	30—100	棕黄色	轻黏土	板状	7.4	7.0	0.53	0.47	2.1				27.0			
剖44	人为土	水稻土	黄壤性水稻土	姜石黄泥田	白砂田	1	0—15	浅灰黄色	重黏土	粒状、小块状	7.3	13.4	0.83	0.65	1.6	86	4.0	70	22.1	棕黄色黏土	E 104°16′19.2″ N 30°43′55.6″	99
						2	15—22	浅棕黄色	轻黏土	板状	7.4	8.4	0.57	0.41	1.8				20.4			
						3	22—100	棕黄色	轻黏土	块状	7.1	5.1	0.39	0.30	2.1				25.8			

温 江 区

主要土类说明

水稻土是温江区的主要土壤类型，占本区地域面积的 98%，除少数灌溉困难和残留的古坟包等长期旱作的灰色冲积土外，水稻土遍及全区各地。在长期水旱轮作条件下，土壤干湿交替频繁，其理化性质发生了很大的变化，剖面结构与旱作土相比，发生了明显的层段变化，形成了水稻土独具的特色。

水稻土在发育过程中，由于土体内氧化还原作用频繁，铁、锰等盐分淋溶和淀积，水作时由于黏粒下移等形成了明显的耕作层、犁底层、初期潴育层、潜育层、潴育层、母质层等，层次分化十分明显，水热状况比较稳定，趋于中性至微碱性，有机质明显高于旱作土，速效氮、磷、钾也显著高于旱作土。在同一区间环境下，用相同的施肥量、相近的管理水平，其水稻土产量也大大高于旱作土。水稻土耕作层养分平均含量如下：有机质 26.9g/kg，全氮 1.70g/kg，全磷 0.75g/kg，全钾 23.0g/kg。耕作层平均容重为 1.23g/cm³，总孔隙度平均为 53.84%；犁底层平均容重为 1.39g/cm³，总孔隙度平均为 48.81%；心土层平均容重为 1.46g/cm³，总孔隙度平均为 46.20%。

温江区位于岷江冲积扇中上段，土壤的发育深受地表水、地下水及河流滂渗水的影响。土壤质体以杨柳河为界，西向土壤粒径较粗，一般为砂壤土、中壤土、重壤土；东向较细，越向东越细，一般为重壤土，个别达轻黏土。土壤质地轻的土层浅薄，一般为 50—150cm，其下部为砂砾石层，砾石直径达 1—30cm。土壤质地重的土层深厚，可达 1—3m。本区水稻土分为渗育型、淹育型、潴育型、潜育型等亚类。渗育水稻土多集中在靠河床的砂土区，水分在土体中移动迅速，土壤养分易随水流失，层次分化不明显，质地为砂壤土至轻壤土，呈中性或微碱性，碳酸盐反应较强烈，一般养分含量较低。淹育水稻土多分布于平原一级阶地的阶面，水分在土体中运动缓慢较均，土壤养分含量较高，保肥力较强，表层 30—40cm 内土色较均一，结构表面有明显的铁锰胶膜，内有明显的锈纹锈斑或鳝血斑纹，土层深厚，且无障碍层次，多呈中性至微碱性。潴育水稻土多分布于平原的一级阶地的龙背和略高处，水分在土体中移动缓慢，质地偏黏或下层出现黏土，水分下渗受阻，易产生侧渗、漂洗，干湿交替频繁，淋溶和淀积明显，土体颜色分化大，土粒多呈大棱柱状或小棱柱状结构，结构表面有灰白色胶膜和软铁子，多为中性。潜育水稻土多分布在平原内古河床和扇缘的槽形洼地，土体分布移动性小，常受高潜水位影响，土体渍水时间长，长期处于还原状态，有机质累积、铁锰还原，潜育化发育明显，土表 30—40cm 内达轻度至中度潜育，甚至出现表潜土，土体分散呈黏糊状结构，蓝灰色或绿灰色。

小于本区地域面积 3% 的土壤类型还有潮土等。

本区域中心区气候特征

本区域中心区气候特征值
Regional climate characteristics in central area of the region

气候带：中亚热带湿润气候 Climate region: Subtropical humid climate	
年平均气温 /℃ Annual average temperature /℃	15.4
年平均最高气温 /℃ Annual average maximum temperature /℃	20.0
年平均最低气温 /℃ Annual average minimum temperature /℃	12.2
年降水量 /mm Annual precipitation /mm	862
≥10℃的积温 /℃ Daily temperature accumulated in a year（≥10℃）/℃	5754
年日照时数 /h Annual sunshine /h	1145
年平均相对湿度 /% Annual average relative humidity /%	80
干燥度 Dryness	1.10

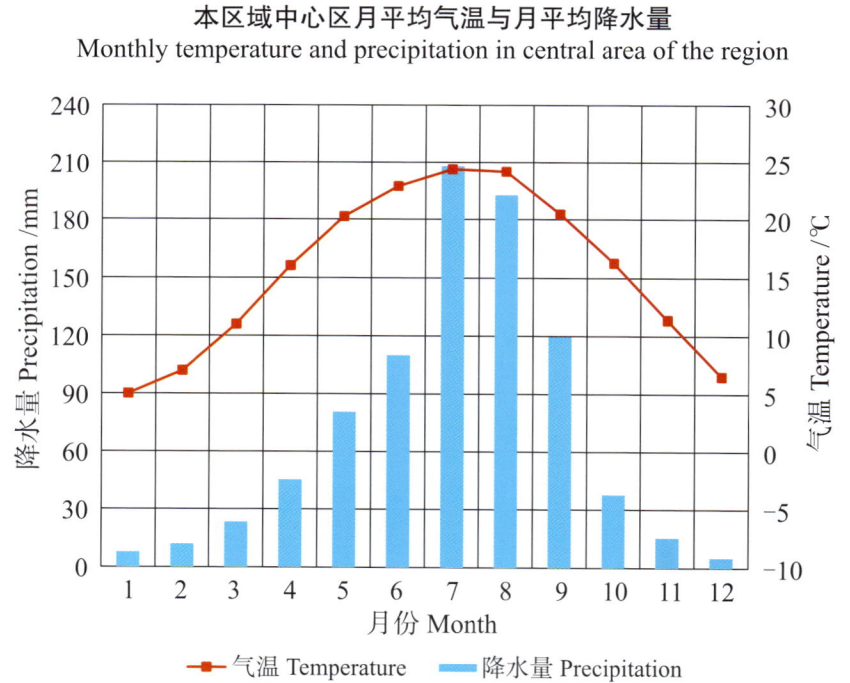

本区域中心区月平均气温与月平均降水量
Monthly temperature and precipitation in central area of the region

温江县主要土壤类型与土壤剖面点分布图
1∶110 000

注：国务院 2002 年 4 月批准，撤销温江县，设立温江区。

图 例
- 水稻土
- 潮土
- ⊗ 剖面点

温江区土壤剖面理化性状表

剖面号 Soil profile	土纲 Soil order	土类 Soil great group	亚类 Soil subgroup	土属 Soil genus	土种 Soil species	土层码 Layer code	土层厚度 Depth/cm	颜色 Soil color	质地 Soil texture	土壤结构 Soil structure	pH	有机质 OM/(g/kg)	全氮 TN/(g/kg)	全磷 TP/(g/kg)	全钾 TK/(g/kg)	碱解氮 AN/(mg/kg)	有效磷 AP/(mg/kg)	速效钾 AK/(mg/kg)	阳离子交换量CEC/(cmol/kg)	土壤母质 Parent material	剖面点坐标 Profile coordinate	匹配指数 Matching index/%
剖1	人为土	水稻土	渗育水稻土	渗潮泥田	大土油砂田	Aa	0—16	灰色	粉砂质黏壤土	团粒状	7.3	27.0	2.06	0.58	2.5	150	7.0	36	12.3	河流冲积物	E 103°42′50.0″ N 30°49′08.5″	90
						Ap	16—24	黄棕色	粉砂质黏壤土	块状	7.6	20.2	1.50	0.49	2.4				15.3			
						P	24—100	浊黄色	黏壤土	大棱块状	7.8	10.2	0.76	0.46	2.5				14.1			
剖2	人为土	水稻土	潜育水稻土	泥性灰潮田	泥田	1	0—17	浅棕黄色	轻黏土	块状	7.7	23.7	1.65	0.65	2.5	119	9.0	38	17.7	灰色沉积物	E 103°45′40.3″ N 30°46′36.5″	73
						2	17—26	暗黄色	轻黏土	板状	7.9	21.9	1.50	0.61	2.5				17.9			
						3	26—100	灰黄色	轻黏土	棱柱状	7.6	10.7	0.87	0.59	2.6				15.6			
剖3	人为土	水稻土	渗育水稻土	渗潮泥田	温江油砂田	Aa	0—15	灰色	壤土	团粒状	7.6	26.4	1.80	0.83	2.4	135	6.0	41	11.8	冲积物	E 103°46′02.9″ N 30°45′23.7″	98
						Ap	15—21	黄棕色	壤土	块状	7.4	25.4	1.65	0.86	2.4				12.9			
						P	21—89	黄棕色	壤土	小块状	7.9	10.6	0.71	0.68	2.7				14.0			
剖4	人为土	水稻土	潴育水稻土	泥性灰潮田	大土泥田	1	0—17	暗棕色	粉质重壤土	小块状	7.4	27.8	1.91	0.58	2.3	153	12.0	36	14.2	灰色沉积物	E 103°49′21.0″ N 30°43′01.2″	92
						2	17—31	黄褐色	粉质重壤土	板状	7.3	15.9	1.14	0.41	2.3				14.4			
						3	31—70	黄褐色	粉质重壤土	大棱柱状	7.3	10.4	0.74	0.31	2.3				14.0			
						4	70—110	灰黄色		小块状												
剖5	人为土	水稻土	渗育水稻土	砂性灰潮田	砂田	1	0—15	暗灰色	粗粉质中壤土	团粒状	7.9	37.5	2.53	1.09	2.3	2	6.0	34	17.4	灰色沉积物	E 103°45′32.1″ N 30°42′32.6″	87
						2	15—23	灰棕色	粗粉质中壤土	棱柱状	8.1	22.7	1.53	0.82	2.3				14.1			
剖6	半水成土	潮土	潮土	灰潮土	油砂土	1	0—23	灰黄棕色	轻壤土	粒状	7.7	17.7	1.36	1.86	3.0	92	2.0	21	8.0	灰色沉积物	E 103°49′28.2″ N 30°41′42.0″	74
						2	23—34	灰黄色	中壤土	粒状	7.5	7.2	0.50	0.58	3.7				13.9			
						3	34—62	暗黄棕色	轻壤土	小粒状	7.7	8.9	0.70	0.74	3.8				6.2			
剖7	人为土	水稻土	渗育水稻土	砂性灰潮田	卵石底泥田	1	0—14	深灰色	重壤土	块状	7.0	27.7	1.96	0.58	2.6	157	7.0	25	15.3	灰色沉积物	E 103°47′03.8″ N 30°41′35.2″	100
						2	14—23	暗灰色	重壤土	片状	7.4	20.3	1.45	0.40	2.5				13.7			
剖8	人为土	水稻土	潴育水稻土	泥性灰潮田	白鳝泥田	1	0—16	浅灰色	粉质轻黏土	块状	7.8	24.9	1.76	0.63	2.3	122	6.0	29	16.3	灰色沉积物	E 103°51′45.1″ N 30°41′32.3″	90
						2	16—21	淡暗黄色	粉质重壤土	板状	7.9	14.3	1.06	0.48	2.3				15.7			
						3	21—100	浅灰黄棕色	粉质重壤土	棱柱状	8.0	9.6	0.70	0.60	2.5				12.6			
剖9	半水成土	潮土	潮土	灰潮土	砂土	1	0—27	暗灰棕色	轻壤土	团粒状	7.6	15.5	0.86	1.39	3.0	77	3.0	15	4.0	灰色沉积物	E 103°49′40.4″ N 30°41′30.8″	84
						2	27—												2.3			
剖10	半水成土	潮土	潮土	灰潮土	大潮土	1	0—20	暗灰棕色	中壤土	团粒状	7.3	23.5	1.53	1.52	3.5	122	3.0	44	2.3	灰色沉积物	E 103°50′39.5″ N 30°41′26.5″	85
						2	20—36	暗灰黄色	中壤土	小块状	7.4	12.2	0.77	0.83	3.7				0.5			
						3	36—51	棕灰色	轻壤土	棱柱状	7.5	9.9	0.60	0.91	3.5				3.3			
剖11	人为土	水稻土	潴育水稻土	壤性灰潮田	二油砂田	1	0—14	暗灰黄色	粗粉质中壤土	粒状、团块状	7.4	32.9	2.12	1.14	1.9	190	17.0	26	14.0	灰色沉积物	E 103°49′43.0″ N 30°41′09.2″	99
						2	14—23	暗灰黄色	粗粉质中壤土	片状	7.6	26.9	1.71	1.10	1.9				12.0			
						3	23—60	淡暗黄色	粗粉质中壤土	棱柱状	8.0	12.9	0.95	1.03	2.1				12.0			
						4	60—100	暗灰棕色	轻壤土	块状												
剖12	人为土	水稻土	渗育水稻土	砂性灰潮田	卵石底砂田	1	0—10	棕灰色	砂壤土	小粒状	7.4	19.6	1.05	0.87	1.8	93	5.0	26	13.0	灰色沉积物	E 103°49′29.0″ N 30°40′55.6″	99
						2	10—16	青灰色	中壤土	黏糊状	7.2	19.5	1.01	1.10	1.7				13.3			
						3	16—52	棕灰色	轻壤土	棱柱状	7.8	15.7	0.64	0.76	1.8				13.6			
剖13	人为土	水稻土	脱潜水稻土	黄斑潮泥田	温江灰潮田	Aa	0—13	暗灰黄色	黏壤土	粒状	7.3	34.4	2.47	0.88	2.4	194	15.0	45	15.1	冲积物	E 103°52′43.4″ N 30°40′45.8″	74
						Ap	13—21	浊黄色	黏壤土	块状	7.5	21.9	1.32	0.68	2.3				10.4			
						Gw	21—64	黄灰色	黏壤土	块状	8.0	7.8	0.49	0.81	1.9				14.7			
剖14	人为土	水稻土	潜育水稻土	下湿灰潮田	潜田	1	0—15	深灰色	中壤土	块状	7.5	42.2	2.80	1.45	1.1	241	20.0	48	14.2	灰色沉积物	E 103°52′23.5″ N 30°40′24.2″	72
						2	15—26	暗灰色	中壤土	黏糊状	8.0	18.6	1.24	0.92	2.0				15.9			
						3	26—37	暗灰色	砂壤土	大棱柱状	8.0	4.9	0.48	0.93	1.8				12.7			

双 流 区

主要土类说明

水稻土是双流区的主要土壤类型，占本区地域面积的76%。水稻土是人类种植水稻后形成的一种特殊土壤。由于长期淹水和特殊的耕作管理手段，使其具有明显的耕作层、犁底层、潜育层、潴育层。本区水稻土按母土差异分为冲积性水稻土、黄壤性水稻土和紫色土性水稻土等亚类。

紫色土是双流区第二大土壤类型，占本区地域面积的15%。紫色土是由热带、亚热带紫红色岩层直接风化形成的A-C型土壤。其理化性质与母岩组成直接相关，土层浅薄，剖面层次发育不明显，仍处于初育阶段。母岩富含矿质养分，且风化迅速。本区紫色土分为红紫泥土、黄红紫泥土、棕紫泥土等亚类。

黄壤是双流区第三大土壤类型，占本区地域面积的7%。黄壤发生于亚热带湿润条件下，中度富铝化，多见于海拔700—1200m的山区。土壤有机质累积较多，具O-A-AB-B-C剖面构型。pH为4.5—5.5。淀积层（B层）富含水合氧化物（针铁矿），呈黄色。本区黄壤只有黄壤一个亚类。

小于本区地域面积3%的土壤类型还有新积土等。

本区域中心区气候特征

本区域中心区气候特征值
Regional climate characteristics in central area of the region

气候带：中亚热带湿润气候 Climate region: Subtropical humid climate	
年平均气温 /℃ Annual average temperature /℃	16.4
年平均最高气温 /℃ Annual average maximum temperature /℃	20.6
年平均最低气温 /℃ Annual average minimum temperature /℃	13.4
年降水量 /mm Annual precipitation /mm	913
≥10℃的积温 /℃ Daily temperature accumulated in a year (≥10℃) /℃	6887
年日照时数 /h Annual sunshine /h	1087
年平均相对湿度 /% Annual average relative humidity /%	82
干燥度 Dryness	1.11

本区域中心区月平均气温与月平均降水量
Monthly temperature and precipitation in central area of the region

双流县主要土壤类型与土壤剖面点分布图
1∶200 000

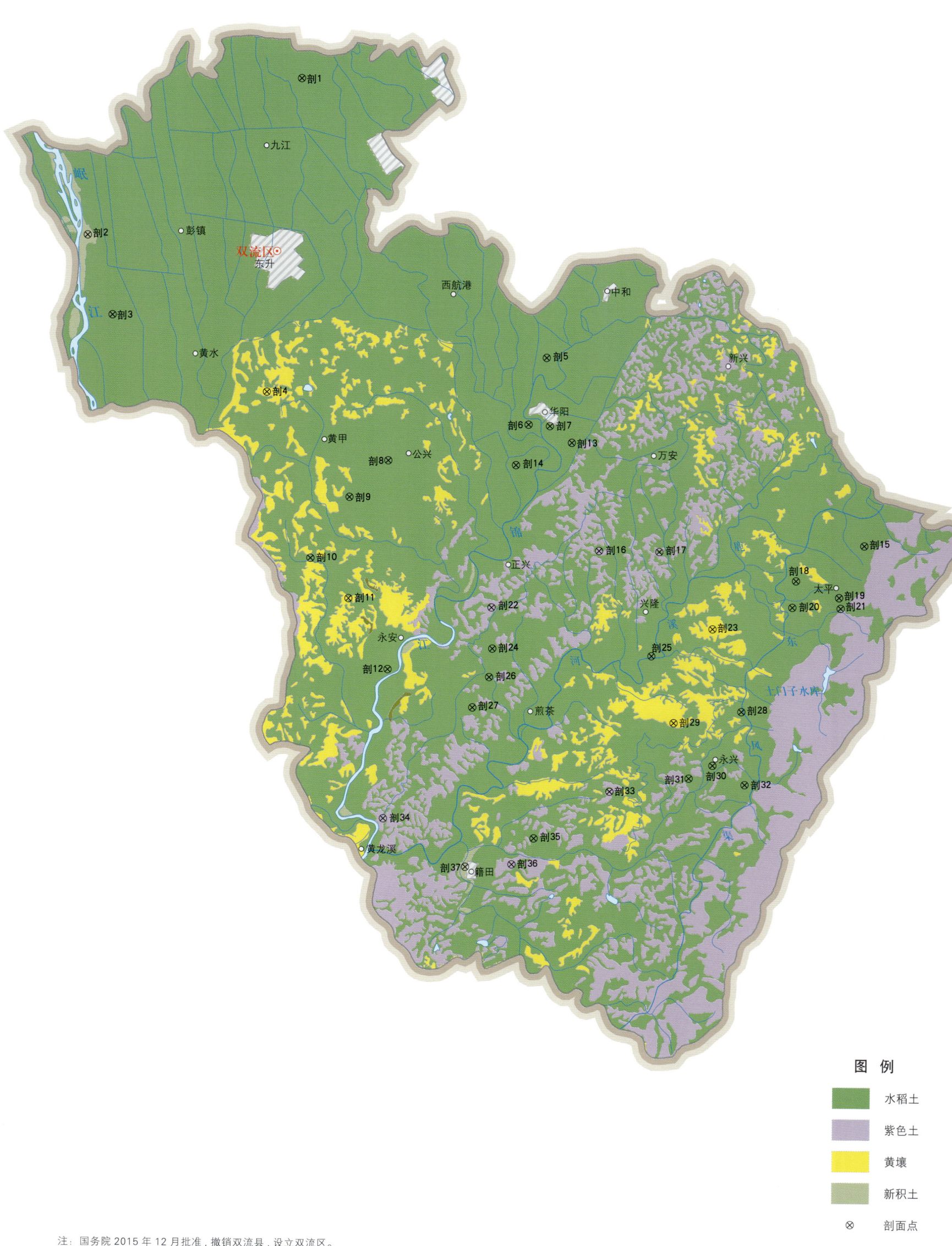

注：国务院 2015 年 12 月批准，撤销双流县，设立双流区。

双流区土壤剖面理化性状表

剖面号 Soil profile	土纲 Soil order	土类 Soil great group	亚类 Soil subgroup	土属 Soil genus	土种 Soil species	土层码 Layer code	土层厚度 Depth/cm	颜色 Soil color	质地 Soil texture	土壤结构 Soil structure	pH	有机质 OM/(g/kg)	全氮 TN/(g/kg)	全磷 TP/(g/kg)	全钾 TK/(g/kg)	碱解氮 AN/(mg/kg)	有效磷 AP/(mg/kg)	速效钾 AK/(mg/kg)	阳离子交换量CEC/(cmol/kg)	土壤母质 Parent material	剖面点坐标 Profile coordinate	匹配指数 Matching index/%
剖1	人为土	水稻土	冲积型水稻土	灰色冲积水稻土	油砂田	1	0—14	浅灰色	轻壤土	粒状	6.6	20.7	0.94	1.41	2.7	88	5.0	18	7.1	灰色沉积物	E 103°55′44.4″ N 30°39′01.1″	91
						2	14—25	灰色	重壤土	无明显结构	7.2	14.7	0.93	0.86								
						3	27—110	黄灰色	重壤土		7.4	14.2	0.76	0.76	2.0							
剖2	初育土	新积土	冲积土	灰色冲积土	砂土	1	0—15	浅灰色	轻壤土	粒状	8.0	11.5	0.64	1.11		40	7.0	3	5.5	河流冲积物	E 103°49′21.7″ N 30°34′53.4″	79
						2	15—50	浅黄灰色	砂壤土	粒状	8.2	8.6	0.64	1.16								
						3	50—															
剖3	人为土	水稻土	冲积型水稻土	灰色冲积水稻土	白鳝泥田	1	0—15	浅灰色	重壤土	小块状	6.8	29.9	2.07	0.58	2.5	129	8.0	16	12.1	灰色沉积物	E 103°50′08.5″ N 30°32′49.9″	97
						2	12—57	灰白色	重壤土	块状	6.8	29.9	2.07	0.57								
						3	27—45	灰白色	重壤土	棱状	7.9	13.0	0.70	0.57								
剖4	铁铝土	黄壤	黄壤	老冲积黄泥土	二黄泥	1	47—100	灰白色	重壤土	棱状	5.8	0.7	0.67	0.31	1.8	77	2.0	51	16.8	老冲积物	E 103°54′49.0″ N 30°30′52.9″	74
						2	0—32	浅黄色	轻壤土	块状	5.7	21.1	0.85	0.15								
						3	32—60	棕黄色	重壤土	核状、粒状	6.0	3.0	0.57	0.12								
剖5	人为土	水稻土	黄壤性水稻土	再积黄泥水稻土	黄泥底二黄泥田	1	0—18	棕黄色	重壤土	大块状	7.6	7.7	1.02	0.40	2.1	89	2.0	8	10.6			80
						2	18—30	灰黄色	重壤土	大梭块状	7.8	6.8	0.60	0.35								
						3	30—55	灰灰色	重壤土	块状	7.4	9.4	0.47	0.43	1.9							
剖6	人为土	水稻土	冲积型水稻土	老冲积黄泥水稻土	砂田	1	55—100	灰色	轻壤土	粒状	7.7	19.2	0.56	0.16	2.0	65	2.0	8	8.0	灰色沉积物	E 104°03′13.0″ N 30°31′51.2″	70
						2	0—15	浅淡灰色	轻壤土	小梭柱状	7.9	10.3	0.94	0.80								
						3	15—20	浅淡灰色	中壤土	小梭柱状	7.4	9.1	0.80	0.60								
剖7	人为土	水稻土	黄壤性水稻土	再积黄泥水稻土	灰黄泥田	1	25—100	棕状色	轻壤土	块状	7.1	23.0	0.50	0.36	1.7	125	2.0	172	19.9		E 104°02′42.0″ N 30°30′07.2″	81
						2	15—24	棕状色	中壤土	梭柱状	6.7	12.3	1.25	0.23								
						3	24—100	黄褐色	重壤土	梭柱状	5.9	5.3	0.74	0.45								
剖8	人为土	水稻土	黄壤性水稻土	姜石黄泥田	铁杆子黄泥田	1	0—15	浅黄灰色	中壤土	核状	6.3	27.0	0.54	0.66	1.6	134	2.0	78	19.1	黏土	E 104°03′20.5″ N 30°30′05.4″	82
						2	15—40	棕黄色	中壤土	块状	7.1	141.0	1.66	0.41								
						3	40—102	白黄色	中黏土	梭柱状	8.2	3.9	1.02	0.21								
剖9	人为土	水稻土	黄壤性水稻土	老冲积黄泥田	黄泥白鳝田	1	0—13	浅黄灰色	轻黏土	小块状	5.4	23.0	0.46	0.15	2.0	145	3.0	66	17.5	冰水沉积物	E 103°57′20.9″ N 30°28′11.3″	94
						2	13—30	浅黄色	中黏土	块状	6.2	16.4	1.64	0.32								
						3	30—75	黄褐色	重黏土	梭柱状	5.9	10.1	0.95	0.15								
剖10	人为土	水稻土	黄壤性水稻土	老冲积黄泥田	黄泥田	1	0—12	深灰色	中壤土	核状	6.0	32.5	0.50	0.17	2.1	152	2.0	105	15.9	冰水沉积物	E 103°56′12.1″ N 30°26′35.5″	95
						2	12—32	浅灰色	中黏土	块状	6.7	27.0	1.81	0.42								
						3	32—80	白灰色	中黏土	梭柱状	6.3	10.4	1.52	0.18								
						4	80—100	黄灰色	重黏土	小梭柱状	6.7	6.1	1.12	0.13								
剖11	铁铝土	黄壤	黄壤	姜石黄泥土	姜石黄泥土	1	0—25	棕黄色	中黏土	小块状	6.8	15.2	0.64	0.19	1.5	101	4.0	83	21.9	第四纪沉积物	E 103°57′21.6″ N 30°25′33.6″	85
						2	25—50	黄色	中黏土	块状	7.1	7.1	0.96	0.12								
						3	50—	黄色					0.47	0.12								
剖12	人为土	水稻土	冲积型水稻土	灰色冲积水稻土	潲田	1	0—14	浅蓝灰色	中壤土	片状	7.9	27.4	1.98	6.95	2.0	102	2.0	27	10.1	灰色沉积物	E 103°58′34.3″ N 30°23′44.2″	81
						2	14—18	蓝黄色	中壤土	无明显结构	8.5	21.7	1.38	0.58								
						3	18—100	灰灰色	重壤土	团块状	8.1	12.9	0.69	0.66								
剖13	人为土	水稻土	冲积型水稻土	灰色冲积水稻土	泥田	1	0—18	深灰色	轻黏土	棱柱状	7.2	14.4	2.28	0.71	2.7	178	11.0	159	13.6	灰色沉积物	E 104°04′00.5″ N 30°29′39.8″	97
						2	18—34	浅灰灰色	轻壤土	棱柱状	7.1	13.2	0.99	0.24								
						3	34—59	浅黄灰色	轻黏土	棱柱状	8.4	7.7	0.55	0.27								
						4	59—100	暗黄灰色	轻壤土	棱柱状	8.4	6.2	0.50	0.13								

续表 Continued

剖面号 Soil profile	土纲 Soil order	土类 Soil great group	亚类 Soil subgroup	土属 Soil genus	土种 Soil species	土层码 Layer code	土层厚度 Depth/cm	颜色 Soil color	质地 Soil texture	土壤结构 Soil structure	pH	有机质 OM/(g/kg)	全氮 TN/(g/kg)	全磷 TP/(g/kg)	全钾 TK/(g/kg)	碱解氮 AN/(mg/kg)	有效磷 AP/(mg/kg)	速效钾 AK/(mg/kg)	阴离子交换量CEC/(cmol/kg)	土壤母质 Parent material	剖面点坐标 Profile coordinate	匹配指数 Matching index/%
剖14	人为土	水稻土	冲积型水稻土	灰色冲积水稻土	二泥田	1	0—20	灰色	重壤土	小块状	6.5	27.0	1.61	0.78	2.2	96	7.0	39	16.3	灰色沉积物	E 104°02′20.4″ N 30°29′04.2″	99
						2	20—56	浅黄棕色	重壤土	块状	7.3	12.4	0.67	0.37	2.3							
						3	56—100	黄灰色	重壤土	核状	7.5	9.3	0.60	0.26	2.2							
剖15	人为土	水稻土	紫色土性水稻土	棕紫色水稻土	夹砂泥田	1	0—15	棕色	中壤土	小粒状	8.5	15.2	0.82	0.62	2.1	46	7.0	6	13.8	棕紫色砂岩风化坡积物	E 104°12′50.4″ N 30°27′05.4″	77
						2	15—26	浅棕黄色	轻壤土	块状	8.7	2.2	0.38	0.52								
						3	26—100	棕黄色	轻壤土	单粒状	8.4	9.1	0.87	0.61								
剖16	初育土	紫色土	红紫泥土	红紫泥土	红砂土	1	0—22	红紫色	轻壤土	小粒状	5.9	9.7	0.43	0.10	1.6	45	3.0	2	20.0	砂岩风化物	E 104°04′52.3″ N 30°26′52.8″	79
						2	22—	红紫色	轻壤土		6.5	4.8	0.21	0.02								
剖17	人为土	水稻土	紫色土性水稻土	黄红紫色水稻土	紫黄砂土	1	0—16	浅紫黄色	中壤土	小团块状	7.9	18.5	1.24	0.22	1.3	88	1.0	23	7.5	泥岩风化物	E 104°06′41.4″ N 30°26′52.4″	77
						2	16—28	棕黄色	砂壤土	粒状、柱状	7.7	15.0	1.15	0.16								
						3	28—100	棕黄色	砂壤土		7.6	4.0	0.97	0.16								
剖18	人为土	水稻土	冲积型水稻土	紫色冲积水稻土	大眼泥田	1	0—18	棕红紫色	重壤土	块状	7.9	19.4	0.74	0.27	1.3	93	4.0	30	13.5	紫色泥岩	E 104°10′48.4″ N 30°26′09.6″	79
						2	18—33	棕红紫色	重壤土	核状	7.8	6.7	0.94	0.21								
						3	33—100	棕红紫色	重壤土	块状	7.5	6.2	0.50	0.20								
剖19	人为土	水稻土	紫色土性水稻土	灰棕紫色水稻土	灰棕大土	1	0—16	灰紫色	轻黏土	小块状	8.3	16.7	1.49	0.52	2.1	76	4.0	3	16.9	紫色泥岩、砂岩风化物	E 104°12′06.5″ N 30°25′44.4″	78
						2	16—30	灰紫色	轻壤土	核柱状	8.1											
						3	30—100	灰紫色	中壤土	块状												
剖20	人为土	水稻土	黄壤性水稻土	老冲积黄泥田	二黄泥田	1	0—13	棕黄色	轻黏土	板状	6.1	26.2	1.70	0.46	1.6	147	4.0	132	16.7	冰水沉积物	E 104°10′42.2″ N 30°25′28.6″	70
						2	13—41	棕黄色	重壤土	核柱状	6.6	23.3	1.27	0.33								
						3	41—100	黄棕色	轻壤土	粒状	7.0	3.2	0.56	0.10								
剖21	人为土	水稻土	紫色土性水稻土	灰紫紫泥土	砂泥田	1	0—16	灰黄紫色	中壤土	块状	7.8	11.5	0.85	0.24	1.3	74	2.0	11	9.2	紫泥泥岩、砂岩层段风化物	E 104°12′09.4″ N 30°25′27.8″	96
						2	16—33	灰黄紫色	中壤土	块状	8.4	6.8	0.66	0.20								
						3	33—100	黄紫色	中壤土	核状	8.4	3.9	0.34	0.16								
剖22	初育土	紫色土	黄红紫泥土	黄红紫泥土	石灰土	1	0—15	黄红紫色	重壤土	小块状	8.5	1.1	7.80	0.62	2.0	55	6.0	42	20.9	砂岩层段风化物	E 104°01′39.7″ N 30°25′22.4″	96
						2	15—37	黄红紫色	重黏土	大块状	8.5	0.8	1.40	0.54								
剖23	铁铝土	黄壤	老冲积黄壤	老冲积黄泥土	铁杆子黄泥土	1	0—27	棕黄色	重黏土	块状	6.0	10.0	0.80	0.20	1.9	60	3.0	55	18.3	老冲积物	E 104°08′19.0″ N 30°24′53.3″	85
						2	27—100	棕黄色	中黏土	块状	5.8	2.6	0.66	0.14								
剖24	人为土	水稻土	紫色土性水稻土	黄红紫色水稻土	紫黄泥田	1	0—16	黄黄紫色	中黏土	核柱状	7.7	28.4	1.36	0.37	0.3	126	4.0	53	23.5	泥岩风化物	E 104°01′41.9″ N 30°24′18.4″	74
						2	16—30	黄黄紫色	重壤土	大块状	7.6	25.4	1.53	0.35								
						3	30—100	黄黄紫色	重壤土	块状	7.5	29.3	1.41	0.21								
剖25	人为土	水稻土	冲积型水稻土	紫色冲积水稻土	红潮泥田	1	0—15	棕红紫色	轻壤土	大块状	8.1	15.8	0.87	0.68	1.3	56	4.0	28	8.6	紫紫色泥岩	E 104°06′29.5″ N 30°24′10.1″	100
						2	15—28	棕棕紫色	轻壤土	小块状	8.2	12.9	0.63	0.40								
剖26	人为土	水稻土	紫色土性水稻土	棕紫色水稻土	冷浸田	1	0—16	灰棕紫色	中壤土	粒状	8.2	24.9	1.88	0.41	2.3	2	116.0	160	24.3	棕紫色岩风化坡积物	E 104°01′37.2″ N 30°23′34.1″	92
						2	16—28	棕紫色	重壤土	小块状	8.3	24.2	1.67	4.05								
						3	28—100	灰紫色	中壤土	无明显结构	8.1	16.6	1.57	0.49								
剖27	人为土	水稻土	紫色土性水稻土	棕紫色水稻土	棕紫大土田	1	0—15	棕紫色	重黏土	无明显结构	7.6	30.1	1.93	0.54	2.4	132	5.0	106	22.6	棕紫色砂岩风化坡积物	E 104°01′08.0″ N 30°22′46.6″	79
						2	15—41	棕紫色	重黏土	块状	8.4	23.8	1.54	0.52								
						3	41—100	棕紫色	轻黏土	核状	8.3	9.0	0.99	0.22								
剖28	人为土	水稻土	黄壤性水稻土	老冲积黄泥田	锈水田	1	0—14	浅灰黄色	轻黏土	小块状	6.5	29.3	1.98	0.42	1.3	125	3.0	44	15.9	冰水沉积物	E 104°09′13.3″ N 30°22′45.5″	87
						2	14—34	浅灰黄色	轻黏土	片状	7.8	24.7	1.39	0.15								
						3	34—50	灰灰黄色	重黏土	无明显结构	8.2	21.8	1.22	0.14								
						4	50—100	蓝灰色	重黏土	大块状	7.8	29.0	1.36	0.14								
剖29	铁铝土	黄壤	老冲积黄泥土	灰包土		1	0—30	浅灰黄色	粉砂质黏土	粒状、块状	5.6	10.8	0.61	0.33	1.4	60	1.0	45	10.6	老冲积物	E 104°07′11.3″ N 30°22′26.8″	74
						2	30—	浅灰黄色	重黏土	核状、块状	6.0	9.7	0.46	0.20								

续表 Continued

剖面号 Soil profile	土纲 Soil order	土类 Soil great group	亚类 Soil subgroup	土属 Soil genus	土种 Soil species	土层码 Layer code	土层厚度 Depth/cm	颜色 Soil color	质地 Soil texture	土壤结构 Soil structure	pH	有机质 OM/(g/kg)	全氮 TN/(g/kg)	全磷 TP/(g/kg)	全钾 TK/(g/kg)	碱解氮 AN/(mg/kg)	有效磷 AP/(mg/kg)	速效钾 AK/(mg/kg)	阳离子交换量CEC/(cmol/kg)	土壤母质 Parent material	剖面点坐标 Profile coordinate	匹配指数 Matching index/%
剖30	人为土	水稻土	紫色土性水稻土	红紫色水稻土	大泥土田	1	0—18	浅红紫色	轻黏土	小块状	8.1	30.0	1.79	0.35	2.4	120	5.0	20	27.0		E 104°08′22.4″ N 30°21′21.6″	89
						2	18—39	红紫色	重壤土	大块状	8.0	21.5	1.36	0.25								
						3	39—100	红紫色	轻黏土	梭柱状	8.0	21.5	1.19									
剖31	人为土	水稻土	紫色土性水稻土	红紫色水稻土	大土泥田	1	0—14	棕紫色	轻黏土	小块状	6.1	32.8	1.86	0.44	1.9	173	2.0	205	20.0		E 104°07′40.1″ N 30°21′01.4″	94
						2	14—25	紫红色	重壤土	块状	6.9	28.4	1.73	0.23								
						3	25—100	紫黄色	重壤土	梭柱状	7.3	24.7	1.38	0.17								
剖32	人为土	水稻土	紫色土性水稻土	红棕紫色水稻土	紫色大土田	1	0—14	红棕紫色	重壤土	小块状	7.7	23.1	1.49	0.50	2.2	92	3.0	25	18.2		E 104°09′20.9″ N 30°20′52.1″	91
						2	14—22	红棕紫色	中壤土	块状	8.2	19.1	1.50	0.46								
						3	22—45	红棕紫色	重壤土	梭柱状		82.0	0.74	0.29								
						4	45—100	红棕紫色	重壤土	小块状		3.6	0.67	0.28								
剖33	初育土	紫色土	红紫泥土	砖红紫泥土	大泥土	1	0—29	暗红紫色	轻黏土	小块状	8.5	7.4	0.91	0.62	2.2	66	3.0	62	24.3	厚泥薄砂岩	E 104°05′17.5″ N 30°20′38.8″	82
						2	29—72	红紫色	轻黏土	块状、柱状	8.5	5.2	0.78	0.47								
						3	72—	红紫色			8.6	1.0	0.34	0.63								
剖34	初育土	紫色土	红紫泥土	红紫泥土	夹砂泥土	1	0—14	红紫色	中壤土	单粒状	7.9	0.6	0.24	10.50	0.6	53	2.0	9	17.7	砂岩风化物	E 103°58′30.2″ N 30°19′51.7″	98
						D	14—	红紫色						1.95								
剖35	人为土	水稻土	紫色土性水稻土	红紫色水稻土	红砂田	1	0—16	红紫色	中壤土	小块状	5.5	15.3	1.08	0.33	1.6	99	3.0	66	15.3		E 104°03′02.2″ N 30°19′24.2″	78
						2	16—30	紫红色	轻壤土	块状	6.4	0.7	0.53	1.95								
						3	30—100	紫红色	砂壤土	单粒状	7.0	4.7	0.25	0.13								
剖36	初育土	紫色土	红紫泥土	砖红紫泥土	粗砂石骨土	1	0—32	暗红紫色	轻黏土	粒状	8.1	7.6	0.62	0.03	2.2	53	4.0	13	19.1	厚泥薄砂岩	E 104°02′23.3″ N 30°18′42.8″	83
						2	32—	红紫色	轻壤土	小块状	8.3	1.9	0.46	0.67								
剖37	初育土	新积土	冲积土	紫色冲积土	红潮砂土	1	0—20	紫红色	轻壤土	小粒状	8.3	3.7	0.29	0.44	1.9	16	4.0	30	7.4	河流冲积物	E 104°00′59.8″ N 30°18′38.2″	80
						2	20—50	紫红色	轻壤土	小粒状		3.5	0.24	0.36								
						3	50—100	紫红色	轻壤土	小粒状	8.4	5.5	0.38	0.33								

郫 都 区

主要土类说明

水稻土是郫都区唯一的土壤类型，是经过人们长期种稻和水耕熟化发育而来的土壤，在发育过程中形成了淹育、潴育、渗育、潜育等特殊发生层段。同时由于季节性淹水、氧化还原交替进行，促进化学和物理特性的变化，有机质易累积，氮、磷、钾等养分的有效性较高。本区水稻土由灰色冲积物、老冲积物和再积物发育而来，本区99%的水稻土由灰色冲积母质发育而来，多数发育为淹育水稻土和潴育水稻土，其特点是土体深厚，可达0.5—4.0m，含水部位高，含水层多为砂石、砂夹石，地下水变幅较大，耕层质地多为重壤土，少数为中壤土至轻壤土、轻黏土，由于具有传统精耕细作，表土熟化度高，少数呈块状结构，心土层呈粒状或棱柱状结构。由老冲积和再积黄壤发育的水稻土多属潴育型，其特点是含水部位低，底层质地偏黏，先天性淋溶和潴育明显，铁锰胶膜、结核等新生体多。本区水稻土耕层平均养分含量：有机质含量为27.5g/kg，全氮含量为1.78g/kg，全磷含量为1.44g/kg，全钾含量为26.6g/kg，容重1.28g/cm³，总孔隙度47.70%—56.49%。水稻土宜种度广，土壤水气协调，回润力强，保水保肥能力好。本区水稻土可分为淹育型、潴育型、渗育型和潜育型等亚类。淹育水稻土分布区一般地势较高，排水良好，土壤质地砂黏适中，水分运动缓慢（无顶托或间隙顶托），距地表40cm的土层色泽分化不明显，轻度淋溶、淀积，无障碍层次。潴育水稻土分布区一般地势高而平坦，土壤质地偏泥，水分在土体中运动缓慢，有顶托现象，距地表40cm土层色泽分化明显，有结构出现。渗育水稻土一般距河近，土体较薄，质地偏砂，水分在土体中运动快，底层为砂石底，养分含量低。潜育水稻土分布区泥田地下水特别高，地下水向下渗透十分缓慢，土壤中三价铁被还原，使土壤呈蓝灰色、深灰色，有的从表层起可见潜育斑，结构不良，不易耕作。

本区域中心区气候特征

本区域中心区气候特征值
Regional climate characteristics in central area of the region

气候带：中亚热带湿润气候 Climate region: Subtropical humid climate	
年平均气温 /℃ Annual average temperature /℃	14.8
年平均最高气温 /℃ Annual average maximum temperature /℃	19.7
年平均最低气温 /℃ Annual average minimum temperature /℃	11.4
年降水量 /mm Annual precipitation /mm	853
≥10℃的积温 /℃ Daily temperature accumulated in a year (≥10℃) /℃	5456
年日照时数 /h Annual sunshine /h	1203
年平均相对湿度 /% Annual average relative humidity /%	79
干燥度 Dryness	1.12

本区域中心区月平均气温与月平均降水量
Monthly temperature and precipitation in central area of the region

郫县主要土壤类型与土壤剖面点分布图

1:120 000

图 例

- 水稻土
- ⊗ 剖面点

注：国务院2016年11月批准，撤销郫县，设立郫都区。

郫都区土壤剖面理化性状表

剖面号 Soil profile	土纲 Soil order	土类 Soil great group	亚类 Soil subgroup	土属 Soil genus	土种 Soil species	土层码 Layer code	土层厚度 Depth/cm	颜色 Soil color	质地 Soil texture	土壤结构 Soil structure	pH	有机质 OM/(g/kg)	全氮 TN/(g/kg)	全磷 TP/(g/kg)	全钾 TK/(g/kg)	碱解氮 AN/(mg/kg)	有效磷 AP/(mg/kg)	速效钾 AK/(mg/kg)	阳离子交换量CEC/(cmol/kg)	土壤母质 Parent material	剖面点坐标 Profile coordinate	匹配指数 Matching index/%
剖1	人为土	水稻土	渗育水稻土	漏水灰潮田	石底砂泥田	1	0—18	灰色	重壤土	粒状、小块状	5.9	28.4	2.10	0.44	2.0	170	5.7	52	9.8	近代河流漫积物、冲积物	E 103°52′12.0″ N 30°55′29.3″	88
						2	18—24	灰色	重壤土	片状	6.7	24.9	1.77	0.43	2.0							
						3	24—50	灰色	重壤土	块状	5.7	15.1	1.06	0.39	2.0							
剖2	人为土	水稻土	潜育水稻土	潜育灰潮田	潲田	1	0—15	蓝灰色	中壤土	无明显结构	8.5	33.8	2.13	0.79	1.8	170	6.5	25	9.5	灰色冲积物	E 103°51′32.0″ N 30°51′32.8″	71
						2	15—21	蓝灰色	中壤土	无明显结构	8.6	32.0	1.99	0.80	1.8	160	6.5	18				
						3	21—62	黄灰色	中壤土	无明显结构	8.8	17.9	1.08	0.79	2.1	75	0.9	17				
						4	62—85	黄色		无明显结构												
剖3	人为土	水稻土	潜育水稻土	潜育灰潮田	泥二潲田	1	0—20	灰色	重壤土	团粒状、块状	5.9	31.1	2.08	0.60	2.2	153	7.4	40	8.7	灰色冲积物	E 103°54′42.8″ N 30°51′32.8″	76
						2	20—25	深灰色	重壤土	片状、块状	7.2	26.7	1.90	0.42	2.3	134	3.1	36	8.5			
						3	25—90	黄灰色	重壤土	大棱块状	7.9	10.8	0.69	0.50	2.1	32	1.7	28	7.3			
						4	90—120	黄色		大块状												
剖4	人为土	水稻土	渗育水稻土	漏水灰潮田	砂田	1	0—18	深灰色	中壤土	单粒状	6.8	24.2	1.43	0.92	1.9	133	3.9	35	5.9	近代河流漫积物、冲积物	E 103°50′29.3″ N 30°49′33.3″	80
						2	18—23	灰色	中壤土	核状	6.4	25.2	1.50	1.13	2.0	136	3.9	33	6.3			
						3	23—76	微黄灰色	中壤土	块状	8.1	11.5	0.60	0.72	1.8	37	1.3	16	3.5			
剖5	人为土	水稻土	潜育水稻土	潜育灰潮田	砂二潲田	1	0—18	灰色	中壤土	团粒、小块状	6.2	28.0	1.68	0.94	2.3	152	3.5	24	8.2	灰色冲积物	E 103°56′20.4″ N 30°47′51.7″	88
						2	18—27	黄灰色	中壤土	块状	7.9	24.3	1.52	0.83	2.2							
						3	27—120	黄灰色	中壤土	小块状	8.0	8.0	0.57	0.69	2.0							
						4	120—			无明显结构												
剖6	人为土	水稻土	潜育水稻土	老冲积黄泥下湿田	下湿田	1	0—19	灰色	重壤土	小块状	7.7	24.1	1.54	0.45	1.5	127	5.2	23	9.5	坡积物	E 103°53′49.6″ N 30°45′37.8″	92
						2	19—26	灰黄色	轻黏土	板状	7.3	26.7	1.79	0.35	1.5		4.4					
						3	26—	黄白相间	轻黏土	大棱柱状	7.1	10.4	0.87	0.19	1.6		1.7					

续表 Continued

剖面号 Soil profile	土纲 Soil order	土类 Soil great group	亚类 Soil subgroup	土属 Soil genus	土种 Soil species	土层码 Layer code	土层厚度 Depth/ cm	颜色 Soil color	质地 Soil texture	土壤结构 Soil structure	pH	有机质 OM/ (g/kg)	全氮 TN/ (g/kg)	全磷 TP/ (g/kg)	全钾 TK/ (g/kg)	碱解氮 AN/ (mg/kg)	有效磷 AP/ (mg/kg)	速效钾 AK/ (mg/kg)	阳离子 交换量CEC/ (cmol/kg)	土壤母质 Parent material	剖面点坐标 Profile coordinate	匹配指数 Matching index/%
剖29	初育土	紫色土	石灰性紫色土	棕紫泥土	棕紫石骨子土	1	0—20	紫棕色	重壤土	小块状	7.7	8.5	0.72	0.60	1.8	37	7.0	80	33.6	残积物	E 103°47′11.2″ N 30°21′11.6″	74
						2	20—100	棕紫色	轻黏土		7.7	4.5	0.40	0.55	2.4				40.0			

金 堂 县

主要土类说明

紫色土是金堂县的主要土壤类型，占本县地域面积的62%，是本县小麦、花生、油菜及其他杂粮的主要产地。紫色土由紫色砂泥岩风化而来，是发育度浅的岩性土。其理化性质与母岩组成直接相关，剖面层次发育不明显，具A-C剖面构型，仍处于初育阶段。本县紫色土呈中性至微碱性，矿质养分含量丰富，磷素不足，有机质、全氮含量很低。由于土壤色泽较暗，对温光反应好，耕性较好。但因所处地形相对高差较大，土壤侵蚀严重，坡土、薄层土面积较大，所以植树造林、固土防冲、改坡为梯、增施有机肥可作为培肥紫色土的主要措施。

水稻土是金堂县第二大土壤类型，占本县地域面积的22%。水稻土是经人们长期水耕熟化形成的特殊土壤。由于干湿交替的作用，其理化性质发生了很大的变化，剖面结构比旱作土壤分化明显。氮、磷、钾及一些微量元素的有效性增加，有机质累积比旱作土壤多。在同等施肥水平下，水稻土比与之相似的旱作土产量高。本县水稻土按成土母质差异分为冲积性水稻土、紫色土性水稻土及黄壤性水稻土等亚类。冲积性水稻土占本县水稻土总面积的17%，主要分布于毗河、北河及沱江一级阶地，是近代河流冲积物的水成土壤，多为初期潴育性和潴育性。由于本县阶地窄，地下水一般在3m以下，除漕田为表潜型外，土体构造中基本无明显的潜育层。紫色土性水稻土占水稻土总面积的55%，全县各地均有分布。由于紫色土性水稻土成土年龄短，母质化学特性保留较多，含碳酸盐丰富，多呈中性至微碱性，矿质养分含量较为丰富，有利于水稻、小麦生长。黄壤性水稻土占水稻土总面积的28%，以缓丘、浅丘分布最多，其次为平坝二级阶地和中丘，由成都黏土和广汉黏土发育而来。该亚类土有较强的富铝化过程，质地以重壤土较多，并有少部分轻黏土，耕性较差，其有机质含量比冲积性水稻土低，而其他矿质养分含量又不及紫色土性水稻土。

黄壤是金堂县第三大土壤类型，占本县地域面积的12%，主要分布于缓丘、浅丘，其次是平坝二级阶地和中丘。母质为成都黏土和广汉黏土。本县黄壤是在亚热气候带常绿阔叶林植被下，母质经黄化、脱硅、富铝化等化学风化过程而发育的地带性土壤，质地以重壤土较多，并有少部分轻黏土，耕性较差。黄壤垦殖的农田，有机质含量比冲积性农田土壤低，而其他矿质养分含量又不及紫色土垦殖的农田土壤。

小于本县地域面积3%的土壤类型还有新积土、黄褐土、潮土等。

本区域中心区气候特征

本区域中心区气候特征值
Regional climate characteristics in central area of the region

气候带：中亚热带湿润气候 Climate region: Subtropical humid climate	
年平均气温 /℃ Annual average temperature /℃	16.2
年平均最高气温 /℃ Annual average maximum temperature /℃	20.4
年平均最低气温 /℃ Annual average minimum temperature /℃	13.3
年降水量 /mm Annual precipitation /mm	892
≥10℃的积温 /℃ Daily temperature accumulated in a year (≥10℃) /℃	6277
年日照时数 /h Annual sunshine /h	1101
年平均相对湿度 /% Annual average relative humidity /%	81
干燥度 Dryness	1.09

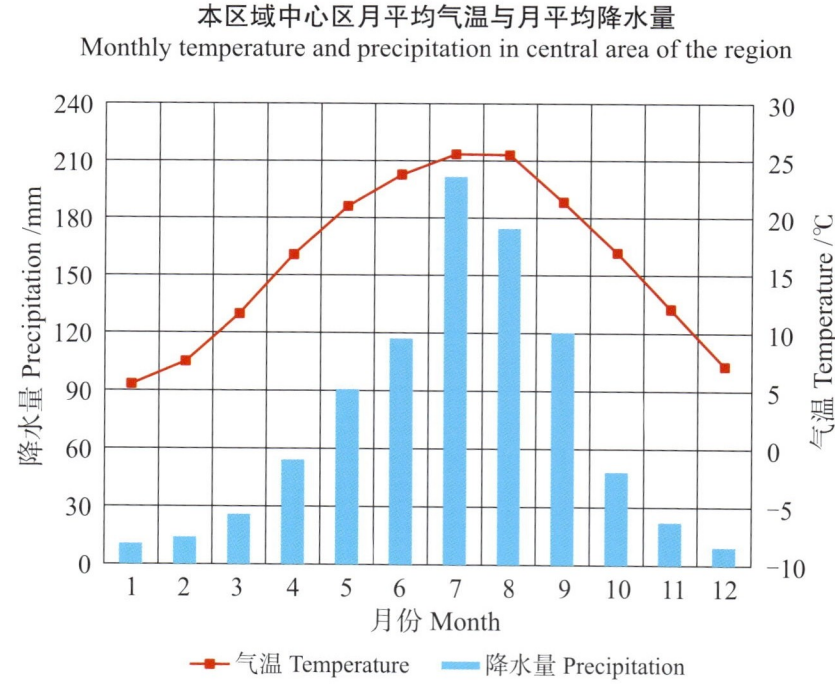

本区域中心区月平均气温与月平均降水量
Monthly temperature and precipitation in central area of the region

金堂县主要土壤类型与土壤剖面点分布图

1∶230 000

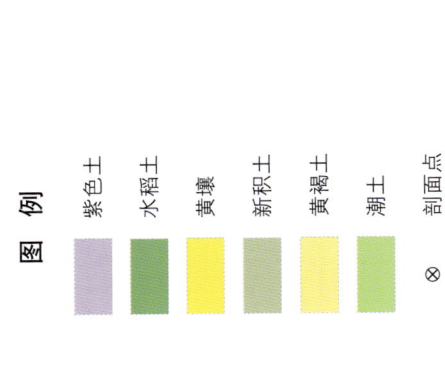

图 例
- 紫色土
- 水稻土
- 黄壤
- 新积土
- 黄褐土
- 潮土
- ⊗ 剖面点

金堂县土壤剖面理化性状表

剖面号 Soil profile	土纲 Soil order	土类 Soil great group	亚类 Soil subgroup	土属 Soil genus	土种 Soil species	土层码 Layer code	土层厚度 Depth/cm	颜色 Soil color	质地 Soil texture	土壤结构 Soil structure	pH	有机质 OM/(g/kg)	全氮 TN/(g/kg)	全磷 TP/(g/kg)	碱解氮 AN/(mg/kg)	有效磷 AP/(mg/kg)	速效钾 AK/(mg/kg)	阳离子交换量 CEC/(cmol/kg)	土壤母质 Parent material	剖面点坐标 Profile coordinate	匹配指数 Matching index/%
剖1	铁铝土	黄壤	黄壤	再积黄壤	白鳝泥土	1	0~20	浅黄色	轻壤土	核状、粒状	7.3	4.8	0.38	0.36		1.2	72	8.7	黏土	E 104°25′00.8″ N 30°56′07.4″	99
						2	20~47	浅黄棕色	轻壤土	棱柱状	7.2	3.7	0.36	0.45				11.8			
						3	47~100	浅黄棕色	中壤土	棱柱状	7.7	3.1	0.31	0.39				10.5			
剖2	人为土	黄壤性水稻土	再积黄泥水稻土	漕田		1	0~16	暗黄棕色	轻黏土	无明显结构	7.6	35.4	2.57	1.41		5.8	259	26.7	黏土	E 104°24′03.6″ N 30°55′58.1″	91
						2	16~32	暗黄棕色	轻黏土	块状	7.4	23.1	1.85	1.05				27.1			
						3	32~45	棕色	轻黏土	小棱柱结构	7.7	14.7	1.03	1.03				24.4			
剖3	人为土	水稻土	黄壤性水稻土	再积黄泥水稻土	黄泥田	1	0~17	紫色	轻黏土	块状	6.9	31.5	2.18	1.52		14.7	217	23.9	黏土	E 104°22′06.8″ N 30°55′51.2″	70
						2	17~34	紫棕色	重壤土	棱柱状	8.2	8.2	0.45	0.70				11.9			
						3	34~100	黄棕色	轻黏土	块状	8.4	3.8	2.20	0.61				20.3			
剖4	人为土	水稻土	冲积型水稻土	灰棕冲积水稻土	二泥田	1	0~18	灰棕色	重壤土	团块状	6.0	27.6	2.31	1.71		6.5	128	16.8	冲积物	E 104°23′40.6″ N 30°55′44.4″	71
						2	18~100	浅黄棕色	轻壤土	大棱柱状	7.6	1.0	0.17	1.57				12.5			
剖5	铁铝土	黄壤	黄壤	再积黄壤	黄泥土	1	0~22	暗黄棕色	重壤土	核状、粒状	7.0	16.5	1.23	2.04		7.3	218	21.7	黏土	E 104°25′04.8″ N 30°55′28.7″	82
						2	22~45	暗黄棕色	轻黏土	块状、块状	7.0	11.3	1.00	1.32				23.3			
						3	45~70	暗黄棕色	轻黏土	棱柱状、块状	7.8	8.9	0.72	1.60				24.1			
						4	70~100	浅黄棕色	重壤质轻黏土		7.8	8.1	0.75	1.99				25.6			
剖6	人为土	水稻土	黄壤性水稻土	再积黄泥水稻土	白鳝泥田	1	0~18	褐色	中壤土	块状	7.1	16.8	0.89	0.76		3.3	79	11.4	黏土	E 104°22′04.8″ N 30°55′25.0″	76
						2	18~33	灰黄色	中黏土	棱柱状	7.4	7.4	0.52	0.39				12.1			
						3	33~100	白色	轻黏土	粒状	7.6	3.7	0.29	0.13				7.2			
剖7	人为土	水稻土	冲积型水稻土	灰棕冲积水稻土	油砂田	1	0~20	暗棕色	中壤土	粒状	7.0	22.6	1.25	3.11		6.0	51	9.1	冲积物	E 104°24′22.7″ N 30°55′02.3″	74
						2	20~60	棕色	轻壤土	棱柱状	7.0	21.0	1.04	3.05				8.8			
						3	60~100	浅棕色	轻壤土	块状	6.9	18.0	0.85	3.11				8.0			
剖8	紫色土	紫色土	黄红紫泥土	夹泥土		1	0~20	暗红棕色	中偏重壤土	粒状、块状	7.6	12.0	0.74	0.89	39	62.0	194	16.9	泥岩、粉砂岩及细砂岩	E 104°28′55.6″ N 30°54′51.5″	83
						2	20~65	暗棕红色	中偏重壤土	核状	7.7	8.7	0.51	0.82				19.4			
						3	65~100	暗棕色	中偏重壤土	块状	7.7	5.8	1.38	0.62				19.0			
剖9	紫色土	紫色土	黄红紫泥土	牛肝石土		1	0~21	暗红棕色	中壤土	粒状	7.9	6.1	0.55	1.12			66	16.8	泥岩、粉砂岩及细砂岩	E 104°27′45.7″ N 30°54′31.3″	92
						2	21~41	暗红棕色	中壤土	块状	8.2	5.2	0.46	0.64				17.3			
						C	41—														
剖10	水稻土	水稻土	冲积型水稻土	灰色冲积水稻土	潜田	1	0~18	黑色	重壤土	无明显结构	7.7	24.0	1.61	2.32		10.1	79	12.8	近代河流灰色冲积物	E 104°21′40.0″ N 30°54′16.6″	100
						2	18~28	黑棕色	重壤土	小棱柱状	7.8	24.9	1.47	2.21				13.2			
						3	28~62	暗灰棕色	中壤土	块状	7.9	7.8	0.51	1.82				9.2			
剖11	铁铝土	黄壤	黄壤	姜石黄壤	油砂田	1	0~22	棕色	重壤土	块状	7.6	10.2	0.78	0.78		4.9	263	28.0	黏土	E 104°25′39.7″ N 30°53′51.0″	73
						2	22~70	浅棕色	重壤土	棱柱状	7.7	0.6	0.44	0.44				29.8			
						3	70~100	暗棕色	重壤土	块状	7.7	2.9	0.29	0.31				34.9			
剖12	人为土	水稻土	黄壤性水稻土	姜石黄壤田	姜石黄泥田	1	0~20	暗棕黄色	重壤土	核状、块状	7.5	9.9	1.32	0.50		9.1	213	21.1	黏土	E 104°21′51.5″ N 30°53′48.1″	75
						2	20~70	浅棕黄色	重壤质轻黏土	核状、棱状	7.7	6.9	0.75	0.30				21.0			
						3	70~100	浅棕黄色	重壤土	棱柱状	7.8	7.2	0.56	0.23				20.3			
剖13	人为土	水稻土	冲积型水稻土	灰棕冲积水稻土	漕田	1	0~17	灰棕色	重壤土	无明显结构	6.8	33.2	1.89	1.95		6.8	169	16.0	冲积物	E 104°23′49.6″ N 30°53′42.4″	95
						2	17~32	灰黄棕色	重壤土	大棱柱结构	8.4	14.4	0.78	1.55				12.3			
						3	32~49	暗黄色	中壤土	粒状	8.1	10.1	0.48	1.53				6.5			
剖14	初育土	新积土	冲积土	灰棕冲积土	砂土	1	0~20	浅棕黄色	砂壤土	粒状	8.4	11.6	0.49	2.02			90	4.6	河流冲积物	E 104°23′20.1″ N 30°53′34.8″	74
						2	20~79	褐色	砂壤土	粒状	8.6	11.1	0.39	1.87				4.1			
						3	79~100	灰黄色	砂壤土		8.7	15.3	0.33	1.67							

续表 Continued

剖面号 Soil profile	土纲 Soil order	土类 Soil great group	亚类 Soil subgroup	土属 Soil genus	土种 Soil species	土层码 Layer code	土层厚度 Depth/cm	颜色 Soil color	质地 Soil texture	土壤结构 Soil structure	pH	有机质 OM/(g/kg)	全氮 TN/(g/kg)	全磷 TP/(g/kg)	碱解氮 AN/(mg/kg)	有效磷 AP/(mg/kg)	速效钾 AK/(mg/kg)	阳离子交换量CEC/(cmol/kg)	土壤母质 Parent material	剖面点坐标 Profile coordinate	匹配指数 Matching index/%
剖15	人为土	水稻土	冲积型水稻土	灰棕冲积水稻土	二砂泥田	1	0—15	灰棕色	中壤土	粒状	7.7	9.1	0.45	0.87	21	3.0	161	14.8	冲积物	E 104°23′39.5″ N 30°53′27.2″	76
						2	15—75	黄棕色	中壤土	棱柱状	7.5	8.5	0.30	1.52				15.1			
						3	75—100	浅灰棕色	轻壤土	棱柱状	7.6	11.5	0.40	1.75				33.7			
剖16	人为土	水稻土	黄壤性水稻土	姜石黄泥田	黄泥田	1	0—17	暗黄棕色	重壤土	粒状、块状	7.7	25.9	1.16	1.08	41	6.7	248		黏土	E 104°26′25.8″ N 30°53′05.3″	87
						2	17—57	暗黄棕色	重壤土	棱柱状	7.6	20.4	0.93	0.69							
						3	57—100	黄色	重壤土		7.8	10.1	0.45	0.41							
剖17	人为土	水稻土	冲积型水稻土	灰棕冲积水稻土	砂田	1	0—20	棕紫色	轻壤土	粒状	8.0	18.1	0.56	1.94	36	2.0	107	1.4	冲积物	E 104°23′37.7″ N 30°53′01.3″	93
						2	20—34	棕色	砂壤土	粒状	7.9	15.3	0.43	2.00				5.9			
						3	34—100	棕色	紧砂土	棱柱状	8.0	10.1	0.26	1.60				4.5			
剖18	人为土	水稻土	黄壤性水稻土	姜石黄泥田	白鳝泥田	1	0—18	棕色	中壤土	团块状	6.9	21.5	1.19	1.05		6.7	161	16.3	黏土	E 104°26′12.1″ N 30°52′58.8″	96
						2	18—35	紫棕色	轻偏中壤土	棱柱状	7.2	6.1	0.43	0.53				18.8			
						3	35—60		重壤土	棱柱状	7.2	2.8	0.30	0.28				19.5			
						4	60—100		轻壤土		7.3	2.5	0.20	0.37				26.8			
剖19	铁铝土	黄壤	黄壤	姜石黄壤	黄泥土	1	0—30	暗黄棕色	重壤土	核状	7.0	14.3	1.06	0.79	37	0.9	221	23.0	黏土	E 104°27′14.8″ N 30°52′30.7″	94
						2	30—54	浅灰黄色	重壤土	大核状	7.3	13.4	0.73	2.03				28.8			
						3	54—71	褐色	重壤土	棱柱状	7.6	8.4	0.65	0.39				24.2			
						4	71—100	灰黄色	重壤土	小棱柱状	7.5	6.8	0.80	0.26							
剖20	铁铝土	黄壤	黄壤	姜石黄壤	白砂黄泥土	1	0—27	浅棕黄色	中壤土	核状	7.4	12.7	0.37	0.90		49.0	296	16.8	黏土	E 104°26′40.6″ N 30°52′25.3″	71
						2	27—56	浅灰棕色	重壤土	块状	7.4	4.4	0.36	0.51				15.5			
						3	56—100	棕色	重壤土	块状	7.2	2.8	0.30	0.39				18.0			
剖21	初育土	新积土	冲积土	紫色冲积土	红砂土	1	0—20	灰黄色	砂壤土	粒状	8.0	6.0	0.35	0.60	25	3.0	101	11.5	河流冲积物	E 104°26′57.8″ N 30°52′01.9″	80
						2	20—60		砂壤土	粒状	8.2	5.5	0.29	0.52				9.2			
						3	60—75		砂壤土		8.1	4.2	0.27	0.52				9.2			
						4	75—100		紧砂土		8.2	2.0						7.5			
剖22	人为土	水稻土	冲积型水稻土	灰色冲积水稻土	砂田	1	0—19	灰棕色	轻壤土	核状	7.6	24.1	1.42	2.67	26	7.0	90	10.0	近代河流灰色冲积物	E 104°23′18.8″ N 30°51′36.5″	86
						2	19—26	暗黄棕色	轻壤土	块状	8.2	20.9	1.02	2.36				11.6			
						3	26—100	浅灰棕色	中壤土	棱柱状		14.8	0.38	2.53							
剖23	初育土	新积土	冲积土	灰色冲积土	油砂土	1	0—18	浅灰棕色	中壤土	粒状	6.8	20.4	1.02	3.19		16.4	130	10.9	河流冲积物	E 104°26′41.6″ N 30°51′20.9″	74
						2	18—52	浅灰棕色	中壤土	块状	6.8	20.0	1.01	3.19				11.1			
						3	52—100	棕色	中壤土	块状	7.6	19.6	0.85	2.84				11.3			
剖24	初育土	新积土	冲积土	紫色冲积土	二砂泥土	1	0—22		砂壤土		7.6	9.6	0.60	1.58		4.9	322	8.5	河流冲积物	E 104°27′10.1″ N 30°51′18.0″	97
						2	22—48		中壤土	核状	7.7	5.0	0.47	1.25				10.3			
						3	48—90	暗黄色	中壤土	棱柱状	8.0	2.9	0.29	0.96				15.1			
						4	90—100		中壤土		8.0	2.6	0.20	0.87				7.8			
剖25	人为土	水稻土	冲积型水稻土	灰色冲积水稻土	二砂泥田	1	0—20	浅灰色	中壤土	粒状	7.7	21.0	0.38	2.31	83	5.0	218	9.5	近代河流灰色冲积物	E 104°22′44.8″ N 30°51′13.3″	79
						2	20—60		轻壤土	棱柱状	8.3	5.5	0.10	2.07				3.7			
						3	60—70		砂壤土		8.4	2.8	0.60	2.12				2.2			
						4	70—100		中壤土		8.3	7.4	0.19	2.04				7.8			
剖26	人为土	水稻土	冲积型水稻土	灰色冲积水稻土	油砂田	1	0—23	褐色	中壤土	粒状	7.2	15.9	0.99	1.48	31	4.2	138	9.4	近代河流灰色冲积物	E 104°24′49.3″ N 30°51′04.3″	96
						2	23—46	浅灰色	中壤土	块状	7.7	12.9	0.78	1.32				8.8			
						3	46—75	褐色	轻壤土	块状	7.8	12.9	0.67	1.52				7.8			
						4	75—100		紧砂土		7.8	7.2	0.41	1.39				5.0			
剖27	初育土	新积土	冲积土	灰色冲积土	砂土	1	0—17	褐色	轻壤土	粒状	8.0	9.1	0.32	1.70		6.0	103	4.7	河流冲积物	E 104°25′52.3″ N 30°51′03.2″	98
						2	17—94	灰色	紧砂土	块状	8.3	8.6	0.22	1.74				3.0			
						3	94—100	灰白色	松砂土		8.5	6.7	0.17	1.53				1.1			

续表 Continued

剖面号 Soil profile	土纲 Soil order	土类 Soil great group	亚类 Soil subgroup	土属 Soil genus	土种 Soil species	土层码 Layer code	土层厚度 Depth/cm	颜色 Soil color	质地 Soil texture	土壤结构 Soil structure	pH	有机质 OM/(g/kg)	全氮 TN/(g/kg)	全磷 TP/(g/kg)	碱解氮 AN/(mg/kg)	有效磷 AP/(mg/kg)	速效钾 AK/(mg/kg)	阳离子交换量CEC/(cmol/kg)	土壤母质 Parent material	剖面点坐标 Profile coordinate	匹配指数 Matching index/%
剖28	初育土	新积土	冲积土	灰棕冲积土	二砂泥土	1	0—20	暗灰黄色	中壤土	粒状	8.2	23.4	1.21	2.68	45	2.0	104	10.3	河流冲积物	E 104°26′15.5″ N 30°50′55.7″	99
						2	20—52	褐色	中壤土	块状	8.1	22.5	1.08	2.34				14.5			
						3	52—100	黄灰色	重壤土	棱柱状	7.8	16.5	0.91	1.75				14.3			
剖29	初育土	新积土	冲积土	紫色冲积土	大泥土	1	0—23	暗红棕色	重壤土	粒状、核状	7.9	13.0	1.13	1.80		5.9	218	18.3	河流冲积物	E 104°27′19.8″ N 30°50′47.4″	100
						2	23—45	暗棕红色	重壤土	块状	8.0	8.7	0.64	1.76				12.3			
						3	45—72	暗棕红色	重壤土		8.0	6.2	0.47	1.42				13.8			
						4	72—100	暗棕红色	重壤土	小棱柱状	8.0	5.3	0.49	1.37				13.9			
剖30	人为土	水稻土	冲积型水稻土	灰色冲积水稻土	二泥田	1	0—14	浅黄棕色	重壤土	核状、块状	7.3	20.4	1.29	1.56		10.0	292	9.8	近代河流灰色冲积物	E 104°24′09.7″ N 30°50′47.0″	94
						2	14—34	暗棕色	重壤土	片状	7.3	11.9	0.89	1.39				9.8			
						3	34—100	暗棕色	重壤土	棱柱状	7.4	7.6	0.66	1.33				9.0			
剖31	初育土	新积土	冲积土	灰色冲积土	二砂泥土	1	0—17	褐色	中壤土	粒状	7.4	18.5	1.21	3.46		35.5	123	11.8	河流冲积物	E 104°26′25.2″ N 30°50′36.4″	76
						2	17—57	灰白色	中壤土	小棱柱状	7.2	12.9	1.09	3.98				16.0			
						3	57—100	灰黄色	中壤土	块状	7.1	8.3	0.87	3.65				12.6			
剖32	初育土	紫色土	红紫泥土	红紫色水稻土	红砂土	1	0—24	暗红棕色	砂壤土	粒状		7.1	0.43	1.04		16.4	62	10.2	厚砂夹薄泥岩	E 104°23′22.2″ N 30°49′05.2″	76
							24—														
剖33	人为土	水稻土	紫色土性水稻土	红紫色水稻土	红砂田	1	0—22	暗红棕色	轻壤土	粒状、核状	6.9	17.7	1.03	0.89		9.1	105	15.9	厚砂夹薄泥岩	E 104°23′07.4″ N 30°48′11.9″	97
						2	22—33	暗红棕色	中壤土	块状	6.9	22.7	1.26	0.63				18.3			
						3	33—77	暗棕灰色	中壤土	棱柱状	7.1	21.0	1.14	0.49				17.8			
						4	77—100		中壤土	块状		6.0	0.44	0.35				19.2			
剖34	人为土	水稻土	紫色土性水稻土	紫色冲积水稻土	砂田	1	0—25	砂壤土			8.0	2.4	0.13	0.20			74	6.5	近代河流紫色冲积物	E 104°23′27.2″ N 30°47′34.4″	93
						2	25—35		轻壤土	核状	7.8	7.4	0.81	0.64				14.3			
						3	35—100				8.3	2.6	0.18	0.55				7.5			
剖35	人为土	水稻土	黄壤性水稻土	姜石黄泥田	鸭屎泥田	1	0—15	灰黄棕色	重壤土	核状	7.1	31.4	1.79	0.77	20	4.7	124	27.0	黏土	E 104°23′23.6″ N 30°45′52.6″	83
						2	15—25	暗棕色	重壤土	棱状	7.2	28.8	1.68	0.61				25.6			
						3	25—35	暗棕灰色	重壤土	散状	7.0	29.5	1.29	0.54				26.2			
剖36	人为土	水稻土	冲积型水稻土	紫色冲积水稻土	二砂泥田	1	0—18	棕色	中壤土	粒状、核状	7.3	15.7	0.94	1.62		12.0	130	10.3	近代河流紫色冲积物	E 104°32′43.4″ N 30°42′47.9″	75
						2	18—65	紫棕色	中壤土	块状	7.3	6.2	0.44	1.15				14.6			
						3	65—100	紫棕色	中壤土	块状	7.6	3.4	0.32	0.96				11.5			
剖37	人为土	水稻土	冲积型水稻土	紫色冲积水稻土	大泥田	1	0—20	紫棕色	重壤土	粒状	6.9	18.0	1.06	1.72		5.0	242	22.2	近代河流紫色冲积物	E 104°32′05.8″ N 30°42′18.3″	96
						2	20—34	暗紫色	重壤土	块状	7.1	11.9	0.79	1.87				25.8			
						3	34—100	棕紫色	重壤土	大棱柱状	8.0	9.3	0.73	1.48				28.5			
剖38	人为土	水稻土	紫色土性水稻土	黄红紫色水稻土	冷浸田	1	0—20	红棕色	中偏重壤土	粒状、块状	7.7	23.0	1.25	0.55	31	6.7	230	20.6	砂泥岩洪积物	E 104°38′25.8″ N 30°39′58.0″	78
						2	20—40	红棕色	中偏重壤土	小棱柱状	7.3	23.0	1.23	0.96				21.9			
						3	40—85	黑灰色	中偏重壤土	散状	7.4	23.0	0.64	0.73							
剖39	人为土	水稻土	紫色土性水稻土	黄红紫色水稻土	砂田	1	0—20	棕色	轻偏中壤土	粒状、块状	6.3	15.8	1.06	0.69			130	19.3	砂泥岩洪积物	E 104°35′17.5″ N 30°39′35.3″	85
						2	20—30	暗红棕色	中壤土	块状	7.6	5.7	0.39	0.36				17.1			
						3	30—100	暗红棕色	中壤土	大棱柱状	7.8	3.5	0.26	0.35				16.8			
剖40	人为土	水稻土	紫色土性水稻土	黄红紫色水稻土	夹泥田	1	0—20	暗红棕色	重壤土	粒状、块状	7.8	16.7	1.37	0.93			171	26.2	砂泥岩洪积物	E 104°38′50.0″ N 30°37′33.0″	92
						2	20—33	暗红棕色	重壤土	大棱柱状	8.0	10.1	1.03	0.72				28.3			
						3	33—65	暗红棕色	重壤土	小棱柱状	8.0	7.4	0.69	0.47				21.0			
							65—100	暗红棕色	重壤土		7.8	13.8	1.09	0.79				27.7			
剖41	初育土	紫色土	黄红紫泥土	黄红紫泥土	薄砂土	D	0—38	暗红棕色	砂偏轻壤土										泥岩、粉砂岩及初砂岩	E 104°43′03.0″ N 30°35′31.6″	99
							38—														
剖42	人为土	水稻土	紫色土性水稻土	棕紫色水稻土	大泥田	1	0—20	棕色	中壤土	粒状、块状	7.4	8.6	0.50	0.39	32	3.0	166	20.6	砂泥岩	E 104°44′51.4″ N 30°31′11.6″	70
						2	20—74	暗红棕色	中壤土	块状	7.7	3.0	0.65	0.37				20.5			
						3	74—100	灰棕紫色	重壤土	无明显结构	7.5	19.3	1.09	0.38				28.4			

续表 Continued

剖面号 Soil profile	土纲 Soil order	土类 Soil great group	亚类 Soil subgroup	土属 Soil genus	土种 Soil species	土层码 Layer code	土层厚度 Depth/cm	颜色 Soil color	土壤结构 Soil structure	pH	有机质 OM/(g/kg)	全氮 TN/(g/kg)	全磷 TP/(g/kg)	碱解氮 AN/(mg/kg)	有效磷 AP/(mg/kg)	速效钾 AK/(mg/kg)	阳离子交换量CEC/(cmol/kg)	土壤母质 Parent material	剖面点坐标 Profile coordinate	匹配指数 Matching index/%
剖43	初育土	紫色土	黄红紫泥土	黄红紫泥土	砂土	1	0—20	紫棕色	粒状	7.6	10.5	0.79	0.57	35	2.1	199	16.4	泥岩、粉砂岩及细砂岩	E 104°47′56.0″ N 30°38′23.3″	89
						2	20—55	暗红棕色	块状	7.8	5.7	0.48	0.44				17.6			
						3	55—100	浅棕红色	中壤土	8.0	5.0	0.46	0.56				16.8			
剖44	初育土	紫色土	棕紫泥土	棕紫泥土	黄泥土	1	0—16	紫色	粒状、块状	8.0	12.0	0.54	0.97	36	4.0	241	28.8		E 104°52′14.5″ N 30°31′42.2″	100
						2	16—29	紫色	块状	7.9	13.3	0.51	0.90				9.5			
						3	29—48	浅棕色	棱柱状	8.0	6.6	0.38	0.29				10.9			
						4	48—100	浅黄棕色		7.6	5.3	0.17	0.23							
剖45	人为土	水稻土	紫色土性水稻土	棕紫色水稻土	鸭屎泥田	1	0—25	紫灰色	团块状	7.5	27.0	0.37	0.69	41	5.0	244	28.1	砂泥岩	E 104°48′26.0″ N 30°58′58.6″	78
						2	25—60	棕灰色	小棱柱状	7.7	18.5	0.42	0.61				25.7			
						3	60—79	灰棕色	整体状	7.1	16.5	0.41	0.58				24.8			

大 邑 县

主要土类说明

紫色土是大邑县的主要土壤类型，占本县地域面积的36%。紫色土是由紫色岩类风化坡积物、残积物经人们垦殖熟化发育而成的，属A–C型土壤。其理化性质与母岩组成直接相关，土层浅薄，剖面层次发育不明显，仍处于初育阶段。母岩富含矿质养分，且风化迅速。

水稻土是大邑县第二大土壤类型，占本县地域面积的31%。水稻土是在长期季节性淹灌、水下翻耕、季节性脱水、氧化还原交替影响下，原来成土母质或母土的特性发生重大改变，形成的新的土壤类型。由于干湿交替，水稻土形成糊状淹育层、较坚实板结的犁底层、渗育层、潴育层与潜育层等多种发生层。这些不同发生层段是在人为耕作、水浆管理下形成的。与旱作土相比，其水热气肥状况较为稳定。本县水稻土分为淹育型、潴育型、潜育型等亚类。

暗棕壤是大邑县第三大土壤类型，占本县地域面积的16%。暗棕壤是在温带湿润地区针阔叶混交林下发育，具有明显有机质富集和弱酸性淋溶的土壤，具O–A–B–C剖面构型。弱酸性淋溶使铁铝轻微下移。B层呈棕色，结构面见铁锰胶膜。土壤呈弱酸性，盐基饱和度为70%—80%。土壤冻结期长。

黄壤占本县地域面积的12%。黄壤发生于亚热带湿润条件下，中度富铝化，多见于海拔700—1200m的山区。土壤有机质累积较多，具O–A–AB–B–C剖面构型。pH为4.5—5.5。淀积层（B层）富含水合氧化物（针铁矿），呈黄色，有时多含三水铝石。

黄棕壤占本县地域面积的4%。黄棕壤发生于北亚热带暖湿落叶阔叶林下，弱度富铝化，黏聚现象明显，呈黄棕色黏土。具A–B–C或A–（B）–C剖面构型，黏粒硅铝率在2.5左右，铁的游离度较红壤低，B层交换性酸大于A层。土壤pH为5.5—6.0。

小于本县地域面积3%的土壤类型还有草毡土、潮土、棕色针叶林土、寒冻土、黑毡土等。

本区域中心区气候特征

本区域中心区气候特征值
Regional climate characteristics in central area of the region

气候带：中亚热带湿润气候 Climate region: Subtropical humid climate	
年平均气温 /℃ Annual average temperature /℃	14.0
年平均最高气温 /℃ Annual average maximum temperature /℃	19.5
年平均最低气温 /℃ Annual average minimum temperature /℃	10.2
年降水量 /mm Annual precipitation /mm	868
≥10℃的积温 /℃ Daily temperature accumulated in a year (≥10℃) /℃	5633
年日照时数 /h Annual sunshine /h	1344
年平均相对湿度 /% Annual average relative humidity /%	77
干燥度 Dryness	1.04

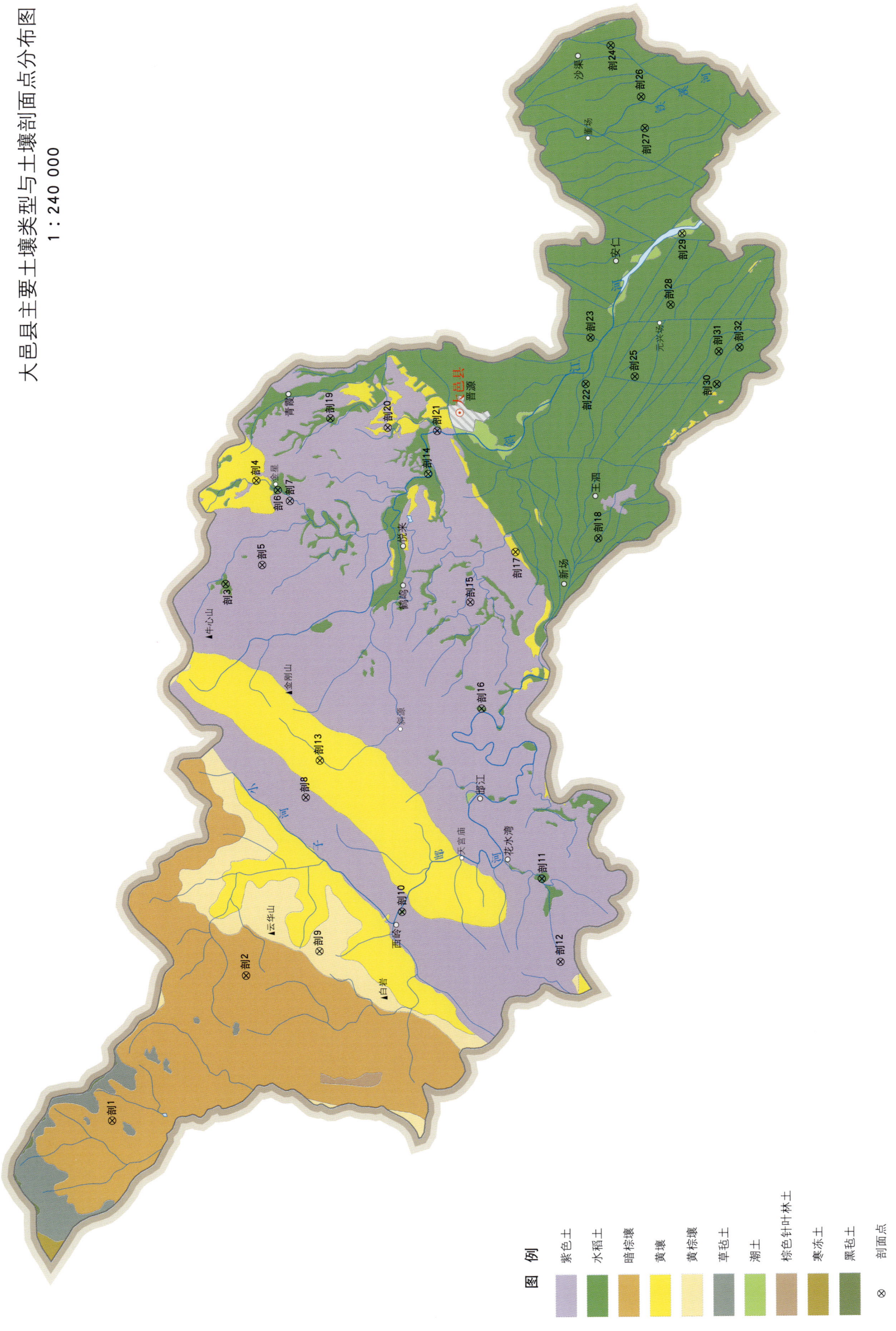

大邑县土壤剖面理化性状表

剖面号 Soil profile	土纲 Soil order	土类 Soil great group	亚类 Soil subgroup	土属 Soil genus	土种 Soil species	土层码 Layer code	土层厚度 Depth/cm	颜色 Soil color	质地 Soil texture	土壤结构 Soil structure	pH	有机质 OM/(g/kg)	全氮 TN/(g/kg)	全磷 TP/(g/kg)	碱解氮 AN/(mg/kg)	有效磷 AP/(mg/kg)	速效钾 AK/(mg/kg)	阳离子交换量CEC/(cmol/kg)	土壤母质 Parent material	剖面点坐标 Profile coordinate	匹配指数 Matching index/%
剖1	淋溶土	暗棕壤	灰化暗棕壤	灰化暗棕壤		Ao	0—5	黑色		粒状	4.5	88.1	2.95						多种母岩风化坡积物、残积物	E 103°06′10.1″ N 30°45′59.9″	74
						2	0—13	黑棕色	中壤土	粒状	4.0	81.1	3.46	1.62	468	5.0	187	18.4			
						3	13—40	灰黄棕色	轻壤土	粒状		70.4	2.99	1.60							
						4	40—67	灰黄色	中壤土	小块状		71.2	3.45	0.91							
						D	67—														
剖2	淋溶土	暗棕壤	暗棕壤	暗棕壤		Ao	0—3	黄褐色												E 103°11′19.3″ N 30°41′53.9″	100
						2	3—5	黑色													
						3	5—30	浅黄褐色	中壤土	粒状	6.0										
						4	30—55	黄色	中壤土	小块状	5.5										
						D	55—														
剖3	人为土	水稻土	紫色土性水稻土	棕紫泥水稻土	半砂泥田	1	0—15	紫色	砂质轻壤	粒状、团粒状	7.0	27.5	1.65	0.95	157	8.5	41	18.4	棕紫色岩风化坡积物、残积物	E 103°25′16.0″ N 30°42′38.2″	86
						2	15—21	棕紫色	砂质轻壤	小块状	7.0	26.8	1.52	0.83							
						3	21—100	棕紫色	粗粉质中壤	小块柱状	7.2	13.4	0.70								
剖4	铁铝土	黄壤	黄壤	老冲积黄泥土	黄泥小土	1	0—17	浅棕黄色	粉质重壤	大块状	5.6	20.3	1.47	1.19	140	6.0	63	25.3	第四纪黄色冰水沉积物、冰碛物	E 103°28′57.4″ N 30°41′43.4″	96
						2	17—100	浅黄棕色	粉质重壤		6.0	16.2	1.02	0.68							
						C	100—														
剖5	初育土	紫色土	红紫泥土	红紫泥土	砾石土	1	0—16	暗紫红色	砂质中壤	粒状、小块状	7.6	20.4	1.40	0.87	116	8.0	89	11.0	红紫色砂岩、砾岩风化、残积物	E 103°25′57.4″ N 30°41′30.8″	85
						2	16—50	暗紫红色	中壤土	小块状	7.5	10.1	0.64	0.81							
						D	50—														
剖6	人为土	水稻土	紫色土性水稻土	红紫泥水稻土	紫泥田	1	0—13	紫色	黏粗粉质重壤	团块状、核状	7.5	27.4	1.61	0.71	174	7.0	70	22.3	红紫色泥页岩、砂岩风化、残积物	E 103°28′37.2″ N 30°41′03.5″	75
						2	13—20	紫色	黏粗粉质重壤	块状	7.5	22.3	1.46	0.57							
						3	20—100	红紫色	粗粉黏粉质重壤	棱柱状	7.5	9.5	0.63	0.53							
剖7	初育土	紫色土	红紫泥土	砖红紫泥土	大泥土	1	0—18	浅紫红色	黏粗粉质重壤	团粒状、核状	7.8	19.3	1.63	0.73	121	8.0	42	16.6	紫色砂岩风化坡积物、残积物	E 103°28′14.5″ N 30°40′40.8″	92
						2	18—33	棕红色	黏粗粉质重壤	大块状	7.8	14.3	1.33	0.49							
						3	33—100	紫色	黏粗粉质重壤	大块状	8.0	3.8	0.67	0.45							
剖8	初育土	紫色土	灰棕紫泥土	灰棕紫泥土	夹砂土	1	0—15	浅棕黄色	砂质中壤	粒状	5.9	26.5	1.84	0.73	201	4.0	43		紫岩色岩风化坡积物、残积物	E 103°17′42.0″ N 30°40′06.2″	97
						2	15—76	浅棕黄色	粗粉质中壤	小块状	6.1	13.6	0.98	0.44							
						D	76—														
剖9	淋溶土	黄棕壤	山地黄棕壤			Ao	0—1.5	暗棕色			7.2	81.5	3.56						风化坡积物、残积物	E 103°12′12.6″ N 30°39′38.2″	75
						2	1.5—4.5	棕色	重壤土	粒状	7.3	64.2	3.48	1.80	295	8.0	167				
						3	4.5—35	暗棕灰色	重壤土	块状	7.5	68.5	2.77	1.70							
						c	35—100	暗棕灰色	中壤土	块状	7.8	53.2	2.15	1.38							
剖10	人为土	水稻土	紫色土性水稻土	灰棕紫泥水稻土	潲沟田	1	0—21	灰棕色	中壤土	无明显结构	6.5	45.2	1.89	0.66	206	3.0	93	12.8	灰紫色岩风化坡积物、残积物	E 103°13′38.6″ N 30°37′06.2″	99
						2	21—100	棕灰色	中壤土	整体状	6.5	71.6	3.36	0.63							
剖11	人为土	水稻土	红紫泥土	红紫泥水稻土	鸭屎泥田	1	0—20	棕灰色	中壤土	无明显结构	7.5	65.6	2.88	1.03	254	8.0	111	13.7	红紫色砂岩风化坡积物、残积物	E 103°14′53.5″ N 30°32′47.8″	82
						2	20—50	暗棕灰色	中壤土	无明显结构	7.5	61.9	2.74	0.93							
						3	50—100	暗棕灰色	中壤土	整体状	7.3	49.7	2.22	0.68							
剖12	初育土	紫色土	红紫泥土	红紫泥土	夹砂紫泥土	1	0—18	暗棕红色	黏砂质中壤	粒状	7.1	21.3	1.39	1.05	125	6.0	32	25.2	红紫色岩、砾岩风化、残积物	E 103°11′55.7″ N 30°32′12.1″	95
						2	18—53	暗棕红色	黏砂质中壤	小块状	7.5	11.6	0.83	0.74							
						D	53—														
剖13	铁铝土	黄壤	黄壤	冷砂黄泥土	石渣子土	1	0—16	棕灰色	砾质中壤	粒状	8.0	70.4	3.88	2.37	238	11.0	184	15.6	粉砂岩、炭质页岩风化、残积物	E 103°19′01.2″ N 30°39′41.0″	79
						2	16—30	暗棕灰色	砾质中壤	小块状	8.2	68.1	3.41	2.31							
						D	30—														

续表 Continued

剖面号 Soil profile	土纲 Soil order	土类 Soil great group	亚类 Soil subgroup	土属 Soil genus	土种 Soil species	土层码 Layer code	土层厚度 Depth/cm	颜色 Soil color	质地 Soil texture	土壤结构 Soil structure	pH	有机质 OM/(g/kg)	全氮 TN/(g/kg)	全磷 TP/(g/kg)	碱解氮 AN/(mg/kg)	有效磷 AP/(mg/kg)	速效钾 AK/(mg/kg)	阳离子交换量 CEC/(cmol/kg)	土壤母质 Parent material	剖面点坐标 Profile coordinate	匹配指数 Matching index/%
剖14	半成成土	潮土	潮土	紫潮土	半砂土	1	0—21	紫色	砂质轻壤土	粒状、团粒状	7.5	27.1	1.12	1.10	81	10.0	56	11.3	各种紫色冲积物	E 103°29′15.0″ N 30°36′25.2″	93
						2	21—49	棕紫紫色	砂质轻壤土	小块状	7.8	20.8	0.93	0.93							
						3	49—100	棕棕紫色	砂质轻壤土	单粒状	7.8	18.0	0.74	0.72							
剖15	初育土	紫色土	红紫泥土	砖红紫泥土	石骨子土	1	0—25	砖红紫色	中壤土	核状	7.8	14.7	1.16	1.06	89	5.0	34	9.5		E 103°24′42.5″ N 30°35′04.9″	82
						D	25—														
剖16	人为土	水稻土	紫色土性水稻土	红紫泥水稻土	夹砂泥田	1	0—16	棕色	砂质中壤土	粒状、团粒状	7.5	28.7	1.61	1.09	129	8.5	50	23.4	红紫色泥质岩、砂岩风化坡积物	E 103°20′56.0″ N 30°34′42.2″	80
						2	16—24	棕色	砂质中壤土	小块状	7.6	23.8	1.33	1.02							
						3	24—60	紫棕色	砂质中壤土	核柱状	7.6	14.6	0.91	0.86							
剖17	铁铝土	黄壤	黄壤	老冲积黄泥土	死黄泥土	1	0—25	灰黄色	粗粉黏质中壤土	大块状	5.9	15.7	1.11	0.57	92	6.0	53	21.7	第四纪黄色冰水沉积物、冰碛物	E 103°26′30.8″ N 30°33′42.1″	74
						2	25—100	浅黄棕色	粉质轻黏土	小块状	6.1	2.8	0.14	0.26							
						C	100—														
剖18	人为土	水稻土	潮土型水稻土	紫潮水稻土	半砂田	1	0—13	紫色	粗粉质中壤土	团粒状	7.5	30.3	2.16	1.13	155	4.0	46	15.1	紫色冲积物	E 103°27′02.2″ N 30°31′08.8″	82
						2	13—19	棕紫色	砂质中壤土	板状	7.5	25.3	1.62	1.01							
						3	19—44	棕紫色	砂质中壤土	核柱状	7.8	10.6	0.66	0.93							
						4	44—100	紫色	砂质中壤土	单粒状	7.8	8.2	0.43	0.81							
剖19	初育土	紫色土	紫色土性水稻土	红紫泥水稻土	潲冲田	1	0—14	浅灰色		大块状	7.8	31.5	1.91	0.76	150	8.0	47	5.9		E 103°31′11.3″ N 30°39′27.4″	77
						2	14—100	暗棕红色		无明显结构	8.0	8.0	0.43	0.45							
剖20	初育土	紫色土	红紫泥土	砖红紫泥土	半砂泥田	1	0—20	紫红色	中壤土	粒状、核状	7.8	11.2	0.79		66	16.0	76	16.3		E 103°30′53.3″ N 30°37′40.8″	75
						2	20—65	浅紫红色	中壤土	单粒状	7.8	10.6	0.73								
						D	65—														
剖21	紫色土	紫色土	红紫泥土	砖红紫泥土	石子土	1	0—20	暗红色	砾质中壤土	粒状、核状	7.8	17.6	1.06	0.76	91	8.0	149	23.2		E 103°30′47.5″ N 30°36′09.4″	79
						D	20—														
剖22	人为土	水稻土	潮土型水稻土	紫潮水稻土	大土田	1	0—11	紫棕色	粗粉粉黏质中壤土	团块状、核状	7.1	32.1	2.22	1.04	170	9.0	63	19.4	紫色冲积物	E 103°32′30.8″ N 30°31′35.0″	75
						2	11—16	紫棕色	粗粉粉质轻壤土	板状	7.5	27.6	1.82	0.88							
						3	16—47	灰棕色	黏粉粉质轻壤土	核柱状	8.0	12.4	1.00	0.45							
						4	47—100	灰棕色	砂质轻壤土	小块状	8.0	12.0	0.83	0.26							
剖23	人为土	水稻土	潮土型水稻土	紫潮水稻土	砂田	1	0—11	红棕色	黏粉质轻壤土	团块状、核状	7.8	19.9	1.72	1.11	110	4.0	51	5.6	紫色冲积物	E 103°34′09.8″ N 30°31′27.1″	83
						2	11—16	红棕色	轻壤土	小核柱状	7.8	19.2	1.02	0.89							
						3	16—27	红棕色		小核柱状	7.5	12.3	0.77	0.20							
						4	27—100	红棕色	紫泥质黏土	单粒状	7.5	4.0	0.20	1.08							
剖24	人为土	水稻土	潮土型水稻土	紫潮水稻土	泥田	1	0—18	灰棕色	黏粉粉质黏壤土	团块状、核状	7.5	39.0	2.69	1.82	190	8.0	45	11.6	紫色冲积物	E 103°44′32.6″ N 30°30′53.6″	88
						2	18—48	灰棕色	砂质轻壤土	大块柱状	7.5	16.9	0.74	0.72							
						3	48—100	黄棕色	砂质轻壤土	小块状	7.4	5.2	0.35	0.38							
剖25	人为土	水稻土	黄壤性水稻土	再积黄泥水稻土	黄泥大土田	1	0—12	暗黄棕色	粗粉粉质轻壤土	团块状、核状	7.5	39.6	2.19	1.07	197	9.0	51	18.9	第四纪黏土	E 103°32′48.1″ N 30°30′04.3″	74
						2	12—21	暗黄棕色	粗粉粉质轻壤土	粒状	7.8	20.1	1.18	0.72							
						3	21—100	黄棕色	粗粉粉质轻壤土	大核柱状	7.8	4.3	2.90	0.23							
剖26	人为土	水稻土	黄壤性水稻土	再积黄泥水稻土	潲田	1	0—12	暗黄棕色	粉粉质轻黏土	小块状	7.0	48.6	2.74	1.05	227	9.0	42	21.2	第四纪黏土	E 103°42′43.6″ N 30°29′56.4″	70
						2	12—23	棕黄色	粉粉质轻黏土	小块状	7.0	32.5	1.74	0.84							
						3	23—100	暗黄色	粉粉质轻黏土	大核块状	6.8	12.0	0.49	0.49							
剖27	人为土	水稻土	黄壤性水稻土	再积黄泥水稻土	死黄泥土	1	0—12	暗黄棕色	黏粉粉质轻黏土	小块状	7.0	26.1	1.79	0.81	111	4.0	31	18.4	第四纪黏土	E 103°41′37.0″ N 30°29′49.2″	85
						2	12—20	灰黄色	黏粉粉质轻黏土	大块状	7.0	25.8	1.56	0.53							
						3	20—34	灰黄色	粉粉质轻黏土	核柱状	6.8	10.5	0.66	0.27							
						4	34—100	浅黄棕色		块状	6.8	4.0	0.18	0.12							
剖28	人为土	水稻土	潮土型水稻土	紫潮水稻土	低潲田	1	0—12	紫灰色	粗粉粉质黏重壤土	大块状	7.5	43.9	2.76	1.16	199	5.0	31	14.5	紫色冲积物	E 103°35′21.8″ N 30°28′59.2″	99
						2	12—100	浅灰黄色		无明显结构	7.6	11.3	0.74	0.39							

续表 Continued

剖面号 Soil profile	土纲 Soil order	土类 Soil great group	亚类 Soil subgroup	土属 Soil genus	土种 Soil species	土层码 Layer code	土层厚度 Depth/cm	颜色 Soil color	质地 Soil texture	土壤结构 Soil structure	pH	有机质 OM/(g/kg)	全氮 TN/(g/kg)	全磷 TP/(g/kg)	碱解氮 AN/(mg/kg)	有效磷 AP/(mg/kg)	速效钾 AK/(mg/kg)	阳离子交换量CEC/(cmol/kg)	土壤母质 Parent material	剖面点坐标 Profile coordinate	匹配指数 Matching index/%
剖29	半水成土	潮土	潮土	紫色潮土	砂土	1	0—15	棕紫色	砂质砂壤土	单粒状	7.8	22.7	1.05	1.33	67	17.0	124	2.9	各种紫色冲积物	E 103°37′53.4″ N 30°28′39.0″	99
						2	15—100	棕紫色	砂质砂壤土	单粒状	7.8	14.4	0.73	0.83							
剖30	人为土	水稻土	黄壤性水稻土	老冲积黄泥田	黄干泥田	1	0—13	灰黄色	黏粗粉质重壤土	小块状	6.0	25.0	1.51	0.85	133	5.0	39	14.1	第四纪冰水沉积物、冰碛物	E 103°32′33.4″ N 30°27′32.0″	79
						2	13—19	黄棕色	黏粗粉质重壤土	块状	6.7	13.8	0.82	0.70							
						3	19—100	黄棕色	黏粗粉质重壤土	小块状	7.0	3.8	0.24	0.27							
剖31	人为土	水稻土	黄壤性水稻土	老冲积黄泥田	小土黄泥田	1	0—13	灰黄色	黏粗粉质重壤土	小块、团块状	7.0	38.3	2.06	0.84	155	8.0	94	14.4	第四纪冰水沉积物、冰碛物	E 103°33′43.2″ N 30°27′28.8″	96
						2	13—17	灰黄色	黏粗粉质重壤土	小棱块状	7.2	28.4	1.64	0.46							
						3	17—100	浅黄棕色	粉黏质轻黏土	小块状	7.2	4.6	4.60	0.32							
剖32	人为土	水稻土	黄壤性水稻土	老冲积黄泥田	二潮田	1	0—13	灰黄色		小块状	6.0	28.1	1.69	0.89	145	8.0	20	18.7	第四纪冰水沉积物、冰碛物	E 103°33′52.2″ N 30°26′50.6″	73
						2	13—20	暗黄色		无明显结构	6.1	22.7	1.43	0.53							
						3	20—100	黄色		棱块结构状	6.6	10.3	0.51	0.23							

续表 Continued

剖面号 Soil profile	土纲 Soil order	土类 Soil great group	亚类 Soil subgroup	土属 Soil genus	土种 Soil species	土层码 Layer code	土层厚度 Depth/cm	颜色 Soil color	质地 Soil texture	土壤结构 Soil structure	pH	有机质 OM/(g/kg)	全氮 TN/(g/kg)	全磷 TP/(g/kg)	全钾 TK/(g/kg)	碱解氮 AN/(mg/kg)	有效磷 AP/(mg/kg)	速效钾 AK/(mg/kg)	阳离子交换量CEC/(cmol/kg)	土壤母质 Parent material	剖面点坐标 Profile coordinate	匹配指数 Matching index/%
剖35	人为土	水稻土	淹育水稻土	淹育石灰性紫泥田	红胶泥田	1	0—14	砖红色	粉质轻黏土	粉块状	8.1	51.7	2.36	0.34	1.8	221			36.1		E 103°25′59.9″ N 30°09′01.1″	73
						2	14—24	砖红色	粉质轻黏土	大块状	8.1	47.5	2.26	0.28	1.8	180			19.6			
						3	24—97	砖红色	粉黏质重壤土	大棱柱状	8.2	29.8	1.53	0.27	1.7	119			13.4			
剖36	人为土	水稻土	淹育水稻土	淹育中性紫泥田	牛血小土田	1	0—12	深棕色	粉砂质重壤土	核状	6.8	16.5	0.98	0.48	1.0	96			13.0		E 103°29′42.7″ N 30°08′35.9″	88
						2	12—20	深棕色	粉砂质重壤土	大块状	7.0	10.2	0.66	0.32	1.6	60			8.6			
						3	20—100	紫棕色	粉砂质重壤土	大棱柱状	7.0	8.9	0.60	0.25	1.6	50			2.8			
剖37	初育土	紫色土	石灰性紫色土	棕紫泥土	棕紫泥大土	1	0—18	棕紫色	黏粉质粉轻黏土	核状	7.5	13.0	1.08	0.42	2.2	78			24.5	风化残积物	E 103°27′26.3″ N 30°08′20.4″	91
						2	18—60	棕紫色	黏粉质粉轻黏土	核块状	7.5	10.1	0.64	0.39	1.4	61			22.1			
剖38	人为土	水稻土	渗育水稻土	渗育黄潮田	黄潮泥田	A	0—14	暗灰黄色	黏壤土	团粒状	5.9	30.8	1.37	0.41	1.1	136			19.2	近代黄色冲积物、洪积物	E 103°21′40.7″ N 30°08′16.4″	84
						Pb	14—23	暗灰黄色	黏壤土	块状	6.5	19.9	1.19	0.23	1.1	85	9.1	53	10.9			
						P	23—100	黄棕色	黏壤土	大棱柱状	7.0	3.9	0.28	0.21	1.3	22			8.7			
剖39	人为土	水稻土	淹育水稻土	淹育石灰性紫泥田	砖红石骨子田	1	0—15	灰紫色	粉质重壤土	核状	6.5	55.2	2.73	0.35	1.6	194			12.0		E 103°22′28.1″ N 30°08′06.1″	93
						2	15—23	灰紫色	粉砂质重壤土	大棱柱状	6.6	53.1	2.61	0.32	1.4	192			5.3			
						3	23—100	紫灰色	粉砂质重壤土	大棱柱状	6.8	33.6	2.52	0.37	1.5	172			11.1			
剖40	初育土	紫色土	石灰性紫色土	砖红紫泥土	砖红石骨子土	1	0—22	砖红紫色	重壤土	粒状	7.6	13.9	0.97	0.55	2.4	53			22.2	岩层成土	E 103°22′56.3″ N 30°07′35.4″	75
剖41	人为土	水稻土	淹育水稻土	淹育中性紫泥田	棕紫泥田	1	0—15	棕紫色	粉质轻黏土	核状、粒状	7.9	33.1	1.47	0.72	2.3	134			12.9		E 103°29′14.0″ N 30°07′23.8″	86
						2	15—24	浅棕紫色	粉砂质轻黏土	片状	7.8	29.0	1.17	0.58	2.1	98			11.1			
						3	24—100	浅棕紫色	粉黏质轻黏土	大块状	8.0	25.5	1.14	0.58	2.2	80			12.8			
剖42	人为土	水稻土	淹育水稻土	淹育中性紫泥田	灰棕紫泥田	1	0—16	灰棕紫色	粗粉质重壤土	核状	7.1	22.5	1.40	0.36	1.8	115			10.8		E 103°26′59.3″ N 30°07′05.5″	96
						2	16—30	灰灰黄色	粉砂质中壤土	大块状	7.2	11.8	0.97	0.31	1.8	74			13.8			
						3	30—96	灰黄色	粉砂质重壤土	棱柱状	7.3	6.7	0.55	0.16	2.0	75			10.2			
剖43	初育土	紫色土	酸性紫色土	红灰泥土	黄泡泥土	1	0—17	红紫色	砂粉质重壤土	粒状	6.3	12.9	0.90	0.38	1.6	65			11.9	厚砂岩	E 103°22′51.0″ N 30°07′04.9″	73
						2	17—80	红紫色	砂粉质中壤土	大块状	6.3	8.7	0.58	0.24	1.7	54			13.5			
剖44	人为土	水稻土	淹育水稻土	淹育石灰性紫泥田	黄泥田	1	0—16	浅红紫色	粉质重壤土	小粒状	6.0	21.0	1.66	0.35	1.9	152			10.9	厚层砂岩	E 103°23′07.4″ N 30°06′47.9″	73
						2	16—24	浅红紫色	重壤土	片状	6.0	18.3	1.22	0.27	1.8	115			21.6			
						3	24—100	浅红紫色	重壤土	大棱柱状	6.2	12.0	0.64	0.29	1.2	39			12.6			
剖45	人为土	水稻土	淹育中性紫泥田	淹育中性紫泥田	黄砂田	1	0—14	灰黄色	粗粉质中壤土		6.7	13.5	1.05	0.32	1.5	94			4.3		E 103°26′57.8″ N 30°06′46.1″	81
						2	14—27	浅黄色	粗粉质中壤土	大块状	6.7	12.5	0.86	0.30	1.5	85			4.7			
						3	27—58	浅黄色	粗粉质中壤土	中棱柱状	6.7	8.5	0.37	0.27	1.6	57			10.0			
剖46	人为土	水稻土	淹育石灰性紫泥田	淹育石灰性紫泥田	红棕紫泥田	1	0—15	红紫色	粉质轻黏土	块状	8.1	35.8	1.78	0.42	2.1	158			12.8		E 103°27′34.2″ N 30°06′10.4″	99
						2	15—25	暗棕色	黏粉质轻黏土	核状	8.5	30.0	1.69	0.37	2.0	129			12.9			
						3	25—135	暗棕色	黏粉质轻黏土	块状	8.2	28.0	1.51	0.31	2.3	128			14.7			
剖47	人为土	水稻土	淹育中性紫泥田	淹育中性紫泥田	牛血大土	1	0—15	红棕色	粉粉质轻黏土	块状	7.4	66.4	1.22	0.33	1.6	101			10.9		E 103°30′39.6″ N 30°09′07.0″	95
						2	15—23	暗棕紫色	黏粉质轻黏土	片状	7.6	24.0	1.16	0.31	1.7	96			24.4			
						3	23—165	灰棕紫色	黏粉质轻黏土	大棱柱状	7.4	21.0	1.18	0.30	1.6	92			16.0			

都 江 堰 市

主要土类说明

水稻土是都江堰市的主要土壤类型，占本市地域面积的32%，主要集中分布在岷江冲积平原区，为岷江灰色新冲积物水耕熟化而成。水稻土是由各种母土在长时期人为淹水栽植水稻条件下发育形成的一类特殊土壤。由于季节性淹水放旱土体内各种理化性状呈周期性交替变化，使土体内产生分异明显的发育层段，如淹育层、犁底层、初期潴育层、潴育层和潜育层等，这些发育层段构成特殊的剖面形态。水稻土矿物质分解强烈，黏粒含量大，质地较重，容重较大，趋于中性。本市水稻土分为淹育型、潴育型、渗育型、潜育型等亚类。

黄壤是都江堰市第二大土壤类型，占本市地域面积的25%，分布在幸福、向峨等地中、低山和丘陵区。黄壤是北亚热带湿润气候条件下发育的一类地带性土壤。由于温湿条件促使土壤内矿物质产生深刻的分解，土壤黏化和富铁铝化，整个土体呈黄色，矿质养分较贫乏。土壤pH为6.0—7.4。

黄棕壤是都江堰市第三大土壤类型，占本市地域面积的12%，分布在虹口、龙溪、麻溪、玉堂、泰安。分布区气候较温和，雨量多，生长植被为常绿落叶及针阔叶混交林，具有不明显的淀积层。

紫色土占本市地域面积的10%，集中分布在青城山、中兴、玉堂、大观等地。紫色土由紫色砂岩、泥岩、砾岩坡积物、残积物发育形成。区域内年降水量大，地貌为中、低山或深丘窄谷，坡度大，水土流失严重，故土壤始终处于幼年状态，易表现母岩特性。其成土特点为：砾石土多，土壤层次分化不明显，养分含量低，酸化明显。

暗棕壤占本市地域面积的8%，分布在龙溪、麻溪、玉堂，地处海拔2375—2850m地带。植被为针叶林，优势树种有粗枝云杉、铁杉、岷江冷杉、油松，也有木姜子、白桦、高山冷箭竹、银背叶杜鹃等。

黑毡土占本市地域面积的6%，分布在龙溪，地处海拔2350m以上地带。植被为各种灌丛并有一定量的针叶树，山脊部分也有岷江冷杉等针叶树。

石灰（岩）土占本市地域面积的4%，主要分布在龙溪、向峨、金凤的白岩山、二峨眉至火烧山一带，海拔850—1840m。石灰（岩）土由灰岩风化发育形成。因地势陡，雨水多，气温低，日照少，土壤流失严重，而母岩富含钙质与硅质，化学风化较泥盆系难，机械破碎严重，土体内多岩屑，且乱石林立，土壤发育浅，pH偏高，碳酸盐反应强烈。

小于本市地域面积3%的土壤类型还有新积土、草毡土等。

本区域中心区气候特征

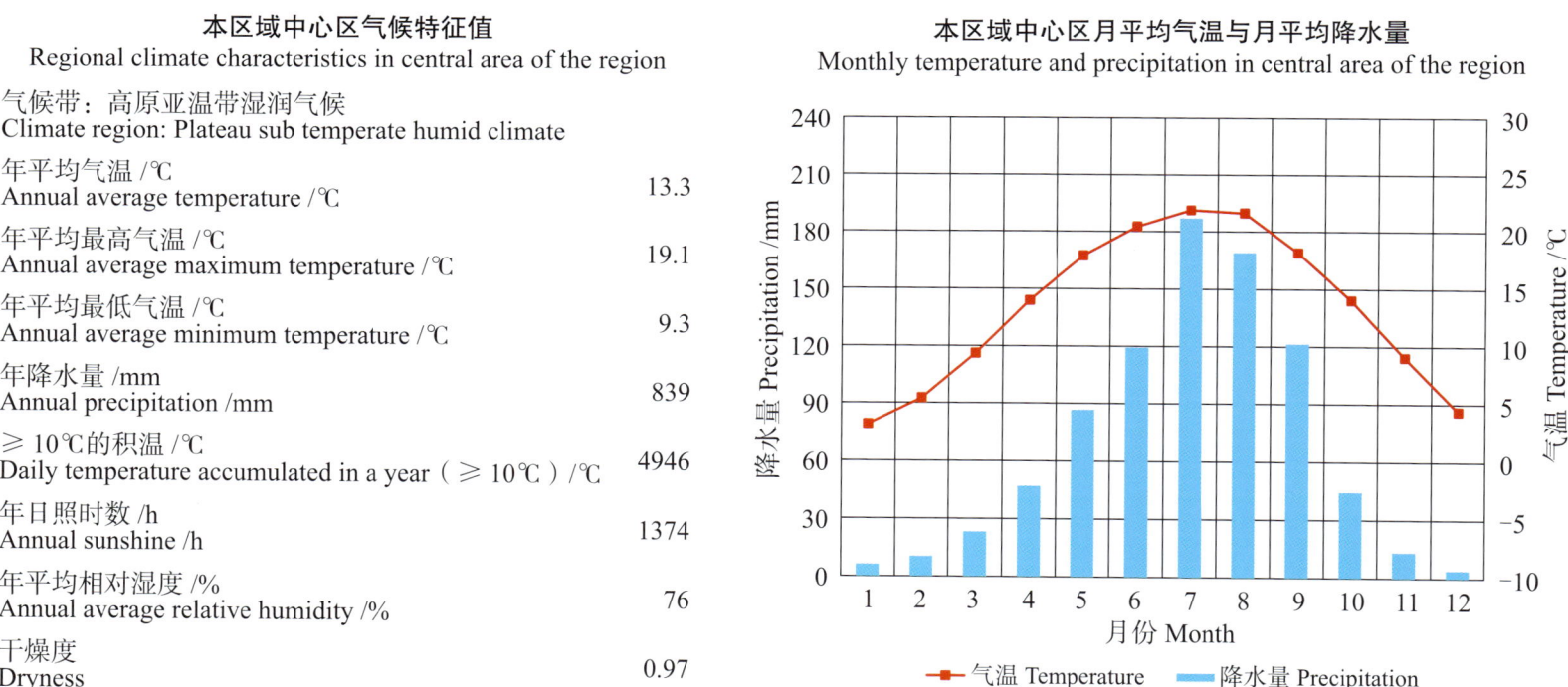

本区域中心区气候特征值
Regional climate characteristics in central area of the region

气候带：高原亚温带湿润气候 Climate region: Plateau sub temperate humid climate	
年平均气温 /℃ Annual average temperature /℃	13.3
年平均最高气温 /℃ Annual average maximum temperature /℃	19.1
年平均最低气温 /℃ Annual average minimum temperature /℃	9.3
年降水量 /mm Annual precipitation /mm	839
≥10℃的积温 /℃ Daily temperature accumulated in a year（≥10℃）/℃	4946
年日照时数 /h Annual sunshine /h	1374
年平均相对湿度 /% Annual average relative humidity /%	76
干燥度 Dryness	0.97

本区域中心区月平均气温与月平均降水量
Monthly temperature and precipitation in central area of the region

都江堰市主要土壤类型与土壤剖面点分布图
1∶230 000

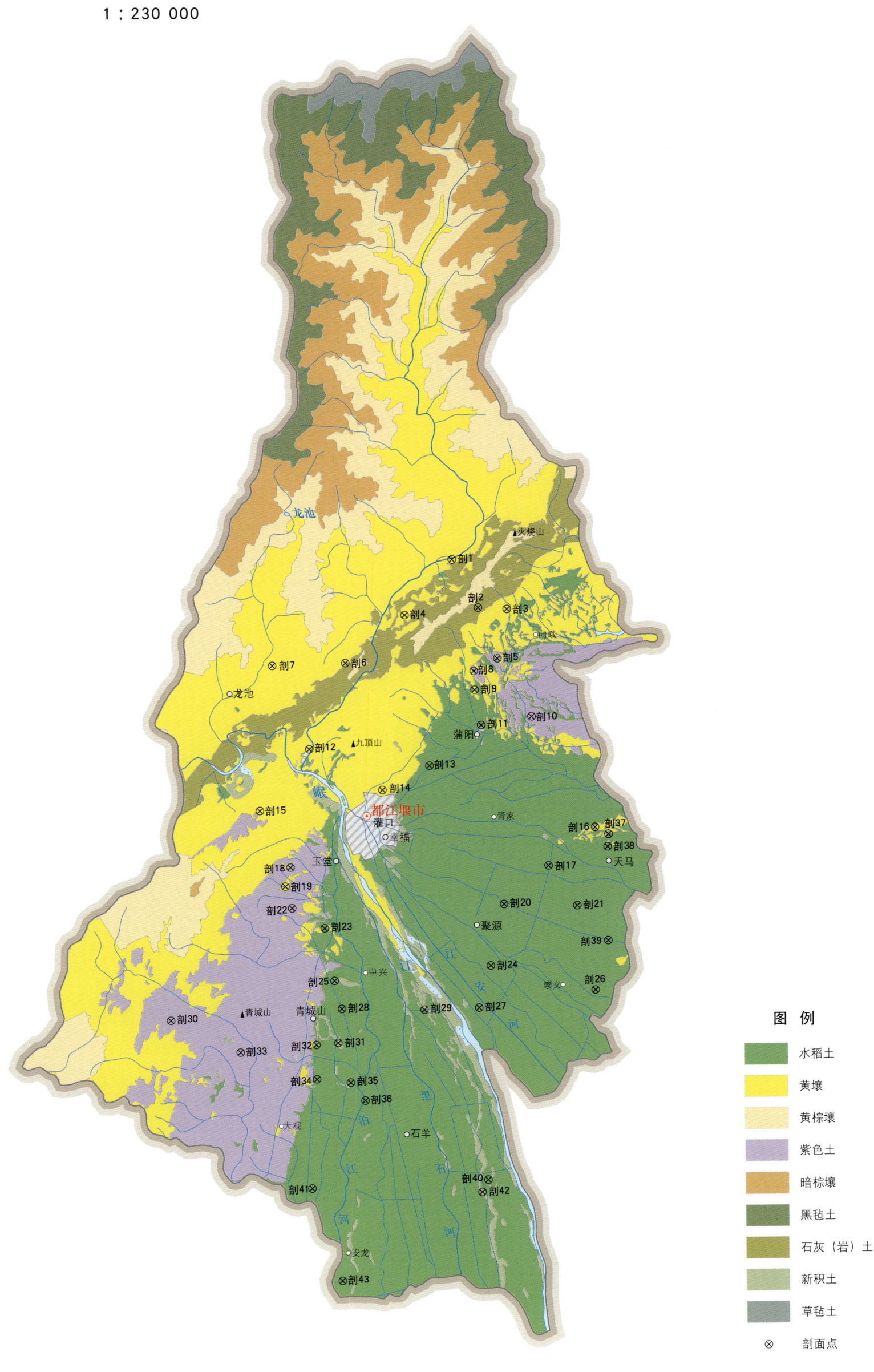

图 例
- 水稻土
- 黄壤
- 黄棕壤
- 紫色土
- 暗棕壤
- 黑毡土
- 石灰（岩）土
- 新积土
- 草毡土
- ⊗ 剖面点

都江堰市土壤剖面理化性状表

剖面号 Soil profile	土纲 Soil order	土类 Soil great group	亚类 Soil subgroup	土属 Soil genus	土种 Soil species	土层码 Layer code	土层厚度 Depth/cm	颜色 Soil color	质地 Soil texture	土壤结构 Soil structure	pH	有机质 OM/(g/kg)	全氮 TN/(g/kg)	全磷 TP/(g/kg)	全钾 TK/(g/kg)	碱解氮 AN/(mg/kg)	有效磷 AP/(mg/kg)	速效钾 AK/(mg/kg)	阳离子交换量CEC/(cmol/kg)	土壤母质 Parent material	剖面点坐标 Profile coordinate	匹配指数 Matching index/%
剖1	铁铝土	黄壤	黄壤	粗骨性黄泥土	粗骨油砂土	1	0–20	紫棕色	中壤土	粒状	6.1	61.9	4.13	1.80	1.8	306	37.0	113	23.7	岩浆岩风化洪积物	E 103°39′59.4″ N 31°07′16.3″	73
						2	20–30	紫棕色	轻壤土	核状	6.0	51.0	3.25	1.60	1.9				23.2			
						3	30–100	浅棕色	砂壤土	单粒状	6.2	29.0	1.14	0.74	1.9				27.6			
剖2	初育土	石灰(岩)土	黄色石灰土	黄色石灰土		1	0–15	灰棕色	砂质中壤土	粒状、块状	7.9	21.3	1.25	0.69	1.9	150	6.0	122	14.3	石灰岩风化坡积物	E 103°40′52.3″ N 31°05′54.2″	97
						2	15–29	灰棕色	中壤土	块状	8.2	8.6	0.67	0.56	1.9				11.7			
						3	29–100	灰棕色	中壤土	块状	8.0	10.5	0.74	0.53	2.0				15.4			
剖3	铁铝土	黄壤	黄壤	冷砂黄泥土	冷砂黄泥石渣土	1	0–17	暗黄棕色	轻壤土	粒状	7.4	44.8	3.72	0.89	2.6	204	12.0	203	23.5	砂页岩风化物	E 103°41′49.9″ N 31°05′52.4″	79
						2	17–29	暗黄棕色	中壤土	粒状、块状	7.4	33.3	1.86	0.86	2.7				21.4			
						3	29–90	暗黄棕色	中壤土	粒状、块状	7.3	22.3	1.66	0.13	2.3				21.5			
剖4	铁铝土	黄壤	黄壤	矿子黄泥土	矿子黄泥土	1	0–18	暗黄棕色	重壤土	粒状、块状	7.1	23.5	1.40	0.55	1.8	96	6.0	213	25.2	灰岩风化物	E 103°38′24.4″ N 31°05′40.6″	91
						2	18–27	暗黄棕色	重壤土	核状、块状	7.1	17.4	1.10	0.45	1.9				20.0			
						3	27–100	暗黄棕色	轻黏土	核块状	6.8	8.9	0.77	0.38	1.9				20.3			
剖5	初育土	紫色土	酸性紫色土	暗紫泥土	暗紫泥土	1	0–25	紫棕色	中壤土	小块状	6.3	25.7	1.23	0.52	1.0	151	7.0	87	12.6	砂泥岩风化物	E 103°41′31.2″ N 31°04′26.4″	88
						2	25–34	紫棕色	中壤土	块状	6.3	14.6	0.86	0.44	1.1				11.7			
						3	34–50	紫棕色	中壤土	核块状	5.9	17.8	0.83	0.53	1.4				11.4			
剖6	铁铝土	黄壤	黄壤	矿子黄泥土	粗骨石窖黄泥土	1	0–18	浅棕色	重壤土	粒状	7.8	33.3	1.72	1.84	2.2				19.1	石灰岩风化坡积物	E 103°36′25.2″ N 31°04′16.3″	95
						2	18–30	浅棕色	重壤土	核块状	7.8	45.0	1.26	2.29	2.5				22.8			
						3	30–70	浅棕色	重壤土	核块状	7.8	44.0	2.50	2.60	3.0				25.6			
剖7	铁铝土	黄壤	酸性紫色土	暗紫泥土	老冲积黄泥豆面土	1	0–17	黑棕色	重壤土	粒状	6.4	27.7	1.50	0.71	1.1	145	9.0	59	12.6	风化坡积物	E 103°33′58.3″ N 31°04′10.9″	72
						2	17–29	黑棕色	重壤土	核状	6.6	20.4	1.12	0.57	0.9				9.5			
						3	29–60	黑棕色	重壤土	块状	6.4	18.7	0.70	0.50	1.0				14.6			
剖8	初育土	黄壤	黄壤	粗骨性黄泥土	棕紫泥土	1	0–18	浅灰黄色	中壤土	粒状、块状	6.6	19.5	0.98	0.51	1.5	62	2.0	37	24.4	砾岩风化物	E 103°40′44.0″ N 31°04′04.4″	81
						2	18–31	紫棕色	重壤土	块状	6.4	14.6	0.56	0.44	1.3				24.1			
						3	31–90	紫棕色	重壤土	块状	6.7	8.4	0.42	0.42	1.2				22.1			
剖9	铁铝土	黄壤	老冲积水稻土	老冲积黄泥田	老冲积黄泥面土	1	0–17	暗黄橙色	重壤土	小块状	5.0	16.7	0.90	0.38	1.3	131	1.0	120	31.5	第四纪黄色老冲积物	E 103°40′46.2″ N 31°03′32.0″	95
						2	17–29	黄橙色	重壤土	小块状	5.6	10.2	0.78	1.26	1.3				15.8			
						3	29–80	黄橙色	重壤土	小块状	5.7	5.2	0.65	0.38	1.5				15.5			
剖10	初育土	紫色土	中性紫色土	棕紫泥土	棕紫泥土	1	0–21	暗棕色	中壤土	粒状、块状	7.7	19.1	1.19	0.65	1.5	110	6.0	103	20.3	泥岩坡积物	E 103°42′41.0″ N 31°02′46.7″	99
						2	21–36	暗棕色	中壤土	小棱块状	7.7	5.8	0.58	0.45	1.2				12.5			
						3	36–100	暗棕色	中壤土	小块状	7.6	4.3	0.38	0.43	1.5				14.9			
剖11	水稻土	水稻土	淹育水稻土	淹育再积黄泥田	再积黄泥田	1	0–13	暗灰黄色	重壤土	核状	6.5	45.5	2.15	0.66	1.5	223	5.0	15	18.9	第四纪黄色沉积物	E 103°40′59.6″ N 31°02′31.1″	82
						2	13–27	浅灰黄色	中壤土	扁平块状	7.0	14.4	0.76	0.94	1.3				19.6			
						3	27–45	浅灰黄色	中壤土	小块状	7.2	10.2	0.67	0.57	1.2				14.7			
						4	45–80	浅灰黄色	中壤土	小块状												
剖12	铁铝土	黄壤	黄壤	冷砂黄泥土	冷砂黄泥土	1	0–20	暗黄橙色	重壤土	粒状、块状	5.9	27.4	1.39	0.42	1.7	162	6.0	102	16.8	砂泥岩风化物	E 103°35′14.3″ N 31°01′47.3″	85
						2	20–26	暗黄棕色	轻壤土	粒状、块状	5.4	22.1	1.14	0.38	1.5				14.3			
						3	26–100	暗黄棕色	中壤土	梭块状	5.4	22.5	1.05	0.32	1.4				14.6			
剖13	水稻土	水稻土	潜育水稻土	再积黄泥田	再积黄泥下湿田	1	0–15	灰棕色	重壤土	大块状	6.4	41.3	2.08	0.53	1.3	178	8.0	54	2.6	第四纪黄色沉积物	E 103°39′15.8″ N 31°01′20.3″	91
						2	15–22	暗棕色	轻壤土	大块状	7.5	24.3	1.05	0.57	1.4				6.3			
						3	22–50	暗棕色	重壤土	整体状	7.9	14.4	0.68	0.39	1.8				8.5			
剖14	铁铝土	黄壤	黄壤	冷砂黄泥土	冷砂土	1	0–18	暗黄棕色	中壤土	粒状	6.0	24.6	1.16	0.73	2.3	62	4.0	122	17.3	泥岩风化坡积物	E 103°37′41.5″ N 31°00′38.2″	80
						2	18–32	灰黄棕色	中壤土	粒状、块状	5.7	23.4	1.00	0.62	2.7				16.2			
						3	32–80	浅棕色	中壤土	块状	5.6	20.9	0.88	0.40	0.4				17.1			

续表 Continued

剖面号 Soil profile	土纲 Soil order	土类 Soil great group	亚类 Soil subgroup	土属 Soil genus	土种 Soil species	土层码 Layer code	土层厚度 Depth/cm	颜色 Soil color	质地 Soil texture	土壤结构 Soil structure	pH	有机质 OM/(g/kg)	全氮 TN/(g/kg)	全磷 TP/(g/kg)	全钾 TK/(g/kg)	碱解氮 AN/(mg/kg)	有效磷 AP/(mg/kg)	速效钾 AK/(mg/kg)	阳离子交换量 CEC/(cmol/kg)	土壤母质 Parent material	剖面点坐标 Profile coordinate	匹配指数 Matching index/%
剖15	铁铝土	黄壤	黄壤	砂黄泥土	石子泥土	1	0—25	黄棕色	轻壤土	团块状	6.2	19.4	0.92	0.46	1.5	111	3.0	38	15.9	紫色砾岩风化物	E 103° 33' 35.3" N 31° 00' 01.1"	96
						2	25—41	浅橙色	轻壤土	块状	6.2	10.2	0.41	0.36	1.4				16.7			
						3	41—61	浅棕色	砂土	块状	6.2	10.4	0.30	0.34	2.1				14.4			
剖16	铁铝土	黄壤	黄壤	老冲积黄泥土	老冲积黄泥土	1	0—22	浅棕色	重壤土	小块状	6.7	11.5	0.94	0.32	1.3	72	6.0	48	13.6	第四纪黄色老冲积物	E 103° 44' 49.6" N 30° 59' 36.6"	78
						2	22—31	浅棕色	重壤土	小块状	6.6	6.4	0.52	0.52	1.5				14.6			
						3	31—100	浅棕色	轻黏土	块状	6.4	4.3	0.83	0.24	1.5				13.3			
剖17	人为土	水稻土	淹育水稻土	潮土田	灰潮油砂田	1	0—18	暗灰棕色	重壤土	粒状、块状	7.2	28.7	1.44	0.81	2.6	124	6.0	50	16.9	第四纪紫色新冲积物	E 103° 43' 16.4" N 30° 58' 29.7"	89
						2	18—23	暗灰棕色	重壤土	扁平块状	7.2	20.3	0.94	0.79	2.5				17.9			
						3	23—47	暗黄棕色	重壤土	大棱柱状	7.1	12.2	0.52	0.70	2.1				16.9			
						4	47—100	暗黄棕色														
剖18	初育土	紫色土	中性紫色土	棕紫泥土	棕紫泥石子土	1	0—20	暗红棕色	中壤土	粒状、块状	6.8	13.8	0.62	0.51	0.8	106	5.2	61	15.8	泥砾岩风化坡积物	E 103° 34' 37.6" N 30° 58' 23.5"	99
						2	20—35	暗红棕色	中壤土	粒状、块状	6.6	15.0	0.55	0.39	0.7				14.8			
						3	35—100	暗红棕色	中壤土	粒状、块状	6.6	17.9	0.34	0.38	0.7				15.7			
剖19	铁铝土	黄壤	黄壤	砂黄泥土	夹砂黄泥土	1	0—23	棕红色	中壤土	粒状、块状	6.4	16.4	1.06	0.46	1.5	135	6.0	53	14.6	紫色砂岩风化物	E 103° 34' 27.5" N 30° 57' 49.7"	96
						2	23—33	棕红色	中壤土	粒状、块状	6.6	15.3	0.79	0.43	1.3				14.4			
						3	33—55	暗棕红色	砂壤土	块状	7.0	11.0	0.54	0.37	1.4				13.4			
剖20	人为土	水稻土	淹育水稻土	浅潮砂田	都江堰灰砂田	1	0—20	灰色	砂壤土	棱块状	7.2	25.2	1.14	0.51	1.4	104	6.0	30	8.0	河流冲积物	E 103° 41' 47.0" N 30° 57' 21.6"	81
						Aa	20—75	浅灰色	砂壤土	块状	7.9	9.0	0.35	0.50	2.1				5.2			
						C																
剖21	人为土	水稻土	潜育水稻土	潜育菁泥田	灰潮二漕田	1	0—15	浅灰黄色	砂壤土	棱状	8.0	21.4	1.14	0.89	2.1	91	4.0	27	12.6	第四纪黄色老冲积物	E 103° 44' 13.9" N 30° 57' 20.2"	82
						2	15—24	浅灰黄色	砂壤土	扁平块状	8.2	20.8	1.00	0.82	1.8				19.8			
						3	24—100	浅灰黄色	中壤土	块状	7.7	17.2	0.82	0.74	2.1				27.2			
剖22	初育土	紫色土	中性紫色土	砖红紫泥土	砖红紫泥石子土	1	0—16	暗红色	中壤土	粒状	6.4	21.5	0.72	0.41	1.2	87	3.0	51	19.3	砾岩坡积物	E 103° 41' 41.2" N 30° 57' 12.2"	91
						2	16—26	暗红色	轻壤土	小块状	6.8	18.9	0.44	0.79	0.8				12.4			
						3	26—88	暗红色	中壤土	大棱柱状	7.0	10.5	0.42	0.54	0.7				19.1			
剖23	人为土	水稻土	淹育水稻土	老冲积黄泥田	老冲积黄泥白鳝泥田	1	0—13	暗黄棕色	黏质重壤土	棱柱状	6.6	29.2	1.44	0.32	1.4	137	2.0	62	17.6	第四纪黄色老冲积物	E 103° 35' 47.0" N 30° 56' 38.4"	96
						2	13—25	暗黄棕色	粉质重壤土	棱柱状	7.0	25.0	1.46	0.26	1.3				16.5			
						3	25—100	暗黄棕色	粉质重壤土	柱状	8.3	5.5	0.72	0.09	1.7				11.4			
剖24	人为土	水稻土	潜育水稻土	潮土田	灰潮夹砂田	1	0—12	暗灰黄色	轻壤土	粒状块状	7.9	27.4	1.04	0.96	1.8	110	5.0	59	7.5	第四纪紫色新冲积物	E 103° 41' 20.8" N 30° 55' 35.4"	79
						2	12—23	浅灰黄色	轻壤土	小块块状	8.2	16.9	0.63	0.94	1.7				2.2			
						3	23—44	浅灰黄色	轻壤土	大棱柱状	8.3	18.5	0.65	0.78	2.0				2.6			
						4	44—67	暗灰色	中壤土	棱柱状	7.0											
						5	67—100	暗灰色	中壤土	单粒状												
剖25	人为土	水稻土	淹育水稻土	紫潮土田	紫潮夹砂泥田	1	0—17	紫棕色	中壤土	粒状	6.8	31.5	1.30	0.61	1.3	60	6.0	41	15.8	紫色冲积物	E 103° 36' 06.8" N 30° 55' 07.3"	92
						2	17—30	紫棕色	轻壤土	扁平块状	6.5	20.7	0.60	0.38	1.3				14.4			
						3	31—80	紫棕色	中壤土	片状	6.5	13.4	0.48	0.48	1.3				17.1			
剖26	人为土	水稻土	潜育水稻土	潮土田	灰潮二漕田	1	0—15	黄黄棕色	重壤土	粒状、块状	7.4	34.0	2.03	0.84	2.1	149	8.0	44	24.9	第四纪黄色老冲积物	E 103° 44' 52.1" N 30° 54' 54.4"	81
						2	15—28	黄黄棕色	重壤土	粒状、块状	7.7	33.0	1.50	0.74	1.9				27.6			
						3	28—50	黄黄棕色	中壤土	扁平块状	7.9	16.0	0.72	0.67	2.1				26.9			
						4	50—100															
剖27	人为土	水稻土	淹育水稻土	潮土田	灰潮二油砂田	1	0—18	浅灰黄色	中壤土	粒状、块状	7.1	31.5	1.44	0.81	2.0	121	5.0	43	23.2	紫色冲积物	E 103° 36' 06.8" N 30° 54' 57.7"	72
						2	18—26	浅灰黄色	中壤土	扁平块状	7.9	20.7	1.01	0.82	2.0				9.9			
						3	26—54	浅灰黄色	中壤土	小柱状	7.8	13.4	0.50	0.75	0.2				6.1			
						4	54—100															
剖28	人为土	水稻土	潜育水稻土	潮土田	紫潮泥田	1	0—15	灰黄棕色	重壤土	粒状	6.7	29.7	1.38	1.16	1.5	58	14.0	58	26.2	灰色冲积物	E 103° 44' 21.6" N 30° 54' 18.7"	79
						2	15—28	灰灰黄色	重壤土	棱柱状	7.0	28.1	1.30	0.99	1.6				19.9			
						3	28—100	棕色	重壤土	棱柱状	7.0	14.5	0.51	0.73	1.6				20.0			

续表 Continued

剖面号 Soil profile	土纲 Soil order	土类 Soil great group	亚类 Soil subgroup	土属 Soil genus	土种 Soil species	土层码 Layer code	土层厚度 Depth/cm	颜色 Soil color	质地 Soil texture	土壤结构 Soil structure	pH	有机质 OM/(g/kg)	全氮 TN/(g/kg)	全磷 TP/(g/kg)	全钾 TK/(g/kg)	碱解氮 AN/(mg/kg)	有效磷 AP/(mg/kg)	速效钾 AK/(mg/kg)	阳离子交换量CEC/(cmol/kg)	土壤母质 Parent material	剖面点坐标 Profile coordinate	匹配指数 Matching index/%
剖29	人为土	水稻土	潜育水稻土	潜育潮土田	灰潮砂潜田	1	0—23	暗灰色	轻壤土	粒状、块状	7.5	31.6	1.61	0.85	1.6	107	9.0	37	19.0	第四纪紫色新冲积物	E 103°39′07.9″ N 30°54′18.0″	72
						2	23—34	暗灰色	中壤土	扁平块状	7.9	27.4	1.26	0.79	1.6				12.0			
						3	34—96	暗灰色	中壤土	整体状	7.9	27.1	1.58	0.83	1.8				25.2			
剖30	初育土	紫色土	酸性紫色土	灰棕紫泥土	灰棕紫泥夹砂土	1	0—12	紫棕色	轻壤土	粒状、小块状	6.5	15.5	0.70	0.52	1.0	133	9.0	41	9.9	砂泥岩坡积物	E 103°30′38.5″ N 30°53′57.5″	98
						2	12—26	紫棕色	轻壤土	小梭块状	6.4	9.1	0.95	0.50	1.0				7.5			
						3	26—43	紫棕色	轻壤土	大梭块状	6.7	4.1	0.22	0.31	1.0				6.3			
						4	43—100	紫棕色	轻壤土													
剖31	初育土	新积土	冲积土	紫色潮土	紫潮砂泥土	1	0—18	暗棕色	砂壤土	粒状	3.4	24.9	1.20	0.68	1.2	58	6.0	35	14.3	河流冲积物	E 103°36′14.9″ N 30°53′19.9″	93
						2	18—100	暗棕色	松砂土	无明显结构	6.8	7.0	0.28	0.55	1.2				3.4			
剖32	初育土	紫色土	渗育水稻土	渗育潮土田	紫潮石子田	1	0—16	紫色	中壤土	粒状	6.3	29.4	1.38	0.74	1.3	83	8.0	43	18.7	第四纪紫色新冲积物	E 103°35′31.2″ N 30°53′16.4″	87
						2	16—27	紫棕色	中壤土	块状	6.5	14.3	0.56	0.58	1.0				13.8			
						3	27—95	紫棕色	轻壤土	块状	6.6	14.0	0.48	0.49	0.8				11.2			
剖33	初育土	紫色土	中性紫色土	棕紫泥土		1	0—24	浅红棕色	砂壤土	粒状、块状	7.4	13.6	1.00	0.67	1.4	101	1.0	74	18.2	泥岩风化坡积物	E 103°32′58.6″ N 30°53′02.8″	84
						2	24—37	浅红棕色	中壤土	大梭柱状	8.5	18.3	1.10	0.61	1.4				12.9			
						3	37—53	棕红色	中壤土	大梭柱状	8.8	12.5	0.47	0.60	1.6				11.3			
						4	53—100	暗棕色		大梭柱状												
剖34	人为土	水稻土	潜育水稻土	潜育潮土田	紫潮滑泥田	1	0—17	暗棕色	轻壤土	大块状	6.9	33.6	1.64	0.57	1.3	109	6.0	46	19.3	第四纪紫色新冲积物	E 103°35′32.6″ N 30°52′17.0″	86
						2	17—32	暗棕色	中壤土	片状	7.3	62.5	1.60	0.68	1.1				20.4			
						3	32—100	棕色	中壤土	粒状	7.6	65.1	1.58	0.64	1.4				21.9			
剖35	人为土	水稻土	渗育水稻土	渗育潮土田	紫潮二潜田	1	0—13	红棕色	中壤土	整体状	8.0	42.2	1.70	0.72	1.2	197	6.1	86	16.5	第四纪紫色新冲积物	E 103°36′40.3″ N 30°52′11.3″	93
						2	13—36	棕灰色	中壤土	粒状	7.5	42.5	2.22	0.62	1.1				15.7			
						3	36—53	暗黄绿色	中壤土	块状	7.0	42.3	1.87	0.49	1.1				13.1			
剖36	人为土	水稻土	淹育水稻土	潮土田	灰棕黄泥底二泥田	1	0—19	浅灰棕色	重壤土	团块状	6.8	24.0	1.38	0.78	1.6	96	10.0	44	18.5	第四纪紫色新冲积物	E 103°37′09.8″ N 30°51′40.0″	74
						2	19—30	浅灰棕色	中壤土	扁平块状	7.4	19.4	1.16	0.72	2.0				17.4			
						3	30—42	黄灰棕色	中壤土	小梭块状	7.4	6.2	0.76	0.41	1.4				18.3			
						4	42—100			小梭块状												
剖37	人为土	水稻土	淹育水稻土	老冲积黄泥田	老冲积黄泥田	1	0—15	暗黄棕色	重壤土	粒状、块状	7.2	37.7	2.17	0.60	1.3	186	6.0	162	14.3	第四纪紫色老冲积物	E 103°45′16.6″ N 30°59′25.1″	78
						2	15—21	暗黄棕色	中壤土	扁平块状	7.5	31.2	1.56	0.58	1.3				13.2			
						3	21—40	暗黄棕色	中壤土	小梭块状	7.5	31.2	1.56	0.58	1.3				13.2			
						4	40—53	暗黄棕色	中壤土	梭柱状	7.6	12.5	1.17	0.42	1.3				6.7			
						5	53—110	暗黄棕色	中壤土	块状	7.6	17.5	1.17	0.42	1.3				6.1			
剖38	人为土	水稻土	潜育水稻土	老冲积黄泥田	老冲积黄泥下湿田	1	0—17	暗灰黄色	重壤土	粒状	7.8	28.2	1.36	0.40	0.8	98	4.0	35	13.7	第四纪紫色老冲积物	E 103°45′15.1″ N 30°59′03.4″	84
						2	17—32	暗灰黄色	重壤土	扁平块状	8.2	28.4	1.24	0.44	0.9				13.7			
						3	32—80	灰灰棕色	中壤土	大梭柱状	8.3	30.8	1.13	0.42	0.9				14.2			
剖39	人为土	水稻土	淹育水稻土	潮土田	灰潮砂泥田	1	0—17	浅灰黄色	重壤土	粒状、块状	7.4	24.8	1.34	0.73	2.0	142	6.0	57	15.2	第四纪紫色新冲积物	E 103°45′16.9″ N 30°56′20.4″	87
						2	17—27	浅灰黄色	中壤土	扁平块状	7.3	22.1	1.45	0.65	1.8				13.3			
						3	27—56	浅灰色	中壤土	大梭柱状	7.3	8.4	0.47	0.61	1.9				13.9			
						4	56—100	浅灰色		块状												
剖40	人为土	水稻土	渗育水稻土	潮土田	灰潮砂田	1	0—20	浅灰黄色	轻壤土	粒状、小块状	7.2	25.8	1.14	1.17	1.7	104	6.0	30	28.0	第四纪紫色新冲积物	E 103°41′16.8″ N 30°49′24.6″	79
						2	20—36	浅灰黄色	轻壤土	小块状	7.7	14.4	0.60	0.94	1.7				4.2			
						3	36—75	浅灰黄色	砂壤土	小梭柱状	7.9	9.0	0.41	0.81	1.5				5.2			
剖41	人为土	水稻土	潴育水稻土	再积黄泥田	再积黄泥白鳝泥田	1	0—17	深灰黄色	重壤土	大梭柱状	7.8	18.6	0.92	0.53	1.6	124	13.0	53	24.8	第四纪黄色沉积物	E 103°35′23.8″ N 30°49′08.0″	70
						2	17—27	浅灰黄色	重壤土	小梭柱状	7.3	24.8	1.32	0.37	1.9				14.9			
						3	27—40	浅灰色	轻壤土	大梭柱状	7.5	7.8	0.56	0.30	1.9				18.4			
						4	40—100															

续表 Continued

剖面号 Soil profile	土纲 Soil order	土类 Soil great group	亚类 Soil subgroup	土属 Soil genus	土种 Soil species	土层码 Layer code	土层厚度 Depth/cm	颜色 Soil color	质地 Soil texture	土壤结构 Soil structure	pH	有机质 OM/(g/kg)	全氮 TN/(g/kg)	全磷 TP/(g/kg)	全钾 TK/(g/kg)	碱解氮 AN/(mg/kg)	有效磷 AP/(mg/kg)	速效钾 AK/(mg/kg)	阳离子交换量CEC/(cmol/kg)	土壤母质 Parent material	剖面点坐标 Profile coordinate	匹配指数 Matching index/%
剖42	初育土	新积土	冲积土	灰潮土	灰潮砂土	1	0—22	浅灰黄色	砂壤土	粒状	7.8	13.8	0.72	0.86	1.8	53	4.0	40	12.4	河流冲积物	E 103°41′04.9″ N 30°49′03.0″	72
						2	22—43	浅灰黄色	砂壤土	粒状	8.1	10.8	0.71	0.76	1.7				15.4			
						3	43—58	浅灰黄色	砂壤土	粒状	8.2	8.2	0.58	0.74	1.9				23.3			
剖43	人为土	水稻土	渗育水稻土	渗育潮土田	灰潮石底半砂泥田	1	0—14	暗灰色	中壤土	粒状	6.0	22.3	1.16	2.60	2.9	93	8.0	42	7.4	第四纪紫色新冲积物	E 103°36′24.8″ N 30°46′28.6″	82
						2	14—23	暗灰色	中壤土	小块状	5.8	21.8	1.29	2.62	2.9				9.4			
						3	24—40	暗灰色	轻壤土	单粒状	7.5	10.2	0.79	2.42	2.3				7.3			

彭 州 市

主要土类说明

水稻土是彭州市的主要土壤类型，占本市地域面积的40%，绝大部分分布在水热资源丰富的湔江冲积扇平原和清白江沿岸，少部分分布在丘陵、山区槽沟处。本市水稻土大部分处于水热资源丰富的坝区，土体中淋溶淀积轻，以淹育型为主，养分储量丰富，有碍水稻生长的层次少，有害物质含量低。大部分水稻土的耕层质地为中壤土至重壤土，呈弱酸性至中性，为高产、稳产农田。本市水稻土分为淹育型、潴育型、渗育型、潜育型等亚类。

黄壤是彭州市第二大土壤类型，占本市地域面积的16%，在山区、丘陵区和平原区均有分布，位于低中山的坡腰、坡脚以及平原丘陵区的二至五级阶地稍高处。黄壤发育于亚热带湿润条件下，土壤发生黏化、黄化、脱硅富铝化等过程。土壤中的铁质水化，使土壤复黄，剖面上下均呈黄棕色、棕黄色，铝硅酸盐中的硅变成可溶性的硅酸流失，铝遗留在土壤中，相应含量比例增大。由于土壤经过很深的黄化、脱硅富铝化过程，盐基饱和度变低，土壤具有黏、酸、瘦、缺磷、缺钾等不良特性。

暗棕壤是彭州市第三大土壤类型，占本市地域面积的11%。暗棕壤是在温带湿润地区针阔叶混交林下发育而成，具有明显有机质富集和弱酸性淋溶的土壤，具 O–A–B–C 剖面构型。弱酸性淋溶使铁铝轻微下移。B 层呈棕色，结构面见铁锰胶膜。土壤呈弱酸性，盐基饱和度为 70%—80%。土壤冻结期长。

黄棕壤占本市地域面积的11%。黄棕壤发生于北亚热带暖湿落叶阔叶林下，弱度富铝化，黏聚现象明显，呈黄棕色黏土。具 A–B–C 或 A–（B）–C 剖面构型，黏粒硅铝率在 2.5 左右，铁的游离度较红壤低，B 层交换性酸大于 A 层。土壤 pH 为 5.5—6.0。

紫色土占本市地域面积的6%，主要分布在海拔 700—1000m 的低山丘陵区，依母岩走向呈南西至北东方向展布，东北方向，在红岩乡九里埂附近与什邡市相连；西南方向，在磁峰乡与都江堰市的向峨乡相接。由于紫色土地处低山丘陵区，地形陡峭，岩性软，岩石富含碳酸钙。在气候温和、雨量充沛的亚热带湿润气候条件下，以物理风化为主，高处土壤不断冲刷流失，露出的新基岩又不断风化，土体更新频繁，成土时间短暂。该土壤发育浅，熟化度低，颜色接近母质，剖面层次分化不明显。

石灰（岩）土占本市地域面积的5%。石灰（岩）土发生于热带、亚热带石灰岩山区，是石灰岩经溶蚀风化，形成的厚薄不同的钙质饱和或含游离钙质的土壤，多见于石隙、溶洞或峰丛底部。该土壤碳酸钙淋溶程度不一，多黏土，多为铁钙质胶结物，风化程度不一，盐基饱和度高，有机质含量及胶结状态有较大差异。

小于本市地域面积3%的土壤类型还有潮土、黑毡土、草毡土等。

本区域中心区气候特征

本区域中心区气候特征值
Regional climate characteristics in central area of the region

气候带：中亚热带湿润气候 Climate region: Subtropical humid climate	
年平均气温 /℃ Annual average temperature /℃	14.2
年平均最高气温 /℃ Annual average maximum temperature /℃	19.4
年平均最低气温 /℃ Annual average minimum temperature /℃	10.6
年降水量 /mm Annual precipitation /mm	844
≥10℃的积温 /℃ Daily temperature accumulated in a year（≥10℃）/℃	5217
年日照时数 /h Annual sunshine /h	1260
年平均相对湿度 /% Annual average relative humidity /%	78
干燥度 Dryness	1.04

本区域中心区月平均气温与月平均降水量
Monthly temperature and precipitation in central area of the region

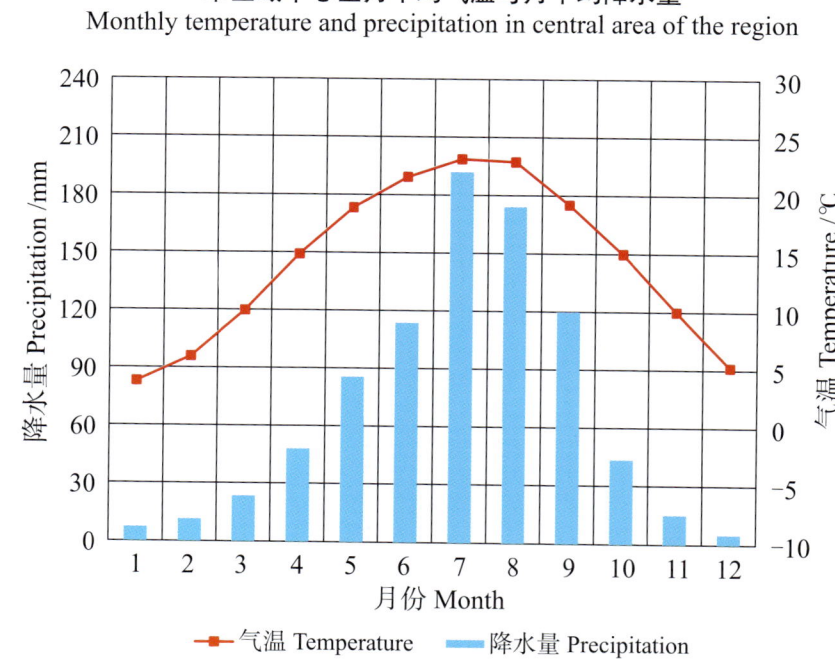

彭州市主要土壤类型与土壤剖面点分布图
1∶210 000

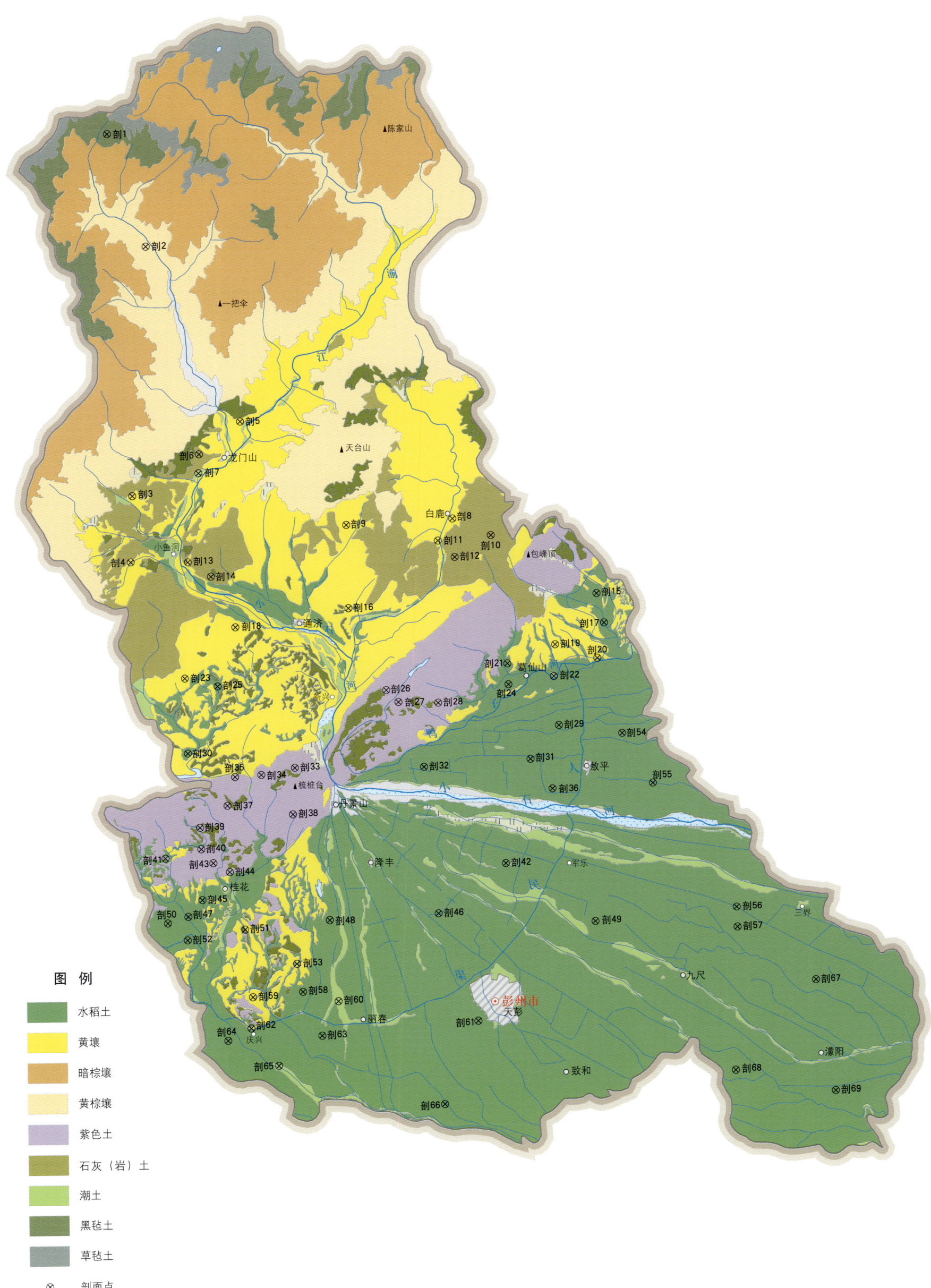

彭州市土壤剖面理化性状表

剖面号 Soil profile	土纲 Soil order	亚类 Soil subgroup	土属 Soil genus	土种 Soil species	土层码 Layer code	土层厚度 Depth/cm	颜色 Soil color	质地 Soil texture	土壤结构 Soil structure	pH	有机质 OM/(g/kg)	全氮 TN/(g/kg)	全磷 TP/(g/kg)	全钾 TK/(g/kg)	碱解氮 AN/(mg/kg)	有效磷 AP/(mg/kg)	速效钾 AK/(mg/kg)	阳离子交换量 CEC/(cmol/kg)	土壤母质 Parent material	剖面点坐标 Profile coordinate	匹配指数 Matching index/%
剖1	高山土	棕黑色土			1	0—6	黑棕色	砂壤土												E 103°43′23.2″ N 31°23′11.6″	79
剖2	淋溶土	山地黄棕壤			1	0—2	黄棕色		团块状											E 103°44′40.6″ N 31°20′04.0″	79
					2	2—12	暗棕色	中壤土	小团块状	5.5	55.5	2.20	1.30	1.0			89	13.5			
					3	12—80	浅黄色	中砾重黏土	小团块结构	6.5	30.4	1.40	0.60	1.7	237			11.5			
剖3	铁铝土	黄壤	冷砂黄泥土	灰渣土	1	0—20	黑色	轻砾石土	无明显结构	7.9	82.3	2.62	0.27	1.2				7.4		E 103°44′16.8″ N 31°13′06.6″	93
					2	20—50	黑色	轻砾石土	无明显结构	8.2	30.0	1.19	0.15	0.5	44	3.0	90	5.9			
					3	50—90	黑色	中砾石土	无明显结构	8.2	62.0	1.46	0.27	1.2				11.7			
剖4	铁铝土	黄壤	粗青性黄泥土	粗砂结土	1	0—16	灰黄棕色	中砾重黏土	块状、粒状	8.0	38.4	2.62	0.61	1.9	166	9.0	166	16.4		E 103°44′14.3″ N 31°11′16.1″	70
					2	16—44	浅红棕色	中砾石土	棱块状	7.0	6.8	0.71	0.17	1.1				5.2			
					3	44—62	浅红棕色	多砾黄壤土	块状	7.2	18.8	1.30	0.31	1.7				12.2			
					4	62—100	浅红棕色		小块状												
剖5	铁铝土	黄壤	老冲积黄泥土	豆面土	1	0—18	黄褐色	中砾粉黏壤土	团粒结构	7.9	44.7	2.63	0.99	1.5	209	18.0	113	15.7		E 103°47′46.9″ N 31°15′12.5″	76
					2	18—35	黄褐色	少砾粗粉黄壤土	小块状	8.0	20.2	1.80	0.81	1.5				14.4			
					3	35—63	浅黄黄色	多砾粉质轻壤土	单粒状	7.6	27.7	1.27	0.80	1.0				12.6			
剖6	初育土	黄色石灰(岩)土	黄色石灰土	石渣土	1	0—28	暗棕色	重壤土	团块状	8.1	25.9	0.90	0.34	0.5	67	5.0	94	3.1	石灰岩风化残积物	E 103°46′27.0″ N 31°14′17.3″	100
					2	28—40	暗棕色	中砾黄重壤土	团块状	8.1	29.8	1.08	0.48	0.7				7.8			
剖7	半水成土	潮土	灰棕潮土	油砂土	1	0—23	棕灰色	砂质中壤土	团块状	5.8	50.4	1.80	1.63	1.4	164	14.0	60	15.8	灰棕色冲积物	E 103°46′26.0″ N 31°13′45.5″	80
					2	23—90	暗黄棕色	少砾质中壤土	小棱块状	6.5	12.0	0.63	0.84	1.7				13.9			
剖8	铁铝土	黄壤	冷砂黄泥土	冷砂二泥土	1	0—20	灰黄色	多砾黏壤土	团粒状	7.2	25.9	1.32	0.32	1.2	88	9.0	53	14.6		E 103°54′43.6″ N 31°12′31.3″	80
					2	20—42	灰黄色	中砾重黏土	小块状	7.2	27.0	1.37	0.28	1.8				8.5			
					3	42—60	灰黄色	重壤土	小块状												
剖9	铁铝土	黄壤	冷砂黄泥土	冷砂土	1	0—20	灰黄色	轻砾石土	粒状	6.3	20.9	0.90	0.24	1.0	50		50	7.9		E 103°51′16.0″ N 31°12′20.2″	91
					2	20—32	暗黄棕色	多砾石土	大块状		21.6	0.81	0.22	1.1				7.9			
					3	32—50	暗黄棕色	多砾石土	无明显结构	3.7	11.3	0.16	0.27	1.4				6.3			
					4	50—100	灰黄色	轻砾石土	棱块状	6.4	59.0	1.19	0.19	0.9				15.6			
剖10	初育土	黄色石灰(岩)土	黄色石灰土	钙质黄泥	1	0—25	灰黄棕色	中砾质轻壤土	团块状	6.8	44.4	1.99	0.55	1.8	154	13.0	257	23.6	灰岩风化残积物、坡积物	E 103°55′59.2″ N 31°12′04.0″	84
					2	25—45	浅黄棕色	中砾石土	块状	7.8	10.4	0.80	0.32	1.6				22.3			
剖11	铁铝土	黄壤	冷砂黄泥土	冷砂黄泥土	1	0—2	黑灰色	多砾黏壤土	团粒状	5.7	69.8	2.70	0.40	0.9	200	4.0	99	9.5		E 103°54′15.4″ N 31°11′54.4″	74
					2	2—15	暗黄棕色	中砾质中壤土	小块状	5.2	27.7	0.83	0.27	0.9				7.4			
					3	15—100	黄黄色	轻砾石轻壤土	团粒状	8.0	71.9	3.40	0.93	1.4	265	10.0	198	23.8			
剖12	初育土	黄色石灰(岩)土	黄色石灰土	石管土	A	0—18	浅黄色	壤质黏土	小棱柱状	8.3	21.9	1.05	0.62	1.0				13.9		E 103°54′48.4″ N 31°11′26.9″	96
					C	18—52	浅棕色		团粒状	5.9	23.6	1.43	0.40	1.5	155		127	9.6			
剖13	铁铝土	黄壤	矿子黄泥土	火石子黄泥土	A	0—11	棕色	壤质黏土	团粒状	6.2	10.6	0.70	0.38	1.3				6.7		E 103°46′06.2″ N 31°11′16.4″	71
					B	11—50	浅黄棕色	粉质黏土	小块状	6.3	4.8	0.90	0.25	1.8				8.4			
					C	50—70	浅黄棕色	中砾质黏土	小块状												
剖14	初育土	黄色石灰(岩)土	黄色石灰土	猪肝黄泥土	1	0—12	暗黄棕色	轻砾石重壤土	小棱块状	8.1	42.0	2.21	0.84	1.0	161	4.0	118	26.8	泥灰岩风化残积物、坡积物	E 103°46′51.2″ N 31°10′52.3″	98
					2	12—23	暗黄棕色	轻砾石轻壤土	小棱柱状	8.3	29.1	1.38	0.62	0.9				22.9			
					3	23—60	暗黄棕色	中砾粉质重壤土	棱柱状	8.0	21.9	1.22	0.47	0.7				17.3			
剖15	人为土	潜育水稻土	潮土田	紫潮泥田	1	0—22	紫色	黏粉质重壤土	板块状	5.8	26.8	1.60	0.30	1.9	139	2.0	54	6.8	近代河流冲积物	E 103°59′26.2″ N 31°10′26.8″	94
					2	22—31	紫色	少砾粉重壤土	板板状	7.0	23.1	1.60	0.30	1.5				13.7			
					3	31—100	棕色	少砾粉质重壤土	棱柱状	7.0	12.0	1.10	0.20	1.4				12.1			

续表 Continued

剖面号 Soil profile	土纲 Soil order	土类 Soil great group	亚类 Soil subgroup	土属 Soil genus	土种 Soil species	土层码 Layer code	土层厚度 Depth/cm	颜色 Soil color	质地 Soil texture	土壤结构 Soil structure	pH	有机质 OM/(g/kg)	全氮 TN/(g/kg)	全磷 TP/(g/kg)	全钾 TK/(g/kg)	碱解氮 AN/(mg/kg)	有效磷 AP/(mg/kg)	速效钾 AK/(mg/kg)	阳离子交换量CEC/(cmol/kg)	土壤母质 Parent material	剖面点坐标 Profile coordinate	匹配指数 Matching index/%
剖16	铁铝土	黄壤	黄壤	冷砂黄泥土	林地冷砂黄泥土	1	0~25	灰黄棕色	中砾轻黏土	团粒状	6.8	14.6	1.38	0.34	1.8	94	7.0	158	13.1		E 103°51′20.9″ N 31°10′00.1″	90
						2	25~53	黄棕色	多砾轻黏土	棱块状	6.1	9.6	1.07	0.04	1.8				11.6			
						3	53~95	黄色	多砾轻黏土	大块状	6.1	6.7	0.94	0.18	2.0				12.7			
剖17	人为土	水稻土	淹育水稻土	潮土田	紫潮砂泥田	1	0~18	紫色	多砾中壤土	团粒状	6.4	17.6	0.90	0.70	1.2	81	10.0	31	9.1	近代河流冲积物	E 103°59′41.2″ N 31°09′37.7″	97
						2	18~26	紫色	中砾砂壤土	片状、块状	8.2	12.9	0.80	0.70	1.2				9.4			
						3	26~70	紫棕色	中砾砂质轻壤土	块状	8.1	8.9	0.50	0.40	1.1				8.2			
剖18	铁铝土	黄壤	黄壤	冷砂黄泥土	冷白鳝泥土	1	0~18	浅黄色	中黏土	大块状	6.1	6.1	1.17	0.25	1.8	29	9.0	81	13.8		E 103°47′39.5″ N 31°09′27.7″	96
						2	18~40	浅黄色	少砾中黏土	核状	5.4	4.5	0.79	0.20	1.9				12.2			
						3	40~67	浅灰黄色	少砾中黏土	块状	5.5	4.1	0.98	0.17	2.5				12.5			
						4	67~95	浅黄色	少砾中黏土	块状	5.8	2.1	0.62	0.25	1.9				14.3			
剖19	铁铝土	黄壤	黄壤	老冲积黄泥土	豆砂土	1	0~22	浅黄黄色	砂质轻壤土	粒状、小块状	6.0	5.6	0.59	0.17	1.1	44	5.0	12	15.0		E 103°58′05.5″ N 31°09′00.7″	97
						2	22~100	暗黄黄色	多砾砂质轻壤土	粒状、块状	6.3	1.2	0.04	0.26	1.0				10.9			
剖20	铁铝土	黄壤	黄壤	老冲积黄泥土	黄泥小土	1	0~14	浅黄棕色	少砾中壤土	团块状	5.2	54.9	2.09	0.10	1.3	212	1.0	75	16.5		E 103°59′28.0″ N 31°08′38.4″	93
						2	14~23	浅黄棕色	中砾重壤土	块状	5.2	51.8	1.92	0.08	1.4				17.9			
						3	23~80	浅黄棕色	重壤土	小块状	5.3	10.9	0.57	微量	1.6				14.0			
						4	80~															
剖21	人为土	水稻土	淹育水稻土	淹育中性紫泥田	大土田	1	0~17	浅红棕色	少砾粗粉质黏土	大块状	7.1	19.7	1.30	0.30	1.6	101	5.0	70	17.2	紫色砂泥岩风化坡积物	E 103°56′32.3″ N 31°08′28.3″	88
						2	17~24	红棕色	粗粉质轻黏土	棱柱状	8.0	17.1	1.10	0.30	1.6				17.1			
						3	24~41	棕色	少砾中壤土	块状	8.4	11.0	0.80	0.30	1.5				14.9			
						4	41~80	浅棕色	少砾粗粉质轻黏土	小棱块状	8.6	8.0	0.60	0.20	1.4				14.8			
						5	80~100			无明显结构												
剖22	半水成土	潮土		紫潮土	紫潮砂泥土	1	0~20	紫红色	砂质壤土	大块状	7.1	12.7	0.86	0.48	1.1	57	10.0	35	11.3	紫棕色新冲积物	E 103°58′03.4″ N 31°08′07.4″	91
						2	20~32	浅棕色	砂质轻壤土	块状	7.2	8.0	0.72	0.28	1.1				10.8			
						3	32~93	浅棕色	砂质壤土	小块状	7.6	7.5	0.66	0.12	1.4				10.7			
剖23	铁铝土	黄壤	黄壤	冷砂黄泥土	冷石渣子土	1	0~16	灰棕色	中砾石灰	团块状	7.2	13.3	0.68	0.19	0.9	34	4.0	32	6.7		E 103°46′00.8″ N 31°08′01.7″	93
						2	16~31	浅棕色	少砾石灰	板状	7.4	16.4	0.82	0.20	1.1				9.2			
						3	31~85	棕红色	中砾石灰	小棱块状	8.7	5.5	0.66	0.12	1.4				9.1			
剖24	人为土	水稻土	潴育水稻土	老冲积黄泥田	白鳝泥田	1	0~16	红棕色	中砾黏质重壤土	块状	7.7	32.0	1.80	0.54	1.4	140	7.0	102	13.0	第四纪红橙黄色黏土	E 103°56′34.4″ N 31°07′53.4″	100
						2	16~24	浅红棕色	少砾黏质重壤土	扭柱状	7.9	29.9	1.50	0.54	1.3				12.9			
						3	24~68	灰白黄色	少砾黏质轻黏土	大棱块状	8.1	6.8	1.00	0.50	1.9				19.1			
剖25	人为土	水稻土	潴育水稻土	山地黄泥土	黄泥田	1	0~20	浅黄黄色	黏粉质轻黏土	小块状	6.6	27.4	1.80	0.40	1.6	103	2.0	78	12.1		E 103°47′05.0″ N 31°07′48.5″	79
						2	15~20	暗黄黄色		板块状	7.3	21.6	1.10	0.30	1.9				11.8			
						3	38~68	褐色	多砾黏质轻黏土	棱柱状	7.6	5.2	0.85	0.25	1.5				12.7			
剖26	紫色土	中性紫色土		灰棕紫色土	夹砂泥土	1	0~21	紫棕色	中砾砂质重壤土	团块状	7.4	12.7	0.90	0.50	1.5	65	5.0	42	13.8		E 103°52′35.0″ N 31°07′43.0″	89
						2	21~34	紫棕色	中砾粉质重壤土	小块状	8.2	7.8	0.60	0.50	1.5				16.3			
						3	34~100															
剖27	初育土	石灰性紫色土		红棕紫泥土	红棕紫砂泥土	1	0~22	红棕色	中砾黏土	团块状	7.0	14.0	1.07	0.32	1.3	48	8.0	49	9.6		E 103°52′58.8″ N 31°07′23.2″	81
						2	22~100	浅红棕色	多砾渣土	团块状	7.7	3.2	0.63	0.20	2.8				16.7			
剖28	初育土	石灰性紫色土		棕紫泥土	楼板土	1	0~23	紫色	多砾重黏土	棱块状	8.8	13.4	0.86	0.34	1.6	55	9.0	51	10.6		E 103°54′16.6″ N 31°07′22.1″	80
						2	23~40	紫色	多砾黏土		9.0	1.9	0.43	0.27	1.5				14.1			
						3	40~70		多砾轻黏土		8.7	1.5	0.83	0.29	1.6				9.8			
剖29	人为土	水稻土	潴育水稻土	再积黄泥田	再积黄泥田	1	0~20	灰棕色	粗砾黏质中壤土	无明显结构	5.6	13.5	0.93	0.06	1.2	57		70	10.8	第四纪棕黄色粉质黏土	E 103°58′13.2″ N 31°06′45.4″	99
						2	20~28	灰棕色	粗砾重黏土	无明显结构	5.4	33.5	1.25	0.21	1.1				13.6			
						3	28~90	灰棕色	粉质重黏土	无明显结构	5.5	34.4	1.51	0.91	1.1				23.0			

续表 Continued

剖面号 Soil profile	土纲 Soil order	土类 Soil great group	亚类 Soil subgroup	土属 Soil genus	土种 Soil species	土层码 Layer code	土层厚度 Depth/cm	颜色 Soil color	质地 Soil texture	土壤结构 Soil structure	pH	有机质 OM/(g/kg)	全氮 TN/(g/kg)	全磷 TP/(g/kg)	全钾 TK/(g/kg)	碱解氮 AN/(mg/kg)	有效磷 AP/(mg/kg)	速效钾 AK/(mg/kg)	阳离子交换量CEC/(cmol/kg)	土壤母质 Parent material	剖面点坐标 Profile coordinate	匹配指数 Matching index/%
剖30	人为土	水稻土	淹育水稻土	山地紫泥田	冷砂二泥田	1	0—17	灰黄棕色	中壤土	小块状	7.9	69.7	2.22	0.86	1.9	104	9.0	100	15.4		E 103°46′07.3″ N 31°05′56.4″	91
						2	17—25	棕色	粗粉质中壤土	片状、块状	8.6	59.0	1.30	0.60	1.7				12.7			
						3	25—48	暗黄棕色	粉黏质中壤土	大棱块状	8.4	32.2	1.20	0.40	1.6				11.2			
						4	48—100	黄棕色	粉黏质重壤土	小棱块状	8.1	14.3	1.20	0.30	1.6				11.7			
剖31	人为土	水稻土	潴育水稻土	潮泥田	黄底潮田	Aa	0—16	灰黄色	壤质黏土	团块状	6.8	26.1	1.15	0.13	1.0	111	2.0	37	19.3	冲积物	E 103°57′17.3″ N 31°05′48.5″	88
						Ap	16—28	灰黄色	壤质黏土	块状	6.8	10.4	0.65	0.06	1.0				15.1			
						W	28—70	灰黄色	砂粉质黏土	棱块状	6.8	5.7	0.41	0.08	1.0				13.7			
剖32	人为土	水稻土	淹育水稻土	潮泥田	灰棕油泥田	1	0—23	灰棕色	砂质黏土	团块状	6.6	19.5	1.31	0.22	1.3	101	16.0	186	10.8	近代河流冲积物	E 103°53′48.9″ N 31°05′34.9″	91
						2	23—35	暗黄棕色	砂黏质中壤土	片状、块状	6.5	10.1	0.53	0.38	1.5				11.9			
						3	35—58	黄黄棕色	砂黏质重壤土	棱块状	6.6	5.2	0.53	0.12	1.6				12.7			
						4	58—100	灰黄棕色	砂质黏土	小块状	6.4	3.1	0.51	0.38	1.4				8.1			
剖33	初育土	紫色土	中性紫色土	灰棕紫泥土	大泥土	1	0—22	暗紫色	中砾粗粉质中壤土	团块状	7.2	16.1	1.15	0.46	1.5	62		82	13.7		E 103°49′36.5″ N 31°05′33.0″	84
						2	22—65	紫棕红色	少砾粗粉质重黏土	大块状	7.6	10.3	0.88	0.32	1.6				14.7			
剖34	初育土	紫色土	石灰性紫色土	暗紫泥土	二泥土	1	0—22	暗棕红色	中砾重黏土	团块状	7.6	29.9	1.82	0.35	2.3	87	5.0	90	14.1	泥岩风化坡积物、残积物	E 103°48′31.0″ N 31°05′20.8″	95
						2	22—56		多砾质中壤土	团粒状	8.4	16.2	1.49	0.55	1.7				12.2			
剖35	初育土	紫色土	石灰性紫色土	暗紫泥土	暗紫粗骨子土	1	0—19	紫色	中砾粗粉质黏壤土	团块状	7.8	16.3	1.02	0.50	1.8	54	7.0	50	11.6	泥岩风化坡积物、残积物	E 103°47′39.1″ N 31°05′17.3″	97
						2	19—33	暗紫色	轻砾石重壤土	块状	8.0	10.6	0.79	0.31	1.4				8.3			
						3	33—60															
剖36	人为土	水稻土	淹育水稻土	潮泥田	灰棕半砂泥田	1	0—17	暗黄棕色	少砾砂粉质中壤土	团块状	6.1	27.6	1.60	0.70	1.3	99	8.0	40	7.2	近代河流冲积物	E 103°58′00.5″ N 31°04′59.2″	85
						2	17—25	暗黄棕色	少砾粗粉质中壤土	片状、块状	6.6	27.1	1.30	0.70	1.0				12.9			
						3	25—55	浅黄棕色	少砾粗粉质中壤土	小块状	7.7	7.8	0.40	0.50	1.5				13.2			
剖37	初育土	紫色土	石灰性紫色土	棕紫泥土	棕紫砾石土	1	0—13	紫棕红色	轻砾石中壤土	团粒状	7.3	11.6	0.97	0.38	0.8	54	8.0	34	12.1		E 103°47′24.4″ N 31°03′27.8″	71
						2	13—100	红红棕色	中砾石重黏土	团块状	7.4	4.8	0.45	0.26	0.7				10.3			
剖38	初育土	紫色土	石灰性紫色土	棕紫泥土	黄泡泥土	1	0—26	紫棕色	少砾石中壤土	团块状	7.9	17.5	1.20	0.40	1.2	74	5.0	27	12.4		E 103°49′32.5″ N 31°04′13.8″	80
						2	26—65	浅紫黄棕色	少砾石中壤土	小块状	8.1	8.8	0.60	0.30	1.2				14.5			
						3	65—															
剖39	初育土	紫色土	石灰性紫色土	棕紫泥土	棕紫夹砂泥土	1	0—25	紫色	砂质中壤土	大粒状	7.8	10.6	1.14	0.62	2.1	68	7.0	27	45.0		E 103°46′33.7″ N 31°03′15.0″	99
						2	25—40	暗紫棕色	多砾粗质中壤土	小块状	8.4	9.9	1.07	0.31	1.8				47.0			
						3	40—60	紫棕色	中砾粗质中壤土	块状	8.1	8.3	1.04	0.96	1.9				55.2			
						4	60—															
剖40	初育土	紫色土	石灰性紫色土	红紫泥土	红紫泥土	1	0—23	紫棕色	少砾粗粉质中壤土	大棱块状	7.0	11.7	1.13	0.88	1.6	76		73	16.4		E 103°46′23.4″ N 31°02′59.3″	95
						2	23—46	红紫色	少砾粗粉质中壤土	块状	7.3	7.3	0.82	0.11	1.8				13.5			
						3	46—55	浅黄棕色	砂质中壤土	大棱块状	7.3	5.7	0.67	0.28	1.6				13.0			
剖41	初育土	紫色土	石灰性紫色土	红紫泥土	棕紫夹泥土	1	0—20	紫棕色	多砾粗质中壤土	小梭块状	7.1	16.6	1.21	0.49	1.7	93	12.0	56	21.2		E 103°45′23.4″ N 31°02′59.3″	83
						2	20—43	紫棕色	中砾粗粉质中壤土	核状	7.8	11.6	0.92	0.32	1.2				16.8			
						3	43—100	紫棕色	少砾粗质中壤土	团粒状	7.9	10.6	1.22	0.31	1.5				19.3			
剖42	人为土	水稻土	淹育水稻土	潮土田	灰棕活白鳝泥田	1	0—21	灰黄棕色	砂质中壤土	块状	6.5	30.5	1.65	0.20	1.1	19		50	7.2	近代河流冲积物	E 103°56′29.4″ N 31°02′52.7″	97
						2	21—30	灰黄棕色	中砾粗质中壤土	团粒状	7.0	20.4	1.06	0.23	1.0				7.6			
						3	30—48	棕色	少砾粗质轻壤土	小粒柱状	7.2	8.5	0.47	0.32	0.9				7.4			
						4	48—73	棕色	砂壤土	单粒状	7.0	7.0	0.41	0.46	0.9				4.3			
剖43	初育土	紫色土	中性紫色土	红紫泥土	红紫砾石土	1	0—29	紫色	多砾黏砂质中壤土	小块状	7.1	8.4	0.59	0.07	0.7	45		31	11.8		E 103°46′57.0″ N 31°02′51.7″	80
						2	29—90	紫色	多砾黏砂质中壤土		7.2	9.9	0.83	0.38	0.9				13.0			
剖44	初育土	紫色土	石灰性紫色土	砖红紫泥土	石骨子土	1	0—17	棕红色	多砾砂质中壤土	粒状	6.8	4.3	0.73	0.19	1.4	39	6.0	70	9.9		E 103°47′29.4″ N 31°02′37.0″	94
						2	17—	黄红色															

剖面号 Soil profile	土纲 Soil order	土类 Soil great group	亚类 Soil subgroup	土属 Soil genus	土种 Soil species	土层码 Layer code	土层厚度 Depth/cm	颜色 Soil color	质地 Soil texture	土壤结构 Soil structure	pH	有机质 OM/(g/kg)	全氮 TN/(g/kg)	全磷 TP/(g/kg)	全钾 TK/(g/kg)	碱解氮 AN/(mg/kg)	有效磷 AP/(mg/kg)	速效钾 AK/(mg/kg)	阳离子交换量CEC/(cmol/kg)	土壤母质 Parent material	剖面点坐标 Profile coordinate	匹配指数 Matching index/%
剖45	人为土	水稻土	潜育水稻土	老冲积黄泥田	烂泥田	1	0~18	黄棕色	少砾粉质轻壤土	块状	7.4	33.9	1.00	0.50	1.5	123	4.0	58	23.4	老冲积黄泥	E 103°46′36.0″ N 31°01′49.5″	84
						2	18~38	灰黄棕色	少砾黏粉质轻黏土	无明显结构	7.8	28.2	0.80	0.40	1.4				21.3			
						3	38~100	灰黄色	少砾黏粉质轻黏土	无明显结构	7.5	27.8	0.80	0.30	1.5				20.6			
剖46	人为土	水稻土	淹育水稻土	潮土田	灰棕二泥田	1	0~15	灰棕色	粉质重壤土	团粒状	5.8	31.2	1.55	0.42	1.2	141	9.0	46	14.1	近代河流冲积物	E 103°54′17.8″ N 31°01′27.7″	95
						2	15~22	灰黄色	粉质中壤土	板状	6.0	24.9	0.72	0.48	1.2				9.2			
						3	22~44	暗黄棕色	粉质中壤土	大棱柱状	6.4	16.6	0.69	0.38	1.3				9.2			
						4	44~70	灰黄棕色	粉质重壤土	块状、棱柱状	6.2	14.3	0.68	0.44	1.3				10.8			
						5	70~100	棕色	粉质重壤土	大棱柱状	6.0	14.3	0.55	0.43	1.3				11.6			
剖47	人为土	水稻土	淹育水稻土	老冲积黄泥田	小土黄泥田	1	0~13	浅黄棕色	粗粉质重壤土	块状、团粒状	6.5	26.9	1.83	0.06	1.9	128	5.0	62	17.6	老冲积物	E 103°46′08.8″ N 31°01′21.7″	84
						2	13~26	灰黄棕色	粉质黏土	板状	6.7	26.4	1.77	0.06	1.9				17.1			
						3	26~44	黄棕色	粉质重壤土	大棱柱状	6.3	23.0	1.28	0.03	1.9				14.9			
						4	44~100	灰黄棕色	粉质重壤土	大棱柱状	6.7	12.6	0.88	0.03	2.1				15.2			
剖48	人为土	水稻土	潜育水稻土	渗育潮土田	夹白鳝黄泥田	1	0~17	灰黄色	壤质黏土	团粒状	5.6	25.7	1.10	0.18	1.0	132	3.0	34			E 103°50′45.2″ N 31°01′16.3″	77
						Ap	17~25	灰黄色	壤质黏土	小棱柱状	7.0	14.5	0.80	0.09	1.0				13.3			
						W	25~65	亮黄棕色	中壤土		7.0	3.4	0.30	0.03	1.0							
剖49	人为土	水稻土	渗育潮土田		石底砂泥田	1	0~11	棕灰色	中砾黏砂中壤土	团粒状	5.3	29.6	1.40	0.36	1.0	114		48	9.2	老冲积物	E 103°59′24.4″ N 31°01′15.2″	78
						2	11~19	紫灰色	砂粉质黏土	块状	5.8	29.4	1.22	0.41	1.0				9.2			
						3	19~70	暗黄色	砂质中壤土	棱柱状	6.3	16.3	0.58	0.32	0.7				6.3			
剖50	人为土	水稻土	潜育水稻土	潮土田	灰二漕田	1	0~12	暗黄棕色	少砾粗粉质中壤土	团粒状	6.7	59.6	2.70	0.60	1.7	197	3.0	45	15.0	新冲积物	E 103°45′28.4″ N 31°01′10.9″	97
						2	12~42	暗黄棕色	少砾粗粉质中壤土	粒状	8.3	48.6	2.20	0.50	1.3				11.5			
						3	42~55	黄棕色	砾质中壤土	无明显结构	8.0	81.7	3.00	0.50	1.4				16.3			
						4	55~68	绿灰色	中壤土		5.8	81.6	2.90	0.70	1.5				11.2			
剖51	人为土	水稻土	老冲积黄泥田		死黄泥田	1	0~17	浅灰色	粉质重壤土	片状、块状	6.4	36.3	2.18	0.11	1.5	184	2.0	125	16.3	第四纪橙黄色粉质黏土	E 103°47′59.6″ N 31°01′00.8″	71
						2	17~24	黄棕色	黏粉质重壤土	棱柱状	6.6	28.0	1.88	0.06	1.5				15.2			
						3	24~37	灰棕色	黏粉质重壤土	棱柱状	7.0	15.9	0.84	0.04	1.5				13.5			
						4	37~85	棕色	粉质中壤土	块状	7.0	13.9	0.78	0.06	1.3				14.5			
剖52	人为土	水稻土	淹育水稻土	潮土田	灰棕泥田	1	0~16	灰黄色	少砾粗粉质中壤土	团粒状	5.7	31.0	1.71	0.62	1.6	143	6.0	26	11.8	近代河流冲积物	E 103°46′07.8″ N 31°00′42.8″	93
						2	16~24	灰棕色	砾质中壤土	小块状	5.7	24.3	1.50	0.27	1.5				11.9			
						3	24~37	灰棕色	粉质中壤土	小棱柱状	6.5	11.4	0.87	0.52	1.5				11.5			
						4	37~74	暗黄棕色	粉质中壤土	块状	6.2	10.7	0.54	0.20	1.4				10.4			
剖53	铁铝土	黄壤		老冲积黄泥土	卵石黄泥土	1	0~18	灰黄色	多砾粉质轻壤土	小块状	5.8	9.2	0.90	0.09	1.9	66	8.0	44	15.8	第四纪棕黄色粉质黏土	E 103°49′41.2″ N 31°01′04.0″	79
						2	18~38	黄棕色	轻砾石中壤土	块状	5.8	5.8	0.40	0.04	1.3				9.7			
						3	38~100	橙色	粗砾黏粉质中壤土	块状	7.0	1.8	0.21	微量	1.0				5.3			
剖54	人为土	水稻土	潜育水稻土	再积黄泥田	再积黄泥田	1	0~18	棕色	粗粉质重壤土	片状	5.8	31.9	1.64	0.36	1.3	171	5.0	52	20.8	第四纪棕黄色粉质黏土	E 104°00′16.6″ N 31°06′32.8″	74
						2	18~28	浅黄棕色	粗砾粉质中壤土	块状	5.9	29.2	1.36	0.26	1.4				27.3			
						3	28~45	黄棕色	粗砾粉质重壤土	小块状	6.2	10.1	0.61	0.12	1.8				25.8			
						4	45~100	暗黄棕色	粗砾粉质中壤土	块状	5.8	6.0	0.58	0.50	1.7				24.8			
剖55	人为土	水稻土	淹育水稻土	再积黄泥田	黄二漕田	1	0~19	灰黄色	少砾粉质重壤土	小块状	5.8	30.2	1.42	0.46	1.3	138		26	17.1	第四纪棕粉质黏土	E 104°01′16.7″ N 31°05′09.2″	90
						2	19~29	灰黄色	少砾粉质中壤土	片状、块状	6.2	28.4	1.31	0.44	1.3				9.2			
						3	29~80	棕色	少砾中壤土	块状	6.3	13.0	0.41	0.46	1.3				9.4			
剖56	人为土	水稻土	潜育水稻土	潮土田	灰棕漕田	1	0~15	棕色	少砾中壤土	块状	6.9	40.4	1.89	0.19	1.3	167		31	11.7	新冲积物	E 104°04′00.5″ N 31°01′39.7″	78
						2	15~20	灰黄色	少砾中壤土	块状	7.2	33.7	1.75	0.19	1.2				11.2			
						3	20~53	浅黄色	少砾粉质中壤土	无明显结构	6.5	32.3	1.10	0.16	1.2				10.5			

续表 Continued

剖面号 Soil profile	土纲 Soil order	土类 Soil great group	亚类 Soil subgroup	土属 Soil genus	土种 Soil species	土层码 Layer code	土层厚度 Depth/cm	颜色 Soil color	质地 Soil texture	土壤结构 Soil structure	pH	有机质 OM/(g/kg)	全氮 TN/(g/kg)	全磷 TP/(g/kg)	全钾 TK/(g/kg)	碱解氮 AN/(mg/kg)	有效磷 AP/(mg/kg)	速效钾 AK/(mg/kg)	阳离子交换量CEC/(cmol/kg)	土壤母质 Parent material	剖面点坐标 Profile coordinate	匹配指数 Matching index/%
剖57	人为土	水稻土	淹育水稻土	淹育再积黄泥田	黄泥田	1	0—14	浅黄色	粉质质重壤土	团块状	5.9	23.0	0.99	0.50	1.3	93		89	25.7	第四纪冲洪积物	E 104°04′02.3″ N 31°01′05.9″	76
						2	14—23	浅棕色	粗粉质轻壤土	扁平状	7.0	16.4	0.92	0.38	1.4				15.6			
						3	23—49	灰黄棕色	粉质重壤土	小棱柱状	7.2	6.4	0.63	0.22	1.5				15.0			
						4	49—100	灰黄棕色	粉质重壤土	小块状	7.0	8.0	0.63	0.26	1.4				12.5			
剖58	人为土	水稻土	潜育水稻土	老冲积黄泥田	铁杆子黄泥田	1	0—13	灰黄色	黏粗粉质重壤土	小块状	6.2	33.6	1.05	0.38	1.4	79		26	14.3	第四纪橙黄色黏土	E 103°49′53.0″ N 30°59′17.5″	95
						2	13—26	灰黄色	黏粗粉质重壤土	扁块状	6.8	14.5	0.58	0.27	1.4				11.5			
						3	26—100	浅黄棕色	粗粉质重壤土	小棱块状	5.5	0.7	0.31	0.14	1.6				17.3			
剖59	铁钙土	黄壤		再积黄泥土	黄壤土	1	0—18	浅棕黄色	少砾粗粉质粉质重壤土	块状	5.5	24.7	1.13	0.29	1.3	86	7.0	76	17.2	灰棕色冲积物	E 103°48′15.5″ N 30°59′08.5″	79
						2	18—35	浅棕黄色	粉质重壤土	大块状	5.0	22.2	0.81	0.38	1.2				17.8			
						3	35—90	蓍黄棕色	粗粉质重壤土	小棱块状	5.6	7.4	0.42	0.20	1.1				15.9			
剖60	半水成土	潮土		灰棕潮土	灰棕砂土	1	0—24	灰棕色	少砾粉砂质轻壤土	无明显结构	7.9	37.1	1.30	0.93	1.6	76	19.0	65	9.4	灰棕色冲积物	E 103°51′02.5″ N 30°59′01.7″	83
						2	24—37	浅棕色	砂质粉质中壤土	无明显结构	8.1	30.2	1.18	0.92	1.5				8.5			
						3	37—100		紧实土													
剖61	人为土	水稻土	潜育水稻土	灰潮潮泥田	灰潮潮泥田	1	0—18	灰棕色	粉质重壤土	小块状	5.6	39.8	1.61	0.26	1.4	125		27	19.3	灰棕色冲积物	E 103°55′35.4″ N 30°58′29.6″	89
						2	18—25	灰棕色	粉质重壤土	片状、块状	6.5	34.0	1.14	0.42	1.5				11.9			
						3	25—32	浅棕色	粗粉质重壤土	棱质柱状	6.5	23.6	0.50	0.36	1.3				11.2			
						4	32—100	浅棕色	粗粉质中壤土	块状	6.5	15.1	0.46	0.21	1.3				7.1			
剖62	铁钙土	黄壤		老积黄泥土	铁杆子黄泥土	1	0—20	浅黄橙色	多砾粉质重壤土	小块状、粒状	7.2	9.9	0.86	0.19	1.6	42	11.0	102	15.9	近代河流冲积物	E 103°48′12.2″ N 30°58′17.0″	97
						2	20—29	暗黄橙色	少砾粉质重壤土	小片状	6.9	8.9	0.86	0.17	1.6				14.7			
						3	29—100	暗黄棕色	少砾粗粉质重壤土	棱块状	6.1	2.2	0.83	0.06	1.7				14.5			
剖63	人为土	水稻土	淹育水稻土	潮土田	灰潮潮泥田	1	0—15	棕灰色	粗粉质重壤土	团粒状	7.8	22.7	0.82	0.30	2.0	79	5.0	74	6.3	近代河流冲积物	E 103°50′31.0″ N 30°58′04.9″	78
						2	15—23	暗棕色	砂质重壤土	大块状	8.0	19.4	0.72	0.28	2.0				5.7			
						3	23—73	暗棕色	粗粉质重壤土	无明显结构	7.8	15.8	0.64	0.24	2.1				6.6			
剖64	人为土	水稻土	淹育水稻土	潮土田	铁杆子黄泥田	1	9—18	灰色	粉质中壤土	粒状、团粒状	7.2	24.2	1.40	0.34	1.7	120	11.0	33	7.6	近代河流冲积物	E 103°47′26.7″ N 30°57′56.5″	85
						2	18—28	灰色	砂质轻壤土	片状、块状	7.4	24.0	1.31	0.33	1.5				6.8			
						3	28—49	灰色	砂质轻壤土	棱柱状、块状	7.4	15.3	0.78	0.22	1.7				5.5			
						4	49—100	浅灰黄色	砂质重壤土	小块状	7.4	15.7	0.58	0.20	1.6				5.5			
剖65	半水成土	潮土		潮土田	半砂半泥土	1	0—17	灰黄棕色	粉质中壤土	团粒状	7.1	22.0	0.67	0.19	1.7	35		12	7.1	近代河流冲积物	E 103°49′06.4″ N 30°57′15.2″	70
						2	17—30	灰黄棕色	粉质中壤土	小块状	8.1	27.4	0.97	0.24	1.6				8.3			
						3	30—100	暗黄棕色	粉质中壤土	无明显结构	8.1	23.3	0.76	0.16	1.7				8.1			
剖66	人为土	水稻土	淹育水稻土	潮土田	灰潮二泥田	1	0—21	棕灰色	粉质重壤土	板状	6.5	26.7	1.31	0.52	1.7	114	16.0	18	9.0	灰色冲积物	E 103°54′30.2″ N 30°56′11.5″	90
						2	21—30	棕灰色	砂质轻壤土	片状、块状	7.0	18.3	0.72	0.36	1.5				9.3			
						3	30—55	灰色	粉质轻黏土	棱柱状、块状	6.8	10.7	0.31	0.33	1.6				12.6			
						4	55—100	灰色	粉质中壤土	小块状	6.7	7.8	0.41	0.36	1.6				5.6			
剖67	人为土	水稻土	淹育水稻土	潮土田	黄泥底二泥田	1	0—19	棕色	粉质中壤土	团块状	6.0	22.0	1.10	0.44	1.3	116	6.0	28	14.4	近代河流冲积物	E 104°06′35.4″ N 30°59′38.1″	70
						2	19—38	暗黄棕色	粉质中壤土	板状	6.2	13.5	0.90	0.14	1.3				22.8			
						3	38—58	黄棕色	粉黏质轻壤土	棱块状	5.9	3.0	0.26	0.14	1.4				22.4			
						4	58—100	灰黄棕色	粉砂质重壤土	棱柱状	6.2	9.7	0.59	0.22	1.3				20.3			
剖68	人为土	水稻土	潜育水稻土	再积黄泥田	下湿田	1	0—17	暗黄棕色	粉粉质中壤土	板块状		36.4	1.67	0.30	1.2	139	7.0	16	20.2	第四纪棕黄色粉质黏土	E 104°03′58.7″ N 30°57′07.9″	85
						2	17—29	暗黄棕色	粗粉质中壤土	板块状	6.2	34.8	1.56	0.36	1.1				21.9			
						3	29—49	棕黄色	粗粉质中壤土	棱块状		17.9	1.06	0.09	1.1				14.8			
						4	49—75	灰黄色	粉粉质中壤土	棱块状		11.8	0.62	0.42	1.4				11.4			
						5	75—100	绿灰色	中壤土	无明显结构												

续表 Continued

剖面号 Soil profile	土纲 Soil order	土类 Soil great group	亚类 Soil subgroup	土属 Soil genus	土种 Soil species	土层码 Layer code	土层厚度 Depth/cm	颜色 Soil color	质地 Soil texture	土壤结构 Soil structure	pH	有机质 OM/(g/kg)	全氮 TN/(g/kg)	全磷 TP/(g/kg)	全钾 TK/(g/kg)	碱解氮 AN/(mg/kg)	有效磷 AP/(mg/kg)	速效钾 AK/(mg/kg)	阳离子交换量CEC/(cmol/kg)	土壤母质 Parent material	剖面点坐标 Profile coordinate	匹配指数 Matching index/%
剖69	人为土	水稻土	潴育水稻土	潮土田	灰棕白鳝泥田	1	0—17	灰黄棕色	黏粉质重壤土	团块状	6.1	31.6	1.40	0.11	1.2	155	3.0	47	19.0		E 104°07′13.8″ N 30°56′34.1″	84
						2	17—24	灰黄棕色	粉质重壤土	扁平状	6.2	28.5	1.20	0.10	1.6				13.8			
						3	24—38	棕灰色	粉质重壤土	小棱柱状	6.5	14.7	0.83	0.08	1.7				15.8			
						4	38—68	棕灰色	粉质轻黏土	小棱柱状	6.5	13.0	0.60	0.18	1.9				19.4			
						5	68—100	黄棕色	砂质中壤土	无明显结构	6.5	5.4	0.41	0.24	1.4				10.7			

邛崃市

主要土类说明

紫色土是邛崃市的主要土壤类型，占本市地域面积的 40%，广泛分布于丘陵、低山和中山地区。紫色土系岩性土壤，是由紫色岩层风化坡积物、残积物发育而成的一种幼年土壤，故耕性和矿质养分都与母岩性质密切相关。该土壤颜色和母岩相近，上下均一，层次分化不明显，植被稀疏，土壤侵蚀严重，熟化度不高，有机质和全氮含量偏低，速效钾较丰富，物理性较好。耕层阳离子交换量平均为 16.1cmol/kg，有机质含量为 1.32g/kg，全氮含量为 1.14g/kg，全磷含量为 0.46g/kg，全钾含量为 24.6g/kg。按照土壤 pH 和石灰含量差异，本市紫色土分为酸性紫色土、中性紫色土和石灰性紫色土等亚类。

水稻土是邛崃市第二大土壤类型，占本市地域面积的 37%。水稻土是由各种母土在人为灌溉种植水稻的条件下，经水耕熟化，定向培育的一个独立的土类。该土在长期稻麦两熟制的条件下，通过耕作、施肥、灌溉和周期性的水旱轮作，土壤氧化还原反应频繁交替，土层中物质淋溶、淀积现象显著，形成较为明显的发生层次。淹育层、犁底层、潴育层、初期潴育层、潜育层等层次的不同排列和发育程度，构成了水稻土构型的多样性和复杂性。本市水稻土分为淹育型、潴育型、渗育型和潜育型等亚类。

黄壤是邛崃市第三大土壤类型，占本市地域面积的 19%，主要分布在三至五级阶地上，其他地貌单元上也有零星分布。黄壤是一种地带性土壤，在湿热的气候条件下，经过一定的脱硅富铝化过程，盐基流失，铁质水化，致使剖面以黄色为主，含有多量的铁锰淀积物。土壤具有黏、酸、瘦、缺磷和钾、难耕种等属性和生产性能。该土壤成土过程漫长，脱硅富铝化作用强烈，盐基充分淋洗，黏粒淀积，呈酸性，黄化极为明显。土体构型为 $A-B_1-B_2$，土层较厚，质地黏重，淋溶淀积明显，耕作困难，胶体品质差，阳离子交换量低，养分不足。主要理化性状：耕层阳离子交换量平均为 11.3cmol/kg，有机质含量为 18.2g/kg，全氮含量为 0.70—1.28g/kg，全磷含量为 3.1—4.7g/kg，全钾含量为 14.8—18.8g/kg。本市黄壤只有黄壤一个亚类。

小于本市地域面积 3% 的土壤类型还有潮土、黄棕壤等。

本区域中心区气候特征

本区域中心区气候特征值
Regional climate characteristics in central area of the region

气候带：高原亚温带湿润气候 Climate region: Plateau sub temperate humid climate	
年平均气温 /℃ Annual average temperature /℃	13.1
年平均最高气温 /℃ Annual average maximum temperature /℃	19.2
年平均最低气温 /℃ Annual average minimum temperature /℃	8.9
年降水量 /mm Annual precipitation /mm	873
≥10℃的积温 /℃ Daily temperature accumulated in a year（≥10℃）/℃	5535
年日照时数 /h Annual sunshine /h	1483
年平均相对湿度 /% Annual average relative humidity /%	74
干燥度 Dryness	0.99

本区域中心区月平均气温与月平均降水量
Monthly temperature and precipitation in central area of the region

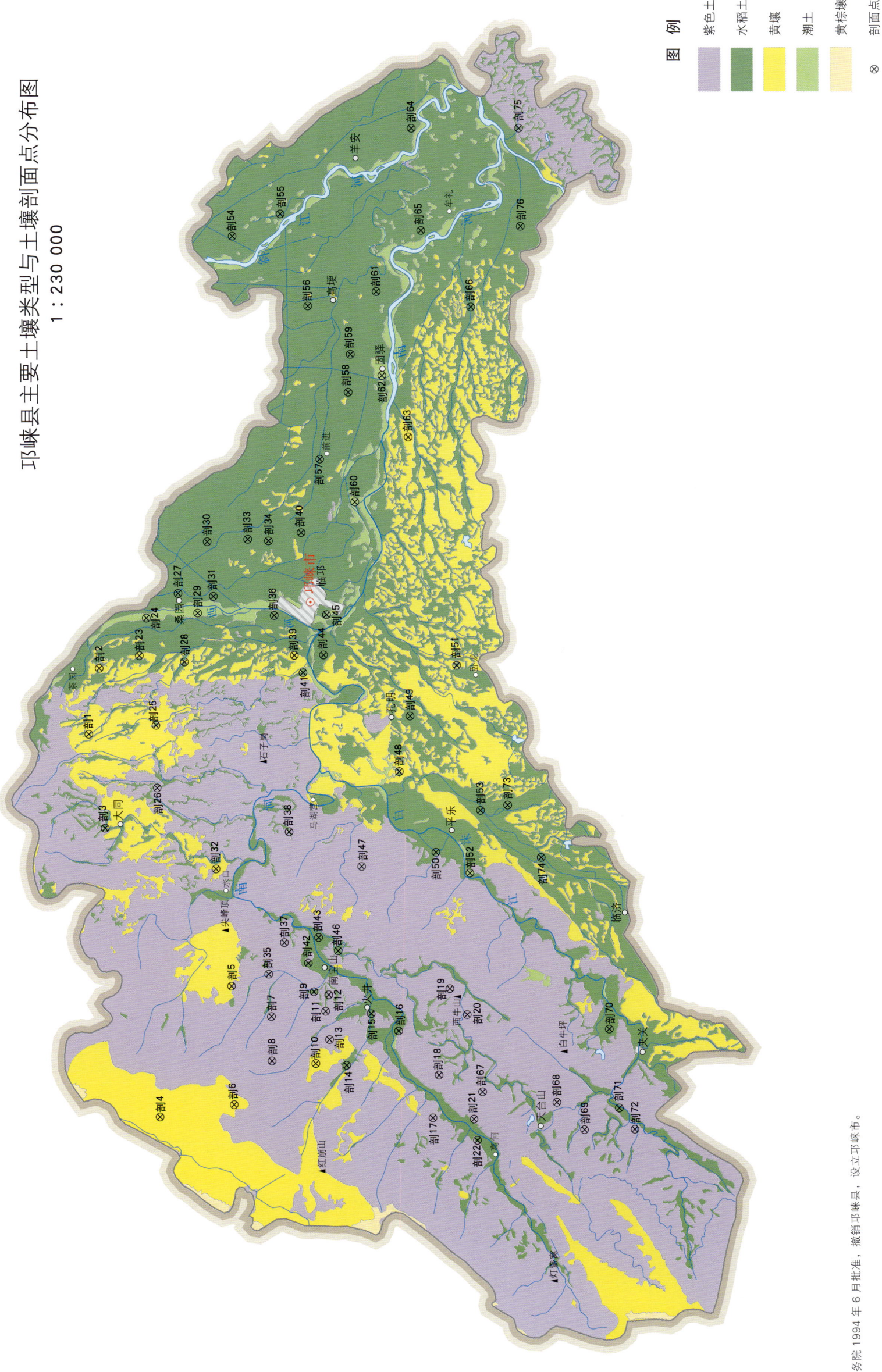

邛崃市土壤剖面理化性状表

剖面号 Soil profile	土纲 Soil order	土类 Soil great group	亚类 Soil subgroup	土属 Soil genus	土种 Soil species	土层码 Layer code	土层厚度 Depth/cm	颜色 Soil color	质地 Soil texture	土壤结构 Soil structure	pH	有机质 OM/(g/kg)	全氮 TN/(g/kg)	全磷 TP/(g/kg)	全钾 TK/(g/kg)	碱解氮 AN/(mg/kg)	有效磷 AP/(mg/kg)	速效钾 AK/(mg/kg)	阳离子交换量CEC/(cmol/kg)	土壤母质 Parent material	剖面点坐标 Profile coordinate	匹配指数 Matching index/%
剖1	铁铝土	黄壤	黄壤	老冲积黄泥土	白鳝泥土	1	0—20	黄灰色	重壤土	粒块状、块状	5.6	20.4	1.43	0.57	1.2	112	11.0	48	7.6	老冲积黄泥	E 103°22′55.9″ N 30°31′10.6″	95
						2	20—35	浅灰黄色	重壤土	块状	6.2	5.5	0.52	0.16	1.4				6.1			
						3	35—100	黄白色	轻黏土	块状	6.0	12.1	0.75	0.20	1.4				8.1			
剖2	铁铝土	黄壤	黄壤	老冲积黄泥土	铁杆子黄泥土	A	0—18	暗黄棕色	壤质黏土	小块状	5.3	9.9	0.63	0.23	1.5	54	3.0	30	8.2	轻度片蚀老冲积物	E 103°25′04.8″ N 30°30′54.0″	90
						B	18—36	橙黄色	壤质黏土		5.0	3.2	0.28	0.14	1.4				8.7			
						C	36—100	橙黄色	壤质黏土		5.8	1.3	0.20	0.13	1.2				9.6			
剖3	人为土	水稻土	淹育水稻土	酸性紫泥田	红砂田	1	0—15	浅红紫色	砂壤土	团块状	6.3	22.9	1.62	0.29	2.0	120	3.0	54	7.8		E 103°19′53.0″ N 30°30′41.4″	91
						2	15—23	黄红紫色	轻壤土	块状	7.1	23.5	1.65	0.26	1.8				9.4			
						3	23—100	红紫色	轻壤土	棱柱状	7.7	4.4	0.50	0.22	1.9				8.8			
剖4	铁铝土	黄壤	冷砂黄泥土	冷黄泥土		1	0—29	棕紫色	重壤土	小块状	5.5	43.2	2.84	0.48	1.2	298	3.0	121	16.1		E 103°10′30.7″ N 30°29′03.5″	78
						2	29—100	黄褐色	重壤土	大团块状	5.4	14.4	1.38	0.27	1.8				11.7			
剖5	铁铝土	黄壤	再积黄泥土	黄泥土		1	0—18	灰棕色	轻砾重壤土	块状、粒状	6.7	20.8	1.53	0.45	0.8	126	10.0	90	15.4	黄泥	E 103°14′45.6″ N 30°27′04.3″	96
						2	18—80	灰黄色	重壤土		7.1	9.7	0.74	0.25	1.5				15.9			
						3	80—100															
剖6	铁铝土	黄壤	冷砂黄泥土	冷砂土		1	0—27	暗黄棕色	轻砾中壤土	粒状	5.8	46.9	3.13	0.22	2.4	254	2.0	140	15.1		E 103°10′55.9″ N 30°26′57.8″	90
						2	27—64	黄黄棕色	轻壤土	块状、粒状	5.3	12.7	1.23	0.33	2.2				9.3			
						3	64—	黄棕色		无明显结构												
剖7	初育土	紫色土	中性紫色土	暗紫泥土	暗紫石骨子土	1	0—21	暗紫红色	重壤土	实粒、团块状	6.6	11.7	1.11	0.25	1.6	81	3.0	44	9.2		E 103°13′46.9″ N 30°25′56.3″	78
						2	21—38	暗紫红色	中砾重黏土	块状	6.8	9.9	1.10	0.30	2.5				12.5			
						3	38—100	暗紫色		无明显结构												
剖8	初育土	紫色土	石灰性紫色土	原生钙质紫泥土	钙质二泥土	A	0—18	暗紫棕色	轻砾重壤土	粒状	7.8	19.4	1.07	0.21	1.6	105	3.0	51	12.4		E 103°12′20.9″ N 30°25′54.5″	76
						B	18—73	棕紫色	黏土	块状	8.3	8.5	0.77	0.41	1.8				10.4			
						C	73—	棕紫色														
剖9	人为土	水稻土	潜育水稻土	石灰性紫泥田	烂泥田	1	0—18	棕紫色	重壤土	块状	7.2	49.8	3.02	0.48	2.0	185	5.0	114	16.3		E 103°14′36.1″ N 30°24′44.1″	80
						2	18—100	暗紫色	重壤土	整体状	7.4	48.0	2.59	0.37	2.0				14.6			
剖10	初育土	黄壤	冷砂黄泥土	炭渣土		1	0—23	灰黑色	粉质重黏土	粒状、块状	7.6	130.3	3.07	0.52	1.9	69	8.0	92	15.0		E 103°12′16.9″ N 30°24′39.6″	88
						2	23—43	灰黑色	轻砾重黏土		7.4	128.4	2.81	0.45	3.1				15.1			
						3	43—100	灰黑色	轻砾重黏土	无明显结构	7.9	107.6	2.21	0.21	3.4				14.1			
剖11	初育土	紫色土	石灰性紫色土	棕紫泥土	棕紫石骨子土	1	0—23	暗棕紫色	黏壤土	粒状、块状	8.3	14.6	1.22	0.55	2.1	63	4.0	35	9.0		E 103°13′58.1″ N 30°24′24.1″	83
						2	23—	棕紫色		无明显结构												
剖12	初育土	紫色土	石灰性紫色土	砖红紫泥土	砖红石骨子土	1	0—15	砖红色	轻壤土	块状	7.9	8.8	0.92	0.33	1.8	55	6.0	38	17.6		E 103°14′30.1″ N 30°24′19.1″	98
						2	15—25	砖红色	重壤土	棱柱状	7.8											
剖13	初育土	紫色土	中性紫色土	变性紫泥土	砂泥土	1	0—20	暗红棕色	中壤土	块状、粒状	6.5	13.1	1.20	0.21	2.3	77	4.0	49	11.4		E 103°13′02.6″ N 30°24′16.9″	88
						2	20—50	灰棕色	重壤土	块状	6.3	11.6	1.05	0.26	1.4				12.6			
						3	50—100															
剖14	人为土	水稻土	潜育水稻土	冷沙泥田	冷冷泥田	1	0—18	灰棕色	轻砾重壤土	小块状	7.2	57.0	3.51	0.56	1.6	204	9.0	19	16.5		E 103°12′13.7″ N 30°23′47.4″	80
						2	18—32	浅灰棕色	轻砾重壤土	块状	7.3	56.0	2.80	0.35	1.6				10.4			
						3	32—100	灰棕色	轻砾重壤土	无明显结构	7.4	47.9	2.25	0.26	1.4				13.4			
剖15	人为土	水稻土	淹育水稻土	棕紫泥田	棕紫砂泥田	1	0—12	紫棕色	中壤土	粒状、粒状	7.6	47.7	2.96	0.53	1.7	172	7.0	22	14.3		E 103°13′54.5″ N 30°23′07.1″	76
						2	12—22	棕紫色	重壤土	块状	7.5	47.7	2.90	0.56	1.7				14.6			
						3	22—100	紫棕色	重壤土	棱柱状	7.8	50.1	2.90	0.38	1.7				14.6			
剖16	人为土	水稻土	潜育水稻土	老冲积黄泥田	深脚烂泥田	1	0—15	灰黄色	轻砾重壤土	块状	5.7	82.1	3.99	0.44	1.5	241	6.0	63	14.9	老冲积黄泥	E 103°13′21.0″ N 30°22′19.6″	90
						2	15—100	灰绿色	轻砾重壤土	无明显结构	6.3	75.1	3.52	0.20	1.4				14.2			

续表 Continued

剖面号 Soil profile	土纲 Soil order	土类 Soil great group	亚类 Soil subgroup	土属 Soil genus	土种 Soil species	土层码 Layer code	土层厚度 Depth/cm	颜色 Soil color	质地 Soil texture	土壤结构 Soil structure	pH	有机质 OM/(g/kg)	全氮 TN/(g/kg)	全磷 TP/(g/kg)	全钾 TK/(g/kg)	碱解氮 AN/(mg/kg)	有效磷 AP/(mg/kg)	速效钾 AK/(mg/kg)	阳离子交换量CEC/(cmol/kg)	土壤母质 Parent material	剖面点坐标 Profile coordinate	匹配指数 Matching index/%
剖17	初育土	紫色土	石灰性紫色土	砖红紫泥土	石子土	1	0–20	黄棕色	中壤土	块状、粒状	7.8	14.6	0.98	0.51	1.4	96	14.0	87	14.3	砾岩	E 103°10′33.6″ N 30°21′20.2″	73
						2	20–30	黄棕色	重壤土	无明显结构	8.1	12.2	1.05	0.48	2.2				22.2			
						3	30–50	黄棕色	中壤土	块状结构	8.1	11.7	0.94	0.49	1.8				20.1			
剖18	初育土	紫色土	酸性紫色土	红紫泥土		1	0–18	紫棕色	砂质中壤土	块状	6.3	13.3	1.33	0.16	2.3	104	3.0	83	13.9		E 103°11′56.4″ N 30°21′10.4″	76
						2	18–42	紫棕色	砂质中壤土	无明显结构	6.9	12.7	1.04	0.28	2.2				14.3			
						3	42–60	紫棕色														
剖19	初育土	紫色土	石灰性紫色土	黄红紫泥土	紫小土	1	0–20	紫棕色	中壤土	粒状、块状	8.0	8.9	0.81	0.64	2.5	42	3.0	32	26.0		E 103°14′44.5″ N 30°20′53.5″	79
						2	20–65	紫棕色	轻黏重壤土	块状、粒状	8.3	5.3	0.61	0.56	2.5				27.2			
						3	65–100	紫棕色		无明显结构												
剖20	初育土	紫色土	石灰性紫色土	棕紫泥土	紫泥土	1	0–26	棕紫色	轻黏土	块状、粒状	8.1	8.3	0.97	0.51	3.1	58	2.0	33	12.7		E 103°13′54.5″ N 30°20′23.6″	89
						2	26–100	棕紫色	轻黏土	块状	8.0	15.3	1.59	0.56	3.1				12.0			
剖21	初育土	紫色土	酸性紫色土	淋溶紫泥土	茶沫土	1	0–26	棕紫色	砂质中壤土	粒状	6.3	13.2	1.21	0.37	2.3	98	3.0	80	9.3		E 103°10′32.2″ N 30°20′10.3″	74
						2	26–44	棕黄色	中壤土	小块状	6.7	12.6	1.16	0.21	2.3				8.7			
						3	44–100	紫色		无明显结构												
剖22	人为土	水稻土	淹育水稻土	石灰性紫泥田	红棕紫泥田	1	0–25	红棕色	重壤土	小块状	7.2	52.0	3.60	0.83	2.2	203	13.0	113	19.8		E 103°09′51.1″ N 30°20′03.8″	71
						2	25–39	红棕色	重壤土	块状	7.3	17.4	2.51	0.71	2.0				17.4			
						3	39–100	红棕色	重壤土	大棱柱状	7.7	11.7	0.92	0.99	2.0				13.6			
剖23	铁铝土	黄壤	黄壤	老冲积黄泥土	卵石黄泥土	1	0–23	浅黄色	轻黄土	粒状、块状	5.8	16.6	1.23	0.46	1.1	95	10.0	76	8.4	老冲积黄泥	E 103°25′30.4″ N 30°29′46.3″	70
						2	23–100	红黄色	轻黏土	块状	6.2	12.9	0.92	0.25	1.4				14.0			
剖24	半水成土	潮土	潮土	灰棕冲积黄泥土	灰棕潮半砂泥土	1	0–17	暗黄黄色	轻砾轻壤土	团粒状	8.0	20.8	1.26	0.17	2.4	70	9.0	76	8.2	灰棕色冲积物	E 103°26′43.4″ N 30°29′35.2″	79
						2	17–25	灰黄棕色	中壤土	块状	8.1	18.6	1.18	0.20	2.3				8.1			
						3	25–53	灰棕色	中壤土	块状	8.4	13.6	0.82	0.21	2.2				8.4			
						4	53–100	棕色	中壤土	块状	8.5	13.5	0.69	0.11	2.0				8.2			
剖25	人为土	水稻土	潴育水稻土	老冲积黄泥田	卵石黄泥田	1	0–15	浅棕黄色	中砾重黏土	块状、粒状	5.2	16.9	1.10	0.47	1.3	101	21.6	35	7.3	老冲积黄泥	E 103°23′15.0″ N 30°29′16.8″	91
						2	15–23	灰棕黄色	轻壤土	扁棱状	5.9	14.2	1.02	0.33	1.4				8.1			
						3	23–38	灰棕黄色	重壤土	小棱柱状	6.6	9.8	0.74	0.28	1.4				6.9			
						4	38–100	灰黄色	重壤土	无明显结构	6.6	8.9	0.70	0.28	1.3				10.1			
剖26	紫色土	紫色土	石灰性紫色土	砖红紫泥土	大土	1	0–27	红黄色	轻黏土	块状	8.3	7.4	0.97	0.55	3.2	52	1.0	37	16.8	灰棕色冲积物	E 103°21′12.2″ N 30°29′13.6″	88
						2	27–100	砖红黄色	重黏土	小块状	8.1	16.2	1.80	0.45	3.4				18.6			
剖27	人为土	水稻土	淹育水稻土	潮土田	灰棕色砂泥田	1	0–19	灰黄棕色	重黏土	块状、粒状	7.5	40.9	2.69	0.82	2.0	160	8.0	37	18.4	老冲积黄泥	E 103°27′32.7″ N 30°28′41.4″	83
						2	19–27	灰黄棕色	重壤土	块状	7.8	19.7	1.37	0.58	1.9				16.5			
						3	27–100	灰黄棕色	中壤土	大棱柱状	8.2	11.7	0.70	0.68	1.9				14.1			
剖28	铁铝土	黄壤	黄壤	老冲积黄泥土	豆面土	1	0–22	灰黄色	重黏土	粒状、块状	5.3	13.5	0.96	0.38	1.3	71	11.0	20	7.3	灰棕色冲积物	E 103°25′18.8″ N 30°28′29.3″	89
						2	22–100	灰黄色	重黏土	块状	5.3	5.8	0.73	0.24	1.2				7.0			
剖29	半水成土	潮土	潮土	灰棕潮土	灰棕潮砂土	1	0–22	灰棕色	轻砾重砂壤土	粒状、块状	7.9	14.0	0.79	0.71	1.3	50	17.0	29	6.0	老冲积黄泥	E 103°26′54.2″ N 30°28′07.7″	88
						2	22–51	浅棕色	轻砾砂壤土	粒状、块状	8.2	10.2	0.56	0.48	1.3				6.7			
						3	51–100	浅棕色		无明显结构												
剖30	水稻土	水稻土	潴育水稻土	再积黄泥田	白鳝泥田	1	0–17	浅灰黄色	重黏土	块状、粒状	6.5	26.4	1.92	0.43	1.4	142	14.0	58	10.9	黄泥	E 103°29′13.6″ N 30°27′52.9″	95
						2	17–29	灰棕色	重黏土	块状	6.2	21.3	1.45	0.36	1.5				13.7			
						3	29–42	灰白色	重黏土	小棱柱状	7.3	7.9	0.55	0.20	1.3				10.7			
						4	42–100	灰白色	中壤土	棱柱状	7.5	3.4	0.32	0.12	1.3				9.0			
剖31	人为土	水稻土	淹育水稻土	潮土田	灰棕潮半砂泥田	1	0–14	灰紫色	重黏土	粒状、块状	7.5	29.1	2.15	0.77	1.7	133	33.0	62	13.7	灰棕色冲积物	E 103°27′27.4″ N 30°27′41.4″	81
						2	14–18	灰紫色	重黏土	块状	7.8	28.0	1.84	0.79	1.7				15.6			
						3	18–100	灰紫色	重黏土	棱柱状	8.1	18.4	1.21	0.60	1.7				16.7			

续表 Continued

剖面号 Soil profile	土纲 Soil order	土类 Soil great group	亚类 Soil subgroup	土属 Soil genus	土种 Soil species	土层码 Layer code	土层厚度 Depth/cm	颜色 Soil color	质地 Soil texture	土壤结构 Soil structure	pH	有机质 OM/(g/kg)	全氮 TN/(g/kg)	全磷 TP/(g/kg)	全钾 TK/(g/kg)	碱解氮 AN/(mg/kg)	有效磷 AP/(mg/kg)	速效钾 AK/(mg/kg)	阳离子交换量CEC/(cmol/kg)	土壤母质 Parent material	剖面点坐标 Profile coordinate	匹配指数 Matching index/%
剖32	铁铝土	黄壤	黄壤	砂黄泥土	黄砂土	1	0—21	浅黄色	砂质中壤土	粒状	5.5	14.6	1.22	0.24	1.6	102	8.0	47	8.8		E 103°18′35.6″ N 30°27′32.8″	72
						2	21—88	浅黄色	砂质中壤土	块状	6.3	3.5	0.41	0.18	1.6		8.0		8.7			
						3	88—	浅黄色		无明显结构												
剖33	人为土	潜育水稻土	再积黄泥田	下湿冷浸田	1	0—21	暗黄色	重壤土	块状、粒状	7.7	73.6	4.27	0.49	1.6	239	8.0	18	2.0	黄泥	E 103°29′19.0″ N 30°26′43.5″	70
						2	21—47	浅黄色	重壤土	整体状	7.7	73.5	3.60	0.26	1.7				10.4			
						3	47—100	灰白色	轻壤土	整体状	7.1	5.8	0.40	0.22	1.8				19.8			
剖34	人为土	潴育水稻土	再积黄泥田	铁子黄泥田	1	0—14	浅黄棕色	重黏土	块状、粒状	6.3	35.9	2.68	0.61	2.0	207	10.0	80	17.7	黄泥	E 103°29′16.4″ N 30°26′08.5″	85
						2	14—20	暗灰棕色	重壤土	块状、粒状	7.0	29.7	2.27	0.50	2.0				18.9			
						3	20—100	暗灰棕色	重壤土	小棱柱状	7.6	5.9	0.78	0.23	2.7				24.7			
剖35	初育土	中性紫色土	灰棕紫泥土	灰棕黄骨子土	1	0—18	暗灰棕色	中壤土	粒状、块状	6.9	18.3	1.30	3.30	0.9	97	3.0	80	7.0		E 103°15′09.5″ N 30°26′01.4″	98
						2	18—100	灰棕色		无明显结构												
剖36	人为土	淹育水稻土	潮土田	夹砂泥田	1	0—17	暗黄棕色	轻壤土	粒状、块状	7.8	38.6	2.34	0.86	1.6	141	16.0	20	12.2	灰棕色冲积物	E 103°26′51.1″ N 30°25′57.7″	95
						2	17—25	灰棕色	中壤土	块状	7.9	31.5	1.88	0.70	1.6				11.0			
						3	25—52	灰棕色	中壤土	大块状	8.1	13.5	0.88	0.53	1.5				10.9			
						4	52—74	灰棕色	中壤土	棱柱状	8.2	14.6	0.92	0.68	1.7				9.5			
						5	74—100	灰棕色	砂壤土		8.2	11.2	0.45	0.49	1.6				3.6			
剖37	初育土	酸性紫色土	淋溶紫泥土	砖红紫泥田	1	0—20	黄棕色	中壤土	粒状、块状	5.9	18.2	1.47	0.48	1.4	120	6.0	204	10.9	老冲积黄泥	E 103°16′12.1″ N 30°25′35.4″	99
						2	20—38	黄色	中壤土	块状	6.2	13.6	1.06	0.43	1.4				10.5			
						3	38—100	灰黄色	重壤土	无明显结构	6.9	5.8	0.57	0.26	1.3				8.3			
剖38	初育土	石灰性紫色土	石灰性紫泥土	死黄泥土	1	0—13	棕红色	中壤土	块状、粒状	7.8	25.1	2.05	0.58	2.1	121	4.0	29	12.4	黄泥	E 103°19′49.4″ N 30°25′28.9″	97
						2	13—21	棕红色	中壤土	块柱状	8.0	25.3	1.94	0.56	2.0				13.6			
						3	21—100	橙黄色	轻黏土	无明显结构	8.0	18.2	1.99	0.43	2.1				14.4			
剖39	人为土	黄壤	老冲积黄泥土	黄泥田	1	0—12	黄色	轻黏土	粒状、块状	5.3	16.3	1.13	0.92	1.2	93	44.0	21	8.2	紫色冲积物	E 103°25′34.0″ N 30°25′22.8″	98
						2	12—100	灰黄色	轻壤土	无明显结构	5.8	3.7	0.40	0.18	1.3				10.4			
剖40	人为土	潴育水稻土	再积黄泥田	紫潮泥田	1	0—13	灰黄棕色	中黏土	棱柱状	6.6	22.4	1.60	0.33	1.5	107	5.0	75	13.5	紫色冲积物	E 103°24′59.8″ N 30°25′08.0″	70
						2	13—21	暗灰棕色	中黏土	块状、粒状	7.6	19.6	1.39	0.31	1.5				13.7			
						3	19—100	暗灰棕色	重壤土	块状	8.2	4.2	0.45	0.16	2.0				19.7			
剖41	人为土	潜育水稻土	石灰性紫泥田	鸭屎泥田	1	0—22	暗灰紫色	重壤土	块状	7.9	58.4	3.25	0.32	1.7	232	4.0	154	14.5	紫色冲积物	E 103°29′32.9″ N 30°25′13.4″	81
						2	22—30	蓝灰色	重壤土	块状	7.4	52.4	2.95	0.27	1.7				14.0			
						3	30—100	棕褐色	重壤土	无明显结构	7.3	57.0	2.84	0.25	1.7				14.1			
剖42	人为土	淹育水稻土	潮土田	紫潮黄泥田	1	0—15	暗棕色	重壤土	小块状、粒状	7.7	27.0	1.53	0.61	1.8	119	5.0	74	13.6	紫色冲积物	E 103°16′22.8″ N 30°24′37.0″	71
						2	15—100	暗棕色	重壤土	无明显结构	8.0	24.4	1.42	0.52	1.7				12.3			
剖43	人为土	潜育水稻土	潮土田	紫潮二泥田	1	0—14	暗灰棕色	重壤土	块状	7.8	33.2	2.28	0.83	1.9	142	7.0	91	18.4	紫色冲积物	E 103°25′35.0″ N 30°24′33.1″	92
						2	14—19	棕灰色	重壤土	棱柱状	7.8	27.8	2.03	0.77	1.9				16.9			
						3	19—100	灰棕色	重壤土	大块粒状	8.3	9.1	0.70	0.55	1.9				11.0			
剖44	人为土	淹育水稻土	潮土田	灰棕潮漏砂田	1	0—17	棕灰色	轻壤土	单粒状	7.9	29.6	1.86	0.80	1.5	113	10.0	21	8.7	棕色冲积物	E 103°26′53.5″ N 30°24′28.4″	84
						2	17—25	灰棕色	轻壤土	块状	8.0	21.9	1.47	0.77	1.4				9.5			
						3	25—47	灰棕色	轻壤土	棱块状	8.2	11.1	0.67	0.57	1.4				6.1			
						4	47—100	灰棕色		无明显结构												
剖45	人为土	渗育水稻土	潮土田	灰棕潮漕田	1	0—15	暗灰色	轻砾重壤土	块状、粒状	7.9	49.3	3.07	0.63	1.7	177	8.0	39	18.4	灰棕冲积物	E 103°15′57.2″ N 30°24′04.0″	73
						2	15—43	浅灰棕色	轻壤土	块状	8.0	42.2	2.51	0.43	1.8				17.0			
						3	43—100	蓝灰色	轻砾重壤土	无明显结构	7.5	18.8	1.10	0.35	1.8				15.5			

续表 Continued

剖面号 Soil profile	土纲 Soil order	土类 Soil great group	亚类 Soil subgroup	土属 Soil genus	土种 Soil species	土层码 Layer code	土层厚度 Depth/cm	颜色 Soil color	质地 Soil texture	土壤结构 Soil structure	pH	有机质 OM/(g/kg)	全氮 TN/(g/kg)	全磷 TP/(g/kg)	全钾 TK/(g/kg)	碱解氮 AN/(mg/kg)	有效磷 AP/(mg/kg)	速效钾 AK/(mg/kg)	阳离子交换量 CEC/(cmol/kg)	土壤母质 Parent material	剖面点坐标 Profile coordinate	匹配指数 Matching index/%
剖47	初育土	紫色土	石灰性紫色土	砖红紫泥土	小土	1	0—22	浅红紫色	轻砾中壤土	块状、粒状	7.7	15.2	1.34	0.59	2.2	81	5.0	42	10.9		E 103°18′42.8″ N 30°23′25.4″	91
						2	22—60	浅红紫色	中壤土	核状、块状	7.9	11.5	1.19	0.51	2.2				10.9			
						3	60—100	红紫色	重壤土	块状	8.3	7.0	0.90	0.49	2.4				12.0			
剖48	人为土	水稻土	潴育水稻土	酸性紫泥田	阴山冷浸田	1	0—18	暗红紫色	砂质轻壤土	块状	6.5	27.8	1.67	0.32	1.8	129	6.0	29	14.7		E 103°21′49.0″ N 30°22′22.4″	84
						2	18—40	灰棕色	砂质轻壤土	棱柱状	6.5	25.0	1.41	0.27	1.8				13.7			
						3	40—100	灰棕色	砂质轻壤土	棱柱状	6.5	23.1	1.30	0.22	1.8				14.0			
剖49	人为土	水稻土	潴育水稻土	老冲积黄泥田	死黄泥田	1	0—15	暗黄黄色	重壤土	无明显结构	5.4	22.0	1.33	0.58	1.1	110	18.0	11	9.1	老冲积黄泥	E 103°23′37.7″ N 30°22′05.2″	75
						2	15—27	棕黄色	重壤土	扁平状	5.4	13.4	0.80	0.25	1.0				9.2			
						3	27—100	浅灰黄色	重壤土	小棱柱状	5.5	5.9	0.48	0.20	1.2				10.4			
剖50	水稻土	水稻土	潴育水稻土	老冲积黄泥田	活白鳝泥田	1	0—18	灰灰黄色	重壤土	块状、粒状	5.4	35.5	2.12	0.55	1.5	158	17.0	8	10.2	老冲积黄泥	E 103°19′12.0″ N 30°21′19.1″	96
						2	18—26	灰灰黄色	重壤土	扁平状	5.5	34.1	2.00	0.44	1.5				9.4			
						3	26—50	灰白色	中壤土	小棱柱状	5.6	18.9	1.10	0.50	1.6				7.8			
						4	50—80	灰黄色	中黏土	块状、粒状	5.6	10.6	0.72	0.40	1.5				6.2			
						5	80—100	灰黄色	中黏土	棱柱状	6.0	3.8	0.41	0.20	1.6				7.3			
剖51	水稻土	水稻土	淹育水稻土	老冲积黄泥田	小黄泥田	1	0—17	暗灰黄色	中黏土	块状、粒状	5.5	33.8	2.05	0.63	1.5				9.8	老冲积黄泥	E 103°25′17.0″ N 30°20′46.7″	80
						2	17—27	灰灰黄色	中黏土	扁块状	5.7	29.8	1.68	0.29	1.6				11.5			
						3	27—53	灰灰棕色	中黏土	大棱柱状	5.5	34.5	1.77	0.22	1.6				11.8			
						4	53—76	灰灰棕色	中黏土	棱柱状	6.1	16.3	0.93	0.21	1.5				9.8			
						5	76—100	灰黄色	中黏土	块状	5.8	22.7	1.14	0.17	1.6				9.9			
剖52	半水成土	潮土	潮土	灰棕潮土	灰棕潮泥田	1	0—20	灰棕色	中黏土	粒状、块状	7.0	44.1	2.93	1.94	1.9	197	59.0	55	29.5	灰棕色冲积物	E 103°18′32.0″ N 30°20′21.5″	80
						2	20—53	暗棕紫色	重黏土	小块状	7.4	23.2	1.38	2.01	2.4				26.6			
						3	53—100	灰灰棕色	重黏土	块状	7.5	11.1	1.04	0.56	2.3				19.9			
剖53	人为土	水稻土	淹育水稻土	潮土田	黄潮石底砂泥田	1	0—17	灰黄色	重黏土	无明显结构	5.4	21.5	1.27	0.33	1.2		8.0	46	8.3	黄色冲积物	E 103°20′34.4″ N 30°20′03.8″	99
						2	17—25	灰黄色	轻砾中壤土	块状												
						3	25—100	暗红棕色	轻砾重壤土	粒状、块状	6.8	31.4	2.00	0.42	1.5	167			12.5			
剖54	人为土	水稻土	淹育水稻土	再积黄泥田	黄砂泥田	1	0—15	暗红棕色	中壤土	粒状、块状	7.3	26.5	1.89	0.36	1.5				11.9	黄泥	E 103°39′09.7″ N 30°27′15.1″	79
						2	15—23	黄棕色	中壤土	棱柱状	7.6	7.7	0.52	0.33	1.9				12.1			
						3	23—100	灰棕色	中壤土	棱柱状	7.2	28.7	1.92	0.87	1.7	124	31.0	36	17.4	紫色冲积物	E 103°39′54.2″ N 30°25′53.5″	93
剖55	人为土	水稻土	潴育水稻土	潮土田	紫潮砂泥田	1	0—15	暗棕紫色	中壤土	扁层块状	7.6	21.6	1.46	0.57	1.7				13.5			
						2	15—30	棕紫色	中壤土	大块状	8.0	8.8	0.47	0.55	1.6				10.4			
						3	30—100	暗灰黄色	重黏土	块状、粒状	6.0	46.4	3.36	0.69	1.8	197	14.0	106	25.5	黄泥	E 103°36′54.7″ N 30°25′05.5″	95
剖56	人为土	水稻土	再积黄泥土	再积黄泥田	二黄泥田	1	0—13	暗灰棕色	轻砾重壤土	大块状	6.9	38.7	2.90	0.58	1.8				24.4			
						2	13—22	灰灰棕色	中黏土	扁平块状	7.6	15.3	1.22	0.30	1.9				20.5			
						3	22—36	灰灰黄色	中黏土	梭柱状	7.6	6.6	0.67	0.22	1.9				17.3			
						4	36—65	灰灰黄色	中黏土	棱柱状	7.8	5.1	0.61	0.18	1.9				15.4			
						5	65—100	灰黄色	重黏土	块状、粒状	7.7	31.9	2.11	0.58	1.6	152	15.0	111	16.6	黄泥	E 103°31′57.0″ N 30°24′42.5″	91
剖57	人为土	水稻土	潴育水稻土	再积黄泥田	二泥田	1	0—14	暗灰棕色	重黏土	扁平块状	7.7	31.3	2.12	0.53	1.6				17.5			
						2	14—21	黄灰棕色	中黏土	棱柱状	7.6	23.6	1.65	0.27	1.6				17.3			
						3	21—47	浅灰黄色	中黏土	棱柱状	7.6	4.9	0.55	0.27	1.9				12.9			
						4	47—100	暗黄棕色	重黏土	块状	6.7	44.6	2.57	0.55	1.6	164	11.0	21	16.7	黄泥	E 103°34′07.8″ N 30°23′55.5″	100
剖58	人为土	水稻土	淹育水稻土	再积黄泥土	大土黄泥田	1	0—16	暗黄棕色	重壤土	块状、粒状	7.3	35.2	2.13	0.38	1.6				14.4			
						2	16—25	黄棕色	重壤土	棱柱状	7.6	28.8	1.64	0.24	1.6				13.5			
						3	25—61	浅黄棕色	重壤土	小棱柱状	7.8	3.7	0.33	0.18	1.5				9.3			

续表 Continued

剖面号 Soil profile	土纲 Soil order	土类 Soil great group	亚类 Soil subgroup	土属 Soil genus	土种 Soil species	土层代码 Layer code	土层厚度 Depth/cm	颜色 Soil color	质地 Soil texture	土壤结构 Soil structure	pH	有机质 OM (g/kg)	全氮 TN (g/kg)	全磷 TP (g/kg)	全钾 TK (g/kg)	碱解氮 AN (mg/kg)	有效磷 AP (mg/kg)	速效钾 AK (mg/kg)	阳离子交换量CEC (cmol/kg)	土壤母质 Parent material	剖面点坐标 Profile coordinate	匹配指数 Matching index/%
剖59	人为土	水稻土	潜育水稻土	潮土田	紫潮下湿田	1	0—18	黄棕色	中壤土	粒状、碎块状	7.6	48.0	3.20	0.64	1.5				16.6	紫色冲积物	E 103°35′21.5″ N 30°23′52.4″	75
						2	18—37	灰黄棕色	中壤土	整体状	7.7	43.4	2.69	0.48	1.4				14.1			
						3	37—50	灰黄棕色	轻壤土	无明显结构	7.5	35.8	2.08	0.35	1.2				11.2			
剖60	半水成土	潮土	潮土	紫色潮土	紫潮砂土	1	0—18	紫色	砂壤土	单粒状	8.4	5.1	0.33	0.16	1.7	23	1.0	21	4.6	紫色冲积物	E 103°30′33.9″ N 30°23′42.7″	91
						2	18—100	紫色	砂壤土	单粒状	8.2	9.5	0.61	0.10	1.8				5.6			
剖61	人为土	水稻土	淹育水稻土	浅黄泥田	铁杆子黄泥田	Aa	0—15	浅黄色	壤质黏土	粒状、块状	5.7	18.1	1.38	0.22	1.0	96	3.0	75		老冲积物	E 103°37′24.2″ N 30°23′09.6″	98
						Ap	15—22	灰黄色	壤质黏土	块状	5.6	14.8	1.07	0.36	1.1							
						C	22—100	黄棕色	壤质黏土	棱柱状	5.8	9.3	0.69	0.13	1.0							
剖62	半水成土	潮土	潮土	紫色潮土	紫潮半砂土	1	0—16	暗灰棕色	中壤土	粒状、块状	7.9	22.1	1.38	1.12	1.6	95	16.0	28	12.3	紫色冲积物	E 103°34′40.4″ N 30°22′58.8″	88
						2	16—70	暗灰棕色	中壤土	碎块状	8.0	16.2	1.00	1.15	1.5				12.7			
剖63	铁铝土	黄壤	黄壤	老冲积黄泥土	面黄泥土	A	0—16	浅黄棕色	轻砾中壤土	粒状、粒状	5.6	14.3	1.00	0.22	1.6	81	4.0	33	10.2	冰水沉积物	E 103°32′41.6″ N 30°22′12.4″	97
						B	16—50	灰黄色	壤质砂黏土	块状、粒状	5.9	6.8	0.50	0.17	1.7				13.3			
剖64	水稻土	水稻土	渗育水稻土	潮土田	紫潮漏砂田	1	0—13	灰黄棕色	粉砂质砂黏土	粒状	7.6	13.5	0.80	0.46	1.2	60	5.0	38	6.6	紫色冲积物	E 103°42′43.4″ N 30°22′12.2″	91
						2	17—31	棕紫色	轻砾砂壤土	小块状	8.2	7.9	0.49	0.36	1.3				6.5			
						3	31—100	棕紫色	轻砾砂壤土	棱柱状	7.8	6.0	0.36	0.35	1.3				5.8			
剖65	水稻土	水稻土	淹育水稻土	潮土田	紫潮砂田	1	0—19	棕状	轻壤土	粒状、碎块状	7.9	16.2	0.96	0.55	1.4	74	5.0	51	7.8	紫色冲积物	E 103°39′24.5″ N 30°21′54.4″	93
						2	19—26	棕状	轻壤土	块状	8.0	11.0	0.68	0.46	1.4				7.5			
						3	26—100	棕状	轻壤土	块状	8.1	10.6	0.60	0.46	1.4				7.6			
剖66	水稻土	水稻土	潜育水稻土	老冲积黄泥	死白鳝泥田	1	0—20	灰黄色	轻壤土	小块状	5.7	20.9	1.43	0.43	1.3	112	11.0	28	6.8	老冲积黄泥	E 103°36′56.2″ N 30°20′28.7″	76
						2	20—33	灰黄色	轻壤土	扁平状	6.4	13.4	0.99	0.31	1.3				6.7			
						3	33—100	灰白色	中壤土	棱柱状	6.6	4.5	0.41	0.32	1.7				10.7			
剖67	初育土	紫色土	石灰性紫色土	棕紫泥土	棕夹砂泥土	1	0—21	棕紫色	轻砾中壤土	粒状、块状	7.2	13.5	1.31	0.47	2.2	86	4.0	57	13.0		E 103°11′25.1″ N 30°19′55.9″	79
						2	21—38	浅紫紫色	轻砾中壤土	块状、粒状	7.8	10.4	1.03	0.18	2.5				11.9			
						3	38—100	浅紫色	轻壤土	无明显结构												
剖68	初育土	紫色土	石灰性紫色土	原生钙质紫泥土	红大土	1	0—22	红棕紫色	中黏土	小块状	8.0	13.0	1.30	0.62	3.2	72	3.0	69	10.9		E 103°11′06.4″ N 30°17′49.6″	80
						2	22—57	红棕色	中黏土	棱块状	8.0	13.8	1.41	0.52	2.7				17.1			
						3	57—100	红棕色	中黏土	棱柱状												
剖69	初育土	紫色土	潜育紫色土	老冲积紫泥土	二泥土	1	0—19	暗紫色	粗粉质中壤土	粒状、块状	7.9	19.4	1.67	0.21	1.6	145	3.0	51	12.4		E 103°10′14.2″ N 30°17′02.4″	70
						2	19—73	暗黄棕色	重壤土	块状	8.3	8.5	0.97	0.41	1.8				10.4			
						3	73—100	暗黄棕色	重壤土	无明显结构												
剖70	人为土	水稻土	潜育水稻土	老冲积黄泥田	白鳝泥底下湿田	1	0—18	棕灰色	轻黏土	块状	5.6	68.7	3.06	0.38	1.4	209	4.0	71	15.5	老冲积黄泥	E 103°13′29.3″ N 30°16′22.1″	96
						2	18—34	暗黄棕色	轻黏土	整体状、块状	6.4	64.3	3.09	0.23	1.5				15.3			
						3	34—67	暗黄棕色	重黏土	无明显结构	6.5	72.5	2.74	2.00	1.4				13.0			
						4	67—100	暗黄棕色	重黏土	无明显结构	6.3	8.1	0.43	0.14	1.4				7.1			
剖71	人为土	水稻土	淹育水稻土	中性紫泥田	夹砂泥田	1	0—18	灰棕色	轻砾中壤土	小块状、块状	6.7	38.6	2.47	0.34	1.6	174	4.0	44	10.5		E 103°10′56.6″ N 30°16′04.1″	83
						2	18—26	暗灰棕色	轻砾中壤土	块状	6.7	38.6	2.36	0.31	1.6				11.6			
						3	26—43	灰棕色	轻砾中壤土	棱柱状	6.6	32.9	1.94	0.26	1.6				10.5			
						4	43—65	棕灰色	轻砾重壤土	棱柱状	6.4	30.2	1.72	0.21	1.6				10.3			
						5	65—100	紫色	重壤土	无明显结构												
剖72	初育土	紫色土	石灰性紫色土	红棕紫泥土	红青冈子土	1	0—20	暗棕红色	重壤土	块状、粒状	8.1	4.8	0.62	0.38	1.8	34	1.0	30	8.6		E 103°10′16.0″ N 30°15′36.7″	97
						2	20—50	红棕色	重壤土	块状	8.3	2.6	0.56	0.54	2.5				10.0			
						3	50—100	暗黄棕色	中壤土	无明显结构												
剖73	人为土	水稻土	潜育水稻土	潜育黄泥田	烂泥田	1	0—17	暗黄色	中黏土	块状	5.2	56.2	3.07	0.44	1.4	194	5.0	37	12.2	第四纪黄色黏土	E 103°20′45.6″ N 30°19′18.1″	92
						2	17—100	暗棕色	轻黏土	无明显结构	5.6	43.9	2.43	0.24	1.4				10.6			

续表 Continued

剖面号 Soil profile	土纲 Soil order	土类 Soil great group	亚类 Soil subgroup	土属 Soil genus	土种 Soil species	土层码 Layer code	土层厚度 Depth/cm	颜色 Soil color	质地 Soil texture	土壤结构 Soil structure	pH	有机质 OM/(g/kg)	全氮 TN/(g/kg)	全磷 TP/(g/kg)	全钾 TK/(g/kg)	碱解氮 AN/(mg/kg)	有效磷 AP/(mg/kg)	速效钾 AK/(mg/kg)	阳离子交换量CEC/(cmol/kg)	土壤母质 Parent material	剖面点坐标 Profile coordinate	匹配指数 Matching index/%
剖74	人为土	水稻土	淹育水稻土	潮土田	黄潮砂泥田	1	0—17	灰黄色	中壤土	块状、粒状	5.4	26.9	1.83	0.53	1.4	153	16.0	116	9.6	黄色冲积物	E 103°19′04.1″ N 30°18′20.5″	85
						2	17—29	灰黄色	中壤土	块状	5.7	24.8	1.60	0.49	1.5				9.4			
						3	29—40	浅黄棕色	中砾轻黏土	小棱柱状	7.0	12.0	0.93	0.38	1.5				12.5			
						4	40—80	浅黄棕色	中壤土	小棱柱状	7.2	7.3	0.53	0.25	1.5				9.3			
						5	80—100	灰黄色		无明显结构												
剖75	人为土	水稻土	淹育水稻土	石灰性紫泥田	黄红紫泥田	1	0—19	暗红色	重壤土	块状、粒状	7.8	30.8	2.13	0.49	1.8	136	12.0	52	21.5		E 103°42′45.7″ N 30°19′09.8″	79
						2	19—29	暗红棕色	重壤土	棱块状	8.3	24.6	1.55	0.31	1.8				17.8			
						3	29—56	暗红棕色	重壤土	棱块状	8.0	23.9	1.47	0.28	1.8				19.3			
						4	56—100	紫棕色	中壤土	棱柱状	7.7	6.1	0.36	0.21	1.8				14.1			
剖76	人为土	水稻土	淹育水稻土	潮土田	黄潮泥田	1	0—13	灰棕色	轻砾重壤土	粒状、块状	5.4	29.0	1.87	0.47	1.6	140	18.0	50	8.3	黄色冲积物	E 103°39′34.9″ N 30°19′05.2″	99
						2	13—20	灰棕色	重壤土	大块状	5.7	22.8	1.52	0.32	1.6				7.3			
						3	20—40	浅黄棕色	重壤土	大棱柱状	6.0	14.3	0.94	0.19	1.7				14.3			
						4	40—100	黄棕色	重壤土	小棱柱状	6.5	7.4	0.44	0.28	1.7				6.9			

崇 州 市

主要土类说明

水稻土是崇州市的主要土壤类型，占本市地域面积的51%，主要分布在平坝沿河流的一、二级阶地上。成土母质属洪积物和近代河流冲积物。水稻土是在长期季节性淹灌、水下翻耕、季节性脱水、氧化还原交替影响下，原来成土母质或母土的特性发生重大改变，形成的新的土壤类型。由于干湿交替，水稻土形成糊状淹育层、较坚实板结的犁底层、渗育层、潴育层与潜育层等多种发生层。这些不同发生层段是在人为耕作、水浆管理下形成的。该土壤土层深厚，养分丰富，水源充足，自流灌溉。本市水稻土分为潮土性水稻土、紫色土性水稻土和黄壤性水稻土等亚类。

黄壤是崇州市第二大土壤类型，占本市地域面积的21%。黄壤成土母质系石灰岩、砂岩、页岩风化物和老冲积黄泥，在亚热带气候条件下，土壤产生黏化和富铝化过程，土中铁质水化，剖面上下均呈黄棕色。土壤中含盐基物低，具有黏、酸、瘦、缺磷等特点。本市黄壤只有黄壤一个亚类。

紫色土是崇州市第三大土壤类型，占本市地域面积的16%，集中分布在海拔561—1511m的低山区。紫色土是由热带、亚热带紫红色岩层直接风化形成的A-C型土壤。其理化性质与母岩组成直接相关，土层浅薄，剖面层次发育不明显，仍处于初育阶段。母岩富含矿质养分，且风化迅速。本市紫色土分为中性紫色土、石灰性紫色土两个亚类。

暗棕壤占本市地域面积的5%，分布在黄棕壤之上，海拔2611—3111m的地带。暗棕壤是在温带湿润地区针阔叶混交林下发育，具有明显有机质富集和弱酸性淋溶的土壤，具O-A-B-C剖面构型。弱酸性淋溶使铁铝轻微下移。B层呈棕色，结构面见铁锰胶膜。土壤呈弱酸性，盐基饱和度为70%—80%。土壤冻结期长。

黄棕壤占本市地域面积的4%。黄棕壤发生于北亚热带暖湿落叶阔叶林下，弱度富铝化，黏聚现象明显，呈黄棕色黏土。具A-B-C或A-（B）-C剖面构型，黏粒硅铝率在2.5左右，铁的游离度较红壤低，B层交换性酸大于A层。土壤pH为5.5—6.0。

小于本市地域面积3%的土壤类型还有潮土、山地草甸土、棕壤、黑毡土和粗骨土等。

本区域中心区气候特征

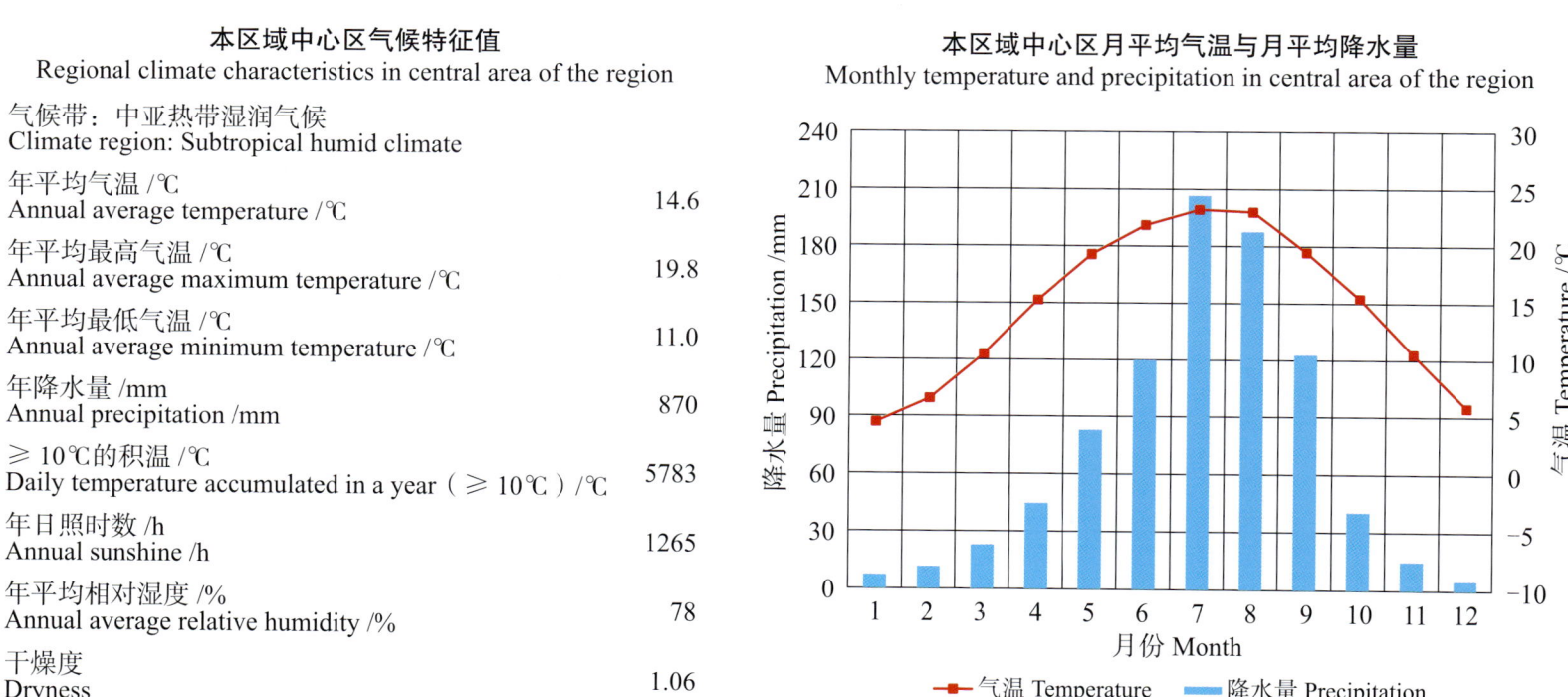

本区域中心区气候特征值
Regional climate characteristics in central area of the region

气候带：中亚热带湿润气候 Climate region: Subtropical humid climate	
年平均气温 /℃ Annual average temperature /℃	14.6
年平均最高气温 /℃ Annual average maximum temperature /℃	19.8
年平均最低气温 /℃ Annual average minimum temperature /℃	11.0
年降水量 /mm Annual precipitation /mm	870
≥10℃的积温 /℃ Daily temperature accumulated in a year（≥10℃）/℃	5783
年日照时数 /h Annual sunshine /h	1265
年平均相对湿度 /% Annual average relative humidity /%	78
干燥度 Dryness	1.06

本区域中心区月平均气温与月平均降水量
Monthly temperature and precipitation in central area of the region

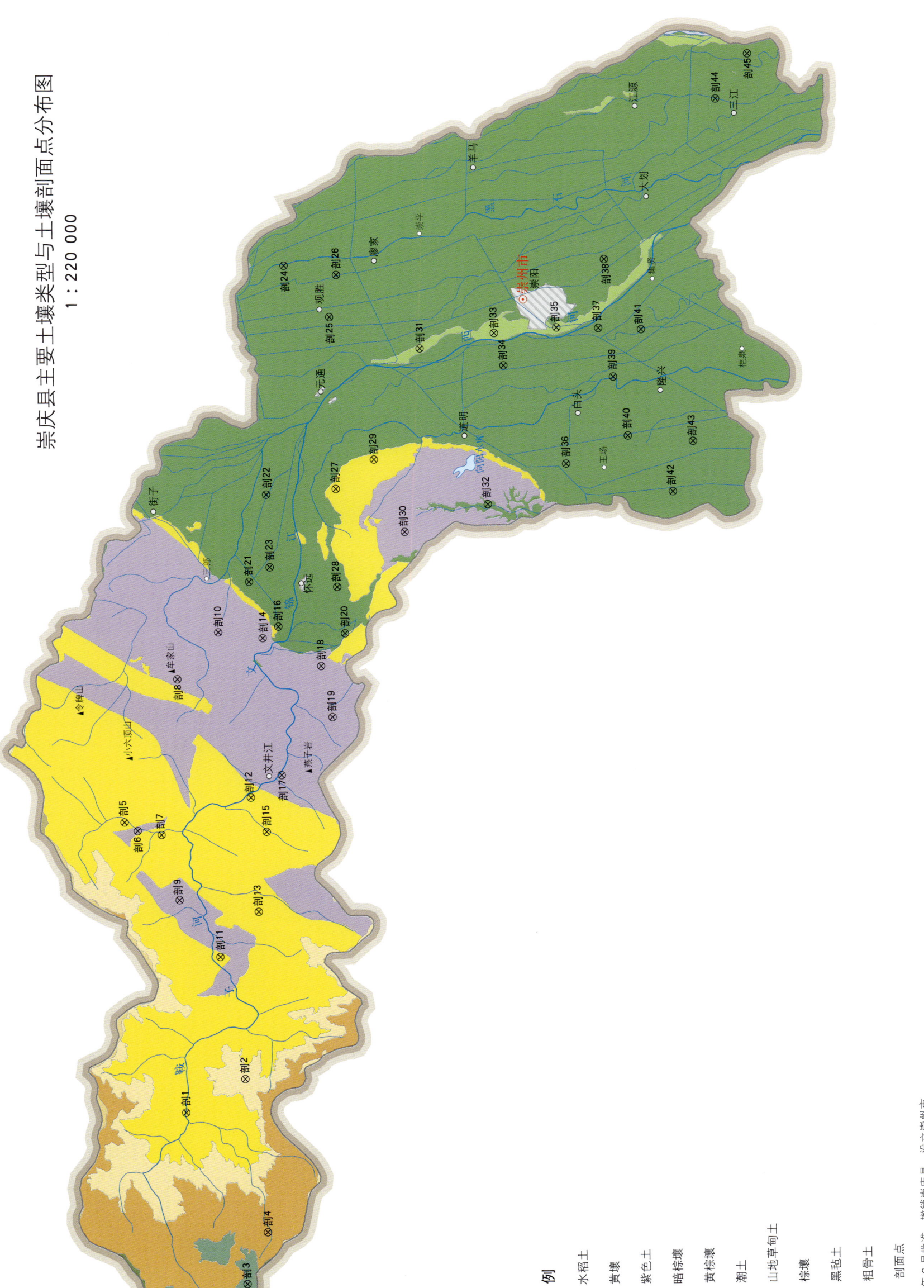

崇州市土壤剖面理化性状表

剖面号 Soil profile	土纲 Soil order	土类 Soil great group	亚类 Soil subgroup	土属 Soil genus	土种 Soil species	土层码 Layer code	土层厚度 Depth/cm	颜色 Soil color	质地 Soil texture	土壤结构 Soil structure	pH	有机质 OM/(g/kg)	全氮 TN/(g/kg)	全磷 TP/(g/kg)	碱解氮 AN/(mg/kg)	有效磷 AP/(mg/kg)	速效钾 AK/(mg/kg)	土壤母质 Parent material	剖面点坐标 Profile coordinate	匹配指数 Matching index,%
剖1	铁铝土	黄壤	黄壤	冷砂黄泥土	石骨子土	1	0—17	黄灰色	轻壤土	粒状	7.6	24.9	1.62		131	9.0	130	砂页岩风化残积物	E 103°13′51.6″ N 30°47′56.4″	74
剖2	淋溶土	黄棕壤	山地黄棕壤			2	17—37	浅黄灰色	中壤土	小块状									E 103°14′56.4″ N 30°46′16.7″	99
						3	37—100	黄色	中壤土		5.9	107.3	5.23	2.28	310	7.0	286			
剖3	半水成土	山地草甸土				1	0—8	暗棕色	中壤土	粒状	6.0	53.1	2.64	8.03					E 103°08′21.5″ N 30°46′11.3″	100
						2	8—40	浅黄棕色	中壤土	棱块状										
剖4	淋溶土	暗棕壤				1	0—11	棕褐色	轻壤土		6.8	117.2	5.66	2.91	339	7.0	377		E 103°10′01.9″ N 30°45′37.4″	90
						2	11—23	暗棕色	轻壤土	粒状	6.9	61.3	3.98	2.65						
						3	23—40	浅黄棕色	轻壤土	块状	7.1	18.4	1.20	1.05						
剖5	铁铝土	黄壤	黄壤	矿子黄泥土	砂泥土	1	0—14	暗黄棕色	重壤土	粒状	6.7	149.3	8.79		671	16.0	56	石灰岩风化残积物	E 103°23′15.7″ N 30°49′43.0″	92
						2	14—40	棕色	中壤土	粗粒状										
						3	40—	浅黄棕色	中壤土	粒状	7.5	14.0			33	9.0	42			
剖6	铁铝土	紫色土	中性紫色土	暗紫潮土	大土泥	1	0—25	灰黄色	中壤土	块状	7.2	29.9	2.45	1.66	181	10.0	98	暗紫红色砂岩、粉砂岩坡积物、残积物	E 103°22′59.2″ N 30°49′20.6″	90
						2	25—38	暗紫色	中壤土	块状	6.9	7.6	0.51	1.10						
						3	38—60	黄色	重壤土	粒状										
剖7	铁铝土	黄壤	黄壤	冷砂黄泥土	砂黄泥	1	0—18	灰黄色	重壤土	粒状	6.8	57.2	3.36	2.28	230	27.0	139	砂页岩风化残积物	E 103°22′51.6″ N 30°48′40.0″	77
						2	18—70	暗黄色	中壤土	块状	7.5	44.2	2.62	1.33						
						3	45—80	黄灰色	重壤土	粒状	6.8	36.4	2.14	1.57						
剖8	铁铝土	紫色土	中性紫色土	灰棕紫泥土	夹砂泥土	1	0—18	浅灰黄色	中壤土	小块状	5.6	35.9	2.03	0.57	164	2.0	134	砂质泥岩、砂岩、页岩	E 103°27′54.7″ N 30°48′14.4″	77
						2	18—65	暗紫色	重壤土	块状	5.7	4.8	0.30	0.65						
剖9	铁铝土	紫色土	中性紫色土	暗紫潮土		1	0—18	棕紫色	中壤土	粒状	7.5	17.6			17	7.0	42	暗紫红色砂岩、粉砂岩坡积物、残积物	E 103°20′43.8″ N 30°48′09.0″	76
剖10	初育土	紫色土	石灰性紫色土	红紫泥土	石骨子土	1	0—20	红棕色	中壤土	小块状	7.6	3.2			18	6.0	50	砂页岩、泥岩风化物	E 103°29′26.9″ N 30°47′06.0″	100
						2	20—60	浅红紫色	轻壤土	粒状、块状										
剖11	铁铝土	黄壤	黄壤	矿子黄泥土	黄泥	1	0—22	浅灰黄色	重壤土	粒状、块状	7.5	25.5	1.92	1.30	172	2.0	100	石灰岩风化残积物	E 103°18′53.3″ N 30°46′59.9″	80
						2	22—100	浅灰黄色	黏土	块状	7.0	19.3	1.62	1.43						
剖12	铁铝土	黄壤	黄壤	冷砂黄泥土	炭渣土	1	0—17	黄灰色	重壤土	粒状	6.7	59.9	3.88		271	5.0	147	砂页岩风化残积物	E 103°24′05.8″ N 30°46′09.1″	77
						2	17—28	浅黄灰色	轻壤土	小块状										
						3	28—40	黄灰色	中壤土	块状										
剖13	人为土	水稻土	潮土型水稻土	紫色潮土田	紫泥田	1	0—19	暗紫色	中壤土	小块状	6.7	16.0	2.27	0.99	14	1.0	42	紫色潮泥	E 103°20′22.2″ N 30°45′55.1″	73
						2	19—32	紫色	重壤土	粒状	6.2	38.5	2.27	0.60		88.0	88			
剖14	初育土	紫色土	石灰性紫色土	棕紫泥土	砂土	1	0—20	浅棕红色	轻壤土	块状	6.5	10.8	0.81		127	4.0	34	棕紫色页岩	E 103°29′15.7″ N 30°45′50.4″	97
						2	20—84	红棕色	轻壤土	粒状、块状										
剖15	铁铝土	黄壤	黄壤	冷砂黄泥土	大土泥	1	0—20	灰黄色	中壤土	粒状	6.6	39.8	2.00	1.09	206	70.0	66	砂页岩风化残积物	E 103°22′58.8″ N 30°45′42.5″	77
						2	14—23	浅灰黄色	轻壤土	小块状	7.0	31.5	1.08	0.68	180	6.0				
剖16	人为土	水稻土	潮土型水稻土	紫色潮土田	紫泥田	1	0—14	黄灰色	中壤土	粒状	7.7	16.0	0.80	0.86				紫色潮泥	E 103°29′38.8″ N 30°45′24.1″	77
						2	14—23	浅灰黄色	中壤土	粒状	7.7	12.5								
						3	23—80	黄灰色	轻壤土	棱柱状										
剖17	初育土	紫色土	中性紫色土	灰棕泥土	砂土	1	0—20	暗黄色	中壤土	粒状、块状	6.7	29.3	1.67		94	2.0	50	砂质泥岩、砂岩、页岩	E 103°24′49.3″ N 30°45′17.3″	100
						2		棕色	中壤土	粒状	7.6	17.4	1.17	0.99	85	4.0	77			
剖18	初育土	紫色土	石灰性紫色土	红紫泥土	大土泥	1	0—25	棕紫色	重壤土	块状	7.2	15.0	0.84	0.91				砂页岩、泥岩风化物	E 103°28′21.7″ N 30°44′11.4″	97
						2	25—75													

续表 Continued

剖面号 Soil profile	土纲 Soil order	土类 Soil great group	亚类 Soil subgroup	土属 Soil genus	土种 Soil species	土层码 Layer code	土层厚度 Depth/cm	颜色 Soil color	质地 Soil texture	土壤结构 Soil structure	pH	有机质 OM/(g/kg)	全氮 TN/(g/kg)	全磷 TP/(g/kg)	碱解氮 AN/(mg/kg)	有效磷 AP/(mg/kg)	速效钾 AK/(mg/kg)	土壤母质 Parent material	剖面点坐标 Profile coordinate	匹配指数 Matching index/%
剖19	初育土	紫色土	石灰性紫色土	棕紫泥土	砂土	1	0~20	棕紫色	砂壤土	粒状	7.2	18.4			47	1.0	8	棕紫色砂页岩	E 103°26′42.7″ N 30°43′51.6″	91
剖20	人为土	水稻土	黄壤性水稻土	老冲积黄泥田	黄泥田	1	20~50	紫紫色	砂壤土	小块状	6.7	16.0			20	5.0	35	第四纪冰水沉积物、酸性黄壤	E 103°29′26.0″ N 30°43′31.2″	89
						1	0~15	浅黄灰色	中壤土	小块状										
						2	15~22	黄灰色	中壤土	块状										
						3	22~100	灰灰色		泥状、石块状										
剖21	人为土	水稻土	潮土型水稻土	紫灰潮土田	紫灰泥田	1	0~13	紫灰色	中壤土	核状、粒状	8.6	39.2	2.57	2.08	176	10.0	81	灰色冲积物、沉积物	E 103°31′06.2″ N 30°46′13.8″	90
						2	13~22	紫灰色	中壤土	块状	8.2	19.9	1.33	2.12						
						3	22~50	浅黄灰色	中壤土	棱柱状	7.8	12.9	0.78	1.59						
						4	50~100	黄灰色	中壤土	小棱柱状	8.1	8.7	0.56	1.81						
剖22	人为土	水稻土	潮土型水稻土	紫潮土田	土砂田	1	0~16	浅黄灰色	轻壤土	粒状	7.8	18.2	1.19		106	13.0	12	紫色潮泥	E 103°33′55.7″ N 30°45′45.5″	72
剖23	人为土	水稻土	潮土型水稻土	紫潮土田	砂田	1	0~14	紫灰色	砂壤土	粒状	7.8	14.4	0.95		58	1.0	25	紫色冲积物、沉积物	E 103°31′34.7″ N 30°45′39.2″	92
剖24	人为土	水稻土	潮土型水稻土	灰冲积黄泥田	二潮田	1	0~14	灰色	轻壤土	粒状、块状	8.4	23.7	1.59	2.08	104	4.0	23	灰色新冲积物	E 103°41′22.2″ N 30°45′17.6″	70
						2	14~23	黄灰色	砂壤土	块状	8.5	21.7	1.41	0.87						
						3	23~100	黄灰色	砂壤土	粒状	8.4	11.2	0.73	1.61						
剖25	人为土	水稻土	潮土型水稻土	灰潮土田	泥田	1	0~14	黄灰色	中壤土	粒状	7.0	30.7	2.01	0.89	157	8.0	42	灰色新冲积物	E 103°39′42.5″ N 30°44′00.2″	83
						2	14~23	灰色	重壤土	核柱状	7.2	17.5	1.14	0.78						
						3	23~100	黄灰色	中壤土	粒状	7.5	7.6	0.48	0.72						
剖26	人为土	水稻土	潮土型水稻土	灰潮土田	油砂田	1	0~16	灰色	中壤土	粒状	6.5	29.6	2.12	1.59	180	5.0	62	灰色新冲积物	E 103°41′04.6″ N 30°43′48.7″	76
						2	16~27	黄灰色	轻壤土	块状	6.7	20.7	1.33	1.36						
						3	27~100	浅黄灰色	重黏土	小块状	6.9	12.4	0.91	1.43						
剖27		黄壤	黄壤	老冲积黄泥土	黄泥	1	0~17	浅黄棕色	黏土	棱柱状	6.2	9.6			14	2.0	20	第四纪老冲积酸性黄泥、黄砂与砾石混合物	E 103°34′07.3″ N 30°43′47.6″	85
						2	17~51	浅黄棕色	黏土	大块状	5.7									
						3	51~100				4.5									
剖28	人为土	水稻土	潮土型水稻土	紫潮土田	潲田	1	0~16	灰褐色	黏土	核状、粒状	7.4	69.3	3.09	1.11	232	17.0	120	紫色潮泥	E 103°30′56.9″ N 30°43′44.8″	75
剖29	铁铝土	黄壤	黄壤	老冲积黄泥土	卵石黄泥	1	0~24	浅黄棕色	黏土	小块状	5.5	16.8	1.10	0.80	84	4.0	136	砂岩、页岩冲积物和坡积物	E 103°35′04.9″ N 30°43′43.6″	83
						2	24~100	浅黄棕色	黏土	块状	5.0	4.0	0.31							
剖30	初育土	紫色土	石灰性紫色土	棕紫泥土	石骨子土	1	0~13	棕黄色	中壤土	粒状、块状	7.8	32.8	1.93		158	3.0	35	棕紫色砂页岩	E 103°32′44.2″ N 30°41′51.2″	71
剖31	半水成土	潮土	紫潮土	紫潮色潮土	砂土	1	0~15	紫紫色	砂壤土	粒状	7.3	19.2	1.50		17	1.0	27	紫色新冲积物	E 103°38′42.4″ N 30°41′27.2″	92
剖32	人为土	水稻土	紫色土性水稻土	红紫色潮土	红紫泥田	1	0~13	灰黄色	重壤土	小块状	7.3	12.8			12	1.0	45	砂岩、页岩冲积物和坡积物	E 103°41′39.2″ N 30°39′30.2″	77
						2	13~23	紫色	重壤土	块状										
						3	23~100			棱柱状										
剖33	半水成土	潮土	潮土	灰色潮土	砂土	1	0~16	灰褐黄色	轻壤土	粒状	7.8	18.4	1.50		125	17.0	22	灰色新冲积物	E 103°39′13.3″ N 30°39′21.2″	79
剖34	半水成土	潮土	黄壤性水稻土	再积黄泥水稻土	死黄泥田	1	0~12	浅灰黄色	轻壤土	块状	8.5	31.3	1.88		151	5.0	68	灰色新冲积物	E 103°38′10.0″ N 30°39′05.0″	88
剖35	半水成土	潮土	潮土	灰色潮土	半砂泥土	1	0~17	灰黄色	中壤土	粒状	7.8	30.1	1.95		168	9.0	39	灰色新冲积物	E 103°39′24.9″ N 30°37′36.2″	80
剖36	人为土	水稻土	潮土型水稻土	紫潮水稻土	半砂泥田	1	0~13	黄黄色	中壤土	粒状	8.0	25.4	1.62	0.92	125	5.0	44	紫色潮泥	E 103°34′59.2″ N 30°37′18.1″	83
						2	13~23	黄黄黄色	中壤土	块状	7.4	22.1	1.37	0.60						
						3	23~100	浅灰黄色	中壤土	棱柱状	8.5	12.1	0.76	0.55						

续表 Continued

剖面号 Soil profile	土纲 Soil order	土类 Soil great group	亚类 Soil subgroup	土属 Soil genus	土种 Soil species	土层码 Layer code	土层厚度 Depth/cm	颜色 Soil color	质地 Soil texture	土壤结构 Soil structure	pH	有机质 OM/(g/kg)	全氮 TN/(g/kg)	全磷 TP/(g/kg)	碱解氮 AN/(mg/kg)	有效磷 AP/(mg/kg)	速效钾 AK/(mg/kg)	土壤母质 Parent material	剖面点坐标 Profile coordinate	匹配指数 Matching index/%
剖37	人为土	水稻土	潮土型水稻土	紫灰潮土田	夹砂泥田	1	0—14	浅紫灰色	轻壤土	粒状	8.6	30.4	2.00	1.83	155	12.0	47	灰色冲积物、沉积物	E 103°39′24.5″ N 30°36′25.2″	92
						2	14—25	紫灰色	轻壤土	块状	8.2	21.8	1.41	1.43						
						3	25—80	灰黄色	砂壤土	块状	8.1	14.0	0.90	1.32						
剖38	人为土	水稻土	潮土型水稻土	紫灰潮土田	潲田	1	0—15	灰褐色	中壤土	块状	8.7	17.6			14	1.0	50	灰色冲积物、沉积物	E 103°41′38.4″ N 30°36′15.8″	97
						2	15—28	黄灰色	重壤土	大块状										
						3	28—67	蓝灰色	中壤土											
						4	67—100													
剖39	人为土	水稻土	黄壤性水稻土	再积黄泥水稻土	黄泥大土田	1	0—13	浅灰灰色	重壤土	粒状、块状	7.8	31.3	1.88	0.99	151	5.0	68		E 103°37′49.8″ N 30°36′00.0″	88
						2	13—19	黄灰色	重壤土	核柱状	8.1	22.5	1.37	0.82						
						3	19—80	浅灰黄色	黎土	核状	7.7	4.9	0.31	1.27						
剖40	人为土	水稻土	黄壤性水稻土	再积黄泥水稻土	白鳝泥田	1	0—13	棕褐色	重壤土	核状	7.2	35.5	2.60		212	13.0	38		E 103°35′55.0″ N 30°35′34.4″	96
剖41	人为土	水稻土	黄壤性水稻土	再积黄泥水稻土	泡黄黄泥田	1	0—15	黄灰色	中壤土	粒状	7.4	26.4	1.78	0.97	148	8.0	53		E 103°39′22.7″ N 30°35′12.8″	79
						2	15—24	黄灰色	中壤土	块状	7.3	19.3	1.26	0.57						
						3	24—100	黄灰色	中壤土	棱柱状	7.0	7.8	0.65	0.53						
剖42	人为土	水稻土	黄壤性水稻土	老冲积黄泥田	死黄泥田	1	0—15	黄灰色	重壤土	小块状	7.3	21.6			10	1.0	25	第四纪冰水沉积物、酸性黄壤	E 103°34′06.5″ N 30°34′17.8″	74
						2	15—20	浅灰黄色	重壤土	块状										
						3	20—90	黄褐色	重壤土	大棱柱状										
剖43	人为土	水稻土	黄壤性水稻土	再积黄泥水稻土	潲田	1	0—15	灰色	中壤土	小块状	8.5	48.1	13.14	1.21	244	14.0	52		E 103°35′45.2″ N 30°33′43.9″	94
剖44	人为土	水稻土	潮土型水稻土	灰潮水稻土	砂田	1	0—12	灰色	砂壤土	粒状	8.0	12.3	0.80	1.97	46	3.0	35	灰色新冲积物	E 103°46′53.0″ N 30°33′09.0″	79
						2	11—21	灰黄色	砂壤土	块状	8.0	10.4	0.66							
						3	21—30	浅灰黄色	轻壤土	块状	8.0	7.2	0.47	1.70						
剖45	人为土	水稻土	潮土型水稻土	灰潮水稻土	半砂泥田	1	0—15	黄灰色	轻壤土	粒状	7.9	26.2	1.72	3.22	144	5.0	35	灰色新冲积物	E 103°48′21.2″ N 30°32′15.0″	97
						2	15—24	灰色	轻壤土	块状	7.9	24.1	1.58	2.36						
						3	24—60	浅灰黄色	砂壤土	块状	8.1	11.9	0.71	2.02						

简 阳 市

主要土类说明

紫色土是简阳市的主要土壤类型，占本市地域面积的67%，分布极为广泛，遍及丘陵和低山。紫色土物理风化快，化学风化弱，盐基含量高，钙、镁、磷、钾丰富，虽处于温暖湿润的生物气候带，因母质因素很少有富铝化过程，风化壳停留在富钙阶段，硅铝铁率高于2.5，与棕壤接近。紫色土发育浅，剖面多呈A-B-P-C、A-B-C、A-C构型，很少障碍层次，只有局部出现A-W-P-C构型。紫色土砂黏比例较协调，耕层质地为砂土至重壤土，中性偏碱，养分不平衡，耕作层有机质含量平均为9.92g/kg。pH为8.0—8.1。土壤有机质、氮素缺少，磷素较高，但有效性低，钾素丰富，有效性高，有效锌、硼、锰、铁等较缺乏。本市紫色土分为棕紫泥土、黄红紫泥土两个亚类。

水稻土是简阳市第二大土壤类型，占本市地域面积的24%。水稻土发育在各种土壤类型上，分布十分广泛，河坝、丘陵沟谷、山间峡谷及单面山都有分布，但山区分布较少。水稻土是在各种母质基础上，由于淹水种稻、水耕熟化，产生特有的剖面形态，如淹育层、潜育层、潴育层、渗育层、初期潴育层等层次。在不同的母质、地貌、水文、气候、耕作制度、熟化程度的影响下，这些剖面层次组合千差万别。由于淹水种稻，形成淹育层段，淹水条件下土块分散软烂，呈稀糊状，化学物质还原，土壤呈灰色，旱作时形成块状结构，化学物质氧化，土壤呈棕色，稻根孔有明显条锈。本市水稻土主要来自紫色土，在紫色胶膜的保护和碳酸盐的限制作用下，尽管往年长期淹水，矿物水解程度并不深刻，潜育程度也不甚严重，仍然体现紫色土特征，如胶体品质好，呈紫色，碳酸盐反应普遍等。耕作层含有机质含量为15.2g/kg，全氮含量为0.91g/kg，全磷含量为1.23g/kg。土壤pH为7.80。

黄壤是简阳市第三大土壤类型，占本市地域面积的5%，零星分布于沱河及其支流的二、三级冰水堆积基座阶地，龙泉山外围及山麓丘陵零星出现的四、五级阶地，母质为冰积物。黄壤形成于高温多湿环境下，土壤产生黏化与富铝化过程，铁质水化，剖面通体呈棕黄色。耕作层有机质含量为12.0g/kg，全氮含量为0.71g/kg，全磷含量为0.77g/kg。pH为7.4—8.0；物理性砂粒为22.5%—10.2%，物理性黏粒为29.8%—77.6%，容重1.19—1.30g/cm³。该土壤具黏、瘦、冷、湿、缺磷、胶体数量多等特点，品质差，土体厚，生产潜力大。

小于本市地域面积3%的土壤类型还有新积土。

本区域中心区气候特征

本区域中心区气候特征值
Regional climate characteristics in central area of the region

气候带：中亚热带湿润气候 Climate region: Subtropical humid climate	
年平均气温 /℃ Annual average temperature /℃	17.0
年平均最高气温 /℃ Annual average maximum temperature /℃	20.9
年平均最低气温 /℃ Annual average minimum temperature /℃	14.2
年降水量 /mm Annual precipitation /mm	933
≥10℃的积温 /℃ Daily temperature accumulated in a year（≥10℃）/℃	7229
年日照时数 /h Annual sunshine /h	1046
年平均相对湿度 /% Annual average relative humidity /%	82
干燥度 Dryness	1.12

本区域中心区月平均气温与月平均降水量
Monthly temperature and precipitation in central area of the region

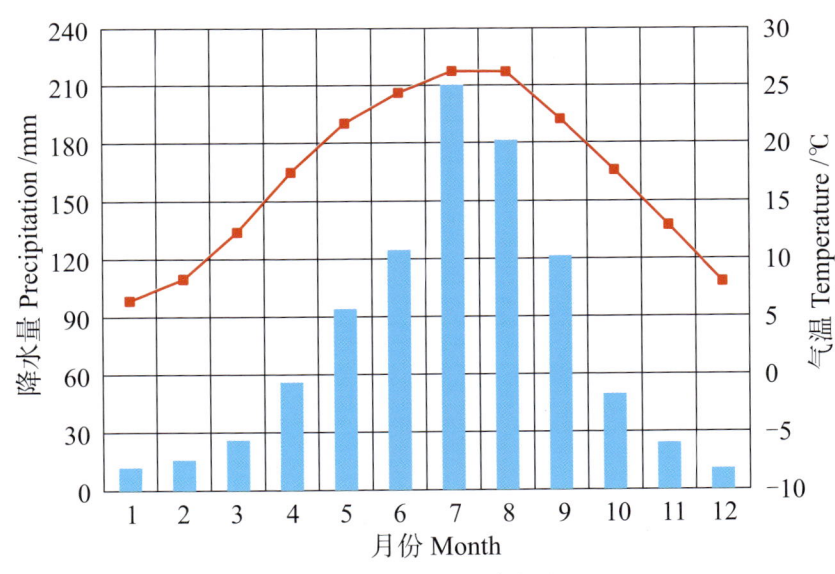

简阳县主要土壤类型与土壤剖面点分布图

1 : 280 000

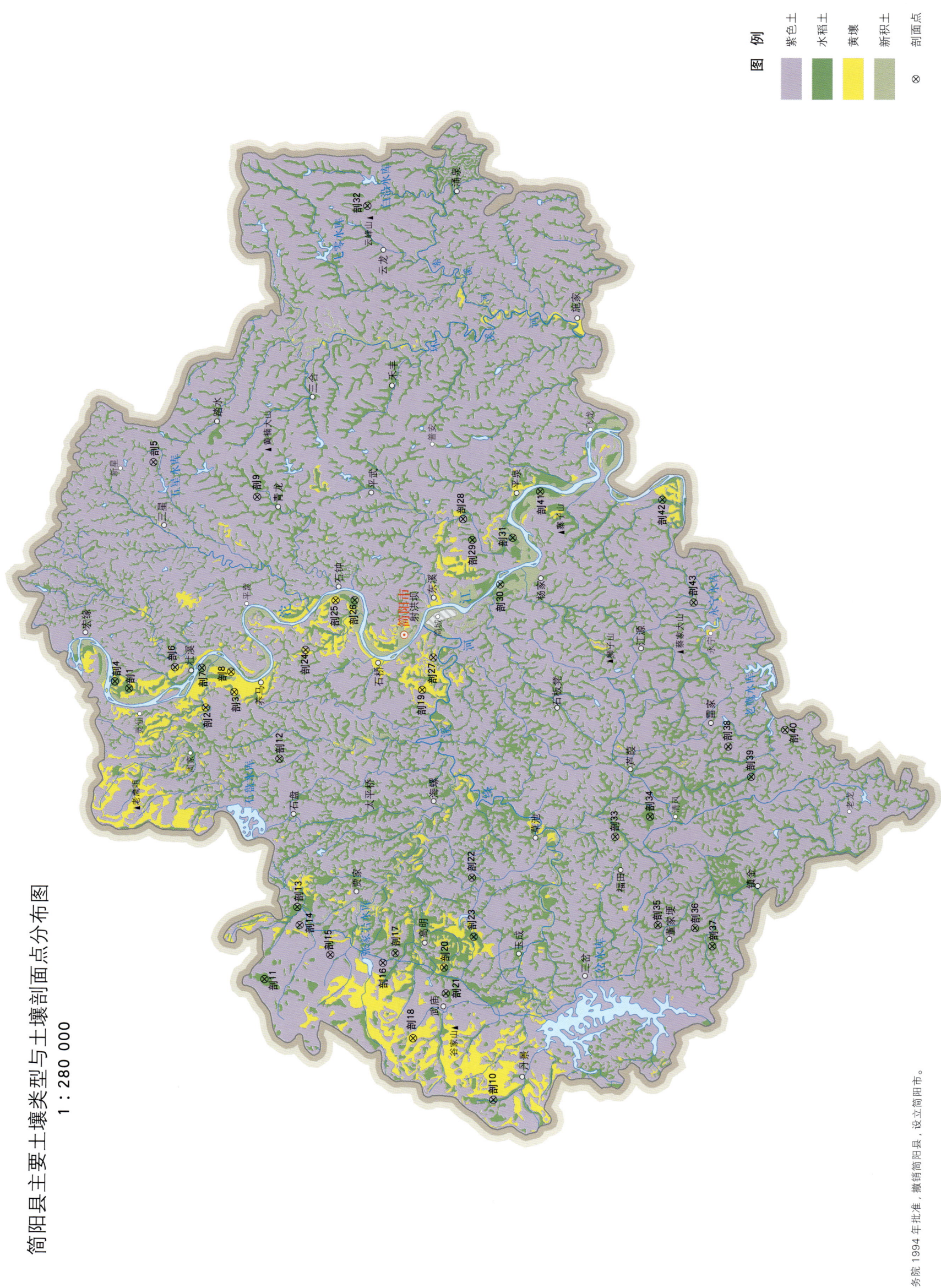

图 例:紫色土、水稻土、黄壤、新积土 ⊗ 剖面点

注:国务院1994年批准,撤销简阳县,设立简阳市。

简阳市土壤剖面理化性状表

剖面号 Soil profile	土纲 Soil order	土类 Soil great group	亚类 Soil subgroup	土属 Soil genus	土种 Soil species	土层码 Layer code	土层厚度 Depth/cm	颜色 Soil color	质地 Soil texture	土壤结构 Soil structure	pH	有机质 OM/(g/kg)	全氮 TN/(g/kg)	全磷 TP/(g/kg)	碱解氮 AN/(mg/kg)	有效磷 AP/(mg/kg)	速效钾 AK/(mg/kg)	土壤母质 Parent material	剖面点坐标 Profile coordinate	匹配指数 Matching index/%
剖1	人为土	水稻土	黄壤性水稻土	老冲积黄泥田	白鳝泥田	1	0—20	黄灰白色	粉质轻黏土	小块状	6.4	10.7	0.69	0.53	76	3.0	85	老冲积黄壤	E 104°29′48.8″ N 30°34′39.7″	73
						2	20—35	黄灰白色	中黏土	小棱柱状	6.4	9.1	0.57	0.61	58	2.0	46			
						3	35—100	黄棕灰白色	中黏土	棱柱状	6.4	9.2	0.56	0.52	57	1.0	33			
剖2	人为土	水稻土	黄壤性水稻土	姜石黄泥田	黄泥田	1	0—18	黄棕色	重黏土	小棱块状	7.1	23.0	1.25	1.11	130	2.0	95		E 104°29′02.4″ N 30°31′52.3″	83
						2	18—37	棕黄色	重黏土	棱柱状	6.9	20.3	1.03	0.73	120	2.0	111			
						3	37—78	黄色	轻黏土	棱柱状	7.3	7.3	0.55	0.50	71	2.0	101			
剖3	铁铝土	黄壤	黄壤	姜石黄泥土	天狗石土	1	0—17	灰黄色	轻黏土	团粒状	7.9	10.4	0.66	0.77	55	3.0	80	黏土	E 104°29′41.6″ N 30°30′50.0″	73
						2	17—50	棕黄色	中黏土	小棱块状	7.9	8.1	0.60	0.56	52	1.0	76			
						3	50—100	浅棕黄色	中黏土	大棱块状	7.8	5.0	0.59	0.49	56	1.0	72			
剖4	人为土	水稻土	黄壤性水稻土	姜石黄泥田	大泥土	1	0—20	浅黄黄色	轻黏土	稀糊状	7.8	14.0	0.92	0.87	65	4.0	149		E 104°30′06.1″ N 30°35′11.0″	80
						2	20—45	灰黄色	中黏土	小块状	8.0	10.4	0.71	0.54	55	3.0	73			
						3	45—100	黄色	轻黏土	整体状	7.9	5.9	0.44	0.37	35	3.0	64			
剖5	初育土	紫色土	黄红紫泥土	黄红紫泥土	大泥土	1	0—25	褐棕紫色	中壤土	团粒状	8.2	13.1	0.65	1.46	88	14.0	128		E 104°39′20.2″ N 30°33′50.8″	99
						2	25—46	棕紫色	中壤土	小块状	8.2	6.3	0.35	0.66	50	12.0	105			
						3	46—112	棕紫色	轻黏土	块状	8.1	3.7	0.17	0.44	25	2.0	92			
						4	112—130	褐棕紫色	轻黏土	棱柱状	8.1	4.3	0.11	0.54	20	1.0	69			
剖6	人为土	水稻土	紫色土性水稻土	黄红紫泥田	黄泥田	1	0—21	灰黄色	重黏土	小块状	7.8	22.7	1.34	1.18	136	4.0	123		E 104°30′43.4″ N 30°32′59.9″	80
						2	21—51	黄棕色	轻黏土	棱柱状	8.0	19.9	1.16	0.64	82	2.0	106			
						3	51—100	灰棕色	轻黏土	整体状	8.0	18.3	1.10	0.59	79	2.0	59			
剖7	水稻土	水稻土	冲积型水稻土	灰棕紫泥田	漏底砂田	1	0—25	白灰色	砂土	单粒状	8.0	11.2	0.51	1.94	54	17.0	107	灰棕色冲积物	E 104°30′42.5″ N 30°32′01.7″	72
						2	25—100	棕灰色	砂土	单粒状	8.1	12.6	0.52	1.87	55	11.0	47			
剖8	铁铝土	黄壤	黄壤	老冲积黄泥土	白鳝泥	1	0—15	棕灰色	重黏土	小块棱块状	6.8	8.5	0.46	0.73	48	4.0	89	冰水沉积物	E 104°30′33.1″ N 30°30′57.6″	78
						2	15—80	白灰白色	轻黏土	大棱块状	6.9	4.2	0.34	0.24	39	2.0	79			
						3	80—120	褐黄色	中黏土	小棱块状	7.2	3.6	0.33	0.24	39	2.0	66			
剖9	初育土	紫色土	黄红紫泥土	黄红紫泥土	羊砂土	1	0—20	棕色	中壤土	团粒状	8.2	9.9	0.62	1.10	71	11.0	102		E 104°37′53.8″ N 30°30′03.6″	90
						2	20—30	棕色	中壤土	大棱块状	8.2	5.6	0.25	0.74	48	2.0	62			
						3	30—100	棕色	中壤土	大棱块状	8.2	0.8	0.15	0.64	9	2.0	57			
剖10	初育土	紫色土	紫色土性水稻土	灰棕紫泥土	薄土砂田	1	0—20	灰棕紫色	粉砂质壤土	粒状、小块状	8.1	18.0	1.37	1.25	82	3.0	134	砂泥岩坡积物	E 104°12′45.0″ N 30°21′13.0″	90
						2	20—50	棕色	重黏土	小块状	8.2	18.2	1.44	1.26	84	2.0	111			
						3	50—													
剖11	人为土	水稻土	紫色土性水稻土	灰棕紫泥田	夹砂田	1	0—32	暗灰棕色	轻壤土	团粒状	7.7	16.6	0.82	1.48	75	6.0	121	砂泥岩坡积物	E 104°17′37.4″ N 30°29′36.7″	71
						2	32—55	灰棕色	中壤土	小块状	7.7	7.9	0.53	1.40	49	5.0	115			
						3	55—100	灰棕色	中壤土	大块状	7.8	7.3	0.49	1.32	48	5.0	113			
剖12	初育土	紫色土	黄红紫泥土	黄红紫泥土	鸭屎泥田	1	0—18	暗棕黄色	轻黏土	团粒状	8.3	5.9	0.50	0.92	46	8.0	123		E 104°26′54.6″ N 30°29′09.6″	93
						2	18—35	暗棕黄色		小棱柱状	8.1	2.3	0.33	0.64	25	11.0	111			
						3	35—105	黄色	轻黏土	大棱柱状	7.9	2.0	0.13	0.56	15	3.0	99			
剖13	人为土	水稻土	冲积型水稻土	紫色潮土	漏砂田	1	0—16	棕紫色	粉砂质壤土	单粒状、块状	7.7	10.8	0.74	0.97	53	2.0	112	紫色冲积物	E 104°20′41.1″ N 30°28′27.2″	91
						2	16—35	棕色	粉砂质壤土	块状	7.7	12.6	0.84	0.94	60	2.0	84			
						3	35—100	黄棕紫色	中砾砂壤土	块状	7.8	9.6	0.69	0.96	59	2.0	84			
剖14	初育土	紫色土	黄红紫泥土	黄红紫泥土	旺子泥	1	0—20	紫红紫色	粉砂壤土	小块状	8.2	9.1	0.69	1.46	54	25.0	118		E 104°19′55.2″ N 30°28′21.4″	86
						2	20—33	暗紫色	砂壤土	大块状	8.1	8.6	0.46	1.46	53	12.0	99			
						3	33—	红紫色												

续表 Continued

剖面号 Soil profile	土纲 Soil order	土类 Soil great group	亚类 Soil subgroup	土属 Soil genus	土种 Soil species	土层码 Layer code	土层厚度 Depth/cm	颜色 Soil color	质地 Soil texture	土壤结构 Soil structure	pH	有机质 OM/(g/kg)	全氮 TN/(g/kg)	全磷 TP/(g/kg)	碱解氮 AN/(mg/kg)	有效磷 AP/(mg/kg)	速效钾 AK/(mg/kg)	土壤母质 Parent material	剖面点坐标 Profile coordinate	匹配指数 Matching index/%
剖15	初育土	紫色土	棕紫泥土	灰棕紫泥土	裂泥土	1	0—20	灰棕紫色	轻黏土	块状	7.6	11.1	0.81	1.14	77	3.0	62		E 104°18′41.1″ N 30°27′13.4″	92
						2	20—45	灰棕紫色	轻黏土	棱块状	7.9	3.6	0.46	1.21	30	3.0	96			
						3	45—125	浅灰棕色	中黏土	小棱块状	7.6	2.9	0.45	0.71	27	2.0	91			
剖16	初育土	紫色土	黄红紫泥土	黄红紫泥土	砂土	1	0—11	紫棕色	砂壤土	团粒状	8.3	8.1	0.77	0.85	56	6.0	60		E 104°18′22.3″ N 30°25′18.5″	87
						2	11—33	紫棕色	砂土	粒状	8.3	6.5	0.30	1.22	45	4.0	79			
						3	33—													
剖17	人为土	水稻土	紫色土性水稻土	黄红紫泥田	半砂田	1	0—20	紫棕色	砂壤土	团粒状	7.8	27.4	2.46	1.06	105	13.0	120		E 104°18′47.5″ N 30°24′51.5″	96
						2	20—54	紫棕色	轻黏土	大棱柱状	8.1	13.3	0.67	1.11	78	12.0	84			
						3	54—100	灰褐色	轻壤土	整体状	8.3	10.3	0.50	0.96	72	8.0	78			
剖18	铁铝土	黄壤	黄壤	老冲积黄泥土	冰积黄泥松林土	1	0—4				6.0	31.9	1.33	0.46	144	6.0	143	冰水沉积物	E 104°15′15.5″ N 30°24′10.1″	72
						2	4—18				5.9	16.2	0.78	0.32	68	3.0	71			
						3	18—48				5.7	12.7	0.67	0.30	77	1.0	68			
剖19	铁铝土	黄壤	黄壤	棕紫泥土	石子黄泥土	1	0—20	紫棕色	重黏土	团粒状	7.8	10.4	0.83	0.47	67	3.0	154	冰水沉积物	E 104°29′52.1″ N 30°23′59.3″	100
						2	20—40	紫棕色	重黏土	棱柱状	8.0	3.8	0.55	0.21	43	2.0	140			
						3	40—100	紫棕色	中壤土	小棱块状	8.0	2.7	0.52	0.23	43	1.0	60			
剖20	人为土	水稻土	紫色土性水稻土	黄红紫泥田	漏砂田	1	0—15	紫棕色	重壤土	整体状	8.2	16.4	0.97	0.84	82	8.0	128	坡积物	E 104°18′12.6″ N 30°23′04.6″	70
						2	15—32	紫色	砂土	粒状	8.3	13.8	0.75	0.77	70	3.0	94			
						3	32—90	浅灰夹棕色	砂壤土	无明显结构	8.0	1.2	0.10	0.47	16	2.0	66			
						4	90—100	灰紫色	轻壤土	小块状	8.2	1.8	0.10	0.41	21	4.0	53			
剖21	铁铝土	黄壤	黄壤	老冲积黄泥土	砂田	1	0—20	灰褐棕色	中壤土	小棱块状	8.2	10.9	0.91	1.29	70	8.0	128	冰水沉积物	E 104°17′07.4″ N 30°22′59.9″	94
						2	20—55	棕色	中壤土	小棱块状	8.3	13.3	0.91	1.28	63	5.0	62			
						3	55—100	紫棕色	中壤土	整体状	8.3	3.1	0.62	1.08	49	4.0	62			
剖22	人为土	水稻土	紫色土性水稻土	老冲积黄泥田	大泥田	1	0—18	褐紫棕色	轻黏土	块状	7.9	26.4	1.34	1.24	126	10.0	152	冰水沉积物	E 104°22′00.5″ N 30°22′05.9″	84
						2	18—26	灰紫棕色	中黏土	大棱块状	7.3	24.3	1.21	0.72	111	4.0	115			
						3	26—100	浅黄棕色	重黏土	小棱柱状	7.5	23.4	1.04	0.62	76	3.0	103			
剖23	人为土	水稻土	黄壤性水稻土	老冲积黄泥田	黄泥田	1	0—20	黄灰夹黑	轻壤土	块状	6.9	14.9	0.92	0.74	86	3.0	126	老冲积黄壤	E 104°19′30.7″ N 30°22′00.8″	94
						2	20—70	黄棕色	中黏土	大棱柱状	7.3	13.4	0.79	0.47	78	2.0	112			
						3	70—100	浅棕色	重黏土	小棱柱状	7.5	5.9	0.34	0.35	42	4.0	59			
剖24	铁铝土	黄壤	黄壤	老冲积黄泥土	砂黄泥	1	0—20	浅棕色	轻黏土	团粒状	6.4	9.5	0.64	0.51	57	5.0	72	冰水沉积物	E 104°31′29.6″ N 30°28′15.2″	91
						2	20—38	棕棕色	重黏土	细粒状	6.7	8.4	0.62	0.61	53	4.0	60			
						3	38—100	褐棕色	中黏土	块状	7.0	4.2	0.37	0.45	49	2.0	60			
剖25	铁铝土	黄壤	黄壤	老冲积黄泥土	大土黄泥	1	0—19	浅棕棕色	重黏土	小块状	7.9	13.8	0.85	0.78	57	5.0	47	老冲积黄壤	E 104°33′34.4″ N 30°27′10.4″	70
						2	19—34	浅紫棕色	中黏土	小棱块状	7.8	8.5	0.56	0.57	42	2.0	40			
						3	34—100	黄色	中黏土	大棱块状	7.5	5.8	0.47	0.43	40	2.0	40			
剖26	人为土	水稻土	黄壤性水稻土	老冲积黄泥田	大泥田	1	0—15	黄灰褐色	轻黏土	团粒状	7.7	18.0	0.96	0.87	123	14.0	146	冰水沉积物	E 104°33′35.3″ N 30°26′28.7″	91
						2	15—45	棕黄色	中黏土	棱状	7.6	16.9	0.58	0.58	126	11.0	112			
						3	45—100	黄色	中黏土	棱柱状	7.5	15.8	0.71	0.71	127	7.0	100			
剖27	铁铝土	黄壤	黄壤	老冲积黄泥土	黄泥	1	0—13	棕黄色	轻壤土	团粒状	6.8	16.1	0.83	1.53	97	4.0	159	老冲积黄壤	E 104°31′13.8″ N 30°23′35.9″	73
						2	13—35	黄红紫色	中黏土	小棱块状	6.9	9.1	0.67	0.43	67	3.0	124			
						3	35—105	黄色	重黏土	大棱状	7.2	5.3	0.46	0.30	49	1.0	110			
剖28	初育土	紫色土	黄红紫泥土	棕紫泥土	大泥黄土	1	0—18	黄红紫色	轻黏土	团粒状	7.9	0.8	0.69	0.94	72	2.0	119	冰水沉积物	E 104°37′01.6″ N 30°22′32.9″	92
						2	18—46	棕色	中黏土	棱状	8.1	3.9	0.40	0.94	29	1.0	86			
						3	46—116	黄色	重黏土	小块状	8.0	4.4	0.35	0.41	21	1.0	50			
剖29	人为土	水稻土	黄壤性水稻土	老冲积黄泥田	石子黄泥田	1	0—21	浅棕黄色	中黏土	小块状	6.7	13.4	0.82	0.55	79	2.0	84	老冲积黄壤	E 104°36′09.4″ N 30°22′12.4″	73
						2	21—59	浅黄色	重黏土	棱柱状	6.6	11.6	0.77	0.51	66	2.0	78			
						3	50—100	浅黄色	重黏土	小块状	7.4	5.8	0.41	0.38	38	1.0	58			

续表 Continued

剖面号 Soil profile	土纲 Soil order	土类 Soil great group	亚类 Soil subgroup	土属 Soil genus	土种 Soil species	土层码 Layer code	土层厚度 Depth/cm	颜色 Soil color	质地 Soil texture	土壤结构 Soil structure	pH	有机质 OM/(g/kg)	全氮 TN/(g/kg)	全磷 TP/(g/kg)	碱解氮 AN/(mg/kg)	有效磷 AP/(mg/kg)	速效钾 AK/(mg/kg)	土壤母质 Parent material	剖面点坐标 Profile coordinate	匹配指数 Matching index/%
剖30	人为土	水稻土	冲积型水稻土	灰棕潮泥田	潮砂田	1	0~20	棕色	砂壤土	团粒状	7.5	27.5	1.18	2.07	137	34.0	123	灰棕色冲积物	E 104°34′18.1″ N 30°21′10.8″	73
						2	20~50	黄棕色	砂壤土	小块状	7.7	22.8	1.04	2.05	111	23.0	110			
						3	50~100	浅黄棕色	砂壤土	大块状	7.9	19.6	0.74	1.44	96	16.0	143			
剖31	人为土	水稻土	冲积型水稻土	灰棕潮泥田	潮砂泥田	1	0~20	棕灰色	轻壤土	团粒状	7.3	14.6	0.89	2.06	62	8.2	70	灰棕色冲积物	E 104°36′15.5″ N 30°20′44.9″	76
						2	20~35	棕灰色	轻壤土	小棱块状	7.5	10.1	0.58	1.83	47	2.6	44			
						3	35~45	紫棕灰色	轻灰土	无明显结构	7.6	6.0	0.35	1.67	25	1.3	31			
						4	45~110	黄棕灰色	砂土		7.6	5.5	0.27	1.46	21	1.3	28			
剖32	人为土	水稻土	冲积型水稻土	紫色潮泥田	半砂田	1	0~18	浅灰紫色	中壤土	整体状	7.7	17.2	1.07	1.38	85	3.0	157	紫色冲积物	E 104°50′07.8″ N 30°26′06.4″	85
						2	18~100	紫灰色	重壤土	整体状	7.8	16.4	0.96	1.30	79	3.0	149			
剖33	人为土	水稻土	紫色土性水稻土	棕紫泥田	黄泥田	1	0~20	黄棕灰色	轻黏土	小块块状	8.0	11.2	0.65	0.59	96	11.0	134	坡积物	E 104°23′47.8″ N 30°16′54.5″	73
						2	20~60	黄棕灰色	重黏土	小棱块状	7.8	6.3	0.45	0.47	60	10.0	72			
						3	60~100	灰白色	中黏土	整体状	7.8	8.0	0.43	0.52	62	9.0	70			
剖34	人为土	水稻土	紫色土性水稻土	棕紫泥田	半砂田	1	0~16	褐棕紫色	中壤土	团粒、小块状	8.1	14.6	0.88	1.10	99	6.0	147	坡积物	E 104°24′38.9″ N 30°15′38.5″	87
						2	16~70	棕紫色	中壤土	棱块状	8.2	13.4	0.72	1.04	89	5.0	212			
						3	70~100	灰棕紫色	轻黏土	整体状	8.1	8.3	0.59	1.07	69	2.0	152			
剖35	人为土	水稻土	紫色土性水稻土	棕紫泥田	漏沙田	1	0~10	浅棕灰色	砂壤土	块状	8.1	8.9	0.62	1.24	72	8.0	53	坡积物	E 104°20′06.0″ N 30°15′18.7″	100
						2	10~50	棕紫色	松砂土	小棱块状	8.2	5.6	0.46	1.09	54	4.0	93			
						3	50~100	灰棕紫色	重壤土	整体状	8.2	5.0	0.41	1.00	20	5.0	86			
剖36	人为土	水稻土	紫色土性水稻土	棕紫泥田	大泥田	1	0~23	褐棕灰色	重壤土	小块状	8.1	17.7	0.97	1.49	100	11.0	153	坡积物	E 104°19′59.7″ N 30°13′57.5″	99
						2	23~50	褐棕色	中黏土	大棱块状	8.1	15.2	0.96	1.36	98	8.0	132			
						3	50~130	浅棕灰色	重黏土	整体状	8.2	13.9	0.81	1.17	80	4.0	120			
剖37	人为土	水稻土	紫色土性水稻土	棕紫泥田	烂泥田	1	0~18	褐棕紫色	重壤土	稀糊状	8.1	20.4	1.22	1.14	111	10.0	120	坡积物	E 104°19′14.5″ N 30°13′18.8″	94
						2	18~110	紫灰紫色	中黏土	棱块状	8.1	18.8	1.01	1.07	105	8.0	126			
						3	110~140	灰灰棕色	轻黏土	整体状	8.2	17.9	0.92	1.06	93	5.0	128			
剖38	人为土	水稻土	紫色土性水稻土	红棕紫泥田	大泥田	1	0~18	灰棕紫色	轻黏土	团块状	7.9	24.4	1.47	1.58	120	7.0	120	红棕紫色巨厚泥岩夹薄层石英粉砂岩	E 104°27′36.4″ N 30°12′49.3″	83
						2	18~55	暗蓝紫色	中黏土	柱状、整体状	7.9	24.4	1.40	1.42	127	6.0	114			
						3	55~110	灰褐紫色	重黏土	小棱柱状	7.9	14.1	1.39	1.46	116	6.0	94			
剖39	人为土	水稻土	紫色土性水稻土	红棕紫泥田	半砂田	1	0~15	棕紫色	少砾轻壤土	团团状	7.8	12.3	0.78	1.48	73	11.0	100	红棕紫色巨厚泥岩夹薄层石英粉砂岩	E 104°26′21.5″ N 30°11′58.6″	81
						2	15~30	红棕紫色	少砾轻壤土	块状	7.9	9.4	0.61	1.17	52	5.0	84			
						3	30~100	褐棕紫色	中壤土	棱糊状	7.9	6.2	0.53	1.15	39	2.0	52			
剖40	人为土	水稻土	紫色土性水稻土	灰棕紫泥田	烂泥田	1	0~12	紫灰紫色	中黏土	稀糊状	8.1	23.6	1.37	1.39	114	8.0	137	砂泥岩坡积物	E 104°28′19.9″ N 30°10′45.1″	100
						2	12~46	灰灰紫色	中黏土	柱状、整体状	8.1	21.9	1.24	1.44	95	7.0	121			
						3	46~110	暗蓝紫色	重黏土	整体状	8.1	19.9	1.11	1.15	95	6.0	127			
剖41	人为土	水稻土	冲积型水稻土	灰棕潮泥田	潮泥田	1	0~17	灰褐棕色	重壤土	小块状	8.0	14.4	0.73	1.92	78	29.0	136	灰棕色冲积物	E 104°38′12.1″ N 30°19′45.1″	100
						2	17~37	灰褐棕色	重黏土	小棱块状	8.1	14.2	0.75	1.90	79	26.0	142			
						3	37~110	灰褐棕色	中黏土	小棱柱状	8.1	13.2	0.84	1.71	78	25.0	129			
剖42	人为土	水稻土	黄壤性水稻土	老冲积黄泥田	砂黄泥田	1	0~17	褐黄色	轻壤土	假团粒状	8.1	20.4	1.26	1.45	99	3.0	124	老冲积黄泥	E 104°37′53.6″ N 30°15′18.0″	71
						2	17~25		中壤土	棱块状	8.2	18.5	1.15	0.95	79	3.0	116			
						3	25~100	浅灰棕色	轻黏土	整体状	8.2	17.1	1.07	1.13	79	2.0	97			
剖43	人为土	水稻土	紫色土性水稻土	灰棕紫泥田	大泥田	1	0~16	灰棕色	轻黏土	小块块状	7.7	18.9	0.94	1.55	70	8.0	86	砂泥岩坡积物	E 104°33′36.4″ N 30°14′07.8″	88
						2	16~75	灰灰棕色	中黏土	棱块状	7.8	10.8	0.73	1.42	62	5.0	120			
						3	75~100	浅蓝棕色	中黏土	整体状	7.7	13.1	0.84	1.56	63	4.0	93			

自 贡 市

贡 井 区

主要土类说明

紫色土是贡井区的主要土壤类型，占本区地域面积的57%。紫色土是本区主要农耕旱地，遍布本区各地。本区自然条件优厚，土质肥沃，垦殖系数较大。紫色土是由热带、亚热带紫红色岩层直接风化形成的A-C型土壤。其理化性质与母岩组成直接相关，土层浅薄，剖面层次发育不明显，仍处于初育阶段。母岩富含矿质养分，且风化迅速。本区紫色土分为棕紫泥土、红紫泥土等亚类。

水稻土是贡井区第二大土壤类型，占本区地域面积的37%。水稻土是长期水耕熟化作用下发育形成具有特殊性质的土壤。水稻土是在长期季节性淹灌、水下翻耕、季节性脱水、氧化还原交替影响下，原来成土母质或母土的特性发生重大改变，形成的新的土壤类型。由于干湿交替，水稻土形成糊状淹育层、较坚实板结的犁底层、渗育层、潴育层与潜育层等多种发生层。这些不同发生层段是在人为耕作、水浆管理下形成的。根据主要成土过程和母质的发育特点，本区水稻土分为冲积性水稻土、紫色土性水稻土和黄壤性水稻土等亚类。

小于本区地域面积3%的土壤类型还有黄壤等。

本区域中心区气候特征

本区域中心区气候特征值
Regional climate characteristics in central area of the region

气候带：中亚热带湿润气候 Climate region: Subtropical humid climate	
年平均气温 /℃ Annual average temperature /℃	17.7
年平均最高气温 /℃ Annual average maximum temperature /℃	21.5
年平均最低气温 /℃ Annual average minimum temperature /℃	15.0
年降水量 /mm Annual precipitation /mm	1036
≥10℃的积温 /℃ Daily temperature accumulated in a year (≥10℃) /℃	10549
年日照时数 /h Annual sunshine /h	1034
年平均相对湿度 /% Annual average relative humidity /%	82
干燥度 Dryness	1.04

贡井区主要土壤类型与土壤剖面点分布图
1:60 000

图 例
- 紫色土
- 水稻土
- 黄壤
- ⊗ 剖面点

贡井区土壤剖面理化性状表

剖面号 Soil profile	土纲 Soil order	土类 Soil great group	亚类 Soil subgroup	土属 Soil genus	土种 Soil species	土层码 Layer code	土层厚度 Depth/cm	颜色 Soil color	质地 Soil texture	土壤结构 Soil structure	pH	有机质 OM/(g/kg)	全氮 TN/(g/kg)	全磷 TP/(g/kg)	全钾 TK/(g/kg)	碱解氮 AN/(mg/kg)	有效磷 AP/(mg/kg)	速效钾 AK/(mg/kg)	阳离子交换量CEC/(cmol/kg)	土壤母质 Parent material	剖面点坐标 Profile coordinate	匹配指数 Matching index/%
剖1	人为土	水稻土	紫色土性水稻土	棕紫色水稻土	砂田	1	0–20	棕紫色	重壤土	粒状、块状	5.7	14.5	0.73	0.25	0.8	127	6.0	38	12.8	砂岩、泥页岩	E 104°42′03.6″ N 29°22′01.6″	95
						2	20–30	棕紫色	中壤土	块状	6.9	6.4	0.28	0.15	0.8	68	1.0	27	9.0			
						3	30–50	棕紫色	重壤土	棱柱状	7.1	7.0	0.38	0.19	0.9	60	2.0	27	10.2			
剖2	初育土	紫色土	棕紫泥土	灰棕紫泥土	黄泥土	1	0–25	黄紫色	中壤土	块状	5.4	11.7	0.68	0.42	1.2	88	27.0	67	24.1	砂页岩互层坡积物	E 104°40′42.2″ N 29°21′44.6″	85
						2	25–35	暗紫色	重壤土	棱柱状	6.3	12.5	0.47	0.42	1.2	83	2.0	65	25.8			
						3	35–54	紫色	中壤土	棱柱状	6.3	10.5	0.50	0.43	1.2	64	1.0	59	24.8			
						4	54–65	暗棕紫色	重壤土	棱柱状	7.1	11.4	0.56	0.46	1.3	77	3.0	65	27.6			
剖3	初育土	紫色土	棕紫泥土	灰棕紫泥土	砂土	1	0–23	灰紫色	砂土	粒状	5.4	9.0	0.48	0.24	0.3	86	6.0	29		砂页岩互层坡积物	E 104°43′32.9″ N 29°21′43.9″	72
						D	23–															
剖4	人为土	水稻土	黄壤性水稻土	砂黄泥田	砂田	1	0–13	黄紫色	轻壤土	粒状	5.2	16.3	0.86	0.15	0.5	126	3.0	47		厚层状砂岩	E 104°43′06.2″ N 29°21′32.8″	70
						2	13–20	黄灰紫色	轻壤土	块状	5.2	17.7	0.87	0.15	0.6	120	5.0	38				
						3	20–27	浅紫色	轻壤土	块状	5.5	12.8	0.69	0.14	0.5	103	4.0	35				
						4	27–52	中壤土		小棱柱状	5.5	6.6	0.41	0.07	0.5	63	1.0	54				
剖5	铁铝土	黄壤	黄壤	砂黄泥土	砂土	1	0–15	浅黄灰色	中壤土	粒状	5.0	10.6	0.60	0.25	0.4	84	4.0	54	24.1	砂岩残积物	E 104°42′44.8″ N 29°21′27.7″	80
剖6	初育土	紫色土	棕紫泥土	砂黄泥土	泥土	1	0–26	暗紫色	重壤土	团块状	6.1	10.9	0.68	0.27	1.5	94	5.0	101	20.6	砂页岩坡积物	E 104°42′11.5″ N 29°21′11.9″	76
						2	26–35	暗棕紫色	重壤土	块状	6.5	9.7	0.60	0.26	1.6	78	5.0	119	19.5			
						3	35–47	暗棕紫色	轻壤土	棱柱状	6.5	5.4	0.53	0.18	1.6	53	2.0	90	19.7			
						4	47–73	浅棕紫色	重壤土	棱柱状	6.8	4.3	0.31	0.28	1.7	38	1.0	72				
剖7	铁铝土	黄壤	黄壤	砂黄泥土	半砂半泥土	1	0–19	暗紫色	中壤土	粒状	5.0	13.1	0.74	0.35	1.0	114	3.0	90	19.8	砂岩坡积物	E 104°42′58.7″ N 29°21′09.6″	72
						2	19–38	浅暗紫色	中壤土	粒状	5.2	6.9	0.52	0.29	1.1	58		66	24.1			
						3	38–76	暗暗紫色	重壤土	块状	5.2	7.9	0.34	0.25	1.0	44		72	23.5			
剖8	人为土	水稻土	紫色土性水稻土	灰棕紫色水稻田	泥田	1	0–25	灰棕紫色	重黏土	团块状	5.5	26.2	1.28	0.35	1.6	178	6.0	112		砂页泥岩风化坡积物	E 104°38′16.8″ N 29°20′48.5″	82
						2	25–35	浅棕紫色	重黏土	块状	5.3	20.5	1.10	0.35	1.8	130	8.0	130				
						3	35–47	灰棕紫色	黏土	棱柱状	5.6	14.5	0.71	0.34	1.7	95	8.0	137				
						4	47–73	浅黄紫色	黏土	棱柱状	5.7	6.9	0.46	0.28	1.7	50	5.0	91				
剖9	人为土	水稻土	紫色土性水稻土	暗紫泥田	黄泥田	1	0–21	暗紫色	轻黏土	粒状	6.1	25.8	1.33	0.32	1.4	162	6.0	173	19.8	砂页泥岩风化坡积物	E 104°40′43.3″ N 29°20′32.6″	73
						2	21–29	暗紫色	中黏土	块状	6.4	18.8	1.07	0.33	1.4	131	6.0	179	24.1			
						3	29–47	浅紫色	中黏土	小棱块状	5.7	14.2	0.91	0.34	1.4	103	7.0	190	23.5			
						4	47–72	暗紫色	重黏土	小棱块状	5.3	4.2	0.42	0.43	1.5	55	1.0	234				
剖10	人为土	水稻土	紫色土性水稻土	灰棕紫色水稻田	砂田	1	0–20	灰黄紫色	重壤土	粒状	5.4	19.8	1.04	0.27	0.6	137	4.0	24	19.8	砂页泥岩风化坡积物	E 104°38′28.2″ N 29°20′25.8″	87
						2	20–48	黄灰紫色	轻壤土	小块状	5.6	11.2	0.64	0.13	0.5	119	1.0	21	24.1			
						3	48–															
剖11	人为土	水稻土	紫色土性水稻土	暗紫泥田	泥田	1	0–20	暗紫色	中壤土	团块状	6.1	21.4	1.29	0.24	1.7	112	2.0	135	19.8	暗紫泥坡积物、沉积物	E 104°43′17.5″ N 29°20′23.2″	91
						2	20–30	浅棕紫色	中壤土	块状	6.0	18.8	1.13	0.24	1.8	109	3.0	159	24.1			
						3	30–60	黄紫色	中壤土	棱块状	6.1	14.2	0.95	0.23	1.8	86	2.0	159	23.5			
剖12	人为土	水稻土	紫色土性水稻土	暗紫泥田	冷浸烂泥田	1	0–30	灰黄紫色	重壤土	粒状、块状	5.2	24.0	1.09	0.28	1.4	178	4.0	192	25.6	暗紫泥坡积物、沉积物	E 104°42′56.0″ N 29°20′04.4″	88
						2	30–55	浅紫色	重壤土	块状	5.4	20.3	0.92	0.20	1.4	132	2.0	156	22.4			
						3	55–107	暗紫色	重壤土	棱柱状	6.4	15.3	0.75	0.16	1.4	5	2.0	105	22.7			
剖13	人为土	水稻土	冲积型水稻土	紫色冲积水稻土	砂田	1	0–20	浅紫色	紧砂土	粒状、小块状	5.0	14.7	0.69	0.15	0.4	90	3.0	20		河流紫色冲积物	E 104°39′35.6″ N 29°19′26.4″	83
						2	20–30	浅紫色	紧砂土	大块状	5.8	13.9	0.54	0.15	0.4	41	3.0	20				
						3	30–37	浅紫色	松砂土	小粒状	6.8	6.5	0.08	0.08	0.3	20	1.0	16				
						4	37–100	白灰紫色	砂壤土	小柱状	7.0	2.4	0.10	0.11	0.3	19	2.0	16				

续表 Continued

剖面号 Soil profile	土纲 Soil order	土类 Soil great group	亚类 Soil subgroup	土属 Soil genus	土种 Soil species	土层码 Layer code	土层厚度 Depth/cm	颜色 Soil color	质地 Soil texture	土壤结构 Soil structure	pH	有机质 OM/(g/kg)	全氮 TN/(g/kg)	全磷 TP/(g/kg)	全钾 TK/(g/kg)	碱解氮 AN/(mg/kg)	有效磷 AP/(mg/kg)	速效钾 AK/(mg/kg)	阳离子交换量CEC/(cmol/kg)	土壤母质 Parent material	剖面点坐标 Profile coordinate	匹配指数 Matching index/%
剖14	人为土	水稻土	紫色土性水稻土	灰棕紫色水稻土	黄泥田	1	0~22	黄紫色	中黏土	块状、粒状	5.4	17.6	1.10	0.33	1.6	131	7.0	101		砂页泥岩风化坡积物	E 104°40′47.3″ N 29°19′17.0″	75
						2	22~30	灰棕紫色	重黏土	块状	5.6	17.2	0.97	0.33	1.7	122	8.0	106				
						3	30~70	灰棕紫色	重黏土	棱状	6.2	11.6	0.74	0.33	1.1	93	12.0	117				
剖15	初育土	紫色土	棕紫泥土	灰棕紫泥土	泥土	1	0~21	灰棕紫色	重壤土	粒状	5.7	14.0	0.98	0.39	1.4	102	3.0	102	28.2	砂页岩互层坡积物	E 104°41′40.9″ N 29°19′07.7″	82
						2	21~29	棕紫色	重黏土	棱状	5.2	12.6	0.84	0.36	1.5	112	2.0	96	25.5			
						3	29~25	黄紫色	重黏土	棱状	5.2	4.8	0.40	0.32	2.1	33	2.0	98	30.9			
						4	25~100	灰紫色	轻壤土	块状												
剖16	人为土	水稻土	冲积型水稻土	紫色冲积水稻土	半砂半泥田	1	0~20				5.0	19.9	0.88	0.18	0.6	183	7.0	112		河流紫色泥沙冲积物	E 104°40′07.7″ N 29°19′00.1″	70
剖17	人为土	水稻土	紫色土性水稻土	灰棕紫色水稻土	半砂半泥田	1	0~25	浅灰棕色	重壤土	块状、小块状	7.3	32.9	1.33	0.28	1.2	200	1.0	70	21.1	砂页泥岩风化坡积物	E 104°41′18.2″ N 29°18′23.0″	94
						2	25~30	浅灰黄色	重黏土	小块状	7.4	29.3	1.44	0.26	1.2	190	1.0	73	16.3			
						3	30~100	浅灰棕色	重黏土	粒状	7.8	24.8	0.88	0.24	1.2	158	2.0	60	12.7			
剖18	人为土	水稻土	紫色土性水稻土	红棕紫色水稻土	半砂半泥田	1	0~20	红棕紫色	轻黏土	块状	8.1	16.4	1.01	0.66	2.2	110	6.0	142	37.9	泥页岩坡积物、沉积物	E 104°39′33.5″ N 29°17′25.1″	99
						2	20~29	红棕紫色	轻黏土	棱状	8.3	6.6	0.51	0.53	2.2	36	1.0	103	21.0			
						3	29~44	红棕紫色	重壤土	棱块状	8.3	15.0	0.88	0.67	2.2	70	5.0	128	21.0			
剖19	人为土	水稻土	紫色土性水稻土	棕紫色水稻土	冷浸烂泥田	1	0~16	灰色	中黏土	无明显结构	8.1	23.4	1.20	0.57	2.0	146	3.0	98		泥页岩坡积物、沉积物	E 104°39′20.9″ N 29°17′04.2″	99
						2	16~31	灰棕紫色	重黏土	块状	8.2	23.3	1.16	0.60	2.1	137	2.0	108				
						3	31~100	浅灰棕色	重黏土	棱状	8.4	19.3	1.02	0.55	2.1	120	1.0	116				
剖20	人为土	水稻土	紫色土性水稻土	棕紫色水稻土	冷浸烂泥田	1	0~21	棕紫色	中黏土	块状、粒状	8.1	20.3	1.04	0.38	1.4	78	3.0	87		砂岩、泥页岩	E 104°38′30.0″ N 29°16′37.6″	95
						2	21~32	棕紫色	中黏土	块状、粒状	8.1	20.5	0.96	0.39	1.4	80	2.0	76				
						3	32~100	棕紫色	重黏土	棱柱状	8.1	20.0	1.11	0.36	1.5	58	2.0	78				
剖21	人为土	水稻土	紫色土性水稻土	红紫色水稻土	泥田	1	0~17	红棕色	中壤土	片状	8.4	22.4	1.28	0.68	2.1	137	3.0	170		泥页岩坡积物、沉积物	E 104°40′34.0″ N 29°16′34.7″	89
						2	17~32	灰棕色	中壤土	块状	8.4	21.6	1.04	0.67	2.3	122	2.0	175				
						3	32~76	灰棕色	中壤土	小棱柱状	8.4	14.5	0.99	0.65	2.2	94	3.0	148				
剖22	初育土	紫色土	红紫泥土	红紫色水稻土	砂土	1	0~21	红棕色	轻壤土	粒状	4.8	8.0	0.41	0.14	0.5	29	7.0	44	9.2	红紫色厚砂岩	E 104°39′14.8″ N 29°16′16.7″	76
						2	21~															
剖23	人为土	水稻土	紫色土性水稻土	棕紫色水稻土	泥田	1	0~23	暗紫色	轻黏土	团块状	8.2	21.7	1.31	0.73	2.1	131	6.0	164	38.2	砂岩、泥页岩	E 104°39′56.9″ N 29°16′12.7″	97
						2	23~36	暗棕紫色	轻黏土	块状	7.9	16.9	1.19	0.68	2.2	118	4.0	148	20.4			
						3	36~62	浅棕紫色	轻壤土	棱柱状	7.9	12.5	0.89	0.63	2.2	87	2.0	143	21.6			
						4	62~100	黄棕紫色	轻黏土	棱柱状	8.1	7.4	0.43	0.60	2.1	42	2.0	153	19.8			
剖24	人为土	水稻土	紫色土性水稻土	红紫色水稻土	砂田	1	0~25	红紫色	中壤土	微团积状	5.6	9.3	0.52	0.11	微量	72	2.0	24	8.0	砂岩、泥	E 104°38′43.4″ N 29°15′54.0″	94
						2	25~38	浅红紫色	轻壤土	块状	5.5	7.0	0.32	0.11	微量	57	2.0	15	7.8			
						3	38~87	暗红紫色	轻壤土	棱柱状	5.7	5.8	0.30	0.10	微量	72	2.0	26	7.2			
						4	87~100	红棕紫色	轻壤土	粒状	6.4	1.8	0.13	0.07	微量	38	1.0	26	4.7			
剖25	初育土	紫色土	红紫泥土	红紫泥土	泥土	1	0~22	黄红紫色	中壤土	粒状	4.7	11.5	0.68	0.19	1.2	55	6.0	50	9.7	红紫色厚砂岩、砂质泥岩	E 104°38′10.3″ N 29°15′40.7″	76
						2	22~32	黄紫色	重壤土	粒状	4.6	9.7	0.70	0.16	1.7	68	2.0	55	13.4			
						3	32~78	红紫色	重壤土	片状	4.8	5.5	0.70	0.12	3.2	34	1.0	94	20.2			
						4	78~															

大 安 区

主要土类说明

紫色土是大安区的主要土壤类型，占本区地域面积的62%。紫色土是由紫色砂页岩风化而成的A-C型土壤。其理化性质与母岩组成直接相关，土层浅薄，剖面层次发育不明显，仍处于初育阶段。母岩富含矿质养分，且风化迅速。本区紫色土只有棕紫泥土一个亚类。

水稻土是大安区第二大土壤类型，占本区地域面积的31%，在本区分布很广，沿河平坝、丘坡中部、山坳和冲沟均有分布。在长期氧化还原交替影响下，水稻土形成其特殊的剖面构型和独有的特性。一般剖面分为淹育层、犁底层、初期潴育层、潴育层和潜育层。水稻土比旱地土壤的氧化还原电位低，在较低的氧化还原电位下，大部分物质处于还原状态，同时土壤的pH有向中性点变化的趋向，即酸性土的pH提高，碱性土的pH降低。在淹水还原条件下，水解和水化作用加强，同时产生很多的还原物质，这些物质具有缓冲作用，使水稻土的pH发生变化。本区水稻土分为冲积型水稻土、紫色土性水稻土和黄壤性水稻土等亚类。

小于本区地域面积3%的土壤类型还有黄壤等。

本区域中心区气候特征

本区域中心区气候特征值
Regional climate characteristics in central area of the region

气候带：中亚热带湿润气候 Climate region: Subtropical humid climate	
年平均气温 /℃ Annual average temperature /℃	17.9
年平均最高气温 /℃ Annual average maximum temperature /℃	21.6
年平均最低气温 /℃ Annual average minimum temperature /℃	15.3
年降水量 /mm Annual precipitation /mm	1033
≥10℃的积温 /℃ Daily temperature accumulated in a year (≥10℃) /℃	9818
年日照时数 /h Annual sunshine /h	1004
年平均相对湿度 /% Annual average relative humidity /%	82
干燥度 Dryness	1.04

本区域中心区月平均气温与月平均降水量
Monthly temperature and precipitation in central area of the region

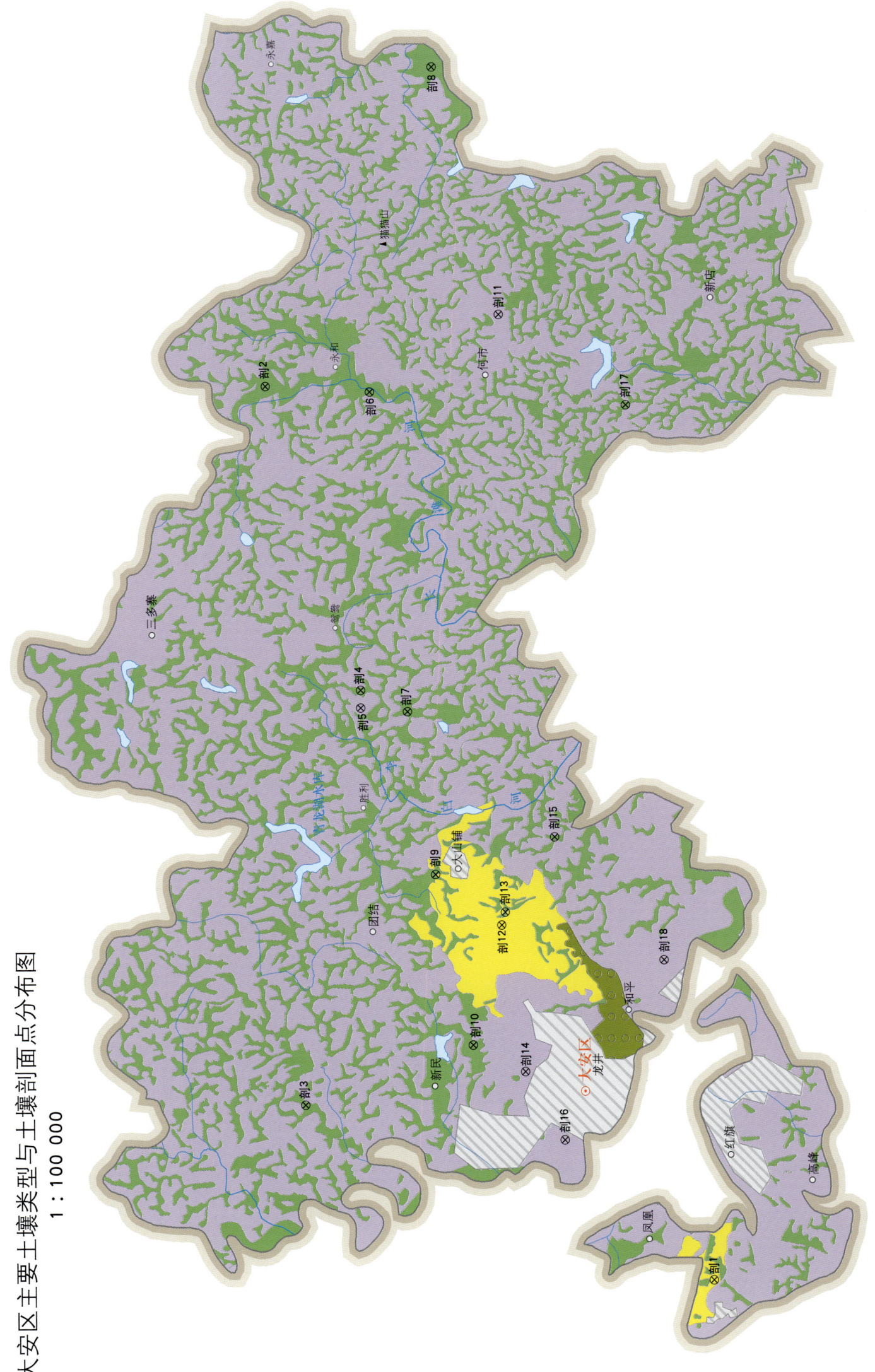

大安区主要土壤类型与土壤剖面点分布图　1∶100 000

大安区土壤剖面理化性状表

剖面号 Soil profile	土纲 Soil order	土类 Soil great group	亚类 Soil subgroup	土属 Soil genus	土种 Soil species	土层码 Layer code	土层厚度 Depth/cm	颜色 Soil color	质地 Soil texture	土壤结构 Soil structure	pH	有机质 OM/(g/kg)	全氮 TN/(g/kg)	全磷 TP/(g/kg)	全钾 TK/(g/kg)	碱解氮 AN/(mg/kg)	有效磷 AP/(mg/kg)	速效钾 AK/(mg/kg)	阳离子交换量CEC/(cmol/kg)	土壤母质 Parent material	剖面点坐标 Profile coordinate	匹配指数 Matching index/%
剖1	铁铝土	黄壤	黄壤	砂黄泥土	半砂半泥土	1	0—24	黄棕紫色	重壤土	粒状、块状	4.9	13.6	0.62	0.47	0.9	120	26.0	86	23.3	黄化砂岩	E 104°43′56.5″ N 29°20′42.8″	86
						2	24—37	棕紫色	重壤土	块状	5.0	11.7	0.69	0.41	0.9	98	24.0	79	24.5			
						3	37—100	灰棕紫色	重壤土	棱状	6.4	6.7	0.40	0.26	1.0	62	2.0	93	25.3			
剖2	人为土	水稻土	冲积型水稻土	紫色冲积水稻土	砂田	1	0—21	灰棕紫色	轻壤土	粒状	8.0	8.8	0.64	0.13	0.8	69	1.0	56	9.4	近代河流冲积物	E 104°55′28.6″ N 29°25′45.8″	75
						2	23—32	黄灰紫色	中壤土	粒状	7.7	5.6	0.18	0.09	0.7	35	3.0	59	6.0			
						3	32—49	棕紫色	轻壤土	棱柱状	7.5	3.6	0.23	0.17	0.9	36		36	10.4			
						4	49—100	黄紫色	轻壤土	棱柱状	6.5	3.0	0.05	0.23	0.9	19	8.0	23	9.8			
剖3	人为土	水稻土	紫色土性水稻土	灰棕紫色水稻土	冷浸烂泥田	1	0—20	灰棕紫色	轻黏土	粒状	8.2	21.0	1.08	0.57	1.5	103	1.0	71	31.3	砂页岩、泥岩	E 104°46′12.0″ N 29°25′20.6″	79
						2	20—28	棕紫色	轻黏土	粒状	8.2	19.8	0.94	0.57	1.6	101	1.0	80	17.6			
						3	28—100	灰棕紫色	轻黏土	棱柱状	8.3	16.8	0.84	0.57	1.6	89	1.0	78	17.4			
剖4	人为土	水稻土	紫色土性水稻土	灰棕紫色水稻土	黄泥田	1	0—22	浅黄紫色	轻黏土	团粒状	5.4	16.7	0.68	0.31	1.5	142	4.0	85	25.3	砂页岩、泥岩	E 104°51′32.4″ N 29°24′41.8″	99
						2	22—37	灰黄色	轻黏土	块状	5.5	16.2	0.87	0.33	1.5	103	8.0	69	23.8			
						3	37—100	黄紫色	轻黏土	大棱柱状	5.9	9.2	0.52	0.23	1.5	71	4.0	66	24.4			
剖5	初育土	紫色土	紫色土	灰棕紫泥土	黄泥土	1	0—21	灰棕紫色	轻黏土		6.2	14.6	0.71	0.38	0.8	101	6.0	59		泥岩、长石砂岩	E 104°51′18.6″ N 29°24′41.6″	94
剖6	人为土	水稻土	冲积型水稻土	紫色冲积水稻土	半砂半泥土	1	0—21	浅灰紫色	中壤土	小块状	6.4	13.0	0.85	0.20	1.0	113	3.0	73	28.2	近代河流冲积物	E 104°55′23.9″ N 29°24′34.8″	98
						2	21—29	浅黄紫色	中壤土	块状	7.1	7.6	0.46	0.17	1.0	74	1.0	47	18.2			
						3	29—43	浅黄紫色	轻壤土	小棱柱状	7.4	5.6	0.44	0.25	1.1	52	3.0	48	16.4			
						4	43—100	浅黄紫色	轻壤土	棱柱状	7.5	4.1	0.32	0.21	1.2	32	2.0	53	11.0			
剖7	人为土	水稻土	紫色土性水稻土	灰棕紫色水稻土	泥田	1	0—25	暗紫色	中黏土	块状	6.4	11.5	1.02	0.30	1.8	64	4.0	89	33.1	砂页岩、泥岩	E 104°51′15.8″ N 29°24′10.1″	96
						2	25—40	暗紫色	中黏土	棱状	7.5	7.7	0.26	0.26	1.7	56	1.0	77	18.2			
						3	40—70	暗紫色	中黏土	棱状	7.3	8.2	0.24	0.24	1.6	49	3.0	87	16.4			
						4	70—100	浅灰紫色	重黏土	棱柱状	7.4	3.1	0.17	0.17	1.2	38	2.0	51	11.0			
剖8	人为土	水稻土	冲积型水稻土	紫色冲积水稻田	泥田	1	0—22	灰棕色	轻黏土	块状	7.7	22.2	1.24	0.60	1.6	139	3.0	85	33.1	近代河流冲积物	E 104°59′35.5″ N 29°23′52.1″	85
						2	22—45	暗紫色	中黏土	棱柱状	7.8	21.0	1.19	0.58	1.5	118	2.0	89	18.0			
						3	45—100	暗紫色	中黏土	棱柱状	7.7	15.6	0.97	0.55	1.7	99	2.0	78	17.6			
剖9	人为土	水稻土	黄壤性水稻土	砂黄泥田	半砂半泥田	1	0—25	暗紫色	轻黏土	粒状、块状	7.3	20.4	0.91	0.40	1.6	123	3.0	185	25.3	厚层状石英砂岩	E 104°49′09.1″ N 29°23′51.4″	72
						2	25—38	浅灰紫色	轻黏土	粒状、块状	6.9	20.0	1.03	0.39	1.6	111	2.0	220	14.0			
						3	38—60	灰白色	轻黏土		7.4	18.9	0.89	0.37	1.5	102	3.0	230	14.2			
						4	60—															
剖10	人为土	水稻土	紫色土性水稻土	暗紫泥田	泥田	1	0—28	暗紫色	中黏土	块状	7.3	32.5	1.77	0.53	1.5	195	5.0	187		紫红色、灰绿色泥岩	E 104°46′57.4″ N 29°23′26.2″	94
						2	28—42	暗紫色	重黏土	棱柱状	7.8	31.4	1.87	0.54	1.5	178	7.0	218				
						3	42—68	暗紫色	重黏土	棱柱状	7.7	30.6	1.39	0.52	1.6	166	6.0	208				
						4	68—100	灰棕紫色	中黏土	块状	7.3	20.4	0.42	0.34	0.8	52	3.0	38	25.3			
剖11	初育土	紫色土	紫色土	灰棕紫泥土	半砂半泥土	1	0—25	灰棕紫色	中壤土	粒状	5.9	7.6	0.42	0.33	0.8	52	3.0	46		泥岩、长石砂岩	E 104°56′23.6″ N 29°23′06.7″	70
						2	25—39	灰棕紫色	中壤土	粒柱状	5.8	8.2	0.42	0.17	0.9	43	2.0	54				
						3	39—48	黄棕紫色	中壤土	粒柱状	6.0	6.9	0.32	0.26	0.3	58	7.0	41				
剖12	铁铝土	黄壤	黄壤	砂黄泥土	砂土	1	0—27	黄紫色	紧砂土	粒状	6.9	13.5	0.39	0.23	0.3	46	5.0	31	10.6	黄化砂岩	E 104°48′29.5″ N 29°23′06.4″	87
						2	27—39	黄紫色	紧砂土	粒状	6.1	9.4	0.24	0.26	0.3	44	5.0	65	7.2			
						3	39—66	黄紫色	紧砂土	粒状	6.6	7.2	0.26	0.23	0.7				7.3			
剖13	人为土	水稻土	黄壤性水稻土	砂黄泥田	砂田	1	0—20	黄紫色	中壤土	块状	6.6	13.8	1.55	0.73	0.7	144	43.0	177	18.4	厚层状石英砂岩	E 104°48′39.6″ N 29°23′03.8″	75
						2	20—32	黄紫色	中壤土	块状	7.6	17.4	0.95	0.70	0.7	86	27.0	96	11.3			
						3	32—100	浅黄紫色	重壤土	块状	8.2	3.5	0.36	0.33	0.5	29	5.0	72	10.9			

续表 Continued

剖面号 Soil profile	土纲 Soil order	土类 Soil great group	亚类 Soil subgroup	土属 Soil genus	土种 Soil species	土层码 Layer code	土层厚度 Depth/cm	颜色 Soil color	质地 Soil texture	土壤结构 Soil structure	pH	有机质 OM/(g/kg)	全氮 TN/(g/kg)	全磷 TP/(g/kg)	全钾 TK/(g/kg)	碱解氮 AN/(mg/kg)	有效磷 AP/(mg/kg)	速效钾 AK/(mg/kg)	阳离子交换量CEC/(cmol/kg)	土壤母质 Parent material	剖面点坐标 Profile coordinate	匹配指数 Matching index/%
剖14	人为土	水稻土	紫色土性水稻土	灰棕紫泥水稻土	冷浸烂泥田	1	0—13	灰棕紫色	中黏土	粒状	8.1	9.5	0.92	0.59	1.4	82	1.0	76	26.7	砂页岩、泥岩	E 104°49′48.0″ N 29°19′40.8″	77
						2	13—31	灰色	中黏土	粒状	8.1	9.8	0.94	0.59	1.5	98	2.0	61	16.5			
						3	31—100	浅灰紫色	中黏土	无明显结构	8.1	10.4	0.78	0.58	1.4	78	1.0	66	14.1			
剖15	初育土	紫色土	棕紫泥土	灰棕紫泥土	半砂半泥土	1	0—22	灰棕紫色	重黏土	粒状	5.3	22.1	0.85	0.64	1.1	129	109.0	237	22.8	砂页岩坡积物、沉积物	E 104°48′59.0″ N 29°18′01.1″	95
						2	22—29	深灰紫色	重黏土	块状	5.8	19.0	0.91	0.55	1.1	110	49.0	147	19.4			
						3	29—100	浅灰紫色	重黏土	棱柱状	5.7	15.9	0.55	0.44	1.1	97	21.0	111	20.9			
剖16	初育土	紫色土	棕紫泥土	灰棕紫泥土	黄泥土	1	0—20	灰棕紫色	轻黏土	粒状、块状	5.4	9.2	0.58	0.22	0.6	94	8.0	31		砂页岩坡积物、沉积物	E 104°48′25.9″ N 29°17′34.1″	98
						2	20—30	黄棕紫色	轻黏土	小块状	5.7	6.9	0.38	0.12	0.7	85	1.0	37				
						3	30—85	黄白紫色	砂黏土	棱柱状	5.8	3.8	0.32	0.07	0.6	46	1.0	27				
剖17	铁铝土	黄壤	砂黄泥土	砂黄泥土	砂土	1	0—21	黄紫色	砂壤土	粒状	5.3	5.7	0.60	0.24	0.5	75	2.0	39		黄化砂岩	E 104°47′58.6″ N 29°17′28.0″	86
						2	21—35	暗黄紫色	砂壤土	粒状	6.3	5.1	0.47	0.22	0.5	62	1.0	23				
						3	35—															
剖18	新积土	冲积土	紫色冲积土	紫色冲积土	半砂半泥土	1	0—22	暗棕紫色	中壤土	粒状	7.6	13.1	0.98	0.29	0.7	85	12.0	53	13.2	河流冲积物	E 104°55′00.5″ N 29°14′57.9″	86
						2	22—37	黄棕紫色	轻壤土	块状	6.5	5.5	0.38	0.16	0.6	32	4.0	31	4.9			
						3	37—100	暗棕紫色	轻壤土	棱柱状	6.6	6.5	0.22	0.68		22	15.0	26	5.8			
剖19	初育土	水稻土	紫色土性水稻土	灰棕紫色水稻土	泥田	1	0—27		重黏土	块状、粒状	7.1	17.0	0.97	0.39	1.7	128	1.0	95	21.7	砂页岩、泥岩	E 104°47′29.8″ N 29°14′10.3″	85
						2	27—34		重黏土	块状	7.5	16.3	0.83	0.37	1.6	111	1.0	100	13.5			
						3	34—100		重黏土	棱柱状	7.9	15.4	0.93	0.35	1.5	89	2.0	97	13.6			
剖20	人为土	水稻土	冲积型水稻土	紫色冲积水稻土	砂田	1	0—18	灰棕紫色	轻壤土	粒状		15.4	0.51	0.18	0.4	81	2.0	31	9.4		E 104°55′25.5″ N 29°12′57.5″	97
						2	18—38	瓦灰色	中壤土	块状		8.4	0.36	0.13	0.6	45	1.0	46	6.6			
						3	38—100	灰棕紫色	中壤土	块状		4.3	0.19	0.19	0.7	29	6.0	46	10.6			
剖21	初育土	紫色土	棕紫泥土	灰棕紫泥土	砂土	1	0—19	灰棕紫色	中壤土	粒状、块状	5.4	11.7	0.62	0.25	0.4	103	4.0	16	10.7	砂页岩坡积物、沉积物	E 104°46′21.7″ N 29°11′52.8″	79
						2	19—37	灰棕紫色	中壤土	棱柱状	5.3	10.0	0.44	0.25	0.4	93	3.0	16	10.2			
						3	37—															
剖22	人为土	水稻土	冲积型水稻土	紫色冲积水稻土	半砂半泥田	1	0—22	灰棕紫色	中壤土	粒状	7.2	16.1	0.75	0.33	0.8	94	10.0	50	19.3	紫色土岩石、土壤、冲积物	E 104°49′06.2″ N 29°11′47.0″	92
						2	22—47	浅灰紫色	中壤土	棱柱状	6.7	8.4	0.37	0.27	0.8	47	6.0	48	9.0			
						3	47—100	灰黄色	中壤土	块状	7.4	2.7	0.20	0.16	0.6	24	4.0	28	6.1			
剖23	人为土	水稻土	紫色土性水稻土	红棕紫色水稻土	泥田	1	0—30	红棕色	重黏土	粒状、块状	7.2	20.6	1.08	0.20	1.2	114	4.0	78		红棕紫色厚泥岩	E 104°50′07.4″ N 29°10′56.6″	81
						2	30—39	棕紫色	中壤土	块状	7.2	13.3	0.67	0.15	1.1	75	1.0	67				
						3	39—87	灰白紫色	中壤土	棱柱状	6.7	2.1	0.10	0.09	0.9	10	1.0	41				
						4	87—		中壤土	棱柱状	7.4	2.1	0.12	0.07	0.8	12	1.0	51				
剖24	人为土	紫色土	紫色土性水稻土	灰棕紫泥水稻土	砂田	1	0—23	灰棕紫色	砂壤土	粒状	5.5	11.1	0.59	0.21	0.6	77	4.0	35		砂页岩、泥岩	E 104°45′22.7″ N 29°09′58.7″	70
						2	23—28	灰紫色	砂壤土	块状	5.7	9.9	0.55	0.23	0.2	81	4.0	32				
						3	28—80	灰棕紫色	砂壤土	块状	6.5	5.7	0.24	0.17	0.5	46	2.0	31				
剖25	黄壤	黄壤	黄壤	砂黄泥土	半砂半泥土	1	0—19	暗黄色	中壤土	粒状	6.0	10.7	0.44	0.25	0.4	82	6.0	25		黄化砂岩风化物	E 104°55′15.6″ N 29°09′01.8″	97
						2	19—45	黄紫色	轻壤土	粒状	5.2	3.0	0.23	0.15	0.5	47	1.0	16				
						3	45—															
剖26	铁铝土	水稻土	紫色土性水稻土	灰棕紫泥水稻土	半砂半泥田	1	0—14	暗棕色	中壤土	粒状	5.0	13.3	0.67	0.15	0.4	96	2.0	36		砂页岩、泥岩	E 104°51′37.1″ N 29°08′57.8″	99
						2	14—24	灰棕色	中壤土	块状	5.2	13.9	0.70	0.17	0.4	96	2.0	30				
						3	24—100	棕紫色	重壤土	块状	6.6	23.9	0.99	0.19	0.5	158	6.0	22				
剖27	人为土	水稻土	黄壤性水稻土	砂黄泥田	半砂半泥田	1	0—16	暗棕色	轻壤土	粒状	6.5	15.6	0.76	0.16	0.4	91	2.0	16		黄化砂岩	E 104°54′50.8″ N 29°08′22.2″	91
						2	16—36	暗黄色	轻壤土	块状												
						3	36—72	黄紫色	重壤土	棱柱状	5.5	2.6	0.21	0.15	0.5	57	3.0	57				

荣 县

主要土类说明

紫色土是荣县的主要土壤类型，占本县地域面积的52%。紫色土是本县的主要农耕土壤，遍及所有丘陵地区，是粮、棉、油、果、桑等主要产地，气候温暖湿润，土质肥沃，土地垦殖系数多在40%—60%。其主要特点是以物理风化为主，剖面无明显层次分化，矿质养分含量丰富，有机质偏少。

水稻土是荣县第二大土壤类型，占本县地域面积的29%。成土母质为紫色土和黄壤。水稻土是在长期季节性淹灌、水下翻耕、季节性脱水、氧化还原交替影响下，原来成土母质或母土的特性发生重大改变，形成的新的土壤类型。由于干湿交替，水稻土形成糊状淹育层、较坚实板结的犁底层、渗育层、潴育层与潜育层等多种发生层。这些不同发生层段是在人为耕作、水浆管理下形成的。本县水稻土分为冲积型水稻土、紫色土性水稻土和黄壤性水稻土等亚类。

黄壤是荣县第三大土壤类型，占本县地域面积的16%。黄壤发生于亚热带湿润条件下，中度脱硅富铝化，多见于海拔700—1200m的山区。土壤有机质累积较多，具O–A–AB–B–C剖面构型。pH为4.5—5.5。淀积层（B层）富含水合氧化物（针铁矿），呈黄色。

小于本县地域面积3%的土壤类型还有石灰（岩）土等。

本区域中心区气候特征

本区域中心区气候特征值
Regional climate characteristics in central area of the region

气候带：中亚热带湿润气候 Climate region: Subtropical humid climate	
年平均气温 /℃ Annual average temperature /℃	17.5
年平均最高气温 /℃ Annual average maximum temperature /℃	21.4
年平均最低气温 /℃ Annual average minimum temperature /℃	14.7
年降水量 /mm Annual precipitation /mm	1017
≥10℃的积温 /℃ Daily temperature accumulated in a year (≥10℃) /℃	10019
年日照时数 /h Annual sunshine /h	1070
年平均相对湿度 /% Annual average relative humidity /%	81
干燥度 Dryness	1.03

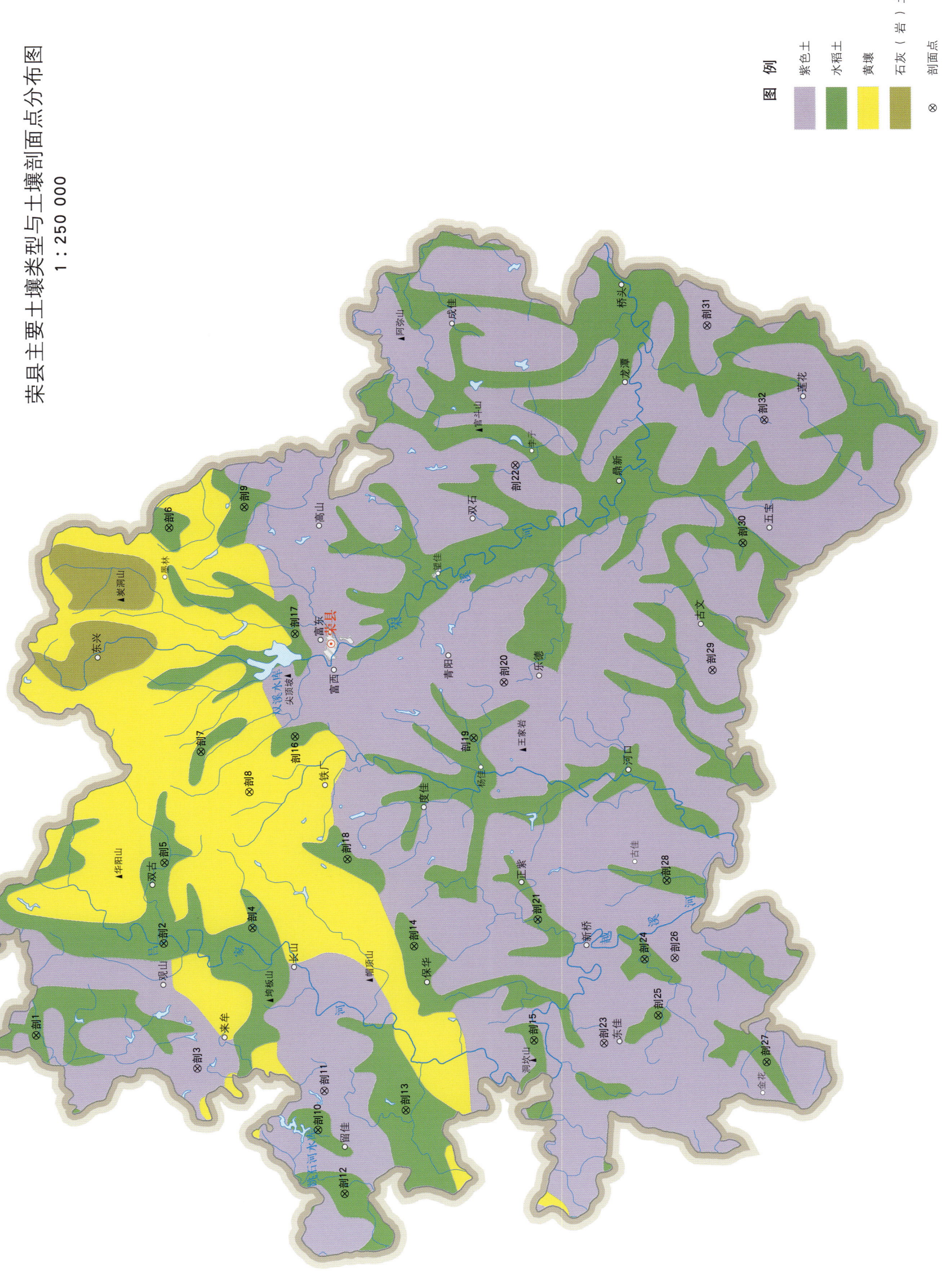

荣县土壤剖面理化性状表

剖面号 Soil profile	土纲 Soil order	土类 Soil great group	亚类 Soil subgroup	土属 Soil genus	土种 Soil species	土层码 Layer code	土层厚度 Depth/cm	颜色 Soil color	质地 Soil texture	土壤结构 Soil structure	pH	有机质 OM/(g/kg)	全氮 TN/(g/kg)	全磷 TP/(g/kg)	全钾 TK/(g/kg)	碱解氮 AN/(mg/kg)	有效磷 AP/(mg/kg)	速效钾 AK/(mg/kg)	阳离子交换量CEC/(cmol/kg)	土壤母质 Parent material	剖面点坐标 Profile coordinate	匹配指数 Matching index/%
剖1	人为土	水稻土	冲积型水稻土	黄色冲积水稻土	泥田	1	0-32	浅灰色	黏土	块状	8.1	21.4	1.90	0.60		162	2.0	53		河流冲积物	E 104°10′57.0″ N 29°36′54.4″	80
						2	32-100	浅灰黄色	重壤土	棱柱状	8.1	22.9	1.70	0.50		139	1.0	34				
剖2	人为土	水稻土	冲积型水稻土	紫色冲积水稻土	砂田	1	0-32	灰色	轻壤土	粒状	7.9	23.3	1.00	1.20		91	4.0	96		河流紫色冲积物	E 104°14′16.4″ N 29°32′51.0″	89
						2	32-45	灰黄色	壤质砂土	块状	8.1	23.1	1.00	0.40		73	3.0	63				
						3	45-100	浅黄色	壤质砂土	块状												
剖3	初育土	紫色土	棕紫泥	灰棕紫泥土	砂土	1	0-20	灰棕色	壤质砂土	松散状	7.0	9.4	1.20	0.50		52	2.0	48		砂页泥岩	E 104°09′44.6″ N 29°31′47.6″	76
						2	20-40	浅灰棕色	壤质砂土	整体状	5.6	4.2	0.80	0.20		26	1.0	46				
						D	40-	浅灰黄色														
剖4	人为土	水稻土	紫色土性水稻土	灰棕紫泥田	砂田	1	0-17	浅红紫色	轻壤土	粒状	5.9	13.8	0.80	0.40		81	2.0	61		厚层页岩、砂岩冲积物	E 104°14′49.9″ N 29°30′01.8″	85
						2	17-44	浅黄色	轻壤土	块状	6.1	12.8	0.70	0.30		69	1.0	72				
						3	44-80	灰黄色	轻壤土	棱柱状	6.5	11.4	0.50	0.20		58	1.0	42				
剖5	人为土	水稻土	紫色土性水稻土	灰棕紫泥田	半砂半泥田	1	0-16	灰棕紫色	壤土	棱柱状	5.4	17.0	0.70	0.30		79	2.0	71		厚层页岩、砂岩冲积物	E 104°17′11.8″ N 29°32′49.2″	94
						2	16-30	浅棕紫色	重壤土	棱柱状	6.0	12.6	0.60	0.30		46	2.8	29				
						3	30-100	浅灰紫色	黏土	块状												
剖6	人为土	水稻土	紫色土性水稻土	红紫泥田	砂土	1	0-20	浅红紫色	壤质砂土	粒状	8.0	9.5	1.40	0.50		51	2.0	47		红紫色厚砂岩坡积物	E 104°29′17.9″ N 29°32′38.8″	75
						2	20-50	红紫色	壤质砂土	块状	7.4	9.5	1.50	0.40		63	1.0	53				
						3	50-100	暗红紫色	壤质砂土	块状												
剖7	初育土	紫色土	棕紫泥	棕紫泥	半砂半泥田	1	0-30	棕紫色	壤土	粒状、块状	7.7	13.2	1.10	1.70		57	5.0	79		棕紫色砂页岩坡积物	E 104°21′12.6″ N 29°31′39.7″	97
						2	30-55	浅紫紫色	重壤土	棱柱状	7.7	6.2	0.80	1.30		25	2.0	81				
						3	55-85	浅紫紫色	重壤土	棱柱状	8.0	3.7	0.40	1.20		15	1.0	54				
剖8	铁铝土	黄壤	黄壤	冷砂黄泥土	砂土	1	0-23	棕黄色	轻壤土	粒状	5.5	17.0	0.80	0.50		87	4.7	27		砂页泥岩风化物	E 104°19′45.1″ N 29°30′07.2″	94
						2	23-45	浅黄色	壤质砂土	整体状	5.5	9.0	0.30	0.30		33	1.0	25				
						3	45-100	黄色		整体状	5.5											
剖9	人为土	水稻土	紫色土性水稻土	暗紫泥田	矿子泥田	1	0-20	灰黄黄色	黏土	块状	8.5	19.3	1.30	1.70		108	7.7	92		砂页泥岩	E 104°30′02.5″ N 29°30′15.5″	84
						2	20-42	浅黄黄色	黏土	棱柱状	8.6	16.1	1.10	1.70		84	4.9	44				
						3	42-100	浅黄色	黏土	棱柱状	8.4	11.9	0.90	0.90		50	2.0	59				
剖10	人为土	水稻土	紫色土性水稻土	红紫泥田	泥田	1	0-33	浅红紫色	重壤土	块状	7.9	29.0	2.70	0.30		159	2.5	104		砂页泥岩	E 104°07′30.7″ N 29°27′58.0″	85
						2	33-50	浅红紫色	重壤土	棱柱状	7.9	28.7	2.50	0.30		144	1.0	83				
剖11	初育土	紫色土	棕紫泥	灰棕紫泥土	泥土	1	0-14	灰紫色	重壤土	粒状	8.3	16.7	0.60	1.20		72	8.0	113		砂页泥岩	E 104°08′55.7″ N 29°27′45.7″	96
						2	14-20	灰棕色	重壤土	棱柱状	8.2	13.7	0.80	1.40		21	2.0	70				
						3	20-100	紫色	重壤土	整体状	7.0											
剖12	人为土	水稻土	紫色土性水稻土	暗紫泥田	黄泥田	1	0-27	灰紫色	黏土	块状	7.0	36.0	1.40	0.40		136	2.5	179		砂页泥岩	E 104°05′12.1″ N 29°27′07.6″	94
						2	27-72	浅黄紫紫色	黏土	棱柱状	6.6	21.0	0.80	0.30		99	1.3	160				
						3	72-100	浅黄色	黏土	棱柱状	6.0	12.5	0.40	0.30		40	3.3	180				
剖13	人为土	水稻土	黄壤性水稻土	冷砂黄泥田	黄泥田	1	0-24	浅黄色	重壤土	块状	5.7	16.0	1.00	0.70		79	2.0	190		砂页岩坡积物、沉积物	E 104°08′13.9″ N 29°25′10.9″	92
						2	24-46	浅黄色	重壤土	棱柱状	6.8	13.2	0.90	0.60		60	3.0	130				
						3	46-68	浅黄色	重壤土	块状												
剖14	人为土	水稻土	黄壤性水稻土	冷砂黄泥田	半砂半泥田	1	0-30	黄灰色	黏土	块状	6.0	23.1	2.50	0.80		98	3.0	163		砂页岩坡积物、沉积物	E 104°14′09.6″ N 29°24′54.4″	84
						2	30-60	黄色	重壤土	棱柱状	6.9	16.3	1.80	0.60		64	3.0	46				
						3	60-100	灰棕色		块状												
剖15	人为土	水稻土	紫色土性水稻土	灰棕紫泥土	泥田	1	0-30	灰棕色	黏土	块状	8.1	21.2	2.50	1.10		133	1.0	132		砂页泥岩	E 104°10′45.1″ N 29°21′06.5″	72
						2	30-100	灰棕紫色	黏土	棱柱状	8.2	29.7	2.30	1.00		128	1.0	124				

续表 Continued

剖面号 Soil profile	土纲 Soil order	土类 Soil great group	亚类 Soil subgroup	土属 Soil genus	土种 Soil species	土层码 Layer code	土层厚度 Depth/cm	颜色 Soil color	质地 Soil texture	土壤结构 Soil structure	pH	有机质 OM/(g/kg)	全氮 TN/(g/kg)	全磷 TP/(g/kg)	全钾 TK/(g/kg)	碱解氮 AN/(mg/kg)	有效磷 AP/(mg/kg)	速效钾 AK/(mg/kg)	阳离子交换量CEC/(cmol/kg)	土壤母质 Parent material	剖面点坐标 Profile coordinate	匹配指数 Matching index/%
剖16	人为土	水稻土	紫色土性水稻土	棕紫泥	泥田	1	0—27	浅灰紫色	黏土	块状	8.0	15.6	2.30	1.40		90	8.0	129		棕紫色砂页岩坡积物	E 104°21′45.4″ N 29°28′40.1″	79
						2	27—34	棕紫色	黏土	棱柱状	8.1	12.6	2.00	1.40		76	9.0	108				
						3	34—100	棕紫色	黏土	棱柱状												
剖17	人为土	水稻土	黄壤性水稻土	冷砂黄泥田	砂田	1	0—21	浅灰黄色	壤土	块状、粒状	5.2	14.1				42	3.0	9		砂页岩坡积物、沉积物	E 104°25′27.8″ N 29°28′39.7″	79
						2	21—53	浅黄黄色	轻壤土	块状	6.6	7.1	2.00	0.60		104	4.0	57				
						3	53—97	黄色	壤质砂土	整体状			1.50	0.50								
剖18	人为土	水稻土	紫色土性水稻土	灰棕紫泥土	黄泥田	1	0—26	灰紫色	黏土	块状	5.9	18.0	0.70	0.40		86	2.4	59		厚层页泥岩、砂岩冲积物	E 104°17′19.0″ N 29°27′01.1″	84
						2	26—40	浅紫棕色	黏土	棱柱状	5.8	17.0	0.50	0.30		81	2.4	56				
						3	40—100	浅紫棕色	黏土	块柱状	6.2											
剖19	人为土	水稻土	冲积型水稻土	紫色冲积水稻土		1	0—32	浅紫棕色	重壤土	粒状	7.9	15.0	0.80	0.41		81	2.0	29		河流紫色冲积物	E 104°21′41.8″ N 29°22′59.9″	97
						2	32—60	棕紫色	壤土	无明显结构	6.5	4.0	0.30	0.50		28	3.0	23				
						3	60—															
剖20	初育土	紫色土	棕紫泥	棕紫泥土	石骨子土	1	0—16	棕紫色	砾质壤土	无明显结构	8.3	17.9	0.90	1.60		64	2.0	58		砂页岩坡积物	E 104°23′42.7″ N 29°22′01.9″	71
						2	16—70	棕紫色	砾质壤土	无明显结构	8.3	8.4	0.60	1.50		41		57				
						D	70—															
剖21	人为土	水稻土	紫色土性水稻土	暗紫泥田	半砂半泥田	1	0—20	紫黄色	壤土	粒状	6.0	10.3	1.90	0.10		93	3.0	60		砂页泥岩	E 104°15′07.9″ N 29°20′58.6″	70
						2	20—27	浅灰黄色	壤土	块状	6.4	10.7	1.30	0.50		43	1.0	40				
						3	27—46	浅灰黄色	壤土	块状												
						4	46—	黄色														
剖22	初育土	紫色土	棕紫泥	灰棕紫泥田	半砂半泥田	1	0—19	棕紫色	轻壤土	粒状	6.7	14.9	1.60	0.80		70	3.0	81		砂页泥岩	E 104°31′32.9″ N 29°21′39.6″	82
						2	19—33	灰紫紫色	轻壤土	块状	6.0	4.9	1.00	0.80		24	3.0	32				
						3	33—100	黄棕紫色	轻壤土	块状												
剖23	初育土	紫色土	棕紫泥	红棕紫泥土	半砂半泥田	1	0—22	红棕紫色	壤土	块状	8.4	10.1	0.60	1.50		49	0.4	68		厚层页岩坡积物、残积物	E 104°10′39.0″ N 29°18′53.3″	76
						2	22—35	红棕紫色	壤土	块状	8.3	7.3	0.60	1.30		29	0.2	49				
						3	35—68	红棕紫色	壤土	柱状												
						D	68—															
剖24	人为土	水稻土	紫色土性水稻土	红棕紫泥田		1	0—17	棕紫色	轻壤土	粒状	7.1	12.4	0.80	0.30		80	2.0	26		红紫色厚砂岩坡积物	E 104°13′41.5″ N 29°17′35.5″	75
						2	17—43	暗紫色	壤质砂土	块状	7.2	9.4	0.20	0.30		76	1.0	25				
						3	43—78	浅红灰色	壤质砂土	块状	7.5	4.0		0.20		32	1.0	22				
						4	78—100	黄棕色	壤质砂土	块状	7.5	3.9	0.30	0.20		33	3.0	33				
剖25	人为土	水稻土	紫色土性水稻土	红棕紫泥土	泥田	1	0—30	黄棕色	重壤土	粒状、核状	8.1	17.0	2.40	1.70		101	8.0	85		页岩、泥岩、砂岩	E 104°11′39.5″ N 29°17′10.0″	71
						2	30—47	红棕紫色	黏土	块柱状	8.1	14.2	2.20	1.70		69	8.0	87				
						3	47—100	灰棕紫色	黏土	棱柱状												
剖26	初育土	紫色土	棕紫泥	棕紫泥土	泥土	1	0—22	灰红紫色	黏土	块柱状	7.9	12.1	1.80	1.80		56	2.0	68		砂页岩坡积物	E 104°13′44.4″ N 29°16′38.3″	73
						2	22—38	黄棕色	黏土	块柱状	7.8	9.8	1.50	1.70		30	2.0	66				
						3	38—75	紫棕色	黏土	块状												
剖27	人为土	水稻土	紫色土性水稻土	暗紫泥田	泥田	1	0—16	暗紫色	重壤土	棱柱状	5.7	23.9	1.00	0.80		132	9.2	125		砂页泥岩	E 104°09′58.0″ N 29°13′43.3″	79
						2	16—27	暗紫色	黏土	棱柱状	6.1	18.7	0.20	0.60		43	5.4	82				
						3	27—100	暗紫色	黏土	块状	6.8	4.1	1.00	0.60		122	4.5	102				
剖28	人为土	水稻土	棕紫泥	暗紫泥田	砂田	1	0—22	浅灰紫色	轻壤土	粒状	5.8	15.8	0.90	0.30		65	1.0	22		红紫色厚砂岩、泥质砂岩	E 104°16′32.9″ N 29°16′53.0″	95
						2	22—40	浅灰黄色	壤土	块状	6.0	11.5	0.70	0.30		49	3.0	16				
						3	40—60	浅灰黄色	壤质砂土	松散状	6.7	0.8	0.50	0.30		31	2.0	31				
						4	60—			整体状												
剖29	初育土	紫色土	红紫泥土	红棕紫泥土	半砂半泥土	1	0—18	红紫色	轻壤土	粒状	6.4	5.9	1.00	0.10		34	1.0	9		红紫色厚砂岩、泥质页岩	E 104°24′09.0″ N 29°15′24.8″	77
						2	18—40	红紫色	壤质砂土	块状	7.3	4.2	0.90	0.10		16	1.0	7				
						3	40—100	红紫色	壤质砂土	整体状												

续表 Continued

剖面号 Soil profile	土纲 Soil order	土类 Soil great group	亚类 Soil subgroup	土属 Soil genus	土种 Soil species	土层码 Layer code	土层厚度 Depth/cm	颜色 Soil color	质地 Soil texture	土壤结构 Soil structure	pH	有机质 OM/(g/kg)	全氮 TN/(g/kg)	全磷 TP/(g/kg)	全钾 TK/(g/kg)	碱解氮 AN/(mg/kg)	有效磷 AP/(mg/kg)	速效钾 AK/(mg/kg)	阳离子交换量CEC/(cmol/kg)	土壤母质 Parent material	剖面点坐标 Profile coordinate	匹配指数 Matching index/%
剖30	人为土	水稻土	冲积型水稻土	紫色冲积水稻土	半砂半泥田	1	0—14	浅黄色	壤土	粒状	5.6	15.2	0.60	0.40		88	3.0	9		河流紫色冲积物	E 104°28′44.2″ N 29°14′26.6″	90
						2	14—26	棕紫色	壤土	块状	5.7	15.0	0.90	0.50		79	3.0	34				
						3	26—100	灰紫色	轻壤土	块状	6.0	11.9	0.50	0.20		61	2.0	5				
剖31	初育土	紫色土	酸性紫色土	红紫泥土	红紫砂土	A	0—23	浅红紫色	壤质砂土	单粒状	4.7	8.4	0.44	0.27	1.2	44	2.8	38	6.8		E 104°36′34.6″ N 29°15′33.5″	86
						C	23—33	黄红紫色	壤质砂土	单粒状	4.9	5.8	0.36	0.13	1.3				12.8			
剖32	初育土	紫色土	红紫泥土	红紫泥土	红砂土	1	0—15	红紫色	壤质砂土	松散状	6.5	6.2	0.60	0.20		45	2.0	42		红紫色厚砂岩、泥质页岩	E 104°33′10.4″ N 29°13′44.8″	83
						2	15—30	红紫色	壤质砂土	无明显结构	6.1	4.3	0.50	0.20		26	1.0	8				
						D	30—															

富 顺 县

主要土类说明

紫色土是富顺县的主要土壤类型，占本县地域面积的49%。紫色土是由热带、亚热带紫红色岩层直接风化形成的A-C型土壤。其理化性质与母岩组成直接相关，土层浅薄，剖面层次发育不明显，仍处于初育阶段。母岩富含矿质养分，且风化迅速。

水稻土是富顺县第二大土壤类型，占本县地域面积的44%。水稻土是在长期季节性淹灌、水下翻耕、季节性脱水、氧化还原交替影响下，原来成土母质或母土的特性发生重大改变，形成的新的土壤类型。由于干湿交替，水稻土形成糊状淹育层、较坚实板结的犁底层、渗育层、潴育层与潜育层等多种发生层。这些不同发生层段是在人为耕作、水浆管理下形成的。

黄壤是富顺县第三大土壤类型，占本县地域面积的6%。黄壤发生于亚热带湿润条件下，中度脱硅富铝化，多见于海拔700—1200m的山区。土壤有机质累积较多，具O-A-AB-B-C剖面构型。pH为4.5—5.5。淀积层（B层）富含水合氧化物（针铁矿），呈黄色。

小于本县地域面积3%的土壤类型还有新积土等。

本区域中心区气候特征

本区域中心区气候特征值
Regional climate characteristics in central area of the region

气候带：中亚热带湿润气候 Climate region: Subtropical humid climate	
年平均气温 /℃ Annual average temperature /℃	17.6
年平均最高气温 /℃ Annual average maximum temperature /℃	21.4
年平均最低气温 /℃ Annual average minimum temperature /℃	15.1
年降水量 /mm Annual precipitation /mm	1043
≥10℃的积温 /℃ Daily temperature accumulated in a year（≥10℃）/℃	10037
年日照时数 /h Annual sunshine /h	1002
年平均相对湿度 /% Annual average relative humidity /%	82
干燥度 Dryness	1.01

本区域中心区月平均气温与月平均降水量
Monthly temperature and precipitation in central area of the region

富顺县主要土壤类型与土壤剖面点分布图
1:260 000

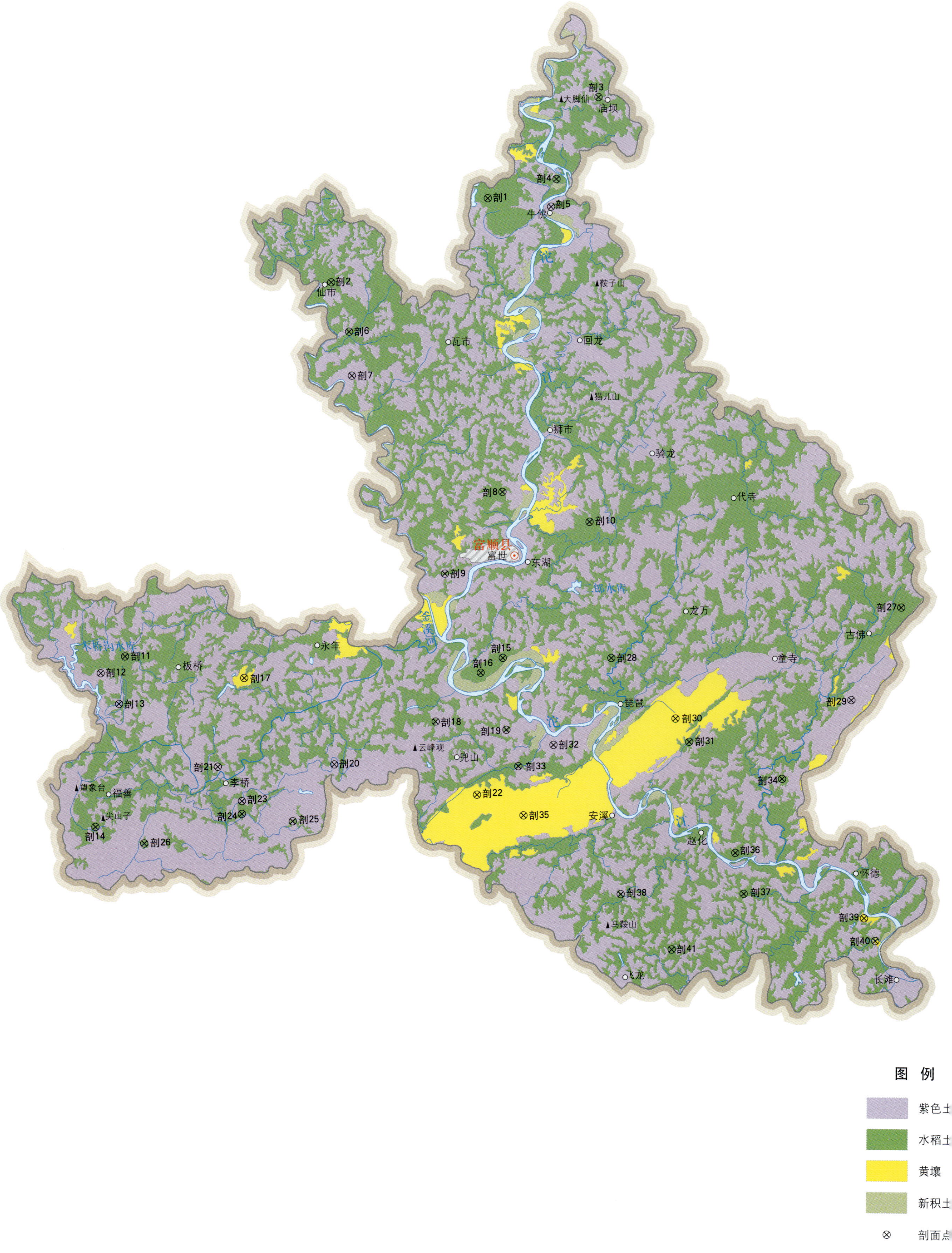

图 例

紫色土
水稻土
黄壤
新积土
⊗ 剖面点

富顺县土壤剖面理化性状表

剖面号 Soil profile	土纲 Soil order	土类 Soil great group	亚类 Soil subgroup	土属 Soil genus	土种 Soil species	土层码 Layer code	土层厚度 Depth/cm	颜色 Soil color	质地 Soil texture	土壤结构 Soil structure	pH	有机质 OM/(g/kg)	全氮 TN/(g/kg)	全磷 TP/(g/kg)	碱解氮 AN/(mg/kg)	有效磷 AP/(mg/kg)	速效钾 AK/(mg/kg)	土壤母质 Parent material	剖面点坐标 Profile coordinate	匹配指数 Matching index/%
剖1	人为土	水稻土	黄壤性水稻土	老冲积黄泥田	卵石夹白鳝黄泥	1	0—21	黄灰色	多砾轻黏土	大块状	4.6	16.0	0.87	0.26	98	2.0	52	老冲积物	E 104°58′50.9″ N 29°23′03.5″	74
						2	21—41	灰紫色	多砾轻黏土	板状	4.9	5.7	0.46	0.10	56	2.0	40			
						3	41—97	红灰色	多砾轻黏土	棱柱状	5.2	3.1	0.32	0.13	16	1.0	35			
						4	97—135	红白色	多砾轻黏土	整体状	4.7			0.12		2.0	103			
剖2	人为土	水稻土	紫色土性水稻土	灰棕紫色水稻土	黑油砂田	1	0—24	紫棕色	砂壤土	粒状	6.6	19.5	1.16	0.67	77	10.0	96	紫色细砂岩	E 104°52′48.0″ N 29°20′11.0″	98
						2	24—50	浅紫色	砂壤土	块状	6.7	15.4	1.11	0.56	70	8.0	108			
						3	50—84	深紫色	砂壤土	柱状	7.2	15.8	0.92	0.53	61	8.0	99			
						4	84—122	灰紫色	砂壤土	块状	7.5			0.46			51			
剖3	人为土	水稻土	紫色土性水稻土	灰棕紫色水稻土	砂田	1	0—20	灰棕紫色	砂壤土	团粒状	7.8	7.4	0.55	0.40	47	9.0	64	紫色、黄紫色、白紫色等砂岩	E 105°03′07.9″ N 29°26′28.3″	93
						2	20—42	棕紫色	砂壤土	块状	8.0	3.6	0.53	0.39	24	5.0	26			
						3	42—72	棕红色	砂壤土	棱柱状	8.1	2.1	0.23	0.35	16	4.0	37			
						4	72—104	红棕色	砂壤土	棱柱状	8.0	1.7	0.20	0.34		3.0	33			
剖4	人为土	水稻土	黄壤性水稻土	老冲积黄泥田	卵石夹腰泥	1	0—27	黑灰色	多砾轻黏土	粒状	5.2	22.0	1.39	0.20	82	2.0	119	老冲积物	E 105°01′30.7″ N 29°23′42.5″	84
						2	27—67	黄灰色	多砾轻黏土	块状	6.1	19.0	1.08	0.18	100	2.0	98			
						3	67—77	蓝灰色	多砾轻黏土	棱柱状	5.6	5.7	0.45	0.25	46	2.0	71			
						4	77—117		多砾轻黏土	无明显结构	5.6		0.35	0.18		1.0	65			
剖5	初育土	紫色土	暗紫泥土	暗紫紫色水稻土	鸡儿石砂土	1	0—24	紫色	中壤土	团粒状	8.1	7.1	0.43	0.66	31	8.0	61	暗紫色泥岩	E 105°01′18.5″ N 29°22′46.4″	94
						2	24—46	紫色	中壤土	粒状	8.0	3.5	0.40	0.56	26	6.0	70			
						3	46—76	黑灰色	黏壤土	棱柱状	6.8	2.4	0.30	0.27	28	3.0	64			
						4	76—97	黑紫色	砂壤土	粒状	8.2		0.35	0.61		5.0	68			
剖6	人为土	水稻土	棕紫泥土	红棕紫色水稻土		1	0—14	红灰色	重壤土	碎块状	7.8	18.9	1.18	0.60	38	5.0	127		E 105°01′30.1″ N 29°18′31.3″	79
						2	14—27	红灰色	重壤土	棱柱状	7.6	18.4	1.10	0.59	80	6.0	137			
						3	27—160	红灰色	重壤土	块状	7.7	14.3	1.02	0.58	64	3.0	82			
剖7	初育土	紫色土	棕紫泥土	灰棕紫色水稻土	大土泥夹砂田	1	0—15	黄灰色	砂壤土	块状	6.8	12.1	0.92	0.28	70	6.0	107		E 104°53′37.0″ N 29°17′02.4″	80
						2	15—32	白黄色	砂壤土	棱柱状	6.7	8.1	0.64	0.23	48	2.0	58			
						3	32—65	灰黄色	轻黏土	板状	5.5	4.5	0.39	0.25	14	2.0	85			
剖8	人为土	水稻土	灰棕紫色水稻土	黄砂田		1	0—18	灰棕色	砂壤土	块状	4.9	11.8	0.64	0.23	45	6.0	58	紫色紫砂岩	E 104°59′28.0″ N 29°13′07.7″	86
						2	18—58	紫棕色	砂壤土	棱柱状	5.4	7.1	0.44	0.21	23	4.0	61			
						3	58—105	浅黄色	中壤土	大棱柱状	6.2	7.1	0.17	0.17	7		43			
剖9	人为土	水稻土	冷砂黄泥田			1	0—25	黑紫色	重壤土	粒状	5.7	13.5	1.00	0.24	56	3.0	97	残积物	E 104°57′15.5″ N 29°10′21.4″	93
						2	25—45	灰黑色	重壤土	柱状	6.5	8.9		0.23	41	2.0	61			
						3	45—90	浅黄色	多砾轻黏土	团块状	6.1	5.9		0.29		4.0	20			
剖10	人为土	水稻土	黄壤性水稻土	老冲积黄泥田	卵石黄黏泥	1	0—30	灰黄色	重黏土	团块状	5.2	17.0	1.10	0.33	71	4.0	184	老冲积物	E 105°02′50.8″ N 29°12′07.6″	97
						2	30—55	灰黄色	重黏土	棱柱状	5.6	12.2	1.10	0.36	56	3.0	125			
						3	55—90	黄黄色	重黏土	棱柱状	6.4	7.0	0.63	0.28		4.0	87			
剖11	人为土	水稻土	棕紫泥土	泡泥深泥田		1	0—29	黄紫色	重黏土	无明显结构	7.7	21.0	1.30	0.52	88	4.0	97		E 104°44′54.6″ N 29°07′29.3″	77
						2	29—55	灰紫色	重黏土	棱柱状	7.9	17.5	1.18	0.48	79	2.0	125			
						3	55—78	灰紫色	重黏土	大块状	7.9	13.5	0.95	0.51	73	6.0	138			
						4	78—112	灰紫色	重壤土	无明显结构	7.9		0.95	0.74	68	8.0	141			
剖12	初育土	紫色土	棕紫泥土	泡泥夹砂土		1	0—19	棕紫色	重壤土	小块状	7.1	13.2	0.98	0.31	60	5.0	100		E 104°43′58.4″ N 29°06′54.7″	78
						2	19—46	暗紫色	重壤土	柱状	7.5	8.3	0.72	0.31	44	1.0	28			
						3	46—55	暗紫色	重壤土	板状	7.8	6.6		0.27	36	1.0	26			

续表 Continued

剖面号 Soil profile	土纲 Soil order	土类 Soil great group	亚类 Soil subgroup	土属 Soil genus	土种 Soil species	土层码 Layer code	土层厚度 Depth/cm	颜色 Soil color	质地 Soil texture	土壤结构 Soil structure	pH	有机质 OM/(g/kg)	全氮 TN/(g/kg)	全磷 TP/(g/kg)	碱解氮 AN/(mg/kg)	有效磷 AP/(mg/kg)	速效钾 AK/(mg/kg)	土壤母质 Parent material	剖面点坐标 Profile coordinate	匹配指数 Matching index/%
剖13	初育土	紫色土	红紫泥土	红紫泥土	森林红泥土	1	0~1	砖红色	砂壤土	粒状	5.1	21.0	1.12	0.21	65	2.0	41		E 104°44′42.0″ N 29°05′52.8″	90
						2	1~11	砖红色	砂壤土	粒状	5.0	12.1	0.91	0.18	48	1.0	40			
剖14	人为土	水稻土	紫色土性水稻土	红棕紫色水稻土	大土鸭屎泥	1	0~24	灰紫色	轻黏土	无明显结构	8.1	28.8	1.63	0.44	108	2.0	92		E 104°43′49.4″ N 29°01′41.5″	99
						2	24~56	棕紫色	重壤土	柱状	8.1	29.7	1.59	0.41	105	2.0	107			
						3	56~101	红紫色	重壤土	大块状	8.1	29.2	1.10	0.39	94	2.0	110			
剖15	人为土	水稻土	紫色土性水稻土	红棕紫色水稻土	大土黄腊泥	1	0~16	紫黄色	轻黏土	块状	7.9	11.6	0.90	0.47	36	4.0	99		E 104°59′31.2″ N 29°07′31.4″	84
						2	16~50	黄紫色	重壤土	棱柱状	8.0	5.4	0.50	0.58	30	5.0	74			
剖16	人为土	水稻土	冲积型水稻土	灰紫潮泥水稻土	潮砂田	1	0~28	紫黑色	重壤土	粒状	8.1	6.7	0.48	0.51	47	7.0	23	河水紫紫色沉积物	E 104°58′39.7″ N 29°07′01.2″	85
						2	28~51	黄棕色	砂壤土	块状	8.0	3.3	0.39	0.42	42	5.0	22			
						3	51~98	灰黄色	中壤土	柱状	7.8	2.0	0.21	0.46		5.0	13			
						4	98~157	砂黄色	砂壤土	柱状	8.1			0.30		3.0				
剖17	铁铝土	黄壤	黄壤	冷砂黄泥土	冷砂泥土	1	0~22	浅黄色	砂土	团粒状	5.0	12.9	0.63	0.29	41	3.0	60	紫黄砂岩残积物	E 104°49′31.1″ N 29°06′47.5″	76
						2	22~37	浅黄色	砂土	碎块状	4.6	6.9	0.41	0.20	24	2.0	41			
						3	37~100	棕黄色	砂土	碎块状	4.5	5.9	0.37	0.18	32	2.0	39			
剖18	人为土	水稻土	紫色土性水稻土	红棕紫色水稻土	大土大泥田	1	0~27	棕黄色	轻黏土	块状	8.0	14.2	1.07	0.62	75	6.0	136		E 104°56′56.4″ N 29°05′21.1″	96
						2	27~46	棕黄色	中壤土	板状	8.0	12.3	1.07	0.58	66	4.0	123			
						3	46~81	棕紫色	中壤土	棱柱状	8.0	8.5	0.93	0.47		2.0	92			
						4	81~101	碎棕色	重壤土	碎块状	8.0	4.9	0.71	0.34		4.0	64			
剖19	人为土	水稻土	冲积型水稻土	灰紫潮泥水稻土	黑油潮砂田	1	0~15	灰黑色	中壤土	团粒状	8.1	12.7	0.77	0.63	76	11.0	40	新冲积物	E 104°59′40.2″ N 29°05′04.9″	93
						2	15~34	黑色	砂壤土	柱状	8.3	11.3	0.69	0.64	67	5.0	30			
						3	34~96	棕黄色	砂壤土	柱状	8.3	8.9		0.58		3.0	31			
剖20	初育土	紫色土	红紫泥土	红紫泥土	红砂土	1	0~20	紫红色	砂壤土	粒状	5.3	4.2	0.21	0.10	13	2.0	45	厚砂岩	E 104°53′01.7″ N 29°03′52.6″	77
						2	20~38	黄黄色	中壤土	块状	5.2	5.2	0.14	0.14	10	3.0	32			
						3	38~49	黄黄色	中壤土	块状	5.2	3.4	0.34	0.14		3.0	14			
剖21	初育土	紫色土	棕紫泥土	棕紫泥土	泥夹砂土	1	0~19	灰棕色	中壤土	团粒状	7.4	14.5	1.13	0.54	83	9.0	98	残积物	E 104°48′31.7″ N 29°03′46.1″	80
						2	19~33	紫色	重壤土	团块状	6.8	11.5	0.78	0.50	68	11.0	92			
						3	33~42	棕紫色	重壤土	片状	6.4	8.8	0.48	0.45	47	9.0	55			
剖22	铁铝土	黄壤	黄壤	冷砂黄泥土	细砂泥土	1	0~23	浅黄色	中壤土	块状	5.0	16.0	0.81	0.31	82	3.0	66		E 104°58′32.5″ N 29°02′53.2″	96
						2	23~50	深黄色	重壤土	块状	5.3	11.6	0.67	0.24	55	3.0	30			
						3	50~100	棕黄色	中壤土	柱状	5.2	6.2	0.46	0.23	42	3.0	415			
剖23	人为土	水稻土	红紫泥土	红紫泥土	红泥夹砂土	1	0~20	棕紫色	轻黏土	团粒状	5.4	10.1	0.76	0.31	35	4.0	65	残积物、坡积物	E 104°49′28.2″ N 29°02′36.6″	76
						2	20~55	砖红色	重壤土	柱状	5.4	11.9	0.84	0.27	37	3.0				
						3	55~95	砖红色	中壤土	柱状	5.1	8.3	0.96	0.18	26		10			
剖24	人为土	水稻土	紫色土性水稻土	红紫色水稻土	红砂泥田	1	0~22	棕紫色	砂壤土	团粒块状	5.1	13.6	0.79	0.23	69	2.0	97		E 104°49′28.2″ N 29°02′10.3″	94
						2	22~41	棕紫色	中壤土	棱块状	5.4	8.2	0.54	0.13	38	2.0	95			
						3	41~69	紫红色	中壤土	棱柱状	5.6	8.2	0.52	0.19	34	2.0	63			
剖25	人为土	水稻土	紫色土性水稻土	红紫色水稻土	红岩鸭屎泥	1	0~20	灰紫色	砂壤土	无明显结构	6.8	22.3	1.17	0.26	93	2.0	94		E 104°51′26.6″ N 29°01′56.3″	85
						2	20~33	黄紫色	砂黏土	块状	6.9	20.6	1.07	0.22	88	2.0	95			
						3	33~42	紫红色	中壤土	柱状	7.1	21.4	0.89	0.16	66	2.0	58			
剖26	人为土	水稻土	紫色土性水稻土	红紫色水稻土	黄砂泥田	1	0~23	黄红紫色	轻黏土	块状	4.9	15.6	1.03	0.27	77	3.0	54		E 104°45′42.8″ N 29°01′09.1″	94
						2	23~41	黄红紫色	中壤土	棱柱状	4.6	10.6	0.73	0.15	50	2.0	25			
						3	41~50	黄红紫色	中壤土	棱柱状	5.1	5.6	0.42	0.15	30	2.0	33			
剖27	人为土	水稻土	黄壤性水稻土	冷砂黄泥土	炭砂泥田	1	0~12	黑色	多砾中壤土	块状	5.0	26.6	1.25	0.23	88	3.0	170	炭质页岩残积物	E 105°14′54.6″ N 29°09′16.8″	92
						2	12~36	灰黑色	多砾中壤土	棱柱状	5.1	55.8	1.11	0.21	79	4.0	165			
						3	36~66	灰紫色	多砾中壤土	棱柱状	5.1	25.3	1.11	0.22	54	4.0	103			

续表 Continued

剖面号 Soil profile	土纲 Soil order	土类 Soil great group	亚类 Soil subgroup	土属 Soil genus	土种 Soil species	土层码 Layer code	土层厚度 Depth/cm	颜色 Soil color	质地 Soil texture	土壤结构 Soil structure	pH	有机质 OM/(g/kg)	全氮 TN/(g/kg)	全磷 TP/(g/kg)	碱解氮 AN/(mg/kg)	有效磷 AP/(mg/kg)	速效钾 AK/(mg/kg)	土壤母质 Parent material	剖面点坐标 Profile coordinate	匹配指数 Matching index/%
剖28	人为土	水稻土	紫色土性水稻土	灰棕紫色水稻土	鸭屎泥田	1	0—18	灰紫色	轻黏土	无明显结构	7.9	32.6	1.22	0.51	99	4.0	98		E 105°03′42.5″ N 29°07′32.2″	95
						2	18—38	灰紫色	轻黏土	大块状	7.9	30.6	1.22	0.48	96	4.0	113			
						3	38—68	灰棕紫色	轻黏土	板状	7.9	31.6	1.31	0.44	98	2.0	113			
						4	68—108	棕紫色	轻黏土	大柱状	7.8		0.96	0.36		3.0	98			
剖29	初育土	紫色土	棕紫泥土	灰棕紫泥土	大泥土	1	0—17	棕紫色	轻黏土	小团块状	7.5	10.1	0.81	0.68	57	9.0	87	泥夹砂土	E 105°12′59.8″ N 29°06′08.3″	100
						2	17—43	棕紫色	轻黏土	块状	7.6	6.7	0.39	0.59	40	1.0	54			
						3	43—87	棕紫色	轻黏土	大棱柱状	7.5	4.2	0.50	0.41	35		70			
						4	87—125	黄棕色	中壤土	块状	7.7	4.1	0.43	0.62			63			
剖30	黄壤	黄壤	冷黄泥土		炭砂黄泥土	1	0—8	黄黑色	多砾中壤土	粒状	5.5	42.5	1.97	0.35	76	4.0	121	炭质页岩	E 105°06′12.2″ N 29°05′29.4″	80
						2	8—33	黄黑色	多砾中壤土	块状	5.3	35.1	1.65	0.29	68	4.0	134			
剖31	水稻土	水稻土	黄壤性水稻土	冷砂黄泥田	细砂泥田	1	0—28	紫黄色	砂壤土	团粒状	5.7	16.1	1.00	0.31	65	3.0	45	黄砂岩残积物	E 105°06′44.6″ N 29°04′42.6″	78
						2	28—39	浅灰色	中壤土	棱块状	6.0	13.9	0.74	0.33	53	3.0	32			
						3	39—90	红灰色	中壤土	棱柱状	5.5	7.3	0.57	0.22		3.0	18			
剖32	初育土	紫色土	棕紫泥土	灰棕紫泥土	砂土	1	0—23	灰紫色	砂壤土	粒状	5.7	5.3	0.40	0.23	18	1.0	23		E 105°01′29.3″ N 29°04′35.4″	89
						2	23—43	紫色	砂壤土	小棱柱状	5.6	6.5	0.50	0.21	32	4.0	58			
剖33	人为土	水稻土	冲积型水稻土	灰紫潮泥水稻土	潮泥田	1	0—27	棕紫色	中黏土	粒状	8.1	32.4	1.56	0.28	95	4.0	275	新冲积物	E 105°00′08.3″ N 29°03′51.5″	91
						2	27—58	灰紫色	重壤土	板状	8.1	31.2	1.49	0.27	86	4.0	244			
						3	58—76	灰黄色	重壤土	大棱柱状	8.2	29.0	1.37	0.22		2.0	249			
						4	76—99	黄棕色	重壤土	大壤土	8.2			0.15		1.0				
						5	99—163	灰棕色	重壤土	片状										
剖34	人为土	水稻土	紫色土性水稻土	灰棕紫色水稻土	黄泥夹白鳝泥	1	0—29	黄黑色	中黏土	粒状	6.3	22.5	1.40	0.30	115	2.0	82		E 105°10′19.9″ N 29°03′28.1″	100
						2	29—53	灰棕黄色	中黏土	块状	6.1	20.7	1.28	0.24	99	3.0	125			
						3	53—89	灰白色	大棱柱状	大棱柱状	6.6		1.08	0.28	84	3.0	120			
						4	89—110	白黄色	重壤土	片状	6.6			0.37			102			
剖35	铁铝土	黄壤	冷砂黄泥土		森林黄砂土	1	0—1	黄黑色	砂壤土	粒状	5.1	32.0	1.31	0.33	75	4.0	105		E 105°00′21.2″ N 29°02′11.8″	89
						2	1—10	黑黄色	中壤土	团块状	5.0	25.0	1.12	0.28	64	3.0	101			
剖36	人为土	水稻土	黄壤性水稻土	老冲积黄泥田	卵石泥夹砂田	1	0—20	棕黄色	中壤土	团块状	6.5	13.1	1.00	0.32	87	3.0	66	老冲积物	E 105°08′33.0″ N 29°00′56.9″	94
						2	20—52	紫黄色	多砾中壤土	柱状	6.6	10.3	0.92	0.27	41	3.0	62			
						3	52—92	棕黄色	重壤土	柱状	5.6	4.6	0.52	0.20			29			
剖37	人为土	水稻土	紫色土性水稻土	灰棕紫色水稻土	大泥田	1	0—19	黄棕色	重壤土	碎块状	8.0	15.0	0.99	0.61	86	14.0	74		E 105°08′52.8″ N 28°59′34.1″	71
						2	19—43	紫黄色	重壤土	块状	7.3	14.7	1.02	0.45	76	15.0	105			
						3	43—55	紫黄色	重壤土	棱柱状	7.9	11.1	0.74	0.34	50	9.0	96			
						4	55—95	紫黄色	重壤土	大棱柱状	7.8		0.39	0.14		2.0	71			
剖38	人为土	水稻土	紫色土性水稻土	灰棕紫色水稻土	黄泥田	1	0—17	紫红色	重壤土	块状	5.8	13.8	0.92	0.46	61	6.0	51	老冲积物	E 105°04′07.7″ N 28°59′31.9″	86
						2	17—47	黄黄色	重壤土	柱状	5.9	7.9	0.62	0.45	38	10.0	71			
						3	47—60	浅黄色	重壤土	柱状	6.3	7.2	0.98	0.48	49	1.0	67			
						4	60—74	紫红色	重壤土		7.0			0.41						
剖39	黄壤	黄壤	老冲积黄泥土		卵石黄泥土	1	0—20	灰黄色	多砾中壤土	团粒状	5.1	11.3	0.79	0.24	82	2.0	47	老冲积物	E 105°13′31.4″ N 28°58′45.5″	71
						2	20—40	红黄色	多砾中壤土	块状	5.5	5.1	0.41	0.13	44	1.0	43			
						3	40—100	白黄色	多砾中壤土	棱柱状	5.7	2.1	0.27	0.13	27	1.0	38			
						4	100—123	深黄色	多砾中壤土	粒状	5.6		0.20	0.11		1.0	36			
剖40	铁铝土	黄壤	老冲积黄泥土		卵石黄夹砂土	1	0—27	浅黄色	轻壤土	团块状	4.8	18.5	1.01	0.47	98	4.0	100	老冲积物	E 105°13′57.8″ N 28°57′59.4″	73
						2	27—45	棕黄色	重壤土	碎块状	4.7	15.4	0.94	0.44	92	6.0	93			
						3	45—102	紫紫色	多砾重壤土	碎块状	4.7	6.3	0.59	0.24	44		65			

续表 Continued

剖面号 Soil profile	土纲 Soil order	土类 Soil great group	亚类 Soil subgroup	土属 Soil genus	土种 Soil species	土层码 Layer code	土层厚度 Depth/cm	颜色 Soil color	质地 Soil texture	土壤结构 Soil structure	pH	有机质 OM/(g/kg)	全氮 TN/(g/kg)	全磷 TP/(g/kg)	碱解氮 AN/(mg/kg)	有效磷 AP/(mg/kg)	速效钾 AK/(mg/kg)	土壤母质 Parent material	剖面点坐标 Profile coordinate	匹配指数 Matching index/%
剖41	人为土	水稻土	紫色土性水稻土	灰棕紫色水稻土	泥夹砂田	1	0—12	黄紫色	中壤土	小团块状	7.7	18.8	0.97	0.71	83	8.0	110		E 105°06′06.5″ N 28°57′40.1″	96
						2	12—24	灰紫色	中壤土	大团块状	7.7	15.4	0.92	0.71	76	10.0	174			
						3	24—146	灰紫色	中壤土	大棱柱状	7.6	14.3	0.85	0.64	65	3.0	168			
						4	146—176	灰紫色	中壤土	小棱柱状	7.9	9.3	0.73	0.13		2.0	51			

续表 Continued

剖面号 Soil profile	土纲 Soil order	土类 Soil great group	亚类 Soil subgroup	土属 Soil genus	土种 Soil species	土层码 Layer code	土层厚度 Depth/cm	颜色 Soil color	质地 Soil texture	土壤结构 Soil structure	pH	有机质 OM/(g/kg)	全氮 TN/(g/kg)	全磷 TP/(g/kg)	全钾 TK/(g/kg)	碱解氮 AN/(mg/kg)	有效磷 AP/(mg/kg)	速效钾 AK/(mg/kg)	阳离子交换量CEC/(cmol/kg)	土壤母质 Parent material	剖面点坐标 Profile coordinate	匹配指数 Matching index/%
剖26	铁铝土	红壤	红壤性园田土	羊肝石土	黄泥土	1	0—20	褐黄色	重壤土	柱状	8.2	37.1	1.33	0.77	1.7	93	40.0	144		砂页岩	E 101°43′34.0″ N 26°30′04.0″	99
						2	20—40	褐黄色	重壤土	块状	8.5	27.0	0.90	0.61	2.1							
						3	40—59	浅棕黄色	轻壤土	块状	8.3	3.3	0.37	0.36	2.1							
						4	59—100	浅棕色	重壤土		8.5	5.7	0.66	0.42								
剖27	铁铝土	红壤	红壤性园田土	黄砂泥土	大土泥土	1	0—17	浅棕黄色	轻黏土		8.5	20.2	1.07	0.62	1.5	59	30.0	153			E 101°44′13.2″ N 26°29′29.8″	88
						2	17—36	灰褐色	轻黏土		8.8	14.5	0.94	0.54	1.6							
						3	36—58	棕黄色	轻黏土		8.9	9.4	0.59	0.57	1.8							
						4	58—98	浅棕红色	重壤土		8.6	3.5	0.21	0.28								
剖28	铁铝土	红壤	红壤	黑泥土	黑砂泥土	1	0—24	棕黄色	中壤土	粒状	6.5	35.6	1.50	2.32	0.4	147	129.0	272	15.4		E 101°36′10.8″ N 26°29′03.8″	78
						2	24—32	棕黄色	中壤土	小团块状	6.1	20.8	0.92	2.28	0.4				12.1			
						3	32—57	棕黄色	中壤土	小团块状	6.5	18.8	0.70	2.17	0.4				12.2			
						4	57—	黄色	中壤土		7.0	4.7		1.15								
剖29	铁铝土	红壤	红壤性园田土	黄砂泥土	大土泥土	1	0—18	灰黄色	重壤土	团粒状、块状	6.2	22.7	1.04	0.68	1.3	114	14.0	44	29.3		E 101°44′56.4″ N 26°28′34.7″	83
						2	18—34	灰黄色	重壤土	团块状	7.6	22.3	0.84	0.76	1.3				23.9			
						3	34—49	暗黄色	中壤土	无明显结构	8.2	11.3	0.26	4.40	1.5				18.5			
						4	49—100	红色	重壤土	无明显结构	8.1	4.7	0.15	0.29	1.4				12.1			
剖30	铁铝土	红壤	黄红壤	黄砂泥土	黄泥土	1	0—18	黄色	重壤土	块状	6.4										E 101°35′39.5″ N 26°26′49.2″	80
						2	18—66	灰黄色	中壤土	小棱柱状												
						3	66—															
剖31	淋溶土	黄棕壤	山地黄棕壤			1	2—3	灰黄黑色	轻壤土		5.1	161.8	4.80	0.65	1.4	273	149.0	172	13.8	变质岩、砂页岩	E 101°37′05.5″ N 26°26′05.6″	88
						2	3—13	浅灰黑色	轻壤土		5.5	49.3	2.01	0.33	2.0				3.1			
						3	13—27	灰黑色	砂壤土		5.2	22.7	0.74	0.45	1.8							
						4	27—	灰黑色	砂壤土		5.9	18.0	0.26	0.18	2.0					变质饭岩残积物、坡积物		
剖32	淋溶土	黄棕壤	山地黄棕壤	灰色土	黄灰包土	1	0—18	浅黄灰色	轻壤土	小团块状	7.5	53.3	2.42	1.55	0.2	207	29.0	504			E 101°37′45.8″ N 26°24′33.1″	97
						2	18—28	黄灰色	轻壤土	块状	7.4	42.1	1.80	1.33	0.1							
						3	28—58	褐灰色	中黏土	大块状	7.4	42.1	1.80	1.33	0.1							
						4	58—	灰黄色	中黏土	大块状	7.4	9.7	0.52	0.44	0.1							
剖33	水稻土	水稻土	红壤性水稻土	羊肝石土	黄泥田	1	0—17	灰黄色	轻壤土	团块状	8.2	20.2	1.24	0.45	1.7	91	10.0	208		湖相沉积物	E 101°50′02.0″ N 26°29′36.4″	71
						2	17—42	浅灰色	中黏土	大块状	8.0	5.3	0.58	0.23	1.9							
						3	42—85	暗棕色	轻壤土	块状	7.8	6.7	0.60	0.25	1.8							
剖34	人为土	水稻土	燥红土性水稻土	红泥土	紫胶泥田	1	0—17	紫红色	中黏土	棱柱状	8.4	19.2	1.19	0.34	1.8	86	5.0	249		燥红土性旱作土	E 101°50′49.6″ N 26°29′56.5″	70
						2	17—27	紫棕色	轻壤土	棱柱状	8.6	7.2	0.46	0.34	1.6							
						3	27—57	紫棕色	中壤土	棱柱状	8.6	8.6	0.65	0.40	2.0							
剖35	半水成土	潮土	潮土性园田土	灰色潮土	潮砂土	1	0—17	暗黄色	砂壤土	粒状	9.0	9.5	0.28	0.62	2.4	23	2.0	74		新冲积物	E 101°45′39.1″ N 26°27′34.6″	91
						2	17—35	暗黄棕色	砂壤土	无明显结构	9.1	8.5	0.28	0.61	2.4							
						3	35—59	暗黄棕色	砂壤土	无明显结构	9.1	4.7	0.12	0.57	1.5							
						4	59—130	暗黄棕色	砂壤土	无明显结构	9.0	4.6	0.14	0.30	1.6							
剖36	半水成土	潮土	潮土性园田土	黄红潮土	潮砂土	1	0—19	暗黄棕色	砂壤土	整体状	7.8									沉积物	E 101°45′34.9″ N 26°25′26.0″	81
						2	19—65	黄黄棕色	轻壤土	整体状	7.8											
						3	65—120	灰黄色	紧砂土	块状	7.3											
剖37	铁铝土	红壤	红壤	羊肝石土	大土泥土	1	0—21	灰黄色	中黏土	团块状	8.8									湖相沉积物形成的岩成土壤	E 101°50′09.2″ N 26°23′46.3″	85
						2	21—42	黄色	重壤土	块状												
						3	42—80	灰白色		层块状												

续表 Continued

剖面号 Soil profile	土纲 Soil order	土类 Soil great group	亚类 Soil subgroup	土属 Soil genus	土种 Soil species	土层码 Layer code	土层厚度 Depth/cm	颜色 Soil color	质地 Soil texture	土壤结构 Soil structure	pH	有机质 OM/(g/kg)	全氮 TN/(g/kg)	全磷 TP/(g/kg)	全钾 TK/(g/kg)	碱解氮 AN/(mg/kg)	有效磷 AP/(mg/kg)	速效钾 AK/(mg/kg)	阳离子交换量CEC/(cmol/kg)	土壤母质 Parent material	剖面点坐标 Profile coordinate	匹配指数 Matching index/%
剖38	淋溶土	黄棕壤	山地黄棕壤			1	1—11				6.1								38.8	板岩	E 101°54′30.6″ N 26°20′58.2″	85
						2	11—28				6.1								17.6			
						3	28—58				6.2								5.2			
						4	58—91				6.5								9.0			
剖39	铁铝土	红壤		黄砂泥土	黄砂土	1	0—20	浅黄色	砂壤土	粒状	7.4										E 101°44′02.4″ N 26°14′01.0″	89
						2	20—49	灰黄色	轻壤土	粒状												
						3	49—	黄色	砂土	无明显结构												
剖40	铁铝土	红壤	红壤性园田土	羊肝石土	黄砂泥土	1	0—17	暗黄棕色	中壤土	粒状	8.8									砂页岩	E 101°46′29.7″ N 26°18′48.3″	71
						2	17—35	暗灰黄色	中壤土	棱柱状	8.8											
						3	35—50	黄棕黄色	中壤土	棱柱状	8.3											
剖41	半水成土	潮土	潮土性园田土	黄红潮土	潮砂泥土	1	0—15	浅黄色	中壤土		7.7	21.1	1.12	0.77	1.8	88	52.0	70	17.4	沉积物	E 101°45′46.0″ N 26°18′42.8″	94
						2	15—45	黄黄色	轻壤土		7.8	6.0	0.34	0.45	1.6				9.8			
						3	45—60	黄色	砂壤土		7.7	4.2	0.15	0.22	1.8				7.3			
剖42	初育土	石灰(岩)土	红色石灰土	矿子红泥土	红砂泥土	2	0—18	红色	轻黏土	核状	6.8	6.1	0.41	0.35	1.5	30	1.0	222		坂岩	E 101°52′11.5″ N 26°18′42.0″	84
						3	18—42	暗红色	轻黏土	核状	6.6	4.2	0.32	0.35	1.8							
						Ao	42—	暗棕红色														
剖43	初育土	石灰(岩)土	红色石灰土	石灰红泥土	厚层石灰土	A1	1—22	暗红色	黏土	团块状	7.3	56.1	2.50	0.89	1.4	142	4.0	269		白云质石灰岩风化残积物、坡积物	E 101°53′10.3″ N 26°18′40.7″	95
						B	22—80	暗棕红色	黏土	棱柱状	7.1	23.0	1.21	0.76	1.3							
						C	80—120	暗红色	黏土	棱柱状	7.2	14.8	0.88	0.71	1.3							
剖44	铁铝土	红壤	黄红壤	红泥土		1	0—12	浅红色	重壤土	粒状	6.2										E 101°48′54.0″ N 26°14′35.5″	91
						2	12—36	暗红色	重壤土	小块状	6.3											
						3	36—90	黑褐色	中壤土	块状	6.4											
剖45	铁铝土	红壤	红壤性园田土	黄砂泥土	黄砂土	1	0—18	灰黄色	重壤土	小团块状	8.0	28.2	1.32	0.79	1.8	100	31.0	145			E 101°46′13.8″ N 26°13′55.6″	75
						2	18—31	褐黄色	重壤土	块状	7.8	22.0	0.87	0.76	1.8							
						3	31—80	灰黄色	中壤土	棱柱状	7.3	16.6	0.58	0.63	1.7							
剖46	铁铝土	红壤	红壤性园田土	黄砂泥土	黄砂土	1	0—24	棕色	砂壤土	块状	7.8	47.3	2.15	1.00	1.3	197	73.0	239			E 101°48′59.4″ N 26°13′28.9″	75
						2	24—34	黑褐色	重壤土	无明显结构	6.4	35.7	1.22	0.95	1.4							
						3	34—55	重褐色	重壤土		7.3	30.3	0.90	1.13	1.2							
						4	55—	棕黄色	中壤土		7.0	20.8	0.72	0.84								
剖47	人为土	水稻土	红壤性水稻土	矿子红泥田	红泥田	1	0—14	浅红棕色	中偏重壤土	粒状、团块状	7.8									石灰岩残积物、坡积物	E 101°51′54.4″ N 26°13′18.1″	81
						2	14—20	浅红棕色	中偏重壤土	块状	8.0											
						3	20—	红色	中偏重壤土	棱柱状	8.0											
剖48	初育土	石灰(岩)土	红色石灰土			1	0—24	暗棕红色	轻黏土	棱柱状	7.0	31.4	1.34	0.41	0.1	92	0.1	67	16.6	石灰岩残积物、坡积物	E 101°52′19.0″ N 26°13′12.2″	77
						2	24—59	浅棕红色	中黏土	粉状	6.9	15.9	0.74	0.29	0.6				12.9			
						3	59—100	棕红色	中黏土	无明显结构	7.4	14.7	0.27	0.27	0.6				12.1			
剖49	初育土	石灰(岩)土	红色石灰土			1	0—9	黄红色	轻黏土	棱柱状	6.4	20.3	0.61	0.50	1.2	45	1.0	168	12.7	灰岩夹白云岩	E 101°47′40.3″ N 26°10′18.2″	76
						2	9—29	棕红色	中黏土		6.5	5.2	0.21	0.52	2.8				13.7			
						3	29—80	浅黄红色	轻黏土		6.3	2.5	0.15	0.42	1.3							

米 易 县

主要土类说明

黄壤是米易县的主要土壤类型，占本县地域面积的52%，分布在海拔1700—2200m的山地。成土母质有石英闪长岩、花岗岩、白云岩、陆相碎屑岩等。自然植被以次生云南松林为主，在润湿沟谷和阴坡面有蒙自桤、润楠、青杠等阔叶树。土壤剖面表层一般未形成腐殖质层（或腐殖质层极薄），呈灰黄色，心土层为黄色或棕黄色，底土层与心土层颜色相似或因潴育淋溶作用而使颜色有分异，土壤质地较轻，黏粒有向下移动的趋势，土壤呈酸性。

赤红壤是米易县第二大土壤类型，占本县地域面积的23%，分布在1300m以下的安宁河谷地区。植被为稀树灌丛草坡，是原生植被破坏后形成的次生植被，在原生植被破坏之前，这些地区生长着茂密的阔叶林，气候比现在湿热。本县赤红壤只有赤红壤一个亚类。

水稻土是米易县第三大土壤类型，占本县地域面积的11%，主要集中分布在海拔1800m以下的河谷和半山地带。在耕作、施肥和灌溉条件下，由于还原淋溶和氧化淀积等作用形成水稻土特有的剖面结构，即耕作层、犁底层、初期潴育层、潴育层、淀积层、潜育层等，由于这些层次的发育程度和组合不同，使水稻土具有不同的肥力特性。其有机质含量和胡富比比旱作土高，但胡敏酸的芳构化程度却较低。在水耕条件下，由于铁的还原减少了土壤对磷的固定，磷活性提高，同时，由于亚铁离子的增加，一部分交换性阳离子被铁置换出来，提高了钾、钙、镁的活性，但增加了钾的流失。

黄棕壤占本县地域面积的9%，分布在海拔2200—2800m的山地。所处地形有较平缓的山塬面和较陡峻的山峰及山脊。所处生物气候条件为暖温带常绿阔叶林及针阔叶混交林。成土母质为玄武岩、辉长岩、白云岩、英安岩、陆相碎屑岩等残积物、坡积物。在本县西部白坡山南延的山塬面，成土母质主要为白云岩，水分条件差，树木稀少，光照好，多生长禾本科草类，黏粒下移不明显，土壤呈微酸性至酸性。在本县东部的龙肘山脉，成土母质主要为玄武岩，森林植被和水分条件都较好，母质风化程度高，黏粒下移明显，土壤呈酸性至强酸性。

红壤占本县地域面积的3%，广泛分布在海拔1300—2500m的半山区和山区，在玄武岩分布地区的阳坡面海拔可达2600m。成土母质为玄武岩、花岗岩、石英闪长岩、辉长岩、白云岩、变质岩等残积物、坡积物、洪积物。所处地区气候为中亚热带气候，植被为次生针叶林或稀树灌丛草坡。本县红壤表层常有黄化现象，故划为黄红壤亚类。

小于本县地域面积3%的土壤类型还有山地草甸土、新积土、紫色土、石灰（岩）土等。

本区域中心区气候特征

本区域中心区气候特征值
Regional climate characteristics in central area of the region

气候带：南亚热带亚湿润气候 Climate region: South subtropical sub humid climate	
年平均气温 /℃ Annual average temperature /℃	15.1
年平均最高气温 /℃ Annual average maximum temperature /℃	21.8
年平均最低气温 /℃ Annual average minimum temperature /℃	9.8
年降水量 /mm Annual precipitation /mm	1089
≥10℃的积温 /℃ Daily temperature accumulated in a year (≥10℃) /℃	5456
年日照时数 /h Annual sunshine /h	2395
年平均相对湿度 /% Annual average relative humidity /%	67
干燥度 Dryness	0.83

米易县主要土壤类型与土壤剖面点分布图
1 : 250 000

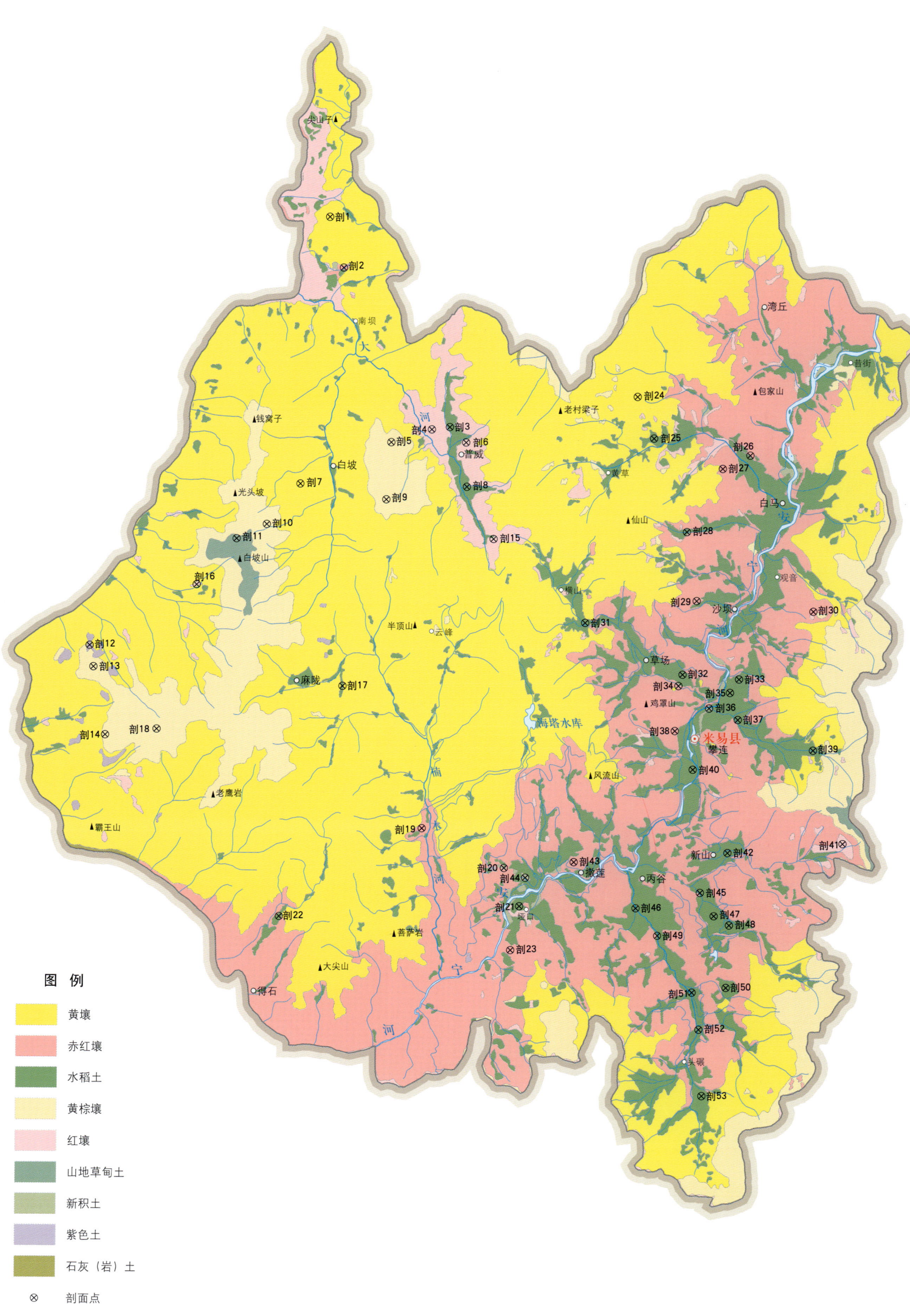

米易县土壤剖面理化性状表

剖面号 Soil profile	土纲 Soil order	土类 Soil great group	亚类 Soil subgroup	土属 Soil genus	土种 Soil species	土层码 Layer code	土层厚度 Depth/cm	颜色 Soil color	质地 Soil texture	土壤结构 Soil structure	pH	有机质 OM/(g/kg)	全氮 TN/(g/kg)	全磷 TP/(g/kg)	全钾 TK/(g/kg)	碱解氮 AN/(mg/kg)	有效磷 AP/(mg/kg)	速效钾 AK/(mg/kg)	阳离子交换量 CEC/(cmol/kg)	土壤母质 Parent material	剖面点坐标 Profile coordinate	匹配指数 Matching index/%
剖1	铁铝土	黄壤	山地黄壤	砾质黄泥土		1	0—20		重壤土												E 101°53′27.6″ N 27°10′29.3″	84
剖2	铁铝土	赤红壤	赤红壤	红砂泥土	黄泥土	1	0—18	黄色	中壤土	团块状	5.5										E 101°53′55.3″ N 27°08′50.3″	97
						2	18—58	红棕色	中壤土	块状	5.5											
						3	58—113	棕色	重壤土	棱柱状	6.0											
剖3	人为土	潜育水稻土	烂泥田		烂泥田	1	0—17	灰蓝色	重黏土	无明显结构	7.5										E 101°57′39.4″ N 27°03′35.5″	70
						2	17—26	灰黑色	轻黏土	无明显结构	8.0											
						3	26—70	灰黑色	中壤土	无明显结构	8.0											
剖4	铁铝土	红壤	黄红壤	红黄泥土	黄泥土	1	0—12	红褐色	中壤土	小块状	5.0										E 101°57′00.4″ N 27°03′31.7″	85
						2	12—22	浅红褐色	中壤土	块状	5.0										白云岩		
						3	22—100	浅黄红色	重壤土	块状	5.5												
剖5	淋溶土	黄棕壤	山地黄棕壤	灰泡土	灰泡土	1	0—15	褐黄色	中壤土	小粒状	5.5										E 101°55′31.4″ N 27°03′08.6″	80
						2	15—20	褐黄色	重壤土	团粒状	5.5												
						3	20—50	褐黄色	重壤土	团粒状	5.5												
剖6	铁铝土	红壤	黄红壤	黄红泥土	黄红泥土	1	0—14	浅棕红色	轻壤土	粒状	6.5	25.9	0.77	0.62	1.1	110	7.0	422	5.5		E 101°58′14.5″ N 27°03′04.7″	75
						2	14—39	棕红色	中壤土	块状	5.8	9.5	0.55	0.68	0.6				8.4			
						3	39—100	红色	中壤土	块状	6.0		0.96	0.89	0.7				10.5			
剖7	铁铝土	黄壤	山地黄壤	砾质黄棕壤		1	0—20	黄灰褐色	中壤土	团块状	5.5	28.7	0.88	20.95	1.3				24.2	辉长岩	E 101°52′11.3″ N 27°01′52.0″	83
						2	20—33	浅褐黄色	轻黏土	团块状	5.4	17.1	0.44	14.83	1.5				27.2			
						3	33—95	棕黄色	重黏土	团块状	5.3	10.8	0.22	14.72	1.5				27.7			
剖8	人为土	水稻土	黄壤性水稻土	黑砂泥田	黑砂泥田	1	0—14		重壤土												E 101°58′14.2″ N 27°01′39.0″	82
						2	14—22		重壤土	粒状	5.4	213.8	8.04	2.34	1.7							
						3	22—100		重壤土	粒状、团块状	5.3	47.0	5.68	2.22	1.9							
剖9	淋溶土	黄棕壤	山地黄棕壤	砾石土		1	0—11	褐黑色	轻壤土	团块状	6.1	108.4	4.91	2.03	0.7				25.2	白云岩	E 101°55′18.3″ N 27°01′17.8″	91
						2	11—33	黑褐色	砂土	团黄状	6.5		4.05	2.33	1.0				23.8			
						3	33—74	褐黄色	重壤土		4.5	186.0	5.91	0.81	1.0	24	2.0	14	25.4	玄武岩	E 101°50′56.0″ N 27°00′34.2″	84
剖10	淋溶土	黄棕壤	山地黄棕壤	砾质黄棕壤		1	0—12	黄灰褐色	重壤土	块状	5.2		2.21	0.99	0.9				20.1			
						2	12—27	浅褐黄色	重壤土	块状	5.3	56.4							12.3			
						3	27—	棕黄色	重壤土													
剖11	半水成土	山地草甸土	山地草甸土	黑砂泥土		1	0—19		轻壤土										39.7	玄武岩	E 101°49′49.8″ N 27°00′07.2″	85
						2	19—33		轻壤土	团块状									21.9			
						3	33—55		轻壤土				2.37	2.31	2.2				17.1			
剖12	初育土	紫色土	红紫泥土	紫砂泥土	泥夹石骨子土	1	0—12	紫色	重壤土	块状	5.4	25.6	1.28	0.93	2.8				9.5	紫色岩	E 101°44′25.2″ N 26°56′44.8″	84
						2	12—23	紫棕色	重壤土	块状	5.1	18.6	0.80	0.97	3.1				9.0			
						3	23—50	褐黄色	重壤土	块状	4.6	5.2	0.28	0.91	2.7				9.9			
剖13	淋溶土	黄棕壤	山地黄棕壤	砾质黄棕壤		1	0—7		中壤土												E 101°44′32.6″ N 26°56′03.1″	89
						2	7—17		中壤土													
						3	17—46		中壤土													
						4	46—100		中壤土													
						5	100—170		重壤土													

续表 Continued

剖面号 Soil profile	土纲 Soil order	土类 Soil great group	亚类 Soil subgroup	土属 Soil genus	土种 Soil species	土层码 Layer code	土层厚度 Depth/cm	颜色 Soil color	质地 Soil texture	土壤结构 Soil structure	pH	有机质 OM/(g/kg)	全氮 TN/(g/kg)	全磷 TP/(g/kg)	全钾 TK/(g/kg)	碱解氮 AN/(mg/kg)	有效磷 AP/(mg/kg)	速效钾 AK/(mg/kg)	阳离子交换量 CEC/(cmol/kg)	土壤母质 Parent material	剖面点坐标 Profile coordinate	匹配指数 Matching index/%
剖14	淋溶土	黄棕壤	山地黄棕壤	灰泡土	冷灰泡土	1	0—22	浅灰褐色	中壤土	粒状	5.0	36.0	4.34	2.43					24.5	千枚岩坡积物	E 101°44′55.3″ N 26°53′50.3″	96
						2	22—40	棕褐色	重壤土	团块	5.5	48.0	3.74	2.48	1.5				24.1			
						3	40—100	黄棕色	重壤土	团块状	5.5	50.0			1.3				26.9			
剖15	铁铝土	红壤	黄红壤	砾质黄红壤		1	0—15		中壤土		5.4	21.1	0.52	0.39	2.2				10.7	变质砂岩	E 101°59′10.3″ N 26°59′56.0″	90
						2	15—32		中壤土		5.3	20.0	0.22	0.27	2.0				10.9			
						3	32—71		砂土		5.3	2.0		0.27					9.0			
剖16	铁铝土	红壤	黄红壤	黄红泥土	红砂泥土	1	0—16	黄棕色		块状	5.5										E 101°48′20.5″ N 26°58′39.4″	75
						2	16—25	红棕色		块状	6.0											
						3	25—95	红棕色		块状	6.5											
剖17	人为土	水稻土	紫色土性水稻土	紫泥泥田	紫泥田	1	0—15	紫红色			6.0										E 101°53′35.2″ N 26°55′16.0″	98
						2	15—22		重壤土	块状												
						3	22—90		重壤土													
剖18	淋溶土	黄棕壤	山地黄棕壤	砾质黄棕壤		1	0—14		轻壤土												E 101°46′48.4″ N 26°53′59.6″	74
						2	14—32		重壤土													
						3	32—															
剖19	铁铝土	赤红壤	赤红壤	黑泥土	黑鸭屎泥土	1	0—12	黑棕色	重壤土	块状	5.5									玄武岩	E 101°56′22.6″ N 26°50′36.2″	92
						2	12—55	黄黑色	重黏土	棱柱状	5.5											
						3	55—85	黑色	轻黏土	棱柱状	6.0											
剖20	初育土	新积土	冲积土	红紫色潮砂泥田	白眼砂土	1	0—20	浅棕褐色	砂壤土	粒状	5.8									河流冲积物	E 101°59′20.0″ N 26°49′15.6″	71
						2	20—34	浅褐色	砂土	粒状	6.0											
						3	34—49	浅黄色	砂土	无明显结构	7.0											
						4	49—			无明显结构	7.0											
剖21	人为土	水稻土	红壤性水稻土	红泥田	红泥田	1	0—25		中壤土	片状	5.6										E 101°59′52.1″ N 26°47′59.6″	76
						2	25—65	灰棕色	轻壤土	整体状	6.8											
						3	65—110	棕灰色	轻黏土	棱柱状	5.8											
剖22	人为土	水稻土	红壤性水稻土	羊肝石田	白泥田	1	0—20	白灰色	重黏土	粒状	6.0										E 101°51′07.9″ N 26°47′48.8″	70
						2	20—40	灰棕色	轻黏土	块状	5.5											
						3	40—80	浅黄棕色	重壤土	小团块状	5.5											
剖23	铁铝土	赤红壤	赤红壤	红砂泥土	鸭屎泥土	1	0—20	黑褐色	中壤土	块状	5.5	11.6	0.24	1.25	1.5						E 101°59′31.2″ N 26°46′34.7″	77
						2	20—28	灰棕色	中壤土	块状	6.0	6.1	0.17	1.20	1.6							
						3	28—60		中壤土	棱柱状	6.0	3.2	微量	1.05	1.7							
						D	60—90		中壤土		6.0												
剖24	黄壤	山地黄壤	黄砂泥田	黄砂泥田	1		0—20	浅黄褐色	中壤土	粒状	5.5		28.70	0.83	2.1				24.2		E 102°04′31.1″ N 27°04′25.7″	89
						2	20—33	浅黄红色	中壤土	块状	5.4		17.10	0.44	1.5				27.2			
						3	33—95	灰红黄色	轻壤土	棱柱状	5.3		10.80	0.22	1.5				27.7			
剖25	人为土	水稻土	黄壤性水稻土	坡洪积赤红泥田	赤红砂泥土	1	0—17		中壤土	块状	6.0					40	100.0	99			E 102°05′05.3″ N 27°03′04.3″	71
						2	17—23	蓝黄棕色	砂质黏壤土	棱柱状	7.0											
						3	23—100	灰黄棕色	砂质黏壤土	大棱柱状	7.3											
剖26	铁铝土	赤红壤	赤红壤	红砂泥土	赤红砂泥土	A	0—20	黄黄色	砂质黏壤土	粒状	6.9									砂岩风化坡积物	E 102°08′34.5″ N 27°02′26.9″	93
						B	20—35	浅黄红色	轻壤土	块状	6.7											
						C	35—80	灰红黄色	砂质黏壤土	大棱柱状	7.1											
剖27	铁铝土	赤红壤	赤红壤	红砂泥土	砂泥土	1	0—17	棕黄色	轻壤土		6.2									闪长岩	E 102°07′34.0″ N 27°02′02.8″	95
						2	17—25	浅黄棕色	轻壤土		6.5											
						3	25—42	黄黄色	中壤土		6.5											
						4	42—95	黄色	中壤土		6.0											

续表 Continued

剖面号 Soil profile	土纲 Soil order	土类 Soil great group	亚类 Soil subgroup	土属 Soil genus	土种 Soil species	土层码 Layer code	土层厚度 Depth/cm	颜色 Soil color	质地 Soil texture	土壤结构 Soil structure	pH	有机质 OM/(g/kg)	全氮 TN/(g/kg)	全磷 TP/(g/kg)	全钾 TK/(g/kg)	碱解氮 AN/(mg/kg)	有效磷 AP/(mg/kg)	速效钾 AK/(mg/kg)	阳离子交换量CEC/(cmol/kg)	土壤母质 Parent material	剖面点坐标 Profile coordinate	匹配指数 Matching index/%
剖28	人为土	水稻土	红壤性水稻土	红砂泥田	砂泥田	1	0—18		轻黏土			29.4	0.84	0.60	1.5					闪长岩	E 102°06′13.0″ N 27°00′01.8″	100
						2	18—21		轻黏土		5.5	11.3	0.32	0.53	1.4							
						3	21—50		重黏土		6.0			0.80	1.2							
剖29	铁铝土	赤红壤	赤红壤	红泥土	铁盘红泥土	1	0—15	浅黄色	中壤土	粒状												81
						2	15—30	浅红棕色	重黏土	块状	6.0											
						3	30—	深红棕色	重黏土	棱柱状	6.0											
剖30	铁铝土	赤红壤	赤红壤	羊肝石土	白泥土	1	0—17													湖相沉积物	E 102°10′45.1″ N 26°57′21.2″	78
						2	17—24															
						3	24—110															
剖31	人为土	水稻土	红壤性水稻土	羊肝石田	白泥田	1	0—16		轻黏土		5.5										E 102°02′26.5″ N 26°57′09.0″	89
						2	16—25		轻黏土		6.0											
						3	25—87		重黏土		6.0											
剖32	人为土	水稻土	红壤性水稻土	黑泥田	黑鸭屎田	1	0—18		重黏土	团块状	6.6										E 102°05′57.5″ N 26°55′24.2″	74
						2	18—25		重黏土	块状	6.6											
						3	25—100		黏土	大块状	6.7											
剖33	人为土	水稻土	潜育水稻土	潜育红泥田	黑鸭屎田	Ag	0—17	暗绿灰色	壤质黏土	稀糊状	7.0	79.5	2.43	0.31	1.5	137	6.1	16	23.3		E 102°07′59.9″ N 26°55′12.7″	92
						Pbg	17—26	暗灰色	壤质黏土	软块状	7.5	81.1	3.20	0.23	1.4							
						G_3	26—70	黑色	壤质黏土	软块状	7.2	80.3	2.40	0.20	0.8							
剖34	铁铝土	赤红壤	赤红壤	红砂泥土	砂泥土	1	0—20		轻壤土	团块状	6.5	25.2	0.94	0.43	1.6				10.4		E 102°05′47.8″ N 26°55′02.6″	95
						2	20—35	黄褐色	重黏土	棱柱状	6.5	17.1	0.71	0.49	1.4				9.9			
						3	35—80	灰黄色	轻黏土	块状	6.5	12.3	0.45	0.46	1.4				9.4			
剖35	人为土	水稻土	红壤性水稻土	红砂泥田	黄泥田	1	0—18	黄棕色	中壤土	团块状	5.0									玄武岩洪积物	E 102°07′39.7″ N 26°54′47.2″	85
						2	18—35	褐黄色	轻壤土	块状	5.5											
						3	35—50	棕黄色	重壤土	无明显结构	5.5											
						4	50—100	灰黄色	重壤土	小块状	6.2											
剖36	初育土	新积土	冲积土	红紫色潮砂泥土	潮砂泥土	1	0—18	灰白色	黏土	小棱柱状	7.0								15.6	河流冲积物	E 102°06′53.6″ N 26°54′18.0″	78
						2	18—25	黄褐色	黏土	团块状	6.5								11.8			
						3	25—90	棕褐色	黏土	块状	6.0								14.1			
剖37	铁铝土	赤红壤	赤红壤	红砂泥土	大土泥土	1	0—11	黄褐色	黏土	棱柱状	6.0									辉长岩	E 102°07′55.6″ N 26°53′54.6″	88
						2	11—16	灰棕色	黏土	块状	6.0											
						3	16—47	黄棕色	黏土	块状	6.0											
						4	47—70	黄棕色	重黏土	块状	6.0											
剖38	人为土	水稻土	黄壤性水稻土	黄砂泥田	黄泥田	1	0—16	灰黄色	轻黏土	整体状	5.5	34.9	1.33	0.80	1.2	117	3.0	91	11.7	闪长岩	E 102°10′38.3″ N 26°52′52.0″	94
						2	16—21	浅黄色	轻黏土	整体状	6.5		1.06	0.65	1.1				13.1			
						3	21—50	棕黄色	重黏土	大块状	6.6	7.5		0.73	1.0				12.6			
剖39	人为土	水稻土	冲积型水稻土	红紫色潮砂泥土	潮砂泥田	1	0—15	黄褐色	砂壤土	团块状											E 102°06′15.5″ N 26°52′19.9″	82
						2	15—22	黄黄色	砂壤土	块状												
						3	22—24	黑黄褐色	砂壤土	块状												
剖40	铁铝土	红壤	黄壤	红黄砂泥土	砂泥土	1	0—13		轻壤土	团块状	6.5									砂质岩	E 102°11′39.1″ N 26°49′49.4″	75
						2	13—23		中壤土	块状	5.5											
						3	23—60		壤土	棱柱状	5.5											

续表 Continued

剖面号 Soil profile	土纲 Soil order	土类 Soil great group	亚类 Soil subgroup	土属 Soil genus	土种 Soil species	土层码 Layer code	土层厚度 Depth/cm	颜色 Soil color	质地 Soil texture	土壤结构 Soil structure	pH	有机质 OM/(g/kg)	全氮 TN/(g/kg)	全磷 TP/(g/kg)	全钾 TK/(g/kg)	碱解氮 AN/(mg/kg)	有效磷 AP/(mg/kg)	速效钾 AK/(mg/kg)	阳离子交换量CEC/(cmol/kg)	土壤母质 Parent material	剖面点坐标 Profile coordinate	匹配指数 Matching index/%
剖42	人为土	水稻土	红壤性水稻土	羊肝石田	羊毛砂田	1	0—20	浅蓝灰色	中壤土	粒状	5.5										E 102°07′27.9″ N 26°49′36.5″	81
						2	20—30	浅黄灰色	轻壤土	块状	6.0											
						3	30—70		轻壤土	块状	6.0											
						4	70—100	浅黄色	重壤土	大块状												
剖43	铁铝土	赤红壤	赤红壤	红泥土	红泥土	1	0—22	棕红色	中壤土	粒状	5.5										E 102°01′52.3″ N 26°49′24.6″	73
						2	22—40	棕红色	重黏土	小团块状	5.5											
						3	40—100	红色	轻黏土	棱柱状	5.5											
剖44	初育土	新积土	冲积土	红紫色潮砂泥土	潮砂土	1	0—20	紫色	砂壤土	粒状	6.0									河流冲积物	E 102°00′06.4″ N 26°48′55.9″	88
						2	20—50	浅紫色	砂壤土	无明显结构	6.0											
						3	50—	浅紫色	重壤土	无明显结构	6.0											
剖45	人为土	水稻土	冲积型水稻土	红紫色潮砂泥田	潮泥田	1	0—18		重壤土													E 102°06′26.3″ N 26°48′19.8″	81
						2	18—24		重壤土													
						3	24—33		重壤土													
剖46	人为土	水稻土	冲积型水稻土	红紫色潮砂泥田	潮泥田	1	0—19		松砂土													E 102°04′05.5″ N 26°47′51.7″	74
						2	19—28		砂砂土													
						3	28—72		重壤土													
剖47	人为土	水稻土	红壤性水稻土	羊肝石田	白泥田	1	0—15	浅黄灰色	中壤土	粒状	5.5										E 102°06′55.4″ N 26°47′33.0″	82
						2	15—35	浅黄灰色	轻壤土	块状	6.0											
						3	35—90	白色	中黏土	块状	6.0											
剖48	人为土	水稻土	红壤性水稻土	红泥田	铁盘红泥田	1	0—17	浅黄色	中壤土	块状	5.5	16.3	0.28	0.42	1.5	43	3.0	31		老冲积物	E 102°07′28.2″ N 26°47′14.6″	97
						2	17—32	黄棕色	重壤土	大块状	6.0	18.3	0.30	0.44	1.5	48	20.0	101				
						3	32—	棕红色	重壤土	大块状	5.5	76.0	0.15	0.21	1.6							
剖49	人为土	水稻土	冲积型水稻土	黄红色潮砂泥田	潮砂田	1	0—16	浅黄灰色	中壤土	块状	6.0									新冲积物	E 102°04′51.6″ N 26°46′57.4″	84
						2	16—26	浅黄棕色	无明显结构		6.0											
						3	26—56	浅黄棕色	无明显结构		6.0											
						4	56—80	白灰色	无明显结构		6.0											
剖50	人为土	水稻土	红壤性水稻土	羊肝石田	羊毛砂田	1	0—13	灰棕色	中壤土	块状											E 102°07′18.8″ N 26°45′13.0″	86
						2	13—28	灰棕色	中壤土	块状												
						3	28—35	黄棕色	砂壤土	块状												
剖51	人为土	水稻土	冲积型水稻土	黄红色潮砂泥田	潮砂泥田	1	0—12	黄棕色	松砂土	无明显结构	6.5									新冲积物	E 102°06′04.7″ N 26°45′05.0″	92
						2	12—16	灰棕褐色	重壤土	块状	6.5											
						3	16—31		中壤土	棱柱状	6.5											
						4	31—		砂黏土	棱柱状	7.0								33.4			
剖52	人为土	水稻土	红壤性水稻土	红砂泥田	鸭屎泥田	1	0—21	灰棕色	重壤土	块状	7.9								26.9	闪长岩	E 102°04′51.6″ N 26°43′52.3″	73
						2	21—76	灰褐色	中壤土	小棱块状	7.8								28.1			
						3	76—98	灰褐色	轻黏土	整体状												
						4	98—102	灰棕色	重黏土	棱柱状	5.6	11.9	0.44	0.30	2.7	25	16.0	53	14.4			
剖53	人为土	水稻土	红壤性水稻土	羊肝石田	白泥田	1	0—23	棕灰色	轻黏土	棱柱状	6.8	6.0	0.59	0.36	2.1				14.6	黄色黏土页岩	E 102°06′22.0″ N 26°41′44.5″	91
						2	23—30	白灰色	轻黏土	棱柱状	5.8	5.0	0.72	0.11					22.2			
						3	30—48	白色		棱柱状												
						4	48—91															

盐 边 县

主要土类说明

红壤是盐边县的主要土壤类型，占本县地域面积的43%，分布于海拔1300—2200m的低山和半山区。成土母质复杂，以会理群板岩、变质岩、砂页岩、灰岩、陆相碎屑岩等风化物为主。植被有云南松、栎类及灌丛草被，但以抗旱力强的云南松林为主。由于水热条件的变异，本县红壤分为红壤和黄红壤两个亚类。其中，黄红壤亚类面积较大，分布在海拔1700—2200m的山区，分布地区气温较红壤亚类低而湿度增高；成土母质为砂页岩、灰岩、玄武岩、会理群板岩、变质砂岩、变质玄武岩等风化物；自然植被以云南松幼林为主，栎类、桤木等常绿阔叶林次之；栽培植物有水稻、玉米、小麦及苹果、梨、桃、油桐等；土壤脱硅富铝化程度较红壤亚类弱，黏粒硅铝率一般在2.4左右；呈粒状或团块状结构，土壤较湿润，有利于生物积累，表土层有机质含量为49.2g/kg，呈黄棕色或棕色，心土、底土层仍以棕色为主，阳离子交换量为18cmol/kg，盐基饱和度为57.84%，pH为5.4—6.5。黄红壤既有红壤的脱硅富铝化特征又有黄棕壤的黄化过程，它是红壤向黄棕壤过渡的一个亚类。

黄棕壤是盐边县第二大土壤类型，占本县地域面积的19%，分布在海拔2200—2700m中山山脊分水岭的台地缓坡上。黄棕壤是本县北亚热带生物气候的典型土类。成土母质为石灰岩、砂页岩、玄武岩、陆相碎屑岩及一部分会理群变质岩、辉长闪长岩等残积物、坡积物。自然植被是云南松针叶林，以栎类、桤木为主的阔叶林及针阔叶混交林。在桔子坪至冷水箐山脉一线，黄棕壤的形成受古风化壳的影响，土壤发育深，黏粒硅铝率低，为1.3—1.9，土壤呈棕色、红棕色，呈酸性。在北五爪山、柏林山、龙头山等山脉一线，气候温凉，雨量较丰富，成土母质主要为玄武岩、石灰岩等，黄棕壤是古红土被侵蚀后在松栎植被下发育的，脱硅富铝化作用较弱，黏粒硅铝率偏高，为2.9—3.0，黏粒下移较明显，呈棕灰色、棕黄色，土壤呈酸性至强酸性。黄棕壤养分含量丰富，表土层有机质含量为147.5g/kg。本县只有山地黄棕壤一个亚类。

棕壤是盐边县第三大土壤类型，占本县地域面积的10%。棕壤是暖温带湿润地区阔叶林或针阔叶混交林下形成的地带性土壤，分布在海拔2700—3100m的地带，气候温湿，终年无夏，冬季比较寒冷，霜期较长。自然植被为常绿落叶阔叶林及云南松林，代表植物有高山栎、高山杜鹃、箭竹、野酸梅、冷杉、地盘松等。成土母质为灰岩、泥灰岩、白云质灰岩、玄武岩、砂岩、粉砂岩及板岩夹变质砂岩等残积物、坡积物。由于本县棕壤为山地土壤，分布地形比较陡峻，土壤侵蚀比较强烈，因而土壤表现出粗骨性，质地较轻，黏粒聚积作用不明显，这与典型棕壤剖面有差异。由于所处位置的生物气候条件变化较大，淋溶和黏化作用有所不同，有的土壤呈酸性，有的土壤呈微酸性，多数土壤质地较轻，黏化作用不甚明显，又由于温度较低，湿度较大，凋落物层一般较为发育，养分含量丰富，特别是富含有机质和全氮。本县棕壤只有棕壤一个亚类。

赤红壤占本县地域面积的9%，是南亚热带代表性土类，分布在本县三源河及鳡鱼河谷1300m以下的低山河谷地区。自然植被为云南松与常绿栎类混交林或稀树灌丛草坡，人工栽培有芒果、番木瓜、香芭蕉、紫胶、剑麻等经济林木。土壤风化程度深，质地黏重，剖面发育层次明显，黏粒下移，铁锰淀积，土壤呈酸性，黏粒硅铝率为1.8—2.1，盐基饱和度为10%—15%，阳离子交换量为15.2cmol/kg。一般耕种赤红壤中有机质、氮素缺乏。以鱼门镇海拔1130m处石英闪长岩发育的赤红壤剖面为例，其形态特征如下：A层厚度为0—11cm，暗红色重壤土（物理性黏粒48.78%，胶粒30.73%），粒状结构，pH为6.1，土干稍紧，植物根系少。AB层厚度为11—20cm，暗红色中黏土（物理性黏粒76.51%，胶粒59.87%），小块状结构，pH为5.6，土干紧实，少根系。B_1层厚度为20—35cm，淡红色重黏土（物理性黏粒86.58%，胶粒64.15%），小棱块状结构，结构面有少量胶膜，pH为5.8，紧实无根系分布。B_2层厚度为35—75cm，红色重黏土，棱柱状结构，有明显铁锰胶膜淀积。本县赤红壤只有赤红壤一个亚类。

石灰（岩）土占本县地域面积的6%。石灰（岩）土是由石灰岩母质或受石灰质水影响所形成的一种岩成土。由于母岩中含有大量$CaCO_3$等盐基物质，延缓了风化淋溶作用的进程，使土壤发育进度推迟，而停留在相对幼年阶段，因此归为岩成土。本县气候炎热，干湿季节分明，灰岩形成的石灰（岩）土黏粒硅铝率较低且土体呈现红色，故归入红色石灰（岩）土亚类，其中少数土壤形成于红色风化壳，是由于石灰岩风化碎屑的覆盖或石灰质水的浸渍，使土壤发生复钙。

燥红土占本县地域面积的 6%，分布在海拔 2200—3100 m 的地区，是在古红土这种特殊母质上和古今两种不同的生物气候条件下形成的特殊土壤类型。这些红色土壤，以有棕红色或红棕色的心土层为最显著的剖面特征。其母质主要有辉长岩、辉绿辉长岩、辉长闪长岩及玄武岩、石灰岩等。从剖面形态特征看，这些红色土壤均有红棕色或棕红色的心土层，土壤质地黏重，黏粒有下聚趋势，土体中铁锰有一定淋溶现象，剖面无游离碳酸盐存在，但土壤酸化较弱，呈微酸性；土壤黏粒硅铝铁率和硅铝率分别为 0.7—0.9 和 1.0—1.2，具有明显富铝化特征，反映出这些红色风化壳上发育的土壤在其发育过程中曾经有过强烈的风化淋溶作用。

水稻土占本县地域面积的 4%，分布遍及本县各地，分布上限为海拔 2160 m，但以海拔 1600 m 以下分布尤为集中。由于还原淋溶和氧化淀积等作用，形成了水稻土特有的剖面结构和土体构型，因而表现出不同的肥力特征，由于淹水嫌气，土中有机质分解缓慢而易于积累，土壤有机质含量和胡富比均比旱作土高，但胡敏酸芳构化程度较低。在水耕条件下，复盐基作用更明显，加上土中物质的转化，土壤 pH 趋向中性，土壤阳离子交换量和盐基饱和度也有所增高，养分供应明显好转等，因而其肥力发展比相应的旱作土快，反映出受人为因素的影响比旱作土更为深刻。本县水稻土分为淹育型和潴育型等亚类。

小于本县地域面积 3% 的土壤类型还有暗棕壤、草毡土、紫色土、潮土等。

本区域中心区气候特征

本区域中心区气候特征值
Regional climate characteristics in central area of the region

气候带：南亚热带亚湿润气候 Climate region: South subtropical sub humid climate	
年平均气温 /℃ Annual average temperature /℃	14.7
年平均最高气温 /℃ Annual average maximum temperature /℃	21.4
年平均最低气温 /℃ Annual average minimum temperature /℃	9.4
年降水量 /mm Annual precipitation /mm	1054
≥ 10℃ 的积温 /℃ Daily temperature accumulated in a year (≥ 10℃) /℃	5289
年日照时数 /h Annual sunshine /h	2418
年平均相对湿度 /% Annual average relative humidity /%	66
干燥度 Dryness	0.83

本区域中心区月平均气温与月平均降水量
Monthly temperature and precipitation in central area of the region

盐边县主要土壤类型与土壤剖面点分布图
1:390 000

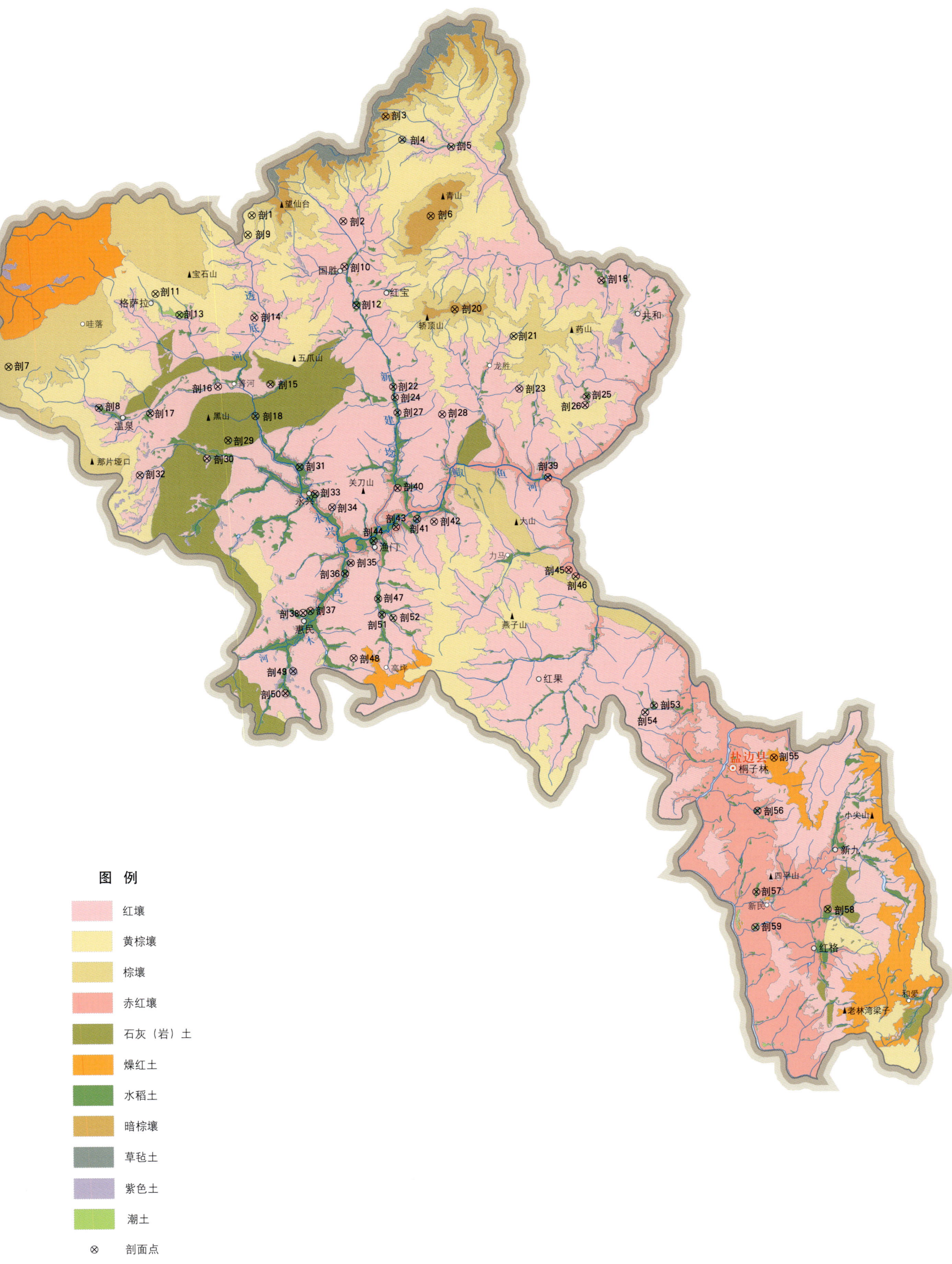

盐边县土壤剖面理化性状表

剖面号 Soil profile	土纲 Soil order	土类 Soil great group	亚类 Soil subgroup	土属 Soil genus	土种 Soil species	土层码 Layer code	土层厚度 Depth/cm	颜色 Soil color	质地 Soil texture	土壤结构 Soil structure	pH	有机质 OM/(g/kg)	全氮 TN/(g/kg)	全磷 TP/(g/kg)	全钾 TK/(g/kg)	碱解氮 AN/(mg/kg)	有效磷 AP/(mg/kg)	速效钾 AK/(mg/kg)	阳离子交换量 CEC/(cmol/kg)	土壤母质 Parent material	剖面点坐标 Profile coordinate	匹配指数 Matching index/%
剖1	淋溶土	黄棕壤	暗黄棕壤	棕红泥土	棕红泥土	A	0—15	棕红色	壤质黏土	粒状	6.2	33.1	1.74	1.68	0.6	165	14.0	125		玄武岩坡积物、残积物	E 101°24′01.1″ N 27°10′47.8″	80
						B	15—55	暗红棕色	壤质黏土	大块状	6.3	15.5	0.82	1.25	0.7							
						BC	55—90	暗红棕色	壤质黏土	块状	6.1	8.7	0.70	1.17	0.7							
剖2	铁铝土	红壤	黄红壤			1	0—3	黑灰棕色												变质岩残积物、坡积物	E 101°29′20.8″ N 27°10′23.9″	71
						2	3—8	浅黄棕色			5.4	49.2	1.51	2.75	0.4							
						3	8—17	暗黄橙色	重黏土	小粒状	6.0	19.8	0.81	1.98	0.3							
						4	17—39	黄棕色	中壤土	小粒状、块状	6.2	11.2	0.45	1.92	0.4				18.0			
						5	39—57	浅红色	中壤土	小块状	6.5	7.3	0.29	1.85	微量				16.5			
剖3	淋溶土	暗棕壤				1	0—13				4.8	145.4	5.30	2.73	0.9					灰岩	E 101°31′57.0″ N 27°15′47.5″	70
						2	13—40				5.0	105.6	4.09	2.60	1.0							
剖4	铁铝土	红壤	黄红壤			1	0—12	棕红色	轻黏土	团粒状	6.2									红色砂页岩风化壳	E 101°32′52.8″ N 27°14′34.1″	81
						2	12—25	浅红棕红色	中黏土	块状	6.1											
						3	25—50	暗红色	中黏土	棱块状	6.3											
剖5	半水成土	潮土		黄红潮土	潮砂土	1	0—17				7.8	12.6	0.43	1.39	1.7	27	8.0	106		冲积物	E 101°35′44.2″ N 27°14′09.2″	97
剖6	淋溶土	暗棕壤				1	0—15	黑棕色	中壤土	粒状、团块状	5.8	172.6	5.72	5.80	1.0					玄武岩	E 101°34′26.8″ N 27°10′34.7″	78
						2	16—36	暗黄棕色	粒状、块状		5.6	67.2	2.76	3.60	1.2							
剖7	淋溶土	棕壤		黄灰泡土	黄灰泡泥土	1	0—13	暗黄棕色	中壤土	棱块状	4.5									石灰岩	E 101°09′40.3″ N 27°03′13.0″	86
						2	13—36		轻石质中壤土		4.7											
						3	36—100		轻石质中壤土		5.1											
剖8	人为土	水稻土	淹育水稻土	酸性紫泥田	紫砂泥田	1	0—16	紫灰色	轻石质中壤土	团块状	7.9									紫色砂岩、页岩和粉砂岩	E 101°14′51.7″ N 27°00′59.8″	91
						2	16—30	紫灰色	重壤土	块状	8.0											
						3	30—70	紫灰色	重壤土	棱块状	7.8											
剖9	淋溶土	黄棕壤				1	0—11	棕灰色	重壤土	粒状	5.8									石灰岩	E 101°23′45.6″ N 27°09′47.7″	91
						2	11—36	浅红棕色	重黏土	块状	5.4											
						3	36—60	浅红棕色	轻黏土	小团块状	5.1											
剖10	铁铝土	红壤	红壤	红泥土	红泥土	1	0—10	红棕色	轻黏土		5.9									变质岩	E 101°29′20.8″ N 27°08′02.8″	98
						2	10—19	棕红色	重壤土	棱块状	6.0											
						3	19—38	暗棕色	重壤土	粒状	6.2											
剖11	淋溶土	黄棕壤		灰泡土	黄灰泡泥土	1	0—15	浅棕色	轻黏土		6.4									石灰岩残积物、坡积物	E 101°18′18.7″ N 27°06′50.8″	80
						2	15—25	浅黄棕色	轻黏土	粒状、块状	6.5											
						3	25—40	暗黄棕色	中壤土	块状	7.3											
剖12	人为土	水稻土	淹育水稻土	潮田土	潮砂泥土	1	0—13	浅黄棕色	轻壤土	粒状	7.4									第四纪冲积物	E 101°29′59.6″ N 27°06′01.4″	90
						2	13—20	黄棕色	中壤土	块状	8.2											
						3	20—52															
						4	52—															
剖13	半水成土	潮土		黄红潮土	潮砂土	1	0—16	棕灰色	砂壤土	粒状	6.7	69.7	2.45	1.93	2.0	181	19.0	130		冲积物	E 101°19′40.4″ N 27°05′43.8″	78
						2	16—40	暗棕色	重黏土	无明显结构	6.2											
剖14	铁铝土	红壤	黄红壤	红砂泥土	黑砂泥土	1	0—12	棕色	重黏土	团粒状	6.3									玄武岩坡积物	E 101°24′02.5″ N 27°05′30.5″	78
						2	12—23	暗棕色		块状	6.3											
						3	23—43															

续表 Continued

剖面号 Soil profile	土纲 Soil order	土类 Soil great group	亚类 Soil subgroup	土属 Soil genus	土种 Soil species	土层码 Layer code	土层厚度 Depth/cm	颜色 Soil color	质地 Soil texture	土壤结构 Soil structure	pH	有机质 OM/(g/kg)	全氮 TN/(g/kg)	全磷 TP/(g/kg)	全钾 TK/(g/kg)	碱解氮 AN/(mg/kg)	有效磷 AP/(mg/kg)	速效钾 AK/(mg/kg)	阳离子交换量CEC/(cmol/kg)	土壤母质 Parent material	剖面点坐标 Profile coordinate	匹配指数 Matching index/%
剖15	铁铝土	红壤	红壤	黄砂泥土	黄砂泥土	1	0—15	暗棕色	轻壤土	粒状、团块状	6.6									辉长岩坡积物	E 101°24′52.9″ N 27°02′02.4″	99
						2	15—40	黄棕色	轻壤土	大块状	6.5											
						3	40—70	棕色														
剖16	铁铝土	红壤	红壤			1	0—14	浅红棕色	轻黏土	颗粒、团块状	6.4	15.0	0.73	1.49	1.2	77	3.0	153		玄武岩坡积物	E 101°21′49.3″ N 27°01′59.2″	90
						2	14—40	红棕色	轻黏土	块状	6.4	15.0	0.74	1.48	1.2							
						3	40—	暗红棕色	轻黏土	棱块状												
剖17	人为土	水稻土	潴育水稻土	矿子红泥田	白鳝泥田	1	0—16	浅黄黄色	重壤土	块状、团块状	6.0										E 101°17′50.6″ N 27°00′40.0″	76
						2	16—25	棕灰色	重壤土	块状	6.0											
						3	25—50	棕黄灰色	重壤土	棱柱状	5.8											
剖18	铁铝土	赤红壤	赤红壤			1	0—11	暗红色	重壤土	粒状	6.1	39.9	1.50	0.85	2.1				15.2	石英岩长岩	E 101°23′58.2″ N 27°00′24.1″	96
						2	11—20	暗红色	中黏土	小粒粒状	5.6											
						3	20—35	浅红色	重黏土	小棱块状	5.6	9.4	0.47	0.66	2.1							
						4	35—75	浅红色	重黏土	重粒状	5.8		0.38	0.57	2.0							
剖19	铁铝土	红壤	红壤	黄砂泥土	黑砂泥土	1	0—10	黑褐色	中壤土	粒状	6.4									紫红色砂页岩	E 101°44′18.6″ N 27°07′03.0″	83
						2	10—20	棕灰色	中壤土	粒状	6.3											
						3	20—34	浅棕色	中壤土	块状												
剖20	淋溶土	暗棕壤				1	0—2	黑褐色	砂壤土	小粉粒状	5.6	215.6	5.98	4.10	0.6					玄武岩	E 101°35′43.4″ N 27°05′42.7″	87
						2	2—13	暗棕色	砂壤土	小粉粒状	5.4											
						3	13—25	暗棕色	砂壤土	小粉粒状	5.3	102.7	3.06	3.60	0.7							
						4	25—		砂土		6.3											
剖21	淋溶土	黄棕壤	黄棕壤	灰泡土	黑灰土	1	0—20	灰黑色	轻壤土	粒状	6.4									玄武岩残积物、坡积物	E 101°39′07.2″ N 27°04′15.6″	84
						2	20—40	黑棕色	中壤土	团粒状	6.9											
						3	40—70	暗棕色	重壤土	团块状	6.8											
剖22	人为土	水稻土	淹育水稻土	红泥田	大土泥田	1	0—20	棕色	重壤土	团块状、粒状	6.5									辉长闪长岩残积物、坡积物	E 101°32′02.3″ N 27°02′46.1″	85
						2	20—27	浅棕色	中壤土	棱柱状	6.3											
						3	27—51	黄棕色	重壤土	块状、小块状	6.3											
剖23	铁铝土	红壤	黄红壤	黄砂泥土	黄砂泥土	1	0—17	灰棕色	重壤土	块状、粒状	6.3									坡积物	E 101°39′21.6″ N 27°01′31.8″	89
						2	17—30	黄棕色	重壤土	块状	6.4											
						3	30—65	黄黄棕色	中黏土	棱柱状	7.1											
剖24	人为土	水稻土	淹育水稻土	红泥田	耳巴泥田	1	0—15	棕色	中壤土	块状	5.0									混合物	E 101°32′07.1″ N 27°01′13.4″	89
						2	15—27	灰棕色	中壤土	棱柱状	6.1											
						3	27—90	灰黄棕色	中壤土	块状	6.4											
剖25	水稻土	水稻土	淹育水稻土	黄砂泥土	黑砂泥土	1	0—15	黄棕色	重壤土	团块状	6.1									坡积物	E 101°43′16.0″ N 27°02′06.6″	96
						2	15—27	棕色	重壤土	块状	6.7											
						3	27—81	黑棕色	重壤土	棱柱状	6.8											
剖26	铁铝土	红壤	黄红壤	红砂泥田		1	0—18	黄棕色	重壤土	团块状	6.3										E 101°43′09.8″ N 27°00′35.3″	88
						2	18—31	棕色	重壤土	块状	6.1											
						3	31—	黄棕色	轻壤土	小棱块状、粒状	6.4											
剖27	人为土	水稻土	淹育水稻土	潮土田	潮砂田	1	0—17	棕色	轻壤土	团粒状	6.0									第四纪冲积物	E 101°32′14.6″ N 27°00′24.8″	97
						2	17—35	棕色	轻壤土	块状	6.5											
						3	35—	浅红黄色	砂壤土	无明显结构	6.5											
剖28	铁铝土	红壤	黄红壤			1	0—15	棕红色	重壤土	团粒状	7.2									玄武岩	E 101°34′49.8″ N 27°00′16.2″	77
						2	15—25	暗红棕色	重壤土	团块状	7.3											
						3	25—90	暗棕色	轻粘土	团块状												

续表 Continued

剖面号 Soil profile	土纲 Soil order	土类 Soil great group	亚类 Soil subgroup	土属 Soil genus	土种 Soil species	土层码 Layer code	土层厚度 Depth/cm	颜色 Soil color	质地 Soil texture	土壤结构 Soil structure	pH	有机质 OM/(g/kg)	全氮 TN/(g/kg)	全磷 TP/(g/kg)	全钾 TK/(g/kg)	碱解氮 AN/(mg/kg)	有效磷 AP/(mg/kg)	速效钾 AK/(mg/kg)	阳离子交换量 CEC/(cmol/kg)	土壤母质 Parent material	剖面点坐标 Profile coordinate	匹配指数 Matching index/%
剖29	初育土	石灰(岩)土	红色石灰土	红色石灰土	红泥土	1	0—12	暗红棕色	中石质中黏土	粒状	7.4									石灰岩	E 101°22′20.3″ N 26°59′10.0″	81
						2	12—51	暗红棕色	重黏土	块状	7.0											
剖30	铁铝土	红壤	红壤	黄泥土	黄砂土	1	0—13	浅灰黄色	轻壤土	颗粒状	6.4										E 101°21′05.0″ N 26°58′15.2″	71
						2	13—35	浅灰黄色	轻壤土	小块状	6.4											
						3	35—	浅棕黄色		整体状												
剖31	人为土	水稻土	淹育水稻土	红泥田	铁硅质黄泥田	1	0—12	棕黄色	重壤土	团块状	7.1									板岩夹变质砂岩	E 101°26′28.3″ N 26°57′42.1″	77
						2	12—28	黄棕色	重壤土	棱块状	8.0											
						3	28—45	黄棕色	轻壤土	棱柱状	8.1											
剖32	铁铝土	红壤	黄红壤	黄砂泥土	白鳝泥土	1	0—9	浅灰黄色	重壤土	块状	6.9									砂页岩风化物	E 101°17′09.2″ N 26°57′27.4″	71
						2	9—20	浅灰黄色	轻壤土	棱柱状	6.9											
						3	20—54	白色	轻黏土	棱柱状												
剖33	人为土	水稻土	淹育水稻土	厚层红泥田	羊毛砂田	1	0—14	浅黄棕色	中壤土	团块状	5.6									赤红壤、红壤	E 101°27′20.9″ N 26°56′17.9″	75
						2	14—24	黄棕色	中壤土	柱状	6.3											
						3	24—40	黄棕色	中壤土	棱柱状	6.7											
						4	40—62	黄棕色	轻壤土	棱块状	6.8											
剖34	铁铝土	红壤	红壤	厚层红泥田	赤红胶泥土	1	0—10	红色	重壤土	小块状	6.2	43.3	1.71	3.64	0.3						E 101°28′18.8″ N 26°55′34.7″	80
						2	10—27	浅红棕色	黏土	块状	6.0	25.2	0.92	3.38	0.2							
						3	27—60	黄棕色	黏土	大棱块状	6.2	9.0	0.43	2.43	0.7				29.1			
						4	60—90	黄棕色	壤质黏土	棱柱状												
剖35	铁铝土	赤红壤	赤红壤	矿子红泥田	泥砂田	1	0—18	灰棕色	中壤土	小块状	5.5	27.7	1.30	0.30	2.2	123	0.5	155	14.3	第四纪老冲积物	E 101°29′19.4″ N 26°52′40.7″	71
						2	18—27	紫灰色	中壤土	柱状	6.6	20.1	1.17	0.20	2.4							
						3	27—39	棕灰色	重壤土	团粒状	6.8	2.9	0.42	0.20	2.7							
						4	39—53	暗红棕色	重壤土	块状、粒状	6.5											
剖36	人为土	水稻土	潴育水稻土	红泥田	铁子红泥田	1	0—11	浅红棕色	轻石质轻黏土	块状、团块状	6.4									洪积物	E 101°28′58.1″ N 26°52′07.7″	81
						2	11—19	紫棕色	轻黏土	块状	6.8											
						3	19—36	红棕色	重黏土	小棱柱状	6.2											
						4	36—65	暗红棕色	重黏土	小棱柱状	7.6											
剖37	人为土	水稻土	淹育水稻土	黄砂泥土	黄砂泥土	1	0—18	浅黄棕色	重黏土	块状、粒状	6.7										E 101°26′28.0″ N 26°50′08.9″	97
						2	18—27	棕黄色	重黏土	棱柱状	7.2											
						3	27—39	暗红棕色	重黏土	棱块状	7.0											
						4	39—53	暗红棕色	重黏土	棱块状	7.2											
剖38	铁铝土	赤红壤	赤红壤	厚层赤红泥	红砂泥土	1	0—16	浅红棕色	石质重壤土	粒状	7.5									变质砂岩	E 101°40′54.5″ N 26°56′53.2″	73
						2	16—22	棕红色	重壤土	块状												
						3	22—	棕红色		小棱块状												
剖39	铁铝土	赤红壤	赤红壤	厚层赤红泥	小土黄泥田	1	0—15	棕黄色	中壤土	块状	6.2									赤红壤、红壤	E 101°32′08.9″ N 26°56′30.5″	90
						2	15—30	浅黄棕色	中壤土	块状	6.6											
						3	30—45	棕色	中重壤土	棱柱状	7.0											
剖40	人为土	淹育水稻土	淹育水稻土	厚层赤红泥	羊毛砂土	1	0—15	棕色	轻壤土	团块状、块状	6.0									砂岩和黏土层风化物	E 101°33′14.0″ N 26°54′52.6″	86
						2	15—34	浅红黄色	轻壤土	块状	6.2											
						3	34—44	黄棕色	中壤土	大棱块状	6.2											
剖41	铁铝土	赤红壤	赤红壤	厚层赤红泥	羊毛砂土	1	0—12	棕色	中壤土	团块状	6.3									砂页岩坡积物		
剖42	铁铝土	红壤	红壤	黄泥土	黄泥土	1	0—12	棕色	轻质黏土	团块状	6.3									砂页岩坡积物	E 101°34′13.1″ N 26°54′42.8″	99
						2	12—30	黄棕色	轻壤土	块状	6.4											
						3	30—50	暗棕色		棱块状												

续表 Continued

剖面号 Soil profile	土纲 Soil order	土类 Soil great group	亚类 Soil subgroup	土属 Soil genus	土种 Soil species	土层码 Layer code	土层厚度 Depth/cm	颜色 Soil color	质地 Soil texture	土壤结构 Soil structure	pH	有机质 OM/(g/kg)	全氮 TN/(g/kg)	全磷 TP/(g/kg)	全钾 TK/(g/kg)	碱解氮 AN/(mg/kg)	有效磷 AP/(mg/kg)	速效钾 AK/(mg/kg)	阳离子交换量CEC/(cmol/kg)	土壤母质 Parent material	剖面点坐标 Profile coordinate	匹配指数 Matching index/%
剖43	铁铝土	赤红壤	赤红壤	赤红泥	黄砂泥土	1	0—16	浅黄棕色	重壤土	团块状、粒状											E 101°31′59.9″ N 26°54′29.5″	84
						2	16—33	棕黄色	重壤土	块状												
						3	33—	暗黄棕色			6.5											
剖44	人为土	水稻土	淹育水稻土	红泥田	铁硅质黄砂泥田	1	0—15	暗黄棕色	中壤土	团块状、粒状	6.0									闪长岩	E 101°30′40.0″ N 26°53′47.8″	92
						2	15—24	浅黄棕色	中壤土	棱柱状	6.6											
						3	24—74	暗黄棕色	轻壤土	棱柱状	6.1											
剖45	铁铝土	赤红壤	赤红壤	赤红泥土	赤红泥土	A	0—10	浅红棕色	壤质黏土	块状	6.3	22.4	1.06	1.20	0.7	94	10.0	149	22.1	板岩风化坡积物	E 101°41′58.2″ N 26°52′03.7″	93
						B	10—25	浅红棕色	壤质黏土	块状		19.2	0.99	1.20	0.8							
						BC	25—50	浅红棕色	壤质黏土	棱柱状	6.1	12.2	0.52	1.30	0.7							
剖46	铁铝土	赤红壤	赤红壤	赤红泥	红泥土	1	0—10	浅红棕色	重壤土	粒状	6.3										E 101°42′22.1″ N 26°51′42.9″	83
						2	10—15	灰红棕色	重壤土	团块状	6.4											
						3	15—50	红棕色	重壤土	团块状	5.6											
剖47	人为土	水稻土	淹育水稻土	红泥田	铁硅质红砂泥田	1	0—14	黄棕色	重壤土	块状、团块状	6.1									板岩夹变质砂岩	E 101°30′51.1″ N 26°50′47.4″	89
						2	14—23	灰红棕色	重壤土	块状	6.0											
						3	23—44	红棕色	重壤土	小粒状	6.1											
剖48	红壤	黄红壤	黄砂泥土	黄砂泥土	黄泥土	1	0—10	棕色	轻壤土	小团块状	6.1										E 101°29′21.1″ N 26°47′43.8″	95
						2	16—42	棕色	中壤土	块状	5.8											
						3	42—64			块状	5.5											
剖49	初育土	紫色土	酸性紫色土	红紫泥田	紫泥砂土	1	0—14	紫色	轻壤土	粒状	5.5										E 101°25′48.7″ N 26°47′07.4″	87
						2	14—40	暗紫色	轻壤土	棱块状	6.6											
						3	40—	紫色	重壤土	棱柱状	6.8											
剖50	铁铝土	赤红壤	赤红壤	赤红泥	黄泥土	1	0—18	浅黄棕色	黏土	块状	7.4									石灰岩	E 101°25′20.0″ N 26°45′59.6″	76
						2	18—40	浅黄棕色	黏土	棱块状	7.6											
						3	40—64	棕色	黏土	棱柱状	7.6											
剖51	人为土	水稻土	淹育水稻土	红泥田	铁硅质红泥田	1	0—15	暗黄棕色	轻石质重壤土	团块状、粒状	6.2									石灰岩风化物	E 101°31′02.5″ N 26°49′57.7″	84
						2	15—24	暗黄棕色	轻黏土	棱块状	5.9											
						3	24—70	棕红色	轻黏土	块状、粒状	6.1											
剖52	人为土	水稻土	淹育水稻土	红泥田	铁铝质黄泥田	1	0—13	灰棕色	重石质重壤土	块状	6.1									石灰岩风化坡积物	E 101°31′42.2″ N 26°49′46.6″	95
						2	13—21	浅灰棕色	重石质重壤土	棱柱状	5.9											
						3	21—42	浅红棕红色	轻黏土	块状	6.1											
剖53	人为土	水稻土	淹育水稻土	红泥田	铁铝质红泥田	1	0—12	紫棕色	轻黏土	团块状	5.5									碎屑岩坡积物	E 101°46′43.3″ N 26°44′53.9″	94
						2	12—18	暗棕色	重黏土	棱柱状	5.5											
						3	18—50	暗红色	重黏土	大棱块状	5.8											
剖54	人为土	水稻土	淹育水稻土	泥煤土	铁铝质红泥田	1	0—13	棕色	重黏土	块状	5.5								189	玄武岩坡积物	E 101°46′11.7″ N 26°44′33.9″	89
						2	13—29	暗棕色	重黏土	块状	5.5								165			
						3	29—47	暗红色	重黏土	大棱柱状	5.8								103			
剖55	半淋溶土	燥红土	淋溶燥红土	泥煤土	厚层燥红泥土	1	0—11	红棕色	壤质黏土	屑粒状	6.2	22.5	0.96	0.21	1.6	118	6.0			洪冲积物	E 101°53′35.3″ N 26°42′01.8″	89
						B1	11—33	亮红棕色	黏土	块状	6.5	9.9	0.54	0.23	1.8	64	3.0					
						B2	33—70	暗红棕色	黏土	棱块状	6.8	6.9	0.45	0.20	1.9	42	1.0					
剖56	人为土	水稻土	红壤性水稻土	羊肝石田	黄砂泥田	1	0—15	暗黄棕色	中偏重壤土	团块状、粒状	6.8									湖相沉积物	E 101°52′32.9″ N 26°39′15.8″	76
						2	15—18	灰黄色	中偏重壤土	块状	6.8											
						3	18—	浅黄色	中壤土	块状、棱块状	7.0											
剖57	人为土	水稻土	燥红土性水稻土	红泥田	黄砂泥田	1	0—16	褐黄色	中壤土	团块状	8.0									燥红土性旱作土	E 101°52′21.4″ N 26°35′02.0″	75
						2	16—27	黄棕色	中壤土	块状	7.5											
						3	27—80	棕褐色	中壤土	棱柱状	7.5											
						4	80—	褐棕色	中壤土	块状	7.5											

续表 Continued

剖面号 Soil profile	土纲 Soil order	土类 Soil great group	亚类 Soil subgroup	土属 Soil genus	土种 Soil species	土层码 Layer code	土层厚度 Depth/cm	颜色 Soil color	质地 Soil texture	土壤结构 Soil structure	pH	有机质 OM/(g/kg)	全氮 TN/(g/kg)	全磷 TP/(g/kg)	全钾 TK/(g/kg)	碱解氮 AN/(mg/kg)	有效磷 AP/(mg/kg)	速效钾 AK/(mg/kg)	阳离子交换量 CEC/(cmol/kg)	土壤母质 Parent material	剖面点坐标 Profile coordinate	匹配指数 Matching index/%
剖58	初育土	石灰（岩）土	红色石灰土			1	0—7	红棕色	重壤土		7.7	16.9	0.64	1.15	0.9	61	18.0	108	14.8	灰岩	E 101°56′26.6″ N 26°34′02.5″	99
						2	7—87	浅红色	轻黏土		7.7	9.1	0.30	1.14	1.0				16.7			
						3	87—	红色	中黏土		7.7	7.7	0.32	1.09	1.4				24.0			
剖59	半水成土	潮土	潮土性园田土	灰色潮土	潮砂泥土	1	0—18	浅棕黄色	重壤土	团粒状、块状	8.6									新冲积物	E 101°52′13.8″ N 26°33′13.1″	89
						2	18—29	浅棕黄色	重壤土	块状	8.3											
						3	29—56	浅棕色	重壤土	棱柱状	8.6											
						4	56—102	浅棕黄色	重壤土	棱柱状	8.2											

泸 州 市

纳 溪 区

主要土类说明

紫色土是纳溪区的主要土壤类型，占本区地域面积的46%，广泛分布于低山、深丘、槽坝地和浅丘平坝地区。成土母质为岩层风化物和古风化堆积物，这些岩层多数是以物理风化为主，成土迅速，风化程度浅，盐基淋溶少，胶体品质好，呈紫色。土壤肥力高，在坡度大的地方，冲刷严重，土层薄，耐旱力差。土壤呈强酸性至碱性，质地为砂壤土至轻黏土。

水稻土是纳溪区第二大土壤类型，占本区地域面积的45%。淹育水稻土多分布于丘陵地区的坡旁、子冲、支冲地等，土壤砂黏较适中，爽水性能较好，受水文作用影响不深，土体颜色无明显变化，水热气肥比较协调，为本区肥力比较高的土壤。潴育水稻土多分布在正冲中上段以及排水不良的台地。潜育水稻土一般分布于本区丘陵区地势低洼的正冲下段、几个支冲汇水处或高山山脚。盐基饱和度均值为46.46%，质地为轻壤土至轻黏土。

黄壤是纳溪区第三大土壤类型，占本区地域面积的8%，集中分布于低山区和槽坝浅丘区，在长江沿岸浅丘平坝区也有零星分布，主要是林地。土层深厚，无碳酸反应，酸性强，pH为4.2—5.7。其发生了不同程度的富铝化作用，养分含量不高，土壤肥力低，盐基饱和度为36%。

小于本区地域面积3%的土壤类型还有潮土和新积土等。

本区域中心区气候特征

本区域中心区气候特征值
Regional climate characteristics in central area of the region

气候带：中亚热带湿润气候 Climate region: Subtropical humid climate	
年平均气温 /℃ Annual average temperature /℃	16.9
年平均最高气温 /℃ Annual average maximum temperature /℃	20.8
年平均最低气温 /℃ Annual average minimum temperature /℃	14.2
年降水量 /mm Annual precipitation /mm	1035
≥10℃的积温 /℃ Daily temperature accumulated in a year (≥10℃) /℃	8981
年日照时数 /h Annual sunshine /h	1021
年平均相对湿度 /% Annual average relative humidity /%	82
干燥度 Dryness	0.97

本区域中心区月平均气温与月平均降水量
Monthly temperature and precipitation in central area of the region

纳溪县主要土壤类型与土壤剖面点分布图

1:200 000

图 例
- 紫色土
- 水稻土
- 黄壤
- 潮土
- 新积土
- ⊗ 剖面点

纳溪区土壤剖面理化性状表

剖面号 Soil profile	土纲 Soil order	土类 Soil great group	亚类 Soil subgroup	土属 Soil genus	土种 Soil species	土层码 Layer code	土层厚度 Depth/cm	颜色 Soil color	质地 Soil texture	土壤结构 Soil structure	pH	有机质 OM/(g/kg)	全氮 TN/(g/kg)	全磷 TP/(g/kg)	全钾 TK/(g/kg)	碱解氮 AN/(mg/kg)	有效磷 AP/(mg/kg)	速效钾 AK/(mg/kg)	阳离子交换量 CEC/(cmol/kg)	土壤母质 Parent material	剖面点坐标 Profile coordinate	匹配指数 Matching index/%
剖1	铁铝土	黄壤	黄壤	老冲积黄壤土	小砂黄泥土	A	0—36	褐色	砂壤土	黏状	5.7	10.8	0.54	0.64	1.5	51	5.7	24	18.9		E 105°13′39.0″ N 28°43′52.0″	83
						2	36—100	黄棕色	中壤土	块状	6.7	4.3	0.22	0.46	2.1				21.8			
剖2	人为土	水稻土	潴土型水稻土	灰棕潮泥田	半砂半泥田	A	0—27	褐色	重壤土	小块状	5.6	25.8	1.52	0.32	1.2	12	0.9	39	20.6	近代河流冲积物	E 105°14′31.6″ N 28°43′49.8″	81
						P	27—47	褐色	中壤土	片状	7.1	7.7	0.59	0.64	0.8				16.8			
						G	47—72	青灰色	中壤土	块状	7.5	4.4	0.63	0.73	1.7				16.0			
						4	72—100	灰黄色	重壤土	块状	7.6	4.4	0.76	3.70	2.1				24.4			
剖3	人为土	水稻土	黄壤性水稻土	老冲积黄泥田	小砂黄泥田	A	0—36	浅棕色	中壤土	粒状	6.3	10.8	0.86	1.17	1.2	59	5.7	40	12.6		E 105°13′29.3″ N 28°43′42.6″	84
						W	36—70	浅棕色	重壤土	块状	6.5	2.8	0.39	0.76	1.1				18.9			
剖4	初育土	紫色土	酸性紫色土	红紫泥土	红砂土	A	0—25	暗棕红色	砂壤土	单粒状	6.3	2.7	0.42	0.11	0.8	74	1.2	83	10.3		E 105°14′42.7″ N 28°43′08.8″	81
						2	25—100	暗棕红色	砂壤土	小粒状	5.2	2.1	0.59	0.14	0.9				11.1			
剖5	初育土	紫色土	酸性紫色土	红黄紫泥土	红黄砂泥土	A	0—20	暗红色	重壤土	粒状	4.9	11.7	9.60	2.10	1.0	50	2.9	163	15.9		E 105°14′14.3″ N 28°42′37.1″	84
						2	20—100	浅紫色	中壤土		4.7	5.5	0.35	0.09	1.2				10.5			
剖6	人为土	水稻土	潜育水稻土	红黄紫泥水稻土	阴山冷浸田	A	0—27	灰棕紫色	砂壤土	单粒状	4.6	16.8	1.13	0.23	0.7	113	8.9	14	12.6	厚砂岩风化物	E 105°14′22.9″ N 28°41′56.4″	86
						G	27—100	黄黑棕色	轻壤土	小块状	5.1	21.1	1.12	0.21	0.9				14.9			
剖7	初育土	紫色土	酸性紫色土	红黄紫泥土	红砂土	A	0—20	红紫色	中壤土	小块状	5.2	13.2	0.74	0.34	0.8	130	13.8	103	17.5	厚砂岩风化物	E 105°13′02.5″ N 28°41′34.6″	81
						2	20—30	红紫色	中壤土	柱状	5.3	11.4	0.62	0.30	0.9							
						W	30—	红紫色														
剖8	人为土	水稻土	紫色土性水稻土	红黄紫泥水稻土	黑砂泥田	A	0—30	暗紫色	中壤土	块状	4.8	19.4	1.17	0.78	0.8	140	8.5	220	17.4	厚砂岩风化物	E 105°13′38.6″ N 28°41′04.9″	74
						P	30—100	浅棕色	轻壤土	棱散状	5.0	13.4	0.99	0.50	0.1				13.7			
剖9	初育土	紫色土	酸性紫色土	红黄紫泥土	红黄砂泥土	A	0—25	暗棕紫色	轻壤土	棱柱状	6.4	11.1	0.98	0.50	1.8	102	1.3	143	11.4		E 105°14′00.8″ N 28°41′02.6″	87
						2	25—40	灰黄色	中壤土	粒状	5.4	7.4	0.44	0.46	1.8				14.3			
						C	40—100	黄黄色	中壤土	粒粒状	5.1	7.7	0.71	0.71	1.8				10.1			
剖10	人为土	水稻土	紫色土性水稻土	红棕紫泥水稻土	大土泥田	A	0—15	紫棕色	轻黏土	小块状	7.6	17.7	1.35	1.44	2.8	169	15.9	120	29.0	泥页岩化物	E 105°13′41.2″ N 28°40′27.5″	83
						P	15—25	紫棕色	轻壤土	柱状	7.7	15.7	1.28	0.76	2.4				28.6			
						3	25—100	紫棕色	重壤土	小棱柱状	7.4	3.2	0.34	0.37	2.0				17.5			
剖11	人为土	水稻土	酸性灰棕紫泥水稻土	酸化灰棕紫泥土	白散泥田	A	0—20	灰棕色	中壤土	大棱块状	4.7	13.6	0.82	0.32	1.1	78	5.4	70	15.1	黄棕泥页岩风化物	E 105°24′45.0″ N 28°47′39.1″	86
						2	20—70	黄黄色	中壤土	小棱柱状	4.8	6.4	0.56	0.23	0.7				13.4			
						3	70—100	浅黄色	轻壤土	粒粒状	6.2	16.8	0.72	0.69	1.3				10.1			
剖12	人为土	水稻土	酸性灰棕紫泥水稻土	灰棕紫泥土	紫黄泥田	1	0—30	浅紫棕色	轻壤土	粒状	4.8	9.8	0.87	0.60	1.3	62	8.4	321	11.6	灰棕紫色砂页岩风化物	E 105°22′45.5″ N 28°47′15.0″	81
						2	30—37	灰白色	中壤土	大棱块状	6.8	6.1	0.60	0.14	1.3				22.7			
						3	37—57	紫色	轻壤土	棱柱状	6.5	13.4	1.01	0.57	1.4				11.7			
剖13	人为土	水稻土	紫色土性水稻土	酸化灰棕紫泥水稻土	白散泥田	A	0—20	灰白色	重壤土	大棱块状	4.7	18.4	0.18	0.44	1.7	71	4.1	93	17.2	黄色泥岩化物	E 105°27′21.4″ N 28°47′03.3″	88
						2	20—50	黄黄色	轻黏土	小棱柱状	5.0	14.0	0.60	0.23	1.9				18.9			
						3	50—100	紫橙色	中壤土	大块状	5.0	6.3	0.55	0.14	1.5				22.2			
剖14	人为土	水稻土	紫色土性水稻土	酸性灰棕紫泥水稻土	砂田	1	0—30	浅黄灰色	中壤土	大棱块状	5.1	12.2	0.95	0.44	2.3	85	1.5	86	15.1	黄黄砂岩风化物	E 105°24′18.4″ N 28°46′38.6″	89
						2	30—37	浅红灰色	轻壤土	块状	5.3	9.8	0.87	0.23	2.4				13.4			
						3	37—57	灰白黄色	轻壤土	糊散状	6.8	6.1	0.60	0.14	2.4				24.1			
剖15	人为土	水稻土	紫色土性水稻土	红黄紫泥水稻土	红黄砂泥田	A	0—20	灰白黄色	重黏土	糊散状	4.9	19.3	1.28	0.39	2.4	210	3.3	113	22.7	灰棕紫色砂页岩风化物	E 105°22′45.5″ N 28°47′15.0″	
						P	20—25	黄橙色	中壤土	大块状	5.0	12.8	0.73	0.32	2.4				17.4			
						3	25—35	黄橙色	轻黏土	大块状	5.0	10.9	0.12		2.4				17.9			
剖16	人为土	水稻土	紫色土性水稻土	红黄紫泥水稻土	砂白泥田	A	0—20	灰棕色	轻黏土	块状	4.9	22.7	1.69	0.66	2.4	223	6.5	80	15.1	黄色砂岩风化物	E 105°27′11.9″ N 28°46′18.1″	90
						2	20—35	灰白色	轻黏土	块状	4.8	23.9	1.46	0.78	2.3				15.2			
						3	35—100	灰白色	轻壤土		5.0	7.5		0.34	2.6				15.1			
剖17	初育土	紫色土	中性紫色土	灰棕紫泥土	石骨子土	A	0—30	灰棕黄色	砾质中壤土	粒状	7.4	8.4	0.52	0.11	2.3	34	1.7	157	18.5	砂页岩风化物	E 105°21′53.0″ N 28°46′10.9″	90

续表 Continued

剖面号 Soil profile	土纲 Soil order	土类 Soil great group	亚类 Soil subgroup	土属 Soil genus	土种 Soil species	土层码 Layer code	土层厚度 Depth/cm	颜色 Soil color	质地 Soil texture	土壤结构 Soil structure	pH	有机质 OM/(g/kg)	全氮 TN/(g/kg)	全磷 TP/(g/kg)	全钾 TK/(g/kg)	碱解氮 AN/(mg/kg)	有效磷 AP/(mg/kg)	速效钾 AK/(mg/kg)	阳离子交换量CEC/(cmol/kg)	土壤母质 Parent material	剖面点坐标 Profile coordinate	匹配指数 Matching index/%
剖18	人为土	水稻土	紫色土性水稻土	红黄紫泥水稻土	红黄砂泥田	A	0—25	黄橙色	中壤土	粒状、小块状	5.3	10.4	0.74	0.32	1.7	119	6.3	64	20.9		E 105°29′35.5″ N 28°45′57.2″	77
						P	25—45	黄橙色	重壤土	棱块状	5.2	6.8	0.60	0.23	1.7				21.1			
						W	45—100	橙黄色	重壤土	块状	5.2	6.4	0.60	0.44	2.2				21.8			
剖19	初育土	紫色土	中性紫色土	灰棕紫泥土	大泥土	A	0—20	紫棕色	轻砾中壤土	粒状	7.0	9.9	0.97	1.28	3.2	99	4.1	190	19.8	砂页岩风化物	E 105°26′39.5″ N 28°45′53.3″	90
						2	20—50	紫红色	轻砾重壤土	大块状	7.5	7.1	0.67	1.19	3.1				21.1			
剖20	人为土	水稻土	黄壤性水稻土	老冲积黄泥田	黄泥田	A	0—30	暗灰黄色	重壤土	糊散状	5.6	22.6	1.16	1.17	1.4	112	16.8	93	17.6		E 105°22′18.3″ N 28°45′49.0″	99
						P	30—100	黄棕色	轻黏土	块状	5.8	9.9	0.69	0.94	1.3				16.0			
剖21	铁铝土	黄壤		老冲积黄壤土	死白鳝泥土	A	0—20	黄棕色	轻黏土	小块状	4.8	16.1	0.66	0.53	1.3	53	5.9	111	14.4	第四纪冰积物、冰水沉积物	E 105°22′28.6″ N 28°45′28.8″	94
						2	20—54	红黄白色	轻黏土	大块状	5.0	4.4	0.61	0.25	2.1				13.6			
						3	54—100				5.2	2.0	0.51	0.92	1.5				13.0			
剖22	人为土	水稻土	黄壤性水稻土	老冲积黄泥田	鸭屎泥田	A	0—30	灰黄色	中壤土	糊散状	6.0	26.2	1.09	0.60	1.5	124	1.3	19	16.3		E 105°22′16.0″ N 28°45′14.4″	94
						G	30—100	灰黄色	中壤土	整体状	6.2	24.6	1.12	0.64	1.5				19.4			
剖23	初育土	紫色土	石灰性紫色土	老冲积黄泥土	死黄泥夹白鳝泥田	A	0—28	黄色	中壤土	粒状	5.5	10.5	0.82	0.44	1.4	7	3.9	29	11.8		E 105°18′33.1″ N 28°45′11.9″	79
						2	28—100	红黄白色	重壤土	大块状	6.2	2.7	0.57	0.92	1.6				8.0			
剖24	初育土	紫色土		红棕紫泥土	红砂大土	1	0—25	红棕紫色	中壤土	粒状	7.5	15.4	1.18	2.02	2.4	90	27.4	278	23.0	泥页岩风化物	E 105°24′15.5″ N 28°45′09.0″	96
						2	25—100				7.6	8.2	0.72	1.33	2.4				24.0			
剖25	初育土	紫色土	酸性紫色土	酸化棕紫泥土	冷砂土	A	0—20	黄棕色	重壤土	粒状	6.2	13.9	0.92	0.33	1.6	46	2.6	86	33.1	黄色砂岩风化物	E 105°28′39.4″ N 28°44′54.6″	88
						2	20—40	黄棕色	中壤土	小块状	6.7	6.1	0.71	0.20	1.6				30.3			
剖26	人为土	水稻土	酸性紫色土性水稻土	酸化棕紫泥水稻土	紫黄紫泥田	1	0—15	黄棕色	重壤土	棱柱状	5.0	15.9	1.03	0.66	1.9	110	1.4	46	16.4	黄色砂岩风化物	E 105°19′31.8″ N 28°43′45.8″	92
						P	15—35	黄棕色	重壤土	棱柱状	5.5	14.2	0.93	0.76	1.8				17.9			
						3	35—100	黄棕色	重壤土	块状	6.6	6.5	0.67	0.66	2.1							
剖27	半水成土	潮土		紫潮泥土	夹砂土	A	0—27	紫棕色	中壤土	小块状	6.5	16.3	1.45	1.45	2.2	61	5.6	49	27.9	紫色岩风化物	E 105°24′31.0″ N 28°43′28.2″	77
						2	27—100				7.2	7.4	0.89	1.30	2.1				30.7			
剖28	初育土	紫色土	石灰性紫色土	棕紫泥土	油砂土	A	0—25	棕灰色	砂壤土	粒状	7.1	12.8	0.98	0.48	1.2	57	9.1	69	14.3		E 105°22′09.8″ N 28°43′01.9″	80
						2	25—40	棕黄色	中壤土	棱片状	7.2	9.8	0.97	0.50	1.2				15.3			
剖29	人为土	水稻土	潮土型水稻土	紫潮泥田	大眼泥田	A	0—30	棕黄色	轻黏土	糊状	7.6	21.4	1.62	1.31	2.2	93	3.8	58	37.8	黄页岩风化物	E 105°22′26.8″ N 28°42′36.0″	99
						P	30—100	棕黄色	轻黏土	块状	8.1	13.7	1.28	1.24	2.3				18.5			
剖30	半水成土	潮土		灰棕冲积潮土	潮砂土	A	0—31	灰黄棕色	中壤土	粒状	7.5	10.1	0.68	1.76	2.0	38	18.0	36	13.8	灰棕冲积物	E 105°20′47.8″ N 28°42′35.3″	80
						2	31—100	棕黄色	重壤土	棱片状	8.1	4.2	0.50	1.40	1.9				13.1			
剖31	人为土	紫色土	酸性紫色土	红棕紫泥土	红砂紫泥土	A	0—30	暗棕紫色	重壤土	小块状、粒状	5.3	17.2	1.22	0.50	1.0	160	5.0	74	16.5		E 105°24′09.0″ N 28°42′28.1″	72
						2	30—100	红色	重壤土	粒状、棱块状	5.5	8.5	0.77	0.31	1.0				16.5			
剖32	人为土	水稻土	紫色土性水稻土	棕化棕紫泥水稻土	冷砂田	A	0—15	褐色	中壤土	小块状	5.5	15.1	0.84	0.22	1.0	65	2.2		27.5	黄棕砂岩风化物	E 105°20′41.3″ N 28°41′50.3″	71
						2	15—25	褐色	中壤土	棱柱状	5.5	12.3	0.79	0.36	1.0				25.3			
						3	25—80	暗黄色	中壤土	块状	6.8	6.0	0.63	0.18	1.0				18.4			
剖33	人为土	水稻土	紫色土性水稻土	紫潮泥田	油砂田	A	0—23	灰黄色	重壤土	粒状	6.6	16.3	0.99	0.66	1.6	78	5.0	62	21.8	厚页岩、厚页岩风化物	E 105°26′32.3″ N 28°41′06.7″	79
						2	23—40	灰黄色	重壤土	块状	6.5	9.8		0.66	1.6				33.7			
						W	40—100	棕黄色	重砾重壤土	块状	7.4	7.1	0.43	0.62	1.5				21.8			
剖34	人为土	水稻土	紫色土性水稻土	棕紫泥水稻土	大土田	A	0—20	棕紫色	轻砾重壤土	小块状	7.8	10.4	0.95	1.18	2.7	59	0.8	92	16.8	厚页岩、厚页岩风化物	E 105°29′49.2″ N 28°40′57.7″	97
						2	20—30	棕紫色	中壤土	棱柱状	8.2	8.8	0.69	1.24	2.6				22.8			
						P	30—100	棕紫色	重壤土	棱柱状	8.2	6.0	0.56	1.28	2.7				20.6			
剖35	初育土	紫色土	石灰性紫色土	红黄紫泥土	大土泥田	1	0—15	红棕色	轻黏土	小块状	7.2	13.9	1.04	0.87	2.3	83	1.4	127	28.9	泥页岩风化物	E 105°27′06.8″ N 28°40′52.7″	93
						2	15—50	红黄色	轻黏土	块状	7.0	11.5	1.00	0.96	2.4				28.2			
剖36	初育土	紫色土	酸性紫色土	红黄紫泥土	红黄紫泥土	A	0—20	黄橙色	重壤土	大块状	5.2	18.7	1.20	0.66	1.9	71	4.7	232	23.4		E 105°22′05.9″ N 28°40′46.9″	86
						2	20—80	棕紫色	轻黏土	块状	4.8	8.1	0.82	0.32	0.8				23.4			
剖37	铁铝土	黄壤		老冲积黄壤土	卵石黄泥土	A	0—15	灰黄棕色	重壤土	块状、粒状	5.2	13.6	0.64	0.50	1.8	38	3.8	7	15.1		E 105°17′31.6″ N 28°40′42.6″	85
						2	15—35	浅红黄色	重壤土	块状	6.0	3.9	0.29	0.34	1.8				15.7			

续表 Continued

剖面号 Soil profile	土纲 Soil order	土类 Soil great group	亚类 Soil subgroup	土属 Soil genus	土种 Soil species	土层码 Layer code	土层厚度 Depth/cm	颜色 Soil color	质地 Soil texture	土壤结构 Soil structure	pH	有机质 OM/(g/kg)	全氮 TN/(g/kg)	全磷 TP/(g/kg)	全钾 TK/(g/kg)	碱解氮 AN/(mg/kg)	有效磷 AP/(mg/kg)	速效钾 AK/(mg/kg)	阳离子交换量CEC/(cmol/kg)	土壤母质 Parent material	剖面点坐标 Profile coordinate	匹配指数 Matching index/%
剖38	人为土	水稻土	紫色土性水稻土	红石骨土	红石骨子田	A	0—15	暗红棕色	砾质土	糊散状	7.5	24.2	1.01	1.14	2.4	118	12.7	118	27.1	泥页岩风化物	E 105°27′32.4″ N 28°40′30.4″	88
剖39	初育土	紫色土	酸性紫色土	酸化灰棕紫泥土	紫黄泥土	2	15—37	浅红棕色	砾石轻黏土	柱状	7.6	10.8	0.90	1.10	2.8		2.9	158	28.0	黄色泥页岩风化物	E 105°23′09.2″ N 28°40′17.4″	77
						3	37—100	黄棕色	砾质黏土	片状	7.4	4.3	0.60	0.27	2.4				12.6			
剖40	人为土	水稻土	潮土型水稻土	灰棕紫潮田	潮砂泥田	A	0—30	黄棕色		小块状	5.9	14.8	1.10	0.40	2.1	77	2.9		21.6	近代河流冲积物	E 105°33′53.6″ N 28°45′39.2″	74
						2	30—40	黄棕色	轻黏土	楼状	5.1	9.2	3.30	0.14	2.2				21.3			
						3	40—50	黄棕色		粒状	5.5	4.1	0.60	0.27	2.2				25.3			
剖41	初育土	紫色土	石灰性紫色土	红棕紫泥土	潮砂泥田	A	0—27	褐色	轻黏土	团块状	6.4	11.1	1.00	1.60	2.0	78	15.0	26	20.9	泥页岩风化物	E 105°33′27.7″ N 28°45′32.0″	76
						P	27—100	浅黄棕色	中壤土	小棱块状	7.6	3.7	0.40	1.53	2.1				23.8			
剖42	初育土	紫色土	石灰性紫色土	棕紫泥土	红石骨子土	A	0—20	红棕色	中壤土	粒状	6.8	6.5	0.54	1.24	2.5	40	2.8	126	18.0	泥页岩风化物	E 105°30′22.7″ N 28°42′49.3″	84
						C	20—70	红棕色	中壤土	粒状	7.4	5.6	0.60	1.17	2.4				24.0			
剖43	人为土	水稻土	紫色土性水稻土	棕紫泥水稻土	深足田	A	0—20	紫棕色	砾质重壤土	松散状	7.9	14.7	1.12	1.60	2.6	64	10.4	237	20.4	厚砂岩、厚页岩风化物	E 105°32′20.8″ N 28°41′51.7″	82
						G	20—35	灰紫色	轻黏土	轻糊散状	8.0	24.7	1.42	0.87	2.5	154	0.7	96	20.2			
						G	35—100	紫灰色	轻黏土	整体状	8.0	23.9	1.44	0.87	2.4				18.5			
剖44	人为土	水稻土	潮土型水稻土	红黄紫泥水稻土	深足冷浸田	A	0—20	灰色	重壤土	软块状	8.0	23.2	1.34	0.71					19.6		E 105°14′47.8″ N 28°33′26.3″	97
						G	20—30	黄色	重壤土	糊散状	5.2	21.6	1.00	0.27	1.9	64	1.8	46	13.8			
						3	30—100	灰色	轻壤中壤土	软块状	5.1	17.7	1.02	0.27	1.9				15.5			
剖45	初育土	紫色土	酸性紫色土	紫色泥土	泥夹砂田	A	0—25	栗色	重壤土	小块状	5.2	16.3	1.13	0.25	1.8				17.5		E 105°21′50.0″ N 28°39′12.2″	79
						P	36—100	浅灰棕色	重壤土	大棱柱状	6.6	13.5	1.40	0.64	1.6	82	5.0	43	17.8			
剖46	人为土	水稻土	紫色土性水稻土	紫色紫泥土	黑砂田	A	0—44	紫色	中壤土	团粒状	6.6	6.5	1.05	0.55	1.0	147	12.8		19.4		E 105°15′39.2″ N 28°38′45.2″	86
						2	44—100	栗棕色	中壤土	小块状	6.9	25.7	1.10	2.13	0.8				23.8			
剖47	初育土	紫色土	紫色土性水稻土	红黄紫泥土	红砂泥田	A	0—25	暗黄棕色	中壤土	糊散状	6.3	9.3	0.92	0.32	1.2	129	2.5	103	13.3	厚砂岩风化物	E 105°27′52.9″ N 28°36′44.6″	86
						P	25—100	浅灰棕色	中壤土	棱柱状	5.2	21.4	1.20	0.38	1.2			167	12.1			
剖48	初育土	紫色土	中性紫色土	灰棕紫泥土	死眼泥田	A	0—20	红棕色	重壤土	粒状	5.3	11.7	0.83	0.21	1.7	65	3.2	51	11.7	砂页岩风化物	E 105°17′06.0″ N 28°36′39.2″	74
						2	20—70	棕色	重壤土	粒状、单粒状	5.7	11.3	0.99	6.04	1.7				23.0			
						G	35—80	灰黄色	重壤土	小块状	5.8	9.6	0.54	1.88	1.8	76	2.6	57	21.7			
剖49	人为土	水稻土	紫色土性水稻土	灰棕紫泥水稻土	深足烂泥田	A	0—20	紫棕色	重黏土	糊散状	5.0	11.8	0.28	0.44	1.4				24.1	灰棕紫砂岩风化物	E 105°16′41.5″ N 28°35′22.6″	98
						G	20—35	紫棕色	重黏土	整体状	5.0	13.7	0.44	0.50	1.4				22.6			
						G	35—80		轻黏土	整体状	5.2	12.4	0.61	0.27	1.7				19.9			
剖50	人为土	水稻土	紫色土性水稻土	灰棕紫泥水稻土	大泥田	A	0—20	紫棕色	轻黏土	棱块状	5.2	11.8	1.00	0.30	1.9			75	25.6	灰棕紫砂岩风化物	E 105°20′01.3″ N 28°34′55.2″	88
						2	20—30	黑棕色	重黏土	小块状	6.7		1.36	0.76	2.8			227	29.0			
						3	30—100	黄红色	重黏土	小块状	7.6	9.2	0.88	0.34	1.7				9.7			
剖51	人为土	水稻土	酸性灰棕紫泥水稻土	酸性灰棕紫泥水稻土	黄砂田	A	0—22	紫黄棕色	中壤土	棱块状	4.8	6.7	0.86	0.23	1.1	70	3.5	37	6.4	黄色砂岩风化物	E 105°27′26.6″ N 28°32′08.2″	83
						P	22—44	浅黄棕色	中壤土	大块状	4.9	5.8	0.67	0.27	1.2				9.8			
						W	44—				5.4											
剖52	人为土	水稻土	潜育水稻土	矿毒田	翻硝田	A	0—22	灰棕色	轻黏土	粒状、单粒状	7.8	31.4	1.74	1.01	2.4	128	4.6	96	25.5	泥页岩风化物	E 105°17′29.0″ N 28°32′03.5″	81
						G	22—36	棕色	重黏土	无明显结构	7.7	31.1	1.74	1.01	2.2				24.9			
						G	36—37	灰色	重黏土	整体状	7.6	26.7	1.59	1.14	0.3				20.6			
剖53		黄壤		山地幼黄壤		Ao	0—2	黑褐色		无明显结构	4.3	44.2	1.70	0.27	1.8	234	1.9	92	29.8	残积物	E 105°23′50.6″ N 28°31′45.1″	75
	铁铝土					2	2—8	黑色	轻黏土	团粒状、粒状	4.3											
						3	8—24	黄红色	轻黏土	松片状	4.8	8.4		0.30	2.7				25.5			
						4	24—50	紫棕色	中壤土	棱片状	5.0											
						5	50—100															
剖54	初育土	紫色土	石灰性紫色土	棕紫泥土	粗砂大土	A	0—25	棕色	中壤土	团粒、粒状	8.0	8.4	0.73	1.03	2.9	82	0.6	121	19.6	泥页岩风化物	E 105°24′56.2″ N 28°31′00.1″	72
						2	25—30	棕棕色	轻砾重壤土	核片状、粒状	8.0	7.1	0.74	1.21	2.9				17.4			

续表 Continued

剖面号 Soil profile	土纲 Soil order	土类 Soil great group	亚类 Soil subgroup	土属 Soil genus	土种 Soil species	土层码 Layer code	土层厚度 Depth/cm	颜色 Soil color	质地 Soil texture	土壤结构 Soil structure	pH	有机质 OM/(g/kg)	全氮 TN/(g/kg)	全磷 TP/(g/kg)	全钾 TK/(g/kg)	碱解氮 AN/(mg/kg)	有效磷 AP/(mg/kg)	速效钾 AK/(mg/kg)	阳离子交换量CEC/(cmol/kg)	土壤母质 Parent material	剖面点坐标 Profile coordinate	匹配指数 Matching index/%
剖55	人为土	水稻土	紫色土性水稻土	红黄紫泥水稻土	红黄砂田	A	0—30	红棕色	中壤土	小块状	4.6	12.9	0.88	0.24	1.0	71	1.7	91	15.4		E 105°30′17.3″ N 28°33′03.6″	94
						p	30—48	暗红棕色	重壤土	小块状	4.8	100.2	0.77	0.16	0.9				16.3			
						W	48—100	暗红棕色	重壤土	小块状	5.0	9.6	6.69	0.14	0.8				22.8			

泸 县

主要土类说明

水稻土是泸县的主要土壤类型，占本县地域面积的69%，分布在本县深、中、低、浅丘及河谷地带的横榜、支冲、正冲、槽坝等，高达海拔600余米的玉蝉山上，低至海拔220m的长江沿岸阶地均有分布。该土类在本县由八种土壤母质发育而来，它是在自然因素和人为因素共同作用下，灌水种植水稻，长期熟化发育而成，受水文作用影响深刻，具明显的剖面发育特征，这是与其他旱地土类的根本区别。在此状况下，土壤理化性质明显发生变化，易于蓄水保水，土温稳定，养分有效性高，有利于有机质累积等。主要层次有淹育层、初期潴育层、犁底层、潴育层、潜育层。耕层有机质含量为19.2g/kg，pH为4.1—8.2，质地为砂壤土至轻黏土。本县水稻土分为淹育型、潴育型、潜育型等亚类。

紫色土是泸县第二大土壤类型，占本县地域面积的19%，是旱粮、经济作物、果树蔬菜的主要产地，分布在海拔280—400m的中丘、浅丘地带。成土母质以侏罗系紫色岩层风化物为主，其次有极少数白垩系夹关组岩层风化物，岩石组合复杂，矿物元素丰富。在本县高温多湿、雨量丰富的自然条件下，季节性和昼夜温湿度变化频繁，母岩物理风化强，母质处于不断更新，成土时间短，多幼年土，矿物中的硅铁碳酸盐等常以胶膜覆于矿物表面，一方面保护矿物不向深度风化发展，另一方面保护矿质养分不轻易流失，使土壤先天肥力较高。农业利用方式多为间套作多熟制，利用率较高，土壤空闲时间少。有机质含量为14.2g/kg，阳离子交换量为18.1cmol/kg，一般为中性至微酸性，质地为轻壤土、中壤土或重壤土。紫色土为岩性土，母岩物理风化强，矿物补偿迅速；土壤物理风化强，土壤先天性肥力高，生产力强；无脱硅富铝化趋势，土壤处于脱钙复钙阶段，矿物风化不深；土壤分布具垂直性，从坡顶到坡腰至坡脚，土层逐渐增厚，肥力相应提高。由于碳酸钙含量和酸碱度的不同，本县紫色土分为酸性紫色土、中性紫色土、石灰性紫色土等亚类。

黄壤是泸县第三大土壤类型，占本县地域面积的10%，主要分布在海拔400m以上的低山与各短轴背斜中丘地带。自然植被为松、杉、油茶、药材、楠竹、映山红等。耕层有机质含量为1.26%，呈酸性。本县黄壤母质受水文作用影响深刻，化学风化强烈，矿物分解深，盐基淋洗，脱硅富铝化发育明显，胶体品质差，明显黄化、酸化，以酸、瘦、薄、板为主要特点，土性差，养分贫乏。本县黄壤只有黄壤一个亚类。

小于本县地域面积3%的土壤类型还有潮土、粗骨土等。

本区域中心区气候特征

本区域中心区气候特征值
Regional climate characteristics in central area of the region

气候带：中亚热带湿润气候 Climate region: Subtropical humid climate	
年平均气温 /℃ Annual average temperature /℃	17.5
年平均最高气温 /℃ Annual average maximum temperature /℃	21.3
年平均最低气温 /℃ Annual average minimum temperature /℃	15.0
年降水量 /mm Annual precipitation /mm	1042
≥10℃的积温 /℃ Daily temperature accumulated in a year（≥10℃）/℃	9133
年日照时数 /h Annual sunshine /h	1002
年平均相对湿度 /% Annual average relative humidity /%	82
干燥度 Dryness	1.01

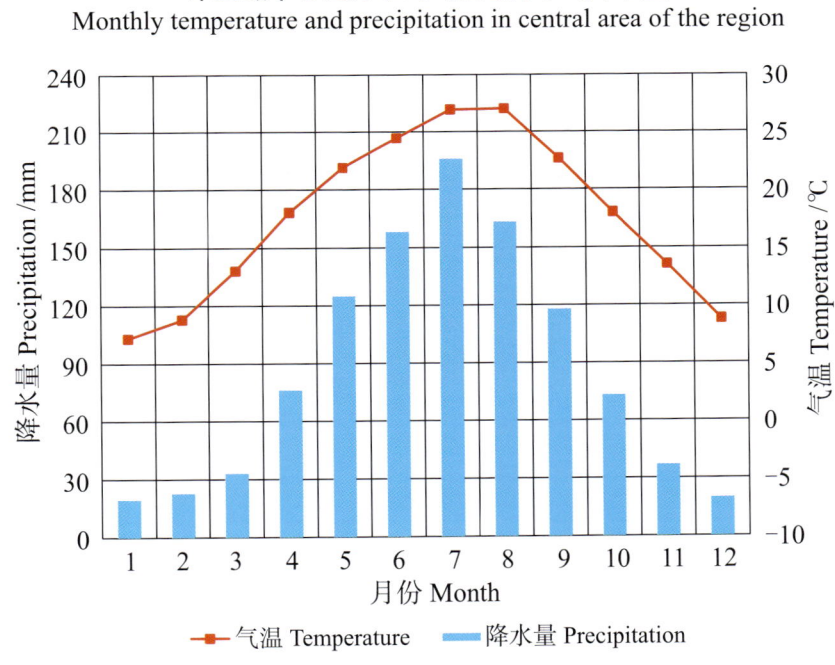

本区域中心区月平均气温与月平均降水量
Monthly temperature and precipitation in central area of the region

泸县主要土壤类型与土壤剖面点分布图
1:210 000

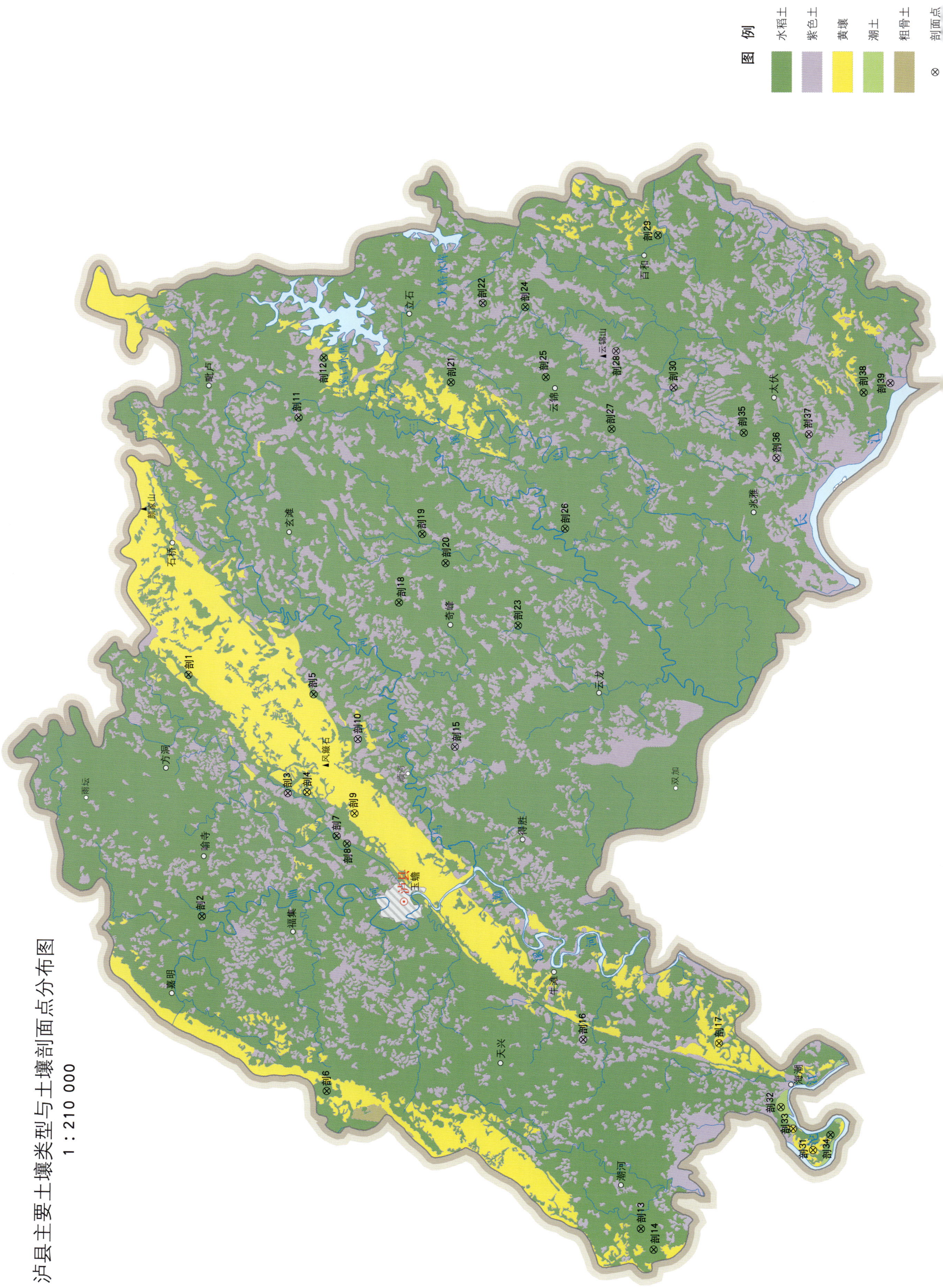

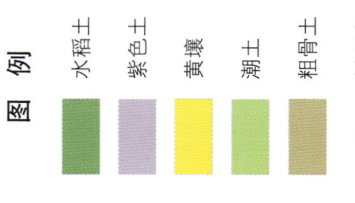

泸县土壤剖面理化性状表

剖面号 Soil profile	土纲 Soil order	土类 Soil great group	亚类 Soil subgroup	土属 Soil genus	土种 Soil species	土层码 Layer code	土层厚度 Depth/cm	颜色 Soil color	质地 Soil texture	土壤结构 Soil structure	pH	有机质 OM/(g/kg)	全氮 TN/(g/kg)	全磷 TP/(g/kg)	全钾 TK/(g/kg)	碱解氮 AN/(mg/kg)	有效磷 AP/(mg/kg)	速效钾 AK/(mg/kg)	阳离子交换量 CEC/(cmol/kg)	土壤母质 Parent material	剖面点坐标 Profile coordinate	匹配指数 Matching index/%
剖1	人为土	水稻土	黄壤性水稻土	冷砂黄泥田	炭渣田	1	0—20	灰黑色	重壤土	整体状	4.6	6.2	2.03	0.27	1.1	86	1.0	42	18.5	厚石英砂岩薄层页岩	E 105°29′37.7″ N 29°15′08.3″	92
						2	20—76	黑灰色	重壤土	块状	4.7	5.0	2.40	0.27	1.0				18.0			
						3	76—				4.5	3.9	2.57	0.18	0.9				15.9			
剖2	人为土	水稻土	紫色土性水稻土	灰棕紫泥水稻土	黄泥田	1	0—19	棕灰色	重壤土	整体状	5.1	24.0	1.12	0.17	1.4	122	2.0	69	22.3	灰棕色砂页岩互层页风化物	E 105°21′59.4″ N 29°14′44.5″	90
						2	19—40	紫蓝紫色	轻黏土	整体状	5.3	23.1	1.01	0.13	1.3				24.4			
						3	40—100	紫蓝紫色	轻黏土	整体状	5.8	22.6	1.01	0.18	1.3				24.1			
剖3	初育土	紫色土	中性紫色土	暗紫泥土	斑晶砂岩暗紫泥土	1	0—26	紫黄色	中壤土	小块状	7.9	10.8	0.59	0.44	1.1	82	2.0	110	12.8	残积物	E 105°25′53.4″ N 29°12′22.0″	75
						2	26—60	重紫色	重壤土	棱柱状	8.0	8.5	0.36	0.40	1.0				13.3			
						3	60—		重黏土		8.1	6.8	0.26	0.63	1.0				14.7			
剖4	铁铝土	黄壤	黄壤	冷砂黄泥土	冷砂土	1	0—21	浅黄黄色	轻壤土	粒状	4.8	12.7	0.35	0.07	0.5	65	1.0	35	6.9	砂岩夹薄层炭质页岩	E 105°25′55.2″ N 29°11′49.9″	73
						2	21—56	白黄色	中壤土	块状	5.1	4.9	0.19	0.12	0.6				8.0			
						3	56—	黄棕色			5.0	7.4	0.25	0.07	0.7				11.0			
剖5	人为土	水稻土	黄壤性水稻土	冷砂黄泥田	窖罐泥田	1	0—22	橙黄色	重壤土	稀糊状	5.0	21.9	0.76	0.29	0.6	103	1.0	79	12.7	厚石英砂岩薄层炭质页岩	E 105°29′01.3″ N 29°11′39.5″	71
						2	22—42	橙黄色	重黏土	块状	5.0	15.7	0.55	0.31	0.6				13.7			
						3	42—90	橙黄色	重黏土	整体状	5.5	15.7	0.55	0.20	0.6				13.7			
剖6	人为土	水稻土	黄壤性水稻土	冷砂黄泥田	冷砂田	1	0—22	灰白色	砂壤土	整体状	4.9	9.0	0.16	0.16	0.5	48	3.0	15	3.3	厚石英砂岩薄层炭质页岩	E 105°16′30.6″ N 29°11′14.9″	71
						2	22—27	灰白色	轻壤土	块状	4.7	7.6	0.07	0.16	0.4				3.7			
						3	27—80	灰白色		块状	4.6	8.0	0.28	0.18	0.6				4.8			
						4	80—															
剖7	人为土	水稻土	潮埌型水稻土	灰棕潮泥田	潮泥田	1	0—20	灰色	轻壤土	无明显结构	5.7	29.3	1.32	0.20	1.8	140	4.0	80	24.4	灰棕色、紫灰色新冲积物	E 105°24′33.1″ N 29°11′00.5″	70
						2	20—38	浅蓝色	重壤土	块状	6.2	25.6	1.17	0.50	1.4				24.0			
						3	38—45	蓝灰色	重壤土	柱状	6.2	17.6	0.78	0.60	1.4				20.5			
						4	45—60	深灰蓝色	重壤土	柱状	6.0	10.3	0.50	0.70	1.4				26.5			
						5	60—100	棕灰色	重壤土	柱状	7.3	5.7	0.20	0.60	1.4				30.8			
剖8	人为土	水稻土	潮埌型水稻土	灰棕潮泥田	潮泥田	1	0—22	浅黄灰色	重壤土	块状	5.4	16.3	0.86	0.44	1.2	114	4.0	141	17.3	灰棕色、紫灰色新冲积物	E 105°24′18.7″ N 29°10′43.4″	78
						2	22—29	浅黄灰色	重黏土	块状	6.0	18.9	0.71	0.45	1.2				16.6			
						3	29—54	浅黄灰色	重黏土	小块状	6.3	11.3	0.63	0.63	1.4				20.1			
						4	54—100	黄灰色	重黏土	块状	6.7	7.7	0.36	0.62	1.5				23.0			
剖9	铁铝土	黄壤	黄壤	冷砂黄泥土	炭渣土	1	0—22	白灰色	重壤土	小块状	6.1	6.0	1.17	0.43	1.2	72	1.0	57	17.5	砂岩夹薄层炭质页岩	E 105°25′16.0″ N 29°10′31.1″	86
						2	22—29	浅黄紫色	轻黏土	小梭状	7.2	4.8	1.23	0.50	1.4				19.0			
						3	33—				7.8	3.8	0.70	0.43	1.3				23.4			
剖10	初育土	紫色土	中性紫色土	暗紫泥土	白鳝黄泥田	1	0—19	棕紫色	重壤土	小块状	6.7	13.6	0.62	0.60	1.0	83	1.0	70	20.1	残积物	E 105°27′36.4″ N 29°10′25.7″	79
						2	19—50	浅棕紫色	中壤土	小梭柱状	6.5	8.5	0.54	0.47	1.0				19.3			
						3	50—	暗紫色			5.9	3.5	0.19	0.60	1.3				21.8			
剖11	人为土	水稻土	紫色土性水稻土	灰棕紫泥水稻土	暗紫泥土	1	0—20	灰黄灰色	重壤土	分散状	5.1	12.6	0.56	0.29	0.9	74	1.0	55	12.7	灰棕色砂页岩互层风化物	E 105°37′44.0″ N 29°12′04.7″	83
						2	20—25	灰黄色	重壤土	整体状	5.4	12.2	0.44	0.19	0.8				11.9			
						3	25—100	灰白色	重壤土	块状	6.0	5.1	0.36	0.18	0.2				12.6			
剖12	人为土	水稻土	紫色土性水稻土	暗紫泥田	暗紫泥田	1	0—20	浅灰紫色	重壤土	整体状	5.1	12.4	0.64	0.37	1.0	106	1.0	68	19.4	灰棕色砂页岩互层风化物	E 105°39′36.7″ N 29°11′22.9″	89
						2	20—28	灰棕紫色	重壤土	棱柱状	5.1	13.1	0.56	0.36	0.4				19.2	5		
						3	28—75	浅灰紫色	轻壤土	大棱柱状	5.0	4.5	0.36	0.25	0.4				17.2	5		
						4	75—				5.6		0.18	0.17	0.5				20.1	6		

续表 Continued

剖面号 Soil profile	土纲 Soil order	土类 Soil great group	亚类 Soil subgroup	土属 Soil genus	土种 Soil species	土层码 Layer code	土层厚度 Depth/cm	颜色 Soil color	质地 Soil texture	土壤结构 Soil structure	pH	有机质 OM/(g/kg)	全氮 TN/(g/kg)	全磷 TP/(g/kg)	全钾 TK/(g/kg)	碱解氮 AN/(mg/kg)	有效磷 AP/(mg/kg)	速效钾 AK/(mg/kg)	阳离子交换量CEC/(cmol/kg)	土壤母质 Parent material	剖面点坐标 Profile coordinate	匹配指数 Matching index/%
剖13	人为土	水稻土	紫色土性水稻土	暗紫泥田	死黄泥田	1	0—25	深灰色	轻黏土	整体状	8.2	19.9	0.88	0.56	1.2	80		94	10.7		E 105°12′16.9″ N 29°02′29.8″	80
						2	25—40	黄灰色	轻黏土	整体状	8.1	21.0	0.88	0.52	1.2				9.6			
						3	40—110	棕黄色	轻黏土	棱柱状	8.2	23.2	0.99	0.39	1.0				9.8			
剖14	人为土	水稻土	黄壤性水稻土	砂黄泥田	砂白鳝黄泥田	1	0—20	黄白色	重黏土	稀糊状	4.6	20.0	0.83	0.33	0.5	158	1.0	138	15.7	黄色砂岩风化物	E 105°11′38.4″ N 29°02′08.5″	80
						2	20—30	棕灰白色	重黏土	小棱柱状	4.9	11.0	0.39	0.26	0.3				12.7			
						3	30—93	橙黄色	重黏土		5.1	7.0	0.12	0.34	0.3				14.0			
						4	93—				5.5	6.3	0.09	0.24	0.3				16.6			
剖15	初育土	紫色土	中性紫色土	灰棕紫泥土	死砂土	1	0—25	灰色	轻壤土	粒状	6.5	11.5	0.34	0.41	0.9	57	2.0	100	10.1		E 105°27′22.3″ N 29°07′44.4″	76
						2	25—75	黄灰色	砂黄土	小块状	5.6	5.7	0.11	0.27	0.8				10.7			
						3	75—	紫黄色			5.3	3.4		0.12	0.1				12.8			
剖16	初育土	紫色土	中性紫色土	灰棕紫泥土	夹砂土	1	0—20	灰棕色	中壤土	小块状	6.4	17.5	0.76	0.59	1.1	92	2.0	71	16.5	砂页岩	E 105°18′09.7″ N 29°04′08.0″	88
						2	20—31	黄黄色	中壤土	块状	6.1	12.9	0.74	0.25	1.0				16.7			
						3	31—	紫紫色														
剖17	铁铝土	黄壤	黄壤	砂黄泥土	松毛土	1	0—17	棕黄色	砂壤土	小块状	4.6	8.8	0.42	0.28	0.3	62	1.0	66	7.5		E 105°18′04.3″ N 29°00′21.6″	92
						2	17—31	浅棕黄色	砂黄土	块状	4.9	5.5	0.22	0.19	0.3				7.1			
						3	31—	黄黄色	中壤		5.1	4.3	0.27	0.18	0.6				10.7			
剖18	人为土	水稻土	紫色土性水稻土	棕紫泥田	砂泥田	1	0—19	灰棕色	重壤土	整体状	6.3	16.2	0.97	0.42	1.2	108	6.0	135	22.6	砂页岩	E 105°31′54.5″ N 29°09′17.6″	73
						2	19—27	灰黄色	重壤土	片状	5.5	16.7	0.80	0.45	1.0				23.3			
						3	27—60	紫紫色	重壤土	块状	6.4	11.2	0.51	0.31	1.1				19.2			
						4	60—															
剖19	人为土	水稻土	紫色土性水稻土	灰棕紫泥水稻土	豆瓣黄泥田	1	0—20	灰黄色	重壤土	糊圈	5.7	24.8	1.05	0.31	1.5	109		84	24.3		E 105°34′04.1″ N 29°08′39.1″	80
						2	20—100	深灰色	重壤土	整体状	5.4	21.8	0.94	0.29	1.5				21.1			
剖20	人为土	水稻土	紫色土性水稻土	棕紫泥田	紫黄泥田	1	0—20	灰色	重壤土	整体状	7.2	27.5	1.22	0.41	1.1	125	1.0	118	26.5		E 105°33′09.0″ N 29°08′00.2″	71
						2	20—45	棕灰色	重壤土	整体状	7.4	25.7	1.10	0.42	1.0				26.6			
						3	45—80	灰色	重壤土	整体状	7.2	22.4	0.91	0.41	1.1				26.9			
						4	80—															
剖21	人为土	水稻土	黄壤性水稻土	砂黄泥田	松毛田	1	0—23	浅棕黄色	中壤土	粒状	6.1	10.2	0.44	0.23	0.4	56		18	10.1	黄色砂岩风化物	E 105°38′49.9″ N 29°07′51.2″	85
						2	23—32	浅棕黄色	中壤土	片状	5.0	8.0	0.33	0.21	0.3				8.8			
						3	32—80	浅红棕色	中壤土	块状	5.2	7.6	0.31	0.24	0.6				11.3			
						4	80—				5.4	5.8	0.23	0.17	0.6				7.6			
剖22	初育土	紫色土	石灰性紫色土	红棕紫泥土	瘦砂土	1	0—14	黄黄色	中壤土	粒状	5.3	13.9	0.62	0.40	1.0	110	2.0	59	19.9	棕紫色砂页岩	E 105°41′19.0″ N 29°06′58.0″	75
						2	14—21	紫黄色	中壤土	块状	5.3	9.1	0.41	0.37	1.0				16.8			
						3	21—															
剖23	人为土	水稻土	紫色土性水稻土	灰棕紫泥水稻土	斑鸠砂黄泥田	1	0—20	棕紫色	中壤土	块状	6.7	20.4	0.71	0.31	1.3	72	2.0	80	29.2	灰棕紫色砂页岩互层风化物	E 105°31′11.3″ N 29°05′59.3″	81
						2	20—28	灰棕色	中壤土	板状	7.0	17.2	0.62	0.32	1.3				29.3			
						3	28—75	黄棕紫色	轻壤土	棱柱状	7.5	12.2	0.45	0.29	1.3				26.3			
						4	75—															
剖24	人为土	水稻土	紫色土性水稻土	红棕紫泥水稻土	红石骨子田	1	0—25	棕紫色	重壤土	整体状	7.7	27.4	1.25	0.61	1.5	115	1.0	131	13.0	红棕紫色泥岩	E 105°41′11.0″ N 29°05′47.0″	89
						2	25—85	紫紫色	重壤土	整体状	7.7	25.9	1.15	0.61	1.5				13.5			
						3	85—	紫紫色	重壤土	整体状	7.8	23.9	1.07	0.58					13.5			
剖25	人为土	水稻土	紫色土性水稻土	灰棕紫水稻土	夹砂田	1	0—17	棕紫色	重壤土	小块状	6.2	17.0	0.60	0.63	1.2	74	6.0	87	23.7	灰棕紫色砂页岩互层风化物	E 105°38′58.9″ N 29°05′12.8″	86
						2	17—27	灰棕色	重壤土	片状	6.2	15.4	0.57	0.52	1.1				23.2			
						3	27—60	棕紫色	重壤土	棱柱状	7.2	8.9	0.33	0.55	1.2				20.9			
						4	60—															

续表 Continued

剖面号 Soil profile	土纲 Soil order	土类 Soil great group	亚类 Soil subgroup	土属 Soil genus	土种 Soil species	土层码 Layer code	土层厚度 Depth/cm	颜色 Soil color	质地 Soil texture	土壤结构 Soil structure	pH	有机质 OM/(g/kg)	全氮 TN/(g/kg)	全磷 TP/(g/kg)	全钾 TK/(g/kg)	碱解氮 AN/(mg/kg)	有效磷 AP/(mg/kg)	速效钾 AK/(mg/kg)	阳离子交换量CEC/(cmol/kg)	土壤母质 Parent material	剖面点坐标 Profile coordinate	匹配指数 Matching index/%
剖26	人为土	水稻土	紫色土性水稻土	灰棕紫色水稻土	紧口砂田	1	0—20	黄灰色	中壤土	整体状	4.6	19.1	0.79	0.13	0.9	92	1.0	30	14.0	灰棕紫色砂页岩互层风化物	E 105°34′13.8″ N 29°04′41.2″	76
						2	20—27	黄灰色	轻壤土	棱柱状	4.9	14.3	0.52	0.12	0.9				10.2			
						3	27—80	花白色	中壤土	小棱柱状	5.1	7.6	0.27	0.11	0.8				11.4			
剖27	人为土	水稻土	紫色土性水稻土	灰棕紫色水稻土	砂田	1	0—24	黄灰棕色	中壤土	整体状	4.0	16.5	0.62	0.22	1.0	106	1.0	70	16.4	灰棕紫色砂页岩互层风化物	E 105°37′21.6″ N 29°03′23.5″	85
						2	24—60	灰灰黄色	中壤土	块状	4.2	13.9	0.56	0.19	0.9				14.9			
						3	60—	灰黄色	中壤土		4.3			0.18	微量				12.3			
剖28	初育土	紫色土	石灰性紫色土	红棕紫色水稻土	泡砂大土	1	0—40	红棕紫色	中壤土	小块状	8.1	10.6	0.60	0.57	1.8	48	1.0	36	17.8	红棕紫色厚泥岩	E 105°39′47.9″ N 29°03′15.8″	88
						2	40—	红棕色														
剖29	人为土	水稻土	黄壤性水稻土	砂黄泥田	砂黄泥田	1	0—20	灰黄色	重壤土	无明显结构	4.6	15.2	0.75	0.41	0.6	104	1.0	87	16.0	黄色砂岩风化物	E 105°43′26.0″ N 29°02′05.6″	89
						2	20—28	灰黄色	重壤土	整体状	4.9	14.0	0.68	0.35	0.7				14.3			
						3	28—33	浅棕黄色	重壤土	块状	5.0	7.9	0.44	0.42	0.6				13.7			
						4	33—85	浅黄色														
剖30	初育土	紫色土	石灰性紫色土	棕紫泥土	粗斑黄砂黄泥土	1	0—20	紫黄色	重壤土	小块状	6.4	14.4	0.74	0.42	1.5	77	4.0	151	22.8	棕紫色砂页岩	E 105°38′39.1″ N 29°01′40.1″	76
						2	20—60	棕黄色	重壤土	整体状	7.1	4.5	0.22	0.18	1.3				21.9			
						3	60—	棕黄色	重壤土	块状	7.1	3.6	0.12	0.20	1.4				23.7			
剖31	铁铝土	黄壤	黄壤	老冲积黄泥土	黄砂黄泥土	1	0—20	黄棕色	中壤土	小块状	4.8	13.3	0.55	0.42	0.9	92	2.0	71	17.3		E 105°14′46.2″ N 28°57′44.0″	92
						2	20—37	棕黄色	重壤土	块状	5.0	10.7	0.48	0.36	0.8				16.6			
						3	37—	黄棕色	重壤土	块状	4.8	7.6	0.31	0.16	0.8				22.0			
剖32	半成土	潮土	潮土	老冲积潮土	潮泥土	1	0—21	灰黄色	重壤土	小块状	8.1	17.6	0.98	1.28	1.1	87	5.0	91	9.2	灰棕色、紫灰色新冲积物	E 105°16′05.9″ N 28°58′37.9″	100
						2	21—30	灰黄色	重壤土	块状	8.2	12.5	0.62	1.07	1.0				10.3			
						3	30—100	灰黄色	重壤土	块状	8.2	11.5	0.50	1.06	1.1				9.0			
剖33	铁铝土	黄壤	黄壤	老冲积黄泥土	卵石黄砂土	A	0—20	黄棕色	壤质黏土	小块状	4.9	13.3	0.55	0.42	0.9	92	2.0	71	17.3	第四纪沉积物	E 105°14′26.2″ N 28°58′17.3″	85
						B	20—37	黄棕色	壤质黏土	整体状	4.7	10.7	0.48	0.36	0.8				17.6			
						C	37—	黄棕色	壤质黏土	整体状	5.0	7.6	0.31	0.16	0.9				22.0			
剖34	人为土	水稻土	黄壤性水稻土	红棕紫色水稻土	大土黄泥田	1	0—20	紫黄色	轻黏土	整体状	5.7	16.8	0.85	0.45	1.3	135	6.0	100	20.6		E 105°15′15.2″ N 28°57′14.9″	72
						2	20—60	灰黄色	轻黏土	整体状	5.8	15.7	0.76	0.38	1.2				19.3			
						3	60—105															
剖35	人为土	水稻土	紫色土性水稻土	棕紫色水稻土	斑鸠砂黄泥田	1	0—33	橙黄色	重壤土	整体状	7.7	29.4	1.41	0.59	1.3	110	1.0	160	14.4	红棕紫色泥岩	E 105°37′14.2″ N 28°59′43.1″	97
						2	33—40	橙黄色	重壤土	整体状	7.9	28.6	1.32	0.63	1.4				14.2			
						3	40—70	橙黄色	重壤土	整体状	7.9	25.8	1.19	0.58	1.3				13.5			
剖36	初育土	紫色土	中性紫色土	灰棕紫泥土	砂土	1	0—22	紫红色	中壤土	小块状	7.4	11.5	0.62	0.74	2.6	64	5.0	103	23.7		E 105°36′27.4″ N 28°58′48.7″	92
						2	22—41	黄红色	中壤土	块状	7.7	6.5	0.35	0.45	1.4				21.9			
						3	41—	紫红色	中壤土	单粒状	7.6	3.6	0.17	0.42	1.7				22.2			
剖37	初育土	紫色土	中性紫色土	灰棕紫泥土	砂土	1	0—24	灰棕色	轻壤土	粒状	4.7	7.9	0.21	0.21	1.1	64	3.0	20	11.0		E 105°37′11.3″ N 28°57′54.7″	93
						2	24—	紫棕色	中壤土	块状	7.4	17.2	0.78	0.38	0.9				20.8			
剖38	人为土	水稻土	紫色土性水稻土	棕紫泥田	瘦砂田	1	0—20	灰黄色	中壤土	棱柱状	7.6	15.2	0.70	0.38	0.8	82	3.0	115	17.5	砂页岩	E 105°38′29.2″ N 28°56′23.4″	76
						2	20—31	黄黄色	中壤土	棱柱状	7.6	9.6	0.35	0.26	0.8				13.7			
						3	31—60															
剖39	初育土	紫色土	中性紫色土	灰棕紫泥土	黄泥土	1	0—21	浅黄棕色	中壤土	块状	6.9	18.6	0.66	0.25	1.1	96	1.0	73	24.0	砂页岩	E 105°38′47.0″ N 28°55′39.0″	78
						2	21—76	棕色	重壤土	棱柱状	7.2	11.0	0.42	0.20	1.1				24.5			
						3	76—	紫黄色	轻黏土	棱柱状	6.4	7.8	0.19	0.10	1.1				25.4			

合 江 县

主要土类说明

水稻土是合江县的主要土壤类型，占本县地域面积的45%，也是粮油生产最重要的一种土壤，遍布于全县各地，以丘陵区分布面积最大。水稻土不仅具有土层深厚、蓄水保肥力强、有机质易累积和土温稳定等特点，还由于淹水时间长，受水文作用影响深刻，致使土壤理化性状发生改变。根据剖面水文层次变化状况，本县水稻土分为淹育型、潴育型和潜育型。淹育水稻土多分布于丘陵地区的塝坳和地势较高的子湾、支沟、坝地及低山区的凸形坡地等，一般以塝田居多。这些地方光照较好，泥脚不深，排水容易，多为水旱轮作。因此，田块受水文作用影响不深，距地表30—40cm的土层无明显颜色分化，土体内水热气肥比较协调，水温、土温较高，通透性好。一般属肥力较高的稻田，多一年两熟或三熟，是本县复种指数较高、产量比较稳定的土壤。潴育水稻土多分布于冲沟的中上段及地势较低的台地和山脚边缘地带。一般在离地表30cm左右的土层内出现中度潴育层段，颜色花斑，呈小棱柱状结构，土壤通透性差，土温偏低，养分供应缓慢，土壤肥力已有明显下降趋势，种水稻返青慢，但后效较高，部分田块遇低温还会出现坐蔸现象。这类田块常年灌冬水，多为一年一季中稻，产量稳而不高。潜育水稻土一般分布于地势较低、地表水及旁渗水易于汇积的低洼处，加之底部岩层水平，页岩难于透水，土壤积水难排，常年蓄冬水，以致在强烈还原作用下形成了潜育型烂泥田。土层颜色呈灰色、蓝灰色或绿色，土粒分散呈整体结构，泥脚深烂、土温低、养分转化慢，土体内水热气肥极不协调，肥力显著下降，种水稻常历年坐蔸，产量低而不稳。

紫色土是合江县第二大土壤类型，占本县地域面积的19%，分布于海拔201—1000m的丘陵、河谷及中低山区，是全县旱粮和多种经济作物的主要生产基地。自然植被为亚热带常绿阔叶林，有柏树、竹樟树、青杆、洋槐等，农业主要出产玉米、小麦、豌豆、高粱、黄豆、甘蔗、花生、烟草和柑橘、荔枝等。成土母质为紫色砂泥岩风化物。由于母岩以物理风化为主，风化成土速度快，土壤基本保持其母岩颜色及性质，故称为紫色土。紫色土成土母质大多数矿质养分比较丰富，化学风化和地质淋溶较轻，其肥力比黄壤高。

黄壤是合江县第三大土壤类型，占本县地域面积的8%，集中分布于海拔1000—1500m的中山地带，浅丘河谷地也有零星分布。自然植被以松、杉、楠竹、丝栗为主，林下植被有蕨类、油茶、映山红等。黄壤发生于亚热带湿润条件下，中度脱硅富铝化。土壤有机质累积较多，具O-A-AB-B-C剖面构型。pH为4.5—5.5。淀积层（B层）富含水合氧化物（针铁矿），呈黄色。

小于本县地域面积3%的土壤类型还有潮土和黄棕壤等。

本区域中心区气候特征

本区域中心区气候特征值
Regional climate characteristics in central area of the region

气候带：中亚热带湿润气候 Climate region: Subtropical humid climate	
年平均气温 /℃ Annual average temperature /℃	17.1
年平均最高气温 /℃ Annual average maximum temperature /℃	21.0
年平均最低气温 /℃ Annual average minimum temperature /℃	14.5
年降水量 /mm Annual precipitation /mm	1058
≥10℃的积温 /℃ Daily temperature accumulated in a year (≥10℃) /℃	7978
年日照时数 /h Annual sunshine /h	1007
年平均相对湿度 /% Annual average relative humidity /%	81
干燥度 Dryness	0.96

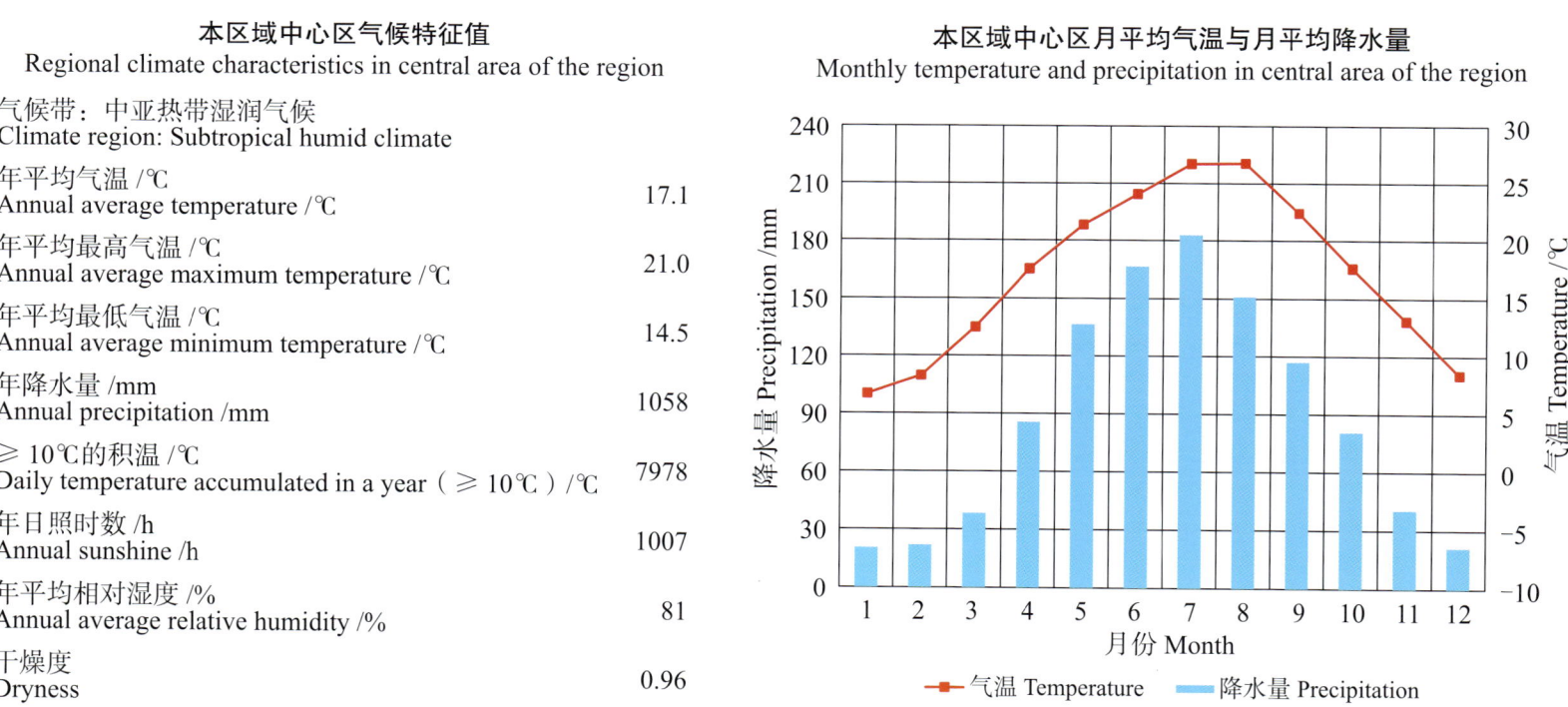

本区域中心区月平均气温与月平均降水量
Monthly temperature and precipitation in central area of the region

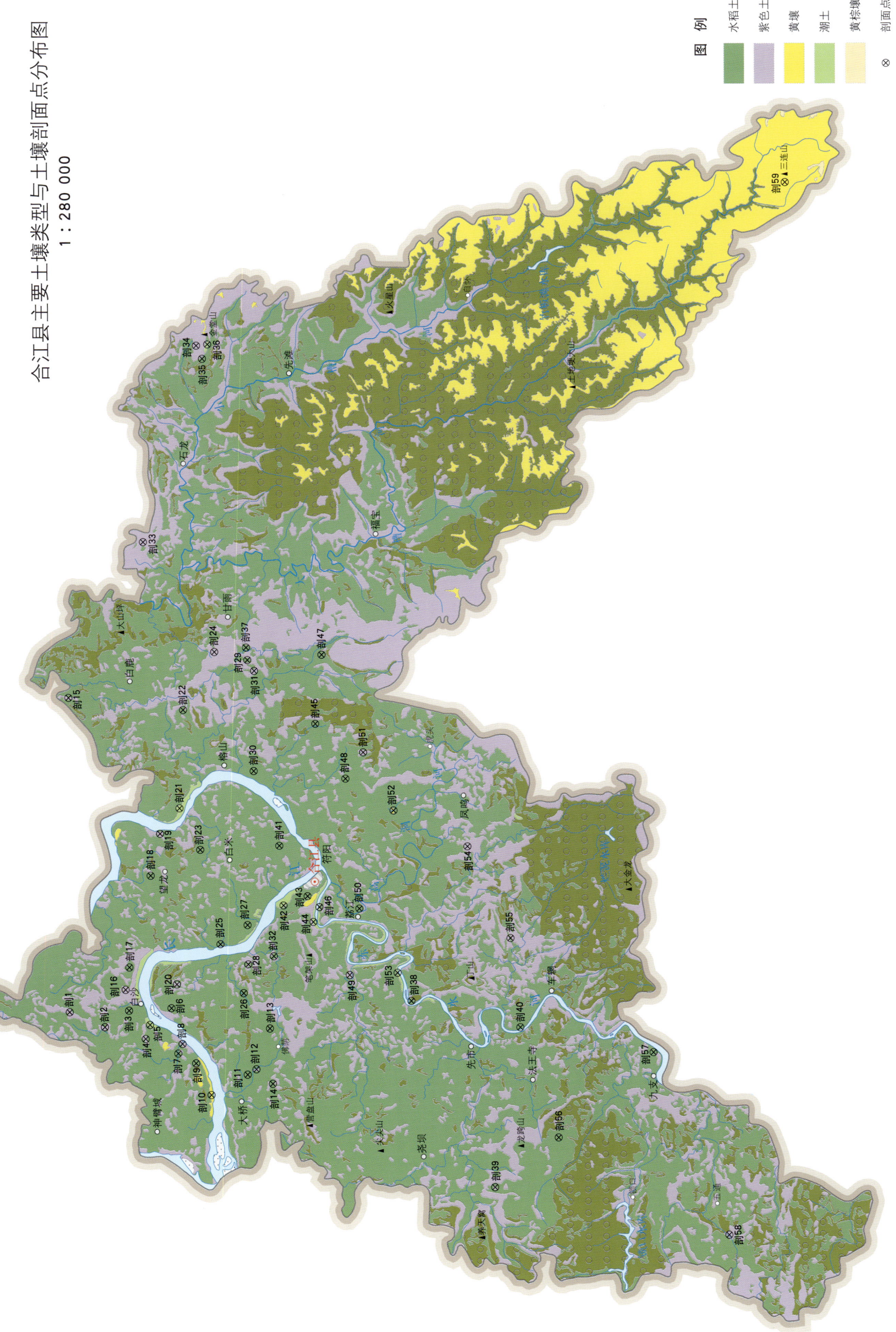

合江县土壤剖面理化性状表

剖面号	土纲	土类	亚类	土属	土种	土层码	土层厚度/cm	颜色	质地	土壤结构	pH	有机质/(g/kg)	全氮/(g/kg)	全磷/(g/kg)	碱解氮/(mg/kg)	有效磷/(mg/kg)	速效钾/(mg/kg)	土壤母质	剖面点坐标	匹配指数/%
剖1	初育土	紫色土	中性紫色土	灰棕紫泥土	斑鸠砂土	A	0—20	黄紫色	轻砾中壤土	粒状	7.9	9.2	0.59	1.36	49	6.0	72	砂泥岩不等厚互层风化物	E 105°44′43.8″ N 28°57′41.4″	74
						2	20—35	黄紫色	轻砾中壤土	粒状	7.8	7.1	0.49	1.18						
剖2	初育土	紫色土	中性紫色土	灰棕紫泥土	夹砂泥土	A	0—20	棕色	中壤土	碎块状	6.7	11.2	0.62	0.56	68	5.0	101	砂泥岩不等厚互层风化物	E 105°44′04.9″ N 28°56′22.6″	70
						2	20—60	暗红棕色	中壤土	碎块状	6.8	9.7	0.46	0.41						
						3	60—	暗红棕色	中壤土		6.1	6.0	0.27	0.29							
剖3	人为土	水稻土	紫色土性水稻土	灰棕紫色水稻土	油砂田	1	0—20	棕灰色	中壤土	粒状	6.8	26.1	0.89	1.04	79	14.0	57	灰棕紫色砂泥岩	E 105°44′45.2″ N 28°55′28.2″	86
						2	20—50	灰黄棕色	中壤土	梭块状	6.5	15.3	0.53	1.08						
						C	50—55	灰棕色		块状											
剖4	初育土	紫色土	中性紫色土	灰棕紫泥土	黄泥土	A	0—20	暗红棕色	重壤土	梭块状	6.2	14.3	0.71	0.46	82	9.0	78	砂泥岩不等厚互层风化物	E 105°43′33.6″ N 28°54′51.8″	75
						2	20—75	暗红棕红色	重壤土	梭块状	6.4	14.5	0.80	0.48						
						3	75—	暗棕色	重壤土		6.9	10.6	0.70	0.50							
剖5	半水成土	潮土	潮土	灰棕潮土	白砂土	A	0—25	灰白色	紧砂土	粒状	8.3	4.6	0.27	1.16	34	11.0	42	新冲积物	E 105°44′08.5″ N 28°54′41.8″	88
						2	25—45	灰白色	砂土	碎块状	8.2	9.6	0.26	1.32						
剖6	人为土	水稻土	紫色土性水稻土	灰棕紫色水稻土	砂田	1	0—20	暗黄棕色	中壤土	粒状	5.0	16.4	0.99	0.47	134	<1	186	灰棕紫色砂泥岩	E 105°44′49.6″ N 28°53′52.4″	98
						2	20—50	灰黄棕色	中壤土	小梭块状	6.6	9.5	0.50	0.36						
						C	50—60	暗灰棕色	中壤土	核状	6.8	2.0	0.50	0.27						
剖7	人为土	水稻土	紫色土性水稻土	灰棕紫色水稻土	白鳝泥田	A	0—20	灰黄棕	重壤土	大块状	5.3	12.6	0.82	0.37	96	4.0	84	灰棕紫色砂泥岩	E 105°42′55.2″ N 28°53′39.0″	78
						2	20—25	褐色	轻黏土	板状	5.3	5.5	0.31	0.19						
						3	35—75	浅红棕色	中壤土	梭块状	5.2	8.2	0.31	0.20						
剖8	初育土	紫色土	中性紫色土	灰棕紫泥土	砂土	A	0—20	暗棕色	轻壤土	粒状	5.3	11.6	0.30	0.51	73	20.0	72	砂泥岩不等厚互层风化物	E 105°43′19.6″ N 28°53′29.0″	78
						2	20—40	棕色	中壤土	碎块状	5.1	12.6	0.78	0.50						
						3	40—60	棕色	中壤土	粒状	5.0	5.1	0.28	0.37						
剖9	人为土	水稻土	黄壤性水稻土	老冲积黄泥田	小土黄泥田	1	0—20	暗黄棕色	轻黏土	块状	5.8	20.4	1.17	0.53	138	4.0	11	老冲积物、残积物	E 105°42′30.2″ N 28°52′59.3″	78
						2	20—100	红黄色	中壤土	梭块状	6.3	9.0	0.44	0.52						
剖10	初育土	紫色土	黄壤	老冲积黄泥土	卵石黄泥土	A	0—20	棕色	轻黏土	大梭块状	4.9	26.4	1.31	1.64	148	7.0	113	第四纪冲洪积物、覆盖干紫色母岩土	E 105°41′10.6″ N 28°52′26.3″	71
						2	20—45	浅红棕色	重壤土	块状	4.7	18.5	1.78	1.21						
						3	45—	黄红棕色	中壤土	梭块状	5.0	10.8	0.91	0.71						
剖11	人为土	水稻土	紫色土性水稻土	灰棕紫色水稻土	大泥田	1	0—17	棕色	重壤土	块状	5.6	18.3	1.04	0.42	145	19.0	68	灰棕紫色砂泥岩	E 105°41′59.6″ N 28°51′04.0″	77
						2	17—29	灰黄棕色	重黏土	板状	5.0	16.4	1.00	0.39						
						3	29—80	暗黄棕色	轻黏土	大梭块状	4.7	9.6	6.65	0.46						
						4	80—														
剖12	初育土	紫色土	中性紫色土	灰棕紫泥土	大泥土	A	0—20	紫棕色	重壤土	块状	6.5	13.0	0.59	0.44	92	14.0	64	砂泥岩不等厚互层风化物	E 105°42′12.6″ N 28°50′44.5″	73
						2	20—75	黄黄棕色	重壤土	梭块状	5.3	10.6	0.59	0.38						
						3	75—														
剖13	铁润土	水稻土	潜育水稻土	矿毒田	硝田	1	0—30	暗灰棕色	重壤土	整体状	7.5	27.3	1.14	1.06	121	6.0	141	红棕紫色泥岩与粉砂质泥岩风化物	E 105°43′54.5″ N 28°50′12.5″	91
						2	30—70	暗黄棕色	轻黏土	梭块状	7.5	25.5	1.42	0.82						
						3	70—	红棕色													
剖14	人为土	水稻土	紫色土性水稻土	灰棕紫色水稻土	灰砂泥田	1	0—20	暗棕色	中壤土	小梭块状	5.7	28.5	1.54	0.67	204	3.0	120	灰棕紫色砂泥岩	E 105°41′35.5″ N 28°50′08.2″	97
						2	20—35	棕色	中壤土	板块状	5.6	22.9	1.24	0.48						
						C	55—55	黑棕色	重壤土	块状	5.9	25.9	1.24	0.54						

续表 Continued

剖面号 Soil profile	土纲 Soil order	土类 Soil great group	亚类 Soil subgroup	土属 Soil genus	土种 Soil species	土层码 Layer code	土层厚度 Depth/cm	颜色 Soil color	质地 Soil texture	土壤结构 Soil structure	pH	有机质 OM/(g/kg)	全氮 TN/(g/kg)	全磷 TP/(g/kg)	碱解氮 AN/(mg/kg)	有效磷 AP/(mg/kg)	速效钾 AK/(mg/kg)	土壤母质 Parent material	剖面点坐标 Profile coordinate	匹配指数 Matching index/%
剖15	初育土	紫色土	酸性紫色土	酸性黄紫泥土	蕨基砂土	A	0—18	红棕色	重壤土	块状	4.6	14.3	0.64	0.46	80	5.0	137	老风化壳	E 105°58′00.8″ N 28°57′32.8″	79
						2	18—53	红棕色	轻黏土	块状	4.5	1.3	0.32	0.22						
						3	53—78	红棕色	重黏土	块状	4.9	5.4	0.19	0.29						
剖16	初育土	紫色土	石灰性紫色土	棕紫泥土	黄泥土	A	0—20	暗红棕色	轻黏土	块状	6.2	13.8	1.04	0.82	98	5.0	206	棕紫色砂泥岩风化物	E 105°45′37.8″ N 28°55′35.0″	86
						2	20—57	暗紫棕色	重黏土	棱柱状	4.8	6.3	0.29	0.30						
						3	57—81	红棕色												
剖17	人为土	水稻土	紫色土性水稻土	棕紫色水稻土	黄泥田	1	0—15	淡棕色	中黏土	块状	6.2	20.1	0.99	0.63	123	18.0	68	砂泥岩、砂岩风化物	E 105°46′32.9″ N 28°55′26.0″	90
						2	15—31	棕色	轻黏土	板块状	5.3	12.4	0.61	0.36						
						3	31—59	红棕色	重黏土	大棱块状	5.3	8.3	0.44	0.32						
剖18	人为土	水稻土	灰棕紫色土性水稻土	灰棕紫色水稻土	黄泥田	1	0—15	暗红棕色	重壤土	块状	5.4	12.5	0.89	0.40	96	4.0	34	灰棕色砂泥岩	E 105°50′26.2″ N 28°54′34.9″	72
						2	15—30	红棕色	重壤土	小棱块状	5.3	9.5	0.64	0.39						
						3	30—85	灰红棕色	轻黏土		6.3	8.5	0.66	0.37						
剖19	初育土	紫色土	酸性紫色土	酸性黄紫泥土	松毛砂土	A	0—20	棕色	轻砾中壤土	块状	4.6	12.0	0.71	0.28	64	6.0	141	老风化壳	E 105°52′12.7″ N 28°54′12.2″	100
						2	20—50	暗红棕色	轻砾重壤土	块块状	4.6	4.0	0.18	0.14						
						3	50—	黄紫色												
剖20	初育土	紫色土	中性紫色土	灰棕紫泥土	白鳝泥土	A	0—20	灰黄色	重壤土	块状	5.4	4.7	0.22	0.52	21	2.0	156	砂泥岩不等厚互层风化物	E 105°45′49.3″ N 28°53′39.5″	70
						2	20—55	灰白色	中壤土	板块状	4.7	4.5	0.32	0.15						
						3	55—	灰棕紫色												
剖21	半成土	潮土	潮土	灰棕潮土	潮砂泥土	A	0—20	暗棕色	中壤土	碎块状	8.1	17.9	0.88	1.32	60	17.0	86	新冲积物	E 105°57′16.6″ N 28°53′27.3″	83
						2	20—53	暗棕色	中壤土	块状	8.1	15.8	0.48	1.52						
						3	53—90	暗棕色	中壤土	块状	8.0	15.2	0.59	1.56						
剖22	人为土	水稻土	紫色土性水稻土	红棕紫色水稻土	夹砂泥土	1	0—20	棕色	重壤土	小块块状	7.7	14.9	1.12	1.05	90	5.0	124	红棕紫色泥岩与粉砂质泥岩风化物	E 105°51′29.5″ N 28°52′42.6″	71
						2	20—55	棕红色	重壤土	大棱块块状	8.1	10.5	0.82	0.76						
						C	55—													
剖23	人为土	水稻土	石灰性紫色土性水稻土	酸性黄紫色水稻土	松毛砂土	1	0—20	暗棕色	中壤土	小块状	4.9	13.5	0.78	0.53	71	4.0	99	黄紫色老风化壳	E 105°51′51.7″ N 28°52′04.1″	94
						2	20—32	灰棕色	中壤土	板块状	5.2	0.8	0.44	0.35						
						3	32—100	灰黄棕色	中壤土	小棱柱状	5.2	0.4	0.16	0.25						
剖24	初育土	紫色土	石灰性紫色土	红棕紫泥土	红棕大土	A	0—20	暗红棕色	中壤土	碎块状	7.9	11.5	0.56	1.14	42	14.0	116	红棕紫色泥岩	E 105°59′51.7″ N 28°52′04.1″	72
						2	20—40	暗红棕色	中壤土	块状	7.8	9.0	0.46	1.31						
						3	40—65	红棕色	重壤土	整体状	7.7	19.2	1.20	0.72						
剖25	人为土	水稻土	潮土型水稻土	灰棕潮土田	鸭屎泥田	1	0—40	灰白色	轻黏土	棱块状	7.2	2.3	0.85	1.29	112	10.0	45	洪积物、冲积物、沉积物	E 105°47′28.7″ N 28°52′00.7″	77
						2	40—100	暗黄棕色	轻黏土	大块状	6.5	17.9	1.02	0.48						
剖26	人为土	水稻土	紫色土性水稻土	红棕紫色水稻土	黄泥田	1	0—20	紫棕色	重壤土	小棱块状	7.1	10.7	0.71	0.48	116	8.0	115	红棕紫色泥岩与粉砂质泥岩风化物	E 105°45′24.5″ N 28°51′09.7″	76
						2	20—80	棕色	重壤土	粒状	7.5	14.9	0.99	0.88						
						3	80—	暗棕色												
剖27	人为土	水稻土	潮土型水稻土	灰棕潮土田	潮砂泥田	1	0—20	灰白色	轻黏土	棱块状	6.5	7.2	0.17	0.99	74	27.0	61	洪积物、冲积物、沉积物	E 105°48′16.2″ N 28°50′58.9″	98
						2	20—65	棕灰色	轻黏土	块状	6.5	7.1	0.15	0.98						
						C	65—	棕黄色												
剖28	初育土	紫色土	石灰性紫色土	红棕紫色水稻土	黄泥土	1	0—18	黄棕色	重壤土	块状	6.3	15.0	0.89	1.02	64	14.0	163	红棕紫色泥岩	E 105°46′35.4″ N 28°50′58.6″	89
						2	18—38	棕黄色	轻壤土	棱块状	5.8	10.5	0.95	0.62						
						3	38—55	棕黄色	轻黏土	粒状	5.6	7.2	0.30	0.36						
剖29	人为土	水稻土	紫色土性水稻土	棕紫色水稻土	夹砂泥土	1	0—22	灰黄棕色	中壤土	棱块状	6.8	7.3	0.70	0.69	60	9.0	89	砂泥岩、砂岩风化物	E 105°59′30.1″ N 28°50′49.9″	90
						2	22—55	灰棕色	中壤土	棱块状	6.9	7.3	0.57	0.46						
						3	55—													
剖30	人为土	水稻土	黄壤性水稻土	老冲积紫泥田	死黄泥田	1	0—20	红棕色	重壤土	块状	5.1	13.4	0.89	0.78	81	5.0	90	老积物、残积物	E 105°54′47.9″ N 28°50′39.5″	80
						2	20—100	浅红棕色	重壤土	小棱块状	4.8	4.0	0.27	0.53						

续表 Continued

剖面号 Soil profile	土纲 Soil order	土类 Soil great group	亚类 Soil subgroup	土属 Soil genus	土种 Soil species	土层码 Layer code	土层厚度 Depth/cm	颜色 Soil color	质地 Soil texture	土壤结构 Soil structure	pH	有机质 OM/(g/kg)	全氮 TN/(g/kg)	全磷 TP/(g/kg)	碱解氮 AN/(mg/kg)	有效磷 AP/(mg/kg)	速效钾 AK/(mg/kg)	土壤母质 Parent material	剖面点坐标 Profile coordinate	匹配指数 Matching index/%
剖31	初育土	紫色土	石灰性紫色土	棕紫泥土	夹砂泥土	A	0—20	紫棕色	中壤土	块状	6.9	18.0	0.83	0.36	76	<1	186	棕紫色砂泥岩风化物	E 105°59′02.4″ N 28°50′34.8″	90
						2	20—56	紫棕色	中壤土	块状	6.6	10.8	0.74	0.38						
						3	56—	暗红棕色												
剖32	人为土	水稻土	紫色土性水稻土	棕紫色水稻土	砂田	1	0—20	灰白色	轻壤土	碎块状	5.1	16.1	0.79	0.46	95	5.0	<1	砂泥岩、砂岩风化物	E 105°46′55.4″ N 28°50′01.1″	97
						2	20—45	灰棕色	中壤土	大核块状	5.1	5.1	0.18	0.30						
						C	45—													
剖33	初育土	紫色土	酸性紫色土	红紫泥土	红砂泥土	A	0—22	暗棕色	中壤土	团块状	5.0	14.3	0.91	0.37	110	5.0	79	砖红色厚砂岩	E 106°04′32.2″ N 28°54′40.0″	89
						2	22—46	浅紫红色	中壤土	碎块状	5.0	14.2	0.52	0.46						
						3	46—60	红棕色	中壤土	块状	5.4	9.0	0.63	0.40						
剖34	初育土	紫色土	酸性紫色土	红紫泥土	红砂泥土	A	0—25	暗红棕色	轻壤土	团块状	5.6	9.7	0.48	0.45	68	6.0	26	砖红色厚砂岩	E 106°12′46.9″ N 28°52′33.8″	81
						2	25—90	红棕色	中壤土	块状	6.5	7.5	0.15	0.37						
						3	90—	红棕色												
剖35	人为土	水稻土	紫色土性水稻土	红紫泥土	黄泡泥田	1	0—19	棕色	重壤土	核状	6.1	20.0	1.10	0.55	173	5.0	31	长石石英砂岩风化物	E 106°12′13.8″ N 28°52′21.0″	82
						2	19—32	浅棕色	重壤土	块状	5.9	19.9	1.48	0.51						
						3	32—61	红棕色	中壤土	棱块状	6.4	19.0	0.95	0.34						
剖36	半水成土	潮土	潮土	紫色潮土	油砂土	A	0—30	暗棕色	轻壤土	团粒状	5.7	11.9	0.95	1.27	75	8.0	72	紫色沉积物	E 106°12′50.1″ N 28°52′08.6″	87
						2	30—62	棕色	中壤土	块状	6.1	16.9	0.40	0.99						
						3	62—90	棕色	轻壤土	块状	6.1	9.2	1.06	1.36						
剖37	人为土	水稻土	紫色土性水稻土	棕紫色水稻土	鸭泡泥田	A	0—45	灰黑色	重壤土	整体状	7.5	20.5	1.06	0.75	110	7.0	108	砂泥岩、砂岩风化物	E 106°00′01.5″ N 28°50′52.1″	79
						2	45—	暗灰棕色	重壤土	块状	7.6	10.7	0.55	0.55						
剖38	人为土	水稻土	潮土型水稻土	紫色潮土田	油砂田	1	0—20	暗灰棕色	中壤土	碎块状	7.8	25.4	1.60	1.18	116	7.0	137	紫色沉积物	E 105°44′57.8″ N 28°44′54.6″	72
						2	20—75	棕色	中壤土	棱块状	8.0	11.8	0.83	1.02						
						C	75—													
剖39	初育土	紫色土	酸性紫色土	红紫紫土	黄泡泥田	A	0—22	紫棕色	中壤土	整体状	5.1	25.1	1.17	0.41	130	8.0	201	砖红色厚砂岩	E 105°37′06.6″ N 28°41′53.5″	83
						2	22—67	紫棕色	重壤土	整体状	5.1	15.9	0.29	0.34						
						3	67—95	红棕色	重壤土	块状	5.1	12.8	0.28	0.33						
剖40	人为土	水稻土	潮土型水稻土	紫色潮土田	夹砂泥田	1	0—15	棕色	中壤土	碎块状	7.1	11.4	0.74	0.38	58	99.0	106	紫色沉积物	E 105°43′46.9″ N 28°40′50.9″	83
						2	15—30	棕色	中壤土	块状	7.8	9.0	0.44	0.28						
						3	30—70	暗棕色	重壤土	棱块状	7.8	8.9	0.41							
						C	70—													
剖41	人为土	水稻土	紫色土性水稻土	灰棕紫色水稻土	鸭泡泥田	1	0—20	蓝黑色	轻黏土	整体状	5.4	11.4	0.89	0.48	90	4.0	65	灰棕紫色砂泥岩	E 105°51′36.9″ N 28°49′44.8″	86
						2	20—58	灰黑色	轻黏土	整体状	6.2	23.0	1.14	0.41						
						C	58—71	灰棕色	重黏土	块状	6.9	13.0	0.21	0.21						
剖42	半水成土	潮土	潮土	灰棕潮土	油砂土	A	0—25	暗灰棕色	中壤土	团粒状	7.2	10.7	0.70	1.30	7	35.0	85	新积物	E 105°49′04.6″ N 28°49′37.8″	91
						2	25—102	暗灰棕色	中壤土	块状	8.1	8.4	0.37	1.28						
剖43	人为土	水稻土	黄壤性水稻土	老冲积黄泥田	黄砂田	1	0—20	红黄色	重黏土	团块状	5.8	19.2	1.04	0.56	96	13.0	95	老冲积物、残积物	E 105°49′27.5″ N 28°48′43.2″	84
						2	20—63	黄色	轻黏土	棱柱状	5.6	5.4	0.25	0.08						
						3	63—													
剖44	半水成土	潮土	潮土	紫色潮土	大泥土	A	0—20	紫棕色	重壤土	团块状	6.8	12.7	0.62	1.10	80	20.0	127	紫色沉积物	E 105°48′21.4″ N 28°48′31.0″	76
						2	20—63	紫棕色	重壤土	棱块状	7.3	11.7	0.84	0.87						
						3	63—	紫红色												
剖45	人为土	水稻土	紫色土性水稻土	棕紫色水稻土	油砂田	1	0—22	暗棕色	中壤土	粒状	5.6	24.0	1.72	0.56	117	7.0	138	砂泥岩、砂岩风化物	E 105°56′44.9″ N 28°48′19.8″	73
						2	22—60	浅紫色	重壤土	碎块状	6.6	23.3	0.17	0.44						
						3	60—	紫棕色												

续表 Continued

剖面号 Soil profile	土纲 Soil order	土类 Soil great group	亚类 Soil subgroup	土属 Soil genus	土种 Soil species	土层码 Layer code	土层厚度 Depth/cm	颜色 Soil color	质地 Soil texture	土壤结构 Soil structure	pH	有机质 OM/(g/kg)	全氮 TN/(g/kg)	全磷 TP/(g/kg)	碱解氮 AN/(mg/kg)	有效磷 AP/(mg/kg)	速效钾 AK/(mg/kg)	土壤母质 Parent material	剖面点坐标 Profile coordinate	匹配指数 Matching index/%
剖46	半水成土	潮土	潮土	紫色潮土	夹砂泥土	A	0—20	暗棕色	中壤土	碎块状	7.5	8.8	0.86	0.80	82	18.0	59	紫色沉积物	E 105°48′58.7″ N 28°48′16.9″	78
						2	20—40	暗棕色	中壤土	碎块状	8.0	11.2	0.61	0.88						
						3	40—	棕色	中壤土	碎块状	8.2	8.4	0.58	0.66	84	10.0	53			
剖47	人为土	水稻土	紫色土性水稻土	棕色水稻土	红砂田	1	0—19	暗棕红色	中壤土	碎块状	6.1	16.5	0.89	0.41				砂泥岩、砂岩风化物	E 105°59′40.2″ N 28°48′02.9″	98
						2	19—35	棕红色	中壤土	块状	6.0	11.7	0.76	0.24						
						C	35—	棕红色	中壤土		5.9	13.3	0.55	0.23							
剖48	人为土	水稻土	紫色土性水稻土	红棕紫色水稻土	大泥田	1	0—20	暗棕色	重壤土	大块状	7.1	15.0	0.94	0.79	80	5.0	95	红棕紫色泥岩与粉砂质泥岩风化物	E 105°54′24.5″ N 28°47′13.9″	99
						2	20—30	暗红棕色	重壤土	板块状	7.5	15.0	0.93	0.71						
						3	30—65	暗红棕色	轻黏土	棱块状	7.5	15.0	0.91	0.71						
						4	65—	红棕色		大棱柱状										
剖49	初育土	紫色土	石灰性紫色土	棕紫泥土	红石骨子土	A	0—20	紫棕色	轻砾轻壤土	粒状	7.9	9.2	0.63	1.12	54	17.0	149	棕紫色砂泥岩风化物	E 105°46′04.1″ N 28°47′11.9″	87
						2	20—	棕紫色	轻壤土	粒状	6.5	8.5	0.67	0.84						
剖50	人为土	水稻土	潮土型水稻土	紫色潮土田	紫色砂田	1	0—15	棕紫色	中壤土	棱块状	5.7	6.4	0.38	0.38	60	18.0	46	紫色沉积物	E 105°48′53.3″ N 28°46′47.6″	76
						2	15—40	棕紫色	轻壤土	棱块状										
						C	40—													
剖51	初育土	紫色土	石灰性紫色土	棕紫泥土	砂土	A	0—20	棕紫色	轻壤土	碎块状	5.1	14.5	0.94	0.32	115	6.0	74	棕紫色砂泥岩风化物	E 105°55′30.4″ N 28°46′33.6″	100
						2	20—50	浅棕紫色	中壤土	碎块状	6.4	5.0	0.58	0.23						
						3	50—	暗紫棕色												
剖52	铁铝土	黄壤	黄壤	老冲积黄泥土	黄泥土	A	0—25	暗棕色	轻黏土	块状	5.1	16.6	1.19	1.40	100	<1	72	第四纪冲积物、洪积物，覆盖子紫色母岩土	E 105°53′02.0″ N 28°45′27.0″	99
						2	25—49	红棕色	重壤土	棱块状	4.6	6.0	0.35	0.94						
						3	49—	红棕色												
剖53	半水成土	潮土	潮土	紫色潮土	紫砂土	A	0—25	灰黄棕色	轻壤土	粒状	8.1	9.9	0.63	0.90	51	16.0	156	砂泥岩不等厚互层风化物	E 105°46′07.7″ N 28°45′24.1″	70
						2	25—50	棕色	中壤土	碎块状	8.1	9.8	0.63	0.53						
						3	50—													
剖54	初育土	紫色土	中性紫色土	灰棕紫泥土	红石骨子土	A	0—15	暗黄棕色	重壤土	大块状	8.1	16.5	0.90	0.91	67	1.0	34	砂泥岩、砂岩风化物	E 105°51′27.7″ N 28°42′42.5″	87
						2	15—20	灰棕色	轻壤土	大棱块状	7.4	19.3	1.36	0.41	116	2.0	40			
剖55	人为土	水稻土	潮土型水稻土	棕紫色潮土田	大泥田	1	0—20	紫棕色		大棱块状	7.9	12.1	0.69	0.40				砂岩、砂岩风化物	E 105°47′32.3″ N 28°41′09.6″	78
						3	80—													
剖56	人为土	水稻土	紫色土性水稻土	红棕色水稻土	红砂田	1	0—20	红棕色	中壤土	小块状	5.2	16.5	0.88	0.47	118	5.0	54	长石夹砂岩风化物	E 105°39′09.0″ N 28°39′28.8″	78
						2	20—80	暗红棕色	中壤土	小棱块状	5.3	8.8	0.32	0.29						
						3	80—													
剖57	人为土	水稻土	潮土型水稻土	灰棕潮土田	油砂田	1	0—22	棕灰色	轻壤土	小团块状	6.1	9.1	0.37	0.52	44	9.0	51	冲积物、洪积物、沉积物	E 105°42′46.6″ N 28°35′50.3″	77
						2	22—45	暗棕色	中壤土	小棱块状	7.3	8.5	0.31	0.71						
						3	45—65	灰棕色	中壤土	团粒状	7.3	8.5	0.32	0.72						
剖58	初育土	紫色土	中性紫色土	灰棕紫泥土	黑油砂土	A	0—25	紫棕色	轻壤土	团粒状	6.7	18.6	0.98	1.24	107	12.0	109	砂泥岩不等厚互层风化物	E 105°34′58.4″ N 28°33′09.4″	93
						2	25—50	紫色	轻壤土	团粒状	6.0	6.1	0.42	0.69						
						3	50—60	灰紫色												
剖59	铁铝土	黄壤	黄壤	冷砂黄泥土		1	0—9	棕色	中壤土	粒状	5.2	60.6	2.72	5.38	255	20.0	154	砖红色砂岩风化物	E 106°19′19.2″ N 28°30′26.6″	82
						Ao	9—15	暗棕色	中壤土	碎块状	4.7	44.0	1.45	5.11	166	7.0	7			
						3	15—90	黄色												

叙 永 县

主要土类说明

黄壤是叙永县的主要土壤类型，占本县地域面积的73%。黄壤由较老岩层风化发育，由于所处海拔较高，温光条件较差，气候较冷，湿度较大，土壤多以化学风化为主，风化程度较深。成土过程有富铝化、黏化、黄化，母质属低硅性，盐基物质遭受淋洗，矿质养分含量较低。土壤呈酸性，通体以黄色为主，棕色、灰色等次之，质地过黏或过砂，具有铁锰斑纹和结核，有机质含量普遍较高，磷素缺乏。

水稻土是叙永县第二大土壤类型，占本县地域面积的15%，广泛分布于全县各地，但以槽坝、丘陵地区最多。水稻土是在自然和人为因素共同作用下，经长期水耕熟化种植水稻后，发育形成的一种特殊土壤。与旱作土相比，水稻土具有土层深厚、易保蓄水分和养分、有机质丰富、土温稳定等特点。由于淹水时间长短、受水文作用影响不同，土壤具有不同的理化性质。本县水稻土分为冲积性水稻土、紫色土性水稻土、黄壤性水稻土等亚类，以紫色土性水稻土面积最大。

紫色土是叙永县第三大土壤类型，占本县地域面积的11%。紫色土是在紫色砂岩、泥岩风化物上产生的土壤。由于母岩以物理风化为主，风化成土速度快，土壤基本保持其母岩颜色及性质，故称为紫色土。在本县的生物气候条件下，紫色土的形成过程包括不同程度的富铝化过程和在先天性潴育态砂岩上发生的酸性淋溶过程。本县紫色土分为棕紫泥土、红紫泥土等亚类，以棕紫泥土面积较大。由紫色砂岩、泥岩风化发育的土壤为棕紫泥土，母质风化程度浅，矿质养分含量丰富，自然肥力高，但由于过度垦殖，林被稀少，坡度较大，水土流失严重。由白垩系夹关组砖红色、紫红色长石石英砂岩风化发育的土壤为红紫泥土，由于岩石先天性水化淋洗，所处地势高，自然植被茂密，光热条件欠佳，故土壤具有酸、冷、砂、瘦等特点。

小于本县地域面积3%的土壤类型还有石灰（岩）土、新积土等。

本区域中心区气候特征

本区域中心区气候特征值
Regional climate characteristics in central area of the region

气候带：中亚热带湿润气候 Climate region: Subtropical humid climate	
年平均气温 /℃ Annual average temperature /℃	15.4
年平均最高气温 /℃ Annual average maximum temperature /℃	19.6
年平均最低气温 /℃ Annual average minimum temperature /℃	12.6
年降水量 /mm Annual precipitation /mm	987
≥10℃的积温 /℃ Daily temperature accumulated in a year（≥10℃）/℃	7634
年日照时数 /h Annual sunshine /h	1091
年平均相对湿度 /% Annual average relative humidity /%	82
干燥度 Dryness	0.88

本区域中心区月平均气温与月平均降水量
Monthly temperature and precipitation in central area of the region

叙永县主要土壤类型与土壤剖面点分布图
1 : 320 000

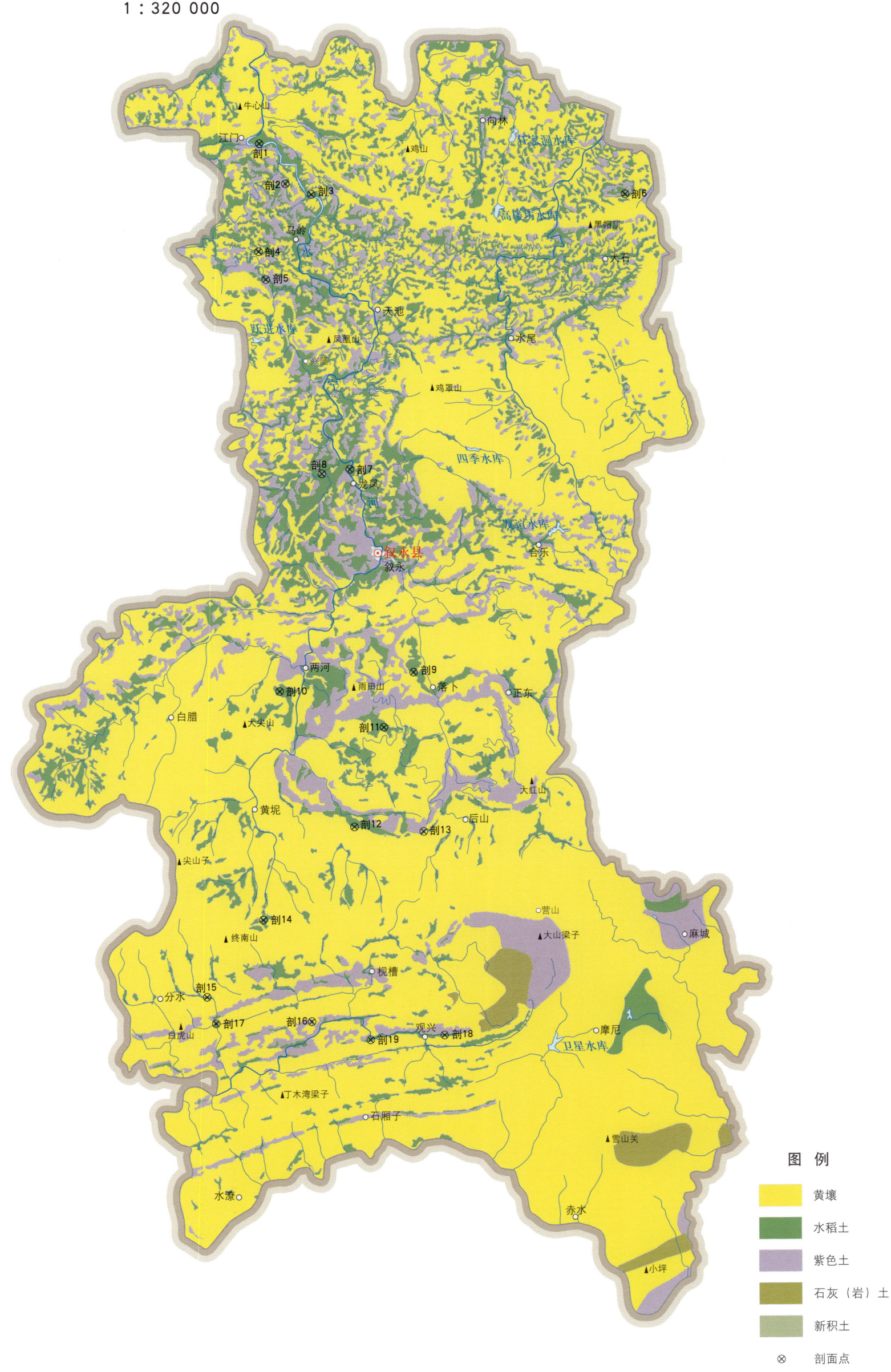

叙永县土壤剖面理化性状表

剖面号 Soil profile	土纲 Soil order	土类 Soil great group	亚类 Soil subgroup	土属 Soil genus	土种 Soil species	土层码 Layer code	土层厚度 Depth/cm	颜色 Soil color	质地 Soil texture	土壤结构 Soil structure	pH	有机质 OM/(g/kg)	全氮 TN/(g/kg)	全磷 TP/(g/kg)	碱解氮 AN/(mg/kg)	有效磷 AP/(mg/kg)	速效钾 AK/(mg/kg)	土壤母质 Parent material	剖面点坐标 Profile coordinate	匹配指数 Matching index/%
剖1	人为土	水稻土	紫色土性水稻土	棕紫色水稻土	大土泥田	1	0—30	棕紫色	中壤土	核状、块状	7.9	23.6	0.92	0.14	87	8.0	191	紫色泥页岩风化残积物、坡积物	E 105°20′44.2″ N 28°26′30.1″	78
						2	30—45	棕紫色	中壤土	棱块状	8.0	23.8	0.99	0.21	85	6.0	133			
						3	45—100	黄紫色	中壤土	柱状	7.9	26.1	1.24	0.24	91	4.0	157			
剖2	人为土	水稻土	冲积型水稻土	紫色冲积水稻土	红砂泥田	1	0—18	黑紫色	中壤土	粒状、块状	6.7	21.9	1.12	0.31	115	6.0	95	紫色冲积物	E 105°21′55.1″ N 28°24′53.3″	84
						2	18—33	棕紫色	重壤土	棱块状	7.6	21.4	0.92	0.25	101	5.0	267			
						3	33—70	红紫色	中壤土	棱柱状	7.4	13.7	0.51	0.20	96	4.0	151			
剖3	人为土	水稻土	紫色土性水稻土	红棕紫色水稻土	红火粗砂田	1	0—19	红紫色	轻黏土	小块状	8.1	14.1	0.94	0.23	10	7.0	204	紫红色页岩风化物	E 105°23′06.0″ N 28°24′27.7″	97
						2	19—30	红紫色	轻黏土	棱块状	8.1	14.4	0.82	0.25	78	7.0	82			
						3	30—71	浅红紫色	轻黏土	棱柱状	8.2	11.3	0.57	0.49	59		92			
剖4	人为土	水稻土	紫色土性水稻土	红棕紫色水稻土	红火泥田	1	0—21	灰棕紫色	重壤土	核状、块状	4.7	34.3	1.24	0.23	169	8.0	147	紫红色页岩风化残积物、坡积物	E 105°20′41.3″ N 28°22′10.9″	71
						2	21—36	棕紫色	重壤土	棱片状	4.7	33.4	1.44	0.21	129	4.0	43			
						3	36—54	黄灰紫色	重壤土	棱柱状	5.0	9.6	0.53	0.13	51	1.0	43			
						4	54—74	灰黄色	重壤土	柱状	5.3	3.9	0.31	0.72	28	1.0	62			
剖5	人为土	水稻土	紫色土性水稻土	棕紫色水稻土	粗砂田	1	0—19	棕紫色	中黏土	小块状	8.0	10.9	0.74	0.69	63	3.0	73	砂岩风化残积物、坡积物	E 105°21′01.1″ N 28°21′04.0″	89
						2	19—31	棕紫色	中黏土	棱片状	8.1	12.6	0.74	0.26	55	5.0	102			
						3	31—64	棕紫色	轻黏土	棱块状	8.1	9.3	0.63	0.27	48	2.0	149			
剖6	人为土	水稻土	紫色土性水稻土	红棕紫色水稻土	红冷砂田	1	0—18	黄紫色	中黏土	小块状	5.3	15.7	0.82	0.16	91	4.0	192	砂岩风化残积物、坡积物	E 105°37′22.2″ N 28°24′26.8″	86
						2	18—30	棕紫色	中黏土	棱块状	5.2	16.2	0.61	0.13	81	4.0	259			
						3	30—80	灰黄色	中壤土	棱柱状	5.2	15.7	0.73	0.12	69	2.0	29			
剖7	新积土		冲积土	黄色冲积土	黄砂泥土	1	0—25	棕紫色		粒状	4.5	22.0	0.92	0.30	98	10.0	155	河流冲积物	E 105°24′47.5″ N 28°13′28.0″	96
						2	25—56	灰紫色	砂壤土	棱片状	4.5	10.5	0.51	0.34	65	5.0	73			
						3	56—81	紫黄色	砂壤土	棱柱状	4.7	17.5	0.61	0.41	86	4.0	101			
剖8	初育土		冲积土	黄色冲积土	河砂土	1	0—15	灰黄色	中壤土	无明显结构	7.5	9.6	0.53	0.33	53	10.0	144	河流冲积物	E 105°23′31.6″ N 28°13′17.8″	77
						2	15—28	灰黄色	中壤土	棱块状	7.6	7.4	0.30	0.24	46	4.0	113			
						3	28—													
剖9	人为土	水稻土	黄壤性水稻土	扁砂黄泥水稻田	猪鼻石土田	1	0—17	灰黄色	重壤土	小片状	6.8	18.8	0.74	0.20	94	3.0	47	粉砂质页岩风化物	E 105°27′37.1″ N 28°05′20.4″	93
						2	17—27	灰黄色	中壤土	板块状	5.6	16.3	0.53	0.08	55	2.0	41			
						3	27—63	浅黄色	中壤土	棱块状	6.8	16.8	0.70	0.21	93	5.0	40			
剖10	人为土	水稻土	黄壤性水稻土	矿子黄泥水稻田	盐硝田	1	0—18	棕黄色	中壤土	小块状	8.0	28.3	1.68	0.65	137	3.0	78	灰岩风化物	E 105°21′32.8″ N 28°04′36.1″	89
						2	18—48	浅黄色	中壤土	棱块状	7.7	24.0	1.40	0.50	110	7.0	42			
						3	48—72	灰黄色	轻壤土	柱状	7.4	17.2	1.00	0.38	87	6.0	76			
剖11	人为土	水稻土	冲积型水稻土	紫色冲积水稻土	鸭粪泥田	1	0—29	灰黄色	重壤土	无明显结构	7.3	77.0	3.22	0.33	247	7.0	110	紫色冲积物	E 105°26′15.7″ N 28°03′08.6″	83
						2	29—65	黑灰色	重壤土	小片状	7.4	57.1	2.70	0.23	207	4.0	224			
						3	65—95	灰黄色	重壤土	棱片状	6.1	36.7	1.02	0.24	98	8.0	241			
剖12	人为土	水稻土	紫色土性水稻土	矿子黄泥水稻土	白鳝泥田	1	0—15	白灰色	重壤土	小块状	5.3	8.3	0.45	0.39	45	5.0	57	灰岩风化物	E 105°24′53.6″ N 27°59′10.7″	89
						2	15—27	灰黄色	中壤土	棱块状	5.0	3.6	0.23	0.08	21	6.0	16			
						3	27—89	灰黄色	中壤土	柱状	4.7	18.6	0.70	0.17	67	2.0	97			
剖13	人为土	水稻土	紫色土性水稻土	暗紫泥土	黑油砂田	1	0—18	黄棕色	轻壤土	核状、块状	7.8	40.6	1.41	0.71	136	13.0	139	页岩风化残积物、坡积物	E 105°28′01.9″ N 27°58′58.4″	95
						2	18—41	棕紫色	轻壤土	棱柱状	8.0	43.4	1.54	0.65	128	5.0	79			
						3	41—56	黄紫色	中壤土	小块状	8.2	17.2	0.61	0.67	87	2.0	66			
剖14	人为土	水稻土	黄壤性水稻土	扁砂黄泥水稻土	黄砂泥田	1	0—18	灰黄色	重壤土	块状	6.2	16.9	1.02	0.24	96	3.0	128	黄色砂页岩风化物	E 105°20′44.2″ N 27°55′26.8″	80
						2	18—28	浅黄色	重壤土	柱状	6.2	13.8	1.02	0.21	77	2.0	108			
						3	28—68	黄灰色	重壤土	棱块状	7.3	10.9	0.82	0.16	62		82			

续表 Continued

剖面号 Soil profile	土纲 Soil order	土类 Soil great group	亚类 Soil subgroup	土属 Soil genus	土种 Soil species	土层码 Layer code	土层厚度 Depth/cm	颜色 Soil color	质地 Soil texture	土壤结构 Soil structure	pH	有机质 OM/(g/kg)	全氮 TN/(g/kg)	全磷 TP/(g/kg)	碱解氮 AN/(mg/kg)	有效磷 AP/(mg/kg)	速效钾 AK/(mg/kg)	土壤母质 Parent material	剖面点坐标 Profile coordinate	匹配指数 Matching index/%
剖15	人为土	水稻土	冲积型水稻土	黄色冲积水稻土	鸭屎泥田	1	0—20	灰黑色	重壤土	无明显结构	5.8	26.7	1.14	0.27	126	2.0	62	灰岩风化冲积物	E 105°18′09.4″ N 27°52′22.1″	90
						2	20—44	黑灰色	重壤土	块状	5.8	23.8	1.08	0.20	86	1.0	32			
						3	44—90	紫黄色	中壤土	板状	5.0	10.5	0.60	0.26	36	7.0	34			
剖16	人为土	水稻土	紫色土性水稻土	红棕紫色水稻土	牛血大土田	1	0—22	棕紫色	轻黏土	核状、块状	6.0	20.7	1.06	0.31	133	6.0	113	鲜红色页岩风化物	E 105°22′54.1″ N 27°51′21.6″	80
						2	22—45	黄紫色	轻黏土	棱柱状	6.2	19.1	0.98	0.28	66	2.0	56			
						3	45—90	紫黄色	轻黏土	柱状	4.7	9.9	0.57	0.16	62	2.0	47			
剖17	人为土	水稻土	黄壤性水稻土	冷砂黄泥水稻土	白眼冷砂田	1	0—18	灰白色	中壤土	小片状	5.0	13.8	0.87	0.20	70	5.0	85	灰白色砂岩风化物	E 105°18′34.2″ N 27°51′19.1″	72
						2	18—68	黄棕色	中壤土	棱柱状	5.2	17.5	0.50	0.30	83	4.0	25			
剖18	人为土	水稻土	紫色土性水稻土	灰棕紫色水稻土	粗砂田	1	0—17	棕紫色	中壤土	核状、块状	6.5	10.1	0.75	0.51	49	2.0	43	紫色泥页岩风化物	E 105°28′53.4″ N 27°50′47.0″	77
						2	17—29	棕紫色	中壤土	棱柱状	6.4	9.4	0.62	0.49	41	2.0	24			
						3	29—79	灰棕色	重壤土	棱柱状	6.3	8.2	0.57	0.46	41	2.0	13			
剖19	人为土	水稻土	黄壤性水稻土	冷砂黄泥水稻土	冷砂黄泥田	1	0—20	浅黄色	中壤土	碎块状	4.8	23.9	1.23	1.23	173	7.0	182	黄砂岩风化物	E 105°25′32.5″ N 27°50′37.3″	100
						2	20—28	浅灰色	中壤土	棱片状	4.8	20.7	0.88	0.22	124	4.0	68			
						3	28—81	浅灰黄色	中壤土	棱柱状	5.0	16.9	0.72	0.17	106	2.0	71			

古 蔺 县

主要土类说明

黄壤是古蔺县的主要土壤类型,占本县地域面积的 34%。黄壤是由较老岩层风化发育而成,由于所处海拔较高,温光条件较差,气候较冷,湿度较大,土壤多以化学风化为主,风化程度较深,土壤具有黏、冷、酸、瘦等特点。黄壤发生于亚热带湿润条件下,中度富铝化。土壤有机质累积较多,具 O–A–AB–B–C 剖面构型。pH 为 4.5—5.5。淀积层(B 层)富含水合氧化物(针铁矿),呈黄色,有时多含三水铝石。本县只有黄壤一个亚类。

紫色土是古蔺县第二大土壤类型,占本县地域面积的 13%。本土类母岩以物理风化为主,盐基淋溶较轻,多数为幼年土,母质矿质养分较丰富,自然肥力高,宜种作物广。紫色土是由热带、亚热带紫红色岩层直接风化形成的 A–C 型土壤。其理化性质与母岩组成直接相关,土层浅薄,剖面层次发育不明显,仍处于初育阶段。

黄棕壤是古蔺县第三大土壤类型,占本县地域面积的 12%,分布在北部黄荆林区,海拔 1200—1800m,年降水量在 1500mm 左右,蒸发弱,气候冷湿,植被繁茂,在这一常绿针叶林、阔叶混交林带,土壤发育较深,淋溶较强,形成黄棕壤土类。黄棕壤属于弱度富铝化,黏聚现象明显,呈黄棕色黏土。具 A–B–C 或 A–(B)–C 剖面构型,黏粒硅铝率在 2.5 左右,铁的游离度较红壤低,B 层交换性酸大于 A 层。土壤 pH 为 5.5—6.0。

水稻土占本县地域面积的 9%。水稻土是多年来人为灌水、种植水稻,经长期水耕熟化发育的一种特殊土壤。水稻土具有分布地形平缓、土层深厚、易保蓄水分及养分、土温稳定、还原性强等特点。同时,由于淹水时间长短、受水文作用影响不同,具有不同的水文发育形态和不同的理化性质及生产表现。根据剖面水文层次变化,本县水稻土分为淹育型、潴育型和潜育型。淹育水稻土发育层次为淹育层 - 初期潴育层,淹育层 - 犁底层 - 初潴层,淹育层 - 初潴层 - 潴育层,多分布于山坡中上部或坝、阶地长期实行水旱轮作的田块,一般受水作用不深,泥脚较浅,土质带砂,通透性良好,养分转化释放较快,好耕作,不择肥,不背肥,没有坐蔸化苗现象,多数为稻麦或稻油两熟,产量较高。但部分粗砂田土层太薄,土质较砂,不保水保肥。潴育水稻土发育层次为淹育层 - 潴育层或淹育层 - 犁底层 - 淹育层,多分布于缓坡台地或沟、槽内侧,一般土层较厚,泥脚深但不烂,通透性较差,干后收缩性较大,供肥能力缓慢,土温偏低但稳定,作物前期若遇低温有坐蔸现象。多数以种植单季稻为主,有少部分为稻麦两熟,产量稳而不高。潜育水稻土发育层次为潜育层 - 母质层或淹育层 - 潜育层,多分布于沟谷底部或坎地低洼处。一般长期淹水,受水文作用影响深,土温低,水热气肥不协调,养分分解释放慢,水稻前期常发生坐蔸化苗,晚熟、产量低。

本区域中心区气候特征

本区域中心区气候特征值
Regional climate characteristics in central area of the region

气候带:北亚热带湿润气候 Climate region: North subtropical humid climate	
年平均气温 /℃ Annual average temperature /℃	15.0
年平均最高气温 /℃ Annual average maximum temperature /℃	19.3
年平均最低气温 /℃ Annual average minimum temperature /℃	12.2
年降水量 /mm Annual precipitation /mm	1001
≥ 10℃的积温 /℃ Daily temperature accumulated in a year (≥ 10℃) /℃	6652
年日照时数 /h Annual sunshine /h	1061
年平均相对湿度 /% Annual average relative humidity /%	81
干燥度 Dryness	0.87

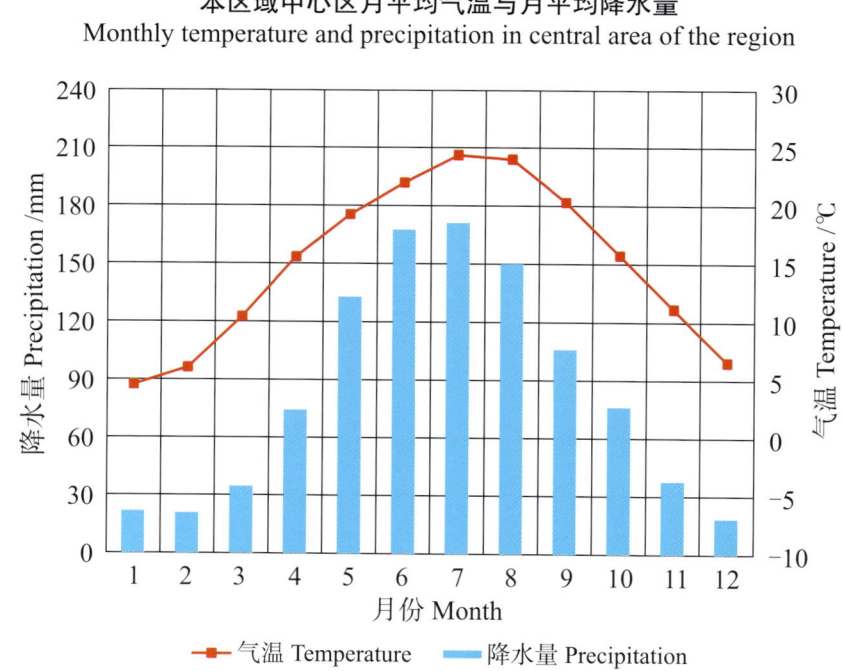

本区域中心区月平均气温与月平均降水量
Monthly temperature and precipitation in central area of the region

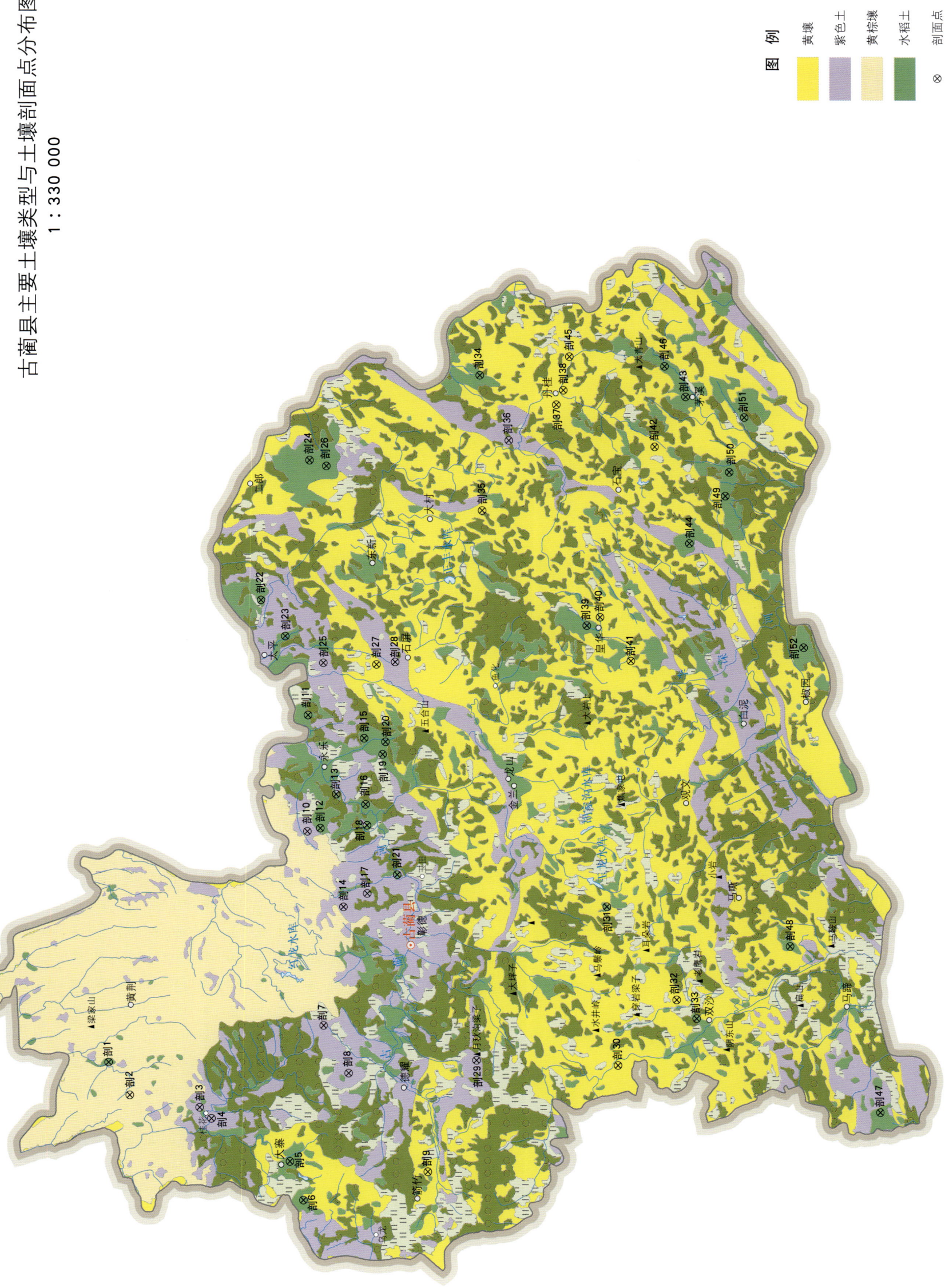

古蔺县主要土壤类型与土壤剖面点分布图
1∶330 000

古蔺县土壤剖面理化性状表

剖面号 Soil profile	土纲 Soil order	土类 Soil great group	亚类 Soil subgroup	土属 Soil genus	土种 Soil species	土层码 Layer code	土层厚度 Depth/cm	颜色 Soil color	质地 Soil texture	土壤结构 Soil structure	pH	有机质 OM/(g/kg)	全氮 TN/(g/kg)	全磷 TP/(g/kg)	全钾 TK/(g/kg)	碱解氮 AN/(mg/kg)	有效磷 AP/(mg/kg)	速效钾 AK/(mg/kg)	阳离子交换量CEC/(cmol/kg)	土壤母质 Parent material	剖面点坐标 Profile coordinate	匹配指数 Matching index/%
剖1	人为土	水稻土	紫色土性水稻土	红紫色水稻土	红冷砂田	1	0—20	黄红紫色	砂壤土	粒状、块状	5.1	15.4	0.87	0.32	0.7	83	3.9	105	5.3	紫红色厚砂页岩	E 105°43′22.1″ N 28°15′01.1″	75
剖2	淋溶土	黄棕壤	山地黄棕壤	腐殖质黄棕壤		2	20—50	灰红紫色	砂壤土	块状、棱块状	5.4	12.1	0.69	0.26	0.7							70
						1	0—10	黄灰厚色	砂壤土	粒状	3.9	49.8	1.56	0.43	0.7	142	2.6	80	9.4	厚砂页岩风化物	E 105°41′51.0″ N 28°14′10.0″	
						2	10—30	黄褐紫色	轻黏土	块状	4.2	9.1	0.40	0.29	0.7							
剖3	初育土	紫色土	石灰性紫色土	棕紫色紫泥土	泥夹砂土	1	0—22	棕褐紫色	中壤土	砾状、团块状	7.7	11.4	0.83	0.43	1.6	56	3.1	65	17.9	棕紫色砂岩、泥岩	E 105°41′14.6″ N 28°11′16.4″	91
						2	22—90	棕褐紫色	黏土	块状、团块状	8.2	6.6	0.51	0.52	1.6							
剖4	初育土	紫色土	石灰性紫色土	红棕紫泥土	大泥土	1	0—18	棕红紫色	黏土	棱柱状、核状	7.4	12.6	0.99	0.42	2.1	66	1.7	90	21.8	紫红色泥岩	E 105°40′13.7″ N 28°10′47.6″	81
						2	18—80	黄棕紫色	黏土	块状、核状	7.5	9.5	0.77	0.34	2.1							
剖5	人为土	水稻土	潮土型水稻土	黄色潮泥田	混合泥田	1	0—20	黄灰紫色	中壤土	团块状	8.0	27.5	1.77	1.19	3.2	109	6.1	94	10.8	灰岩、页岩	E 105°38′42.4″ N 28°07′34.0″	78
						2	20—55	黄灰色	中壤土	棱柱状	8.3	13.2	0.91	1.06	3.1							
						3	55—100	黄灰相间	中壤土	小棱柱状	8.2	10.7	0.74	0.99	2.9							
剖6	初育土	黄壤	黄壤性水稻土	黄色石灰水稻田	炉泥田	1	0—17	浅棕黄色	中黏土	团块状	7.9	23.0	1.15	0.56	2.1	75	3.1	88	12.8	灰岩	E 105°36′55.8″ N 28°07′01.9″	89
						2	17—70	浅棕黄色	中壤土	棱柱状	7.6	26.8	1.85	0.61	2.1							
剖7	初育土	紫色土	石灰性紫色土	红紫色紫泥土	立土	1	0—20	黄褐紫色	黏土	团块状	6.9	10.8	0.77	0.27	1.3	49	2.2	79	12.4	灰岩	E 105°44′56.0″ N 28°06′06.5″	84
						2	20—80	黄棕紫色	黏土	棱柱状	7.3	4.8	0.42	0.18	1.0							
剖8	初育土	紫色土	石灰性紫色土	红棕色紫泥土	斑鸠砂土	1	0—15	红紫色	中壤土	粒状	8.0	11.4	0.87	0.19	2.0	49	3.9	97	18.4	紫红色泥岩	E 105°42′42.8″ N 28°05′05.3″	85
						2	15—30	红紫色	中壤土	块状	7.9	7.9	0.68	0.44	2.1							
剖9	铁铝土	黄壤	黄壤	黄灰色石灰土	灰色土	1	0—18	浅灰紫色	中壤土	砾状、团块状	7.8	26.7	1.26	0.69	1.6	89	0.9	110	25.0	灰岩风化物	E 105°38′08.9″ N 28°01′52.0″	77
						2	18—80	浅紫色	黏土	棱柱状	7.6	14.9	1.11	0.52	1.4							
剖10	初育土	紫色土	酸性紫色土	红紫色紫泥土	粗砂田	1	0—13	黄紫色	砂壤土	粒状	4.9	32.4	1.47	0.26	0.8	156	2.2	137	8.1	厚紫岩夹薄页岩	E 105°53′57.9″ N 28°06′40.7″	82
						2	13—50	黄棕紫色	砂壤土	粒状	4.8	19.3	0.95	0.19	0.8							
剖11	人为土	水稻土	紫色土性水稻土	红紫色水稻土	黄冷砂田	1	0—13	灰棕紫色	砂壤土	粒状、棱块状	7.9	19.7	1.22	0.74	2.4	84	2.6	59	22.1	红紫色岩夹红岩、页岩	E 105°59′21.0″ N 28°06′35.4″	87
						2	13—45	紫色	砂壤土	粒状	8.0	16.6	1.22	0.71	2.4							
剖12	人为土	水稻土	紫色土性水稻土	灰紫色紫色水稻土		1	0—20	黄灰紫色	中壤土	整块状	5.0	28.4	1.36	0.46	0.8	126	4.4	55	5.6	紫红色厚砂岩夹页岩	E 105°54′06.1″ N 28°06′08.3″	73
						2	20—60	黄灰紫色	中壤土	棱柱状	5.0	20.2	0.94	0.27	0.8							
						3	60—	棕紫色	中壤土	块状	6.1	30.7	0.86	0.22	0.6							
剖13	人为土	水稻土	潮土型水稻土	棕紫色水稻土	潮砂田	1	0—17	棕紫色	砂壤土	粒状	5.2	16.3	1.03	0.50	1.0	84	8.7	35	8.7	紫色岩夹泥岩	E 105°55′39.7″ N 28°05′27.6″	71
						2	17—38	灰黄紫色	砂土	小棱块状	6.9	6.8	0.56	0.35	1.0							
						3	38—80	灰黄紫色	砂土	无明显结构	7.3	3.2	0.23	0.25	0.9							
剖14	初育土	紫色土	酸性紫色土	红棕紫色紫色土	红冷砂土	1	0—13	红棕紫色	砂土	粒状、块状	6.3	13.9	0.69	0.26	1.0	89	2.2	67	4.2	厚砂岩夹薄页岩	E 105°50′24.0″ N 28°05′13.2″	75
						2	13—50	暗棕紫色	砂土	粒状	6.0	9.7	0.50	0.26	1.0							
剖15	人为土	水稻土	紫色土性水稻土	灰紫色紫色水稻土	灰冷砂田	1	0—16	红棕紫色	砂壤土	粒状	4.7	23.0	1.26	0.28	1.1	109	1.7	93	7.4	紫红色砂岩、页岩	E 105°58′14.5″ N 28°04′16.7″	97
						2	16—50	黄灰紫色	砂壤土	粒状	5.6	12.2	0.71	0.22	1.1							
剖16	人为土	水稻土	紫色土性水稻土	灰紫色紫色水稻土	紫油砂田	1	0—18	暗紫紫色	轻壤土	团块状、核状	5.4	18.1	1.16	0.14	2.1	116	6.1	83	11.2	紫红色砂岩、泥岩	E 105°55′10.6″ N 28°04′14.9″	80
						2	18—60	暗棕紫色	中壤土	棱柱状	5.6	6.4	0.61	0.28	1.9							
剖17	初育土	紫色土	石灰性紫色土	棕紫色紫泥土	粗砂田	1	0—12	棕紫色	砂壤土	粒状	7.8	13.6	0.85	0.67	2.7	44	2.6	87	21.9	棕紫色厚砂岩	E 105°51′00.7″ N 28°04′13.8″	70
						2	0—20	红紫色	中黏土	团块状	7.8	17.8	1.14	0.52	2.0							
剖18	初育土	紫色土	红紫色紫色土	红紫色紫色土	大泥田	1	20—43	红紫色	中壤土	整体状	7.8	17.7	0.98	0.56	2.0	79	2.2	76	20.2	红紫色岩夹页岩	E 105°54′12.2″ N 28°04′12.4″	86
						2	43—80	黄棕紫色	中壤土	棱柱状	7.9	9.3	0.71	0.39	2.2							
剖19	人为土	水稻土	紫壤性水稻土	暗紫黄泥田	紫红砂田	1	0—16	红紫色	砂壤土	粒状	7.8	20.1	1.21	0.54	2.2	80	1.7	106	15.8	泥岩、页岩	E 105°57′28.8″ N 28°03′31.3″	81
						2	16—50	红紫色	砂壤土	团块、粒状	7.9	16.1	0.96	0.54	2.3							
剖20	人为土	水稻土	黄壤性水稻土	冷砂黄泥田	白眼砂田	1	0—17	暗灰色	砂壤土	粒状	4.6	24.3	1.10	0.24	0.9	87	3.9	26	3.0	砂岩、页岩	E 105°58′03.7″ N 28°03′24.1″	92
						2	17—40	白灰色	砂土	块状	5.0	7.0	0.26	0.22	0.9							

续表 Continued

剖面号 Soil profile	土纲 Soil order	土类 Soil great group	亚类 Soil subgroup	土属 Soil genus	土种 Soil species	土层码 Layer code	土层厚度 Depth/cm	颜色 Soil color	质地 Soil texture	土壤结构 Soil structure	pH	有机质 OM/(g/kg)	全氮 TN/(g/kg)	全磷 TP/(g/kg)	全钾 TK/(g/kg)	碱解氮 AN/(mg/kg)	有效磷 AP/(mg/kg)	速效钾 AK/(mg/kg)	阳离子交换量CEC/(cmol/kg)	土壤母质 Parent material	剖面点坐标 Profile coordinate	匹配指数 Matching index/%
剖21	人为土	水稻土	紫色土性水稻土	红棕紫泥田	鸭屎泥田	1	0—30	黄紫色	黏土	整块状	7.3	22.7	1.14	0.38	2.0	90	1.7	66	22.7	红紫色泥岩、页岩	E 105°51′52.2″ N 28°02′59.3″	99
剖22	人为土	水稻土	紫色土性水稻土	灰棕紫泥田	黄泥田	1	0—18	黄紫色	黏土	块状	7.6	22.1	1.04	0.39	1.8	52	1.3	85	7.9	紫色砂岩、泥岩	E 106°04′43.7″ N 28°08′28.0″	81
剖23	人为土	水稻土	紫色土性水稻土	灰棕紫泥田	砂泥田	1	0—18	紫黄色	重黏土	块状、核状	5.8	10.9	0.65	0.17	1.7	41	3.1	51	8.1	紫色砂岩、泥岩	E 106°03′01.4″ N 28°07′29.3″	98
						2	18—52	红紫色	轻黏土	棱块状	6.0	5.1	0.38	0.16	2.2							
剖24	人为土	水稻土	紫色土性水稻土	暗棕紫泥田	油砂田	1	0—17	红棕紫色	砂黏土	粒状、团块状	5.2	22.1	1.44	0.24	1.3	110	3.9	78	19.0	紫色砂岩、泥岩	E 106°11′09.6″ N 28°06′23.4″	92
						2	17—60	黄紫灰色	中黏土	棱块状	4.4	0.9	0.48	0.19	1.2							
剖25	紫色土		中性紫色土	暗紫泥土	紫红砂土	1	0—17	棕紫色	砂黏土	粒状	7.0	32.7	1.38	0.98	1.8	81	5.7	71	9.1	泥岩、页岩	E 106°01′45.5″ N 28°05′55.7″	92
						2	17—49	棕紫色	砂黏土	小棱块状	7.5	26.3	1.10	0.92	1.8							
剖26	水稻土		黄壤性水稻土	粗骨性黄泥田	黑扁黄泥田	1	0—20	暗黄紫色	砂黏土	粒状	6.2	18.4	0.86	0.40	1.9	86	1.7	85	15.9	砂岩、页岩	E 106°10′53.0″ N 28°05′41.6″	71
						2	20—50	棕黄紫色	砂黏土	粒状	6.2	9.7	0.56	0.37	2.4							
剖27	铁铝土	黄壤		黄泥土	灰泡土	1	0—16	灰黄黑色	轻黏土	棱状、块状	7.5	2.8	1.86	0.43	3.2	115	3.5	188	23.2	砂岩和泥灰岩	E 106°10′39.4″ N 28°03′43.6″	93
						2	16—33		轻黏土	粒状、块状	7.6	2.5	1.57	0.44	3.3							
						3	33—60		轻黏土	粒状、块状	7.8	1.3	1.21	0.34	3.3							
剖28	初育土	紫色土	酸性紫色土	灰棕紫泥土	灰冷砂土	1	0—12	灰黄黑色	中壤	粒状	7.9	35.5	1.99	0.65	2.2	82	6.1	50	18.0	岩石风化物	E 106°01′45.5″ N 28°02′57.1″	93
						2	12—50	紫灰色	中黏土	棱块状	8.1	25.5	1.54	0.60	2.1							
剖29	初育土	紫色土	酸性紫色土	灰棕紫泥土		1	0—16	紫灰色	轻黏土	粒状、块状	6.9	19.6	0.89	0.97	1.3	65	1.3	69	18.5	砂岩、页岩	E 106°01′45.5″ N 28°02′57.1″	71
						2	16—50	灰紫色	砂黏土	粒状、块状	7.8	15.4	0.67	1.68	1.4							
剖30	铁铝土	黄壤		粗骨性黄泥土	铜皮砂土	1	0—13	红紫色	砂壤土	粒状	7.4	14.6	0.72	0.45	1.8	106	1.3	7	11.2	砂岩、页岩	E 105°43′13.6″ N 27°59′47.8″	96
						2	13—45	红紫色	砂壤土	粒状	5.6	5.2	0.48	0.40	1.8							
剖31	铁铝土	黄壤		粗骨性黄泥土	黄泥田	1	0—20	棕绿色	中黏土	粒状、块状	5.7	30.3	1.48	1.13	2.5	133	4.4	115	23.2		E 105°42′55.8″ N 27°53′56.8″	96
						2	20—53	棕绿色	砂壤土	粒状、团块状	6.2	23.2	1.44	1.10	2.5							
剖32	初育土	紫色土				1	0—14	灰黄黑色	黏土	核状、团块状	7.1	31.7	2.14	0.77	1.8	90	1.7	152	20.1	灰岩风化物	E 105°50′16.4″ N 27°54′19.8″	93
						2	14—27	灰黄黑色	黏土	棱柱状	7.7	20.6	1.47	0.56	1.6							
						3	27—70	暗黄黑色	重黏土	粒状	7.7	13.3	1.29	0.45	1.6							
剖33	铁铝土	水稻土	黄壤性水稻土	粗骨性黄泥田	小土黄泥田	1	0—16	灰黄黑色	黏土	核状、团块状	7.8	25.8	1.65	0.82	2.1	97	2.2	107	17.5	灰岩风化物	E 105°45′02.7″ N 27°51′29.2″	97
						2	16—38	暗黄黑色	黏土	团块状	8.1	21.6	1.31	0.83	2.1							
						3	38—70	暗黄黄色	黏土	块状	8.0	28.8	1.84	0.87	2.7							
剖34	初育土	水稻土	黄壤性水稻土	粗骨性黄泥田	铜皮黄泥田	1	0—17	灰黄色	轻黏土	棱块状	6.4	26.2	1.83	0.36	3.4	62	1.3	118	6.7	砂岩、页岩	E 105°45′50.0″ N 27°50′39.9″	88
						2	17—31	灰黄色	中黏土	块状	6.9	22.9	1.60	0.40	3.5							
						3	31—87	黄色	中黏土	棱状	7.5	18.1	1.56	0.38	3.5							
剖35	铁铝土	水稻土	黄壤性水稻土	矿子黄泥田		1	0—24	灰黄色	中黏土	粒状	5.4	15.0	1.13	0.47	2.3	118	2.2	84	13.1	石灰岩风化物	E 106°08′43.4″ N 27°59′16.8″	72
						2	24—87	黄色	黏土	砾状、团块状	5.5	11.7	0.85	0.48	2.1							
剖36	初育土	紫色土	酸性紫色土	灰棕紫泥土	砂泥土	1	0—20	红紫色	轻黏土	团块状	6.6	27.1	1.56	0.51	1.3	57	1.3	71	8.0	砂岩、页岩	E 106°11′57.1″ N 27°58′07.7″	86
						2	20—38	红紫色	中黏土	棱柱状	6.8	9.1	0.90	0.29	1.8							
						3	38—90	红紫色	黏土	粒状	7.0	13.7	0.96	0.35	1.2							
剖37	黄壤		黄壤	粗骨性黄泥土	扁砂土	1	0—20	暗紫黄色	轻壤土	粒状	6.9	14.5	0.91	0.39	1.2	97	1.3	76	16.4	砂岩、页岩	E 106°13′35.4″ N 27°56′08.9″	85
						2	20—37	暗黄黄色	中壤土	团块状	7.0	5.5	0.56	0.31	1.2							
						3	37—60	紫黄色	砂壤土	粒状	6.8	18.2	1.51	0.33	2.2							
剖38	铁铝土	黄壤	酸性紫色土	粗骨性黄泥土		1	0—13	浅棕黄色	砂壤土	粒状	5.9	17.5	1.26	0.31	2.3	83	6.1	169	10.8	砂岩、页岩	E 106°14′15.4″ N 27°55′51.2″	87
						2	13—50	浅棕黄色	砂壤土	团块状	5.7	14.5	0.99	1.20	4.0							
						3			砂壤土	粒柱状	5.5	9.7	0.70	1.02	4.0							
剖39	人为土	水稻土	黄壤性水稻土	粗骨性黄泥水稻土	青油砂田	1	0—20	暗紫黄色	砂壤土	粒状	5.8	28.4	1.63	1.20	3.5	108	8.3	105	12.0	砂岩、页岩	E 106°03′20.5″ N 27°55′00.1″	76
						2	20—39		砂壤土	棱块状	6.1	18.1	1.13	1.27	3.6					岩石风化物		
						3	39—55	褐色	砂壤土	棱柱状	6.7	14.0	0.93	1.70	3.5							

续表 Continued

剖面号 Soil profile	土纲 Soil order	土类 Soil great group	亚类 Soil subgroup	土属 Soil genus	土种 Soil species	土层码 Layer code	土层厚度 Depth/cm	颜色 Soil color	质地 Soil texture	土壤结构 Soil structure	pH	有机质 OM/(g/kg)	全氮 TN/(g/kg)	全磷 TP/(g/kg)	全钾 TK/(g/kg)	碱解氮 AN/(mg/kg)	有效磷 AP/(mg/kg)	速效钾 AK/(mg/kg)	阳离子交换量CEC/(cmol/kg)	土壤母质 Parent material	剖面点坐标 Profile coordinate	匹配指数 Matching index/%
剖40	铁铝土	黄壤	黄壤	粗骨性黄泥土	黑扁砂土	1	0–17	灰黑色	轻黏土	粒状	7.6	5.6	1.85	0.58	2.5	101	3.9	129	1.5		E 106°03′43.9″ N 27°54′27.4″	80
剖41	铁铝土	黄壤	黄壤	矿子黄泥土		2	17–55	黄灰黑色	轻黏土	棱块状	7.5	4.0	1.51	0.41	2.5	125	1.7	70	7.6	石灰岩风化物	E 106°01′40.8″ N 27°53′12.5″	87
						1	0–17	灰黄色	砾石土	粒状	5.8	30.8	1.53	0.34	0.6		1.7					
						2	17–50	浅灰黄色	砾石土	粒状	5.6	11.4	0.76	0.32	0.6	61		76	15.5			
剖42	铁铝土	黄壤	黄壤	粗骨性黄泥土	煤泥土	1	0–17	暗黄黑色	砂壤土	粒状	4.7	20.8	2.45	0.90	0.9					砂岩、页岩和泥灰岩风化物	E 106°11′35.2″ N 27°52′06.2″	81
						2	17–57	暗黄黑色	砂壤土	团块状	4.7	14.1	2.21	0.83	0.9							
						3	57–		轻黏土	粒状、块状	4.7	11.5	2.07	0.82	1.0							
剖43	人为土	水稻土	黄壤性水稻土	矿子黄泥田	白鳝泥田	1	0–18	黄灰白色	黏土	整块状	6.0	19.7	1.18	0.46	2.1	73	3.1	47	10.0	灰岩	E 106°13′53.6″ N 27°50′47.8″	96
						2	18–		黏土	棱块状、核块状	6.5	18.4	1.14	0.59	2.3							
剖44	人为土	水稻土	紫色土性水稻土	暗紫泥田	紫红泥田	1	0–22	紫灰色	轻黏土	团块状、核状	7.9	26.4	1.66	0.49	1.2	94	3.5	155	16.8	泥岩、页岩	E 106°07′05.5″ N 27°50′43.1″	81
						2	22–40	紫红色	中黏土	棱柱状	8.0	11.6	0.71	0.40	1.2							
						3	40–90	黄紫红色	中黏土	棱柱状	7.2	14.2	0.71	0.37	1.1							
剖45	铁铝土	黄壤	黄壤	粗骨性黄泥土		1	0–18	黄色	轻黏土	粒状、团块状	4.7	22.0	1.36	0.56	2.9	84	3.1	65	8.0		E 106°15′49.3″ N 27°55′35.0″	75
						2	18–50	黄色	轻黏土	团块状	4.5	14.6	1.16	0.50	2.9							
剖46	人为土	水稻土	黄壤性水稻土	矿子黄泥田	黄泥夹砂田	1	0–23	棕黄色	轻黏土	团块状	7.6	39.3	1.90	0.72	1.7	113	3.5	68	8.1	灰岩	E 106°15′19.8″ N 27°51′38.9″	72
						2	23–50	灰黄色	轻黏土	棱柱状	7.9	21.1	1.08	0.62	1.7							
						3	50–90	灰黄色	中黏土	棱柱状	7.6	16.0	0.78	0.64	1.8							
剖47	人为土	水稻土	紫色土性水稻土	灰棕紫色水稻田	羊肝泥田	1	0–14	黄灰黄色	重壤土	棱块状、块状	5.5	21.9	1.18	0.35	1.2	90	0.9	36	12.4	紫色砂岩、泥岩	E 105°40′37.6″ N 27°43′06.8″	93
						2	14–50	黄灰黄色	重壤土	棱块状	6.9	10.5	0.67	0.48	1.1							
剖48	人为土	水稻土	潜育水稻土	潜育性潮田	钙质烂潮田	Ag	0–20	暗灰黄色	粉砂质黏土	软糊状	8.0	36.3	2.17	0.38	2.4	132	1.7	29	10.4		E 105°48′19.4″ N 27°46′45.8″	92
						G₂	20–100	灰棕黄色	壤质黏土	软糊状	8.5	32.3	1.84	0.38	2.5							
剖49	人为土	水稻土	黄壤性水稻土	粗骨性黄泥田	冷砂田	1	0–17	浅棕黄色	中壤土	粒状	5.0	26.5	1.37	0.61	2.1	120	3.5	83	7.2	砂岩、页岩和泥灰岩	E 106°09′16.2″ N 27°49′12.7″	77
						2	17–45	浅棕黄色	轻黏土	块状、棱块状	5.0	19.5	1.12	0.63	2.2							
						3	45–		轻壤土	棱块状	6.1	16.6	1.00	0.57	2.1							
剖50	人为土	水稻土	黄壤性水稻土	矿子黄泥田	石旦黄泥田	1	0–20	灰黄色	轻黏土	团块状、棱块状	8.2	25.0	1.52	0.52	2.1	103	3.9	63	13.5	灰岩	E 106°10′22.1″ N 27°49′02.3″	72
						2	20–40	灰黄色	中黏土	块状	8.1	20.0	1.09	0.53	2.5							
						3	40–65	灰黄色	中黏土	棱柱状	8.1	12.0	0.86	0.49	3.0							
剖51	人为土	水稻土	黄壤性水稻土	矿子黄泥田	烂泥田	1	0–30	灰黄色	黏土	无明显结结构	7.8	50.6	2.63	0.45	2.8	157	1.7	75	14.6	灰岩	E 106°12′53.3″ N 27°48′23.0″	83
						2	30–80	灰黄色	黏土	棱柱状	8.0	37.3	2.09	0.37	2.8							
剖52	人为土	水稻土	黄壤性水稻土	粗骨性水稻土	煤泥田	1	0–19	瓦灰色	轻黏土	团块状、粒状	5.4	7.4	2.89	0.91	1.5	67	0.9	59	12.6	砂岩、页岩和泥灰岩	E 106°02′12.1″ N 27°46′03.4″	99
						2	19–36	黄灰相间	轻黏土	粒状	4.4	11.1	2.68	0.92	1.4							
						3	36–90	黄灰相间	砂土	块状	5.1	1.9	2.32	1.05	1.7							

德 阳 市

旌 阳 区

主要土类说明

水稻土是旌阳区的主要土壤类型，占本区地域面积的 64%。水稻土是在长期季节性淹灌、水下翻耕、季节性脱水、氧化还原交替影响下，原来成土母质或母土的特性发生重大改变，形成的新的土壤类型。由于干湿交替，水稻土形成糊状淹育层、较坚实板结的犁底层、渗育层、潴育层与潜育层等多种发生层。这些不同发生层段是在人为耕作、水浆管理下形成的。

紫色土是旌阳区第二大土壤类型，占本区地域面积的 18%。紫色土是由热带、亚热带紫红色岩层直接风化形成的 A–C 型土壤。其理化性质与母岩组成直接相关，土层浅薄，剖面层次发育不明显，仍处于初育阶段。母岩富含矿质养分，且风化迅速。

小于本区地域面积 3% 的土壤类型还有新积土、潮土、黄壤等。

本区域中心区气候特征

本区域中心区气候特征值
Regional climate characteristics in central area of the region

气候带：中亚热带湿润气候 Climate region: Subtropical humid climate	
年平均气温 /℃ Annual average temperature /℃	14.8
年平均最高气温 /℃ Annual average maximum temperature /℃	19.7
年平均最低气温 /℃ Annual average minimum temperature /℃	11.4
年降水量 /mm Annual precipitation /mm	849
≥10℃的积温 /℃ Daily temperature accumulated in a year (≥10℃) /℃	5381
年日照时数 /h Annual sunshine /h	1237
年平均相对湿度 /% Annual average relative humidity /%	78
干燥度 Dryness	1.08

本区域中心区月平均气温与月平均降水量
Monthly temperature and precipitation in central area of the region

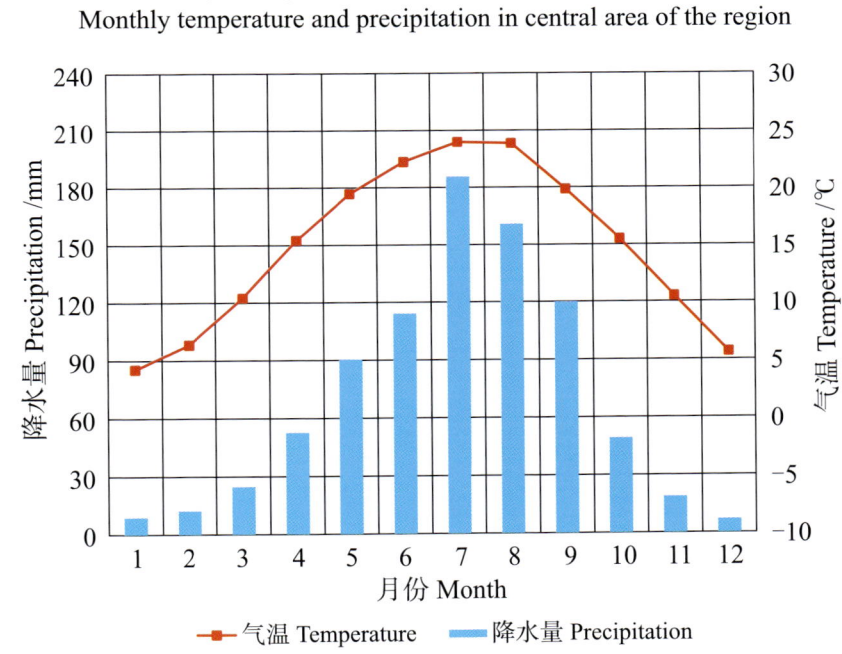

旌阳区主要土壤类型与土壤剖面点分布图
1∶150 000

图 例
- 水稻土
- 紫色土
- 新积土
- 潮土
- 黄壤
- ⊗ 剖面点

旌阳区土壤剖面理化性状表

剖面号 Soil profile	土纲 Soil order	土类 Soil great group	亚类 Soil subgroup	土属 Soil genus	土种 Soil species	土层码 Layer code	土层厚度 Depth/cm	颜色 Soil color	质地 Soil texture	土壤结构 Soil structure	pH	有机质 OM/(g/kg)	全氮 TN/(g/kg)	全磷 TP/(g/kg)	全钾 TK/(g/kg)	碱解氮 AN/(mg/kg)	有效磷 AP/(mg/kg)	速效钾 AK/(mg/kg)	阳离子交换量CEC/(cmol/kg)	土壤母质 Parent material	剖面点坐标 Profile coordinate	匹配指数 Matching index/%
剖1	人为土	水稻土	潴育水稻土	潴育黄潮田	老泥田	A	0—15	暗棕灰色	轻黏土	团块状	7.3	2.7	0.16	0.05	1.7	131	5.0	121	30.0	黄泥	E 104° 20′ 24.5″ N 31° 13′ 12.3″	77
						Pb	15—35	暗棕灰色	轻黏土	块状	7.9	1.2	0.09	0.03	1.7	68	3.0	53	32.0			
						Wa₁b₂	35—62	浅棕黄色	中黏土	块状	7.9	0.8	0.06	0.03	1.6	30	1.0	50	30.3			
						Wa₁b₁	62—100	浅棕黄色	中黏土	块状												
剖2	人为土	水稻土	潴育水稻土	潴育灰潮田	泥田	A	0—12	棕灰色	重壤土	小块状	7.5	2.7	0.19	0.04	1.9	151	1.0	26	28.2	灰棕冲积物	E 104° 24′ 53.0″ N 31° 08′ 57.7″	77
						Pb	12—24	灰棕色	重壤土	棱柱状	7.6	1.2	0.10	0.03	1.8	58		26	20.0			
						Wa₁b₂	24—45	暗黄棕色	重壤土	棱柱状	7.8	0.6	0.06	0.03	2.0	25		29	28.5			
						Wa₁b₁	45—100	暗黄棕色	重壤土													
剖3	半水成土	潮土	灰潮土	灰潮土	潮砂土	A	0—18	暗棕灰色	砾质中壤土	粒状	8.4	1.6	0.07	0.14	1.6	82	11.0	61	8.7	灰棕冲积物	E 104° 20′ 59.6″ N 31° 04′ 03.1″	79
						B	18—35	暗棕灰色	轻壤土	单粒状	8.5	1.6	0.08	0.18	1.7	59	2.0	38	15.6			
						C	35—62	棕灰色	砂壤土	单粒状	8.5	0.6	0.04	0.12	1.4	9	1.0	26	8.6			

罗 江 区

主要土类说明

水稻土是罗江区的主要土壤类型，占本区地域面积的51%。水稻土是在长期季节性淹灌、水下翻耕、季节性脱水、氧化还原交替影响下，原来成土母质或母土的特性发生重大改变，形成的新的土壤类型。由于干湿交替，水稻土形成糊状淹育层、较坚实板结的犁底层、渗育层、潴育层与潜育层等多种发生层。这些不同发生层段是在人为耕作、水浆管理下形成的。

紫色土是罗江区第二大土壤类型，占本区地域面积的37%。紫色土是由热带、亚热带紫红色岩层直接风化形成的 A–C 型土壤。其理化性质与母岩组成直接相关，土层浅薄，剖面层次发育不明显，仍处于初育阶段。母岩富含矿质养分，且风化迅速。

黄壤是罗江区第三大土壤类型，占本区地域面积的5%。黄壤发生于亚热带湿润条件下，中度脱硅富铝化，多见于海拔 700—1200m 的山区。土壤有机质累积较多，具 O–A–AB–B–C 剖面构型。pH 为 4.5—5.5。淀积层（B层）富含水合氧化物（针铁矿），呈黄色。

小于本区地域面积3%的土壤类型还有新积土等。

本区域中心区气候特征

本区域中心区气候特征值
Regional climate characteristics in central area of the region

气候带：中亚热带湿润气候 Climate region: Subtropical humid climate	
年平均气温 /℃ Annual average temperature /℃	15.1
年平均最高气温 /℃ Annual average maximum temperature /℃	19.8
年平均最低气温 /℃ Annual average minimum temperature /℃	11.7
年降水量 /mm Annual precipitation /mm	856
≥10℃的积温 /℃ Daily temperature accumulated in a year (≥10℃) /℃	5498
年日照时数 /h Annual sunshine /h	1224
年平均相对湿度 /% Annual average relative humidity /%	78
干燥度 Dryness	1.09

本区域中心区月平均气温与月平均降水量
Monthly temperature and precipitation in central area of the region

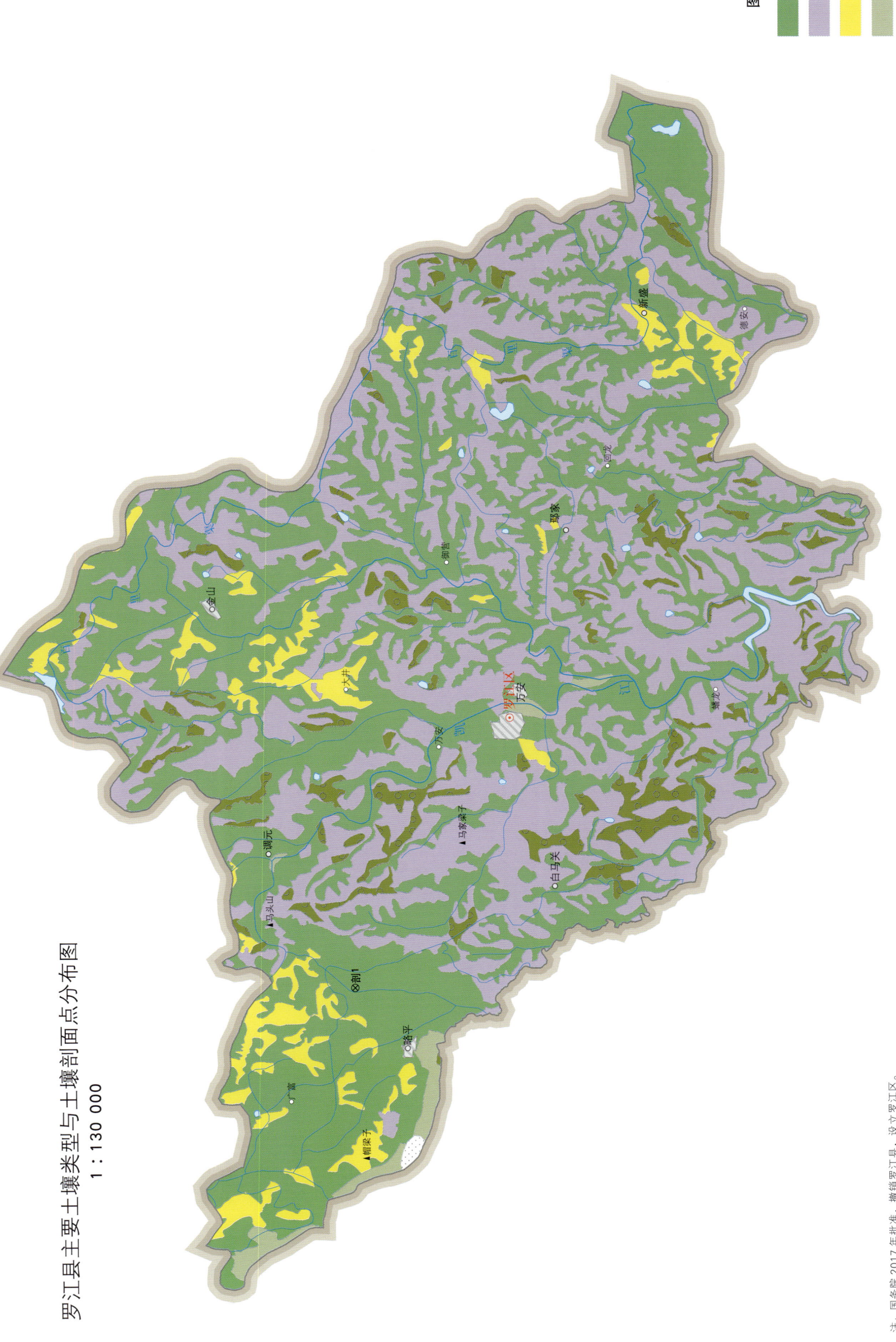

罗江区土壤剖面理化性状表

剖面号 Soil profile	土纲 Soil order	土类 Soil great group	亚类 Soil subgroup	土属 Soil genus	土种 Soil species	土层码 Layer code	土层厚度 Depth/cm	颜色 Soil color	质地 Soil texture	土壤结构 Soil structure	pH	有机质 OM/(g/kg)	全氮 TN/(g/kg)	全磷 TP/(g/kg)	全钾 TK/(g/kg)	碱解氮 AN/(mg/kg)	速效钾 AK/(mg/kg)	阳离子交换量CEC/(cmol/kg)	土壤母质 Parent material	剖面点坐标 Profile coordinate	匹配指数 Matching index/%
剖1	人为土	水稻土	潴育水稻土	潴育姜石泥田	姜石黄泥田	A	0—12	浅黄棕色	重壤土	团块状	7.8	1.5	0.09	0.03	1.6	146	57	24.5	姜石黄泥	E 104°25′04.8″ N 31°20′48.8″	85
						Pb	12—32	浅黄棕色	轻黏土	棱块状	7.2	1.0	0.07	0.03	1.6	116	51	22.7			
						Wa₁b₂	32—85	棕黄色	轻黏土	棱块状	7.8	0.6	0.03	0.02	1.6	31	19	22.9			

中 江 县

主要土类说明

紫色土是中江县的主要土壤类型，占本县地域面积的71%。紫色土是由热带、亚热带紫红色岩层直接风化形成的A-C型土壤。其理化性质与母岩组成直接相关，土层浅薄，剖面层次发育不明显，仍处于初育阶段。母岩富含矿质养分，且风化迅速。

水稻土是中江县第二大土壤类型，占本县地域面积的22%。水稻土是在长期季节性淹灌、水下翻耕、季节性脱水、氧化还原交替影响下，原来成土母质或母土的特性发生重大改变，形成的新的土壤类型。由于干湿交替，水稻土形成糊状淹育层、较坚实板结的犁底层、渗育层、潴育层与潜育层等多种发生层。这些不同发生层段是在人为耕作、水浆管理下形成的。

黄壤占本县地域面积的6%。黄壤发生于亚热带湿润条件下，中度脱硅富铝化，多见于海拔700—1200m的山区。土壤有机质累积较多，具O-A-AB-B-C剖面构型。pH为4.5—5.5。淀积层（B层）富含水合氧化物（针铁矿），呈黄色。

小于本县地域面积3%的土壤类型还有潮土等。

本区域中心区气候特征

本区域中心区气候特征值
Regional climate characteristics in central area of the region

气候带：中亚热带湿润气候 Climate region: Subtropical humid climate	
年平均气温 /℃ Annual average temperature /℃	16.2
年平均最高气温 /℃ Annual average maximum temperature /℃	20.4
年平均最低气温 /℃ Annual average minimum temperature /℃	13.2
年降水量 /mm Annual precipitation /mm	897
≥10℃的积温 /℃ Daily temperature accumulated in a year（≥10℃）/℃	6179
年日照时数 /h Annual sunshine /h	1143
年平均相对湿度 /% Annual average relative humidity /%	80
干燥度 Dryness	1.12

本区域中心区月平均气温与月平均降水量
Monthly temperature and precipitation in central area of the region

中江县主要土壤类型与土壤剖面点分布图
1:310 000

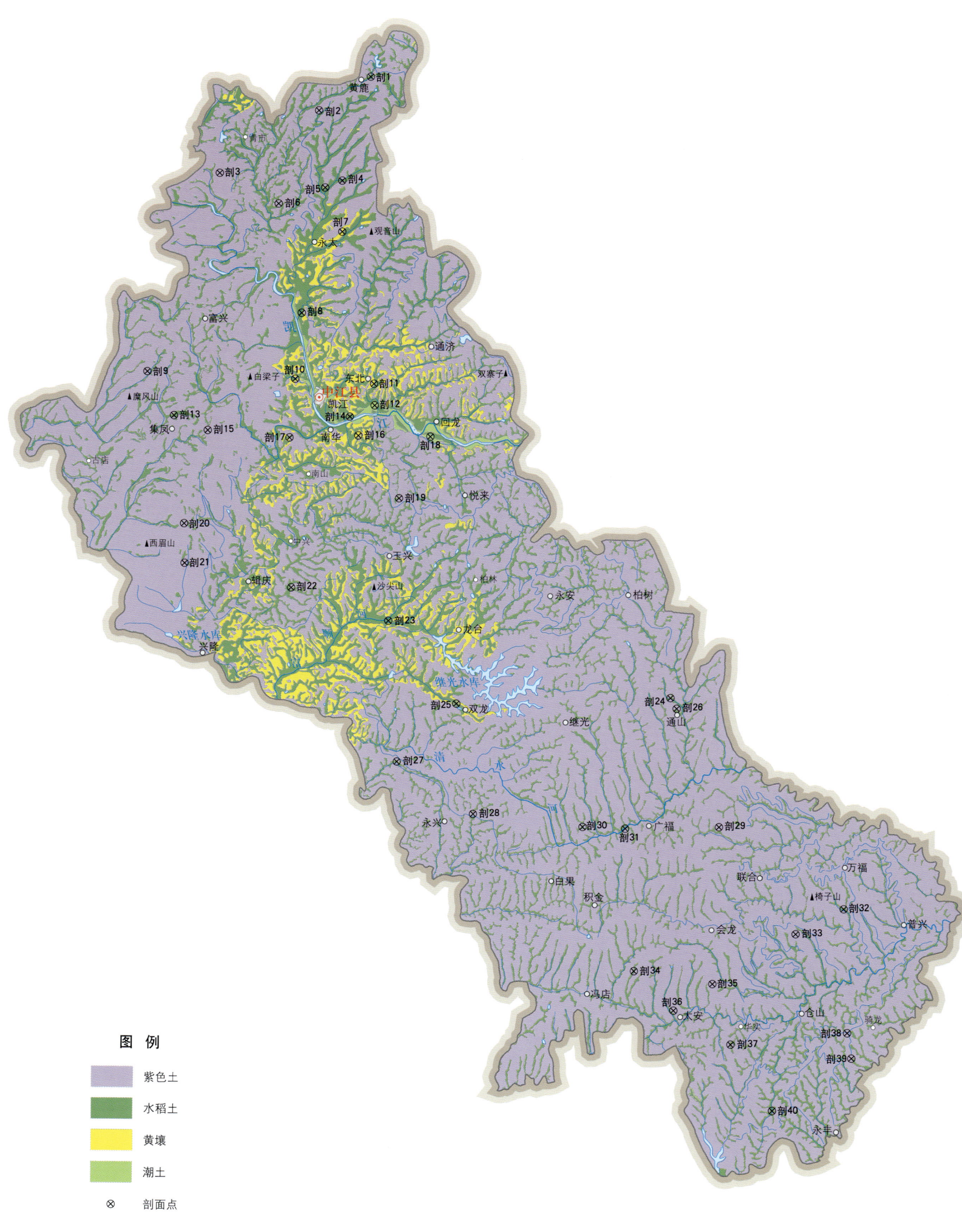

中江县土壤剖面理化性状表

剖面号 Soil profile	土纲 Soil order	土类 Soil great group	亚类 Soil subgroup	土属 Soil genus	土种 Soil species	土层码 Layer code	土层厚度 Depth/cm	颜色 Soil color	质地 Soil texture	土壤结构 Soil structure	pH	有机质 OM/(g/kg)	全氮 TN/(g/kg)	全磷 TP/(g/kg)	全钾 TK/(g/kg)	碱解氮 AN/(mg/kg)	有效磷 AP/(mg/kg)	速效钾 AK/(mg/kg)	阳离子交换量CEC/(cmol/kg)	土壤母质 Parent material	剖面点坐标 Profile coordinate	匹配指数 Matching index/%
剖1	人为土	水稻土	紫色土性水稻土	黄红紫泥水稻土	紫泥田	1	0—12	紫棕色	重壤土	团块状	7.7	26.0	1.48	1.30	1.4	83	3.0	115	22.9		E 104°42′35.9″ N 31°15′10.8″	91
						2	12—19	浅棕紫色	轻黏土	片状	7.5	23.5	1.10	0.99	1.4	79	5.0	115	20.0			
						3	19—68	紫棕色	轻黏土	大棱柱状	7.7	18.7	1.09	0.86	1.4	67	1.0	130	19.0			
						4	68—100	浅棕紫色	中黏土	中棱柱状	7.7	7.0	0.37	0.65	1.5	49	7.0	125	17.9			
剖2	初育土	紫色土	石灰性紫色土	黄红紫泥土	红砂土	1	0—15	紫红色	中砾砂壤土	粒状	8.4	7.6	0.36	0.42	1.2	24	5.0	40	12.4		E 104°40′12.0″ N 31°13′49.4″	95
						2	15—30	紫红色	轻砾砂黏壤土	单粒状	8.5	2.0	0.11	0.51	1.3	10	2.0	30	11.3			
						3	30—															
剖3	初育土	紫色土	石灰性紫色土	黄红紫泥土	黄白砂土	1	0—17	黄白色	砂壤土	单粒状	7.8	4.7	0.39	0.53	1.5	23	6.0	50	12.1		E 104°35′35.6″ N 31°11′18.2″	71
						2	17—36	黄白色	中砾紧砂土	单粒状	7.7	0.1	0.30	0.60	1.5	13	0.4	40	10.1			
						3	36—															
剖4	人为土	水稻土	紫色土性水稻土	黄红紫泥水稻土	二夹泥田	1	0—9	紫棕色	中壤土	团块状	7.7	20.8	1.50	1.43	1.4	128	27.0	100	20.2		E 104°41′18.2″ N 31°11′01.0″	73
						2	9—22	红棕紫色	重壤土	块状	7.9	12.6	1.09	0.91		98	8.0	100	19.7			
						3	22—60	棕紫色	轻黏土	棱柱状	8.1	4.7	0.39	0.31	1.5	52	3.0	100	16.7			
						4	60—100	棕黄色	轻黏土	小棱柱状	8.1	1.4	0.38	0.49	1.4	37	4.0	113	15.6			
剖5	铁铝土	黄壤	黄壤	姜石黄泥土	二黄泥土	1	0—15	灰黄棕色	重壤土	团粒状	7.0	11.1	0.93	0.64	1.2	72	10.0	100	18.7		E 104°40′30.4″ N 31°10′44.4″	70
						2	15—22	棕黄色	重黏土	片状	7.0	8.9	0.76	0.48	1.4	53	5.0	85	18.5			
						3	22—50	浅棕黄色	重黏土	小棱柱状	7.0	5.0	0.45	0.72	0.9	48	2.0	80	18.4			
						4	50—100	浅紫黄色	重黏土	大棱柱状	7.5	4.4	0.49	0.22	1.4	30		85	19.7			
剖6	初育土	紫色土	石灰性紫色土	黄红紫泥土	紫泥姜石土	1	0—15	紫棕色	轻砾重壤土	团粒状	8.0	5.7	0.60	1.41	1.4	52	29.0	60	20.6		E 104°38′20.8″ N 31°10′05.5″	78
						2	15—21	紫红色	中壤土	小块状	8.0	3.1	0.64	1.14	1.7	39	4.0	45	17.0			
剖7	铁铝土	黄壤	黄壤	姜石黄泥土	鸭粪泥土	1	0—16	褐棕黄色	重壤土	小块状	8.0	10.4	0.79	0.77	0.9	45	3.0	100	21.7		E 104°41′19.0″ N 31°08′59.3″	97
						2	16—100	灰褐色	重壤土	小棱块状	7.6	2.7	0.45	0.79	0.8	48	1.0	95	21.8			
剖8	人为土	水稻土	黄壤性水稻土	姜石黄泥田	黄夹泥田	1	0—13	浅棕黄色	重黏土	团粒状	8.0	23.3	1.15	1.38	1.2	99	80.0	80	24.6		E 104°39′27.4″ N 31°05′45.2″	88
						2	13—24	黄棕色	重壤土	块状	8.0	13.2	0.99	0.85	1.2	57	60.0	60	22.9			
						3	24—66	浅棕黄色	重壤土	小棱柱状	8.0	6.1	0.53	0.53	1.1	39	50.0	50	21.8			
						4	66—100	浅棕黄色	重壤土	大棱柱状	8.0	3.4	0.24	0.40	1.1	33	50.0	50	20.8			
剖9	初育土	紫色土	石灰性紫色土	钙质砂泥土	黄红紫砂泥土	A₁₁	0—20	亮红棕色	黏壤土	团粒状	7.9	10.6	0.55	0.97	1.5	68	7.0	88	19.2	紫色砂泥岩风化残积物、坡积物	E 104°32′18.2″ N 31°03′22.7″	74
						AC	20—70	橙色	黏壤土	块状	8.0	5.4	0.49	0.83	1.5	44	4.0	63	19.9			
						C	70—100	橙色	黏壤土	块状	8.0	4.6	0.51	0.76	1.4	20	1.0	88	20.4			
剖10	人为土	水稻土	冲积型水稻土	灰棕冲积水稻土	黄红紫砂泥土	1	0—14	灰棕色	中壤土	团粒状	8.0	15.6	0.93	1.55	1.2	95	4.0	65	13.0		E 104°39′10.8″ N 31°03′06.8″	90
						2	14—23	灰棕色	中片土	小片状	7.9	15.0	0.91	2.11	1.2	97	4.0	35	12.9			
						3	23—64	浅棕紫色	中壤土	块状	8.0	6.3	0.37	2.30	1.2	44	1.0	30	12.2			
						4	64—100	浅棕紫色	轻砾型轻壤土	单粒状	8.0	3.4	0.34	1.80	1.1	32		25	9.6			
剖11	水稻土	黄壤	黄壤	姜石黄泥土	半砂半泥田	1	0—18	灰棕黄色	重壤土	团块状	8.4	11.1	1.00	0.79	1.1	55	6.0	102	22.6		E 104°42′50.8″ N 31°02′56.4″	89
						2	18—23	棕黄色	轻黏土	片状	8.2	7.7	0.72	0.38	1.2	41	4.0	94	21.1			
						3	23—54	棕黄色	紧砂土	团粒状	8.3	2.2	0.36	0.29	1.2	19	2.0	187	21.4			
						4	54—100	黄色	紧砂土	单粒状	8.3	4.5	0.36	0.14	1.1	21		63	20.5			
剖12	半水成土	潮土	潮土	灰棕冲积土	响砂土	1	0—17	灰黄棕色	中壤土	团粒状	8.1	7.9	0.36	1.76	1.1	20	2.0	50	5.9	近代河流冲积物	E 104°42′52.8″ N 31°02′04.7″	99
						2	17—32	灰灰棕色	单粒状	单粒状	8.2	5.9	0.24	2.52	1.3	11	0.8	38	4.5			
剖13	人为土	水稻土	紫色土性水稻土	黄红紫泥水稻土	红砂泥田	1	0—14	红紫色	中壤土	团粒状	8.1	12.7	1.18	0.63	1.3	77	5.0	85	16.3		E 104°33′33.8″ N 31°01′37.6″	96
						2	14—24	红紫色	重壤土	片状、块状	8.2	12.3	1.11	0.66	1.3	74	2.0	90	14.9			
						3	24—40	红紫色	重壤土	大块状	8.3	10.1	0.61	0.50	1.3	59	3.0	110	15.4			
						4	40—100	紫红色	轻黏土	棱柱状	8.3	3.4	0.57	0.38	1.3	44	3.0	90	19.9			

续表 Continued

剖面号 Soil profile	土纲 Soil order	土类 Soil great group	亚类 Soil subgroup	土属 Soil genus	土种 Soil species	土层码 Layer code	土层厚度 Depth/cm	颜色 Soil color	质地 Soil texture	土壤结构 Soil structure	pH	有机质 OM/(g/kg)	全氮 TN/(g/kg)	全磷 TP/(g/kg)	全钾 TK/(g/kg)	碱解氮 AN/(mg/kg)	有效磷 AP/(mg/kg)	速效钾 AK/(mg/kg)	阳离子交换量 CEC/(cmol/kg)	土壤母质 Parent material	剖面点坐标 Profile coordinate	匹配指数 Matching index/%
剖14	人为土	水稻土	冲积型水稻土	灰棕冲积水稻土	砂田	1	0—15	灰色	砂壤土	团粒状	7.4	12.8	1.28	1.80	1.1	83	3.0	40	11.0		E 104°41′44.4″ N 31°01′37.5″	95
						2	15—25	浅灰棕色	轻砾型砂壤土	片状	7.7	6.4	0.64	1.52	1.0	65	3.0	25	9.5			
						3	25—85	黄棕色	轻砾砂壤土	单粒状	7.8	2.1	0.46	1.24	1.2	32		25	8.8			
剖15	初育土	紫色土	石灰性紫色土	黄红紫泥土	羊肝土	1	0—18	红棕色	中壤土	团块状	8.0	4.1	0.31	1.21	1.9	15	5.0	63	11.5		E 104°35′08.2″ N 31°01′02.6″	95
						2	18—30	紫红色	重壤土	块状	8.0	2.3	2.19	1.09	1.8	7	0.6	63	11.1			
剖16	铁铝土	黄壤	黄壤	姜石黄泥土	黄泥土	1	0—13	棕色	重壤土	团粒状	7.1	11.1	0.79	0.45	0.8	82	8.0	113	20.7		E 104°42′08.3″ N 31°00′52.6″	78
						2	13—23	浅棕黄色	重壤土	小块状	7.3	11.1	0.73	0.45	0.8	71	5.0	138	20.7			
						3	23—37	黄色	轻黏土	大棱柱状	7.4	4.1	0.35	0.01	0.8	45	3.0	125	22.4			
						4	37—100	黄色	轻黏土	大棱柱状	7.6	2.0	0.31	0.05		35	2.0	113	22.0			
剖17	人为土	水稻土	紫色土性水稻土	黄红紫泥土	黄砂田	1	0—16	灰色	中壤土	团粒状	8.8	11.0	1.00	0.84	1.3	56	8.0	63	18.1		E 104°38′56.0″ N 31°00′46.8″	97
						2	16—29	灰黄色	中壤土	块状	8.7	10.4	0.85	0.59	1.3	54	5.0	63	16.7			
						3	29—73	黄棕色	中壤土	大块状	8.5	4.1	0.66	0.46	1.3	27	2.0	63	15.6			
						4	73—100	棕黄色	中壤土	大块状	7.2	2.7	0.56	0.38	1.4	26	2.0	75	15.0			
剖18	半水成土	潮土	潮土	灰棕冲积土	潮砂泥土	1	0—17	灰棕色	中壤土	团粒状	8.0	13.0	0.77	1.15	0.8	68	6.0	33	19.3	近代河流冲积物	E 104°45′29.2″ N 31°00′51.5″	96
						2	17—31	浅灰棕色	中壤土	片状、块状	7.9	8.0	0.62	0.93	1.0	46		16	18.7			
						3	31—77	棕色	中壤土	小棱柱状	7.6	7.1	0.64	0.82	1.5	38		34	17.9			
						4	77—100	黄棕色	中壤土	单粒状	7.7	4.5	0.23	0.75		41		27	16.5			
剖19	初育土	紫色土	石灰性紫色土	黄红紫泥土	紫泥土	1	0—15	黄棕色	重壤土	团粒状	7.8	9.5	0.75	0.71	1.4	39	5.0	88	22.5		E 104°44′03.5″ N 30°58′23.2″	79
						2	15—23	棕褐色	重壤土	片状	7.8	8.2	0.45	0.60	1.4	21		75	22.0			
						3	23—90	棕红色	重壤土	小棱柱状	7.5	3.6	0.17	0.52	1.4	27		88	24.7			
						4	90—100	紫棕色	重壤土	柱状	7.7	0.3	0.05	0.20		23		75	25.7			
剖20	初育土	紫色土	石灰性紫色土	黄红紫泥土	红砂泥土	A	0—15	黄红紫色	重壤土	团粒状	7.3	8.6	0.55	0.97	1.5	28	7.0	88	14.2		E 104°34′04.5″ N 30°57′19.3″	85
						B	15—25	黄红紫色	重壤土	片状	8.0	6.7	0.52	0.85	1.5	24	1.0	75	13.9			
						C	25—75	紫红紫色	重壤土	片状	8.0	5.4	0.49	0.83	1.4	20		63	12.9			
							75—100	紫红紫色	重壤土	小棱柱状	7.7	4.6	0.51	0.76		20		88	12.4			
剖21	初育土	紫色土	石灰性紫色土	黄红紫泥土	夹砂泥土	1	0—17	浅棕紫色	轻砾轻壤土	团粒状	7.9	6.5	0.73	1.08	1.0	33	11.0	38	15.9		E 104°34′07.0″ N 30°55′44.8″	77
						2	17—29	棕红色	轻砾轻壤土	片状	8.3	2.9	0.67	0.91	0.9	29	7.0	25	15.9			
						3	29—40	棕红色	轻壤土	整体状	8.1	0.7	0.21	0.68	1.0	16	7.0	75	15.4			
						4	40—100	黄棕色	轻壤土	小块状	7.7	0.8	0.23	0.79	1.0	15		50	27.0			
剖22	初育土	紫色土	石灰性紫色土	黄红紫泥土	黄红紫泥土	1	0—20	黄红紫色	黏壤土	小块状	7.8	9.5	0.75	0.71		69	5.0	88	22.5		E 104°39′04.3″ N 30°54′48.2″	95
						2	20—60	黄红紫色	黏壤土	小棱柱状	8.0	8.2	0.45	0.60	1.1	27		78	22.0			
						3	60—100	紫黄色	粉砂质黏土	柱状	7.7	3.6	0.17	0.50	1.4	21		88	24.7			
剖23	人为土	水稻土	黄壤性水稻土	姜石黄泥田	黄泥下湿田	1	0—13	灰棕色	重壤土	块状	8.1	37.8	2.22	1.70	1.1	132	29.0	50	25.2		E 104°43′36.1″ N 30°53′30.5″	94
						2	13—20	浅棕黄色	重壤土	片状	7.8	37.1	2.18	0.85	1.0	123	12.0	53	23.6			
						3	20—100	青灰色	轻壤土	整体状	7.1	35.8	2.10	0.57	1.2	109		63	24.6			
剖24	人为土	水稻土	紫色土性水稻土	棕色水稻土	夹砂泥田	1	0—14	棕紫色	重壤土	小块状		26.8	1.46	1.06		113	11.0	155	24.3		E 104°56′43.4″ N 30°50′30.8″	81
						2	14—22	棕紫色	重壤土	片状、块状		25.8	1.44	0.82		112	6.0	145	21.8			
						3	22—70	棕紫色	重壤土	小棱柱状		25.0	1.35	0.97		123	5.0	140	21.7			
						4	70—100	棕紫色	重壤土	块状	6.5	6.4	0.56	0.75		49	5.0	150	23.9			
剖25	人为土	水稻土	黄壤性水稻土	姜石黄泥田	黄泥田	1	0—12	灰棕色	重壤土	小块状	7.2	20.9	1.38	0.62	1.2	106	13.0	88	21.3		E 104°46′47.3″ N 30°50′13.9″	95
						2	12—18	浅棕黄色	重壤土	大块状	7.2	14.7	0.92	0.35	1.2	76	5.0	88	21.1			
						3	18—48	棕黄色	重壤土	小棱柱状	7.6	6.6	0.61	0.34	1.1	57	4.0	75	18.5			
						4	48—100	黄色	重壤土	大棱柱状	8.4	4.1	0.39	0.08	1.2	45	6.0	100	18.2			
剖26	初育土	紫色土	石灰性紫色土	棕紫泥土	瘦砂土	1	0—20	灰紫色	中砾轻壤土	单粒状	8.4	1.9	0.37	0.93		34	5.0	80	15.3		E 104°57′00.7″ N 30°50′05.3″	83
						2	20—35	灰紫色	轻砾轻壤土	单粒状	8.3	1.9	0.32	0.88		29		65	13.4			

续表 Continued

剖面号 Soil profile	土纲 Soil order	土类 Soil great group	亚类 Soil subgroup	土属 Soil genus	土种 Soil species	土层码 Layer code	土层厚度 Depth/cm	颜色 Soil color	质地 Soil texture	土壤结构 Soil structure	pH	有机质 OM/(g/kg)	全氮 TN/(g/kg)	全磷 TP/(g/kg)	全钾 TK/(g/kg)	碱解氮 AN/(mg/kg)	有效磷 AP/(mg/kg)	速效钾 AK/(mg/kg)	阳离子交换量 CEC/(cmol/kg)	土壤母质 Parent material	剖面点坐标 Profile coordinate	匹配指数 Matching index/%
剖27	人为土	水稻土	紫色土性水稻土	黄红紫泥水稻土	冷浸田	1	0—15	棕色	轻砾中壤土	块状	8.0	23.5	1.77	1.00	1.5	105	16.0	75	18.5		E 104°44′02.9″ N 30°47′53.8″	88
						2	15—40	暗紫棕色	轻砾壤重壤土	小柱状	8.1	19.6	1.03	0.62	1.4	92	3.0	75	18.7			
						3	40—100	蓝灰色	轻砾轻壤土	整体状	7.9	18.2	0.99	0.49	1.5	88	2.0	70	19.1			
剖28	初育土	紫色土	石灰性紫色土	黄红紫泥土	黄红紫砂土	A	0—17	黄紫红色	砂壤土	粒状	8.5	7.6	0.36	0.42	1.2	24	5.0	40	12.4		E 104°47′36.6″ N 30°45′50.8″	89
						C	17—30					2.0	0.11	0.51	1.3	10		30	11.3			
剖29	初育土	紫色土	石灰性紫色土	棕紫泥土	夹土	1	0—17	灰黄棕色	重壤土	团粒状	8.0	14.0	0.95	1.02	0.9	83	14.0	106	18.1		E 104°59′01.0″ N 30°45′23.4″	87
						2	17—27	棕黄色	重壤土	小块状	8.0	11.7	0.87	0.89	0.9	76	6.0	73	17.5			
						3	27—49	黄棕紫色	中壤土	块状	8.1	4.7	0.48	0.74	0.9	38	4.0	66	20.9			
						4	49—100	紫棕色	中壤土	小柱状	8.1	3.1	0.34	0.44	1.0	38		64	19.0			
剖30	初育土	水稻土	紫色土性水稻土	黄红紫泥水稻土	红砂田	1	0—16	紫红色	中壤土	微团粒状	8.3	5.7	0.31	0.47	1.5	43	3.0	75	16.2		E 104°52′41.5″ N 30°45′21.6″	74
						2	16—24	紫红色	轻砾轻壤土	片状、块状	8.2	4.6	0.24	0.43	1.5	42	1.0	75	15.0			
						3	24—82	紫红色	重壤土	块状	8.0	2.1	0.18	0.30	1.5	38		50	14.6			
						4	82—100	紫红色	轻砾砂壤土	单粒状	8.1	0.5	0.06	0.25	1.2	22		38	8.0			
剖31	初育土	紫色土	紫色土性紫色土	棕紫泥土	紫红泥土	1	0—19	紫红色	中壤土	团粒状	8.1	11.7	0.79	0.96	1.4	66	7.0	110	19.1		E 104°54′40.0″ N 30°45′18.4″	79
						2	19—48	紫红色	重壤土	片状	8.4	4.3	0.44	0.96	1.5	33		115	18.9			
						3	48—100	紫红色	中壤土	小块状	8.3	3.9	0.45	0.83		35		115	18.4			
剖32	初育土	水稻土	紫色土性水稻土	棕色水稻土	灰棕紫半砂半泥田	1	0—13	灰棕紫色	轻壤土	团粒状	7.6	17.4	1.07	1.09	1.5	99	28.0	80	17.3		E 105°04′49.4″ N 30°42′09.0″	79
						2	13—24	灰棕紫色	中壤土	块状	7.6	20.4	1.10	1.08	1.6	88	20.0	85	16.9			
						3	24—90	灰棕紫色	轻壤土	柱状	7.8	9.9	0.69	0.61	1.4	56	2.0	85	16.7			
						4	90—100	青灰色	中壤土	无明显结构	7.7	7.7	0.58	0.58	1.5	60	6.0	87	15.8			
剖33	初育土	紫色土	石灰性紫色土	棕紫泥土	灰棕紫下湿土	1	0—21	灰棕紫色	轻壤土	粒状	8.5	6.7	0.50	0.49	1.3	52	2.0	115	12.7		E 105°02′36.6″ N 30°41′08.2″	75
						2	21—39	灰棕紫色	重壤土	粒状	8.4	3.4	0.44	0.27	1.4	35	1.0	95	10.9			
剖34	人为土	水稻土	紫色土性水稻土	棕色水稻土	大土田	1	0—12	浅棕紫色	轻壤土	核状	7.8	11.7	1.14	1.51	1.6	86	47.0	138	22.9		E 104°55′08.0″ N 30°39′36.4″	82
						2	12—21	浅棕紫色	轻黏土	小块状	7.6	15.4	0.99	1.47	1.6	84	30.0	125	26.3			
						3	21—61	灰棕紫色	轻黏土	块状	7.8	7.2	0.61	1.21	1.6	46	4.0	138	24.3			
						4	61—100	棕紫色	轻黏土	柱状	7.8	9.5	0.74	1.03	1.5	14	2.0	125	24.8			
剖35	初育土	紫色土	石灰性紫色土	钙质紫泥土	黄红石骨土	1	0—18	橙色	重砾黏壤土	块状	8.0	7.1	0.65	0.55	2.4	65	1.0	109	17.9		E 104°58′46.6″ N 30°39′07.2″	85
						2	18—30	橙色	重砾黏重壤土	片状	8.0	5.6	0.60	0.33	2.2	31	1.0	65	15.4			
剖36	初育土	紫色土	石灰性紫色土	棕色紫泥土	粗砂大土	1	0—20	棕紫色	轻砾重壤土	团粒状	8.1	7.6	0.86	1.46	1.0	31	15.0	100	21.8		E 104°56′58.6″ N 30°38′02.4″	81
						2	20—53	棕紫色	轻砾重壤土	块状	8.0	2.2	0.54	1.13	1.0	19	5.0	85	21.7			
						3	53—100	棕紫色	轻砾重壤土	小块状	8.2	0.9	0.47	0.21	1.0	16	1.0	80	21.1			
剖37	人为土	水稻土	紫色土性水稻土	棕紫泥土	冷浸下湿田	1	0—15	紫棕色	轻壤土	团粒状	7.6	29.0	1.66	1.43	1.5	134	41.0	60	24.6		E 104°59′38.4″ N 30°36′43.6″	88
						2	15—23	紫棕色	轻壤土	片状	7.7	30.5	1.67	1.15	1.5	114	11.0	160	24.3			
						3	23—50	灰棕色	轻壤土	大棱柱状	7.8	31.4	1.60	1.10	1.5	122	6.0	130	24.2			
						4	50—100	深灰色	轻壤土	整体状	7.9	29.8	1.46	0.97	1.4	107	4.0	115	23.5			
剖38	初育土	紫色土	石灰性紫色土	棕紫泥土	石骨子土	1	0—19	棕紫色	轻砾中壤土	大团粒状	8.3	4.9	0.55	1.21	1.7	48	28.0	105	19.9		E 105°05′01.4″ N 30°37′12.9″	79
						2	19—41	紫棕色	块状	块状	8.4	3.8	0.49	0.88	1.6	35	2.0	70	19.8			
剖39	初育土	紫色土	石灰性紫色土	棕紫泥土	夹泥土	1	0—15	棕紫色	重黏土	小块状	8.1	13.1	0.98	1.20	1.4	80	11.0	180	20.6		E 105°05′13.8″ N 30°36′13.5″	78
						2	15—25	棕紫色	重黏土	块状	8.0	10.3	0.83	1.42	1.7	74	6.0	170	23.9			
						3	25—52	棕紫色	轻黏土	粒状	7.8	7.4	0.55	1.16	1.6	53	3.0	105	27.3			
						4	52—100	棕紫色	轻黏土	片状	8.0	6.5	0.41	0.31	0.9	25	4.0	145	33.3			
剖40	人为土	水稻土	紫色土性水稻土	棕色水稻土	棕紫泥田	1	0—9	浅棕紫色	轻黏土	小块状	7.6	20.4	1.45	1.29	1.7	95	6.0	105	24.4		E 105°01′34.7″ N 30°34′07.7″	97
						2	9—18	浅棕紫色	轻黏土	片状	7.7	19.9	1.38	1.10	1.7	94	0.2	140	23.6			
						3	18—46	浅棕紫色	轻黏土	小柱状	7.8	17.9	1.14	1.08	1.6	86	0.1	160	22.5			
						4	46—100	灰棕色	轻壤土	大棱柱状	8.2	19.5	1.10	1.17	1.5	85	0.1	155	21.9			

广 汉 市

主要土类说明

水稻土是广汉市的主要土壤类型，占本市地域面积的 84%。水稻土是在长期季节性淹灌、水下翻耕、季节性脱水、氧化还原交替影响下，原来成土母质或母土的特性发生重大改变，形成的新的土壤类型。由于干湿交替，水稻土形成糊状淹育层、较坚实板结的犁底层、渗育层、潴育层与潜育层等多种发生层。这些不同发生层段是在人为耕作、水浆管理下形成的。

紫色土占本市地域面积的 6%。紫色土是由热带、亚热带紫红色岩层直接风化形成的 A–C 型土壤。其理化性质与母岩组成直接相关，土层浅薄，剖面层次发育不明显，仍处于初育阶段。母岩富含矿质养分，且风化迅速。

新积土占本市地域面积的 4%。新积土是由新近冲积、洪积、坡积、塌积或人工堆垫形成的土壤。该土壤成土期短，母质特性明显，具 A–C 或（A）–C 剖面构型。

小于本市地域面积 3% 的土壤类型还有黄壤和潮土等。

本区域中心区气候特征

本区域中心区气候特征值
Regional climate characteristics in central area of the region

气候带：中亚热带湿润气候 Climate region: Subtropical humid climate	
年平均气温 /℃ Annual average temperature /℃	15.2
年平均最高气温 /℃ Annual average maximum temperature /℃	19.8
年平均最低气温 /℃ Annual average minimum temperature /℃	11.9
年降水量 /mm Annual precipitation /mm	858
≥10℃的积温 /℃ Daily temperature accumulated in a year (≥10℃) /℃	5607
年日照时数 /h Annual sunshine /h	1182
年平均相对湿度 /% Annual average relative humidity /%	79
干燥度 Dryness	1.12

广汉市主要土壤类型与土壤剖面点分布图

1:130 000

图 例

- 水稻土
- 紫色土
- 新积土
- 黄壤
- 潮土
- ⊗ 剖面点

第三编　四川省分县土壤图与土壤剖面数据 | 387

广汉市土壤剖面理化性状表

剖面号 Soil profile	土纲 Soil order	土类 Soil great group	亚类 Soil subgroup	土属 Soil genus	土种 Soil species	土层码 Layer code	土层厚度 Depth/cm	颜色 Soil color	质地 Soil texture	土壤结构 Soil structure	pH	有机质 OM/(g/kg)	全氮 TN/(g/kg)	全磷 TP/(g/kg)	全钾 TK/(g/kg)	碱解氮 AN/(mg/kg)	有效磷 AP/(mg/kg)	速效钾 AK/(mg/kg)	阳离子交换量CEC/(cmol/kg)	土壤母质 Parent material	剖面点坐标 Profile coordinate	匹配指数 Matching index/%
剖1	人为土	水稻土	冲积型水稻土	灰棕冲积水稻土	半砂泥田	1	0~12	浅棕灰色	中壤土	核状、粒状	5.9	28.5	1.50	0.34		120	3.0	62	13.6	洪积物、冲积物	E 104°13′08.3″ N 31°03′53.8″	72
						2	12~19	浅灰棕色	中壤土	核块状	6.5	26.5	1.40	0.33		114	1.0	65	13.3			
						3	19~71	浅灰棕色	中壤土	核块状	7.8	13.7	0.70	0.53		43	1.0	57	13.4			
						4	71~91	暗灰棕色	砂壤土	整体状												
						5	91~100	暗灰棕色	砂壤土	整体状												
剖2	人为土	水稻土	冲积型水稻土	灰棕冲积水稻土	砂田	1	0~15	棕灰色	轻壤土	核状、粒状	7.0	20.3	1.02	0.60	1.5	78	2.0	35	8.7	洪积物、冲积物	E 104°15′33.0″ N 31°05′01.9″	83
						2	15~23	灰棕色	中壤土	块状	7.2	15.6	0.68	0.59	1.5	55	1.5	26	5.9			
						3	23~47	黄灰棕色	中壤土	整体状	7.3	11.3	0.53	0.71	1.7	31	0.2	25	6.5			
						4	47~100	浅灰棕色	砂壤土	无明显结构	7.1	4.6	0.16	0.54	1.6	16	0.6	14	3.4			
剖3	人为土	水稻土	冲积型水稻土	灰棕冲积水稻土	潴田	1	0~15	微蓝灰色	中壤土	无明显结构	7.6	39.0	2.16	0.95	1.6	184	5.0	48	10.8	洪积物、冲积物	E 104°18′01.0″ N 31°04′53.3″	98
						2	15~30	浅灰棕色	轻壤土	整体状	8.1	25.8	1.34	0.67	1.3	113	2.0	42	9.8			
						3	30~100	浅灰棕色	中壤土	整体状	8.3	7.0	0.34	0.98		49	1.0	30	6.6			
剖4	初育土	紫色土	红紫泥土	红紫泥土	红紫半砂泥土	1	0~16	红紫色	轻壤土	核状、粒状	8.2	11.4	0.87	0.44	1.7	79	12.0	58	10.7	砂页岩残积物、坡积物	E 104°25′59.5″ N 31°00′24.8″	85
						2	16~24	红紫色	中壤土	小块状	8.1	8.8	0.73	0.42	1.7	56		49	9.6			
						3	24~60	红紫色	中壤土	小块状	8.1	7.4	0.63	0.42	0.4	55		48	11.3			
						4	60~100	红紫色	中壤土													
剖5	人为土	水稻土	黄壤性水稻土	再积黄泥水稻土	黄二泥田	1	0~15	浅灰黄色	重壤土	核状、粒状	6.4	26.0	1.57	0.43	1.6	140	3.0	64	16.1	沉积物	E 104°14′07.8″ N 30°56′34.1″	98
						2	15~26	重灰黄色	中壤土	小块状	6.8	19.1	1.17	0.42	1.7	138		69	14.0			
						3	26~49	重灰黄色	中壤土	块状	7.7	10.0	0.54	0.51	1.6	55		72	15.4			
						4	49~100	浅灰黄色	重壤土	小棱块状												
剖6	人为土	水稻土	冲积型水稻土	灰色冲积水稻土	半砂泥田	1	0~15	灰色	中壤土	团粒状	6.4	22.4	1.02	0.78	1.6	125	2.0	51	24.1	冲积物	E 104°14′51.4″ N 30°55′40.8″	91
						2	15~23	浅灰黄色	中壤土	块状	7.2	15.3	0.56	0.36	1.6	89		56	24.0			
						3	23~63	灰棕色	中壤土	大棱块状	7.5	7.2	0.47	0.38	1.4	34		47	22.6			
						4	63~100	灰白色	重壤土	块状												
剖7	人为土	水稻土	紫色土性水稻土	红紫色水稻土	红紫泥田	1	0~16	暗紫色	轻壤土	块状	8.2	14.6	0.92	0.56	1.4	83	2.0	55	11.4	红紫色洪积物	E 104°27′18.0″ N 30°59′51.4″	81
						2	16~25	红紫色	中壤土	块状	8.2	8.2	0.51	0.38	1.5	55		56	12.4			
						3	25~70	红紫色	重壤土	块状	8.3	6.0	0.24	0.34	1.5	39		61	12.9			
剖8	人为土	水稻土	黄壤性水稻土	姜石黄泥田	姜石黄泥田	1	0~14	黄褐色	轻黏土	团块状	7.8	16.5	0.51	0.38	1.5	94	3.0	129	24.1	冰水堆积物	E 104°23′46.0″ N 30°59′40.2″	86
						2	14~26	黄褐色	中壤土	小块状	7.9	9.3	0.24	0.22	1.5	81	1.0	110	24.0			
						3	26~48	黄棕色	中壤土	小棱块状	8.2	3.7	0.16	0.14	1.5	21		76	22.6			
						4	48~100	棕色	中壤土	小棱块状		3.3		0.11	1.1	24		82	23.9			
剖9	初育土	新积土	冲积土	灰棕冲积土	砂土	1	0~17	灰棕色	砂壤土	整体状	8.0	22.2	0.73	0.58	1.1	57	1.0	38	5.0	红紫色洪积物	E 104°16′51.9″ N 30°59′31.8″	89
						2	17~30	灰棕色	轻壤土	整体状	8.0	24.3	0.59	0.57	1.6	33	1.0	37	4.8			
						3	30~52	浅灰棕色	轻黏土	整体状	8.0	36.8	1.06	0.70	1.6	117	2.0	35	7.6			
						4	52~65	灰白色	粗砂土	整体状												
						5	65~100	棕灰色	砂土													
剖10	铁铝土	黄壤	黄壤	黄泥土	黄泥土	1	0~13	黄棕色	重黏土	核状、粒状										冰水沉积物	E 104°25′31.4″ N 30°59′14.3″	90
						2	13~22	微黄棕色	轻黏土	棱块状												
						3	22~40	微黄棕色	轻黏土	大棱块状												
						4	40~60	微黄棕色	轻黏土	棱块状												
						5	60~77	微黄棕色	砂壤土	小块状												
						6	77~100	浅棕灰色	轻壤土	无明显结构												

续表 Continued

剖面号 Soil profile	土纲 Soil order	土类 Soil great group	亚类 Soil subgroup	土属 Soil genus	土种 Soil species	土层码 Layer code	土层厚度 Depth/cm	颜色 Soil color	质地 Soil texture	土壤结构 Soil structure	pH	有机质 OM/(g/kg)	全氮 TN/(g/kg)	全磷 TP/(g/kg)	全钾 TK/(g/kg)	碱解氮 AN/(mg/kg)	有效磷 AP/(mg/kg)	速效钾 AK/(mg/kg)	阳离子交换量 CEC/(cmol/kg)	土壤母质 Parent material	剖面点坐标 Profile coordinate	匹配指数 Matching index/%
剖11	铁铝土	黄壤	黄壤	姜石黄泥土	姜石黄泥土	1	0—15	黄灰色	重壤土	团块状	8.1	18.2	1.01	0.55	1.4	132	4.0	138	22.8		E 104°23′31.9″ N 30°58′26.8″	75
						2	15—52	黄棕色	轻壤土	核块状	8.0	3.6	0.22	0.14	1.4	29		85	29.1			
						3	52—82	黄棕色	轻壤土	小棱块状	8.2	3.3	0.18	0.11	1.2	19		101	30.1			
						4	82—100	深黄棕色	轻黏土	紧体状												
剖12	初育土	紫色土	红紫泥土	红紫泥土	红紫石骨子土	1	0—17	红紫色	砂黏土	核状、粒状	8.3	6.2	0.61	0.70	1.1	50	5.0	54	9.4	砂页岩残积物，坡积物	E 104°26′13.9″ N 30°58′17.8″	98
						2	17—25	红紫色	轻黏土	核状、粒状												
						D	25—	红紫色														
剖13	人为土	水稻土	冲积型水稻土	紫色冲积水稻土	紫泥田	1	0—15	紫色	轻黏土	板状、块状	7.3	29.4	1.84	0.91	1.5	169	3.0	118	25.3	紫色冲积物	E 104°24′28.5″ N 30°57′50.7″	89
						2	15—25	紫色	轻黏土	小块状	7.7	21.4	1.31	0.33	1.5	125		120	25.1			
						3	25—38	浅紫棕色	轻黏土	小棱块状	7.9											
						4	38—65	浅紫棕色	砂黏土	小棱块状		11.3	0.70	0.22	1.6	59		102	26.7			
						5	65—100	白灰黄色	轻黏土	小棱块状												
剖14	初育土	新积土	冲积土	紫色半砂泥土	紫色半砂泥土	1	0—17	紫棕色	中壤土	核状、粒状	8.0									紫色冲积物	E 104°25′52.0″ N 30°57′49.7″	80
						2	17—60	紫棕色	中壤土	小块状	8.0											
						3	60—100	紫棕色	重壤土	块状	8.0											
剖15	人为土	水稻土	冲积型水稻土	紫半砂泥田	紫半砂泥田	1	0—16	紫棕色	中壤土		8.7	16.5	1.18	0.68		80	4.0	87		紫色冲积物	E 104°25′32.9″ N 30°57′21.2″	95
						2	16—23	浅紫棕色	中壤土													
						3	23—65		砂红黄色	粗砂土												
						4	65—															
剖16	人为土	水稻土	黄壤性水稻土	再积黄泥土	黄泥田	1	0—16	黄灰色	轻黏土	核状、粒状	6.7	31.2	1.74	0.64	1.4	211	7.0	62	19.3	沉积物	E 104°17′46.0″ N 30°57′20.2″	82
						2	15—24	灰黄色	轻黏土	块状	7.7	20.8	1.24	0.28	1.6	126	2.0	50	16.7			
						3	24—100	灰黄色	砂黏土	小棱块状	7.5	7.8	0.50	0.19	1.5	46	1.0	61	16.6			
剖17	初育土	新积土	冲积土	紫色冲积土	紫色二泥土	1	0—16	紫棕色	重壤土	团块状	7.5									紫色冲积物	E 104°25′56.3″ N 30°57′12.6″	91
						2	16—70	紫棕色	重壤土	块状	7.5											
						3	70—80	紫棕色	重壤土	块状	7.5											
						4	80—100	紫棕色	砂土	单粒状												
剖18	人为土	水稻土	冲积型水稻土	紫色冲积水稻土	紫二泥田	1	0—14	棕紫色	重壤土	板状、块状	8.3	25.5	1.70	0.58		121		154		紫色冲积物	E 104°25′05.2″ N 30°57′03.6″	70
						2	14—22	微紫棕色	重壤土	块状												
						3	22—45	紫色	重壤土	小棱块状												
						4	45—100	灰棕色	重壤土													
剖19	人为土	水稻土	冲积型水稻土	灰棕色冲积水稻土	二泥田	1	0—17	浅灰棕色	轻壤土	核状、粒状	6.8	29.2	1.71	0.39	1.4	128	3.0	53	15.3	冲积物、洪积物	E 104°19′03.8″ N 30°54′24.5″	98
						2	17—23	灰棕色	重壤土	大棱块状	7.5	10.1	0.64	0.19	1.6	46		48	17.0			
						3	23—33	灰棕色	重壤土	棱块状	7.1	9.6	0.60	0.19	1.5	44		55	16.2			
						4	33—60	浅灰棕色	重壤土													
						5	60—120	微棕黄色	重壤土	块状												

什邡市

主要土类说明

水稻土是什邡市的主要土壤类型，占本市地域面积的36%。水稻土是在长期季节性淹灌、水下翻耕、季节性脱水、氧化还原交替影响下，原来成土母质或母土的特性发生重大改变，形成的新的土壤类型。由于干湿交替，水稻土形成糊状淹育层、较坚实板结的犁底层、渗育层、潴育层与潜育层等多种发生层。这些不同发生层段是在人为耕作、水浆管理下形成的。

黄壤是什邡市第二大土壤类型，占本市地域面积的18%。黄壤发生于亚热带湿润条件下，中度脱硅富铝化，多见于海拔700—1200m的山区。土壤有机质累积较多，具O-A-AB-B-C剖面构型。pH为4.5—5.5。淀积层（B层）富含水合氧化物（针铁矿），呈黄色。

黄棕壤是什邡市第三大土壤类型，占本市地域面积的11%。黄棕壤发生于北亚热带暖湿落叶阔叶林下，弱度脱硅富铝化，黏聚现象明显，呈黄棕色黏土。具A-B-C或A-（B）-C剖面构型，黏粒硅铝率在2.5左右，铁的游离度较红壤低，B层交换性酸大于A层。土壤pH为5.5—6.0。

黑毡土占本市地域面积的9%。黑毡土发生于青藏高原高寒略较温湿的塬面上，蒿草与杂生草类的草毡层初步分解，形成初步腐殖化的暗色草根茎盘结层。该土壤色泽较深，有机质含量较高，为100—150g/kg，底土见锈色斑纹。土壤pH为6.5—8.0。

棕色针叶林土占本市地域面积的7%。棕色针叶林土是发生于寒温带针叶纯林下，具有酸性淋溶和弱度发育的土壤。具O-A-AB-B-C剖面构型，凋落物腐解，富里酸下渗，络合部分铁铝下移，使表层盐基饱和度降低。由于冻结期更长，冻层阻隔，溶性物质还可随水上移。B层呈棕色，全剖面呈酸性，盐基饱和度为50%—70%。

潮土占本市地域面积的5%。潮土见于近代河流冲积平原或低平阶地，地下水位高，潜水参与成土过程。在潮土成土过程中，底土氧化还原交替作用，形成锈色斑纹和小型铁子。在长期耕作条件下，表层有机质含量为10—15g/kg。

暗棕壤占本市地域面积的5%。暗棕壤是在温带湿润地区针阔叶混交林下发育，具有明显有机质富集和弱酸性淋溶的土壤，具O-A-B-C剖面构型。弱酸性淋溶使铁铝轻微下移。B层呈棕色，结构面见铁锰胶膜。土壤呈弱酸性，盐基饱和度为70%—80%。土壤冻结期长。

小于本市地域面积5%的土壤类型还有草毡土、紫色土、寒冻土、石灰（岩）土等。

本区域中心区气候特征

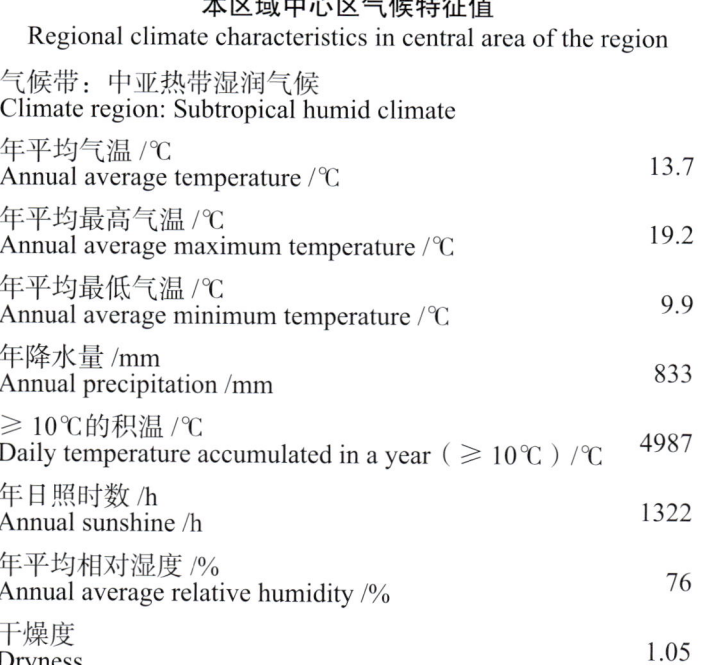

本区域中心区气候特征值
Regional climate characteristics in central area of the region

气候带：中亚热带湿润气候 Climate region: Subtropical humid climate	
年平均气温 /℃ Annual average temperature /℃	13.7
年平均最高气温 /℃ Annual average maximum temperature /℃	19.2
年平均最低气温 /℃ Annual average minimum temperature /℃	9.9
年降水量 /mm Annual precipitation /mm	833
≥10℃的积温 /℃ Daily temperature accumulated in a year (≥10℃) /℃	4987
年日照时数 /h Annual sunshine /h	1322
年平均相对湿度 /% Annual average relative humidity /%	76
干燥度 Dryness	1.05

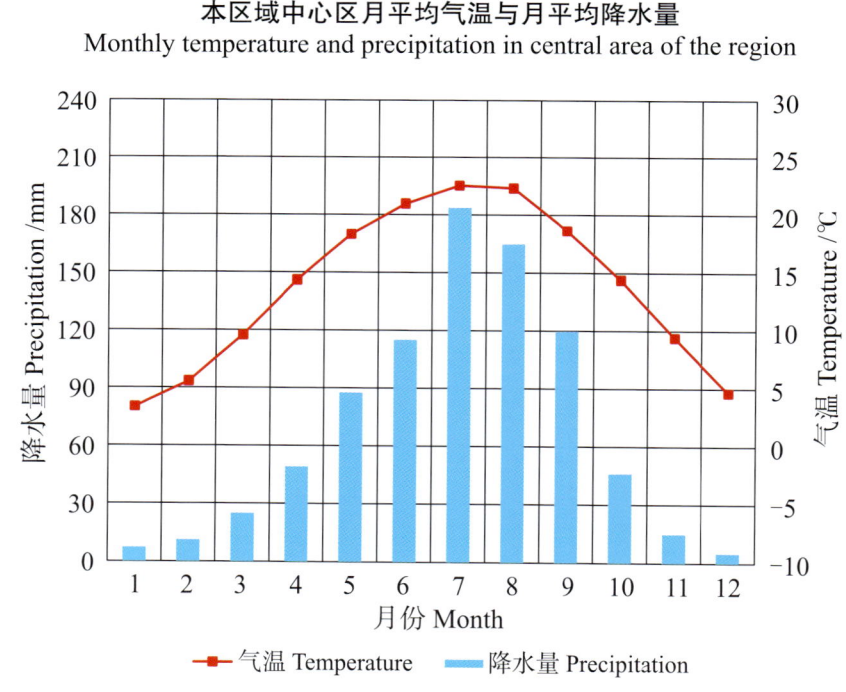

本区域中心区月平均气温与月平均降水量
Monthly temperature and precipitation in central area of the region

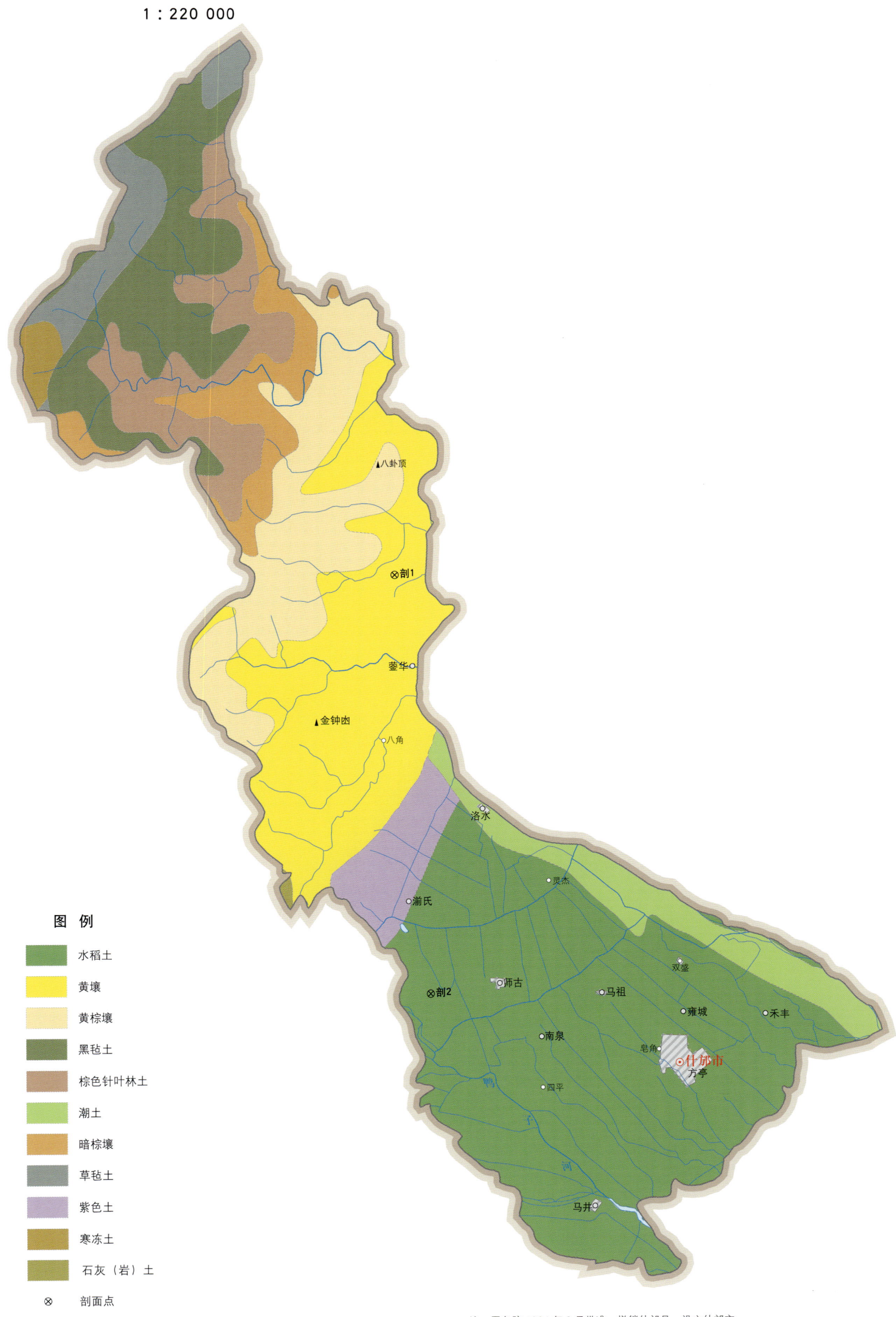

什邡市土壤剖面理化性状表

剖面号 Soil profile	土纲 Soil order	土类 Soil great group	亚类 Soil subgroup	土属 Soil genus	土种 Soil species	土层码 Layer code	土层厚度 Depth/cm	颜色 Soil color	质地 Soil texture	土壤结构 Soil structure	pH	有机质 OM/(g/kg)	全氮 TN/(g/kg)	全磷 TP/(g/kg)	全钾 TK/(g/kg)	碱解氮 AN/(mg/kg)	有效磷 AP/(mg/kg)	速效钾 AK/(mg/kg)	阳离子交换量 CEC/(cmol/kg)	土壤母质 Parent material	剖面点坐标 Profile coordinate	匹配指数 Matching index/%
剖1	铁铝土	黄壤	黄壤	冷砂黄泥土	冷半砂泥田	A	0—20	浅棕黄色	中壤土	粒状、块状	5.7	2.1	0.23	0.08		214	23.0		19.6	坡积物	E 104°00′09.1″ N 31°21′33.7″	75
						B	20—55	浅棕黄色	中壤土	块状	6.0	3.3	0.20	0.07		222	3.0		20.1			
剖2	人为土	水稻土	淹育水稻土	灰潮田	灰棕半砂泥田	A	0—15	灰棕色	中壤土	粒状	6.0	2.4	0.15	0.06	1.4	126	14.0	57	17.3	灰棕冲积物	E 104°01′26.2″ N 31°09′33.0″	70
						Pb	15—24	灰棕色	中壤土	小块状	6.6	1.9	0.13	0.06	1.4	100	11.0	26	15.9			
						Wa₁b₁	24—100	棕灰色	中壤土	小棱柱状	6.8	1.1	0.07	0.05	1.5	49	6.0	33	19.0			

续表 Continued

剖面号 Soil profile	土纲 Soil order	土类 Soil great group	亚类 Soil subgroup	土属 Soil genus	土种 Soil species	土层码 Layer code	土层厚度 Depth/cm	颜色 Soil color	质地 Soil texture	土壤结构 Soil structure	pH	有机质 OM/(g/kg)	全氮 TN/(g/kg)	全磷 TP/(g/kg)	全钾 TK/(g/kg)	碱解氮 AN/(mg/kg)	有效磷 AP/(mg/kg)	速效钾 AK/(mg/kg)	阳离子交换量 CEC/(cmol/kg)	土壤母质 Parent material	剖面点坐标 Profile coordinate	匹配指数 Matching index/%
剖30	初育土	新积土	冲积土	灰棕冲积土	黄砂土	A	0—15	浅灰黄色	轻壤土	团粒状	6.7	23.0	1.23	1.66	2.0	71	51.0	80	10.1	河流冲积物	E 104°18′58.9″ N 31°23′37.0″	85
						2	15—21	浅灰黄色	中壤土	小块状	5.7	23.1	1.28	0.79	1.9	63	23.0	58	10.1			
						3	21—100	浅橙黄色	中壤土	小棱柱状	5.7	14.5	0.65	0.75	2.6	40	8.0	58	14.9			
剖31	初育土	新积土	冲积土	灰棕冲积土	黑油砂土	A	0—14	黑灰色	轻壤土	团粒状	7.5	32.0	2.06	5.30	2.3	144	79.0	152	20.4	河流冲积物	E 104°12′28.1″ N 31°19′57.7″	72
						2	14—28	黑灰色	中壤土	粒状	7.5	32.7	2.13	5.75	2.3	118	59.0	123	23.3			
剖32	铁铝土	黄壤	黄壤	老冲积黄泥土	黄泥土	A	0—17	浅灰黄色	中壤土	小块状	5.9	22.7	1.23	2.87	2.2	96	10.0	71	10.6	老冲积黄泥	E 104°11′53.9″ N 31°19′50.5″	81
						2	17—43	浅灰黄色	重壤土	大块状	6.7	5.7	1.15	1.75	2.1	43	12.0	47	9.8			
						3	43—100	棕黄色	重壤土	棱柱状	6.8	6.4	0.31	2.16	2.6	22	9.2	65	16.1			
剖33	水稻土	水稻土	冲积型水稻土	灰棕冲积水稻土	砂田	A	0—16	灰黄色	中壤土	小块状	6.7	17.9	1.23	1.23	1.0	123	9.0	57	11.7	冲积物、洪积物	E 104°13′43.0″ N 31°19′21.4″	81
						2	16—28	浅灰色	中壤土	小块状	7.1	7.3	0.67	4.05	2.8	46	2.0	31	10.4			
						W	28—100	灰棕色	中壤土	块状	7.1	27.4	0.82	3.90	3.3	110	4.0	54	12.6			
剖34	水稻土	水稻土	黄壤性水稻土	老冲积黄泥田	死黄泥田	A	0—17	浅灰黄色	重壤土	大块状	5.7	19.1	1.28	2.49	1.8	129	9.0	52	13.0	老冲积物	E 104°11′13.6″ N 31°18′56.5″	95
						2	17—21	浅灰黄色	轻黏土	棱块状	6.7	13.3	0.92	0.85	0.9	85	2.0	46	16.4			
						W	21—100	橙黄色	轻黏土	棱柱状	6.9	1.4	0.29	0.27	2.4	21	11.0	42	14.8			
剖35	水稻土	水稻土	冲积型水稻土	灰棕冲积水稻土	砂石薄土田	A	0—12	浅灰黄色	多砾轻壤土	大块状	6.4	23.3	1.03	0.49	2.6	125	30.0	66	9.4	冲积物、洪积物	E 104°04′58.4″ N 31°15′55.4″	76
						2	12—60	浅棕黄色	多砾轻壤土	大块状	6.2	15.2	0.79	0.65	2.6	58	39.0	29	19.4			
						3	60—															
剖36	水稻土	水稻土	冲积型水稻土	灰棕冲积水稻土	黄砂田	A	0—16	浅灰黄色	中壤土	小块状	6.4	18.0	0.96	0.96	3.1	111	35.0	75	11.6	冲积物、洪积物	E 104°14′57.8″ N 31°15′29.5″	94
						2	16—24	浅棕黄色	重壤土	小棱柱状	6.6	15.7	1.01	1.01	3.0	99	14.0	45	15.3			
						W	24—100	浅棕黄色	重壤土	小棱柱状	6.4	7.3	0.48	1.11	3.4	38	69.0	48	19.4			
剖37	水稻土	水稻土	冲积型水稻土	灰棕冲积水稻土	半砂半泥田	A	0—16	浅灰黄色	中壤土	小块状	6.0	31.8	1.70	0.39	2.6	120	16.0	58	8.2	冲积物、洪积物	E 104°04′47.3″ N 31°15′23.8″	91
						2	16—24	浅黄灰色	重壤土	大块状	6.5	26.3	0.91	1.65	1.3	93	4.0	42	10.0			
						W	24—100	暗黄灰色	重壤土	小棱柱状	7.5	8.9	0.52	1.39	2.6	40	3.0	29	11.0			
剖38	人为土	水稻土	冲积型水稻土	灰棕冲积水稻土	下湿田	A	0—19	浅黄灰色	中壤土	小块状	5.8	39.9	1.71	0.74		144	2.0	106	9.4	冲积物、洪积物	E 104°12′41.0″ N 31°13′51.2″	73
						2	19—29	浅黄灰色	中壤土	块状	5.4	76.0	2.64	0.58		185	4.0	91				
						G	29—100	灰黑色			5.5	79.0	2.59	0.52		178	2.0	87				

绵 阳 市

安 州 区

主要土类说明

水稻土是安州区的主要土壤类型，占本区地域面积的 36%，主要分布于平坝和丘陵区的塝和支冲槽沟范围内。成土母质来源复杂，由河流冲积土、紫色土、老冲积黄壤和其他岩石风化发育而来，通过人为种植水稻后，经过长期水耕熟化发育而形成水稻土。

黄壤是安州区第二大土壤类型，占本区地域面积的 34%。黄壤发生于亚热带湿润条件下，中度脱硅富铝化，多见于海拔 700—1200m 的山区。土壤有机质累积较多，具 O–A–AB–B–C 剖面构型。pH 为 4.5—5.5。

紫色土是安州区第三大土壤类型，占本区地域面积的 14%，主要分布在海拔 550—850m 的南部丘陵、西北沿山丘陵等地，中部丘陵谷侧也有零星分布。紫色土属岩层土类，受气候和母质影响显著，是由紫色砂泥岩、泥质粉砂岩、砂岩、砾岩风化发育而成。土壤多呈中性至微碱性，质地为中壤土至轻黏土。

黄棕壤占本区地域面积的 13%。黄棕壤发生于北亚热带暖湿落叶阔叶林下，弱度脱硅富铝化，黏聚现象明显，呈黄棕色黏土。具 A–B–C 或 A–（B）–C 剖面构型，黏粒硅铝率在 2.5 左右，铁的游离度较红壤低，B 层交换性酸大于 A 层。土壤 pH 为 5.5—6.0。

小于本区地域面积 3% 的土壤类型还有新积土等。

本区域中心区气候特征

本区域中心区气候特征值
Regional climate characteristics in central area of the region

气候带：中亚热带湿润气候 Climate region: Subtropical humid climate	
年平均气温 /℃ Annual average temperature /℃	13.5
年平均最高气温 /℃ Annual average maximum temperature /℃	19.0
年平均最低气温 /℃ Annual average minimum temperature /℃	9.6
年降水量 /mm Annual precipitation /mm	807
≥ 10℃的积温 /℃ Daily temperature accumulated in a year（≥ 10℃）/℃	4844
年日照时数 /h Annual sunshine /h	1389
年平均相对湿度 /% Annual average relative humidity /%	74
干燥度 Dryness	1.15

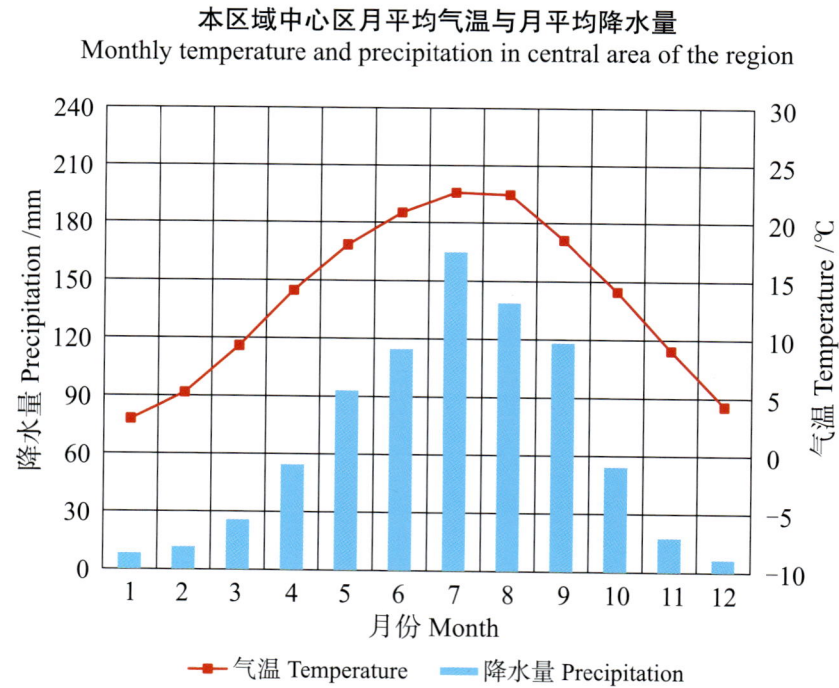

本区域中心区月平均气温与月平均降水量
Monthly temperature and precipitation in central area of the region

安县主要土壤类型与土壤剖面点分布图

1∶210 000

图 例

- 水稻土
- 黄壤
- 紫色土
- 黄棕壤
- 新积土
- ⊗ 剖面点

注：国务院2016年4月批准，撤销安县，设立安州区。

安州区土壤剖面理化性状表

剖面号 Soil profile	土纲 Soil order	土类 Soil great group	亚类 Soil subgroup	土属 Soil genus	土种 Soil species	土层码 Layer code	土层厚度 Depth/cm	颜色 Soil color	质地 Soil texture	土壤结构 Soil structure	pH	有机质 OM/(g/kg)	全氮 TN/(g/kg)	全磷 TP/(g/kg)	碱解氮 AN/(mg/kg)	有效磷 AP/(mg/kg)	速效钾 AK/(mg/kg)	土壤母质 Parent material	剖面点坐标 Profile coordinate	匹配指数 Matching index/%
剖1	初育土	新积土	冲积土	山地冲积土	夹石泥土	A	0—18	浅黄灰色	中壤土		7.4	27.0			17		37	河流冲积物	E 104°16′39.7″ N 31°41′22.9″	83
						2	18—20	浅黄色	中壤土		7.4	27.0			17		37			
						3	20—100	黄灰色	中壤土		7.4	26.0			16	0.3	37			
剖2	人为土	水稻土	黄壤性水稻土	老冲积黄泥田	铁杆子黄黏田	1	0—17	浅黄灰色	轻黏土	块状	6.5	22.0	1.20	0.26	110	5.5	61	第四纪亚黏土	E 104°10′13.4″ N 31°35′35.9″	92
						2	17—23	黄灰色	轻黏土	块状	6.5	18.3	1.10	0.17	85	0.4	48			
						3	23—72	灰黄色	轻黏土	棱块状	6.1	16.5	0.90	0.17	62	0.1	21			
						4	72—100	浅黄色	轻黏土	棱块状										
剖3	铁铝土	黄壤	山地黄壤	矿质黄泥土	石渣子黄泥土	1	0—20	黄棕色	中壤土	块状	7.9	30.5	1.90	0.70	99	3.1	21	白云岩、白云质灰岩	E 104°11′04.9″ N 31°35′16.1″	84
						2	20—79	棕黄色	中壤土	小棱块状	7.6	8.7	0.60	0.52	21	0.9	41			
						C	79—													
剖4	铁铝土	黄壤	山地黄壤	山地黄泥土	豆沫黄泥土	1	0—20	黄棕色	轻黏土	粒状	5.9	4.1	0.40	0.31	16	1.2	36	石灰岩、石英岩、白云质灰岩	E 104°10′47.3″ N 31°32′05.6″	82
						2	20—62	棕黄色	轻黏土	棱块状	6.1	5.4	0.30	0.17	16		15			
						3	62—100	浅黄黄色	轻黏土	块状	6.4	10.0	0.70	0.26	34		88			
剖5	初育土	新积土	冲积土	灰棕冲积土	砂砾土	A	0—12	灰棕色	重壤土	大颗粒状	7.9	14.3	1.10	1.09	61	3.0	32	河流冲积物	E 104°14′28.3″ N 31°30′06.5″	98
						2	12—19	棕色	中砾重黏土	大颗粒状	7.7	21.6	1.40	1.14	73	1.2	45			
						3	19—100	棕色	中砾重黏土		7.6	27.1	1.70	1.09	92	0.4	67			
剖6	铁铝土	黄壤	山地黄壤	山地砂土	黑油砂土	1	0—23	暗棕色	中砾轻黏土	团块状	8.1	37.5	2.30	3.58	119	8.5	12	砂岩、页岩、紫色页岩	E 104°20′23.3″ N 31°39′58.7″	80
						2	23—71	棕黄色	中砾轻黏土	团块状	8.2	32.1	2.60	3.36	103	8.3	3			
						3	71—100	浅黄色	中壤土	小团粒状	8.0	12.4	1.50	2.88	53	26.2	11			
剖7	铁铝土	黄壤	山地黄壤	砂土	砂土	1	0—16	浅黄色	轻黏土	小粒状	5.7	34.4	2.30	0.92	130	4.1	49	千枚岩、砂岩、页岩、灰岩	E 104°15′01.8″ N 31°39′49.0″	82
						2	16—24	黄棕色	轻砾轻黏土	大粒状	5.9	23.8	1.90	1.05	120	1.8	24			
						3	24—87	棕黄色	轻砾轻黏土	大粒状	5.8	18.3	1.60	1.05	98	4.6	32			
						4	87—100	浅黄色	轻砾轻黏土	大粒状										
剖8	铁铝土	黄壤	山地黄壤	山地砂土	山地黄泥土	1	0—15	黄棕色	中砾轻壤土	小块状	6.5	31.3	2.40	0.65	115	4.7	67	石灰岩、石英岩、白云质灰岩	E 104°19′43.7″ N 31°39′05.4″	99
						2	15—25	黄棕色	轻黏土	块状	6.3	21.9	2.30	0.61	92	1.8	54			
						3	25—100	灰黄色	轻砾中壤土	粒状	6.3	4.2	0.50	0.31	8	4.5	2			
剖9	人为土	水稻土	冲积型水稻土	灰棕冲积水稻土	砂田	1	0—14	黄棕色	中砾中壤土	粒状	8.2	29.2	1.90	0.65	117	1.8	61	近代河流冲积物	E 104°22′16.1″ N 31°36′46.4″	98
						2	14—52	黄棕色	轻砾中壤土	粒状	8.3	11.2	0.90	0.65	117	0.9	24			
						3	52—66	灰黄色	轻砾轻壤土	细粒状	8.3	7.5	0.10	0.61	14	0.9	17			
						4	66—100	灰黄色	轻砾轻壤土											
剖10	初育土	新积土	冲积土	灰棕冲积土		A	0—20	黄棕色	中砾轻壤土	小粒状	8.2	5.1	0.60	0.79	9	0.7	21	河流冲积物	E 104°21′47.2″ N 31°36′31.9″	89
						2	20—30	黄棕色	轻黏土	小粒状	8.3	5.9	0.40	0.74	13	0.4	29			
						3	30—75	灰黄色	轻黏土	小粒状	8.4	4.5	0.20	0.79	5	0.4	31			
						4	75—100	浅黄色	粗壤土	粒状										
剖11	铁铝土	黄壤	山地黄壤	矿质黄泥土	石渣子黄泥土	1	0—20	黄棕色	中壤土	团块状	7.6	45.2	2.70	0.31	139	3.5	70	白云质灰岩和砂岩、页岩、薄层岩、夹页岩	E 104°18′49.0″ N 31°36′00.7″	70
						2	20—50	黄棕色	中砾重黏土	小块状	7.7	16.2	2.70	0.31	137	2.7	35			
						3	50—100	黄色	轻黏土	块状	7.8	25.3	2.10	0.57	90	1.8	36			
剖12	人为土	水稻土	冲积型水稻土	灰棕冲积水稻土	夹砂白鳝泥田	1	0—13	灰色	重壤土	块状	6.2	31.7	2.10	0.44	170	4.1	129	近代河流冲积物	E 104°22′21.7″ N 31°35′54.2″	74
						2	13—19	灰色	重壤土	块状	7.3	27.2	1.90	0.35	84	4.3	26			
						3	19—31	浅黄色	重壤土	块状	7.5	13.6	0.90	0.31	48	3.6	15			
						4	31—100	灰黄色	重壤土	块状	7.5	8.9	0.60	0.57	28	6.5	22			

续表 Continued

剖面号 Soil profile	土纲 Soil order	土类 Soil great group	亚类 Soil subgroup	土属 Soil genus	土种 Soil species	土层码 Layer code	土层厚度 Depth/ cm	颜色 Soil color	质地 Soil texture	土壤结构 Soil structure	pH	有机质 OM/ (g/kg)	全氮 TN/ (g/kg)	全磷 TP/ (g/kg)	碱解氮 AN/ (mg/kg)	有效磷 AP/ (mg/kg)	速效钾 AK/ (mg/kg)	土壤母质 Parent material	剖面点坐标 Profile coordinate	匹配指数 Matching index/%
剖13	人为土	水稻土	冲积型水稻土	灰棕冲积水稻土	泥田	1	0—14	黄灰色	轻黏土	团块状	7.8	32.1	1.50	0.48	142	7.2	46	近代河流冲积物	E 104° 29′ 39.8″ N 31° 35′ 41.3″	79
						2	14—35	黄灰色	轻黏土	块状	7.4	14.0	1.00	0.35	59	2.7	10			
						3	35—65	灰黄色	轻黏土	棱块状	7.7	7.6	0.50	0.35	20	4.4	8			
						4	65—100	棕黄色	轻黏土	棱块状										
剖14	初育土	紫色土		黄红紫泥土	红砂泥田	1	0—16	紫红色	轻黏土	团块状	8.4	6.3	0.80	0.57	25	9.6	19	紫色泥岩、砂页岩	E 104° 29′ 16.1″ N 31° 35′ 35.2″	71
						2	16—19	紫红色	轻黏土	团块状	8.5	4.5	0.60	0.48	18	2.7	7			
						3	19—75	浅紫红色	重黏土	块状	8.5	2.4	0.70	0.39	7	4.4	3			
						C	75—100	紫红色												
剖15	铁铝土	黄壤	山地黄壤	矿质黄泥土	火石子黄泥土	1	0—15	暗棕色	重黏土	小团块状	8.1	63.9	3.70	0.44	186	3.5	56	石灰岩、泥质灰岩	E 104° 18′ 07.6″ N 31° 35′ 25.1″	91
						2	15—30	暗棕色	重黏土	小梭块状	8.3	36.8	1.90	0.35	59	1.8	37			
						3	30—50	浅灰色			8.3	35.2	2.30	0.39	138	1.7	92			
						D	50—100													
剖16	人为土	水稻土	紫色土性水稻土	灰棕紫泥水稻土	砂泥田	1	0—12	浅棕黄色	中壤土	块状	7.3	24.1	1.40	0.70	115	11.9	61	砂岩、泥岩、粉砂岩	E 104° 18′ 37.8″ N 31° 34′ 35.5″	70
						2	12—18	紫色	中壤土	块状	7.6	21.4	1.40	0.65	101	7.4	58			
						3	18—35	紫色	轻黏土	块状	7.5	20.1	0.80	0.65	117	2.9	48			
						4	35—41	紫色	轻黏土	块状										
						5	41—58	灰黄色	多砾石土											
						C	58—100	浅黄色												
剖17	人为土	水稻土	紫色土性水稻土	红棕紫泥水稻土	灰黄鳝泥田	1	0—15	白紫黄色	重黏土	块状	7.7	16.1	1.10	0.35	50	3.0	107	砂岩、泥岩、粉砂岩	E 104° 17′ 26.3″ N 31° 34′ 32.4″	94
						2	15—24	紫棕色	中壤土	梭块状	7.5	16.5	1.10	0.31	50	1.4	146			
						3	24—100	黄棕色	重黏土	块状	7.3	9.2	0.70	0.31	30	0.3	82			
剖18	人为土	水稻土	紫色土性水稻土	红黄紫泥水稻土	灰白鳝泥田	1	0—16	紫棕色	重黏土	块状	7.4	24.8	1.40	0.26	77	3.1	95	厚层砾岩、泥质砂岩	E 104° 18′ 27.1″ N 31° 34′ 31.8″	97
						2	16—26	暗棕色	重黏土	梭块状	7.6	15.2	1.00	0.22	45	0.6	29			
						3	26—59	灰黄色	轻黏土	块状	7.7	2.0	0.30	0.13	7	0.5	26			
						4	59—100	浅黄色			7.7									
剖19	人为土	水稻土	紫色土性水稻土	红棕紫泥水稻土	大眼泥田	1	0—12	灰棕色	重黏土	小团块状	7.0	26.2	1.50	0.26	110	2.1	100	紫色泥岩、砂岩、泥质粉砂岩	E 104° 20′ 59.6″ N 31° 34′ 30.4″	83
						2	12—16	灰棕色	重黏土	团块状、柱状	7.1	26.7	2.20	0.22	27	2.3	88			
						3	16—80	棕灰色	重黏土	块状、柱状	7.2	24.5	1.00	0.22	76	1.3	28			
						4	80—100	暗黄色	轻黏土	块状										
剖20	人为土	水稻土	紫色土性水稻土	红黄紫泥水稻土	小土泥田	1	0—14	浅紫黄色	中壤土	块状	6.5	4.8	0.60	0.26	68	2.0	66	砂岩、泥岩、粉砂岩	E 104° 19′ 43.0″ N 31° 34′ 25.7″	70
						2	14—23	暗棕黄色	轻砾重壤土	梭块状	6.8	4.7	0.60	0.22	63	2.6	71			
						3	23—100	暗棕黄色	轻砾重壤土	粒状	6.6	3.4	0.50	0.22	50	2.2	46			
剖21	铁铝土	黄壤		老沉积黄土	白眼砂土	1	0—15	暗棕黄色	轻砾重壤土	粒状	8.1	28.7	1.70	0.70	112	5.5	139	残积物、坡积物	E 104° 16′ 12.9″ N 31° 33′ 43.7″	74
						2	15—38	暗棕黄色	轻砾重壤土	大粒状	7.8	25.5	0.80	0.57	85	3.1	80			
						3	38—100	白黄色	中壤土	大粒状	8.2	5.4	2.50	0.44	17	0.5	61			
剖22	人为土	水稻土	紫色土性水稻土	红黄紫泥水稻土	小眼泥田	1	0—13	灰黄色	中壤土	小块状	6.8	12.5	1.20	0.26	100	2.1	79	紫色泥岩、砂岩、泥质粉砂岩	E 104° 22′ 47.8″ N 31° 33′ 19.8″	100
						2	13—19	浅黄色	重黏土	块状	6.8	13.4	1.10	0.22	77	2.1	72			
						3	19—50	浅黄色	重黏土	团块状	7.2	1.5	0.20	0.09	63	0.2	29			
剖23	铁铝土	黄壤		老沉积黄土	铁杆子黄土	1		棕黄色	重黏土	团团块状	7.1	6.4	0.50	0.17	40	1.0	34	亚黏土	E 104° 23′ 33.1″ N 31° 33′ 00.4″	72
						2	9—14	褐黄色	轻黏土	小团块状	6.6	7.1	0.40	0.17	24	0.3	25			
						3	14—77	浅黄色	中黏土	小梭柱状	6.4	3.4	0.40	0.13	7	0.1	22			
						C	77—100	黄黄色	重黏土											

续表 Continued

剖面号 Soil profile	土纲 Soil order	土类 Soil great group	亚类 Soil subgroup	土属 Soil genus	土种 Soil species	土层码 Layer code	土层厚度 Depth/cm	颜色 Soil color	质地 Soil texture	土壤结构 Soil structure	pH	有机质 OM/(g/kg)	全氮 TN/(g/kg)	全磷 TP/(g/kg)	碱解氮 AN/(mg/kg)	有效磷 AP/(mg/kg)	速效钾 AK/(mg/kg)	土壤母质 Parent material	剖面点坐标 Profile coordinate	匹配指数 Matching index/%
剖24	人为土	水稻土	紫色土性水稻土	暗紫泥田	夹油砂田	1	0—11	暗紫色	中壤土	小块状	6.2	25.3	1.60	0.35	94	4.1	43	暗紫色砂岩、页岩、泥岩	E 104°15′44.9″ N 31°32′54.8″	96
						2	11—17	浅紫色	中壤土	块状	7.2	17.2	1.00	0.31	64	4.1				
						3	17—32	灰棕色	中壤土	块状	7.1	5.5	0.40	0.39	30	1.3	82			
						C	32—100	棕紫色												
剖25	人为土	水稻土	冲积型水稻土	冲积洪积砾质水稻田	半砂半砾质田	1	0—13	灰黄色	轻砾中壤土	小团块状	6.9	19.2	0.90	0.83	96	15.2	25	近代河流冲积物、洪积物	E 104°16′35.4″ N 31°32′53.2″	72
						2	13—20	灰黄色	轻砾中壤土	小团块状	7.5	11.8	0.60	0.92	52	20.1	27			
						W	20—54	黄灰色	小砾中壤土	小块块状	5.8	12.3	0.60	1.31	51	1.9	33			
剖26	人为土	水稻土	紫色土性水稻土	暗紫泥田	大土黄泥田	4	54—100	棕黄色	中壤土	块状	6.1	29.7	1.50	0.31	81	4.2	42	石灰岩	E 104°16′14.4″ N 31°32′33.5″	75
						1	0—15	灰棕色	重壤土	块状	7.0	6.1	0.50	0.31	18	7.2	35			
						2	15—20	灰色	重壤土	块状	7.1	13.3	0.80	0.26	42	3.1	34			
						3	20—34	黄棕色	中壤土	小块状										
剖27	人为土	水稻土	黄壤性水稻土	老冲积黄泥田	面黄泥田	4	34—100	棕黄色	重壤土	小块状	6.0	18.1	1.00	0.31	92	3.4	66	第四纪亚黏土	E 104°26′25.4″ N 31°32′01.3″	84
						1	0—16	浅黄灰色	重壤土	团块状	7.1	6.3	0.50	0.22	43	1.4	39			
						2	16—23	黄灰色	重壤土	块状	7.4	2.4	0.40	0.17	34	1.4	53			
						3	23—100	棕黄色	重壤土	梭块状	7.0	5.2	0.70	0.22	8	3.6	8			
剖28	人为土	水稻土	黄壤性水稻土	老冲积黄泥田	砂黄泥田	1	0—15	棕灰色	轻壤土	块状	7.1	9.3	0.70	0.17	21	3.1	8	第四纪亚黏土	E 104°20′56.8″ N 31°31′46.9″	72
						2	15—22	黄灰色	重壤土	梭块状	6.0	19.1	1.20	0.17	53	2.9	8			
						3	22—34	棕黄色	重壤土	块状										
						4	34—100	棕灰色	重壤土	块状										
剖29	人为土	水稻土	紫色土性水稻土	红黄紫水稻土	夹砂泥田	1	0—12	浅灰色	重壤土	梭块状	7.9	26.3	1.60	0.31	74	0.3	57	砾岩、紫色砂泥岩	E 104°18′03.6″ N 31°31′44.8″	91
						2	12—16	浅黄灰色	重壤土	梭块状	7.8	22.0	1.30	0.22	56	1.9	69			
						3	16—52	浅黄灰色	轻壤土	块状	7.8	8.0								
						4	52—65	灰黄色	重壤土	块状	7.9	8.0	0.60	0.17	15	2.0	69			
						5	65—100	浅灰棕色	轻壤土	小块状	6.5	33.0	1.90	0.39	140	2.5	45			
剖30	人为土	水稻土	黄壤性水稻土	再积黄紫水稻土	鸭屎黄泥田	A	0—17	浅黄棕色	重壤土	团块状	7.4	31.0	1.60	0.31	108	1.8	33	老冲积坡积物、残积物	E 104°24′22.7″ N 31°31′42.6″	81
						2	17—24	棕灰色	重壤土	梭块状	7.3	32.0	1.60	0.26	99	1.5	36			
						3	24—64	黄灰棕色	大块状											
						4	64—100	浅灰黄色	中壤土	小块状	8.4	20.0	1.30	0.70	66	2.6	40			
剖31	人为土	水稻土	紫色土性水稻土	黄红紫泥水稻土	紫黄泥田	1	0—8	紫色	重壤土	块状	8.5	19.7	1.30	0.65	62	2.1	40	紫色砂岩、泥质粉砂岩和老冲积物	E 104°26′24.4″ N 31°31′37.9″	91
						2	8—14	灰紫色	重壤土	块状	8.5	7.1	0.70	0.31	26	2.1	27			
						3	14—75	黄紫色												
						C	75—100	棕黄色	重壤土	团块状	7.3	15.0			15	0.7	33			
剖32	人为土	水稻土	黄壤性水稻土	夹黄泥田	1	0—15	棕灰色	重壤土	团块状	7.3	8.0			15	0.6	33		厚层砾岩	E 104°18′16.3″ N 31°31′25.1″	80
						2	15—23	棕黄色	轻壤土	梭块状	7.3	8.0			14	0.3	33			
						3	23—100	浅黄棕色	重壤土	团块状	6.0	18.3	1.30	0.31	86	0.3	32			
剖33	人为土	水稻土	老冲积黄泥田	黄泥田	1	0—17	黄棕色	轻壤土	梭块状	6.3	15.8	1.10	0.22	76	0.2	8		第四纪亚黏土	E 104°17′05.6″ N 31°30′51.6″	79
						2	17—22	棕黄色	中壤土	块状	6.5	5.0	0.60	0.17	24	1.1	12			
						3	22—75	黄棕色	中黏土	块状										
剖34	人为土	水稻土	紫色土性水稻土	红棕紫泥水稻土	大土泥田	4	75—100	灰灰色	重壤土	小块状	7.2	19.8	1.20	0.35	100	3.1	56	紫黄色砂泥岩	E 104°15′31.0″ N 31°30′44.3″	94
						1	0—12	灰灰色	重壤土	小块状	7.0	13.3	0.80	0.31	60	2.1	23			
						2	12—18	褐黄色	轻壤土	块状	7.1	12.3	0.20	0.13		0.7	40			
						3	18—50	褐黄色	轻黏土	块状										
						4	50—100													

续表 Continued

剖面号 Soil profile	土纲 Soil order	土类 Soil great group	亚类 Soil subgroup	土属 Soil genus	土种 Soil species	土层码 Layer code	土层厚度 Depth/cm	颜色 Soil color	质地 Soil texture	土壤结构 Soil structure	pH	有机质 OM/(g/kg)	全氮 TN/(g/kg)	全磷 TP/(g/kg)	碱解氮 AN/(mg/kg)	有效磷 AP/(mg/kg)	速效钾 AK/(mg/kg)	土壤母质 Parent material	剖面点坐标 Profile coordinate	匹配指数 Matching index/%
剖35	人为土	水稻土	冲积型水稻土	灰棕冲积水稻土	半砂半泥田	1	0—16	棕灰色	轻砾中壤土	小团块状	7.5	31.9	2.10	0.83	116	11.8	32	近代河流冲积物	E 104°20′20.9″ N 31°30′41.8″	96
						2	16—21	棕灰色	轻砾中壤土	块状	7.5	31.9	2.10	0.83	116	11.8	32			
						3	21—46	浅灰色	轻砾中壤土	块状	7.8	13.8	0.90	0.92	38	0.2	29			
						4	46—100	黄灰色	轻砾重壤土	棱块状	7.4	9.6	0.70	0.92	15	2.2	10			
剖36	人为土	水稻土	冲积型水稻土	冲积洪积黄质水稻土	夹泥田	A	0—13	黄灰色	重壤土	块状	7.5	24.2	1.30	0.70	88	9.2	14	近代河流冲积物	E 104°16′23.5″ N 31°30′21.6″	81
						2	13—22	黄灰色	重壤土	块状	7.6	32.8	1.20	0.70	86	9.4	16			
						W	22—100	黄棕色	轻黏土	小块状	7.8	7.0	0.50	1.44	23	14.5	8			
剖37	初育土	新积土	冲积土	灰棕冲积土	油砂土	A	0—18	浅灰色	轻壤土		7.0	5.5			14	0.5	50	河流冲积物	E 104°20′21.3″ N 31°30′14.8″	98
						2	18—30	浅灰色	轻壤土		7.1	3.4			6	0.3	41			
						3	30—100	暗灰色	轻壤土	粒状、块状	7.1	2.3			6		25			
剖38	初育土	新积土	冲积土	灰棕冲积土	泥土	A	0—15	灰棕色	重壤土	块状	6.8	9.0			16	2.4	41	河流冲积物	E 104°22′16.3″ N 31°30′11.2″	85
						2	15—25	黄棕色	重壤土	块状	6.9									
						3	25—100	浅棕色	重壤土	块状	7.3									
剖39	人为土	水稻土	冲积型水稻土	冲积洪积黄质水稻土	砂泥田	1	0—16	浅棕色	轻砾中壤土	小团块状	6.7	27.4	1.60	0.52	116	7.6	31	近代河流冲积物、洪积物	E 104°21′07.6″ N 31°30′06.8″	71
						2	16—27	棕灰色	轻砾中壤土	团块状	6.6	25.7	1.50	1.05	92	11.4	27			
						3	27—36	灰褐色	轻砾中壤土	小块状	7.7	16.1	1.00	1.18	48	10.1	19			
						4	36—100	黄棕色	轻砾重壤土	块状										
剖40	人为土	水稻土	冲积型水稻土	灰棕冲积水稻土	油砂田	1	0—18	浅灰棕色	轻壤土	团块状	6.6	34.9	2.00	0.44	167	34.9	63	近代河流冲积物	E 104°33′23.8″ N 31°33′04.6″	73
						2	18—28	棕灰色	中壤土	棱块状	6.5	32.3	1.90	0.04	90	4.5	46			
						3	28—65	浅黄灰色	中壤土	块状	6.9	15.3	1.10	0.35	67	3.5	18			
						4	65—100	黄灰色	中壤土	棱块状										
剖41	初育土	新积土	冲积土	灰棕冲积水稻土	半砂半泥田	A	0—16	深栗灰色	轻砾重壤土	团粒状	8.3	10.9	0.60	0.92	131	1.0	34	河流冲积物	E 104°14′57.8″ N 31°28′50.2″	80
						2	16—60	棕灰色	轻砾中壤土	小块状	8.4	7.6	0.70	0.74	44	1.7	10			
						3	60—100	浅灰色	轻砾重壤土	小块状	8.3	9.9	0.80	0.74	62	0.3	7			
剖42	人为土	水稻土	黄壤性水稻土	老冲积黄泥田	白鳝泥田	1	0—15	棕灰色	轻壤土	块状	8.4	35.0	1.20	0.61	77	4.9	42	亚黏土	E 104°14′22.6″ N 31°28′36.5″	93
						2	15—22	浅灰色	中壤土	棱块状	8.3	13.6	0.70	0.31	39	3.1	19			
						3	22—50	黑褐色	中壤土	块状	8.1	7.9	0.50	0.17	26	3.7	16			
						4	50—100	棕灰色	中壤土	块状										
剖43	人为土	水稻土	冲积型水稻土	冲积洪积黄质水稻土	潮油砂田	1	0—15	棕灰色	轻砾中壤土	团块状	6.4	30.8	1.60	1.31	122	16.5	179	近代河流冲积物、洪积物	E 104°20′21.1″ N 31°29′59.7″	86
						2	15—22	暗棕色	轻砾中壤土	小块状	6.8	9.7	1.50	1.22	103	51.1	139			
						P	22—100	浅栗灰色	轻砾重壤土	块状	7.6	12.5	0.90	0.17	54	27.1	53			
剖44	人为土	水稻土	冲积型水稻土	冲积洪积水稻土	漏砂田	A	0—13	棕灰色	中砾轻壤土	小团块状	8.2	23.1	1.30	2.10	89	2.0	39	河流冲积物、洪积物	E 104°21′31.5″ N 31°29′55.2″	86
						2	13—18	灰棕色	中砾轻壤土	小块状	8.6	13.0	1.00	2.01	39	1.4	20			
						3	18—41	灰棕色	中砾轻壤土	颗粒状	7.8	19.4	1.20	2.18	140	1.5	26			
						C	41—100	灰白色												
剖45	人为土	水稻土	黄壤性水稻土	再积黄泥水稻土	白砂泥田	A	0—17	灰黄色	轻黏土	团块状	5.7	24.5	1.40	0.26	76	2.3	7	老冲积物	E 104°23′16.6″ N 31°29′54.5″	96
						2	17—25	灰黄色	轻黏土	块状	6.7	19.4	1.10	0.22	57	3.2	3			
						W	25—55	浅棕色	重壤土	棱块状	7.1	9.4	0.70	0.22	31	3.4	7			
						W	55—75	浅棕色			7.1									
						5	75—100	棕灰色												
剖46	初育土	新积土	冲积土	灰棕冲积土	砾质土	A	0—13	黄灰色	中壤土	粒状	6.0	27.4	1.20	1.09	135	8.8	88	河流冲积物	E 104°19′03.7″ N 31°28′07.3″	71
						2	13—22	浅棕色	中壤土	小块状	6.1	21.6	1.00	1.05	103	3.7	17			
						3	22—46	黄棕色	重壤土	块状	6.0	26.6	1.20	1.96	110	14.2	38			
						4	46—100	棕黄色	重壤土	块状										

续表 Continued

剖面号 Soil profile	土纲 Soil order	土类 Soil great group	亚类 Soil subgroup	土属 Soil genus	土种 Soil species	土层码 Layer code	土层厚度 Depth/cm	颜色 Soil color	质地 Soil texture	土壤结构 Soil structure	pH	有机质 OM/(g/kg)	全氮 TN/(g/kg)	全磷 TP/(g/kg)	碱解氮 AN/(mg/kg)	有效磷 AP/(mg/kg)	速效钾 AK/(mg/kg)	土壤母质 Parent material	剖面点坐标 Profile coordinate	匹配指数 Matching index/%
剖47	初育土	新积土	冲积土	灰棕冲积土	豆瓣泥土	A	0—18	棕灰色	轻壤土	细粒状	8.3	14.7	1.00	1.18	33	3.6	34	河流冲积物	E 104°22′00.8″ N 31°27′48.2″	98
						2	18—35	黄灰色	轻壤土	细粒状	8.4	7.2	0.50	1.00	16	1.6				
						C	35—100													
剖48	人为土	水稻土	冲积型水稻土	冲积洪积砾质水稻土	豆瓣泥田	A	0—16	灰色	轻砾重壤土	小块状	7.2	23.6	1.40	1.35	65	3.8	40	近代河流冲洪积物	E 104°21′50.0″ N 31°27′22.3″	88
						2	16—40	黄灰色	轻砾重壤土	块状	8.0	13.4	0.70	1.44	18	9.4	22			
						3	40—100	黄灰色	轻砾重壤土	块状	8.2	11.9	0.80	1.48	23	9.8	41			
剖49	初育土	紫色土	黄红紫泥土	黄红紫泥土	黄板土	1	0—22	红紫色	重壤土	块状、粒状	8.8	5.6	0.40	0.52	27	8.3	21	紫色砂页岩	E 104°25′47.6″ N 31°25′26.8″	77
						H	22—100	紫红色		层状										
剖50	人为土	水稻土	紫色土性水稻土	黄红紫泥水稻土	鸭屎泥田	1	0—12	紫棕色	轻黏土	块状	8.5	26.7	1.70	0.52	81	2.7	41	紫色砂岩、泥岩、泥质粉砂岩	E 104°27′03.6″ N 31°23′56.8″	94
						2	12—20	紫棕色	轻黏土	大块状	8.5	23.6	1.40	0.48	71	1.7	27			
						3	20—52	紫棕色	轻黏土	大块状	8.5	19.9	1.80	0.39	63	0.7	35			
						4	52—100	紫棕色		大块状										
剖51	人为土	水稻土	紫色土性水稻土	黄红紫泥水稻土	红砂岩泥田	1	0—12	棕紫色	中壤土	块状	8.3	16.7	1.00	0.44	63	4.0	15	紫色砂岩、泥岩、泥质粉砂岩	E 104°30′33.5″ N 31°26′37.3″	79
						2	12—18	棕紫色	中壤土	块状	8.3	16.7	1.00	0.44	63	微量	15			
						3	18—100	黄紫色	重壤土	块状	8.6	5.5	5.50	0.31	24		11			

三 台 县

主要土类说明

紫色土是三台县的主要土壤类型，占本县地域面积的75%。紫色土是由热带、亚热带紫红色岩层直接风化形成的A-C型土壤。其理化性质与母岩组成直接相关，土层浅薄，剖面层次发育不明显，仍处于初育阶段。母岩富含矿质养分，且风化迅速。本县紫色土分为棕紫泥土、黄红紫泥土等亚类。

水稻土是三台县第二大土壤类型，占本县地域面积的19%。水稻土是在长期季节性淹灌、水下翻耕、季节性脱水、氧化还原交替影响下，原来成土母质或母土的特性发生重大改变，形成的新的土壤类型。由于干湿交替，水稻土形成糊状淹育层、较坚实板结的犁底层、渗育层、潴育层与潜育层等多种发生层。这些不同发生层段是在人为耕作、水浆管理下形成的。本县水稻土分为潮土性水稻土、紫色性水稻土、黄壤性水稻土等亚类。

小于本县地域面积3%的土壤类型还有黄壤、潮土等。

本区域中心区气候特征

本区域中心区气候特征值
Regional climate characteristics in central area of the region

气候带：中亚热带湿润气候 Climate region: Subtropical humid climate	
年平均气温 /℃ Annual average temperature /℃	16.1
年平均最高气温 /℃ Annual average maximum temperature /℃	20.3
年平均最低气温 /℃ Annual average minimum temperature /℃	13.0
年降水量 /mm Annual precipitation /mm	896
≥10℃的积温 /℃ Daily temperature accumulated in a year (≥10℃) /℃	5987
年日照时数 /h Annual sunshine /h	1178
年平均相对湿度 /% Annual average relative humidity /%	79
干燥度 Dryness	1.14

三台县主要土壤类型与土壤剖面点分布图
1∶270 000

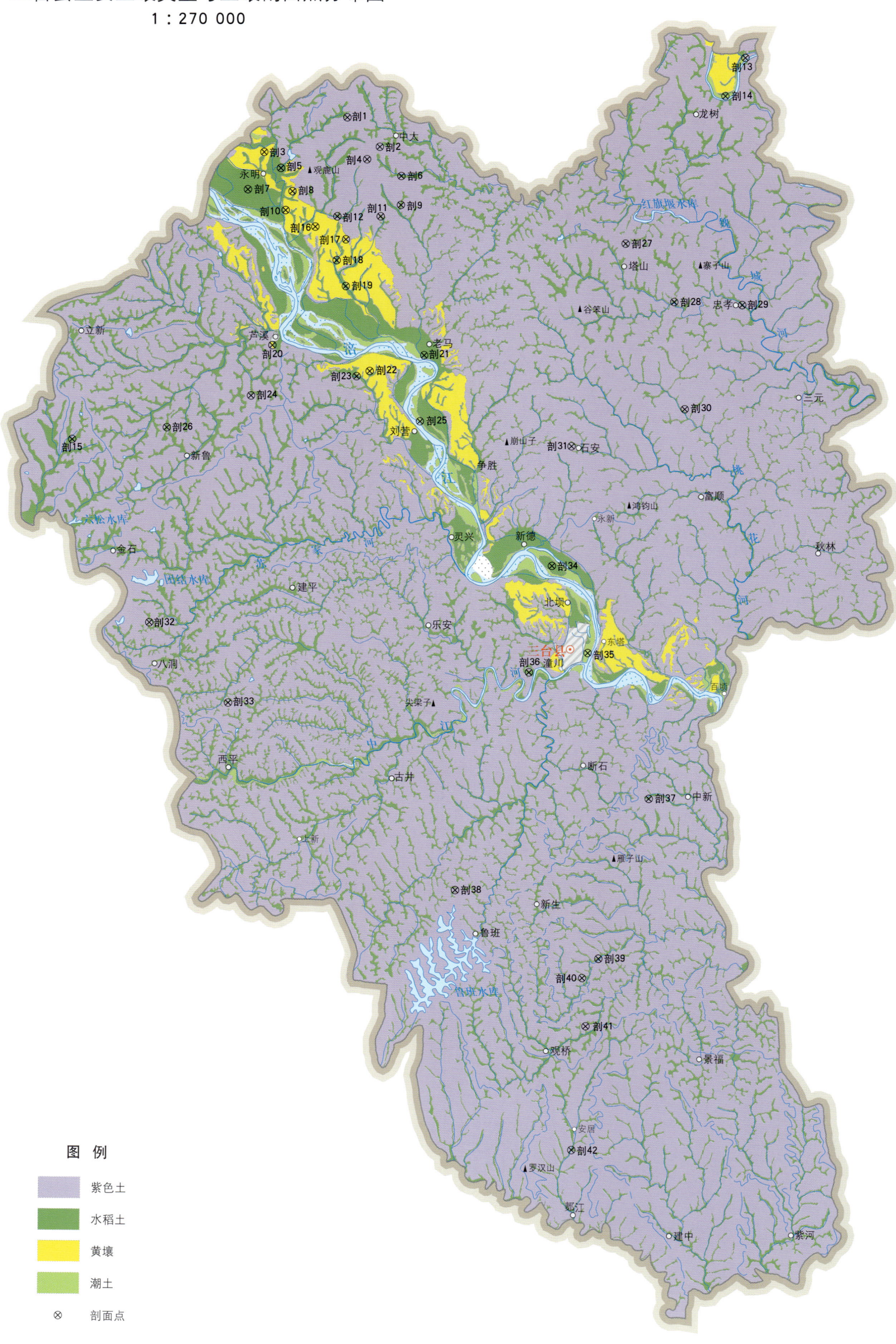

三台县土壤剖面理化性状表

剖面号 Soil profile	土纲 Soil order	土类 Soil great group	亚类 Soil subgroup	土属 Soil genus	土种 Soil species	土层码 Layer code	土层厚度 Depth/cm	颜色 Soil color	质地 Soil texture	土壤结构 Soil structure	pH	有机质 OM/(g/kg)	全氮 TN/(g/kg)	全磷 TP/(g/kg)	碱解氮 AN/(mg/kg)	有效磷 AP/(mg/kg)	速效钾 AK/(mg/kg)	土壤母质 Parent material	剖面点坐标 Profile coordinate	匹配指数 Matching index/%
剖1	初育土	紫色土	石灰性紫色土	黄红紫泥土	泥土	1	0—19	棕色	中壤土	核状	8.0	12.7	0.99	0.43	52	3.0	115	坡积物、残积物	E 104°55′58.8″ N 31°23′45.6″	83
						2	19—26	棕色	重壤土	块状	8.1	8.0	0.67	0.34						
						3	26—100	黄棕色	重壤土	棱柱状	8.1	6.5	0.53	0.23						
剖2	初育土	紫色土	石灰性紫色土	黄红紫泥土	二泥土	1	0—18	灰棕色	中壤土	团粒状	8.0	9.6	0.61	0.63	60	6.0	59	坡积物、残积物	E 104°57′17.6″ N 31°22′44.8″	77
						2	18—47	红紫色	中壤土	小块状	8.0	5.6	0.42	0.59						
						3	47—100	红紫色	中壤土	大块状	8.0	3.9	0.29	0.34						
剖3	铁铝土	黄壤		姜石黄紫泥土	铁子黄泥土	1	0—16	棕黄色	轻黏土	核状、块状	8.0	6.8	0.45	0.26	45	4.0	90	第四纪冰水沉积物	E 104°52′37.6″ N 31°22′33.2″	75
						2	16—25	棕紫色	轻黏土	块状	8.1	4.8	0.39	0.19						
						3	25—100	黄棕色	轻黏土	棱块状	8.2	3.8	0.31	0.22						
剖4	初育土	紫色土	石灰性紫色土	黄红紫泥土	羊肝土	1	0—16	红紫色	轻壤土	粒状、块状	8.3	5.0	0.39	0.54	38	4.0	101	坡积物、残积物	E 104°56′46.8″ N 31°22′18.7″	88
						2	16—57	红紫色	轻壤土	块状	8.3	3.4	0.26	0.46						
剖5	人为土	水稻土	黄壤性水稻土	老冲积黄泥田	卵石黄泥田	1	0—15	棕褐色	轻砾轻黏土	核状	6.9	15.6	1.04	0.44	71	8.0	87	第四纪冰水沉积物	E 104°53′18.2″ N 31°22′00.1″	97
						2	15—23	棕黄色	轻砾轻黏土	小块状	7.7	8.1	0.56	0.36						
						3	23—72	黄色	轻砾中黏土	块状	7.9	4.2	0.40	0.31						
剖6	人为土	水稻土	紫色土性水稻土	黄红紫泥水稻土	二泥田	1	0—18	棕紫色	中壤土	团粒状	7.9	15.6	1.19	0.62	63	4.0	77		E 104°58′09.8″ N 31°21′44.3″	71
						2	18—46	棕紫色	中壤土	柱状	8.1	9.5	0.99	0.45						
						3	46—100	黄棕色	中壤土	柱状	8.2	9.1	0.73	0.39						
剖7	人为土	水稻土	潮土型水稻土	灰棕潮泥土	潮泥田	1	0—16	灰棕色	重壤土	核状	7.2	19.4	1.35	0.44	89	5.0	51	河流灰棕冲积物	E 104°51′58.3″ N 31°21′15.5″	84
						2	16—51	棕黄色	轻壤土	柱状	7.6	9.1	0.83	0.39						
						3	51—100	棕黄色	中壤土	柱状	7.7	7.3	0.78	0.16						
剖8	铁铝土	黄壤		姜石黄泥土	大黄泥土	1	0—15	黄色	重黏土	核状	8.0	6.5	0.46	0.20	46	3.0	102	第四纪冰水沉积物	E 104°53′46.3″ N 31°21′11.9″	95
						2	15—23	黄色	重黏土	块状	8.1	5.6	0.40	0.20						
						3	23—100	黄色	重黏土	棱柱状	8.0	4.5	0.37	0.17						
剖9	人为土	黄壤	紫色土性水稻土	黄红紫泥水稻土	紫黄泥田	1	0—17	灰棕色	重壤土	核状	7.9	18.1	1.16	0.61	64	19.0	85		E 104°58′09.1″ N 31°20′44.2″	83
						2	17—59	黄棕色	重壤土	棱柱状	8.0	7.0	0.85	0.42						
						3	59—100	蓝灰色	轻壤土	柱状	8.0	7.0	0.64	0.40						
剖10	铁铝土	黄壤		姜石黄泥土	二黄泥土	1	0—16	棕黄色	重黏土	核状	8.1	4.8	0.36	0.27	22	2.0	89	第四纪冰水沉积物	E 104°53′30.1″ N 31°20′32.6″	95
						2	16—22	棕黄色	重黏土	小块状	8.2	4.2	0.33	0.23						
						3	22—100	黄色	重黏土	棱块状	8.3	3.7	0.29	0.16						
剖11	人为土	水稻土	紫色土性水稻土	黄红紫泥水稻土	烂泥田	1	0—20	灰棕色	重壤土	核状	8.0	23.5	1.27	0.67	83	7.0	65		E 104°57′20.2″ N 31°20′20.4″	76
						2	20—38	黄棕色	重壤土	棱柱状	8.3	18.0	1.19	0.44						
						3	38—100	蓝灰色	轻壤土		8.1	17.5	1.19	0.40						
剖12	人为土	水稻土	黄壤性水稻土	黄红紫泥土	泥田	1	0—17	棕紫色	重壤土	棱柱状	8.0	15.1	0.84	0.54	54	4.0	107	坡积物、残积物	E 104°55′35.0″ N 31°20′20.0″	85
						2	17—45	棕褐色	重黏土	核状	8.2	11.4	0.76	0.51						
						3	45—100	蓝黄色	重壤土	柱状	8.3	8.8	0.71	0.44						
剖13	初育土	黄壤	石灰性紫色土	黄红紫泥土	白鳝泥土	1	0—16	白黄色	轻黏土	核状、块状	7.9	6.7	0.52	0.35	32	4.0	105		E 105°12′03.4″ N 31°25′48.7″	92
						2	16—25	白黄色	中黏土	板状、块状	7.8	6.3	0.39	0.25						
						3	25—100	灰白色	中黏土	粒状	7.8	4.1	0.21	0.22						
剖14	半成土	潮土	潮土	紫色潮土	紫潮砂土	1	0—18	灰棕色	砂壤土	粒状	7.7	4.3	0.33	0.37	26	8.0	88		E 105°11′14.8″ N 31°24′30.2″	100
						2	18—100	紫色	砂壤土	粒状	7.9	2.9	0.23	0.38						
剖15	人为土	水稻土	紫色土性水稻土	黄红紫泥水稻土	紫红砂田	1	0—18	红紫色	砂壤土	粒状	8.0	9.9	0.42	0.51	34	5.0	49	河流紫色冲积物	E 104°44′56.8″ N 31°12′36.7″	97
						2	18—100	红紫色	砂壤土	粒状	8.2	5.0	0.32	0.32						

续表 Continued

剖面号 Soil profile	土纲 Soil order	土类 Soil great group	亚类 Soil subgroup	土属 Soil genus	土种 Soil species	土层码 Layer code	土层厚度 Depth/cm	颜色 Soil color	质地 Soil texture	土壤结构 Soil structure	pH	有机质 OM/(g/kg)	全氮 TN/(g/kg)	全磷 TP/(g/kg)	碱解氮 AN/(mg/kg)	有效磷 AP/(mg/kg)	速效钾 AK/(mg/kg)	土壤母质 Parent material	剖面点坐标 Profile coordinate	匹配指数 Matching index/%
剖16	铁铝土	黄壤	黄壤	老冲积黄泥土	卵石黄泥土	1	0—11	棕黄色	重壤土	核状	7.7	12.5	1.04	0.44	44	7.0	96	第四纪冰水沉积物	E 104°54′41.9″ N 31°19′58.7″	70
						2	11—20	棕黄色	轻黏土	块状	7.9	7.0	0.70	0.27						
						3	20—100	棕黄色	轻黏土	核块状	8.0	5.0	0.65	0.18						
剖17	铁铝土	黄壤	黄壤	姜石黄泥土	姜石黄泥土	1	0—16	棕黄色	轻黏土	核状	8.0	6.1	0.50	0.38	44	3.0	76	第四纪冰水沉积物	E 104°55′56.3″ N 31°19′32.9″	86
						2	16—23	棕黄色	轻黏土	块状	8.1	5.3	0.40	0.31						
						3	23—100	黄黄色	轻黏土	核柱状	8.1	5.6	0.43	0.23						
剖18	人为土	水稻土	黄壤性水稻土	姜石黄泥田	姜石黄泥田	1	0—18	棕黄色	中砾重黏土	板状、块状	7.9	13.0	0.94	0.49	55	5.0	73	第四纪冰水沉积物	E 104°55′33.8″ N 31°18′49.4″	91
						2	18—26	棕黄色	中砾重黏土	大块状	8.1	7.1	0.56	0.39						
						3	26—100	黄黄色	中砾轻黏土	核柱状	8.1	5.3	0.47	0.38						
剖19	人为土	水稻土	黄壤性水稻土	姜石黄泥田	大黄泥田	1	0—16	棕黄色	轻黏土	块状	8.0	18.6	1.26	0.42	72	9.0	150	第四纪冰水沉积物	E 104°55′56.3″ N 31°17′56.0″	76
						2	16—25	棕黄色	轻黏土	块状	8.0	5.8	0.49	0.18						
						3	25—100	棕黄色	重黏土	核柱状	8.0	6.0	0.46	0.18						
剖20	铁铝土	黄壤	黄壤	老冲积黄泥土	死黄泥土	1	0—13	棕黄色	轻黏土	核状、块状	7.7	7.8	0.57	0.43	41	5.0	97	第四纪冰水沉积物	E 104°52′59.9″ N 31°15′53.3″	86
						2	13—22	棕黄色	轻黏土	小块状	7.5	6.2	0.41	0.21						
						3	22—100	棕黄色	重黏土	核柱状	6.9	5.9	0.32	0.18						
剖21	人为土	水稻土	潮土型水稻土	灰棕潮田	潮砂泥田	1	0—17	灰棕色	中壤土	团粒状	7.9	16.8	1.33	0.75	60	7.0	76	河流灰棕冲积物	E 104°59′07.1″ N 31°15′33.8″	100
						2	17—80	灰棕色	中壤土	小块状	8.0	7.2	0.82	0.59						
						3	80—100	黄黄色	砂壤土	粒状	7.8	6.6	0.68	0.59						
剖22	铁铝土	黄壤	黄壤	老冲积黄泥土	蜡黄泥土	1	0—15	蜡黄色	中壤土	块状	7.9	6.6	0.52	0.34	37	3.0	69	第四纪冰水沉积物	E 104°56′55.3″ N 31°15′01.1″	86
						2	15—23	蜡黄色	中壤土	核块状	7.9	5.7	0.47	0.34						
						3	23—100	黄黄色	重壤土	块状	7.9	3.6	0.29	0.21						
剖23	人为土	水稻土	黄壤性水稻土	姜石黄泥田	三黄泥田	1	0—15	棕黄色	重壤土	小块状	7.5	17.5	1.19	0.59	95	7.0	101	第四纪冰水沉积物	E 104°56′23.6″ N 31°14′50.3″	82
						2	15—24	棕黄色	中壤土	块状	7.8	11.0	0.70	0.35						
						3	24—100	棕黄色	中壤土	团粒状	7.8	7.2	0.58	0.17						
剖24	初育土	紫色土	石灰性紫色土	棕紫泥土	半砂半泥土	1	0—18	棕紫色	中壤土	块状	8.1	7.5	0.57	0.65	52	4.0	102	坡积物、残积物	E 104°52′08.4″ N 31°14′09.6″	75
						2	18—68	棕紫色	中壤土	块状	8.2	5.7	0.45	0.45						
						3	68—92	棕紫色	轻壤土	粒状	8.3	4.9	0.41	0.43						
剖25	半水成土	潮土	潮土	灰棕潮泥土	潮砂泥田	1	0—15	灰棕色	重壤土	块状	7.7	15.6	0.88	0.75	31	9.0	60	河流灰棕冲积物	E 104°58′57.4″ N 31°13′17.4″	92
						2	15—68	黄棕色	中壤土	块状	8.1	8.5	0.53	0.75						
						3	68—100	灰棕色	轻黏土	核柱状	8.2	5.9	0.49	0.78						
剖26	人为土	水稻土	潮土型水稻土	紫色潮泥土田	紫潮砂田	1	0—17	灰棕色	中壤土	粒状	7.9	8.9	0.60	0.46	31	3.0	76	河流紫色冲积物	E 104°48′45.0″ N 31°13′02.3″	81
						2	17—100	棕黄色	轻黏土	块状	8.1	8.5	0.57	0.38						
剖27	人为土	水稻土	紫色土性水稻土	黄红紫泥水稻田	鸭屎泥田	1	0—15	棕黄色	重壤土	核状	8.1	10.4	0.76	0.34	50	6.0	58		E 105°07′13.8″ N 31°19′25.3″	70
						2	15—40	黑黄色	重黏土	块状	8.2	8.5	0.75	0.26						
						3	40—100	黑紫色	重黏土	粒状	8.2	8.1	0.53	0.22						
剖28	人为土	水稻土	紫色土性水稻土	棕黑紫泥水稻田	冷浸田	1	0—18	灰紫色	重壤土	粒状	7.9	21.3	1.18	0.46	70	3.0	101		E 105°09′11.9″ N 31°17′25.1″	82
						2	18—38	灰棕色	重壤土	柱状	8.1	18.2	1.05	0.37						
						3	38—100	蓝灰色	重壤土		8.1	15.1	0.82	0.37						
剖29	人为土	水稻土	紫色土性水稻土	黄红紫泥水稻田	黄砂田	1	0—16	灰黄色	轻壤土	粒状	7.9	6.0	0.48	0.43	25	6.0	44		E 105°11′56.8″ N 31°17′19.0″	80
						2	16—100	棕黄色	轻壤土	粒状	8.2	2.2	0.31	0.16						
剖30	初育土	紫色土	石灰性紫色土	黄红紫泥土	鸭屎泥田	1	0—19	棕黑色	重壤土	核状、块状	8.0	9.6	0.71	0.41	56	4.0	95	坡积物、残积物	E 105°09′38.2″ N 31°13′44.0″	86
						2	19—27	黑紫色	重黏土	核状、块状	7.8	9.3	0.59	0.31						
						3	27—100	棕黄色	轻壤土	块状	7.7	6.1	0.45	0.28						
剖31	初育土	紫色土	石灰性紫色土	黄红紫泥土	黄砂土	1	0—15	浅黄色	砂壤土	粒状	8.0	6.3	0.53	0.69	41	4.0	70	坡积物、残积物	E 105°05′04.2″ N 31°12′26.6″	97
						2	15—70	浅黄色	紫砂土	粒状	8.2	3.3	0.22	0.53						

续表 Continued

剖面号 Soil profile	土纲 Soil order	土类 Soil great group	亚类 Soil subgroup	土属 Soil genus	土种 Soil species	土层码 Layer code	土层厚度 Depth/cm	颜色 Soil color	质地 Soil texture	土壤结构 Soil structure	pH	有机质 OM/(g/kg)	全氮 TN/(g/kg)	全磷 TP/(g/kg)	碱解氮 AN/(mg/kg)	有效磷 AP/(mg/kg)	速效钾 AK/(mg/kg)	土壤母质 Parent material	剖面点坐标 Profile coordinate	匹配指数 Matching index/%
剖32	初育土	紫色土	石灰性紫色土	黄红紫泥土	紫黄泥土	1	0—16	紫黄色	轻黏土	核状、块状	7.9	10.8	0.89	0.68	61	4.0	127	坡积物、残积物	E 104°48′06.1″ N 31°06′18.4″	83
						2	16—23	紫红色	轻黏土	块状	8.0	6.5	0.49	0.33						
						3	23—100	棕黄色	轻黏土	棱柱状	8.0	5.3	0.43	0.24						
剖33	人为土	水稻土	紫色土型水稻土	黄红紫泥水稻土	白鳝泥田	1	0—15	白黄色	重壤土	粒状	7.8	12.2	0.77	0.36	56	11.0	58		E 104°51′18.0″ N 31°03′32.4″	100
						2	15—41	黄白色	重壤土	块状	7.9	5.0	0.40	0.20						
						3	41—100	白灰色	轻黏土		7.8	4.4	0.36	0.14						
剖34	人为土	水稻土	潮土型水稻	灰棕潮田	灰白砂土	1	0—15	灰白色	砂壤土	粒状	7.8	11.8	0.63	0.41	24	3.0	32	河流灰棕冲积物	E 105°04′18.1″ N 31°08′19.3″	88
						2	15—100	灰棕色	砂壤土	粒状	8.2	4.7	0.55	0.35						
剖35	半水成土	潮土	潮土	灰棕潮土	灰白砂土	1	0—20	灰白色	紫砂土	粒状	7.9	4.3	0.27	0.76	18	8.0	54	河流灰棕冲积物	E 105°05′46.0″ N 31°05′20.0″	100
						2	20—100	灰白色	轻壤土	粒状	8.0	3.9	0.28	0.69						
剖36	人为土	水稻土	黄壤性水稻田	老冲积黄泥田	蜡黄泥田	1	0—17	蜡黄色	重壤土	板状、块状	7.8	9.3	0.70	0.29	52	4.0	106	第四纪冰水沉积物	E 105°03′24.1″ N 31°04′39.0″	71
						2	17—26	蜡黄色	轻黏土	核状、块状	8.0	4.5	0.35	0.20						
						3	26—100	棕黄色	重壤土	柱状	8.1	4.2	0.34	0.18						
剖37	人为土	水稻土	紫色土性水稻土	棕紫泥水稻土	大土泥田	1	0—17	棕黄色	重壤土	核状	7.8	16.0	1.10	0.74	83	11.0	162		E 105°08′15.4″ N 31°00′18.7″	72
						2	17—55	黄棕色	重壤土	柱状	8.2	10.2	0.83	0.51						
						3	55—100	蓝灰色	重壤土		8.3	6.7	0.45	0.44						
剖38	初育土	紫色土	石灰性紫色土	棕紫泥土	石骨子土	1	0—15	棕黄色	轻壤土	粒状	8.4	5.4	0.51	0.58	33	3.0	109	坡积物、残积物	E 105°00′28.8″ N 30°57′07.9″	83
						2	15—45	棕棕色	轻壤土	块状	8.2	5.0	0.49	0.58						
						3	45—75	棕棕色	轻壤土	块状	8.1	4.5	0.34	0.45						
剖39	人为土	水稻土	紫色土性水稻土	棕紫泥水稻土	半砂半泥土	1	0—18	棕棕色	中壤土	团粒状	7.9	17.3	1.05	0.43	76	6.0	109		E 105°06′16.2″ N 30°54′46.8″	80
						2	18—87	棕棕色	中壤土	柱状	8.2	16.5	1.02	0.33						
						3	87—100	黄棕色	中壤土	棱柱状	8.2	15.2	0.94	0.31						
剖40	初育土	紫色土	石灰性紫色土	黄红紫泥土	紫红砂土	1	0—18	黄紫色	轻壤土	粒状	8.0	4.9	0.38	0.55	24	5.0	101	坡积物、残积物	E 105°05′37.0″ N 30°54′06.5″	78
						2	18—52	紫红色	轻壤土	粒状	8.0	3.0	0.25	0.47						
剖41	初育土	紫色土	石灰性紫色土	棕紫泥土	紫砂土	1	0—20	棕紫色	砂壤土	粒状	7.9	4.6	0.40	0.13	30	2.0	55	坡积物、残积物	E 105°05′46.3″ N 30°52′26.4″	94
						2	20—49	紫紫色	砂壤土	粒状	8.0	4.4	0.35	0.15						
剖42	人为土	水稻土	紫色土性水稻土	棕紫泥水稻土	紫砂田	1	0—15	灰紫色	轻壤土	粒状	7.9	11.5	0.69	0.40	53	3.0	103		E 105°05′13.9″ N 30°48′10.8″	73
						2	15—100	棕紫色	轻壤土	粒状	8.0	6.9	0.29	0.18						

盐 亭 县

主要土类说明

紫色土是盐亭县的主要土壤类型,占本县地域面积的81%。紫色土是由热带、亚热带紫红色岩层直接风化形成的A-C型土壤。其理化性质与母岩组成直接相关,土层浅薄,剖面层次发育不明显,仍处于初育阶段。母岩富含矿质养分,且风化迅速。母质中富含石灰,呈微碱性,土壤中碳酸钙含量为40—90g/kg,阳离子交换量为6—15cmol/kg。本县紫色土只有石灰性紫色土一个亚类。

水稻土是盐亭县第二大土壤类型,占本县地域面积的17%,分布于丘间谷底洼地。水稻土起源于各种母质,经长期淹水熟化而成,由于干湿交替,土壤中的活性物质不断的氧化还原、分解合成,有机胶粒、次生黏土矿物和盐基物质产生淋溶淀积,导致土壤剖面发生层次明显分化。土体由耕作层、犁底层、潴育层、初期潴育层、潜育层等层次组合构成,不同土体构型的水稻土反映出土壤本身的发生条件和生产性能,分异出水稻土的不同类型。本县水稻土分为潮土性水稻土、紫色土性水稻土、黄壤性水稻土等亚类。

小于本县地域面积3%的土壤类型还有新积土、黄壤等。

本区域中心区气候特征

本区域中心区气候特征值
Regional climate characteristics in central area of the region

气候带:中亚热带湿润气候 Climate region: Subtropical humid climate	
年平均气温 /℃ Annual average temperature /℃	15.9
年平均最高气温 /℃ Annual average maximum temperature /℃	20.2
年平均最低气温 /℃ Annual average minimum temperature /℃	12.7
年降水量 /mm Annual precipitation /mm	888
≥10℃的积温 /℃ Daily temperature accumulated in a year (≥10℃) /℃	5796
年日照时数 /h Annual sunshine /h	1224
年平均相对湿度 /% Annual average relative humidity /%	78
干燥度 Dryness	1.16

本区域中心区月平均气温与月平均降水量
Monthly temperature and precipitation in central area of the region

盐亭县主要土壤类型与土壤剖面点分布图
1∶220 000

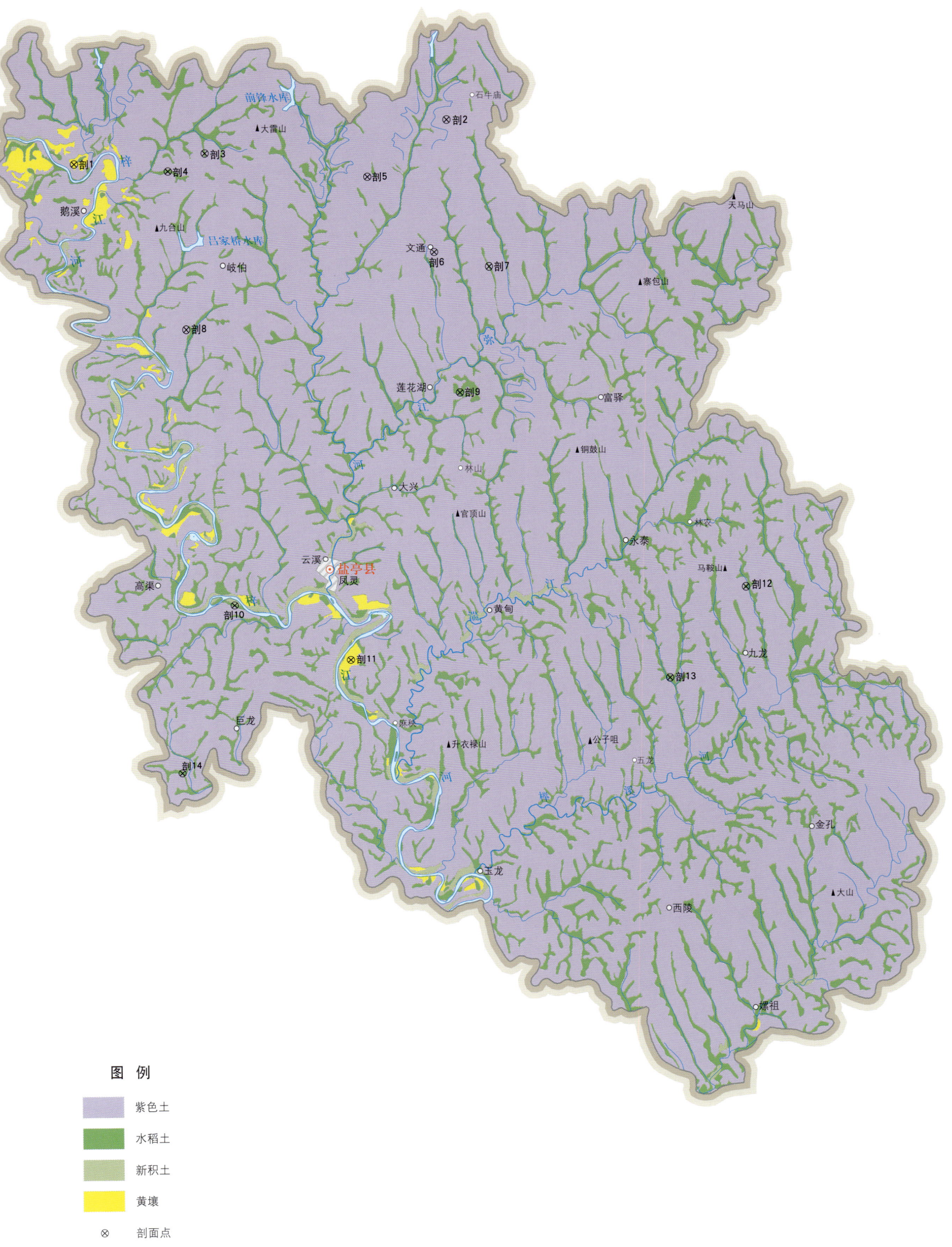

盐亭县土壤剖面理化性状表

剖面号 Soil profile	土纲 Soil order	土类 Soil great group	亚类 Soil subgroup	土属 Soil genus	土种 Soil species	土层码 Layer code	土层厚度 Depth/cm	颜色 Soil color	质地 Soil texture	土壤结构 Soil structure	pH	有机质 OM/(g/kg)	全氮 TN/(g/kg)	全磷 TP/(g/kg)	全钾 TK/(g/kg)	碱解氮 AN/(mg/kg)	有效磷 AP/(mg/kg)	速效钾 AK/(mg/kg)	土壤母质 Parent material	剖面点坐标 Profile coordinate	匹配指数 Matching index/%
剖1	铁铝土	黄壤	黄壤	姜石黄泥土	死黄泥土	1	0—16	棕黄色	中壤土	柱状	7.5	9.2	0.59	0.32	2.4	96	1.4	99	第四纪沉积物	E 105°14′47.8″ N 31°25′10.2″	90
						2	16—28	棕黄色	中壤土	团块状	7.7	6.5	0.53	0.24	2.2	81					
						3	28—100	灰黄棕色	重壤土	小棱块状	7.6	4.5	0.33	0.18	2.5	70					
剖2	初育土	紫色土	黄棕紫泥土	黄红紫泥土	黄砂土	1	0—17	浅黄色	轻壤土	散状	7.9	6.7	0.42	0.42	2.3	46	4.0	32	风化物	E 105°27′16.2″ N 31°26′22.9″	82
						2	17—38	浅黄色	轻壤土	块状	7.9	6.2	0.38	0.41	2.1						
						3	38—	黄色			7.6										
剖3	人为土	水稻土	紫色土性水稻土	黄红紫泥水稻土	夹砂紫泥田	1	0—17	棕紫色	中壤土	小块状	7.7	14.2	1.24	0.40	2.6	102	3.7	76		E 105°19′10.6″ N 31°25′27.5″	85
						2	17—25	棕紫色	中壤土	块状	7.9	12.4	1.14	0.38	2.6	90					
						3	25—75	棕紫色	中壤土	棱柱状	8.1	6.5	0.78	0.38							
						4	75—130	棕紫色		无明显结构	8.1		0.69								
剖4	初育土	紫色土	紫色土性水稻土	黄红紫泥水稻土	黄紫泥田	1	0—14	棕紫色	重壤土	大块夹粒状		20.9	1.60	0.41	2.6	92	10.3	85	风化物	E 105°17′56.0″ N 31°24′57.6″	79
						2	14—24	棕紫色	重壤土	小块状	7.0	19.7	1.40	0.37	2.6	87		58			
						3	24—60	黄棕紫色	中壤土	块状	7.1	11.3	1.10	0.26	2.6						
						4	60—100	暗黄紫色	重壤土	梭状	7.1	6.9	0.48	0.20							
剖5	初育土	紫色土	紫色土性水稻土	黄红紫泥水稻土		1	0—13	黄棕紫色	重壤土	小块状	7.3	11.7	0.74	0.24	2.6	42	1.0	115		E 105°24′36.7″ N 31°24′46.4″	100
						2	13—28	黄棕紫色	重壤土	梭块状	7.1	5.1	0.36	0.15	2.9						
						3	28—100	黄棕紫色	重壤土	梭块状	7.1	2.9	0.21	0.21	2.9						
剖6	初育土	紫色土	黄红紫泥土	黄红紫泥土	黄红紫泥土	1	0—13	黄棕紫色	重壤土	小块状	7.3	12.8	0.82	0.49	2.9	96	4.1	55	风化物	E 105°26′49.9″ N 31°22′35.8″	93
						2	13—45	暗棕紫色	轻黏土	块状	7.3	9.1	0.75	0.40	2.9	75	2.3	45			
						3	45—90	浅棕紫色	轻黏土	大块状	7.4	4.5	0.63	0.26	2.6						
剖7	人为土	水稻土	紫色土性水稻土	黄红紫泥水稻土	冷浸田	1	0—15	暗紫色	重壤土	小块状	8.0	27.8	1.03	0.40	2.5	64	2.0	90		E 105°28′39.7″ N 31°22′10.9″	99
						2	15—20	暗紫色	重壤土	小团块状	7.9	22.3	0.91	0.35	2.4						
						3	20—70	青灰色	轻壤土	无明显结构	8.0	16.7	0.73	0.35	2.0						
						4	70—90	青灰色		无明显结构		5.6	0.42	0.46	2.2						
剖8	初育土	紫色土	黄红紫泥土	黄色潮土田		1	0—16	灰棕紫色	中壤土	小块状	7.7	12.2	0.64	0.40	2.7	61	8.1	94	风化物	E 105°18′31.0″ N 31°20′26.5″	97
						2	16—50	浅黄棕色	中壤土	粒状	7.4	4.3	0.37	0.33	2.5						
						3	50—100	浅黄棕色	中壤土	大块状	7.5	5.1	0.38	0.32	2.4						
剖9	人为土	水稻土	潮土型水稻土	紫色潮土田	潮泥田	1	0—15	灰棕紫色	重壤土	粒状	7.7	17.5	1.01	0.79	2.8	79	9.8	173	河水沉积物	E 105°27′39.2″ N 31°18′35.3″	76
						2	15—24	暗紫色	重壤土	小块状	7.7	13.8	0.57	0.78	2.8	102	6.0	158			
						3	24—60	紫色	重壤土	大块状	7.6	10.3	0.60	0.68	3.0						
						4	60—100	黄紫色	中壤土	散状	7.4	5.0	0.42	0.33	2.3						
剖10	人为土	水稻土	潮土型水稻土	紫色潮土田	夹砂潮泥田	1	0—15	暗棕紫色	中壤土	小团块状	7.9	12.9	0.82	0.37	2.6	85	4.4	69	河水沉积物	E 105°20′03.8″ N 31°12′32.8″	71
						2	15—24	黄棕紫色	中壤土	棱块状	7.9	6.9	0.64	0.33	2.6	52	1.9	64			
						3	24—120	黄棕紫色	重壤土	小块状	8.0	3.6	0.59	0.36	2.7						
						4	120—	黄棕紫色	重壤土	大黄块状	8.0										
剖11	铁铝土	黄壤	黄壤	姜石黄泥土	姜石黄泥田	1	0—11	浅黄棕色	重壤土	团块状	7.3	9.7	0.63	0.39	2.3	113	6.7	127	第四纪沉积物	E 105°23′56.0″ N 31°10′57.7″	97
						2	11—28	黄棕紫色	轻壤土	小块状	7.3	7.8	0.40	0.32	2.2	98	3.2	88			
						3	28—65	浅红黄色	轻壤土	小块状	7.1	2.5	0.35	0.30	2.6						
						4	65—100	浅红黄色	重黏土	小块状	6.7	2.2	0.29	0.27							
剖12	人为土	水稻土	紫色土性水稻土	棕紫泥田	紫泥田	1	0—15	灰黄色	重壤土	小块状	7.5	13.0	0.62	0.62	2.7	72	11.7	105	砂泥岩风化洪积物、坡积物	E 105°37′09.1″ N 31°12′57.6″	97
						2	15—23	板状	中壤土	板状	7.5	10.2	0.79	0.64	2.7	104	9.6	120			
						3	23—70	棕紫色	中壤土	小棱块状	7.5	5.3	0.46	0.43	2.6						
						4	70—110	黄棕紫色	重壤土	块状	7.5	7.4	0.44	0.54							

续表 Continued

剖面号 Soil profile	土纲 Soil order	土类 Soil great group	亚类 Soil subgroup	土属 Soil genus	土种 Soil species	土层码 Layer code	土层厚度 Depth/cm	颜色 Soil color	质地 Soil texture	土壤结构 Soil structure	pH	有机质 OM/(g/kg)	全氮 TN/(g/kg)	全磷 TP/(g/kg)	全钾 TK/(g/kg)	碱解氮 AN/(mg/kg)	有效磷 AP/(mg/kg)	速效钾 AK/(mg/kg)	土壤母质 Parent material	剖面点坐标 Profile coordinate	匹配指数 Matching index/%
剖13	人为土	水稻土	紫色土性水稻土	棕紫泥田	夹砂田	1	0—13	灰紫色	中壤土	团块状		13.1	0.91	0.55	2.9	63	6.2	46	砂泥岩风化洪积物、坡积物	E 105°34′35.0″ N 31°10′21.7″	99
						2	13—23	灰紫色	中壤土	片状、块状		10.6	0.58	0.56	3.0						
						3	23—58	暗紫色	中壤土	柱状		6.9	0.42	0.42	2.9						
						4	58—100	紫色	中壤土	棱柱状		4.5	0.40	0.40	2.6						
剖14	人为土	水稻土	紫色土性水稻土	棕紫泥田	冷砂田	1	0—14	棕紫色	重壤土	小块状		25.2	1.24	0.54	2.7	129	4.2	103	砂泥岩风化洪积物、坡积物	E 105°18′16.4″ N 31°07′44.9″	87
						2	14—22	棕紫色	重壤土	大块状		25.5	0.86	0.37	2.6	103	7.3	69			
						3	22—40	灰紫色	重壤土	大块状		25.6	0.84	0.37	2.6						
						4	40—135	暗灰紫色	轻黏土	大棱状		20.1	0.74	0.33	2.6						

梓 潼 县

主要土类说明

紫色土是梓潼县的主要土壤类型，占本县地域面积的64%，主要分布在黎雅、观义、自强和许州等地。土壤具有较高的肥力水平，适种作物广。成土母质是紫红色砂泥岩，由于母岩中碳酸钙含量高，形成的土壤也富含钙质，其理化性质与母岩组成直接相关，土层浅薄，剖面层次发育不明显，仍为初育阶段。

水稻土是梓潼县第二大土壤类型，占本县地域面积的28%。水稻土是在长期季节性淹灌、水下翻耕、季节性脱水、氧化还原交替影响下，原来成土母质或母土的特性发生重大改变，形成的新的土壤类型。由于干湿交替，水稻土形成糊状淹育层、较坚实板结的犁底层、渗育层、潴育层与潜育层等多种发生层。这些不同发生层段是在人为耕作、水浆管理下形成的。

黄壤是梓潼县第三大土壤类型，占本县地域面积的5%，主要分布在许州、黎雅、观义、自强等地，分布位置主要在潼江两岸三、四级阶地。该土是由第四纪老冲积黄壤母质发育形成，土壤颜色均带黄色，质地多为重壤土至黏土。土壤熟化度高，呈中性偏酸，肥力水平在旱作土中为中等。养分含量较高，有机质含量为9.0—11.0g/kg。

小于本县地域面积3%的土壤类型还有潮土等。

本区域中心区气候特征

本区域中心区气候特征值
Regional climate characteristics in central area of the region

气候带：中亚热带湿润气候 Climate region: Subtropical humid climate	
年平均气温 /℃ Annual average temperature /℃	14.8
年平均最高气温 /℃ Annual average maximum temperature /℃	19.7
年平均最低气温 /℃ Annual average minimum temperature /℃	11.3
年降水量 /mm Annual precipitation /mm	829
≥10℃的积温 /℃ Daily temperature accumulated in a year (≥10℃) /℃	5136
年日照时数 /h Annual sunshine /h	1340
年平均相对湿度 /% Annual average relative humidity /%	75
干燥度 Dryness	1.18

本区域中心区月平均气温与月平均降水量
Monthly temperature and precipitation in central area of the region

梓潼县主要土壤类型与土壤剖面点分布图
1∶220 000

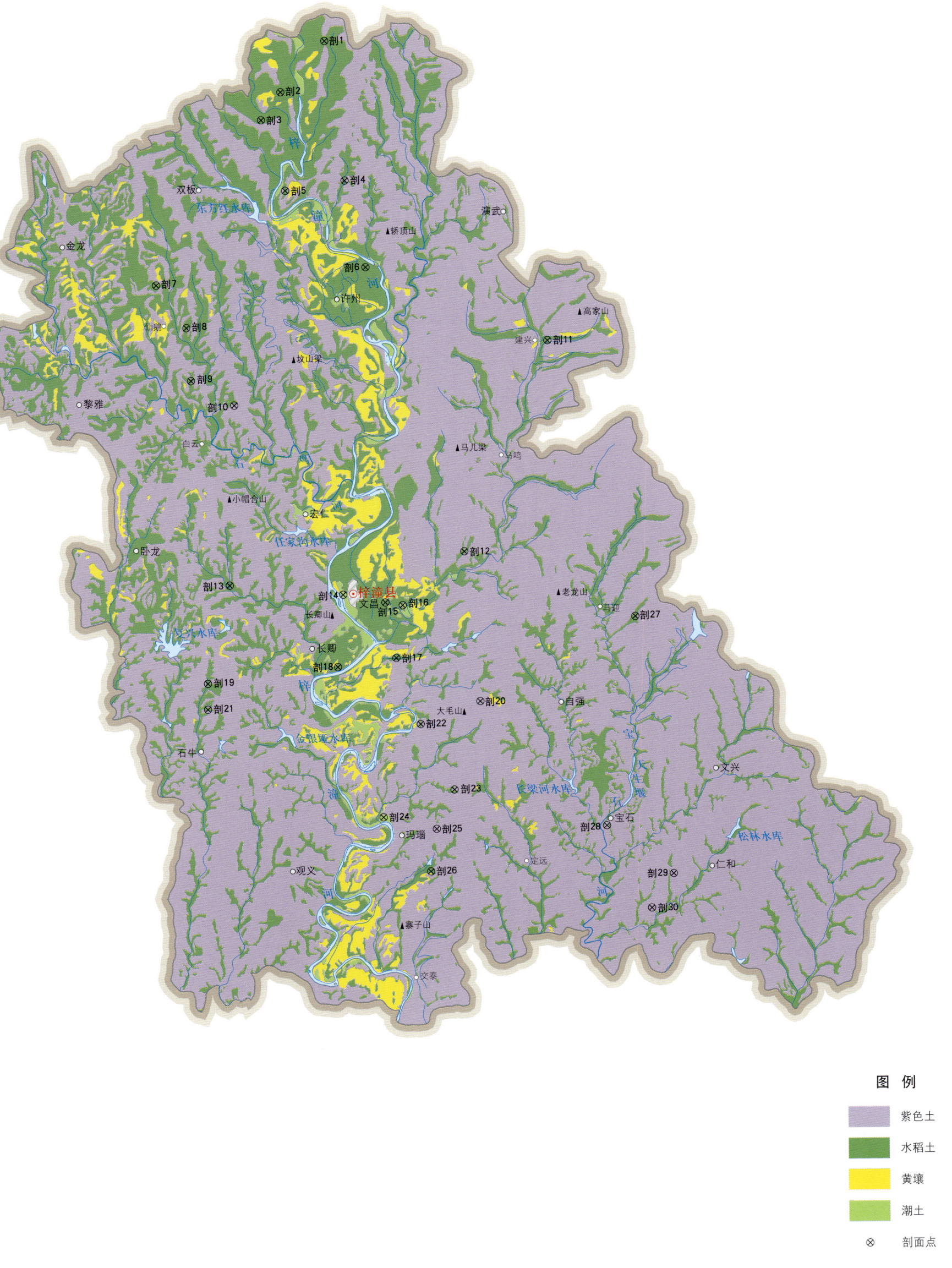

梓潼县土壤剖面理化性状表

剖面号 Soil profile	土纲 Soil order	土类 Soil great group	亚类 Soil subgroup	土属 Soil genus	土种 Soil species	土层码 Layer code	土层厚度 Depth/cm	颜色 Soil color	质地 Soil texture	土壤结构 Soil structure	pH	有机质 OM/(g/kg)	全氮 TN/(g/kg)	全磷 TP/(g/kg)	全钾 TK/(g/kg)	碱解氮 AN/(mg/kg)	有效磷 AP/(mg/kg)	速效钾 AK/(mg/kg)	阳离子交换量CEC/(cmol/kg)	土壤母质 Parent material	剖面点坐标 Profile coordinate	匹配指数 Matching index/%
剖1	人为土	水稻土	紫色土性水稻土	黄红紫色土性水稻土	石骨子田	1	0—26	紫黄色	轻壤土	团块状	7.8	13.0	10.20	1.47	2.1	61	17.0	90		砖红色砂岩、泥岩	E 105° 08′ 33.0″ N 31° 53′ 59.3″	90
						C	26—		中壤土													
剖2	人为土	水稻土	紫色土性水稻土	黄红紫色土性水稻土	紫黄泥田	1	0—11	紫灰黄色	重壤土											砖红色砂岩、泥岩	E 105° 07′ 04.1″ N 31° 52′ 32.2″	71
						2	11—20		轻壤土													
						3	20—90															
剖3	人为土	水稻土	紫色土性水稻土	黄红紫色土性水稻土	紫黄泥田	1	0—13	紫灰黄色	小块状		7.5	16.9	1.06	1.54	1.5	55	26.0	41	41.2	砖红色砂岩、泥岩	E 105° 06′ 24.3″ N 31° 51′ 44.5″	71
						2	13—20	褐黄色	中壤土	块状	7.3	16.2	1.04	1.32								
						P	20—45	紫黄色	重壤土	小棱柱状	7.3	5.3	0.62	0.97								
						4	45—100	紫黄色	轻壤土	棱柱状	7.2	4.2	0.51	0.71								
剖4	人为土	水稻土	紫色土性水稻土	黄红紫色土性水稻土	石骨子田	1	0—10		砂壤土											砖红色砂岩、泥岩	E 105° 09′ 12.6″ N 31° 50′ 01.0″	83
						2	10—15		轻壤土													
						3	15—		中壤土													
剖5	人为土	水稻土	紫色土性水稻土	黄红紫色土性水稻土	砂田	A	0—15	棕黄色	紧砂土	团粒状	7.5	8.2	0.71	1.22	1.4	73	13.0	80		砖红色砂岩、泥岩	E 105° 07′ 12.7″ N 31° 49′ 44.0″	93
						2	15—24	浅棕色	紧砂土	粒状	7.4	0.6	0.32	0.98								
						P	24—80	浅棕黄色	松砂土	粒状	7.4	0.4	0.39	0.72								
剖6	人为土	水稻土	潮土型水稻土	潮土型水稻土	潮砂田	A	0—15	紫灰黄色	轻壤土	团块状	7.0	16.0	1.01	1.25		78	15.0	85	11.8	近代河流冲积物	E 105° 09′ 53.3″ N 31° 47′ 32.6″	99
						2	15—22	灰棕色	中壤土	小块状	6.8	14.8	0.93	1.07								
						P	22—100	棕黄色	中壤土	小棱柱状	6.8	11.7	0.90	0.90								
剖7	人为土	水稻土	紫色土性水稻土	黄红紫色土性水稻土	泥田	A	0—13	灰棕色	中壤土	团块状	7.5	27.3	1.27	1.22	2.1	120	36.0	125	39.9	砖红色砂岩、泥岩	E 105° 02′ 51.7″ N 31° 47′ 03.1″	74
						2	13—19	暗棕色	重壤土	块状	7.5	24.9	1.13	0.97								
						P	19—40	灰棕色	重壤土	棱柱状	7.5	26.1	1.18	0.74								
						4	40—100	紫黄色	重壤土	棱柱状	7.5	10.1	0.64	0.58								
剖8	人为土	水稻土	紫色土性水稻土	黄红紫色土性水稻土	泥田	1	0—11		中壤土											砖红色砂岩、泥岩	E 105° 03′ 52.1″ N 31° 45′ 50.1″	71
						2	11—20		重壤土													
						3	20—45		重壤土													
						4	45—100		重壤土													
剖9	人为土	水稻土	紫色土性水稻土	黄红紫色土性水稻土	半砂半泥田	A	0—14	灰棕色	砂壤土	块状	7.7	10.8	0.67	1.49	2.0	79	2.0	91		砖红色砂岩、泥岩	E 105° 04′ 01.2″ N 31° 44′ 19.7″	79
						2	14—22	暗棕色	中壤土	块状	7.7	8.5	0.57	1.05								
						P	22—100	浅棕色	轻壤土	块状	7.7	4.7	0.40	0.83								
剖10	初育土	紫色土	黄红紫泥土	黄红紫泥土	泥土	A	0—18	紫色	中壤土	团块状	7.8	15.9	0.87	1.74	2.7	115	20.0	101	36.1	紫红色砂岩	E 105° 05′ 27.6″ N 31° 43′ 37.6″	91
						2	18—32	紫色	重壤土	小块状	7.8	9.8	0.87	1.75								
						3	32—100	红棕色	重壤土	块状	7.6	8.1	0.45	1.55								
剖11	人为土	水稻土	紫色土性水稻土	黄红紫色土性水稻土	夹砂泥田	A	0—12	紫色	轻壤土	团块状	7.8	16.1	0.77	1.57	2.5	102	32.0	107	36.4	砖红色砂岩、泥岩	E 105° 15′ 58.0″ N 31° 45′ 26.3″	83
						2	12—20	灰棕色	中壤土	块状	7.8	10.7	0.66	0.99								
						P	20—33	紫黄色	重壤土	块状	7.6	6.7	0.55	1.32								
						4	33—100	棕黄色	重壤土	小棱柱状	7.6	4.0	0.38	0.75								
剖12	人为土	水稻土	潮土型水稻土	潮土型水稻土	砂田	1	0—12		紧砂土											近代河流冲积物	E 105° 13′ 07.7″ N 31° 39′ 25.9″	94
						2	12—24		松砂土													
						3	24—100		砂壤土													
剖13	人为土	水稻土	紫色土性水稻土	黄红紫色土性水稻土	夹砂泥田	1	0—10		中壤土											砖红色砂岩、泥岩	E 105° 05′ 16.1″ N 31° 38′ 30.1″	73
						2	10—18		重壤土													
						3	18—100		重壤土													

续表 Continued

剖面号 Soil profile	土纲 Soil order	土类 Soil great group	亚类 Soil subgroup	土属 Soil genus	土种 Soil species	土层吗 Layer code	土层厚度 Depth/cm	颜色 Soil color	质地 Soil texture	土壤结构 Soil structure	pH	有机质 OM/(g/kg)	全氮 TN/(g/kg)	全磷 TP/(g/kg)	全钾 TK/(g/kg)	碱解氮 AN/(mg/kg)	有效磷 AP/(mg/kg)	速效钾 AK/(mg/kg)	阳离子交换量CEC/(cmol/kg)	土壤母质 Parent material	剖面点坐标 Profile coordinate	匹配指数 Matching index/%
剖14	半水成土	潮土	潮土	紫色潮土	砂土	A	0—14	灰棕色	松砂土	粒状	7.2	9.7	0.71	0.92	1.5	43	12.0	76	20.4	近代河流新冲积物	E 105° 09′ 04.0″ N 31° 38′ 12.8″	100
剖15	人为土	水稻土	潮土型水稻土	潮土型水稻土	潮砂田	2	14—40	紫棕色	松砂土	粒状	7.1	7.2	0.55							近代河流冲积物	E 105° 10′ 28.3″ N 31° 37′ 59.3″	70
						1	0—15		砂壤土													
						2	15—25		砂壤土													
						3	25—45		轻壤土													
						4	45—100		砂壤土													
剖16	半水成土	潮土	潮土	紫色潮土	潮泥土	A	0—17	暗黄棕色	中壤土	团块状	7.1	14.5	0.52	1.42	2.5	80	22.0	94		近代河流冲积物	E 105° 11′ 03.1″ N 31° 37′ 54.5″	81
						2	17—40	灰棕色	重壤土	小块状	7.0	8.8	0.96									
						3	40—100	暗灰棕色	重壤土	块状	7.0	8.2	0.48									
剖17	人为土	水稻土	紫色土性水稻土	黄色紫色土性水稻土	半砂半泥	1	0—12		砂壤土											砖红色砂岩、泥岩	E 105° 10′ 49.4″ N 31° 36′ 24.1″	95
						2	12—20		轻壤土													
						3	20—33		中壤土													
						4	33—100		中壤土													
剖18	人为土	水稻土	潮土型水稻土	潮土型水稻土	潮泥田	A	0—15	灰棕色	中壤土	团块状	7.3	22.0	1.19	1.69	1.5	88	21.0	160	28.9	近代河流冲积物	E 105° 08′ 52.4″ N 31° 36′ 09.7″	89
						2	15—22	灰棕色	中壤土	大块状	7.3	23.8	1.39	1.19								
						P	22—37	紫黄色	重壤土	柱状	7.2	9.3	0.65	0.87								
						W	37—100	暗黄棕色	重壤土	棱柱状	7.2	6.5	0.48	0.62								
剖19	人为土	水稻土	紫色土性水稻土	黄红紫色土性水稻土	冷浸下湿田	A	0—12	褐黄色	中壤土	团块状	7.8	16.9	1.10	1.99		104	26.0	110		砖红色砂岩、泥岩	E 105° 04′ 31.1″ N 31° 35′ 43.0″	77
						2	12—25		重壤土	小块状	7.8	15.5	0.95	1.50								
						G	25—45	灰白色	重壤土	无明显结构	7.7	11.8	0.85	1.25								
剖20	初育土	紫色土	黄红紫泥土	黄红紫泥土	石骨子土	A	0—12	紫色	砂壤土	粒状	8.0	7.1	0.64	0.92		51	10.0	81		紫红色砂泥岩	E 105° 13′ 37.2″ N 31° 35′ 09.6″	75
						2	12—25	紫色	轻壤土	碎块状	8.0	2.8	0.40	0.76								
						D	25—															
剖21	人为土	水稻土	黄红紫泥土	黄红紫泥土	冷浸下湿田	1	0—15		中壤土											砖红色砂岩、泥岩	E 105° 04′ 30.7″ N 31° 34′ 58.8″	75
						2	15—29		重壤土													
						3	29—50		轻壤土													
						4	40—100		重壤土													
剖22	人为土	水稻土	潮土型水稻土	黄红紫泥土	潮泥田	A	0—12	浅黄色	重壤土	小块状	7.6	15.7	0.91	1.28		95	14.0	95		近代河流新冲积物	E 105° 11′ 37.3″ N 31° 34′ 30.7″	99
						2	11—25	紫黄色	重壤土	块状	7.2	9.7	0.57	1.22								
						3	25—40	黄黄色	轻黏土	团粒状	7.0	3.4	0.42	1.02								
剖23	初育土	紫色土	黄红紫泥土	紫红紫泥土	紫砂土	A	0—16	暗黄棕色	砂壤土	块状	7.2	9.7	0.71	0.85		49	12.0	76		紫红色砂泥岩	E 105° 12′ 43.6″ N 31° 32′ 37.7″	84
						2	16—28	棕色	轻壤土	粒状	7.2	7.2	0.55	0.76								
						3	28—88	灰棕色	紧砂土	块状	7.0	4.6	0.53	0.52								
剖24	半水成土	潮土	潮土	紫色潮土	潮砂土	A	0—16	棕色	轻壤土	团块状	7.9	14.1	0.80	1.23	2.2	75	16.0	105	28.5	近代河流新冲积物	E 105° 10′ 21.0″ N 31° 31′ 51.2″	98
						2	16—23	棕色	中壤土	小块状	7.9	4.7	0.42	0.98								
						3	23—100	紫色	中壤土	块状	7.8	2.2										
剖25	初育土	紫色土	黄红紫泥土	黄红紫泥土	夹砂泥田	A	0—17	暗黄棕色	紧砂土	粒状	7.3	10.9	0.64	1.54		47	14.0	83		紫红色砂泥岩	E 105° 12′ 07.2″ N 31° 31′ 30.4″	88
						2	17—26	黄黄色	砂壤土	碎块状	7.3	7.9	0.53	1.40								
						3	26—100	棕黄色	砂壤土	碎块状	7.0	3.5	0.29	0.80								
剖26	人为土	水稻土	潮土型水稻土	潮土型水稻土	砂田	1	0—12		轻壤土											近代河流新冲积物	E 105° 11′ 55.0″ N 31° 30′ 17.3″	84
						2	12—20		中壤土													
剖27	人为土	水稻土	紫色土性水稻土	黄色紫色土性水稻土	夹砂泥田	3	20—100		重壤土											砖红色砂岩、泥岩	E 105° 18′ 50.0″ N 31° 37′ 33.2″	90

续表 Continued

剖面号 Soil profile	土纲 Soil order	土类 Soil great group	亚类 Soil subgroup	土属 Soil genus	土种 Soil species	土层码 Layer code	土层厚度 Depth/cm	颜色 Soil color	质地 Soil texture	土壤结构 Soil structure	pH	有机质 OM/(g/kg)	全氮 TN/(g/kg)	全磷 TP/(g/kg)	全钾 TK/(g/kg)	碱解氮 AN/(mg/kg)	有效磷 AP/(mg/kg)	速效钾 AK/(mg/kg)	阳离子交换量CEC/(cmol/kg)	土壤母质 Parent material	剖面点坐标 Profile coordinate	匹配指数 Matching index/%
剖28	初育土	紫色土	黄红紫泥土	黄红紫泥土	紫色姜石土	A	0—16	紫黄色	轻壤土	小块状	8.0	11.8	0.62	0.91		51	6.0	82		紫红色砂泥岩	E 105°17′48.5″ N 31°31′34.3″	98
						2	16—24	紫黄色	中壤土	块状	8.0	7.2	0.37	0.88								
						3	24—95	紫红色	重壤土	块状	8.1	1.4	0.12	0.79								
剖29	初育土	紫色土	黄红紫泥土	黄红紫泥土	砂土	A	0—12	紫黄色	紧砂土	粒状	7.1	5.0	0.48	0.97		38	6.0	84		紫红色砂泥岩	E 105°20′01.7″ N 31°30′10.8″	93
						2	12—23	紫色	紧砂土	粒状	7.0	4.9	0.41	0.48								
						C	23—															
剖30	初育土	紫色土	黄红紫泥土	黄红紫泥土	半砂半泥土	A	0—17	紫色	砂壤土	粒状	7.8	9.2	0.79	0.96		51	9.0	95		紫红色砂泥岩	E 105°19′17.4″ N 31°29′12.1″	89
						2	17—24	黄棕色	轻壤土	小块状	7.8	6.0	0.56	0.71								
						3	24—100	灰黄色	轻壤土	小块状	7.4	3.8	0.42	0.56								

北川羌族自治县

主要土类说明

黄棕壤是北川羌族自治县的主要土壤类型，占本县地域面积的33%。黄棕壤成土过程有脱钙、黏化与较微弱的富铝化，土壤肥力比山地黄壤高。土壤表层有机质含量可高达80—150g/kg，下层剧降为10—40g/kg，剖面颜色从上到下为黄棕色到暗黄棕色，土壤呈酸性至中性，pH为4.9—6.5，阳离子交换量比山地黄壤高，一般为17—22cmol/kg，土壤黏粒在剖面中有一定的移动和积累，质地多为重砾轻壤土或中壤土。本县黄棕壤只有山地黄棕壤一个亚类。

黄壤是北川羌族自治县第二大土壤类型，占本县地域面积的32%，是亚热带湿润气候条件下发育而成的地带性土壤，分布在海拔1500m以下的低、中山区。土壤产生黏化和富铝化，游离铁水化使土壤染成均一的黄色，这是黄壤的显著特征。土壤质地一般为重壤土至轻黏土。由于本县处于北亚热带，成土母质极为复杂，加之山高坡陡，水土流失严重，土壤发育不深，因而所形成的黄壤没有明显的黏、酸特征，而具有粗骨性的特点。本县黄壤分为黄壤和粗骨性黄壤两个亚类。

暗棕壤是北川羌族自治县第三大土壤类型，占本县地域面积的14%，分布在西北部高山中上部。由于气温低，蒸发作用弱，土壤剖面终年处于湿润状态，有机质累积较多，淋溶作用较强。剖面发生层可见Ao层，为有弹性的凋落物组成，厚度为5—8cm。A_1层厚度为5—9cm，团粒结构，根系密集，有机质含量为207.1—345.9g/kg，阳离子交换量为22.1—48.0cmol/kg，质地为中砾中壤土至轻砾石土。B层厚度为18—41cm，pH为5.2—6.2，有机质含量为27.7—96.7g/kg。C层为母质层，为半风化的岩屑碎块。本县只有暗棕壤一个亚类。

石灰（岩）土占本县地域面积的7%，主要分布于海拔700—1300m的关外石灰岩地区。游离碳酸盐存在于土体中，土壤呈弱碱性，质地黏重，核状结构，土壤有机质含量较高。本县只有黄色石灰（岩）土一个亚类。

黑毡土占本县地域面积的6%。黑毡土具有明显的草根盘结层，厚度在5cm左右。草根盘结层下的腐殖质层，有机质含量比草毡土高，为150—230g/kg。整个土层比草毡土厚，一般为70—80cm，质地为中壤土至重壤土，并含有砾石，淋溶作用较强，pH为5.1—6.3，阳离子交换量为22.6—35.4cmol/kg。本县黑毡土只有黑毡土一个亚类。

紫色土占本县地域面积的4%。成土过程以物理风化为主，剖面颜色较均一，无明显的层次分化，有机质较缺乏。由于受气候、母岩、地形等条件的影响，以及农业利用及改良方式各不相同，土壤中碳酸钙含量及pH也有明显的差异。根据pH及碳酸钙含量，本县紫色土分为中性紫色土和石灰性紫色土等亚类。

小于本县地域面积3%的土壤类型还有棕壤、水稻土、粗骨土、新积土等。

本区域中心区气候特征

本区域中心区气候特征值
Regional climate characteristics in central area of the region

气候带：北亚热带湿润气候 Climate region: North subtropical humid climate	
年平均气温 /℃ Annual average temperature /℃	11.4
年平均最高气温 /℃ Annual average maximum temperature /℃	18.0
年平均最低气温 /℃ Annual average minimum temperature /℃	7.0
年降水量 /mm Annual precipitation /mm	778
≥10℃的积温 /℃ Daily temperature accumulated in a year (≥10℃) /℃	4168
年日照时数 /h Annual sunshine /h	1535
年平均相对湿度 /% Annual average relative humidity /%	70
干燥度 Dryness	1.15

本区域中心区月平均气温与月平均降水量
Monthly temperature and precipitation in central area of the region

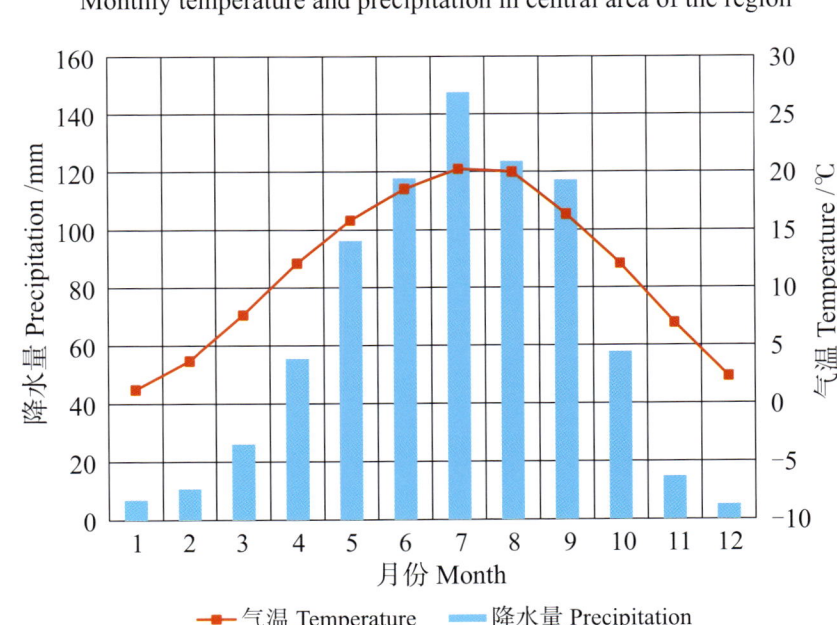

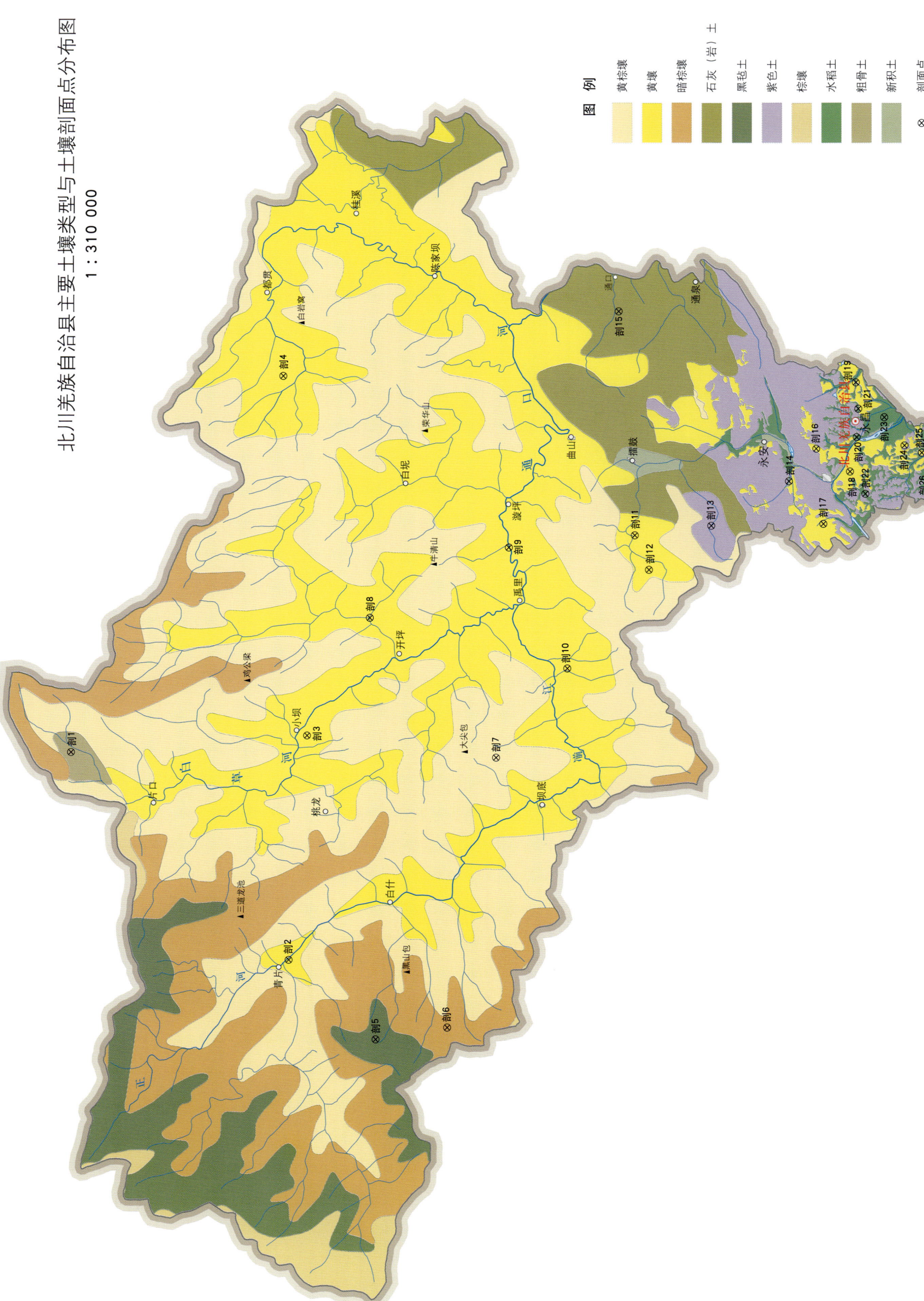

北川羌族自治县土壤剖面理化性状表

剖面号 Soil profile	土纲 Soil order	土类 Soil great group	亚类 Soil subgroup	土属 Soil genus	土种 Soil species	土层码 Layer code	土层厚度 Depth/cm	颜色 Soil color	质地 Soil texture	土壤结构 Soil structure	pH	有机质 OM/(g/kg)	全氮 TN/(g/kg)	全磷 TP/(g/kg)	全钾 TK/(g/kg)	碱解氮 AN/(mg/kg)	有效磷 AP/(mg/kg)	速效钾 AK/(mg/kg)	阳离子交换量CEC/(cmol/kg)	土壤母质 Parent material	剖面点坐标 Profile coordinate	匹配指数 Matching index/%
剖1	初育土	粗骨土	酸性粗骨土	黄色粗骨土	粗石渣黄砂土	A	0—14	浅灰黄色	砂壤土	粒状	6.4	28.0	1.95	0.19	2.7	142	1.8	80			E 104°11′17.9″ N 32°10′27.5″	89
						C	14—55	浅灰黄色	砂壤土	粒状	7.0	17.1	1.36	0.21	2.7							
剖2	铁铝土	黄壤	粗骨性黄壤	片砂黄泥土	片砂黄土	A	0—15	浅灰黄色	轻砾石土	粒状、小块状	6.7	18.5	1.55	0.41		100	4.8	92	13.5	变质千枚岩、板岩等风化物	E 104°01′10.1″ N 32°01′12.6″	74
						2	15—50	浅灰黄色	轻砾石土	小块状	6.8	10.2	0.37									
						C	50—90	浅灰黄色	中砾石土	小块状	6.8	11.7	1.06	0.39								
剖3	铁铝土	黄壤	粗骨性黄壤	片砂黄泥土	白砂泥土	A	0—17	灰白黄色	中砾石土	小块状	7.0	27.5	2.19	0.39		123	3.9	71	10.3		E 104°12′14.7″ N 32°00′33.8″	80
						C	17—65	浅灰黄色	中砾石土	块状	7.8	6.6	1.11	0.19								
剖4	铁铝土	黄壤	黄壤性土	砾石黄泥土	扁砾石黄砂土	A₁₁	0—18	浅黄色	重砾黏壤土	屑砾状	5.1	27.8	1.46	0.10	1.9	146	1.3	81	20.6	砂页岩风化物	E 104°29′51.7″ N 32°01′41.5″	85
						(B)	18—40	浅黄色	重砾黏壤土	块状	5.5	5.4	0.39	0.06	1.8							
						C	40—100	浅黄色	重砾黏壤土	块状	5.5	4.0	0.26	0.06	1.8							
剖5	高山土	黑色土				1	0—4												22.6		E 103°57′20.2″ N 31°57′31.0″	96
						2	4—20	暗棕色	轻砾中壤土	团粒状	5.5	150.5	7.82	1.42								
						3	20—32	棕色	重壤土	团粒状	5.1	86.2	5.25	1.18								
						4	32—50	黄灰色	轻砾石土	团粒、小块状	5.3	62.9	3.35	0.94								
						5	50—73	浅灰黄色	中壤土	块状	5.5	40.7	1.94	1.00								
剖6	淋溶土	暗棕壤				1	0—8												22.1		E 103°57′57.6″ N 31°54′31.3″	88
						2	8—17	黑棕色	中壤土	团粒状	5.5	207.1	8.77	0.98								
						3	17—24	棕灰色	中壤土	团粒状	5.0	72.2	3.74	0.67								
						4	24—54	棕灰色	轻砾石土	小块状	6.2	27.7	1.31	0.78								
						5	54—62	灰黄棕色														
剖7	淋溶土	黄棕壤	黄棕壤性土			A	0—16	黄黄棕色	壤质中壤土	粒状、小块状	7.1	21.8	1.41	0.16	2.5	106	3.1	155	17.2	千枚岩坡积物	E 104°11′15.0″ N 31°52′36.8″	94
						B	16—46	浅黄棕色	壤质黏土	棱块状	7.4	5.8	0.51	0.07								
						C	46—100		壤质黏土		7.7	6.3	1.48	0.19								
剖8	铁铝土	黄壤	粗骨性黄壤	片砂黄泥土	灰包土	A	0—15	黄黄棕色	轻壤土	假粒状	8.2	20.1	1.60	0.48	3.0	82	3.5	25	5.8	变质千枚岩、板岩等风化物	E 104°18′02.4″ N 31°57′58.7″	74
						2	15—60	浅黄棕色	轻壤土	小块状	8.4	17.7	1.60	0.53	3.0							
						C	60—100	浅黄棕色	轻壤土	棱块状	8.3	10.5	1.14	0.45	3.1							
剖9	铁铝土	黄壤	粗骨性黄壤	片砂黄泥土	面黄土	A	0—15	浅灰黄色	轻砾石土	假粒状	6.9	28.0	1.86	0.35		134	3.5	112	16.9	变质千枚岩、板岩等风化物	E 104°21′32.4″ N 31°52′10.2″	92
						2	15—40	黄色	中砾重黏土	块状	7.0	8.0	0.94	0.20								
						C	40—65	黄色	轻砾石土	块状	6.8	7.6	0.97	0.18								
剖10	铁铝土	黄壤	粗骨性黄壤	片砂黄泥土	黄沙夹砂土	A	0—16	浅黄棕色	中壤土	粒状、小块状	7.9	22.5	1.62	0.83	2.3	106	22.7	156	12.2	变质千枚岩、板岩等风化物	E 104°15′39.3″ N 31°49′39.7″	71
						2	16—68	浅黄棕色	轻砾石土	块状	7.9	7.2	0.90	0.50	2.3							
						C	68—100	浅黄棕色	中砾重壤土	假粒状	8.0	2.4	0.27	0.37	2.5							
剖11	铁铝土	黄壤		矿子黄泥土	面黄泥土	A	0—17	灰黄棕色	重壤土	块状	6.2	29.9	1.79	0.45	2.3	166	4.8	338	19.9		E 104°22′10.7″ N 31°46′52.6″	72
						2	17—40	黄色	重壤土	块状	6.2	22.2	1.42	0.38								
						C	40—110	黄色	重壤土	块状	8.0	6.6	0.58	0.22								
剖12	铁铝土	黄壤	黄壤	矿子黄泥土	大黄泥土	A	0—18	浅黄橙色	中砾轻壤土	粒状、小块状	7.8	23.8	1.16	0.47		97	3.5	159	18.9		E 104°20′30.1″ N 31°46′16.6″	83
						2	18—70	浅黄棕色	轻砾轻黏土	块状	7.6	5.5	0.50	0.20								
						3	70—100	黄色	重壤土	粒状	8.0	4.5	0.42	0.21	2.1							
剖13	初育土	紫色土	石灰性紫色土	暗紫泥土	暗紫砂泥土	A	0—19	灰灰棕色	中壤土	块状	8.0	21.6	1.21	1.07	2.3	109	3.9	157	39.1	灰岩、白云岩坡积物	E 104°22′40.4″ N 31°43′40.4″	79
						2	19—39	灰棕色	中壤土	块状	8.2	14.0	0.94	1.04	2.1							
						3	39—105	灰棕色	重壤土	棱块状	8.2	14.2	0.83	0.65	2.3							

续表 Continued

剖面号 Soil profile	土纲 Soil order	土类 Soil great group	亚类 Soil subgroup	土属 Soil genus	土种 Soil species	土层码 Layer code	土层厚度 Depth/cm	颜色 Soil color	质地 Soil texture	土壤结构 Soil structure	pH	有机质 OM/(g/kg)	全氮 TN/(g/kg)	全磷 TP/(g/kg)	全钾 TK/(g/kg)	碱解氮 AN/(mg/kg)	有效磷 AP/(mg/kg)	速效钾 AK/(mg/kg)	阳离子交换量 CEC/(cmol/kg)	土壤母质 Parent material	剖面点坐标 Profile coordinate	匹配指数 Matching index/%
剖14	初育土	新积土	冲积土	山地冲积土	稻砂土	A	0—20	暗灰色	中壤土	粒状	8.4	19.2	1.30	1.92		60	7.4	20		河流冲积物	E 104°24′53.6″ N 31°40′25.7″	86
						2	20—60	暗灰色	中壤土	粒状	8.5	15.6	0.90	1.83		42	5.7	27				
						3	60—100	深灰色	中壤土	大粒状	8.5	19.7	0.70	1.88		26	7.0	37				
剖15	初育土	石灰(岩)土	黄色石灰土	黄色石灰土	颗子黄泥土	A	0—20	浅棕色	中砾轻黏土	核状、小块状	8.1	15.7	0.94	0.40		74	3.9	118	19.9		E 104°33′06.5″ N 31°47′37.3″	90
						2	20—49	浅黄色	轻砾轻黏土	小块状	8.0	19.0	0.82	0.39								
						C	49—100	浅黄棕色	轻黏土	棱块状	7.5	3.4	0.27	0.26								
剖16	铁铝土	黄壤	黄壤	老冲积黄泥土	死黄泥土	1	0—13	黄棕色	轻黏土	小块状	5.7									亚黏土	E 104°26′29.0″ N 31°39′17.6″	74
						2	13—30	黄色	中黏土	棱块状	5.7	8.1	0.60	0.22		23	0.2	22				
						3	30—100	黄色	中黏土	棱块状	5.6	2.3	0.30	0.17				66				
剖17	铁铝土	黄壤	山地黄壤	山地砂土	白砂土	1	0—20	浅黄色	轻壤土	粒状	8.1	29.1	2.00	0.39		77	1.8	85			E 104°22′49.1″ N 31°38′57.8″	71
						2	20—100	黄色	中壤土	粒状	8.3	25.5	1.90	0.83		69	1.0	85				
剖18	铁铝土	黄壤	老冲积黄泥土	面黄泥土	1	0—15	棕黄色	重壤土	小粒状、块状	6.5	10.5	0.90	0.17		89	0.1	17		亚黏土	E 104°25′23.2″ N 31°37′52.0″	82
						2	15—21	棕黄色	轻黏土	块状	6.5	8.9	0.80	0.17		81	0.3	5				
						3	21—100	淡黄色	中黏土	块状	6.7	5.2	0.70	0.13		23	0.1	17				
剖19	人为土	水稻土	黄壤性水稻土	老冲积黄泥田	黄白砂泥	1	0—7	黄棕色	重壤土	小块状	7.6	26.4	1.60	0.26		97	7.1	16		第四纪亚黏土	E 104°29′43.4″ N 31°37′39.4″	77
						2	7—23	灰黄色	重壤土	块状	7.5	25.2	1.40	0.22		92	7.0	10				
						3	23—67	黄棕色	重壤土	块状、柱状	7.0	3.8	0.70	0.17		14	7.0	12				
						4	67—100	黄棕色	重壤土	块状、柱状	7.0	3.8	0.70	0.17		14	7.0	12				
剖20	人为土	水稻土	黄壤性水稻土	再积黄泥水稻田	再积黄泥田	A	0—13	黄棕色	重壤土	块状	6.5	19.3	1.20	0.35		60	2.4	37		老冲积坡积物、残积物	E 104°27′04.0″ N 31°37′35.8″	96
						2	13—21	黄棕色	重壤土	块状	6.9	16.1	1.00	0.31		56	0.7	19				
						W	21—100	黄棕色	轻黏土	块状	6.7	11.0	0.80	0.22		47		27				
剖21	人为土	水稻土	紫色土性水稻土	老冲积黄泥田	死黄泥田	1	0—12	棕黄色	轻黏土	块状	6.3	7.7	0.60	0.22		52	1.5	28		第四纪亚黏土	E 104°28′26.0″ N 31°37′32.5″	89
						2	12—18	浅黄棕色	轻黏土	块状	6.3	7.1	0.60	0.22		46	1.2	36				
						3	18—100	红黄色	重黏土	大块状	5.8	2.3	0.30	0.17		27	0.6	105				
剖22	人为土	水稻土	紫色土性水稻土	红黄紫泥水稻土	浅黄泥田	1	0—13	黄棕色	重壤土	小棱块状	7.3	31.9	1.80	0.31		95	5.4			厚层砾岩、泥质砂岩	E 104°24′17.7″ N 31°37′12.9″	83
						2	13—20	黄棕色	重壤土	块状	7.3	30.9	1.70	0.31		89	4.4					
						3	20—100	黄色	中壤土	棱块状	7.3	24.5	1.50	0.26		76	2.6					
剖23	人为土	水稻土	黄红紫泥水稻土	黄砂泥田	1	0—15	灰黄色	重壤土	块状	7.2	28.6	1.30	0.26		77	29.3	8		亚黏土	E 104°28′01.9″ N 31°36′27.0″	91
						2	15—21	灰黄色	重壤土	块状	7.2	26.7	1.40	0.22		136	3.5	6				
						3	21—60	灰黄色	重壤土	棱块状	7.3	23.3	1.20	0.22		49	22.7	6				
						4	60—100	棕黄色	重壤土	块状												
剖24	铁铝土	黄壤	黄壤	老冲积黄泥土	黄泥田	1	0—13	黄棕色	中壤土	小块状	6.3	10.7	0.60	0.26		52	0.6	8		亚黏土	E 104°26′40.9″ N 31°35′35.2″	83
						2	13—17	黄棕色	中壤土	小块状	6.2	10.4	0.60	0.26		46	0.6	8				
						3	17—56	黄色	中壤土	棱块状	6.9	3.3	0.20	0.13		7	1.4	40				
						4	56—100	浅黄色	重壤土	棱块状												
剖25	铁铝土	黄壤	黄壤	老冲积黄泥土	金砂土	1	0—12	浅黄色	中砾轻壤土	粒状	7.0	4.1	0.10	0.65		14	11.4	14		老冲积黏土、砾石	E 104°26′19.9″ N 31°34′51.9″	94
						2	12—20	浅黄色	中砾轻壤土	粒状	6.7	0.4	0.03	0.65			10.4	12				
						3	20—100	浅黄色	中壤土	块状	6.6	5.3	0.04	0.13		17	2.5	12				
剖26	人为土	水稻土	黄壤性水稻土	老冲积黄泥田	石子黄泥田	1	0—13	黄棕色	轻砾重壤土	小块状	5.8	16.4	1.10	0.31		59	6.5	35		亚黏土、砂砾	E 104°24′39.7″ N 31°34′25.8″	76
						2	13—22	棕灰色	轻砾重壤土	块状	5.8	15.3	1.10	0.22		54	3.0	40				
						3	22—42	棕黄色	轻砾重壤土	小块状	7.4	3.8	0.50	0.22		9	0.6	35				
						C	42—100	紫红色	黏土	棱块状												

平 武 县

主要土类说明

黄棕壤是平武县的主要土壤类型，占本县地域面积的34%。黄棕壤发生于北亚热带暖湿落叶阔叶林下，弱度富铝化，黏聚现象明显，呈黄棕色黏土。具A–B–C或A–（B）–C剖面构型，黏粒硅铝率在2.5左右，铁的游离度较红壤低，B层交换性酸大于A层。土壤pH为5.5—6.0。

黄壤是平武县第二大土壤类型，占本县地域面积的23%。黄壤发生于亚热带湿润条件下，中度脱硅富铝化，多见于海拔700—1200m的山区。土壤有机质累积较多，具O–A–AB–B–C剖面构型。pH为4.5—5.5。淀积层（B层）富含水合氧化物（针铁矿），呈黄色。

暗棕壤是平武县第三大土壤类型，占本县地域面积的21%。暗棕壤是在温带湿润地区针阔叶混交林下发育，具有明显有机质富集和弱酸性淋溶的土壤，具O–A–B–C剖面构型。A层有机质含量可达200g/kg，弱酸性淋溶，铁铝轻微下移。B层呈棕色，结构面见铁锰胶膜，呈弱酸性，盐基饱和度为70%—80%。土壤冻结期长。

棕壤占本县地域面积的10%。棕壤发生于湿润暖温带落叶阔叶林下，但大部分已被垦殖，以旱作为主。该土壤处于硅铝风化阶段，具有黏化特征，呈棕色土壤。土体见黏粒淀积，盐基充分淋失，pH为6.0—7.0，见少量游离铁。

黑毡土占本县地域面积的8%。黑毡土发生于青藏高原高寒略较温湿的塬面上，蒿草与杂生草类的草毡层初步分解，形成初步腐殖化的暗色草根茎盘结层。该土壤色泽较深，有机质含量较高，为100—150g/kg，底土见锈色斑纹。土壤pH为6.5—8.0。

小于本县地域面积3%的土壤类型还有草毡土、寒冻土、石灰（岩）土、粗骨土等。

本区域中心区气候特征

本区域中心区气候特征值
Regional climate characteristics in central area of the region

气候带：北亚热带湿润气候 Climate region: North subtropical humid climate	
年平均气温 /℃ Annual average temperature /℃	11.2
年平均最高气温 /℃ Annual average maximum temperature /℃	17.6
年平均最低气温 /℃ Annual average minimum temperature /℃	6.7
年降水量 /mm Annual precipitation /mm	697
≥10℃的积温 /℃ Daily temperature accumulated in a year（≥10℃）/℃	4001
年日照时数 /h Annual sunshine /h	1654
年平均相对湿度 /% Annual average relative humidity /%	66
干燥度 Dryness	1.35

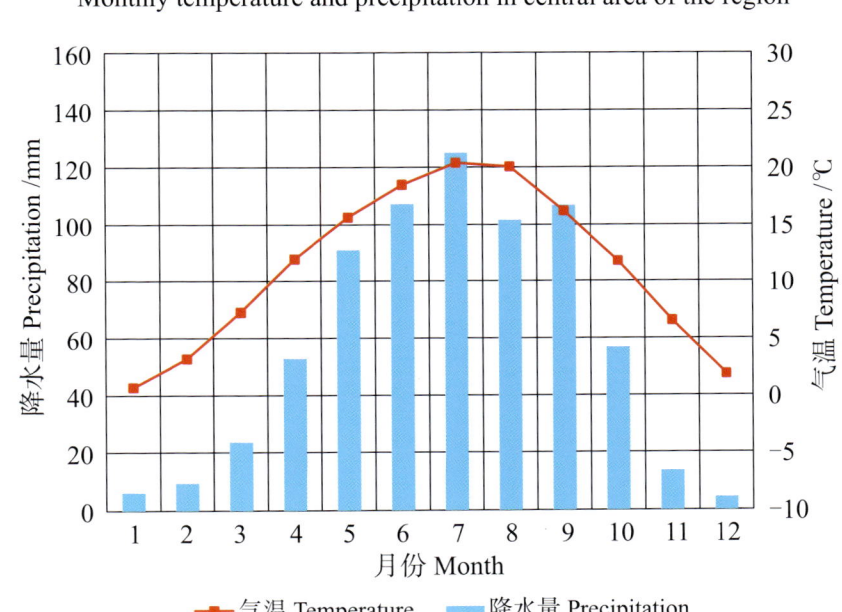

本区域中心区月平均气温与月平均降水量
Monthly temperature and precipitation in central area of the region

平武县主要土壤类型与土壤剖面点分布图
1:480 000

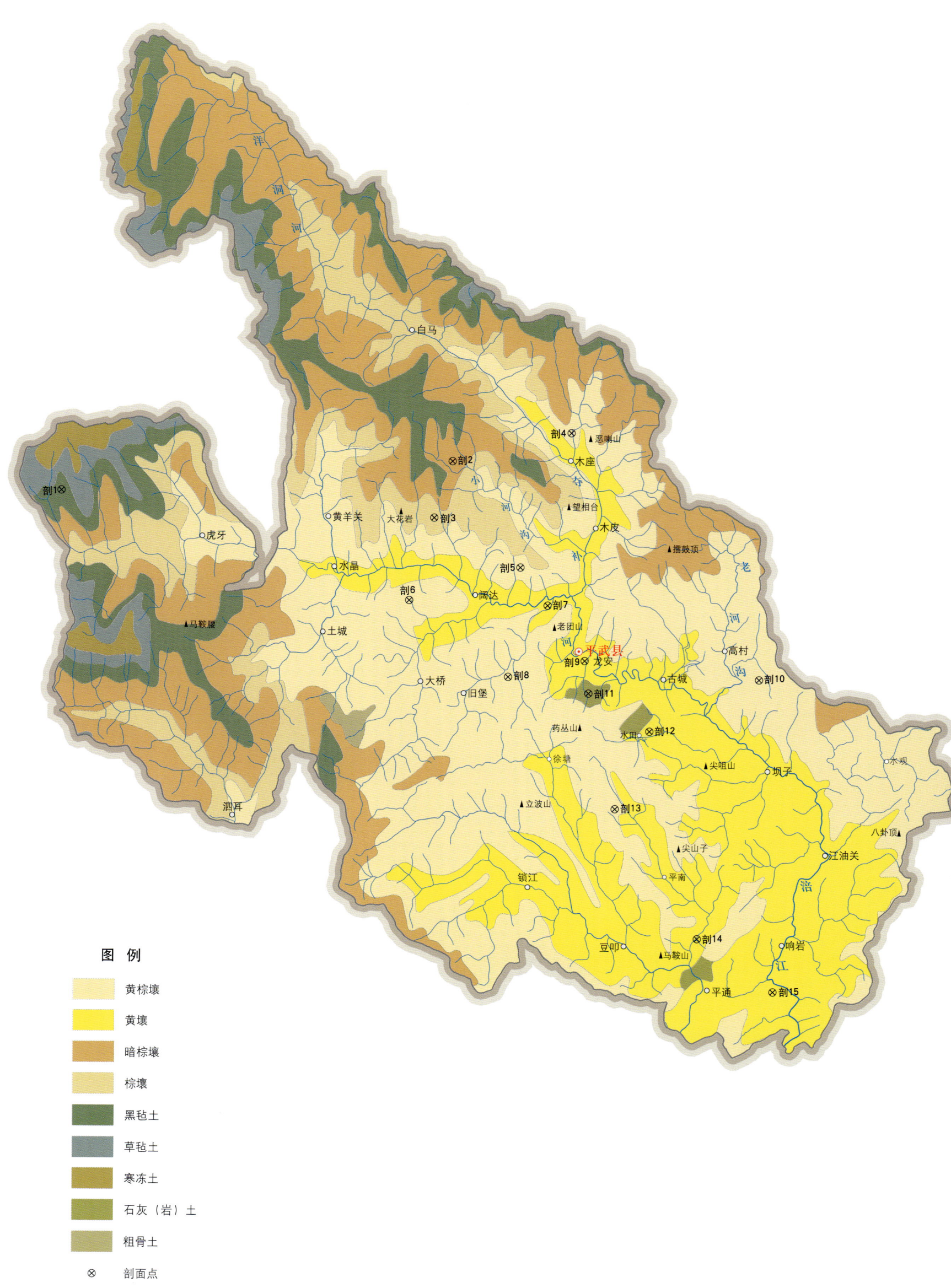

平武县土壤剖面理化性状表

剖面号 Soil profile	土纲 Soil order	土类 Soil great group	亚类 Soil subgroup	土属 Soil genus	土种 Soil species	土层码 Layer code	土层厚度 Depth/cm	颜色 Soil color	质地 Soil texture	土壤结构 Soil structure	pH	有机质 OM/(g/kg)	全氮 TN/(g/kg)	全磷 TP/(g/kg)	全钾 TK/(g/kg)	碱解氮 AN/(mg/kg)	有效磷 AP/(mg/kg)	速效钾 AK/(mg/kg)	阳离子交换量 CEC/(cmol/kg)	土壤母质 Parent material	剖面点坐标 Profile coordinate	匹配指数 Matching index/%
剖1	高山土	黑毡土	棕黑毡土			1	0~7	黑棕色	中壤土	粒状	5.7	127.6	6.16	2.90	2.7	483	1.0	263	29.2	变质岩风化残积物	E 103°53′31.2″ N 32°34′19.6″	72
						2	7~18	暗棕色	中壤土	小块状	6.1	46.6	2.66	1.48								
						3	18~45	棕色	中壤土	小块状	6.7		1.63	1.19								
						4	45~65	浅棕色	中壤土	块状	6.1		0.78	0.99								
						5	65~82	浅黄色														
剖2	淋溶土	暗棕壤	草甸暗棕壤	草甸暗棕壤		1	0~7	褐黄色	中壤土	粒状	6.1	100.9	4.83	1.86	3.2	175	2.0	54	23.1		E 104°22′17.0″ N 32°36′21.6″	90
						2	7~27	暗棕色	中壤土	团块状	6.4	23.8	2.15	2.61								
						3	27~42	暗棕黄色	重壤土	小块状	6.6	35.0		2.43								
						4	42~64	棕黄色	中壤土	小块状	6.6	34.8		2.13								
剖3	淋溶土	棕壤	山地棕壤	山地棕壤		1	0~11								3.8		27.0			变质砂页岩、灰岩等坡积物	E 104°20′58.2″ N 32°32′51.0″	97
						2	11~23	浅黄色	中壤土	小块状	5.2	131.4		4.49	3.1							
						3	23~60	浅黄灰色	中壤土		5.5	44.0		4.11	3.2							
						4	60~100	浅黄灰色	中壤土	小块状	4.7	59.7		2.69								
剖4	淋溶土	黄棕壤				1	0~2			散状									35.8		E 104°31′01.5″ N 32°38′09.2″	80
						2	2~6	黑色	轻壤土	松散状	6.1	365.9	14.29	0.61	1.2	665	22.0	619				
						3	6~36	黑色	中壤土	粒状	5.5	66.8	3.18	0.90								
						4	36~100	灰灰色	中壤土	块状	6.1	29.6	1.38	0.61								
剖5	淋溶土	黄棕壤	山地黄棕壤	山地黄棕壤	青灰石片土	1	0~13	暗黄色	中砾中壤土	粒状	5.6	48.1	3.44	0.64	5.3	218	5.0	77		各种岩石残积物、坡积物	E 104°27′20.5″ N 32°29′47.4″	86
						2	13~100	浅灰色	轻砾中壤土	小块状	6.2	4.8	1.39	0.35								
剖6	淋溶土	黄棕壤	山地黄棕壤	山地黄棕壤	自然土	1	0~4	暗棕色	轻壤土	粒状	6.4	17.9	1.17	1.19	2.5	123	1.0	26	13.3	各种岩石残积物、坡积物	E 104°19′12.0″ N 32°27′42.8″	80
						2	4~49	黄黄棕色	轻壤土	大块状	6.7	6.5	0.84	0.74	2.5							
						3	49~100	灰灰棕色	轻壤土	块状												
剖7	铁铝土	黄壤	黄壤	粗骨性黄泥土	石砂土	1	0~17	浅灰黄色	中砾石轻壤土	粒状	6.7	40.7	2.70	1.32	3.9	248	8.0	43	12.8		E 104°29′21.8″ N 32°27′26.6″	88
						2	17~100	黄色	中砾石轻壤土	小团块状	6.8	22.7	1.73	0.23								
剖8	淋溶土	黄棕壤	黄棕壤性土	残坡积石块黄棕泥土	石块黄棕泥土	A	0~15	浅灰黄色	壤质黏土	粒状	6.6	26.6	1.83	0.53	1.5	108	3.0	59	8.3	板岩坡积物	E 104°26′30.5″ N 32°22′59.9″	72
						B	15~60	浅灰黄色	壤质黏土	粒状、块状	6.6	20.5	1.65	0.45								
						C	60~100	浅灰黄色	壤质黏土		6.6	14.6	1.38	0.44								
剖9	黄壤	黄壤	冷砂黄泥土	面黄泥土		1	0~14	棕黄色	轻壤中壤土	团块状	5.8	23.5	1.25	0.35	2.6	118	3.0	86		各种岩石残积物、坡积物	E 104°32′08.0″ N 32°24′01.4″	99
						2	14~55	灰黄色	壤质重壤土	块状	5.9	9.3	0.75	0.26								
						3	55~100	浅灰黄色	壤质重壤土	大块状	6.1	2.8	0.51	0.26								
剖10	铁铝土	黄壤	山地黄棕壤	山地黄棕壤	黄泥土	1	0~12	棕色	壤质重壤土	块状	8.2	14.8	0.91	0.84	3.0	54	9.0	82			E 104°44′57.5″ N 32°22′54.1″	86
						2	12~40	浅灰黄色	壤质直壤土	整体状	8.1	12.3	0.83	0.98								
						3	40~100	浅灰黄色	壤质直壤土	整体状	8.1	11.9	0.78	0.59								
剖11	初育土	石灰(岩)土	黄色石灰土	石灰黄泥渣土	石灰黄泥渣土	1	0~16	棕色	壤质黏土	小核柱状	7.4	15.4	1.22	0.54	2.4	81	4.0	114	16.0	各种岩石残积物	E 104°32′25.8″ N 32°22′00.1″	100
						2	16~70	浅灰黄色	黏土	块状	7.8	10.4	0.96	0.42	2.0				22.2			
						3	70~100	灰灰黄色	壤质黏土	小块状	8.0	2.0	0.92	0.78	3.2				11.6			
剖12	铁铝土	黄壤	黄壤	粗骨性黄泥土	石窑土	1	0~15	暗灰棕色	中砾石中壤土	块状	7.5	33.3	1.72	1.48	3.8	140	3.0	39		砂质页岩、泥岩、千枚岩	E 104°36′56.2″ N 32°19′40.1″	95
						2	15~51	浅灰黄色	中砾石中壤土	小块状	7.5	8.6	0.47	1.63	3.8							
						3	51~100	灰灰黄色	轻砾石中壤土	粒状	7.1	5.3	0.50	1.45	3.5							
剖13	淋溶土	黄棕壤	山地黄棕壤	山地黄棕壤	黑石砂泥土	1	0~20	灰黑色	重壤土	粒状	7.3	79.6	4.56	3.41	2.5	325	9.0	31		各种岩石残积物、坡积物	E 104°34′26.0″ N 32°14′50.6″	78
						2	20~65	黑色	重壤土	小块状	8.6	23.6	3.30	1.82								
						3	65~100	黑色	中砾石中壤土	小块状												

续表 Continued

剖面号 Soil profile	土纲 Soil order	土类 Soil great group	亚类 Soil subgroup	土属 Soil genus	土种 Soil species	土层码 Layer code	土层厚度 Depth/cm	颜色 Soil color	质地 Soil texture	土壤结构 Soil structure	pH	有机质 OM/(g/kg)	全氮 TN/(g/kg)	全磷 TP/(g/kg)	全钾 TK/(g/kg)	碱解氮 AN/(mg/kg)	有效磷 AP/(mg/kg)	速效钾 AK/(mg/kg)	阳离子交换量CEC/(cmol/kg)	土壤母质 Parent material	剖面点坐标 Profile coordinate	匹配指数 Matching index/%
剖14	铁铝土	黄壤	黄壤	冷砂黄泥土	银灰色石片土	1	0—14	银灰色	中壤土	块状	7.2	9.1	0.77	0.77	3.0	62	3.0	96	10.0	千枚岩残积物	E 104°40′32.5″ N 32°06′46.4″	84
						2	14—60	灰色	重壤土	大块状	7.3	9.8	0.71	0.77								
						3	60—100	灰色	重壤土	大块状	7.5	4.3	0.55	0.89								
剖15	铁铝土	黄壤	黄壤	粗骨性黄泥土	夹砂黄泥土	1	0—14	灰黄色	中壤土	团块状	6.1	23.4	1.88	0.77	3.8	164	3.0	62		砂页岩、泥岩、千枚岩	E 104°46′06.6″ N 32°03′30.6″	71
						2	14—70	黄色	重壤土	大块状	6.5	4.8	1.04	0.76								
						3	70—100	黄色	重壤土	块状	6.5	3.9	0.87	0.84								

江 油 市

主要土类说明

水稻土是江油市的主要土壤类型，占本市地域面积的56%。水稻土是在长期季节性淹灌、水下翻耕、季节性脱水、氧化还原交替影响下，原来成土母质或母土的特性发生重大改变，形成的新的土壤类型。由于干湿交替，水稻土形成糊状淹育层、较坚实板结的犁底层、渗育层、潴育层与潜育层等多种发生层。这些不同发生层段是在人为耕作、水浆管理下形成的。

黄棕壤是江油市第二大土壤类型，占本市地域面积的27%。黄棕壤发生于北亚热带暖湿落叶阔叶林下，弱度脱硅富铝化，黏聚现象明显，呈黄棕色黏土。具A-B-C或A-(B)-C剖面构型，黏粒硅铝率在2.5左右，铁的游离度较红壤低，B层交换性酸大于A层。土壤pH为5.5—6.0。

黄壤是江油市第三大土壤类型，占本市地域面积的8%。黄壤发生于亚热带湿润条件下，中度脱硅富铝化，多见于海拔700—1200m的山区。土壤有机质累积较多，具O-A-AB-B-C剖面构型。pH为4.5—5.5。淀积层（B层）富含水合氧化物（针铁矿），呈黄色。

紫色土占本市地域面积的7%。紫色土是由热带、亚热带紫红色岩层直接风化形成的A-C型土壤。其理化性质与母岩组成直接相关，土层浅薄，剖面层次发育不明显，仍处于初育阶段。母岩富含矿质养分，且风化迅速。

小于本市地域面积3%的土壤类型还有新积土、石灰（岩）土等。

本区域中心区气候特征

本区域中心区气候特征值
Regional climate characteristics in central area of the region

气候带：中亚热带湿润气候 Climate region: Subtropical humid climate	
年平均气温 /℃ Annual average temperature /℃	13.9
年平均最高气温 /℃ Annual average maximum temperature /℃	19.2
年平均最低气温 /℃ Annual average minimum temperature /℃	10.1
年降水量 /mm Annual precipitation /mm	791
≥10℃的积温 /℃ Daily temperature accumulated in a year (≥10℃) /℃	4789
年日照时数 /h Annual sunshine /h	1427
年平均相对湿度 /% Annual average relative humidity /%	72
干燥度 Dryness	1.25

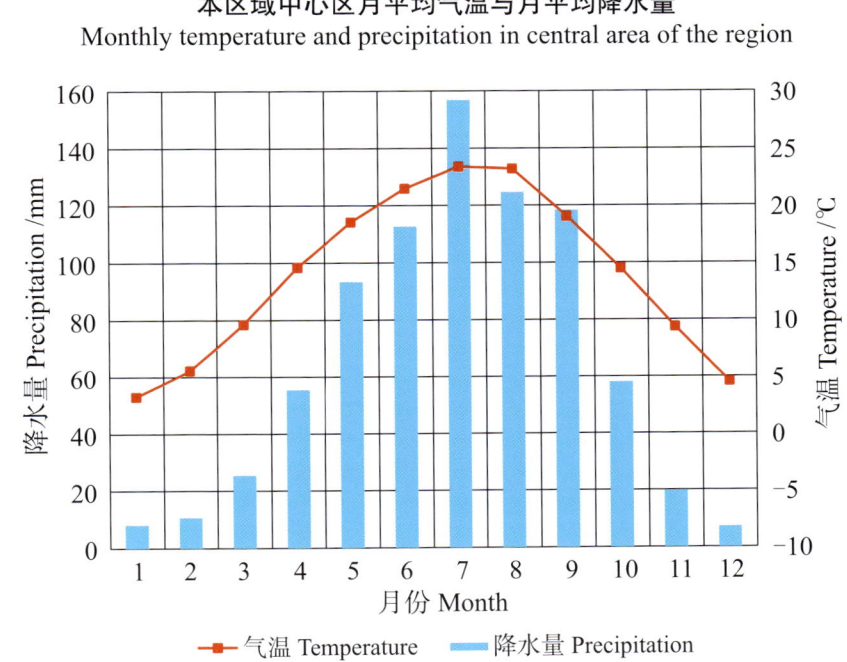

本区域中心区月平均气温与月平均降水量
Monthly temperature and precipitation in central area of the region

江油市主要土壤类型与土壤剖面点分布图
1 : 330 000

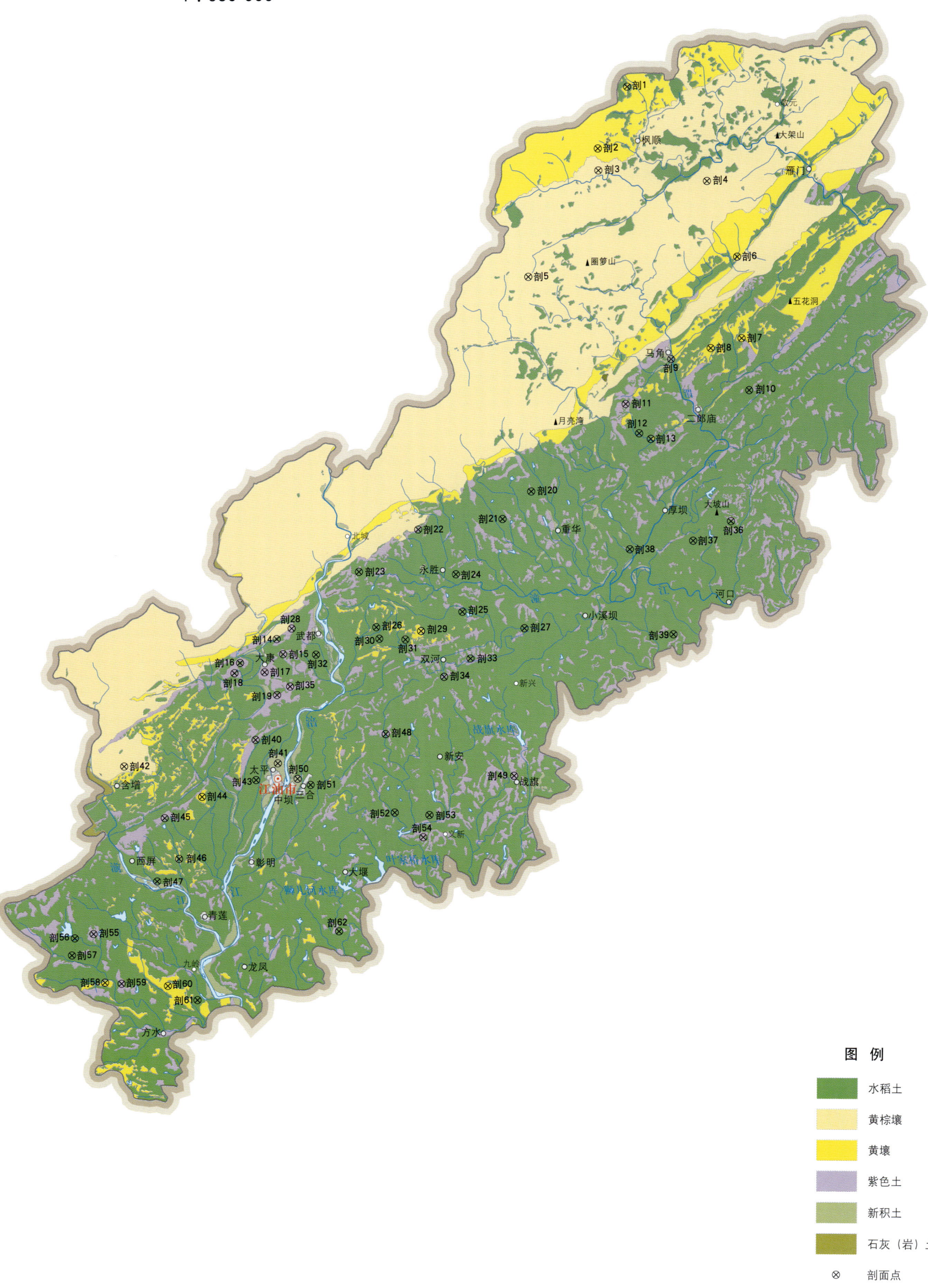

江油市土壤剖面理化性状表

剖面号 Soil profile	土纲 Soil order	土类 Soil great group	亚类 Soil subgroup	土属 Soil genus	土种 Soil species	土层码 Layer code	土层厚度 Depth/cm	颜色 Soil color	质地 Soil texture	土壤结构 Soil structure	pH	有机质 OM/(g/kg)	全氮 TN/(g/kg)	全磷 TP/(g/kg)	碱解氮 AN/(mg/kg)	有效磷 AP/(mg/kg)	速效钾 AK/(mg/kg)	土壤母质 Parent material	剖面点坐标 Profile coordinate	匹配指数 Matching index/%
剖1	铁铝土	黄壤	山地黄泥土	冷砂黄泥土	腻毛土	1	0~14	暗紫色	轻黏土	块状	7.3	32.5	1.62	0.63	144	2.0	31	低山砂页岩、千枚岩和泥岩风化残积物	E 105°02′18.2″ N 32°16′46.1″	77
						2	14~40	暗棕色	轻黏土	大块状	7.4	15.9	1.18	0.51	84	1.0	44			
						3	40~100	暗棕色	轻黏土	柱状	7.2	8.6	0.28	0.37	38	2.0	12			
剖2	铁铝土	黄壤	山地黄泥土	冷砂黄泥土	冷砂土	1	0~10	浅灰黄色	轻壤土	小粒状	7.5	17.6	1.23	0.95	113	4.0	98	低山砂页岩、千枚岩和泥岩风化残积物	E 105°00′47.9″ N 32°14′04.6″	77
						2	10~31	浅黄色	轻壤土	粒状	6.5	3.9	0.32	0.61	36	2.0	49			
						3	31~100	灰黄色	轻壤土	小块状	6.3	5.3	0.52	0.79	41	2.0	22			
剖3	淋溶土	黄棕壤	山地黄棕壤	山地黄棕壤	黄棕壤土	1	0~11	棕黄色	中壤土	粒状、块状	7.1	13.3	8.20	0.75	54	2.0	79	风化残积物	E 105°00′49.7″ N 32°13′07.3″	98
						2	11~22	黄棕色	中壤土	块状	6.5	5.0	0.55	0.66	27	1.0	38			
						3	22~65	黄色	中壤土	棱块状										
剖4	淋溶土	黄棕壤	山地黄棕壤	山地黄棕壤	黄壤土	1	0~11	黄棕色	中壤土	团粒状	7.2	22.9	1.35	1.22	119	1.0	96	风化残积物	E 105°06′24.1″ N 32°12′39.6″	81
						2	11~35	棕黄色	中壤土	块状	6.9	15.8	0.84	1.71	82	6.0	17			
						3	35~100	棕黄色	中壤土	块状	7.3	5.6	0.48	0.95	25		22			
剖5	淋溶土	黄棕壤	山地黄棕壤	山地黄棕壤	黄壤土	1	0~13	棕褐色	重壤土	粒状	7.3	25.8	1.38	0.60	123	2.0	6	风化残积物	E 104°57′13.7″ N 32°08′30.8″	97
						2	13~57	棕褐色	重壤土	颗粒状	7.2	13.3	0.91	0.71	78	2.0	18			
						3	57~83	黄棕色	重壤土	颗粒状	7.3	6.1	0.52	0.88	51	9.0	13			
剖6	铁铝土	黄壤	山地黄泥土	冷砂黄泥土	黄泥土	1	0~12	浅棕黄色	轻黏土	小块状	6.9	12.3	0.83	0.51	95	2.0	6	低山砂页岩、千枚岩和泥岩风化残积物	E 105°07′56.6″ N 32°09′22.7″	81
						2	12~45	浅棕黄色	轻黏土	块状	6.7	7.6	0.66	0.46	66	1.0	12			
						3	45~100	浅棕黄色	轻黏土	粒状、块状	6.9	4.0	0.39	0.48	29	3.0	13			
剖7	铁铝土	黄壤	矿子黄泥土	矿子黄泥土	黄泥土	1	0~12	棕黄色	重壤土	团粒状	7.0	19.9	0.88	1.08	95	3.0	94	石灰岩风化残积物	E 105°08′10.3″ N 32°05′49.9″	91
						2	12~25	浅棕黄色	重壤土	块状	6.8	9.9	0.63	0.40	83	1.0	6			
						3	25~100	浅棕黄色	重壤土	块状	6.8	6.8	0.52	0.33	62	1.0	77			
剖8	铁铝土	黄壤	矿子黄泥土	矿子黄泥土	矿子黄泥土	1	0~11	黄棕色	中壤土	团粒状	6.8	20.8	0.93	1.13	91	1.0	27	石灰岩风化残积物	E 105°06′35.6″ N 32°05′24.0″	80
						2	11~47	浅黄棕色	中壤土	块状	6.6	14.1	0.80	0.96	67	1.0	11			
						3	47~100	浅黄棕色	中壤土	粒状、块状	6.6	10.7	0.48	0.75	56	1.0	30			
剖9	初育土	新积土	冲积土	黄棕紫色冲积土	夹砂黄泥土	1	0~12	紫黄色	中壤土	粒状、块状	7.5	11.7	0.68	0.13	28	1.0	31	河流冲积物	E 105°04′33.4″ N 32°04′55.4″	77
						2	12~23	浅黄色	中壤土	块状	7.0	6.6	0.31	0.09						
						3	23~100	浅黄色	中壤土	块状	6.9									
剖10	人为土	水稻土	紫色土性水稻土	暗紫泥田	油砂田	1	0~15	暗紫色	轻壤土	粒状、块状	6.7	21.8	1.62	1.10	133	2.0	84	暗紫色、灰色砂页岩、粉砂岩	E 105°08′34.1″ N 32°03′34.2″	91
						2	15~26	暗紫色	轻壤土	块状	7.1	16.9	0.95	0.51	92	1.0	40			
						3	26~100	暗紫色	轻壤土	块状	7.2	5.8	0.58	0.72	55	2.0	40			
剖11	初育土	紫色土	黄棕紫泥土	暗紫泥田	油砂土	1	0~14	暗紫色	轻壤土	块状	6.7	17.4	1.29	1.18	102	4.0	146	暗紫色砂页岩、泥质粉砂岩	E 105°02′13.6″ N 32°02′58.9″	91
						2	14~20	黄褐色	轻壤土	块状	6.5	13.1	0.95	0.88	90	2.0	85			
						3	20~82	黄棕色	轻壤土	块状	6.9	8.8	0.71	0.68	80	1.0	57			
剖12	人为土	水稻土	紫色土性水稻土	灰红棕紫色水稻土	棕黄泥田	1	0~16	棕黄色	中壤土	粒状、块状	8.2	33.7	1.84	0.62	146	3.0	78	棕紫泥岩、粉砂岩、砂页岩、泥质粉砂岩	E 105°02′55.0″ N 32°01′41.5″	76
						2	16~33	棕黄色	中壤土	块状	8.1	17.2	1.06	0.22	123	1.0	34			
						3	33~100	灰黄色	中壤土	块状	7.8	17.9	0.91	0.72	122	3.0	82			
剖13	水稻土	紫色土	紫色土性水稻土	紫黄泥田	夹砂泥田	1	0~14	棕黄色	中壤土	小块状	7.3	23.8	1.51	0.58	105	3.0	21	泥岩、砂页岩、泥质粉砂岩	E 105°03′31.0″ N 32°01′27.1″	82
						2	14~40	浅黄色	中壤土	块状	6.6	17.5	1.25	0.33	93	1.0	22			
						3	40~100	浅黄色	中壤土	块状	6.7	16.3	0.96	0.23	77	1.0	35			
剖14	人为土	水稻土	紫色土性水稻土	灰红棕紫色水稻土	紫红泥田	1	0~13	紫黄色	中壤土	小块状	8.0	25.9	1.56	0.53	99	1.0	58	棕紫泥岩、粉砂岩、砂页岩、泥质粉砂岩	E 104°44′23.1″ N 31°52′41.3″	92
						2	13~40	棕黄色	中壤土	块状	8.0	11.9	0.56	0.39	31	2.0	56			
						3	40~70	棕黄色	中壤土	块状	7.5	6.7	0.50	0.42	30	3.0	32			

续表 Continued

剖面号 Soil profile	土纲 Soil order	土类 Soil great group	亚类 Soil subgroup	土属 Soil genus	土种 Soil species	土层码 Layer code	土层厚度 Depth/cm	颜色 Soil color	质地 Soil texture	土壤结构 Soil structure	pH	有机质 OM/(g/kg)	全氮 TN/(g/kg)	全磷 TP/(g/kg)	碱解氮 AN/(mg/kg)	有效磷 AP/(mg/kg)	速效钾 AK/(mg/kg)	土壤母质 Parent material	剖面点坐标 Profile coordinate	匹配指数 Matching index/%
剖15	初育土	紫色土	黄棕紫色土	灰棕棕紫色土	紫黄泥土	1	0~14	黄紫色	轻黏土	小块状	8.0	13.1	0.81	1.42	46	1.0	64	黄棕紫色砂泥岩、红棕紫色厚泥岩、砂岩	E 104°44′42.7″ N 31°52′01.9″	79
剖16	人为土	水稻土	黄壤性水稻土	山地黄泥田	灰黄泥土	1	0~16	黄紫色	中壤土	块状	5.6	25.2	1.49	0.89	149	6.0	39	冲积物、洪积物、坡积物、残积物	E 104°42′31.0″ N 31°51′38.5″	83
						2	16~25	棕黄色	中壤土	块状	6.8	12.7	0.79	0.55	71	2.0	9			
						3	25~100	灰棕色	中壤土	块状	6.5	7.4	0.58	0.45	50	1.0	2			
剖17	紫色土	黄棕紫色土	紫黄泥土	黄砂土		1	0~13	黄棕色	中壤土	粒状	7.4	11.2	0.89	0.56	73	6.0	18	泥岩、粉砂岩、砂页岩	E 104°43′46.2″ N 31°51′14.4″	75
						2	13~40	黄棕色	中壤土	块状	7.2	6.7	0.46	0.95	35	28.0	22			
						3	40~80	黄棕色	中壤土	块状	7.1									
剖18	人为土	水稻土	紫色土性水稻土	灰红棕紫色水稻土	大土泥田	1	0~14	棕黄色	中壤土	小块状	8.5	20.1	1.68	1.64	92	12.0	64	棕紫泥岩、粉砂岩、砂页岩、泥质粉砂岩	E 104°42′13.8″ N 31°51′11.2″	79
						2	14~28	紫黄色	中壤土	块状	8.1	12.4	0.86	1.13	50	2.0	41			
						3	28~100	浅黄色	中壤土	棱块状	7.3	8.6	0.55	1.02	46	2.0	45			
剖19	初育土	紫色土	黄棕紫色土	灰红棕紫色土	石骨子土	1	0~15	浅黄黄色	中壤土	小粒状	7.5	11.2	0.66	0.27	53	2.0	35	黄棕紫色砂泥岩、红棕紫色厚泥岩、砂岩	E 104°44′25.1″ N 31°50′14.6″	71
						2	15~25	紫棕黄色	中壤土	块状	7.8	5.1	0.38	0.23	25	2.0	6			
						3	25~100	黄棕色	中壤土	块状	7.9									
剖20	人为土	水稻土	冲积型水稻土	黄棕紫色冲积水稻土	白鳝泥田	1	0~12	灰棕色	轻黏土	块状	7.4	33.7	1.84	0.62	146	3.0	78	棕紫泥岩、粉砂岩、砂页岩、泥质粉砂岩	E 104°57′23.4″ N 31°59′09.6″	88
						2	12~28	浅灰色	轻黏土	棱块状	7.3	17.2	1.06	0.22	123	1.0	34			
						3	28~100	灰白色	中壤土	块状	7.2	17.9	0.91	0.72	122	2.0	82			
剖21	水稻土	冲积型水稻土	黄棕紫色冲积水稻土	夹石砂田		1	0~14	浅黄色	砂壤土	粒状	6.5	32.5	1.55	0.58	107	3.0	12	冲积物、洪积物、坡积物、沉积物	E 104°55′55.1″ N 31°57′58.0″	92
						2	14~36	浅黄色	砂壤土	块状	6.8	21.1	1.12	0.47	49	2.0	24			
						3	36~100	棕黄色	中壤土	粒状	7.2	11.2	0.85	0.29	25	3.0	18			
剖22	初育土	紫色土	紫色土性水稻土	灰红棕紫色土	砂田		1	0~11	棕黄色	重壤土	团粒状	7.7	17.6	1.26	1.52	109	2.0	44	黄棕紫色砂泥岩、红棕紫色厚泥岩、砂岩	E 104°44′36.4″ N 31°57′29.9″	86
						2	11~26	黄棕色	重壤土	粒状、块状	7.5	3.1	0.36	0.59	37	2.0	49			
						3	26~100	灰棕色	中壤土	块状	6.7	3.2	0.35	0.52	51	2.0	15			
剖23	人为土	水稻土	黄壤性水稻土	山地黄泥田	黄泥田	1	0~13	浅黄灰黄色	轻黏土	块状	5.9	21.5	1.51	0.78	127	6.0	69	冲积物、洪积物、坡积物、沉积物	E 104°48′34.2″ N 31°55′38.3″	99
						2	13~26	浅黄灰黄色	轻黏土	小块状	6.4	6.5	1.02	0.68	75	2.0	15			
						3	26~80	灰白色	轻黏土	块状	6.4	4.7	0.43	0.51	44	2.0	14			
剖24	人为土	水稻土	冲积型水稻土	黄棕紫色冲积水稻土	死黄泥田	1	0~14	灰黄色	砂壤土	粒状	6.7	22.6	1.40	0.62	134	9.0	27	冲积物、洪积物、坡积物、沉积物	E 104°55′32.6″ N 31°57′32.5″	99
						2	14~30	棕黄色	砂壤土	团粒状	6.6	5.8	0.48	0.52	44	1.0	15			
						3	30~100	灰棕色	中壤土	块状	6.4									
剖25	人为土	水稻土	紫色土性水稻土	紫黄水稻土	白鳝泥田	1	0~15	灰黄色	重黏土	大块状	6.8	16.5	0.94	0.17	106	2.0	40	泥岩、砂页岩、粉砂岩	E 104°51′36.4″ N 31°57′29.9″	100
						2	15~30	灰黄色	轻黏土	团粒状	7.2	4.7	0.37	0.19	30	1.0	20			
						3	30~100	灰白色	轻黏土	块状	7.4	3.7	0.39	0.12	26	1.0	24			
剖26	人为土	水稻土	黄壤性水稻土	老窝石黄泥田	白鳝泥田	1	0~14	灰黄色	轻黏土	团块状	6.5	21.8	1.12	0.28	103	2.0	80		E 104°49′28.2″ N 31°53′13.6″	100
						2	14~30	黄棕色	中壤土	块状	5.9	15.4	0.95	0.19	69	1.0	50			
						3	30~100	灰棕色	中壤土	块状	6.4	4.9	0.44	0.21	37	1.0	48			
剖27	人为土	水稻土	黄棕性水稻土	姜石黄泥田			1	0~14	黄棕色	轻黏土	大块状	5.9	29.8	1.58	0.23	109	4.0	18	冰水沉积物	E 104°57′03.6″ N 31°53′12.1″	77
						2	14~30	灰黄色	轻黏土	团块状	6.1	13.2	1.31	0.19	61	1.0	12			
						3	30~100	灰白色	轻黏土	块状	6.2	7.0	0.57	0.30	29	5.0	24			
剖28	初育土	紫色土	黄棕紫色土	黄棕紫色土	大眼泥土	1	0~12	棕紫色	中壤土	团块状	6.7	21.8	1.31	0.70	94	2.0	43	砂岩、泥岩、砾岩	E 104°45′08.3″ N 31°53′08.9″	73
						2	12~25	灰棕色	中壤土	块状	6.7	12.4	0.71	0.52	34	9.0	78			
						3	25~100	黄棕色	中壤土	块状	7.0	9.1	0.55	0.53	48	1.0	49			
剖29	铁铝土	黄壤	黄壤	老冲积黄泥田	铁杆子黄泥土	1	0~10	黄色	轻黏土	块状	6.4	21.8	1.12	0.28	103	2.0	80	棕黄色黏土、亚黏土	E 104°51′46.1″ N 31°53′04.2″	78
						2	10~24	黄色	中壤土	大块状	6.2	15.4	0.95	0.19	70	1.0	50			
						3	24~100	棕黄色	轻黏土	棱块状	6.1	11.5	0.54	0.21	37	1.0	50			

续表 Continued

剖面号 Soil profile	土纲 Soil order	土类 Soil great group	亚类 Soil subgroup	土属 Soil genus	土种 Soil species	土层码 Layer code	土层厚度 Depth/cm	颜色 Soil color	质地 Soil texture	土壤结构 Soil structure	pH	有机质 OM/(g/kg)	全氮 TN/(g/kg)	全磷 TP/(g/kg)	碱解氮 AN/(mg/kg)	有效磷 AP/(mg/kg)	速效钾 AK/(mg/kg)	土壤母质 Parent material	剖面点坐标 Profile coordinate	匹配指数 Matching index/%
剖30	人为土	水稻土	黄壤性水稻土	老冲积黄泥田	砂黄泥田	1	0—14	灰黄色	轻壤土	小块状	6.8	14.3	0.81	0.53	77	1.0	12		E 104°49′38.3″ N 31°52′43.7″	79
						2	14—30	浅棕黄色	轻壤土	块状	6.9	8.2	0.50	0.49	73	1.0	18			
						3	30—100	灰黄色	轻壤土	块状	6.9	4.9	0.34	0.54	56		20			
剖31	人为土	水稻土	黄壤性水稻土	老冲积黄泥田	黄泥田	1	0—14	棕黄色	中黏土	团块状	6.7	16.8	1.34	0.63	128	10.0	114		E 104°50′58.6″ N 31°52′41.9″	80
						2	14—30	浅黄色	中黏土	块状	6.4	8.2	0.67	0.24	47	1.0	46			
						3	30—70	浅黄色	重黏土	棱柱状	6.6	4.8	0.43	0.17	32		63			
剖32	人为土	水稻土	冲积型水稻土	灰棕冲积水稻土	泥田	1	0—12	棕黄色	中壤土	块状	6.6	21.6	1.21	1.62	106	7.0	33	近代河流新积物	E 104°46′24.1″ N 31°52′01.1″	78
						2	12—26	浅黄色	中壤土	棱柱状	6.7	7.5	0.66	0.93	30	6.0	10			
						3	26—100	浅黄色	中壤土	棱柱状	6.5	6.3	0.54	1.66	14	4.0	12			
剖33	初育土	紫色土	紫色土性水稻土	黄棕紫色水稻土	大眼紫泥田	1	0—12	棕黄色	重壤土	大团块状	7.5	27.8	1.57	0.58	119	2.0	74	含砾砂岩、砂岩、泥岩、粉砂岩、黄棕色泥岩	E 104°54′18.0″ N 31°51′53.0″	94
						2	12—25	棕黄色	重壤土	棱柱状	7.8	19.5	1.16	0.27	129	1.0	26			
						3	25—67	黄棕色	重壤土	棱柱状	7.6	10.1	0.48	0.21	81	3.0	25			
剖34	初育土	紫色土	紫色土性水稻土	黄棕紫色水稻土	死黄泥田	1	0—11	紫黄色	轻黏土	小块状	6.6	34.7	1.93	0.62	113	3.0	44	砂岩、泥岩、砾岩	E 104°52′57.7″ N 31°51′04.7″	91
						2	11—28	浅紫黄色	轻壤土	块状	6.8	27.8	1.58	0.58	107	2.0	46			
						3	28—100	紫黄色	轻壤土	块状	6.9	21.0	1.30	0.49	73	2.0	68			
剖35	初育土	紫色土	紫色土性水稻土	灰红紫色土	棕紫砂泥田	1	0—12	棕紫色	轻壤土	块状	7.8	13.9	1.32	1.34	71	3.0	55	黄棕紫砂厚泥岩、红棕紫色厚泥岩	E 104°45′04.8″ N 31°50′37.1″	97
						2	12—38	黄棕色	轻壤土	块状	8.0	7.3	0.67	0.85	29	2.0	41			
						3	38—100	黄色	轻壤土	块状	8.0									
剖36	人为土	水稻土	紫色土性水稻土	黄棕紫色冲积水稻土	棕紫砂泥田	1	0—12	棕黄色	中壤土	粒状、块状	7.6	14.4	1.35	0.61	97	2.0	72	含砾砂岩、砂岩、粉砂岩、黄棕色泥岩	E 105°07′37.6″ N 31°57′52.9″	70
						2	12—25	浅紫黄色	中壤土	粒状、块状	7.8	5.7	0.49	0.37	20	2.0	30			
						3	25—100	黄黄色	中壤土	粒状、块状	7.9	4.9	0.35	0.23	24	1.0	31			
剖37	人为土	水稻土	黄壤性水稻土	山地黄泥田	砂泥田	1	0—14	浅黄黄色	轻黏土	小块状	5.9	20.6	1.14	0.52	95	9.0	6	冲积物、洪积物、坡积物	E 105°05′41.6″ N 31°57′01.8″	87
						2	14—28	深灰色	轻黏土	块状	6.1	11.9	0.75	0.15	67	2.0	12			
						3	28—100	灰棕色	轻黏土	块状	6.2	5.7	0.36	0.25	21	2.0	18			
剖38	人为土	水稻土	冲积型水稻土	黄红紫色冲积水稻土	砂泥田	1	0—14	黄紫色	重黏土	棱柱状	7.2	14.7	1.32	0.87	93	2.0	30	冲积物、洪积物、沉积物	E 105°02′26.9″ N 31°56′39.1″	90
						2	14—27	棕黄色	重黏土	块状	7.1	10.2	0.54	0.69	28	1.0	24			
						3	27—100	灰黄色	重黏土	块状	7.1	7.3	0.60	0.65	33	1.0	25			
剖39	人为土	水稻土	冲积型水稻土	黄红紫色冲积水稻土	黄砂泥田	1	0—13	黄灰色	轻黏土	粒状	7.0	17.2	1.29	0.39	103	2.0	56	黄红紫色灰质、泥质粉砂岩、泥岩、砾岩	E 105°04′41.2″ N 31°52′57.4″	72
						2	13—25	棕黄色	轻壤土	块状	7.5	12.9	0.73	0.34	49	1.0	90			
						3	25—100	棕褐色	轻壤土	团粒状	7.2	8.9	0.51	0.38	26	1.0	63			
剖40	初育土	新积土	冲积土	潮砂泥土	潮砂泥田	1	0—12	棕黄色	重黏土	块状	6.8	22.5	1.13	0.35	99	42.0	72	砂岩、泥岩、砾岩	E 105°04′28.7″ N 31°47′16.1″	73
						2	12—24	棕黄色	中黏土	粒状	7.5	8.8	0.73	0.27	64	11.0	70			
						3	24—100	黄棕色	中黏土	块状	7.4	5.2	1.30	0.18	32	7.0	39			
剖41	初育土	山地黄棕壤	山地黄棕壤	山地黄棕土	灰黄泥土	1	0—12	浅灰棕色	轻黏土	小块状	6.4	35.1	2.14	0.67	108	5.0	14	河流冲积物	E 104°44′19.9″ N 31°48′17.3″	90
						2	12—45	浅棕色	重黏土	块状	6.5	14.6	0.97	0.92	195	1.0	14			
						3	45—100	黄棕色	重黏土	块状	6.5	5.8	0.27	0.71	99	9.0	8			
剖42	淋溶土	黄棕壤			黄棕泥土	1	0—15	青灰色	重黏土	小块状	6.0	18.2	1.06	0.96	58	5.0	21	风化残积物	E 104°36′37.1″ N 31°47′05.3″	94
						2	15—62	浅黄灰色	重黏土	块状	6.5	5.3	0.51	0.63	118	1.0	6			
						3	62—100	黄黄色	重黏土	块状	6.3	4.6	0.42	0.56	14	3.0	27			
剖43	人为土	水稻土	冲积型水稻土	灰棕冲积水稻土	砂泥田	1	0—10	黄棕色	轻壤土	块状	7.8	35.3	1.22	0.33	95	2.0	53	近代河流新积亚黏土	E 104°43′22.4″ N 31°46′31.8″	90
						2	10—24	黄棕色	轻壤土	块状	7.8	6.5	0.53	0.18	43	1.0	37			
						3	24—100													
剖44	铁铝土	黄壤	黄壤	姜石黄泥土	黄泥土	1		黄色	轻黏土	块状	7.2	5.2	0.23	0.13	41	1.0	32	棕黄色亚黏土	E 104°40′36.8″ N 31°45′47.5″	77

续表 Continued

剖面号 Soil profile	土纲 Soil order	土类 Soil great group	亚类 Soil subgroup	土属 Soil genus	土种 Soil species	土层码 Layer code	土层厚度 Depth/cm	颜色 Soil color	质地 Soil texture	土壤结构 Soil structure	pH	有机质 OM/(g/kg)	全氮 TN/(g/kg)	全磷 TP/(g/kg)	碱解氮 AN/(mg/kg)	有效磷 AP/(mg/kg)	速效钾 AK/(mg/kg)	土壤母质 Parent material	剖面点坐标 Profile coordinate	匹配指数 Matching index/%
剖45	初育土	紫色土	黄色紫色土	黄棕紫色土	夹砂泥土	1	0—14	暗紫色	中壤土	小块状	7.5	7.8	0.61	0.56	71	1.0	12	砂岩、泥岩、砾岩	E 104°38′43.1″ N 31°44′50.6″	90
						2	14—28	棕紫色	中壤土	块状	7.8	3.3	0.20	0.43	16	1.0	21			
						3	28—80	灰棕紫色	砂壤土	粒状	7.9	1.9	0.23	0.70	18	1.0	6			
剖46	人为土	水稻土	黄壤性水稻土	姜石黄泥田	姜石黄泥田	1	0—11	棕黄色	重壤土	小块状	6.8	30.3	2.11	0.68	139	3.0	121	冰水沉积物	E 104°39′28.1″ N 31°43′03.7″	93
						2	11—26	棕黄色	重壤土	团块状	6.7	10.5	0.89	0.39	67	1.0	58			
						3	26—100	浅黄色	重壤土	棱块状	6.8	5.3	0.46	0.26	29	1.0	45			
剖47	人为土	水稻土	冲积型水稻土	灰棕冲积水稻土	粉砂土	1	0—12	灰白色	砂壤土	粒状	6.0	16.4	1.45	0.90	102	6.0	39	近代河流新冲积物	E 104°38′20.8″ N 31°42′04.0″	72
						2	12—23	灰白色	砂壤土	小块状	6.5	11.2	0.81	0.76	36	2.0	12			
						3	23—100	灰棕色	砂壤土	块状	6.8	6.3	0.67	0.72	47	4.0	12			
剖48	人为土	水稻土	紫色土性水稻土	黄棕紫色水稻土	棕紫泥田	1	0—12	浅黄色	轻黏土	梭状	7.6	26.3	1.88	0.56	163	3.0	177	含砾砂岩、砂岩、泥岩、粉砂岩、黄棕色泥岩	E 104°49′59.2″ N 31°48′34.2″	80
						2	12—28	深灰色	轻黏土	块状	7.4	8.9	0.64	0.47	57	1.0	22			
						3	28—100	灰棕色	轻黏土	块状	6.7	6.1	0.58	0.24	35	1.0	20			
剖49	初育土	紫色土	黄红紫色土	黄红紫色土	黄泥土	1	0—13	棕黄色	中壤土	块状	6.9	20.5	1.34	0.34	106	3.0	138	浅黄色砂岩、紫红色泥岩、灰黄褐色砾岩	E 104°56′33.4″ N 31°46′46.6″	74
						2	13—51	棕黄色	中壤土	块状	6.6	13.8	1.14	0.29	85	2.0	119			
						3	51—83	黄棕色	重黏土	块状	7.0	5.1	0.45	0.26	36	2.0	32			
剖50	初育土	新积土	冲积土	灰棕冲积土	砂土	1	0—11	灰棕色	砂壤土	粒状	7.4	16.8	0.98	1.09	65	22.0	12	河流冲积物	E 104°45′29.4″ N 31°46′35.7″	84
						2	11—51	灰棕色	砂壤土	块状	6.6	5.3	0.45	0.37	14	6.0	7			
剖51	人为土	水稻土	冲积型水稻土	灰棕冲积水稻土	砂壤田	1	0—14	棕灰色	中壤土	团块状	6.1	26.6	1.89	1.33	127	3.0	32	近代河流新冲积物	E 104°46′09.5″ N 31°46′19.9″	72
						2	14—27	灰棕色	中壤土	块状	6.6	12.9	1.21	0.75	61	1.0	8			
						3	27—100	灰黄色	中壤土	块状	6.7	7.9	0.79	1.37	28	6.0	12			
剖52	初育土	紫色土	紫色土性水稻土	黄红紫色水稻土	红砂泥田	1	0—14	紫红色	轻壤土	粒状	7.8	22.7	1.02	0.74	126	2.0	16	黄红紫色灰质岩、灰岩、砾岩	E 104°50′28.3″ N 31°45′08.6″	83
						2	14—40	红紫色	轻黏土	粒状、块状	7.8	6.1	0.41	0.55	14	1.0	24			
						3	40—100	棕色	中壤土	块状	7.9									
剖53	人为土	水稻土	紫色土性水稻土	黄红紫色水稻土	黄泥田	1	0—15	灰黄色	中壤土	块状	7.2	23.9	1.47	0.29	114	2.0	44	黄红紫色灰质岩、黄质粉砂岩、泥岩、砾岩	E 104°52′14.5″ N 31°45′02.9″	93
						2	15—23	浅黄色	重黏土	块状	7.5	19.3	0.88	0.69	35	1.0	39			
						3	23—100	灰灰色	重黏土	块状	7.4	7.7	0.57	0.19	36	1.0	31			
剖54	人为土	水稻土	黄红紫色水稻土	黄红紫色水稻土	黄砂土	1	0—11	黄棕色	轻壤土	片状	7.5	0.9	0.71	0.47	47	9.0	12	浅黄色砂岩、紫红色泥岩、灰黄褐色砾岩	E 104°51′55.8″ N 31°44′04.6″	73
						2	11—32	紫棕色	轻壤土	散粒状	7.8	0.7	0.32	0.14	14	1.0	6			
						3	32—				7.9									
剖55	人为土	水稻土	紫色土性水稻土	黄红紫色水稻土	红砂泥田	1	0—14	紫红色	轻壤土	粒状、块状	7.2	12.4	0.64	0.19	51	1.0	52	浅黄色砂岩、紫红色泥岩、灰黄褐色砾岩	E 104°35′07.8″ N 31°39′43.9″	90
						2	14—24	红棕色	轻黏土	块状	6.9	10.6	0.47	0.18	23	2.0	37			
						3	24—100	棕色	轻黏土	块状	6.8	6.5	0.66	0.51	20	2.0	30			
剖56	人为土	水稻土	黄壤性水稻土	再积黄泥水稻土	黄砂土	1	0—12	棕色	中黏土	大块状	7.5	11.5	0.85	2.10	62	2.0	40	冲积物、洪积物	E 104°34′09.8″ N 31°39′32.4″	92
						2	12—24	棕色	中黏土	块状	7.2	7.3	0.56	0.21	40	1.0	34			
						3	24—48	棕色	中黏土	块状	7.3	7.5	0.41	0.20	11	1.0	90			
剖57	人为土	水稻土	紫色土性水稻土	黄红紫色水稻土	紫黄泥田	1	0—14	棕色	中黏土	块状	8.1	31.8	1.49	0.67	110	2.0	53	黄红紫色灰质、泥质粉砂岩、泥岩、黏土	E 104°34′01.6″ N 31°38′46.7″	71
						2	14—31	浅黄色	中黏土	梭块状	8.0	14.9	0.76	0.46	52	1.0	29			
						3	31—100	灰黄色	中黏土	小块状	8.1									
剖58	铁铝土	黄壤	黄壤		黄泥土	1	0—11	黄色	轻黏土	块状	6.0	28.1	1.65	1.05	137	3.0	45	棕灰色砂岩、亚黏土	E 104°35′43.8″ N 31°37′36.1″	86
						2	11—22	浅黄棕色	轻黏土	块状	6.4	22.2	1.28	0.90	28	1.0	44			
						3	22—100	棕黄色	中黏土	块状	6.5	10.1	0.93	0.66	46	1.0	94			
剖59	初育土	紫色土	黄红紫色土	黄红紫色土	紫红泥土	1	0—14	红黄色	中壤土	块状	7.8	11.2	1.02	0.70	70	2.0	14	浅黄色砂岩、紫红色泥岩、灰黄褐色砾岩	E 104°36′34.6″ N 31°37′33.6″	81
						2	14—63	紫红色	中壤土	块状	7.5	5.9	0.61	0.62	48	1.0	40			
						3	63—100	棕黄色	中壤土	块状	7.8	4.8	0.51	0.33	40	1.0	28			

续表 Continued

剖面号 Soil profile	土纲 Soil order	土类 Soil great group	亚类 Soil subgroup	土属 Soil genus	土种 Soil species	土层码 Layer code	土层厚度 Depth/cm	颜色 Soil color	质地 Soil texture	土壤结构 Soil structure	pH	有机质 OM/(g/kg)	全氮 TN/(g/kg)	全磷 TP/(g/kg)	碱解氮 AN/(mg/kg)	有效磷 AP/(mg/kg)	速效钾 AK/(mg/kg)	土壤母质 Parent material	剖面点坐标 Profile coordinate	匹配指数 Matching index/%
剖60	铁铝土	黄壤	黄壤	姜石黄泥土	姜石黄泥土	1	0—13	浅黄色	重壤土	块状	6.1	19.6	1.35	0.50	108	3.0	43	棕黄色亚黏土	E 104°38′56.9″ N 31°37′28.7″	71
						2	13—28	浅黄色	重壤土	棱块状	6.7	12.8	0.88	0.24	88	1.0	103			
						3	28—100	紫黄色	重壤土	块状	6.6	3.6	0.46	0.21	46	2.0	106			
剖61	人为土	水稻土	黄壤性水稻土	姜石黄泥田	大黄泥田	1	0—14	棕黄色	重壤土	块状	5.9	12.8	0.94	0.29	71	3.0	25	冰水沉积物	E 104°40′27.4″ N 31°36′51.7″	87
						2	14—25	姜黄色	重壤土	块状	6.1	7.6	0.58	0.23	54	1.0				
						3	25—100	栗黄色	重壤土	大块状	6.2	7.1	0.53	0.19	34	1.0				
剖62	人为土	水稻土	紫色土性水稻土	黄红紫色水稻土	鸭屎泥田	1	0—14	棕黄色	中黏土	块状	7.8	23.2	1.53	0.47	95	2.0	38	黄红紫色灰质、泥质粉砂岩, 泥岩, 砾岩	E 104°47′39.8″ N 31°39′55.8″	77
						2	14—26	灰棕色	重黏土	块状	7.8	21.7	1.23	0.39	77	1.0	64			
						3	26—80	灰棕色	重黏土	块状	7.9	6.7	0.54	0.31	22	1.0	50			

广 元 市

市 辖 区

主要土类说明

紫色土是广元市的主要土壤类型，占本市地域面积的41%。紫色土是由紫红色岩层直接风化形成的A-C型土壤。其理化性质与母岩组成直接相关，土层浅薄，剖面层次发育不明显，仍处于初育阶段。母岩富含矿质养分，且风化迅速。

石灰（岩）土是广元市第二大土壤类型，占本市地域面积的16%。石灰（岩）土是石灰岩经溶蚀风化，形成的厚薄不同的钙质饱和或含游离钙质的土壤，多见于石隙、溶洞或峰丛底部。该土壤碳酸钙淋溶程度不一，多黏土，多为铁钙质胶结物，风化程度不一，盐基饱和度高，有机质含量及胶结状态有较大差异。

黄褐土是广元市第三大土壤类型，占本市地域面积的15%。土壤呈灰黄棕色，具 A-B-C 或 A-Bt-C 剖面构型，在底部可散见圆形石灰结核。土壤黏化淀积明显，B 层黏聚，有时呈黏盘，黏粒硅铝率在3.0左右，表层 pH 为 6.0—6.8，底层 pH 为 7.5，盐基饱和度由表层向底层逐渐趋向饱和。

黄棕壤占本市地域面积的11%。黄棕壤发生于北亚热带暖湿落叶阔叶林下，弱度富铝化，黏聚现象明显，呈黄棕色黏土。具 A-B-C 或 A-（B）-C 剖面构型，黏粒硅铝率在2.5左右，铁的游离度较红壤低，B 层交换性酸大于 A 层。土壤 pH 为 5.5—6.0。

水稻土占本市地域面积的9%。水稻土是在长期季节性淹灌、水下翻耕、季节性脱水、氧化还原交替影响下，原来成土母质或母土的特性发生重大改变，形成的新的土壤类型。由于干湿交替，水稻土形成糊状淹育层、较坚实板结的犁底层、渗育层、潴育层与潜育层等多种发生层。

黄壤占本市地域面积的5%。黄壤发生于亚热带湿润条件下，中度脱硅富铝化。土壤有机质累积较多，具 O-A-AB-B-C 剖面构型。pH 为 4.5—5.5。淀积层（B 层）富含水合氧化物（针铁矿），呈黄色。

小于本市地域面积3%的土壤类型还有新积土、粗骨土等。

本区域中心区气候特征

本区域中心区气候特征值
Regional climate characteristics in central area of the region

气候带：中亚热带湿润气候 Climate region: Subtropical humid climate	
年平均气温 /℃ Annual average temperature /℃	14.8
年平均最高气温 /℃ Annual average maximum temperature /℃	19.6
年平均最低气温 /℃ Annual average minimum temperature /℃	11.2
年降水量 /mm Annual precipitation /mm	783
≥10℃的积温 /℃ Daily temperature accumulated in a year（≥10℃）/℃	5225
年日照时数 /h Annual sunshine /h	1516
年平均相对湿度 /% Annual average relative humidity /%	72
干燥度 Dryness	1.32

广元市市辖区主要土壤类型与土壤剖面点分布图
1:380 000

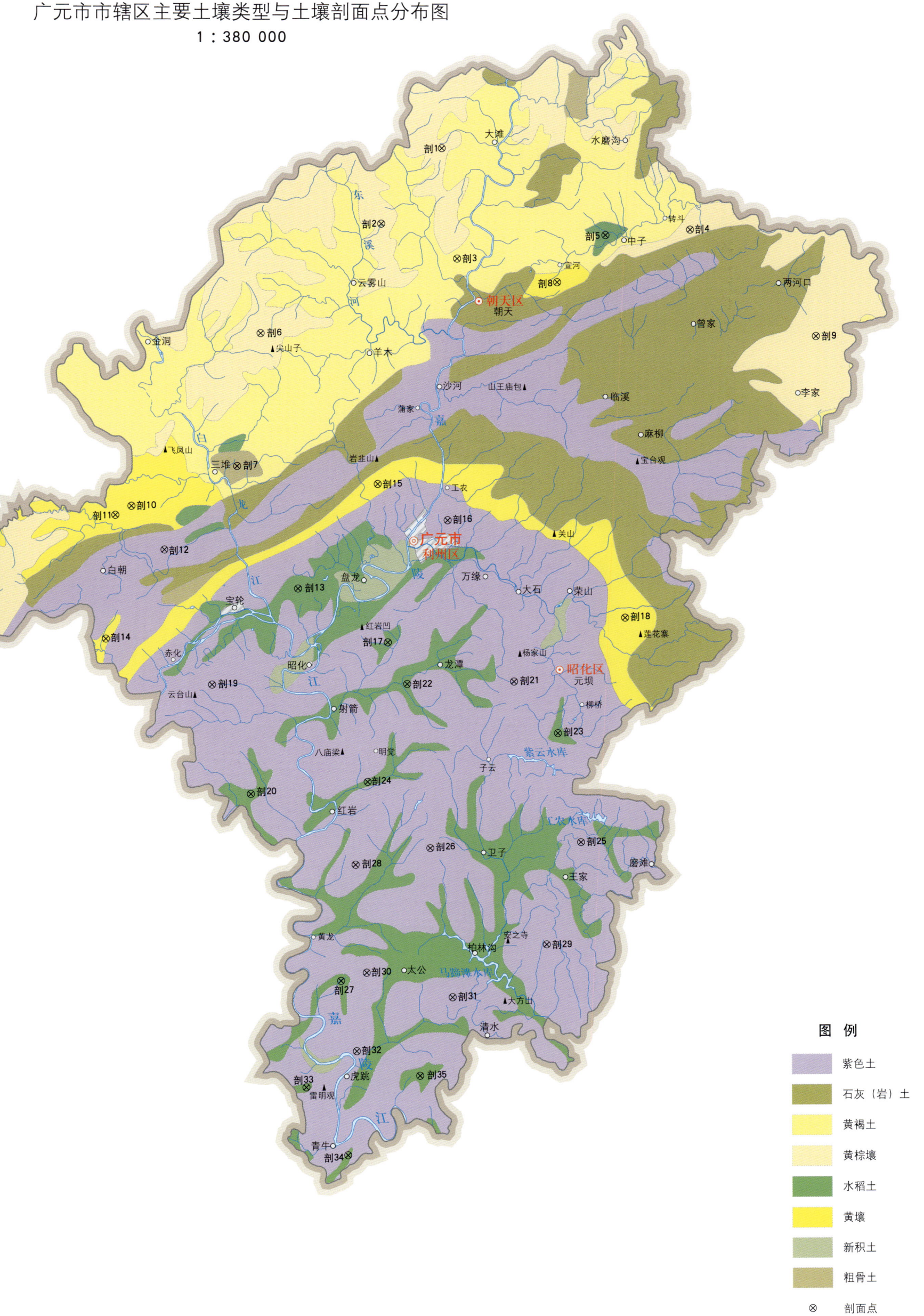

广元市土壤剖面理化性状表

剖面号 Soil profile	土纲 Soil order	土类 Soil great group	亚类 Soil subgroup	土属 Soil genus	土种 Soil species	土层码 Layer code	土层厚度 Depth/cm	颜色 Soil color	质地 Soil texture	土壤结构 Soil structure	pH	有机质 OM/(g/kg)	全氮 TN/(g/kg)	全磷 TP/(g/kg)	全钾 TK/(g/kg)	碱解氮 AN/(mg/kg)	有效磷 AP/(mg/kg)	速效钾 AK/(mg/kg)	阳离子交换量CEC/(cmol/kg)	土壤母质 Parent material	剖面点坐标 Profile coordinate	匹配指数 Matching index/%
剖1	淋溶土	黄棕壤	黄棕壤	黄棕壤	火石子土	1	0—15	灰黄色	轻壤土	粒状	6.4	14.9	0.64	0.81	2.2	47	14.0	62		灰岩风化坡积物、残积物	E 105°50′60.0″ N 32°46′11.3″	77
						2	15—50	黄棕色	轻壤土	粒状	6.0	12.6	0.64	0.59	2.0							
						3	50—100	黄棕色	中壤土	小块状	5.9	7.1	0.54	0.51	1.9							
剖2	淋溶土	黄棕壤	黄棕壤	黄棕壤	灰泡土	1	0—20	棕黄色	中壤土	团粒状	7.2	29.9	1.02		2.0	105	30.0	618		灰岩风化坡积物、残积物	E 105°47′18.2″ N 32°42′22.3″	99
						2	20—40	浅黄棕色	重壤土	块状	7.0	29.8	1.16		1.8							
						3	40—100	黄棕色	中壤土	中棱柱状	7.4	11.4	0.78		1.7							
剖3	淋溶土	黄褐土	黄褐土干性	残坡积黄褐泥土	扁砂黄褐砂泥土	A	0—15	黄棕色	黏壤土	粒状	7.7	19.0	1.50	0.73	1.8	104	7.0	88		残积物、坡积物	E 105°51′52.2″ N 32°40′33.8″	71
						B	15—35	棕黄色	黏壤土	块状	7.7	14.2	1.06	0.59	1.7							
						C	35—60	棕黄色	中壤土	棱块状	7.5	15.5	1.21	0.47	1.9							
剖4	淋溶土	黄棕壤	黄棕壤	黄棕壤	黄泥土	1	0—18	棕黄色	轻黏土	小块状	7.0	29.0	0.91	0.88	1.7	119	6.0		7.8	砂页岩化坡积物、残积物	E 106°05′57.6″ N 32°41′55.9″	87
						2	18—45	黄棕色	中黏土	大棱柱状	7.1	28.0	0.82	0.82	1.6							
						3	45—100	浅黄棕色	重黏土	小块状	7.3	23.0	0.43	0.43	0.7							
剖5	人为土	水稻土	紫色土性水稻土	暗紫泥田	黄砂泥田	1	0—18	灰黄色	中壤土	小块状、粒状	6.4	17.7	0.94	0.58	2.0	70	9.0	52	3.5	黄色砂岩、泥页岩	E 106°00′50.4″ N 32°41′42.0″	75
						2	18—27	灰黄色	中壤土	板状	7.3	14.7	0.78	0.52	1.8							
						3	27—100	棕黄色	中壤土	块状	7.3	9.2	0.46	0.44	1.9							
剖6	淋溶土	黄棕壤	黄棕壤	黄棕壤	黑粪土	1	0—18	暗黑色	壤质黏土	粒状	7.7	31.0	2.97	1.22	1.7	285	12.0	200		灰岩风化坡积物、残积物	E 105°39′57.7″ N 32°36′53.2″	95
						2	18—100	棕黄色	壤质黏土	块状	7.7	35.3	2.27	1.04								
剖7	初育土	粗骨土	中性粗骨土	扁砂砾黄泥土	扁砂砾泥土	A	0—13	黄棕色	重砾壤质黏土	碎块状	7.9	33.4	1.40	0.44	4.0	68	6.0	83		板岩、页岩风化物、残积物	E 105°38′27.6″ N 32°30′08.6″	97
						AC	13—25	亮黄棕色	重砾壤质黏土	块状	7.1	30.3	1.31	0.31	3.3	53	4.0	64				
						C	25—45	亮黄棕色	重砾壤质黏土	块状	6.7	12.8	0.97	0.42	4.6	43	4.0	43				
剖8	铁铝土	黄壤	粗骨性黄壤	石渣黄色泥土	石渣子黄泥土	1	0—16	棕黄色	重壤土	团粒状	6.9	12.3	0.68	0.54		50		76		砂页岩化坡积物、残积物	E 105°57′54.0″ N 32°39′19.8″	76
						2	16—46	浅黄棕色	重壤土	小块状	7.0	10.4	0.70	0.46								
						3	46—100	黄棕色	重壤土	块状	7.1	6.3	0.73	0.40								
剖9	淋溶土	黄棕壤	粗骨性黄棕壤	残坡积黄棕泡土	灰泡土	A	0—20	灰黄棕色	中壤土	小团粒状	6.4	14.9	0.64	0.81		47	14.0	62	21.2	灰岩坡积物、残积物	E 106°13′29.2″ N 32°36′27.5″	73
						B	20—40	暗黄棕色	壤质黏土	块状	6.8	12.6	0.66	0.59								
						C	40—100	黄黄色	壤质黏土	块状	6.9	7.1	0.54	0.51								
剖10	铁铝土	黄壤	粗骨性黄壤	扁砂黄泥土	扁砂土	1	0—16	灰棕色	中壤土	粒状	7.0	16.8	1.18	0.95	2.7	92	16.0	81	7.4	砂页岩化坡积物、残积物	E 105°32′04.7″ N 32°28′10.1″	72
						2	16—47	浅黄棕色	中壤土	粒状	7.0	16.8	1.08	0.84	2.7							
						3	47—90	棕黄色	中壤土	小块状	6.8	9.5	0.86	0.69	2.4							
剖11	铁铝土	黄壤	粗骨性黄壤	扁砂黄泥土	黄泥土	1	0—17	淡棕色	重壤土	小块状	6.7	14.7	0.82	0.94		59	18.0	101		砂页岩化坡积物、残积物	E 105°31′06.7″ N 32°27′43.2″	87
						2	17—45	黄棕色	重壤土	大棱柱状	6.8	6.9	0.63	0.90								
						3	45—100	黄棕色	重壤土	块状	7.2	6.0	0.50	0.82								
剖12	紫色土	紫色土	中性紫色土	暗紫泥土	粗青子土	1	0—18	棕紫色	轻壤土	粒状	8.4	24.7	1.52	2.68	1.7	110	23.0	136		页岩化积物、残积物	E 105°34′02.6″ N 32°25′56.3″	70
						2	18—44	暗棕紫色	轻壤土	粒状	8.4	10.1	0.73	1.82	1.8							
剖13	水稻土	潮土型水稻土	紫色潮土田	紫泥田	1	0—17	暗灰紫色	中壤土	块状、粒状	6.7	13.4	0.79	0.69		54	10.0	39		第四纪新冲积物	E 105°42′04.6″ N 32°23′54.1″	96
					2	17—25	灰紫色	中壤土	板状	7.2	13.0	0.50	0.62								
					3	25—45	紫灰色	中壤土	块状	7.4	15.3	0.46	0.57								
					4	45—100	浅灰紫色	中壤土	块状	7.2	14.7	0.44	0.55								
剖14	铁铝土	黄壤	粗骨性黄壤	石渣黄泥土	砂土	1	0—15	棕色	砂壤土	粒状	7.4	20.9	1.26	1.28	2.4	110	16.0	80	4.4		E 105°30′28.8″ N 32°21′26.3″	100
						2	15—55	灰棕色	砂壤土	粒状	7.6	16.2	1.16	1.22	3.0							
剖15	铁铝土	黄壤	黄壤	冷砂黄泥土	冷砂土	1	0—17	黄棕色	轻壤土	小块状	6.8	11.2	0.56	0.56		39	4.0	43		砂岩风化坡积物、残积物	E 105°46′56.5″ N 32°29′09.8″	97
						2	17—35	黄色	中壤土	状状	7.9	4.5	0.32	0.74								
						3	35—80	红黄色	中壤土	块状	6.5	6.2	0.19	0.47								

续表 Continued

剖面号 Soil profile	土纲 Soil order	土类 Soil great group	亚类 Soil subgroup	土属 Soil genus	土种 Soil species	土层码 Layer code	土层厚度 Depth/cm	颜色 Soil color	质地 Soil texture	土壤结构 Soil structure	pH	有机质 OM/(g/kg)	全氮 TN/(g/kg)	全磷 TP/(g/kg)	全钾 TK/(g/kg)	碱解氮 AN/(mg/kg)	有效磷 AP/(mg/kg)	速效钾 AK/(mg/kg)	阳离子交换量 CEC/(cmol/kg)	土壤母质 Parent material	剖面点坐标 Profile coordinate	匹配指数 Matching index/%
剖16	初育土	紫色土	中性紫色土	灰棕紫泥土	夹砂土	1	0~16	黄紫色	轻壤土	团粒状	7.6	18.3	0.78	1.04	2.8	68	19.0	92	7.4	砂泥页岩	E 105°51′08.0″ N 32°27′16.6″	73
						2	16~50	浅灰紫色	轻壤土	小块状	7.5	9.8	0.55	0.72	2.4							
						3	50~85	灰紫色	中壤土	块状	7.6	5.9	0.48	0.80	2.3							
剖17	人为土	水稻土	紫色土性水稻土	红棕紫泥田	红砂泥田	1	0~18	黄紫色	中壤土	粒状	6.7	16.7	1.15	1.38	2.2	87	23.0	106	8.4	红棕紫色风化坡积物、残积物	E 105°47′27.6″ N 32°21′06.5″	88
						2	18~26	黄紫色	重壤土	板状	8.1	15.6	1.12	1.25	2.2							
						3	26~44	浅黄紫色	重壤土	块状	8.0	10.0	0.96	1.33	2.2							
剖18	铁铝土	黄壤	黄壤	冷砂黄泥土	黄砂泥土	1	0~17	黄色	中壤土	团粒状	7.2	16.8	0.82	7.00	4.1	71	13.0	124	9.6	泥页岩、砂岩	E 106°01′46.1″ N 32°22′15.6″	76
						2	17~72	灰黄色	重壤土	块状	7.2	8.4	0.70	5.50	4.1							
剖19	初育土	紫色土	石灰性紫色土	红棕紫泥土	红砂泥土	1	0~15	灰红色	中壤土	团粒状	8.4	8.6	0.74	1.17	2.7	42	4.0	65		砂泥岩风化坡积物、残积物	E 105°36′50.4″ N 32°19′03.7″	90
						2	15~39	棕红色	重壤土	块状	8.5	5.7	0.91	1.13	2.7							
						3	39~100	紫红色	重壤土	块状	8.4	3.2	0.39	0.97								
剖20	人为土	水稻土	石灰性紫色土	暗紫泥田	黄泥田	1	0~16	黄紫色	重壤土	块状	6.2	15.0	1.05	0.82	2.1	86	18.0	60	7.4	黄色泥页岩	E 105°39′07.2″ N 32°13′29.6″	82
						2	16~23	浅灰紫色	重壤土	块状	6.3	12.5	0.60	0.56	2.0							
						3	23~100	浅灰紫色	重壤土	块状	7.2	8.9	0.64	0.72	2.0							
剖21	初育土	紫色土	石灰性紫色土	红棕紫泥土	大泥土	1	0~16	棕紫色	重壤土	团粒状	7.8	10.9	0.84	0.78		54	7.0	103		砂泥岩风化坡积物、残积物	E 105°55′01.2″ N 32°19′03.0″	84
						2	16~40	棕紫色	重壤土	块状	7.9	8.8	0.64	0.66								
						3	40~100	棕紫色	中壤土	块状	7.8	6.3	0.57	0.52								
剖22	人为土	水稻土	黄壤性水稻土	黄砂泥田	黄泥田	1	0~16	紫黄色	重壤土	块状	6.9	22.9	1.26	1.02		98	11.0	2		板岩、变质岩风化坡积物、残积物	E 105°48′36.0″ N 32°18′59.0″	86
						2	16~24	黄黄色	重壤土	块状	7.2	21.3	1.78	1.00								
						3	24~100	黄黄色	重壤土	块状	7.6	16.1	0.65	0.78								
剖23	人为土	水稻土	黄壤性水稻土	扁砂泥田	黄泥田	1	0~15	浅红棕色	重壤土	小块状	7.2	30.1	1.81	0.92		126	14.0	122		泥页岩风化坡积物、残积物	E 105°57′37.7″ N 32°16′24.4″	86
						2	15~22	浅红棕色	重壤土	板状	8.0	22.5	1.36	0.94								
						3	22~36	灰棕色	重壤土	大梭柱状	8.3	5.1	0.46	0.89								
						4	36~100	灰棕色	中壤土	小梭柱状	8.0	4.3	0.34	0.58								
剖24	人为土	水稻土	紫色土性水稻土	暗紫泥田	暗紫油砂田	1	0~21	黄棕色	中壤土	粒状、核状	8.1	37.2	2.09	2.12		185	16.0	158		紫色泥岩	E 105°46′08.4″ N 32°14′02.4″	95
						2	21~30	黄棕色	中壤土	小块状	8.3	25.5	1.65	2.00								
						3	30~64	灰棕色	轻壤土	梭柱状	8.3	14.7	0.94	1.84								
						4	64~100	灰棕色	轻壤土	块状	8.3	5.4	0.88	0.45								
剖25	初育土	紫色土	石灰性紫色土	黄砂泥土	夹砂土	1	0~15	红棕色	轻壤土	团粒状	7.7	13.9	0.92	0.84		69	6.0	63		砂岩坡积物、残积物	E 105°58′55.6″ N 32°10′50.5″	81
						2	15~35	黄棕色	重壤土	小块状	7.6	8.8	0.67	0.76	2.4							
						3	35~100	黄红紫色	重壤土	块状	7.2	3.1	0.37	0.81	2.4							
剖26	人为土	水稻土	石灰性紫色土	黄红紫泥土	红砂泥土	1	0~16	黄红紫色	重壤土	团粒状	8.2	11.9	0.91	0.90	2.4	53	9.0	72	11.8	砂岩风化坡积物、残积物	E 105°49′51.2″ N 32°10′36.2″	97
						2	16~36	黄棕色	中壤土	小块状	8.2	9.7	0.74	0.92	2.3							
						3	36~100	黄色	重壤土	块状	8.2	7.0	0.50	0.90								
剖27	人为土	水稻土	黄壤性水稻土	石渣黄泥田	黄泥田	1	0~18	灰棕色	重壤土	小块状	6.5	36.7	8.87	1.25		175	24.0	71	8.2	砂岩坡积物、残积物	E 105°44′25.0″ N 32°03′54.1″	77
						2	18~24	棕灰色	重壤土	板状	7.5	34.6	2.83	1.15								
						3	24~65	浅黄棕色	重壤土	大梭柱状	7.6	30.1	3.81	1.11								
						4	65~100	棕黄色	重壤土	小块状	7.6	14.6	1.22	1.02								
剖28	初育土	紫色土	石灰性紫色土	黄紫泥土	黄泥土	1	0~14	黄棕色	重壤土	小块状	8.2	9.3	0.76	0.77		90	23.0	132		泥页岩坡积物、残积物	E 105°45′22.0″ N 32°09′47.6″	97
						2	14~45	紫黄色	重壤土	小块状	8.3	3.7	0.61	1.10								
						3	45~100	暗黄色	重壤土	小块状	7.4	7.4	0.68	0.72								
剖29	初育土	紫色土	石灰性紫色土	黄红紫泥土	黄泥土	1	0~15	黄棕色	轻黏土	大梭柱状	7.2	9.3	0.74	10.88		39	9.0	104		泥页岩风化坡积物、残积物	E 105°56′47.3″ N 32°05′38.3″	78
						2	15~46	红棕色	轻壤土	小梭柱状	7.4	3.4	0.50	0.65								
						3	46~100															

续表 Continued

剖面号 Soil profile	土纲 Soil order	土类 Soil great group	亚类 Soil subgroup	土属 Soil genus	土种 Soil species	土层码 Layer code	土层厚度 Depth/cm	颜色 Soil color	质地 Soil texture	土壤结构 Soil structure	pH	有机质 OM/(g/kg)	全氮 TN/(g/kg)	全磷 TP/(g/kg)	全钾 TK/(g/kg)	碱解氮 AN/(mg/kg)	有效磷 AP/(mg/kg)	速效钾 AK/(mg/kg)	阳离子交换量CEC/(cmol/kg)	土壤母质 Parent material	剖面点坐标 Profile coordinate	匹配指数 Matching index/%
剖30	初育土	紫色土	石灰性紫色土	黄红紫泥土	泥土	1	0—15	黄红紫色	重壤土	小块状	7.7	10.1	1.06	1.44	3.0	71	25.0	132	8.0	砂岩、泥岩风化坡积物、残积物	E 105°45′57.9″ N 32°04′17.7″	96
						2	15—42	黄红紫色	重壤土	块状	8.1	9.9	0.81	1.08	2.9							
						3	42—100	红黄色	重壤土	小块状	8.1	7.9	0.36	0.84								
剖31	初育土	紫色土	石灰性紫色土	黄红紫泥土	石骨子土	1	0—17	黄棕紫色	轻黏土	粒状	8.2	8.3	0.72	1.56	3.0	47	7.0	72	11.4	坡积物、残积物	E 105°51′06.0″ N 32°03′00.7″	83
						2	14—40	黄棕紫色	轻黏土	粒状	8.2	6.1	0.57	1.40	3.0							
剖32	初育土	紫色土	石灰性紫色土	黄红紫泥土	红砂土	1	0—18	黄紫色	轻壤土	粒状	7.6	16.5	1.16	1.16		74	16.0	108			E 105°45′18.0″ N 32°00′20.9″	88
						2	18—70	黄紫色	轻壤土	粒状	7.5	11.2	0.84	0.73								
剖33	水稻土	黄壤性水稻土	冷砂黄泥田	黄泥田	1	0—15	灰棕黄色	中壤土	团粒状	7.8	23.9	1.65	1.00		108	12.0	80		新冲积物	E 105°42′15.2″ N 31°58′33.6″	74
						2	15—33	暗棕紫色	重壤土	块状	8.2	15.3	0.91	0.74								
						3	33—100	黄色	轻壤土	板状	8.4	15.6	1.13	1.18								
剖34	人为土	水稻土	黄壤性水稻土	矿子黄泥田	矿子黄泥田	1	0—17	棕黄色	中壤土	块状	6.4	19.5	1.10	0.84		93	10.0	98	3.4	灰岩	E 105°44′42.8″ N 31°55′08.4″	91
						2	17—24	灰棕黄色	中壤土	板状	7.1	16.7	1.07	0.76								
						3	24—100	红棕黄色	中壤土	块状	7.8	10.7	0.76	0.63								
剖35	人为土	水稻土	紫色土水稻土	红棕紫泥田	大泥田	1	0—17	黄紫色	重壤土	粒状	7.8	25.5	1.82	1.09		123	9.0	91			E 105°49′04.8″ N 31°59′04.2″	82
						2	17—24	黄紫色	重壤土	板状	8.2	18.2	1.39	1.03								
						3	24—56	黄红紫色	重壤土	块状	8.3	13.3	1.18	1.05								
						4	56—100	棕红紫色	重壤土	小块状	8.4	6.0	0.70	0.94								

旺 苍 县

主要土类说明

黄壤是旺苍县的主要土壤类型，占本县地域面积的42%，主要分布于本县中北部海拔1300—1500m的地区，由石灰岩、砂岩、页岩、变质岩、岩浆岩和第四纪黄色黏土等不同的成土母质发育形成。植被为常绿林和落叶林。本县黄壤的成土过程为土壤黄化及脱硅富铝化，植被下的黄壤有机质含量较高，土壤肥沃，但经开垦耕种后的黄壤，多数耕地具有酸、瘦、黏、板、缺磷、肥力较低的特点。因地处中山陡坡之地，土壤冲刷侵蚀严重，岩石不断风化，使土壤中砾石含量多，部分土壤具粗骨性，土层较薄。土壤多呈中性至微碱性。根据土壤发育阶段的不同和成土过程，本县黄壤分为黄壤和粗骨性黄壤两个亚类。

紫色土是旺苍县第二大土壤类型，占本县地域面积的32%，广泛分布于本县中南部地区。本县紫色土由紫色砂泥岩和页岩风化发育而成，以物理风化为主，土层浅薄，具 A-C 剖面构型。剖面层次分化不明显，矿质养分含量较丰富，有机质较缺乏。根据土壤的酸碱度和碳酸盐含量不同，本县紫色土分为中性紫色土、石灰性紫色土等亚类。

黄棕壤是旺苍县第三大土壤类型，占本县地域面积的15%，多由砂页岩及花岗岩风化物发育而成，分布在本县中北部海拔1300m以上的中山地区。母岩有花岗岩、闪长岩、辉长岩、霓霞岩、大理岩、绢云母板岩等，以及古中生代的沉积岩，不论在何种母质上发育的黄棕壤，成土过程都为脱钙、黏化与微弱的富铝化，土壤肥力比黄壤高。若植被遭破坏，冲刷严重，具粗骨性，熟化度低。本县仅有山地黄棕壤一个亚类。

水稻土占本县地域面积的11%。水稻土是人为灌溉耕种、种植水稻条件下，经水耕熟化过程而发育的一个土类，土壤在季节性淹水、周期性水旱轮作下，氧化还原作用频繁，土壤中盐分的淋溶和淀积、胶粒的下渗迁移，形成了特殊的水文层次，即淹育层、初期潴育层、潴育层、潜育层等剖面层次。土壤水气状况较稳定，pH趋中性，有机质累积比旱作土多，有效养分也较多。本县水稻土分为潮土性水稻土、紫色土性水稻土、粗骨性黄壤水稻土和黄壤性水稻土等亚类。

小于本县地域面积3%的土壤类型还有潮土等。

本区域中心区气候特征

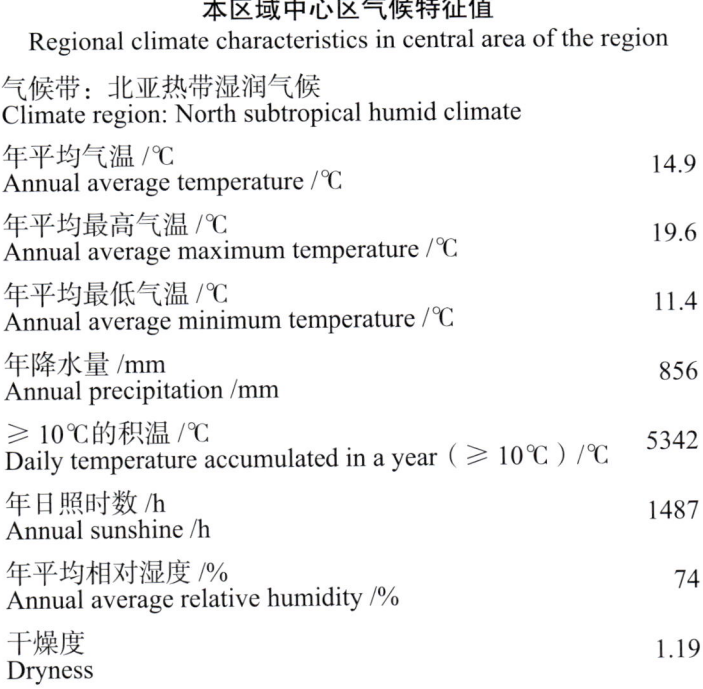

本区域中心区气候特征值
Regional climate characteristics in central area of the region

气候带：北亚热带湿润气候 Climate region: North subtropical humid climate	
年平均气温 /℃ Annual average temperature /℃	14.9
年平均最高气温 /℃ Annual average maximum temperature /℃	19.6
年平均最低气温 /℃ Annual average minimum temperature /℃	11.4
年降水量 /mm Annual precipitation /mm	856
≥10℃的积温 /℃ Daily temperature accumulated in a year (≥10℃) /℃	5342
年日照时数 /h Annual sunshine /h	1487
年平均相对湿度 /% Annual average relative humidity /%	74
干燥度 Dryness	1.19

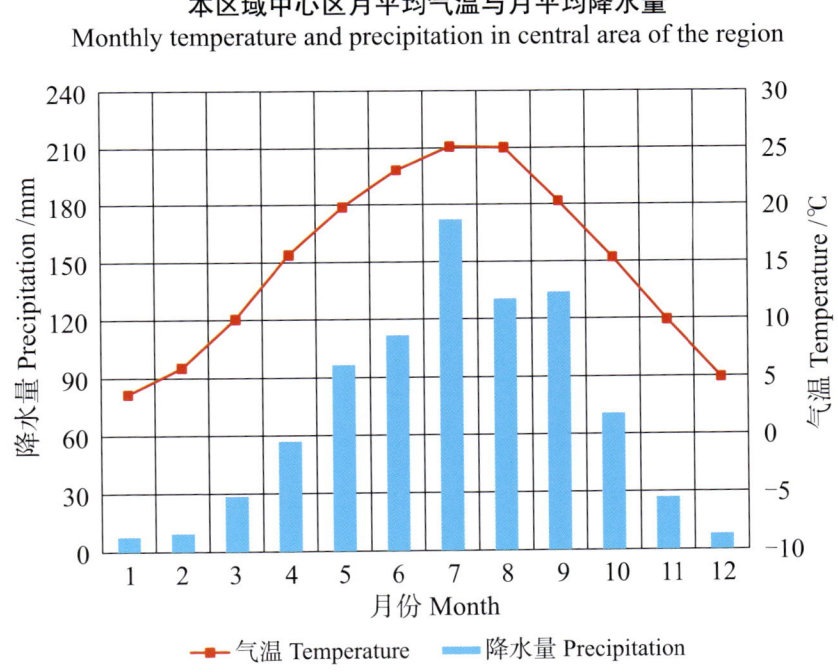

本区域中心区月平均气温与月平均降水量
Monthly temperature and precipitation in central area of the region

旺苍县主要土壤类型与土壤剖面点分布图
1 : 330 000

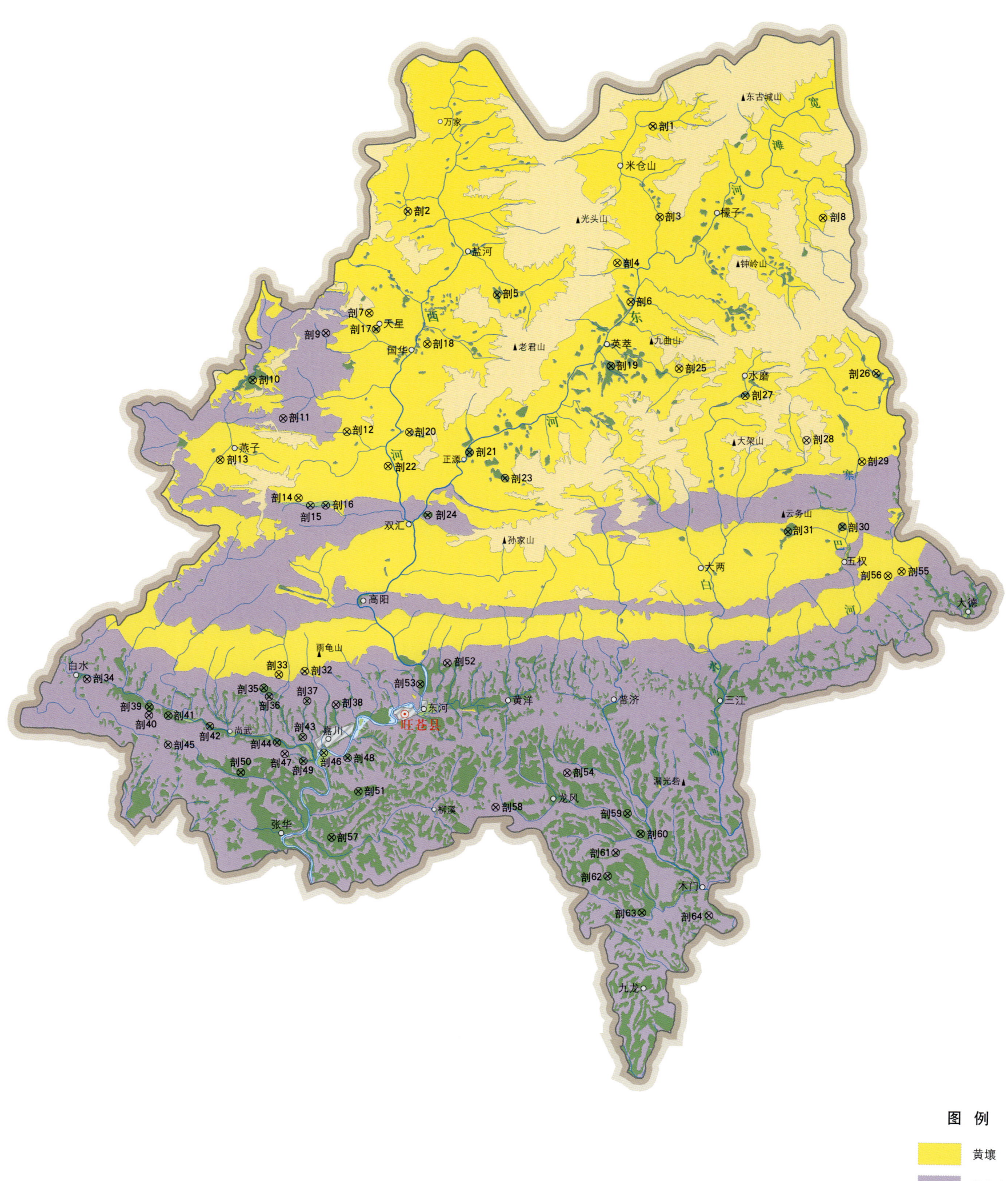

图 例

- 黄壤
- 紫色土
- 黄棕壤
- 水稻土
- 潮土
- ⊗ 剖面点

旺苍县土壤剖面理化性状表

剖面号 Soil profile	土纲 Soil order	土类 Soil great group	亚类 Soil subgroup	土属 Soil genus	土种 Soil species	土层码 Layer code	土层厚度 Depth/cm	颜色 Soil color	质地 Soil texture	土壤结构 Soil structure	pH	有机质 OM/(g/kg)	全氮 TN/(g/kg)	全磷 TP/(g/kg)	全钾 TK/(g/kg)	碱解氮 AN/(mg/kg)	有效磷 AP/(mg/kg)	速效钾 AK/(mg/kg)	阳离子交换量 CEC/(cmol/kg)	土壤母质 Parent material	剖面点坐标 Profile coordinate	匹配指数 Matching index/%
剖1	铁铝土	黄壤	粗骨性黄壤	鱼眼砂黄泥土	山地黄泥土	1	0—12	黄色	重壤土	块状	5.6	21.6	1.26	0.41	2.6	106	4.0	133	15.7	泥页岩风化残积物、坡积物	E 106°29′25.8″ N 32°37′50.9″	74
						2	12—30	黄色	重壤土	块状	6.2	19.0	1.11	0.41	2.6							
						3	30—70	黄色	重壤土	梭块状	6.5	11.1	0.78	0.31	2.5							
剖2	初育土	紫色土	中性紫色土	暗紫泥土	夹砂土	1	0—12	灰黄色	多砾中壤土	小块状	6.1	17.6	1.05	0.24	1.5	109	7.0	54	21.0		E 106°17′25.4″ N 32°34′27.1″	78
						2	12—24	浅黄色	重壤土	块状	6.4	6.7	0.49	0.13	1.7							
						3	24—100	棕黄色	中壤土	块状	6.9	4.8	0.38	0.28	1.7							
剖3	铁铝土	黄壤	粗骨性黄壤	鱼眼砂黄泥土	大眼砂土	1	0—20	灰黄色	砂壤土	粒状	7.2	11.2	1.42	0.44	0.6	39	6.0	36	27.6		E 106°29′43.8″ N 32°34′07.7″	81
						2	20—40	灰黄色	砂壤土	小块状	6.8	5.9	0.46	0.46	0.8							
剖4	铁铝土	黄壤	粗骨性黄壤	老冲积黄泥土	老冲积黄泥土	1	0—13	橙黄色	重壤土	块状	5.2	29.9	1.04	0.43	1.5	78	5.0	73	21.1	第四纪冰川沉积物	E 106°27′38.2″ N 32°32′15.0″	82
						2	13—19	黄色	重黏土	板块状	5.1	9.2	0.62	0.19	1.5							
						3	19—100	黄色	轻黏土	梭柱状	6.8	3.6	0.39	0.13	1.8							
剖5	人为土	水稻土	黄壤性水稻土	粗骨性黄泥田	死黄泥田	1	0—18	灰黄色	重壤土	块状	6.2	19.9	1.15	0.31	2.4	118	3.0	113	13.5	沉积岩	E 106°21′45.4″ N 32°30′59.0″	97
						2	18—28	浅黄色	重黏土	块状	6.8	9.9	0.67	0.27	2.0							
						3	28—100	黄色	重黏土	梭柱状	6.4	6.3	0.45	0.27	2.1							
剖6	铁铝土	黄壤	粗骨性黄壤	鱼眼砂黄泥土	鱼眼砂土	1	0—12	灰褐色	多砾壤土	粒状	6.8	50.5	1.33	0.48	2.2	80	2.0	82	35.2		E 106°28′16.0″ N 32°30′38.5″	81
						2	12—55	褐黄色	重壤土	小块状	6.5	20.5	0.47	0.51	2.0							
						3	55—100	褐黄色	轻壤土	小块状	7.6	5.7	0.56	0.42	2.3							
剖7	铁铝土	黄壤	粗骨性黄壤	矿子黄泥土	死黄泥土	1	0—12	灰黄色	多砾轻壤土	块状	6.8	20.8	1.19	0.25	1.7	72	2.0	81	31.2	石灰岩风化残积物、坡积物	E 106°15′30.6″ N 32°30′16.2″	99
						2	12—44	浅黄色	重壤土	梭块状	6.8	10.1	0.84	0.22	2.0							
						3	44—100	浅棕黄色	轻壤土	块状	7.6	6.8	0.43	0.23	2.1							
剖8	铁铝土	黄壤	粗骨性黄壤	鱼眼砂黄泥土	黑砂泥土	1	0—18	暗灰黄色	多砾轻壤土	小块状	6.8	65.4	1.32	0.83	1.5	98	19.0	55	20.1		E 106°37′41.5″ N 32°34′01.2″	96
						2	18—100	暗灰黄色	多砾轻壤土	小块状	6.4	73.6	1.43	0.73	1.6							
剖9	初育土	紫色土	中性紫色土	山地暗紫泥土	风化石渣子土	1	0—17	暗紫色	轻砾石土	团块状	7.8	43.7	2.69	0.47	1.5	192	6.0	120	23.5	页岩风化物	E 106°13′22.8″ N 32°29′27.2″	73
						2	17—60	紫黄色	轻砾石土	小块状	7.2	5.0	1.90	0.37	1.8							
剖10	人为土	水稻土	黄壤性水稻土	粗骨性黄泥田	黄泥田	1	0—18	灰黄色	重壤土	块状	7.8	26.2	1.59	0.41	2.4	129	13.0	78	17.6	沉积岩	E 106°09′47.9″ N 32°27′32.4″	82
						2	18—28	灰黄色	重黏土	板状	8.1	6.8	0.41	0.28	2.1							
						3	28—100	黄色	重黏土	梭柱状	7.8	3.5	0.29	0.21	2.6							
剖11	初育土	紫色土	中性紫色土	山地暗紫泥土	石渣子土	1	0—15	浅褐黄色	中砾石土	小块状	7.7	23.8	1.68	1.46	1.7	123	18.0	47	38.5	页岩风化物	E 106°11′16.8″ N 32°25′57.4″	85
						2	15—54	灰黄色	中壤土	小块状	7.4	16.2	1.37	0.90	1.7							
						3	54—100	浅黄色	重壤土	小块状	7.7	20.7	1.26	0.99	1.7							
剖12	铁铝土	黄壤	粗骨性黄壤	矿子黄泥土	豆面泥土	1	0—18	灰黄色	重壤土	小块状	6.7	13.9	0.97	0.29	2.0	88	2.0	94	16.7	石灰岩风化残积物、坡积物	E 106°14′23.3″ N 32°25′23.9″	92
						2	18—73	灰黄色	重壤土	梭块状	6.7	10.4	0.66	0.24	2.3							
						3	73—100	浅黄色	重壤土	小块状	6.7	4.7	0.47	0.27	2.4							
剖13	铁铝土	黄壤	粗骨性黄壤	矿子黄泥土	石砂土	1	0—14	浅灰黄色	重砾石土	小块状	6.1	26.9	1.48	0.42	2.8	68	3.0	64	19.1	石灰岩风化残积物、坡积物	E 106°08′12.5″ N 32°24′16.6″	76
						2	14—40	灰黄色	中壤土	小块状	6.5	19.5	1.34	0.36	2.9							
剖14	铁铝土	黄壤	粗骨性黄壤	矿子黄泥土	火石子土	1	0—16	浅灰黄色	中砾石土	块状	6.7	17.3	2.81	0.69	1.5	184	5.0	85	20.4	石灰岩风化残积物、坡积物	E 106°12′01.1″ N 32°22′41.2″	90
						2	16—50	浅黄色	中砾石土	块状	7.1	14.0	2.38	0.57	1.6							
						3	50—100	黄灰色	中壤土	团块状	7.2	12.6	2.32	0.58	1.5							
剖15	半水成土	潮土	潮土	灰棕潮土	潮泥砂土	1	0—18	紫灰黄色	中壤土	小块状	7.5	36.5	1.30	0.77	1.6	106	16.0	70	19.4	河流冲积物	E 106°12′35.3″ N 32°22′22.2″	73
						2	18—27	棕灰色	重壤土	小块状	7.4	6.2	0.56	0.48	2.2							
						3	27—84	黄灰色	中壤土		7.4	5.1	0.34	0.51	1.9							
						4	84—100		重壤土													

续表 Continued

剖面号 Soil profile	土纲 Soil order	土类 Soil great group	亚类 Soil subgroup	土属 Soil genus	土种 Soil species	土层码 Layer code	土层厚度 Depth/cm	颜色 Soil color	质地 Soil texture	土壤结构 Soil structure	pH	有机质 OM/(g/kg)	全氮 TN/(g/kg)	全磷 TP/(g/kg)	全钾 TK/(g/kg)	碱解氮 AN/(mg/kg)	有效磷 AP/(mg/kg)	速效钾 AK/(mg/kg)	阳离子交换量CEC/(cmol/kg)	土壤母质 Parent material	剖面点坐标 Profile coordinate	匹配指数 Matching index/%
剖16	人为土	水稻土	潴土型水稻土	灰棕潮田	潮砂泥田	1	0–18	灰黄色	少砾中壤土	团块状	6.2	32.5	1.59	0.47	1.8	132	15.0	87	13.0	第四纪冲积物	E 106°13′19.6″ N 32°22′22.1″	71
						2	18–26	深灰黄色	中壤土	片状、块状	6.8	24.7	1.21	0.41	1.9							
						3	26–100	浅灰黄色	中壤土	小梭块状	8.2	7.4	0.51	0.41	2.1							
剖17	人为土	水稻土	黄壤性水稻土	矿子黄泥田	死黄泥田	1	0–15	浅灰黄色	轻壤土	块状	6.7	19.6	1.30	0.28	1.9	117	2.0	145	23.7	石灰岩风化残积物、坡积物	E 106°15′50.0″ N 32°29′36.2″	78
						2	15–25	棕黄色	重壤土	板状	7.5	7.8	0.83	0.27	1.8							
						3	25–100	黄黄色	重壤土	梭柱状	7.4	2.4	0.46	0.21	1.8							
剖18	铁铝土	黄壤	粗骨性黄壤	粗骨黄壤土	石块子土	1	0–12	灰黄色	重砾石土	小块状	5.6	14.6	1.29	0.56	2.3	58	3.0	75	14.8		E 106°18′19.8″ N 32°28′59.2″	82
						2	12–50	黄黄色	中壤土	块状	5.6	14.4	1.22	0.55	2.4							
剖19	水稻土	水稻土	黄壤性水稻土	鱼眼砂黄泥田	大眼砂田	1	0–20	灰黄色	砂壤土	核状	5.9	34.8	1.39	1.37	0.5	114	7.0	57	24.2		E 106°27′16.9″ N 32°28′00.8″	84
						2	20–28	灰黄色	轻壤土	小块状	7.3	18.2	1.01	1.24	0.5							
						3	28–100	灰黄色	轻壤土	小块状	7.1	9.5	0.49	1.13	0.5							
剖20	黄壤	黄壤	粗骨性黄壤	粗骨黄壤土	黄泥土	1	0–16	浅黄色	中壤土	小块状	5.1	13.3	0.99	0.30	2.6	84	3.0	122	12.7	沉积岩风化残积物、坡积物	E 106°17′25.8″ N 32°25′22.1″	88
						2	16–80	棕黄色	中黏土	小梭块状	5.4	6.3	0.79	0.25	2.8							
						3	80–100	棕黄色	重黏土	块状	4.9	3.2	0.62	0.53	2.4							
剖21	人为土	水稻土	黄壤性水稻土	鱼眼砂黄泥田	黑砂泥田	1	0–18	灰黑色	中壤土	团块状	6.8	31.1	1.69	1.78	1.9	142	10.0	129	33.8		E 106°20′21.1″ N 32°24′31.7″	97
						2	18–26	浅灰黄色	中壤土	片状、块状	7.3	21.5	1.33	1.72	2.0							
						3	26–100	灰黄色	重壤土	梭块状	7.5	21.8	1.03	1.44	2.1							
剖22	铁铝土	黄壤	粗骨性黄壤	粗骨黄壤土	红砂子土	1	0–16	浅灰红黄色	轻砾石土	小块状	7.7	11.6	0.62	0.48	3.7	49	10.0	130	35.9	沉积岩风化残积物、坡积物	E 106°16′22.8″ N 32°23′58.6″	94
						2	16–70	浅棕红色	中砾石土	块状	7.6	4.3	0.74	0.73	1.7							
						3	70–100	浅灰黄色	多砾石土	块状	7.7	3.2	0.64	1.00	1.8							
剖23	铁铝土	黄壤	粗骨性黄壤	鱼眼砂黄壤土	鱼眼砂田	1	0–20	灰黄色	多砾中壤土	小块状	6.1	30.6	1.48	0.59	2.2	174	10.0	87	11.9		E 106°22′04.4″ N 32°23′26.9″	99
						2	20–28	灰黄色	多砾中壤土	板块状	7.5	13.8	1.32	0.43	2.3							
						3	28–100	灰黄色	多砾重壤土	板块状	6.7	13.0	0.63	0.51	2.3							
剖24	人为土	水稻土	紫色土性水稻土	暗紫泥田	紫油泥田	1	0–16	浅灰黄色	中壤重壤土	小块状	7.1	37.3	2.03	0.71	1.9	142	9.0	100	24.7	页岩、砂泥岩风化残积物、坡积物	E 106°18′18.4″ N 32°21′56.5″	88
						2	16–26	灰黄色	重壤土	板块状	7.7	33.0	1.99	0.72	2.0							
						3	26–100	灰黄色	重壤土	梭块状	8.1	14.1	1.02	0.63	2.0							
剖25	铁铝土	黄壤	粗骨性黄壤	鱼眼砂黄壤土	石片子土	1	0–20	灰黄色	中砾石土	块状	7.1	33.5	1.75	1.20	2.0	142	21.0	60	20.6		E 106°30′36.0″ N 32°27′53.3″	86
						2	20–70	灰黄色	中砾石土	小块状	7.4	23.8	1.15	1.37	1.8							
																		99				
剖26	铁铝土	黄壤	粗骨性黄壤	鱼眼砂黄壤土	山地黄泥田	1	0–17	浅黄色	重壤土	块状	6.5	33.6	1.88	0.42	1.5	103	5.0	99			E 106°40′12.4″ N 32°27′36.7″	99
						2	17–25	浅黄色	重壤土	小块状	6.3	3.1	1.54	0.42	1.4			75	20.1			
						3	25–100	灰黄色	重壤土	板块状	7.4	11.8	0.80	0.29	1.7	165	10.0					
剖27	人为土	水稻土	黄壤性水稻土	粗骨黄泥田	夹黄泥田	1	0–16	浅黄色	重壤土	小块状	6.2	27.8	1.33	0.48	2.3	141	15.0	92	28.4	沉积岩	E 106°33′49.3″ N 32°26′45.6″	85
						2	16–24	灰黄色	重壤土	板块状	6.4	18.0	1.07	0.45	2.2							
						3	24–100	灰黄色	中壤土	梭块状	6.6	10.9	0.72	0.40	2.0							
剖28	淋溶土	黄棕壤	山地黄棕壤	山地黄棕壤	冷黄砂泥土	1	0–14	黄黄色	多砾中壤土	团块状	7.0	38.4	1.99	0.47	2.4	137	3.0	126	12.9	各种岩石风化物	E 106°36′46.8″ N 32°24′54.4″	73
						2	14–60	黄色	中壤土	块状	7.0	23.5	1.46	0.55	2.2							
						3	60–100	棕黄色	重壤土	梭块状	7.5	27.5	1.82	0.61	2.4							
剖29	黄壤	黄壤	黄壤性水稻土	矿子黄泥田	矿子黄泥田	1	0–15	灰黄色	少砾中壤土	块状	6.8	16.5	1.15	0.25	2.4	86	3.0	168	29.8	石灰岩风化残积物、坡积物	E 106°39′28.4″ N 32°24′00.7″	77
						2	15–56	棕黄色	轻壤土	块状	6.3	3.8	0.46	0.12	2.3							
						3	56–100	黄黄色	重壤土	小块状	6.4	4.6	0.54	0.27	1.6							
剖30	铁铝土	水稻土	黄壤性水稻土	粗骨性黄泥田	石砂泥田	1	0–17	灰黄色	重壤土	小块状	7.0	24.1	1.53	0.48	2.3	117	8.0	201	27.2	沉积岩	E 106°38′30.1″ N 32°21′20.2″	88
						2	17–30	灰黄色	片壤土	片块状	7.5	22.0	1.55	0.43	2.4							
						3	30–56	灰黄色	中壤土	块状	8.1	9.2	0.78	0.45	2.3							
剖31	人为土	水稻土	黄壤性水稻土	矿子黄泥田	矿子黄泥田	1	0–14	浅黄色	重壤土	板状	6.7	18.6	1.39	0.82	2.2	101	17.0	68	25.5	石灰岩风化残积物、坡积物	E 106°35′50.6″ N 32°21′09.0″	88
						2	14–24	浅黄色	重壤土	板柱状	6.4	16.6	1.28	0.72	2.1							
						3	24–100	黄色	轻黏土	梭块状	7.2	7.0	0.67	0.67	1.8							

续表 Continued

剖面号 Soil profile	土纲 Soil order	土类 Soil great group	亚类 Soil subgroup	土属 Soil genus	土种 Soil species	土层码 Layer code	土层厚度 Depth/cm	颜色 Soil color	质地 Soil texture	土壤结构 Soil structure	pH	有机质 OM/(g/kg)	全氮 TN/(g/kg)	全磷 TP/(g/kg)	全钾 TK/(g/kg)	碱解氮 AN/(mg/kg)	有效磷 AP/(mg/kg)	速效钾 AK/(mg/kg)	阳离子交换量CEC/(cmol/kg)	土壤母质 Parent material	剖面点坐标 Profile coordinate	匹配指数 Matching index/%
剖32	人为土	水稻土	黄壤性水稻土	冷砂黄泥田	冷砂黄泥田	1	0~15	浅黄色	中壤土	小块状	7.7	27.0	2.64	0.58	2.2	123	13.0	85		厚砂岩夹页岩风化坡积物	E 106°12′16.6″ N 32°15′32.4″	97
						2	15~25	灰黄色	中壤土	板块状	7.8	19.4	1.51	0.45	1.9							
						3	25~100	灰黄色	重壤土		6.7	8.1	0.74	0.27	1.6							
剖33	铁铝土	黄壤	黄壤	冷砂黄泥土	冷砂黄泥土	1	0~16	灰黄色	少砾中壤土	块状	6.1	13.9	0.76	0.13	1.5	61	1.0	76	11.1		E 106°11′01.3″ N 32°15′24.1″	71
						2	16~31	浅棕黄色	中壤土	棱柱状	7.2	5.2	0.40	0.11	1.8							
						3	31~100	棕黄色	重壤土		6.5	3.8	0.37	0.11	1.8							
剖34	人为土	水稻土	紫色土性水稻土	灰棕紫泥田	冷浸田	1	0~22	灰棕紫色	少砾重壤土	稀糊状	7.4	35.4	1.78	0.65	2.0	139	6.0	85	36.4		E 106°01′41.5″ N 32°15′14.8″	70
						2	22~42	灰棕紫色	重壤土	棱柱状	6.6	35.1	1.74	0.54	2.0							
						3	42~100	灰棕紫色	重壤土		6.5	20.0	1.39	0.54	2.4							
剖35	人为土	水稻土	紫色土性水稻土	暗紫泥田	黄泥紫泥田	1	0~16	灰棕紫色	重壤土	小块状	7.6	52.5	2.15	0.41	2.0	161	3.0	74	27.6	页岩、砂泥岩风化残积物、坡积物	E 106°10′16.8″ N 32°14′51.0″	90
						2	16~24	棕黄色	中砾重壤土	板状	7.5	30.6	1.57	0.33	2.0							
						3	24~100	浅棕黄色	中壤土	棱柱状	7.2	5.1	0.61	0.21	2.0							
剖36	人为土	水稻土	紫色土性水稻土	暗紫泥田	夹砂泥田	1	0~18	棕黄色	多砾中壤土	团块状	5.7	13.2	0.77	0.27	1.1	126	2.0	99	27.8	页岩、砂泥岩风化残积物、坡积物	E 106°10′32.4″ N 32°14′30.1″	82
						2	18~29	棕黄色	中壤土	板块状	6.5	15.6	0.84	0.28	1.3							
						3	29~100	浅黄色	中壤土		6.5	12.7	0.74	0.33	1.3							
剖37	人为土	水稻土	紫色土性水稻土	灰棕紫泥田	红砂骨子田	1	0~13	灰棕紫色	多砾中壤土	小块状	7.7	15.3	0.96	0.68	2.2	69	4.0	116	29.1		E 106°12′23.4″ N 32°14′19.0″	83
						2	13~29	灰棕紫色	中壤土	棱块状	7.6	15.8	0.81	0.68	2.2							
						3	29~45	灰棕紫色	重壤土	小棱块状	8.5	3.2	0.84	0.73	2.2							
剖38	初育土	紫色土	中性紫色土	灰棕紫泥土	红砂泥土	1	0~12	灰棕紫色	轻黏土	团块状	7.1	13.4	0.85	0.38	1.9	93	4.0	72	23.0	砂泥岩残积物、坡积物	E 106°13′47.6″ N 32°14′10.0″	94
						2	12~42	灰黄色	轻黏土	板状	7.0	7.3	0.43	0.26	1.9							
						3	42~100	黄紫色	轻黏土	板状	7.7	4.7	0.29	0.15	1.6							
剖39	人为土	水稻土	紫色土性水稻土	灰棕紫泥田	泥沙田	1	0~12	灰黄色	重壤土	块状	6.8	45.0	2.26	0.54	1.9	173	8.0	192	23.8		E 106°12′43.0″ N 32°14′05.6″	93
						2	12~21	灰棕紫色	重壤土	板状	7.1	48.0	2.11	0.57	2.0							
						3	21~100	灰棕紫色	重壤土	板状	8.4	6.0	0.62	0.20	2.1							
剖40	初育土	紫色土	石灰性紫色土	灰棕紫泥土	糯泥田	1	0~16	浅红棕色	重壤土	小块状	7.9	11.0	0.66	0.33	2.3	45	1.0	66	31.9		E 106°04′41.9″ N 32°13′44.8″	77
						2	16~65	浅红棕色	中壤土	块状	7.9	6.0	0.76	0.16	2.2						83	
剖41	人为土	水稻土	紫色土性水稻土	红棕紫泥田	红砂泥田	1	0~16	灰棕紫色	中砾重黏土	团块状	7.2	52.2	2.60	0.72	2.0	194	9.0	162	33.2		E 106°04′38.0″ N 32°13′44.0″	94
						2	16~25	灰棕色	重壤土	板块状	8.3	5.3	0.47	0.29	1.8							
						3	25~100	黄灰色	重壤土	块状	8.1	6.1	0.53	0.42	1.8							
剖42	人为土	水稻土	黄壤性水稻土	老冲积黄泥田	老冲积黄泥田	1	0~18	灰棕色	重壤土	块状	5.9	32.0	1.85	0.33	1.7	182	4.0	89	17.3	第四纪老冲积物	E 106°07′39.4″ N 32°13′17.4″	83
						2	18~27	灰棕色	轻壤土	板柱状	6.8	9.9	0.79	0.15	1.7							
						3	27~100	灰棕色	重壤土		6.8	12.8	1.10	0.24	1.8							
剖43	初育土	紫色土	石灰性紫色土	灰棕紫泥土	石骨子土	1	0~18	灰棕紫色	轻壤石土	小块状	8.5	13.3	0.60	0.66	1.5	35	1.0	46	44.9	砂泥岩残积物、坡积物	E 106°12′10.8″ N 32°12′49.3″	92
						2	18~45	灰棕紫色	中壤土	块状	7.6	12.7	0.54	0.72	1.5							
剖44	人为土	水稻土	潮土型水稻土	灰棕潮田	潮砂田	1	0~16	灰棕色	中砾轻黏土	小团块状	8.8	27.8	0.99	0.60	1.7	65	3.0	54	32.9	第四纪冲积物	E 106°10′55.2″ N 32°12′36.0″	70
						2	16~40	灰棕色	轻壤土	小块状	8.9	18.3	0.58	0.57	1.9							
						3	40~100	灰黄色	中壤土	小块状	8.9	11.8	0.67	0.52	1.9							
剖45	人为土	水稻土	紫色土性水稻土	棕紫泥田	烂泥田	1	0~30		中壤土	稀糊状	6.3	17.9	1.02	0.23	1.7	91	3.0	72	13.4	棕色砂泥岩风化坡积物	E 106°05′37.3″ N 32°12′31.3″	84
						2	30~50			紫块状	7.6	17.2	1.08	0.24	1.7							
						3	50~100				6.5	18.1	1.04	0.22	1.8							
剖46	半水成土	潮土		灰棕潮土	河砂土	1	0~17	灰黄色	轻壤土	粒状	8.5	7.8	0.40	0.48	1.8	34	1.0	37	13.5	河流冲积物	E 106°13′11.6″ N 32°12′09.7″	89
						2	17~60	灰棕色	轻壤土	粒状	8.6	5.8	0.29	0.41	1.9							
						3	60~100	灰黄色	轻壤土	粒状	8.5	6.4	0.27	0.44	1.8							
剖47	初育土	紫色土	石灰性紫色土	红棕紫泥土	红砂土	1	0~23	红棕色	轻砾石土	小块状	8.3	21.9	0.98	0.12	2.1	40	3.0	65	31.2		E 106°11′17.9″ N 32°12′07.9″	85
						2	23~45	红棕色	中壤土	小块状	8.2	7.3	0.70	0.33	2.2							

续表 Continued

剖面号 Soil profile	土纲 Soil order	土类 Soil great group	亚类 Soil subgroup	土属 Soil genus	土种 Soil species	土层码 Layer code	土层厚度 Depth/cm	颜色 Soil color	质地 Soil texture	土壤结构 Soil structure	pH	有机质 OM/(g/kg)	全氮 TN/(g/kg)	全磷 TP/(g/kg)	全钾 TK/(g/kg)	碱解氮 AN/(mg/kg)	有效磷 AP/(mg/kg)	速效钾 AK/(mg/kg)	阳离子交换量CEC/(cmol/kg)	土壤母质 Parent material	剖面点坐标 Profile coordinate	匹配指数 Matching index/%
剖48	人为土	水稻土	紫色土性水稻土	红棕紫泥田	红糯泥田	1	0—17	浅红棕色	轻黏土	块状	7.6	35.8	1.83	0.54	2.4	165	4.0	109	18.3	泥岩夹砂岩风化残积物、坡积物	E 106°14′20.8″ N 32°11′57.1″	80
						2	17—24	红棕色	轻黏土	板状	7.5	31.4	1.21	0.55	2.4							
						3	24—100	红棕色	轻黏土	棱柱状	7.4	4.8	0.68	0.41	1.2							
剖49	人为土	水稻土	紫色土性水稻土	红棕紫泥田	红砂泥田	1	0—15	红棕色	少砾中壤土	块状	6.6	17.2	0.91	0.33	1.8	76	3.0	74	25.7	泥岩夹砂岩风化残积物、坡积物	E 106°12′11.9″ N 32°11′49.6″	74
						2	15—27	浅棕红色	重壤土	板块状	7.5	7.6	0.62	0.28	2.3							
						3	27—100	红棕色	重壤土	棱块状	7.5	6.7	0.64	0.17	1.9							
剖50	人为土	水稻土	紫色土性水稻土	棕紫泥田	夹砂田	1	0—16	黄棕紫色	中壤土	小块状	7.1	29.6	1.80	0.33	1.8	156	3.0	146	21.3	棕紫色砂泥岩风化坡积物	E 106°09′09.2″ N 32°11′22.0″	100
						2	16—23	棕紫色	中壤土	片状、块状	8.4	6.1	0.54	0.25	1.9							
						3	23—100	棕紫色	重壤土	棱柱状	8.4	4.5	0.53	0.14	1.9							
剖51	人为土	水稻土	紫色土性水稻土	棕紫泥田	砂田	1	0—18	浅棕紫色	中壤土	片状、块状	7.7	15.0	0.99	0.32	1.6	78	2.0	59	17.3	棕紫色砂泥岩风化坡积物	E 106°14′52.4″ N 32°10′34.3″	98
						2	18—30	浅棕紫色	重壤土	棱柱状	7.5	10.3	0.71	0.30	1.6							
						3	30—80	棕紫色	中壤土	小块状	7.8	3.2	0.36	0.17	1.5							
剖52	初育土	紫色土	中性紫色土	暗紫泥土	黄砂土	1	0—20	浅黄色	多砾砂土	小团块状	5.9	15.6	0.59	0.13	1.7	54	1.0	39	12.1		E 106°19′13.4″ N 32°15′51.1″	90
						2	20—70	浅黄色	中砾砂壤土	小团块状	5.3	3.8	0.28	0.08	1.7							
剖53	人为土	水稻土	潮土型水稻田	灰棕潮泥田	潮泥田	1	0—15	棕紫色	重壤土	片状、块状	7.1	34.4	1.57	0.69	1.9	115	13.0	57	38.8	第四纪冲积物	E 106°17′52.8″ N 32°14′59.6″	74
						2	15—23	灰棕色	重壤土	棱柱状	7.7	9.4	0.64	0.28	2.0							
						3	23—64	浅棕色	中壤土	块状	7.6	3.8	0.31	0.14	1.8							
						4	64—100		重壤土													
剖54	初育土	紫色土	石灰性紫色土		炭渣子土	1	0—16	灰棕色	轻砾石土	小块状	8.7	12.1	0.50	0.48	2.3	33	2.0	52	24.5		E 106°25′01.2″ N 32°11′17.5″	78
						2	16—67	棕色	中壤土	小块状	8.5	5.7	0.83	0.33	2.3	78	1.0	74				
剖55	铁铝土	黄壤	黄壤	冷砂黄泥土	冷砂子土	1	0—17	暗黄色	轻砾石土	小块状	8.4	37.3	4.66	0.69	2.1	55	3.0	103	19.6		E 106°41′21.1″ N 32°19′28.6″	99
						2	17—84	暗黄色	轻砾石土	小块状	7.6	16.8	3.80	0.67	2.1							
剖56	铁铝土	黄壤	黄壤	冷砂黄泥土	冷砂土	1	0—12	暗黄色	多砾砂壤土	小团块状	7.8	23.0	1.47	0.51	1.8	89	3.0	69	27.9		E 106°40′41.0″ N 32°19′18.1″	75
						2	12—59	灰黄色	多砾砂壤土	块状	8.7	17.7	0.74	0.45	2.4							
						3	59—100	灰黄色	重壤土	块状	8.2	27.8	1.03	0.40	2.7							
剖57	人为土	水稻土	紫色土性水稻土	棕紫泥田	黄泥田	1	0—14	灰黄色	重壤土	块状	6.2	16.5	1.13	0.29	1.5	91	3.0	135	17.6	棕紫色砂泥岩风化坡积物	E 106°13′33.2″ N 32°08′40.2″	91
						2	15—26	灰黄色	重壤土	板块状	7.2	13.5	0.84	0.17	2.0							
						3	26—100	灰黄色	重壤土	棱柱状	7.2	4.4	1.98	0.33	1.4							
剖58	初育土	紫色土	石灰性紫色土	冷砂黄泥土	黄泥土	1	0—18	黄色	中壤土	块状	6.7	15.1	0.86	0.17	1.5	79	1.0	120	18.6	砂泥岩风化残积物、坡积物	E 106°21′32.0″ N 32°09′53.3″	82
						2	18—70	黄色	重壤土	块状	7.3	4.1	0.34	0.04	1.8							
						3	70—100	黄色	重壤土	块状	7.4	2.9	0.16	0.09	1.5							
剖59	人为土	水稻土	紫色土性水稻土	棕紫泥田	紫黄泥田	1	0—15	灰黄色	重壤土	块状	8.7	25.7	1.57	0.47	2.1	130	5.0	194	23.1	棕紫色砂泥岩风化坡积物	E 106°27′56.5″ N 32°09′36.4″	82
						2	15—26	灰黄色	重壤土	板状	7.6	5.4	0.63	0.21	2.0							
						3	26—100	灰黄色	重壤土	棱柱状	6.9	4.4	0.52	0.18	2.2							
剖60	初育土	紫色土	石灰性紫色土	黄红紫泥土	红砂骨子土	1	0—14	黄红棕色	中壤土	小块状	8.6	14.1	0.99	0.53	2.5	75	2.0	80	29.1	砂泥岩风化残积物、坡积物	E 106°28′34.3″ N 32°08′45.6″	97
						2	14—25	黄红紫色	中壤土	小块状	8.9	6.4	0.78	0.37	2.3							
						3	25—100	黄红紫色	中壤土	小块状	8.2	2.5	0.51	0.18	2.9							
剖61	初育土	紫色土	石灰性紫色土	黄红紫泥土	红石骨子土	1	0—12	棕红色	轻壤土	小块状	8.6	8.7	0.64	0.54	2.2	52	4.0	87	21.9	棕红色砂岩	E 106°27′21.6″ N 32°07′59.2″	93
						2	12—40	棕红色	中砾重壤土	团块状	8.9	8.6	0.60	0.62	2.1							
剖62	初育土	紫色土	石灰性紫色土	黄红紫泥土	半砂半泥土	1	0—15	浅黄紫色	中壤土	块状	8.4	27.0	1.38	0.63	1.7	113	6.0	155	25.9	棕红色厚砂岩	E 106°26′57.8″ N 32°07′01.9″	86
						2	15—45	浅黄紫色	中壤土	块状	7.8	5.7	0.44	0.18	1.8							
						3	45—100	浅黄紫色	中壤土	块状	8.8	19.4	1.06	0.53	1.7							
剖63	人为土	水稻土	紫色土性水稻土	黄红紫泥田	半砂半泥田	1	0—14	黄黄紫色	重壤土	小块状	6.9	20.1	1.53	0.32	2.2	115	3.0	138	17.9	砂泥岩风化物	E 106°28′37.2″ N 32°05′30.1″	96
						2	14—25	浅黄紫色	重壤土	片状、块状	7.5	4.5	0.53	0.21	2.0							
						3	25—100	黄黄紫色	重壤土	棱柱状	7.3	4.0	0.53	0.22	1.9							

续表 Continued

剖面号 Soil profile	土纲 Soil order	土类 Soil great group	亚类 Soil subgroup	土属 Soil genus	土种 Soil species	土层码 Layer code	土层厚度 Depth/cm	颜色 Soil color	质地 Soil texture	土壤结构 Soil structure	pH	有机质 OM/(g/kg)	全氮 TN/(g/kg)	全磷 TP/(g/kg)	全钾 TK/(g/kg)	碱解氮 AN/(mg/kg)	有效磷 AP/(mg/kg)	速效钾 AK/(mg/kg)	阳离子交换量CEC/(cmol/kg)	土壤母质 Parent material	剖面点坐标 Profile coordinate	匹配指数 Matching index/%
剖64	初育土	紫色土	石灰性紫色土	黄红紫泥土	紫黄泥土	1	0—15	浅黄色	轻黏土	块状	6.4	10.9	0.85	0.20	2.1	70	1.0	118	15.3	棕红色厚砂岩	E 106°31′52.7″ N 32°05′22.2″	91
						2	15—44	浅黄色	轻黏土	块状	5.8	5.1	0.31	0.15	2.5							
						3	44—100	浅紫黄色	重壤土	核块状	5.8	4.0	0.66	0.12	2.2							

青 川 县

主要土类说明

黄壤是青川县的主要土壤类型，占本县地域面积的69%。成土母岩比较复杂，其中以千枚岩、片岩、变质砂岩、板岩等出露面积最大，其他还有砂岩、页岩、灰岩以及第四纪老冲积母质发育而成的土壤。经人为耕作后，逐渐形成耕作层，有机质含量比森林植被下的土壤低，而品质有改善，耕层酸度有向中性变化之趋势，盐基饱和度迅速提高，从而大大改善了土壤的肥力性质。土壤阳离子交换量高，一般为30—33cmol/kg，盐基饱和度一般在60%—80%。土壤大多呈中性，pH为6.5—7.5，少数为微酸性（pH为5.8）和微碱性（pH为8.1）。部分土壤碳酸钙含量较高，达1%—7%，与典型黄壤不同。有机质含量变化大，自然黄壤一般在50g/kg左右，耕种黄壤一般为10—20g/kg。按发育阶段不同，本县黄壤分为黄壤和粗骨性黄壤两个亚类。

黄棕壤是青川县第二大土壤类型，占本县地域面积的17%，分布于海拔1500m左右的坡面。该土壤由各种岩石坡积、残积母质发育而成。在人为耕作条件下，耕作层逐步形成，心土层的理化性质亦发生变化，大块状结构被破坏，结构表面胶膜消融，土体疏松，容重变小，孔隙增多，从而提高了土壤保水保肥能力和生产性能。本县黄棕壤黏粒淀积不明显，呈微酸性至中性，多含砾石。本县仅有黄棕壤一个亚类。

暗棕壤是青川县第三大土壤类型，占本县地域面积的5%。在本县，暗棕壤是山地基带土壤向上演替的第二个垂直地带性土壤，位于黄棕壤之上，上与黑毡土连接。暗棕壤是在温带湿润的大陆性季风气候条件下发育成的，具有明显有机质富集和弱酸性淋溶的土壤，具O-A-B-C剖面构型。A层有机质含量可达200g/kg，弱酸性淋溶，铁铝轻微下移。B层呈棕色，结构面见铁锰胶膜，呈弱酸性，盐基饱和度为70%—80%。土壤冻结期长。本县暗棕壤仅有暗棕壤一个亚类。

紫色土占本县地域面积的5%，分布于七佛乡燕子村的坡面中下部。紫色土属岩性土，是紫色砂泥岩风化物发育而成的土壤。在成土过程中，物理风化快而化学风化慢，土壤发育浅。矿物表面有一层铁质胶膜，使矿物不易受水文作用深刻分解，而使风化物基本保持岩石颜色，故称紫色土。紫色土通过耕作熟化，耕层逐步加厚，耕层有机质和氮素亦明显增多。同时，成土矿物中的磷、钾等养分进一步活化，以供给作物生长利用。本县紫色土仅有中性紫色土一个亚类。

小于本县地域面积3%的土壤类型还有石灰（岩）土、水稻土、潮土、黑毡土等。

本区域中心区气候特征

本区域中心区气候特征值
Regional climate characteristics in central area of the region

气候带：中亚热带湿润气候 Climate region: Subtropical humid climate	
年平均气温 /℃ Annual average temperature /℃	13.8
年平均最高气温 /℃ Annual average maximum temperature /℃	19.1
年平均最低气温 /℃ Annual average minimum temperature /℃	9.9
年降水量 /mm Annual precipitation /mm	713
≥10℃的积温 /℃ Daily temperature accumulated in a year（≥10℃）/℃	4692
年日照时数 /h Annual sunshine /h	1577
年平均相对湿度 /% Annual average relative humidity /%	68
干燥度 Dryness	1.4

本区域中心区月平均气温与月平均降水量
Monthly temperature and precipitation in central area of the region

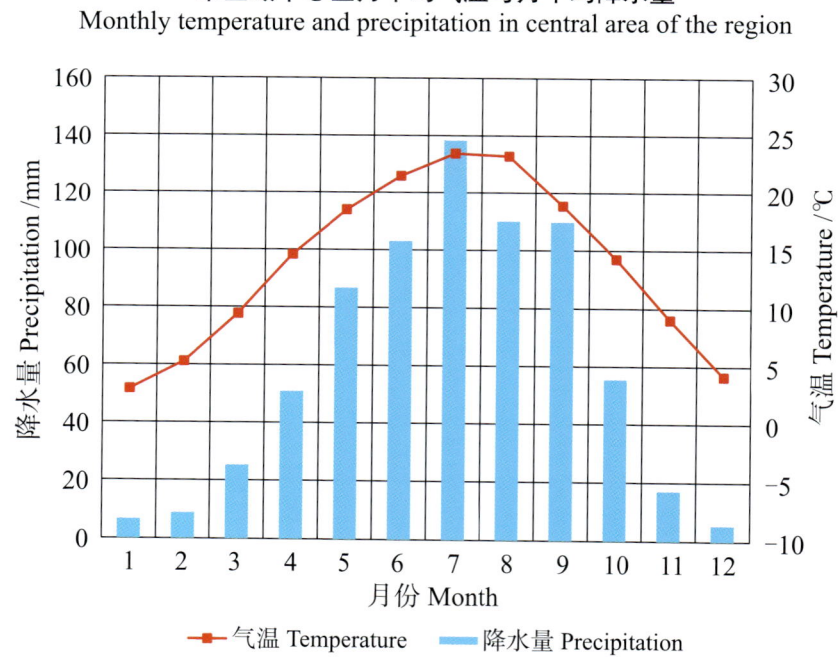

青川县主要土壤类型与土壤剖面点分布图

1 : 390 000

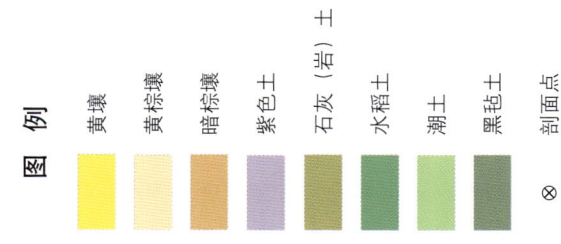

图例: 黄壤 黄棕壤 暗棕壤 紫色土 石灰(岩)土 水稻土 潮土 黑毡土 ⊗ 剖面点

青川县土壤剖面理化性状表

剖面号 Soil profile	土纲 Soil order	土类 Soil great group	亚类 Soil subgroup	土属 Soil genus	土种 Soil species	土层码 Layer code	土层厚度 Depth/cm	颜色 Soil color	质地 Soil texture	土壤结构 Soil structure	pH	有机质 OM/(g/kg)	全氮 TN/(g/kg)	全磷 TP/(g/kg)	全钾 TK/(g/kg)	碱解氮 AN/(mg/kg)	有效磷 AP/(mg/kg)	速效钾 AK/(mg/kg)	阳离子交换量CEC/(cmol/kg)	土壤母质 Parent material	剖面点坐标 Profile coordinate	匹配指数 Matching index/%
剖1	人为土	水稻土	潮土型水稻土	黄色潮土田	黄泥砂田	1	0—14	灰黄色	中壤土	粒状	6.2	22.5	1.42	0.44	1.9	112	7.9	89	23.0	黄色新冲积物	E 105°29′37.7″ N 32°48′13.3″	71
						2	14—20	浅灰黄色	中壤土	板状	6.2	15.7	1.10	0.37								
						3	20—50	浅灰黄色	轻壤土	小块状	7.3	9.1	0.64	0.26								
						4	50—100	浅灰黄色	中壤土	小块状	6.8	7.9	0.69	0.33								
剖2	铁铝土	黄壤	黄壤	老冲积黄黄泥土	卵石黄泥土	1	0—12	浅黄棕色	中砾中壤土	小块状	6.2	13.0	0.93	0.26	1.7	62	2.2	82	29.6		E 105°29′00.2″ N 32°40′36.1″	76
						2	12—100	浅灰棕色	轻砾中壤土	小块状	6.4	11.6	0.54	0.21					24.0			
剖3	半水成土	潮土	潮土	灰棕潮土	潮砂土	1	0—18	浅黄黄色	砂壤土	粒状	7.4	11.8	0.83	0.57	1.8	58	7.0	41	61.3		E 105°31′11.1″ N 32°42′09.9″	71
						2	18—43	浅灰黄色	砂壤土	粒状	7.6	7.6	0.41	0.51								
						3	43—	浅灰黄色	多砾紧砂土	粒状	7.4	4.3	0.33	0.47								
剖4	半水成土	潮土	潮土	灰棕潮土	砂土	1	0—18	浅黄黄色	砂壤土	单粒状	8.1	12.4	0.66	0.49	2.0	49	2.6	30	12.0	灰棕色新冲积物	E 105°30′28.8″ N 32°42′07.6″	99
						2	18—	浅灰黄色	多砾紧砂土	粒状	7.8	5.6	0.26	0.41								
剖5	人为土	水稻土	潮土型水稻土	灰棕潮土田	潮砂田	1	0—17	灰黄色	轻壤土	粒状、小块状	7.8	12.9	0.93	0.66		68	7.0	57		灰棕色新冲积物	E 105°30′47.9″ N 32°41′43.5″	73
						2	17—100	灰黄色	轻壤土	粒状、小块状	7.6	6.7	0.52	0.53								
剖6	淋溶土	暗棕壤	暗棕壤			1	0—4															
						2	4—14	褐黑色	中壤土	团粒状	6.3	108.7	5.07	0.46	1.8	299	3.1	78	84.0		E 104°40′36.8″ N 32°37′05.9″	96
						3	14—28	灰棕色	少砾中壤土	粒状、小块状	5.5	32.6	1.43	1.32		99	4.8		47.0			
						4	28—43	浅棕色	中壤土	团粒状、块状	5.6	25.8	1.14	1.81								
						5	43—67	浅黄棕色	轻壤土	块状	4.9	19.2	0.74	2.47								
						6	67—	黑黄色			6.0											
剖7	淋溶土	黄棕壤	山地黄棕壤			1	0—6	黑黄色														
						2	6—14	暗棕色	中壤土	核状、块状	5.5	101.2	4.92	0.78		4	9.2	153	54.0		E 104°48′45.0″ N 32°35′18.6″	79
						3	14—32	棕色	中壤土	团粒状、块状	5.5	52.2	3.00	0.63								
						4	32—63	棕色	中壤土	核粒状、块状	5.6	45.2	2.14	0.50								
						5	63—77	黄棕色	中壤土	核块状	5.9	14.9	0.82	0.26								
剖8	淋溶土	黄棕壤	黄棕壤	石片子黄棕壤	灰砂泥土	1	0—20	浅黄黄色	多砾中壤土	粒状	6.4	28.0	1.54	0.43	1.0	106	5.2	34	30.0	千枚岩、片岩坡积物、残积物	E 104°51′38.9″ N 32°32′53.5″	87
						2	20—38	浅褐黄色	多砾中壤土	粒状、小块状	6.4	22.2	1.18	0.41								
						3	38—100	浅黄棕色	多砾中壤土	小块状	6.5	6.6	0.47	0.34								
剖9	铁铝土	黄壤	黄壤	黄泥土	黄泥土	1	0—19	浅黄黄色	中壤土	粒状、小块状	6.4	18.8	1.21	0.41	2.7	96	3.5	80	26.0		E 104°58′41.2″ N 32°31′15.2″	81
						2	19—52	浅黄棕色	中砾重壤土	小块状	6.6	11.2	0.78	0.37								
						3	52—100	浅黄棕色	多砾重壤土	块状	6.6	7.6	0.62	0.33								
剖10	铁铝土	黄壤	粗骨性黄壤	石片子黄泥土	石片子土	1	0—11	灰黄黄色	中砾轻壤土	粒状	6.5	22.5	1.53	0.67	2.6	97	3.9	87	18.3		E 104°59′27.2″ N 32°30′46.4″	82
						2	11—	浅黄黄色	轻壤土	片状	6.6	18.0	1.08	0.60					16.0			
剖11	人为土	水稻土	黄壤性水稻土	黄泥田	黄泥田	1	0—19	浅黄黄色	重壤土	小块状	7.2	14.3	0.79	0.46	1.3	54	11.8	89	19.6		E 104°57′21.6″ N 32°30′28.4″	89
						2	19—27	浅黄黄色	重壤土	片状	7.4	14.1	0.76	0.46								
						3	27—35	浅黄黄色	重壤土	小块状	7.6	12.9	0.90	0.47								
						4	35—80	浅黄黄色	重壤土	块状	7.4	11.1	0.86	0.47								
						5	80—															
剖12	铁铝土	黄壤	黄壤	黄泥土	石渣子土	1	0—18	浅黄黄色	少砾重壤土	小块状	6.8	14.9	1.14	0.40		84	3.9	115			E 104°48′59.8″ N 32°30′24.8″	83
						2	18—29	浅黄黄色	少砾重壤土	块状	6.8	12.6	0.98	0.43								
						3	29—100	浅黄黄色	少砾重壤土	小块状	7.2	4.7	0.45	0.48								
剖13	铁铝土	黄壤	黄壤	黄泥土	夹石土	1	0—20	灰黄色	轻砾中壤土	块状	6.8	19.6	1.28	0.86		103	11.4	57			E 104°47′55.7″ N 32°30′22.7″	83
						2	20—100	浅黄色	中壤土	块状	6.6	13.5	1.00	0.63								

续表 Continued

剖面号 Soil profile	土纲 Soil order	土类 Soil great group	亚类 Soil subgroup	土属 Soil genus	土种 Soil species	土层码 Layer code	土层厚度 Depth/cm	颜色 Soil color	质地 Soil texture	土壤结构 Soil structure	pH	有机质 OM/(g/kg)	全氮 TN/(g/kg)	全磷 TP/(g/kg)	全钾 TK/(g/kg)	碱解氮 AN/(mg/kg)	有效磷 AP/(mg/kg)	速效钾 AK/(mg/kg)	阳离子交换量CEC/(cmol/kg)	土壤母质 Parent material	剖面点坐标 Profile coordinate	匹配指数 Matching index/%
剖14	铁铝土	黄壤	粗骨性黄壤	石渣黄泥土	砂黄泥土	1	0—17	浅灰黄色	多砾中壤土	粒状、小块状	6.6	19.7	1.19	0.45		92	5.2	75		变质砂页岩坡积物、残积物	E 105°14′46.3″ N 32°36′59.8″	94
						2	17—35	灰黄色	中壤土	小块状	6.8	15.4	1.06	0.43								
						3	35—96	浅棕黄色	少砾中壤土	块状	6.8	7.4	0.42	0.26								
剖15	铁铝土	黄壤		矿子黄泥土	矾黄泥土	1	0—17	浅棕红色	少砾中黏土	粒状	7.8	19.9	1.34	0.73		82	4.8	119		灰岩坡残积物、积物	E 105°10′10.9″ N 32°35′08.9″	89
						2	17—60	浅棕黄色	少砾中黏土	块状	7.6	9.4	0.78	0.34								
						3	60—80	浅棕黄色	中砾重黏土	块状	7.0	6.1	0.43	0.33								
剖16	半水成土	潮土		黄色潮土	黄泥沙土	1	0—20	浅棕黄色	中壤土	小块状	7.2	12.7	0.79	0.41		48	8.7	91		第四纪黄色新冲积物	E 105°14′01.9″ N 32°34′38.5″	81
						2	20—60	灰黄色	重壤土	块状	7.2	9.1	0.75	0.31								
						3	60—100	黄色	重壤土	棱块状	7.1	9.1	0.52	0.23								
剖17	铁铝土	黄壤	粗骨性黄壤	石片子黄泥土	鸡粪食土	1	0—20	浅棕黄色	轻砾中壤土	粒状	7.6	24.7	1.37	0.54		98	3.5	89		千枚岩、片岩坡积物、残积物	E 105°10′59.2″ N 32°34′12.4″	77
						2	20—50	浅黄色	中砾重壤土	粒状	6.5	9.8	0.67	0.51								
剖18	铁铝土	黄壤		矿子黄泥土	黄泥土	1	0—15	浅黄色	中砾重黏土	小块状	7.6	14.3	1.18	0.55	2.2	80	4.8	116	16.0	灰岩坡积物、残积物	E 105°05′24.4″ N 32°33′07.2″	74
						2	15—33	浅黄色	多砾重黏土	块状	7.4	14.1	1.14	0.51								
						3	33—85	黄色	少砾重黏土	棱块状	7.2	9.4	0.66	0.31								
						4	85—															
剖19	铁铝土	黄壤				1	0—1	暗棕色	重壤土	棱块状	7.4	52.3	2.38	0.46	2.2	188	2.6	137	45.0		E 105°02′14.3″ N 32°32′09.2″	99
						2	1—4	浅黄灰色	中砾中黏土	小块状	6.8	13.9	1.08	0.35								
						3	4—35	浅黄灰色	重壤土	块状	7.4	13.0	0.89	0.38								
						4	35—100		少砾中壤土	块状	5.9	19.5	1.06	0.28								
剖20	铁铝土	黄壤		黄泥土	黄砂泥土	2	14—36	浅棕黄色	中壤土	粒状	6.6	6.9	0.37	0.22	2.0	86	3.5	92	24.5	千枚岩、片岩坡积物、残积物	E 105°00′52.2″ N 32°31′49.1″	73
						3	36—100	浅棕黄色	中壤土	块状	6.6	6.4	0.38	0.12								
剖21	铁铝土	黄壤	粗骨性黄壤	石片子黄泥土	砂黄泥土	1	0—13	浅棕黄色	中壤中壤土	粒状、小块状	5.8	21.4	1.77	0.40		138	2.6	64		千枚岩、片岩坡积物、残积物	E 105°09′04.7″ N 32°31′29.3″	85
						2	13—31	浅棕黄色	多砾中壤土	粒状	6.4	12.8	0.85	0.22								
						3	31—85	浅棕黄色	多砾中壤土	小块状	6.6	11.8	0.84	0.21								
						4	85—															
剖22	人为土	水稻土	黄壤性水稻土	黄泥田	黑砂土	1	0—14	黑色	轻壤轻壤土	粒状	6.4	30.6	1.44	1.13		103	14.4	163			E 105°03′30.2″ N 32°31′14.2″	92
						2	14—31	黑色	多砾重壤土	片状	6.3	23.7	1.21	1.10								
剖23	人为土	水稻土	潮土型水稻土	黄色冲积黄泥田	黄砂泥土	1	0—13	浅棕黄灰色	少砾中壤土	片状	6.4	27.2	2.71	0.42		139	9.2	144			E 105°02′14.3″ N 32°31′14.2″	96
						2	13—18	浅棕黄色	少砾中壤土	粒状	6.7	21.1	1.46	0.33								
						3	18—41	浅黄灰色	中壤土	小块状	5.8	24.6	1.40	0.62								
剖24	人为土	水稻土	黄壤性水稻土	黄色老冲积黄泥田	石渣子田	1	0—18	灰黄灰色	轻壤石石土	粒状	6.4	19.0	1.15	0.61		110	8.7	191		黄色老冲积物	E 105°05′02.8″ N 32°30′44.3″	97
						2	18—31	灰灰黄色	中壤土	小块状	6.4	11.5	0.77	0.53								
						3	31—	灰灰黄色	中壤土	小块状	6.8	22.6	1.24	0.36								
剖25	人为土	水稻土	潮土型水稻土	老色冲积黄泥田	黄泥田	1	0—12	灰灰黄色	中壤土	饭状	7.5	18.0	0.94	0.34	2.2	70	6.5	93	25.5	黄色冲积物、残积物	E 105°21′43.9″ N 32°37′14.9″	94
						2	12—20	浅黄色	重壤土	块状	7.2	11.1	0.63	0.28								
						3	20—50	黄色	重壤土	大块状	7.4	9.4	0.70	0.32								
						4	50—100	灰黄色	中壤土	小块状	6.2	29.3	1.70	0.50								
剖26	人为土	水稻土	潮土型水稻土	黄色潮土田	黄泥田	1	0—14	灰黄色	重壤土	片状	6.9	14.5	1.10	0.85	2.1	141	5.7	56	30.7	黄色新冲积物	E 105°22′07.7″ N 32°37′10.2″	73
						2	14—22	浅黄色	重壤土	棱柱状	6.8	14.1	0.98	0.93								
						3	22—47	浅黄色	重壤土	棱柱状	7.0											
						4	47—100															

续表 Continued

剖面号 Soil profile	土纲 Soil order	土类 Soil group	亚类 Soil subgroup	土属 Soil genus	土种 Soil species	土层码 Layer code	土层厚度 Depth/cm	颜色 Soil color	质地 Soil texture	土壤结构 Soil structure	pH	有机质 OM/(g/kg)	全氮 TN/(g/kg)	全磷 TP/(g/kg)	全钾 TK/(g/kg)	碱解氮 AN/(mg/kg)	有效磷 AP/(mg/kg)	速效钾 AK/(mg/kg)	阳离子交换量CEC/(cmol/kg)	土壤母质 Parent material	剖面点坐标 Profile coordinate	匹配指数 Matching index/%
剖27	半水成土	潮土	潮土	黄色潮土	砂土	1	0—12	褐黄色	多砾砂壤土	粒状	6.6	16.2	1.20	0.71		72	3.9	35			E 105°23′26.9″ N 32°36′50.1″	88
						2	12—	褐黄色	轻砾砂壤土	粒状	7.0	14.2	1.05	0.71								
剖28	人为土	水稻土	黄壤性水稻土	黄泥田	石渣田	1	0—17	灰黄色	中壤土	粒状、小块状	6.6	31.2	2.15	0.70		144	19.2	89		变质砂岩坡积物、残积物	E 105°26′49.9″ N 32°31′48.0″	93
						2	17—32	灰黄色	多砾中壤土	小块状	7.6	25.0	2.00	0.76								
						3	32—47	浅黄色	少砾中壤土	团块状	7.0	12.5	1.49	0.81								
剖29	淋溶土	黄棕壤	黄棕壤	石渣子黄棕壤	蚂蚁子土	1	0—20	浅棕黄色	中砾重黏土	粒状	5.8	8.4	0.58	0.15		44	2.6	52	26.8		E 105°19′44.0″ N 32°31′00.5″	78
						2	20—85	浅棕黄色	中砾重黏土	粒状、小块状	5.8	7.5	0.56	0.15								
						3	85—															
剖30	淋溶土	黄棕壤	黄棕壤	矿子黄棕壤	矿子石渣土	1	0—20	暗棕黄色	多砾重壤土	粒状	6.2	66.1	3.69	1.58	2.1	241	6.5	378	49.0	灰岩坡积物、残积物	E 105°20′15.0″ N 32°30′40.7″	89
						2	20—80	灰黄色	轻壤土	粒状、小块状	7.4	56.2	3.23	0.46								
						3	80—															
剖31	铁铝土	黄壤	粗骨性黄壤	石渣黄泥土	扁砂土	1	0—15	浅褐黄色	轻砾轻壤土	粒状	6.7	48.0	3.48	0.96	2.1	223	6.5	97	39.0		E 105°26′47.4″ N 32°30′18.7″	87
						2	15—	浅褐黄色	轻砾轻壤土	粒状	6.4	25.5	1.39	0.69								
剖32	人为土	水稻土	潮土型水稻土	灰棕潮泥田	潮砂泥田	1	0—18	浅灰黄色	中壤土	粒状	6.8	21.7	1.68	0.54	2.3	124	10.5	102	22.5	灰黄色新冲积物	E 105°30′35.6″ N 32°39′39.6″	97
						2	18—25	浅灰黄色	中壤土	片状	7.0	13.3	1.16	0.49								
						3	25—100	浅黄色	重壤土	块状	7.4	6.7	0.78	0.41								
剖33	人为土	水稻土	黄壤性水稻土	老冲积黄泥田	老冲积黄泥田	1	0—15	浅黄棕色	少砾重黏土	块状	7.2	20.0	1.23	0.29	2.3	89	3.9	134	29.4	黄色老冲积物	E 105°31′40.1″ N 32°39′37.4″	73
						2	15—23	浅黄棕色	重壤土	小核柱状	6.8	12.2	0.98	0.28								
						3	23—43	浅黄棕色	重壤土	棱块状	7.6	10.8	0.87	0.28								
						4	43—100		重壤土	棱块状		3.4	0.54	0.23								
剖34	半水成土	潮土	潮土	黄色潮土	黄砂土	1	0—16	浅褐黄色	轻壤土	粒状、小块状	6.5	20.1	1.36	0.65	1.9	110	12.7	31	19.8	第四纪黄色新冲积物	E 104°55′22.0″ N 32°27′41.9″	92
						2	16—60	浅褐黄色	轻壤土	粒状	6.7	13.8	0.97	0.59								
						3	60—				6.5											
剖35	铁铝土	黄壤	粗骨性黄壤	石砂黄泥土	石子土	1	0—13	浅褐黄色	轻石质土	粒状	7.0	45.9	2.55	0.85	2.8	195	3.1	81	33.4	板岩坡积物、残积物	E 104°56′44.9″ N 32°21′45.0″	84
						2	13—36	暗灰黄色	多砾中壤土	粒状	6.9	25.0	1.21	0.85								
						3	36—															
剖36	铁铝土	黄壤	粗骨性黄壤	石砂黄泥土	石砂泥土	1	0—15	浅褐黄色	多砾中壤土	粒状	6.8	27.8	1.88	1.04	3.0	126	4.8	90	24.3	板岩坡积物、残积物	E 104°56′36.7″ N 32°20′31.1″	96
						2	15—56	暗灰黄色	中壤土	小块状	6.8	15.2	1.32	0.90								
						3	56—90	暗灰黄色	中壤土	小块状	6.7	10.1	0.86	0.66								
剖37	人为土	水稻土	黄壤性水稻土	老冲积黄泥田	老冲积黄泥田	1	0—17	暗灰色	中壤土	粒状	7.4	46.2	1.52	1.10		111	33.6	94	0.3		E 105°04′57.7″ N 32°29′38.8″	97
						2	17—23	灰色	重壤土	小块状	8.0	23.3	1.53	0.97					0.4			
						3	23—32	深灰色	重壤土	小块状	7.8	14.6	0.80	0.97					0.4			
						4	32—60	浅黄灰色	轻壤土	小块状	7.0	7.2	0.48	0.97					0.6			
						5	60—100															
剖38	铁铝土	黄壤	粗骨性黄壤	石片子黄泥土	黑土	1	0—19	暗褐黄色	中砾中壤土	粒状	7.4	25.4	1.37	0.80	2.4	88	12.2	142	14.0	千枚岩、片岩坡积物、残积物	E 105°05′47.0″ N 32°29′11.0″	81
						2	19—65	暗褐黄色	多砾中壤土	粒状、小块状	7.5	22.4	1.13	0.76					19.0			
						3	65—															
剖39	铁铝土	黄壤	黄壤	矿子黄泥土	矿子黄泥土	1	0—20	浅棕黄色	少砾重黏土	大块状	7.6	13.6	1.10	0.21		70	4.4	90	14.0	灰岩坡积物、残积物	E 105°03′11.2″ N 32°27′12.6″	92
						2	20—70	灰黄色	轻黏土	小块状	7.6	8.7	0.66	0.19					19.0			
						3	70—															
剖40	人为土	水稻土	黄壤性水稻土	矿子黄泥田	矿子黄泥田	1	0—19	灰黄色	重壤土	小块状	6.2	27.6	61.92	0.70	3.0	122	7.0	94	43.0	灰岩坡积物、残积物	E 105°00′04.3″ N 32°24′51.8″	81
						2	19—27	浅黄灰色	重壤土	板状	7.0	12.2	1.15	0.62								
						3	27—40	灰黄色	重壤土	棱状	7.4	11.5	1.02	0.57								
						4	40—100	浅灰黄色	少砾重壤土	棱状	6.7	11.5	0.92	0.55								

续表 Continued

剖面号 Soil profile	土纲 Soil order	土类 Soil great group	亚类 Soil subgroup	土属 Soil genus	土种 Soil species	土层码 Layer code	土层厚度 Depth/cm	颜色 Soil color	质地 Soil texture	土壤结构 Soil structure	pH	有机质 OM/(g/kg)	全氮 TN/(g/kg)	全磷 TP/(g/kg)	全钾 TK/(g/kg)	碱解氮 AN/(mg/kg)	有效磷 AP/(mg/kg)	速效钾 AK/(mg/kg)	阳离子交换量CEC/(cmol/kg)	土壤母质 Parent material	剖面点坐标 Profile coordinate	匹配指数 Matching index/%
剖41	铁铝土	黄壤	黄壤	矿子黄泥土	石渣子黄砂泥土	1	0—13	浅棕色	轻砾中壤土	粒状、小块状	7.6	18.0	1.16	0.45	2.1	89	2.6	85	28.9	灰岩坡积物、残积物	E 105°00′16.2″ N 32°21′51.5″	81
						2	13—45	浅黄棕色	轻砾中壤土	小块状	8.0	16.4	1.09	0.44								
						3	45—															
剖42	铁铝土	黄壤	粗骨性黄壤	石片子黄泥土	石渣子土	1	0—20	灰黄色	多砾中壤土	粒状	6.8	24.5	1.77	0.50	3.0	124	3.9	66	32.3	千枚岩、片岩坡积物、残积物	E 105°23′37.3″ N 32°29′52.8″	77
						2	20—30	浅灰黄色	轻砾含石土	粒状	7.2	14.6	1.06	0.50								
						3	30—															
剖43	铁铝土	黄壤	粗骨性黄壤	石窖黄泥土	石窖土	1	0—16	浅灰黄色	中壤土	粒状	7.0	23.8	1.46	0.58		82	2.6	36		板岩坡积物、残积物	E 105°15′25.2″ N 32°24′43.6″	83
						2	16—															
剖44	初育土	紫色土	中性紫色土			1	0—20	暗紫色	多砾重壤土	小块状	6.8	43.6	2.36	0.75	2.2	153	1.3	114	64.3	紫色钙质页岩坡积物、残积物	E 105°25′42.6″ N 32°21′58.3″	91
						2	2—20															
						3	20—															
剖45	人为土	水稻土	紫色土性水稻土	暗紫泥田	紫泥田	1	0—16	暗紫色	少砾中壤土	粒状、小块状	6.8	29.4	1.79	0.58	2.0	101	8.3	119	71.0	紫色砂页岩坡积物、残积物	E 105°20′07.4″ N 32°20′03.5″	78
						2	16—23	暗紫色	重壤土	小块状	6.8	27.0	1.64	1.08								
						3	23—100	紫色	少砾重壤土	块状	7.5	15.8	1.04	1.05								
剖46	淋溶土	黄棕壤	粗骨性黄棕壤			1	0—3														E 104°59′17.9″ N 32°19′39.7″	79
						2	3—13	浅棕灰色	重壤土	粒状	6.1	63.8	3.25	0.37	2.0	222	3.5	210	43.0			
						3	13—50	浅黄色	重壤土	小块状	5.7	23.6	1.05	0.20								
						4	50—															
剖47	铁铝土	黄壤	粗骨性黄壤			1	0—2														灰岩坡积物、残积物	E 105°11′53.9″ N 32°18′55.1″	87
						2	2—10	深褐色	中壤土	粒状、小块状	6.0	62.8	2.37	0.29	2.4	180	2.6	137	44.0			
						3	10—30	浅黄色	中砾重黏土	小块状	6.0	11.2	0.78	0.16								
						4	30—															
剖48	初育土	紫色土	中性紫色土	暗紫泥土	梭砂土	1	0—15	暗紫色	少砾重壤土	粒状	7.0	7.9	0.52	1.39	1.4	32	14.0	91	67.0	紫色钙质岩坡积物、残积物	E 105°19′29.9″ N 32°19′16.8″	100
						2	15—25	暗紫色	中壤土	粒状、小块状	6.6	4.3	0.34	0.96								
						3	25—															
剖49	铁铝土	黄壤	黄壤性土	扁石黄泥土	扁石黄砂土	A	0—16	浅灰黄色	壤土	粒状	6.8	21.2	1.68	0.28	1.8	118	1.1	65	19.6	砂岩风化坡积物	E 105°16′47.3″ N 32°19′10.6″	97
						B	16—38	浅黄灰色	黏壤土	小块状	6.6	20.5	1.60	0.26								
						C	38—87	浅黄灰色	黏壤土	小块状	6.6	19.8	1.16	0.25								

剑 阁 县

主要土类说明

紫色土是剑阁县的主要土壤类型，占本县地域面积的 74%。其成土母质由紫色岩层风化而成，由热带、亚热带紫红色岩层侵蚀发育，土层浅薄，具 A–C 剖面构型。土壤宜种性较广，但由于母质本身肥力较低，比其他紫色土瘦。本县紫色土只有石灰性紫色土一个亚类，碳酸钙的含量较高，高者达 7% 以上，土壤多呈中性至微碱性，pH 为 6.8—8.4。

水稻土是剑阁县第二大土壤类型，占本县地域面积的 20%，遍及全县各地。水稻土是在长期季节性淹灌、水下翻耕、季节性脱水、氧化还原交替影响下形成的土壤类型，具有成土时间长、熟化度较高的特点。养分含量与其他土类相比较高，总的趋势是中氮、低磷、中钾。由于干湿交替，水稻土形成糊状淹育层、较坚实板结的犁底层、渗育层、潴育层与潜育层等多种发生层。这些不同发生层段是在人为耕作、水浆管理下形成的。依据成土母质和发育情况，本县水稻土可分为潮土性水稻土、紫色土性水稻土和黄壤性水稻土等亚类。

黄壤是剑阁县第三大土壤类型，占本县地域面积的 6%，多见于海拔 700—1200m 的山区。中度脱硅富铝化，具 O–A–AB–B–C 剖面构型。土壤有机质累积较高，可达 100g/kg。土壤 pH 为 4.5—5.5。淀积层（B 层）富含水合氧化物（针铁矿），呈黄色。本县黄壤只有黄壤一个亚类。

小于本县地域面积 3% 的土壤类型还有潮土等。

本区域中心区气候特征

本区域中心区气候特征值
Regional climate characteristics in central area of the region

气候带：中亚热带湿润气候 Climate region: Subtropical humid climate	
年平均气温 /℃ Annual average temperature /℃	14.6
年平均最高气温 /℃ Annual average maximum temperature /℃	19.6
年平均最低气温 /℃ Annual average minimum temperature /℃	11.1
年降水量 /mm Annual precipitation /mm	811
≥10℃的积温 /℃ Daily temperature accumulated in a year（≥10℃）/℃	5010
年日照时数 /h Annual sunshine /h	1399
年平均相对湿度 /% Annual average relative humidity /%	73
干燥度 Dryness	1.24

剑阁县主要土壤类型与土壤剖面点分布图
1∶310 000

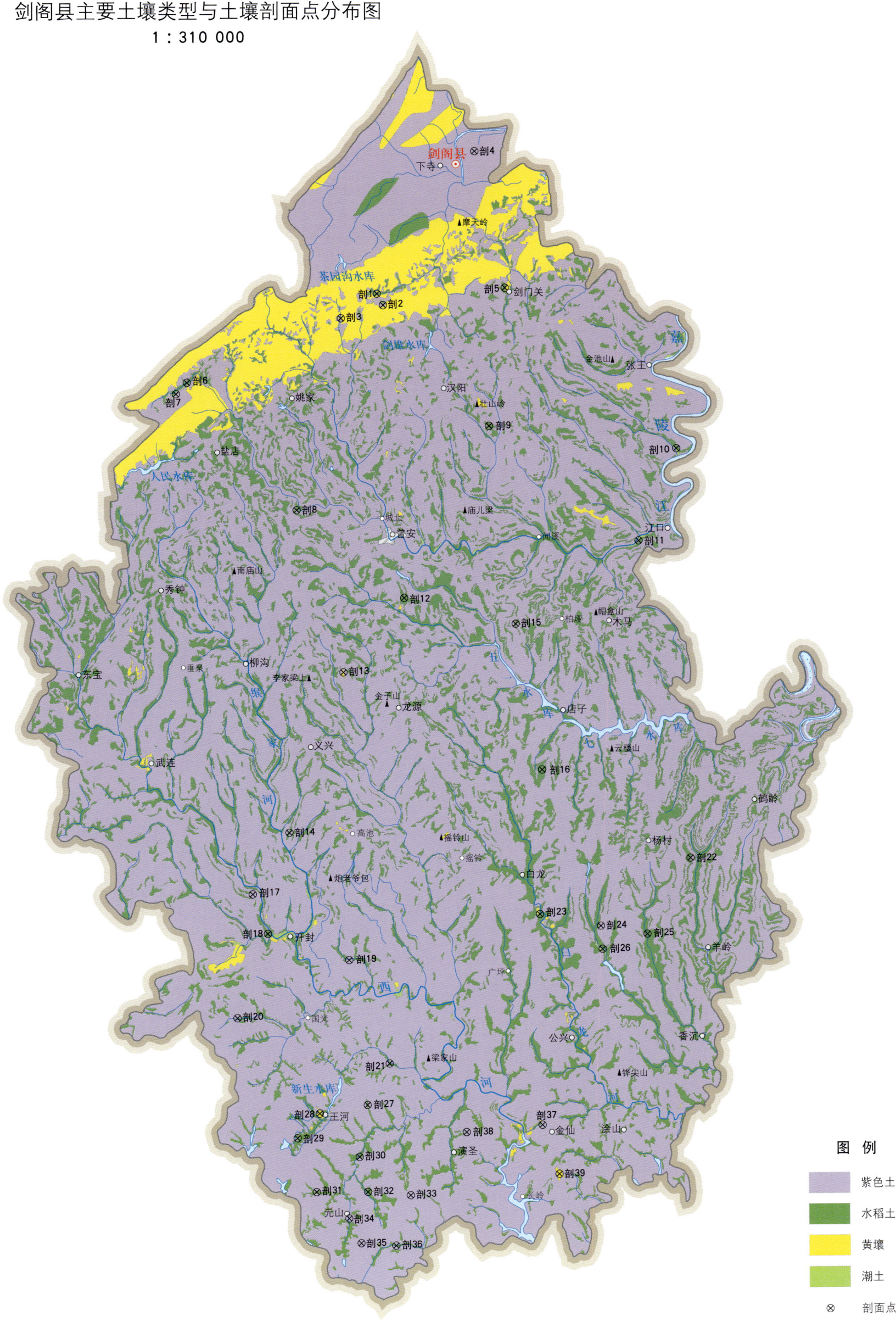

剑阁县土壤剖面理化性状表

剖面号	土纲	土类	亚类	土属	土种	土层码	土层厚度/cm	颜色	质地	土壤结构	pH	有机质/(g/kg)	全氮/(g/kg)	全磷/(g/kg)	全钾/(g/kg)	碱解氮/(mg/kg)	有效磷/(mg/kg)	速效钾/(mg/kg)	阳离子交换量CEC/(cmol/kg)	土壤母质	剖面点坐标	匹配指数/%
剖1	人为土	水稻土	紫色土性水稻土	黄紫泥田	黑砂田	1	0–15	紫棕黄色	砂壤土	团粒状	7.0	19.1	1.10	0.24	1.7	87	2.6	61		砂泥岩、砂砾岩坡积物、残积物	E 105°27′28.1″ N 32°12′01.4″	71
						2	15–25	紫棕黄色	轻壤土	小块状	6.6	20.6	1.07	0.23	1.8							
						3	25–100	紫红黄色	中壤土	小梭块状	7.1	14.3	1.03	0.38	1.7							
剖2	初育土	紫色土	石灰性紫色土	黄紫泥土	石子砂土	1	0–13	暗棕紫色	多砾中壤土	团粒状	6.8	22.0	1.49	0.45	1.9	110	2.6	70		紫色岩	E 105°27′45.7″ N 32°11′33.5″	76
						2	13–53	黄棕紫色	多砾中壤土	小块状	7.1	11.2	0.93	0.38	2.0							
						3	53–	黄紫色														
剖3	初育土	紫色土	石灰性紫色土	黄紫泥土	黑砂土	1	0–13	暗紫色	轻壤土	团粒状	8.2	29.6	1.56	0.41	1.4	117	5.2	55		紫色岩	E 105°25′45.1″ N 32°11′03.1″	70
						2	13–100	暗棕紫	轻壤土	小块状	8.3	16.3	1.13	0.39	1.4							
剖4	初育土	紫色土	中性紫色土	紫泥土	剑阁紫泥土	A₁₁	0–14	油红棕色	壤质黏土	小块状	7.4	20.4	1.42	0.25	1.6		1.7	61		紫色砂泥岩风化物	E 105°32′10.6″ N 32°17′43.5″	95
						C₁	14–65	油橙色	壤质黏土	块状	7.7	7.2	0.49	0.14	1.8				16.8			
						C₂	65–100	油橙色	壤质黏土	大块状	7.6	6.8	0.42	0.14	1.7				16.0			
																			16.8			
剖5	人为土	水稻土	潮土型水稻土	紫色潮土田	砂田	1	0–12	暗紫色	轻壤土	团粒状	7.9									第四纪紫色冲积物	E 105°33′34.2″ N 32°12′13.7″	89
						2	12–18	棕紫色		块状	8.2											
						3	18–100	暗紫色		无明显结构	7.6											
剖6	人为土	水稻土	紫色土性水稻土	黄紫泥田	砂泥田	1	0–12	浅棕紫	轻壤土	团粒状	7.6									砂泥岩、砂砾岩坡积物、残积物	E 105°18′23.8″ N 32°08′30.1″	81
						2	12–25	暗紫色	中壤土	小块状	8.3											
						3	25–70	棕黄色	中壤土	棱块状	8.5											
剖7	初育土	紫色土	石灰性紫色土	黄紫泥土	红石骨子土	1	0–12	黄棕紫色	中砾轻壤土	团粒状	8.3	13.6	1.01	0.35	1.7	69	3.5	47		紫色岩	E 105°17′52.8″ N 32°08′02.4″	81
						2	12–21	黄红紫色	中砾轻壤土	块状	8.2	11.8	0.87	0.39	1.9							
剖8	人为土	水稻土	紫色土性水稻土	黄红紫泥田	砾质夹砂田	1	0–14	黄棕紫色	中壤土	团粒状	8.2	17.6	1.23	0.41	2.0	93	3.5	78			E 105°23′34.1″ N 32°03′20.9″	71
						2	14–22	黄棕紫色	中壤土	小块状	8.2	13.4	1.06	0.35	2.1							
						3	22–60	黄棕色	中壤土	大棱柱状	8.3	13.1	1.07	0.36	1.6							
剖9	人为土	水稻土	紫色土性水稻土	黄红紫泥田	砾质黄紫泥田	1	0–12	黄棕紫色	中壤土	团粒状	6.5	19.5	1.49	0.50	2.3	122	2.2	90			E 105°32′45.6″ N 32°06′40.3″	80
						2	12–22	棕紫色	中壤土	小块状	7.0	14.4	1.12	0.51	2.3							
						3	22–100	黄紫色	中壤土	大棱块状	6.7	4.9	0.61	0.31	2.5							
剖10	半水成土	潮土		灰棕潮土	响砂田	1	0–17	灰棕色	砂壤土	粒状	8.6	3.8	0.33	0.54		24	1.7	78			E 105°41′38.2″ N 32°05′42.1″	95
						2	17–50	暗棕紫色	轻壤土	粒状、小块状	8.5	9.4	0.69	0.52								
剖11	半水成土	潮土	潮土	紫色潮土	夹砂田	1	0–12	棕紫色	轻壤土	团粒状	8.0									第四纪紫色岩坡积物、残积物	E 105°39′47.9″ N 32°02′00.6″	88
						2	12–35	黄紫色	轻黏土	小块状	7.7											
						3	35–54	红紫色	中壤土	板状												
剖12	人为土	水稻土	黄棕性水稻土	砂黄泥田	砂黄泥土	1	0–12	暗棕紫色	重壤土	小块状	6.5	16.8	1.01	0.24	2.2	83	2.6	70		砂泥岩、砂砾岩坡积物、残积物	E 105°28′38.6″ N 31°59′47.0″	73
						2	12–16	棕黏色	轻黏土	板状	7.1	14.6	0.98	0.22	1.6							
						3	16–19	黄棕色	轻黏土	小块状	7.6	6.9	0.63	0.19	1.4							
剖13	铁铝土	黄壤	黄壤	砂黄泥土	紫黄沙土	1	0–13	暗棕紫色	中壤土	块状	6.5	28.4	1.21	0.36	2.1	113	6.1	110		紫色砂泥岩风化物	E 105°25′43.0″ N 31°56′48.5″	90
						2	13–70	黄棕紫色	中壤土	小块状	6.5	6.6	0.63	0.32	1.9							
剖14	人为土	水稻土	紫色土性水稻土	黄红紫泥田	紫黄沙土	1	0–12	黄棕紫色	重壤土	团粒、小块状	8.2	19.8	1.30	0.50	2.4	104	5.2	96			E 105°23′04.6″ N 31°50′22.6″	99
						2	12–19	暗紫红色	重壤土	碎块状	8.4	8.4	0.89	0.42	2.1							
						3	19–30	紫红色	重壤土	团块状	8.3	8.0	0.83	0.46	2.6							
剖15	人为土	水稻土	紫色土性水稻土	黄红紫泥田	黄紫泥田	1	0–11	暗棕紫色	重壤土	小块状	8.1										E 105°33′55.1″ N 31°58′42.2″	97
						2	11–18	棕紫色	重壤土	小块状	8.1											
						3	18–80	棕紫色	重壤土	棱块状	7.8											

续表 Continued

剖面号 Soil profile	土纲 Soil order	土类 Soil great group	亚类 Soil subgroup	土属 Soil genus	土种 Soil species	土层码 Layer code	土层厚度 Depth/cm	颜色 Soil color	质地 Soil texture	土壤结构 Soil structure	pH	有机质 OM/(g/kg)	全氮 TN/(g/kg)	全磷 TP/(g/kg)	全钾 TK/(g/kg)	碱解氮 AN/(mg/kg)	有效磷 AP/(mg/kg)	速效钾 AK/(mg/kg)	阳离子交换量CEC/(cmol/kg)	土壤母质 Parent material	剖面点坐标 Profile coordinate	匹配指数 Matching index/%
剖16	人为土	水稻土	紫色土性水稻土	黄红紫泥田	黄紫泥田	1	0—15	暗紫色	重壤土	小块状	8.1										E 105°35′06.0″ N 31°52′49.4″	75
剖16						2	15—20	棕色	重壤土	块状	7.9											
剖16						3	20—100	黄紫色	重壤土	核状	7.8											
剖17	初育土	紫色土	石灰性紫色土	黄紫泥土	石骨子土	1	0—12	红紫色	中壤土	粒状、小块状	8.1										E 105°21′18.7″ N 31°47′53.9″	78
剖17						2	12—27	紫红紫色	中壤土	块状	8.2											
剖17						3	27—	红紫色			8.3											
剖18	人为土	水稻土	潮土型水稻土	紫色潮土田	夹砂田	1	0—15	棕紫色	轻壤土	团粒状	8.3	14.2	0.74	0.76	2.2	67	3.1	46		第四纪紫色岩冲积物	E 105°22′00.1″ N 31°46′17.8″	100
剖18						2	15—22	棕紫色	中壤土	团粒状	8.4	11.7	0.76	0.69	2.1							
剖18						3	22—100	黄红紫色	轻壤土	小块状	8.5											
剖19	初育土	紫色土	石灰性紫色土	黄红紫泥土	紫色姜石土	1	0—14	黄紫色	中壤土	粒状、小块状	7.4										E 105°25′50.9″ N 31°45′12.2″	72
剖19						2	14—23	黄紫色	重壤土	块状	7.6											
剖19						3	23—74	灰黄棕色	少砾中壤土	大棱块状	7.9											
剖20	初育土	紫色土	石灰性紫色土	黄红紫泥土	黄紫泥土	1	0—12	黄紫色	中壤土	团棱块状	7.8										E 105°20′31.9″ N 31°42′55.8″	88
剖20						2	12—70	黄紫色	中壤土	棱块状	7.6											
剖21	人为土	水稻土	紫色土性水稻土	黄红紫泥田	夹砂田	1	0—15	棕紫色	中壤土	片状、块状	7.9										E 105°27′42.5″ N 31°41′02.8″	76
剖21						2	15—23	棕紫色	中壤土	大棱柱状	8.1											
剖21						3	23—80	黄棕紫色	重壤土	小块状	8.0											
剖22	人为土	水稻土	紫色土性水稻土	紫色姜泥田	死黄泥田	1	0—9	棕紫色	轻黏土	块状	6.8										E 105°42′05.0″ N 31°49′12.4″	89
剖22						2	9—16	棕紫色	中壤土	板板状	7.1											
剖22						3	16—100	棕紫色	中壤土	小块状	6.7											
剖23	人为土	水稻土	黄壤性水稻土	姜石黄泥田	姜石黄泥田	1	0—12	棕黄色	重壤土	团粒状	8.1	14.5	0.78	0.27	1.7	62	3.1	80		第四纪黄土	E 105°34′54.8″ N 31°46′59.2″	93
剖23						2	12—20	浅棕黄色	重壤土	小块状	8.1	10.8	0.64		1.8							
剖23						3	20—100	浅黄色	紧黏土	粒状	8.2	2.4	0.35		1.8							
剖24	初育土	紫色土	石灰性紫色土	黄红紫泥土	夹砂土	1	0—14	浅黄色	轻壤土	团粒状	7.9										E 105°37′47.6″ N 31°46′29.6″	80
剖24						2	14—22	暗棕紫色	中壤土	团粒状	8.0											
剖24						3	22—100	暗棕紫色	中壤土	小块状	7.8											
剖25	人为土	水稻土	紫色土性水稻土	黄红紫泥田	白鳝泥田	1	0—16	浅棕紫色	中壤土	板块块状	8.1	24.1	1.22	0.53	1.4	31	2.2	32		第四纪紫色岩冲积物	E 105°37′51.6″ N 31°45′33.1″	85
剖25						2	16—22	棕紫色	中壤土	小棱块状	8.2	16.0	0.80	0.58	0.8	84	3.5	61				
剖25						3	22—100	棕紫色	轻壤土	小块状	8.3	18.1	1.12	0.23	2.3							
剖25						4	46—90	灰白色	轻黏土	无明显结构	8.3	5.3	0.22	0.28								
剖26	半水成土	潮土	潮土	姜石黄泥土	棕紫泥田	1	0—15	棕紫色	少砾重壤土	团粒状	7.9	11.8	0.74	0.25	1.8	63	1.3	102		第四纪黄土	E 105°39′59.4″ N 31°46′08.4″	97
剖26						2	15—25	黄紫色	少砾重壤土	块状	8.0	6.6	0.44	0.22	1.9							
剖26						3	25—70	黄紫色	少砾轻壤土	粒状	8.2	3.4	0.35	0.08								
剖27	铁铝土	黄壤	黄壤	姜石黄泥土	砂土	1	0—15	灰棕紫色	砂砾轻黏土	块状	8.2	15.1	1.15	0.50	1.8	72	1.7	104		第四纪黄土	E 105°26′38.8″ N 31°39′24.1″	86
剖27						2	15—35	红紫色	少砾轻壤土	块状	8.3	5.0	0.57	0.43	1.8							
剖27						3	35—65	红紫色	重壤土	团粒状	8.5											
剖28	初育土	紫色土	石灰性紫色土	黄红紫泥土	砂泥土	1	0—12	黄红紫色	轻壤土	块状	8.2									紫色岩	E 105°24′22.3″ N 31°39′05.4″	71
剖28						2	12—17	红紫色	中壤土	块状	8.0											
剖28						3	17—100	黄红紫色	轻壤土	大棱粒状	8.2											
剖29	初育土	紫色土	石灰性紫色土	黄红紫泥土	黄紫泥土	1	0—15	黄红紫色	重壤土	团粒状	8.3										E 105°23′19.0″ N 31°38′07.1″	92
剖30	初育土	紫色土	石灰性紫色土	黄红紫泥土	黄紫泥土	2	12—17	红棕紫色	轻黏土	块状	8.0										E 105°26′13.9″ N 31°37′21.0″	83
剖30						3	17—100	黄棕紫色	轻壤土	大棱粒状	8.2											

续表 Continued

剖面号 Soil profile	土纲 Soil order	土类 Soil great group	亚类 Soil subgroup	土属 Soil genus	土种 Soil species	土层码 Layer code	土层厚度 Depth/cm	颜色 Soil color	质地 Soil texture	土壤结构 Soil structure	pH	有机质 OM/(g/kg)	全氮 TN/(g/kg)	全磷 TP/(g/kg)	全钾 TK/(g/kg)	碱解氮 AN/(mg/kg)	有效磷 AP/(mg/kg)	速效钾 AK/(mg/kg)	阳离子交换量CEC/(cmol/kg)	土壤母质 Parent material	剖面点坐标 Profile coordinate	匹配指数 Matching index/%
剖31	人为土	水稻土	紫色土性水稻土	黄红紫泥田	砂田	1	0—13	棕紫色	中壤土	团粒状	8.0	14.9	0.97	0.27		78	1.7	74			E 105°24′11.2″ N 31°35′58.2″	74
						2	13—21	灰棕紫色	中壤土	小棱柱状	8.0	5.2	0.43	0.19								
						3	21—80	红棕紫色	中壤土	棱块状	7.6	4.1	0.41	0.24								
剖32	人为土	水稻土	紫色土性水稻土	黄红紫泥田	冷浸下湿田	1	0—38	黑灰色	中壤土	糊状	7.6											73
						2	38—45	黑紫色	中壤土	块状	7.6											
						3	45—100	灰绿色	重壤土	小棱块状	7.6											
剖33	初育土	紫色土	石灰性紫色土	黄红紫泥土	死黄泥土	1	0—10	黄棕紫色	重壤土	小块状	7.7										E 105°26′37.3″ N 31°35′57.5″	85
						2	10—16	黄棕紫色	轻黏土	棱块状	8.0											
						3	16—100	黄棕紫色	重黏土	棱柱状	8.0											
剖34	初育土	紫色土	石灰性紫色土	黄红紫泥土	夹砂土	1	0—15	黄褐紫色	中壤土	团粒状	8.0										E 105°28′37.9″ N 31°35′48.1″	85
						2	15—53	栗褐色	重壤土	团粒状	8.1											
						3	53—100				7.6											
剖35	初育土	紫色土	石灰性紫色土	黄红紫泥土	砾质黄紫泥	1	0—12	黄棕色	中砾重黏土	团粒状	7.2										E 105°25′42.6″ N 31°34′54.5″	83
						2	12—70	黄紫色	中砾重黏土	棱块状	7.3											
剖36	人为土	水稻土	紫色土性水稻土	黄红紫泥田	冷浸下湿田	1	0—22	棕紫色	中壤土	粒状	8.1										E 105°26′16.8″ N 31°33′54.7″	74
						2	22—55	灰紫色	重黏土	小棱块状	8.2											
						3	55—100	蓝紫色	重黏土	小块状	7.7											
剖37	初育土	紫色土	石灰性紫色土	黄红紫泥土	砂土	1	0—15	棕紫色	中壤土	粒状	8.1	11.9	0.80	0.47	2.0	59	2.6	61			E 105°27′55.1″ N 31°33′47.9″	83
						2	15—85	黄棕紫色	中壤土	粒状、小块状	8.1	6.4	0.60	0.40	1.4							
						3	85—100	灰紫色	中壤土	粒状	8.1	3.7	0.39	0.38								
剖38	初育土	紫色土	石灰性紫色土	黄红紫泥土	砾质夹砂土	1	0—14	棕紫色	中砾重黏土	团粒状	8.0	19.8	1.41	0.52	1.8	150	2.6	66			E 105°34′54.6″ N 31°38′32.4″	74
						2	14—70	黄棕紫色	中砾重黏土	小块状	7.8	15.1	0.14	0.41	1.9							
剖39	铁铝土	黄壤	黄壤	砂黄泥土	砂黄泥土	1	0—19	棕黄色	中壤土	团块状	5.5	13.2	1.20	0.22	1.8	113	2.6	65		紫色砂泥岩风化物	E 105°31′19.3″ N 31°38′16.9″	87
						2	19—100	棕黄色	中壤土	粒状	6.1	13.9	0.86	0.23	2.1						E 105°35′40.6″ N 31°36′35.3″	

苍 溪 县

主要土类说明

紫色土是苍溪县的主要土壤类型，占本县地域面积的 54%，广泛分布于本县境内中低山和各种丘陵地貌。成土母质为紫色砂泥岩风化物，成土母质中矿物成分复杂，各种矿物膨胀系数不一致，物理风化强烈，化学风化相对较弱，受母质影响很深，保持了母质特点。紫色土发育不深，矿质养分含量丰富。碳酸钙含量高，土壤多呈中性、微碱性，一般 pH 为 6.5—8.5，少数由于地形和水文的影响，土体产生黄化过程，呈微酸性。土壤有机质积累少，腐殖质含量低。本县只有石灰性紫色土一个亚类。

水稻土是苍溪县第二大土壤类型，占本县地域面积的 43%，全县各地均有分布，集中分布在坝沟的两旁及坡腰平台，方山顶也有分布。土壤氧化还原作用加强，有机质逐渐积累，本县旱地土壤有机质含量一般都小于 10g/kg，大部分稻田有机质含量为 14—20g/kg。剖面形态发生了新变化，形成了水稻土特有的淹育层、初期潴育层、潴育层和潜育层。淹水后由于 pH 变化和还原作用的影响，磷的有效性提高，钾素的供给也加强，被土壤胶体吸附的钾离子易被置换出来，增大了土壤溶液中钾离子浓度。土壤中的碳酸钙含量均低于相应的旱作土。根据母质来源和属性不同，本县水稻土分为潮土性水稻土、黄壤性水稻土和紫色土性水稻土等亚类。

小于本县地域面积 3% 的土壤类型还有潮土和黄壤等。

本区域中心区气候特征

本区域中心区气候特征值
Regional climate characteristics in central area of the region

气候带：中亚热带湿润气候 Climate region: Subtropical humid climate	
年平均气温 /℃ Annual average temperature /℃	15.4
年平均最高气温 /℃ Annual average maximum temperature /℃	19.9
年平均最低气温 /℃ Annual average minimum temperature /℃	12.0
年降水量 /mm Annual precipitation /mm	913
≥10℃的积温 /℃ Daily temperature accumulated in a year (≥10℃) /℃	5295
年日照时数 /h Annual sunshine /h	1378
年平均相对湿度 /% Annual average relative humidity /%	75
干燥度 Dryness	1.17

苍溪县主要土壤类型与土壤剖面点分布图
1 : 280 000

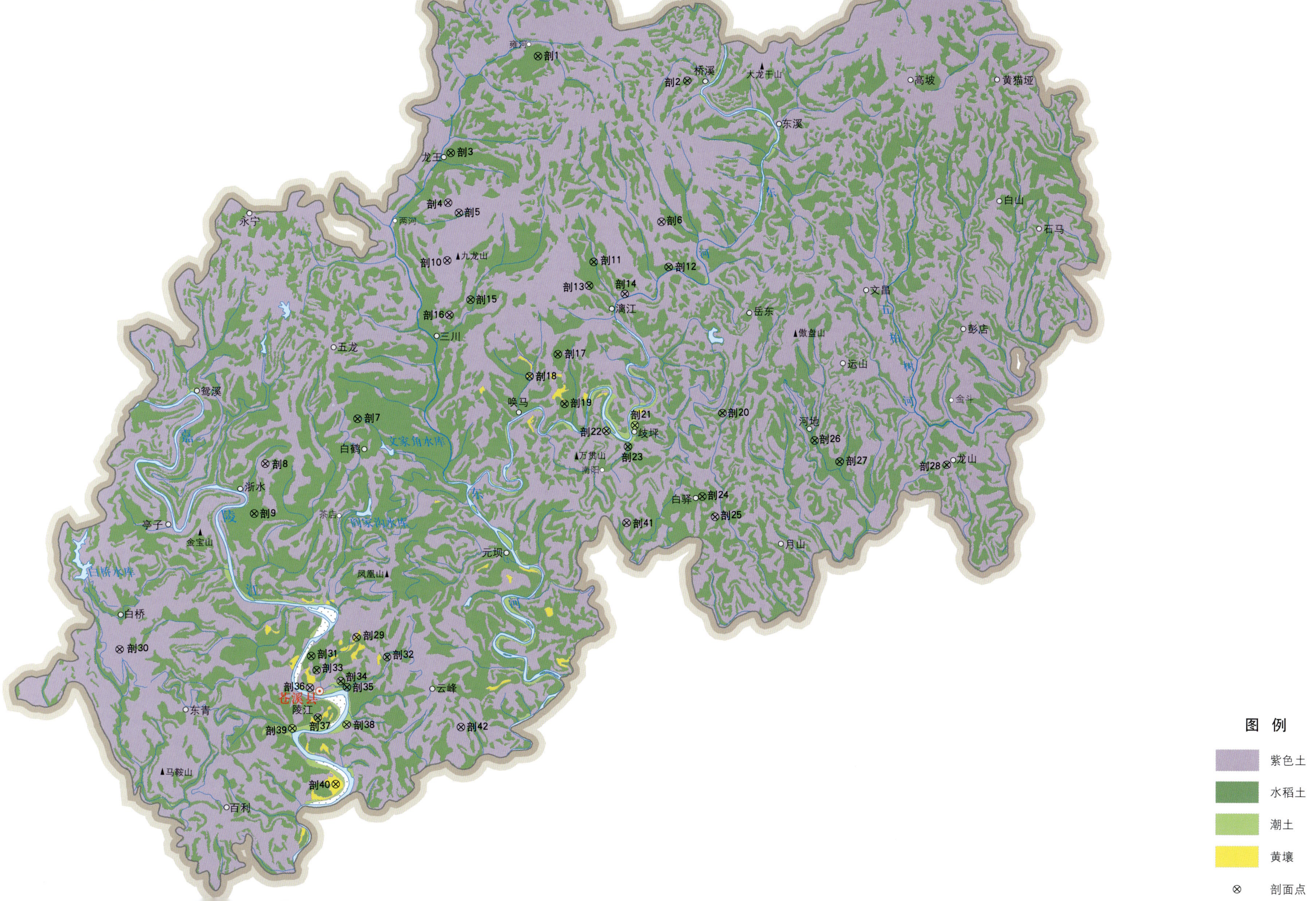

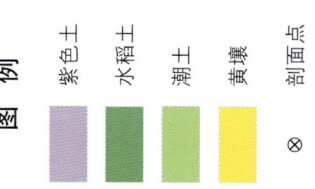

苍溪县土壤剖面理化性状表

剖面号 Soil profile	土纲 Soil order	土类 Soil great group	亚类 Soil subgroup	土属 Soil genus	土种 Soil species	土层码 Layer code	土层厚度 Depth/cm	颜色 Soil color	质地 Soil texture	土壤结构 Soil structure	pH	有机质 OM/(g/kg)	全氮 TN/(g/kg)	全磷 TP/(g/kg)	碱解氮 AN/(mg/kg)	有效磷 AP/(mg/kg)	速效钾 AK/(mg/kg)	阳离子交换量 CEC/(cmol/kg)	土壤母质 Parent material	剖面点坐标 Profile coordinate	匹配指数 Matching index/%
剖1	人为土	水稻土	紫色土性水稻土	棕紫色水稻土	冷浸烂泥田	1	0~30	青灰色	轻黏土	整块状	8.0	24.4	1.54	1.18	110	11.0	182	20.5		E 106°04′57.4″ N 32°06′22.0″	72
						2	30~39	灰棕色	少砾轻黏土	板块状	8.2	15.8	1.12	1.23							
						3	39~51	浅棕色	重黏土	大棱柱状	8.1	5.9	0.92	1.09							
						4	51~	黄灰色	重黏土	小棱柱状	8.4	1.3	0.38	1.26							
剖2	人为土	水稻土	紫色土性水稻土	棕紫色水稻土	砂田	1	0~16	紫灰色	中壤土	粒状	8.2	12.2	0.91	0.89	60	5.0	70	12.5		E 106°11′06.7″ N 32°05′29.0″	78
						2	16~47	黄红色	中壤土	大块状	8.3	5.6	0.48	0.79							
						3	47~	黄红色	中壤土	块状	8.3	2.7	0.42	10.68							
剖3	人为土	水稻土	紫色土性水稻土	棕紫色水稻土	紫黄泥田	1	0~18	紫红色	重壤土	团粒状、块状	6.8	24.8	1.24	0.83	98	11.0	166	18.1		E 106°01′20.6″ N 32°02′58.6″	75
						2	18~24	紫红色	重壤土	板块状	7.8	16.2	1.06	0.85							
						3	24~45	黄褐色	砂砾重壤土	棱柱状	8.1	3.3	0.44	0.64							
						4	45~95	红黄色	轻黏土	小棱柱状	8.0	2.3	0.40	0.58							
剖4	初育土	紫色土	石灰性紫色土	棕紫泥土	砂土	1	0~13	棕褐色	少砾轻壤土	散粒状	7.9	12.4	0.82	0.71	56	2.0	77	9.7		E 106°01′13.8″ N 32°01′13.1″	85
						2	13~60	棕黄色	中壤土	散粒状	8.1	7.4	0.59	0.70							
						3	60~														
剖5	初育土	紫色土	石灰性紫色土	棕紫泥土	黄砂泥土	1	0~17	浅棕黄色	重壤土	团粒状	6.6	18.3	0.90	0.50	74	5.0	132	20.5		E 106°01′40.8″ N 32°00′51.5″	98
						2	17~40	浅棕黄色	重壤土	粒状、小块状	6.5	9.8	0.58	0.39							
						3	40~80	棕黄色	中壤土	块状	5.2	4.7	0.30	0.30							
剖6	人为土	水稻土	石灰性水稻土	棕紫色水稻土	夹砂黄泥土	1	0~20	紫棕色	中壤土	粒状	7.8	11.0	0.70	0.98	54	2.0	89	10.9		E 106°10′00.8″ N 32°00′31.7″	88
						2	20~75	紫棕色	中壤土	粒状、小块状	8.0	10.2	0.73	0.96							
剖7	人为土	水稻土	紫色土性水稻土	黄红紫色水稻土	冷浸烂泥田	1	0~20	浅红黄色	重壤土	粒状、块状	7.9	18.8	1.17	1.11	79	5.0	82	24.1		E 105°57′28.8″ N 31°53′37.3″	94
						2	20~37	浅红黄色	重壤土	大块状	8.2	9.0	1.11	0.87							
						3	37~	浅黄色	重壤土	整体状	8.1	5.7	0.66	0.81							
剖8	初育土	紫色土	石灰性紫色土	棕紫泥土	黄泥土	1	0~20	浅黄色	重壤土	小块状	6.7	5.7	0.49	0.29	28	0.5	60	23.7		E 105°53′39.8″ N 31°52′02.3″	95
						2	20~79	浅黄色	重壤土	棱柱状	7.2	3.4	0.40	0.29							
						3	79~	浅黄红色	轻壤土	小块状	8.1	1.5	0.30	0.29							
剖9	人为土	水稻土	石灰性水稻土	黄红紫色水稻土	夹黄泥田	1	0~18	浅棕黄色	轻黏土	粒状、小块状	5.1	23.9	1.32	0.60	106	7.0	167	16.0		E 105°53′12.5″ N 31°50′16.4″	72
						2	18~84	褐黄色	轻黏土	大块状	5.8	4.9	0.53	0.44							
						3	84~100	浅黄色	重壤土	块状	7.0	1.2	0.39	0.29							
剖10	初育土	紫色土	石灰性紫色土	棕紫色水稻土	夹砂黄泥田	1	0~19	浅黄色	重壤土	团粒状、粒状	7.1	12.7	0.95	0.72	64	9.0	112	15.6		E 106°01′11.6″ N 31°59′11.0″	97
						2	19~25	浅黄色	中壤土	扁块状	6.8	11.6	0.83	0.71							
						3	25~100	浅黄色	重壤土	棱柱状	7.3	7.2	0.70	0.60							
剖11	人为土	水稻土	紫色土性水稻土	棕紫色水稻土	夹砂田	1	0~21	棕紫色	轻壤土	团粒、小块状	7.8	27.6	1.48	1.22	104	11.0	196	12.7		E 105°53′13.8″ N 31°59′07.1″	91
						2	21~42	黄紫色	重壤土	粒状、柱状	8.3	2.7	0.49	1.07							
						3	42~95	红黄色	重壤土	块状	8.4	1.9	0.86	1.01							
剖12	人为土	水稻土	石灰性水稻土	棕紫色水稻土	大土泥田	1	0~18	暗棕色	重壤土	小块状	8.0	36.6	1.93	0.99	134	9.0	222	27.5		E 106°10′18.1″ N 31°58′55.9″	82
						2	18~26	暗棕色	重壤土	板块状	8.3	30.2	1.72	0.92							
						3	26~78	黄棕色	重壤土	块状	8.1	3.4	0.33	0.54							
剖13	人为土	水稻土	紫色土性水稻土	棕紫色水稻土	石骨子田	1	0~16	浅红棕色	重壤土	粒状	8.0	22.8	1.42	1.35	94	7.0	164	23.9		E 106°07′01.6″ N 31°58′17.4″	73
						2	16~39	浅红黄色	轻壤土	小块状	8.2	13.9	1.00	1.20							
剖14	初育土	紫色土	石灰性紫色土	棕紫泥土	死黄泥田	1	0~20	紫红色	多砾重壤土	小棱块状	7.5	17.3	1.09	0.88	78	18.0	119	11.3		E 106°08′29.8″ N 31°57′59.4″	70
						2	20~32	浅黄色	重壤土	大棱柱状	7.2	11.9	0.72	0.55							
						3	32~100	浅黄色	轻黏土		6.8	3.5	0.58	0.49							

续表 Continued

剖面号 Soil profile	土纲 Soil order	土类 Soil great group	亚类 Soil subgroup	土属 Soil genus	土种 Soil species	土层码 Layer code	土层厚度 Depth/cm	颜色 Soil color	质地 Soil texture	土壤结构 Soil structure	pH	有机质 OM/(g/kg)	全氮 TN/(g/kg)	全磷 TP/(g/kg)	碱解氮 AN/(mg/kg)	有效磷 AP/(mg/kg)	速效钾 AK/(mg/kg)	阳离子交换量CEC/(cmol/kg)	土壤母质 Parent material	剖面点坐标 Profile coordinate	匹配指数 Matching index/%
剖15	人为土	水稻土	紫色土性水稻土	棕紫色水稻土	棕砂泥田	1	0~17	紫色	重壤土	粒状、小块状	7.8	221.0	1.16	0.90	93	9.0	116	14.5		E 106°02′08.9″ N 31°57′48.2″	81
剖16	初育土	紫色土	石灰性紫色土	棕紫泥土	石骨子土	2	17~33	棕紫色	重壤土	棱柱状	7.8	18.8	1.29	0.91						E 106°01′16.7″ N 31°57′16.2″	95
						3	33~63	棕紫色		块状											
剖17	人为土	水稻土	紫色土性水稻土	黄红紫色水稻土	瘦砂石骨子田	1	0~16	棕红色	中砾重黏土	粒状	8.1	8.6	0.88	1.35	46	5.0	164	11.5		E 106°05′44.2″ N 31°55′52.3″	86
						2	16~57	紫红色	轻砾石黏土	小块状	8.2	3.6	0.60	1.23							
剖18	铁铝土	黄壤	黄壤	老冲积黄红土	黄泥田	1	0~15	浅棕黄色	砂砾轻黏土	粒状、小块状	8.1	12.8	1.08	1.32	54	5.0	105	25.8		E 106°04′34.7″ N 31°55′06.2″	97
						2	15~42	棕黄色	砂砾轻黏土	粒状、块状	8.1	11.1	1.02	1.27							
剖19	人为土	水稻土	黄壤性水稻土	老冲积黄红土	黄泥田	1	0~14	棕黄色	重壤土	团块状	6.0	15.8	1.02	0.58	90	5.0	100	21.7	第四纪冰水沉积物	E 106°04′34.7″ N 31°55′06.2″	97
						2	14~50	浅棕黄色	轻黏土	棱块状	6.6	13.5	0.86	5.27							
						3	50~100	棕黄色	轻黏土	棱块状	7.0	2.7	0.38	0.29							
剖20	人为土	水稻土	黄壤性水稻土	黄红紫色水稻土	夹砂黄泥田	1	0~13	浅棕黄色	重壤土	块状	6.2	14.2	0.86	0.60	50	2.0	104	21.1	第四纪冰水沉积物	E 106°06′00.4″ N 31°54′07.9″	80
						2	13~32	棕黄色	重壤土	柱状	6.4	12.6	0.83	0.56							
						3	32~58	浅棕黄色	轻黏土	柱状	7.1	6.0	0.39	0.39							
剖21	潮土	潮土	潮土	紫色潮土	紫潮砂泥土	1	0~23	浅棕黄色	砂砾重黏土	粒状、小块状	7.9	24.0	1.68	1.68	100	16.0	125	28.1	第四纪紫色冲积物	E 106°12′29.2″ N 31°53′47.4″	85
						2	23~30	棕黄色	轻壤土	扁平块状	8.0	20.2	1.48	1.64							
						3	30~70	棕黄色	轻壤土	棱柱状	8.0	9.2	0.96	1.41							
剖22	半水成土	潮土	潮土	灰棕潮土	白眼砂土	1	0~17	灰棕色	轻壤土	团粒状	8.2	216.0	1.18	1.60	106	16.0	82	21.1	第四纪棕色冲积物	E 106°08′53.5″ N 31°53′22.2″	97
						2	17~50	灰棕色	轻壤土	粒状	8.3	18.4	0.96	1.40							
						3	50~80	浅灰色	中壤土	大块状	8.2	17.0	1.08	1.27							
剖23	半水成土	潮土	潮土型水稻土	紫色潮土	紫色砂泥田	1	0~13	灰白色	中砾紫重黏土	无明显结构	8.5	1.5	0.25	0.90	12	5.0	19	7.3	第四纪棕色冲积物	E 106°07′43.6″ N 31°53′10.7″	91
剖24	人为土	水稻土	紫色土性水稻土	黄红紫色水稻土	夹砂田	1	0~20	暗紫色	轻壤土	粒状	8.2	19.2	1.05	1.62	80	23.0	86	12.8	第四纪冲积物	E 106°08′35.7″ N 31°52′36.8″	82
						2	20~40	浅紫棕色	轻壤土	块状	8.0	15.2	0.86	1.71							
						3	40~100	浅紫棕色	中壤土	小块状	8.4	6.9	0.46	1.28							
剖25	人为土	水稻土	紫色土性水稻土	黄红紫色水稻土	夹砂田	1	0~23	棕黄色	重壤土	团粒状	7.9	17.0	1.15	1.03	78	11.0	113	21.8		E 106°11′38.8″ N 31°50′51.0″	84
						2	23~80	浅棕黄色	中砾重黏土	大块状	8.0	9.7	0.80	0.89							
剖26	初育土	紫色土	石灰性紫色土	黄红紫色水稻土	砂田	1	0~17	棕黄色	重壤土	团粒状	7.8	10.3	0.90	1.20	44	2.0	86	12.5		E 106°12′09.4″ N 31°50′08.2″	79
						2	17~60	棕黄色	中壤土	棱柱状	8.2	4.0	0.70	1.08							
剖27	人为土	水稻土	紫色土性水稻土	黄红紫色水稻土	黄砂田	1	0~18	棕黄色	中壤土	粒状	8.1	10.0	0.67	1.06	46	1.0	67	19.5		E 106°16′17.0″ N 31°52′48.0″	96
						2	18~70	棕黄色	中壤土	小块状	8.2	4.3	0.41	0.92							
剖28	人为土	水稻土	紫色土性水稻土	黄红紫色水稻土	大泥田	1	0~20	棕黄色	中壤土	大棱块状	6.5	12.0	0.78	0.61	66	5.0	61	22.7		E 106°17′17.9″ N 31°52′03.0″	80
						2	20~43	浅灰棕色	中壤土	小棱柱状	6.9	8.3	0.59	0.50							
						3	43~85	灰棕色	中壤土	柱状	7.0	3.5	0.32	0.44							
						4	85~125	灰棕色	中壤土	块状	7.0	10.4	0.48	0.43							
剖29	铁铝土	黄壤	黄壤	老冲积黄泥土	砂黄泥土	1	0~16	棕黄色	重黏土	小块状	7.9	22.0	1.28	1.41	95	48.0	199	22.1		E 106°21′40.3″ N 31°51′54.7″	97
						2	16~24	棕黄色	重壤土	扁平块状	8.1	11.4	1.00	1.26							
						3	24~66	棕黄色	重壤土	大棱柱状	8.2	10.2	0.84	1.14							
						4	66~100	灰棕色	轻黏土	粒状	8.0	2.5	0.42	0.61							
剖30	初育土	紫色土	石灰性紫色土	黄红紫色水稻土	砂土	1	0~16	棕黄色	轻壤土	松散状	7.2	3.3	0.46	0.40	53	7.0	61	17.2	第四纪冰水沉积物	E 105°57′25.6″ N 31°45′55.8″	72
						2	16~70	浅棕黄色	轻壤土	粒状	7.1	10.1	0.65	1.15							
剖31	人为土	水稻土	黄壤性水稻土	老冲积黄泥田	卵石黄泥土	1	0~17	棕黄色	重黄黏土	小块状	6.4	21.4	1.19	0.54	96	5.0	113	22.3	第四纪冰水沉积物	E 105°47′45.6″ N 31°45′29.2″	70
						2	15~48	棕黄色	中砾重黏土	大棱块状	6.8	18.6	1.06	0.57							
						3	48~90	黄色	多砾中壤土	小棱块状	5.9	3.8	0.54	0.30							
剖32	人为土	水稻土	潮土型水稻土	紫潮土田	紫潮砂泥田	1	0~20	紫褐色	中壤土	团粒状	8.1	24.4	1.52	1.46	117	14.0	142	17.7	第四纪冲积物	E 105°58′40.6″ N 31°45′13.6″	72
						2	20~62	浅褐色	中壤土	大块状	8.3	14.4	1.05	1.35							

续表 Continued

剖面号 Soil profile	土纲 Soil order	土类 Soil great group	亚类 Soil subgroup	土属 Soil genus	土种 Soil species	土层码 Layer code	土层厚度 Depth/cm	颜色 Soil color	质地 Soil texture	土壤结构 Soil structure	pH	有机质 OM/(g/kg)	全氮 TN/(g/kg)	全磷 TP/(g/kg)	碱解氮 AN/(mg/kg)	有效磷 AP/(mg/kg)	速效钾 AK/(mg/kg)	阳离子交换量 CEC/(cmol/kg)	土壤母质 Parent material	剖面点坐标 Profile coordinate	匹配指数 Matching index/%
剖33	人为土	水稻土	黄壤性水稻土	老冲积黄泥田	死黄泥田	1	0—18	棕黄色	中砾轻黏土	块状	7.4	11.8	0.90	0.42	82		132	24.1	第四纪灰水色沉积物	E 105°55′46.9″ N 31°44′46.0″	97
						2	18—30	浅棕黄色	中砾轻黏土	板状	7.5	11.3	0.80	0.40							
						3	30—100	浅棕黄色	中砾中黏土	棱柱状	7.0	1.4	0.33	0.26							
剖34	人为土	水稻土	潮土型水稻土	灰棕潮土田	潮泥田	1	0—15	浅棕黄色	轻黏土	团粒状	8.4	27.6	1.70	0.82	130	14.0	101	27.2	第四纪棕色冲积物	E 105°56′46.7″ N 31°44′22.9″	86
						2	15—47	大棕色	轻黏土	大棱柱状	7.9	15.4	1.15	0.57							
						3	47—100	棕色	轻黏土	小棱柱状	8.1	0.5	0.46	0.47							
剖35	人为土	水稻土	潮土型水稻土	灰棕潮土田	潮砂泥田	1	0—18	浅灰棕色	重黏土	团粒状	8.4	15.2	0.92	1.25	65	7.0	82	26.0	第四纪棕色冲积物	E 105°57′01.8″ N 31°44′10.0″	90
						2	18—95	浅棕黄色	重黏土	大块状	8.5	12.7	0.81	1.27							
剖36	初育土	紫色土	石灰性紫色土	黄红紫泥土	瘦砂石骨子	1	0—17	棕色	多砾重壤土	粒状	8.0	11.2	0.99	1.25	53	9.0	94	28.4		E 105°55′30.3″ N 31°44′09.1″	79
						2	16—62	浅红黄色	多砾重壤土	小块状	8.2	7.3	0.72	1.20							
剖37	人为土	水稻土	黄壤性水稻土	老冲积黄泥田	砂黄泥田	1	0—16	浅黄色	重壤土	碎块状	7.0	25.1	1.71	0.72	128	41.0	136	26.1	第四纪灰水色沉积物	E 105°55′49.9″ N 31°43′05.8″	83
						2	16—27	棕黄色	轻黏土	板状	7.4	29.3	1.56	1.10							
						3	27—82	棕色	轻黏土	棱柱状	7.6	15.6	0.99	0.57							
剖38	半水成土	潮土	潮土	灰棕潮土	潮砂泥土	1	0—23	浅灰棕色	中壤土	团粒状	8.2	12.7	0.90	1.35	56	21.0	97	17.9	第四纪灰色冲积物	E 105°57′01.1″ N 31°42′51.1″	95
						2	23—90	浅棕黄色	中壤土	小块状	8.3	11.2	0.78	1.31							
剖39	半水成土	潮土	潮土	灰棕潮土	潮砂土	1	0—20	灰棕色	砂壤土	粒状	8.4	7.6	0.47	1.22	79	2.0	48	15.4	第四纪棕色冲积物	E 105°54′47.0″ N 31°42′42.8″	92
						2	20—80	浅棕黄色	砂壤土	粒状	8.4	7.8	0.51	1.25							
剖40	铁铝土	黄壤	黄壤	老冲积黄泥土	卵石黄泥土	1	0—16	棕黄色	多砾中壤土	块状	7.5	16.7	1.00	0.67	86	7.0	77	14.0	第四纪灰水色沉积物	E 105°56′34.1″ N 31°40′45.5″	93
						2	16—63	棕色	多砾中壤土	块状	5.7	4.5	0.41	0.33							
剖41	初育土	紫色土	石灰性紫色土	黄红紫泥土	黄砂土	1	0—16	棕黄色	轻壤土	松散粒状	6.2	6.7	0.53	0.57	50	2.0	49	17.6		E 106°08′31.5″ N 31°49′56.1″	74
						2	16—	浅黄色													
剖42	初育土	紫色土	石灰性紫色土	黄红紫泥土	大土泥	1	0—16	棕黄色	轻黏土	小块状	5.7	21.4	1.54	0.63	170	11.0	167	26.9		E 106°01′43.0″ N 31°42′45.7″	99
						2	16—100	棕黄色	轻黏土	大棱柱状	5.8	21.5	1.58	0.60							

遂宁市

市辖区

主要土类说明

紫色土是遂宁市的主要土壤类型，占本市地域面积的65%。由于受亚热带气候的影响和侵蚀作用，致使紫色土经常处于幼年阶段。本市紫色土是由中生代侏罗系的上沙溪庙组、遂宁组、蓬莱镇组地层，经成土因素和成土过程风化剥蚀堆积而成的。其特点是土壤表层颜色与土壤母质保持很大程度的一致性，剖面上下层次颜色分化小，无明显发生层次，多属A-C剖面构型，土壤质地随母质类型不同而异。pH随岩性不同也存在一定差异。

水稻土是遂宁市第二大土壤类型，占本市地域面积的28%，遍布全市各地，但以丘陵地区的低、浅、中丘的谷地和槽坝面积最大。水稻土是在长期季节性淹灌、水下翻耕、季节性脱水、氧化还原交替影响下，原来成土母质或母土的特性发生重大改变，形成的新的土壤类型。由于干湿交替，水稻土形成糊状淹育层、较坚实板结的犁底层、渗育层、潴育层与潜育层等多种发生层。这些不同发生层段是在人为耕作、水浆管理下形成的。本市紫色土分为紫色土性水稻土、冲积型水稻土、黄壤性水稻土等亚类。其中，紫色土性水稻土亚类面积最大。

新积土是遂宁市第三大土壤类型，占本市地域面积的4%。新积土是由新近冲积、洪积、坡积、塌积或人工堆垫形成的土壤。该土壤成土期短，母质特性明显，具A-C或（A）-C剖面构型。

小于本市地域面积3%的土壤类型还有黄壤等。

本区域中心区气候特征

本区域中心区气候特征值
Regional climate characteristics in central area of the region

气候带：中亚热带湿润气候 Climate region: Subtropical humid climate	
年平均气温 /℃ Annual average temperature /℃	17.6
年平均最高气温 /℃ Annual average maximum temperature /℃	21.3
年平均最低气温 /℃ Annual average minimum temperature /℃	14.9
年降水量 /mm Annual precipitation /mm	980
≥10℃的积温 /℃ Daily temperature accumulated in a year (≥10℃) /℃	7152
年日照时数 /h Annual sunshine /h	1067
年平均相对湿度 /% Annual average relative humidity /%	81
干燥度 Dryness	1.12

本区域中心区月平均气温与月平均降水量
Monthly temperature and precipitation in central area of the region

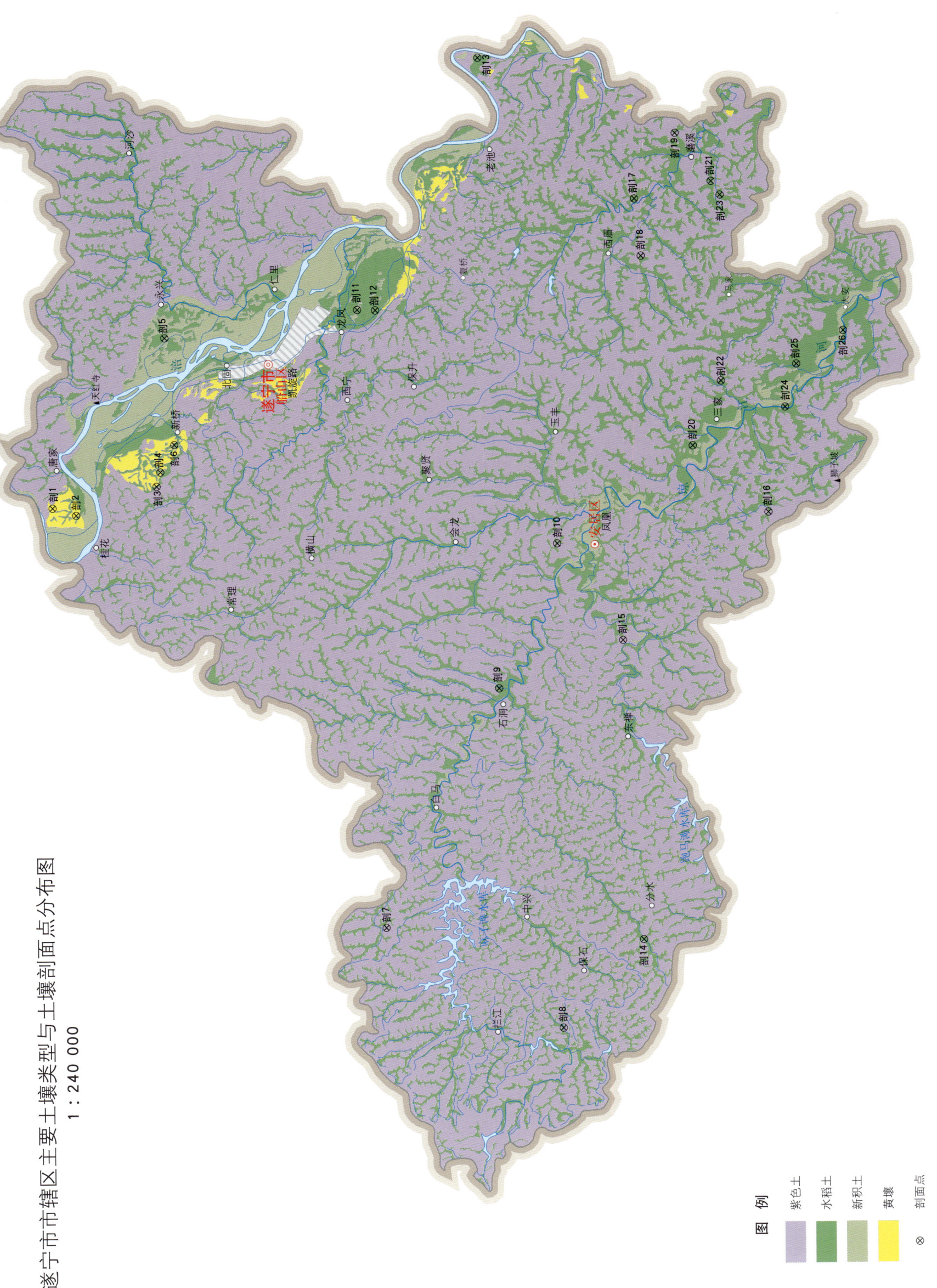

遂宁市市辖区主要土壤类型与土壤剖面点分布图
1:240 000

遂宁市土壤剖面理化性状表

剖面号 Soil profile	土纲 Soil order	土类 Soil great group	亚类 Soil subgroup	土属 Soil genus	土种 Soil species	土层码 Layer code	土层厚度 Depth/cm	颜色 Soil color	质地 Soil texture	土壤结构 Soil structure	pH	有机质 OM/(g/kg)	全氮 TN/(g/kg)	全磷 TP/(g/kg)	全钾 TK/(g/kg)	碱解氮 AN/(mg/kg)	有效磷 AP/(mg/kg)	速效钾 AK/(mg/kg)	阳离子交换量 CEC/(cmol/kg)	土壤母质 Parent material	剖面点坐标 Profile coordinate	匹配指数 Matching index/%
剖1	铁铝土	黄壤	黄壤	老冲积黄壤	砂黄泥土	A	0-17	棕黄色	中壤土	粒状	6.6	7.2	0.51	0.25		41	3.5	77		第四纪黏土、砂砾土	E 105°28'47.4" N 30°37'50.6"	72
						2	17-23	浅黄色	中壤土	小块状	6.1	5.8	0.41	0.20		24	2.2					
						3	23-35	黄色	轻壤土	块状	6.1	3.8	0.27	0.19		17	2.2					
剖2	铁铝土	黄壤	黄壤	老冲积黄壤	卵石黄泥土	A	0-12	棕黄色	重壤土	粒状、小块状	7.2	10.7	0.84	0.29		56	2.2	57		第四纪黏土、砂砾土	E 105°28'31.8" N 30°37'06.2"	95
						2	12-18	浅棕黄色	重黏土	块状	6.8	9.3	0.69	0.27		47	2.2					
						3	18-40	黄色	轻壤土	大块状	6.6	7.6	0.58	0.21		38	1.0					
剖3	人为土	水稻土	黄壤性水稻土	老冲积黄泥土	黄砂泥田	A	0-17	棕灰黄色	重壤土	小块状	6.5	25.5	1.32	0.29		95	4.6	84		第四纪黏土	E 105°29'32.3" N 30°34'34.7"	72
						2	17-28	棕黄色	轻黏土	块状	6.8	24.0	1.29	0.25								
						3	28-60	棕黄色	重壤土	棱柱状	6.8	23.8	1.16	0.21								
剖4	铁铝土	黄壤	黄壤	老冲积黄壤	黄泥土	A	0-15	紫棕色	重壤土	块状	7.5	11.6	0.80	0.18	1.4	55	2.5	73		第四纪黏土、砂砾土	E 105°30'03.2" N 30°34'27.1"	93
						2	15-22	紫黄色	轻壤土	块状	7.3	9.5	0.72	0.15		50	1.8					
						3	22-60	浅黄色	砂壤土	粒状	7.7	7.7	0.64			35						
剖5	人为土	水稻土	冲积型水稻土	灰棕冲积水稻土	砂田	A	0-18	灰棕黄色	轻壤土	粒状	8.1	12.3	0.97	0.60		65	4.1	72		近代河流新冲积物	E 105°34'53.0" N 30°34'17.0"	71
						2	18-60	浅灰黄色	轻黏土	小块状	8.0	10.9	0.83	0.83								
						3	60-	紫黄色	砂壤土		7.5	9.2	0.74	0.74	1.3							
剖6	人为土	水稻土	黄壤性水稻土	老冲积黄泥田	死黄泥田	A	0-16	灰棕黄色	重壤土	小块状	5.7	15.6	1.14	0.29		86	4.2	159		第四纪黏土	E 105°31'02.3" N 30°34'00.1"	75
						2	16-25	浅黄色	重壤土	块状	5.8	14.1	0.99	0.22		71	3.7	113				
						3	25-60	黄色	重黏土	柱状	6.6	11.0	0.90	0.20		65	2.3	67				
剖7	人为土	水稻土	紫色土性水稻土	棕紫色水稻土	捞紫泥	A	0-14	灰棕紫色	轻壤土	粒状、小块状	7.6	19.7	1.39	0.82		95	6.5	120			E 105°13'31.4" N 30°27'31.0"	97
						2	14-25	棕紫色	重壤土	块状	7.7	17.5	1.18	0.70								
						3	25-65	棕紫色	重黏土	块状	7.7	10.2	0.85	0.56								
剖8	人为土	水稻土	紫色土性水稻土	棕紫色水稻土	砂田	A	0-15	棕紫色	重壤土	粒状	7.8	19.6	1.37	0.56	2.0	94	4.4	99			E 105°09'54.0" N 30°21'59.8"	72
						2	15-24	棕紫色	重壤土	块状	7.4	16.5	1.33	0.50								
						3	24-60	棕紫色	重壤土	棱柱状	8.0	13.6	1.11	0.40								
剖9	人为土	水稻土	紫色土性水稻土	红紫色水稻土	潲泥烂泥田	A	0-19	红棕紫色	轻黏土	小块状	8.0	15.2	1.22	0.76	2.2	95	8.5	189			E 105°22'09.2" N 30°23'54.0"	91
						2	19-30	紫棕色	重黏土	块状	8.3	13.7	1.11	0.69								
						3	30-70	紫棕色	重黏土	柱状	8.2	11.3	0.94	0.58								
剖10	人为土	水稻土	紫色土性水稻土	红紫色水稻土	深脚烂泥田	1	0-14	棕紫色	轻壤土	无明显结构	7.9	19.6	1.45	0.59	2.1	103	4.8	218			E 105°27'22.0" N 30°22'01.9"	96
						2	14-50	灰棕色	重黏土	稀糊状	8.1	19.3	1.34	0.53								
剖11	人为土	水稻土	冲积型水稻土	灰棕冲积黄壤	油砂田	A	0-18	浅灰棕色	重壤土	粒状	7.7	21.1	1.56	1.16	2.0	103	14.4	51	27.3	近代河流新冲积物	E 105°35'50.3" N 30°28'13.4"	91
						2	18-26	浅灰黄色	重黏土	粒状、块状	8.0	14.7	1.21	0.71								
						W	26-78	灰黄色	重黏土	小块状	7.9	12.3	0.96	0.64								
剖12	人为土	水稻土	冲积型水稻土	灰棕冲积水稻土	泥田	A	0-15	灰棕色	中壤土	块状	7.8	21.5	1.68	0.89	2.6	108	5.5	162		近代河流新冲积物	E 105°35'48.8" N 30°27'40.0"	86
						2	15-21	浅灰紫色	中壤土	小块状	7.9	17.4	1.28	0.76								
						W	21-61	浅灰紫色	重壤土	大块状	8.0	14.4	1.13	0.55								
剖13	人为土	水稻土	黄壤性水稻土	老冲积黄泥田	卵石黄泥田	A	0-16	黄棕色	中黏土	小块状	7.4	23.6	1.43	0.34	1.6	114	7.6	85		第四纪黏土	E 105°44'52.5" N 30°24'22.4"	80
						2	16-25	棕紫色	轻黏土	块状	7.4	22.8	1.30	0.34								
						3	25-40	棕紫色	轻壤土	块状	6.7	18.9	1.23	0.23								
						4	40-															
剖14	人为土	水稻土	紫色土性水稻土	棕紫色水稻土	大泥田	A	0-21	灰棕紫色	中黏土	块状	7.6	25.2	1.68	0.76	2.5	112	6.9	178	30.2		E 105°13'02.3" N 30°19'26.8"	89
						2	21-33	棕紫色	轻壤土	块状	7.5	24.7	1.37	0.69								
						3	33-80	棕紫色	轻黏土	棱柱状	7.6	23.4	1.09	0.59								

续表 Continued

剖面号 Soil profile	土纲 Soil order	土类 Soil great group	亚类 Soil subgroup	土属 Soil genus	土种 Soil species	土层码 Layer code	土层厚度 Depth/cm	颜色 Soil color	质地 Soil texture	土壤结构 Soil structure	pH	有机质 OM/(g/kg)	全氮 TN/(g/kg)	全磷 TP/(g/kg)	全钾 TK/(g/kg)	碱解氮 AN/(mg/kg)	有效磷 AP/(mg/kg)	速效钾 AK/(mg/kg)	阳离子交换量CEC/(cmol/kg)	土壤母质 Parent material	剖面点坐标 Profile coordinate	匹配指数 Matching index/%
剖15	初育土	紫色土	紫泥土	棕紫泥土	砂土	A	0-15	棕紫色	重壤土	粒状	7.6	11.5	0.85	0.70	1.9	67	4.3	79	24.0		E 105°23′51.7″ N 30°19′59.9″	77
						2	15-20		重壤土		7.7	9.9	0.74	0.56								
						C	29-55		轻壤土		7.3	9.3	0.65	0.60								
剖16	人为土	水稻土	紫色土性水稻土	红棕紫色水稻土	大眼泥田	A	0-20	灰棕紫色	轻黏土	块状	7.8	24.7	1.18	0.66		131	3.6	206	38.1		E 105°28′26.0″ N 30°15′23.8″	78
						2	20-30	棕紫色	轻黏土	块状	7.9	20.2	1.61	0.63								
						3	30-75	黄灰紫色	轻黏土	棱柱状	8.1	15.9	1.28	0.61								
剖17	人为土	水稻土	紫色土性水稻土	灰棕紫色水稻土	砂泥田	1	0-15	灰棕紫色	中壤土	粒状	8.0	12.3	0.98	0.97	1.6	72	8.2	63		泥岩、长石石英砂岩	E 105°39′45.4″ N 30°19′30.4″	80
						2	15-20	棕紫色	中壤土	小块状	8.1	9.6	0.79	0.85								
						W	20-60	棕紫色	中壤土	块状	8.2	8.6	0.66	0.80								
剖18	人为土	水稻土	紫色土性水稻土	红棕紫色水稻土	石骨子砂田	A	0-14	红棕紫色	轻黏土	粒状	7.8	12.4	0.92	0.75	2.2	64	8.2	124			E 105°37′41.9″ N 30°19′18.8″	89
						2	14-25	红棕紫色	轻黏土	块状	7.8	11.7	0.83	0.65								
						P	25-60	红棕紫色	轻黏土	棱柱状	7.7	9.2	0.74	0.62								
剖19	人为土	水稻土	紫色土性水稻土	灰棕紫色水稻土	夹砂田	1	0-20	深灰棕紫色	重壤土	粒状	7.9	15.2	1.29	1.40		92	3.3	205		泥岩、长石石英砂岩	E 105°42′06.5″ N 30°18′13.0″	78
						2	20-40	灰棕紫色	重壤土	小块状	8.0	13.2	1.19	1.30								
						W	40-		重壤土		8.2	12.0	1.11	1.20								
剖20	人为土	水稻土	冲积型水稻土	紫色冲积水稻土	夹黄泥田	A	0-18	黄棕紫色	重壤土	小块状	7.9	14.2	1.06	0.45		77	6.5	216			E 105°30′50.8″ N 30°17′45.2″	87
						2	18-25	紫棕色	重壤土	块状	8.0	11.5	0.78	0.40								
						3	25-60		重壤土	棱柱状	7.9	9.5	0.61	0.35								
						4	60-															
剖21	人为土	水稻土	紫色土性水稻土	灰棕紫色水稻土	泥田	1	0-22	灰棕紫色	重壤土	小块状	8.0	16.4	1.06	0.86	2.1	63	4.5	124	29.0		E 105°40′21.7″ N 30°17′06.0″	74
						2	22-31		重壤土	小块状	8.1	14.6	0.94	0.72		60	4.2	114				
						3	31-70	棕紫色	重壤土	块状	8.1	11.6	0.81	0.72		52	1.5	87				
剖22	人为土	水稻土	紫色土性水稻土	红棕紫色水稻土	二泥田	A	0-18	红棕紫色	重壤土	块状	8.0	14.9	1.17	0.71	2.1	87	3.1	119			E 105°33′10.1″ N 30°16′50.5″	80
						2	18-30	红棕紫色	轻黏土	块状	7.8	13.6	1.06	0.71								
						3	30-70	红棕紫色	重壤土	棱柱状	7.9	12.1	0.93	0.62								
剖23	人为土	水稻土	紫色土性水稻土	灰棕紫色水稻土	夹黄泥田	1	0-18	灰棕紫色	重壤土	团块状	7.8	16.1	1.30	0.32		93	4.9	101		泥岩、长石石英砂岩	E 105°39′52.2″ N 30°16′49.1″	92
						2	18-27	棕紫色	重壤土	块状	7.7	13.1	1.03	0.30								
						3	27-40	黄棕紫色	重壤土	棱柱状	7.7	11.8	0.96	0.28								
剖24	人为土	水稻土	冲积型水稻土	紫色冲积水稻土	半砂半泥田	A	0-18	灰棕紫色	中壤土	粒状	6.5	16.7	1.27	0.69	1.6	98	3.9	71			E 105°32′12.5″ N 30°14′50.3″	85
						2	18-30	黄棕紫色	中壤土	大块状	7.1	15.0	1.14	0.56								
						W	30-65	黄棕紫色	重壤土	大块状	7.7	13.5	1.03	0.41								
剖25	人为土	水稻土	冲积型水稻土	紫色冲积水稻土	泥田	A	0-17	棕紫色	轻壤土	小块状	7.9	15.6	1.30	0.72	1.8	93	7.6	138	25.8		E 105°33′45.4″ N 30°14′28.7″	80
						2	17-28	浅紫色	重壤土	块状	8.0	14.4	1.23	0.61								
						P	28-80	黄紫色	重壤土	大块状	8.1	11.5	0.89	0.43								
剖26	人为土	水稻土	冲积型水稻土	紫色冲积水稻土	紫砂田	A	0-18	灰紫色	轻壤土	粒状	7.1	10.8	0.85	0.62		49	4.0	56			E 105°34′57.7″ N 30°13′00.1″	93
						2	18-28	浅黄紫色	重壤土	块状	7.5	8.3	0.63	0.60								
						3	28-60	紫黄色	重壤土	大块状	7.7	6.9	0.49	0.50								

蓬 溪 县

主要土类说明

紫色土是蓬溪县的主要土壤类型，占本县地域面积的73%，分布于本县除涪江及郪江沿岸以外的广大丘陵地区。紫色土是在亚热带季风气候下，由侏罗系紫色沙泥岩母质风化的残积物和坡积物发育而成的。岩石富含碳酸钙，抗风化能力弱，成土过程中物理风化作用较强，形成的土壤颜色与母质近似，并多含紫色岩碎屑。剖面层次分化不明显，尤其是坡顶土经常处于成土的幼龄阶段。土壤pH为8.0—8.4，有较强的碳酸盐反应。质地多为中壤土至重壤土。有机质含量较低，为7—11g/kg。由于过度垦殖和林被破坏严重，水土流失严重，在丘陵坡上部形成了大面积的跑水、跑土、跑肥的低产土。

水稻土是蓬溪县第二大土壤类型，占本县地域面积的24%，主要分布于丘陵地区冲沟、支沟、槽坝，涪江、郪江河谷及中小溪流两岸，少量分布于坪状高丘顶部。水稻土水热条件比较稳定，有机质累积比旱作土高。水稻土是在长期季节性淹灌、水下翻耕、季节性脱水、氧化还原交替影响下，原来成土母质或母土的特性发生重大改变，形成的新的土壤类型。由于干湿交替，水稻土形成糊状淹育层、较坚实板结的犁底层、渗育层、潴育层与潜育层等多种发生层。这些不同发生层段是在人为耕作、水浆管理下形成的。

小于本县地域面积3%的土壤类型还有黄壤、新积土等。

本区域中心区气候特征

本区域中心区气候特征值
Regional climate characteristics in central area of the region

气候带：中亚热带湿润气候 Climate region: Subtropical humid climate	
年平均气温 /℃ Annual average temperature /℃	17.0
年平均最高气温 /℃ Annual average maximum temperature /℃	20.9
年平均最低气温 /℃ Annual average minimum temperature /℃	14.1
年降水量 /mm Annual precipitation /mm	949
≥10℃的积温 /℃ Daily temperature accumulated in a year（≥10℃）/℃	6408
年日照时数 /h Annual sunshine /h	1132
年平均相对湿度 /% Annual average relative humidity /%	80
干燥度 Dryness	1.11

本区域中心区月平均气温与月平均降水量
Monthly temperature and precipitation in central area of the region

蓬溪县主要土壤类型与土壤剖面点分布图
1 : 250 000

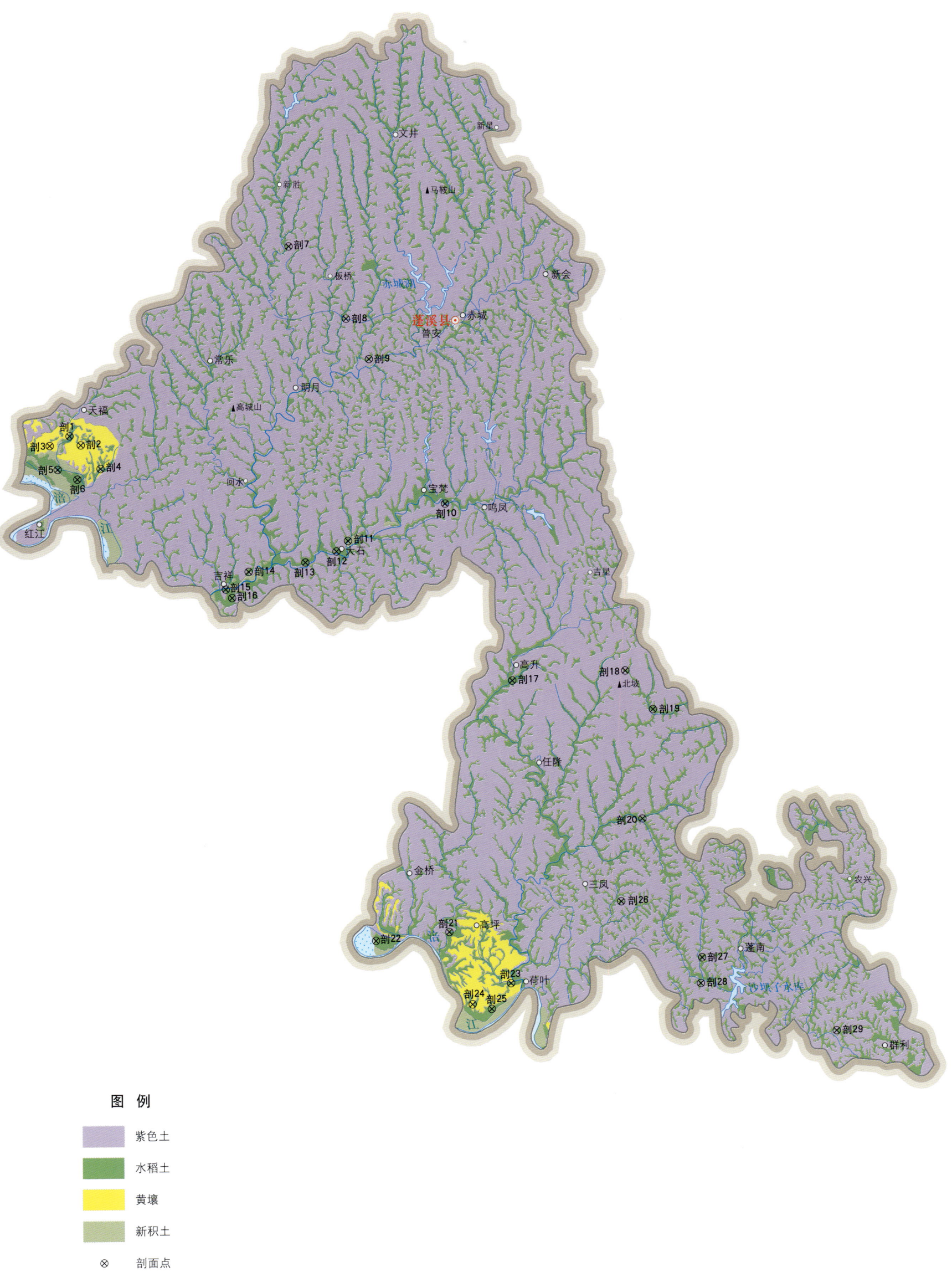

蓬溪县土壤剖面理化性状表

剖面号 Soil profile	土纲 Soil order	土类 Soil great group	亚类 Soil subgroup	土属 Soil genus	土种 Soil species	土层码 Layer code	土层厚度 Depth/cm	颜色 Soil color	质地 Soil texture	土壤结构 Soil structure	pH	有机质 OM/(g/kg)	全氮 TN/(g/kg)	全磷 TP/(g/kg)	碱解氮 AN/(mg/kg)	有效磷 AP/(mg/kg)	速效钾 AK/(mg/kg)	土壤母质 Parent material	剖面点坐标 Profile coordinate	匹配指数 Matching index/%
剖1	人为土	水稻土	冲积型水稻土	紫色冲积水稻土	砂田	1	0—17	灰棕紫色	轻砾中壤土	粒状、小块状	8.4	13.2	0.89	1.18	53	3.0	68	第四纪紫色冲积物	E 105°27′55.4″ N 30°43′08.0″	72
						2	17—25	灰棕紫色	轻砾中壤土	小块状	8.6	10.9	0.74	0.96	41	3.0	56			
						3	25—100	棕紫色	轻壤土	大棱柱状	8.3	4.8	0.39	0.40	20	1.0	35			
剖2	铁铝土	黄壤	黄壤	老冲积黄泥土	黄泥土	1	0—14	黄棕色	轻砾重壤土	小块状、粒状	7.2	15.8	0.95	0.50	57	1.0	128	第四纪老冲积黄泥	E 105°28′20.6″ N 30°42′50.4″	79
						2	14—31	棕黄色	轻砾轻黏土	大块状	7.5	7.8	0.59	0.29	35	1.0	108			
						3	31—100	棕黄夹灰白	轻砾轻黏土	整体状	6.2	3.5	0.28	0.28	17	1.0	118			
剖3	铁铝土	黄壤	黄壤	姜石黄泥土	姜石黄泥土	1	0—13	棕色	中砾重黏土	块状、粒状	8.3	10.2	0.72	0.50	46	2.0	107	第四纪沉积物	E 105°27′10.8″ N 30°42′49.7″	70
						2	13—40	黄色	轻砾重黏土	大棱块状	8.1	4.9	0.42	0.10	21	1.0	75			
						3	40—													
剖4	人为土	水稻土	黄壤性水稻土	老冲积黄泥田	黄板砂田	1	0—15	浅黄棕色	轻砾重壤土	小块状、粒状	7.9	16.8	1.21	1.04	83	7.0	129	第四纪老冲积物	E 105°29′04.6″ N 30°42′04.7″	88
						2	15—30	黄棕色	轻砾重壤土	大棱柱状	8.0	16.8	1.11	1.07	72	7.0	117			
						3	30—	黄棕色	轻壤土		7.9	9.4	0.83	0.68	54	3.0	54			
剖5	人为土	水稻土	冲积型水稻土	灰棕冲积水稻土	潮砂田	1	0—19	灰棕色	重壤土	粒状、小块状	7.0	16.7	1.18	1.64	62	4.0	55	第四纪冲积物	E 105°27′28.1″ N 30°42′03.6″	88
						2	19—100	灰棕色	重壤土	大棱柱状	7.8	12.2	1.15	1.62	55	1.0	45			
剖6	人为土	水稻土	冲积型水稻土	灰棕冲积水稻土	潮泥田	1	0—18	浅灰棕色	重黏土	粒状	8.0	18.2	1.34	1.51	95	4.0	94	第四纪冲积物	E 105°28′12.4″ N 30°41′44.5″	83
						2	18—50	灰棕色	轻黏土	棱柱状	7.9	17.8	1.22	1.14	88	3.0	115			
						3	50—	灰棕色	轻壤土	棱块状	8.0	12.7	1.10	0.88	67	2.0	71			
剖7	人为土	水稻土	紫色土性水稻土	棕紫色水稻土	泥田	1	0—17	棕紫色	轻砾轻黏土	粒状、小块状	8.0	20.4	1.43	2.10	95	9.0	256	紫红色钙质泥岩、紫灰色砂岩风化坡积物、残积物	E 105°36′11.9″ N 30°49′10.6″	98
						2	17—80	棕紫色	轻黏土	大棱柱状	8.0	13.1	1.04	1.64	69	2.0	269			
						3	80—100	棕紫色	轻黏土	小棱块状	8.2	10.2	0.88	1.45	58	3.0	172			
剖8	人为土	水稻土	紫色土性水稻土	棕紫色水稻土	紫口砂田	1	0—17	灰棕紫色	轻砾中壤土	粒状	8.1	18.4	1.00	0.70	64	3.0	82	紫红色钙质泥岩、紫灰色砂岩风化坡积物、残积物	E 105°38′20.0″ N 30°46′50.9″	70
						2	17—45	棕紫色	中壤土	粒状	8.2	5.6	0.40	0.35	27	2.0	67			
						3	45—	棕紫色	中壤土		8.0	15.8	0.85	0.30	58	1.0	75			
剖9	人为土	水稻土	紫色土性水稻土	红棕色水稻土	灰砂泥田	1	0—20	红棕紫色	中壤土	粒状、小块状	8.0	11.7	0.83	1.51	70	4.0	110	紫红色钙质泥岩、紫灰色砂岩风化坡积物、残积物	E 105°39′10.4″ N 30°45′32.4″	81
						2	20—64	浅红棕紫色	中壤土	大棱柱状	8.2	8.2	0.79	1.36	55	1.0	103			
						3	64—84	红棕紫色	轻砾中壤土	棱柱、大块状	8.2	5.0	0.47	1.22	33	1.0	66			
						4	49—80													
剖10	人为土	水稻土	紫色土性水稻土	灰棕色水稻土	瘦砂田	1	0—15	红棕紫色	中壤土	小块状	7.9	8.3	0.65	1.25	41	2.0	94	红棕色钙质泥岩	E 105°41′58.2″ N 30°40′51.6″	87
						2	15—24	浅红棕紫色	中壤土	小块状	7.7	7.9	0.58	1.13	39	2.0	64			
						3	24—49	红棕紫色	中壤土	大块状	7.6	7.9	0.50	1.06	32	2.0	44			
剖11	人为土	水稻土	黄壤性水稻土	灰棕发绿田	灰棕发绿田	1	0—18	暗紫紫色	重壤土	无明显结构	8.2	29.1	1.58	1.34	120	6.0	147	暗紫色砂泥岩	E 105°38′19.7″ N 30°39′42.1″	83
						2	18—45	灰紫色	重黏土	无明显结构	8.0	28.9	1.60	1.28	122	4.0	186			
剖12	人为土	水稻土	黄壤性水稻土	老冲积黄泥田	黄泥田	1	0—17	棕色	轻黏土	粒状、小块状	7.8	21.4	1.19	0.84	86	1.0	120	第四纪冲积物	E 105°37′53.8″ N 30°39′22.0″	79
						2	17—45	黄棕色	中壤土	小块状	7.6	18.2	1.08	0.77	79	1.0	119			
						3	45—100	黄棕色	中壤土	大块状	7.9	14.8	0.91	0.57	62	2.0	98			
剖13	人为土	水稻土	冲积型水稻土	灰棕冲积水稻土	砂田	1	0—19	灰棕色	轻壤土	大块状	7.9	14.1	1.04	1.43	73	5.0	100	第四纪灰棕色冲积物	E 105°36′43.2″ N 30°39′01.1″	85
						2	19—45	棕紫色	轻壤土	小块状	8.1	10.4	1.30	1.30	62	3.0	61			
						3	45—100	棕紫色	重壤土	块状	8.1	8.9	0.94	0.94	56	2.0	83			
剖14	人为土	水稻土	冲积型水稻土	紫色冲积水稻土	紫潮砂田	1	0—20	灰棕紫色	轻砾土	粒状、块状	8.0	11.1	0.78	0.96	56	16.0	43	第四纪紫色冲积物	E 105°34′35.8″ N 30°38′44.2″	78
						2	20—53	棕紫色	中壤土	块状	8.3	4.5	0.42	0.28	30	1.0	34			
						3	53—100	浅棕紫色	中壤土	整体状	8.3	7.9	0.64	0.40	28	1.0	48			

续表 Continued

剖面号 Soil profile	土纲 Soil order	土类 Soil great group	亚类 Soil subgroup	土属 Soil genus	土种 Soil species	土层码 Layer code	土层厚度 Depth/cm	颜色 Soil color	质地 Soil texture	土壤结构 Soil structure	pH	有机质 OM/(g/kg)	全氮 TN/(g/kg)	全磷 TP/(g/kg)	碱解氮 AN/(mg/kg)	有效磷 AP/(mg/kg)	速效钾 AK/(mg/kg)	土壤母质 Parent material	剖面点坐标 Profile coordinate	匹配指数 Matching index/%
剖15	人为土	水稻土	冲积型水稻土	紫色冲积水稻土	紫砂田	1	0—17	棕紫色	中壤土	粒状、小块状	8.0	16.5	0.93	1.17	77	12.0	194	第四纪紫色冲积物	E 105°33′43.4″ N 30°38′10.4″	98
						2	17—70	浅棕紫色	中壤土	块状	7.9	15.6	0.79	0.88	64	8.0	80			
剖16	人为土	水稻土	冲积型水稻土	紫色冲积水稻土	紫潮泥田	1	0—17	暗棕色	轻砾重壤土	粒状、小块状	8.1	17.6	1.04	0.91	66	4.0	89	第四纪紫色冲积物	E 105°33′57.6″ N 30°37′53.8″	94
						2	17—24	暗棕色	轻砾重壤土	小梭块状	8.0	13.6	0.84	0.74	53	2.0	82			
						3	24—100	黄棕色	轻黏土	小块块状	8.1	3.8	0.42	0.32	23	1.0	63			
剖17	人为土	水稻土	紫色土性水稻土	棕紫色水稻土	砂田	1	0—16	棕紫色	重壤土	粒状、小块状	8.2	14.4	0.85	1.69	58	10.0	101		E 105°44′24.7″ N 30°35′08.9″	97
						2	16—80	棕紫色	重壤土	大梭块状	8.1	10.1	0.72	1.02	48	5.0	101			
剖18	人为土	水稻土	紫色土性水稻土	棕紫色水稻土	发绿田	1	0—20	深紫色	重壤土	小块状、粒状	7.8	29.3	1.54	1.72	106	3.0	125	紫红色钙质泥岩	E 105°48′38.9″ N 30°35′25.8″	98
						2	20—45	暗棕紫色	重壤土	大块状	8.1	28.9	1.50	1.57	87	3.0	156	紫灰色砂岩风化坡积物、残积物		
						3	45—100	暗棕紫色	重壤土	无明显结构	8.2	24.2	1.32	1.50	82	3.0	147			
剖19	人为土	水稻土	紫色土性水稻土	红棕紫色水稻土	红砂泥田	1	0—16	红棕紫色	轻砾轻黏土	粒状	8.1	12.2	0.94	0.81	54	2.0	90	红棕紫色泥岩	E 105°49′39.7″ N 30°34′10.6″	75
						2	16—100	红棕紫色	轻砾轻黏土	大块状	8.3	10.5	0.87	0.50	48	1.0	56			
剖20	人为土	水稻土	紫色土性水稻土	红棕紫色水稻土	大泥田	1	0—20	棕紫色	轻黏土	粒状	7.9	17.7	1.15	0.36	94	4.0	204	红棕紫色泥岩	E 105°49′13.1″ N 30°30′38.5″	100
						2	20—28	棕紫色	中黏土	柱状	8.2	15.9	1.12	1.09	91	1.0	164			
						3	28—100	棕紫色	重壤土	粒状	8.1	12.0	1.02	1.58	63	2.0	157			
剖21	人为土	水稻土	紫色土性水稻土	灰棕紫色水稻土	砂田	1	0—19	棕紫色	重壤土	粒状	5.4	13.6	0.66	0.50	50	1.0	108	暗紫砂色泥岩	E 105°41′56.8″ N 30°27′02.2″	85
						2	19—50	浅棕紫色	重壤土	大梭柱状	6.3	7.4	0.63	0.47	45	1.0	70			
						3	50—100	棕紫色	重壤土	小块柱状	6.8	5.0	0.41	0.26	30	2.0	57			
剖22	人为土	水稻土	冲积型水稻土	灰棕冲积水稻土	漏紫田	1	0—16	灰棕紫色	中壤土	小块状、粒状	8.1	13.4	0.98	1.40	55	3.0	36	第四纪灰棕色冲积物	E 105°39′12.5″ N 30°26′47.2″	74
						2	16—70	暗棕色	中壤土	块状	8.3	10.4	0.84	1.39	50	2.0	20			
						3	70—100	暗棕色	砂壤土	无明显结构	8.2	8.2	0.67	1.36	38	2.0	8			
剖23	人为土	水稻土	黄壤性水稻土	老冲积黄泥田	白鳝泥田	1	0—25	灰棕色	重壤土	大梭柱状	8.0	19.6	1.49	1.15	109	6.0	142	第四纪老棕色冲积物	E 105°44′13.6″ N 30°25′23.2″	92
						2	25—68	暗棕紫色	重壤土	大块状	8.1	14.9	1.24	1.10	82	4.0	77			
						3	68—100	黄灰紫紫色	重黏土	粒状、小块状	7.8	5.3	0.44	0.89	46	7.0	86			
剖24	黄壤	黄壤	黄壤性	老冲积黄泥土	卵石黄泥土	1	0—15	黄棕色	中砾中黏土	整体状	7.1	17.8	1.00	0.29	71	1.0	158	第四纪老棕色冲积黄泥	E 105°42′47.2″ N 30°24′43.6″	72
						2	15—70	黄棕色	轻黏土		5.6	9.7	0.53	0.25	29		129			
						3	70—													
剖25	人为土	水稻土	黄壤性水稻土	老冲积黄泥田	黄泥发绿田	1	0—18	黄褐色	轻砾轻黏土	小块状、粒状	7.7	24.3	1.23	0.91	95	4.0	139	第四纪老棕色冲积黄泥	E 105°43′30.0″ N 30°24′34.2″	70
						2	18—100	黄灰色	轻砾轻黏土	无明显结构、块状	7.9	20.1	0.95	0.80	68	3.0	92			
剖26	人为土	水稻土	紫色土性水稻土	红棕紫色水稻土	红棕发绿田	1	0—20	灰棕紫色	轻砾轻黏土	粒状、块状	8.0	30.7	1.72	1.72	100	4.0	182	红棕紫色泥岩	E 105°48′23.4″ N 30°27′58.3″	99
						2	20—60	暗棕色	重壤土	大块状	8.2	29.8	1.64	1.70	96	5.0	200			
剖27	人为土	水稻土	紫色土性水稻土	灰棕紫色水稻土	白鳝泥田	1	0—15	棕紫色	重壤土	柱状	8.2	11.5	0.62	1.35	50	3.0	93	暗紫色砂泥岩	E 105°51′22.7″ N 30°26′08.2″	85
						2	15—60	暗棕紫色	重壤土	大块状	8.1	6.8	0.46	1.30	53	0.3	84			
剖28	人为土	水稻土	紫色土性水稻土	灰棕紫色水稻土	半砂半泥田	1	0—20	暗棕紫色	轻砾中壤土	粒状	8.6	5.4	0.45	1.30	24	2.0	79	暗紫色砂泥岩	E 105°51′19.1″ N 30°25′18.5″	98
						2	20—70	暗棕紫色	轻砾中壤土	大块状	8.5	5.1	0.49	1.16	23		82			
剖29	人为土	水稻土	紫色土性水稻土	灰棕紫色水稻土	大眼泥田	1	0—21	暗棕紫色	重壤土	小块状、粒状	8.8	16.0	1.19	1.34	70	4.0	94	暗紫色砂泥岩	E 105°56′22.2″ N 30°23′44.2″	86
						2	21—70	暗棕紫色	轻黏土	大梭柱状	8.3	11.2	0.99	1.01	59	1.0	117			

射 洪 市

主要土类说明

紫色土是射洪市的主要土壤类型，占本市地域面积的74%。紫色土是一种区域性土壤，是本市分布最广、面积最大的旱作土，是由浅黄色、灰紫色砂泥岩和紫红色砂泥岩以及灰白色泥质粉砂岩、石英砂岩等坡积物、残积物在自然成土和人为耕作熟化作用下形成的。成土过程以物理风化为主，化学风化较弱，形成的土壤剖面层次分化不明显，丘顶多形成石骨子土。碳酸盐反应强烈，土壤呈中性至微碱性，质地适中，有机质含量偏低，磷、锌缺乏，雨量充沛，光热条件好。但由于植被被破坏，水土流失严重，土壤呈砂、薄、干、瘦等特点。

水稻土是射洪市第二大土壤类型，占本市地域面积的17%，广泛分布于丘陵、低山地区的正冲、支沟、子湾、两塝和涪江、梓潼江两江沿岸坝区，以及中小溪流沿岸的凸岸。水稻土是在长期季节性淹灌、水下翻耕、季节性脱水、氧化还原交替影响下，使原来成土母质或母土的特性发生重大改变，形成的新的土壤类型。由于干湿交替，水稻土形成糊状淹育层、较坚实板结的犁底层、渗育层、潴育层与潜育层等多种发生层。这些不同发生层段是在人为耕作、水浆管理下形成的。本市水稻土分为淹育型、潴育型、潜育型等类型。

潮土是射洪市第三大土壤类型，占本市地域面积的4%，分布于涪江、梓潼江两江及溪河沿岸河滩阶地上。母质为新冲积物，覆盖于紫色基岩之上，其组成决定于河流流域的土壤和母质类型，质地随河床由近到远呈现由粗到细、由砂到壤的变化，质地结构层次明显，土层深厚肥沃，水源条件好。

小于本市地域面积3%的土壤类型还有黄壤、新积土等。

本区域中心区气候特征

本区域中心区气候特征值
Regional climate characteristics in central area of the region

气候带：中亚热带湿润气候 Climate region: Subtropical humid climate	
年平均气温 /℃ Annual average temperature /℃	16.6
年平均最高气温 /℃ Annual average maximum temperature /℃	20.6
年平均最低气温 /℃ Annual average minimum temperature /℃	13.6
年降水量 /mm Annual precipitation /mm	923
≥10℃的积温 /℃ Daily temperature accumulated in a year (≥10℃) /℃	6213
年日照时数 /h Annual sunshine /h	1158
年平均相对湿度 /% Annual average relative humidity /%	80
干燥度 Dryness	1.14

本区域中心区月平均气温与月平均降水量
Monthly temperature and precipitation in central area of the region

射洪县主要土壤类型与土壤剖面点分布图
1∶210 000

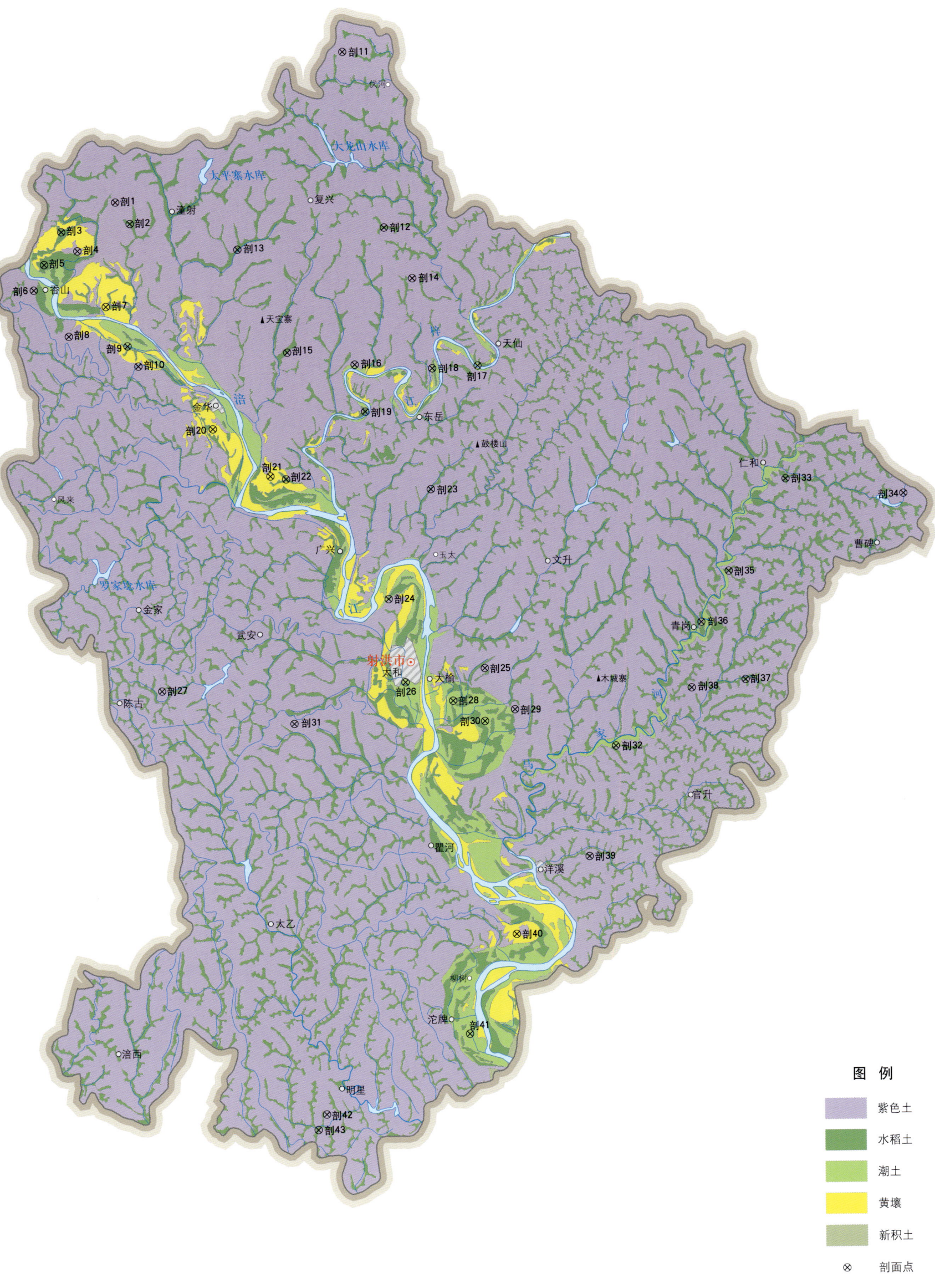

注：国务院 2019 年 11 月批准，撤销射洪县，设立射洪市。

射洪市土壤剖面理化性状表

剖面号 Soil profile	土纲 Soil order	土类 Soil great group	亚类 Soil subgroup	土属 Soil genus	土种 Soil species	土层码 Layer code	土层厚度 Depth/cm	颜色 Soil color	质地 Soil texture	土壤结构 Soil structure	pH	有机质 OM/(g/kg)	全氮 TN/(g/kg)	全磷 TP/(g/kg)	全钾 TK/(g/kg)	碱解氮 AN/(mg/kg)	有效磷 AP/(mg/kg)	速效钾 AK/(mg/kg)	阳离子交换量CEC/(cmol/kg)	土壤母质 Parent material	剖面点坐标 Profile coordinate	匹配指数 Matching index/%
剖1	初育土	紫色土	石灰性紫色土	黄红紫泥土	夹砂土	1	0—16	浅紫棕色	轻砾中壤土	粒状	8.3	8.8	0.73	0.84	2.6	49	7.0	66	18.6		E 105°13′53.0″ N 31°04′55.2″	91
						2	16—23	紫棕色	轻砾轻壤土	小块状	8.4	6.6	0.54	0.73	2.6				18.0			
						3	23—88	浅棕色	轻砾轻壤土	块状	8.5	5.7	0.40	0.72	2.6				19.4			
剖2	人为土	水稻土	紫色土性水稻土	黄红紫泥水稻土	红砂泥田	1	0—15	灰红色	轻砾中壤土	粒状	8.3	13.5	0.83	0.89	2.9	81	8.0	83	24.0		E 105°14′20.0″ N 31°04′20.3″	95
						2	15—25	紫红色	轻砾中壤土	块状	8.3	12.7	0.62	0.86	2.9				24.1			
						3	25—76	棕红色	轻砾中壤土	小棱柱状	8.4	8.7	0.46	0.62	2.9				26.0			
剖3	人为土	水稻土	黄壤性水稻土	姜石黄泥田	姜石夹砂黄泥田	1	0—18	灰棕黄色	轻砾中壤土	粒状	7.4	14.3	1.04	1.01	2.7	73	3.0	109	21.4		E 105°12′10.1″ N 31°04′07.7″	72
						2	18—28	浅棕黄色	轻砾中壤土	小块状	7.4	11.4	0.83	0.88	2.6				20.2			
						3	28—58	暗棕黄色	重壤土	小棱块状	7.4	11.7	0.83	1.00	2.5				19.9			
剖4	初育土	紫色土	石灰性紫色土	浅棕紫泥土	大眼泥土	1	0—18	浅棕黄色	轻砾中壤土	团粒状	7.8	10.9	0.79	1.44	2.4	70	12.0	168	19.3		E 105°12′40.3″ N 31°03′36.4″	70
						2	18—28	棕黄色	轻砾中壤土	块状	7.9	9.9	0.59	1.25	2.4				20.7			
						3	28—70	棕黄色	中壤土	块状	8.0	6.4	0.48	1.08	2.4				24.1			
剖5	人为土	水稻土	黄壤性水稻土	姜石黄泥田	姜石夹砂黄泥田	1	0—12	暗棕黄色	轻砾重壤土	块状	7.9	12.9	0.86	1.07	2.8	68	7.0	88	17.6		E 105°11′37.3″ N 31°03′14.7″	84
						2	12—22	暗棕黄色	轻砾重壤土	整体状	8.0	9.2	0.78	1.04	2.9				15.0			
						3	22—83	褐棕黄色	重壤土	棱体状	7.9	10.8	0.60	0.40	2.9				18.4			
剖6	初育土	紫色土	石灰性紫色土	黄红紫泥土	羊肝土	1	0—12	棕紫色	轻砾中壤土	小块状	8.3	8.9	0.60	1.83	3.4	23	6.0	153	23.6		E 105°11′17.5″ N 31°02′33.4″	98
						2	12—70	红棕色	中壤土	块状	8.4	5.0	0.38	1.42	3.5				25.8			
剖7	铁铝土	黄壤	黄壤	姜石黄泥土	姜石夹砂黄泥土	1	0—15	浅棕黄色	轻砾中壤土	粒状	8.2	7.1	0.57	0.88	2.5	42	3.0	70	16.7		E 105°13′33.2″ N 31°02′06.0″	83
						2	15—25	浅棕黄色	轻砾中壤土	小块状	8.3	6.9	0.51	0.73	2.6				21.8			
						3	25—78	黄色	轻砾中壤黏土	块状	8.2	3.5	0.32	0.39	2.1				28.4			
剖8	初育土	紫色土	石灰性紫色土	浅棕紫泥土	石膏子土	1	0—17	紫棕色	轻砾重壤土	粒状	8.0	7.4	0.69	1.19	3.2	39	5.0	103	25.0		E 105°12′23.0″ N 31°01′18.5″	88
						2	17—35	紫棕色	中砾轻壤土	小块状	8.1	4.7	0.53	0.96	3.6				31.5			
剖9	半水成土	潮土	灰棕潮土		响砂土	1	0—18	浅灰色	松砂土	单粒状	8.2	3.3	0.27	1.33	2.1	11	2.0	16	3.7	冲积物	E 105°14′13.9″ N 31°01′02.3″	77
						2	18—70	浅灰色	松砂土	单粒状	8.4	3.0	0.22	1.17	2.0				4.0			
剖10	初育土	紫色土	石灰性紫色土	姜石黄泥土	紫砂土	1	0—18	灰棕色	轻砾土	粒状	8.4	10.7	0.59	0.87	2.8	47	2.0	71	17.0		E 105°14′33.7″ N 31°00′29.5″	72
						2	18—60	灰棕色	轻砾中壤土	小块状	8.5	7.5	0.36	0.64	2.8				21.7			
剖11	初育土	紫色土	石灰性紫色土	黄红紫泥水稻土	砂土	1	0—18	灰棕色	轻砾砂壤土	块状	8.3	6.9	0.44	0.82	2.7	35	3.0	76	20.3		E 105°21′05.4″ N 31°08′56.0″	70
						2	18—50	黄色	轻砾中壤土	块状	8.4	5.5	0.31	0.78	2.7				15.9			
剖12	人为土	水稻土	紫色土性水稻土	浅棕紫泥水稻土	半砂半泥田	1	0—18	红棕紫色	中壤土	小块状	7.6	14.4	1.06	1.10	2.9	80	25.0	66	17.3	砂泥岩风化残积物、坡积物	E 105°22′21.4″ N 31°04′10.9″	94
						2	18—28	红棕紫色	中壤土	块状	7.5	15.6	1.01	1.02	2.9				17.6			
						3	28—45	棕紫色	重壤土	块状	7.5	13.1	0.98	0.83	3.0				19.5			
剖13	人为土	水稻土	紫色土性水稻土	浅棕紫泥水稻土	紫泥田	1	0—20	灰棕色	中壤土	块状	7.9	18.4	1.09	1.45	3.0	90	6.0	142	17.7	砂泥岩风化残积物、坡积物	E 105°17′43.1″ N 31°03′37.1″	82
						2	20—30	灰棕色	中壤土	块状	8.1	15.3	0.99	1.23	2.8				21.8			
						3	30—80	紫棕色	中壤土	块状	8.1	16.9	1.08	1.35	3.0				17.1			
剖14	初育土	紫色土	石灰性紫色土	浅棕紫泥土	粗砂大土	1	0—20	红棕紫色	轻砾中壤土	小块状	7.8	8.6	0.61	1.30	3.0	49	3.0	123	18.4		E 105°23′13.9″ N 31°02′48.1″	93
						2	20—27	红棕紫色	中壤土	块状	8.1	5.0	0.51	1.05	2.9				18.1			
						3	27—58	棕紫色	重壤土	块状	8.1	4.1	0.39	0.92	3.0				21.1			
剖15	人为土	水稻土	紫色土性水稻土	浅棕紫泥水稻土	紫泥田	1	0—18	浅棕黄色	轻砾中壤土	粒状	7.8	9.1	0.75	0.66	2.9	52	3.0	64	13.6	砂泥岩风化残积物、坡积物	E 105°19′16.0″ N 31°00′49.7″	82
						2	18—28	棕黄色	轻砾土	小块状	8.0	10.6	0.69	0.60	2.8				14.3			
						3	28—100	紫黄色	中壤土	块状	8.0	11.6	0.38	0.67	2.8				14.1			
剖16	初育土	紫色土	石灰性紫色土	浅棕紫泥土	紫砂黄泥土	1	0—18	紫黄色	轻砾中壤土	块状	8.0	8.6	0.68	1.00	2.9	59	9.0	87	16.8		E 105°21′23.4″ N 31°00′29.2″	99
						2	18—28	棕黄色	轻砾土	棱片状	8.0	7.2	0.58	0.85	2.9				16.0			
						3	28—100	棕黄色	轻砾重壤土	棱块状	7.9	3.8	0.44	0.42	3.5				19.7			

续表 Continued

剖面号 Soil profile	土纲 Soil order	土类 Soil great group	亚类 Soil subgroup	土属 Soil genus	土种 Soil species	土层码 Layer code	土层厚度 Depth/cm	颜色 Soil color	质地 Soil texture	土壤结构 Soil structure	pH	有机质 OM/(g/kg)	全氮 TN/(g/kg)	全磷 TP/(g/kg)	全钾 TK/(g/kg)	碱解氮 AN/(mg/kg)	有效磷 AP/(mg/kg)	速效钾 AK/(mg/kg)	阳离子交换量CEC/(cmol/kg)	土壤母质 Parent material	剖面点坐标 Profile coordinate	匹配指数 Matching index,%
剖17	半水成土	潮土	潮土	紫色潮土	紫潮砂土	1	0—22	浅黄棕色	轻壤土	粒状	8.2	4.6	0.44	0.61	2.3	41	2.0	39	17.5		E 105°25′15.6″ N 31°00′25.9″	79
						2	22—80	浅黄棕色	轻砾中壤土	小块状	8.2	4.9	0.54	0.67	2.4				21.3			
剖18	半水成土	潮土	潮土	紫潮土	紫潮夹砂土	1	0—16	浅紫棕色	中壤土	粒状	8.1	10.0	0.66	0.79	2.6	56	4.0	84	12.9		E 105°23′49.9″ N 31°00′22.0″	93
						2	16—27	浅紫棕色	中壤土	块状	8.2	6.7	0.41	0.69	2.4				11.0			
						3	27—70	灰紫棕色	中壤土	块状	8.2	4.8	0.40	0.54	2.3				11.0			
剖19	人为土	水稻土	黄壤性水稻土	卵石黄泥田	卵石夹砂黄泥田	1	0—13	棕黄色	轻壤土	小块状	8.0	13.5	1.02	0.87	3.2	74	3.0	110	23.0	第四纪老冲积物	E 105°21′42.1″ N 30°59′13.2″	86
						2	13—23	棕色	轻砾中壤土	块状	8.0	11.6	0.92	0.67	2.5				14.0			
						3	23—98	黄色	中壤土	核柱状	7.4	4.2	0.52	0.31	2.4				14.6			
剖20	铁铝土	黄壤	黄壤	姜石黄泥土	姜石黄泥土	1	0—10	灰黄色	重壤土	块状	8.0	17.3	1.03	1.34	2.3	86	8.0	115	22.3		E 105°16′53.8″ N 30°58′46.9″	99
						2	10—15	棕黄色	中砾重黏土	块状	8.1	16.0	1.03	1.29	2.3				24.6			
						3	15—100	黄色	中砾中黏土	大块状	8.0	5.4	0.34	0.33	1.9				27.4			
剖21	铁铝土	黄壤	黄壤	卵石黄泥田	卵石黄泥土	1	0—10	黄棕色	中砾重黏土	块状	7.8	7.8	0.71	0.70	2.6	51	8.0	111	16.1		E 105°18′41.8″ N 30°57′29.5″	78
						2	10—19	棕黄色	中砾中壤土	块状	8.1	6.2	0.58	0.48	2.6				15.2			
						3	19—100	黄色	中砾重黏土	块状	7.9	4.1	0.46	0.30	2.5				17.8			
剖22	人为土	水稻土	黄壤性水稻土	卵石黄泥田	卵石黄泥田	1	0—14	灰黄色	中砾重壤土	小块状	7.3	14.7	0.99	0.73	2.7	64	3.0	113	17.5	第四纪老冲积物	E 105°19′11.3″ N 30°57′24.5″	78
						2	14—23	浅黄棕色	轻砾重黏土	块状	7.6	13.2	0.94	0.75	2.9				19.4			
						3	23—73	黄棕色	中砾重黏土	大块状	7.7	10.2	0.78	0.60	2.4				24.8			
剖23	人为土	水稻土	紫色土性水稻土	浅棕紫泥水稻土	紫油田	1	0—20	棕黄色	轻砾轻壤土	粒状	8.1	10.6	0.67	0.98	3.0	49	4.0	102	14.8	砂泥岩风化残积物、坡积物	E 105°23′44.9″ N 30°57′06.1″	92
						2	20—30	棕黄色	轻砾中壤土	小块状	8.3	8.6	0.55	0.74	3.1				11.9			
						3	30—100	黄色	轻砾中壤土	块状	8.0	6.5	0.47	0.66	2.3				17.7			
剖24	半水成土	潮土	潮土	灰棕潮泥土	夹黄泥土	1	0—21	灰黄色	轻壤土	粒状	7.8	8.3	0.69	0.95	2.3	42	6.0	87	13.1	冲积物	E 105°22′22.7″ N 30°54′08.7″	83
						2	21—30	浅灰黄色	中壤土	块状	7.8	7.3	0.59	0.73	2.4				13.0			
						3	30—100	黄色	重壤土	块状	7.5	5.8	0.53	0.45	2.4				13.3			
剖25	初育土	紫色土	石灰性紫色土	棕紫泥土	夹砂泥土	1	0—18	棕色	中壤土	粒状	8.0	10.4	0.79	1.28	2.7	58	4.0	99	19.9		E 105°25′23.0″ N 30°52′15.5″	86
						2	18—28	棕黄色	砂质壤土	小块状	8.1	8.7	0.63	1.22	2.7				19.4			
						3	28—100	紫棕色	砂质壤土	粒状	8.2	6.0	0.43	1.09	2.8				19.8			
剖26	初育土	紫色土	石灰性紫色土	灰棕潮泥土	潮砂泥土	1	0—20	暗灰棕色	轻砾中壤土	粒状	8.0	11.6	0.91	1.49	2.6	60	2.0	48	9.6	冲积物	E 105°22′53.0″ N 30°51′53.5″	87
						2	21—30	灰棕色	轻砾中壤土	粒状	8.1	9.4	0.76	1.43	2.6				9.4			
						3	30—100	灰黄色	中壤土	小块状	8.3	4.1	0.46	1.01	2.7				9.6			
剖27	半水成土	潮土	潮土	灰棕潮泥土	瘦砂土	1	0—12	灰棕色	轻砾轻壤土	粒状	8.1	6.4	0.62	0.87	2.4	35	3.0	84	15.9		E 105°15′12.6″ N 30°51′42.8″	72
						2	12—30	灰棕色	砂质壤土	粒状	8.3	4.5	0.32	0.70	2.7				15.5			
剖28	半水成土	潮土	潮土	灰棕潮泥土	潮砂泥土	1	0—19	灰棕色	重壤土	块状	7.9	13.2	0.90	1.78	2.7	64	9.0	74	10.4	冲积物	E 105°24′22.2″ N 30°51′22.6″	77
						2	19—29	浅灰棕色	中壤土	块状	7.9	12.0	0.85	1.74	2.7				10.1			
						3	29—100	灰棕色	中壤土	块状	8.2	8.4	0.75	1.65	2.7				7.2			
剖29	初育土	紫色土	石灰性紫色土	钙质紫泥土	棕紫泥土	A₁₁	0—18	油红棕色	轻砾中壤土	屑粒状	8.1	6.4	0.62	0.87	2.7	35	3.0	84	15.9	紫色砂岩风化物	E 105°26′18.8″ N 30°51′07.8″	89
						2	18—40	油红棕色	砂质壤土	屑粒状	8.1	4.5	0.32	0.70	2.4				15.5			
剖30	半水成土	潮土	潮土	灰棕潮泥土	潮泥土	1	0—18	灰棕色	轻砾中壤土	团粒状	7.7	16.1	1.15	1.24	3.0	77	10.0	102	23.1	冲积物	E 105°25′22.1″ N 30°50′49.2″	83
						2	18—27	浅灰棕色	中壤土	块状	8.0	14.1	0.95	1.20	2.9				23.6			
						3	27—100	灰黄棕色	重壤土	小块状	8.1	7.7	0.68	0.88	3.2							
剖31	初育土	紫色土	石灰性紫色土	浅棕紫泥土	棕紫泥土	1	0—18	紫棕色	中壤土	小块状	8.1	11.5	0.78	1.16	3.1	55	3.0	116	17.7		E 105°19′21.7″ N 30°50′47.8″	91
						2	18—26	紫棕色	中壤土	粒状	8.2	8.7	0.62	1.10	3.1				17.9			
						3	26—46	浅棕色	中壤土	块状	8.3	6.7	0.49	0.97	3.1				25.4			
剖32	半水成土	潮土	潮土	紫潮土	紫潮泥土	1	0—17	浅紫棕色	中壤土	团粒状	7.9	13.1	1.11	1.27	3.1	84	10.0	319	19.6	冲积物	E 105°29′28.7″ N 30°50′07.1″	93
						2	17—24	浅紫棕色	中壤土	小棱块状	8.0	11.2	1.16	1.16	3.1				18.0			
						3	24—46	紫紫棕色	重壤土	小块状	8.0	8.9	0.93	0.93	3.0				18.5			

续表 Continued

剖面号 Soil profile	土纲 Soil order	土类 Soil great group	亚类 Soil subgroup	土属 Soil genus	土种 Soil species	土层码 Layer code	土层厚度 Depth/cm	颜色 Soil color	质地 Soil texture	土壤结构 Soil structure	pH	有机质 OM/(g/kg)	全氮 TN/(g/kg)	全磷 TP/(g/kg)	全钾 TK/(g/kg)	碱解氮 AN/(mg/kg)	有效磷 AP/(mg/kg)	速效钾 AK/(mg/kg)	阳离子交换量CEC/(cmol/kg)	土壤母质 Parent material	剖面点坐标 Profile coordinate	匹配指数 Matching index/%
剖33	人为土	水稻土	紫色土性水稻土	浅棕紫泥水稻土	冷浸田	1	0—26	灰棕色	轻砾中壤土	微粒状	8.0	22.0	1.52	0.43	2.9	110	3.0	84	22.5	砂泥岩风化残积物、坡积物	E 105°34′55.6″ N 30°57′18.0″	86
						2	26—50	青灰色	轻砾中壤土	无明显结构	7.9	30.5	1.35	0.62	3.0				19.8			
						3	50—85	蓝灰色	轻砾中壤土	微粒状	8.0	27.1	1.06	0.42	2.8				20.0			
剖34	初育土	紫色土	石灰性紫色土	钙紫砂泥土	棕紫砂泥	A_{11}	0—18	油红棕色	黏壤土	粒状	8.1	11.0	0.76	0.91	2.9	68	3.0	92	20.0	砂岩、泥岩风化残积物、坡积物	E 105°38′37.8″ N 30°56′52.0″	97
						AC	18—40	油橙色	黏壤土	块状	8.3	8.3	0.45	0.86	3.0		3.0	75	19.8			
						C	40—80	油橙色	黏壤土	块状	8.1	9.0	0.40	0.95	2.9				19.7			
剖35	人为土	水稻土	紫色土性水稻土	棕紫泥水稻土	深烂田	1	0—26	蓝灰色	轻砾重壤土	微团结构	8.0	27.2	1.77	1.08	2.9	124	3.0	113	22.6	紫红色砂泥岩风化残积物、坡积物	E 105°33′06.1″ N 30°54′49.3″	78
						2	26—75	青灰色	重壤土	无明显结构	8.0	27.9	1.51	0.98	2.8				23.3			
						3	75—100	蓝灰色	重壤土	棱柱状	7.9	31.9	1.60	0.91	2.7				22.8			
剖36	初育土	紫色土	石灰性紫色土	棕紫泥土	紫黄泥土	1	0—15	浅黄棕色	轻砾重壤土	小块状	8.0	13.2	0.89	1.26	3.1	77	6.0	158	21.0		E 105°32′12.8″ N 30°53′26.9″	71
						2	15—25	暗黄棕色	轻砾重壤土	小块状	8.1	9.9	0.78	1.11	3.1				20.4			
						3	25—80	暗黄棕色	轻砾重壤土	小棱块状	8.1	8.6	0.59	0.98	2.9				20.0			
剖37	人为土	水稻土	紫色土性水稻土	棕紫泥水稻土	紫黄泥田	1	0—12	灰黄色	轻砾轻黏土	小块状	8.0	14.7	1.05	0.93	3.2	69	10.0	78	21.0	紫红色砂泥岩风化残积物、坡积物	E 105°33′35.3″ N 30°51′52.9″	96
						2	12—19	黄棕色	轻砾轻黏土	棱柱状	8.2	12.6	0.91	0.91	3.2				21.5			
						3	19—100	黄棕色	轻砾轻黏土	块状	8.3	8.3	0.73	0.79	3.2				24.6			
剖38	初育土	紫色土	石灰土性水稻土	棕紫泥水稻土	大泥土	1	0—16	棕紫色	重壤土	块状	8.2	12.3	0.93	1.14	3.0	38	22.0	148	23.1		E 105°31′53.0″ N 30°51′40.3″	82
						2	16—25	棕紫色	重壤土	块状	8.4	10.7	0.75	1.30	3.0				22.7			
						3	25—80	棕紫色	重壤土	块状	8.4	7.2	0.54	1.76	3.1				21.9			
剖39	人为土	水稻土	紫色土性水稻土	棕紫泥水稻土	大泥田	1	0—20	暗棕紫色	重壤土	粒状	7.8	18.5	1.15	1.32	3.1	83	6.0	80	21.8	紫红色砂泥岩风化残积物、坡积物	E 105°28′36.1″ N 30°47′07.8″	84
						2	20—28	暗棕紫色	重壤土	整体状	7.9	16.9	1.00	1.04	3.0				21.8			
						3	28—65	灰棕紫色	重壤土	棱柱状	8.0	16.8	1.04	1.16	3.2				21.4			
剖40	铁铝土	黄壤	黄壤	卵石黄泥土	卵石夹砂黄泥土	1	0—15	暗棕黄色	重壤土	块状	8.0	8.2	0.60	0.74	2.9	46	2.0	61	27.1		E 105°26′16.8″ N 30°45′02.5″	89
						2	15—22	浅棕黄色	重壤土	块状	8.1	7.8	0.51	0.71	2.5				23.1			
						3	22—60	棕黄色	重壤土	块状	8.2	9.6	0.62	0.36	2.5				24.5			
剖41	半水成土	潮土	潮土	灰棕潮土	潮砂土	1	0—18	暗棕黄色	砂壤土	单粒状	8.2	13.5	1.17	1.71	2.9	62	7.0	51	8.9	冲积物	E 105°24′46.1″ N 30°42′22.7″	100
						2	18—28	黄灰棕色	砂壤土	单粒状	8.3	5.0	0.66	1.22	3.0				8.0			
						3	28—64	黄灰棕色	中壤土	小块状	8.2	6.8	0.42	1.29	2.5				8.6			
剖42	初育土	紫色土	石灰性紫色土	棕紫泥土	红石骨子土	1	0—15	紫棕色	轻砾中壤土	粒状	8.2	5.9	0.45	1.98	3.2	37	14.0	126	24.9	紫红色砂泥岩	E 105°20′14.6″ N 30°40′16.0″	94
						2	15—50	紫棕色	轻砾中壤土	块状	8.2	6.0	0.35	1.43	3.3				21.2			
剖43	人为土	水稻土	紫色土性水稻土	棕紫泥水稻土	夹砂泥田	1	0—18	紫棕色	重壤土	团粒状	7.9	11.9	0.94	1.23	2.9	74	18.0	104	18.3	紫红色砂泥岩风化残积物、坡积物	E 105°19′58.4″ N 30°39′51.1″	70
						2	18—27	紫棕色	重壤土	小块状	7.9	14.1	0.92	1.22	2.8				17.8			
						3	27—60	紫棕色	重壤土	柱状	8.1	10.2	0.81	1.12	2.8				16.1			

内 江 市

市 辖 区

主要土类说明

紫色土是内江市的主要土壤类型，占本市地域面积的72%。紫色土是由热带、亚热带紫红色岩层直接风化形成的A-C型土壤。其理化性质与母岩组成直接相关，土层浅薄，剖面层次发育不明显，仍处于初育阶段。母岩富含矿质养分，且风化迅速。

水稻土是内江市第二大土壤类型，占本市地域面积的27%。水稻土是在长期季节性淹灌、水下翻耕、季节性脱水、氧化还原交替影响下，原来成土母质或母土的特性发生重大改变，形成的新的土壤类型。由于干湿交替，水稻土形成糊状淹育层、较坚实板结的犁底层、渗育层、潴育层与潜育层等多种发生层段是在人为耕作、水浆管理下形成的。

本区域中心区气候特征

本区域中心区气候特征值
Regional climate characteristics in central area of the region

气候带：中亚热带湿润气候 Climate region: Subtropical humid climate	
年平均气温 /℃ Annual average temperature /℃	17.9
年平均最高气温 /℃ Annual average maximum temperature /℃	21.6
年平均最低气温 /℃ Annual average minimum temperature /℃	15.3
年降水量 /mm Annual precipitation /mm	1020
≥10℃的积温 /℃ Daily temperature accumulated in a year (≥10℃) /℃	8886
年日照时数 /h Annual sunshine /h	1006
年平均相对湿度 /% Annual average relative humidity /%	82
干燥度 Dryness	1.07

本区域中心区月平均气温与月平均降水量
Monthly temperature and precipitation in central area of the region

内江市市辖区主要土壤类型与土壤剖面点分布图

1∶210 000

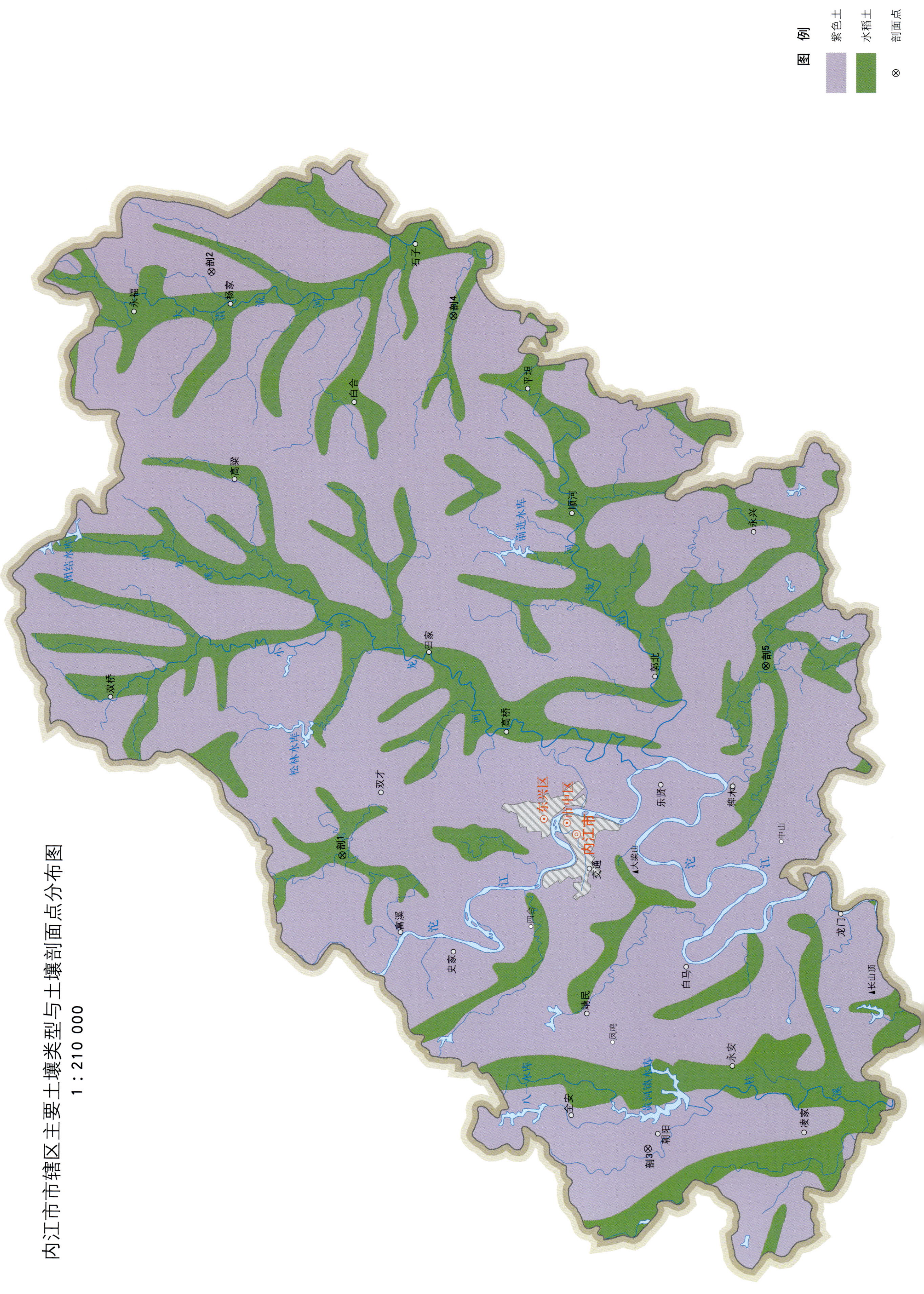

内江市土壤剖面理化性状表

剖面号 Soil profile	土纲 Soil order	土类 Soil great group	亚类 Soil subgroup	土属 Soil genus	土种 Soil species	土层码 Layer code	土层厚度 Depth/cm	颜色 Soil color	质地 Soil texture	土壤结构 Soil structure	pH	有机质 OM/(g/kg)	全氮 TN/(g/kg)	全磷 TP/(g/kg)	全钾 TK/(g/kg)	碱解氮 AN/(mg/kg)	有效磷 AP/(mg/kg)	速效钾 AK/(mg/kg)	阳离子交换量CEC/(cmol/kg)	土壤母质 Parent material	剖面点坐标 Profile coordinate	匹配指数 Matching index/%
剖1	人为土	水稻土	淹育水稻土	紫潮田	紫潮砂泥田	A	0—20	浅棕紫色	重壤土	粒状	7.4	1.9	0.10	0.03	1.8	60	7.0	69	16.0		E 105°02′41.6″ N 29°41′40.2″	98
						Pb	20—30	棕紫色	重壤土	块状	7.4	2.0	0.11	0.04	1.9	67	12.0	76				
						Wa₁b₁	30—80	棕紫色	重壤土	大棱柱状	6.9	1.8	0.10	0.03	2.7	78		57				
剖2	初育土	紫色土	石灰性紫色土	棕紫泥土	夹黄泥土	A	0—23	紫黄色	重壤土	块状	7.2	0.8	0.06	0.03	1.7	46	9.0	136	28.7		E 105°21′37.8″ N 29°45′25.9″	72
						B₁	23—63	紫黄色	轻黏土	大棱柱状	6.6	0.5	0.04	0.01		34						
						B₂	63—100	浅黄橙色	中壤土	大棱柱状	6.6	0.3	0.03	0.01		35						
剖3	初育土	紫色土	中性紫色土	灰棕紫泥土	紫黄泥土	A	0—18	浅黄棕色	重壤土	块状	6.3	1.9	0.16	0.03	1.6	64	6.0	59	16.6		E 104°53′19.2″ N 29°32′56.3″	83
						B₁	18—40	黄棕色	重壤土	小棱柱状	5.8	1.3	0.07	0.02		53						
						B₂	40—100	黄棕白色	重壤土	大棱柱状	6.1	1.7	0.05	0.01		38						
剖4	人为土	水稻土	渗育水稻土	渗潮泥砂田	内家紫砂泥田	Aa	0—17	油红棕色	黏壤土	粒状	7.9	32.4	1.48	0.54	2.1	120	4.0	105	22.3	冲积物	E 105°20′11.8″ N 29°38′34.1″	100
						Ap	17—27	油橙色	黏壤土	块状	7.9	26.1	1.14	0.51	2.2	77	4.0	40				
						P	27—80	油橙色	黏壤土	小棱块状	7.9	5.7	0.47	0.25	2.2	42	1.0	22				
剖5	人为土	水稻土	淹育水稻土	紫潮田	紫潮泥田	A	0—17	灰棕紫色	轻黏土	粒状	7.9	3.2	0.15	0.12	2.6	120	9.0	127	32.3		E 105°08′53.7″ N 29°29′40.5″	93
						Pb	17—40	棕紫色	轻黏土	大棱柱状	7.9	2.6	0.11	0.12	2.6	77	9.0	48				
						Wa₁b₁	40—80	棕紫色	中黏土	小棱柱状	7.9	0.6	0.05	0.06	2.6	42	2.0	27				

威 远 县

主要土类说明

黄壤是威远县的主要土壤类型，占本县地域面积的43%，多见于海拔700—1200m的山区。黄壤发生于低温、高湿条件下，深度化学风化，富含游离铁、铝。土壤有机质含量较多，具O-A-AB-B-C剖面构型。pH为4.5—5.5。淀积层（B层）富含水合氧化物（针铁矿），呈黄色。本县黄壤只有黄壤一个亚类。

水稻土是威远县第二大土壤类型，占本县地域面积的28%，分布在丘陵坡腰、坡脚冲沟、溪河沿岸阶地和低山区的槽谷及平缓的山坡上。水稻土是在淹水种稻的条件下发育而成的一种特殊土壤，它既受成土母质及自然成土过程的影响，也受人为灌溉、施肥、复种轮作等耕作活动的深刻影响，在水耕熟化过程中，土壤稳水、保肥、保温能力增强，抗御自然灾害能力大大提高。由于干湿交替，水稻土形成糊状淹育层、较坚实板结的犁底层、渗育层、潴育层与潜育层等多种发生层分异。全县水稻土分为冲积性水稻土、紫色土性水稻土、黄壤性水稻土等亚类。

紫色土是威远县第三大土壤类型，占本县地域面积的27%，主要分布在龙会、新店、镇西等地，地处浅丘，海拔280—400m。本县紫色土是由热带、亚热带紫红色岩层直接风化形成的A-C型土壤。其理化性质与母岩组成直接相关，土层浅薄，剖面层次发育不明显，仍处于初育阶段。母岩富含矿质养分，且风化迅速。成土母质为各种岩石风化发育而成。成土过程以物理风化为主，紫色土处于幼年土阶段，矿质养分含量丰富，特别是钾素含量尤多，土壤颜色变化不大，大多近似母岩颜色，除部分砂岩上发育的土壤偏酸外，多为中性。

小于本县地域面积3%的土壤类型还有潮土等。

本区域中心区气候特征

本区域中心区气候特征值
Regional climate characteristics in central area of the region

气候带：中亚热带湿润气候 Climate region: Subtropical humid climate	
年平均气温 /℃ Annual average temperature /℃	17.5
年平均最高气温 /℃ Annual average maximum temperature /℃	21.4
年平均最低气温 /℃ Annual average minimum temperature /℃	14.8
年降水量 /mm Annual precipitation /mm	1002
≥10℃的积温 /℃ Daily temperature accumulated in a year（≥10℃）/℃	9222
年日照时数 /h Annual sunshine /h	1041
年平均相对湿度 /% Annual average relative humidity /%	82
干燥度 Dryness	1.09

本区域中心区月平均气温与月平均降水量
Monthly temperature and precipitation in central area of the region

威远县主要土壤类型与土壤剖面点分布图

1∶220 000

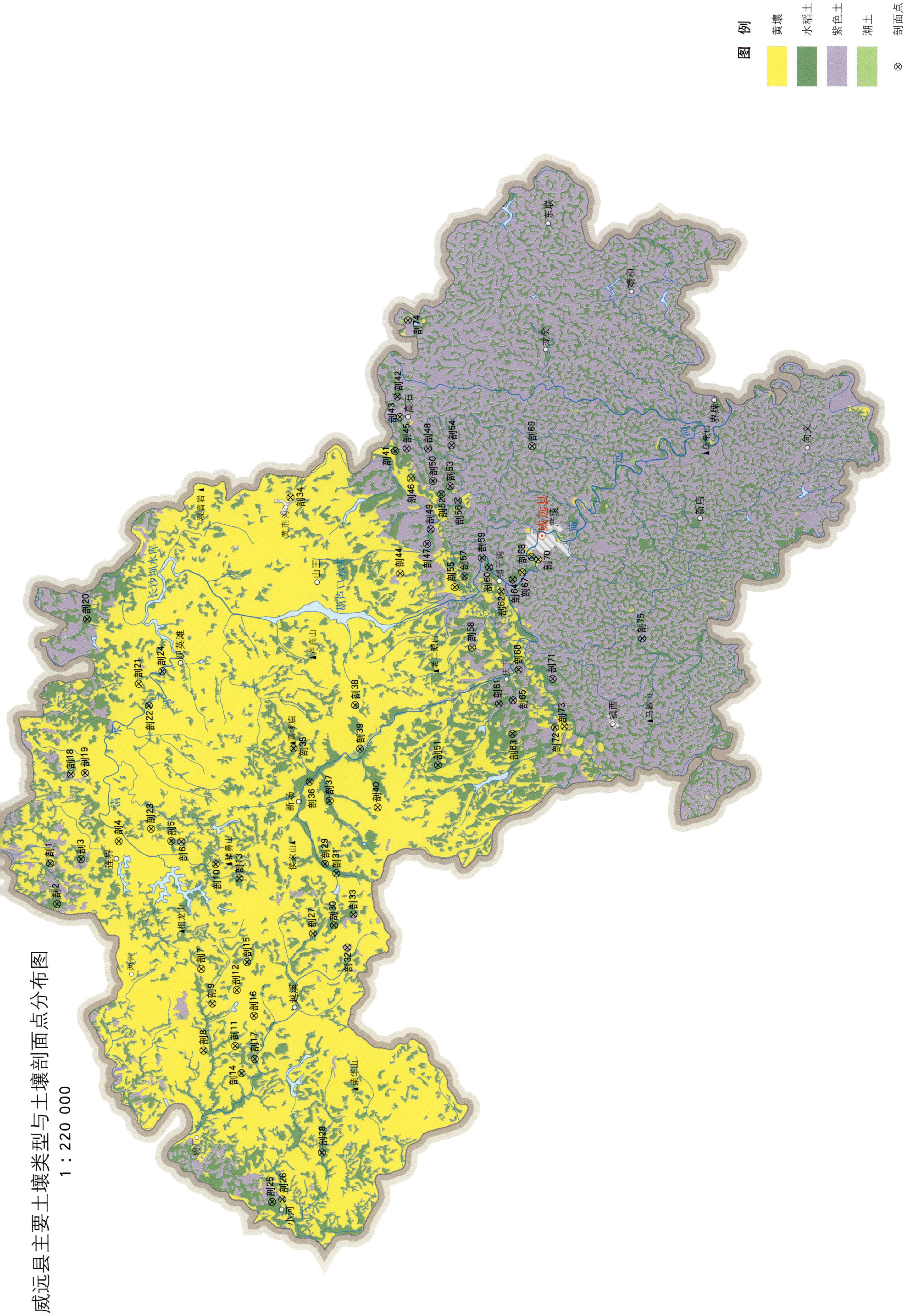

图例：黄壤　水稻土　紫色土　潮土　⊗ 剖面点

威远县土壤剖面理化性状表

剖面号 Soil profile	土纲 Soil order	土类 Soil great group	亚类 Soil subgroup	土属 Soil genus	土种 Soil species	土层码 Layer code	土层厚度 Depth/cm	颜色 Soil color	质地 Soil texture	土壤结构 Soil structure	pH	有机质 OM/(g/kg)	全氮 TN/(g/kg)	全磷 TP/(g/kg)	全钾 TK/(g/kg)	阳离子交换量 CEC/(cmol/kg)	土壤母质 Parent material	剖面点坐标 Profile coordinate	匹配指数 Matching index/%
剖1	初育土	紫色土	中性紫色土	灰棕紫泥土	大眼泥土	A	0–25	灰棕色	重黏土	团块状	7.7	8.3	0.82	1.01	3.6	25.2		E 104°28′50.2″ N 29°46′12.4″	81
剖2	人为土	水稻土	紫色土性水稻土	灰棕紫色水稻土	冷浸烂泥田	2	25–90	褐紫色	重黏土	块状	7.9	7.9	0.81	0.87	3.3	36.4		E 104°27′27.8″ N 29°46′00.3″	97
						A	0–20	灰棕色	轻黏土	散状	7.9	27.5	1.85	1.32	2.5				
剖3	人为土	水稻土	紫色土性水稻土	暗紫泥田	冷浸烂泥田	G	20–100	暗棕紫色	轻黏土	整体状	8.0	30.1	1.74	1.46	2.1	6.6		E 104°28′58.8″ N 29°45′18.0″	75
						1	0–30	灰紫色	中壤土	整体状	6.5	16.9	1.26	0.92	1.7				
剖4	铁铝土	黄壤		冷砂黄泥土	冷砂土	P	30–80	浅紫色	重黏土	棱块状	6.3	17.4	1.14	0.90	1.8	4.4		E 104°28′35.2″ N 29°44′11.0″	84
						A	0–20	黄色	砂壤土	粒状	5.7	13.6	0.82	1.08	3.2				
剖5	水稻土		黄壤性水稻土	矿子黄泥田	鸭尿泥田	A	0–21	灰黑色	重黏土	整体状	7.8	26.4	1.87	0.94	4.1			E 104°29′35.5″ N 29°42′37.8″	92
						G	21–62	灰黑色	中黏土	整体状	7.5	25.5	1.58	1.05	4.1				
						A	0–18	红棕色	轻黏土	小块状	8.3	16.8	1.34	1.66	2.3	39.2	厚泥岩、薄层石英粉砂岩	E 104°29′34.4″ N 29°42′19.8″	75
剖6	初育土	紫色土	石灰性紫色土	红棕紫泥土	紫泥土	2	18–25	红棕色	中黏土	棱柱状	8.0	15.2	1.19	1.55	2.7				
						3	25–70	黄棕色	中壤土	大棱柱状	8.3	9.2	0.85	1.54	2.4				
剖7	铁铝土	黄壤		冷砂黄泥土	黄砂土	A	0–23	黄色	紧砂土	粒状	5.6	15.5	1.13	0.87	1.7	0.6		E 104°25′17.0″ N 29°41′44.5″	71
						2	23–60	黄色	紧砂土	粒状	5.8	14.3	0.99	0.83	1.9				
剖8	铁铝土	黄壤		冷砂黄泥土	黄砂泥土	A	0–25	灰黄色	轻黏土	团粒状	5.7	17.3	9.60	0.73	3.8	17.8		E 104°22′34.0″ N 29°41′40.6″	88
						2	25–40	黄色	轻黏土	板状	6.0	15.0	9.10	0.62	3.9				
						3	40–65	黄色	轻黏土	棱柱状	5.8	12.7	8.00	0.53	3.8				
						A	0–17	灰黄色	紧砂土	粒状	8.0	16.6	1.11	0.99	2.3	6.1			
剖9	铁铝土	黄壤		冷砂黄泥土	石渣子土	2	17–30	灰黄色	紧砂土	粒状、小块状	8.2	15.4	1.00	0.81	2.6				90
						3	30–50	黄色			8.3	10.6	0.98	0.76	2.7				
剖10	人为土	水稻土	冲积型水稻土	紫色冲积水稻土	大眼泥田	A	0–24	棕黄色	砂壤土	粒状	6.6	29.7	0.50	1.95	2.2	33.6		E 104°24′49.1″ N 29°41′19.3″	77
						2	24–47	紫色	中壤土	块状	6.7	28.8	1.27	1.60	2.1				
						W	47–100	紫色	重壤土	大棱柱状	6.7	26.3	1.40	1.51	1.8				
剖11	铁铝土	黄壤	黄壤性水稻土	冷砂黄泥土	冷砂泥田	A	0–19	灰黄色	轻壤土	粒状、小块状	5.8	22.3	1.46	0.77	4.3	5.6		E 104°22′43.0″ N 29°40′44.0″	75
						2	19–33	黄色	轻壤土	板状	5.7	22.8	1.38	0.73	4.3				
						W	33–95	黄色	轻壤土	大块状	6.0	15.0	1.29	0.72	3.5				
剖12	铁铝土	黄壤	黄壤性水稻土	老冲积黄泥田	卵石黄泥田	A	0–21	灰黄色	紧砂土	小块状	6.7	15.9	1.11	0.81	1.7	6.6	第四纪老冲积沉积物	E 104°24′34.9″ N 29°40′41.2″	91
						2	21–34	浅黄色	砂壤土	小棱柱状	6.8	13.4	0.90	0.73	1.5				
						3	34–100	紫黄色	中壤土	小块状	7.0	8.7	0.67	0.59	1.5				
剖13	人为土	水稻土	黄壤性水稻土	矿子黄泥田	死黄泥田	A	0–18	灰黄色	重壤土	块状	7.2	11.6	0.90	1.13	3.1	21.0		E 104°28′19.9″ N 29°40′36.8″	83
						P	18–65	黄色	轻黏土	棱柱状	7.5	10.6	0.81	1.02	3.3				
						W	65–100	浅黄色	重黏土	棱柱状	7.0	9.7	0.79	0.90	3.3				
剖14	人为土	水稻土	黄壤性水稻土	老冲积黄泥田	小黄泥田	A	0–21	棕黄色	中壤土	粒状、小块状	5.6	19.1	1.25	0.66	2.7	9.6	第四纪冲积物	E 104°21′48.6″ N 29°40′32.9″	75
						2	21–34	黄色	轻壤土	板状	5.5	9.6	1.16	0.46	2.4				
						W	34–100	棕黄色	轻壤土	小块状	5.0	19.2	1.10	0.43	1.5				
剖15	水稻土		黄壤性水稻土	冷砂黄泥田	鸭尿泥田	A	0–15	灰黄色	砂壤土	小块状	5.7	18.7	1.47	0.80	3.1	4.2		E 104°25′30.4″ N 29°40′23.2″	75
						W	15–50	黄白色	中壤土	棱柱状	5.7	15.0	1.22	0.93	2.4				
剖16	铁铝土	黄壤	黄壤	冷砂黄泥土	扁砂土	A	0–15	棕黄色	中砾紧砂土	粒状	5.6	11.2	0.94	1.10	2.8	6.7		E 104°23′43.4″ N 29°40′10.9″	96
						2	15–25	浅黄色	多砾紧砂土	块状	5.4	6.8	0.84	0.83	2.9				
剖17	铁铝土	黄壤	黄壤	矿子黄泥土	黄泥土	A	0–22	棕黄色	轻黏土	团块状	8.1	17.4	1.48	1.05	4.1	25.2		E 104°22′16.7″ N 29°40′09.8″	100
						2	22–35	灰黄色	轻黏土	板状	8.0	13.4	1.36	0.80	4.3				
						3	35–100	灰黄色	重黏土	块状	7.9	11.5	1.48	0.83	3.4				

续表 Continued

剖面号 Soil profile	土纲 Soil order	土类 Soil great group	亚类 Soil subgroup	土属 Soil genus	土种 Soil species	土层码 Layer code	土层厚度 Depth/cm	颜色 Soil color	质地 Soil texture	土壤结构 Soil structure	pH	有机质 OM/(g/kg)	全氮 TN/(g/kg)	全磷 TP/(g/kg)	全钾 TK/(g/kg)	阳离子交换量 CEC/(cmol/kg)	土壤母质 Parent material	剖面点坐标 Profile coordinate	匹配指数 Matching index/%
剖18	初育土	紫色土	石灰性紫色土	红棕紫泥土	红石骨子土	A	0—20	红棕紫色	砂壤土	粒状	8.4	21.9	0.69	0.60	2.2			E 104°31′50.9″ N 29°45′36.0″	83
剖19	初育土	紫色土	石灰性紫色土	红棕紫泥土	大泥土	D	20—				8.3	13.7	1.16	1.60	2.1	36.4	厚泥岩、薄层石英粉砂岩	E 104°31′53.8″ N 29°45′11.2″	87
						A	0—20	红棕紫色	轻黏土	小块状	8.2	11.6	0.96	1.57	2.5				
						2	20—35	红棕紫色	轻黏土	块状	8.2	7.4	0.72	1.13	2.7				
						3	35—100	红棕紫色	轻黏土	梭柱状									
剖20	人为土	水稻土	紫色土性水稻土	暗紫紫泥土	二泥田	A	0—22	暗紫色	重壤土	粒状	6.2	15.7	1.31	0.80	1.6	15.0		E 104°37′04.1″ N 29°45′07.6″	90
						2	22—40	暗紫色	中壤土	扁块状	6.2	19.9	1.46	0.66	2.3				
						W	40—100	暗紫色	中壤土	小块状	6.2	9.6	0.86	0.67	2.5				
剖21	铁铝土	黄壤	黄壤	老冲积黄泥土	黄泥土	A	0—23	浅黄黄色	中壤土	粒状、小块状	7.1	14.7	1.10	0.71	2.1	8.2	第四纪老冲积冰川沉积物	E 104°34′53.8″ N 29°43′35.8″	96
						2	23—37	黄色	紧砂土	柱状	6.1	14.3	0.86	0.58	2.5				
						3	37—91	黄色	紧砂土	柱状	6.2	14.6	0.46	0.32	1.6				
剖22	人为土	水稻土	黄壤性水稻土	矿子黄泥田	矿子黄泥田	A	0—26	灰黄色	重壤土	小块状	7.8	27.3	1.90	1.19	3.1	21.0		E 104°34′09.5″ N 29°43′17.8″	79
						2	26—35	黄黄色	轻黏土	梭柱状	8.0	21.8	1.63	1.03	3.3				
						P	35—95	浅黄色	轻黏土	梭柱状	7.8	12.3	0.99	0.95	3.5				
剖23	铁铝土	黄壤	黄壤	冷砂黄泥土	森林土	1	0—1	黄色	砂壤土	粒状	5.2	23.5	1.36	0.43	2.6	0.9	厚泥岩夹泥岩风化残积物、坡积物	E 104°34′53.8″ N 29°43′13.8″	71
						2	1—6	黄褐色	紧砂土	粒状	5.2	9.7	0.72	0.39	2.7	0.7			
						3	6—35	黄褐色	紧砂土	粒状	5.4	6.0	0.60	0.39	2.9				
						c	35—50	黄色	松砂土	无明显结构	5.6	2.5	0.39	0.74					
剖24	半水成土	潮土	潮土	黄色潮土	潮砂土	D	50—	黄褐色											
						A	0—18	黄棕色	中壤土	团粒状	7.1	38.4	1.41	1.11	1.8	28.0	河流冲积物	E 104°35′19.7″ N 29°42′54.0″	80
						2	18—100	灰黄色	中壤土	块状	7.0	30.6	1.02	0.70	1.9				
剖25	人为土	水稻土	紫色土性水稻土	暗紫紫泥土	黄砂泥田	A	0—19	灰黄色	中壤土	粒状	6.7	20.3	1.39	0.76	2.4	10.1		E 104°17′30.8″ N 29°39′38.9″	82
						2	19—38	浅黄色	中壤土	块状	6.9	17.8	1.24	0.69	2.6				
						W	38—70	灰黄色	轻壤土	梭柱状	7.3	7.8	7.80	4.90	2.3				
剖26	人为土	水稻土	黄壤性水稻土	冷砂黄泥田	麻枯田	A	0—20	灰黄色	中壤土	小块状	6.3	26.2	1.65	0.96	2.3	6.6		E 104°17′35.9″ N 29°39′20.9″	77
						2	20—31	黑黑色	中壤土	板状	6.4	24.7	1.70	0.75	2.6				
						P	31—100	黑色	中壤土	梭柱状	6.9	14.2	1.40	0.67	2.2				
剖27	铁铝土	黄壤	黄壤	黄色潮土	黄砂泥田	A	0—20	黄棕色	多砾中壤土	粒状	7.8	18.5	1.17	0.95	2.6	22.4		E 104°30′00.7″ N 29°43′13.8″	70
						2	20—80	鲜黄色	中壤土	小块状、小块状	6.2	10.0	1.86	0.61	3.0				
剖28	人为土	水稻土	冲积型水稻土	黄色冲积水稻土	潮砂土	A	0—17	黄黄色	中壤土	块状	6.3	40.7	1.81	1.73	3.0	22.4		E 104°19′09.1″ N 29°38′10.7″	71
						2	17—31	暗黄色	中壤土	块状	6.6	36.8	1.81	1.11	2.9				
						P	31—100	黄色	轻壤土	大块状	7.6	10.5	0.63	0.54	2.8				
剖29	人为土	水稻土	冲积型水稻土	黄色冲积水稻土	潮黄泥田	A	0—16	浅黄色	重壤土	小块状	7.8	17.9	0.84	0.73	2.5	22.4		E 104°17′49.4″ N 29°38′04.9″	73
						2	16—25	黄黄色	中壤土	大块状	7.5	16.4	0.80	0.71	2.6				
						W	25—80	黄黄色	中壤土	小梭柱状	6.0	9.9	0.95	0.60	3.4				
剖30	黄壤	黄壤	冲积型水稻土	紫色冲积水稻土	下湿田	A	0—11	灰黄色	轻壤土	散粒状	6.1	22.2	1.42	0.97	3.2	25.0		E 104°26′44.2″ N 29°37′49.4″	75
						G	11—100	暗黄紫色	中壤土	整体状	6.2	26.9	1.64	1.00	3.0				
剖31	人为土	水稻土	冲积型水稻土	黄色冲积水稻土	潮黄泥田	A	0—15	深黄色	轻壤土	小块状	6.3	38.2	2.05	0.53	2.6	22.4		E 104°28′30.4″ N 29°37′45.1″	76
						2	15—32	浅黄色	中壤土	大块状	6.6	21.5	1.27	0.78	2.6				
						P	32—54	暗黄色	重壤土	小梭柱状	6.6	11.5	0.82	0.58	2.6				
						W	54—100	黄色	重壤土	团粒状	6.6	10.0	0.70	0.49	3.7	26.6			
剖32	初育土	紫色土	石灰性紫色土	红棕紫泥土	二砂土	A	0—20	红棕色	中壤土	小块状	8.2	6.9	0.73	1.45	3.9		厚泥岩、薄层石英粉砂岩	E 104°25′59.9″ N 29°37′25.7″	87
						2	20—40	红棕色			8.0	5.7	0.65	1.48					
						3	40—												

续表 Continued

剖面号 Soil profile	土纲 Soil order	土类 Soil great group	亚类 Soil subgroup	土属 Soil genus	土种 Soil species	土层码 Layer code	土层厚度 Depth/cm	颜色 Soil color	质地 Soil texture	土壤结构 Soil structure	pH	有机质 OM/(g/kg)	全氮 TN/(g/kg)	全磷 TP/(g/kg)	全钾 TK/(g/kg)	阳离子交换量CEC/(cmol/kg)	土壤母质 Parent material	剖面点坐标 Profile coordinate	匹配指数 Matching index/%
剖33	人为土	水稻土	黄壤性水稻土	矿子黄泥田	豆瓣泥田	A	0—15	灰黄色	重壤土	小块状	7.2	12.3	0.96	0.67	3.3	19.6		E 104°27′06.5″ N 29°37′14.9″	97
						2	15—25	灰色	中壤土	块状	7.3	9.0	0.83	0.55	3.3				
						W	25—60	浅黄色	轻壤土	棱柱状	7.0	7.6	0.50	0.24	3.3				
剖34	铁铝土	黄壤	黄壤	冷砂黄泥土	炭渣土	A	0—20	灰黑色	中砾轻黏土	粒状、小块状	6.5	1.3	1.48	1.48	4.5	11.2		E 104°41′10.2″ N 29°39′07.0″	77
						B	20—35	灰黑色	中砾重黏土	小块状	6.6	1.2	1.20	1.39	4.3				
						C	35—	灰黑色												
剖35	人为土	水稻土	黄壤性水稻土	冷砂黄泥田	砂白鳝泥田	A	0—22	灰蓝色	紫砂土	整体状	5.8	20.5	1.24	0.47	2.4	10.0		E 104°32′43.8″ N 29°39′01.1″	89
						G	22—67	灰黄色	紫砂土	整体状	5.9	19.3	1.34	0.46	2.4				
剖36	人为土	水稻土	冲积型水稻土	黄壤冲积水稻土	潮泥田	A	0—19	灰黄色	中壤土	小团块状	6.9	22.6	1.26	0.74	2.5	26.7		E 104°31′36.5″ N 29°38′32.3″	84
						2	19—31	灰黄色	中壤土	块状	7.1	15.3	0.97	0.49	2.4				
						W	31—98	灰黄色	重壤土	小棱柱状	6.6	16.3	1.12	0.44	2.8				
剖37	人为土	水稻土	黄壤性水稻土	矿子黄泥田	白鳝泥田	A	0—19	灰黄色	中壤土	小块状	6.8	23.1	1.73	0.74	2.4	7.3		E 104°30′57.2″ N 29°37′56.6″	97
						W	19—60	灰黄色	中黏土	棱柱状	7.4	12.4	0.77	0.41	2.8				
						3	60—90	灰黄色	紧砂土	棱柱状	7.5	8.1	0.73	0.53	2.3				
剖38	铁铝土	黄壤	黄壤	矿子黄泥土	矿子黄泥土	A	0—23	灰黄色	轻砾石土	小块状	8.2	21.6	1.72	1.12	3.7	18.5		E 104°34′10.9″ N 29°37′12.0″	90
						2	23—48	灰黄色	多砾中黏土	块状	8.0	16.8	1.31	0.64	4.2				
剖39	半水成土	潮土	潮土	黄色潮土	黄胶泥土	A	0—25	灰黄色	中壤土	团块状	7.6	11.0	1.03	0.72	1.9	5.9	河流冲积物	E 104°32′42.7″ N 29°37′03.4″	99
						2	25—85	黄色	中壤土	大棱柱状	7.5	11.8	1.18	0.77	2.8				
剖40	铁铝土	黄壤	黄壤	矿子黄泥土		1	0—3	灰黄色	重壤土	粒状	8.3	37.2	2.73	1.06	2.7	22.4		E 104°30′44.3″ N 29°36′32.0″	89
						2	3—13	褐黄色	重壤土	棱柱状	8.6	31.8	2.75	0.90	2.6				
						3	13—37	棕黄色	中黏土	板状	8.1	15.5	1.62	0.90	2.6				
剖41	人为土	水稻土	黄壤性水稻土	矿子黄泥田	冷浸黄泥田	A	0—26	黄色	砂壤土	粒状	7.0	17.7	0.89	0.72	2.2	10.2		E 104°42′44.6″ N 29°36′01.4″	95
						P	26—100	浅黄色	砂壤土	粒状	7.6	15.4	0.79	0.79	2.0				
剖42	人为土	水稻土	紫色土性水稻土	红紫紫色水稻土		A	0—30	灰黄色	轻黏土	整体状	8.2	24.2	1.85	1.18	3.2	28.0		E 104°44′34.4″ N 29°35′57.5″	71
						G	30—100	灰棕色	中壤土	整体状	8.1	23.2	1.74	1.22	3.9				
剖43	半水成土	潮土	潮土	黄壤潮土	黄泥大土	A	0—25	灰黄色	重壤土	小团块状	7.8	43.1	2.48	1.03	2.1	36.4	河流冲积物	E 104°43′53.8″ N 29°35′53.2″	93
						2	25—55	黄黄色	棱柱状	7.7	40.4	2.33	0.77	1.5					
						3	55—												
剖44	铁铝土	黄壤	黄壤	砂黄泥森林土		1	0—8	灰黑色	紧砂土	粒状	5.8	20.2	1.02	0.36	2.1	6.6		E 104°38′37.0″ N 29°35′52.1″	87
						2	8—57	棕黄色	砂壤土	粒状、核状	6.0	6.4	0.62	0.46	2.4				
剖45	初育土	紫色土	中性紫色土	灰棕紫泥土	二砂土	A	0—15	灰棕紫色	中壤土	粒状	7.3	7.4	0.68	0.83	3.0	21.0		E 104°42′50.0″ N 29°35′40.5″	83
						2	15—40	棕紫色	小块状	7.4	5.1	0.54	0.75	3.0					
						3	40—												
剖46	铁铝土	黄壤	黄壤	砂黄泥土	黄泥土	1	0—25	暗黄色	轻壤土	小块状	6.5	18.4	1.44	1.07	2.2	13.8		E 104°41′49.6″ N 29°35′33.7″	94
						2	25—37	紫黄色	砂壤土	大块状	6.1	17.4	1.48	1.43	1.9				
						3	37—81	紫黄色	中壤土	棱柱状	6.2	11.4	0.94	1.14	1.7				
剖47	初育土	紫色土	中性紫色土	暗紫泥土	二泥土	A	0—26	暗紫色	重黏土	粒状	6.4	12.4	1.13	0.69	2.5	21.0	砂岩、长石石英砂岩	E 104°43′53.8″ N 29°35′04.6″	97
						2	26—41	暗紫色	重黏土	小块状	6.5	11.8	0.76	0.58	2.5				
						3	41—90	棕紫色	中黏土	大棱柱状	6.6	10.0	0.89	0.67	2.5				
剖48	初育土	紫色土	中性紫色土	灰棕紫泥土	石骨子土	A	0—16	棕紫色	中砾砂壤土	小核状	7.9	9.3	0.84	1.34	2.4	19.6		E 104°42′50.0″ N 29°35′03.5″	90
						2	16—												
剖49	初育土	紫色土	中性紫色土	暗紫泥土	大泥土	A	0—15	暗紫色	中黏土	小核状	6.9	10.1	1.09	1.30	3.3	28.0		E 104°40′06.6″ N 29°34′58.4″	80
						2	15—35	暗紫色	中黏土	块柱状	7.0	7.3	1.04	1.09	3.3				
						3	35—100	棕紫色	重黏土	小棱柱状	6.6	2.8	0.84	0.66	3.9				

续表 Continued

剖面号 Soil profile	土纲 Soil order	土类 Soil great group	亚类 Soil subgroup	土属 Soil genus	土种 Soil species	土层码 Layer code	土层厚度 Depth/cm	颜色 Soil color	质地 Soil texture	土壤结构 Soil structure	pH	有机质 OM/(g/kg)	全氮 TN/(g/kg)	全磷 TP/(g/kg)	全钾 TK/(g/kg)	阳离子交换量CEC/(cmol/kg)	土壤母质 Parent material	剖面点坐标 Profile coordinate	匹配指数 Matching index/%
剖50	人为土	水稻土	紫色土性水稻土	灰棕紫泥田	半砂泥田	A	0—24	棕紫色	中壤土	粒状	7.5	25.0	1.66	1.22	3.2	25.2		E 104° 41' 44.2" N 29° 34' 54.8"	70
						P	24—45	灰紫紫色	轻壤土	大棱柱状	7.9	28.3	1.75	0.92	3.2				
						W	45—100	灰棕紫色	中壤土	小棱柱状	8.0	24.0	1.52	0.90	2.9				
剖51	人为土	水稻土	黄壤性水稻土	冷砂黄泥田	冷砂田	A	0—19	灰黄色	轻壤土	粒状	5.6	16.8	0.96	1.05	2.0	9.8		E 104° 32' 10.0" N 29° 34' 45.1"	78
						W	19—50	浅黄色	砂壤土	棱柱状	6.0	16.5	1.01	1.07	2.3				
剖52	人为土	水稻土	黄壤性水稻土	老冲积黄泥田	黄泥田	A	0—16	浅黄色	重壤土	块状	6.7	17.7	1.18	0.89	2.4	7.8	第四纪冲积物	E 104° 41' 17.9" N 29° 34' 39.7"	73
						2	16—25	黄色	轻壤土	块状	5.4	19.0	1.01	0.40	1.5				
						W	25—100	黄色	重壤土	棱柱状	5.4	16.2	1.02	0.45	1.5				
剖53	人为土	水稻土	紫色土性水稻土	红棕紫黄泥田	二泥田	A	0—20	黄棕紫色	重壤土	粒状	8.4	14.6	1.33	1.32	3.4	30.8		E 104° 41' 33.7" N 29° 34' 23.5"	93
						2	20—35	棕紫色	重壤土	块状	8.4	14.3	1.30	1.27	3.6				
						P	35—78	灰紫色	重壤土	棱柱状	8.5	15.5	1.30	1.37	3.6				
剖54	初育土	紫色土	中性紫色土		紫宗泥土	A	0—15	灰棕色	轻黏土	粒状	7.4	14.2	1.24	1.08	3.1	28.2		E 104° 42' 56.9" N 29° 34' 21.4"	78
						2	15—25	棕紫色	中黏土	板状	7.4	8.3	0.87	0.56	3.1				
						3	25—90	棕黄白色	中壤土	棱柱状	7.4	8.0	0.84	0.51	3.1				
剖55	铁铝土	黄壤	黄壤	砂黄泥土	夹黄泥土	A	0—21	紫棕色	紧砂壤土	粒状	6.7	18.2	1.36	1.07	1.8	12.6	砂岩，长石石英砂岩	E 104° 38' 09.6" N 29° 34' 15.6"	100
						2	21—34	黄色	紧砂壤土	小块状	6.0	15.1	1.18	1.08	1.9				
						3	34—70	黄色	中壤土	小块状	6.0	12.2	1.01	1.10	2.0				
剖56	人为土	水稻土	冲积型水稻土	砂黄泥田	半砂泥田	A	0—14	灰黄色	中壤土	粒状，小块状	6.9	32.7	1.64	1.01	2.5	30.8		E 104° 41' 04.9" N 29° 34' 10.2"	80
						W	14—90	黄色	轻壤土	大棱柱状	6.9	20.0	1.20	0.54	2.4				
剖57	人为土	水稻土	紫色土性水稻土	灰棕紫泥田	砂田	A	0—21	灰黄色	中壤土	粒状	7.4	14.5	1.08	0.57	3.8	9.5		E 104° 38' 31.9" N 29° 33' 58.3"	95
						P	21—33	浅灰紫色	中壤土	棱柱状	7.3	13.2	0.97	0.34	2.6				
						C	33—												
剖58	人为土	水稻土	黄壤	老冲积黄泥田	死黄泥土	A	0—20	灰黄色	中壤土	小块状	7.5	9.1	0.99	0.59	1.7	11.4		E 104° 36' 08.3" N 29° 33' 44.6"	78
						2	20—100	黄色	重壤土	大块状	6.9	9.1	0.76	0.59	1.7				
剖59	人为土	水稻土	黄壤性水稻土	砂黄泥田	鸭溪泥田	A	0—21	灰黑色	中壤土	糊状	6.4	19.5	1.29	0.71	1.9	12.6	第四纪冲积物	E 104° 39' 09.2" N 29° 33' 27.2"	92
						G	21—100	灰色	中壤土	紧实状	6.6	16.6	1.15	0.74	1.8				
剖60	人为土	水稻土	冲积型水稻土	冷砂黄泥田	砂田	A	0—27	紫色	轻壤土	粒状	7.1	9.5	0.83	0.45	2.2	14.1		E 104° 41' 49.9" N 29° 33' 14.1"	71
						W	27—100	紫色	中壤土	棱柱状	7.0	9.7	0.79	0.39	2.3				
剖61	人为土	水稻土	紫色土性水稻土	暗紫紫泥田	大泥田	A	0—21	灰紫紫色	中黏土	小块状	7.5	18.8	1.60	1.25	3.1	22.4		E 104° 38' 31.9" N 29° 33' 56.9"	92
						2	21—30	灰紫色	中黏土	块状	7.6	16.6	1.44	0.93	3.0				
						W	30—100	暗灰紫色	轻黏土	大棱柱状	7.7	14.5	1.40	1.02	3.0				
剖62	人为土	水稻土	黄壤性水稻土	砂黄泥田	夹黄泥田	A	0—24	灰黄色	中壤土	粒状	6.6	20.0	1.31	0.59	2.0	15.0	第四纪冲积物	E 104° 38' 01.0" N 29° 32' 52.4"	88
						2	24—43	灰黄色	中壤土	棱柱状	6.8	17.7	1.16	0.58	1.9				
						W	43—100	灰黄色	中壤土	小块状	6.6	14.4	0.90	0.46	2.2				
剖63	人为土	水稻土	冷砂黄泥田		黄砂泥田	A	0—17	灰黄色	砂壤土	粒状	5.6	16.1	1.35	1.05	3.5	10.7		E 104° 38' 13.7" N 29° 33' 33.0"	76
						2	17—29	灰黄色	中壤土	板块状	6.3	14.8	1.24	1.05	2.9				
						W	29—90	浅黄色	中壤土	小块状	6.2	11.0	1.12	1.17	2.1				
剖64	人为土	水稻土	黄壤性水稻土	老冲积黄泥田	黄干泥田	A	0—24	黄色	中壤土	粒状	6.4	21.2	1.12	0.71	2.1	10.8		E 104° 34' 14.5" N 29° 32' 56.9"	90
						2	24—40	棕黄色	中壤土	板状	7.2	16.5	0.99	0.59	1.5				
						W	40—87	黄灰棕色	紧砂壤土	小团块状	6.9	9.1	0.48	0.57	2.0				
剖65	初育土	紫色土	中性紫色土		麻柘土	A	0—15	黄灰黄色	多砾重壤土		7.4	8.7	0.93	1.39	3.1	19.6	砂页岩，砂岩，泥质粉砂岩	E 104° 34' 21.4" N 29° 32' 31.9"	70
						2	15—												
剖66	人为土	水稻土	紫色土性水稻土	红棕紫水稻田	大眼泥田	A	0—20	红棕色	轻黏土	小块状	8.1	21.6	1.56	1.27	3.9	28.0	第四纪冲积物	E 104° 35' 24.0" N 29° 32' 22.2"	88
						2	20—30	红棕色	轻黏土	板状	7.8	22.6	1.62	1.23	3.9				
						W	30—100	灰棕色	轻黏土	小棱柱状	7.8	21.4	1.53	1.47	3.9				

续表 Continued

剖面号 Soil profile	土纲 Soil order	土类 Soil great group	亚类 Soil subgroup	土属 Soil genus	土种 Soil species	土层码 Layer code	土层厚度 Depth/cm	颜色 Soil color	质地 Soil texture	土壤结构 Soil structure	pH	有机质 OM/(g/kg)	全氮 TN/(g/kg)	全磷 TP/(g/kg)	全钾 TK/(g/kg)	阳离子交换量CEC/(cmol/kg)	土壤母质 Parent material	剖面点坐标 Profile coordinate	匹配指数 Matching index/%
剖67	铁铝土	黄壤	黄壤	老冲积黄泥土	卵石黄砂泥土	A	0–23	浅黄色	粉砂质壤土	粒状、块状	6.1	14.7	1.10	0.31	1.7	8.2	第四纪冰水沉积物	E 104°38′40.0″ N 29°32′15.6″	84
						B	23–67	黄色	砂质壤土	块状	6.1	14.3	0.86	0.26	2.1				
						C	67–91	黄色	壤质砂土	柱状	6.2	14.6	0.46	0.14	1.3				
剖68	半水成土	潮土	潮土	紫色潮土	夹砂土	A	0–20	灰棕黄色	轻壤土	团粒状	7.6	19.5	1.26	0.86	2.1	30.8		E 104°39′11.2″ N 29°31′59.2″	72
						2	20–100	棕紫色	中壤土	块状	7.4	20.8	0.69	0.74	1.9				
剖69	初育土	紫色土	中性紫色土	灰棕紫泥土	二泥土	A	0–25	灰黄紫色	重壤土	粒状	7.7	11.2	1.02	1.42	3.2			E 104°42′55.4″ N 29°31′58.4″	91
						2	25–51	灰棕紫色	重壤土	块状	7.8	7.7	0.72	0.88	2.9				
剖70	半水成土	潮土	潮土	紫色潮土	砂土	A	0–26	暗紫色	紧砂土	粒状	7.4	12.0	0.66	0.86	1.9	1.9	近代河流紫色冲积物	E 104°39′06.1″ N 29°31′47.5″	98
						2	26–43	紫色	紧砂土	粒状	7.4	9.3	0.50	0.80	1.9				
						3	43–100	紫色	紧砂土	粒状	7.5	9.0	0.50	0.81	1.9				
剖71	初育土	紫色土	中性紫色土	灰棕紫泥土	糠砂土	A	0–18	棕黄色	轻壤土	粒状	7.5	8.6	0.77	1.17	3.6	16.8		E 104°35′05.3″ N 29°31′21.7″	81
						2	18–												
剖72	人为土	水稻土	黄壤性水稻土	砂黄泥田	黄泥田	A	0–24		中壤土	粒状、小块状	5.3	32.1	1.84	0.85	2.1	32.2	砂页岩、砂岩、泥质粉砂岩	E 104°33′27.0″ N 29°31′17.4″	96
						2	24–43	黄色	中壤土	块状	5.4	24.5	1.46	0.78	2.2				
						W	43–100	浅黄色	小棱柱状		5.2	21.9	1.31	0.60	2.6				
剖73	铁铝土	黄壤	黄壤	砂黄泥土	黄砂土	A	0–24	黄色	紫砂壤土	粒状、小块状	6.5	5.7	0.58	0.41	1.9	4.7		E 104°33′29.0″ N 29°31′00.7″	76
						2	24–43	黄色	紫砂壤土	粒状	6.5	3.1	0.49	0.30	2.0				
剖74	半水成土	潮土	潮土	黄色潮土	小粉潮土	A	0–18	灰黄色	中壤土	粒状、小块状	7.4	23.7	0.81	1.09	2.5	5.6	河流冲积物	E 104°47′08.6″ N 29°35′39.1″	73
						2	18–100	灰黄色	中壤土	小块状	7.0	15.2	0.77	0.67	2.1				
剖75	人为土	水稻土	紫色土性水稻土	灰棕紫色水稻土	大眼泥田	A	0–15	灰棕紫色	轻黏土	小棱柱状	7.9	18.7	1.43	1.64	3.6	28.0		E 104°36′27.4″ N 29°28′42.6″	83
						P	15–54	灰棕紫色	轻黏土	大棱柱状	8.0	18.5	1.31	1.36	3.4				
						W	54–100	灰棕紫色	轻黏土	棱块状	7.9	15.0	1.24	1.25	3.1				

资 中 县

主要土类说明

紫色土是资中县的主要土壤类型，占本县地域面积的53%，遍布全县各地。其成土母质属自流井组第三段，即马鞍山段岩石风化物、沙溪庙组未经黄化酸化的砂页岩风化物、遂宁组厚泥岩夹薄砂岩风化物。紫色土是由热带、亚热带紫红色岩层直接风化形成的A-C型土壤。其理化性质与母岩组成直接相关，土层浅薄，剖面层次发育不明显，仍处于初育阶段。母岩富含矿质养分，且风化迅速。

水稻土是资中县第二大土壤类型，占本县地域面积的32%，分布于山、丘、坝多种地形内，以丘陵分布最多。水稻土因长期受水文作用方式和程度不同，土体内各种物质产生变化和移动，发育成特殊的土壤层次。本县水稻土分为淹育型、潴育型和潜育型三种类型。淹育水稻土主要分布在沟谷两旁及长期实行水旱轮作田，属中高产田块。潴育水稻土分布于陡坡（直线坡）坡脚及冲沟平缓地段，受侧渗水作用，可溶性盐基物质遭到淋洗流失，故有效氮缺乏，土壤结构不良，一般多属中低产田块。潜育水稻土分布于深沟窄谷、低洼渍水的田块，土体分散，水多气少，土壤养分较丰富，但有毒物质多，水稻生长不良，产量低，理化性状极差。总的看来，全县水稻土具有土层深厚，有机质含量较高，土壤质地大多数为中壤土至轻黏土，地势优越，光热条件较好，适合水稻生产等特点，但也存在着约20%的水稻土深脚烂泥、阴山瘦瘠、有毒物质多、缺乏微量元素，水稻易发生死苗、坐蔸现象，以致单产不高等问题。本县有冲积性水稻土、紫色土性水稻土、黄壤性水稻土等亚类。

黄壤是资中县第三大土壤类型，占本县地域面积的13%，主要成片分布在境内西南角，此外还零星分布在沱江两岸及中、低丘的顶上。本县黄壤的成土母质是由黄褐色砂岩风化物、黄绿色砂岩和页岩风化物、酸化黄化砂岩风化物、第四纪冰碛物黄色黏土构成，所发育的土壤养分贫乏，生产性能较差。

小于本县地域面积3%的土壤类型还有新积土等。

本区域中心区气候特征

本区域中心区气候特征值
Regional climate characteristics in central area of the region

气候带：中亚热带湿润气候 Climate region: Subtropical humid climate	
年平均气温 /℃ Annual average temperature /℃	17.8
年平均最高气温 /℃ Annual average maximum temperature /℃	21.5
年平均最低气温 /℃ Annual average minimum temperature /℃	15.2
年降水量 /mm Annual precipitation /mm	998
≥10℃的积温 /℃ Daily temperature accumulated in a year (≥10℃) /℃	8676
年日照时数 /h Annual sunshine /h	1014
年平均相对湿度 /% Annual average relative humidity /%	82
干燥度 Dryness	1.09

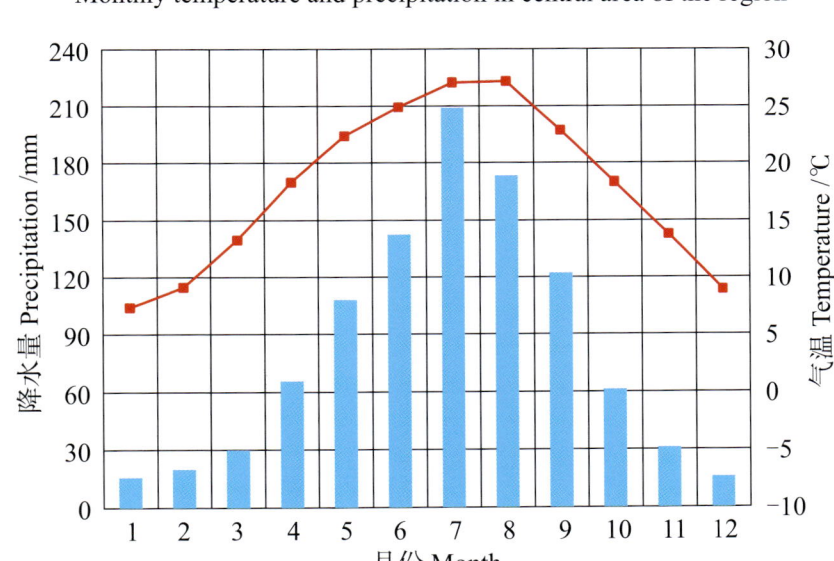

本区域中心区月平均气温与月平均降水量
Monthly temperature and precipitation in central area of the region

资中县主要土壤类型与土壤剖面点分布图

1:240 000

图 例
- 紫色土
- 水稻土
- 黄壤
- 新积土
- ⊗ 剖面点

资中县土壤剖面理化性状表

剖面号 Soil profile	土纲 Soil order	土类 Soil great group	亚类 Soil subgroup	土属 Soil genus	土种 Soil species	土层码 Layer code	土层厚度 Depth/cm	颜色 Soil color	质地 Soil texture	土壤结构 Soil structure	pH	有机质 OM/(g/kg)	全氮 TN/(g/kg)	全磷 TP/(g/kg)	全钾 TK/(g/kg)	碱解氮 AN/(mg/kg)	有效磷 AP/(mg/kg)	速效钾 AK/(mg/kg)	土壤母质 Parent material	剖面点坐标 Profile coordinate	匹配指数 Matching index/%
剖1	人为土	水稻土	冲积型水稻土	灰棕冲积水稻土	砂泥田	1	0—23	棕紫色	轻壤土	粒状	8.0	30.2	1.81	1.21	3.4	127	12.0	110	新冲积物	E 104°31′23.2″ N 29°59′50.6″	75
						2	23—47	灰紫色	轻壤土	棱柱状	8.1	27.6	1.69	1.06	3.5	104	8.0	126			
						3	47—65	浅紫色	中壤土	棱柱状	8.2	22.2	1.42	0.86	2.6	87	2.0	123			
剖2	铁铝土	黄壤	黄壤	老冲积黄泥土	卵石黄泥田	A	0—23	棕黄色	轻壤土	粒状	7.6	8.0	0.65	1.02	2.1	38	6.0	42	第四纪冰水沉积物	E 104°40′53.4″ N 29°57′05.0″	97
						2	23—50	红黄色	中壤土	棱柱状	7.7	5.3	0.26	1.08	1.9	14	1.0	37			
						3	50—100	黄色	中壤土	小棱柱状	7.9	5.3	0.34	1.20	2.1	18	4.0	45			
剖3	人为土	水稻土	紫色土性水稻土	暗紫泥田	夹砂泥田	A	0—21	紫黄色	轻壤土	粒状	7.0	18.4	1.21	0.64	1.1	142	2.0	25		E 104°32′13.9″ N 29°56′43.8″	80
						W	21—36	棕紫色	中壤土	小柱状	7.3	9.4	0.92	0.51	0.9	101	1.0	20			
剖4	初育土	新积土	冲积土	紫色冲积土	半砂泥土	A	0—19	黄棕紫色	砂壤土	粒状	5.0								河流冲积物	E 104°36′54.7″ N 29°54′46.1″	84
						2	19—59	浅黄紫色	重壤土		5.1										
						D	59—														
剖5	初育土	新积土	冲积土	灰棕冲积土	潮砂土	A	0—25	黄灰紫色	砂壤土	粒状	7.8	6.8	0.24	0.98	1.7	29	15.0	30	河流冲积物	E 104°43′44.0″ N 29°53′18.6″	77
						2	25—55	暗黄紫色	砂壤土	大团块状	7.6	5.6	0.18	0.96	1.6	17	16.0	30			
						3	55—100	灰紫色	砂壤土	大团块状	7.8	5.6	0.82	0.82	1.5	20	17.0	27			
剖6	人为土	水稻土	紫色土性水稻土	灰棕紫泥田	石骨砂泥田	1	0—25	紫褐紫色	中壤土	粒状	7.4	17.9	1.13	1.40	2.7	80	3.0	105	厚砂岩、厚页岩风化物	E 104°42′05.8″ N 29°53′04.9″	92
						2	25—32	暗紫色	中壤土	大棱柱状	7.7	15.6	0.82	1.19	3.7	54	1.0	97			
						3	32—80	紫色	重壤土	粒状	7.9	10.2	0.73	1.25	2.8	43	1.0	77			
剖7	人为土	水稻土	紫色土性水稻土	灰棕紫色稻土	石骨砂泥田	A	0—24	紫灰色	中壤土	块状	7.3								页岩风化坡积物	E 104°32′59.6″ N 29°52′19.9″	100
						2	24—32	暗紫色	中壤土	块状	7.6										
						P	32—100	灰紫色	中壤土	大棱柱状	7.6										
剖8	人为土	水稻土	紫色土性水稻土	红棕紫泥田	紫黄泥田	A	0—22	紫黄色	重壤土	核柱状	6.5	16.5	0.84	0.26	1.8	57	2.0	47	红棕色泥岩风化物	E 104°30′55.8″ N 29°52′16.0″	92
						P	22—49	棕紫色	重壤土	大棱柱状	6.3	7.2	0.41	0.19	1.3	30	1.0	30			
						W	49—100	棕紫色	重壤土	小棱柱状	6.3	3.4	0.36	0.17	1.1	19	1.0	26			
剖9	人为土	水稻土	紫色土性水稻土	砂黄泥田	大眼泥田	1	0—24	红黄色	轻壤土	块状	7.8	19.0	1.27	1.37	2.7	88	12.0	87	岩页风化物	E 104°42′05.8″ N 29°50′35.5″	82
						2	24—44	黄紫色	轻壤土	大棱柱状	8.0	15.2	1.14	1.87	2.5	72	3.0	100			
						W	44—100	浅黄紫色	重黏土	小棱柱状	7.8	13.9	1.17	1.13	2.7	64	3.0	95			
剖10	人为土	水稻土	黄壤性水稻土	灰棕紫色稻田	黄砂泥田	A	0—22	棕黄色	轻壤土	粒状	5.8	9.8	0.80	0.89	2.0	56	6.0	28	砂岩	E 104°30′55.8″ N 29°50′14.3″	83
						2	22—54	灰棕黄色	中壤土	大棱柱状	6.3	7.4	0.56	0.72	2.1	42	5.0	22			
						W	54—100	暗棕黄色	中壤土	小棱柱状	6.9	5.7	0.44	0.80	2.1	32	1.0	26			
剖11	初育土	新积土	棕紫泥土	灰棕紫色稻田	油砂土	A	0—15	暗棕黄色	砂壤土	块状	6.4	6.8	0.40	0.47	1.6	40	2.0	22	页岩和砂岩风化残积物、坡积物	E 104°58′01.9″ N 29°58′49.4″	86
						2	15—41	灰棕黄色	轻壤土	团块状	6.5	6.2	0.30	0.42	1.5	23	1.0	17			
						C	41—														
剖12	初育土	新积土	冲积土	紫色冲积土	紫砂土	A	0—20	黄棕紫色	砂土	小团块状	7.2	7.8	0.53	1.31	1.7	43	8.0	42	河流冲积物	E 104°58′16.7″ N 29°50′31.2″	100
						2	20—80	紫黄色	重壤土	片状	7.4	6.0	0.38	0.82	1.0	25	2.0	51			
						D	80—														
剖13	人为土	水稻土	紫色土性水稻土	红棕紫泥田	红砂田	A	0—24	红棕紫色	中壤土	粒状	7.8	24.9	1.59	1.72	2.7	79	3.0	109	粉红色砂岩风化物	E 105°00′13.0″ N 29°57′51.8″	74
						2	24—44	红棕色	中壤土	大棱柱状	7.9	13.2	0.86	1.43	2.5	52	2.0	115			
						3	44—100	浅红紫色	重壤土	小棱柱状	7.9	5.9	0.88	1.43	2.4	70	3.0	85			
剖14	人为土	水稻土	紫色土性水稻土	红棕紫泥稻土	冷浸烂泥田	1	0—58	暗黄紫色	重壤土	整体状	8.1	25.2	1.80	1.74	2.1	127	3.0	88	紫红色钙岩、厚泥岩	E 105°02′31.9″ N 29°54′24.8″	90
						P	58—100	黄紫色	重壤土	大棱柱状	8.2	21.3	1.52	1.64	2.0	97	1.0	69			
剖15	人为土	水稻土	紫色土性水稻土	暗紫泥田	鸭屎泥田	A	0—16	浅灰紫色	重壤土	整体状	6.8	11.0	0.79	0.51	1.9	34	1.0	59	泥岩风化物	E 105°01′49.4″ N 29°53′46.0″	71
						G	16—85	浅蓝灰色	重壤土	稀糊状	6.5	7.4	0.48	0.64	1.7	25	1.0	44			

续表 Continued

剖面号 Soil profile	土纲 Soil order	土类 Soil great group	亚类 Soil subgroup	土属 Soil genus	土种 Soil species	土层码 Layer code	土层厚度 Depth/cm	颜色 Soil color	质地 Soil texture	土壤结构 Soil structure	pH	有机质 OM/(g/kg)	全氮 TN/(g/kg)	全磷 TP/(g/kg)	全钾 TK/(g/kg)	碱解氮 AN/(mg/kg)	有效磷 AP/(mg/kg)	速效钾 AK/(mg/kg)	土壤母质 Parent material	剖面点坐标 Profile coordinate	匹配指数 Matching index/%
剖16	初育土	新积土	冲积土	灰棕冲积土	潮砂泥土	A	0—23	棕灰色	轻壤土	粒状	8.0	15.1	0.75	1.75	1.7	41	4.0	51	河流冲积物	E 104°44′55.3″ N 29°49′55.2″	88
						2	23—33	黄灰棕色	轻壤土	大粒状		11.9	0.80	1.54	2.0	48	4.0	43			
						3	33—85	灰黄棕色	砂壤土	大团块状	8.2	10.6	0.56	1.72	1.6	41	3.0	23			
剖17	人为土	水稻土	紫色土性水稻土	灰棕紫色水稻土	泥田	A	0—20	棕紫色	重壤土	块状	7.5	31.5	1.62	1.20	2.3	119	10.0	206	厚砂岩、厚页岩风化物	E 104°42′08.6″ N 29°49′48.7″	84
						P	20—50		重壤土	大棱柱状	7.8	28.7	1.45	1.36	2.7	100	9.0	320			
						W	50—100			小棱柱状	7.9	27.0	1.26	1.27	2.4	91	9.0	284			
剖18	铁铝土	黄壤		砂黄泥土	砂黄泥土	1	0—3	暗褐色	轻壤土	团粒状	7.0	8.0	0.58	1.31		42	2.0	121	砂岩	E 104°40′26.8″ N 29°49′48.4″	81
						2	3—24	黄紫色	轻壤土	柱状	5.3	6.0	0.32	1.01		24	1.0	105			
						C	24—100	黄紫色	轻壤土	大块状	5.4	3.0	0.19	0.90		13		86			
剖19	人为土	水稻土	黄壤性水稻土	老冲积黄泥田	卵石黄泥田	A	0—16	棕黄色	多砾重壤土	中核状	5.6	17.2	1.04	0.65	1.3	120	9.0	18	第四纪砾石夹团块状夹棕黄色黏土	E 104°41′24.4″ N 29°49′32.9″	98
						P	16—29	灰黄棕色	多砾重壤土	大棱柱状	5.7	19.1	0.60	0.44	1.0	87	1.0	17			
						W	29—80	灰黄色	中砾重壤土	小核状	6.4	15.1	0.43	0.43	1.7	67	1.0	34			
剖20	人为土	水稻土	黄壤性水稻土	老冲积黄泥田	黄泥田	1	0—13	灰黄色	砂质轻黏土	整块状	6.0	10.3	0.70	0.57	1.0	59	4.0	41	黄色黏土	E 104°43′37.2″ N 29°49′32.2″	79
						2	13—18	灰棕黄色	重黏土	大棱柱状	5.7	8.6	0.43	0.42	0.7	38	2.0	24			
						3	18—50	灰棕色	重黏土	核状	5.6	4.7	0.25	0.18	0.5	21	1.0	19			
剖21	铁铝土	黄壤		冷砂黄泥土	冷黄泥土	A	0—17	浅黄棕色	重壤土	核状	5.9	8.2	0.67	0.48	1.4	52	4.0	55	厚砂岩、砂岩、泥岩风化物	E 104°30′14.0″ N 29°49′26.0″	72
						2	17—37	浅黄色	重壤土	核状	5.9	7.9	0.66	0.44	3.6	51	4.0	29			
						3	37—100	浅黄色	重壤土	板状	5.2	4.2	0.54	0.29	1.6	32	1.0	138			
剖22	人为土	水稻田	黄壤性水稻土	砂黄泥田	砂黄泥田	A	0—25	棕黄色	中壤土	小块状	6.6	18.9	1.21	0.85	2.4	101	18.0	126	黄化砂岩风化物	E 104°36′57.2″ N 29°48′58.0″	76
						2	25—64	灰棕色	中壤土	大块状	6.7	7.4	1.45	0.64	1.3	38	13.0	80			
剖23	铁铝土	黄壤		砂黄泥土	砂黄泥土	1	0—3	暗褐色	砂壤土	粒状	5.0	25.0	1.50	0.42	微量	29	0.5	37		E 104°41′19.3″ N 29°48′47.9″	82
						2	3—33	浅棕色	砂土	柱状	5.5	18.0	1.08	0.41	微量		0.5	23			
						D	33—														
剖24	铁铝土	黄壤		砂黄泥土	砂黄泥土	A	0—22	黄褐色	重壤土	核状	6.7	10.9	0.94	0.87	2.4	59	6.0	100	灰岩夹页岩风化残积物、坡积物	E 104°35′58.1″ N 29°48′44.2″	83
						2	22—44	棕黄色	重壤土	棱柱状	6.8	10.4	0.87	0.86	2.7	52	3.0	70			
						3	44—100	灰黄色	重壤土	块状	6.7	7.2	0.65	0.65	3.0	46	2.0	64			
剖25	铁铝土	黄壤		砂黄泥土	砂黄泥土	A	0—23	暗棕色	中壤土	核状	5.2	8.3	0.53	0.74	1.0	44	3.0	43	砂岩	E 104°42′04.0″ N 29°48′27.7″	73
						2	23—61	棕黄色	中壤土	棱柱状	5.0	5.8	0.27	0.26	1.1	34	1.0	37			
剖26	铁铝土	黄壤		砂黄泥土	砂黄泥土	1	0—15	暗棕色	中壤土	粒状	6.0	9.0	0.53	0.77		34	1.0	46	砂岩	E 104°43′15.2″ N 29°48′12.6″	71
						2	15—30	黄棕色	中壤土	大块状	6.3	4.0	0.27	0.40		12	0.5	23			
						D	30—	灰黄色													
剖27	铁铝土	黄壤		砂黄泥土	砂黄泥土	1	0—3	棕黄色	重壤土	小块状	7.0	35.0	1.83	1.24	2.1	65	8.0	117	砂岩	E 104°39′51.5″ N 29°47′44.2″	83
						2	3—27	灰棕黄色	重壤土	柱状	7.7	20.0	1.19	1.15	1.9	33	6.0	105			
						C	27—78	灰黄色	重壤土	大块状	7.8	7.2	0.65	0.40	3.0	46	2.0	64			
剖28	水稻土	紫色土性水稻土	二泥田	1	0—30	深棕紫色	轻黏土	松散状	8.2	15.0	1.14	1.31	2.7	12	2.0	85	泥岩、粉砂岩	E 104°31′16.7″ N 29°47′33.3″	93						
						2	30—50	深暗紫色	轻黏土	大棱柱状	8.1	13.2	0.95	1.23	2.6	46	1.0	78			
						3	50—75	暗紫色	轻黏土	块状	7.8	13.2	0.97	1.24	2.6	54	3.0	82			
剖29	水稻土	黄壤性水稻土	冷砂黄泥田	冷砂田	A	0—24	棕黄色	砂壤土	粒状	7.7	23.6	1.41	0.95	2.2	97	2.0	66	石英砂岩风化物	E 104°34′35.3″ N 29°47′13.0″	97					
						W	24—65	浅棕黄色	砂壤土	小棱状	7.9	19.5	0.98	0.85	2.1	76	1.3	92			
						C	65—														
剖30	初育土	新积土		紫色冲积土	半砂泥土	1	0—19	黄棕色	砂壤土	粒状	5.0	7.4	0.68	0.41	1.5	47	1.0	32	河流冲积物	E 104°38′15.7″ N 29°47′03.1″	87
						2	19—59	浅黄棕色	重壤土	柱状	5.1	3.3	0.29	0.29	1.8	20	<1.0	13			
						3	59—100	紫黄色	砂壤土	核柱状	5.5	7.8	0.07	0.76	1.3	2	<1.0	15			

续表 Continued

剖面号 Soil profile	土纲 Soil order	土类 Soil great group	亚类 Soil subgroup	土属 Soil genus	土种 Soil species	土层码 Layer code	土层厚度 Depth/cm	颜色 Soil color	质地 Soil texture	土壤结构 Soil structure	pH	有机质 OM/(g/kg)	全氮 TN/(g/kg)	全磷 TP/(g/kg)	全钾 TK/(g/kg)	碱解氮 AN/(mg/kg)	有效磷 AP/(mg/kg)	速效钾 AK/(mg/kg)	土壤母质 Parent material	剖面点坐标 Profile coordinate	匹配指数 Matching index/%
剖31	人为土	水稻土	紫色土性水稻土	暗紫泥田	白鳝泥田	A	0—18	浅黄白色	重壤土	整块状	5.8	10.5	0.71	0.41	1.8	55	11.0	54	泥岩风化物	E 104°43′06.6″ N 29°46′52.0″	93
						P	18—25	黄紫色	轻黏土	大棱柱状	5.7	7.1	0.44	0.24	1.0	21	5.0	25			
						W	25—100	浅黄色	轻黏土	大块状	5.5	5.3	0.35	0.11	0.8	13		21			
剖32	初育土	新积土	冲积土	灰棕冲积土	潮泥土	A	0—24	浅黄棕色	轻黏土	小团块状	7.9								河流冲积物	E 104°42′23.0″ N 29°46′35.0″	86
						2	24—46	浅棕黄色	中黏土	块状	7.2										
						3	46—100	灰棕黄色	轻黏土	大块状	7.5										
剖33	人为土	水稻土	紫色土性水稻土	暗紫泥田	二泥田	A	0—25	暗紫色	轻黏土	大棱柱状	7.5								泥岩、粉砂岩	E 104°39′35.3″ N 29°46′04.8″	95
						P	25—45	深暗紫色	轻黏土	小块状	7.3										
						W	45—100	暗紫色	砾质砂土	单粒状	6.8	52.4	1.79	1.46	3.4	73	4.0	98			
剖34	铁铝土	黄壤	黄壤	冷砂黄泥土	炭渣子土	A	0—20	浅灰黑色			7.0	124.1	0.82	1.13	2.7	37	1.0	74	厚砂岩、泥岩风化物	E 104°39′51.1″ N 29°45′19.4″	93
						2	20—38	黄灰黄色	中壤土	大核状	6.1										
						C	38—			小核状	5.4										
剖35	人为土	水稻土	黄壤性水稻土	矿子黄泥田	矿子黄泥田	A	0—25	黄棕紫色	重黏土	大棱柱状	5.5								灰岩风化物	E 104°41′35.7″ N 29°45′13.4″	78
						P	25—34	暗棕紫色	轻黏土	大核柱状	5.2	10.1	0.76	0.68	1.9	68	7.0	41			
						W	34—84	浅棕黄色	重黏土	大核柱状	5.5	10.5	0.77	0.73	1.6	63	9.0	44			
剖36	铁铝土	黄壤	黄壤	老冲积黄泥土	死黄泥土	2	21—48	浅棕黄色	黏土	大核柱状	5.5	7.8	0.69	0.65	2.5	51	8.0	67	第四纪冰水沉积物	E 104°42′11.5″ N 29°44′49.9″	100
						3	48—100	浅黄棕色	黏土	大棱柱状	6.1	14.6	1.19	0.50	2.2	79	2.0	74			
剖37	人为土	水稻土	黄壤性水稻土	矿子黄泥田	矿子黄泥田	1	0—18	黄棕紫色	轻黏土	大核柱状	5.4	14.9	1.12	0.49	1.8	70	2.0	132	灰岩风化物	E 104°41′06.0″ N 29°44′48.5″	96
						2	18—28	紫黄棕色	轻黏土	小棱柱状	5.5	14.5	0.19	0.31	2.0	33	2.0	104			
						3	28—100	砂黄棕色	砂壤土	粒状	7.7	22.7	1.13	1.23	1.7	105	6.0	89			
剖38	人为土	水稻土	冲积型水稻土	紫色冲积水稻土	半砂泥田	1	0—22	浅棕黄色	中壤土	块状	7.8	15.4	0.92	0.70	1.2	63	3.0	49	坡积物、冲积物	E 104°43′20.3″ N 29°44′40.2″	100
						2	22—28	棕黄色	中壤土	大棱柱状	7.8	10.3	0.74	0.51	0.7	19	1.0	31			
						W	28—37	暗黄棕色	黏土	块状	7.2	30.1	1.96	0.90	1.3	104	1.0	134			
剖39	初育土	新积土	紫色土性水稻土	暗紫泥田	大泥田	A	0—35	暗黄棕色	黏土	大棱柱状	7.5	28.1	1.84	0.72	2.4	105	1.0	120	钙质泥岩风化物	E 104°43′32.6″ N 29°44′16.9″	99
						P	35—100	棕黄色	中壤土	大粒状	5.5	9.8	0.76	0.83	0.8	69	10.0	74			
剖40	铁铝土	黄壤	黄壤	砂黄泥土	黄砂土	1	0—30	棕黄色	中壤土	柱状	5.6	10.2	0.55	0.72	1.9	35	7.0	83	砂岩	E 104°44′53.9″ N 29°43′58.4″	91
						2	30—65	浅黄棕色	重黏土	粒状	6.4	13.7	0.93	0.78	2.3	77	3.0	72			
剖41	人为土	水稻土	黄壤性水稻土	冷砂黄泥田	冷黄砂泥田	A	0—15	黄棕色	重黏土	大棱柱状	6.2	9.7	0.74	0.62	2.2	63	1.0	69	砂岩、粉砂岩风化物	E 104°41′58.5″ N 29°42′41.3″	81
						2	15—35	灰棕色	重黏土	小柱状	6.6	5.8	0.49	0.47	2.1	28	1.0	51			
						W	35—65														
						C	65—														
剖42	初育土	新积土	冲积土	灰棕冲积土	潮泥土	1	0—22	浅棕黄色	轻黏土	大粒状	7.9	17.6	1.04	1.78	2.2	60	8.0	70	河流冲积物	E 104°51′24.8″ N 29°46′45.1″	70
						2	22—46	灰黄色	轻黏土	块状	8.4	13.9	0.68	1.76	1.8	40	4.0	42			
						3	46—100	灰棕黄色	中壤土	大块状	8.1	7.8	0.51	1.53	1.9	28	7.0	38			
剖43	铁铝土	黄壤	黄壤	老冲积黄泥稻土	黄泥土	A	0—26	暗黄棕色	中黏土	核状	5.4	12.1	1.76	0.98	2.0	78	4.0	57	第四纪冰水沉积物	E 104°44′53.9″ N 29°43′16.1″	74
						2	26—50	浅黄棕色	重黏土	粒状	5.6	8.2	0.29	0.73	1.0	28	1.0	32			
						C	50—														
剖44	初育土	新积土	冲积土	灰棕冲积土	白砂土	A	0—19	黄灰色	砂土	单粒状	8.1	4.1	0.25	0.66	1.0	8	1.0	15	河流冲积物	E 104°53′15.6″ N 29°45′41.2″	85
						2	19—43	黄灰色	砂土	小块状	8.2	3.1	0.24	0.63	0.8	6	1.0	8			
剖45	人为土	黄壤	冲积型水稻土	灰棕冲积水稻土	半砂半泥田	1	0—20	棕灰色	重黏土	粒状	7.6	11.0	0.81	1.01	2.1	55	46.0	1	新冲积物	E 104°57′07.6″ N 29°41′16.4″	88
						2	20—45	灰棕紫色	重黏土	块状	7.7	8.7	0.67	0.82	1.7	39	32.0	1			
						3	45—85	灰棕黄色	重黏土	块状	8.0	7.3	0.43	0.79	1.7	36	30.0	1			
剖46	人为土	水稻土	黄壤性水稻土	砂黄泥田	黄砂田	A	0—18	灰棕黄色	砂壤土	粒状	6.2	8.4	0.49	0.51	2.4	38	6.0	22	砂岩风化物	E 104°50′11.4″ N 29°40′55.2″	87
						2	18—25	灰棕黄色	中壤土	块状	6.2	8.3	0.42	0.40	2.1	33	6.0	24			
						W	25—48	灰黄色	中壤土	大棱柱状	5.6	7.0	4.00	0.32	1.9	28	4.0	19			

续表 Continued

剖面号 Soil profile	土纲 Soil order	土类 Soil great group	亚类 Soil subgroup	土属 Soil genus	土种 Soil species	土层码 Layer code	土层厚度 Depth/cm	颜色 Soil color	质地 Soil texture	土壤结构 Soil structure	pH	有机质 OM/(g/kg)	全氮 TN/(g/kg)	全磷 TP/(g/kg)	全钾 TK/(g/kg)	碱解氮 AN/(mg/kg)	有效磷 AP/(mg/kg)	速效钾 AK/(mg/kg)	土壤母质 Parent material	剖面点坐标 Profile coordinate	匹配指数 Matching index/%
剖47	铁铝土	黄壤	黄壤	冷砂黄泥土	冷黄砂泥土	A	0—24	浅灰黄色	轻壤土	粒状	5.5	12.1	0.34	0.21		41	1.0	24	厚砂岩、砂岩、泥岩风化物	E 104°46′36.1″ N 29°40′22.4″	70
						2	24—44	浅灰黄色	轻壤土	块状	5.3	6.0	0.13	0.17		13	1.0	13			
剖48	铁铝土	黄壤	黄壤	砂黄泥土	黄砂土	A	0—22	浅灰黄色	砂土	单粒状	6.2	9.0	0.36	0.36	0.9	38	2.0	21	砂岩	E 105°05′10.0″ N 29°49′28.2″	94
						2	22—41	黄色	轻壤土	块状	6.0	4.4	0.20	0.19	0.9	22	2.0	9			
						D	41—														
剖49	水稻土	紫色土性水稻土	灰棕紫色水稻土	暗紫砂田	A	0—20	浅灰黄色	轻壤土	粒状	7.5	17.1	1.05	0.02	3.3	77	5.4	75	紫色堆积物	E 105°05′33.2″ N 29°47′54.8″	70
						P	20—47	暗灰黄色	中壤土	大棱柱状	7.3	13.7	0.76	0.82	3.1	52	4.0	70			
						W	47—80	棕灰色	中壤土	小棱柱状	7.3	9.0	0.49	0.67	3.1	41	4.0	61			
剖50	水稻土	冲积型水稻土	紫色冲积水稻土	紫砂田	A	0—15	黄紫色	砂壤土	粒状	8.0	8.6	0.51	0.48	0.9	23	2.0	25	坡积物、冲积物	E 104°44′58.9″ N 29°38′37.0″	86
						P	15—30	紫黄色	重壤土	大棱柱状	8.1	6.2	0.93	0.30	0.8	17	0.7	17			
						W	30—60	浅黄棕色	重壤土	小棱柱状	7.8	2.7	0.55	0.21	0.8	10	0.4	17			
剖51	铁铝土	黄壤	黄壤	砂黄泥土	黄砂泥土	A	0—30	浅淡黄色	中壤土	柱状	5.6								砂岩	E 104°48′18.7″ N 29°39′59.0″	81
						2	30—65	浅灰黄色	中壤土	柱状	5.5										
						3	65—100	浅灰色	中壤土	大团块状	5.5										
剖52	水稻土	黄壤性水稻土	冷砂黄泥水田	砂白鳝泥田	A	0—15	白黄色	砂壤土	块状	5.7	22.1	1.52	0.84	4.2	106	5.0	118		E 104°45′02.2″ N 29°39′57.6″	92
						2	15—30	浅灰黄色	轻壤土	整体状	6.3	20.5	1.37	0.74	3.4	88	1.0	58			
						W	30—70	花灰白色	中壤土	小棱柱状	6.3	19.0	1.40	1.40	3.9	78	1.0	93			
剖53	水稻土	紫色土性水稻土	暗紫黄泥水稻土	冷浸烂泥田	1	0—50	灰灰紫色	重壤土	整体状	6.5	29.9	1.58	0.88	2.1	72	1.0	93		E 104°46′33.6″ N 29°39′14.0″	89
						W	50—100	浅灰紫色	轻壤土	小棱柱状	6.8	23.7	1.21	0.79	1.9	65	1.0	70			
剖54	水稻土	紫色土性水稻土	灰棕紫色水稻土	烂泥田	1	0—60	灰棕色	重壤土	整体状	8.0	22.4	1.50	0.53	2.2	94	2.0	144	厚砂岩、厚页岩风化物	E 104°53′22.1″ N 29°38′45.3″	71
						P	60—105	灰棕紫色	重壤土	整体状	9.0	24.2	1.30	0.48	1.8	90	1.0	123			
剖55	水稻土	紫色土性水稻土	灰棕紫色水稻土	砂泥田	A	0—23	灰棕色	重壤土	粒状	7.5										E 104°51′22.7″ N 29°38′12.5″	84
						2	23—30	棕紫色	重壤土	块状	7.6										
						W	30—100	暗紫色	轻壤土	小核柱状	7.7										
剖56	水稻土	紫色土性水稻土	灰棕紫色水稻土	黄紫泥田	A	0—18	紫黄色	轻壤土	核状	6.7	15.4	1.10	1.47	2.2	74	27.0	69	厚砂岩、厚页岩风化物	E 104°48′57.6″ N 29°37′32.2″	82
						P	18—48	灰黄色	轻壤土	大棱柱状	6.9	12.3	0.58	1.48	2.2	36	22.0	70			
						W	48—100	灰黄棕色	轻壤土	小棱柱状	6.3	7.1	0.52	1.11	2.0	43	9.0	110			
剖57	水稻土	紫色土性水稻土	灰棕紫色水稻土	砂泥田	1	0—23	灰灰紫色	重壤土	粒状	7.3	16.8	1.17	1.31	3.5	90	1.0	104	厚砂岩、厚页岩风化物	E 104°47′31.6″ N 29°37′08.0″	84
						2	23—60	棕紫色	重壤土	块状	7.5	15.4	0.85	1.02	3.8	66	1.0	92			
						3	60—100	暗紫色	重壤土	小棱柱状	7.5	12.4	0.65	0.80	3.1	48	1.0	86			

隆 昌 市

主要土类说明

水稻土是隆昌市的主要土壤类型，占本市地域面积的 50%，广泛分布于螺观山、圣灯山、黄家场三个背斜两翼的广阔向斜地带。经过长期耕作、施肥、灌溉与种植，在频繁的氧化与还原、淋溶与淀积、有机质累积与分解的过程中，逐步形成了水稻土特有的剖面构型，即淹育层、犁底层、淀积层和还原层，由于这些层次的发育和组合，形成了水稻土独特的理化、生物特性。在水耕熟化过程中，土壤的某些不良特性得到改善，保水、保肥能力增强，成为高产稳产的土壤。根据成土母质的特性，本市水稻土分为冲积性水稻土、紫色土性水稻土、黄壤性水稻土等亚类。

紫色土是隆昌市第二大土壤类型，占本市地域面积的 36%，是旱地主要土类，遍布全县各地。紫色土是由紫色砂页岩坡积物、残积物发育而成的。由于紫色母质具有复杂的矿物成分，成土过程以物理风化为主，化学风化微弱，因而紫色土剖面层次分化不明显，淋溶淀积弱，阳离子交换量和盐基饱和度较高，壤质土和中性土居多，加之地处低缓丘陵，光热条件较好，因而宜种度广，作物产量高。根据 pH 和碳酸钙含量可将本土类分为两个亚类：pH 小于 6.0，无碳酸钙反应的为酸性紫色土亚类；pH 为 6.0—7.5，碳酸钙含量在 1% 左右的为中性紫色土亚类。

黄壤是隆昌市第三大土壤类型，占本市地域面积的 12%，主要分布于石燕桥、云顶、圣灯等地，黄色厚砂岩出露的背斜低山地区及石碾等地，黄色砂页岩出露的低、浅丘陵区。本土类是在亚热带温热多雨气候条件下形成的，具有弱富铝化后黄化、黏化的成土特点。土体质地黏重，结构差，耕性不良。本市黄壤只有黄壤一个亚类。

小于本市地域面积 3% 的土壤类型还有新积土、石灰（岩）土等。

本区域中心区气候特征

本区域中心区气候特征值
Regional climate characteristics in central area of the region

气候带：中亚热带湿润气候 Climate region: Subtropical humid climate	
年平均气温 /℃ Annual average temperature /℃	17.9
年平均最高气温 /℃ Annual average maximum temperature /℃	21.6
年平均最低气温 /℃ Annual average minimum temperature /℃	15.4
年降水量 /mm Annual precipitation /mm	1038
≥10℃的积温 /℃ Daily temperature accumulated in a year（≥10℃）/℃	9537
年日照时数 /h Annual sunshine /h	996
年平均相对湿度 /% Annual average relative humidity /%	82
干燥度 Dryness	1.04

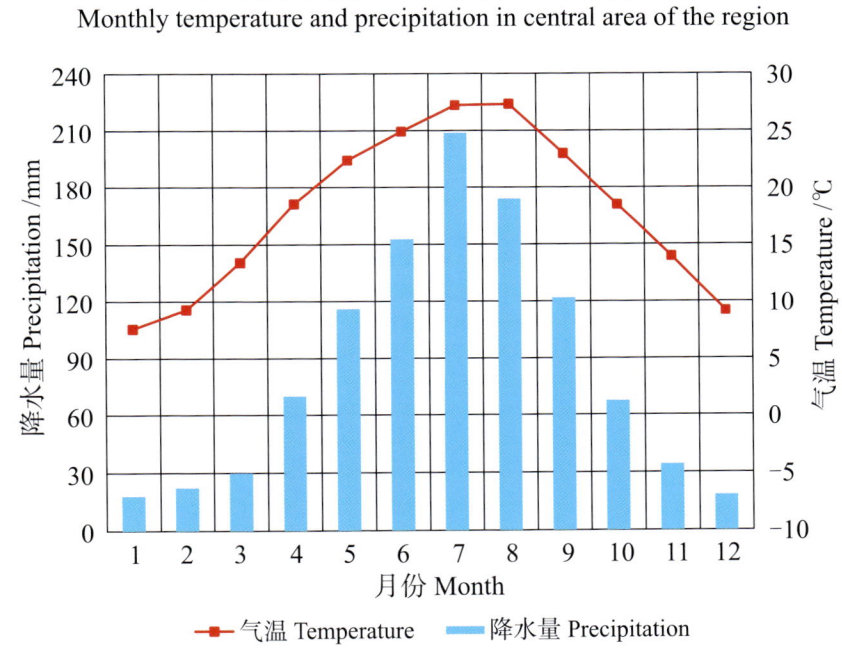

本区域中心区月平均气温与月平均降水量
Monthly temperature and precipitation in central area of the region

隆昌县主要土壤类型与土壤剖面点分布图
1∶180 000

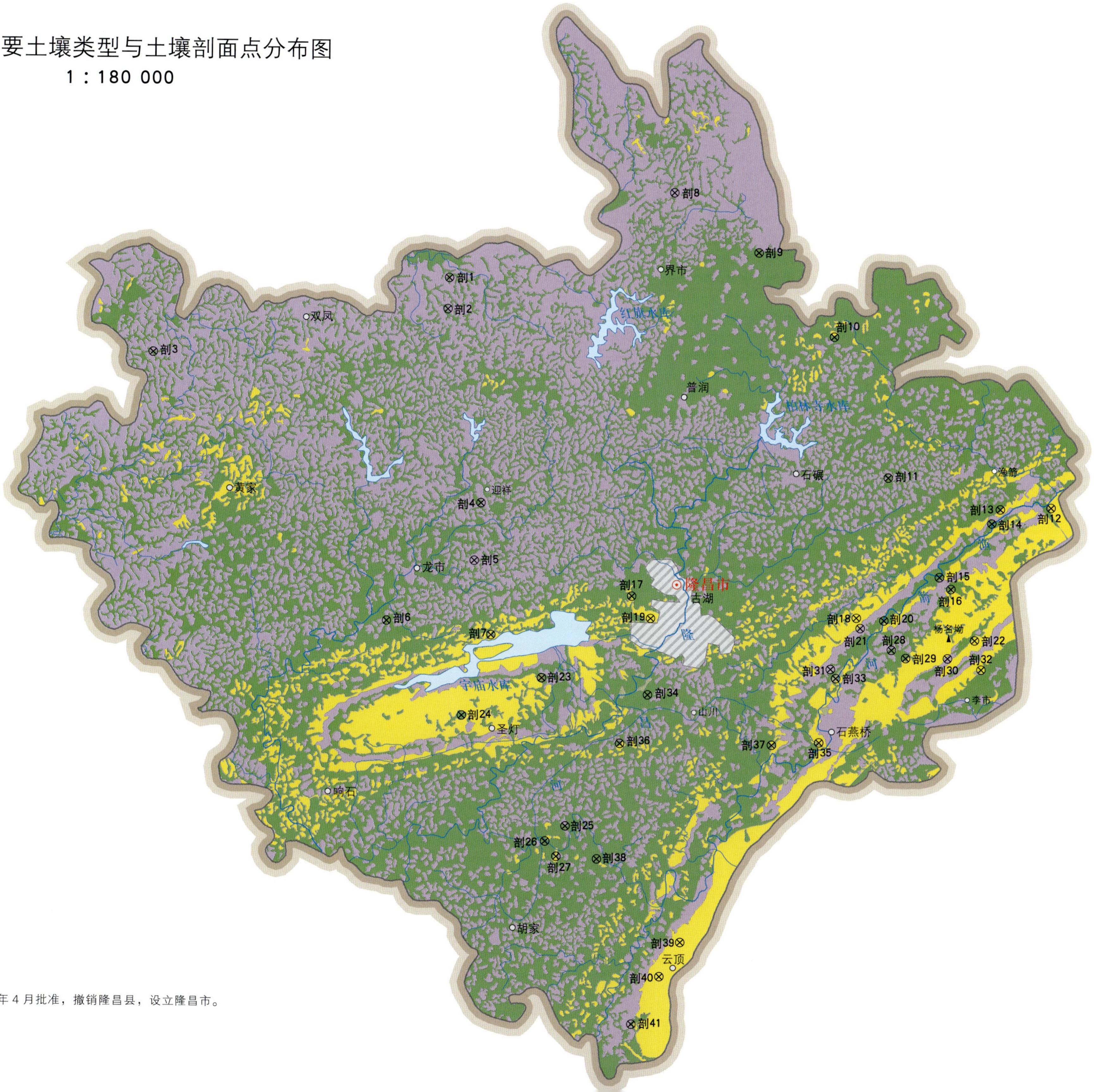

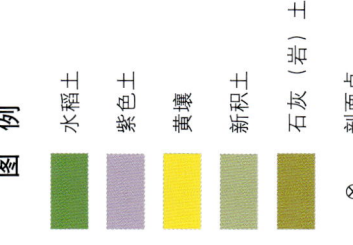

图 例
- 水稻土
- 紫色土
- 黄壤
- 新积土
- 石灰（岩）土
- ⊗ 剖面点

注：国务院2017年4月批准，撤销隆昌县，设立隆昌市。

隆昌市土壤剖面理化性状表

剖面号 Soil profile	土纲 Soil order	土类 Soil great group	亚类 Soil subgroup	土属 Soil genus	土种 Soil species	土层码 Layer code	土层厚度 Depth/cm	颜色 Soil color	质地 Soil texture	土壤结构 Soil structure	pH	有机质 OM/(g/kg)	全氮 TN/(g/kg)	全磷 TP/(g/kg)	全钾 TK/(g/kg)	碱解氮 AN/(mg/kg)	有效磷 AP/(mg/kg)	速效钾 AK/(mg/kg)	阳离子交换量CEC/(cmol/kg)	土壤母质 Parent material	剖面点坐标 Profile coordinate	匹配指数 Matching index/%
剖1	人为土	水稻土	紫色土性水稻土	灰棕紫色水稻土	深脚冷浸田	1	0—33	紫灰色	重壤土	整体状	8.0	28.1	1.24	0.25	2.1	90	2.0	64	17.7	紫色砂泥岩坡积物	E 105°11′49.9″ N 29°27′32.0″	100
剖2	初育土	紫色土	中性紫色土	灰棕紫泥土	大泥土	2 A 2	33—102 0—24 24—	深紫灰色 棕紫色 红棕色	重壤土 砂壤土	整体状 核状、粒状	8.1 8.3	26.7 5.4	1.20 0.39	0.24 0.66	2.2 2.3	34	3.0	105	21.9	砂泥岩坡积物、残积物	E 105°11′47.8″ N 29°26′53.9″	100
剖3	初育土	紫色土	中性紫色土	灰棕紫泥土	夹砂泥土	A 2 3	0—20 20—27 27—51	灰棕紫色 灰棕紫色 灰棕紫色	中壤土 中壤土 中壤土	粒状、核状 块状 核柱状	7.8 8.1 8.1	12.2 10.3 7.8	0.76 0.60 0.54	0.40 0.37 0.35	2.3 2.2 2.2	46	4.0	73	16.6	砂泥岩坡积物、残积物	E 105°04′56.6″ N 29°25′59.9″	92
剖4	人为土	水稻土	紫色土性水稻土	灰棕紫色水稻土	大泥田	1 2 3	0—19 19—30 30—101	棕紫色 棕紫色 棕紫色	重壤土 重壤土 重壤土	小块状 块状 大棱柱状	8.4 8.5 8.4	18.4 14.6 16.8	1.09 0.74 1.00	0.55 0.36 0.56	2.0 2.0 1.9	64	10.0	58	22.6	紫色砂泥岩坡积物	E 105°12′34.9″ N 29°22′57.0″	94
剖5	初育土	紫色土	中性紫色土	灰棕紫泥土	砂土	A 2	0—19 19—	暗紫色 灰紫色	砂壤土	粒状	8.4 6.1	8.3	0.54	0.43	2.1	49	6.0	40	10.8	砂泥岩坡积物、残积物	E 105°12′25.6″ N 29°21′46.8″	90
剖6	人为土	水稻土	冲积型水稻土	紫色冲积水稻土	白鳝泥田	1 2 3 4	0—20 20—26 26—45 45—92	浅灰紫色 灰紫色 黄白色 黄色	中壤土 中壤土 中壤土 砂壤土	小块状 块状 小棱柱状 单粒状	5.2 5.2 5.0 5.3	19.8 19.3 15.2 3.5	1.12 1.04 0.90 0.29	0.19 0.22 0.14 0.13	1.2 1.1 1.3 1.4	71	2.0	21	13.2	近代河流冲积物、洪积物	E 105°10′23.2″ N 29°20′33.0″	75
剖7	铁铝土	黄壤	黄壤	砂黄泥土	黄砂土	A 2 3	0—22 22—32 32—	灰紫色 黄色 黄色	砂壤土 砂壤土	单粒状	5.2 5.3	7.8 7.3	0.46 0.43	0.23 0.19	0.9 0.9	39	10.0	36	8.5		E 105°12′49.9″ N 29°20′15.7″	75
剖8	初育土	紫色土	中性紫色土	灰棕紫泥土	石骨子土	A 2 3	0—28 28—47 47—105	灰棕紫色 灰棕紫色 灰棕紫色	重壤土 重壤土 重壤土	团块状 块状 大棱柱状	7.6 8.0 8.4	15.4 10.2 5.9	1.19 0.81 0.48	0.57 0.54 0.40	2.3 2.2 2.2	76	3.0	87	25.3	砂泥岩坡积物、残积物	E 105°17′03.5″ N 29°22′16.4″	83
剖9	人为土	水稻土	紫色土性水稻土	灰棕紫色水稻土	砂田	1 2 3	0—20 20—53 53—	暗棕紫色 棕紫色	砂壤土 中壤土	粒状 小块状	6.0 7.4	10.6 3.5	0.60 0.24	0.46 0.18	1.6 1.2	52	4.0	31	19.4	紫色砂泥岩坡积物	E 105°19′01.3″ N 29°28′03.5″	75
剖10	人为土	水稻土	黄壤性水稻土	砂黄泥田	紫黄泥田	1 2 3	0—21 21—33 33—	浅灰紫色 棕黄色	砂壤土 中壤土	粒状 块状	5.8 6.6	8.8 6.1	0.51 0.36	0.17 0.16	1.1 1.0	53	2.0	18	6.4		E 105°20′46.0″ N 29°26′20.4″	70
剖11	人为土	水稻土	紫色土性水稻土	灰棕紫色水稻土	夹砂泥田	1 2 3	0—20 20—29 29—91	棕黄色 棕黄色 棕紫色	中壤土 重壤土 重壤土	粒状 小棱柱状 大棱柱状	7.3 7.8 7.4	10.7 9.7 7.8	0.62 0.61 0.47	0.44 0.39 0.38	2.0 2.1 2.1	54	7.0	62	19.2	紫色砂泥岩坡积物	E 105°22′00.8″ N 29°23′28.0″	89
剖12	铁铝土	黄壤	黄壤	冷砂黄泥土	黄砂土	1 2 3	0—19 19—42 42—68	暗棕黄色 棕黄色 浅黄色	重壤土 中壤土 中壤土	块状 棱块状 块状	5.8 6.1 5.9	22.4 17.3 11.1	1.06 0.91 0.72	0.26 0.22 0.19	0.6 0.6 0.8	90	3.0	59	10.3		E 105°26′09.2″ N 29°22′49.4″	75
剖13	人为土	水稻土	黄壤性水稻土	夹砂黄泥田	夹石黄砂泥田	1 2 3	0—20 20—29 29—79	灰棕黄色 浅灰黄色 浅灰黄色	中壤土 中壤土 轻壤土	核状、粒状 小棱柱状 块状	5.5 6.0 6.4	15.2 13.0 11.1	0.78 0.75 0.67	0.48 0.47 0.24	0.7 0.7 0.7	62	3.0	21	13.3		E 105°24′36.7″ N 29°22′49.1″	96
剖14	人为土	水稻土	紫色土性水稻土	暗紫泥田	大土泥田	1 2 3	0—23 23—32 32—95	暗紫色 暗灰紫色 暗灰黄色	轻黏土 中黏土 中壤土	块状 片状、块状 大棱柱状	8.2 8.4 5.7	18.5 12.1 11.0	0.92 0.93 0.88	0.61 0.65 0.60	1.1 1.6 1.1	54	4.0	102	21.6	紫色砂泥岩坡积物	E 105°24′24.8″ N 29°22′31.8″	92
剖15	人为土	水稻土	黄壤性水稻土	砂黄泥田	豆面泥田	1 2 3	0—20 20—34 34—101	灰黄色 灰黄色 浅黄色	重壤土 重壤土 重壤土	核状、块状 块状 小棱柱状	5.7 5.7 5.7	22.8 22.6 19.7	1.41 1.11 1.09	0.38 0.37 0.28	1.2 1.2 1.1	74	3.0	52	14.0	暗紫色泥岩风化物	E 105°23′11.8″ N 29°21′26.3″	95

续表 Continued

剖面号 Soil profile	土纲 Soil order	土类 Soil great group	亚类 Soil subgroup	土属 Soil genus	土种 Soil species	土层码 Layer code	土层厚度 Depth/cm	颜色 Soil color	质地 Soil texture	土壤结构 Soil structure	pH	有机质 OM/(g/kg)	全氮 TN/(g/kg)	全磷 TP/(g/kg)	全钾 TK/(g/kg)	碱解氮 AN/(mg/kg)	有效磷 AP/(mg/kg)	速效钾 AK/(mg/kg)	阳离子交换量CEC/(cmol/kg)	土壤母质 Parent material	剖面点坐标 Profile coordinate	匹配指数 Matching index/%
剖16	人为土	水稻土	黄壤性水稻土	冷砂黄泥田	白鳝泥田	1	0—20	黄棕色	轻黏土	小块状	5.4	13.5	0.93	0.20	1.8	62	2.0	39	15.6		E 105°23′27.6″ N 29°21′11.9″	71
						2	20—28	黄棕色	轻黏土	块状	5.5	13.2	0.94	0.22	1.8							
						3	28—95	浅黄白色	轻黏土	小棱柱状	5.5	12.2	0.82	0.22	1.6							
剖17	人为土	水稻土	黄壤性水稻土	砂黄泥田	黄砂田	1	0—27	棕黄色	重壤土	块状	5.0	22.8	1.06	0.29	1.1	90	4.0	29	20.9		E 105°16′04.1″ N 29°21′03.2″	71
						2	27—66	灰黄色	重壤土	大棱柱状	5.1	19.0	0.97	0.30	1.1							
						3	66—115	黄色	重壤土	小棱柱状	5.1	8.4	0.62	0.21	0.8							
剖18	铁铝土	黄壤	黄壤	砂黄泥土	黄砂泥土	A	0—20	黄色	中壤土	核状、粒状	5.1	12.4	0.67	0.31	1.5	77	3.0	47	14.4		E 105°21′16.2″ N 29°20′36.6″	87
						2	20—69	黄色	中壤土	棱柱状	5.4	4.2	0.35	0.20	1.4							
						3	69—	黄色														
剖19	铁铝土	黄壤	砂黄泥土	紫黄泥土		A	0—24	棕色	重壤土	小块状	4.9	7.9	0.56	0.19	0.9	34	2.0	26	20.7		E 105°16′30.7″ N 29°20′36.1″	86
						2	24—40	浅棕黄色	重壤土	块状	5.0	4.3	0.31	0.18	1.0							
						3	40—91	浅棕黄色	轻黏土	棱柱状	5.4	3.8	0.25	0.13	0.9							
剖20	水稻土	冲积型水稻土	紫冲积水稻土	潮砂泥田		1	0—23	黄紫色	中壤土	片状、小棱块状	5.4	26.9	1.40	0.58	1.3	77	24.0	36	19.7	近代河流洪积物,冲积物	E 105°21′54.4″ N 29°20′33.4″	71
						2	23—33	灰紫色	中壤土	棱柱状	5.6	22.2	1.14	0.43	1.3							
						3	33—104	灰紫色	中壤土	块状	5.5	9.9	0.56	0.24	1.4							
剖21	紫色土	中性紫色土	暗紫泥土	棱砂土		A	0—25	棕红色	轻黏土	小块状	7.8	20.4	1.13	0.60	1.7	75	5.0	110	22.7	泥页岩坡积物、残积物	E 105°21′21.6″ N 29°20′24.0″	84
						2	25—45	棕红色	轻黏土	棱柱状	8.2	7.9	0.56	0.41	1.6							
						3	45—100	棕色	轻黏土	棱块状	8.4	6.6	0.52	0.42	1.7							
剖22	初育土	黄壤	冷砂黄泥土	黄泥土		A	0—18		轻黏土	小块状	4.5	14.0	1.11	4.20	1.3	66	6.0	77	19.4		E 105°24′00.4″ N 29°20′08.9″	96
						2	18—46		轻黏土	棱块状	5.0	9.5	9.50	0.39	1.3							
						3	46—85		轻壤土	棱柱状	4.6	8.4	8.40	0.73	1.3							
剖23	铁铝土	石灰(岩)土	黄色石灰土	黄泥土		A	0—19	黄棕色	轻黏土	小块状	7.7	17.6	0.91	0.40	1.6	68	3.0	80	22.8	石灰岩风化坡积物、残积物	E 105°13′59.2″ N 29°23′23.2″	73
						2	19—34	棕黄色	轻黏土	块状	7.8	17.1	1.00	0.26	1.5							
						3	34—52	棕黄色	中壤土	大块状	7.7	12.0	0.69	0.38	1.7							
剖24	初育土	水稻土	黄壤性水稻土	冷砂黄泥田	黄泥田	1	0—18	棕黄色	中壤土	粒状	5.5	23.0	0.96	0.30	0.8	77	5.0	43	11.8		E 105°12′08.6″ N 29°18′37.1″	96
						2	18—58	棕黄色	轻黏土	小块状	5.3	23.1	0.94	0.32	0.9							
						3	58—	黄色														
剖25	水稻土	冲积型水稻土	紫色冲积水稻土	潮泥田		1	0—22	棕黄色	中壤土	块状	5.9	15.8	0.73	0.27	1.5	60	7.0	27	17.0	近代河流洪积物,冲积物	E 105°14′32.3″ N 29°16′22.1″	90
						2	22—78	棕黄色	中壤土	小块状	6.9	9.7	0.49	0.23	1.4							
剖26	水稻土	黄壤性水稻土	老冲积黄泥田	黄泥田		1	0—22	棕黄色	重壤土	粒状	5.4	21.6	1.31	0.36	2.0	114	9.0	168	29.1		E 105°14′04.3″ N 29°16′03.5″	90
						2	22—75	棕黄色	重壤土	大棱柱状	5.4	13.8	0.86	0.26	1.6							
剖27	铁铝土	黄壤	老冲积黄泥土	黄泥土		A	0—20	棕黄色	中壤土	小块状	5.2	11.5	0.94	0.24	1.4	75	3.0	43	25.1	第四纪砂质黄色黏土	E 105°14′19.7″ N 29°15′45.0″	93
						2	20—31	棕黄色	中壤土	块状	5.1	6.8	0.50	0.34	1.2							
						3	31—80	棕黄色	中壤土	棱柱状	5.2	6.4	0.48	0.34	1.6							
剖28	人为土	紫色土性水稻土	暗紫泥田	窖罐泥田		1	0—35	棕灰紫色	轻黏土	块状	7.9	30.9	1.55	0.35	1.9	109	2.0	88	17.4	暗紫色泥岩风化物	E 105°22′04.8″ N 29°19′57.4″	100
						2	35—106	暗灰紫色	轻黏土	整体状	8.2	29.2	1.45	0.25	1.5							
剖29	人为土	黄壤性水稻土	冷砂黄泥田	窖罐泥田		1	0—20		轻壤土	粒状	5.6	25.2	1.15	0.21	1.4	62	3.0	24	11.8		E 105°22′24.6″ N 29°19′47.3″	88
						2	20—37		轻壤土	块状	5.7	23.7	1.07	0.25	1.5							
						3	37—68		轻壤土	棱柱状	5.8	22.0	1.00	0.22	1.7							
						4	68—100		重壤土		6.2											
剖30	初育土	紫色土	酸性紫色土	红紫泥土	窖罐泥土	A	0—31	灰红紫色	轻壤土	块状	5.1	13.5	0.72	0.18	1.5	40	1.0	90	19.2		E 105°23′22.6″ N 29°19′46.9″	87
						2	31—78	红紫色	轻壤土	棱柱状	5.0	6.9	0.48	0.27	1.2							
剖31	初育土	紫色土	中性紫色土	暗紫泥土	大土泥土	A	0—15	暗紫色	中壤土	粒状	8.6	6.5	0.63	0.65	1.9	30	3.0	93	15.4	泥页岩坡积物、残积物	E 105°20′40.2″ N 29°19′34.0″	98
						2	15—	暗紫色														

续表 Continued

剖面号 Soil profile	土纲 Soil order	土类 Soil great group	亚类 Soil subgroup	土属 Soil genus	土种 Soil species	土层码 Layer code	土层厚度 Depth/cm	颜色 Soil color	质地 Soil texture	土壤结构 Soil structure	pH	有机质 OM/(g/kg)	全氮 TN/(g/kg)	全磷 TP/(g/kg)	全钾 TK/(g/kg)	碱解氮 AN/(mg/kg)	有效磷 AP/(mg/kg)	速效钾 AK/(mg/kg)	阳离子交换量CEC/(cmol/kg)	土壤母质 Parent material	剖面点坐标 Profile coordinate	匹配指数 Matching index/%
剖32	铁铝土	黄壤	黄壤	砂黄泥土	夹石黄砂泥田	A	0—24	灰黄色	轻壤土	核状、粒状	5.6	11.0	0.69	0.29	0.8	53	3.0	54	8.6		E 105°24′09.4″ N 29°19′33.2″	93
						2	24—46	浅黄色	中壤土	块状	5.5	4.9	0.34	0.17	0.7							
						3	46—	黄色														
剖33	初育土	新积土	冲积土	紫色冲积土	潮砂土	A	0—24	灰紫色	砂壤土	粒状	5.6	6.1	0.39	0.19	1.9	33	1.0	114	9.3	河流冲积物	E 105°20′47.4″ N 29°19′22.8″	70
						2	24—41	灰棕紫色	砂壤土	粒状	7.0	4.2	0.24	0.18	1.8							
						3	41—101	灰棕紫色	砂壤土	小块状	7.5	5.2	0.36	0.16	1.9							
剖34	人为土	水稻土	黄壤性水稻土	砂黄泥田	白鳝泥田	1	0—21	浅灰黄色	中壤土	小块状	5.5	15.4	1.10	0.28	0.9	76	8.0	21	15.5		E 105°16′26.4″ N 29°19′02.6″	91
						2	21—33	灰黄色	中壤土	块状	5.7	10.8	0.81	0.17	1.0							
						3	33—70	灰白色	重壤土	小棱块状	5.8	4.0	0.74	0.10	0.9							
						4	70—95	灰白色	轻壤土	小块状	5.6	3.9	0.19	0.08	1.0							
剖35	铁铝土	黄壤	黄壤	砂黄泥土	豆面泥土	A	0—22	灰黄色	中壤土	块状	6.3	16.9	0.89	0.33	1.0	75	3.0	66	21.7		E 105°20′24.4″ N 29°18′04.3″	85
						2	22—33	黄色	中壤土	棱块状	5.8	10.3	0.67	0.26	0.1							
						3	33—62	黄色	中壤土	块状	5.6	7.9	0.52	0.22	0.7							
剖36	人为土	水稻土	紫色土性水稻土	暗紫泥田	深脚冷浸田	1	0—18	红紫色	重壤土	块状	5.2	24.1	1.57	0.39	1.6	94	6.0	78	19.4	暗紫色泥岩风化物	E 105°15′47.9″ N 29°18′03.2″	99
						2	18—30	红紫色	重壤土	块状	5.4	23.2	1.12	0.32	1.6							
						3	30—93	红紫色	重壤土	大棱块状	5.2	17.5	1.06	0.30	1.5							
剖37	人为土	水稻土	黄壤性水稻土	砂黄泥田	黄砂泥田	1	0—20	灰黄色	中壤土	核状、块状	5.3	13.6	0.75	0.27	0.8	60	3.0	23	11.7		E 105°19′18.8″ N 29°18′01.1″	95
						2	20—29	浅黄色	中壤土	块状	5.4	12.2	0.71	0.27	0.7							
						3	29—98	黄色	中壤土	小棱块状	5.3	11.9	0.63	0.09	0.4							
剖38	人为土	水稻土	黄壤性水稻土	老冲积黄泥田	黄砂泥田	1	0—17	灰棕紫色	中壤土	小块状	5.3	18.9	1.01	0.22	0.7	71	2.0	49	16.2		E 105°15′16.6″ N 29°15′41.8″	70
						2	17—28	棕紫色	中壤土	块状	5.3	17.1	0.92	0.23	0.9							
						3	28—83	棕紫色	中壤土	小块状	5.5	12.7	0.70	0.22	0.7							
剖39	铁铝土	黄壤	黄壤	冷砂黄泥土	煤矸石土	A	0—21	黑黄色	砂壤土	粒状、块状	5.2	90.4	2.15	0.38	2.2	111	6.0	59	18.0		E 105°17′12.3″ N 29°13′59.8″	87
						2	21—38	黑黄色	砂壤土	小块状	5.2	87.7	1.78	0.36	2.3							
剖40	铁铝土	黄壤	黄壤	冷砂黄泥土	黄砂泥土	A	0—17	灰黄色	中壤土	单粒状	4.8	9.7	0.60	0.28	0.3	38	6.0	13	8.1		E 105°16′43.4″ N 29°13′17.9″	88
						2	17—24	浅黄色	中壤土	核状、粒状	5.8	5.0	0.43	0.18	0.2							
						3	24—	浅黄色														
剖41	人为土	水稻土	黄壤性水稻土	冷砂黄泥田	黄砂泥田	1	0—25	灰黄色	轻黏土	小块状	5.4	18.8	0.97	0.21	1.3	73	4.0	47	15.8		E 105°16′04.6″ N 29°12′19.7″	71
						2	25—38	浅灰黄色	轻黏土	块状	5.7	18.2	0.95	0.20	1.4							
						3	38—100	紫黄色	重壤土	大棱柱状	5.7	17.3	0.80	0.18	1.5							

乐 山 市

市 辖 区

主要土类说明

水稻土是乐山市的主要土壤类型，占本市地域面积的 31%。水稻土是在长期季节性淹灌、水下翻耕、季节性脱水、氧化还原交替影响下，原来成土母质或母土的特性发生重大改变，形成的新的土壤类型。由于干湿交替，水稻土形成糊状淹育层、较坚实板结的犁底层、渗育层、潴育层与潜育层等多种发生层。

紫色土是乐山市第二大土壤类型，占本市地域面积的 28%。紫色土是由热带、亚热带紫红色岩层直接风化形成的 A–C 型土壤。其理化性质与母岩组成直接相关，土层浅薄，剖面层次发育不明显，仍处于初育阶段。

黄壤是乐山市第三大土壤类型，占本市地域面积的 24%。黄壤发生于亚热带湿润条件下，中度脱硅富铝化，多见于海拔 700—1200m 的山区。土壤有机质累积较多，具 O–A–AB–B–C 剖面构型。pH 为 4.5—5.5。淀积层（B 层）富含水合氧化物（针铁矿），呈黄色。

石灰（岩）土占本市地域面积的 7%。石灰（岩）土发生于热带、亚热带石灰岩山区，是石灰岩经溶蚀风化，形成的厚薄不同的钙质饱和或含游离钙质的土壤，多见于石隙、溶洞或峰丛底部。该土壤碳酸钙淋溶程度不一，多黏土，多为铁钙质胶结物，风化程度不一，盐基饱和度高，有机质含量及胶结状态有较大差异。

新积土占本市地域面积的 5%。新积土是由新近冲积、洪积、坡积及塌积或人工堆垫形成的土壤。成土期短，母质特性明显，具 A–C 或 (A)–C 剖面构型。

本区域中心区气候特征

本区域中心区气候特征值
Regional climate characteristics in central area of the region

气候带：中亚热带湿润气候 Climate region: Subtropical humid climate	
年平均气温 /℃ Annual average temperature /℃	16.1
年平均最高气温 /℃ Annual average maximum temperature /℃	21.0
年平均最低气温 /℃ Annual average minimum temperature /℃	12.6
年降水量 /mm Annual precipitation /mm	973
≥10℃的积温 /℃ Daily temperature accumulated in a year（≥10℃）/℃	8643
年日照时数 /h Annual sunshine /h	1330
年平均相对湿度 /% Annual average relative humidity /%	76
干燥度 Dryness	1.02

本区域中心区月平均气温与月平均降水量
Monthly temperature and precipitation in central area of the region

乐山市市辖区（部分）主要土壤类型与土壤剖面点分布图
1∶240 000

图例
- 水稻土
- 紫色土
- 黄壤
- 石灰（岩）土
- 新积土
- ⊗ 剖面点

乐山市土壤剖面理化性状表

剖面号 Soil profile	土纲 Soil order	土类 Soil great group	亚类 Soil subgroup	土属 Soil genus	土种 Soil species	土层码 Layer code	土层厚度 Depth/cm	颜色 Soil color	质地 Soil texture	土壤结构 Soil structure	pH	有机质 OM/(g/kg)	全氮 TN/(g/kg)	全磷 TP/(g/kg)	碱解氮 AN/(mg/kg)	有效磷 AP/(mg/kg)	速效钾 AK/(mg/kg)	土壤母质 Parent material	剖面点坐标 Profile coordinate	匹配指数 Matching index/%
剖1	铁铝土	黄壤	黄壤	矿子黄泥土		1	0—2	浅黑褐色		无明显结构								石灰岩	E 103°52′58.8″ N 29°41′37.7″	94
						2	2—15	灰棕色	轻壤土	粒状	4.6	59.2	2.40	0.59	314	17.0	184			
						3	15—40	棕黄色	轻壤土	块状	4.4	18.3	0.80	0.21	108	3.0	95			
						4	40—	浅黄色												
剖2	初育土	紫色土	石灰性紫色土	砖红紫泥土		1	0—1	灰红色		无明显结构								第四纪冰川沉积物、坡积物夹中到细粒石英砂粒	E 103°36′42.0″ N 29°34′44.4″	73
						2	1—18	棕红色	轻壤土	粒状	8.7	10.1	0.73	0.92	64	7.0	37			
						3	18—35	浅棕红色	中壤土	块状	8.4	9.2	0.69	0.95	122	6.0	33			
						4	35—60	砖红色	轻壤土		8.3	5.1	0.54	0.88	40	4.0	45			
剖3	铁铝土	黄壤	黄壤	老冲积黄泥土	小土黄泥土	1	0—20	黄棕色	轻壤土	粒状	5.5	8.6	0.47	0.34	52	2.0	49	泥岩坡积物	E 103°43′51.6″ N 29°32′32.3″	71
						2	20—38	棕黄色	轻壤土	粒状	5.5	5.7	0.41	0.23	48	2.0	36			
						3	38—99	浅棕黄色	砂壤土		5.6	1.8	0.19	0.15	24	1.0	41			
剖4	初育土	紫色土	石灰性紫色土	棕紫泥土	粗石骨土	1	0—17	红紫色	轻壤土	片状	8.0	6.7	0.47	0.94	48	4.0	41	泥岩残积物	E 103°55′56.7″ N 29°38′02.5″	92
						2	17—70	砖红紫色	中壤土		7.6	2.5	0.38	0.78	28	6.0	62			
剖5	初育土	紫色土	石灰性紫色土	红棕紫泥土	中层红棕紫泥土	A₁	0—11	红棕紫色	壤质黏土	粒状	8.3	41.5	2.56	0.43	114	8.0	114	红棕紫色泥岩风化残积物、坡积物	E 103°56′18.8″ N 29°35′25.5″	92
						B	11—40	红棕紫色	壤质黏土	块状	8.5	16.4	1.61	0.61	114	8.0	39			
						C	40—60	红棕紫色	砂质黏壤土	块状	8.6	7.5	0.83	0.47	53		44			
剖6	初育土	紫色土	酸性紫色土			Ao	0—2	暗棕色	砂壤土	粒状	4.9	24.9	0.98	0.20	109	4.0	71	厚砂岩风化残积物、坡积物	E 103°48′13.0″ N 29°34′18.1″	94
						A₁	2—16	暗红色	砂质黏壤土	小块状	5.0	11.1	0.58	0.21	64	2.0	81			
						B	16—46	砖红色	砂质黏壤土	碎屑状	5.4	5.3	1.11	0.21	53	3.0	70			
						C	46—100	浅紫棕色	中壤土	粒状										
剖7	初育土	紫色土	石灰性紫色土	棕紫泥土	大土泥土	1	0—17	砖红紫色	重壤土	团块状	8.0	13.3	0.84	0.53	102	3.0	98	泥岩坡积物	E 103°53′27.6″ N 29°33′11.5″	78
						2	17—58	砖红紫色	重壤土	块状	7.9	10.5	0.67	0.90	88	7.0	94			
						3	58—91	浅棕褐色		无明显结构	8.3	6.6	0.80	0.66	76	4.0	62			
剖8	初育土	黄壤	黄壤	砂黄泥土	红砂土	1	0—1	黑棕色	中壤土	粒状	4.2	31.0	1.29	0.29	162	4.0	114	紫红黄赤色砂岩，部分泥页岩风化物	E 103°45′23.7″ N 29°31′44.5″	91
						2	1—12	棕黄色	中壤土	碎块状	4.3	9.3	0.52	0.27	60	1.0	82			
						3	12—38	紫黄色	中壤土	碎屑状	4.4	6.6	0.48	0.44	62	1.0	74			
						4	38—86	暗紫色	轻壤土	团块状	7.4	15.3	0.98	1.07	77	9.0	87			
剖9	初育土	紫色土	酸性紫色土	红紫泥土		1	0—23	暗紫色	轻壤土	块状	6.8	15.9	0.72	1.19	117	19.0	67	厚砂岩坡积物、残积物	E 103°49′51.6″ N 29°31′36.5″	79
						2	23—60	紫红色	中壤土		6.5	11.2	0.68	1.10	88	12.0	41			
						3	60—100	浅棕褐色		无明显结构										
剖10	初育土	紫色土	石灰性紫色土	红棕紫泥土	红石骨土	1	0—17	棕紫色	中壤土	粒状	8.6	7.8	0.52	0.95	48	4.0	65	红棕紫色泥页岩残积物	E 103°50′52.8″ N 29°30′11.5″	75
						2	17—86	棕紫色	中壤土		8.6	6.3	0.46	0.85	38	4.0	51			
剖11	初育土	紫色土	石灰性紫色土	棕紫泥土	裂直大土	1	0—2	灰棕色	中壤土	团块状	8.5	11.2	0.80	0.27	90	5.0	55	棕红色泥页岩风化物	E 103°41′56.4″ N 29°28′12.0″	89
						2	2—15	灰棕色	轻壤土	粒状	8.4	0.3	0.68	0.25	68	4.0	37			
						3	15—35	棕黄色	中壤土		8.5	6.2	0.57	0.07	49	3.0	23			
						4	35—100	棕黄色	重壤土		8.5	14.9	0.97	1.08	69	8.0	76			
剖12	初育土	紫色土	石灰性紫色土	红棕紫泥土	鸡血泥土	1	0—22	暗棕色	重壤土	团块状	8.5	10.8	0.81	1.00	58	6.0	60	红棕色泥页岩坡积物	E 103°36′27.7″ N 29°27′22.6″	98
						2	22—47	红紫棕色	重壤土	块状	8.6	9.5	0.84	1.10	51	4.0	50			
						3	47—115	灰紫色	重壤土	粒状	7.4	15.2	1.03	0.84	91	7.0	74			
剖13	初育土	紫色土	中性紫色土	暗紫泥土		1	0—22	暗紫色	重壤土	团块状	7.8	10.0	0.73	0.63	71	5.0	74	暗紫色泥页岩残积物、坡积物	E 103°38′14.1″ N 29°25′57.9″	70
						2	22—58	灰紫色	重壤土	块状	7.9		2.72	0.64	52	3.0	77			
						3	58—90	棕紫色	重壤土			4.7								

续表 Continued

剖面号 Soil profile	土纲 Soil order	土类 Soil great group	亚类 Soil subgroup	土属 Soil genus	土种 Soil species	土层码 Layer code	土层厚度 Depth/cm	颜色 Soil color	质地 Soil texture	土壤结构 Soil structure	pH	有机质 OM/(g/kg)	全氮 TN/(g/kg)	全磷 TP/(g/kg)	碱解氮 AN/(mg/kg)	有效磷 AP/(mg/kg)	速效钾 AK/(mg/kg)	土壤母质 Parent material	剖面点坐标 Profile coordinate	匹配指数 Matching index/%
剖14	初育土	紫色土	中性紫色土	暗紫泥土		1	0—1	暗紫色		无明显结构	8.1	19.9	1.49	1.52	100	3.0	31		E 103°36′30.3″ N 29°25′54.7″	70
						2	1—20	灰紫色	轻黏土	粒状	8.0	9.6	1.04	2.29	56	1.0	20			
						3	20—50	棕紫色	轻黏土	块状	8.2	5.8	0.68	2.56	34	1.0	38			
剖15	铁铝土	黄壤	黄壤	老冲积黄泥土	黄泥土	4	50—100	灰酱色	重黏土	块状	6.5	30.0	1.70	1.78	214	8.0	84	第四纪冰川沉积物、坡积物	E 103°31′06.1″ N 29°25′09.8″	92
						1	0—16	棕紫色	多砾重壤土	小块状	6.4	26.0	1.49	1.45	214	4.0	91			
						2	16—60	黄棕色	砂壤土	大块状										
剖16	初育土	紫色土	中性紫色土	灰棕紫泥土	油石骨土	3	60—	黄棕色			8.6	13.6	0.81	1.05	41	6.0	36	灰棕紫色页岩残积物	E 103°43′51.6″ N 29°24′59.4″	92
						1	0—15	棕紫色	中壤土	粒状										
						2	15—	棕红色												
剖17	铁铝土	黄壤	黄壤	稻棕性黄泥土	卵石黄泥田	1	0—2	浅鬯褐色	中壤土	无明显结构	5.7	94.0	3.56	0.90	494	6.0	360	玄武岩及变质岩、砂页岩风化物	E 103°34′48.0″ N 29°23′52.8″	76
						2	2—8	棕黑色	中壤土	团粒状	5.6	31.7	1.53	0.74	242	1.0	144			
						3	8—36	黄棕色	重壤土	块状	5.9	17.6	0.89	0.46	156	1.0	154			
						4	36—76	棕黄色	重壤土	棱柱状	6.3	20.2	1.20	0.56	143	4.0	156			
						5	76—	黄色												
剖18	水稻土	水稻土	黄壤性水稻土	老冲积黄泥田	石窖黄泥田	1	0—17	棕黄色	重壤土	块状	5.7	17.4	1.05	0.55	108	5.0	87	老冲积物、残积物	E 103°30′32.4″ N 29°23′02.4″	76
						2	17—27	浅棕黄色	中壤土	块状	5.5	12.2	0.80	0.54	82	3.0	100			
						3	27—89	灰棕色	中壤土	棱柱状	5.9	5.5	0.58	0.54	66	3.0	73			
剖19	水稻土	水稻土	黄壤性水稻土	老冲积黄泥田	小土黄泥田	1	0—16	灰黄棕色	中壤土	小块状	6.3	29.6	1.32	1.03	217	9.0	165	老冲积物、坡积物、残积物	E 103°43′51.6″ N 29°22′49.1″	95
						2	16—32	黄黄棕色	中壤土	棱柱状	6.5	17.1	0.90	1.37	145	12.0	179			
剖20	铁铝土	黄壤	黄壤	冷砂砂黄泥土	冷砂土	1	0—16	黄色	重壤土	块状	6.0	18.2	1.08	0.67	157	4.0	89	黄色页岩残积物、坡积物	E 103°36′26.4″ N 29°20′48.0″	71
						2	16—30	黄棕色	中壤土	块状	5.5	14.0	0.79	0.56	95	2.0	78			
						3	30—81	黄色	重壤土	块状	5.2	10.6	0.78	0.77	102	2.0	94			
剖21	铁铝土	黄壤	黄壤	粗胃黄性黄泥土	老冲积黄泥田	1	0—23	暗黄色	重壤土	大粒状	5.2	9.7	0.79	0.52	83	3.0	131	玄武岩、变质岩、砂页岩残积物、坡积物	E 103°31′28.8″ N 29°20′41.9″	82
						2	23—44	灰棕色	中壤土	块状	5.4	8.7	0.75	0.48	74	5.0	99			
						3	44—70	黄棕色	中壤土	棱柱状	5.3	8.1	0.71	0.59	76	8.0	85			
剖22	初育土	黄壤	潮土型水稻土	灰棕色潮土	砂田	1	0—20	黄棕色	砂壤土	粒状	6.1	11.3	0.92	0.54	60	5.0	69	第四纪冰川沉积物、坡积物	E 103°45′57.6″ N 29°29′19.3″	88
						2	20—44	黄棕色	轻壤土	块状	6.1	9.6	1.23	0.29	82	6.0	60			
						3	44—90	黄棕色	中壤土	小块状	5.5	5.8	0.46	0.25	72	2.0	70			
剖23	铁铝土	黄壤	黄壤	冷砂黄泥土	冷砂田	1	0—22	暗棕红色	重壤土	块状	8.5	14.6	0.97	1.23	64	5.0	73	灰棕紫色泥岩坡积物	E 103°51′25.2″ N 29°28′03.7″	91
						2	22—53	红棕色	重壤土	大粒状	8.5	16.7	0.96	1.12	66	3.0	57			
						3	53—89	棕红色	中壤土	块状	8.5	4.1	0.50	0.99	36	4.0	45			
剖24	人为土	水稻土	黄壤性水稻土	冷砂黄泥田		1	0—18	浅黄灰色	砂壤土	小块状	8.1	17.5	0.96	1.59	83	8.0	24	棕灰色冲积物	E 103°45′03.6″ N 29°27′53.6″	93
						2	18—26	棕灰色	中壤土	块状	8.1	10.0	0.49	1.47	51	3.0	22			
						3	26—80	暗棕黄色	中壤土	小块状	8.0	7.0	0.51	1.36	32	4.0	24			
剖25	人为土	水稻土	黄壤性水稻土	冷砂黄泥田		1	0—15	暗棕黄色	中壤土	块状	6.2	17.2	1.06	1.00	116	6.0	119	黄色砂岩残积物、坡积物	E 103°49′54.0″ N 29°27′11.5″	97
						2	15—23	黄棕色	重壤土	块状	6.2	20.0	1.43	0.48	131	8.0	120			
						3	23—50	棕色	中壤土	棱柱状	5.6	11.0	1.06	0.52	92		52			
						4	50—90	棕褐色	中壤土		5.8	9.3	0.83	0.43	83		44			
剖26	铁铝土	黄壤	黄壤	冷砂黄泥土		1	0—1	黑褐色		无明显结构	4.3	49.8	1.42	0.25	191	5.0	77	厚砂岩、粉砂岩、页岩、炭质页岩夹煤风化物	E 103°51′03.6″ N 29°24′47.9″	87
						2	1—11	棕灰色	中壤土	粒状	4.4	13.0	0.70	0.67	75	1.0	46			
						3	11—44	黄色	中壤土	块状	4.5	6.2	0.74	0.14	39	1.0	33			
						4	44—106	黄棕色	轻壤土	小块状										
剖27	铁铝土	黄壤	黄壤	砂黄泥土	夹石黄泥土	1	0—14	暗棕黄色	多砾中壤土	块状	7.9	34.9	1.91	3.12	172	10.0	158	砂页岩	E 103°56′13.2″ N 29°24′34.2″	91
						2	14—38	黄褐色	多砾重壤土	块状	7.8	23.5	1.24	3.40	146	8.0	102			
						3	38—100	浅黄褐色	多砾轻黏土	棱柱状	7.6	16.4	1.22	3.30	124	6.0	84			

续表 Continued

剖面号 Soil profile	土纲 Soil order	土类 Soil great group	亚类 Soil subgroup	土属 Soil genus	土种 Soil species	土层码 Layer code	土层厚度 Depth/cm	颜色 Soil color	质地 Soil texture	土壤结构 Soil structure	pH	有机质 OM/(g/kg)	全氮 TN/(g/kg)	全磷 TP/(g/kg)	碱解氮 AN/(mg/kg)	有效磷 AP/(mg/kg)	速效钾 AK/(mg/kg)	土壤母质 Parent material	剖面点坐标 Profile coordinate	匹配指数 Matching index/%
剖28	人为土	水稻土	石灰岩土性水稻土	黄色石灰性水稻土	白鳝泥田	1	0—20	棕灰色	轻壤土	粒状	7.8	12.1	0.72	1.47	78	12.0	34	石灰岩残积物、坡积物	E 103°48′14.7″ N 29°23′04.1″	81
						2	20—51	浅棕灰色	轻壤土		7.7	7.2	0.42	1.33	45	3.0	24			
						3	51—110	灰色	轻壤土	块状	8.0	5.6	0.57	1.18	40	4.0	25			
剖29	初育土	紫色土	中性紫色土	灰棕紫泥土		1	0—1	灰酱紫色										砂泥岩为主与细砂岩成不等厚互层风化物	E 103°52′22.8″ N 29°21′56.5″	76
						2	1—13	棕紫色	轻壤土	粒状	6.1	22.9	1.15	0.24	158	2.0	121			
						3	13—28	浅紫色	轻壤土	块状	6.3	4.6	0.59	0.45	76		45			
						4	28—61	黄棕紫色	中壤土		5.7	1.9	0.50	0.59	60		101			
剖30	铁铝土	黄壤	黄壤	砂黄泥土	黄砂土	1	0—12	紫棕色	中砾重黏土	块状	6.7	15.8	0.82	1.62	115	2.0	148	长石石英砂岩残积物、坡积物	E 103°54′03.6″ N 29°20′58.2″	83
						2	12—100	紫棕色	中砾重黏土		6.7	9.9	0.44	1.33	68	2.0	292			
剖31	人为土	水稻土	紫色土性水稻土	红棕紫色水稻土	烂泥田	1	0—20	灰棕色	中壤土	紧体状	8.2	28.6	1.28	1.13	81	6.0	75	红棕紫色泥岩坡积物	E 103°52′48.0″ N 29°20′51.7″	87
						2	20—100	黑褐色	重壤土	紧体状	8.2	32.8	1.09	1.19	22	3.0	83			
剖32	初育土	石灰（岩）土	黄色石灰岩土	黄色石灰土	灰砂泥土	A	0—12	黄灰色	中壤土	核状、团粒状	7.4	28.4	1.60	1.36	165	18.0	249	石灰岩坡积物、残积物	E 103°29′49.2″ N 29°19′22.8″	70
						B	12—68	黄灰色	重壤土	块状	7.8	19.8	1.22	1.12	127	13.0	102			
						C	68—	浅黄色												
剖33	初育土	石灰（岩）土	黄色石灰岩土	黄色石灰土		1	0—3	褐棕色	重壤土	无明显结构	6.8	88.9	4.24	1.35	434	4.0	308	石灰岩、白云岩风化物	E 103°40′22.8″ N 29°18′35.3″	98
						2	3—9	暗褐棕色	重壤土	团粒状	6.8	59.7	3.06	1.09	338	2.0	198			
						3	9—31	黄棕色	重壤土	棱块状	6.6	33.6	1.84	0.97	210		104			
						4	31—55	灰黄色	重壤土		6.7	24.6	1.60	0.89	194		85			
剖34	初育土	紫色土	中性紫色土	暗紫泥土	石骨土	1	0—17	灰棕紫色	中壤土	大粒状	8.6	7.8	0.58	1.12	38	3.0	55	暗紫色泥岩残积物	E 103°35′60.0″ N 29°17′34.8″	99
						2	17—100	灰棕紫色	中壤土	小块状	8.5	5.7	0.50	1.22	34	2.0	56			
剖35	人为土	水稻土	黄壤性水稻土	砂黄泥田	黄砂泥田	1	0—12	黄灰色	重壤土	小块状	5.4	19.9	1.07	0.46	126	6.0	80	砂岩残积物、坡积物	E 103°42′10.8″ N 29°15′10.1″	98
						2	12—33	黄灰色	重壤土	块状	5.1	19.8	0.99	0.34	95	2.0	63			
						3	33—83	灰白色	重壤土	棱块状	5.6	11.8	0.71	0.35	69	2.0	55			
剖36	初育土	石灰（岩）土	黄色石灰岩土	黄色石灰土	石砾土	1	0—25	灰紫色	中壤土	小块状	7.9	19.9	1.65	0.65	68	15.0	123	石灰岩残积物	E 103°39′46.8″ N 29°14′37.0″	94
						2	25—65	灰棕紫色	轻壤土	块状	7.6	22.6	1.09	0.81	63	4.0	117			
						3	65—	紫色												
剖37	人为土	水稻土	紫色土性水稻土	暗紫泥田	鸡血棕泥田	1	0—22	暗紫色	重壤土	小块状	7.5	22.1	1.36	0.98	110	7.0	121	暗紫色钙质页岩残积物、坡积物	E 103°36′32.4″ N 29°14′20.4″	95
						2	22—31	棕紫色	重壤土	块状	8.0	20.1	1.21	0.92	103	8.0	115			
						3	31—87	浅棕紫色	轻壤土	大棱柱状	8.1	15.9	1.17	0.93	93	4.0	129			

金 口 河 区

主要土类说明

黄棕壤是金口河区的主要土壤类型，占本区地域面积的43%，分布于海拔1600—2250m的地区。成土母质多为砂页岩及花岗岩风化物。本区黄棕壤的黏粒形成和移动过程明显，盐基淋溶作用十分活跃，石灰质被淋失，盐基不饱和，并伴随微弱的脱硅富铝化过程。土壤为棕色或黄棕色，呈微酸性，心土层黏粒淀积多。

黄壤是金口河区第二大土壤类型，占本区地域面积的22%，分布在海拔900—1600m的地区，成土母质有灰岩、白云岩、千枚岩、板岩和玄武岩坡积物、残积物。其成土过程具有脱硅富铝化弱、黄化明显、有机质累积作用强等特点。在本区由于地面坡度大，土壤移动性大，粗骨性强，土壤发育呈幼年状态，与典型黄壤相比，有机质含量偏低，而矿质养分的含量偏高。

暗棕壤是金口河区第三大土壤类型，占本区地域面积的17%。暗棕壤是在温润气候条件下形成的地带性土壤。成土母岩为玄武岩坡积物，有少数砂岩和灰岩。土壤形成特点：一是弱的酸性淋溶，剖面没有明显的灰化层和淀积层分化。二是酸性腐殖质的积累，腐殖质层厚，由于活性腐殖酸的下移，使心土层呈暗棕色，且酸度较高。三是弱的酸化作用，使土壤质地轻，剖面质地分化不明显。

石灰（岩）土占本区地域面积的7%，广泛分布于河谷地区的石灰岩母质上。由于母岩中含有大量碳酸盐，延缓了风化淋溶的过程，在成土时间不长和雨水淋洗作用不强的情况下，便形成了富钙的石灰（岩）土。此外，在有些地方，由于近代石灰岩的坡积和石灰水的浸渍，已经发育成的地带性土壤复钙后成为石灰（岩）土。与地带性土壤比较，石灰（岩）土含有丰富的交换性钙、镁，保持着很高的盐基饱和度，呈中性至微碱性。风化作用比较弱，质地不如同类母质的地带性土壤黏重，但其肥力优于地带性土壤，结构性和耕性较好，养分较丰富。

紫色土占本区地域面积的4%，分布在海拔1200—1600m的地区。其成土过程特点：紫色岩石的物理风化强烈，表层物质更新频繁，同时紫色岩岩性软，地处坡度较大，易遭冲刷剥蚀，还因其矿物成分复杂而色泽深，吸热性强，在冷热变化时，物理崩解强烈，风化成土快。紫色土的实际成土过程时间短，因而风化淋溶程度浅，不具有富铝化特征，始终保持着紫色或棕红色，矿物风化弱，土壤保持着比较高的盐基饱和度，pH也接近中性。紫色土生物循环强烈，有机质和氮素积累少。

粗骨土占本区地域面积的3%。本区粗骨土属于A-C型，甚至（A）-C型土壤。A层发育不明显，与母质土层性状相似，略显有机质累积。有时母质层富含砾石，甚少剖面分异与发育特征。

小于本区地域面积3%的土壤类型还有棕色针叶林土、山地草甸土等。

本区域中心区气候特征

本区域中心区气候特征值
Regional climate characteristics in central area of the region

气候带：北亚热带湿润气候 Climate region: North subtropical humid climate	
年平均气温 /℃ Annual average temperature /℃	14.9
年平均最高气温 /℃ Annual average maximum temperature /℃	20.6
年平均最低气温 /℃ Annual average minimum temperature /℃	10.9
年降水量 /mm Annual precipitation /mm	961
≥10℃的积温 /℃ Daily temperature accumulated in a year (≥10℃) /℃	7731
年日照时数 /h Annual sunshine /h	1551
年平均相对湿度 /% Annual average relative humidity /%	72
干燥度 Dryness	0.99

本区域中心区月平均气温与月平均降水量
Monthly temperature and precipitation in central area of the region

金口河区主要土壤类型与土壤剖面点分布图
1 : 140 000

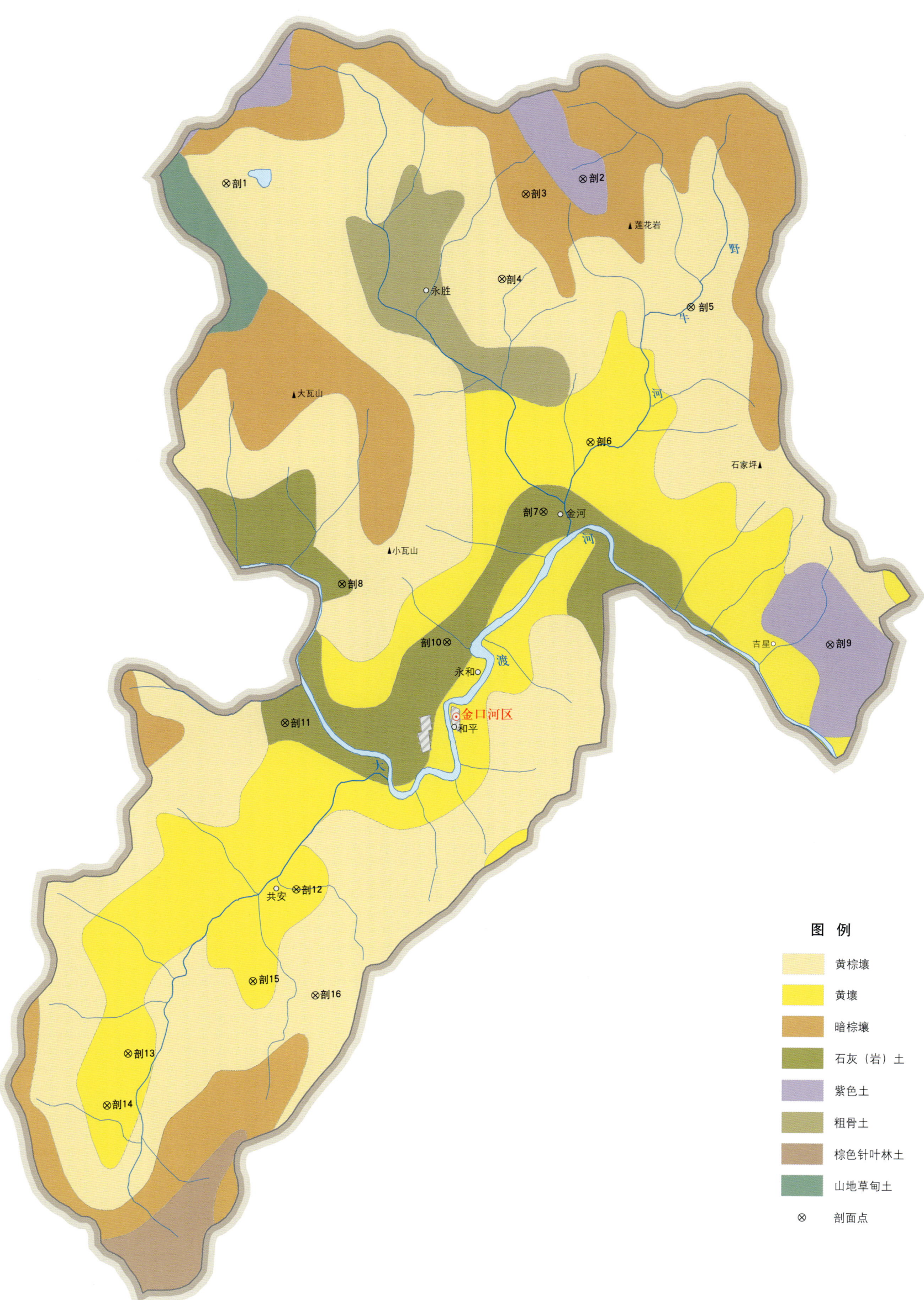

金口河区土壤剖面理化性状表

剖面号 Soil profile	土纲 Soil order	土类 Soil great group	亚类 Soil subgroup	土属 Soil genus	土种 Soil species	土层码 Layer code	土层厚度 Depth/cm	颜色 Soil color	质地 Soil texture	土壤结构 Soil structure	pH	有机质 OM/(g/kg)	全氮 TN/(g/kg)	全磷 TP/(g/kg)	全钾 TK/(g/kg)	碱解氮 AN/(mg/kg)	有效磷 AP/(mg/kg)	速效钾 AK/(mg/kg)	阳离子交换量CEC/(cmol/kg)	土壤母质 Parent material	剖面点坐标 Profile coordinate	匹配指数 Matching index/%
剖1	淋溶土	黄棕壤	黄棕壤			1	0–22	褐色	石骨土	团块状	5.0	64.3	2.78	0.34	2.2	211	7.0	64	31.5		E 102°59′34.1″ N 29°24′19.8″	98
						2	22–80	浅黄棕色	石骨土	小棱柱状	5.3	15.3	1.81	0.22	2.2	87	4.0	61	26.9			
						3	80–100	浅黄棕色		小棱柱状												
剖2	初育土	紫色土	中性紫色土			1	0–22	棕红色	中砾重黏土	团块状	7.9	25.6	0.68	0.28		49	5.0	91	13.0	紫色砂页岩	E 103°06′57.2″ N 29°24′31.3″	89
						2	22–50	暗棕红色	轻砾轻黏土	大棱柱状	7.6	20.1	0.50	0.22		33	3.0	84	6.7			
						3	50–100															
剖3	淋溶土	暗棕壤				1	0–12	暗棕色	中壤土	粒状	5.4	148.7	7.33	1.08	2.6				30.3		E 103°05′46.9″ N 29°24′14.1″	96
						2	12–29	棕色	中壤土	核状、粒状												
						3	29–52	黄棕色	轻砾轻黏土	核状、粒状	5.4	69.8	3.14	0.77	2.7				18.5			
						4	29–52	黄黄棕色	轻砾轻黏土	核状、粒状	5.6	25.2	1.26	0.77	3.1				9.9			
						5	52–74	浅黄棕色	轻壤土	小块状												
						6	74–100				5.7	12.8	0.62	0.43	3.7				5.1			
剖4	淋溶土	黄棕壤	黄棕壤	铁质黄棕壤	豆面土	1	0–16	浅棕色	中砾轻黏土	团块状	5.1	47.1	1.42	0.52	1.4	115	20.0	72	19.3	砂岩、粉砂岩残积物	E 103°05′19.0″ N 29°22′42.2″	80
						2	16–31	黄棕色	中壤土	棱柱状	5.0	45.3	0.94	0.39	1.7	196	63.0	63	17.0			
						3	31–60			小棱柱状												
剖5	淋溶土	黄棕壤	黄棕壤			1	0–17	褐色	轻砾重黏土	团块状	5.4	22.6	0.17	0.37	1.1	124	6.0	67	22.8		E 103°09′14.7″ N 29°22′15.1″	82
						2	17–36	褐色	轻砾重黏土	小棱柱状	5.3	17.5	0.73	0.33	0.9	95	6.0	58	19.1			
						3	36–50	暗棕黄色		小棱柱状												
剖6	铁铝土	黄壤	黄壤性	石渣黄泥土	石渣黄泥土	A	0–17	褐棕色	壤质黏土	团块状	6.3	44.5	2.05	0.27		132	9.0	86	20.4	玄武岩风化物	E 103°07′12.7″ N 29°19′46.9″	79
						B	17–35	棕色	壤质黏土	团块状	6.1	23.7	1.19	0.18		84	5.0	72	12.6			
						C	35–			大棱柱状												
剖7	初育土	石灰（岩）土	黄色石灰土	黄色石灰土	油砂大泥土	1	0–18	暗棕色	轻黏土	团块状	7.5	29.7	1.66	0.37		118	6.0	102	16.2		E 103°06′16.1″ N 29°18′31.1″	94
						2	18–38	暗红棕色	轻黏土	大棱柱状	7.5	24.6	1.16	0.22		102	3.0	94	9.2			
						3	38–100	棕色	轻黏土	大棱柱状												
剖8	初育土	石灰（岩）土	红色石灰土	红色石灰土	硝土	1	0–17	暗红棕色	轻黏土	团块状	7.6	26.9	1.18	0.45	3.2	82	11.0	121	18.5	白云岩坡积物	E 103°02′07.4″ N 29°17′08.3″	92
						2	17–40	暗红棕色	轻黏土	大棱柱状	7.9		0.80	0.29	3.1	70	7.0	95	15.8			
						3	40–70			大棱柱状												
剖9	初育土	紫色土	中性紫色土	暗紫泥土	风化土	1	0–17	棕色	轻黏土	块状	5.6	26.9	1.18	0.51		98	10.0	69	19.0	紫色砂岩	E 103°12′15.1″ N 29°16′12.7″	78
						2	17–49			棱柱状												
						3	49–100															
剖10	初育土	石灰（岩）土	黄色石灰土	黄色石灰土	石块黄泥土	1	0–15	棕色	轻黏土	大块状	7.8	24.5	1.31	0.45	2.3	100	8.0	96	20.3		E 103°04′19.1″ N 29°16′07.5″	94
						2	15–40	浅红棕色	中砾中黏土	大棱柱状	7.7	15.3	0.74	0.19	2.5	62	2.0	86	13.7			
						3	40–100	浅红棕色		大棱柱状												
剖11	初育土	石灰（岩）土	黄色石灰土	黄色石灰土	石骨土	1	0–20	灰黄棕色	砾石土	块状	7.3	29.4	0.93	0.44		150	9.0	96	17.8		E 103°01′00.0″ N 29°14′36.5″	97
						2	20–60	灰黄棕色	砾石土	棱柱状	7.3	24.8	0.24	0.35		111	8.0	22	15.2			
剖12	铁铝土	黄壤	粗骨性黄壤	泥质粗骨性黄壤	黄油砂土	1	0–30	灰黄色	轻黏土	团粒状	7.7	34.2	1.58	0.16		146	3.0	74	16.2		E 103°01′18.4″ N 29°11′35.4″	81
						2	30–48	浅黄棕色	石骨土	小棱柱状	7.5	13.5	0.99	0.22		66	2.0	130	11.5			
						3	48–100	暗黄棕色	石骨土	小棱柱状												
剖13	铁铝土	黄壤	粗骨性黄壤	灰质黄壤	白鳝大泥	1	0–20	棕灰色	轻砾轻黏土	团块状	6.6	23.1	0.69	0.47	3.6	70	11.0	83	15.6	白云岩、灰质页岩坡积物、残积物	E 102°57′54.3″ N 29°08′33.0″	92
						2	20–73	浅黄棕色	轻黏土	大棱柱状	6.7	7.7	0.65	0.28	3.6	33	6.0	75	18.3			
						3	73–100	浅黄棕色	轻黏土	大棱柱状	7.1	4.8	0.26	0.21		20	3.0	92	11.8			

续表 Continued

剖面号 Soil profile	土纲 Soil order	土类 Soil great group	亚类 Soil subgroup	土属 Soil genus	土种 Soil species	土层码 Layer code	土层厚度 Depth/cm	颜色 Soil color	质地 Soil texture	土壤结构 Soil structure	pH	有机质 OM/(g/kg)	全氮 TN/(g/kg)	全磷 TP/(g/kg)	全钾 TK/(g/kg)	碱解氮 AN/(mg/kg)	有效磷 AP/(mg/kg)	速效钾 AK/(mg/kg)	阳离子交换量CEC/(cmol/kg)	土壤母质 Parent material	剖面点坐标 Profile coordinate	匹配指数 Matching index/%
剖14	铁铝土	黄壤	粗骨性黄壤	灰质黄壤	泡黄泥土	1	0—20	浅棕色	中砾轻黏土	块状	7.0	27.8	1.32	0.48	2.9	140	15.0	91	12.4	白云岩、灰质页岩坡积物、残积物	E 102°57′29.8″ N 29°07′36.7″	94
						2	20—48	灰黑色	轻砾轻黏土	小棱柱状	7.0	2.8	0.32	0.33	2.7	30	11.0	88	17.0			
						3	48—100	浅黄棕色	中砾轻黏土	小棱柱状												
剖15	铁铝土	黄壤	粗骨性黄壤	泥质粗骨性黄壤	石窖黄泥	1	0—17	暗灰黄色	中黏土	团块状	5.2	56.0	2.04	0.51	1.7	201	9.0	84	27.9		E 103°00′27.4″ N 29°09′54.4″	75
						2	17—43	暗灰黄色		棱柱状	5.1	51.6	1.83	0.32	2.2	146	5.0	63	21.6			
						3	43—75	暗灰黄色		棱柱状												
						4	75—100															
剖16	淋溶土	黄棕壤	黄棕壤	铁质黄棕壤	石砂子土	1	0—20	暗黄棕色	石骨土	团粒状	6.1	54.1	1.90	0.60		177	25.0	64	23.4		E 103°01′45.1″ N 29°09′40.3″	70
						2	20—42	浅棕黄色	石骨土	棱柱状	6.2	60.8	1.44	0.59		131	23.0	60	14.8			
						3	42—100	浅棕黄色		棱柱状												

犍 为 县

主要土类说明

紫色土是犍为县的主要土壤类型，占本县地域面积的43%，广泛分布于东南向斜浅、缓、中丘陵地区。紫色土是由紫色岩层在热带和亚热带气候条件下风化发育而成的一种特殊的农业土壤。其主要特点是母岩以物理风化为主，成土速度快，化学风化弱，土壤颜色与母岩相似，钙和盐基物质淋溶少，胶体品质好，矿物养分丰富，自然肥力高，光热条件好，宜种作物广。本县紫色土为A–C型土壤，其理化性质与母岩组成直接相关，土层浅薄，剖面层次发育不明显，仍处于初育阶段。本县紫色土分为红紫泥土、棕紫泥土等亚类。

水稻土是犍为县第二大土壤类型，占本县地域面积的30%，广泛分布于全县平坝、丘陵和低山地区，尤以丘陵区分布最多。水稻土是在长期季节性淹灌、水下翻耕、季节性脱水、氧化还原交替影响下，原来成土母质或母土的特性发生重大改变，形成的新的土壤类型。由于干湿交替，水稻土形成糊状淹育层、较坚实板结的犁底层、渗育层、潴育层与潜育层等多种发生层。这些不同发生层段是在人为耕作、水浆管理下形成的。本县水稻土分为冲积性水稻土、紫色土性水稻土、黄壤性水稻土、石灰土性水稻土等亚类。

黄壤是犍为县第三大土壤类型，占本县地域面积的20%，主要分布在县境西部低山地区，岷江两岸有第四纪老冲积物分布，包括第四纪老冲积黄泥土土属、冷沙黄泥土土属。土壤呈黄色，富含水合氧化物（针铁矿），中度富铝化。土壤有机质累积较高，具 O–A–AB–B–C 剖面构型。pH 为 4.5—5.5。

新积土占本县地域面积的4%。新积土是由新近冲积、洪积、坡积、塌积或人工堆垫形成的土壤。该土壤成土期短，母质特性明显，具 A–C 或（A）–C 剖面构型。

小于本县地域面积3%的土壤类型还有石灰（岩）土等。

本区域中心区气候特征

本区域中心区气候特征值
Regional climate characteristics in central area of the region

气候带：中亚热带湿润气候 Climate region: Subtropical humid climate	
年平均气温 /℃ Annual average temperature /℃	16.9
年平均最高气温 /℃ Annual average maximum temperature /℃	21.3
年平均最低气温 /℃ Annual average minimum temperature /℃	13.7
年降水量 /mm Annual precipitation /mm	1001
≥10℃的积温 /℃ Daily temperature accumulated in a year (≥10℃) /℃	9613
年日照时数 /h Annual sunshine /h	1223
年平均相对湿度 /% Annual average relative humidity /%	78
干燥度 Dryness	1.01

本区域中心区月平均气温与月平均降水量
Monthly temperature and precipitation in central area of the region

犍为县主要土壤类型与土壤剖面点分布图
1 : 220 000

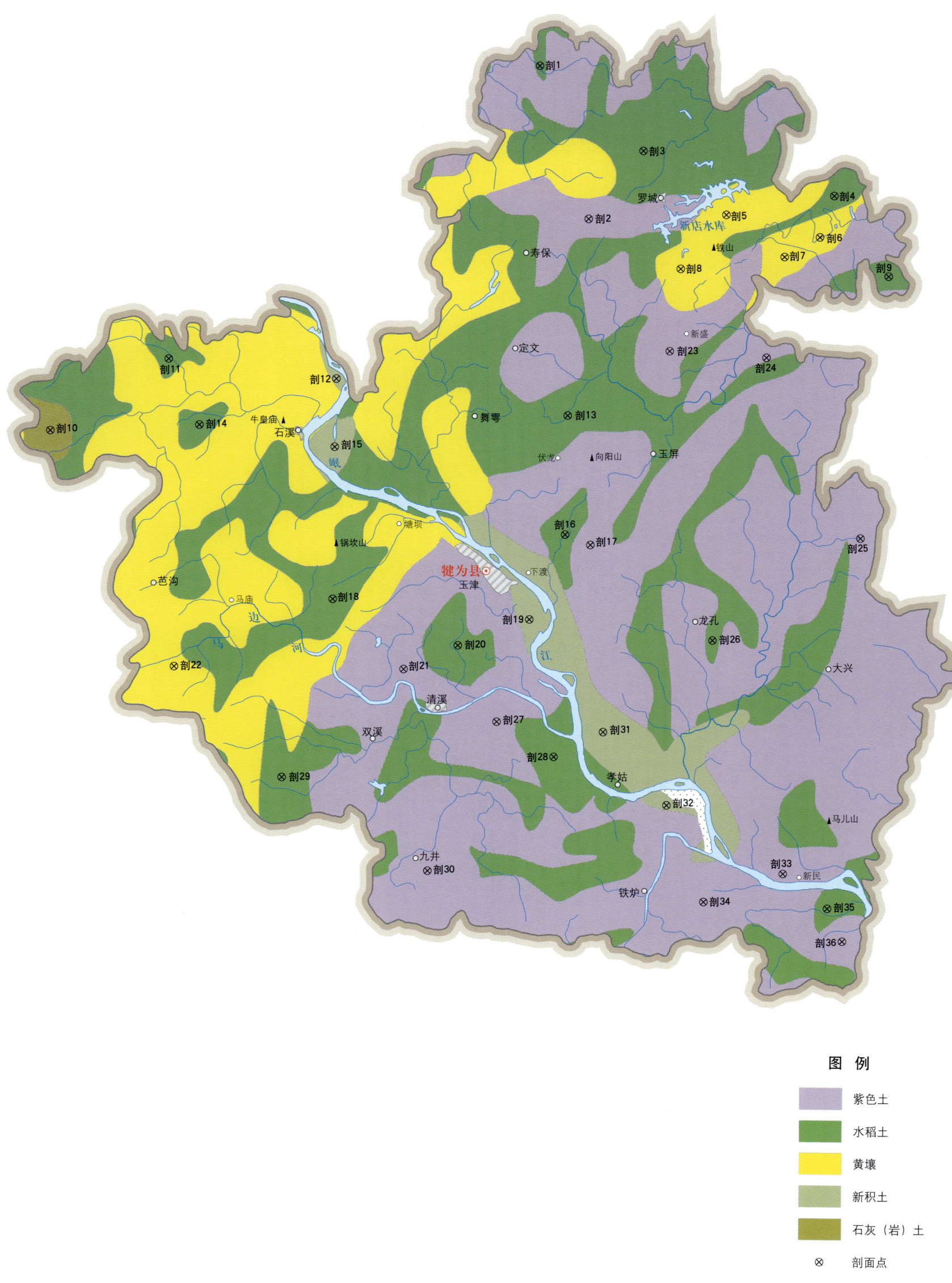

犍为县土壤剖面理化性状表

剖面号 Soil profile	土纲 Soil order	土类 Soil great group	亚类 Soil subgroup	土属 Soil genus	土种 Soil species	土层码 Layer code	土层厚度 Depth/cm	颜色 Soil color	质地 Soil texture	土壤结构 Soil structure	pH	有机质 OM/(g/kg)	全氮 TN/(g/kg)	全磷 TP/(g/kg)	碱解氮 AN/(mg/kg)	有效磷 AP/(mg/kg)	速效钾 AK/(mg/kg)	土壤母质 Parent material	剖面点坐标 Profile coordinate	匹配指数 Matching index/%
剖1	人为土	水稻土	冲积型水稻土	灰棕冲积水稻土	半砂半泥田	1	0—20	灰棕紫色	中壤土	核状、小块状	6.5	17.3	1.03	0.29	68	10.9	12	冲积物	E 103°57′47.2″ N 29°26′45.3″	81
						2	20—28	灰棕紫色	中壤土	小块状	6.7	15.5	0.88	0.19	61	8.7	12			
						3	28—100	棕色	中壤土	柱状	7.6	8.0	0.55	0.14	24	5.7	31			
剖2	初育土	紫色土	红紫泥土	灰棕紫泥土	石骨土	A	0—14	棕紫色	轻壤土		7.6	8.1	0.57	0.16	39	1.7	77	泥岩与砂岩夹钙质结核	E 103°59′23.3″ N 29°22′32.2″	85
						C	14—													
剖3	人为土	水稻土	潴育水稻土	紫潮田	紫潮砂泥田	A	0—19	棕色	黏壤土	小块状	7.3	27.6	1.62	0.05	104	1.4	52	第四纪紫色冲积物	E 104°01′06.2″ N 29°24′25.9″	95
						Pb	19—29	棕紫色	黏壤土	板块状	7.7	21.1	1.66	0.05	105	1.7	13			
						Wa_1b_2	29—77	深棕紫色	粉砂质黏土	核块状	7.7	28.0	1.55	0.04	98	0.2	20			
						Wb_1	77—100	灰棕紫色	粉砂质黏壤土	大棱块状	6.6			0.03						
剖4	人为土	水稻土	冲积型水稻土	灰棕冲积水稻土	油砂田	1	0—27	灰黑色	轻壤土	粒状	7.8	18.1	1.06	0.32	80	5.7	42	冲积物	E 104°07′10.0″ N 29°23′15.0″	96
						2	27—44	灰棕紫色	中壤土	棱块状	7.6	8.9	0.57	0.26	28	1.7	16			
						3	44—100	浅棕紫色	中壤土	小棱块状	8.2	7.7	0.62	0.33	25	1.7	12			
剖5	铁铝土	黄壤	黄壤	老冲积黄泥土	黄泥土	A	0—17	棕黄色	中壤土	小块状	5.3	12.2	0.93	0.04	94	0.4	62	第四纪冰碛物	E 104°03′45.3″ N 29°22′41.8″	97
						2	17—26	黄棕色	中壤土	块状	5.6	9.7	0.75	0.03	65		50			
						3	26—100	红黄色	中壤土		5.6	2.5	0.54	0.04	46		39			
剖6	铁铝土	黄壤	黄壤	老冲积黄泥土	卵石黄泥土	A	0—19	浅灰黄色	中壤土	小块状	5.8	13.1	0.91	0.06	68	3.5	49	第四纪冰碛物	E 104°06′43.9″ N 29°22′06.4″	82
						2	19—26	灰黄色	中壤土	块状	5.8	7.2	0.61	0.04	42	0.9	43			
						3	26—50	灰黄色	中壤土	块状	5.5	6.4	0.51	0.03	34		20			
						C	50—													
剖7	铁铝土	黄壤	黄壤			A	0—25	棕灰色	中壤土	粒状	5.8	29.5	2.36	0.10	47	3.5	436	砂岩、粉砂岩、页岩及炭质页岩	E 104°05′37.2″ N 29°21′33.3″	71
						2	25—78	棕灰色	中壤土	块状	5.9	21.7	2.03	0.09	27	0.9	307			
						C	78—													
剖8	铁铝土	黄壤	黄壤			A	0—16	浅黄色	中壤土	小团块状	5.9	18.2	0.96	0.07	72	1.3	355	砂岩、粉砂岩、页岩及炭质页岩	E 104°02′19.4″ N 29°21′11.5″	77
						2	16—34	灰黄色	重壤土	块状	5.7	13.3	0.57	0.06	50		380			
						3	34—100	棕黄色	重壤土	棱柱状	5.5	2.0	0.37	0.04	15		498			
剖9	人为土	水稻土	紫色土性水稻土	灰棕紫泥水稻土	大泥田	1	0—20	灰棕紫色	中壤土	小块状	7.7	28.5	1.80	0.05	96	2.2	106		E 104°08′55.3″ N 29°21′02.9″	79
						2	20—67	浅灰棕紫色	重壤土	棱柱状	6.2	26.4	1.41		92	0.4				
						3	67—100	灰棕紫色	重壤土	小棱柱状	6.0	24.7	1.21		85	0.4				
剖10	初育土	石灰(岩)土	黄色石灰土	黄色石灰土	黄泥土	A	0—17	棕黄色	中壤土	小块状	7.5	25.4	1.62	0.10	79	2.2	85	石灰岩强度风化残积物	E 103°42′25.6″ N 29°16′29.3″	86
						2	17—25	浅黄色	中壤土	块状	6.6	7.5	0.93	0.14	35	0.4	25			
						3	25—100	灰黄色	中壤土	棱柱状	6.8	5.1	0.82	0.13	24	1.7	51			
剖11	人为土	水稻土	紫色土性水稻土	灰棕紫泥水稻土	二泥田	1	0—14	灰黄色	中壤土	小块状	5.9	12.6	0.82	0.09	69	1.7	88		E 103°46′08.9″ N 29°18′31.1″	70
						2	14—30	棕色	中壤土	小块状	6.2	10.5	0.71	0.08	61	2.6	80			
						3	30—75	棕色	中壤土	小块状	6.2	6.4	0.40	0.17	32	0.4	63			
剖12	初育土	新积土	冲积土	紫色冲积土	泥土	1	0—19	棕紫色	轻壤土	小块状	7.9	21.2	1.19	0.17	78	2.2	20	河流冲积物	E 103°51′27.8″ N 29°18′02.0″	70
						2	19—26	棕紫色	砂壤土	块状	8.0	16.0	1.00	0.19	96	1.7				
						3	26—53	灰棕紫色	砂壤土	粒状	8.2	19.1	0.96	0.15	85		98			
						4	53—63	棕紫色	中壤土	粒状	8.1	12.7	0.59	0.14	39					
剖13	人为土	水稻土	石灰岩性水稻土	黄色石灰性水稻土	黄泥田	1	0—22	黄灰色	中壤土	块状	7.3	35.2	1.91	0.08	115	4.8	39	石灰岩、泥质白云岩	E 103°58′48.4″ N 29°17′05.6″	72
						2	22—30	黄灰色	中壤土	棱柱状	7.3	16.6	0.91		52	0.4	24			
						3	30—70	灰黄色	轻壤土		7.3	5.9	0.43	0.05	27	1.3	16			
						4	70—100	浅黄色	中壤土		7.1	5.5	0.48	0.05	24	0.9				

续表 Continued

剖面号 Soil profile	土纲 Soil order	土类 Soil great group	亚类 Soil subgroup	土属 Soil genus	土种 Soil species	土层码 Layer code	土层厚度 Depth/cm	颜色 Soil color	质地 Soil texture	土壤结构 Soil structure	pH	有机质 OM/(g/kg)	全氮 TN/(g/kg)	全磷 TP/(g/kg)	碱解氮 AN/(mg/kg)	有效磷 AP/(mg/kg)	速效钾 AK/(mg/kg)	土壤母质 Parent material	剖面点坐标 Profile coordinate	匹配指数 Matching index/%
剖14	人为土	水稻土	紫色土性水稻土	灰棕紫泥水稻土	白鳝泥田	1	0—20	棕紫色	中壤土	无明显结构	5.6	36.7	1.75	0.06	204	2.6	63	河流冲积物	E 103°47′08.5″ N 29°16′42.2″	94
						2	20—33		重壤土	块状	5.7	37.2	1.70	0.06	142	2.6	134			
						3	33—100	浅棕紫色	重壤土	棱柱状	5.9	36.1	1.76	0.06	192	3.5	174			
剖15	初积土	新积土	冲积土	灰棕冲积土	潮泥土	A	0—12	浅棕灰色	中壤土	核状	8.0	12.9	0.51	0.13	62	2.6	106		E 103°51′26.3″ N 29°16′08.8″	83
						2	12—40		中壤土	块状	8.1	12.3	0.47	0.14	60	3.5	98			
						C	40—													
剖16	人为土	水稻土	紫色土性水稻土	黄棕紫泥水稻土	二泥田	1	0—16	紫黄色	中壤土	小块状	5.1	18.7	1.29	0.11	107	2.2	113	长石英砂岩、砂页岩	E 103°58′46.6″ N 29°13′48.4″	98
						2	16—29	紫黄色	中壤土	团块状	5.2	22.0	1.31	0.12	103	2.6	126			
						3	29—100	浅黄紫色	中壤土	中棱柱状	5.0	7.4	0.49	0.09	37	2.2	149			
剖17	初育土	紫色土	红紫泥土	红棕紫泥土	鸡血泥土	A	0—24	红棕色	中壤土	小块状	8.0	12.2	1.11	0.07	66	0.4	87	厚泥岩夹细砂岩	E 103°59′34.8″ N 29°13′31.8″	79
						2	24—34	棕紫色	重壤土	块状	8.1	8.5	0.86	0.08	48	3.5	87			
						3	34—100	棕紫色	重壤土	棱柱状	7.9	7.6	0.71	0.09	43	1.7	63			
剖18	初育土	黄壤	黄壤性水稻土	老冲积黄泥田	假白鳝泥田	1	0—27	浅黄灰色	重壤土	核状	5.7	21.6	1.13	0.05	90	0.4	115		E 103°51′27.0″ N 29°11′56.0″	76
						2	27—37	浅黄灰色	重壤土	整块状	5.2	16.7	0.85	0.04	64		40			
						3	37—66	灰黄色	重壤土	团块状	4.8	4.7	0.27	0.03	25		60			
						4	66—100	浅灰黄色	重壤土	中棱柱状	5.2	3.0	0.20	0.02	11		12			
剖19	初积土	新积土	冲积土	灰棕冲积土	二泥砂土	A	0—19	棕灰色	轻壤土	大粒状	8.1	14.9	0.95	0.23	74	6.1	48	第四纪冰川沉积物	E 103°57′40.7″ N 29°11′26.5″	70
						2	19—37	灰黄色	轻壤土	团块状	8.1	12.1	0.68	0.18	45	3.5				
						3	37—64	浅灰黄色	重壤土	团块状	8.9	12.4	0.69	0.20	46					
						4	64—100	浅灰黄色	中壤土	团块状	8.1	9.0	0.48	0.17	31					
剖20	人为土	水稻土	冲积型水稻土	紫色冲积水稻土	二泥砂田	1	0—20	灰棕色	中壤土	小团块状	5.6	24.1	1.24	0.11	100	1.3	81	河流冲积物	E 103°55′25.7″ N 29°10′41.9″	94
						2	20—32	棕灰色	中壤土	核状	6.5	21.5	1.07	0.10	81	5.2				
						3	32—86		中壤土	核状	7.3	4.6	0.37	0.11	20	6.1				
剖21	初育土	紫色土	红紫泥土	灰棕紫泥土	大泥土	A	0—26	棕紫色	重壤土	核状	7.4	13.2	0.93	0.16	70	9.2	105	冲积物、坡积物、洪积物	E 103°53′43.8″ N 29°10′01.2″	90
						2	26—100	棕紫色	重壤土	核状	6.9	10.6	0.84	0.12	60	7.4	40			
剖22	铁铝土	黄壤	冷砂黄泥土	冷砂黄泥土	冷砂土	A	0—22	棕黄色	砂壤土	粒状	6.6	19.0	1.24	0.11	92	6.1	104	砂岩、粉砂岩、页岩及砂质页岩	E 103°46′27.9″ N 29°10′00.0″	77
						2	22—32	棕黄色	轻壤土	粒状	6.3	15.6	1.07	0.11	78	4.4	210			
剖23	紫色土	紫色土	灰棕紫泥土	灰棕紫泥土	油砂土	A	0—18	棕紫色	轻壤土	粒状	7.3	11.7	0.75	0.13	63	3.1	40	泥岩与砂岩夹钙质结核	E 104°02′00.6″ N 29°18′54.7″	71
						2	18—80	棕紫色	中壤土	小块状	7.7	4.7	0.45	0.11	27	3.5	49			
						C	80—													
剖24	初育土	紫色土	红紫泥土	棕紫泥土	泥土	A	0—24	棕紫色	中壤土	块状	8.2	11.2	1.02	0.07	68	0.4	86	棕红色泥岩、砂岩	E 104°05′04.6″ N 29°18′45.5″	95
						2	24—35	棕紫色	中壤土	棱柱状	8.1	9.1	0.86	0.07	47		74			
						3	35—100	棕紫色	中壤土	核状	8.2	6.9	0.70	0.05	34	0.4	51			
剖25	初育土	紫色土	红紫泥土	棕紫泥土	红粗砂土	A	0—20	棕紫色	砂壤土	粒状	8.2	8.5	0.67	0.10	43	0.4	26	棕红色泥岩、砂岩	E 104°08′07.4″ N 29°13′48.4″	98
						2	20—38	棕紫色	砂壤土	核状	8.4	6.5	0.35	0.11	33	1.3	16			
						C	38—		中壤土	小块状										
剖26	人为土	水稻土	黄壤性水稻土	老冲积黄泥田	卵石黄泥田	1	0—19	灰黄色	重壤土	小块状	5.3	18.9	1.08	0.05	90	0.4	50	第四纪冰川沉积物	E 104°03′29.2″ N 29°10′55.9″	98
						2	19—38	灰黄色	重壤土	块状	5.8	12.7	0.83		119	0.9	15			
						3	38—100	浅黄色	重壤土	棱柱状	5.8	5.9	0.57		52	3.9	39			
剖27	初育土	紫色土	红紫泥土	红紫泥土	粗砂土	A	0—18	红棕色	砾质中壤土	粒状	7.8	7.9	0.76	0.10	46	0.4	26	厚泥岩夹细砂岩	E 103°56′41.6″ N 29°08′36.2″	73
						2	18—32	红棕色	砾质中壤土	粒状	7.9	4.9	0.26	0.10	39	0.4	40			
						C	32—													
剖28	人为土	水稻土	紫色土性水稻土	暗紫泥田	二泥田	1	0—20	棕紫色	中壤土	小团块状	6.2	30.1	1.45	0.07	103	1.3	153	砂岩夹细砂岩、长石砂岩	E 103°58′31.1″ N 29°07′39.4″	77
						2	20—28	黄棕紫色	中壤土	块状	5.8	32.2	1.49	0.07	104	1.3	168			
						3	28—59	黄棕紫色	中壤土	棱柱状	6.3	27.6	1.32	0.05	85	0.4	168			

续表 Continued

剖面号 Soil profile	土纲 Soil order	土类 Soil great group	亚类 Soil subgroup	土属 Soil genus	土种 Soil species	土层码 Layer code	土层厚度 Depth/cm	颜色 Soil color	质地 Soil texture	土壤结构 Soil structure	pH	有机质 OM/(g/kg)	全氮 TN/(g/kg)	全磷 TP/(g/kg)	碱解氮 AN/(mg/kg)	有效磷 AP/(mg/kg)	速效钾 AK/(mg/kg)	土壤母质 Parent material	剖面点坐标 Profile coordinate	匹配指数 Matching index/%
剖29	人为土	水稻土	紫色土性水稻土	暗紫泥田	黄砂泥田	1	0—23	棕黄色	轻壤土	核状、粒状	5.4	18.5	1.05	0.03	86	3.9	60	砂质泥岩、长石砂岩	E 103°49′55.6″ N 29°06′58.7″	78
						2	23—54	棕黄色	轻壤土	小块状	5.5	16.5	0.95	0.03	75	3.9	70			
剖30	初育土	紫色土	红紫泥土	暗紫冲积土	二泥土	A	0—22	棕榈色	中壤土	小块状	8.0	11.1	0.60	0.11	54	1.7	87	砂质泥岩与长石质硬砂岩互层夹灰岩	E 103°54′35.3″ N 29°04′26.4″	89
						2	22—35	棕黄色	轻壤土	块状	8.1	6.4	0.35	0.11	39	0.9	74			
						C	35—													
剖31	初育土	新积土	冲积土	灰棕紫冲积土	白眼砂土	A	0—24	灰棕色	紫砂土	单粒状	8.0	7.7	0.62	0.15	26	1.3	12	河流冲积物	E 104°00′04.0″ N 29°08′21.5″	70
						2	24—100	灰棕色	松砂土	单粒状	8.8	6.2	0.22	0.13	8		12			
剖32	初育土	新积土	冲积土	灰棕紫冲积土	砂土	A	0—14	棕灰色	砂壤土	粒状	8.1	9.6	0.40	0.18	26	1.3	12	河流冲积物	E 104°02′06.7″ N 29°06′21.2″	98
						2	14—18	棕灰色	砂壤土	小块状	7.8	9.4	0.44	0.16	26					
						3	18—100	棕灰色	紫砂土	小团块状	7.5	7.4	0.15	0.10	7					
剖33	初育土	紫色土	红紫泥土	红紫泥土	泥土	A	0—23	棕紫色	中壤土	小块状	6.2	13.1	1.08	0.05	65	2.6	15	粉砂质泥岩、泥质粉砂岩	E 104°05′49.2″ N 29°04′30.0″	89
						2	23—33	棕紫色	中壤土	块状	6.3	8.9	0.81	0.04	63	0.9	15			
						3	33—100	棕紫色	重壤土	棱柱状	7.6	6.3	0.57	0.03	49	0.9	25			
剖34	初育土	紫色土	红紫泥土	红紫泥土	红砂土	A	0—22	棕红色	砂壤土	大粒状	5.7	5.8	0.54	0.04	69	3.1	50	粉砂质泥岩、泥质粉砂岩	E 104°03′19.4″ N 29°03′41.0″	93
						2	22—100	棕红色	砂壤土	小块状	6.1	3.2	0.38	0.13	48	1.7	24			
剖35	人为土	水稻土	紫色土性水稻土	黄棕紫泥水稻土	黄砂田	1	0—20	棕黄色	砂壤土	大核状	5.7	16.6	0.90	0.07	119	5.2	56	长石英砂岩、砂质页岩	E 104°07′14.4″ N 29°03′33.0″	80
						2	20—34	棕黄色	砂壤土	小团块状	6.1	12.8	0.69	0.07	88	3.5	39			
						C	34—													
剖36	初育土	紫色土	红紫泥土	暗紫泥土	裂大土	A	0—15	暗紫色	轻黏土	小块状	7.8	23.7	1.70	0.17	81	4.8	106	砂质泥岩与长石质硬砂岩互层夹灰岩	E 104°07′43.3″ N 29°02′38.4″	82
						2	15—25	棕紫色	轻黏土	棱块状	7.8	20.9	1.52	0.18	71	3.9	26			
						3	25—100	棕紫色	轻黏土	大棱柱状	7.8	7.5	0.85	0.17	31	2.6	30			

井 研 县

主要土类说明

紫色土是井研县的主要土壤类型，占本县地域面积的 50%，广泛分布于本县各地丘坡不同部位。土壤成土过程以物理风化为主，发育处于幼年土阶段，化学风化弱，剖面无明显的层次分化，土层中物质的淋溶和淀积均较弱，土壤一般为均一紫色。土壤通透性好，矿化作用强，有机质累积少，各种矿质养分如磷、钾、钙、镁等元素比较丰富。根据碳酸钙含量和 pH，本县紫色土分为酸性紫色土、中性紫色土、石灰性紫色土等亚类。

水稻土是井研县第二大土壤类型，占本县地域面积的 47%，该土类是经过长期的淹水耕种熟化过程发育形成的一种土壤。本县水稻土分为淹育型、潴育型、潜育型等亚类。淹育水稻土面积最大，广泛分布于各地培塝、坝及部分冲谷等部位，粮食单产也最高，包括的土种有各类砂田、夹砂泥田、泥田、深脚泥田等。土体发育主要受地表水的影响，地下水位低，排水条件较好，土体无障碍层次出现。典型土体构型属于 A′–Pb–P 型，各层颜色分化不明显，土层较深厚，耕层较肥沃，有发育明显或不明显的犁底层，有黏粒和矿质养分积累的初期潴育层。

小于本县地域面积 3% 的土壤类型还有黄壤等。

本区域中心区气候特征

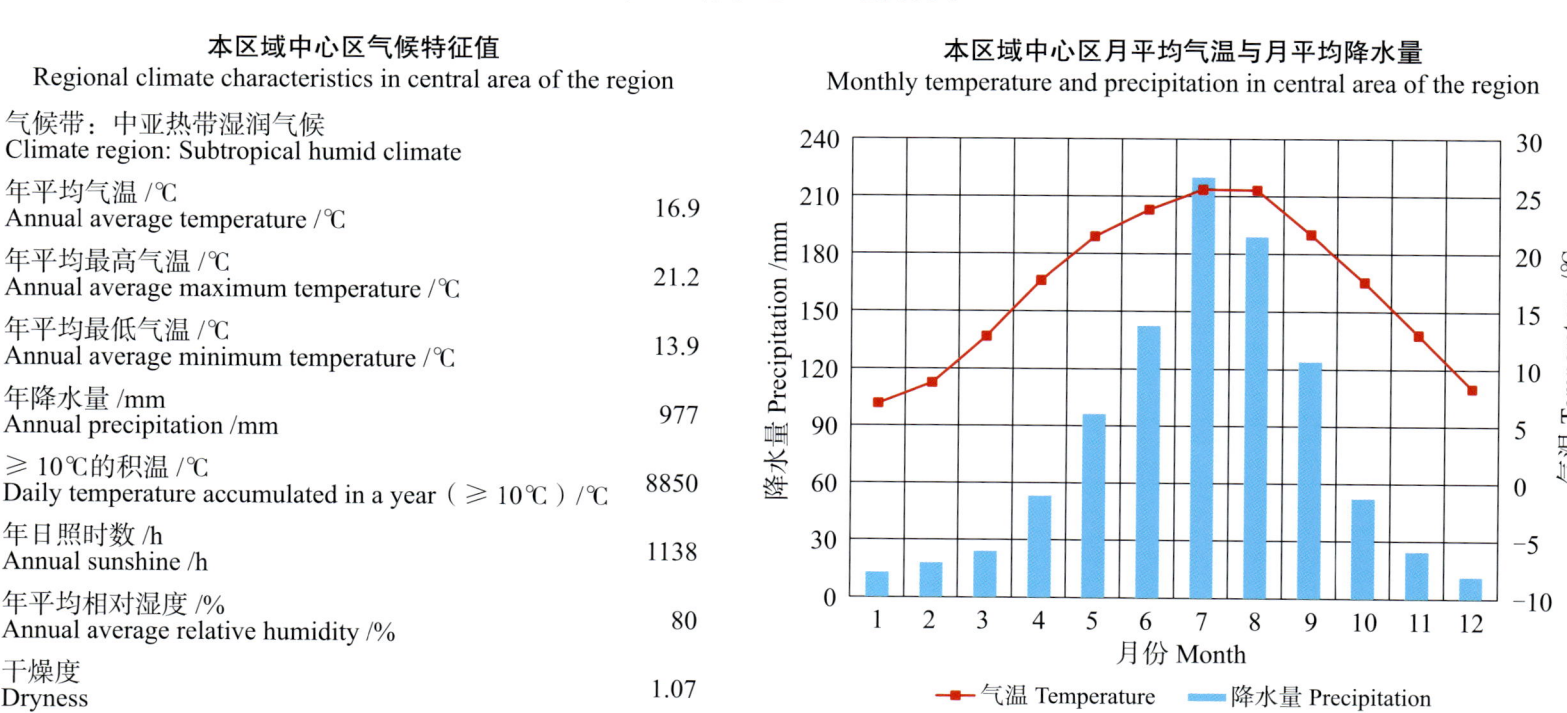

本区域中心区气候特征值
Regional climate characteristics in central area of the region

气候带：中亚热带湿润气候 Climate region: Subtropical humid climate	
年平均气温 /℃ Annual average temperature /℃	16.9
年平均最高气温 /℃ Annual average maximum temperature /℃	21.2
年平均最低气温 /℃ Annual average minimum temperature /℃	13.9
年降水量 /mm Annual precipitation /mm	977
≥10℃的积温 /℃ Daily temperature accumulated in a year (≥10℃) /℃	8850
年日照时数 /h Annual sunshine /h	1138
年平均相对湿度 /% Annual average relative humidity /%	80
干燥度 Dryness	1.07

本区域中心区月平均气温与月平均降水量
Monthly temperature and precipitation in central area of the region

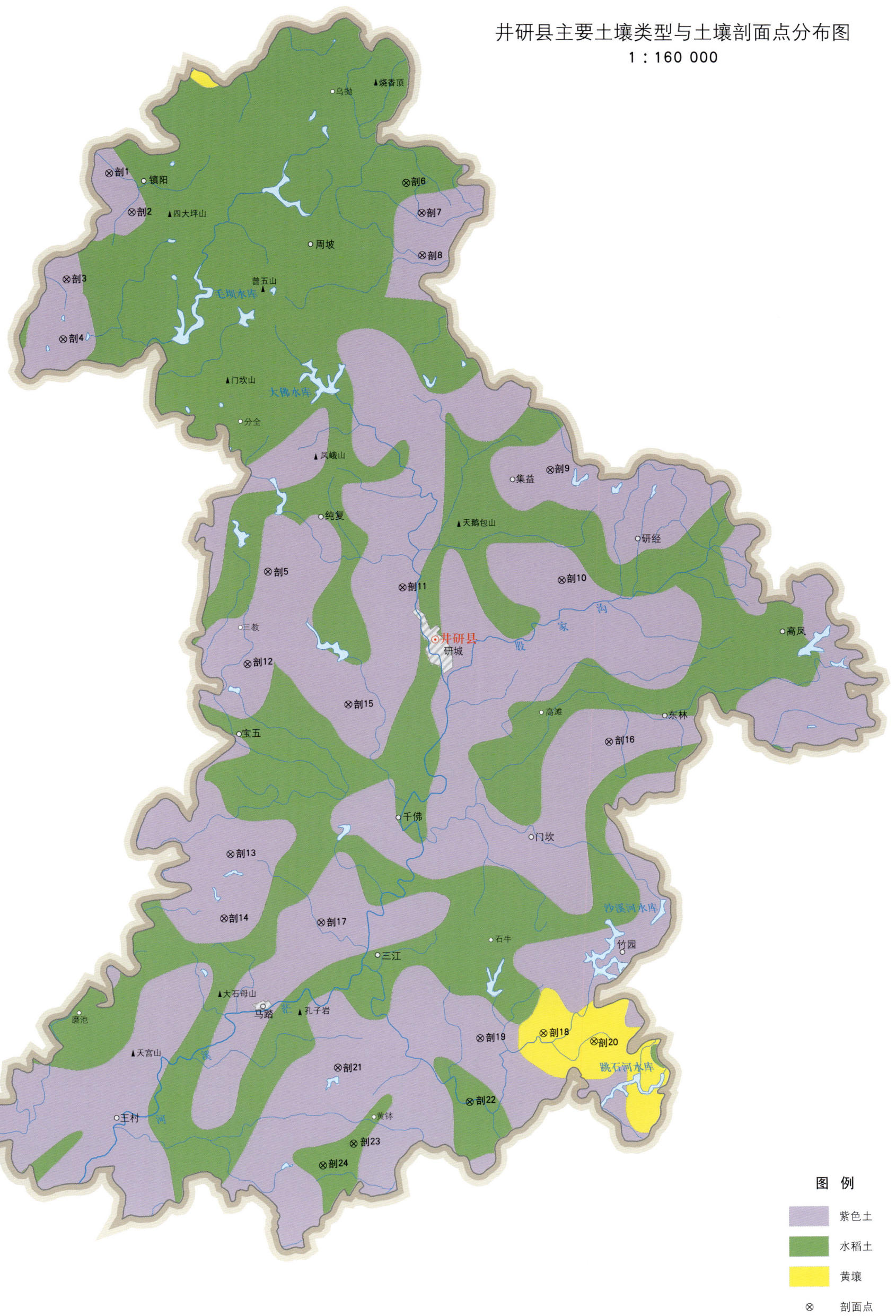

井研县土壤剖面理化性状表

剖面号 Soil profile	土纲 Soil order	土类 Soil great group	亚类 Soil subgroup	土属 Soil genus	土种 Soil species	土层码 Layer code	土层厚度 Depth/cm	颜色 Soil color	质地 Soil texture	土壤结构 Soil structure	pH	有机质 OM/(g/kg)	全氮 TN/(g/kg)	全磷 TP/(g/kg)	全钾 TK/(g/kg)	碱解氮 AN/(mg/kg)	有效磷 AP/(mg/kg)	速效钾 AK/(mg/kg)	阳离子交换量CEC/(cmol/kg)	土壤母质 Parent material	剖面点坐标 Profile coordinate	匹配指数 Matching index/%
剖1	初育土	紫色土	酸性紫色土	红紫泥土		1	0–4	暗棕色	轻壤土	小块状	5.8	26.4	1.14	0.04	1.0	151	1.3	64	11.0		E 103°55′47.5″ N 29°49′14.8″	76
剖2	初育土	紫色土	酸性紫色土	红紫泥土	红砂土	2	4–33	浅黄棕色	中壤土	块状	5.7	12.8	0.69	0.03	1.0				10.4			
						3	33–56	黄棕色	轻壤土	块状	5.8	5.2	0.38	0.03	1.1				9.3			
剖2	初育土	紫色土	酸性紫色土	红紫泥土	红紫泥土	1	0–18	红棕色	砂壤土	粒状	5.9	1.9	0.27	0.01							E 103°56′21.3″ N 29°48′25.0″	99
						2	18–90	红棕色	紫砂土	粒状	5.9	2.4	0.24									
剖3	初育土	紫色土	酸性紫色土	红紫泥土	灰砂泥土	1	0–21	浅红棕色	轻壤土	粒状	6.6	7.7	0.53	0.07		80	1.7	38			E 103°54′44.9″ N 29°46′57.9″	93
						2	21–56	红紫紫	轻壤土	小团块状	6.6	7.6	0.59	0.06								
剖4	初育土	紫色土	石灰性紫色土	棕紫泥土		1	0–27	暗红棕色	中壤土	小团块状	8.2	8.5	0.70	0.31		149	0.4	60			E 103°54′40.7″ N 29°45′41.4″	97
						2	27–70	红红棕色	轻壤土	块状	8.6	6.2	0.60	0.26								
剖5	初育土	紫色土	石灰性紫色土	棕紫泥土		1	0–10	暗红棕色	轻壤土	小块状	8.1	28.1	1.20	3.49		121	1.7	84			E 103°59′46.9″ N 29°40′43.4″	70
						2	10–17	红棕色	轻壤土	块状	8.1	15.0	0.80	0.35								
						3	17–25	红棕色	轻壤土	块状												
剖6	人为土	水稻土	淹育水稻土	酸性紫泥田	红紫砂土	1	0–20	棕红色	轻壤土	小团块状	7.1	8.7	0.50	0.10							E 104°03′09.2″ N 29°49′05.3″	74
						2	20–32	红棕色	轻壤土	小团块状	8.4	6.3	0.41	0.06								
剖7	初育土	紫色土	石灰性紫色土	红棕紫泥土	红砂大土	1	0–25	暗棕红色	中壤土	粒状	8.4	11.2	0.83	0.28	1.5				16.5	红棕紫色砂泥岩风化物	E 104°03′32.5″ N 29°48′26.7″	83
						2	25–45	红棕色	中壤土	粒状	8.4	9.5	0.83	0.26								
						3	45–70	红棕色	中壤土		8.5	8.0	0.40	0.28								
剖8	初育土	紫色土	石灰性紫色土	红棕紫泥土	红石骨子土	1	0–25	暗棕红色	砂壤土	粒状	8.6	11.2	0.70	0.33							E 104°03′33.7″ N 29°47′32.2″	77
						2	25–46	红棕色	轻壤石土		8.7	5.8	0.51	0.32								
剖9	初育土	紫色土	中性紫色土	灰棕紫泥土	紫紫泥土	1	0–23	棕色	重壤土	块状	7.2	11.1	0.73	0.27	1.9				22.7	灰棕紫色砂泥岩	E 104°06′45.7″ N 29°42′56.2″	91
						2	23–53	黄棕色	重壤土	块状	6.9	6.8	0.36	0.17	1.6				22.6			
						3	53–100	深黄棕色	重壤土	棱柱状	6.8	4.3	0.37	0.03	1.4				21.1			
剖10	初育土	紫色土	中性紫色土	灰棕紫泥土	油石骨子土	1	0–24	灰棕色	中砾石土	粒状	8.6	7.5	0.64	0.30	1.7					灰棕紫色砂泥岩	E 104°07′03.4″ N 29°40′34.3″	96
						2	24–54	棕色	中砾石土		8.8	5.0	0.40	0.27	1.6							
剖11	初育土	紫色土	中性紫色土	灰棕紫泥土	大泥土	1	0–25	暗黄棕色	多砾轻壤土	块状	8.8	7.3	0.60	0.31	1.7					灰棕紫色砂泥岩	E 104°07′06.8″ N 29°40′23.5″	90
						2	25–40	暗棕色	中砾石土	块状	8.8	4.3	0.40	0.26	1.9							
剖12	初育土	紫色土	石灰性紫色土	棕紫泥土	大泥土	1	0–22	暗红棕色	重壤土	小块状	8.3	11.9	1.00	0.31	1.9				19.9	泥岩、泥岩夹细砂岩风化物	E 103°59′17.2″ N 29°38′43.4″	74
						2	22–53	红棕色	重壤土	块状	8.2	10.3	1.00	0.31	2.0				20.6			
						3	53–66	红棕色	重壤土	大棱柱状	8.5	12.3	0.80	0.19	2.0				19.9			
剖13	初育土	紫色土	石灰性紫色土	红棕紫泥土		1	0–24	暗红棕色	轻壤土	小块状	8.5	8.7	0.90	0.19	1.9				21.8	红棕紫色砂泥岩风化物	E 103°58′52.8″ N 29°34′37.7″	73
						2	24–46	红棕色	砂壤土	块状	8.5	5.0	0.74	0.20								
						3	46–100	灰棕色	轻壤土	大块状	8.4	16.6	0.58	0.26	1.07							
剖14	初育土	紫色土	石灰性紫色土	灰棕紫泥土		1	0–24	暗棕色	重壤土	块状	8.4	9.0	0.79	0.33							E 103°58′43.5″ N 29°33′14.3″	89
						2	24–45	红棕色	重壤土	大块状	8.5	15.6	1.12	0.33	1.6				21.5	灰棕紫色砂泥岩		
剖15	初育土	紫色土	中性紫色土	灰棕紫泥土		1	0–27	灰棕色	重壤土	大块状	8.6	10.6	0.86	0.28	1.6				22.1		E 104°01′46.9″ N 29°37′51.6″	97
						2	27–62	灰棕色	重壤土	大块状	8.6	8.4	0.76	0.32	1.7				23.5			
						3	62–100	暗灰棕色	中壤土	小块状	8.0	10.1	0.80	0.39	1.6	73	1.7	70	18.9	灰棕紫色砂泥岩		
剖16	初育土	紫色土	中性紫色土	灰棕紫泥土	油砂土	A	0–25	黄紫色	壤质黏土	小块状	8.1	7.0	0.60	0.31	1.8				21.1		E 104°08′14.3″ N 29°37′05.2″	91
						B	14–65	浅黄黄棕色	壤质黏土	小块状	7.0	11.4	0.94	0.33	2.3	95	1.3	86	24.8			
剖17	初育土	紫色土	中性紫色土	脱钙紫泥土	紫黄泥土	A	0–14	黄紫色	壤质黏土	小棱柱状	7.2	6.8	0.90	0.34	2.3				24.6	砂泥岩风化坡积物	E 104°01′07.3″ N 29°33′09.4″	89
						BC	65–100	黄棕紫	壤质黏土	小棱柱状	7.6	4.3	0.62	0.32	2.2							

续表 Continued

剖面号 Soil profile	土纲 Soil order	土类 Soil great group	亚类 Soil subgroup	土属 Soil genus	土种 Soil species	土层码 Layer code	土层厚度 Depth/cm	颜色 Soil color	质地 Soil texture	土壤结构 Soil structure	pH	有机质 OM/(g/kg)	全氮 TN/(g/kg)	全磷 TP/(g/kg)	全钾 TK/(g/kg)	碱解氮 AN/(mg/kg)	有效磷 AP/(mg/kg)	速效钾 AK/(mg/kg)	阳离子交换量CEC/(cmol/kg)	土壤母质 Parent material	剖面点坐标 Profile coordinate	匹配指数 Matching index/%
剖18	铁铝土	黄壤	黄壤	砂泥黄土	黄夹泥土	1	0—24	浅灰黄色	重壤土	小块状	6.1	12.6	0.70	0.09	0.8	107	1.7	50	7.6		E 104°06′37.2″ N 29°30′47.3″	77
						2	24—100	浅棕黄色	重壤土	块状	6.0	7.4	0.40	0.09								
剖19	初育土	紫色土	中性紫色土	灰棕紫泥土	夹泥沙土	1	0—26	暗灰棕色	中壤土	小块状	7.4	10.4	0.70	0.17	1.5	79	0.9	43	19.8	灰棕紫色砂泥岩	E 104°05′03.5″ N 29°30′40.7″	99
						2	26—56	灰棕色	中壤土	大块状	7.4	5.3	0.30	0.17	1.4				20.8			
						3	56—70	紫棕色	中壤土	大块状	7.3	3.6	0.30	0.09	1.3				18.7			
剖20	铁铝土	黄壤	黄壤	砂泥黄土	黄砂土	1	0—24	浅灰黄色	轻壤土	粒状	5.8	5.6	0.60	0.09		82	0.9	48			E 104°07′52.3″ N 29°30′37.1″	100
						2	24—	黄棕色	砂壤土	粒状												
剖21	初育土	紫色土	中性紫色土	灰棕紫泥土		1	0—13	暗灰棕色	中壤土	小块状	8.0	13.0	0.63	0.24							E 104°01′32.4″ N 29°30′02.6″	83
						2	13—29	灰棕色	中壤土	块状	8.2	8.2	0.46	0.26								
						3	29—															
剖22	人为土	水稻土	淹育水稻土	中性紫泥田	灰棕紫砂泥田	1	0—23	灰棕紫色	中壤土	小块状	7.7	13.4	0.94	0.18	1.4	114	1.3	43	15.0		E 104°04′47.9″ N 29°29′19.3″	93
						2	23—36	灰棕紫色	中壤土	块状	7.7	9.5	0.66	0.19	1.4				14.7			
						3	36—100	棕紫色	中壤土	块状	7.8	6.9	0.49	0.20	1.5				16.0			
剖23	人为土	水稻土	潴育水稻土	中性紫泥田	白鳝泥田	1	0—25	浅黄灰色	重壤土	块状	5.6	16.1	0.60	0.11						紫色砂泥岩坡积物	E 104°01′56.0″ N 29°28′26.0″	74
						2	25—33	黄灰色	重壤土	块状	5.6	12.3	0.84	0.08								
						3	33—100	浅灰色	重壤土	棱柱状	5.8	15.2	0.76	0.07								
剖24	人为土	水稻土	潴育水稻土	老冲积黄泥田	黄泥田	1	0—25	暗黄棕色	中壤土	块状	5.9	18.3	0.92	0.06		93	0.4	29		第四纪冰积物	E 104°01′10.5″ N 29°27′58.2″	97
						2	25—35	黄棕色	重壤土	块状	5.7	20.8	1.00	0.09								
						3	35—100	浅黄棕色	重壤土	块状	5.8	18.0	0.89	0.08								

夹 江 县

主要土类说明

水稻土是夹江县的主要土壤类型，占本县地域面积的39%，主要分布在新冲积平坝和老冲积台地，有水源保证的地方。本县水稻土具有土层深厚、容易保蓄水分及养分、有机质累积较多、土壤温度恒定等特点。由于干湿交替，水稻土形成糊状淹育层、较坚实板结的犁底层、渗育层、潴育层与潜育层等多种发生层。本县水稻土分为潮土性水稻土、紫色土性水稻土、黄壤性水稻土等亚类。其中黄壤性水稻土亚类面积较大，是由山地黄壤、老冲积黄壤和再积黄壤水耕熟化而成的。黄壤种植水稻后，在长期淹水作用下，多向潜育性发育，老冲积黄壤常受强度淋溶产生漂白层，出现白鳝泥土种。水旱轮作多产生潴育层，有黏、酸、板、瘦的特点。

黄壤是夹江县第二大土壤类型，占本县地域面积的28%，主要分布在老冲积黄壤台地。成土母质为黄色砂岩和第四纪老冲积物。本县黄壤分为黄壤和山地黄壤两个亚类。其中山地黄壤亚类面积较大，主要分布在本县的华头、麻柳、木城、南安等地海拔800m以上的山区。成土母质为砂岩、页岩、泥岩、粉砂岩等，由紫色土黄化而成。由于其所处部位高，湿度大，雨水多，在水湿条件的长期作用下，化学淋洗加剧，物质移动明显，土壤的形态和理化性质发生了根本的变化，脱离了岩性土阶段，向地带性土壤演变，黄化过程是以钙的淋洗和铁的游离水化为主的化学风化过程。由于母质先天水化程度深，土壤瘦、酸，尤为缺磷。pH为4.6，质地为中壤土。

紫色土是夹江县第三大土壤类型，占本县地域面积的25%，主要分布在中兴、马村等地丘陵区和华头的低山、中山区，其他地方也有零星分布。紫色土是由紫色砂页岩风化发育而成的。成土过程以物理风化为主，剖面无明显层次分化，矿质养分含量丰富，有机质较缺乏。由于风化浅，盐基物质淋溶少，土体中铁锰等物质淀积弱，胶体品质较好，自然肥力高，宜种度广。本县紫色土分为酸性紫色土、中性紫色土和石灰性紫色土等亚类。酸性紫色土亚类面积较大，分布在低山、丘陵地带。

新积土占本县地域面积的6%。新积土是由新近冲积、洪积、坡积、塌积或人工堆垫形成的土壤。该土壤成土期短，母质特性明显，具A–C或（A）–C剖面构型。

本区域中心区气候特征

本区域中心区气候特征值
Regional climate characteristics in central area of the region

气候带：中亚热带湿润气候 Climate region: Subtropical humid climate	
年平均气温 /℃ Annual average temperature /℃	15.7
年平均最高气温 /℃ Annual average maximum temperature /℃	20.6
年平均最低气温 /℃ Annual average minimum temperature /℃	12.3
年降水量 /mm Annual precipitation /mm	938
≥10℃的积温 /℃ Daily temperature accumulated in a year (≥10℃) /℃	7771
年日照时数 /h Annual sunshine /h	1285
年平均相对湿度 /% Annual average relative humidity /%	77
干燥度 Dryness	1.08

本区域中心区月平均气温与月平均降水量
Monthly temperature and precipitation in central area of the region

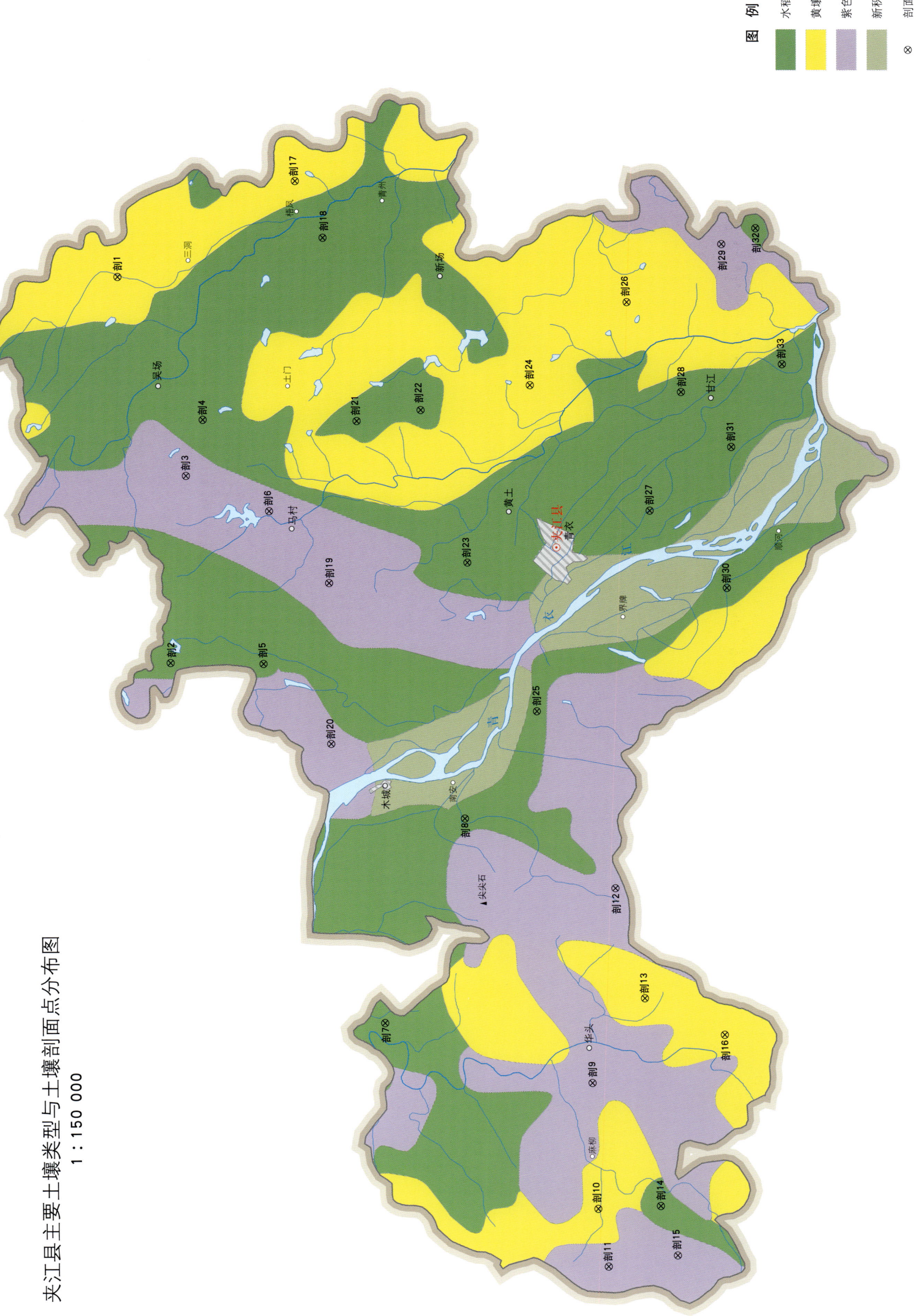

夹江县土壤剖面理化性状表

剖面号 Soil profile	土纲 Soil order	土类 Soil great group	亚类 Soil subgroup	土属 Soil genus	土种 Soil species	土层码 Layer code	土层厚度 Depth/cm	颜色 Soil color	质地 Soil texture	土壤结构 Soil structure	pH	有机质 OM/(g/kg)	全氮 TN/(g/kg)	全磷 TP/(g/kg)	碱解氮 AN/(mg/kg)	有效磷 AP/(mg/kg)	速效钾 AK/(mg/kg)	土壤母质 Parent material	剖面点坐标 Profile coordinate	匹配指数 Matching index/%
剖1	铁铝土	黄壤	黄壤	老冲积黄泥土		1	0—10	灰黄色	重壤土	小块状	4.5	16.3	0.74	0.41	112	0.5	166	第四纪老冲积物	E 103°40′37.8″ N 29°53′20.9″	99
						2	10—100	黄黄色	轻黏土	无明显结构	5.3	4.7	0.49	0.65						
剖2	人为土	水稻土	紫色土性水稻土	红紫色水稻土	红砂田	1	0—18	暗紫色	轻壤土	粒状	5.8	28.0	0.31	0.44	129	5.0	91	红紫色砂岩风化物	E 103°31′52.5″ N 29°52′13.1″	73
						2	18—36	浅紫色	轻壤土	棱柱状	6.2	21.1	0.50	0.22						
						C	36—100	红紫色	中壤土	无明显结构	7.2	3.9	0.86	0.14						
剖3	初育土	紫色土	石灰性紫色土	砖红紫泥土	大土	1	0—20	红紫色	轻壤土	粒状	8.4	12.2	0.98	1.45	53	20.0	153		E 103°36′07.8″ N 29°51′56.9″	91
						C	20—100	砖红紫色	重壤土	整体状	8.6	2.3	0.43	1.43						
剖4	人为土	水稻土	黄壤性水稻土	老冲积黄泥田	黄干泥田	1	0—15	黄色	重壤土	块状	6.2	15.8	0.88	0.47	87	8.0	50	第四纪冲积物	E 103°37′23.8″ N 29°51′37.5″	97
						2	15—25	浅黄色	重壤土	片状	6.5	14.1	0.78	0.46						
						3	25—100	褐黄色	中壤土	棱柱状	6.9	9.2	0.56	0.33						
剖5	人为土	水稻土	紫色土性水稻土	暗紫泥田	泥沙田	1	0—13	暗紫色	中壤土	中壤块状	6.2	28.6	1.23	0.89	104	14.0	90	紫色砂泥岩风化物	E 103°31′52.5″ N 29°50′22.1″	80
						2	13—100	灰紫色	重壤土	棱柱状	6.6	19.8	0.94	0.90						
剖6	初育土	紫色土	石灰性紫色土	砖红紫泥土	大土	1	0—25	红紫色	重壤土	块状	7.1	14.3	1.12	0.74	116	6.0	147	泥岩、泥质粉砂岩夹薄层泥灰岩风化物	E 103°35′20.8″ N 29°50′17.2″	72
						2	25—60	红紫色	重壤土	棱柱状	7.1	5.4	0.66	0.36						
						C	60—100	紫色	重壤土	块状	6.0	3.2	0.52	0.37						
剖7	人为土	水稻土	黄壤性水稻土	老冲积黄泥田	下湿田	1	0—23	黄灰色	重壤土	无明显结构	5.4	52.4	2.29	0.83	157	7.0	51	第四纪老冲积物	E 103°23′44.1″ N 29°47′52.9″	84
						2	23—100	蓝灰色	重壤土	棱块状	5.8	56.5	2.49	0.67						
剖8	人为土	水稻土	紫色土性水稻土	砖红紫色水稻田	泥田	1	0—18	浅红紫色	重壤土	棱块状	8.3	21.2	1.47	0.81	119	3.0	94	砖红色泥质页岩	E 103°28′23.9″ N 29°46′19.6″	82
						2	18—23	红紫色	重壤土	片状	8.4	14.3	1.41	0.88						
						3	23—100	红紫色	重壤土	大棱柱状	8.0	19.8	1.13	0.78						
剖9	初育土	紫色土	酸性紫色土	红紫泥土	红砂土	1	0—23	红紫色	轻壤土	粒状	5.0	21.8	1.38	0.45	134	7.0	136	砂岩、紫色泥岩风化物	E 103°22′26.8″ N 29°43′44.8″	87
						C	23—100	褐色	中壤土	无明显结构	4.9	12.8	0.79	0.29						
剖10		黄壤	山地黄壤			Ao	0—4	灰灰色	重壤土	棱块结构	4.2	37.5	3.85	0.85	1742		112		E 103°19′36.7″ N 29°43′36.4″	92
						2	4—14	黄色	重壤土	块状	4.4	43.2	2.02	0.47						
						C	14—100	黄色	重壤土	块状结构	4.8	17.6	1.08	0.36						
剖11	初育土	紫色土	石灰性紫色土	棕紫泥土	粗砂大土	1	0—25	棕紫色	重壤土	核状	7.1	32.2	1.95	0.78	180	5.0	105		E 103°18′18.7″ N 29°43′23.2″	86
						2	25—100	紫色	重壤土	块状	7.4	12.6	0.84	0.57						
剖12	初育土	紫色土	石灰性紫色土	棕紫泥土	石骨子土	1	0—20	棕棕色	重壤土	粒状	8.4	19.6	1.30	1.47	78	22.0	131		E 103°26′50.9″ N 29°43′19.2″	100
						2	20—40	浅棕紫色	轻壤土	块状	8.6	7.4	0.75	1.19						
						C	40—100	紫色	重壤土	无明显结构	8.7	2.1	0.62	1.38						
剖13	铁铝土	黄壤	黄壤	冷砂黄泥土	黄砂土	1	0—20	暗黄色	重壤土	粒状、块状	5.1	44.0	3.19	1.57	52	10.0	150	炭质泥岩、黄砂岩风化物	E 103°24′21.2″ N 29°42′42.9″	76
						2	20—100	浅黄色	重偏重壤土	无明显结构	4.9	39.0	2.15	1.22						
剖14	人为土	水稻土	紫色土性水稻土	暗紫泥田	大泥田	1	0—15	暗紫色	重壤土	块状		10.0	0.73	0.51	53	6.0	126	紫色砂泥岩风化物	E 103°19′41.3″ N 29°42′21.7″	87
						2	15—25	棕紫色	重壤土	整体状		9.1	0.65	0.54						
						3	25—50	棕紫色	中壤土	棱块结构		4.5	0.57	0.42						
						4	50—100	黑紫色	中壤土	块状	5.2									
剖15	初育土	紫色土	酸性紫色土	红紫泥土	泥土	A	0—25	浅红紫色	重壤土	块状	5.0	10.0	2.51	1.89	52	21.0	137	砂质泥岩、紫色泥岩风化物	E 103°18′34.6″ N 29°42′00.7″	78
						2	25—40	棕棕色	中壤土	粒状	5.0	9.1	2.25	2.32						
						C	40—100	棕棕色	轻壤土	块状	5.2	4.5	0.57	0.42						
剖16	铁铝土	黄壤	黄壤	冷砂黄泥土	炭渣土	1	0—25	黑色	中壤土	块状	6.0							紫质泥岩、黄砂岩风化物	E 103°23′32.6″ N 29°41′07.1″	71
						2	25—50	黑色	中壤土	粒状	6.1									
						C	50—100	暗黄色	轻壤土	无明显结构	6.9		1.28	1.36						

续表 Continued

剖面号 Soil profile	土纲 Soil order	土类 Soil great group	亚类 Soil subgroup	土属 Soil genus	土种 Soil species	土层码 Layer code	土层厚度 Depth/cm	颜色 Soil color	质地 Soil texture	土壤结构 Soil structure	pH	有机质 OM/(g/kg)	全氮 TN/(g/kg)	全磷 TP/(g/kg)	碱解氮 AN/(mg/kg)	有效磷 AP/(mg/kg)	速效钾 AK/(mg/kg)	土壤母质 Parent material	剖面点坐标 Profile coordinate	匹配指数 Matching index/%
剖17	铁铝土	黄壤	黄壤	老冲积黄泥土	小土黄泥田	1	0—20	黄色	中壤土	粒状	5.8	10.7	0.86	0.44	76	6.0	32	第四纪冰水沉积物	E 103°42′50.5″ N 29°49′49.9″	88
						2	20—45	浅黄色	重壤土	块状	5.8	6.0	0.64	0.17						
						C	45—100	黄色	中壤土	无明显结构	5.7	2.3	0.46	0.18						
剖18	人为土	黄壤性水稻土	再积黄泥水稻土	白鳝泥田		1	0—12	灰黄色	中壤土	块状	6.2	31.5	1.61	0.43	147	3.0	99	第四纪老冲积物	E 103°41′33.8″ N 29°49′16.2″	95
						2	12—32	黄灰色, 灰白色	中壤土	块状	6.4	31.1	1.40	0.31						
						3	32—100	灰白色	松砂土	棱柱状	6.6	2.6	0.15	0.10						
剖19	紫色土	酸性紫色土	红紫泥土	夹砂土		1	0—20	灰黄色, 灰黄色	中壤土	小块状	6.3	16.0	1.31	0.52	102	4.0	134	砂岩, 紫色泥岩风化物	E 103°33′43.2″ N 29°49′04.4″	92
						C	20—100	灰黄色	中壤土	无明显结构	5.6	4.5	0.51	0.17						
剖20	初育土	石灰性紫色土	砖红紫泥土			Ao	0—8	灰紫色	中壤土	无明显结构	7.3	33.7	1.95	0.87	148	16.0	62		E 103°30′04.3″ N 29°49′00.1″	76
						2	8—100	浅灰棕色	重壤土	粒状	8.6	11.2	0.83	0.65						
剖21	人为土	紫色土水稻土	红棕紫泥水稻土	石骨子砂田		1	0—20	浅红棕紫色	轻编中壤土		7.6				117	3.0	107	泥岩, 砂质页岩	E 103°37′24.3″ N 29°48′33.4″	82
						2	20—40	灰棕紫	中黏土	块状	8.4	28.9	1.89	1.61						
						3	40—100	棕紫色	轻黏土	棱块状	8.4	26.1	1.51	1.45						
剖22	人为土	紫色土水稻土	灰棕紫色水稻土	大眼泥田		1	0—15	灰棕紫	轻黏土	大棱柱状	8.4	19.5	1.34	1.33	83	3.0	92	泥岩, 砂质页岩	E 103°37′40.2″ N 29°47′17.3″	82
						2	15—25		中黏土	无明显结构	8.7	5.7	0.49	1.13						
						3	25—50		重壤土											
						C	50—100													
剖23	人为土	黄壤性水稻土	老冲积黄泥水稻土	白鳝泥田		1	0—15	棕黄色	中壤土	块状	5.9	12.8	1.02	0.55	82	4.0	27	第四纪冰水沉积物	E 103°34′13.0″ N 29°46′19.7″	100
						2	15—22	黄色	轻壤土	粒状	5.3	6.7	0.61	0.37						
						3	22—100		轻编中壤土	大块状	6.9	32.5	1.70	1.23						
剖24	铁铝土	黄壤	老冲积黄泥土	卵石黄泥田		1	0—19	棕黄色	中壤土	块状	5.7	12.6	0.82	0.46	62	5.0	40	第四纪冰水沉积物	E 103°38′15.8″ N 29°45′07.0″	71
						C	19—100	浅棕黄色	中壤土	核状, 块状	5.7	2.2	0.48	0.19						
剖25	人为土	紫色土水稻土	棕紫色水稻土	夹砂田		1	0—15	灰黄色	中壤土	棱柱状	6.0	10.5	0.73	0.39	152	8.0	225	棕紫色砂泥岩风化坡积物	E 103°30′51.5″ N 29°44′55.0″	70
						2	15—25	灰黄色	中黏土	大棱块状	5.9	9.4	0.56	0.24						
						3	25—50	褐黄色	重壤土	小棱柱状	5.5	7.5	0.42	0.20						
剖26	铁铝土	黄壤	老冲积黄泥土	黄干土		1	0—15	棕黄色	中壤土	块状	5.8	5.3	0.28	0.39	190	8.0	117	第四纪冰水沉积物	E 103°40′11.1″ N 29°43′12.3″	75
						C	15—100	暗紫色	中壤土	块状	7.9	30.2	1.09	2.13						
剖27	人为土	潮土型紫色水稻土	黄紫潮泥田	卵石黄泥田		1	0—17	紫色	轻壤土	大棱柱状	8.7	13.1	0.72	1.63	294	7.0	161	第四纪冲积物	E 103°35′27.2″ N 29°42′42.5″	78
						2	17—30	黄紫色	中壤土	棱块状	8.7	8.7	0.52	1.46						
						3	30—43	紫色	中壤土	无明显结构	8.5	6.0	0.26	2.52						
						4	43—100	褐黄色	轻黏土	无明显结构	5.5	42.2	3.14	0.88						
剖28	人为土	紫色土水稻土	红紫色水稻土	半砂半泥田		1	0—20	暗紫色	中壤土	小棱块状	6.2	13.7	1.15	0.61	159	3.0	104	砂岩	E 103°38′08.8″ N 29°42′06.4″	99
						2	20—35	棕红色	重壤土	块状	7.7	10.8	0.29	0.59						
						3	35—50	棕红色	中壤土	块状	6.4	21.7	1.41	0.96						
						C	50—100													
剖29	初育土	酸性紫色土	棕紫色水稻土	大土田		Ao	0—8	暗黄色	中壤土	块状	6.8	14.0	0.94	0.88	209	3.0	130		E 103°41′31.2″ N 29°41′19.7″	95
						2	8—30	棕黄色	重壤土	棱块状	5.4	31.1	1.67	0.59						
						C	30—100													
剖30	人为土	紫色土水稻土	棕紫色水稻土	黄泥田		1	0—15	紫色	重壤土	块状	5.4	27.9	1.38	0.51				棕紫色砂泥岩风化坡积物	E 103°33′42.6″ N 29°41′09.3″	75
						2	15—22	浅黄色	重壤土	棱块状	5.3	9.6	0.66	0.28						
剖31	水稻土	黄壤性水稻土	老冲积黄泥田			1	0—15	灰黄色		小棱柱状								第四纪老冲积物	E 103°36′54.7″ N 29°41′05.6″	80
						2	22—100	褐黄色												
剖32	人为土	紫色土水稻土	红紫色水稻土	冷浸水田		1	0—15		轻编中壤土									红紫色砂岩风化物	E 103°41′53.7″ N 29°40′39.1″	74
						2	15—100													

续表 Continued

剖面号 Soil profile	土纲 Soil order	土类 Soil great group	亚类 Soil subgroup	土属 Soil genus	土种 Soil species	土层码 Layer code	土层厚度 Depth/ cm	颜色 Soil color	质地 Soil texture	土壤结构 Soil structure	pH	有机质 OM/ (g/kg)	全氮 TN/ (g/kg)	全磷 TP/ (g/kg)	碱解氮 AN/ (mg/kg)	有效磷 AP/ (mg/kg)	速效钾 AK/ (mg/kg)	土壤母质 Parent material	剖面点坐标 Profile coordinate	匹配指数 Matching index/%
剖33	人为土	水稻土	潴土型水稻土	黄紫色潴田	潮泥田	1	0—18	浅黄紫色	中壤土	块状	5.5	36.9	1.50	1.06	262	2.0	127	第四纪冲积物	E 103°38′48.3″ N 29°40′06.1″	76
						2	18—31	灰紫色	重壤土	棱块状	6.5	29.0	1.37	0.76						
						3	31—100	浅紫色	重壤土	大棱柱状	7.5	8.6	0.18	0.73						

沐 川 县

主要土类说明

紫色土是沐川县的主要土壤类型，占本县地域面积的43%，主要分布于丘陵地带。紫色土是由紫色砂岩、泥岩残积物发育而成的，土壤处在幼年阶段，由于紫色岩层极易风化，所处地势缓，光热条件好，宜种作物广，农业利用率高，产量也较高。但由于过度垦殖，植被少，造成水土流失严重，斜坡薄土占比较大，从而影响了土壤自然肥力。本县紫色土分为酸性紫色土、中性紫色土和石灰性紫色土等亚类。

黄壤是沐川县第二大土壤类型，占本县地域面积的39%，是主要的旱作土壤，集中分布于本县海拔500—1600m的南部五指山脉和西部的利店、西北部的黄丹等低中山区。成土母质为石灰岩、白云岩、砂岩、页岩、变质岩等风化物和沉积物。在高温高湿的情况下，矿物化学风化强烈，在多雨条件下，风化产物流失，盐基物质淋溶，形成黄色土壤，土层下部出现多量网纹层和铁锰新生体。该土类多具黏、酸、瘦的特性。本县黄壤只有黄壤一个亚类。

水稻土是沐川县第三大土壤类型，占本县地域面积的14%，主要分布在丘陵、低山地区及沿河两岸零星台坝，尤以丘陵区分布最多。水稻土是在自然和人为因素共同作用下，经长期水耕熟化后发育的一种特殊土壤。水稻土在淹水条件下，还原性强，铁锰还原，有机质累积增多，盐基饱和度提高，硅的可溶性提高，而且养分浓度不大，有利于水稻的吸收利用。根据不同地形、母质和水文状况，本县水稻土分为淹育型、潴育型和潜育型等亚类。

小于本县地域面积3%的土壤类型还有黄棕壤和石灰（岩）土等。

本区域中心区气候特征

本区域中心区气候特征值
Regional climate characteristics in central area of the region

气候带：中亚热带湿润气候 Climate region:Subtropical humid climate	
年平均气温 /℃ Annual average temperature /℃	16.8
年平均最高气温 /℃ Annual average maximum temperature /℃	21.3
年平均最低气温 /℃ Annual average minimum temperature /℃	13.6
年降水量 /mm Annual precipitation /mm	1007
≥10℃的积温 /℃ Daily temperature accumulated in a year（≥10℃）/℃	9848
年日照时数 /h Annual sunshine /h	1242
年平均相对湿度 /% Annual average relative humidity /%	78
干燥度 Dryness	0.99

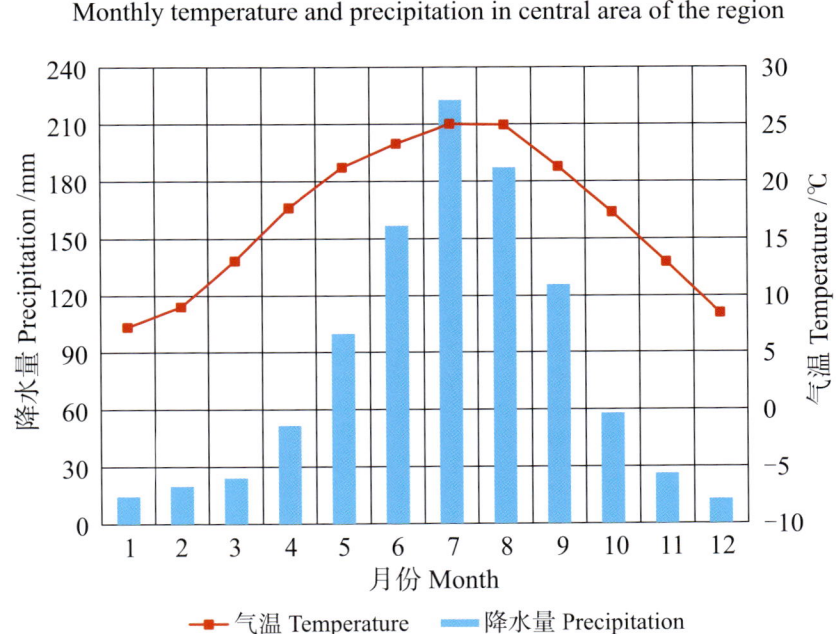

本区域中心区月平均气温与月平均降水量
Monthly temperature and precipitation in central area of the region

沐川县主要土壤类型与土壤剖面点分布图
1:250 000

图例：紫色土　黄壤　水稻土　黄棕壤　石灰（岩）土　⊗ 剖面点

沐川县土壤剖面理化性状表

剖面号 Soil profile	土纲 Soil order	土类 Soil great group	亚类 Soil subgroup	土属 Soil genus	土种 Soil species	土层码 Layer code	土层厚度 Depth/cm	颜色 Soil color	质地 Soil texture	土壤结构 Soil structure	pH	有机质 OM/(g/kg)	全氮 TN/(g/kg)	全磷 TP/(g/kg)	全钾 TK/(g/kg)	碱解氮 AN/(mg/kg)	有效磷 AP/(mg/kg)	速效钾 AK/(mg/kg)	阳离子交换量CEC/(cmol/kg)	土壤母质 Parent material	剖面点坐标 Profile coordinate	匹配指数 Matching index/%
剖1	人为土	水稻土	潴育水稻土	淋溶紫泥田	黄紫泥田	1	0—25	暗灰色	中壤土	小块状	5.2	11.9	0.93	0.96						砂岩风化残积物	E 103°42′19.9″ N 29°14′20.3″	98
						2	25—37	暗灰棕色	重壤土	小梭柱状	5.0	11.5	0.63	0.72								
						3	37—100	浅棕色	重黏土	块状	5.1	3.6	0.37	0.94								
剖2	人为土	水稻土	潴育水稻土	黄泥田	冷砂大泥田	1	0—25	浅黄棕色	轻黏土	扁平状	5.2	27.0	1.77	0.51						紫色岩酸化、黄化、坡积物	E 103°42′09.0″ N 29°12′09.4″	70
						2	25—34	黄棕色	重黏土	小梭柱状	5.4	27.5	1.64	0.92								
						3	34—80	暗黄棕色	重黏土	小团粒状	5.3	27.8	1.61	0.84								
剖3	铁铝土	黄壤	黄壤	粗骨性黄泥土	石砂黄泥土	1	0—20	暗黄棕色	重壤土	小块状	7.7	29.4	1.74	1.66						玄武岩	E 103°34′44.8″ N 29°11′18.2″	70
						2	20—45	暗黄棕色	中壤土	梭柱状	5.9	30.0	1.73	0.89								
						3	45—100	棕色	重壤土	小块状	6.1	36.4	2.21	0.95								
剖4	初育土	石灰（岩）土	黄色石灰土			1	0—25	暗黄棕色	重壤土	小块状	8.5	20.0	1.20	0.70		129	6.0	180		石灰岩坡积物、残积物	E 103°38′13.9″ N 29°09′46.8″	70
						2	25—100	暗黄棕色	轻黏土	小梭柱状	8.7	12.3	1.02	0.91								
剖5	人为土	水稻土	潜育水稻土	潮泥田	紫潮栏泥田	1	0—21	暗灰色	轻黏土	整体状	6.1	53.1	2.49	0.64						新冲积物	E 103°38′39.5″ N 29°06′00.0″	100
						2	21—34	暗灰色	重黏土	整体状	6.0	54.2	2.07	0.56								
						3	34—72	暗灰色	中壤土	整体状	5.2	48.1	1.50	0.59								
剖6	初育土	石灰（岩）土	黄色石灰土	灰质黄泥土		1	0—0.5														其他石灰岩坡积物、残积物	E 103°37′43.3″ N 29°04′54.1″	83
						2	0.5—1.5	黑色			6.7	48.2	2.85	2.39								
						3	1.5—20	灰黄棕色	重壤土	块状	7.8	39.1	2.09	1.84								
						4	20—70	黄棕色	中壤土	粒状	5.0	45.1	2.21	0.41								
剖7	铁铝土	黄壤	黄壤	冷砂黄泥土	砂黄泥土	1	0—20	暗棕色	中壤土	小块状	5.3	29.8	1.45	0.71		316	9.8	212		砂岩风化残积物	E 103°41′06.0″ N 29°04′36.8″	94
						2	20—90	暗黄棕色	重壤土	块状	8.2	51.0	3.39	2.30								
剖8	初育土	石灰（岩）土	黄色石灰土	石灰性黄泥土	马牙石土	1	0—25	浅黄棕色	重壤土	大梭柱状	8.2	41.6	2.78	2.20						石灰岩坡积物、残积物	E 103°39′32.8″ N 29°01′24.2″	81
						2	25—80	暗棕色	重壤土	粒状	4.8	38.0	2.33	0.17								
剖9	人为土	水稻土	潴育水稻土	淋溶紫泥田	假白鳝泥田	1	0—31	暗棕色	重壤土	无明显结构	5.7	37.8	2.14	0.74						砂岩风化残积物	E 103°50′05.6″ N 29°05′24.7″	85
						2	31—39	暗灰色	中壤土	梭柱状	6.4	29.2	1.59	0.41								
						3	39—100	灰白棕色	中壤土		5.2	27.2	1.30	0.52								
剖10	人为土	水稻土	潴育水稻土	黄泥田	黄砂泥田	1	0—25	灰棕色	轻壤土	粒状	5.5	23.2	1.36	0.50						紫色岩酸化、黄化、坡积物	E 103°46′53.4″ N 29°04′54.1″	76
						2	25—36	黄棕色	轻壤土	粒状	5.5	22.3	0.97	0.97								
						3	36—53	暗黄黄色	中壤土	粒状	8.0	12.8	1.30	0.40								
剖11	初育土	紫色土	中性紫色土	中性红紫泥	红紫砂泥土	1	0—14	暗红色	重壤土	小块状	8.2	2.9	0.79	0.33						坡积物	E 103°50′26.9″ N 29°04′13.1″	90
						2	14—35	红色	中壤土	块状	8.1	7.0	0.38	0.29								
						3	35—55	棕红色	中壤土	大块状	5.2	16.4	1.14	0.50								
剖12	铁铝土	黄壤	黄壤	冷砂黄泥土	紫潮半砂土	1	0—18	灰黄棕色	轻壤土	紫体状	5.4	7.9	0.55	0.69							E 103°46′08.0″ N 29°03′20.5″	85
						2	18—48	黄黄棕色	轻壤土	小块状	5.2	23.2	0.66	0.57								
						3	48—100	黄黄棕色	中壤土	块状	5.8	24.2	1.33	1.56								
剖13	人为土	水稻土	潜育水稻土	潮田	紫潮半砂田	1	0—25	棕灰色	轻壤土	小块状	6.0	23.4	1.31	1.35						洪积物、冲积物	E 103°49′53.4″ N 29°02′37.3″	79
						2	25—37	棕色	中壤土	块状	7.9	8.3	0.28	0.78								
						3	37—100	棕灰色	重壤土	小块状	5.6	27.7	1.47	1.30								
剖14	人为土	水稻土	潜育水稻土	潮土田		1	0—21	棕色	重壤土	扁平状	7.6	22.7	0.80	0.86						洪积物、冲积物	E 103°58′14.9″ N 29°01′20.6″	86
						2	21—34	棕色	中壤土	小梭柱状	8.1	7.3	0.59	0.84								
						3	34—100															

续表 Continued

剖面号 Soil profile	土纲 Soil order	土类 Soil great group	亚类 Soil subgroup	土属 Soil genus	土种 Soil species	土层码 Layer code	土层厚度 Depth/cm	颜色 Soil color	质地 Soil texture	土壤结构 Soil structure	pH	有机质 OM/(g/kg)	全氮 TN/(g/kg)	全磷 TP/(g/kg)	全钾 TK/(g/kg)	碱解氮 AN/(mg/kg)	有效磷 AP/(mg/kg)	速效钾 AK/(mg/kg)	阳离子交换量CEC/(cmol/kg)	土壤母质 Parent material	剖面点坐标 Profile coordinate	匹配指数 Matching index/%
剖15	初育土	紫色土	酸性紫色土	茶末土		1	4—20	暗黄棕色	中壤土	团粒状	4.7	67.2	2.74	0.60						紫色岩	E 103°54′26.3″ N 29°01′08.4″	90
剖16	初育土	紫色土	中性紫色土	暗紫泥土	暗紫二泥土	1	20—38	黄黄棕色	中壤土	大块状	5.0	46.2	1.80	0.67						紫色砂页岩	E 103°45′11.2″ N 29°00′25.9″	83
						2	38—55	浅黄棕色	轻壤土	棱柱状	5.0	13.4	0.63	0.57								
						3	55—100	棕红色	重壤土	棱柱状	5.1	24.4	1.13	0.50								
剖17	人为土	水稻土	淹育水稻土	黄泥田	冷砂黄泥田	1	0—20	暗红色	重壤土	块状	6.0	13.8	1.01	0.90						冲积物、洪积物	E 104°06′42.5″ N 29°00′08.3″	91
						2	20—70	红棕色	重壤土	小棱柱状	6.6	6.4	0.84	0.71								
						3	70—100	红棕色	重壤土	大棱柱状	6.6	6.6	0.18	0.69								
剖18	初育土	紫色土	石灰性紫色土	茅窝土		1	0—20	暗黄棕色	重壤土	核状	5.3	22.2	1.26	0.72						紫色砂页岩	E 103°39′07.8″ N 28°59′16.4″	76
						2	20—29	灰黄棕色	重壤土	扁平状	5.0	17.9	1.25	0.61								
						3	29—53	灰黄色	重壤土	小棱柱状	5.8	20.5	1.02	0.63								
剖19	初育土	紫色土	中性紫色土	岩黄土		1	0—2	暗棕色	重壤土	粒状	7.6	32.2	1.61	0.57		113	2.8	107		紫色砂泥岩	E 103°42′04.0″ N 28°58′59.9″	94
						2	2—13	棕红色	重壤土	棱柱状	7.6	10.8	0.70	0.37								
						3	13—38	紫棕色	重黏土		7.3	32.6	1.62	0.72		135	8.3	282				
剖20	人为土	水稻土	淹育水稻土	潮土田	黄紫潮砂泥田	1	0—2	紫棕色	轻黏土		7.3	16.6	0.93	0.63						冲积物、洪积物	E 103°58′38.9″ N 28°59′20.4″	75
						2	2—20	暗灰棕色	中壤土	粒状	5.6	30.3	1.30	0.65								
						3	20—55	暗棕色	中壤土	片状	6.2	27.9	1.06	0.57								
						4	54—100	浅黄棕色	轻壤土	棱柱状	6.1	26.5	1.07	0.55								
剖21	人为土	水稻土	淹育水稻土	石灰性紫泥田	红石骨子田	1	0—21	暗黄棕色	中壤土	块状	6.7	28.3	0.60	0.30						泥页岩、砂质泥岩残积物	E 103°55′56.0″ N 28°59′17.4″	91
						2	21—33	暗红棕色	中砾重壤土	核状	8.0	27.0	1.54	1.24								
						3	33—100	暗灰棕色	重黏土	小块状	8.2	26.6	1.47	1.22								
剖22	人为土	水稻土	淹育水稻土	黄泥田	夹石黄泥田	1	0—16	灰黄棕色	重黏土	大棱柱状	8.5	21.9	1.18	1.01						冲积物、洪积物	E 103°50′44.9″ N 28°59′07.8″	82
						2	16—35	灰黄色	轻黏土	核柱状	5.4	81.5	3.67	1.41								
						3	35—59	浅黄棕色	重壤土	小块状	5.6	79.1	3.57	1.65								
剖23	初育土	紫色土	灰棕紫泥土	灰棕紫泥土		1	0—23	红棕色	中壤土	棱柱状	5.6	77.1	3.56	1.28						砂页岩	E 103°52′18.1″ N 28°58′17.8″	71
						2	23—85	红棕色	中壤土	小棱柱状	6.7	12.8	0.57	0.58								
						3	85—100	红棕色	中壤土	小块状	6.0	9.4	0.87	0.58								
剖24	人为土	水稻土	淹育水稻土	中性紫泥田	暗紫泥田	1	0—19	灰棕色	重壤土	粒状	6.6	7.3	0.45	0.53						冲积物、洪积物	E 103°56′22.6″ N 28°56′55.0″	93
						2	19—28	灰黄色	中壤土	小块状	6.3	48.8	2.53	1.18								
						3	28—46	灰黄棕色	重壤土	大块状	6.7	15.9	1.16	2.57								
						4	46—100	灰黄棕色	重黏土	大块状	5.5	16.3	0.86		1.23							
剖25	铁铝土	黄壤	黄壤	冷砂黄泥土	猪肝大泥土	A	0—18	灰黄棕色	砂质梨壤土	粒状	6.6	25.7	1.13						10.3	厚砂岩坡积物	E 103°56′47.4″ N 28°56′49.2″	99
						B	18—48	黄棕色	砂质黏壤土	小块状	5.2	1.1	0.22		1.5				8.3		E 28°56′39.5″	
						C	48—	黄棕色	砂质黏壤土	大块状	5.4	0.6	0.30		1.3				8.2			
剖26	初育土	紫色土	中性紫色土	黄泥田	砂黄泥田	1	0—33	红棕色	中壤土	片状	5.2	0.7	0.24		1.4					砂页岩	E 103°57′14.4″ N 28°56′28.0″	71
						2	33—100	红棕色	中壤土	棱柱状	6.5	19.3	1.18	1.37			3.0	114				
剖27	人为土	水稻土	淹育水稻土	黄泥田	黄紫潮半砂半泥田	1	0—22	灰黄色	中壤土	片状	7.7	10.4	0.86	0.33		132				冲积物、洪积物	E 103°54′01.1″ N 28°55′59.5″	71
						2	22—29	灰黄色	中壤土	棱柱状	5.1	22.1	1.16	0.77								
						3	29—100	暗黄黄色	中壤土	核状	5.2	18.9	1.21									
剖28	人为土	水稻土	淹育水稻土	潮土田	红石骨子田	1	0—23	暗黄棕色	轻壤土	片状	5.2	18.1	1.03							冲积物、洪积物	E 103°57′50.8″ N 28°54′58.7″	85
						2	23—34	暗棕色	中壤土	核状	6.0	64.0	2.63	0.87								
						3	34—77	暗棕色	中壤土	片状	5.9	62.1	2.86	0.68								
剖29	初育土	紫色土	石灰性紫色土	红棕紫泥土		1	0—29	棕红色	砾质土	粒状	7.9	26.5	1.38	0.51							E 103°55′23.9″ N 28°54′46.8″	89
						2	29—60	暗棕色	砾质土	粒状	8.0	10.8	1.52	0.55								
											8.1	8.9	0.97	0.33								

续表 Continued

剖面号 Soil profile	土纲 Soil order	土类 Soil great group	亚类 Soil subgroup	土属 Soil genus	土种 Soil species	土层码 Layer code	土层厚度 Depth/cm	颜色 Soil color	质地 Soil texture	土壤结构 Soil structure	pH	有机质 OM/(g/kg)	全氮 TN/(g/kg)	全磷 TP/(g/kg)	全钾 TK/(g/kg)	碱解氮 AN/(mg/kg)	有效磷 AP/(mg/kg)	速效钾 AK/(mg/kg)	阳离子交换量CEC/(cmol/kg)	土壤母质 Parent material	剖面点坐标 Profile coordinate	匹配指数 Matching index/%
剖30	初育土	紫色土	酸性紫色土	淋溶性紫泥土	豆面土	1	0—28	暗红棕色	中壤土	粒状	5.7	21.3	1.22	2.37						紫色岩	E 103°51′13.7″ N 28°53′44.2″	75
						2	28—50	红棕色	中壤土	块状	5.8	18.1	1.19	1.95								
						3	50—100	暗红棕色	中壤土	块状	5.8	9.6	0.62	1.93								
剖31	初育土	紫色土	中性紫色土			1	0—15	暗棕红色	砾质土	粒状	6.1	30.1	1.40	2.40						紫色砂页岩	E 103°54′33.5″ N 28°52′47.3″	84
						2	15—															
剖32	初育土	紫色土	酸性紫色土	红紫小土	红砂土	1	0—13	紫棕色	中壤土	粒状	4.6	18.8	0.96	0.45						红色石英砂岩	E 103°57′57.2″ N 28°51′35.6″	98
						2	13—60	暗红棕色	砂壤土	紧实状	4.8	3.7	0.31	0.30								
剖33	初育土	紫色土	石灰性紫色土	红棕紫泥土	裂直大土	1	0—15	暗红棕色	中壤土	核柱状	7.7	10.6	0.89	0.79							E 104°04′24.2″ N 28°59′48.5″	83
						2	15—35	暗棕红色	中壤土	棱柱状	7.7	7.3	0.73	1.08								
						3	35—100	棕红色	重壤土	小块状	7.5	5.8	0.55	0.65								
剖34	初育土	紫色土	中性紫色土			1	0—20	暗灰棕色	砾质中壤土	粒状	6.8	9.9	1.07	1.02						砂页岩	E 104°04′04.8″ N 28°58′33.2″	81
						2	20—67	暗黄棕色	砾质中壤土	粒状	6.8	14.3	0.70	0.60								
						3	67—100	暗红棕色	砾质红壤土	柱状	6.8	2.3	0.48	0.32								
剖35	初育土	紫色土	酸性紫色土	淋溶性紫泥土	紫色泥土	1	0—30	棕黄棕色	重壤土	核状	5.7	22.2	1.66	2.24						紫色岩	E 104°02′13.6″ N 28°57′24.8″	82
						2	30—50	浅棕色	重壤土	块状	6.5	19.3	1.21	2.19								
						3	50—80	灰棕色	重壤土	块状	5.6	14.2	1.67	2.06								
						4	80—100	暗黄棕色	重壤土	块状	5.8	12.9	1.26	1.14								
剖36	人为土	水稻土	淹育水稻田	石灰性紫泥田	棕紫泥田	1	0—21	暗棕色	轻黏土	核状	8.4	36.1	1.74	0.54						泥页岩、砂质泥岩残积物	E 104°01′00.1″ N 28°55′26.4″	98
						2	21—32	灰棕色	重黏土	片状	8.5	42.0	1.84	0.62								
						3	32—100	灰棕色	重黏土	棱柱状	8.4	32.0	1.56	0.60								
剖37	人为土	水稻土	潴育水稻田	老冲积黄泥土	死黄泥田	1	0—24	灰棕色	中壤土	块状	5.5	12.4	0.94	0.97						老冲积物	E 104°03′49.0″ N 28°54′51.1″	98
						2	24—37	暗黄黄色	重壤土	核状	5.5	24.3	1.32	0.66								
						3	37—70	黄棕色	重壤土	块状	5.6	15.7	0.88	0.56								
						4	70—100	灰棕色	中壤土	大块状	5.6	5.3	0.48	0.49								
剖38	初育土	紫色土	石灰性紫色土	棕紫泥土	大泥土	1	0—25	灰棕色	重壤土	粒状	7.8	11.6	0.91	0.47						棕紫色泥岩、砂岩风化物	E 104°02′09.2″ N 28°54′38.2″	89
						2	25—55	灰棕色	重壤土	块状	7.6	10.6	0.90	0.81								
						3	55—100	浅红棕色	重壤土	块状	7.7	7.1	0.44	0.66								
剖39	铁铝土	黄壤	黄壤	矿子黄泥土	黄泥土	1	0—15	黄棕黄色	轻黏土	核状	8.2	37.5	1.72	1.97						石灰岩、白云岩坡积物、残积物	E 104°00′23.4″ N 28°51′48.2″	73
						2	15—33	暗黄黄色	重黏土	粒状	6.3	22.8	1.53	0.99								
						3	33—100	暗黄黄色	轻黏土	块状	6.6	11.5	0.90	1.15								
剖40	铁铝土	黄壤	黄壤	冷砂黄泥土		1	0—20	棕黄黄色	砾质轻壤土	粒状	6.1	29.7	1.50	0.81				702	39.2	228		E 103°55′19.9″ N 28°48′28.8″	100
						2	20—45	浅黄黄色	砾质中壤土	粒状	5.7	7.0	0.49	0.60								
						3	45—60	浅灰黄色	砾质砂壤土	粒状	6.2	4.5	0.33	0.60								
剖41	淋溶土	黄棕壤	黄棕壤	山地黄棕壤		1	0—5	黑色	砂壤土	粒状	4.0	221.7	3.99	1.14							E 103°55′17.8″ N 28°47′16.8″	93
						2	5—70	暗棕色	砂壤土	块状	4.2	54.5	2.00	0.71								
						3	70—100	灰黄棕色														

峨边彝族自治县

主要土类说明

黄壤是峨边彝族自治县的主要土壤类型，占本县地域面积的30%，分布在海拔1600m以下的中、低山地区。成土母质为石灰岩、白云岩、玄武岩、花岗岩、砂岩、页岩、砾岩、紫色岩、变质岩类等坡积物、残积物。黄壤所处地区日照少，云雾多，冬无严寒，夏无酷暑，干湿季节不明，雨热同季，植被繁茂。成土过程除具有脱硅富铝化和生物累积过程外，还有土体中游离氧化铁被水化，使剖面形成黄色和蜡黄色的黄化过程。土壤呈酸性。由于黄壤的形成过程中生物气候条件有利于有机质的积累，使本县耕地黄壤有机质含量为69.2g/kg，林地可达107.4—171.1g/kg。林地土壤自然肥力高，同时也具有黏、酸、冷、粗骨性强等不良性质，但由于母质不缺磷，故黄壤是本县较好的主要农业土壤之一。本县黄壤分为粗骨性黄壤、黄壤等亚类。

黄棕壤是峨边彝族自治县第二大土壤类型，占本县地域面积的30%，分布在海拔1600—2250m的地区。成土母质是石灰岩、白云岩、砂岩、页岩等残积物，植被主要以混生常绿阔叶林和落叶阔叶混交林为主，兼有箭竹、杜鹃灌丛，是黄壤向暗棕壤发育的过渡性土壤。冬季冰凉期为两三个月，夏季气温高，雨量充沛。黄棕壤富铝化程度比黄壤弱，但黏粒的移动淀积则比黄壤明显。因此，底土层比上层质地黏重，呈块状、棱块状结构面上常有铁铝等胶膜淀积，整个土体呈酸性，但酸度比黄壤略有下降，pH在5.0左右，以底土层下降较明显，石灰岩母质发育的土壤pH可达6.0左右。本县黄棕壤分为黄棕壤（自然土）和耕地黄壤两个亚类。

暗棕壤是峨边彝族自治县第三大土壤类型，占本县地域面积的19%，主要分布在海拔2250—2800m的地区。成土母质为砂岩、玄武岩、石灰岩等残积物、坡积物。森林植被以阔叶落叶林和常绿针叶混交林为主。由于气温低，蒸发作用弱，整个剖面终年湿润。其形成特点：一是弱的酸性淋溶，使剖面没有明显的灰化层和淀积层的分化。二是酸性腐殖质的积累，因而腐殖质层厚，并由于腐殖质的下移而使心土层染成暗棕色。三是弱的黏化作用，使土壤质地较轻，而且质地剖面分化不大。土壤pH为4.4—5.1。

棕色针叶林土占本县地域面积的10%，主要分布在海拔2800—3400m的地区。成土母质为紫色砂页岩残积物，植被为亚高山针叶林，典型植被是冷杉林，林下有杜鹃、竹类等，地被植物有苔藓。林内阴冷潮湿，有机质分解慢，表层常处于滞水状态，土壤终年湿润，淋溶作用强。

小于本县地域面积5%的土壤类型还有黑毡土、紫色土、石灰（岩）土、棕壤、粗骨土和水稻土等。

本区域中心区气候特征

本区域中心区气候特征值
Regional climate characteristics in central area of the region

气候带：北亚热带湿润气候 Climate region: North subtropical humid climate	
年平均气温 /℃ Annual average temperature /℃	15.2
年平均最高气温 /℃ Annual average maximum temperature /℃	20.9
年平均最低气温 /℃ Annual average minimum temperature /℃	11.2
年降水量 /mm Annual precipitation /mm	976
≥10℃的积温 /℃ Daily temperature accumulated in a year (≥10℃) /℃	7906
年日照时数 /h Annual sunshine /h	1615
年平均相对湿度 /% Annual average relative humidity /%	72
干燥度 Dryness	0.96

本区域中心区月平均气温与月平均降水量
Monthly temperature and precipitation in central area of the region

峨边彝族自治县主要土壤类型与土壤剖面点分布图
1 : 300 000

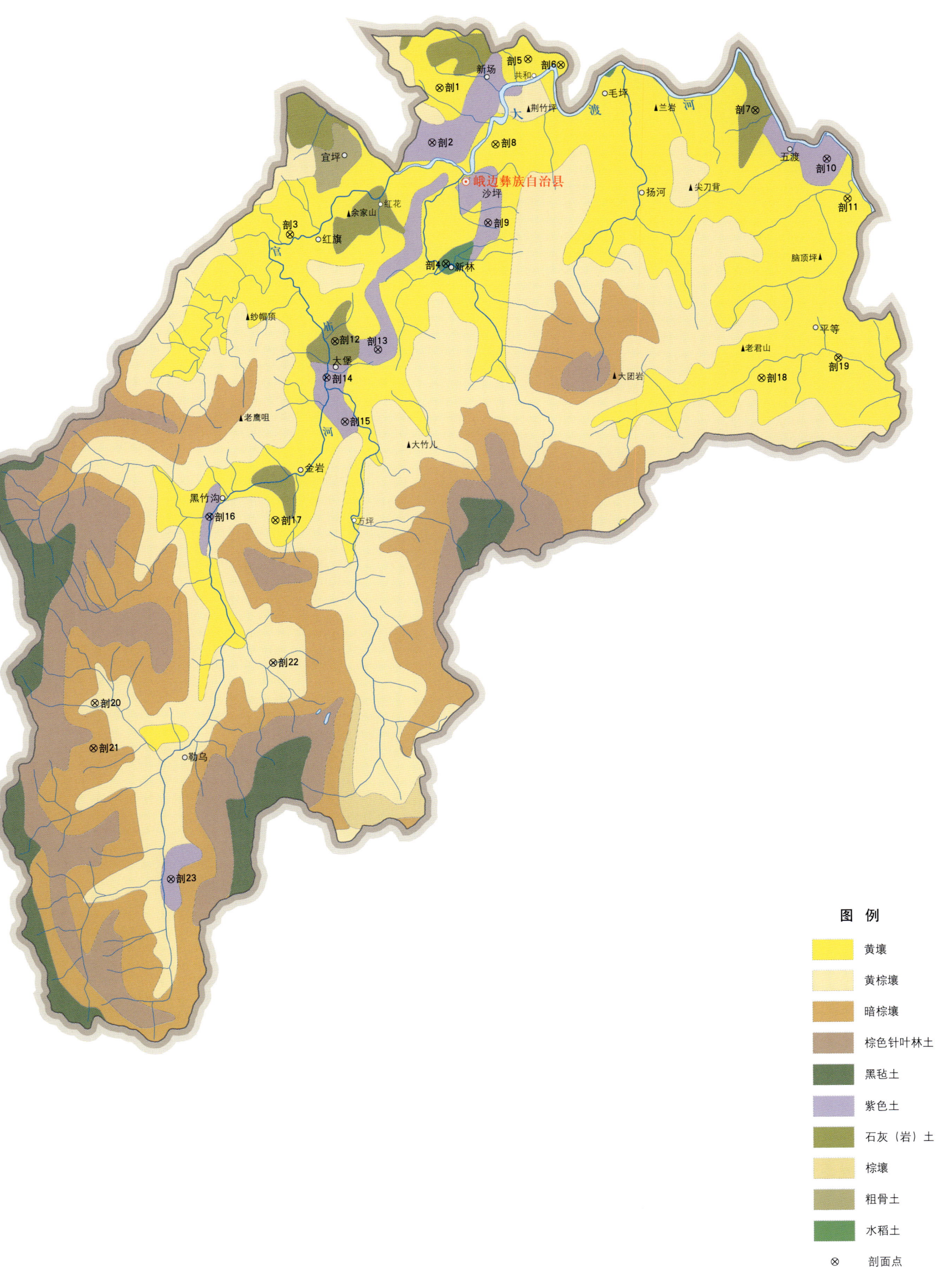

峨边彝族自治县土壤剖面理化性状表

剖面号 Soil profile	土纲 Soil order	土类 Soil great group	亚类 Soil subgroup	土属 Soil genus	土种 Soil species	土层码 Layer code	土层厚度 Depth/cm	颜色 Soil color	质地 Soil texture	土壤结构 Soil structure	pH	有机质 OM/(g/kg)	全氮 TN/(g/kg)	全磷 TP/(g/kg)	碱解氮 AN/(mg/kg)	有效磷 AP/(mg/kg)	速效钾 AK/(mg/kg)	土壤母质 Parent material	剖面点坐标 Profile coordinate	匹配指数 Matching index/%
剖1	铁铝土	黄壤	黄壤	矿质黄泥土	大土黄泥土	1	0—27	暗棕色	中砾重黏土	核状	5.5	33.0	1.88	1.66	208	5.0	92	石灰岩、留云岩、玄武岩化学风化物	E 103°14′23.3″ N 29°17′30.8″	96
						2	27—80	棕色	轻砾轻黏土	小块状	5.9	28.5	1.63	1.28						
						3	80—100	浅棕色		大块状										
剖2	初育土	紫色土	中性紫色土	中性暗紫泥土	紫红泥土	1	0—27	暗红棕色	中壤土	粒状、核状	7.2	16.2	0.83	2.22	75	2.0	123	坡积物、残积物	E 103°14′05.3″ N 29°15′21.6″	78
						2	27—80	暗红棕色	中砾重黏土	块状	7.6									
剖3	铁铝土	黄壤	粗骨性黄壤	橙黄泥土	黄泥大土	1	0—25	暗红棕色	轻砾轻黏土	粒状	7.6	30.5	1.41	2.07	115	10.0	250		E 103°07′45.5″ N 29°11′40.9″	87
						2	25—100	棕色	轻黏土	小块状	7.2	13.2	0.55	1.21						
剖4	人为土	水稻土	淹育水稻土	中性紫泥田	浅红色紫泥田	1	0—20	暗棕色	中砾重黏土	块状	7.6	17.2	0.68	0.66	80	9.0	99	紫砂页岩坡积物、残积物	E 103°14′46.0″ N 29°10′37.6″	89
						2	20—30	灰灰色	轻砾重黏土		6.5	21.6	0.84	0.76						
						3	30—55		轻砾轻黏土		7.8	12.6	0.38	0.58						
						4	55—100													
剖5	铁铝土	黄壤	黄壤	矿质黄泥土	黄泥土	1	0—21	棕色	重壤土	核状	6.0	21.9	1.30	1.58	154	4.0	288	石灰岩、留云岩、玄武岩化学风化物	E 103°18′21.2″ N 29°18′42.5″	74
						2	21—47	浅棕色	重壤土		5.6	19.7	1.28	1.57						
						3	47—100	黄红棕色	轻砾轻壤土	柱状	5.3	10.1	0.80	1.04						
剖6	铁铝土	黄壤	粗骨性黄壤	石窝黄泥土	暗石窝土	1	0—16	暗棕色	重壤土		7.1	28.0	1.36	0.84	85	1.0	192	玄武岩风化物	E 103°19′49.4″ N 29°18′29.9″	82
						2	16—32		中砾重黏土	粒状、团粒状	7.1	23.8	1.13	0.74						
						3	32—100		轻砾轻黏土	块状	6.9	10.8	0.52	0.52						
剖7	铁铝土	黄（岩）土	黄色石灰土	橙黄泥土	黄泥	1	0—21	暗棕色	重黏土	柱状	7.8	30.6	1.71	3.60	162	19.0	237	各种石灰岩坡积物、残积物	E 103°28′35.8″ N 29°16′48.7″	91
						2	21—100	棕色	中壤土	粒状、核状	8.0	9.6	0.50	2.25						
剖8	初育土	黄壤	粗骨性黄壤	橙黄泥土	红泥巴土	1	0—23	浅红棕色	轻砾轻黏土	小块状	7.5	20.5	1.20	1.56	134	7.0	172	砂页岩坡积物、残积物	E 103°16′56.3″ N 29°15′19.4″	81
						2	23—100	暗棕色	中壤土	大块状	7.3	17.3	0.92	0.64						
剖9	初育土	紫色土	酸性紫色土		紫黄泥土	1	0—20	暗红棕色	重壤土	粒状、核状	5.4	26.8	1.33	1.12	55	5.0	244	坡积物、残积物	E 103°16′38.6″ N 29°12′15.1″	96
						2	20—40	暗棕色	中壤土	块状	5.2	2.7	0.22	0.67						
剖10	初育土	紫色土	中性紫色土	中性暗紫泥土	黄石窝土	1	0—25	暗红棕色	中砾重黏土	粒状、团块状	7.7	30.1	1.58	5.83	75	14.0	64	玄武岩风化物	E 103°31′50.5″ N 29°14′56.4″	81
						2	25—50	暗红棕色	中砾轻黏土	块状	7.8	12.4	0.92	4.74						
						3	40—100	暗红棕色	中壤土	大块状										
剖11	铁铝土	黄壤	粗骨性黄壤	石窝黄泥土	大泥土	1	0—20	暗灰棕色	中砾重黏土	粒状	6.3	83.6	3.56	3.63	316	74.0	868	石灰岩、白云岩坡积物、残积物	E 103°32′47.0″ N 29°13′23.5″	84
						2	20—100	暗棕色	中壤土	小块状	6.5	9.6	0.50	1.24						
剖12	初育土	石灰（岩）土	黄色石灰土	暗紫泥土	二泥土	1	0—18	暗棕红色	重壤土	粒状、团粒状	8.1	32.7	1.96	3.29	142	9.0	289	紫色页岩坡积物、残积物	E 103°09′50.8″ N 29°07′30.7″	90
						2	18—70	暗棕色	中壤土	块柱状	8.2	25.3	1.66	3.32						
						3	70—													
剖13	初育土	紫色土	石灰性紫色土	暗泥泥土	大泥土	1	0—25	暗红棕色	轻壤土	核状	7.6	17.0	0.69	1.28	96	8.0	111	紫色页岩坡积物、残积物	E 103°11′46.3″ N 29°07′12.7″	70
						2	25—40	暗红棕色	中砾重黏土	小块状	7.7	13.7	0.52	0.98						
						3	40—100	暗红棕色		大块状										
剖14	初育土	紫色土	酸性紫色土		茶园土	1	0—18	暗红色	中壤土	粒状、团粒状	6.0	36.5	0.52	0.77	122	8.0	130		E 103°09′29.3″ N 29°06′05.5″	95
						2	18—100	浅红色	中壤土	块状	7.1	39.0	0.40	0.24						
剖15	初育土	紫色土	酸性紫色土	茶沐土	茶园土	1	0—21	红棕色	中砾重黏土	粒状	6.3	50.0	1.90	0.96				坡积物、残积物	E 103°10′20.4″ N 29°04′22.0″	92
						2	21—67	暗棕色	中砾重黏土	块状	5.3									
						3	67—100	暗棕红色	轻壤土	大梭柱状	5.5									
剖16	初育土	紫色土	石灰性紫色土	暗紫泥土		1	0—17	暗红棕色	轻壤土	核状	8.4	14.2	0.65	2.86	96	8.0	111	紫色砂页岩坡积物	E 103°04′18.8″ N 29°00′34.9″	88
						2	17—100	暗红棕色	轻壤土	小块状	8.4	10.2	0.45	2.72	137	2.0	242			
剖17	铁铝土	黄壤	黄壤	冷砂黄泥土	豆面黄泥土	1	0—19	棕色	中砾重黏土	粒状	6.0	33.5	1.32	0.77					E 103°07′16.3″ N 29°00′28.8″	83
						2	19—80	黄棕色	中黏土	棱柱状	5.6	6.9	0.32	0.48						
						3	80—100	黄棕色	砂壤土	柱状	5.3	5.8	0.22	0.52						

续表 Continued

剖面号 Soil profile	土纲 Soil order	土类 Soil great group	亚类 Soil subgroup	土属 Soil genus	土种 Soil species	土层码 Layer code	土层厚度 Depth/cm	颜色 Soil color	质地 Soil texture	土壤结构 Soil structure	pH	有机质 OM/(g/kg)	全氮 TN/(g/kg)	全磷 TP/(g/kg)	碱解氮 AN/(mg/kg)	有效磷 AP/(mg/kg)	速效钾 AK/(mg/kg)	土壤母质 Parent material	剖面点坐标 Profile coordinate	匹配指数 Matching index/%
剖18	铁铝土	黄壤	黄壤	冷砂黄泥土	粗砂土	1	0—17	黄棕色	紧砂土	粒状	5.7	22.5	1.20	2.14	143	6.0	83		E 103°29′00.2″ N 29°06′18.0″	74
						2	17—83	黄棕色	轻黏土	粒状	6.1	21.5	1.03	2.06						
						3	83—													
剖19	铁铝土	黄壤	黄壤	冷砂黄泥土		1	0—17	暗棕色	轻砾重壤土	粒状	6.1	26.8	1.52	5.06	207	33.0	210		E 103°32′26.9″ N 29°07′07.3″	98
						2	17—23	棕色	重黏土	块状	6.2	24.4	1.30	4.53						
						3	23—60	棕色	中砾黄泥黏土	块状	5.9	18.8	1.23	4.25						
						4	60—100	暗红棕色												
剖20	淋溶土	黄棕壤				1	0—4	黑棕色		小团块状	6.2	276.2	8.95	0.86				白云岩坡积物	E 102°59′16.1″ N 28°53′12.5″	94
						2	4—12	棕色	轻砾轻黏土	小块状	5.1	35.0	1.48	0.69						
						3	12—70	棕色		块状										
						4	70—100	黄棕色	轻砾轻黏土	块状	5.8	8.6	0.16	0.16						
						5	100—													
剖21	淋溶土	暗棕壤				1	0—10	黑棕色	中壤土	小团粒状	4.4	185.1	6.36	1.58				玄武岩坡积物	E 102°59′14.3″ N 28°51′26.6″	95
						2	10—33	黑棕色	重壤土	粒状、核状	5.3	60.9	2.18	0.88						
						3	33—67	棕色	重壤土	块状										
						4	67—100	黄灰黄色		粒状、团粒状	4.2	1.2	1.23	0.98	238	41.0	184			
剖22	淋溶土	黄棕壤	山地黄棕壤	耕地黄棕壤土	石窖黄土	1	0—23	暗灰黄棕色	中壤土	块状	6.6	44.0	2.12	1.76				砂岩、石灰岩、玄武岩	E 103°07′14.9″ N 28°54′52.6″	87
						2	23—32	灰黄棕色	中砾重黏土	棱块状	6.2	34.3	1.54	1.73						
						3	32—100	暗黄黄棕色	轻砾重黏土	粒状、团块状	6.3	33.9	1.82	2.16						
剖23	初育土	紫色土	酸性紫色土			1	0—16	暗红棕色			6.0	63.3	2.92						E 103°02′46.7″ N 28°46′19.2″	74
						2	16—100	浅棕色	中砾重黏土	小棱块状	5.9	17.7	1.00	1.56						

马边彝族自治县

主要土类说明

紫色土是马边彝族自治县的主要土壤类型，占本县地域面积的40%，是主要的耕种土类，主要分布于本县东部海拔1000m以下的低山河谷地区。母质为紫色砂页岩风化残积物、坡积物。土体中铁锰等物质淀积弱，胶体品质好，自然肥力高。紫色土成土时间短，薄土剖面构型多为A-C或A-D，厚土剖面构型为A-B-C或A-B，土壤养分较多，但有机质和氮素累积不多。碳酸钙淋洗强烈，土壤碳酸钙含量较低，碳酸钙含量大于3.0%的紫色土，多分布于年降水量小于1200mm的河谷。随着碳酸钙的淋溶，土壤酸化、黄化明显。本县紫色土分为酸性紫色土、石灰性紫色土、中性紫色土等亚类。

黄壤是马边彝族自治县第二大土壤类型，占本县地域面积的27%，分布于海拔700—1700m的地区。黄壤是本县山地土壤的基带土类，所处地区气候温和，光热条件较河谷稍差。成土母质多为砂页岩、灰岩、玄武岩、黄色黏土岩风化物。植被以常绿阔叶林为主，混有少量针叶林。成土过程为土壤黄化及脱硅富铝化过程，土壤黄化是黄壤最明显的特征，林被下的土壤有机质含量较高，土壤肥沃，但由于过分开垦，土壤肥力下降，多数耕地具黏、酸、瘦、缺磷的特征。本县黄壤分为黄壤、粗骨性黄壤等亚类。

黄棕壤是马边彝族自治县第三大土壤类型，占本县地域面积的16%，分布在海拔1500—2250m的地区。成土母质为多种灰岩、白云岩、砂页岩、玄武岩坡积物、残积物。成土过程具有黄壤的富铝化过程和棕壤的淋溶、黏化过程，富铝化程度比黄壤弱，但黏粒的移动淀积比黄壤明显，故底土层比上层质地黏重，块状、棱块状结构面上常有铁铝等胶膜淀积，整个土体呈酸性，但酸度比黄壤略有下降，pH在5.0左右，以底土层下降较明显，石灰岩母质发育的土壤pH在6.0左右。

暗棕壤占本县地域面积的6%，分布在海拔2250—2900m的地区。暗棕壤形成于山地寒温带湿润生物气候条件下，成土母质为砂岩、玄武岩、石灰岩等残积物、坡积物。其形成特点：一是弱的酸性淋溶，使剖面没有明显的灰化层和淀积层的分化。二是酸性腐殖质的积累，因而腐殖质层厚，并由于腐殖质的下移而使心土层染成暗棕色。三是弱的黏化作用，使土壤质地较轻，而且质地剖面分化不大。土壤pH为4.4—5.1。

小于本县地域面积5%的土壤类型还有石灰（岩）土、棕色针叶林土、水稻土、黑毡土、棕壤等。

本区域中心区气候特征

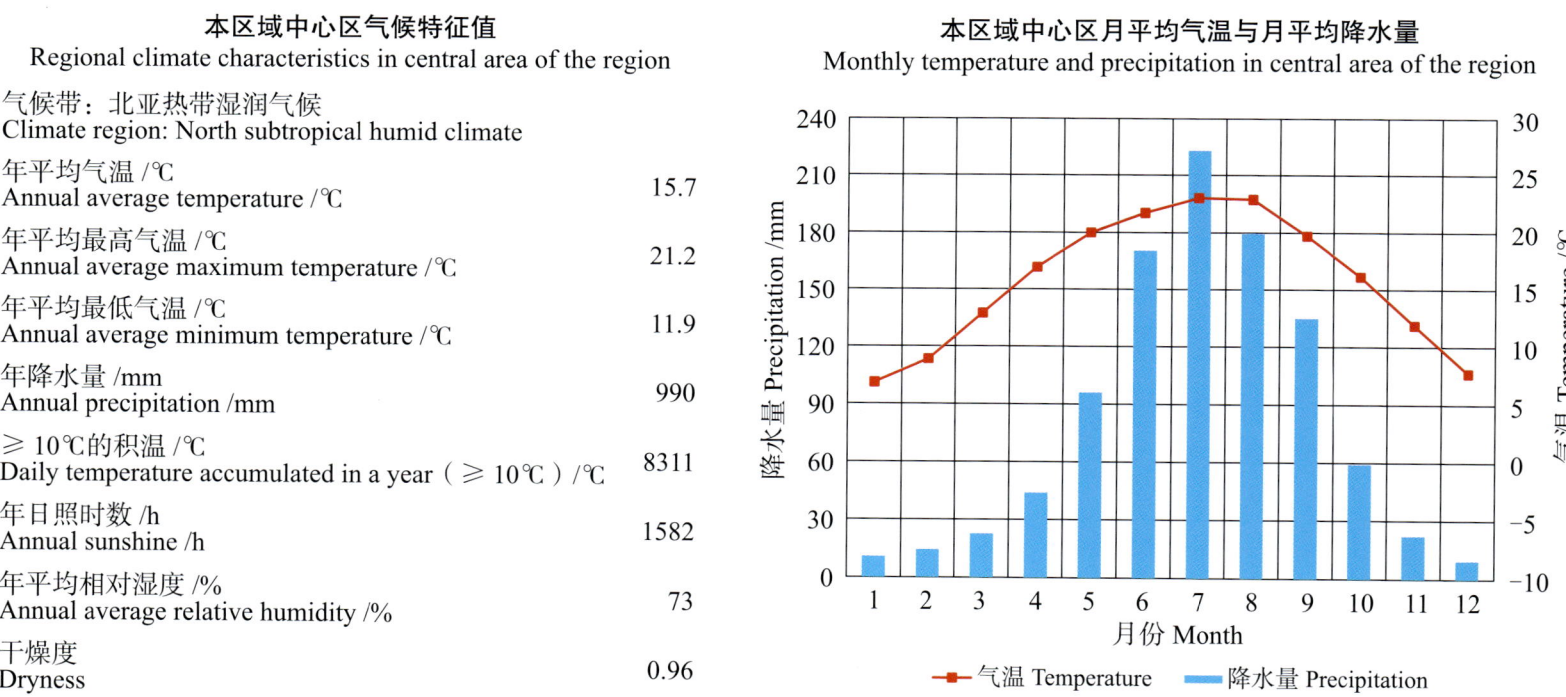

本区域中心区气候特征值
Regional climate characteristics in central area of the region

气候带：北亚热带湿润气候 Climate region: North subtropical humid climate	
年平均气温 /℃ Annual average temperature /℃	15.7
年平均最高气温 /℃ Annual average maximum temperature /℃	21.2
年平均最低气温 /℃ Annual average minimum temperature /℃	11.9
年降水量 /mm Annual precipitation /mm	990
≥10℃的积温 /℃ Daily temperature accumulated in a year（≥10℃）/℃	8311
年日照时数 /h Annual sunshine /h	1582
年平均相对湿度 /% Annual average relative humidity /%	73
干燥度 Dryness	0.96

本区域中心区月平均气温与月平均降水量
Monthly temperature and precipitation in central area of the region

马边彝族自治县主要土壤类型与土壤剖面点分布图
1：260 000

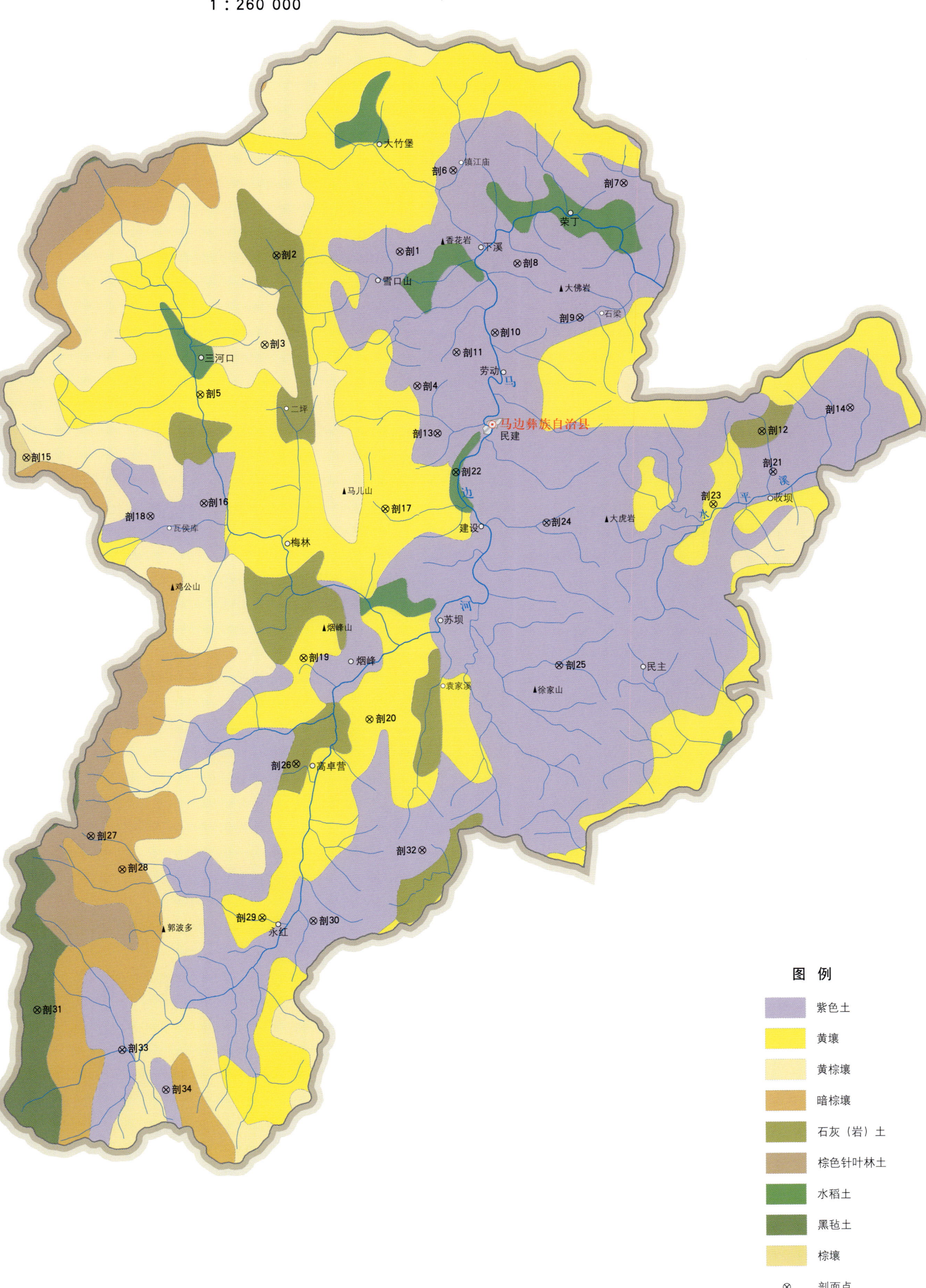

马边彝族自治县土壤剖面理化性状表

剖面号 Soil profile	土纲 Soil order	土类 Soil great group	亚类 Soil subgroup	土属 Soil genus	土种 Soil species	土层码 Layer code	土层厚度 Depth/cm	颜色 Soil color	质地 Soil texture	土壤结构 Soil structure	pH	有机质 OM/(g/kg)	全氮 TN/(g/kg)	全磷 TP/(g/kg)	全钾 TK/(g/kg)	碱解氮 AN/(mg/kg)	有效磷 AP/(mg/kg)	速效钾 AK/(mg/kg)	土壤母质 Parent material	剖面点坐标 Profile coordinate	匹配指数 Matching index/%
剖1	初育土	紫色土	中性紫色土			1	0—28	暗灰棕色		粒状、块状	6.8	14.5	0.95	1.04	2.8	94	3.0	105		E 103°29′04.4″ N 28°56′36.9″	78
						2	28—65	暗灰棕色		块状	6.9	9.3	0.80	1.24	2.9						
						3	65—100	紫灰棕色		棱块状	6.9	9.0	0.69	0.72	2.6						
剖2	初育土	石灰（岩）土	黄色石灰土	黄色石灰土	黄砂石子土	1	0—15	黄棕色		粒状	8.0	23.8	1.68	1.01	1.6	128	3.0	135	灰岩风化残积物	E 103°24′14.8″ N 28°56′26.2″	72
						2	15—32	黄棕色		小块状	8.2	23.0	1.34	1.24	2.1						
						3	32—100	浅黄棕色		整体状	8.3	28.1	1.45	1.05	1.9						
剖3	淋溶土	黄棕壤				1	1—2													E 103°23′49.4″ N 28°53′22.3″	79
						2	2—14	浅棕色	轻砾中壤土	粒状	5.0	97.8	4.80	1.87	2.4	793	4.0	244			
						3	14—50	黄棕色	轻砾中壤土	棱块状	4.8	607.0	3.24	1.59	2.4						
						4	50—70	暗棕色	轻砾重壤土	大块状	5.0	35.1	2.00	0.95	2.6						
						5	70—														
剖4	初育土	紫色土		矿子黄泥土	石宕黄泥土	1	0—22	深暗红色		小块状	6.6	39.6	1.38	1.11	3.0	121	14.0	256	砂页岩风化残积物、坡积物	E 103°29′48.8″ N 28°52′01.2″	79
						2	22—53	红灰绿色		棱块状	6.8	10.0	0.88	0.83	3.0						
						3	53—100	红灰黄色		整体状	6.7	10.3	0.93	1.16	3.2						
剖5	铁铝土	黄壤				1	0—20	黄棕色		小块状	6.9	24.8	1.61	1.06	4.5	129	4.0	266	石灰岩、白云岩风化物	E 103°21′19.2″ N 28°51′38.4″	86
						2	20—60	黄棕色		块状	6.8	14.0	1.11	0.85	4.3						
						3	60—100	棕黄色		整体状	6.7	10.7	0.83	0.75	4.2						
剖6	初育土	紫色土	石灰性紫色土	棕紫泥土	粗砂大土	1	0—19	暗红棕色		小块状	8.1	13.8	1.17	1.19	2.9	92	4.0	175		E 103°31′07.3″ N 28°59′25.1″	77
						2	19—48	暗红棕色		棱柱状	8.2	6.7	0.67	1.14	2.9						
						3	48—100	暗红棕色		棱柱状	8.2	5.7	0.68	1.18	3.2						
剖7	初育土	紫色土	石灰性紫色土	红棕紫泥土	夹板土	1	0—25	暗棕色		粒状、小块状	8.8	15.2	0.80	1.70	3.2	92	4.0	100	泥岩、砂质泥岩风化物	E 103°37′48.7″ N 28°59′04.2″	91
						2	25—60	暗红棕色		棱块状	8.8	11.3	0.78	1.70	3.3						
						3	60—100	暗红棕色		大块状	8.8	8.5	0.68	1.55	3.3						
剖8	初育土	紫色土	石灰性紫色土	红棕紫泥土	红砂大土	1	0—24	紫棕色		粒状	8.0	10.6	0.73	1.36	3.4	75	2.0	114	泥岩、砂质泥岩风化物	E 103°33′41.0″ N 28°56′15.7″	71
						2	24—73	红棕色		小块状	8.1	6.3	0.63	1.39	3.3						
						3	73—														
剖9	初育土	紫色土	中性紫色土	灰棕紫泥土		1	0—20	灰棕色		团块、碎块状	7.3	17.8	1.04	0.85	2.3	120	4.0	139		E 103°36′09.0″ N 28°54′25.9″	83
						2	20—40	灰棕色		团块状、整体状	7.3	14.4	0.79	0.67	2.2						
						3	40—														
剖10	初育土	紫色土	石灰性紫色土	红棕紫泥土	红石骨子土	1	0—17	暗红棕色		团块状	8.5	18.1	0.82	1.60	3.3	45	2.0	121		E 103°32′50.1″ N 28°53′52.3″	76
						2	17—47	暗红棕色		小块状	8.5	9.1	0.64	1.58	3.2						
剖11	初育土	紫色土	中性紫色土			1	0—18	暗棕色		团块状	7.4	12.9	0.96	1.27	2.3	88	4.0	95		E 103°31′19.9″ N 28°53′11.4″	71
						2	18—51	暗棕色		小块状	7.4	13.5	0.84	1.24	2.3						
						3	51—98	灰棕色		大块状	7.4	10.6	0.72	1.22	2.3						
剖12	初育土	石灰（岩）土	黄色石灰土			1	0—26	灰白色		粒状	8.1	32.7	2.24	2.13	0.3	225	11.0	111	灰岩风化残积物	E 103°43′18.8″ N 28°50′35.9″	78
						2	26—75			整体状	8.1	9.4	0.74	1.47	0.2						
						3	75—														
剖13	初育土	紫色土	中性紫色土	脱钙棕紫泥土	裂复大土	1	0—24	暗红棕色		团块状	6.8	16.3	1.17	1.39	3.5	123	8.0	233	钙质砂泥岩风化残积物、坡积物	E 103°30′37.4″ N 28°50′24.0″	85
						2	24—34	棕红色		小棱柱状	6.6	11.1	0.56	1.24	3.9						
						3	34—100	红色		大棱柱状	6.8	6.4	0.67	0.87	3.9						
剖14	初育土	紫色土	中性紫色土	脱钙棕紫泥土	变体红砂土	1	0—16	红棕色		小块状	6.6	9.9	0.49	0.26	1.2	58	2.0	60	钙质砂泥岩风化残积物、坡积物	E 103°46′45.5″ N 28°51′26.3″	76
						2	16—45	红棕色		小块状	6.6	7.3	0.58	0.21							
						3	45—100	浅红棕色		小块状	6.6	5.5	0.34	0.18							

续表 Continued

剖面号 Soil profile	土纲 Soil order	土类 Soil great group	亚类 Soil subgroup	土属 Soil genus	土种 Soil species	土层码 Layer code	土层厚度 Depth/cm	颜色 Soil color	质地 Soil texture	土壤结构 Soil structure	pH	有机质 OM/(g/kg)	全氮 TN/(g/kg)	全磷 TP/(g/kg)	全钾 TK/(g/kg)	碱解氮 AN/(mg/kg)	有效磷 AP/(mg/kg)	速效钾 AK/(mg/kg)	土壤母质 Parent material	剖面点坐标 Profile coordinate	匹配指数 Matching index/%
剖15	淋溶土	棕壤				1	0~3		轻砾轻壤土	粒状	6.7	87.4	4.56	2.60	4.9	579	9.0	288	灰岩砂页岩残积物、坡积物	E 103°14′32.4″ N 28°49′23.9″	72
						2	3~9	黑棕色	轻砾轻壤土	小块状	6.8	44.4	2.72	1.90	5.2						
						3	9~54		轻砾轻壤土	棱块状	6.9	22.1	1.48	1.38	6.2						
						4	54~85	黄棕色	轻砾中壤土												
剖16	初育土	紫色土	中性紫色土	暗紫泥土	夹石红泥土	1	0~21	暗棕红色		小块状	6.6	32.4	1.74	2.33	3.1	230	16.0	194	砂页岩风化残积物、坡积物	E 103°21′30.9″ N 28°47′54.9″	74
						2	21~60	暗棕红色		块状	6.8	22.4	1.20	2.29	3.2						
						3	60~81	暗棕红色		块状	6.7	20.5	1.16	2.24	3.2						
剖17	铁铝土	黄壤	黄壤	冷砂黄泥土	冷砂黄泥土	1	0~18	暗棕黄色		小块状	4.9	36.6	2.09	1.18	2.0	230	4.0	122		E 103°28′36.5″ N 28°47′47.5″	88
						2	18~59	黄棕色		块状	4.6	35.9	2.18	1.18	2.0						
						3	59~100	浅黄棕色		整体状	4.9	26.3	1.86	1.06	1.9						
剖18	初育土	中性紫色土				1	0~23	暗棕红色	中黏土	碎块状	7.4	14.8	0.94	0.58	2.7	95	3.0	88	钙质砂泥岩风化残积物、坡积物	E 103°19′25.2″ N 28°47′27.1″	95
						2	23~59	棕红色		块状	7.4	10.9	0.90	0.67	2.8						
						3	59~100	浅红棕色		棱块状	7.0	9.1	0.67	0.54	2.6						
剖19	铁铝土	黄壤	黄壤	冷砂黄泥土		1	0~17	浅黑棕色		粒状	7.1	69.5	3.67	4.12	3.6	341	19.0	226		E 103°25′28.1″ N 28°42′39.0″	73
						2	17~49	黑棕色		小块状	6.9	62.3	3.37	4.06	3.6						
剖20	铁铝土	黄壤	黄壤	冷砂黄泥土	冷砂土	1	0~12	暗黄棕色		小块状	5.5	24.1	1.80	1.93	2.2	204	12.0	107	砂岩风化残积物、坡积物	E 103°28′04.1″ N 28°40′34.3″	79
						2	12~61	黄棕色		整体状	5.8	16.9	1.31	2.56	2.4						
						3	61~78	黑灰棕色		块状	5.5	19.0	1.14	1.25	2.7						
剖21	初育土	紫色土	酸性紫色土	红紫泥土		1	0~21	暗棕红色		小块状、粒状	5.8	10.7	0.53	0.29	2.0	80	3.0	73	砂岩风化坡积物	E 103°43′46.1″ N 28°49′12.7″	73
						2	21~45	暗棕色		块状、粒状	5.6	8.3	0.39	0.26	1.9						
						3	45~62	红紫色		整体状	5.6	4.7	0.21	0.25							
						4	62~														
剖22	人为土	水稻土	淹育水稻土	酸性紫泥田	豆面砂田	1	0~11	浅棕褐色		小块状	6.3	14.9	0.91	0.40	1.7	82	2.0	144	砂岩风化坡积物、残积物	E 103°31′21.7″ N 28°49′04.5″	96
						2	11~17	暗红色		块状	6.4	10.8	0.74	0.32	1.6						
						3	17~33	黄棕色		大块状	6.3	26.1	0.95	0.21	1.9						
						4	33~55	黄棕色	重壤土	小棱块状	6.2	4.4	3.68	0.24	1.7						
剖23	铁铝土	黄壤	黄壤	老冲积黄泥土	小黄泥土	1	0~14	浅棕黄色	重壤土	小块状	5.6	21.5	1.36	1.19	1.4	132	5.0	144	第四纪老冲积冰川沉积物	E 103°41′26.5″ N 28°48′04.7″	86
						2	14~59	棕黄色	重壤土	棱块状	5.6	8.6	0.71	0.82							
						3	59~87	黄棕色	中壤土	块状	7.0	3.1	0.48	1.17							
剖24	初育土	紫色土	中性紫色土			1	0~18	浅红棕色		小块状、小块状	7.1	19.1	1.26	1.40	2.8	109	4.0	137		E 103°34′55.2″ N 28°47′22.8″	79
						2	18~42	灰棕色		块状	7.2	17.0	1.06	1.25	3.0						
						3	42~100	灰棕色		块状	7.2	18.2	1.05	1.31	2.9						
剖25	初育土	紫色土	酸性紫色土	酸性紫泥土		A	0~21	暗紫色	黏壤土	小块状	5.8	20.6	1.18	0.28	1.9	101	6.0	190	砂泥岩风化残积物、坡积物	E 103°35′28.0″ N 28°42′29.2″	80
						B	21~47	浅紫红色	壤质黏土	棱柱状	6.0	14.1	0.93	0.26	1.9						
						C	47~73	浅黄棕色	黏壤土	整体状	7.0	11.0	0.81	0.24	2.0						
剖26	初育土	石灰(岩)土	黄色石灰土			1	0~20	黄棕色	轻砾中壤土	小块状	7.5	27.9	1.84	1.18	3.5	186	5.0	306	灰岩风化残积物	E 103°25′13.1″ N 28°39′01.1″	88
						2	20~71	灰棕褐色	轻砾轻黏土	大棱柱状	7.5	8.0	0.68	0.87	4.3						
						3	71~100	浅黄棕色	轻砾重壤土	整体状	7.6	19.1	1.44	1.10	3.4						
剖27	淋溶土	棕色针叶林土				1	0~4	黑棕色		粒状	4.1	601.0	17.43	2.88	1.3	1338	52.0	812		E 103°17′13.2″ N 28°36′27.7″	94
						2	4~23	灰白色		片状、碎石状	4.5	101.9	3.16	2.02	2.3						
						3	23~33	暗黄棕色		块状	5.0	30.3	1.54	1.25	2.2						
						4	33~100														
剖28	淋溶土	暗棕壤				1	0~2									9	45.0	23	泥沙残积物、坡积物	E 103°18′27.7″ N 28°35′19.7″	89
						2	2~21	黑棕灰色	轻砾砂壤土	核状、粒状	4.1	179.2	7.28	2.39	2.7						
						3	21~37	暗黄棕色	中壤土	小块状	4.4	61.6	2.48	1.30	3.5						
						4	37~55	浅黄棕色	砂壤土	小块状	5.1	63.6	2.30	1.84	3.7						

续表 Continued

剖面号 Soil profile	土纲 Soil order	土类 Soil great group	亚类 Soil subgroup	土属 Soil genus	土种 Soil species	土层码 Layer code	土层厚度 Depth/cm	颜色 Soil color	质地 Soil texture	土壤结构 Soil structure	pH	有机质 OM/(g/kg)	全氮 TN/(g/kg)	全磷 TP/(g/kg)	全钾 TK/(g/kg)	碱解氮 AN/(mg/kg)	有效磷 AP/(mg/kg)	速效钾 AK/(mg/kg)	土壤母质 Parent material	剖面点坐标 Profile coordinate	匹配指数 Matching index/%
剖29	铁铝土	黄壤	黄壤	矿子黄泥土	石渣子土	1	0—11	黄棕色		小块状	6.2	55.6	2.84	3.18	1.9	285	12.0	394		E 103°23′56.8″ N 28°33′42.8″	91
						2	11—50	黄棕色		小块状	6.2	49.8	2.72	2.87	1.9						
剖30	初育土	紫色土	中性紫色土	暗紫泥土	大泥土	1	0—25	暗棕色		块状	7.5	13.0	1.10	1.16	3.4	80	5.0	167	砂页岩风化残积物、坡积物	E 103°25′56.3″ N 28°33′37.1″	83
						2	25—72	暗棕红色		棱块状	7.3	11.4	0.94	0.98	3.4						
						3	72—100	暗棕红色		小棱块状	7.2	9.0	0.79	0.93	3.4						
剖31	高山土	黑毡土				1	0—3	黑色	轻砾中壤土	粒状	5.4	115.3	5.52	2.12	2.6	688	10.0	906	灰岩坡积物、残积物	E 103°15′11.9″ N 28°30′29.9″	72
						2	3—13	暗棕色		粒状	8.3	15.0	1.21	1.36	3.5						
剖32	初育土	紫色土	石灰性紫色土	棕紫泥土	石骨子土	1	0—22	暗棕色		小块状	8.0	41.5	0.89	0.29	3.2	86	3.0	157		E 103°30′10.4″ N 28°36′04.7″	92
						2	22—36	紫棕色													
剖33	初育土	紫色土	酸性紫色土	淋溶紫泥土	二泥土	1	0—21	暗红色		小块状	5.8	20.6	1.18	0.65	2.2	101	6.0	190		E 103°18′31.7″ N 28°29′10.3″	81
						2	21—47	暗棕色		棱块状	5.9	14.1	0.93	0.60	2.3						
						3	47—73	暗棕色		小棱块状	6.0	11.0	0.81	0.54	2.5						
						4	73—														
剖34	初育土	紫色土	酸性紫色土	淋溶紫泥土	灰棕小土	1	0—25	暗灰棕色		小块状	6.0	17.1	1.20	0.98	2.3	178	5.0	152		E 103°20′14.3″ N 28°27′49.7″	81
						2	25—80	紫棕色		大块状	6.5	13.0	0.88	0.11	2.4						
						3	80—														

峨 眉 山 市

主要土类说明

黄壤是峨眉山市的主要土壤类型，占本市地域面积的35%，主要分布在本市海拔450—1000m的地区。成土母质为石灰岩、砂页岩、玄武岩、变质岩和第四纪砾石和黏土。黄壤是在湿热条件下，土壤产生黏化和富铝化过程形成的。土中铁质水化，剖面上下均呈黄色、橙黄色、黄棕色。由于淋溶作用强烈，土壤呈微酸性或酸性。有机质有一定的积累，一般为30—50g/kg，林地高的可达120g/kg，但植被被破坏后，耕作管理不当，有机质大大减少，有的仅20g/kg左右。老冲积母质以及受地形影响的剖面，有锈纹锈斑、铁锰结核、铁子，有的形成铁盘成不透层。耕地多具黏、微酸、瘦的理化特性，也比较缺磷。本市黄壤分为黄壤、粗骨性黄壤、生草黄壤等亚类。

紫色土是峨眉山市第二大土壤类型，占本市地域面积的21%，分布于本市海拔450—1500m的低山、丘陵，由紫色砂页岩、泥岩风化发育而成。成土过程以物理风化为主，剖面无明显的层次分化，一般矿质养分较丰富，但缺乏有机质。土壤处于相对幼年阶段，土壤的组成、养分状况和其他性质，基本上取决于母岩的性质。根据其pH及石灰含量，本市紫色土分为酸性紫色土、中性紫色土、石灰性紫色土等亚类。

水稻土是峨眉山市第三大土壤类型，占本市地域面积的15%，遍及本市各地，集中分布于峨眉平原。本市水稻土多为两季田，大多数稻田在水旱交替条件下，具有特殊的水文层次构型和肥力特点。本市水稻土分为淹育型、潴育型、潜育型等亚类。其中，淹育水稻土面积最大，是肥力较高的土壤类型。

石灰（岩）土占本市地域面积的13%，分布于本市山区。成土不受海拔和地形因素的限制，凡有石灰岩出露的地段，就可能分布石灰（岩）土。石灰（岩）土受母岩的影响深刻，发育微弱，粗骨性强，富含碳酸钙。成土过程主要表现为碳酸钙的淋溶淀积、较强的腐殖质累积和矿物质的弱化学风化。本市石灰（岩）土分为黄色石灰土和黑色石灰土亚类。

黄棕壤占本市地域面积的12%，分布在本市海拔1600—2200m的西部山脉两侧中段、东南部的二峨山上部以及西南边缘的巨北峰上部。所处地区属湿润的生物气候条件，自然植被为落叶阔叶与常绿阔叶（包括部分针叶林）混交林。成土母质主要为砂岩和多种灰岩坡积物、残积物。成土过程具有黄壤的富铝化过程和棕壤的淋溶、黏化过程等，但富铝化程度比黄壤弱，而黏粒的移动则比黄壤明显。因此，底土层的质地较上层黏重，在块状或棱柱状结构面上常有铁铝等胶膜淀积，整个土体呈酸性，但酸度比黄壤略有下降，pH为4.5—5.5，以底土层下降较明显。部分灰岩上发育的土壤，pH可达6.0左右。本市黄棕壤只有黄棕壤一个亚类。

小于本市地域面积5%的土壤类型还有暗棕壤、新积土等。

本区域中心区气候特征

本区域中心区气候特征值
Regional climate characteristics in central area of the region

气候带：中亚热带湿润气候 Climate region:Subtropical humid climate	
年平均气温 /℃ Annual average temperature /℃	15.4
年平均最高气温 /℃ Annual average maximum temperature /℃	20.5
年平均最低气温 /℃ Annual average minimum temperature /℃	11.7
年降水量 /mm Annual precipitation /mm	944
≥10℃的积温 /℃ Daily temperature accumulated in a year（≥10℃）/℃	7784
年日照时数 /h Annual sunshine /h	1358
年平均相对湿度 /% Annual average relative humidity /%	76
干燥度 Dryness	1.05

本区域中心区月平均气温与月平均降水量
Monthly temperature and precipitation in central area of the region

峨眉山市主要土壤类型与土壤剖面点分布图
1：190 000

图例
- 黄壤
- 紫色土
- 水稻土
- 石灰（岩）土
- 黄棕壤
- 暗棕壤
- 新积土
- ⊗ 剖面点

峨眉山市土壤剖面理化性状表

剖面号 Soil profile	土纲 Soil order	土类 Soil great group	亚类 Soil subgroup	土属 Soil genus	土种 Soil species	土层码 Layer code	土层厚度 Depth/cm	颜色 Soil color	质地 Soil texture	土壤结构 Soil structure	pH	有机质 OM/(g/kg)	全氮 TN/(g/kg)	全磷 TP/(g/kg)	碱解氮 AN/(mg/kg)	有效磷 AP/(mg/kg)	速效钾 AK/(mg/kg)	土壤母质 Parent material	剖面点坐标 Profile coordinate	匹配指数 Matching index/%
剖1	初育土	紫色土	石灰性紫色土	红棕紫泥土	裂直大土	1	0—28	暗棕红色	中壤土	小块状	8.0	7.6	0.66	1.08				砂泥岩坡积物	E 103°27′26.3″ N 29°42′02.9″	74
						2	28—50	暗棕红色	中壤土	块状	8.1	8.9	0.77	0.98						
						3	50—													
剖2	初育土	紫色土	酸性紫色土	林地浆末土		1	0—2	暗红棕色	中壤土	粒状	5.0	54.6	2.28	0.68	222	24.0	18		E 103°29′29.4″ N 29°41′06.4″	90
						2	2—12	暗红棕色	中壤土	粒状	5.0	20.6	0.91	0.48						
						3	12—	紫色												
剖3	初育土	紫色土	石灰性紫色土	红棕紫泥土	红石骨子土	1	0—21	暗棕红色	轻黏土	粒状、核状	8.2	10.4	0.94	1.14	32	5.0	51	砂泥岩坡积物	E 103°26′43.8″ N 29°40′52.2″	70
						C	21—													
剖4	初育土	紫色土	石灰性紫色土	红棕紫泥土夹泥土	红石骨子夹泥土	1	0—24	暗棕红色	轻黏土	核状、小块状	8.0	7.2	0.68	1.22	32	5.0	51	砂泥岩坡积物	E 103°26′29.2″ N 29°39′05.5″	88
						2	24—80	棕红色	轻黏土	粒状	8.0	7.8	0.90	1.66						
剖5	铁铝土	黄壤	黄壤	冷砂黄泥土	豆单土	1	0—16	浅黄棕色	重壤土	核状	5.2	30.8	1.56	0.49				坡积物、残积物	E 103°22′28.9″ N 29°38′06.7″	76
						2	16—31	浅黄棕色	重壤土	小块状	5.3	12.9	0.90	0.35						
						3	31—100	黄色	轻壤土	核块状	5.2	10.8	0.70	0.25						
剖6	初育土	紫色土	酸性紫色土	红紫泥土	红砂土	1	0—31	暗红色	中壤土	粒状	5.5	13.2	0.90	0.68	95	9.0	82	厚砂岩残积物、坡积物	E 103°25′34.8″ N 29°37′39.1″	96
						2	31—41	暗红棕色	中壤土	粒状、小块状	6.1	10.6	0.78	0.54						
						3	41—82	浅红棕色	中壤土	核状、小块状	7.2	9.0	0.74	0.50						
						C	82—													
剖7	人为土	水稻土	淹育水稻土	潮土田	紫潮下湿田	1	0—17	黑棕色	重壤土	块状	6.1	53.8	2.59	1.46				第四纪紫色冲积物	E 103°21′38.7″ N 29°35′50.1″	84
						2	17—30	黑色	重壤土	大棱柱状	6.1	53.0	2.44	1.28						
						3	30—100	暗黄色	重壤土	大块状	7.0	30.9	1.37	1.25						
剖8	人为土	水稻土	淹育水稻土	潮土田	紫潮子田	1	0—19	暗棕色	中壤土	小块状、核状	7.0	30.0	1.85	2.12				第四纪紫色冲积物	E 103°22′23.7″ N 29°35′44.0″	88
						2	19—26	暗棕色	轻壤土	块状	7.5	22.8	1.36	2.07						
						3	26—	暗棕色												
剖9	初育土	石灰(岩)土	黄色石灰土	林地黄色石灰土		1	0—2			粒状、核状	7.9	77.2	4.58	2.57	381	6.0	26	石灰岩、白云岩风化物	E 103°24′13.7″ N 29°35′32.3″	73
						2	2—12	暗棕色	中壤土	核状、棱柱状	8.0	48.9	3.47	2.21						
						3	12—65	黄棕色	中砾重黏土											
						4	65—													
剖10	人为土	水稻土	潴育水稻土	山地黄泥田	白鳝泥田	1	0—15	暗黄棕色	轻黏土	大块状	6.2	39.6	2.04	1.02	135	7.0	126	坡积物、残积物	E 103°22′26.2″ N 29°33′26.3″	73
						2	15—24	浅灰棕色	中黏土	棱柱状	5.7	19.1	1.52	1.02						
						3	24—53	浅灰棕色	中黏土	棱柱状	6.5	12.9	1.04	0.38						
						4	53—100	灰黄棕色	轻黏土	棱柱状	6.6	6.3	1.21	0.28						
剖11	淋溶土	黄棕壤	黄棕壤			1	0—16	暗棕色	轻黏土	粒状、碎块状	5.3	44.7	2.54	3.03	343	8.0	254	灰岩、白云岩、砂页岩冲积物	E 103°16′57.7″ N 29°32′36.6″	78
						2	16—30	浅棕色	中壤土	核状	5.4	25.1	1.58	1.79						
						3	30—52	浅棕色	中壤土	核状										
						4	52—100	黄棕色	中壤土	核状										
剖12	人为土	水稻土	淹育水稻土	潮土田	紫潮半砂半泥田	1	0—13	暗棕棕色	中壤土	小块状、块状	8.0	23.8	1.18	2.57				紫色冲积物	E 103°29′12.9″ N 29°31′57.8″	87
						2	13—20	暗红棕色	中壤土	块状	8.1	22.8	1.21	2.48						
						3	20—113	暗棕棕色	中壤土	中棱柱状	8.1	9.4	0.65	2.24						

续表 Continued

剖面号 Soil profile	土纲 Soil order	土类 Soil great group	亚类 Soil subgroup	土属 Soil genus	土种 Soil species	土层码 Layer code	土层厚度 Depth/cm	颜色 Soil color	质地 Soil texture	土壤结构 Soil structure	pH	有机质 OM/(g/kg)	全氮 TN/(g/kg)	全磷 TP/(g/kg)	碱解氮 AN/(mg/kg)	有效磷 AP/(mg/kg)	速效钾 AK/(mg/kg)	土壤母质 Parent material	剖面点坐标 Profile coordinate	匹配指数 Matching index/%
剖13	淋溶土	暗棕壤	暗棕壤	铁质暗棕壤		1	0—4	暗棕色	中壤土	屑粒、小粒状	4.8	122.3	6.05	3.07	488		265	玄武岩坡积物、残积物	E 103°18′31.3″ N 29°31′14.5″	100
						2	4—14	暗棕色	重壤土	粒状、碎块状	4.9	80.5	4.19	2.80						
						3	14—30	灰黄棕色	轻黏土	核粒、块状	5.0	60.3	3.29	2.72						
						4	30—54	棕色	轻黏土	核状、块状	5.3	32.1	2.79	2.36						
						5	54—100	棕色												
						6	100—130													
剖14	人为土	水稻土	淹育水稻土	潮土田	紫潮泥田	A	0—18	紫色	重壤土	小块状	7.5	54.5	3.12	1.71				近代河流紫色冲积物	E 103°29′12.9″ N 29°30′57.8″	75
						2	18—28	暗紫色	轻黏土	大块状	7.5	48.7	2.28	1.57						
						P	28—100	浅红紫色	轻黏土	中核柱状	7.7	46.8	2.45	1.38						
剖15	铁铝土	黄壤	黄壤			1	0—18	棕色	重壤土	核状、块状	5.8	262.1	3.40	1.40				坡质页岩风化物、煤屑堆积物	E 103°35′21.5″ N 29°37′53.4″	93
						2	18—40	黑色	轻壤土	粒状、核状	5.7	250.2	2.69	0.89						
						3	40—													
剖16	初育土	紫色土	石灰性紫色土	棕紫泥土	石骨子土	1	0—28	棕红色	轻壤土	粒状	8.0	7.3	0.54	1.30	35	8.0	83	砂岩残积物	E 103°36′06.8″ N 29°36′41.7″	91
						C	28—													
剖17	初育土	紫色土	石灰性紫色土	棕紫泥土	夹石泥土	1	0—21	暗棕红色	重壤土	块状	8.1	18.1	1.35	1.09	64	11.0	95	坡积物、残积物	E 103°35′32.5″ N 29°36′01.9″	90
						C	21—													
剖18	人为土	水稻土	潴育水稻土	老冲积黄泥田	白鳝泥田	1	0—15	暗黄色	重壤土	块状	6.2	40.6	1.92	0.74				第四纪洪积物、冰水沉积物	E 103°32′35.5″ N 29°35′31.4″	74
						2	15—28	暗灰黄色	重壤土	大块状	6.2	36.4	1.00	0.62						
						3	28—51	白色	中偏重壤土	核柱状	6.8	5.6	0.73	0.23						
剖19	初育土	紫色土	石灰性紫色土	砖红紫色泥田	砖红石骨子土	1	0—20	暗棕红色	中壤土	粒状				1.29				泥砂岩残积物	E 103°35′19.2″ N 29°35′06.0″	94
						2	20—36	暗棕红色	中壤土	粒状										
						3	36—													
剖20	人为土	水稻土	淹育水稻土	潮土田	黄潮半砂半泥田	1	0—18	灰黄棕色	中壤土	粒状、核状	8.1	34.4	1.72	5.78				近代河流黄色冲积物	E 103°32′10.4″ N 29°33′46.1″	91
						2	18—28	灰黄棕色	中壤土	块状	8.1	24.0	1.51	5.00						
						3	28—40	灰黄棕色	中壤土	棱柱状	8.0	32.0	1.70	6.32						
						4	40—													
剖21	人为土	水稻土	潴育水稻土	潮土田	紫潮泥砂田	1	0—13	紫棕色	中壤土	团粒状	7.9	26.2	1.28	2.13				紫色冲积物	E 103°31′06.1″ N 29°31′11.0″	72
						2	13—23	紫棕色	中壤土	小块状	7.9	28.6	1.25	2.06						
						3	23—75	红紫棕色	中壤土	小块状	8.0	14.4	0.69	0.88						
剖22	初育土	紫色土	酸性紫色土	淋溶性红紫泥土	豆末小土	1	0—34	红棕色	中壤土	粒状	5.0	14.6	0.90	0.36				砂页泥岩残积物	E 103°28′59.2″ N 29°29′15.7″	76
						2	34—57	红棕色	轻砾重壤土	核状、块状	4.9	7.4	0.68	0.26						
						3	57—85	紫红色	重壤土	块状	5.0	2.4	0.34	0.23						
剖23	初育土	紫色土	中性紫色土	林地岩粪土	鸡血泥	1	0—2	暗棕红色	中偏重壤土	小块状	5.2	27.4	1.08	0.69	112	6.0	59	中性紫色坡积物、残积物	E 103°26′00.6″ N 29°28′26.0″	74
						2	2—70	棕红色	重壤土	块状										
						3	70—													
剖24	初育土	紫色土	中性紫色土	暗紫泥土		1	0—21	暗红棕色	中黏土	核状	6.5	22.8	1.84	1.02				粉砂岩、砂质泥岩坡积物	E 103°15′42.7″ N 29°27′40.4″	76
						2	21—70	红棕色	重壤土	块状	6.5	15.0	1.68	0.86						
						C	70—													
剖25	初育土	石灰（岩）土	黄色石灰土	黑色石灰岩土	黑石骨子土	1	0—20	灰黄棕色	轻黏土	块状	7.7	38.4	2.52	1.16	183	9.0	136	坡积物、残积物	E 103°23′45.4″ N 29°27′23.4″	96
						2	20—52	浅黄棕色	重壤土	核状	8.0	18.1	1.44	0.89						
						3	52—													
剖26	初育土	石灰（岩）土	黑色石灰土			1	0—16	暗灰色	石子土	粒状	8.3	15.6	0.78	0.86	49	5.0	40	石灰岩、白云岩坡积物、残积物	E 103°18′16.9″ N 29°26′54.4″	92
						2	16—100	黑色	石子土	小粒柱、核状	8.3	31.3	1.73	0.72						
剖27	铁铝土	黄壤	黄壤	矿质黄泥土	白鳝土	1	0—20	棕红色	轻黏土	核状、团粒状	5.5	31.7	1.88	1.41	149	24.0	100	残积物、坡积物	E 103°21′11.5″ N 29°26′40.9″	81
						2	20—28	灰黄棕色	重壤土	小块状	5.8	32.0	1.60	1.41						
						3	28—													

续表 Continued

剖面号 Soil profile	土纲 Soil order	土类 Soil great group	亚类 Soil subgroup	土属 Soil genus	土种 Soil species	土层码 Layer code	土层厚度 Depth/cm	颜色 Soil color	质地 Soil texture	土壤结构 Soil structure	pH	有机质 OM/(g/kg)	全氮 TN/(g/kg)	全磷 TP/(g/kg)	碱解氮 AN/(mg/kg)	有效磷 AP/(mg/kg)	速效钾 AK/(mg/kg)	土壤母质 Parent material	剖面点坐标 Profile coordinate	匹配指数 Matching index/%
剖28	初育土	紫色土	中性紫色土	灰棕紫泥土	大眼泥土	1	0—22	暗红色	重壤土	小块状	7.2	11.9	0.84	0.78				坡积物、残积物	E 103° 16′ 14.8″ N 29° 26′ 31.1″	72
						2	22—80	暗红棕色	轻黏土	块状	7.2	6.9	0.73	0.68						
						C	80—													
剖29	铁铝土	黄壤				1	0—18	棕色	重壤土	块状	5.7	17.8	1.21	1.10				第四纪冰积物	E 103° 27′ 32.4″ N 29° 25′ 48.4″	79
						2	18—27	黄棕色	轻砾轻黏土	块状	5.4	9.0	0.76	0.78						
						3	27—37	暗黄棕色	中砾重黏土	块状	5.2	8.2	0.72	0.55						
						4	37—		重壤土		5.2	5.9	0.57	0.48						
剖30	初育土	石灰(岩)土	黑色石灰土			1	0—13	黑色至暗灰色		核粒、团粒状								灰岩、泥质灰岩	E 103° 16′ 40.1″ N 29° 25′ 21.1″	75
						2	13—60	浅黄色		核状、团粒状										
剖31	初育土	石灰(岩)土	黑色石灰土	林地黑色石灰土		1	0—3											石灰岩、白云岩出露的残积物	E 103° 28′ 29.3″ N 29° 25′ 11.3″	99
						2	3—13	黑色	轻壤土	核状、粒状	7.8	173.6	9.95	1.40	623	15.0	176			
						3	13—60	黑棕色			7.9	150.4	1.56	1.11						
剖32	铁铝土	黄壤		老冲积黄泥土	小土黄泥土	1	0—17	浅紫棕色	轻壤土	小块状	5.2	17.4	0.60	1.45	101	13.0	74	第四纪冰积物	E 103° 26′ 55.7″ N 29° 24′ 44.3″	82
						2	17—27	暗黄棕色		片状	5.4	6.2	0.54							
						3	27—46	黄橙色		核块状	4.8	15.5	0.66							
						4	46—													
剖33	初育土	紫色土	中性紫色土	灰棕紫泥土	半砂半泥土	1	0—21	紫棕色	中壤土	粒状	6.0	14.9	2.14	1.02				砂岩坡积物	E 103° 15′ 26.8″ N 29° 24′ 38.2″	81
						2	21—54	灰紫色	中壤土	粒状	6.1	13.1	0.97	0.81						
						3	54—77	灰黄棕色	重壤土	粒状	6.1	11.4	0.70	0.76						
剖34	初育土	石灰(岩)土	黄色石灰土	黄色石灰土	石子土	1	0—12	黄棕色			5.2	17.4	0.60					白云岩、灰岩坡积物、残积物	E 103° 22′ 50.5″ N 29° 23′ 36.2″	79
						2	12—47				5.4	30.4	2.03	0.21						
						C	47—		黏质重壤土											
剖35	初育土	石灰(岩)土	黄色石灰土	黄色石灰土		1	0—15											白云岩、泥质灰岩	E 103° 15′ 28.4″ N 29° 21′ 47.5″	91
剖36	初育土	紫色土	酸性紫色土	淋溶性红紫泥土	红泥土	1	0—18	暗红棕色	中壤土	粒状、核状	6.2	36.2	2.02	1.19	200	14.0	83	中红紫色粉砂质泥岩残积物、坡积物	E 103° 22′ 32.9″ N 29° 21′ 31.0″	78
						2	18—67	暗红棕色	轻壤土	小棱柱状	6.4	23.9	1.58	0.73						
剖37	初育土	紫色土	中性紫色土	淋溶性棕紫泥土	大泥土	1	0—25	浅紫色	中壤土	块状	6.5	13.7	0.85	0.43	46	16.0	51	白云岩残积物、坡积物	E 103° 21′ 42.3″ N 29° 20′ 37.9″	74
						2	25—45	浅紫棕色	中壤土	棱柱状	7.9	9.0	0.73	0.40						
						3	45—65	红棕色	重壤土	棱柱状	6.2	4.6	0.64	0.33						
						4	65—				6.4	8.4	0.90	0.33						
剖38	初育土	紫色土	中性紫色土	淋溶性红紫泥土	二泥土	1	0—22	暗棕红色	中壤土	核状、块状	7.3	13.0	0.96	0.84				白云岩、泥质灰岩	E 103° 20′ 38.6″ N 29° 20′ 30.8″	89
						2	22—70	棕红色	中壤土	核状、块状	6.9	9.0	0.71	0.66						
						3	70—													
剖39	初育土	黄壤				1	0—11	灰黄棕色	轻壤土	粒状、块状	5.0	47.4	0.94	1.09				石灰岩残积物、坡积物	E 103° 17′ 24.0″ N 29° 20′ 20.8″	93
						2	11—35	灰棕色	中壤土	块状	4.9	12.4	2.23	0.85						
						3	35—													
剖40	初育土	紫色土	酸性紫色土	淋溶性红紫泥土	夹砂泥土	1	0—16	紫棕色	中壤土	粒状、核状	5.3	39.8	2.14	1.27	168	15.0	226	中紫色砂泥岩、页岩、砂岩残积物	E 103° 32′ 50.6″ N 29° 28′ 52.3″	78
						2	16—54	紫色	重壤土	块状	5.3	35.8	1.90	0.78						
						3	54—100	紫色	中壤土	块状		22.5	1.62	0.72						
剖41	铁铝土	黄壤				1	0—25	棕色	中壤土	粒状	6.2	13.6	0.90	0.70	97	17.0	91	砂泥岩残积物、坡积物	E 103° 31′ 10.9″ N 29° 28′ 05.5″	78
						2	25—38	黄棕色	轻壤土	小块状	5.8	10.4	0.71	0.52						
						3	38—													
剖42	铁铝土	黄壤	生草黄壤			1	0—2	暗棕色										石灰岩、砂页岩、花岗岩风化物	E 103° 19′ 14.9″ N 29° 19′ 36.5″	72
						2	2—12	暗黄棕色	轻黏土	粒状	4.0	39.8	1.48	0.87	134	18.0	61			
						3	12—42	黄棕色	轻壤土	粒状	4.5	18.0	0.86	0.62						
						4	42—													

续表 Continued

剖面号 Soil profile	土纲 Soil order	土类 Soil great group	亚类 Soil subgroup	土属 Soil genus	土种 Soil species	土层码 Layer code	土层厚度 Depth/cm	颜色 Soil color	质地 Soil texture	土壤结构 Soil structure	pH	有机质 OM/(g/kg)	全氮 TN/(g/kg)	全磷 TP/(g/kg)	碱解氮 AN/(mg/kg)	有效磷 AP/(mg/kg)	速效钾 AK/(mg/kg)	土壤母质 Parent material	剖面点坐标 Profile coordinate	匹配指数 Matching index/%
剖43	铁铝土	黄壤	粗骨性黄壤	粗骨性黄壤	夹石土	1	0—17	暗棕色	中壤土	粒状	5.6	65.2	3.04	4.99				残积物、坡积物	E 103°23′56.4″ N 29°19′24.6″	76
						2	17—55	棕色	中壤土	核状、小块状	5.7	45.8	1.70	4.84						
						3	55—													
剖44	人为土	水稻土	淹育水稻土	中性紫泥田	砖红紫泥田	1	0—19	暗红色	中壤土	核状、块状	6.4	16.1	1.14	1.96				泥岩、钙泥质粉砂岩及中性砂岩坡积物	E 103°21′50.8″ N 29°18′47.3″	82
						2	19—29	红棕色	中壤土	小块状	7.4	14.6	0.99	1.80						
						3	29—60	暗棕红色	中壤土	大棱柱状	7.4	6.4	1.07	0.47						
剖45	人为土	水稻土	淹育水稻土	中性紫泥田	灰棕紫泥田	1	0—17	紫色	重壤土	块状	6.9	21.0	1.35	0.87				紫色砂泥岩坡积物、残积物	E 103°20′55.4″ N 29°18′42.6″	91
						2	17—27	紫棕色	重壤土	块状	6.8	19.0	1.22	0.79						
						3	27—100	紫棕色	重壤土	棱柱状	6.5	10.6	0.67	0.80						

南 充 市

顺 庆 区

主要土类说明

紫色土是顺庆区的主要土壤类型，占本区地域面积的 51%。本区紫色土由三种母岩发育而成，从西北向东南呈带状分布，所形成的土壤也相应呈带状分布。紫色土是由热带、亚热带紫红色岩层直接风化形成的 A-C 型土壤。其理化性质与母岩组成直接相关，土层浅薄，剖面层次发育不明显，仍处于初育阶段。母岩富含矿质养分，且风化迅速。由于成土母质分布的地带性，造成土壤分布有规律的变化，由西北向东南，土壤质地从砂到黏；西北面带砂性的土壤分布较多，如石骨子土、石骨子夹砂土、黄砂土和油砂土等；东南面带黏性的土壤较多，如夹黄泥、大眼泥等。

水稻土是顺庆区第二大土壤类型，占本区地域面积的 41%。水稻土是在长期季节性淹灌、水下翻耕、季节性脱水、氧化还原交替影响下，原来成土母质或母土的特性发生重大改变，形成的新的土壤类型。由于干湿交替，水稻土形成糊状淹育层、较坚实板结的犁底层、渗育层、潴育层与潜育层等多种发生层。这些不同发生层段是在人为耕作、水浆管理下形成的。本区水稻土分为冲积型水稻土、黄壤性水稻土、紫色土性水稻土等亚类。

新积土占本区地域面积的 4%。新积土是由新近冲积、洪积、坡积、塌积或人工堆垫形成的土壤。该土壤成土期短，母质特性明显，具 A-C 或（A）-C 剖面构型。

小于本区地域面积 3% 的土壤类型还有黄壤等。

本区域中心区气候特征

本区域中心区气候特征值
Regional climate characteristics in central area of the region

气候带：中亚热带湿润气候 Climate region: Subtropical humid climate	
年平均气温 /℃ Annual average temperature /℃	17.0
年平均最高气温 /℃ Annual average maximum temperature /℃	20.9
年平均最低气温 /℃ Annual average minimum temperature /℃	14.1
年降水量 /mm Annual precipitation /mm	984
≥10℃的积温 /℃ Daily temperature accumulated in a year (≥10℃) /℃	6181
年日照时数 /h Annual sunshine /h	1162
年平均相对湿度 /% Annual average relative humidity /%	79
干燥度 Dryness	1.10

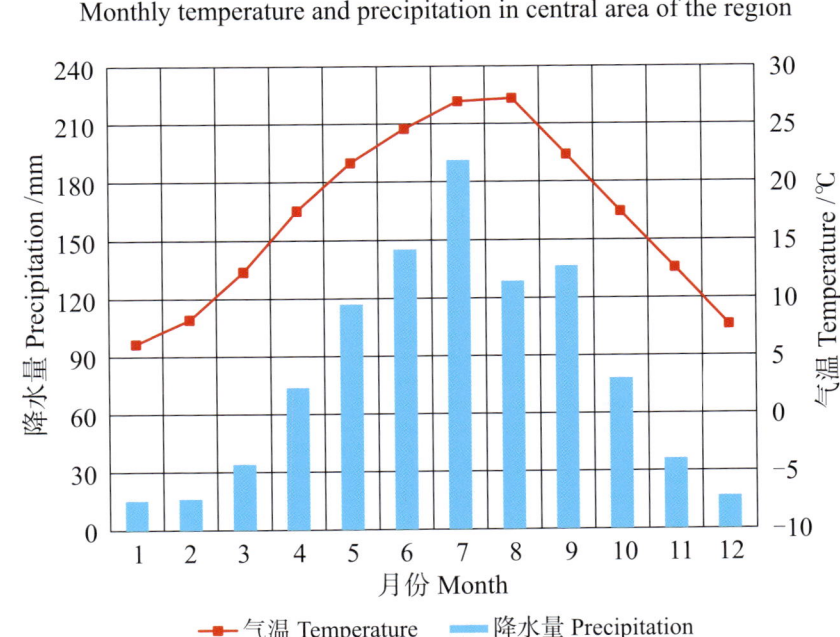

本区域中心区月平均气温与月平均降水量
Monthly temperature and precipitation in central area of the region

顺庆区主要土壤类型与土壤剖面点分布图
1 : 140 000

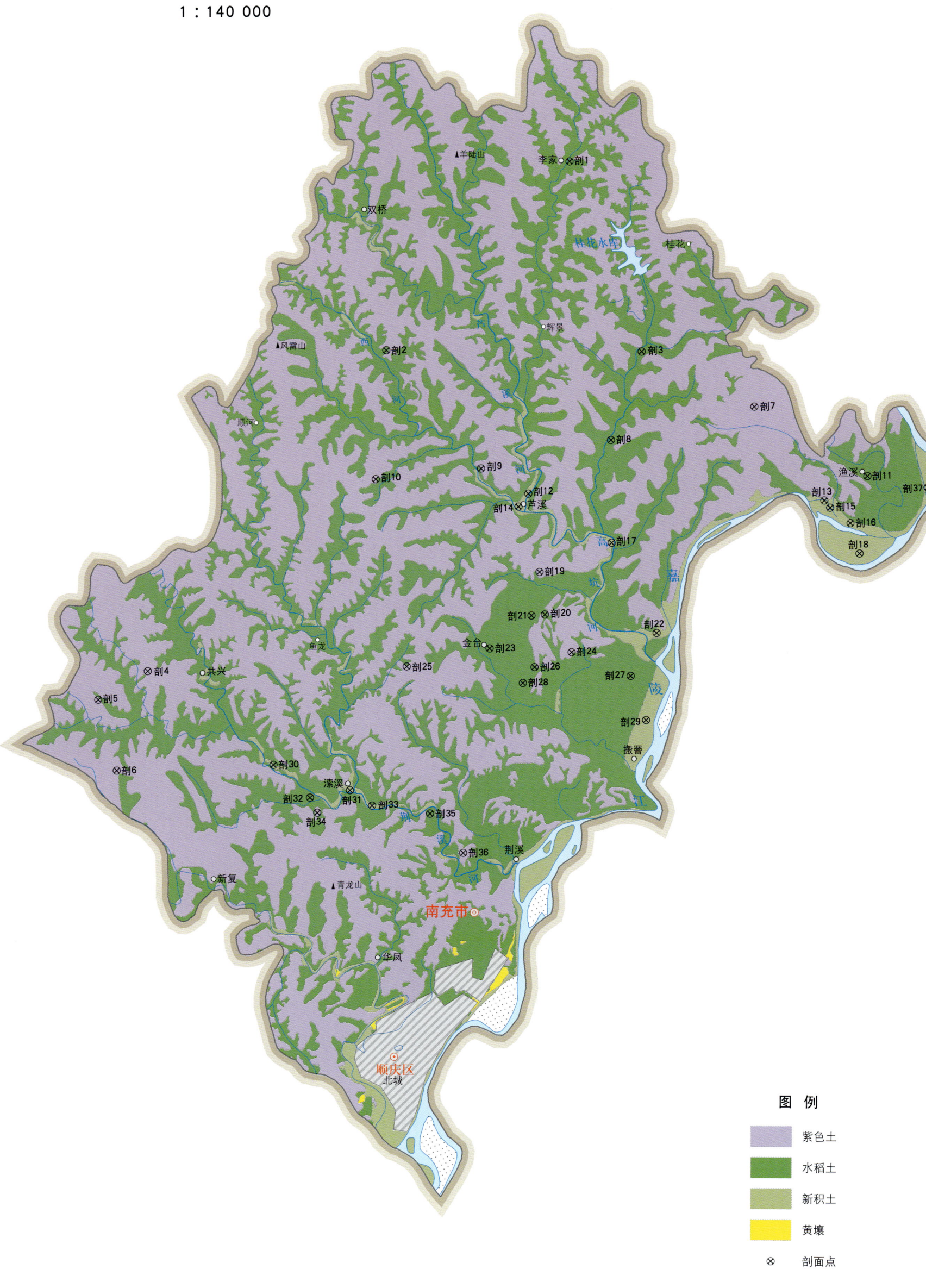

顺庆区土壤剖面理化性状表

剖面号 Soil profile	土纲 Soil order	土类 Soil great group	亚类 Soil subgroup	土属 Soil genus	土种 Soil species	土层码 Layer code	土层厚度 Depth/cm	颜色 Soil color	质地 Soil texture	土壤结构 Soil structure	pH	有机质 OM/(g/kg)	全氮 TN/(g/kg)	全磷 TP/(g/kg)	碱解氮 AN/(mg/kg)	有效磷 AP/(mg/kg)	速效钾 AK/(mg/kg)	土壤母质 Parent material	剖面点坐标 Profile coordinate	匹配指数 Matching index/%
剖1	人为土	水稻土	冲积型水稻土	紫色冲积水稻土	紫潮泥田	1	0—15	暗紫色	重壤土	碎块状	8.0	8.9	0.71	0.34	36	6.6	119	紫色母质冲积物	E 106°08′30.8″ N 31°04′15.6″	83
						2	15—50	棕紫色	重壤土	大棱柱状	8.2	6.3	0.77	1.40	35	4.5	94			
						3	50—100	棕紫色	轻壤土	小棱块状	8.2	7.4	0.66	1.37	26	2.9	64			
剖2	人为土	水稻土	紫色土性水稻土	棕紫冲积水稻土	夹砂田	1	0—23	棕紫色	轻壤土	粒状	6.1	11.7	0.39	1.29	66	16.8	90		E 106°04′33.2″ N 31°00′49.7″	91
						2	23—45	棕紫色	中壤土	大棱柱状	5.9	11.5	0.68	1.31	67	11.8	65			
						3	45—100	棕紫色	中壤土	小棱块状	6.1	10.7	0.69	1.29	59	14.6	73			
剖3	人为土	水稻土	冲积型水稻土	灰棕冲积水稻土	潮泥田	1	0—23	灰棕色	重壤土	粒状	8.0	8.7	0.72	1.34	33	4.9	86	近代河流冲积物	E 106°10′01.2″ N 31°00′45.7″	78
						2	23—57	灰棕色	重壤土	大棱柱状	8.2	5.6	0.47	1.21	23	4.6	62			
						3	57—100	灰紫色	重壤土	小棱块状	8.4	3.0	0.27	1.21	17	2.6	133			
剖4	初育土	紫色土	棕紫泥土	红棕紫岩坡积	红石骨子土	1	0—14	棕紫色	砾质轻壤土	碎屑状	8.4	6.8	0.44	1.26	17	14.0	67	红棕紫泥岩坡积物、残积物	E 105°59′24.4″ N 30°54′57.2″	72
						2	14—	红棕紫色				5.5	0.18	1.04						
剖5	初育土	紫色土	棕紫泥土	红棕紫岩坡积	裂纹土	1	0—18	棕紫色	重壤土	碎块状	8.3	9.8	1.35	1.86	37	4.0	56	红棕紫泥岩坡积物、残积物	E 105°58′20.6″ N 30°54′25.9″	75
						2	18—28	棕紫色	重壤土	块状	8.3	5.2	0.69	0.38						
						3	28—100			大块状										
剖6	初育土	紫色土	棕紫泥土	红棕紫岩坡积	红石骨夹砂土	1	0—15	棕紫色	中壤土	粒状、块状	8.3	5.8	0.52	1.17	26	10.0	17	红棕紫泥岩坡积物、残积物	E 105°58′43.8″ N 30°53′07.5″	74
						2	15—60	棕紫色	中壤土	粒状、块状		9.9	0.79	0.84						
						3	60—													
剖7	初育土	紫色土	棕紫泥土	棕紫泥土	粗砂大泥土	1	0—19	棕紫色	重壤土	粒状	8.2	10.8	0.96	1.15	48	4.3	136		E 106°12′25.2″ N 30°59′43.4″	94
						2	19—29	棕紫色	重壤土	板状	8.0	6.5	0.44	1.04	27	2.0	113			
						3	29—	棕紫色	重壤土	大棱块状	8.0	5.8	0.46	1.05	36		141			
剖8	人为土	水稻土	冲积型水稻土	灰棕冲积水稻土	潮砂田	1	0—8	棕紫色	中壤土	粒状	8.0	7.8	0.34	1.24	35	3.2	56	近代河流冲积物	E 106°09′20.5″ N 30°59′08.2″	73
						2	18—60	棕紫色	重壤土	小块状	8.4	5.5	0.32	0.95	25	1.2	39			
						3	60—													
剖9	初育土	紫色土	棕紫泥土	红棕紫岩坡积	红砂大泥土	1	0—19	红棕紫色	重壤土	粒状	7.8	12.3	0.93	1.53	61	12.2	158	红棕紫色厚泥岩	E 106°06′33.8″ N 30°58′38.3″	88
						2	19—30	红棕紫色	重壤土	板状	7.9	12.3	0.89	1.49	43	4.6	120			
						3	30—	红棕紫色	重壤土	棱块状	8.1	10.8	0.83	1.49	52	6.1	155			
剖10	初育土	紫色土	棕紫泥土	红棕紫岩坡积	紫黄泥土	1	0—15	紫黄色	中壤土	粒状	8.2	8.4	0.48	1.03	35	7.7	39	红棕紫色厚泥岩	E 106°04′18.5″ N 30°58′27.5″	97
						2	15—24	红棕紫色	中壤土	板状	8.1	6.3	0.42	0.76	32		88			
						3	24—100	红棕紫色	重壤土	小棱块状	8.0	4.6	0.43	0.55	24		26			
剖11	人为土	水稻土	冲积型水稻土	紫色冲积水稻土	紫潮砂田	1	0—24	棕紫色	重壤土	粒状	7.2	20.2	1.02	0.76	71	10.3	64	紫色母质冲积物	E 106°14′49.6″ N 30°58′26.0″	96
						2	24—63	棕紫色	重壤土	小棱块状	7.3	16.2	0.86	0.65	63	3.3	49			
						3	63—100	棕紫色	重壤土	小块状	7.9	5.8	0.28	0.52	31	7.2	79			
剖12	初育土	新积土	冲积土	紫色冲积土	泥土	1	0—20	灰棕紫色	重壤土	碎块状	7.6	15.0	0.80	0.80	90	15.0	51	河流冲积物	E 106°07′34.0″ N 30°58′10.1″	72
						2	20—29	灰棕紫色	重壤土	块状										
						3	29—89	棕紫色	中壤土	块状	8.4	20.3	1.13	1.77	67	39.0	37			
剖13	初育土	新积土	冲积土	灰棕冲积土	二泥土	1	0—21	灰黄色	中壤土	小块状		7.6	0.52	1.21				河流冲积物	E 106°13′53.8″ N 30°57′59.8″	86
						2	21—90	浅黄棕色	轻壤土	粒状										
						3	90—	浅棕色							41	43.0	35			
剖14	初育土	新积土	冲积土	紫色冲积土	夹砂土	1	0—23	棕紫色	轻壤土	小块状	8.4	11.6	0.93	1.36				河流冲积物	E 106°07′21.3″ N 30°57′55.9″	70
						2	23—67	红棕色	轻壤土	粒状		9.1	0.52	0.87						
						3	67—							0.71						

续表 Continued

剖面号 Soil profile	土纲 Soil order	土类 Soil great group	亚类 Soil subgroup	土属 Soil genus	土种 Soil species	土层码 Layer code	土层厚度 Depth/cm	颜色 Soil color	质地 Soil texture	土壤结构 Soil structure	pH	有机质 OM/(g/kg)	全氮 TN/(g/kg)	全磷 TP/(g/kg)	碱解氮 AN/(mg/kg)	有效磷 AP/(mg/kg)	速效钾 AK/(mg/kg)	土壤母质 Parent material	剖面点坐标 Profile coordinate	匹配指数 Matching index/%
剖15	初育土	新积土	冲积土	灰棕冲积土	大泥土	1	0—18	灰棕色	重壤土	碎块状	8.4	10.3	0.83	1.21	71	45.0	45	河流冲积物	E 106°14′01.3″ N 30°57′51.7″	75
剖16	初育土	新积土	冲积土	灰棕冲积土	潮砂土	1	0—17	浅棕色	重壤土	块状	8.0	7.3	0.93	0.87				近代河流冲积物	E 106°14′27.2″ N 30°57′34.6″	91
						2	17—80	灰棕色	重壤土	粒状	8.7	10.8	0.56	1.14	34	8.5	112			
						3	80—	灰棕色	轻壤土	粒状	8.9	6.4	0.26	1.08	23	4.5	61			
剖17	初育土	新积土	冲积土	紫色冲积土	红砂土	1	0—17	棕紫色	中壤土	粒状	7.2	3.0	0.22	0.97	10	3.8	35	紫色母质冲积物	E 106°09′20.3″ N 30°57′15.3″	96
						2	17—100	棕紫色	砂壤土	小块柱状	8.8	4.9	0.25	0.93	34	5.0	58			
剖18	初育土	新积土	冲积土	灰棕冲积土	白砂土	1	0—17	灰棕色	砂壤土	粒状	8.9	3.9	0.22	0.96	32	4.7	59	近代河流冲积物	E 106°14′38.4″ N 30°57′01.1″	85
						2	20—50	灰棕色	砂土	粒状	8.2	4.8	0.23	1.03	17	2.9	21			
								灰棕色	砂土	粒状	8.2	3.6	0.16	0.83	12	2.5	17			
剖19	初育土	紫色土	棕紫泥土	红棕紫泥土	红石骨夹砂土	1	0—15	红棕紫色	轻壤土	粒状	8.2	7.1	0.40	1.46	32	2.4	77	红棕紫色厚泥岩	E 106°07′47.6″ N 30°56′43.8″	79
						2	15—30	红棕紫色	轻壤土	粒状	8.5	5.9	0.37	1.39	26	0.7	129			
						3	30—	红棕紫色	轻壤土	粒状	8.6	5.2	0.33	1.33	27		41			
剖20	人为土	水稻土	黄壤性水稻土	老冲积黄泥田	卵石黄泥田	1	0—16	灰黄色	重壤土	小块状	6.4	14.1	1.10	0.57	88	14.0	119	第四纪冰水沉积物	E 106°07′54.1″ N 30°55′57.0″	96
						2	16—88	浅黄色	重壤土	碎块状		4.6	0.24	0.29						
						3	88—	黄色												
剖21	人为土	水稻土	黄壤性水稻土	老冲积黄泥田	小土黄泥田	1	0—20	棕黄色	重壤土	碎块状	5.3	15.9	0.86	0.73	81	8.7	390	第四纪冰水沉积物	E 106°07′36.8″ N 30°55′55.9″	96
						2	20—53	浅黄色	重壤土	大棱柱状	5.4	12.2	0.71	6.71	64	6.7	303			
						3	53—83	浅黄色	中壤土	小棱块状	5.9	6.0	0.50	3.81	29	3.9	132			
剖22	初育土	新积土	冲积土	紫色冲积土	河砂土	1	0—22	浅灰棕色	砂壤土	团粒状	8.5	9.6	0.68	0.83	33	6.0	62	河流冲积物	E 106°10′17.4″ N 30°55′35.4″	76
						2	22—67	棕紫色	轻壤土	整体状		4.5	0.25	0.70						
						3	67—													
剖23	人为土	水稻土	黄壤性水稻土	老冲积黄泥田	黄泥田	1	0—17	灰黄色	重壤土	碎块状	6.4	17.6	1.08	0.48	96	10.0	122	第四纪冰水沉积物	E 106°06′42.8″ N 30°55′19.9″	94
						2	17—45	浅黄色	重壤土	大棱块状		10.2	0.74	0.23						
						3	45—	黄色	重壤土	小棱块状				0.18						
剖24	紫色土	紫色土	棕紫泥土	红棕紫泥土	红石骨子土	1	0—17	红棕紫色	多砾性轻壤土	碎块状	8.1	5.9	0.54	1.40	32	4.2	104	红棕紫色厚泥岩	E 106°08′28.3″ N 30°55′14.9″	99
						2	17—	红棕紫色	重壤土	粒状	8.0	8.5	0.69	1.10	44	1.4	96			
剖25	紫色土	紫色土	棕紫泥土	灰棕紫泥土	大眼泥土	1	0—24	灰棕紫色	重壤土	粒状	6.7	10.0	0.45	0.79	47	15.8	103	灰棕紫色砂泥岩	E 106°04′56.6″ N 30°55′00.5″	94
						2	24—32	浅灰棕色	重壤土	板状	6.4	8.3	0.37	0.64	44	12.0	96			
						3	32—100	浅灰棕色	中壤土	大棱块状	6.4	8.9	0.36	0.63	45	10.1	88			
剖26	人为土	水稻土	黄壤性水稻土	老冲积黄泥田	死黄泥田	1	0—17	棕黄色	黏土	碎块状	6.1	19.7	1.40	0.75	98	10.0	25	第四纪冰水沉积物	E 106°07′40.4″ N 30°54′58.7″	83
						2	17—36	黄色	黏土	大棱块状		13.1	0.82	0.40						
						3	36—	浅黄色	黏土	小棱块状		3.3		0.26						
剖27	人为土	水稻土	黄壤性水稻土	老冲积黄泥田	死黄泥田	1	0—16	灰黄色	重壤土	碎块状	4.9	15.0	0.73	0.55	89	9.4	127	第四纪冰水沉积物	E 106°09′43.9″ N 30°54′48.2″	80
						2	16—48	浅黄色	黏土	大棱块状	5.3	8.9	0.67	0.40	53	4.7	95			
						3	48—80	黄色	黏土	小棱块状	6.1	3.8	0.20	0.27	33	1.9	101			
剖28	人为土	水稻土	黄壤性水稻土	老冲积黄泥田	卵石黄泥田	1	0—19	棕紫色	重壤土	碎块状	5.0	14.4	0.90	0.32	21	6.5	115	灰棕紫色砂泥岩	E 106°07′25.3″ N 30°54′41.4″	92
						2	19—35	浅黄色	黏土	大棱块状	5.1	12.0	0.85	0.28	61	5.8	90			
						3	35—80	灰黄色	黏土	小棱块状	6.2	4.0	0.45	0.18	74	6.4	40			
剖29	初育土	新积土	冲积土	灰棕冲积土	砂土	1	0—24	灰白色	砂土	粒状	8.5	17.4	0.42	1.73		38.0		河流冲积物	E 106°10′03.0″ N 30°53′59.6″	84
						2	24—100	白灰色	砂土	粒状		2.9	0.56	0.68	20		89			
						3	100—													
剖30	初育土	新积土	冲积土	紫色冲积土	紫潮砂土	1	0—26	暗紫色	中壤土	粒状	8.0	3.2	0.27	1.15	26	26.4	43	紫色母质冲积物	E 106°02′04.9″ N 30°53′12.8″	75
						2	26—50	棕紫色	中壤土	粒状	8.8	4.9	0.41	1.26	33	31.5	43			
						3	50—	棕紫色	中壤土	小棱柱状	8.7	1.3	0.19	0.92	19	6.5	38			

续表 Continued

剖面号 Soil profile	土纲 Soil order	土类 Soil great group	亚类 Soil subgroup	土属 Soil genus	土种 Soil species	土层码 Layer code	土层厚度 Depth/cm	颜色 Soil color	质地 Soil texture	土壤结构 Soil structure	pH	有机质 OM/(g/kg)	全氮 TN/(g/kg)	全磷 TP/(g/kg)	碱解氮 AN/(mg/kg)	有效磷 AP/(mg/kg)	速效钾 AK/(mg/kg)	土壤母质 Parent material	剖面点坐标 Profile coordinate	匹配指数 Matching index/%
剖31	初育土	新积土	冲积土	紫色冲积土	紫潮泥土	1	0—21	棕紫色	重壤土	粒状	7.6	7.8	0.55	1.18	43	6.6	123	紫色母质冲积物	E 106°03′42.8″ N 30°52′44.4″	77
						2	21—35	棕紫色	重壤土	小棱块状	8.4	4.8	0.35	1.17	33	6.4	83			
						3	35—100	棕紫色	中壤土	粒状	8.7	3.7	0.33	1.17	28	4.0	56			
剖32	人为土	水稻土	紫色土性水稻土	红棕紫色水稻土	紫黄泥田	1	0—15	浅紫黄色	重壤土	碎块状	5.9	13.6	0.89	1.28	59	10.3	61	红棕紫色厚泥岩	E 106°02′51.4″ N 30°52′36.5″	72
						2	15—35	浅黄色	重壤土	大棱块状	6.5	11.3	1.27	1.17	53	9.0	44			
						3	35—	棕黄色	中壤土	小棱块状	6.1	4.3	0.45	0.28	29	7.4	38			
剖33	初育土	新积土	冲积土	紫色冲积土	砂泥土	1	0—21	灰棕紫色	中壤土	团粒状	8.3	20.6	1.29	1.42	89	77.0	29	河流冲积物	E 106°04′10.9″ N 30°52′27.1″	92
						2	21—72	棕紫色	中壤土	小块状		9.7	0.56	0.63						
						3	72—	黄棕紫色												
剖34	初育土	紫色土	棕紫泥土	棕紫泥土	黄砂土	1	0—21	浅棕紫色	中壤土	粒状	7.7	8.4	0.59	1.49	28	2.6	68		E 106°03′00.7″ N 30°52′19.6″	81
						2	21—26	浅黄色	中壤土	板状	7.8	5.6	0.50	1.55	26	0.5	64			
						3	26—	浅黄色	中壤土		7.7	5.5	0.44	0.54	20	0.7	46			
剖35	人为土	水稻土	黄壤性水稻土	老冲积黄泥田	烂黄泥田	1	0—23	黄褐色	黏土	整体状	6.6	28.5	1.52	0.54	105	17.0	53	第四纪冰水沉积物	E 106°05′25.4″ N 30°52′18.1″	97
						2	23—70	黄灰色	黏土			23.5	1.58	0.34						
						3	70—	蓝灰色	黏土											
剖36	初育土	紫色土	棕紫泥土	灰棕紫泥土	油砂土	1	0—22	浅灰紫色	砂壤土	团粒状	6.2	5.8	0.99	1.04	22	11.7	64	灰棕紫色砂泥岩	E 106°06′07.6″ N 30°51′34.6″	92
						2	22—66	灰棕紫色	砂壤土	小块状	7.0	4.0	0.55	1.26	30	4.3	87			
						3	66—	灰棕紫色			7.0	5.3		1.00	14	14.2	82			
剖37	初育土	新积土	冲积土	灰棕冲积土	潮泥土	1	0—20	灰黑色	重壤土	团粒状	7.9	12.7	0.63	1.48	41	2.4	69	近代河流冲积物	E 106°16′06.6″ N 30°58′13.1″	71
						2	20—100	灰棕色	重壤土	小棱块状	8.9	11.8	0.52	1.39	24	6.2	31			

南 部 县

主要土类说明

紫色土是南部县的主要土壤类型，占本县地域面积的 67%。紫色土是由紫色岩层风化发育而成的一种土壤。紫色母岩对土壤形成有深刻的影响，不同的母质与沉积时期具有不同的特性，明显影响着土壤形成的速度与特征。本县紫色土主要由紫色母岩发育而成，一般砂岩、泥岩呈等厚互层，产生纵横节理，在水的作用下破坏岩石原有结构，生成厚的风化壳，一般可达 2—3m。紫色岩石的共同特征是矿物成分复杂，以长石、斜长石、黑云母等为主，胶结物多为碳酸盐及少量铁质，极少是硅质，故养分含量较丰富。紫色岩石很容易风化，特别是处于高温高湿的气候条件下，风化作用很强烈，但由于岩石富含碳酸钙，矿物风化停留在富钙阶段，地处黄壤地带而没有发育为黄壤，这是一个重要原因。紫色土母质磷、钾含量多，岩石一经风化即可种作物，无机养分丰富，微生物活跃，结构较好，耕作容易，土壤发育浅，土层较松，适宜粮、棉、油多种作物生长。无论是山区、丘陵还是浅丘带坝地方，其土壤肥力水平均高于当地的黄壤。但紫色土多分布于丘陵地区，森林覆盖率小，保水防冲不力，水土流失严重，使坡地土层极浅薄，易受干旱。

水稻土是南部县第二大土壤类型，占本县地域面积的 27%，遍及全县各地，但以槽坝和中、浅丘陵地区所占面积最大。水稻土是在人工种植水稻条件下发育起来的一种特殊性质的土壤，比旱作土的水、热、气、肥状况稳定。各种不同的土壤，在淹水种稻后大致朝着相同的方向发展，产生了水稻土的一系列共性，如氧化还原过程的发展，土壤微生物区系的变化，养分的转化方式与有机质的积累速度等。本县水稻土分为潮土性水稻土、黄壤性水稻土、紫色土性水稻土等亚类。

小于本县地域面积 3% 的土壤类型还有黄壤、潮土等。

本区域中心区气候特征

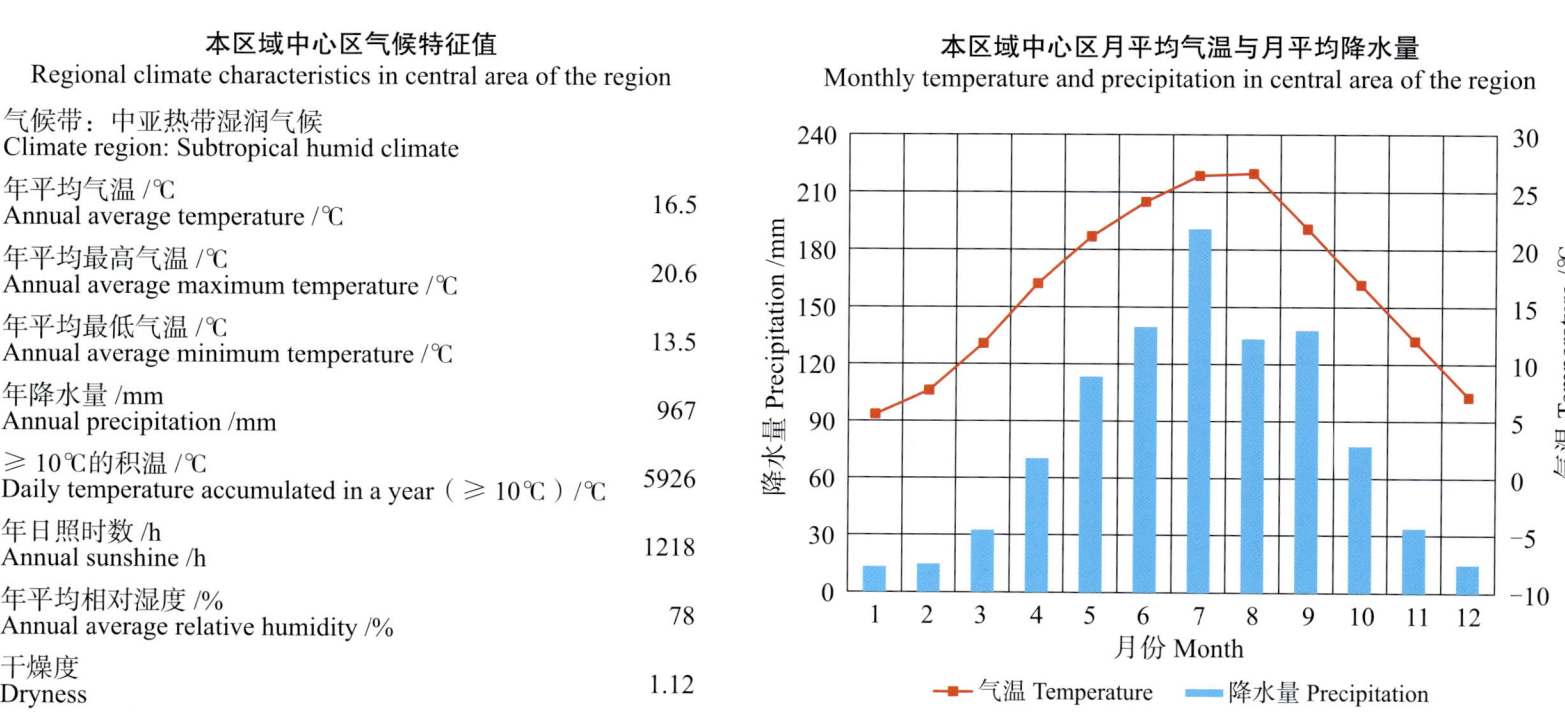

本区域中心区气候特征值
Regional climate characteristics in central area of the region

气候带：中亚热带湿润气候 Climate region: Subtropical humid climate	
年平均气温 /℃ Annual average temperature /℃	16.5
年平均最高气温 /℃ Annual average maximum temperature /℃	20.6
年平均最低气温 /℃ Annual average minimum temperature /℃	13.5
年降水量 /mm Annual precipitation /mm	967
≥10℃的积温 /℃ Daily temperature accumulated in a year（≥10℃）/℃	5926
年日照时数 /h Annual sunshine /h	1218
年平均相对湿度 /% Annual average relative humidity /%	78
干燥度 Dryness	1.12

本区域中心区月平均气温与月平均降水量
Monthly temperature and precipitation in central area of the region

南部县土壤类型与土壤剖面点分布图

1:300 000

图 例
- 紫色土
- 水稻土
- 黄壤
- 潮土
- ⊗ 剖面点

第三编 四川省分县土壤图与土壤剖面数据 | 545

南部县土壤剖面理化性状表

剖面号 Soil profile	土纲 Soil order	土类 Soil great group	亚类 Soil subgroup	土属 Soil genus	土种 Soil species	土层码 Layer code	土层厚度 Depth/cm	颜色 Soil color	质地 Soil texture	土壤结构 Soil structure	pH	有机质 OM/(g/kg)	全氮 TN/(g/kg)	全磷 TP/(g/kg)	碱解氮 AN/(mg/kg)	有效磷 AP/(mg/kg)	速效钾 AK/(mg/kg)	阳离子交换量CEC/(cmol/kg)	土壤母质 Parent material	剖面点坐标 Profile coordinate	匹配指数 Matching index/%
剖1	人为土	水稻土	紫色土性水稻土	黄红紫色水稻土	深脚烂泥田	1	0—20	暗灰色	中壤土	整体状	7.9	27.5	1.61	1.40	114	16.0	166		紫色砂泥岩风化坡积物	E 105°28′34.0″ N 31°30′20.9″	81
						2	20—100	暗灰色	重壤土	整体状	7.8										
剖2	初育土	紫色土	石灰性紫色土	黄红紫泥土	冷砂土	1	0—15	暗黄紫色	轻壤土	粒状	8.3	12.8	0.87	1.37	70	7.0	123	16.7		E 105°38′30.5″ N 31°35′24.4″	80
						2	15—53	黄红紫色	轻壤土	小块状	8.2	11.1	0.77								
剖3	初育土	紫色土	石灰性紫色土	黄红紫泥土	泥土	1	0—20	棕紫色	中壤土	团粒状	8.2	16.8	1.17	0.96	77	13.0	153	19.6		E 105°33′21.1″ N 31°32′16.3″	70
						2	20—28	浅棕紫色	中壤土	板状	8.2	15.1	1.10	0.96							
						3	28—95	黄棕色	中壤土	棱状	8.2	6.5	0.69	0.76							
剖4	人为土	水稻土	紫色土性水稻土	黄红紫色水稻土	黄泥田	1	0—17	浅黄灰色	重壤土	碎块状	8.3	15.1	1.13	0.95	106	11.0	193	21.3	紫色砂泥岩风化坡积物	E 105°30′22.1″ N 31°31′44.1″	99
						2	17—25	棕紫色	中壤土	板状	8.2	13.4	1.02	1.07							
						3	25—100	深灰紫色	中壤土	大棱柱状	8.0	7.4	0.80	0.96							
剖5	人为土	水稻土	紫色土性水稻土	黄红紫色水稻土	冷浸田	1	0—20	棕色	重壤土	碎块状	8.4	25.0	1.46	0.97	98	17.0	72	18.5	紫色砂泥岩风化坡积物	E 105°47′31.9″ N 31°31′48.8″	76
						2	20—100	浅棕紫色	重壤土	块状	8.4	19.7	1.24	0.93							
剖6	人为土	水稻土	潮土性水稻土	紫色潮土田	紫潮砂土	1	0—19	灰棕紫色	中壤土	小块状	8.1	13.8	0.92	1.14	67	23.0	147	18.9	紫色冲积物	E 105°44′55.7″ N 31°29′12.6″	89
						2	19—42	灰棕紫色	中壤土	小棱柱状	8.3	9.7	0.70	1.08							
剖7	初育土	紫色土	石灰性紫色土	黄红紫泥土	夹砂土	1	0—18	棕紫色	重壤土	粒状	8.3	11.0	0.85	0.95	64	11.0	140	18.8		E 105°31′52.0″ N 31°28′28.9″	96
						2	18—90	棕紫色	中壤土	小块状	8.3	5.1	0.58	0.82							
剖8	半水成土	潮土	潮土	紫色潮土	紫潮砂土	1	0—19	暗紫色	轻壤土	粒状	8.0	9.0	0.60	0.66	52	18.0	116	12.2	河流冲积物	E 105°37′01.9″ N 31°28′07.0″	78
						2	19—61	棕紫色	轻壤土	小块状	8.1	4.2	0.37	0.45							
剖9	人为土	水稻土	紫色土性水稻土	黄红紫色水稻土	砂田	1	0—20	浅紫棕色	中壤土	粒状	8.4	25.4	1.50	1.08	109	6.0	113	21.1	紫色砂泥岩风化坡积物	E 105°33′02.5″ N 31°26′42.0″	91
						2	20—100	灰紫色	重壤土	小块状	8.2	24.9	1.46	0.91							
剖10	人为土	水稻土	紫色土性水稻土	棕紫色水稻土	冷浸田	1	0—21	暗灰色	重壤土	碎块状	8.0	30.8	1.85	1.24	140	32.0	192	20.4	砂泥岩风化物	E 105°31′02.3″ N 31°25′14.9″	75
						2	21—85	青灰色	重壤土	整体状	7.9	30.5	1.67								
剖11	人为土	水稻土	紫色土性水稻土	棕紫色水稻土	黄泥田	1	0—15	棕黄色	重壤土	碎块状	8.2	13.8	1.03	1.19	67	16.0	120	19.4	砂泥岩风化物	E 105°43′04.1″ N 31°23′47.0″	94
						2	15—22	浅黄色	重壤土	棱体状	8.1	3.2	0.53	0.38							
						3	22—80	黄色	重壤土	棱块状	8.2	2.8	0.46	0.32							
剖12	人为土	水稻土	潮土性水稻土	紫色潮土田	紫潮泥田	1	0—18	暗棕紫色	中壤土	碎块状	7.5	14.8	0.88	0.55	78	17.0	105	15.8	紫色冲积物	E 105°46′55.9″ N 31°28′06.2″	79
						2	18—94	灰棕紫色	中壤土	小棱块状	7.9	14.4	0.90	0.52							
剖13	铁铝土	黄壤	黄壤	老冲积黄泥土	铁杆子黄壤土	1	0—13	棕黄色	中壤土	小块状	7.7	17.1	1.13	0.84	77	8.0	156	12.7	老红土	E 105°49′39.9″ N 31°26′54.8″	72
						2	13—81	棕黄色	重壤土	块状	5.6	5.0	0.38	0.37							
剖14	初育土	紫色土	石灰性紫色土	棕紫泥土	冷砂土	1	0—19	灰棕紫色	砂壤土	团粒状	8.1	9.2	0.58	1.00	49	7.0	157	14.4		E 105°50′31.7″ N 31°20′38.7″	88
						2	19—76	浅紫棕色	中壤土	小块状	8.1	4.7	0.38	0.78							
剖15	初育土	紫色土	石灰性紫色土	棕紫泥土	夹砂土	1	0—23	暗棕紫色	中壤土	团粒状	8.1	13.0	0.91	1.32	67	9.0	202	13.7		E 106°08′15.3″ N 31°25′60.0″	88
						2	23—100	棕紫色	重壤土	小棱块状	8.3	6.9	0.58	1.19							
剖16	人为土	紫色土	石灰性紫色土	棕紫泥土	砂土	1	0—17	浅灰紫色	轻砾中壤土	单粒状	8.3	8.1	0.53	0.95	46	15.0	93	18.8	紫色冲积物	E 106°11′07.6″ N 31°25′15.3″	82
						2	17—83	浅黄色	轻壤土	小块状	8.2	3.1	0.31	0.83							
剖17	人为土	水稻土	黄壤性水稻土	老冲积黄泥田	黄泥田	1	0—17	黄色	中黏土	碎块状	6.2	15.9	1.24	0.76	88	12.0	149	21.3	第四纪冰水沉积物	E 106°06′26.8″ N 31°24′22.0″	76
						2	17—23	黄色	中黏土	板状	6.5	13.4	1.06	0.65							
						3	23—74	黄色	轻黏土	棱柱状	6.4	4.6	0.55	0.43							
剖18	初育土	紫色土	石灰性紫色土	棕紫泥土	石骨子土	1	0—18	浅红棕色	轻砾中壤土	粒状	8.3	6.6	0.63	1.52	49	14.0	183	22.3	第四纪灰棕色冲积物	E 106°12′27.7″ N 31°23′40.6″	98
						2	18—	灰白色	紧砂土	单粒状	8.1	2.5	0.19	0.91							
剖19	半水成土	潮土	潮土	灰棕潮泥土	白眼砂土	1	0—16	灰白色	紧砂土	单粒状	8.2	4.0	0.31	0.88	19	5.0	20	5.2	第四纪灰棕色冲积物	E 106°01′09.1″ N 31°23′27.6″	84
						2	16—100														

续表 Continued

剖面号 Soil profile	土纲 Soil order	土类 Soil great group	亚类 Soil subgroup	土属 Soil genus	土种 Soil species	土层码 Layer code	土层厚度 Depth/cm	颜色 Soil color	质地 Soil texture	土壤结构 Soil structure	pH	有机质 OM/(g/kg)	全氮 TN/(g/kg)	全磷 TP/(g/kg)	碱解氮 AN/(mg/kg)	有效磷 AP/(mg/kg)	速效钾 AK/(mg/kg)	阳离子交换量CEC/(cmol/kg)	土壤母质 Parent material	剖面点坐标 Profile coordinate	匹配指数 Matching index/%
剖20	铁铝土	黄壤	黄壤	老冲积黄泥土	卵石黄泥土	1	0—14	浅黄色	轻砾中壤土	小块状	7.7	4.0	0.45	0.45	44	9.0	58	14.3	老冲积物	E 106°06′55.4″ N 31°23′17.5″	93
剖21	人为土	水稻土	黄壤性水稻土	老冲积黄泥田	卵石黄泥田	1	0—16	棕黄色	轻砾重壤土	块状	5.7	8.0	0.32	0.25	79	17.0	57	18.7	第四纪冰水沉积物	E 106°08′41.6″ N 31°23′04.9″	70
						2	14—98	棕黄色	轻砾轻壤土	碎块状	5.8	15.0	1.02	0.82							
剖22	人为土	水稻土	紫色土性水稻土	棕紫色水稻土	夹砂大泥田	1	0—16	浅黄色	轻黏土	块状	5.7	9.6	0.71	0.45	98	18.0	125	24.4	砂泥岩风化物	E 106°00′05.0″ N 31°22′59.9″	99
						2	16—23	棕黄色	重壤土	碎块状	8.0	19.5	1.25	0.93							
						3	23—79	浅灰棕色	重壤土	块状	8.2	18.4	1.18	0.89							
剖23	半水成土	潮土	潮土	灰棕潮土	潮泥土	1	0—19	紫灰棕色	重壤土	棱块状	8.2	15.7	1.10	0.82	92	13.0	99	10.4	第四纪灰棕色薄层泥岩夹砂岩风化物	E 106°02′37.0″ N 31°22′40.1″	87
						2	19—30	灰棕紫色	重壤土	团粒状	8.0	14.0	1.17	1.32							
						3	30—100	棕灰色	重壤土	板状	8.0	10.7	0.99	1.26							
剖24	半水成土	潮土	潮土	紫色潮土	紫棕潮土	1	0—18	浅灰棕色	轻壤土	小棱块状	7.9	7.0	0.74	0.94	51	9.0	202	14.4	河流冲积物	E 106°05′27.6″ N 31°22′13.8″	92
						2	18—80	暗棕紫色	中壤土	团粒状	8.3	11.0	0.73	1.00							
剖25	人为土	水稻土	黄壤性水稻土	老冲积黄泥田	死黄泥田	1	0—12	黄色	轻砾轻黏土	碎块状	8.1	4.1	0.40	0.61	103	11.0	128	23.4	第四纪冰水沉积物	E 106°07′07.5″ N 31°20′47.7″	75
						2	12—19	黄色	重黏土	碎块状	6.4	22.5	1.36	0.89							
						3	19—80	黄色	轻砾轻黏土	大棱柱状	6.4	22.0	1.30	0.86							
剖26	半水成土	潮土	潮土	灰棕潮土	潮砂土	1	0—23	灰棕色	中壤土	团粒状	6.8	16.3	1.06	0.73	50	8.0	136	15.4	第四纪灰棕色薄层泥岩夹砂岩风化物	E 106°05′06.7″ N 31°20′21.9″	86
						2	23—100	灰棕色	中壤土	团粒状	8.4	11.4	0.82	1.39							
剖27	人为土	黄壤	黄壤性水稻土	老冲积黄泥土	死黄泥田	1	0—16	浅灰棕色	重壤土	小块状	8.2	11.3	0.76	1.45	52	7.0	92	17.9	老冲积物	E 106°07′09.0″ N 31°20′16.8″	88
						2	16—100	黄色	重黏土	块状	8.0	5.2	0.61	0.44							
剖28	人为土	水稻土	潮土性水稻土	灰棕潮土田	潮泥田	1	0—19	灰棕紫色	重黏土	棱柱状	6.2	0.9	0.39	0.27	70	20.0	178	23.1	老冲积物	E 106°06′10.8″ N 31°20′02.4″	80
						2	19—26	黄棕色	中壤土	扁平状	8.2	14.7	1.12	1.33							
						3	26—84	黄棕色	中壤土	小块状	8.2	6.5	0.70	1.20							
剖29	紫色土	石灰性紫色土	红棕紫泥土	泥土		1	0—14	浅黄色	重壤土	粒状、小块状	8.3	5.1	0.59	0.88	66	8.0	179	20.7	红棕紫色厚泥岩夹薄层砂岩风化物	E 106°19′34.9″ N 31°23′26.9″	87
						2	14—24	浅黄色	中砾重黏土	板状	8.1	9.6	1.01	0.92							
						3	24—100	红棕色	重壤土	小棱块状	7.8	6.2	0.76	0.82							
剖30	初育土	紫色土	石灰性紫色土	红棕紫泥土	石骨子夹砂土	1	0—15	棕紫色	中壤土	粒状、碎块状	8.2	1.5	0.55	0.41	46	8.0	132	20.8		E 106°19′22.2″ N 31°22′17.3″	85
						2	15—22	棕紫色	中壤土	碎块状	8.3	4.8	0.47	1.31							
剖31	人为土	水稻土	紫色土性水稻土	红棕紫泥土	石骨子夹砂田	1	0—14	棕紫色	中壤土	块状	8.2	2.1	0.82	1.31	51	9.0	123	18.9	红棕紫色薄层泥岩夹砂岩风化物	E 106°19′54.1″ N 31°21′46.1″	98
						2	14—24	红棕紫色	重壤土	碎块状	8.2	9.9	0.62	1.27							
						3	24—55	红棕紫色	重壤土	块状	8.3	6.6	0.39	1.22							
剖32	初育土	紫色土	石灰性紫色土	红棕紫泥土	红石骨子土	1	0—13	黄棕色	轻壤土	小块状	8.2	2.3	0.57	1.35	34	8.0	95	21.1	红棕紫色厚泥岩夹薄层砂岩风化物	E 106°20′56.2″ N 31°20′58.4″	76
						2	13—					4.1									
剖33	初育土	紫色土	石灰性紫色土	红棕紫泥土	泥土	1	0—20	浅黄色	重壤土	粒状、小块状	8.1	9.6	0.78	0.86	47	9.0	159	20.5	红棕紫色薄层泥岩夹砂岩风化物	E 106°19′09.1″ N 31°20′35.8″	93
						2	20—27	浅红棕色	重壤土	板状	8.2	6.2	0.71	0.67							
						3	27—100	红棕紫色	重壤土	棱块状	8.0	2.4	0.50	0.59							
剖34	铁铝土	黄壤	黄壤	老冲积黄泥土	夹砂黄泥土	1	0—18	棕色	中壤土	团粒状	7.8	17.9	1.34	1.33	81	7.0	159	14.8	老冲积物	E 106°12′49.0″ N 31°19′17.4″	86
						2	18—29	棕色	重壤土	板状	7.9	16.5	1.25	1.30							
						3	29—100	棕色	重壤土	棱块状	7.8	10.8	0.96	0.90							
剖35	人为土	水稻土	紫色性水稻土	棕紫紫色水稻土	泥田	1	0—20	暗棕紫色	重壤土	块状	8.2	19.4	1.25	0.86	94	18.0	169	24.6	红棕紫色薄层泥岩夹砂岩风化物	E 106°03′02.2″ N 31°18′36.0″	72
						2	20—29	棕色	重壤土	棱块状	8.1	19.5	1.24	0.94							
						3	29—78	棕色	重壤土	板状	8.0	5.0	0.35	0.28							
剖36	人为土	水稻土	黄壤性水稻土	老冲积黄泥田	深脚烂泥田	1	0—24	棕色	重壤土	稀糊状	8.4	25.0	1.45	0.58	118	10.0	172		砂泥岩风化物	E 106°07′09.5″ N 31°18′21.6″	77
						2	24—115	黄色	重壤土	整体状	8.2	22.6	1.35	0.58							
剖37	铁铝土	黄壤	黄壤	老冲积黄泥土	黄泥土	1	0—19	浅黄色	轻砾重黏土	小块状	7.1	10.5	0.71	0.49	55	9.0	140	19.1	第四纪沉积物	E 106°14′39.8″ N 31°17′15.7″	75
						2	19—28	黄色	轻砾重黏土	板状	7.2	7.0	0.53	0.48							
						3	28—74	黄色	轻黏土	块状	4.9	2.0	0.50	0.26							

续表 Continued

剖面号 Soil profile	土纲 Soil order	土类 Soil great group	亚类 Soil subgroup	土属 Soil genus	土种 Soil species	土层码 Layer code	土层厚度 Depth/cm	颜色 Soil color	质地 Soil texture	土壤结构 Soil structure	pH	有机质 OM/(g/kg)	全氮 TN/(g/kg)	全磷 TP/(g/kg)	碱解氮 AN/(mg/kg)	有效磷 AP/(mg/kg)	速效钾 AK/(mg/kg)	阳离子交换量CEC/(cmol/kg)	土壤母质 Parent material	剖面点坐标 Profile coordinate	匹配指数 Matching index/%
剖38	初育土	紫色土	石灰性紫色土	棕紫泥土	夹砂大泥土	1	0—19	暗棕紫色	中壤土	团粒状	8.0	9.8	0.71	0.67	65	11.0	112	17.8	砂岩、泥岩风化坡积物、残积物	E 106°05′07.2″ N 31°13′01.9″	83
						2	19—26	棕紫色	中壤土	板状	8.1	9.1	0.65	0.60							
						3	26—80	棕紫色	中壤土	块状	8.1	5.2	0.52	0.42							
剖39	人为土	水稻土	潴土型水稻土	灰棕潮土田	潮砂田	1	0—17	灰棕色	重壤土	粒状	8.1	18.4	1.28	1.41	93	11.0	96	10.7	第四纪灰棕色冲积物	E 106°13′46.7″ N 31°11′52.4″	89
						2	17—26	灰棕色	重壤土	板状	8.2	12.6	1.01	1.45							
						3	26—100	紫棕色	重壤土	小板状	8.1	7.0	0.71	1.16							
剖40	人为土	水稻土	紫色土性水稻土	棕紫色水稻土	深脚烂泥田	1	0—15	青灰色	重壤土	整体状	8.3	24.3	1.40	0.95	108	19.0	212	22.4	砂泥岩风化物	E 106°12′05.0″ N 31°09′12.6″	97
						2	15—72	青灰色	重壤土	整体状	8.2	22.5	1.28	0.92							
						3	72—90	棕紫色	重壤土	棱柱状	8.2	16.2	1.00	0.68							
剖41	初育土	紫色土	石灰性紫色土	棕紫泥土	泥土	1	0—20	暗棕紫色	中壤土	团粒状	8.3	10.0	0.78	1.16	53	10.0	154	18.1	砂岩、泥岩风化坡积物、残积物	E 106°10′42.1″ N 31°05′13.4″	72
						2	20—27	棕紫色	中壤土	板状	8.3	8.2	0.73	1.12							
						3	27—100	棕紫色	轻砾中壤土	块状	8.3	3.0	0.38	0.80							

营 山 县

主要土类说明

紫色土是营山县的主要土壤类型，占本县地域面积的 53%。成土过程以物理风化为主，化学风化弱，形成的土壤受母质影响很深，保持了母质特点。紫色土发育不深，矿质养分含量丰富。碳酸钙含量高，土壤多呈中性至微碱性，一般 pH 为 6.5—8.5，少数由于地形、水文影响，土体产生黄化过程，呈微酸性。土壤有机质累积少，腐殖质含量低。

水稻土是营山县第二大土壤类型，占本县地域面积的 42%，多分布在坝、沟、塝，在坡腰平台和方山顶部也有分布。水稻土是在人工种稻条件下，经水耕熟化而形成的一种特殊性质的土壤。水稻土经过淹水与水耕熟化后，其剖面形态发生了与旱作土完全不同的变化，形成了水稻土特有的淹育层、初期潴育层、潴育层和潜育层，这些层次反映了水稻土的水热变化状况，与土壤通气、透水、养分转化等过程密切相关，也是反映水稻土肥力状况的重要指标。在淹水条件下，水稻土的无机态氮易被还原，以铵态氮较为稳定，硝态氮因反硝化易挥发损失，也易随水流失。因此，稻田中以铵态氮为主，硝态氮基本没有。淹水后，由于 pH 的变化和还原作用的影响，磷的有效性提高，钾素的供给也加强，被土壤胶体吸附的钾离子易被置换释放出来，加大了土壤溶液中钾离子的浓度。稻田中的碳酸钙含量，均低于相应的旱作土。

黄壤占本县地域面积的 3%。在本县的水热条件下，有利于土壤矿物质的水解作用，盐基易被淋溶，铁质游离产生水化作用，使土体黄化。土质黏重，一般为中壤土至重壤土，黏粒含量大于 48%。发育在砂岩上的黄砂土，物理性砂粒含量高，在 52% 以上。土壤酸化，一般为酸性，pH 为 4.5—6.5。养分含量低，有机质含量在 5g/kg 左右，矿质养分流失大，特别缺磷。耕层浅薄，黄泥土的土层厚，耕层浅，约 15cm；黄砂土的土体厚度在 30cm 左右，耕作层也不深。

小于本县地域面积 3% 的土壤类型还有潮土等。

本区域中心区气候特征

本区域中心区气候特征值
Regional climate characteristics in central area of the region

气候带：中亚热带湿润气候 Climate region: Subtropical humid climate	
年平均气温 /℃ Annual average temperature /℃	16.7
年平均最高气温 /℃ Annual average maximum temperature /℃	20.9
年平均最低气温 /℃ Annual average minimum temperature /℃	13.7
年降水量 /mm Annual precipitation /mm	1052
≥10℃的积温 /℃ Daily temperature accumulated in a year (≥10℃) /℃	5826
年日照时数 /h Annual sunshine /h	1204
年平均相对湿度 /% Annual average relative humidity /%	78
干燥度 Dryness	1.01

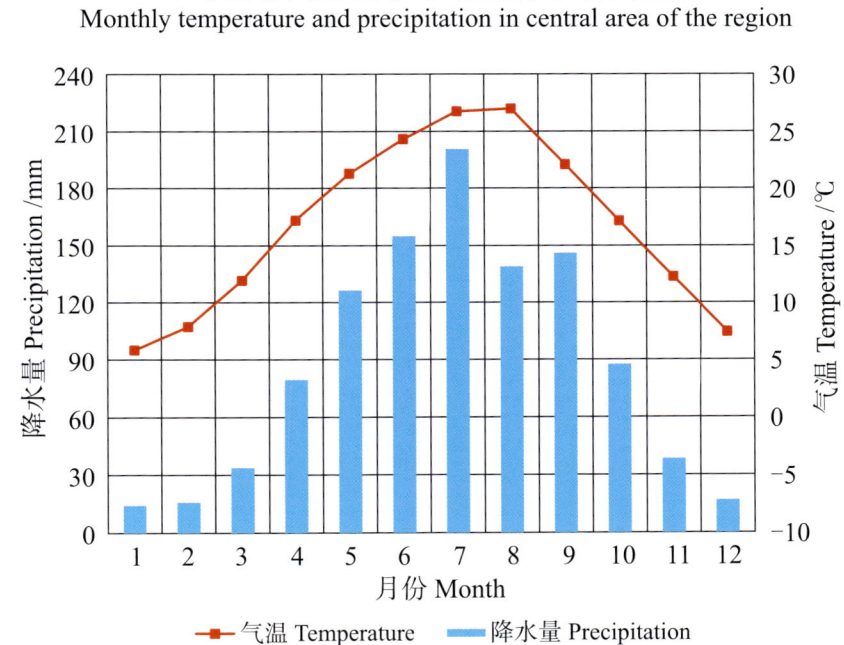

本区域中心区月平均气温与月平均降水量
Monthly temperature and precipitation in central area of the region

营山县主要土壤类型与土壤剖面点分布图
1 : 230 000

图 例

- 紫色土
- 水稻土
- 黄壤
- 潮土
- ⊗ 剖面点

营山县土壤剖面理化性状表

剖面号 Soil profile	土纲 Soil order	土类 Soil great group	亚类 Soil subgroup	土属 Soil genus	土种 Soil species	土层码 Layer code	土层厚度 Depth/cm	颜色 Soil color	质地 Soil texture	土壤结构 Soil structure	pH	有机质 OM/(g/kg)	全氮 TN/(g/kg)	全磷 TP/(g/kg)	碱解氮 AN/(mg/kg)	有效磷 AP/(mg/kg)	速效钾 AK/(mg/kg)	阳离子交换量CEC/(cmol/kg)	土壤母质 Parent material	剖面点坐标 Profile coordinate	匹配指数 Matching index/%
剖1	初育土	紫色土	中性紫色土	灰棕紫泥土	紫黄泥土	1	0–15	黄棕色	重壤土	碎块状	7.5	13.4	0.82	1.09	83	16.0	95	24.4	泥岩、砂岩、泥岩、砂岩风化物	E 106°27′14.0″ N 31°10′55.2″	95
						2	15–27	黄棕色	重壤土	块状	7.5	8.6	0.67	1.04							
						3	27–100	紫黄色	重壤土	大棱块状	7.5	6.4	0.55	0.59							
剖2	人为土	水稻土	紫色土性水稻土	棕紫色水稻土	石骨子砂田	1	0–17	棕紫色	轻石中壤土	粒状	7.5	8.5	0.60	1.24	39	1.0	54	15.1		E 106°42′27.0″ N 31°16′33.6″	94
						2	17–27	棕紫色	中壤土	小块状	7.5	8.6	0.56	1.29							
						3	27–100	灰棕紫色	重壤土	棱柱状	7.6	6.3	0.53	1.27							
剖3	人为土	水稻土	紫色土性水稻土	棕紫色水稻土	冷浸田	1	0–20	重壤土	重壤土	微块状	7.3	23.3	1.42	1.29	77	5.0	84	14.7		E 106°38′48.1″ N 31°14′41.3″	76
						2	20–30	深灰色	重壤土	板状	7.7	13.1	0.94	1.14							
						3	30–100	棕灰色	重壤土	大棱柱状	7.8	18.3	1.13	1.14							
剖4	初育土	紫色土	石灰性紫色土	棕紫泥土	石骨子夹砂土	1	0–20	棕紫色	轻石轻壤土	粒状	6.9	5.1	0.56	1.41	46	22.0	64	14.3	灰紫色砂岩、棕紫色泥岩风化物	E 106°44′37.3″ N 31°14′38.0″	74
						2	20–27	棕紫色	轻壤土	扁平块状	7.2	4.1	0.43	1.15							
						3	27–100	棕紫色	轻壤土	小块状	7.3	2.1	0.43	0.93							
剖5	初育土	紫色土	石灰性紫色土	棕紫泥土	大土泥田	1	0–16	棕紫色	中壤土	团粒状	7.7	14.5	0.98	1.31	76	5.0	98	17.0	灰棕色砂岩、棕紫色泥岩风化物	E 106°36′04.7″ N 31°14′28.0″	91
						2	16–25	棕紫色	重壤土	大块状	7.8	13.6	0.83	1.22							
						3	25–100	棕紫色	重壤土	棱柱状	7.8	7.4	0.63	0.17							
剖6	人为土	水稻土	紫色土性水稻土	棕紫色水稻土	大土泥田	1	0–20	棕紫色	重壤土	微粒状	7.3	19.7	1.29	1.44	100	23.0	141	33.1		E 106°38′18.6″ N 31°13′26.0″	97
						2	20–35	棕紫色	重壤土	扁平块状	7.4	17.5	1.23	1.36							
						3	35–60	棕紫色	重壤土	棱柱状	7.5	7.5	0.91	1.12							
						4	60–100	黄棕紫色	重壤土	小粒状、块状	7.6	3.6	0.60	0.73							
剖7	初育土	紫色土	石灰性紫色土	棕紫泥土	石骨子土	1	0–18	棕紫色	中石轻壤土	粒状	7.7	4.3	0.64	1.37	30	9.0	105	16.9		E 106°30′20.5″ N 31°12′23.4″	96
						2	18–														
剖8	人为土	水稻土	紫色土性水稻土	红棕紫色水稻土	红石骨子田	1	0–20	红棕紫色	中壤土	微块状	7.5	8.5	0.69	1.35	53	12.0	78	16.3	厚泥岩夹薄层砂岩风化物	E 106°30′25.2″ N 31°10′33.2″	76
						2	20–30	红棕紫色	重壤土	扁平块状	7.8	4.9	0.54	1.14							
						3	30–70	红棕紫色	重壤土	棱柱状	7.8	5.3	0.50	1.10							
						4	70–100	红棕紫色	轻石石重壤土	棱块状	8.1	4.7	5.60	1.19							
剖9	人为土	水稻土	紫色土性水稻土	棕紫色水稻土	黄砂泥田	1	0–20	浅黄棕色	中壤土	碎块状	7.2	7.3	0.48	0.31	45	1.0	58	17.4		E 106°48′08.9″ N 31°18′56.3″	93
						2	20–35	黄棕紫色	中壤土	小块状	7.1	6.7	0.44	0.28							
						3	35–90	棕紫色	重黏土	粒状	7.4	6.1	0.36	0.31							
剖10	初育土	紫色土	石灰性紫色土	棕紫泥土	夹砂土	1	0–25	暗棕紫色	重壤土	粒状	7.4	5.4	0.54	1.19	38	10.0	51	12.2	灰紫色砂岩、棕紫色泥岩风化物	E 106°47′26.1″ N 31°17′47.1″	90
						2	25–60	棕紫色	中壤土	块状	7.5	3.7	0.39	0.83							
						3	60–75														
剖11	人为土	水稻土	紫色土性水稻土	棕紫色水稻土	夹砂田	1	0–20	暗棕紫色	中壤土	微平块状	7.3	23.8	4.00	1.55	96	46.0	89	18.0		E 106°53′02.4″ N 31°17′46.7″	93
						2	20–31	暗棕紫色	重壤土	扁平块状	7.4	23.8	1.35	1.30							
						3	31–100	棕紫色	重壤土	大棱柱状	7.6	10.6	0.76	1.07							
剖12	铁铝土	黄壤	黄壤	砂黄泥土	黄泥土	1	0–13	浅黄棕色	重黏土	碎块状	5.4	4.8	0.46	0.22	32	2.0	34	18.6	紫色泥岩	E 106°51′18.0″ N 31°17′35.9″	85
						2	13–19	棕色	重壤土	小块状	5.1	4.0	0.42	0.14							
						3	19–80	黄棕色	重壤土	大块状	5.0	3.5	0.35	0.10							
						4	80–120	棕紫色	重壤土	大块状	4.9	2.0	0.36	0.13							
剖13	人为土	水稻土	紫色土性水稻土	棕紫色水稻土	冷砂田	1	0–18	暗棕紫色	轻石轻壤土	粒状	8.0	13.9	0.82	0.35	61	3.0	42	17.5		E 106°56′44.2″ N 31°14′52.1″	77
						2	18–27	暗棕紫色	轻壤土	扁平块状	8.1	11.2	0.60	0.31							
						3	27–80	灰棕紫色	中壤土	棱柱状	8.2	6.5	0.40	0.61							

续表 Continued

剖面号 Soil profile	土纲 Soil order	土类 Soil great group	亚类 Soil subgroup	土属 Soil genus	土种 Soil species	土层码 Layer code	土层厚度 Depth/cm	颜色 Soil color	质地 Soil texture	土壤结构 Soil structure	pH	有机质 OM/(g/kg)	全氮 TN/(g/kg)	全磷 TP/(g/kg)	碱解氮 AN/(mg/kg)	有效磷 AP/(mg/kg)	速效钾 AK/(mg/kg)	阳离子交换量CEC/(cmol/kg)	土壤母质 Parent material	剖面点坐标 Profile coordinate	匹配指数 Matching index/%
剖14	初育土	紫色土	石灰性紫色土	棕紫紫泥土	白砂土	1	0—15	灰白色	砂壤土	粒状	7.6	6.6	0.39	0.82	36	1.0	51	12.5	灰紫色砂岩、棕紫色泥岩风化物	E 106°52′25.0″ N 31°14′10.0″	83
						2	15—35	浅棕色	轻石砂壤土	小棱块状	7.6	6.0	0.35	0.87							
剖15	铁铝土	黄壤	黄壤	砂黄紫土	黄砂土	1	0—18	浅黄棕色	轻壤土	粒状	6.4	6.1	0.46	0.32	49	3.0	76	12.8	黄色粗砂岩残积物	E 106°56′24.7″ N 31°13′52.0″	82
						2	18—34	黄黄棕色	轻壤土	小棱块状	6.6	4.9	0.32	0.26							
						3	34—														
剖16	初育土	紫色土	石灰性紫色土	红棕紫泥土	红石骨子夹砂土	1	0—20	红棕紫色	轻石中壤土	粒状	7.8	5.8	0.59	1.22	38	1.0	61	20.7		E 106°48′40.7″ N 31°13′12.0″	75
						2	20—30	红棕紫色	中壤土	小棱块状	8.1	4.2	0.55	1.14							
						3	30—100	红棕紫色	中壤土	块状	8.3	5.2	0.58	0.90							
剖17	初育土	紫色土	石灰性紫色土	红棕紫泥土	死黄泥土	1	0—15	黄棕紫色	轻石砂土	碎块状	7.8	10.4	0.82	0.62	60	1.0	70	28.3		E 106°47′54.2″ N 31°12′14.8″	98
						2	15—24	黄黄紫色	轻黏土	大块状	7.7	6.0	0.53	0.50							
						3	24—100	紫黄紫色	轻黏土	粒状	7.7	4.0	0.45	0.36							
剖18	初育土	紫色土	石灰性紫色土	棕紫紫泥土	油泥土	1	0—20	棕紫色	轻石黏壤土	块状	7.7	7.7	0.51	1.20	47	2.0	79	9.2	灰紫色砂岩、棕紫色泥岩风化物	E 106°28′16.3″ N 31°04′03.4″	93
						2	20—24	棕紫色	轻壤土	小块状	7.9	5.0	0.42	1.15							
						3	40—70	棕紫色	轻壤土	块状	8.2	3.4	0.32	1.09							
剖19	初育土	紫色土	石灰性紫色土	红棕紫泥土	红砂大土泥土	1	0—15	红棕紫色	重壤土	碎平块状	7.5	10.7	0.86	0.78	34	3.0	51	23.8		E 106°29′08.9″ N 31°01′36.8″	86
						2	15—24	红棕紫色	轻石砾土	碎平块状	7.6	9.2	0.74	0.59							
						3	24—100	红棕紫色	重壤土	扁平块状	7.7	4.3	0.57	0.92							
剖20	水稻土	紫色土性水稻土	紫色土性水稻土	灰棕紫色水稻土	油石骨子夹砂田	1	0—19	灰棕紫色	轻石砾中壤土	碎块状	7.6	11.8	0.75	1.63	52	21.0	107	31.4	砂岩、泥岩风化物	E 106°31′34.7″ N 31°08′58.6″	85
						2	19—29	灰棕紫色	轻石砾中壤土	扁平块状	7.6	10.1	0.78	1.47							
						3	29—68	灰棕紫色	轻石砾中壤土	棱柱状	7.6	10.9	0.74	1.56							
剖21	半水成土	紫色土	中性紫色土	灰棕紫色水稻土	油石骨子夹砂土	1	0—15	灰棕紫色	轻壤土	碎块状	7.1	3.4	0.50	1.35	50	3.0	46	27.8	泥岩、砂岩、砂质泥质、砂岩	E 106°32′37.0″ N 31°08′20.4″	91
						2	15—20	灰棕紫色	轻壤土	粒状	7.1	5.5	0.53	1.19							
						3	20—100	灰棕紫色	中壤土	大块块状	7.1	4.2	0.43	1.11							
剖22	半水成土	潮土	潮土	紫色潮土	潮泥土	1	0—29	棕紫色	重壤土	粒状	8.0	5.4	0.38	0.73	31	5.0	101	20.3	河流冲积物	E 106°43′48.7″ N 31°06′55.4″	86
						2	29—100	红棕紫色	重壤土	小碎块状	8.4	1.7	0.13	0.86							
剖23	初育土	潮土	潮土	紫色潮土	潮泥土	1	0—20	棕紫色	重壤土	粒状	7.1	7.6	0.63	1.04	14	1.0	48	28.5	河流冲积物	E 106°43′21.6″ N 31°06′22.1″	88
						2	20—28	棕紫色	中壤土	小棱块状	7.2	6.6	0.61	1.00							
						3	28—100	棕紫色	中壤土	扁平块状	7.4	3.4	0.43	0.83	54	4.0	50				
剖24	初育土	紫色土	中性紫色土	灰棕紫色水稻土	大眼泥土	1	0—24	灰棕紫色	重壤土	粒状	6.8	13.5	0.84	1.22	80	7.0	70	26.7	泥岩、砂岩、泥岩	E 106°43′49.4″ N 31°06′05.4″	93
						2	24—34	灰棕紫色	重壤土	扁平块状	6.5	13.1	0.80	0.77							
						3	34—100	灰棕紫色	重壤土	大棱块状	6.5	4.4	0.48	0.92							
剖25	水稻土	紫色土性水稻土	紫色土性水稻土	红棕紫色水稻土	淀砂田	1	0—19	红棕紫色	砂壤土	微粒状	6.9	6.6	0.51	1.58	41	1.0	44	24.1	厚泥岩夹薄层砂岩风化物	E 106°42′39.2″ N 31°05′56.8″	84
						2	19—29	红棕紫色	轻石砂壤土	小棱块状	7.1	6.0	0.50	1.53							
						3	29—100	棕紫色	中壤土	扁平块状	7.2	4.8	0.39	1.56							
剖26	初育土	紫色土	中性紫色土	灰棕紫色水稻土	黑油砂土	1	0—22	暗棕紫色	重壤土	棱柱状	7.4	13.6	0.86	1.40	56	8.0	107	16.3	泥岩、砂岩	E 106°43′25.0″ N 31°05′16.1″	86
						2	22—71	暗黄棕色	中壤土	粒状	7.7	11.2	0.77	1.41							
						3	71—	棕紫色													
剖27	水稻土	水稻土	紫色土性水稻土	灰棕紫色水稻土	紫黄泥田	1	0—21	浅棕紫色	重壤土	粒状	6.0	10.9	0.73	0.63	60	14.0	123	22.7	砂岩、泥岩风化物	E 106°36′13.7″ N 31°05′02.8″	74
						2	21—30	棕黄色	轻黏土	板状块状	6.8	1.8	0.36	0.52							
						3	30—100	棕黄灰色	轻黏土	小棱块状	7.0	2.2	0.33	0.49							
剖28	人为土	水稻土	潮土型水稻土	紫色潮土田	潮泥田	1	0—20	暗棕紫色	中壤土	粒状	7.2	19.8	1.14	0.86	89	15.0	95	22.8	第四纪紫色冲积物	E 106°44′24.7″ N 31°04′39.0″	99
						2	20—29	棕棕色	中壤土	板状块状	7.0	15.1	1.07	0.78							
						3	29—65	浅棕紫色	重壤土	棱柱状	7.1	8.1	0.58	0.61							
						4	65—100	浅棕紫色	中壤土	小棱柱状	7.2	3.5	0.38	0.60							

续表 Continued

剖面号 Soil profile	土纲 Soil order	土类 Soil great group	亚类 Soil subgroup	土属 Soil genus	土种 Soil species	土层码 Layer code	土层厚度 Depth/cm	颜色 Soil color	质地 Soil texture	土壤结构 Soil structure	pH	有机质 OM/(g/kg)	全氮 TN/(g/kg)	全磷 TP/(g/kg)	碱解氮 AN/(mg/kg)	有效磷 AP/(mg/kg)	速效钾 AK/(mg/kg)	阳离子交换量CEC/(cmol/kg)	土壤母质 Parent material	剖面点坐标 Profile coordinate	匹配指数 Matching index,%
剖29	人为土	水稻土	紫色土性水稻土	灰棕紫色水稻土	大眼泥田	1	0~24	灰棕紫色	中壤土	碎块状	7.3	14.6	0.51	1.53	38	12.0	82	34.7	砂岩、泥岩风化物	E 106°33′47.9″ N 31°04′22.8″	89
						2	24~34	棕紫色	重壤土	块状	7.5	10.9	0.51	0.92							
						3	34~100	棕紫色	轻壤土	大棱柱状	7.4	6.8	0.23	0.12							
剖30	人为土	水稻土	潮土性水稻土	紫色潮土田	潮砂田	1	0~20	棕紫色	轻壤土	粒状	7.3	12.0	0.88	0.98	68	3.0	61	31.9	第四纪紫色冲积物	E 106°37′22.1″ N 31°04′21.4″	93
						2	20~32	棕紫色	轻壤土	小块状	7.5	8.7	0.65	0.89							
						3	32~70	棕紫色	中壤土	棱块状	7.8	4.2	0.36	0.54							
						4	70~100	红棕紫色	重壤土	棱块状	7.7	4.0	0.42	0.46							
剖31	初育土	紫色土	中性紫色土	灰棕紫泥土	砂土	1	0~23	红棕紫色	轻石砂壤土	粒状	6.9	6.9	0.46	1.40	63	7.0	69	17.8	泥岩、砂岩风化物	E 106°42′25.9″ N 31°04′16.0″	95
						2	23~40	灰棕紫色	轻石砂壤土	小块状	7.0	4.6	0.30	1.11							
						3	40~														
剖32	人为土	水稻土	紫色土性水稻土	灰棕紫色水稻土	深脚烂泥田	1	0~28	暗灰棕色	中壤土	微粒状	7.5	24.7	1.28	1.05	81	2.0	64	24.5	砂岩、泥岩风化物	E 106°43′14.2″ N 31°03′06.5″	94
						2	28~53	青灰色	中壤土	整体状	7.5	24.3	1.21	0.95							
						3	53~100	暗灰棕色	中壤土	大棱柱状	7.6	23.8	1.21	0.92							
剖33	人为土	水稻土	紫色土性水稻土	红棕紫色水稻土	红砂大土泥田	1	0~20	红棕紫色	重壤土	扁平块状	7.0	22.2	1.20	1.24	86	4.0	61	14.7	厚泥岩夹薄层砂岩风化物	E 106°31′14.1″ N 31°02′59.9″	93
						2	20~28	红棕紫色	重壤土	扁平块状	7.2	19.9	1.19	1.19							
						3	28~90	红棕紫色	重壤土	大棱柱状	7.3	21.7	1.19	1.14							
剖34	人为土	水稻土	紫色土性水稻土	灰棕紫色水稻土	油ற田	1	0~20	灰棕紫色	轻壤土	粒状	7.2	8.5	0.59	0.80	68	27.0	87	20.7	砂岩、泥岩风化物	E 106°53′41.3″ N 31°09′52.6″	78
						2	20~28	棕紫色	轻壤土	板状	7.2	6.7	0.45	0.80							
						3	28~72	棕紫色	中壤土	棱块状	7.3	3.1	0.33	1.03							
剖35	初育土	石灰性紫色土	红棕紫泥土	红石骨子土	1	0~15	红棕紫色	中石轻壤土	棱柱状	8.2	2.3	0.41	1.17	32	4.0	47	19.5		E 106°51′05.4″ N 31°09′32.4″	80
						2	15~	红棕紫色													
剖36	初育土	中性紫色土	灰棕紫泥土	油石骨子土	1	0~17	灰棕紫色	中石轻壤土	粒状	7.4	6.3	0.66	1.50	52	8.0	121	16.9		E 106°54′30.7″ N 31°09′31.6″	90
						2	17~														
剖37	人为土	水稻土	紫色土性水稻土	灰棕紫色水稻土	白鳝泥田	1	0~12	黄棕色	轻黏土	碎块状	7.1	3.8	0.36	1.86	24	6.0	49	24.2	砂岩、泥岩风化物	E 106°55′24.6″ N 31°09′20.2″	73
						2	12~72	灰棕紫色	轻黏土	棱柱状	7.3	2.3	0.37	1.14							
						3	72~100	棕紫色	中壤土	无明显结构	7.4	1.4	0.32	1.75							
剖38	人为土	水稻土	紫色土性水稻土	棕紫色水稻土	深脚烂泥田	1	0~20	灰棕色	重壤土	整体状	7.1	20.6	1.26	0.70	78	10.0	106	18.2	厚泥岩夹薄层砂岩风化物	E 106°51′33.1″ N 31°07′31.4″	70
						2	20~90	蓝棕紫色	重壤土	扁平块状	7.3	19.4	1.13	0.68							
剖39	人为土	水稻土	紫色土性水稻土	红棕紫色水稻土	冷水田	1	0~15	暗棕紫色	重壤土	微平块状	7.7	18.1	1.00	1.33	65	12.0	77	12.8	厚泥岩夹薄层砂岩风化物	E 106°50′58.2″ N 31°05′58.6″	92
						2	15~23	红棕紫色	重壤土	扁平块状	7.6	17.5	0.96	1.25							
						3	23~100	红棕紫色	重壤土	棱柱状	7.6	16.2	0.79	1.14							
剖40	人为土	水稻土	紫色土性水稻土	红棕紫色水稻土	深脚烂泥田	1	0~27	灰紫色	轻黏土	微粒状	7.1	31.2	2.09	0.98	123	6.0	125	18.3	厚泥岩夹薄层砂岩风化物	E 106°47′17.5″ N 31°04′44.8″	93
						2	27~67	青灰色	轻黏土	整体状	7.4	28.0	1.99	1.00							
						3	67~100	暗棕紫色	中壤土	大棱柱状	7.6	7.3	0.51	0.78							
剖41	人为土	水稻土	紫色土性水稻土	棕紫色水稻土	黄泥夹砂田	1	0~18	黄棕紫色	中壤土	粒状	5.6	10.1	0.48	0.80	58	30.0	61	21.8	砂岩、泥岩风化物	E 106°46′59.9″ N 31°02′09.2″	71
						2	18~28	黄棕紫色	轻壤土	块状	7.0	7.8	0.39	0.76							
						3	28~75	黄黄紫色	轻壤土	棱柱状	5.3	13.0	0.65	0.85							
剖42	人为土	水稻土	紫色土性水稻土	红棕紫色水稻土	死黄泥田	1	0~20	棕紫色	轻黏土	粒状	6.9	14.5	0.83	0.62	76	2.0	91	23.2	厚泥岩夹薄层砂岩风化物	E 106°43′30.0″ N 30°59′07.4″	82
						2	20~31	浅黄棕色	轻黏土	扁平块状	7.0	9.2	0.72	0.47							
						3	31~70	黄棕紫色	轻壤土	大棱柱状	7.2	2.6	0.39	0.37							
						4	70~100	黄棕紫色	轻壤土	大棱柱状	7.3	3.0	0.35	0.25							
剖43	人为土	水稻土	紫色土性水稻土	棕紫色水稻土	黄泥田	1	0~18	黄棕色	重壤土	微粒状	6.1	9.6	0.57	0.35	56	3.0	73	20.3	厚泥岩夹薄层砂岩风化物	E 106°35′07.9″ N 30°57′30.8″	92
						2	18~30	黄棕色	重壤土	块状	6.6	8.7	0.53	0.33							
						3	30~100	棕色	重壤土	扁平块状	6.4	1.2	0.19	0.14							

蓬 安 县

主要土类说明

紫色土是蓬安县的主要土壤类型，占本县地域面积的60%。紫色土是由热带、亚热带紫红色岩层直接风化形成的A-C型土壤。成土过程以物理风化为主，化学风化弱，保存了母质特点；发育不深，矿质养分含量丰富，碳酸盐含量高，土壤多呈中性至微碱性，一般pH在6.5—8.5；土壤有机质累积少，腐殖质含量低。

水稻土是蓬安县第二大土壤类型，占本县地域面积的33%。水稻土是在长期季节性淹灌、水下翻耕、季节性脱水、氧化还原交替影响下，原来成土母质或母土的特性发生重大改变，形成的新的土壤类型。由于干湿交替，水稻土形成糊状淹育层、较坚实板结的犁底层、渗育层、潴育层与潜育层等多种发生层。在相同气候条件下，水稻土的形成和分布规律主要受地形、水文和土壤母质以及人为耕作的影响，产生不同的特性而分布在不同的地形部位上。地形直接影响地面水和地下水的流动与潴积，是水稻土形成最重要的影响因素之一。本县的紫色土性水稻土地区，正冲沟中往往水分潴积，难于排除，形成深脚烂泥田、冷浸田；而两塝地势较平缓处，能排能灌，多形成大眼泥田、红沙大泥田、粗沙大泥田；靠丘脚的支沟和两塝高处，土壤发育较浅，又受冲刷影响，泥沙进田，形成石骨子沙田，难于保水保肥的"望天田"大多是旱地土壤经水耕熟化后形成的，也受母质特性的影响。在紫色母质地区，分布着紫色土性水稻土；在老冲积母质地区，分布着黄壤性水稻土。

小于本县地域面积3%的土壤类型还有黄壤、潮土等。

本区域中心区气候特征

本区域中心区气候特征值
Regional climate characteristics in central area of the region

气候带：中亚热带湿润气候 Climate region: Subtropical humid climate	
年平均气温 /℃ Annual average temperature /℃	16.8
年平均最高气温 /℃ Annual average maximum temperature /℃	20.8
年平均最低气温 /℃ Annual average minimum temperature /℃	13.8
年降水量 /mm Annual precipitation /mm	998
≥10℃的积温 /℃ Daily temperature accumulated in a year（≥10℃）/℃	6029
年日照时数 /h Annual sunshine /h	1193
年平均相对湿度 /% Annual average relative humidity /%	79
干燥度 Dryness	1.09

本区域中心区月平均气温与月平均降水量
Monthly temperature and precipitation in central area of the region

蓬安县主要土壤类型与土壤剖面点分布图

1 : 220 000

图例
- 紫色土
- 水稻土
- 黄壤
- 潮土
- ⊗ 剖面点

蓬安县土壤剖面理化性状表

剖面号 Soil profile	土纲 Soil order	土类 Soil great group	亚类 Soil subgroup	土属 Soil genus	土种 Soil species	土层码 Layer code	土层厚度 Depth/cm	颜色 Soil color	质地 Soil texture	土壤结构 Soil structure	pH	有机质 OM/(g/kg)	全氮 TN/(g/kg)	全磷 TP/(g/kg)	碱解氮 AN/(mg/kg)	有效磷 AP/(mg/kg)	速效钾 AK/(mg/kg)	阳离子交换量 CEC/(cmol/kg)	土壤母质 Parent material	剖面点坐标 Profile coordinate	匹配指数 Matching index/%
剖1	人为土	水稻土	紫色土性水稻土	棕紫色水稻土	棕紫冷烂田	1	0—23	棕紫色	中壤土	粒状	7.8	28.0	1.47	0.40	120	3.5	53	27.0	灰紫色、灰白色长石砂岩	E 106°28′10.9″ N 31°14′39.8″	93
						2	23—64	浅棕灰色	中壤土	整体状	7.8	24.4	1.28	0.29				25.5			
						3	64—105	浅棕灰色	中壤土	大棱柱状	8.1	17.1	0.91	0.25				20.0			
剖2	铁铝土	黄壤	黄壤	老冲积黄泥土	卵石黄泥田	1	0—18	灰黄色	重砾轻壤土	粒状	6.2	9.5	0.71	0.30	60	3.5	46	10.5	第四纪冰水沉积物	E 106°17′11.4″ N 31°12′15.5″	72
						2	18—38	浅棕黄色	轻砾轻黏土	小块状	7.5	0.8	0.20	0.10				8.7			
剖3	人为土	水稻土	紫色土性水稻土	灰棕紫色水稻土	灰棕冷烂田	1	0—17	青灰色	重壤土	整体状	7.9	20.4	0.92	0.38	62	2.4	113		灰棕紫色砂泥岩	E 106°25′53.4″ N 31°11′58.9″	90
						2	17—94	灰棕紫色	重壤土	整体状	7.6	14.6	0.84	0.31							
						3	94—123	灰棕紫色	轻黏轻黏土	大棱柱状	7.4	12.0	0.74	0.30							
剖4	人为土	水稻土	紫色土性水稻土	灰棕紫色水稻土	大眼泥田	1	0—14	灰棕紫色	重壤土		7.9	29.7	1.71	0.71	98	7.4	131	29.1	灰棕紫色砂泥岩	E 106°24′38.5″ N 31°10′56.6″	70
						2	14—31	灰棕紫色	重壤土		7.9	28.6	1.48	0.68				27.7			
						3	31—132		重壤土	大棱柱状	7.9	27.4	1.48	0.64				31.1			
剖5	初育土	紫色土	石灰性紫色土	棕紫泥土	夹砂土	1	0—16	棕紫色	中壤土	粒状	8.0	8.6	0.64	0.60	42	5.2	91	23.4	灰紫色、灰白色长石砂岩	E 106°20′25.4″ N 31°10′43.3″	96
						2	16—45	棕紫色	重壤土	小块状	7.9	4.4	0.62	0.17				25.4			
						3	45—70	棕紫色	轻砾重壤土	小块状	7.8	2.9	0.59	0.17				29.1			
剖6	人为土	水稻土	黄壤性水稻土	老冲积黄泥田	白鳝泥田	1	0—12	灰黄色	重壤土	粒状	6.2	14.4	0.87	0.31	90	8.3	102	6.9	第四纪冰水沉积物	E 106°14′46.0″ N 31°07′45.5″	70
						2	12—29	白黄色	重壤土	大棱柱状	7.1	13.4	0.86	0.29				7.8			
						3	29—130		重壤土	小棱块状	6.5	1.7	0.35	0.19				12.9			
剖7	人为土	水稻土	紫色土性水稻土	棕紫色水稻土	粗砂大泥田	1	0—15	棕紫色	重壤土	粒状	8.2	28.2	1.61	0.59	108	7.9	53	25.5	灰紫色、灰白色长石砂岩	E 106°11′50.3″ N 31°05′31.4″	72
						2	15—85	棕紫色	重壤土	大棱柱状	8.1	21.8	1.42	0.45				26.2			
剖8	人为土	水稻土	紫色土性水稻土	红棕紫色水稻土	红棕冷烂田	1	0—20	红棕紫色	轻粘轻黏土	整体状	7.7	33.5	1.89	0.54	111	6.1	88	21.4	红棕紫色厚泥岩坡积物	E 106°22′08.8″ N 31°09′58.7″	92
						2	20—85	红棕紫色	轻粘轻黏土	整体状	7.6	28.7	1.84	0.32				20.3			
						3	85—	红棕紫色	重壤土	整体状	7.2	5.3	0.54	0.17				18.3			
剖9	人为土	水稻土	紫色土性水稻土	棕紫色水稻土	夹砂田	1	0—15	棕紫色	重壤土	粒状	8.0	13.1	0.96	0.60	66	7.9	97	23.4	灰紫色、灰白色长石砂岩	E 106°21′36.7″ N 31°09′23.0″	98
						2	15—45	棕紫色	重壤土	大棱柱状	8.1	6.3	0.59	0.55				29.3			
						3	45—69	棕紫色	中壤土	棱柱状	8.2	4.1	0.50	0.38				29.2			
剖10	人为土	水稻土	黄壤性水稻土	老冲积黄泥田	黄砂泥田	1	0—15	黄色	重壤土	粒状	5.0	14.9	1.04	0.31	89	5.7	94	16.9	第四纪冰水沉积物	E 106°18′26.1″ N 31°09′22.3″	85
						2	15—45	黄色	重壤土	大棱柱状	5.6	9.0	0.73	0.22				14.5			
						3	45—100	黄色	重壤土	小块状	5.6	6.2	0.60	0.31				14.9			
剖11	人为土	水稻土	潮土性水稻土	灰潮水稻土	潮泥田	1	0—16	浅灰棕色	重黏土	粒状	7.5	19.2	1.30	0.56	94	11.4	71	15.9	近代河流冲积物	E 106°19′04.4″ N 31°09′17.6″	81
						2	16—54	灰棕黄色	重黏土	小块状	7.9	16.7	1.28	0.54				15.8			
						3	54—150	浅灰棕色	重壤土	小块状	8.1	4.6	0.64	0.37				15.8			
剖12	人为土	水稻土	紫色土性水稻土	老冲积黄泥田	小土黄泥田	1	0—15	浅黄色	重黏土	粒状	5.1	20.7	1.32	0.32	124	5.2	106	20.9	第四纪冰水沉积物	E 106°15′15.6″ N 31°08′40.2″	92
						2	15—52	黄色	重黏土	粒状	5.3	17.5	1.14	0.25				15.9			
						3	52—124	浅灰棕色	轻壤土	粒状	5.6	5.1	0.43	0.20				12.6			
剖13	铁铝土	黄壤	黄壤	老冲积黄泥土	死黄泥土	1	0—16	灰黄色	砂壤土	块状	5.4	8.9	0.74	0.29	57	2.6	87	14.6	第四纪冰水沉积物	E 106°18′21.8″ N 31°08′35.5″	73
						2	19—38	浅灰棕色	轻壤土	整体状	7.1	0.4	0.36	0.20				11.7			
						3	38—120	浅灰棕色	轻壤土	粒状	6.1	0.3	0.28	0.17				11.0			
剖14	人为土	水稻土	潮土性水稻土	灰潮水稻土	潮砂田	1	0—19	灰灰棕色	砂壤土	粒状	6.8	7.9	0.51	0.72	43	15.7	36	5.2	近代河流冲积物	E 106°19′49.3″ N 31°08′27.2″	72
						2	19—36	浅灰棕色	中壤土	棱柱状	6.3	5.4	0.43	0.73				6.9			
						3	36—110	浅灰褐色	中壤土	小块状	8.2	4.9	0.46	0.81				12.7			
剖15	人为土	水稻土	紫色土性水稻土	棕紫色水稻土	粗砂田	1	0—16	棕紫色	轻壤土	大棱柱状	8.1	8.3	0.59	0.45	51	8.7	66	19.5	灰紫色、灰白色长石砂岩	E 106°21′52.9″ N 31°07′21.7″	73
						2	16—52	棕紫色	中壤土	粒状	8.0	4.0	0.36	0.25				16.0			
						3	52—109	浅棕紫色	中壤土	小块状	7.9	4.4	0.41	0.27				16.7			

续表 Continued

剖面号 Soil profile	土纲 Soil order	土类 Soil great group	亚类 Soil subgroup	土属 Soil genus	土种 Soil species	土层码 Layer code	土层厚度 Depth/cm	颜色 Soil color	质地 Soil texture	土壤结构 Soil structure	pH	有机质 OM/(g/kg)	全氮 TN/(g/kg)	全磷 TP/(g/kg)	碱解氮 AN/(mg/kg)	有效磷 AP/(mg/kg)	速效钾 AK/(mg/kg)	阳离子交换量CEC/(cmol/kg)	土壤母质 Parent material	剖面点坐标 Profile coordinate	匹配指数 Matching index/%
剖16	初育土	紫色土	石灰性紫色土	棕紫泥土	粗石骨土	1	0—23	棕紫色	中壤土	粒状	8.5	4.4	0.34	0.56	22	3.1	55	22.7	灰紫色、灰白色长石砂岩	E 106°16′37.6″ N 31°06′21.2″	83
剖17	初育土	紫色土	石灰性紫色土	棕紫泥土	粗砂大土	D	23—														75
						1	0—18	浅棕紫色	中壤土	粒状	8.1	10.0	0.75	0.52	68	3.3	76	19.4	灰紫色、灰白色长石砂岩	E 106°15′06.1″ N 31°06′05.8″	
						2	18—45	棕紫色	重壤土	小块状	7.9	4.4	0.58	0.42				24.1			
						3	45—110	棕紫色	重壤土	小块状	7.8	2.9	0.39	0.21				24.5			
剖18	人为土	水稻土	紫色土性水稻土	砂黄泥土	黄砂田	1	0—12	棕黄色	轻壤土	粒状	5.7	10.4	0.67	0.20	77	4.8	113	19.6	灰紫色、灰白色长石砂岩	E 106°26′56.1″ N 31°03′46.6″	94
						2	12—80	浅黄色	重壤土	大棱柱状	5.8	8.4	0.59	0.18				18.5			
剖19	铁铝土	黄壤	黄壤	砂黄泥土	黄砂土	1	0—16	浅黄色	重壤土	小块柱状	6.4	4.8	0.34	0.13	41	1.3	91	10.0	黄色砂岩	E 106°18′34.2″ N 31°03′45.7″	85
						2	16—52	棕黄色	轻壤土	小块状	6.7	2.2	0.24	0.10				10.7			
						D	52—														
剖20	初育土	紫色土	石灰性紫色土	棕紫色水稻土	砂土	1	0—19	棕紫色	轻壤土	粒状	8.2	4.4	0.46	0.60	36	3.3	51	19.9	灰白色、灰紫色长石砂岩	E 106°24′59.0″ N 31°03′26.3″	99
						2	19—48	棕紫色	轻壤中壤土	小块状	8.0	3.0	0.41	0.55				19.4			
						D	48—														
剖21	初育土	紫色土	紫色土性水稻土	棕紫色水稻田	棕紫冷烂田	1	0—20	棕紫色	重壤土	整体状	7.9	29.5	1.73	0.47	116	2.8	88	13.1	灰白色、灰紫色长石砂岩	E 106°15′18.0″ N 31°02′40.6″	99
						2	20—85	浅棕紫色	重壤土	粒状	7.9	27.9	1.50	0.49				14.0			
剖22	人为土	水稻土	潮土性水稻土	紫潮水稻土	紫潮砂田	1	0—18	黑灰色	中壤土	柱状	8.1	11.1	0.76	0.37	60	5.5	48	13.1	紫色冲积物	E 106°25′58.1″ N 31°01′44.8″	94
						2	18—50	浅棕紫色	中壤土	小块状	8.2	4.5	0.37	0.29				14.0			
						3	50—105	红棕紫色	重壤土	粒状	8.3	2.9	0.35	0.19				15.1			
剖23	铁铝土	黄壤	黄壤	老冲积黄泥土	黄砂泥土	1	0—18	灰棕色	中壤土	粒状	6.1	7.2	0.38	0.29	62	5.7	111	12.8	第四纪冰水沉积物	E 106°18′45.7″ N 31°00′43.2″	75
						2	22—48	浅灰棕色	中壤土	小块状	5.6	1.8	0.37	0.16				14.5			
						3	48—100	浅灰棕色	中壤土	小块状	5.6	0.7	0.34	0.15				12.8			
剖24	人为土	水稻土	潮土性水稻土	紫潮水稻土	紫潮泥田	1	0—19	浅灰棕色	中壤土	棱柱状	8.0	10.1	0.67	0.37	51	7.7	28		紫色冲积物	E 106°28′02.3″ N 30°59′57.8″	72
						2	19—60	浅灰棕色	中壤土	小棱柱状	8.0	9.6	0.66	0.36							
						3	60—105	灰棕色	中壤土	粒体状	8.1	7.7	0.61	0.35							
剖25	人为土	水稻土	黄壤土性水稻土	老冲积黄泥田	死黄田	1	0—18	浅棕黄色	重壤土	粒状	6.9	10.4	0.75	0.31	68	4.4	74	18.6	第四纪冰水沉积物	E 106°17′38.0″ N 30°59′51.7″	80
						2	18—34	浅灰棕色	重壤土	大棱柱状	5.8	9.3	0.72	0.27				14.4			
						3	34—116	黄色	重黏土	小块状	5.7	0.9	0.24	0.32				15.2			
剖26	人为土	水稻土	潮土性水稻土	灰潮水稻土	潮泥田	1	0—22	灰棕色	重壤土	柱状	6.4	20.5	1.30	0.84	101	15.5	64		近代河流冲积物	E 106°20′50.6″ N 30°59′29.0″	100
						2	22—48	浅灰棕色	中砾重黏土	柱状	7.4	11.0	0.86	0.76							
						3	48—105	浅灰棕色	重壤土	小块状	6.8	6.6	0.63	0.49							
剖27	人为土	水稻土	黄壤土性水稻土	老冲积黄泥田	卵石黄泥田	1	0—17	褐棕黄色	轻壤土	大棱柱状	6.2	12.3	0.88	0.41	74	5.2	61	11.8	第四纪冰水沉积物	E 106°17′10.9″ N 30°59′14.3″	85
						2	17—40	浅灰棕色	重壤土	小块状	6.3	8.9	0.72	0.34				11.1			
						3	40—115	浅灰黄色	重壤土	大棱柱状	6.2	7.0	0.62	0.32				10.9			
剖28	人为土	水稻土	潮土性水稻土	紫潮水稻土	紫潮黄泥田	1	0—17	灰灰黄色	重壤土	粒状	5.6	13.2	0.78	0.24	61	3.9	33	18.4	紫色冲积物	E 106°25′58.8″ N 30°57′33.8″	97
						2	17—42	浅灰棕色	重壤土	大棱柱状	5.8	9.6	0.74	0.22				17.5			
						3	42—110	棕紫色	中壤土	小块状	7.1	1.0	0.40	0.16				23.3			
剖29	人为土	水稻土	潮土性水稻土	紫潮水稻土	紫潮泥田	1	0—17	灰棕紫色	重壤土	大棱柱状	6.5	19.6	0.99	0.33	91	8.0	91	17.5	紫色冲积物	E 106°20′46.0″ N 30°57′27.4″	89
						2	17—51	棕紫色	中壤土	粒状	7.5	12.1	0.85	0.30				13.5			
						3	51—95	棕紫色	重壤土	大棱柱状	7.3	2.8	0.38	0.23				15.6			
剖30	初育土	紫色土	石灰性紫色土	红棕紫泥土	红砂大泥土	1	0—22	红棕紫色	重壤土	粒状	7.9	10.6	0.89	0.71	48	5.2	100	29.0	红棕紫色厚泥坡积物	E 106°22′29.2″ N 30°54′28.3″	91
						2	22—73	红棕紫色	重壤土	小块状	7.9	9.5	0.82	0.69				28.7			
						3	73—105	红棕紫色	重壤土	小块状	7.8	7.6	0.72	0.66				28.2			
剖31	人为土	水稻土	紫色土性水稻土	灰棕紫色水稻土	半砂半泥田	1	0—20	灰棕紫色	重壤土	粒状	7.9	13.9	0.92	0.68	52	13.5	75	23.5	灰棕紫色砂泥岩	E 106°25′08.0″ N 30°53′10.7″	96
						2	20—54	灰棕紫色	重壤土	粒状	8.1	9.6	0.75	0.65				23.7			
						3	54—115	灰棕紫色	重壤土	小棱柱状	8.0	7.5	0.61	0.50				23.6			

续表 Continued

剖面号 Soil profile	土纲 Soil order	亚类 Soil subgroup	土属 Soil genus	土种 Soil species	土层码 Layer code	土层厚度 Depth/cm	颜色 Soil color	质地 Soil texture	土壤结构 Soil structure	pH	有机质 OM/(g/kg)	全氮 TN/(g/kg)	全磷 TP/(g/kg)	碱解氮 AN/(mg/kg)	有效磷 AP/(mg/kg)	速效钾 AK/(mg/kg)	阳离子交换量 CEC/(cmol/kg)	土壤母质 Parent material	剖面点坐标 Profile coordinate	匹配指数 Matching index/%
剖32	初育土	石灰性紫色土	红棕紫泥土	红石骨砂土	1	0—21	红棕紫色	中壤重黏土	粒状	8.1	7.8	0.78	0.57	36	1.7	52	27.6	红棕紫色厚泥岩坡积物	E 106°21′40.9″ N 30°53′07.0″	97
剖33	人为土	紫色土性水稻土	灰棕紫色水稻土	灰棕冷烂田	2	21—55	红棕紫色	轻砾重壤土	小块状	8.0	7.3	0.70	0.57				25.2	灰棕紫色砂泥岩	E 106°26′07.8″ N 30°51′09.4″	77
					D	55—	红棕紫色													
剖34	初育土	中性紫色土	灰棕紫色水稻土	油砂土	1	0—21	灰棕紫色	重壤土	粒状	7.6	36.2	1.63	0.36	103	12.7	71	24.1		E 106°27′46.4″ N 30°50′13.2″	99
					2	21—65	青灰色	重壤土	整体状	7.7	31.2	1.42	0.28				18.0			
					3	65—110	灰色	重壤土	整体状	7.9	22.3	0.96	0.21				17.2			
剖35	人为土	紫色土性水稻土	棕紫色水稻土	黄泥田	1	0—21	浅黄色	轻壤土	粒状	8.0	2.6	0.19	0.48	42	2.1	23		灰棕紫色砂泥岩	E 106°33′25.2″ N 30°59′45.6″	86
					2	21—55	紫棕黄色	轻壤土	整体状	7.9	2.0	0.25	0.46							
					D	55—														
剖36	初育土	石灰性紫色土	红棕紫色水稻土	紫潮砂土	1	0—13	紫黄棕色	重壤土	粒状	7.2	11.0	0.84	0.32	68	4.4	71	17.5	灰紫色、灰白色长石砂岩	E 106°31′33.6″ N 30°56′42.0″	82
					2	13—46	紫黄棕色	重壤土	大棱柱状	7.9	8.4	0.71	0.23				17.7			
					3	46—95	紫黄棕色	中壤土	大棱柱状	7.6	6.7	0.28	0.10				19.1			
剖37	人为土	紫色土性水稻土	红棕紫色水稻土	紫泥土	1	0—18	红棕紫色	重壤土	粒状	8.1	7.8	0.62	0.28	38	1.7	44	18.5	红棕紫色厚泥岩坡积物	E 106°31′41.9″ N 30°54′37.8″	75
					2	18—61	红棕紫色	重壤土	小块状	7.6	2.4	0.36	0.10				15.2			
					3	61—105	灰白黄色	重壤土	整体状	7.3	1.2	0.33	0.10				15.5			
剖38	初育土	石灰性紫色土	红棕紫色水稻土	红砂大泥田	1	0—18	暗紫色	重壤土	粒状	8.0	18.0	0.82	0.63	79	4.4	45	25.6	红棕紫色厚泥岩坡积物	E 106°37′01.2″ N 30°54′18.0″	98
					2	18—97	红棕紫色	重壤土	大棱柱状	8.2	7.4	0.58	0.63				25.3			
					3	97—143	红棕紫色	重壤土	大棱柱状	8.2	8.8	0.52	0.60				28.4			
剖39	半水成土	潮土	紫潮土	红石骨砂土	1	0—20	棕紫色	轻壤重黏土	粒状	8.1	8.8	0.72	0.69	38	5.2	59	25.4	紫色冲积物	E 106°37′13.4″ N 30°53′38.0″	83
					2	20—50	棕紫色	重壤土	大棱柱状	8.3	6.2	0.60	0.63				27.5			
					3	50—110	棕紫色	重壤土	小棱块状	8.4	3.8	0.52	0.63				29.6			
剖40	人为土	紫色土性水稻土	红棕紫色水稻土	紫黄泥田	1	0—19	棕黄色	中壤土	粒状	8.4	5.2	0.47	0.45	29	2.2	18	21.0	红棕紫色厚泥岩坡积物	E 106°37′58.8″ N 30°53′00.6″	86
					2	19—52	黄色	中壤土	大棱柱状	8.4	1.7	0.26	0.28				16.8			
					3	52—92	浅灰棕色	重壤土	小棱块状	8.4	1.7	0.23	0.25				13.5			
剖41	初育土	中性紫色土	灰棕紫色水稻土	大眼泥土	1	0—19	灰棕紫色	重壤土	整体状	6.9	12.6	0.87	0.24	66	1.7	53	16.8	红棕紫色厚泥岩坡积物	E 106°31′25.7″ N 30°52′48.0″	89
					2	19—27	灰棕紫色	重壤土	小块状	6.8	7.3	0.69	0.20				17.2			
					3	27—118	灰棕紫色	重壤土	小块状	7.5	5.2	0.58	0.25				17.9			
剖42	人为土	紫色土性水稻土	灰棕紫色水稻土	黄夹泥田	1	0—22	黄色	重壤土	粒状	7.6	12.3	0.85	0.71	48	3.9	62	25.8	灰棕紫色砂泥岩	E 106°39′16.2″ N 30°51′16.2″	84
					2	22—47	棕黄色	轻壤土	整体状	7.7	11.2	0.76	0.69				24.8			
					3	47—105	灰棕紫色	重壤土	整体状	8.1	3.7	0.42	0.61				24.4			
剖43	铁铝土	黄壤	砂黄泥土	黄夹泥土	1	0—13	黄色	轻壤土	小棱块状	5.8	14.1	0.91	0.22	63	3.1	90	25.3	泥岩	E 106°35′13.6″ N 30°51′12.6″	93
					2	13—40	棕黄色	重壤土	大棱块状	5.8	12.7	0.87	0.20				26.2			
					3	40—95	黄色	重壤土	小块状	6.1	5.9	0.51	0.16				21.6			
剖44	初育土	中性紫色土	灰棕紫泥土	油砂土	1	0—20	灰棕紫色	轻壤土	小块状	6.1	13.4	0.95	0.27	46	5.0	88	22.6	灰棕棕紫色砂泥岩	E 106°31′21.7″ N 30°51′10.1″	79
					2	20—35	灰棕紫色	轻壤土	小块状	5.4	12.0	0.82	0.21				21.5			
					D	35—	灰棕紫色	重壤土		6.7	0.8	0.20	0.08				12.1			
剖45	初育土	中性紫色土	灰棕紫泥土	黄泥土	1	0—17	浅紫黄色	重壤土	粒状	7.1	2.7	0.53	0.34	42	2.6	41	16.2	灰棕紫色砂泥岩	E 106°31′32.2″ N 30°50′26.9″	87
					2	17—34	紫黄色	轻壤土	块状	5.6	9.4	0.54	0.20	44	2.6	53	21.6			
					3	34—68	黄色	轻壤土	棱柱状	5.3	6.4	0.45	0.20				22.8			
										6.5	5.8	0.45	0.20				30.8			
																	36.1			
剖46	初育土	中性紫色土	灰棕紫泥土	半砂半泥土	1	0—19	浅灰棕色	中壤土	粒状	8.0	6.9	0.57	0.65	36	2.6	40	22.4	灰棕紫色砂泥岩	E 106°28′03.4″ N 30°49′30.7″	85
					2	19—58	浅紫棕色	轻砾中黏土	粒状	8.1	6.4	0.53	0.63				21.7			
剖47	初育土	中性紫色土	灰棕紫泥土	石骨子土	1	0—18	浅紫棕色	中壤土	粒状	8.4	3.7	0.27	0.69	19	7.9	55	19.4	灰棕紫色砂泥岩	E 106°29′13.2″ N 30°49′15.2″	81
					D	18—														

续表 Continued

剖面号 Soil profile	土纲 Soil order	土类 Soil great group	亚类 Soil subgroup	土属 Soil genus	土种 Soil species	土层码 Layer code	土层厚度 Depth/cm	颜色 Soil color	质地 Soil texture	土壤结构 Soil structure	pH	有机质 OM/(g/kg)	全氮 TN/(g/kg)	全磷 TP/(g/kg)	碱解氮 AN/(mg/kg)	有效磷 AP/(mg/kg)	速效钾 AK/(mg/kg)	阳离子交换量CEC/(cmol/kg)	土壤母质 Parent material	剖面点坐标 Profile coordinate	匹配指数 Matching index/%
剖48	人为土	水稻土	紫色土性水稻土	灰棕紫色水稻土	半砂半泥田	1	0—16	浅棕黄色	中壤土	粒状	6.5	7.7	0.53	0.30	29	3.3	35		灰棕紫色砂泥岩	E 106°30′59.0″ N 30°49′54.1″	74
						2	16—54	紫棕黄色	中壤土	小棱柱状	6.9	5.5	0.42	0.25							
						D	54—														
剖49	初育土	紫色土	石灰性紫色土	红棕紫泥土	红石骨土	1	0—22	红棕紫色	重壤土	粒状	8.4	2.5	0.39	0.57	12	1.7	56	21.7	红棕紫色厚泥岩坡积物	E 106°31′07.0″ N 30°47′36.2″	81
						D	22—														
剖50	人为土	水稻土	紫色土性水稻土	红棕紫色水稻土	红棕冷烂田	1	0—23	浅红棕紫色	重壤土	粒状	7.7	18.5	1.41	0.59	66	3.4	61		红棕紫色厚泥岩坡积物	E 106°31′31.4″ N 30°47′30.1″	95
						2	23—53	灰棕紫色	轻砾轻黏土	整体状	7.7	15.8	1.01	0.59							
						3	53—105	紫灰色	轻砾重壤土	大棱柱状	7.8	15.8	0.94	0.55							

仪 陇 县

主要土类说明

紫色土是仪陇县的主要土壤类型，占本县地域面积的58%，遍及全县各地。紫色土的形成具有以下特点：成土母质特殊。紫色土是由紫色岩石发育形成的一类农业土壤，母岩对土壤的形成有深刻的影响。紫色岩石的共同特征是矿物成分复杂，以正长石、斜长石、黑云母、角闪石、磷灰石等为主，胶结物多为碳酸盐及少量铁质，故养分含量丰富，是良好的成土母质。紫色母岩很容易风化，特别是处于高温高湿气候条件下，风化作用强烈，生物活动旺盛，成土作用快，岩石颗粒迅速变细。紫色母岩虽然易风化，但风化程度不深，这是由于岩石富含碳酸钙的结果，使矿物风化停留在富钙阶段。同时，紫色土分布在丘陵、低山地区，坡度较大，水土流失严重，上层土壤被冲刷流失后，下面岩石又不断风化成土，所以发育程度很轻，很多理化特性与母质相似，即土壤的发育停留在岩石刚风化成土的幼年阶段。紫色土富含磷、钾、钙、镁等矿质养分，并含有一定的锰、硼、钼等微量元素，吸收性能好，养分补充快，结构较好，水气状况一般较适宜，大多容易耕作，宜种范围广，肥力水平普遍高于当地黄壤。紫色土水平分布与紫色母质的分布规律一致，西南边的中丘中谷地带，主要分布红棕紫泥土属；东部及中部主要分布棕紫泥土属；北边低山中谷区主要是黄红紫泥土属。土种的分布表现出垂直规律性，不同土属的相似土壤类型分布为：坡腰上部及山、丘顶部为石骨子土和沙土，坡腰中部为夹沙土、石骨子夹沙土或夹沙泥土，坡脚为质地较黏的大泥土，宽台地上渍水难排的地方多为黄泥土。

水稻土是仪陇县第二大土壤类型，占本县地域面积的41%，分布广泛，主要分布于平坝、沟谷和宽塝上，部分山顶低洼地带也有少量分布。水稻土是在适应水稻生长的条件下，经长期水耕熟化而成的一种特殊性质的土壤。由于长期淹水或季节性淹水，使土壤水肥气热等肥力条件都发生了深刻变化，其特性与旱作土截然不同。水稻土与其他土类相比，具有土层深厚、保水保肥力较强、有机质含量较高、土温稳定、作物单产量高等特点。本县水稻土分为潮土性水稻土、紫色土性水稻土和黄壤性水稻土等亚类。

小于本县地域面积3%的土壤类型还有黄壤、潮土等。

本区域中心区气候特征

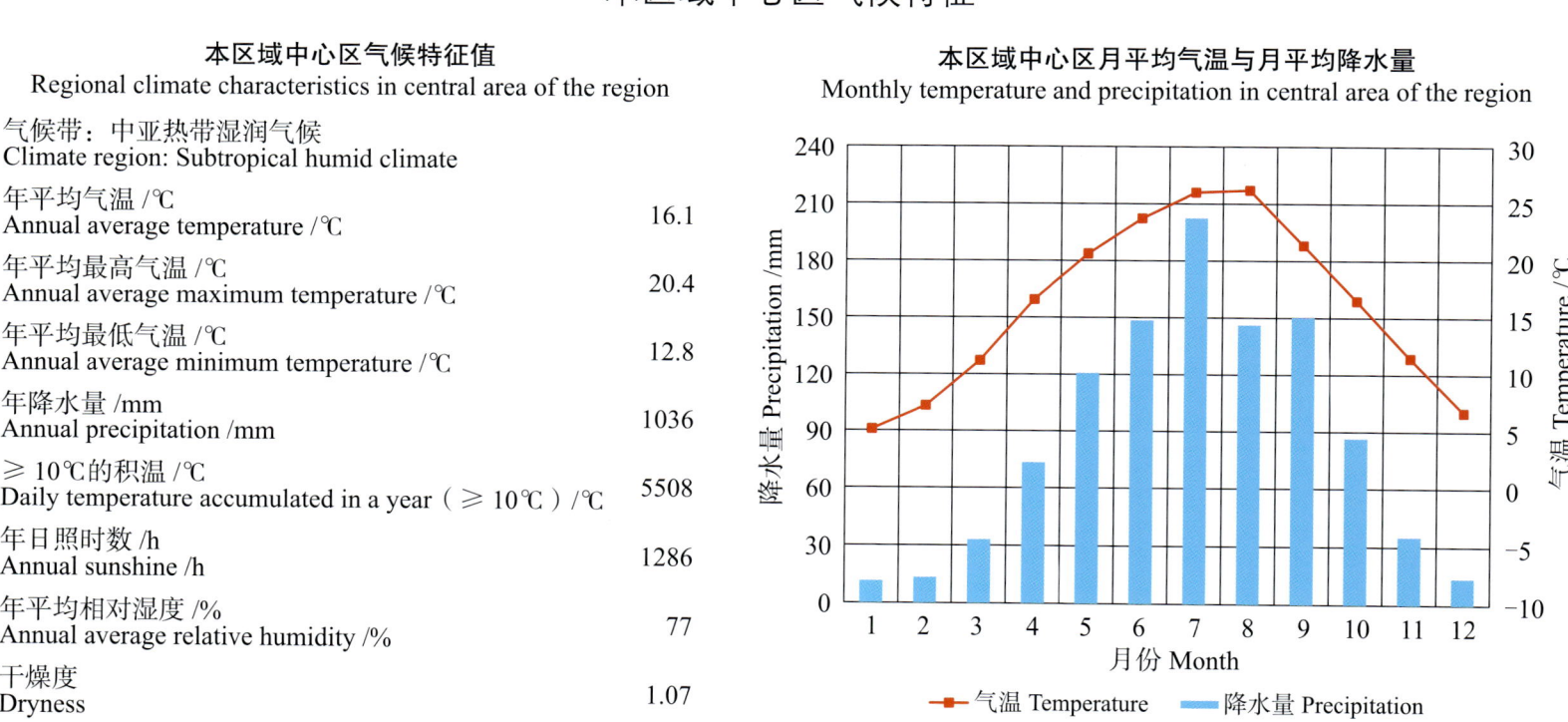

本区域中心区气候特征值
Regional climate characteristics in central area of the region

气候带：中亚热带湿润气候 Climate region: Subtropical humid climate	
年平均气温 /℃ Annual average temperature /℃	16.1
年平均最高气温 /℃ Annual average maximum temperature /℃	20.4
年平均最低气温 /℃ Annual average minimum temperature /℃	12.8
年降水量 /mm Annual precipitation /mm	1036
≥10℃的积温 /℃ Daily temperature accumulated in a year (≥10℃) /℃	5508
年日照时数 /h Annual sunshine /h	1286
年平均相对湿度 /% Annual average relative humidity /%	77
干燥度 Dryness	1.07

本区域中心区月平均气温与月平均降水量
Monthly temperature and precipitation in central area of the region

仪陇县主要土壤类型与土壤剖面点分布图

1:230 000

图 例
- 紫色土
- 水稻土
- 黄壤
- 潮土
- ⊗ 剖面点

第三编　四川省分县土壤图与土壤剖面数据

仪陇县土壤剖面理化性状表

剖面号 Soil profile	土纲 Soil order	土类 Soil great group	亚类 Soil subgroup	土属 Soil genus	土种 Soil species	土层码 Layer code	土层厚度 Depth/cm	颜色 Soil color	质地 Soil texture	土壤结构 Soil structure	pH	有机质 OM/(g/kg)	全氮 TN/(g/kg)	全磷 TP/(g/kg)	全钾 TK/(g/kg)	碱解氮 AN/(mg/kg)	有效磷 AP/(mg/kg)	速效钾 AK/(mg/kg)	阳离子交换量CEC/(cmol/kg)	土壤母质 Parent material	剖面点坐标 Profile coordinate	匹配指数 Matching index/%
剖1	人为土	水稻土	渗育水稻土	渗育钙质紫泥田	棕紫夹泥田	A	0—20	紫棕色	黏壤土	粒状	8.1	14.2	0.81	0.75	1.8	71	3.0	49	19.7		E 106°14′28.4″ N 31°35′31.2″	77
						Pb	20—30	灰棕色	砂质黏壤土	柱状	8.2	6.7	0.47	0.66	1.9							
						P	30—90	灰棕色	壤质黏土	棱柱状	8.2	4.9	0.36	0.64	1.9							
剖2	初育土	紫色土	石灰性紫色土	黄红紫泥土	大泥土	1	0—20	黄红紫色	重壤土	碎块状	8.0	10.7	1.82	1.13		66	14.0	120	32.0	厚砂岩夹泥岩风化坡积物、残积物	E 106°22′45.1″ N 31°38′37.3″	74
						2	20—35	黄红紫色	重壤土	棱柱状	8.1	9.4	1.01	1.05								
						3	35—95	黄红紫色	轻黏土	棱柱状	8.1	5.7	1.36	1.04								
剖3	人为土	水稻土	紫色土性水稻土	黄红紫色水稻土	黄砂泥田	1	0—15	浅棕黄色	中壤土	碎块状	6.5	5.6	0.46	0.36		50	2.0	72	18.2	坡积物、残积物	E 106°25′25.0″ N 31°38′34.1″	93
						2	15—36	棕黄色	重壤土	棱柱状	6.2	4.7	0.30	0.30								
						3	36—91	黄棕色	重黏土	棱柱状	5.6	3.8	0.35	0.24								
剖4	初育土	紫色土	石灰性紫色土	黄红紫色土	砂土	1	0—17	紫棕色	砂壤土	粒状	7.1	5.8	0.35	0.35		54	2.0	38	9.0	厚砂岩夹泥岩风化坡积物、残积物	E 106°22′09.5″ N 31°38′30.5″	78
						2	17—45	浅灰紫色	重壤土	小块状	7.1	2.7	0.34	0.31								
						3	45—	浅灰紫色	砂壤土	棱块状	7.5	2.2	0.27	0.32								
剖5	人为土	水稻土	紫色土性水稻土	黄红紫色水稻土	冷浸烂泥田	1	0—25	灰色	重壤土	微粒状	7.9	24.6	1.42	0.95		90	5.0	122	28.4	坡积物、残积物	E 106°25′25.0″ N 31°37′58.8″	75
						2	25—55	灰色	重壤土	整体状	8.0	22.2	1.03	1.10								
						3	55—100	灰棕色	中壤土	大棱块状	8.1	19.1	1.28	0.90								
剖6	初育土	紫色土	紫色土性水稻土	黄红紫色土	砂田	1	0—18	紫棕色	轻壤土	粒状	6.7	8.0	0.58	0.48		68	2.0	41	20.1	坡积物、残积物	E 106°22′33.2″ N 31°37′20.3″	84
						2	18—53	黄棕色	中壤土	小块状	7.2	6.1	0.47	0.44								
						3	28—107	黄红紫色	重壤土	粒状	5.4	6.3	0.48	0.50								
剖7	初育土	紫色土	石灰性紫色土	黄红紫色土	黄砂土	1	0—17	棕紫色	轻壤土	小块状	6.1	2.7	0.29	0.46		52	3.0	60	10.6	坡积物、残积物	E 106°21′51.1″ N 31°36′47.9″	93
						2	17—63	浅黄棕色	中壤土	团粒状	5.8	8.6	0.53	0.39								
剖8	初育土	紫色土	石灰性紫色土	黄红紫色土	黄砂泥土	1	0—13	棕黄色	中壤土	棱柱状	6.0	7.5	0.48	0.44		58	5.0	44	13.5	厚砂岩夹泥岩风化坡积物、残积物	E 106°23′29.8″ N 31°35′52.1″	71
						2	13—30	棕黄色	重壤土	棱块状	6.0	3.5	0.32	0.26								
						3	30—95	棕黄色	中壤土	棱块状	7.9	13.9	0.61	0.80								
剖9	人为土	水稻土	紫色土性水稻土	黄红紫色水稻土	夹砂泥田	1	0—25	紫棕色	中壤土	粒状	7.9	9.3	0.37	0.78		80	5.0	80	24.0	坡积物、残积物	E 106°25′42.6″ N 31°35′22.6″	74
						2	25—47	浅黄棕色	中壤土	棱柱状	8.1	2.7	0.26	0.49								
						3	47—95	黄棕色	轻黏土	碎块状	7.1	25.0	1.11	0.53		110	7.0	76	23.8			
剖10	人为土	水稻土	紫色土性水稻土	黄红紫色水稻土	大泥田	1	0—18	紫棕紫色	重壤土	片状	6.9	21.5	1.20	0.44							E 106°25′20.3″ N 31°34′54.1″	95
						2	18—28	黄红紫色	重壤土	棱块状	5.9	11.7	1.15	0.51								
剖11	初育土	紫色土	石灰性紫色土	棕紫色紫泥土	砂土	1	0—16	灰棕色	轻壤土	粒状	8.3	5.3	0.44	0.77		46	5.0	69	15.2		E 106°21′14.0″ N 31°34′26.4″	71
						2	16—45	棕紫色	轻壤土	小块状	8.5	4.0	0.26	0.70								
剖12	初育土	紫色土	石灰性紫色土	棕紫色紫泥土	石膏子土	1	0—18	棕紫色	中壤土	粒状、碎块状	8.1	9.2	0.73	1.35		52	17.0	100	21.8		E 106°21′23.4″ N 31°33′52.6″	82
						2	18—															
剖13	人为土	水稻土	紫色土性水稻土	黄红紫色水稻土	粗石青子土	1	0—19	黄红紫色	多际中壤土	碎块状	8.3	7.0	0.59	1.31		42	2.0	102	18.8		E 106°25′54.1″ N 31°33′23.4″	77
						2	19—															
剖14	人为土	水稻土	紫色土性水稻土	黄红紫色水稻土	黄泥田	1	0—15	棕黄色	轻黏土	整体状	5.1	16.4	0.95	0.44		48	2.0	88	21.1	坡积物、残积物	E 106°27′07.2″ N 31°32′50.3″	92
						2	15—40	灰黄棕色	重黏土	整体状	5.4	14.0	0.91	0.37								
						3	40—95	浅黄棕色	中壤土	粒状	6.7	5.2	0.46	0.40								
剖15	初育土	紫色土	紫色土性水稻土	黄红紫色水稻土	冷浸烂泥田	1	0—23	灰紫色	重黏土	棱柱状	7.4	22.1	1.28	0.65		80	5.0	106	21.5	坡积物、残积物	E 106°18′18.4″ N 31°32′17.9″	83
						2	23—100	深灰色	轻黏土	整体状	7.6	20.1	1.19	0.62								
剖16	人为土	水稻土	紫色土性水稻土	棕紫色水稻土	黄砂土	1	0—14	棕黄色	中壤土	粒状	5.1	4.1	0.32	0.24		42	2.0	64	14.7	坡积物、残积物	E 106°16′37.2″ N 31°31′18.5″	81
						2	14—45	浅棕黄色	重黏土	碎块状	5.2	3.5	0.24	0.23								
剖17	初育土	紫色土	石灰性紫色土	黄红紫泥土	黄泥土	1	0—15	棕黄色	重壤土	小块状	5.6	5.6	0.39	0.28		58	3.0	75	18.7		E 106°32′22.7″ N 31°31′08.4″	72
						2	15—86	浅黄棕色	重壤土	棱柱状	5.3	1.8	0.31	0.23								

续表 Continued

剖面号 Soil profile	土纲 Soil order	土类 Soil great group	亚类 Soil subgroup	土属 Soil genus	土种 Soil species	土层码 Layer code	土层厚度 Depth/cm	颜色 Soil color	质地 Soil texture	土壤结构 Soil structure	pH	有机质 OM/(g/kg)	全氮 TN/(g/kg)	全磷 TP/(g/kg)	全钾 TK/(g/kg)	碱解氮 AN/(mg/kg)	有效磷 AP/(mg/kg)	速效钾 AK/(mg/kg)	阳离子交换量CEC/(cmol/kg)	土壤母质 Parent material	剖面点坐标 Profile coordinate	匹配指数 Matching index/%
剖18	人为土	水稻土	紫色土性水稻土	棕色水稻土	砂田	1	0—17	灰紫色	轻壤土	粒状	7.9	8.3	1.02	0.39		47	1.0	59	11.8		E 106°30′43.9″ N 31°30′43.2″	75
剖19	初育土	紫色土	石灰性紫色土	棕紫泥土	夹砂土	1	17—90	棕紫色	轻壤土	碎块状	8.2	8.5	0.50	0.37		52	7.0	80	23.7		E 106°23′33.0″ N 31°29′56.0″	74
剖20	初育土	紫色土	石灰性紫色土	棕紫泥土	夹黄泥土	1	0—24	棕紫色	中壤土	团粒状	8.3	10.0	0.69	0.79		76	2.0	126	21.4	砂岩、泥岩风化坡积物、残积物	E 106°26′24.0″ N 31°20′46.0″	87
						2	24—95	棕紫色	中壤土	棱块状	8.0	5.4	0.63	0.78								
剖21	初育土	紫色土	石灰性紫色土	红棕紫泥土	红石骨子土	1	0—14	黄棕色	轻壤土	小块状	6.0	10.6	0.89	0.42		34	2.0	116	18.6		E 106°23′07.1″ N 31°20′14.4″	87
						2	14—27	棕紫色	轻壤土	板状	6.0	5.3	0.54	0.34								
						3	27—93	浅黄色	重壤土	棱柱状	5.1	2.3	0.45	0.23								
剖22	初育土	紫色土	石灰性紫色土	红棕紫泥土	紫黄泥土	1	0—14	红棕紫色	轻砾石土	小块状	7.9	2.8	0.27	1.28								
						2	14—			粒状、小块状	7.1	9.0	0.61	0.53		62	9.0	141	23.2		E 106°22′24.6″ N 31°20′01.3″	95
						2	0—20	紫色		棱柱状	5.2	2.8	0.20	0.30								
						3	20—45	棕黄色		棱柱状	5.2	2.5	0.66	0.31								
							45—100	棕紫色	重壤土	块状	8.2	4.8	0.81	0.56								
剖23	水稻土		紫色土性水稻土	棕色水稻土	砂田	1	0—18	暗棕紫色	砂壤土	粒状	7.9	4.2	0.32	0.52		36	2.0	42	9.8		E 106°41′07.1″ N 31°29′20.4″	83
						2	18—67	灰棕紫色	轻壤土	碎块状	8.2	11.2	0.77	0.74								
剖24	初育土	紫色土	石灰性紫色土	黄红紫泥土	夹砂泥土	1	0—22	黄红紫色	中壤土	团粒状	8.2	11.0	0.77	0.81		69	8.0	106	24.1		E 106°30′54.0″ N 31°28′15.6″	95
						2	22—100	浅黄紫色	重壤土	棱块状	8.0	14.5	0.88	0.86								
剖25	人为土	水稻土	潮土型水稻土	紫色潮土田	黄棉砂田	1	0—21	紫棕色	中壤土	粒状	8.2	4.7	0.74	0.68		65	5.0	81	22.8	紫色冲积物	E 106°43′47.6″ N 31°25′08.0″	97
						2	21—71	暗棕紫色	中壤土	棱块状	8.2	3.2	0.60	0.58								
						3	71—108	棕紫色	重壤土	棱柱状	7.4	10.4	1.32	0.52								
剖26	初育土	紫色土	石灰性紫色土	棕色紫泥土	夹黄泥土	1	0—20	棕紫色	重壤土	碎块状	7.3	2.3	0.27	0.24		64	11.0	112	22.6		E 106°41′14.3″ N 31°24′26.6″	88
						2	20—85	黄棕色	重壤土	粒状、碎块状	8.0	14.2	0.97	1.01								
剖27	水稻土		紫色土性水稻土	棕色水稻土	大土泥田	1	0—18	棕紫色	轻壤土	板状	8.1	11.2	0.59	0.85		74	9.0	102	27.8	泥岩、砂岩坡积物、残积物	E 106°43′09.1″ N 31°23′04.6″	88
						2	18—29	灰褐色	轻壤土	棱柱状	8.1	3.9	0.36	0.71								
						3	29—103	棕紫色	轻壤土	粒状	6.3	13.1	0.76	1.06								
剖28	人为土	水稻土	紫色土性水稻土	黄红紫色水稻土	黄砂田	1	0—19	浅黄棕色	轻壤土	棱柱状	7.1	10.4	0.48	0.27		72	7.0	61	14.2	泥岩、砂岩坡积物、残积物	E 106°40′17.0″ N 31°21′32.0″	75
						2	19—33	棕紫色	轻壤土	棱柱状	7.1	6.1	0.60	0.32								
						3	33—103	棕紫色	砂质黏壤土	碎块状	5.8	7.4	0.42	0.32								
剖29	铁铝土	黄壤	黄壤	砂黄泥土	黄砂土	A	0—20	棕紫色	砂质黏壤土	单粒状	5.8	5.0	0.40	0.30		53	2.0	77	11.6		E 106°50′17.6″ N 31°25′35.3″	86
						B	20—42	浅黄色	中壤土	碎块状	5.8	2.8	0.26	0.27								
						C	42—															
剖30	铁铝土	黄壤	黄壤	砂黄泥土	深脚烂黄泥田	1	0—17	棕黄色	重壤土	碎块状	5.3	8.0	0.46	0.33		48	1.0	71	20.5	砂岩、泥岩坡积物、残积物	E 106°50′28.9″ N 31°25′11.8″	87
						2	17—38	棕黄色	中壤土	棱柱状	5.4	7.8	0.48	0.35								
						3	38—	灰棕色	轻壤土	微粒状	5.3	7.4	0.48	0.35								
剖31	人为土	水稻土	紫色土性水稻土	红棕紫色水稻土	冷砂土	1	0—20	灰黄色	中壤土	无明显结构	7.9	23.9	1.47	1.23		96	2.0	76	20.1		E 106°23′09.6″ N 31°19′37.2″	79
						2	20—100	浅黄紫色	轻壤土	粒状	8.0	15.8	1.06	1.83								
剖32	初育土	紫色土	石灰性紫色土	棕紫泥土	紫黄泥土	1	0—18	棕紫色	轻砾质轻壤土	小棱块状	7.1	7.8	0.61	0.56		53	5.0	66	17.0		E 106°28′54.8″ N 31°19′35.4″	99
						2	18—100	浅黄紫色	重壤土	棱柱状	6.8	5.7	0.36	0.49								
剖33	水稻土		紫色土性水稻土	红棕紫色水稻土	紫黄泥田	1	0—15	紫黄棕色	轻壤土	棱块状	6.3	14.6	1.04	0.67		90	14.0	125	20.0	红棕紫色厚泥岩夹薄层砂岩	E 106°22′40.5″ N 31°19′29.9″	83
						2	15—40	浅黄棕色	重壤土	棱柱状	6.5	13.4	1.00	0.67								
						3	40—70	棕黄色	轻壤重壤土	板状	7.6	1.6	0.41	0.31								
剖34	初育土	紫色土	石灰性紫色土	棕紫泥土	大泥土	1	0—19	棕黄色	中砾质中壤土	粒状、碎块状	8.2	11.3	0.72	0.92		82	8.0	98	25.9	砂岩、泥岩风化坡积物、残积物	E 106°29′22.2″ N 31°19′04.8″	98
						2	19—35	棕黄色	重壤土	板状	8.2	6.5	0.59	0.88								
						3	35—103	浅黄棕色	重壤土	棱柱状	8.3	5.3	0.58	0.75								
剖35	初育土	紫色土	石灰性紫色土	红棕紫泥土	红砂大泥土	1	0—18	暗红紫色	重壤土	粒状	8.0	11.0	1.74	0.99		64	5.0	156	21.6		E 106°24′43.9″ N 31°18′14.4″	95
						2	18—105	红棕紫色	重壤土	棱块状	8.1	6.8	0.72	0.89								

续表 Continued

剖面号 Soil profile	土纲 Soil order	土类 Soil great group	亚类 Soil subgroup	土属 Soil genus	土种 Soil species	土层码 Layer code	土层厚度 Depth/cm	颜色 Soil color	质地 Soil texture	土壤结构 Soil structure	pH	有机质 OM/(g/kg)	全氮 TN/(g/kg)	全磷 TP/(g/kg)	全钾 TK/(g/kg)	碱解氮 AN/(mg/kg)	有效磷 AP/(mg/kg)	速效钾 AK/(mg/kg)	阳离子交换量CEC/(cmol/kg)	土壤母质 Parent material	剖面点坐标 Profile coordinate	匹配指数 Matching index/%
剖36	初育土	紫色土	石灰性紫色土	红棕紫泥土	红石骨子夹砂土	1	0—20	红棕紫色	多砾中壤土	粒状、小块状	8.1	8.4	0.49	1.22		58	9.0	115	25.3		E 106°25′15.3″ N 31°17′48.6″	84
						2	20—48	红棕色	多砾中壤土	小块状	8.3	4.5	0.54	1.31								
剖37	人为土	水稻土	紫色土性水稻土	红棕紫色水稻土	红砂泥大泥田	1	0—19	红棕色	多砾重壤土	碎块状	7.8	13.3	1.14	1.41		74	2.0	107	25.8		E 106°24′32.1″ N 31°17′17.2″	84
						2	19—100	棕褐色	轻黏土	棱柱状	8.1	8.9	0.96	1.42								
剖38	铁铝土	黄壤		老冲积黄泥土	卵石黄泥土	1	0—18	浅黄色	多砾重壤土	碎块状	6.3	9.6	0.56	1.11		54	4.0	76	13.7	老冲积卵石黄泥	E 106°18′01.1″ N 31°17′15.4″	76
						2	18—52	棕黄色	多砾重壤土	块状	6.5	4.4	0.68	0.65								
						3	52—85	棕黄色	多砾重壤土	棱柱状	6.9	7.5	0.71	0.72								
剖39	人为土	水稻土	潮土性水稻土	紫色潮土田	紫潮泥田	1	0—21	暗棕紫色	中壤土	碎块状	8.0	14.1	0.89	0.90		70	7.0	82	23.0	紫色冲积物	E 106°28′40.3″ N 31°16′48.4″	93
						2	21—28	灰棕紫色	中壤土	片状	8.1	10.2	0.70	0.77								
						3	28—101	棕紫色	轻壤土	棱块状	8.1	4.3	0.57	0.67								
剖40	初育土	紫色土	石灰性紫色土	棕紫泥土	黄砂泥土	1	0—19	黄棕色	中壤土	团粒状	6.0	8.1	0.57	0.27		72	2.0	76	14.2	砂岩、泥岩风化坡积物、残积物	E 106°22′08.0″ N 31°16′40.4″	89
						2	19—51	黄黄棕色	中壤土	棱柱状	5.8	5.2	0.44	0.23								
						3	51—102	浅黄棕色	中壤土	棱块状	6.0	3.2	0.26	0.21								
剖41	人为土	水稻土	潮土性水稻土	灰棕潮土田	潮砂田	1	0—19	灰棕色	轻壤土	粒状	7.9	12.6	0.61	1.37		72	5.0	65	12.0	第四纪棕色冲积物	E 106°17′14.1″ N 31°16′38.5″	84
						2	19—41	灰棕紫色	中壤土	碎块状	7.8	11.4	0.67	1.35								
						3	41—	棕紫色	中壤土	块状	8.2	4.0	0.45	1.37								
剖42	人为土	水稻土	潮土性水稻土	灰棕潮土田	潮泥田	1	0—20	灰棕色	重壤土	粒状、团粒状	7.5	18.7	1.03	1.76		105	14.0	128	16.8	第四纪棕色冲积物	E 106°17′31.2″ N 31°16′09.5″	99
						2	20—35	浅黄棕色	重壤土	棱柱状	7.6	10.7	0.89	1.76								
						3	35—92	浅黄棕色	重壤土	棱块状	7.9	5.4	0.66	1.05								
剖43	人为土	水稻土	紫色土性水稻土	红棕紫色水稻土	红石骨子夹砂田	1	0—18	红棕紫色	中壤土	碎块状	8.2	7.4	0.68	1.40		48	2.0	95	22.5	红棕紫色厚泥岩夹薄层砂岩	E 106°22′47.3″ N 31°16′07.7″	98
						2	18—55	暗红棕色	多砾中壤土	碎块状	8.3	4.7	0.52	1.26								
						3	55—100	红棕色	多砾重壤土	棱块状	8.2	6.5	0.68	1.38								
剖44	半水成土	潮土		灰棕潮土	潮砂土	1	0—21	灰棕色	轻壤土	粒状	8.2	12.2	0.60	1.42		46	7.0	88	23.5	第四纪棕色冲积物	E 106°17′27.4″ N 31°15′42.3″	96
						2	21—40	浅灰棕色	轻壤土	粒状	8.2	0.5	0.70	1.38								
						3	40—120	浅灰黄色	重壤土	小块状	8.5	0.6	0.50	0.80								
剖45	铁铝土	黄壤		老冲积黄泥土	黄泥土	1	0—17	棕色	重壤土	碎块状	7.0	7.1	0.62	0.57		36	5.0	69	12.6	第四纪冰水沉积物	E 106°17′03.6″ N 31°15′16.0″	93
						2	17—29	浅黄色	重壤土	板状	7.1	4.3	0.38	0.50								
						3	29—	浅黄色	重壤土	棱柱状	6.6	0.7	0.40	0.47								
剖46	初育土	紫色土	石灰性紫色土	棕紫泥土	黄砂土	1	0—15	棕色	砂壤土	粒状	5.7	6.4	0.46	0.33		38	7.0	81	11.0		E 106°42′03.6″ N 31°19′44.0″	100
						2	15—40	棕黄色	砂壤土	小块状	5.5	4.3	0.52	0.28								

西 充 县

主要土类说明

紫色土是西充县的主要土壤类型，占本县地域面积的79%。紫色土是由紫色砂泥岩风化发育而成的土壤，其形成和特点与母质的种类和性质有密切的关系。在各类紫色母质上，由于植被和耕作利用的不同，发育为不同的紫色土。本县为中亚热带温暖湿润气候区，自然植被多为常绿阔叶林。成土母质为棕紫泥土和红棕紫泥土。成土过程以物理风化为主，化学风化微弱，土壤中富含各种矿物成分，如长石、石英、云母、碳酸钙、磷灰石、角闪石、辉石、石膏、硫化物、氯化物等，特别是碳酸钙的含量最高，硅铝率大。紫色土母质矿质养分含量丰富，特别是钾含量较高，磷也较多，岩石一经风化即可种作物，土壤发育浅，结构良好，容易耕作，肥力水平较高，适宜种植棉花和粮油作物。

水稻土是西充县第二大土壤类型，占本县地域面积的20%，遍布全县各地。水稻土是经人类一系列的农田基本建设活动和水耕熟化过程发育形成的一种特殊土壤。其水热气肥状况比旱作土稳定。由于干湿交替，水稻土形成糊状淹育层、较坚实板结的犁底层、渗育层、潴育层与潜育层等多种发生层。这些不同发生层段是在人为耕作、水浆管理下形成的。根据母质来源和属性差异，本县水稻土分为潮土性水稻土和紫色土性水稻土两个亚类。

本区域中心区气候特征

本区域中心区气候特征值
Regional climate characteristics in central area of the region

气候带：中亚热带湿润气候 Climate region: Subtropical humid climate	
年平均气温 /℃ Annual average temperature /℃	16.6
年平均最高气温 /℃ Annual average maximum temperature /℃	20.6
年平均最低气温 /℃ Annual average minimum temperature /℃	13.6
年降水量 /mm Annual precipitation /mm	939
≥10℃的积温 /℃ Daily temperature accumulated in a year (≥10℃) /℃	6060
年日照时数 /h Annual sunshine /h	1188
年平均相对湿度 /% Annual average relative humidity /%	79
干燥度 Dryness	1.14

本区域中心区月平均气温与月平均降水量
Monthly temperature and precipitation in central area of the region

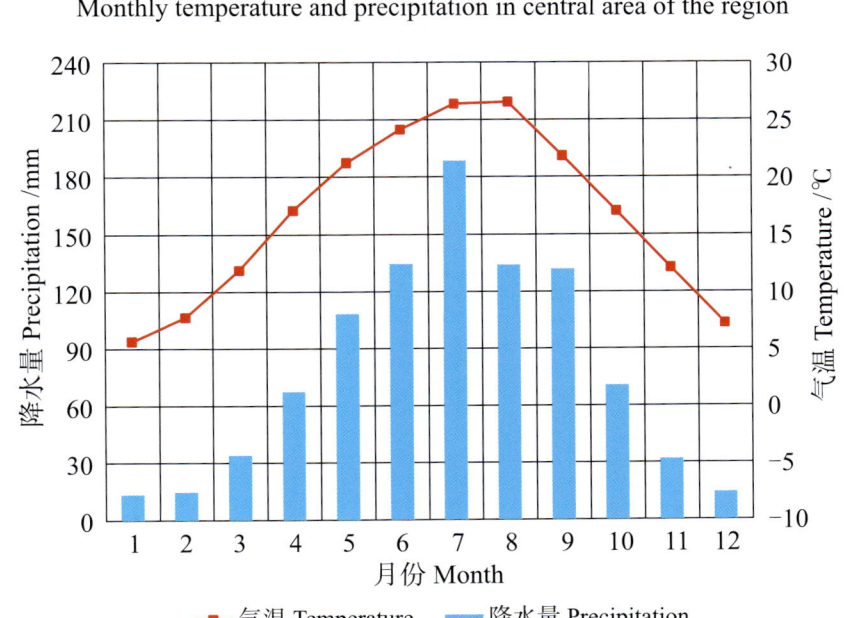

西充县主要土壤类型与土壤剖面点分布图

1∶190 000

图 例

紫色土　水稻土

西充县土壤剖面理化性状表

剖面号 Soil profile	土纲 Soil order	土类 Soil great group	亚类 Soil subgroup	土属 Soil genus	土种 Soil species	土层码 Layer code	土层厚度 Depth/cm	颜色 Soil color	质地 Soil texture	土壤结构 Soil structure	pH	有机质 OM/(g/kg)	全氮 TN/(g/kg)	全磷 TP/(g/kg)	碱解氮 AN/(mg/kg)	有效磷 AP/(mg/kg)	速效钾 AK/(mg/kg)	阳离子交换量 CEC/(cmol/kg)	土壤母质 Parent material	剖面点坐标 Profile coordinate	匹配指数 Matching index/%
剖1	初育土	紫色土	石灰性紫色土	棕紫泥土	夹砂泥土	1	0—24	暗棕紫色	中壤土	团粒状	8.2	10.0	0.78	1.68	61	19.9	102	25.4	长石砂岩、钙质石英砂岩、泥岩	E 105°44′31.6″ N 31°10′34.4″	82
						2	24—73	棕紫色	重壤土	棱柱状	8.3	3.8	0.48	1.27							
						D	73—	棕紫色	重壤土	整体状	8.3	0.8	0.47	1.47							
剖2	初育土	紫色土	石灰性紫色土	棕紫泥土	石骨子夹砂土	1	0—19	棕紫色	少砾中壤土	粒状	8.1	8.0	0.69	1.59	75	8.6	90	24.4	长石砂岩、钙质石英砂岩、泥岩	E 105°57′16.0″ N 31°11′56.3″	81
						2	19—39	浅棕紫色	少砾中偏重壤土	小块状	8.1	7.4	0.66	1.68							
						D	39—	棕紫色			8.2										
剖3	初育土	紫色土	石灰性紫色土	棕紫泥土	黄泥土	1	0—15	浅棕黄色	重壤土	块状	7.7	5.3	0.49	0.46	40	4.9	37	19.1		E 105°56′40.5″ N 31°07′23.0″	89
						2	15—74	棕黄色	重壤土	小棱块状	6.7	0.3	0.25	0.21							
剖4	初育土	紫色土	石灰性紫色土	棕紫泥土	石骨子土	1	0—17	棕紫色	多砾轻壤土	粒状	8.1	4.5	0.47	1.54	84	10.0	94	10.6		E 105°50′13.6″ N 31°04′11.3″	79
						D	17—														
剖5	初育土	紫色土	石灰性紫色土	棕紫泥土	黄泥底夹砂泥土	1	0—19	棕紫色	中壤土	团粒状	8.0	12.7	0.89	0.91	89	17.0	134	24.7	长石砂岩、钙质石英砂岩、泥岩	E 105°58′48.8″ N 31°03′48.7″	92
						2	19—28	浅黄紫色	重壤土	板状	8.0	10.1	0.78	0.72							
						3	28—78	浅棕紫色	重壤土	棱块状	8.0	3.1	0.40	0.32							
						D	78—	棕紫色	中壤土	粒状	8.0	2.1	0.33	0.82							
剖6	初育土	紫色土	石灰性紫色土	棕紫泥土	夹砂大泥土	1	0—20	暗棕紫色	中壤土	团粒状	8.3	11.9	0.86	1.48	105	14.2	144	17.9	长石砂岩、钙质石英砂岩、泥岩	E 105°47′26.3″ N 31°02′12.0″	83
						2	20—28	棕紫色	中壤土	板状	8.2	6.3	0.75	1.46							
						3	28—86	棕紫色	中壤土	块状	8.3	6.8	0.65	1.35							
剖7	初育土	紫色土	石灰性紫色土	棕紫泥土	黄砂土	1	0—25	紫棕色	少砾轻壤土	单粒状	8.0	7.2	0.60	0.72	56	8.6	51	18.2		E 106°03′34.3″ N 31°06′03.5″	92
						D	25—	浅棕紫色													
剖8	初育土	紫色土	石灰性紫色土	棕紫泥土	夹砂土	1	0—20	暗棕紫色	轻壤土	粒状	8.1	7.4	0.58	1.00	60	8.9	102	21.2	长石砂岩、钙质石英砂岩、泥岩	E 105°41′25.3″ N 30°58′37.9″	94
						2	20—65	浅棕紫色	轻壤土	小块状	8.2	6.8	0.53	0.91							
						D	65—														
剖9	初育土	紫色土	石灰性紫色土	红棕紫泥土	红石骨子夹砂土	1	0—18	红棕紫色	少砾重壤土	粒状	8.3	5.1	0.62	1.58	36	19.2	68	20.8		E 105°59′33.3″ N 30°57′41.8″	82
						2	18—51	红棕紫色	多砾中偏重壤土	整体状	8.3	2.3	0.54	1.09							
						D	51—	红棕紫色													
剖10	初育土	紫色土	石灰性紫色土	红棕紫泥土	红砂大泥土	1	0—21	红棕紫色	重壤土	小块状	8.2	6.5	0.68	1.60	41	17.7	78	26.4		E 105°56′20.8″ N 30°57′22.6″	73
						2	21—30	红棕紫色	重壤土	板状	8.3	4.0	0.54	1.50							
						3	30—102	红棕紫色	重壤土	棱块状	8.3	5.0	0.67	1.60							
剖11	初育土	紫色土	石灰性紫色土	棕紫泥土	砂土	1	0—25	灰紫色	松砂土	单粒状	8.3	2.1	0.22	1.33	23	13.7	49	8.9		E 105°53′10.7″ N 30°56′52.9″	97
						D	25—														
剖12	初育土	紫色土	石灰性紫色土	红棕紫泥土	红石骨子土	1	0—13	红棕紫色	多砾轻壤土	粒状	8.3	3.6	0.55	1.67	28	8.2	59	12.7		E 105°56′13.5″ N 30°55′48.4″	81
						D	13—	红棕紫色		整体状											

阆 中 市

主要土类说明

紫色土是阆中市的主要土壤类型,占本市地域面积的66%,分布在低山、丘陵地区。本市紫色土是在中亚热带温湿气候下,不同地质时期紫色沙泥岩风化发育而成的。砂岩颗粒粗大,组织疏松,透水容易,碳酸盐较多,易淋失,地面径流冲刷作用小。页岩颗粒细,组织紧密,透水困难,石灰淋失慢,以物理风化为主,形成细小颗粒碎屑,极易受雨水冲刷流失。一般风化物中,盐基淋失少,钙、镁、钾丰富,碳酸钙高达9%,大部分呈中性至微碱性。矿质成分复杂,有机质含量较低,其有效性差。阳离子交换量因母质而异,黏质土达19cmol/kg,砂质土低于6cmol/kg。坡地常受雨水侵蚀,剖面发育不明显,山丘中上部土层浅薄;坡脚土层较厚,有淋溶淀积现象。紫色土多呈紫红色,剖面上下较均一。根据成土母质、生产性能及剖面特征,本市紫色土只有石灰性紫色土一个亚类。

水稻土是阆中市第二大土壤类型,占本市地域面积的29%。水稻土是自然土在以水稻种植为主的农业利用情况下,经过一系列的农田基本建设和水耕熟化而形成的特殊土壤,是典型的农业生产活动产物。由于土壤季节性淹水、放水以及水旱轮作过程的交替进行,使之具有独特的剖面特征,出现A、P、W、G等层次,它是土壤内部特性的外在表现。根据成土母质、气象特征、水文状况及土壤特性的不同,本市水稻土分为潮土性水稻土、紫色土性水稻土、黄壤性水稻土等亚类。

小于本市地域面积3%的土壤类型还有黄壤、潮土等。

本区域中心区气候特征

本区域中心区气候特征值
Regional climate characteristics in central area of the region

气候带:中亚热带湿润气候 Climate region: Subtropical humid climate	
年平均气温 /℃ Annual average temperature /℃	15.8
年平均最高气温 /℃ Annual average maximum temperature /℃	20.1
年平均最低气温 /℃ Annual average minimum temperature /℃	12.5
年降水量 /mm Annual precipitation /mm	944
≥10℃的积温 /℃ Daily temperature accumulated in a year(≥10℃)/℃	5391
年日照时数 /h Annual sunshine /h	1312
年平均相对湿度 /% Annual average relative humidity /%	76
干燥度 Dryness	1.16

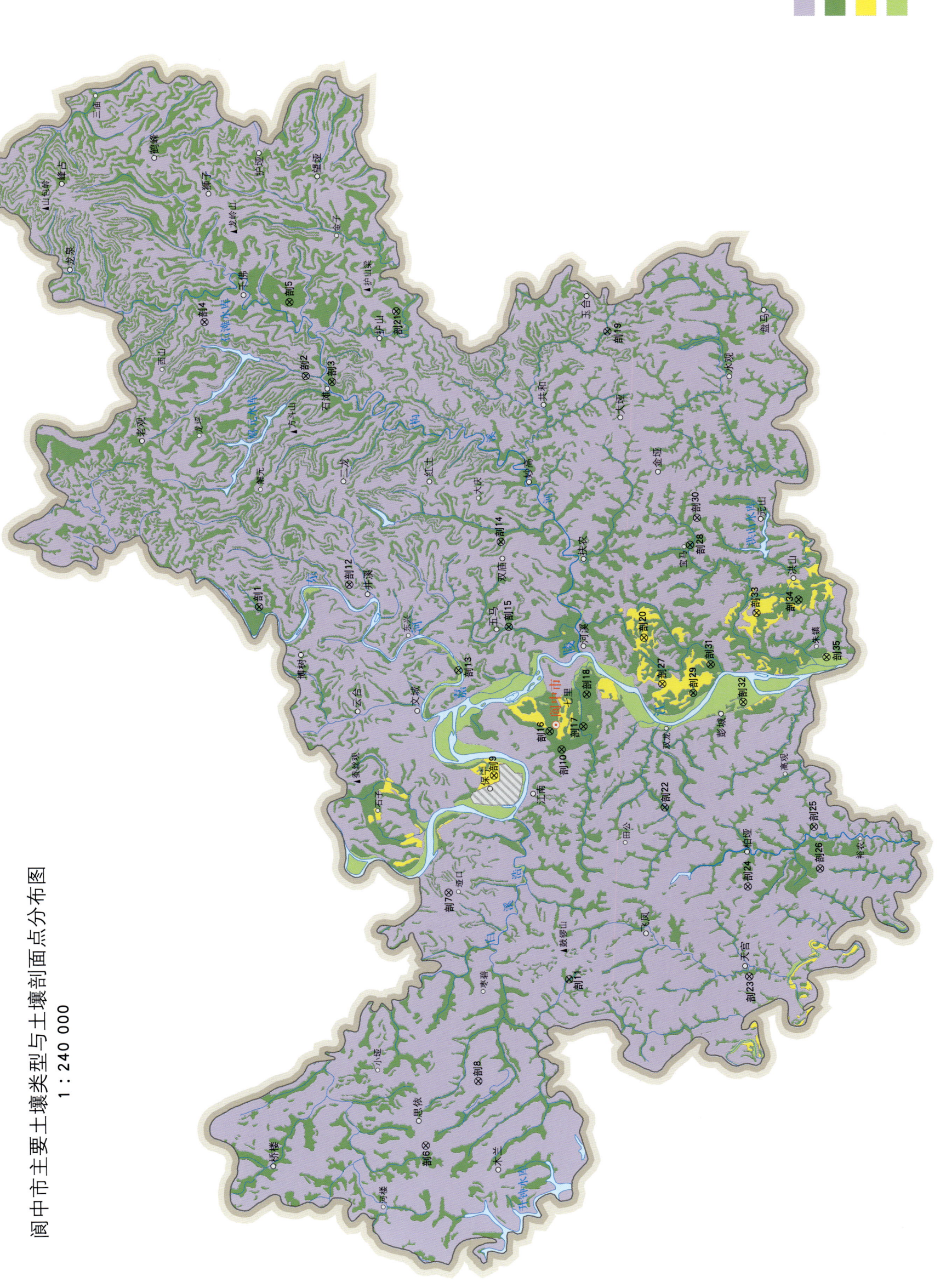

阆中市土壤剖面理化性状表

剖面号 Soil profile	土纲 Soil order	土类 Soil great group	亚类 Soil subgroup	土属 Soil genus	土种 Soil species	土层码 Layer code	土层厚度 Depth/cm	颜色 Soil color	质地 Soil texture	土壤结构 Soil structure	pH	有机质 OM/(g/kg)	全氮 TN/(g/kg)	全磷 TP/(g/kg)	碱解氮 AN/(mg/kg)	有效磷 AP/(mg/kg)	速效钾 AK/(mg/kg)	阳离子交换量 CEC/(cmol/kg)	土壤母质 Parent material	剖面点坐标 Profile coordinate	匹配指数 Matching index/%
剖1	人为土	水稻土	潮土型水稻土	紫色潮土田	紫潮砂田	1	0—17	紫棕色	中壤土	粒状	8.2	15.5	1.10	0.85	101	7.0	82	17.2	紫色冲积物	E 106°04′54.3″ N 31°42′31.1″	89
						2	17—28	紫棕色	中壤土	小块状	8.2	12.6	0.90	0.72							
						3	28—100	紫棕色	中壤土	大块状	8.1	7.4	0.56	0.70							
剖2	初育土	紫色土	石灰性紫色土	黄红紫泥土	砂土	1	0—15	浅灰色	砂壤土	砂粒状	8.2	9.0	0.64	1.24	66	3.0	65	9.1	砂泥岩、钙质砂岩、砾岩	E 106°13′18.8″ N 31°40′56.6″	96
						2	15—	浅灰色													
剖3	人为土	水稻土	紫色土性水稻土	黄红紫泥土	大土泥田	1	0—13	棕紫色	轻黏土	粒状	8.2	18.5	1.42	1.12	138	5.0	129	18.4		E 106°13′04.8″ N 31°40′07.0″	87
						2	13—20	棕紫色	轻黏土	小块状	8.1	16.3	1.46	1.11							
						3	20—56	棕紫色	重壤土	大棱柱状	8.1	16.8	0.57	0.79							
						4	56—100	黄紫色	重壤土	小棱块状	8.1	7.9	0.50	0.80							
剖4	初育土	紫色土	石灰性紫色土	黄红紫泥土	黄泥土	1	0—23	浅黄色	轻黏土	块状	7.1	9.2	0.74	0.69	55	2.0	56	20.6	砂泥岩、钙质砂岩、砾岩	E 106°15′19.8″ N 31°44′05.3″	84
						2	23—60	棕黄色	轻黏土	棱块状	7.8	5.8	0.54	0.39							
						3	60—100	黄色	轻黏土	粒状	8.1	2.8	0.43	0.40							
剖5	人为土	水稻土	紫色土性水稻土	黄红紫泥土	黄泥田	1	0—18	浅灰黄色	轻黏土	大棱柱状	5.9	21.2	1.42	0.64	132	6.0	136	14.5	砂泥岩、钙质砂岩、砾岩	E 106°16′00.5″ N 31°41′25.1″	90
						2	18—40	黄色	轻黏土	大棱柱状	7.3	11.1	0.73	0.54							
						3	40—100	红黄色	轻黏土	大块状	7.4	4.2	0.40	0.36							
剖6	初育土	紫色土	石灰性紫色土	黄红紫泥土	瘦砂石骨子土	1	0—18	红紫色	轻壤中壤土	散粒状	8.5	1.7	0.29	1.30	19	2.0	122	5.7		E 105°45′11.5″ N 31°37′34.7″	86
						2	18—														
剖7	初育土	紫色土	石灰性紫色土	黄红紫泥土	大泥土	1	0—23	黄棕色	重壤土	粒状	8.1	11.7	0.90	0.90	100	4.0	117	17.6		E 105°54′19.4″ N 31°36′44.3″	79
						2	23—35	棕紫色	重壤土	小块状	8.1	10.5	0.87	0.77							
						3	35—100	棕紫色	重壤土	棱柱状	8.2	3.3	0.53	0.40							
剖8	初育土	紫色土	石灰性紫色土	黄红紫泥土	夹砂泥土	1	0—22	黄红紫色	中壤土	团粒状	7.0	11.6	1.05	1.07	93	5.0	72	18.5		E 105°47′29.4″ N 31°35′53.5″	100
						2	22—31	黄红紫色	重壤土	小块状	7.4	10.1	0.97	1.09							
						3	31—70	黄红紫色	重壤土	棱块状	7.4	7.1	0.42	0.94							
剖9	铁铝土	黄壤	黄壤	老冲积黄泥土	黄泥土	1	0—24	浅灰色	重壤土	块状	6.7	8.3	0.71	0.68	77	10.0	180	14.5	老冲积黄砂岩、泥岩及卵石	E 105°58′36.1″ N 31°35′14.6″	98
						2	24—42	黄色	轻壤土	大块状	6.9	6.6	0.55	0.61							
						3	42—100	黄色	轻黏土	小块状	7.2	3.1	0.34	0.39							
剖10	人为土	水稻土	紫色土性水稻土	棕紫色水稻土	大泥田	1	0—23	浅灰棕色	轻黏土	粒状	8.2	9.3	0.76	1.41	75	3.0	101	18.8		E 105°59′30.8″ N 31°33′06.5″	91
						2	23—33	棕黄色	轻黏土	小片状	8.2	4.1	0.53	0.98							
						3	33—100	棕黄色	轻黏土	大棱柱状	8.1	3.7	0.53	0.71							
剖11	人为土	水稻土	紫色土性水稻土	黄红紫色水稻土	冷烂田	1	0—30	褐棕色	中壤土	分散状	8.0	30.3	1.79	1.07	18	4.0	56	16.2	砂泥岩、钙质砂岩、砾岩	E 105°51′06.8″ N 31°32′59.6″	87
						2	30—60	黄灰色	重壤土	整体状	7.2	17.3	0.98	0.82							
						3	60—100	黄棕色	重壤土	小块状	8.1	25.6	1.30	0.68							
剖12	初育土	紫色土	石灰性紫色土	黄红紫泥土	夹砂泥土	1	0—18	黄红紫色	中壤土	棱块状	8.2	12.5	1.25	1.90	101	4.0	67	16.2		E 106°05′39.5″ N 31°39′41.0″	89
						2	18—48	黄红紫色	重壤土	小块状	8.3	8.2	0.97	1.25							
						3	48—														
剖13	半成土	潮土	潮土	紫色潮土	紫潮砂土	1	0—20	浅灰棕色	砂壤土	砂粒状	8.6	4.3	3.60	0.75	33	4.0	48	8.2	各种紫色母质混合物	E 106°02′27.2″ N 31°36′18.7″	97
						2	20—110	棕黄色	砂壤土	小块状	8.6	1.8	0.26	0.72							
剖14	人为土	水稻土	黄红紫色水稻土	黄红紫色水稻土	砂田	1	0—18	浅灰棕色	中壤土	砂粒状	6.6	14.3	0.93	0.98	100	13.0	57	4.8	砂泥岩、钙质砂岩、砾岩	E 106°07′08.0″ N 31°34′54.5″	85
						2	18—40	浅黄紫色	中壤土	小块状	8.0	13.3	0.72	0.93							
						3	40—														
剖15	人为土	水稻土	紫色土性水稻土	棕紫色水稻土	砂田	1	0—20	棕紫色	轻壤土	粒状	7.9	9.3	0.51	0.73	62	7.0	48	13.5		E 106°04′01.6″ N 31°34′42.2″	79
						2	20—50	浅棕紫色	轻壤土	大块状	8.2	3.6	0.32	0.69							
						3	50—														

续表 Continued

剖面号 Soil profile	土纲 Soil order	土类 Soil great group	亚类 Soil subgroup	土属 Soil genus	土种 Soil species	土层码 Layer code	土层厚度 Depth/cm	颜色 Soil color	质地 Soil texture	土壤结构 Soil structure	pH	有机质 OM/(g/kg)	全氮 TN/(g/kg)	全磷 TP/(g/kg)	碱解氮 AN/(mg/kg)	有效磷 AP/(mg/kg)	速效钾 AK/(mg/kg)	阳离子交换量CEC/(cmol/kg)	土壤母质 Parent material	剖面点坐标 Profile coordinate	匹配指数 Matching index/%
剖16	人为土	水稻土	潮土型水稻土	灰棕潮土田	粟瓣子田	1	0~20	灰棕色	中黏土	粒状	7.3	27.8	1.64	0.88	153	5.0	163	28.7	灰棕色冲积物	E 106°00′11.2″ N 31°33′28.1″	77
						2	20~48	黄棕色	中黏土	大棱柱状	7.8	13.2	1.10	0.66							
						3	48~100	黄棕色	中黏土	小块状	7.5	9.0	0.80	0.42							
剖17	人为土	水稻土	潮土型水稻土	灰棕潮土田	潮泥田	1	0~18	灰棕色	重黏土	粒状	7.3	23.3	1.44	1.12	127	14.0	60	20.7	灰棕色冲积物	E 106°00′20.9″ N 31°32′24.7″	82
						2	18~28	灰棕色	轻黏土	小块状	7.9	10.4	0.78	1.01							
						3	28~53	灰棕色	轻黏土	大棱柱状	7.9	8.1	0.67	0.94							
						4	53~100	灰紫棕色	重黏土	小柱状	7.9	6.3	0.57	0.84							
剖18	人为土	水稻土	潮土型水稻土	灰棕潮土田	潮砂泥田	1	0~20	灰棕色	中壤土	团粒状	6.5	15.1	0.93	0.97	95	19.0	198	12.5	灰棕色冲积物	E 106°01′30.7″ N 31°32′17.5″	71
						2	20~40	浅红紫色	重黏土	中棱块状	7.5	8.5	0.69	0.96							
						3	40~100	浅红紫色	重黏土	块状	7.4	5.4	0.38	0.75							
剖19	人为土	铁铝土	紫色土性水稻土	黄红紫色水稻土	夹砂田	1	0~20	浅红紫色	中壤土	粒状	8.0	12.5	0.88	0.97	90	14.0	80	13.5	砂泥岩、钙质砂岩、砾岩	E 106°14′45.6″ N 31°31′27.8″	73
						2	20~50	黄红紫色	中壤土	大块状	8.2	11.1	0.81	0.85							
						3	50~														
剖20	铁铝土	黄壤	黄壤	老冲积黄泥土	死黄泥土	1	0~17	棕色	轻黏土	块状	5.7	15.2	1.05	0.59	88	5.0	127	5.5	老冲积黄砂岩、泥岩及卵石	E 106°03′33.5″ N 31°30′28.1″	76
						2	17~28	黄色	中壤土	大块状	6.7	10.9	0.80	0.70							
						3	28~100	黄色	中壤土	小块状	5.8	2.4	0.30	0.25							
剖21	人为土	水稻土	潮土型水稻土	灰棕潮土田	潮砂泥田	1	0~16	浅灰棕色	中壤土	单粒状	5.5	16.6	1.03	0.82	118	9.0	52	6.7	灰棕色冲积物	E 106°15′36.4″ N 31°38′04.6″	70
						2	16~25	浅灰棕色	中壤土	小梭块状	6.7	13.4	0.91	0.81							
						3	25~97	浅灰棕色	轻黏土	大块状	7.4	3.6	0.37	0.93							
剖22	人为土	水稻土	紫色土性水稻土	棕紫色水稻土	黄泥田	1	0~15	浅灰棕色	轻黏土	分散状	6.4	19.7	1.14	0.49	133	3.0	147	15.0		E 105°57′19.8″ N 31°29′54.6″	79
						2	15~32	浅灰棕色	中壤土	小块状	6.7	13.1	0.79	0.42							
						3	32~100	浅灰棕色	轻黏土	块状	7.1	2.6	0.32	0.23							
剖23	初育土	紫色土	石灰性紫色土	棕紫泥土	砂土	1	0~20	灰棕色	中壤土	单粒状	8.3	7.6	0.81	0.85	82	2.0	70	10.1		E 105°51′06.5″ N 31°27′20.5″	92
						2	20~	灰棕色													
剖24	初育土	紫色土	石灰性紫色土	棕紫泥土	大土泥土	1	0~25	棕紫色	重壤土	粒状	8.3	10.2	0.79	0.87	84	4.0	143	18.4	长石砂岩、钙质砂岩、泥岩	E 105°54′22.7″ N 31°27′20.5″	95
						2	25~40	棕紫色	重壤土	块状	8.3	7.5	0.72	0.67							
						3	40~100	棕紫色	重壤土	柱状	8.3	4.6	0.47	0.60							
剖25	初育土	紫色土	石灰性紫色土	棕紫色水稻土	夹砂泥田	1	0~18	棕紫色	中壤土	团粒状	8.2	11.2	0.84	0.72	91	3.0	98	19.4	长石砂岩、钙质砂岩、泥岩	E 105°56′31.9″ N 31°25′14.2″	81
						2	18~25	棕紫色	重壤土	棱块状	8.0	7.5	0.72	0.60							
						3	25~100	棕紫色	重壤土	柱状	8.1	4.2	0.51	0.50							
						4	100~														
剖26	初育土	紫色土	石灰性紫色土	棕紫泥土	石骨子土	1	0~18	棕紫色	中壤土	单粒状	8.5	4.9	0.62	1.12	39	3.0	145	8.0		E 105°54′59.8″ N 31°25′03.7″	85
						2	18~		中砾中壤土	粒状、块状											
剖27	初育土	紫色土	石灰性紫色土	老冲积黄泥土	夹砂黄泥土	1	0~25	黄棕色	中壤土	块状	6.9	4.1	0.36	0.45	35	7.0	41	10.4	老冲积黄砂岩、泥岩及卵石	E 105°54′51.3″ N 31°29′55.0″	81
						2	25~100	黄棕色	中壤土	大块状	6.8	1.2	0.31	0.26							
						3	100~														
剖28	铁铝土	水稻土	紫色土性水稻土	棕紫色水稻土	夹砂泥田	1	0~20	灰棕色	轻黏土	粒状	8.2	11.2	0.76	1.19	76	5.0	94	15.6	长石砂岩、钙质砂岩、泥岩	E 106°06′55.1″ N 31°28′58.8″	92
						2	20~40	棕黄色	中黏土	大棱块状	8.3	6.2	0.53	1.05							
						3	40~100	棕黄色	中壤土	小块状	8.4	4.0	0.43	0.89							
剖29	人为土	黄壤	黄壤性水稻土	老冲积黄泥田	死黄泥田	1	0~16	棕黄色	轻黏土	分散状	6.5	23.7	1.05	0.93	108	4.0	109	5.5	第四纪冰水沉积物	E 106°01′51.3″ N 31°29′55.0″	91
						2	16~24	黄棕色	中黏土	棱块状	6.2	16.8	0.62	0.64							
						3	24~44	黄黄色	中黏土	大棱块状	6.1	15.1	0.55	0.76							
						4	44~95	棕黄色	轻黏土	棱块状	6.8	6.4	0.45	0.76							
剖30	初育土	紫色土	石灰性紫色土	棕紫泥土	石骨子夹土	1	0~30	棕黄色	中壤土	粒状	8.3	7.6	0.66	0.94	68	5.0	110	15.3	长石砂岩、钙质砂岩、泥岩	E 106°07′54.5″ N 31°28′44.8″	95
						2	30~70	棕黄色	中壤土	块状	8.5	3.9	0.45	0.85							
						3	70~														

续表 Continued

剖面号 Soil profile	土纲 Soil order	土类 Soil great group	亚类 Soil subgroup	土属 Soil genus	土种 Soil species	土层码 Layer code	土层厚度 Depth/cm	颜色 Soil color	质地 Soil texture	土壤结构 Soil structure	pH	有机质 OM/(g/kg)	全氮 TN/(g/kg)	全磷 TP/(g/kg)	碱解氮 AN/(mg/kg)	有效磷 AP/(mg/kg)	速效钾 AK/(mg/kg)	阳离子交换量CEC/(cmol/kg)	土壤母质 Parent material	剖面点坐标 Profile coordinate	匹配指数 Matching index/%
剖31	人为土	水稻土	黄壤性水稻土	老冲积黄泥田	卵石黄泥田	1	0—18	浅灰黄色	轻砾重壤土	整体状	5.6	16.2	0.63	0.92	129	8.0	70	13.0	第四纪冰水沉积物	E 106°02′31.9″ N 31°28′23.2″	85
						2	18—42	浅红黄色	轻砾重壤土	大棱柱状	5.9	9.2	0.57	0.37							
						3	42—110	黄色	重壤土	小块状	5.8										
剖32	半成土	潮土	潮土	灰棕潮土	潮砂泥土	1	0—21	灰棕色	中壤土	粒状	8.1	13.5	0.81	1.36	77	5.0	82	8.7	河流冲积物	E 106°01′08.4″ N 31°27′23.4″	99
						2	21—80	黄灰棕色	中壤土	土块状	8.2	7.2	0.55	1.26							
剖33	铁铝土	黄壤	黄壤	老冲积黄泥土	卵石黄泥土	1	0—19	浅黄色	中黏土	块状	6.3	8.2	0.42	0.38	64	4.0	43	10.5	老冲积黄砂岩、泥岩及卵石	E 106°04′24.6″ N 31°26′55.7″	72
						2	19—80	黄色	中黏土	大棱块状	6.3	1.5	0.23	0.32							
						3	80—	黄色													
剖34	人为土	水稻土	黄壤性水稻土	老冲积黄泥田	黄泥田	1	0—26	浅灰黄色	轻黏土	致密状	6.1	28.4	1.50	0.89	166	10.0	114	11.5	第四纪冰水沉积物	E 106°04′51.6″ N 31°25′35.8″	98
						2	26—58	浅黄色	轻黏土	大棱柱状	6.8	27.0	0.68	0.74							
						3	58—100	浅黄色	轻黏土	小棱块状	6.8	16.5	0.67	0.41							
剖35	半成土	潮土	潮土	灰棕潮土	潮砂土	1	0—40	白灰棕色	砂壤土	砂粒状	7.9	13.1	0.15	1.29	48	4.0	83	7.2	河流冲积物	E 106°02′44.3″ N 31°24′45.0″	80
						2	40—	白灰棕色	砂土	砂粒状	8.4	8.0	0.36	1.13							

眉 山 市

彭 山 区

主要土类说明

水稻土是彭山区的主要土壤类型，占本区地域面积的46%，遍布全区各地。水稻土是在人工淹水种稻的条件下发育形成的一种特殊土壤。在长期季节性淹灌、水下翻耕、季节性脱水、氧化还原交替影响下，水稻土形成淹育层、犁底层、渗育层、潴育层与潜育层等多种发生层。水稻土淹水后，磷的有效性增高，排水落干后磷的有效性降低。本区高产水稻土的共同特征是耕层厚15—18cm，犁底层软而不烂，耕作层和犁底层具有"鳝血斑"，地下水位在80cm以下。本区水稻土分为淹育型、潴育型、潜育型、盐渍型等亚类。

紫色土是彭山区第二大土壤类型，占本区地域面积的39%。紫色土是由紫色岩层发育而成的，成土过程以物理风化为主，成土速度快，化学风化弱，土壤理化性质及生产性能受母质影响较大，属岩性土，土壤颜色均一，与母岩相似。根据土壤岩性的不同，本区紫色土分为酸性紫色土、中性紫色土、石灰性紫色土等亚类。

黄壤占本区地域面积的6%。土壤的脱硅富铝化、黄化、酸化特征明显。本区黄壤只有黄壤一个亚类，其典型剖面的特征是心土层（B），呈黄色。成土母质为第四纪冰川、冰水沉积物。

新积土占本区地域面积的5%。新积土是由新近冲积、洪积、坡积、塌积或人工堆垫形成的土壤。该土壤成土期短，母质特性明显，具 A–C 或（A）–C 剖面构型。

本区域中心区气候特征

本区域中心区气候特征值
Regional climate characteristics in central area of the region

气候带：中亚热带湿润气候 Climate region: Subtropical humid climate	
年平均气温 /℃ Annual average temperature /℃	16.1
年平均最高气温 /℃ Annual average maximum temperature /℃	20.6
年平均最低气温 /℃ Annual average minimum temperature /℃	13.0
年降水量 /mm Annual precipitation /mm	922
≥10℃的积温 /℃ Daily temperature accumulated in a year（≥10℃）/℃	7095
年日照时数 /h Annual sunshine /h	1140
年平均相对湿度 /% Annual average relative humidity /%	80
干燥度 Dryness	1.09

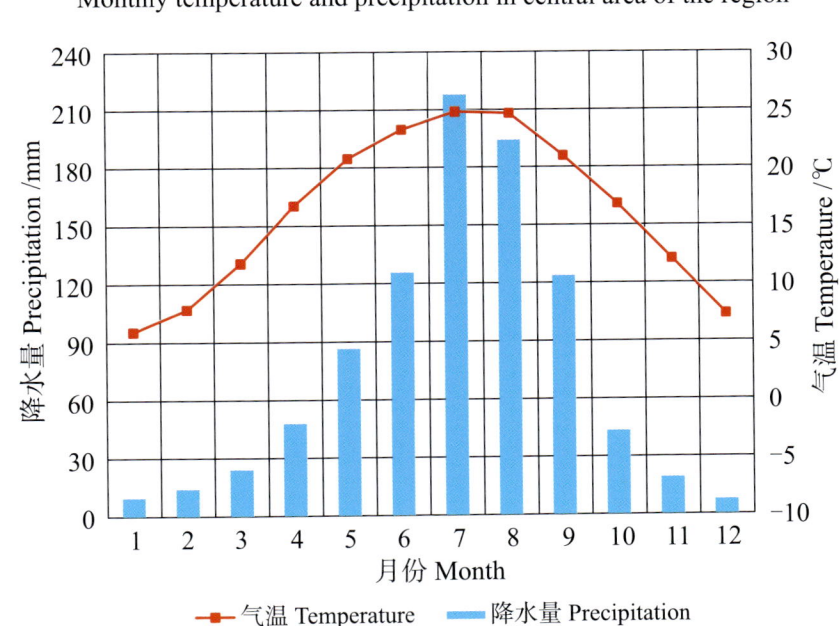

本区域中心区月平均气温与月平均降水量
Monthly temperature and precipitation in central area of the region

彭山县主要土壤类型与土壤剖面点分布图
1 : 120 000

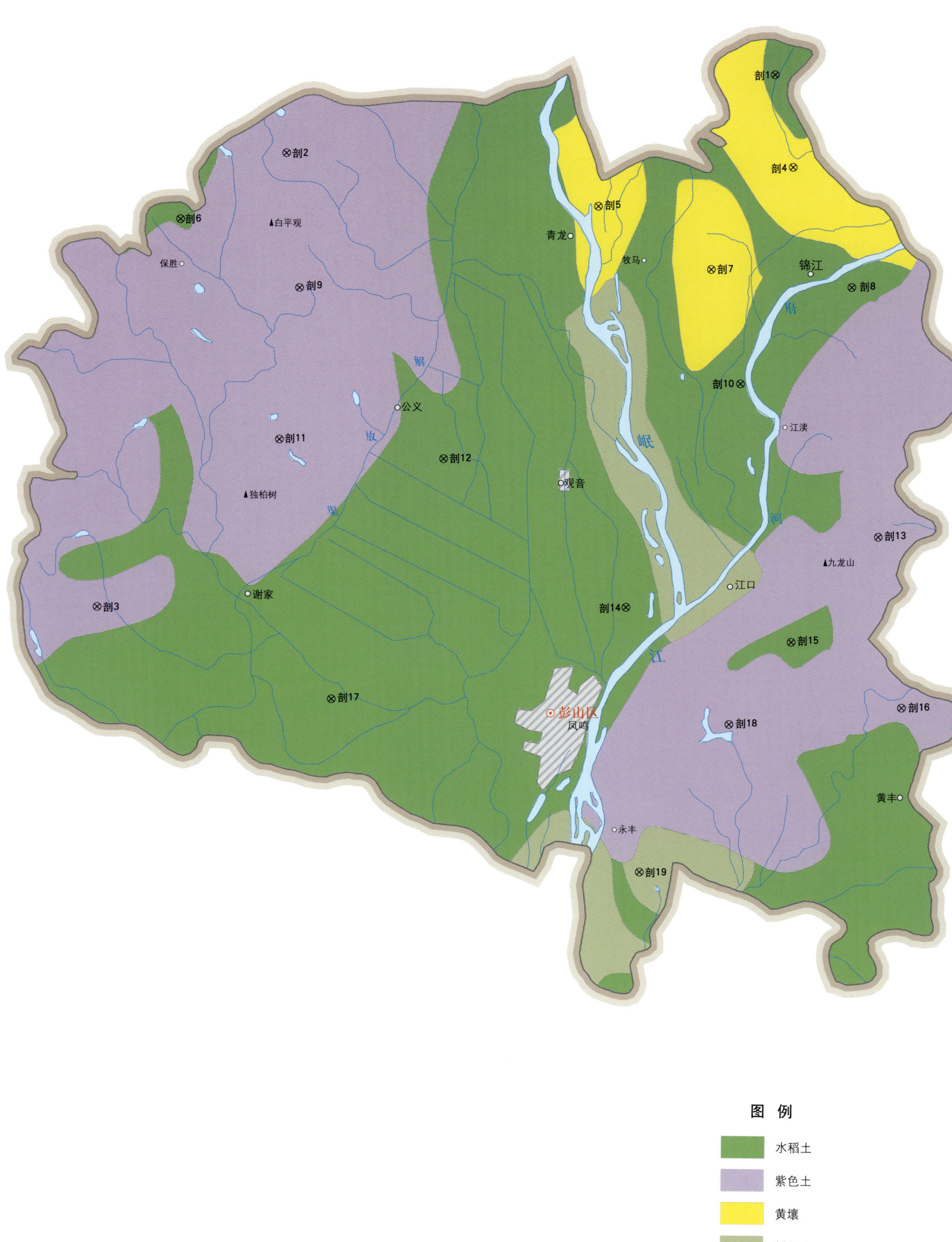

注：国务院 2014 年批准，撤销彭山县，设立彭山区。

彭山区土壤剖面理化性状表

剖面号 Soil profile	土纲 Soil order	土类 Soil great group	亚类 Soil subgroup	土属 Soil genus	土种 Soil species	土层码 Layer code	土层厚度 Depth/cm	颜色 Soil color	质地 Soil texture	土壤结构 Soil structure	pH	有机质 OM (g/kg)	全氮 TN (g/kg)	全磷 TP (g/kg)	全钾 TK (g/kg)	碱解氮 AN (mg/kg)	有效磷 AP (mg/kg)	速效钾 AK (mg/kg)	阳离子交换量CEC (cmol/kg)	土壤母质 Parent material	剖面点坐标 Profile coordinate	匹配指数 Matching index/%
剖1	人为土	水稻土	潜育水稻土	老冲积黄泥田	小土黄泥田	1	0—15		轻黏土	分散状	5.7	23.0	1.29	0.32		114	6.0	114		第四纪冰水、冰川沉积物	E 103°55′39.4″ N 30°21′18.0″	94
						2	15—32		轻黏土	片状	6.6	20.8	1.31	0.21								
						3	32—53		重壤土	小块状	7.1	2.0	0.29	0.16								
						4	53—100		重壤土	小块状	8.2	1.8	0.27	0.18								
剖2	初育土	紫色土	石灰性紫色土	棕紫泥土	石骨子土	1	0—14		轻砾轻黏土	粒状	8.2	9.2	0.84	0.75		47	3.0	120		页岩、砂岩坡积物、残积物	E 103°47′16.3″ N 30°20′03.1″	70
						2	14—29		轻砾重壤土	粒状	8.4	9.9	0.67	0.73								
						3	29—															
剖3	初育土	紫色土	石灰性紫色土	砖红紫泥土	砂土	1	0—22		中砾砂壤土	小块状	8.1	8.8	0.64	0.43		52	5.0	42		砖红紫泥岩、砂岩	E 103°44′08.2″ N 30°13′15.2″	89
						2	22—52		轻砾轻壤土	小块状	8.0	7.8	0.47	0.27								
						3	52—100															
剖4	铁铝土	黄壤	黄壤	老冲积黄泥土	黄泥土	1	0—21		重壤土	团粒状	6.6	11.0	0.92	0.31		82	6.0	110		老冲积物	E 103°55′59.2″ N 30°19′55.9″	76
						2	21—100		中壤土	棱柱状	6.2	4.6	0.52	0.19								
						3	100—		重壤土	小块状												
剖5	铁铝土	黄壤	黄壤	老冲积黄泥土	黄干土	1	0—21		重壤土	小块状	5.9	8.3	0.74	0.20		60	2.0	106		老冲积物	E 103°52′38.6″ N 30°19′18.8″	92
						2	21—43				5.6	3.1	0.45	0.12								
						3	43—100															
剖6	人为土	水稻土	潜育水稻土	老冲积黄泥田	黄干泥田	1	0—12		中壤土	分散状	6.7	9.7	0.71	0.26		63	1.0	75		第四纪冰水、冰川沉积物	E 103°45′27.9″ N 30°19′02.6″	95
						2	12—18		重壤土	块状	6.5	6.8	0.59	0.18								
						3	18—49		重壤土	小块状	5.8	3.1	0.37	0.17								
						4	49—100		重壤土	小块状	6.0	1.7	0.31	0.18								
剖7	铁铝土	黄壤	黄壤	老冲积黄泥土	豆面土	1	0—21		中壤土	柱状	6.7	8.6	0.63	0.31		65	6.0	36		老冲积物	E 103°54′36.0″ N 30°18′24.1″	87
						2	21—50		轻壤土	小块状	6.2	7.7	0.61	0.24								
						3	50—100															
剖8	人为土	水稻土	淹育水稻土	潮土田	灰棕潮泥田	1	0—12		轻壤土	小块状	8.0	17.7	1.10	0.79		83	8.0	134		近代河流冲积物	E 103°57′01.1″ N 30°18′09.8″	94
						2	12—19		轻壤土	大棱柱状	8.0	15.8	0.93	0.76								
						3	19—47		中壤土	大棱柱状	8.3	10.2	0.66	0.68								
						4	47—100															
剖9	初育土	紫色土	酸性紫色土	红紫泥土	回砂土	1	0—21		轻黏土	粒状·小块状	6.5	6.8	0.48	0.45		40	2.0	49		红紫泥岩	E 103°47′31.6″ N 30°18′02.9″	70
						2	21—39		轻黏土	粒状·小块状	6.4	6.1	0.46	0.15								
						3	39—100															
剖10	人为土	水稻土	淹育水稻土	潮土田	紫潮泥田	1	0—12		轻黏土	块状	7.8	39.9	2.57	0.49		205	7.0	83		近代河流冲积物	E 103°55′07.7″ N 30°16′43.0″	100
						2	12—16		轻黏土	块状	8.0	28.7	2.07	0.47								
						3	16—70		中壤土	大棱柱状	7.8	9.9	0.78	0.25								
						4	70—100															
剖11	初育土	紫色土	石灰性紫色土	砖红紫泥土	泥土	1	0—24	棕色	轻红重壤土	团块状	8.2	12.6	1.09	0.65		81	2.0	111		砖红紫泥岩、砂岩	E 103°47′13.2″ N 30°15′47.5″	78
						2	24—82	棕色	重壤土	小块状	8.0	7.3	0.30	0.59								
						A	82—															
剖12	人为土	水稻土	脱潜潴潮田	脱潜潮田	脱潜紫潮田	Pb	15—28	棕色	壤质黏土	粒状	7.8	25.7	1.67	0.24		127	6.2	119		近代河流紫色冲积物	E 103°50′02.8″ N 30°15′32.4″	94
						Gw	28—68	红棕色	壤质黏土	块状	8.0	16.5	1.17	0.19								
									壤质黏土	棱柱状	8.1	12.7	0.90	0.17								
剖13	初育土	紫色土	酸性紫色土	红紫泥土	二泥土	1	0—32		重壤土	粒状·小块状	7.0	6.8	0.68	0.24		40	4.0	143		红紫泥土	E 103°57′31.8″ N 30°14′28.1″	70
						2	32—100															

续表 Continued

剖面号 Soil profile	土纲 Soil order	土类 Soil great group	亚类 Soil subgroup	土属 Soil genus	土种 Soil species	土层码 Layer code	土层厚度 Depth/cm	颜色 Soil color	质地 Soil texture	土壤结构 Soil structure	pH	有机质 OM/(g/kg)	全氮 TN/(g/kg)	全磷 TP/(g/kg)	全钾 TK/(g/kg)	碱解氮 AN/(mg/kg)	有效磷 AP/(mg/kg)	速效钾 AK/(mg/kg)	阳离子交换量 CEC/(cmol/kg)	土壤母质 Parent material	剖面点坐标 Profile coordinate	匹配指数 Matching index/%
剖14	人为土	水稻土	淹育水稻土	潮土田	紫潮砂田	1	0—18		轻壤土	团块状	7.8	12.4	1.01	0.46		73	9.0	93		近代河流冲积物	E 103°53′12.8″ N 30°13′22.4″	84
						2	18—26		轻壤土	片状	8.1	3.8	0.42	0.34								
						3	26—77		中壤土	小棱柱状	8.3	5.1	0.52	0.36								
						4	77—100															
剖15	人为土	水稻土	淹育水稻土	潮土田	灰棕潮二泥砂田	1	0—13		中壤土	粒状	8.1	18.4	1.24	0.79		80	12.0	50		近代河流冲积物	E 103°56′03.8″ N 30°12′53.6″	94
						2	13—25		中壤土	板状	8.0	16.7	1.00	0.70								
						3	25—67		轻壤土	柱状	8.2	8.9	0.57	0.62								
						4	67—100		中壤土		7.9	12.4	0.72	0.60								
剖16	初育土	紫色土	石灰性紫色土	红棕紫泥土	裂直大土	1	0—22		轻黏土	大块状	8.1	18.6	1.07	0.62		62	4.0	135			E 103°57′58.6″ N 30°11′56.5″	71
						2	22—100		轻黏土	大柱状	8.2	4.1	0.53	0.56								
剖17	人为土	水稻土	潜育水稻土	潮土田	紫潮下湿田	1	0—14		轻黏土	块状	7.9	39.2	2.30	0.49		176	7.0	76		冲积物	E 103°48′11.2″ N 30°11′56.4″	100
						2	14—26		轻黏土	片状	7.8	37.6	2.20	0.43								
						3	26—53		中黏土	大棱柱状	7.8	31.2	1.63	0.28								
						4	53—100		中壤土	紧体状	7.6	18.8	1.10	0.26								
剖18	初育土	紫色土	石灰性紫色土	砖红紫泥土	石骨土	1	0—35		中壤土	粒状	8.2	6.7	0.73	0.62		46	3.0	92			E 103°55′01.2″ N 30°11′39.5″	83
						2	35—															
剖19	初育土	新积土	冲积土	河滩土	彭山灰棕砂土	A_{11}	0—17	灰棕色	砂壤土	小块状	8.1	12.6	0.67	0.26	1.5	59	4.0	43	5.1	冲积物	E 103°53′31.3″ N 30°09′26.6″	70
						C	17—76	灰棕色	砂壤土		8.6	7.3	0.37	0.23	1.9				5.9			

仁 寿 县

主要土类说明

紫色土是仁寿县的主要土壤类型，占本县地域面积的 57%。该土类遍及全县大部分丘陵区，是在紫色砂页岩风化残坡积母质上形成的土壤，属岩性土。土壤多含钙，盐基饱和，呈中性至微碱性；土壤剖面颜色均一，物质淋溶淀积不明显，多系原色土（与母质同色）。土壤通透性较好，有机质累积少，胶体多高硅性，吸收量较高。磷、钾含量丰富，石质型紫色土较多。根据土壤含钙状况，本县紫色土分为石灰性紫色土、中性紫色土、酸性紫色土等亚类。

水稻土是仁寿县第二大土壤类型，占本县地域面积的 35%，遍布全县各地，以西北浅丘黄泥台地和南部石灰岩溶蚀丘陵较集中，龙泉低山区较少。水稻土是在长期耕作、施肥、灌溉种稻的条件下，由于氧化还原等作用，形成了特有的剖面结构，即耕作层、犁底层、淀积层、还原层。

黄壤是仁寿县第三大土壤类型，占本县地域面积的 6%，主要分布于本县海拔 700—1200m 的清水、龙正区老冲积浅丘台地和汪洋区须家河组深丘地区。具 O-A-AB-B-C 剖面构型。富含水合氧化物（针铁矿），呈黄色，中度脱硅富铝化。本土类是在亚热带高温多雨气候条件下形成的，兼具富铝化和黏化、黄化的成土过程，带有明显的地带性土壤特征。土壤为黄色，多砾石，在土层下部出现网纹层，为铁锰淋溶和淀积作用的结果。土壤呈微酸性至酸性，pH 为 4.5—5.5，缺乏有机质和有效磷，自然肥力较低，质地黏重，多重壤土至轻黏土，结构差，耕性不良。土壤有机质累积较高，可达 100g/kg。

小于本县地域面积 3% 的土壤类型还有石灰（岩）土和新积土等。

本区域中心区气候特征

本区域中心区气候特征值
Regional climate characteristics in central area of the region

气候带：中亚热带湿润气候 Climate region: Subtropical humid climate	
年平均气温 /℃ Annual average temperature /℃	16.6
年平均最高气温 /℃ Annual average maximum temperature /℃	20.9
年平均最低气温 /℃ Annual average minimum temperature /℃	13.6
年降水量 /mm Annual precipitation /mm	960
≥10℃的积温 /℃ Daily temperature accumulated in a year (≥10℃) /℃	8023
年日照时数 /h Annual sunshine /h	1120
年平均相对湿度 /% Annual average relative humidity /%	81
干燥度 Dryness	1.10

本区域中心区月平均气温与月平均降水量
Monthly temperature and precipitation in central area of the region

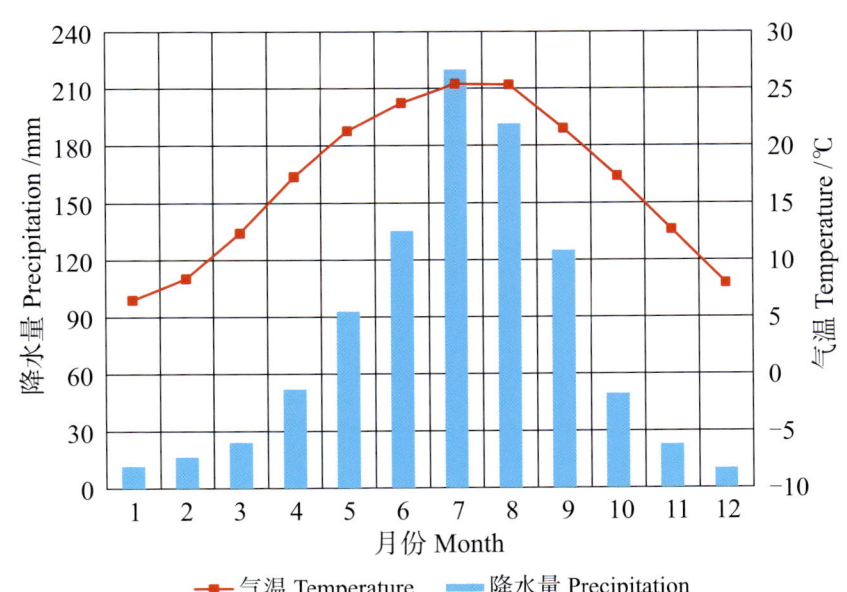

仁寿县主要土壤类型与土壤剖面点分布图
1 : 260 000

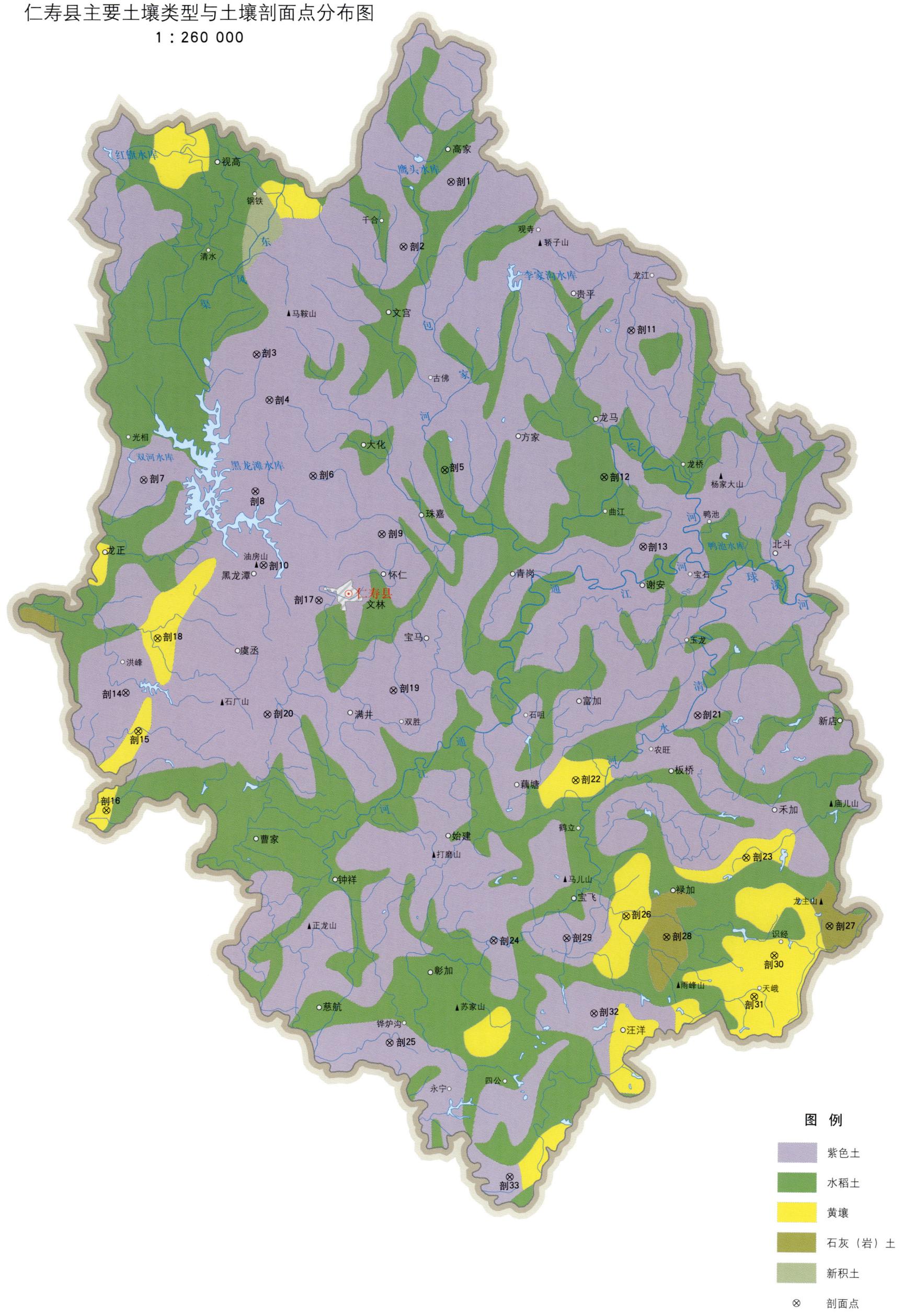

仁寿县土壤剖面理化性状表

剖面号 Soil profile	土纲 Soil order	土类 Soil great group	亚类 Soil subgroup	土属 Soil genus	土种 Soil species	土层代码 Layer code	土层厚度 Depth/cm	颜色 Soil color	质地 Soil texture	土壤结构 Soil structure	pH	有机质 OM/(g/kg)	全氮 TN/(g/kg)	全磷 TP/(g/kg)	全钾 TK/(g/kg)	碱解氮 AN/(mg/kg)	有效磷 AP/(mg/kg)	速效钾 AK/(mg/kg)	阳离子交换量 CEC/(cmol/kg)	土壤母质 Parent material	剖面点坐标 Profile coordinate	匹配指数 Matching index/%
剖1	初育土	紫色土	中性紫色土	黄紫泥土	黄泥土	1	0—12	黄棕紫色	重壤土	小块状	7.3	5.3	1.05	0.30		79	6.0	45	24.6	棕紫色厚泥岩坡积物	E 104°12′28.4″ N 30°14′22.9″	89
						2	12—22	黄棕紫色	重壤土	块状	7.7	0.9	0.67	0.23		59	6.0	48	26.5			
						3	22—90	黄棕色	重壤土	棱块状	7.7		0.68	0.18		55	3.0	60	24.1			
剖2	初育土	紫色土	中性紫色土	暗紫泥土	二泥土	1	0—19	暗紫色	轻黏土	粒状、块状	5.3	2.3	0.60	0.24		60	7.0	107		暗紫色砂页岩残积物、坡积物	E 104°10′32.9″ N 30°12′04.3″	86
						2	19—32	暗紫色	轻黏土	粒状	5.2	1.1	0.97	0.19		72	4.0	102				
						3	32—60	暗紫色	轻黏土	小块状	5.5	1.0	0.89	0.09		58	2.0	87				
剖3	初育土	紫色土	石灰性紫色土	红石骨紫泥土	红石骨土	1	0—11	浅红棕色	中石质重壤土	颗粒状	7.4	2.4	0.59	0.41		50	3.0	75		厚泥岩夹粉砂岩残积物	E 104°04′34.7″ N 30°08′11.4″	75
						2	11—20	红棕色	重石质重壤土	颗粒状	7.8	2.4	0.48	0.39		27	2.0	80				
						3	20—															
剖4	初育土	紫色土	石灰性紫色土	棕紫泥土	油砂土	1	0—20	浅棕紫色	中壤土	小块状、粒状	7.4	5.3	0.72	0.53		75	6.0	92		残积物、坡积物	E 104°05′07.1″ N 30°06′34.6″	78
						2	20—30	灰棕紫色	轻壤土	小块状	7.6	2.2	0.69	0.50		56	3.0	76				
						3	30—50	灰棕紫色	中壤土	块状	7.8	0.7	0.44	0.54		53	2.0	77				
						4	50—100	灰棕紫色	中壤土		8.0	0.7	0.46	0.54		38	2.0	73				
剖5	人为土	水稻土	脱潜水稻土	脱潜紫泥田	浅脚紫泥田	A	0—25	灰棕色	壤质黏土	粒状、小块状	7.8	24.7	1.42	0.31		103	4.0	52	24.7	紫色页岩坡积物	E 104°12′20.5″ N 30°04′09.5″	85
						Pb	25—38	棕紫色	壤质黏土	块状	8.1	21.9	1.56	0.20					27.0			
						Gw	38—69	棕紫色	壤质黏土	棱柱状	8.0	22.4	1.31	0.21					27.0			
						C	69—100	灰棕色	壤质黏土	棱柱状	8.0	22.4	1.38	0.22					29.4			
剖6	初育土	紫色土	中性紫色土	林地岩屑土	岩羹土	1	0—6	棕紫色		块状	7.4	30.6	0.77	0.50		143	5.0	117		砂页岩残积物	E 104°06′56.5″ N 30°03′54.0″	81
						2	6—12	棕紫色		块状	7.8	14.2	1.03	0.45		132	3.0	77				
						3	12—24	棕紫色		碎块状	7.8	10.8	0.90	0.48		89	4.0	53				
						4	24—90	棕紫色		小棱柱状	8.0	2.1	0.35	0.48		38	3.0	46				
剖7	初育土	紫色土	石灰性紫色土	棕紫泥土	棕紫泥土	A	0—20	棕紫色	壤质黏土	小块状	8.2	9.8	1.17	0.40	2.6	62	5.0	99	22.3	砂岩、泥岩坡积物	E 104°00′00.4″ N 30°03′40.7″	95
						B	20—40	棕紫色	壤质黏土	块状	7.9	4.8	0.71	0.37	2.6	47	3.0	82	22.2			
						C	40—80	棕紫色	壤质黏土	块状	8.0	1.7	0.47	0.40	2.8	35	2.0	64	23.9			
剖8	初育土	紫色土	石灰性紫色土	砖红紫泥土	砖红紫石骨土	A	0—18	浅红紫色	壤土	小块状	8.0	8.7	0.49	0.17	1.8	58	4.0	65	18.4	砂泥岩坡风化残积物	E 104°04′35.4″ N 30°03′19.4″	91
						C	18—42	砖红紫色	壤土	块状	8.1	2.3	0.23	0.16	1.8	40	4.0	43	18.0			
剖9	初育土	紫色土	石灰性紫色土	棕紫泥土	鼓眼砂土	1	0—15	棕紫色	轻黏土	粒状	7.5	2.2	0.60	0.50		54	3.0	70		棕紫色厚岩残积物、坡积物	E 104°09′47.2″ N 30°01′52.0″	97
						2	15—34	棕紫色	中石质轻壤土	松散小块状	7.9	0.1	0.31	0.46		39	2.0	47				
						3	34—															
剖10	初育土	紫色土	中性紫色土	黄紫泥土	黄泥大土	1	0—20	浅黄紫色	轻石质重壤土	粒状	6.8	11.7	0.79	0.37		102	11.0	115		暗紫色砂泥岩	E 104°04′57.7″ N 30°00′42.8″	74
						2	20—27	浅黄紫色	轻石质轻壤土	小块状	7.2	11.2	0.92	0.35		95	9.0	110				
						3	27—55	暗紫色	轻黏土	棱柱状	7.0	6.5	0.59	0.22		80	3.0	99				
						4	55—93	暗紫色	轻黏土	碎块状	7.1	0.3	0.32	0.22		44	8.0	102				
剖11	初育土	紫色土	石灰性紫色土	棕紫泥土	大土泥土	1	0—13	浅红紫色	轻石质重壤土	团粒状	7.2	9.7	1.19	0.43		58	5.0	43	22.4	厚砂岩、厚泥岩坡积物	E 104°19′54.8″ N 30°09′10.4″	96
						2	13—22	浅红紫色	轻石质重壤土	小块状	7.8	6.1	0.86	0.42		58	2.0	25	25.9			
						3	22—100	棕紫色	轻石质轻壤土	大块状	7.9	3.2	0.77	0.40		39	2.0	31	26.2			
剖12	人为土	水稻土	渗育水稻土	渗育紫泥田	仁寿紫泥田	Aa	0—22	油红棕色	壤质黏土	小块状	8.2	12.2	0.89	0.36	2.5	77	7.0	138	26.0	棕紫色厚泥夹薄砂岩风化物	E 104°18′52.2″ N 30°03′57.6″	96
						Ap	22—31	油红棕色	粉砂质黏土	块状	8.2	12.0	0.84	0.35	2.4	61	6.0	101	30.4			
						P	31—80	油红棕色	粉砂质黏土	大棱柱状	8.2	8.0	0.70	0.31	2.6	53	5.0	76	30.8			

续表 Continued

剖面号 Soil profile	土纲 Soil order	土类 Soil great group	亚类 Soil subgroup	土属 Soil genus	土种 Soil species	土层码 Layer code	土层厚度 Depth/cm	颜色 Soil color	质地 Soil texture	土壤结构 Soil structure	pH	有机质 OM/(g/kg)	全氮 TN/(g/kg)	全磷 TP/(g/kg)	全钾 TK/(g/kg)	碱解氮 AN/(mg/kg)	有效磷 AP/(mg/kg)	速效钾 AK/(mg/kg)	阳离子交换量 CEC/(cmol/kg)	土壤母质 Parent material	剖面点坐标 Profile coordinate	匹配指数 Matching index/%
剖13	初育土	紫色土	石灰性紫色土	红棕紫泥土	红砂二泥	1	0—19	红棕紫色	中石质中壤土	粒状	7.8	7.8	0.90	0.48		80	7.0	79	20.1		E 104°20′29.4″ N 30°01′31.1″	82
						2	19—32	红棕紫色	中壤土	小块状	8.1	5.4	0.74	0.50		70	7.0	54	21.3			
						3	32—63	红棕紫色	中石质中壤土	小块状	8.2	2.7	0.76	0.42		51	4.0	51	21.4			
						4	63—80	红棕紫色	中石质中壤土	小块状	8.2	1.9	0.59	0.43		44	3.0	51	22.1			
						5	80—	红棕紫色														
剖14	初育土	紫色土	酸性紫色土	红紫泥土	红砂土	1	0—20	红紫色		单粒状	5.7	4.4	0.45	0.11		75	12.0	26			E 103°59′23.3″ N 29°56′06.4″	92
剖15	铁育土	黄壤	黄壤	砾石黄泥土	扁石子黄泥土	1	0—16	浅棕黄色	重石质重壤土	小块状	6.8	11.2	0.79	0.29		71	21.0	213		红砂岩夹砾岩	E 103°59′55.3″ N 29°54′45.0″	79
						2	16—25	重棕黄色	重石质重壤土	棱块状	7.0	10.1	0.72	0.27								
						3	25—90	棕黄色	轻黏土	棱块状	7.4	6.7	0.53	0.21								
剖16	铁育土	黄壤	黄壤	林地黄泥土	松毛土	1	0—40	浅黄棕色	轻石质重壤土	整体状	5.3	16.2	0.75	0.17		76	3.0	56			E 103°58′39.6″ N 29°51′54.9″	86
						2	4—47	浅黄棕色	轻黏土	整体状	5.8	4.4	0.58	0.19		66	3.0	54				
						3	47—100	黄棕色	轻黏土		6.2		0.29	0.15		26	2.0	33				
剖17	初育土	紫色土	中性紫色土	暗紫泥土	梭砂土	1	0—23	暗黄紫色	石质重壤土	小块状	5.8	5.5	0.71	0.16		82	4.0	80			E 104°07′14.5″ N 29°59′28.7″	95
						2	23—36	暗黄紫色	轻黏土	小块状	5.7	4.9	0.47	0.15		89	3.0	45				
剖18	铁育土	黄壤	黄壤	冷砂黄泥土	黄泥土	1	0—14	黄黄紫色	重壤土	块状	6.4	6.5	0.85	0.26		64	10.0	48			E 104°00′40.0″ N 29°58′03.7″	70
						2	14—36	浅黄紫色	重壤土	小块状	5.9	2.1	0.42	0.15		60	3.0	60				
						3	36—70	黄紫色	重壤土	块状	5.7	1.7	0.58	0.11		50	2.0	60				
剖19	初育土	紫色土	石灰性紫色土	棕紫泥土	石骨子土	1	0—23	棕紫色	轻石质重壤土	团粒状	7.7	9.8	1.17	0.40		62	5.0	49	22.3	砂页岩残积物	E 104°10′20.3″ N 29°56′19.0″	81
						2	23—34	棕紫色	重壤土	小碎块状	7.9	4.8	0.71	0.37		47	3.0	32	22.2			
						3	34—80	棕紫色	重壤土	碎块状	8.0	1.7	0.47	0.40		35	2.0	24	23.5			
剖20	初育土	紫色土	中性紫色土	暗紫泥土	半砂半泥土	1	0—15	暗棕色	粘土	粒状、块状	7.5	9.0	0.68	0.41		45	4.0	87		棕紫色厚泥岩残积物、坡积物	E 104°05′11.8″ N 29°55′24.6″	88
						2	15—24	暗棕色	中壤土	粒状、块状	7.5	7.4	0.74	0.45		37	3.0	104				
						3	24—90	浅黄紫色	轻黏土	块状	7.6	3.7	0.67	0.38		30	2.0	84				
剖21	初育土	紫色土	中性紫色土	灰棕紫泥土	大泥土	1	0—17	暗紫	重壤土	粒状、块状	6.4	9.4	0.59	0.49		89	18.0	102		暗紫泥岩夹页岩坡积物	E 104°22′47.6″ N 29°55′33.6″	86
						2	17—25	暗紫	重壤土	大棱块状	6.8	7.8	0.73	0.44		69	9.0	96				
						3	25—43	暗紫	重壤土	小棱块状	6.9	6.9	0.63	0.42		62	12.0	95				
						4	43—70	暗紫	轻壤土	小块状	7.2	4.8	0.58	0.44		59	23.0	24				
剖22	铁育土	黄壤	黄壤	砂黄泥土	夹砂大泥土	1	0—21	灰棕紫色	重壤土	单粒状	5.5	1.8	0.40	0.31		39	4.0	109	5.6	厚层黄砂岩残积物、坡积物	E 104°17′49.6″ N 29°53′12.5″	76
						2	21—45	灰棕紫色	重壤土		5.3	1.4	0.60	0.28		36		116	7.3			
						3	45—100	灰棕紫色														
剖23	铁育土	黄壤	黄壤	砂黄泥土	黄泥土	1	0—19	灰棕紫色	重壤土	粒状	5.8	7.6	0.43	0.12		49	2.0	85		厚砂岩夹薄页岩残积物、坡积物	E 104°24′50.8″ N 29°50′31.6″	99
						2	19—32	灰棕紫色	中壤土	小块状	6.1	10.0	0.63	0.21		微量	微量	微量				
						3	32—65	灰棕紫色	中壤土	小块状	6.0	7.3	0.44	0.11		微量	微量	微量				
						4	65—100	灰棕紫色	重壤土		5.9	8.0	0.46	0.10		微量	微量	微量				
剖24	初育土	紫色土	中性紫色土	灰棕紫泥土	半砂半泥土	1	0—40	灰棕紫色	轻壤土	小块状	7.4	4.3	0.55	0.45		43	5.0	77		厚泥岩、厚砂岩残积物	E 104°14′33.4″ N 29°47′28.0″	85
						2	40—70	灰棕紫色	轻壤土	小块状	7.7	1.3	0.46	0.40		36	4.0	64				
						3	70—100	灰棕紫色	轻壤土	小块状	7.9	2.0	0.34	0.42		29	3.0	60				
剖25	初育土	紫色土	中性紫色土	灰棕紫泥土	油砂土	1	0—28	灰棕紫色	重壤土	碎粒状	7.5	0.6	0.80	0.40		66	3.0	28		厚砂岩、厚砂岩残积物	E 104°10′22.4″ N 29°43′47.3″	82
						2	28—38	灰棕紫色	中壤土	粒状	7.7	1.2	0.48	0.39		54	2.0	21				
						3	38—80	灰棕紫色	重壤土	块状	7.8	4.2	0.32	0.38		35	1.0	20				
剖26	铁育土	黄壤	黄壤	冷砂黄泥土	黄砂泥土	1	0—25	黄色	轻石质中壤土	粒状	5.5	8.2	0.89	0.29		94	5.0	73		厚砂薄页岩残积物	E 104°19′58.1″ N 29°48′23.8″	85
						2	25—100	黄黄棕色	轻石质重壤土	粒状	5.8	4.6	0.69	0.24		79	3.0	81				
剖27	初育土	石灰（岩）土	黄色石灰土	黄色黄泥土	黄砂泥土	1	0—17	暗黄紫色	轻石质重壤土	小块状	5.1	5.3	0.52	0.15		94	5.0	138		暗紫色泥岩残积物	E 104°28′16.5″ N 29°48′07.6″	85
						2	17—25	暗黄紫色	轻石质重壤土	小块状	5.1	2.7	0.26	0.29		72	4.0	130				
						3	25—40	暗黄紫色	轻石质重壤土	小块状	5.0	0.9	0.41	0.10		73	3.0	133				
						4	40—															

续表 Continued

剖面号 Soil profile	土纲 Soil order	土类 Soil great group	亚类 Soil subgroup	土属 Soil genus	土种 Soil species	土层码 Layer code	土层厚度 Depth/cm	颜色 Soil color	质地 Soil texture	土壤结构 Soil structure	pH	有机质 OM/(g/kg)	全氮 TN/(g/kg)	全磷 TP/(g/kg)	全钾 TK/(g/kg)	碱解氮 AN/(mg/kg)	有效磷 AP/(mg/kg)	速效钾 AK/(mg/kg)	阳离子交换量CEC/(cmol/kg)	土壤母质 Parent material	剖面点坐标 Profile coordinate	匹配指数 Matching index/%
剖28	初育土	石灰(岩)土	黄色石灰土	黄色石灰土	黄夹泥土	1	0—25	浅黄紫色	轻石质轻黏土	块状	6.9	9.9	0.72	0.43		60	6.0	105		灰岩残积物、坡积物	E 104°21′37.4″ N 29°47′40.2″	97
						2	25—40	浅黄色	轻黏土	大块状	7.1	2.3	0.58	0.37		37	4.0	85				
						3	40—100	黄色	轻石质轻黏土	大块状	7.0		0.59	0.38		22	4.0	78				
剖29	初育土	紫色土	中性紫色土	灰棕紫泥土	油石骨土	1	0—17	灰棕紫色	中黏土	粒状	7.5	11.3	0.53	0.45		94	8.0	135		厚砂岩夹厚泥质岩残积物	E 104°17′32.3″ N 29°47′34.8″	81
						2	17—23	灰棕紫色	重壤土	小块状	7.7	4.9	0.65	0.45		74	6.0	113				
						3	23—37	灰棕紫色	重壤土	小块状	7.8	1.6	0.22	0.43		55	5.0	103				
						4	37—90	灰棕紫色	砂壤土	块状	7.9	1.2	0.36	0.43		43	6.0	116				
剖30	铁铝土	黄壤	黄壤	老冲积黄泥土	小土黄泥土	1	0—26	浅黄紫色	重壤土	小块状	6.0	10.5	0.80	0.24		71	7.0	89		第四纪老冲积黄色黏土	E 104°26′02.0″ N 29°47′03.5″	85
						2	26—35	浅黄棕色	重壤土	小棱块状	6.0	9.3	0.74	0.22								
						3	35—60	浅黄色	轻黏土		5.5	4.6	0.48	0.14								
剖31	铁铝土	黄壤	黄壤	冷砂黄泥土	冷砂土	1	0—30	暗黄紫色	轻壤土	粒状	5.3	6.9	0.66	0.14		64	11.0	96		厚砂岩残积物、坡积物	E 104°25′14.2″ N 29°45′34.9″	90
						2	30—52	浅黄紫色	轻壤土	小块状	5.6	3.4	0.28	0.12		39	5.0	82				
						3	52—72	黄棕色	中石质轻壤土	小块状	6.2	2.3	0.24	0.12		32	3.0	73				
剖32	初育土	紫色土	中性紫色土	灰棕紫泥土	白石子土	1	0—18	灰棕紫色	轻壤土	粒状	7.2	4.9	0.14	0.44		51	5.0	63	20.8		E 104°18′42.1″ N 29°44′55.0″	98
						2	18—33	灰棕紫色	轻壤土	粒状	7.3	4.7	0.61	0.44		51	5.0	54	21.6			
						3	33—79	灰棕紫色	轻壤土	小块状	7.6	3.0	0.73	0.45		44	4.0	49	20.9			
剖33	初育土	紫色土	中性紫色土	灰棕紫泥土	黄砂土	1	0—16	黄黄色	轻石质砂壤土	单粒状	5.5	5.7	0.31	0.24		58	6.0	114	10.7	灰棕紫色厚砂夹岩残积物	E 104°15′20.5″ N 29°39′08.2″	94
						2	16—22	浅黄棕色	轻石质轻壤土	单粒状	5.5	3.8	0.45	0.17		64	4.0	105	9.7			
						3	22—34	黄棕色	轻石质轻壤土	小块状	5.8	1.8	0.46	0.16		52	3.0	83	8.8			
						4	34—															

洪 雅 县

主要土类说明

紫色土是洪雅县的主要土壤类型，占本县地域面积的 36%，丘陵和低山地区均有分布，是本县旱地的主要农耕土壤。成土母质为紫色泥岩、砂页岩风化物，以物理风化为主，剖面层次分化不明显。由于受气候、母岩、地形条件的影响，农业生产利用及改良方式各有差异。本县紫色土分为酸性紫色土、中性紫色土、石灰性紫色土等亚类。

水稻土是洪雅县第二大土壤类型，占本县地域面积的 19%，分布于坝、丘、山，但以平坝、丘陵区最多。水稻土是自然土或旱作土经长期水耕熟化、种植水稻形成的，一般具有犁底层，淹水时间长，受水文作用影响大，使土壤理化性质发生变化，保水保肥性能好，有机质累积多。总的看来，水稻土的土层较厚，质地和酸碱度适中，光热条件较好，适合种植水稻。因成土过程、剖面发育、生产性能等的差异，本县水稻土分为潮土性水稻土、紫色土性水稻土和黄壤性水稻土等亚类。

黄棕壤是洪雅县第三大土壤类型，占本县地域面积的 16%，主要分布于海拔 1600—2200m 的低、中山区，植被以混生常绿阔叶林与落叶阔叶林为主。成土母质主要是古老岩层的灰岩、砂页岩、玄武岩，次生矿物有高岭大蛭石。所处地区水热条件好，山势陡峻，悬岩密布，多有飞瀑，具有一定的富铝化作用，盐基呈不饱和状态。土壤呈微酸性至强酸性。心土层出现黏粒积聚，个别出现黏聚层、黏盘层。本土壤土层较厚，枯枝落叶层厚达 9cm，有机质丰富，从上到下，pH 由低到高（除 Ao 层外）。保水保肥性能好，加之地处湿润温带气候，夏季雨量充沛，有利于植物生长，冬春气温低有利于有机质的累积，适宜多种树种生长。

黄壤占本县地域面积的 13%，分布于本县南部海拔 700—1300m 的低山和低中山地带。成土母质为石灰岩、砂页岩、变质岩和第四纪老冲积砾石和黏土。自然植被有常绿林和落叶阔叶林，松杉较多。土壤形成具有黏化和富铝化过程，土中铁质水化，全剖面呈黄色，淋溶强烈，呈微酸性至酸性。老冲积母质淋溶与淀积作用都强，在剖面中有锈纹锈斑、铁锰结核、铁子，甚至形成铁盘。黄壤自然肥力较高，有机质累积多，林地一般在 100g/kg 左右。本县黄壤分为黄壤、山地黄壤等亚类。

暗棕壤占本县地域面积的 13%，主要分布在海拔 2200—2300m 的中山地带。原生植被以针叶林、阔叶林为主。成土母质为变质岩、白云岩风化残积物、坡积物。所处地区气温较低，年降水量大，土壤淋溶作用强，呈酸性，有机质含量高，矿物风化不强烈，黏粒含量少，肥力较高，林被覆盖率大，是本县林业基地的土壤资源。

小于本县地域面积 3% 的土壤类型还有棕色针叶林土、新积土、棕壤、山地草甸土等。

本区域中心区气候特征

本区域中心区气候特征值
Regional climate characteristics in central area of the region

气候带：中亚热带湿润气候 Climate region: Subtropical humid climate	
年平均气温 /℃ Annual average temperature /℃	13.8
年平均最高气温 /℃ Annual average maximum temperature /℃	19.8
年平均最低气温 /℃ Annual average minimum temperature /℃	9.6
年降水量 /mm Annual precipitation /mm	920
≥10℃的积温 /℃ Daily temperature accumulated in a year（≥10℃）/℃	6819
年日照时数 /h Annual sunshine /h	1551
年平均相对湿度 /% Annual average relative humidity /%	72
干燥度 Dryness	0.89

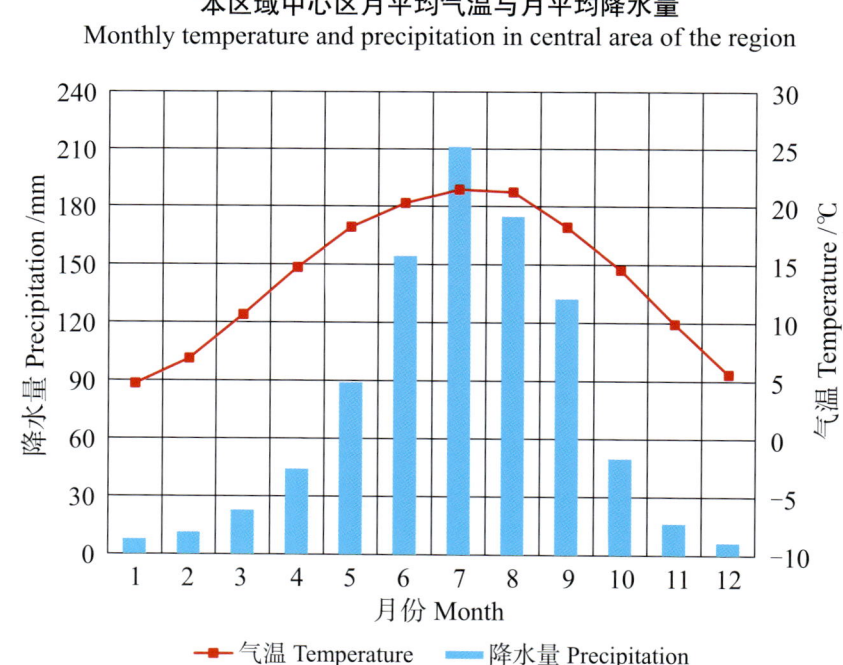

本区域中心区月平均气温与月平均降水量
Monthly temperature and precipitation in central area of the region

洪雅县主要土壤类型与土壤剖面点分布图

1:300 000

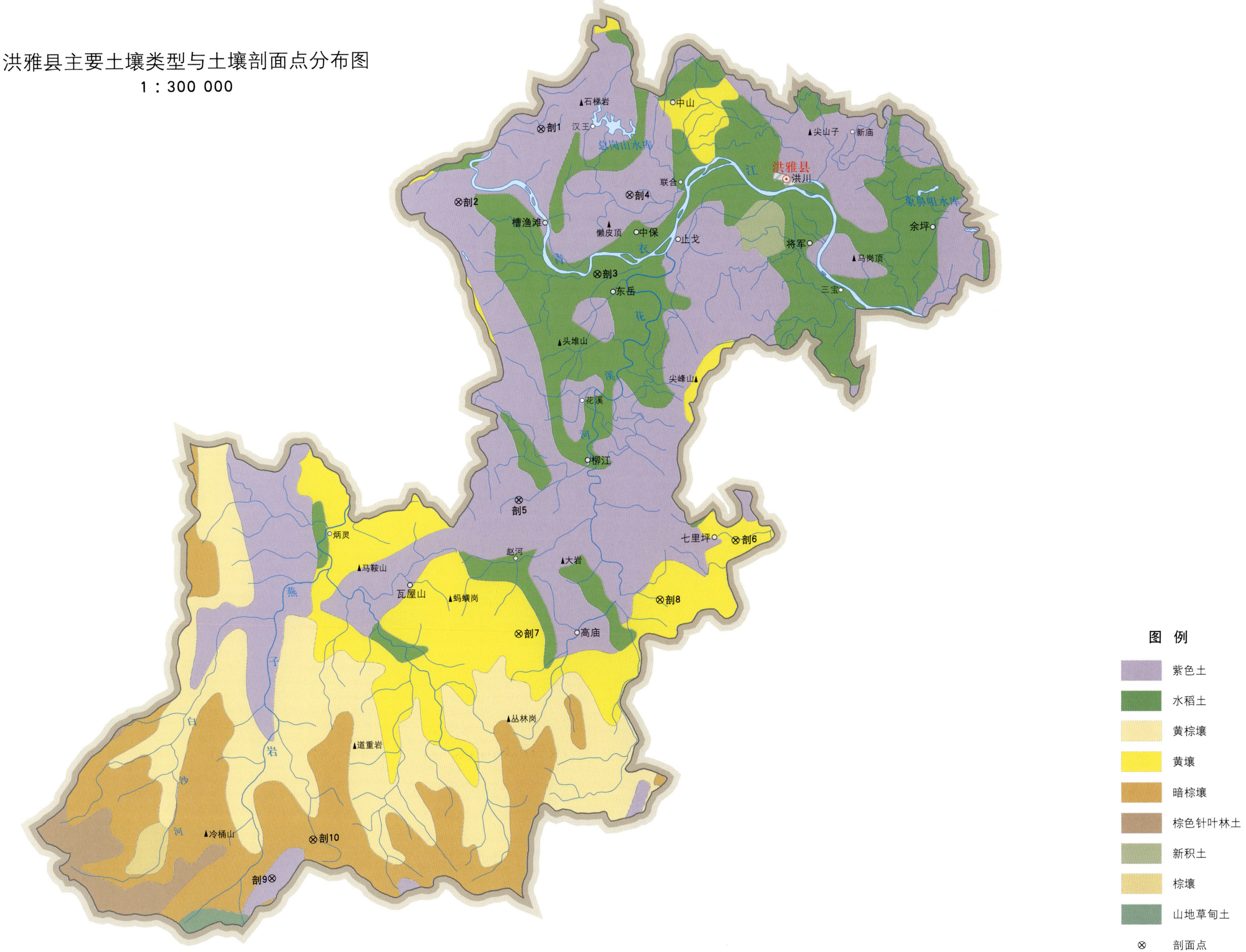

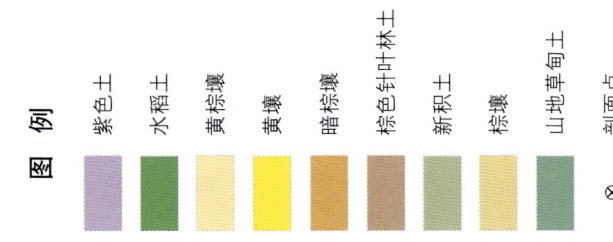

洪雅县土壤剖面理化性状表

剖面号 Soil profile	土纲 Soil order	土类 Soil great group	亚类 Soil subgroup	土属 Soil genus	土种 Soil species	土层码 Layer code	土层厚度 Depth/cm	颜色 Soil color	质地 Soil texture	土壤结构 Soil structure	pH	有机质 OM/(g/kg)	全氮 TN/(g/kg)	全磷 TP/(g/kg)	全钾 TK/(g/kg)	碱解氮 AN/(mg/kg)	有效磷 AP/(mg/kg)	速效钾 AK/(mg/kg)	阳离子交换量 CEC/(cmol/kg)	土壤母质 Parent material	剖面点坐标 Profile coordinate	匹配指数 Matching index/%
剖1	初育土	紫色土	酸性紫色土	红紫泥土	黄砂土	A	0—24	紫棕色	中壤土	粒状、小块状	5.4	12.7	0.81	0.40		84	1.0	28		砂岩、粉砂岩风化物	E 103°11′22.5″ N 29°56′23.1″	79
						2	24—45	紫黄色	中壤土	块状	5.8	8.3	0.61	0.42		82	1.0	25				
						3	45—															
剖2	初育土	紫色土	酸性紫色土	红紫泥土	红砂土	A	0—20	紫红色	轻壤土	粒状	6.0	20.7	0.96	0.70		144	2.0	89			E 103°07′39.4″ N 29°53′26.5″	83
						C	20—100	红黄色	轻壤土	块状	5.8	10.9	0.64	0.58		81	1.0	76				
剖3	人为土	水稻土	渗育水稻土	渗育紫潮田	黄紫潮泥田	A	0—22	暗黄棕色	壤质黏土	小块状	6.5	23.2	5.70	0.45	2.1	135	4.0	29	15.9	黄紫色冲积物	E 103°14′00.6″ N 29°50′37.0″	80
						Pb	22—34	灰黄棕色	壤质黏土	块状	6.7	17.7	1.90	0.43	2.1	97	3.0	26	5.8			
						P	34—100	灰黄棕色	壤质黏土	小棱柱状	7.0	7.0	0.46	0.58	2.5	33	6.0	27	5.3			
剖4	初育土	紫色土	石灰性紫色土	砖红紫泥土	砖红紫泥土	A	0—19	棕褐色	壤质黏土	小块状、粒状	8.1	14.1	1.08	0.52	1.9	100	4.0	100	24.0	砂泥岩风化坡积物	E 103°15′26.6″ N 29°53′47.8″	94
						B	19—49	红紫色	壤质黏土	块状	8.1	9.8	0.86	7.50	2.0				23.0			
						C	49—100	红紫色	壤质黏土	块状	8.1	6.8	0.56	0.80	2.0				24.2			
剖5	初育土	紫色土	酸性紫色土	棕紫泥土	林地棕紫泥土	Ao	0—2	暗褐色													E 103°10′32.5″ N 29°41′34.8″	97
						2	2—8	暗棕色	轻壤土	团粒状	5.6	65.6	2.21	0.99		289	2.0	114				
						3	8—30	暗棕色	紧砂土	小块状	5.4	24.7	0.82	0.37		43		129				
						4	30—53	棕黄色	中壤土	大块状	5.4	11.7	0.91	0.44		67		33				
剖6	铁铝土	黄壤	黄壤	冷砂黄泥土	黄砂土	A	0—17	灰黄色	轻壤土	核状	5.7	21.7	1.26	0.64		154	5.0	147			E 103°20′26.0″ N 29°40′04.2″	72
						2	17—36	棕黄色	中壤土	块状	5.5	14.9	0.78	0.64		107	3.0	118				
						C	36—100	棕黄色	中壤土	块状	5.3	8.1	0.32	0.49		77	1.0	38				
剖7	铁铝土	黄壤	黄壤	冷砂黄泥土	炭渣土	1	0—20	暗黄色	砾质轻壤土	小块状、粒状	5.8	27.7	1.55	3.21		142	20.0	152			E 103°10′36.8″ N 29°36′14.8″	91
						2	20—50	浅黄色	砾质轻壤土	小块状	5.8	22.4	1.22	3.23		132	13.0	107				
						C	50—100	浅黄色	多砾轻壤土	块状	5.9	18.2	0.96	3.73		95	21.0	95				
剖8	铁铝土	黄壤	黄壤	矿子黄泥土	黄泥土	A	0—20	黄棕色	中壤土	小块状、粒状	6.6	28.7	1.55	1.86		198	4.0	273			E 103°17′01.1″ N 29°37′40.0″	73
						2	20—50	黄棕色	中壤土	块状	6.7	24.0	1.49	1.82		179	3.0	172				
						C	50—100	黄棕色	轻壤土	大块状	6.7	22.6	1.48	1.88		176	3.0	187				
剖9	初育土	紫色土	中性紫色土	灰棕紫泥土	夹砂土	A	0—25	灰棕色	轻壤土	粒状、小块状	6.5	16.8	1.15	1.28		122	4.0	49			E 102°59′30.7″ N 29°26′24.1″	90
						2	25—54	灰棕色	中壤土	块状	6.9	12.8	1.12	1.24		111	3.0	33				
						C	54—75	灰黄棕色	中壤土	大块状	6.9	10.7	0.94	1.13		89	2.0	2				
剖10	淋溶土	暗棕壤	暗棕壤			1	0—7				4.5		20.39	2.56		621	17.0				E 103°01′19.9″ N 29°27′58.3″	93
						2	7—23	暗棕色		无明显结构	4.8	111.4	6.92	1.59		503	3.0	104				
						3	23—60	黄棕色		无明显结构	5.3	48.4	2.68	1.30		247	1.0	67				
						4	60—100	黄棕色			5.2	76.0	4.26	1.51		413	1.0	82				

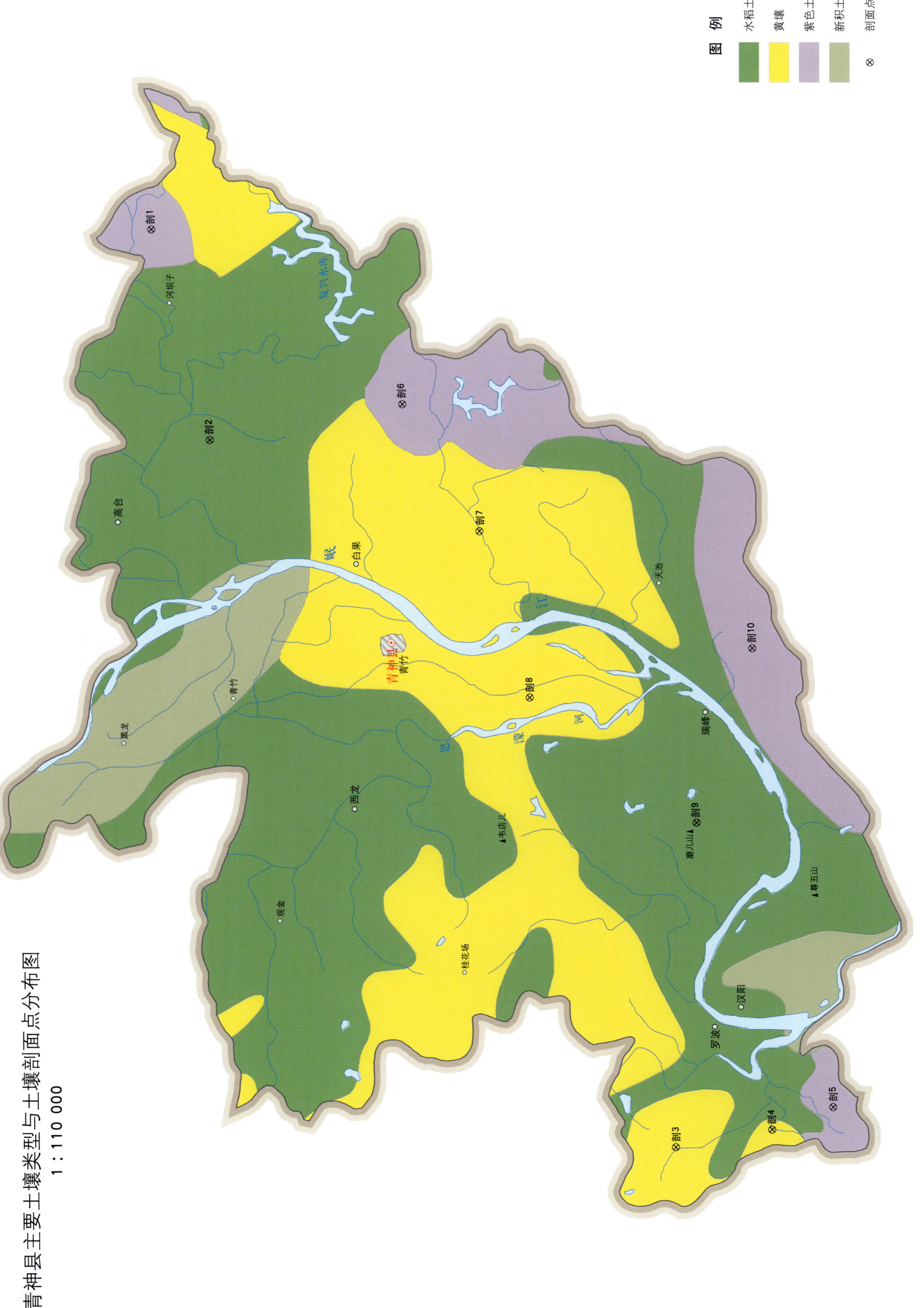

青神县主要土壤类型与土壤剖面点分布图
1∶110 000

青神县土壤剖面理化性状表

剖面号 Soil profile	土纲 Soil order	土类 Soil great group	亚类 Soil subgroup	土属 Soil genus	土种 Soil species	土层码 Layer code	土层厚度 Depth/cm	颜色 Soil color	质地 Soil texture	土壤结构 Soil structure	pH	有机质 OM/(g/kg)	全氮 TN/(g/kg)	全磷 TP/(g/kg)	全钾 TK/(g/kg)	有效磷 AP/(mg/kg)	速效钾 AK/(mg/kg)	阳离子交换量CEC/(cmol/kg)	土壤母质 Parent material	剖面点坐标 Profile coordinate	匹配指数 Matching index/%
剖1	初育土	紫色土	石灰性紫色土	砖红紫泥土		1	0—2	浅灰紫色	中壤土	小块状	8.5	24.8	1.29	0.81						E 103° 57′ 29.2″ N 29° 53′ 37.3″	99
剖2	人为土	水稻土	渗育水稻土	渗育紫潮田	黄紫潮田	2	2—20	红紫色	中壤土	小块状	8.6	11.2	0.71	0.89						E 103° 53′ 57.1″ N 29° 52′ 44.0″	88
						3	20—70	浅红紫色											黄紫色混合冲积物		
						4	70—														
剖3	铁铝土	黄壤	黄壤	老冲积黄壤	豆面土	A	0—14	灰黄紫色	砂质黏壤土	小块状	5.8	15.2	1.04	0.74	1.3	10.0	36	8.8	第四纪黄色沉积物	E 103° 42′ 04.7″ N 29° 45′ 47.9″	79
						Pb	14—21	黄紫色	砂质黏壤土	小块状	6.5	8.3	0.66	0.58				7.3			
						P	21—100	浅红紫色	砂质黏壤土	小块状	7.6	4.4	0.38	0.76				6.7			
剖4	铁铝土	黄壤	黄壤	老冲积黄壤	卵石黄泥土	1	0—12	黄色	重黏土	大块状、粒状	5.6	11.6	0.75	0.60					第四纪黄色沉积物	E 103° 42′ 23.2″ N 29° 44′ 22.9″	100
						2	12—25	红灰黄色	轻黏土	大块状	4.9	5.0	0.52	0.44							
						3	25—100	浅红黄色	轻黏土	小块状	5.3	2.2	0.50	0.20							
剖5	初育土	紫色土	酸性紫色土	砖红紫泥土	砖红紫半冷砂土	1	0—24	浅灰黄色	中壤土	块状	6.8	8.3	0.53	0.70					砂岩风化物	E 103° 42′ 46.4″ N 29° 43′ 28.9″	86
						2	21—36	黄红黄色	轻黏土	块状	6.6	8.2	0.44	0.31							
						D	36—	重石质重壤土			5.7	2.5	0.32	0.40							
剖6	初育土	紫色土	酸性紫色土	红紫泥土	红紫色砂土	1	0—21	黄紫色	砂壤土	粒状、小块状	6.4	4.3	0.26	0.32					厚砂岩风化坡积物、残积物	E 103° 54′ 34.6″ N 29° 49′ 54.0″	100
						2	19—58	紫黄色	轻壤土	块状	6.9	3.3	0.35	0.41							
						3	58—100	棕红紫色	砂壤土	粒状	7.4	9.3	0.60	0.53							
剖7	铁铝土	黄壤	黄壤	老冲积黄壤		1	0—1	红紫色	砂壤土	小块状	7.5	7.7	0.52	0.43					老冲积黄壤残积物、坡积物	E 103° 52′ 27.1″ N 29° 48′ 45.0″	85
						2	1—18	浅黄紫色	中壤土	粒状	7.2	4.6	0.35	0.27							
						3	18—100	暗黄色	中壤土	块状	5.6	13.3	0.70	0.28							
剖8	铁铝土	黄壤	黄壤	老冲积黄壤	黄干土	1	0—18	浅黄紫色	重石质重壤土	小团块状	5.6	11.0	0.47	0.24					黄紫色混合冲积物	E 103° 49′ 39.4″ N 29° 47′ 59.6″	90
						2	18—45	浅红黄色	重壤土	小块状	5.8	10.5	0.65	0.51							
						3	45—100	棕黄色	重黏土	小梭柱状	5.8	3.4	0.44	0.24							
剖9	人为土	水稻土	渗育水稻土	渗育紫潮田	黄紫潮砂泥田	A	0—17	红黄色	轻黏土	大块状	6.0	3.0	0.43	0.22		10.0	74		黄紫色混合冲积物	E 103° 47′ 34.1″ N 29° 45′ 31.3″	96
						Pb	17—26	灰黄紫色	壤土	小块状	6.6	18.2	1.16	0.59	1.2						
						P	26—100	灰黄紫色	黏土	小梭状	7.3	9.8	0.79	0.36	1.1		36				
剖10	初育土	紫色土	酸性紫色土	红紫泥土	红紫色砂土	1	0—20	黄紫色	壤质黏壤土	小块状	7.3	6.2	0.45	0.34	1.1		32		厚砂岩风化残积物	E 103° 50′ 31.2″ N 29° 44′ 43.1″	90
						2	20—90	黄红色	砂壤土	粒状	7.3	6.3	0.42	0.53							
						3	90—		重壤土	小块状	7.3	4.8	0.27	0.19							

宜 宾 市

翠 屏 区

主要土类说明

紫色土是翠屏区的主要土壤类型，占本区地域面积的51%，主要分布于丘陵地区的丘顶和坡腰。紫色土处于幼年时期，发育浅。岩层受机械风化的作用强烈，化学风化作用弱。其理化性状也与母质有相似之处。质地多数是中壤土至重壤土，容重1.4—1.7，pH为5.2—8.6。

水稻土是翠屏区第二大土壤类型，占本区地域面积的39%。水稻土是在长期季节性淹灌、水下翻耕、季节性脱水、氧化还原交替影响下，原来成土母质或母土的特性发生重大改变，形成的新的土壤类型。由于干湿交替，水稻土形成糊状淹育层、较坚实板结的犁底层、渗育层、潴育层与潜育层等多种发生层。这些不同发生层段是在人为耕作、水浆管理下形成的。水稻土具有土层深厚、保水保肥性能强、有机质较多的特点。本区水稻土分为冲积型水稻土、紫色土性水稻土、冷沙黄壤水稻土等亚类。

黄壤是翠屏区第三大土壤类型，占本区地域面积的5%。黄壤发生于亚热带湿润条件下，多见于海拔700—1200m的山区，具O-A-AB-B-C剖面构型。富含水合氧化物（针铁矿），呈黄色，中度脱硅富铝化。土壤有机质累积较多，可达100g/kg，pH为4.5—5.5。

小于本区地域面积3%的土壤类型还有新积土等。

本区域中心区气候特征

本区域中心区气候特征值
Regional climate characteristics in central area of the region

气候带：中亚热带湿润气候 Climate region: Subtropical humid climate	
年平均气温 /℃ Annual average temperature /℃	17.8
年平均最高气温 /℃ Annual average maximum temperature /℃	21.6
年平均最低气温 /℃ Annual average minimum temperature /℃	15.1
年降水量 /mm Annual precipitation /mm	1061
≥10℃的积温 /℃ Daily temperature accumulated in a year (≥10℃) /℃	11795
年日照时数 /h Annual sunshine /h	1022
年平均相对湿度 /% Annual average relative humidity /%	82
干燥度 Dryness	0.99

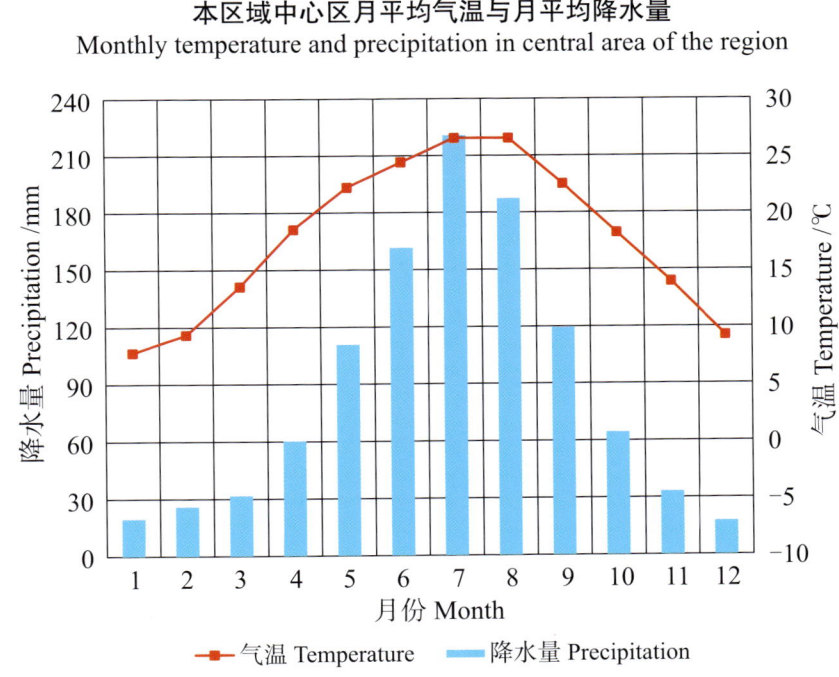

本区域中心区月平均气温与月平均降水量
Monthly temperature and precipitation in central area of the region

翠屏区主要土壤类型与土壤剖面点分布图
1：220 000

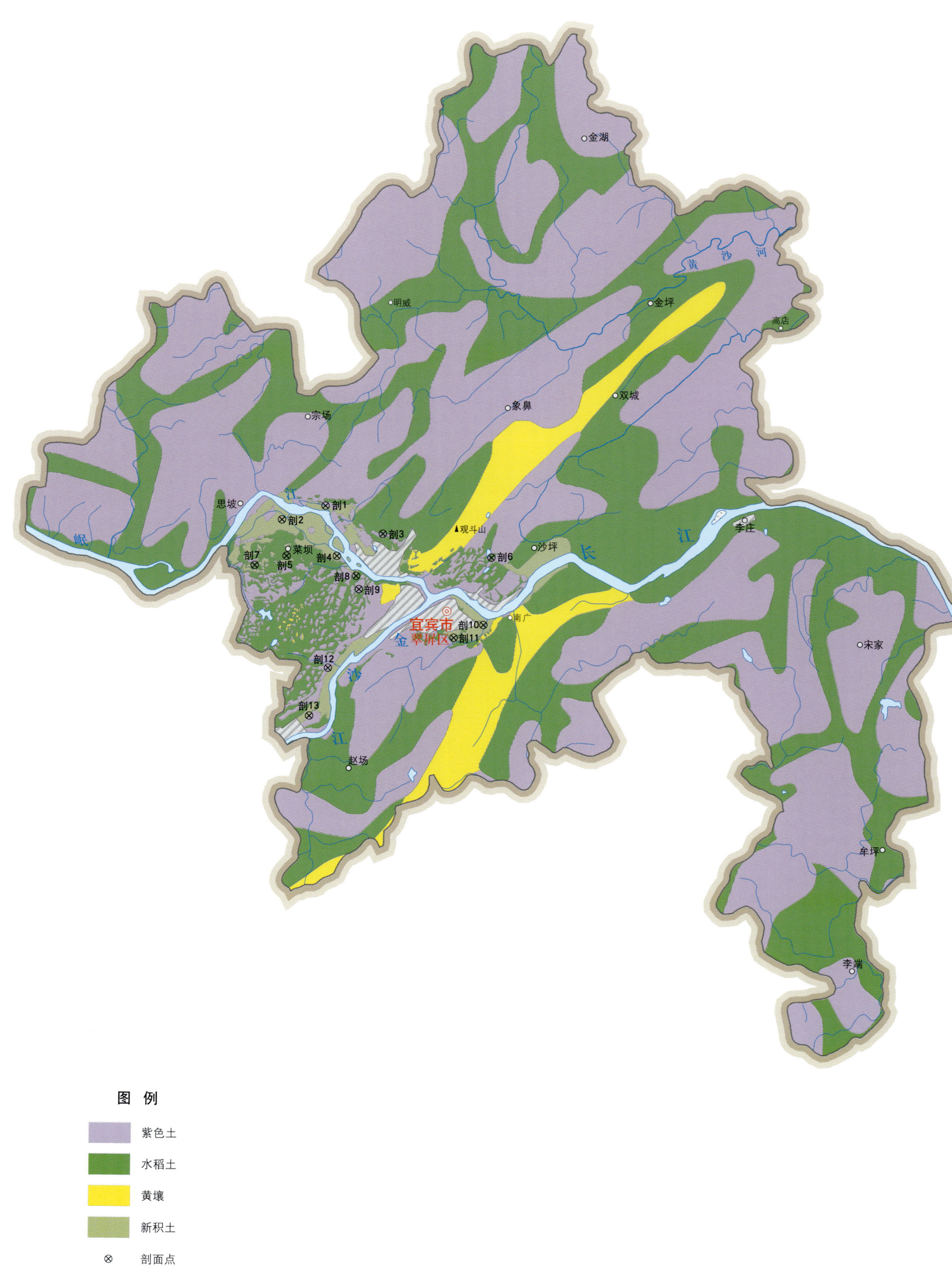

翠屏区土壤剖面理化性状表

剖面号 Soil profile	土纲 Soil order	土类 Soil great group	亚类 Soil subgroup	土属 Soil genus	土种 Soil species	土层码 Layer code	土层厚度 Depth/cm	颜色 Soil color	质地 Soil texture	土壤结构 Soil structure	pH	有机质 OM/(g/kg)	全氮 TN/(g/kg)	全磷 TP/(g/kg)	碱解氮 AN/(mg/kg)	有效磷 AP/(mg/kg)	速效钾 AK/(mg/kg)	土壤母质 Parent material	剖面点坐标 Profile coordinate	匹配指数 Matching index/%
剖1	初育土	新积土	冲积土	灰棕冲积土	潮泥土	1	0—22	灰褐色	重壤土	团块状	8.3	14.1	0.70	2.20		24.0	45	近代河流沉积物	E 104°34′24.2″ N 28°48′47.2″	93
						2	22—100	灰褐色	重壤土		8.3	12.2	0.50	1.10		7.0	47			
剖2	初育土	新积土	冲积土	灰棕冲积土	砂土	1	0—20	灰褐色	壤质砂土	粒状	8.6	13.2	0.90	2.50		5.0	29	近代河流沉积物	E 104°33′00.4″ N 28°48′23.4″	95
						2	20—30	灰褐色	轻壤土	整体状	7.4	6.5	0.60	1.30		2.0	32			
						3	30—100	灰棕色	轻壤土	整体状		3.3	0.30	1.20		1.0	25			
剖3	人为土	水稻土	紫色土性水稻土	棕紫泥田	鸭屎泥	1	0—20	灰褐色	轻黏土	烂糊状	6.8	122.0	4.60	1.20			146	棕色泥页砂岩	E 104°36′14.6″ N 28°48′00.7″	77
						2	20—60	褐灰色	轻黏土	烂糊状	6.5	111.0	3.70	0.90	132		102			
						3	60—100	黄褐色	重壤土	稀糊状	7.0	50.0	1.80	0.50			110			
剖4	初育土	新积土	冲积土	黄色冲积土	黄泥土	1	0—23	灰褐色	重壤土	碎块状	4.9	22.8	0.97	2.67		19.0	133	第四纪沉积物	E 104°34′46.9″ N 28°47′22.6″	70
						2	23—76	黄棕色	重壤土	碎块状	5.1	7.7	0.64	0.86		3.0	34			
						3	76—100	浅棕色	重壤土		5.7	4.8	0.43	0.54			38			
剖5	人为土	水稻土	冲积型水稻土	黄色冲积水稻土	黄泥田	1	0—14	灰褐色	重壤土	块状	6.4	10.9	0.62	0.85	104	8.0	40	第四纪沉积物	E 104°33′10.1″ N 28°47′21.8″	76
						2	14—100	黄棕色	重壤土	大块状	6.0	5.0	0.34	0.43		1.0	35			
						3	100—		砾石土		6.0	2.7	0.31	0.30			28			
剖6	人为土	水稻土	紫色土性水稻土	红棕紫泥水稻土	跑砂大土田	1	0—15	浅红色	轻黏土	大块状	8.1	9.8	0.69	0.49	111		113	页岩、砂页岩风化坡积物	E 104°39′43.6″ N 28°47′21.8″	100
						2	15—23	浅红色	轻黏土	大梭柱状	8.2	7.4	0.64	0.47			140			
						3	23—100	浅黄棕色	重壤土	大梭柱状	8.3	6.0	0.50	0.46			132			
剖7	初育土	新积土	冲积土	黄色冲积土	死黄泥	1	0—19	浅黄棕色	重壤土	团块状	5.8	9.2	0.50	0.90		4.0	43	第四纪沉积物	E 104°32′08.9″ N 28°47′06.0″	96
						2	19—70	黄棕色	重壤土	块状	5.3	3.9	0.40	0.80		3.0	28			
						3	70—100	黄棕色	重壤土		5.4	0.6	0.30	0.30			23			
剖8	人为土	水稻土	黄壤性水稻土	冷砂黄泥田	黄泥白鳝田	1	0—16	黄灰色	轻黏土	小梭块状	5.3	21.5	1.10	0.40	105	23.0	72	黄色页岩风化残积物	E 104°35′24.0″ N 28°46′49.1″	70
						2	16—50	黄灰色	轻黏土	小梭块状	6.0	16.2	0.80	0.80		2.0	40			
						3	50—60	黄灰色	轻壤土	大梭块状	5.5	3.7	0.30	0.40			25			
剖9	初育土	紫色土	棕紫泥土	灰棕紫泥土	白眼砂土	1	0—14	棕灰色	砂壤土	单粒状	5.2	5.6	0.51	0.52		2.0	17	砂页岩风化积物	E 104°35′29.8″ N 28°46′26.6″	73
						2	14—30	棕灰色	轻壤土	单粒状	5.3	4.8	0.34	0.37			9			
剖10	初育土	新积土	冲积土	灰棕冲积土	卵石砂土	1	0—20	褐色	轻砾石土	团块状	7.1	1.0	0.16	1.00		10.0	22	近代河流沉积物	E 104°39′29.9″ N 28°45′28.2″	93
						2	20—36	褐色	轻砾石土	单粒状	7.4	0.3	0.15	0.36		6.0	17			
						3	36—60	褐色	轻砾石土	单粒状	7.5	0.3	0.26	0.29		5.0	12			
剖11	初育土	新积土	冲积土	黄色冲积土	卵石黄泥	1	0—12	浅棕色	中砾石土	团块状	7.2	7.6	0.32				30	第四纪沉积物	E 104°38′32.5″ N 28°45′06.3″	86
						2	12—	浅棕色	中砾石土	整体状		0.6	0.05				20			
剖12	初育土	紫色土	棕紫泥土	灰棕紫泥土	灰棕紫泥大土	1	0—20	棕紫色	中壤土	团块状、核状	6.3	12.8	0.57	1.33		4.0	64	砂页岩风化残积物	E 104°34′31.8″ N 28°44′13.2″	74
						2	20—60	紫色	重壤土	棱块状	6.8	8.0	0.45	1.07		3.0	65			
						3	60—100	紫色	重壤土	整块状	6.8	5.7	0.35	0.91		2.0	58			
剖13	初育土	新积土	冲积土	灰棕冲积土	油砂土	1	0—20	黑灰色	轻壤土	团粒状	8.3	19.1	0.50	2.10		48.0	40	近代河流沉积物	E 104°33′56.6″ N 28°42′52.0″	89
						2	20—100	紫色	重壤土		7.7	10.0	0.50	1.20		6.0	36			

南 溪 区

主要土类说明

　　水稻土是南溪区的主要土壤类型，占本区地域面积的 49%。水稻土具有土层较深厚、易保蓄水分和养分、有机质累积多、土温稳定等特点。水稻土由于淹水时间长，受水文作用影响深刻，使土壤理化性质较旱作土发生了很大差异。不同的水文作用方式和程度，具有不同的水文发育形态、理化性质及生产表现。根据剖面水文层次变化状况，本区水稻土可分为潴育态、初潴态或淹育态、潜育态三种主要的水文动态发育类型。

　　紫色土是南溪区第二大土壤类型，占本区地域面积的 33%。紫色土是由热带、亚热带紫红色岩层直接风化，经人工种植旱作熟化发育而形成的一种 A–C 型紫色土壤。根据紫色母岩酸碱度的差异，本区紫色土分为酸性紫色土、中性紫色土、石灰性紫色土等亚类。

　　黄壤是南溪区第三大土壤类型，占本区地域面积的 8%。由黄色砂岩发育成的冷沙黄泥土属，主要分布于本区北面青山岭中部；由第四系老冲积物母质发育而来的老冲积黄泥土属，主要分布于长江两岸二、三级台阶地内；由灰岩残积物母质发育而来的黄色石灰土土属，集中分布于青山岭中上部。土壤呈黄色、棕黄色、棕紫色、灰黄色、棕褐色、暗灰色等，质地为砂壤土至中黏土，pH 为 4.9—6.4，一般无碳酸盐反应，一般比较缺磷。

　　小于本区地域面积 3% 的土壤类型还有潮土和石灰（岩）土等。

本区域中心区气候特征

本区域中心区气候特征值
Regional climate characteristics in central area of the region

气候带：中亚热带湿润气候 Climate region: Subtropical humid climate	
年平均气温 /℃ Annual average temperature /℃	17.6
年平均最高气温 /℃ Annual average maximum temperature /℃	21.4
年平均最低气温 /℃ Annual average minimum temperature /℃	15.0
年降水量 /mm Annual precipitation /mm	1047
≥10℃的积温 /℃ Daily temperature accumulated in a year (≥10℃) /℃	10658
年日照时数 /h Annual sunshine /h	1004
年平均相对湿度 /% Annual average relative humidity /%	82
干燥度 Dryness	1.00

本区域中心区月平均气温与月平均降水量
Monthly temperature and precipitation in central area of the region

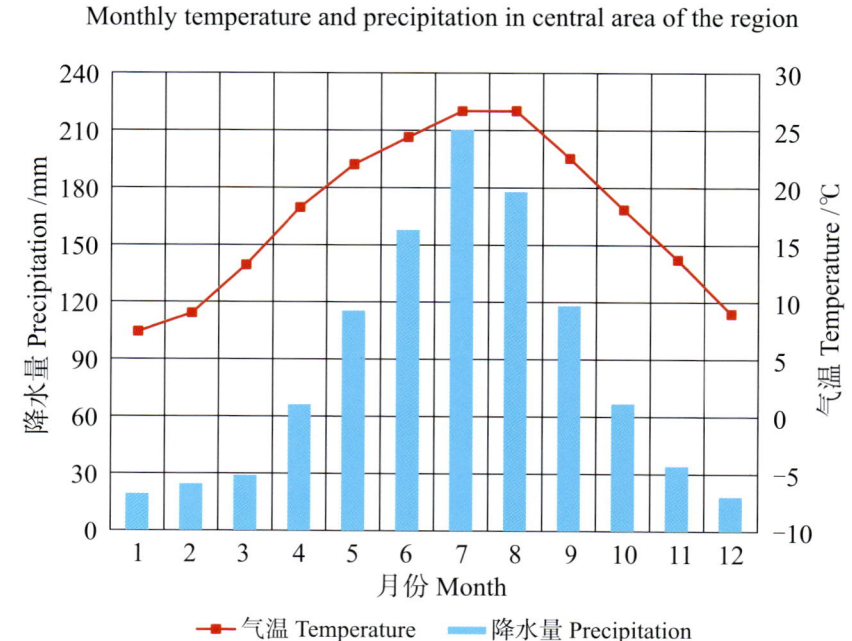

南溪县主要土壤类型与土壤剖面点分布图
1 : 160 000

注：国务院 2011 年批准，撤销南溪县，设立南溪区。

图 例

- 水稻土
- 紫色土
- 黄壤
- 潮土
- 石灰（岩）土
- ⊗ 剖面点

南溪区土壤剖面理化性状表

剖面号 Soil profile	土纲 Soil order	土类 Soil great group	亚类 Soil subgroup	土属 Soil genus	土种 Soil species	土层码 Layer code	土层厚度 Depth/cm	颜色 Soil color	质地 Soil texture	土壤结构 Soil structure	pH	有机质 OM/(g/kg)	全氮 TN/(g/kg)	全磷 TP/(g/kg)	碱解氮 AN/(mg/kg)	有效磷 AP/(mg/kg)	速效钾 AK/(mg/kg)	土壤母质 Parent material	剖面点坐标 Profile coordinate	匹配指数 Matching index/%
剖1	初育土	紫色土	石灰性紫色土	棕紫泥土	黄泥大土	A	0—25	棕紫色	中黏土	团块状	8.1	15.8	0.85	0.72	66	10.0	51	棕紫色砂泥岩、砂岩坡积物、残积物	E 104°54′58.3″ N 29°01′16.3″	96
						2	25—35	棕紫色	中黏土	块状	8.1	14.5	0.86	0.77						
						3	35—100	黄棕紫色	中黏土	棱柱状	8.1	13.2	0.70	0.62						
剖2	人为土	水稻土	紫色土性水稻土	红紫色水稻土	鸭屎泥田	A	0—10	棕色	轻壤土	烂糊状	5.7	24.5	1.03	0.36	191	4.0	87	厚砂岩夹薄泥岩坡积物、残积物	E 104°52′45.5″ N 29°01′13.4″	81
						G	10—60	棕灰色	轻砾轻壤土	整体状	5.7	23.7	1.04	0.37						
						C	60—100													
剖3	人为土	水稻土	黄壤性水稻土	老冲积黄泥田	黄泥田	A	0—18	灰黄色	轻黏土	团块状	5.4	8.5	0.57	0.29	54	5.0	44	第四纪老冲积物	E 104°48′34.2″ N 28°59′50.2″	98
						2	18—25	灰黄色	轻黏土	片状	5.8	4.7	0.46	0.22						
						W	25—100	白黄相间	轻黏土	小棱片状	6.6	0.7	0.71	0.18						
剖4	初育土	紫色土	中性紫色土	灰棕紫泥土	黑油砂土	A	0—27	紫灰色	轻砾中壤土	团粒状	7.2	13.4	0.70	0.79	69	8.0	108	砂泥岩、石英砂岩坡积物、残积物	E 104°58′58.7″ N 28°59′22.7″	71
						2	27—100	灰棕紫色	中壤土	棱块状	7.9	9.1	0.57	0.57						
剖5	人为土	水稻土	紫色土性水稻土	红紫色水稻土	黄泥田	A	0—29	棕黄色	轻黏土	小棱块状	4.9	9.9	0.69	0.15	70	5.0	36	厚砂岩夹薄泥岩坡积物、残积物	E 104°50′08.2″ N 28°59′00.2″	73
						P	29—49	棕紫色	重壤土	大棱块状	5.0	8.6	0.52	0.10						
						C	49—100	红灰紫色	重壤土	粒状	5.2	4.7	0.37	0.07						
剖6	初育土	紫色土	中性紫色土	棕紫泥土	黄泥土	A	0—22	黄棕色	轻黏土	团块状	6.1	11.6	0.54	0.53	53	29.0	104	砂泥岩、石英砂岩坡积物、残积物	E 104°54′29.9″ N 28°58′25.7″	74
						2	22—29	灰棕色	中壤土	小片状	6.6	8.4	0.46	0.34						
						3	29—100	棕紫色	中壤土	大棱柱状	6.3	4.3	0.12	0.21						
剖7	人为土	水稻土	紫色土性水稻土	红紫色水稻土	红冷砂田	A	0—20	红紫色	轻黏土	粒状、块状	5.1	14.2	1.00	0.13	93	5.0	131	厚砂岩夹薄泥岩坡积物、残积物	E 104°49′14.2″ N 28°58′24.6″	86
						2	20—25	红紫色	中壤土	片状、块状	5.2	9.2	0.41	0.13						
						P	25—60	紫红色	重壤土	小棱块状	5.0	13.2	0.65	0.08						
						C	60—100	砖红色	轻砾重壤土	整体状										
剖8	铁铝土	黄壤	黄壤	冷砂黄泥土	冷砂黄泥田	1	0—8	浅黄色	中壤土	粒状	4.3	18.8	0.76	0.04	87	2.0	45	黄色砂岩坡积物、残积物	E 104°57′12.2″ N 28°58′22.1″	85
						2	8—30	浅黄色	中壤土	小块状	4.5	11.8	0.46	0.03						
						3	30—100	黄色	重壤土		5.0	5.8	0.37	0.03						
剖9	人为土	水稻土	紫色土性水稻土	暗紫泥田	泥夹砂田	A	0—20	棕黄色	中壤土	粒状	5.0	11.7	0.69	0.14	55	6.0	16	厚砂岩夹薄泥岩坡积物、残积物	E 104°46′14.2″ N 28°58′20.1″	93
						W	20—32	灰棕黄色	中壤土	小棱块状	5.1	3.6	0.38	0.09						
						C	32—100	浅黄色	重壤土	整体状	5.0	6.9	0.52	0.13						
剖10	人为土	水稻土	紫色土性水稻土	暗紫泥田	大土泥田	A	0—25	棕紫色	轻砾重壤土	小块状	6.5	14.9	0.46	0.27	54	7.0	222	砂泥岩、砂岩坡积物、残积物	E 104°54′53.6″ N 28°58′10.9″	91
						P	25—37	棕紫色	重壤土	大棱柱状	8.0	12.0	0.54	0.34						
						W	37—100	棕紫色	中黏土	大棱柱状	8.0	15.0	0.79	0.56						
剖11	初育土	紫色土	石灰性紫色土	棕泥土	粗砂土	A	0—21	棕紫色	轻砾轻黏土	粒状、块状	8.0	9.1	0.45	0.65	57	3.0	37	棕紫色砂岩、砂岩坡积物、残积物	E 104°59′38.4″ N 28°57′45.0″	73
						2	21—59	棕紫色	轻黏土	小块状	8.1	6.1	0.42	0.61						
						3	59—100	棕紫色	轻黏土	团块状		5.0	0.37	0.58						
剖12	人为土	水稻土	紫色土性水稻土	暗紫泥田	砂子田	A	0—24	暗紫色	重壤土	小粒状	6.9	23.3	1.17	0.77	96	8.0	108	砂泥岩、砂岩、砂岩坡积物、残积物	E 104°46′05.3″ N 28°56′51.4″	92
						P	24—32	暗紫色	重壤土		6.2	20.7	1.11	0.73						
						W	32—100	浅暗紫色	中壤土	小粒状、片状	6.1	15.7	1.18	0.77						
剖13	初育土	紫色土	中性紫色土	暗紫泥土	砂子土	A	0—23	暗紫色	中壤土	小棱块状	7.0	15.5	0.69	1.33	72	8.0	67	砂泥岩、砂岩、砂岩坡积物、残积物	E 104°55′26.8″ N 28°56′37.3″	98
						2	23—82	暗紫色	中壤土	片实	7.9	2.7	0.16	0.24						
						C	82—	暗紫色	重壤土	紧实	7.9	7.5	0.31	0.95						
剖14	人为土	水稻土	紫色土水稻土	灰棕紫色水稻土	泡黄泥田	A	0—17	棕黄色	重黏土	团块状	6.0	16.5	0.76	0.84	88	5.0	63	灰棕紫水稻土	E 104°57′50.0″ N 28°56′15.4″	77
						2	17—24	灰黄色	重黏土	整体状	6.7	16.1	0.87	0.46						
						P	24—66	浅黄色	轻砾轻黏土	大棱柱状	6.8	12.9	0.86	0.38						
						W	66—100	紫黄色	轻黏土	小棱柱状	7.1	15.8	0.61	0.29						

续表 Continued

剖面号 Soil profile	土纲 Soil order	土类 Soil great group	亚类 Soil subgroup	土属 Soil genus	土种 Soil species	土层码 Layer code	土层厚度 Depth/cm	颜色 Soil color	质地 Soil texture	土壤结构 Soil structure	pH	有机质 OM/(g/kg)	全氮 TN/(g/kg)	全磷 TP/(g/kg)	碱解氮 AN/(mg/kg)	有效磷 AP/(mg/kg)	速效钾 AK/(mg/kg)	土壤母质 Parent material	剖面点坐标 Profile coordinate	匹配指数 Matching index/%
剖15	初育土	紫色土	中性紫色土	暗紫泥土	大泥土	A	0—25	紫红色	轻黏土	团块状	7.0	12.6	0.96	0.21	68	7.0	58	砂泥岩、砂岩、砂泥岩坡积物、残积物	E 104°56′04.9″ N 28°56′05.3″	98
						2	25—72	紫红色	轻黏土	小片状	6.5	15.3	0.91	0.20						
						3	72—100	黄紫色	中黏土	柱状	6.5	4.0	0.78	0.14						
剖16	铁铝土	黄壤	黄壤	冷砂黄泥土	黄砂土	A	0—23	黄色	砂壤土	无明显结构	4.9	12.2	0.66	0.20	65	3.0	29	黄色砂岩残积物	E 104°53′16.4″ N 28°55′48.0″	90
						2	23—89	棕黄色	砂壤土	小块状	5.6	8.8	1.54	0.35						
						3	89—100	黄色												
剖17	人为土	水稻土	黄壤性水稻土	黄色石灰水稻土	黄泥田	A	0—20	灰黄色	中黏土	小团块状	6.6	21.0	1.10	0.42	158	6.0	312	石灰岩风化残积物	E 104°54′33.1″ N 28°55′26.8″	89
						2	20—28	深灰黄色	中黏土	小块状	5.7	20.7	1.13	0.41						
						W	28—60	灰黄色	中黏土	小棱柱状	5.6	15.4	0.87	0.38						
						C	60—100	黄色												
剖18	初育土	紫色土	中性紫色土	灰棕紫泥土	斑鸠砂土	A	0—15	棕紫色	砾质土	粒状	8.0	6.6	0.36	0.76	35	4.0	90	砂泥岩、石英砂岩坡积物、残积物	E 104°51′00.7″ N 28°55′15.2″	86
						2	15—	棕紫色		无明显结构	7.3									
剖19	人为土	水稻土	紫色土性水稻土	灰棕紫色水稻土	粗砂砂田	A	0—21	灰棕紫色	轻砾质重黏土	小块状	7.5	10.9	0.74	0.58	74	3.0	56	灰棕紫色水稻土	E 104°50′34.8″ N 28°54′59.8″	70
						2	21—27	灰棕紫色	重砾质重黏土	棱块状	7.6	10.5	0.84	0.38						
						P	27—45	灰棕紫色	轻砾质重黏土	棱块状	7.8	8.8	0.65	0.58						
						C	45—100				7.8									
剖20	半水成土	潮土	潮土	紫潮土	泥夹砂土	A	0—21	棕තර色	中壤土	团粒状	7.3	14.3	0.63	0.25	100	5.0	299	冲积物	E 104°55′12.0″ N 28°54′59.8″	82
						2	21—100	棕色	中壤土	小鳞块状	7.3	11.3	0.53	0.24						
						3	100—													
剖21	初育土	紫色土	中性紫色土	灰棕紫泥土	泡黄泥土	A	0—16	灰黄棕色	轻黏土	团粒状	5.1	23.5	1.43	0.78	51	4.0	162	砂泥岩、石英砂岩坡积物、残积物	E 104°58′16.7″ N 28°54′52.9″	79
						2	16—100	灰棕色	重黏土	棱块状	4.9	10.7	0.84	0.43						
剖22	铁铝土	黄壤	中性紫色土	冷砂黄泥土	黄砂土	A	0—18	黄棕色	重黏土	团块状	5.8	16.4	0.79	0.38	102	16.0	154	黄色砂岩残积物	E 104°52′53.4″ N 28°54′45.7″	93
						2	18—59	黄棕紫色	重黏土	棱块状	6.4	7.5	0.42	0.27						
						3	59—100	棕色	轻壤土	小块状	5.4	4.5	0.29	0.19						
剖23	紫色土	紫色土	紫色土性水稻土	灰棕紫色水稻土	油砂田	A	0—21	棕色	中壤土	团粒状	6.3	8.8	0.58	0.22	59	5.0	50	砂泥岩、砂岩、砂泥岩坡积物、残积物	E 104°50′45.1″ N 28°54′37.3″	89
						2	21—59	褐棕紫色	中壤土	棱块状	6.8	8.4	0.56	0.21						
						3	59—	灰棕紫色				8.1	0.49	0.22						
剖24	初育土	紫色土	中性紫色土	灰棕紫泥土	黄泥砂土	A	0—26	灰黄棕色	重黏土	团粒状	6.1	17.5	0.91	0.30	80	5.0	157	砂泥岩、石英砂岩坡积物、残积物	E 104°58′20.8″ N 28°54′32.8″	75
						2	26—33	灰棕色	重黏土	棱块状	6.4	15.3	0.78	0.26						
						3	33—100	灰棕色	轻黏土	小片状	6.7	5.5	0.39	0.10						
剖25	人为土	水稻土	紫色土性水稻土	暗紫泥土	油砂田	A	0—19	棕紫色	轻黏土	粒状	6.3	6.1	0.75	0.45	64	8.0	36	砂岩、砂泥岩坡积物、残积物	E 104°52′53.4″ N 28°54′45.7″	73
						P	19—38	棕紫色	中壤土	大块状	7.0	4.0	0.43	0.41						
						W	38—49	灰棕紫色	中壤土	整体状	7.1	3.5	0.28	0.38						
						C	49—100													
剖26	人为土	水稻土	黄壤性水稻土	冷黄泥田	黄泥田	A	0—16	黄棕紫色	轻黏土	小团块状	5.0	13.7	1.06	0.23	98	6.0	41	砂岩、炭质页岩坡积物、残积物	E 104°59′31.1″ N 28°54′10.1″	84
						2	16—19	浅灰紫色	轻黏土	棱体状	5.4	12.0	0.94	0.23						
						P	19—42	灰棕紫色	中壤土	棱块状	6.2	7.6	0.69	0.21						
						W	42—100	灰棕紫色	中壤土	大棱块状	6.8	5.2	0.51	0.20						
剖27	初育土	紫色土	中性紫色土	灰棕紫泥土	白眼砂土	A	0—16	灰黄紫色	砂壤土	小块状	6.5	5.2	0.42	0.14	43	4.0	81	砂岩、石英砂岩坡积物、残积物	E 104°50′18.8″ N 28°54′19.4″	92
						C	16—	灰灰紫色	砂壤土	粒状	6.3	3.1	0.30	0.08						
剖28	人为土	水稻土	黄壤性水稻土	灰棕紫色水稻土	黄棕砂田	A	0—30	灰棕紫色	轻黏土	小团块状	7.2	21.2	1.05	0.43	88	3.0	123	灰棕紫色水稻土	E 104°58′59.9″ N 28°54′03.2″	74
						P	30—40	黄黄棕色	轻黏土	大棱柱状	7.6	22.7	1.04	0.46						
						W	40—100	黄灰棕色	中壤土	小块状	7.4	21.4	0.98	0.19						
剖29	人为土	水稻土	黄壤性水稻土	冷砂黄泥田	冷砂黄泥田	A	0—27	灰紫色	轻壤土	小块状	5.5	17.8	0.74	0.22	113	5.0	124	砂岩、炭质页岩坡积物、残积物	E 104°58′16.0″ N 28°53′44.9″	73
						P	27—60	灰黄色	轻壤土	小片状	5.1	11.2	0.72	0.22						
						W	60—100	灰棕色	中黏土	无明显结构	4.9	6.1	0.57	0.19						

续表 Continued

剖面号 Soil profile	土纲 Soil order	土类 Soil great group	亚类 Soil subgroup	土属 Soil genus	土种 Soil species	土层码 Layer code	土层厚度 Depth/cm	颜色 Soil color	质地 Soil texture	土壤结构 Soil structure	pH	有机质 OM/(g/kg)	全氮 TN/(g/kg)	全磷 TP/(g/kg)	碱解氮 AN/(mg/kg)	有效磷 AP/(mg/kg)	速效钾 AK/(mg/kg)	土壤母质 Parent material	剖面点坐标 Profile coordinate	匹配指数 Matching index/%
剖30	铁铝土	黄壤	黄壤	冷砂黄泥土	炭渣土	A	0—20	棕紫色	中黏土	片状、粒状	6.4	9.4	0.66	0.23	55	2.0	51	黄色砂岩残积物	E 104°51′55.1″ N 28°53′24.4″	90
剖31	人为土	水稻土	黄壤性水稻土	冷砂黄泥土	炭渣田	2	20—42	棕紫色	轻质轻黏土	棱片状	6.2	14.0	1.19	0.31	132	4.0	68	砂岩、炭质页岩坡积物、残积物	E 104°51′38.2″ N 28°53′19.3″	93
						3	42—100	灰黄色			6.0									
剖32	人为土	水稻土	紫色土性水稻土	暗紫泥田	黄砂泥田	A	0—25	黑灰色	轻砾轻黏土	粒状、块状	5.7	19.1	1.81	0.33				砂泥岩、砂岩坡积物、残积物	E 104°52′15.6″ N 28°53′02.8″	94
						2	25—31	黄白黄色	轻砾轻黏土		6.5	19.3	1.78	0.28			61			
						W	31—100		轻砾轻黏土		6.8	13.2	1.74	0.26		6.0				
剖33	人为土	水稻土	中性紫色土	暗紫泥土	石骨子砂土	P	0—16	黄棕色	重壤土	粒状、块状	4.9	13.8	0.85	0.46	98			砂泥岩、砂岩坡积物、残积物	E 104°50′22.9″ N 28°52′31.4″	86
						2	16—22	棕棕色	重壤土	小棱柱状	5.2	14.9	1.01	0.52						
						W	22—100	棕棕色	重壤土	小棱块状	5.5	9.1	0.84	0.21						
剖34	初育土	紫色土	中性紫色土	暗紫泥土	冷砂泥土	A	0—20	紫红色	砾壤土	粒状	7.4	7.9	0.47	0.55	42	3.0	13	砂泥岩、砂岩坡积物、残积物	E 104°49′37.6″ N 28°52′28.9″	77
						2	20—30	紫红色	中壤土	小棱块状	7.6	3.6	0.41	0.57						
						C	30—100	紫红色	砾壤土	黏土	7.8	3.5	0.40	0.48						
剖35	初育土	紫色土	酸性紫色土	红紫泥土		1	0—8.5	红棕色	轻壤土	小粒状、块状	5.7	23.4	1.09	0.31	41	2.0	122	砂岩夹薄泥岩坡积物	E 104°55′10.2″ N 28°51′45.0″	97
						2	8.5—42	黄棕色	中壤土	片状、粒状	6.7									
						C	42—100	砖红色	中壤土	粒状	6.7									
剖36	初育土	紫色土	紫色土性水稻土	棕紫色水稻土	二泥田	A	0—25	暗紫紫色	砂质土	块状	4.2	8.0	0.30	0.06	48	3.0	89	砂泥岩、砂岩坡积物、残积物	E 104°55′43.7″ N 28°51′43.9″	100
						D	45—100		轻壤土		4.4	5.8	0.38	0.05						
剖37	人为土	水稻土	紫色土性水稻土	棕紫色水稻土	粗砂田	A	0—17	黄棕紫色	重壤土	团块状	6.6	14.5	1.03	0.35	96	6.0	65	砂泥岩、砂岩坡积物、残积物	E 104°51′25.2″ N 28°51′31.3″	88
						P	17—60	灰棕紫色	重壤土	大棱柱状	6.7	12.9	0.76	0.38						
						W	60—90	棕紫色	重壤土	小棱块状	7.3	9.4	0.61	0.37			80			
						90—		棕棕色	轻砾重壤土	整体状	7.4									
剖38	人为土	水稻土	潮土型水稻土	紫色潮泥田	泥夹砂田	A	0—28	浅棕紫色	重壤土	粒状	7.7	21.6	1.14	0.29	106	3.0	73	紫色冲积物	E 104°51′23.6″ N 28°51′15.5″	86
						2	28—33	浅棕紫色	重壤土	整体状	7.7	22.6	0.71	0.32						
						P	33—76	棕紫色	重壤土	大棱块状	7.6	9.7	0.61	0.28						
						C	76—100	棕紫色	轻壤重壤土	小棱块状	7.3	8.2	0.60	0.52			36			
剖39	铁铝土	黄壤	黄壤	老冲积黄泥土	死黄泥土	A	0—18	灰棕紫色	重壤土	片状	6.7	30.1	1.17	0.66	72	46.0		第四纪老冲积物	E 104°55′59.5″ N 28°51′02.5″	73
						2	18—23	黄棕色	重黏土	大棱块状	5.4	21.1	1.00	0.62						
						P	23—61	棕紫色	重黏土	小棱块状	6.3	8.2	0.26	0.16						
						W	61—100	黄色	重壤土	鳞片状	7.3	10.9	0.56	0.14						
剖40	初育土	紫色土	酸性紫色土	红棕紫色土	黄家夹砂土	A	0—17	棕色	轻壤土	小棱块状	5.5	9.2	0.32	0.26	63	3.0	45	砂泥岩、砂岩坡积物、残积物	E 104°51′30.6″ N 28°50′28.0″	72
						2	17—46	棕色	中壤土	大棱块状	5.9	2.2		0.12						
						3	46—100	黄色	轻壤土	棱块状	6.4	9.4	0.43	0.19						
剖41	人为土	水稻土	紫色土性水稻土	红棕紫色水稻土	跑砂大土	A	0—19	灰棕色	中黏土	粒状、块状	5.2	4.5	0.29	0.13		3.0	136	红棕紫色砂泥岩坡积物	E 104°55′16.7″ N 28°50′22.9″	86
						2	19—64	棕色	中黏土	片状	5.1	1.6	0.22	0.08						
						3	64—100	棕色	中黏土	无明显结构	7.7	27.4	1.49	0.66	96	7.0				
剖42	人为土	水稻土	紫色土性水稻土	棕紫色水稻土	粗油砂田	A	0—23	灰棕色	中黏土	粒状、块状	7.8	27.3	1.44	0.72				砂泥岩、砂岩坡积物、残积物	E 104°58′59.5″ N 28°51′02.5″	86
						2	23—43	灰棕色	砂黏土	粒状	7.9	23.7	1.20	0.72						
						P	43—100	灰棕色	重壤土	团粒状	7.7	22.7	1.29							
						A	0—23	灰黄色	重壤土	小棱块状	7.7	20.4	1.12	0.37						
						2	23—31	棕黄色	轻壤土	大棱块状	7.9	19.3	1.08	0.33						
						3	31—54	棕紫色	轻壤轻黏土	棱块状	7.9	18.9	0.97	0.31		5.0				
						C	54—100	棕紫褐色	砂壤土	团粒状	7.8									
剖43	半水成土	潮土	潮土	灰棕潮土	潮泥砂土	A	0—23	灰棕色	中壤土	团粒状、块状	7.8	11.6	0.46	0.88	114		61	第四纪新冲积物	E 104°57′56.2″ N 28°50′11.8″	93
						2	23—50	棕棕色	中壤土	粒状、块状	8.0	8.7	0.29	0.80						
						3	50—100													

续表 Continued

剖面号 Soil profile	土纲 Soil order	土类 Soil great group	亚类 Soil subgroup	土属 Soil genus	土种 Soil species	土层码 Layer code	土层厚度 Depth/cm	颜色 Soil color	质地 Soil texture	土壤结构 Soil structure	pH	有机质 OM/(g/kg)	全氮 TN/(g/kg)	全磷 TP/(g/kg)	碱解氮 AN/(mg/kg)	有效磷 AP/(mg/kg)	速效钾 AK/(mg/kg)	土壤母质 Parent material	剖面点坐标 Profile coordinate	匹配指数 Matching index/%
剖44	初育土	紫色土	石灰性紫色土	棕紫泥土	粗油砂土	A	0~19	棕紫色	中壤土	粒状、块状	6.2	12.1	0.84	0.33	103	5.0	68	棕紫色砂泥岩、砂岩坡积物、残积物	E 104°50′09.1″ N 28°50′03.2″	90
						2	19~31	棕紫色	轻黏土	小棱块状	6.3	8.6	0.62	0.26						
							31~100	棕紫色				6.5	0.50	0.19						
剖45	初育土	紫色土	酸性紫色土	红紫泥土	黄泥土	A	0~20	黄色	重壤土	团块状	4.6	11.8	0.71	0.15	82	3.0	45	砂岩夹薄泥岩坡积物、残积物	E 104°52′45.8″ N 28°50′00.2″	77
						2	20~30	黄色	重壤土	小棱块状	4.8	11.8	0.50	0.15						
						3	30~100	黄色	松砂土			2.2	0.42	0.07						
剖46	初育土	紫色土	酸性紫色土	红紫泥土	红紫泥土	Ao	0~4.5	灰黑色	中壤土	小块状	4.7	21.2	0.80	0.12	76	2.0	36	砂岩夹薄泥岩坡积物、残积物	E 105°00′52.9″ N 28°57′28.4″	100
						2	4.5~29	暗紫色	中壤土	小块状	5.2	7.4	0.42	0.10						
						3	29~100	红紫色	轻黏土	团粒状	8.1	17.1	1.04	0.71						
剖47	初育土	紫色土	石灰性紫色土	棕紫泥土	二泥土	A	0~25	棕紫色	轻黏土	小团块状	8.1	17.4	0.54	0.81	77	8.0	143	棕紫色砂泥岩坡积物、砂岩坡积物、残积物	E 105°00′09.4″ N 28°56′52.4″	76
						2	25~37	黄棕紫色	中壤土	小棱柱状	8.1	8.9	0.77	0.52						
						3	37~100	黄棕紫色	轻砾中壤土	粒状	7.1	7.4	0.51	0.38						
剖48	人为土	水稻土	紫色土水稻土	灰棕紫色水稻土	紫砂田	A	0~17	灰棕紫色	中砾轻黏土	块状	7.8	7.5	0.43	0.39	53	3.0	36	灰棕紫色水稻土	E 105°02′58.6″ N 28°54′59.4″	82
						2	17~26	暗棕紫色	中壤土	大棱块状	7.9	8.4	0.42	0.45						
						3	26~42	灰棕紫色	轻黏土	紧体状	7.9									
剖49	初育土	紫色土	中性紫色土	灰棕紫泥土	灰棕紫泥田	1	0~11	灰棕紫色	重壤土	粒状、块状	5.3	18.6	0.89	0.18	85	2.0	64	砂泥岩、石英砂岩坡积物、残积物	E 105°01′18.5″ N 28°51′40.0″	95
						2	11~25	褐棕紫色	中壤土	小团块状	5.7	9.2	0.46	0.23						
						3	25~100	棕紫色	中壤土	小块状	6.3	5.1	0.29	0.35						
剖50	人为土	水稻土	黄壤性水稻土	老冲积黄泥田	死黄泥田	A	0~22	棕黄色	轻砾石轻黏土	小块状	5.3	14.4	1.05	0.26	106	4.0	50	第四纪老冲积物	E 104°59′36.6″ N 28°49′57.9″	82
						P	22~45	浅黄黄色	重黏土	大棱块状	5.5	8.6	0.68	0.19						
						W	45~100	灰白黄相间	重黏土	棱块状	5.6	2.3	0.29	0.14						
剖51	人为土	水稻土	紫色土水稻土	老冲积黄泥田	黄泥大土田	A	0~17	暗黄棕色	中壤土	粒状、块状	5.6	23.2	1.41	0.49	157	9.0	94	第四纪老冲积物	E 104°58′50.3″ N 28°49′35.0″	88
						P	17~28	灰棕紫色	中壤土	小块状	6.1	12.7	0.79	0.53						
						W	28~54	黄棕紫相间	重黏土	小棱柱状	6.2	10.3	0.38	0.62						
						C	54~100		重黏土	整体状	6.3									
剖52	人为土	水稻土	潮土型水稻土	灰棕潮泥田	漏底砂田	A	0~20	浅黄灰色	中壤土	粒状、块状	7.3	16.2	0.85	0.17	92	3.0	50	近代新冲积物	E 104°58′19.2″ N 28°49′10.9″	85
						2	20~59	棕黄色	重黏土	大棱块状	7.8	13.9	0.59	0.72						
						3	59~100	棕黄色	中壤土	小棱块状	7.8	11.1	0.94	0.21						
剖53	人为土	水稻土	棕紫色水稻土	棕紫泥田	黄泥大土田	A	0~22	黄棕色	轻壤土	团块状	7.1	10.9	0.74	0.46	51	3.0	73	砂泥岩、砂岩坡积物、残积物	E 104°59′23.5″ N 28°49′17.3″	72
						P	22~30	黄棕色	重壤土	小棱块状	7.5	8.9	0.49	0.29						
						W	30~100	黄棕色	中壤土	团块状	8.3	8.1	0.47	0.39						
剖54	人为土	水稻土	紫色土水稻土	灰棕紫泥田	黄泥田	A	0~30	黄棕色	重壤土	团块状	6.0	17.0	0.95	0.27	83	5.0	105	灰棕紫色水稻土	E 104°55′31.8″ N 28°48′08.3″	95
						P	30~40	灰棕紫色	重壤土	小块状	5.2	15.7	0.83	0.25						
						W	40~62	黄棕紫相间	重壤土	棱柱状	5.6	8.8	0.49	0.31						
						4	62—													
剖55	人为土	水稻土	潮土型水稻田	棕紫色潮泥土	潮泥砂田	A	0~20	灰棕紫色	重黏土	小粒状、块状	6.6	13.4	1.09	0.69	80	20.0	80	近代新冲积物	E 104°55′32.9″ N 28°46′25.4″	97
						P	20~27	棕紫色	重黏土	块状	7.1	11.9	0.34	0.60						
						W	27~100	棕黄色	轻黏土	小块状	7.1	3.0	0.38	0.84						
						4	100—		重黏土			0.3	0.37	0.85						
剖56	人为土	水稻土	紫色土性水稻土	棕紫色水稻土	黑油砂田	A	0~27	灰棕色	轻壤土	小粒状、块状	6.5	13.5	0.63	0.14	67	2.0	45	灰棕紫色水稻土	E 105°02′49.6″ N 28°49′42.6″	70
						P	27~42	黄棕色	重黏土	大棱柱状	6.3	14.0	0.51	0.12						
						W	42~100	棕黄色	中壤土	小棱柱状	6.0	12.3	0.41	0.12						
剖57	铁铝土	黄壤	黄壤	老冲积黄泥土	黄泥砂土	A	0~18	紫黄色	轻黏土	团粒状、块状	5.8	11.2	0.97	0.28	66	5.0	109	第四纪老冲积物	E 105°00′50.0″ N 28°48′17.6″	78
						2	18~46	黄色	轻黏土	粒状、块状	6.2	5.3	0.38	0.14						
						3	46~100	黄色	轻黏土	柱状	6.1	4.5	0.36	0.13						

续表 Continued

剖面号 Soil profile	土纲 Soil order	土类 Soil great group	亚类 Soil subgroup	土属 Soil genus	土种 Soil species	土层码 Layer code	土层厚度 Depth/cm	颜色 Soil color	质地 Soil texture	土壤结构 Soil structure	pH	有机质 OM/(g/kg)	全氮 TN/(g/kg)	全磷 TP/(g/kg)	碱解氮 AN/(mg/kg)	有效磷 AP/(mg/kg)	速效钾 AK/(mg/kg)	土壤母质 Parent material	剖面点坐标 Profile coordinate	匹配指数 Matching index/%
剖58	铁铝土	黄壤	黄壤	老冲积黄泥土	砂夹石土	A	0—16	暗灰色	中壤土	粒状	5.2	24.8	1.32	1.10	144	16.0	50	第四纪老冲积物	E 105°00′31.8″ N 28°47′37.8″	78
						2	16—28	暗灰色	重壤土	小块状	6.0	16.4	0.65	1.12						
						3	28—100	灰棕色	重壤土		6.1	8.0	0.63	1.17						
剖59	半水成土	潮土	潮土	灰棕潮土	黑油砂土	A	0—28	灰褐色	轻壤土	团粒状	6.4	8.1	0.39	0.65	60	15.0	47	第四纪新冲积物	E 105°01′22.8″ N 28°47′28.7″	71
						2	28—50	浅黄褐色	轻壤土	团块状	7.3	7.8	0.55	0.65						
						3	50—100	浅褐黄色	中壤土	小棱块状		3.7	0.49	0.79						
剖60	半水成土	潮土	潮土	灰棕潮土	白眼砂土	A	0—21	灰白色	松砂土	粒状	7.4	5.1	0.54	0.40	82	3.0	50	第四纪新冲积物	E 105°00′38.8″ N 28°47′10.0″	74
						2	21—39	浅灰色	轻壤土	粒状	7.7	5.7	0.37	0.11						
						3	39—100	灰黄色												
剖61	人为土	水稻土	潮土型水稻土	灰棕潮土田	黑砂油田	A	0—19	黄灰色	中壤土	团块状	5.7	15.9	0.72	0.60	98	25.0	45	近代新冲积物	E 105°00′55.5″ N 28°47′05.0″	80
						2	19—25	浅黄色	中壤土	扁平小块状	5.8	14.4	0.62	0.55						
						W	25—32	棕灰黄色	轻壤土	棱块状	6.7	11.8	0.35	0.52						
						C	32—100	棕灰色	轻壤土	整体状	6.8	10.1	0.20	0.06						

叙 州 区

主要土类说明

紫色土是叙州区的主要土壤类型，占本区地域面积的 55%。紫色土是由热带、亚热带紫红色岩层直接风化形成的 A–C 型土壤。其理化性质与母岩组成直接相关，土层浅薄，剖面层次发育不明显，仍处于初育阶段。母岩富含矿质养分，且风化迅速。

水稻土是叙州区第二大土壤类型，占本区地域面积的 38%。水稻土是在淹水种稻的条件下发育而成的特殊土壤，受水分影响较深刻，除水纹层次有明显的特征外，田块泥面平整，熟化程度高，保水保肥性能较好，有机质累积较多。

黄壤是叙州区第三大土壤类型，占本区地域面积的 5%。黄壤发生于亚热带湿润条件下，中度脱硅富铝化，多见于海拔 700—1200m 的山区。土壤有机质累积较多，具 O–A–AB–B–C 剖面构型。pH 为 4.5—5.5。淀积层（B 层）富含水合氧化物（针铁矿），呈黄色。

小于本区地域面积 3% 的土壤类型还有新积土、石灰（岩）土等。

本区域中心区气候特征

本区域中心区气候特征值
Regional climate characteristics in central area of the region

气候带：中亚热带湿润气候 Climate region: Subtropical humid climate	
年平均气温 /℃ Annual average temperature /℃	17.6
年平均最高气温 /℃ Annual average maximum temperature /℃	21.5
年平均最低气温 /℃ Annual average minimum temperature /℃	14.9
年降水量 /mm Annual precipitation /mm	1046
≥10℃的积温 /℃ Daily temperature accumulated in a year (≥10℃) /℃	11310
年日照时数 /h Annual sunshine /h	1069
年平均相对湿度 /% Annual average relative humidity /%	81
干燥度 Dryness	1.02

宜宾县主要土壤类型与土壤剖面点分布图
1∶350 000

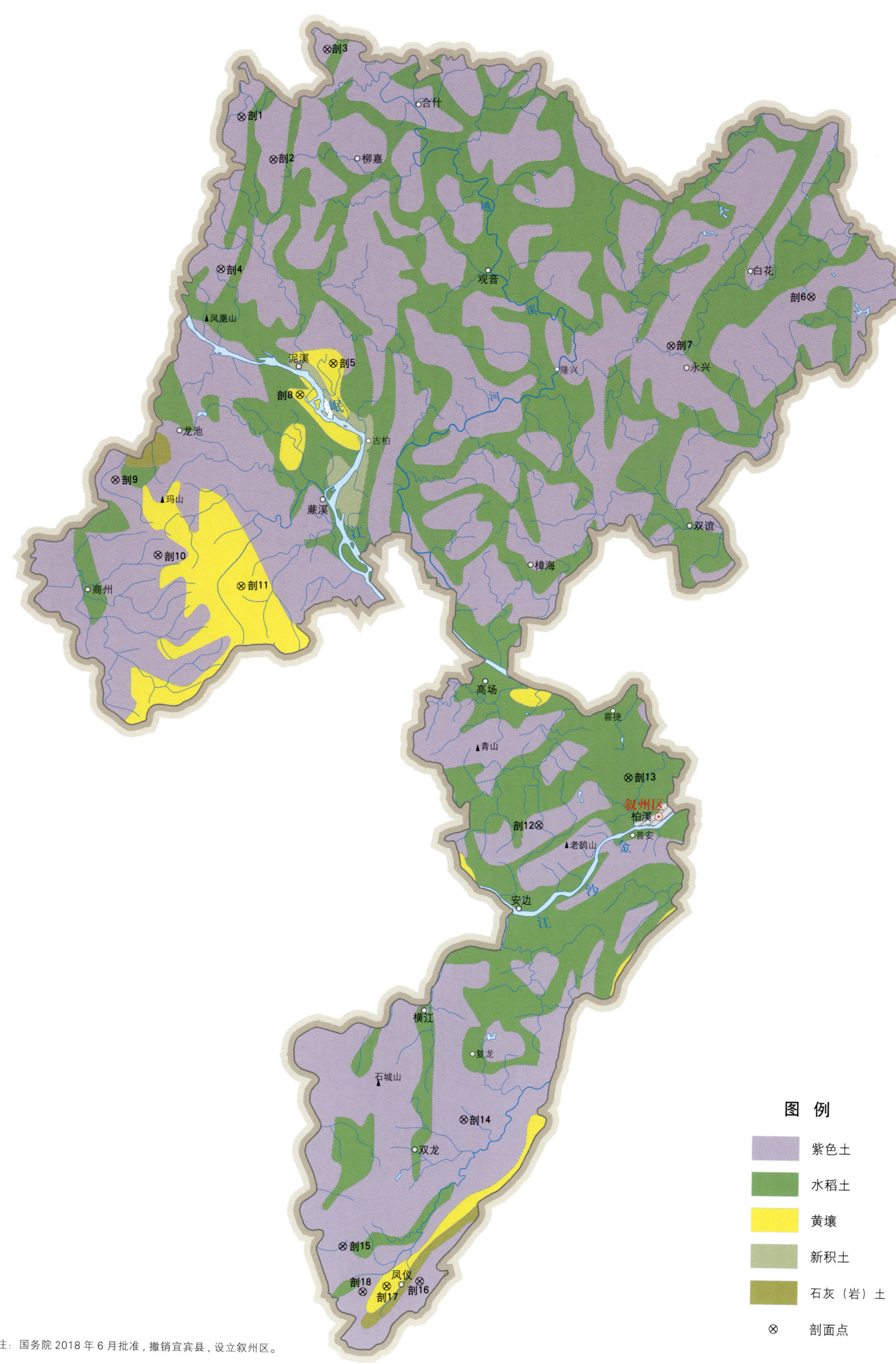

图 例
- 紫色土
- 水稻土
- 黄壤
- 新积土
- 石灰（岩）土
- ⊗ 剖面点

注：国务院2018年6月批准，撤销宜宾县，设立叙州区。

叙州区土壤剖面理化性状表

剖面号 Soil profile	土纲 Soil order	土类 Soil great group	亚类 Soil subgroup	土属 Soil genus	土种 Soil species	土层码 Layer code	土层厚度 Depth/cm	颜色 Soil color	质地 Soil texture	土壤结构 Soil structure	pH	有机质 OM/(g/kg)	全氮 TN/(g/kg)	全磷 TP/(g/kg)	碱解氮 AN/(mg/kg)	有效磷 AP/(mg/kg)	速效钾 AK/(mg/kg)	阳离子交换量 CEC/(cmol/kg)	土壤母质 Parent material	剖面点坐标 Profile coordinate	匹配指数 Matching index/%
剖1	初育土	紫色土	酸性紫色土	酸性灰棕紫色土		1	0–23	棕灰色	砂壤土	粒状	4.6	4.5	0.44	10.96	49	3.0	17			E 104°11′11.0″ N 29°12′10.4″	70
剖2	初育土	紫色土	酸性紫色土	酸性灰棕紫色土	黑油砂大土	1	0–23	灰棕色	轻壤土	小团块状	4.9	2.6	0.29	0.28					坡积物	E 104°12′48.0″ N 29°10′19.7″	70
						2	23–51	灰棕色	轻壤土	小团块状	4.8	2.3	2.25	0.21	125	6.0	45	20.0			
						3	51–100	暗灰棕色	中砾质重壤土	中团块状	5.6	19.2	1.17	1.72				20.6			
剖3	初育土	紫色土	酸性紫色土	酸性暗紫色土		1	0–30	暗灰棕色	重壤土	团块状	5.9	14.7	0.80	1.64				17.7	残积物	E 104°15′24.7″ N 29°15′11.0″	89
						2	30–50	灰棕色	轻壤土	棱块状	5.3	6.1	0.50	0.74				22.2			
						3	50–100	浅红棕色	轻黏土	小粒状	4.5	9.4	0.75	0.46	76	20.0	67				
剖4	初育土	紫色土	酸性紫色土	酸性灰棕紫色土		1	0–30	黄橙色	重壤土	小团块状	4.9	13.8	0.77	1.41	46	17.0	54	19.0	残积物	E 104°10′15.2″ N 29°05′31.6″	90
						2	30–52	红色	中壤土	团块状	4.8	0.5	0.48	0.23				15.6			
						3	52–83														
剖5	铁铝土	黄壤	黄壤	冷砂黄泥土	炭渣土	1	0–24	暗棕色	中壤土	大粒状	5.1	30.7	2.68	1.05	114	10.0	108	26.1	煤矸风化物	E 104°15′55.3″ N 29°01′28.3″	97
						2	24–61	棕黑色	重壤土	小团块状	5.8	21.5	2.26	0.79				25.5			
						3	61–100	黑黑色	大团块状	大团块状	5.6	30.4	1.85	0.97				31.3			
剖6	初育土	紫色土	酸性紫色土	红紫泥土		1	0–20	浅红色	中壤土	大团块状	5.6	8.9	0.39	0.27	29	2.0	50	16.9	残积物	E 104°39′42.1″ N 29°04′37.6″	99
						2	20–43	浅红色	中壤土	粒状	6.9	6.7	0.32	0.23				16.4			
剖7	初育土	紫色土	酸性紫色土	红紫泥土		1	0–20	红色	中壤土	大粒状	5.1	6.7	1.30	0.29	89	3.0	53	12.4	残积物	E 104°32′44.9″ N 29°02′25.1″	94
						2	20–60	浅红棕色	中壤土	团块状	5.1	4.6	1.23	0.24				12.6			
剖8	铁铝土	黄壤	黄壤	老冲积黄泥土		1	0–21	黄色	轻壤土	大粒状	4.8	15.8	0.82	0.77	70	4.0	43	12.2	老冲积物	E 104°14′14.5″ N 29°00′04.3″	98
						2	21–55	浅黄黑棕色	轻壤土	小团块状	4.6	6.8	0.42	0.38				14.0			
						3	55–100	浅黄黑棕色	轻壤土	大团块状	4.6	4.6	0.35					14.2			
剖9	初育土	紫色土	中性紫色土	中性红紫土	卵石黄泥土	1	0–23	暗黄棕色	中壤土	粒状	7.4	13.3	0.80	0.32	102	3.0	43	8.8	残积物	E 104°05′09.1″ N 28°56′14.3″	86
						2	23–52	红红棕色	轻壤土	大粒状	7.3	5.1	0.48	0.21				7.6			
剖10	初育土	紫色土	中性紫色土	中性灰棕紫色土		1	0–23	红红棕色	重壤土	棱块状	7.5	10.3	0.70	0.97	36	3.0	81	22.1	残积物	E 104°07′20.3″ N 28°52′59.0″	88
						2	23–120	浅红棕色	重壤土	棱柱状	7.3	9.8	0.66	0.76				19.4			
剖11	铁铝土	黄壤	黄壤	冷砂黄泥土	冷砂黄泥田	1	0–21	灰黄色	重壤土	小块状	5.9	17.2	0.70	0.60	126	3.0	57	15.6	母质坡积物、残积物	E 104°11′30.1″ N 28°51′41.0″	93
						2	21–76	浅黄棕色	重壤土	大团块状	6.0	4.4	0.93	0.34				12.4			
						3	76–100	浅黄棕色	中壤土	大团块状	6.0	4.1	1.02	0.35				11.5			
剖12	初育土	紫色土	中性紫色土	中性红紫土		1	0–25	红橙色	中壤土	大粒状	7.6	8.0	0.53	0.51	53	6.0	57	16.2	残积物	E 104°26′30.3″ N 28°41′26.2″	90
						2	25–40	红橙色	中壤土	团块状	7.2	1.9	0.19	0.10				9.3			
剖13	人为土	水稻土	潴育水稻土		卵石黄色黏土	A	0–19	浅黄色	壤质黏土	块状	4.8	18.4	1.10	0.24	66	3.0	46	12.8	第四纪黄色砾石黏土	E 104°30′54.4″ N 28°43′35.0″	93
						Pb	19–29	黄黄棕色	壤质黏土	扁棱状	5.7	5.0	1.00	0.18				12.9			
						Wb₁	29–60	黄橙色	壤质黏土	棱柱状	5.5	3.0	0.35	0.07				11.4			
						Wa₂b₂	60–100	黄橙色	黏土	小棱柱状	5.3	3.1	0.31	0.07							
剖14	初育土	紫色土	酸性紫色土	酸性暗紫色土		1	0–20	紫黄棕色	重壤土	大粒状	6.0	11.6	0.76	1.03	79	3.0	23	30.1	坡积物	E 104°23′01.3″ N 28°28′32.4″	71
						2	20–57	紫黄棕色	重壤土	小团粒状	6.2	0.4	0.49	0.81				28.2			
剖15	初育土	紫色土	中性紫色土	中性棕紫色土		1	0–21	灰棕色	中黏土	大粒状	7.0	7.0	0.53	0.89	53	6.0	91	24.9	坡积物	E 104°17′08.9″ N 28°22′58.0″	84
						2	21–64	浅红棕色	黏土	棱柱状	6.8	5.8	0.53	0.57				20.3			
剖16	初育土	紫色土	酸性紫色土	酸性暗紫色土		1	0–27	浅红棕色	重壤土	大粒状	6.1	21.0	0.98	1.94	94	3.0	42	33.8	坡积物、残积物	E 104°20′59.2″ N 28°21′31.6″	92
						2	27–60	紫棕色	重壤土	大块状	5.6	8.1	0.62	1.38				12.7			
剖17	铁铝土	黄壤	黄壤	冷砂黄泥土	冷砂土	1	0–25	褐色	轻壤土	小团块状	6.0	11.9	0.82	0.83	163	3.0	83	9.6	坡积物	E 104°19′22.0″ N 28°21′17.5″	77
						2	25–49	灰黄棕色	中壤土	块状	5.9	8.9	0.81	0.47	26						
						3	49–80	褐色	中壤土	团粒状	5.8	14.6	0.58	0.57	22			11.8			

续表 Continued

剖面号 Soil profile	土纲 Soil order	土类 Soil great group	亚类 Soil subgroup	土属 Soil genus	土种 Soil species	土层码 Layer code	土层厚度 Depth/cm	颜色 Soil color	质地 Soil texture	土壤结构 Soil structure	pH	有机质 OM/(g/kg)	全氮 TN/(g/kg)	全磷 TP/(g/kg)	碱解氮 AN/(mg/kg)	有效磷 AP/(mg/kg)	速效钾 AK/(mg/kg)	阳离子交换量CEC/(cmol/kg)	土壤母质 Parent material	剖面点坐标 Profile coordinate	匹配指数 Matching index/%
剖18	初育土	紫色土	酸性紫色土	酸性暗紫色土		1	0—26	暗棕红色	轻砾轻黏土	小粒状	5.2	6.2	0.84	0.65	51	5.0	48	1.1	坡积物	E 104°18′10.5″ N 28°21′01.7″	86
						2	26—56	暗红色	轻黏土	小团块状	6.0	2.5	0.70	0.68				9.8			

江 安 县

主要土类说明

水稻土是江安县的主要土壤类型，占本县地域面积的 52%。水稻土是在自然和人为因素共同作用下，经长期水耕熟化、种植水稻后发育而成的一种特殊土壤，它不但具有土层深厚、保水保肥性能好、有机质累积多、土温稳定等特点，而且由于淹水时间长，受水文作用影响深而使其本身土壤的理化性状容易发生变化。因此，随着各个地方的水文作用方式和程度不同，必然产生具有不同的水文发育形态和不同的理化性状及生产表现的水稻土。本县水稻土分为淹育型、潴育型和潜育型三种类型。淹育水稻土发育层次为淹育层–犁底层–初期潴育层或淹育层–初期潴育层，多分布于山腰塝坳和地势较高的子湾、支沟、坝地、阶地的长期实行水旱轮作的田块，因受水文作用影响不深，光照好，泥脚不深，所以土体内的水热气肥较协调，水土温度较高，养分释放转化较快，通透性能好，因此种水稻一般不出现坐蔸化苗现象，水稻产量较高且较稳定。潴育水稻土发育层次为淹育层–初期潴育层–潴育层–母质层，多分布于坡上之台地、沟谷的上中段和坝地阶地的边缘地带，一般泥脚较深，土壤通透性较差，下层养分释放缓慢，土温偏低但较稳定，部分田块遇低温有坐蔸现象出现，产量稳而不高，有待改造。潜育水稻土发育层次为潜育层–母质层或淹育层–潜育层，多分布于坡脚一线及冲的尾部地带，土壤长期受水作用影响，泥脚深，结构不良，土温低，养分活化温度高，土体内水热气肥极不协调，种水稻几乎年年坐蔸化苗，产量低而不稳。

紫色土是江安县第二大土壤类型，占本县地域面积的 42%。紫色土是由热带、亚热带紫红色岩层直接风化形成的 A–C 型土壤。其理化性质与母岩组成直接相关，土层浅薄，剖面层次发育不明显，仍处于初育阶段。母岩富含矿质养分，且风化迅速。本县紫色土分为棕紫泥土、紫红泥土两个亚类。

小于本县地域面积 3% 的土壤类型还有黄壤和新积土等。

本区域中心区气候特征

本区域中心区气候特征值
Regional climate characteristics in central area of the region

气候带：中亚热带湿润气候 Climate region: Subtropical humid climate	
年平均气温 /℃ Annual average temperature /℃	17.1
年平均最高气温 /℃ Annual average maximum temperature /℃	21.0
年平均最低气温 /℃ Annual average minimum temperature /℃	14.4
年降水量 /mm Annual precipitation /mm	1037
≥10℃的积温 /℃ Daily temperature accumulated in a year (≥10℃) /℃	9907
年日照时数 /h Annual sunshine /h	1028
年平均相对湿度 /% Annual average relative humidity /%	82
干燥度 Dryness	0.91

江安县主要土壤类型与土壤剖面点分布图
1 : 210 000

江安县土壤剖面理化性状表

剖面号 Soil profile	土纲 Soil order	土类 Soil great group	亚类 Soil subgroup	土属 Soil genus	土种 Soil species	土层码 Layer code	土层厚度 Depth/cm	颜色 Soil color	质地 Soil texture	土壤结构 Soil structure	pH	有机质 OM/(g/kg)	全氮 TN/(g/kg)	全磷 TP/(g/kg)	碱解氮 AN/(mg/kg)	有效磷 AP/(mg/kg)	速效钾 AK/(mg/kg)	土壤母质 Parent material	剖面点坐标 Profile coordinate	匹配指数 Matching index/%
剖1	初育土	紫色土	棕紫泥土	灰棕紫泥土	泡黄泥土	1	0—15	紫黄色	重壤土	粒状、块状	6.6	14.7	0.83	0.37	78	9.0	150	紫色砂页岩	E 105°06′56.2″ N 28°52′56.3″	79
						2	15—57	棕黄色	重壤土	棱块状	6.1	9.3	0.55	0.35	66	5.0	71			
						3	57—113	棕黄色	重壤土	棱柱状	6.2	6.8	0.42	0.32	38	11.0	64			
剖2	初育土	紫色土	棕紫泥土	灰棕紫泥土	斑鸠砂土	1	0—20	棕黄色	中壤土	无明显结构	6.4	2.6	0.41	0.56	16	2.0	68	紫色砂页岩	E 105°06′41.0″ N 28°51′37.8″	70
剖3	人为土	水稻土	紫色土性水稻土	红棕紫色水稻土	立大土田	1	0—16	红棕紫色	轻黏土	块状	8.0	20.3	1.21	0.83	89	9.0	178	棕红色泥岩	E 105°09′44.8″ N 28°50′57.7″	94
						2	16—26	红棕色	轻黏土	块状	7.8	16.1	1.11	0.51	83	5.0	129			
						3	26—90	棕红色	轻黏土	块状	7.8	15.7	1.05	0.82	77	5.0	124			
剖4	初育土	紫色土	棕紫泥土	灰棕紫泥土	白眼砂土	1	0—23	黄灰色	中黏土	无明显结构	5.0	6.3	0.46	0.28	55	12.0	22	紫色砂页岩	E 105°11′34.8″ N 28°50′47.4″	97
剖5	初育土	紫色土	棕紫泥土	灰棕紫泥土	黄泥土	1	0—20	棕黄色	重壤土	块状、粒状	5.4	11.6	0.74	0.22	57	3.0	76	紫色砂页岩	E 105°12′08.5″ N 28°50′44.3″	70
						2	20—54	黄棕紫色	重壤土	棱块状	5.3	7.7	0.62	0.15	52	1.0	59			
						3	54—82	黄棕紫色	重壤土	棱柱状	5.1	3.4	0.58	0.12	46	1.0	47			
剖6	人为土	水稻土	紫色土性水稻土	红棕紫色水稻土	跑砂大土田	1	0—15	红棕紫色	轻黏土	块状	8.1	15.4	1.02	0.60	72	5.0	93	棕红色泥岩	E 105°08′40.9″ N 28°50′03.6″	89
						2	15—27	红棕色	轻黏土	柱状	8.1	12.0	0.90	0.59	52		86			
						3	27—93	棕红色	轻黏土	柱状	8.2	11.1	0.81	0.58	47		87			
剖7	人为土	水稻土	紫色土性水稻土	灰棕紫色水稻土	黄泥砂田	1	0—24	黄棕紫色	重壤土	块状、粒状	6.5	13.6	1.03	0.39	91	9.0	43	紫色砂页岩	E 105°11′23.3″ N 28°48′50.0″	82
						2	24—90	黄棕紫色	重壤土	棱块状	7.0	12.0	0.79	0.38	75	7.0	45			
剖8	人为土	水稻土	紫色土性水稻土	灰棕紫色水稻土	死黄泥田	1	0—25	黄灰色	中壤土	柱状	5.3	11.9	0.73	0.15	78	3.0	67	紫色砂页岩	E 105°05′12.1″ N 28°48′49.7″	76
						2	25—60	灰棕黄色	轻壤土	块状	5.8	6.8	0.55	0.14	42	2.0	44			
						3	60—75	红棕黄色	轻壤土	块状	5.9	3.9	0.37	0.11	28	1.0	49			
剖9	初育土	紫色土	酸性紫色土性水稻土	酸性紫色水稻土	黄砂小土	1	0—23	棕紫色	中壤土	小块状	5.5	9.7	0.76	0.27	109	5.0	131	酸性老风化壳	E 105°11′41.3″ N 28°47′19.3″	98
						2	23—45	灰棕黄色	中壤土	块状	4.7	4.2	0.28	0.10	72		56			
						3	45—125	灰棕黄色	中壤土	块状	4.5	4.1	0.22	0.07	70		59			
剖10	人为土	水稻土	紫色土性水稻土	灰棕紫色水稻土	白砂泥田	1	0—21	黄灰色	中壤土	粒状、块状	5.2	11.1	0.58	0.15	59	1.0	33	紫色砂页岩	E 105°04′11.3″ N 28°46′04.4″	96
						2	21—55	黄灰色	中壤土	棱块状	5.2	6.9	0.45	0.09	52	1.0	22			
						3	55—84	黄灰色	中壤土	柱状	5.4	4.9	0.31	0.08	37	1.0	22			
剖11	初育土	新积土	冲积土	灰棕紫色水稻土	冷砂土	1	0—30	灰棕色	砂壤土	无明显结构	8.5	6.5	0.37	0.05	25	5.0	40	河流冲积物	E 105°11′55.2″ N 28°45′55.5″	79
						2	30—75	灰白色	轻壤土	块状、粒状	8.5	6.1	0.31	0.07	25		37			
						3	75—110	灰白色	砂壤土	无明显结构	8.7	5.7	0.26	0.06	15		27			
剖12	铁铝土	黄壤	黄壤	老冲积黄泥土	黄泥夹石土	1	0—17	橙黄色	中壤土	块状、粒状	5.7	16.0	0.88	0.28	75	23.0	41	第四纪老冲积酸性母质夹卵石	E 105°02′07.4″ N 28°45′02.2″	86
						2	17—38	棕黄色	重壤土	棱柱状	5.6	3.7	0.27	0.11	31	22.0	244			
剖13	人为土	水稻土	紫色土性水稻土	灰棕紫色水稻土	泡黄泥田	1	0—22	棕紫色	重壤土	块状	6.7	14.5	0.90	0.62	65	23.0	300	紫色砂页岩	E 105°04′56.3″ N 28°44′56.4″	84
						2	22—58	棕紫色	重壤土	粒状、块状	6.9	9.9	0.65	0.58	45	22.0	325			
						3	58—110	棕紫色	重黏土	块柱状	6.9	4.0	0.35	0.10	18	1.0	138			
剖14	铁铝土	黄壤	黄壤	老冲积黄泥土	黄泥土	1	0—17	棕黄色	重壤土	稍紧	5.1	14.1	0.77	0.30	70	2.0	63	第四纪老冲积酸性母质夹卵石	E 105°11′17.9″ N 28°44′53.9″	83
						2	17—70	灰黄色	重壤土	棱柱状	4.1	4.0	0.31	0.10	27		33			
						3	70—100	灰黄色	重壤土	棱柱状	5.5	2.3	0.28	0.10	18		27			
剖15	人为土	水稻土	紫色土性水稻土	灰棕紫色水稻土	油砂田	1	0—25	黑紫色	重壤土	块状、粒状	6.2	13.4	0.75	0.23	83	11.0	75	紫色砂页岩	E 105°06′59.8″ N 28°44′29.0″	85
						2	25—45	紫色	轻黏土	棱块状	6.4	5.9	0.47	0.12	51	4.0	46			
剖16	人为土	黄壤	黄壤性水稻土	老冲积黄泥土	黄泥田	1	0—18	紫黄色	重黏土	块状、粒状	5.2	24.9	1.28	0.58	107	22.0	45	老冲积酸性母质夹卵石	E 105°07′52.5″ N 28°43′58.2″	95
						2	18—36	棕黄色	重壤土	块状、粒状	5.8	18.4	0.99	0.57	101	4.0	42			
剖17	铁铝土	黄壤	黄壤	老冲积黄泥土	黄砂土	1	0—22	灰黄色	重壤土	无明显结构	5.6	9.1	0.57	0.34	47	6.0	24	第四纪老冲积酸性母质夹卵石	E 105°09′25.3″ N 28°43′55.5″	88
						2	22—110	红棕色	重壤土	块状、粒状	6.2	4.9	0.48	0.36	34	3.0	31			
						3	110—167	棕黄色	重黏土	块状、粒状	6.0	2.7	0.27	0.15	16	1.0	124			

续表 Continued

剖面号 Soil profile	土纲 Soil order	土类 Soil great group	亚类 Soil subgroup	土属 Soil genus	土种 Soil species	土层码 Layer code	土层厚度 Depth/cm	颜色 Soil color	质地 Soil texture	土壤结构 Soil structure	pH	有机质 OM/(g/kg)	全氮 TN/(g/kg)	全磷 TP/(g/kg)	碱解氮 AN/(mg/kg)	有效磷 AP/(mg/kg)	速效钾 AK/(mg/kg)	土壤母质 Parent material	剖面点坐标 Profile coordinate	匹配指数 Matching index/%
剖18	人为土	水稻土	黄壤性水稻土	老冲积黄泥田	黄泥夹明石田	1	0—19	灰黄色	重壤土	粒状、块状	5.3	19.7	0.93	0.44	91	2.0	49	老冲积酸性黄壤夹明石	E 105°04′02.6″ N 28°43′37.9″	74
						2	19—55	橙黄色	重壤土	块状	6.0	3.9	0.30	0.32	32		69			
剖19	人为土	水稻土	黄壤性水稻土	老冲积黄泥田	死黄泥田	1	0—26	棕黄色	重壤土	块状	5.2	13.0	0.75	0.30	70	2.0	75	老冲积酸性黄壤夹明石	E 105°08′26.9″ N 28°43′31.1″	85
						2	26—47	灰棕色	中壤土	块状	5.3	4.2	0.34	0.13	33		82			
剖20	人为土	水稻土	黄壤性水稻土	老冲积黄泥田	黄砂田	1	0—23	灰棕色	轻壤土	片状	6.0	14.1	0.80	0.45	65	9.0	23	老冲积酸性黄壤夹明石	E 105°06′30.5″ N 28°43′28.2″	82
						2	23—90	棕黄色	重壤土	棱柱状	5.4	9.8	0.61	0.40	57	8.0	22			
						3	90—170	黄棕色	重壤土	柱状	5.5	4.4	0.34	0.30	27	4.0	20			
剖21	人为土	水稻土	黄壤性水稻土	老冲积黄泥田	黄泥夹酸性黄壤	1	0—22	棕黄色	重壤土	粒状、块状	5.0	16.4	0.72	0.26	78	14.0	30	老冲积酸性黄壤夹明石	E 105°06′37.8″ N 28°42′54.4″	73
						2	22—64	棕黄色	重壤土	块状	5.9	12.5	0.56	0.74	74	1.0	34			
						3	64—85	橙黄色	中壤土	柱状	5.9	8.5	0.35	0.34	57	1.0	59			
剖22	初育土	紫色土	酸性紫色土	酸性泥土	厚层酸紫泥土	A	0—5	暗紫色	黏土	粒状、块状	4.4	60.4	2.14	0.27	204	8.0	89	古风化壳	E 105°12′11.5″ N 28°42′50.2″	70
						B	5—21	紫黄色	壤质黏土	块状	4.7	15.5	0.55	0.13	65		41			
						C	21—88	棕黄色	黏质黏土	块状	5.5	12.0	0.55	0.14	52		32			
剖23	人为土	水稻土	紫色土性水稻土	紫红色水稻土	黄砂小土田	1	0—26	红棕黄色	重壤土	小块状	5.0	16.8	0.95	0.24	115	3.0	88	砖红色厚砂岩	E 105°10′52.5″ N 28°41′17.4″	88
						2	26—36	红棕色	重壤土	棱柱状	5.0	8.1	0.50	0.16	75		35			
						3	36—55	红棕色	重壤土	柱状	5.1	5.1	0.37	0.11	46		42			
剖24	人为土	水稻土	紫色土性水稻土	灰棕紫色水稻土	黄砂土田	1	0—23	黄棕紫色	重壤土	块状	6.6	16.9	0.78	0.35	79	10.0	91	紫色砂页岩	E 105°09′47.5″ N 28°36′08.5″	98
						2	23—39	灰棕紫色	重壤土	棱柱状	6.4	16.0	0.67	0.34	73	1.0	66			
						3	39—146	灰棕紫色	重壤土	柱状	6.6	8.9	0.45	0.26	49	3.0	48			
剖25	人为土	水稻土	紫色土性水稻土	灰棕紫色水稻土	斑鸠泥田	1	0—23	紫棕色	中黏土	粒状、块状	5.0	16.8	0.98	0.23	112	5.0	57	紫色砂页岩	E 105°07′06.2″ N 28°34′01.6″	96
						2	23—64	黄棕色	重黏土	棱块状	5.3	13.0	0.71	0.17	86	2.0	69			
						3	64—82	灰棕色	重黏土	块状	5.6	4.9	0.48	0.14	52	1.0	87			
剖26	人为土	水稻土	紫色土性水稻土	棕紫色水稻土	黄泥田	1	0—20	棕紫色	重壤土	棱块状、粒状	6.2	13.0	0.86	0.39	91	8.0	59	棕紫色砂泥岩	E 105°05′39.9″ N 28°33′17.1″	76
						2	20—42	灰棕紫色	重壤土	棱块状、粒状	6.4	9.6	0.69	0.35	71	4.0	42			
						3	42—61	灰棕紫色	重壤土	柱状	6.5	6.9	0.47	0.38	71	9.0	67			
剖27	初育土	紫色土	紫色土性水稻土	棕紫色水稻土	黄泥田	1	0—20	棕紫色	重壤土	棱块柱状	4.8	17.5	1.01	0.26	99	7.0	42	棕紫色砂泥岩、黄灰色砂岩	E 105°06′46.4″ N 28°33′13.3″	77
						2	20—56	红棕紫色	重壤土	柱状	4.9	9.0	0.55	0.23	59	7.0	45			
						3	56—98	黄棕色	中壤土	块状	5.1	3.1	0.31	0.46	27		81			
剖28	人为土	水稻土	紫色土性水稻土	棕紫色水稻土	黄泥砂田	1	0—21	紫棕色	重壤土	粒状、块状	4.8	25.9	1.48	0.44	171	69.0	81	棕紫色砂泥岩	E 105°06′04.7″ N 28°32′28.0″	85
						2	21—47	灰棕紫色	中壤土	棱块状	4.6	13.5	0.81	0.43	69	8.0	42			
						3	47—150	灰黄色	中壤土	块状	4.8	9.5	0.41	0.21	52	8.0	86			
剖29	人为土	水稻土	紫色土性水稻土	紫红色水稻土	黄泥田	1	0—16	棕紫色	重壤土	块状、粒状	5.3	27.6	1.50	0.21	202	1.0	78	砖红色厚砂岩	E 105°06′33.5″ N 28°32′28.0″	70
						2	16—25	棕紫色	重壤土	棱块状	5.4	31.0	1.58	0.21	191	1.0	60			
						3	25—72	棕紫色	重壤土	棱柱状	5.4	30.9	1.51	0.18	159	1.0				
剖30	人为土	水稻土	紫色土性水稻土	棕紫色水稻土	鸭屎泥田	1	0—24	黑紫色	重壤土	无明显结构	5.2	30.3	1.39	0.14	133	1.0	19	砖红色厚层岩	E 105°12′47.3″ N 28°31′26.1″	82
						2	24—44	紫色	重壤土	块状	5.3	30.4	1.40	0.14	110		15			
						3	44—110	棕紫色	重壤土	棱块状	5.3	26.9	0.47	0.13	121		13			
剖31	人为土	水稻土	紫色土性水稻土	棕紫色水稻土	黄用大土田	1	0—15	棕紫色	重壤土	棱块状	7.0	15.5	1.03	0.32	95	4.0	133	棕紫色砂泥岩	E 105°03′03.2″ N 28°31′16.7″	93
						2	15—32	棕紫色	重壤土	棱柱状	6.6	15.2	0.90	0.28	87	6.0	118			
						3	32—80	棕紫色	中壤土	柱状	6.8	10.3	0.73	0.23	69	2.0	66			
剖32	初育土	紫色土	红壤泥土	紫泥土	黄泥土	1	0—30	棕红色	轻壤土	粒状、块状	4.9	8.4	0.56	0.26	82	10.0	67	砖红色厚层粗砂岩	E 105°11′44.2″ N 28°31′13.8″	95
						2	30—42	棕红色	中壤土	粒状、块状	5.0	4.4	0.36	0.12	66	1.0	42			
剖33	人为土	水稻土	紫色土性水稻土	棕紫色水稻土	黄泥夹白鳝田	1	0—19	紫黄色	轻黏土	粒状、块状	5.1	18.9	1.07	0.26	119	10.0	36	棕紫色砂泥岩	E 105°04′21.7″ N 28°29′37.7″	89
						2	19—52	黄灰色	轻黏土	棱柱状	4.9	12.5	0.79	0.14	83	2.0	35			
						3	52—74	灰白色	轻黏土	块状	4.9	5.9	0.40	0.10	30	2.0	33			

续表 Continued

剖面号 Soil profile	土纲 Soil order	土类 Soil great group	亚类 Soil subgroup	土属 Soil genus	土种 Soil species	土层码 Layer code	土层厚度 Depth/cm	颜色 Soil color	质地 Soil texture	土壤结构 Soil structure	pH	有机质 OM/(g/kg)	全氮 TN/(g/kg)	全磷 TP/(g/kg)	碱解氮 AN/(mg/kg)	有效磷 AP/(mg/kg)	速效钾 AK/(mg/kg)	土壤母质 Parent material	剖面点坐标 Profile coordinate	匹配指数 Matching index/%
剖34	人为土	水稻土	紫色土性水稻土	紫红色水稻土	黄砂砂田	1	0—20	黄棕紫色	中壤土	粒状	5.5	18.0	1.02	0.36	122	7.0	52	砖红色厚砂岩	E 105°12′21.9″ N 28°29′19.8″	98
						2	20—30	黄棕色	重壤土	棱块状	5.5	15.3	0.76	0.29	105	3.0	53			
						3	30—82	棕黄色	重壤土	棱柱状	5.3	11.1	0.56	0.24	78	2.0	38			
剖35	人为土	水稻土	紫色土性水稻土	棕紫色水稻土	黄砂小土田	1	0—19	灰棕色	重壤土	粒状、块状	5.1	17.7	1.06	0.14	95	2.0	48	棕紫色砂泥岩	E 105°03′22.3″ N 28°28′40.1″	81
						2	19—46	灰黄色	重壤土	棱块状	5.3	17.7	1.03	0.15	95	3.0	50			
						3	46—70	灰黄色	重壤土	块状	5.8	15.4	0.78	0.14	73	2.0	50			
剖36	人为土	水稻土	紫色土性水稻土	紫红色水稻土	黄泥田	1	0—22	黄棕色	中壤土	棱块状	5.7	21.1	1.16	0.17	138		73	砖红色厚砂岩	E 105°09′59.4″ N 28°28′12.0″	97
						2	22—37	红棕色	重壤土	块状	5.9	14.2	0.93	0.32	102		28			
						3	37—45	棕红色	重壤土	块状	5.6	8.8	0.45	0.25	93		26			
剖37	人为土	水稻土	紫色土性水稻土	棕紫色水稻土	大土泥田	1	0—25	黑紫紫色	重壤土	块状	8.1	17.5	0.86	0.54	63	11.0	125	棕紫色砂泥岩	E 105°05′41.3″ N 28°27′11.9″	97
						2	25—80	棕紫色	中壤土	柱状	7.8	12.1	0.79	0.53	65	6.0	117			
剖38	初育土	紫色土	棕紫泥土	棕紫色泥土	黄砂小土	1	0—20	黄灰色	砂壤土	无明显结构	4.8	15.9	0.76	0.19	70	7.0	81	棕紫色砂泥岩、黄棕色砂岩	E 105°00′35.3″ N 28°27′08.1″	83
剖39	人为土	水稻土	紫色土性水稻土	暗紫泥田	大土泥田	1	0—20	暗黑紫色	重壤土	粒状	7.9	14.6	0.93	0.37	61	3.0	94	暗紫色砂泥岩	E 105°01′53.5″ N 28°26′29.0″	97
						2	20—40	暗紫色	重壤土	柱状	8.2	13.8	0.90	0.37	48	2.0	94			
						3	40—115	暗紫色	轻壤土	小柱状	8.2	12.9	0.81	0.37	41	1.0	75			
剖40	人为土	紫色土	暗紫泥土	脚基草小土		1	0—21	暗黑紫色	重壤土	块状、粒状	5.2	15.1	0.90	0.20	87	4.0	39	暗紫色砂泥岩	E 105°04′50.5″ N 28°26′23.6″	97
						2	21—45	暗紫色	重壤土	块状	5.0	14.3	0.90	0.19	79	4.0	38			
						3	45—70	暗紫色	中壤土	块状	5.2	13.2	0.71	0.17	71	5.0	38			
剖41	初育土	紫色土	暗紫泥土	脚基草小土		1	0—20	暗紫色	中壤土	粒状、块状	5.3	13.7	0.74	0.23	46	3.0	213	暗紫色砂泥岩	E 105°04′18.8″ N 28°25′57.4″	97
剖42	人为土	水稻土	黄壤性水稻土	矿子黄泥田	油砂田	1	0—12	暗紫色	重壤土	粒状	6.8	21.7	0.99	0.63	91	4.0	45	石灰岩	E 105°04′28.7″ N 28°25′38.8″	76
						2	12—23	紫色	重壤土	粒状、块状	6.7	19.1	0.83	0.40	91	5.0	39			
						3	23—52	棕紫色	轻壤土	粒状、块状	6.9	13.8	0.63	0.40	77	7.0	46			
剖43	铁铝土	黄壤	黄壤	黄泥土	黄泥土	1	0—20	棕黄色	中壤土	小块状	6.6	36.1	1.56	0.98	117	11.0	128	石灰岩	E 105°01′47.6″ N 28°25′37.2″	93
剖44	人为土	水稻土	紫色土性水稻土	暗紫泥田	油砂田	1	0—15	暗黑紫色	轻壤土	粒状	6.3	24.0	1.10	0.37	107	7.0	76	暗紫色砂泥岩	E 105°05′06.0″ N 28°25′14.5″	79
						2	15—23	暗紫色	重壤土	粒状、块状	6.5	19.1	0.83	0.40	91	7.0	46			
						3	23—80	暗紫色	重壤土	块状	6.6	15.7	0.63	0.40	72	5.0	39			
剖45	初育土	紫色土	暗紫泥土	油砂田		1	0—25	暗黑紫色	中壤土	块状、粒状	5.7	29.8	1.02	1.13	122	17.0	49	暗紫色砂泥岩	E 105°05′19.8″ N 28°24′47.2″	73
						2	25—38	暗紫色	轻壤土	块状	6.5	16.4	1.18	0.65	65	8.0	42			
剖46	铁铝土	黄壤	黄壤	矿子黄泥土	黄泥夹石土	1	0—40	黄棕色	重壤土	粒状、块状	7.4	43.4	1.67	0.51	115	4.0	63	石灰岩	E 105°04′23.6″ N 28°24′42.7″	81
						2	40—60	棕黄色	重壤土	棱块状	6.9	31.0	1.16	0.46	96	1.0	44			
						3	60—85	棕黄色	重壤土	块状	6.7	27.8	1.18	0.46	89		43			
剖47	铁铝土	黄壤	黄壤	冷砂黄泥土	清砂田	1	0—18	黑黄色	中壤土	颗粒状	7.4	20.9	1.30	0.35	86	3.0	100	石灰岩	E 105°02′09.4″ N 28°24′22.4″	82
						2	18—42	青黄色	重壤土	块状、粒状	7.9	16.0	1.11	0.38	64		72			
剖48	铁铝土	黄壤	黄壤性水稻土	矿子黄泥土	黄砂田	1	0—20	黄褐色	轻壤土	小块状	7.6	33.1	1.53	0.64	106	11.0	36	黄色砂页岩	E 105°04′46.9″ N 28°23′46.0″	83
						2	20—28	棕黄色	轻壤土	棱柱状	7.7	30.3	1.24	0.52	112	6.0	36			
						3	28—50	棕黄色	轻壤土	柱状	6.5	20.7	0.86	0.54	89	2.0	35			
剖49	铁铝土	黄壤	黄壤	冷砂黄泥土	黄泥夹石土	1	0—22	黄棕色	重壤土	无明显结构	5.7	32.9	1.61	1.03	116	8.0	70	石灰岩	E 105°04′16.8″ N 28°23′22.6″	100
						2	22—50	灰黄色	重壤土	块状、粒状	6.0	30.6	1.52	0.45	115	5.0	57			
剖50	人为土	水稻土	黄壤性水稻土	矿子黄泥田	黄泥夹白鳝田	1	0—24	灰白色	轻壤土	小块状	7.1	23.3	1.27	0.35	105	1.0	59	石灰岩	E 105°05′24.1″ N 28°22′55.9″	89
						2	24—42	黄灰色	轻壤土	块状	6.2	23.4	1.38	0.32	107	3.0	60			
						3	42—80	灰白色	重壤土	块状	6.9	24.0	1.31	0.46	102	3.0	107			

长 宁 县

主要土类说明

紫色土是长宁县的主要土壤类型，占本县地域面积的 38%。紫色土是由热带、亚热带紫红色岩层直接风化形成的 A–C 型土壤。其理化性质与母岩组成直接相关，土层浅薄，剖面层次发育不明显，仍处于初育阶段。母岩富含矿质养分，且风化迅速。

水稻土是长宁县第二大土壤类型，占本县地域面积的 36%。水稻土是在长期季节性淹灌、水下翻耕、季节性脱水、氧化还原交替影响下，原来成土母质或母土的特性发生重大改变，形成的新的土壤类型。由于干湿交替，水稻土形成糊状淹育层、较坚实板结的犁底层、渗育层、潴育层与潜育层等多种发生层。这些不同发生层段是在人为耕作、水浆管理下形成的。

黄壤是长宁县第三大土壤类型，占本县地域面积的 24%。黄壤发生于亚热带湿润条件下，中度脱硅富铝化，多见于海拔 700—1200m 的山区。土壤有机质累积较多，具 O–A–AB–B–C 剖面构型。pH 为 4.5—5.5。淀积层（B 层）富含水合氧化物（针铁矿），呈黄色。

小于本县地域面积 3% 的土壤类型还有新积土和石灰（岩）土等。

本区域中心区气候特征

本区域中心区气候特征值
Regional climate characteristics in central area of the region

气候带：中亚热带湿润气候 Climate region: Subtropical humid climate	
年平均气温 /℃ Annual average temperature /℃	17.2
年平均最高气温 /℃ Annual average maximum temperature /℃	21.1
年平均最低气温 /℃ Annual average minimum temperature /℃	14.6
年降水量 /mm Annual precipitation /mm	1041
≥10℃的积温 /℃ Daily temperature accumulated in a year（≥10℃）/℃	10434
年日照时数 /h Annual sunshine /h	1035
年平均相对湿度 /% Annual average relative humidity /%	82
干燥度 Dryness	0.91

本区域中心区月平均气温与月平均降水量
Monthly temperature and precipitation in central area of the region

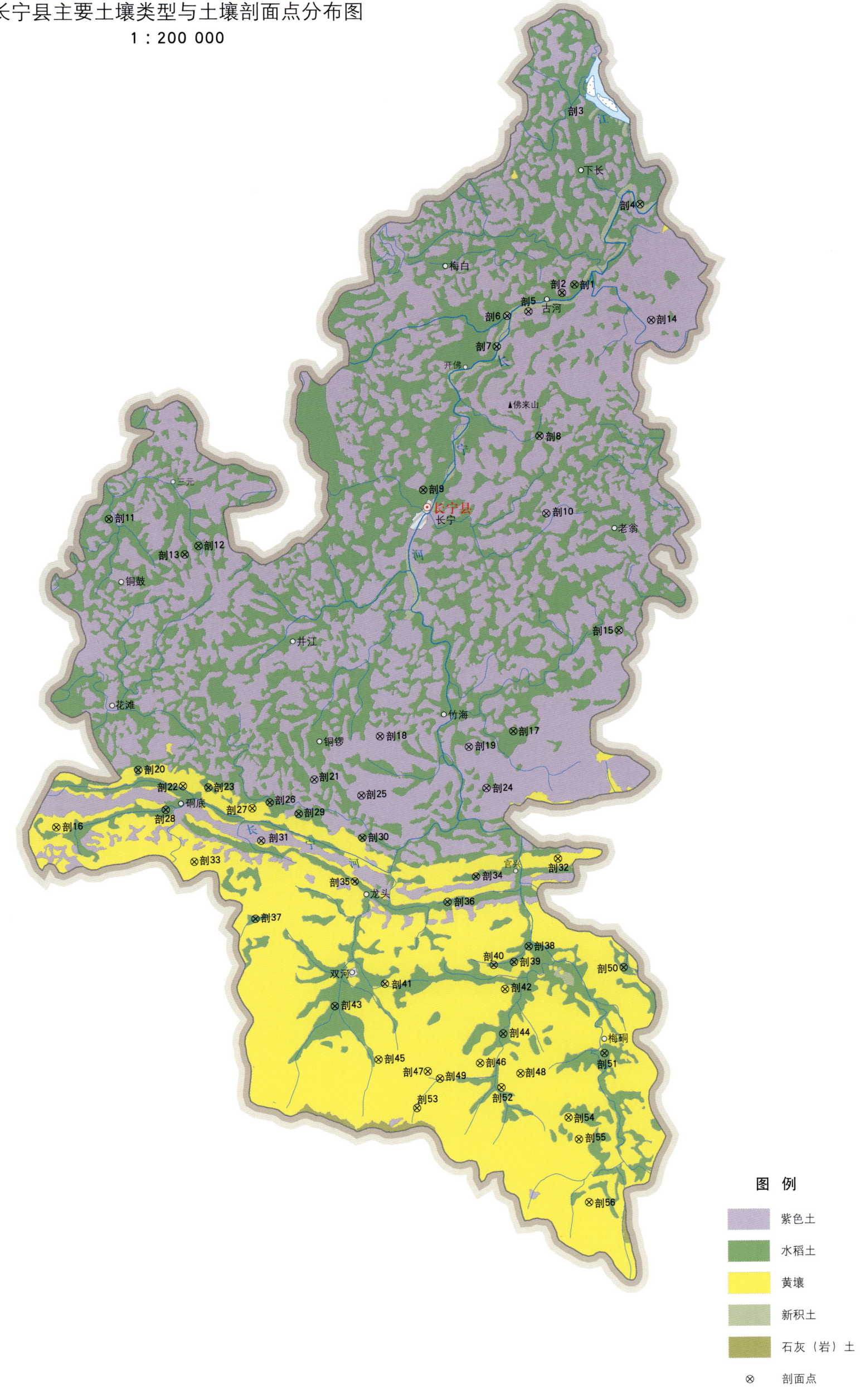

长宁县土壤剖面理化性状表

剖面号 Soil profile	土纲 Soil order	土类 Soil great group	亚类 Soil subgroup	土属 Soil genus	土种 Soil species	土层码 Layer code	土层厚度 Depth/cm	颜色 Soil color	质地 Soil texture	土壤结构 Soil structure	pH	有机质 OM/(g/kg)	全氮 TN/(g/kg)	全磷 TP/(g/kg)	碱解氮 AN/(mg/kg)	有效磷 AP/(mg/kg)	速效钾 AK/(mg/kg)	土壤母质 Parent material	剖面点坐标 Profile coordinate	匹配指数 Matching index/%
剖1	人为土	水稻土	冲积型水稻土	冲积性水稻土	冲积黄泥田	1	0—20	浅黄色	中壤土		6.8	11.8	0.85	0.19	64	7.0	36	河流冲积物	E 104°59′36.7″ N 28°40′33.6″	80
						2	20—55	浅黄色	重壤土		7.3	10.2	0.62	0.18		8.0	45			
						3	55—90	黄灰色	重壤土		7.2	4.5	0.52	0.16		8.0	20			
剖2	人为土	水稻土	冲积型水稻土	冲积性水稻土	河砂田	1	0—25	浅黄色	重壤土		6.5	15.5	0.89	0.27	80	8.0	56	河流冲积物	E 104°59′15.0″ N 28°40′21.0″	95
						2	25—75	黄黄色	重壤土		6.0	9.8	0.62	0.25		10.0	62			
						3	75—100	黄色	砂壤土		8.0	3.0	0.43	0.18		5.0	62			
剖3	人为土	水稻土	冲积型水稻土	冲积性水稻土	潮泥田	1	0—20	灰黄色	重壤土		7.1	16.5	0.70	0.22	84	10.0	111	河流冲积物	E 105°00′03.2″ N 28°45′03.2″	80
						2	20—60	浅黄色	重壤土		6.7	10.2	0.40	0.12		8.0	80			
						3	60—100	黄色	重壤土		5.3	7.0	0.20	0.05			30			
剖4	初育土	新积土	冲积土		河砂土	1	0—20	暗黄色	中壤土	粒状	6.9	13.6	0.79	0.24	58	50.0	58	新冲积物	E 105°01′32.0″ N 28°42′37.0″	90
						2	20—60	浅黄色	中壤土	小块状	6.7	8.0	0.29	0.07		3.0				
						3	60—85	浅黄色	中壤土	小棱柱状	6.5	7.6	0.28				34			
剖5	初育土	新积土	冲积土		潮泥土	1	0—25	黄色	轻黏土	粒状	8.0	12.1	0.84	0.23	56	9.0	28	新冲积物	E 104°58′16.1″ N 28°39′52.0″	73
						2	25—95	浅黄色	轻黏土	小块状	8.3	13.7	0.61	0.22		6.0				
						3	95—135	黄色	轻黏土		8.4	6.8	0.57			7.0				
剖6	初育土	新积土	冲积土		冲积黄泥土	1	0—25	黄白色	重壤土	小棱柱状	5.6	19.5	1.35	0.40	10	14.0	121	冲积物	E 104°57′38.5″ N 28°39′45.4″	80
						2	25—35	黄色	轻黏土	棱柱状	5.3	18.3	1.30	0.37		10.0	53			
						3	35—90	浅黄色	轻黏土	块状	5.3	12.9	1.15	0.30		9.0				
剖7	初育土	新积土	冲积土		白鳝泥土	1	0—30	白色	重壤土	小块状	4.5	21.0	1.47	0.12	221	8.0	97	冲积物	E 104°57′20.1″ N 28°38′58.5″	80
						2	30—60	黄色	轻壤土	块状	4.8	16.2	0.76	0.12			33			
						3	60—130	棕紫色	重壤土		4.9	10.1	0.77	0.09		6.0				
剖8	人为土	水稻土	紫色土性水稻土	棕紫色水稻土	大土泥田	1	0—20	浅紫色	重壤土		8.5	20.1	1.43	0.38	86	11.0	32	风化物	E 104°58′34.3″ N 28°36′41.0″	83
						2	20—40	紫色	重黏土		7.8	10.6	0.87	0.27		10.0	24			
						3	40—60	紫色	重黏土	粒状	8.0	8.3	0.77	0.26		9.0				
剖9	人为土	水稻土	紫色土性水稻土	红棕紫色水稻土	走砂大土田	1	0—20	灰紫色	重壤土		8.0	19.7	1.40	0.60	87	5.0	25	岩层风化物	E 104°55′10.2″ N 28°35′18.3″	80
						2	20—75	浅黄色	重壤土		8.4	17.9	1.06	0.52		3.0	13			
						3	75—150	黄色	轻壤土		7.7	3.8	0.48	0.27		5.0				
剖10	人为土	水稻土	紫色土性水稻土	灰棕紫色水稻土	蕨萁草土	1	0—30	灰灰色	重壤土	粒状	4.5	8.6	0.38	0.07	36		72	岩层风化物	E 104°58′45.5″ N 28°34′41.9″	85
						2	30—150	灰黄色	重壤土	粒状	4.5	5.4	0.21	0.05			53			
						3	150—		灰黄色			4.5	4.6	0.20	0.04						
剖11	人为土	水稻土	紫色土性水稻土	红棕紫色水稻土	鸭屎泥田	1	0—25	浅黄色	重壤土		8.2	17.0	1.30	0.46	77	11.0	28	岩层风化物	E 104°45′59.9″ N 28°34′34.8″	80
						2	25—60	紫黄色	重壤土		8.5	17.4	1.06	0.46		7.0	30			
						3	60—100	暗黄色	重壤土		8.5	14.0	1.06	0.42		6.0				
剖12	人为土	水稻土	紫色土性水稻土	暗紫色水稻土	粗砂黄泥田	1	0—20	黄黄色	轻壤土		6.8	14.8	0.75	0.15	72	5.0	105	岩层风化物	E 104°48′36.6″ N 28°33′53.0″	73
						2	20—60	灰灰色	轻壤土		6.0	7.4	0.45	0.14		3.0	60			
						3	60—100	黄色	轻壤土		6.2	7.1	0.15	0.10		2.0	40			
剖13	人为土	水稻土	紫色土性水稻土	暗紫泥田土	鸭屎泥田	1	0—25	灰黑色	轻壤土		7.0	33.0	1.52	0.23	115	4.0	100	岩层风化物	E 104°48′12.6″ N 28°33′40.3″	87
						2	25—80	深黑色	轻壤土		6.9	15.6	0.80	0.11		4.0	102			
						3	80—100	黑黑色	轻壤土		7.2	8.9								
剖14	初育土	紫色土	酸性紫色土	红紫色森林土	红紫色森林土	1	0—5	棕黄	中壤土		4.7	18.8	0.97	0.10	129		95	红色砂岩风化物	E 105°01′50.9″ N 28°39′38.5″	86
						2	5—27	棕红色	中壤土	小棱柱状	5.0	8.7	0.46	0.08	66		55			
						3	27—90													

续表 Continued

剖面号 Soil profile	土纲 Soil order	土类 Soil great group	亚类 Soil subgroup	土属 Soil genus	土种 Soil species	土层码 Layer code	土层厚度 Depth/cm	颜色 Soil color	质地 Soil texture	土壤结构 Soil structure	pH	有机质 OM/(g/kg)	全氮 TN/(g/kg)	全磷 TP/(g/kg)	碱解氮 AN/(mg/kg)	有效磷 AP/(mg/kg)	速效钾 AK/(mg/kg)	土壤母质 Parent material	剖面点坐标 Profile coordinate	匹配指数 Matching index/%
剖15	人为土	水稻土	冲积型水稻土	冲积性水稻土	白鳝泥田	1	0—20	灰棕色	重壤土	小块状	6.7	27.5	1.37	0.15	106	2.0	84	河流冲积物	E 105°00′51.5″ N 28°31′41.5″	83
剖16	铁铝土	黄壤	黄壤	矿子黄泥土	矿子黄泥土	1	0—20	浅黄色	重壤土	块状	7.0	5.9	0.30	0.12		1.0	63	岩层风化物	E 104°44′26.2″ N 28°26′42.0″	94
						2	20—50	黄白色	轻黏土	棱柱状	7.1	4.1	0.24	0.10			30			
						3	50—90													
剖17	人为土	水稻土	紫色土性水稻土	棕紫色水稻土	鸭屎泥田	1	0—20	灰棕黄色	轻黏土		6.5	28.0	2.80	0.64	141	74.0	237	岩层风化物	E 104°57′46.1″ N 28°29′07.1″	99
						2	20—60	浅黄黄色	轻黏土		6.7	13.9	1.11	0.50	101	24.0	101			
						3	60—100	深黄黄色			6.3	10.4	0.61	0.40	80	15.0	60			
剖18	初育土	紫色土	酸性紫色土	棕紫色森林土	棕紫色森林土	1	0—20	灰色	重壤土		7.2	21.8	1.05	0.12	86	3.0	78	风化物	E 104°53′52.8″ N 28°28′59.9″	85
						2	20—70	灰黑黄色	重壤土		7.0	19.1	0.89	0.09		3.0	34			
						3	70—120	黑色	重壤土		7.0	6.1	0.32	0.09		3.0				
剖19	初育土	紫色土	酸性紫色土	红紫泥土	红黄砂土	1	0—5	暗紫色	重壤土	棱柱状	4.4	9.4	0.51	0.08	58		74	岩层风化物	E 104°56′28.0″ N 28°28′43.0″	76
						2	5—30	红紫色	重壤土		4.6	0.4	0.25	0.05	34		62			
						3	30—80	棕红色	重壤土	小粒状	5.6	21.9	1.23	0.17	98	16.0	25			
剖20	人为土	水稻土	黄壤性水稻土	冷砂黄泥田	冷砂黄泥田	1	0—30	暗黄色	中壤土	粒状	5.3	13.9	0.81	0.13		10.0	22	砖红色砂岩风化物	E 104°46′50.2″ N 28°28′09.5″	90
						2	30—70		中壤土	块状	5.3	12.6	0.31							
						3	70—100	灰黄色	重壤土		6.9	34.4	1.57	0.58	145	15.0	80			
剖21	初育土	紫色土	棕紫泥土	灰棕紫泥土	白眼砂土	1	0—30	浅黄色	中壤土	粉粒状	6.8	19.8	0.49	1.07		6.0	73	岩层风化物	E 104°51′57.6″ N 28°27′53.3″	96
						2	30—80	黄黄色	中壤土		5.4	12.3	0.53	0.14	47	14.0	56			
						3	20—110		紧砂土	小粒状	5.5	5.9	0.13	0.05		3.0	26			
剖22	人为土	水稻土	冷砂黄泥田	冷砂黄泥田	坎口泥田	1	0—20	黄黑色	重壤土	粒状	6.7	21.0	1.30	0.42	120	6.0	185	岩层风化物	E 104°48′07.6″ N 28°27′44.6″	88
						2	20—60	黑黑黄色	重壤土	块状	6.8	20.0	1.06	0.21		3.0	61			
						3	60—													
剖23	初育土	紫色土	棕紫泥土	冷砂黄泥土	白鳝泥田	1	0—65	黑黑色	重壤土	大块状	6.9	18.1	0.84	0.31	88	7.0	74	岩层风化物	E 104°48′52.6″ N 28°27′42.1″	100
剖24	初育土	黄壤	黄壤	冷砂黄泥土	泡黄泥土	1	0—20	灰黄色	轻壤土	粒状	7.4	14.4	1.04	0.17	84	12.0	75	砖红色砂岩风化物	E 104°56′58.2″ N 28°27′39.2″	83
						2	20—60	浅黄色	重壤土	小块状	8.4	10.4	0.65	0.12		3.0	52			
						3	60—100	黄黄色	中壤土	块状	8.3									
剖25	初育土	黄壤	黄壤	矿子黄泥土	棱砂泥土	1	0—25	棕紫色	重壤土	大块状	6.1	9.4	0.53	0.12	49	4.0	66	风化物	E 104°53′19.7″ N 28°27′28.8″	90
						2	25—80	灰棕色	中壤土		6.3	7.9	0.42	0.10		1.0	50			
						3	80—					3.8	0.41	0.04						
剖26	人为土	水稻土	黄壤性水稻土	冷砂黄泥田	鸭粪泥田	1	0—35	灰白色	轻壤土	大粒状	6.6	10.2	0.40	0.05	46	5.0	52	岩层风化物	E 104°50′39.5″ N 28°27′18.7″	94
剖27	铁铝土	黄壤	黄壤	冷砂黄泥土	冷砂黄泥土	1	0—30	浅黄色	重壤土	块状	5.0	15.8	1.07	0.24	77	28.0	92	岩层风化物	E 104°50′08.9″ N 28°27′09.7″	87
						2	30—55	浅黄色	中黏土	棱柱状	5.2	12.2	1.15	0.23		17.0	72			
						3	55—80	黄黄色	中壤土		4.9	9.2	0.92	0.16		13.0	28			
剖28	人为土	水稻土	紫色土性水稻土	矿子黄泥土	矿子黄泥田	1	0—20	灰黄色	重壤土		7.5	17.6	1.80	0.35	85	8.0	150	岩层风化物	E 104°47′37.3″ N 28°27′08.3″	88
						2	20—54	浅黄色	重壤土		7.4	13.9	1.12	0.34		9.0	116			
						3	54—100	黄黄色	轻壤土		7.3	17.4	1.35	0.42		5.0	138			
剖29	人为土	水稻土	黄壤性水稻土	暗紫泥田	粗砂死泥田	1	0—30	暗紫色	重壤土	大粒状	6.9	30.3	1.44	0.64	58	9.0	64	岩层风化物	E 104°51′29.9″ N 28°27′01.1″	91
						2	30—													
剖30	人为土	水稻土	黄壤	冷砂黄泥土	冷砂黄泥土	1	0—20	浅黄色	中壤土		5.0	17.5	1.14	0.14	86	5.0	120	岩层风化物	E 104°53′21.1″ N 28°26′23.6″	80
						2	20—50	浅黄色	中壤土		5.1	11.1	0.71	0.14		3.0	139			
						3	50—110	橙黄色	轻壤土		4.9	12.3	0.72	0.10	106	2.0	80			
剖31	初育土	紫色土	棕紫泥土	暗紫泥土	粗砂泥土	1	0—20	黑黑色	重壤土	粒状	8.0	22.6	1.42	0.61	106	77.0	115	岩层风化物	E 104°50′24.0″ N 28°26′20.0″	99
						2	20—60	浅黄色	中黏土	小块状	7.4	13.9	0.64	0.65		4.0	54			
						3	60—													

续表 Continued

剖面号 Soil profile	土纲 Soil order	土类 Soil great group	亚类 Soil subgroup	土属 Soil genus	土种 Soil species	土层码 Layer code	土层厚度 Depth/cm	颜色 Soil color	质地 Soil texture	土壤结构 Soil structure	pH	有机质 OM/(g/kg)	全氮 TN/(g/kg)	全磷 TP/(g/kg)	碱解氮 AN/(mg/kg)	有效磷 AP/(mg/kg)	速效钾 AK/(mg/kg)	土壤母质 Parent material	剖面点坐标 Profile coordinate	匹配指数 Matching index/%
剖32	铁铝土	黄壤	黄壤	冷砂黄泥土	冷砂土	1	0—30	浅黄色	中壤土	小粒状	6.6	25.2	1.40	0.23		2.0	198	岩层风化物	E 104°59′02.4″ N 28°25′50.5″	95
						2	30—													
剖33	铁铝土	黄壤	黄壤	扁砂黄泥土	豆面泥土	1	0—30	黄用色	中壤土	块状	6.0	12.6	0.69	0.15	85	3.0	229	岩层风化物	E 104°48′27.0″ N 28°25′48.4″	87
剖34	人为土	水稻土	紫色土性水稻土	暗紫泥田	粗紫泥田	1	0—20	浅棕色	重壤土	粒状	6.4	14.3	0.86	0.19	56	6.0	84	岩层风化物	E 104°56′39.1″ N 28°25′23.5″	86
						2	20—75		重壤土		6.4	12.5	0.57	0.22		14.0	87			
						3	75—100		重壤土		5.2	12.1	0.62	0.20		12.0	107			
剖35	人为土	水稻土	黄壤性水稻土	矿子黄泥田	鸭屎泥田	1	0—15	黑灰色	中壤土		7.4	21.0	1.35	0.56	96	17.0	34	岩层风化物	E 104°53′07.4″ N 28°25′16.7″	73
						2	15—30	黑灰色	重壤土		7.3	17.3	1.01	0.55		9.0	29			
剖36	人为土	水稻土	黄壤性水稻土	矿子黄泥田	矿子死黄泥田	1	0—20	灰黄色	重壤土		6.9	21.7	1.24	0.36	120	6.0	91	岩层风化物	E 104°55′49.4″ N 28°24′43.9″	91
						2	20—80	黄黄色	重壤土		7.1	19.7	1.37	0.32		5.0	45			
剖37	人为土	水稻土	扁砂黄性水稻土	扁砂黄泥水稻土	豆面泥田	1	0—30	黄灰色	重壤土		6.1	23.5	1.58	0.51	121	17.0	41	岩层风化物	E 104°50′13.2″ N 28°24′19.4″	100
						2	30—60	黄灰色	重壤土		6.4	20.4	1.40	0.52		33.0	68			
						3	60—90		重壤土		6.0	7.2	0.68	0.49		21.0				
剖38	人为土	水稻土	扁砂黄性水稻土	扁砂黄泥水稻土	扁砂泥田	1	0—20	灰黄色	轻黏土		7.7	16.9	1.35	0.31	83	10.0	206	岩层风化物	E 104°58′10.6″ N 28°23′35.2″	98
						2	20—155		紧砂土		8.1	14.8	0.56	0.17		3.0	96			
剖39	人为土	水稻土	扁砂黄性水稻土	扁砂黄泥水稻土	黑砂泥田	1	0—20	黑黑色	重壤土		5.7	42.0	2.29	0.46	155	46.0	52	岩层风化物	E 104°57′44.6″ N 28°23′10.9″	82
						2	20—40	黄黄色	重壤土		6.6	25.3	1.19	0.67		37.0	121			
						3	40—100	黄色	中壤土		6.9	12.6	0.85	0.55		40.0				
剖40	人为土	水稻土	黄壤性水稻土	扁砂黄泥水稻土	黄砂泥田	1	0—20	黄灰色	轻黏土	块状	7.0	13.8	0.85	0.29	58	4.0	71	岩层风化物	E 104°57′08.9″ N 28°23′06.5″	78
						2	20—80	浅灰色	中壤土		6.7	12.2	0.47	0.21		2.0	54			
剖41	铁铝土	黄壤	黄壤	矿子黄泥土	火石子土	1	0—20	黄黄色	轻黏土	块状	7.5	27.2	1.59	0.59	91	26.0	65	岩层风化物	E 104°53′58.9″ N 28°22′38.3″	95
						2	20—60	浅黄色	重黏土		6.8	17.4	1.18	0.51		6.0				
						3	60—													
剖42	铁铝土	黄壤	黄壤	矿子黄泥土	豆面土	1	0—20	黄黄色	中壤土	粒状	6.3	16.8	1.09	0.20	110	8.0	223	岩层风化物	E 104°57′28.8″ N 28°22′28.9″	91
						2	20—			块状										
剖43	人为土	水稻土	黄壤性水稻土	矿子黄泥水稻土	白鳝泥田	1	0—20	浅白色	轻黏土	块状	6.9	22.9	1.34	0.30	101	12.0	144	岩层风化物	E 104°52′31.4″ N 28°22′03.7″	100
						2	20—70	灰白色	轻黏土	大块状	6.8	20.6	1.21	0.26		11.0	97			
剖44	人为土	水稻土	黄壤性水稻土	扁砂黄泥水稻土	白鳝泥田	1	0—25	灰白色	轻黏土	粒状	7.0	21.1	1.52	0.31	90	27.0	59	岩层风化物	E 104°57′25.2″ N 28°21′20.9″	96
						2	25—55	浅黄色	轻黏土	片状	7.7	17.8	0.28	0.28		19.0	33			
						3	55—90	棕黄色	轻黏土		7.5	11.2	0.57	0.18		9.0	20			
剖45	铁铝土	黄壤	黄壤	扁砂黄泥土	焦土黄泥	1	0—20	浅黄色	轻黏土	小块状	5.7	12.7	0.77	0.45	66	8.0	126	岩层风化物	E 104°53′46.7″ N 28°20′42.4″	84
						2	20—50	深黄色	轻黏土	块状	6.3	5.9	0.41	0.41		1.0				
						3	50—100			小梭柱状										
剖46	铁铝土	黄壤	黄壤	扁砂黄泥土	白鳝泥田	1	0—20	灰黄色	轻黏土	块状	7.4	18.8	0.96	0.12	112	11.0	148	岩层风化物	E 104°56′44.2″ N 28°20′36.2″	70
						2	20—85	暗黄色	中壤土	大块状	7.0	23.3	1.39	0.10		5.0				
剖47	人为土	水稻土	黄壤性水稻土	扁砂黄泥水稻土	扁砂泥田	1	0—20	白台色	轻黏土	粒状	5.8	24.2	3.43	0.31	152	41.0	131	岩层风化物	E 104°55′13.1″ N 28°20′24.0″	81
						2	20—120	浅黄色	轻黏土	片状	5.3	18.4	2.23	0.43		6.0	18			
剖48	铁铝土	黄壤	黄壤	扁砂黄泥土	黄扁砂土	1	0—20	浅黄色	重壤土	小块状	8.3	18.7	1.22	0.35	84	4.0	92	岩层风化物	E 104°57′54.7″ N 28°20′20.4″	94
						2	20—85	浅黄色	重壤土	粒状	8.3	15.7	0.97	0.28		2.0	55			
剖49	铁铝土	黄壤	黄壤	扁砂黄泥土	黄扁夹砂土	1	0—20	灰黄色	重壤土	小块状	7.2	21.5	1.37	0.44	103	19.0	45	岩层风化物	E 104°55′34.3″ N 28°20′13.2″	70
						2	20—60	浅黄色	重壤土		7.2	16.5	0.92	0.31		12.0	35			
剖50	人为土	水稻土	黄壤性水稻土	扁砂黄泥水稻土	扁砂黄泥田	1	0—20	黄色	砂壤土		7.9	8.2	0.66	0.12		3.0	20	岩层风化物	E 105°00′56.2″ N 28°23′01.7″	81
						2														
						3	60—180													

续表 Continued

剖面号 Soil profile	土纲 Soil order	土类 Soil great group	亚类 Soil subgroup	土属 Soil genus	土种 Soil species	土层码 Layer code	土层厚度 Depth/cm	颜色 Soil color	质地 Soil texture	土壤结构 Soil structure	pH	有机质 OM/(g/kg)	全氮 TN/(g/kg)	全磷 TP/(g/kg)	碱解氮 AN/(mg/kg)	有效磷 AP/(mg/kg)	速效钾 AK/(mg/kg)	土壤母质 Parent material	剖面点坐标 Profile coordinate	匹配指数 Matching index/%
剖51	人为土	水稻土	黄壤性水稻土	扁砂黄泥水稻土	鸭屎泥田	1	0—30	浅黑色	重壤土		7.2	20.4	1.09	0.22	91	20.0	42	岩层风化物	E 105°00′21.6″ N 28°20′50.3″	80
						2	30—55	黑色	重壤土		7.0	17.3	0.80	0.14		4.0	19			
						3	55—	黄色												
剖52	铁铝土	黄壤	黄壤	矿子黄泥土	矿子死黄泥土	1	0—30	灰黄色	中壤土	小块状	7.4	23.1	1.63	0.47	73	23.0	53	岩层风化物	E 104°57′21.6″ N 28°19′59.2″	81
						2	30—100	浅黄色	轻黏土	块状	7.4	16.0	1.32	0.44		24.0	33			
						3	100—	黄色												
剖53	铁铝土	黄壤	黄壤	黄壤性森林土	黄壤性森林土	1	0—5	棕黄色	重壤土	小块状	4.7	38.8	2.00	0.55	190	1.0	111	岩层风化物	E 104°54′54.0″ N 28°19′28.2″	98
						2	5—27	黄色	轻黏土	棱块状	4.8	26.6	1.40	0.55	184		75			
						3	27—46	浅黄色	重壤土	小块状					137					
剖54	铁铝土	黄壤	黄壤	扁砂黄泥土	黄泥土	1	0—25	黄色	轻黏土	块状	6.6	21.1	1.55	0.47		48.0	36	岩层风化物	E 104°59′18.2″ N 28°19′12.7″	97
						2	25—55	黄色	轻黏土	棱柱状	6.6	21.1	1.55	0.40		31.0	40			
						3	55—85	黄色	轻黏土		6.7	8.5	1.22	0.30		26.0				
剖55	铁铝土	黄壤	黄壤	扁砂黄泥土	白鳝泥土	1	0—15	灰白色	重壤土	块状	7.0	10.0	0.53	0.11	56	8.0	107	岩层风化物	E 104°59′36.2″ N 28°18′39.6″	72
						2	15—													
剖56	铁铝土	黄壤	黄壤	扁砂黄泥土	黑砂土	1	0—20	黄黑色	中壤土	片状	7.9	35.2	1.66	0.18	125	14.0	101	岩层风化物	E 104°59′52.8″ N 28°17′03.5″	84
						2	20—	黑色												

高 县

主要土类说明

紫色土是高县的主要土壤类型,占本县地域面积的54%,在本县分布较广,从丘陵到山地,从向斜到背斜,均有大面积紫色土出现。成土过程以物理风化为主,风化作用很强烈,但风化程度不深,成土过程极快,发育很浅,为幼年土。紫色土由热带、亚热带紫红色岩层侵蚀发育,土层浅薄,具A-C剖面构型。紫色土剖面的突出特点为无明显的层次分化,土层中物质的淋溶和淀积均较弱,土壤颜色上下均一,底层一般较黏重,呈现黏化现象。土壤矿质养分含量丰富,补充快,有机质缺乏,水土流失严重。由于地形、气候等条件的影响,所形成的土壤的理化特性、生产性能、农业利用及改良方式出现很大差异。本县紫色土分为酸性紫色土、中性紫色土和石灰性紫色土等亚类。

水稻土是高县第二大土壤类型,占本县地域面积的23%。水稻土是人工水耕熟化和长期栽培水稻所形成的一种特殊土壤。由于受水分影响较深刻,土体构型由淹育层、犁底层、初期潴育层、潴育层、潜育层等水文层段不同组合而成。淹育水稻土分布于槽坝平缓及地势较高处、冲沟中上部、塝上,潴育水稻土分布于槽坝地势低洼处,潜育水稻土分布于支沟交汇处或正沟中下部及坝中长期渍水难排的坦地。水稻土的特性:水热状况比较稳定,氧化还原电位较低,以嫌气微生物为主,有机质累积较多;在还原条件下,硝态氮容易因反硝化作用而损失,低铁若大量积累将不利于水稻生产;pH趋于中性。此外,水稻土还有侵蚀微弱、土层深厚、保水保肥性能好、水稻产量高、生产成本低等生产特点。本县水稻土分为潮土性水稻土、紫色土性水稻土、黄壤性水稻土等亚类。

黄壤是高县第三大土壤类型,占本县地域面积的14%,分布于背斜轴部及两翼的低山和槽坝处,由黄色砂页岩、石灰岩和少量老冲积物及玄武岩发育而成。在亚热带湿热的气候条件下,土壤产生黏化和富铝化过程,土中铁质水化,剖面上下呈现不同程度的黄色。由于淋溶作用强烈,土壤呈微酸性至酸性。有机质有一定的积累,多数为20—30g/kg,开垦为耕地后,有机质大大减少,下降到10—20g/kg。黄壤自然肥力较高,但耕地多数具有黏、酸、瘦、缺磷等不良理化特性。本县黄壤只有黄壤一个亚类。

石灰(岩)土占本县地域面积的7%。石灰(岩)土发生于热带、亚热带石灰岩山区,是石灰岩经溶蚀风化,形成的厚薄不同的钙质饱和或含游离钙质的土壤,多见于石隙、溶洞或峰丛底部。该土壤碳酸钙淋溶程度不一,多黏土,多为铁钙质胶结物,风化程度不一,盐基饱和度高,有机质含量及胶结状态有较大差异。

小于本县地域面积3%的土壤类型还有潮土等。

本区域中心区气候特征

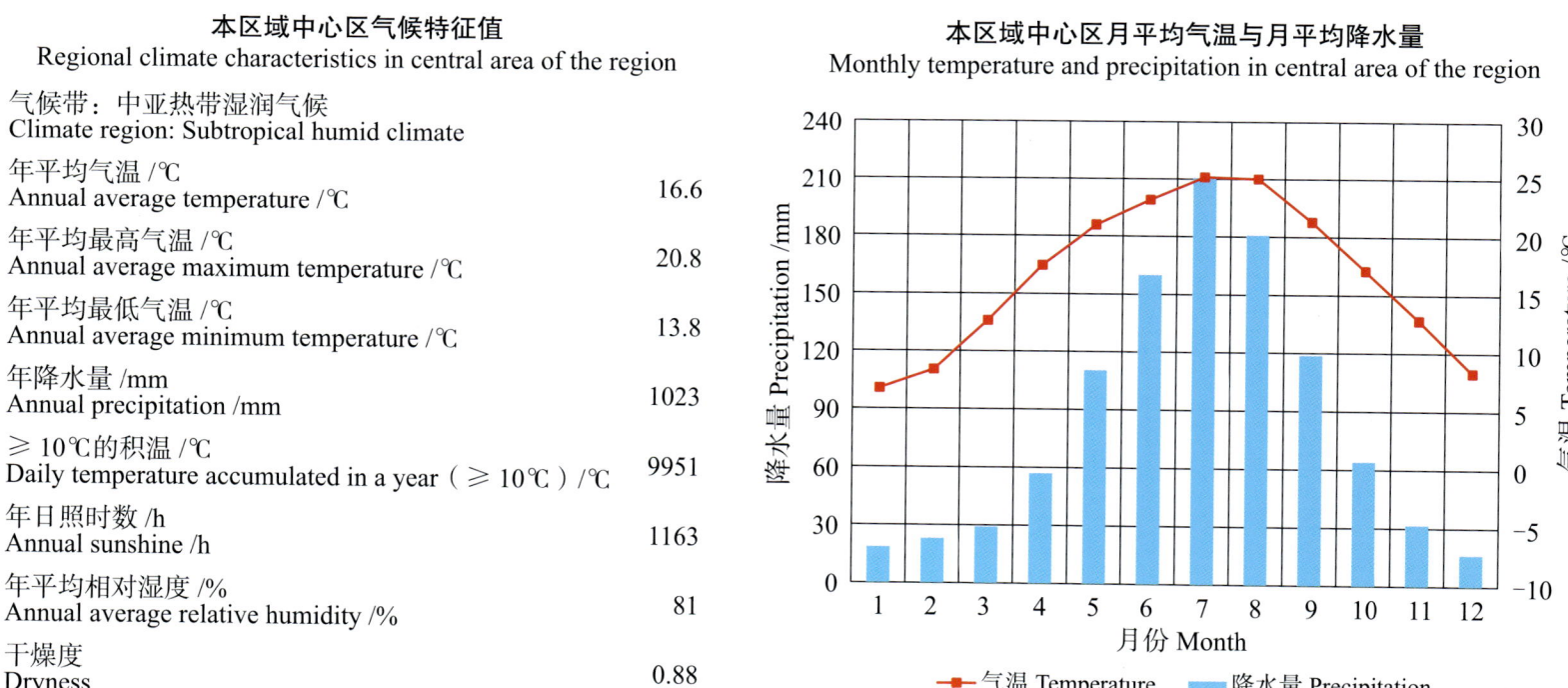

本区域中心区气候特征值
Regional climate characteristics in central area of the region

气候带:中亚热带湿润气候 Climate region: Subtropical humid climate	
年平均气温 /℃ Annual average temperature /℃	16.6
年平均最高气温 /℃ Annual average maximum temperature /℃	20.8
年平均最低气温 /℃ Annual average minimum temperature /℃	13.8
年降水量 /mm Annual precipitation /mm	1023
≥10℃的积温 /℃ Daily temperature accumulated in a year(≥10℃)/℃	9951
年日照时数 /h Annual sunshine /h	1163
年平均相对湿度 /% Annual average relative humidity /%	81
干燥度 Dryness	0.88

本区域中心区月平均气温与月平均降水量
Monthly temperature and precipitation in central area of the region

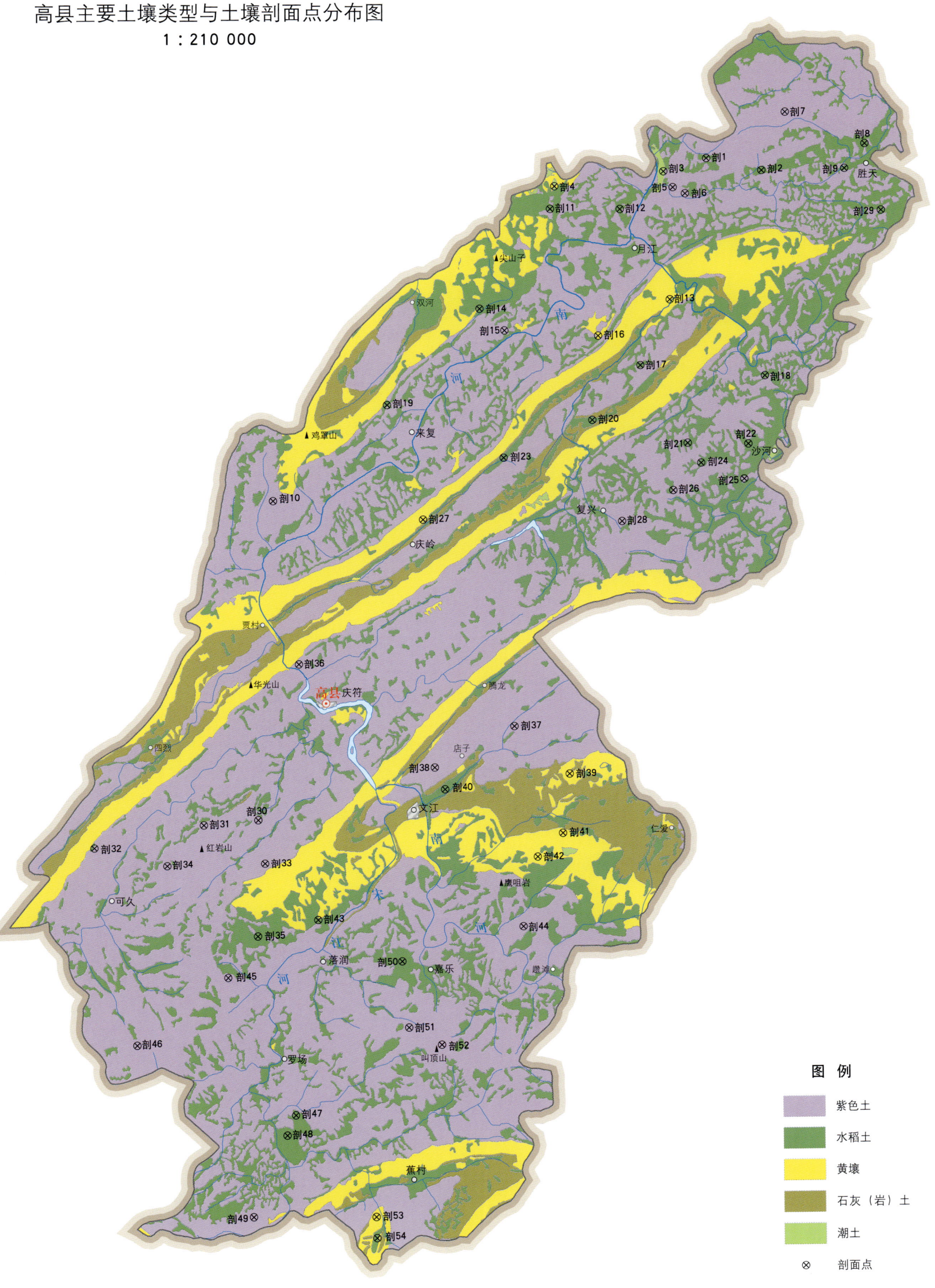

高县主要土壤类型与土壤剖面点分布图
1:210 000

高县土壤剖面理化性状表

剖面号 Soil profile	土纲 Soil order	土类 Soil great group	亚类 Soil subgroup	土属 Soil genus	土种 Soil species	土层码 Layer code	土层厚度 Depth/cm	颜色 Soil color	质地 Soil texture	土壤结构 Soil structure	pH	有机质 OM/(g/kg)	全氮 TN/(g/kg)	全磷 TP/(g/kg)	碱解氮 AN/(mg/kg)	有效磷 AP/(mg/kg)	速效钾 AK/(mg/kg)	土壤母质 Parent material	剖面点坐标 Profile coordinate	匹配指数 Matching index/%
剖1	人为土	水稻土	紫色土性水稻土	红棕紫色水稻土	鸭屎泥田	1	0—50	灰色	重壤土	分散状	7.4	38.6	1.80	0.72	128			泥岩、砂质泥岩	E 104°42′44.6″ N 28°41′21.1″	87
						2	50—	紫棕色	轻黏土	整块状	7.3	14.7	1.63	0.92	100					
剖2	人为土	水稻土	紫色土性水稻土	棕紫色水稻土	立大土田	1	0—40	黄紫褐色	轻砾轻黏土	核状	7.0	36.5	1.78	0.73	124	22.0	52	棕紫色砂泥岩坡积物	E 104°44′26.9″ N 28°41′01.3″	83
						2	40—47	灰紫褐色	轻砾轻黏土	大块状	7.0	31.9	1.52	0.67	110					
						3	47—	灰紫褐色	轻砾轻黏土	大棱块状	7.4	29.7	1.48	0.57	114					
剖3	半水成土	潮土	潮土	紫色潮土	潮泥土	1	0—19	棕色	重壤土	小棱柱状	7.6	17.0	1.10	1.64	78	9.0	87	紫色新冲积物	E 104°41′25.3″ N 28°40′59.5″	93
						2	19—77	黄棕色		大棱柱状	7.3	13.4	0.87	2.14	55					
						3	77—	黄棕色												
剖4	半水成土	潮土	潮土	紫色潮土	潮砂土	1	0—21	棕色	砂壤土	粒状	7.7	17.6	1.00	3.19	67	13.0	136	紫色新冲积物	E 104°38′03.3″ N 28°40′35.1″	71
						2	21—52	黄棕色	砂壤土	块状	7.9	3.2	0.17	1.72	9					
						3	52—	黄棕色		块状										
剖5	初育土	紫色土	石灰性紫色土	棕紫色泥土	棕紫色森林土	1	0—5	暗棕色	中砾轻壤土	核状	5.0	8.5	0.73	0.89	66	2.0	60	棕紫色泥岩坡积物、残积物	E 104°41′42.4″ N 28°40′33.6″	82
						2	5—25	棕紫色	轻壤土	棱柱状	5.3	6.8	0.53	0.20	41					
						3	25—	棕紫色												
剖6	初育土	紫色土	石灰性紫色土	棕紫色泥土	斑鸠砂土	1	0—17	紫灰棕色	轻砾重壤土	大粒状	7.2	11.2	0.50	1.57	41	17.0	103	棕紫色泥岩坡积物、残积物	E 104°42′04.9″ N 28°40′23.6″	83
						2	17—	紫红棕色												
剖7	初育土	紫色土	酸性紫色土	红棕紫泥土	红紫色森林土	1	0—13	黑色	轻壤中壤土	团粒状	4.4	48.1	1.47	0.37	193	6.0	157	棕紫色砂岩坡积物、残积物	E 104°45′10.4″ N 28°42′36.4″	75
						2	13—60	红褐色	中壤土	大块状	4.6	11.1	0.50	0.18	54					
						3	60—	砖红色												
剖8	人为土	水稻土	紫色土性水稻土	棕紫色水稻土	紫黄泥田	1	0—33	灰棕色	中壤土	核状	7.1	15.1	0.81	0.34	70	5.0	46	棕紫色砂泥岩坡积物	E 104°47′37.7″ N 28°41′44.9″	90
						2	33—42	浅棕色	中壤土	大块状	6.9	14.4	0.72	0.44	54					
						3	42—70	棕色	中壤土	大棱柱状	7.7	13.5	0.63	0.90	64					
						4	70—													
剖9	人为土	水稻土	紫色土性水稻土	红棕紫色水稻土	大土泥田	1	0—22	红棕色	轻砾中壤土	分散状	7.5	25.1	1.29	1.79	88	8.0	50	泥岩、砂质泥岩	E 104°46′59.9″ N 28°41′04.6″	70
						2	22—82	红棕色	重壤土	大棱柱状	8.4	20.4	1.02	0.70	63					
						3	82—110	红棕色	重壤土	小块状	8.2	23.9	1.25	0.74	72					
剖10	初育土	紫色土	中性紫色土	暗紫色水稻土	暗紫色森林土	1	0—18	棕黄色	重壤土	小块状	6.7	11.7	0.48	0.48	20		58	暗紫色、紫红色泥岩	E 104°29′21.8″ N 28°32′04.6″	97
						2	18—107	棕黄色	重壤土	大块状	6.7	9.0	0.62	0.36	37					
						3	107—													
剖11	人为土	水稻土	紫色土性水稻土	酸性黄紫泥土	小土黄泥田	1	0—19	褐棕色	中壤土	分散状	6.7	14.7	0.93	0.41	90	2.0	109	变质岩	E 104°37′55.4″ N 28°39′58.3″	72
						2	19—27	紫棕色	轻砾重壤土	大块状	6.5	17.1	0.88	0.26	38					
						3	27—50	紫棕色	轻砾重壤土	大棱柱状	6.5	14.4	0.82	0.35	63					
						4	50—													
剖12	人为土	水稻土	紫色土性水稻土	灰棕紫色水稻土	烂包田	1	0—49	灰色	轻黏土	糊状	6.6	48.5	2.32	1.04	222	2.0	171	紫色砂岩、泥岩风化物	E 104°40′04.4″ N 28°39′58.0″	83
						2	49—104	棕色	轻黏土	大棱柱状	6.3	34.2	1.94	0.41	136					
剖13	铁铝土	黄壤	黄壤	黄色石灰土	黄泥土	1	0—20	褐黄色	中砾轻壤土	核状	6.8	16.2	0.73	0.81	69	3.0	20	石灰岩残积物	E 104°41′36.2″ N 28°37′31.4″	77
						2	20—60	橙黄色	轻壤土	棱柱状	6.6	5.1	0.33	0.63	37					
						3	60—	橙黄色												
剖14	人为土	水稻土	黄壤性水稻土	冷砂黄泥田	黄砂泥田	1	0—25	黄灰色	重黏壤土	分散状	4.7	16.7	1.10	0.72	101	2.0	59	黄砂页岩风化物	E 104°35′44.2″ N 28°37′16.3″	87
						2	25—35	块状	轻砾重壤土	块状	5.3	11.1	0.96	0.64	76					
						3	35—43	灰黄色	重黏土	大棱柱状	5.1	11.8	0.87	0.67	69					
						4	43—	黄色												

续表 Continued

剖面号 Soil profile	土纲 Soil order	土类 Soil great group	亚类 Soil subgroup	土属 Soil genus	土种 Soil species	土层码 Layer code	土层厚度 Depth/cm	颜色 Soil color	质地 Soil texture	土壤结构 Soil structure	pH	有机质 OM/(g/kg)	全氮 TN/(g/kg)	全磷 TP/(g/kg)	碱解氮 AN/(mg/kg)	有效磷 AP/(mg/kg)	速效钾 AK/(mg/kg)	土壤母质 Parent material	剖面点坐标 Profile coordinate	匹配指数 Matching index/%
剖15	初育土	紫色土	中性紫色土	灰棕紫泥土	油砂土	1	0—25	紫棕色	轻壤土	团粒状	6.7	5.1	0.38	0.40	25	2.0	69	砂岩、泥岩	E 104°36′30.6″ N 28°36′41.0″	76
						2	25—41	灰褐色	轻壤土	块状	6.9	2.3	0.21	0.44	18					
剖16	铁铝土	黄壤	黄壤	老冲积黄泥土	卵石黄泥田	1	0—18	紫色	重壤土	大核状	5.4	18.3	1.22	0.56	98	39.0	59	老冲积卵石黄泥	E 104°39′23.8″ N 28°36′32.8″	99
						2	18—100	黄褐色	轻黏土	大核状	4.7	5.1	0.36	0.15	31					
						3	100—	橙黄色												
剖17	人为土	水稻土	紫色土性水稻土	暗紫泥田	粗油砂田	1	0—20	暗灰色	中壤土	分散状	6.9	28.8	1.37	1.78	140	8.0	65	紫红色泥岩、紫色泥岩风化物	E 104°40′41.9″ N 28°35′44.5″	100
						2	20—50	暗棕色	轻砾重壤土	小梭柱状	6.5	11.1	0.99	1.78	80					
						3	50—	暗紫棕色	重壤土	板状	6.9	11.2	0.91	1.72	87					
剖18	人为土	水稻土	紫色土性水稻土	灰棕紫色水稻土	夹砂泥田	1	0—30	灰棕色	中壤土	分散状	6.5	13.8	1.15	0.53	82	1.0	101	紫红色泥岩、紫色泥岩风化物	E 104°44′31.9″ N 28°35′27.6″	73
						2	30—35	暗紫色	中壤土	块状	7.5	23.4	1.20	0.43	94					
						3	35—60	灰紫色	轻砾重壤土	大梭柱状	7.5	20.1	0.78	0.45	95					
						4	60—	灰紫色												
剖19	人为土	水稻土	紫色土性水稻土	暗紫泥田	大泥田	1	0—33	棕紫色	重壤土	分散状	7.1	17.3	0.98	0.85	70	5.0	35	紫红色泥岩、紫色泥岩风化物	E 104°32′52.8″ N 28°34′39.7″	89
						2	33—40	暗紫色	中壤土	紧块状	6.7	19.7	1.00	0.77	86					
						3	40—85	暗紫色	重壤土	大梭柱状	6.9	23.0	1.16	0.85	56					
						4	85—													
剖20	人为土	水稻土	黄壤性水稻土	黄色石灰水稻土	黄泥田	1	0—20	棕色	轻黏土	分散状	6.7	38.7	1.79	1.70	127	4.0	112	灰岩残积物	E 104°39′12.2″ N 28°34′15.2″	94
						2	20—33	棕色	轻砾中黏土	大核状	6.8	32.5	1.49	1.52	140					
						3	33—68	棕黄色	轻砾轻黏土	小核块状	7.0	9.6	0.89	1.61	32					
						4	68—	黄色												
剖21	人为土	水稻土	紫色土性水稻土	红棕紫色水稻土	红石骨子砂田	1	0—30	红棕色	中砾砂黏土	分散状	8.5	21.3	1.23	1.07	110	5.0	83	泥岩、砂岩	E 104°42′08.6″ N 28°33′37.8″	98
						2	30—87	红棕色	重黏土	大梭柱状	8.1	20.5	1.22	1.22	88					
						3	87—													
剖22	人为土	水稻土	黄壤性水稻土	黄鸭屎泥田	豆面泥田	1	0—22	棕黄色	中黏土	分散状	6.0	12.4	0.81	0.78	60	4.0	78	变质岩	E 104°44′00.5″ N 28°33′36.4″	100
						2	22—29	暗棕色	轻砾中黏土	板状	4.9	11.7	0.92	0.66	81					
						3	29—50	暗棕色	重黏土	大梭柱状	6.2	8.3	0.91	0.86	35					
						4	50—													
剖23	人为土	水稻土	紫色土性水稻土	红棕紫色水稻土	灰鸭屎泥田	1	0—21	暗棕色	重壤土	分散状	7.4	43.2	1.88	0.53	129	16.0	77	灰岩残积物	E 104°36′28.4″ N 28°33′14.0″	85
						2	21—100	暗棕色	重壤土	板状	7.5	33.3	1.63	0.86	104					
剖24	人为土	水稻土	酸性黄壤水稻土	红棕紫色水稻土	冷浸烂泥田	1	0—17	红棕色	重黏土	分散状	7.5	35.1	1.94	0.67	110	2.0	85	泥岩、砂质泥岩	E 104°42′33.1″ N 28°33′05.4″	73
						2	17—93	红棕色	重黏土	分散状	8.6	32.8	1.87	0.72	150					
剖25	初育土	紫色土	酸性黄壤水稻土	酸性黄棕水稻土	豆面泥土	1	0—23	棕红色	重黏土	大核块状	4.6	15.6	1.06	1.12	57	7.0	39	变质母质	E 104°43′52.8″ N 28°32′39.2″	72
						2	23—50	棕红色	中砾中壤土	大核状	6.1	10.1	0.65	0.89	74					
						3	50—													
剖26	初育土	紫色土	石灰性紫色土	红棕紫色水稻土	红砂大土	1	0—20	红棕色	中壤土	粒状	8.3	14.3	0.91	1.08	39	3.0	18	棕红色泥岩坡积物、残积物	E 104°41′41.6″ N 28°32′20.8″	84
						2	20—46	红棕色	轻壤土	梭柱状	7.0	7.3	0.57	1.13						
						3	46—													
剖27	铁铝土	黄壤	黄壤	冷砂黄泥土	扁砂黄泥土	1	0—18	灰黄色	重黏土	核状	6.2	24.1	1.29	1.08	105	13.0	72	砂页岩坡积物、残积物	E 104°33′59.0″ N 28°31′33.6″	93
						2	18—33	灰黄色	中砾中壤土	梭柱状	6.2	19.6	1.03	0.70	64					
						3	33—													
剖28	初育土	紫色土	中性紫色土	灰棕紫泥土	黄紫泥土	1	0—28	黄棕色	轻黏土	小团块状	6.5	12.5	0.78	1.59	78	10.0	305	砂岩、泥岩	E 104°40′06.6″ N 28°31′30.7″	96
						2	28—92	褐棕色	中壤土	小块状	6.5	5.8	0.43	1.39						
						3	92—	红紫色	重黏土											

续表 Continued

剖面号 Soil profile	土纲 Soil order	土类 Soil great group	亚类 Soil subgroup	土属 Soil genus	土种 Soil species	土层码 Layer code	土层厚度 Depth/cm	颜色 Soil color	质地 Soil texture	土壤结构 Soil structure	pH	有机质 OM/(g/kg)	全氮 TN/(g/kg)	全磷 TP/(g/kg)	碱解氮 AN/(mg/kg)	有效磷 AP/(mg/kg)	速效钾 AK/(mg/kg)	土壤母质 Parent material	剖面点坐标 Profile coordinate	匹配指数 Matching index/%
剖29	人为土	水稻土	紫泥土性水稻土	灰棕紫色水稻土	砂田	1	0—26	黄灰色	中壤土	分散状	5.1	13.5	0.61	0.33	69	2.0	31	紫色砂岩、泥岩风化物	E 104°48′07.6″ N 28°39′56.2″	78
						2	26—47	灰黄色	中壤土	大棱状	5.4	10.1	0.65	0.21	59					
						3	47—80	灰黄色	轻砾中壤土	小棱柱状	6.8	9.5	0.50	0.29	38					
剖30	初育土	紫色土	石灰性紫色土	棕紫泥土	立土大土	1	0—22	棕紫色	轻砾轻黏土	核状	7.5	13.3	1.19	1.90	69	9.0	65	棕紫色泥岩坡积物、残积物	E 104°28′52.3″ N 28°23′26.9″	73
						2	22—46	棕紫色		棱柱状	7.7	8.7	0.71	1.58	44					
						3	46—													
剖31	初育土	紫色土	酸性紫色土	红紫泥土	红砂土	1	0—23	红褐色	砂壤土	粒状	6.6	6.3	0.64	0.26	29	3.0	63	棕紫色泥岩坡积物、残积物	E 104°27′11.9″ N 28°23′19.0″	81
						2	23—85	棕红色	轻壤土	大块状	5.9	7.8	0.40	0.74	29					
剖32	初育土	紫色土	中性紫色土	暗紫泥土	二土泥	1	0—25	紫红色	重壤土	大块状	7.4	13.0	0.66	0.51	42	4.0	36	暗紫色、紫红色泥岩	E 104°23′49.9″ N 28°22′41.9″	98
						2	25—75	紫红色	轻砾重壤土	大棱柱状	7.3	4.5	0.52	0.66	33					
						3	75—													
剖33	初育土	紫色土	中性紫色土	灰棕紫泥土	夹砂土	1	0—20	灰棕色	轻砾中壤土	粒状	6.5	7.8	0.66	0.67	48		62	砂岩、泥岩	E 104°29′04.6″ N 28°22′16.0″	89
						2	20—47	灰棕色		大棱柱状	7.1	4.7	0.50	0.29	27					
						3	47—													
剖34	初育土	紫色土	酸性紫色土	红紫泥土	黄泥夹砂土	1	0—17	红棕色	轻壤土	粒状	6.0	8.7	0.69	0.58	70	11.0	103	棕紫色泥岩坡积物、残积物	E 104°26′04.2″ N 28°22′12.4″	85
						2	17—92	砖红色	轻壤土	棱柱状	6.4	3.6	0.21	0.78						
						3	92—													
剖35	初育土	紫色土	紫色土	暗紫泥田	二泥田	1	0—22	棕紫色	重壤土	分散状	6.4	21.0	1.08	0.72	99	6.0	78	紫红色泥岩、紫色泥岩风化物	E 104°28′50.5″ N 28°20′17.2″	70
						2	22—32	紫棕色	轻黏土	大棱柱状	6.5	19.1	0.94	0.58	70					
						3	32—60	紫棕色	轻砾中壤土		6.3	7.6	0.71	0.58	48					
						4	60—													
剖36	人为土	水稻土	酸性紫色土	酸性黄紫泥土	小黄泥土	1	0—23	棕黄色	中砾重壤土	核状	6.4	10.0	0.84	0.70	89	6.0	25	变质母质	E 104°30′08.6″ N 28°27′39.2″	100
						2	23—70	灰棕色	轻砾轻壤土	大棱柱状	4.5	5.2	0.40	0.37	34					
						3	70—													
剖37	初育土	紫色土	中性紫色土	暗紫泥土	稻油砂土	1	0—21	暗紫色	轻黏土	核状	6.4	8.0	0.38	2.06	36	7.0	62	暗紫色、紫红色泥岩	E 104°36′46.1″ N 28°25′57.7″	73
						2	21—													
剖38	初育土	紫色土	中性紫色土	暗紫泥土	黄砂土	1	0—19	橙黄色	轻壤土	粒状	7.3	15.1	0.75	0.41	94	2.0	53	暗紫色、紫红色泥岩	E 104°34′18.5″ N 28°24′50.8″	96
						2	19—													
剖39	铁铝土	黄壤	黄壤	黄色石骨土	黄石骨子土	1	0—19	黄褐色	轻壤土	核状	7.4	18.4	0.88	2.61	75	13.0	37	石灰岩残积物	E 104°38′27.4″ N 28°24′40.2″	90
						2	19—	黄褐色		核状										
剖40	人为土	水稻土	潮土型水稻土	紫色潮泥土	潮砂泥土	1	0—26	黑灰色	砂壤土	分散状	7.5	19.9	1.05	1.38	101	6.0	35	紫色新冲积物	E 104°34′37.2″ N 28°24′15.5″	81
						2	26—40	灰棕色	砂壤土	大棱柱状										
						3	40—64	棕色	轻壤土	小棱柱状										
						4	64—													
剖41	铁铝土	黄壤	黄壤	冷砂黄泥土	冷砂土	1	0—21	黄棕色	轻砾轻壤土	小块状	5.5	6.3	0.58	0.44	62	6.0	127	砂页岩坡积物、残积物	E 104°37′14.6″ N 28°23′04.2″	98
						2	21—45	棕黄色	重壤土	大块状	5.6	4.0	0.26	0.62	21					
						3	45—													
剖42	铁铝土	黄壤	黄壤性水稻土	冷砂黄泥土	冷砂黄泥滁林土	1	0—7	灰黄色	中壤土	核状	6.3	18.9	0.71	0.27	71	2.0	86	砂页岩坡积物、残积物	E 104°37′27.5″ N 28°22′25.7″	90
						2	7—70	黄色	中壤土	块状	6.4	6.6	0.42	0.34						
						3	70—													
剖43	人为土	水稻土	黄壤性水稻土	冷砂黄泥田	冷砂田	1	0—22	黄褐色	中壤土	分散状	4.9	15.9	1.13	0.78	103	6.0	86	黄色砂页岩风化物	E 104°30′42.1″ N 28°20′43.4″	83
						2	22—82	灰黄色	中壤土	大棱柱状	4.9	10.2	0.56	0.56	23					
						3	82—													
剖44	初育土	紫色土	石灰性紫色土	灰棕紫泥土	紫石骨子土	1	0—19	紫红色	砂壤土	粒状	7.3	8.6	0.75	1.91	36	3.0	63	灰紫色砂质泥岩残积物、坡积物	E 104°37′00.1″ N 28°20′31.6″	91
						2	19—													

续表 Continued

剖面号 Soil profile	土纲 Soil order	土类 Soil great group	亚类 Soil subgroup	土属 Soil genus	土种 Soil species	土层码 Layer code	土层厚度 Depth/cm	颜色 Soil color	质地 Soil texture	土壤结构 Soil structure	pH	有机质 OM/(g/kg)	全氮 TN/(g/kg)	全磷 TP/(g/kg)	碱解氮 AN/(mg/kg)	有效磷 AP/(mg/kg)	速效钾 AK/(mg/kg)	土壤母质 Parent material	剖面点坐标 Profile coordinate	匹配指数 Matching index/%
剖45	初育土	紫色土	石灰性紫色土	暗紫泥土	石骨子土	1	0—15	紫红色	中壤土	核状	8.2	2.3	0.22	1.29	22	3.0	14	紫红色砂质泥岩	E 104°27′55.4″ N 28°19′09.8″	88
剖46	初育土	紫色土	中性紫色土	灰棕紫泥土	灰棕紫泥森林土	1	0—15	暗棕色	轻壤土	团粒状	4.7	53.7	3.15	3.57	300	8.0	196	砂岩、泥岩	E 104°25′07.0″ N 28°17′21.4″	98
						2	15—	黄棕色												
剖47	人为土	水稻土	黄壤性水稻土	老冲积黄泥田	卵石白鳝泥田	1	0—23	灰色	轻砾重壤土	分散状	5.3	30.0	1.40	1.24	126	51.0	100	第四纪黄色老冲积物	E 104°29′58.9″ N 28°15′27.7″	92
						2	23—37	灰色	中砾重黏土	板状	5.2	12.6	0.61	0.64	51					
						3	37—82	灰白色	重黏土	小棱柱状	5.4	5.7	0.35	0.46	35					
剖48	人为土	水稻土	黄壤性水稻土	老冲积黄泥田	卵石黄泥田	1	0—23	黄棕色	轻砾重壤土	分散状	5.2	12.6	1.02	0.69	102	4.0	102	第四纪黄色老冲积物	E 104°29′42.7″ N 28°14′55.3″	88
						2	23—34	棕色	重壤土	板状	6.2	7.5	0.40	0.33	42					
						3	34—60	灰黄色	重壤土	小棱柱状	6.2	3.6	0.25	0.24	21					
						4	60—100	褐黄色	重黏土	棱柱状	4.8	3.7	0.24	0.38	25					
剖49	初育土	紫色土	中性紫色土	灰棕紫泥土	砂土	1	0—25	浅黄色	轻砾砂壤土	粒状	6.5	4.5	0.36	0.15	26	1.0	61	砂岩、泥岩	E 104°28′40.1″ N 28°12′45.0″	90
						2	25—45				6.2	3.3	0.28	0.27	14					
						3	45—													
剖50	人为土	水稻土	紫色土性水稻土	灰棕紫色水稻土	黄紫泥田	1	0—30	黄紫色	重壤土	分散状	6.4	7.2	0.74	0.38	75	3.0	115	紫色砂岩、泥岩风化物	E 104°33′16.6″ N 28°19′35.4″	82
						2	30—33	黄棕色	重壤土	块状	6.0	11.4	0.68	0.38	54					
						3	33—60		中砾重黏土	大棱柱状	6.5	7.4	0.61		24					
						4	60—													
剖51	初育土	紫色土	石灰性紫色土	红棕紫泥土	红石骨子土	1	0—17	红棕色	中壤土	粒状	8.2	8.9	0.50	1.61	32	10.0	11	棕红色泥岩坡积物、残积物	E 104°33′28.4″ N 28°17′47.8″	77
						2	17—	红棕色												
剖52	初育土	紫色土	石灰性紫色土	红棕紫泥土	红棕紫泥森林土	1	0—26	红棕色	砂壤土	粒状	7.4	20.0	1.10	1.08	122	4.0	127	棕红色泥岩坡积物、残积物	E 104°34′28.6″ N 28°17′19.7″	84
						2	26—	红棕色												
剖53	铁铝土	黄壤	黄壤	砾石黄泥土	石碌子土	1	0—22	黄棕色	重壤土	团块状	4.7	23.2	1.17	0.39	109	33.0	107	玄武岩风化物	E 104°32′26.2″ N 28°12′43.8″	81
						2	22—100	黄棕色	重壤土	小块状	5.1	12.3	1.07	0.73	86					
剖54	人为土	水稻土	黄壤性水稻土	卵石黄泥田	石碌子田	1	0—12	蓝灰色	轻壤土	块状	6.3	24.7	1.38	1.81	146	7.0	61	玄武岩风化物	E 104°32′27.2″ N 28°12′09.7″	82
						2	12—27	灰黄色	中壤土	块状	6.2	21.8	1.09	3.39						
						3	27—50	棕黄色	中壤土	大棱柱状	7.0	12.8	0.84	1.34						
						4	50—													

珙 县

主要土类说明

黄壤是珙县的主要土壤类型，占本县地域面积的 32%。成土母质为各种灰岩、页岩、砂岩和玄武岩等风化残积物、坡积物。在湿热的生物气候条件下，母质化学风化很强，矿物受到深刻的分解，土中铁质水化，土壤产生黏化和富铝化过程，剖面上下均为黄棕色，活性铁铝特别多。土壤质地为中壤土至重壤土，pH 为 5.6，有机质及养分含量较高，但大多数耕地仍然表现出黏、酸、冷、湿、缺磷等特点。

紫色土是珙县第二大土壤类型，占本县地域面积的 27%。成土母质来源于砂泥岩、页岩风化残积物。因母岩组成复杂和岩性疏松，成土过程以物理风化为主，化学风化弱。本县紫色土大多碳酸钙含量低，多呈酸性，富铝化过程不明显。土壤 pH 为 6.1，大多数土种无石灰反应。

石灰（岩）土是珙县第三大土壤类型，占本县地域面积的 21%。石灰（岩）土发生于热带、亚热带石灰岩山区，是石灰岩经溶蚀风化，形成的厚薄不同的钙质饱和或含游离钙质的土壤，多见于石隙、溶洞或峰丛底部。该土壤碳酸钙淋溶程度不一，多黏土，多为铁钙质胶结物，风化程度不一，盐基饱和度高，有机质含量及胶结状态有较大差异。

水稻土占本县地域面积的 16%。水稻土是在长期季节性淹灌、水下翻耕、季节性脱水、氧化还原交替影响下，原来成土母质或母土的特性发生重大改变，形成的新的土壤类型。由于干湿交替，水稻土形成糊状淹育层、较坚实板结的犁底层、渗育层、潴育层与潜育层等多种发生层。这些不同发生层段是在人为耕作、水浆管理下形成的。本县水稻土普遍存在潜育、水害、坐苑的障碍因素。

小于本县地域面积 3% 的土壤类型还有黄棕壤和潮土等。

本区域中心区气候特征

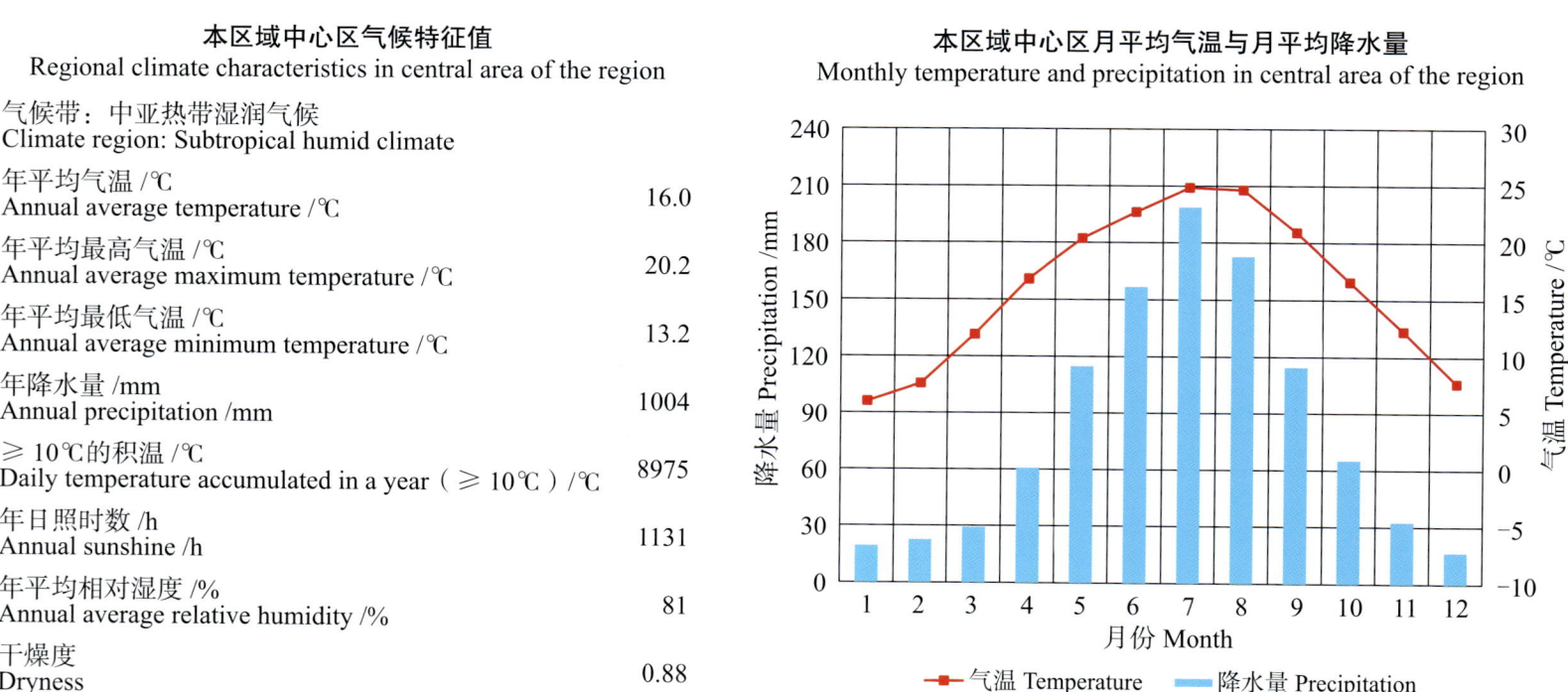

本区域中心区气候特征值
Regional climate characteristics in central area of the region

气候带：中亚热带湿润气候 Climate region: Subtropical humid climate	
年平均气温 /℃ Annual average temperature /℃	16.0
年平均最高气温 /℃ Annual average maximum temperature /℃	20.2
年平均最低气温 /℃ Annual average minimum temperature /℃	13.2
年降水量 /mm Annual precipitation /mm	1004
≥10℃的积温 /℃ Daily temperature accumulated in a year（≥10℃）/℃	8975
年日照时数 /h Annual sunshine /h	1131
年平均相对湿度 /% Annual average relative humidity /%	81
干燥度 Dryness	0.88

本区域中心区月平均气温与月平均降水量
Monthly temperature and precipitation in central area of the region

筠 连 县

主要土类说明

黄壤是筠连县的主要土壤类型，占本县地域面积的53%。黄壤发生于亚热带湿润条件下，中度脱硅富铝化，多见于海拔700—1200m的山区。土壤有机质累积较多，具O-A-AB-B-C剖面构型。pH为4.5—5.5。淀积层（B层）富含水合氧化物（针铁矿），呈黄色。

紫色土是筠连县第二大土壤类型，占本县地域面积的22%。紫色土是由热带、亚热带紫红色岩层直接风化形成的A-C型土壤。其理化性质与母岩组成直接相关，土层浅薄，剖面层次发育不明显，仍处于初育阶段。母岩富含矿质养分，且风化迅速。

石灰（岩）土是筠连县第三大土壤类型，占本县地域面积的17%。石灰（岩）土发生于热带、亚热带石灰岩山区，是石灰岩经溶蚀风化，形成的厚薄不同的钙质饱和或含游离钙质的土壤，多见于石隙、溶洞或峰丛底部。该土壤碳酸钙淋溶程度不一，多黏土，多为铁钙质胶结物，风化程度不一，盐基饱和度高，有机质含量及胶结状态有较大差异。

水稻土占本县地域面积的8%。水稻土是在长期季节性淹灌、水下翻耕、季节性脱水、氧化还原交替影响下，原来成土母质或母土的特性发生重大改变，形成的新的土壤类型。由于干湿交替，水稻土形成糊状淹育层、较坚实板结的犁底层、渗育层、潴育层与潜育层等多种发生层。这些不同发生层段是在人为耕作、水浆管理下形成的。

小于本县地域面积3%的土壤类型还有潮土等。

本区域中心区气候特征

本区域中心区气候特征值
Regional climate characteristics in central area of the region

气候带：暖温带湿润气候 Climate region: Warm temperate humid climate	
年平均气温 /℃ Annual average temperature /℃	15.8
年平均最高气温 /℃ Annual average maximum temperature /℃	20.3
年平均最低气温 /℃ Annual average minimum temperature /℃	12.8
年降水量 /mm Annual precipitation /mm	1003
≥10℃的积温 /℃ Daily temperature accumulated in a year（≥10℃）/℃	8797
年日照时数 /h Annual sunshine /h	1243
年平均相对湿度 /% Annual average relative humidity /%	80
干燥度 Dryness	0.86

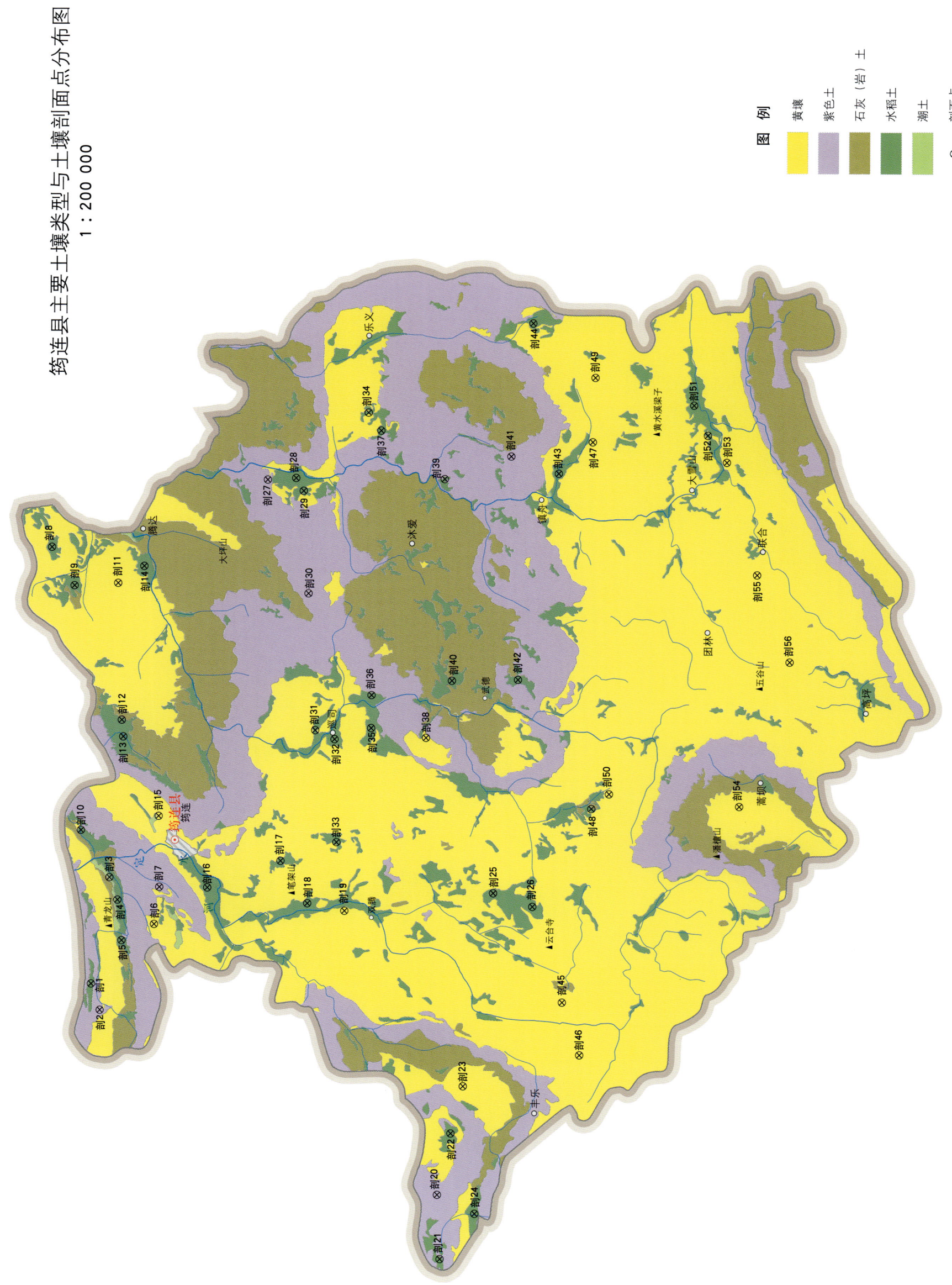

筠连县土壤剖面理化性状表

剖面号 Soil profile	土纲 Soil order	土类 Soil great group	亚类 Soil subgroup	土属 Soil genus	土种 Soil species	土层码 Layer code	土层厚度 Depth/cm	颜色 Soil color	质地 Soil texture	土壤结构 Soil structure	pH	有机质 OM/(g/kg)	全氮 TN/(g/kg)	全磷 TP/(g/kg)	碱解氮 AN/(mg/kg)	有效磷 AP/(mg/kg)	速效钾 AK/(mg/kg)	阳离子交换量CEC/(cmol/kg)	土壤母质 Parent material	剖面点坐标 Profile coordinate	匹配指数 Matching index/%
剖1	人为土	水稻土	紫色土性水稻土	暗紫泥田	牛血土田	1	0—21	暗红色	重壤土	粒状	5.6	17.9	1.11	0.40	88	6.0	34	22.3	暗紫色泥岩、粉砂岩风化物、坡积物	E 104°26′12.5″ N 28°12′07.9″	72
						2	21—65	暗红色	重壤土	大棱柱状	5.2	17.8	0.86	0.37				18.8			
						3	65—	暗红色	重壤土	大棱柱状	5.3	14.3	0.72	0.33				17.1			
剖2	初育土	紫色土	酸性紫色土	暗紫泥土	牛血土	1	0—25	砖红色	中壤土	粒状	6.5	12.6	0.82	0.37	59	3.0	42	8.9	暗紫色泥岩、粉砂岩风化物、坡积物	E 104°25′26.2″ N 28°11′53.6″	85
						2	25—75	砖红色	中壤土	小块状	6.4	8.9	0.68	0.36				4.4			
						3	75—	砖红色	轻砾中壤土	小块状	6.1	7.4	0.51	0.30				3.6			
剖3	半水成土	潮土	潮土	灰棕潮土	潮砂土	1	0—22	灰棕色	中壤土	粒状	7.2	30.1	1.35	1.00	88	14.0	46	6.2	新冲积物	E 104°29′19.7″ N 28°11′41.3″	100
						2	22—48	灰棕色	中壤土	小块状	7.2	28.1	1.06	1.14				5.3			
						3	48—91	灰棕色	中壤土	小块状	7.2	22.2	0.76	1.05				2.9			
剖4	人为土	水稻土	黄壤性水稻土	黄色石灰水稻土	鸭屎泥田	1	0—20	暗灰色	轻砾重壤土	小粒状	5.3	37.8	2.29	0.80	154	9.0	95	27.7	灰岩、白云质灰岩及砂页岩残积物	E 104°28′40.8″ N 28°11′28.3″	90
						2	20—27	暗灰色	中壤土	小棱柱状	5.3	34.0	2.13	0.61				25.9			
						3	27—39	褐黄相间	中砾重黏土	小棱柱状	6.1	19.2	1.08	0.72				22.8			
						4	39—56	浅灰黄色	中砾重黏土	小棱柱状	6.2	10.7	0.96	0.58				17.8			
						5	56—														
剖5	人为土	水稻土	潮土型水稻土	灰棕潮土田	鸭屎泥田	1	0—30	暗灰色	轻砾重壤土	粒状	5.3	51.0	2.45	1.30	170	40.0	74	23.1	近代河流新冲积物	E 104°27′29.2″ N 28°11′21.1″	79
						2	30—44	暗灰色	中壤土	板状	6.0	42.2	2.21	1.41				19.3			
						3	44—75	浅灰色	中砾重黏土	大棱柱状	6.3	40.6	2.04	1.66				17.2			
						4	75—	浅灰黄色	轻砾重黏土	小棱柱状	5.7	6.5	0.30	0.42				9.7			
剖6	铁铝土	黄壤	黄壤	粗骨性黄泥土	紫泥土	1	0—23	黄棕色	轻砾轻黏土	大团粒状	5.6	18.3	2.55	0.74	160	9.0	187	18.9	页岩、白云质灰岩风化物	E 104°27′58.8″ N 28°10′31.1″	93
						2	23—42	棕黄色	轻砾轻黏土	大团粒状	6.1		2.15	0.74				16.4			
						3	42—	黄色	中壤土	柱状	5.1		0.61	0.40				12.2			
剖7	初育土	紫色土	酸性紫色土	矿子黄泥土	死黄田	1	0—25	浅栗色	中壤土	大粒状	5.8	21.1	1.22	0.79	94	4.0	37	8.1	暗紫色泥岩、粉砂岩风化物、坡积物	E 104°29′03.8″ N 28°10′23.5″	79
						2	25—55	黄棕色	中壤土	大粒状	6.2	16.8	0.94	0.70				5.4			
						3	55—	灰黄色	重壤土	小棱柱状	6.3	10.7	2.04	0.51				0.3			
剖8	水稻土	水稻土	黄壤性水稻土	黄色石灰水稻土	小土黄泥田	1	0—23	灰黄色	中壤土	团块状	6.6	42.1	1.89	0.72	95	4.0	56	7.8	页岩、白云质灰岩	E 104°38′59.6″ N 28°13′16.3″	100
						2	23—33	灰黄色	中壤土	柱状	6.1	28.5	1.59	0.52				4.5			
						3	33—120	棕黄色	中壤土	块状	6.7	25.3	1.55	0.59				2.8			
剖9	人为土	水稻土	黄壤性水稻土	黄色石灰水稻土	紫色大土田	1	0—22	浅灰黄色	重壤土	块状	6.8	23.9	1.82	0.59	101	2.0	158	8.1	灰岩、白云质灰岩及砂页岩残积物	E 104°37′52.3″ N 28°12′40.7″	99
						2	22—31	浅灰黄色	中壤土	块状	6.9	20.9	1.59					7.1			
						3	31—53	紫色	重壤土	小棱柱状	6.9	15.5	1.37					6.5			
						4	53—78	灰白色	中壤土	大棱柱状	6.5	8.4	1.18					4.1			
						5	78—														
剖10	水稻土	水稻土	黄壤性水稻土	暗紫泥田	紫色大土田	1	0—25	暗紫色	轻砾重壤土	小粒状	5.2	44.1	2.55	0.53	139	23.0	70	23.7	暗紫色泥岩、粉砂岩风化物、坡积物	E 104°30′42.7″ N 28°12′26.6″	90
						2	25—35	暗紫色	中壤土	块状	5.3	38.2	2.37	0.55				19.8			
						3	35—	紫色	中壤土	大棱柱状	5.6	7.2	0.89	0.54				18.1			
剖11	铁铝土	黄壤	黄壤	冷砂黄泥土	小砂土	1	0—20	浅黄棕色	轻砾重壤土	粒状	5.1	11.5	0.98	0.27	79	3.0	64	18.9	石英砂岩风化残积物、坡积物	E 104°37′57.4″ N 28°11′32.6″	73
						2	20—53	黄色	中壤土	小块状	5.4	7.8	0.72	0.24				15.1			
						3	53—	黄色	重壤土	小块状	5.1	5.4	0.64	0.22				15.2			
剖12	人为土	水稻土	黄壤性水稻土	黄色石灰水稻土	死黄泥田	1	0—29	灰黄棕色	轻黏土	块状	5.6	21.3	1.42	0.48	100	3.0	89	17.6	灰岩、白云质灰岩及页岩残积物	E 104°33′56.9″ N 28°11′24.7″	73
						2	29—35	灰黄色	重黏土	板状	5.6	21.2	1.32	0.53				17.5			
						3	35—150	黄色	轻黏土	小棱柱状	6.1	5.4	0.87	0.32				15.6			

续表 Continued

剖面号 Soil profile	土纲 Soil order	土类 Soil great group	亚类 Soil subgroup	土属 Soil genus	土种 Soil species	土层码 Layer code	土层厚度 Depth/cm	颜色 Soil color	质地 Soil texture	土壤结构 Soil structure	pH	有机质 OM/(g/kg)	全氮 TN/(g/kg)	全磷 TP/(g/kg)	碱解氮 AN/(mg/kg)	有效磷 AP/(mg/kg)	速效钾 AK/(mg/kg)	阳离子交换量CEC/(cmol/kg)	土壤母质 Parent material	剖面点坐标 Profile coordinate	匹配指数 Matching index/%
剖13	人为土	水稻土	黄壤性水稻土	黄色石灰性水稻土	白鳝泥田	1	0—20	浅灰色	轻黏土	团粒状	5.7	27.9	2.52	0.47	168	11.0	89	28.2	灰岩、白云质灰岩及页岩残积物	E 104°33′27.7″ N 28°11′22.3″	70
						2	20—32	浅灰色	轻黏土	板状	6.0	27.5	2.34	0.33				24.3			
						3	32—57	灰色	重壤土	大棱柱状	5.5	25.4	2.00	0.35				21.5			
						4	57—150	灰白色	轻壤土	小棱柱状	4.9	9.0	1.53	0.58				22.1			
剖14	人为土	水稻土	黄壤性水稻土	冷砂黄泥田	砂白鳝泥田	1	0—23	灰色	中壤土	粒状	5.1	21.8	1.47	0.39	82	10.0	37	11.8	石英砂岩风化残积物、坡积物	E 104°38′27.6″ N 28°10′52.3″	98
						2	23—35	灰色	中壤土	块状	5.5	16.3	1.18	0.31				8.8			
						3	35—55	棕黄色	中壤土	大块状	6.5	5.5	0.83	0.27				8.8			
						4	55—	黄棕色													
剖15	铁铝土	黄壤	砾石黄泥土	小土黄泥		1	0—21	棕黄色	重壤土	粒状	5.6	26.0	1.72	0.77	102	12.0	71	23.1	玄武岩	E 104°31′09.1″ N 28°10′26.0″	74
						2	21—48	棕黄色	重壤土	大块状	5.6	23.2	1.44	0.94				20.9			
						3	48—150	浅黄色	轻壤土	棱柱状	5.0	19.0	1.20	0.86				19.0			
剖16	人为土	水稻土	潮土型水稻土	灰棕潮土田	潮砂田	1	0—18	灰棕色	重壤土	粒状	6.6	21.8	1.76	0.78	101	17.5	25	6.6	近代河流新冲积物	E 104°29′03.9″ N 28°09′08.6″	90
						2	18—28	黄棕色	轻砾重壤土	片状	6.9	19.9	1.21	0.76				5.2			
						3	28—49	黄棕色	轻砾重壤土	大棱柱状	7.0	10.2	0.77	0.65				4.4			
剖17	人为土	水稻土	黄壤性水稻土	冷砂黄泥田	小砂田	1	0—24	灰棕色	中壤土	粒状	5.2	19.2	1.13	0.31	80	2.0	39	14.2	石英砂岩风化残积物、坡积物	E 104°29′52.1″ N 28°07′15.2″	97
						2	24—29	灰色	中壤土	片状	5.3	17.4	1.04	0.32				13.6			
						3	29—	灰色	中壤土	大块状	5.5	11.7	0.85	0.28				11.8			
剖18	人为土	水稻土	粗骨性黄壤水稻土	鸭屎田		1	0—25	浅灰色	中黏土	粒状	6.6	43.2	2.89	0.40	157	1.0	51	6.0	页岩、泥质灰岩风化残积物	E 104°28′38.5″ N 28°06′33.0″	74
						2	25—45	浅黄色	轻黏土	大棱柱状	6.6	36.2	2.53	0.40				4.3			
						3	45—	浅灰黄色	轻壤土	小块状	6.8	10.6	0.93	0.35				2.3			
剖19	铁铝土	黄壤	矿子黄泥土	岩砂土		1	0—17	黄灰色	砂壤土	粒状	7.0	33.0	2.08	0.90	117	3.0	72	7.8	石英化学岩风化残积物	E 104°28′26.1″ N 28°05′35.0″	83
						2	17—75	黄棕色	重壤土	粒状	7.0	29.4	2.06	0.97				6.6			
剖20	初育土	紫色土	酸性紫色土	灰棕紫泥土	红灰紫土	1	0—20	灰紫色	重壤土	小粒状	5.1	13.5	1.02	0.40	88	2.0	70	19.5	紫红色砂泥岩风化残积物、坡积物	E 104°20′09.2″ N 28°03′04.3″	77
						2	20—70	灰紫色	重壤土	小块状	5.1	9.9	0.81	0.39				18.3			
						3	70—	灰紫色	中壤土	粒状	5.2	5.9	0.73	0.36				16.1			
剖21	人为土	水稻土	紫泥土性水稻土	紫棕色泥	白鳝泥田	1	0—24	灰棕色	重壤土	粒状	5.2	31.1	1.91		146	3.0	55	20.3	紫红色砂泥岩风化沉积物、坡积物	E 104°18′16.6″ N 28°02′58.8″	71
						2	24—32	浅棕色	重壤土	块状	5.1	29.3	1.82					19.7			
						3	32—79	暗棕色	重壤土	小棱柱状	5.1	29.0	1.72	0.61				19.6			
						4	79—	浅黄色	中砾重黏土	粒状	5.2	19.9	1.36	0.60				18.8			
剖22	人为土	水稻土	紫泥土性水稻土	灰棕紫色泥	红灰包田	1	0—18	浅黄色	重壤土	粒状	5.7	29.8	2.46	0.58	148	7.0	106	25.3	紫红色砂泥岩风化残积物、坡积物	E 104°21′57.2″ N 28°02′45.2″	84
						2	18—25	棕黄色	重壤土	大棱柱状	5.7	27.7	2.36	0.94				21.9			
						3	25—42	棕黄色	轻砾轻黏土	小棱柱状	5.8	23.2	2.16	0.45				21.9			
						4	42—	黄黄色	轻砾轻黏土	粒状	6.7	15.6	1.67	0.29				23.3			
剖23	人为土	水稻土	黄壤	矿子黄泥土	死黄泥	1	0—16	棕黄色	中砾轻黏土	小粒状	6.6	23.6	1.73	0.84	100	1.0	109	10.5	灰岩化学岩风化残积物	E 104°23′20.4″ N 28°02′27.2″	84
						2	28—	黄黄色	轻砾轻黏土	小粒状	6.5	16.7	1.02					9.0			
						3		棕黄色	中黏土	小棱柱状	5.4	5.4	0.30	0.53				7.4			
剖24	铁铝土	黄壤	粗骨性黄壤水稻土	豆面泥田		1	0—16	棕黄色	轻砾轻黏土	小棱柱状	5.4	27.2	2.33	0.59	123	2.0	82	20.4	页岩、泥质灰岩风化残积物	E 104°19′37.2″ N 28°02′06.4″	86
						2	16—28	黄褐色	中壤土	块状	5.8	22.2	1.86	0.72				17.8			
						3	28—	黄褐色	重壤土	大棱柱状	5.4	18.3	1.48	1.24				15.2			
剖25	人为土	水稻土	黄壤性水稻土	矿子黄泥土	白鳝泥田	1	0—22	浅灰色	轻砾轻黏土	粒状	5.2	26.1	2.14	0.38	140	8.0	82	26.2	钙质、白云质灰岩	E 104°28′59.9″ N 28°01′43.7″	90
						2	22—38	灰白色	重壤土	块状	5.8	20.4	1.52	1.17				23.6			
						3	38—70	灰白色	重壤土	大棱柱状	5.3	8.5	0.82	0.73				18.7			
						4	70—	绿灰色	松砂土		4.9	7.8	0.76					20.8			

续表 Continued

剖面号 Soil profile	土纲 Soil order	土类 Soil great group	亚类 Soil subgroup	土属 Soil genus	土种 Soil species	土层码 Layer code	土层厚度 Depth/cm	颜色 Soil color	质地 Soil texture	土壤结构 Soil structure	pH	有机质 OM/(g/kg)	全氮 TN/(g/kg)	全磷 TP/(g/kg)	碱解氮 AN/(mg/kg)	有效磷 AP/(mg/kg)	速效钾 AK/(mg/kg)	阳离子交换量CEC/(cmol/kg)	土壤母质 Parent material	剖面点坐标 Profile coordinate	匹配指数 Matching index/%
剖26	人为土	水稻土	黄壤性水稻土	矿子黄泥田	鸭屎泥田	1	0—26	灰黄色	重壤土	大块状	6.4	34.8	2.54	0.72	131	9.0	39	9.0	钙质、白云质灰岩	E 104°28′36.8″ N 28°00′42.5″	86
						2	26—37	灰黄色	重壤土	片状	6.2	34.4	2.37	0.77				8.6			
						3	37—67	暗棕色	轻壤土	大棱柱状	6.9	25.7	2.12	0.65				7.7			
						4	67—150	黄棕色	轻黏土	小棱柱状	6.4	17.8	1.64	0.65				7.1			
剖27	初育土	紫色土	酸性紫色土	暗紫泥土	黑油砂土	1	0—20	黑褐色	中壤土	团粒状	5.3	30.6	1.48	1.58	75	78.0	167	30.9	暗紫色泥岩、粉砂岩风化残积物、坡积物	E 104°41′00.6″ N 28°07′41.2″	94
						2	20—61	棕色	重壤土	小棱柱状	5.8	17.9	1.07	1.25				26.1			
						3	61—	棕黄色	轻壤土	小棱柱状	6.0	9.2	0.82	0.86				23.0			
剖28	人为土	水稻土	紫色性水稻土	暗紫泥田	黑油泥田	1	0—35	黑褐色	中壤土	小粒状	5.3	55.7	2.70	0.99	188	12.0	35	32.1	暗紫色泥岩、粉砂岩风化残积物、坡积物	E 104°41′03.8″ N 28°06′57.2″	86
						2	35—45	黑褐色	中壤土	块状	5.5	54.1	2.65	0.93				28.6			
						3	45—71	灰黑色	中壤土	大棱柱状	5.2	52.7	2.57	0.99				28.8			
						4	71—	暗紫色	轻壤土	小粒状	5.0	20.8	0.67	0.68				28.0			
剖29	人为土	水稻土	黄壤性水稻土	粗骨性黄泥水稻土	炭泥田	1	0—21	黑灰色	中砾重黏土	粒状	5.9	12.1	2.52	0.41	131	6.0	76	32.7	页岩、泥质灰岩风化物	E 104°40′41.5″ N 28°06′45.3″	81
						2	21—29	黑灰色	轻砾重黏土	板状	6.0		2.42	0.42				29.1			
						3	29—	黄褐色	重黏土	小块状	6.0		1.94	0.27				28.0			
剖30	初育土	紫色土	酸性紫色土	暗紫泥土	紫色粗砂土	1	0—21	紫色	轻壤土	粒状	5.1	16.0	0.93	0.80	86	8.0	36	23.4	暗紫色泥岩、粉砂岩风化残积物、坡积物	E 104°37′41.9″ N 28°06′36.4″	99
						2	21—52	紫紫色	重壤土	粒状	5.1	10.2	0.77	0.42				22.9			
						3	52—	黄紫色	重壤土	小块状	5.2	9.1	0.57	0.19				20.8			
剖31	人为土	水稻土	潮土型水稻土	灰棕潮土泥田	潮泥田	1	0—22	暗紫色	重壤土	小粒状	4.6	36.9	2.83	0.70	156	10.0	36	25.3	近代河流新冲积物	E 104°33′42.1″ N 28°06′23.8″	94
						2	22—42	青灰色	重壤土	小块状	4.3		2.57	0.65				23.7			
						3	42—87	黄灰色	重壤土	大棱柱状	4.6		1.69	0.57				18.5			
						4	87—	黄褐色	轻砾中壤土	柱状	6.1		1.35	0.87				10.4			
剖32	人为土	水稻土	黄壤性水稻土	矿子黄泥田	黄泥田	1	0—20	浅黄色	中壤土	小块状	6.1	25.9	1.57	1.52	110	46.0	40	7.8	钙质、白云质灰岩	E 104°33′26.6″ N 28°05′53.2″	96
						2	20—25	黄褐色	重壤土	小棱柱状	6.5	23.6	1.36	1.74				6.1			
						3	25—56	黄褐色	重壤土	大棱柱状	6.3	16.2	0.94	1.57				5.0			
						4	56—	黄色	中壤土	大块状	6.2	5.4	0.52	0.84				3.8			
剖33	人为土	水稻土	黄壤性水稻土	冷砂黄泥土	冷砂田	1	0—23	灰黄色	轻壤土	粒状	6.9	30.5	1.67	0.52	85	4.0	6	6.6	页岩、泥质灰岩风化物	E 104°30′25.9″ N 28°05′48.5″	83
						2	23—32	灰黄色	中砾重壤土	块状	6.8	29.2	1.53	0.52				6.6			
						3	32—150	灰黄色	轻砾重黏土	小块状	6.6	27.9	1.48	0.47				5.0			
剖34	人为土	水稻土	黄壤性水稻土	矿子黄泥田	白鳝泥田	1	0—19	灰黄色	重壤土	大块状	4.7	26.5	2.03	0.76	108	17.0	68	21.1	玄武岩	E 104°42′59.4″ N 28°05′05.3″	84
						2	19—27	灰黄色	重壤土	板状	5.0	25.2	2.00	0.63				18.2			
						3	27—150	灰白色	重壤土	大棱柱状	4.7	20.6	1.61	0.61				17.4			
剖35	人为土	水稻土	黄壤性水稻土	砾石黄泥田	小土黄泥田	1	0—28	暗黄色	重壤土	粒状	6.5	46.7	2.21	0.94	107	10.0	55	8.8	玄武岩	E 104°33′46.8″ N 28°04′56.6″	83
						2	28—36	暗黄色	重壤土	大块状	6.6	42.5	2.08	0.96				7.9			
						3	36—76	棕黄色	重壤土	大棱柱状	6.7	40.5	1.95	0.20				6.6			
						4	76—	黄黄色	重壤土	小棱柱状	5.1	26.0	1.53	0.93				4.8			
剖36	人为土	水稻土	黄壤性水稻土	砾石黄泥田	砾石黄泥田	1	0—25	浅黄色	中壤土	大块状	6.1	29.2	1.64	0.42	94	3.0	28	16.8	玄武岩	E 104°34′44.4″ N 28°04′56.6″	88
						2	25—36	浅黄色	重壤土	大块状	6.1	23.2	1.51	0.41				14.0			
						3	36—	浅黄色	重壤土	大块状	6.0	7.6	0.34	0.38				12.2			
剖37	人为土	水稻土	黄壤性水稻土	冷砂黄泥田	冷砂黄泥田	1	0—13	浅灰色	中壤土	块状	6.7	53.2	2.53	1.67	147	41.0	56	8.4	石英砂岩风化残积物、坡积物	E 104°42′28.1″ N 28°04′45.5″	74
						2	13—20	暗褐色	轻壤土	块状	6.6	35.8	2.43	0.87				7.7			
						3	20—56	浅黄色	重壤土	大棱柱状	6.6	27.0	1.39	0.51				7.0			
						4	56—	浅黄色	重壤土	粒状	6.7	10.5	1.16	1.48				6.4			
剖38	铁铝土	黄壤	黄壤	粗骨性黄泥土	紫砂土	1	0—27	灰棕色	轻壤土	粒状	4.7	18.3	1.70	0.84	96	22.0	92	23.8	页岩、泥质灰岩风化物	E 104°33′31.0″ N 28°03′31.0″	88
						2	27—57	黄棕色	砂壤土	块状	4.5		1.41	1.31				28.5			
						3	57—	黑黄色	中黏土	块状	4.3		1.19	0.76				29.2			

续表 Continued

剖面号 Soil profile	土纲 Soil order	土类 Soil great group	亚类 Soil subgroup	土属 Soil genus	土种 Soil species	土层码 Layer code	土层厚度 Depth/cm	颜色 Soil color	质地 Soil texture	土壤结构 Soil structure	pH	有机质 OM/(g/kg)	全氮 TN/(g/kg)	全磷 TP/(g/kg)	碱解氮 AN/(mg/kg)	有效磷 AP/(mg/kg)	速效钾 AK/(mg/kg)	阳离子交换量CEC/(cmol/kg)	土壤母质 Parent material	剖面点坐标 Profile coordinate	匹配指数 Matching index/%
剖39	人为土	水稻土	紫色土性水稻土	暗紫泥田	豆面泥田	1	0—22	浅栗色	重壤土	粒状	5.1	23.8	1.64	0.64	98	5.0	80	26.0	暗紫色泥岩、粉砂岩风化线积物、坡积物	E 104°41′04.3″ N 28°03′05.9″	82
						2	22—40	浅栗色	重壤土	板状	5.1	17.2	1.40	0.62				22.3			
						3	40—150	浅棕色	重壤土	小棱柱状	5.1	13.9	0.88	0.66				21.6			
剖40	人为土	水稻土	黄壤性水稻土	黄色石灰岩水稻土	大土黄泥田	1	0—20	灰棕色	重壤土	粒状	6.4	29.5	2.21	0.72	140	8.0	129	8.0	灰岩、白云质灰岩及页岩风化残积物	E 104°35′11.4″ N 28°02′52.1″	98
						2	20—27	灰紫色	重壤土	板状	6.6	23.2	1.79	0.60				6.7			
						3	27—136	浅黄色	轻黏土	大棱柱状	6.9	8.7	0.97	0.42				5.3			
						4	136—														
剖41	初育土	紫色土	酸性紫色土	暗紫泥田	豆面泥	1	0—17	暗紫色	中壤土	粒状	4.8	21.6	1.19	0.90	70	2.0	55	24.1	暗紫色泥岩、粉砂岩风化线积物、坡积物	E 104°41′44.5″ N 28°01′22.4″	90
						2	17—38	黄紫色	重壤土	小块状	4.9	15.7	0.93	0.68				20.1			
						3	38—	浅紫色	中壤土	块状、砾石状	5.0	13.8	0.83	0.61				15.1			
剖42	人为土	水稻土	紫色土性水稻土	暗紫泥田	紫色粗砂田	1	0—25	暗紫色	轻砾重壤土	粒状	5.2	27.8	1.93	0.44	145	13.0	30	20.1	暗紫色泥岩、粉砂岩风化残积物、坡积物	E 104°35′13.9″ N 28°01′08.8″	93
						2	25—60	暗紫色	重壤土	大棱柱状	5.3	25.3	1.63	0.59				18.6			
						3	60—67	黄褐色	中壤土	粒状	6.4	15.7	0.64	0.84				17.8			
						4	67—														
剖43	人为土	水稻土	潮土型水稻土	灰棕潮土田	白鳝泥田	1	0—24	青灰色	中壤土	粒状	6.6	34.9	1.79	0.61	122	10.0	39	8.8	近代河流新冲积物	E 104°41′15.0″ N 28°00′08.3″	98
						2	24—32	深灰色	重壤土	粒状	5.1	32.3	1.61	0.58				6.9			
						3	32—60	黄色	重壤土	大块状	5.4	26.0	1.51	0.92				4.6			
						4	60—	灰白色	中壤土	大块状	5.0	9.8	0.97	0.44				4.1			
剖44	人为土	水稻土	黄壤性水稻土	粗骨性黄泥水稻土	炭泥田	1	0—22	暗黄棕	重壤土	粒状	5.4	26.1	3.10	3.10	124	19.0	76	33.8	页岩、泥岩风化残积物、坡积物	E 104°45′38.0″ N 28°00′49.9″	92
						2	22—31	暗黄棕	中砾重黏土	块状	5.3		3.10	0.96				33.2			
						3	31—64	棕色	中砾重黏土	大棱柱状	5.1		2.93	1.00				30.3			
						4	64—150	黄色	重黏土	小棱柱状	5.3		1.20	0.37				23.5			
剖45	铁铝土	黄壤	黄壤	粗骨性黄泥土	灰包土	1	0—23	黄黑色	中砾重黏土	粒状	4.6	26.5	1.27	0.31	100	7.0	117	17.0	页岩、泥质灰岩风化物	E 104°41′49.4″ N 27°59′54.2″	72
						2	23—76	棕色	轻砾重黏土	小棱柱状	4.4	11.4	0.68	0.26				16.3			
						3	76—	黄色	重黏土	小棱柱状	4.7	8.7	0.50	0.21				14.2			
剖46	铁铝土	黄壤	黄壤	砾石黄泥土	砾石黄泥	1	0—20	灰黑色	重壤土	粒状	5.6	43.2	1.74	1.40	118	10.0	95	36.1	玄武岩	E 104°24′17.3″ N 27°59′26.2″	74
						2	20—40	棕黄色	重壤土	粒状	5.9	29.1	1.41	0.96				31.2			
						3	40—63	浅黄色	轻砾重黏土	粒状	6.0	24.7	1.27	1.24				27.9			
剖47	铁铝土	黄壤	黄壤	矿子黄泥土	黄泥土	1	0—17	棕色	重黏土	大块状	7.7	26.2	2.07	0.66	119	6.0	71	8.4	页岩、泥质灰岩风化残积物	E 104°42′10.4″ N 27°59′15.7″	74
						2	17—79	棕黄色	重黏土	大棱柱状	7.4	20.4	1.95	0.55				6.3			
						3	79—93	棕黄色	重黏土	小棱柱状	7.2	19.2	1.93					6.0			
剖48	铁铝土	黄壤	黄壤性水稻土	粗骨性黄泥水稻土	白鳝泥田	1	0—15	黄黑色	重黏土	粒状	4.7	26.8	2.13	0.29	154	3.0	66	20.3	页岩、泥质灰岩风化残积物	E 104°31′29.3″ N 27°59′12.5″	95
						2	15—46	浅黄棕	重黏土	小棱柱状	4.8	21.3	1.60	0.25				15.6			
						3	46—	黄褐色	中壤土	大棱柱状	4.8	9.0	0.69	0.21				11.8			
剖49	铁铝土	黄壤	黄壤	粗骨性黄泥土	火石子黄泥	1	0—15	暗紫色	重壤土	粒状	6.9	18.8	1.30	0.54	99	8.0	76	6.2	灰岩化学风化残积物	E 104°44′03.1″ N 27°59′12.5″	80
						2	15—53	灰白色	重黏土	粒状	7.0	12.1	0.94	0.43				5.4			
						3	53—	灰白色	中壤土	粒状	6.4	9.3	0.78	0.46				4.0			
剖50	铁铝土	黄壤	黄壤	矿子黄泥土	白鳝泥	1	0—16	灰黄色	重黏土	粒状	4.8	26.2	1.37	0.38	76	4.0	65	14.9	页岩、泥质灰岩风化残积物	E 104°31′55.2″ N 27°58′45.1″	85
						2	16—38	黄灰色	重黏土	块状	4.7	14.9	1.05	0.25				10.0			
						3	38—	紫灰色	重壤土	粒状	4.8	11.6	0.50	0.38				5.9			
剖51	人为土	水稻土	黄壤性水稻土	矿子黄泥土	火石子黄泥田	1	0—23	青灰色	轻砾轻黏土	粒状	6.4	25.8	1.58	0.67	106	7.0	49	4.3	钙质、白云质灰岩	E 104°43′15.6″ N 27°56′38.4″	99
						2	23—37	暗黄色	重黏土	片状	6.5	20.4	1.03	0.63				2.8			
						3	37—	棕黄色	重黏土	小棱柱状	6.9	16.0	0.95	0.59				1.4			
剖52	人为土	水稻土	黄壤性水稻土	粗骨性黄泥水稻土	黑大土田	1	0—22	灰黑色	轻砾轻黏土	粒状	5.7	12.2	3.45	6.64	182	68.0	100	28.6	页岩、泥质灰岩风化物	E 104°42′23.3″ N 27°56′16.4″	80
						2	22—	灰黑色	轻砾轻黏土	小棱柱状	5.8		2.64	0.79				22.3			

续表 Continued

剖面号 Soil profile	土纲 Soil order	土类 Soil great group	亚类 Soil subgroup	土属 Soil genus	土种 Soil species	土层码 Layer code	土层厚度 Depth/cm	颜色 Soil color	质地 Soil texture	土壤结构 Soil structure	pH	有机质 OM/(g/kg)	全氮 TN/(g/kg)	全磷 TP/(g/kg)	碱解氮 AN/(mg/kg)	有效磷 AP/(mg/kg)	速效钾 AK/(mg/kg)	阳离子交换量 CEC/(cmol/kg)	土壤母质 Parent material	剖面点坐标 Profile coordinate	匹配指数 Matching index/%
剖53	铁铝土	黄壤	黄壤	粗骨性黄泥土	黑大土	1	0—20	黑色	轻黏土	块状	5.9	7.7	2.20	0.36	106	5.0	92	7.4	页岩、泥质灰岩风化物	E 104°41′36.5″ N 27°55′46.6″	75
						2	20—50	黄黑色	轻黏土	片状	6.3		1.67	0.23				6.3			
						3	50—	黄黑色	轻黏土	片状	6.7		1.45	0.20				4.5			
剖54	铁铝土	黄壤	黄壤	冷砂黄泥土	冷砂黄泥土	1	0—20	黄棕色	轻壤土	粒状	5.3	13.7	1.10	0.41	68	3.0	61	14.8	石英砂岩风化残积物、坡积物	E 104°31′36.1″ N 27°55′22.1″	71
						2	20—35	浅黄色	中壤土	块状	5.3	11.6	0.86	0.36				11.6			
						3	35—85	黄色	重壤土	块状	5.1	8.5	0.72	0.30				8.2			
剖55	铁铝土	黄壤	黄壤	粗骨性黄泥土	豆面泥	1	0—23	棕黄色	轻黏土	粒状	5.4	21.7	1.73	0.62	118	2.0	88		页岩、泥质灰岩风化物	E 104°38′20.5″ N 27°54′58.0″	85
						2	23—51	黄色	轻黏土	小块状	5.3	11.1	1.00	0.63							
						3	51—	黄色	轻黏土	小块状	5.5	2.6	0.15	0.54							
剖56	铁铝土	黄壤	黄壤	粗骨性黄泥土	冷砂土	1	0—18	暗黄色	砂壤土	小核状	5.9	32.7	1.75	1.36	89	32.0	71	17.4	页岩、泥质灰岩风化物	E 104°35′48.9″ N 27°54′05.9″	81
						2	18—52	暗棕色	砂壤土	核状	5.3	7.0	0.80					11.9			

兴 文 县

主要土类说明

黄壤是兴文县的主要土壤类型，占本县地域面积的50%，在槽坝、低山、中山区内顺岩层走向呈垂直带状分布。所处地区为亚热带高温高湿的生物气候。由于母质属低硅性质，盐基物质遭受淋洗，矿质养分含量低，故多呈酸性。土壤遍体以黄色为主，具有盐基物质少，活性铁铝多，有机质分解转化不强，以及砂、黏、酸、瘦、冷、缺磷和钾等特点。

水稻土是兴文县第二大土壤类型，占本县地域面积的22%，主要分布在本县槽坝、丘陵、低山、中山区的山腰、山脚、沟谷地带。本县水稻土分为三种主要发育类型：淹育水稻土，土壤发育层次为淹育层－犁底层－初期潴育层或淹育层－初期潴育层－母质层，主要分布在山腰、旁坳和地形较高的子湾、支沟、坝地、阶地地带以及长期实行水旱轮作的田块，光照好，泥脚浅，土体内的水热气肥较协调，土温较高，养分释放转化快，通透性较好。潴育水稻土，土壤发育层次为淹育层－犁底层－潴育层或淹育层－初期潴育层－潴育层－母质层，多分布于山腰台地、沟谷、坝地边缘地带，一般泥脚较深，土壤通透性差，下层养分释放供应缓慢，土温偏低但比较稳定，部分田块遇低温时有坐蔸现象。潜育水稻土，土壤发育层次为潜育层－母质层或淹育层－潜育层－母质层，主要分布在坡脚、坝心、冲沟尾部地带，泥脚深，地下水位高，土壤长期受水文作用影响深刻，土体结构不良，土温低，养分释放缓慢。

紫色土是兴文县第三大土壤类型，占本县地域面积的21%，广泛分布在丘陵、中山、低山紫色土区，是本县主要的农业土壤之一。紫色土是以紫色砂岩、页岩、泥岩风化发育而成的土壤。紫色土的形成直接受母岩特性的影响和制约，由页岩、泥岩发育形成的紫色土，以物理风化为主，化学风化微弱，富铝化过程不明显，成土后基本保持其母岩颜色和性质，呈中性或偏碱性。土壤矿质养分含量丰富，自然肥力普遍较高，胶体品质好，属高硅性高肥力土壤。但是，由于过度垦殖，林被稀少，坡度较陡，水土流失严重，绝大多数发育形成幼年土壤。由砖红色、紫红色厚层长石石英砂岩和变质紫黄色砂页岩风化发育形成的紫色土，以化学风化为主，物理风化为辅，受古水文作用影响较深，母质先天性水化淋洗严重，黄化、酸化兼有，趋于向黄壤发展，肥力较低，土壤具有酸、砂、瘦的特点。

石灰（岩）土占本县地域面积的6%。石灰（岩）土发生于热带、亚热带石灰岩山区，是石灰岩经溶蚀风化，形成的厚薄不同的钙质饱和或含游离钙质的土壤，多见于石隙、溶洞或峰丛底部。该土壤碳酸钙淋溶程度不一，多黏土，多为铁钙质胶结物，风化程度不一，盐基饱和度高，有机质含量及胶结状态有较大差异。

小于本县地域面积3%的土壤类型还有黄棕壤、潮土等。

本区域中心区气候特征

本区域中心区气候特征值
Regional climate characteristics in central area of the region

气候带：中亚热带湿润气候 Climate region: Subtropical humid climate	
年平均气温 /℃ Annual average temperature /℃	15.9
年平均最高气温 /℃ Annual average maximum temperature /℃	20.1
年平均最低气温 /℃ Annual average minimum temperature /℃	13.1
年降水量 /mm Annual precipitation /mm	1001
≥10℃的积温 /℃ Daily temperature accumulated in a year（≥10℃）/℃	8685
年日照时数 /h Annual sunshine /h	1106
年平均相对湿度 /% Annual average relative humidity /%	82
干燥度 Dryness	0.90

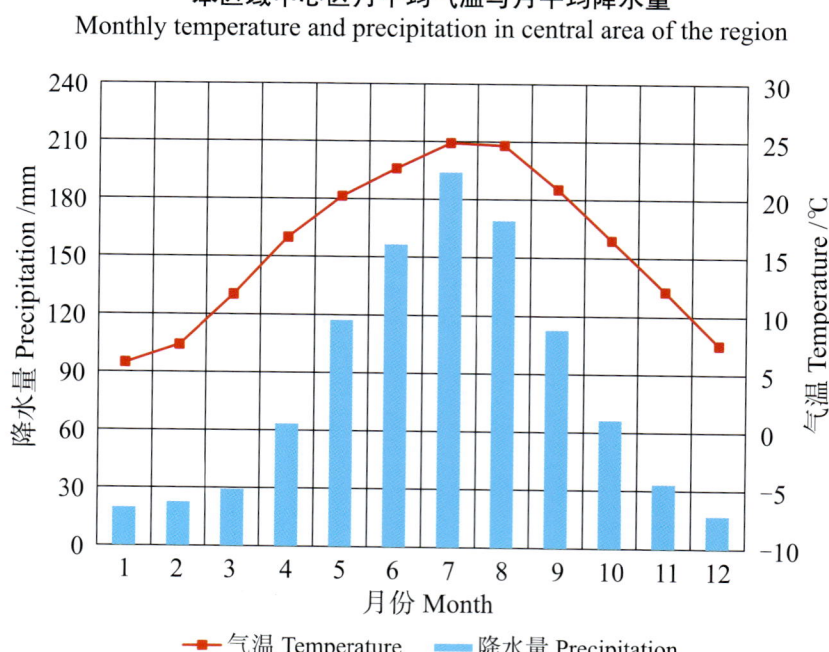

本区域中心区月平均气温与月平均降水量
Monthly temperature and precipitation in central area of the region

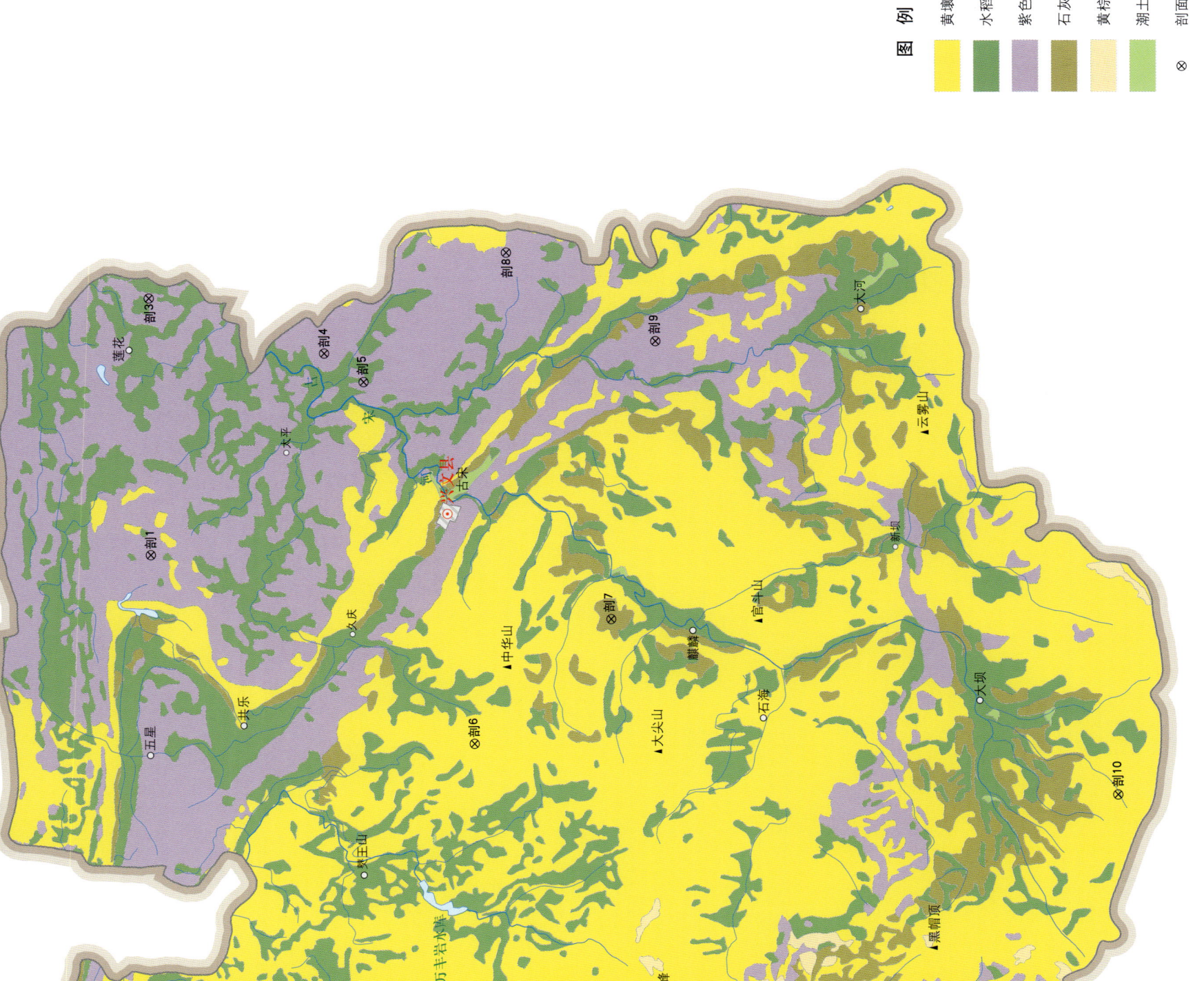

兴文县主要土壤类型与土壤剖面点分布图
1:190 000

兴文县土壤剖面理化性状表

剖面号 Soil profile	土纲 Soil order	土类 Soil great group	亚类 Soil subgroup	土属 Soil genus	土种 Soil species	土层码 Layer code	土层厚度 Depth/cm	颜色 Soil color	质地 Soil texture	土壤结构 Soil structure	pH	有机质 OM/(g/kg)	全氮 TN/(g/kg)	全磷 TP/(g/kg)	碱解氮 AN/(mg/kg)	有效磷 AP/(mg/kg)	速效钾 AK/(mg/kg)	土壤母质 Parent material	剖面点坐标 Profile coordinate	匹配指数 Matching index/%
剖1	初育土	紫色土	酸性紫色土	淋溶紫泥土	酸性大眼泥土	1	0—23	紫黄色	重壤土	团块状	5.7	12.0	0.80	0.70	117	5.0	120	砂岩、页岩、泥岩	E 105°12′54.5″ N 28°24′15.3″	82
						2	23—60	紫黄色	重壤土	棱柱状	5.7	5.9	0.49	0.14	46	3.0	78			
						3	60—	黄紫色												
剖2	人为土	水稻土	渗育水稻土	黄泥田	火石黄泥田	1	0—20	棕黄色	轻黏土	碎块状	6.5	27.6	1.36	0.48	133	4.0	69	灰岩	E 105°02′04.6″ N 28°20′31.6″	75
						2	20—29	浅黄色	轻黏土	棱块状	6.6	21.0	1.01	0.49	108	4.0	34			
						3	29—80	灰黄白色	轻黏土	棱柱状	6.4	7.0	0.42	0.26	51	1.0	28			
剖3	初育土	紫色土	中性紫色土	灰棕紫泥土	中性立大土	1	0—29	棕红色	重黏土	小块状	7.6	11.3	0.90	0.34	85	8.0	123	泥质页岩夹泥质砂岩风化残积物	E 105°18′37.6″ N 28°24′16.0″	91
						2	29—60	棕红色	重黏土	棱柱状	7.8	8.2	0.56	0.33	55	6.0	112			
剖4	初育土	紫色土	酸性紫色土	红紫泥土	红黄砂土	1	0—22	棕黄色	重黏土	小粒状	4.0	16.4	0.67	0.20	89	1.0	64	长石厚层砂岩夹泥岩	E 105°17′23.0″ N 28°20′49.2″	70
						2	22—28	紫黄色	中壤土	小块状	4.0	8.8	0.41	0.14	63		21			
剖5	初育土	紫色土	石灰性紫色土	棕紫泥土	粗砂大土	1	0—20	棕红色	中壤土	粒状	8.1	10.1	0.60	0.20	59	2.0	184		E 105°16′44.4″ N 28°20′02.4″	95
						2	20—30	棕红色	中壤土	偏棱柱状	8.0	10.3	0.60	0.21	59	1.0	144			
剖6	铁铝土	黄壤	黄壤	冷砂黄泥土	冷砂土	1	0—20	灰黄色	轻壤土	松散状	4.7	13.2	0.54	0.19	104	3.0	32	砂岩夹炭质页岩风化坡积物、残积物	E 105°08′40.2″ N 28°17′53.2″	79
剖7	初育土	石灰(岩)土	黄色石灰土	黄色石灰土	岩砂泥土	1	0—18	黄棕色	轻黏土	小块状	7.8	28.9	1.39	0.25	99	6.0	147		E 105°11′26.2″ N 28°15′10.4″	97
						2	18—50	棕黄色	轻黏土	棱柱状	7.7	16.5	0.80	0.25	76	2.0	120			
剖8	初育土	紫色土	酸性紫色土	红紫泥土	红砂土	1	0—15	棕红色	中壤土	粒状	6.0	22.2	1.62	0.26	118	2.0	269	长石厚层砂岩夹泥岩	E 105°19′36.1″ N 28°17′12.6″	85
						2	15—45	砖红色	中壤土	棱柱状	4.9	7.9	0.51	0.11	82	3.0	209			
剖9	初育土	紫色土	中性紫色土	暗紫泥土	粗油砂土	1	0—20	暗紫色	重壤土	团粒状	7.8	25.1	0.89	1.08	122	17.0	122	砂岩、页岩、泥岩风化坡积物、残积物	E 105°17′37.1″ N 28°14′16.5″	93
						2	20—35	暗紫色	重壤土	棱柱状	7.8	22.6	0.84	1.04	63	13.0	63			
剖10	铁铝土	黄壤	黄壤	冷砂黄泥土	冷砂黄泥土	1	0—25	棕黄色	轻壤土	松散状	4.7	10.8	0.80	0.17	104	3.0	59	砂岩夹炭质页岩风化坡积物、残积物	E 105°07′27.8″ N 28°05′10.7″	94
						2	25—46	灰黄色	中壤土	小棱柱状	4.0	9.9	0.37	0.14	98	4.0	14			
						3	46—74	深黄色	中壤土	棱柱状	4.5	10.3	0.43	0.12	101	4.0	2			

屏山县土壤剖面理化性状表

剖面号 Soil profile	土纲 Soil order	土类 Soil great group	亚类 Soil subgroup	土属 Soil genus	土种 Soil species	土层码 Layer code	土层厚度 Depth/cm	颜色 Soil color	质地 Soil texture	土壤结构 Soil structure	pH	有机质 OM/(g/kg)	全氮 TN/(g/kg)	全磷 TP/(g/kg)	全钾 TK/(g/kg)	碱解氮 AN/(mg/kg)	有效磷 AP/(mg/kg)	速效钾 AK/(mg/kg)	土壤母质 Parent material	剖面点坐标 Profile coordinate	匹配指数 Matching index/%
剖1	初育土	紫色土	石灰性紫色土	棕紫泥土	灰石骨土	1	0—23	灰紫色	中砾轻壤土	单粒状	8.4	9.0	0.61	0.63	3.0	43	3.0	107	紫色岩风化物	E 103°43′20.7″ N 28°44′54.8″	82
剖2	铁铝土	黄壤	黄壤	冷砂黄泥土	黄泡土	1	0—14	灰黄色	轻砾轻壤土	团粒状	6.3	28.4	1.50	0.47	1.1	76	3.0	157	砂页岩、深灰色岩石风化物	E 103°44′03.1″ N 28°40′06.6″	79
						2	14—38	灰黄色	重壤土	块状	6.1	26.2	1.74	0.55	1.2	78					
						3	38—53	灰色	重壤土	块状	6.1	16.7	1.30	0.36	1.5	47					
剖3	初育土	紫色土	酸性紫色土	红泥紫土	黄泡泥土	1	0—35	灰棕色	中壤土	团粒状	5.3	30.6	1.58	0.53	1.8	143	8.0	217	砖红色砂岩风化物	E 103°59′12.2″ N 28°48′49.2″	75
						2	35—60	砖红色	轻壤土	块状	5.4	10.7	0.65	0.21	1.9						
						3	60—	黄色	轻壤土	团粒状	5.5	3.5	0.25	0.13	0.9						
剖4	初育土	紫色土	中性紫色土	棕紫泥土	红砂土	1	0—20	紫红色	轻壤土	单粒状	7.7	4.9	0.37	0.22	0.6	35	1.0	22	紫色岩风化物	E 103°48′01.8″ N 28°47′28.0″	99
						2	20—40	紫红色	轻壤土	粒状	7.1	4.7	0.34	0.15	0.5						
剖5	初育土	紫色土	中性紫色土	棕紫泥土	夹砂土	1	0—23	灰棕色	轻砾重壤土	块状	6.4	11.0	0.76	0.14	2.0	64	1.0	81	紫色岩风化物	E 103°59′54.2″ N 28°46′08.4″	92
						2	23—44	灰棕色	重壤土	柱状	6.4	8.8	0.51	0.13	1.6						
						3	44—	灰黄色	重壤土	块状	6.5	4.7	0.38	0.11	2.4						
剖6	人为土	水稻土	紫色土性水稻土	灰棕紫色水稻土	小土田	1	0—27	黄灰色	轻黏土	微粒状	5.4	22.4	1.24	0.34	1.6	121	3.0	116	灰棕紫色岩层坡积物	E 103°47′17.9″ N 28°45′59.0″	91
						2	27—51	紫红色	轻黏土	棱粒状	5.4	24.4	1.29	0.27	1.4						
						3	51—	白灰色	轻壤土	棱柱状	5.3	12.3	0.57	0.14	3.1						
剖7	半水成土	潮土	潮土	紫色潮土	潮砂泥土	1	0—26	灰色	中壤土	粒状	6.1	7.7	0.46	0.25	1.3	47	4.0	29	紫色土新冲积物	E 103°52′33.1″ N 28°45′18.2″	71
						2	26—57	灰棕色	中壤土	块状	7.2	6.6	0.43	0.25	1.4						
						3	57—84	红色	中壤土	大块状	7.5	2.7	0.15	0.31	1.0						
剖8	初育土	紫色土	中性紫色土	棕紫泥土	黄泡泥土	1	0—22	紫红色	轻黏土	团块状	7.7	16.0	0.95	0.41	1.7	71	1.0	168	紫色岩风化物	E 103°51′37.4″ N 28°45′00.0″	91
						2	22—53	紫红色	中黏土	大块状	8.3	11.6	0.75	0.27	1.7						
						3	53—101	紫黄色	中黏土	棱柱状	7.7	12.7	0.89	0.34							
剖9	初育土	紫色土	中性紫色土	棕紫泥土	大泥土	1	0—24	棕紫色	轻黏土	核状	7.7	11.2	0.79	0.25	2.7	59	2.0	111	紫色岩风化物	E 103°51′58.7″ N 28°44′36.6″	83
						2	24—42	棕紫色	重黏土	块状	7.9	8.5	0.60	0.25	2.8						
						3	42—	黄棕色	中壤土	无明显结构	7.8	9.2	0.62	0.59	3.0						
剖10	人为土	水稻土	紫色土性水稻土	红紫紫色水稻土	红砂泥田	1	0—22	红棕色	中壤土	粒状	8.0	22.6	1.22	0.26	1.8	98	2.0	41	砂岩、泥岩灰色岩风化物	E 103°52′47.6″ N 28°44′04.2″	74
						2	22—32	紫紫色	轻壤土	块状	8.1	24.0	1.30	0.39	1.7						
						3	32—110	灰紫色	大块状	大块状	7.5	21.6	1.26	0.22	1.8						
剖11	人为土	水稻土	紫色土性水稻土	黄红紫泥水稻土	砂泥田	1	0—16	浅灰色	轻砾中壤土	块状	6.0	13.8	0.84	0.27	1.0	101	2.0	56	灰色、灰色岩层风化物	E 103°51′58.7″ N 28°43′08.4″	100
						2	16—30	灰黄色	重壤土	大块状	6.8	4.5	0.38	0.16	0.9						
						3	30—78	灰黄色	中壤土	大块状	5.9	3.8	0.21	0.12	0.8						
剖12	人为土	水稻土	紫色土性水稻土	黄紫紫泥水稻土	大土泥土	1	0—17	黄灰色	中砾重黏土	核状	5.5	19.6	1.04	0.28	1.3	101	4.0	88	灰色、灰色岩层风化物	E 103°52′50.2″ N 28°42′52.6″	74
						2	17—28	灰黄色	轻砾中壤土	大块状	5.6	13.3	0.70	0.16	1.3						
						3	28—104	灰黄色	轻砾中壤土	块状	5.7	10.7	0.66	0.16	1.0						
剖13	铁铝土	黄壤	黄壤	冷砂黄泥土	砂白鳝泥土	1	0—23	黄灰色	中壤土	团粒状	5.8	26.8	1.87	0.60	1.2	144	5.0	169	砂页岩、深灰色岩层风化物	E 103°57′34.9″ N 28°41′09.1″	94
						2	23—49	灰色	重壤土	块状	5.8	7.9	0.68	0.28	1.3						
						3	49—	黄色	轻壤土	大块状	5.5	7.1	0.74	2.65	1.4						
剖14	初育土	紫色土	石灰性紫色土	棕紫泥土	粗石骨土	1	0—16	灰棕色	砂壤土	团粒状	8.2	12.3	0.80	0.74	1.6	51	1.0	146	紫色岩风化物	E 103°52′43.0″ N 28°40′51.4″	84
						2	16—23	黄棕色	重砾质土	团粒状	8.2	8.3	0.77	0.74	1.6						
剖15	铁铝土	黄壤	黄壤	冷砂黄泥土	石渣土	1	0—21	黄灰色	重砾质土	团粒状	6.4	22.0	1.22	0.38	1.7	113	1.0	66	砂页岩、深灰色岩石风化物	E 103°48′20.9″ N 28°40′19.2″	81
						2	21—58	黄棕色	重砾质土	团粒状	6.9	17.8	1.29	0.44	1.8						
						3	58—	黄棕色	重砾质土		7.5	15.9	1.21	0.53	1.9						

续表 Continued

剖面号 Soil profile	土纲 Soil order	土类 Soil great group	亚类 Soil subgroup	土属 Soil genus	土种 Soil species	土层码 Layer code	土层厚度 Depth/cm	颜色 Soil color	质地 Soil texture	土壤结构 Soil structure	pH	有机质 OM/(g/kg)	全氮 TN/(g/kg)	全磷 TP/(g/kg)	全钾 TK/(g/kg)	碱解氮 AN/(mg/kg)	有效磷 AP/(mg/kg)	速效钾 AK/(mg/kg)	土壤母质 Parent material	剖面点坐标 Profile coordinate	匹配指数 Matching index/%
剖16	初育土	紫色土	中性紫色土	棕紫泥土	红砂大土	1	0~25	红棕色	重壤土	团粒状	6.4	10.4	0.80	0.44	1.9	62	2.0	120	紫色岩风化物	E 103°53′44.2″ N 28°40′10.9″	97
						2	25~60	红棕色	重壤土	棱柱状	6.7	8.9	0.73	0.43	1.9						
						3	60—	红棕色	中壤土	大棱柱状	6.8	8.5	0.66	0.35	2.4						
剖17	初育土	紫色土	酸性紫色土	红泥紫土		1	0~24	红棕色	中壤土	块状	5.5	13.2	8.43	0.31	3.2	89	2.0	178	砖红色砂岩风化物	E 104°02′05.9″ N 28°49′41.2″	83
						2	24~47	紫红色	中壤土	块状	5.4	11.6	0.80	0.27	3.2						
						3	47—	紫红色	重壤土	无明显结构	5.5	3.7	0.36								
剖18	初育土	紫色土	酸性紫色土	酸性黄紫泥土	夹砂土	1	0~20	灰白色	轻壤土	团粒状	5.8	14.2	0.80	0.29	0.6	85	5.0	65	紫色岩风化物	E 104°02′05.6″ N 28°48′05.0″	82
						2	20~60	灰色	重壤土	大团聚状	5.6	8.3	0.62	0.32	0.5						
						3	60~130	浅灰色	重壤土	块状	6.1	13.4	0.82	0.31	0.5						
剖19	初育土	紫色土	酸性紫色土	酸性黄紫泥土	小自土	1	0~20	灰色	中砾重黏土	团粒状	5.1	31.4	1.74			164	2.0	138	紫色岩层风化物	E 104°14′43.4″ N 28°47′53.9″	78
						2	20~70	黄紫色	中砾轻黏土	棱状	5.3	14.7	0.97								
						3	70~130	黄色	中砾轻黏土	块状	5.6	7.8	0.55								
剖20	初育土	紫色土	酸性紫色土	酸性黄紫泥土	大泥土	1	0~20	浅灰色	重壤土	核状	5.4	13.0	0.98	0.26	1.9	91	1.0	142	紫色岩层风化物	E 104°03′42.9″ N 28°47′49.0″	75
						2	20~70	紫色	重壤土	大灰状	5.7	8.7	0.75	0.23	2.2						
						3	70~112	紫色	重壤土	大灰状	5.7	7.2	0.63	0.21	2.2						
剖21	初育土	紫色土	酸性紫色土	酸性黄紫泥土	红砂大土	1	0~23	紫灰色	中砾重壤土	块状	5.6	24.4	1.58			148	3.0	140	紫色岩层风化物	E 104°03′15.5″ N 28°46′49.1″	87
						2	23~73	黄灰色	中砾轻壤土	块状	6.0	13.5	0.84								
						3	73~140	黄色	中壤土	块状	5.5	11.9	0.85								
剖22	初育土	紫色土	酸性紫色土	酸性黄紫泥土	小濠土	1	0~15	灰色	重壤土	团状	5.1	76.6	3.14	0.76	3.1	215	13.0	265	紫色岩层风化物	E 104°02′49.9″ N 28°44′39.5″	73
						2	15~50	黄色	中壤土	块状	4.8	19.5	1.23	0.42	2.9						
剖23	人为土	水稻土	紫色土性水稻土	棕紫色水稻土	裂性大土田	1	0~15	灰色	重壤土	粒状	7.9	54.4	2.58	0.39	0.9	161	7.0	104	紫色岩层风化物	E 104°07′43.7″ N 28°43′14.2″	88
						2	15~32	灰黄色	重壤土	块状	7.9	54.0	2.50	0.40	0.9						
						3	32~54	黄色	重壤土	块状	8.0	53.2	2.72	0.39	1.0						
						4	54~105	灰色	重壤土	大块状	8.1	46.2	1.89	0.42	1.0						
剖24	初育土	紫色土	石灰性紫色土	棕紫泥土	红石骨子土	1	0~20	红棕色	中壤土	团粒状	8.2	13.5	1.01	0.69	1.5	44	2.0	96	紫色岩风化物	E 104°13′06.0″ N 28°41′54.3″	94
						2	20~30	红棕色	中黏土	团粒状	8.2	14.4	1.04	0.59	1.4						
						3	47—	灰棕色	重砾质土	无明显结构	7.8	4.0	0.30								
剖25	初育土	紫色土	酸性紫色土	棕紫泥土	夹砂泥土	1	0~23	灰棕色	中砾重壤土	小块状	6.5	15.5	0.93	0.44	1.4	87	5.0	115	紫色岩层风化物	E 104°12′57.2″ N 28°40′43.9″	92
						2	23~37	黄棕色	中壤土	块状	7.2	8.5	0.55	0.45	1.5						
						3	37~59	黄棕色	中壤土	块状	7.2	8.8	5.73	0.42	1.4						
剖26	人为土	水稻土	紫色土性水稻土	红紫色水稻土	黄泡泥田	1	0~23	红棕色	轻壤土	块状	6.6	20.5	1.22	0.37	0.5	99	1.0	88	砂岩、泥岩风化物	E 104°10′32.9″ N 28°40′58.4″	78
						2	23~47	红棕色	轻壤土	棱柱状	6.8	16.6	1.01	0.34	0.5						
						3	47—	红色	中壤土	无明显结构	7.8	4.0	0.30	0.31	0.8						
剖27	人为土	水稻土	紫色土性水稻土	红棕紫色水稻土	黄泥田	1	0~25	黄棕色	重壤土	微粒状	6.4	7.2	0.71	0.17	2.1	58	4.0	76	红棕紫色岩风化残积物、坡积物	E 104°12′22.4″ N 28°40′43.9″	82
						2	25~47	灰棕色	重壤土	块柱状	5.3	17.1	1.03	0.28	2.1						
						3	47—	黄棕色	中壤土	棱粒状	5.6	14.6	0.93	0.25	2.1						
剖28	初育土	紫色土	中性紫色土	棕紫泥土	夹砂泥土	1	0~19	暗紫色	重砾质土	单粒状	7.2	17.0	0.92	0.10	2.2	87	5.0	101	紫色岩风化物	E 104°08′01.1″ N 28°40′18.5″	72
						2	19~45	暗紫色	重砾质土	单粒状	6.8	22.4	1.08	0.10	2.2						
剖29	人为土	水稻土	紫色土性水稻土	红棕紫色水稻土	红砂大土田	1	0~23	棕色	轻黏土	微粒状	6.9	16.9	1.09	0.38	2.6	73	1.0	116	红棕紫色岩风化残积物、坡积物	E 104°13′07.5″ N 28°40′08.7″	94
						2	23~40	棕色	轻黏土	大块状	7.3	12.8	0.94	0.46	2.8						
						3	40~100	棕色	轻黏土	块状	7.7	8.5	0.65	0.51	2.9						
剖30	人为土	水稻土	紫色土性水稻土	暗紫泥田	大土泥田	1	0~20	浅灰色	轻黏土	粒状	6.0	22.8	1.23	0.32	1.6	127	2.0	61	暗紫色岩风化残积物、坡积物	E 104°16′15.2″ N 28°48′11.2″	87
						2	20~30	紫灰色	块状	块状	6.8	20.0	1.09	0.32	1.1						
						3	30~75	灰灰色	重壤土	块状	6.7	14.8	0.87	0.22	1.5						
						4	75—	紫色	轻砾重壤土	块状	6.8	15.2	0.60	0.26	1.5						

续表 Continued

剖面号 Soil profile	土纲 Soil order	土类 Soil great group	亚类 Soil subgroup	土属 Soil genus	土种 Soil species	土层码 Layer code	土层厚度 Depth/cm	颜色 Soil color	质地 Soil texture	土壤结构 Soil structure	pH	有机质 OM/(g/kg)	全氮 TN/(g/kg)	全磷 TP/(g/kg)	全钾 TK/(g/kg)	碱解氮 AN/(mg/kg)	有效磷 AP/(mg/kg)	速效钾 AK/(mg/kg)	土壤母质 Parent material	剖面点坐标 Profile coordinate	匹配指数 Matching index/%
剖31	人为土	水稻土	潮土型水稻土	紫色潮土田	大土田	1	0—15	灰棕色	重壤土	粒状	7.5	17.2	0.99	0.28	1.3	87	2.0	96	紫色沉积物	E 104° 20′ 55.4″ N 28° 47′ 20.4″	86
						2	15—25	灰棕色	重壤土	板块状	7.5	6.3	0.54	0.25	1.2	53					
						3	25—55	灰棕色	重壤土	块状	8.2	11.9	0.75	0.26	1.3	58					
						4	55—115	灰棕色	重壤土	块状	7.4	5.1	0.46			46					
剖32	人为土	水稻土	紫色土性水稻土	暗紫色泥田	砂白鳝泥田	1	0—20	灰色	重壤土		5.2	20.4	1.00	0.31	0.6	99	3.0	67	暗紫色岩层风化残积物、坡积物	E 104° 15′ 49.7″ N 28° 47′ 17.5″	89
						2	20—30	灰色			5.3	13.2	0.72	0.29	0.6						
						3	30—60	白色			5.6	7.0	0.42	0.26	0.6						
剖33	初育土	紫色土	中性紫色土	棕紫泥土	大土	1	0—20	暗紫色	重壤土	团粒状	7.9	9.9	0.73	0.40	1.5	72	2.0	70	紫色岩风化物	E 104° 15′ 20.9″ N 28° 47′ 06.0″	91
						2	20—35	紫色	重壤土	块状	8.4	7.9	0.91	0.39	1.6						
						3	35—55	紫色	重壤土	块状	8.0	6.5	0.50	0.54	1.4						
剖34	初育土	紫色土	中性紫色土	棕紫泥土	夹砂泥土	1	0—22	浅灰紫色	轻黏土	团粒状	8.1	21.0	1.25	0.45	1.6	101	9.0	255	紫色岩层风化物	E 104° 19′ 12.4″ N 28° 46′ 32.2″	79
						2	22—66	灰棕紫色	重黏土	块状	7.8	14.2	0.98	0.43	1.5						
						3	66—107	紫黄色	重黏土	大块状	8.0	14.4	0.72	0.37	1.6						
剖35	初育土	紫色土	酸性紫色土	酸性黄紫泥土	豆面砂土	1	0—20	灰黄色	重壤土	团粒状	4.5	21.5	1.02	0.43	2.4	112	1.0	97	紫色岩层风化物	E 104° 15′ 43.9″ N 28° 43′ 43.3″	95
						2	20—85	黄棕色	重壤土	柱状	4.5	8.6	0.94	0.42	2.3						
						3	85—	黄棕色	重壤土	柱状	4.8	6.3	0.57	0.23	2.8						
剖36	半水成土	潮土	紫色土			1	0—24	紫灰色	重壤土	团粒状	7.7	17.0	0.95	0.51	0.5	85	8.0	88	紫色土新冲积物	E 104° 20′ 46.7″ N 28° 43′ 33.2″	81
						2	24—54	紫红色	重壤土	块状	8.1	2.1	0.20	0.35	0.6						
						3	54—	紫红色	重壤土	棱柱状	7.4	2.7	0.19	0.33	1.0						
剖37	人为土	水稻土	紫色土性水稻土	灰棕色水稻土	砂田	1	0—18	灰黄色	重壤土	粒状	6.0	25.2	1.41	0.59	1.4	118	13.0	262	灰棕紫色岩层坡积物	E 104° 20′ 11.4″ N 28° 43′ 19.2″	72
						2	18—26	灰棕色	重壤土	块状	7.6	10.8	0.68	0.40	1.7						
						3	26—85	灰棕色	中壤土	微粒状	7.8	8.6	0.60	0.31	1.5						
剖38	人为土	水稻土	紫色土性水稻土	灰棕色水稻土	夹砂泥田	1	0—28	灰黄色	重壤土	块状	5.3	18.8	1.12	0.26	1.8	102	4.0	125	灰棕紫色岩层坡积物	E 104° 18′ 28.8″ N 28° 42′ 56.9″	73
						2	28—40	灰黄色	中壤土	块状	5.5	16.0	0.91	0.25	1.9						
						3	40—75	灰黄色	中壤土	块状	5.2	6.0	0.46	0.24	2.2						
剖39	人为土	水稻土	黄壤性水稻土	冷砂黄泥田	黄砂泥田	1	0—18	灰黄色	松砂土	小团粒状	7.5	36.8	1.05	0.36	2.1	75	2.0	51	岩层风化物	E 103° 42′ 36.6″ N 28° 38′ 29.6″	72
						2	18—30	暗黄色	紧砂土	团粒状	7.5	35.4	1.03	0.77	2.8						
						3	30—60	暗黄色	紧砂土	无明显结构	7.4	9.4	0.70	0.67	2.8						
剖40	铁铝土	黄壤	酸性黄壤	冷砂黄泥土	冷砂土	1	0—18	黄色	紧砂土	粒状	5.2	10.6	0.73	0.38	1.3	75	1.0	38	砂页岩、深灰岩层石风化物	E 103° 42′ 18.5″ N 28° 37′ 52.5″	74
						2	18—36	黄色	轻黏土	块状	5.5	7.9	0.66	0.29	1.4						
						3	36—100	黄色	轻黏土	柱状	4.6	8.8	0.53	0.38	1.2						
剖41	紫色土	紫色土	酸性紫色土	酸性黄紫泥土	大土	1	0—26	紫色	重壤土	大团显结构	6.1	10.7	0.71	0.28	1.1	107	14.0	51	紫色岩层风化物	E 103° 43′ 34.0″ N 28° 37′ 10.2″	92
						2	26—41	暗紫色	轻黏土	块状	5.9	8.5	0.66	0.26	1.3						
						3	41—76	暗紫色	轻黏土	柱状	6.8	4.5	0.52	0.28	1.4						
剖42	人为土	水稻土	黄壤性水稻土	老冲积黄泥田		1	0—18	黄灰色	重壤土	棱柱状	7.2	17.1	0.92	0.44	1.0	79	2.0	89	冷砂黄泥	E 103° 43′ 27.8″ N 28° 35′ 52.8″	95
						2	18—35	黄棕色	重壤土	块状	7.1	9.1	0.48	0.43	1.0						
						3	35—105	紫棕色	重壤土	块柱状	7.8	12.6	0.82	0.28	1.2						
剖43	初育土	紫色土	酸性紫色土	酸性黄紫泥土	粗砂大土	1	0—22	紫色	轻黏土	块状	6.1	16.4	1.22	0.40		119	4.0	106	紫色岩层风化物	E 103° 39′ 38.2″ N 28° 35′ 43.1″	77
						2	22—40	灰棕色	轻黏土	大块状	6.4	9.1	0.72								
						3	40—110	紫色	轻砾轻黏土	核状	6.1	9.4	0.71		3.3	100	1.0	1			
剖44	铁铝土	黄壤	黄壤	黄色石灰土		1	0—28	紫色	重砾质土	块状	7.9	24.4	1.53	0.83	3.0			1		E 103° 38′ 29.4″ N 28° 35′ 12.1″	82
						2	28—62	黄色	重砾质土	块状	8.0	13.2	0.99	0.85	3.0						
						3	62—108	黄色	重砾质土	大块状	8.1	13.8	0.93	0.87				2			

续表 Continued

剖面号 Soil profile	土纲 Soil order	土类 Soil great group	亚类 Soil subgroup	土属 Soil genus	土种 Soil species	土层码 Layer code	土层厚度 Depth/cm	颜色 Soil color	质地 Soil texture	土壤结构 Soil structure	pH	有机质 OM/(g/kg)	全氮 TN/(g/kg)	全磷 TP/(g/kg)	全钾 TK/(g/kg)	碱解氮 AN/(mg/kg)	有效磷 AP/(mg/kg)	速效钾 AK/(mg/kg)	土壤母质 Parent material	剖面点坐标 Profile coordinate	匹配指数 Matching index/%
剖45	淋溶土	黄棕壤				1	0~10		轻壤土		4.1	281.1	8.50				18.0	114		E 103°42′13.0″ N 28°30′13.3″	95
						2	10~26		中砾重黏土		4.8	83.8	2.44			551					
						3	26~62		中砾重黏土		5.0	23.0	0.87								
						4	62~97		轻砾轻壤土		5.2	24.0	0.92								
						5	97—														
剖46	人为土	水稻土	黄壤性水稻土	冷砂黄泥田	冷砂土	1	0~16	灰黑色	重壤土	粒状	5.5	27.9	1.48	0.54	0.9	152	13.0	37	岩层风化物	E 103°46′26.4″ N 28°39′59.4″	81
						2	16~25	灰色	重壤土	大块状	5.9	22.2	1.26	0.46	0.9						
						3	25~46	黄色	中壤土	块状	7.4	11.5	0.72	0.52	0.9						
剖47	初育土	紫色土	石灰性紫色土	棕紫泥土	粗紫大土	1	0~20	棕紫色	轻砾重壤土	大团粒状	8.2	13.5	0.81	0.68	1.6	85	3.0	114	紫色岩风化物	E 103°54′27.7″ N 28°39′44.3″	95
						2	20~40	红紫色	重壤土	棱柱状	8.3	5.2	0.47	0.62	1.7						
						3	40~150	紫黄色	重砾重壤土	块状	8.3	3.2	0.30	0.68	1.7						
剖48	初育土	紫色土	石灰性紫色土	棕紫泥土	粗红砂土	1	0~20	暗紫色	轻壤土	块状	8.3	7.7	0.67	0.66	2.4	47	1.0	76	紫色岩风化物	E 103°46′10.6″ N 28°39′36.7″	96
						2	20~37	暗紫色	重壤土	团粒状	8.3	6.7	0.64	0.67	2.5						
剖49	人为土	水稻土	紫色土性水稻土	棕紫色水稻土	石骨子泥田	1	0~25	棕紫色	轻砾中壤土	团粒状	8.3	11.4	0.91	0.54	2.7	59	1.0	96	棕紫色岩层风化物	E 103°53′01.7″ N 28°39′26.6″	87
						2	25~42	棕紫色	轻砾中壤土	团粒状	8.1	10.0	0.78	0.55	2.4						
						3	42~102	棕紫色	轻砾中壤土	大块状	8.2	6.9	0.72	0.47	2.2						
剖50	初育土	紫色土	石灰性紫色土	棕紫泥土	石骨子土	1	0~20	棕紫色	中壤土	单粒状	8.2	10.4	0.77	0.57	1.4	66	1.0	113	紫色岩风化物	E 103°56′06.0″ N 28°39′20.5″	96
						2	20~35	棕紫色	轻壤土	单粒状	8.2	10.9	0.81	0.61	1.5						
剖51	半水成土	潮土	灰棕潮土		卵石夹砂土	1	0~15	灰色	重砾重壤土	团粒状	8.2	20.1	0.09	0.74	1.3	82	2.0	45	河流近代沉积物	E 103°54′26.3″ N 28°38′28.3″	86
						2	15~30	灰黄色	轻壤土	砾石	8.3	19.4	1.16	0.70	1.3						
						3	30—		中壤土		8.4	12.6	0.81	0.75	1.3						
剖52	铁铝土	黄壤		老冲积黄泥土	卵石夹黄砂土	1	0~13	黄灰色	砂壤土	团粒状	7.8	26.4	1.59	0.76	1.9	125	2.0	82		E 103°53′56.4″ N 28°38′09.3″	73
						2	13~23	灰黄色	重壤土	块状	7.9	21.4	1.44	0.38	1.9						
						3	23—	黄色	中壤质	大块状	8.2	13.4	1.00	0.99	1.9						
剖53	半水成土	潮土	紫色潮土		红砂土	1	0~25	红色	中壤土	粒状	8.5	1.9	0.09	0.35	0.6	17	1.0	24	紫色土新冲积物	E 103°57′31.0″ N 28°38′09.2″	88
						2	25~65	紫红色	中壤土	粒状	8.4	7.1	0.46	0.36	0.6						
剖54	铁铝土	黄壤		老冲积黄泥土	黄砂土	1	0~25	灰黄色	重壤土	团粒状	7.8	15.2	1.04	0.79	1.5	63	15.0	66	河流近代沉积物	E 103°53′27.4″ N 28°38′09.1″	96
						2	25~65	灰黄色	中壤土	团粒状	8.3	11.8	1.38	0.91	1.6						
						3	65~105	浅黄色	轻壤土	团粒状	8.4	5.4	0.36	0.97	1.6						
剖55	人为土	水稻土	紫色土性水稻土	暗紫色水稻土	二泥田	1	0~23	紫灰色	中砾重黏土	粒状	6.6	21.5	1.20	0.31	1.5	71	3.0	104	暗紫色岩层风化残积物、坡积物	E 103°48′43.9″ N 28°36′42.1″	87
						2	23~35	暗紫色	中砾重黏土	块状	7.7	8.6	0.53	0.25	1.4						
						3	35—	暗紫色	重壤土	块状	7.5	6.3	0.40	0.20	1.3						
剖56	半水成土	潮土	灰棕潮土		潮砂土	1	0~24	灰黄色	中壤土	粒状	8.6	6.2	0.39	0.71	1.1	30	3.0	27	河流近代沉积物	E 103°57′30.1″ N 28°38′01.8″	98
						2	24~76	灰色	中壤土	粒状	8.5	7.4	0.42	0.76	0.5						
剖57	铁铝土	黄壤		老冲积黄泥土	黄泥土	1	0~24	灰黄色	轻黏土	团粒状	6.9	20.0	1.18	0.45	0.1	90	4.0	88		E 104°13′20.3″ N 28°38′46.3″	91
						2	24~31	灰黄色	轻黏土	大块状	7.3	6.1	0.43	0.44	1.5						
剖58	人为土	水稻土	黄壤性水稻土	黄泥黄水稻土		1	0~16	紫灰色	中砾重黏土	粒状	8.1	27.3	1.39	0.96	4.7	114	4.0	109	紫岩风化残积物	E 104°05′04.9″ N 28°36′44.3″	96
						2	16~26	暗灰色	中砾重黏土	块状	8.0	30.9	1.60	0.93	4.3						
						3	26~66	黄色	重壤土	棱柱状	8.0	19.1	1.02	0.94	4.4						
剖59	人为土	水稻土	黄壤性水稻土	冷黄泥田	小土田	1	0~19	黄灰色	重壤土	粒状	5.8	23.9	1.48	0.64	0.6	206	17.0	55	灰岩风化残积物	E 104°21′26.0″ N 28°39′33.1″	72
						2	19~31	黄灰色	重壤土	块状	6.2	22.1	1.30	0.65	0.6						
						3	31~82	黄灰色	重壤土	块状	7.2	72.0	0.85	0.48	0.7						
剖60	人为土	水稻土	潮土型水稻土	紫色潮土田	红砂泥田	1	0~22	灰色	中壤土	核状	6.1	24.8	1.38	0.69	0.8	108	14.0	49	紫色沉积物	E 104°17′39.1″ N 28°39′22.7″	71
						2	22~30	浅红黄色	轻砾中壤土	块状	7.1	22.2	1.18	0.76	0.9						
						3	30~110	砖红色	轻砾中壤土	粒状	7.7	3.9	0.28	0.28	0.9						

广 安 市

市 辖 区

主要土类说明

水稻土是广安市的主要土壤类型，占本市地域面积的 45%，多分布在沟、坡、土塝、坡脚平台以及方山顶部。本市水稻土是旱作土经人工长期水耕熟化而形成的一种特殊土壤。由于受水文、地形、母质、耕作制度的影响，形成了不同土体构型的水稻土，但在土壤气体交换、氧化与还原、pH 变化、养分转化等方面有着共同特征。由于母质、地形、水文、人为活动不同，水稻土剖面形态有很大的差异，形成了特有的淹育层、犁底层、初期潴育层、潴育层、潜育层、母质层。这些剖面层次是水稻土属性的外在表现，反映了土壤的水热变化，也是反映土壤肥力状况的重要指标。

紫色土是广安市第二大土壤类型，占本市地域面积的 45%。成土过程以物理风化为主，化学风化微弱，岩石疏松，矿物组成复杂，形成的土壤保持母岩的本色。碳酸钙含量高，矿物风化停留在富钙阶段，风化程度不深，矿质养分含量丰富。地形、水文对土壤的发育影响较大，部分地势平坦的紫色土出现胶硅富铝化和铁铝氧化物淀积的过程，产生黄化、自浆化现象。从剖面质地来看，上层黏粒少于中下层黏粒含量，表明有黏化现象。土壤多呈中性偏酸。

黄壤是广安市第三大土壤类型，占本市地域面积的 5%，主要分布在桂兴中低山区和沿渠江两岸三、四级阶地上。成土母质为石灰岩、白云岩以及第四纪冰水沉积物。黄壤分布在海拔 500—1700m 的地区，自然植被为常绿林和落叶林以及草本植被。其气候特点是晴天少，阴雨多，日照少，雾多，气温低，湿度大。在这种条件下，土壤中盐基流失，铁质水化附着在矿物表面呈黄棕色，产生黏化和富铝化过程。土壤淋洗强烈，土壤偏酸，盐基含量较低，但活性铁铝含量较高，质地为中壤土至轻黏土，有机质含量较高。但由于气温低，湿度大，土体紧实，通透性差，作物吸收能力弱，土壤表现出黏、酸、冷、湿、缺磷等特点。

小于本市地域面积 3% 的土壤类型还有潮土、石灰（岩）土等。

本区域中心区气候特征

本区域中心区气候特征值
Regional climate characteristics in central area of the region

气候带：中亚热带湿润气候 Climate region: Subtropical humid climate	
年平均气温 /℃ Annual average temperature /℃	17.3
年平均最高气温 /℃ Annual average maximum temperature /℃	21.2
年平均最低气温 /℃ Annual average minimum temperature /℃	14.4
年降水量 /mm Annual precipitation /mm	1076
≥10℃的积温 /℃ Daily temperature accumulated in a year (≥10℃) /℃	6269
年日照时数 /h Annual sunshine /h	1139
年平均相对湿度 /% Annual average relative humidity /%	79
干燥度 Dryness	0.99

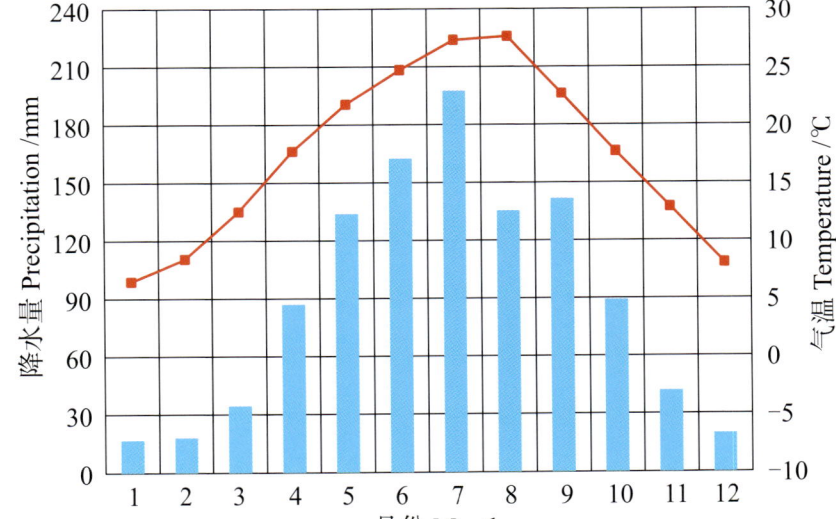

本区域中心区月平均气温与月平均降水量
Monthly temperature and precipitation in central area of the region

广安市市辖区（部分）主要土壤类型与土壤剖面点分布图
1 : 220 000

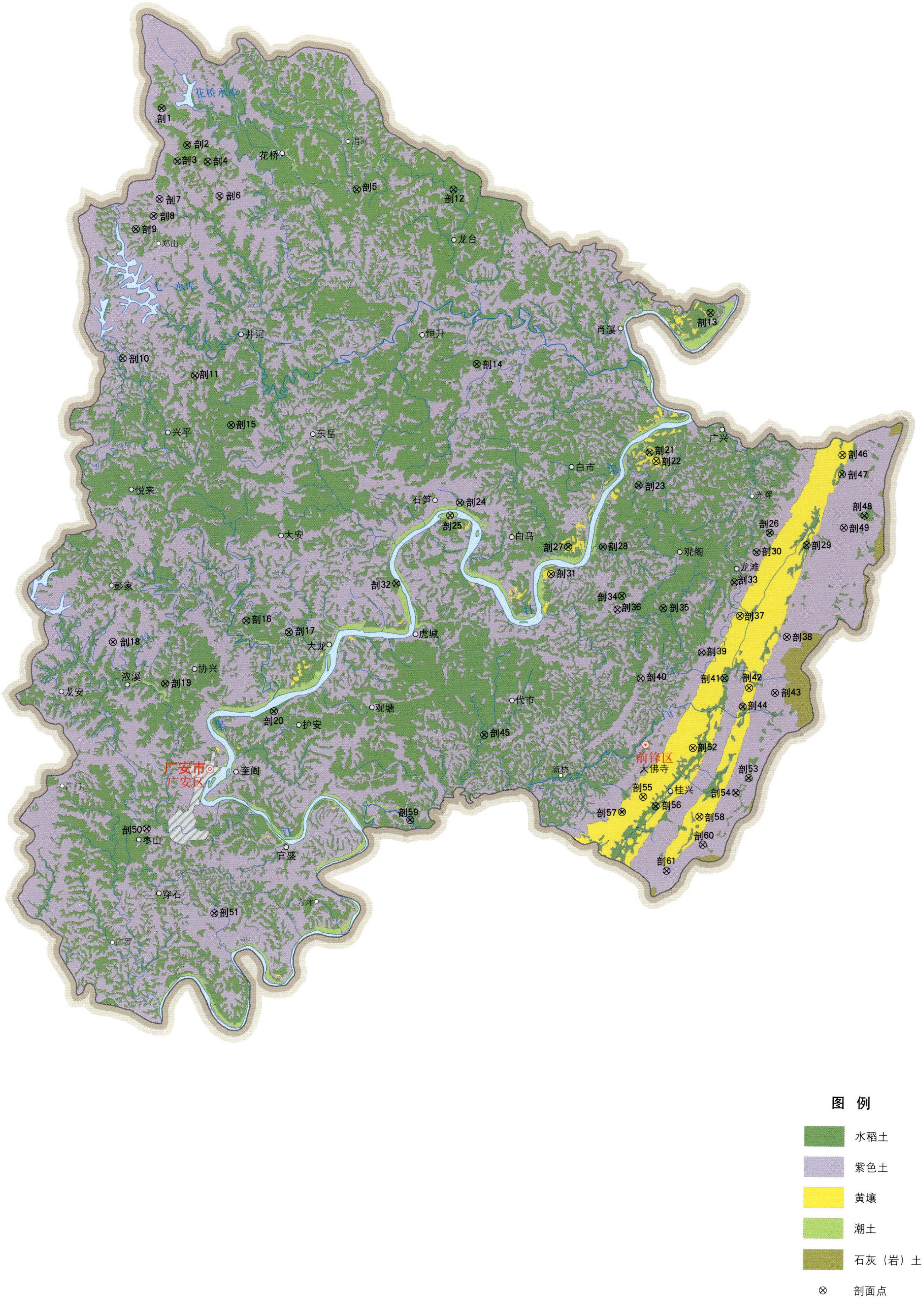

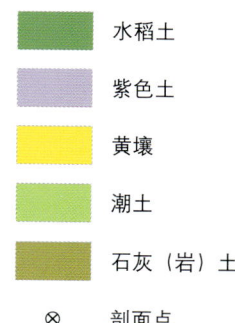

图 例

- 水稻土
- 紫色土
- 黄壤
- 潮土
- 石灰（岩）土
- ⊗ 剖面点

广安市土壤剖面理化性状表

剖面号 Soil profile	土纲 Soil order	土类 Soil great group	亚类 Soil subgroup	土属 Soil genus	土种 Soil species	土层码 Layer code	土层厚度 Depth/cm	颜色 Soil color	质地 Soil texture	土壤结构 Soil structure	pH	有机质 OM/(g/kg)	全氮 TN/(g/kg)	全磷 TP/(g/kg)	碱解氮 AN/(mg/kg)	有效磷 AP/(mg/kg)	速效钾 AK/(mg/kg)	土壤母质 Parent material	剖面点坐标 Profile coordinate	匹配指数 Matching index/%
剖1	人为土	水稻土	紫色土性水稻土	红棕紫色水稻土	红石骨子砂田	1	0~23	红棕紫色	重壤土	粒状	8.1	11.3	0.80	0.90	48	6.0	45	厚泥岩夹薄层砂岩风化物	E 106°37′11.6″ N 30°48′31.3″	82
剖2	人为土	水稻土	紫色土性水稻土	红棕紫色水稻土	鸭尿泥田	2	23~67	浅红棕紫色	中壤土	大棱柱状	8.2	7.4	0.58	0.53		6.0	70	厚泥岩夹薄层砂岩风化物	E 106°38′03.0″ N 30°47′25.9″	96
剖3	人为土	水稻土	紫色土性水稻土	红棕紫色水稻土	红砂大土泥田	1	0~30	红棕紫色	轻黏土	微粒状	8.4	23.5	1.43	0.96	88	6.0	76	厚泥岩夹薄层砂岩风化物	E 106°37′42.5″ N 30°46′57.6″	94
						2	30~100	青灰紫色	轻黏土	整体状	8.4	23.7	1.41	0.96	58	7.0				
						1	0~15	红棕紫色	轻黏土	粒状	8.2	14.2	0.96	1.28						
						2	15~27	红棕紫色	轻黏土	扁平板状	8.2	14.3	1.01	1.27						
						3	27~40	红棕紫色	轻黏土	大棱柱状	8.0	9.2	0.76	1.26						
						4	40~100	红棕紫色	重壤土	棱柱状	8.8	5.1	0.44	1.08						
剖4	人为土	水稻土	紫色土性水稻土	红棕紫色水稻土	黄泥田	1	0~19	浅棕黄色	重壤土	粒状	5.6	13.5	0.88	0.22	81	3.0	95	厚泥岩夹薄层砂岩风化物	E 106°38′44.2″ N 30°46′56.3″	100
						2	19~29	棕黄色	中壤土	小粒状	5.8	8.1	0.51	0.24						
						3	29~100	棕黄色	中壤土	粒柱状	6.1	3.0	0.24	1.77						
剖5	半水成土	潮土	潮土	紫色潮土	紫潮砂土	1	0~23	棕紫色	轻壤土	粒状	6.7	7.5	0.52	0.74	38	22.0	50	第四纪紫色冲积物	E 106°43′49.1″ N 30°46′04.1″	97
						2	23~100	棕紫色	中壤土	小碎块状	7.1	3.8	0.30	0.44						
剖6	初育土	紫色土	石灰性紫色土	红棕紫泥土	黄泥土	1	0~17	黄棕色	重壤土	粒状、碎块状	6.6	9.0	0.59	0.47	45	10.0	60		E 106°39′07.6″ N 30°45′55.8″	78
						2	17~27	紫棕色	重壤土	小块状	6.6	6.1	0.46	0.26						
						3	27~100	棕紫色	中壤土	粒状、碎块状	6.5	5.9	0.52	0.25						
剖7	初育土	紫色土	石灰性紫色土	红棕紫泥土	红石骨子土	1	0~22	红棕紫色	重壤土	粒状	8.4	8.5	0.64	1.37	28	4.0	86		E 106°37′05.1″ N 30°45′51.2″	79
						2	22~	红棕紫色	重壤土	板块状	8.4	10.6	0.79	1.07	48	7.0	51		E 106°36′52.2″ N 30°45′21.6″	70
剖8	初育土	紫色土	石灰性紫色土	红棕紫泥土	红砂大泥土	1	0~21	暗紫棕色	重壤土	碎块状	8.5	8.9	0.80	0.89						
						2	21~50	青灰色	中壤土	大棱块状	8.3	15.5	1.07	0.96						
						3	50~100	暗紫棕色	轻壤土	微粒状	8.6	13.0	0.90	0.87	73	8.0	78			
剖9	人为土	水稻土	紫色土性水稻土	红棕紫色水稻土	冷浸岩泥田	1	0~47	青灰色	轻壤土	整体状	8.7	6.0	0.53	0.85				厚泥岩夹薄层砂岩风化物	E 106°36′15.8″ N 30°44′58.9″	100
						2	47~86	暗紫棕色	重壤土	粒柱状	8.4	7.9	0.66	1.14	39	7.0	54			
						3	86~100	红棕紫色	少砾重壤土	小块状	7.7	5.5	0.58	0.51						
剖10	初育土	紫色土	石灰性紫色土	红棕紫泥土	红石骨砂土	1	0~21	红棕紫色	重壤土	大棱块状	7.6	4.1	0.50	0.55				紫色冲积物	E 106°35′46.7″ N 30°41′11.4″	92
						2	21~36	暗棕紫色	重壤土	微粒状	6.4	23.1	1.28	0.51	96	9.0	119			
						3	36~100	青灰色	重壤土	大棱柱状	6.7	22.6	1.27	0.50						
剖11	人为土	水稻土	潮土型水稻土	老冲积黄泥土田	冷浸烂泥田	1	0~21	暗棕紫色	轻壤土	整体状	6.5	22.1	1.23	0.47				老冲积物	E 106°38′13.9″ N 30°40′39.7″	70
						2	21~50	暗棕紫色	轻壤土	小棱粒状	6.0	14.6	0.88	0.58	75	10.0	53			
						3	50~100	棕紫色	重壤土	粒柱状	6.8	4.9	0.37	0.34						
剖12	人为土	水稻土	紫色土性水稻土	紫色潮土田	卵石黄泥田	1	0~20	黄棕紫色	轻壤土	大棱块状	6.3	2.8	0.25	0.35	72	13.0	55	灰棕紫色砂泥岩坡积物	E 106°47′07.1″ N 30°46′01.6″	80
						2	20~53	黄棕色	少砾中壤土	碎块状	5.3	15.0	0.94	0.54						
						3	53~100	灰棕黄色	中壤土	粒状	5.0	4.0	0.38	0.31						
剖13	人为土	水稻土	紫色土性水稻土	灰棕紫色水稻土	半砂半泥田	1	0~20	灰棕紫色	中壤土	大棱柱状	6.0	12.8	0.88	1.16	80	45.0	56	灰棕紫色砂泥岩坡积物	E 106°55′50.9″ N 30°42′19.1″	74
						2	20~56	灰棕色	中壤土	小棱柱状	6.6	3.2	0.30	0.90						
						3	56~76	灰棕色	中壤土	粒柱状	6.7	7.0	0.50	0.74						
剖14	人为土	水稻土	紫色土性水稻土	灰棕紫色水稻土	黄泥田	1	0~18	浅紫黄色	重壤土	碎块状	5.5	13.2	0.95	0.68	62	9.0	69	灰棕紫色砂泥岩坡积物	E 106°47′51.0″ N 30°40′54.5″	89
						2	18~28	棕黄色	重壤土	板块状	5.8	13.2	0.85	0.59						
						3	28~100	棕黄夹白色	重壤土	小棱柱状	5.8	3.3	0.26	0.24						
剖15	人为土	水稻土	紫色土性水稻土	灰棕紫色水稻土	砂田	1	0~15	灰棕紫色	中壤土	粒状	5.6	11.3	0.75	0.53	72	13.0	55	灰棕紫色砂泥岩坡积物	E 106°39′27.0″ N 30°39′11.9″	71
						2	15~43	棕紫色	轻壤土	大棱柱状	5.7	9.2	0.39	0.47						
剖16	人为土	水稻土	紫色土性水稻土	灰棕紫色水稻土		3	43~65	棕紫色	中壤土	小棱柱状	5.9	4.3	0.39	0.38				灰棕紫色砂泥岩坡积物	E 106°39′54.7″ N 30°33′26.6″	75

续表 Continued

剖面号 Soil profile	土纲 Soil order	土类 Soil great group	亚类 Soil subgroup	土属 Soil genus	土种 Soil species	土层码 Layer code	土层厚度 Depth/cm	颜色 Soil color	质地 Soil texture	土壤结构 Soil structure	pH	有机质 OM/(g/kg)	全氮 TN/(g/kg)	全磷 TP/(g/kg)	碱解氮 AN/(mg/kg)	有效磷 AP/(mg/kg)	速效钾 AK/(mg/kg)	土壤母质 Parent material	剖面点坐标 Profile coordinate	匹配指数 Matching index/%
剖17	初育土	紫色土	中性紫色土	灰棕紫泥土	黄泥土	1	0—20	黄棕色	重壤土	碎块状	5.3	9.7	0.69	0.48	62	5.0	63		E 106°41′21.5″ N 30°33′05.4″	84
剖18	初育土	紫色土	中性紫色土	灰棕紫色土	石骨子土	1	0—17	浅黄色	重壤土	大棱柱状	6.2	5.5	0.42	0.26	25	6.0	62		E 106°35′21.5″ N 30°32′51.0″	70
						2	17—	灰棕紫色	多砾轻壤土	粒状	8.4	5.3	3.86	1.64	97	4.0	78			
剖19	人为土	水稻土	潮土型水稻土	紫色潮土田	紫潮泥田	1	0—17	暗紫色	重壤土	碎块状	6.5	22.8	1.27	0.67				紫色冲积物	E 106°37′08.0″ N 30°31′37.2″	73
						2	17—50	棕紫色	重壤土	大棱柱状	7.5	19.8	1.19	0.64						
						3	50—74	棕紫色	重壤土	小棱柱状	6.7	16.5	0.94	0.37						
						4	74—100	棕紫色	重壤土	小棱柱状	6.8	4.4	0.37	0.40						
剖20	人为土	水稻土	潮土型水稻土	灰棕潮土田	潮泥田	1	0—20	灰棕紫色	少砾中壤土	板状	5.9	17.9	1.08	1.30	85	34.0	46	灰棕冲积物	E 106°40′49.3″ N 30°30′46.6″	74
						2	20—32	棕紫色	重壤土	大棱柱状	6.8	9.7	0.62	1.33						
						3	32—64	浅棕紫色	重壤土	大棱柱状	7.0	3.5	0.40	1.14						
						4	64—100	棕紫色	重壤土	小棱柱状	7.0	3.5	0.40	0.75						
剖21	人为土	水稻土	紫色土性水稻土	老冲积黄泥田	黄泥田	1	0—20	灰黄色	少砾重壤土	碎块状	6.1	15.2	0.79	0.55	75	17.0	90	老冲积物	E 106°53′42.4″ N 30°38′15.4″	85
						2	20—50	浅黄色	重壤土	大棱柱状	6.2	8.2	0.51	0.45						
剖22	铁铝土	黄壤	黄壤	老冲积黄泥土	卵石黄泥土	1	0—19	黄棕色	轻砾石土	粒状	5.2	11.0	0.60	0.50	55	4.0	99	第四纪冰水沉积物	E 106°53′55.8″ N 30°37′59.9″	72
						2	19—49	黄棕色	多砾中壤土	大棱柱状	5.3	8.3	0.50	0.32						
						3	49—100	黄棕色	轻砾重壤土	棱柱状	5.1	6.3	0.48	0.33						
剖23	人为土	水稻土	紫色土性水稻土	灰棕紫色水稻土	锁砂田	1	0—20	灰棕紫色	中壤土	碎块状	6.6	10.8	0.61	0.80	53	11.0	59	灰棕紫色砂岩坡积物	E 106°53′19.3″ N 30°37′17.8″	100
						2	20—50	棕紫色	中壤土	大棱柱状	6.8	8.1	0.51	0.75						
						3	50—100	棕紫色	中壤土	小棱柱状	6.5	6.6	0.36	0.74						
剖24	半水成土	潮土	潮土	灰棕潮土	潮泥田	1	0—29	灰棕色	中壤土	粒状	7.7	13.5	0.87	1.56	61	21.0	112	第四纪灰棕冲积物	E 106°47′13.3″ N 30°36′51.2″	95
						2	29—100	棕黄色	中壤土	小棱柱状	8.2	7.3	0.56	0.87						
剖25	半水成土	潮土	潮土	灰棕潮土	潮砂田	1	0—21	灰棕色	砂壤土	粒状	8.1	9.9	0.71	0.97	30	25.0	82	第四纪灰棕冲积物	E 106°46′53.2″ N 30°36′28.8″	98
						2	21—95	灰黄色	砂壤土	大棱柱状	8.2	6.3	0.34	0.76						
剖26	人为土	水稻土	紫色土性水稻土	暗紫泥水稻土	黄泥田	1	0—25	棕黄色	少砾轻黏土	碎块状	6.4	25.5	1.46	1.03	112	16.0	161	紫色砂泥岩坡积物	E 106°57′46.5″ N 30°35′51.2″	73
						2	25—100	黄色	少砾轻黏土	大棱柱状	6.6	16.6	0.95	0.94						
剖27	人为土	水稻土	紫色土性水稻土	灰棕紫色水稻土	大眼泥田	1	0—17	灰棕色	重壤土	粒状、碎块状	6.3	20.4	1.23	0.88	94	20.0	54	灰棕紫色砂岩坡积物	E 106°50′53.9″ N 30°35′30.8″	95
						2	17—80	棕紫色	重壤土	大棱柱状	6.7	14.0	0.85	0.68						
						3	80—100	青灰色	重壤土	块状	6.3	20.6	1.27	0.48						
剖28	人为土	水稻土	潮土型水稻土	灰棕潮土田	潮砂泥田	1	0—16	灰棕色	中壤土	粒状	5.6	10.5	0.73	0.46	72	14.0	63	灰棕冲积物	E 106°52′05.2″ N 30°35′30.5″	99
						2	16—100	浅黄棕色	中壤土	小棱柱状	6.9	6.6	0.50	0.45						
剖29	黄壤	黄壤	黄壤性水稻土	矿子黄泥田	黄泥田	1	0—23	灰棕色	少砾中壤土	扁平板状	7.4	22.5	1.26	1.03	79	16.0	189	石灰岩风化、灰岩坡积物	E 106°59′01.2″ N 30°35′28.8″	100
						2	23—33	黄棕色	轻黏土	棱柱状	7.4	7.3	0.65	0.57						
						3	33—100	黄棕色	中壤土	棱柱状	5.4	5.0	0.64	0.51						
剖30	人为土	水稻土	紫色土性水稻土	暗紫泥田	黄泥田	1	0—23	黄棕色	重壤土	粒状	5.9	14.6	1.10	1.03	72	21.0	76	紫色砂泥岩冲积物	E 106°57′19.2″ N 30°35′17.3″	77
						2	23—40	黄棕色	重壤土	大棱柱状	6.1	12.1	0.94	1.04						
						3	40—100	黄棕色	中壤土	棱块状	6.3	12.3	0.98	1.08						
剖31	黄壤	黄壤	老冲积黄泥土	黄砂土	1	0—18	黄棕色	少砾中壤土	碎块状	6.0	11.8	0.73	0.63	72	22.0	87	第四纪冰水沉积物	E 106°50′18.6″ N 30°34′43.0″	97
						2	18—95	浅黄棕色	轻黏土	大棱柱状	5.8	8.8	0.48	0.58						
剖32	铁铝土	水稻土	黄壤型水稻土	灰棕潮土田	白鳝泥田	1	0—20	暗棕色	中壤土	棱块状	5.5	16.4	0.93	0.31	74	5.0	69	灰棕冲积物	E 106°45′01.9″ N 30°34′29.6″	77
						2	20—45	棕黄色	中壤土	棱块状	5.9	11.5	0.66	0.30						
						3	45—85	灰白色	中壤土	扁平块状	7.1	4.6	0.38	0.12						
剖33	人为土	水稻土	紫色土性水稻土	暗紫泥田	大泥田	1	0—25	暗紫色	少砾重壤土	碎块状	8.3	32.3	1.78	1.54	138	32.0	111	紫色砂泥岩坡积物	E 106°56′32.6″ N 30°34′24.6″	91
						2	25—35	棕紫色	中砾重黏土	扁平块状	8.0	28.0	1.55	1.52						
						3	35—100	浅黄棕色	少砾轻黏土	大棱柱状	7.8	18.8	1.22	1.35						

续表 Continued

剖面号 Soil profile	土纲 Soil order	土类 Soil great group	亚类 Soil subgroup	土属 Soil genus	土种 Soil species	土层码 Layer code	土层厚度 Depth/cm	颜色 Soil color	质地 Soil texture	土壤结构 Soil structure	pH	有机质 OM/(g/kg)	全氮 TN/(g/kg)	全磷 TP/(g/kg)	碱解氮 AN/(mg/kg)	有效磷 AP/(mg/kg)	速效钾 AK/(mg/kg)	土壤母质 Parent material	剖面点坐标 Profile coordinate	匹配指数 Matching index/%
剖34	人为土	水稻土	紫色土性水稻土	灰棕紫色水稻土	油砂田	1	0—18	灰棕紫色	中壤土	粒状	5.6	15.0	0.86	0.86	77	34.0	98	灰棕紫色砂泥岩坡积物	E 106°52′42.6″ N 30°34′03.4″	80
剖35	人为土	水稻土	紫色土性水稻土	灰棕紫色水稻土	白鳝泥田	1	0—18	棕紫色	中壤土	棱柱状	6.4	8.1	0.56	0.47	98	6.0	52	灰棕紫色砂泥岩坡积物	E 106°54′06.8″ N 30°33′40.7″	85
						2	18—80		重壤土	碎块状	5.3	18.9	1.08	0.30						
剖36	初育土	紫色土	中性紫色土	灰棕紫泥土	黄砂土	1	0—18	黄棕色	重壤土	碎块状	5.7	8.4	0.58	0.30	39	22.0	148	砂岩、泥岩、砂质泥岩、夹紫色砂岩	E 106°52′33.6″ N 30°33′38.9″	92
						2	18—55	灰棕色	中壤土	棱块状	6.4	3.4	0.28	0.30						
						3	55—100	黄棕色						0.36						
剖37	黄壤	黄壤		冷砂紫泥土	油砂土	1	0—20	暗灰棕色	砂壤土	粒状	6.3	7.7	0.44	0.53	60	18.0	111	黄色石英砂岩风化物	E 106°56′43.1″ N 30°33′25.6″	80
						2	20—60	暗灰棕色	轻壤土	小块状	6.4	6.2	0.40	0.65						
						3	60—	棕紫色												
剖38	初育土	紫色土	中性紫色土	暗紫紫泥土	黄砂泥土	1	0—22	黄棕色	少砾中壤土	粒状	6.1	16.1	0.85	0.66	60	3.0	72	砂岩、砂泥岩坡积物、残积物	E 106°58′18.7″ N 30°32′47.5″	78
						2	22—60	黄棕色	少砾中壤土	小棱块状	6.1	13.0	0.78	0.57						
剖39	初育土	紫色土	中性紫色土	暗紫紫泥土	大泥土	1	0—23	黄棕色	中壤中壤土	粒状	5.4	9.4	0.81	0.70	115	27.0	89	砂岩、砂泥岩坡积物、残积物	E 106°55′24.6″ N 30°32′22.2″	79
						2	23—70	浅黄色	多砾中壤土	小棱块状	5.5	6.7	0.67	0.66						
剖40	初育土	紫色土	中性紫色土	灰棕紫泥土	砂土	1	0—27	棕紫色	中砾重黏土	粒状、块状	7.4	32.4	1.88	1.93	45	11.0		砂岩、砂泥岩坡积物、残积物	E 106°53′19.3″ N 30°31′37.6″	73
						2	27—103	黄棕色	少砾轻黏土	粒状	7.8	22.0	1.30	1.93						
							23—	灰棕紫色	砂壤土		6.0	6.8	0.47	0.76						
剖41	初育土	紫色土	黄壤性水稻土	矿子黄泥土	矿子黄泥土	1	0—22	浅棕色	中壤中壤土	粒状	8.1	28.0	1.43	1.16	112	22.0	84	石灰岩风化物、石灰岩坡积物	E 106°56′10.7″ N 30°31′36.5″	97
						2	22—100	棕色	多砾重壤土	大棱柱状	8.4	22.5	1.36	1.02						
剖42	人为土	水稻土	黄壤	矿子黄泥土	豆面泥田	1	0—22	黄棕色	轻壤土	粒状	6.2	15.2	1.05	0.56	78	3.0	121	灰岩、砂泥岩坡积物	E 106°57′00.7″ N 30°31′18.8″	82
						2	22—106	棕色	中壤土	小棱块状	6.0	7.4	0.69	0.45						
剖43	铁铝土	黄壤		暗紫黄泥土	猪旺子泥田	1	0—25	棕紫色	轻砾石土	粒状	7.8	19.9	1.36	1.65	128	9.0	99	砂岩、砂泥岩坡积物、残积物	E 106°57′53.3″ N 30°31′09.8″	91
						2	25—40	棕紫色	轻壤土	粒状	5.5	8.2	0.76	1.10						
剖44	人为土	水稻土	黄壤性水稻土	暗紫黄泥土	豆面泥田	1	0—23	棕紫色	中壤土	小块状	7.5	20.2	1.37	1.13	108	29.0	120	石灰岩风化物、石灰岩坡积物	E 106°56′47.4″ N 30°30′46.1″	97
						2	23—100	黄棕色	砂壤土	粒状	7.8	12.6	0.98	0.90						
剖45	初育土	紫色土	潮土型水稻土	紫色潮土田		1	0—19	紫棕色	重壤土	大棱块状	6.1	15.6	0.87	0.42	66	9.0	66	紫色冲积物	E 106°47′38.6″ N 30°30′01.4″	73
						2	19—30	紫棕色	重壤土	碎块状	6.8	13.1	0.71	0.35						
						3	30—60	棕色	中壤土	板状	6.2	9.5	0.54	0.41						
						4	60—72	浅红棕色	中壤土	大棱柱状	7.0	3.8	0.29	0.28						
剖46	黄壤	黄壤		矿子黄泥土	矿子黄泥土	1	0—20	黄棕色	多砾轻黏土	整体状	8.3	20.3	1.27	0.83	76	16.0	99	灰岩、砂泥岩风化物	E 107°00′16.9″ N 30°38′06.2″	98
						2	20—72	黄棕色	小砾中壤土	粒状	8.2	16.8	1.04	0.55						
						3	72—100	棕色	重壤土	小棱块状	8.0	9.1	0.84	0.35						
剖47	铁铝土	黄壤		冷浸烂紫泥土	冷浸烂泥田	1	0—26	灰棕色	重黏土	微粒状	7.9	46.8	2.43	1.00	145	22.0	116	石灰岩风化物、灰岩坡积物	E 107°00′15.2″ N 30°37′32.6″	93
						2	26—102	青灰色	重壤土	整体状	8.4	42.6	1.99	0.76						
剖48	人为土	水稻土	紫色土性水稻土	紫色黄泥土	扁石骨子田	1	0—37	棕紫色	中砾轻黏土	整粒状	7.8	37.2	2.26	0.94	127	35.0	121	紫色砂泥岩坡积物	E 107°01′00.2″ N 30°36′19.5″	90
						2	37—													
剖49	初育土	紫色土	紫色土性水稻土	暗紫黄泥土	扁石骨子土	1	0—20	棕紫色	重壤土	碎块状	7.4	26.7	1.73	2.19	129	11.0	95	砂岩、砂泥岩坡积物、残积物	E 107°00′17.9″ N 30°35′58.6″	78
						2	20—	棕紫色													
剖50	人为土	水稻土	中性紫色土	灰棕黄泥土	大眼泥土	1	0—23	灰棕色	重壤土	粒状、小块状	5.8	12.2	0.84	0.62	67	11.0	101	砂岩、泥岩、砂质泥岩、夹紫色砂岩	E 107°36′27.7″ N 30°27′21.2″	84
						2	23—84	棕紫色	中壤土	小块状	6.4	8.3	0.69	0.55						
剖51	初育土	紫色土	黄壤	矿子黄泥土	夹砂土	1	0—25	棕紫色	中壤土	粒状	7.8	10.7	0.63	1.39	46	7.0	56	灰棕紫色砂泥岩、夹灰色砂岩	E 106°38′44.5″ N 30°24′50.0″	92
						2	25—42	棕紫色	中壤土	小棱柱状	7.8	7.6	0.58	1.20						
							42—													
剖52	铁铝土	黄壤		矿子黄泥土	扁石骨子土	1	0—18	黄灰色	轻砾石土	粒状	8.3	21.5	1.10	1.30	81	31.0	135	砂岩、泥岩、砂质泥岩、夹紫色砂岩	E 106°55′04.4″ N 30°29′34.4″	86
						2	18—													
剖53	人为土	水稻土	紫色土性水稻土	暗紫泥田	猪旺子泥田	1	0—18	黄灰色	轻黏土	碎块状	7.3	37.4	2.22	1.66	170	28.0	154	紫色砂泥岩坡积物	E 106°56′57.8″ N 30°28′40.1″	75
						2	18—100		轻黏土	大棱柱状	7.5	23.8	1.52	1.71						

续表 Continued

剖面号 Soil profile	土纲 Soil order	土类 Soil great group	亚类 Soil subgroup	土属 Soil genus	土种 Soil species	土层码 Layer code	土层厚度 Depth/cm	颜色 Soil color	质地 Soil texture	土壤结构 Soil structure	pH	有机质 OM/(g/kg)	全氮 TN/(g/kg)	全磷 TP/(g/kg)	碱解氮 AN/(mg/kg)	有效磷 AP/(mg/kg)	速效钾 AK/(mg/kg)	土壤母质 Parent material	剖面点坐标 Profile coordinate	匹配指数 Matching index/%
剖54	人为土	水稻土	紫色土性水稻土	暗紫泥田	鸭屎泥田	1	0—23	灰棕紫色	重壤土	微粒状	8.3	38.1	2.06	1.56	150	42.0	90	紫色砂泥岩坡积物	E 106°56′30.9″ N 30°28′14.4″	97
						2	23—100	青灰色	重壤土	小棱柱状	7.9	18.5	1.13	1.04						
剖55	铁铝土	黄壤	黄壤	冷砂黄泥土	冷砂土	1	0—20	黄棕色	中砾轻壤土	粒状	5.6	12.4	0.89	0.93	50	41.0	86	黄色石英砂岩风化物	E 106°53′21.8″ N 30°28′09.1″	73
						2	20—70	棕黄色	中壤土	粒状	5.6	4.8	0.33	0.28						
剖56	人为土	水稻土	黄壤性水稻土	矿子黄泥田	鸭屎泥田	1	0—21	浅灰黄色	轻黏土	微粒状	8.3	38.4	2.17	1.49	148	36.0	140	石灰岩风化物、灰岩坡积物	E 106°53′47.0″ N 30°27′52.6″	97
						2	21—50	绿灰色	轻黏土	整体状	8.6	24.6	1.38	0.92						
						3	50—100	棕黄色	重壤土	棱柱状	8.5	33.9	1.76	0.94						
剖57	人为土	水稻土	紫色土性水稻土	冷水黄泥水稻土	黄砂泥田	1	0—22	灰黄色	中壤土	粒状	5.5	20.4	0.93	0.66	76	27.0	74		E 106°52′38.7″ N 30°27′43.1″	70
						2	22—51	灰棕色	中壤土	大棱柱状	5.7	10.1	0.55	0.45						
						3	51—100	棕色	中壤土	棱柱状	5.3	6.3	0.43	0.45						
剖58	铁铝土	黄壤	黄壤	矿子黄泥土	黄泥土	1	0—17	黄棕色	少砾轻黏土	碎块状	6.2	18.9	1.20	0.75	95	10.0	132	灰岩、燧石岩风化物	E 106°55′16.3″ N 30°27′33.1″	70
						2	17—42	紫黄色	少砾轻黏土	块状	5.2	13.5	0.96	0.60						
						3	42—100	黄棕色	中壤土	大块状	5.0	17.5	0.72	0.64						
剖59	人为土	水稻土	潮土型水稻土	紫色潮土田	白鳝泥田	1	0—17	黄棕色	中壤土	粒状	5.6	17.4	1.00	0.42	89	13.0	55	紫色冲积物	E 106°45′25.8″ N 30°27′32.7″	95
						2	17—34	灰白色	中壤土	大块状	6.2	12.6	0.74	0.36						
						3	34—100	棕黄色	重壤土	小棱柱状	7.0	2.5	0.29	0.35						
剖60	初育土	紫色土	中性紫色土	暗紫泥土	黄泥土	1	0—21	黄棕色	轻黏土	碎块状	6.4	22.3	1.75	1.14	162	16.0	115	砂岩、砂泥岩坡积物、残积物	E 106°55′22.8″ N 30°26′43.8″	99
						2	21—105	棕黄色	轻黏土	棱块状	6.1	6.7	0.79	1.01						
剖61	初育土	紫色土	中性紫色土	暗紫泥土	泡黄泥土	1	0—17	黄棕色	轻黏土	粒状	6.2	21.9	1.55	1.07	122	10.0	150	砂岩、砂泥岩坡积物、残积物	E 106°54′08.2″ N 30°25′57.9″	82
						2	17—33	棕黄色	轻黏土	棱柱状	6.4	13.8	1.12	0.94						
						3	33—60	棕黄色	轻黏土	大块状	6.6	8.1	8.12	1.23						

武 胜 县

主要土类说明

水稻土是武胜县的主要土壤类型，占本县地域面积的49%。水稻土是在长期季节性淹灌、水下翻耕、季节性脱水、氧化还原交替影响下，原来成土母质或母土的特性发生重大改变，形成的新的土壤类型。由于干湿交替，水稻土形成糊状淹育层、较坚实板结的犁底层、渗育层、潴育层与潜育层等多种发生层段。这些不同发生层段是在人为耕作、水浆管理下形成的。

紫色土是武胜县第二大土壤类型，占本县地域面积的44%。成土母质为紫色砂泥岩残积物、坡积物。紫色土是由热带、亚热带紫红色岩层直接风化形成的A-C型土壤。其理化性质与母岩组成直接相关，土层浅薄，剖面层次发育不明显，仍处于初育阶段。母岩富含矿质养分，且风化迅速。

小于本县地域面积3%的土壤类型还有新积土、黄壤等。

本区域中心区气候特征

本区域中心区气候特征值
Regional climate characteristics in central area of the region

气候带：中亚热带湿润气候 Climate region:Subtropical humid climate	
年平均气温 /℃ Annual average temperature /℃	17.6
年平均最高气温 /℃ Annual average maximum temperature /℃	21.4
年平均最低气温 /℃ Annual average minimum temperature /℃	14.8
年降水量 /mm Annual precipitation /mm	1040
≥10℃的积温 /℃ Daily temperature accumulated in a year (≥10℃) /℃	6518
年日照时数 /h Annual sunshine /h	1109
年平均相对湿度 /% Annual average relative humidity /%	80
干燥度 Dryness	1.02

本区域中心区月平均气温与月平均降水量
Monthly temperature and precipitation in central area of the region

武胜县主要土壤类型与土壤剖面点分布图

1 : 180 000

图 例
- 水稻土
- 紫色土
- 新积土
- 黄壤
- ⊗ 剖面点

武胜县土壤剖面理化性状表

剖面号 Soil profile	土纲 Soil order	土类 Soil great group	亚类 Soil subgroup	土属 Soil genus	土种 Soil species	土层代码 Layer code	土层厚度 Depth/cm	颜色 Soil color	质地 Soil texture	土壤结构 Soil structure	pH	有机质 OM (g/kg)	全氮 TN (g/kg)	全磷 TP (g/kg)	碱解氮 AN (mg/kg)	有效磷 AP (mg/kg)	速效钾 AK (mg/kg)	阳离子交换量CEC (cmol/kg)	土壤母质 Parent material	剖面点坐标 Profile coordinate	匹配指数 Matching index/%
剖1	铁铝土	黄壤	黄壤	老冲积黄泥土	卵石黄泥土	A	0—20	棕黄色	黏土	粒状	5.5	8.8	0.68	0.28	58	3.0	146	16.5	老冲积黄色黏土、砾石混合堆积物	E 106°08′00.6″ N 30°32′03.0″	76
						2	20—30	棕黄色	黏土	板状	5.5	7.6	0.64	0.25	53	2.0	117				
						3	30—60	灰黄色	黏土	小棱块状	5.1	7.2	0.61	0.24	61	2.0	132				
						4	60—100	灰黄色	黏土	小棱块状	5.6	2.8	0.48	0.18	26	1.0	127				
剖2	初积土	冲积土	灰棕色冲积土	潮砂土	A	0—19	灰棕黄色	轻壤土	不稳定粒状	7.6	7.2	0.40	0.60	26	8.0	63	7.0	灰棕色冲积物	E 106°07′06.7″ N 30°31′44.8″	78
						2	19—30	灰棕黄色	轻壤土	粒状	7.7	5.5	0.43	0.57	26	2.0	40				
						3	30—56	灰棕黄色	轻壤土	碎块状	7.8	5.1	0.40	0.60	20	2.0	65				
						4	56—100	灰棕黄色	轻壤土	棱块状	7.7	3.5	0.40	0.67		8.0	45				
剖3	铁铝土	黄壤	黄壤	老冲积黄泥土	死黄泥土	A	0—20	棕黄色	重壤土	粒状	5.2	5.9	0.50	0.20	39	4.0	154	14.7	老冲积物	E 106°09′15.5″ N 30°31′35.8″	90
						C	20—100	灰黄色	重壤土	核状	5.3	2.4	0.34	0.14	17	2.0	130				
剖4	人为土	水稻土	黄壤性水稻土	老冲积黄泥田	卵石黄泥田	A	0—20	浅黄灰色	少砾粉粒质重壤土	粒状	5.1	13.4	0.81	0.36	99	7.0	110	8.7	第四纪水沉积物	E 106°06′01.1″ N 30°28′08.4″	89
						2	20—29	灰黄色	少砾粉粒质重壤土	粒状	5.1	10.3	0.66	0.19	84	4.0	90				
						3	29—40	棕黄色	少砾粉粒质重壤土	粒状	5.3	4.7	0.34	0.20	44	2.0	47				
						4	40—100	棕黄色	少砾粉粒质重壤土	粒状	5.5	2.9	0.29	0.11		1.0	75				
剖5	初积土	冲积土	灰棕冲积土	潮泥土	A	0—20	灰棕色	中壤土	粒状	7.8	11.4	0.71	0.73	61	4.0	103	12.5	灰棕色冲积物	E 106°09′18.5″ N 30°26′22.3″	84
						2	20—31	灰棕色	中壤土	小块状	7.9	6.6	0.46	0.67	35	2.0	71				
						3	31—58	灰棕色	中壤土	小块状	8.0	6.2	0.46	0.59	30	3.0	73				
						4	58—100	灰棕色	重壤土	小棱块状	8.0	3.0	0.49	0.41		17.0	75				
剖6	人为土	水稻土	紫色土性水稻土	灰棕紫色水稻土	油砂泥田	A	0—16	浅黄棕色	重壤土	微团粒状	5.7	15.7	0.93	0.28	91	3.0	136	24.5	灰棕紫色泥岩坡积物	E 106°00′52.6″ N 30°23′59.6″	79
						G	16—27	浅黄棕色	重壤土	整体状	5.9	14.2	0.84	0.26	83	5.0	95				
						P	27—100	灰棕色	重壤土	棱柱状	6.1	11.9	0.74	0.20	66	2.0	82				
剖7	人为土	水稻土	紫色土性水稻土	灰棕紫色水稻土	豆瓣泥田	A	0—20	白灰棕色	中壤土	棱柱状	6.6	24.1	3.14	0.43	110	2.0	131	26.8	灰棕紫色泥岩坡积物	E 106°06′06.5″ N 30°21′01.1″	85
						2	20—34	白灰棕色	中壤土	棱柱状	6.7	23.8	1.26	0.38	100	2.0	152				
						W	34—44	红棕色	中壤土	状状	7.1	21.3	1.06	0.35	84	2.0	124				
剖8	初育土	新积土	冲积土	紫色冲积土	砂土	A	0—20	浅灰棕紫色	黏土	小棱柱状	7.3	8.8	0.58	0.42	55	11.4	99	11.3	冲积物	E 106°22′54.1″ N 30°27′17.3″	86
						C	21—100	浅黄棕紫色	黏土	碎块状	7.2	3.8	0.27	0.33	27	1.0	78				
剖9	人为土	水稻土	冲积型水稻土	紫色冲积水稻土	半砂半泥田	A	0—20	灰棕紫色	中壤土	粒状	5.9	13.6	0.78	0.26	82	7.0	123	15.4	紫色冲积物	E 106°19′30.4″ N 30°27′02.9″	71
						2	20—34	灰棕色	中壤土	棱柱状	6.6	9.6	0.58	0.24	63	4.0	82				
						3	34—44	灰棕色	中壤土	棱柱状	6.7	4.1	0.29	0.14	28	2.0	69				
						4	44—100	灰棕色	中壤土	无明显结构	7.0	2.1	0.20	0.14		3.0	57				
剖10	人为土	水稻土	紫色土性水稻土	紫色冲积水稻土	深脚烂泥田	A	0—21	浅黄棕紫色	黏土	块状	6.4	20.2	1.04	0.22	90	2.0	114	21.7	紫色冲积物	E 106°20′04.6″ N 30°26′59.6″	91
						G_3	22—65	黑棕紫色	黏土	整体状	6.5	20.7	1.02	0.21	90	2.0	103				
						G	65—92	灰棕紫色	黏土	整体状	6.5	20.2	1.03	0.15	69	2.0	111				
						P	92—110	灰棕色	黏土	棱柱状	6.6	4.5	0.35	0.15		4.0	118				
剖11	人为土	水稻土	紫色土性水稻土	灰棕紫色水稻土	白鳝泥田	A	0—27	灰棕色	重壤土	碎块状	5.0	18.3	0.97	0.15	89	2.0	93	13.4	灰棕紫色砂泥岩坡积物	E 106°23′07.1″ N 30°27′30.1″	98
						G_3	27—50	黑棕色	重壤土	无明显结构	5.2	19.5	1.00	0.15	90	3.0	91				
						3	50—80	褐棕色	重壤土	无明显结构	5.3	17.0	0.83	0.11	69	2.0	99				
						4	80—100	灰白色	重壤土	无明显结构	5.4	12.7	0.67	0.07		2.0	98				
剖12	人为土	水稻土	紫色土性水稻土	灰棕紫色水稻土	棱砂泥田	A	0—19	浅灰棕紫色	轻黏土	团块状	8.0	12.5	0.75	0.66	61	3.0	116	23.1	灰棕紫色砂泥岩坡积物	E 106°15′20.9″ N 30°23′20.0″	90
						2	19—28	浅灰棕紫色	轻黏土	块状	8.0	12.1	0.81	0.67	62	5.0	125				
						P	28—80	棕色	轻黏土	大棱柱状	8.0	12.1	0.79	0.65	62	1.0	137				

续表 Continued

剖面号 Soil profile	土纲 Soil order	土类 Soil great group	亚类 Soil subgroup	土属 Soil genus	土种 Soil species	土层码 Layer code	土层厚度 Depth/cm	颜色 Soil color	质地 Soil texture	土壤结构 Soil structure	pH	有机质 OM/(g/kg)	全氮 TN/(g/kg)	全磷 TP/(g/kg)	碱解氮 AN/(mg/kg)	有效磷 AP/(mg/kg)	速效钾 AK/(mg/kg)	阳离子交换量CEC/(cmol/kg)	土壤母质 Parent material	剖面点坐标 Profile coordinate	匹配指数 Matching index/%
剖13	人为土	水稻土	冲积型水稻土	紫色冲积水稻土	白鳝泥田	A	0—21	棕灰白色	重壤土	蜂窝状	5.0	17.8	0.96	0.12	89	1.0	122	17.4	紫色冲积物	E 106°19′20.3″ N 30°22′41.2″	79
						G₁	21—36	青灰色	重壤土	紧体状	5.1	18.1	0.96	0.11	92	2.0	136				
						3	36—79	灰白色	重壤土	棱块状	5.4	15.4	0.81	0.12	70	1.0	96				
						C	79—	灰白色	重壤土	无明显结构	5.6	4.4	0.21	0.25		6.0	112				
剖14	人为土	水稻土	紫色土性水稻土	灰棕紫色水稻土	鸭屎泥田	A	0—18	灰褐色	重壤土	核状	5.8	17.2	0.97	0.15	110	2.0	118	12.7	灰棕紫色砂泥岩坡积物	E 106°21′35.6″ N 30°22′01.6″	93
						G₃	18—30	黑褐色	重壤土	无明显结构	6.1	11.6	0.68	0.11	60	1.0	72				
						3	30—100	灰黄色	粗砂粒重壤土	无明显结构	6.4	1.3	0.21	0.13	10	1.0	39				
剖15	人为土	水稻土	紫色土性水稻土	灰棕紫色水稻土	灰砂泥田	A	0—20	灰紫色	重壤土	小块结构	6.8	14.4	0.88	0.27	86	2.0	127	25.6	灰棕紫色砂泥岩坡积物	E 106°24′22.7″ N 30°20′15.7″	73
						2	20—30	褐灰紫色	重壤土	扁平块状	6.8	13.4	0.81	0.32	72	2.0	113				
						3	30—100	黄灰紫色	重壤土	大棱柱状	6.4	12.4	0.80	0.27	6	2.0	98				
剖16	初育土	紫色土	棕紫泥土	灰棕紫泥土	黄泥土	A	0—17	黄灰紫色	重壤土	碎块状	6.0	7.7	0.52	0.50	42	5.0	109	20.0	灰棕紫泥岩残积物、坡积物	E 106°13′40.1″ N 30°18′18.4″	71
						D	35—		重壤土	块状	6.1	5.4	0.44	0.46	29	2.0	86				
剖17	人为土	水稻土	冲积型水稻土	灰棕冲积水稻土	潮砂田	A	0—22	灰棕色	轻壤土	不稳定粒状	7.7	9.9	0.52	0.61	44	3.0	69	9.8	灰棕色冲积物、洪积物	E 106°14′24.0″ N 30°16′42.2″	93
						2	22—40	褐灰棕色	轻壤土	块状	7.8	9.6	0.61	0.69	57	3.0	95				
						C	40—102	黄灰棕色	轻壤土	小块状	8.0	5.6	0.40	0.62		1.0	76				
剖18	人为土	水稻土	黄壤性水稻土	老冲积黄泥田	白鳝泥田	A	0—15	灰红色	重壤土	扁平块状	5.1	14.9	0.84	0.21	89	8.0	109	6.8	第四纪冰水沉积物	E 106°11′49.9″ N 30°16′11.6″	82
						2	15—27	棕红色	重壤土	碎块状	5.1	14.4	0.83	0.20	82	8.0	92				
						C	27—	灰白色	重壤土	块状											
剖19	人为土	水稻土	黄壤性水稻土	老冲积黄泥田	死黄泥田	A	0—15	棕红色	重壤土	碎块状	5.2	15.3	0.90	0.23	85	4.0	70	10.5	第四纪冰水沉积物	E 106°12′42.8″ N 30°15′52.2″	74
						2	15—28	棕红色	重壤土	块状	5.3	14.0	0.81	0.23	83	4.0	65				
						3	28—43	棕红色	重壤土	小棱块状	5.8	3.7	0.37	0.15	32	1.0	99				
						4	43—100	深棕红色	重壤土	小块状	5.9	1.6	0.27	0.10		<1	107				
剖20	人为土	水稻土	冲积型水稻土	灰棕冲积水稻土	潮泥田	A	0—15	灰白色	中壤土	碎块状	5.0	11.5	0.70	0.19	68	3.0	74	9.3	第四纪冰水沉积物	E 106°10′59.9″ N 30°15′49.7″	72
						2	15—23	棕红色	中壤土	块状	5.3	11.4	0.62	0.20	66	3.0	63				
						3	23—44	棕红色	中壤土	棱块状	5.8	6.4	0.42	0.15	42	2.0	40				
						4	44—100	棕红色	中壤土	碎块状	6.4	3.9	0.25	0.19		1.0	39				
剖21	人为土	水稻土	紫色土性水稻土	灰棕紫色水稻土	黄泥田	A	0—29	灰棕色	重壤土	大棱柱状	7.4	12.5	0.80	0.64	59	6.0	130	10.8	灰棕色冲积物、洪积物	E 106°12′40.4″ N 30°14′07.5″	85
						2	29—45	棕灰色	重壤土	粒状,团块状	7.6	12.7	0.86	0.73	68	5.0	121				
						P	45—100	深棕黄色	重壤土	扁平块状	7.7	6.6	0.42	0.65	34	2.0	99				
剖22	人为土	水稻土	冲积型水稻土	灰棕冲积水稻土	冷浸烂泥田	A	0—18	灰棕色	重壤土	小块状	6.1	12.9	0.93	0.35	88	4.0	101	12.1	灰棕紫色砂泥岩、洪积物	E 106°12′55.8″ N 30°12′55.2″	100
						2	18—28	浅深棕黄色	重壤土	块状	6.0	14.9	1.02	0.36	82	4.0	101				
						3	28—60	深棕黄色	中壤土	块状	6.4	3.3	0.45	0.25	30	2.0	89				
剖23	人为土	水稻土	紫色土性水稻土	紫色冲积水稻土	砂田	A	0—20	棕黄色	黏土	糊状	7.1	27.0	1.28	0.64	126	4.0	121	16.1	紫色紫色砂岩	E 106°14′37.0″ N 30°12′52.2″	97
						2	20—60	浅灰褐紫色	黏土	无明显结构	7.3	24.5	1.23	0.57	120	4.0	116				
						P	60—	灰灰色	黏土	大棱柱状	7.5	21.1	1.02	0.51		3.0	130				
剖24	人为土	水稻土	冲积型水稻土	灰棕紫色水稻土	黄泥田	A	0—18	灰棕黄色	轻壤土	粒状	6.5	11.1	0.66	0.40	72	18.0	67	11.7	紫色紫色砂岩	E 106°19′14.2″ N 30°18′52.9″	82
						2	18—30	灰灰褐黄色	轻壤土	小块状	6.5	8.5	0.51	4.10	49	19.0	92				
						3	30—78	红灰紫色	轻壤土	无明显结构	6.8	2.1	0.18	0.28	19	17.0	46				
剖25	人为土	水稻土	紫色土性水稻土	灰棕紫色水稻土	大眼泥田	A	0—20	灰灰褐紫色	黏土	粒状,小块状	6.5	26.8	1.53	0.47	152	5.0	157	26.9	灰棕紫色砂岩坡积物	E 106°23′33.3″ N 30°18′14.0″	85
						G₁	25—60	灰紫色	黏土	块状	6.9	22.7	1.32	0.41	109	3.0	122				
						G₂	60—100	灰灰紫色	黏土	大棱柱状	6.7	24.5	1.41	0.38	118	12.0	128				
剖26	初育土	新积土	冲积土	灰棕冲积土	白砂土	A	0—30	灰棕色	壤质砂土	单粒状	7.0	2.4	0.13	0.37	15	1.0	32	1.2	灰棕色冲积物	E 106°15′58.5″ N 30°18′10.9″	83
						C	30—125	浅灰黄色	壤质砂土	单粒状	7.5	5.3	0.32	0.48		2.0	54				

续表 Continued

剖面号 Soil profile	土纲 Soil order	土类 Soil great group	亚类 Soil subgroup	土属 Soil genus	土种 Soil species	土层码 Layer code	土层厚度 Depth/cm	颜色 Soil color	质地 Soil texture	土壤结构 Soil structure	pH	有机质 OM/(g/kg)	全氮 TN/(g/kg)	全磷 TP/(g/kg)	碱解氮 AN/(mg/kg)	有效磷 AP/(mg/kg)	速效钾 AK/(mg/kg)	阳离子交换量CEC/(cmol/kg)	土壤母质 Parent material	剖面点坐标 Profile coordinate	匹配指数 Matching index/%
剖27	人为土	水稻土	冲积型水稻土	紫色冲积水稻土	黄泥田	A	0—13	棕黄色	重壤土	团块状	5.6	14.0	0.75	0.15	87	1.0	125	10.3	紫色冲积物	E 106°24′16.6″ N 30°17′37.7″	94
						G	13—20	灰褐紫色	重壤土	整体状	5.6	13.9	0.76	0.14	77	1.0	123				
						G₁	20—35	灰褐紫色	重壤土	整体状	5.8	8.5	0.49	0.12		1.0	45				
						4	35—55	棕黄色	重壤土	棱柱状	5.9	4.8	0.27	0.13		1.0	40				
						5	55—100	棕黄色	重壤土	棱块状	6.0	2.7	0.19	0.10		1.0	33				
剖28	人为土	水稻土	冲积型水稻土	紫色冲积水稻土	鸭屎泥田	A	0—20	棕黄色	重壤土	块状	6.0	17.8	0.90	0.13	80	2.0	118	12.7	紫色冲积物	E 106°23′48.1″ N 30°17′18.2″	99
						G	20—40	灰褐色	重壤土	无明显结构	6.2	18.6	0.61	0.11	48	1.0	72				
						G₃	40—90	深灰褐紫色	重壤土	无明显结构	6.3	11.0	0.21	0.13	20	1.0	39				
						4	90—														
剖29	初育土	紫色土	棕紫泥土	灰棕紫泥土	油砂泥土	A	0—17	灰紫色	中壤土	粒状	6.4	6.1	0.47	0.64	54	7.0	119	17.1	灰棕紫色砂泥岩残积物、坡积物	E 106°21′28.1″ N 30°17′12.1″	73
						2	17—27	黄棕紫色	中壤土	小块状	6.6	4.5	0.36	0.31	32	2.0	75				
						D	27—	灰紫色													
剖30	人为土	水稻土	冲积型水稻土	紫色冲积水稻土	大眼泥田	A	0—22	灰紫色	重壤土	碎块状	7.0	26.7	1.29	0.45	107	5.0	140	24.4	紫色冲积物	E 106°20′31.2″ N 30°16′08.8″	74
						P	22—42	灰紫色	重壤土	大棱柱状	7.2	16.4	0.90	0.35	70	3.0	159				
						3	42—50	棕黄色	重壤土	小棱柱状	6.4	2.5	0.22	0.10	20	1.0	122				
						4	50—80	灰白色	重壤土	小棱块状	6.4	2.0	0.22	0.07		2.0	86				
剖31	人为土	水稻土	紫色土性水稻土	灰棕紫色水稻土	黄泥田	A	0—24	浅棕黄紫色	重壤土	块状	6.0	12.5	0.74	0.28	65	7.0	145	26.1	灰棕紫色砂泥岩坡积物	E 106°21′47.6″ N 30°15′14.1″	89
						G₁	24—33	浅灰黄紫色	重壤土	大棱柱状	6.2	11.0	0.65	0.25	63	8.0	133				
						P	33—70	灰成黄紫色	重壤土		6.2	8.7	0.55	0.31	50	11.0	143				
						D	70—														

邻 水 县

主要土类说明

紫色土是邻水县的主要土壤类型，占本县地域面积的42%，主要分布于本县向斜槽谷。母质为侏罗系紫色砂泥岩，以及富含钾、磷、钙、镁、锰成分的长石、云母、磷灰石等多种矿物。一般无碳酸盐反应，土壤呈微酸性至微碱性。母质风化程度浅，品质好，发育浅，肥力高，为本县主要农业基地。

黄壤是邻水县第二大土壤类型，占本县地域面积的29%。黄壤是在亚热带气候常绿林及落叶林下，由石灰岩、黄色砂页岩和第四纪砾石黏土等经化学风化发育而成，因铁质水化作用而呈黄色。分布在低山及河流阶地，风化程度较深，胶体品质差，有较明显的黏化和富铝化过程，土壤呈酸性或微碱性，质地为重壤土至黏土。

石灰（岩）土是邻水县第三大土壤类型，占本县地域面积的17%。石灰（岩）土发生于热带、亚热带石灰岩山区，是石灰岩经溶蚀风化，形成的厚薄不同的钙质饱和或含游离钙质的土壤，多见于石隙、溶洞或峰丛底部。该土壤碳酸钙淋溶程度不一，多黏土，多为铁钙质胶结物，风化程度不一，盐基饱和度高，有机质含量及胶结状态有较大差异。

水稻土占本县地域面积的12%。水稻土是在长期季节性淹灌、水下翻耕、季节性脱水、氧化还原交替影响下，原来成土母质或母土的特性发生重大改变，形成的新的土壤类型。由于干湿交替，水稻土形成糊状淹育层、较坚实板结的犁底层、渗育层、潴育层与潜育层等多种发生层。这些不同发生层段是在人为耕作、水浆管理下形成的。本县水稻土分为黄壤性水稻土、紫色土性水稻土、冲积型水稻土等亚类。

本区域中心区气候特征

本区域中心区气候特征值
Regional climate characteristics in central area of the region

气候带：中亚热带湿润气候 Climate region: Subtropical humid climate	
年平均气温 /℃ Annual average temperature /℃	17.5
年平均最高气温 /℃ Annual average maximum temperature /℃	21.4
年平均最低气温 /℃ Annual average minimum temperature /℃	14.7
年降水量 /mm Annual precipitation /mm	1121
≥10℃的积温 /℃ Daily temperature accumulated in a year (≥10℃) /℃	6364
年日照时数 /h Annual sunshine /h	1104
年平均相对湿度 /% Annual average relative humidity /%	80
干燥度 Dryness	0.94

本区域中心区月平均气温与月平均降水量
Monthly temperature and precipitation in central area of the region

邻水县主要土壤类型与土壤剖面点分布图
1∶260 000

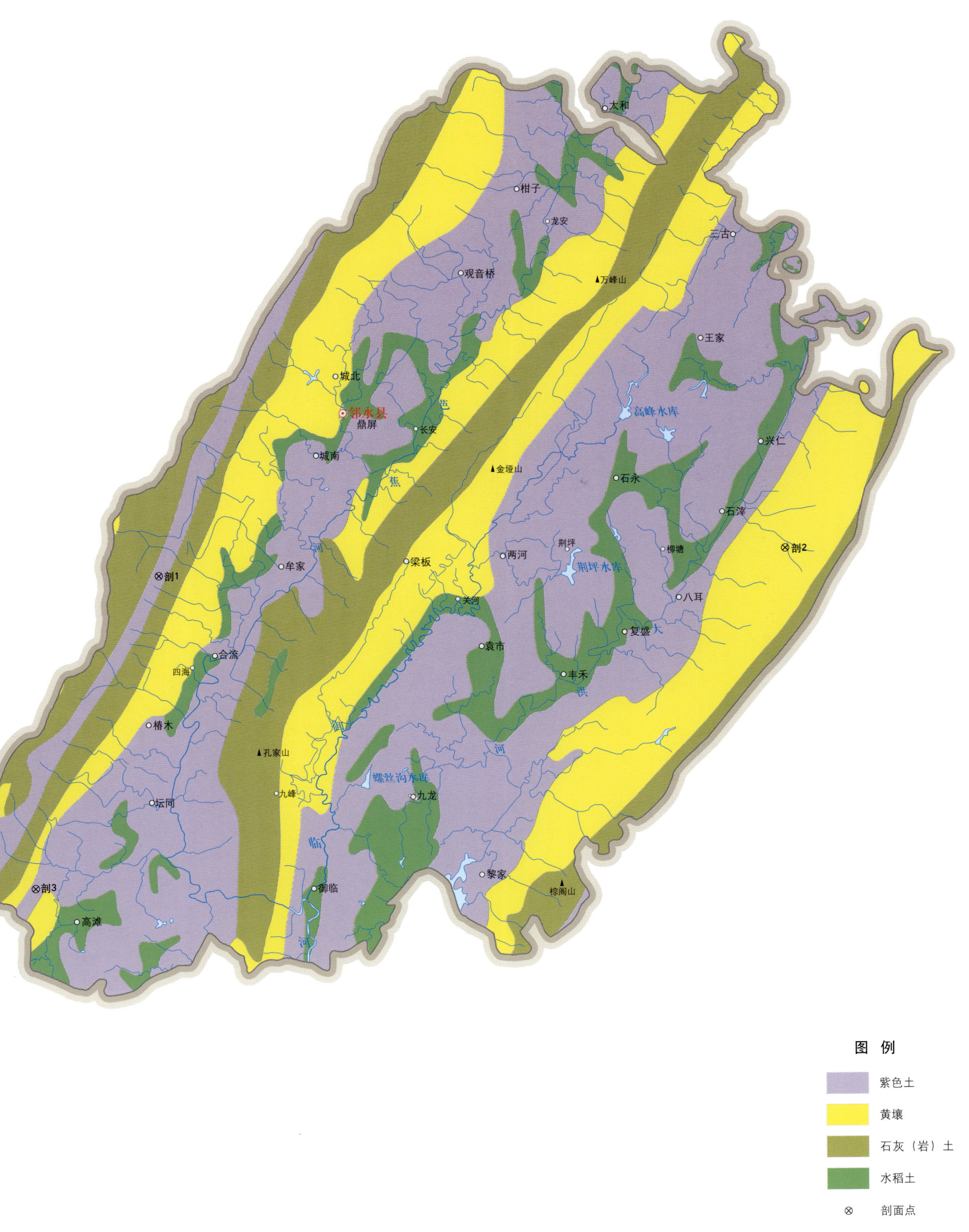

图 例

- 紫色土
- 黄壤
- 石灰（岩）土
- 水稻土
- ⊗ 剖面点

邻水县土壤剖面理化性状表

剖面号 Soil profile	土纲 Soil order	土类 Soil great group	亚类 Soil subgroup	土属 Soil genus	土种 Soil species	土层码 Layer code	土层厚度 Depth/cm	颜色 Soil color	质地 Soil texture	土壤结构 Soil structure	土壤母质 Parent material	剖面点坐标 Profile coordinate	匹配指数 Matching index/%
剖1	初育土	紫色土	棕紫泥	暗紫泥土	大眼泥土	A	0—20	暗棕紫色	黏壤土	核状	紫色砂页岩	E 106°48′20.9″ N 30°14′57.5″	77
						2	20—30	暗棕紫色	黏壤土	棱块状			
						3	30—100	暗紫色	黏土	块状			
剖2	铁铝土	黄壤	黄壤	冷砂黄泥土	黄泥土	A	0—17	浅黄棕色	重壤土	块状	灰岩、燧石灰岩	E 107°12′27.0″ N 30°15′27.0″	85
						2	17—33	浅黄棕色	黏壤土	棱柱状			
						3	38—100	黄棕色	黏壤土	棱块状			
剖3	初育土	紫色土	棕紫泥	灰棕紫泥土	大泥土	A	0—20	紫棕色	重壤土	核状		E 106°43′22.1″ N 30°04′38.7″	77
						2	21—40	紫棕色	重壤土	大棱柱状			
						3	40—100		黏壤土	小棱柱状			

华 蓥 市

主要土类说明

黄壤是华蓥市的主要土壤类型，占本市地域面积的37%，主要分布在低山地区和丘陵高平台上。成土母质为第四纪冰水沉积物等。本市地处中亚热带地区，气候温和，雨量充沛。这种水热条件有利于土壤矿物质的水解作用，盐基物质易被淋溶，铁质游离产生水化作用，土体黄化。由于风化程度深，黏粒较多，土质黏重，盐基淋失，酸化明显，形成黄泥土。黄壤具有土质黏重、酸化，养分含量低，耕层浅薄等特点。本市黄壤只有黄壤一个亚类。

水稻土是华蓥市第二大土壤类型，占本市地域面积的28%，遍布全市各地，以槽坝、中浅丘地区所占面积最大。不同母质上形成的水稻土，土体构型虽然不同，但在形成过程中，土壤的氧化与还原、盐基的淋溶与淀积、有机质的累积与分解、养分的固定与释放、土壤微生物区系的变化等有着共同的特征。水稻土在淹水与水耕熟化后，氧化还原作用加强，有机质逐渐积累，剖面形态特征发生了变化，形成了特有的淹育层、初期潴育层、潴育层、潜育层，这些层次在土体中以多种形式组合，反映了水稻土的水热变化状况，而且与水稻土的通气、透水、养分转化等过程密切相关，是水稻土肥力状况的重要指标。在淹水条件下，水稻土的无机态氮易于还原，以铵态氮形式较为稳定，硝态氮因反硝化作用易于挥发损失或随水流失，故稻田中以铵态氮为主。此外，在淹水条件下，由于pH发生了变化，磷的有效性提高，钾素的供给增多。本市水稻土分为潮土性水稻土、紫色土性水稻土和黄壤性水稻土等亚类。

紫色土是华蓥市第三大土壤类型，占本市地域面积的28%。风化成土时间短，岩石以物理风化为主，化学风化较弱，不具备富铝化特征，盐基养分淋失少，酸性不明显，有机质含量低，氮素缺乏。本市紫色土只有中性紫色土一个亚类。

石灰（岩）土占本市地域面积的5%。石灰（岩）土是石灰岩经溶蚀风化形成的厚薄不同的钙质饱和或含游离钙质的土壤，多见于石隙、溶洞或峰丛底部。该土壤碳酸钙淋溶程度不一，多黏土，多为铁钙质胶结物，风化程度不一，盐基饱和度高，有机质含量及胶结状态有较大差异。

小于本市地域面积3%的土壤类型还有潮土等。

本区域中心区气候特征

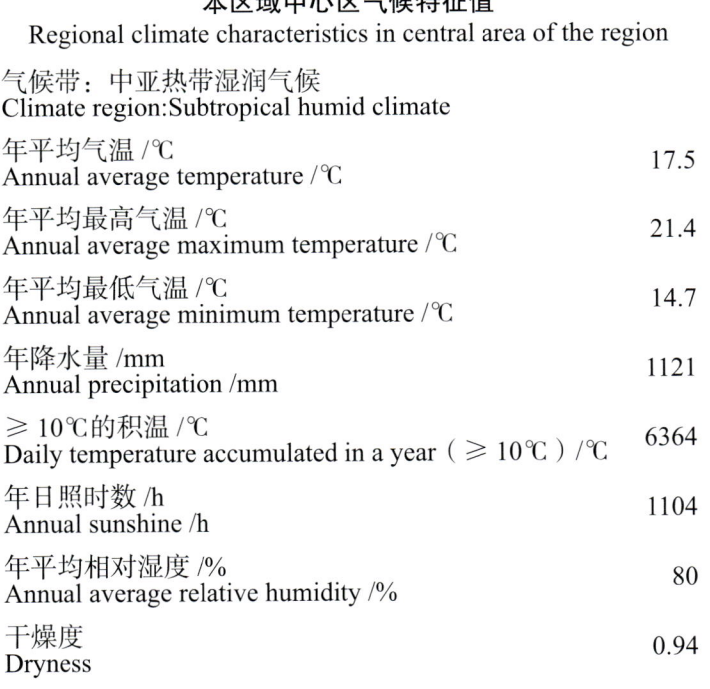

本区域中心区气候特征值
Regional climate characteristics in central area of the region

气候带：中亚热带湿润气候 Climate region: Subtropical humid climate	
年平均气温 /℃ Annual average temperature /℃	17.5
年平均最高气温 /℃ Annual average maximum temperature /℃	21.4
年平均最低气温 /℃ Annual average minimum temperature /℃	14.7
年降水量 /mm Annual precipitation /mm	1121
≥10℃的积温 /℃ Daily temperature accumulated in a year（≥10℃）/℃	6364
年日照时数 /h Annual sunshine /h	1104
年平均相对湿度 /% Annual average relative humidity /%	80
干燥度 Dryness	0.94

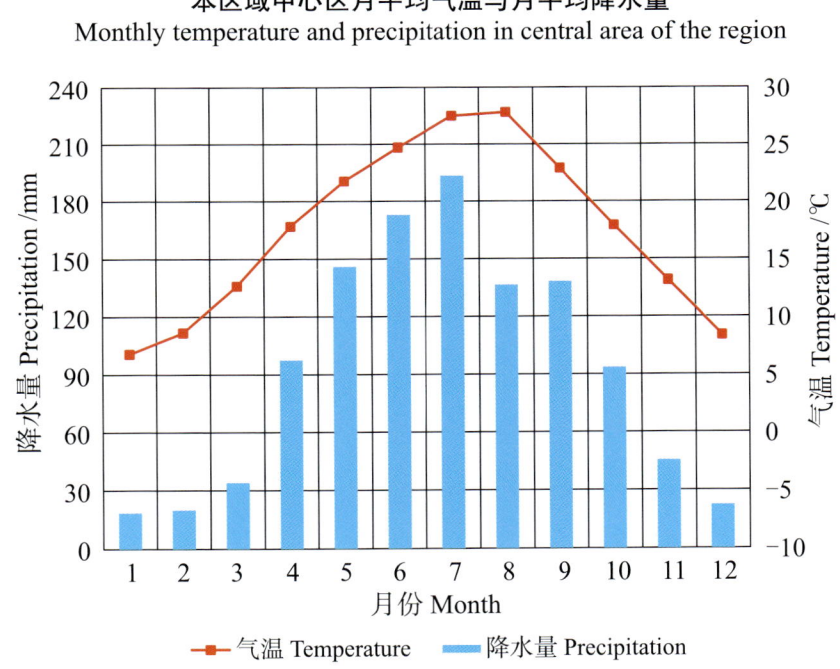

本区域中心区月平均气温与月平均降水量
Monthly temperature and precipitation in central area of the region

华蓥市主要土壤类型与土壤剖面点分布图
1∶130 000

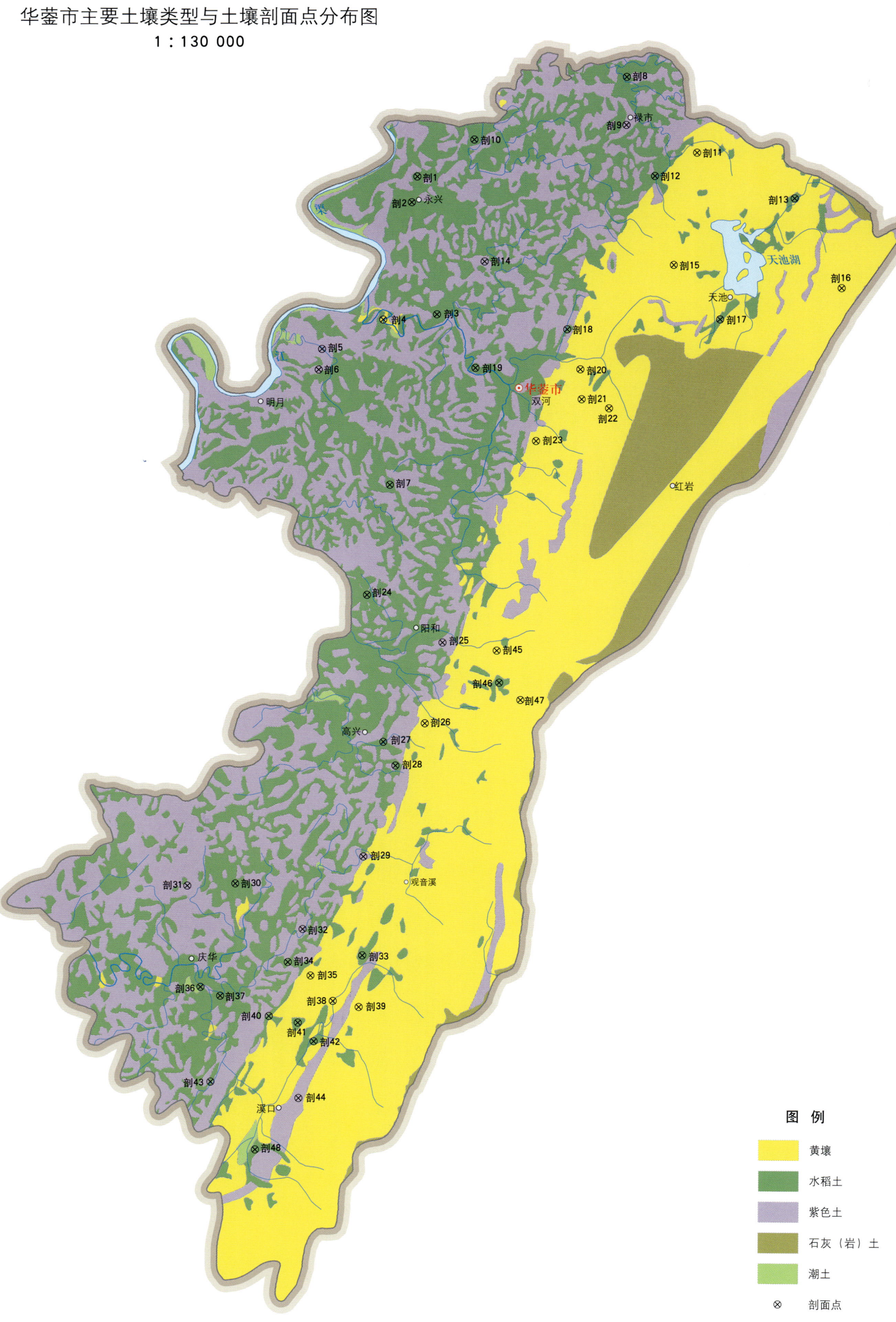

华蓥市土壤剖面理化性状表

剖面号 Soil profile	土纲 Soil order	土类 Soil great group	亚类 Soil subgroup	土属 Soil genus	土种 Soil species	土层码 Layer code	土层厚度 Depth/cm	颜色 Soil color	质地 Soil texture	土壤结构 Soil structure	pH	有机质 OM/(g/kg)	全氮 TN/(g/kg)	全磷 TP/(g/kg)	全钾 TK/(g/kg)	碱解氮 AN/(mg/kg)	有效磷 AP/(mg/kg)	速效钾 AK/(mg/kg)	阳离子交换量CEC/(cmol/kg)	土壤母质 Parent material	剖面点坐标 Profile coordinate	匹配指数 Matching index/%
剖1	人为土	水稻土	紫色土性水稻土	灰棕紫色水稻土	夹砂泥田	1	0—24	浅棕紫色	轻壤土	粒状	7.5	9.1	0.56	0.39		43	7.0	53	12.7	紫色砂岩、泥岩	E 106°44′27.6″ N 30°26′23.0″	71
						2	24—31	灰棕紫色	轻壤土	扁平状	7.8	5.5	0.42	0.38								
						3	31—97	棕紫色	中壤土	大棱柱状	8.1	5.5	0.45	0.41								
剖2	人为土	水稻土	紫色土性水稻土	灰棕紫色水稻土	油砂泥田	1	0—25	暗紫色	中壤土	粒柱状	6.3	16.7	0.95	0.43		76	2.2	68	22.1	砂岩	E 106°44′20.4″ N 30°25′56.3″	72
						2	25—46	浅棕紫色	中壤土	核柱状	6.1	13.6	0.78	0.42								
						3	46—70	棕紫色	中壤土	小棱柱状	6.5	11.6	0.72	0.39								
剖3	人为土	水稻土	紫色土性水稻土	灰棕紫色水稻土	大眼泥田	1	0—23	灰紫色	重壤土	碎块状	6.0	18.0	1.19	0.34		97	3.9	86	27.9	砂岩、泥岩风化残积物、坡积物	E 106°44′48.8″ N 30°23′59.3″	97
						2	23—30	灰紫色	重壤土	扁平块状	5.8	16.8	0.94	0.30								
						3	30—46	棕紫色	重壤土	大棱柱状	5.7	16.4	0.96									
						4	46—100			小棱柱状												
剖4	铁铝土	黄壤	黄壤	老冲积黄泥土	卵石黄泥土	1	0—19	黄色	重壤土	小块状	4.2	9.7	0.56	0.34		52	0.3	20	18.7	老冲积物	E 106°43′44.4″ N 30°23′54.6″	87
						2	19—46	黄色	重壤土	棱柱状	4.7	4.1	0.30	0.39								
						3	46—															
剖5	初育土	紫色土	中性紫色土	灰棕紫色土	砂土	1	0—16	棕紫色	轻壤土	粒状	4.5	15.9	0.86	0.45		83	21.0	57	13.9	紫色砂岩残积物	E 106°42′30.2″ N 30°23′24.7″	92
						2	16—	灰棕紫色	轻壤土		5.1	11.2	0.65	0.35								
剖6	初育土	紫色土	中性紫色土	灰棕紫色土	夹砂土	1	0—20	浅棕紫色	中壤土	粒状	5.8	13.3	0.64	0.41		62	17.0	54	18.5	砂泥岩风化坡积物、残积物	E 106°42′25.9″ N 30°23′03.5″	75
						2	20—70	棕紫色	中壤土	大棱柱状	5.7	8.2	0.46	0.37								
						3	70—	棕紫色	中壤土		6.1	6.0	0.37	0.41								
剖7	人为土	水稻土	紫色土性水稻土	灰棕紫色水稻土	紫口泥田	1	0—17	灰紫色	轻壤土	碎块状	5.1	8.4	0.73	0.21		51	2.2	24	10.4		E 106°43′49.8″ N 30°21′02.5″	90
						2	17—26	灰紫色	轻壤土	扁平状	6.2	7.0	0.46	0.19								
						3	26—69	棕紫色	重壤土	块状	7.0	1.9	0.24	0.13								
						4	69—100	灰棕紫色	重壤土	小棱柱状	6.9	1.9	0.28	0.13								
剖8	人为土	水稻土	黄壤性水稻土	灰棕紫色水稻土	冷浸烂泥田	1	0—26	青灰色	重壤土	微团状	5.2	24.2	1.38	0.20		130	0.9	73	26.2	坡积物	E 106°48′41.7″ N 30°28′02.9″	79
						2	26—70	青灰色	重壤土	整体状	5.7	22.6	1.34	0.17								
						3	70—100	浅灰黄色	重壤土	大棱柱状	6.0	20.2	1.11	0.16								
剖9	初育土	紫色土	中性紫色土	渗青紫泥田	油砂土	1	0—18	暗紫色	轻壤土	粒状	5.4	7.0	0.48	0.30		60	2.2	54	17.2	紫色砂泥	E 106°48′40.3″ N 30°27′13.0″	80
						2	18—38	浅棕紫色	轻壤土	小块状	6.1	3.6	0.30	0.21								
						3	38—	浅黄棕色	中壤土		6.2	2.8	0.29	0.26								
剖10	人为土	水稻土	渗青紫泥田	渗青紫泥田	豆瓣泥田	A	0—17	灰棕色	壤质黏土	碎块状	7.6	29.2	1.26	0.22	2.1	112	1.7	80	18.1	紫色砂泥岩风化物、残积物	E 106°45′37.0″ N 30°27′00.3″	92
						Pb	17—22	紫质棕色	壤质黏土	块状	6.6	22.4	1.15	0.12	1.9							
						P	22—80	紫质黏土	多砾重壤土	大棱柱状	7.1	20.0	1.45	0.14	2.0							
剖11	铁铝土	黄壤	黄壤	砂黄泥土	黄黄土	1	0—20	浅黄棕色	重壤土	粒状	4.7	15.0	1.12	0.46		73	3.1	140	23.1	岩层坡积物、残积物	E 106°50′04.9″ N 30°26′43.1″	95
						2	20—	浅黄棕色	重壤土	粒状	4.8	5.8	0.96	0.32								
剖12	人为土	水稻土	黄壤性水稻土	冷砂黄泥土	冷砂田	1	0—25	灰黄色	重壤土	粒状	5.2	31.2	1.73	0.24		108	0.9	39	13.4	砂岩风化物	E 106°49′13.8″ N 30°26′19.7″	75
						2	25—49	蓝灰黄色	重壤土	整体状	5.9	19.6	0.96	0.21								
						3	49—85	浅黄棕色	重壤土	大棱柱状	5.5	30.4	1.51	0.24								
剖13	人为土	水稻土	黄壤性水稻土	矿子黄泥田	死黄泥田	1	0—20	黄色	重壤土	小块状	6.9	20.8	1.22	0.32		116	0.9	132	16.2	灰岩	E 106°52′01.6″ N 30°25′54.1″	92
						2	20—36	黄色	重壤土	板状	6.8	15.5	0.97	0.30								
						3	36—74	浅灰黄色	中壤土	小棱柱状	7.5	15.4	1.01	0.31								
剖14	初育土	紫色土	中性紫色土	灰棕紫色土	黄夹泥土	1	0—15	黄色	重黏土	小块状	7.1	10.2	0.85	0.26		67	0.3	76	28.5	紫泥岩	E 106°45′47.2″ N 30°24′53.3″	70
						2	15—65	黄色	重黏土	小棱柱状	7.2	7.5	0.25									
						3	65—100	红黄色	重黏土	小棱柱状	7.1	2.4	0.44	0.17								

续表 Continued

剖面号 Soil profile	土纲 Soil order	土类 Soil great group	亚类 Soil subgroup	土属 Soil genus	土种 Soil species	土层码 Layer code	土层厚度 Depth/cm	颜色 Soil color	质地 Soil texture	土壤结构 Soil structure	pH	有机质 OM/(g/kg)	全氮 TN/(g/kg)	全磷 TP/(g/kg)	全钾 TK/(g/kg)	碱解氮 AN/(mg/kg)	有效磷 AP/(mg/kg)	速效钾 AK/(mg/kg)	阳离子交换量CEC/(cmol/kg)	土壤母质 Parent material	剖面点坐标 Profile coordinate	匹配指数 Matching index/%
剖15	铁铝土	黄壤	黄壤	矿子黄泥土	灰泡黄泥土	A	0—20	灰褐色	壤质黏土	粉粒状	6.5	29.0	1.85	0.16		144	0.4	141	21.9	地层灰岩风化物	E 106°49′34.9″ N 30°24′46.8″	95
						B	20—40	紫棕色	壤质黏土	块状	6.5	16.5	1.27	0.19								
						c	40—		壤质黏土			13.2	1.08	0.17								
剖16	铁铝土	黄壤	黄壤	粗骨性黄泥土	火石子土	1	0—23	浅棕黄色	中壤土	颗粒状	5.5	28.4	1.72	0.46		111	14.0	183	9.6		E 106°52′56.6″ N 30°24′20.2″	80
						2	23—61	灰棕黄色	轻砾石土	大棱柱状	5.4	35.4	2.24	0.32								
剖17	人为土	水稻土	黄壤性水稻土	矿子黄泥田	灰昌泥田	1	0—25	浅黄黄色	中壤土	粒状	7.4	31.5	1.60	0.40		100	3.9	90	36.5	紫色岩坡积物、残积物	E 106°50′29.8″ N 30°23′49.6″	72
						2	25—38	灰棕紫色	中壤土	扁平块状	7.5	27.6	1.54	0.40								
						3	38—70	灰棕紫色	重壤土	大棱柱状	7.5	11.8	0.94	0.30								
剖18	水稻土	水稻土	紫色土性水稻土	暗紫泥田	猪圧子泥田	1	0—25	暗紫色	少砾重壤土	碎块状	7.5	26.6	1.54	0.68		97	3.5	116	14.0	紫色泥岩、页岩	E 106°47′25.4″ N 30°23′41.6″	79
						2	25—40	紫色	中壤土	块状	7.2	22.4	1.44	0.60								
						3	40—															
剖19	人为土	水稻土	潮土型水稻土	黄色潮泥田	潮砂田	1	0—15	灰棕紫色	轻壤土	粒状	5.6	8.9	0.47	0.29		44	4.8	44	14.2	洪积物、冲积物	E 106°45′34.6″ N 30°23′03.1″	84
						2	15—23	棕黄色	中壤土	块状	6.5	6.3	0.38	0.25								
						3	23—68	浅黄色	中壤土	大棱柱状	5.7	5.3	0.36	0.20								
剖20	铁铝土	黄壤	黄壤	冷砂黄泥土	冷砂土	1	0—15	浅灰黄色	砾质轻壤土	粒状	5.7	10.3	0.68	0.24		50	0.9	46	15.8	黄色砂岩	E 106°47′40.6″ N 30°22′59.9″	92
						2	15—															
剖21	铁铝土	黄壤	黄壤	矿子泥土	黄泥土	1	0—21	浅棕黄色	轻黏土	碎块状	8.0	12.8	0.84	0.26		56	0.3	68	7.4	灰岩残积物	E 106°47′41.6″ N 30°22′28.9″	91
						2	21—46	棕黄色	中壤土	大棱柱状	7.7	8.4	0.94	0.26								
						3	46—															
剖22	铁铝土	黄壤	黄壤	粗骨性黄泥土	扁砂土	1	0—13	浅灰黄色	多砾重壤土	碎块状	5.3	26.1	1.58	0.52		137	0.9	141	15.2	砂岩、页岩坡积物、残积物	E 106°48′14.8″ N 30°22′19.2″	92
						2	13—35	浅黄紫色	多砾重壤土	碎块状	5.8	14.1	0.96	0.48								
						3	35—	黄色	砾质轻壤土	粒状	6.0	14.2	0.69	0.44								
剖23	铁铝土	黄壤	黄壤	冷砂黄泥土	炭渣子土	1	0—25	灰棕紫色	砾质轻壤土	粒状	5.2	51.8	1.34	0.34		57	2.2	68	12.8		E 106°46′46.2″ N 30°21′46.1″	80
						2	25—	黑色	壤质黏土	小块状	5.6	12.6	0.78	0.12	1.6	60	0.4	56	15.2	页岩风化物	E 106°43′20.5″ N 30°19′08.5″	90
剖24	人为土	水稻土	渗育水稻土	渗黄泥田	砂黄泥田	1	0—16	黄棕色	壤质黏土	块状	5.3	4.4	0.34	0.07	1.6							
						Ap	16—26	浅黄黄色	壤质黏土	棱柱状	5.4	3.9	0.28	0.07	1.5							
						P	26—63	棕黄色	中壤土	大棱柱状												
剖25	初育土	紫色土	中性紫色土	暗紫泥土	夹砂土	1	0—16	浅棕紫色	轻黏土	粒状	6.3	7.8	0.51	0.49		42	3.9	72	24.0	暗紫色砂岩、泥岩	E 106°44′50.6″ N 30°18′18.0″	81
						2	16—50	暗紫色	中壤土	棱柱状	5.9	8.9	0.54	0.52								
						3	50—															
剖26	紫色土	黄壤	紫色土性水稻土	暗紫泥田	黄砂泥田	1	0—25	灰棕紫色	轻黏土	粒状	4.3	18.4	1.24	0.32		99	0.9	109	21.5		E 106°44′28.3″ N 30°16′54.1″	94
						2	25—45	黄色	中壤土	块状	4.5	20.7	1.29	0.34								
						3	45—	黄色	轻壤土	扁平状	4.5	12.7	0.88	0.29								
剖27	人为土	水稻土	紫色土性水稻土	暗紫泥田	砂黄泥田	1	0—20	黄灰色	中壤土	粒平状	5.2	11.3	0.44	0.29		76	0.9	45	15.2	砂岩风化坡积物、残积物	E 106°43′38.3″ N 30°16′35.4″	84
						2	20—44	浅黄黄色	中壤土	粒平状	6.3	6.1	0.35	0.16								
						3	44—100	浅黄紫色	重壤土	大棱柱状	5.2	3.1	0.29	0.12								
剖28	水稻土	水稻土	紫色土性水稻土	暗紫泥田	大泥田	1	0—25	灰灰棕色	中壤土	粒状	6.4	10.8	0.61	0.41		68	4.8	62	23.2	暗紫色岩	E 106°43′52.7″ N 30°16′10.6″	85
						2	25—32	浅灰棕色	重壤土	块状	6.5	9.9	0.64	0.36								
						3	32—47	灰灰棕色	中壤土	大棱柱状	6.9	8.2	0.55	0.41								
						4	47—100	棕紫色	重壤土	小块状	6.6	8.5	0.61	0.31								
剖29	初育土	紫色土	中性紫色土	暗紫泥土	紫泥土	1	0—22	暗紫色	重壤土	小块状	5.9	7.0	0.48	0.28		56	3.1	59	22.3	暗紫色泥岩坡积物	E 106°43′12.7″ N 30°14′36.2″	100
						2	22—35	浅黄紫色	重壤土	扁平状	5.9	6.2	0.43	0.29								
						3	35—70	棕紫色		大棱柱状												

续表 Continued

剖面号 Soil profile	土纲 Soil order	土类 Soil great group	亚类 Soil subgroup	土属 Soil genus	土种 Soil species	土层码 Layer code	土层厚度 Depth/cm	颜色 Soil color	质地 Soil texture	土壤结构 Soil structure	pH	有机质 OM/(g/kg)	全氮 TN/(g/kg)	全磷 TP/(g/kg)	全钾 TK/(g/kg)	碱解氮 AN/(mg/kg)	有效磷 AP/(mg/kg)	速效钾 AK/(mg/kg)	阳离子交换量CEC/(cmol/kg)	土壤母质 Parent material	剖面点坐标 Profile coordinate	匹配指数 Matching index/%
剖30	人为土	水稻土	紫色土性水稻土	灰棕紫色水稻土	黄夹泥田	1	0—36	浅灰色	重壤土	碎块状	4.7	21.0	1.24	0.21		114	2.2	73	28.0	砂岩、泥岩坡积物、残积物	E 106°40′38.6″ N 30°14′09.6″	75
						2	36—45	紫棕黄色	重壤土	扁平块状	4.9	20.5	1.18	0.21								
						3	45—62	浅棕黄色	重壤土	大棱柱状	5.0	18.2	1.06	0.19								
						4	62—100	浅棕黄色	重壤土	大棱柱状	5.4	15.0	0.94	0.18								
剖31	初育土	紫色土	中性紫色土	灰棕紫色土	油石骨子土	1	0—13	棕紫色	中壤土	核状	6.0	9.6	0.61	0.33		67	2.2	38	20.3	棕紫色泥岩	E 106°39′41.0″ N 30°14′07.8″	97
						2	13—															
剖32	初育土	紫色土	中性紫色土	暗紫泥土	红石骨子土	1	0—13	棕紫色			7.6	11.4	0.72	0.59		50	3.1	59	10.6	暗紫色泥岩	E 106°41′58.9″ N 30°13′20.9″	76
						2	13—	红棕紫色	轻粘土	粒状												
剖33	人为土	水稻土	黄壤性水稻土	矿子黄泥田	黄泥田	1	0—20	浅灰黄色	重壤土	碎块状	7.5	47.0	2.46	0.86		197	9.2	334	12.5	紫色砂泥岩坡积物、残积物	E 106°43′10.2″ N 30°12′52.9″	72
						2	20—38	紫黄色	重壤土	扁平块状	7.6	39.7	2.36	0.90								
						3	38—75	浅棕黄色	重壤土	大棱柱状	7.7	44.3	2.44	0.91								
剖34	人为土	水稻土	紫色土性水稻土	暗紫泥田	石骨子夹砂田	1	0—20	棕紫色	中壤土	碎块状	5.0	10.3	0.74	0.23		76	0.9	45		砂岩、泥岩坡积物、残积物	E 106°41′40.9″ N 30°12′46.8″	97
						2	20—37	棕紫色	中壤土	扁平柱状	5.0	9.5	0.94	0.24								
						3	37—105	浅棕紫色	重壤土	大棱柱状	4.8	10.2	0.75	0.19								
剖35	铁铝土	黄壤	黄壤	冷砂黄泥土	黄泥田	1	0—25	紫黄色	轻粘土	碎块状	7.2	11.6	1.02	0.43		52	2.2	65	18.6	砂岩、泥岩坡积物、残积物	E 106°42′07.9″ N 30°12′32.4″	79
						2	25—44	黄色	轻粘土	大棱柱状	7.5	9.9	0.92	0.41								
						3	44—	黄色	中壤土		7.7	7.9	0.78	0.40								
剖36	人为土	水稻土	黄壤性水稻土	老冲积黄泥田	卵石黄泥田	1	0—18	灰黄色	中壤土	小块状	5.4	11.8	0.64	0.24		66	3.1	58	14.2	第四纪冰水沉积物	E 106°39′55.7″ N 30°12′21.7″	74
						2	18—30	黄色	中壤土	扁平块状	5.7	6.4	0.38	0.21								
						3	30—	灰棕黄色	中壤土	大棱柱状	6.3	2.5	0.30	0.34								
剖37	人为土	水稻土	黄壤性水稻土	老冲积黄泥田	石骨子黄泥田	1	0—20	黄色	重壤土	碎块状	4.9	21.3	1.02	0.21		87	2.2	39	12.8	第四纪冰水沉积物	E 106°40′19.2″ N 30°12′12.2″	98
						2	20—26	灰黄色	重壤土	扁平柱状	4.8	21.8	1.06	0.23								
						3	26—46	灰黄色	重壤土	大棱柱状	5.1	14.5	0.74	0.19								
						4	46—82	黄色	重壤土	小棱柱状	5.1	3.6	0.31	0.17								
剖38	人为土	水稻土	黄壤	矿子黄泥田	灰昌泥田	1	0—23	灰黄色	轻壤土	粒状	7.9	31.6	1.57	0.52		91	7.0	101	18.0	灰岩	E 106°42′34.6″ N 30°12′05.8″	70
						2	23—55	黄色	轻粘土	扁平块状	7.6	18.3	1.24	0.38								
						3	55—	棕黄色	轻粘土		7.7	6.3	0.71	0.30								
剖39	铁铝土	黄壤	黄壤	粗骨性黄泥土	石子黄泥土	1	0—17	紫棕色	轻砾石土	粒状	6.2	14.8	1.00	0.52		76	3.9	112	9.8	灰岩、页岩风化岩残积物	E 106°43′05.5″ N 30°11′59.3″	83
						2	17—40	黄色	轻砾石土		5.9	2.1	0.48	3.76								
						3	40—	黄色	轻砾石土		5.8	2.2	0.71	0.24								
剖40	人为土	水稻土	黄壤性水稻土	冷砂黄泥田	黄泥田	1	0—20	灰黄色	轻壤土	碎块状	8.1	15.8	1.32	0.47		90	2.2	77	24.0	砂岩、页岩、黄岩	E 106°40′17.5″ N 30°11′50.6″	76
						2	20—25	灰黄色	轻壤土	扁平块状	8.2	13.5	1.20	0.50								
						3	25—70	黄色	中壤土	大棱柱状	8.1	12.2	1.14	0.46								
剖41	人为土	水稻土	黄壤性水稻土	冷砂黄泥田	黄砂泥田	1	0—19	灰黄色	轻壤土	小棱柱状	4.8	14.2	0.63	0.20		52	4.8	17	9.4	砂质泥岩、粉砂岩风化物	E 106°41′52.1″ N 30°11′43.4″	87
						2	19—22	浅灰黄色	轻壤土	粒状	5.2	5.2	0.37	0.11								
						3	22—75	浅灰黄色	中壤土	大棱柱状	4.9	15.0	0.78	0.18								
剖42	人为土	水稻土	黄壤性水稻土	矿子黄泥田	深脚烂泥田	1	0—28	灰紫黄色	轻壤土	微团状	5.6	29.8	1.71	0.32		137	2.2	62	10.0	灰岩	E 106°41′11.2″ N 30°11′23.6″	72
						2	28—70	灰黄色	中壤土	整体状	6.8	29.5	1.52	0.31								
						3	70—100	灰黄色	中壤土	大棱柱状	7.8	25.5	1.38	0.38								
剖43	人为土	水稻土	潮土型水稻土	黄色潮土田	潮泥田	1	0—19	浅灰紫色	中壤土	粒状	6.6	12.1	0.73	0.34		67	5.7	51	16.7	灰岩	E 106°40′06.6″ N 30°10′43.1″	76
						2	19—30	浅灰棕色	中壤土	块状	6.4	10.3	0.52	0.28								
						3	30—48	浅灰棕色	重壤土	大棱柱状	5.7	11.2	0.64	0.24								
						4	48—100	浅灰棕色	中壤土	小棱柱状	5.3	9.8	0.47	0.24								
剖44	初育土	紫色土	中性紫色土	暗紫泥土	猪旺子土	1	0—21	暗紫色	多砾重壤土	粒状	7.8	24.2	1.70	0.83		98	0.9	136	19.9	紫色岩层	E 106°41′52.1″ N 30°10′25.3″	98
						2	21—45	紫色	多砾重壤土	扁平块状	8.0	23.8	1.58	0.80								

续表 Continued

剖面号 Soil profile	土纲 Soil order	土类 Soil great group	亚类 Soil subgroup	土属 Soil genus	土种 Soil species	土层码 Layer code	土层厚度 Depth/cm	颜色 Soil color	质地 Soil texture	土壤结构 Soil structure	pH	有机质 OM/(g/kg)	全氮 TN/(g/kg)	全磷 TP/(g/kg)	全钾 TK/(g/kg)	碱解氮 AN/(mg/kg)	有效磷 AP/(mg/kg)	速效钾 AK/(mg/kg)	阳离子交换量CEC/(cmol/kg)	土壤母质 Parent material	剖面点坐标 Profile coordinate	匹配指数 Matching index/%
剖45	铁铝土	黄壤	黄壤	矿子泥土	豆面泥土	1	0—20	灰褐色	轻黏土	粉粒状	7.2	29.0	1.85	0.36		144	0.9	170	21.9	灰岩	E 106°45′55.8″ N 30°18′09.0″	96
						2	20—40	紫黄色	轻黏土	块状	6.7	16.5	1.27	0.44								
						3	40—	灰黄色	轻黏土		6.6	13.2	1.08	0.39								
剖46	人为土	水稻土	黄壤性水稻土	矿子黄泥田	扁砂田	1	0—15	浅黄色	轻砾质土	砾石颗粒	5.4	46.8	2.23	0.48		20	4.8	73	12.9	各种老岩层风化坡积物、残积物	E 106°45′58.3″ N 30°17′35.5″	95
						2	15—35	灰黄色	轻砾质土	扁平块状	5.6	45.4	2.06	0.48								
						3	35—				5.6	45.2	1.99	0.47								
剖47	铁铝土	黄壤	黄壤	粗骨性黄泥土	冷砂土	1	0—18	紫黄色	中砾石土	小颗粒状	5.8	14.1	1.20	0.59		76	9.2	99	12.2		E 106°46′23.5″ N 30°17′17.2″	72
						2	18—	浅棕黄色	轻壤土	粒状	6.0	7.6	0.76	0.39								
剖48	人为土	水稻土	潮土型水稻土	灰棕潮土田	潮砂田	1	0—26	灰棕紫色	砂壤土	扁平块状	7.6	8.4	0.42	0.25		30	3.1	26	8.0		E 106°40′59.5″ N 30°09′32.8″	94
						2	26—37	灰棕紫色	砂壤土	扁平块状	6.0	10.1	0.53	0.28								
						3	37—73	棕紫色	轻壤土	棱块状	6.4	9.1	0.52	0.27								

达 州 市

市 辖 区

主要土类说明

紫色土是达州市的主要土壤类型，占本市地域面积的52%，分布于丘陵和低山。成土母质为紫红色砂泥岩坡积物、残积物，热带、亚热带紫红色岩层侵蚀发育，以物理风化为主，化学风化微弱，形成的土壤发育浅，剖面无明显层次分化，颜色与母质相似，为较均一的灰棕紫色或棕紫色，质地较为适中，通透性好，易于耕作。

水稻土是达州市第二大土壤类型，占本市地域面积的40%，广泛分布于本市各地。在水以及其他农业栽培措施如耕作、施肥、轮作等的综合作用下，形成了淹育层、犁底层、初期潴育层、潴育层、潜育层等发生层次。在排水条件较好的情况下，多发育为淹育水稻土，如石骨子田、大土泥田等；在干湿交替频繁或在侧渗水的强烈淋洗情况下，多形成潴育水稻土，如白鳝泥田等；在地势低洼积水难排或地下水位较高的情况下，土壤长期处于强还原状态，多形成潜育水稻土，如冷浸烂泥田、鸭屎泥田等。

黄壤是达州市第三大土壤类型，占本市地域面积的5%，主要分布于平行岭谷区各条状低山山腰以上地带。成土母质为砂泥岩、灰岩和第四纪老冲积物，母质化学风化程度较深，黏化和富铝化作用明显，土体呈均一黄色或棕黄色，多为微酸性至酸性，少为微碱性，胶体品质较差，吸收容量低，有机质含量较高。

小于本市地域面积3%的土壤类型还有潮土和新积土等。

本区域中心区气候特征

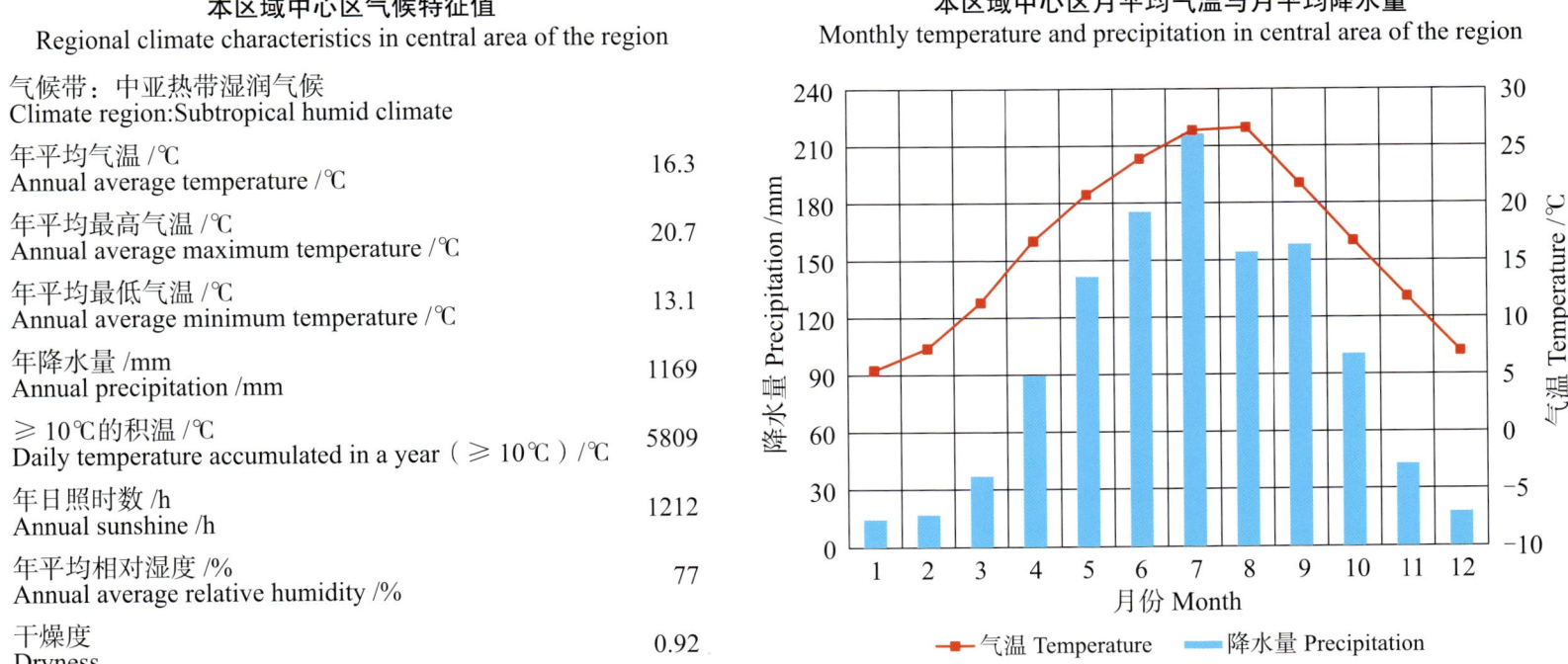

本区域中心区气候特征值 Regional climate characteristics in central area of the region	
气候带：中亚热带湿润气候 Climate region: Subtropical humid climate	
年平均气温 /℃ Annual average temperature /℃	16.3
年平均最高气温 /℃ Annual average maximum temperature /℃	20.7
年平均最低气温 /℃ Annual average minimum temperature /℃	13.1
年降水量 /mm Annual precipitation /mm	1169
≥10℃的积温 /℃ Daily temperature accumulated in a year (≥10℃) /℃	5809
年日照时数 /h Annual sunshine /h	1212
年平均相对湿度 /% Annual average relative humidity /%	77
干燥度 Dryness	0.92

达州市市辖区主要土壤类型与土壤剖面点分布图
1 : 360 000

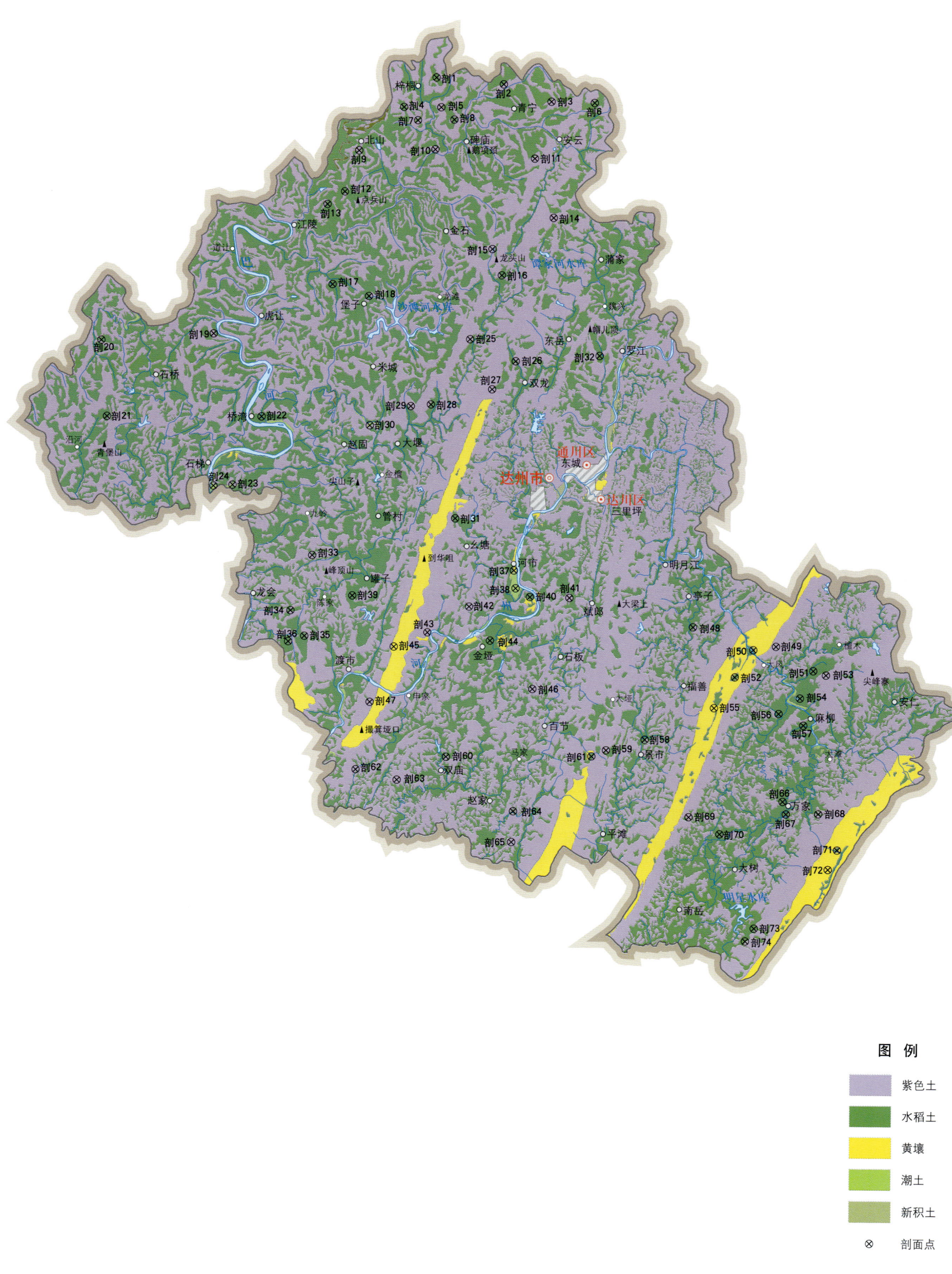

图例
- 紫色土
- 水稻土
- 黄壤
- 潮土
- 新积土
- ⊗ 剖面点

达州市土壤剖面理化性状表

剖面号 Soil profile	土纲 Soil order	土类 Soil great group	亚类 Soil subgroup	土属 Soil genus	土种 Soil species	土层码 Layer code	土层厚度 Depth/cm	颜色 Soil color	质地 Soil texture	土壤结构 Soil structure	pH	有机质 OM/(g/kg)	全氮 TN/(g/kg)	全磷 TP/(g/kg)	全钾 TK/(g/kg)	碱解氮 AN/(mg/kg)	有效磷 AP/(mg/kg)	速效钾 AK/(mg/kg)	阳离子交换量CEC/(cmol/kg)	土壤母质 Parent material	剖面点坐标 Profile coordinate	匹配指数 Matching index/%
剖1	人为土	水稻土	紫色土性水稻土	黄红紫泥土	夹砂泥田	1	0—18	浅灰黄色	轻砾中壤土	粒状、块状	6.6	16.2	0.90	0.23	1.6	101	4.6	83	11.9	砂岩、泥岩、粉砂岩及砾岩	E 107°22′06.2″ N 31°31′27.1″	70
						2	18—34	灰黄色	中壤土	整体状	6.7	13.5	0.64	0.20	1.6	83	3.0	73	11.9			
						3	34—81	灰黄色	轻砾轻壤土	大棱柱状	6.3	16.2	0.80	0.22	1.5	100	3.7	63	12.1			
剖2	人为土	水稻土	紫色土性水稻土	棕紫色水稻土	黄泥田	1	0—18	黄棕紫色	重壤土	块状	6.6	21.1	1.17	0.21	2.0	110	1.8	113	20.0		E 107°25′45.1″ N 31°31′04.4″	75
						2	18—30	黄棕紫色	重壤土	大块状	6.6	19.8	1.40	0.23	1.9							
						3	30—	黄棕紫色	重壤土	棱柱状	7.5	10.4	0.85	0.19	1.9							
剖3	初育土	紫色土	石灰性紫色土	棕紫泥土	夹泥土	1	0—27	棕紫色	中壤土	粒状、小块状	6.4	12.4	0.87	0.24	2.1	70	5.6	64	12.8		E 107°28′19.9″ N 31°30′13.3″	74
						2	27—37	棕紫色	中壤土	块状		5.6	0.47	0.23	2.0							
						3	37—100	棕紫色	中壤土	柱状				0.19	2.0							
剖4	人为土	水稻土	紫色土性水稻土	黄红紫色水稻土	黄泥田	1	0—19	黄棕黄色	重壤土	大块状	6.6	11.0	0.67	0.19	1.3	67	2.5	114	16.4	砂岩、泥岩、粉砂岩及砾岩	E 107°20′18.2″ N 31°30′07.2″	95
						2	19—28	浅棕黄色	重黏土	整体状	6.2	10.5	0.57	0.17	1.2	61	2.1	115	15.4			
						3	28—60	浅黄色	重壤土	块状	6.1	2.2	0.12	0.06	1.1	16		75	15.4			
剖5	初育土	紫色土	石灰性紫色土	黄红紫色土	黄泥土	1	0—18	浅黄色	重壤土	块状、核状	6.0	6.7	0.49	0.09	1.4	49	0.9	88	15.7		E 107°22′20.2″ N 31°30′04.6″	77
						2	18—27	黄红紫色	中壤土	块状		4.7	0.27	0.08	1.3	40		70				
剖6	人为土	水稻土	紫色土性水稻土	红紫紫色水稻土	红石骨子田	1	0—15	红棕紫色	中壤土	粒状、小块状	7.8	9.7	0.69	0.59	2.3	70	1.9	86	17.5	鲜棕红色厚泥岩	E 107°30′41.5″ N 31°30′07.3″	90
						2	15—26	红棕紫色	轻砾中壤土	整体状	8.0	8.6	0.68	0.59	2.3	56	0.8	84				
						3	26—48	红棕紫色	重黏土	块状	8.2	4.6	0.36	0.65	2.3	34	0.7	76				
剖7	人为土	水稻土	石灰土性紫色土	棕紫色水稻土	石骨子田	1	0—18	浅黄色	中壤土	粒状、小块状	8.0	9.2	0.52	0.45	2.1	54	2.7	88	16.8		E 107°21′02.9″ N 31°29′29.4″	83
						2	18—32	浅黄色	重壤土	块状	8.2	8.2	0.54	0.45	2.1	46	0.8	84	15.7			
剖8	人为土	水稻土	棕色土性水稻土	棕紫色水稻土	砂田	1	0—20	浅棕黄色	砂壤土	粒状	6.5	5.2	0.35	0.07	1.7	44	0.9	48	8.0	砂岩、泥岩、粉砂岩及砾岩	E 107°23′01.7″ N 31°29′29.0″	78
						2	20—34	黄色	轻黏土	整体状	6.6	5.3	0.34	0.07	1.8	44	1.2	43	7.5			
						3	34—100	黄色	轻壤土	小块状	6.7	3.8	0.17	0.07	1.6	30		40	13.6			
剖9	初育土	紫色土	石灰性紫色土	棕紫色水稻土	砂土	1	0—19	浅棕黄色	轻壤土	粒状	5.8	7.1	0.41	0.10	1.6	41	2.0	60	10.3		E 107°17′49.6″ N 31°28′08.0″	77
						2	24—55	浅灰黄色	中壤土	柱状	6.0	8.4	0.38	0.10	1.5	69		34				
剖10	初育土	紫色土	石灰性紫色土	棕紫色水稻土	大土泥土	1	0—23	棕紫色	重壤土	块状、粒状	8.1	12.5	0.97	0.40	2.4	67	4.6	114	17.5		E 107°21′58.0″ N 31°28′07.0″	84
						2	23—100	棕紫色	重壤土	块状	8.0	8.3		0.29	2.2							
剖11	初育土	紫色土	石灰性紫色土	棕紫色水稻土	黄泥土	1	0—22	黄棕黄色	轻黏土	扁块状	6.1	11.5	0.85	0.22	2.4	77	3.5	147			E 107°27′22.3″ N 31°27′35.6″	73
						2	22—31	黄棕黄色	轻黏土	柱状	6.6	4.4	0.44	0.23	2.5							
						3	31—100	黄色	轻壤土	整体状	7.3			0.10	2.2							
剖12	人为土	水稻土	紫色土性水稻土	棕色色水稻土	砂田	1	0—19	浅棕黄色	重壤土	柱状	7.0	8.3	0.68	0.15	1.8	69	4.7	64	9.8		E 107°17′00.2″ N 31°26′14.6″	88
						2	19—27	浅灰黄色	重黏土	块状	7.0	7.3	0.42	0.12	1.8	58	3.9	25				
						3	27—100	浅灰黄色	重黏土	块状	6.8	6.6	0.40	0.10	1.8	58	1.1	35				
剖13	初育土	紫色土	紫色土性水稻土	棕色色水稻土	大土泥土	1	0—20	棕紫色	重壤土	块状	8.0	15.0	1.18	0.45	2.5	80	12.0	114	25.2		E 107°16′02.6″ N 31°25′40.4″	79
						2	20—25	棕紫色	重壤土	棱柱状	8.0	15.8	1.03	0.45	2.1	78	1.0	125	29.7			
						3	25—54	棕紫色	重壤土	大棱柱状	8.1			0.52	2.4							
						4	54—100			小棱柱状												
剖14	初育土	紫色土	中性紫色土	灰棕紫泥土	灰棕紫砂泥土	A	0—20	灰棕紫色	黏壤土	粒状	6.8	10.4	0.48	0.69	3.2					砂泥岩风化坡积物、残积物	E 107°28′19.6″ N 31°24′49.7″	78
						B	20—50	灰棕紫色	黏壤土	小块状	6.3	6.1	0.44	0.64	3.4	48	8.4	91	29.1			
						C	50—80		黏壤土			6.1	0.51	0.66	3.5				22.2			
剖15	初育土	紫色土	石灰性紫色土	棕紫泥土	石骨子土	1	0—26	棕紫色	中壤土	块状、粒状	7.9	8.2	0.65	0.38	2.6	49	1.7	63	19.2		E 107°24′58.0″ N 31°23′26.9″	97
						2	26—40	棕紫色	中壤土	块状、粒状	8.1	6.6	0.53	0.34	2.7							

续表 Continued

剖面号 Soil profile	土纲 Soil order	土类 Soil great group	亚类 Soil subgroup	土属 Soil genus	土种 Soil species	土层码 Layer code	土层厚度 Depth/cm	颜色 Soil color	质地 Soil texture	土壤结构 Soil structure	pH	有机质 OM/(g/kg)	全氮 TN/(g/kg)	全磷 TP/(g/kg)	全钾 TK/(g/kg)	碱解氮 AN/(mg/kg)	有效磷 AP/(mg/kg)	速效钾 AK/(mg/kg)	阳离子交换量CEC/(cmol/kg)	土壤母质 Parent material	剖面点坐标 Profile coordinate	匹配指数 Matching index/%
剖16	人为土	水稻土	紫色土性水稻土	红棕紫色水稻土	黄砂泥田	1	0—17	灰棕色	中壤土	小块状、粒状	5.4	21.2	1.18	0.21	1.0	82	4.1	35		鲜棕红色厚泥岩	E 107°25′27.1″ N 31°22′12.4″	72
						2	17—24	灰黄色	中壤土	块状	5.4	20.9	1.17	0.21	1.0	79	5.7	36				
						3	24—37	灰黄色	中壤土	大棱柱状	6.0	14.0	0.94	0.17	0.9	58	3.3	26				
						4	37—100	黄色	中壤土	整体状	6.6	3.9	0.24	0.17	0.9	57	3.1	21				
剖17	人为土	水稻土	紫色土性水稻土	棕紫色水稻土	冷浸田	1	0—28	紫灰色	重壤土	糊状	8.0	29.7	1.67	0.27	2.0	167	2.1	112	18.0		E 107°16′14.5″ N 31°21′56.5″	76
						2	28—33	紫乌灰色	重壤土	糊状	8.0	28.9	1.36	0.23	2.0	136	1.8	119	16.8			
						3	33—100	棕紫灰色	重壤土	整体状	7.6	22.1	1.24	0.22	1.9	118	2.1	106	17.8			
剖18	人为土	水稻土	紫色土性水稻土	棕紫色水稻土	夹砂泥田	1	0—16	浅灰黄色	重壤土	小块状、小块状	5.5	15.7	0.95	0.17	1.6	107	1.8	140	11.4		E 107°18′12.6″ N 31°21′21.2″	87
						2	16—21	浅灰黄色	中壤土	块状	5.5	15.8	0.88	0.17	1.7	107	1.4	76				
						3	21—51	浅灰黄色	轻砾中壤土	小块柱状	6.4	12.9	0.65	0.14	1.7	84	1.2	61				
剖19	初育土	紫色土	石灰土性紫色土	红棕紫泥土	黄砂泥田	1	0—18	灰黄色	轻壤土	粒状、小块状	5.5	9.8	0.53	0.17	0.1	38	3.3	30		鲜棕红色厚泥岩	E 107°09′44.3″ N 31°19′44.4″	99
						2	18—25	灰黄色	中壤土	小块状	6.0	4.6	0.36	0.12	0.8							
						3	25—100	黄色	中壤土	整体状	6.0	2.0	0.15	0.08	0.7							
剖20	人为土	水稻土	紫色土性水稻土	棕紫色水稻土	冷浸烂泥田	1	0—18	浅灰紫色	重壤土	大块状	7.8	22.9	1.33	0.61	2.2	104	9.6	92	20.4	鲜棕红色厚泥岩	E 107°03′37.8″ N 31°19′32.2″	90
						2	18—28	浅灰紫色	重壤土	板状	8.0	20.7	1.35	0.52	2.2	93	1.0	80				
						3	28—100	灰紫色	重壤土	柱状	7.9	22.7	1.39	0.53	2.1	119	1.3	92				
剖21	人为土	水稻土	紫色土性水稻土	红棕紫色水稻土	大土泥田	1	0—18	红棕紫色	轻黏土	小块状	7.9	17.2	1.11	0.49	2.7	116	3.1	126	28.6	鲜棕红色厚泥岩	E 107°03′52.2″ N 31°15′58.3″	70
						2	18—28	红棕紫色	轻黏土	棱块状	8.0	15.8	1.22	0.54	2.5	100	2.6	125				
						3	28—100	红棕紫色	轻黏土	大棱柱状	7.9	11.3	0.62	0.52	2.6	77	1.9	107				
剖22	人为土	水稻土	潮土型水稻土	紫潮土田	白鳝泥田	1	0—15	黄灰色	重壤土	大块状	4.5	25.7	1.61	0.21	1.6	110	4.5	56		紫色冲积物、湖积物	E 107°12′16.0″ N 31°15′50.6″	98
						2	15—21	灰色	重壤土	整体状	4.5	23.0	1.20	0.18	2.0	85		41				
						3	21—27	褐黄色	重壤土	整体状	5.0	5.0	0.39	0.28	1.9	44		37				
						4	27—42	白色	重壤土	棱块状	5.0	4.0	0.37	0.35	1.9	26						
						5	42—100	白黄色	重壤土	棱体状	5.0	2.2	0.48	0.46	2.1	25						
剖23	半水成土	潮土	潮土	紫潮土	半砂半泥土	1	0—18	棕色	重壤土	粒状	8.1	12.0	0.73	0.54	2.1	66	3.6	82	17.2	紫色冲积物、湖积物	E 107°10′38.2″ N 31°12′41.7″	76
						2	18—27	棕灰色	重壤土	棱状	8.1	9.7	0.71	0.59	1.9							
						3	27—100	浅棕灰色	重壤土	棱块状	8.6	5.3	0.42	0.52	1.9	44						
剖24	半水成土	潮土	潮土	紫潮土	响砂土	1	0—23	浅棕灰色	轻砾紫砂土	单粒状	8.6	4.8	0.40	0.30	2.0	40	4.1	33		紫色冲积物、湖积物	E 107°09′35.7″ N 31°12′39.8″	71
						2	23—48	浅棕灰色	轻砾紫砂土	单粒状	8.6	9.9	0.35	0.29	1.5							
						3	48—100	棕灰色	紫砂壤土	整体状	8.3	13.4	0.56	0.38	1.6							
剖25	初育土	紫色土	石灰土性紫色土	红棕紫泥土	黄砂田	1	0—19	棕紫色	砂壤土	粒状	5.5	9.8	0.82	0.15	1.1	56	3.5	39		鲜棕红色厚泥岩	E 107°23′39.9″ N 31°19′15.6″	89
						2	19—28	棕紫色	轻壤土	整体状	5.0	7.8	0.56	0.10	1.0	47	1.2	58				
						3	28—54	棕紫色	轻壤土	整体状	5.0	8.1	0.67	0.12	1.1	42	1.2	17				
剖26	人为土	水稻土	紫色土性水稻土	暗紫紫色	黄砂田	1	0—15	灰灰黄色	中壤土	粒状	4.5	8.1	0.42	0.31	1.8	30	4.8	69		鲜棕红色厚泥岩	E 107°26′07.4″ N 31°18′11.5″	70
						2	15—21	棕黄色	中壤土	块状	4.5	6.7	0.53	0.27	1.9							
						3	21—85	棕黄色	中壤土	块状	4.5	9.0	1.10	0.27	1.7	72	3.8	116	18.8			
剖27	初育土	紫色土	中性紫色土	紫色紫土	白鳝泥土	1	0—20	棕紫色	轻砾重壤土	块状	5.4	3.2	0.84	0.19	2.4	46	1.5	84	21.2		E 107°24′48.6″ N 31°16′55.2″	75
						2	20—30	棕紫色	轻砾轻壤土	块状	5.3				2.5							
						3	30—100	棕紫色	轻砾轻壤土	整体状												
剖28	人为土	水稻土	紫色土性水稻土	红棕紫色水稻土	黄砂田	1	0—20	浅灰黄色	中壤土	粒状	6.0	5.6	0.32	0.17	1.4	27	1.4	17		鲜棕红色厚泥岩	E 107°21′28.8″ N 31°16′16.0″	71
						2	20—27	浅灰黄色	轻砾轻壤土	整体状	6.0	7.7	0.49	0.17	1.5	42	1.6					
						3	27—100	棕黄色	轻砾轻壤土	整体状	6.0	5.7	0.43	0.17	1.5		0.9					
剖29	初育土	紫色土	石灰性紫色土	红棕紫泥土	黄泥土	1	0—17	棕紫色	轻黏土	块状	6.4	10.0	0.80	0.25	1.3	42	4.2	76		鲜棕红色厚泥岩	E 107°20′22.6″ N 31°16′12.0″	76
						2	17—27	棕紫色	重壤土	大块状	6.4	7.9	0.59	0.22	1.6	33	2.9	56				
						3	27—75	黄棕紫色	重壤土	大棱柱状	4.5	5.3	0.51	0.19	2.2	27	4.3	70				

续表 Continued

剖面号 Soil profile	土纲 Soil order	土类 Soil great group	亚类 Soil subgroup	土属 Soil genus	土种 Soil species	土层码 Layer code	土层厚度 Depth/cm	颜色 Soil color	质地 Soil texture	土壤结构 Soil structure	pH	有机质 OM/(g/kg)	全氮 TN/(g/kg)	全磷 TP/(g/kg)	全钾 TK/(g/kg)	碱解氮 AN/(mg/kg)	有效磷 AP/(mg/kg)	速效钾 AK/(mg/kg)	阳离子交换量CEC/(cmol/kg)	土壤母质 Parent material	剖面点坐标 Profile coordinate	匹配指数 Matching index/%
剖30	半水成土	潮土	潮土	紫色潮土	夹泥土	1	0—19	浅棕紫色	重壤土	粒状、块状		10.7	0.75	0.90	2.2	55	4.8	168	20.9		E 107°18′07.8″ N 31°15′20.5″	94
						2	19—100	浅棕紫色	重壤土	大块状	6.1	6.3	0.52	0.97	2.3							
剖31	人为土	水稻土	紫色土性水稻土	暗紫潮土	白鳝泥田	1	0—17	浅棕黄色	重壤土	小块状	5.5	2.1	0.31	0.15	1.6	20	1.6	42	12.1		E 107°22′41.5″ N 31°10′56.6″	94
						2	17—23	灰白色	中黏土	板状	5.4	3.7	0.65	0.14	2.2							
						3	23—75	白色	中黏土	棱柱状		2.5	0.43	0.08	2.4							
剖32	人为土	水稻土	紫色土性水稻土	红棕紫色水稻土	黄泥田	1	0—16	微棕紫色	重壤土	大块状	7.6	8.7	0.69	0.19	1.7	69	1.2	93	14.4	鲜棕红色厚泥岩	E 107°30′40.7″ N 31°18′21.6″	91
						2	16—72	黄棕紫色	中壤土	小棱柱状	6.8	4.2	0.35	0.11	1.8	39	0.3	58				
						3	72—100	黄棕紫色	中壤土	小棱柱状												
剖33	初育土	紫色土	中性紫色土	灰棕紫泥土	夹砂泥土	1	0—20	灰棕紫色	中壤土	小块状、粒状	6.6	10.4	0.68	0.69	3.2	78	1.0	125	29.7	泥岩、砂质泥岩、砂岩	E 107°14′54.2″ N 31°09′20.5″	97
						2	20—30	灰棕紫色	中壤土	小块状	6.6	6.1	0.44	0.64	3.4				29.1			
						3	30—68	棕紫色	中壤土	大块状	6.3	6.1	0.51	0.66	3.5				22.2			
剖34	人为土	水稻土	紫色土性水稻土	暗紫泥土		1	0—18	浅灰黄色	轻砾质重壤土	粒状、小块状	6.3	15.3	1.18	0.20	1.6	57	1.5	85			E 107°13′41.2″ N 31°06′47.9″	93
						2	18—27	黄灰黄色	轻砾质中壤土	整体状	6.2	15.0	1.11	0.18	1.7							
						3	27—90	灰黄色	轻砾质重壤土	大棱柱状	7.8	9.3	0.78	0.20	1.7							
剖35	人为土	水稻土	紫色土性水稻土	暗紫泥田	大土泥田	1	0—22	暗黄灰色	轻黏土	大块状	7.4	29.6	2.27	1.55	2.3	130	8.9	93	25.2		E 107°14′24.7″ N 31°05′35.5″	93
						2	22—35	微黄灰色	轻黏土	整体棱柱状	7.8	28.2	1.97	0.90	2.3	133	4.9	98	24.5			
						3	35—63	灰黄灰色	轻黏土	大棱柱状	7.9	29.6	1.23	1.14	2.3	137	4.2	96	27.6			
						4	63—100	灰黄色	轻黏土	大棱柱状	8.0	27.7	1.63	1.03	2.2	116	4.0	89				
剖36	人为土	水稻土	紫色土性水稻土	暗紫泥田	黄夹砂泥田	1	0—20	灰黄色	中黏土	块状	7.0	26.6	2.23	0.73	2.4	110	10.3	86	19.5		E 107°13′31.9″ N 31°05′21.1″	99
						2	20—28	灰黄色	中黏土	扁平状	7.3	24.5	2.03	0.71	2.3	100	9.1	81				
						3	28—100	灰黄色	轻砾轻黏土	大棱柱状	7.4	18.6	1.14	0.34	2.3	85	14.2	82				
剖37	铁铝土	黄壤	黄壤	老冲积黄泥土	卵石黄泥土	1	0—16	浅灰黄色	重壤土	大棱柱状	5.8	11.6	0.79	0.25	1.3	88	3.2	74			E 107°25′49.8″ N 31°08′28.2″	94
						2	16—28	灰黄色	重壤土	板状	5.5	9.8	0.74	0.26	1.3							
						3	28—100	灰黄色	重壤土	大块状	5.3	5.5	0.38	0.20	1.2							
剖38	半水成土	潮土	潮土	紫色潮土	砂土	1	0—20	浅灰黄色	砂壤土	小团块状	8.3	8.6	0.53	0.44	1.5	45	6.5	58	7.6	第四纪冲积物、紫色冲积物、湖积物	E 107°25′54.1″ N 31°07′38.7″	88
						2	20—25	浅灰黄色	砂壤土	整体状	8.4	7.3	0.48	0.36	1.6							
						3	25—100	浅灰黄色	砂壤土	整体状	8.5	2.7	0.19	0.22	1.6							
剖39	人为土	水稻土	紫色土性水稻土	灰棕紫色水稻土	砂田	1	0—18	黄黄色	中壤土	小块状、粒状	6.0	12.0	0.82	0.15	1.8	78	2.7	28	4.7	泥岩、砂质泥岩、砂岩	E 107°17′02.8″ N 31°07′26.4″	91
						2	18—25	浅灰黄色	重壤土	小块状	5.9	11.8	0.85	0.21	1.8	77						
						3	25—41	灰黄色	重壤土	大棱柱状	6.5	10.7	0.74	0.20	1.7	82						
剖40	人为土	水稻土	黄壤黄泥田	老冲积黄泥田	卵石黄泥田	1	0—17	暗黄色	重壤土	大块状	6.4	15.8	0.95	0.32	1.9	110	3.0	135	14.0	第四纪冲积黄泥	E 107°26′40.2″ N 31°07′13.8″	85
						2	17—25	暗黄色	重壤土	整体状	6.8	14.7	0.95	0.33	1.9	109	2.5	144	18.6			
						3	25—80	黄紫紫色	重壤土	板状	7.4	3.9	0.33	0.21	1.6	46	1.1	66				
剖41	紫色土	紫色土	中性紫色土	灰棕紫泥土	黄泥土	1	0—24	微黄紫	重壤土	板状	7.6	12.0	0.94	0.40	2.1	70	4.0	98	22.1		E 107°28′48.4″ N 31°07′09.1″	98
						2	24—31	黄褐紫相间	重壤土	柱状	7.7	4.8	0.37	0.20	1.9	35	1.6	41				
						3	31—86	黄黄紫色	重壤土	粒状	8.0	3.6	0.37	0.25	1.8	31	0.2	37				
剖42	初育土	紫色土	中性紫色土	灰棕紫泥土	石骨子土	1	0—20	棕紫色	中砾中壤土	粒状、小块状	7.4	6.4	0.53	0.65	2.2	51	4.2	71	23.8	泥岩、砂质泥岩、砂岩	E 107°23′21.8″ N 31°06′50.4″	83
						2	18—34	暗黄黑色	轻砾中壤土	大块夹小块状	7.9	6.1	0.48	0.63	2.6	49	3.2	66	25.6			
						3		暗黄紫色	轻砾轻黏土	整体状	8.0	34.6	2.59	0.68	2.3	157	2.4	105	29.3			
剖43	紫色土	紫色土	中性紫色土	暗紫泥土	大土泥土	1	0—21	棕紫色	轻砾重壤土	板状	8.1	24.8	1.79	0.53	2.3	91	1.7	79			E 107°21′04.7″ N 31°05′40.2″	80
						2	21—30	暗黄紫色	轻砾重壤土	整体状	8.0	23.4	1.40	0.61	2.4	65	3.2	75				
						3	30—100	黄黄紫色	中砾中壤土	小块状、粒状	5.5	17.4	0.91	0.34	1.1	89	8.4	44	9.6			
剖44	人为土	水稻土	紫色土性水稻土	灰棕紫色水稻土	油砂泥土	1	0—18	棕黄色	中壤土	板状	6.0	15.3	0.74	0.32	1.3	91	6.6	24		泥岩、砂质泥岩、砂岩	E 107°24′27.7″ N 31°05′14.6″	83
						2	18—25	棕灰黄色	中壤土	块状	6.6	9.9	0.73	0.27	1.2	54	6.6	22				
剖45	铁铝土	黄壤	黄壤	冷砂黄泥土	夹砂泥土	1	0—23	灰灰黄色	中壤土	粒状	7.6	19.2	1.22	0.41	2.8	100		119	21.1		E 107°19′14.5″ N 31°05′01.7″	77
						2	23—43	浅灰黄色	中砾重黏土	棱柱状	7.5	13.3	0.82	0.24	3.1							

续表 Continued

剖面号 Soil profile	土纲 Soil order	土类 Soil great group	亚类 Soil subgroup	土属 Soil genus	土种 Soil species	土层码 Layer code	土层厚度 Depth/cm	颜色 Soil color	质地 Soil texture	土壤结构 Soil structure	pH	有机质 OM/(g/kg)	全氮 TN/(g/kg)	全磷 TP/(g/kg)	全钾 TK/(g/kg)	碱解氮 AN/(mg/kg)	有效磷 AP/(mg/kg)	速效钾 AK/(mg/kg)	阳离子交换量CEC/(cmol/kg)	土壤母质 Parent material	剖面点坐标 Profile coordinate	匹配指数 Matching index/%
剖46	初育土	紫色土	石灰性紫色土	红棕紫泥土	红石骨子土	1	0—20	红棕紫色	轻壤土	粒状、小块状	7.9	5.4	0.48	0.54	2.3	29	0.9	92	19.6	鲜棕红色厚泥岩	E 107°26′43.1″ N 31°02′57.5″	94
						2	20—25	红棕紫色		小块状												
剖47	初育土	紫色土	酸性紫色土	酸紫砂子	酸紫砂土	A_{11}	0—14	灰紫色	砂壤土	粒状	4.5	11.0	0.66	0.12	1.4		6.0	30	10.1	紫色砂岩风化物	E 107°17′54.2″ N 31°02′28.7″	97
						C	14—24	油黄色	砂壤土	粒状	5.0	9.3	0.41	0.11	1.3		3.0	33	10.1			
剖48	人为土	水稻土	紫色土性水稻土	灰色紫色水稻土	大土泥田	1	0—18	黄灰紫色	重壤土	块状	5.9	25.6	1.34	0.40	2.3	132	6.1	113	29.8	泥岩、砂质泥岩、砂岩	E 107°35′29.0″ N 31°05′41.3″	70
						2	18—24	灰棕紫色	重壤土	大块状	6.3	19.7	1.28	0.35	2.2	113	6.6	83	22.6			
						3	24—100	灰棕紫色	重壤土	梭柱状	6.1	15.0	0.86	0.23	2.3	91	3.4	84	31.1			
剖49	初育土	紫色土	中性紫色土	暗紫泥土	黄砂土	1	0—19	灰黄紫色	中砾砂土	粒状	6.5	8.7	0.65	0.22	1.2	38	11.1	109			E 107°39′57.6″ N 31°04′43.0″	83
						2	19—27	灰棕紫色	轻壤土	粒状、小块状	5.9	7.6	0.54	0.16	1.2	38	7.0	52				
						3	27—50	灰棕紫色	轻壤土	粒状、小块状	5.6	7.7	0.44	0.19	1.4	37	8.6	58				
剖50	人为土	水稻土	黄壤性水稻土	冷浸黄泥田	冷浸烂泥田	1	0—16	浅黄黄色	中壤土	糊状	5.2	31.3	1.78	0.38	1.4	130	7.7	45			E 107°38′43.4″ N 31°04′34.3″	81
						2	16—23	浅黄黄色	中壤土	块状	5.4	25.5	1.48	0.30	1.2		4.5	50				
						3	23—53	浅黄黄色	重壤土	大棱柱状	6.1	14.9	0.83	0.25	1.1		5.4	67				
						4	53—100	黄色	中砾砂壤土	碎积状	6.8	4.2	0.47	0.31	1.8							
剖51	人为土	水稻土	潮土型水稻土	紫色潮土田	夹砂泥田	1	0—17	浅棕灰色	轻壤土	块状、棱状	7.0	19.4	1.13	0.19	1.8	105	1.6	66	22.2	紫色冲积物、湖积物	E 107°41′57.1″ N 31°03′33.1″	95
						2	17—23	浅棕灰色	轻壤土	块状	7.3	19.3	1.10	0.19	1.9	109	1.7	57	21.5			
						3	23—54	棕灰色	中壤土	整体状	6.8	15.5	1.20	0.19	1.9	85	1.0	52				
						4	54—100	黄色	重壤土	碎积状	7.2	2.1	0.28	0.27	2.1	23	4.5	47				
剖52	人为土	水稻土	黄壤性水稻土	矿子黄泥田	黄砂田	1	0—20	黄色	轻壤土	块状、粒状	6.0	17.8	1.18	0.39	2.5	109	5.4	104	9.8	灰岩、泥质灰岩	E 107°37′41.9″ N 31°03′20.2″	75
						2	20—24	浅黄色	轻壤土	棱柱状	6.3	14.5	1.00	0.40	2.4							
						3	24—41	浅灰黄色	轻壤土	大棱柱状	7.2	10.5	0.76	0.38	2.6							
						4	41—100	浅灰黄色	轻壤土	梭体状	6.9	4.1	0.37	0.37	2.1							
剖53	初育土	紫色土	石灰性紫色土	红棕紫泥土	大土泥田	1	0—14	红棕紫色	轻壤土	粒状	7.3	10.5	0.85	0.52	2.3	68	4.6	119	19.0	鲜棕红色厚泥岩	E 107°42′38.2″ N 31°03′20.2″	83
						2	14—23	红棕紫色	轻壤土	小团块状	7.6	5.4	0.63	0.42	2.4							
						3	23—100	红棕紫色	重壤土	小块状	7.6	3.8	0.45	0.36	2.3							
剖54	人为土	水稻土	潮土型水稻土	灰棕紫色潮土	夹泥田	1	0—18	浅灰紫色	中壤土	大棱柱状	6.4	20.6	0.99	0.31	2.0	94	4.0	48	20.0	紫色冲积物、湖积物	E 107°41′12.1″ N 31°02′17.2″	87
						2	18—29	棕灰紫色	重壤土	棱柱状	6.7	17.8	0.88	0.35	2.0	99	3.5	46	20.3			
						3	29—44	棕灰色	重壤土	大棱柱状	7.0	14.5	0.89	0.38	2.1	74	3.7	54	20.9			
						4	44—53	棕灰色	重壤土	无明显结构	7.0	13.1	0.65	0.20	1.9	75	3.0	40	21.2			
剖55	铁铝土	黄壤	黄壤	矿子黄泥田	黄泥田	1	0—18	浅棕黄色	重壤土	棱柱状	7.1	6.9	0.51	0.16	1.8	55	1.7	38	17.4	灰岩、泥质灰岩	E 107°36′32.0″ N 31°01′54.8″	78
						2	18—29	暗黄色	重壤土	块状	7.4	18.6	1.48	0.34	2.9	109	2.4	270	24.8			
						3	29—100	暗黄色	重壤土	板状	7.4	18.2	1.41	0.34	2.9							
剖56	人为土	水稻土	紫色土性水稻土	灰棕紫色水稻土	半砂半泥田	1	0—14	紫棕黄色	重壤土	大棱柱状	7.2	9.9	0.50	0.31	2.6	33	2.8	47	19.6	紫色冲积物、湖积物	E 107°40′01.9″ N 31°01′35.4″	98
						2	17—23	浅灰黄色	重壤土	块状	5.6	22.1	1.05	0.17	1.7	108	2.8	57				
						3	23—70	浅灰黄色	重壤土	板状	6.8	4.1	0.27	0.15	2.0	29	2.8	57				
						4	70—100	黄色	重壤土	大棱柱状	7.0	4.8	0.25	0.14	2.1	36	3.7	40				
剖57	人为土	水稻土	潮土型水稻土	灰棕紫色水稻土	夹砂泥田	1	0—18	棕黄色	重壤土	小棱块状	7.0	3.5	0.33	0.10	1.7	32	1.7	68			E 107°41′21.5″ N 31°01′01.6″	92
						2	18—30	浅灰紫色	重壤土	块状	6.4	18.8	1.19	0.68	2.0	104	18.8	76	19.3			
						3	30—100	暗棕紫色	重壤土	板状	7.2	17.0	0.96	0.73	2.1	92	7.9					
剖58	人为土	水稻土	紫色土性水稻土	灰棕紫色水稻土	夹砂泥田	1	0—19	棕紫色	中壤土	大棱柱状	7.4	9.3	0.54	0.75	2.0	55	8.4	51		泥岩、砂质泥岩、砂岩	E 107°32′45.2″ N 31°00′30.6″	95
						2	19—29	灰棕紫色	中壤土	小块状	6.2	16.3	1.01	0.62	1.9	99	7.9	58				
						3	29—54	灰棕紫色	中壤土	大棱柱状	6.9	11.7	0.90	0.55	1.7	84	9.1	44				
						4	54—100	棕黄色	中壤土	整体状	8.0	6.1	0.42	0.51	2.0	35	3.7	56				
剖59	初育土	紫色土	中性紫色土	暗紫泥土	黄夹泥土	1	0—25	灰紫色	轻粘土	块状	6.7	19.0	1.42	0.42	1.7	67	7.2	72	16.5		E 107°30′39.6″ N 31°00′02.9″	78
						2	25—60	黄色	中砾轻粘土	大块状	6.9	7.7	0.46	0.38	2.0	73						

续表 Continued

剖面号 Soil profile	土纲 Soil order	土类 Soil great group	亚类 Soil subgroup	土属 Soil genus	土种 Soil species	土层码 Layer code	土层厚度 Depth/cm	颜色 Soil color	质地 Soil texture	土壤结构 Soil structure	pH	有机质 OM (g/kg)	全氮 TN (g/kg)	全磷 TP (g/kg)	全钾 TK (g/kg)	碱解氮 AN (mg/kg)	有效磷 AP (mg/kg)	速效钾 AK (mg/kg)	阳离子交换量 CEC (cmol/kg)	土壤母质 Parent material	剖面点坐标 Profile coordinate	匹配指数 Matching index/%
剖60	初育土	紫色土	中性紫色土	灰棕紫泥土	大土泥土	1	0—18	棕紫色	重壤土	小块状、粒状	6.5	11.5	0.52	0.39	2.0	76	3.1	84	28.1	泥岩、砂质泥岩、砂岩	E 107°21′59.8″ N 30°59′52.1″	99
						2	18—25	棕紫色	重壤土	板状	6.9	9.5	0.55	0.38	2.0	67	0.4	74	28.1			
						3	25—100	红棕紫色	重壤土	柱状	7.0	8.1	0.39	0.39	1.9	58	1.3	74	29.1			
剖61	人为土	水稻土	黄壤性水稻土	冷砂黄泥田	冷砂田	1	0—17	浅黄灰色	轻砾中壤土	块状	5.4	13.0	0.88	0.17	1.2	79	4.3	28	8.4		E 107°29′51.7″ N 30°59′46.3″	76
						2	17—26	浅黄灰色	中壤土	棱柱状	6.5	8.3	0.62	0.19	1.3	54	4.1					
剖62	初育土	紫色土	中性紫色土	暗紫泥土	夹砂泥土	1	0—20	浅灰紫色	中壤土	粒状	7.6	13.1	1.02	0.28	2.1	71		77	19.1		E 107°17′05.3″ N 30°59′20.4″	89
						2	20—29	浅灰黄色	中壤土	块状	7.5	11.2	0.72	0.34	1.9							
						3	29—70	浅灰黄色	中壤土	棱柱状	7.4	10.7	0.88	0.24	2.0							
剖63	初育土	紫色土	中性紫色土	灰棕紫泥土	砂土	1	0—22	黄灰黄色	砂砾壤土	粒状	7.1	9.6	0.50	0.31	1.6	60	2.3	32	12.2		E 107°19′18.1″ N 30°58′49.4″	83
						2	22—56	灰棕黄色	轻砾轻壤土	粒状、块状	7.0	5.2	0.41	0.18	1.5		1.9					
剖64	人为土	水稻土	紫色土性水稻土	灰棕紫色水稻土	冷浸烂泥田	1	0—23	灰棕黄色	中壤土	整体状	8.0	16.5	1.04	0.70	2.2	76	15.2	57	22.8	泥岩、砂质泥岩、砂岩	E 107°25′34.7″ N 30°57′16.9″	93
						2	23—31	暗棕紫色	中砾中壤土	整体状	8.0	13.1	0.84	0.66	2.2							
						3	31—100	深灰紫色	中砾中壤土	整体状	8.0	11.1	0.67	0.56	2.2							
剖65	初育土	紫色土	中性紫色土	灰棕紫色水稻土	油砂土	1	0—14	灰黄紫色	轻砾中壤土	粒状	6.0	11.0	0.66	0.27	1.7	66	5.7	30	10.1		E 107°25′27.5″ N 30°55′50.9″	84
						2	14—24	灰黄色	中壤土	粒状、块状	6.7	9.3	0.41	0.25	1.5	50	3.1	33				
剖66	人为土	水稻土	潮土型水稻土	紫棕紫泥土	砂田	1	0—19	浅灰紫色	中壤土	小团粒状	7.6	11.9	0.69	0.50	1.7	78	16.4	26	13.3	紫色冲积物、湖积物	E 107°40′10.1″ N 30°57′30.2″	71
						2	19—29	浅灰紫色	中壤土	小块状	7.5	9.0	0.49	0.38	1.7	48	1.8	26				
						3	29—100	黄灰黄色	中壤土	粒状	7.7	4.0	0.32	0.20	1.6	33	3.8	26				
剖67	人为土	水稻土	潮土型水稻土	紫色潮土	黄泥田	1	0—20	灰黄色	轻壤土	块状	5.4	16.5	1.11	0.26	1.2	105	4.9	67	18.7	紫色冲积物、湖积物	E 107°40′20.0″ N 30°56′54.9″	84
						2	20—33	灰黄色	轻壤土	棱柱状	5.7	12.3	0.66	0.19	1.3	94	1.7	67	19.7			
						3	33—51	灰黄色	中壤土	小棱柱状	6.4	4.4	0.35	0.14	1.5	34	0.8	73				
						4	51—100	黄黄色	轻砾重壤土	小块状	6.7	2.5	0.29	0.10	1.6	24	0.8	98				
剖68	人为土	水稻土	紫色土性水稻土	灰棕紫色水稻土	石骨子田	1	0—19	棕灰色	重壤土	小块状、粒状	7.4	10.4	0.75	0.69	2.1	78	10.0	44	25.7		E 107°42′05.8″ N 30°56′53.9″	86
						2	19—45	棕灰色	重壤土	大块状	7.2	7.0	0.49	0.66	2.3	48	7.1	44				
剖69	初育土	紫色土	中性紫色土	暗紫泥土	扁砂土	1	0—16	暗黄棕色	重壤土	团块状、碎屑状	7.2	20.6	1.58	0.86	2.0	117	3.4	119	25.1		E 107°35′04.2″ N 30°56′52.1″	84
						2	16—															
剖70	人为土	水稻土	黄壤性水稻土	矿子黄泥田	白鳝泥田	1	0—18	微黄灰色	轻黏土	块状	5.5	21.6	1.49	0.17	2.4	124	0.5	72	18.2		E 107°36′43.2″ N 30°56′02.8″	94
						2	18—47	黄黄色	整体状	整体状	6.0	20.0	1.12	0.14	2.3	106	0.4	73	16.0			
						3	47—100	灰白色	轻黏土	小棱柱状	6.8	5.6	0.33	0.21	1.8	40	1.2	43	9.1			
剖71	人为土	水稻土	黄壤性水稻土	矿子黄泥田	矿子土	1	0—20	微黄灰色	轻砾重壤土	糊状	7.9	43.2	2.13	0.37	2.6	107	3.3	114			E 107°43′04.0″ N 30°55′11.8″	75
						2	20—33	微黄灰色	轻砾中壤土	板状	8.2	30.2	1.62	0.39	2.7		7.5					
						3	33—100	微黄灰色	轻砾中壤土	大棱柱状	7.8	41.7	2.23	0.34	2.5		3.4					
剖72	铁铝土	黄壤	黄壤	矿子黄泥土	矿子土	1	0—18	灰黑色	重壤土	粒状	8.2	42.6		0.75	2.1	107	2.8	230		灰岩、泥质灰岩	E 107°42′33.1″ N 30°54′17.3″	82
						2	18—29	黑黄色	重壤土	块状	8.2	20.6	1.39	0.40	2.0							
						3	29—70	灰黄色	中壤土	大块状	8.3	23.8	1.19	0.44	2.1							
剖73	人为土	水稻土	紫色土性水稻土	暗紫泥田		1	0—13	黑黑色	轻砾黏土	粒状、块状	6.1	9.0	0.67	0.21	1.6	49	5.9	33		灰岩、泥质灰岩	E 107°38′30.1″ N 30°51′36.6″	100
						2	13—30	黑黄色	轻黏土	块状	6.9	8.6	0.58	0.20	1.4			33				
剖74	人为土	水稻土	紫色土性水稻土	暗紫泥田	冷灵田	1	0—20	灰黄灰色	轻黏土	大块状	5.3	30.6	1.80	0.23	1.9	142	1.5	77	23.7		E 107°38′01.0″ N 30°51′01.4″	71
						2	20—32	黄黄色	轻黏土	大块状	5.5	27.2	1.44	0.15	2.0	148		77				
						3	32—100	灰色	重壤土	整体状	6.1	9.2	0.58	0.10	1.9	50						

宣 汉 县

主要土类说明

紫色土是宣汉县的主要土壤类型，占本县地域面积的57%，本县各地均有分布。紫色土由热带、亚热带紫红色岩层侵蚀发育，土层浅薄，具A–C剖面构型。pH为6.4—7.7。本县紫色土只有中性紫色土一个亚类。

水稻土是宣汉县第二大土壤类型，占本县地域面积的25%。水稻土是人为水耕熟化的水成土，分布遍及全县各地貌区域，仅渡口至漆树一线以北的三乡分布很少。在长期季节性淹灌、排水、水下翻耕、氧化还原交替影响下，水稻土形成淹育层、犁底层、渗育层、潴育层与潜育层等多种发生层。本县水稻土分为冲积型水稻土、紫色土性水稻土、黄壤性水稻土、石灰（岩）土性水稻土等亚类。

黄壤是宣汉县第三大土壤类型，占本县地域面积的11%。黄壤发生于亚热带湿润条件下，中度富铝化，多见于海拔700—1200m的山区。土壤有机质累积较多，具O–A–AB–B–C剖面构型。pH为4.5—5.5。淀积层（B层）富含水合氧化物（针铁矿），呈黄色，有时多含三水铝石。

石灰（岩）土占本县地域面积的4%。石灰（岩）土发生于热带、亚热带石灰岩山区，是石灰岩经溶蚀风化，形成的厚薄不同的钙质饱和或含游离钙质的土壤，多见于石隙、溶洞或峰丛底部。该土壤碳酸钙淋溶程度不一，多黏土，多为铁钙质胶结物，风化程度不一，盐基饱和度高，有机质含量及胶结状态有较大差异。

小于本县地域面积3%的土壤类型还有黄棕壤、新积土等。

本区域中心区气候特征

本区域中心区气候特征值
Regional climate characteristics in central area of the region

气候带：中亚热带湿润气候 Climate region: Subtropical humid climate	
年平均气温 /℃ Annual average temperature /℃	15.4
年平均最高气温 /℃ Annual average maximum temperature /℃	20.3
年平均最低气温 /℃ Annual average minimum temperature /℃	11.8
年降水量 /mm Annual precipitation /mm	1233
≥10℃的积温 /℃ Daily temperature accumulated in a year（≥10℃）/℃	5621
年日照时数 /h Annual sunshine /h	1306
年平均相对湿度 /% Annual average relative humidity /%	75
干燥度 Dryness	0.94

本区域中心区月平均气温与月平均降水量
Monthly temperature and precipitation in central area of the region

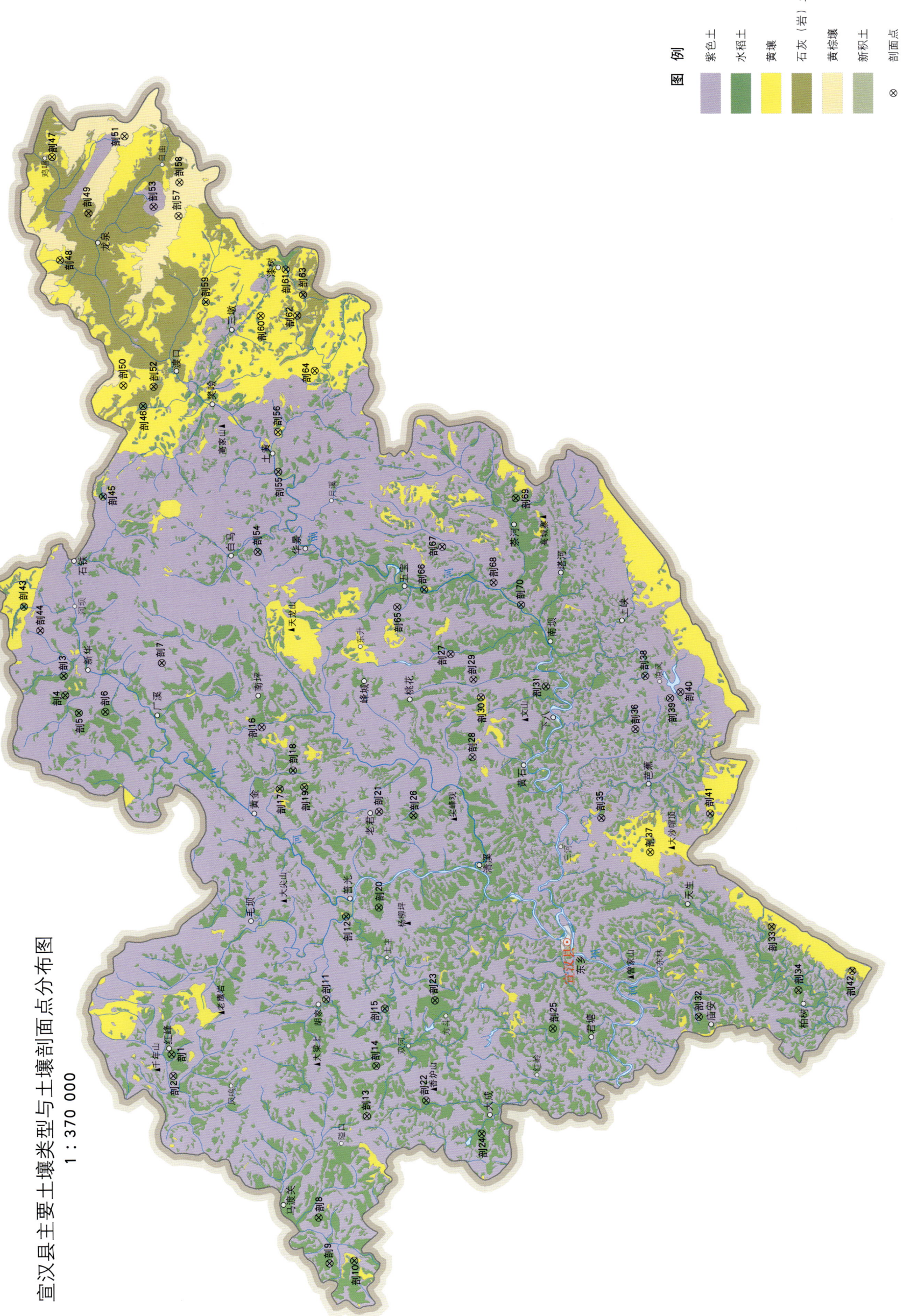

宣汉县土壤剖面理化性状表

剖面号 Soil profile	土纲 Soil order	土类 Soil great group	亚类 Soil subgroup	土属 Soil genus	土种 Soil species	土层码 Layer code	土层厚度 Depth/cm	颜色 Soil color	质地 Soil texture	土壤结构 Soil structure	pH	有机质 OM/(g/kg)	全氮 TN/(g/kg)	全磷 TP/(g/kg)	全钾 TK/(g/kg)	碱解氮 AN/(mg/kg)	有效磷 AP/(mg/kg)	速效钾 AK/(mg/kg)	阳离子交换量CEC/(cmol/kg)	土壤母质 Parent material	剖面点坐标 Profile coordinate	匹配指数 Matching index/%
剖1	人为土	水稻土	紫色土性水稻土	黄红紫色水稻土	半砂泥田	1	0—20	紫色	重壤土	小块状	7.5	17.4	0.64	0.61	1.5	107	5.8	140	16.2	泥岩、厚砂岩坡积物、残积物	E 107°37′12.7″ N 31°41′07.4″	73
						2	20—60	红紫色	重壤土	棱块状	7.9	12.8	0.62	0.59	1.7				16.6			
						3	60—110	紫红色	重壤土	无明显结构	7.9	5.4	0.23	0.30	1.8				13.2			
剖2	初育土	紫色土	中性紫色土	黄红紫色土	砂土	1	0—30	紫灰色	中壤土	团block状	7.2	14.7	0.64	0.39	1.4				12.7	泥岩、厚砂岩坡积物、残积物	E 107°35′59.5″ N 31°41′04.1″	83
						2	30—65	紫色	轻壤土	整体状	7.8	7.8	0.33	0.39	1.4				12.6			
						3	65—100	浅黄棕色	轻壤土		8.1	4.0	0.24	0.33	1.3							
剖3	人为土	水稻土	紫色土性水稻土	暗紫泥田	半砂泥田	1	0—25	灰黄色	中壤土	团块状	5.0	27.4	1.50	0.65	1.5					砂页岩风化坡积物、残积物	E 107°59′02.4″ N 31°45′51.1″	82
						2	25—45	棕黄色	重壤土	块状	6.1	18.8	0.96	0.61	1.5							
						3	45—65	棕黄色	重砾石土	无明显结构	6.8	12.0	0.78	0.62	1.5				13.6			
剖4	人为土	水稻土	紫色土性水稻土	暗紫泥田	大土泥田	1	0—20	紫色	重壤土	棱柱状	5.2	27.5		0.52	1.6	154	8.5	183	18.0	砂页岩风化坡积物、残积物	E 107°57′55.4″ N 31°45′47.9″	96
						2	20—56	紫色	重壤土	棱柱状	7.4	10.3		0.34	1.6				19.3			
						3	56—100	紫色	重壤土	小块状	7.1	7.4		0.29	1.4				20.2			
剖5	人为土	水稻土	紫色土性水稻土	灰棕紫色泥田	紫黄田	1	0—13	浅黄紫色	轻壤土	大块状	5.4	18.1	0.17	0.18	2.1	74		180	15.7	砂页岩风化坡积物、残积物	E 107°56′52.8″ N 31°45′09.7″	78
						2	13—25	灰黄紫色	重壤土	整体状	5.1	13.9	1.01	0.21	2.0				16.7			
						3	25—42	浅紫色	中壤土	大棱柱状	5.9	9.7	0.84	0.28	1.6							
						4	42—67	紫黄色	中壤土	棱柱状	6.1	3.8	0.59	0.21	2.0							
						5	67—						0.21									
剖6	人为土	水稻土	紫色土性水稻土	暗紫泥田	黄泥田	1	0—25	浅灰黄色	重壤土	小块状	5.0	24.4	0.41	0.45	1.3				13.0	砂页岩风化坡积物、残积物	E 107°56′53.9″ N 31°43′51.2″	71
						2	25—45	灰白色	重壤土	小棱块状	6.4	13.3	0.29	0.32	1.3				12.3			
						3	45—65	灰白色	重壤土	核状	6.4	12.2	0.19	0.40	1.4				11.7			
						4	65—		重壤土	整体状	5.9	2.4	0.17	0.30	1.4				10.7			
剖7	人为土	水稻土	紫色土性水稻土	黄红紫泥田	冷砂田	1	0—20	黄黄色	重壤土	块状	6.0	22.6	1.09	0.26	1.6	207	1.8	175	12.3	泥岩、厚砂岩坡积物、残积物	E 107°59′36.6″ N 31°41′00.2″	98
						2	20—29	紫黄色	重壤土	板块状	5.5	22.5	1.00	0.25	2.0				13.7			
						3	29—40	紫黄色	重壤土	大棱柱状	5.7	18.8	0.93	0.24	2.0				13.4			
						4	40—75	浅黄棕色	重壤土	小棱柱状	6.2	12.8	0.61	0.24	1.7				13.8			
						5	75—110	浅黄色	重壤土	无明显结构	5.5	33.3	1.25	0.33	2.0				18.9			
剖8	人为土	水稻土	紫色土性水稻土	紫红紫泥田	紫黄田	1	0—20	浅灰色	中壤土	粒状	4.9	31.1	1.82	0.45	1.3				10.0	泥岩、厚砂岩坡积物、残积物	E 107°27′42.4″ N 31°34′07.6″	94
						2	20—67	浅灰色	中壤土	棱柱状	6.3	17.7	0.79	0.34	1.5				8.0			
						3	67—110	浅灰色	中壤土	碎块状	7.0	10.2	0.62	0.31	1.4				10.1			
剖9	初育土	紫色土	中性紫色土	黄红紫色土	红泥土	1	0—15	紫棕色	轻砾石土	粒状		7.0	0.65	0.51	2.2	75	1.8	54	27.4	泥岩、厚砂岩坡积物、残积物	E 107°25′06.5″ N 31°33′39.7″	78
						2	15—30	紫棕色	重砾石土	无明显结构		2.4	0.45	0.35	1.7				25.8			
						3	30—															
剖10	人为土	水稻土	黄壤性水稻土	砂黄泥田	黄泥田	1	0—18	浅灰色	中壤土	粒状	5.3	40.3	1.99	0.46	1.3				6.7	砂岩风化坡积物、残积物	E 107°25′12.7″ N 31°32′26.0″	95
						2	18—49	浅灰色	重壤土	小块状	5.7	35.3	1.52	0.45	1.5				6.5			
						3	49—89	浅灰色	中壤土	棱柱状	6.5	25.3	1.23	0.40	1.4				4.8			
剖11	初育土	紫色土	冲积型水稻土	紫色冲积水稻土	大土泥田	1	0—24	灰棕色	重壤土	块状	6.2	27.0	1.49	0.33	1.8				14.3	近代砂泥岩风化洪积物、冲积物	E 107°40′02.6″ N 31°33′26.3″	76
						2	24—54	紫黄色	重壤土	大棱柱状	7.5	8.0	0.52	0.40	1.5				16.5			
						3	54—100	紫黄色	重壤土	小块状	7.4	4.5	0.52	0.23	1.6				15.0			
剖12	人为土	水稻土	黄壤性水稻土	老冲积黄泥田	黄泥田	1	0—25	浅灰黄色	重壤土	小块状	5.7	35.2	1.77	0.45	1.9	164	5.7	91	11.5	砂岩风化坡积物、残积物	E 107°44′43.8″ N 31°32′19.7″	93
						2	25—51	浅灰黄色	重壤土	大棱柱状	7.3	25.4	1.09	0.51	2.0				13.0			
						3	51—85	深黄色	中壤土	小块状	7.6	5.5	0.32	0.28	2.0				15.7			

续表 Continued

剖面号 Soil profile	土纲 Soil order	土类 Soil great group	亚类 Soil subgroup	土属 Soil genus	土种 Soil species	土层码 Layer code	土层厚度 Depth/cm	颜色 Soil color	质地 Soil texture	土壤结构 Soil structure	pH	有机质 OM/(g/kg)	全氮 TN/(g/kg)	全磷 TP/(g/kg)	全钾 TK/(g/kg)	碱解氮 AN/(mg/kg)	有效磷 AP/(mg/kg)	速效钾 AK/(mg/kg)	阳离子交换量CEC/(cmol/kg)	土壤母质 Parent material	剖面点坐标 Profile coordinate	匹配指数 Matching index/%
剖13	初育土	紫色土	中性紫色土	红棕紫泥土	红石骨土	1	0—25	黄棕色	重壤土	小块状	6.5									厚泥薄砂岩坡积物、残积物	E 107°33′21.6″ N 31°31′36.5″	85
						2	25—47	浅黄棕色	重壤土	块状	6.6											
						3	47—100	浅黄棕色	中壤土	整体状	6.0											
剖14	人为土	水稻土	紫色土性水稻土	红棕紫色水稻土	夹砂泥田	1	0—24	紫色	重壤土	块状		23.9	1.25	0.31	1.3				21.9		E 107°36′12.2″ N 31°31′04.1″	100
						2	24—43	紫色	重壤土	大棱柱状		17.2	1.21	0.33	1.3				14.8			
						3	43—78	浅黄棕色	轻黏土	无明显结构		6.1	0.29	0.28	1.5				13.2			
剖15	人为土	水稻土	冲积型水稻土	紫色冲积水稻土	潮砂泥田	1	0—21	灰棕色	中壤土	粒状、块状	7.9	21.0	0.97	0.64	1.8				16.6	近代砂泥岩风化冲积物、洪积物	E 107°39′24.8″ N 31°30′33.5″	97
						2	21—150	紫黄棕色	重壤土	大棱柱状	7.2	14.3	0.81	0.55					15.8			
						3	150—210	紫色	砾质轻壤土	无明显结构												
剖16	初育土	紫色土	中性紫色土	黄红紫泥土	半砂泥土	1	0—25	浅紫色	轻壤土	粒状	7.8	8.9	0.49	0.27	1.7				10.2	泥岩、厚砂岩坡积物、残积物	E 107°55′44.4″ N 31°36′11.2″	87
						2	25—60	紫色	轻壤土	块状	7.6	4.6	0.32	0.19	1.9				11.4			
						3	60—	浅黄棕色														
剖17	人为土	水稻土	紫色土性水稻土	黄红紫色水稻土	红泥田	1	0—19		轻壤土		5.3	16.0	1.12	0.23	1.5				9.7	泥岩、厚砂岩坡积物、残积物	E 107°52′10.2″ N 31°35′24.4″	89
						2	19—40		中壤土		6.6	14.0	0.97	0.30	1.7				8.9			
						3	40—65		中壤土		7.9	6.9	0.56	0.21	1.7				11.3			
						4	65—100		中壤土		7.4	2.5	0.50	0.10	1.7				9.0			
剖18	人为土	水稻土	紫色土性水稻土	棕紫色水稻土	鸭砂泥田	1	0—22	浅棕色	中壤土	粒状、块状	5.3	10.3		0.30	1.6				10.2		E 107°53′11.8″ N 31°34′43.3″	81
						2	22—40	浅棕色	中壤土	大棱柱状	6.2	9.0		0.38	1.6				8.3			
						3	40—100	浅棕色	中壤土	小棱柱状	6.8	5.1		0.28	1.5				14.0			
剖19	人为土	水稻土	黄壤性水稻土	砂黄泥土	白蜡泥田	1	0—15	浅黄棕色	中壤土	块状	5.0	14.8	0.63	0.25	1.3				11.4		E 107°52′13.4″ N 31°34′11.3″	77
						2	15—20	浅黄棕色	中壤土	棱块状	5.2	9.1	0.52	0.23	1.4				8.5			
						3	20—81	浅黄棕色	中壤土	整体状	5.8	3.6	0.40	0.20	1.4				7.7			
						4	81—115															
剖20	人为土	水稻土	紫色土性水稻土	红棕紫色水稻土	硶泥田	1	0—22	紫棕色	重壤土	小块状	6.7	25.4	1.78	0.49	2.1				24.5	砂岩风化残积物	E 107°45′10.8″ N 31°30′42.1″	80
						2	22—29	紫色	重壤土	板块状	7.5	11.3	0.73	0.28	2.1				25.0			
						3	29—100	紫色	重壤土	大粒状	7.4	19.4	1.33	0.40	2.0				25.9			
剖21	初育土	紫色土	中性紫色土	黄红紫泥土	黑砂泥土	1	0—20	紫色	轻壤土	棱块状	7.8	22.6	1.25	0.59	2.0				17.1	泥岩、厚砂岩坡积物、残积物	E 107°50′41.6″ N 31°30′32.8″	76
						2	20—50	棕红色	轻壤土	棱块状	6.0	4.8	0.48	1.04	2.1				16.3			
						3	50—100	棕红色	重壤土	小棱块状	8.1	3.2	0.40	0.73	2.2			5.0	16.1			
						4	100—															
剖22	人为土	水稻土	紫色土性水稻土	红棕紫色水稻土	冷浸田	1	0—28	紫色	重壤土	小块状	7.9	23.3	0.88	0.37	1.4	82			10.7		E 107°34′09.1″ N 31°28′40.8″	82
						2	28—90	紫色	重壤土	板块状	7.7	28.5	1.15	0.44	1.3				11.4			
剖23	人为土	水稻土	紫色土性水稻土	灰棕紫色水稻土	大土泥田	1	0—15	紫色	重壤土	大棱柱状	5.9	22.0	1.22	0.36	1.6				20.9		E 107°39′47.2″ N 31°28′05.9″	88
						2	15—20	紫色	重壤土	板块状	5.9	18.4	0.95	0.33	1.9				18.2			
						3	20—55	紫色	轻壤土	大棱柱状	6.4	13.9	0.70	0.29	2.0				15.3			
						4	55—115	紫色	重壤土	小棱柱状	7.1	4.1	0.25	0.28	2.1				18.4			
剖24	人为土	水稻土	紫色土性水稻土	灰棕紫色水稻土	紫砂泥田	1	0—15	灰棕紫色	少砾重壤土	小块状	7.2	17.4	0.63	0.59	1.7				17.6		E 107°32′10.7″ N 31°25′58.8″	72
						2	15—20	灰棕紫色	中壤土	板块状	7.3	17.3	0.60	0.64	1.7				16.9			
						3	20—52	灰棕紫色	重壤土	大棱柱状	7.4	11.0	0.44	0.62	1.6				17.0			
						4	52—86	灰棕紫色	多砾重壤土	无明显结构	7.8	5.9	0.34	0.55	1.7				17.3			
剖25	人为土	水稻土	紫色土性水稻土	灰棕紫色水稻土	砂泥田	1	0—20	浅灰紫色	中壤土	碎块状	5.7	15.5	1.13	0.37	2.1				16.7		E 107°38′00.6″ N 31°22′19.6″	82
						2	20—37	浅黄棕色	中壤土	小块状	6.7	13.8	0.93	0.38	1.9				15.8			
						3	37—61	浅黄棕色	中壤土		7.3	3.7	0.34	0.22	1.9				16.1			

续表 Continued

剖面号 Soil profile	土纲 Soil order	土类 Soil great group	亚类 Soil subgroup	土属 Soil genus	土种 Soil species	土层码 Layer code	土层厚度 Depth/cm	颜色 Soil color	质地 Soil texture	土壤结构 Soil structure	pH	有机质 OM/(g/kg)	全氮 TN/(g/kg)	全磷 TP/(g/kg)	全钾 TK/(g/kg)	碱解氮 AN/(mg/kg)	有效磷 AP/(mg/kg)	速效钾 AK/(mg/kg)	阳离子交换量CEC/(cmol/kg)	土壤母质 Parent material	剖面点坐标 Profile coordinate	匹配指数 Matching index/%
剖26	人为土	水稻土	紫色土性水稻土	棕紫色水稻土	大土泥田	1	0—18	黄褐色	重壤土	板块状	5.2	17.9	1.04	0.37	1.7				15.4		E 107°50′25.4″ N 31°28′52.3″	87
						2	18—30	黄紫色	重壤土	板块状	7.3	9.1	0.74	0.30	1.8				13.9			
						3	30—85	黄紫色	中壤土	大棱柱状	7.1	5.0	0.48	0.23	2.1				14.7			
						4	85—110		重壤土	无明显结构	7.0	2.6	0.38	0.25	2.3				17.1			
剖27	初育土	紫色土	中性紫色土	红棕紫泥土	碎泥土	1	0—35	紫褐色	砂壤土	粒状	6.5										E 107°59′35.2″ N 31°26′47.0″	85
						2	35—100	紫褐色	轻壤土	粒状、块状	6.8											
剖28	初育土	紫色土	中性紫色土	棕紫泥土	半砂泥土	1	0—24	紫紫色	中壤土	粒状	5.7									泥岩、砂岩风化坡积物、残积物	E 107°53′38.0″ N 31°25′52.0″	93
						2	24—31		多砾砂壤土	无明显结构	6.5											
						3	31—	灰色														
剖29	初育土	紫色土	中性紫色土	棕紫泥土	砂土	1	0—25	棕紫色	中壤土	粒状、块状	7.5	10.5	0.67	0.49	1.7				13.6	泥岩、砂岩风化坡积物、残积物	E 107°58′04.8″ N 31°25′41.5″	72
						2	25—75	紫棕色	重壤土	小块状	8.3	4.3	0.64	0.44	2.1				17.4			
						3	75—100	紫棕色	中壤土	整体状	8.4	2.3	0.38	0.45	1.8				16.9			
剖30	铁铝土	黄壤	黄壤	砂黄泥土	白蜡泥土	1	0—18	浅黄色	中壤土	粒状、块状	5.7	11.0	0.68	0.24	1.1				11.4	砂岩、页岩、泥岩残积物	E 107°57′02.9″ N 31°25′21.4″	96
						2	18—50	浅白色	重壤土	棱块状	6.2	1.3	0.35	0.22	1.4				13.3			
						3	50—90	灰橙色	轻黏土	小棱块、整体状	6.1	1.2	0.26	0.16	0.9							
						4	90—100	灰橙色	重壤土	团块状	6.0	2.5	0.25	0.16	1.0							
剖31	人为土	水稻土	紫色土性水稻土	黄棕色黄色石灰水稻土	冷烂田	1	0—30	紫灰色	重壤土	团块状	6.0	21.4	1.15	0.49	1.8				23.0		E 107°57′33.5″ N 31°22′08.4″	81
						2	30—155	灰棕色	重壤土	整体状	7.6	21.0	0.88	0.50	1.9				24.1			
						3		浅灰色	中壤土													
						4	64—	浅灰色	中壤土		5.0	22.6	1.59	0.42	1.5				10.9			
剖32	人为土	水稻土	紫色土性水稻土	棕紫色水稻土	冷砂泥田	1	0—20	浅灰色	中壤土	板块状	6.7	16.7	0.87	0.40	1.5				10.2		E 107°38′25.1″ N 31°15′08.3″	80
						2	20—30	浅灰色	中壤土	棱柱状	7.0	14.1	0.68	0.54	1.5				9.2			
						3	30—51	浅灰黄色	中壤土	大棱柱状	7.4	2.9	0.20	0.24	1.4				14.6			
						4	51—75	浅灰黄色	中壤土	小棱柱状												
						5	75—120	浅灰黄色		整体状												
剖33	初育土	石灰(岩)土	黄色石灰土	黄棕石灰泥土	黄泥夹砂土	1	0—3	暗灰色			6.0	39.1	1.34	0.48	1.6	78		72	7.1	灰岩风化坡积物、残积物	E 107°43′25.3″ N 31°11′24.7″	87
						2	3—30	灰黄色	轻砾石土	粒状	6.4	26.2	1.29	0.48	2.0				6.6			
						3	30—64	浅黄色		大粒状	6.6	12.9	0.55	0.30	2.1				6.6			
剖34	铁铝土	黄壤	黄壤	老冲积黄泥土	卵石黄泥土	1	0—14	浅黄橙色	多砾中壤黏土	小块状	5.5									第四纪老冲积物	E 107°39′44.6″ N 31°10′11.6″	76
						2	14—45	浅黄橙色	中砾重壤黏土	棱状	5.4											
						3	45—78	浅黄橙色		小块状	5.8											
剖35	初育土	紫色土	中性紫色土	暗紫泥土	半砂泥土	1	0—20	黄色	重壤土	块状	7.3	25.4	1.50	0.60	1.9				13.5	砂页岩、少数为炭质页岩	E 107°49′57.0″ N 31°19′37.6″	80
						2	20—35	黄色	重壤土	大块状	7.5	16.8	1.15	0.57	1.8				17.3			
						3	35—100	灰黄色	重壤土	块状	7.5	10.7	0.78	0.54	1.9				20.4			
剖36	初育土	紫色土	中性紫色土	灰棕紫泥土	紫砂泥土	1	0—23	浅黄棕色	中壤土	粒状	7.8	24.1	1.15	0.59	2.0				15.0		E 107°54′59.0″ N 31°17′48.8″	80
						2	23—60	黑棕色	轻壤土	粒状	7.9	23.3	1.26	0.60	1.2				19.5			
						3	60—	暗棕色	轻壤土	无明显结构	7.8	21.4	0.63	0.56	1.1				17.9			
剖37	铁铝土	黄壤	黄壤	冷砂黄泥土	冷砂土	1	0—27	棕色	轻壤土	粒状	6.6	41.7	2.10	0.79	1.7				14.5		E 107°47′54.2″ N 31°17′16.5″	76
						2	27—65	灰灰黄色	轻壤土	小块状	6.3	33.7	1.91	0.79	1.8				12.3			
						3	65—100	浅灰黄色	轻壤土	单粒状												
剖38	初育土	紫色土	中性紫色土	灰棕紫泥土	石骨子土	1	0—20	紫棕色	砾质中壤土	粒状、块状	7.8	5.4	0.66	0.56	3.3				22.5		E 107°57′59.4″ N 31°17′14.3″	99
						2	20—60	紫色	砾质中壤土	大粒状	7.7	5.8	0.40	0.57	3.9				20.6			
剖39	初育土	紫色土	中性紫色土	灰紫紫泥土	砂土	1	0—20	紫棕色	砾质中壤土	大粒状	7.8	6.5	0.39	0.58	3.5				22.8		E 107°56′40.9″ N 31°16′03.7″	75
						2	60—100			块状												

续表 Continued

剖面号 Soil profile	土纲 Soil order	土类 Soil great group	亚类 Soil subgroup	土属 Soil genus	土种 Soil species	土层码 Layer code	土层厚度 Depth/cm	颜色 Soil color	质地 Soil texture	土壤结构 Soil structure	pH	有机质 OM/(g/kg)	全氮 TN/(g/kg)	全磷 TP/(g/kg)	全钾 TK/(g/kg)	碱解氮 AN/(mg/kg)	有效磷 AP/(mg/kg)	速效钾 AK/(mg/kg)	阳离子交换量 CEC/(cmol/kg)	土壤母质 Parent material	剖面点坐标 Profile coordinate	匹配指数 Matching index/%
剖40	初育土	紫色土	中性紫色土	灰棕紫泥土	紫黄泥土	1	0—25	棕色	中砾石土	单粒状	8.0	5.8	0.51	0.70	2.0	28	0.8	75	13.8		E 107°57′01.4″ N 31°15′32.4″	100
						2	25—45	灰棕紫色	中砾石土	粒状	8.5	4.4	0.53	0.73	1.9				16.0			
						3	45—	灰棕紫色															
剖41	人为土	水稻土	黄壤性水稻土	冷砂黄泥田	冷砂田	1	0—19	灰黄色	重壤土	小块状	6.6	39.6	1.97	0.55	1.5	186	6.5	140		酸性砂泥岩风化坡积物、残积物	E 107°50′01.2″ N 31°14′15.8″	83
						2	19—57	灰黄色	中壤土	梭块状	7.8	26.6	1.10	0.54	1.5							
						3	57—90	浅黄色	重壤土	梭块状	8.0	15.8	0.79	0.90	1.4							
剖42	初育土	石灰（岩）土	黄色石灰土	黄色石灰泥土	黄泥夹砂土	1	0—20	浅棕黄色	中砾石土	小块状	8.3	30.8	1.77	0.78	1.5	104	6.2	95	16.7	灰岩风化坡积物、残积物	E 107°40′45.1″ N 31°07′30.7″	80
						2	20—55	浅棕黄色	多砾石土	粒状	7.6	10.7	0.95	0.72	1.5				20.7			
						3	55—															
剖43	人为土	水稻土	石灰岩土性水稻土	黑色石灰性水稻土	灰色泥田	1	0—16	浅黄色	重壤土	大块状	5.0	21.8	1.43	0.32	1.1				8.3	泥质灰岩风化坡积物、残积物	E 108°03′04.2″ N 31°47′41.3″	78
						2	16—25	浅黄色	重壤土	板块状	6.0	15.6	0.97	0.34	1.3				8.5			
						3	25—105	浅黄棕色	重壤土	小梭柱状	6.7	3.8	5.30	0.21	1.3				18.6			
剖44	初育土	紫色土	中性紫色土	暗紫泥土	黄砂土	1	0—20	紫色	中壤土	粒状	8.2	9.2	0.55	0.64	1.8	36		83		砂页岩、少数为炭质页岩	E 108°01′40.8″ N 31°46′55.6″	81
						2	20—65	紫色	中壤土	整体状	8.1	8.2		0.47	1.7							
						3	65—	紫灰色	中壤土	粒状	7.9	6.7	0.40	0.26	1.6				9.2			
剖45	人为土	水稻土	黄壤性水稻土	矿子黄泥田	砂泥田	1	0—20	紫灰色	重壤土	大块状	6.0	18.1	0.92	0.26	1.2				10.5	石灰岩坡积物、残积物	E 108°09′14.2″ N 31°43′37.2″	96
						2	20—40	浅红灰色	轻壤土	小块块状	6.0	22.9	0.51	0.25	1.0				10.6			
						3	40—80	浅红灰色	中壤土	小块状	6.2	18.9	0.55	0.23	1.1							
						4	80—110	棕色色	中壤土	整体状	6.5	10.1	0.54	0.24								
剖46	人为土	水稻土	黄壤性水稻土	矿子黄泥田	黄泥土	1	0—19	紫色	中壤土	扁平梭块状	6.8	17.4	0.59	0.27	2.4				12.1	石灰岩坡残积物、残积物	E 108°14′19.8″ N 31°41′30.5″	83
						2	19—30	紫色	中壤土	大块块状	6.9	15.8	0.50	0.26	1.7				14.3			
						3	30—50	紫灰色	中壤土	整体状	7.2	12.3	0.59	0.26	1.8				11.6			
						4	50—100	紫红色	中壤土	粒状	7.4	4.4	0.97	0.42	1.7				16.3			
剖47	黄壤	黄壤	黄壤	矿子黄泥土	黄泥土	1	0—20	浅灰色	中壤土	粒状	5.0	34.4	1.31	0.50	1.4	148	4.5	56	11.8	石灰岩残坡积物、残积物	E 108°28′44.4″ N 31°45′33.5″	82
						2	20—60	浅灰色	中壤土	小块状	5.4	35.1	1.29	0.49	1.4				12.4			
						3	60—100	黄色	中壤土	块状	5.4	19.0	0.70	3.58	1.3				7.0			
剖48	黄壤	黄壤	黄壤	矿子黄泥土	火石渣土	1	0—18	浅灰棕色	轻砾石土	整体状、核状	6.4	28.3	1.53	0.63	1.1	150	5.4	113	12.9	石灰岩残积物	E 108°22′49.8″ N 31°45′20.4″	77
						2	18—70	浅黄色	中壤土	块状	6.8	8.3	0.57	0.36	1.3				15.0			
						3	70—	浅黄色	多砾重壤土	块状												
剖49	初育土	石灰（岩）土	红色石灰土	红色石灰土	白鳝土	1	0—15	橙色	轻黏土	大粒状	7.9	4.5		0.17	2.1				22.5	石灰岩残坡积物	E 108°25′27.8″ N 31°43′52.0″	91
						2	15—80	红橙色	轻黏土	大块状	6.9	2.8	0.37	0.17	2.3				22.6			
						3	80—110	暗棕色	重黏土	小块状	6.4		0.39	0.52	1.3				21.6			
剖50	铁铝土	黄壤	黄壤	生草黄棕壤	白鳝土	1	0—19	暗棕色	中壤土	小块状	7.2	108.0	4.53	0.47	1.2	396	14.2		22.4		E 108°15′32.0″ N 31°42′26.3″	79
						2	19—81	黄棕色	中壤土	柱状	7.3	61.0	1.80	0.33	1.2				8.7			
剖51	淋溶土	黄棕壤	生草黄棕壤	生草黄棕壤	砂泥土	1	0—10	浅黄色	中壤黏土	整体状	5.1	12.0	0.63	0.38			3.0		7.6	冰碛物、泥砾	E 108°29′47.0″ N 31°41′57.5″	79
						2	10—75	浅黄色	轻黏土	粒状、块状	6.0		0.41									
						3	75—140	浅黄棕色	多砾轻黏土	小块状、块状	6.4											
						4	140—200	黄棕色			8.0											
剖52	初育土	石灰（岩）土	黄色石灰土	黄色石灰泥土	大眼泥土	1	0—20	黄棕色	多砾石土	块状	8.2		0.53		2.5					灰岩风化坡积物、残积物	E 108°15′24.7″ N 31°40′57.8″	100
						2	20—45	浅黄棕色	轻石土	粒状	7.9	9.2		0.64	2.3				11.4			
剖53	紫色土	紫色土	中性紫色土	暗紫泥土	扁砂土	1	0—29	紫色	中壤土	粒状	8.1	13.6	0.86	0.60	2.3	85			24.1		E 108°25′43.0″ N 31°40′39.4″	90
						2	29—100	紫色	轻壤土		8.1	7.2	0.61	0.66	2.3				19.5			
剖54	初育土	紫色土	中性紫色土	灰棕紫泥土		1	0—20	紫色	中壤土	粒状	6.1	5.4	0.29	0.58	2.0	48			24.0		E 108°05′46.3″ N 31°36′06.1″	81
						2	20—60	紫色	中砾石土		6.4											

续表 Continued

剖面号 Soil profile	土纲 Soil order	土类 Soil great group	亚类 Soil subgroup	土属 Soil genus	土种 Soil species	土层码 Layer code	土层厚度 Depth/cm	颜色 Soil color	质地 Soil texture	土壤结构 Soil structure	pH	有机质 OM/(g/kg)	全氮 TN/(g/kg)	全磷 TP/(g/kg)	全钾 TK/(g/kg)	碱解氮 AN/(mg/kg)	有效磷 AP/(mg/kg)	速效钾 AK/(mg/kg)	阳离子交换量CEC/(cmol/kg)	土壤母质 Parent material	剖面点坐标 Profile coordinate	匹配指数 Matching index/%
剖55	初育土	新积土	冲积土	紫色冲积土	潮砂泥土	1	0—17	浅灰色	重壤土	碎块状	8.3	45.3	2.22	0.68	2.4	170	1.4	202	14.1	近代紫色冲积物	E 108°10′19.6″ N 31°34′58.1″	90
						2	17—45		重壤土	块状	8.5	24.3	1.36	0.62	2.4				14.4			
						3	45—91	浅灰黄色	轻黏土	块状	8.4	17.6	0.73	0.56	2.4							
						4	91—															
剖56	铁铝土	黄壤	黄壤	冷红黄泥土	黄砂泥土	1	0—17	浅灰黄色	中壤土	粒状	6.2	6.6	0.38	0.20	1.7				12.7		E 108°12′35.3″ N 31°34′54.8″	94
						2	17—	浅灰黄色	中壤土	无明显结构	6.2	3.8	0.32	0.20	1.8							
剖57	淋溶土	黄棕壤	生草黄棕壤	生草黄棕壤		1	0—6	黑灰色												冰碛物、泥砾	E 108°25′08.8″ N 31°39′26.3″	74
						2	6—40	棕色	中壤土	团块状	5.9	71.0	2.32	0.74	1.4	230	4.7	101	16.3			
						3	40—85	浅黄棕色	轻黏土	柱状	6.6	15.0	0.52	0.54	1.4		0.5		11.8			
						4	85—180	浅黄棕色	少砾重黏土	大棱柱状	5.8	9.0	0.93	0.41	2.1				14.5			
						5	180—205	浅黄棕色	少砾重黏土	棱块状	7.3	7.0	0.99	0.34	2.2				13.5			
剖58	淋溶土	黄棕壤	山地黄棕壤	山地黄棕壤	黄泡土	1	0—19	灰黄色	中壤土	团块状	6.9	23.7	1.55	0.52	1.4		5.6		9.1	石灰岩溶蚀残积物	E 108°27′02.9″ N 31°39′20.2″	94
						2	19—100	浅黄棕色	重壤土	柱状	7.6	9.8	0.95	0.46	1.4				10.3			
						3	100—	浅黄棕色	重壤土	棱块状	7.4	6.3	0.32	0.37	1.4				11.2			
剖59	水稻土	石灰(岩)土	石灰(岩)土性水稻土	黄色石灰性水稻土	黄泥田	1	0—16	浅黄棕色	轻黏土	块状	5.5	1.9	0.67	0.32	1.6					灰岩溶蚀坡积物、残积物	E 108°20′09.2″ N 31°38′15.0″	78
						2	16—29	黄棕色	重壤土	棱块状	6.0	9.9	0.70	0.35	2.0							
						3	29—100	黄棕色		块状	6.2	7.5	0.43	0.30	1.9							
剖60	铁铝土	黄壤	冲积型水稻土	冷砂黄泥土	冷砂黄泥土	A	0—20	浅黄灰色	黏壤土	粒状、块状	5.6	24.7	1.23	0.17	1.1	123		67	14.3	砂页岩风化物	E 108°19′16.0″ N 31°35′34.1″	89
						B	20—55	灰黄棕色	黏壤土	小块状	5.2	5.4	0.24	0.11	1.0				12.1			
						C	55—		粉砂质黏壤土													
剖61	人为土	水稻土	黄色冲积水稻土	鸭梁田		1	0—40	暗黄色	中壤土	小块状	8.1	374.0	1.44	0.47	1.5	124	4.4	90	6.7		E 108°21′52.4″ N 31°34′15.7″	89
						2	40—85	灰绿色	重壤土	整体状	8.0	33.1	1.21	0.34					8.0			
剖62	初育土	石灰(岩)土	黑色石灰土	黑色石灰土	灰包泥土	1	0—14	褐色	轻砾石土	粒状	8.2										E 108°19′12.5″ N 31°33′46.2″	71
						2	14—45	灰白色	重砾石土	整体状	8.5											
						3	45—															
剖63	铁铝土	黄壤	石灰(岩)土性水稻土	黄色石灰性水稻土	豆瓣泥田	1	0—16	浅棕色	轻壤土	粒状、块状	7.6	34.0	1.98	0.61	2.1	180	1.6	133	20.0		E 108°20′23.4″ N 31°33′27.2″	74
						2	16—50	浅黄棕色	中黏土	小块状	7.5	12.3	0.67	0.72	1.7				23.0			
						3	50—			无明显结构												
剖64	铁铝土	黄壤	黄壤	砂黄泥土	砂黄泥土	1	0—15	浅黄白色	中壤土	粒状	5.3	13.9	0.62	0.16	0.8				14.4	砂岩、页岩、泥岩残积物	E 108°16′01.8″ N 31°32′59.8″	91
						2	15—33	浅黄棕色	重壤土	小块状	5.3	8.0	0.53	0.14	0.8				14.9			
						3	33—100	浅黄棕色	重壤土	整体状	6.0	6.7	0.31	0.14	0.8				14.2			
剖65	初育土	紫色土	中性紫色土	棕紫泥土	石膏子土	1	0—25	紫色	重壤土	小块状	7.2	10.6	0.66	0.38	1.8	78	0.9	83	17.9	泥岩、砂岩风化坡积物、残积物	E 108°02′21.1″ N 31°29′19.7″	87
						2	25—75	紫色	重壤土	棱块状	7.2	5.6	0.31	0.27	1.7				16.8			
						3	75—100	黄灰棕色	重壤土	无明显结构	7.5	3.4	0.42	0.24	1.9				15.0			
剖66	铁铝土	黄壤	黄壤	老红积黄泥土	黄泥土	1	0—15	浅黄棕色	轻壤土	小块状	5.7									第四纪老冲积物	E 108°03′19.4″ N 31°27′59.4″	84
						2	15—45	暗黄棕色	中壤土	大块状	5.2											
						3	45—105	红棕色	重壤土	棱块状	5.5											
剖67	初育土	紫色土	中性紫色土	棕紫泥土	大土泥土	1	0—18	红棕色	中黏土	小块状	7.4	14.4	1.08	0.51	1.6				16.6	泥岩、砂岩风化坡积、残积物	E 108°05′43.1″ N 31°27′01.8″	80
						2	18—38	红棕色	重黏土	棱体状	7.5	10.7	1.02	0.51	1.6				15.5			
						3	38—100		重壤土	块状	8.0	5.4	0.41		1.5				14.4			
剖68	初育土	紫色土	中性紫色土	红棕紫泥土	砂土	1	0—35	紫色	中砾石土	粒状	7.4									厚泥薄砂岩残积坡积物	E 108°03′35.6″ N 31°24′32.8″	95
						2	35—60	红棕色	中砾石土	块状	7.6											
						3	60—															

大 竹 县

主要土类说明

水稻土是大竹县的主要土壤类型，占本县地域面积的 35%，主要分布在向斜槽谷内的浅丘平坝和中丘的中部，其次零星分布于低山沟谷和岩溶槽谷。在长期季节性淹灌、排水、水下翻耕、氧化还原交替影响下，水稻土形成淹育层、犁底层、渗育层、潴育层与潜育层等多种发生层。本县水稻土分为冲积性水稻土、紫色土性水稻土、黄壤性水稻土等亚类。

紫色土是大竹县第二大土壤类型，占本县地域面积的 34%，广布于本县两槽和山麓深丘一带。成土过程以物理风化为主，化学风化弱，母质风化程度低，土壤自然肥力高，矿质养分含量丰富，质地为中壤土至重壤土，一般呈中性。所处地区光热条件较好，宜种作物广，是本县粮、麻、果等作物的主要产地。本县紫色土只有棕紫泥土一个亚类。

黄壤占本县地域面积的 12%，分布于本县三低山的脊部至山腰一带。成土过程以化学风化为主，母质风化程度较深，盐基物质较缺乏，土壤矿质胶体品质差。虽然有机质含量较高，但光热条件差，土性冷凉，微生物活性弱，分解慢，有效养分较低，种植作物面积少。本县黄壤只有黄壤一个亚类。

小于本县地域面积 3% 的土壤类型还有新积土等。

本区域中心区气候特征

本区域中心区气候特征值
Regional climate characteristics in central area of the region

气候带：中亚热带湿润气候 Climate region: Subtropical humid climate	
年平均气温 /℃ Annual average temperature /℃	16.6
年平均最高气温 /℃ Annual average maximum temperature /℃	20.9
年平均最低气温 /℃ Annual average minimum temperature /℃	13.5
年降水量 /mm Annual precipitation /mm	1181
≥10℃的积温 /℃ Daily temperature accumulated in a year（≥10℃）/℃	5912
年日照时数 /h Annual sunshine /h	1174
年平均相对湿度 /% Annual average relative humidity /%	78
干燥度 Dryness	0.90

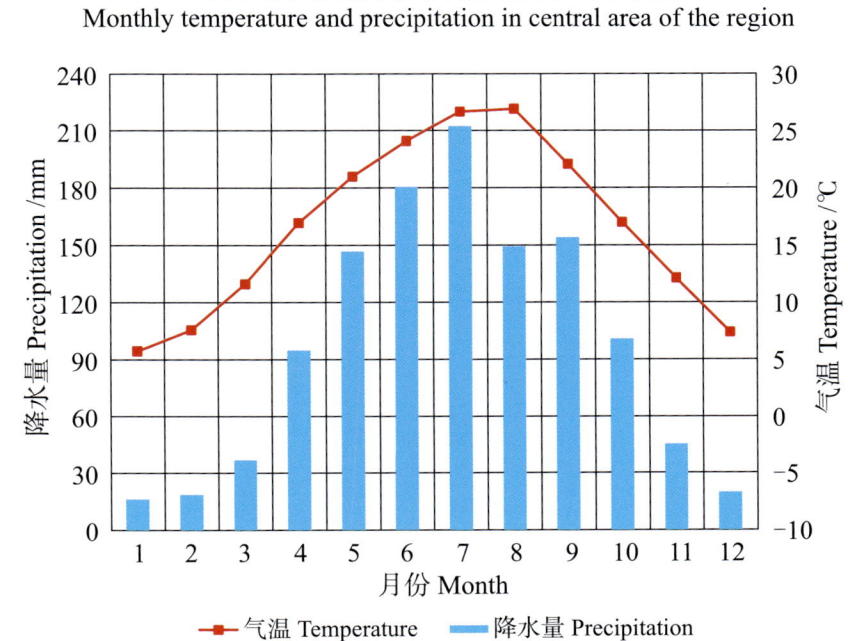

本区域中心区月平均气温与月平均降水量
Monthly temperature and precipitation in central area of the region

大竹县主要土壤类型与土壤剖面点分布图
1:250 000

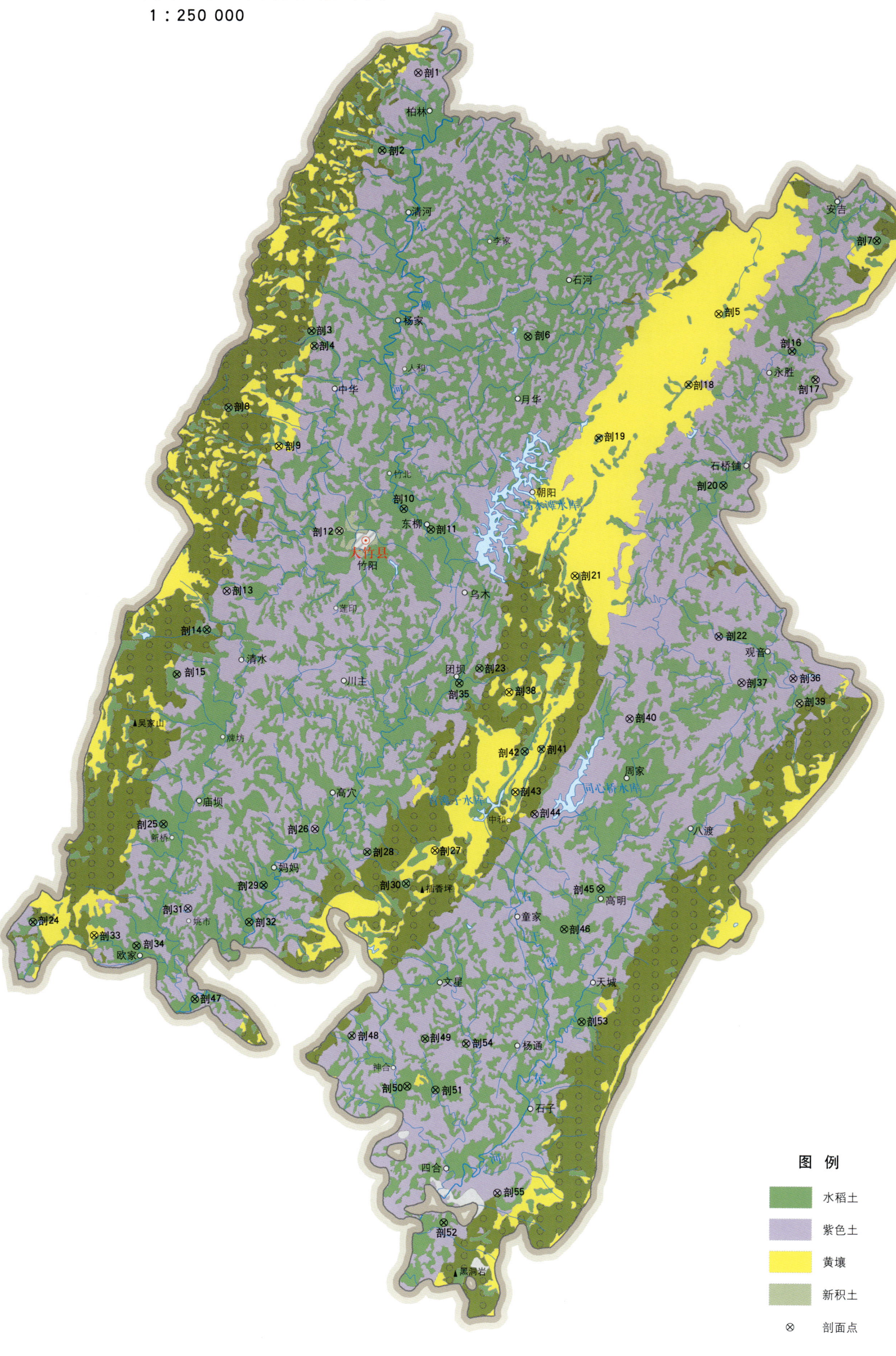

图例
- 水稻土
- 紫色土
- 黄壤
- 新积土
- ⊗ 剖面点

大竹县土壤剖面理化性状表

剖面号 Soil profile	土纲 Soil order	土类 Soil great group	亚类 Soil subgroup	土属 Soil genus	土种 Soil species	土层码 Layer code	土层厚度 Depth/cm	颜色 Soil color	质地 Soil texture	土壤结构 Soil structure	pH	有机质 OM/(g/kg)	全氮 TN/(g/kg)	全磷 TP/(g/kg)	碱解氮 AN/(mg/kg)	有效磷 AP/(mg/kg)	速效钾 AK/(mg/kg)	土壤母质 Parent material	剖面点坐标 Profile coordinate	匹配指数 Matching index/%
剖1	初育土	紫色土	棕紫泥土	暗紫泥土	大眼泥田	A	0—20	棕褐色	中壤土	核状	6.0	11.5	1.10	1.20	121	12.0	123	泥岩坡积物	E 107°14′25.8″ N 30°59′01.8″	97
剖2	人为土	水稻土	紫色土性水稻土	暗紫泥田	黄泥田	1	0—20	暗黄色	重壤土	小块状	6.1	15.5	1.10	0.60	71	7.0	44	砂岩、泥岩、灰岩坡积物	E 107°13′03.2″ N 30°56′35.4″	76
						2	20—31	暗黄色	重壤土	小块柱状	6.0	6.2	0.40	0.50	59	4.0	31			
						3	31—100		重壤土	棱柱状	5.8	4.1	0.30	0.50	37	2.0	31			
剖3	人为土	水稻土	黄壤性水稻土	冷砂黄泥田	鸭屎泥田	1	0—20	浅黄色	中壤土	小块状	7.4	28.4	1.60	0.70	118	20.0	94	砂泥岩、页岩残积物	E 107°10′19.6″ N 30°50′55.3″	76
						2	20—90	灰黄色	轻黏土	大棱柱状	7.4	19.7	1.10	0.80	103	16.0	87			
剖4	人为土	水稻土	黄壤性水稻土	冷砂黄泥田	白鳝泥田	1	0—20	灰色	中壤土	小块状结构	5.4	18.7	1.10	0.60	90	5.0	51	砂岩、页岩残积物	E 107°10′25.4″ N 30°50′26.4″	94
						2	20—32	黄灰色	重壤土	无明显结构	5.0	17.0	1.30	0.50	68	4.0	47			
						3	32—100	黄白色		块状	5.4	10.1	0.80	0.50	60	3.0	32			
剖5	铁铝土	黄壤	黄壤	矿子黄泥土	黄泡泥土	A	0—18	灰黄色	中壤土	小棱柱状	7.0	11.9	0.90	0.40	86	4.0	96	灰岩坡积物	E 107°25′19.9″ N 30°51′12.6″	79
						2	18—30	褐黄色	重壤土	片状、块状	6.5	5.2	0.40	0.40	49	3.0	21			
						3	30—100	灰黄色	重壤土	大棱块状	6.5	5.0	0.40	0.50	44	3.0	59			
剖6	人为土	水稻土	紫色土性水稻土	灰棕紫泥水稻土	炭渣田	1	0—20	暗黄色	中壤土	小块状	6.2	15.8	0.90	1.30	83	15.0	82	砂岩、页岩残积物	E 107°18′17.3″ N 30°50′37.0″	88
						2	20—47	棕黄色	重壤土	小块状	6.8	12.0	0.80	1.10	67	15.0	62			
						3	47—100	灰黄色	中壤土	大棱柱状	6.9	6.9	0.40	1.10	59	14.0	46			
剖7	人为土	水稻土	紫色土性水稻土	冷砂黄泥水稻土	黄砂泥田	1	0—19	棕黄色	中壤土	小粒状	6.6	16.3	0.90	1.20	87	13.0	92	厚砂岩夹薄页岩残积物	E 107°31′12.7″ N 30°53′25.4″	98
						2	19—35	紫灰色	中壤土	大棱柱状	5.6									
						3	35—100	浅灰色	轻壤土	粒状	6.2	20.8	1.60	1.20	68	5.0	63			
剖8	人为土	水稻土	黄壤性水稻土	冷砂黄泥水稻土	黄砂泥田	1	0—19	紫棕色	中壤土	大棱块状	6.0	19.3	1.30	1.00	47	4.0	67	砂岩、页岩残积物	E 107°07′13.1″ N 30°48′32.8″	96
						2	19—36	黄橙色	轻壤土	粒状	6.4	16.9	1.30	0.60	78	10.0	85			
剖9	铁铝土	黄壤	黄壤	冷砂黄泥水稻土	黄砂泥土	A	0—20	棕黄色	轻壤土	大棱块状	6.4	11.9	0.90	0.60	72	8.0	65		E 107°09′02.9″ N 30°47′17.9″	88
						2	20—65	浅灰紫	中壤土	核状	6.1	23.2	1.30	0.60	79	9.0	48			
剖10	人为土	水稻土	冲积型水稻土	紫色冲积水稻土	潮砂田	1	0—20	灰棕色	重壤土	大棱柱状	7.1	13.0	0.70	0.40	75	2.0	67	紫色冲积物	E 107°13′36.8″ N 30°45′14.8″	80
						2	20—32	灰黄色	中壤土	小棱柱状	7.5	6.3	0.30	0.30	59	2.0	66			
剖11	人为土	水稻土	冲积型水稻土	紫色冲积水稻土	黄泥田	1	0—21	棕黄色	重壤土	块状	6.4	16.6	1.10	0.80	84	12.0	31	紫色冲积物	E 107°14′34.8″ N 30°44′37.7″	71
						2	21—35	灰黄色	重壤土	小棱柱状	6.0	6.3	0.50	0.50	49	5.0	86			
						3	35—100	黄色	轻壤土	大棱块状	5.5	4.7	0.40	0.40	54	2.0	71			
剖12	新积土	新积土	冲积土	暗紫泥冲积土	潮砂泥田	A	0—21	棕灰色	轻壤土	粒状	6.0	12.1	0.70	1.10	105	7.0	74	河流冲积物	E 107°11′13.6″ N 30°44′34.1″	88
						2	20—100	浅灰黄色	轻壤土	棱柱状	6.4	5.2	0.40	0.80	30	5.0				
剖13	铁铝土	黄壤	棕壤土	暗棕壤	石骨子土	A	0—19	暗黄色	中壤土		5.3	6.4	0.50	0.90	48	6.0	68	暗紫色、黄褐色泥岩风化物	E 107°07′02.6″ N 30°42′43.6″	94
剖14	初育土	紫色土	棕紫泥土	暗紫泥土	黄砂泥田	1	0—29	棕黄色	砂壤土	粒状	5.9	15.8	0.90	0.50	85	9.0	118	砂岩、泥岩、灰岩残积物	E 107°06′17.3″ N 30°41′30.8″	72
						2	20—70	棕黄色	轻壤土	大棱块状	6.7	18.0	0.60	0.40	84	8.0	33			
剖15	人为土	水稻土	黄壤性水稻土	冷砂黄泥田	黄泥田	1	0—21	灰黄色	中壤土	粒状	5.1	11.8	0.30	0.40	73	4.0	21	砂泥岩、页岩残积物	E 107°05′10.0″ N 30°40′06.6″	86
						2	21—50	棕黄色	中壤土	小棱块状	6.5	6.0	0.30	0.40	62	2.0	130			
						3	50—100	黄棕色	重壤土	块状	6.5	15.2	1.10	0.50	83	1.0	67			
剖16	人为土	水稻土	紫色土性水稻土	灰棕紫泥水稻土	黄泥田	1	0—20	灰灰色	轻黏土	大棱柱状	5.0	9.6	8.00	0.80	55	1.0	72	砂泥岩残积物、坡积物	E 107°28′00.5″ N 30°49′58.8″	71
						2	20—40	浅黄褐	轻黏土	小棱块状	4.5	4.6	0.30	0.40	30	1.0				
						3	40—100	灰黄色	砂壤土	单粒状	4.5	7.2	0.50	0.50	32	9.0	33			
剖17	初育土	新积土	冲积土	紫色冲积土	潮砂土	A	0—20	棕紫色	轻壤土	整体状	6.0	6.1	0.40	0.25	33	4.0		河流冲积物	E 107°28′50.7″ N 30°49′04.3″	82
						2	20—100				6.5									

续表 Continued

剖面号 Soil profile	土纲 Soil order	土类 Soil great group	亚类 Soil subgroup	土属 Soil genus	土种 Soil species	土层码 Layer code	土层厚度 Depth/cm	颜色 Soil color	质地 Soil texture	土壤结构 Soil structure	pH	有机质 OM/(g/kg)	全氮 TN/(g/kg)	全磷 TP/(g/kg)	碱解氮 AN/(mg/kg)	有效磷 AP/(mg/kg)	速效钾 AK/(mg/kg)	土壤母质 Parent material	剖面点坐标 Profile coordinate	匹配指数 Matching index/%
剖18	人为土	水稻土	黄壤性水稻土	矿子黄泥田	黄泡泥田	1	0—19	灰黄色	中壤土	小块状	7.0	16.1	1.10	0.70	91	14.0	130	灰岩溶蚀的残积物、坡积物	E 107°24′10.1″ N 30°48′59.8″	94
						2	19—42	棕黄色	重壤土	大棱块状	6.5	10.1	0.80	0.60	87	6.0	73			
						3	42—100	浅黄色	重壤土	小棱块状	6.0	8.4	0.70	0.50	66	5.0	30			
剖19	人为土	水稻土	黄壤性水稻土	矿子黄泥田	白石骨子田	1	0—16	黄灰色	砾质轻壤土	粒状	8.2	15.1	0.90	1.10	63	6.0	106	灰岩溶蚀的残积物、坡积物	E 107°20′49.6″ N 30°47′21.8″	91
						2	16—61	黄灰色	中壤土	大棱柱状	6.7	8.5	0.70	0.90	42	0.1				
剖20	人为土	水稻土	冲积型水稻土	紫色冲积水稻土	潮砂泥田	1	0—20	灰紫色	中壤土	粒状	7.3	22.7	1.10	1.10	84	24.0	79	紫色冲积物	E 107°25′22.8″ N 30°45′47.2″	88
						2	20—31	紫褐色	中壤土	大棱块状	7.5	18.3	0.80	0.50	61	9.0	38			
						3	31—100	紫褐色	重壤土	小棱柱状	7.3	6.8	0.50	0.50	32	8.0	62			
剖21	铁铝土	黄壤	黄壤	矿子黄泥田	白石骨子土	A	0—21	暗黄色	中壤土	块状	8.0	11.8	0.60	0.60	61	5.0	120	泥质灰岩、白云质灰岩残积物	E 107°19′51.6″ N 30°43′00.5″	78
						2	21—55	灰白土	多砾重壤土	核状	8.1	5.6	0.30	0.50	30	3.0	79			
剖22	初育土	紫色土	棕紫泥土	灰棕紫泥土	大土泥田	A	0—20	暗紫色	中壤土	核状	6.2	12.1	0.80	0.90	76	6.0	85	紫色泥岩风化物	E 107°25′06.6″ N 30°41′00.6″	99
						2	20—30	暗紫色	重壤土	核板状	6.3	6.4	0.40	0.70	58	5.0	81			
						3	30—75	褐紫色	重壤土	棱柱状	7.6	3.0	0.20	0.60	45	6.0	59			
剖23	人为土	水稻土	紫色土性水稻土	暗紫泥水稻土	石骨子田	1	0—15	紫色	轻壤土	粒状	7.5	12.7	0.80	0.80	61	9.0	65	砂岩、泥岩、灰岩坡积物	E 107°16′17.4″ N 30°40′08.4″	79
						2	15—45	暗紫色	中壤土	核状	5.1	7.4	0.60	0.50	51	6.0	44			
剖24	人为土	水稻土	紫色土性水稻土	暗紫泥水稻土	大眼泥田	1	0—20	暗紫色	重壤土	核柱状	5.4	14.6	1.10	0.60	123	10.0	89	砂岩、泥岩、灰岩坡积物	E 106°59′54.8″ N 30°32′11.4″	81
						2	20—55	暗紫色	重壤土	棱板状	5.9	11.2	1.00	0.60	60	9.0	60			
						3	55—100	灰紫色	重壤土	小棱柱状	5.5	4.3	0.30	0.50	33	1.0	31			
剖25	人为土	水稻土	灰棕土性水稻土	灰棕紫泥水稻土	白鳝泥田	1	0—19		重壤土	块状	5.5	15.2	0.80	0.40	53	7.0	75	砂泥岩溶蚀的残积物、坡积物	E 107°04′35.4″ N 30°35′21.8″	98
						2	19—45	白色	轻壤土	核状	5.7	14.6	0.70	0.30	47	8.0	63			
						3	45—100		黏土	小棱块状	5.6	13.4	0.60	0.40	34	5.0	51			
剖26	初育土	紫色土	棕紫泥土	灰棕紫泥土	白鳝泥田	A	0—20	紫灰色	重壤土	块状	5.0	9.1	0.70	0.40	45	2.0	92	泥岩残积物	E 107°10′09.1″ N 30°35′08.2″	92
						2	20—70	灰白色	轻壤土	小棱柱状	6.0	6.1	0.40	0.20	12	2.0				
剖27	初育土	紫色土	黄壤	冷砂黄泥土	冷砂土	A	0—20	灰黄色	轻壤土	板状	7.0	21.3	1.10	0.60	88	4.0	73	灰岩坡积物、坡积物	E 107°14′33.0″ N 30°34′23.2″	73
						2	20—35	灰黄色	重壤土	大棱柱状										
						3	35—100		黏质重壤土		6.0	19.8	1.10	0.70	53	4.0	36			
剖28	人为土	水稻土	紫色土性水稻土	暗紫泥水稻土	白鳝泥田	1	0—20	棕黄色	黏质重壤土	小棱块状	5.5	14.6	1.20	0.40	46	3.0	48	砂岩、泥岩、灰岩坡积物	E 107°12′03.6″ N 30°34′22.4″	92
						2	20—50	灰白色	黏质重壤土	小棱柱状	5.5	13.7	1.20	0.30	46	3.0	39			
						3	50—100	棕紫色	轻壤土	粒状	6.4	10.7	0.70	1.20	59	9.0	109			
剖29	人为土	水稻土	黄壤性水稻土	矿子黄泥田	石骨子田	1	0—18	棕紫色	中壤土	粒状	6.7	7.8	0.40	1.10	59	8.0	73	紫色泥岩的残积物	E 107°08′14.3″ N 30°33′22.3″	100
						2	18—40	浅紫色	重壤土	大棱块状	7.3	28.4	1.70	0.90	135	5.0	71			
剖30	人为土	水稻土	紫色土性水稻土	矿子黄泥田	鸭屎泥田	1	0—21	深灰色	重壤土	无明显结构	7.5							灰岩溶蚀的残积物、坡积物	E 107°13′27.8″ N 30°33′21.2″	87
						2	21—100	灰灰色	重壤土	无明显结构										
剖31	初育土	紫色土	紫色土性水稻土	紫色冲积水稻土	砂土	A	0—20	黄紫色	砂壤土	粒状	5.7	9.8	0.60	0.90	72	8.0	58	紫色冲积物	E 107°05′27.2″ N 30°32′40.6″	87
						2	20—38		壤土	块状	6.0	9.0	0.50	0.70	39	9.0	62			
剖32	人为土	水稻土	棕紫泥土	灰棕紫泥土	白鳝泥田	1	0—18	灰白色	重壤土	块状	6.0	18.8	1.10	0.70	87	10.0	43	紫色冲积物	E 107°07′41.0″ N 30°32′12.4″	93
						2	18—34	黄白色	重壤土	小棱柱状	5.7	18.6	1.10	0.70	71	10.0	29			
						3	34—100	浅黄色	轻壤土	小棱柱状	5.4	3.1	0.20	0.30	17	2.0	49			
剖33	初育土	黄壤	冷砂黄泥土	冷砂土	A	0—20	灰浅色	砂壤土		5.7	13.8	1.00	0.70	75	5.0	76	砂岩风化残积物	E 107°01′59.2″ N 30°31′51.6″	85
						2	20—70		轻壤土	小块状	6.1	10.1	0.80	0.70	36	4.0				
剖34	人为土	水稻土	灰棕紫泥土	旺子泥田	1	0—19	灰浅色	中壤土	小棱块状	6.5	14.3	1.00	1.30	78	19.0	101	棕紫色泥岩风化物	E 107°03′32.4″ N 30°31′30.4″	92
						2	19—40	棕紫色	重壤土	大棱块状	6.3	11.2	0.90	1.30	66	19.0	96			
						3	40—100	棕紫色	重壤土	粒状	6.9	9.2	0.70	1.20	49	14.0	93			
剖35	人为土	水稻土	紫色土性水稻土	灰棕紫泥水稻土	砂田	1	0—21	褐紫色	砂壤土	小棱块状	6.8	17.2	0.80	0.60	59	7.0	67	砂土	E 107°15′31.7″ N 30°39′41.0″	92
						2	21—70	灰紫色	轻壤土	大棱块状	7.0	12.1	0.50	0.60	32	8.0	64			

续表 Continued

剖面号 Soil profile	土纲 Soil order	土类 Soil great group	亚类 Soil subgroup	土属 Soil genus	土种 Soil species	土层码 Layer code	土层厚度 Depth/cm	颜色 Soil color	质地 Soil texture	土壤结构 Soil structure	pH	有机质 OM/(g/kg)	全氮 TN/(g/kg)	全磷 TP/(g/kg)	碱解氮 AN/(mg/kg)	有效磷 AP/(mg/kg)	速效钾 AK/(mg/kg)	土壤母质 Parent material	剖面点坐标 Profile coordinate	匹配指数 Matching index/%
剖36	初育土	紫色土	棕紫泥土	灰棕紫泥土	豆瓣泥田	A	0—19	棕紫色	重壤土	小块状	6.2	9.4	0.70	0.60	86	4.0	85	泥岩风化物	E 107°27′49.0″ N 30°39′38.5″	99
						2	19—30	棕紫色	重壤土	片状、块状	6.2	8.5	0.60	0.60	71	4.0	76			
						3	30—100	褐黄色	重壤土	小梭柱状	6.0	6.4	0.40	0.60	37	8.0	16			
剖37	初育土	紫色土	棕紫泥土	灰棕紫泥土	黄泥土	A	0—18	灰黄色	重壤土	片状	6.1	12.0	0.80	1.10	67	5.0	38	泥岩坡积物	E 107°25′54.8″ N 30°39′32.4″	72
						2	18—30	黄色	重黏土	梭块状										
						3	30—100	棕黄色	轻黏土											
剖38	铁铝土	黄壤	黄壤	冷砂黄泥土	白鳝泥田	A	0—19	黄白色	重壤土	块状	5.2	13.1	1.10	0.50	84	3.0	99	厚砂岩夹薄层泥岩风化物	E 107°17′21.8″ N 30°39′22.3″	88
						2	19—100	灰白色	轻黏土	梭柱状	5.5	11.7	0.90	0.60	63	5.0	24			
剖39	新积土	冲积土	紫色冲积土	黄夹泥土	A	0—21	紫黄色	重壤土	块状	5.0	13.5	0.90	0.60	84	9.0	165	河流冲积物	E 107°28′01.6″ N 30°38′50.6″	79
						2	21—30	棕黄色	重壤土	板状	5.0	6.9	0.30	0.40	44	3.0	45			
						3	30—100	黄色	重壤土	大梭块状	5.0	5.2	0.30	0.30	37	3.0	62			
剖40	初育土	紫色土	棕紫泥土	灰棕紫泥土	油砂土	A	0—20	紫灰色	轻壤土	团粒状	6.3	13.1	0.80	0.60	84	17.0	67	泥岩、长石石英砂岩风化物	E 107°21′46.4″ N 30°38′27.6″	99
						2	20—100	暗紫色	中壤土	小梭块状	6.4	8.0	0.50	0.60	62	10.0	66			
剖41	人为土	水稻土	黄壤性水稻土	冷砂黄泥田	冷砂田	1	0—20	灰黄色	砂壤土	粒状	5.2	16.6	1.00	0.60	73	5.0	61	砂泥岩、页岩风化坡积物	E 107°18′30.7″ N 30°37′33.0″	80
						2	20—33	灰黄色	轻壤土	梭块状	5.0	11.1	0.80	0.80	82	11.0				
						3	33—66	黄棕色	轻壤土	梭块状	5.2	6.4	0.50	0.40	48	7.0				
剖42	人为土	水稻土	黄壤性水稻土	矿子黄泥田	矿子黄泥田	1	0—19	黄灰色	重壤土	大块状	7.2	20.6	1.30	0.80	150	15.0	137	灰岩溶蚀的残积物、坡积物	E 107°17′54.2″ N 30°37′29.3″	95
						2	19—38	黄灰色	重壤土	小梭块状	6.9	12.7	0.90	0.90	91	10.0	104			
						3	38—100	黄棕色	重壤土	梭柱状	7.7	8.8	0.80	0.70	53	7.0	56			
剖43	铁铝土	黄壤	棕泥土	冷砂黄泥田	炭渣土	A	0—18	黑色	轻壤土		5.8	14.0	1.00	0.90	68	4.0	133	炭质页岩、煤矿石风化残积物	E 107°17′32.2″ N 30°36′12.0″	71
						C	18—													
剖44	初育土	紫色土	棕泥土	暗紫棕泥土	黄泡泥土	A	0—20	浅黄色	中壤土	粒状	5.4	10.5	0.70	0.60	60	7.0	54	砂泥岩残积物、坡积物	E 107°18′13.7″ N 30°35′29.0″	98
						2	20—56	黄灰色	中壤土	无明显结构	5.6	9.5	0.70	0.50	46	6.0	98			
剖45	水稻土	紫色土性水稻土	灰棕紫泥水稻土	冷烂泥田	1	0—19	紫灰色	重壤土	无明显结构	6.3	20.3	1.10	0.50	76	4.0	76	黄色砂泥岩残积物	E 107°20′36.6″ N 30°33′05.0″	85
						2	19—91	绿灰色	重壤土	粒状	5.2	14.7	0.70	0.50	75	4.0	137			
剖46	人为土	水稻土	紫色土性水稻土	灰棕紫泥水稻土	半砂半泥田	1	0—20	深灰色	中壤土	粒状	6.7	12.8	0.80	0.60	98	10.0	43	半砂半泥岩	E 107°19′14.5″ N 30°31′49.4″	94
						2	20—35	灰黄色	重壤土	小梭块状	6.5	11.6	0.80	0.50	55	23.0	62			
						3	35—100	褐棕色	重壤土	梭块状	6.3	6.1	0.50	0.40	23	12.0	38			
剖47	人为土	水稻土	冲积型水稻土	紫色冲积水稻土	潮砂田	1	0—15	暗紫色	砂壤土	粒状	6.3	14.8	0.90	1.10	62	23.0	32	紫色冲积物	E 107°05′39.7″ N 30°29′46.4″	93
						2	15—38	暗紫色	轻壤土	大梭块状	6.9	12.1	0.60	0.60	46	12.0				
						3	38—100	紫棕色	重壤土	小梭块状	5.8	10.2	0.50	0.60	30	14.0				
剖48	人为土	水稻土	紫色土性水稻土	暗紫棕泥水稻土	鸭屎泥田	1	0—20	灰紫色	中壤土	块状	7.3	24.6	1.60	1.10	112	23.0	45	砂岩、泥岩、灰岩残积物	E 107°11′24.0″ N 30°28′31.4″	93
						2	20—100	深灰色	重壤土	无明显结构	7.3	20.2	1.20	1.10	95	35.0	79			
剖49	水稻土	紫色土性水稻土	红棕紫泥水稻土	红石骨子田	1	0—21	棕紫色	重壤土	粒状	7.8	11.0	0.70	0.70	54	4.0	64	砂泥岩坡积物、残积物	E 107°14′05.2″ N 30°28′24.0″	87
						2	21—60	棕紫色	重壤土	小梭块状	8.0	6.9	0.50	0.60	23	4.0	71			
剖50	水稻土	紫色土性水稻土	红棕紫泥水稻土	豆瓣泥田	1	0—20	灰紫色	重壤土	小块状	8.3	12.9	1.00	1.00	62	4.0	63	紫色冲积物	E 107°13′23.9″ N 30°26′54.2″	91
						2	20—35	紫灰色	轻壤土	大梭块状	7.5	8.9	0.60	0.60	52	3.0	62			
						3	35—100	灰棕色	重壤土	小梭块状	7.0	7.0	0.50	0.60	58	3.0	48			
剖51	人为土	水稻土	紫色土性水稻土	红棕紫泥水稻土	深脚烂泥田	1	0—20	暗灰色	重壤土	无明显结构	7.7	12.3	0.80	0.60	64	4.0	95	砂泥岩坡积物、残积物	E 107°14′26.2″ N 30°26′46.8″	85
						2	20—100	黑灰色	中壤土	无明显结构	7.7	16.0	1.00	0.80	67	7.0	71			
剖52	水稻土	紫色土性水稻土	灰棕紫泥水稻土	豆瓣泥田	1	0—21	棕紫色	中壤土	小块状	7.0	14.2	1.00	0.70	59	7.0	52	砂泥岩坡积物	E 107°14′40.7″ N 30°22′36.6″	72
						2	21—37	棕紫色	重壤土	大梭块状	6.6	13.6	0.90	0.60	44	2.0	71			
						3	37—100	灰紫色	重壤土											
剖53	人为土	水稻土	紫色土性水稻土	灰棕紫泥水稻土	油砂田	1	0—20	暗紫色	轻壤土	团粒状	6.1	23.6	1.10	1.00	133	22.0	69	砂泥岩坡积物	E 107°19′50.2″ N 30°28′51.2″	78
						2	20—32	棕紫色	中壤土	大梭块状	6.5	12.7	0.70	0.50	86	15.0	20			
						3	32—100	紫灰色	中壤土	小梭柱状	6.6	11.1	0.50	0.60	71	8.0				

续表 Continued

剖面号 Soil profile	土纲 Soil order	土类 Soil great group	亚类 Soil subgroup	土属 Soil genus	土种 Soil species	土层码 Layer code	土层厚度 Depth/cm	颜色 Soil color	质地 Soil texture	土壤结构 Soil structure	pH	有机质 OM/(g/kg)	全氮 TN/(g/kg)	全磷 TP/(g/kg)	碱解氮 AN/(mg/kg)	有效磷 AP/(mg/kg)	速效钾 AK/(mg/kg)	土壤母质 Parent material	剖面点坐标 Profile coordinate	匹配指数 Matching index/%
剖54	人为土	水稻土	紫色土性水稻土	红棕紫泥水稻土	红砂大土田	1	0—20	灰棕色	中壤土	小块状	7.6	16.2	1.10	0.90	68	8.0	90	砂泥岩坡积物、残积物	E 107°15′34.9″ N 30°28′13.8″	91
						2	20—100	棕紫色	重壤土	大棱柱状	7.0	8.9	0.50	0.60	58	5.0	37			
剖55	初育土	紫色土	棕紫泥土	暗紫泥土	黄泥土	A	0—20	浅黄色	重壤土	小块状	5.7	15.9	1.10	1.10	71	6.0	53	泥岩、灰岩坡积物	E 107°16′39.0″ N 30°23′31.2″	79
						2	20—33	黄褐色	重壤土	板状	6.1	15.7	0.90	1.10	68	8.0	33			
						3	33—100	灰黄色	重壤土	小棱柱状	5.1	7.2	0.50	1.20	48	6.0	32			

渠 县

主要土类说明

紫色土是渠县的主要土壤类型，占本县地域面积的 44%，广泛分布于红层丘陵的坝地及低山区。成土母质由紫色砂岩或泥岩、页岩风化发育而成，母岩对土壤形成有深刻的影响。所处部位大部分为丘陵坝地，岩石风化和土壤侵蚀与堆积作用频繁，地形起伏，植被稀少。成土过程以物理风化为主，土壤发育处于相对幼年阶段，层次分化不明显。土壤吸收容量高，保肥性能强，矿质养分含量丰富。土壤 pH 在 3.5—5.3，质地为中壤土至重壤土。本县紫色土分为中性紫色土和石灰性紫色土等亚类。

水稻土是渠县第二大土壤类型，占本县地域面积的 41%，遍布于全县各地，且与冲积土、紫色土和黄壤等呈复区分布，尤以中、浅丘平坝及沿江河谷地带分布较为集中。全县约有 80% 的水稻土分布于海拔 400m 以下地区。在长期季节性淹灌、排水、水下翻耕、氧化还原交替影响下，水稻土形成淹育层、犁底层、渗育层、潴育层与潜育层等多种发生层。本县水稻土分为冲积型水稻土、紫色土性水稻土和黄壤性水稻土等亚类。

黄壤是渠县第三大土壤类型，占本县地域面积的 11%，主要分布于本县东部华蓥山脉和渠江沿岸二至六级台阶地，西北边缘的红层低山亦有零星分布，是本县主要的林区和牧业基地。黄壤土类是在亚热带湿润气候条件下，土壤产生黏化过程，土中铁质水化发育而成的，是高温高湿下形成的地带性土壤。成土母质为石灰岩、砂岩、页岩、变质岩以及第四纪砾石层和黏土等。因土壤所在地区有机质来源丰富，土壤养分消耗量低于积累量，特别是农家有机肥的大量施用，使土壤有机质、碱解氮、全氮等养分含量均居全县旱作土壤之首。本县黄壤自然肥力较高，但是由于受冷湿气候条件的影响，土壤中养分难于释放，大多数土壤黏重，具酸性、冷湿、缺磷的特点。本县黄壤只有黄壤一个亚类。

小于本县地域面积 3% 的土壤类型还有新积土等。

本区域中心区气候特征

本区域中心区气候特征值
Regional climate characteristics in central area of the region

气候带：中亚热带湿润气候 Climate region:Subtropical humid climate	
年平均气温 /℃ Annual average temperature /℃	16.8
年平均最高气温 /℃ Annual average maximum temperature /℃	20.9
年平均最低气温 /℃ Annual average minimum temperature /℃	13.7
年降水量 /mm Annual precipitation /mm	1092
≥ 10℃的积温 /℃ Daily temperature accumulated in a year（≥ 10℃）/℃	5984
年日照时数 /h Annual sunshine /h	1180
年平均相对湿度 /% Annual average relative humidity /%	78
干燥度 Dryness	0.98

本区域中心区月平均气温与月平均降水量
Monthly temperature and precipitation in central area of the region

渠县主要土壤类型与土壤剖面点分布图
1∶260 000

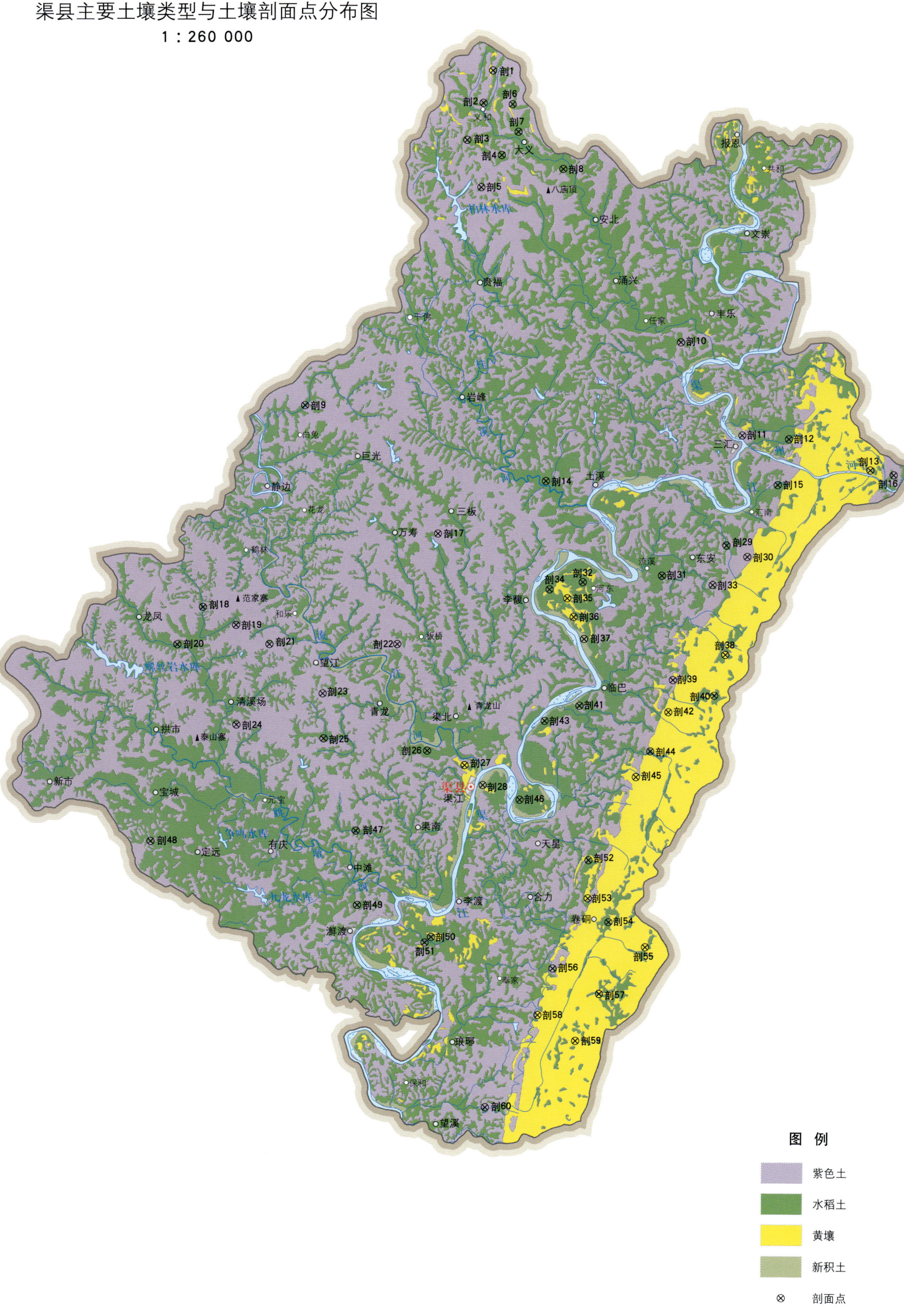

渠县土壤剖面理化性状表

剖面号 Soil profile	土纲 Soil order	土类 Soil great group	亚类 Soil subgroup	土属 Soil genus	土种 Soil species	土层码 Layer code	土层厚度 Depth/cm	颜色 Soil color	质地 Soil texture	土壤结构 Soil structure	pH	有机质 OM/(g/kg)	全氮 TN/(g/kg)	全磷 TP/(g/kg)	全钾 TK/(g/kg)	碱解氮 AN/(mg/kg)	有效磷 AP/(mg/kg)	速效钾 AK/(mg/kg)	阳离子交换量CEC/(cmol/kg)	土壤母质 Parent material	剖面点坐标 Profile coordinate	匹配指数 Matching index/%
剖1	初育土	紫色土	石灰性紫色土	棕紫泥土	半砂半泥土	1	0—25	紫色	中壤土	粒状	7.9	7.3	0.61	0.40	2.7	45	5.0	105		砂泥岩坡积物、残积物	E 106°59′27.5″ N 31°14′59.6″	76
剖2	人为土	水稻土	紫色土性水稻土	棕紫泥水稻土	半砂半泥田	1	25—100	棕紫色	中壤土	小块状	7.9	5.7	0.50	0.38	2.7	38	5.0	84	17.3	砂泥岩坡积物、残积物	E 106°59′03.6″ N 31°13′53.6″	73
						1	0—17	灰棕紫色	中壤土	粒状	7.5	14.4	0.99	0.45	2.7	77	8.0	102	18.2			
						2	17—32	棕紫色	重壤土	梭柱状	7.7	12.9	0.92	0.44	2.7	73	7.0	98				
						3	32—100	棕紫色	重壤土	块状	7.8	4.6	0.35	0.39	2.6		4.0	67				
剖3	初育土	紫色土	石灰性紫色土	棕紫泥土	紫黄泥土	1	0—27	棕紫色	重壤土	小块状	6.7	10.4	0.80	0.39	2.7	50	9.0	96		泥岩坡积物、残积物	E 106°58′22.9″ N 31°12′38.3″	76
						2	27—48	棕紫色	重壤土	块状	6.9	6.5	0.66	0.33	2.7	47	8.0	91				
						3	48—100	黄棕紫色	轻黏土	块状	6.6	3.6	0.51	0.19	3.0		7.0	69				
剖4	人为土	水稻土	紫色土性水稻土	棕紫泥水稻土	大土泥田	1	0—24	浅灰紫色	重壤土	小块状	7.5	16.9	1.12	0.55	2.8	84	15.0	134	21.1	棕紫色泥岩坡积物、残积物	E 106°59′44.9″ N 31°12′05.8″	96
						2	24—54	浅灰紫色	重壤土	梭柱状	7.7	10.8	0.83	0.49	2.9	62	7.0	111	22.2			
						3	54—100	棕紫色	重壤土	大块状	7.8	0.3	0.53	0.42	2.8			109				
剖5	初育土	紫色土	石灰性紫色土	棕紫泥土	石骨子土	1	0—20	棕紫色	砾质中壤土	粒状	8.2	6.6	0.51	0.68	3.1	30	3.0	117	16.0		E 106°58′54.5″ N 31°11′01.0″	84
						2	20—															
剖6	人为土	水稻土	紫色土性水稻土	棕紫泥水稻土	石骨子田	1	0—18	棕紫色	重壤土	小块状	8.1	7.9	0.56	0.69	3.2	38	10.0	120	19.7	棕紫色泥岩残积物	E 107°00′13.3″ N 31°13′50.0″	91
						2	18—71	棕紫色	重壤土	梭柱状	8.2	6.1	0.49	0.66	3.1	32	5.0	104	18.2			
						3	71—															
剖7	人为土	水稻土	紫色土性水稻土	红棕紫泥水稻土	红石骨子田	1	0—20	紫棕色	中壤土	小块状	8.4	9.8	0.87	5.60	3.0	54	5.0	139	22.1	棕红色泥岩残积物、坡积物	E 107°00′26.3″ N 31°12′52.9″	91
						2	20—60	红紫棕色	重壤土	大块状	8.2	5.4	0.67	3.60	3.1	25	1.0	122	22.9			
						3	60—															
剖8	人为土	水稻土	紫色土性水稻土	红棕紫泥水稻土	红石骨子田	1	0—20	棕黄色	轻黏土	小块状	6.6	21.9	1.28	0.43	2.2	104	13.0	148	22.0	风化壳残积物	E 107°02′11.8″ N 31°11′35.1″	96
						2	20—43	浅棕黄色	重黏土	梭柱状	6.5	11.7	0.94	0.27	2.6	75	4.0	122	21.8			
						3	43—100	浅红棕色	重黏土	梭柱状	7.5	10.9	0.77	0.22	2.6	51	3.0	115				
剖9	人为土	水稻土	紫色土性水稻土	红棕紫泥水稻土	紫黄泥田	1	0—20	浅红黄色	中壤土	小块状	8.0	16.1	1.06	0.63	2.8	71	12.0	87	22.1	砂岩、泥岩风化坡积物	E 106°51′44.6″ N 31°03′39.6″	73
						2	20—30	红棕黄色	重壤土	小块状	8.0	14.1	0.92	0.49	2.8	65	4.0	75	18.9			
						3	30—100	红棕紫色	重壤土	梭柱状	7.8	13.2	0.91	0.48	2.8	58		76				
剖10	初育土	紫色土	中性紫色土	灰棕紫泥土	半砂半泥土	1	0—26	暗灰紫色	轻壤土	粒状	6.5	5.2	0.26	0.37	2.3	36	3.0	48	11.9		E 107°06′46.4″ N 31°05′35.2″	92
						2	26—34	暗灰紫色	中壤土	粒状	6.6	3.3	0.20	0.31	2.2	25	1.0	27	11.4			
剖11	初育土	紫色土	中性紫色土	灰棕紫泥土	砂土	1	0—19	浅灰紫色	轻黏土	小块状	6.5	9.8	0.78	0.24	2.0	62		81	19.7		E 107°09′09.0″ N 31°02′22.6″	86
						2	19—29	浅红棕色	重黏土	块状	6.4	8.2	0.68	8.20	1.6	54		81	17.8			
						3	29—78	浅红黄色	中壤土	小块状	5.5	3.2	0.34	0.14	2.0	27		58				
剖12	人为土	水稻土	紫色土性水稻土	暗紫泥水稻土	黄泥土	1	0—22	棕紫色	重壤土	小块状	5.5	23.9	1.42	0.48	2.6	108	10.0	189	26.8	紫色砂页岩坡积物	E 107°11′00.6″ N 31°02′13.2″	75
						2	22—44	棕紫色	重壤土	大梭块状	6.8	20.0	1.21	0.47	2.6	105	11.0	134	24.3			
						3	44—100	灰紫色	重黏土	大梭块状	7.3	10.8	0.65	0.29	2.3		3.0	93				
剖13	黄壤土	黄壤	黄壤	冷砂黄泥土	大土泥田	1	0—15	浅黄色	重壤土	小块状	4.7	10.3	0.35	0.23	2.8	41	4.0	49			E 107°14′13.6″ N 31°01′05.9″	76
						2	15—42	黄灰色	重壤土	单粒状												
						3	42—															
剖14	人为土	水稻土	紫色土性水稻土	灰棕紫泥水稻土	大土泥田	1	0—21	灰棕色	重壤土	小块状	6.8	18.3	1.23	0.74	2.8	108	21.0	200	28.2	石英砂岩坡积物	E 107°01′17.8″ N 31°00′55.8″	97
						2	21—44	灰棕色	中壤土	梭柱状	6.5	17.5	1.22	0.77	3.0	93	10.0	205	26.8			
						3	44—100	灰棕色	重黏土	块状	6.4	8.7	0.61	0.54	2.7	42	1.0	159				
剖15	人为土	水稻土	紫色土性水稻土	暗紫泥田	白鳝泥田	1	0—25	黄白黄色	重黏土	小块状	5.6	18.5	1.14	0.30	2.5	62	3.0	65	10.2	白鳝泥土	E 107°10′31.8″ N 31°00′39.2″	74
						2	25—50	黄白黄色	重黏土	梭柱状	6.0	15.0	0.97	0.29	2.4	51	4.0	62	9.9			
						3	50—100	紫灰色	轻黏土	块状	5.2	2.1	0.80	0.20	2.9			62				

续表 Continued

剖面号 Soil profile	土纲 Soil order	土类 Soil great group	亚类 Soil subgroup	土属 Soil genus	土种 Soil species	土层码 Layer code	土层厚度 Depth/cm	颜色 Soil color	质地 Soil texture	土壤结构 Soil structure	pH	有机质 OM/(g/kg)	全氮 TN/(g/kg)	全磷 TP/(g/kg)	全钾 TK/(g/kg)	碱解氮 AN/(mg/kg)	有效磷 AP/(mg/kg)	速效钾 AK/(mg/kg)	阴离子交换量CEC/(cmol/kg)	土壤母质 Parent material	剖面点坐标 Profile coordinate	匹配指数 Matching index/%
剖16	初育土	紫色土	中性紫色土	暗紫泥土	大土泥土	1	0—25	褐色	重壤土	大团块状	7.7	28.7	1.60	0.72	2.4	87	6.0	95	21.9	泥岩坡积物	E 107°15′09.3″ N 31°00′55.2″	74
剖17	初育土	紫色土	石灰性紫色土	红棕紫泥土	大土泥田	2	25—98	灰棕色	重壤土	小块状	8.2	10.1	1.16	1.01	2.2	35	3.0	50	21.3		E 106°56′57.5″ N 30°59′11.8″	89
						1	0—25	棕色	轻黏土	粒状	7.7	1.0	0.94	0.38	2.7	65	5.0	124				
						2	25—100	红棕紫色	中黏土	棱块状	8.0	3.3	0.47	0.46	3.1	15		90				
剖18	人为土	水稻土	紫色土性水稻土	红棕紫泥水稻土	烂泥田	1	0—26	灰棕色	轻黏土	无明显结构	7.9	27.8	1.62	0.59	3.0	114	3.0	115	19.8		E 106°47′33.4″ N 30°56′48.5″	95
						2	26—48	棕紫色	中黏土	无明显结构	8.0	26.1	1.62	0.53	2.9	109	1.0	112	20.3			
						3	48—100	棕灰色	轻黏土	无明显结构	8.0	25.6	1.55	0.51	3.0	102		87				
剖19	初育土	紫色土	石灰性紫色土	红棕紫泥土	黄泥土	1	0—20	淡黄棕色	重壤土	小块状	6.1	8.4	0.63	0.21	1.7	63	7.0	90			E 106°48′52.2″ N 30°56′10.3″	100
						2	20—100	黄色	重壤土	块状	5.8	3.4	0.25	0.10	1.1	26		36				
剖20	人为土	水稻土	紫色土性水稻土	红棕紫泥水稻土	大土泥田	1	0—26	紫色	重壤土	小棱块状	7.6	17.1	1.22	0.39	3.0	89	7.0	131	24.1	砂岩、泥岩风化坡积物	E 106°46′31.4″ N 30°55′32.2″	72
						2	26—77	紫棕色	中黏土	大棱柱状	7.9	11.9	0.94	0.36	3.0	50		125	24.6			
						3	77—100	淡黄棕色	中黏土		7.8	2.8	0.42	0.23	2.7	20						
剖21	初育土	紫色土	石灰性紫色土	红棕紫泥土	红石骨子土	1	0—14	红棕紫色	中壤土	粒状	8.4	4.4	0.53	0.79	2.9	19	5.0	125		泥岩、砂质泥岩坡残积物	E 106°50′11.0″ N 30°55′30.0″	86
						2	14—50	紫棕紫色	中壤土	粒状	8.3	4.4	0.52	0.68	2.9	18	4.0	107				
						3	50—															
剖22	初育土	紫色土	中性紫色土	灰棕紫泥土	石骨子土	1	0—20	灰棕紫色	砾质中壤土	小块状	8.3	4.0	0.34	0.74	2.8	29	3.0	78	17.8	紫红色泥岩残积物	E 106°55′16.3″ N 30°55′26.8″	90
						2	20—															
剖23	初育土	紫色土	石灰性紫色土	红棕紫泥土	半砂半泥土	1	0—17	棕色	中壤土	粒状	8.0	8.8	0.71	0.44	2.8	43	7.0	102			E 106°52′16.7″ N 30°53′47.4″	92
						2	17—100	棕色	中壤土	粒状	8.1	8.2	0.61	0.37	2.8	40	3.0	93				
剖24	初育土	紫色土	中性紫色土	灰棕紫泥土	大土泥土	1	0—20	棕紫色	砾质中壤土	小粒状	6.8	10.1	0.80	0.56	3.1	30	3.1	67		砂泥岩坡积物	E 106°48′50.0″ N 30°52′45.5″	88
						2	20—100	棕色	中壤土	块状	6.8	4.8	0.41	0.41	3.2		2.0	70	23.5			
剖25	人为土	水稻土	紫色土性水稻土	灰棕紫泥水稻土	石骨子田	1	0—22	紫棕色	重壤土	团块状	7.3	12.9	0.90	0.67	3.2	70	6.0	116	28.8	紫色泥岩残积物	E 106°52′17.4″ N 30°52′14.5″	89
						2	22—34	紫棕紫色	重壤土	棱柱状	7.8	7.6	0.55	0.66	3.2	40	5.0	61	26.1			
						3	34—															
剖26	人为土	水稻土	冲积型水稻土	紫色冲积水稻土	潮泥田	1	0—25	灰棕色	轻壤土	小块状	6.5	19.1	1.28	0.36	2.6	91	9.0	97	15.4	新冲积、沉积物	E 106°56′24.4″ N 30°51′46.4″	87
						2	25—48	浅灰棕色	轻黏土	无明显结构	6.7	16.8	1.09	0.27	2.5	89		80	15.1			
						3	48—100	浅灰棕色	重壤土	棱柱状	7.5	3.5	0.52	0.20	2.9	25		80				
剖27	铁铝土	黄壤	黄壤	老冲积黄泥土	卵石黄砂土	1	0—20	灰棕色	砾质轻壤土	单粒状	6.0	10.9	0.82	0.37	1.6	70	4.0	72		老冲积物、沉积物	E 106°57′52.9″ N 30°51′15.1″	90
						2	20—100	褐黄色	砾质轻壤土	单粒状	5.6	2.8	0.32	0.22	1.3	40	2.0	69				
剖28	初育土	新积土	冲积土	紫色冲积土	潮砂泥土	1	0—20	浅灰紫色	中壤土	粒状	7.0	9.6	0.69		1.9	58	5.0	93	11.4	新冲积物	E 106°58′35.8″ N 30°50′34.1″	100
						2	20—100	灰紫色	中壤土	块状	7.5	6.8	0.49		1.9	31		70	15.9			
剖29	人为土	水稻土	紫色土性水稻土	暗紫泥水稻土	烂泥田	1	0—22	灰黑色	轻黏土	小块显结构	6.6	22.8	1.43	0.26	2.4	136	7.0	144	21.2	紫色砂页岩坡积物	E 107°08′26.5″ N 30°58′37.2″	73
						2	22—100	深黑色	轻黏土	无明显显结构	6.7	22.3	1.36	0.25	2.4	106	7.0	132	22.0			
剖30	初育土	紫色土	中性紫色土	老冲积黄泥土	石骨子田	1	0—16	棕紫色	砾质轻壤土	粒状	8.1	6.3	0.39	0.79	3.2	28	13.0	147	22.8		E 107°09′16.2″ N 30°58′13.1″	85
						2	16—47															
剖31	人为土	水稻土	紫色土性水稻土	暗紫泥水稻土	砂田	1	0—20	黄紫色	重壤土	粒状	5.2	12.1	0.65	0.32	1.6	71	3.0	36	10.1	砂土	E 107°05′51.0″ N 30°57′37.8″	78
						2	20—47	灰紫色	重壤土	小块状	6.6	6.3	0.33	0.25	1.5	44	1.0	25	10.1			
剖32	初育土	黄壤	黄壤性黄壤	灰棕冲积黄泥土	黄泥田	1	0—26	浅棕色	重壤土	柱状	5.5	16.4	1.11	0.32	1.8	98	6.0	133	18.2	老冲积黄泥土	E 107°02′41.9″ N 30°57′27.3″	70
						2	26—40	灰棕色	重壤土	棱柱状	5.8	12.5	0.96	0.28	1.6	86	4.0	144	16.7			
						3	40—100	棕灰色	重壤土	粒状	6.1	6.9	0.54	0.21	1.8	52	4.0	94				
剖33	初育土	紫色土	中性紫色土	暗紫泥土	半砂半泥土	1	0—24	灰紫色	中壤土	小块状	8.2	10.0	0.57	0.66	2.5	40	14.0	117	25.5	砂页岩、砂泥岩坡积物、残积物	E 107°07′52.0″ N 30°57′16.9″	86
						2	24—53	灰紫色	中壤土	小块状	8.2	9.4	0.55	0.65	2.8	33	11.0	86	24.5			
						3	53—100	灰紫色	重壤土	小块状	7.8	8.4	0.54	0.64	2.6		6.0	80				

续表 Continued

剖面号 Soil profile	土纲 Soil order	土类 Soil great group	亚类 Soil subgroup	土属 Soil genus	土种 Soil species	土层码 Layer code	土层厚度 Depth/cm	颜色 Soil color	质地 Soil texture	土壤结构 Soil structure	pH	有机质 OM/(g/kg)	全氮 TN/(g/kg)	全磷 TP/(g/kg)	全钾 TK/(g/kg)	碱解氮 AN/(mg/kg)	有效磷 AP/(mg/kg)	速效钾 AK/(mg/kg)	阳离子交换量CEC/(cmol/kg)	土壤母质 Parent material	剖面点坐标 Profile coordinate	匹配指数 Matching index,%
剖34	人为土	水稻土	黄壤性水稻土	老冲积黄泥田	黄砂泥田	1	0—13	灰色	中壤土	大核状	5.3	21.4	0.93	0.39	1.6	86	8.0	32	8.1	黄砂泥土	E 107°01′22.4″ N 30°57′13.7″	88
						2	13—21	灰黄色	中壤土	板块状	6.0	18.3	0.84	0.37	1.5	77	7.0	19	8.3			
						3	21—100	黄色	重壤土	小块状	6.1	7.9	0.64	0.36	1.5	55	5.0	16				
剖35	铁铝土	黄壤	黄壤	老冲积黄泥土	卵石黄泥土	1	0—20	灰灰色	砾质重壤土	小块状	6.0	13.1	0.70	0.31	2.1	64	2.0	60		黄色黏土、卵石	E 107°02′04.2″ N 30°56′54.6″	81
						2	20—100	棕黄色	砾质重壤土	块状	5.5	3.5	0.31	0.32	1.8	28	5.0	54				
剖36	铁铝土	黄壤	黄壤	老冲积黄泥土	黄砂黄泥土	1	0—20	灰紫色	中壤土	核状、粒状	5.8	10.5	0.54	0.18	1.5	51	4.0	48	7.4	黄色黏土、沉积物	E 107°02′18.5″ N 30°56′16.1″	75
						2	20—100	浅棕黄色	中壤土	块状	5.6	1.7	0.24	0.11	1.5	13	2.0	25	10.3			
剖37	新积土		冲积土	紫色冲积水稻土	潮砂泥土	1	0—22	灰紫色	中壤土	团块状	8.4	10.4	0.57	0.47	1.9	40	5.0	48	8.4	老冲积物、沉积物	E 107°02′42.4″ N 30°55′30.7″	82
						2	22—100	紫色	中壤土	团块状	8.1	5.9	0.43	0.35	2.0	28	4.0	39	10.5	近代河流冲积物		
剖38	铁铝土	黄壤	黄壤	矿子黄泥土	豆面泥土	1	0—23	黄色	轻壤土	粒状	7.2	172.0	1.18	0.36	3.3	77		122		灰岩	E 107°08′19.5″ N 30°54′53.6″	98
						2	23—64	黄色	中壤土	团块状	8.0	13.6	0.82	0.33	3.2	64	5.0	189	25.0			
						3	64—100	灰灰色	中壤土	粒状	7.6	10.8	0.80	0.29	3.0	63	1.0	65	24.5			
剖39	初育土	紫色土	中性紫色土	暗紫泥土	石骨子土	1	0—20	浅灰黄色	砾质轻黏土	大团块状	8.1	27.6	1.79	0.77	3.1	66	5.0	62	21.9	砂质页岩残积物	E 107°06′13.7″ N 30°54′04.0″	98
						2	21—43	灰灰色	砾质轻黏土	小团块状	7.9	27.5	1.89	0.73	2.9	58	1.0		21.0			
						3	43—															
剖40	初育土			矿子黄泥田	鸭屎泥田	1	0—23	综灰色	中黏土	无明显结构	8.0	53.7	2.57	0.49	2.2	169	4.0	169		灰岩坡积物	E 107°07′51.5″ N 30°53′30.4″	91
						2	23—100	深黄色	轻黏土	无明显结构	8.1	48.3	2.28	0.48	2.2	143	3.0	151				
剖41	水稻土		冲积型水稻土	紫色冲积水稻土	潮砂田	1	0—21	灰紫色	轻黏土	粒状	7.8	7.0	0.45	0.18	2.2	38	5.0	55			E 107°02′29.4″ N 30°53′14.3″	87
						2	21—58	棕紫色	中壤土	块状	7.6	3.7	0.26	0.33	2.3	25	4.0	41				
						3	58—100	灰紫色	中壤土	小块状	8.6	4.9	0.41	0.48	2.5	30	1.0	57				
剖42	铁铝土	黄壤	黄壤	冷砂黄泥土	黄砂泥土	1	0—23	灰黄色	中偏重壤土	团块状	6.4	13.3	1.08	0.33	2.2	89	1.0	124			E 107°06′01.4″ N 30°52′58.1″	74
						2	23—80	黄色	重壤土	块状	6.2		0.79	0.28	2.1	60		54	9.7			
剖43	水稻土		冲积型水稻土	紫色冲积水稻土	白鳝泥田	1	0—20	白灰色	重壤土	小梭块状	5.3	20.0	1.46	0.23	2.1	106	4.0	88	9.2		E 107°01′05.9″ N 30°52′44.0″	98
						2	20—42	白灰色	重壤土	梭块状	6.2	13.3	1.06	0.18	2.1	78	1.0	77	6.4			
						3	42—100	黄棕色	轻黏土	块状	7.2	2.1	0.46	0.29	2.6	18	4.0	57	6.1			
剖44	水稻土		黄壤性水稻土	冷砂黄泥田	冷浸烂泥田	1	0—21	浅黄色	轻黏土	团块状	5.2	18.3	0.93	0.16	2.3	87	7.0	71		灰岩坡积物	E 107°05′16.8″ N 30°51′37.8″	74
						2	21—47	浅黄色	轻黏土	梭柱状	5.6	13.6	0.62	0.14	2.5	45	5.0	73				
						3	47—100	灰黄色	中壤土	块状	5.0	12.4	0.51	0.14	2.2		4.0	33				
剖45	铁铝土	黄壤	黄壤	砂黄泥土	黄砂泥土	1	0—23	浅黄色	轻壤土	无明显结构	5.8	6.5	0.39	0.20	2.1	38		39		黄色砂岩坡积物、残积物	E 107°04′41.5″ N 30°50′45.6″	79
剖46	水稻土		冲积型水稻土	紫色冲积水稻土	潮紫泥田	1	0—20	灰棕色	重壤土	小块状	7.0	24.4	1.34	0.82	2.6	100	2.0	169			E 107°01′03.2″ N 30°50′02.8″	71
						2	20—43	棕紫色	重壤土	梭块状	7.6	21.3	1.23	0.74	2.6	86	2.0	169				
						3	43—100	黄棕色	轻壤土	块状	8.1	7.3	0.59	0.50	2.5			120				
剖47	水稻土		紫色土性水稻土	灰棕紫泥水稻土	冷浸紫泥田	1	0—20	暗紫色	轻黏土	无明显结构	8.3	19.6	1.24	0.74	2.9	76	5.0	139	29.6	砂页岩坡积物、残积物	E 106°53′31.2″ N 30°49′04.1″	99
						2	20—100	紫灰色	轻黏土	无明显结构	8.3	17.7	1.14	0.65	2.9	74	4.0	129	28.5			
剖48	人为土	水稻土	紫色土性水稻土	棕棕紫泥水稻土	半砂半泥田	1	0—27	浅紫灰色	中壤土	无明显结构	7.4	13.2	0.93	0.73	2.7	87	5.0	72	21.4		E 106°45′22.0″ N 30°48′47.9″	93
						2	27—52	灰棕紫色	轻黏土	柱状	7.7	4.9	0.35	0.43	2.7	26	1.0	61	19.5			
						3	52—100	灰黄棕色	轻壤土	梭柱状	6.2	4.3	0.34	0.44	2.7	26	1.0	88				
剖49	人为土	水稻土	紫色土性水稻土	灰棕紫泥水稻土	黄泥田	1	0—20	浅黄棕色	轻黏土	小块状	6.0	13.6	0.80	0.27	1.2	70	4.0	116	14.8	砂页岩坡积物、残积物	E 106°53′32.3″ N 30°46′31.4″	73
						2	20—46	灰黄棕色	重壤土	块状	6.2	11.5	0.64	0.12	1.2	65	4.0	93	13.2			
						3	46—100	棕黄色	轻黏土	板状	6.2	4.4	0.23	0.23	1.1	15	8.0	66				
剖50	人为土	水稻土	黄壤性水稻土	老冲积黄泥田	白鳝泥田	1	0—24	灰白色	重壤土	大块状	5.5	25.6	1.65	0.28	1.5	134	8.0	54	8.4	老冲积物	E 106°56′26.2″ N 30°45′21.6″	83
						2	24—33	浅黄棕色	重壤土	板状	5.4	18.6	1.11	0.53	1.5	96	7.0	44	8.1			
						3	33—43	浅黄棕色	重壤土	梭块状	5.8	8.6	0.53	0.21	1.7	44	2.0	36				
						4	43—100	灰白色	重壤土	小梭块状	6.0	3.3	0.28	0.18	1.7	10						

续表 Continued

剖面号 Soil profile	土纲 Soil order	土类 Soil great group	亚类 Soil subgroup	土属 Soil genus	土种 Soil species	土层码 Layer code	土层厚度 Depth/cm	颜色 Soil color	质地 Soil texture	土壤结构 Soil structure	pH	有机质 OM/(g/kg)	全氮 TN/(g/kg)	全磷 TP/(g/kg)	全钾 TK/(g/kg)	碱解氮 AN/(mg/kg)	有效磷 AP/(mg/kg)	速效钾 AK/(mg/kg)	阳离子交换量CEC/(cmol/kg)	土壤母质 Parent material	剖面点坐标 Profile coordinate	匹配指数 Matching index/%
剖51	人为土	水稻土	紫色土性水稻土	灰棕紫泥水稻土	白鳝泥田	1	0—20	黄灰色	重壤土	小块状	5.0	13.9	0.34	0.28	1.7	78	13.0	51	12.0		E 106°56′13.9″ N 30°45′13.0″	79
						2	20—40	黄灰色	重壤土		5.3	8.4	0.56	0.13	1.7	53	3.0	38	10.7			
						3	40—100	灰黄白色	重壤土		6.6	2.8	0.27	0.15	1.6			26				
剖52	人为土	水稻土	紫色土性水稻土	暗紫泥田	半砂半泥田	1	0—23	暗红棕色	中壤土	团粒状	6.6	14.8	0.78	0.62	2.8	69	9.0	64	22.6	半砂半泥土	E 107°02′45.2″ N 30°47′56.8″	73
						2	23—32	浅红棕色	中壤土	板状	6.4	13.1	0.75	0.53	2.8	63	4.0	61	23.1			
						3	32—100	浅红棕色	重壤土	块状	6.5	9.6	0.56	0.54	2.8			63				
剖53	铁铝土	黄壤	黄壤	砂黄泥土	黄泥土	1	0—18	暗棕黄色	轻黏土	粒状	5.2	8.2	0.55		1.5	55		96		泥岩坡积物、残积物	E 107°02′42.4″ N 30°46′38.3″	94
						2	18—100	暗棕黄色	轻黏土	小块状、粒状	5.4	7.6	0.48		1.4	49		45				
剖54	人为土	水稻土	黄壤性水稻土	矿子黄泥田	矿子黄泥田	1	0—25	褐色	中壤土	核柱状	8.0	8.6	1.89	0.62	3.4	144	7.0	212	18.5	矿子黄泥土	E 107°03′31.3″ N 30°45′48.2″	75
						2	25—62	灰黄色	中黏土	核柱状	8.1	18.6	1.25	0.52	3.4	72		200	18.2			
						3	62—100	黄棕色	中黏土	块状	8.0	0.6	0.71	0.31	1.6			86				
剖55	铁铝土	黄壤	黄壤	矿子黄泥土	黄泥土	1	0—20	灰黄色	轻壤土	团粒状	7.9	23.4	1.58	0.59	3.9	103	5.0	321		灰岩、白云岩	E 107°04′57.7″ N 30°44′55.3″	86
						2	20—80	暗黄色	重黏土	大块状	7.8	18.0	1.18	0.43	3.6	70	1.0	154				
						3	80—100	浅棕黄色	重黏土	大块状	7.5	5.1	0.64	0.24	2.7	42		137				
剖56	初育土	紫色土	中性紫色土	暗紫泥土	白鳝泥田	1	0—23	黄白色	重壤土	小块状	5.3	17.5	0.80	0.23	2.0	53	4.0	95	13.5	砂岩残坡积物	E 107°03′16.7″ N 30°44′14.3″	85
						2	23—46	黄棕色	轻黏土	核柱状	4.9	4.2	0.56	0.19	2.7	21	3.0	65	12.6			
						3	46—100	黄灰色	中黏土	块状	4.9	3.1	0.67	0.16	3.0	20		160				
剖57	人为土	水稻土	黄壤性水稻土	矿子黄泥田	黄泥田	1	0—24	灰黄色	重壤土	团块状	7.3	25.9	1.61	0.58	4.1	126	6.0	212	18.0	灰岩、泥岩	E 107°01′16.7″ N 30°43′20.3″	79
						2	24—47	浅棕黄色	轻黏土	核柱状	7.2	21.4	1.43	0.49	4.0	120	4.0	198	17.7			
						3	47—100	浅黄棕色	轻黏土	块状	6.8	14.4	0.63	0.48	3.2	50		160	15.3			
剖58	铁铝土	黄壤	黄壤	砂黄泥土	黄砂泥土	1	0—22	灰黄色	重黏土	粒状	5.0	14.0	1.13	0.52	2.5	68	4.0	92		灰岩	E 107°00′39.2″ N 30°42′39.2″	100
						2	22—100	褐黄色	轻黏土	小块状	4.8	10.2	1.01	0.48	2.6	53	3.0	76				
剖59	铁铝土	黄壤	黄壤	矿子黄泥土	矿子黄泥土	1	0—16	浅黄色	中黏土	核状	7.7	25.1	1.82	0.52	2.7	118	1.0	216		灰岩残积物、坡积物	E 107°02′08.2″ N 30°41′44.9″	96
						2	16—34	暗黄棕色	中壤土	小块状	7.5	22.0	1.61	0.49	3.0	98	1.0	188				
						3	34—52	棕黄色	中壤土	块状	7.6	22.0	1.58	0.51	2.8			184				
剖60	初育土	紫色土	中性紫色土	灰棕紫泥土	半砂半泥土	1	0—21	棕紫色	中壤土	团粒状	7.4	8.9	0.60	0.69	2.7	46	9.0	74	20.3	灰岩残积物、坡积物	E 106°58′31.4″ N 30°39′32.4″	87
						2	21—100	棕紫色	中壤土	核状	7.4	5.8	0.38	0.65	2.7	29	8.0	56	20.7			

雅 安 市

市 辖 区

主要土类说明

紫色土是雅安市的主要土壤类型，占本市地域面积的 70%。紫色土是由热带、亚热带紫红色岩层直接风化形成的 A-C 型土壤。其理化性质与母岩组成直接相关，土层浅薄，剖面层次发育不明显，仍处于初育阶段。母岩富含矿质养分，且风化迅速。

水稻土是雅安市第二大土壤类型，占本市地域面积的 19%。水稻土是在长期季节性淹灌、水下翻耕、季节性脱水、氧化还原交替影响下，原来成土母质或母土的特性发生重大改变，形成的新的土壤类型。由于干湿交替，水稻土形成糊状淹育层、较坚实板结的犁底层、渗育层、潴育层与潜育层等多种发生层。这些不同发生层段是在人为耕作、水浆管理下形成的。

黄壤占本市地域面积的 5%。黄壤发生于亚热带湿润条件下，中度脱硅富铝化，多见于海拔 700—1200m 的山区。土壤有机质累积较多，具 O-A-AB-B-C 剖面构型。pH 为 4.5—5.5。淀积层（B 层）富含水合氧化物（针铁矿），呈黄色。

小于本市地域面积 3% 的土壤类型还有黄棕壤、石灰（岩）土、棕壤、新积土等。

本区域中心区气候特征

本区域中心区气候特征值
Regional climate characteristics in central area of the region

气候带：中亚热带湿润气候 Climate region: Subtropical humid climate	
年平均气温 /℃ Annual average temperature /℃	14.0
年平均最高气温 /℃ Annual average maximum temperature /℃	19.8
年平均最低气温 /℃ Annual average minimum temperature /℃	10.0
年降水量 /mm Annual precipitation /mm	905
≥ 10℃的积温 /℃ Daily temperature accumulated in a year（≥ 10℃）/℃	6583
年日照时数 /h Annual sunshine /h	1468
年平均相对湿度 /% Annual average relative humidity /%	73
干燥度 Dryness	0.95

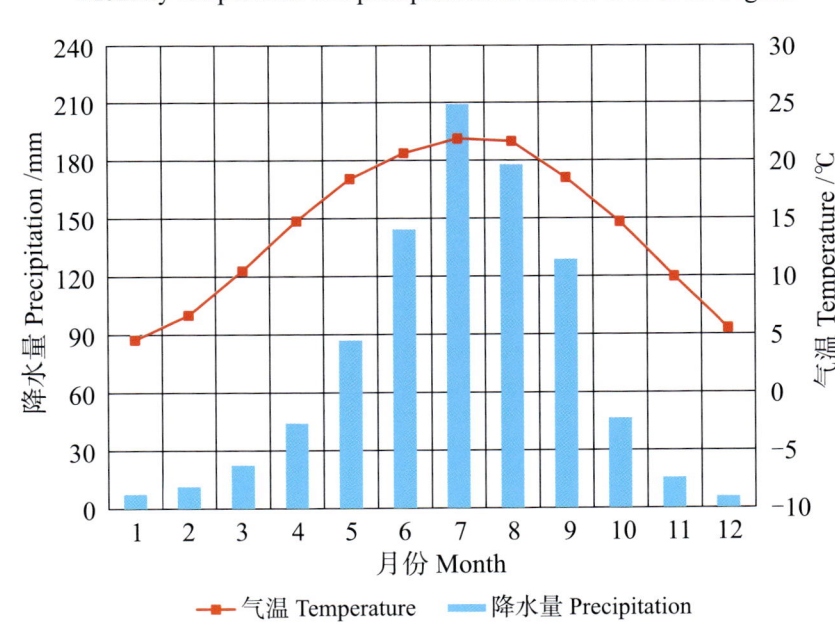

本区域中心区月平均气温与月平均降水量
Monthly temperature and precipitation in central area of the region

雅安市市辖区主要土壤类型与土壤剖面点分布图
1:210 000

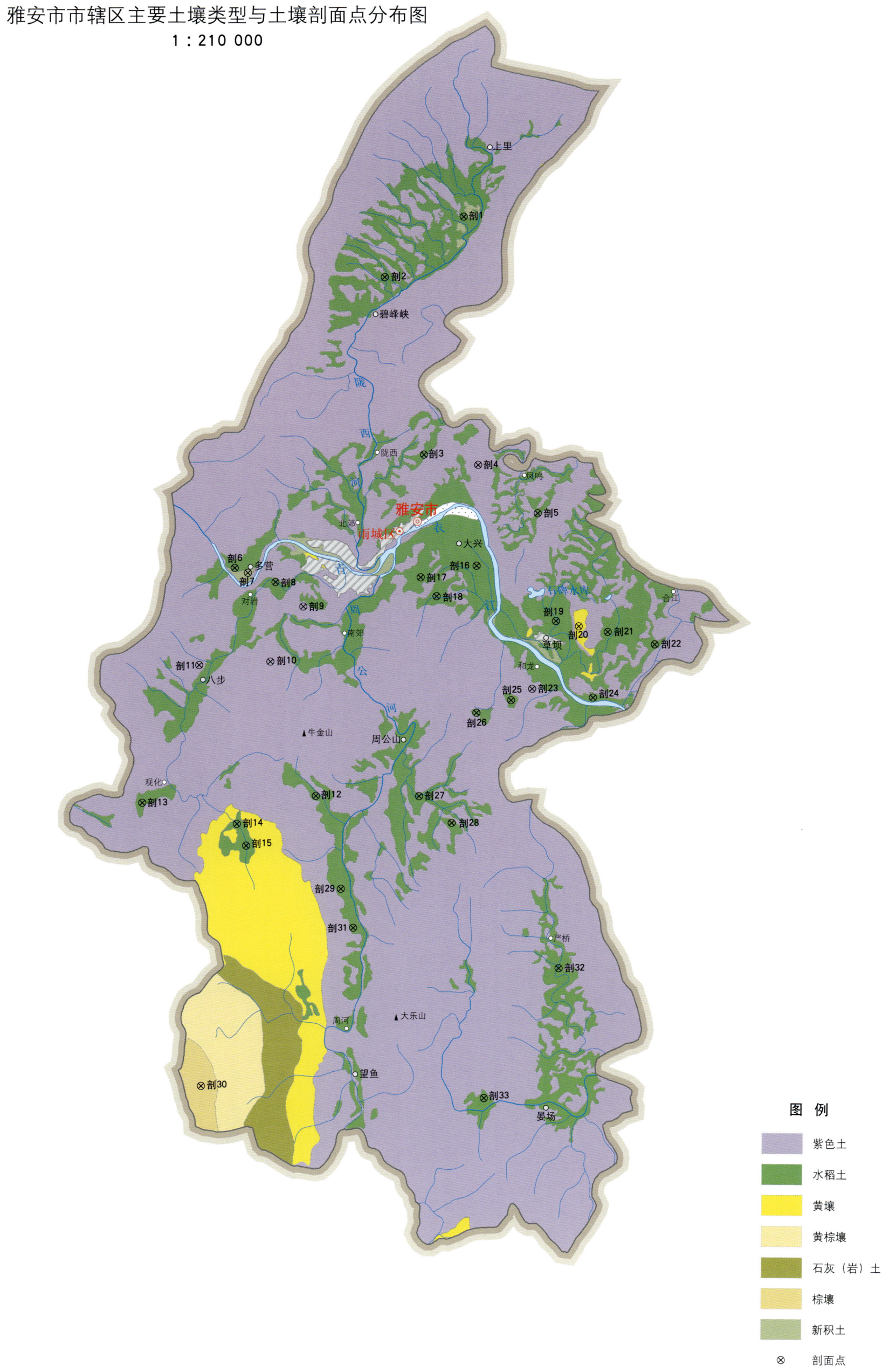

雅安市土壤剖面理化性状表

剖面号 Soil profile	土纲 Soil order	土类 Soil great group	亚类 Soil subgroup	土属 Soil genus	土种 Soil species	土层码 Layer code	土层厚度 Depth/cm	颜色 Soil color	质地 Soil texture	土壤结构 Soil structure	土壤母质 Parent material	剖面点坐标 Profile coordinate	匹配指数 Matching index/%
剖1	人为土	水稻土	冲积型水稻土	紫色冲积水稻土	潮砂田	1	0–20	棕紫色	砂壤土	粒状	现代河流紫色冲积物	E 103°03′35.3″ N 30°09′10.2″	89
						2	20–25	棕紫色	砂壤土	大棱柱状			
						3	25–40	棕紫色	中壤土	粒状			
剖2	人为土	水稻土	紫色土性水稻土	砖红紫泥田水稻土	鸭屎泥田	1	0–18	黑色	中壤土	扁棱柱状	红紫色砂页岩	E 103°01′05.5″ N 30°07′27.1″	96
						2	18–23	黑色	中壤土	大棱柱状			
						3	23–40	灰紫色	中壤土	无明显结构			
						4	40—						
剖3	人为土	水稻土	紫色土性水稻土	红紫泥土	小泥田	1	0–17	棕黄色	中壤土	小块状	紫色砂页岩、泥灰岩	E 103°02′27.2″ N 30°02′31.9″	74
						2	17–20	棕黄色	中壤土	小块状			
						3	20–40	棕黄色	中壤土	大棱柱状			
						4	40–50	棕黄色	中壤土	粒状			
剖4	初育土	紫色土	红紫泥土	红紫泥土	茶沫土	1	0–20	黄棕色	轻壤土	棱柱状	紫色砂页岩	E 103°04′11.9″ N 30°02′16.4″	74
						2	20–60	黄棕色 紫色	轻壤土				
						D	60—						
剖5	人为土	水稻土	紫色土性水稻土	红紫泥土	大泥田	1	0–20	黄红紫色	中粘土	大块状	紫色砂页岩、泥灰岩	E 103°06′07.9″ N 30°00′57.6″	89
						2	20–25	黄红紫色	中壤土	大棱柱状			
						3	25–100	黄红紫色	中壤土				
剖6	人为土	水稻土	冲积型水稻土	灰棕冲积水稻土	泥田	1	0–20	灰棕色	中壤土	块状	近代河流冲积物	E 102°56′27.6″ N 29°59′16.5″	89
						2	20–25	灰棕色	重壤土	块状			
						3	25–80	棕灰色	中壤土	大棱柱状			
剖7	初育土	新积土	冲积型	灰棕冲积土	半砂土	1	0–20	棕灰色	砂壤土	小块状	第四纪冲积物	E 102°56′52.9″ N 29°59′09.0″	80
						2	20–60	棕紫色	砂壤土	块状			
						3	60—						
剖8	人为土	水稻土	冲积型水稻土	紫色冲积水稻土	泥砂田	1	0–25	棕紫色	轻壤土	团块状	现代河流紫色冲积物	E 102°57′46.4″ N 29°58′54.5″	95
						2	25–30	棕紫色	轻壤土	大块状			
						3	30–80	棕紫色	轻壤土	大棱柱状、碎屑状			
剖9	初育土	紫色土	红紫泥土	砖红紫泥土	石骨子土	1	0–18	红紫色	砂壤土	粒状、碎块状	紫色砂页岩	E 102°58′40.8″ N 29°58′14.5″	72
						2	18–40	红紫色	中壤土	碎块状			
						3	40—						
剖10	初育土	紫色土	红紫泥土	砖红紫泥土	小土泥	1	0–20	黄红紫色	中壤土	小块状	紫色砂页岩	E 102°57′40.0″ N 29°56′41.3″	91
						2	20–60	黄红紫色	重壤土	小块状			
						3	60—						
剖11	初育土	紫色土	红紫泥土	砖红紫泥土	大土泥土	1	0–25	灰紫色	重壤土	碎块状	紫色砂页岩	E 102°55′23.2″ N 29°56′33.0″	94
						2	25–60	红紫色	重壤土	块状			
						3	60–100	红紫色	重壤土	大棱柱状			
						4	100—						
剖12	人为土	水稻土	紫色土性水稻土	灰棕紫泥水稻土	鸭屎泥田	1	0–30	黑红紫色	中粘土	大块状		E 102°59′12.8″ N 29°52′58.4″	85
						2	30–40	蓝紫色	中粘土	板状			
						3	40–100	红紫色	中粘土	大棱柱状			

续表 Continued

剖面号 Soil profile	土纲 Soil order	土类 Soil great group	亚类 Soil subgroup	土属 Soil genus	土种 Soil species	土层码 Layer code	土层厚度/cm Depth/cm	颜色 Soil color	质地 Soil texture	土壤结构 Soil structure	土壤母质 Parent material	剖面点坐标 Profile coordinate	匹配指数 Matching index/%
剖13	人为土	水稻土	紫色土性水稻土	棕紫紫泥水稻土	鸡血小土田	1	0—20	浅黄棕色	中壤土	粒状	紫色砂页岩	E 102°53′39.8″ N 29°52′40.4″	95
						2	20—26	浅黄棕色	中壤土	块状			
						3	26—40	浅黄棕色	中壤土	小棱柱状			
						4	40—60		中壤土	小棱柱状			
						5	60—						
剖14	人为土	水稻土	黄壤性水稻土	冷砂黄泥田	炭砂田	1	0—17	黑灰色	中壤土	粒状	砂页岩、炭质砂页岩	E 102°56′42.4″ N 29°52′08.8″	93
						2	17—20	黑黄灰色	中壤土	块状			
						3	20—80	浅黄灰色		小棱柱状			
						4	80—						
剖15	人为土	水稻土	黄壤性水稻土	冷砂黄泥田	黄泥田	1	0—15	浅黄灰色	重壤土	块状	砂页岩、炭质砂页岩	E 102°57′01.1″ N 29°51′32.8″	93
						2	15—18	浅黄灰色	重壤土	块状			
						3	18—25	浅黄灰色	重壤土	大棱柱状			
						4	25—60	浅黄灰色	重壤土	柱状			
剖16	人为土	水稻土	冲积型水稻土	灰棕冲积水稻土	半砂田	1	0—20	灰黄色	轻壤土	粒状	近代河流冲积物	E 103°04′12.4″ N 29°59′28.3″	96
						2	20—30	灰黄色	轻壤土	块状			
						3	30—80	黄灰色	轻壤土				
						4	80—						
剖17	人为土	水稻土	紫色土性水稻土	砖红紫泥水稻土	小土田	1	0—17	棕紫紫色	轻壤土	小块状	红紫色砂页岩	E 103°02′25.4″ N 29°59′07.4″	93
						2	17—21	棕紫紫色		扁棱柱状			
						3	21—40	棕紫紫色		大棱柱状			
						4	40—60	棕紫紫色					
剖18	人为土	水稻土	紫色土性水稻土	红紫泥水稻土	砂小土田	1	0—20		轻壤土	粒状	紫色砂页岩	E 103°02′56.8″ N 29°58′36.5″	97
						2	20—25	灰黑紫色		大棱柱状			
						3	25—60						
剖19	人为土	水稻土	黄壤性水稻土	老冲积黄泥水稻土	鸭屎泥田	1	0—27	浅黑灰色	中壤土	粒状	近代河流冲积物	E 103°06′46.8″ N 29°57′58.6″	82
						2	27—35	蓝棕色	中黏土	片状			
						3	35—70	灰棕紫色	中黏土	大棱柱状			
						4	70—						
剖20	铁铝土	黄壤	黄壤	老冲积黄泥土	黄泥田	1	0—20	浅棕黄色	轻黏土	块状	第四纪冰川沉积物	E 103°07′31.1″ N 29°57′50.8″	89
						2	20—100	棕黄色	轻黏土	小棱柱状			
剖21	人为土	水稻土	黄壤性水稻土	老冲积黄泥水稻土	黄泥田	1	0—20	棕黄色	轻黏土	板状	第四纪冰川沉积物	E 103°08′26.9″ N 29°57′42.1″	77
						2	20—25	棕黄色	轻黏土	小棱柱状			
						3	25—80	棕黄色	轻黏土				
剖22	人为土	水稻土	黄壤性水稻土	老冲积黄泥水稻土	白鳝泥田	1	0—18	浅灰白色	轻壤土	板状	第四纪冰川沉积物	E 103°09′58.0″ N 29°57′22.7″	70
						2	18—23	浅灰白色	轻壤土	小棱柱状			
						3	23—40	黄灰色	轻壤土	小棱柱状			
						4	40—80						
剖23	初育土	紫色土	红紫泥土	砖红紫泥土	茶沫土	1	0—20	黄棕色	轻壤土	粒状	紫色砂页岩	E 103°06′04.0″ N 29°56′04.6″	74
						2	20—40	棕色	中壤土	块状			
剖24	人为土	水稻土	冲积型水稻土	灰棕冲积水稻土	砂田	1	0—18	灰棕色	砂壤土	块状	近代河流冲积物	E 103°08′01.3″ N 29°55′52.0″	100
						2	18—23	灰棕色	中壤土	块状			
						3	23—40	浅黄灰色	砂壤土	小块状			
						4	40—						
剖25	人为土	水稻土	紫色土性水稻土	红紫泥水稻土	茶沫土田	1	0—15	黄棕紫色	砂壤土	粒状	紫色砂页岩	E 103°05′24.0″ N 29°55′44.8″	86
						2	15—20	黄棕紫色	砂壤土	粒状			
						3	20—50	黄棕紫色	砂壤土	小棱柱状			

续表 Continued

剖面号 Soil profile	土纲 Soil order	土类 Soil great group	亚类 Soil subgroup	土属 Soil genus	土种 Soil species	土层码 Layer code	土层厚度 Depth/cm	颜色 Soil color	质地 Soil texture	土壤结构 Soil structure	土壤母质 Parent material	剖面点坐标 Profile coordinate	匹配指数 Matching index/%
剖26	人为土	水稻土	紫色土性水稻土	棕紫泥水稻土	鸡血大土田	1	0—20	灰棕红紫色	重壤土	块状	紫色页岩	E 103°04′17.8″ N 29°55′22.8″	70
						2	20—26	棕紫色	重壤土	扁棱柱状			
						3	26—80	棕紫色	重壤土	大棱柱状			
						4	80—						
剖27	人为土	水稻土	紫色土性水稻土	红棕紫泥水稻土	鸭屎泥田	1	0—20	黑灰色			红棕紫色砂页岩	E 103°02′30.8″ N 29°53′01.7″	81
						2	20—25	黑褐色		板状			
						3	25—40	棕紫色		大棱柱状			
剖28	人为土	水稻土	紫色土性水稻土	红棕紫泥水稻土	泥大土田	1	0—20	棕紫色	重壤土	块状	红棕紫色砂页岩	E 103°03′34.9″ N 29°52′18.1″	77
						2	20—27	棕紫色	重壤土	大棱柱状			
						3	27—40	棕紫色	重壤土	大棱柱状			
						4	40—90	棕紫色	重壤土				
剖29	人为土	水稻土	紫色土性水稻土	灰棕紫泥水稻土	大土田	1	0—20	棕紫色	重壤土	块状		E 103°00′04.5″ N 29°50′24.1″	97
						2	20—25	棕紫色	重壤土	大棱柱状			
						3	25—40	棕紫色	重壤土	大棱柱状			
						4	40—100	棕紫色	重壤土				
剖30	淋溶土	棕壤	山地棕壤	山地暗棕壤		1	0—3				砂页岩风化物	E 102°55′45.1″ N 29°44′48.8″	78
						2	3—10	暗灰棕色		块状			
						3	10—15	棕黄色		小块状			
剖31	人为土	水稻土	紫色土性水稻土	灰棕紫泥水稻土	小土田	1	0—18	蓝灰色	中壤土	小块状		E 103°00′29.9″ N 29°49′18.8″	81
						2	18—23	浅灰色	中壤土	块状			
						3	23—	浅灰黄色	中壤土	小块柱状			
剖32	人为土	水稻土	冲积型水稻土	紫色冲积水稻土	鸭屎泥田	1	0—20	蓝灰色	中壤土	小块状	现代河流紫色冲积物	E 103°07′06.2″ N 29°48′18.7″	85
						2	20—30	暗黄色	中壤土	板状			
						3	30—100	暗紫色	中壤土	大棱柱状			
剖33	人为土	水稻土	紫色土性水稻土	棕紫泥水稻土	鸭屎泥田	2	20—25	棕紫色				E 103°04′48.3″ N 29°44′39.7″	99
						3	25—60	棕紫色					
						4	60—						

名 山 区

主要土类说明

水稻土是名山区的主要土壤类型，占本区地域面积的53%，是本区主要耕作土壤，全区各地皆有分布，尤以平坝、沟槽和坪岗为多。它是由旱作土壤或自然土壤淹水种稻后，在耕作、施肥、灌溉等人为活动影响下，经过长期水耕熟化，使之成为在剖面形态、理化特性和生产性能等方面与旱作土壤有质的区别的一类土壤。在淹水条件下，土体构造由固、液、气三相变为固、液两相，气相须由排水晒田或更新灌溉水加以调节。土壤还原过程占优势，有机质易于积累。磷素的有效性也高于旱作土，酸性土的pH趋于中性。由于地形部位、水分动态、物质转化和熟化程度的差异，出现某些特定的发育层段，如淹育层、初期潴育层、潴育层、潜育层等。

紫色土是名山区第二大土壤类型，占本区地域面积的35%。紫色土是由热带、亚热带紫红色岩层直接风化形成的A-C型土壤。其理化性质与母岩组成直接相关，土层浅薄，剖面层次发育不明显，仍处于初育阶段。母岩富含矿质养分，且风化迅速。

黄壤占本区地域面积的11%。黄壤发生于亚热带湿润条件下，中度脱硅富铝化，多见于海拔700—1200m的山区。土壤有机质累积较多，具O-A-AB-B-C剖面构型。pH为4.5—5.5。淀积层（B层）富含水合氧化物（针铁矿），呈黄色。

小于本区地域面积3%的土壤类型还有红壤等。

本区域中心区气候特征

本区域中心区气候特征值
Regional climate characteristics in central area of the region

气候带：中亚热带湿润气候 Climate region: Subtropical humid climate	
年平均气温 /℃ Annual average temperature /℃	13.8
年平均最高气温 /℃ Annual average maximum temperature /℃	19.6
年平均最低气温 /℃ Annual average minimum temperature /℃	9.8
年降水量 /mm Annual precipitation /mm	893
≥10℃的积温 /℃ Daily temperature accumulated in a year (≥10℃) /℃	6321
年日照时数 /h Annual sunshine /h	1465
年平均相对湿度 /% Annual average relative humidity /%	74
干燥度 Dryness	0.96

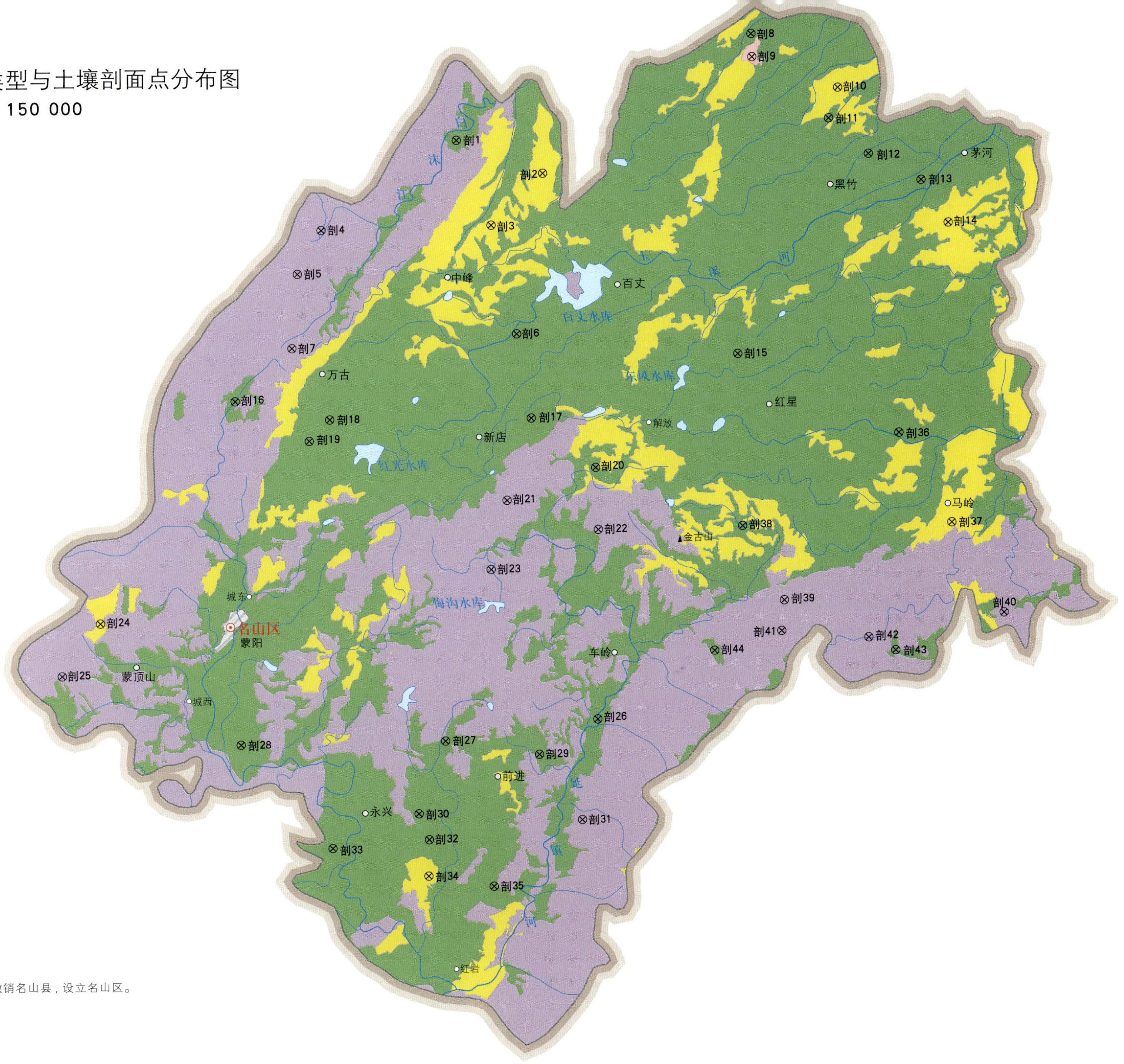

名山区土壤剖面理化性状表

剖面号 Soil profile	土纲 Soil order	土类 Soil great group	亚类 Soil subgroup	土属 Soil genus	土种 Soil species	土层码 Layer code	土层厚度 Depth/cm	颜色 Soil color	质地 Soil texture	土壤结构 Soil structure	pH	有机质 OM/(g/kg)	全氮 TN/(g/kg)	全磷 TP/(g/kg)	碱解氮 AN/(mg/kg)	有效磷 AP/(mg/kg)	速效钾 AK/(mg/kg)	土壤母质 Parent material	剖面点坐标 Profile coordinate	匹配指数 Matching index/%
剖1	人为土	水稻土	冲积型水稻土	紫色冲积水稻土	鸭屎泥田	1	0~30	灰紫色	重壤土	粒状	5.8	60.3	2.04	0.48	262	10.6	86	近代河流洪积物、冲积物	E 103°10′43.7″ N 30°13′39.4″	94
						2	30~90	深灰紫色	重壤土	粒状	6.0	45.7	1.93	0.35	213	8.5	54			
剖2	铁铝土	黄壤	黄壤	老冲积黄泥土	黄砂土	1	0~20	浅灰黄色	重壤土	粒状	5.5	22.2	0.72	0.41	161	14.1	66	老冲积物	E 103°12′25.9″ N 30°13′06.6″	100
						2	20~40	黄色	轻壤土	小块状	5.8	13.4	0.49	0.25	133	9.9	19			
						3	40—	黄色	重壤土	大块状	5.9	3.4	0.39	0.14	116	4.3	10			
剖3	铁铝土	黄壤	黄壤	老冲积黄泥土	白鳝泥土	1	0~16	黄红色	重壤土	粒状	5.6	9.9	0.89	0.24	99	12.0	67	老冲积物	E 103°11′26.2″ N 30°12′12.2″	81
						2	16~33	黄红色	重壤土	块状	6.0	7.4	0.84	0.20	94	5.6	65			
						3	33—	黄红色	重壤土	块状	6.2	2.2	0.26	0.10	71	5.1	41			
剖4	初育土	紫色土	石灰性紫色土	棕紫泥土	大土	1	0~25	棕紫色	轻砾轻黏土	大块状	8.8	27.3	1.25	0.65	99	12.1	96	砂泥岩残积物、坡积物	E 103°08′04.6″ N 30°12′04.7″	98
						2	25~110	灰棕紫色	中砾轻黏土	柱状	9.0	11.5	0.57	0.48	48	10.8	56			
剖5	初育土	紫色土	石灰性紫色土	棕紫泥土	棕紫色土	1	0~2	浅灰黄色	轻壤土	粒状	6.8	47.0	1.39	0.40	252	14.0	212	砂泥岩残积物、坡积物	E 103°07′36.8″ N 30°11′19.3″	100
						2	2~20	红黄色	轻壤土	粒状	6.1	25.9	1.29	0.32	142	15.3	37			
						3	20~50	红黄色	轻壤土	粒状	6.3	6.9	0.64	0.27	109	11.3	27			
剖6	人为土	水稻土	冲积型水稻土	黄色冲积水稻土	烂泥田	1	0~30	黑灰色	重壤土	整体状	5.5	63.6	3.40	0.62	340	7.2	176	黄色冲积物	E 103°11′57.8″ N 30°10′20.3″	77
						2	30~100	黑灰色	中壤土	整体状	3.2	61.8	1.20	0.26	333	2.0	96			
剖7	初育土	紫色土	石灰性紫色土	砖红紫泥土	大土泥	1	0~20	浅棕黄色	中壤土	粒状	5.0	33.8	1.52	0.45	218	9.3	37	残积物、坡积物	E 103°07′31.4″ N 30°10′02.3″	70
						2	20~80	黄色	中壤土	小块状	5.6	15.5	0.90	0.39	135	6.9	27			
剖8	人为土	水稻土	冲积型水稻土	黄色冲积水稻土	砂泥田	1	0~15	浅灰黄色	重壤土	粒状	5.4	42.8	1.63	0.70	174	21.1	119	黄色冲积物	E 103°16′30.6″ N 30°15′33.5″	77
						2	15~21	黄灰色	中壤土	片状	6.2	17.6	1.07	0.35	114	14.1	84			
						3	21~50	浅灰色	重壤土	小块状	8.4	23.4	1.32	0.64	118	13.9	96			
剖9	铁铝土	红壤	黄红壤	老冲积黄红壤	老冲积黄红壤	1	0~26	浅灰紫色	轻黏土	大块状	5.7	26.2	1.45	0.40	154	24.9	126	老冲积物	E 103°16′32.1″ N 30°15′09.5″	71
						2	26—	重壤土		块状	5.5	14.9	0.85	0.11	84	14.1	91			
剖10	铁铝土	黄壤	黄壤	老冲积黄泥土	黄大土	1	0~16	黑灰色	重壤土	块状	5.7	26.2	1.45	0.40	154	24.9	126	老冲积物	E 103°18′14.0″ N 30°14′39.1″	95
						2	16~45	浅灰黄色	轻壤土	块状	5.5	14.9	0.85	0.11	84	14.1	91			
						3	45—	灰白色	轻壤土	大棱柱状	5.3	8.5	0.44	0.08	48	13.2	59			
剖11	人为土	水稻土	冲积型水稻土	黄色冲积水稻土	鸭屎泥田	1	0~15	浅灰黄色	重壤土	小块状	5.6	61.4	3.82	0.47	293	12.3	134	黄色冲积物	E 103°18′03.6″ N 30°14′07.4″	83
						2	15~21	浅灰黄色	重壤土	小块柱状	5.9	55.2	3.21	0.30	229	8.5	49			
						3	21~70	浅灰黄色	重壤土	大块柱状	6.4	46.4	3.13	0.23	130	7.5	46			
剖12	人为土	水稻土	黄壤性水稻土	老冲积黄泥土	烂田	1	0~23	深灰色	重壤土	无明显结构	5.8	41.8	2.74	0.23	336	9.2	128	第四纪冰水沉积物、冰碛泥砾	E 103°18′51.5″ N 30°13′31.1″	90
						2	23~90	黑灰色	重壤土	无明显结构	5.7	39.0	1.38	0.16	310	6.7	117			
剖13	人为土	黄壤	冲积型水稻土	黄色冲积水稻土	砂田	1	0~14	浅灰黄色	中壤土	粒状	6.0	36.0	1.42	0.54	158	16.8	51	黄色冲积物	E 103°19′54.1″ N 30°13′04.8″	93
						2	14~19	黄色	轻砾中壤土	小块状	6.5	22.1	0.64	0.36	138	10.3	41			
						3	19—	黄色	轻壤土		7.6	3.7	0.26	0.28	44	4.4	32			
剖14	铁铝土	黄壤	黄壤	老冲积黄泥土	林地老冲积黄壤	1	0~7	黑灰色	轻壤土	团粒状	5.8	41.8	2.72	0.46	442	17.3	148	老冲积物	E 103°20′27.1″ N 30°12′21.2″	83
						2	7~24	黄棕色	轻壤土	小块状	5.0	30.9	1.79	0.26	224	6.0	49			
						3	24~47	棕黄色	中壤土	小棱柱状	5.1	3.8	0.67	0.17	108	3.4	41			
						4	47—	黄色	重壤土	大棱柱状	5.2	3.8	0.59	0.27	93	3.1	32			
剖15	人为土	水稻土	黄壤性水稻土	老冲积黄泥田	黄泥田	1	0~17	浅灰黄色	重壤土	小块状	5.8	30.0	1.10	0.55	102	6.4	87	第四纪冰水沉积物、冰碛泥砾	E 103°16′19.9″ N 30°10′02.6″	92
						2	17~24	浅灰黄色	重壤土	大棱柱状	6.4	14.9	0.91	0.29	123	6.4	73			
						3	24~46	灰黄色	重壤土	大棱柱状	6.5	10.4	0.39	0.27	97	5.9	56			
						4	46~85	白黄色	重壤土	小棱柱状	6.3	7.4	0.29	0.11	79	3.7	47			

续表 Continued

剖面号 Soil profile	土纲 Soil order	土类 Soil great group	亚类 Soil subgroup	土属 Soil genus	土种 Soil species	土层码 Layer code	土层厚度 Depth/cm	颜色 Soil color	质地 Soil texture	土壤结构 Soil structure	pH	有机质 OM/(g/kg)	全氮 TN/(g/kg)	全磷 TP/(g/kg)	碱解氮 AN/(mg/kg)	有效磷 AP/(mg/kg)	速效钾 AK/(mg/kg)	土壤母质 Parent material	剖面点坐标 Profile coordinate	匹配指数 Matching index/%
剖16	人为土	水稻土	黄壤性水稻土	再积黄泥水稻田	鸭屎泥田	1	0—18	浅黄灰色	中壤土	粒状、块状	5.6	70.0	2.77	0.46	334	5.4	157	老冲积黄壤	E 103°06′24.8″ N 30°09′06.5″	88
剖17	人为土	水稻土	黄壤性水稻土	老冲积黄泥田	白鳝泥田	1	18—60	蓝灰色	重壤土	无明显结构	5.8	64.9	1.23	0.30	300	1.3	116	第四纪冰水沉积物、冰碛泥砾	E 103°12′16.2″ N 30°08′53.2″	91
						3	60—	灰白色	重壤土	无明显结构	6.0	13.2	0.52	0.12	98	0.6	109			
剖18	人为土	水稻土	黄壤性水稻土	老冲积黄泥田	铁杆子黄泥田	1	0—20	浅黄灰色	重壤土	块状	6.4	51.0	3.13	0.60	266	22.9	127	第四纪冰水沉积物、冰碛泥砾	E 103°08′17.2″ N 30°08′48.8″	78
						2	20—27	黄灰色	重壤土	大梭柱状	6.8	27.8	1.32	0.37	166	17.7	116			
						3	27—	灰白色	重壤土		7.7	4.3	0.92	0.10	99	12.3	93			
剖19	人为土	水稻土	黄壤性水稻土	再积黄泥水稻田	硝烂田	1	0—11	浅黄灰色	轻砾轻黏土	小块状	6.3	15.8	0.72	0.21	62	2.5	61	老冲积黄壤	E 103°07′53.4″ N 30°08′26.5″	70
						2	11—17	黄褐色	重壤土	大块状	6.7	6.3	0.25	0.11	33	0.5	42			
						3	17—	黄褐色												
剖20	人为土	水稻土	紫色土性水稻土	中性红紫色水稻田	泥砂田	1	0—25	灰色	轻壤土	粒状	5.9	67.2	4.74	0.52	573	17.1	236	母岩	E 103°13′33.2″ N 30°08′03.1″	97
						2	25—100	深灰紫色	中壤土	粒状	5.3	42.0	2.36	0.50	543	2.7	204			
剖21	初育土	紫色土	石灰性紫色土	砖红紫泥土	石骨子土	1	0—10	灰紫色	中壤土	粒状	6.0	43.2	2.48	0.40	229	11.7	78	老冲积黄壤	E 103°11′48.8″ N 30°07′28.2″	85
						2	10—25	暗紫色	中壤土	小块状	6.6	27.3	1.11	0.31	196	11.2	70			
						3	25—80	灰紫色	重壤土	粒状	7.1	8.1	0.13	0.23	163	7.2	49			
剖22	初育土	紫色土	中性紫色土	砖红紫泥土	泥砂田	1	0—21	浅红紫色	轻壤土	无明显结构	8.7	16.3	0.50	0.67	99	20.4	91	残积物、坡积物	E 103°13′37.6″ N 30°06′59.4″	98
						2	21—120	红紫色	轻黏土	无明显结构	8.7	11.3	0.33	0.54	92	6.4	59			
剖23	初育土	紫色土	酸性紫色土	砖红紫泥土	小土	1	0—20	灰紫色	中壤土	棱柱状	8.8	5.2	0.92	0.48	112	14.0	66		E 103°11′31.2″ N 30°06′16.2″	87
						2	20—50	灰紫色	中壤土	小块状	7.2	27.4	1.40	0.40	166	11.5	63			
						3		红紫色	重壤土	粒状	7.2	21.2	1.29	0.34	129	10.5	54			
剖24	铁铝土	黄壤	黄壤	砂黄泥土	砂黄壤	1	0—3	浅黄灰色	重壤土	小块状	5.8	11.3	0.76	0.30	108	10.0	80	厚砂岩	E 103°03′49.7″ N 30°05′15.4″	76
						2	3—23	灰紫紫色	轻壤土	粒状	5.1	1.8	0.39	0.24	97	8.9	65			
						3	23—53	棕紫色	中壤土	小块状	7.0	25.1	1.83	0.44	341	14.9	157			
剖25	初育土	紫色土	酸性紫色土	红紫泥土	小土	1	0—22	灰紫色	重壤土	粒状	8.5	20.7	1.09	0.43	128	15.2	50	近代河流洪积物、冲积物	E 103°03′06.0″ N 30°04′20.2″	98
						2	22—50	红紫色	中壤土	小棱柱状	8.5	10.3	0.51	0.33	93	14.3	27			
						3	50—100	浅紫紫色	中壤土	小棱柱状	5.5	25.2	1.74	0.27	98	11.7	80			
剖26	人为土	水稻土	冲积型水稻土	紫色冲积水稻田	半砂泥田	1	0—20	红紫色	中壤土	棱柱状	5.4	6.6	0.68	0.17	85	3.7	61		E 103°13′40.1″ N 30°03′43.2″	94
						2	20—28	黄紫色	中壤土	块状	5.4	3.7	0.66	0.10	78	3.0	65			
						3	28—63	紫灰紫色	中壤土	片状	5.9	63.4	3.78	0.55	235	8.8	123			
剖27	人为土	水稻土	紫色土性水稻土	中性红紫色水稻土	大土泥田	1	0—18	黄紫色	重壤土	棱柱状	7.2	53.6	3.20	0.22	211	6.9	39	母岩	E 103°10′40.1″ N 30°05′18.4″	92
						2	18—29	紫灰紫色	重壤土	大块状	6.8	51.8	2.64	0.21	204	6.4	28			
						3	29—44	红紫灰色	轻壤土	层状	6.5	25.0	1.70	0.55	209	18.7	180			
						4	44—48	浅紫灰色	中壤土	大棱柱状	7.1	20.5	1.50	0.35	199	19.0	98			
剖28	人为土	水稻土	酸性紫色土	矿毒田	砂田	1	0—20	紫灰色	轻砾中壤土	大块状	7.5	15.5	0.78	0.38	98	18.8	56	近代河流洪积物、冲积物	E 103°03′37.4″ N 30°03′11.5″	81
						2	20—	浅紫灰色	中壤土	大块状	7.6	13.7	0.65	0.27	91	17.3	58			
剖29	人为土	水稻土	潜育水稻土		硝田	1	0—30	浅紫色	重壤土	小块状	8.4	19.4	1.10	0.40	119	7.0	145	母岩	E 103°12′31.3″ N 30°03′05.8″	72
						2	30—90	浅灰色	中壤土	无明显结构	8.2	14.3	0.47	0.33	81	2.3	124			
剖30	人为土	水稻土	中性红紫色水稻土		小土田	1	0—23	深紫色	重壤土	棱柱状	7.9	73.5	3.94	0.56	273	14.8	119		E 103°10′09.8″ N 30°02′03.1″	82
						2	23—150	浅紫色	重壤土	棱柱状	7.8	63.1	3.54	0.54	249	8.7	86			
剖31	初育土	紫色土	酸性紫色土	红紫泥土	烂田	1	0—3	红紫色	重壤土	小块状	6.2	21.4	0.98	0.30	192	10.7	138	母岩	E 103°06′37.4″ N 30°02′03.1″	93
						2	3—23	浅紫色	中壤土	小棱柱状	7.8	3.6	0.78	0.22	111	9.4	111			
						3	23—54	浅紫灰色	重壤土	粒状	5.5	27.3	1.89	0.17	196	9.9	168			
						4	54—	灰黄色	轻壤土	粒状	5.4	23.4	1.30	0.13	98	6.2	138			
剖32	人为土	水稻土	紫色土性水稻土	石灰性紫色水稻土		1	0—30	红紫色	中壤土	无明显结构	5.6	16.5	0.45	0.10	32	2.3	73		E 103°10′22.4″ N 30°01′59.2″	84
						2	30—100	深紫色	中壤土	无明显结构	7.9	65.6	3.43	0.59	274	16.2	170			
									中壤土		7.9	25.1	1.04	0.53	131	8.6	96			

续表 Continued

剖面号 Soil profile	土纲 Soil order	土类 Soil great group	亚类 Soil subgroup	土属 Soil genus	土种 Soil species	土层编码 Layer code	土层厚度 Depth/cm	颜色 Soil color	质地 Soil texture	土壤结构 Soil structure	pH	有机质 OM/(g/kg)	全氮 TN/(g/kg)	全磷 TP/(g/kg)	碱解氮 AN/(mg/kg)	有效磷 AP/(mg/kg)	速效钾 AK/(mg/kg)	土壤母质 Parent material	剖面点坐标 Profile coordinate	匹配指数 Matching index/%
剖33	人为土	水稻土	紫色土性水稻土	中性红紫色水稻土	深足田	1	0-30	浅灰紫色	重壤土	小块状	6.6	76.0	2.28	0.28	233	5.9	63	母岩	E 103°08′27.8″ N 30°01′26.0″	82
						2	30-70	灰紫色	重壤土	小块状	6.7	69.3	1.94	0.26	220	4.4	48			
剖34	铁铝土	黄壤	黄壤	老冲积黄泥土	茶沐土	1	0-18	浅黄灰色	重壤土	粒状	5.5	23.3	0.77	0.25	108	13.2	117	老冲积物	E 103°10′22.4″ N 30°00′58.7″	76
						2	18-40	黄灰色	轻黏土	柱状	5.4	3.8	0.70	0.14	65	6.5	107			
						3	40-110	黄灰色	重壤土	大棱柱状	5.4	3.8	0.77	0.14	64	6.7	105			
剖35	人为土	水稻土	黄壤性水稻土	老冲积黄泥田	小土田	1	0-18	黄灰色	重壤土	粒状	5.5	35.0	1.55	0.36	242	13.4	135	第四纪冰水沉积物、冰碛泥砾	E 103°11′39.8″ N 30°00′49.0″	84
						2	18-25	浅黄灰色	重壤土	块状	5.8	31.0	1.29	0.21	196	12.8	129			
						3	25-70	浅灰黄色	轻黏土	块状	5.8	23.4	1.16	0.16	162	12.0	103			
						4	70-	灰白色	重壤土	块状	5.8	2.9	0.90	0.19	64	7.1	66			
剖36	人为土	水稻土	黄壤性水稻土	再积黄泥水稻土	砂泥田	1	0-20	灰黄色	中壤土	小块状	5.2	50.5	1.55	0.62	263	10.2	86	老冲积黄壤	E 103°19′32.2″ N 30°08′43.1″	72
						2	20-28	黄灰色	中砂轻壤土	层状	5.1	48.2	1.04	0.24	229	3.0	35			
						3	28-180	浅黄灰色	重壤土	大棱柱状	5.9	40.2	0.91	0.23	195	2.7	29			
剖37	铁铝土	黄壤	黄壤	老冲积黄泥土	黄小土	1	0-17	浅黄黄色	重壤土	小块状	5.9	24.7	1.40	0.55	133	23.3	41	老冲积物	E 103°20′35.9″ N 30°07′11.3″	79
						2	17-42	黄色	轻黏土	小棱柱状	5.8	5.4	0.51	0.14	37	7.8	41			
						3	42-82	黄色	轻黏土	小棱柱状	5.7	3.5	0.26	0.14	29	6.7	37			
剖38	人为土	水稻土	紫色土性水稻土	中性红紫色水稻土	鹏屎泥田	1	0-22	浅灰紫色	中壤土	小块状	6.5	28.1	1.19	0.68	185	27.2	107	母岩	E 103°16′28.2″ N 30°07′05.2″	84
						2	22-40	灰紫色	中壤土	团块状	6.4	15.5	0.64	0.51	167	24.7	81			
						3	40-	浅紫色	中壤土	大团块状	6.7	13.9	0.58	0.45	103	20.1	75			
剖39	初育土	紫色土	酸性紫色土	红紫泥土	红砂土	1	0-20	红紫色	轻壤土	粒状	5.3	16.0	0.64	0.59	84	5.9	27	砂泥岩残积物、坡积物	E 103°17′19.0″ N 30°05′48.5″	99
						2	20-45	红紫色	轻壤土	粒状	5.3	6.9	0.52	0.24	68	4.3	12			
剖40	初育土	紫色土	石灰性紫色土	棕紫泥土	岩砾子土	1	0-20	紫色	轻壤土	粒状	8.5	19.2	1.31	0.55	128	8.4	62		E 103°21′39.2″ N 30°05′38.6″	92
						2	20-80	紫色	中壤土	小块状	8.5	15.7	0.26	0.27	32	6.6	41			
剖41	初育土	紫色土	酸性紫色土	红紫泥土	茶沐土	1	0-20	浅紫紫色	重壤土	粒状	6.4	18.7	1.05	0.30	131	9.5	68	厚砂溪泥岩	E 103°17′16.4″ N 30°05′16.8″	89
						2	20-80	黄紫色	重壤土	小块状	5.1	16.5	0.64	0.28	122	3.9	29			
剖42	初育土	紫色土	中性紫色土	棕紫泥土	砂土	1	0-20	灰紫色	砂壤土	粒状	7.1	16.7	0.97	0.31	132	2.9	75		E 103°18′59.8″ N 30°05′11.4″	75
						2	20-50	棕紫色	轻壤土	粒状	7.2	3.3	0.57	0.14	51	2.2	68			
剖43	人为土	水稻土	紫色土性水稻土	中性棕紫色水稻土	大土田	1	0-30	棕紫色	轻壤土	小块状	6.0	27.9	1.12	0.30	198	10.5	92	母岩	E 103°19′31.8″ N 30°04′58.4″	94
						2	30-90	浅灰棕紫色	轻壤土	小棱柱状	6.7	17.9	0.52	0.22	98	11.4	85			
						3	90-	棕紫色												
剖44	人为土	水稻土	紫色土性水稻土	中性红紫色水稻土	砂田	1	0-18	浅灰紫色	中壤土	大粒状	6.6	21.6	1.05	0.31	142	12.5	37	母岩	E 103°15′57.2″ N 30°04′55.6″	100
						2	18-23	灰紫色	轻壤土	小块状	5.8	14.2	0.65	0.28	94	11.7	38			
						3	23-30	黄紫色	轻壤土	小棱柱状	6.9	3.4	0.26	0.18	13	8.3	31			

荥 经 县

主要土类说明

黄壤是荥经县的主要土壤类型，占本县地域面积的34%。母岩主要有峨眉山玄武岩、安山岩、流纹岩、花岗岩、页岩、砂岩以及白云岩、灰岩。由于地处温暖潮湿的亚热带气候，土壤易产生黏化和富铝化过程，土壤长期处于湿润状态，从而有利于土壤中的铁质水化，使土壤通体呈黄棕色、黄色或金黄色。黄壤的风化和淋溶作用均较强烈，盐基不饱和，故土壤呈酸性。A_1层pH为4.8—6.0。非耕地黄壤土层较深厚，为60—80cm，有机质、全氮含量高，但由于土性冷，有效养分分解慢。

暗棕壤是荥经县第二大土壤类型，占本县地域面积的18%，是在山地温带湿润气候条件下形成的垂直地带性土壤。母岩多为古老地层的玄武岩、安山岩、花岗岩、灰岩等。土壤有机质含量高，在土壤表层形成3—5cm厚的枯枝落叶层，具明显的A_o-A_1-B-C剖面构型。土层厚薄不均，厚45—100cm，多石砾和石块。淋溶较强，有一定的淀积和漂洗现象，pH在4.6—5.2，黏化程度不深。土壤质地轻，多为砂壤土或轻壤土。本县暗棕壤只有暗棕壤一个亚类。

黄棕壤是荥经县第三大土壤类型，占本县地域面积的16%，分布在黄壤之上，暗棕壤之下，海拔1800—2100m。母岩为玄武岩、安山岩、花岗岩、白云岩，植被为阔叶林。土壤层次分化明显，土层较厚，为80—100cm，pH为4.5—6.0。表层有机质含量为184.3g/kg，但到底土层则剧烈下降，有机质含量仅为28.7g/kg，同时黏粒下渗极为明显，使土壤质地上轻下重。B层和C层可见明显的铁锰胶膜。

紫色土占本县地域面积的15%，主要分布在六合、安靖、五宪、附城、大田坝、烈太、天凤、宝峰等地。紫色土是由紫色砂岩、页岩、泥岩、砾岩风化物发育而成的。虽地处亚热带温暖潮湿气候，其土壤仍处于幼年阶段，受生物气候的影响小，而成为非地带性的岩成土。土壤中含砾量多，养分一般比较丰富。

灰化土占本县地域面积的8%，属于铁铝有机质络合淋溶强烈的土壤。灰化土大多见于无冻层的砂质土壤，表层有机质层及腐殖质层深厚，下移的富啡酸络合淋移铁铝成分，并在B层形成明显腐殖质与铁铝络合淀积层。

水稻土占本县地域面积的4%，广泛分布于全县各地，以沿河阶地、丘陵、低中山的缓坡、沟槽、谷地分布最为集中。与旱地土壤相比，水稻土不仅具有较为深厚的土层，而且因在淹水条件下耕作、培肥，使土壤的还原过程占优势，有利于有机质累积，同时能使土壤酸碱度向中性逼近，磷的有效性也相应得到提高。

小于本县地域面积3%的土壤类型还有石灰（岩）土、黑毡土、山地草甸土和潮土等。

本区域中心区气候特征

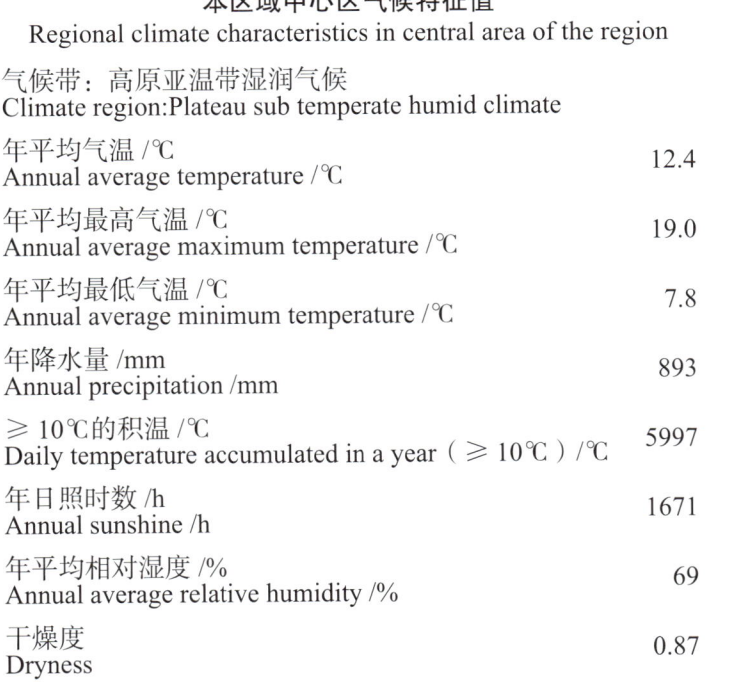

本区域中心区气候特征值
Regional climate characteristics in central area of the region

气候带：高原亚温带湿润气候 Climate region:Plateau sub temperate humid climate	
年平均气温 /℃ Annual average temperature /℃	12.4
年平均最高气温 /℃ Annual average maximum temperature /℃	19.0
年平均最低气温 /℃ Annual average minimum temperature /℃	7.8
年降水量 /mm Annual precipitation /mm	893
≥10℃的积温 /℃ Daily temperature accumulated in a year（≥10℃）/℃	5997
年日照时数 /h Annual sunshine /h	1671
年平均相对湿度 /% Annual average relative humidity /%	69
干燥度 Dryness	0.87

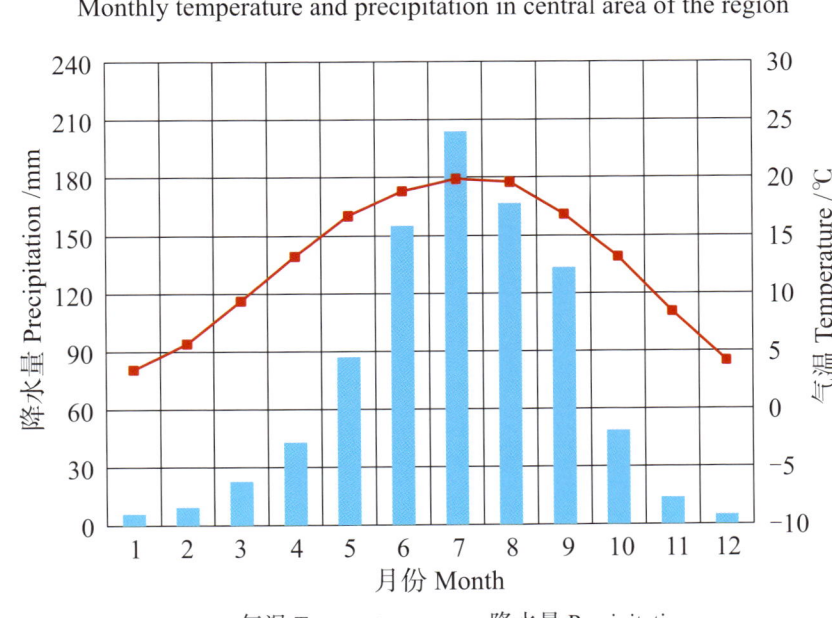

本区域中心区月平均气温与月平均降水量
Monthly temperature and precipitation in central area of the region

荥经县主要土壤类型与土壤剖面点分布图
1∶240 000

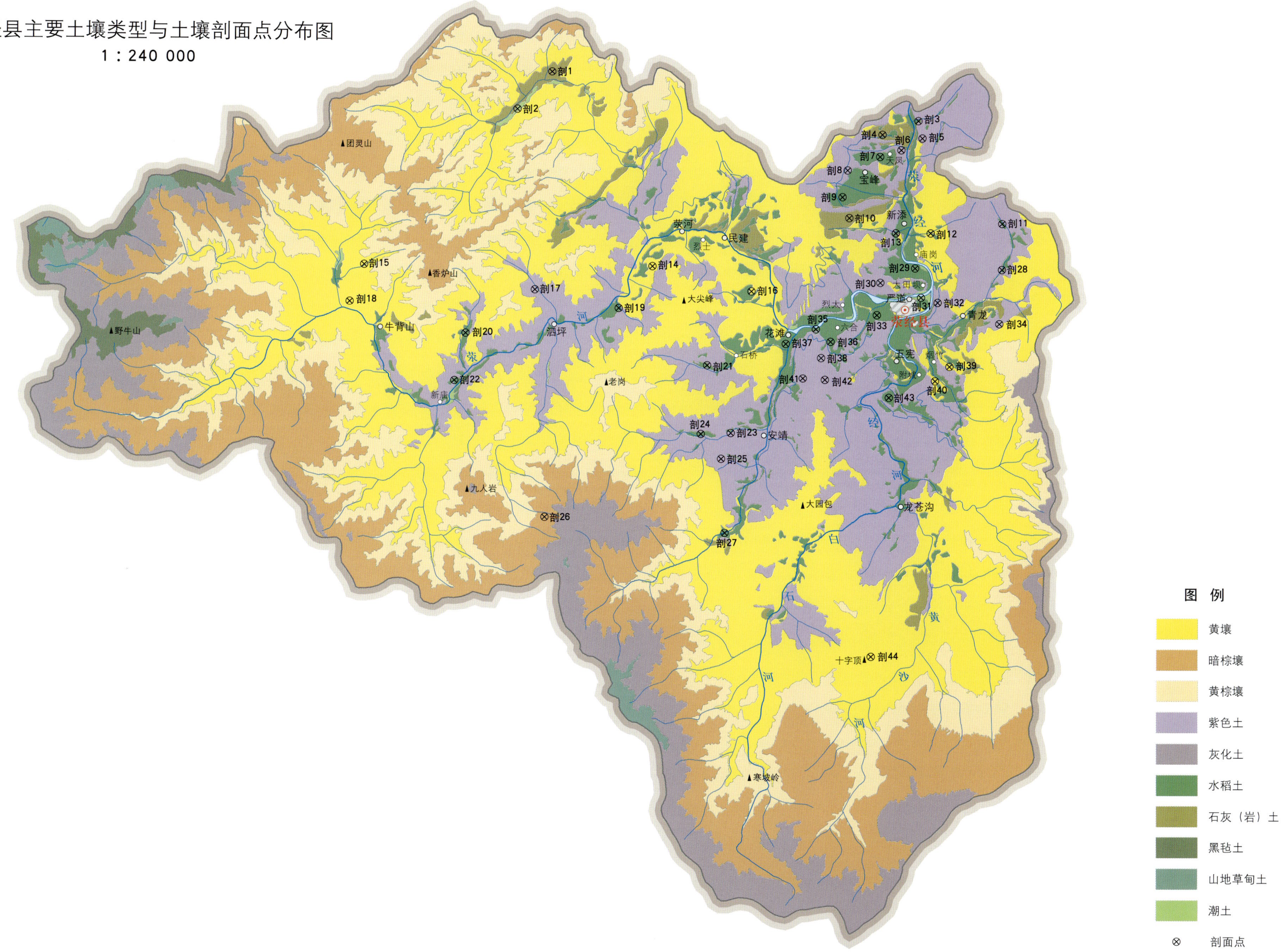

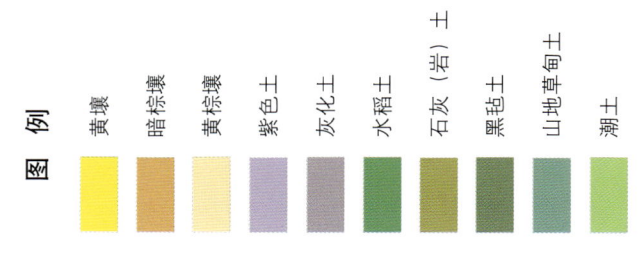

荥经县土壤剖面理化性状表

剖面号 Soil profile	土纲 Soil order	土类 Soil great group	亚类 Soil subgroup	土属 Soil genus	土种 Soil species	土层码 Layer code	土层厚度 Depth/cm	颜色 Soil color	质地 Soil texture	土壤结构 Soil structure	pH	有机质 OM/(g/kg)	全氮 TN/(g/kg)	全磷 TP/(g/kg)	土壤母质 Parent material	剖面点坐标 Profile coordinate	匹配指数 Matching index/%
剖1	初育土	石灰(岩)土	黄色石灰土	黄色石灰土	粗骨黄泥土	1	0—17	灰黄色	轻黏土	大块状	7.9	23.3	1.21	0.93		E 102°37′40.1″ N 29°54′55.4″	83
						2	17—52	黄色	轻黏土	大块状	8.0	23.3	0.96	1.01			
剖2	半水成土	潮土	潮土	山洪冲积土	石砂土	1	0—19	灰棕黄色	轻砾砂质轻壤土	粒状	8.5	30.0	1.44	2.41	河流冲积物	E 102°36′27.7″ N 29°53′44.2″	77
						2	19—42	棕黄色	砂砾粉质中壤土	块状	8.6	26.5	1.19				
剖3	人为土	水稻土	冲积型水稻土	紫色冲积水稻土	潮泥田	1	0—20	棕紫色	轻砾粉质重壤土	块状	5.9	40.3	2.90	1.42	沉积物夹有洪积物和坡积物	E 102°50′44.9″ N 29°53′39.1″	91
						2	20—30	棕紫色	砂质重壤土	块状	6.9	25.4	1.74	1.07			
						3	30—90	紫色	砂质重壤土	大棱柱状	7.2	8.6	0.67	0.74			
剖4	初育土	石灰(岩)土	黄色石灰土	黄色石灰土	黄泡泥土	1	0—20	灰黄色	轻砾粉质重壤土	粒状	7.0	30.8	1.94	1.18		E 102°49′28.9″ N 29°53′12.1″	88
						2	20—40	黄色	中砾粉质重壤土	小块状	6.8	26.8	1.14	1.15			
						3	40—60	黄色	中砾粉质重壤土	大块状	7.1						
剖5	初育土	紫色土	中性紫色土	暗紫泥土	大土泥土	1	0—18	暗紫色	轻砾砂质重壤土	大块状	7.2	14.2	0.87	0.98	紫色泥岩	E 102°50′54.2″ N 29°53′06.7″	100
						2	18—60	暗紫色	轻砾砂质重壤土	大块状	7.7	7.4	0.62	0.94			
						3	60—100	暗紫色	砂质中壤土	柱状	8.2	2.8	0.29	1.10			
剖6	初育土	紫色土	中性紫色土	暗紫泥土	油砂土	1	0—20	暗紫色	砂质中壤土	小粒状	6.9	31.1	2.56	2.59	砂岩、粉砂岩残积物、坡积物	E 102°50′09.7″ N 29°52′43.8″	100
						2	20—40	暗紫色	砂质中壤土	大块状	7.0	22.0	1.75	2.14			
						3	40—70	红棕紫色	砂质中壤土	块状	7.0	21.0	1.62	1.93			
剖7	人为土	水稻土	紫色土性水稻土	暗紫泥田	油砂田	1	0—16	暗紫色	中砾粉质中壤土	块状	5.8	46.1	2.36	1.45	紫色页岩、岩坡积物	E 102°49′24.6″ N 29°52′30.4″	95
						2	16—24	暗紫色	轻砾粉质重壤土	粒状	6.1	41.7	2.21	1.31			
						3	24—80	暗紫色	中砾粉质重壤土	棱柱状	6.5	35.4	2.07	1.22			
剖8	初育土	紫色土	中性紫色土	暗紫泥土	二泥土	1	0—18	暗紫色	砂质中壤土	小块状、粒状	6.9	41.9	1.89	2.07	紫色页岩、泥岩	E 102°48′16.3″ N 29°52′03.9″	79
						2	18—50	暗紫色	轻砾砂质中壤土	无明显结构	7.0	13.4	0.91	2.30			
剖9	人为土	水稻土	紫色土性水稻土	暗紫泥田	大泥田	1	0—20	暗紫色	轻砾砂质中壤土	片状	5.4	28.1	1.54	0.88	紫色页岩、粉砂岩坡积物	E 102°48′06.5″ N 29°51′14.0″	80
						2	20—30	暗紫色	砂质中壤土	大棱柱状	5.4	27.0	1.47	1.00			
						3	30—80	暗紫色	砂质中壤土	棱柱状	6.1	24.3	1.14	0.84			
剖10	初育土	石灰(岩)土	黄色石灰土	红棕紫色水稻土		1	0—2	暗黄棕色	砾石土	粒状	8.5	78.0	4.12	2.02		E 102°48′22.0″ N 29°50′35.5″	85
						2	2—47	黄棕色	砾石土	块状	8.6	39.4	2.07	1.72			
						3	47—63	紫灰色	砂质中壤土	无明显结构	7.0	49.1	2.04	0.65			
剖11	人为土	水稻土	紫色土性水稻土	红棕紫色水稻土	硝烂田	1	0—22	紫灰色	砂质中壤土	片状	6.8	46.8	1.94	0.63	紫色砂岩	E 102°53′48.5″ N 29°50′30.5″	77
						2	22—32	深紫灰色	砂质中壤土	大棱柱状	7.0	38.8	1.79	0.58			
剖12	铁铝土	黄壤	黄壤	冷砂黄泥土	扁砂土	1	0—20	暗黄灰色	轻砾砂质中壤土	粒状	5.8	34.2	1.70	1.91	砂岩、页岩、炭质页岩	E 102°51′16.2″ N 29°50′09.6″	77
						2	20—40	灰黄色	砂质中壤土	小块状	5.9	26.3	1.26	1.32			
						3	40—60	灰黄色	砂质中壤土	粒状	5.8	10.3	0.53	0.89			
剖13	人为土	水稻土	紫色土性水稻土	红紫色水稻土	夹砂田	1	0—20	红紫色	轻砾砂质中壤土	大块状	5.7	14.4	0.93	0.75	砂岩、页岩	E 102°50′01.7″ N 29°50′08.5″	93
						2	20—27	红紫色	砂质轻壤土	大棱柱状	6.1	10.8	0.63	0.68			
						3	27—60	灰黄色	轻砾砂质中壤土	粒状	6.7	5.5	0.39	0.39			
剖14	铁铝土	黄壤	黄壤	冷砂黄泥土	黄砂泥土	1	0—20	黄色	轻砾砂质中壤土	小块状	5.7	32.3	1.89	1.68	砂岩、页岩、炭质页岩	E 102°41′24.2″ N 29°48′56.6″	98
						2	20—40	灰黄色	轻砾砂质中壤土	大块状	5.7	32.0	1.86	1.73			
						3	40—60	灰黄色	轻砾砂质中壤土	大块状	5.9	30.2	1.84	1.73			
剖15	铁铝土	黄壤	黄壤	铁质泥土	石砻土	1	0—20	灰黄色	砾石土	小块状	6.0	35.6	2.66	1.88	玄武岩残积物	E 102°31′08.1″ N 29°48′47.0″	78
						2	20—40	灰黄色	砾石土	大块状	6.1	32.1	2.37	1.99			

续表 Continued

剖面号 Soil profile	土纲 Soil order	土类 Soil great group	亚类 Soil subgroup	土属 Soil genus	土种 Soil species	土层码 Layer code	土层厚度 Depth/cm	颜色 Soil color	质地 Soil texture	土壤结构 Soil structure	pH	有机质 OM/(g/kg)	全氮 TN/(g/kg)	全磷 TP/(g/kg)	土壤母质 Parent material	剖面点坐标 Profile coordinate	匹配指数 Matching index/%
剖16	铁铝土	黄壤	黄壤	冷砂黄泥土	豆面土	1	0—20	浅灰黄色	砂质重壤土	粒状、小块状	5.1	54.3	2.83	2.10	砂岩、页岩、炭质页岩	E 102°44′56.8″ N 29°48′14.4″	81
						2	20—80	浅黄色	砂质重壤土	小块状	5.9	46.7	2.48	1.67			
						3	80—100	浅黄色	中砾砂质重壤土	块状	5.2	22.8	1.42	0.87			
剖17	初育土	紫色土	酸性紫色土	红紫泥土	小土	1	0—20	暗棕紫色	轻砾砂质中壤土	粒状	6.1	24.8	1.49	1.52		E 102°37′14.4″ N 29°48′08.2″	76
						2	20—40	紫色	砂质中壤土	块状	6.1	21.7	1.19	1.50			
						3	40—70	紫色	砂质中壤土	柱状	6.3	18.0	0.96	1.12			
剖18	铁铝土	黄壤	黄壤	矿子黄泥土	灰罐土	1	0—18	棕黄色	砂质中壤土	小块状	5.5	34.9	1.68	2.18	石灰岩、白云岩残积物、坡积物	E 102°30′39.2″ N 29°47′37.4″	85
						2	18—40	棕黄色	砂质中壤土	大块状	5.5	31.3	1.41	2.05			
剖19	人为土	水稻土	紫色土性水稻土	暗紫泥田	鸭屎泥田	1	0—28	紫灰紫色	中砾砂质中壤土	无明显结构	6.6	56.0	2.45	1.85	紫色页岩、粉砂岩坡积物	E 102°40′14.5″ N 29°47′37.2″	94
						2	28—31	暗紫灰色	中砾砂质中壤土	板结状	6.2	47.0	2.18	1.71			
						3	31—60	灰青紫色	砂质中壤土		7.0	19.2	0.77	1.14			
剖20	人为土	水稻土	紫色土性水稻土	灰棕紫泥田	冷浸烂泥田	1	0—28	浅灰紫色	轻砾砂质中壤土	无明显结构	6.4	40.2	1.69	1.06	紫色页岩、砂岩	E 102°34′49.4″ N 29°46′43.7″	89
						2	28—38	紫灰色	砂质中壤土	块状	6.4	30.1	1.16	1.07			
						3	38—60	紫色	砂质中壤土	棱柱状	6.4	32.8	1.29	1.09			
剖21	人为土	水稻土	紫色土性水稻土	灰棕紫泥田	二泥田	1	0—20	黄色	砂质中壤土	小块状	5.7	25.4	1.50	1.06	页岩、砂岩	E 102°43′26.0″ N 29°45′54.4″	88
						2	20—32	黄色	砂质中壤土	小块状	5.9	23.1	1.19	1.04			
						3	32—60	黄色	砂质中壤土	大块柱状	5.7	24.2	1.29	1.04			
剖22	人为土	水稻土	中性紫色土	灰棕紫泥土	大眼泥田	1	0—24	暗紫紫色	粗砾质中壤土	块状	5.7	35.3	2.20	1.13	紫色泥岩	E 102°34′27.8″ N 29°45′14.8″	100
						2	24—36	暗紫紫色	粗砾砂质中壤土	块结状	6.3	26.3	2.08	1.04			
						3	36—80	暗紫紫色	粗砾砂质中壤土	大棱柱状	6.8	17.7	0.99	0.94			
剖23	初育土	紫色土	酸性紫色土	红紫泥土	粗砂大土	1	0—24	棕紫色	轻砾砂质轻壤土	粒状	6.7	15.7	1.23	1.05	页岩残积物、坡积物	E 102°44′20.0″ N 29°43′49.1″	80
						2	24—30	棕紫色	中砾砂质中壤土	大块状	6.9	10.1	1.01	1.05			
						3	30—60	棕紫色	砂质中壤土	大块状	7.1	9.5	0.85	0.92			
剖24	人为土	水稻土	紫色土性水稻土	棕紫色水稻土	泥田	1	0—22	棕紫紫色	粉质壤土	小块状、粒状	6.7	43.2	1.90	1.21	紫色砂岩坡积物	E 102°43′16.3″ N 29°43′45.8″	78
						2	5—28	暗棕色	粗砾砂质中壤土	团粒状	4.6	189.0	7.45	1.22			
						3	22—30	灰黄棕色	砂质中壤土	大块状	5.1	81.6	3.97	0.80			
						4	30—68	棕紫色	粗砾砂质中壤土	大块状	5.8	49.0	1.95	0.67			
剖25	初育土	紫色土	酸性紫色土	红紫泥土	红砂田	1	0—18	暗红紫色	轻砾砂质轻壤土	小粒状	5.3	18.0	0.83	0.31		E 102°44′00.6″ N 29°43′00.1″	100
						2	18—60	红紫紫色	砂质中壤土	小块状	5.9	8.0	0.44	0.22			
						3	60—100	红紫紫色	砂质中壤土	柱状	5.6	7.5	0.44	0.22			
剖26	淋溶土	暗棕壤	暗棕壤	灰棕冲积水稻土	鸭屎泥田	1	0—5	暗棕色	砂质轻壤土	团粒状	4.6	189.0	7.45	1.22	玄武岩、安山岩、花岗岩、灰岩等	E 102°37′47.3″ N 29°41′04.2″	89
						2	5—28	灰黄棕色	轻砾质重壤土	大块状	5.1	81.6	3.97	0.80			
						3	28—40	灰黄棕色	粗砾质重壤土	大黄棕色	5.8	49.0	1.95	0.67			
						4	40—60	浅黄棕色	轻砾砂质中壤土	小块状	5.2	41.0	2.52	1.88			
剖27	人为土	水稻土	冲积型水稻土	红棕紫水稻土	大土泥田	1	0—20	浅黄棕色	砂质中壤土	片状	5.9	31.9	1.93	1.23	灰色冲积物	E 102°44′11.8″ N 29°40′42.2″	73
						2	20—30	灰黄棕色	砂质中壤土	大棱柱状	6.9	14.7	0.75	1.56			
						3	30—60	黄色	砂质中壤土	柱状	6.7	5.4	0.57	1.19			
剖28	人为土	水稻土	紫色土性水稻土	灰棕冲积水稻土	半砂田	1	0—20	浅黄紫色	砂质重壤土	小块状	5.5	41.8	2.01	0.79	紫岩	E 102°53′49.9″ N 29°49′04.4″	83
						2	20—28	灰黄紫色	砂质重壤土	棱柱状	5.9	37.9	1.91	0.80			
						3	28—80	红黄棕色	粗砂质重壤土	小块状	6.5	36.4	1.70	0.82			
剖29	初育土	紫色土	冲积型水稻土	砖红紫泥土	见青土	1	0—18	暗黄棕色	轻砾砂质轻壤土	大块状	5.4	39.5	2.11	1.65	灰棕冲积物	E 102°50′44.5″ N 29°49′04.1″	73
						2	18—26	灰黄棕色	轻砾砂质轻壤土	小块状	5.7	35.7	2.08	1.42			
						3	26—46	黄棕色	轻砾砂质中壤土	小块状	7.1	18.4	1.14	1.13			
						4	46—80	棕红紫色	砂质中壤土	无明显结构	8.3	5.9	0.31	1.06			
剖30	初育土	紫色土	石灰性紫色土			1	0—20	棕红紫色	砾石土	小块状	8.3	12.5	0.93	1.19	紫色岩坡积物、残积物	E 102°49′31.1″ N 29°48′35.6″	73
						2	20—50	棕红紫色	砂质中壤土		8.2	9.0	0.85	1.21			

续表 Continued

剖面号 Soil profile	土纲 Soil order	土类 Soil great group	亚类 Soil subgroup	土属 Soil genus	土种 Soil species	土层码 Layer code	土层厚度 Depth/cm	颜色 Soil color	质地 Soil texture	土壤结构 Soil structure	pH	有机质 OM/(g/kg)	全氮 TN/(g/kg)	全磷 TP/(g/kg)	土壤母质 Parent material	剖面点坐标 Profile coordinate	匹配指数 Matching index/%
剖31	半水成土	潮土	潮土	紫色潮土	砂土	1	0—18	棕紫色	砂砾质紧壤土	粒状	8.3	10.7	0.57	1.55	河流冲积物	E 102°50′58.6″ N 29°48′09.4″	74
						2	18—40	棕紫色	砾石土	无明显结构	8.4	5.4	0.28	1.25			
剖32	初育土	紫色土	中性紫色土	灰棕紫泥土	大泥土	1	0—20	暗棕紫色	粉质重壤土	小块状	6.6	20.8	1.68	1.03	紫色岩	E 102°51′34.2″ N 29°48′00.4″	91
						2	20—50	浅棕紫色	粉质重壤土	大块状	6.6	17.1	1.38	0.99			
						3	50—80	浅棕紫色	中砾质中壤土	棱柱状	6.6	14.7	1.19	0.99			
剖33	人为土	水稻土	紫色土性水稻土	砖红紫色水稻土	砂大土田	1	0—20	暗棕紫色	砂质中壤土	小块状	6.3	34.0	1.94	0.92	紫色泥岩、泥灰岩、页岩风化物	E 102°49′25.0″ N 29°47′34.8″	76
						2	20—28	暗棕紫色	砂质中壤土	大块状	6.5	32.0	1.64	0.87			
						3	28—61	暗棕紫色	砂质中壤土	大棱柱状	7.4	11.0	0.70	0.77			
剖34	初育土	紫色土	酸性紫色土	红紫泥土	黄紫泥土	1	0—18	黄色	砂质重壤土	团块状	5.4	39.8	2.43	3.40		E 102°53′46.7″ N 29°47′23.3″	81
						2	18—48	黄色	砂质重壤土	大块状	5.6	39.8	2.31	3.26			
						3	48—80	黄色	中砾质重壤土	大棱柱状	5.8	37.8	2.07	3.22			
剖35	水稻土	水稻土	冲积型水稻土	紫色冲积水稻土	半砂半泥田	1	0—18	灰紫色	砂质轻壤土	粒状	5.6	50.6	2.81	2.31	紫色冲积物	E 102°47′15.7″ N 29°47′06.4″	95
						2	18—22	灰紫色	粒状	粒状	5.7	49.7	2.72	2.67			
						3	22—52	棕紫色	砂质中壤土	棱柱状	6.7	55.0	2.88	1.89			
剖36	人为土	水稻土	紫色土性水稻土	砖红紫色水稻土	大土田	1	0—20	暗棕紫色	轻砾质粉质轻黏土	小块状	8.1	21.3	1.72	1.74	紫色泥岩、泥灰岩、页岩风化物	E 102°47′47.4″ N 29°46′43.3″	85
						2	20—32	暗棕紫色	轻砾质粉质轻黏土	大块状	8.1	16.6	0.97	1.54			
						3	32—80	暗棕紫色	轻砾质粉质重黏土	大棱柱状	8.1	10.7	0.79	1.29			
剖37	人为土	水稻土	冲积型水稻土	灰棕冲积水稻土	泥田	1	0—20	浅灰色	轻砾质粉质中壤土	小块状	5.7	72.0	4.70	2.37	河流沉积物、洪积物、坡积物	E 102°46′12.4″ N 29°46′37.6″	73
						2	20—32	灰棕色	轻砾质粉质中壤土	大棱柱状	6.1	70.0	4.15	2.13			
						3	32—100	黄棕色	中砾质粉质中壤土	小棱柱状	6.5	41.0	2.62	1.50			
剖38	初育土	紫色土	石灰性紫色土	砖红紫泥土	大土	1	0—17	棕红紫色	轻黏土	块状	8.0	13.7	0.98	1.28	泥岩、灰岩	E 102°47′28.3″ N 29°46′12.7″	95
						2	17—65	棕红紫色	轻黏土	板状	7.7	8.1	0.65	0.76			
						3	65—100	棕红紫色	轻黏土	柱状	7.9	4.7	0.45	0.88			
剖39	铁铝土	黄壤	黄壤	老冲积黄黄壤土	死黄泥土	1	0—18	棕棕黄色	中砾粉质重壤土	小块状	5.8	22.0	1.17	0.83	冰水沉积物	E 102°52′02.6″ N 29°46′01.9″	77
						2	18—60	棕棕黄色	轻壤土	柱状	5.8	14.0	1.03	0.66			
剖40	铁铝土	黄壤	黄壤	老冲积黄黄壤土	黄泥小土	1	0—19	黄色	砂质中壤土	柱状	5.0	21.2	0.79	0.58	冰水沉积物	E 102°51′32.5″ N 29°45′34.0″	84
						2	19—45	浅棕黄色	砂质中壤土	小粒状	4.9	19.0	0.72	0.43			
						3	45—100	浅棕黄色	砂质重壤土	大块状	5.1	3.4	0.26	0.22			
剖41	初育土	紫色土	石灰土性紫色土	砖红紫泥土	砂土	1	0—18	棕红紫色	轻砾质砂质中壤土	小团块状	7.5	13.0	0.98	1.06	页岩	E 102°46′50.5″ N 29°45′33.8″	96
						2	18—60	棕棕紫色	砂质中壤土	柱状	7.6	12.0	0.75	0.89			
						3	60—100	棕棕紫色	砂质重壤土	小块状	7.7	8.7	0.66	0.89			
剖42	初育土	紫色土	酸性紫色土			1	0—40	暗灰紫色	砾石土	柱状	5.8	147.6	8.83	0.84	紫色砂页岩、泥岩、砾岩风化物	E 102°47′37.3″ N 29°45′32.0″	79
						2	40—60	紫色	中砾质砂质轻壤土	柱状	5.9	23.0	1.12	0.70			
						3	60—100	黄色	中砾质砂质轻壤土	大块状	6.1	17.5	1.03	0.60			
剖43	人为土	水稻土	紫色土性水稻土	红紫紫色水稻土	冷浸田	1	0—24	紫灰色	中砾砂质砂轻壤土	无明显结构	5.6	66.0	2.83	0.78		E 102°46′54.5″ N 29°45′01.4″	78
						2	24—30	紫灰色	砂质中壤土	大块状	5.6	46.7	2.57	0.76			
						3	30—50	紫灰色	砂质轻壤土	棱柱状	5.8	17.9	1.27	0.70			
剖44	铁铝土	黄壤	黄壤			1	4—30	暗灰色	砾石土	粒状	5.1	131.7	5.37	2.04		E 102°49′28.2″ N 29°36′57.2″	81
						2	30—50	棕黄色	砾石土	大块状	5.9	63.7	3.16	1.80			
						3	50—70	黄色	砾石土	大块状	6.3	47.2	2.59	1.63			

汉 源 县

主要土类说明

石灰（岩）土是汉源县的主要土壤类型，占本县地域面积的24%。成土母质包括石灰岩、泥灰岩、生物灰岩、白云岩、硅质白云岩、碳酸盐类碎屑岩等坡积物、残积物和黄色泥岩、粗砂粉砂岩。在风化成土过程中，由于碳酸钙的淋溶、淀积，土壤剖面下部形成了一定数量的碳酸钙结核。因地形较陡，加之雨水集中，冲刷严重，故使石灰（岩）土具有幼年性、粗骨性和覆盖性的特点，常形成覆盖土壤或埋藏土壤。因受母岩的强烈影响，推迟了土壤发育进程，游离的碳酸钙含量高，土壤呈微碱性，质地黏重，结构多为核状夹块状。

棕壤是汉源县第二大土壤类型，占本县地域面积的24%，分布在海拔1800—2400m的区域，上接暗棕壤，下连黄棕壤。地处冷凉湿润的温带气候，植被以落叶阔叶林为主，有少量针叶林分布。母质多为洪积物，地形较平缓，坡度多在10°—15°，分布在三至五级洪积扇与近代地壳间隙性抬升的夷平面及山间台地上。该土壤处于硅铝风化阶段，具有黏化特征，呈棕色土壤，土体见黏粒淀积，盐基充分淋失，土壤pH为6.0—7.0，见少量游离铁。本县棕壤只有棕壤一个亚类。

紫色土是汉源县第三大土壤类型，占本县地域面积的15%，集中分布于宜东向斜两翼海拔1000—2200m的地区，海拔750—850m的富林、白岩、万工等地也有零星分布。成土母质由紫色泥岩、砂页岩坡积物、残积物发育。紫色岩具有稳定的紫色，复杂的矿质成分，含有丰富的钙质，抗蚀力弱，以物理风化为主，冲刷、堆积作用频繁，成土始终处于幼年阶段。所以，土壤基本上保留有母岩的颜色和性质，土体上下颜色比较一致，无明显层次分化，铁锰等物质下移不明显，有机质贫乏，特别缺磷。本县紫色土分为酸性紫色土、中性紫色土、石灰性紫色土等亚类。

暗棕壤占本县地域面积的14%，分布于海拔2400—2800m的地区，是本县重要的森林土类，植被优势种现以冷杉、云杉、铁杉、高山松为主，兼有槭树、桦木和山核桃等针阔叶混交林。该土类酸性淋溶弱，剖面中没有明显的灰化层和淀积层，腐殖质层厚或是有较厚的草根盘结层，活性腐殖质下移使心土层染成暗棕色，有弱黏化作用，土壤质地较轻，质地层次分化不明显。

黄棕壤占本县地域面积的6%，分布在大渡河、流沙河两侧海拔1500—1800m的山地，既有粗骨性也有明显的黏化过程，心土层有明显的棕褐色铁锰胶膜。土壤呈微酸性至中性，pH为6.0—7.5。

小于本县地域面积5%的土壤类型还有水稻土、灰化土、红壤、山地草甸土、黑毡土、新积土等。

本区域中心区气候特征

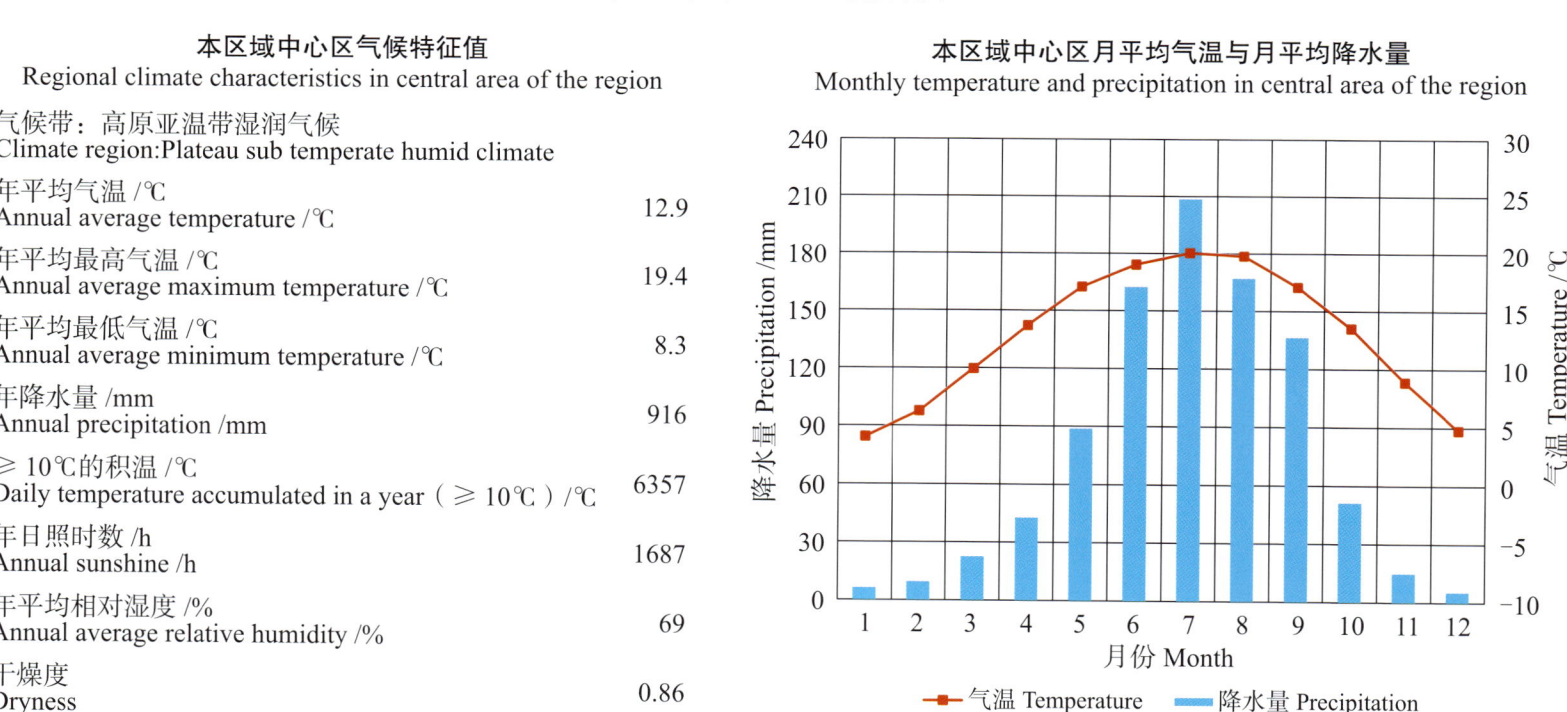

本区域中心区气候特征值
Regional climate characteristics in central area of the region

气候带：高原亚温带湿润气候 Climate region:Plateau sub temperate humid climate	
年平均气温 /℃ Annual average temperature /℃	12.9
年平均最高气温 /℃ Annual average maximum temperature /℃	19.4
年平均最低气温 /℃ Annual average minimum temperature /℃	8.3
年降水量 /mm Annual precipitation /mm	916
≥10℃的积温 /℃ Daily temperature accumulated in a year（≥10℃）/℃	6357
年日照时数 /h Annual sunshine /h	1687
年平均相对湿度 /% Annual average relative humidity /%	69
干燥度 Dryness	0.86

本区域中心区月平均气温与月平均降水量
Monthly temperature and precipitation in central area of the region

汉源县主要土壤类型与土壤剖面点分布图
1∶310 000

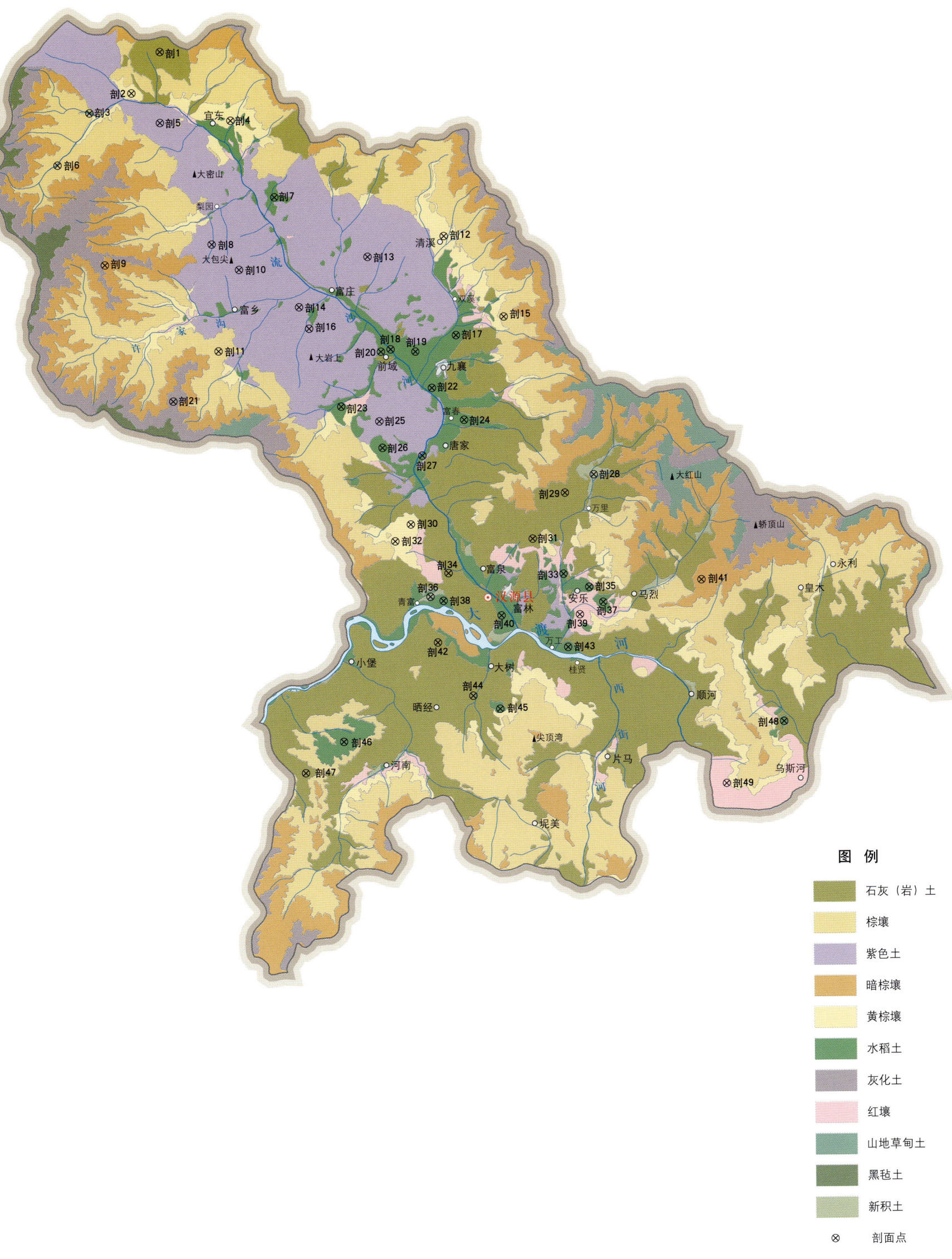

汉源县土壤剖面理化性状表

剖面号 Soil profile	土纲 Soil order	土类 Soil great group	亚类 Soil subgroup	土属 Soil genus	土种 Soil species	土层码 Layer code	土层厚度 Depth/cm	颜色 Soil color	质地 Soil texture	土壤结构 Soil structure	pH	有机质 OM/(g/kg)	全氮 TN/(g/kg)	全磷 TP/(g/kg)	全钾 TK/(g/kg)	碱解氮 AN/(mg/kg)	有效磷 AP/(mg/kg)	速效钾 AK/(mg/kg)	阳离子交换量 CEC/(cmol/kg)	土壤母质 Parent material	剖面点坐标 Profile coordinate	匹配指数 Matching index/%
剖1	初育土	石灰（岩）土	黑色石灰土	黑色石灰土	木叶土	1	0–17	褐灰色	重壤土	粒状	7.5	44.1	2.24	1.47							E 102°24′12.6″ N 29°42′10.6″	82
						2	17–100		重壤土	块状	7.4	21.9	1.11	1.12								
剖2	淋溶土	黄棕壤	黄棕壤	洪积黄棕壤	白散泥	1	0–16	暗棕色	粗粉粗砂质重壤土	块状、核柱状	6.5	24.0	1.29	0.40						洪积物	E 102°22′57.7″ N 29°40′30.7″	81
						2	16–45	暗棕灰色	少砾粉砂质中壤土	核柱状	6.5	14.2	0.60	0.19								
						3	45–100	棕褐色	粗粉粉质重壤土	大棱柱状	5.9	22.9	1.00	0.36								
剖3	人为土	水稻土	冲积型水稻土	石灰性洪积田	半砂泥田	1	0–14	浅棕灰色	中砾粗粉质重壤土	板状	8.2	13.9	0.73	0.52						石灰性洪积物	E 102°21′02.5″ N 29°39′41.8″	70
						2	14–20	灰黄色	少砾砂质中壤土	棱柱状	8.3	11.0	0.56	0.55								
						3	20–55	浅棕色	少砾砂质中壤土	棱柱状	8.4	5.1	0.32	0.46								
剖4	淋溶土	黄棕壤	黄棕壤	黄棕壤	白散土	1	0–19	浅黄白色	多砾粉砂质重壤土	块状、粒状	6.4	13.0	0.66	0.38							E 102°27′29.9″ N 29°39′31.0″	87
						2	19–84	灰黄色	中砾粗粉质中黏土	小块、粒状	6.6	5.0	0.45	0.21								
						3	84–100	黄黄色		大棱柱状	5.4	6.0	0.53	0.50								
剖5	初育土	紫色土	中性紫色土	灰棕紫泥土	大土泥土	1	0–16	灰紫色	少砾粉砂质中壤土	粒状	7.4	11.2	0.87	0.58							E 102°24′16.9″ N 29°39′22.0″	76
						2	16–105	暗棕紫色	多砾粗粉质重壤土	鳞片状	4.4	12.3	0.98	0.52								
剖6	淋溶土	棕壤		洪积棕壤	灰泡土	1	0–25	灰棕色	粉质重壤土	粒状	5.9	27.2	1.28	0.26							E 102°19′39.0″ N 29°37′36.1″	76
						2	25–61	棕红色		块状	5.6	26.4	1.34	0.25								
						3	61–100			块状	5.7	8.4	0.45	0.12								
剖7	人为土	水稻土	紫色土性水稻土	灰棕紫泥田	紫砂泥田	1	0–19	紫色	少砾粉砂质中壤土	小块、小粒状	6.8	26.3	1.13	0.34						紫色岩	E 102°29′34.1″ N 29°36′30.2″	82
						2	19–24	紫色	多砾砂质中壤土	片状	8.0	15.0	0.79	0.30								
						3	24–80	紫色	粉质中壤土	粒状	7.7	17.7	0.91	0.31								
剖8	初育土	紫色土	中性紫色土	灰棕紫泥土	紫砂泥土	1	0–17	浅紫色	多砾粉质中壤土	核状	6.7	9.9	0.37	0.26							E 102°26′45.2″ N 29°34′36.1″	79
						2	17–33	紫色	中砾粉质中壤土	小棱柱状	5.7	4.1	0.23	0.21								
剖9	淋溶土	暗棕壤	暗棕壤			Ao	0–5				4.8	201.0								花岗岩坡积物、残积物	E 102°21′53.3″ N 29°33′41.8″	93
						2	5–22	暗棕色	轻壤土	粒状	5.2	92.3										
						3	22–57	浅灰棕色	中偏轻壤土	核状、粒状	4.5											
						4	57–100	黄灰色														
剖10	初育土	紫色土	石灰性紫色土	鸡血土	石骨子土	1	0–22	暗灰紫棕色	中砾粉砂质中壤土	单粒状	8.7	4.4	0.38	0.51							E 102°28′00.5″ N 29°33′37.1″	73
剖11	淋溶土	棕壤	棕壤	洪积黄棕壤	豆面土	1	0–19	灰黄色	少砾粉砂质重壤土	粒状、块状	5.6	28.5	1.31	0.29							E 102°27′08.8″ N 29°30′21.9″	80
						2	19–102	棕色	粉质轻黏土	棱柱状	5.8	14.5	0.89	0.32								
剖12	淋溶土	黄棕壤	黄棕壤	洪积黄棕壤	夹石土	1	0–15	浅黄棕色	轻砾石土	团粒状、核状	6.3	44.0	2.17	1.22						洪积物	E 102°37′19.2″ N 29°35′06.0″	81
						2	15–34	浅黄棕色	轻砾石土	粒状、块状	6.2	35.0	1.59	1.10								
剖13	初育土	紫色土	石灰性紫色土	鸡血土	紫泥土土	1	0–15	暗棕紫色	轻黏土	块状	8.5	6.9	0.51	0.29						母岩风化物	E 102°33′51.8″ N 29°34′13.4″	85
						2	15–100	暗紫棕色	少砾粉黏质中壤土	棱柱状	8.4	5.4	0.41	0.20								
剖14	初育土	紫色土	石灰性紫色土	鸡血土	鸡血小土	1	0–16	暗紫棕色	中砾粉砂质中壤土	棱柱状	8.5	5.6	0.47	0.29						母岩风化物	E 102°30′47.2″ N 29°32′10.0″	72
						2	16–26	棕紫色	中砾粉砂质中壤土	棱柱状	8.3	4.8	0.52	0.25								
剖15	淋溶土	棕壤	棕壤	洪积棕壤	粉白散土	1	0–16	浅灰褐色	中壤土	粒状	6.5	28.9	1.21	0.31						洪积物	E 102°40′07.0″ N 29°31′55.9″	70
						2	16–55	灰黄色	中壤土	小块状	6.7	13.5	0.87	0.19								
剖16	初育土	紫色土	酸性紫色土	红紫泥土	红紫泥土	1	0–16	浅棕色	中壤土	小块状	5.8	8.9	0.54	0.17						母岩风化物	E 102°31′15.6″ N 29°31′19.2″	86
						2	16–106	灰棕色	中壤土	粒状	6.5	12.8	0.31	0.19								
剖17	人为土	水稻土	冲积型水稻土	红壤性洪积田	红泥大土田	1	0–19	灰棕色	多砾粉砂质重壤土	团粒状、块状	5.9	32.9	1.35	0.70						红壤性洪积物	E 102°37′56.9″ N 29°31′10.4″	84
						2	9–31	红棕色	粗粉散土	小棱柱状	7.7	17.5	0.90	0.44								
						3	31–59	红棕色	中壤土	棱柱状	7.1	7.0	0.32	0.22								
						4	59–100	浅棕红色	粉黏质轻黏土	大棱柱状	7.2	3.7	0.47	0.25								

续表 Continued

剖面号 Soil profile	土纲 Soil order	土类 Soil great group	亚类 Soil subgroup	土属 Soil genus	土种 Soil species	土层码 Layer code	土层厚度 Depth/cm	颜色 Soil color	质地 Soil texture	土壤结构 Soil structure	pH	有机质 OM/(g/kg)	全氮 TN/(g/kg)	全磷 TP/(g/kg)	全钾 TK/(g/kg)	碱解氮 AN/(mg/kg)	有效磷 AP/(mg/kg)	速效钾 AK/(mg/kg)	阳离子交换量CEC/(cmol/kg)	土壤母质 Parent material	剖面点坐标 Profile coordinate	匹配指数 Matching index/%
剖18	人为土	水稻土	冲积型水稻土	紫潮田	下湿田	1	0~21	深灰黄色	多砾粗粉质中壤土	无明显结构	7.9	59.7	2.91	1.04						紫色岩洪积物、冲积物	E 102°34′59.2″ N 29°30′33.5″	98
						2	21~55	深灰黄色	多砾粗粉质中壤土	无明显结构	8.0	58.5	2.60	1.04								
剖19	人为土	水稻土	冲积型水稻土	紫潮田	大泥田	1	0~18	紫色	粉黏粗粉质轻黏土	核状、块状	7.0	24.5	1.59	0.59						紫色岩洪积物、冲积物	E 102°36′07.0″ N 29°30′29.3″	89
						2	18~25	紫色	粗粉黏质轻黏土	板状	7.5	17.7	1.26	0.54								
						3	25~102	棕紫色	粗粉黏质轻黏土	棱柱状	7.3	7.2	0.60	0.30								
剖20	人为土	水稻土	紫色土性水稻土	红棕紫泥田	鸡血泥田	1	0~16	红棕紫色	粗粉黏质中壤土	核状、块状	6.7	44.1	2.52	0.46							E 102°34′32.7″ N 29°30′27.3″	87
						2	16~25	棕紫色	粉黏黏质中壤土	板状	7.2	39.8	0.21	0.46								
						3	25~80	紫棕色	粉黏黏质轻壤土	棱柱状	8.1	4.2	0.56	0.09								
剖21	淋溶土	灰化土	灰化土			Ao	0~7	黑褐色												残积物、坡积物	E 102°34′32.7″ N 29°30′27.3″	77
						2	7~19														
						3	19~28	灰白色		粒状												
						4	28~35	灰白黄色		粒状												
						E	35~65			粒状、块状												
						6	65~															
剖22	人为土	水稻土	冲积型水稻土	紫潮田	薄砂田	1	0~18	紫色	少砾粉砂黏质轻壤土	单粒状	7.9	9.5	0.37	0.56					19.3	紫色岩洪积物、冲积物	E 102°36′53.6″ N 29°29′03.1″	77
剖23	人为土	渗育水稻土		钙质红泥田	钙质红壤性红泥田	A	0~18	浅黄棕色	壤质黏土	团块状	8.2	13.2	0.59	0.21	1.9	98	12.0	96			E 102°32′47.0″ N 29°28′14.5″	75
						Pb	18~23	浅黄棕色	壤质黏土	块状	8.2	8.8	0.45	0.14	1.8							
						P	23~90	浅褐灰色	壤质黏土	棱柱状	8.3	8.1	0.51	0.15	1.8							
剖24	人为土	水稻土	冲积型水稻土	红壤性洪积田		1	0~18	褐灰棕色	中砾粉砂质中壤土	团粒状	6.2	58.6	3.27	0.80						红壤性洪积物	E 102°38′22.9″ N 29°27′48.6″	74
						2	18~25	浅棕红色	多砾粉砂质中壤土	块状	6.6	31.2	1.61	0.54								
						3	25~43	浅棕红色	重黏土	块状	6.7	17.2	0.87	0.49								
剖25	紫色土	紫色土	石灰性紫色土	鸡血紫	鸡血大土	1	0~16	浅棕红色	重黏土	棱柱状	8.7	8.3	0.87	0.36						母岩风化物	E 102°34′31.8″ N 29°27′41.4″	97
						2	16~102	灰紫色	少砾黏粉质轻壤土	小棱柱状	8.6	2.4	0.53	0.46								
剖26	人为土	水稻土	紫色土性水稻土	灰棕紫泥田	紫泥田	1	0~20	暗棕灰色	粉黏质轻黏土	片状	7.8	25.9	1.82	0.44						紫色岩	E 102°34′41.2″ N 29°26′38.4″	83
						2	20~30	紫色	少砾黏粉质轻壤土	片状	8.1	17.3	0.37	0.36								
						3	30~100	紫色	少砾黏粉质轻壤土	小棱块状	8.1	4.0	0.29	0.26								
剖27	人为土	水稻土	冲积型水稻土	石灰性洪积田	泥田	1	0~16	暗棕色	黏粗粉砂质中壤土	核状、块状	6.5	20.4	1.12	0.68						石灰岩性洪积物	E 102°36′31.0″ N 29°26′21.5″	97
						2	16~23	暗棕色	黏粗粉砂质中壤土	块状	7.4	16.4	0.87	0.62								
						3	23~101	暗棕色	黏粗粉砂质中壤土	核柱状	7.8	10.6	0.55	0.50								
剖28	初育土	新积土	冲积土	洪积田	夹石砂土	1	0~20	棕色	中黏土	大粒夹粒状	8.0	35.9	1.82	2.88						洪积物	E 102°44′19.3″ N 29°25′44.4″	79
剖29	初育土	石灰（岩）土	棕色石灰土	棕色石灰土硅质红泥砂土		1	0~17	暗棕灰色	多砾黏粉质重壤土	核状、块状	8.2	27.2	1.19	0.78							E 102°43′01.1″ N 29°24′59.3″	92
剖30	淋溶土	黄棕壤	黄棕壤	黄棕壤	砂石土	1	0~22	褐棕色	多砾粗粉质轻壤土	粒状	6.9	16.8	0.87	0.61							E 102°36′01.4″ N 29°23′37.0″	88
						2	22~36	黄棕色	轻黏土	块状	5.8	14.4	0.84	0.64								
剖31	初育土	石灰（岩）土	棕色石灰土	黄棕壤	黄棕土	1	0~20	暗棕色	黏粗粉黏质中壤土	块状	7.8	28.7	1.42	0.68							E 102°41′35.2″ N 29°23′08.2″	80
						2	20~85	棕色	中黏土	块状、核状	7.9	25.9	1.42	0.66								
剖32	淋溶土	黄棕壤		黄棕壤	黄泥大土	1	0~17	黄棕灰色	黏粉质轻黏土	块状、核状	6.4	15.0	0.99	0.45							E 102°35′19.7″ N 29°22′56.3″	81
						2	17~42	棕灰色	黏粉质轻黏土	块状、团粒状	6.2	13.0	0.95	0.41								
剖33	人为土	水稻土	红壤性水稻土	红泥田	石子红泥田	1	0~16	棕灰色	多砾粗粉质中壤土	块状	6.0	79.9	4.04	1.03							E 102°43′00.1″ N 29°21′45.0″	71
						2	16~22	棕灰色	多砾粗粉质中壤土	块状	6.8	45.3	1.74	0.49								
						3	22~34	红棕色	多砾粗粉质中壤土	小块状	6.7	15.7	1.19	0.49								
						4	34~100	浅棕色	中砾粗粉质重壤土	块状	7.4	3.7	0.33	0.23								
剖34	初育土	石灰（岩）土	红色石灰土	红色石灰土	鳝骨土	1	0~17	红棕色	轻黏土	核状	8.1	12.8	0.66	0.46						石灰岩坡积物、残积物	E 102°37′46.6″ N 29°21′42.1″	90
						2	17~42	浅棕色	中黏土	棱块状	8.0	2.5	0.25	0.39								

续表 Continued

剖面号 Soil profile	土纲 Soil order	土类 Soil great group	亚类 Soil subgroup	土属 Soil genus	土种 Soil species	土层码 Layer code	土层厚度 Depth/cm	颜色 Soil color	质地 Soil texture	土壤结构 Soil structure	pH	有机质 OM/(g/kg)	全氮 TN/(g/kg)	全磷 TP/(g/kg)	全钾 TK/(g/kg)	碱解氮 AN/(mg/kg)	有效磷 AP/(mg/kg)	速效钾 AK/(mg/kg)	阳离子交换量CEC/(cmol/kg)	土壤母质 Parent material	剖面点坐标 Profile coordinate	匹配指数 Matching index/%
剖35	人为土	水稻土	红壤性水稻土	红泥田	红泥间砂田	1	0—20	灰褐色	少砾粗粉质重壤土	核状、粒状	6.6	25.1	1.34	0.46							E 102°44′11.5″ N 29°21′15.4″	89
						2	20—27	浅黄棕色	中砾粗粉质重壤土	片状	6.8	20.6	1.12	0.49								
						3	27—100	浅红棕色	多砾粉质黏质轻黏土	小棱柱状	7.0	5.6	0.74	0.59								
剖36	初育土	新积土	冲积土	灰潮土	潮砂土	1	0—18	褐灰色	多砾砂质壤土	单粒状	8.0	14.6	0.63	1.03							E 102°36′58.0″ N 29°20′45.6″	76
						2	18—100	暗灰色	多砾砂质重壤土	粒状	8.0	12.1	0.65	1.03								
剖37	人为土	水稻土	红壤性水稻土	红泥田	红泥田	1	0—16	暗黄棕色	少砾砂黏质重黏土	团块状	7.5	51.2	2.32	1.12							E 102°44′49.9″ N 29°20′40.2″	75
						2	16—27	暗黄棕色	少砾砂黏质重黏土	片状	6.6	53.8	2.34	1.14								
						3	27—103	暗红棕色	少砾粉质黏质轻黏土	小棱柱状	8.1	214.0	1.10	0.77								
剖38	人为土	水稻土	冲积型水稻土	灰潮田	浸水田	1	0—15	深灰色	砂质轻黏土	无明显结构	7.8	23.0	1.30	0.52						冲积物、洪积物	E 102°37′34.0″ N 29°20′36.3″	95
						2	15—45	深灰色	多砾砂质中壤土	无明显结构	8.0	22.3	1.31	0.52								
						3	45—100	暗灰色	多砾粉质轻黏土	小块状	8.1	19.4	0.96	0.52								
剖39	铁铝土	红壤	褐红壤	褐红壤	红壤土	1	0—19	红棕色	少砾粉质轻黏土	小块状	6.4	13.3	0.76	0.31							E 102°43′46.6″ N 29°20′09.2″	93
						2	19—100	红棕色	少砾黏粉质重黏土	棱柱状	6.5	5.1	0.32	0.23								
剖40	人为土	水稻土	冲积型水稻土	紫色潮田	二泥田	1	0—15	紫灰色	中砾粉黏质重黏土	核状、粒状	7.9	12.9	0.34	0.43						紫色岩洪积物、冲积物	E 102°40′13.1″ N 29°20′03.1″	85
						2	15—30	紫黄色	少砾粉质重黏土	板状	8.0	11.9	0.29	0.39								
						3	30—60	紫黄色	砂质轻黏土	单粒状												
剖41	淋溶土	暗棕壤	草甸暗棕壤	草甸暗棕壤		1	0—12	暗棕褐色	轻壤土	粒状	6.0	91.8								砂岩、白云岩坡积物、残积物	E 102°49′17.0″ N 29°21′36.7″	71
						2	12—60	浅灰黄色	中壤土	核粒状	6.2											
						3	60—110	浅灰黄色	中壤土	小块状、粒状	6.2											
剖42	初育土	石灰（岩）土	红色石灰土	硝土	硝土	1	0—20	浅棕色	粗粉质重壤土	粒状、粒状	8.3	10.8	0.68	0.73	1.6					石灰岩坡积物、残积物	E 102°37′19.9″ N 29°18′56.2″	100
						2	20—60	浅棕色	粗粉质重壤土	棱柱状	8.5	9.0	0.58	0.71	1.6							
						3	60—100	少砾粉质重壤土	小棱柱状	8.5	15.7	1.00	0.81	1.2								
剖43	人为土	水稻土	冲积型水稻土	灰潮田	潮砂泥田	1	0—13	褐灰黄色	黏粉质重黏土	团粒状	8.3	17.9	0.84	0.72						洪积物、冲积物	E 102°43′15.6″ N 29°18′50.8″	82
						2	13—19	灰黄棕色	砂质轻黏土	单粒状	8.4	14.8	0.55	0.71								
						3	19—110	暗灰黄色				12.7										
剖44	初育土	石灰（岩）土	红色石灰土上姜石灰红壤	棕色石灰土		1	0—19	浅棕色	少砾粉质重壤土	块状	7.8	13.3	1.25	0.62						石灰岩坡积物、残积物	E 102°38′58.2″ N 29°16′51.2″	72
						2	19—102	红棕色	少砾粉质中壤土	棱柱状	7.7	3.6	0.38	0.48								
剖45	人为土	水稻土	渗育水稻土	黄泥田	黄泡泥田	A	0—14	褐棕色	黏壤土	粒状	8.2	19.1	1.13	0.34		54	13.0	46	14.2	砂泥岩风化物	E 102°40′12.7″ N 29°16′21.4″	73
						Pb	14—20	灰黄棕色	黏壤土	块状	8.2	15.8	0.98	0.36								
						P	20—105	暗黄黄色	黏壤土	棱柱状	7.7	9.1	0.55	0.32								
剖46	人为土	水稻土	冲积型水稻土	灰潮田	潮砂泥田	1	0—15	褐灰黄色	少砾粗粉质中壤土	团粒状	8.5	17.9	1.05	0.55						洪积物、冲积物	E 102°33′07.9″ N 29°14′57.1″	96
						2	15—23	褐色	粗粉质重壤土	小棱柱状	8.4	17.6	1.03	0.52								
						3	23—41	灰黄棕色	少砾粉质中壤土	小棱柱状	8.4	15.5	0.88	0.49								
						4	41—102	暗灰黄色	少砾粉质重壤土	小块状	8.5	7.7	0.38	0.42								
剖47	初育土	石灰（岩）土	棕色石灰土	褐色石灰土	灰黄泥田	1	0—16	棕色	中砾粉质重黏土	块状	8.3	26.9	1.40	0.28							E 102°31′24.6″ N 29°13′40.6″	70
						2	16—60	棕色	黏粉质重黏土	棱柱状	8.2	5.5	1.38	0.14								
剖48	人为土	水稻土	红壤性水稻土	红泥田		1	0—17	暗黄棕色	黏粉质中壤土	板状	6.2	43.1	2.13	0.51							E 102°53′07.4″ N 29°16′01.9″	89
						2	17—23	暗黄棕色	黏粉质重壤土	棱状	7.8	43.4	1.67	0.39								
						3	33—104	浅灰棕色	黏粉质重壤土	小棱柱状、核状	8.3	24.9	1.36	0.36								
剖49	铁铝土	红壤	褐红壤	褐红壤	石子红泥土	1	0—20	红棕色	轻砾质石土	单粒状、核状	5.2	15.2	0.98	0.60							E 102°50′32.8″ N 29°13′31.0″	83
						2	20—70	浅红棕色	轻黏土	小块状	5.1	5.5	0.33	0.38								

石 棉 县

主要土类说明

石灰（岩）土是石棉县的主要土壤类型，占本县地域面积的 28%，主要分布在碳酸岩变质岩或沉积岩区。该土壤有不同程度的碳酸盐反应，pH 在 7.0 以上，据成土因素和土壤形成特点，本县石灰（岩）土分为红色石灰土和黄色石灰土两个亚类。黄色石灰土亚类占耕地面积 28%，多分布在中高山坡腰，由碳酸岩和石灰性变质岩坡积物和洪积物发育而成。土壤发育不深，土壤颜色多且与母岩颜色类似，如石灰质黑色千枚岩发育为黑灰色土壤，灰绿色大理岩发育为黄灰色土壤等。红色石灰土亚类占耕地面积 5%，分布在海拔 1500m 以下红壤带，土壤发育深，颜色呈棕红色。

棕壤是石棉县第二大土壤类型，占本县地域面积的 17%，分布在海拔 2300—2800m 的地区。气候寒冷，雨量多阴湿重，植被为针叶林，以冷杉为主，下面为灌丛和箭竹，气候寒冷，雨水较多。成土母质主要是花岗岩及砂岩、页岩残积物、坡积物。本县棕壤只有棕壤一个亚类，棕壤土一个土属。

黄棕壤是石棉县第三大土壤类型，占本县地域面积的 16%，分布在本县东北和东南部海拔 1700—2300m 的地区。气候冷凉而潮湿，植被为针阔混交林和常绿阔叶林。土壤 pH 为 5.6—6.5，呈黄棕色，土层不厚，有轻度淋溶，多岩石碎片或石块，仅划分粗骨性黄棕壤亚类一个。

红壤占本县地域面积的 15%，分布在本县东北至中和南部海拔 800—1300m 的地区。成土母岩种类较多，以花岗岩为主，另有基性岩、超基性岩，还有部分炭质页岩、砂岩等。红壤主要发生于中亚热带常绿阔叶林下，呈中度脱硅富铝化特征，土壤黏粒中游离铁占全铁的 50%—60%。黏土矿物以高岭石、赤铁矿为主，黏粒硅铝率为 1.8—2.4，风化淋溶系数小于 0.2，盐基饱和度小于 35%，pH 为 4.5—5.5。红壤具深厚红色土层，淀积层（B 层）底层可见深厚红、黄、白相间网纹红色黏土。根据气候特点、植被状况、土壤发育情况，本县红壤分为褐红壤和黄红壤等亚类。

暗棕壤占本县地域面积的 13%，分布在海拔 2800—3400m 的地区，植被以灌丛（箭竹、杜鹃）和草本植物为主，气候寒冷，阴湿多雨。具 A_o-A_1-B-C 剖面构型。土壤枯枝落叶层较厚，土壤松泡，肥沃，气温低，湿度土，养份积累多，有机质含量高达 164.7g/kg。适宜发展林牧业。

草毡土占本县地域面积的 6%，分布在海拔 3800—4500m 的地区。灌丛稀少，以草本植物为主。土层不厚，夹有石砾，土壤呈棕黑色，土壤肥沃、疏松，有机质含量为 48.6—151.5g/kg。土壤 pH 为 4.4—5.2。

小于本县地域面积 3% 的土壤类型还有黑毡土、水稻土、寒冻土、潮土等。

本区域中心区气候特征

本区域中心区气候特征值
Regional climate characteristics in central area of the region

气候带：高原亚温带湿润气候 Climate region: Plateau sub temperate humid climate	
年平均气温 /℃ Annual average temperature /℃	12.7
年平均最高气温 /℃ Annual average maximum temperature /℃	19.5
年平均最低气温 /℃ Annual average minimum temperature /℃	7.8
年降水量 /mm Annual precipitation /mm	936
≥10℃的积温 /℃ Daily temperature accumulated in a year (≥10℃) /℃	6264
年日照时数 /h Annual sunshine /h	1809
年平均相对湿度 /% Annual average relative humidity /%	66
干燥度 Dryness	0.83

本区域中心区月平均气温与月平均降水量
Monthly temperature and precipitation in central area of the region

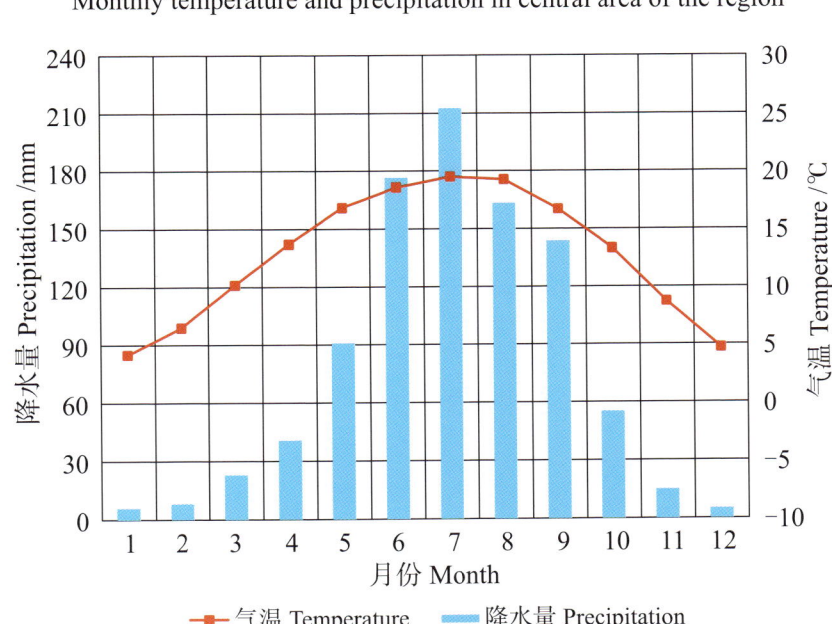

石棉县主要土壤类型与土壤剖面点分布图
1:270 000

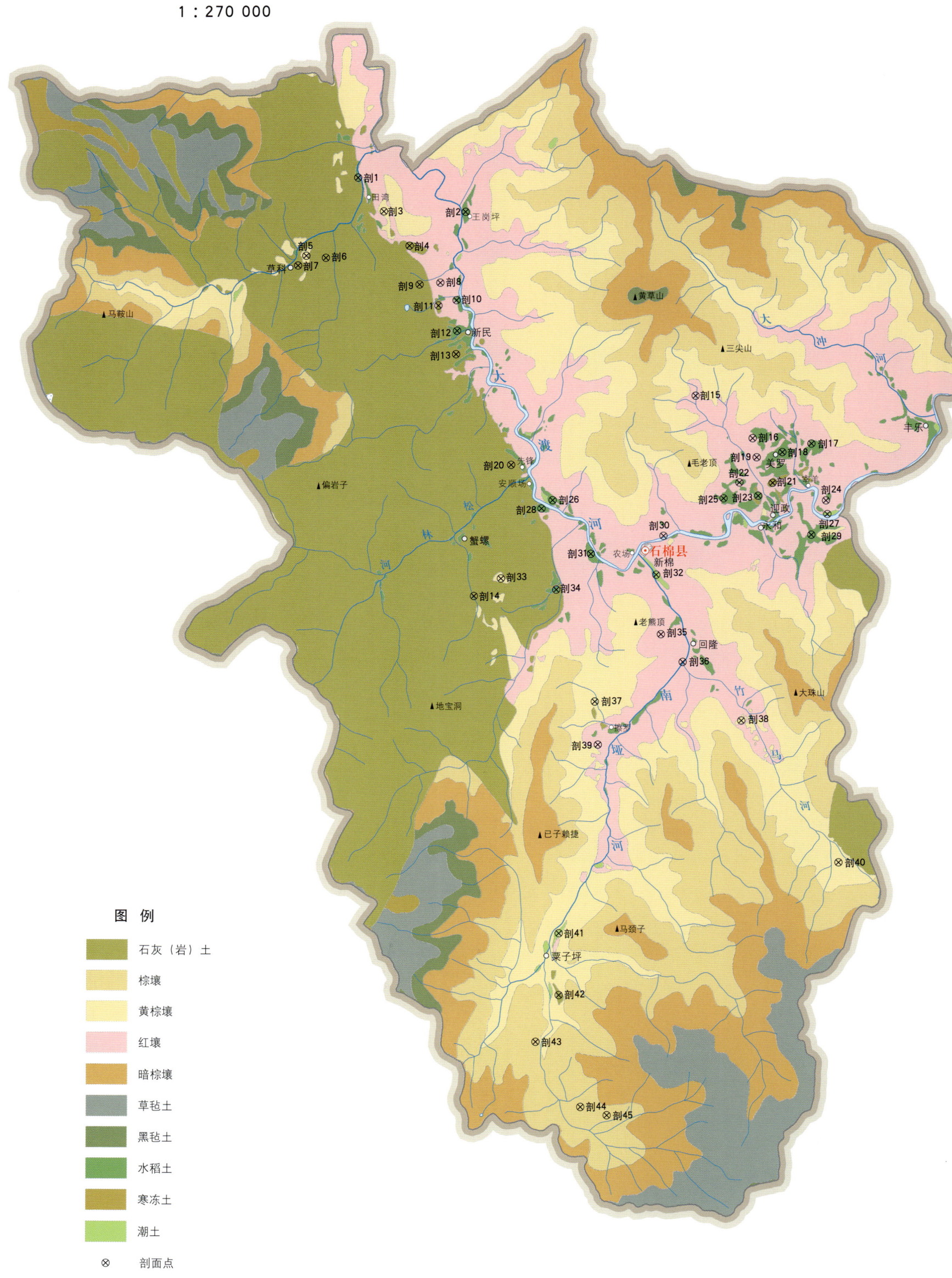

石棉县土壤剖面理化性状表

剖面号 Soil profile	土纲 Soil order	土类 Soil great group	亚类 Soil subgroup	土属 Soil genus	土种 Soil species	土层码 Layer code	土层厚度 Depth/cm	颜色 Soil color	质地 Soil texture	土壤结构 Soil structure	pH	有机质 OM/(g/kg)	全氮 TN/(g/kg)	全磷 TP/(g/kg)	碱解氮 AN/(mg/kg)	有效磷 AP/(mg/kg)	速效钾 AK/(mg/kg)	土壤母质 Parent material	剖面点坐标 Profile coordinate	匹配指数 Matching index/%
剖1	人为土	水稻土	淹育水稻土	石灰性棕红泥田	灰泥砂田	1	0–16	浅灰色	中壤土	小块状	7.6	35.5	1.86	1.94	151	9.0	51	大理岩、板岩、白云质灰岩等坡积物、洪积物	E 102°09′37.8″ N 29°27′07.6″	81
剖2	人为土	水稻土	淹育水稻土	潮土田	黄红潮砂田	1	0–18	灰黄色	中壤土	大块状	6.4	34.3	2.00	2.01	130	9.0	21	冲积物、洪积物	E 102°13′58.4″ N 29°26′01.3″	86
						2	18–34	黄灰色	轻壤土	粒状	5.5	48.8	3.99	2.66	163	36.0	15			
						3	34—	黄褐色	砂壤土	小块状	6.0	33.9	2.03	1.72	75	15.0	20			
剖3	淋溶土	黄棕壤	粗骨性黄棕壤	黄棕土	泥砂土	1	0–18	黄褐色	中壤土		6.3	18.1	1.17	1.65	44	27.0	15	花岗岩、闪长岩等坡积物、洪积物	E 102°10′41.8″ N 29°25′58.1″	99
						2	18–100	棕黄色	中壤土	粒状	6.5	58.7	2.56	1.99	159	16.0	380			
						3	100—	浅黄色	中壤土	小块状	6.3	44.8	1.61	1.73	133	5.0	192			
剖4	石灰(岩)土	黄棕壤	黄色石灰土	黄棕石灰土	泥砂土	1	0–18	浅灰黄色	中壤土	小块状	6.1	8.0	0.31	1.75	17	11.0	82		E 102°11′46.0″ N 29°24′47.5″	96
						2	18–30	黑黑色	轻壤土	块状	7.9	66.8	2.85	2.55	177	9.0	81			
						3	30–40	灰黄色	轻壤土	小块状	8.1	21.1	1.12	1.84	76	2.0	35			
剖5	淋溶土	黄棕壤	粗骨性黄棕壤	黄棕土	豆面土	1	0–18	浅灰黄色	砂壤土	粒状	6.4	28.5	1.72	0.31	209	12.0	123	花岗岩、闪长岩等坡积物、洪积物	E 102°07′37.2″ N 29°24′21.2″	83
						2	18–30			小块状	6.8	21.5	1.16	0.33						
剖6	初育土	石灰(岩)土	黄色石灰土	黄棕石灰土	浅黄泥土	1	0–18	棕黄色	中壤土	块状	7.1	18.6	8.60	0.82	64	3.0	93	松软砂岩、黏土岩	E 102°08′25.1″ N 29°24′17.6″	85
						2	18–85	棕黄色	重壤土	大块状	7.9	15.1	1.02	0.87	75	3.0	68			
						3	85—	浅黄色	重壤土	柱状	7.9	11.4	0.38	0.75	56	2.0	26			
剖7	初育土	石灰(岩)土	红色石灰土	硝砂泥土	硝泥土	1	0–18	黄棕色	重壤土	小块状	6.4	13.0	0.92	0.58	42		216		E 102°07′18.1″ N 29°23′60.0″	77
						2	18–50	红棕色	重壤土	小块状	6.6	7.8	0.37	0.47	38	2.0	143			
						3	50–125	浅黄红色	砂壤土	小块状	6.7	4.7	0.60	0.44	37		142			
剖8	铁铝土	红壤	黄红壤	黄红土	粗砂土	1	0–17	棕灰色	中壤土	无明显结构	6.2	22.0	0.86	1.58	59	8.0	51		E 102°13′02.3″ N 29°23′30.8″	81
						2	17–32			无明显结构										
剖9	初育土	石灰(岩)土	黄色石灰土	黄棕石灰土	夹石黑泥土	1	0–18	棕黑色	中壤土	小块状	7.8	36.5	1.65	2.21	105	6.0	122	千枚岩	E 102°12′12.2″ N 29°23′26.2″	95
						2	18–20	灰黑色	中壤土	大块状	7.9	31.6	1.63	2.48	67	3.0	15			
剖10	人为土	水稻土	淹育水稻土	潮土田	灰棕潮泥砂田	1	0–16	灰棕色	轻壤土	大块状	7.6	37.2	2.11	2.66	159	21.0	15	冲积物、洪积物	E 102°13′42.2″ N 29°22′54.7″	85
						2	16–25	红棕色	中壤土	小块状	8.0	17.3	0.66	2.44	80	38.0	15			
						3	25–39	黄棕红色	中壤土	大块状	8.2	7.9	0.41	2.76	46	38.0	36			
剖11	初育土	石灰(岩)土	黄色石灰土	黄棕石灰土	石胥子土	1	0–18	黄棕色	中壤土	小块状	7.1	22.8	1.56	1.57	75	7.0	40		E 102°12′58.7″ N 29°22′42.6″	84
						2	18–30	灰黄棕色	中壤土	小块状	7.0	25.0	1.64	1.62	91	9.0				
						3	30—													
剖12	人为土	水稻土	淹育水稻土	石灰性棕红泥田	黑黄泥田	1	0–18	棕黑色	轻壤土	小块状	7.4	54.8	31.20	3.00	186	15.0	41	大理岩、板岩、白云质灰岩等坡积物、洪积物	E 102°13′45.0″ N 29°21′50.4″	97
						2	18–24	黄棕色	中壤土	大块状	7.4	24.5	2.06	2.16	171	21.0	36			
						3	24–70	灰棕色	重壤土	大块状	8.5	26.2	1.65	2.25	85	20.0	34			
剖13	初育土	石灰(岩)土	红色石灰土	棕红石灰土	红泥砂土	1	0–15	浅红黄色	重壤土	块状	8.4	7.5	0.61	0.37	78	14.0	92		E 102°13′43.7″ N 29°21′01.1″	91
						2	15–25	浅黄黄色	中壤土	块状	8.4	2.3	0.23	0.40						
剖14	初育土	石灰(岩)土	黄色石灰土	黄棕石灰土	石砂土	1	0–20	灰黄色	砂壤土	无明显结构	7.5	10.9	0.68	2.30	50	8.0	30		E 102°14′40.9″ N 29°12′33.1″	76
						2	20–56			无明显结构	7.5									
剖15	铁铝土	红壤	黄红壤	黄红土		1	0–3	浅红黄色	中壤土	小块状	6.2							花岗岩、炭质页岩、砂岩等坡积物、洪积物	E 102°23′23.6″ N 29°19′45.1″	91
						2	3–15	红黄色	中壤土	小块状										
						3	15–40	黄红色	中壤土	块状										
						4	40–68													
						5	68–95													

续表 Continued

剖面号 Soil profile	土纲 Soil order	土类 Soil great group	亚类 Soil subgroup	土属 Soil genus	土种 Soil species	土层码 Layer code	土层厚度 Depth/cm	颜色 Soil color	质地 Soil texture	土壤结构 Soil structure	pH	有机质 OM/(g/kg)	全氮 TN/(g/kg)	全磷 TP/(g/kg)	碱解氮 AN/(mg/kg)	有效磷 AP/(mg/kg)	速效钾 AK/(mg/kg)	土壤母质 Parent material	剖面点坐标 Profile coordinate	匹配指数 Matching index/%
剖16	铁铝土	红壤	黄红壤	黄红土	豆面土	1	0—14	黄棕色	中壤土	小块状	5.9	25.5	1.71	1.41	100	19.0	128	花岗岩、炭质页岩、砂岩等坡积物、洪积物	E 102°25′43.3″ N 29°18′18.8″	81
						2	14—30	浅红棕色		块状										
						3	30—	棕黄色		棱柱状										
剖17	人为土	水稻土	淹育水稻土	硝砂泥田	硝砂砂土	1	0—20	灰黄色	中壤土	小块状	5.7	30.7	11.11	12.22	111	49.0	226	砂岩、黏土岩变质岩风化物和红壤混合物、洪积物	E 102°28′05.5″ N 29°18′10.4″	79
						2	20—35	灰黄色	中壤土	小块状	7.1	17.7	10.94	11.56	69	18.0	179			
						3	35—	浅黄色	中壤土	小块状	7.2	14.0	10.98	11.73	58	20.0	118			
剖18	人为土	水稻土	潴育水稻土	红泥田	浅黄泥田	1	0—20	灰黄色	中壤土	小块状	5.7	23.2	1.32	1.17	92	9.0	67		E 102°26′56.0″ N 29°17′51.0″	94
						2	20—42	浅黄色	中壤土	小块状	6.1	17.2	1.39	0.79	65	7.0	71			
						3	42—	浅黄色												
剖19	铁铝土	红壤	黄红壤	黄红土	黄泥田	1	0—18	棕黄色	重壤土	块状	5.9	35.6	1.76	1.78	149	13.0	154	花岗岩、炭质页岩、砂岩等坡积物、洪积物	E 102°25′54.1″ N 29°17′39.1″	95
						2	18—45	棕黄色	重壤土	块状	6.3	25.5	1.67	1.20	106	3.0	143			
						3	45—	红黄色	重壤土	柱状	5.7	6.8	0.81	0.71	33	2.0	66			
剖20	初育土	石灰（岩）土	红色石灰土	棕红石灰土	棕红泥田	1	0—20	黄红色	重壤土	小块状	7.0	25.4	1.17	2.51	102	30.0	97	大理岩、白云质灰岩、板石岩变质岩坡积物、洪积物	E 102°16′03.0″ N 29°17′11.8″	78
						2	20—50	棕红色	重壤土	块状	6.9	15.2	0.84	2.22	75	9.0	77			
						3	50—90	红黄色	重壤土	块状	7.3	6.2	0.49	2.93	27	22.0	25			
剖21	初育土	石灰（岩）土	红色石灰土	硝泥泥田	黄泥硝砂土	1	0—18	浅黄色	轻壤土	小块状	6.5	3.8	0.91	1.22	47	19.0	31	松软砂岩、黏土岩	E 102°26′33.7″ N 29°16′46.6″	78
						2	18—50	棕黄色	砂壤土	块状	6.4	2.3	0.68	1.52	25	13.0	15			
						3	50—70	红黄色	砂壤土	块状	8.5	1.6	0.73	1.42	4	3.0	15			
剖22	人为土	水稻土	淹育水稻土	硝砂泥田	硝砂泥田	1	0—18	黄黄色	重壤土	无明显结构	8.2	19.8	0.85	1.86	90	23.0	72	砂岩、黏土岩变质岩风化物和红壤混合物	E 102°25′13.8″ N 29°16′45.5″	78
						2	18—40	浅黄色		小块状										
						3	40—60	浅黄色		小块状										
剖23	人为土	水稻土	淹育水稻土	硝泥泥田	硝泥土	1	0—20	浅黄色	重壤土	块状	5.9	22.9	1.98	0.99	101	10.0	67	砂岩、黏土岩变质岩风化物和红壤混合物	E 102°25′59.9″ N 29°16′18.1″	86
						2	20—40	棕红色	轻黏土	块状	6.7	16.4	1.22	0.79	116	7.0	72			
						3	40—100	棕红色	轻黏土	柱状	7.3	9.1	0.55	0.67	43		56			
剖24	铁铝土	红壤	褐红壤	褐红土	夹石泥土	1	0—19	暗棕色	轻黏土	小块状	6.3	9.8	0.87	0.30	53	1.0	180		E 102°28′43.6″ N 29°16′11.6″	95
						2	19—46	棕红色	轻黏土	大块状	6.3	6.4	0.60	0.26	46		132			
						3	46—100	浅棕红色	轻黏土	大块状	6.3	5.8	0.82	0.24	47		104			
剖25	人为土	水稻土	淹育水稻土	黄泥泥田	夹石泥田	1	0—15	浅灰色	轻黏土	小块状	5.8	61.0	2.85	1.64	164	15.0	61		E 102°24′36.7″ N 29°16′10.9″	94
						2	15—20	浅灰色	轻黏土	小块状	5.9	54.7	2.24	1.63	154	17.0	36			
						3	20—30	浅灰色	轻黏土	小块状	5.9	58.3	1.96	3.69	149	90.0	15			
剖26	人为土	水稻土	淹育水稻土	石灰性棕红泥田	棕红泥田	1	0—16	棕灰色	中壤土	块状	8.0	56.8	2.34	1.71	189	13.0	73	大理岩、白云质灰岩等坡积物、洪积物	E 102°17′45.1″ N 29°15′59.0″	97
						2	16—42	黑灰色	重壤土	柱状	7.3	45.5	1.74	1.74	138	9.0	119			
						3	42—84	黄灰色	重壤土	柱状	7.4	41.1	1.84	1.69	118	8.0	78			
剖27	半水成土	潮土	潮土	灰棕潮土	灰潮砂土	1	0—20	浅灰色	紧砂土	无明显结构	8.4	8.1	3.30	1.35	33	4.0	35	冲积物	E 102°28′47.6″ N 29°15′42.8″	82
						2	20—100	浅灰色	松砂土		8.8	5.9	0.39	1.25	18		15			
剖28	人为土	水稻土	淹育水稻土	石灰性棕红泥田	黄泥田	1	0—17	浅棕色	中壤土	小块状	7.5	39.1	1.62	2.44	153	27.0	66	大理岩、板岩、白云质灰岩等坡积物、洪积物	E 102°17′18.6″ N 29°15′41.0″	80
						2	17—34	黄灰色	中壤土	大块状	7.8	36.7	2.77	2.31	146	38.0	92			
						3	34—	黄灰色	重壤土	块状	8.1	9.3	0.83	1.17	80	8.0	67			
剖29	人为土	水稻土	淹育水稻土	黄红泥田	黄棕泥田	1	0—20	灰棕色	重壤土	大块状	6.1	20.5	1.49	0.99	118	8.0	209	第四纪红色黏土、炭质页岩	E 102°28′10.2″ N 29°14′58.3″	84
						2	20—40	黄棕色	重壤土	大块状										
						3	40—	红棕色		大块状										
剖30	铁铝土	红壤	褐红壤	褐红土	红泥砂土	1	0—20	浅黄色	重壤土	块状	6.9	14.3	0.91	1.23	51	15.0	211		E 102°22′14.2″ N 29°14′48.8″	74
						2	20—30	褐红色	重壤土	块状	6.7	11.7	0.57	0.57	44		95			
						3	30—	浅黄色	重壤土	柱状	6.9	10.9	0.58	0.58	35		106			
剖31	人为土	水稻土	淹育水稻土	黄红泥田	粗砂田	1	0—15	黄黄色	轻壤土	粒状	6.1	72.0	2.33	2.55	208	45.0	72		E 102°19′19.9″ N 29°14′07.4″	70
						2	15—25	黄黄色		小块状										

续表 Continued

剖面号 Soil profile	土纲 Soil order	土类 Soil great group	亚类 Soil subgroup	土属 Soil genus	土种 Soil species	土层码 Layer code	土层厚度 Depth/cm	颜色 Soil color	质地 Soil texture	土壤结构 Soil structure	pH	有机质 OM/(g/kg)	全氮 TN/(g/kg)	全磷 TP/(g/kg)	碱解氮 AN/(mg/kg)	有效磷 AP/(mg/kg)	速效钾 AK/(mg/kg)	土壤母质 Parent material	剖面点坐标 Profile coordinate	匹配指数 Matching index/%
剖32	半水成土	潮土	潮土	黄红潮土	潮砂泥土	1	0~20	黄棕色	中壤土	小块状	5.8	32.3	14.00	2.70	144	11.0	92	冲积物、洪积物	E 102° 21′ 58.7″ N 29° 13′ 27.1″	74
						2	20~30	黄棕色	中壤土	小块状	5.7	24.4	12.90	2.45	124	9.0	46			
						3	30—	浅黄色	中壤土		6.4	11.8	11.80	2.03	63	17.0	66			
剖33	淋溶土	黄棕壤	粗骨性黄棕壤	淋溶黄棕壤	黄砂泥土	1	0~20	黄棕色	中壤土	小块状	6.1	42.2	2.46	1.78	190	13.0	68	大理岩、板岩、砂岩、页岩坡积物、坡积物	E 102° 15′ 45.0″ N 29° 13′ 11.3″	97
						2	20~45	灰棕色		柱状	6.1	20.3	1.01	2.95	58	4.0	57			
						3	45~100	黄棕色		柱状	8.9	9.7	0.56	2.00	28	11.0	66			
剖34	人为土	水稻土	淹育水稻土	石灰性棕红泥田	石砂田	1	0~15	浅黄灰色	轻壤土	粒状	7.0	71.8	3.47	2.10	251	15.0	77		E 102° 17′ 58.9″ N 29° 12′ 50.8″	92
						2	15~25	黄棕色												
剖35	铁铝土	红壤	褐红壤	褐红土	石子砂土	1	0~16	棕黄色	砂壤土	无明显结构	7.0	21.2	1.05	2.02	83	9.0	35		E 102° 22′ 13.4″ N 29° 11′ 22.2″	92
						2	16~56	棕黄色	中壤土	无明显结构	5.9	29.1	1.42	2.00	69	15.0	46			
						3	56—	黄红色	中壤土		7.0	8.3	0.85	1.89	43	11.0	25			
剖36	铁铝土	红壤	褐红壤	褐红土		1	0~2												E 102° 23′ 07.1″ N 29° 10′ 25.3″	89
						2	2~19	红灰色	中壤土	块状	7.0									
						3	19~74	褐灰红色	中壤土	小块状	6.5									
						4	74~130	褐红色	中壤土		6.4									
剖37	淋溶土	黄棕壤	粗骨性黄棕壤	黄棕土	砂土	1	0~18	浅灰色	砂壤土	无明显结构	6.5	38.8	1.15	3.86	172	17.0	117		E 102° 19′ 38.3″ N 29° 08′ 57.8″	97
						2	18~33	浅黄色	砂壤土	无明显结构	7.1	18.1	1.72	3.98	97	5.0	41			
剖38	淋溶土	黄棕壤	粗骨性黄棕壤	黄棕土	石鬙土	1	0~20	浅黄色	砂壤土	无明显结构	6.2	93.7	3.49	3.12	246	8.0	101		E 102° 25′ 31.8″ N 29° 08′ 25.4″	98
						2	20~30	浅黄色	砂壤土											
剖39	铁铝土	红壤	黄红壤	黄红土	黄砂泥土	1	0~16	红灰色	中壤土	块状	6.9	13.4	0.72	0.82	30		120	花岗岩、炭质页岩、砂岩等坡积物、洪积物	E 102° 19′ 48.0″ N 29° 07′ 27.1″	93
						2	16~40	红灰色	重壤土	柱状	6.9	7.0	0.76	0.87	22		114			
						3	40—	红灰色	重壤土	块状	7.1	5.3	0.42	0.81	14		77			
剖40	淋溶土	黄棕壤	粗骨性黄棕壤	黄棕土	黄泥土	1	0~20	灰黄色	重壤土	大块状	6.0	61.3	3.51	0.83	241	126.0	436	花岗岩、闪长岩等坡积物、洪积物	E 102° 29′ 33.7″ N 29° 03′ 31.7″	82
						2	20~70	灰黄色	重壤土	柱状	5.9	56.0	2.85	0.66	209	70.0	75			
						3	70—	棕黄色	重壤土		5.8	39.5	1.26	0.88	165	39.0	79			
剖41	潮土	潮土	潮土	黄红潮土	潮砂土	1	0~11	灰黄色	轻壤土	无明显结构	6.8	45.8	1.34	2.23	148	27.0	105	冲积物、洪积物	E 102° 18′ 25.9″ N 29° 00′ 47.2″	71
						2	11~21	灰黄色	轻壤土	无明显结构	6.9	37.6	1.97	2.21	110	13.0	116			
						3	21—	黄棕色	中壤土			14.5	0.79	1.47	28	3.0	40			
剖42	初育土	石灰（岩）土	红色石灰土	硝砂泥土	硝砂土	1	0~15	浅黄黄色	轻壤土	无明显结构	8.0	5.5	1.14	1.40	17	11.0	15	松软砂岩、黏土岩	E 102° 18′ 29.9″ N 28° 58′ 36.1″	95
						2	15~35	浅黄棕色	中壤土	无明显结构										
						3	35—	浅黄棕色	中壤土	粒状	5.2									
剖43	淋溶土	棕壤	棕壤	棕壤	棕黄泥土	1	0~20	黑黄色	中壤土	小块状	5.0			1.34	270	25.0	74		E 102° 17′ 36.8″ N 28° 56′ 56.9″	71
						2	20~35	浅黄棕色	中壤土	小块状	5.0									
剖44	淋溶土	棕壤	棕壤	棕壤	黑泥土	1	0~12	黑棕色	中壤土	粒状	5.0	79.4	5.06	0.97	461	45.0	296		E 102° 19′ 28.6″ N 28° 54′ 43.6″	82
						2	12~30	黑棕色	中壤土	块状	4.9	70.5	4.07	0.57						
剖45	淋溶土	棕壤	棕壤	棕壤土	砂土	1	0~15	棕黑色	轻壤土	粒状	6.4	78.5	3.18	2.76	265	71.0	154		E 102° 20′ 32.3″ N 28° 54′ 27.7″	93
						2	15~59	棕黑色	轻壤土	块状	6.3	63.4	2.45	3.54	177	41.0	31			
						3	59~84	黄棕色		小块状										

天 全 县

主要土类说明

黄壤是天全县的主要土壤类型，占本县地域面积的29%。黄壤发生于亚热带湿润条件下，中度脱硅富铝化，多见于海拔700—1200m的山区。土壤有机质累积较多，具O-A-AB-B-C剖面构型。pH为4.5—5.5。淀积层（B层）富含水合氧化物（针铁矿），呈黄色。

棕色针叶林土是天全县第二大土壤类型，占本县地域面积的15%。棕色针叶林土是发生于寒温带针叶纯林下，具有酸性淋溶和弱度发育的土壤，具O-A-AB-B-C剖面构型。凋落物腐解，富里酸下渗，络合部分铁铝下移，使表层盐基饱和度降低。由于冻结期更长，冻层阻隔，溶性物质还可随水上移。B层呈棕色，全剖面呈酸性，盐基饱和度为50%—70%。

黄棕壤是天全县第三大土壤类型，占本县地域面积的15%。黄棕壤发生于北亚热带暖湿落叶阔叶林下，弱度富铝化，黏聚现象明显，呈黄棕色黏土。具A-B-C或A-（B）-C剖面构型，黏粒硅铝率在2.5左右，铁的游离度较红壤低，B层交换性酸大于A层。土壤pH为5.5—6.0。

暗棕壤占本县地域面积的13%。暗棕壤是在温带湿润地区针阔叶混交林下发育，具有明显有机质富集和弱酸性淋溶的土壤，具O-A-B-C剖面构型。弱酸性淋溶使铁铝轻微下移。B层呈棕色，结构面见铁锰胶膜。土壤呈弱酸性，盐基饱和度为70%—80%。土壤冻结期长。

紫色土占本县地域面积的12%。紫色土是由热带、亚热带紫红色岩层直接风化形成的A-C型土壤。其理化性质与母岩组成直接相关，土层浅薄，剖面层次发育不明显，仍处于初育阶段。母岩富含矿质养分，且风化迅速。

黑毡土占本县地域面积的8%。黑毡土发生于青藏高原高寒略较温湿的塬面上，蒿草与杂生草类的草毡层初步分解，形成初步腐殖化的暗色草根茎盘结层。该土壤色泽较深，有机质含量较高，为100—150g/kg，底土见锈色斑纹。土壤pH为6.5—8.0。

草毡土占本县地域面积的3%。草毡土是发生于高寒区（青藏高原）平缓高原上，具强度生草腐殖质积累与弱度氧化还原特征的高山土壤。该土壤由于寒冻，蒿草根累积并弱度分解，呈草毡状；土体滞水，冻融交替，弱度氧化还原交替进行，造成氧化铁微弱游离。

小于本县地域面积3%的土壤类型还有水稻土、石灰（岩）土等。

本区域中心区气候特征

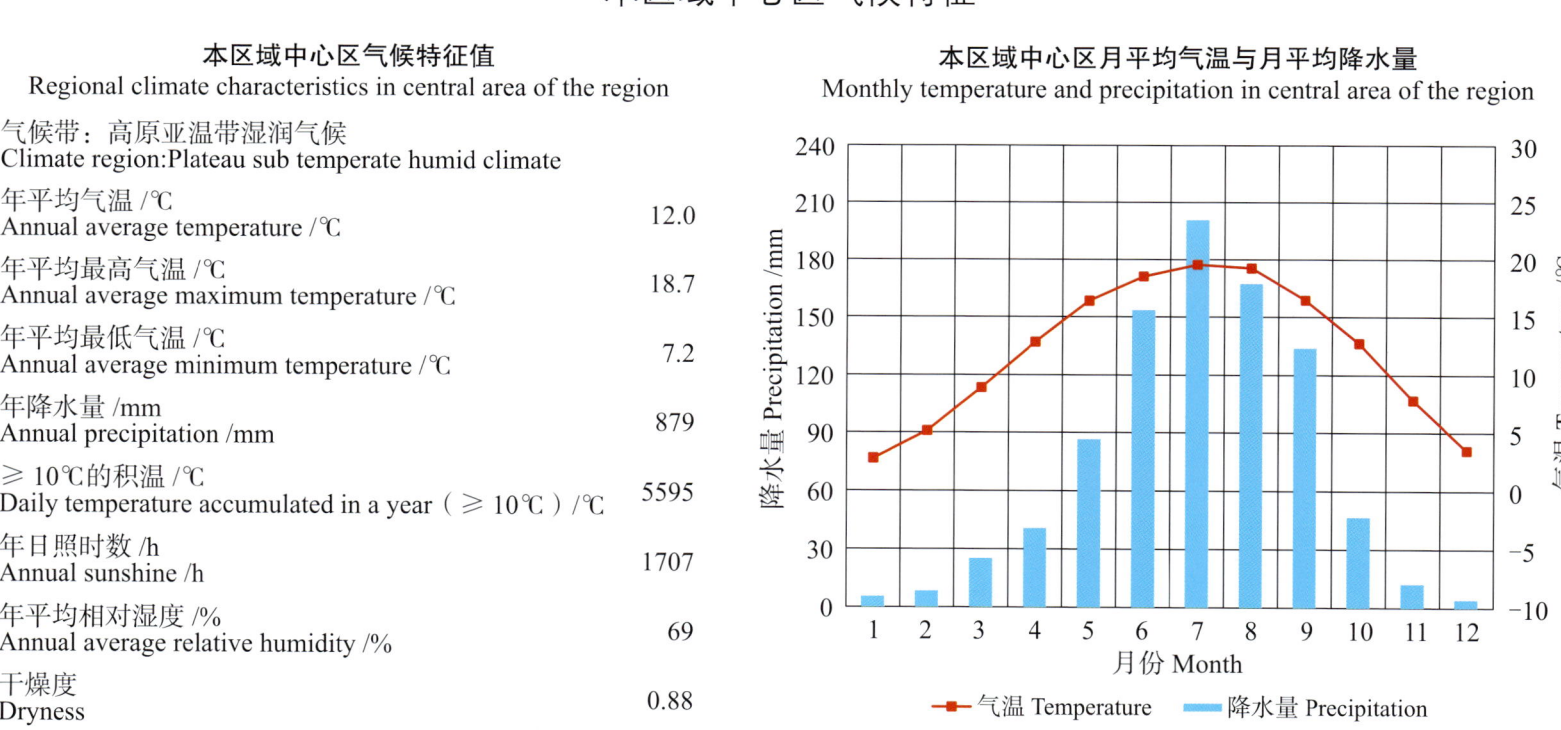

本区域中心区气候特征值
Regional climate characteristics in central area of the region

气候带：高原亚温带湿润气候 Climate region: Plateau sub temperate humid climate	
年平均气温 /℃ Annual average temperature /℃	12.0
年平均最高气温 /℃ Annual average maximum temperature /℃	18.7
年平均最低气温 /℃ Annual average minimum temperature /℃	7.2
年降水量 /mm Annual precipitation /mm	879
≥10℃的积温 /℃ Daily temperature accumulated in a year (≥10℃) /℃	5595
年日照时数 /h Annual sunshine /h	1707
年平均相对湿度 /% Annual average relative humidity /%	69
干燥度 Dryness	0.88

本区域中心区月平均气温与月平均降水量
Monthly temperature and precipitation in central area of the region

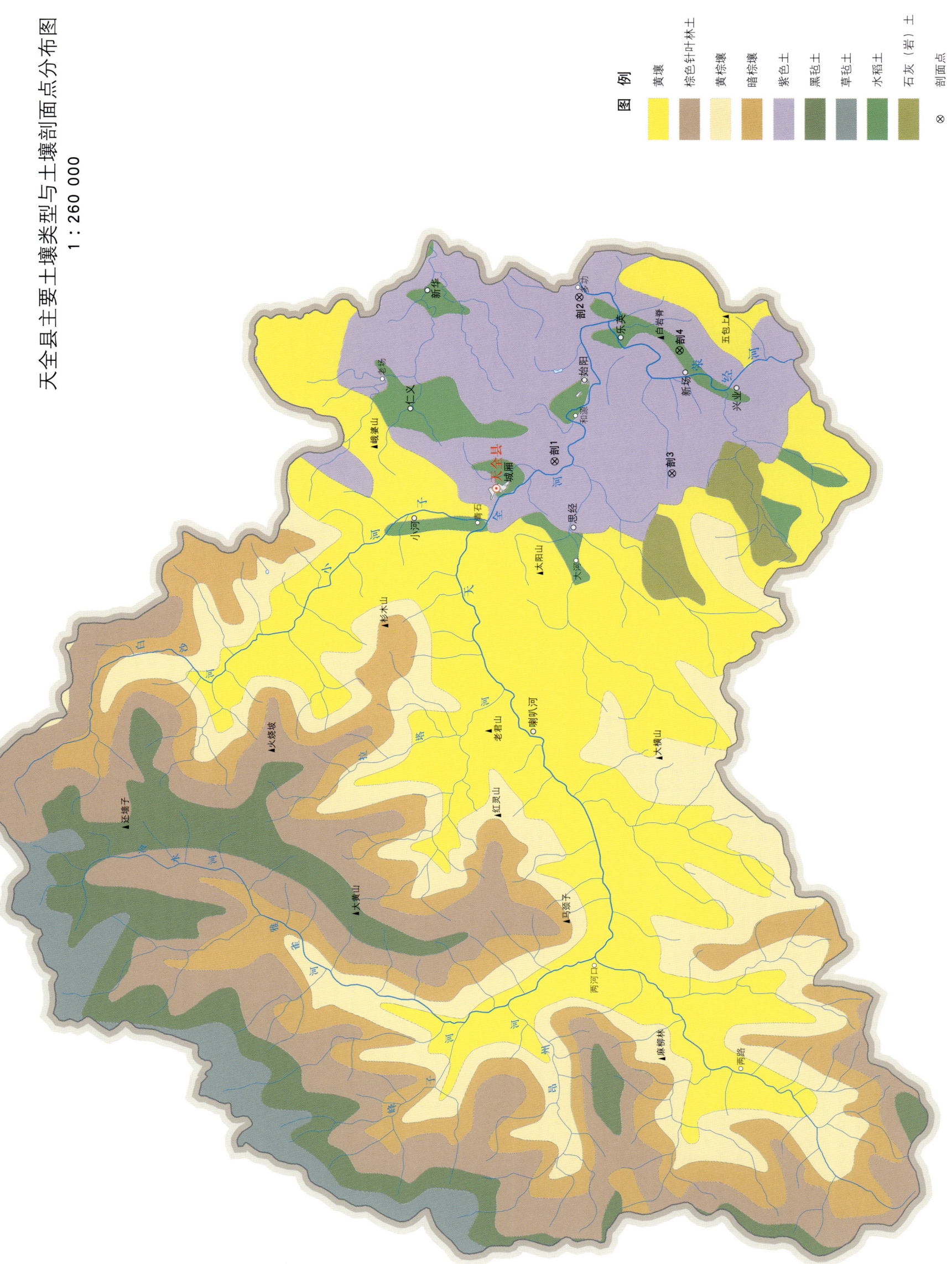

天全县土壤剖面理化性状表

剖面号 Soil profile	土纲 Soil order	土类 Soil great group	亚类 Soil subgroup	土属 Soil genus	土种 Soil species	土层码 Layer code	土层厚度 Depth/cm	颜色 Soil color	质地 Soil texture	土壤结构 Soil structure	pH	有机质 OM/(g/kg)	全氮 TN/(g/kg)	全磷 TP/(g/kg)	碱解氮 AN/(mg/kg)	有效磷 AP/(mg/kg)	速效钾 AK/(mg/kg)	剖面点坐标 Profile coordinate	匹配指数 Matching index/%
剖1	初育土	紫色土	石灰性紫色土	砖红紫泥土	大泥土	A	0—20	紫色	重壤土	碎块状	7.9	2.5	0.14	0.09	66	5.5	111	E 102°46′22.8″ N 30°02′13.9″	85
						B	20—100	棕紫色	重壤土	大碎石状	7.9	1.6	0.09	0.10					
剖2	初育土	紫色土	中性紫色土	变性中紫泥土	大土	A	0—23	紫色	轻黏土	团块状	7.3	1.0	0.07	0.12	72	23.6	138	E 102°52′42.5″ N 30°01′29.2″	88
						B	23—100	紫色	轻黏土	长棱柱状	7.4	2.8	0.15	0.10					
剖3	初育土	紫色土	中性紫色土	变性中紫泥土	石骨子土	AC	0—16	红紫色	砾石土	粒状	7.7	1.4	0.94	0.13	83	1.2	88	E 102°45′59.5″ N 29°58′16.6″	81
						C	16—25	红紫色											
剖4	人为土	水稻土	淹育水稻土	冷砂黄泥田	冷黄砂泥田	A	0—18	浅黑灰色	轻壤土	团粒状	5.6	6.9	0.37	0.19	166	40.0	105	E 102°50′44.2″ N 29°58′05.5″	94
						Pb	18—25	黑灰色	轻壤土	团块状	5.6	6.4	0.36	0.19					
						P	25—75	黑色	轻壤土	粒状	5.9	5.7	0.26	0.20					
						C	75—												

芦 山 县

主要土类说明

黄壤是芦山县的主要土壤类型，占本县地域面积的34%。黄壤发生于亚热带湿润条件下，中度脱硅富铝化，多见于海拔700—1200m的山区。土壤有机质累积较多，具O-A-AB-B-C剖面构型。pH为4.5—5.5。淀积层（B层）富含水合氧化物（针铁矿），呈黄色，有时多含三水铝石。

黄棕壤是芦山县第二大土壤类型，占本县地域面积的18%。黄棕壤发生于北亚热带暖湿落叶阔叶林下，弱度富铝化，黏聚现象明显，呈黄棕色黏土。具A-B-C或A-（B）-C剖面构型，黏粒硅铝率在2.5左右，铁的游离度较红壤低，B层交换性酸大于A层。土壤pH为5.5—6.0。

棕色针叶林土是芦山县第三大土壤类型，占本县地域面积的12%。棕色针叶林土是发生于寒温带针叶纯林下，具有酸性淋溶和弱度发育的土壤，具O-A-AB-B-C剖面构型。凋落物腐解，富里酸下渗，络合部分铁铝下移，使表层盐基饱和度降低。由于冻结期更长，冻层阻隔，溶性物质还可随水上移。B层呈棕色，土壤呈酸性，盐基饱和度为50%—70%。

紫色土占本县地域面积的12%。紫色土是热带、亚热带紫红色岩层直接风化形成的A-C型土壤。其理化性质与母岩组成直接相关，土层浅薄，剖面层次发育不明显，仍处于初育阶段。母岩富含矿质养分，且风化迅速。

暗棕壤占本县地域面积的10%，主要分布在海拔2100—2900m的地区，在垂直的带谱中，则出现在山地灰化土之下。土壤母质以板岩、千枚岩为主，灰岩、大理岩等坡积物、残积物次之。暗棕壤是在温带湿润地区针阔叶混交林下发育，具有明显有机质富集和弱酸性淋溶的土壤，具O-A-B-C剖面构型。弱酸性淋溶使铁铝轻微下移。B层呈棕色，结构面见铁锰胶膜。土壤呈弱酸性，盐基饱和度为70%—80%。土壤冻结期长。

水稻土占本县地域面积的4%。水稻土是在长期季节性淹灌、水下翻耕、季节性脱水、氧化还原交替影响下，原来成土母质或母土的特性发生重大改变，形成的新的土壤类型。由于干湿交替，水稻土形成糊状淹育层、较坚实板结的犁底层、渗育层、潴育层与潜育层等多种发生层。这些不同发生层段是在人为耕作、水浆管理下形成的。

黑毡土占本县地域面积的3%。黑毡土发生于青藏高原高寒略较温湿的源面上，蒿草与杂生草类的草毡层初步分解，形成初步腐殖化的暗色草根茎盘结层。该土壤色泽较深，有机质含量较高，为100—150g/kg，底土见锈色斑纹。土壤pH为6.5—8.0。

小于本县地域面积3%的土壤类型还有寒冻土、草毡土、石灰（岩）土等。

本区域中心区气候特征

本区域中心区气候特征值
Regional climate characteristics in central area of the region

气候带：高原亚温带湿润气候 Climate region:Plateau sub temperate humid climate	
年平均气温 /℃ Annual average temperature /℃	13.1
年平均最高气温 /℃ Annual average maximum temperature /℃	19.2
年平均最低气温 /℃ Annual average minimum temperature /℃	8.9
年降水量 /mm Annual precipitation /mm	873
≥10℃的积温 /℃ Daily temperature accumulated in a year（≥10℃）/℃	5535
年日照时数 /h Annual sunshine /h	1483
年平均相对湿度 /% Annual average relative humidity /%	74
干燥度 Dryness	0.99

本区域中心区月平均气温与月平均降水量
Monthly temperature and precipitation in central area of the region

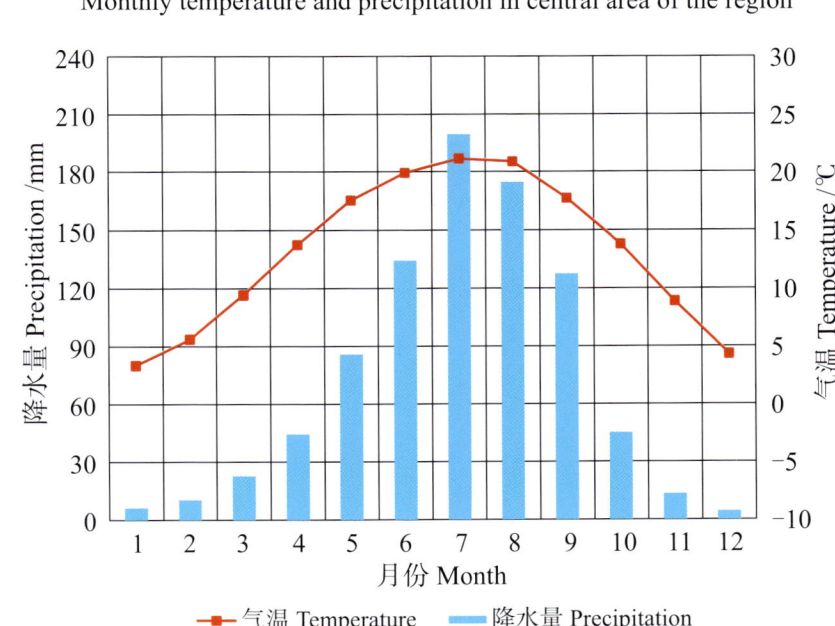

芦山县主要土壤类型与土壤剖面点分布图
1 : 290 000

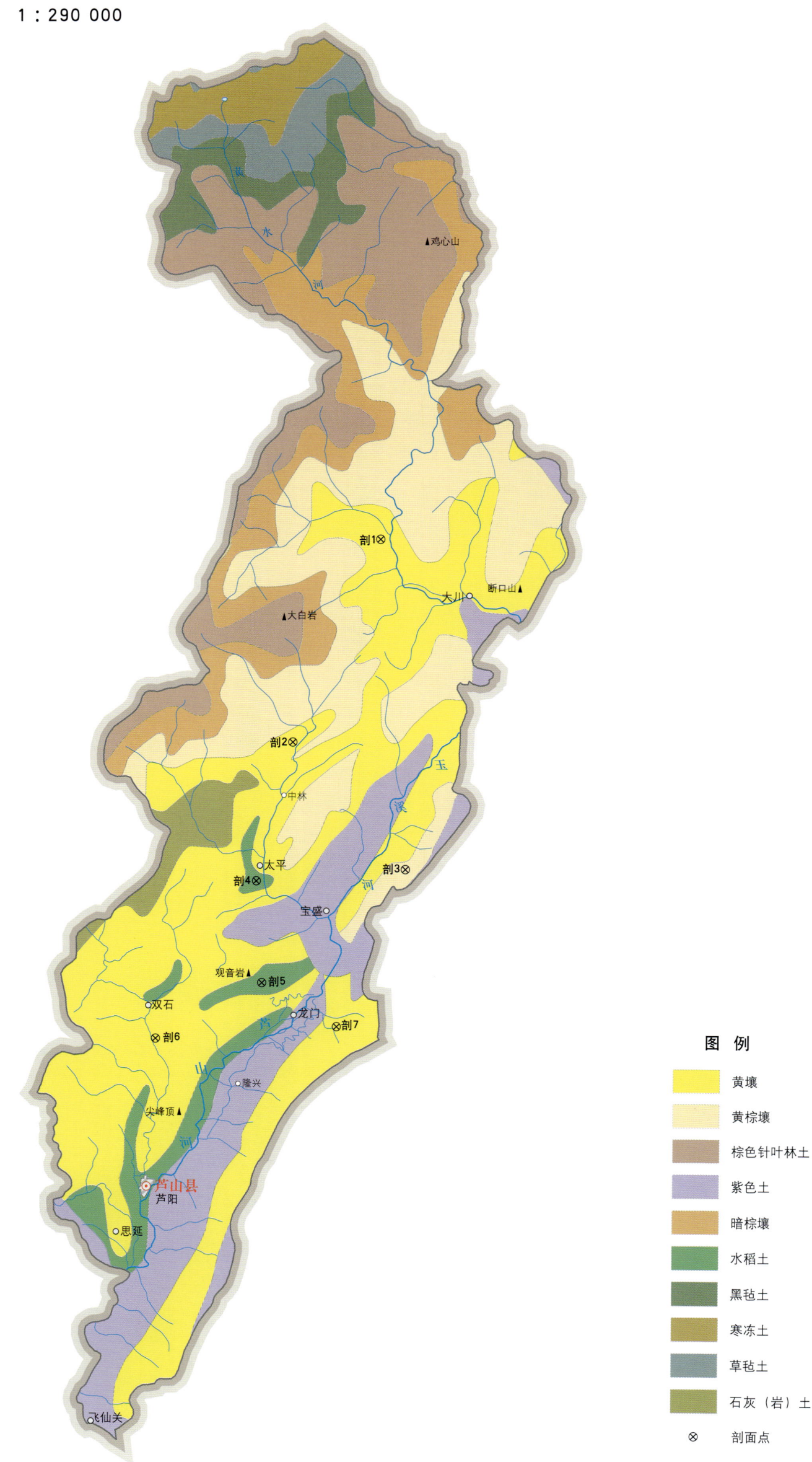

芦山县土壤剖面理化性状表

剖面号 Soil profile	土纲 Soil order	土类 Soil great group	亚类 Soil subgroup	土属 Soil genus	土种 Soil species	土层码 Layer code	土层厚度 Depth/cm	颜色 Soil color	质地 Soil texture	土壤结构 Soil structure	pH	有机质 OM/(g/kg)	全氮 TN/(g/kg)	全磷 TP/(g/kg)	碱解氮 AN/(mg/kg)	有效磷 AP/(mg/kg)	速效钾 AK/(mg/kg)	剖面点坐标 Profile coordinate	匹配指数 Matching index/%
剖1	铁铝土	黄壤	黄壤	鱼眼砂黄泥土	石子土	A	0—18	灰黄色	砾石土	粒状	6.3	3.4	0.17	0.16	206	4.3	20	E 103°03′47.6″ N 30°31′11.2″	98
						BC	18—70	灰黄色	砾石土	粒状	6.9	1.6	0.09	0.14					
剖2	铁铝土	黄壤	黄壤	矿子黄泥土	黄砂泥土	A	0—15	灰棕黄色	中壤土	块状	6.2	3.6	0.22	0.15	205	5.3	117	E 103°00′34.2″ N 30°24′22.0″	84
						B	15—75	浅黄黄色	重壤土	柱状	5.8	2.9	0.18	0.11					
						C	75—103	棕黄色	中壤土	柱状	5.6	1.8	0.14	0.08					
剖3	淋溶土	黄棕壤	粗骨性黄棕壤	冷性石渣黄棕泥土	石渣黄棕泥土	A	0—20	灰黄棕色	多砾中壤土	大块状	6.3	3.1	0.20	0.15	211	4.5	141	E 103°05′01.8″ N 30°20′11.7″	86
						B	20—60	灰黄棕色	多砾中壤土	大块状	6.2	1.8	0.13	0.13					
						E	60—90	灰白夹黄土	中砾中壤土	柱状	6.1	1.0	0.09	0.12					
剖4	人为土	水稻土	淹育水稻土	灰潮田	灰潮砂田	A	0—17	灰棕色	轻壤土	小块状	5.3	1.8	0.12	0.17	159	19.8	28	E 102°59′17.2″ N 30°19′42.6″	78
						Pb	17—26	浅棕色	砂壤土	小块状	7.3	1.0	0.07	0.13					
						P	26—100	浅棕色	紧砂土	棱柱状	7.2	1.2	0.05	0.16					
剖5	人为土	水稻土	潴育水稻土	潴育紫泥田	花泥田	A	0—16	灰紫黄色	重壤土	块状	5.8	4.1	0.21	0.08	177	7.0	97	E 102°59′35.5″ N 30°16′18.8″	97
						Pb	16—24	灰紫黄色	重壤土	块状	5.8	2.3	0.16	0.08					
						Wb₂	24—55	浅黄紫色	中壤土	小棱柱状	5.5	1.3	0.08	0.07					
						C	55—70	浅黄紫色	轻壤土	柱状	5.5	0.8	0.50	0.04					
剖6	铁铝土	黄壤	黄壤	冷砂黄泥土	冷砂土	A	0—15	灰黄色	轻壤土	小块状	6.6	3.1	0.20	0.17	176	6.3	113	E 102°55′32.5″ N 30°14′21.3″	77
						BC	15—30	灰黄色	轻壤土	小块状	6.4	3.2	0.16	0.15					
						C	30—												
剖7	铁铝土	黄壤	黄壤	砂黄泥土	茶禾土	A	0—20	灰黄色	中壤土	大块状	5.7	3.3	0.18	0.07	217	1.0	33	E 103°02′30.8″ N 30°14′53.6″	98
						B	20—90	浅灰黄色	中壤土	大块状	5.8	1.9	0.11	0.07					
						C	90—100	浅黄色	中壤土	柱状	5.5	0.9	0.06	0.04					

宝 兴 县

主要土类说明

棕壤是宝兴县的主要土壤类型，占本县地域面积的26%，分布在海拔2100—2900m的地区，是本县的主要森林土壤。棕壤发生于湿润暖温带条件下，土壤处于硅铝风化阶段，是具有黏化特征的棕色土壤，具O-A-Bt-C剖面构型。土体见黏粒淀积，盐基充分淋失，pH为6.0—7.0，呈中性或微酸性，见少量游离铁。

黄棕壤是宝兴县第二大土壤类型，占本县地域面积的15%，分布在东河、西河海拔1500—2100m的地区，多由砂页岩及花岗岩风化物发育而成。黄棕壤发生于北亚热带暖湿落叶阔叶林下，弱度富铝化，黏聚现象明显，呈黄棕色黏土。具A-B-C或A-（B）-C剖面构型，黏粒硅铝率在2.5左右，铁的游离度较红壤低，B层交换性酸大于A层。土壤pH为5.5—6.0。

暗棕壤是宝兴县第三大土壤类型，占本县地域面积的15%。土壤母质以板岩、千枚岩为主，其次是灰岩、大理岩等坡积物、残积物。暗棕壤是在温带湿润地区针阔叶混交林下发育，具有明显有机质富集和弱酸性淋溶的土壤，具O-A-B-C剖面构型。弱酸性淋溶使铁铝轻微下移。B层呈棕色，结构面见铁锰胶膜。土壤呈弱酸性，盐基饱和度为70%—80%。土壤冻结期长。土壤pH为6.5—8.0。

黑毡土占本县地域面积的11%。黑毡土发生于青藏高原高寒略较温湿的塬面上，蒿草与杂生草类的草毡层初步分解，形成初步腐殖化的暗色草根茎盘结层。该土壤色泽较深，有机质含量较高，为100—150g/kg，底土见锈色斑纹。土壤pH为6.5—8.0。

石灰（岩）土占本县地域面积的11%。石灰（岩）土发生于热带、亚热带石灰岩山区，是石灰岩经溶蚀风化，形成的厚薄不同的钙质饱和或含游离钙质的土壤，多见于石隙、溶洞或峰丛底部。该土壤碳酸钙淋溶程度不一，多黏土，多为铁钙质胶结物，风化程度不一，盐基饱和度高，有机质含量及胶结状态有较大差异。

草毡土占本县地域面积的9%。草毡土是发生于高寒区（青藏高原）平缓高原上，具强度生草腐殖质积累与弱度氧化还原特征的高山土壤。该土壤由于寒冻，蒿草根累积并弱度分解，呈草毡状；土体滞水，冻融交替，弱度氧化还原交替进行，造成氧化铁微弱游离。

棕色针叶林土占本县地域面积的7%。棕色针叶林土是发生于寒温带针叶纯林下，具有酸性淋溶和弱度发育的土壤，具O-A-AB-B-C剖面构型。凋落物腐解，富里酸下渗，络合部分铁铝下移，使表层盐基饱和度降低。由于冻结期更长，冻层阻隔，溶性物质还可随水上移。B层呈棕色，土壤呈酸性。

小于本县地域面积3%的土壤类型还有黄壤、寒冻土、紫色土和水稻土等。

本区域中心区气候特征

本区域中心区气候特征值
Regional climate characteristics in central area of the region

气候带：高原亚温带湿润气候 Climate region:Plateau sub temperate humid climate	
年平均气温 /℃ Annual average temperature /℃	11.0
年平均最高气温 /℃ Annual average maximum temperature /℃	18.3
年平均最低气温 /℃ Annual average minimum temperature /℃	6.0
年降水量 /mm Annual precipitation /mm	852
≥10℃的积温 /℃ Daily temperature accumulated in a year（≥10℃）/℃	4647
年日照时数 /h Annual sunshine /h	1756
年平均相对湿度 /% Annual average relative humidity /%	69
干燥度 Dryness	0.92

本区域中心区月平均气温与月平均降水量
Monthly temperature and precipitation in central area of the region

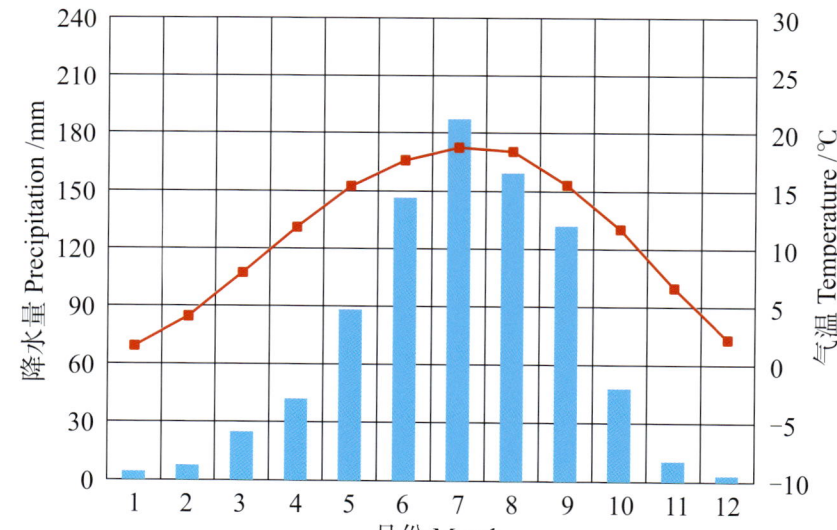

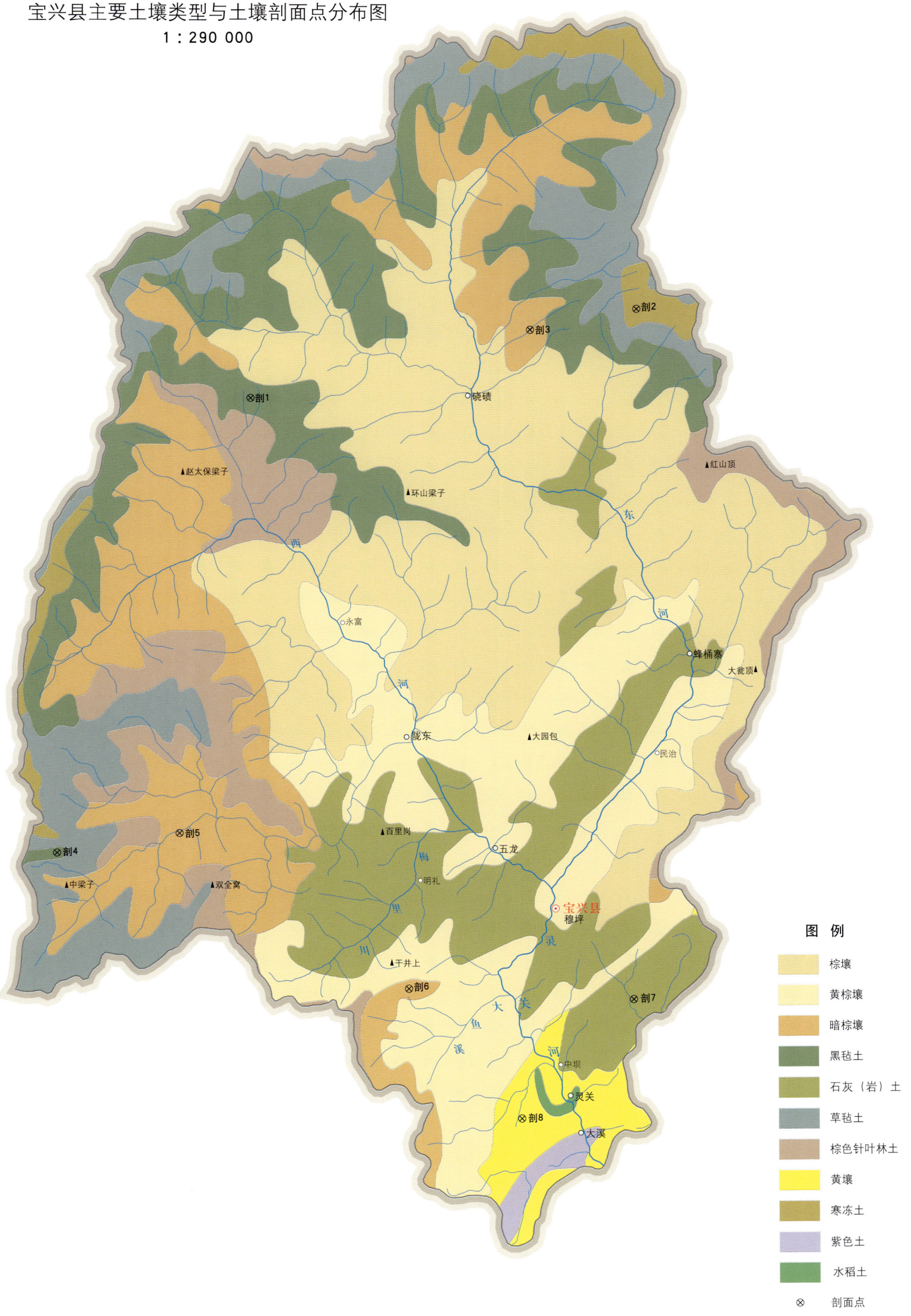

宝兴县土壤剖面理化性状表

剖面号 Soil profile	土纲 Soil order	土类 Soil great group	亚类 Soil subgroup	土属 Soil genus	土种 Soil species	土层码 Layer code	土层厚度 Depth/cm	颜色 Soil color	质地 Soil texture	土壤结构 Soil structure	pH	有机质 OM/(g/kg)	全氮 TN/(g/kg)	全磷 TP/(g/kg)	碱解氮 AN/(mg/kg)	速效钾 AK/(mg/kg)	土壤母质 Parent material	剖面点坐标 Profile coordinate	匹配指数 Matching index/%
剖1	高山土	黑毡土	黑毡土			1	5–18	黑棕色	中壤土	团粒状	6.5	47.1	1.79	1.95			页岩、砂岩、板岩坡积物、残积物	E 102°34′45.8″ N 30°41′42.0″	79
						2	18–62	暗棕色	中壤土	块状	6.7	23.9	0.99	1.26					
剖2	高山土	寒冻土	寒冻土			1	0–2	灰棕色	粗砂土	碎屑状	4.8	19.8	0.56	3.58			冰碛物、风化碎屑残积物、坡积物	E 102°51′55.3″ N 30°45′25.9″	89
剖3	淋溶土	暗棕壤	灰化暗棕壤			1	12–37	灰棕色	中壤土	大块状	5.4	162.5	4.95	1.87				E 102°47′11.0″ N 30°44′32.3″	80
						2	37–65	灰黄棕色	重壤土	板块状	6.2	93.2	2.99	1.56					
剖4	高山土	黑毡土	棕黑毡土			1	5–15	暗棕棕色	中壤土	小块状	5.7	217.2	11.13	2.45			板岩、砂岩、页岩坡积物、残积物	E 102°26′29.8″ N 30°24′05.0″	100
						2	15–36	暗黄棕色	中壤土	块状	6.5	72.1	3.75	0.35					
剖5	淋溶土	暗棕壤	暗棕壤			1	9–34	灰黄棕色	中壤土	小块状	6.0	112.1	4.38	2.29				E 102°31′57.0″ N 30°24′55.8″	84
						2	34–60	淡黄棕色	中壤土	大块状	7.4	67.0	2.78	1.72					
剖6	淋溶土	暗棕壤	草甸暗棕壤			1	8–11	暗棕黄色	轻壤土	粒状	5.5	240.0	11.30	5.34				E 102°42′16.4″ N 30°19′04.1″	77
						2	11–31	暗灰棕色	中壤土	块状	5.5	79.6	4.12	3.78					
						3	31–61	暗黄棕色	重壤土	大块状	5.5	79.6	4.12	3.78					
剖7	初育土	石灰（岩）土	黄色石灰土	粗骨性石灰土	夹石黄泥土	1	0–20	暗灰黄色	重壤土	块状	6.9	43.3	1.48	1.71	138	65	灰岩、白云岩坡积物、残积物	E 102°52′17.4″ N 30°18′48.6″	85
						2	20–66	灰黄棕色	重壤土	大块状	6.9	30.6	1.90	1.71	95	50			
						3	66–97	暗黄棕色		大块状	6.9	36.6	1.85	1.73	103	50			
剖8	铁铝土	黄壤	黄壤	冷砂黄泥土	大黄土	1	0–20	黄棕色	重壤土	块状	6.3	24.1	1.79	1.28	187	70	黄色砂岩残积物、坡积物	E 102°47′22.9″ N 30°14′11.4″	90
						2	20–33	黄棕色	重壤土	柱状	6.2	14.9	1.17	0.94	119	60			
						3	38–82	浅黄棕色	轻黏土	柱状	6.2	23.1	0.70	1.16	67	65			

巴中市

市辖区

主要土类说明

紫色土是巴中市的主要土壤类型，占本市地域面积的55%，广泛分布于高丘和中丘地带，由紫色砂泥岩风化物发育而来。土壤风化程度较低，颜色、性质与母岩相似，组成无多大变化，矿质养分含量较高，盐基饱和度大，碳酸盐反应强烈，呈中性至微碱性，质地为砂土至黏土。农耕地多位于山丘脊部和坡地阶梯面上，土面平缓，光照条件较好，宜种作物广。

水稻土是巴中市第二大土壤类型，占本市地域面积的43%。水稻土是在长期季节性淹灌、水下翻耕、季节性脱水、氧化还原交替影响下，原来成土母质或母土的特性发生重大改变，形成的新的土壤类型。由于干湿交替，水稻土形成糊状淹育层、较坚实板结的犁底层、渗育层、潴育层与潜育层等多种发生层。这些不同发生层段是在人为耕作、水浆管理下形成的。

小于本市地域面积3%的土壤类型还有新积土和黄壤等。

本区域中心区气候特征

本区域中心区气候特征值
Regional climate characteristics in central area of the region

气候带：中亚热带湿润气候 Climate region: Subtropical humid climate	
年平均气温 /℃ Annual average temperature /℃	15.7
年平均最高气温 /℃ Annual average maximum temperature /℃	20.2
年平均最低气温 /℃ Annual average minimum temperature /℃	12.3
年降水量 /mm Annual precipitation /mm	1012
≥10℃的积温 /℃ Daily temperature accumulated in a year (≥10℃) /℃	5359
年日照时数 /h Annual sunshine /h	1344
年平均相对湿度 /% Annual average relative humidity /%	76
干燥度 Dryness	1.10

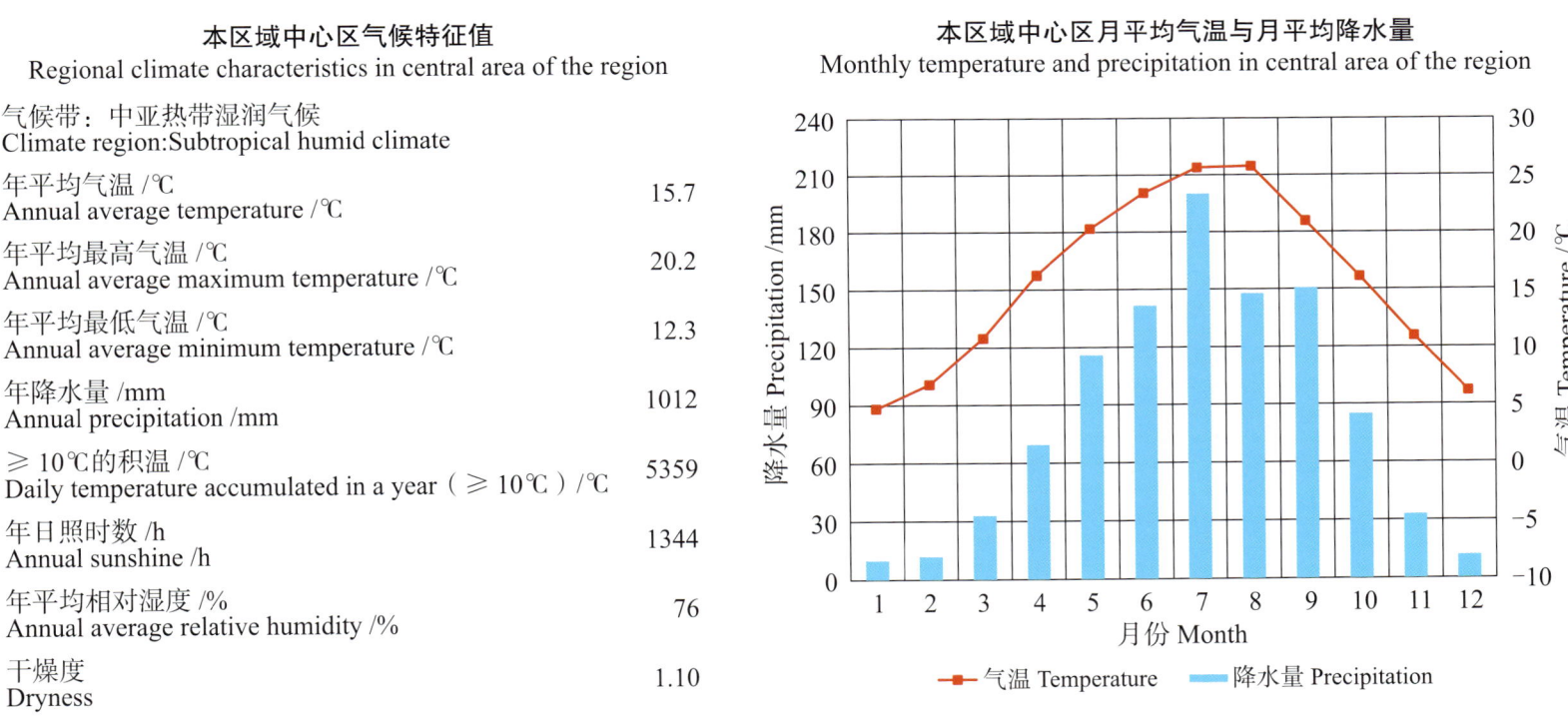

本区域中心区月平均气温与月平均降水量
Monthly temperature and precipitation in central area of the region

巴中市市辖区主要土壤类型与土壤剖面点分布图

1 : 280 000

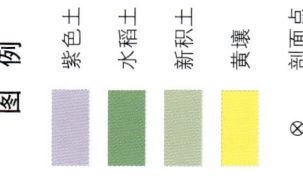

巴中市土壤剖面理化性状表

剖面号 Soil profile	土纲 Soil order	土类 Soil great group	亚类 Soil subgroup	土属 Soil genus	土种 Soil species	土层码 Layer code	土层厚度 Depth/cm	颜色 Soil color	质地 Soil texture	土壤结构 Soil structure	pH	土壤母质 Parent material	剖面点坐标 Profile coordinate	匹配指数 Matching index/%
剖1	初育土	紫色土	黄红紫泥土	黄红紫泥土	黄泥土	1	0～20	紫色	黏土	粒状	8.2	泥岩和石英、长石砂岩风化坡积物、残积物	E 106°27′37.8″ N 31°55′54.4″	93
						2	20～26	浅紫色	黏土	小块状	8.2			
						3	26～74	黄紫色	黏土	柱状	8.1			
						4	74—	灰白色	黏土	整体状				
剖2	初育土	紫色土	黄红紫泥土	黄红紫泥土	死黄泥土	1	0～20	黄褐色	黏土	块状	6.0	泥岩和石英、长石砂岩风化坡积物、残积物	E 106°29′21.8″ N 31°51′31.7″	73
						2	20～28	灰黄色	黏土	块状				
						3	28～50	灰黄色	黏土	柱状				
						4	50—	白黄色	黏土	整体状				
剖3	初育土	紫色土	黄红紫泥土	黄红紫泥土	冷砂土	1	0～22	棕紫色	砂壤土	单粒状	6.0	泥岩和石英、长石砂岩风化坡积物、残积物	E 106°41′49.2″ N 31°55′08.4″	89
						2	22～30	棕黄色	砂壤土	单粒状				
						3	30—	棕黄色	砂壤土	单粒状				
剖4	初育土	紫色土	黄红紫泥土	黄红紫泥土	石骨子土	1	0～17	棕紫色	中壤土	核状	8.0	泥岩和石英、长石砂岩风化坡积物、残积物	E 106°31′02.3″ N 31°53′47.8″	83
						2	17～43	浅紫色	中壤土	核状				
剖5	人为土	水稻土	紫色土性水稻土	棕紫泥水稻土	石骨子泥田	1	0～19	棕紫色	轻壤土	小块状	6.8	棕紫色厚层砂岩、页岩风化物	E 106°52′09.5″ N 31°59′06.7″	80
						2	19～32	黄棕色	中壤土	大块状				
						3	32～90	棕紫色	中壤土	块状				
剖6	人为土	水稻土	紫色土性水稻土	棕紫泥水稻土	红糯泥田	1	0～21	棕紫色	重壤土	棱块状	8.0	棕紫色厚层砂岩、页岩风化物	E 106°48′56.2″ N 31°58′35.0″	94
						2	21～48	棕紫色	重壤土	小棱块状				
						3	48～100	浅棕紫	重壤土	小块状				
剖7	初育土	紫色土	黄红紫泥土	黄红紫泥土	红糯泥土	1	0～14	黄紫色	黏土	块状	7.5	泥岩和石英、长石砂岩风化坡积物、残积物	E 106°59′54.2″ N 31°57′34.6″	84
						2	14～27	棕紫色	重黏土	棱块状				
						3	27～75	棕红色	重黏土	大棱块状				
剖8	人为土	水稻土	紫色土性水稻土	黄红紫泥水稻土	石骨子泥田	1	0～20	黄紫色	中壤土	块状	8.0	泥岩和中细粒石英、长石砂岩坡积物	E 106°55′43.0″ N 31°54′47.5″	76
						2	20～45	紫红色	中壤土	核状				
						3	45—	灰黄色	中壤土	块状				
剖9	铁铝土	黄壤	黄壤	老冲积黄泥土	黄泥土	1	0～18	紫黄色	中壤土	块状	6.5	第四纪老冲积物	E 106°45′23.0″ N 31°50′19.0″	72
						2	18～30	黄色	重壤土	紧体状				
						3	30—	棕色	中壤土	粒状	8.1			
剖10	初育土	紫色土	黄红紫泥土	黄红紫泥土	夹砂土	1	0～30	浅棕色	中壤土	块状		泥岩和石英、长石砂岩风化坡积物、残积物	E 106°31′57.4″ N 31°49′36.8″	72
						2	30～40	灰褐色	中壤土	大棱柱状				
						3	40～95	灰棕色	中壤土	单粒状				
剖11	初育土	新积土	冲积土	紫色冲积土	响砂土	1	0～35	棕色	砂土	单粒状	6.5	河流冲积物	E 106°44′49.9″ N 31°49′20.3″	71
						2	30～80	浅棕色	砂壤土	无明显结构				
剖12	初育土	新积土	冲积土	紫色冲积土	河砂土	1	0～25	灰棕色	砂壤土	单粒状	7.0	河流冲积物	E 106°42′02.2″ N 31°46′54.5″	74
						2	25～37	灰黄色	砂壤土	单粒状				
						3	37—	灰白色	砂壤土	无明显结构				
剖13	人为土	水稻土	冲积型水稻土	紫色冲积水稻土	河砂田	1	0～20	灰绿色	砂土	单粒状	6.5	近代河流冲积物、洪积物	E 106°40′49.1″ N 31°45′33.8″	85
						2	20～50	灰紫色	砂土	粒状				
						3	50—	黄紫色	砂壤土	单粒状				
剖14	人为土	水稻土	冲积型水稻土	紫色冲积水稻土	潮砂田	1	0～19	灰紫色	轻壤土	粒状	6.5	近代河流冲积物、洪积物	E 106°42′58.3″ N 31°45′31.3″	89
						2	19～34	黑灰色	砂壤土	单粒状				
						3	34—	棕红色	砂壤土	单粒状				

续表 Continued

剖面号 Soil profile	土纲 Soil order	土类 Soil great_group	亚类 Soil subgroup	土属 Soil genus	土种 Soil species	土层码 Layer code	土层厚度 Depth/cm	颜色 Soil color	质地 Soil texture	土壤结构 Soil structure	pH	土壤母质 Parent material	剖面点坐标 Profile coordinate	匹配指数 Matching index/%
剖15	人为土	水稻土	紫色土性水稻土	黄红紫泥水稻土	夹砂田	1	0~20	灰蓝色	轻壤土	整体状	7.6	泥岩和中细粒石英、长石砂岩坡积物	E 106°36′32.4″ N 31°43′28.6″	75
						2	20~35	灰蓝色	轻壤土	小梭块状	7.7			
						3	35~	棕黄色	砂黄土	大梭柱状	7.9			
剖16	初育土	紫色土	黄红紫泥土	黄红紫泥土	白鳝泥土	1	0~13	黄红色	中壤土	块状	6.6	泥岩和石英、长石砂岩风化坡积物、残积物	E 106°32′50.6″ N 31°42′33.8″	94
						2	13~20	黄黄色	黏土	块状				
						3	20~100	黄白色	黏土					
剖17	人为土	水稻土	紫色土性水稻土	黄红紫泥水稻土	红糯泥田	1	0~18	灰棕紫色	黏土	粒状、核状	7.3	泥岩和中细粒石英、长石砂岩坡积物	E 106°57′03.2″ N 31°49′18.8″	83
						2	18~37	棕紫色	黏土	梭块状	7.5			
						3	37~51	黄红棕色	黏土	大梭柱状	7.7			
剖18	初育土	新积土	冲积土	紫色冲积土	潮砂土	1	0~18	棕色	轻壤土	粒状	7.5	河流冲积物	E 106°51′04.0″ N 31°45′50.8″	83
						2	18~22	棕色	轻壤土	单粒状				
						3	22~100	棕色	中壤土	单粒状				
剖19	人为土	水稻土	黄壤性水稻土	老冲积黄泥田	卵石黄泥田	1	0~12	紫黄色	中壤土	核状	6.5	第四纪老冲积物	E 106°53′19.7″ N 31°45′24.8″	88
						2	12~19	棕黑色	重壤土	块状				
						3	19~31	棕红色	重壤土	小梭块状				
						4	31~	黄红色	轻壤土	梭体状				
剖20	铁铝土	黄壤	黄壤	老冲积黄泥土	卵石黄泥土	1	0~16	棕黄色	中壤土	块状	5.5	第四纪老冲积物	E 106°53′35.1″ N 31°44′38.1″	92
						2	16~26	棕黄色	中壤土	梭柱状				
						3	26~100	红黄色	中壤土	小块状				
剖21	人为土	水稻土	黄壤性水稻土	老冲积黄泥田	黄泥田	1	0~24	棕黄色	黏土	梭柱状	6.5	第四纪老冲积物	E 106°52′36.5″ N 31°44′37.0″	79
						2	24~37	灰黄色	重黏土	整体状				
						3	37~60	棕黄色	重黏土	整体状				
剖22	人为土	水稻土	黄红紫泥水稻土	黄红紫泥水稻土	砂田	1	0~15	黄棕色	砂壤土	单粒状	7.7	泥岩和中细粒石英、长石砂岩坡积物	E 106°51′53.3″ N 31°42′22.3″	81
						2	15~28	紫棕色	砂壤土	单粒状				
						3	28~100	紫黄色	砂壤土	单粒状				
剖23	人为土	水稻土	黄红紫泥水稻土	黄红紫泥水稻土	黄泥田	1	0~18	黄褐色	重壤土	整体状	6.9	泥岩和中细粒石英、长石砂岩坡积物	E 106°45′51.1″ N 31°40′44.4″	81
						2	18~61	灰褐色	中壤土	大梭块状	7.4			
						3	61~	棕黄色	重壤土	整体状				
剖24	人为土	水稻土	紫色土性水稻土	黄红紫泥水稻土	烂泥田	1	0~18	灰紫色	中壤土	稀糊状	7.4	泥岩和中细粒石英、长石砂岩坡积物	E 106°28′46.6″ N 31°36′02.9″	87
						2	18~30	灰紫色	中壤土	整体状				
						3	30~100	浅灰紫色	重壤土	整体状				
剖25	人为土	水稻土	紫色土性水稻土	棕紫泥水稻土	冷浸田	1	0~20	深灰色	轻壤土	整体状	7.3	棕紫色厚层砂岩、泥岩、页岩风化物	E 106°42′28.4″ N 31°37′17.0″	84
						2	20~50	深灰色	轻壤土	整体状	7.5			
						3	50~	棕黄色	中壤土	大梭柱状				
剖26	人为土	水稻土	紫色土性水稻土	棕紫泥水稻土	烂泥田	1	0~40	灰褐色	中壤土	稀糊状	6.5	棕紫色厚层砂岩、泥岩、页岩风化物	E 106°37′40.8″ N 31°35′43.6″	70
						2	40~96	浅灰绿色	中壤土	整体状				
						3	96~	灰灰色	中壤土	整体状				
剖27	人为土	水稻土	紫色土性水稻土	棕紫泥水稻土	死黄泥田	1	0~14	棕褐色	中壤土	梭块状	7.0	棕紫色厚层砂岩、泥岩、页岩风化物	E 106°41′20.8″ N 31°34′58.8″	70
						2	14~33	黄黄色	中壤土	大梭块状				
						3	33~93	灰黄色	中壤土	小块状				
剖28	人为土	水稻土	紫色土性水稻土	棕紫泥水稻土	夹砂田	1	0~19	灰紫色	轻壤土	小块状		棕紫色厚层砂岩、泥岩、页岩风化物	E 106°36′54.7″ N 31°32′30.0″	72
						2	19~31	棕色	轻壤土	块状				
						3	31~100	红棕色	轻壤土	梭柱状				

续表 Continued

剖面号 Soil profile	土纲 Soil order	土类 Soil great group	亚类 Soil subgroup	土属 Soil genus	土种 Soil species	土层码 Layer code	土层厚度 Depth/cm	颜色 Soil color	质地 Soil texture	土壤结构 Soil structure	pH	土壤母质 Parent material	剖面点坐标 Profile coordinate	匹配指数 Matching index/%
剖29	初育土	紫色土	黄红紫泥土	黄红紫泥土	砂土	1	0—20	褐色	砂壤土	单粒状	7.4	泥岩和石英、长石砂岩风化坡积物、残积物	E 106°50′39.5″ N 31°39′44.6″	84
						2	20—26	浅褐色	砂壤土	单粒状	7.2			
						3	26—53	黄褐色	轻壤土	单粒状	7.2			
						4	53—	浅黄色	轻壤土	单粒状	6.6			
剖30	人为土	水稻土	紫色土性水稻土	黄红紫泥水稻土	冷浸田	1	0—23	灰紫色	轻壤土	整体状	7.4	泥岩和中细粒石英、长石砂岩坡积物	E 106°50′16.4″ N 31°38′15.4″	88
						2	23—45	黄红紫色	轻壤土	柱状	7.5			
						3	45—	黄红紫色	砂壤土		7.7			
剖31	人为土	水稻土	紫色土性水稻土	黄红紫泥水稻土	漏砂田	1	0—26	蓝紫色	砂壤土	整体状	7.9	泥岩和中细粒石英、长石砂岩坡积物	E 106°52′33.6″ N 31°37′17.4″	90
						2	26—43	紫红色	砂土	块状	7.8			
						3	43—100	暗红色	砂土	块状	8.1			
剖32	人为土	水稻土	紫色土性水稻土	黄红紫泥水稻土	死黄泥田	1	0—20	黄紫色	重黏土	块状	7.0	泥岩和中细粒石英、长石砂岩坡积物	E 106°51′22.0″ N 31°36′49.3″	90
						2	20—40	紫棕色	重黏土	棱块状				
						3	40—100	红黄色	黏土	棱柱状				
剖33	人为土	水稻土	紫色土性水稻土	黄红紫泥水稻土	白鳝泥田	1	0—17	紫黄色	黏土	大块状	4.5	泥岩和中细粒石英、长石砂岩坡积物	E 106°48′45.4″ N 31°35′36.2″	85
						2	17—27	白黄色	黏土					
						3	27—	黄白色	重黏土	块状	6.5			
剖34	人为土	水稻土		棕紫泥水稻土	黄泥田	1	0—19	黄棕色	重黏土			棕紫色厚层砂岩、泥岩、页岩风化物	E 106°53′40.2″ N 31°33′19.8″	76
						2	19—28	棕紫色	重黏土	大棱柱状				
						3	28—53	灰棕色	重黏土	大棱柱状				
						4	53—	棕黄色	重黏土	整体状				

通 江 县

主要土类说明

紫色土是通江县的主要土壤类型，占本县地域面积的70%。紫色土是由热带、亚热带紫红色岩层直接风化形成的A-C型土壤。其理化性质与母岩组成直接相关，土层浅薄，剖面层次发育不明显，仍处于初育阶段。母岩富含矿质养分，且风化迅速。

水稻土是通江县第二大土壤类型，占本县地域面积的20%。水稻土是在长期季节性淹灌、水下翻耕、季节性脱水、氧化还原交替影响下，原来成土母质或母土的特性发生重大改变，形成的新的土壤类型。由于干湿交替，水稻土形成糊状淹育层、较坚实板结的犁底层、渗育层、潴育层与潜育层等多种发生层。这些不同发生层段是在人为耕作、水浆管理下形成的。

黄壤占本县地域面积的8%。黄壤发生于亚热带湿润条件下，中度脱硅富铝化，多见于海拔700—1200m的山区。土壤有机质累积较多，具O-A-AB-B-C剖面构型。pH为4.5—5.5。淀积层（B层）富含水合氧化物（针铁矿），呈黄色。

小于本县地域面积3%的土壤类型还有石灰（岩）土、黄棕壤、新积土等。

本区域中心区气候特征

本区域中心区气候特征值
Regional climate characteristics in central area of the region

气候带：中亚热带湿润气候 Climate region: Subtropical humid climate	
年平均气温 /℃ Annual average temperature /℃	15.1
年平均最高气温 /℃ Annual average maximum temperature /℃	19.9
年平均最低气温 /℃ Annual average minimum temperature /℃	11.5
年降水量 /mm Annual precipitation /mm	1110
≥10℃的积温 /℃ Daily temperature accumulated in a year (≥10℃) /℃	5548
年日照时数 /h Annual sunshine /h	1375
年平均相对湿度 /% Annual average relative humidity /%	75
干燥度 Dryness	1.00

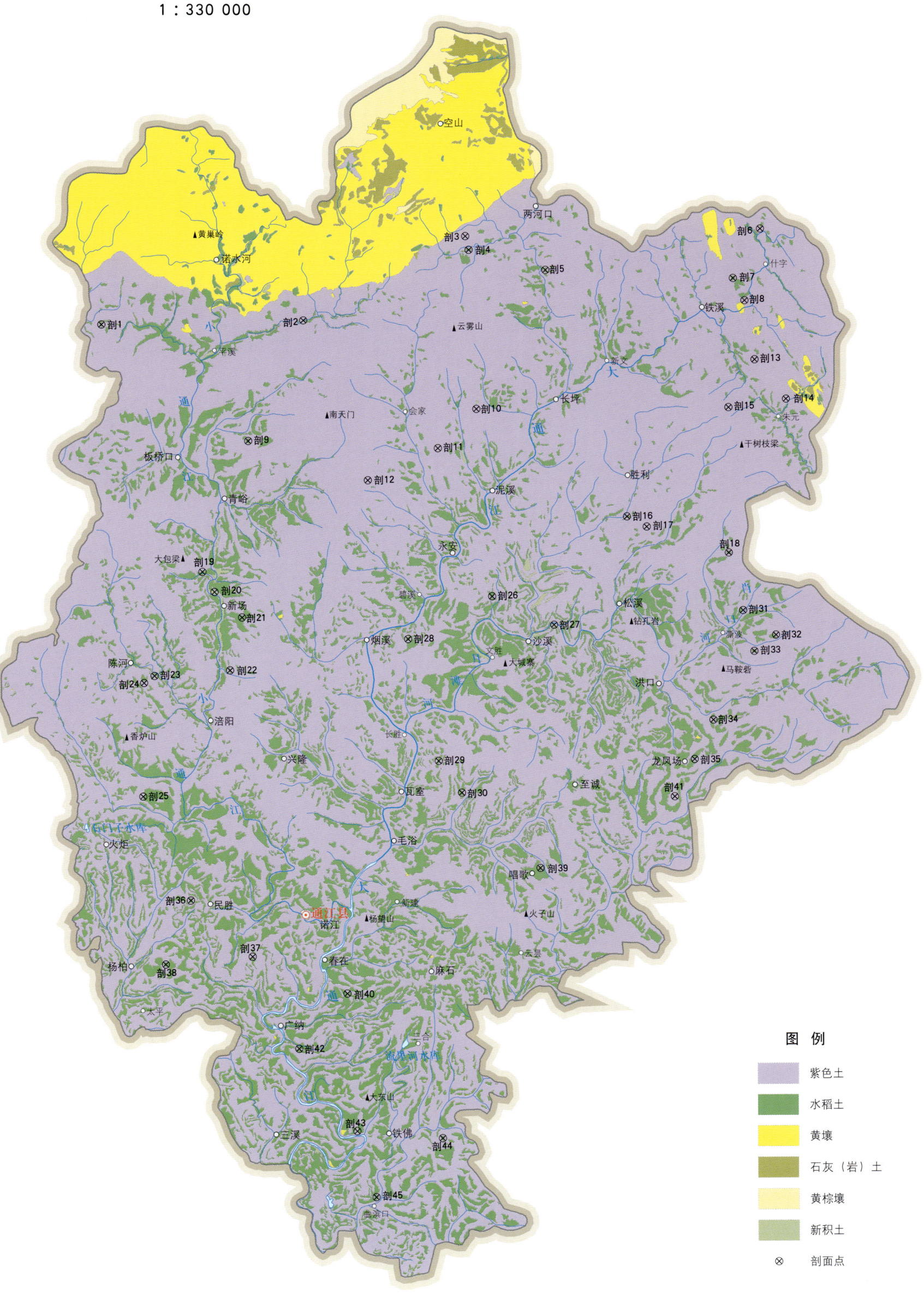

通江县土壤剖面理化性状表

剖面号 Soil profile	土纲 Soil order	土类 Soil great group	亚类 Soil subgroup	土属 Soil genus	土种 Soil species	土层码 Layer code	土层厚度 Depth/cm	颜色 Soil color	质地 Soil texture	pH	有机质 OM/(g/kg)	土壤母质 Parent material	剖面点坐标 Profile coordinate	匹配指数 Matching index/%
剖1	人为土	水稻土	紫色土性水稻土	灰棕紫色水稻土	紫红泥田	1	0—25	暗紫色	重壤土	6.0	19.6	厚泥岩紫色土	E 107°04′40.8″ N 32°20′34.8″	77
						2	25—65	暗紫色	重壤土	7.0	10.1			
						3	65—100	暗紫色	重壤土	7.4	8.5			
剖2	人为土	水稻土	紫色土性水稻土	灰棕紫色水稻土	黄泥田	1	0—21	浅灰黄色	重壤土	5.2	22.5	厚泥岩紫色土	E 107°14′59.3″ N 32°20′34.8″	77
						2	21—83	灰黄色	重壤土	5.5	9.7			
						3	83—105	灰白色	重壤土	5.5	0.9			
剖3	初育土	紫色土	棕紫泥土	暗紫泥土	龙骨石土	1	0—20	青灰黄色	多砾石土	6.5	34.6	砂泥岩	E 107°23′21.5″ N 32°24′03.6″	87
						2	20—45	青灰黄色	多砾石土	6.6	25.6			
						3	45—			5.4	16.4			
剖4	人为土	水稻土	紫色土性水稻土	暗紫泥田	紫黄泥田	1	0—21	浅灰黄色	重壤土	5.4	25.8	紫色土	E 107°23′31.2″ N 32°23′28.3″	97
						2	21—66	灰黄色	重壤土	6.1	9.4			
						3	66—86	灰黄色	中壤土		8.3			
剖5	人为土	水稻土	紫色土性水稻土	灰棕紫泥水稻土	黑砂泥田	1	0—20	紫灰色	中壤土	5.8	26.1	厚泥岩紫色土	E 107°27′24.1″ N 32°22′32.5″	85
						2	20—65	暗灰棕色	砂泥土	6.5	11.5			
						3	65—80			6.9	3.1			
剖6	初育土	紫色土	棕紫泥土	灰棕紫泥土	黑砂泥土	1	0—12	暗紫灰色	中壤土	6.4	25.2	砂泥岩	E 107°38′24.7″ N 32°24′06.8″	95
						2	12—30	浅紫灰色	中壤土	6.1	5.6			
剖7	人为土	水稻土	紫色土性水稻土	暗紫泥田	黄泥田	1	0—25	灰黄色	重壤土	5.9	20.8	砂泥岩	E 107°36′58.0″ N 32°22′00.8″	70
						2	25—45	灰黄色	重壤土	6.7	15.2			
						3	45—95	灰黄色	轻粘土	7.2	9.0			
剖8	初育土	紫色土	棕紫泥土	暗紫泥土	黄泥土	1	0—10	浅黄色	重壤土	6.0	29.5	砂泥岩	E 107°37′31.4″ N 32°21′02.5″	87
						2	10—30	黄色	重壤土	5.9	8.9			
剖9	人为土	水稻土	紫色土性水稻土	棕紫泥水稻土	黄泥田	1	0—17	浅紫黄紫	重壤土	6.0	22.7	砂泥岩	E 107°12′03.2″ N 32°15′27.0″	89
						2	17—40	褐色	重壤土	6.9	18.5			
						3	40—90	浅黄紫色	重壤土	7.6	12.0			
剖10	初育土	紫色土	黄红紫泥土	黄红紫泥土	红石骨土	1	0—16	紫色	重壤土	8.2		残积物、坡积物	E 107°23′43.1″ N 32°16′36.8″	93
						2	16—34	棕红色	重壤土	8.1	19.7			
剖11	初育土	紫色土	黄红紫泥土	黄红紫泥土	森林石骨土	1	0—6	暗红棕色	重壤土	8.3	11.7	残积物、坡积物	E 107°21′43.2″ N 32°14′57.5″	93
						2	6—39		砾石土	8.3				
						3	39—							
剖12	初育土	紫色土	黄红紫泥土	暗紫泥土	羊肝土	1	0—18	紫棕色	重壤土	7.6	12.7	残积物、坡积物	E 107°18′06.5″ N 32°13′38.6″	100
						2	18—51	棕色	重壤土	7.7	5.7			
						3	51—85	紫色	重壤土	7.5	8.3			
剖13	初育土	紫色土	棕紫泥土	暗紫泥土	森林龙骨石土	1	0—35	灰黄色	中壤土	5.8	5.3	砂泥岩	E 107°37′57.7″ N 32°18′28.8″	96
						2	35—100	紫色						
剖14	初育土	紫色土	棕紫泥土	暗紫泥土	暗紫泥土	1	0—18	浅紫色	重壤土		20.9	砂泥岩	E 107°39′30.6″ N 32°16′44.8″	100
						2	18—35	浅紫色	重壤土		15.0			
						3	35—	浅紫色	轻壤土		9.9			
剖15	初育土	紫色土	棕紫泥土	棕紫泥土	冷砂土	1	0—10	黄橙色	中壤土	7.1	12.2	砂泥岩残积物、坡积物	E 107°36′34.6″ N 32°16′26.8″	86
						2	10—37	黄橙色	重壤土	9.4	6.1			
						3	37—	橙色	重壤土	7.8	3.5			

续表 Continued

剖面号 Soil profile	土纲 Soil order	土类 Soil great group	亚类 Soil subgroup	土属 Soil genus	土种 Soil species	土层码 Layer code	土层厚度 Depth/cm	颜色 Soil color	质地 Soil texture	pH	有机质 OM/(g/kg)	土壤母质 Parent material	剖面点坐标 Profile coordinate	匹配指数 Matching index/%
剖16	人为土	水稻土	紫色土性水稻土	棕紫色水稻土	红泥田	1	0—23	浅水紫色	重壤土	7.1	27.8	砂泥岩	E 107°31′15.6″ N 32°11′51.0″	100
						2	23—73	浅紫色	重壤土	7.8	22.8			
						3	73—100	紫色	重壤土	7.2	8.3			
剖17	初育土	紫色土	黄红紫泥土	黄红紫泥土	森林豆渌泥土	1	0—10	褐色	中壤土	5.9	35.9	残积物、坡积物	E 107°32′15.7″ N 32°11′23.3″	94
						2	10—21	灰黄色	中壤土	5.8	13.4			
						3	21—90	黄色	中壤土	5.3	5.3			
剖18	人为土	水稻土	紫色土性水稻土	棕紫色水稻土	大红泥田	1	0—20	紫色	轻黏土	6.8	28.5	砂泥岩	E 107°36′24.5″ N 32°10′10.9″	93
						2	20—30	灰紫色	轻黏土	6.8	25.7			
						3	30—70	紫色	轻黏土	8.1	9.4			
						4	70—95	紫色	轻黏土	7.9	5.8			
剖19	初育土	紫色土	紫色土性水稻土	红棕紫泥土	油泥田	1	0—17	暗灰紫色	重壤土	6.7	18.7	厚泥岩	E 107°09′34.9″ N 32°09′51.5″	95
						2	17—38	暗灰紫色	重壤土	6.5	14.6			
						3	38—70	暗灰紫色	中壤土	7.0	6.3			
剖20	初育土	新积土	冲积土	紫色冲积土	潮砂土	1	0—19	紫红紫色	中壤土	7.9	16.8	河流冲积物	E 107°10′10.6″ N 32°08′59.3″	100
						2	19—90	紫色	中壤土	7.8	17.2			
剖21	人为土	水稻土	紫色土性水稻土	红棕紫色水稻土	油糯泥田	1	0—20	浅红紫色	轻黏土	6.2	23.2	厚泥岩	E 107°11′32.6″ N 32°07′52.0″	97
						2	20—42	浅红紫色	重壤土	6.5	15.2			
						3	42—60	浅红紫色	重壤土	7.1	8.1			
						4	60—100	浅红紫色	重壤土	7.2	7.5			
剖22	人为土	水稻土	紫色土性水稻土	红棕紫色水稻土	黄泥田	1	0—35	灰黄色	黏土	5.7	20.4	厚泥岩	E 107°10′52.7″ N 32°05′35.9″	70
						2	35—50	灰黄色	重壤土	5.9	13.8			
						3	50—90	灰黄色	重壤土	5.2	7.5			
剖23	初育土	紫色土	棕紫泥土	棕紫泥土	油潲泥土	1	0—20	灰紫色	重壤土	6.1	18.1	紫色泥岩残积物、坡积物	E 107°07′01.6″ N 32°05′25.8″	76
						2	20—90	紫色	中壤土	7.3	10.1			
						3	90—							
剖24	初育土	紫色土	棕紫泥土	棕紫色水稻土	石ီ子土	1	0—14	浅紫色	中壤土	8.0	17.7	砂泥岩残积物、坡积物	E 107°06′29.5″ N 32°05′08.2″	72
						2	14—49	浅紫色	重壤土	6.7	13.2			
						3	49—60	浅黄紫色	重壤土	6.8	6.3			
剖25	初育土	新积土	冲积土	紫色冲积土	冷砂土	1	0—28	黄色	紧砂土	5.1	18.8	河流冲积物	E 107°06′18.7″ N 32°00′14.4″	94
						2	28—80	灰黄色	紧砂土	5.2	5.0			
						3	80—							
剖26	人为土	水稻土	紫色土性水稻土	黄红紫色水稻土	红糯泥田	1	0—19	褐色	轻砂土	8.4	23.0	浅色砂岩和紫色泥岩互层	E 107°24′18.4″ N 32°08′31.6″	88
						2	19—46	浅灰紫色	轻砂土	8.6	21.8			
						3	46—72	浅灰紫色	重壤土	5.6	12.6			
						4	72—98	浅灰紫色	重壤土	5.7	3.7			
剖27	初育土	新积土	冲积土	紫色冲积土	响砂土	1	0—45	黄色	紧砂土	5.1	3.3	河流冲积物	E 107°27′25.6″ N 32°07′14.2″	88
						2	45—110	褐色	紧砂土	8.6	2.5			
剖28	人为土	水稻土	紫色土性水稻土	黄红紫色水稻土	紫色夹砂田	1	0—15	浅灰紫色	中壤土	6.1	16.2	浅色砂岩和紫色泥岩互层	E 107°19′58.8″ N 32°06′46.1″	84
						2	15—22	浅灰紫色	重壤土	6.1	16.1			
						3	22—38	灰灰紫色	重壤土	7.6	12.7			
						4	38—67	紫色	重壤土	7.5	3.6			
						5	67—							
剖29	人为土	水稻土	紫色土性水稻土	黄红紫色水稻土	白鳝泥田	1	0—10	灰白色	中壤土	5.5	18.6	浅色砂岩和紫色泥岩互层	E 107°21′22.7″ N 32°01′29.3″	71
						2	10—38	灰灰色	重壤土	5.8	18.3			
						3	38—66	灰黄色	重壤土	8.9	5.9			
						4	66—89	褐黄色	中壤土	6.6	3.7			

续表 Continued

剖面号 Soil profile	土纲 Soil order	土类 Soil great group	亚类 Soil subgroup	土属 Soil genus	土种 Soil species	土层码 Layer code	土层厚度 Depth/cm	颜色 Soil color	质地 Soil texture	pH	有机质 OM (g/kg)	土壤母质 Parent material	剖面点坐标 Profile coordinate	匹配指数 Matching index/%
剖30	人为土	水稻土	紫色土性水稻土	黄红紫色水稻土	黄泥田	1	0—12	浅黄棕色	重壤土	5.9	21.6	浅色砂岩和紫色泥岩互层	E 107°22′30.4″ N 32°00′05.4″	85
						2	12—56	浅黄棕色	中壤土	7.0	19.6			
						3	56—74	浅黄棕色	重壤土	7.7	4.4			
剖31	初育土	紫色土	棕紫泥土	棕紫色水稻土	森林黄泥土	1	0—5	棕色	重壤土	5.6	43.6	砂泥岩残积物、坡积物	E 107°37′03.4″ N 32°07′40.8″	78
						2	5—15	浅灰黄色	重壤土	5.3	19.3			
						3	15—32	浅灰黄色	重壤土	5.9	8.2			
剖32	初育土	紫色土	棕紫泥土	棕紫色水稻土	豆沫泥土	1	0—8	暗灰棕色	重壤土	4.9	93.5	砂泥岩残积物、坡积物	E 107°38′41.6″ N 32°06′34.9″	100
						2	8—9	棕灰色	重壤土	4.9	22.4			
						3	9—46	浅灰黄色	轻黏土	5.3	20.1			
						4	46—	黄棕色	重壤土	5.2	21.3			
剖33	人为土	水稻土	紫色土性水稻土	棕紫色水稻土	冷砂黄泥田	1	0—11	灰黄色	中壤土	5.4	22.9	砂泥岩	E 107°37′34.3″ N 32°05′54.2″	95
						2	11—21	灰黄色	轻壤土	6.6	9.7			
						3	21—34	黄棕色	重壤土	7.1	3.9			
						4	34—	灰黄色	重壤土	5.2	31.6			
剖34	初育土	紫色土	黄红紫泥土	黄红紫色水稻土	豆沫泥土	1	0—8	浅灰黄色	重壤土	5.8	14.8	残积物、坡积物	E 107°35′24.4″ N 32°02′58.9″	85
						2	8—21	灰黄色	重壤土	5.8	7.8			
						3	21—38	灰棕色	重壤土	5.9	4.6			
						4	38—56	橙色	重壤土	3.8	7.9			
剖35	初育土	紫色土	黄红紫泥土	黄红紫色水稻土	生草黄泥土	1	0—6	黄橙色	重壤土	3.7	3.5	残积物、坡积物	E 107°34′23.5″ N 32°01′18.5″	80
						2	6—52	浅红紫色	重壤土	6.3	19.9			
剖36	人为土	水稻土	紫色土性水稻土	黄红紫色水稻土	羊肝泥田	1	0—21	浅红紫色	重壤土	7.8	10.4	浅色砂岩和紫色泥岩互层	E 107°08′37.3″ N 31°55′42.6″	82
						2	21—59	浅红紫色	重壤土	8.0	7.5			
						3	59—100	浅红紫色	重壤土	6.6	13.8			
剖37	初育土	紫色土	黄红紫泥土	黄红紫色水稻土	黄泥土	1	0—17	黄色	重壤土	6.9	11.4	残积物、坡积物	E 107°11′41.6″ N 31°53′12.8″	95
						2	17—50	黄色	重壤土	7.1	1.1			
						3	50—80	浅黄灰色	重壤土	5.6	26.6			
剖38	人为土	水稻土	紫色土性水稻土	黄红紫色水稻土	冷砂黄泥田	1	0—22	灰黄灰色	重壤土	5.8	20.3	浅色砂岩和紫色泥岩互层	E 107°07′16.7″ N 31°52′58.1″	92
						2	22—45	浅黄灰色	重壤土	6.7	6.7			
						3	45—100	紫褐色	中壤土	8.1	27.2			
剖39	人为土	水稻土	紫色土性水稻土	黄红紫色水稻土	冷浸田	1	0—19	褐色	中壤土	8.2	25.2	浅色砂岩和紫色泥岩互层	E 107°26′24.7″ N 31°56′45.2″	100
						2	19—37	浅灰黄色	中壤土	8.1	4.1			
						3	37—80	灰黄棕色	中壤土	7.3	2.6			
						4	80—100	褐黄色	中壤土	6.3	34.3			
剖40	初育土	紫色土	黄红紫泥土	黄红紫色水稻土	森林黄泥土	1	0—22	灰黄色	中壤土	5.7	18.0	残积物、坡积物	E 107°16′27.1″ N 31°51′32.4″	97
						2	22—56	灰黄色	重壤土	5.7	9.5			
						3	56—88	紫色	中壤土	6.1	19.5			
剖41	初育土	紫色土	棕紫泥土	棕紫色水稻土	黄泥土	1	0—14	浅黄色	重壤土	6.2	20.8	砂泥岩残积物、坡积物	E 107°33′19.8″ N 31°59′43.1″	90
						2	14—30	浅黄色	中壤土	6.3	10.1			
						3	30—44	浅黄棕色	轻黏土	6.8	7.5			
						4	44—85	灰黄色	中壤土	6.7	18.9			
剖42	初育土	紫色土	黄红紫泥土	黄红紫色水稻土	夹砂黄泥土	1	0—14	灰黄色	中壤土	6.7	17.6	残积物、坡积物	E 107°13′56.3″ N 31°49′14.2″	96
						2	14—28	紫色	中壤土	6.7	13.9			
						3	28—61	紫色	中壤土	6.7	14.9			
剖43	初育土	紫色土	黄红紫泥土	黄红紫色水稻土	紫色夹砂土	1	0—21	紫灰色	重壤土	5.8	8.0	残积物、坡积物	E 107°16′47.3″ N 31°45′40.3″	72
						2	21—43	紫灰色	重壤土	5.4	8.5			
						3	43—61							

续表 Continued

剖面号 Soil profile	土纲 Soil order	土类 Soil great group	亚类 Soil subgroup	土属 Soil genus	土种 Soil species	土层码 Layer code	土层厚度 Depth/cm	颜色 Soil color	质地 Soil texture	pH	有机质 OM/(g/kg)	土壤母质 Parent material	剖面点坐标 Profile coordinate	匹配指数 Matching index/%
剖44	人为土	水稻土	紫色土性水稻土	棕紫色水稻土	红砂泥田	1	0—20	浅红紫色	中壤土	7.8	27.0	砂泥岩	E 107° 21′ 06.5″ N 31° 45′ 16.6″	76
						2	20—45	浅红紫色	中壤土	7.2	10.9			
						3	45—58	浅红紫色	中壤土	7.1	6.7			
						4	58—85	灰黄色	轻壤土	7.0	7.0			
剖45	人为土	水稻土	紫色土性水稻土	黄红紫色水稻土	黄胶泥田	1	0—15	浅棕色	轻黏土	6.7	24.7	浅色砂岩和紫色泥岩互层	E 107° 17′ 40.2″ N 31° 42′ 50.4″	83
						2	15—40	浅棕色	重壤土	7.6	15.2			
						3	40—53	浅棕色	重壤土	7.7	4.6			

南 江 县

主要土类说明

紫色土是南江县的主要土壤类型，占本县地域面积的39%，分布于长赤、正直、下两、沙河、大河、小河和赶场。紫色土是由热带、亚热带紫红色岩层直接风化形成的A-C型土壤。其理化性质与母岩组成直接相关，土层浅薄，剖面层次发育不明显，仍处于初育阶段。母岩富含矿质养分，且风化迅速。土体中含有丰富的母岩碎屑，均属砾质土。

黄棕壤是南江县第二大土壤类型，占本县地域面积的23%，分布于海拔1300—2100m的中、深切割中山，是亚热带黄壤与温带棕壤之间的过渡地带性土壤。母质为闪长岩、花岗岩、白云岩、石灰岩等风化物，母质的矿物风化结合淋溶作用，并进行弱脱硅富铝化过程，土壤呈酸性（pH为5.5—6.5），通体湿润，质地为中黏土至轻黏土。因坡度大，表土细粒流失，土壤含岩石碎屑多（中砾质至重砾质）。本县黄棕壤只有山地黄棕壤一个亚类。

水稻土是南江县第三大土壤类型，占本县地域面积的19%。水稻土是在长期季节性淹灌、水下翻耕、季节性脱水、氧化还原交替影响下，原来成土母质或母土的特性发生重大改变，形成的新的土壤类型。由于干湿交替，水稻土形成糊状淹育层、较坚实板结的犁底层、渗育层、潴育层与潜育层等多种发生层。本县水稻土分为冲积型水稻土、紫色土性水稻土、黄壤性水稻土等亚类。

黄壤占本县地域面积的17%，分布于碾盘—赶场乡一线以北的中、深切割中山地貌区。黄壤发生于亚热带湿润条件下，中度脱硅富铝化，多见于海拔700—1200m的山区。土壤有机质累积较多，具O-A-AB-B-C剖面构型。pH为4.5—5.5。淀积层（B层）富含水合氧化物（针铁矿），呈黄色。本县黄壤分为黄壤和生草黄壤等亚类。

小于本县地域面积3%的土壤类型还有石灰（岩）土、新积土等。

本区域中心区气候特征

本区域中心区气候特征值
Regional climate characteristics in central area of the region

气候带：北亚热带湿润气候 Climate region: North subtropical humid climate	
年平均气温 /℃ Annual average temperature /℃	15.2
年平均最高气温 /℃ Annual average maximum temperature /℃	19.9
年平均最低气温 /℃ Annual average minimum temperature /℃	11.7
年降水量 /mm Annual precipitation /mm	990
≥10℃的积温 /℃ Daily temperature accumulated in a year（≥10℃）/℃	5467
年日照时数 /h Annual sunshine /h	1415
年平均相对湿度 /% Annual average relative humidity /%	76
干燥度 Dryness	1.08

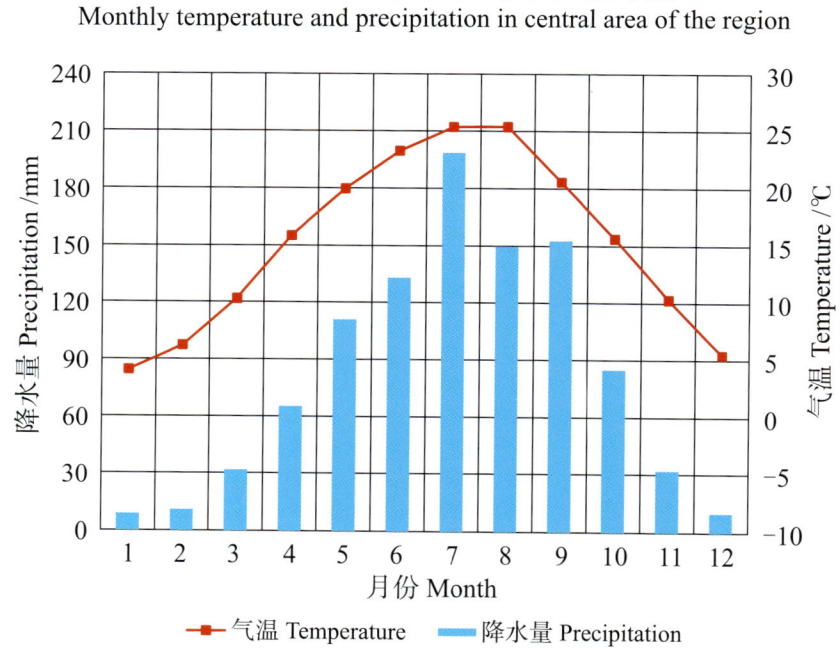

本区域中心区月平均气温与月平均降水量
Monthly temperature and precipitation in central area of the region

南江县主要土壤类型与土壤剖面点分布图

1:320 000

图例

- 紫色土
- 黄棕壤
- 水稻土
- 黄壤
- 石灰（岩）土
- 新积土
- ⊗ 剖面点

第三编　四川省分县土壤图与土壤剖面数据 | 747

南江县土壤剖面理化性状表

剖面号 Soil profile	土纲 Soil order	土类 Soil great group	亚类 Soil subgroup	土属 Soil genus	土种 Soil species	土层码 Layer code	土层厚度 Depth/cm	颜色 Soil color	质地 Soil texture	土壤结构 Soil structure	pH	有机质 OM/(g/kg)	全氮 TN/(g/kg)	全磷 TP/(g/kg)	全钾 TK/(g/kg)	碱解氮 AN/(mg/kg)	有效磷 AP/(mg/kg)	速效钾 AK/(mg/kg)	阳离子交换量CEC/(cmol/kg)	土壤母质 Parent material	剖面点坐标 Profile coordinate	匹配指数 Matching index/%
剖1	铁铝土	黄壤	黄壤	老冲积黄壤土		1	0–12	黑棕色	中壤土	团粒状	4.9	55.9	2.12	0.56	1.4	203	1.0	237	17.9	冰碛物	E 106°42′54.5″ N 32°39′46.8″	79
						2	12–27	暗灰色	中壤土	团粒状	4.9	57.1	2.10	0.66	1.4	207			17.7			
						3	27–35	暗灰黄色	中壤土	团块状	4.9	50.9	1.98	0.65	1.3	208			15.6			
						4	35–50	黄棕色	中壤土	小块状	5.2	18.3	0.78	0.48	1.3	78			8.3			
						5	50–100															
剖2	铁铝土	黄壤	黄壤	粗骨性黄泥土	扁砂土	1	0–12	浅灰黄色	轻壤土	粒状	6.5	24.4	1.16	1.08	2.3	84	2.0	149	14.2	片岩、板岩风化坡积物、残积物	E 106°40′16.3″ N 32°38′46.3″	95
						2	12–28	浅灰黄色	轻壤土	小块状	5.8	16.9	0.87	0.82	2.5				12.7			
						3	28–															
剖3	淋溶土	黄棕壤	山地黄棕壤	鱼眼黄棕壤		1	0–32	灰黄棕色	中壤土	粒状、小块状	5.7	54.3	3.17	2.96	2.1	320	3.0	103	22.5	闪长岩及风化坡积物、残积物	E 106°42′32.4″ N 32°30′40.3″	89
						2	32–44	浅黄棕色	中砾轻壤土	小块状	5.5	33.5	1.83	2.70	2.1	220		130	17.1			
						3	44–73	浅黄棕色	轻壤土	棱柱状	5.2	16.5	0.78	2.62	1.9	94	1.0	73	14.1			
						4	73–105	浅黄棕色	轻壤土	小块状	5.7	19.4	1.05	2.55	2.1				15.4			
						5	105–															
剖4	人为土	水稻土	黄壤性水稻土	粗骨性黄泥水稻田	鱼眼砂田	1	0–23	暗黄棕色	中壤土	核状	5.4	20.2	1.06	2.77	1.9	92	15.0	68	16.3		E 106°53′48.5″ N 32°35′36.2″	97
						2	23–55	褐色	中砾轻壤土		5.9	18.5	0.94	2.82	1.9				16.6			
						3	55–															
剖5	人为土	水稻土	冲积型水稻土	黄色冲积水稻土	半砂半泥	1	0–20	灰黄色	轻壤重壤土	小团块状	5.5	27.0	1.28	1.80	2.0	107	5.0	53	11.7		E 106°57′24.1″ N 32°35′36.2″	94
						2	20–24	暗黄棕色	轻砾中壤土	块状	5.8	17.1	0.76	1.31	2.0				10.0			
						3	24–70	灰黄色	轻砾中壤土	棱柱状	5.0	17.4	1.23	1.79	1.9				11.6			
剖6	铁铝土	黄壤	黄壤	粗骨性黄泥土	鱼眼砂土	1	0–23	灰黄色	紧砂土	粒状	6.4	7.7	0.34	4.24	1.1	33	8.0	21	6.9	残积物	E 106°56′03.5″ N 32°35′31.6″	83
						2	23–															
剖7	铁铝土	黄壤	黄壤	矿子黄泥土	矿子黄泥土	1	0–16	暗黄棕色	中壤土	小团块状	5.5	28.0	1.72	1.08	2.2	126	2.0	84	11.0		E 106°56′30.7″ N 32°31′11.4″	97
						2	16–57	浅黄棕色	中砾重黏土	团块状	6.0	18.1	1.27	0.62	2.5				22.0			
						3	57–83	棕黄色	轻砾重黏土		6.6	12.6	1.20	0.71	2.7				20.1			
剖8	铁铝土	黄壤	黄壤	粗骨性黄泥土	黄砂土	1	0–20	黄色	轻砾重黏土	小块状	5.7	15.0	0.77	0.61	1.9	67	3.0	122	17.9		E 106°54′34.1″ N 32°30′53.8″	99
						2	20–80	暗黄棕色	轻砾重壤土	块状	5.4	10.3	0.37	0.40	1.9				15.7			
剖9	淋溶土	黄棕壤	山地黄棕壤	鱼眼砂黄棕壤	夹砂土	1	0–23	暗黄棕色	紧砂土	粒状、小块状	6.5	17.9	0.76	1.14	3.1	81	1.0	47	13.9	闪长岩及风化坡积物、残积物	E 106°58′00.1″ N 32°30′24.1″	71
						2	25–35	暗黄棕色	轻壤土	小块状	6.3	7.5	1.01	0.80	2.6				10.8			
						3	35–															
剖10	人为土	水稻土	黄壤性水稻土	粗骨性黄泥水稻土	扁砂泥土	1	0–15	浅棕黄色	中壤土	核状	5.3	23.3	1.21	1.36	1.9	105		197	15.5		E 107°03′14.8″ N 32°33′22.7″	83
						2	15–30	浅灰黄色	中壤土	小柱状	5.6	5.8	0.49	0.97	2.0				16.5			
						3	30–60															
剖11	人为土	水稻土	黄壤性水稻土	粗骨性黄泥水稻土	夹砂泥土	1	0–18	浅灰黄色	中砾重黏土	团粒状	5.3	26.6	1.40	1.06	2.1	107	2.0	141	16.8		E 107°00′05.8″ N 32°33′12.2″	96
						2	18–23	浅灰黄色	中砾重黏土	块状	6.0	24.1	0.98	1.08	2.1				14.6			
						3	23–60	中砾重黏土		棱柱状	6.3	17.0	0.93	1.10	2.1				13.9			
剖12	淋溶土	黄棕壤	山地黄棕壤	粗骨性黄棕壤	灰泡土	1	0–19	黑褐色	中壤土	粒状	5.7	48.5	2.18	0.65	2.3	190	6.0	115	16.8	灰岩	E 106°44′58.6″ N 32°27′13.3″	99
						2	19–86	浅黄色	中砾重黏土	粒状	5.1	12.2	0.86	0.37	2.3	78			11.7			
						3	86–100															
剖13	初育土	石灰（岩）土	红色石灰土	红色石灰土	红石渣子	1	0–18	浅红色	中壤土	核状、小块状	7.3	14.6	0.66	1.45	4.8	47	2.0	153	14.0		E 106°44′56.8″ N 32°23′15.0″	88
						2	18–53	暗红棕色														

续表 Continued

剖面号 Soil profile	土纲 Soil order	土类 Soil great group	亚类 Soil subgroup	土属 Soil genus	土种 Soil species	土层码 Layer code	土层厚度 Depth/cm	颜色 Soil color	质地 Soil texture	土壤结构 Soil structure	pH	有机质 OM/(g/kg)	全氮 TN/(g/kg)	全磷 TP/(g/kg)	全钾 TK/(g/kg)	碱解氮 AN/(mg/kg)	有效磷 AP/(mg/kg)	速效钾 AK/(mg/kg)	阳离子交换量CEC/(cmol/kg)	土壤母质 Parent material	剖面点坐标 Profile coordinate	匹配指数 Matching index/%
剖14	人为土	水稻土	黄壤性水稻土	粗骨性黄泥水稻土	黄泥田	1	0—19	暗黄棕色	轻砾重壤土	团块状	5.1	22.7	1.63	1.28	2.5	148	9.0	73	13.1		E 106°56′06.7″ N 32°29′45.4″	81
						2	19—25	暗黄棕色	轻砾重壤土	块状	6.2	18.9	1.16	1.28	2.5				12.1			
						3	25—56	浅黄棕色	中壤土	大棱柱状	6.7	9.4	0.58	0.20	2.4				12.2			
						4	56—80	黄棕色	中壤土	小棱柱状	7.0	4.7	0.47	0.60	2.3				15.2			
剖15	初育土	石灰(岩)土	黄色石灰土	黄色石灰泥土	石渣子黄泥土	1	0—19	暗黄棕色	中壤土	小团块状	7.5	14.6	0.81	1.29	4.1	54	2.0	178	11.7	近代河流紫色冲积物	E 106°47′09.2″ N 32°27′49.3″	86
						2	19—48	黄棕色	中壤土		7.6											
剖16	人为土	水稻土	冲积型水稻土	紫色冲积水稻土	潮泥田	1	0—20	棕紫色	轻砾中壤土	粒状	5.5	24.4	1.14	1.12	2.4	102	27.0	51	11.9		E 106°53′40.2″ N 32°27′25.6″	83
						2	20—25	棕紫色	轻砾中壤土	小块状	6.4	16.2	0.69	1.03	2.5	61		36	10.4			
						3	25—70	棕紫色	轻砾重壤土	粒状	6.4	11.3	0.46	1.21	2.7	27		25	12.5			
剖17	初育土	紫色土	棕紫泥土	暗紫泥土	红石骨子土	1	0—15	暗紫色	轻砾重壤土	粒状	5.8	12.7	0.64	0.83	2.1	43	2.0	67	15.5		E 106°48′47.9″ N 32°26′02.0″	81
						2	15—30	暗紫色	中壤土		5.9	6.0	0.54	0.86	2.3				16.0			
剖18	人为土	水稻土	冲积型水稻土	潮黄泥水稻土	潮黄泥田	1	0—21	栗色	轻壤土	核状	7.4	25.2	1.16	1.04	2.2	88	11.0	86	9.8		E 106°52′00.8″ N 32°25′32.2″	99
						2	21—100	灰黄棕色	轻壤土	核状	7.5	20.1	1.50	1.04	3.3				12.8			
剖19	人为土	紫色土	黄壤性水稻土	矿子黄泥水稻土	矿子黄泥田	1	0—20	浅黄棕色	轻砾重壤土	小棱柱状	5.6	26.9	1.27	1.11	2.2	112	7.0	122	13.1		E 106°55′09.2″ N 32°25′24.0″	80
						2	20—83	黄棕色	重壤土	棱柱状	6.8	5.5	0.43	0.56	3.3				12.6			
剖20	铁铝土	黄壤	黄壤	冷砂黄泥土	冷砂土	1	0—20	灰黄色	轻壤土	核状	6.2	20.3	1.08	1.22	2.2	73	6.0	73	11.4	地层岩石	E 106°56′40.6″ N 32°24′52.7″	76
						2	20—48	褐色	轻壤土	小块状	6.4	10.7	0.81	1.21	2.2				16.1			
剖21	铁铝土	黄壤	黄壤	冷砂黄泥土	冷砂土	1	0—20	浅黄棕色	中壤土	核状	6.0	17.6	0.75	0.73	2.1	53	2.0	60	11.5	地层岩石	E 106°47′49.6″ N 32°24′32.4″	83
						2	20—60	黄棕色	中壤土	棱柱状	6.3	15.7	0.61	0.70	2.1				12.9			
剖22	铁铝土	黄壤	黄壤	老冲积黄泥壤土	小黄泥土	1	0—14	灰黄色	轻砾中壤土	团块状	7.4	23.9	1.47	1.33	2.6	90	3.0	139	13.6	冰碛物	E 106°58′22.5″ N 32°24′30.5″	74
						2	14—21	褐色	轻壤土	块状	7.6	12.4	5.90	1.22	2.6				13.0			
						3	21—90		中壤土	小块状	7.7	7.4	0.51	1.10	2.5				12.2			
						4	90—															
剖23	人为土	水稻土	紫色土性水稻土	暗紫泥田	黄泥田	1	0—23	灰黄色	轻砾重壤土	团块状	5.7	28.7	1.54	0.37	2.3	151	2.0	126	13.9		E 106°53′01.3″ N 32°24′08.6″	97
						2	23—30	浅灰棕色	轻砾重壤土	块状	5.6	28.7	1.47	0.92	2.3				13.8			
						3	30—80	浅灰棕色	重壤土	棱柱状	6.4	15.7	0.99	0.89	2.3				14.2			
剖24	人为土	水稻土	黄壤性水稻土	冷砂黄泥田	冷砂泥田	1	0—18	灰黄色	轻砾中壤土	棱柱状	5.6	18.8	0.99	0.62	2.1	80		100	10.9		E 106°56′49.9″ N 32°23′30.8″	84
						2	18—24	灰褐色	轻砾中壤土	块状	6.2	15.5	0.88	0.66	2.2				11.2			
						3	24—100	灰褐色	轻砾中壤土	块状	7.1	9.1	0.67	0.54	2.1				11.5			
剖25	人为土	水稻土	黄壤性水稻土	冷砂黄泥田	黄泥田	1	0—20	浅灰棕色	轻砾重壤土	团块状	5.6	30.3	1.45	0.69	1.8	122	2.0	67	12.7		E 106°47′02.4″ N 32°23′13.2″	80
						2	20—27	浅灰棕色	轻砾重壤土	块状	5.9	20.9	1.10	0.63	1.9				11.9			
						3	27—90	浅灰棕色	轻砾重壤土	棱柱状	6.4	11.5	0.67	0.53	1.9				11.4			
剖26	初育土	紫色土	棕紫泥土	灰棕紫泥土	红石骨子土	1	0—15	棕色	轻砾重壤土	粒状	5.7	9.6	0.57	1.03	3.6	39	10.0	82	17.3		E 106°49′06.7″ N 32°21′31.4″	90
						2	15—53	棕色	中壤土	小块状	6.8	6.6	0.40	1.16	3.3	27						
剖27	初育土	紫色土	棕紫泥土	灰棕紫泥土	朱砂土	1	0—18	暗灰棕色	中壤土	粒状	5.5	11.1	0.70	1.06	2.2	50	10.0	67	12.1	灰棕紫色砂页岩	E 106°53′53.8″ N 32°20′54.0″	92
						2	18—30	灰棕色	中壤土	粒状	5.7	11.1	0.65	1.07	2.2				13.6			
剖28	人为土	水稻土	紫色土性水稻土	灰棕紫泥水稻土	朱砂泥田	1	0—22	棕紫色	轻砾重壤土	核状	5.9	22.0	1.16	1.22	3.2	87	10.0	81	17.6	紫色砂泥岩风化残积物坡积物	E 106°47′39.5″ N 32°20′53.4″	98
						2	22—28	棕紫色	轻砾中壤土	块状	6.3	11.2	0.68	1.20	3.3	52			16.1			
						3	28—57	棕紫色	中壤土	棱柱状	6.9	0.4	0.47	0.52	2.6	33		41	14.0			
						4	57—															
剖29	初育土	紫色土	棕紫泥土	灰棕紫泥土	黄泥土	1	0—24	灰黄色	中壤土	小块状	5.3	11.9	0.63	0.64	2.1	5	1.0	66	12.6	灰棕紫色砂页岩	E 106°45′59.0″ N 32°20′30.8″	96
						2	24—68	黄色	重壤土		5.5	15.0	0.74	0.63	2.1				16.2			
						3	68—100	黄棕色														

续表 Continued

剖面号 Soil profile	土纲 Soil order	土类 Soil great group	亚类 Soil subgroup	土属 Soil genus	土种 Soil species	土层码 Layer code	土层厚度 Depth/cm	颜色 Soil color	质地 Soil texture	土壤结构 Soil structure	pH	有机质 OM/(g/kg)	全氮 TN/(g/kg)	全磷 TP/(g/kg)	全钾 TK/(g/kg)	碱解氮 AN/(mg/kg)	有效磷 AP/(mg/kg)	速效钾 AK/(mg/kg)	阳离子交换量CEC/(cmol/kg)	土壤母质 Parent material	剖面点坐标 Profile coordinate	匹配指数 Matching index/%
剖30	人为土	水稻土	紫色土性水稻土	灰棕紫泥水稻土	黄泥田	1	0—18	浅棕黄色	重壤土	团状	4.3	20.5	1.13	0.98	2.4	85	4.0	116	11.1	紫色砂泥岩风化残积物、坡积物	E 106°57′36.4″ N 32°20′04.6″	94
						2	18—26	灰黄色	轻砾重壤土	块状	5.0	19.0	1.04	0.75	2.0				10.6			
						3	26—90	灰棕色	轻砾重壤土	棱柱状	5.1	10.9	0.70	0.60	2.2				11.3			
剖31	铁铝土	黄壤	黄壤	矿子黄泥土	油黄泥土	1	0—20	浅棕色	轻砾重壤土	团块状	5.9	19.0	1.06	0.69	3.0	82		142	22.0	灰岩	E 107°02′57.8″ N 32°28′39.4″	91
						2	20—28	浅棕色	轻砾重壤土	大块状	6.3	17.9	1.08	0.65	2.9				20.0			
						3	28—89	红棕色	轻砾轻黏土	大块状	6.2	9.4	0.78	0.64	3.7				23.0			
剖32	人为土	水稻土	紫色土性水稻土	黄红紫泥水稻土	阳干泥田	1	0—16	灰黄色	轻砾轻黏土	块状	4.8	16.5	1.13	0.90	2.5	75	3.0	106	19.4		E 106°41′52.4″ N 32°11′51.0″	73
						2	16—21	灰黄色	轻砾重黏土	大块状	4.6	16.5	1.11	0.96	2.4				19.2			
						3	21—51	浅黄棕色	重壤土	大棱柱状	5.5	7.8	0.67	0.86	2.3				21.1			
						4	51—80	灰棕色	轻砾重壤土	小棱柱状	5.8	4.3	0.33	0.48	1.9				15.6			
剖33	人为土	水稻土	紫色土性水稻土	黄红紫泥水稻土	冷浸田	1	0—42	灰棕色	轻砾重壤土	稀糊状	7.5	27.0	1.40	0.81	2.3	85	2.0	80	16.4		E 106°37′34.0″ N 32°10′32.5″	100
						2	42—99	暗棕色	轻砾重壤土	整体状	7.4	30.2	1.53	0.92	2.2				16.5			
						3	99—119	青灰色	中壤土	整体状	6.3	7.3	0.45	0.60	2.3				11.0			
剖34	人为土	水稻土	紫色土性水稻土	灰棕紫泥水稻土	红糯泥田	1	0—20	灰紫色	轻砾轻黏土	团块状	5.0	25.0	1.40	0.71	2.7	99	3.0	144	16.2	紫色砂泥岩风化残积物、坡积物	E 106°45′31.3″ N 32°19′34.0″	82
						2	20—28	灰紫色	轻黏土	大棱柱状	5.3	15.1	0.93	0.61	2.8				15.9			
						3	28—56	灰棕色														
						4	56—70	灰棕色		小棱柱状												
剖35	人为土	水稻土	紫色土性水稻土	红棕紫泥水稻土	红砂泥田	1	0—16	暗红棕色	轻砾中壤土	核状	6.7	30.5	1.68	1.08	2.1	115	6.0	106	13.2		E 106°50′28.6″ N 32°18′37.8″	87
						2	16—25	暗红棕色	轻砾重壤土	小块状	7.3	16.8	0.94	1.04	2.1				12.2			
						3	25—50	暗红棕色	轻砾重壤土	小块状	7.3	8.2		0.75	2.1				12.6			
剖36	人为土	水稻土	紫色土性水稻土	灰棕紫泥水稻土	面砂泥田	1	0—23	褐色	轻砾轻壤土	粒状	5.7	16.1	0.83	1.02	1.9	71	1.0	51	13.0	紫色砂泥岩风化残积物、坡积物	E 106°47′51.4″ N 32°18′24.8″	97
						2	23—30	灰棕色	中壤土	块状	6.0	8.3	0.51	0.65	1.9				14.7			
						3	30—66	灰黄色	中壤土	棱柱状	6.0	6.1	0.60	0.87	1.9				12.3			
						4	66—	灰黄色	中壤土	小块状	6.5	5.1	0.33	0.47	1.9				16.5			
剖37	人为土	水稻土	紫色土性水稻土	红棕紫泥水稻土	大红泥田	1	0—13	暗红棕色	轻砾中壤土	棱状	5.7	22.3	1.27	0.86	2.3	91	2.0	139	12.8		E 106°48′17.6″ N 32°17′22.2″	94
						2	13—25	暗红棕色	轻砾重壤土	小块状	6.6	20.6	1.25	0.93	2.4				13.0			
						3	25—51	暗红棕色	轻砾重壤土	棱柱状	7.1	9.8	0.73	0.62	2.3				12.9			
						4	51—100	暗红棕色	轻砾重壤土	小块柱状	7.2	5.5	0.45	0.52	2.3				15.2			
剖38	初育土	紫色土	紫色土性土	暗紫泥土		1	0—16	黄红棕色	重壤土	团块状	5.6	12.5	0.70	0.87	2.1	49	4.0	109	18.0		E 106°48′02.2″ N 32°14′51.0″	91
						2	16—60	黄红棕色	轻砾重壤土	块状	5.7	5.7	0.57	0.77	2.3				21.0			
						3	60—70															
剖39	初育土	紫色土	紫色土性土	黄红紫泥土	羊肝泥田	1	0—23	黄棕色	轻砾重壤土	粒状	5.5	11.8	1.07	0.73	1.8	87	5.0	107	11.4		E 106°48′14.0″ N 32°17′22.2″	100
						2	23—30	黄棕色	轻砾重壤土	小棱柱状	6.2	9.7	0.55	0.49	1.9				10.9			
						3	30—70	浅黄棕色	轻砾重壤土	小块状	6.0	11.1	0.74	0.60	1.9				11.4			
剖40	人为土	水稻土	紫色土性水稻土	黄红紫泥水稻土	朱砂泥田	1	0—20	浅黄棕色	轻砾中壤土	核状	6.3	22.3	1.28	0.90	2.8	98	10.0	99	17.2		E 106°45′50.4″ N 32°10′59.5″	80
						2	20—28	黄棕色	中砾重壤土	块状	6.5	22.9	1.47	0.96	2.5				18.4			
						3	28—57	红棕色	重壤土	棱柱状	7.4	9.2	0.57	0.89	2.6				19.1			
剖41	初育土	紫色土	黄红紫色土	黄红紫泥土	砂土	1	0—18	浅红色	砂质壤土	粒状	6.6	9.7	0.58	0.87	2.1	50	2.0	68	14.0		E 106°42′59.0″ N 32°09′26.6″	90
						2	18—32	红棕色		单粒状	6.7											
剖42	初育土	紫色土	中性紫色土	脱钾紫泥土	紫色粗砂土	A	0—22	灰紫色		小块状	7.3	9.7	0.52	0.72	2.4	38	4.0	53	16.9	砂岩风化残积物	E 106°44′52.8″ N 32°09′12.2″	84
						C	22—40	灰黄色	中壤土	小块状	7.2	6.4	0.41	0.58	2.3				18.0			
剖43	初育土	紫色土	黄红紫泥土	黄红紫泥土	黄红糯土	1	0—21	棕红色	轻砾重壤土	小块状	7.3	17.7	0.68	1.29	2.0	34	3.0	77	16.3		E 106°40′35.4″ N 32°08′28.3″	84
						2	21—93	棕红色	轻砾重壤土	棱状	7.2	7.7	0.59	0.33	1.6				15.2			
						3	93—100	棕红色			4.9											

续表 Continued

剖面号 Soil profile	土纲 Soil order	土类 Soil great group	亚类 Soil subgroup	土属 Soil genus	土种 Soil species	土层码 Layer code	土层厚度 Depth/cm	颜色 Soil color	质地 Soil texture	土壤结构 Soil structure	pH	有机质 OM/(g/kg)	全氮 TN/(g/kg)	全磷 TP/(g/kg)	全钾 TK/(g/kg)	碱解氮 AN/(mg/kg)	有效磷 AP/(mg/kg)	速效钾 AK/(mg/kg)	阳离子交换量CEC/(cmol/kg)	土壤母质 Parent material	剖面点坐标 Profile coordinate	匹配指数 Matching index/%
剖44	人为土	水稻土	紫色土性水稻土	暗紫泥田	暗紫泥田	1	0—17	紫棕色	轻砾中壤土	团块状	4.9	25.9	1.37	0.79	2.6	103	4.0	130	13.0		E 106°36′16.2″ N 32°08′12.1″	95
						2	17—23	灰棕色	轻砾重壤土	块柱状	5.2	9.8	1.16	0.72	2.5				17.2			
						3	23—100	暗灰棕色	轻砾中壤土	梭柱状	6.1		0.61	0.76	2.5				19.9			
剖45	初育土	紫色土	中性紫色土	脱钾紫泥土	紫砂泥土	A	0—22	红棕紫色	黏壤土	粒状	6.5	11.0	0.77	0.82	2.5	58	7.0	52	17.3	砂岩、泥岩残积物、坡积物	E 106°37′43.0″ N 32°06′02.5″	95
						B	22—40	棕红紫色	黏壤土	块状	7.0	4.8	0.41	0.52	2.6				13.5			
						C	40—90	棕紫色	黏壤土	块状	6.9	4.0	0.30	0.60	2.6				14.5			
剖46	人为土	水稻土	紫色土性水稻土	黄红紫泥水稻土	黄红紫泥田	1	0—25	棕紫色	轻砾重壤土	团块状	6.8	23.4	1.54	1.29	3.3	110	7.0	130	19.0		E 106°38′25.4″ N 32°04′10.2″	84
						2	25—32	棕紫色	轻砾重壤土	块状	7.8	14.9	0.87	1.09	3.0	55		99	18.8			
						3	32—80	浅棕黄色	中砾重黏土	梭柱状	8.1	12.1	0.47	0.36	2.5	23		62	16.6			
剖47	人为土	水稻土	冲积型水稻土	紫色冲积水稻土	潮砂泥田	1	0—23	紫色	轻砾轻壤土	粒状	7.0	30.3	1.31	2.02	2.2	110	7.0	97	15.5	近代河流紫色冲积物	E 106°33′58.0″ N 32°03′47.5″	79
						2	20—23	紫黄色	轻砾中壤土	小块状	6.9	28.7	1.28	1.99	2.4				15.0			
						3	23—100	灰黄色	轻砾中壤土	小梭柱状	7.0	20.9	1.15	1.99	2.4				13.2			
剖48	人为土	水稻土	黄壤性水稻土	黄熟紫泥土	黄砂泥田	1	0—20	灰黄色	重黏土	核状	4.6	23.3	1.28	0.71	2.3	106	4.0	72	12.6		E 106°38′01.6″ N 32°03′11.6″	78
						2	20—25	褐色	中壤土	块状	5.5	19.5	1.01	0.62	2.2				11.0			
						3	25—40	暗黄棕色	轻砾中壤土	梭柱状	6.7	9.9	0.62	0.62	2.1				11.7			
						4	40—70	灰黄色	轻砾中壤土	小梭柱状	7.0	5.8	0.44	0.52	2.4				11.2			
剖49	人为土	水稻土	紫色土性水稻土	棕紫泥田	豆面泥田	1	0—20	棕黄色	重壤土	团块状	5.5	22.0	1.39	0.69	2.6	114	4.0	128	10.5		E 106°43′33.2″ N 32°00′31.0″	78
						2	20—27	棕黄色	轻砾重壤土	块状	6.5	17.8	1.16	0.62	2.6	100		77	10.4			
						3	27—56	浅黄棕色	轻砾重壤土	梭柱状	6.1	8.8	0.63	0.64	2.5	44		77	11.6			
剖50	人为土	水稻土	黄壤性水稻土	老冲积黄泥田	卵石黄泥田	1	0—20	栗色	轻砾重壤土	核状	5.5	32.3	1.72	1.33	2.3	145	7.0	202	17.0	黄色冲积物	E 106°45′38.9″ N 32°08′27.6″	80
						2	20—28	栗色	中砾重黏土	核状	6.3	31.7	1.67	1.35	2.2				17.8			
						3	28—60	黄棕色														
剖51	初育土	紫色土	棕紫泥土			1	0—24	棕黄色	重壤土	小团状	5.9	15.9	0.94	0.64	2.1	67	3.0	92	14.2		E 106°54′42.5″ N 32°05′33.4″	72
						2	24—32	暗黄棕色	轻砾中壤土	梭柱状	5.7	13.3	0.83	0.64	2.0				15.9			
						3	32—100	浅棕黄色	轻砾中壤土	梭柱状	5.5	9.2	0.58	0.54	2.1				19.7			
剖52	初育土	新积土	冲积土	紫色冲积土	潮土	1	0—18	棕红色	轻砾重壤土	粒状	7.2	15.6	0.83	1.39	2.1	58	14.0	59	12.2	河流冲积物	E 106°46′39.0″ N 32°03′28.4″	78
						2	18—102	浅灰棕色	中壤土	小块状	7.0	11.1	1.08	1.17	2.1				12.8			
						3	102—															
剖53	初育土	紫色土	紫色土性水稻土	棕紫泥田	紫黄泥田	1	0—23	棕红色	重壤土	团块状	5.6	19.1	1.19	0.70	2.0	98	4.0	82	12.1		E 106°53′26.2″ N 32°02′03.8″	98
						2	23—30	浅黄棕色	轻砾重壤土	块状	6.0	18.4	1.13	0.70	2.1				12.5			
						3	30—100	灰黄棕色	中砾重黏土	核状	6.9	8.2	0.63	0.51	2.0				11.5			
剖54	人为土	水稻土	紫色土性水稻土	棕紫泥田	红砂泥田	1	0—22	棕紫色	轻砾重中壤土	小块状	6.6	15.8	1.09	0.52	3.1	97	4.0	134	12.0		E 106°51′00.7″ N 32°01′40.8″	78
						2	22—28	棕紫色	轻砾重壤土	核状	6.9	13.1	0.78	0.40	2.9	67		116	11.1			
						3	28—94	灰黄棕色	中砾重黏土	块柱状	6.8	0.5	0.22	0.34	2.8	17		62	15.4			
剖55	人为土	水稻土	紫色土性水稻土	棕紫泥田	红糯泥田	1	0—22	棕紫色	重黏土	团块状	6.6	29.3	1.68	1.14	2.4	110	10.0	132	18.1		E 106°38′21.8″ N 31°57′14.8″	76
						2	22—30	棕紫色	轻砾重壤土	梭柱状	7.0	20.5	1.55	1.02	2.6				18.7			
						3	30—80	暗红棕色	轻砾重壤土	块状												
						4	80—100	暗红棕色		小块状	7.4	7.9	1.60	0.70	2.4				24.4			

平 昌 县

主要土类说明

紫色土是平昌县的主要土壤类型，占本县地域面积的79%，广泛分布于低山和丘陵。成土母质为侏罗系沙溪庙组、遂宁组和蓬莱镇组及白垩系城墙岩群砂泥岩紫色岩层。成土过程以物理风化为主，剖面无明显的层次分化，成土快，为紫色幼年土。该土类矿质养分较丰富，富钾少氮缺磷，有机质较缺乏。本县紫色土分为棕紫泥土和黄红紫泥土等亚类。

水稻土是平昌县第二大土壤类型，占本县地域面积的20%。在长期季节性淹灌、排水、水下翻耕、氧化还原交替影响下，水稻土形成淹育层、犁底层、渗育层、潴育层与潜育层等多种发生层。水稻土是典型的人为生产活动的产物，它由各种旱作土经人为长期水耕熟化而成，其特征特性主要受地形、前身土壤、水文状况以及熟化程度等因素的影响。本县多为肥力较高的淹育水稻土，也有少数的潜育水稻土和潴育水稻土。

本区域中心区气候特征

本区域中心区气候特征值
Regional climate characteristics in central area of the region

气候带：中亚热带湿润气候 Climate region: Subtropical humid climate	
年平均气温 /℃ Annual average temperature /℃	15.7
年平均最高气温 /℃ Annual average maximum temperature /℃	20.3
年平均最低气温 /℃ Annual average minimum temperature /℃	12.3
年降水量 /mm Annual precipitation /mm	1116
≥10℃的积温 /℃ Daily temperature accumulated in a year (≥10℃) /℃	5430
年日照时数 /h Annual sunshine /h	1309
年平均相对湿度 /% Annual average relative humidity /%	76
干燥度 Dryness	1.00

平昌县主要土壤类型与土壤剖面点分布图
1:310 000

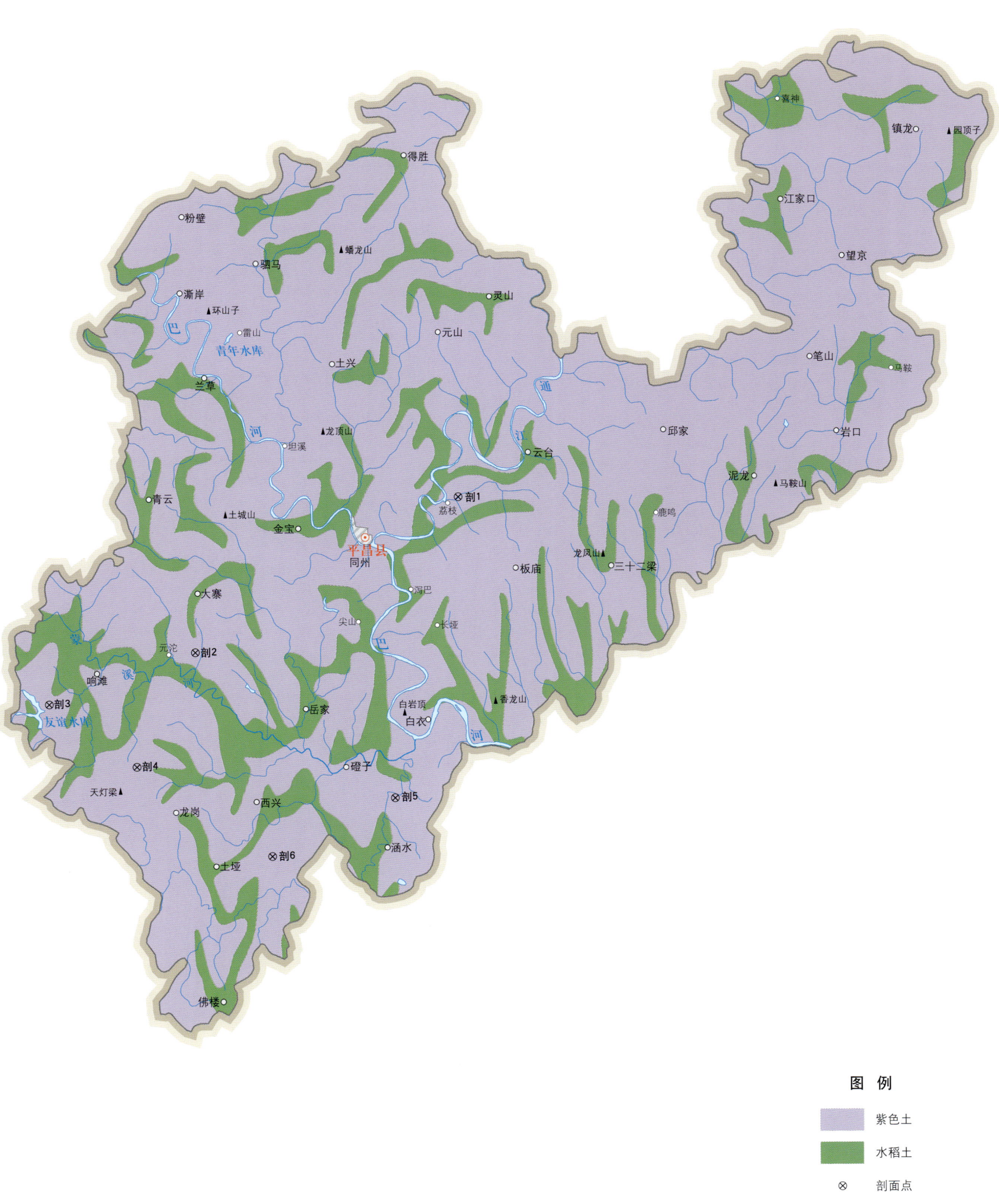

平昌县土壤剖面理化性状表

剖面号 Soil profile	土纲 Soil order	土类 Soil great group	亚类 Soil subgroup	土属 Soil genus	土种 Soil species	土层码 Layer code	土层厚度 Depth/cm	颜色 Soil color	质地 Soil texture	土壤结构 Soil structure	pH	有机质 OM/(g/kg)	全氮 TN/(g/kg)	全磷 TP/(g/kg)	全钾 TK/(g/kg)	碱解氮 AN/(mg/kg)	有效磷 AP/(mg/kg)	速效钾 AK/(mg/kg)	土壤母质 Parent material	剖面点坐标 Profile coordinate	匹配指数 Matching index/%
剖1	初育土	紫色土	黄红紫泥土	黄红紫泥土	石骨子土	1	0—20	暗棕色	中壤土	团块状	8.3	9.1	0.65	1.24	2.9	54	1.0	139	砂泥岩	E 107°10′09.8″ N 31°35′19.0″	92
						2	20—40	紫棕色	中壤土	大块状	8.3	5.7	0.67	0.77	2.7						
						3	40—100	棕色	中壤土	小块状	8.2	5.1	0.50	0.66	2.7						
剖2	初育土	紫色土	棕紫泥土	棕紫泥土	砂土	1	0—20	灰棕色	砂壤土	小粒状	8.2	3.1	0.20	1.04	2.6	26	0.5	44	厚砂岩、厚泥岩	E 106°58′16.7″ N 31°29′36.6″	98
						2	20—34	灰紫色	轻砾砂壤土	粒状	8.2	1.9	0.13	0.93	2.7						
剖3	初育土	紫色土	棕紫泥土	棕紫泥土	大土泥土	1	0—13	棕紫色	重壤土	小块状	8.0	12.8	0.98	0.76	2.9	78	3.0	190	厚砂岩、厚泥岩	E 106°51′42.8″ N 31°27′43.9″	74
						2	13—67	暗灰棕色	重壤土	大块状	8.0	8.1	0.79	0.53	2.9						
						3	67—90	黄棕色	轻壤土	小块状	7.8	1.9	0.40	0.24	2.6						
剖4	初育土	紫色土	棕紫泥土	棕紫泥土	石骨子土	1	0—16	棕紫色	中砾重黏土	块状	8.1	9.4	0.73	0.78	3.5	55	1.0	102	厚砂岩、厚泥岩	E 106°55′34.0″ N 31°25′17.2″	92
						2	16—35	紫棕色	轻砾重壤土	块状	8.2	8.9	1.10	1.11	3.5						
剖5	初育土	紫色土	棕紫泥土	红棕紫泥土	红石骨子土	1	0—17	红棕色	中壤土	粒状	8.0	10.0	0.82	1.42	3.1	61	1.0	90	厚砂岩	E 107°07′02.9″ N 31°23′54.4″	90
						2	17—30	红棕色													
剖6	初育土	紫色土	棕紫泥土	棕紫泥土	夹砂泥土	1	0—24	暗棕色	中壤土	团块状	7.6	9.0	0.64	0.48	2.7	50	1.0	87	厚砂岩、厚泥岩	E 107°01′31.5″ N 31°21′46.6″	81
						2	24—90	棕色	中壤土	小块状	8.2	5.5	0.48	0.33	2.9						

资 阳 市

市 辖 区

主要土类说明

紫色土是资阳市的主要土壤类型，占本市地域面积的 71%。紫色土是由热带、亚热带紫红色岩层直接风化形成的 A-C 型土壤。其理化性质与母岩组成直接相关，土层浅薄，剖面层次发育不明显，仍处于初育阶段。母岩富含矿质养分，且风化迅速。

水稻土是资阳市第二大土壤类型，占本市地域面积的 22%。水稻土是在长期季节性淹灌、水下翻耕、季节性脱水、氧化还原交替影响下，原来成土母质或母土的特性发生重大改变，形成的新的土壤类型。由于干湿交替，水稻土形成糊状淹育层、较坚实板结的犁底层、渗育层、潴育层与潜育层等多种发生层。这些不同发生层段是在人为耕作、水浆管理下形成的。

小于本市地域面积 3% 的土壤类型还有黄壤、新积土等。

本区域中心区气候特征

本区域中心区气候特征值
Regional climate characteristics in central area of the region

气候带：中亚热带湿润气候 Climate region: Subtropical humid climate	
年平均气温 /℃ Annual average temperature /℃	17.2
年平均最高气温 /℃ Annual average maximum temperature /℃	21.1
年平均最低气温 /℃ Annual average minimum temperature /℃	14.5
年降水量 /mm Annual precipitation /mm	962
≥10℃的积温 /℃ Daily temperature accumulated in a year (≥10℃) /℃	7971
年日照时数 /h Annual sunshine /h	1040
年平均相对湿度 /% Annual average relative humidity /%	82
干燥度 Dryness	1.10

本区域中心区月平均气温与月平均降水量
Monthly temperature and precipitation in central area of the region

资阳市市辖区主要土壤类型与土壤剖面点分布图

1:230 000

图例
- 紫色土
- 水稻土
- 黄壤
- 新积土
- ⊗ 剖面点

资阳市土壤剖面理化性状表

剖面号 Soil profile	土纲 Soil order	土类 Soil great group	亚类 Soil subgroup	土属 Soil genus	土种 Soil species	土层码 Layer code	土层厚度 Depth/cm	颜色 Soil color	质地 Soil texture	土壤结构 Soil structure	pH	有机质 OM/(g/kg)	全氮 TN/(g/kg)	全磷 TP/(g/kg)	全钾 TK/(g/kg)	碱解氮 AN/(mg/kg)	有效磷 AP/(mg/kg)	速效钾 AK/(mg/kg)	阳离子交换量CEC/(cmol/kg)	土壤母质 Parent material	剖面点坐标 Profile coordinate	匹配指数 Matching index/%
剖1	铁铝土	黄壤	黄壤	姜石黄泥土	天狗石土	1	0—25	浅棕色	中砾轻黏土	团块状	7.7	11.9	0.71	0.43	1.8	60	3.0	97	18.4	第四纪黄色沉积物	E 104°39′35.6″ N 30°16′12.4″	72
剖2	人为土	水稻土	冲积型水稻土	灰棕冲积水稻土	紫砂田	2	25—100	黄棕色	多砾中黏土	梭柱状	7.7	4.6	0.32	0.22	1.7				27.5			
						1	0—23	灰棕色	少砾砂壤土	粒状	6.8	9.6	0.58	0.63	1.5	54	11.0	32	9.6	近代河流冲积物、洪积物	E 104°38′47.9″ N 30°15′55.4″	84
						2	23—100	灰棕色	砂壤土	小块状	6.7	6.7	0.39	0.60	1.5				7.6			
剖3	人为土	水稻土	黄壤性水稻土	姜石黄泥田	白鳝泥田	1	0—19	灰黄棕色	中壤土	团块状	6.0	7.1	0.53	0.27	1.3	59	4.0	48	12.2	第四纪黄色沉积物	E 104°39′51.8″ N 30°15′41.0″	77
						2	19—48	灰白色	中壤土	小梭柱状	6.5	4.6	0.33	0.17	1.4				17.2			
						3	48—100	浅黄色	中壤土	梭柱状、块状	5.6	5.0	0.30	0.14	1.4				25.8			
剖4	人为土	水稻土	冲积型水稻土	紫色冲积水稻土	二泥田	1	0—18	紫色	少砾中壤土	粒状	7.8	7.0	0.68	0.64	1.7	120	6.0	111	15.6	近代紫色冲积物	E 104°44′41.3″ N 30°15′22.3″	96
						2	18—100	紫色	重壤土	梭块状	8.0	5.9	0.61	0.67	1.9				17.4			
剖5	人为土	水稻土	黄壤性水稻土	姜砂黄泥田	黄砂泥田	1	0—20	棕色	少砾中壤土	粒状	5.9	12.6	0.81	0.49	1.6	85	11.0	55	19.2	第四纪黄色沉积物	E 104°38′57.8″ N 30°14′00.6″	75
						2	20—27	灰黄棕色	少砾中壤土	粒状	6.5	9.1	0.72	0.42	1.7				15.6			
						3	27—100	浅棕色	少砾中壤土	板状	6.9	4.1	0.42	0.42	1.7				13.7			
剖6	人为土	水稻土	黄壤性水稻土	姜石黄泥田	黄泥田	1	0—19	浅黄棕黄	重黏土	团块状	6.4	18.0	1.12	0.32	1.7	102	4.0	107	23.9	第四纪黄色沉积物	E 104°37′32.5″ N 30°13′55.2″	86
						2	19—100	黄棕黄	轻黏土	小梭柱状	6.6	5.7	0.52	0.21	1.6				27.0			
剖7	初育土	紫色土	石灰性紫色土	紫色冲积土	油砂土	1	0—15	紫色	轻黏土	粒状	7.9	2.2	0.15	0.69	1.0	12	2.0	15	7.8	第四纪黄色沉积物	E 104°38′36.2″ N 30°12′08.3″	72
						2	15—	紫灰色														
剖8	人为土	水稻土	紫色土性水稻土	棕紫色水稻土	冷浸烂泥田	1	0—21	浅棕色	轻壤土	块状	5.1	17.4	1.11	0.37	1.6	98	4.0	83	27.8	泥岩坡积物	E 104°35′01.3″ N 30°11′24.0″	72
						2	21—100	棕色	重壤土	整体状	5.7	14.1	1.01	0.32	1.5				24.7			
剖9	初育土	紫色土	石灰性紫色土	棕紫色土	千姜石骨子土	1	0—25	紫色	少砾重壤土	小梭柱状	7.7	11.0	0.75	0.74	2.0	64	10.0	67	23.2	第四纪黄色沉积物	E 104°41′48.1″ N 30°10′45.1″	97
						2	25—43	紫色	少砾重壤土	小块状	7.8	11.8	0.58	0.70	2.1				21.6			
						3	43—															
剖10	人为土	水稻土	紫色土性水稻土	棕紫色水稻土	夹砂土	1	0—23	紫棕色	轻黏土	整体状	7.7	23.6	1.46	0.78	2.4	102	6.0	101	21.4	第四纪冰川沉积物	E 104°46′09.5″ N 30°15′46.8″	86
						2	23—100	紫棕色	轻黏土	整体状	7.7	21.9	1.37	0.74	2.4				21.3			
剖11	初育土	紫色土	石灰性紫色土	棕紫色土	千姜石骨子土	1	0—21	棕色	砾石土	粒状	7.8	8.5	0.60	0.87	2.1	36	6.0	85	17.5	近代河流冲积物、洪积物	E 104°47′23.6″ N 30°10′14.5″	98
						2	21—															
剖12	人为土	水稻土	黄壤性水稻土	老冲积黄泥田	黄泥田	1	0—28	暗黄灰色	中壤土	团块状	5.6	21.8	1.11	0.30	1.2	104	4.0	55	14.2	第四纪冰川沉积物	E 104°41′43.1″ N 30°09′56.9″	73
						2	28—36	绿黄色	中壤土	板状	5.7	13.5	0.69	0.25	1.2				11.0			
						3	36—63	棕黄色	中壤土	小块状	6.5	5.7	0.48	0.19	1.1				17.4			
						4	63—100	黄棕色	中壤土	小块状	6.3	6.0	0.38	0.21	1.1				11.6			
剖13	人为土	水稻土	冲积型水稻土	紫色冲积水稻土	紫砂田	1	0—18	少砾紫棕色	少砾中壤土	粒状	7.8	12.3	0.76	0.70	1.7	74	8.0	86	14.8	近代紫色冲积物	E 104°31′01.6″ N 30°09′50.4″	81
						2	18—100	紫棕色	中壤土	小块状	8.0	6.2	0.52	0.63	1.8				17.7			
剖14	初育土	紫色土	石灰性紫色土	红棕紫泥土	红石骨子土	1	0—24	棕红色	轻黏土	粒状	7.9	11.2	0.75	0.92	2.0	38	7.0	82	24.8		E 104°31′44.0″ N 30°09′11.5″	73
						2	24—	棕红色														
剖15	初育土	紫色土	石灰性紫色土	红棕紫泥土	泥土	1	0—20	紫色	轻黏土	大块状	7.8	15.6	0.85	0.81	2.2	55	4.0	101	25.8		E 104°37′20.0″ N 30°08′53.0″	79
						2	20—41	紫色	中壤土	柱状	7.9	8.5	0.69	0.71	2.3				26.2			
						3	41—100	紫色	轻壤土	大块状	8.0	7.5	0.49	0.71	2.3				25.5			
剖16	人为土	水稻土	冲积型水稻土	灰棕冲积水稻土	潮泥田	1	0—18	灰棕色	中壤土	小块状	7.7	20.0	1.00	0.90	1.8	64	11.0	47	11.1	近代河流冲积物、洪积物	E 104°41′35.2″ N 30°08′52.1″	91
						2	18—42	浅棕色	中壤土	团块状	7.9	18.4	0.93	0.86	1.9				14.8			
						3	42—100	灰棕色	轻壤土	大块状	8.0	9.6	0.60	0.74	1.5				7.5			
剖17	铁铝土	黄壤	黄壤	老冲积黄泥土	黄泥土	1	0—18	浅棕色	轻黏土	团块状	6.7	13.6	0.85	0.26	1.9	86	4.0	106	25.8	第四纪冰川沉积物	E 104°37′32.9″ N 30°07′46.6″	70
						2	18—42	棕色	轻黏土	大块状	7.5	13.7	0.84	0.61	1.8				21.9			
						3	42—100	黄棕色	重黏土	梭柱状	6.1	7.0	0.63	0.59	1.9				23.0			

续表 Continued

剖面号 Soil profile	土纲 Soil order	土类 Soil great group	亚类 Soil subgroup	土属 Soil genus	土种 Soil species	土层码 Layer code	土层厚度 Depth/cm	颜色 Soil color	质地 Soil texture	土壤结构 Soil structure	pH	有机质 OM/(g/kg)	全氮 TN/(g/kg)	全磷 TP/(g/kg)	全钾 TK/(g/kg)	碱解氮 AN/(mg/kg)	有效磷 AP/(mg/kg)	速效钾 AK/(mg/kg)	阳离子交换量CEC/(cmol/kg)	土壤母质 Parent material	剖面点坐标 Profile coordinate	匹配指数 Matching index/%
剖18	铁铝土	黄壤	黄壤	老冲积黄泥土	二泥土	1	0—25	红棕色	中壤土	粒状	6.3	10.6	0.66	0.89	2.1	68	4.0	69	23.4	第四纪冰川沉积物	E 104°40′45.8″ N 30°07′34.0″	83
						2	25—35	红棕色	重壤土	小块状	5.9	13.7	0.86	0.32	1.7			111	18.8			
						3	35—55	黄棕色	中壤土	棱柱状	6.3	11.0	0.76	0.42	1.7				13.5			
						4	55—															
剖19	人为土	冲积型水稻土	紫色冲积水稻土	紫泥田	1	0—18	紫色	重壤土	小柱状	7.7	15.4	1.01	0.82	1.9	77	18.0	111	18.7	近代紫色冲积物	E 104°38′01.1″ N 30°07′00.3″	86
						2	18—46	紫色	重壤土	大块柱状	8.0	9.6	0.77	0.71	1.9				18.0			
						3	46—100	紫灰色	中壤土	小块柱状	7.8	6.0	4.80	0.44	1.6				16.2			
剖20	人为土	水稻土	紫色土性水稻土	灰棕紫色水稻土	二砂田	1	0—20	灰棕色	中壤土	大棱柱状	7.8	12.1	0.84	0.67	2.0	70	5.0	88	16.5	泥岩坡积物	E 104°40′19.3″ N 30°06′26.7″	86
						2	20—100	灰棕色	中壤土	粒状	7.9	6.8	0.65	0.71	2.0				18.1			
剖21	人为土	水稻土	紫色土性水稻土	红棕紫色水稻土	烂泥田	1	0—19	紫灰色	重壤土	整体状	7.6	29.0	1.54	0.75	1.9	109	6.0	86	25.4		E 104°33′20.9″ N 30°05′44.9″	93
						2	19—100	紫灰色	轻壤土	整体状	7.7	28.8	1.54	0.64	1.9				24.2			
剖22	铁铝土	黄壤	黄壤	老冲积黄泥土	黄砂泥土	1	0—18	浅黄棕色	少砾砂壤土	小块状	7.6	5.3	0.22	0.48	1.5	19	8.0	36	14.7	第四纪冰川沉积物	E 104°39′12.2″ N 30°05′20.4″	93
						2	18—100	浅黄棕色	中壤土	粒状	7.7	4.7	0.23	0.41	1.7				8.0			
剖23	初育土	石灰性紫色土	红棕紫泥土		1	0—14	棕灰色	中砾轻黏土	大块状	7.7	10.7	0.79	0.88	2.2	50	12.0	96	24.4	泥岩坡积物	E 104°38′40.9″ N 30°05′17.5″	89
						2	14—80	橙色	重黏土	大块状	7.5	4.4	0.46	0.22	2.2				34.0			
						3	80—100	橙色	重壤土	大块状	5.8	7.4	0.48	0.17	2.1				27.2			
剖24	铁铝土	黄壤	老冲积黄泥土	卵石黄泥土	1	0—18	黄黄色	多砾重壤土	粒状	7.5	14.9	0.86	0.27	2.1	80	4.0	85	18.2	第四纪冰川沉积物	E 104°38′36.9″ N 30°04′36.7″	95
						2	18															
剖25	人为土	水稻土	紫色土性水稻土	灰棕紫色水稻土	深脚烂泥田	1	0—30	紫灰色	重壤土	整体状	7.4	31.6	1.57	0.71	2.1	135	10.0	118	23.2	泥岩坡积物	E 104°30′51.5″ N 30°02′56.0″	71
						2	30—45	紫灰色	重壤土	整体状	7.5	28.8	1.59	0.70	2.1				41.0			
						3	45—100	紫灰色	重壤土	整体状	7.5	27.8	1.55	0.65	2.0				22.1			
剖26	人为土	水稻土	紫色土性水稻土	棕色水稻土	大泥田	1	0—18	紫色	轻黏土	小块柱状	7.8	14.7	1.24	0.82	2.5	94	15.0	84	24.5	砂泥岩风化坡积物、残积物	E 104°47′33.4″ N 30°09′37.1″	75
						2	18—41	紫色	轻黏土	大棱柱状	7.8	16.2	1.13	0.78	2.3				21.9			
						3	41—100	紫色	轻黏土	小棱柱状	7.8	15.3	1.11	0.71	2.4				21.7			
剖27	初育土	紫色土	棕紫色土	粗砂人土	1	0—21	紫色	少砾重壤土	粒状	7.8	11.6	0.83	0.76	2.1	61	4.0	83	20.9		E 104°59′10.0″ N 30°09′07.9″	74
						2	21—43	紫色	重壤土	块状	7.8	6.3	0.49	0.59	2.2				23.3			
						3	43—100	紫色	重壤土	块状	7.7	5.0	0.52	0.34	2.1				26.7			
剖28	人为土	水稻土	紫色土性水稻土	棕紫色水稻土	夹砂田	1	0—25	紫灰色	粒状、小块状	7.8	9.5	0.79	0.75	2.1	60	4.0	96	21.5	砂泥岩风化坡积物	E 104°55′04.8″ N 30°06′58.7″	85
						2	25—73	紫灰色	重黏土	大块状	7.8	7.7	0.69	0.73	2.1				19.8			
						3	73—															
剖29	初育土	紫色土	石灰性紫色土	红棕紫泥土	红砂土	1	0—20	棕红色	中砾轻黏土	粒状	8.0	12.9	0.90	0.93	2.1	54	4.0	113	21.4		E 104°53′07.8″ N 30°03′14.8″	81
						2	20—65	棕红色	多砾轻黏土	小块状	8.0	7.9	0.66	0.76	2.1				25.7			
						3	65—															
剖30	人为土	水稻土	紫色土性水稻土	红棕紫色水稻土	泥田	1	0—19	紫色	中壤土	团块状	7.6	22.2	1.48	0.77	2.4	113	6.0	100	25.2		E 104°53′09.2″ N 30°01′46.2″	95
						2	19—48	紫色	中壤土	大棱柱状	7.7	20.9	1.36	0.73	2.4				24.6			
						3	48—100	紫色	中壤土	小棱柱状	7.7	19.3	1.30	0.73	2.3				24.2			
剖31	人为土	水稻土	灰棕紫色水稻土	大泥田	1	0—20	紫灰色	轻黏土	块状	7.7	24.0	1.43	0.70	2.4	113	4.0	113	28.7	泥岩风化物	E 104°51′14.8″ N 30°00′04.7″	98
						2	20—55	紫灰色	轻黏土	大棱柱状	7.8	24.1	1.44	0.66	2.5				30.6			
						3	55—100	紫灰色	轻黏土	小棱柱状	7.8	24.0	1.53	0.68	2.5				26.5			
剖32	人为土	黄壤	黄壤性水稻土	老冲积黄泥田	黄砂泥田	1	0—18	浅黄棕色	中壤土	小块状	5.6	20.2	1.13	0.39	1.6	114	4.0	72	12.6	第四纪冰川沉积物	E 104°39′39.2″ N 29°58′07.0″	83
						2	18—100	黄棕色	中壤土	小棱柱状	5.8	19.7	1.32	0.34	1.6				15.8			
剖33	人为土	水稻土	紫色土性水稻土	棕紫色水稻土	油砂田	1	0—15	紫灰色	重壤土	粒状	7.8	17.8	1.21	0.77	2.1	104	6.0	92	22.9	砂泥岩风化坡积物、残积物	E 104°39′52.3″ N 29°56′54.6″	97
						2	15—40	紫灰色	重壤土	大棱柱状	8.0	10.9	0.98	0.72	2.1				22.0			
						3	40—100	紫灰色	重壤土	小棱柱状	7.8	7.5	0.77	0.68	2.1				22.0			

续表 Continued

剖面号 Soil profile	土纲 Soil order	土类 Soil great group	亚类 Soil subgroup	土属 Soil genus	土种 Soil species	土层码 Layer code	土层厚度 Depth/cm	颜色 Soil color	质地 Soil texture	土壤结构 Soil structure	pH	有机质 OM/(g/kg)	全氮 TN/(g/kg)	全磷 TP/(g/kg)	全钾 TK/(g/kg)	碱解氮 AN/(mg/kg)	有效磷 AP/(mg/kg)	速效钾 AK/(mg/kg)	阳离子交换量CEC/(cmol/kg)	土壤母质 Parent material	剖面点坐标 Profile coordinate	匹配指数 Matching index/%
剖34	铁铝土	黄壤	黄壤	老冲积黄泥土	白鳝泥土	1	0—15	灰黄色	重壤土	核状	6.9	14.2	0.79	0.38	1.8	78	5.0	128	21.1	第四纪冰川沉积物	E 104°52′00.8″ N 29°59′13.9″	89
						2	15—35	浅灰黄色	重壤土	块状	7.4	4.5	0.38	0.22	1.8				16.2			
						3	35—100	灰白色	重壤土	核状	6.7	9.8	0.54	0.26	1.8				15.1			
剖35	铁铝土	黄壤	黄壤	砂黄泥土	夹黄泥土	1	0—22	浅黄棕色	中壤土	粒状、核状	5.8	8.6	0.67	0.48	1.9	62	4.0	36	17.9	黄砂泥岩风化残积物、坡积物	E 104°49′57.7″ N 29°56′33.7″	92
						2	22—53	浅棕色	重壤土	棱柱状	5.8	7.0	0.54	0.41	2.0				18.6			
						3	53—	浅棕色														
剖36	铁铝土	黄壤	黄壤	砂黄泥土	黄砂土	1	0—16	棕黄色	少砾砂壤土	粒状	5.0	16.1	0.65	0.47	1.3	62	8.0	20	12.3		E 104°49′38.6″ N 29°56′06.5″	78
						2	16—	灰黄色														

安 岳 县

主要土类说明

紫色土是安岳县的主要土壤类型，占本县地域面积的65%。紫色土是由紫色砂泥岩风化物发育而成的。由于紫色母岩矿物成分比较复杂，膨胀系数不一，在本县湿热与干冷季节明显的环境条件下，经日晒雨淋、湿热膨胀和干冷收缩的交替作用，剥蚀风化作用进行很快，所以紫色岩石极易破碎成土。由于紫色胶膜对矿物的保护，矿物不易深刻水解，化学风化微弱，土壤多处在成土的初期阶段，所以土壤始终保留着母质的本色。紫色土发育浅，矿质养分含量丰富，但多为丘陵坡土，林被稀少，水土流失严重，抗逆力差，土层瘠薄，干旱威胁大。

水稻土是安岳县第二大土壤类型，占本县地域面积的34%。水稻土是在长期季节性淹灌、水下翻耕、季节性脱水、氧化还原交替影响下，原来成土母质或母土的特性发生重大改变，形成的新的土壤类型。由于干湿交替，水稻土形成糊状淹育层、较坚实板结的犁底层、渗育层、潴育层与潜育层等多种发生层。这些不同发生层段是在人为耕作、水浆管理下形成的。

小于本县地域面积3%的土壤类型还有新积土等。

本区域中心区气候特征

本区域中心区气候特征值
Regional climate characteristics in central area of the region

气候带：中亚热带湿润气候 Climate region: Subtropical humid climate	
年平均气温 /℃ Annual average temperature /℃	17.9
年平均最高气温 /℃ Annual average maximum temperature /℃	21.6
年平均最低气温 /℃ Annual average minimum temperature /℃	15.3
年降水量 /mm Annual precipitation /mm	1014
≥10℃的积温 /℃ Daily temperature accumulated in a year (≥10℃) /℃	7928
年日照时数 /h Annual sunshine /h	1017
年平均相对湿度 /% Annual average relative humidity /%	82
干燥度 Dryness	1.08

本区域中心区月平均气温与月平均降水量
Monthly temperature and precipitation in central area of the region

安岳县主要土壤类型与土壤剖面点分布图
1∶320 000

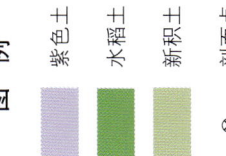

安岳县土壤剖面理化性状表

剖面号 Soil profile	土纲 Soil order	土类 Soil great group	亚类 Soil subgroup	土属 Soil genus	土种 Soil species	土层码 Layer code	土层厚度 Depth/cm	颜色 Soil color	质地 Soil texture	土壤结构 Soil structure	有机质 OM/(g/kg)	全氮 TN/(g/kg)	全磷 TP/(g/kg)	全钾 TK/(g/kg)	碱解氮 AN/(mg/kg)	有效磷 AP/(mg/kg)	速效钾 AK/(mg/kg)	阳离子交换量CEC/(cmol/kg)	土壤母质 Parent material	剖面点坐标 Profile coordinate	匹配指数 Matching index/%
剖1	人为土	水稻土	紫色土性水稻土	棕紫色水稻土	鸭屎泥田	1	0—25	浅灰棕色	中壤土	整体状	18.6	1.47	1.00	3.0	141	5.0	73	23.3	砂泥岩风化坡积物	E 105°24′54.7″ N 30°12′52.9″	91
						2	25—40	蓝灰棕色	重壤土	整体状	17.4	1.42	1.00		118	4.0	54				
						3	40—100	灰棕紫色	重壤土	小棱柱状	16.6	1.38	0.80		124	8.0	69				
剖2	初育土	紫色土	棕紫泥土	红棕紫色土	红砂大土	1	0—19	红棕紫	中壤土	团粒状	10.7	0.59	1.60	1.9	38	6.0	87	19.3		E 105°27′13.3″ N 30°12′33.8″	97
						2	19—43	红棕紫	重壤土	棱柱状	6.6	0.70	1.50		57	8.0	18				
						3	43—100	棕红色	中壤土	块状	6.2	0.60	1.50		51	9.0	32				
剖3	人为土	水稻土	紫色土性水稻土	红棕紫色水稻土	夹泥田	1	0—18	灰棕紫色	中黏土	整体状	32.0	1.49	1.50	3.1	172	7.0	111	25.1	红棕紫色厚泥岩风化坡积物	E 105°30′38.8″ N 30°12′04.2″	98
						2	18—38	蓝灰紫色	轻黏土	小棱柱状	30.5	2.21	1.40		105	3.0	124				
						3	38—100	棕紫色	中黏土	棱柱状	31.4	2.10	1.50		143	5.0	213				
剖4	初育土	紫色土	棕紫泥土	红棕紫色土	死黄泥土	1	0—10	红黄棕色	重壤土	块状	8.3	0.33	1.10	2.7	60	2.0	78	25.3		E 105°04′45.8″ N 30°02′16.8″	100
						2	10—53	棕黄色	中壤土	块状	5.5	0.58	0.40		46	3.0	51				
						3	53—100	白黄色	轻黏土	棱柱状	6.4	0.57	0.30		67	2.0	151				
剖5	初育土	紫色土	棕紫泥土	红棕紫色土	红砂土	1	0—15	红棕紫	中壤土	小粒状	9.3	0.59	1.60	2.6	66	7.0	102	21.5		E 105°03′36.0″ N 30°00′28.1″	99
						2	15—55	红棕紫	轻黏土	块状	7.1	6.00	1.60		48	0.2	32				
剖6	人为土	水稻土	紫色土性水稻土	红棕紫色水稻土	大土田	1	0—24	浅灰棕色	轻黏土	小块状	14.0	0.69	1.60	2.9	119	6.0	197	20.7	红棕紫色厚泥岩风化坡积物	E 105°06′25.9″ N 30°00′25.6″	89
						2	24—57	红棕紫色	重壤土	大棱柱状	10.8	0.95	1.50		72	4.0	115				
						3	57—100	浅黄棕色	中壤土	小棱柱状	9.0	0.91	1.50		75	4.0	114				
剖7	人为土	水稻土	紫色土性水稻土	棕紫色水稻土	潲砂田	1	0—21	浅灰棕色	轻壤土	团块状	14.5	1.04	1.30	2.8	87	6.0	20	19.3		E 105°18′27.7″ N 30°09′22.3″	85
						2	21—43	棕紫色	重壤土	大棱柱状	11.4	0.95	1.20		98	4.0	194				
						3	43—100	黄棕紫色	中黏土	小棱柱状	9.8	0.86	1.20		90	4.0	167				
剖8	人为土	水稻土	紫色土性水稻土	棕紫色水稻土	冷烂田	1	0—26	灰紫色	中壤土	整体状	20.0	1.32	1.00	3.0	151	4.0	126	23.2	砂泥岩风化坡积物	E 105°27′53.6″ N 30°01′19.2″	94
						2	26—54	黑灰蓝	轻黏土	整体状	16.6	1.28	1.10			6.0	291				
						3	54—100	灰棕紫色	中壤土	小棱柱状	16.5	1.16	1.10		153	5.0	173				
剖9	初育土	紫色土	棕紫泥土	棕紫色水稻土	大眼泥土	1	0—23	浅棕紫	重壤土	团块状	13.4	1.32	1.30	2.4	71	4.0	216	18.6	棕棕紫色砂泥岩风化坡积物	E 105°22′37.2″ N 30°00′54.7″	81
						2	23—45	棕紫色	轻黏土	棱柱状	7.7	0.81	1.30		66	2.0	49				
						3	45—100	黄棕紫	轻黏土	柱状	6.2	0.54	1.40			3.0	54				
剖10	初育土	新积土	冲积土	紫泥冲积土	潮砂土	1	0—28	黄棕紫	中壤土	小粒状	13.2	0.61	0.80	1.2	130	21.0	134	13.2	河流冲积物	E 105°33′45.7″ N 30°04′10.2″	78
						2	28—87	棕紫色	中壤土	块状	7.9	0.56	0.60		89	9.0	18				
						3	87—101	黄棕紫	重壤土	块状	7.7	0.45	0.50		64	11.0	18				
剖11	初育土	紫色土	棕紫泥土	红棕紫色土	红石骨子土	1	0—12	红棕紫	中壤土	小粒状	6.4	0.40	1.60	2.5	35	5.0	107	21.8		E 105°37′30.0″ N 30°03′24.1″	97
						2	12—25	红棕紫	轻黏土	片状	6.4	0.55	1.50		139	11.0	50				
剖12	初育土	紫色土	棕紫泥土	红棕紫色水稻土	石骨子砂田	1	0—20	黄棕紫	中壤土	团块状	16.6	0.85	1.60	3.1	98	6.0	108	25.2	红棕紫色厚泥岩风化坡积物	E 104°59′22.1″ N 29°59′20.4″	75
						2	20—40	黄棕紫	轻黏土	小棱柱状	19.1	1.31	1.50		102	4.0	54				
						3	40—80	棕紫色	轻黏土	大棱柱状	16.6	1.28	1.50		107	2.0	100				
剖13	人为土	水稻土	紫色土性水稻土	红棕紫色水稻土	浸水田	1	0—25	黄棕紫	中壤土	整体状	28.4	1.49	1.40	3.0	127	2.0	66	23.3	红棕紫色砂泥岩风化坡积物	E 105°09′08.6″ N 29°59′24.4″	90
						2	25—50	黑灰蓝	轻黏土	块状	25.6	1.77	1.50		149	2.0	160				
						3	50—100	灰棕紫色	轻黏土	小棱柱状	25.3	1.71	1.40		132	4.0	232				
剖14	人为土	水稻土	紫色土性水稻土	棕紫色水稻土	夹黄泥田	1	0—15	浅棕黄色	轻黏土	小粒状	22.2	1.43	0.60	2.3	169	7.0	57	16.8	红棕紫色厚泥岩风化坡积物	E 105°20′26.9″ N 29°51′20.9″	98
						2	15—85	白棕黄色	轻黏土	大棱柱状	22.6	1.52	0.50		141	7.0	52				
						3	85—100	棕黄色	轻黏土	小粒状	21.6	1.43	0.50		150	5.0	63				
剖15	初育土	紫色土	棕紫泥土	棕紫泥土	石骨子土	1	0—15	棕紫色	重壤土	小粒状	7.2	0.50	0.30	1.8	208	4.0	40	17.3	砂泥岩风化坡积物	E 105°41′21.8″ N 29°59′39.1″	98
						2	15—30	浅棕紫色	重壤土	片状	6.0	0.65	1.60		45	6.0	139				

续表 Continued

剖面号 Soil profile	土纲 Soil order	土类 Soil great group	亚类 Soil subgroup	土属 Soil genus	土种 Soil species	土层码 Layer code	土层厚度 Depth/cm	颜色 Soil color	质地 Soil texture	土壤结构 Soil structure	有机质 OM/(g/kg)	全氮 TN/(g/kg)	全磷 TP/(g/kg)	全钾 TK/(g/kg)	碱解氮 AN/(mg/kg)	有效磷 AP/(mg/kg)	速效钾 AK/(mg/kg)	阳离子交换量CEC/(cmol/kg)	土壤母质 Parent material	剖面点坐标 Profile coordinate	匹配指数 Matching index/%
剖16	初育土	紫色土	棕紫泥土	棕紫泥土	夹砂土	1	0—15	棕紫色	重壤土	小粒状	10.6	0.74	1.40	2.2	67	10.0	41	19.6	棕紫色砂泥岩风化坡积物	E 105°31′58.1″ N 29°57′42.8″	72
						2	15—55	黄棕紫色	重壤土	块状	8.4	0.84	1.10		72	2.0	100				
						3	55—80	棕紫色	重壤土	大粒状	9.0	0.73	1.40		31	3.0	54				
剖17	初育土	紫色土	棕紫泥土	棕紫泥土	夹黄泥土	1	0—12	浅黄棕色	轻黏土	大粒状	8.6	0.55	0.70	1.9	73	2.0	49	20.2	棕紫色砂泥岩风化坡积物	E 105°33′54.7″ N 29°57′22.3″	82
						2	12—49	棕黄色	轻黏土	块状	3.8	0.55	0.20		42	2.0	71				
						3	19—100	白黄色	轻黏土	棱柱状	3.8	0.54	1.40		50	2.0	168				
剖18	人为土	水稻土	紫色土性水稻土	棕紫泥水稻土	砂田	1	0—20	灰棕紫色	重黏土	小粒状	11.4	0.60	0.50	2.1	141	9.0	93	13.1	砂泥岩风化坡积物	E 105°41′58.9″ N 29°54′05.8″	89
						2	20—42	浅灰棕色	轻黏土	大棱柱状	9.1	0.70	0.40		113	7.0	5				
						3	42—100	浅灰黄色	轻黏土	小棱柱状	7.7	0.60	0.50		115	5.0	150				
剖19	初育土	紫色土	棕紫泥土	棕紫泥土	砂土	1	0—17	浅灰棕色	中壤土	小粒状	11.4	1.00	0.80	1.1	131	6.0	33	11.7	棕紫色砂泥岩风化坡积物	E 105°36′55.4″ N 29°52′54.1″	71
						2	17—29	灰棕色	中壤土	小粒状	8.6	0.64	0.60		105	3.0	35				
						3	29—43	浅黄棕色	中黏土	大粒状	10.3	0.79	0.70		128	4.0	44				
剖20	人为土	水稻土	紫色土性水稻土	棕紫泥水稻土	大眼泥田	1	0—25	浅灰棕色	轻黏土	小块状	23.3	1.52	1.20	3.0	160	5.0	127	20.7	砂泥岩风化坡积物	E 105°27′26.6″ N 29°46′59.5″	92
						2	25—54	灰灰紫色	中黏土	大棱柱状	18.9	13.40	1.10		124	5.0	291				
						3	54—100	浅灰棕色	中黏土	小棱柱状	12.6	1.06	1.00		104	5.0	194				

乐 至 县

主要土类说明

紫色土是乐至县的主要土壤类型，占本县地域面积的 76%。紫色土是由热带、亚热带紫红色岩层直接风化形成的 A-C 型土壤。其理化性质与母岩组成直接相关，土层浅薄，剖面层次发育不明显，仍处于初育阶段。母岩富含矿质养分，且风化迅速。紫色土成土时间短，发育浅，其剖面构型，薄者多为 A-C-D 或 A-B-C 构型。土壤有机质和氮素积累甚少。质地处于砂壤土和轻黏土之间，但以中壤土、重壤土、轻黏土为主，砂壤土和轻壤土较少。一般土壤熟化度较高，抗旱力较弱。

水稻土是乐至县第二大土壤类型，占本县地域面积的 23%，遍布各区乡。在长期季节性淹灌、排水、水下翻耕、氧化还原交替影响下，水稻土形成淹育层、犁底层、渗育层、潴育层与潜育层等多种发生层。

本区域中心区气候特征

本区域中心区气候特征值
Regional climate characteristics in central area of the region

气候带：中亚热带湿润气候 Climate region: Subtropical humid climate	
年平均气温 /℃ Annual average temperature /℃	17.6
年平均最高气温 /℃ Annual average maximum temperature /℃	21.3
年平均最低气温 /℃ Annual average minimum temperature /℃	14.9
年降水量 /mm Annual precipitation /mm	976
≥10℃的积温 /℃ Daily temperature accumulated in a year (≥10℃) /℃	7573
年日照时数 /h Annual sunshine /h	1039
年平均相对湿度 /% Annual average relative humidity /%	82
干燥度 Dryness	1.07

本区域中心区月平均气温与月平均降水量
Monthly temperature and precipitation in central area of the region

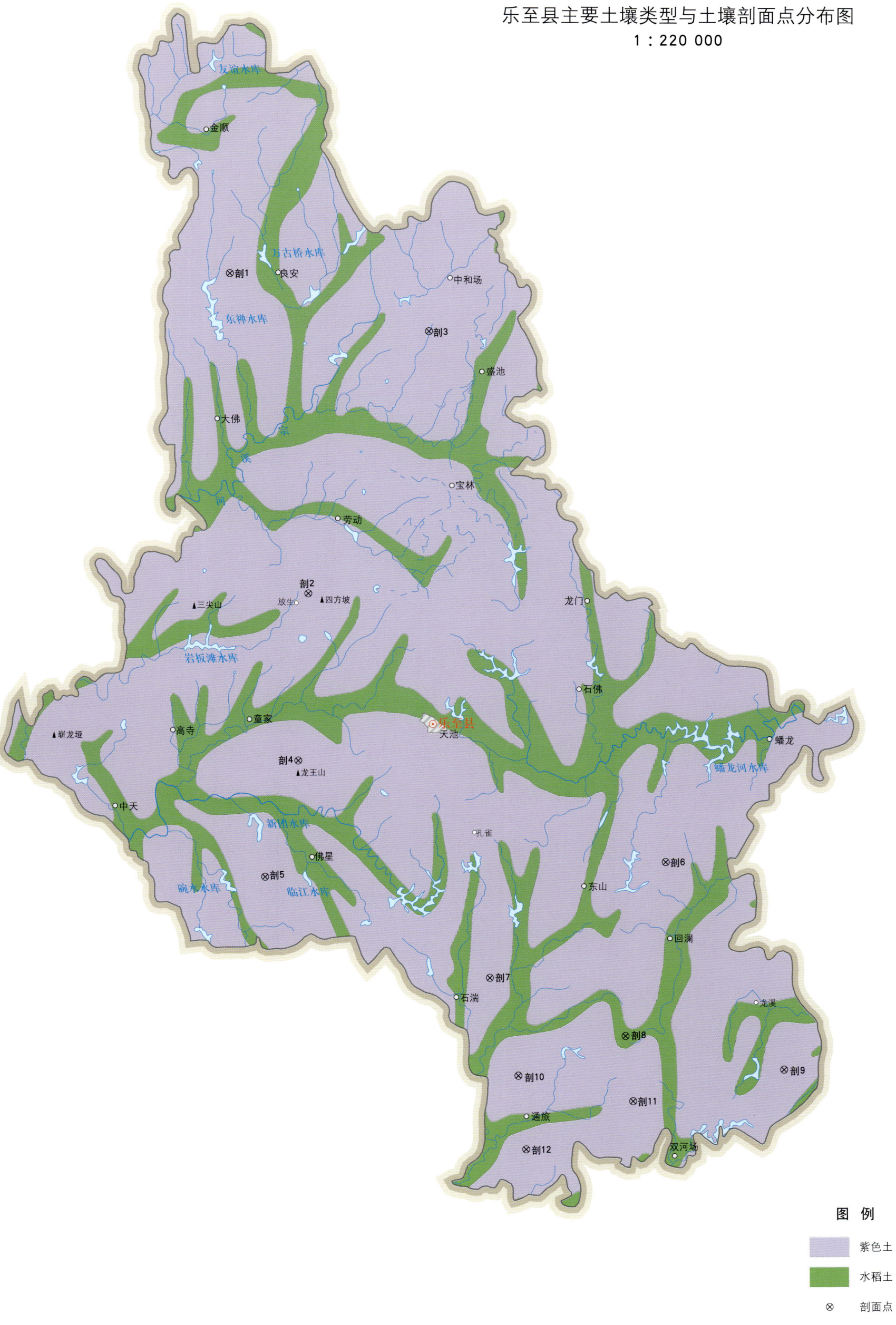

乐至县土壤剖面理化性状表

剖面号 Soil profile	土纲 Soil order	土类 Soil great group	亚类 Soil subgroup	土属 Soil genus	土种 Soil species	土层码 Layer code	土层厚度 Depth/cm	颜色 Soil color	质地 Soil texture	土壤结构 Soil structure	pH	有机质 OM/(g/kg)	全氮 TN/(g/kg)	全磷 TP/(g/kg)	全钾 TK/(g/kg)	碱解氮 AN/(mg/kg)	有效磷 AP/(mg/kg)	速效钾 AK/(mg/kg)	阳离子交换量CEC/(cmol/kg)	土壤母质 Parent material	剖面点坐标 Profile coordinate	匹配指数 Matching index/%
剖1	初育土	紫色土	石灰性紫色土	棕紫泥土	夹黄泥土	1	0—22	暗棕色	轻黏土	核状	8.1	12.7	1.06	0.36	1.9	68	3.9	122	19.3		E 104°54′23.4″ N 30°30′20.2″	93
						2	22—66	黄棕色	轻黏土	柱状	8.1	6.7	0.62	0.18	1.7				18.9			
						3	66—100	浅黄棕色	中黏质中壤土	小棱柱状	7.9	4.0	0.36	0.13	1.3				19.0			
剖2	初育土	紫色土	石灰性紫色土	棕紫泥土	石骨子土	1	0—20	紫红棕色	砾质中壤土	粒状	8.2	4.4	0.31	0.74	2.4	22	7.0	130	20.8		E 104°57′05.4″ N 30°20′48.1″	70
剖3	初育土	紫色土	石灰性紫色土	棕紫泥土	砂土	1	0—23	暗红棕色	轻黏土	核状	8.2	7.0	0.59	0.61	1.8	41	2.6	62	14.5		E 105°01′16.0″ N 30°28′37.2″	80
						2	23—38	暗红棕色	轻壤土	块状	8.1	5.0	0.37	0.57	1.9				15.3			
						3	38—															
剖4	初育土	紫色土	石灰性紫色土	棕紫泥土	砂土	1	0—17	紫灰色	砂壤土	粒状	8.5	7.5	0.40	0.34	1.3	31	5.7	30	12.2		E 104°56′43.8″ N 30°15′49.7″	90
						2	17—36	紫灰色	粒状	粒状	8.6	7.8	0.49	0.19	1.4	37	0.9		13.4			
						3	36—50	紫灰色	砂壤土	块状	8.6	1.5	0.09	0.16	1.5	37	0.4		16.5			
剖5	初育土	紫色土	石灰性紫色土	棕紫泥土	黄砂泥土	1	0—20	紫棕色	重壤土	块状	8.3	8.9	0.66	0.34	1.7	45	0.9	78	18.3		E 104°55′34.7″ N 30°12′21.2″	89
						2	20—55	黄黄色	中壤土	大块状	8.1	2.3	0.20	0.31	1.5				14.6			
						3	55—100	灰黄色	砂黏土	大块状	8.4	0.9	0.08	0.14	1.0				3.0			
剖6	初育土	紫色土	石灰性紫色土	棕紫泥土	夹黄泥土	1	0—20	棕色	轻黏土	粒状	8.1	12.7	0.96	0.48	2.0	79	0.9	122	21.8		E 105°09′22.3″ N 30°12′44.6″	78
						2	20—55	浅黄棕色	轻黏土	大棱柱状	8.1	7.1	0.48	0.19	1.8				23.2			
						3	55—100	浅黄棕色	轻黏土	小棱柱状	8.0	6.5	0.51	0.15	1.7				26.3			
剖7	初育土	紫色土	石灰性紫色土	棕紫泥土	黄夹泥土	1	0—22	浅黄棕色	轻黏土	核状、粒状	8.0	8.8	0.70	0.51	2.4	47	1.7	107	26.0	紫红色泥岩、砂质泥岩	E 105°03′18.0″ N 30°09′18.7″	100
						2	22—37	浅黄棕色	轻黏土	棱柱状	8.1	6.6	0.61	0.40	2.3				24.5			
						3	37—80	浅黄棕色	中黏土	块状	8.1	4.9	0.54	0.24	2.3				26.4			
剖8	人为土	水稻土	渗育水稻土	渗育紫潮田	紫潮砂田	A	0—16	棕灰色	砂质黏壤土	粒状	8.2	9.3	0.54	0.17	1.2	49	1.3	47	9.6	紫色冲积物	E 105°07′57.4″ N 30°07′34.3″	85
						P	16—100	紫灰色	黏壤土	大块状	8.1	7.4	0.47	0.19	1.4				9.2			
剖9	初育土	紫色土	石灰性紫色土	棕紫泥土	夹黄泥土	1	0—17	棕色	重壤土	核状	8.2	9.1	0.47	0.11	1.8	57	2.6	61	18.4		E 105°13′23.9″ N 30°06′33.1″	83
						2	17—39	浅黄棕色	重壤土	大块状	8.2	2.6	0.29	0.11	1.7				14.8			
						3	39—68	黄棕色	重壤土	块状	8.2	2.1	0.23	0.10	1.6				10.4			
						4	38—															
剖10	初育土	紫色土	石灰性紫色土	红棕紫泥土	红棕紫泥土	A	0—20	暗红棕色	黏土	核状、块状	8.0	12.4	0.98	0.28	2.2	68	1.5	144	25.2	厚泥岩坡积物	E 105°04′15.2″ N 30°06′25.2″	90
						B	20—58	暗红棕色	黏土	大棱柱状	8.1	7.2	0.68	0.24	2.0				25.1			
						C	58—100	暗红棕色	黏土	棱柱状	8.1	8.8	0.80	0.23	2.0				25.2			
剖11	初育土	紫色土	石灰性紫色土	棕紫泥土	油砂土	1	0—20	暗棕色	中壤土	粒状、核状	8.2	10.5	0.80	0.77	2.1	64	6.1	90	15.0		E 105°08′12.1″ N 30°05′39.5″	71
						2	20—37	暗棕色	中壤土	核状	8.3	10.0	0.72	0.54	2.1	54	2.2		15.1			
						3	37—65	暗棕色	中壤土	小核状	8.3	4.8	0.39	0.39	2.1	29	0.9		17.5			
						4	65—															
剖12	初育土	紫色土	石灰性紫色土	红棕紫泥土	红棕紫黄泥土	A	0—22	紫灰色	粉砂质黏土	核状、粒状	8.0	8.8	0.70	0.21	2.0	47	0.7	107	26.0	厚泥岩风化坡积物	E 105°04′30.4″ N 30°04′15.2″	75
						B	22—37	紫黄色	壤质黏土	棱柱状	8.1	6.5	6.10	0.17	1.9				24.5			
						BC	37—80	黄棕色	黏土	大块状	8.1	4.9	0.54	0.10	1.9							

阿坝藏族羌族自治州

马 尔 康 市

主要土类说明

黑毡土是马尔康市的主要土壤类型，占本市地域面积的27%。其分布区为高山亚寒带气候，生长大量草被与少量低矮灌丛。成土母质多为坡积砾石层与黄土。蒿草与杂生草类的草毡层初步分解，形成初步腐殖化的暗色草根茎盘结层。土壤色泽较深，有机质含量较高，底土见锈色斑纹。土壤 pH 为 6.5—8.0。

暗棕壤是马尔康市第二大土壤类型，占本市地域面积的22%，分布于阴山海拔 3600—4100m 的暗针叶林带。整个剖面终年处于湿润状态，并有冻土现象。土壤表面有较厚的凋落物，根系粗大密集。腐殖质层之下出现灰白斑或漂洗现象，心土层有铁锰胶膜，呈酸性。林被覆盖大，有机质累积多，淋溶作用比棕壤强。

棕壤占本市地域面积的22%，分布于半山坡地，阳山海拔 3500—3900m，阴山海拔 2900—3600m。因低温冷湿，有利于有机质累积，土壤较肥沃，林下棕壤由枯枝落叶层、腐殖质层、淀积层和母质层组成，黏化明显，有铁锰胶膜淀积。优势植被有云杉、栎树、桦木等。

草毡土占本市地域面积的14%，分布于海拔 4300—4500m 的山体上部。成土母质为冰碛物、残积物、坡积物，土壤粗骨性强，砾石较多。所处地区气温低，寒冷而干燥，冬季冰冻严重，夜冻昼消现象显著。草被为小叶矮化状，草被稀疏，草根盘结紧实，生草量小于黑毡土。土壤常冻结凝固与草皮层分裂，造成滑塌现象。

褐土占本市地域面积的9%，分布于沿河两岸阶地、洪积扇（锥）、坡积群或猪背脊上，阳山海拔 2200—3500m，阴山海拔 2200—2900m。地处暖温带、温带半干旱半湿润气候，天然植被以夏绿落叶阔叶林为主。本市褐土分为钙积型、淋溶钙积型、淋溶型三种类型。

新积土占本市地域面积的4%，分布在沿河两岸的一级阶地及河漫滩，海拔 2180—2900m。该土类成土期短，母质特性明显，属 A-C 型或（A）-C 型土。

小于本市地域面积3%的土壤类型还有寒冻土、灰化土等。

本区域中心区气候特征

本区域中心区气候特征值
Regional climate characteristics in central area of the region

气候带：高原亚温带湿润气候 Climate region: Plateau sub temperate humid climate	
年平均气温 /℃ Annual average temperature /℃	8.0
年平均最高气温 /℃ Annual average maximum temperature /℃	17.7
年平均最低气温 /℃ Annual average minimum temperature /℃	1.8
年降水量 /mm Annual precipitation /mm	772
≥10℃的积温 /℃ Daily temperature accumulated in a year（≥10℃）/℃	2850
年日照时数 /h Annual sunshine /h	2149
年平均相对湿度 /% Annual average relative humidity /%	61
干燥度 Dryness	0.75

本区域中心区月平均气温与月平均降水量
Monthly temperature and precipitation in central area of the region

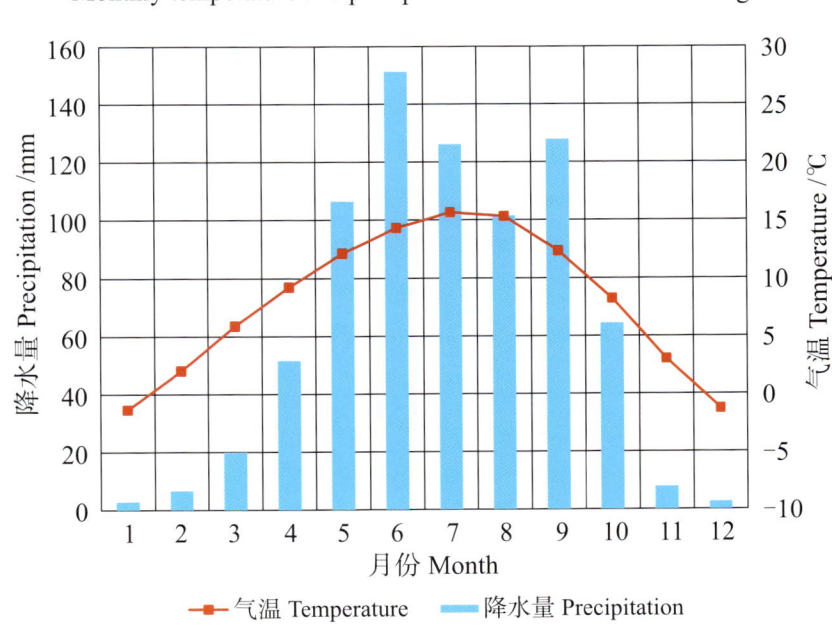

马尔康县主要土壤类型与土壤剖面点分布图

1 : 440 000

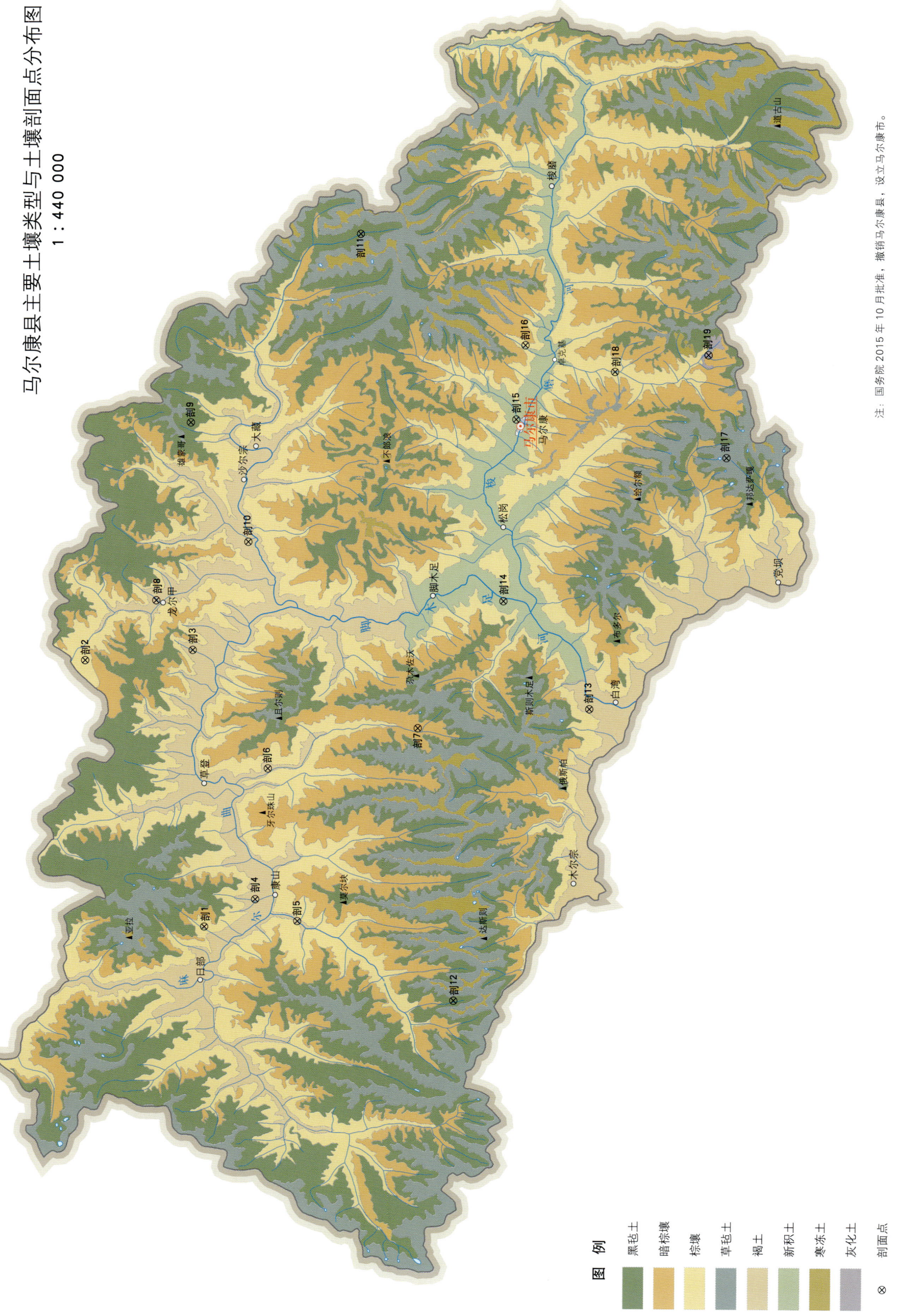

注：国务院 2015 年 10 月批准，撤销马尔康县，设立马尔康市。

图例：黑毡土、暗棕壤、棕壤、草毡土、褐土、新积土、寒冻土、灰化土、⊗ 剖面点

马尔康市土壤剖面理化性状表

剖面号 Soil profile	土纲 Soil order	土类 Soil great group	亚类 Soil subgroup	土属 Soil genus	土种 Soil species	土层码 Layer code	土层厚度 Depth/cm	颜色 Soil color	质地 Soil texture	土壤结构 Soil structure	pH	有机质 OM/(g/kg)	全氮 TN/(g/kg)	全磷 TP/(g/kg)	全钾 TK/(g/kg)	碱解氮 AN/(mg/kg)	有效磷 AP/(mg/kg)	速效钾 AK/(mg/kg)	阳离子交换量CEC/(cmol/kg)	土壤母质 Parent material	剖面点坐标 Profile coordinate	匹配指数 Matching index/%
剖1	淋溶土	棕壤	山地棕壤	洪积棕泥土	石块黑泥	1	0—20	黑棕色	中砾石土	粒状	7.0	65.0	3.24	3.98	2.8	337	23.9	316	18.4	洪积物	E 101°40′02.2″ N 32°12′56.8″	89
						2	20—60	暗棕色	中砾石土	粒状	7.2	29.4	0.85	1.80	2.7	112	11.4	108	13.9			
						3	60—100	棕色	中砾石土	粒状	7.2	10.6	0.80	1.76	3.2	80	5.0	115	10.2			
剖2	淋溶土	棕壤	棕壤	洪积棕泥土	砾石棕黄泥土	A	0—28	棕色	黏壤土	粒状	6.9	34.9	2.26	2.54	5.1	195	30.0	90	18.9	洪积、坡积黄土	E 101°58′09.9″ N 32°19′25.4″	93
						B	28—51	暗朱棕色	黏壤土	小块状	7.2	8.7	1.03	1.69	5.0	85	7.0	62	19.7			
						C	51—95	暗红棕色	黏壤土		7.2	9.8	0.80	1.40	5.0	68	4.0	55	15.7			
剖3	半淋溶土	褐土	石灰性褐土	黄土质石灰褐泥土	二黄土	A	0—16	棕色	砂壤土	粒状	8.3		1.95	2.00	3.7	152	3.1	237	17.2	黄土状坡积物	E 101°58′40.9″ N 32°13′15.8″	76
						B	16—72	棕色	壤土	核状	8.5		0.94	1.79	3.6	90	2.0	118	22.1			
						BC	72—105	浅黄棕色	粉砂质黏壤土	块状	8.8			1.60	3.6	55	2.2	66	17.5			
剖4	半淋溶土	褐土	石灰性褐土	黄土质石灰褐泥土	大黄土	1	0—12	浅黄棕色	重壤土	粒状	8.2	48.4	4.00	1.67	3.0	276	3.0	502	26.8	黄土状母质	E 101°41′50.3″ N 32°09′59.5″	77
						2	12—41	浅黄棕色	重壤土	团状	8.5	36.4	3.18	1.90	2.9	257	2.4	238	27.2			
						3	41—68	浅黄棕色	重壤土	块状	8.9	20.8	1.97	2.14	3.0	160	2.3	176	24.7			
剖5	半淋溶土	褐土	淋溶褐土	黄土质淋溶褐土	黄土	1	0—15	棕色	重壤土	大粒状	7.1	23.4	1.48	1.39	3.1	123	2.1	112	22.1	黄土状母质	E 101°40′17.1″ N 32°07′36.5″	99
						2	15—30	棕色	重壤土	团块状	7.1	7.9	0.96	1.24	2.9	81	0.7	63	24.7			
						3	30—68	棕色	重壤土	团块状	7.3	4.4	0.54	1.20	3.3	32	1.1	93	27.2			
						4	68—105	棕色	中壤土	小团块状	8.2	0.6	0.35	0.84	3.3	15	1.1	81	20.7			
剖6	半淋溶土	褐土	淋溶褐土	黄土质淋溶褐土	黑土	1	0—20	暗灰棕色	中壤土	核状	8.3	38.1	2.27	2.56	2.9	181	8.9	186	9.0	黄土状母质	E 101°50′35.1″ N 32°09′07.0″	84
						2	20—65	灰黄棕色	中壤土	团块状	8.1	12.2	0.96	2.15	2.9	88	1.3	152	5.4			
						3	65—90	浅黄棕色	多砾轻壤土	团块状	8.3	5.7	0.46	1.90	2.6	40	1.3	101	4.0			
剖7	淋溶土	暗棕壤	暗棕壤			1	0—7	黑棕色	中壤土	小粒状	4.9	183.9	14.39	1.23	1.1				35.9		E 101°53′03.5″ N 32°00′29.9″	86
						2	7—20	黑棕色	轻砾砂壤土	小块状	5.7	5.6	5.75	1.71	2.5	576	6.3	150	38.3			
						3	20—40	暗黄棕色	中砾砂壤土	小块状	5.9	7.2	1.07	0.67	3.0	122	0.6	44	13.2			
							30—50	棕色	中壤土	块状	8.9	17.2	4.89	0.37	2.7	48	1.0	64	12.7			
剖8	半淋溶土	褐土	石灰性褐土	洪积石灰性褐泥土	夹石黄土	A	0—22	暗棕色	壤土	团块状	8.3	29.2	2.24	3.43	2.5	254	5.0	304	14.7	洪积物、冲积物	E 102°02′03.5″ N 32°15′16.4″	90
						ACu	20—50	棕色	砂壤土	小块状	8.5	12.4	1.07	3.23	2.4	129	4.0	117	12.2			
						C	50—100	浅棕色		块状	8.8	9.9	0.80	8.41	2.4	122	7.0	102	13.2			
剖9	高山土	黑毡土	黑毡土	黑色壤土	马尔康黑色毡泥土	As	0—9	棕黑色	轻砾粉砂质黏壤土	团粒状	6.1	52.2	3.56	1.18	3.0	394	2.0	170	29.8	砂岩、板岩风化残积物、坡积物	E 102°13′56.3″ N 32°13′02.3″	94
						A	9—23	灰棕色	轻砾砂壤土	小块状	6.3	17.8	1.51	0.88	3.0	192	1.0	58	29.7			
						ACu	23—30	灰棕色	重砾粉砂质黏壤土	小块状	6.3	9.1	1.15	0.78	2.9	114	1.0	47	23.5			
剖10	半淋溶土	褐土	石灰性褐土	坡色壤土	石块黄土	1	0—20	暗棕色	中砾石土	核状	8.9	17.2	1.32	3.77	2.8	128	11.6	387	7.0	坡积物	E 102°05′48.7″ N 32°09′55.9″	73
						2	20—42	棕色	中砾石土	团块状	9.0	8.7	0.74	2.32	2.9	55	5.0	259	6.9			
						3	42—70	浅棕色	中砾石土	小团块状	9.2	6.9	0.57	1.44	2.5	34	5.5	219	10.7			
剖11	高山土	黑毡土	棕黑毡土			1	0—12	黑棕色	轻壤土	粒状	5.8	103.6	5.16	3.58	2.2	612	5.0	285	40.8	残积物、坡积物	E 102°26′12.8″ N 32°03′00.7″	79
						2	12—25	浅棕色	轻砾石土	粒状	5.9	53.8	2.60	2.51	2.2	462	1.0	163	37.1			
						3	25—	棕色	轻壤土	块状、粒状	6.5	158.7	6.61	4.51	2.4	918	7.8	534	49.5			
剖12	高山土	黑毡土	黑毡土	坡积黄土		1	0—7	黑棕色	中壤土	团粒状	6.1	121.0	5.84	4.53	2.8	774	5.7	416	42.5	坡积黄土	E 101°34′45.1″ N 31°58′45.8″	91
						2	7—20	暗棕色	中砾石土	团块状	6.0	64.4	3.54	3.46	3.0	473	2.3	120	25.9			
						3	20—40	暗棕色	中砾石土	小团块状	6.2	48.9	2.63	3.14	2.9	346	2.6	101	21.9			
						4	40—60	棕色	重砾石土	小团块状	6.3	33.2	1.95	2.00	3.2	152	3.0	237	17.2			
剖13	半淋溶土	褐土	石灰性褐土	黄土质石灰性褐土	二黄土	1	0—16	棕色	轻壤土	粒状	8.3	17.4	0.94	1.79	3.6	90	1.7	118	22.1	黄土状母质	E 101°54′03.4″ N 31°50′40.4″	75
						2	16—72	棕色	中壤土	核状	8.5											
						3	72—105	浅黄棕色	中壤土	块状	8.8	9.2		1.60	3.6	55	1.7	66	17.5			

续表 Continued

剖面号 Soil profile	土纲 Soil order	土类 Soil great group	亚类 Soil subgroup	土属 Soil genus	土种 Soil species	土层码 Layer code	土层厚度 Depth/cm	颜色 Soil color	质地 Soil texture	土壤结构 Soil structure	pH	有机质 OM/(g/kg)	全氮 TN/(g/kg)	全磷 TP/(g/kg)	全钾 TK/(g/kg)	碱解氮 AN/(mg/kg)	有效磷 AP/(mg/kg)	速效钾 AK/(mg/kg)	阳离子交换量 CEC/(cmol/kg)	土壤母质 Parent material	剖面点坐标 Profile coordinate	匹配指数 Matching index/%
剖14	初育土	新积土	冲积土	褐色冲积土	砂土	1	0–18	暗黄棕色	轻砾石土	粒状	8.3	17.1	1.70	2.33	4.7	101	1.0	48	21.9	河流冲积物	E 102°01′24.6″ N 31°55′26.4″	87
						2	18–23	浅灰色	轻砾石土	无明显结构	8.7	8.9	0.67	2.27	4.3	43		9	14.6			
剖15	初育土	新积土	冲积土	褐色冲积土	垫黄土	1	0–15	暗黄棕色	中砾石土	粒状	8.8	23.0	1.85	4.00	2.9	108	26.5	66	26.0	河流冲积物	E 102°13′31.4″ N 31°54′26.3″	71
						2	15–25	灰棕色	轻砾石土	团状	8.9	23.6	1.46	4.10	2.9	103	16.0	119	26.6			
						3	25–35	浅红棕色	重砾石土	砂卵状												
剖16	淋溶土	棕壤	山地棕壤			1	0–4														E 102°18′26.4″ N 31°53′47.6″	72
						2	4–12	黑棕色	中砾石土	团粒状	5.6	177.0	6.27	2.37	2.8	516	5.1	279	33.7			
						3	12–40	暗棕色	轻砾石土	块状	5.5	51.4	2.27	1.11	2.8	208	1.1	40	20.7			
						4	40–70	棕色	中砾石土	块状	6.5	29.0	1.25	0.82	2.9	128	1.0	17	18.2			
						5	70–95	黄棕色	轻砾石土	块状	6.7	14.1	0.85	1.18	2.8	68	0.7	12	15.7			
剖17	高山土	草毡土	草毡土			1	0–6	暗棕色	中壤土	粒状	5.7	179.1	7.38	2.10	2.4	577		315	36.7	残积物、坡积物	E 102°10′33.6″ N 31°42′29.1″	80
						2	6–15	灰黄棕色	中砾石土	粒状	5.2	85.0	4.63	2.36	2.3	512	4.9	90	33.1			
						3	15–35	灰黄棕色	中砾石土	粒状	5.5	48.5	2.99	2.28	3.0	260	1.5	57	27.1			
						4	35–52	灰黄棕色	中黏土	粒状	5.5		2.17	2.24	3.1	205	2.2	55	23.7			
剖18	淋溶土	棕壤	山地棕壤	洪积棕壤	石块黄泥	1	0–12	棕色	中砾石土	小团块状	7.2	58.1	2.90	3.20	4.0	289	19.8	183	23.3	洪积物	E 102°16′30.0″ N 31°48′43.2″	80
						2	12–35	浅黄棕色	中砾石土	团粒状	7.2	16.0	0.85	2.44	3.9	75	2.4	51	19.7			
						3	35–50	棕色	中砾石土	团粒状												
剖19	淋溶土	灰化土	山地灰化土	灰化土	山地灰化土	1	0–5	黑棕色												残积物、坡积物	E 102°17′26.2″ N 31°43′21.1″	74
						2	5–12	黑棕色	中壤土	粒状	3.6	104.8	2.38	1.80	1.1	693		505	50.4			
						3	12–23	棕灰色	重壤土	粒状	3.6	11.6	0.96	0.80	2.0	78	3.2	78	35.5			
						4	23–40	黄棕色	重壤土	粒状	5.0	5.8	1.01	0.88	2.6	53	2.8	23	22.1			
						5	40–53	暗黄色	中壤土	粒状	5.6	2.2	0.70	0.94	2.5	54	1.7	16	13.3			
						6	53–85	暗棕色	砂壤土	粒状	5.5			1.27	2.6			18	11.1			

汶 川 县

主要土类说明

棕壤是汶川县的主要土壤类型，占本县地域面积的30%，多分布在海拔1800—3500m的地区。自然植被主要为针阔叶混交林。棕壤发育于多种母岩上，以棕色为主，剖面上下层次色调较一致，有弱酸性淋洗及黏化过程。土壤呈中性或微酸性，无碳酸盐反应。土体中含石砾碎屑较多。

草毡土是汶川县第二大土壤类型，占本县地域面积的27%。草毡土是发生于高寒区（青藏高原）平缓高原面上，具强度生草腐殖质积累与弱度氧化还原特征的高山土壤。该土壤由于寒冻，蒿草根累积并弱度分解，呈草毡状；土体滞水，冻融交替，弱度氧化还原交替进行，造成氧化铁微弱游离。

灰化土是汶川县第三大土壤类型，占本县地域面积的16%，分布在汶川西部及西北部的部分地区的暗棕壤之上，海拔3400—4000m的局部阴湿地区。所处地区为寒温带季风气候，云雾多，湿度大，蒸发小。表层有机质层深厚，强烈淋溶和SiO_2淀积形成灰化层A_2，具有A_1-A_2-B-BC剖面构型。灰化土属于铁铝有机质络合淋溶强烈的土壤，大多见于无冻层的砂质土壤，表层有机质层及腐殖质层深厚，下移的富啡酸络合淋移铁铝成分，并在B层形成明显腐殖质与铁铝络合淀积层。

寒冻土占本县地域面积的11%。寒冻土发生于高山冰雪带下缘。该土壤的形成以寒冻物理风化为主，弱生物累积，土层薄，含砾石多，仅在岩屑中见少量细土物质堆积。土壤pH为7.0—8.5。

黄壤占本县地域面积的6%，主要分布在海拔800—1500m的汶川东南部漩口、映秀等地。成土母质多为砂岩、石灰石以及映秀出露的花岗岩风化残积物、坡积物。全层无碳酸盐反应，呈酸性，pH为4.0—5.5，普遍缺磷，一般具酸、黏、湿、瘦等不良性状。

黄棕壤占本县地域面积的6%，主要分布于漩口、映秀等地海拔1300—2000m的地区。成土母质多系砂岩、板岩、花岗岩、石灰岩等风化物。黄棕壤发生于北亚热带暖湿落叶阔叶林下，弱度富铝化，黏聚现象明显，呈黄棕色黏土，具A-B-C或A-（B）-C剖面构型，黏粒硅铝率在2.5左右，铁的游离度较红壤低，B层交换性酸大于A层。土壤pH为5.5—6.0。

小于本县地域面积3%的土壤类型还有水稻土、褐土等。

本区域中心区气候特征

本区域中心区气候特征值
Regional climate characteristics in central area of the region

气候带：高原亚温带湿润气候 Climate region: Plateau sub temperate humid climate	
年平均气温 /℃ Annual average temperature /℃	12.7
年平均最高气温 /℃ Annual average maximum temperature /℃	18.9
年平均最低气温 /℃ Annual average minimum temperature /℃	8.5
年降水量 /mm Annual precipitation /mm	837
≥10℃的积温 /℃ Daily temperature accumulated in a year (≥10℃) /℃	4806
年日照时数 /h Annual sunshine /h	1442
年平均相对湿度 /% Annual average relative humidity /%	74
干燥度 Dryness	0.94

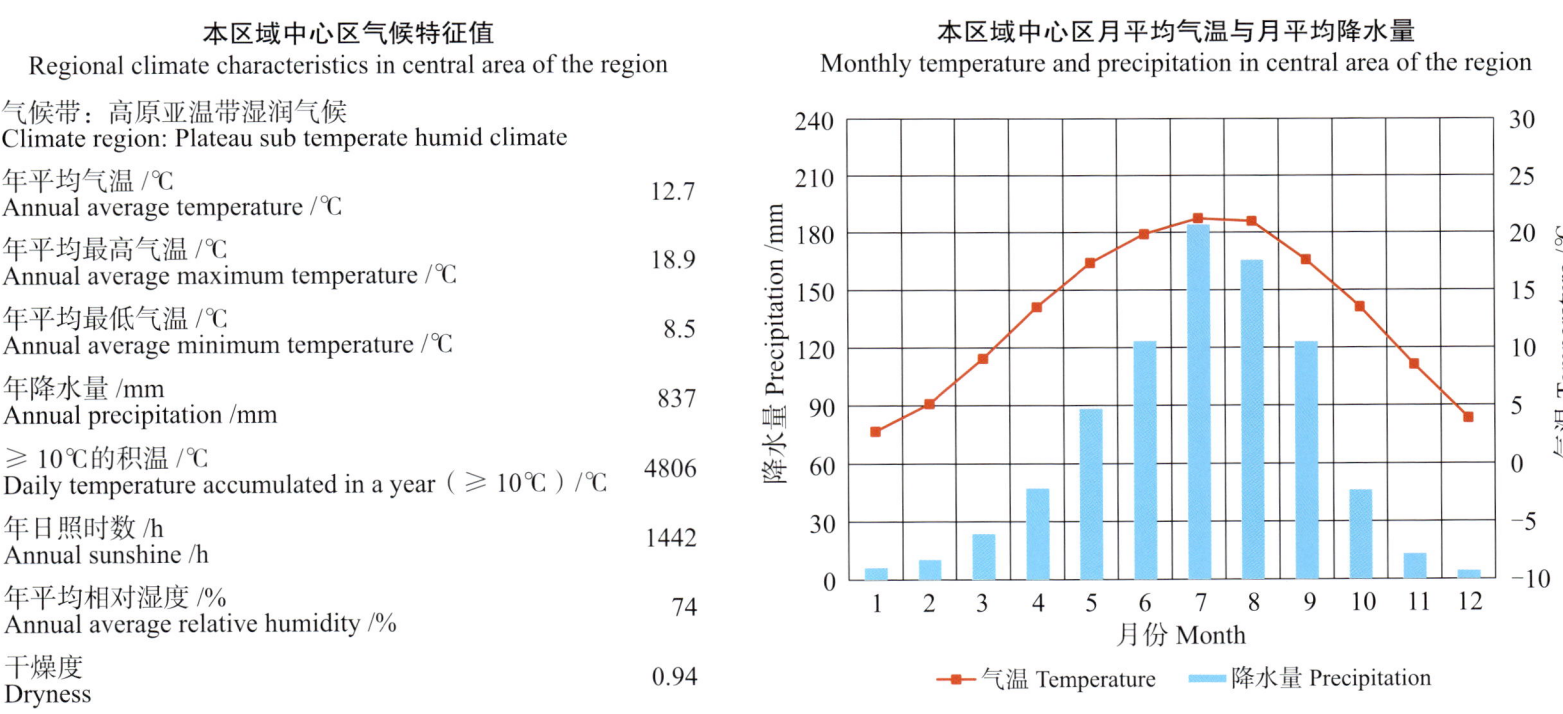

本区域中心区月平均气温与月平均降水量
Monthly temperature and precipitation in central area of the region

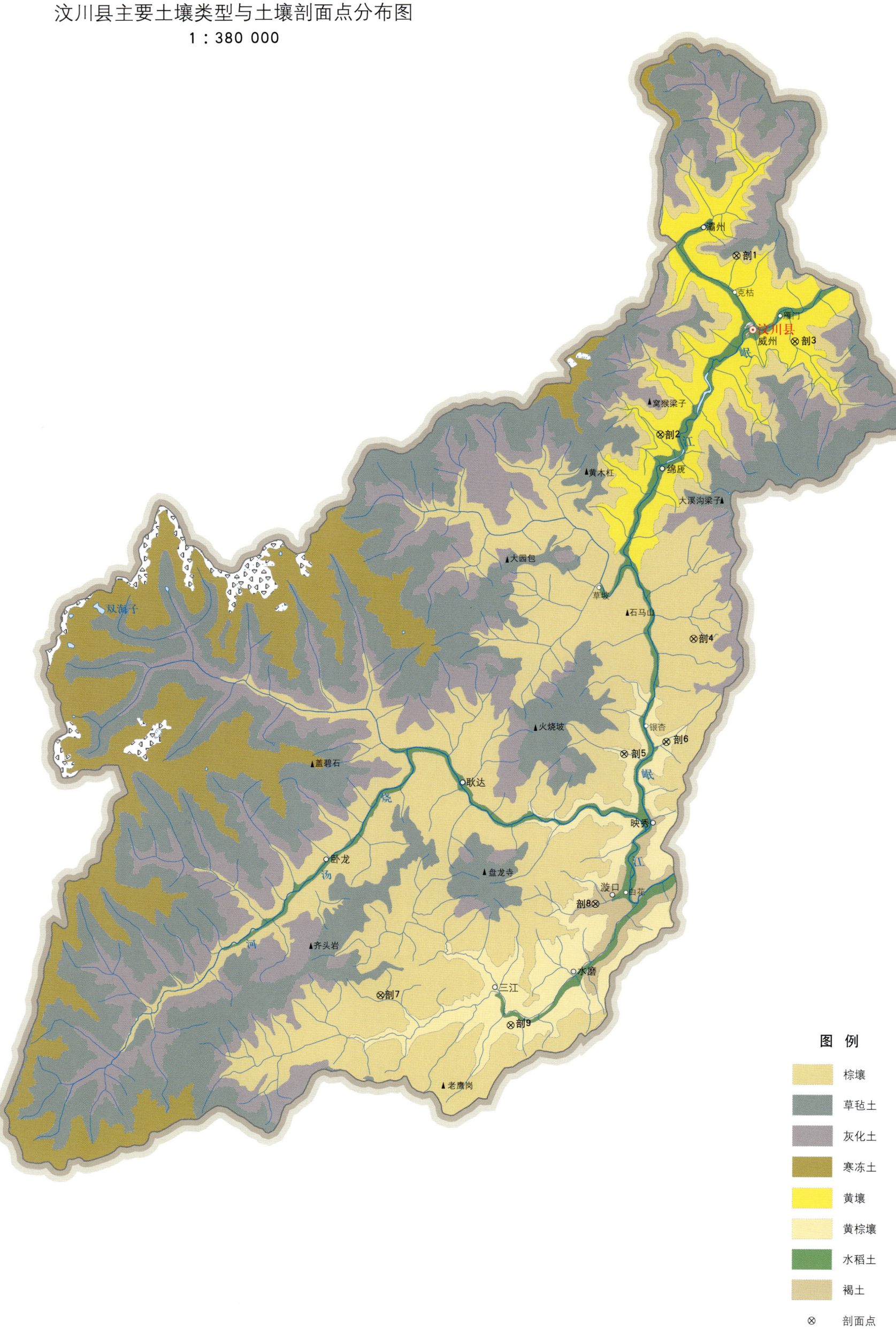

汶川县土壤剖面理化性状表

剖面号 Soil profile	土纲 Soil order	土类 Soil great group	亚类 Soil subgroup	土属 Soil genus	土种 Soil species	土层码 Layer code	土层厚度 Depth/cm	颜色 Soil color	质地 Soil texture	土壤结构 Soil structure	pH	有机质 OM/(g/kg)	全氮 TN/(g/kg)	全磷 TP/(g/kg)	碱解氮 AN/(mg/kg)	有效磷 AP/(mg/kg)	速效钾 AK/(mg/kg)	土壤母质 Parent material	剖面点坐标 Profile coordinate	匹配指数 Matching index/%
剖1	淋溶土	棕壤	山地棕壤	山地棕壤	黄泥土	1	0—30	浅棕黄色	壤质黏土	团块状	7.0	8.0			51	0.2	57		E 103°34′03.7″ N 31°32′28.0″	94
						2	30—120	褐棕色	黏土	块状	7.0	5.0			73	0.2	28			
						3	120—	棕黄色	壤质黏土	块状	7.0	4.0			23	0.5	29			
剖2	铁铝土	黄壤	黄壤	酸性黄壤	大土油砂土	1	0—20	褐棕色	砂壤土	粒状	6.8	8.0	1.10	2.80	111	0.6	13		E 103°29′40.4″ N 31°23′23.2″	100
						2	20—65	褐黄色	黏壤土	粒状	6.6	12.0	5.30	2.90	100	0.1	1			
						3	65—100	浅黄色	黏壤土	粒状	5.0	16.0	0.60	2.30	111	0.2				
剖3	铁铝土	黄壤				1	0—3	褐色										砂岩	E 103°37′35.0″ N 31°28′11.6″	79
						2	3—18	浅灰黄色	中黏土		4.5									
						3	18—30	棕黄色	中黏土		5.0									
						4	30—62	棕黄色	中黏土		4.5									
						5	62—100	黄灰色	黏土	块状	4.5									
剖4	淋溶土	棕壤	山地棕壤	山地棕壤	黄泥土	1	0—18	暗棕色	中壤土	小团块状	5.8	30.0			216	4.0	81	板岩、片板岩	E 103°31′48.7″ N 31°13′04.8″	84
						2	18—30	灰棕色	重壤土	块状	5.5	15.0			81	1.3	68			
						3	30—100	浅黄棕色	重壤土	块状	6.0	5.0			39	0.5	53			
剖5	淋溶土	黄棕壤	山地黄棕壤	冷砂黄泥	冷黄砂土	1	0—19	微黄棕褐色	壤土	粒状	5.0	30.0	1.60	1.50	62	6.2	122	砂岩、花岗岩、板岩、炭质页岩	E 103°27′48.8″ N 31°07′12.9″	80
						2	19—36	浅黄色	粉砂质壤土	小团块状	5.5	15.0	0.40	0.70	49	3.1	122			
						3	36—100	黄棕色	砂质壤土	粒状	5.5	5.0	0.40	0.70	24	1.8	121			
剖6	淋溶土	黄棕壤	山地黄棕壤	黄泥大土	黄泥大土	1	0—22	棕色	轻壤土	小团块状	6.4	28.0			100	21.0	170	石灰岩	E 103°30′17.7″ N 31°07′51.5″	83
						2	22—76	浅灰黄色	轻壤土	块状	6.2	20.0			83	14.0	140			
						3	76—120	浅灰棕色	轻壤土	大团块状	6.0	17.0			54	8.0	115			
剖7	淋溶土	棕壤				1	0—3												E 103°13′39.6″ N 30°54′45.1″	74
						2	3—13	暗棕色	轻壤土	粒状	6.1	131.4	5.00	0.30		0.2	7			
						3	13—21	棕色	中壤土	小团块状	6.0	93.8	2.90	0.20		0.1	4			
						4	21—100	黄棕色	轻壤土	小块状	6.3	83.0	1.00				2			
剖8	半淋溶土	褐土				1	0—18	黄褐色	重壤土	粒状	7.3	21.0	1.00	1.50	71	3.5	48		E 103°26′15.0″ N 30°59′35.3″	96
						2	18—30	浅黄褐色	重壤土	块状	7.3	19.0	1.00	2.00	54	0.6	36			
						3	30—60	浅黄褐色	重壤土	块状	7.3	4.3	0.10	1.70	21		30			
						C	60—100													
剖9	淋溶土	黄棕壤				Ao	0—2			无明显结构								砂岩、板岩、花岗岩、石灰岩	E 103°21′22.3″ N 30°53′20.8″	97
						2	2—8	黄褐色	中壤土	粒状、核状										
						3	8—23	棕色												
						4	23—53	黄棕色	砾石壤土											
						5	53—70	棕黄色	砾石壤土											
						6	70—													

理 县

主要土类说明

暗棕壤是理县的主要土壤类型，占本县地域面积的23%，分布在海拔3300—3850m的地区，全县各地均有分布，在垂直土壤带谱中，出现在灰化土之下，棕壤之上，有的地方与灰化土交错分布，是本县的主要森林土壤。暗棕壤地带气候寒冷潮湿，干雨季分明，有季节性的冻层。植被主要以阴暗针叶林为主，并有槭、桦和杜鹃、苔藓。土壤剖面上表现在棕褐色腐殖质层下为灰棕色有弱度灰斑层，以下是浅棕色或棕色淀积层，层次分化明显，结构比较好，有机质含量高，土壤肥力也不低，适宜于林木生长。土壤母质主要有千枚岩、板岩、花岗岩，多为残积物、坡积物发育而成。根据发育程度和植被类型的不同，本县暗棕壤分为暗棕壤、草甸暗棕壤等亚类。

黑毡土是理县第二大土壤类型，占本县地域面积的22%，分布在海拔3900—4300m的森林线之上。土壤有明显的草根盘结层，草根交织紧密，富有弹性，厚度因所处的地形部位和植被的好坏而异，一般为5—10cm。草根盘结层下为腐殖质层，厚16—23cm，有机质矿化度较高，呈黑棕色。土壤淋溶作用较强，结构较好，层次较明显，通体呈酸性。土层厚度也因地形部位的不同而异，缓坡地和黄土母质发育的黑毡土土层较厚，一般为95cm左右，坡度稍大的地方土层只有60cm以下。

棕壤是理县第三大土壤类型，占本县地域面积的19%。棕壤发生于湿润暖温带落叶阔叶林下，但大部分已被垦殖，以旱作为主。该土壤处于硅铝风化阶段，具有黏化特征，呈棕色。土体见黏粒淀积，盐基充分淋失，pH为6.0—7.0，见少量游离铁。

草毡土占本县地域面积的13%，分布于海拔4250—4400m的地区。该地带气候寒冷，年平均温度小于-3.2℃，冻土时间长，因而植被覆盖度和牧草类型远不及黑毡土。成土母质为千枚岩和变质砂页岩残积物、坡积物。与黑毡土的差别在于草皮层没有黑毡土密集、厚实。有机质含量也较高，各层变化不大，土壤通体呈微酸性至中性。各土层pH的变化也较小，土层厚度不及黑毡土厚。淀积层不甚明显，物理风化强，土壤粗骨性强。草根盘结层紧实，腐殖质层较薄。

褐土占本县地域面积的10%。褐土是在暖温带半湿润区发育形成的具有黏化与钙质淋移淀积的土壤。该土壤盐基饱和，处于硅铝风化阶段，有明显黏淀层。在其A-B-C剖面构型中，B层呈棕褐色。土壤pH为7.0—7.5，盐基饱和度在80%以上；B层下部有假菌丝状钙积层。

寒冻土占本县地域面积的9%。寒冻土发生于高山冰雪带下缘。该土壤的形成以寒冻物理风化为主，弱生物累积，土层薄，含砾石多，仅在岩屑中见少量细土物质堆积。土壤pH为7.0—8.5。

小于本县地域面积3%的土壤类型还有灰化土、灰褐土等。

本区域中心区气候特征

本区域中心区气候特征值
Regional climate characteristics in central area of the region

气候带：高原亚温带湿润气候 Climate region: Plateau sub temperate humid climate	
年平均气温 /℃ Annual average temperature /℃	10.3
年平均最高气温 /℃ Annual average maximum temperature /℃	18.2
年平均最低气温 /℃ Annual average minimum temperature /℃	5.1
年降水量 /mm Annual precipitation /mm	805
≥10℃的积温 /℃ Daily temperature accumulated in a year（≥10℃）/℃	3791
年日照时数 /h Annual sunshine /h	1746
年平均相对湿度 /% Annual average relative humidity /%	68
干燥度 Dryness	0.92

本区域中心区月平均气温与月平均降水量
Monthly temperature and precipitation in central area of the region

理县主要土壤类型与土壤剖面点分布图

1∶360 000

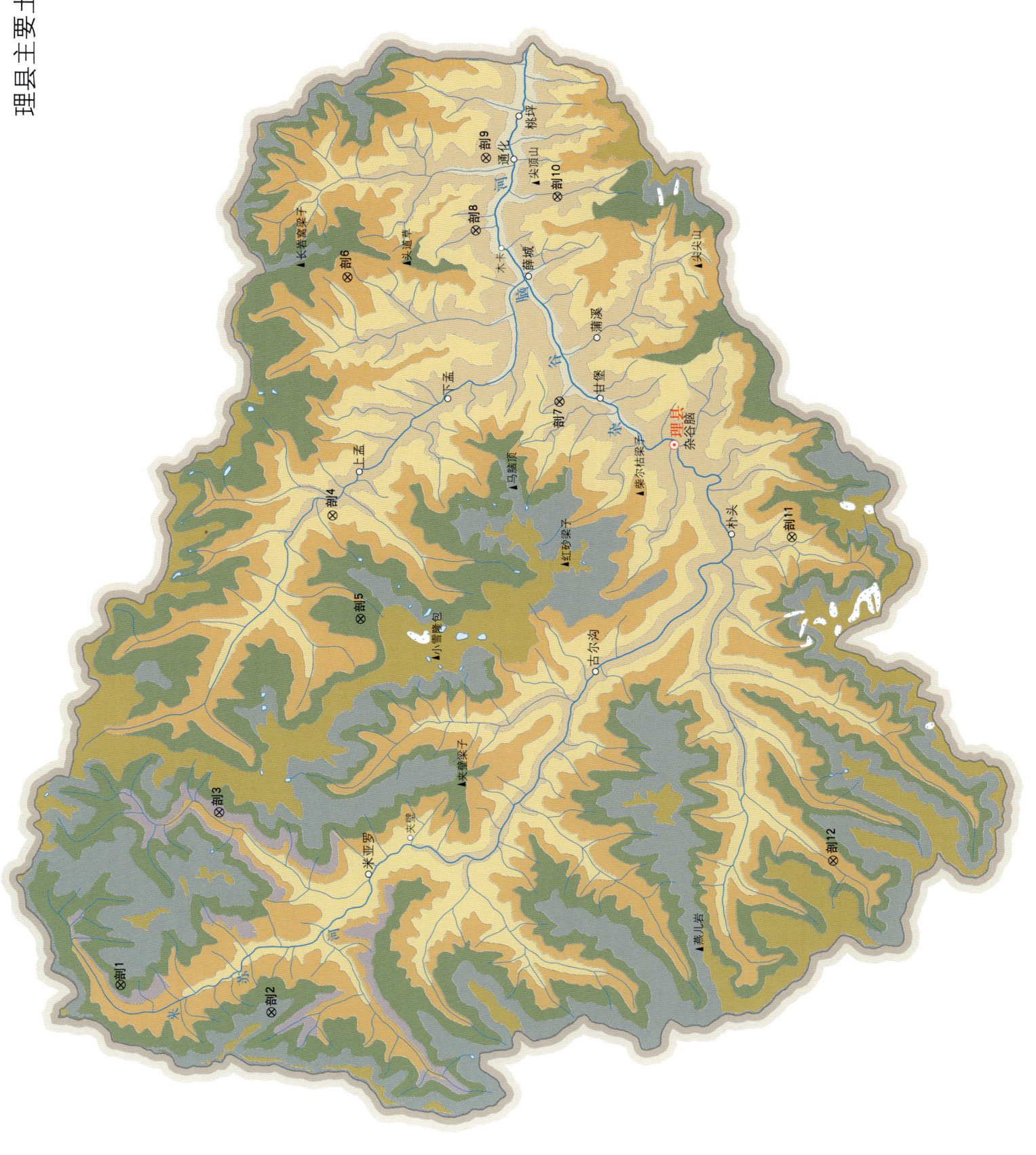

图例: 暗棕壤 黑毡土 棕壤 草毡土 褐土 寒冻土 灰化土 灰褐土 ⊗ 剖面点

理县土壤剖面理化性状表

剖面号 Soil profile	土纲 Soil order	土类 Soil great group	亚类 Soil subgroup	土属 Soil genus	土种 Soil species	土层码 Layer code	土层厚度 Depth/cm	颜色 Soil color	质地 Soil texture	土壤结构 Soil structure	pH	有机质 OM/(g/kg)	全氮 TN/(g/kg)	全磷 TP/(g/kg)	全钾 TK/(g/kg)	碱解氮 AN/(mg/kg)	有效磷 AP/(mg/kg)	速效钾 AK/(mg/kg)	阳离子交换量CEC/(cmol/kg)	土壤母质 Parent material	剖面点坐标 Profile coordinate	匹配指数 Matching index/%
剖1	高山土	黑毡土	黑毡土	黑毡土		1	0—5	黑色													E 102°42′16.2″ N 31°50′27.6″	77
						2	0—23	黑棕色	中壤土	粒状	5.7			1.36	2.5	424	8.0	223				
						3	23—51	棕色	重壤土	粒状	6.1			0.71	2.6							
						4	51—67	浅棕色	重壤土	块状、粒状	6.3			0.47	2.9							
						5	67—95	浅棕色	砾石土	无明显结构	6.4			0.55	3.2							
剖2	高山土	草毡土	草毡土	草毡土		1	0—12	黑棕色	中壤土	块状	6.2			1.12	2.4	342	6.0	121			E 102°41′01.5″ N 31°43′49.8″	77
						2	12—43	黄棕色	轻壤土	粒状	6.1			1.08	2.5							
						3	43—66	褐黄色	中壤土	粒状	5.3			0.96	2.4							
剖3	淋溶土	灰化土	灰化土	山地灰化土		1	0—9			团粒状											E 102°51′05.0″ N 31°46′15.6″	74
						2	9—31	黑色	轻黏土	块状、粒状	4.3	76.1	2.28	0.43	2.2	199	18.0	93				
						3	19—31	白灰色	重黏土	块状、粒状	5.0	34.6	1.49	0.48	2.3							
						4	31—58	棕黄色	轻黏土	小块状	5.4	24.8	1.16	0.68	2.4							
						5	58—105	暗棕色	轻壤土													
剖4	淋溶土	棕壤	棕壤	花岗岩棕壤		1	0—7	黑色	轻壤土	粒状	5.6	78.0	2.85	0.45	2.2	77	11.0	55		花岗岩	E 103°06′20.2″ N 31°41′30.1″	98
						2	7—15	暗棕色	轻壤土	粒状	6.0	44.0	1.63	0.69	2.3							
						3	15—40	暗棕色	轻壤土	粒状	6.1	20.0	2.69	1.69	2.4							
						4	40—80	暗棕色	轻壤土													
						5	80—110															
剖5	高山土	黑毡土	棕黑毡土	棕黑毡土		1	0—3														E 103°01′05.5″ N 31°40′11.6″	91
						2	3—26	浅棕色	重壤土	粒状	5.8	80.4	2.86	0.47	2.2				25.8			
						3	26—46	红棕色	轻壤土	粒状	5.9	44.2	3.18	0.33	2.3				11.5			
						4	46—90	浅棕色	轻壤土	块状	6.5	18.8	0.36	0.27	2.6				8.7			
剖6	淋溶土	暗棕壤	暗棕壤	坡洪积黑泥土	中层黑泡泥土	Ao	0—10													砂板岩风化残积物、坡积物	E 103°18′27.7″ N 31°40′59.8″	91
						A1	10—26	黑棕色	黏壤土	粒状	5.0	183.0	6.24	1.17	2.1	596	18.0	275				
						B	26—53	灰黄棕色	黏壤土	块状	5.0	41.4	1.99	0.80	2.5							
						C	53—76	浅黄棕色	黏壤土	小块状	5.0	33.3	1.75	0.74	2.5							
剖7	半淋溶土	褐土	石灰性褐土		大黄土	1	0—20	暗棕色	轻黏土	小块状	8.8	23.5	2.01	0.80	3.1	6	3.0	94			E 103°12′18.4″ N 31°31′37.2″	85
						2	20—53	棕色	中黏土	块状	8.7	13.5	1.44	0.73	3.1							
						3	53—120	浅黄棕色	中黏土	块状	8.9	18.8		0.77	3.0							
剖8	半淋溶土	褐土	石灰性褐土		二黄土	1	0—27	暗棕色	轻壤土	粒状	8.1	31.4	1.23	0.93	3.3	98	3.0	88			E 103°20′56.2″ N 31°35′23.8″	81
						2	27—42	暗棕色	重壤土	块状	8.2	28.1	1.18	0.70	3.2							
						3	42—100	棕色	重壤土	块状	8.1	42.5			3.3							
剖9	半淋溶土	褐土	石灰性褐土		黄泥土	1	0—19	浅棕色	轻壤土	块状	8.3	58.1	2.61	1.63	3.9	73	10.0	160			E 103°24′39.2″ N 31°35′00.1″	98
						2	19—48	暗黑色	砂壤土	粒状	8.0	53.0	1.66	1.65	4.0							
						3	48—98	黑色	砂壤土	粒状	8.2	44.9	1.25	1.03	4.0							
剖10	半淋溶土	褐土	石灰性褐土		砂黄土	1	0—18	暗棕色	重壤土	粒状	7.5	48.9	2.14	1.06	3.1	18	32.0	252			E 103°22′43.9″ N 31°31′51.1″	83
						2	18—35	暗棕色	重壤土	粒状	7.6	38.9	1.18	1.07	3.2							
						3	35—105	暗棕色	砂壤土	块状	7.9	31.0	1.18	0.98	3.1							

续表 Continued

剖面号 Soil profile	土纲 Soil order	土类 Soil great group	亚类 Soil subgroup	土属 Soil genus	土种 Soil species	土层码 Layer code	土层厚度 Depth/ cm	颜色 Soil color	质地 Soil texture	土壤结构 Soil structure	pH	有机质 OM/ (g/kg)	全氮 TN/ (g/kg)	全磷 TP/ (g/kg)	全钾 TK/ (g/kg)	碱解氮 AN/ (mg/kg)	有效磷 AP/ (mg/kg)	速效钾 AK/ (mg/kg)	阳离子交换量CEC/ (cmol/kg)	土壤母质 Parent material	剖面点坐标 Profile coordinate	匹配指数 Matching index/%
剖11	淋溶土	棕壤	棕壤	千枚岩棕壤		1	0—4													千枚岩	E 103°05′37.0″ N 31°21′22.7″	86
						2	4—13															
						3	13—43	棕色	重壤土	块状、粒状	4.9	22.5	1.24	0.53	2.2	114	2.0	252				
						4	43—68	棕色	重壤土	块状、粒状	5.1	19.8	1.15	0.48	2.1							
						5	68—89	灰黄棕色	轻黏土	团粒状	5.9	5.8	0.66	0.36	2.2							
						6	89—116	灰黄棕色	轻黏土	团粒状	5.8	5.1	0.73	0.49	2.3							
剖12	淋溶土	暗棕壤	暗棕壤	暗棕壤		1	0—8														E 102°49′08.3″ N 31°19′20.6″	91
						2	8—17	黑色	轻壤土	无明显结构	4.8	342.9		0.32								
						3	17—28	黑色	轻壤土	粒状	5.4	46.7	1.78	0.05		328	15.0	106				
						4	28—53	暗黄色	轻壤土	团粒状	6.9	85.2	2.93	0.57	2.0							
						5	53—81	黄棕色	重壤土	块状、粒状	6.8	43.4	1.56	0.43	2.3							
						6	81—110	浅黄色	砂壤土	粒状	5.4	11.9	0.65	0.54	2.0							

茂 县

主要土类说明

褐土是茂县的主要土壤类型，占本县地域面积的27%，分布在黄棕壤带以西，处于岷江水系河谷及沟谷谷坡，垂直分布于棕壤之下。此类土壤的成土母质比较复杂，有坡积物、残积物、冰水沉积物、老冲积物、老洪积物。土壤盐基饱和，呈中性至微碱性。褐土有一定黏化过程，以残积黏化为主，形成黏化层段。本县褐土分为燥褐土、石灰性褐土、暗褐土等亚类。

棕壤是茂县第二大土壤类型，占本县地域面积的26%，是本县垂直地带性土壤，分布在黄棕壤或褐土之上，暗棕壤之下。其分布与海拔、温湿度密切相关，在东部半湿润区海拔为1800—2000m，在岷江水系半干旱区海拔为2100—3100m。地处湿润暖温带，土壤处于硅铝风化阶段，盐基淋失，土体见黏粒淀积。土壤呈棕色，具O-A-Bt-C剖面构型，pH为6.0—7.0，见少量游离铁。

暗棕壤是茂县第三大土壤类型，占本县地域面积的17%，分布于海拔3300—3700m的地区。暗棕壤是在温带湿润地区针阔叶混交林下发育，具有明显有机质富集和弱酸性淋溶的土壤，具O-A-B-C剖面构型。弱酸性淋溶使铁铝轻微下移。B层呈棕色，结构面见铁锰胶膜。土壤呈弱酸性，盐基饱和度为70%—80%。土壤冻结期长。

黑毡土占本县地域面积的12%。黑毡土发生于青藏高原高寒略较温湿的塬面上，蒿草与杂生草类的草毡层初步分解，形成初步腐殖化的暗色草根茎盘结层。该土壤色泽较深，有机质含量较高，为100—150g/kg，底土见锈色斑纹。土壤pH为6.5—8.0。

草毡土占本县地域面积的8%。草毡土是发生于高寒区（青藏高原）平缓高原面上，具强度生草腐殖质积累与弱度氧化还原特征的高山土壤。该土壤由于寒冻，蒿草根累积并弱度分解，呈草毡状；土体滞水，冻融交替，弱度氧化还原交替进行，造成氧化铁微弱游离。

黄棕壤占本县地域面积的6%。黄棕壤发生于北亚热带暖湿落叶阔叶林下，弱度富铝化，黏聚现象明显，呈黄棕色黏土。具A-B-C或A-（B）-C剖面构型，黏粒硅铝率在2.5左右，铁的游离度较红壤低，B层交换性酸大于A层。土壤pH为5.5—6.0。

小于本县地域面积3%的土壤类型还有寒冻土、粗骨土等。

本区域中心区气候特征

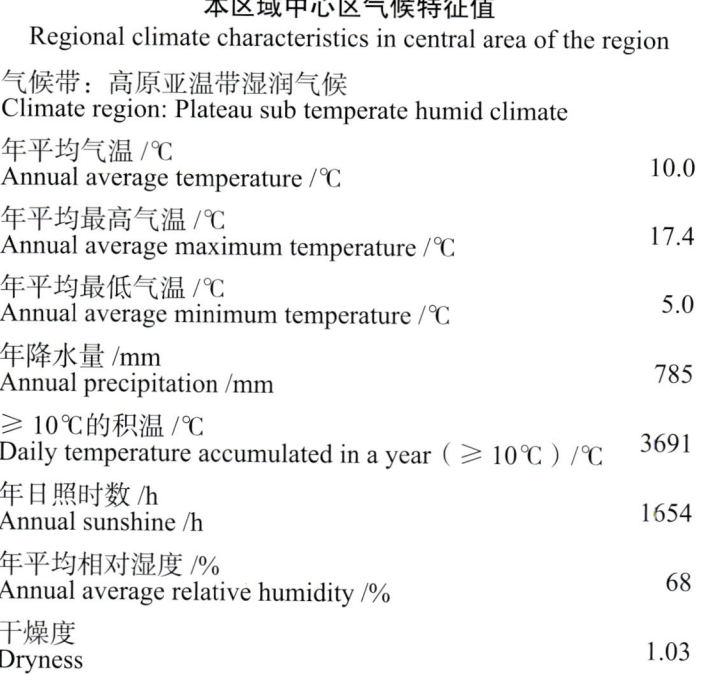

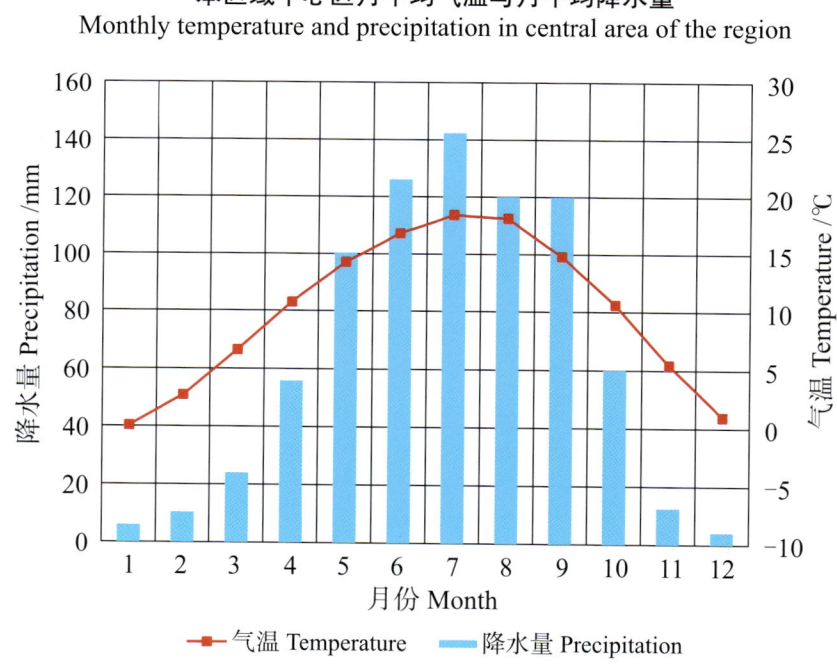

茂县主要土壤类型与土壤剖面点分布图

1：420 000

图例

褐土
棕壤
暗棕壤
黑毡土
草毡土
黄棕壤
寒冻土
粗骨土
⊗ 剖面点

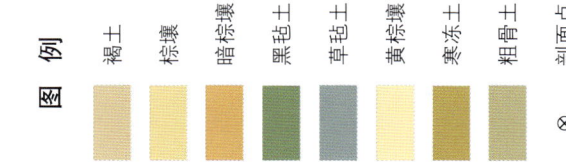

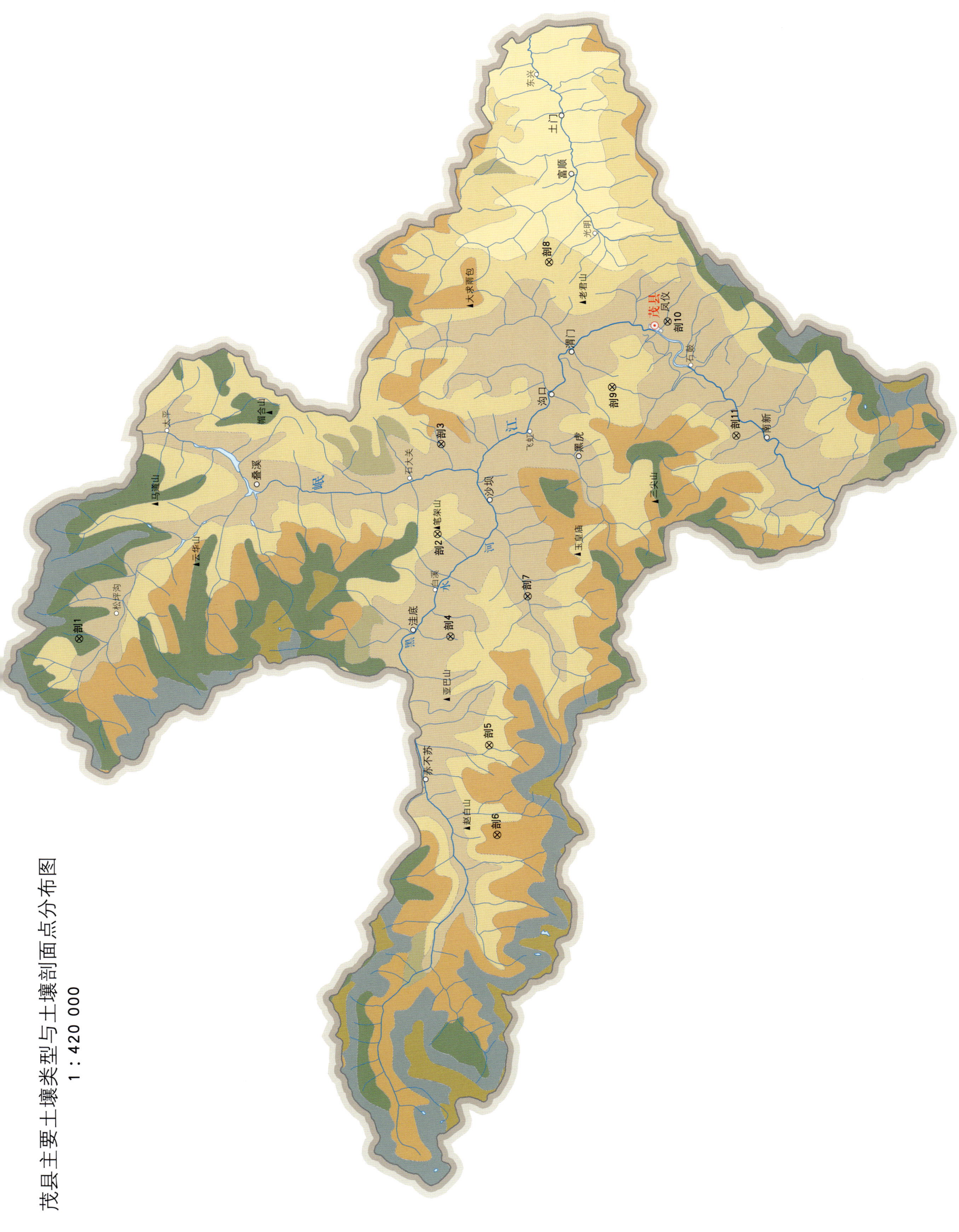

茂县土壤剖面理化性状表

剖面号 Soil profile	土纲 Soil order	土类 Soil great group	亚类 Soil subgroup	土属 Soil genus	土种 Soil species	土层码 Layer code	土层厚度 Depth/cm	颜色 Soil color	质地 Soil texture	土壤结构 Soil structure	pH	有机质 OM/(g/kg)	全氮 TN/(g/kg)	全磷 TP/(g/kg)	全钾 TK/(g/kg)	碱解氮 AN/(mg/kg)	有效磷 AP/(mg/kg)	速效钾 AK/(mg/kg)	阳离子交换量CEC/(cmol/kg)	土壤母质 Parent material	剖面点坐标 Profile coordinate	匹配指数 Matching index/%
剖1	高山土	黑毡土	黑毡土			1	0—12	黑棕色	轻壤土	粒状	5.6	184.2	5.28	1.85	9.4	449	1.0	324		坡积物	E 103° 30′ 42.5″ N 32° 12′ 05.5″	84
						2	12—27	灰黄棕色	多砾轻壤土	小块状、粒状	5.3	86.0	3.12	1.69	2.1	56	1.0	78				
						3	27—66	浅灰黄色			5.0	47.2	1.30	1.14	3.5	167		89				
						4	66—93	灰黄色	多砾轻壤土	小块状	5.3	17.8	1.06	0.80	5.8	63		20				
剖2	淋溶土	棕壤	棕壤	残坡积棕壤	粗骨土	1	0—28	暗黄灰色	多砾中壤土	粒状	6.5	45.9	2.53	1.59	4.5	38	14.0	371		坡积物、残积物	E 103° 37′ 37.2″ N 31° 52′ 38.3″	80
						2	28—66	暗青灰色	中砾石土		7.2	16.3	1.21	1.24	4.4	48	1.0	230				
						3	66—90	棕灰色	轻砾石土		6.9	0.8	0.81	0.95	7.7	32	2.0	120				
剖3	半淋溶土	褐土	石灰性褐土			1	0—4													残积物	E 103° 43′ 19.6″ N 31° 52′ 28.9″	81
						2	4—18	暗黄棕色	多砾轻壤土	小块状、粒状		97.1	3.72	2.36	2.9	282	1.0	175				
						3	18—42	灰黄棕色	多砾中壤土	块状、粒状		26.9	1.57	1.61	2.7	98	1.0	6				
						4	42—70	灰黄棕色	轻砾石土			14.3	1.38	2.44	3.0	11		5				
剖4	半淋溶土	褐土	石灰性褐土	山地石灰性褐土	浅泥脚夹石土	1	0—18	暗黄棕色	多砾轻壤土	小粒状	7.8	28.0	1.47	2.92	8.7	67	1.0	65	5.8		E 103° 31′ 05.8″ N 31° 51′ 52.9″	94
						2	18—40	暗灰棕色			7.9	22.0	0.37	2.97	9.0	22	1.0	44				
剖5	淋溶土	棕壤	棕壤	残坡积棕壤	冷浸泥土	1	0—21				7.6	56.4	2.28	1.90	4.0	130	4.0	206		坡积物、残积物	E 103° 24′ 11.2″ N 31° 49′ 43.3″	99
						2	21—36				7.2	5.2	0.34	0.75	4.0	99	2.0	33				
						3	36—80				6.4	5.2	0.47	0.91	4.8	21	3.0	29				
剖6	淋溶土	暗棕壤				Ao	0—12													坡积物	E 103° 18′ 28.4″ N 31° 49′ 14.4″	100
						2	12—28	黑棕色	中砾轻壤土	粒状	5.5	152.6	6.94	2.52	2.2	28	12.0	268	29.4			
						3	28—40	灰黄棕色	多砾轻壤土	粒状	4.9	94.1	2.91	2.06	2.6	17	5.0	108				
						4	40—100	灰黄色	轻砾石土	小块状、粒状	5.8	37.3	0.28	2.21	2.9	77	1.0	29				
剖7	半淋溶土	褐土	山地石灰性褐土			1	0—20	多黄棕色	多砾中壤土	粒状	8.4	25.8	1.51	1.49	4.7	81	3.0	185		坡积物、残积物	E 103° 33′ 42.5″ N 31° 47′ 42.0″	88
						2	20—54	浅灰黄色	中砾重黏土	棱块状	8.5	23.0	0.74	1.19	3.4	17		81				
						3	54—100	棕色	少砾石土	棱柱状	8.0	9.0	0.41	1.22	6.4	20		2				
剖8	淋溶土	棕壤	棕壤	残积棕壤	厚层棕泡砂泥土	Ao	0—6													千枚岩风化残积物、坡积物	E 103° 54′ 57.8″ N 31° 46′ 41.1″	76
						A_1	6—20	暗棕色	黏壤土	粒状	6.8	109.1	5.29	0.85	2.1	466	7.0	196	35.7			
						A,B	20—32	棕色	粉砂顶黏壤土	粒状	6.8	55.0	3.39	0.80	2.2				25.4			
						B	32—70	灰黄色	粉砂顶黏壤土	块状	6.7	26.8	1.93	0.72	2.2				19.6			
						C	70—90	黄棕色		块状	6.9	26.3	1.86	0.66	2.2				18.0			
剖9	淋溶土	棕壤				1	0—8													残积物	E 103° 47′ 02.8″ N 31° 43′ 12.0″	83
						2	8—19	棕色	少砾重壤土	小块状、粒状	5.5	61.0	2.33	2.74	6.1	211	18.0	394				
						3	19—83	鲜棕色	轻黏土	块状	5.7	27.2	1.21	1.28	9.2	96	2.0	375				
						4	83—102	棕色	多砾中壤土	块状												
剖10	半淋溶土	褐土	燥褐土	石港燥褐土		1	0—18	灰黄棕色	多砾轻壤土	小块状、粒状	7.8	30.9	1.57	1.66	6.5	75	1.0	60		坡积物	E 103° 51′ 16.2″ N 31° 40′ 12.5″	75
						2	18—90	黄棕色	中砾石土		8.3	23.5	1.39	1.60	5.9	10	1.0	6				
剖11	半淋溶土	褐土				1	0—21	棕色	多砾轻壤土	小块状、粒状		59.4	1.84	1.89	5.0	58	5.0	5		坡积物、残积物	E 103° 44′ 03.8″ N 31° 36′ 25.9″	96
						2	21—36	棕黄色														
						3	36—80	灰黄棕色	轻砾石土			40.5	1.00	1.55	3.9	40	1.0					
						4	80—100	灰黄棕色	重砾石土													

松 潘 县

主要土类说明

黑毡土是松潘县的主要土壤类型，占本县地域面积的 39%。黑毡土发生于青藏高原高寒略较温湿的原面上，蒿草与杂生草类的草毡层初步分解，形成初步腐殖化的暗色草根茎盘结层。该土壤色泽较深，有机质含量较高，为 100—150g/kg，底土见锈色斑纹。土壤 pH 为 6.5—8.0。

草毡土是松潘县第二大土壤类型，占本县地域面积的 18%。草毡土是发生于高寒区（青藏高原）平缓高原面上，具强度生草腐殖质积累与弱度氧化还原特征的高山土壤。该土壤由于寒冻，蒿草根累积并弱度分解，呈草毡状；土体滞水，冻融交替，弱度氧化还原交替进行，造成氧化铁微弱游离。

暗棕壤是松潘县第三大土壤类型，占本县地域面积的 14%。暗棕壤是在温带湿润地区针阔叶混交林下发育，具有明显有机质富集和弱酸性淋溶的土壤，具 O–A–B–C 剖面构型。弱酸性淋溶使铁铝轻微下移。B 层呈棕色，结构面见铁锰胶膜。土壤呈弱酸性，盐基饱和度为 70%—80%。土壤冻结期长。

棕壤占本县地域面积的 12%。棕壤发生于湿润暖温带落叶阔叶林下，但大部分已被垦殖，以旱作为主。该土壤处于硅铝风化阶段，具有黏化特征，呈棕色土壤。土体见黏粒淀积，盐基充分淋失，pH 为 6.0—7.0，见少量游离铁。多有干鲜果类生长，山地多森林覆盖。

褐土占本县地域面积的 7%。褐土是在暖温带半湿润区发育形成的具有黏化与钙质淋移淀积的土壤。该土壤盐基饱和，处于硅铝风化阶段，有明显黏淀层。在其 A–B–C 剖面构型中，B 层呈棕褐色。土壤 pH 为 7.0—7.5，盐基饱和度在 80% 以上，B 层下部有假菌丝状钙积层。

黄棕壤占本县地域面积的 4%。黄棕壤发生于北亚热带暖湿落叶阔叶林下，弱度富铝化，黏聚现象明显，呈黄棕色黏土。具 A–B–C 或 A–（B）–C 剖面构型，黏粒硅铝率在 2.5 左右，铁的游离度较红壤低，B 层交换性酸大于 A 层。土壤 pH 为 5.5—6.0。黄棕壤多由砂页岩及花岗岩风化物发育而成。

寒冻土占本县地域面积的 4%。寒冻土发生于高山冰雪带下缘。该土壤的形成以寒冻物理风化为主，弱生物累积，土层薄，含砾石多，仅在岩屑中见少量细土物质堆积。土壤 pH 为 7.0—8.5。

小于本县地域面积 3% 的土壤类型还有沼泽土、草甸土、石质土、石灰（岩）土、粗骨土、泥炭土等。

本区域中心区气候特征

本区域中心区气候特征值
Regional climate characteristics in central area of the region

气候带：高原亚温带湿润气候 Climate region: Plateau sub temperate humid climate	
年平均气温 /℃ Annual average temperature /℃	6.1
年平均最高气温 /℃ Annual average maximum temperature /℃	14.6
年平均最低气温 /℃ Annual average minimum temperature /℃	0.4
年降水量 /mm Annual precipitation /mm	731
≥10℃的积温 /℃ Daily temperature accumulated in a year（≥10℃）/℃	2551
年日照时数 /h Annual sunshine /h	1826
年平均相对湿度 /% Annual average relative humidity /%	64
干燥度 Dryness	1.14

本区域中心区月平均气温与月平均降水量
Monthly temperature and precipitation in central area of the region

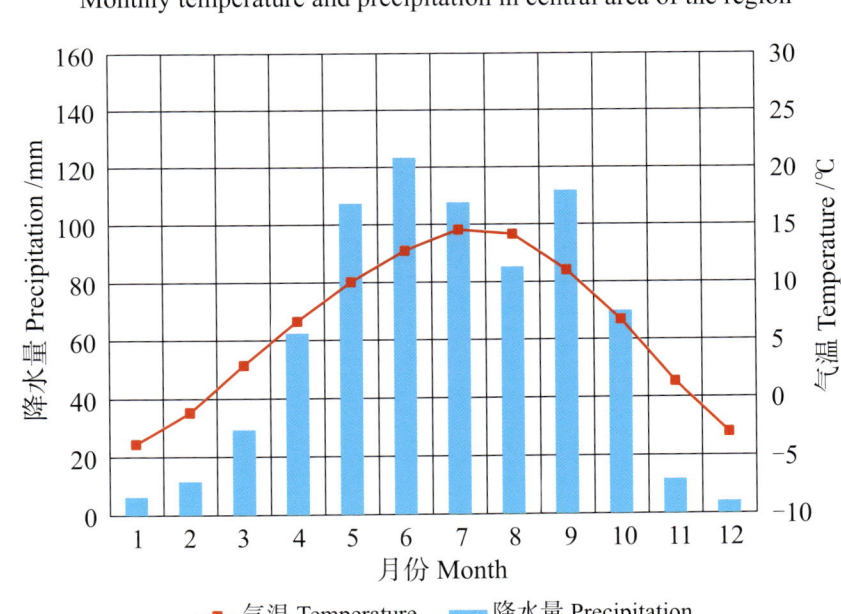

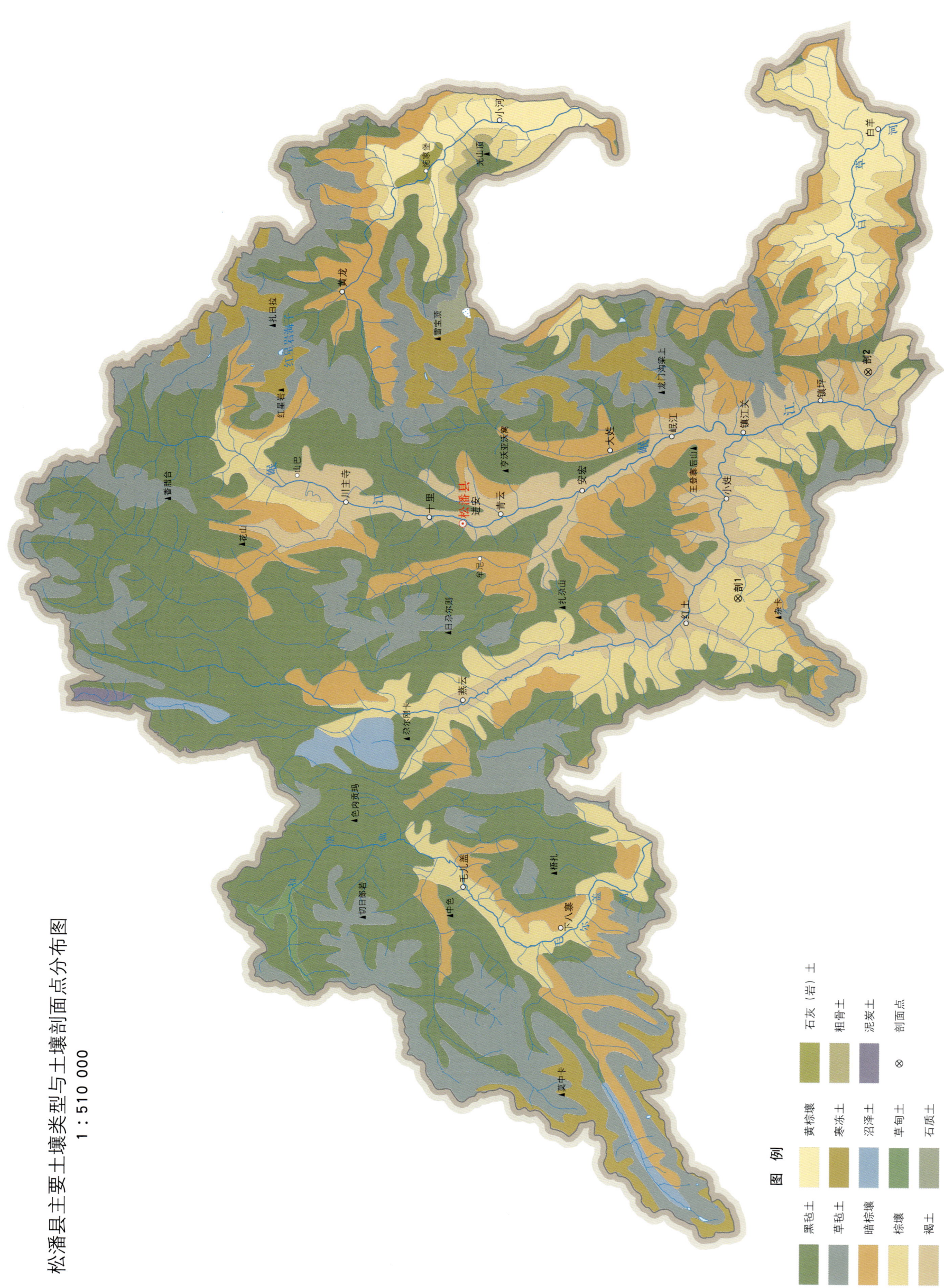

松潘县主要土壤类型与土壤剖面点分布图
1:510 000

松潘县土壤剖面理化性状表

剖面号 Soil profile	土纲 Soil order	土类 Soil great group	亚类 Soil subgroup	土属 Soil genus	土种 Soil species	土层码 Layer code	土层厚度 Depth/cm	颜色 Soil color	质地 Soil texture	土壤结构 Soil structure	pH	有机质 OM/(g/kg)	全氮 TN/(g/kg)	全磷 TP/(g/kg)	全钾 TK/(g/kg)	碱解氮 AN/(mg/kg)	速效钾 AK/(mg/kg)	阴离子交换量CEC/(cmol/kg)	土壤母质 Parent material	剖面点坐标 Profile coordinate	匹配指数 Matching index/%
剖1	淋溶土	棕壤	棕壤	洪冲积棕泥土	棕黄砂土	A	0—18	暗棕色	砂壤土	单粒状	6.7	109.5	6.73	4.43	2.6	70	157		第四纪冲积物	E 103°29′51.4″ N 32°19′28.9″	73
						B	18—42	棕色	砂壤土	小块状	6.6	56.2	3.93	2.95	2.8	43	118				
						C	42—80	棕色	砂壤土		6.6	27.9	2.22	2.51	2.8	26	92				
剖2	半淋溶土	褐土	褐土	黄土质褐泥土	黄土	A	0—22	棕色	壤土	小团块状	8.0	12.9	0.94	1.41	3.1	46	123	11.4	黄土状母质	E 103°48′17.6″ N 32°10′42.6″	83
						B	22—60	黄色	黏壤土	团块状	8.0	10.2	0.37	1.50	3.2	16	67	7.9			
						C	60—90	黄色	黏壤土	块状	7.8		0.40	1.45	2.3	4	66	3.7			

九 寨 沟 县

主要土类说明

棕壤是九寨沟县的主要土壤类型，占本县地域面积的 36%，分布在海拔 2200—2900m 的地区，在白水江两岸海拔为 2700—3000m。自然植被主要有高山柳、杉、松、桦、栎和杜鹃、箭竹、苔藓等植物群落。土壤为黄棕色，通体无石灰反应，呈中性至微酸性，质地为中壤土或轻黏土。

黑毡土是九寨沟县第二大土壤类型，占本县地域面积的 27%，分布在海拔 3200—4000m 的地区，常和暗棕壤、棕壤相互交错。植被以多枝杜鹃、陇蜀杜鹃、峨眉蔷薇、小叶柳、高山绣线菊、金莲花、金露梅、苔草、蓼、蒿草等为主。成土母质为残积物、坡积物和风成黄土，土壤有明显的草根盘结层，呈微酸性至酸性。黑毡土发生于青藏高原高寒略较温湿的塬面上，蒿草与杂生草类的草毡层初步分解，形成初步腐殖化的暗色草根茎盘结层。该土壤色泽较深，有机质含量较高，为 100—150g/kg，底土见锈色斑纹。土壤 pH 为 6.5—8.0。

褐土是九寨沟县第三大土壤类型，占本县地域面积的 15%，主要分布在海拔 2200m 以下地区，但在黑河流域海拔可达 2700m，所形成的农业土壤多分布于江河沿岸的二、三级阶地的冲洪积坡地地带。褐土是在暖温带半湿润区发育形成的具有黏化与钙质淋移淀积的土壤。该土壤盐基饱和，处于硅铝风化阶段，有明显黏淀层。在其 A-B-C 剖面构型中，B 层呈棕褐色。土壤 pH 为 7.0—7.5，盐基饱和度在 80% 以上，B 层下部有假菌丝状钙积层。本县褐土分为碳酸盐褐色土、淋溶褐色土等亚类。

暗棕壤占本县地域面积的 14%，分布在本县海拔 2900—3300m 的暗针叶林地带。自然植被有冷杉、云杉、箭竹、杜鹃、苔藓、地衣等植物群落，主要是柔毛冷杉、紫果冷杉、云杉等针叶树，散生少量红桦、花楸等阔叶落叶树。所处地区气温低，森林茂密，土壤蒸发力弱，土壤终年处于湿润状态，有机质累积多。

草毡土占本县地域面积的 8%，分布在本县海拔 3800—4300m 的平缓坡地和山缘地带，发育于残积物、坡积物和黄土，流石滩镶嵌于草毡土中。阳坡生长高山草甸植物，如早熟禾、高山蓼和蒿草等，一般无灌丛。在阴坡，则有高山落叶灌丛草甸植物，如高山柏、小叶杜鹃等零星分布。草毡土冻融作用强烈，土多砾石碎片，土质松散，无明显土体结构，有一层较发达的草根盘结层，心土层发育不明显。

小于本县地域面积 3% 的土壤类型还有石灰（岩）土、新积土等。

本区域中心区气候特征

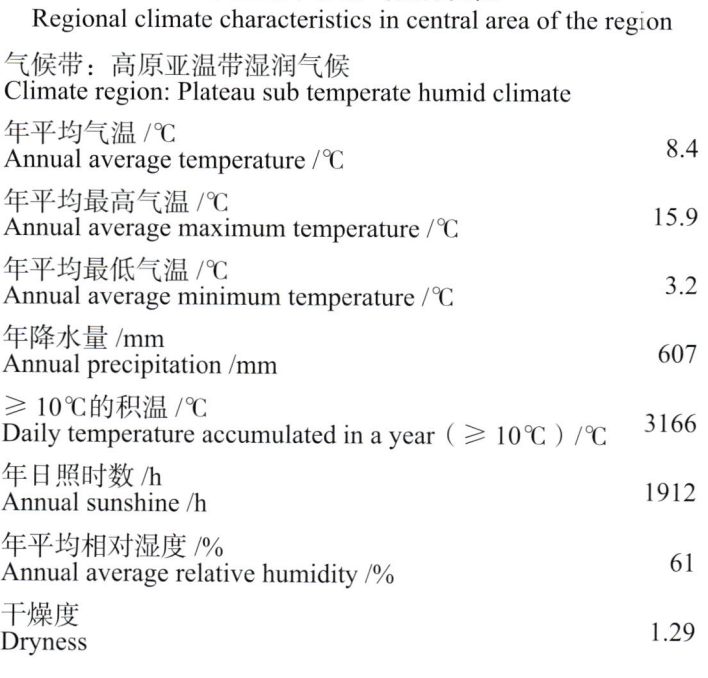

本区域中心区气候特征值
Regional climate characteristics in central area of the region

气候带：高原亚温带湿润气候 Climate region: Plateau sub temperate humid climate	
年平均气温 /℃ Annual average temperature /℃	8.4
年平均最高气温 /℃ Annual average maximum temperature /℃	15.9
年平均最低气温 /℃ Annual average minimum temperature /℃	3.2
年降水量 /mm Annual precipitation /mm	607
≥10℃的积温 /℃ Daily temperature accumulated in a year (≥10℃) /℃	3166
年日照时数 /h Annual sunshine /h	1912
年平均相对湿度 /% Annual average relative humidity /%	61
干燥度 Dryness	1.29

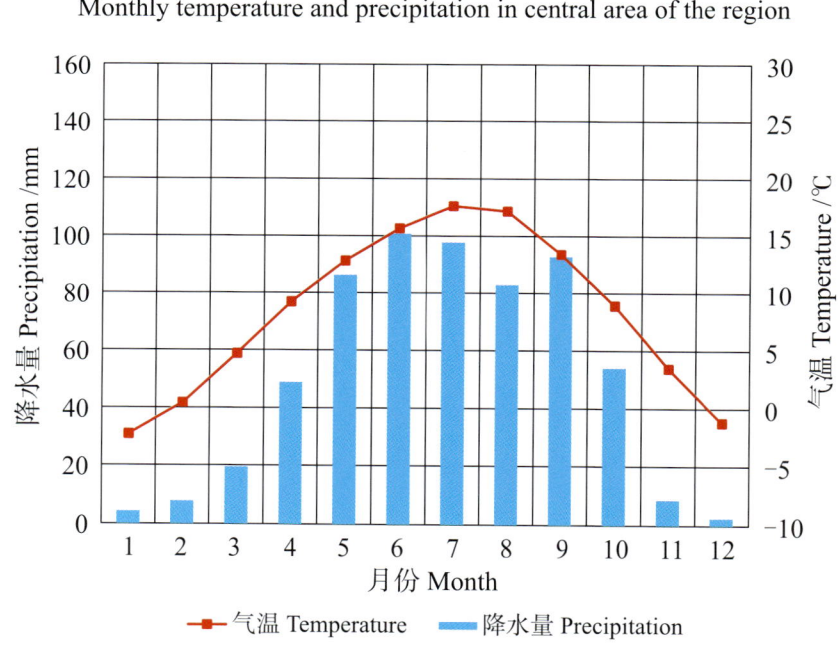

本区域中心区月平均气温与月平均降水量
Monthly temperature and precipitation in central area of the region

南坪县主要土壤类型与土壤剖面点分布图
1∶410 000

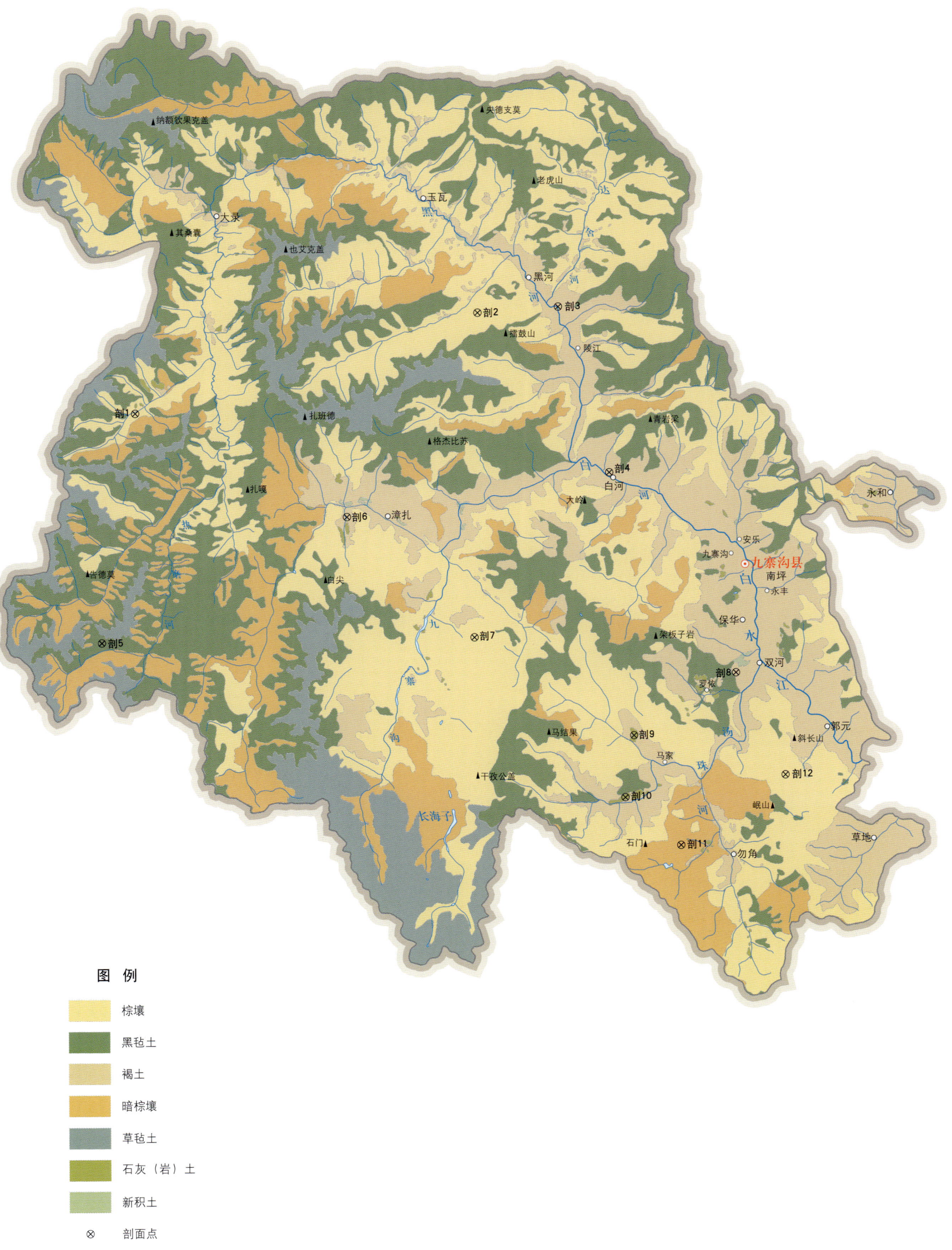

注：国务院 1998 年 6 月批准，撤销南坪县，设立九寨沟县。

九寨沟县土壤剖面理化性状表

剖面号 Soil profile	土纲 Soil order	土类 Soil great group	亚类 Soil subgroup	土属 Soil genus	土种 Soil species	土层码 Layer code	土层厚度 Depth/cm	颜色 Soil color	质地 Soil texture	土壤结构 Soil structure	pH	有机质 OM/(g/kg)	全氮 TN/(g/kg)	碱解氮 AN/(mg/kg)	有效磷 AP/(mg/kg)	速效钾 AK/(mg/kg)	阳离子交换量 CEC/(cmol/kg)	土壤母质 Parent material	剖面点坐标 Profile coordinate	匹配指数 Matching index/%
剖1	淋溶土	棕壤	山地棕壤	黄土质棕壤	黄泥黑土	1	0—20	黑棕色	中壤土	核状	8.3	54.7	2.52			177	18.8	老冲积物	E 103°35′28.0″ N 33°23′10.1″	95
						2	20—40	暗灰棕色	中壤土	核状	8.0	57.9					16.8			
						3	40—	暗棕色	中壤土	团块状		53.8					19.6			
剖2	淋溶土	棕壤	山地棕壤	黄土质棕壤	黄泥土	1	0—18	黄棕色	重壤土	粒状	8.3	39.6	2.51		5.0	33	13.2	老冲积物	E 103°56′59.6″ N 33°28′41.5″	71
						2	18—55	浅黄色	重壤土	团块状	8.5	14.9	0.42		3.0	17	26.9			
						3	55—90	黄棕色	中壤土	团块状	8.6	14.4					8.1			
剖3	半淋溶土	褐土	淋溶褐土	残坡积淋溶褐土	白黏土	1	0—20	浅灰褐色	重壤土	团块状	8.1	33.1	1.35		2.0	25	16.5	坡积物、洪积物	E 104°02′04.6″ N 33°29′03.2″	98
						2	20—90	黄棕色	重壤土	块状	8.2	18.9	0.91			15	14.5			
						3	90—100	青灰色	中壤土	块状	8.5	10.5	0.49			19	12.6			
剖4	半淋溶土	褐土	淋溶褐土			1	0—24	黑棕色	中壤土	粒状	8.0	54.1					15.3	黄土	E 104°05′23.6″ N 33°20′22.4″	86
						2	24—47	暗棕色	重壤土	团块状	8.0	17.1					15.6			
						3	47—	棕色	中壤土	粒状		13.9					14.6			
剖5	高山土	黑色土				As	0—15	黑褐色	中壤土	粒状	8.0	123.7	4.30		2.0	85	23.6		E 103°33′32.0″ N 33°11′04.9″	87
						2	15—25	暗黄棕色	中壤土	粒状	7.5	65.8	2.60		4.0	44	15.8			
						3	25—30	黄棕色	中壤土	粒状	7.8	43.6	1.60		9.0	9	15.0			
						4	8—110	棕色	重壤土	粒状	8.1	16.5	0.19			31	10.6			
剖6	半淋溶土	褐土	石灰性褐土	黄土质石灰褐泥土	砾质黄土	A	0—22	浅黄色	黏壤土	粒状	8.1	41.3	1.68	111		53	11.1	黄土	E 103°48′53.6″ N 33°17′51.2″	93
						B	22—52	黄棕色	黏壤土	团块状	8.2	32.7	1.47	85		29	9.0			
						BC	52—92	灰棕色	黏壤土	块状	8.0	29.1	1.33	87		27	10.8			
剖7	淋溶土	棕壤				1	0—8	褐灰棕色	重壤土	核状	6.0						19.7	残积物、坡积物	E 103°56′58.2″ N 33°11′35.2″	92
						2	8—20	暗棕色	轻黏土	核状	6.0						16.6			
						3	20—50	褐棕色	中壤土	核状	6.0						14.3			
						4	50—70	粽色	重壤土	粒状	6.5						16.6			
剖8	半淋溶土	褐土	石灰性褐土	黄土质石灰性褐土	大黄土	1	0—3	浅灰棕色	中壤土	粒状	8.5	16.7	0.54		5.0	189	6.2	黄土	E 104°13′27.5″ N 33°09′52.4″	96
						2	3—10	暗褐色	重壤土	粒状	8.5	15.7	0.63			138	7.3			
						3	10—30	暗棕色	中壤土	块状	8.4	13.0	0.56			142	6.8			
剖9	初育土	石灰（岩）土				1	0—17	黄褐色	重壤土	粒状	8.0	71.5	4.53		7.0	53	15.2		E 104°07′03.7″ N 33°06′31.0″	73
						2	3—10	暗褐色	重壤土	粒状	8.3	20.4	0.71		2.0	41	2.9			
						3	10—30	暗棕色	中壤土	块状	8.5	12.0	0.57			33	2.0			
剖10	初育土	石灰（岩）土	黄色石灰土	黑黄土	黑黄土	1	0—17	黄褐色	中壤土	粒状	8.2	24.1	0.91			51	8.2		E 104°06′32.0″ N 33°03′14.0″	79
						2	17—45	黄棕色	中壤土	块状	7.8	22.4	0.78			44	7.8			
						3	45—90	棕黄色	中壤土	块状	8.1	22.7	0.79			40	8.1			
剖11	淋溶土	暗棕壤				1	0—9	浅灰棕色	中壤土	粒状	6.2	36.0						各种灰岩残积物、坡积物	E 104°10′03.8″ N 33°00′43.4″	70
						2	9—19	黑灰色	中壤土	粒状	4.5	28.0								
						3	19—40	暗黄棕色	轻黏土	团块状	4.5	24.0								
						4	40—80	黄棕色	重壤土	团块状										
						5	80—	黄棕色	重壤土	团块状										
剖12	淋溶土	棕壤	山地棕壤	黄土质棕壤	黄泥大土	1	0—22	褐色	中壤土	块状	8.0	26.2	1.42		3.0	69	13.0	风成黄土	E 104°16′36.1″ N 33°04′28.6″	88
						2	22—47	暗黄棕色	重壤土	团块状		22.5	1.12		2.0		14.0			
						3	47—	浅黄棕色	重壤土	团块状	7.9	9.0	0.42				12.1			

金 川 县

主要土类说明

黑毡土是金川县的主要土壤类型，占本县地域面积的 25%。其分布区气候寒冷、湿润，因土壤多湿，草根得以大量盘结；因气候寒冷，腐殖质得以大量积累，土体物理风化占优势，矿物分解缓慢，心土层以下为粗骨性的半风化碎屑、石块组成。该土壤色泽较深，有机质含量较高，为 100—150g/kg，底土见锈色斑纹。土壤 pH 为 6.5—8.0。

棕壤是金川县第二大土壤类型，占本县地域面积的 22%。棕壤发生于金川中山地区的母质在温暖而湿润的气候条件下，经过生物小循环的作用，有机物分解和腐殖酸积累。该土壤处于硅铝风化阶段，具有黏化特征，呈棕色土壤。层次过渡分明，全层无碳酸盐反应，土壤呈微酸性。

暗棕壤是金川县第三大土壤类型，占本县地域面积的 19%。暗棕壤是在温带湿润地区针阔叶混交林下发育，具有明显有机质富集和弱酸性淋溶的土壤，具 O-A-B-C 剖面构型。弱酸性淋溶使铁铝轻微下移。B 层呈棕色，结构面见铁锰胶膜。土壤呈弱酸性，盐基饱和度为 70%—80%。土壤冻结期长。根据淋溶灰化强弱，本县暗棕壤分为森林暗棕壤、森林灰化暗棕壤、草甸暗棕壤等亚类。

草毡土占本县地域面积的 16%，分布于地形陡峭的坡面或各分水岭。成土母质为砂岩、板岩、千枚岩以及棱角显著的花岗岩风化残积物、坡积物。冻土时间半年以上。植被以矮蒿草、苔草为主，植被稀疏，灌丛分布也极少。成土作用是在长期低温条件下，以物理风化为主，矿物分解极弱，因而土体质地粗糙，黏粒极少，土层不深。表土是以残体为主的草皮层，厚 3—5cm。土体由于处于零上温度的时间不长，马上又转入较长时间的冰冻状态，因而淋溶作用不明显，层次分化不太分明，在表层之下紧接着就是发育不全的底土层。土壤厚 30—40cm，呈中性或微酸性。

褐土占本县地域面积的 9%。褐土是在暖温带半湿润区发育形成的具有黏化与钙质淋移淀积的土壤。该土壤盐基饱和，处于硅铝风化阶段，有明显黏淀层。在其 A-B-C 剖面构型中，B 层呈棕褐色。土壤 pH 为 7.0—7.5，盐基饱和度在 80% 以上，B 层下部有假菌丝状钙积层。

寒冻土占本县地域面积的 6%。寒冻土发生于高山冰雪带下缘。该土壤的形成以寒冻物理风化为主，弱生物累积，土层薄，含砾石多，仅在岩屑中见少量细土物质堆积。土壤 pH 为 7.0—8.5。

小于本县地域面积 3% 的土壤类型还有粗骨土等。

本区域中心区气候特征

本区域中心区气候特征值
Regional climate characteristics in central area of the region

气候带：高原亚温带湿润气候 Climate region: Plateau sub temperate humid climate	
年平均气温 /℃ Annual average temperature /℃	8.2
年平均最高气温 /℃ Annual average maximum temperature /℃	17.4
年平均最低气温 /℃ Annual average minimum temperature /℃	2.2
年降水量 /mm Annual precipitation /mm	775
≥10℃的积温 /℃ Daily temperature accumulated in a year（≥10℃）/℃	2991
年日照时数 /h Annual sunshine /h	2170
年平均相对湿度 /% Annual average relative humidity /%	61
干燥度 Dryness	0.67

本区域中心区月平均气温与月平均降水量
Monthly temperature and precipitation in central area of the region

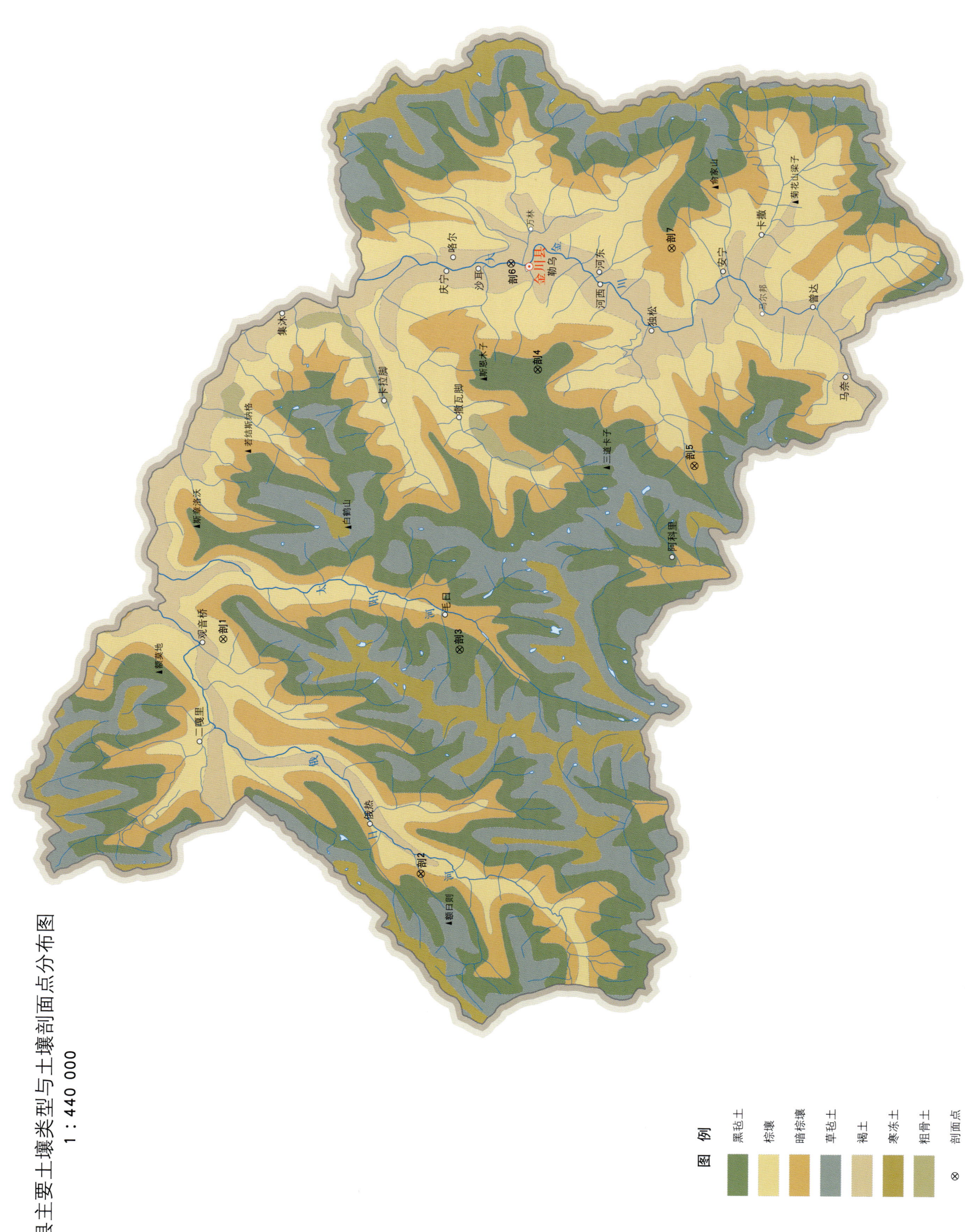

金川县土壤剖面理化性状表

剖面号 Soil profile	土纲 Soil order	土类 Soil great group	亚类 Soil subgroup	土属 Soil genus	土种 Soil species	土层码 Layer code	土层厚度 Depth/cm	颜色 Soil color	质地 Soil texture	土壤结构 Soil structure	pH	有机质 OM/(g/kg)	全氮 TN/(g/kg)	全磷 TP/(g/kg)	全钾 TK/(g/kg)	碱解氮 AN/(mg/kg)	有效磷 AP/(mg/kg)	速效钾 AK/(mg/kg)	阳离子交换量CEC/(cmol/kg)	土壤母质 Parent material	剖面点坐标 Profile coordinate	匹配指数 Matching index/%
剖1	淋溶土	棕壤	棕壤	残坡积棕泥土	棕泥土	A	0—17	棕黄色	壤质黏土	小块状	6.4	20.1	1.50	1.00	2.2	113	3.0	91	20.9	黄土状母质	E 101°39′16.9″ N 31°46′41.2″	83
						B	17—50	浅棕黄色	壤质黏土	块状	6.8	17.1	1.00	0.50	2.1	88	1.0	78	18.1			
						C	50—90	浅棕黄色	壤质黏土		6.8	9.4	0.51	0.48	2.0	31	2.0	51	17.1			
剖2	淋溶土	暗棕壤	草甸暗棕壤			1	0—8	黑棕色		粒状											E 101°23′16.1″ N 31°35′35.5″	72
						2	8—39	黑棕色	轻壤土	粒状	5.8	50.9	2.61	1.46	1.7	221	9.0	92	14.6			
						3	39—59	灰黄棕色	轻壤土	粒状	6.4	19.0	1.56	1.02	1.5	63	3.0	61	5.8			
						4	59—71	暗黄棕色	轻壤土	块状	6.2	27.0	2.51	0.81	1.7	28	11.0	53	31.6			
剖3	高山土	黑毡土	黑毡土			1	0—8	深褐色												花岗岩残积物、坡积物	E 101°38′13.4″ N 31°33′07.0″	76
						2	8—20	棕褐色	轻壤土	屑粒状	6.4	97.2	4.65	1.14	2.6	522	4.0	224	21.5			
						3	20—28	灰褐色	轻壤土	粒状	6.6	69.1	3.33	1.31	1.5	302	1.0	166	15.1			
						4	28—40	黄褐色			7.3	31.1	1.08	0.87	1.5	86	1.0	111	7.5			
剖4	高山土	黑毡土	棕黑毡土			1	0—5	黑褐色		屑粒状										砂岩风化残积物、坡积物	E 101°56′47.5″ N 31°28′16.0″	79
						2	5—13	黑棕色	中壤土	屑粒状	6.2	59.4	4.90	1.60	2.2	584	7.0	268	25.0			
						3	13—60	褐棕色	中壤土	团块状	6.0	57.2	0.82	1.16	2.3	214	24.0	94	14.8			
						4	60—	灰褐色		块状	6.4	28.5	1.29	0.76	2.5	104	8.0	48	7.5			
剖5	淋溶土	暗棕壤	暗棕壤			1	0—4	浅棕色												砂岩、板岩的黄土	E 101°50′07.3″ N 31°19′24.5″	97
						2	4—26	黑棕色	轻壤土	粒状	5.2	165.9	5.78	1.88	2.0	568	1.7	266	24.7			
						3	26—49	浅黑棕色	中壤土	小块状	5.6	140.6	4.16	1.72	2.0	420	0.3	208	37.9			
						4	49—90	深棕色	重壤土	小块状	6.1	28.1	1.92	1.68	1.9	433	0.1	183	29.0			
						5	90—120	灰黄棕色	砂壤土	小块状	6.1	35.6	1.15	0.88	1.8	111	0.1	140	20.3			
剖6	半淋溶土	褐土	石灰性褐土			1	0—25	灰棕色	中壤土	块状	8.2	20.7	0.94	0.17	2.5	48	4.0	146	4.0	黄土	E 102°03′55.1″ N 31°29′38.0″	93
						2	25—70	灰黄色	中壤土	块状	8.1	18.3	0.81	0.12	2.1	38	4.0	48	2.6			
						3	70—100	黄色		块状	8.1	12.2	0.11	0.11	2.1	46	2.0	8	2.8			
剖7	淋溶土	暗棕壤	灰化暗棕壤			1	0—10	暗棕色												残积物、坡积物	E 102°04′38.0″ N 31°20′23.6″	72
						2	10—29	暗棕色	轻壤土	团粒状	3.9	187.7	12.70	0.64	0.7	635	6.8	711	30.9			
						3	29—54	棕褐色	重壤土	块状	5.5	131.7	3.32	1.24	1.7	130	2.6	253	25.9			
						4	54—67	灰棕色	中壤土	块状	5.8	97.7	2.21	0.78	1.7	176	3.4	206	24.3			
						5	67—	黄棕色	轻壤土	块状	5.8	75.9	2.18	0.96	1.6	160	2.1	226				

小 金 县

主要土类说明

暗棕壤是小金县的主要土壤类型，占本县地域面积的 27%。暗棕壤是在温带湿润地区针阔叶混交林下发育，具有明显有机质富集和弱酸性淋溶的土壤，分布于本县各高山区，阴坡海拔 3200—4000m。原生林被为阴湿暗针叶林。地形多系高山、陡坡或极陡坡地带，成土母质是出露地层的各类岩石风化坡积物，土体内含大量的岩石碎屑、碎块，土层浅薄，粗骨性强，弱酸性，腐殖质易于积累，酸性螯合淋溶与黏化过程发育。

草毡土是小金县第二大土壤类型，占本县地域面积的 20%，分布于高山上部海拔 4200—4600m 的地区。所处地区为亚寒带湿润气候，自然植被以密丛禾草为主，草群低矮，分层不明显，生草层多呈不连续分布，地上部分积累有机质多，但仍以地下积累为主，有机质分解差，多形成一种半腐解式的泥炭有机质，6—9 月降雨集中，气温升高，牧草生长旺盛，土壤微生物相应活跃，对死亡根系进行分解，形成有机酸，产生淋溶作用，土壤呈弱酸性。土壤母质以残积物、坡积物为主，土层厚薄不等，具有冻融风化的特点，寒冻风化较强。土体中碎屑较多，粗骨性强，层次分化不明显，草根盘结深厚且紧实，牧草盖度小于黑毡土，但仍是夏秋季节的牧场地。

寒冻土是小金县第三大土壤类型，占本县地域面积的 15%。寒冻土发生于高山冰雪带下缘。该土壤的形成以人寒冻物理风化为主，弱生物累积，土层薄，含砾石多，仅在岩屑中见少量细土物质堆积。土壤 pH 为 7.0—8.5。

褐土占本县地域面积的 15%。所处地区为高原型暖温带半干旱季风气候，成土母质多样，既可发育于富含钙质的再积型黄土状母质上，也可在富钙轻度变质石英板岩、片岩、砂岩等残积物、坡积物母质上发育。土壤的淋溶作用十分微弱，大量的碳酸盐随着强烈的蒸发聚集于土表，夏秋雨季又被水淋溶下移，在心土层淀积形成钙积层，通体石灰反应强烈。土体中部或上部形成黄棕色的黏化层，而且在结构体表面有黏粒胶膜出现。

黑毡土占本县地域面积的 10%，在阳坡一般分布于海拔 3800—4200m 的地区，阴坡多分布于海拔 3800—4200m 的地区，为本县主要牧业基地。所处地区为山地亚寒带温润气候，自然植被为亚高山草甸和亚高山灌丛草甸。成土母质以板岩、片岩、千枚岩等风化坡积物、残积物为主，形成过程以有机质积累过程和冻融过程为主，剖面中部多有胶膜形成，有时也可见到锈斑。

棕壤占本县地域面积的 9%，分布于高山区阳坡海拔 3200—3900m 地带，半阴坡、半阳坡上也有一定面积的分布。所处地区为凉温带半湿润气候，成土母质多为风积黄土状或再生型黄土母质，常为砂板岩风化残积物、坡积物相混合，由于环境与土体干燥，多生长常绿阔叶林。棕壤黏化作用较强，淋溶作用明显。

小于本县地域面积 3% 的土壤类型还有灰化土、新积土、潮土、沼泽土和石灰（岩）土等。

本区域中心区气候特征

本区域中心区气候特征值
Regional climate characteristics in central area of the region

气候带：高原亚温带湿润气候 Climate region: Plateau sub temperate humid climate	
年平均气温 /℃ Annual average temperature /℃	10.1
年平均最高气温 /℃ Annual average maximum temperature /℃	18.1
年平均最低气温 /℃ Annual average minimum temperature /℃	4.8
年降水量 /mm Annual precipitation /mm	819
≥10℃的积温 /℃ Daily temperature accumulated in a year (≥10℃) /℃	3945
年日照时数 /h Annual sunshine /h	1875
年平均相对湿度 /% Annual average relative humidity /%	66
干燥度 Dryness	0.79

本区域中心区月平均气温与月平均降水量
Monthly temperature and precipitation in central area of the region

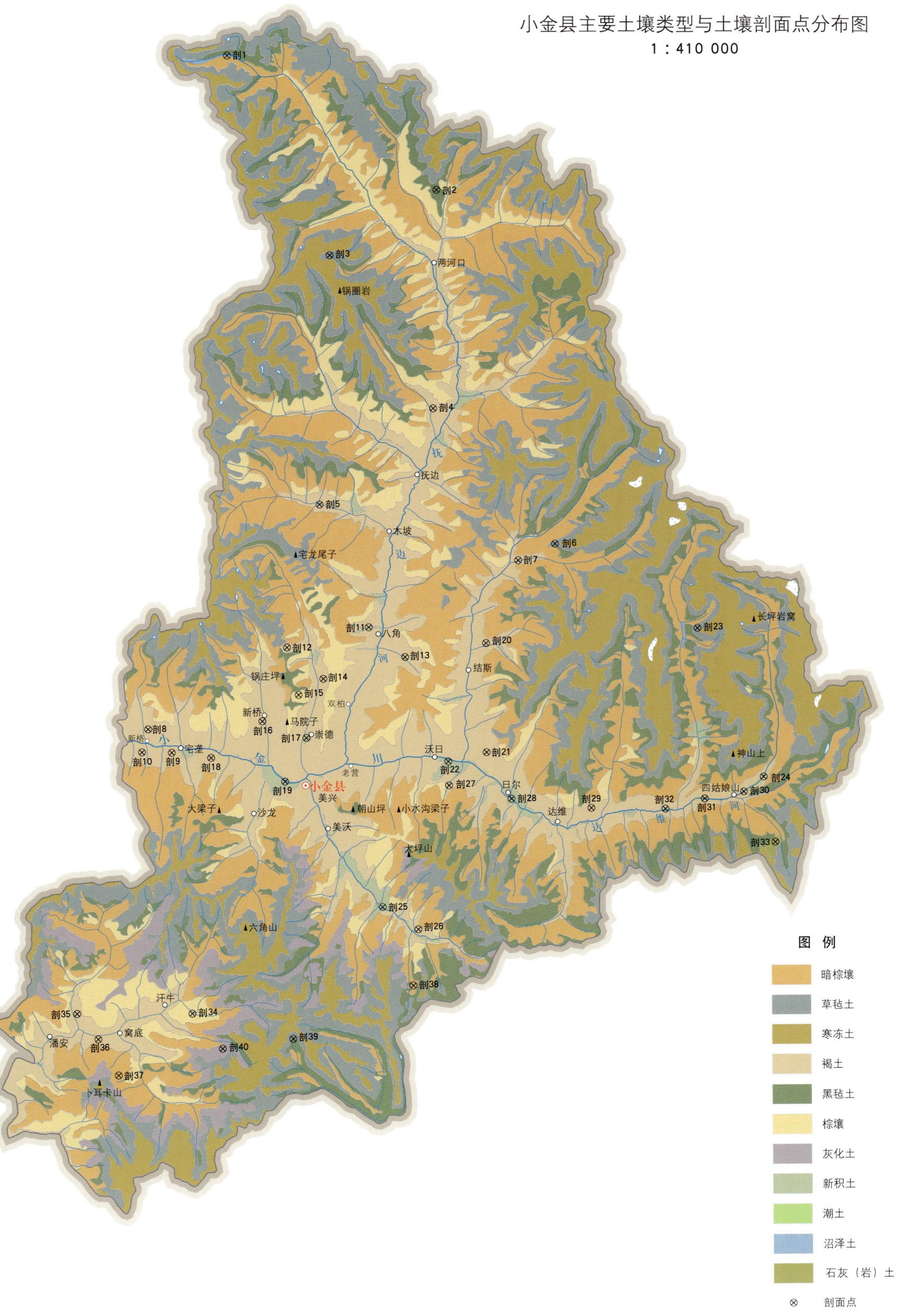

小金县土壤剖面理化性状表

剖面号 Soil profile	土纲 Soil order	土类 Soil great group	亚类 Soil subgroup	土属 Soil genus	土种 Soil species	土层码 Layer code	土层厚度 Depth/cm	颜色 Soil color	质地 Soil texture	土壤结构 Soil structure	pH	有机质 OM/(g/kg)	全氮 TN/(g/kg)	全磷 TP/(g/kg)	全钾 TK/(g/kg)	碱解氮 AN/(mg/kg)	有效磷 AP/(mg/kg)	速效钾 AK/(mg/kg)	阳离子交换量 CEC/(cmol/kg)	土壤母质 Parent material	剖面点坐标 Profile coordinate	匹配指数 Matching index/%
剖1	水成土	沼泽土	潜育沼泽土			1	0—13	深灰色	多砾砂壤土	多孔状		10.3	0.59	0.68	1.2	44	3.1	27		冲积物	E 102°15′25.7″ N 31°40′35.4″	74
						2	13—29	灰黑色	多砾砂壤土	粉状		20.1	1.12	0.72	1.7	98	1.4	35				
						3	29—41	深灰色	松砂土			10.0	0.57	0.85	1.4	34	2.6	75				
						4	41—70	灰黄棕色		颗粒状、片状												
剖2	高山土	黑毡土	黑毡土			1	0—14	黑棕色	多砾中壤土	团粒状		156.6		1.29	1.4	574	6.0	30		坡积物、残积物	E 102°29′23.9″ N 31°33′20.7″	73
						2	14—43	暗棕色	多砾中壤土	核状、粒状		64.3		1.20	1.9	449	2.0	88				
						3	43—75	暗棕色	砂壤土	块状		20.2	2.17	1.01	1.5	141	0.6	31				
						4	75—105	浅灰棕色	砂壤土	粒状、块状		9.0		0.83	1.7	65	1.2	38				
剖3	高山土	草毡土	草毡土	草色砂土	小金草毡砂土	As	0—12													板岩风化残积物、坡积物	E 102°22′29.6″ N 31°29′32.3″	89
						A	12—40	棕色	重砾砂壤土	团粒状	6.0	66.5	4.63	1.53	1.3	343	9.0	139	25.6			
						AC	40—80	黄棕色	重砾砂壤土	块状	5.2	33.8	2.59	1.04	1.8	129	7.0	160	32.3			
						C	80—100	棕灰棕色	重砾砂壤土	小块状	5.6	19.4	1.23	0.62	1.5	83	3.0	92	18.7			
剖4	半淋溶土	褐土	石灰性褐土	黄质石灰褐泥土	大黄土	A	0—21	暗棕色	粉砂质黏土	粒状	8.2	23.6	1.51	0.59	2.0	25	4.0	104	18.2	坡积黄土	E 102°29′28.3″ N 31°21′05.8″	83
						B	21—53	黄棕色	粉砂质黏土	块状	8.0	16.8	1.49	0.95	2.0	69	1.8	87	17.4			
						BC	53—100	浅棕色	壤质黏土	核块状	8.3	10.7	0.91	0.30	1.9	47	1.0	73	24.4			
剖5	半淋溶土	褐土	山地褐土	麻褐土	麻砂土	1	0—22	灰棕色	轻壤土	单粒状		59.1	2.99	1.66	1.9	173	44.2	69		酸性花岗岩风化物	E 102°22′09.5″ N 31°15′34.4″	72
						2	22—60	浅棕棕色	轻壤土	单粒状		44.1	2.60	1.17	2.0	157	5.9	36				
						3	60—100	浅棕棕色	轻壤土	单粒状		46.0	2.73	1.09	2.2	172	6.4	38				
剖6	高山土	草毡土	棕草毡土			1	0—10	黑棕色	多砾中壤土	团粒状		200.0	13.64	1.89	1.3	940	9.0	380			E 102°37′37.6″ N 31°13′38.6″	71
						2	10—14	暗棕色	中壤土	团粒状		167.4	9.13	1.30	1.5	850	7.0	111				
						3	14—26	黄棕色	轻壤土	单粒状		48.3	3.02	0.93	2.3	288	3.4	401				
						4	26—36	暗棕色	紧砂土	单粒状		12.5	1.36	0.89	2.2	75	1.0	400				
						5	36—55	黄棕色	松砂土	单粒状		8.1	0.83	0.67	2.1	33	0.9	61				
						6	55—80	黄棕色		粉状、小块状												
剖7	半淋溶土	褐土	山地褐土	青褐土	青石页土	1	0—18	黑棕色	轻壤土	粒状		57.7	3.19	0.55	2.3	116	8.0	106		绢云母、千枚岩	E 102°35′14.1″ N 31°12′40.5″	74
						2	18—42	暗青棕色	小块状	小块状、粒状		6.7	1.00			36	1.0	1				
						3	42—85	浅青灰色	小块状	小块状、片状		6.5	1.09			28	1.0	45				
剖8	半淋溶土	褐土	石灰性褐土	残坡积石灰褐泥土	石渣褐泥土	A	0—21	浅黄棕色	黏壤土	小块状	8.2	44.8	2.77	0.76	2.1	129	3.0	104	21.1	变质砂板岩、黄土、混合母质	E 102°11′13.0″ N 31°02′47.2″	72
						B	21—60	暗棕色	砂质黏壤土	小块状	8.3	29.2	2.04	0.58	2.2	105	3.0	73	22.2			
						BC	60—100	暗棕色	黏壤土	块状	8.4	22.9	2.04	0.78	2.3	83	3.0	65	18.8			
剖9	半淋溶土	褐土	石灰性褐土	粗骨性褐土	黄砂土	1	0—21	灰棕色	轻壤土	粒状	8.1	31.3	1.91	1.16	2.2	84	10.3	142		板岩	E 102°12′48.4″ N 31°01′30.5″	85
						2	21—58	浅棕棕色	轻壤土	小块状	8.2	18.0	1.26	8.34	2.2	59	10.5	77				
						3	58—100	浅棕棕色	轻壤土	小块状	8.4	22.5	1.43	1.13	2.0	78	10.1	57				
剖10	半淋溶土	褐土	石灰性褐土	粗骨性褐土	夹石泥土	1	0—21	浅黄棕色	中壤土	小块状		44.8	2.77	0.76	2.1	129	3.0	104		板岩	E 102°10′50.5″ N 31°01′29.3″	92
						2	21—60	暗棕色	中壤土	块状		29.2	2.04	0.58	2.2	105	0.3	73				
						3	60—100	暗棕色	轻壤土	块状		22.9	2.04	0.78	2.3	83	0.3	65				
剖11	初育土	新积土	冲积土	山洪冲积土	粉砂土	1	0—20	浅灰棕色	重壤土	单粒状	8.5	31.1	1.90	0.92	2.0	86	10.0	24		洪积物、堆积物	E 102°25′31.4″ N 31°08′45.2″	91
						2	20—50	暗灰黄色	重壤土	块状		26.0	1.59	0.88	2.2	69	4.0	71				
						3	50—90	暗灰黄色	多砾中壤土	粒状		21.9	1.48	0.42	1.9	68	11.0	46				

粒聚积，形成紧实、较黏重的黏化层。具有明显的钙化过程。碳酸盐在土体中发生季节性淋溶，形成碳酸钙积累，在土体的中下层广泛存在，有时表土层也有碳酸钙积累，主要表现为假菌丝体和石灰结核。土体表层呈中性或微碱性，pH 为 8.0—9.1。土体中富含碳酸盐，有固定磷的作用。土壤普遍严重缺磷，质地较重，但不过黏。阳离子交换量为 13.89—26.26cmol/kg，保水保肥性能良好。褐土多发育在富含石灰的母质上，石灰的淋溶与淀积在褐土形成中占有一定位置，因发育阶段和特征不同，本县褐土分为碳酸盐褐土、褐土、淋溶褐土三个亚类。

石灰（岩）土占本县地域面积的 8%。该土类是由富含碳酸钙的母岩发育形成的土壤。主要岩石组成：上部为裸露石灰岩，底层为灰岩、富含碳酸钙的砂岩、板岩和深灰色的砂页岩互层夹灰岩，不管哪种岩石组合，在土壤和土壤母质中都富含碳酸钙。在阴山，气候冷湿，土壤中水分多，淋洗势大，植物残落物在分解过程中产生的铵被一部分碳酸钙中和，有较强的碳酸盐反应，但未形成淀积。在阳山，草坡和农耕地，淋洗势小，碳酸盐反应强烈，易出现碳酸盐淀积，一般淀积出现在 22cm 以下。剖面观察：土体发育较差，层次过渡明显，表土层一般为轻壤土至中壤土，较疏松，心土层有一层明显的粉粒聚积层，各层均有岩石碎屑。土壤容重大，为 0.95—1.75g/cm³。全剖面均有碳酸盐反应，pH 为 7.0—8.4，呈微碱性或中性。本县石灰（岩）土只有黑色石灰土一个亚类。

小于本县地域面积 3% 的土壤类型还有新积土、寒冻土、灰褐土、灰化土等。

本区域中心区气候特征

本区域中心区气候特征值
Regional climate characteristics in central area of the region

气候带：高原亚温带湿润气候 Climate region: Plateau sub temperate humid climate	
年平均气温 /℃ Annual average temperature /℃	8.5
年平均最高气温 /℃ Annual average maximum temperature /℃	17.1
年平均最低气温 /℃ Annual average minimum temperature /℃	3.0
年降水量 /mm Annual precipitation /mm	779
≥10℃的积温 /℃ Daily temperature accumulated in a year（≥10℃）/℃	3165
年日照时数 /h Annual sunshine /h	1849
年平均相对湿度 /% Annual average relative humidity /%	65
干燥度 Dryness	0.96

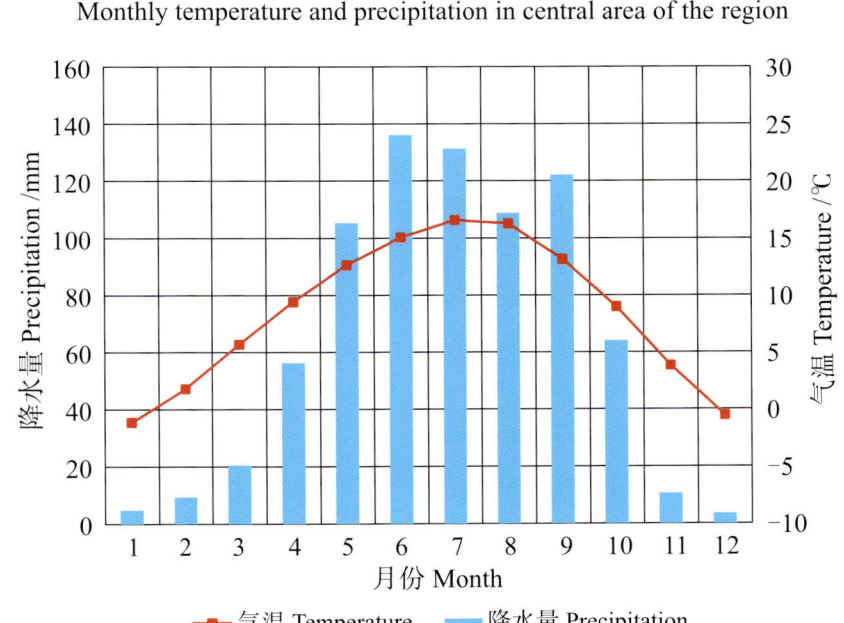

本区域中心区月平均气温与月平均降水量
Monthly temperature and precipitation in central area of the region

黑水县主要土壤类型与土壤剖面点分布图

1:330 000

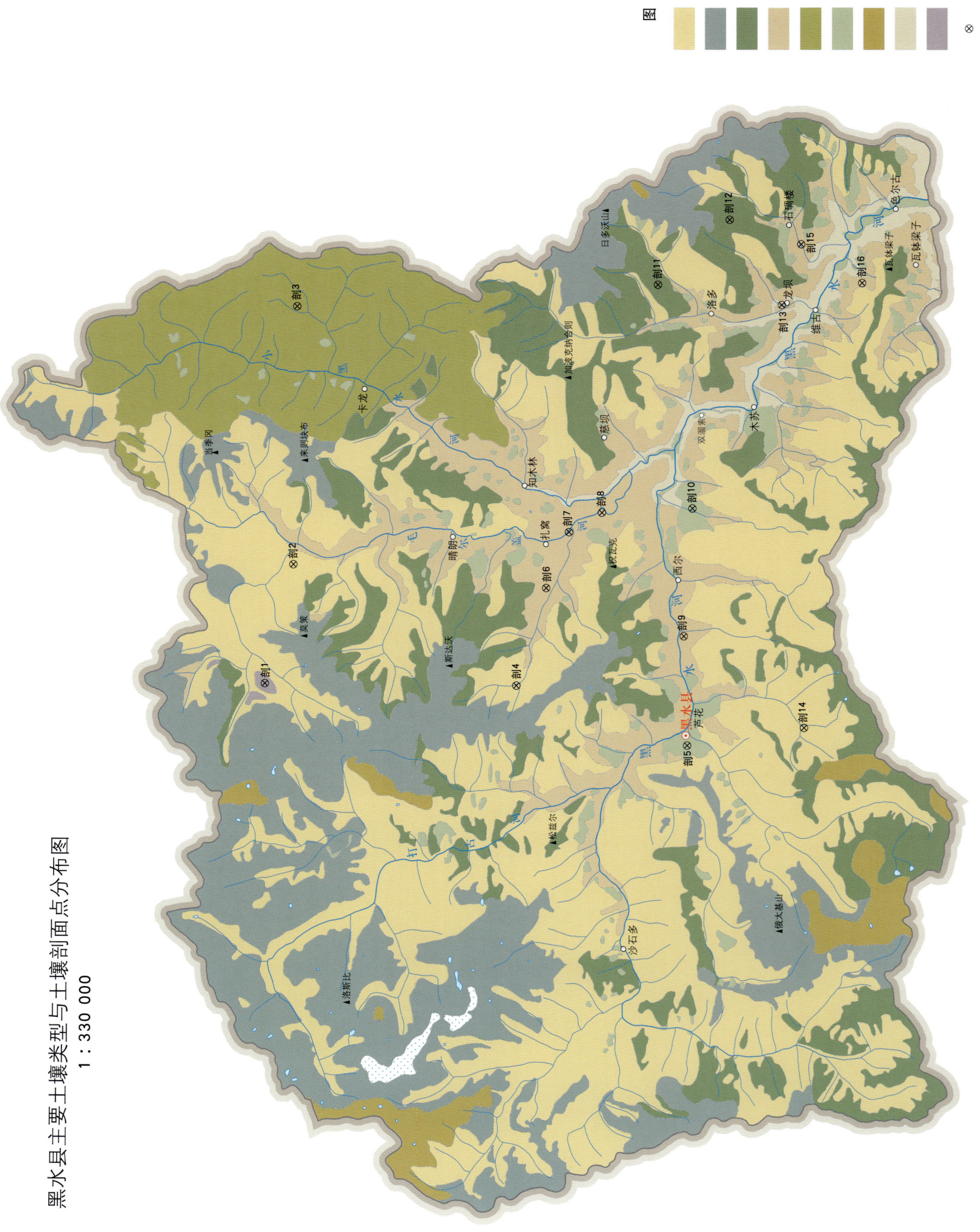

图例：棕壤 草毡土 黑毡土 褐土 石灰（岩）土 新积土 寒冻土 灰褐土 灰化土 ⊗ 剖面点

黑水县土壤剖面理化性状表

剖面号 Soil profile	土纲 Soil order	土类 Soil great group	亚类 Soil subgroup	土属 Soil genus	土种 Soil species	土层码 Layer code	土层厚度 Depth/cm	颜色 Soil color	质地 Soil texture	土壤结构 Soil structure	pH	有机质 OM/(g/kg)	全氮 TN/(g/kg)	全磷 TP/(g/kg)	全钾 TK/(g/kg)	碱解氮 AN/(mg/kg)	有效磷 AP/(mg/kg)	速效钾 AK/(mg/kg)	阳离子交换量CEC/(cmol/kg)	土壤母质 Parent material	剖面点坐标 Profile coordinate	匹配指数 Matching index/%
剖1	淋溶土	灰化土				1	0—6	暗棕色	轻壤土	粒状	4.2	>200.0	12.64	1.90	1.2	1037	65.9	338		花岗岩坡积物	E 103°01′18.5″ N 32°21′34.2″	84
						2	6—21	灰色	轻壤土	粒状	4.3	96.8	2.90	1.00	1.1	285	9.7	127	28.5			
						3	21—29	黄棕色	重壤土	团块状	4.9	76.8	2.06	1.00	1.9	215	8.0	90	37.3			
						4	29—40	棕色	中黏土	棱柱状	5.2	56.3	1.72	0.90	1.8	177	9.4	68	31.4			
						5	40—63	红棕色	砂壤土	无明显结构	5.3	68.3	2.40	1.10	1.8	227	8.0	53	37.6			
						6	63—83															
						7	83—															
剖2	淋溶土	棕壤	山地棕壤			Ao	0—5													板岩坡积物	E 103°07′15.6″ N 32°20′29.0″	88
						2	5—17	黑褐色	轻壤土	小块状	5.3	72.0	5.90	1.70	2.3	450	13.7	116	23.6			
						3	17—42	棕色	中壤土	团块状	5.2	65.8	2.60	1.20	2.4	272	4.4	71	30.1			
						4	42—100	黄棕色	中壤土	块状	5.9	30.2	1.90	1.00	2.9	158	6.7	72	23.0			
剖3	初育土	石灰（岩）土	黑色石灰土	黑色石灰土	黑色褐黄土	Ao	0—4													灰岩坡积物	E 103°20′07.1″ N 32°20′32.6″	95
						2	4—15	栗色	中壤土	粒状	7.9	46.8	4.10	0.90	3.1	372	12.1	126	24.3			
						3	15—47	灰白色	重壤土	棱状	8.2	17.7	0.80	0.30	0.2	76	7.6	77	1.3			
						4	47—75	黄棕色	稻砂土	大粒状	8.6	7.5	0.20	0.30	0.1	52	7.3	33	0.5			
						5	75—	浅灰色	砂壤土	小粒状	8.3	36.1	1.60	1.00	1.2	179	8.2	16	13.1			
剖4	淋溶土	棕壤	山地棕壤			1	0—8	黑棕色	轻壤土	粒状	5.1	187.7	10.20	2.30	1.7	926	38.1	278	55.1	炭质页岩坡积物	E 103°01′28.6″ N 32°10′57.1″	83
						2	8—27	棕色	中壤土	粒状	5.7	53.4	2.70	1.40	2.2	298	7.4	67	12.6			
						3	27—57	浅棕色	中壤土	棱状	6.2	16.1	2.20	1.00	2.3	101	7.8	21	12.8			
						4	57—75	灰棕色	轻壤土	棱状	6.5	24.6	1.20	1.10	2.3	135	7.4	33	15.0			
						5	75—															
剖5	初育土	新积土	冲积土	褐色冲积土	砂壤土	1	0—12	暗棕	中壤土	粒状	7.7	69.8	3.90	2.50	2.9	307	24.2	114	17.9	河流冲积物	E 102°58′41.5″ N 32°03′40.3″	70
						2	12—27	栗棕	中壤土	粒状	7.7	69.8	3.90	2.50	2.9	307	24.2	114	17.9			
						3	27—76	浅棕色	中壤土	粒状	8.0	65.2	0.50	1.70	2.3	80	8.6	52	15.9			
						4	76—120	浅栗色	砂壤土	粒状	7.7	61.8	3.90	2.60	3.2	299	36.1	102	7.3			
剖6	半淋溶土	褐土	淋溶褐土	淋溶褐土	棕壤土	1	0—17	棕色	中壤土	块状	7.1	29.9	1.80	1.20	3.0	146	8.7	19	13.9	坡积黄土	E 103°06′20.9″ N 32°09′46.8″	71
						2	17—39	黄棕色	重壤土	粒状	7.1	14.5	1.10	1.10	3.0	100	10.7	12	26.3			
						3	39—90	暗棕色	重壤土	棱柱状	7.3	13.8	0.90	1.10	2.5	101	10.7	24	21.5			
剖7	半淋溶土	褐土	石灰性褐土	冲洪积石灰褐泥土	卵石褐黄土	A	0—15	暗棕色	重壤土	粒状	8.1	53.1	3.80	2.10	1.8	355	9.7	88	24.5	第四纪老冲积物	E 103°09′08.6″ N 32°08′52.1″	80
						B	15—39	红棕色	砂质黏壤土	小团块状	8.3	38.9	0.70	1.50	2.2	287	5.6	56	17.5			
						C	39—61	黄棕色	黏壤土	小团块状	8.1	21.1	3.70	1.60	2.4	290	6.3	82	22.8			
剖8	半淋溶土	褐土	石灰性褐土	石灰褐泥土	黑黄土	1	0—21	黑褐色	重壤土	块状	7.8	47.9	3.10	1.80	2.7	233	20.4	38	16.9	砂岩、板岩坡积物	E 103°10′08.3″ N 32°07′29.6″	70
						2	21—35	浅黄褐色	重壤土	粒状	8.3	18.9	1.80	1.50	2.6	124	11.6	14	9.9			
						3	35—100	灰黄色	重壤土	棱柱状	8.5	18.0	1.10	1.30	2.9	63	10.6	8	7.6			
剖9	半淋溶土	褐土	褐土	坡洪积褐泥土	暗褐泥土	A	0—28	黄褐色	粉砂质黏壤土	粒状	8.0	7.1	0.60	0.60	2.8	89	7.7	45	14.9	坡积物、洪积物	E 103°04′06.5″ N 32°03′55.4″	84
						B	28—60	暗黄棕色	粉砂质黏壤土	小团块状	8.0	10.4	0.91	1.30	2.6	93	8.2	170	15.9			
						C	60—115	暗黄棕色	粉砂质黏壤土	块状	7.9	4.8	0.43	1.10	2.3	52	18.8	139	20.4			
剖10	初育土	新积土	冲积土	山洪冲积土	洪积壤土	1	0—20	灰褐色	轻壤土	小团块状	8.4	52.9	3.70	3.40	2.8	270	34.9	260	9.7	河流冲积物	E 103°10′26.4″ N 32°03′40.7″	81
						2	20—34	灰褐色	中壤土	块状	8.5	31.0	1.80	3.10	2.8	167	9.7	121	3.4			
						3	34—77	灰褐色	中壤土	块状	8.4	17.8	1.10	2.60	2.9	74	7.6	76	3.8			
						4	77—100	灰褐色	中壤土	块状	8.5	17.4	1.00	2.60	2.9	83	11.6	107	4.0			

续表 Continued

剖面号 Soil profile	土纲 Soil order	土类 Soil great group	亚类 Soil subgroup	土属 Soil genus	土种 Soil species	土层码 Layer code	土层厚度 Depth/cm	颜色 Soil color	质地 Soil texture	土壤结构 Soil structure	pH	有机质 OM/(g/kg)	全氮 TN/(g/kg)	全磷 TP/(g/kg)	全钾 TK/(g/kg)	碱解氮 AN/(mg/kg)	有效磷 AP/(mg/kg)	速效钾 AK/(mg/kg)	阳离子交换量CEC/(cmol/kg)	土壤母质 Parent material	剖面点坐标 Profile coordinate	匹配指数 Matching index/%
剖11	高山土	黑毡土				As	0—5														砂岩、板岩、灰岩坡积物	E 103° 21′ 29.2″ N 32° 05′ 18.6″	75
						2	5—32	暗栗色	砂壤土	粒状	5.9	86.0	4.50	2.00	2.1	289	7.8	77	12.6			
						3	32—42	棕色	轻壤土	粒状	5.6	64.0	2.20	1.80	2.3	177	6.2	55	10.1			
						4	42—	褐色		块状												
剖12	高山土	黑毡土	棕黑毡土			1	0—7	栗色	重壤土	粒状	5.9	59.5	4.40	2.30	2.6	311	21.2	223	23.0	坡积黄土	E 103° 24′ 45.6″ N 32° 02′ 19.6″	82
						2	7—13	暗棕色	中壤土	粒状	5.7	52.7	1.90	2.00	2.8	288	9.7	155	11.5			
						3	13—33	棕色	中壤土	块状	5.6	32.8	2.20	2.00	3.0	244	6.3	135	8.6			
						4	33—90	黄棕色	轻黏土	棱柱状	6.3	9.5	0.70	1.10	2.8	66	8.4	51	6.1			
						5	90—110	浅黄棕色	轻黏土	无明显结构	6.4	11.8	1.00	1.40	2.9	101	9.3	70	9.0			
剖13	半淋溶土	褐土	石灰性褐土	石灰性褐土	黑褐土	1	0—28	黄棕色	中壤土	粒状	6.4	7.1	0.60	0.60	2.8	89	7.7	45	14.9	坡积黄土	E 103° 20′ 35.5″ N 32° 00′ 04.1″	74
						2	28—40	黄棕色	中黏土	小团块状	8.0	10.4	0.90	1.30	2.6	93	8.2	169	5.9			
						3	40—60	黄褐色	重黏土	核状	8.2	5.7	0.50	1.10	2.3	66	9.4	99	19.8			
						4	60—115	黄褐色	轻黏土	团块状	7.9	4.8	0.40	1.10	2.3	52	18.8	139	20.4			
剖14	淋溶土	棕壤	棕壤	黄泥土	黄褐土	1	0—15	黄棕色	中壤土	粒状	6.9	24.5	1.60	1.40	2.6	163	9.6	224	16.9	坡积黄土	E 102° 59′ 42.4″ N 31° 58′ 44.8″	96
						2	15—25	黄棕色	中壤土	块状	7.0	13.3	0.90	1.30	2.9	102	6.5	162	16.0			
						3	25—47	浅棕色	中黏土	棱柱状	7.1	12.2	0.80	1.40	3.0	95	7.6	159	18.1			
						4	47—110	黄棕色	重黏土	无明显结构	7.1	8.9	0.60	1.50	2.9	67	7.2	140	17.1			
剖15	半淋溶土	褐土	淋溶褐土	淋溶褐土	棕褐土	1	0—20		轻黏土		7.2	18.0	1.00	1.10	2.6	80	14.8	17	18.3		E 103° 23′ 36.6″ N 31° 59′ 16.8″	100
						2	20—32		轻黏土		8.0	10.1	0.70	1.10	2.9	45	19.9	8	20.7			
						3	32—105		中壤土		7.8	42.3	0.60	1.70	2.6	47	16.6	40	19.0			
剖16	半淋溶土	褐土	淋溶褐土	淋溶褐土	棕褐土	1	0—22		中壤土		7.3	29.9	1.80	1.70	2.9	161	28.7	227	15.3		E 103° 21′ 44.5″ N 31° 56′ 40.6″	71
						2	22—56		中壤土		8.1	10.7	0.87	1.40	3.2	94	9.6	127	14.9			
						3	56—120		重壤土		7.9	9.2	0.59	1.40	3.1	72	12.4	140	12.4			

壤 塘 县

主要土类说明

草毡土是壤塘县的主要土壤类型,占本县地域面积的47%,主要分布于海拔4000—4500m的山原上部。冻土期长达半年以上,热量不足,牧草生长缓慢,草质较差,是本县主要夏季牧场。草被多为莎草科如四川蒿草、矮生蒿草、羊茅、苔草等,阔叶草类有园穗蓼、凤毛菊、白花刺参等,草群矮小,产草量低。灌丛覆盖度一般在50%—70%,灌丛以窄叶鲜卑花、高山柳、密枝杜鹃等为主,这一带还有贝母、大黄等名贵药材。土壤具强度生草腐殖质积累与弱度氧化还原特征。土壤层次发育不全,剖面构型一般为As-AC型或As-A_1-B型。成土母质为残积物、坡积物以及半风化的岩石碎片。土层浅薄,有机质含量高,潜在养分丰富,但气温低,养分分解缓慢。该土壤由于寒冻,蒿草根累积并弱度分解,呈草毡状;土体滞水,冻融交替,弱度氧化还原交替进行,造成氧化铁微弱游离。

黑毡土是壤塘县第二大土壤类型,占本县地域面积的27%,分布于海拔3600—4000m的地区,是本县牧草基地的主要组成部分。所处地区为亚寒带半湿润气候,雨热同期,适宜于牧草生长。成土母质以砂岩风化残积物、坡积物为主,在丘原地区则多为黄土母质。具有明显的草根盘结层,厚5—10cm,腐殖质层较厚,一般为15—30cm,心土层紧实,C层多为半风化的砾石。土体厚50—100cm,因其所在山体部位而异,平凹地方土层厚,山梁坡埂区则较浅薄。土壤有机质含量高,较肥沃,氮、钾养分丰富,磷较缺乏,pH为5.3—6.8。

棕壤是壤塘县第三大土壤类型,占本县地域面积的15%,分布于河谷海拔3200—3600m的阴坡、半阴坡带,在土壤垂直分布带谱中,位于褐土之上,暗棕壤以下。所处气候属寒温带冷凉湿润、半湿润区,自然植被以针叶阔叶混交林为主。土壤粗骨性强,C层多为石块,土质黏重,黏粒淀积于心土层。由于阴湿淋溶作用强烈,盐基流失,通体无碳酸盐反应,呈酸性或微酸性。在林被地带表土上有厚薄不一的枯枝落叶层,在林地破坏后,部分土地被垦殖为耕地。

褐土占本县地域面积的6%。成土母质较为复杂,有的发育于砂岩、千枚岩残积、坡积母质,有的发育于岩土母质上。由于地处半干旱气候条件下,土壤淋溶作用小,蒸发量大,使碳酸钙随着强烈的蒸发而积于土表,进入雨季后又被雨水淋下沉淀积于心土层,形成碳酸钙新生体,一般呈霉状或菌状新生钙积层。

小于本县地域面积3%的土壤类型还有暗棕壤、寒冻土、新积土、沼泽土等。

本区域中心区气候特征

本区域中心区气候特征值
Regional climate characteristics in central area of the region

气候带:高原亚温带湿润气候 Climate region: Plateau sub temperate humid climate	
年平均气温 /℃ Annual average temperature /℃	5.8
年平均最高气温 /℃ Annual average maximum temperature /℃	14.9
年平均最低气温 /℃ Annual average minimum temperature /℃	-0.4
年降水量 /mm Annual precipitation /mm	708
≥10℃的积温 /℃ Daily temperature accumulated in a year (≥10℃) /℃	2088
年日照时数 /h Annual sunshine /h	2383
年平均相对湿度 /% Annual average relative humidity /%	60
干燥度 Dryness	0.48

本区域中心区月平均气温与月平均降水量
Monthly temperature and precipitation in central area of the region

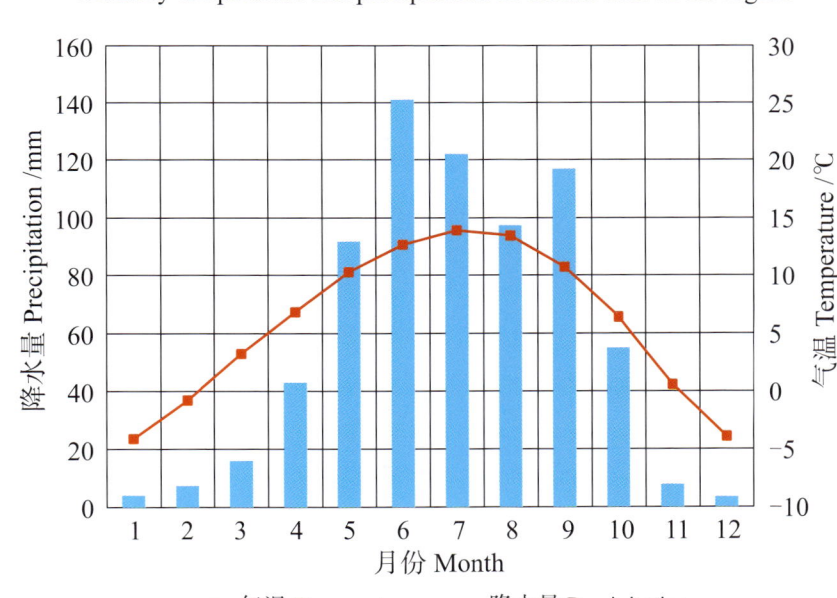

壤塘县主要土壤类型与土壤剖面点分布图

1 : 440 000

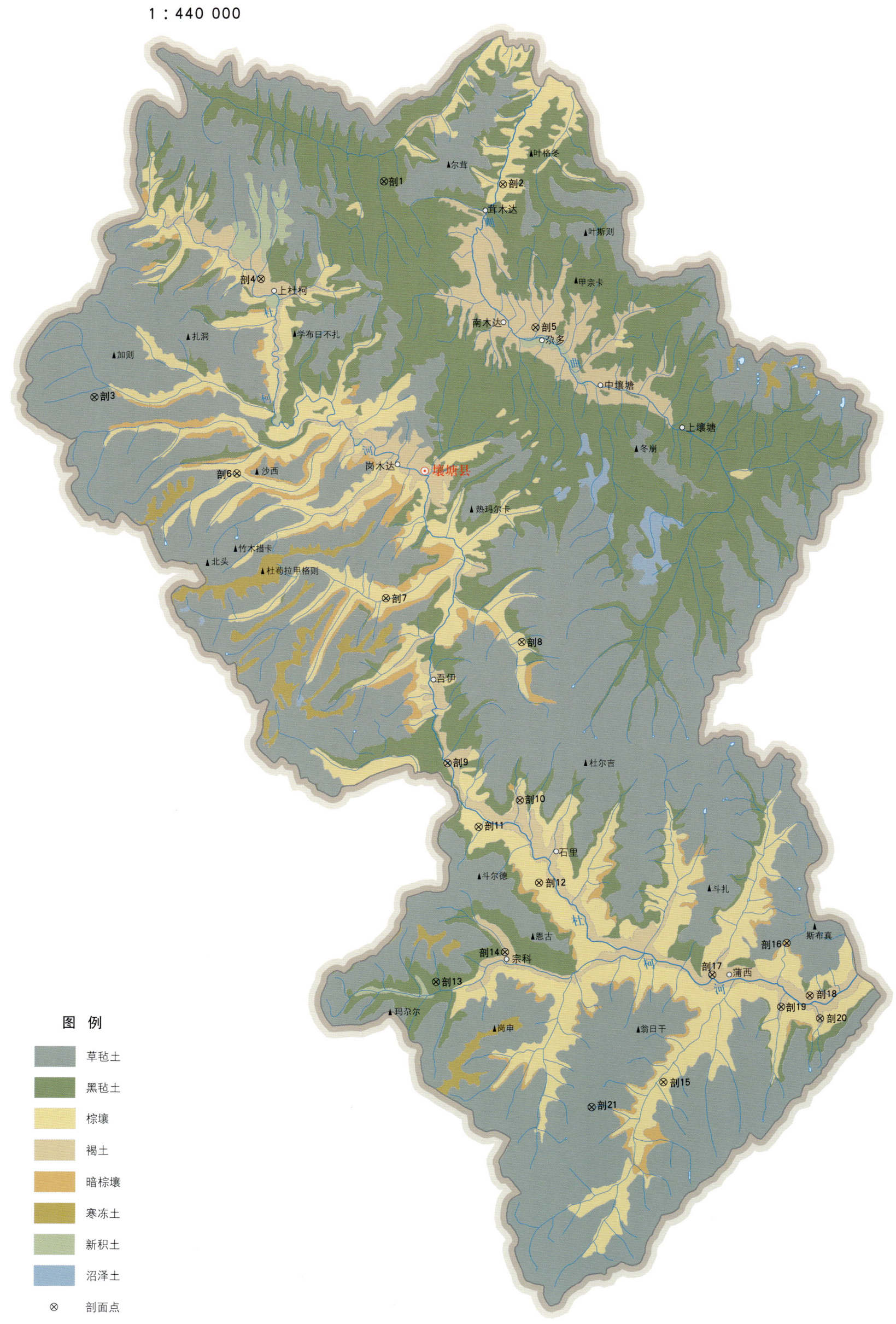

壤塘县土壤剖面理化性状表

剖面号 Soil profile	土纲 Soil order	土类 Soil great group	亚类 Soil subgroup	土属 Soil genus	土种 Soil species	土层码 Layer code	土层厚度 Depth/cm	颜色 color	质地 Soil texture	土壤结构 Soil structure	pH	有机质 OM/(g/kg)	全氮 TN/(g/kg)	全磷 TP/(g/kg)	全钾 TK/(g/kg)	碱解氮 AN/(mg/kg)	有效磷 AP/(mg/kg)	速效钾 AK/(mg/kg)	阳离子交换量CEC/(cmol/kg)	土壤母质 Parent material	剖面点坐标 Profile coordinate	匹配指数 Matching index/%
剖1	高山土	黑毡土	棕毡土			1	0—12	暗棕色	中壤土	粒状	5.3	98.6	4.42	1.26	1.6					砂岩风化残积物、坡积物	E 100°56′10.0″ N 32°32′53.7″	89
						2	12—34	暗棕色	中砾石土	团块状	5.3	71.2	2.99	0.93	1.8							
						3	34—65	暗棕色	多砾石土	无明显结构	5.7	17.7	0.93	0.81	2.9							
						4	65—100	浅棕色														
剖2	淋溶土	山地棕壤	山地棕壤		石渣灰黄泥	1	0—19	暗灰棕色	重壤土	粒状	7.0	80.2	3.90	1.23	1.9	340	16.8	218	28.7	残积物、坡积物	E 101°04′15.8″ N 32°32′34.1″	93
						2	19—54	暗棕色	重壤土	团块状	6.9	57.8	2.74	1.20	1.8				25.4			
						3	54—76	暗灰棕色	多砾石状	多砾石状	7.0	51.2	2.07	1.01	2.3				24.5			
剖3	高山土	草毡土	棕草毡土			1	0—5	暗棕色												残积物、坡积物	E 100°36′14.0″ N 32°20′47.4″	92
						2	5—37	棕色	中壤土	粒状	6.8	82.0	3.78	1.41	1.7							
						3	37—54	棕色	中壤土	小块状	6.8	49.9	2.06	1.22	2.3							
						4	54—70	黄棕色	中壤土	小块状	6.8	28.4	1.07	1.03	2.4							
剖4	半淋溶土	褐土	石灰性褐土	石灰性褐土	石渣黄土	1	0—10	暗棕色	重壤土	小团块状	8.3	26.3	1.01	1.04	3.2	56	18.1	4		残积物、坡积物	E 100°47′42.0″ N 32°27′24.8″	87
						2	10—60	棕色	多砾石中壤土	团块状	8.3	6.6	0.57	1.00	2.9							
						3	60—83	暗棕色	重壤土	棱片状	8.4	6.3	0.54	0.80	2.8							
						4	83—120	棕色	轻壤土	粒状	7.1	41.9	1.86	1.02	2.0	138	5.5	172	20.6			
剖5	半淋溶土	褐土	淋溶褐土	淋溶褐土	油黑土	1	0—20	棕色	轻壤土	团块状	7.1	22.7	0.93	0.98	1.2				18.3	残积物、坡积物	E 101°06′17.4″ N 32°24′19.6″	82
						2	20—40	棕色	轻壤土	团块状	7.1	17.7	0.66	0.98	2.2				16.0			
						3	40—100	暗棕色	中壤土	粒状	6.9	56.2	2.62	0.94	2.2	206	5.6	225	19.3			
剖6	淋溶土	棕壤	山地棕壤	山地棕壤	石渣黄泥土	1	0—18	暗红棕色	中壤土	粒状	6.9	32.6	1.77	0.77	2.3				17.8	残积物、坡积物	E 100°45′50.6″ N 32°16′15.3″	74
						2	18—55	棕色	中壤土	小团块状	6.9	21.7	0.83	0.74	2.6				17.5			
						3	55—100	暗棕色	中壤土	小团块状	6.9	53.4	2.86	1.26	2.3	207	35.8	264	26.2			
剖7	淋溶土	棕壤	山地棕壤	山地棕壤	石渣青黄泥	1	0—9	暗棕色	重壤土	团块状	6.9	41.7	2.41	1.24	2.5				11.2	残积物、坡积物	E 100°55′48.4″ N 32°08′57.8″	98
						2	9—50	黑棕色	中壤土	团柱状												
						3	50—100	暗棕色	中壤土	团柱状												
						4	100—120	暗棕色	中壤土	粒状	7.0	26.7	1.48	0.92	2.9				10.5			
剖8	淋溶土	棕壤				1	0—15	棕色	轻壤土	粒状	6.8	167.1	6.22	1.03	1.7	442	15.1	163	26.2	残积物、坡积物、风尘黄土	E 101°04′57.5″ N 32°06′17.6″	91
						2	15—28	棕色	中壤土	小团块状	6.7	39.6	1.60	0.55	2.2				15.1			
						3	28—50	棕色	壤质黏土	小块状	6.7	20.3	1.06	0.53	2.9				12.7			
						4	50—95	棕色	壤质黏土	块状	7.8	18.9										
剖9	半淋溶土	褐土	淋溶褐土	坡洪积淋溶褐土	厚层褐砂泥土	Ao	0—2	黑棕色	砂质黏壤土	粒状	6.9	227.6	7.23	0.41	2.1	389	7.5	210	34.2	坡积物、洪积物	E 100°59′48.3″ N 31°59′24.6″	73
						A_1	2—7	暗棕色	中壤土	小块状	8.0	73.5	2.41	0.45	1.9				41.0			
						A_1,B	7—51	棕色	中壤土	小块状	8.1	27.9	0.93	0.38	2.1				42.8			
						B	51—86	棕色														
						Bca	86—130	灰黄棕色														
剖10	半淋溶土	褐土	石灰性褐土	石灰性褐土	石渣黑土	1	0—26	暗棕色	中壤土	粒状	8.0	44.5	2.25	1.41	2.4	157	8.5	191	15.2	残积物、坡积物	E 101°04′39.0″ N 31°57′12.2″	84
						2	26—50	暗黄棕色	中壤土	小团块状	8.1	24.9	2.05	1.30	2.3							
						3	50—95	灰灰棕色	中壤土	核状	8.2	26.4	1.47	1.10	2.6							
剖11	淋溶土	棕壤		洪冲积棕泥土	棕黄泥土	A	0—16	棕色	黏壤土	块状	6.6	27.0	1.38	1.02	2.2	104	28.0	105	14.1	冲积物、洪积物	E 101°01′49.7″ N 31°55′43.8″	87
						B	16—36	棕色	黏壤土	块状	6.8	21.9	1.15	0.89	2.2				11.3			
						C	36—75	暗棕色			6.8	8.7	0.53	0.44	2.2							
剖12	淋溶土	棕壤	山地棕壤	山地棕壤	厚层石渣土	1	0—26	暗棕色	重壤土	粒状	7.0	76.4	3.98	1.58	1.5	310	8.4	215	23.0	残积物、坡积物	E 101°05′50.6″ N 31°52′26.4″	95
						2	26—70	暗棕色	重壤土	团块状	6.9	61.9	3.29	1.15	1.8				22.8			
						3	70—100	暗棕色	重壤土	团块状	6.8	55.6	2.84	1.07	2.1				22.3			

续表 Continued

剖面号 Soil profile	土纲 Soil order	土类 Soil great group	亚类 Soil subgroup	土属 Soil genus	土种 Soil species	土层码 Layer code	土层厚度 Depth/cm	颜色 Soil color	质地 Soil texture	土壤结构 Soil structure	pH	有机质 OM/(g/kg)	全氮 TN/(g/kg)	全磷 TP/(g/kg)	全钾 TK/(g/kg)	碱解氮 AN/(mg/kg)	有效磷 AP/(mg/kg)	速效钾 AK/(mg/kg)	阳离子交换量 CEC/(cmol/kg)	土壤母质 Parent material	剖面点坐标 Profile coordinate	匹配指数 Matching index/%
剖13	高山土	黑毡土	黑毡土			1	0—8	暗棕色	中壤土	粒状	6.1	95.6	4.59	0.11	1.5					砂岩风化残积物、坡积物	E 100°58′47.7″ N 31°46′48.9″	71
						2	8—30	暗棕色	中壤土	粒状	6.3	45.7	1.99	0.76	2.2							
						3	30—46	棕色	重壤土	小团块状	6.3	45.7	1.99	0.76	2.2							
						4	46—64	灰黄棕色	多砾石土	棱柱状	6.6	5.9	0.41	0.33	2.7							
剖14	半淋溶土	褐土	石灰性褐土		石渣黑黄泥	1	0—7														E 101°03′29.1″ N 31°48′28.8″	73
						2	7—38	黑棕色	多砾重壤土	小团块状	7.5	111.0	1.75	0.73	2.5	255	4.2	246	45.4			
						3	38—70	灰褐色	多砾中壤土	团块状	7.4	33.6	1.61	0.67	2.6				39.6			
						4	70—100	暗灰色	多砾石土	粒状	7.4	31.7							30.1			
剖15	淋溶土	棕壤	山地棕壤	山地棕壤		1	0—20	黑棕色	中壤土	团粒状	7.0	39.5	1.99	0.96	2.3	136	21.1	212	21.8	残积物、坡积物	E 101°14′01.7″ N 31°40′52.0″	75
						2	20—80	黑棕色	重壤土	小团块状	7.2	29.8	1.56	0.97	2.5				16.7			
						3	80—100	棕色	中壤土	粒状	7.2	12.5	0.85	0.55	2.5				16.2			
剖16	淋溶土	暗棕壤	暗棕壤	暗棕壤		1	0—2														E 101°22′29.5″ N 31°48′42.9″	81
						2	2—18	暗棕色	重壤土	团块状	5.1	121.4	4.20	2.36	1.9				39.2			
						3	18—38	棕色	重壤土	小团块状	4.9	66.0	2.55	1.07	1.9				39.2			
						4	38—70	暗棕色	重壤土	小团块状	4.9	51.9	2.27	0.72	1.6				43.5			
剖17	半淋溶土	褐土	山地褐土	山地褐土	黑石渣土	1	0—15	黑棕色	中壤土	粒状	6.9	105.4	4.85	1.54	1.5	280	22.1	312	41.8	残积物、坡积物	E 101°17′26.0″ N 31°46′57.6″	71
						2	15—40	黑棕色	中壤土	无明显结构	6.9	103.6	4.73	1.52	1.5				40.6			
						3	40—90	黑棕色	中壤土	无明显结构	7.0	99.8	4.60	1.35	1.5				37.5			
剖18	半淋溶土	褐土	石灰性褐土	石灰性褐土	石渣土	1	0—18	暗灰棕色	轻壤土	粒状	8.1	29.8	1.56	0.94	2.8	107	9.2	109	41.8	残积物、坡积物	E 101°24′00.0″ N 31°45′39.7″	99
						2	18—40	灰黄棕色	多砾中壤土	小团块状	8.2	24.1	1.34	0.69	2.7				40.6			
						3	40—75	灰黄棕色	中壤土	小团块状	8.3	24.1	1.18	0.65	2.6				37.5			
剖19	半淋溶土	褐土	淋溶褐土	黄土质淋溶褐土	褐黄土	1	0—15	暗棕色	中壤土	粒状	7.4	29.0	1.59	1.07	2.4	117	32.3	292	18.6	黄土	E 101°22′02.9″ N 31°45′02.4″	80
						2	15—90	棕色	重壤土	棱柱状	7.4	14.6	0.86	0.84	2.4				25.0			
						3	90—130	浅棕色	重壤土	棱柱状	7.5	3.9	0.37	0.75	2.3				44.2			
剖20	半淋溶土	褐土	淋溶褐土	洪积淋溶褐土	黄石块土	1	0—18	暗棕色	重壤土	团块状	7.1	36.9	2.26	1.06	2.4	130	9.4	174	18.4	黄色砂页岩洪积物	E 101°24′38.7″ N 31°44′19.9″	100
						2	18—50	暗棕色	中壤土	团块状	7.5	19.2	1.27	0.79	2.8				17.8			
						3	50—100	暗棕色	中壤土	团粒状	7.5	16.1	1.06	0.57	3.0				11.9			
剖21	高山土	草毡土	草毡土			1	0—7	暗棕色	中壤土	团粒状										残积物、坡积物	E 101°09′09.5″ N 31°39′29.6″	98
						2	7—32	浅棕色	中壤土	团粒状	7.1	102.1	4.44	1.59	2.0							
						3	32—72	暗棕色	多砾石土	团粒状	7.0	38.8	1.97	0.93	2.9							

阿 坝 县

主要土类说明

黑毡土是阿坝县的主要土壤类型，占本县地域面积的71%，分布于林线之上的无林草坡。所处地区属寒温带半湿润气候，雨热同期，夏季相对湿润温暖，昼夜温差大，冬季严寒干燥。雨季牧草生长茂盛，草根盘结致密，形成厚10cm左右的草皮层。土壤形成以有机质积累分解淋溶、土壤干湿交替冻融作用为主。心土层多有典型的鳞片状结构，有机质在心土层呈舌状染色。自然土心土层多为黑棕色，小粒状结构，质地为中壤土至重壤土，有机质含量丰富，呈中性。成土母质有坡积物、残积物、洪积物、冲积物及黄土。

草毡土是阿坝县第二大土壤类型，占本县地域面积的8%，集中分布在西北部和东北部海拔420—4500m的高山上。母质以冰积物、冰水沉积物及残积物、坡积物为主，南坡也有少量黄土母质。草毡土是在寒冷半湿润条件下，经过特殊的草甸过程而形成的。频繁的冻融交替造成草皮层滑塌，是草毡土区的显著景观特征之一。

暗棕壤是阿坝县第三大土壤类型，占本县地域面积的6%，分布于海拔850—4000m的阴坡、沟谷两侧和山体中上部。地上植被主要为暗针叶林，但在阳坡面也有松柏林和针阔叶混交林零星分布。地表覆盖有6cm厚的枯枝落叶，生长有4cm厚的活地被。土壤有机质含量丰富且染色深，具有典型的黑棕色或暗棕色心土层，土壤潮湿，底土有冻土现象，有机质积累量比棕壤高，淋溶势比棕壤强，酸碱度较棕壤低，土壤呈酸性，pH为4.7—6.0。成土母质多为板岩、片岩、砂岩、千枚岩风化坡积物、残积物。

草甸土占本县地域面积的4%，一般发育在近期河流冲积物和湖积物上，主要分布在纯牧区、半农半牧区的宽谷河漫滩一级阶地和盆地坝地上。草甸土是在草甸植被下，直接受地下水的浸润而形成的半水成土。它的主要特点是具有草皮层和潴育层，潴育层中有锈斑，土壤呈中性，腐殖质层深厚，有机质含量丰富。

沼泽土占本县地域面积的4%。沼泽土是由于排水不畅、季节或长年积水，在地下水和地表水同时作用下发育而成的水成土。有机质长期处于嫌气分解状态，腐殖质积累量大，草皮层发达而深厚，腐殖质、半腐殖质层深达50—70cm，有典型的潜育层，潜育层内常可见锈斑。土壤呈酸性，母质多为河湖相沉积物。

棕壤占本县地域面积的3%，集中分布在县境西南林区、山体中下部、沿河两岸，暗棕壤之下，与黑毡土呈复区分布。植被群落以桦木、云杉为主。所处地区气候温凉湿润，属半湿润温带和寒温带气候，有利于有机质的积累和分解，有机质分解产生酸性淋溶，土壤呈微酸性至酸性，pH为4.7—7.0，无碳酸盐反应。成土母质以板岩、砂岩、片岩、千枚岩坡积物、残积物为主，土壤粗骨性强。本县棕壤分为棕壤、草甸棕壤等亚类。

小于本县地域面积3%的土壤类型还有褐土、寒冻土等。

本区域中心区气候特征

本区域中心区气候特征值
Regional climate characteristics in central area of the region

气候带：高原亚温带湿润气候 Climate region: Plateau sub temperate humid climate	
年平均气温 /℃ Annual average temperature /℃	4.7
年平均最高气温 /℃ Annual average maximum temperature /℃	14.0
年平均最低气温 /℃ Annual average minimum temperature /℃	-1.7
年降水量 /mm Annual precipitation /mm	690
≥10℃的积温 /℃ Daily temperature accumulated in a year (≥10℃) /℃	1793
年日照时数 /h Annual sunshine /h	2271
年平均相对湿度 /% Annual average relative humidity /%	61
干燥度 Dryness	0.55

本区域中心区月平均气温与月平均降水量
Monthly temperature and precipitation in central area of the region

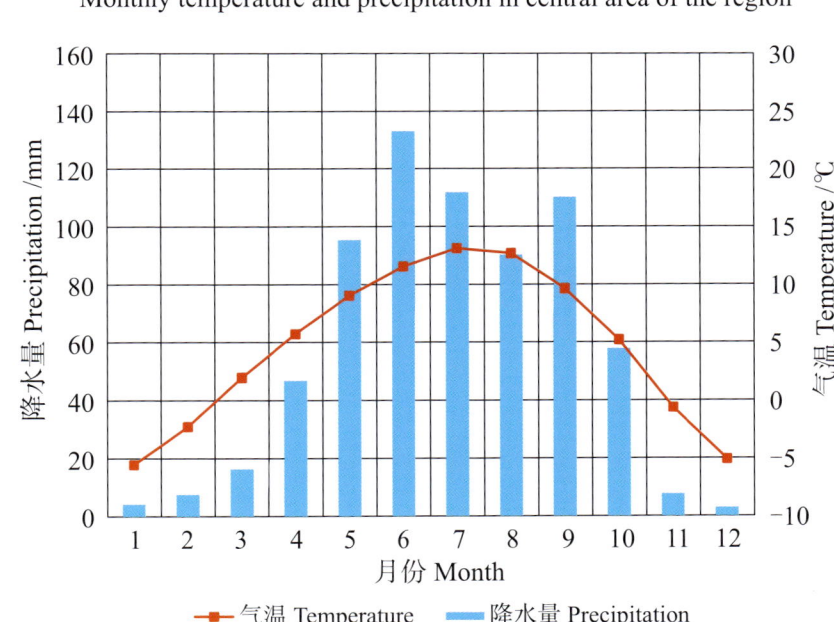

阿坝县主要土壤类型与土壤剖面点分布图
1：600 000

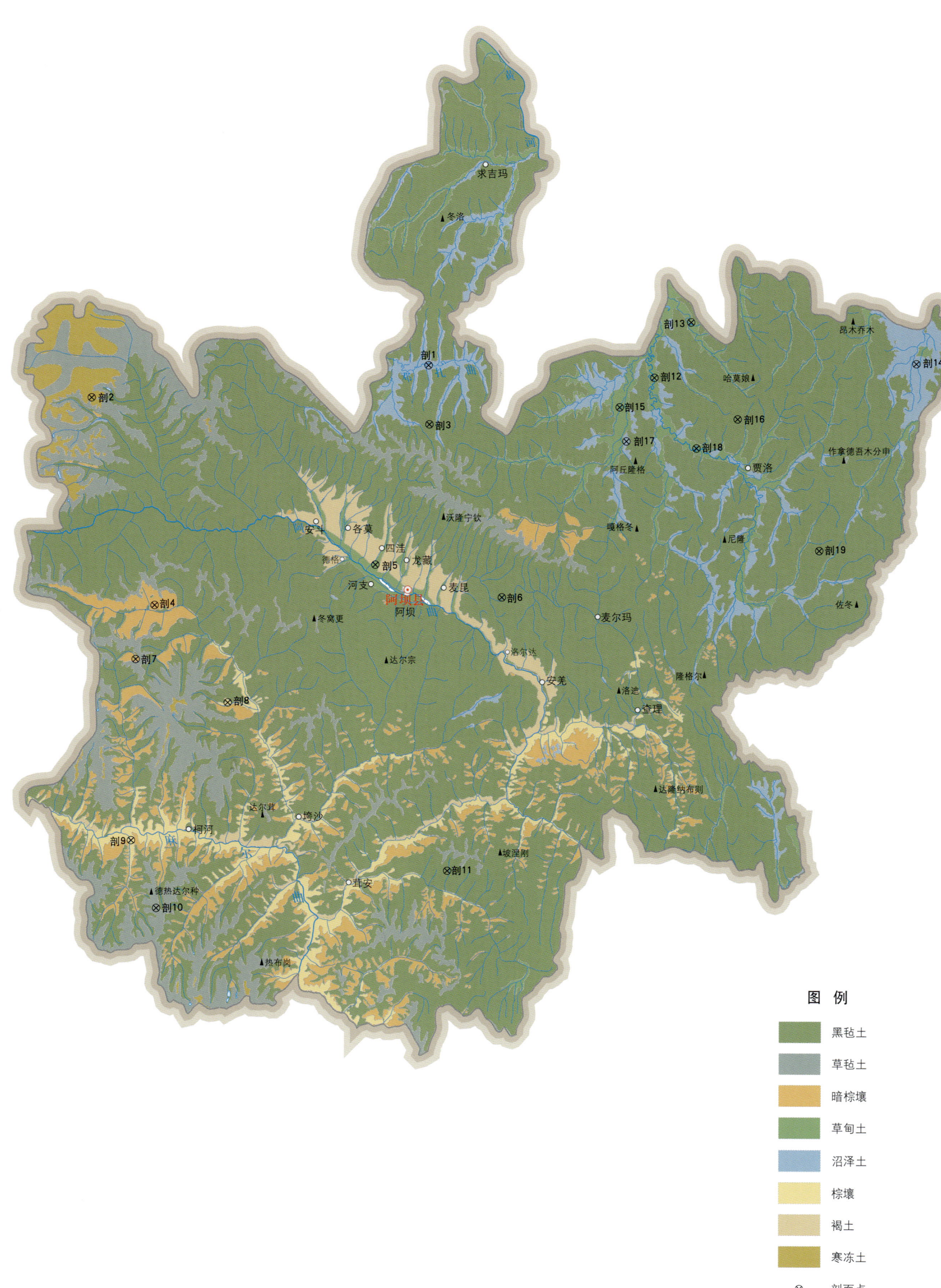

图 例

- 黑毡土
- 草毡土
- 暗棕壤
- 草甸土
- 沼泽土
- 棕壤
- 褐土
- 寒冻土
- ⊗ 剖面点

阿坝县土壤剖面理化性状表

剖面号 Soil profile	土纲 Soil order	土类 Soil great group	亚类 Soil subgroup	土属 Soil genus	土种 Soil species	土层码 Layer code	土层厚度 Depth/cm	颜色 Soil color	质地 Soil texture	土壤结构 Soil structure	pH	有机质 OM (g/kg)	全氮 TN (g/kg)	全磷 TP (g/kg)	全钾 TK (g/kg)	碱解氮 AN (mg/kg)	有效磷 AP (mg/kg)	速效钾 AK (mg/kg)	阳离子交换量CEC (cmol/kg)	土壤母质 Parent material	剖面点坐标 Profile coordinate	匹配指数 Matching index/%
剖1	水成土	沼泽土	草甸沼泽土			1	0—6	黑色	轻砾轻壤土	粒状	6.5	56.4	3.20	1.56	2.3	267	12.0			河湖沉积物	E 101°44′28.4″ N 33°11′23.5″	72
						2	6—20	暗棕色	轻砾轻壤土	粒状	7.1	45.8	2.18	2.27	3.1	93	2.0		0.8			
						3	20—35	浅灰色	轻壤土	粒状	7.5	5.9	0.84	1.26	4.6	31	6.0		66.1			
						4	35—60	灰黄色	砂壤土													
						5	60—	暗棕色														
剖2	高山土	寒冻土				1	0—10	暗棕色	中壤土	小块状	6.3	33.0	2.04	1.85	2.9	176	5.0	62	9.6	冰碛物、残积物、坡积物	E 101°13′39.5″ N 33°09′32.5″	94
						2	10—25	深棕色			6.3											
						3	25—	暗棕色														
剖3	高山土	黑毡土	黑色土			1	0—15	暗棕色	砂壤土	小粒状、块状	8.7	30.4	2.31	1.96	3.1	217	9.0	154	10.3	洪积物	E 101°44′24.4″ N 33°06′51.5″	72
						2	15—32	褐色	砂壤土	粒状、小块状	8.7	11.2	1.29	1.54	3.2	86	0.5	69	7.7			
						3	32—	暗灰棕色	砂土	粒状	8.5	6.9	0.97	1.61	3.4	58	1.0	97	5.7			
剖4	淋溶土	暗棕壤				1	0—4	棕黑色			6.0	166.9	1.26	2.01	1.9	803	48.0	118	68.4	残积物、坡积物	E 101°18′59.7″ N 32°53′30.8″	90
						2	4—10	黑棕色	轻壤土	小粒状	5.6	43.9	2.09	0.97	2.3	208	20.0	9	39.3			
						3	10—16	暗棕色	轻壤土	小粒状	5.6	50.8	2.22	1.21	2.1	196	33.0	32	32.0			
						4	16—25	棕色	中壤土	小块状	5.4	21.7	0.94	0.87	2.2	78	21.0	46	16.4			
						5	25—46	暗棕色	轻壤土	小粒状												
						6	46—	灰黄棕色	砂壤土	小粒状												
剖5	半水成土	草甸土	草甸土	冲积草甸土	卵石底砂土	1	0—15	栗色	中壤土	小粒状、小块状	7.7	18.4	1.22	0.98	2.3	177	10.0	122	3.4	河流冲积物	E 101°39′10.2″ N 32°56′12.6″	98
						2	15—35	暗棕色	中壤土	粒状、小块状	7.3	20.8	1.38	1.09	2.5	113	2.0	122	4.8			
						3	35—	暗棕色	中壤土	片状	7.3	24.6	1.58	1.37	2.6	145	4.0	7	6.6			
剖6	高山土	黑毡土	黑色土			1	0—13	黑棕色	中壤土	小粒状	6.5	63.7	3.33	1.15	2.8	300	26.0	109	19.1	洪积物	E 101°50′35.9″ N 32°53′28.7″	92
						2	13—32	黑棕色	重壤土	小粒状	6.8	49.5	2.65	1.05	2.8	209	10.0	127	17.3			
						3	32—67	黑棕色	中壤土	粒状、小块状	6.8	35.2	1.89	1.06	3.0	194	11.0	128	15.1			
						4	67—88	灰黄棕色	中壤土	粒状、小块状	6.9	12.9	0.58	0.91	2.4	65	12.0	111	9.6			
						5	88—	栗色	砂壤土													
剖7	淋溶土	暗棕壤	灰化暗棕壤			1	0—6	暗棕色	中壤土	板结状										坡积物	E 101°17′09.0″ N 32°49′22.8″	78
						2	6—15	暗棕色	中壤土	粒状	5.2	123.2	8.77	1.57	2.0	447	35.0	32	35.4			
						3	15—25	黑棕色	中壤土	粒状、小块状	5.6	47.9	2.31	1.29	2.0	171	16.0	19	31.5			
						4	25—35	暗棕色	中壤土	粒状	5.6	32.2	1.26	1.04	2.1	94	12.0	11	22.6			
						5	35—52	暗棕色	中壤土	粒状、小块状	5.9	16.5	0.58	0.85	2.4	58	13.0	47	21.4			
						6	52—	棕色	中壤土	粒状												
剖8	淋溶土	棕壤	草甸棕壤	残坡积棕壤	黑土	1	0—13	暗棕色	中壤土	粒状	7.1	26.9	1.98	11.89	2.9	199	14.0	299	5.8	坡积物	E 101°25′27.5″ N 32°45′55.1″	78
						2	13—25	暗棕色	中壤土	小核状	7.1	28.1	2.12	1.87	3.0	245	10.0	231	6.3			
						3	25—37	暗棕色	中壤土	核状	7.0	17.8	1.45	1.62	3.0	116	9.0	191	3.4			
						4	37—	暗棕灰色	轻壤土	块状	7.5	11.7	1.48	1.69	3.2	151	4.0		3.2			
剖9	淋溶土	棕壤	棕壤			1	0—6	黑棕色	轻壤土	粒状	4.9	174.4	13.73	1.66	1.5	947	49.0	114	51.5	坡积物	E 101°16′24.4″ N 32°35′30.3″	86
						2	6—22	暗棕色	中壤土	小块状、粒状	6.9	62.2	4.54	1.43	3.7	402	38.0	32	34.3			
						3	22—60	暗棕色	中壤土	小块状、粒状	8.1	40.2	3.23	1.43	3.0	195	20.0	71	27.1			
						4	60—	棕色	轻壤土													
剖10	高山土	草毡土	棕毡土			1	0—4	深棕色	轻壤土	粒状	6.1	110.2	5.49	2.35	2.8	476	1.0	169	18.0	残积物、坡积物	E 101°18′36.4″ N 32°30′12.7″	90
						2	4—9	深棕色	中壤土	粒状	6.2	90.9	4.82	2.27	3.0	447	1.0	137	15.3			
						3	9—26	暗棕色	轻壤土	粒状	6.3	59.5	3.33	2.55	3.1	313	1.0	136	16.7			
						4	26—															

续表 Continued

剖面号 Soil profile	土纲 Soil order	土类 Soil great group	亚类 Soil subgroup	土属 Soil genus	土种 Soil species	土层码 Layer code	土层厚度 Depth/cm	颜色 Soil color	质地 Soil texture	土壤结构 Soil structure	pH	有机质 OM/(g/kg)	全氮 TN/(g/kg)	全磷 TP/(g/kg)	全钾 TK/(g/kg)	碱解氮 AN/(mg/kg)	有效磷 AP/(mg/kg)	速效钾 AK/(mg/kg)	阳离子交换量CEC/(cmol/kg)	土壤母质 Parent material	剖面点坐标 Profile coordinate	匹配指数 Matching index/%
剖11	高山土	黑毡土	棕色黑毡土	粗骨性灌丛草甸土		1	0—2													砂岩残积物、坡积物	E 101°45′02.6″ N 32°32′36.9″	91
						2	2—5															
						3	5—10	暗棕色	轻壤土	粒状	6.1	147.1	7.59	2.74	2.6	573	8.0	182	19.5			
						4	10—22	棕色	中壤土	小块状	6.1	115.0	6.29	3.07	2.8	431	5.0	86	19.3			
						5	22—	深棕色	轻壤土	块状	7.3	93.2	5.29	3.02	2.8	499	4.0	85	23.3			
剖12	半水成土	草甸土	草甸土	冲积草甸土	卵石底草甸砂壤土	A	0—15	暗棕色	黏壤土	粒状	7.7	18.4	1.22	0.98	2.3	117	10.0	122	3.4	第四纪冲积物	E 102°05′01.0″ N 33°09′57.1″	83
						AC	15—35	暗棕色	黏壤土	粒状	7.3	20.8	1.38	1.09	2.5	113	2.0	122	0.8			
						C	35—100	黑棕色	砂壤土		7.3	24.6	1.59	1.37	2.6	145	4.0	88	6.6			
剖13	半水成土	草甸土				1	0—16	暗黄棕色												冲积物	E 102°08′32.5″ N 33°14′04.4″	93
						2	16—35	黑棕色	中壤土	粒状	6.2	58.8	3.65	1.53	2.6	319	20.0	54	20.8			
						3	35—58	灰黄棕色	轻壤土	块状	7.3	19.6	1.74	1.81	2.8	149	7.0	80	12.7			
						4	58—	灰黄棕色	轻壤土	块状	7.3	10.9	1.79	1.87	3.1	97	11.0	80	12.8			
剖14	水成土	沼泽土	潜育沼泽土			1	0—8	暗棕褐色												湖泊沉积物	E 102°28′59.5″ N 33°10′20.3″	93
						2	8—24	黑棕色	中壤土	粒状	6.0	220.4	7.41	2.81	1.9	405	26.0	55	34.3			
						3	24—90	暗棕色	中壤土	块状	6.1	9.8	0.48	1.13	2.5	46	21.0	10	7.7			
						4	90—	灰黄棕色	中壤土	单粒状	6.0	14.3	0.63	1.03	4.5	47	10.0	26	10.0			
剖15	半水成土	草甸土	草甸土	冲积草甸土	砂土	1	0—15		轻质砂壤土	粒状、小块状	8.2	18.1	1.31	1.29	2.5	96	2.5	37	9.6	河流冲积物	E 102°01′47.2″ N 33°07′45.0″	82
						2	15—55		轻质砂壤土		8.1	0.9	0.85	1.28	2.5	67	0.5	18	3.6			
						3	55—	暗黄棕色	砂壤土	小粒状	8.1	19.2	0.85	1.47	2.7	50	13.0	88	7.1			
剖16	高山土	黑毡土		洪冲积亚高山草甸土	石谷子土	1	0—16	棕色	砂壤土	小粒状	8.1	2.6	0.52	1.37	3.3	34	13.0	88	6.3	洪积物、冲积物	E 102°12′32.0″ N 33°06′33.8″	96
						2	16—38	栗色	砂壤土	小粒状	7.8	1.7	0.40	1.46	3.2	29	16.0	82	6.3			
						3	38—52	浅棕色	砂壤土	小粒状	7.5	5.4	0.63	1.46	2.9	35	19.0	114	6.2			
						4	52—	浅棕色														
剖17	水成土	沼泽土	腐殖质沼泽土			1	0—25	黑棕色	中壤土	颗粒状	5.3	365.2	12.42	1.81	1.7	598	12.0	31	37.5	湖相沉积物	E 102°02′19.9″ N 33°05′07.4″	80
						2	25—120															
剖18	半水成土	草甸土	草甸土	冲积草甸土		1	0—15		砂壤土		7.7	18.4	1.22	0.98	2.3	177	10.0	122	3.4	河流冲积物	E 102°08′41.3″ N 33°04′26.0″	76
剖19	高山土	黑毡土	黑毡土	残余碳酸盐黑毡土	黑壤土	1	0—12	暗棕色	中壤土	小粒状	7.9	21.7	1.50	1.46	2.7	113	85.0	173	14.6	黄土	E 102°19′36.8″ N 32°56′19.3″	92
						2	12—36	暗棕色	中壤土	片状	7.7	20.1	1.43	1.32	2.7	114	10.0	142	15.0			
						3	36—86	黑棕色	中壤土	块状	7.5	16.5	1.21	1.35	2.9	85	6.5	93	14.8			
						4	86—105	棕色	中壤土	块状	7.6	9.8	0.89	1.44	2.8	50	7.0	89	13.8			
						5	105—	浅棕色	中壤土	小块状	8.3	5.2	0.67	1.37	2.7	34	4.0	59	9.0			

红 原 县

主要土类说明

黑毡土是红原县的主要土壤类型，占本县地域面积的55%，分布在中部、南部和西南部丘原地貌的亚高山草甸地带，海拔3500—4000m。成土母质为变质板岩、硬质砂岩残积物、堆积物。黑毡土的发育和演替过程，主要是表层的草甸化和亚表层的腐殖质积累。地形和水热条件的差异，使黑毡土腐殖质的积累程度在各个区域里不尽相同。在良好的通气条件下，土壤中的有机质进一步分解，使亚表层中的腐殖质不断积累，土壤的团粒结构增多。

沼泽土是红原县第二大土壤类型，占本县地域面积的20%。沼泽土发育在常年积水、排水困难或水源不断的低洼潮湿的草场。过多的水分导致土壤通气状况恶化，表层有机质大量积累，形成吸水性、保水性强的生草层和泥炭层。低温潮湿的表层，抑制了好气性纤维分解菌和氨细菌的活力，亚表层腐殖质不断积累，加之季节性冻融，使心土层生成了厚5—10cm干燥而板结的隔水层，加速了土体的潜育化和泥炭化过程。

草毡土是红原县第三大土壤类型，占本县地域面积的14%，主要分布在东部、南部、西南部的高山地带。草群稀疏、低矮，牧草和饲用植物种类少，草群总覆盖度为45%—65%。成土母质是石英砂岩、硬质砂岩残积物、坡积物。草毡土是草甸、灌丛草甸植被在低温、生理干旱的生物气候条件下形成的一种土壤，具有冻融风化的特点，母质风化程度较弱，心土层富含砾石，生物累积弱，草根盘结层不发达，腐殖质层发育不明显，岩石碎屑含量较高，是一种幼年土壤。

潮土占本县地域面积的8%，主要分布在海拔3268—3543m的高寒草场的一、二级阶地与河漫滩上。高原河流上游两岸的变质板岩、硬质砂岩、白云岩、泥灰岩坡积物、残积物、洪积物，被河水冲刷到下游或流水减缓的地方沉积起来后，经过新构造运动的升降作用，在新河床两侧形成阶地与河漫滩。经汛期和冻融的影响，地下水位和土温的频繁升降，在微生物及各种牧草作用下，土体中的氧化还原与干湿变化交替进行，生草层和腐殖质层逐年增厚，形成了高原草甸潮土。

暗棕壤占本县地域面积的3%，分布在海拔3500—3850m的山原地带的沟谷、谷坡。空气和土壤的湿度增加，森林的郁闭度达0.4—0.85。成土母质为白云岩、泥灰岩、板岩、硬质砂岩、红砂岩残积物、坡积物。大量针叶林的枯枝落叶和5cm左右厚的潮湿的锦丝藓、羽藓，给土壤造成了不良的通气环境，影响微生物对有机质的分解力，使亚表层下的腐殖质逐渐积累。在多雨的季节中，表土层中的亚铁向心土层移动，被氧化后，棕色的铁质薄膜将黏粒包裹着，整个心土层变成带棕色的黏土，发育成暗棕壤。

小于本县地域面积3%的土壤类型还有寒冻土、草甸土、风沙土、石灰（岩）土、棕壤等。

本区域中心区气候特征

本区域中心区气候特征值
Regional climate characteristics in central area of the region

气候带：高原亚温带湿润气候 Climate region: Plateau sub temperate humid climate	
年平均气温 /℃ Annual average temperature /℃	5.6
年平均最高气温 /℃ Annual average maximum temperature /℃	14.8
年平均最低气温 /℃ Annual average minimum temperature /℃	-0.5
年降水量 /mm Annual precipitation /mm	711
≥10℃的积温 /℃ Daily temperature accumulated in a year（≥10℃）/℃	2255
年日照时数 /h Annual sunshine /h	2073
年平均相对湿度 /% Annual average relative humidity /%	62
干燥度 Dryness	0.83

本区域中心区月平均气温与月平均降水量
Monthly temperature and precipitation in central area of the region

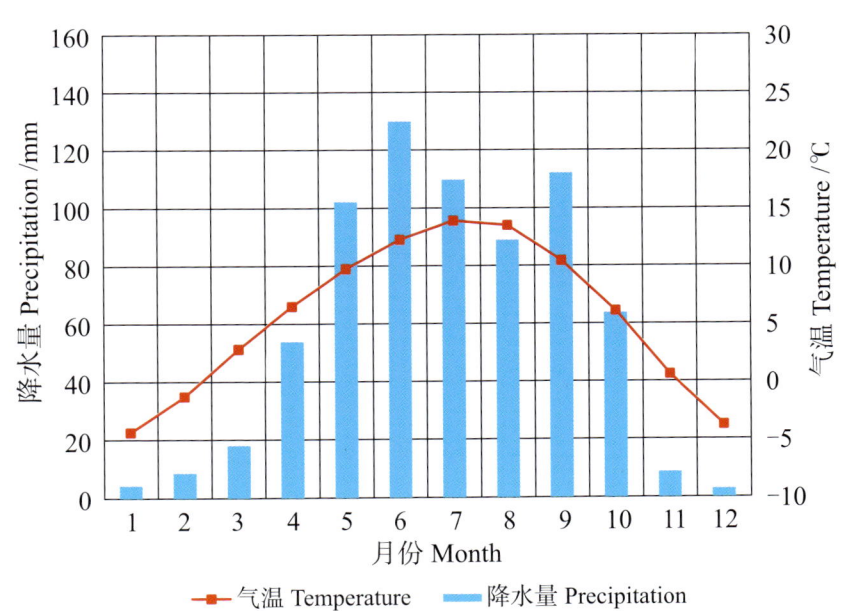

红原县主要土壤类型与土壤剖面点分布图
1:630 000

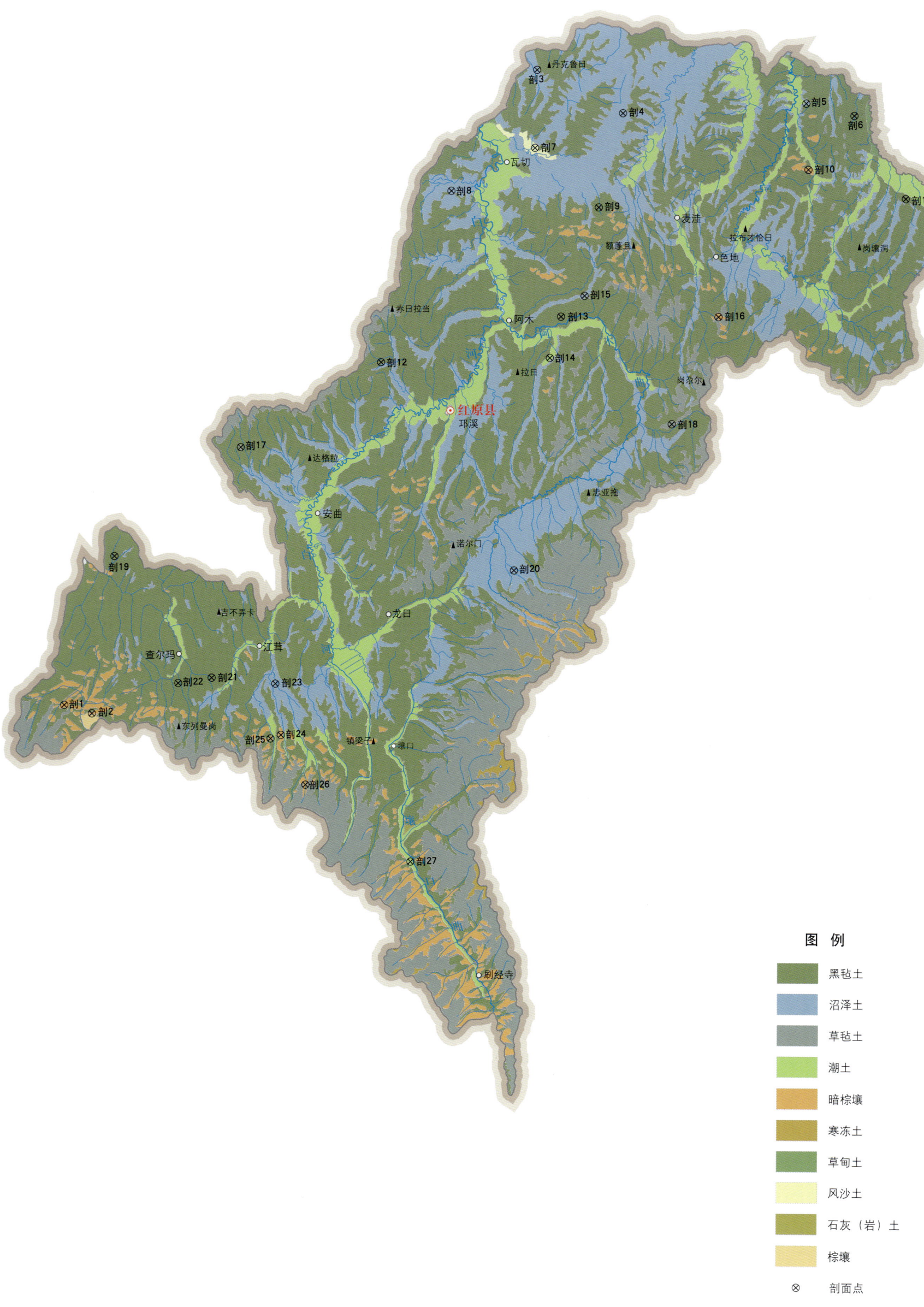

图例

- 黑毡土
- 沼泽土
- 草毡土
- 潮土
- 暗棕壤
- 寒冻土
- 草甸土
- 风沙土
- 石灰（岩）土
- 棕壤
- ⊗ 剖面点

红原县土壤剖面理化性状表

剖面号 Soil profile	土纲 Soil order	土类 Soil great group	亚类 Soil subgroup	土属 Soil genus	土种 Soil species	土层码 Layer code	土层厚度 Depth/cm	颜色 Soil color	质地 Soil texture	土壤结构 Soil structure	pH	有机质 OM/(g/kg)	全氮 TN/(g/kg)	全磷 TP/(g/kg)	全钾 TK/(g/kg)	碱解氮 AN/(mg/kg)	有效磷 AP/(mg/kg)	速效钾 AK/(mg/kg)	阳离子交换量CEC/(cmol/kg)	土壤母质 Parent material	剖面点坐标 Profile coordinate	匹配指数 Matching index/%
剖1	淋溶土	暗棕壤	暗棕壤	壤质暗棕壤		1	0—6	褐色	重壤土	无明显结构	6.0	141.0	16.90	1.20	1.8	386	4.3	301		白云岩、泥灰岩坡积物、残积物	E 101°55′44.5″ N 32°22′15.0″	70
						2	6—30	灰棕色		块状												
						3	30—80	灰黄色	黏土	棱状状												
剖2	淋溶土	暗棕壤	草甸暗棕壤	老冲积草甸暗棕壤		1	0—59	棕褐色	粉质轻壤土	块状	4.5	86.0	3.70			309	微量	105		冰碛物、冰水沉积物	E 101°58′26.4″ N 32°21′36.7″	75
						2	59—89	暗棕色	砂壤土	棱块状												
						3	89—	灰白色	砂土	块状												
剖3	水成土	沼泽土	泥炭沼泽土	沼炭土	厚层沼炭土	As	0—22													洪积物、冲积物	E 102°40′16.0″ N 33°15′35.6″	81
						Hi	22—47	暗棕色	黏壤土	层片状	5.5	256.2	10.12	1.34	1.5		1.7	196	42.4			
						G	47—90	蓝灰色	砂壤土	块状	5.8	37.3	1.61	0.57	2.0				20.3			
剖4	水成土	沼泽土	泥炭沼泽土	厚层泥炭土	厚层草甸沼泽土	1	0—26	黑褐色	砂壤土	网络状	5.2	425.0	35.30	1.20	1.8	717	4.4	110		有机堆积物	E 102°48′47.2″ N 33°12′10.4″	71
						2	26—100	棕褐色		片状												
剖5	水成土	沼泽土	草甸沼泽土	草甸沼泽土	厚层草甸沼泽土	As	0—15	黑棕色	砂壤土	团粒状	5.8	77.9	3.64	1.12	1.9	332	3.5	132	19.9	河流冲积物	E 103°06′45.4″ N 33°13′14.5″	76
						A_1	15—63	褐色	砂壤土	团粒状	6.0	16.0	0.86	0.57	2.1				23.2			
						G_2	63—83	青灰色	砂壤土	软块状	6.1	9.2	0.71	0.45	1.9				16.5			
剖6	高山土	黑毡土	黑毡土	坡洪积黑毡土	厚层黑毡土	As	0—20	黑色	黏壤土	草包状	5.9	99.3	4.62	1.00	2.2	424	3.1	207	22.3	砂板岩风化残积物、坡积物	E 103°11′29.8″ N 33°12′18.4″	82
						A_1	20—62	暗棕色	黏壤土	团粒状	6.3	47.4	2.56	0.83	2.0				18.0			
						B	62—92	暗黄黄色	黏壤土	小块状	6.6	14.5	1.00	0.55	2.1				10.7			
						C	92—114	黄灰色														
剖7	初育土	风沙土				1	0—10	暗棕灰色		网络状										风沙堆积物	E 102°40′14.2″ N 33°09′10.1″	78
						2	10—34	深褐色	中壤土	团块状												
						3	34—64	黄色	黏土	块状												
						4	64—	栗色														
剖8	水成土	沼泽土	潜育沼泽土	黏质潜育沼泽土		1	0—35	褐灰色	粗砂质重壤土	网络状										硬质砂岩、板岩坡积物、残积物	E 102°32′07.4″ N 33°05′28.7″	98
						2	35—60	暗棕色	粗砂质重壤土	块状	5.2	336.0	24.70	1.50	2.0	682	2.1	73				
						3	60—100	灰蓝色	粗粉质重壤土	整体状	5.2	53.1	16.60	0.40	2.1	148	2.0	51				
						4	100—	黄蓝色	粉砂质重壤土	棱体状	5.3	50.5	4.40	0.40	1.9	97	2.8	34				
剖9	高山土	黑毡土	棕黑毡土	薄质棕黑毡土		1	0—8	暗棕色	粉砂质重壤土	网络状											E 102°46′35.2″ N 33°04′22.8″	99
						2	8—16	暗黄棕色	粉砂质重壤土	团块状	5.0	88.0	14.40			387	0.9	109				
						3	16—60	暗黄棕色	砂壤土	块状												
剖10	淋溶土	暗棕壤	暗棕壤	砂质暗棕壤		1	0—6	黑色												硬质砂岩、板岩坡积物、残积物	E 103°07′04.8″ N 33°07′48.4″	93
						2	6—24	褐色	中壤土	块状	4.8	225.0	8.40			105	3.9	177				
						3	24—47	栗棕色	重壤土	块状												
						4	47—62	黄棕色	砂壤土	块状												
剖11	高山土	黑毡土	黑毡土	老冲积黑毡土		1	0—15	黑棕色	砂土	网络状										冰水沉积物、堆积物	E 102°16′40.1″ N 33°05′33.4″	83
						2	15—43	暗棕灰色	砂壤土	块状	5.2	89.0	12.00	1.30	1.9	311	1.1	56				
						3	43—72	浅灰色	砂土	粒状												
						4	72—133	灰棕色	砂壤土	块状												
						5	133—	棕色色	砂土	粒状												
剖12	高山土	黑毡土	黑毡土	薄黑毡土		1	0—10	棕灰色	粗粉质重壤土	网络状	5.5	57.3	9.30	1.00	1.6	238	1.4	51		板岩、砂岩残积物、坡积物	E 102°25′38.6″ N 32°51′14.8″	98
						2	10—28	暗棕色	粗粉质重壤土	团块状	6.0	43.2	6.90	0.70	2.3	120	2.5	88				
						3	28—42	灰黄色	粗粉质重壤土	块状		8.1	2.00	0.40	2.1	47	0.4	45				
						4	42—															

续表 Continued

剖面号 Soil profile	土纲 Soil order	土类 Soil great group	亚类 Soil subgroup	土属 Soil genus	土种 Soil species	土层码 Layer code	土层厚度 Depth/cm	颜色 Soil color	质地 Soil texture	土壤结构 Soil structure	pH	有机质 OM/(g/kg)	全氮 TN/(g/kg)	全磷 TP/(g/kg)	全钾 TK/(g/kg)	碱解氮 AN/(mg/kg)	有效磷 AP/(mg/kg)	速效钾 AK/(mg/kg)	阳离子交换量 CEC/(cmol/kg)	土壤母质 Parent material	剖面点坐标 Profile coordinate	匹配指数 Matching index/%
剖13	高山土	黑毡土	褐土型黑毡土	弱碳酸盐淀积黑毡土		1	0—25	暗褐色	中壤土	网络状	6.9	75.3	3.50					122		白云岩坡积物、残积物	E 102°43′08.4″ N 32°55′19.9″	99
						2	25—85	灰褐色	中壤土	团块状	6.5	72.3	11.80	0.90	1.8	372	3.1	89				
						3	85—	浅黄色	砂质中壤土	块状	6.0	60.3		2.22	2.2	69	2.2	78				
剖14	半水成土	潮土	草甸型潮土	砂质草甸潮土		1	0—22	褐色	粗粉质中壤土	团块状	5.8	58.0	2.98	2.08	2.3	378	10.0	61			E 102°42′07.9″ N 32°51′55.8″	84
						2	22—41	粗粉质中壤土		块状	6.0	33.3	2.88	1.62	2.0	386	7.9	41				
						3	41—82	黄褐色	粗粉质中壤土	块状	6.0	10.2	1.95	1.07	2.2	278	1.7	37				
						4	82—	灰黄色	粗粉质中壤土	棱块状	6.1		1.43			121	<1.0					
剖15	水成土	沼泽土	腐泥土	厚层腐泥土		1	0—30	暗棕色	粉质轻壤土	网络状	5.8	51.8	2.00	9.30	2.6	372	4.6	115			E 102°45′23.4″ N 32°57′05.0″	100
						2	30—63	黑暗色	粉质轻壤土		6.3	54.5	5.10	14.50	2.1	482	4.4	164				
						3	63—83	黑棕色	粉质轻壤土	块状	6.6	33.7	4.80	14.20	2.3	268	3.7	126				
						4	83—100	褐黄色	粉质轻壤土	棱块状	6.6	13.2	0.96	5.70	2.5	94	微量	59				
剖16	淋溶土	暗棕壤	草甸暗棕壤	砂质草甸暗棕壤		1	0—7	浅黄色	中壤土	网络状	6.7	142.0	5.90				3.1	108		砂岩坡积物、残积物	E 102°58′32.9″ N 32°55′34.7″	72
						2	7—22	暗黄色	重壤土	棱块状						68						
						3	22—42	黄棕色	重壤土	块状												
						4	42—60	米棕色		棱状												
剖17	高山土	草毡土	草毡土	残坡积草毡土	薄层草毡土	1	0—7	棕色	砂壤土	网络状											E 102°12′09.8″ N 32°43′56.2″	75
						2	7—31	灰蓝色	砂壤土	块状												
						3	31—57	深棕色	砂壤土	粒状												
剖18	高山土	草毡土	草毡土	残坡积草毡土	中层草毡土	As	0—10	棕色	砂壤土	草毡状	6.0	98.8	4.39	1.99	2.7	504	1.5	192	25.9	砂板岩风化物、残积物、坡积物	E 102°54′11.1″ N 32°46′40.8″	81
						A_1	10—28		砂壤土	粒状	5.5	72.6	3.33	1.81	3.0	397	1.0	81	21.2			
						A,B	28—42		砂壤土	粒状、块状	5.2	15.6	0.75	1.08	2.7	89	1.0	22				
						C	42—70			单粒状												
剖19	高山土	黑毡土	棕黑毡土	厚层棕黑毡土		1	0—10	黑棕色	中壤土	网络状										白云岩、泥灰岩残积物、坡积物	E 102°00′09.8″ N 32°34′38.4″	89
						2	10—23	暗棕色	粉砂质中壤土	团块状	5.6	117.8	13.20		1.8	345		88				
						3	10—33															
						4	33—80															
						5	80—															
剖20	水成土	沼泽土	草甸沼泽土	淀铁性草甸沼泽土		1	0—15	褐色	中壤土	块状	6.0	97.8	4.10	2.90	2.0	445	<1.0	133		砂板岩残积物、坡积物	E 102°39′07.6″ N 32°34′22.8″	71
						2	15—63	灰棕色	粗粉质中壤土	团块状	6.2	22.9	1.10	1.60	2.2	194	4.8	84				
						3	63—83	灰棕色	粗粉质中壤土	整体状	6.4	15.5	0.99	1.50	2.1	134	3.1	63				
						4	83—	深棕色	重壤土	块状												
剖21	高山土	黑毡土	黑毡土	洪积黑毡土		1	0—23	黄棕色	粗粉质重壤土	块状	6.3	70.4	4.10	17.30	2.4	453	13.7	191		洪积物、堆积物	E 102°09′59.4″ N 32°24′51.8″	96
						2	23—35	黄棕色	粗粉质重壤土	块状	6.0	38.6	2.60	14.00	2.4	243	微量	133				
						3	35—	黄棕色	砂壤土													
剖22	高山土	黑毡土	黑毡土	厚层黑毡土		1	0—10	暗棕色	粗粉质中壤土	网络状	5.9	90.8	10.80	1.10	1.8	284	0.7	133		板岩、砂岩坡积物、坡残积物	E 102°06′45.7″ N 32°24′20.2″	94
						2	10—50	褐色	粗粉质中壤土	团块状	5.7	39.9	6.30	0.80	2.1	151	3.7	86				
						3	50—65	浅黄色	粗粉质中壤土	块状	5.2	36.5	5.30	0.60	2.0	136	0.9	168				
						4	65—															
剖23	水成土	沼泽土	泥炭沼泽土	泥炭腐殖质沼泽土		1	0—11	暗黄棕色	中壤土	网络状	5.5	452.6	32.90	1.10	1.3	726	2.5	140		白云岩坡积物、残积物	E 102°16′12.6″ N 32°24′30.9″	74
						2	11—55	黑棕色	粗粉质重壤土	片状	5.1	243.0	29.80	0.80	2.1	660	2.2	131				
						3	55—100	黑棕灰色	粗粉质中壤土	块状	4.5	110.9	9.60	0.50	1.8	211	2.2	65				
剖24	淋溶土	暗棕壤	草甸暗棕壤	壤质草甸暗棕壤		1	0—9	暗棕色	中壤土	网络状	5.4	237.0	8.40	11.30	1.8	486	4.7	158			E 102°16′53.2″ N 32°20′19.4″	76
						2	9—14		重壤土	团块状	5.5	57.0	2.20	6.70	2.2	259	微量	69				
						3	14—21	棕黄色	重壤土	块状												
						4	14—61															
						5	61—			棱块状												

续表 Continued

剖面号 Soil profile	土纲 Soil order	土类 Soil great group	亚类 Soil subgroup	土属 Soil genus	土种 Soil species	土层码 Layer code	土层厚度 Depth/cm	颜色 Soil color	质地 Soil texture	土壤结构 Soil structure	pH	有机质 OM/(g/kg)	全氮 TN/(g/kg)	全磷 TP/(g/kg)	全钾 TK/(g/kg)	碱解氮 AN/(mg/kg)	有效磷 AP/(mg/kg)	速效钾 AK/(mg/kg)	阳离子交换量CEC/(cmol/kg)	土壤母质 Parent material	剖面点坐标 Profile coordinate	匹配指数 Matching index/%
剖25	淋溶土	暗棕壤	草甸暗棕壤	砾质草甸暗棕壤		1	0—30	黄棕色	粗粉质重壤土	团块状	5.8	29.0	4.90	10.30	2.3	242	9.2	327		坡积物、残积物	E 102°15′53.7″ N 32°19′59.7″	91
						2	30—88	灰黄棕色	粗粉质重壤土	小棱块状	5.9	39.0	2.50	10.80	2.4	163	22.6	64				
						3	88—	黄棕色	重壤土													
剖26	淋溶土	暗棕壤	灰化暗棕壤	弱灰化暗棕壤		1	0—5	褐色												硬质砂岩、白云岩坡积物、残积物	E 102°19′24.2″ N 32°16′15.6″	94
						2	5—10	灰黄棕色	粉质重壤土	团块状	5.7	292.0	9.40	8.20	1.6	442	微量	214				
						3	10—29	白灰色	重壤土	粒状	5.0	67.0	3.50	5.50	1.8	276	微量	170				
						4	29—59	黄棕色	粉质重壤土	块状	5.2	46.0	1.80	4.00	2.1	140	微量	77				
剖27	半水成土	潮土	草甸型潮土	砾质草甸潮土		1	0—23	浅黄棕色	粉砂质重壤土	团块状	6.3	46.1	5.20	20.00	2.2	439	22.7	164			E 102°29′48.5″ N 32°10′09.5″	80
						2	23—50	暗黄棕色	粉砂质重壤土		5.9	49.5	3.20	15.40	2.1	602	微量	82				
						3	50—	棕灰色	砂土	颗粒状	6.0											

甘孜藏族自治州

康定市

主要土类说明

黑毡土是康定市的主要土壤类型，占本市地域面积的 36%。黑毡土发生于青藏高原高寒略较温湿的原面上，蒿草与杂生草类的草毡层初步分解，形成初步腐殖化的暗色草根茎盘结层。该土壤色泽较深，有机质含量较高，为 100—150g/kg，底土见锈色斑纹。土壤 pH 为 6.5—8.0。

草毡土是康定市第二大土壤类型，占本市地域面积的 24%。草毡土是发生于高寒区（青藏高原）平缓高原面上，具强度生草腐殖质积累与弱度氧化还原特征的高山土壤。该土壤由于寒冻，蒿草根累积并弱度分解，呈草毡状；土体滞水，冻融交替，弱度氧化还原交替进行，造成氧化铁微弱游离。

棕壤是康定市第三大土壤类型，占本市地域面积的 17%。棕壤发生于湿润暖温带落叶阔叶林下，但大部分已被垦殖，以旱作为主。该土壤处于硅铝风化阶段，具有黏化特征，呈棕色。土体见黏粒淀积，盐基充分淋失，pH 为 6.0—7.0，见少量游离铁。多有干鲜果类生长，山地多森林覆盖。

寒冻土占本市地域面积的 11%，分布于青藏高原及其毗邻高山冰雪带下的冰缘地区。寒冻土发生于高山冰雪带下缘。该土壤的形成以寒冻物理风化为主，弱生物累积，土层薄，含砾石多，仅在岩屑中见少量细土物质堆积。土壤 pH 为 7.0—8.5。

褐土占本市地域面积的 5%。褐土是在暖温带半湿润区发育形成的具有黏化与钙质淋移淀积的土壤。该土壤盐基饱和，处于硅铝风化阶段，有明显黏淀层。在其 A-B-C 剖面构型中，B 层呈棕褐色。土壤 pH 为 7.0—7.5，盐基饱和度在 80% 以上，B 层下部有假菌丝状钙积层。

小于本市地域面积 3% 的土壤类型还有石灰（岩）土、暗棕壤、粗骨土、沼泽土、棕色针叶林土等。

本区域中心区气候特征

本区域中心区气候特征值
Regional climate characteristics in central area of the region

气候带：高原亚温带湿润气候 Climate region: Plateau sub temperate humid climate	
年平均气温 /℃ Annual average temperature /℃	8.2
年平均最高气温 /℃ Annual average maximum temperature /℃	16.1
年平均最低气温 /℃ Annual average minimum temperature /℃	2.6
年降水量 /mm Annual precipitation /mm	837
≥10℃的积温 /℃ Daily temperature accumulated in a year (≥10℃) /℃	3996
年日照时数 /h Annual sunshine /h	2085
年平均相对湿度 /% Annual average relative humidity /%	62
干燥度 Dryness	0.75

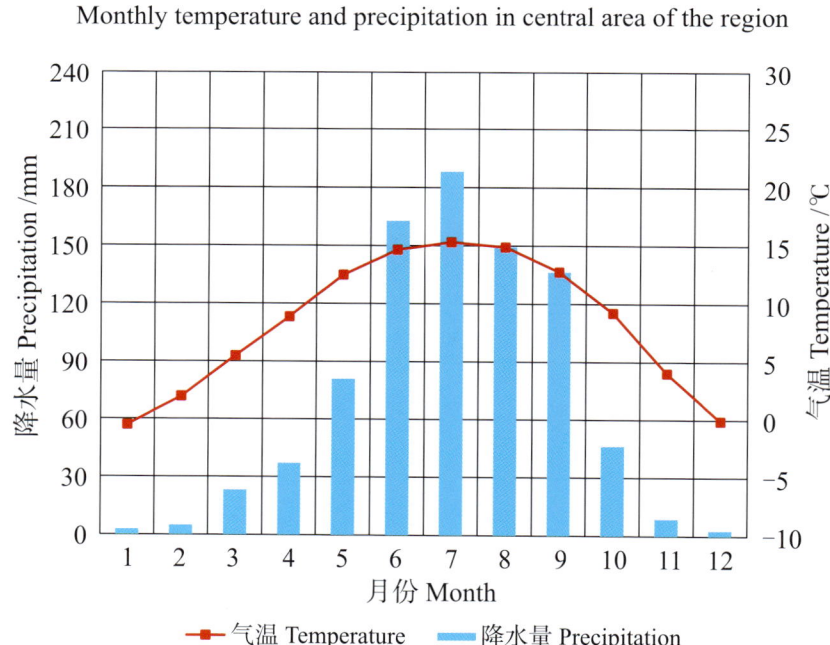

本区域中心区月平均气温与月平均降水量
Monthly temperature and precipitation in central area of the region

康定县主要土壤类型与土壤剖面点分布图
1∶620 000

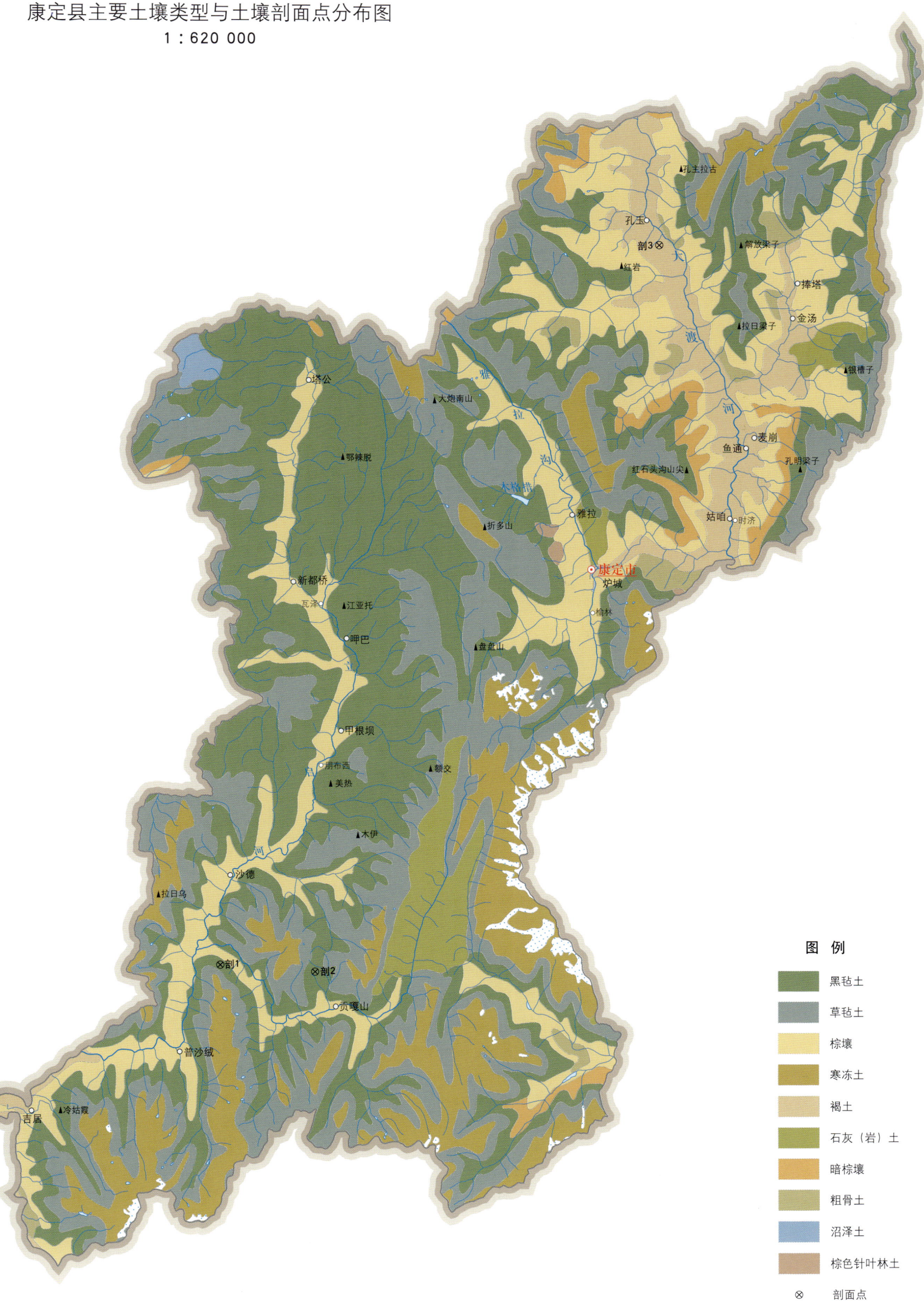

注：国务院 2015 年批准，撤销康定县，设立康定市。

康定市土壤剖面理化性状表

剖面号 Soil profile	土纲 Soil order	土类 Soil great group	亚类 Soil subgroup	土属 Soil genus	土种 Soil species	土层码 Layer code	土层厚度 Depth/cm	颜色 Soil color	质地 Soil texture	土壤结构 Soil structure	pH	有机质 OM/(g/kg)	全氮 TN/(g/kg)	全磷 TP/(g/kg)	全钾 TK/(g/kg)	碱解氮 AN/(mg/kg)	有效磷 AP/(mg/kg)	速效钾 AK/(mg/kg)	阳离子交换量CEC/(cmol/kg)	土壤母质 Parent material	剖面点坐标 Profile coordinate	匹配指数 Matching index/%
剖1	高山土	黑毡土	棕黑毡土	棕黑毡砂土	棕黑毡砂土	O	0—2													砂岩、板岩风化残积物、坡积物	E 101°21′48.6″ N 29°31′58.1″	98
						As	2—11															
						A	11—30	暗棕色	重砾质壤土	屑粒状	4.8	118.8	4.38	0.53	3.2	281	4.0	197	19.3			
						ACu	30—50	暗黄棕色	重砾质砂壤土	块状	5.7	47.5	1.55	0.42	3.6	94	2.0	106	16.2			
						Cu	50—80	亮黄棕色	重砾质砂壤土	单粒状	6.5	35.8	1.55	0.62	3.5	112		71	16.9			
剖2	高山土	黑毡土	棕黑毡土	残坡积棕黑毡土	厚层棕毡土	Ao	0—2					195.7	5.09	0.79	2.4	580	9.9	346	30.5	砂岩、板岩风化残积物、坡积物	E 101°30′36.0″ N 29°31′13.8″	99
						A₂	2—11	暗灰棕色	壤土	草毡状	5.0	118.8	4.38	0.53	3.2	281	3.5	197	19.3			
						A₁	11—30	暗棕色	壤土	粒状、块状		47.5	1.55	0.42	3.6	94	2.3	106	16.2			
						B	30—50	暗棕色	砂壤土	块状	5.7	35.8	1.55	0.62	3.5	112		71	16.9			
						C	50—80	浅黄棕色	砂壤土	碎屑状	6.5											
剖3	半淋溶土	褐土	燥褐土	坡洪积灰褐泥土	石渣灰褐泥土	A	0—18	灰褐色	黏壤土	团块状	8.2	28.0	1.68	1.37		83	32.0	107		砂岩、板岩坡积物、洪积物	E 102°04′25.3″ N 30°29′25.4″	77
						B	18—60	黄褐色	黏壤土	块状	8.3	23.0	1.51	1.40								
						C	60—		壤质黏土			16.0	1.04	1.40								

泸 定 县

主要土类说明

棕壤是泸定县的主要土壤类型，占本县地域面积的22%，分布于本县中南部海拔1700—2500m和北部海拔2300—2600m的地带。成土母质以花岗岩为主，兼有沉积岩、变质岩残积物、坡积物、冰碛物和老冲积物。剖面层次分异不明显，颜色均一，多浅棕色。土体较湿润，pH为6.0—7.0，无石灰反应。质地一般较重，腐殖质含量比黄棕壤高，土体中结构面上有的可见到少量的铁锰新生体。本县棕壤分为山地棕壤、草甸棕壤等亚类。

灰化土是泸定县第二大土壤类型，占本县地域面积的18%，分布于海拔2800—3500m（南段部分地方达3700m）的中山上段地带。植被多为阴暗针叶林，原始森林保留较完整。成土母质为各种岩石风化坡积物、残积物、冰碛物。风化作用弱，受水和有机酸影响，土体的淋溶作用强，产生明显的灰化层段。土壤剖面层次极明显，硅、铁、锰新生体多，强酸性，土层薄，含石块多，有酸、瘦、冷、湿等不良土性表现。本县灰化土分为棕色灰化土（腐殖质灰化土）和草甸灰化土等亚类。

黑毡土是泸定县第三大土壤类型，占本县地域面积的13%，分布于海拔3500—4200m的亚高山地段。成土母质为多种岩石风化坡积物、残积物和冰碛物。土体发育浅，含石头多，粗骨性强。剖面层次分化不明显，腐殖质由上往下，含量逐渐递减。本县黑毡土分为亚高山灌丛草甸土和黑毡土等亚类。

暗棕壤占本县地域面积的12%，大部分分布于本县海拔2500—2800m的中山地段。成土母质为多种岩石风化坡积物、残积物或冰碛物。黏化作用弱，受水和有机酸影响，淋溶作用较强，枯枝落叶较多，腐殖质层较厚，植被根系密集，剖面层次较明显，土体湿润，土层较薄，含石头多，呈酸性，无石灰反应。本县暗棕壤分为山地暗棕壤、灰化暗棕壤和草甸暗棕壤等亚类。

草毡土占本县地域面积的5%，分布于海拔4200—4700m的高山地段。成土母质多为冰碛物和部分残积物、坡积物。成土作用弱，具有冻融风化特点，土壤发育浅，土层很薄，含石头多，石块常裸露地面，草皮层较发达，母质层过渡明显，草类生长矮小。

寒冻土占本县地域面积的5%。寒冻土发生于高山冰雪带下缘。该土壤的形成以寒冻物理风化为主，弱生物累积，土层薄，含砾石多，仅在岩屑中少量细土物质堆积。

小于本县地域面积5%的土壤类型还有黄褐土、黄棕壤、褐土、沼泽土、水稻土、紫色土、灰褐土、石灰（岩）土、新积土等。

本区域中心区气候特征

本区域中心区气候特征值
Regional climate characteristics in central area of the region

气候带：高原亚温带湿润气候 Climate region: Plateau sub temperate humid climate	
年平均气温 /℃ Annual average temperature /℃	10.4
年平均最高气温 /℃ Annual average maximum temperature /℃	17.8
年平均最低气温 /℃ Annual average minimum temperature /℃	5.1
年降水量 /mm Annual precipitation /mm	877
≥10℃的积温 /℃ Daily temperature accumulated in a year（≥10℃）/℃	5051
年日照时数 /h Annual sunshine /h	1886
年平均相对湿度 /% Annual average relative humidity /%	65
干燥度 Dryness	0.81

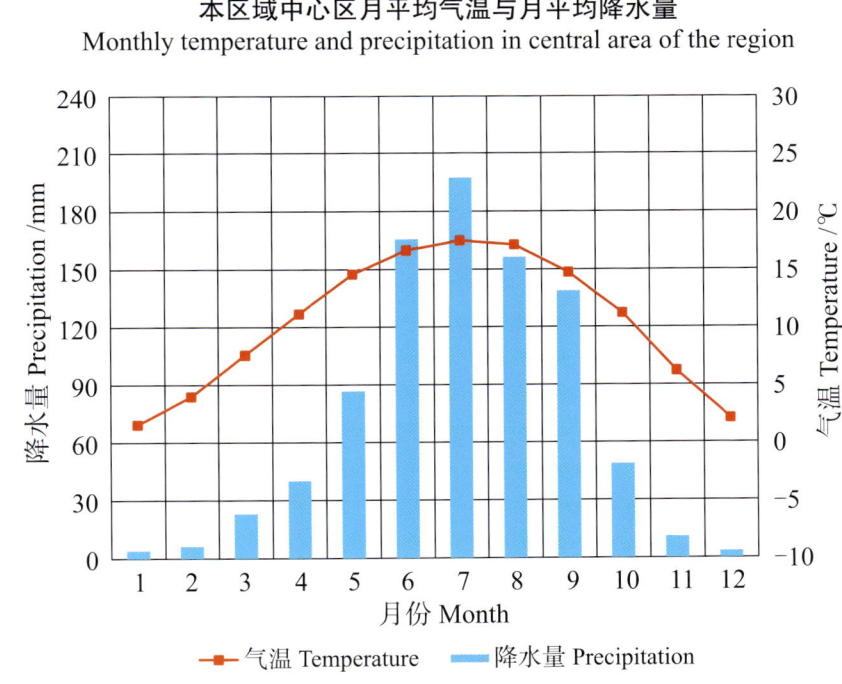

本区域中心区月平均气温与月平均降水量
Monthly temperature and precipitation in central area of the region

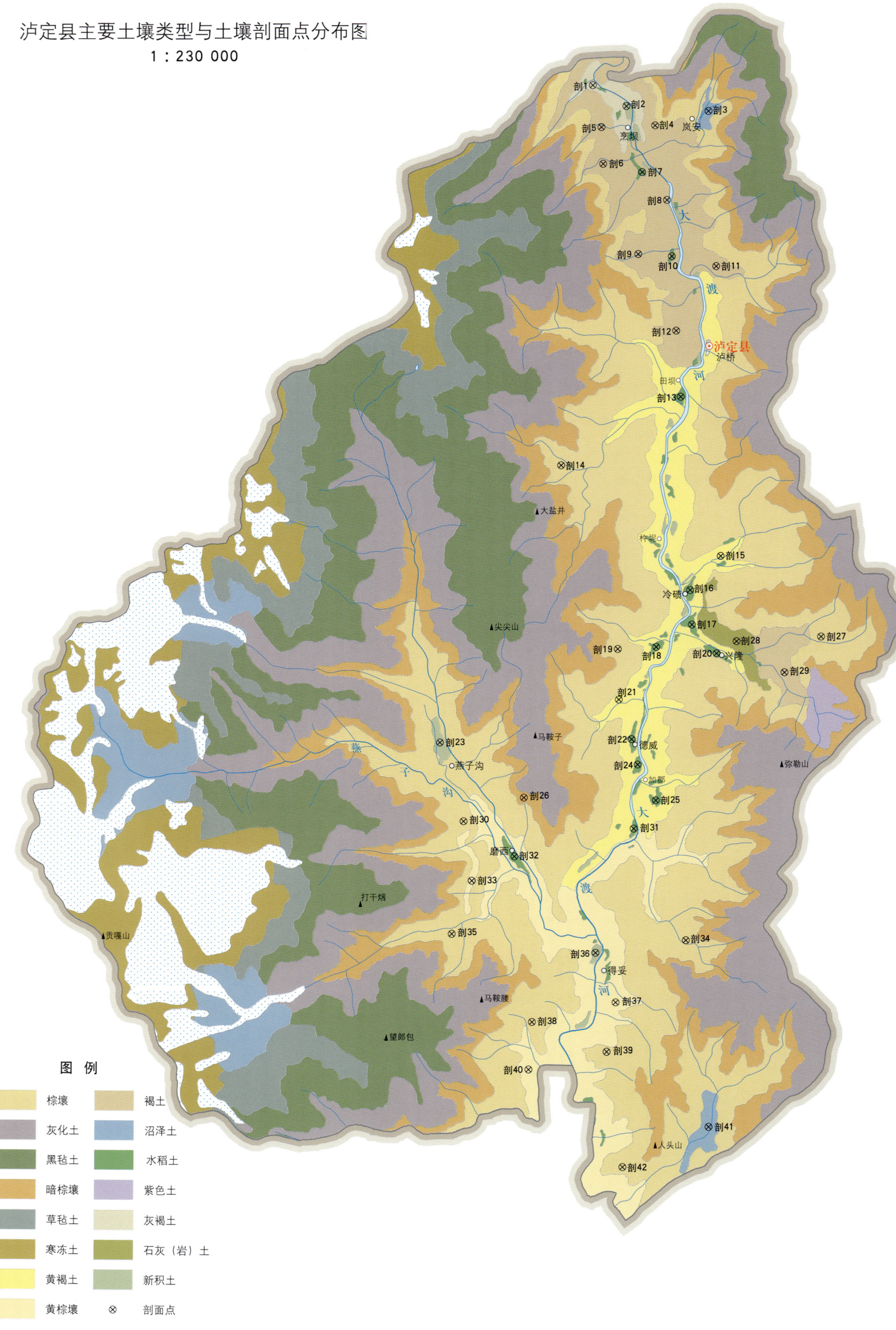

泸定县土壤剖面理化性状表

剖面号 Soil profile	土纲 Soil order	土类 Soil great group	亚类 Soil subgroup	土属 Soil genus	土种 Soil species	土层码 Layer code	土层厚度 Depth/cm	颜色 Soil color	质地 Soil texture	土壤结构 Soil structure	pH	有机质 OM/(g/kg)	全氮 TN/(g/kg)	全磷 TP/(g/kg)	碱解氮 AN/(mg/kg)	有效磷 AP/(mg/kg)	速效钾 AK/(mg/kg)	土壤母质 Parent material	剖面点坐标 Profile coordinate	匹配指数 Matching index/%
剖1	半淋溶土	灰褐土	石灰性灰褐土	山地石灰性灰褐土	砂姜土	A	0—13	灰褐色	轻壤土	粒状	7.8							残积物、坡积物	E 102°09′26.2″ N 30°02′56.5″	74
						2	13—60	棕褐色	中壤土	粒状	7.8									
						3	60—100	灰褐色	砂土	无明显结构	7.8									
剖2	初育土	新积土	冲积土	褐棕冲积土	绵砂土	A	0—28	灰黑色	中壤土	粒状	5.2	30.8	1.86	0.94	140	4.4	90	河流冲积物	E 102°10′40.5″ N 30°02′18.6″	100
						2	28—58	黄棕色	中壤土	粒状	5.6									
						3	58—90	棕黄色	中壤土	粒状	6.4									
剖3	水成土	沼泽土	腐泥土	洪积沼泽土	黑砂泥	A	0—13	灰褐色	轻壤土	大粒状	6.6							洪积物	E 102°13′39.4″ N 30°02′13.1″	97
						2	13—62	灰褐色	轻壤土	大粒状	6.5									
						3	62—100	蓝灰色	中壤土	小粒状	6.8									
剖4	半淋溶土	褐土	石灰性褐土	老冲积石灰性褐土	大黄泥	A	0—20	棕褐色	黏土	小团块状	7.6	21.3	1.40	0.58		7.9	83	老冲积物	E 102°11′44.2″ N 30°01′43.6″	87
						2	20—53	棕褐色	黏土	棱柱状	7.8									
						3	53—100	棕褐色	黏土	块状	7.9									
剖5	半淋溶土	褐土	石灰性褐土	山地石灰性褐土	泥质砂土	A	0—18	灰褐色	轻壤土	大粒状	7.8							残积物、坡积物	E 102°09′47.7″ N 30°01′37.9″	77
						2	18—72	暗褐色	轻壤土	大核状	7.8									
						3	72—100	暗褐色	中壤土	小核状	7.8									
剖6	半淋溶土	褐土	山地褐土	山地褐土	黄砂土	A	0—14	褐色	砂壤土	团粒状	6.9	16.0	2.66	0.52		<3.0	78	残积物、坡积物	E 102°09′53.3″ N 30°00′28.6″	94
						2	14—52	灰褐色	轻壤土	小块状	7.1									
						3	52—100	灰黑色	轻壤土	块状	7.7									
剖7	人为土	水稻土	潴育水稻土	黄棕壤性水稻土	泥田	A	0—11	灰褐色	中壤土	粒状	6.0	33.5	1.71	0.73	153	4.8	45		E 102°11′18.6″ N 30°00′14.8″	79
						2	11—17		重壤土	扁平棱块状	6.3									
						W	17—33		重黏土	棱块状	6.6									
剖8	半淋溶土	褐土	石灰性褐土	洪积石灰性褐土	黑油砂土	A	0—25	黑褐色	砂壤土	团粒状	8.2	35.5	1.76	0.59	115	2.6	134	洪积物	E 102°12′14.0″ N 29°59′23.6″	80
						2	25—65	灰褐色	砂壤土	粒状	8.3									
						3	65—100	灰褐色	砂土	无明显结构	8.4									
剖9	半淋溶土	褐土	山地褐土	山地褐土	石块砂土	A	0—14	褐灰色	轻壤土	小粒状	6.7	15.0	0.98	0.34	60	1.3	68	残积物、坡积物	E 102°11′14.3″ N 29°57′40.7″	89
						2	14—40	暗褐色	重壤土	大粒状	7.0									
剖10	人为土	水稻土	潴育水稻土	黄棕壤性水稻土	二泥田	A	0—15	暗褐色	重壤土	小块状	6.3	39.5	2.20	0.60	164	3.5	76	花岗岩风化残积物、坡积物	E 102°12′27.4″ N 29°57′38.2″	87
						2	15—24	灰褐色	重壤土	棱柱状	6.7									
						P	24—40	暗褐色	重壤土	大块状	7.8									
						W	40—60	棕褐色	重黏土	小柱状	7.8									
剖11	半淋溶土	褐土	石灰性褐土	老冲积石灰性褐土	二黄泥	A	0—22	黄褐色	中壤土	块状	7.8							老冲积物	E 102°14′04.4″ N 29°57′22.0″	94
						2	22—38	暗棕色	重壤土	大块状	7.8									
						3	38—100	红黄色	重壤土	大块状	7.8									
剖12	半淋溶土	褐土	石灰性褐土	老冲积石灰性褐土	耳巴泥	A	0—13	黄色	黏土	块状	8.0						135	老冲积物	E 102°12′41.1″ N 29°55′18.9″	73
						2	13—100	灰黄色	黏土	柱状	8.0									
剖13	人为土	水稻土	潴育水稻土	黄棕壤性水稻土	大泥田	A	0—17	暗褐色	重壤土	小块棱块状	5.2	33.9	1.38	0.57	104	7.4			E 102°12′54.7″ N 29°53′14.6″	78
						2	17—22	灰黄色	黏土	扁平棱块状	6.0									
						W	22—55		中黏土	团粒状										
剖14	淋溶土	棕壤	山地棕壤	山地棕壤	石质黄土	A	0—14	灰褐色	中壤土	粒状	6.0							残积物、坡积物	E 102°08′38.8″ N 29°51′00.4″	81
						2	14—50	棕灰色	重壤土	棱状、块状	6.5									
						3	50—90	黑灰色	重壤土	块状	7.0									

续表 Continued

剖面号 Soil profile	土纲 Soil order	土类 Soil great group	亚类 Soil subgroup	土属 Soil genus	土种 Soil species	土层码 Layer code	土层厚度 Depth/cm	颜色 Soil color	质地 Soil texture	土壤结构 Soil structure	pH	有机质 OM (g/kg)	全氮 TN (g/kg)	全磷 TP (g/kg)	碱解氮 AN (mg/kg)	有效磷 AP (mg/kg)	速效钾 AK (mg/kg)	土壤母质 Parent material	剖面点坐标 Profile coordinate	匹配指数 Matching index/%
剖15	淋溶土	黄褐土	黄褐土	山地黄褐土	黄泥夹石	A	0—11	黄褐色	重壤土	团块状	6.3	11.2	0.90	0.48		1.3	49	残积物、坡积物	E 102°14′30.7″ N 29°48′18.2″	91
						2	11—22	黄褐色	轻黏土	片状、块状	6.6									
						3	22—65		轻黏土	块状	7.2									
						4	65—100		轻黏土	大块状	7.3									
剖16	人为土	水稻土	淹育水稻土	黄棕壤性水稻土	泥石田	A	0—14	棕褐色	中壤土	小粒状	5.9	21.7	1.05	0.53	80	15.7	49	花岗岩风化、半风化坡积物、残积物	E 102°13′26.8″ N 29°47′12.0″	81
						W	14—38	黄褐色	重黏土	棱块状	6.4									
剖17	人为土	水稻土	淹育水稻土	褐土性水稻土	黑砂田	A	0—30	暗灰色	轻壤土	小粒状								老冲积物	E 102°13′32.5″ N 29°46′07.3″	99
						P	30—65	灰白色		块状										
						W	65—80	棕褐色		棱块状										
剖18	人为土	水稻土	草甸棕壤	冲积型水结田	绵砂田	A	0—54		砂土	无明显结构	7.5	10.6	0.63	0.41		3.5	50		E 102°12′16.6″ N 29°45′23.4″	86
剖19	淋溶土	棕壤		老冲积棕壤	豆瓣黄泥	A	0—15	黄褐色	轻黏土	块状	6.7								E 102°10′53.0″ N 29°45′17.3″	96
						2	15—46	黄褐色	中黏土		7.0									
						3	46—100	红褐色	重壤土		7.0									
剖20	人为土	水稻土	淹育水稻土	黄棕壤性水稻土	豆面田	A	0—18	黄褐色	轻黏土	小粒状	5.8								E 102°14′27.3″ N 29°45′14.4″	75
						2	18—26	黑褐色	中壤土	扁平棱块状	6.3									
						P	26—54	黄褐色	轻壤土	棱块状	6.2	16.9	1.33	0.19	79	3.9	26			
剖21	淋溶土	黄褐土	黄褐土	山地黄褐土	砾石黄土	A	0—11	黄褐色	中壤土	核状	6.5							残积物、坡积物	E 102°10′58.0″ N 29°43′42.3″	97
						2	11—32	棕褐色	中壤土	块状	5.8									
						3	32—100	黄褐色	重壤土	团块状	7.5									
剖22	人为土	水稻土	潴育水稻土	石灰性冲积水稻土	松砂田	A	0—16	黄褐色	重壤土	棱块状	7.5							花岗岩残积物、坡积物	E 102°11′28.4″ N 29°42′28.8″	81
						2	16—23		重壤土	棱块状	7.5									
						W	23—65	棕褐色		无明显结构	8.0									
剖23	新积土		冲积土	褐棕冲积土	河砂田	A	0—20	黄褐色		无明显结构	8.5							河流冲积物	E 102°04′32.9″ N 29°42′12.2″	77
						2	20—58	灰色	砂土	无明显结构	5.5									
						3	50—100	灰色	中壤土		6.9									
剖24	人为土	水稻土	淹育水稻土	冲积型水稻土	泥砂夹田	A	0—19	灰色	中壤土	小粒状	6.1	25.9	1.34	1.20	116	7.0	69	冰碛物	E 102°11′43.2″ N 29°41′40.9″	71
						P	19—33		中壤土	棱块状	7.0									
						3	33—														
剖25	人为土	水稻土	淹育水稻土	黄棕壤性水稻土	冷性土	A	0—18	灰黑色	中壤土	团粒状	6.5							残积物、坡积物	E 102°12′24.8″ N 29°40′34.7″	85
						P	18—55	浅棕色	重壤土	粒柱状										
剖26	暗棕壤		山地暗棕壤	山地暗棕壤	园砂土	A	0—20	黄褐色	中壤土	棱柱状								残积物、坡积物	E 102°07′38.6″ N 29°40′32.5″	81
						2	20—71	黄褐色	重壤土	棱柱状										
						3	71—100	褐色	中壤土	核状										
剖27	棕壤		山地棕壤	山地石灰性棕壤	石灰土	A	0—11	褐色	重壤土	核状、块状	6.8	23.8	1.85	0.50	66	<3.0	134	残积物	E 102°18′13.3″ N 29°45′51.5″	74
						2	11—46	黄褐色	中壤土	小核状	6.8									
						3	46—59	黑黑色	重壤土	团粒状	8.4									
						4	59—100	棕褐色	中黏土	小块状	8.5									
剖28	初育土	石灰（岩）土	黑色石灰土	炭质石灰土	石灰黄土	A	0—17	棕褐色	轻偏中壤土	粒状	7.4	23.0	1.26	0.76		<3.0	51	残积物	E 102°15′10.7″ N 29°45′38.2″	78
						2	17—37	棕褐色	中壤土	大块状	7.5									
						3	37—				7.1									
剖29	半淋溶土	褐土	石灰性褐土	山地石灰性褐土	石块黄土	A	0—11	棕褐色	中壤土	块状	5.7	15.7	0.88	0.13		3.5	74	残积物、坡积物	E 102°16′56.1″ N 29°44′42.6″	72
						2	11—42	褐色	重壤土	粒状	6.6									
						3	42—100	黄色	重壤土	块状										
剖30	淋溶土	棕壤	山地棕壤	山地棕壤	灰包土	A	0—15	黄灰色	重壤土	粒状								残积物、坡积物	E 102°05′29.1″ N 29°39′44.2″	80
						2	15—70													
						3	70—100													

续表 Continued

剖面号 Soil profile	土纲 Soil order	土类 Soil great group	亚类 Soil subgroup	土属 Soil genus	土种 Soil species	土层码 Layer code	土层厚度 Depth/cm	颜色 Soil color	质地 Soil texture	土壤结构 Soil structure	pH	有机质 OM/(g/kg)	全氮 TN/(g/kg)	全磷 TP/(g/kg)	碱解氮 AN/(mg/kg)	有效磷 AP/(mg/kg)	速效钾 AK/(mg/kg)	土壤母质 Parent material	剖面点坐标 Profile coordinate	匹配指数 Matching index/%
剖31	人为土	水稻土	潴育水稻土	棕壤性水稻土	二黄泥田	A	0—19	褐灰色	中壤土	团粒状	5.9	46.3	2.26	1.22	微量	13.1	75	花岗岩风化残积物、坡积物	E 102°11′38.4″ N 29°39′40.0″	78
						W	19—57	灰褐色	重壤土	小柱状	6.9									
剖32	人为土	水稻土	潴育水稻土	石灰性水稻土	黑泥田	A	0—16	黑褐色	重壤土	粒状		31.3	1.89	0.42	108	6.1	47		E 102°07′21.7″ N 29°38′40.9″	86
						2	16—23	黑褐色	中壤土	扁平棱块状										
						P	23—44	棕褐色	重壤土	棱柱状										
						W	44—65	灰褐色	重壤土	小棱柱状										
剖33	淋溶土	黄棕壤	黄棕壤	洪积黄棕泥土	黄棕砂泥土	A	0—23	暗棕色	黏壤土	粒状	5.5	36.7	1.60	0.46	126	1.7	120	洪积物	E 102°05′50.4″ N 29°37′52.7″	83
						B	23—48	黄棕色	黏壤土	核状、块状	6.4									
						C	48—100	浅黄棕色	黏壤土	棱柱状	6.5									
剖34	淋溶土	棕壤	山地棕壤	山地棕壤	扁砂土	A	0—20	浅褐色	轻壤土	粒状	5.2	33.3	1.53	0.81	151	3.5	154	残积物、坡积物	E 102°13′39.0″ N 29°36′11.9″	79
						2	20—50	褐色	中壤土	小块状	6.0									
						3	50—100	褐色	重壤土	核状、块状	6.2									
剖35	淋溶土	棕壤	山地棕壤	山地棕壤	胶泥层土	A	0—22	褐灰色	轻壤土	粒状								残积物、坡积物	E 102°05′11.3″ N 29°36′10.8″	89
						2	22—40	黑褐色	中壤土	核状										
						3	40—100	黑褐色	中壤土	核状结构										
剖36	初育土	新积土	冲积土	褐棕冲积土	河砂土	A	0—23	黄褐色	砂土	无明显结构	7.0	6.7	0.48	0.25	62	1.3	16	现代河流冲积物	E 102°10′24.2″ N 29°35′43.1″	86
						2	23—42	褐黄色	砂土	无明显结构	7.0									
						3	42—100	灰白色	砂土	无明显结构	7.0									
剖37	淋溶土	黄棕壤	山地黄棕壤	老冲积棕壤	砾质黄泥	A	0—13	褐褐色	重壤土	核状	6.5							残积物、坡积物	E 102°11′10.7″ N 29°34′10.2″	78
						2	13—34		轻壤土	块状	6.4									
						3	34—100		轻壤土	块状										
剖38	淋溶土	棕壤	草甸棕壤	老冲积棕壤	黑砂土	A	0—20	灰褐色	中壤土	小粒状	6.4							老冲积物	E 102°08′11.0″ N 29°33′28.1″	76
						2	20—45	灰褐色	中壤土	块状	6.3									
						3	45—100	棕黄色	轻壤土	块状	5.9									
剖39	淋溶土	棕壤	草甸棕壤	老冲积棕壤	卵石黄泥	A	0—17	浅灰棕色	中壤土	小粒状	6.7							老冲积物	E 102°10′54.5″ N 29°32′37.0″	78
						2	17—25	棕色	砂壤土	块状	6.5									
						3	25—	棕黄色	轻壤土	小粒状	6.5									
剖40	黄棕壤	黄棕壤	山地黄棕壤	山地黄棕壤	豆面土	A	0—12	灰褐色	轻壤土	大粒状		23.5	1.53	0.73	82	1.7	84	残积物、坡积物	E 102°08′06.4″ N 29°31′59.5″	74
						2	12—40	黄褐色	中壤土	无明显结构										
						3	40—100	褐棕色	砂壤土	无明显结构										
剖41	水成土	沼泽土	腐泥土	洪积沼泽土	黑渣土	A	0—14	灰褐色	中壤土	大粒状	7.9	24.0	1.60	1.33		17.5		洪积物	E 102°14′40.0″ N 29°30′22.9″	72
						2	14—74	黑褐色	砂土	大块状	8.8									
						3	74—83	红棕色	中黏土	无明显结构	8.0									
						4	83—	蓝灰色	轻黏土	大块状	6.3									
剖42	淋溶土	棕壤	草甸棕壤	老冲积棕壤	疏黄泥	A	0—18	黄褐色	中黏土	块状	7.2	10.0	1.13	0.29	47	2.6	51	老冲积物	E 102°11′36.1″ N 29°29′02.6″	71
						2	18—69	黄白色	轻壤土	块状	6.3									
						3	69—100	浅黄棕色	轻黏土	小块状	6.8									

丹 巴 县

主要土类说明

暗棕壤是丹巴县的主要土壤类型,占本县地域面积的29%,分布于海拔3650—3800m的寒温带和亚寒带湿润高山地带,在垂直带谱上,位于棕壤之上,黑毡土之下,是本县的主要森林土壤。暗棕壤是在温带湿润地区针阔叶混交林下发育,具有明显有机质富集和弱酸性淋溶的土壤,具O-A-B-C剖面构型。弱酸性淋溶使铁铝轻微下移。B层呈棕色,结构面见铁锰胶膜。土壤呈弱酸性,盐基饱和度为70%—80%。土壤冻结期长。本县暗棕壤分为暗棕壤、灰化暗棕壤和草甸暗棕壤等亚类。

草毡土是丹巴县第二大土壤类型,占本县地域面积的16%。草毡土是发生于高寒区(青藏高原)平缓高原面上,具强度生草腐殖质积累与弱度氧化还原特征的高山土壤。该土壤由于寒冻,蒿草根累积并弱度分解,呈草毡状;土体滞水,冻融交替,弱度氧化还原交替进行,造成氧化铁微弱游离。

褐土是丹巴县第三大土壤类型,占本县地域面积的15%,分布于阳坡海拔3000m以下、阴坡海拔2900m以下的河谷北亚热带、山地温带、山地凉温带干旱、半干旱、半湿润地区。褐土是在暖温带半湿润区发育形成的具有黏化与钙质淋移淀积的土壤。该土壤盐基饱和,处于硅铝风化阶段,有明显黏淀层。在其A-B-C剖面构型中,B层呈棕褐色。土壤pH为7.0—7.5,盐基饱和度在80%以上,B层下部有假菌丝状钙积层。本县褐土分为碳酸盐褐土、淋溶褐土和燥褐土等亚类。

棕壤占本县地域面积的15%,分布于阳坡海拔3000—3650m、阴坡海拔2900—3500m的山地凉温带和山地寒温带湿润区,在垂直带谱中则出现于褐土之上,暗棕壤之下,是本县的主要森林土壤。棕壤发生于湿润暖温带落叶阔叶林下,但大部分已被垦殖,以旱作为主。该土壤处于硅铝风化阶段,具有黏化特征,呈棕色土壤。土体见黏粒淀积,盐基充分淋失,pH为6.0—7.0,见少量游离铁。多有干鲜果类生长,山地多森林覆盖。本县棕壤分为草甸棕壤、棕壤等亚类。

黑毡土占本县地域面积的11%。黑毡土发生于青藏高原高寒略较温湿的塬面上,蒿草与杂生草类的草毡层初步分解,形成初步腐殖化的暗色草根茎盘结层。该土壤色泽较深,有机质含量较高,为100—150g/kg,底土见锈色斑纹。土壤pH为6.5—8.0。

寒冻土占本县地域面积的8%。寒冻土发生于高山冰雪带下缘。该土壤的形成以寒冻物理风化为主,弱生物累积,土层薄,含砾石多,仅在岩屑中见少量细土物质堆积。土壤pH为7.0—8.5。

本区域中心区气候特征

本区域中心区气候特征值
Regional climate characteristics in central area of the region

气候带:高原亚温带湿润气候 Climate region: Plateau sub temperate humid climate	
年平均气温 /℃ Annual average temperature /℃	7.8
年平均最高气温 /℃ Annual average maximum temperature /℃	16.3
年平均最低气温 /℃ Annual average minimum temperature /℃	2.0
年降水量 /mm Annual precipitation /mm	792
≥10℃的积温 /℃ Daily temperature accumulated in a year(≥10℃)/℃	3106
年日照时数 /h Annual sunshine /h	2213
年平均相对湿度 /% Annual average relative humidity /%	61
干燥度 Dryness	0.62

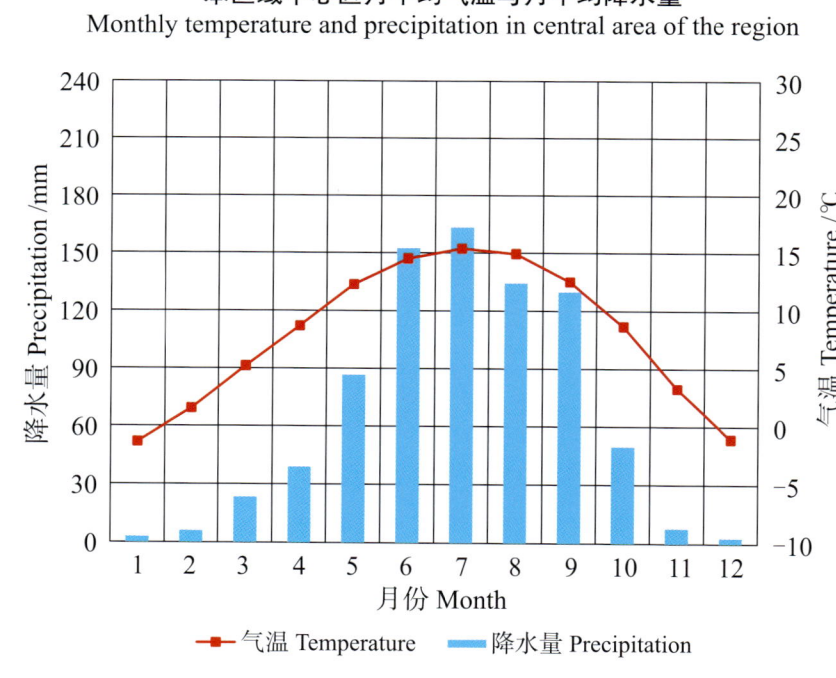

本区域中心区月平均气温与月平均降水量
Monthly temperature and precipitation in central area of the region

丹巴县主要土壤类型与土壤剖面点分布图
1:390 000

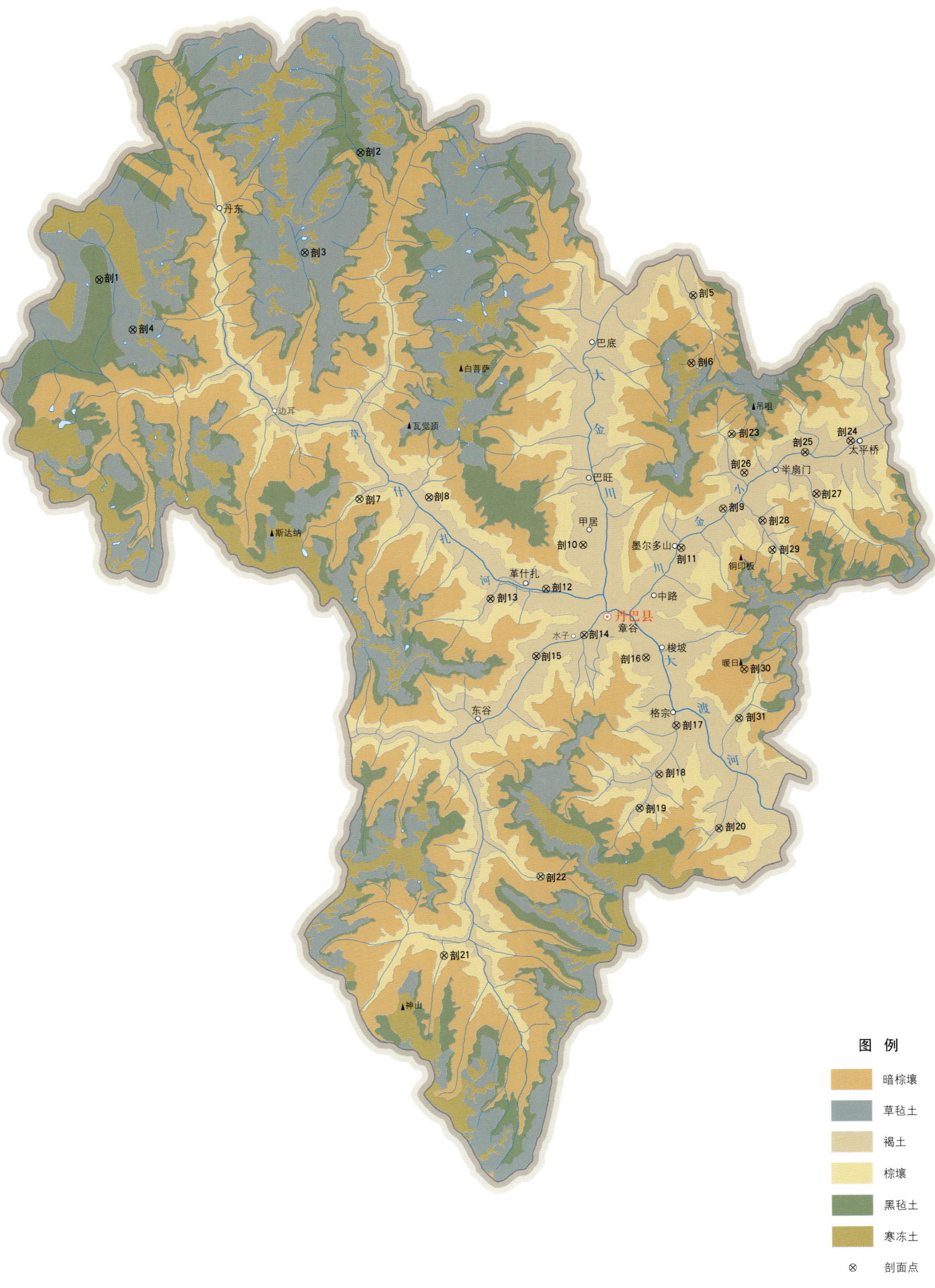

丹巴县土壤剖面理化性状表

剖面号 Soil profile	土纲 Soil order	土类 Soil great group	亚类 Soil subgroup	土属 Soil genus	土种 Soil species	土层码 Layer code	土层厚度 Depth/cm	颜色 Soil color	质地 Soil texture	土壤结构 Soil structure	pH	有机质 OM/(g/kg)	全氮 TN/(g/kg)	全磷 TP/(g/kg)	全钾 TK/(g/kg)	碱解氮 AN/(mg/kg)	有效磷 AP/(mg/kg)	速效钾 AK/(mg/kg)	阳离子交换量CEC/(cmol/kg)	土壤母质 Parent material	剖面点坐标 Profile coordinate	匹配指数 Matching index/%
剖1	高山土	黑毡土	黑毡			As	0—10		中砾轻壤土	小块状	5.7	83.6	3.94	1.99	1.6	360	21.0	137	40.8	砂岩、板岩等残积物、坡积物	E 101°23′12.1″ N 31°10′17.8″	94
						2	10—22			粒状、块状	6.0	83.6	1.81	1.67	1.4				34.9			
						3	22—59		砂壤土	无明显结构		57.5										
						c	59—95															
剖2	高山土	棕毡土	棕毡			As	0—7		轻壤土											板岩、砂岩等坡积物、残积物	E 101°38′53.2″ N 31°16′25.7″	96
						2	7—27	暗棕色	轻壤土	粒状	6.2	104.3	15.05	2.20	1.8	421	26.0	296				
						3	27—50	黄棕色	中壤土	小块状	6.2	80.2	3.85	1.94	1.4							
						C	50—91	灰黄色	轻壤土	块状	6.3	30.2	1.15	1.20	1.6							
剖3	高山土	草毡土	棕草毡			As	0—4													砂岩、板岩等残积物、坡积物	E 101°35′26.2″ N 31°11′25.8″	83
						2	4—15	浅黄棕色	轻壤土	小块状	5.6	91.4	4.44	2.07	3.3	439	35.0	348				
						3	15—45	浅黄棕色	中壤土	块状	5.5	58.7	3.11	1.97	3.7							
						C	45—100	黄灰色	砂壤土	粒状	5.9	13.6	0.80	1.32	5.1							
剖4	高山土	草毡土	棕草毡			As	0—8													砂岩、板岩等残积物、坡积物	E 101°25′08.3″ N 31°07′44.1″	87
						2	8—20	暗黄棕色	轻壤土	团粒状	5.4	65.4	4.65	2.05	1.9	410	39.8	234	7.6			
						3	20—46	浅黄棕色	中壤土	小块状	5.8	42.7	2.62	1.95	2.1				8.9			
						C	46—80	浅黄棕色	砂壤土		6.1	22.7	1.79	1.72	2.0							
剖5	半淋溶土	褐土	石灰性褐土	石灰性褐土	石块黑土	1	0—20	黑褐色	轻壤土	团粒状	7.2	28.0	1.30	2.03	3.0	90	35.0	163		残积物、坡积物	E 101°58′23.2″ N 31°08′46.5″	87
						2	20—43	黄黑褐色	轻壤土	块状	7.7	14.2	0.67	1.57	3.0							
						3	43—80	黄黑褐色	轻壤土	粒状	7.6	20.4	0.98	1.94	3.0							
剖6	淋溶土	暗棕壤	暗棕壤			Ao	0—10													大理岩、砂岩等残积物、坡积物	E 101°58′09.8″ N 31°05′19.7″	93
						2	10—23	暗棕色	中壤土	团粒状	5.7	59.2	2.69	2.19	2.7	222	22.0	66	3.7			
						3	23—60	浅黄棕色	轻壤土	块状	6.0	35.4	1.56	8.14					31.7			
						C	60—100	棕色		块状												
剖7	淋溶土	棕壤	棕壤	坡洪积淋溶褐泥土		Ao	0—5													板岩、片岩等坡积物	E 101°38′18.3″ N 30°58′52.0″	87
						2	5—26	棕灰色	轻壤土	团粒状	6.3	71.3	1.87	1.15	2.8	150	8.0	403	20.7			
						3	26—47	黄棕色	中壤土	块状、片状	6.5	56.5	1.56	1.17	2.8				12.9			
						4	47—84	黄棕色	轻壤土	块状	6.8	29.2	1.09	0.99	3.0				12.0			
						C	84—															
剖8	半淋溶土	褐土	淋溶褐土	洪积石灰性褐土	石渣黑泥土	A	0—17	黑黑色	砂壤土	团粒状	7.4	54.7	2.99	0.77	3.0	188	19.3	375	7.8	砂岩、板岩风化洪积物	E 101°42′25.2″ N 30°58′51.6″	84
						B	17—58	暗棕色	砂壤土	粒状、核状	7.5	20.9	1.25	0.53	3.1							
						C	58—100	黄棕色	砂壤土	核状	7.5	19.9	1.09	0.65								
剖9	半淋溶土	褐土	石灰性褐土		黑渣土	1	0—18	暗黑褐色	轻壤土	粒状	8.0	28.4	1.24	3.03	2.1	92	55.0	201		洪积物	E 101°59′48.0″ N 30°57′53.2″	78
						2	18—55	暗棕色	轻壤土	小块状	8.3	16.5	0.74	2.98	2.0							
						3	55—100	暗棕色	轻壤土	块状	8.4	15.2	6.50	2.85	2.1							
剖10	半淋溶土	褐土	石灰性褐土	老冲积石灰性褐土		1	0—20	暗棕色	重壤土	团粒状	7.6	63.8	3.49	2.85	2.7	239	74.0	86	15.6	老冲积物	E 101°51′27.2″ N 30°56′14.2″	90
						2	20—75	黄棕色	中壤土	块状	8.3	75.6	3.16	8.50	2.9				10.1			
						3	75—100	黄棕色	重壤土	大块状	8.6	13.2	0.77	1.57	2.9				7.6			
剖11	半淋溶土	褐土	燥褐土			Ao	0—3														E 101°57′14.8″ N 30°55′57.4″	77
						2	3—16	暗灰白色	轻壤土	核状	8.4	16.6	1.14	0.84	2.9	58	6.0	99				
						3	16—56	灰褐色	轻壤土		8.6	7.3	0.58	0.43	3.0							
						C	56—100	灰褐色	轻壤土	小块状	8.6	0.3	0.45	0.63	3.1							

续表 Continued

剖面号 Soil profile	土纲 Soil order	土类 Soil great group	亚类 Soil subgroup	土属 Soil genus	土种 Soil species	土层码 Layer code	土层厚度 Depth/cm	颜色 Soil color	质地 Soil texture	土壤结构 Soil structure	pH	有机质 OM/(g/kg)	全氮 TN/(g/kg)	全磷 TP/(g/kg)	全钾 TK/(g/kg)	碱解氮 AN/(mg/kg)	有效磷 AP/(mg/kg)	速效钾 AK/(mg/kg)	阳离子交换量CEC/(cmol/kg)	土壤母质 Parent material	剖面点坐标 Profile coordinate	匹配指数 Matching index/%
剖12	半淋溶土	褐土	燥褐土	燥褐土	黄潮土	1	0–17	黄灰褐色	轻壤土	粒状	8.0	21.6	1.10	3.14	3.1	70	18.0	170	7.4	残积物、坡积物	E 101°49′10.9″ N 30°54′03.2″	72
						2	17–43	棕褐色	轻壤土	块状	8.2	11.7	0.90	3.11	2.9							
						3	43–85	棕褐色	轻壤土	块状	8.4											
剖13	半淋溶土	褐土	石灰性褐土			Ao	0–4													片岩、板岩等坡积物、残积物	E 101°45′53.3″ N 30°53′37.3″	84
						2	4–20	暗褐色	中壤土	团粒状	8.1	51.4	51.40	1.04	4.4	116	14.0	161	18.3			
						2	20–74	褐棕色	中壤土	粒状	8.2	25.2	25.20	1.18	4.2				18.7			
						C	74–100	褐色	中壤土	核状、块状	8.3	20.6	20.60	1.64	4.2							
剖14	半淋溶土	褐土	燥褐土	洪积燥褐土	石渣土	1	0–18	暗褐色	砂壤土	粒状	7.6	51.9	2.12	3.95	1.8	145	23.0	57	18.3	洪积物	E 101°51′21.9″ N 30°51′40.6″	79
						2	18–55	灰黄褐色	砂壤土	小块状	7.9	10.0	5.90	3.58	1.9				18.7			
						3	55–93	灰黄色	砂土	无明显结构												
剖15	半淋溶土	褐土	燥褐土	燥褐土	石块灰土	1	0–22	灰褐色	轻壤土	粉粒状	8.2	20.3	1.12	2.07	3.4	66	16.0	158	6.3	残积物、坡积物	E 101°48′29.6″ N 30°50′39.3″	86
						2	22–45	棕褐色	砂壤土	小块状	8.3	15.7	0.94	2.88	3.3							
						3	45–70	棕褐色	砂壤土	核状	8.3	14.3	0.82	3.19	3.1							
剖16	半淋溶土	褐土	燥褐土	残坡积石灰褐泥土	褐砂土	A	0–22	棕褐色	砂壤土	团粒状	7.3	46.9	2.29	1.51	2.2	212	30.5	232	25.7	残积物、坡积物	E 101°54′58.9″ N 30°50′26.2″	92
						B	22–59	棕褐色	砂壤土	块状	7.2	29.2	1.32	1.15	2.3				20.7			
						C	59–100	棕褐色	黏壤土	块状	8.0	13.5	0.61	0.67	2.8				14.8			
剖17	半淋溶土	褐土	燥褐土	燥褐土	白汤土	1	0–20	暗灰褐色	多砾中壤土	粒状	8.2	36.2	1.96	0.90	2.8	154	30.0	204	10.7	残积物、坡积物	E 101°56′38.6″ N 30°46′56.0″	72
						2	20–56	灰褐色	中壤土	块状	8.4	14.4	0.82	1.69	2.7				7.0			
						3	56–93	棕褐色	多砾轻壤土	块状	8.8	9.7	0.49	1.22	2.8				6.7			
剖18	半淋溶土	褐土	石灰性褐土	老冲积石灰褐土	钙质黄土	1	0–15	暗灰褐色	中壤土	团块状	8.1	39.0	2.06	2.12	2.9	134	43.0	293	12.2	老冲积物	E 101°55′32.9″ N 30°44′28.0″	98
						2	15–45	黄褐色	中壤土	块状	8.3	35.8	1.96	1.89	3.1				11.9			
						3	45–100	黄褐色	中壤土	棱块状	8.4	14.9	0.68	0.95	2.8				7.8			
剖19	半淋溶土	褐土	淋溶褐土			Ao	0–4														E 101°54′19.4″ N 30°42′46.4″	95
						2	4–21	暗棕色	中壤土	团粒状	6.5	135.4	5.18	1.13	3.1	398	47.0	137	19.1			
						3	21–56	棕褐色	中壤土	小块状	6.8	30.4	1.51	1.07	2.8	142	9.0	222	13.3			
						C	56–90	棕褐色	轻壤土	粒状、块状	7.0	12.4	0.42	0.67	3.5				13.8			
剖20	半淋溶土	褐土	淋溶褐土	坡洪积淋溶褐土	褐黄砂土	A	0–19	暗棕色	砂质黏壤土	粒状	7.5	33.5	1.65	0.66	2.6	135	26.8	135	23.2	砂岩、板岩风化洪积物	E 101°58′59.9″ N 30°41′37.2″	86
						B	19–46	暗棕色	砂质黏壤土	块状	7.5	10.1	0.69	0.72	2.5				18.2			
						C	46–103	棕褐色	砂壤土	块状	7.5	8.2	0.40	0.64	2.5				19.6			
剖21	淋溶土	棕壤	棕壤	洪积棕壤	乌黑土	1	0–16	灰棕色	砂壤土	团粒状	6.5	71.2	3.78	2.98	1.8	246	29.0	33	23.2	洪积物	E 101°42′32.0″ N 30°35′33.0″	87
						2	16–38	灰棕色	轻壤土	小块状	7.0	32.9	1.64	2.58	1.8				18.2			
						3	38–75	灰棕色	轻壤土	小块状	7.0	29.4	1.53	2.02	1.8				19.6			
剖22	淋溶土	棕壤	棕壤	老冲积棕壤	死泥土	1	0–22	灰黄棕色	重壤土	粒状、块状	7.6	52.8	2.68	2.34	2.8	197	104.0	62	25.7	老冲积物	E 101°48′21.2″ N 30°39′24.8″	78
						2	22–53	浅黄棕色	轻壤重壤土	大块状	7.7	7.4	0.68	0.74	2.1				14.4			
						3	53–97	黄棕色	重壤土		7.7	7.1	0.57	0.68	2.5				17.1			
剖23	淋溶土	棕壤	棕壤	棕壤	泥夹石	1	0–20	暗黄棕色	轻壤土	团粒状	7.5	26.6	0.83	1.60	2.6	64	28.0	119	9.8	残积物、坡积物	E 102°00′26.3″ N 31°01′40.2″	72
						2	20–50	暗黄棕色	轻壤土	块状	7.5	13.3	0.58	1.56	2.7							
						3	50–100	暗黄棕色	轻壤土	小块状	7.4	13.9	0.46	1.61	2.6							
剖24	半淋溶土	褐土	石灰性褐土	石灰性褐土	石块砂土	1	0–20	黄褐色	中壤土	块状	7.9	27.6	1.52	2.77	3.4	90	22.0	187	8.0	残积物、坡积物	E 102°07′26.9″ N 31°01′09.4″	76
						2	20–75	褐色	轻壤土	块状	8.1	25.3	1.25	2.53	3.2				11.1			
						3	75–130	黄褐色	轻壤土	核状、块状	8.2	14.9	0.68	1.34	3.6							
剖25	半淋溶土	褐土	燥褐土	老冲积燥褐土	燥黄土	1	0–20	棕褐色	中壤土	核状	7.9	27.5	1.48	1.32	3.6	106	14.0	52	11.0	老冲积物	E 102°04′44.9″ N 31°00′37.5″	76
						2	20–30	褐色	中壤土	块状	8.2	13.0	0.76	1.29	3.4				11.1			
						3	30–60	棕色	轻壤土	块状	8.1	21.9	1.38	1.23	3.6				11.1			
						4	60–100	黄棕色	中壤土	核状、块状	8.2	11.1	0.50	1.11	3.6				10.1			

续表 Continued

剖面号 Soil profile	土纲 Soil order	土类 Soil great group	亚类 Soil subgroup	土属 Soil genus	土种 Soil species	土层码 Layer code	土层厚度 Depth/cm	颜色 Soil color	质地 Soil texture	土壤结构 Soil structure	pH	有机质 OM/(g/kg)	全氮 TN/(g/kg)	全磷 TP/(g/kg)	全钾 TK/(g/kg)	碱解氮 AN/(mg/kg)	有效磷 AP/(mg/kg)	速效钾 AK/(mg/kg)	阳离子交换量CEC/(cmol/kg)	土壤母质 Parent material	剖面点坐标 Profile coordinate	匹配指数 Matching index/%
剖26	半淋溶土	褐土	淋溶褐土	老冲积淋溶褐土	黄泥土	1	0—18	黄棕色	中壤土	团块状	6.6	33.6	1.73	1.70	2.7	72	6.0	234	18.3	老冲积物	E 102°01′07.3″ N 30°59′40.9″	80
						2	18—35	暗黄棕色	中壤土	小块状	7.0	30.1	1.59	1.62	2.6							
						3	35—100	浅黄棕色	中壤土	块状	7.3	18.0	1.02	1.44	2.5							
剖27	半淋溶土	褐土	淋溶褐土	老冲积淋溶褐土	黑泥土	1	0—23	棕褐色	中壤土	小块状	6.8	39.9	1.91	1.71	4.2	144	26.0	22	20.1	老冲积物	E 102°05′20.9″ N 30°58′30.2″	70
						2	23—64	浅黄褐色	多砾中壤土	小块状	7.4	23.7	1.13	0.86	4.3				26.0			
						3	64—150	黄褐色	中壤土	小块状	7.4	5.0	0.39	1.04	4.1				16.1			
剖28	半淋溶土	褐土	石灰性褐土	老冲积石灰性褐土	黄土	1	0—15	黄棕色	重壤土	团块状	8.3	32.2	1.79	4.04	3.1	114	79.0	463	12.3	老冲积物	E 102°02′06.7″ N 30°57′13.3″	71
						2	15—42	黄棕色	中砾重黏土	块状	8.3	20.8	1.20	3.54	3.4							
						3	42—100	黄棕色	重壤土	大块状	8.3	14.6	0.92	3.40	3.4							
剖29	淋溶土	棕壤	棕壤	棕壤	灰黄土	1	0—21	黄棕色	轻壤土	粒状	7.3	32.5	1.79	1.93	3.7	136	26.0	138	17.3	残积物、坡积物	E 102°02′37.7″ N 30°55′42.6″	82
						2	21—54	浅黄棕色	轻壤土	团块状	6.9	13.2	0.77	1.58	3.9							
						3	54—95	浅黄棕色	中壤土	块状	6.7	16.2	1.05	1.66	3.6							
剖30	淋溶土	暗棕壤	灰化暗棕壤			Ao	0—13	黑色	中壤土	团块状	4.3	362.2	8.31	2.70	1.9	588	166.0	307		大理岩、砂岩等残积物、坡积物	E 102°00′45.7″ N 30°49′41.2″	93
						2	13—23	棕色	重壤土	核块状	4.5	72.1	1.64	0.91	2.8	153	55.0	96				
						3	23—35	黄棕色	中壤土	粒状、小块状	4.9	110.6	3.25	2.64	2.9							
						4	35—48															
						C	48—							1.27								
剖31	半淋溶土	褐土	淋溶褐土	淋溶褐土	扁砂土	1	0—20	褐色	轻壤土	团粒状	7.5	34.7	2.23			212	20.0	120		残积物、坡积物	E 102°00′21.9″ N 30°47′12.3″	82
						2	20—30	棕色	轻壤土	团块状	7.2	16.0				137	10.0	120				
						3	30—55	棕色	砂壤土	小块状	7.5	8.0				99	10.0	120				
						4	55—95	棕色	砂壤土	小块状	7.5	8.0					10.0					

九 龙 县

主要土类说明

草毡土是九龙县的主要土壤类型，占本县地域面积的32%，分布于海拔4200—4900m的地区。所处地区气候恶劣，植物生长季节短，土地利用率低。植被主要有莎草科和杂类草，次为高山细叶栎、理唐杜鹃、香枝柏等。成土母质为冰碛物和残积物、坡积物。土体多砾石和岩石碎片，粗骨性强，土层浅薄，草皮层发达，土壤发育不深，是本县主要的天然夏季牧场。草毡土是具强度生草腐殖质积累与弱度氧化还原特征的高山土壤。该土壤由于寒冻，蒿草根累积并弱度分解，呈草毡状；土体滞水，冻融交替，弱度氧化还原交替进行，造成氧化铁微弱游离。

暗棕壤是九龙县第二大土壤类型，占本县地域面积的25%，分布于海拔3200—3800m的高山地区。暗棕壤形成于山地寒温带气候和暗针叶林植被条件，冬季寒冷，土壤冻层深，无霜期短。暗棕壤原始植被保留尚好，多属阴性或半阴性，有冷杉、云杉、落叶松等，林下植物生长繁茂，主要有大叶杜鹃、箭竹、杂灌等和莎草科、蓼科草本等。成土母质以花岗岩、变质砂岩、板岩、片岩、正长岩等风化残积物、坡积物为主，沿河发育有少量洪积、冲积母质。暗棕壤由于气温低，蒸发势弱，土性冷湿，有利于有机质的积累，在酸性条件下，具有腐殖质的积累、淋溶和弱黏化过程，一般枯枝落叶层和腐殖质层深厚，全剖面呈酸性或弱酸性。

黑毡土是九龙县第三大土壤类型，占本县地域面积的18%，分布于海拔3800—4200m的地区，形成于高山亚寒带和亚高山草甸植被条件下。植被以莎草科、禾本科和杂类草为主，次为杜鹃、高山柳、高山栎等灌丛。成土母质以变质砂岩、板岩、片岩、大理岩等风化残积物、坡积物和冰碛物为主，也有冲积物、洪积物。蒿草与杂生草类的草毡层初步分解，形成初步腐殖化的暗色草根茎盘结层。该土壤色泽较深，有机质含量较高，为100—150g/kg，底土见锈色斑纹。土壤pH为6.5—8.0。

棕壤占本县地域面积的13%，分布于海拔2500—3200m的半高山地区。棕壤形成于山地温带气候和针阔叶混交林植被下，淋溶作用较强。自然植被以云南松、高山松、杨树、桦木、云杉为主，林下植被有杜鹃、箭竹等灌丛和禾本科、莎草科等草本。经济林有花椒、核桃、苹果等。农作物主要为小麦、青稞、玉米，一年一熟。成土母质以板岩、砂岩、花岗岩、片岩、灰岩风化残积物、坡积物为最多，也有少量洪积物、冲积物。棕壤黏化作用强烈，有明显的黏化层，剖面层次过渡不甚明显，土体颜色较一致，土层厚薄不等，微酸性，无碳酸盐反应。本县棕壤只有山地棕壤一个亚类。

小于本县地域面积3%的土壤类型还有寒冻土、黄褐土、红壤、黄棕壤、潮土、沼泽土和水稻土等。

本区域中心区气候特征

本区域中心区气候特征值
Regional climate characteristics in central area of the region

气候带：高原亚温带湿润气候 Climate region: Plateau sub temperate humid climate	
年平均气温 /℃ Annual average temperature /℃	10.1
年平均最高气温 /℃ Annual average maximum temperature /℃	18.1
年平均最低气温 /℃ Annual average minimum temperature /℃	4.3
年降水量 /mm Annual precipitation /mm	919
≥10℃的积温 /℃ Daily temperature accumulated in a year (≥10℃) /℃	4836
年日照时数 /h Annual sunshine /h	2009
年平均相对湿度 /% Annual average relative humidity /%	62
干燥度 Dryness	0.68

本区域中心区月平均气温与月平均降水量
Monthly temperature and precipitation in central area of the region

九龙县主要土壤类型与土壤剖面点分布图
1∶460 000

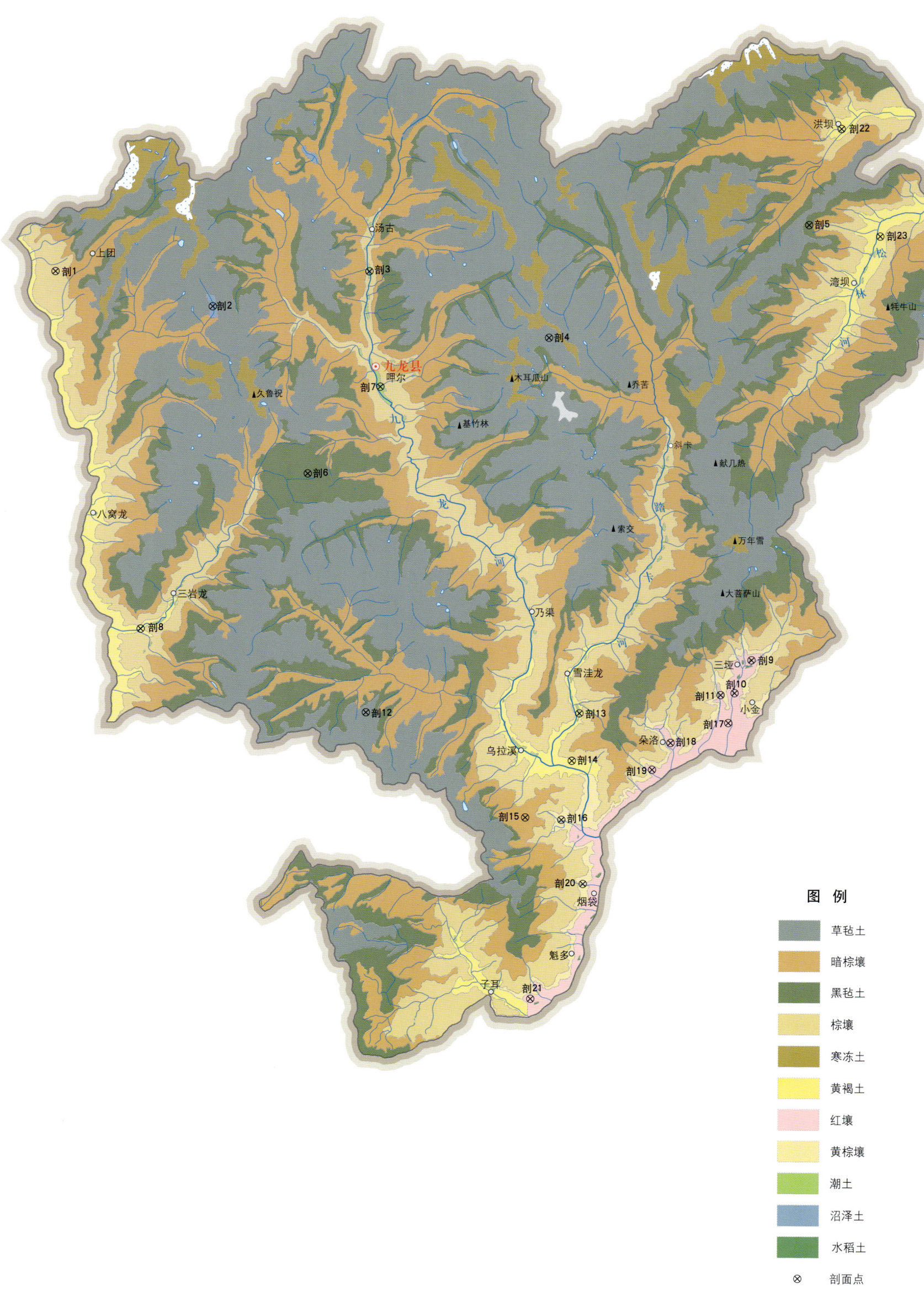

九龙县土壤剖面理化性状表

剖面号 Soil profile	土纲 Soil order	土类 Soil great group	亚类 Soil subgroup	土属 Soil genus	土种 Soil species	土层码 Layer code	土层厚度 Depth/cm	颜色 Soil color	质地 Soil texture	土壤结构 Soil structure	pH	有机质 OM/(g/kg)	全氮 TN/(g/kg)	全磷 TP/(g/kg)	全钾 TK/(g/kg)	碱解氮 AN/(mg/kg)	有效磷 AP/(mg/kg)	速效钾 AK/(mg/kg)	阳离子交换量 CEC/(cmol/kg)	土壤母质 Parent material	剖面点坐标 Profile coordinate	匹配指数 Matching index/%
剖1	淋溶土	棕壤	棕壤	残坡积草棕泥土	棕泥砂土	A	0—18	浅灰色	壤土	粒状	6.2	42.4	2.55	2.02	0.5	138	14.0	247		变质砂岩风化残积物、坡积物	E 101°08′44.3″ N 29°06′12.0″	83
						B	18—56	暗灰黄色	黏壤土	小块状	6.7	24.7	1.15	2.66	0.5							
						C	56—100	暗灰黄色	黏壤土		7.0	22.7	0.99	2.52	0.4							
剖2	水成土	沼泽土	泥炭沼泽土			1	0—8														E 101°19′21.7″ N 29°03′55.8″	89
						2	8—18	浅灰黄色	轻壤土	粒状	5.7	151.2	5.96	2.76	1.1	557	24.0	228				
						3	18—42	暗灰黄色	砂土	无明显结构	6.2	63.4	2.44	2.28	1.0							
						4	42—54	暗灰黄色	轻壤土	粒状	6.1	297.4	8.38	1.79	0.8							
						5	54—	黑棕色	轻壤土	粒状	5.9	546.6	12.29	1.53	0.8							
剖3	半水成土	潮土	潮土	棕潮土	卵石土	1	0—14	暗棕灰色	紧砂土	无明显结构	6.2	43.1	1.80	2.18	1.2	164	11.0	177	16.6	新冲积物	E 101°30′02.9″ N 29°05′48.8″	98
						2	14—80	暗棕灰色	砂壤土	粒状	7.1	27.8	0.81	2.08	1.2				6.4			
						3	80—100	暗棕灰色	砂壤土	小块状	7.3	27.8	0.71	1.90	0.9				7.2			
剖4	高山土	草毡土	草毡土			1	0—8									442	2.0	72			E 101°42′09.4″ N 29°01′37.9″	92
						2	8—19	黑棕色	轻壤土	粒状	5.2	92.9	4.79	2.94	1.0							
						3	19—38	暗黄棕色	砂壤土	小块状	5.4	68.4	3.35	2.46	1.1							
						4	38—100				5.5											
剖5	高山土	黑毡土	棕黑毡土			1	0—5									612	18.0	387			E 101°59′58.5″ N 29°07′56.2″	79
						2	5—14	灰黄棕色	轻壤土	粒状	6.7	158.6	7.40	3.24	0.7							
						3	14—30	暗黄棕色	轻壤土	小块状	6.3	109.6	5.56	2.98	0.8							
						4	30—100	灰黄色	砂壤土	粒状	6.3	81.1	3.56	3.00	0.7							
剖6	高山土	黑毡土	黑毡土			1	0—4									620	16.0	157	13.9		E 101°25′35.4″ N 28°53′53.5″	71
						2	4—15	黑棕色	砂壤土	粒状	5.6	193.8	6.72	4.18	0.9							
						3	15—38	浅灰棕色	砂壤土	小块状	5.5	57.6	2.13	2.71	1.2							
						4	38—60	暗棕色	紧砂土	小块状	5.8	23.8	1.03	3.35	1.0							
						5	60—100	灰黄色	轻壤土	粒状	5.9	8.4	0.51	4.63	0.9							
剖7	半水成土	潮土	棕潮土		砂土	1	0—15	暗黄棕色	砂壤土	粒状	6.6	56.8	2.16	2.63	0.9	213	26.0	364	14.9	新冲积物	E 101°30′37.8″ N 28°58′57.4″	78
						2	15—65	暗棕色	重壤土	小块状	6.8	34.4	1.64	2.07	0.8							
						3	65—100	暗棕色	重壤土	小块状	7.6	26.2	0.88	1.39	0.7							
剖8	淋溶土	黄褐土	黄褐土	洪积黄褐土	大黄土	1	0—16	暗棕色	重壤土	块状	6.3	47.7	2.64	3.60	1.9	130	3.0	428	10.4	洪积物	E 101°14′05.4″ N 28°44′49.8″	95
						2	16—32	棕色	重壤土	块状	7.3	22.6	1.64	2.46	2.6							
						3	32—100	灰黄棕色	砂壤土	块状	7.3	18.6	0.96	3.12	1.8				9.0			
剖9	人为土	水稻土	渗育水稻土	黄棕壤性水稻土	泥砂田	1	0—15	暗棕色	轻壤土	块状	6.5	48.7	2.62	4.33	0.7	200	62.0	131	13.3	洪积物	E 101°55′23.0″ N 28°42′14.4″	94
						2	15—20	暗棕色	中壤土	梭块状	7.0	46.7	2.42	4.07	0.7							
						3	20—34	暗棕色	中壤土	块状	7.0											
						4	34—100	暗黄棕色	重壤土	块状	8.3	18.6	1.32	4.52	0.7							
剖10	铁铝土	红壤	黄红壤	黄红壤	二黄泥土	1	0—20	黄棕色	重壤土	小块状、块状	5.9	38.8	2.12	2.81	1.6	84	7.0	259	15.0	泥质岩残积物、坡积物	E 101°54′11.5″ N 28°40′19.2″	100
						2	20—26	黄棕色	重壤土	片状、块状	6.6	30.3	1.46	2.55	1.7				14.2			
						3	26—60	黄棕色	重壤土	梭块状	6.5	13.6	1.12	2.41	1.6				12.3			
						4	60—100	暗黄棕色	重壤土	梭块状	6.6	16.7	0.80	2.61	1.4				10.6			
剖11	铁铝土	红壤	黄红壤	黄红壤	红黄泥土	1	0—14	黄棕色	轻黏土	小块状	6.1	36.4	2.14	2.41	1.2	65	3.0	413	24.4	泥质岩残积物、坡积物	E 101°53′15.0″ N 28°40′13.3″	78
						2	14—52	红棕色	重黏土	梭块状	6.4	9.0	0.76	1.02	1.1				23.7			
						3	52—100	暗红棕色	重黏土	梭块状	6.5	10.1	0.77	0.72	1.7				25.4			

续表 Continued

剖面号 Soil profile	土纲 Soil order	土类 Soil great group	亚类 Soil subgroup	土属 Soil genus	土种 Soil species	土层码 Layer code	土层厚度 Depth/cm	颜色 Soil color	质地 Soil texture	土壤结构 Soil structure	pH	有机质 OM/(g/kg)	全氮 TN/(g/kg)	全磷 TP/(g/kg)	全钾 TK/(g/kg)	碱解氮 AN/(mg/kg)	有效磷 AP/(mg/kg)	速效钾 AK/(mg/kg)	阳离子交换量 CEC/(cmol/kg)	土壤母质 Parent material	剖面点坐标 Profile coordinate	匹配指数 Matching index/%
剖12	高山土	草毡土	棕草毡土			1	0—7	暗棕色	砂壤土	粒状	5.7	136.2	5.01	1.79	0.3	435	15.0	228			E 101°29′14.3″ N 28°39′36.8″	88
						2	7—20	棕色	紧砂土	粒状	5.5	95.1	2.81	2.01	0.1							
剖13	半水成土	潮土	褐潮土		石砂土	3	20—35	暗灰色		无明显结构												
						4	35—100	褐色	砂土	粒状	7.5	22.2	1.13	2.37	1.6	63	4.0	44	15.6	冲积物	E 101°43′40.8″ N 28°39′18.4″	98
剖14	淋溶土	黄褐土	黄褐土	洪积黄褐土	石块黄土	1	0—16	褐色	松砂土	无明显结构	7.5		0.58	1.89	1.1	137	5.0	75		洪积物	E 101°43′06.1″ N 28°36′29.8″	100
						2	16—34	灰黄色	松砂土	无明显结构	7.5	8.1	1.66	1.27	1.6							
						3	34—68	灰黄色	松砂土	无明显结构	7.8	30.8	0.86	13.20	1.3							
						4	68—100	黄灰棕色	轻壤土	粒状		17.2	0.82	13.70	1.4							
剖15	淋溶土	暗棕壤	暗棕壤	山地暗棕壤		A	0—14	暗黄棕色	中壤土	小块状	7.1	15.9	6.15	2.92	0.9	470	26.0	219			E 101°39′52.8″ N 28°33′10.4″	95
						B	14—67	黄棕色	砂壤土	小块状	7.5	139.9	3.79	3.20	1.0							
						C	67—100	黄棕色	砂壤土	粒状	7.6	122.0	3.13	2.15	0.9							
剖16	淋溶土	黄棕壤	黄棕壤	黄棕壤	黄泥大土	1	0—6	暗棕色	重壤土	团粒状	5.3	102.8	2.56	1.81	1.7	106	7.0	645	9.0	泥质岩类风化残积物、坡积物	E 101°42′19.1″ N 28°32′59.6″	78
						2	6—16	黄棕色	重壤土	粒状	5.6	47.8	2.59	2.18	1.7				21.2			
						3	16—30	黄棕色	轻黏土	块状	5.9	48.9	1.19	1.31	1.7				16.3			
						4	30—100	红黄棕色	重壤土	棱块状	5.9	14.6	1.59	2.01	3.3							
剖17	铁铝土	红壤	黄红壤	黄红壤	底砂土	1	0—16	红黄棕色	重壤土	片状、块状	5.1	31.0	0.96	1.82	3.0	80	8.0	178	9.6	泥质岩残积物、坡积物	E 101°53′43.7″ N 28°38′32.2″	96
						2	16—23	暗黄棕色	重壤土	粒状	6.2	19.3	0.33	1.40	2.8				7.1			
						3	23—63	暗黄棕色	紧黏土	无明显结构	6.3	4.3	0.23	1.55	3.4				3.5			
						4	63—100	黄黄棕色	砂壤土	粒状	6.0	5.2	1.49	3.19	1.6				4.5			
剖18	铁铝土	红壤	黄红壤	黄红壤	灰黄土	1	0—12	灰黄棕色	中壤土	块状	6.5	31.7	1.25	3.08	1.6	49	6.0	9		泥质岩残积物、坡积物	E 101°49′47.8″ N 28°37′26.1″	71
						2	12—45	浅棕色	重壤土	块状	6.0	29.6	1.34	1.10	0.8			9				
						3	45—100	褐棕色	轻壤土	粒状	6.5	34.1	1.01	6.96	0.8							
剖19	铁铝土	黄棕壤	黄棕壤		黄红壤	1	0—7	浅棕色	中壤土	棱块状	6.1	15.2	0.98	1.16	0.7	130	5.0	204			E 101°48′30.2″ N 28°35′51.9″	93
						2	7—30	暗棕红色	重壤土	棱块状	6.0	12.7	0.52	0.82	1.4							
						3	30—100	暗棕红色	重壤土	小块状	6.0	5.8	0.44	0.52	1.5							
剖20	淋溶土	黄棕壤	黄棕壤		死沥泥	A0	0—5					4.0		0.53	1.7							E 101°43′41.3″ N 28°29′08.6″	76
						2	5—25	灰黄棕色	砂壤土	粒状	6.5	39.8	1.80	1.97	0.4	191	7.0	52				
						3	25—100	棕色	砂壤土	棱块状	6.4	22.8	1.83	1.86	0.5							
剖21	铁铝土	红壤	黄红壤			1	0—15	黄棕红色	砂壤土	小块状	7.6	17.4	3.76	2.75	1.4	46	5.0	336	12.5	泥质岩残积物、坡积物	E 101°40′00.6″ N 28°22′21.4″	93
						2	15—30	暗棕红色	中壤土	小块状	8.5	33.2	1.65	2.49	1.5				14.8			
						3	30—68	暗棕红色	重壤土	小块状	8.6	14.3	0.70	2.53	1.7				15.1			
剖22	淋溶土	黄褐土	黄褐土			1	0—6	灰黄棕色	砂壤土	粒状	7.1	74.2	3.57	3.25	0.4	319	8.0	52			E 101°43′20.2″ N 28°13′33.4″	73
						2	6—30	棕色	砂壤土	小块状	7.6	62.0	1.46	2.98	0.4							
						3	30—100	黄棕色	砂壤土	粒状		26.6			0.6							
剖23	淋溶土	黄褐土	黄褐土	洪积黄褐土	泥砂土	1	0—20	暗黄棕色	中壤土	块状	7.6	23.5	3.57	2.3	2.3	123	12.0	585		洪积物	E 102°04′46.6″ N 29°07′08.4″	70
						2	20—60	灰黄棕色	中壤土	粒状	7.4		1.24	2.69	2.3							
						3	60—100	灰黄棕色	轻壤土	团块状					0.3							

雅 江 县

主要土类说明

草毡土是雅江县的主要土壤类型，占本县地域面积的 32%。草毡土是发生于高寒区（青藏高原）平缓高原面上，具强度生草腐殖质积累与弱度氧化还原特征的高山土壤。该土壤由于寒冻，蒿草根累积并弱度分解，呈草毡状；土体滞水，冻融交替，弱度氧化还原交替进行，造成氧化铁微弱游离。

暗棕壤是雅江县第二大土壤类型，占本县地域面积的 26%。暗棕壤是在温带湿润地区针阔叶混交林下发育，具有明显有机质富集和弱酸性淋溶的土壤，具 O–A–B–C 剖面构型。弱酸性淋溶使铁铝轻微下移。B 层呈棕色，结构面见铁锰胶膜。土壤呈弱酸性，盐基饱和度为 70%—80%。土壤冻结期长。

黑毡土是雅江县第三大土壤类型，占本县地域面积的 13%。黑毡土发生于青藏高原高寒略较温湿的塬面上，蒿草与杂生草类的草毡层初步分解，形成初步腐殖化的暗色草根茎盘结层。该土壤色泽较深，有机质含量较高，为 100—150g/kg，底土见锈色斑纹。土壤 pH 为 6.5—8.0。

棕壤占本县地域面积的 11%。棕壤发生于湿润暖温带落叶阔叶林下，但大部分已被垦殖，以旱作为主。该土壤处于硅铝风化阶段，具有黏化特征，呈棕色。土体见黏粒淀积，盐基充分淋失，pH 为 6.0—7.0，见少量游离铁。多有干鲜果类生长，山地多森林覆盖。

褐土占本县地域面积的 9%。褐土是在暖温带半湿润区发育形成的具有黏化与钙质淋移淀积的土壤。该土壤盐基饱和，处于硅铝风化阶段，有明显黏淀层。在其 A–B–C 剖面构型中，B 层呈棕褐色。土壤 pH 为 7.0—7.5，盐基饱和度在 80% 以上，B 层下部有假菌丝状钙积层。

棕色针叶林土占本县地域面积的 4%。棕色针叶林土是发生于寒温带针叶纯林下，具有酸性淋溶和弱度发育的土壤，具 O–A–AB–B–C 剖面构型。凋落物腐解，富里酸下渗，络合部分铁铝下移，使表层盐基饱和度降低。由于冻结期更长，冻层阻隔，溶性物质还可随水上移。B 层呈棕色，全剖面呈酸性，盐基饱和度为 50%—70%。

寒冻土占本县地域面积的 4%。寒冻土发生于高山冰雪带下缘。该土壤的形成以寒冻物理风化为主，弱生物累积，土层薄，含砾石多，仅在岩屑中见少量细土物质堆积。土壤 pH 为 7.0—8.5。

小于本县地域面积 3% 的土壤类型还有沼泽土、粗骨土等。

本区域中心区气候特征

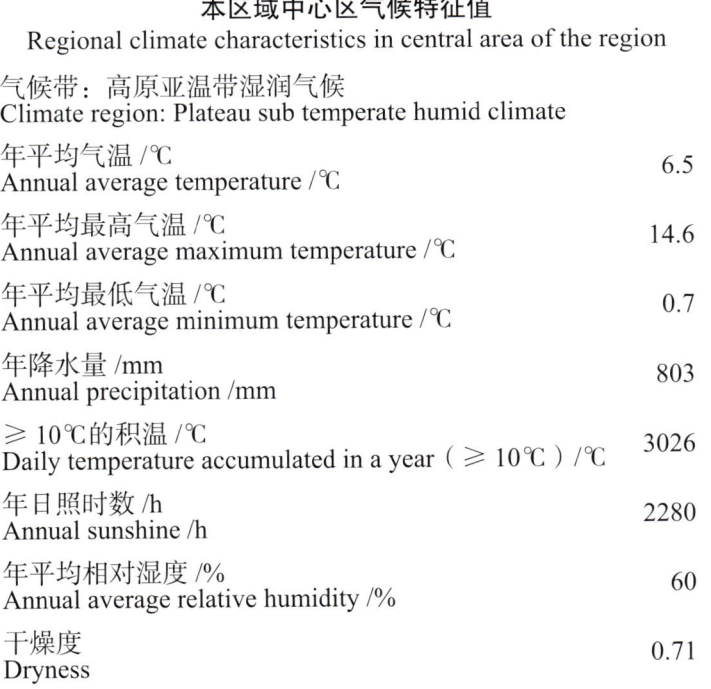

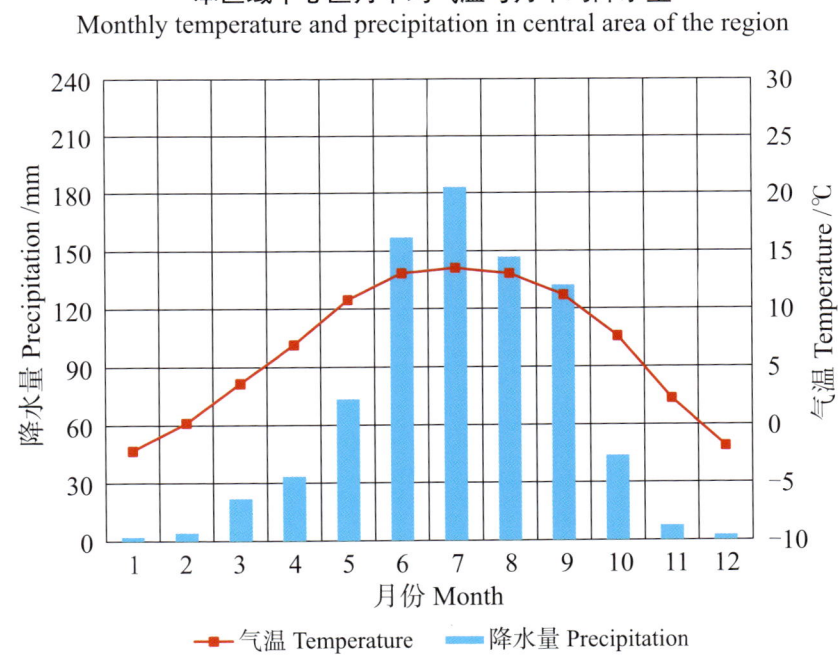

雅江县主要土壤类型与土壤剖面点分布图
1:530 000

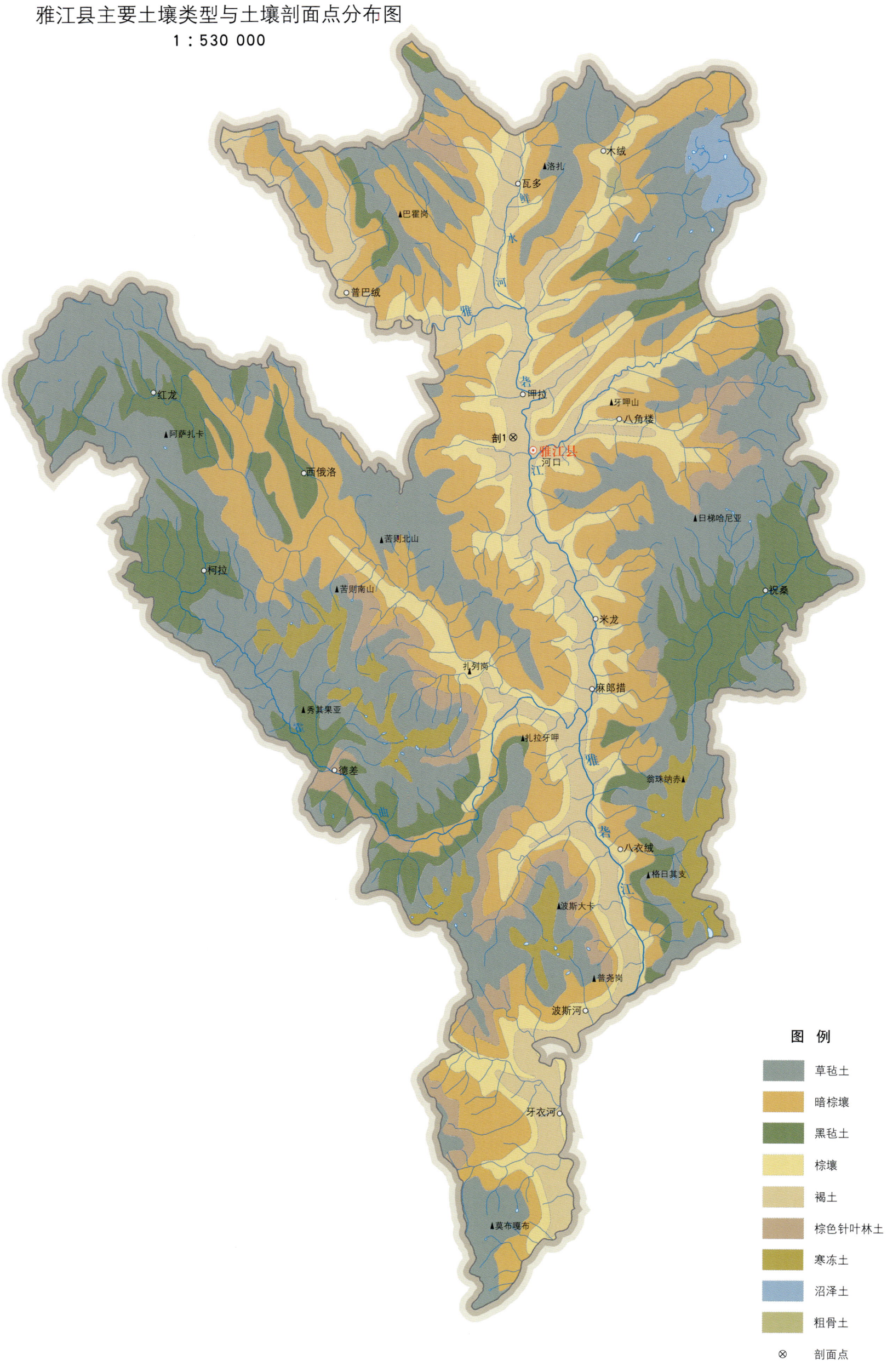

雅江县土壤剖面理化性状表

剖面号 Soil profile	土纲 Soil order	土类 Soil great group	亚类 Soil subgroup	土层码 Layer code	土层厚度 Depth/cm	颜色 Soil color	质地 Soil texture	土壤结构 Soil structure	pH	有机质 OM/(g/kg)	全氮 TN/(g/kg)	碱解氮 AN/(mg/kg)	速效钾 AK/(mg/kg)	阳离子交换量CEC/(cmol/kg)	土壤母质 Parent material	剖面点坐标 Profile coordinate	匹配指数 Matching index/%
剖1	半淋溶土	褐土	石灰性褐土	A_1	0—7	灰黄棕色	中砾轻壤土	粒状	8.3	5.5	0.21	80	38	21.5	坡积物	E 100°59′31.6″ N 30°03′28.1″	85
				AB	7—38	灰黄色	中砾轻壤土	粒状	8.4	4.4	0.16	61	38	23.2			
				BC	38—66	暗黄棕色	多砾中壤土	核状、块状	8.3	6.8	0.29	241	50	24.4			
				C	66—100	暗灰黄色											

道孚县

主要土类说明

草毡土是道孚县的主要土壤类型，占本县地域面积的36%，分布在阳坡海拔4000—4600m、阴坡海拔4200—4700m的地区。草毡土是发生于高寒区（青藏高原）平缓高原面上，具强度生草腐殖质积累与弱度氧化还原特征的高山土壤。该土壤由于寒冻，蒿草根累积并弱度分解，呈草毡状；土体滞水，冻融交替，弱度氧化还原交替进行，造成氧化铁微弱游离。

暗棕壤是道孚县第二大土壤类型，占本县地域面积的24%，是川西山地温带、寒温带湿润气候条件下形成的地带性森林土类，分布于海拔3800—4300m的地区。暗棕壤土层薄，含石头多，土壤呈微酸性，全剖面无石灰反应。成土母质以残积物、坡积物为主，其次有洪积物和冲积物。具O-A-B-C剖面构型。A层有机质含量可达200g/kg，弱酸性淋溶，铁铝轻微下移。B层呈棕色，结构面见铁锰胶膜，呈弱酸性，盐基饱和度为70%—80%。

黑毡土是道孚县第三大土壤类型，占本县地域面积的15%。黑毡土发生于青藏高原高寒略较温湿的塬面上，蒿草与杂生草类的草毡层初步分解，形成初步腐殖化的暗色草根茎盘结层。该土壤色泽较深，有机质含量较高，为100—150g/kg，底土见锈色斑纹。土壤pH为6.5—8.0。

灰褐土占本县地域面积的10%。灰褐土发生于温带干旱、半干旱山地云冷杉下，腐殖质累积与钙积作用明显，pH为7.0—8.0。该土壤表层有机质含量可达100g/kg，表层下见暗色腐殖质层，有弱黏淀特征，具Ao-A-B-C剖面构型，B层呈棕褐色，钙积层在40cm以下出现，铁铝氧化物无移动。

寒冻土占本县地域面积的7%。寒冻土发生于高山冰雪带下缘。该土壤的形成以寒冻物理风化为主，弱生物累积，土层薄，含砾石多，仅在岩屑中见少量细土物质堆积。土壤pH为7.0—8.5。

棕色针叶林土占本县地域面积的5%。棕色针叶林土是发生于寒温带针叶纯林下，具有酸性淋溶和弱度发育的土壤，具O-A-AB-B-C剖面构型。凋落物腐解，富里酸下渗，络合部分铁铝下移，使表层盐基饱和度降低。由于冻结期更长，冻层阻隔，溶性物质还可随水上移。B层呈棕色，全剖面呈酸性，盐基饱和度为50%—70%。

小于本县地域面积3%的土壤类型还有沼泽土、棕壤、褐土和潮土等。

本区域中心区气候特征

本区域中心区气候特征值 Regional climate characteristics in central area of the region	
气候带：高原亚温带湿润气候 Climate region: Plateau sub temperate humid climate	
年平均气温 /℃ Annual average temperature /℃	6.5
年平均最高气温 /℃ Annual average maximum temperature /℃	15.0
年平均最低气温 /℃ Annual average minimum temperature /℃	0.6
年降水量 /mm Annual precipitation /mm	755
≥10℃的积温 /℃ Daily temperature accumulated in a year (≥10℃) /℃	2490
年日照时数 /h Annual sunshine /h	2389
年平均相对湿度 /% Annual average relative humidity /%	59
干燥度 Dryness	0.56

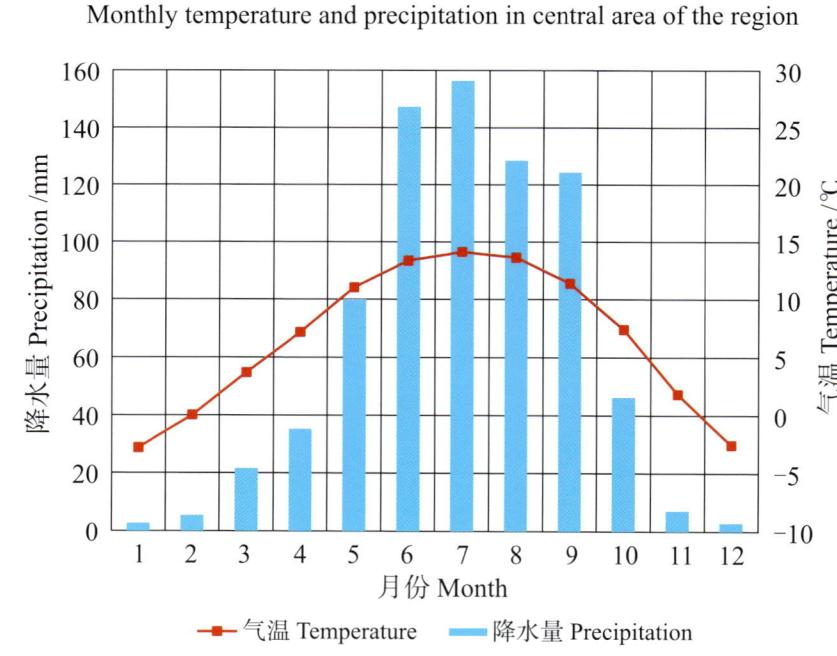

本区域中心区月平均气温与月平均降水量
Monthly temperature and precipitation in central area of the region

道孚县主要土壤类型与土壤剖面点分布图
1∶500 000

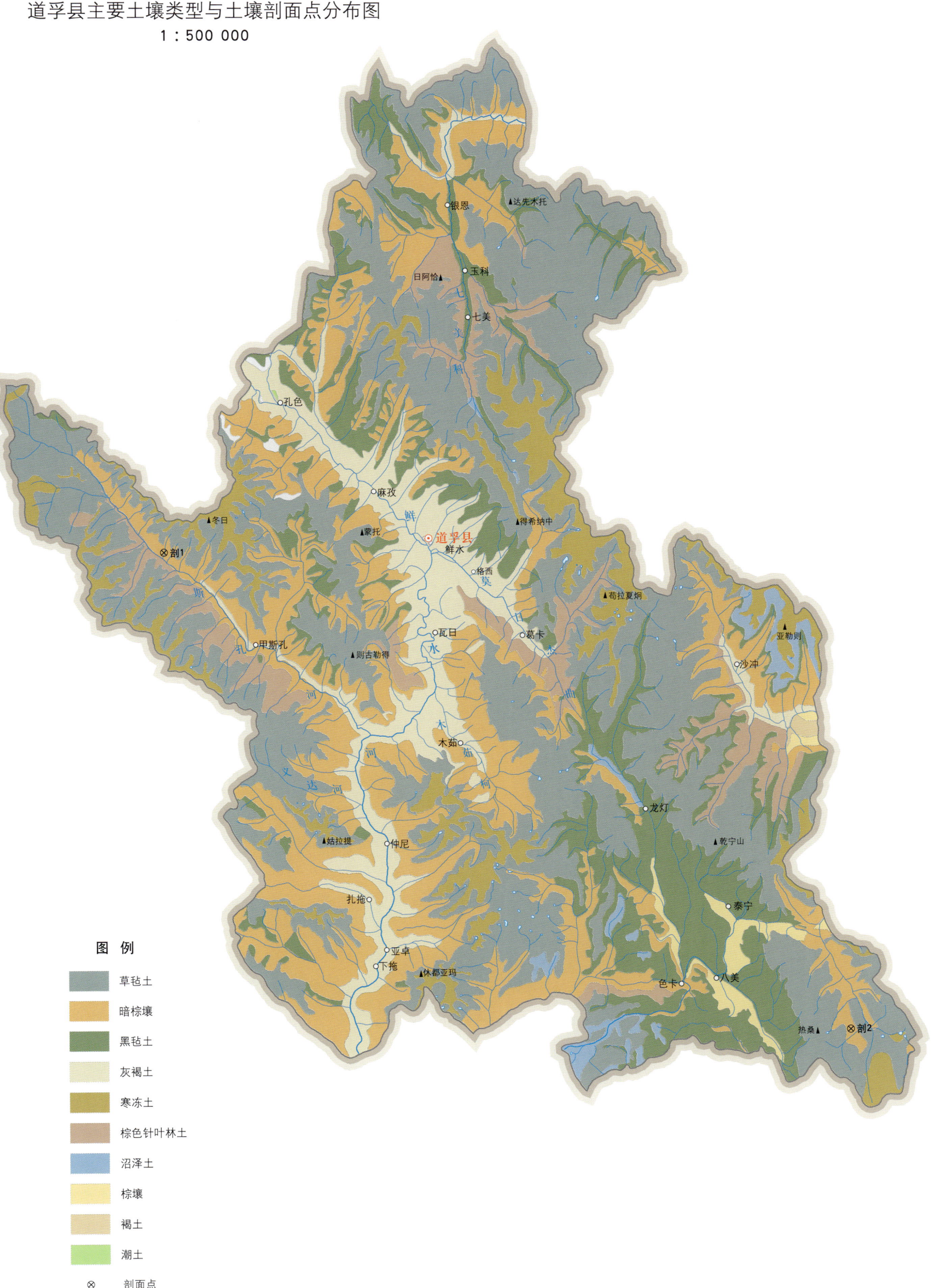

道孚县土壤剖面理化性状表

剖面号 Soil profile	土纲 Soil order	土类 Soil great group	亚类 Soil subgroup	土属 Soil genus	土层码 Layer code	土层厚度 Depth/cm	颜色 Soil color	质地 Soil texture	土壤结构 Soil structure	pH	有机质 OM/(g/kg)	全氮 TN/(g/kg)	全磷 TP/(g/kg)	全钾 TK/(g/kg)	碱解氮 AN/(mg/kg)	速效钾 AK/(mg/kg)	阳离子交换量CEC/(cmol/kg)	土壤母质 Parent material	剖面点坐标 Profile coordinate	匹配指数 Matching index/%
剖1	淋溶土	暗棕壤	暗棕壤		Ao	0—8												花岗岩残积物、坡积物	E 100°46′19.2″ N 30°58′37.2″	75
					A₁	8—30	浅棕色	中砾中壤土	团粒状	5.8	11.2	0.37	0.16	1.5	206	316	20.4			
					AB	30—69	黄棕色	中砾轻壤土	块状	4.8	4.4	0.10	0.15	1.4	121	175	16.2			
					B	69—90	棕黄色	多砾砂土	粒状	4.7	1.8	0.05	0.13	1.2	44	341	16.2			
					BC	90—123	黄棕色	多砾轻壤土	块状											
剖2	淋溶土	暗棕壤	暗棕壤	暗棕壤	A	0—12	褐色	重砾石土	粒状									砂岩、板岩残积物、坡积物	E 101°39′18.5″ N 30°25′21.0″	90
					B	12—25	褐色	重砾石土	块状											
					BC	25—80	灰黄色	重砾石土	块状											

炉 霍 县

主要土类说明

黑毡土是炉霍县的主要土壤类型，占本县地域面积的30%。该土壤是在亚寒带气候条件下，由泥炭－腐殖质聚积作用、冻融作用、生草化作用等形成，多由残积、坡积母质发育形成，少数由洪积母质形成。所处地区寒冷湿润，无绝对无霜期，季节性冻土时间长，冻融作用较明显。自然植被为莎草、杂草类及灌丛等，分层较明显，植物扎根较深，生长繁茂，有机质残体腐化程度较高，淋溶作用和生物作用较强。A_1层和整个土层都比草毡土深厚，潜在肥力增加。剖面由As-A_1-B-C层组成，土体中下部含石量较多，层段分异不太明显，土壤仍具粗骨性，土层厚90—100cm，腐殖质含量向下随土层深度递减，过渡明显。

棕壤是炉霍县第二大土壤类型，占本县地域面积的30%，集中分布于海拔3400—4200m的深切狭窄沟谷的阴湿地段。所处地区寒冷湿润，冻土时间较长，一般坡度较大，降雨集中，并与林木生长同季，水热条件能满足林木生长需要。自然植被以云杉暗针叶林为主，间有桦树，一般覆盖度较好，林下有明显的Ao层和A_1层。该土壤在发育过程中，生物活动较强，粗有机质及腐殖质层均较厚，有机质含量高，淋溶作用较明显，黏粒下移，黏化作用较明显，土壤多由基岩风化残积、坡积母质发育形成。剖面发生层次除A层外，色调较一致，分异不太明显，土壤呈微酸性至中性，无石灰反应，土体厚80—100cm。本县棕壤分为山地棕壤、生草棕壤两个亚类。

草毡土是炉霍县第三大土壤类型，占本县地域面积的26%，分布于海拔4200—4830m（部分阴山为4450—4800m）的高山地段。该类土壤是在高原寒带气候条件下，由泥炭－腐殖质聚积作用和大气湿润高寒冰冻氧化还原作用、弱生草作用配合下形成的。植被为高山矮生草甸群落或矮灌丛群落，植物生长季节短，牧草及灌丛生长缓慢而矮小，分层不明显。冻融交替频繁，成土母质多为砂板岩风化残积物、坡积物，土体中多砾石碎片，通体粗骨性强，土层浅，一般厚30—50cm，As层厚4.5—5cm，A_1层厚10—20cm，草根盘结紧密，软韧而具弹性；土壤A层养分含量高而层段浅薄，淋溶作用不明显。剖面构型多为AC型，B层不明显，但剖面有20—30cm的明显暗色冻融层。土体中下层多为棱角分明的基岩风化物碎屑，无石灰反应。土壤呈中性至微酸性。

褐土占本县地域面积的11%。该土壤是在冬季干燥夏季湿热、干湿交替明显的特定气候条件下，由富含碳酸盐的黄土状母质发育形成，碳酸盐的淋溶淀积在土壤形成中比较明显，黏化作用较强烈，黏化层亦较明显。一般腐殖质层较薄，剖面基本由褐色黏化层B、C层组成，土体较深厚，平均80—100cm。土壤呈中性至微碱性，质地砂黏较适中，保水、保肥、透气性能良好，土体中富含碳酸盐，土层中有不同程度的碳酸盐反应与淀积，土壤中磷素缺乏。

小于本县地域面积3%的土壤类型还有寒冻土、沼泽土、暗棕壤、草甸土和潮土等。

本区域中心区气候特征

本区域中心区气候特征值
Regional climate characteristics in central area of the region

气候带：高原亚温带湿润气候 Climate region: Plateau sub temperate humid climate	
年平均气温 /℃ Annual average temperature /℃	6.0
年平均最高气温 /℃ Annual average maximum temperature /℃	14.6
年平均最低气温 /℃ Annual average minimum temperature /℃	-0.1
年降水量 /mm Annual precipitation /mm	713
≥10℃的积温 /℃ Daily temperature accumulated in a year（≥10℃）/℃	2162
年日照时数 /h Annual sunshine /h	2495
年平均相对湿度 /% Annual average relative humidity /%	59
干燥度 Dryness	0.44

本区域中心区月平均气温与月平均降水量
Monthly temperature and precipitation in central area of the region

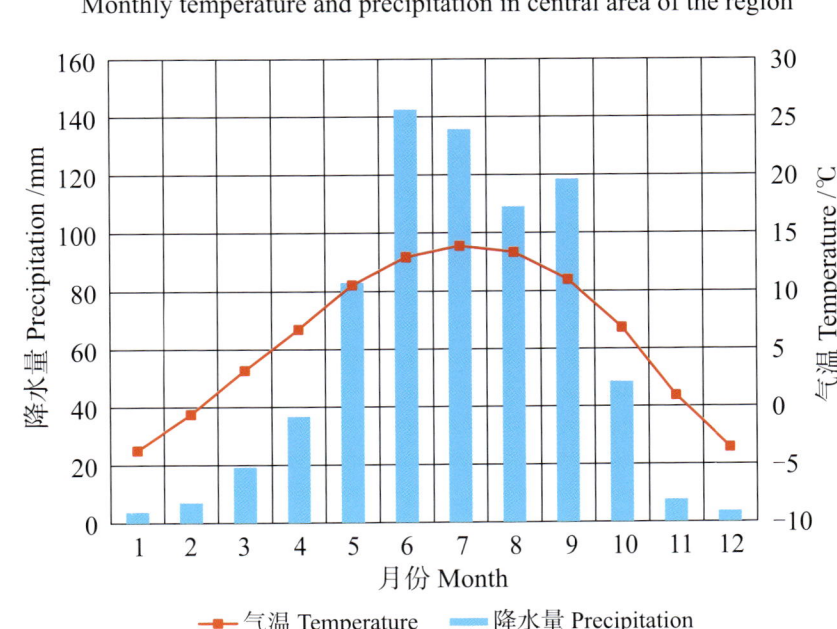

炉霍县主要土壤类型与土壤剖面点分布图
1 : 370 000

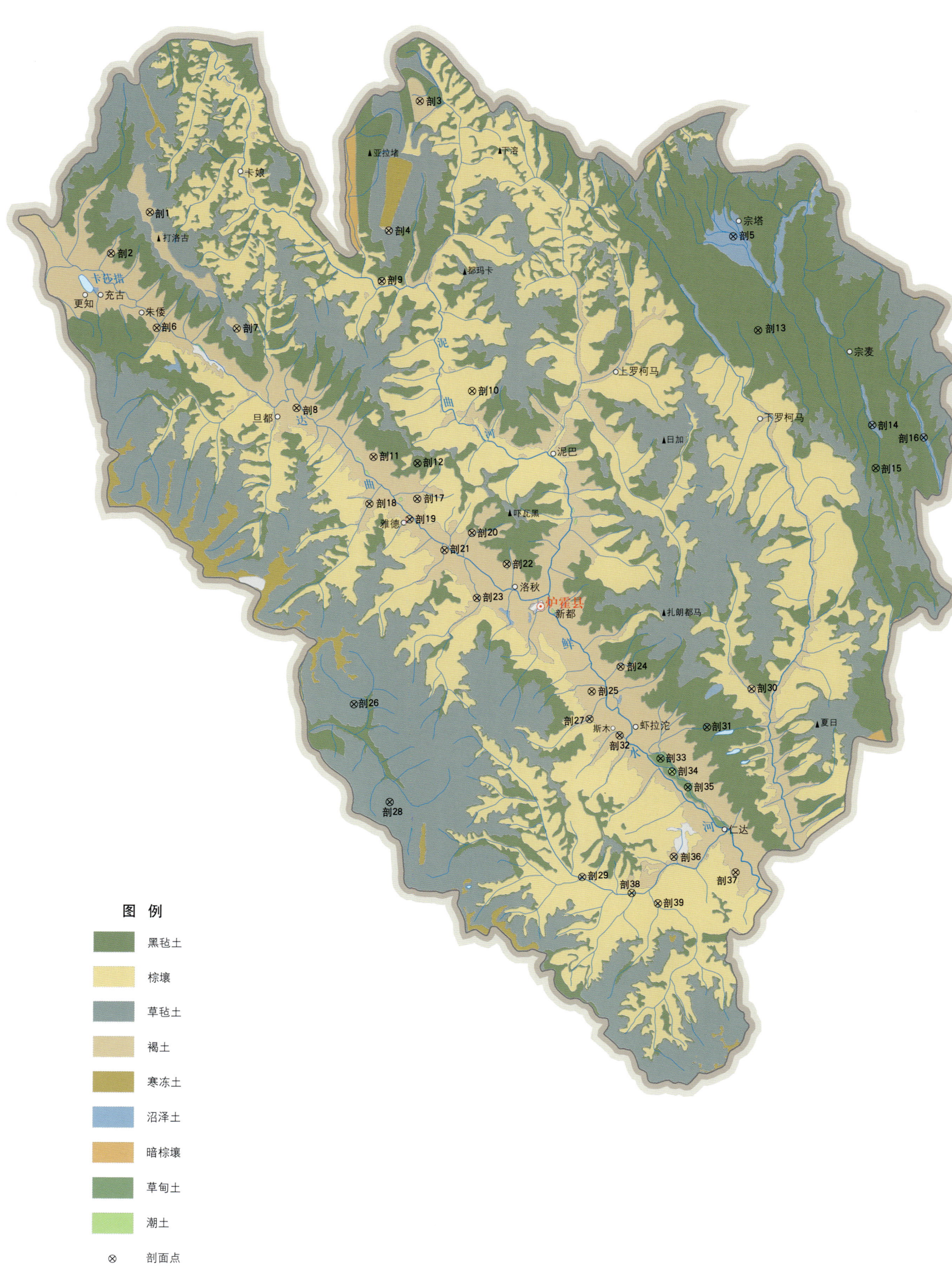

炉霍县土壤剖面理化性状表

剖面号 Soil profile	土纲 Soil order	土类 Soil great group	亚类 Soil subgroup	土属 Soil genus	土种 Soil species	土层码 Layer code	土层厚度 Depth/cm	颜色 Soil color	质地 Soil texture	土壤结构 Soil structure	pH	有机质 OM/(g/kg)	全氮 TN/(g/kg)	全磷 TP/(g/kg)	全钾 TK/(g/kg)	碱解氮 AN/(mg/kg)	有效磷 AP/(mg/kg)	速效钾 AK/(mg/kg)	阳离子交换量CEC/(cmol/kg)	土壤母质 Parent material	剖面点坐标 Profile coordinate	匹配指数 Matching index/%
剖1	半淋溶土	褐土	石灰性褐土	山地石灰性褐土	石块黄土	1	0—15	黄褐色	砾质轻壤土	粒状	7.9	39.5	3.10	2.05		176	9.2	294	24.5	坡积物	E 100°18′56.9″ N 31°42′55.1″	87
						2	15—32	灰黄褐色	砾质中壤土	块状	8.5	26.2	2.26	2.00								
						3	32—55	浅黄褐色	砾石土	无明显结构	9.0	11.0	1.30	1.72								
						4	55—77	浅灰色	砾石土	无明显结构	9.1	6.8	0.94	1.52								
						5	77—120	灰黄褐色	砾石土	无明显结构	9.1	5.5	0.44	1.56								
剖2	半淋溶土	褐土	山地褐土	山地洪积褐土	石渣黄土	1	0—16	灰黄褐色	砾质中壤土	粒状、团块状	7.4	34.4	1.80	2.43		86	21.3	136	19.3	洪积物	E 100°16′43.5″ N 31°40′57.4″	77
						2	16—42	灰黄褐色	砾质中壤土		7.8	9.2	0.74	1.08								
						3	42—70	浅黄褐色	砾质重壤土	棱块状	8.0	9.4	0.57	1.24								
						4	70—90	灰黄褐色	砾质重壤土	无明显结构	8.7	34.7	2.04	1.86								
剖3	半淋溶土	褐土	石灰性褐土	火褐黄土	炉霍二黄土	A_{11}	0—19	暗黄褐色	黏壤土	小块状	8.0	30.9	1.86	0.89	2.0	121	7.0	93	27.8	黄土	E 100°34′17.0″ N 31°48′04.3″	93
						Bk_1	19—40	橄榄褐土	壤质黏土	核状、块状	8.4	11.2	0.82	0.75	1.8				26.8			
						Bk_2	40—84	橄榄褐色	黏壤土	核状、块状	8.4	8.1	0.63	0.67	1.8				29.0			
						Bk_3	84—110	橄榄褐色	黏壤土	核状、块状	8.4	10.2	0.47	0.66	1.8				27.2			
剖4	半淋溶土	褐土	石灰性褐土	山地坡积石灰性褐土	薄层石块黑土	1	0—14	褐色	砾质中壤土	粒状	8.2	43.8	3.14	2.19		184	6.9	184	51.0	洪积物	E 100°32′25.4″ N 31°41′52.1″	96
						2	14—34	褐色	砾色	团块状	8.3	18.1	1.83	1.92								
						3	34—63	浅灰褐色	砾质中壤土	无明显结构	8.5	7.6	0.98	1.52								
						4	63—85	浅灰褐色		无明显结构												
剖5	水成土	沼泽土	潜育沼泽土			1	0—6	黑棕色	轻壤土	无明显结构	5.1	269.9	13.95	3.66		770		406	83.3		E 100°34′50.8″ N 31°41′19.0″	72
						2	6—14	黑色	轻壤土	粒状、块状	6.2	103.5	4.96	1.94								
						3	14—42	暗棕灰色	重壤土	棱状、块状	6.6	117.0	2.57	1.00								
						4	42—78	深茶灰色	重壤土	棱块状	6.8	45.3	4.50	1.53								
						5	78—103	浅灰色	中壤土	无明显结构	7.1	44.6	2.28	1.13								
						6	103—		砂壤土													
剖6	半淋溶土	褐土	石灰性褐土	山地坡积石灰性褐土	石块褐土	1	0—18	浅黄褐色	少砾中壤土	粒状、块状	8.1	20.5	1.55	1.72		103	7.0	245	16.0	洪积物	E 100°19′15.4″ N 31°37′20.5″	92
						2	18—49	暗黄褐色	重壤土	小棱块状	8.5	11.1	1.05	1.59								
						3	49—101	黄褐色	重壤土	块状	8.6	10.6	0.59	1.41								
剖7	半淋溶土	褐土	石灰性褐土	石灰性褐土	石渣黑土	1	0—15	暗棕色	多砾轻壤土	块状	8.4	27.0	4.26	1.98		133	6.9	183	8.0	坡积物	E 100°23′46.3″ N 31°37′16.3″	91
						2	15—23	灰黄褐色	砾石土	无明显结构	8.6	17.9	1.66	1.71								
						3	23—50	暗棕灰色	砾石土	棱状、块状	9.3	3.9	0.66	1.65								
						4	50—85	灰黄褐色	砾石土	棱块状	9.3	15.8	1.59	1.60								
						5	85—	浅灰黄色	砾石土	无明显结构												
剖8	半淋溶土	褐土	石灰性褐土	山地老冲积石灰性褐土	黄泥土	1	0—18	黄褐色	重壤土	粒状、块状	8.7	18.8	1.76	1.50		79	16.0	211	13.1	黄土状老冲积物	E 100°27′05.3″ N 31°33′25.3″	94
						2	18—30	暗黄褐色	重壤土	块状	8.8	16.3	1.38	1.50								
						3	30—75	暗灰褐色	重壤土	棱块状	8.9	14.9	1.26	1.33								
						4	75—111	暗棕色	重壤土	块状	8.9	8.6	0.88	1.24								
剖9	半淋溶土	褐土	石灰性褐土			1	0—8	暗棕色	轻壤土	粒状	8.6	93.0	5.23	1.50		296		566	28.0		E 100°31′58.4″ N 31°39′26.8″	89
						2	8—23	棕色	少砾中壤土	粒状、块状	8.6	39.6	3.06	1.29								
						3	23—48	灰黄褐色	中壤土	小块状	8.7	23.7	1.78	1.29								
						4	48—86	灰棕色	中壤土	块状	8.8	18.9	1.18	1.22								

续表 Continued

剖面号 Soil profile	土纲 Soil order	土类 Soil great group	亚类 Soil subgroup	土属 Soil genus	土种 Soil species	土层码 Layer code	土层厚度 Depth/cm	颜色 Soil color	质地 Soil texture	土壤结构 Soil structure	pH	有机质 OM/(g/kg)	全氮 TN/(g/kg)	全磷 TP/(g/kg)	全钾 TK/(g/kg)	碱解氮 AN/(mg/kg)	有效磷 AP/(mg/kg)	速效钾 AK/(mg/kg)	阳离子交换量CEC/(cmol/kg)	土壤母质 Parent material	剖面点坐标 Profile coordinate	匹配指数 Matching index/%
剖10	淋溶土	棕壤	山地棕壤			1	0—8	黑棕色		无明显结构	6.2	312.5	11.72	2.72		457			79.0		E 100°36′59.8″ N 31°34′07.0″	88
						2	8—13	暗棕色		无明显结构	6.2	119.4	4.50	1.70								
						3	13—30	浅棕黄色	少砾中壤土	细粒状	6.6	20.7	1.19	0.95								
						4	30—48	灰黄褐色	少砾中壤土	块状	6.8	14.4	1.07	1.68								
						5	48—60	灰黄褐色	砾质中壤土	块状	7.8	13.7										
						6	60—110		砾石土	无明显结构												
剖11	半淋溶土	褐土	山地褐土	山地老冲积石褐土	石英砂土	1	0—17	黄棕色	砾石土	粉粒状	7.8	3.6	0.47	4.08						老冲积物	E 100°31′23.4″ N 31°31′00.6″	78
						2	17—28	红棕色	砾石土	棱片状	7.4	21.6	1.83	2.91								
						3	28—40	红棕色	砾石土	无明显结构	8.7	1.1	0.18	4.30								
						4	40—53	红棕色	砾石土	无明显结构	8.5	0.6	0.15	4.90								
						5	53—59	红棕色	砾质中壤土	无明显结构												
						6	59—103	浅黄棕色	砾石土	无明显结构												
剖12	高山土	黑毡土		红泥黑色土		1	0—6	暗棕色	轻壤土	紧实	7.3	149.7	5.47	1.54		360		347	43.0		E 100°33′51.8″ N 31°30′40.7″	80
剖13	高山土	黑毡土				1	0—6	黑棕色	轻壤土	无明显结构	5.2	131.3	7.77	3.39		495		217	45.4	洪积物	E 100°53′08.9″ N 31°36′48.6″	79
						2	6—45	暗棕色	砾石土	细粒状	5.7	82.0	7.47	2.90								
						3	45—110	浅黑棕色	砾石土	无明显结构	6.2	39.6	5.19	0.91								
剖14	水成土	沼泽土	泥炭沼泽土			1	0—16	黑棕色	轻壤土	无明显结构	5.5	212.1	4.41	2.63		681	微量	208	59.3		E 100°59′29.8″ N 31°32′10.0″	73
						2	16—26	灰白色	轻壤土	粉粒状	5.4	55.5	5.69	1.23								
						3	26—45	棕色		无明显结构	5.9	398.8	6.01	2.53								
						4	45—70	灰棕色		粉粒状	5.6	112.3	4.26	0.90								
						5	70—180	黑色		无明显结构	5.4	187.1	8.49	1.61								
剖15	高山土	黑毡土				1	0—6	黑棕色	轻壤土	粒状	6.2	9.43	3.29			404		508	54.9		E 100°59′39.1″ N 31°30′06.0″	80
						2	6—22	暗黄棕色	砾质轻壤土	粒状、块状	6.1	89.7	8.20	3.02								
						3	22—50	灰棕色	砾质中壤土	无明显结构	6.1	59.9	5.25	2.72								
						4	50—120	灰黄棕色		无明显结构												
剖16	水成土	沼泽土	腐泥土			1	0—7	黑棕色		无明显结构	6.0	546.7	20.89	1.55		1544					E 101°02′23.1″ N 31°31′32.1″	87
						2	7—35	黑棕色		无明显结构	5.7	624.1	19.71	1.76								
						3	35—58	黑棕色		无明显结构	6.0	383.3	14.48	1.60								
						4	58—90	灰白色														
剖17	淋溶土	棕壤	生草棕壤	老冲积棕壤		1	0—18	暗黄棕色	砾质轻壤土	粒状	7.2	36.0	2.40	1.61		106	29.0	295	17.7	老冲积物	E 100°33′49.7″ N 31°28′58.1″	99
						2	18—40	浅黄棕色	重壤土	粒状、块状	7.4	30.1	2.10	1.64								
						3	40—100	棕色	中壤土	块状	7.0	18.0	1.20	1.34								
剖18	半淋溶土	褐土	石灰性褐土	山地老冲积石灰性褐土	卵石黄土	1	0—17	灰黄褐色	砾质中壤土	粒状	8.1	42.2	3.23	1.54		182	12.0	161	9.5	黄土状冲积物	E 100°31′07.1″ N 31°28′45.4″	96
						2	17—52	灰黄色	砾质中壤土	块状	8.8	15.5	1.70	1.33								
						3	52—76	灰黄色	砾质中壤土	块状	8.9	14.4	1.48	1.33								
						4	76—125	浅黄色		无明显结构	8.9	11.3	1.07	1.12								
剖19	半淋溶土	褐土	石灰性褐土	山地老冲积石灰性褐土	轻质卵石黄土	1	0—17	褐色	砾质砂壤土	粒状	8.1	23.0	2.07	1.59		141	6.9	153	13.0	黄土状冲积物	E 100°33′22.2″ N 31°27′59.5″	85
						2	17—33	灰黄棕色	轻壤土	小块状	8.5	22.2	1.94	1.65								
						3	33—42	灰黄棕色	轻壤土	块状	8.6	13.6	1.47	1.40								
						4	42—110	暗黄棕色	中壤土	小棱块状	8.8	10.6	1.21	1.34								
剖20	半淋溶土	褐土	石灰性褐土	山地坡积石灰性褐土	石块卵石黑土	1	0—13	灰黄褐色	少砾中壤土	团块状	7.9	37.8	2.75	2.90		179	36.7	246	33.0	洪积物	E 100°36′53.7″ N 31°27′17.7″	73
						2	13—32	灰黄褐色	砂土	无明显结构	8.2	23.0	2.65	1.91								
						3	32—43	黄棕草色	粗砂土	无明显结构	8.7	7.3	2.23	0.82								
						4	43—															

续表 Continued

剖面号 Soil profile	土纲 Soil order	土类 Soil great group	亚类 Soil subgroup	土属 Soil genus	土种 Soil species	土层码 Layer code	土层厚度 Depth/cm	颜色 Soil color	质地 Soil texture	土壤结构 Soil structure	pH	有机质 OM/(g/kg)	全氮 TN/(g/kg)	全磷 TP/(g/kg)	全钾 TK/(g/kg)	碱解氮 AN/(mg/kg)	有效磷 AP/(mg/kg)	速效钾 AK/(mg/kg)	阴离子交换量CEC/(cmol/kg)	土壤母质 Parent material	剖面点坐标 Profile coordinate	匹配指数 Matching index/%
剖21	半淋溶土	褐土	石灰性褐土	山地老冲积石灰性褐土	中层卵石黄土	1	0—15	浅黄棕色	砾质中壤土	团粒状	8.2	36.0	2.77	1.92		113	16.5	345	26.4	黄土状老冲积物	E 100°35′19.9″ N 31°26′29.2″	72
						2	15—26	深黄棕色	砾质中壤土	团粒状	8.5	33.5	2.57	1.90								
						3	26—37	灰黄棕色	砾质中壤土	小块状	8.8	14.7	1.47	1.74								
						4	37—60	灰白色		无明显结构	9.1	7.1	0.90	1.41								
剖22	半淋溶土	褐土	石灰性褐土	山地石灰性褐土	薄层石渣黄土	1	0—17	浅黄褐色	多砾轻壤土	细粒状	8.3	34.8	2.97	2.60		160	18.3	390	16.0	坡积物	E 100°38′48.7″ N 31°25′46.9″	97
						2	17—30	灰黄色	砾石土	无明显结构	8.4	23.1	2.42	2.35								
						3	30—85		砾石土	无明显结构												
剖23	半淋溶土	褐土	石灰性褐土	山地坡积石灰性褐土	石块土	1	0—14	暗褐色	砾石土	无明显结构	8.8	40.4	2.74	2.09		133	16.5	437	10.5	坡积物	E 100°37′07.0″ N 31°24′09.5″	71
						2	14—24	灰黄褐色	砾石土	无明显结构	9.0	15.0	1.48	1.75								
						3	24—70	灰黄褐色	砾石土	无明显结构	9.0	7.6	1.18	1.35								
						4	70—	暗黄褐色	少砾重壤土	棱块状	9.1	11.8	1.31	1.25								
剖24	半淋溶土	褐土	山地褐土			1	0—4.5	暗棕色		粒状	6.8	67.6	4.95	1.40		299		433	26.2		E 100°45′08.2″ N 31°20′46.0″	85
						2	4.5—13	浅棕黄色		粒状	6.8	67.3	3.38	1.28								
						3	13—66	灰黄色		块状	8.9	9.2	1.13	1.19								
						4	66—100	灰黄色		块状	9.0	5.6	0.72	1.28								
剖25	半淋溶土	褐土	石灰性褐土	山地老冲积石灰性褐土	卵石粟土	1	0—20	浅棕色	少砾中壤土	粒状、块状	8.2	26.6	1.99	1.31		127	8.0	105	20.0	黄土状老冲积物	E 100°43′29.6″ N 31°19′35.9″	78
						2	20—62	少砾黄褐色	少砾中壤土	小块状	8.5	18.9	1.76	1.22								
						3	62—72	少砾黄褐色	少砾中壤土	小块状	8.7	10.2	1.23	1.36								
						4	72—	灰黄褐色	砾石土	无明显结构												
剖26	高山土	草毡土	草毡土			1	0—4	黑棕色		粒状	5.4	100.1	10.16	2.86		708		284	52.6		E 100°30′07.6″ N 31°19′07.3″	94
						2	4—15	棕黑色		粒状	5.4	123.2	6.30	2.62								
						3	15—49			无明显结构												
剖27	半淋溶土	褐土	山地褐土	山地老冲积石灰性褐土	褐黄泥土	1	0—18	浅棕色	中黏土	粒状、块状	7.3	32.0	2.21	1.08		132	14.2	389	10.6	老冲积物	E 100°43′20.9″ N 31°18′16.1″	79
						2	18—42	棕色	中黏土	棱块状	8.5	14.5	1.27	0.84								
						3	42—115	棕色	重黏土	棱块状	8.7	5.1	0.76	0.73								
剖28	高山土	草毡土	棕草毡土			1	0—4	黑棕色		无明显结构	5.5	188.0	10.40	3.67		757		591	70.0		E 100°32′04.2″ N 31°14′23.6″	92
						2	4—23	暗棕色	砾石土	粒状	5.5	158.0	9.16	13.62								
						3	23—45	浅黄褐色	砾石土	粒状	6.4	24.4	1.87	1.54								
剖29	半淋溶土	褐土	石灰性褐土	山地石灰性褐土	石块黑土	1	0—18	灰黄褐色	砾质轻壤土	粒状	8.1	48.1	3.74	3.42		214	21.0	743	22.0	洪积物	E 100°42′50.4″ N 31°10′40.8″	99
						2	18—30	灰黄褐色	砾质中壤土	粒状、块状	8.2	49.4	3.54	3.32								
						3	30—60	褐色	砾质中壤土	粒状、块状	8.5	17.3	1.63	2.56								
						4	60—	灰黄褐色		无明显结构、团块状												
剖30	半淋溶土	褐土	山地褐土	山地坡积	灰石块黄土	1	0—18	棕褐色	砾质中壤土	粒状、块状	7.5	35.0	2.32	1.80		101	17.0	320	11.0	坡积物	E 100°52′28.9″ N 31°19′36.8″	92
						2	18—85	浅黄褐色	砾质中壤土	块状	7.9	12.2	1.32	1.16								
						3	85—110	浅黄褐色	砾质重壤土	棱块状	8.2	10.0	1.26	1.16								
剖31	高山土	黑毡土	黑毡土	洪积黑色	黑土	1	0—20	灰黄褐色	多砾中壤土	粒状	5.8	79.4	5.22	2.91		100	9.2	472	39.0	洪积物	E 100°49′57.7″ N 31°17′48.1″	81
						2	20—41	灰棕色	砾质中壤土	粒状、块状	5.5	65.5	4.75	2.80								
						3	41—100	灰棕色	砾质中壤土	棱块状	5.8	38.5	2.73	2.04								
剖32	半淋溶土	褐土	石灰性褐土	山地老冲积石灰性褐土	黄土	1	0—17	浅棕黄色	砾质中壤土	粒状、块状	8.6	31.5	1.39	1.43		92	12.0	349	11.8	黄土状老冲积物	E 100°45′01.5″ N 31°17′28.1″	95
						2	17—47	浅棕黄色	重壤土	块状	8.8	11.9	0.34	1.38								
						3	47—97	浅棕黄色	重壤土	棱块状	8.8	6.9	0.88	1.36								
						4	97—122	浅棕色	轻黏土	棱柱状	8.9	6.1	2.97	1.57								
剖33	半水成土	草甸土	草甸土			1	0—5	黑色	砾质砂壤土	无明显结构	8.4	30.5	1.53	2.61		152		153	14.0	黄土状老冲积物	E 100°47′18.8″ N 31°16′19.7″	73
						2	5—25	黄褐色	砾质砂壤土	无明显结构	8.6	24.1	1.46	2.05								
						3	25—70	黄棕色	砾石土	无明显结构	8.8	9.9	1.26	0.95								
						4	70—180			无明显结构												

续表 Continued

剖面号 Soil profile	土纲 Soil order	土类 Soil great group	亚类 Soil subgroup	土属 Soil genus	土种 Soil species	土层码 Layer code	土层厚度 Depth/cm	颜色 Soil color	质地 Soil texture	土壤结构 Soil structure	pH	有机质 OM/(g/kg)	全氮 TN/(g/kg)	全磷 TP/(g/kg)	全钾 TK/(g/kg)	碱解氮 AN/(mg/kg)	有效磷 AP/(mg/kg)	速效钾 AK/(mg/kg)	阳离子交换量CEC/(cmol/kg)	土壤母质 Parent material	剖面点坐标 Profile coordinate	匹配指数 Matching index/%
剖34	半水成土	潮土	高原潮土	高原潮土	细砂土	1	0—16	灰黄褐色	中砾砂壤土	无明显结构	8.6	43.8	2.91	1.48		135	6.7	72	11.6	现代河流冲积物	E 100°47′56.9″ N 31°15′41.8″	72
						2	16—32	灰黄褐色	砾质砂壤土	无明显结构	8.7	10.2	0.88	1.35								
						3	32—55	暗灰褐色	砂砾壤土	无明显结构	9.1	2.2	0.68	1.11								
剖35	半水成土	草甸土	林灌草甸土			1	0—4	褐色	轻壤土	粒状	8.8	42.4	2.33	1.55		139		75	9.7		E 100°48′49.2″ N 31°14′56.2″	99
						2	4—11	灰褐色	轻壤土	粒状	8.9	14.1	1.06	1.22								
						3	11—21	灰褐色	砂壤土	粒状	9.0	8.2	1.06	1.15								
						4	21—48	灰褐色	砂壤土	粒状	9.1	9.2	0.44	1.01								
						5	48—63	灰褐色	紫砂土	无明显结构												
剖36	淋溶土	棕壤	生草棕壤	老冲积棕壤	棕黄泥土	1	0—16	浅棕色	重壤土	核状、团状	7.2	17.8	1.81	1.20		92	22.0	242	17.9	老冲积物	E 100°47′59.6″ N 31°11′36.6″	76
						2	16—27	棕色	重壤土	棱块状	7.5	15.0	1.75	1.27								
						3	27—51	棕色	重壤轻黏土	棱块状	7.7	12.4	1.45	1.35								
						4	51—90	灰黄棕色	轻壤土	细粒状	7.8	9.6	1.49	1.07								
剖37	半淋溶土	褐土	石灰性褐土	山地坡积石灰性褐土	石渣土	1	0—12	灰黄褐色	砾质轻壤土	粒状	8.0	32.8	2.95	1.57		154	14.0	123	24.1	洪积物	E 100°51′27.0″ N 31°10′49.0″	92
						2	12—20	浅棕黄色	砾质轻壤土	块状	8.2	31.8	2.93	1.57								
						3	20—37	灰黄褐色	砾质中壤土	块状	8.2	21.9	2.08	1.43								
						4	37—	灰黄褐色	砾石土	无明显结构	8.2	10.7	1.49	1.22								
剖38	淋溶土	棕壤	生草棕壤	洪积棕壤	洪棕石夹黑	1	0—18	灰黄褐色	砾质轻壤土	细粒状	6.8	47.6	3.92	3.90		216	45.0	583	24.4	洪积物	E 100°45′36.9″ N 31°09′51.1″	92
						2	18—26	黄褐色	砾质轻壤土	粒状	6.8	46.2	3.54	2.80								
						3	26—56	黄褐色	砾石土	无明显结构	6.9	21.5	2.02	2.24								
						4	56—78	黄褐色	砾石土	无明显结构												
剖39	淋溶土	棕壤	生草棕壤			1	0—3	黑褐色	砾质轻壤土	无明显结构	6.1	198.9	8.04	2.21		528		485	44.2		E 100°47′04.5″ N 31°09′20.3″	97
						2	3—9	灰黑棕色	砾质轻壤土	粒状	6.1	113.1	6.47	2.11								
						3	9—38	灰棕色	砾质轻壤土	粒状	6.4	76.5	4.28	1.83								
						4	38—61	灰棕色	砾质中壤土	块状	6.7	10.3	1.31	1.33								
						5	61—101	灰黄色	砾石土	无明显结构	6.9	19.5	1.48	0.96								

甘 孜 县

主要土类说明

草毡土是甘孜县的主要土壤类型，占本县地域面积的50%。草毡土是发生于高寒区（青藏高原）平缓高原面上，具强度生草腐殖质积累与弱度氧化还原特征的高山土壤。该土壤由于寒冻，蒿草根累积并弱度分解，呈草毡状；土体滞水，冻融交替，弱度氧化还原交替进行，造成氧化铁微弱游离。

黑毡土是甘孜县第二大土壤类型，占本县地域面积的33%。黑毡土发生于青藏高原高寒略较温湿的原面上，蒿草与杂生草类的草毡层初步分解，形成初步腐殖化的暗色草根茎盘结层。该土壤色泽较深，有机质含量较高，为100—150g/kg，底土见锈色斑纹。土壤 pH 为 6.5—8.0。

褐土是甘孜县第三大土壤类型，占本县地域面积的9%。褐土是在暖温带半湿润区发育形成的具有黏化与钙质淋移淀积的土壤。该土壤盐基饱和，处于硅铝风化阶段，有明显黏淀层。在其 A-B-C 剖面构型中，B 层呈棕褐色。土壤 pH 为 7.0—7.5，盐基饱和度在80%以上，B 层下部有假菌丝状钙积层。

寒冻土占本县地域面积的6%。寒冻土发生于高山冰雪带下缘。该土壤的形成以寒冻物理风化为主，弱生物累积，土层薄，含砾石多，仅在岩屑中见少量细土物质堆积。土壤 pH 为 7.0—8.5。

小于本县地域面积3%的土壤类型还有棕壤、沼泽土、新积土、草甸土、暗棕壤、石质土等。

本区域中心区气候特征

本区域中心区气候特征值
Regional climate characteristics in central area of the region

气候带：高原亚温带亚湿润气候 Climate region: Plateau sub temperate sub humid climate	
年平均气温 /℃ Annual average temperature /℃	4.5
年平均最高气温 /℃ Annual average maximum temperature /℃	13.0
年平均最低气温 /℃ Annual average minimum temperature /℃	-1.6
年降水量 /mm Annual precipitation /mm	641
≥10℃的积温 /℃ Daily temperature accumulated in a year (≥10℃) /℃	1604
年日照时数 /h Annual sunshine /h	2566
年平均相对湿度 /% Annual average relative humidity /%	58
干燥度 Dryness	0.33

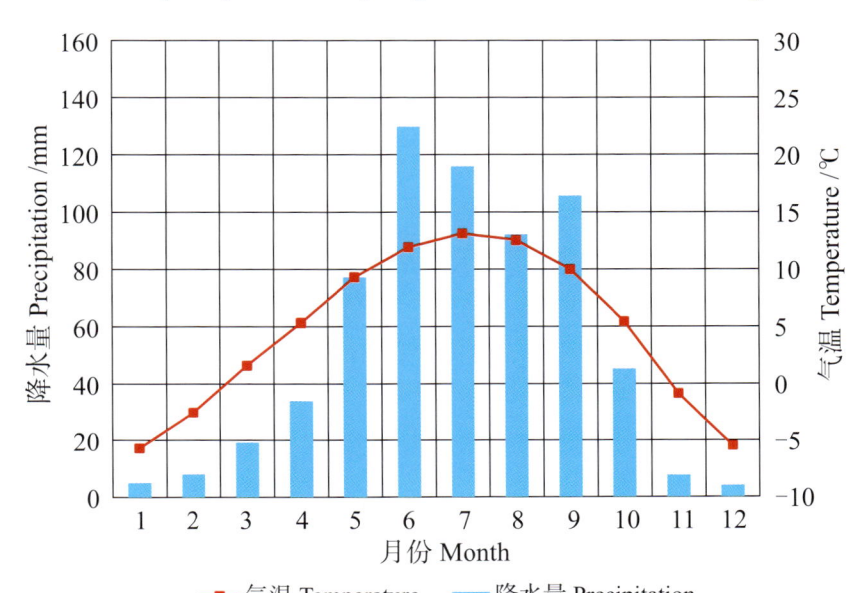

本区域中心区月平均气温与月平均降水量
Monthly temperature and precipitation in central area of the region

甘孜县主要土壤类型与土壤剖面点分布图
1 : 550 000

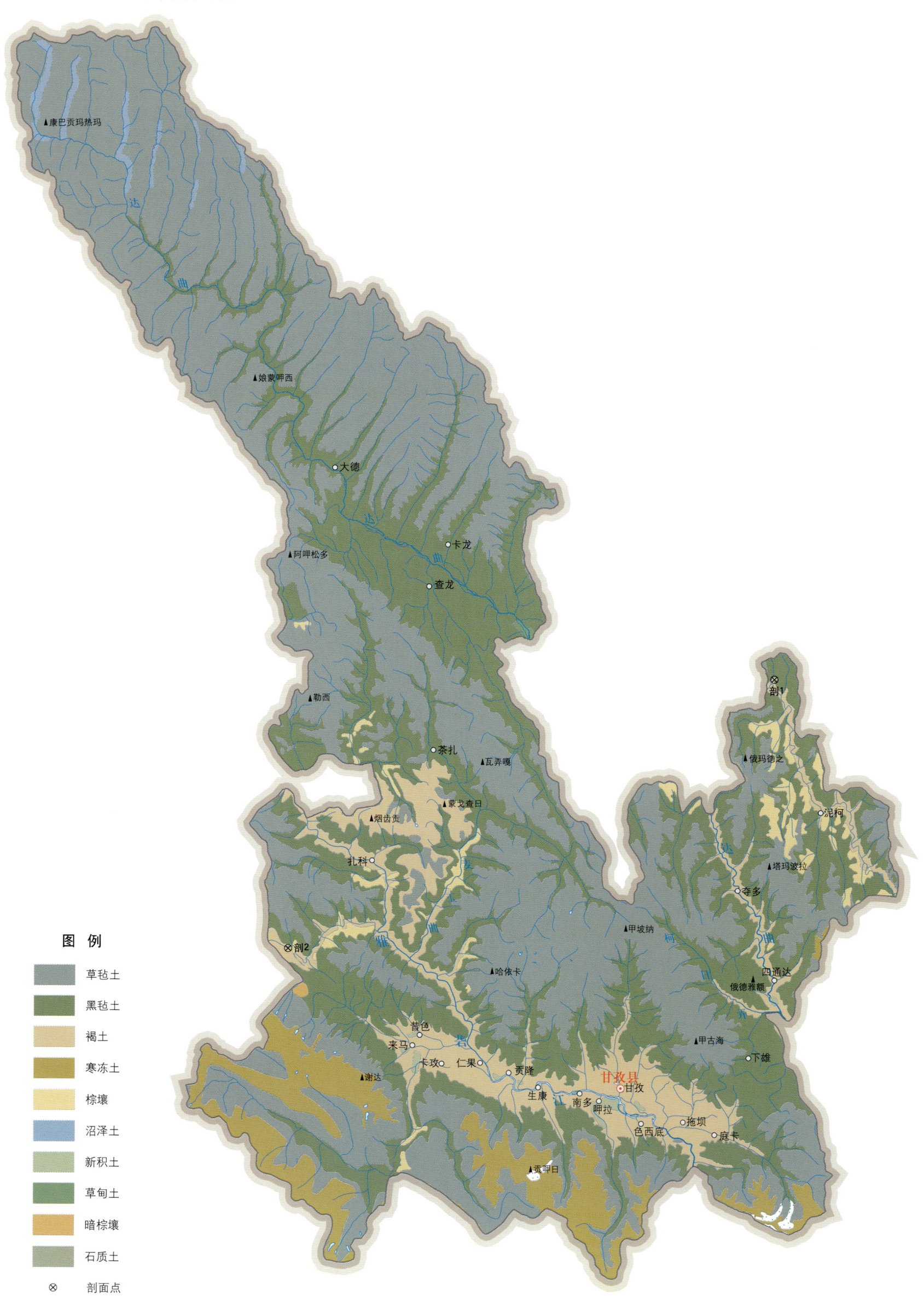

甘孜县土壤剖面理化性状表

剖面号 Soil profile	土纲 Soil order	土类 Soil great group	亚类 Soil subgroup	土属 Soil genus	土层码 Layer code	土层厚度/cm Depth/cm	颜色 Soil color	质地 Soil texture	土壤结构 Soil structure	pH	土壤母质 Parent material	剖面点坐标 Profile coordinate	匹配指数 Matching index/%
剖1	半淋溶土	褐土	暗褐土	黄土质暗褐土	A	0—16	褐色	中壤土	粒状	8.1	黄土状沉积物	E 100°12′29.5″ N 32°06′46.5″	86
					AB	16—27	黄褐色	重壤土	块状	8.5			
					B	27—74	暗棕褐色	重壤土	块状	8.5			
					BC	74—100	暗棕褐色	重壤土	块状	8.5			
剖2	半淋溶土	褐土	暗褐土		As	0—7	暗褐色	砾石土	粒状		黄土状沉积物	E 99°31′19.9″ N 31°47′39.3″	77
					A₁	7—39	栗色	中壤土	小块状				
					Bca	39—91	浅棕黄色	重壤土	棱块状				
					BC	91—132	黄棕色	黏土	棱块状				

新 龙 县

主要土类说明

草毡土是新龙县的主要土壤类型，占本县地域面积的43%，分布于海拔4300—4700m的地区。所处地区为高山寒带气候，特点是气温低、冻土时间长，土壤常处于冻融交替状态，具强度生草腐殖质积累与弱度氧化还原特征。成土母质为冰积物、冰水沉积物、残积物、坡积物。草毡土草根发达，交织盘结，草皮层厚，且具有弹性，土层一般在30cm左右，含石头多，石块常裸露地面。

暗棕壤是新龙县第二大土壤类型，占本县地域面积的15%，分布于海拔3800—4300m的地区，是川西山地温带、寒温带湿润气候条件下形成的地带性森林土类。在湿热同季的气候和在针叶林下，暗棕壤具弱酸性腐殖质积累和轻度的酸性淋溶和弱黏化过程。母质以残积物、坡积物为主，其次有洪积物和冲积物。暗棕壤土层薄，含石头多，土壤呈微酸性，全剖面无石灰反应。

黑毡土是新龙县第三大土壤类型，占本县地域面积的15%，主要分布在雅砻江及其支流两岸的阳坡海拔3800—4300m地段。所处地区为高山亚寒带气候，气温低，冻土时间长，无霜期短，湿度大。成土母质多为残积物、坡积物。成土过程以有机质积累和土壤冻融为主，因此土壤潜在养分高，牧草生长良好，土体粗骨性强，土壤呈微酸性。

灰褐土占本县地域面积的13%，在本县土壤垂直带谱中分布在褐土之上，暗棕壤之下，海拔3000—3800m地段，除友谊乡外，其余各乡均有分布。所处地区为山地温带和山地寒温带气候，气温低，冻土时间长，昼夜温差大，热量条件差，干湿季节明显。成土母质有残积物、坡积物、洪积物、老冲积物等，土壤黏化作用弱，钙积作用强。

寒冻土占本县地域面积的12%，寒冻土发生于高山冰雪带下缘。该土壤的形成以寒冻物理风化为主，弱生物累积，土层薄，含砾石多，仅在岩屑中见少量细土物质堆积。土壤pH为7.0—8.5。

小于本县地域面积3%的土壤类型还有褐土、沼泽土、草甸土、石灰（岩）土、棕色针叶林土等。

本区域中心区气候特征

本区域中心区气候特征值
Regional climate characteristics in central area of the region

气候带：高原亚温带湿润气候 Climate region: Plateau sub temperate humid climate	
年平均气温 /℃ Annual average temperature /℃	5.2
年平均最高气温 /℃ Annual average maximum temperature /℃	13.6
年平均最低气温 /℃ Annual average minimum temperature /℃	−0.8
年降水量 /mm Annual precipitation /mm	702
≥10℃的积温 /℃ Daily temperature accumulated in a year（≥10℃）/℃	1928
年日照时数 /h Annual sunshine /h	2562
年平均相对湿度 /% Annual average relative humidity /%	58
干燥度 Dryness	0.45

本区域中心区月平均气温与月平均降水量
Monthly temperature and precipitation in central area of the region

新龙县主要土壤类型与土壤剖面点分布图
1∶550 000

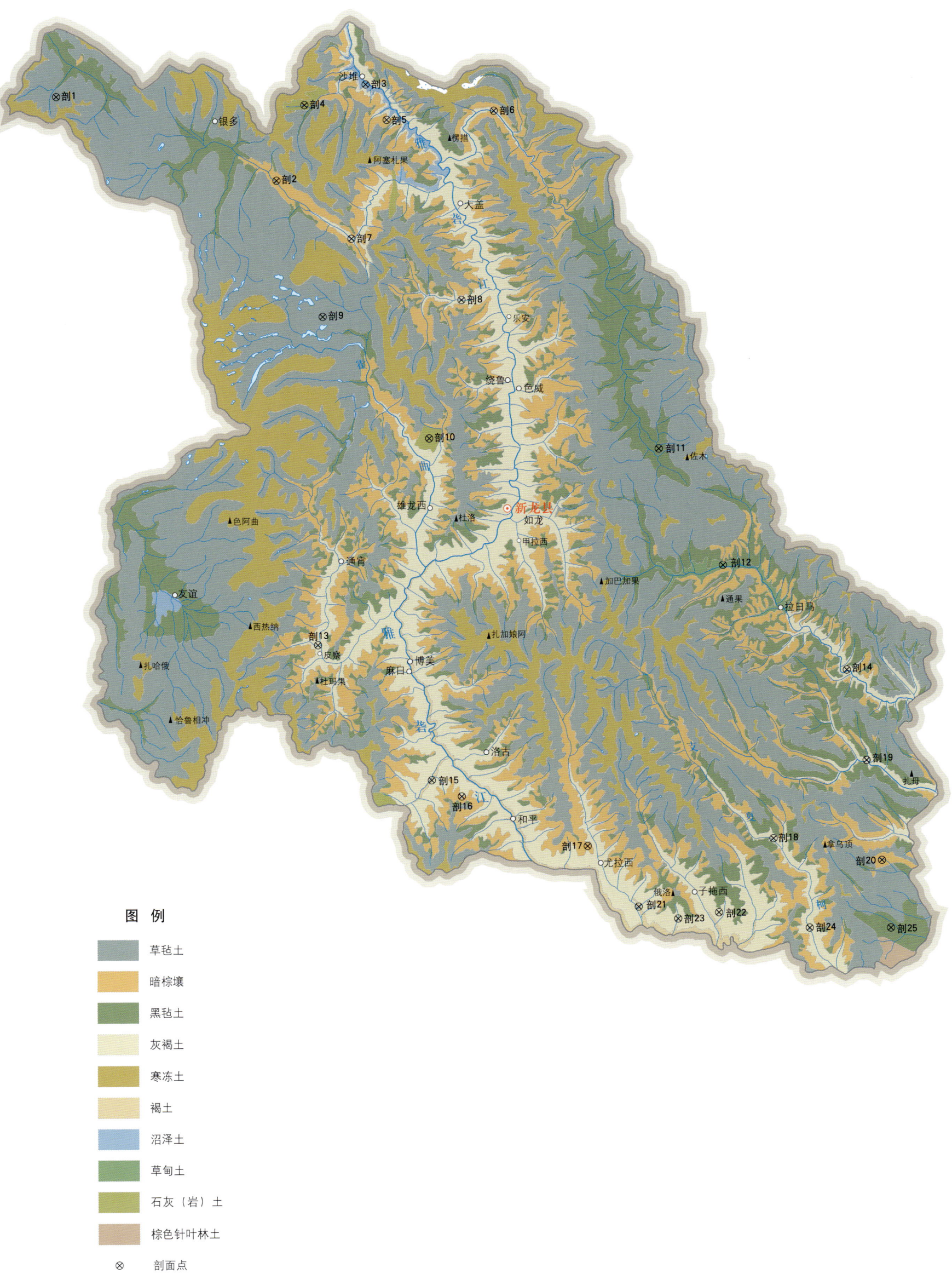

新龙县土壤剖面理化性状表

剖面号 Soil profile	土纲 Soil order	土类 Soil great group	亚类 Soil subgroup	土属 Soil genus	土种 Soil species	土层码 Layer code	土层厚度 Depth/cm	颜色 Soil color	质地 Soil texture	土壤结构 Soil structure	pH	有机质 OM/(g/kg)	全氮 TN/(g/kg)	全磷 TP/(g/kg)	全钾 TK/(g/kg)	碱解氮 AN/(mg/kg)	有效磷 AP/(mg/kg)	速效钾 AK/(mg/kg)	阳离子交换量CEC/(cmol/kg)	土壤母质 Parent material	剖面点坐标 Profile coordinate	匹配指数 Matching index/%
剖1	高山土	草毡土	棕草毡土			1	0—7	暗褐色	轻壤土	团粒状	6.0	60.1	4.23	1.45	2.5	316	6.0	32	18.1		E 99°40′45.1″ N 31°26′44.5″	98
						2	7—16	褐色	中砾石土	粒状	7.6	29.6	2.34	1.38	2.9	202	1.0	28	4.9			
剖2	淋溶土	暗棕壤	暗棕壤		黄土	3	16—40	褐色	砂壤土	小块状	7.8									残积物、坡积物	E 99°59′13.2″ N 31°20′39.8″	72
						C	40—80				7.5											
						1	0—23	褐色	中壤土	粒状	7.2	42.6	2.48	0.67	2.7	181	18.0	344	14.8			
						2	23—53	黄棕色	轻壤土	小块状	7.4	28.8	1.79	0.50	2.7	133	6.0	310	14.8			
						3	53—73	栗色	砂壤土	粒状	7.5											
剖3	水成土	沼泽土	腐泥土			1	0—14	黑色	轻壤土		4.5										E 100°06′47.2″ N 31°27′29.9″	77
						2	14—37	黑色	中壤土	粒状	4.5	494.6	15.95	1.53	1.2	792	16.0	72	82.1			
						3	37—48	黑褐色	中砾中壤土	粒状	5.2	192.6	2.79	0.35	2.2	246	3.0	57	28.7			
						C	18—62	灰蓝色														
剖4	初育土	石灰（岩）土	棕色石灰土		石页丁土	1	0—4				8.0									石灰岩风化残积物、坡积物	E 100°01′36.5″ N 31°26′03.1″	93
						2	4—15	暗棕色	少砾中壤土	粒状	7.3	73.4	2.89	0.43	1.5	146	3.0	505	22.5			
						3	15—52	暗棕色	多砾中壤土	粒状	7.8	15.4	0.30	0.30	1.5	28	3.0	84	14.6			
						4	52—87	灰色			8.0											
剖5	半淋溶土	灰褐土	灰褐土		薄层石砾土	1	0—18	灰褐色	中砾石土	粒状	7.0	56.4	3.52	1.14	2.5	154	39.0	283	14.6	坡积物	E 100°08′30.8″ N 31°24′56.9″	74
						2	18—55	浅黄棕色	中砾石土	小块状	6.8											
剖6	半淋溶土	灰褐土	灰褐土		薄层灰卵石土	1	0—15	浅棕色	重砾石土	粒状	7.3	46.8	2.68	1.06	2.6	202	28.0	125	15.4	坡积物	E 100°17′31.9″ N 31°25′32.2″	77
						2	15—30	浅褐色	重砾石土	小块状	7.5	11.7	1.35	0.81	2.5	49	16.0	48	8.9			
						3	30—				7.5											
剖7	半淋溶土	灰褐土	灰褐土	冲积灰褐土	夹石黄土	1	0—14	黄褐色	中砾石土	粒状	6.4	47.3	3.20	1.06	3.4	232	14.0	256	16.8	老冲积物	E 100°05′28.0″ N 31°16′28.2″	71
						2	14—25	灰白色	紧砂土		6.4											
						3	25—60															
剖8	半淋溶土	灰褐土	灰褐土	洪积灰褐土		1	0—20	暗黄棕色	轻壤土	粒状	7.0	45.1	2.89	0.65	3.0	152	8.0	244	12.4	洪积物	E 100°14′37.0″ N 31°11′59.3″	73
						2	20—50	暗棕色	中砾石土	小块状	7.0	37.9	2.59	0.56	3.3	175	4.0	170				
						3	50—70	浅棕色	中砾石土	粒状	6.5											
剖9	高山土	草毡土	草毡土			1	0—10	灰褐色	砂砾轻壤土	粒状	5.0										E 100°02′58.2″ N 31°10′52.7″	96
						2	10—29	灰褐色	轻壤土	粒状	5.2	79.5	5.35	1.55	3.3	395	9.0	84	27.4			
						C	29—50															
剖10	初育土	石灰（岩）土	黑色石灰土			1	0—10	褐色	重砾石土	粒状	8.0	105.8	4.58	0.83	1.9	217	7.0	95	25.9		E 100°11′46.7″ N 31°02′06.0″	91
						2	10—25	褐色	轻砾石土	粒状	8.4	33.3	1.68	0.70	1.4	69	4.0	37	16.4			
						C	25—85	灰白色			8.5											
						4	85—															
剖11	高山土	黑毡土	黑毡土			1	0—5	暗褐色	砂壤土	团粒状	4.8										E 100°30′57.6″ N 31°01′11.3″	88
						2	5—17	棕色	轻砾石土	粒状	5.5	117.0	5.64	2.04	2.5	428	13.0	245	26.1			
						3	17—29	浅棕色	轻砾石土	粒状	5.5	95.8	4.86	1.98	2.8	373	9.0	121	23.8			
						C	29—45															
剖12	半水成土	草甸土				1	0—3	暗黑色	少砾中壤土	粒状	5.4	107.4	4.74	1.24	1.9	467	7.0	88	23.6		E 100°36′11.2″ N 30°52′45.5″	100
						2	3—12	灰黑色	少砾中壤土	小块状	6.1	7.7	0.80	0.45	1.8	37	2.0	50	8.7			
						3	12—27															
						4	27—															

续表 Continued

剖面号 Soil profile	土纲 Soil order	土类 Soil great group	亚类 Soil subgroup	土属 Soil genus	土种 Soil species	土层码 Layer code	土层厚度 Depth/cm	颜色 Soil color	质地 Soil texture	土壤结构 Soil structure	pH	有机质 OM/(g/kg)	全氮 TN/(g/kg)	全磷 TP/(g/kg)	全钾 TK/(g/kg)	碱解氮 AN/(mg/kg)	有效磷 AP/(mg/kg)	速效钾 AK/(mg/kg)	阳离子交换量CEC/(cmol/kg)	土壤母质 Parent material	剖面点坐标 Profile coordinate	匹配指数 Matching index/%
剖13	半淋溶土	灰褐土	灰褐土			1	0—13	暗褐色	轻砾石土	粒状	7.5	196.0	6.17	0.85	1.6		51.0	555	27.1		E 100°02′16.1″ N 30°47′21.5″	99
						2	13—28	浅黄色	轻砾石土	小块状	7.5	110.0	4.33	0.83	1.9		5.0	111	20.8			
剖14	半淋溶土	灰褐土	灰褐土	灰褐土	砾石黄土	1	0—18	黄褐色	小砾石土	小块状	7.5								14.9	坡积物	E 100°46′19.9″ N 30°45′06.1″	74
						2	18—40	黄褐色	小砾石土	大块状	7.5	29.1	1.93	0.46	2.5	122	6.0	130	14.7			
						3	40—70	黄褐色	重壤土	大块状	7.5	22.4	1.62	0.39	2.5	96	4.0	52				
						4	56—105															
剖15	半淋溶土	褐土	石灰性褐土	洪积石灰性褐土		1	0—16	暗褐色	中砾石土	粒状	8.1	48.4	3.22	1.44	2.1	211	40.0	245	11.0	洪积物	E 100°11′37.3″ N 30°37′35.0″	97
						2	16—30	暗褐色	轻砾石土	小块状	8.2	39.9	2.89	1.33	2.0	179	20.0	214	10.5			
						3	30—49	黄褐色			8.5											
剖16	半淋溶土	褐土	褐土	洪积石灰性褐土	浅灰石块土	1	0—18	褐色	中砾石土	粒状	6.9	88.0	4.84	1.40	2.1	234	46.0	633	20.6	洪积物	E 100°14′05.6″ N 30°36′22.3″	91
						2	18—40	褐色	轻砾石土	小块状	7.0	51.0	2.90	1.21	2.0	123	24.0	363	14.4			
						3	40—80	黄黄色			7.0											
剖17	淋溶土	暗棕壤	暗棕壤	暗棕壤	黑砂土	1	0—19	黑褐色	中砾石粉砂土	粒状	7.0	142.0	7.79	1.39	2.1	502	26.0	708	24.7	残积物,坡积物	E 100°24′31.3″ N 30°32′41.3″	92
						2	19—46	褐色	中砾石紧砂土	无明显结构	7.3	23.5	1.35	0.73	2.3	104	1.0	118	9.4			
						3	46—90	灰黄色	中砾石紧砂土	无明显结构	7.3											
剖18	半淋溶土	灰褐土	灰褐土	灰褐土	夹石粉黄土	1	0—18	黄褐色	重壤土	小块状	7.2	19.5	1.42	0.57	2.3	84	11.0	345	13.5	坡积物	E 100°39′59.4″ N 30°33′02.5″	79
						2	18—50	黄褐色			7.2								14.9			
剖19	半淋溶土	灰褐土	灰褐土	洪积灰褐土		1	0—18	暗褐色	轻砾石土	粒状	6.7	20.7	3.75	1.33	2.7	318	6.0	730	20.2	洪积物	E 100°47′51.7″ N 30°38′33.4″	92
						2	18—32	暗褐色	中砾石土	粒状	7.5	58.3	3.38	1.33	2.0	276	1.0	215				
剖20	淋溶土	暗棕壤	暗棕壤	暗棕壤	冷黄土	1	0—16	褐色	中砾石砂壤土	粒状	6.3	51.7	3.51	1.76	2.2	261	28.0	464	20.4	残积物,坡积物	E 100°48′59.4″ N 30°31′19.9″	99
						2	16—27	暗褐色	轻砾石土	小块状	7.0	51.4	3.17	1.69	2.2	249	20.0	320	18.9			
						3	27—65	暗褐色	轻砾石砂壤土		7.0											
剖21	半淋溶土	褐土	石灰性褐土			1	0—30	褐色	中壤土	粒状	7.0	21.3	2.30	0.35	2.6	83	2.0	165	17.8		E 100°28′41.8″ N 30°28′16.5″	83
						2	30—49	灰黄色	中壤土	块状	7.5	20.4	1.80	0.24	2.6	64	4.0	134	15.7			
						3	49—61	灰黄色			7.8	18.6	1.30	0.19		37	3.0	121				
剖22	半淋溶土	灰褐土	灰褐土	冲积灰褐土	黄泥土	1	0—16	黑褐色	多砾重壤土	块状	7.2	60.5	3.13	1.11	2.6	267	49.0	680	12.3	老冲积物	E 100°35′21.8″ N 30°27′46.1″	99
						2	16—31	黄褐色	少砾中壤土	块状	6.8	40.8	2.44	0.79	2.6	161	10.0	307	12.6			
						3	31—85	黄褐色	少砾中壤土	大块状	6.8											
剖23	半淋溶土	灰褐土	石灰性灰褐土	灰石土	夹石土	1	0—21	黄褐色	中砾石土	块状	8.5	21.5	1.42	0.68	2.3	84	5.0	105	12.0	坡积物	E 100°31′56.7″ N 30°27′21.8″	98
						2	21—40	黄褐色	中砾石土	块状	8.2	18.9	1.42	0.71	2.6	73	3.0	99	10.9			
						3	40—78	黄褐色	中砾石土	块状	8.2											
剖24	半淋溶土	灰褐土	石灰性灰褐土	灰石土	砂浆黄土	1	0—13	褐色	中壤土	粒状	8.6	20.2	1.22	0.36	2.5	93	2.0	297	15.7	坡积物	E 100°42′52.1″ N 30°26′32.6″	83
						2	13—26	暗褐色	中壤土	块状	8.6	14.9	1.25	0.37	2.4	87	2.0	203				
						3	26—60	棕色	中壤土	块状	8.6											
剖25	高山土	黑毡土	棕黑毡土			1	0—9	浅棕色	轻壤土	粒状	6.0	89.3	4.24	0.71	3.6	316	1.0	122	15.7		E 100°49′37.6″ N 30°26′26.2″	76
						2	9—15	灰黄色	中壤土	粒状	6.4	44.4	2.17	0.55	2.4	155	1.0	70	14.0			
						3	15—37	灰黄色	中壤土	粒状	5.9	32.7	1.27	0.51	2.7	83	1.0	51				
						4	37—68		砂壤土	小块状												

德 格 县

主要土类说明

草毡土是德格县的主要土壤类型，占本县地域面积的49%，分布于寒漠土之下，黑毡土之上。在寒带气候条件下，通过腐殖质的累积和生草作用形成，目前植被比较稀少，且生长差，出现了球形点地梅和蚤缀银等。草本植被主要是莎草科和杂类草，其他草很少，灌丛植被有紫花杜鹃、小叶杜鹃、金眼蜡梅等，草本、灌丛植被生长均低矮，一般高度在30cm以内。草毡土是发生于高寒区（青藏高原）平缓高原面上，具强度生草腐殖质积累与弱度氧化还原特征的高山土壤。该土壤由于寒冻，蒿草根累积并弱度分解，呈草毡状；土体滞水，冻融交替，弱度氧化还原交替进行，造成氧化铁微弱游离。该土壤最突出的特点是B层不明显，只有A-BC-C层段。

黑毡土是德格县第二大土壤类型，占本县地域面积的25%，分布于草毡土之下，暗棕壤之上，或与暗棕壤呈复区分布。在亚寒带气候和草甸草本植被下，通过腐殖质累积和生化作用形成。草本植被主要有莎草科、蓼科、禾本科、菊科、豆科等，种类繁多，生长较好，是主要的放牧基地，灌丛植被主要有小叶杜鹃、窄叶鲜卑花、三颗针等。黑毡土发生于青藏高原高寒略较温湿的塬面上，蒿草与杂生草类的草毡层初步分解，形成初步腐殖化的暗色草根茎盘结层。该土壤色泽较深，有机质含量较高，为100—150g/kg，底土见锈色斑纹。土壤pH为6.5—8.0。

暗棕壤是德格县第三大土壤类型，占本县地域面积的9%，分布于海拔3800—4300m的地区。地处高山亚寒带气候，气温低，冻土时间长，无霜期短，土壤湿度大。植被以针叶林为主，树种有铁杉、冷杉、云杉等，林下有少量的灌木和杂草。暗棕壤是在山地温带、寒温带湿润气候条件下形成的地带性森林土类。土壤具弱酸性腐殖质积累和轻度的酸性淋溶和弱黏化过程。成土母质以残积物、坡积物为主，其次有洪积物和冲积物。具O-A-B-C剖面构型。A层有机质含量可达200g/kg，弱酸性淋溶，铁铝轻微下移。B层呈棕色，结构面见铁锰胶膜，呈弱酸性，盐基饱和度为70%—80%。土壤冻结期长。暗棕壤土层薄，含石头多，全剖面无石灰反应。

灰褐土占本县地域面积的8%，分布于本县阴坡海拔3750m以下、阳坡海拔3800m以下的地区。褐土是在半湿润寒温带、温带气候和针叶林植被条件下，通过腐殖质积累、碳酸盐淋溶淀积以及不明显的黏化作用形成的。具Ao-A-B-C剖面构型，Ao层有机质含量可达100g/kg，下见暗色腐殖层，有弱黏淀特征，见棕褐色土层，钙积层在60cm以下出现，铁铝氧化物无移动。土壤pH为7.0—8.0。

小于本县地域面积3%的土壤类型还有寒冻土、草甸土、沼泽土等。

本区域中心区气候特征

本区域中心区气候特征值
Regional climate characteristics in central area of the region

气候带：高原亚温带亚湿润气候 Climate region: Plateau sub temperate sub humid climate	
年平均气温 /℃ Annual average temperature /℃	3.6
年平均最高气温 /℃ Annual average maximum temperature /℃	11.7
年平均最低气温 /℃ Annual average minimum temperature /℃	-2.4
年降水量 /mm Annual precipitation /mm	593
≥10℃的积温 /℃ Daily temperature accumulated in a year (≥10℃) /℃	1258
年日照时数 /h Annual sunshine /h	2555
年平均相对湿度 /% Annual average relative humidity /%	59
干燥度 Dryness	0.10

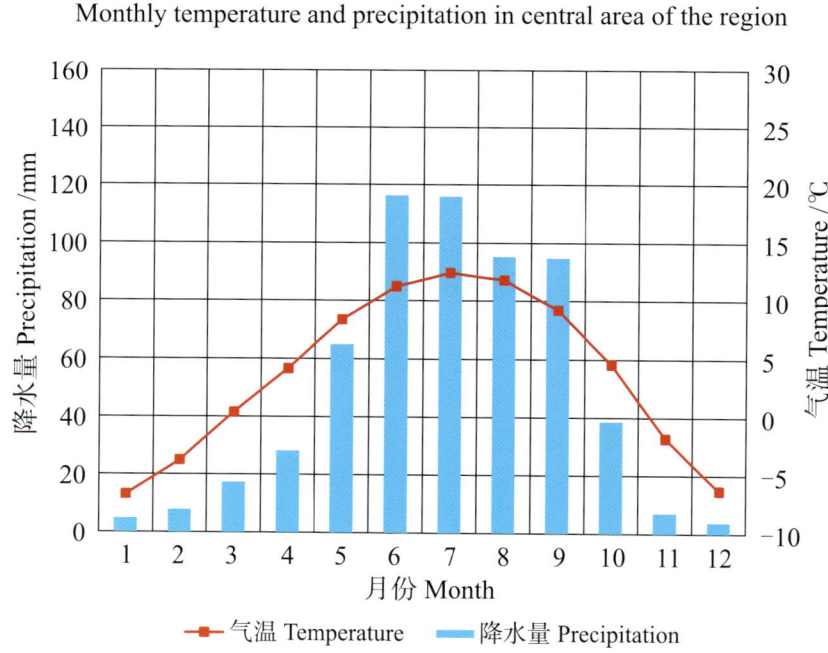

本区域中心区月平均气温与月平均降水量
Monthly temperature and precipitation in central area of the region

德格县主要土壤类型与土壤剖面点分布图
1:600 000

图例

- 草毡土
- 黑毡土
- 暗棕壤
- 灰褐土
- 寒冻土
- 草甸土
- 沼泽土
- ⊗ 剖面点

德格县土壤剖面理化性状表

剖面号 Soil profile	土纲 Soil order	土类 Soil great group	亚类 Soil subgroup	土属 Soil genus	土种 Soil species	土层码 Layer code	土层厚度 Depth/cm	颜色 Soil color	质地 Soil texture	土壤结构 Soil structure	pH	有机质 OM/(g/kg)	全氮 TN/(g/kg)	全磷 TP/(g/kg)	全钾 TK/(g/kg)	碱解氮 AN/(mg/kg)	有效磷 AP/(mg/kg)	速效钾 AK/(mg/kg)	阳离子交换量CEC/(cmol/kg)	土壤母质 Parent material	剖面点坐标 Profile coordinate	匹配指数 Matching index/%
剖1	半淋溶土	灰褐土	淋溶灰褐土	淋溶灰褐土	灰渣面土	A	0—14	灰褐色	中壤土	粒状	8.2	88.5	4.85	2.58	3.2	237	11.0	220	24.0	残积物、坡积物	E 99°04′28.9″ N 32°31′57.4″	94
						2	14—54	暗棕色	重壤土	块状	8.2	47.8	2.95	2.24	3.1				18.0			
						3	54—70	黄棕色	重壤土	块状	8.4	41.9	2.84	2.35	3.5				17.3			
						4	70—90		重壤土	块状	8.4											
剖2	半淋溶土	灰褐土	石灰性灰褐土	老冲积石灰性灰褐土	灰黄土	A	0—18	黄棕色	中壤土	粒状	8.2	31.9	1.37	1.55	2.3	55	21.0	343	9.1	第四纪老冲积物	E 99°04′09.1″ N 32°25′40.8″	84
						2	18—40	棕褐色	中壤土	块状	8.9	31.0	0.87	1.51	2.4				9.6			
						3	40—80	暗棕色	中壤土	块状	9.0	19.3	0.78	1.46	2.7				9.6			
剖3	半淋溶土	灰褐土	石灰性灰褐土	洪积石灰性灰褐土	面石黄土	A	0—20	暗棕色	中壤土	粒状	8.1	38.8	2.34	2.80	2.4	111	10.0	335	11.4	洪积物	E 98°21′01.4″ N 32°19′49.8″	97
						2	20—47	暗棕色	中壤土	核状	8.1	21.1	1.48	2.32	2.5				9.9			
						3	47—65	棕黄色	中壤土													
剖4	高山土	黑毡土				1	0—10	暗棕色	中壤土	粒状、块状	6.3	147.8	6.43	2.55	2.9	400	4.0	184	32.0		E 98°40′04.1″ N 32°14′44.5″	87
						2	10—33	暗棕色	中壤土	粒状	6.5	121.3	5.51	2.74	2.7				29.9			
						3	33—47	暗棕色	中壤土	粒状、块状	6.5	60.7	2.82	2.02	2.5				28.2			
						C	47—80	浅棕色	中壤土		6.8	25.0	0.72	0.76	1.6				26.5			
剖5	半淋溶土	灰褐土	石灰性灰褐土	老冲积石灰性灰褐土	黑泥土	A	0—14	褐色	中壤土	团粒状	8.4	29.0	1.59	1.88	3.2	74	4.0	259	13.5	第四纪老冲积物	E 98°58′23.2″ N 32°17′10.3″	86
						1	14—24	褐色	重壤土	粒状	8.3	27.1	1.60	1.76	3.0				13.0			
						3	24—53	褐色	中壤土	小块状	8.8	28.7	1.62	1.85	3.3				15.2			
						4	53—85	棕黄色	轻壤土	粒状	8.2	6.7	0.54	1.45	3.0				7.4			
剖6	高山土	棕毡土			面石土	A	0—4	黑褐色	中壤土	粒状	6.3	92.6	5.11	2.99	2.5	268	7.0	104	30.3		E 99°03′13.0″ N 32°12′22.0″	86
						Ao	4—15	黑褐色	重壤土	块状	6.3	163.7	6.89	2.72	2.5	475	9.0	121	30.0			
						3	15—40	褐色	中壤土	块状	7.2	70.9	3.43	2.55	2.5				23.5			
						4	40—100		轻壤土		7.4	15.7	0.77	1.07	2.9				6.8			
剖7	半淋溶土	灰褐土	石灰性灰褐土	洪积石灰性灰褐土	面石土	1	0—17	黄棕色	中壤土	粒状	8.5	93.9	3.85	3.13	3.3	208	21.0	93	12.2		E 99°15′00.7″ N 32°16′21.4″	87
						2	17—31	黄棕色	中壤土	粒状	8.2	80.3	3.62	3.51	3.2				10.6			
						3	31—		中壤土	微团粒状	8.6	62.4	3.71	2.99	4.0				1.5			
剖8	半淋溶土	灰褐土	石灰性灰褐土	老冲积石灰性灰褐土	黄土	A	0—15	黄棕色	中壤土	块状	8.3	26.6	1.81	2.01	2.5	72	10.0	440	11.4	第四纪老冲积物	E 98°38′35.2″ N 32°04′26.8″	75
						2	15—75	灰棕色	中壤土	块状	8.0	11.5	1.60	1.67	2.2				10.6			
						3	75—97	黄棕色	中壤土		8.6	15.9	1.00	1.33	2.4				10.9			
剖9	淋溶土	暗棕壤				Ao	0—6		中壤土	粒状	7.0	186.0	7.56	2.56	2.1	338	49.0	235	40.5		E 98°42′14.4″ N 32°00′28.1″	71
						2	6—13	暗棕色	中壤土	粒状	7.2	41.2	1.87	1.30	2.5				25.3			
						3	13—35	黄棕色	重壤土	块状	7.0	28.3	1.58	1.46	2.5				17.6			
						4	35—80	棕色	中壤土	块状												
剖10	水成土	沼泽土	腐泥沼泽土			1	0—17	黑色	轻壤土	片状	5.8	375.6	14.34	2.30	1.4	636	19.0	99	54.4		E 98°49′59.2″ N 32°09′05.0″	85
						2	17—80	黑色	轻壤土	片状、块状	6.2	419.0	19.29	1.14	1.1				69.5			
						H	80—92	黑色	轻壤土		6.2	418.6	20.84	1.53	0.7				72.1			
						G_1	92—110	暗黄色	轻壤土		6.4											
剖11	半淋溶土	灰褐土	淋溶灰褐土	淋溶灰褐土	冷黄土	A	0—20	灰褐色	中壤土	粒状	7.2	49.2	2.72	1.78	2.6	179	30.0	286	18.7	残积物、坡积物	E 99°27′21.7″ N 32°07′38.0″	80
						2	20—45	黄褐色	重壤土	块状	7.9	42.2	2.28	1.71	2.8				16.5			
						3	45—90	黄棕色	中壤土		7.9	29.8	7.66	2.60	2.0				8.6			
剖12	半淋溶土	灰褐土	洪积淋溶灰褐土	洪积淋溶灰褐土	面石褐土	A	0—14	褐色	轻壤土	粒状、块状	7.8	101.5	3.38	4.93	2.8	152	29.0	507	18.5	洪积物	E 99°19′30.0″ N 32°06′29.5″	83
						2	14—24	暗褐色	中壤土	块状	8.1	87.1	2.83	4.01	2.8				15.6			
						3	24—60	灰棕色	中壤土	块状	8.1	23.6	1.34	2.07	2.7				8.8			
						4	60—80	黑棕色	轻壤土	块状	8.4	62.7	1.76	1.89	2.7				12.5			

续表 Continued

剖面号 Soil profile	土纲 Soil order	土类 Soil great group	亚类 Soil subgroup	土属 Soil genus	土种 Soil species	土层码 Layer code	土层厚度 Depth/cm	颜色 Soil color	质地 Soil texture	土壤结构 Soil structure	pH	有机质 OM/(g/kg)	全氮 TN/(g/kg)	全磷 TP/(g/kg)	全钾 TK/(g/kg)	碱解氮 AN/(mg/kg)	有效磷 AP/(mg/kg)	速效钾 AK/(mg/kg)	阳离子交换量CEC/(cmol/kg)	土壤母质 Parent material	剖面点坐标 Profile coordinate	匹配指数 Matching index/%
剖13	水成土	沼泽土	潜育沼泽土			1	0—22	暗棕色	中壤土		7.1	100.3	5.16	3.68	2.4	291	6.0	81	31.0		E 99°15′10.8″ N 32°03′01.8″	93
						H	22—34	暗棕色			7.0	59.6	2.74	2.22	2.9				26.1			
						G	34—45	灰黄色	轻壤土		7.2	3.6	0.59	0.99	3.3				6.1			
剖14	半淋溶土	灰褐土	淋溶灰褐土	淋溶灰褐土	面石土	A	0—22	暗棕色	轻壤土	粒状	6.7	79.9	4.30	2.90	2.6	228	38.0	370	18.7	残积物、坡积物	E 98°45′05.4″ N 31°57′42.8″	71
						2	22—37	黑棕色	中壤土	块状	7.3	22.7	2.10	2.10	2.6				9.8			
						3	37—70	黑棕色	砂壤土		8.2	46.3	2.83	2.33	1.7				9.8			
剖15	半淋溶土	灰褐土	淋溶灰褐土	老冲积淋溶灰褐土	褐黄土	A	0—16	棕褐色	重壤土	粒状、块状	7.4	27.6	1.46	1.36	2.0	67	7.0	250	13.5	第四纪老冲积物	E 99°23′07.8″ N 31°50′08.2″	81
						2	16—31	棕褐色	中壤土	块状	7.6	25.1	1.42	1.84	2.7				14.2			
						3	31—55	暗棕色	中壤土	块状	8.3	31.6	1.26	1.55	2.7				16.4			
						4	55—115	黑棕色	中壤土													
剖16	高山土	草毡土	棕草毡土			Ao	0—4														E 99°16′41.9″ N 31°44′57.1″	86
						2	4—32	暗褐色	轻壤土	粒状	7.5	184.7	9.83	1.73	2.4	543	14.0	199	37.6			
						3	32—60	灰褐色	中壤土	块状	8.2	25.9	1.93	4.16	3.6				10.0			
剖17	半淋溶土	灰褐土	石灰性灰褐土	洪积石灰性灰褐土	面石黑土	A	0—20	黑褐色	轻壤土	粒状	8.2	51.2	2.37	1.96	2.5	92	11.0	211	6.4	洪积物	E 98°38′26.8″ N 31°36′57.5″	93
						2	20—30	黑灰色	轻壤土	块状	8.3	21.6	1.74	1.65	3.3				5.0			
						3	30—48	黑灰色	砂壤土	粒状	8.5	32.4	1.24	1.70	2.8				4.2			
						4	48—75	黑棕色	中壤土	粒状	8.6	16.1	1.75	1.54	3.2				5.0			
剖18	高山土	草毡土				1	0—5	暗棕色	重壤土	粒状	5.3	110.2	5.09	2.38	2.7	287	8.0	144	20.4		E 99°11′48.8″ N 31°38′31.2″	71
						2	5—33	棕褐色	重壤土	块状	5.9	77.4	4.34	2.70	2.4				21.0			
						3	33—61	暗黄棕色	重壤土	块状	6.2	62.5	3.24	3.00	2.7				20.3			
						C	61—78	棕色	轻壤土		7.5											
剖19	半淋溶土	灰褐土	淋溶灰褐土			1	0—4	暗黄棕色	轻壤土	粒状	8.7	43.0	2.52	1.21	1.7	123	5.0	59	13.9		E 98°56′34.9″ N 31°28′52.1″	71
						2	4—24	黄棕色	轻壤土	块状	8.7	48.1	1.77	1.18	1.9				11.3			
						3	24—40	棕色	中壤土	块状												
						4	40—85	暗棕色	中壤土	块状	8.8	23.8	1.42	1.25	2.0				10.7			

白 玉 县

主要土类说明

草毡土是白玉县的主要土壤类型，占本县地域面积的33%，分布在本县西部海拔4400m以上、东部海拔4200m以上的地区。自然植被有高山蒿草、委陵菜、蓼科牧草及高山柳、蜡梅、小杜鹃等灌丛植被。草毡土的草根盘结紧密，厚5—9cm，腐殖质层较厚，一般为10—20cm，土层薄，一般为40—60cm，粗骨性较强。

黑毡土是白玉县第二大土壤类型，占本县地域面积的21%，分布于海拔3500—4400m地区。所处地区属高山亚寒带气候，自然植被有蒿草、羊茅、委陵菜、黄芪、凤毛菊、小叶杜鹃、高山柳、蜡梅等。成土母质为变质岩、板岩、砂岩、千枚岩等残积物、坡积物。蒿草与杂生草类的草毡层初步分解，形成初步腐殖化的暗色草根茎盘结层。该土壤色泽较深，有机质含量较高，为100—150g/kg，底土见锈色斑纹。土壤pH为6.5—8.0。

寒冻土是白玉县第三大土壤类型，占本县地域面积的17%。寒冻土发生于高山冰雪带下缘。该土壤的形成以寒冻物理风化为主，弱生物累积，土层薄，含砾石多，仅在岩屑中见少量细土物质堆积。土壤pH为7.0—8.5。

棕色针叶林土占本县地域面积的11%，分布在海拔3300—4200m的谷坡上。成土母质由砂岩、千枚岩、片麻岩等风化坡积物发育而成。自然植被为冷杉、云杉组成的针叶林，林下植被有杜鹃、忍冬等，地表覆盖植被有地衣、苔藓等。酸性淋溶，表层盐基饱和度降低，B层呈棕色，具O-A-AB-B-C剖面构型。在冷杉林内，凋落物-苔藓地被物层的有机质分解程度低，富里酸下渗，络合部分铁铝下移，使表层盐基饱和度降低。全剖面呈酸性，盐基饱和度为50%—70%。

暗棕壤占本县地域面积的8%，分布在阴坡海拔3400m、阳坡海拔3500—4000m的谷坡上。自然植被有以高山栎为主的阔叶林，间或有冷杉、桦树、杨树组成的针阔叶混交林，林下伴有枸子、绣线菊等灌丛和草本植物。母质以残积物、坡积物为主，其次有洪积物和冲积物。土壤具弱酸性腐殖质累积和轻度的酸性淋溶和弱黏化过程。暗棕壤土层薄，含石头多，土壤湿度大，呈微酸性，全剖面无石灰反应。

灰褐土占本县地域面积的7%，分布在阳坡海拔3000—3500m、阴坡海拔3400—3750m的地区。灰褐土是在半湿润寒温带、温带气候和针叶林植被条件下，通过腐殖质累积、碳酸盐淋溶淀积以及不明显的黏化作用形成的。腐殖质累积与钙积作用明显，pH为7.0—8.0。

小于本县地域面积3%的土壤类型还有褐土、沼泽土等。

本区域中心区气候特征

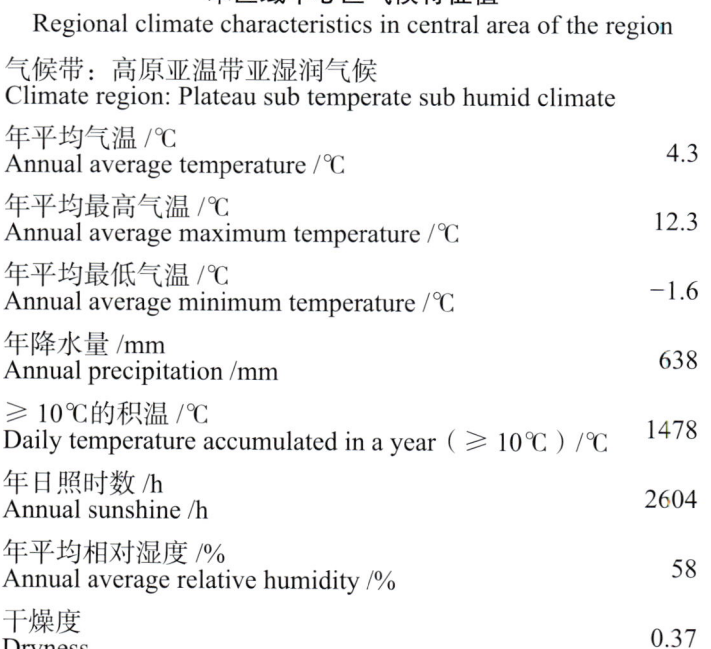

本区域中心区气候特征值
Regional climate characteristics in central area of the region

气候带：高原亚温带亚湿润气候 Climate region: Plateau sub temperate sub humid climate	
年平均气温 /℃ Annual average temperature /℃	4.3
年平均最高气温 /℃ Annual average maximum temperature /℃	12.3
年平均最低气温 /℃ Annual average minimum temperature /℃	-1.6
年降水量 /mm Annual precipitation /mm	638
≥10℃的积温 /℃ Daily temperature accumulated in a year (≥10℃) /℃	1478
年日照时数 /h Annual sunshine /h	2604
年平均相对湿度 /% Annual average relative humidity /%	58
干燥度 Dryness	0.37

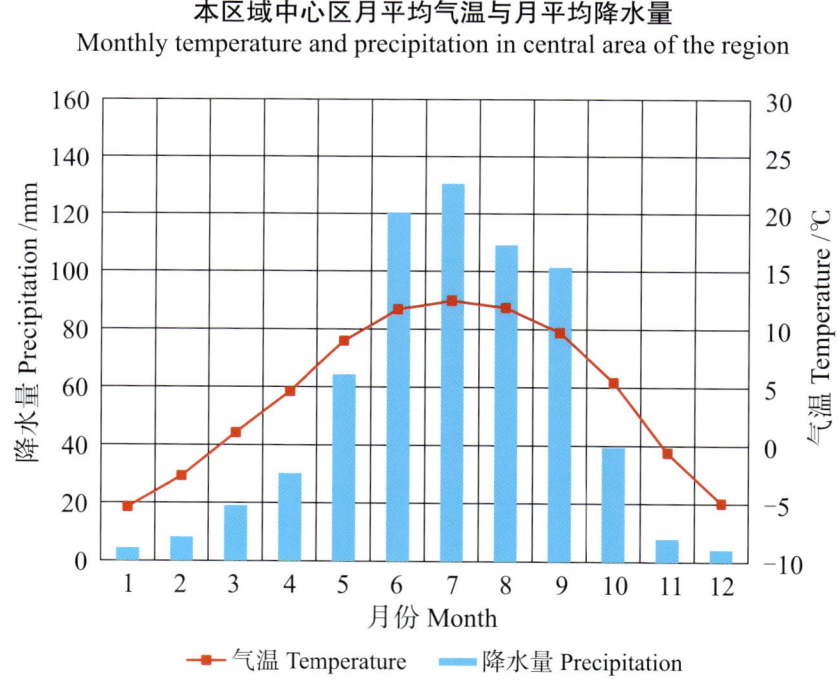

本区域中心区月平均气温与月平均降水量
Monthly temperature and precipitation in central area of the region

白玉县主要土壤类型与土壤剖面点分布图
1∶570 000

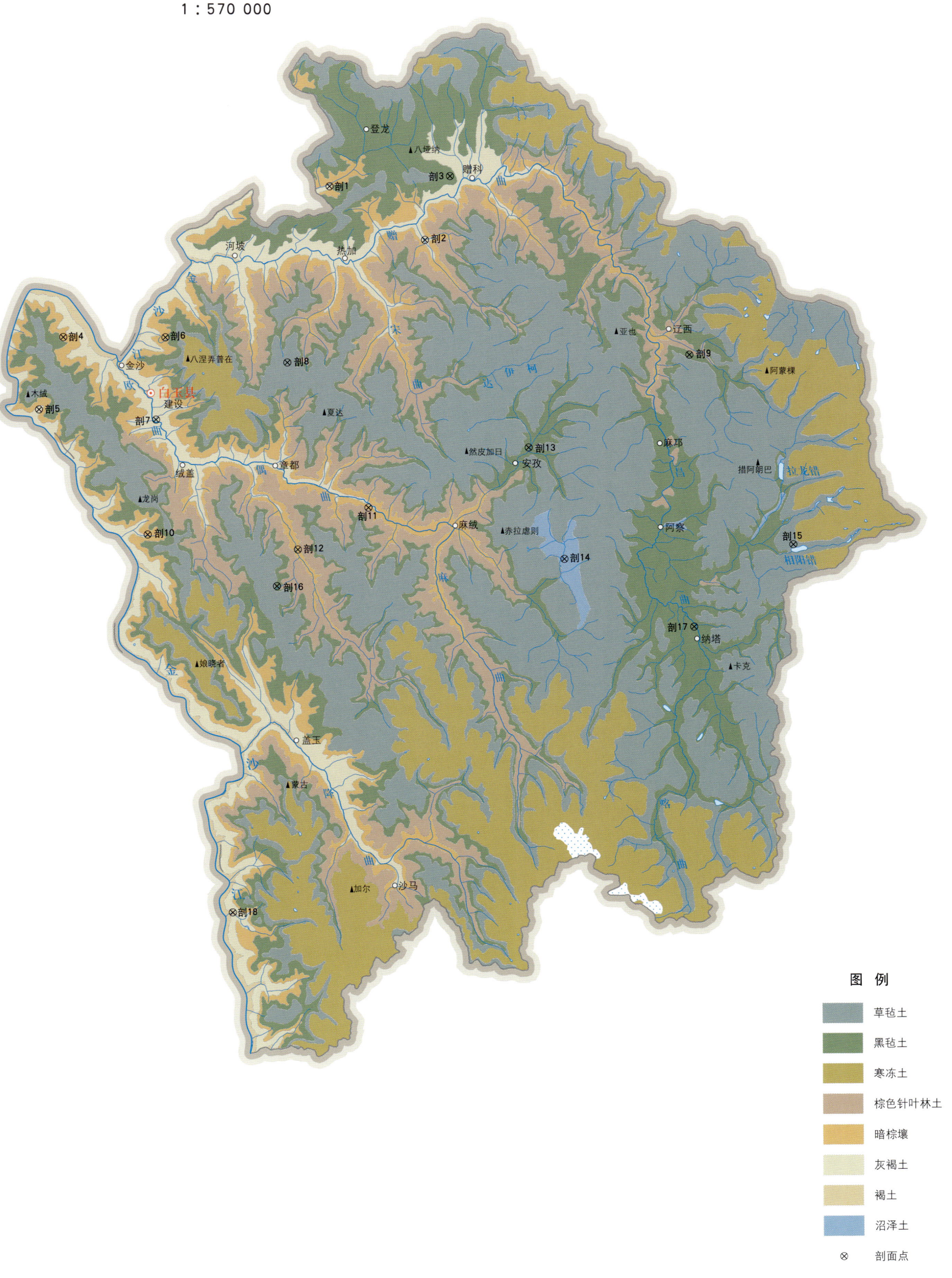

图 例
- 草毡土
- 黑毡土
- 寒冻土
- 棕色针叶林土
- 暗棕壤
- 灰褐土
- 褐土
- 沼泽土
- ⊗ 剖面点

白玉县土壤剖面理化性状表

剖面号 Soil profile	土纲 Soil order	土类 Soil great group	亚类 Soil subgroup	土属 Soil genus	土种 Soil species	土层码 Layer code	土层厚度 Depth/cm	颜色 Soil color	质地 Soil texture	土壤结构 Soil structure	pH	有机质 OM/(g/kg)	全氮 TN/(g/kg)	全磷 TP/(g/kg)	全钾 TK/(g/kg)	碱解氮 AN/(mg/kg)	有效磷 AP/(mg/kg)	速效钾 AK/(mg/kg)	阳离子交换量 CEC/(cmol/kg)	土壤母质 Parent material	剖面点坐标 Profile coordinate	匹配指数 Matching index/%
剖1	半淋溶土	灰褐土	石灰性灰褐土	残坡积石灰性灰褐土	豆石土	1	0—16	暗褐色	多砾砂壤土	粒状	8.5	43.9	3.29	1.02	2.3	192	15.0	618	7.7	花岗岩风化残积物、坡积物	E 99°05′21.7″ N 31°28′23.1″	79
						2	16—47	褐色	多砾砂壤土	小块状	8.5	34.8	2.85	1.11	2.0				8.2			
						3	47—78	栗色														
						4	78—98	灰褐色														
剖2	半淋溶土	灰褐土	淋溶灰褐土	残坡积淋溶灰褐土	灰石块土	1	0—15	黄褐色	轻砾砂壤土	块状	6.7	57.5	3.46	1.11	2.9	249	7.0	222	14.4	黑色板岩、千枚岩	E 99°13′48.0″ N 31°24′17.3″	79
						2	15—52	暗灰色		块状	7.4	65.0	2.36	1.04	2.8				10.4			
						3	52—110	瓦灰色			7.6	18.0	1.23	0.81	1.8				7.6			
剖3	高山土	黑色土	黑色土	耕种黑色土	灰渣土	1	0—15	黄褐色	多砾轻壤土	粒状	7.9	60.4	3.38	1.32	2.8	247	14.0	142	10.2	炭质板岩	E 99°16′01.6″ N 31°29′07.8″	100
						2	15—50	棕色	多砾轻壤土	块状	7.9	40.0	3.24	1.21	2.8				12.9			
						3	50—85	浅黄色			8.5											
剖4	淋溶土	暗棕壤	草甸暗棕壤	老冲积暗棕壤	黑泥土	1	0—17	棕色	多砾中壤土	团粒状	6.6	44.1	3.25	0.72	3.2	228	13.0	360	7.9	老冲积物	E 98°41′48.7″ N 31°16′58.5″	78
						2	17—24	棕色	少砾中壤土	团块状	6.6	30.7	1.75	0.71	2.8				9.1			
						3	24—63	浅棕色	轻砾壤土	块状	7.0	11.7	1.39	0.61	2.8				7.0			
						4	63—90	浅棕色	多砾中壤土	柱状	7.5	9.3	1.01	0.45	2.8				9.9			
						5	90—120	红棕色	多砾中壤土	柱状	7.4	6.6	0.71	0.29	3.1				9.8			
剖5	半淋溶土	灰褐土	淋溶灰褐土	残坡积淋溶灰褐土	梭石土	1	0—20	暗红棕色	多砾中壤土	粒状	7.1	46.7	2.98	0.58	2.8	135	10.0	278	14.9	砂岩、变质千枚岩	E 98°39′39.7″ N 31°11′31.9″	88
						2	20—52	浅黄棕色	轻砾石土	块状	7.6	11.0	0.84	0.27	2.9				12.1			
						3	52—85	橘黄色			7.6	8.6	0.76	0.26	2.7				12.2			
剖6	淋溶土	暗棕壤	草甸暗棕壤	残坡积草甸暗棕壤	片石土	1	0—18	黄褐色	轻砾石土	粒状	6.5	51.5	3.25	0.86	3.8	213	24.0	507	10.2	残积物、坡积物	E 98°50′49.6″ N 31°16′57.4″	95
						2	18—56	黄褐色	中砾石土	块状	6.7	38.6	2.91	0.79	4.0				5.2			
						3	56—100	暗棕色	中砾重黏土		7.1	26.3	1.40	0.86	3.8				8.5			
剖7	半淋溶土	灰褐土	石灰性灰褐土	残坡积石灰性灰褐土	扁石块土	1	0—20	暗棕色	多砾轻壤土	粒状	7.8	52.5	3.33	1.37	2.3	199	12.0	241	14.1		E 98°49′59.8″ N 31°10′46.5″	94
						2	20—58	黄棕色	多砾轻壤土	块状	7.8	14.9	1.49	1.20	2.2				7.2			
						3	58—90	栗色	中砾重黏土	团块状	8.0	5.2	0.86	0.39	2.1				7.3			
剖8	高山土	草毡土	草毡土	耕种草毡土	冷渣土	1	0—9	黄棕色	多砾轻壤土	粒状	4.7	160.4	9.51	1.98	2.1	612	8.0	248	20.8		E 99°01′36.5″ N 31°15′04.7″	99
						2	9—20	暗棕色	多砾轻壤土	块状	4.4	83.7	5.05	1.31	2.2				17.3			
						3	20—33	灰黄色	多砾轻壤土	团块状	5.2	47.5	2.83	0.91	2.1				12.1			
						4	33—52	暗黄色														
剖9	高山土	黑色土	黑色土	耕种黑色土		1	0—16	暗棕色	轻砾石土	块状	6.9	54.8	3.32	1.66	2.7	213	12.0	260	15.2		E 99°37′08.0″ N 31°15′34.2″	78
						2	16—19	褐色	中砾石土	块状	7.0	58.4	3.50	1.49	2.7				16.8			
						3	19—43	黄褐色	轻砾石土	块状	7.0	39.0	2.44	1.24	2.7				13.8			
						4	43—85	黄褐色	中壤土		7.2	30.9	2.18	21.20	2.8				13.6			
剖10	淋溶土	暗棕壤	草甸暗棕壤	残坡积草甸暗棕壤		1	0—15	暗棕色	中壤土	粒状	7.1	77.2	4.31	1.32	2.6	307	48.0	714	18.3	残积物、坡积物	E 98°49′15.2″ N 31°02′06.0″	94
						2	15—45	褐色	中壤土	块状	6.8	69.4	4.20	1.34	2.6				18.7			
						3	15—120	暗棕色	轻砾石土	块状	7.2	21.1	1.52	0.98	3.2				12.2			
剖11	淋溶土	暗棕壤	暗棕壤		石渣土	1	0—9	暗棕色		团块状											E 99°08′43.8″ N 31°04′05.2″	94
						2	9—18	浅棕色	多砾中壤土	块状	5.1	130.1	7.84	0.33	3.5	143	12.0	197	20.6			
						3	18—27	黄棕色	轻砾石土	状状	5.2	25.9	1.69	0.35	3.8				16.2			
						4	27—38	红棕色	轻砾石土		5.1	37.4	2.15	0.35	3.8				15.0			
						5	38—56	灰棕色														

续表 Continued

剖面号 Soil profile	土纲 Soil order	土类 Soil great group	亚类 Soil subgroup	土属 Soil genus	土种 Soil species	土层码 Layer code	土层厚度 Depth/cm	颜色 Soil color	质地 Soil texture	土壤结构 Soil structure	pH	有机质 OM/(g/kg)	全氮 TN/(g/kg)	全磷 TP/(g/kg)	全钾 TK/(g/kg)	碱解氮 AN/(mg/kg)	有效磷 AP/(mg/kg)	速效钾 AK/(mg/kg)	阳离子交换量CEC/(cmol/kg)	土壤母质 Parent material	剖面点坐标 Profile coordinate	匹配指数 Matching index/%
剖12	淋溶土	暗棕壤	草甸暗棕壤			1	0—9	暗棕色	中壤土	小团粒状	5.8	33.4	5.04	0.46	2.7	108	8.0	182	10.0		E 99°02′29.8″ N 31°00′56.5″	99
						2	9—19	黄棕色	多砾轻壤土	团块状	6.2	11.8	0.86	0.24	2.5				4.3			
						3	19—37	灰棕色	中砾轻壤土	块状	6.6	3.3	0.65	0.18	2.6				7.1			
						4	37—55	黄棕色														
剖13	高山土	黑毡土	黑毡土	耕种黑毡土	冷泥土	1	0—20	黄褐色	多砾重壤土	粒状	7.4	57.1	3.44	2.13	2.7	236	42.0	534	17.9	湖泊沉积物	E 99°22′53.4″ N 31°08′35.2″	85
						2	20—35	棕黄色	多砾轻壤土	块状	7.4	52.8	1.45	1.27	2.6				13.1			
						3	35—43	黄灰色	多砾重壤土	块状	7.4	61.2	3.19	1.16	2.6				23.6			
						4	43—67	棕褐色	多砾重壤土	柱状	7.4	27.6	1.80	1.14	2.5				16.3			
						5	67—90	瓦灰色	多砾中壤土		7.5	20.4	1.53	0.90	2.6				11.0			
剖14	水成土	沼泽土	腐泥土			1	0—14	暗褐色	小砾轻壤土	团粒状	5.0	301.2	18.50	1.62	1.8	1460	60.0	395	5.7	河湖沉积物	E 99°25′59.9″ N 31°00′09.0″	95
						2	14—147	棕褐色	轻壤土	团粒状	4.9	351.9	17.30	0.79	1.4				35.5			
						3	147—160	暗褐色	多砾轻壤土	团粒状	5.3	262.6	9.50	0.63	1.0				38.6			
						4	160—190	棕褐色	轻壤土	团粒状	5.5	255.8	10.03	0.66	1.8				35.8			
						5	190—205	暗灰色	多砾轻壤土	团粒状	6.1	13.7	1.17	0.13	2.6				6.6			
剖15	高山土	草毡土	棕草毡土			1	0—3	黑褐色	轻砾石土		6.0	203.0	12.63	2.10	3.1	1034	12.0	389	6.8		E 99°46′10.9″ N 31°01′08.4″	83
						2	3—16	黑棕色	砂壤土	团块状	5.7	96.1	6.83	1.79	3.4				24.0			
						3	16—29	暗棕色	多砾中壤土	团块状	5.9	76.8	4.84	1.72	3.5				20.3			
						4	29—56	灰棕色		块状												
剖16	高山土	黑毡土	棕黑毡土			1	0—4	黑棕色	多砾中壤土	团粒状	5.5	273.9	15.82	1.95	1.9	1244	44.0	762	37.9		E 99°00′38.2″ N 30°58′11.3″	97
						2	4—20	暗棕色	多砾中壤土	团块状	5.3	78.8	4.94	1.58	2.4				19.5			
						3	20—31	暗棕色	中壤土	块状	5.3	100.4	6.25	1.65	2.3				19.1			
						4	31—44	棕黄色	轻砾石土	块状	5.6	23.3	1.62	1.43	2.6				11.1			
						5	44—65	暗棕轻壤土	多砾轻壤土	粒状	5.3	121.7	7.27	1.42	2.1				21.5			
剖17	高山土	黑毡土	黑毡土			1	0—10	暗棕色	轻砾石土	粒状	5.2	105.9	6.25	1.11	2.2	576	19.0	312	15.5		E 99°37′21.4″ N 30°54′59.4″	77
						2	10—22	暗棕色	中壤土	块状	5.6	22.0	1.81	0.26	2.5				7.0			
						3	22—47	黄棕色	轻砾石土	块状	5.9	44.0	2.85	1.19	2.5				10.8			
						4	47—96	灰黄棕色	轻砾石土		6.2	12.7	1.25	0.52	2.7				4.2			
						5	96—111	暗灰棕色	多砾轻壤土	粒状												
剖18	半淋溶土	褐土	石灰性褐土			1	0—12	暗棕色	轻砾石土	粒状	8.2	30.5	7.89	0.54	4.0	134	3.0	162	8.4		E 98°56′37.9″ N 30°33′29.9″	81
						2	12—25	棕色	轻砾石土	粒状	8.2	16.4	1.47	0.55	3.3				4.8			
						3	25—50	浅黄色	轻砾石土		8.6											
						4	50—100	浅黄色	中砾石土													

石 渠 县

主要土类说明

草毡土是石渠县的主要土壤类型，占本县地域面积的66%。草毡土是高寒区（青藏高原）平缓高原面上，具强度生草腐殖质累积与弱度氧化还原特征，形成于半湿润半干旱气候和高山草甸植被下的土壤。土壤冻结期长达半年以上，由于寒冻，蒿草根累积并弱度分解，呈草毡状；土体滞水，冻融交替，弱度氧化还原交替进行，造成氧化铁微弱游离。

黑毡土是石渠县第二大土壤类型，占本县地域面积的11%。黑毡土发生于青藏高原高寒略较温湿的塬面上，蒿草与杂生草类的草毡层初步分解，形成初步腐殖化的暗色草根茎盘结层。该土壤色泽较深，有机质含量较高，为100—150g/kg，底土见锈色斑纹。土壤pH为6.5—8.0。

寒冻土是石渠县第三大土壤类型，占本县地域面积的11%。寒冻土发生于高山冰雪带下缘，该土壤的形成以物理风化为主，弱生物累积，土层薄，含石砾多，仅在岩屑中见少量细土物质堆积。土壤pH为7.0—8.5。

沼泽土占本县地域面积的7%。沼泽土所处地势低洼，长期地表积水，喜湿植被生长。该土壤有机质累积及还原作用强烈，具有潜育层。土体的泥炭层或腐泥层厚度小于50cm，剖面构型为泥炭状有机质层–潜育层。

小于本县地域面积3%的土壤类型还有泥炭土、褐土、草甸土、石质土等。

本区域中心区气候特征

本区域中心区气候特征值
Regional climate characteristics in central area of the region

气候带：高原亚寒带亚湿润气候 Climate region: Plateau sub frigid sub humid climate	
年平均气温 /℃ Annual average temperature /℃	1.3
年平均最高气温 /℃ Annual average maximum temperature /℃	9.4
年平均最低气温 /℃ Annual average minimum temperature /℃	−4.8
年降水量 /mm Annual precipitation /mm	512
≥10℃的积温 /℃ Daily temperature accumulated in a year（≥10℃）/℃	938
年日照时数 /h Annual sunshine /h	2534
年平均相对湿度 /% Annual average relative humidity /%	58
干燥度 Dryness	0.22

本区域中心区月平均气温与月平均降水量
Monthly temperature and precipitation in central area of the region

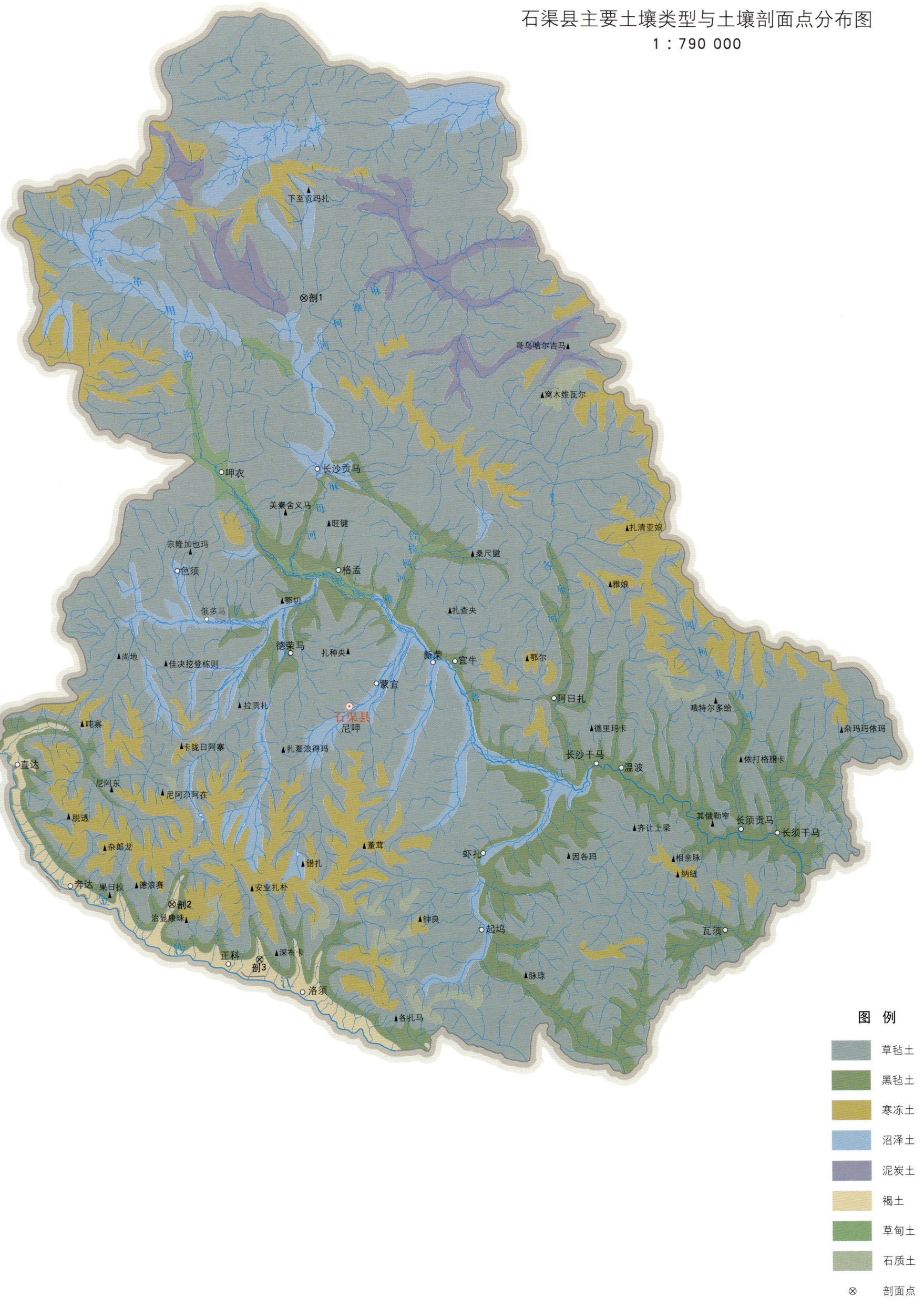

石渠县土壤剖面理化性状表

剖面号 Soil profile	土纲 Soil order	土类 Soil great group	亚类 Soil subgroup	土属 Soil genus	土种 Soil species	土层码 Layer code	土层厚度 Depth/cm	颜色 Soil color	质地 Soil texture	土壤结构 Soil structure	pH	有机质 OM/(g/kg)	全氮 TN/(g/kg)	全磷 TP/(g/kg)	全钾 TK/(g/kg)	碱解氮 AN/(mg/kg)	有效磷 AP/(mg/kg)	速效钾 AK/(mg/kg)	阳离子交换量CEC/(cmol/kg)	土壤母质 Parent material	剖面点坐标 Profile coordinate	匹配指数 Matching index/%
剖1	高山土	草毡土	草毡土			As	0—8	黑棕色			7.9								29.5	钙质板岩残积物	E 97°59′30.1″ N 33°42′31.0″	99
						A₁	8—36	暗黄棕色	砾石土	粒状	8.3		0.63	0.23	2.8	269		445	30.1			
						BC	36—92	暗灰黄色	砾石土	小块状	8.3		0.51	0.23	3.1	192		305	17.5			
						C	92—182	灰白色					0.16	0.14	3.1	150		130				
剖2	半淋溶土	褐土	暗褐土	黄土质暗褐泥土	褐黄土	A	0—18	黄棕色	黏壤土	粒状	8.5	23.8	1.59	0.71	1.7	121	7.5	246	18.2	第四纪洪积物、冲积物	E 97°43′11.2″ N 32°37′27.5″	95
						B	18—36	浅棕色	黏壤土	核状、小块状	8.5	17.7	1.14	1.51	1.6	74	3.1	66				
						BC	36—100	浅棕色	砂质黏壤土	块状	8.5	7.8	0.53	1.33	1.7	30	2.6	62				
剖3	半淋溶土	褐土	暗褐土	残坡积暗褐泥土	暗黄大土	A	0—14	暗黄棕色	壤质黏壤土	核状、小块状	8.7	31.1	2.04	0.70	2.2	123	114.0	420	14.7	砂板岩风化残积物、坡积物	E 97°54′22.9″ N 32°31′34.4″	82
						B	14—50	暗黄棕色	壤质黏土	块状	8.7	19.8	1.26	0.63	2.3	75	6.2	295	18.3			
						C	50—100	黄棕色	壤质黏土	块状	8.7	12.1	0.79	0.46	2.2	50	6.2	211	19.9			

色 达 县

主要土类说明

草毡土是色达县的主要土壤类型，占本县地域面积的51%。草毡土是高寒区（青藏高原）平缓高原面上，具强度生草腐殖质累积与弱度氧化还原特征，形成于半湿润半干旱气候和高山草甸植被下的土壤。土壤冻结期长达半年以上，由于寒冻，蒿草根累积并弱度分解，呈草毡状；土体滞水，冻融交替，弱度氧化还原交替进行，造成氧化铁微弱游离。

黑毡土是色达县第二大土壤类型，占本县地域面积的34%。黑毡土发生于青藏高原高寒略较温湿的塬面上，蒿草与杂生草类的草毡层初步分解，形成初步腐殖化的暗色草根茎盘结层。该土壤色泽较深，有机质含量较高，为100—150g/kg，底土见锈色斑纹。土壤pH为6.5—8.0。

寒冻土是色达县第三大土壤类型，占本县地域面积的4%。寒冻土发生于高山冰雪带下缘，该土壤的形成以物理风化为主，弱生物累积，土层薄，含石砾多，仅在岩屑中见少量细土物质堆积。土壤pH为7.0—8.5。

褐土占本县地域面积的4%。褐土是在暖温带半湿润区发育形成的具有黏化与钙质淋移淀积的土壤。具A-B-Bk-C剖面构型，有明显黏淀层与假菌丝状钙积层，B层呈棕褐色。土壤pH为7.0—7.5，盐基饱和度在80%以上，有时过饱和。

暗棕壤占本县地域面积的3%，分布在阴坡海拔3400m和阳坡海拔3500—4000m的谷坡上。地处高山亚寒带气候，气温低，冻土时间长，无霜期短。暗棕壤是川西山地温带、寒温带湿润气候条件下形成的地带性森林土类，土壤具弱酸性腐殖质累积和轻度的酸性淋溶和弱黏化过程。母质以残积物、坡积物为主，其次有洪积物和冲积物。自然植被有以高山栎为主的阔叶林，间或有冷杉、桦树、杨树组成的针阔叶混交林，林下伴有栒子、锈线菊等灌丛和草本植物。空气湿度大，光、热、水条件适合林木和牧草生长。土壤具O-A-B-C剖面构型，A层有机质含量可达200g/kg，弱酸性淋溶，铁铝轻微下移。B层呈棕色，结构面见铁锰胶膜，呈弱酸性，盐基饱和度为70%—80%。暗棕壤土层薄，含石头多，湿度大，土壤呈微酸性，全剖面无石灰反应。

小于本县地域面积3%的土壤类型还有草甸土、石质土、沼泽土、棕壤等。

本区域中心区气候特征

本区域中心区气候特征值
Regional climate characteristics in central area of the region

气候带：高原亚寒带亚湿润气候 Climate region: Plateau sub frigid sub humid climate	
年平均气温 /℃ Annual average temperature /℃	4.0
年平均最高气温 /℃ Annual average maximum temperature /℃	12.4
年平均最低气温 /℃ Annual average minimum temperature /℃	-2.1
年降水量 /mm Annual precipitation /mm	635
≥10℃的积温 /℃ Daily temperature accumulated in a year（≥10℃）/℃	1460
年日照时数 /h Annual sunshine /h	2521
年平均相对湿度 /% Annual average relative humidity /%	59
干燥度 Dryness	0.30

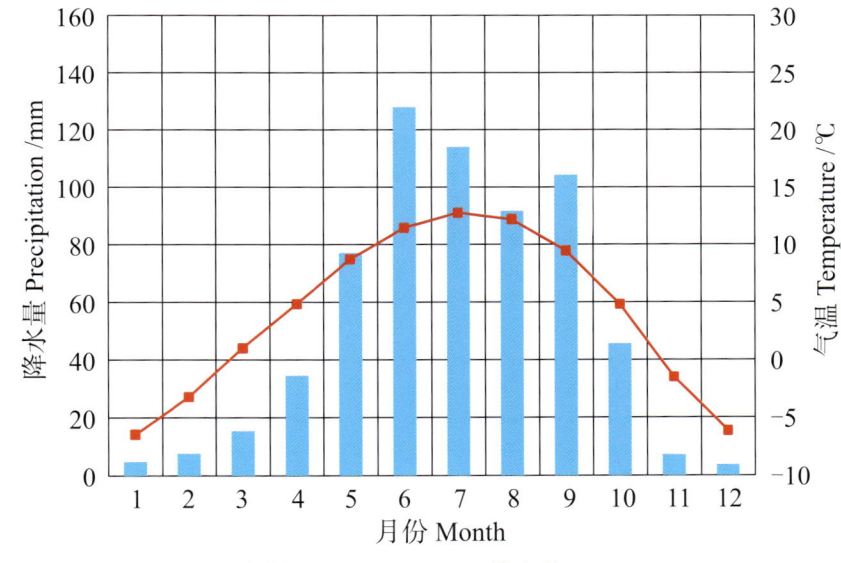

本区域中心区月平均气温与月平均降水量
Monthly temperature and precipitation in central area of the region

色达县主要土壤类型与土壤剖面点分布图

1:670 000

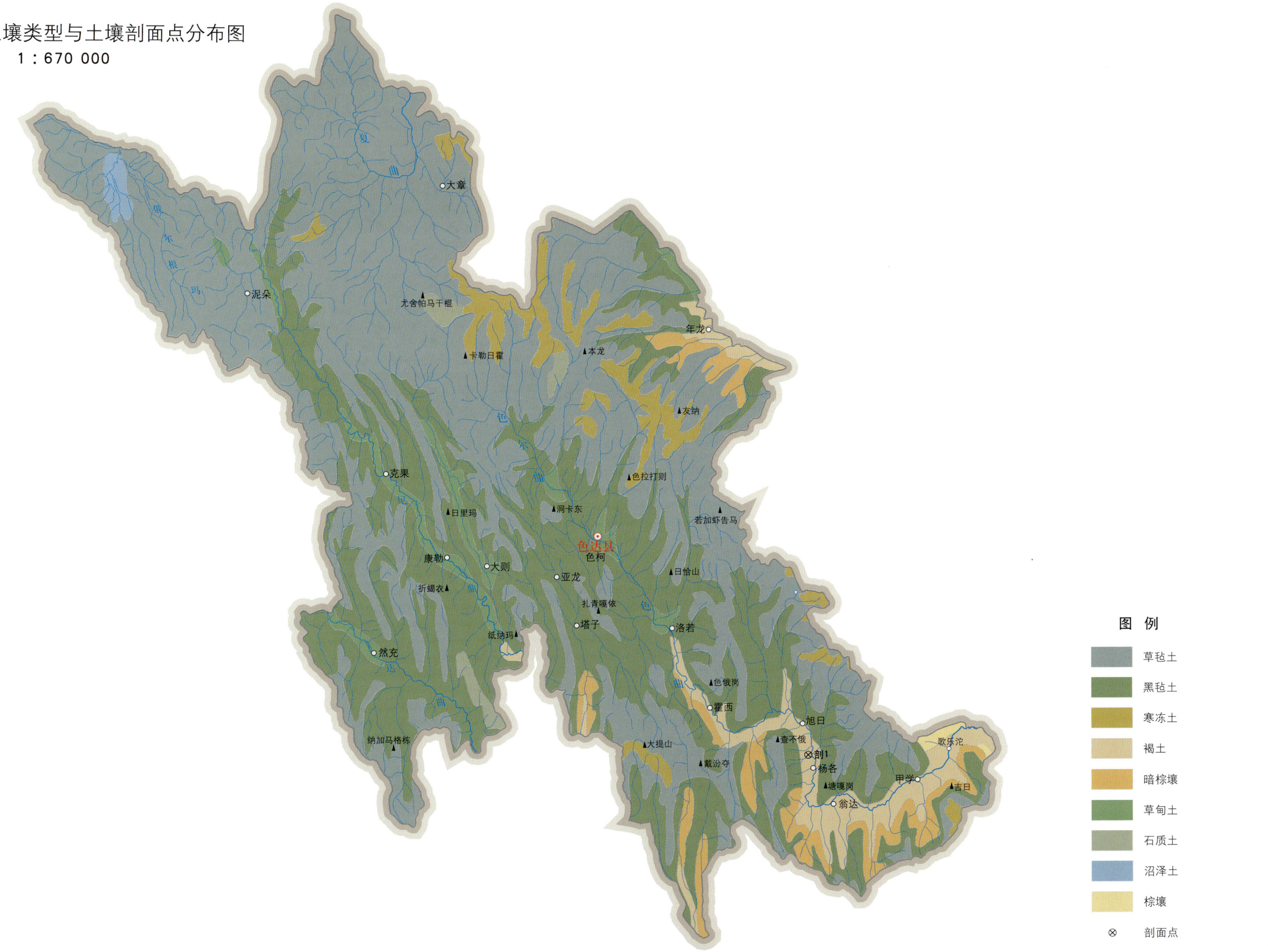

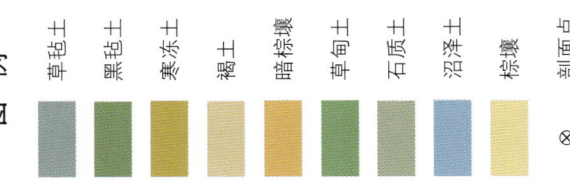

色达县土壤剖面理化性状表

剖面号 Soil profile	土纲 Soil order	土类 Soil great group	亚类 Soil subgroup	土属 Soil genus	土种 Soil species	土层码 Layer code	土层厚度 Depth/cm	颜色 Soil color	质地 Soil texture	土壤结构 Soil structure	pH	有机质 OM/(g/kg)	全氮 TN/(g/kg)	全磷 TP/(g/kg)	全钾 TK/(g/kg)	碱解氮 AN/(mg/kg)	有效磷 AP/(mg/kg)	速效钾 AK/(mg/kg)	阳离子交换量CEC/(cmol/kg)	土壤母质 Parent material	剖面点坐标 Profile coordinate	匹配指数 Matching index/%
剖1	半淋溶土	褐土	暗褐土	黄土质暗褐泥土	暗褐黄土	A	0—19	棕色	壤质黏土	块状	8.1	47.7	2.24	0.64	1.5	158	5.0	483	13.4	黄土状冲积物	E 100°41′11.7″ N 31°56′41.0″	99
						B	19—78	浅棕色	壤质黏土	块状	8.4	33.6	1.68	0.52	1.5	112	6.0	424	12.1			
						BC	78—110	浅棕色	壤质黏土	大块状	8.6	14.6	0.99	0.43	1.5	60	2.0	203	12.5			

理 塘 县

主要土类说明

草毡土是理塘县的主要土壤类型，占本县地域面积的61%，分布于阳坡海拔4000—4600m和阴坡海拔4200—4700m的地区。植被为高山草甸与高山灌丛草甸。草毡土是高寒区（青藏高原）平缓高原面上，具强度生草腐殖质积累与弱度氧化还原特征，形成于半湿润半干旱气候和高山草甸植被下的土壤。土壤冻结期长达半年以上，由于寒冻，蒿草根累积并弱度分解，呈草毡状；土体滞水，冻融交替，弱度氧化还原交替进行，造成氧化铁微弱游离。

暗棕壤是理塘县第二大土壤类型，占本县地域面积的17%，分布于海拔3600—4000m的地区，是本县主要的森林土壤。地处高山亚寒带气候，气温低，冻土时间长，无霜期短，土壤湿度大。植被以针叶林为主，树种有铁杉、冷杉、云杉等，林下有少量的灌木和杂草。暗棕壤是川西山地温带、寒温带湿润气候条件下形成的地带性森林土类，具弱酸性腐殖质积累和轻度的酸性淋溶和弱黏化过程。母质以残积物、坡积物为主，其次有洪积物和冲积物。具O–A–B–C剖面构型，A层有机质含量可达200g/kg，弱酸性淋溶，铁铝轻微下移，B层呈棕色，结构面见铁锰胶膜，呈弱酸性，盐基饱和度为70%—80%。暗棕壤土层薄，含石头多，土壤呈微酸性，全剖面无石灰反应。

寒冻土是理塘县第三大土壤类型，占本县地域面积的10%。寒冻土发生于高山冰雪带下缘。该土壤的形成以寒冻物理风化为主，弱生物累积，土层薄，含砾石多，仅在岩屑中见少量细土物质堆积。土壤pH为7.0—8.5。

黑毡土占本县地域面积的6%，主要分布于海拔3400—4000m的无林开阔地带，与暗棕壤、棕壤、灰褐土呈复区分布。所处地区为寒温带至寒带，植被为亚高山草甸和亚高山灌丛草甸。黑毡土发生于青藏高原高寒略较温湿的塬面上，蒿草与杂生草类的草毡层初步分解，形成初步腐殖化的暗色草根茎盘结层。该土壤色泽较深，有机质含量较高，为100—150g/kg，底土见锈色斑纹。土壤pH为6.5—8.0。

小于本县地域面积3%的土壤类型还有灰褐土、棕壤、褐土、沼泽土、石灰（岩）土、棕色针叶林土、草甸土等。

本区域中心区气候特征

本区域中心区气候特征值
Regional climate characteristics in central area of the region

气候带：高原亚温带湿润气候 Climate region: Plateau sub temperate humid climate	
年平均气温 /℃ Annual average temperature /℃	3.3
年平均最高气温 /℃ Annual average maximum temperature /℃	11.0
年平均最低气温 /℃ Annual average minimum temperature /℃	-2.4
年降水量 /mm Annual precipitation /mm	709
≥10℃的积温 /℃ Daily temperature accumulated in a year（≥10℃）/℃	1464
年日照时数 /h Annual sunshine /h	2607
年平均相对湿度 /% Annual average relative humidity /%	58
干燥度 Dryness	0.60

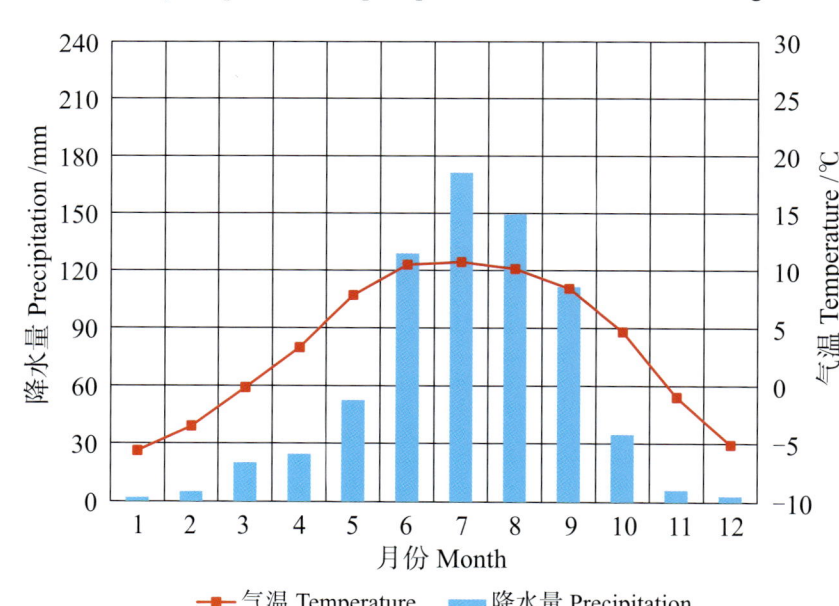

本区域中心区月平均气温与月平均降水量
Monthly temperature and precipitation in central area of the region

理塘县主要土壤类型与土壤剖面点分布图
1∶690 000

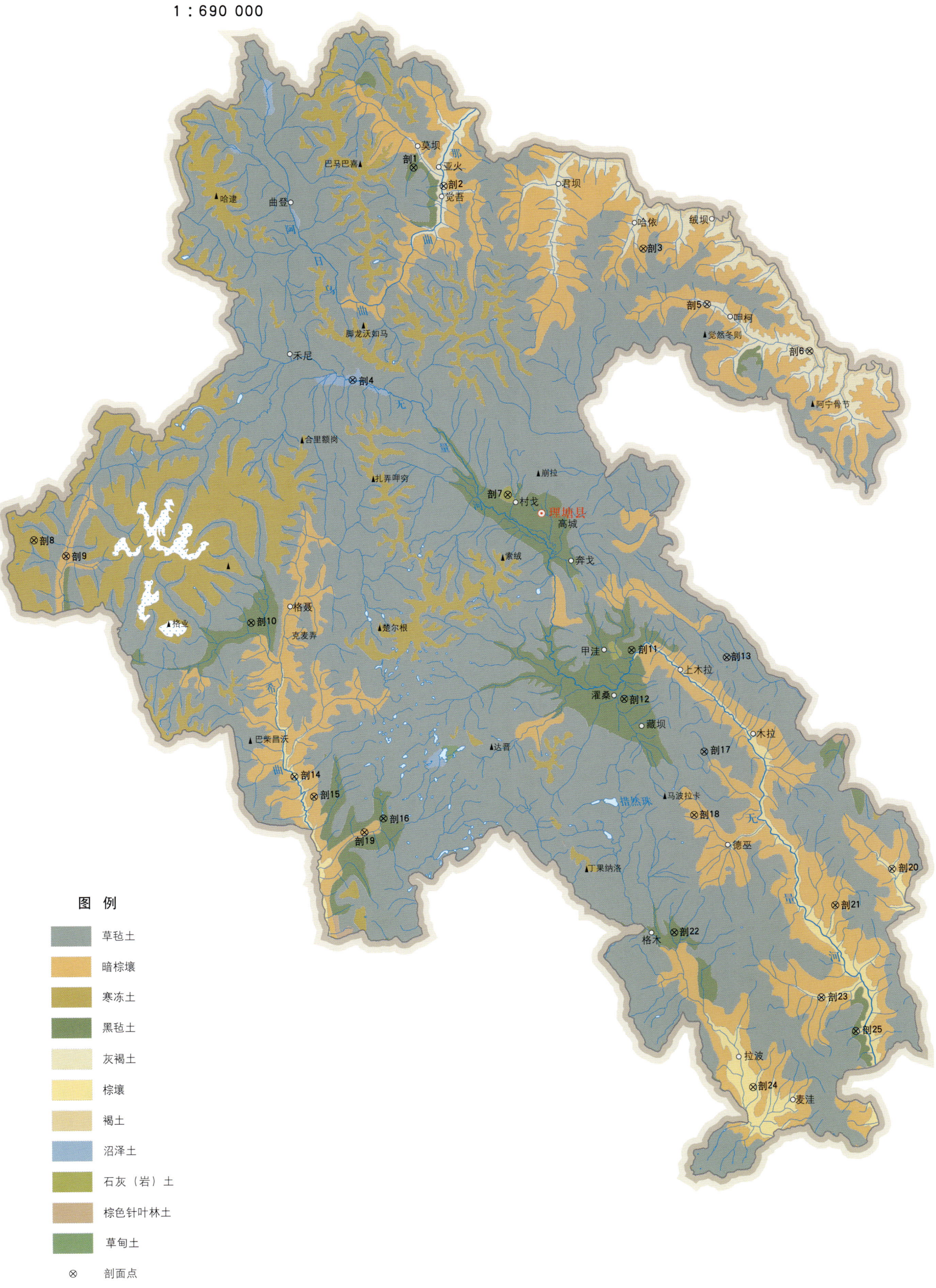

理塘县土壤剖面理化性状表

剖面号 Soil profile	土纲 Soil order	土类 Soil great group	亚类 Soil subgroup	土属 Soil genus	土种 Soil species	土层码 Layer code	土层厚度 Depth/cm	颜色 Soil color	质地 Soil texture	土壤结构 Soil structure	pH	有机质 OM/(g/kg)	全氮 TN/(g/kg)	全磷 TP/(g/kg)	全钾 TK/(g/kg)	碱解氮 AN/(mg/kg)	有效磷 AP/(mg/kg)	速效钾 AK/(mg/kg)	阳离子交换量 CEC/(cmol/kg)	土壤母质 Parent material	剖面点坐标 Profile coordinate	匹配指数 Matching index/%
剖1	高山土	黑毡土	黑毡土	坡洪积黑毡土	砾质黑毡土	A	0–15	黄褐色	黏壤土	块状	6.6	53.5	2.94	1.21	1.7	140	6.0	109	15.0	坡积物, 洪积物	E 100°02′39.5″ N 30°30′20.9″	71
						B	15–70	暗黄色	黏壤土	块状	6.4	19.0	1.43	0.98	1.8				12.2			
						BC	70–100	浅黄色	黏壤土	大块状	6.2	9.4	1.28	1.02	2.6				11.2			
剖2	半淋溶土	灰褐土	灰褐土	残坡积灰褐土	石渣土	A	0–14	暗棕褐色	中壤土	碎块状	6.8	63.2	3.10	1.65	2.6	181	6.0	188		残积物, 坡积物	E 100°05′51.0″ N 30°28′37.9″	80
						2	14–55	黄黄褐色	中壤土	块状	6.8	45.2	2.81	1.51	2.7							
						3	55–80	灰黄褐色	中壤土	块状	7.0											
剖3	淋溶土	暗棕壤	暗棕壤			1	0–5	棕褐色			6.2										E 100°27′08.3″ N 30°22′40.1″	72
						2	5–18	暗棕灰色	中壤土	粒状	6.2	239.0	7.36	2.13	2.1	508	38.0	684				
						3	18–65	棕灰色	中壤土	块状	5.4	67.5	1.47	2.70	2.5							
						C	65–100	浅黄褐色	中壤土	块状	5.1											
剖4	水成土	沼泽土	腐泥土			As	0–10	灰棕色	轻壤土		5.5	307.8	13.69	2.90	1.7	518	13.0	243		河湖相沉积物	E 99°55′54.8″ N 30°10′47.6″	91
						2	10–50	暗栗色	砂壤土	粒状	5.5	296.0	12.85	2.61	1.9							
						G	50–98	浅棕灰色	轻壤土	小块状	6.0	81.5	3.57	1.94	2.2							
剖5	半淋溶土	灰褐土	灰褐土			1	0–6	棕褐色													E 100°33′51.5″ N 30°17′27.6″	98
						2	6–12	灰褐色	轻壤土	粒状	7.2	196.9	4.95	2.61	2.4	284	2.0	61	14.5			
						3	12–50	浅灰褐色	中壤土	片状	7.5	96.1	2.52	1.83	2.8							
						C	50–90	灰黄色	重壤土	片状	7.8	84.5	3.04	2.42	2.5							
剖6	半淋溶土	褐土	暗棕褐			2	0–2	棕灰色													E 100°44′42.4″ N 30°12′59.8″	78
						2	2–7	灰黄棕色	中壤土	粒状	7.8	55.7	1.57	0.83	2.8	115	3.0	44				
						3	7–65	黄灰色	重壤土	片状、块状	7.8	20.2	0.54	0.69	2.9							
						C	65–100	浅棕黄色	中壤土	块状	7.9											
剖7	初育土	石灰(岩)土	石灰性褐土	黑色石灰土		As	0–8	灰黄色	轻壤土	粒状	7.5	55.2	2.53	0.98		255	9.0	460		石灰岩坡积物	E 100°12′19.8″ N 30°00′04.3″	91
						2	8–21	暗黄色	轻壤土	粒状	7.8	36.4	2.55	1.14		212	4.0	340				
						C	21–75	青灰色	轻壤土		8.1	7.3	0.41	0.29		49	3.0	240				
剖8	高山土	寒冻土	寒冻土	寒冻麻砂土	冷雪土	A	0–11	黄灰色	重壤砂壤土	鳞片状	5.0	52.8	3.63	0.73	3.3	139	7.0	46	6.9	花岗岩冰碛物	E 99°21′47.9″ N 29°56′16.7″	92
						C	11–29	灰黄色	重壤砂壤土	片状	5.6	14.9	1.17	0.69	4.0				3.7			
剖9	淋溶土	暗棕壤	暗棕壤	洪积暗棕壤土	多质黑土	A	0–22	棕黑色	中壤土	团粒状	7.0	68.7	3.41	3.57	3.1	234	41.0	485		洪积物	E 99°25′13.8″ N 29°54′49.0″	98
						2	22–75	棕黄色	中壤土	碎块状	7.1	64.0	3.20	3.40	2.8							
						3	75–95	褐黄色	中壤土		7.5											
剖10	高山土	黑毡土	黑毡土	老冲积黑毡土	黄泥土	A	0–17	暗棕色	重壤土	碎块状	6.4	49.6	2.76	0.85	1.5	127	6.0	220		老冲积物	E 99°44′49.6″ N 29°48′31.0″	79
						2	17–40	黄棕色	重壤土	块状	6.2	16.0	1.60	0.67	1.6							
						3	40–91	褐黄色	中黏土	核柱状	7.1	11.0	1.52	0.67	2.0							
剖11	高山土	棕黑毡土	棕黑毡土			As	0–7	暗棕色	轻壤土	粒状	5.6	124.5	4.28	2.15	3.1	304	10.0	347		残积物, 坡积物	E 100°25′15.6″ N 29°45′35.3″	87
						2	7–20	暗棕色	中壤土	核块状	5.9	19.9	0.98	1.16	3.1							
						3	20–80	黄棕色	中壤土	块状	6.0											
						C	80–100	浅黄棕色	轻壤土	小块状	5.4											
剖12	高山土	黑毡土	黑毡土			As	0–10	暗棕色	轻壤土	粒状	6.0	115.4	2.17	1.89	2.6	257	7.0	129		泥岩, 砂岩	E 100°24′22.3″ N 29°41′04.6″	100
						2	10–24	暗棕色	中壤土	粒状	6.0	95.4	4.17	1.72	2.6							
						3	24–86	棕黄色	中壤土	块状	5.4	35.7	1.98	1.20	2.5							
						4	86–98	浅棕色	中壤土	块状	5.6	8.4	0.85	1.11	3.0							
						5	98–100	浅棕黄色	重壤土	块状	5.6	8.4	0.85	1.11	3.0							

续表 Continued

剖面号 Soil profile	土纲 Soil order	土类 Soil great group	亚类 Soil subgroup	土属 Soil genus	土种 Soil species	土层码 Layer code	土层厚度 Depth/cm	颜色 Soil color	质地 Soil texture	土壤结构 Soil structure	pH	有机质 OM/(g/kg)	全氮 TN/(g/kg)	全磷 TP/(g/kg)	全钾 TK/(g/kg)	碱解氮 AN/(mg/kg)	有效磷 AP/(mg/kg)	速效钾 AK/(mg/kg)	阳离子交换量CEC/(cmol/kg)	土壤母质 Parent material	剖面点坐标 Profile coordinate	匹配指数 Matching index/%
剖13	高山土	草毡土	草毡土			As	0—7	灰褐色	轻壤土	粒状	5.7	91.7	3.82	1.61	2.0	250	3.0	158		泥岩、砂岩	E 100°35′21.8″ N 29°44′46.3″	76
						2	7—12	暗棕色	中壤土	大块状	5.9	97.9	2.92	3.10	2.2							
						3	12—24	暗黄棕色	中壤土	大块状	5.2											
						C	24—95	浅黄棕色	中壤土	棱块状	5.1											
剖14	淋溶土	棕壤	棕壤	洪积棕壤土	轻石黄土	A	0—21	棕黄色	中壤土	粒状	7.0	46.2	2.27	1.21	1.3	164	16.0	304		洪积物	E 99°49′16.3″ N 29°34′17.8″	94
						2	21—37	灰棕黄色	中壤土	碎块状	7.3	31.8	1.69	1.13	1.7							
						3	37—65	棕黄色	中壤土	块状	7.3	22.4	1.29	0.90	1.3							
							65—95	褐黄色	中壤土	粒状	7.0	19.2	1.27	1.10	1.9							
剖15	淋溶土	暗棕壤	草甸暗棕壤			As	0—9	暗黄色	中壤土	粒状	5.5	138.7	5.12	0.56	1.5	309	22.0	240		风化残积物、坡积物	E 99°51′19.1″ N 29°32′25.1″	88
						2	9—20	暗黄棕色	重壤土	粒状	5.9	38.6	2.61	0.61	1.7							
						3	20—49	棕黄色	重壤土	片状	5.0	19.8	1.62	0.54	2.1							
						4	49—86	浅黄棕色	中壤土	小片状	5.0											
剖16	高山土	黑毡土	黑毡土	老冲积黑毡土	底潴黄土	As	0—17	暗黄色	轻壤土	碎块状	7.1	52.2	2.65	4.61	2.1	187	29.0	468		老冲积物	E 99°58′38.6″ N 29°30′17.3″	99
						2	17—42	黄褐色	中壤土	核状	7.3	21.9	1.22	2.82	3.1							
						3	42—69	浅棕色	重壤土	大块状	7.4				3.1							
						4	69—85	灰白色	重黏土	片状	7.5				3.3							
剖17	淋溶土	棕壤	棕壤	残坡积暗棕壤	灰渣土	A	0—15	棕褐色	轻壤土	粒状	6.5	52.9	2.22	2.15	2.7	310	3.0	491		残积物、坡积物	E 100°32′47.8″ N 29°36′04.7″	72
						2	15—60	暗棕色	中壤土	碎块状	6.4	43.2	1.46	2.29	2.7							
						3	60—72	暗棕色	中壤土	小块状	7.2	37.6	0.64	1.86	2.6							
剖18	淋溶土	暗棕壤	暗棕壤	残坡积暗棕壤	黄褐泥	A	0—14	暗棕黄色	中壤土	粒状	6.7	56.6	2.55	2.66	2.3	208	15.0	460			E 100°31′35.4″ N 29°30′14.4″	71
						2	14—40	棕黄色	中壤土	块状	6.4	43.8	1.92	2.20	1.9							
						3	40—70	黄褐色	中壤土	块状	7.1	38.6	1.64	2.14	2.9							
						4	70—100	浅黄色		小块状	7.3	7.3	1.75	1.75	2.9							
剖19	淋溶土	棕壤	棕壤	洪积棕壤土	紫红土	A	0—15	紫红色	轻壤土	粒状	7.0	37.1	1.88	0.88	1.6	193	9.0	255		洪积物	E 99°56′37.0″ N 29°29′00.6″	96
						2	15—45	红褐色	中壤土	小块状	7.6	21.5	1.36	0.87	1.7							
						3	45—90	黄棕色	中壤土	块状	7.8	8.6	0.82	0.54	1.8							
剖20	淋溶土	暗棕壤	暗棕壤	洪积暗棕壤	夹石黄土	A	0—17	棕黄色	中壤土	粒状	6.5	60.2	2.84	3.75	2.1	163	15.0	353		洪积物	E 100°52′26.2″ N 29°24′52.7″	86
						2	17—60	棕黄色	中壤土	块状	6.8	32.4	1.74	2.85	1.5							
						3	60—95	黄棕色	中壤土	核状	7.0											
剖21	高山土	黑毡土	黑毡土	老冲积黑毡土	黄土	A	0—15	暗黄色	中壤土	核状	6.4	44.0	2.34	3.89	2.6	162	17.0	144		老冲积物	E 100°46′20.3″ N 29°21′36.4″	90
						2	15—35	黄棕色	中壤土	棱块状	6.3	41.7	1.74	3.66	2.7							
						3	35—70	黄色	中壤土	大块状	6.8											
						4	70—100	浅黄色	中壤土	块状	6.8											
剖22						1	0—4	暗棕色	轻壤土	粒状	6.8	191.1	6.07	1.70	1.5	499	27.0	343			E 100°29′16.1″ N 29°19′21.0″	73
						2	4—13	灰黄土	重壤土	核块状	5.6	33.6	1.28	1.55	1.3							
						3	13—65	灰棕色	中壤土	块状	6.1	24.8	1.00	1.35	1.7							
剖23	淋溶土	棕壤	棕壤			C	65—95	黑棕色	中壤土	小块状	7.2	66.9	3.63	3.79	2.4	181	9.0	255		坡积物	E 100°44′39.5″ N 29°13′07.3″	72
剖24	淋溶土	棕壤	棕壤	洪积棕壤		A	9—19	褐黄色	重壤土	团粒状	7.3	62.9	3.33	3.61	2.3		37.0	622		洪积物	E 100°37′18.1″ N 29°05′02.0″	97
						2	19—65	黄棕色	中壤土	块状	7.0	23.2	1.37	2.87	2.7							
						3	65—100	浅黄色	重壤土	块状												

续表 Continued

剖面号 Soil profile	土纲 Soil order	土类 Soil great group	亚类 Soil subgroup	土属 Soil genus	土种 Soil species	土层码 Layer code	土层厚度 Depth/cm	颜色 Soil color	质地 Soil texture	土壤结构 Soil structure	pH	有机质 OM/(g/kg)	全氮 TN/(g/kg)	全磷 TP/(g/kg)	全钾 TK/(g/kg)	碱解氮 AN/(mg/kg)	有效磷 AP/(mg/kg)	速效钾 AK/(mg/kg)	阳离子交换量CEC/(cmol/kg)	土壤母质 Parent material	剖面点坐标 Profile coordinate	匹配指数 Matching index/%
剖25	高山土	黑毡土	黑毡土	坡积土	石渣黄土	A	0—15	暗黄色	中壤土	碎块状	6.6	55.4	2.66	1.12	2.3	154	8.0	192		残积物、坡积物	E 100°48′15.8″ N 29°09′57.6″	95
						2	15—59	褐黄色	中壤土	块状	6.8	18.7	1.15	1.16	1.9							
						3	59—84	浅黄色	中壤土	块状	7.3	16.9	1.00	0.88	1.9							

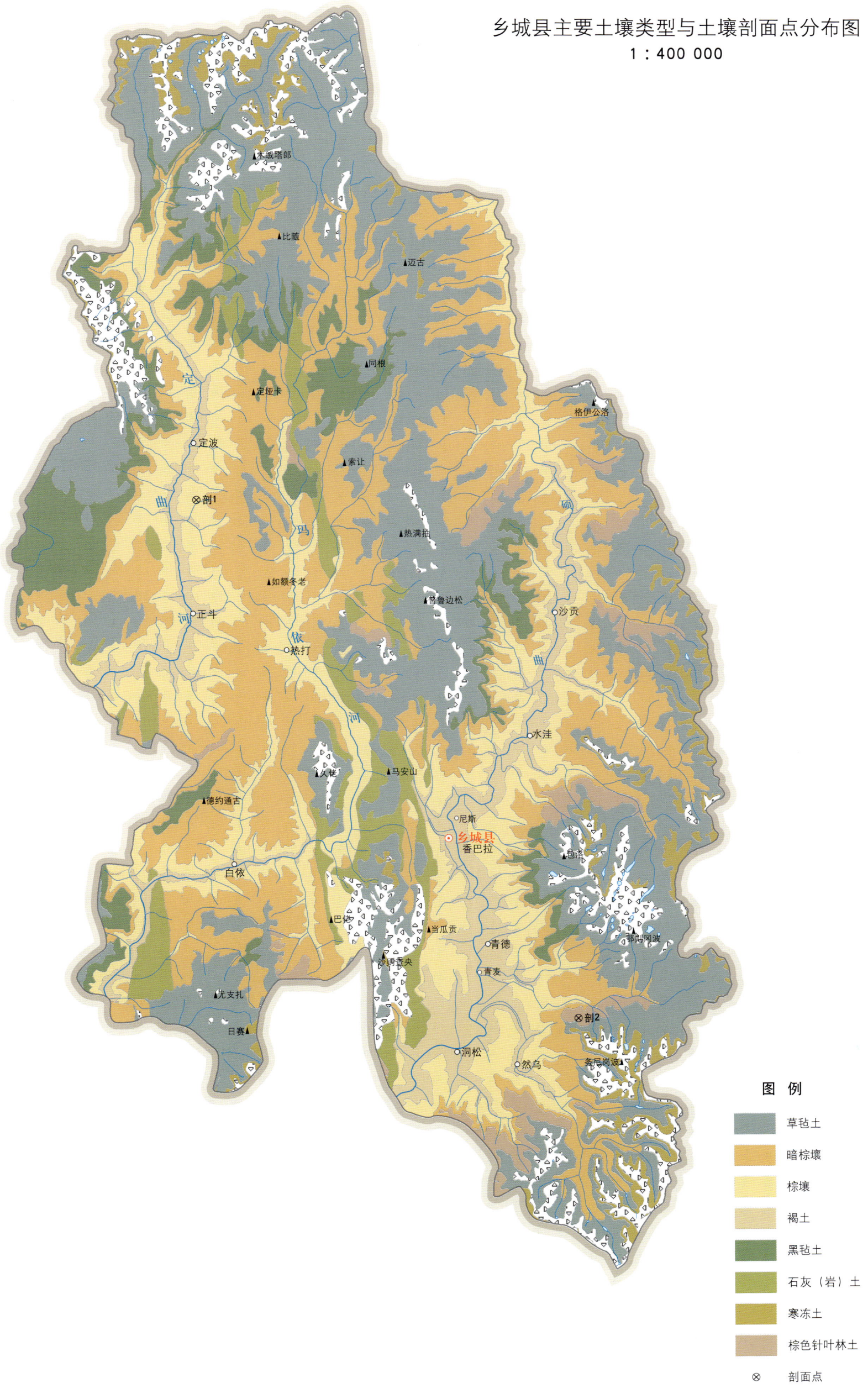

乡城县土壤剖面理化性状表

剖面号 Soil profile	土纲 Soil order	土类 Soil great group	亚类 Soil subgroup	土层码 Layer code	土层厚度 Depth/cm	颜色 Soil color	质地 Soil texture	土壤结构 Soil structure	pH	有机质 OM/(g/kg)	全氮 TN/(g/kg)	全钾 TK/(g/kg)	碱解氮 AN/(mg/kg)	速效钾 AK/(mg/kg)	阳离子交换量CEC/(cmol/kg)	土壤母质 Parent material	剖面点坐标 Profile coordinate	匹配指数 Matching index/%
剖1	淋溶土	棕壤	棕壤	Ao	0—6											砂页岩风化残积物、坡积物	E 99°33′05.7″ N 29°13′56.5″	78
				A₁	6—19	暗黄棕色	中砾石土	粒状	6.2	1.5	0.10	2.4	47	159	16.1			
				AB	19—45	褐色	中砾石土	小块状	6.2	1.6	0.06	2.3	38	178	8.2			
				BC	45—98	灰色	中砾石土	小块状	6.4	0.3	0.05	2.6	16	120	7.9			
				C	98—118	紫色	重砾石土											
剖2	淋溶土	棕色针叶林土	灰化棕色针叶林土	Ao	0—8											残积物、坡积物	E 99°55′18.8″ N 28°46′54.0″	86
				A₁	8—14	黑棕色	中砾重黏土	粒状	3.7	44.0					65.2			
				A₂	14—22	灰白色	多砾中壤土	粒状、核状	4.3	3.0					9.9			
				Bhir	22—52	暗棕色		状	5.0	26.4					16.8			
				C	52—127		中砾石土											

稻 城 县

主要土类说明

草毡土是稻城县的主要土壤类型，占本县地域面积的 43%，分布在海拔 4200—4800m 的高山上部平缓山坡、古冰碛平台和侧碛堤，一般属高山亚寒带气候，寒冷而严酷，土壤冻融现象显著，阳坡多为高山草甸植物，阴坡或沟谷有高山灌丛草甸植被。成土母质以冰碛物、冰水沉积物为主，其次有残积物、坡积物，多砾石，土层厚 30—63cm。海拔高，气温低，有机质的分解作用弱，土色偏暗，并有冻层出现，发育浅，剖面层次不明显。

棕色针叶林土是稻城县第二大土壤类型，占本县地域面积的 12%，分布在海拔 3900—4300m 的地区，与暗棕壤呈镶嵌的块状分布，气候属高山亚寒带，发育于阴暗湿润的针叶林下。土壤酸性淋溶作用较强，A 层下有明显的灰白色层次，土体构型一般为 A。具 A_1-A_2-B-C 剖面构型，成土母质为残积物、坡积物。本县棕色针叶林土只有灰化棕色针叶林土一个亚类。

棕壤是稻城县第三大土壤类型，占本县地域面积的 12%，分布在海拔 2700—3200m 的地区。自然植被为针阔混交林，针叶树种有云南松、华山松和铁杉等，阔叶树种有各种栎类（黄背栎、高山栎）白桦等。棕壤是在山地暖温带和中温带湿润或半湿润气候条件下发育的地带性土壤，有较多的黏粒淀积，土体呈棕色、棕黄色，为中性至微酸性，土体厚 60—120cm，发育程度较深。

暗棕壤占本县地域面积的 11%，分布在俄初山以南海拔 3590—4300m、俄初山以北海拔 3600—4200m 山体的中上部，气候冷湿，有冻土现象。暗棕壤是在寒温带湿润暗针叶林下发育的土壤。自然植被有云杉、冷杉、铁杉、落叶松、杜鹃等，剖面构型多为 A_o-A_1-B_1-B_2-C，成土母质为残积物、坡积物。本县暗棕壤只有暗棕壤一个亚类。

黑毡土占本县地域面积的 11%，分布在海拔 3600—4200m 的丘状高原。黑毡土是在高山亚寒带气候及亚高山草甸植被下形成的地带性土壤。所处地形主要是比较平缓的分水岭、台地及稻城河两岸阶地上，成土母质多为残积物、坡积物及冰碛物，其母岩主要为变质岩、板岩、千枚岩、花岗岩、砂岩等。土壤潜在养分高，草本植物生长良好，土体粗骨性强，土壤多呈微酸性，黑毡土发生于高寒区较温湿的塬面上，蒿草与杂生草类的草毡层初步分解，形成暗色初步腐殖化的草根茎盘结层。色泽较暗，有机质含量较高。

寒冻土占本县地域面积的 6%，分布在海拔 470m 以上的高山地段，土壤常年冰冻，有部分表土短时解冻。地形由角峰、冰斗、悬谷、刃脊等冰融地貌构成。由于常年的冰冻和生理干旱，仅有少量耐寒的垫状植物生存，如地衣、苔藓、雪莲花等，植被覆盖度只有 5%—10%。土壤发育程度低，土层浅薄，物理风化强烈，地表布满岩石碎屑，俗称"流石滩"。土壤处于原始成土阶段，通体粗骨性强，无土层分化。

小于本县地域面积 3% 的土壤类型还有褐土、石灰（岩）土、石质土等。

本区域中心区气候特征

本区域中心区气候特征值
Regional climate characteristics in central area of the region

气候带：高原亚温带湿润气候 Climate region: Plateau sub temperate humid climate	
年平均气温 /℃ Annual average temperature /℃	7.3
年平均最高气温 /℃ Annual average maximum temperature /℃	14.5
年平均最低气温 /℃ Annual average minimum temperature /℃	2.1
年降水量 /mm Annual precipitation /mm	783
≥10℃的积温 /℃ Daily temperature accumulated in a year（≥10℃）/℃	2958
年日照时数 /h Annual sunshine /h	2246
年平均相对湿度 /% Annual average relative humidity /%	62
干燥度 Dryness	0.63

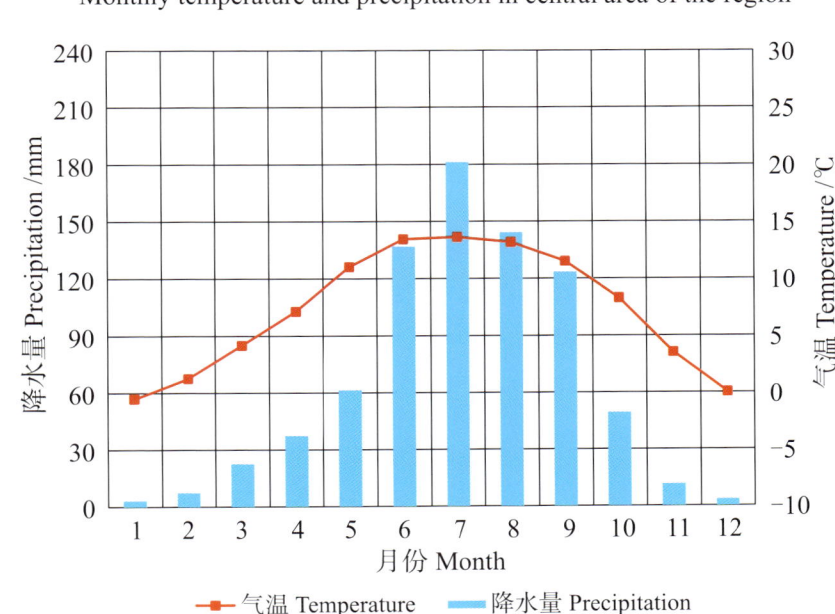

本区域中心区月平均气温与月平均降水量
Monthly temperature and precipitation in central area of the region

稻城县主要土壤类型与土壤剖面点分布图
1 : 560 000

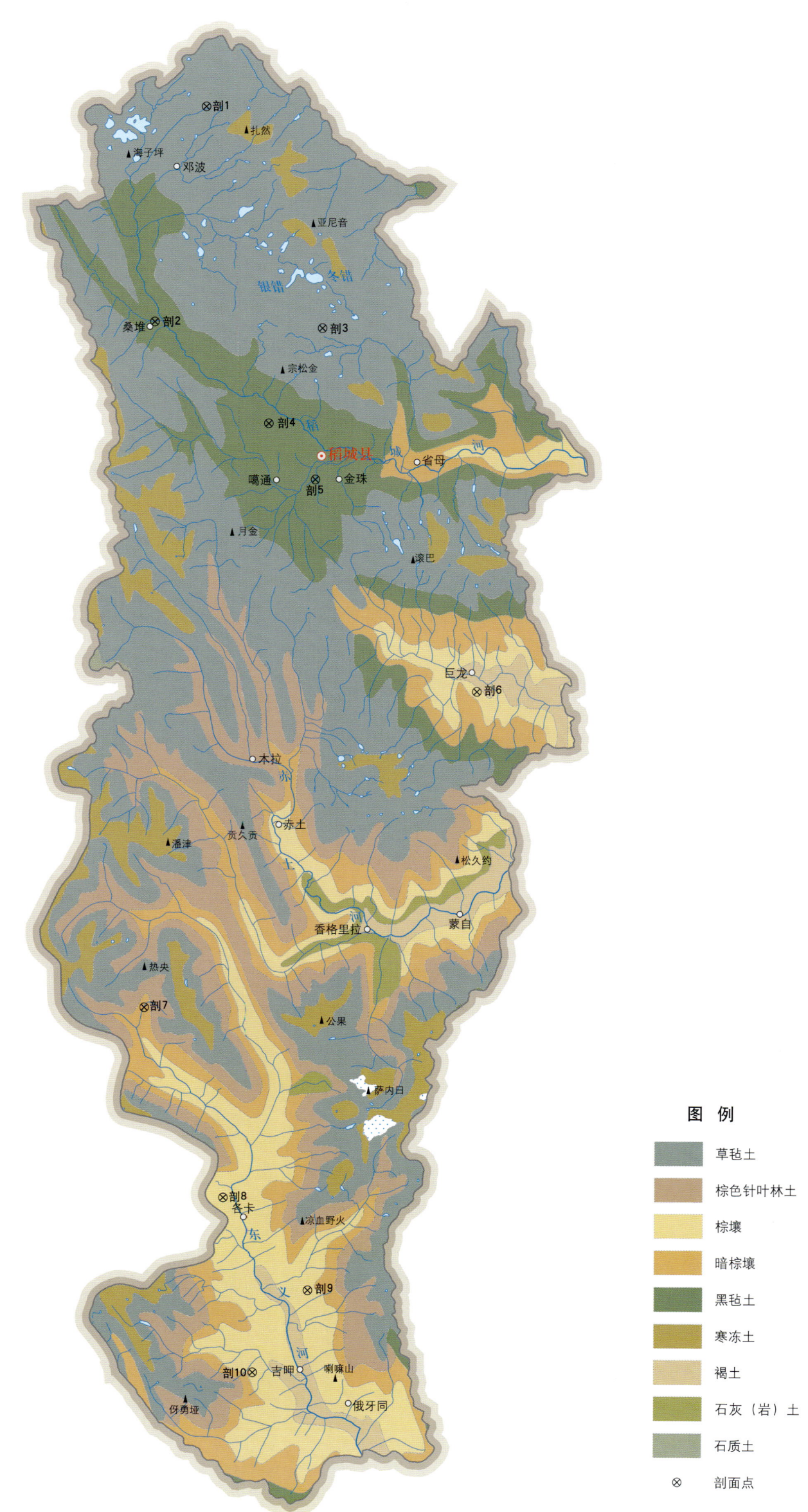

凉山彝族自治州

西 昌 市

主要土类说明

红壤是西昌市的主要土壤类型，占本市地域面积的 34%，主要分布在海拔 1200—2100m 的二半山和山区。土壤物理风化强烈，土层深厚，黏化和脱硅富铝化过程明显。土壤中铁质氧化后使剖面呈红色，底土为棕红色，具 A–Bs–Bv 或 A–Bs–C 剖面构型。土壤质地较轻，pH 多呈酸性至微酸性，土壤淋溶作用不强，具有较好的保肥能力。

黄棕壤是西昌市第二大土壤类型，占本市地域面积的 19%，主要分布在海拔 2800—3100m 地区。母质多为砂页岩及花岗岩风化物。黏化特征明显，呈黄棕色，具 A-B-C 或 A-（B）-C 剖面构型，表土层之上常有枯枝落叶，表土层结构不发育，心土层多为棱块状或块状结构，结构面有棕色、暗棕色胶膜和黑色的铁锰淀积。

紫色土是西昌市第三大土壤类型，占本市地域面积的 15%，各乡山麓坡地均有分布。紫色土是由紫色砂岩、页岩、泥岩风化物，在亚热带湿润气候条件下形成的幼年土壤，基本保持了母质理化性质。土体多呈红紫色或黄红紫色。土层浅薄，剖面层次发育不明显，具 A–C 剖面构型，仍处于初育阶段。

棕壤占本市地域面积的 12%，分布在海拔 2700—3200m 的地区。所处地区为山地暖温带和中温带湿润或半湿润气候，有较多的黏粒淀积，土壤呈棕色、棕黄色，通体中性至微酸性，土体厚 60—120cm。

水稻土占本市地域面积的 12%。土体一般出现糊状淹育层、较坚实板结的犁底层、渗育层、潴育层与潜育层等多种发生层，有机质及养分还原积累比旱地多，生产力比旱地高。

黑毡土占本市地域面积的 6%。黑毡土发生于青藏高原高寒略较温湿的塬面上，蒿草与杂生草类的草毡层初步分解，形成初步腐殖化的暗色草根茎盘结层。该土壤色泽较深，有机质含量较高，为 100—150g/kg，底土见锈色斑纹。土壤 pH 为 6.5—8.0。

小于本市地域面积 3% 的土壤类型还有潮土、新积土、石灰（岩）土等。

本区域中心区气候特征

本区域中心区气候特征值
Regional climate characteristics in central area of the region

气候带：北亚热带湿润气候 Climate region: North subtropical humid climate	
年平均气温 /℃ Annual average temperature /℃	16.4
年平均最高气温 /℃ Annual average maximum temperature /℃	22.8
年平均最低气温 /℃ Annual average minimum temperature /℃	11.7
年降水量 /mm Annual precipitation /mm	1012
≥ 10℃的积温 /℃ Daily temperature accumulated in a year (≥ 10℃) /℃	6021
年日照时数 /h Annual sunshine /h	2365
年平均相对湿度 /% Annual average relative humidity /%	62
干燥度 Dryness	0.79

本区域中心区月平均气温与月平均降水量
Monthly temperature and precipitation in central area of the region

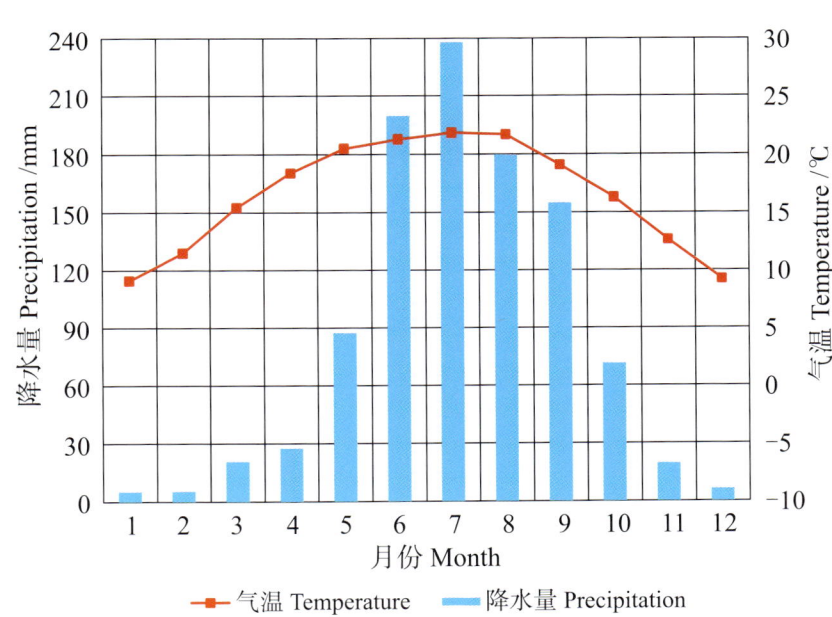

西昌市主要土壤类型与土壤剖面点分布图
1 : 280 000

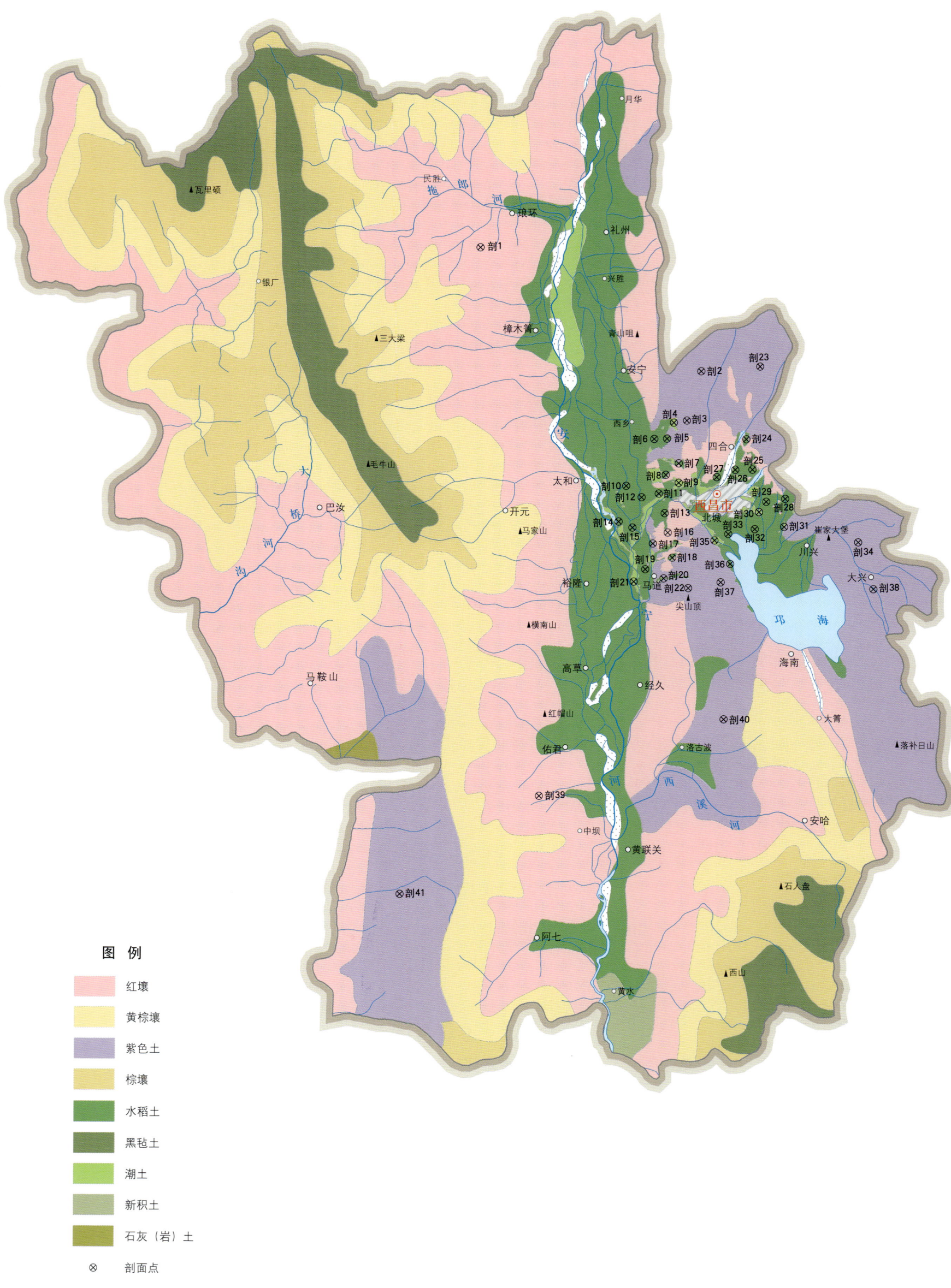

西昌市土壤剖面理化性状表

剖面号 Soil profile	土纲 Soil order	土类 Soil great group	亚类 Soil subgroup	土属 Soil genus	土种 Soil species	土层码 Layer code	土层厚度 Depth/cm	颜色 Soil color	质地 Soil texture	土壤结构 Soil structure	pH	有机质 OM/(g/kg)	全氮 TN/(g/kg)	全磷 TP/(g/kg)	全钾 TK/(g/kg)	碱解氮 AN/(mg/kg)	有效磷 AP/(mg/kg)	速效钾 AK/(mg/kg)	阳离子交换量 CEC/(cmol/kg)	土壤母质 Parent material	剖面点坐标 Profile coordinate	匹配指数 Matching index/%
剖1	铁铝土	红壤	黄红壤	黄红潮土	黄红泥土	1	0—20	红黄色	重壤土	粒状	6.7	20.7	1.18	0.64	2.3	74	5.0	95	23.9	坡积物、残积物	E 102°05′14.6″ N 28°02′28.7″	87
						2	20—60	棕黄色	轻壤土	块状	5.6	20.0	1.03	0.56	2.3	67	3.0	71	22.5			
						3	60—100	黄红色	轻壤土	团块状	5.5	14.9	0.75	0.48	2.7	60	2.0	66	22.7			
剖2	初育土	紫色土	酸性紫色土	红棕色紫泥土		1	0—17	红棕紫色	轻壤土	小块状	5.2	26.4	2.21	1.31	1.4	86	2.0	123	21.3		E 102°14′30.5″ N 27°58′07.0″	78
						2	17—31	红棕紫色	轻壤土	块状	5.2	19.0	1.37	0.94	1.3	48	2.0	100	21.8			
						3	31—100	红棕紫色	轻壤土	块状	5.5	11.5	0.77	0.71	1.6	30	1.0	76	17.7			
剖3	初育土	紫色土	酸性紫色土	灰棕紫泥土		1	0—8	褐黄紫色	重壤土	小块状	5.3	21.3	1.12	1.07	1.5	78	8.0	124	24.8		E 102°13′57.7″ N 27°56′18.6″	94
						2	8—35	灰黄紫色	重壤土	块状	5.7	18.6	1.13	0.89	1.6	67	3.0	81	18.6			
						3	35—	黄红紫色	轻壤土	块状	5.7	10.6	0.44	0.60	2.0	29	1.0		22.7			
剖4	半水成土	潮土	潮土	山洪潮土	砂夹石土	1	0—10	浅红紫色	重壤土	团块状	5.7	9.1	1.03	0.35	0.7	67	9.0	71	13.6	洪积物	E 102°13′25.3″ N 27°56′13.5″	94
						2	10—56	红紫色	中壤土	块状	5.6	7.2	0.42	1.06	1.0	43	2.0	71	14.6			
剖5	人为土	水稻土	红壤性水稻土	红黄壤性水稻土	黄红泥田	1	0—17	棕黄色	重壤土	团块状、块状	7.5	22.5	1.43	1.04	2.2	54	9.0	83	22.8	黄色粉砂质页岩	E 102°13′09.2″ N 27°55′38.2″	71
						2	17—28	棕黄色	中壤土	板状	7.7	19.1	1.06	0.88	2.2	64	6.0	80	19.9			
						3	28—40	黄色	中壤土	块状	7.5	6.1	0.87	0.61	2.1	22	3.0	67	18.6			
						4	40—100	浅黄色	重壤土	块状	7.7	5.0	0.43	0.40	1.8	22	2.0	59	9.3			
剖6	人为土	水稻土	冲积型水稻土	紫色冲积水稻土	红砂田	1	0—21	暗红紫色	中壤土	粒状、小块状	8.0	17.4	1.30	1.04	2.3	62	7.0	54	22.2	第四纪洪积物、冲积物	E 102°12′37.8″ N 27°55′36.8″	76
						2	21—33	红紫色	中壤土	板状	8.2	8.6	0.71	0.85	1.8	36	3.0	52	17.9			
						3	33—120	黄紫色	轻壤土	粒状、块状	8.3	2.1	0.51	0.66	2.2	18	2.0	47	16.7			
剖7	人为土	水稻土	冲积型水稻土	紫色冲积水稻土	砂夹石田	1	0—18	红紫色	轻壤土	无明显结构	6.3	17.0	0.79	0.97	1.3	64	6.0	51	9.1	第四纪洪积物、冲积物	E 102°13′39.7″ N 27°54′44.3″	72
						2	18—25	红紫色	轻壤土	无明显结构	5.9	13.4	0.56	0.80	1.4	50	4.0	47	17.7			
						3	25—53	红紫色	轻壤土	无明显结构	7.1	8.8	0.22	0.60	1.4	28	3.0	53	11.1			
						4	53—100	红紫色	中壤土	无明显结构	7.4	6.0	0.51	0.50	1.4	35	1.0	59	8.4			
剖8	人为土	水稻土	冲积型水稻土	红黄冲积水稻土	黄泥田	1	0—18	灰黄色	中壤土	无明显结构	6.0	14.8	0.81	0.80	1.2	63	4.0	64	20.6	黄红洪积物、冲积物	E 102°13′08.0″ N 27°54′18.7″	73
						2	18—24	灰黄色	中壤土	无明显结构	7.2	10.6	0.64	0.47	1.3	36	3.0	54	18.0			
						3	24—63	暗黄色	中壤土	无明显结构	7.6	5.8	0.64	0.32	1.8	22	2.0	47	13.4			
						4	63—90	暗黄灰色	重壤土	无明显结构	7.6	5.2	0.52	0.23	2.0	14	2.0	40	16.8			
						5	90—101	暗黄灰色	中砾砂壤土	无明显结构	7.8	3.4	0.32	0.19	2.2	7	1.0	39	12.4			
剖9	半水成土	潮土	潮土	黄红潮土	黄砂土	1	0—19	暗黄色	中壤土	粒状	7.8	8.6	0.43	0.94	2.1	18	6.0	78	13.8	黄红洪积物、冲积物	E 102°13′40.8″ N 27°54′02.2″	71
						2	19—42	暗黄色	砂壤土	小块状	8.0	3.9	0.28	0.80	2.1	21	4.0	62	10.6			
						3	42—100	暗黄色	砂壤土	无明显结构	8.4	0.4	0.14	0.56	1.9	14	2.0	56	7.4			
剖10	人为土	水稻土	冲积型水稻土	紫色冲积水稻土	紫白鳝泥田	1	0—18	红紫色	重壤土	板状	7.8	24.6	2.11	0.83	2.6	101	5.0	67	25.6	第四纪洪积物、冲积物	E 102°13′30.8″ N 27°53′52.4″	77
						2	18—29	灰白色	重壤土	棱柱状	7.9	16.4	1.10	0.59	2.7	43	3.0	60	22.4			
						3	29—54	灰白色	重壤土	棱柱状	7.9	12.4	1.02	0.49	2.8	22	2.0	55	17.2			
						4	54—100	灰白色	中壤土	棱柱状	7.3	8.2	0.71	0.29	2.9	18	1.0	50	11.2			
剖11	人为土	水稻土	冲积型水稻土	红黄冲积水稻土	黄泥田	1	0—18	紫黄色	轻黏土	粒状、团块状	7.9	38.2	2.07	1.05	2.8	130	7.0	65	22.2	黄红洪积物、冲积物	E 102°12′51.8″ N 27°53′37.3″	80
						2	18—33	暗黄色	砂壤土	板状	6.4	11.4	0.63	0.79	2.1	46	5.0	62	19.6			
						3	33—55	褐黄色	砂壤土	块状	7.1	7.6	0.51	0.64	2.1	32	4.0	53	17.9			
						4	55—84	暗黄色	中壤土	块状	7.3	6.1	0.37	0.55	2.3	21	3.0	53	16.8			
						5	84—110	黄灰黄色	中壤土	无明显结构	7.1	2.3	0.34	0.40	2.4	18	1.0	46	13.8			
剖12	人为土	水稻土	冲积型水稻土	紫色冲积水稻土	紫泥田	1	0—18	暗紫	轻黏土	板状	8.0	21.9	1.59	0.77	3.0	66	7.0	71	23.8	第四纪洪积物、冲积物	E 102°12′09.8″ N 27°53′28.3″	95
						2	18—30	棕紫色	砂壤土	块状	7.8	13.2	0.67	0.66	3.1	51	4.0	67	21.4			
						3	30—63	暗棕色	中壤土	块状	7.8	9.9	0.75	0.52	2.6	30	2.0	66	18.4			
						4	63—110	黄棕紫色	轻黏土	块状	7.7	9.9	0.29	0.52	2.8	15	1.0	64	11.5			

续表 Continued

剖面号 Soil profile	土纲 Soil order	土类 Soil great group	亚类 Soil subgroup	土属 Soil genus	土种 Soil species	土层码 Layer code	土层厚度 Depth/cm	颜色 Soil color	质地 Soil texture	土壤结构 Soil structure	pH	有机质 OM/(g/kg)	全氮 TN/(g/kg)	全磷 TP/(g/kg)	全钾 TK/(g/kg)	碱解氮 AN/(mg/kg)	有效磷 AP/(mg/kg)	速效钾 AK/(mg/kg)	阳离子交换量CEC/(cmol/kg)	土壤母质 Parent material	剖面点坐标 Profile coordinate	匹配指数 Matching index/%
剖13	人为土	水稻土	冲积型水稻土	红黄冲积性水稻土	羊屎泥田	1	0—18	红黄色	轻壤土	块状	7.6	30.7	0.88	1.14	2.6	80	6.0	99	18.2	黄红洪积物、冲积物	E 102°13′07.7″ N 27°52′54.5″	76
						2	18—28	红黄色	轻壤土	板状	7.7	27.6	1.01	0.96	2.5	90	4.0	94	15.5			
						3	28—60	黄色	轻壤土	棱柱状	7.7	15.9	0.58	0.69	2.7	43	3.0	87	14.2			
						4	60—100	青灰色	中壤土	块状	7.9	10.8	0.43	0.53	2.8	18	1.0	84	12.6			
剖14	人为土	水稻土	冲积型水稻土	紫色冲积性水稻土	红砂田	1	0—13	紫色	轻黏土	粒状、小块状	7.8	18.4	1.38	0.92	2.5	46	5.0	58	20.2	第四纪洪积物、冲积物	E 102°11′14.3″ N 27°52′33.6″	96
						2	13—22	紫色	轻黏土	板状	8.2	21.4	1.02	0.78	2.4	31	2.0	55	17.7			
						3	22—33	紫色	轻黏土	块状	8.2	10.7	0.51	0.69	2.4	21	2.0	48	14.5			
						4	33—75	黄紫色	中壤土	块状	8.2	13.7	0.49	0.61	2.5	22	2.0	48	12.6			
						5	75—100	黄紫色	轻壤土	块状	8.2	16.2	0.42	0.58	2.5	14	1.0	52	11.7			
剖15	人为土	水稻土	冲积型水稻土	紫色冲积性水稻土	紫砂泥田	1	0—18	紫色	重壤土	粒状、小块状	6.4	33.8	1.48	1.14	2.1	119	13.0	71	20.3	第四纪洪积物、冲积物	E 102°11′48.8″ N 27°52′21.4″	72
						2	18—27	紫色	重壤土	板状	7.6	29.6	1.14	0.89	2.0	78	5.0	68	16.8			
						3	27—43	棕紫色	重壤土	棱柱状	8.0	19.6	0.56	0.74	2.4	50	3.0	65	13.8			
						4	43—100	黄紫色	重壤土	无明显结构	7.9	19.3	0.43	0.64	2.8	21	2.0	60	9.4			
剖16	铁铝土	红壤	黄红壤	黄红壤	黄红砂泥土	1	0—17	黄色	中壤土	粒状	6.9	9.8	6.10	0.85	2.1	36	6.0	91	16.4	粉砂质页岩风化物	E 102°13′16.7″ N 27°52′12.7″	78
						2	17—50	红黄色	重壤土	块状	6.8	5.3	0.44	0.48	2.3	24	2.0	68	15.9			
						3	50—100	红白黄色	重壤土	块状	6.6	0.4	0.39	0.41	3.2	19	1.0	66	10.5			
剖17	初育土	紫色土	酸性紫色土	红紫泥土		1	0—5	褐黄紫色	重壤土	团块状	6.2	47.9	2.09	1.11	1.7	67	3.0	133	26.6		E 102°12′40.7″ N 27°51′47.9″	92
						2	5—39	黄红紫色	中壤土	块状	5.7	14.0	0.73	0.92	1.1	43	4.0	97	14.0			
						3	39—	黄红色	中壤土	块状	5.2	8.5	0.57	0.59	1.2	28	2.0	63	21.0			
剖18	人为土	水稻土	紫色土性水稻土	中性紫色土性水稻土	砂泥田	1	0—18	褐紫色	重壤土	小块状	7.1	35.8	1.78	1.26	2.0	95	18.0	157	19.6	紫色坡积、残积物	E 102°13′29.3″ N 27°51′17.6″	83
						2	18—30	褐红紫色	重壤土	板状	7.6	22.0	1.44	1.01	2.1	65	14.0	153	15.5			
						3	30—42	褐红紫色	重壤土	小块状	8.0	11.6	0.86	0.83	2.1	42	3.0	118	12.9			
						4	42—100	褐红紫色	砂壤土	无明显结构	8.1	6.8	0.71	0.59	2.5	25	3.0	127	10.0			
剖19	人为土	水稻土	紫色土性水稻土	紫色冲积性水稻土		1	0—20	紫色	轻黏土	块状	7.9	34.7	1.92	0.74	3.1	131	7.0	86	19.8	第四纪洪积物、冲积物	E 102°12′23.4″ N 27°50′50.3″	74
						2	20—29	紫色	轻黏土	板状	7.9	28.1	1.78	0.69	3.0	91	5.0	81	21.4			
						3	29—44	浅紫色	中壤土	棱柱状	7.9	18.3	1.17	0.60	2.6	73	3.0	67	19.0			
						4	44—91	紫灰白色	重壤土	块状	8.1	14.6	1.08	0.45	2.1	40	2.0	60	18.0			
						5	91—	红灰色	重壤土	块状	8.2	7.1	0.43	0.26	2.3	28	2.0	58	11.7			
剖20	人为土	水稻土	潮土	紫色潮土	紫夹石砂田	1	0—22	红紫色	轻壤土	小团块状	5.8	10.6	0.56	1.00	1.0	51	10.0	88	18.7		E 102°13′09.1″ N 27°50′31.2″	79
						2	22—38	褐紫色	轻壤土	柱状	7.8	7.1	0.43	0.67	1.2	36	7.0	73	17.9			
						3	38—56	暗红紫色	重壤土	柱状	6.9	11.9	0.66	0.49	1.4	29	4.0	59	15.0			
						4	56—100	棕紫色	重壤土	块状	7.1	7.9	0.38	0.26	2.6	22	2.0	54	12.6			
剖21	半成土	潮土	潮土	紫色潮土	白眼砂土	1	0—18	白灰紫色	紧砂土	无明显结构	7.5	6.7	0.42	0.90	2.3	14	5.0	91	16.7	第四纪洪积物、冲积物	E 102°11′55.7″ N 27°50′22.6″	83
						2	18—50	白灰色	松砂土	无明显结构	7.8	3.2	0.14	0.51	2.5	5	7.0	53	6.6			
剖22	初育土	紫色土	酸性紫色土	红紫泥土	红紫泥土	1	0—16	红紫色	中壤土	核状、粒状	5.1	6.3	1.02	0.91	2.3	48	4.0	177	23.4	紫色岩石风化物	E 102°14′10.7″ N 27°50′11.0″	74
						2	16—46	红紫色	轻壤土	小块状	5.2	4.8	0.74	0.68	2.3	30	2.0	105	23.8			
						3	46—100	红紫色	轻壤土	块状	5.3	3.3	0.29	0.41	2.5	26	2.0	80	24.6			
剖23	初育土	紫色土	酸性紫色土	红紫泥土		1	0—5	黄褐紫色	重壤土	无明显结构	6.0	32.4	1.66	1.04	2.0	98	3.0	149	18.9	紫色坡积、残积物	E 102°16′56.1″ N 27°58′20.3″	81
						2	5—70	黄紫色	重壤土	小块状	5.8	26.3	0.84	0.98	2.1	73	2.0	113	24.0			
						3	70—100	黄紫色	重壤土	块状	6.0	15.5	0.43	0.65	2.3	36	1.0	81	17.8			
剖24	人为土	水稻土	红壤性水稻土	红黄粘性水稻土	黄红砂泥田	1	0—17	褐黄色	中壤土	小块状	6.5	25.3	1.07	0.91	1.2	78	9.0	63	22.8	黄红粉砂质页岩	E 102°16′25.7″ N 27°55′40.8″	79
						2	17—32	暗黄色	中壤土	板状	6.7	21.2	0.77	0.67	1.3	71	7.0	69	20.2			
						3	32—48	灰黄色	重壤土	棱柱状	6.5	8.6	0.56	0.56	1.5	44	3.0	58	16.4			
						4	84—100	红棕黄色	中壤土	块状	6.5	24.3	0.71	0.29	1.3	36	2.0	50	8.7			

会 理 市

主要土类说明

红壤是会理市的主要土壤类型，占本市地域面积的36%，主要分布在盆地、浅山、二半山以及坝地边缘缓坡。自然植被以次生常绿阔叶林及针阔叶混交林为主。成土母质有辉岩、辉长岩、石灰岩、白云岩、花岗岩、石英闪长岩、石英长石砂岩、泥岩、页岩、千枚岩、第四纪红色黏土等。土壤物理风化强烈，土层深厚，黏化过程和脱硅富铝化过程明显。土壤中铁质氧化后使剖面呈红色，底土为棕红色，具 A–Bs–Bv 或 A–Bs–C 剖面构型。土壤质地较轻，多呈微酸性至酸性，土壤淋溶作用不强，具有较好的保肥能力。耕作土壤多数具有黏、酸、瘦、干、缺磷等特点。

紫色土是会理市第二大土壤类型，占本市地域面积的31%，集中分布在红旗、黎溪等地，多分布于浅山、丘陵的旱坡地。植被类型较复杂，从亚热带稀树草原的攀枝花、剑麻、仙人掌、霸王鞭到亚高山栎类、杜鹃、冷箭竹等均有出现。紫色土是由紫色砂页岩泥岩发育而成的。土壤受母质影响很深，风化程度低，层次分化不明显。pH 为 5.5—9.3，具有自然肥力高、矿质养分含量丰富等特点，结构良好，易耕作，宜种度广。

黄棕壤是会理市第三大土壤类型，占本市地域面积的11%，分布于海拔 2200—2600m 的中山地带。植被多为云南松、华山松或针阔叶混交林。母质多为砂页岩及花岗岩风化物。黄棕壤是山地黄红壤向棕壤过渡的类型，具 A-B-C 或 A-（B）-C 剖面构型，表土层之上常有枯枝落叶，有机质含量较高，表土层结构不发育，心土层多为棱块状或块状结构，结构面有棕色、暗棕色胶膜和黑色的铁锰淀积。土壤 pH 为 5.7—6.6。

燥红土占本市地域面积的5%，主要分布在金沙江、普隆河海拔1300m 以下的干热河谷。成土母质多为石灰岩、砂页岩、千枚岩、花岗岩、砾岩等残积物、坡积物、洪积物。表土层为灰棕色，呈核粒状或团状结构，疏松；心土层为红褐色，呈团块状或棱块状结构，较紧实；底土层呈红色、棕色或黄棕色，呈大块状或棱柱状结构。

棕壤占本市地域面积的5%，主要分布在海拔 2500—3000m 的山坡上。植被有栎类、壳斗科类，以高山松类混交林为主，部分地区由于森林遭到破坏，被生草替代，形成草甸棕壤。棕壤是在山地暖温带和中温带湿润或半湿润气候条件下发育的地带性土壤。母质有变质板岩、片岩、花岗岩、玄武岩、闪长岩、砂岩、石灰岩残积物、坡积物。

小于本市地域面积5%的土壤类型还有黑毡土、石灰（岩）土、水稻土、新积土等。

本区域中心区气候特征

本区域中心区气候特征值
Regional climate characteristics in central area of the region

气候带：南亚热带亚湿润气候 Climate region: South subtropical sub humid climate	
年平均气温 /℃ Annual average temperature /℃	15.2
年平均最高气温 /℃ Annual average maximum temperature /℃	21.8
年平均最低气温 /℃ Annual average minimum temperature /℃	9.9
年降水量 /mm Annual precipitation /mm	1140
≥10℃的积温 /℃ Daily temperature accumulated in a year（≥10℃）/℃	5572
年日照时数 /h Annual sunshine /h	2313
年平均相对湿度 /% Annual average relative humidity /%	70
干燥度 Dryness	0.84

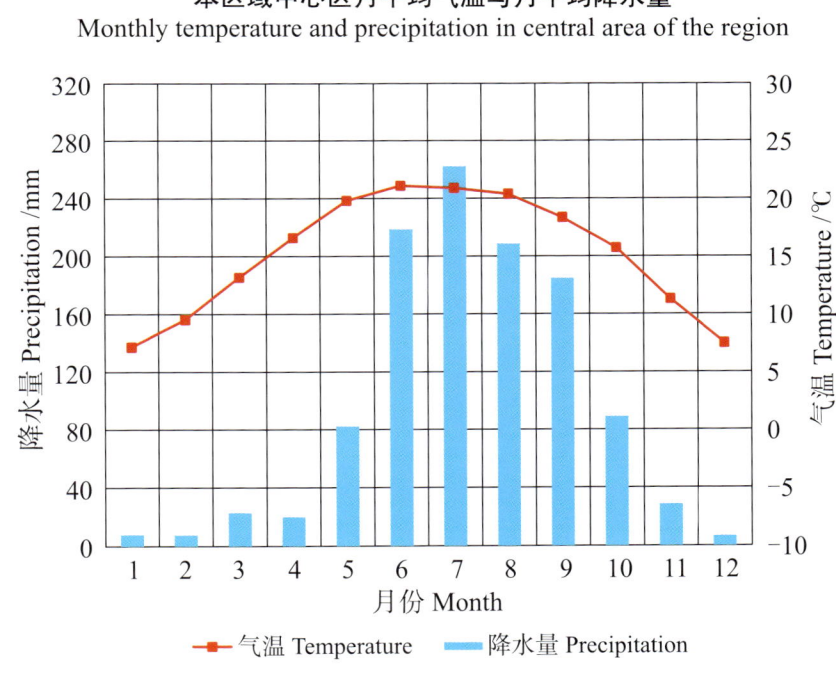

本区域中心区月平均气温与月平均降水量
Monthly temperature and precipitation in central area of the region

会理县主要土壤类型与土壤剖面点分布图
1∶420 000

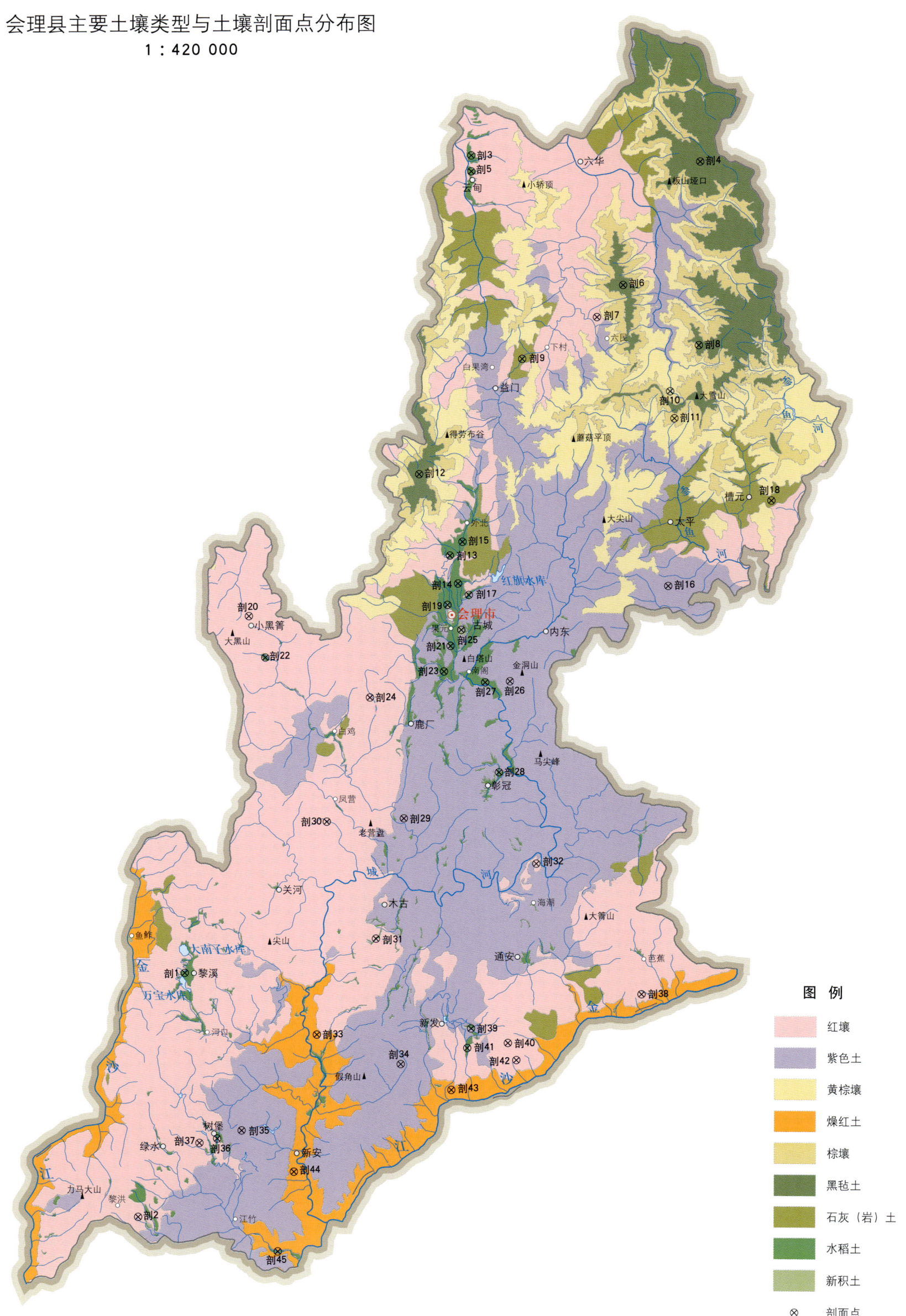

图 例
- 红壤
- 紫色土
- 黄棕壤
- 燥红土
- 棕壤
- 黑毡土
- 石灰（岩）土
- 水稻土
- 新积土
- ⊗ 剖面点

注：国务院 2021 年 1 月批准，撤销会理县，设立会理市。

会理市土壤剖面理化性状表

剖面号 Soil profile	土纲 Soil order	土类 Soil great group	亚类 Soil subgroup	土属 Soil genus	土种 Soil species	土层码 Layer code	土层厚度 Depth/cm	颜色 Soil color	质地 Soil texture	土壤结构 Soil structure	pH	有机质 OM/(g/kg)	全氮 TN/(g/kg)	全磷 TP/(g/kg)	全钾 TK/(g/kg)	碱解氮 AN/(mg/kg)	有效磷 AP/(mg/kg)	速效钾 AK/(mg/kg)	土壤母质 Parent material	剖面点坐标 Profile coordinate	匹配指数 Matching index/%
剖1	人为土	水稻土	红壤性水稻土	红泥田	鸡粪土田	1	0~17	黑灰黄色	重壤土	核状、粒状	6.2	42.6	1.47	1.15		133	4.0	72	湖相沉积物	E 101°58′58.8″ N 26°19′55.2″	74
						2	17~24	黑灰黄色	重壤土	核状、粒状	7.4										
						3	24~80	灰黄色	重壤土	块状	6.8										
剖2	铁铝土	红壤	红壤	红泥土	鸡粪土	1	0~16	黄褐色	重壤土	块状	6.6	21.3	0.78	1.59		105	3.0	135		E 101°56′34.4″ N 26°06′38.9″	82
						2	16~28	灰黄色	轻壤土	块状	7.5	21.7	0.49	1.17							
						3	28~100	灰黄色	中壤土	块状	7.5										
剖3	人为土	水稻土	冲积型水稻土	红黄色冲积水稻土	白鳝泥田	1	0~22	黄紫色	中壤土	小块状	7.0	30.5	1.77	0.56		115	3.0	111	红壤性冲积物	E 102°15′09.7″ N 27°04′39.7″	78
						2	22~32	黄灰色	轻壤土	大块状	6.5	2.3	0.34	0.26							
						3	32~72	灰白色	轻壤土	整体状	7.0										
剖4	高山土	黑毡土				1	0~30	暗棕色	轻壤土	核状、粒状	4.7									E 102°29′04.9″ N 27°04′33.6″	74
						2	30~55	黄棕色	中壤土	小块状	4.7										
						3	55—														
剖5	人为土	水稻土	冲积型水稻土	红黄色冲积水稻土	泥田	1	0~18	红黄色	中壤土	小块状	6.3	22.7	1.00	1.60		78	3.0	164	红壤性冲积物	E 102°15′10.8″ N 27°03′47.9″	72
						2	18~28	红黄色	中壤土	块状	6.8	15.8	0.77	1.43							
						3	28~100	灰红黄色	中壤土	块状	7.3	10.2	0.48	1.30							
剖6	高山土	棕黑毡土	棕黑毡土	黄色石灰土	黄色石渣土	1	0~20		中壤土	块状	4.4	118.4	4.74	2.66		409		114		E 102°24′32.0″ N 26°57′47.9″	85
						2	20~40		中壤土	小块状	4.9	44.1	1.67	1.78		173		66			
剖7	铁铝土	黄红壤	黄红壤	黄棕壤	白砂泥土	1	0~20	棕红色	轻壤土	小块状	6.2	27.1	1.28	0.78		111	4.0	230		E 102°22′59.2″ N 26°56′01.7″	85
						2	20~40	褐红色	重壤土	块状	5.4	10.0	0.59	0.57							
						3	40~100	褐红色	重壤土	块状	6.2										
剖8	高山土	黑毡土	棕黑毡土	棕壤	黑灰包土	1	0~6	灰黑色												E 102°29′12.1″ N 26°54′37.1″	91
						2	6~16	黄灰黑色	中壤土	粒状	4.4										
						3	16~52	黄灰色	中壤土	小块状	4.9										
						4	52—														
剖9	初育土	石灰(岩)土	黄色石灰土	黄色石灰土	黄色石渣土	1	0~19	灰黄色	轻壤土	核状、粒状	7.6	12.4	0.71	0.67		63	2.0	203		E 102°18′30.2″ N 26°53′41.3″	84
						2	19~29	黄灰色	重壤土	棱块状	7.3	8.5	0.56	0.49							
						3	29~100	灰黄色	重壤土	块状	7.5										
剖10	淋溶土	黄棕壤	黄棕壤	黄色石灰土	黄灰包土	1	0~12	黄灰棕色	重壤土	核状、粒状	5.1	25.8	1.41	0.85		190	1.0	210		E 102°27′31.7″ N 26°52′05.5″	99
						2	12~45	黄棕色	重壤土	块状	5.3	16.4	0.98	0.73							
						3	45~100	黄色	重壤土	块状	5.5										
剖11	淋溶土	棕壤	棕壤	棕壤	黑灰包土	1	0~18	暗棕色	轻壤土	核状	5.2					180	14.0	338		E 102°27′48.6″ N 26°50′38.4″	98
						2	18~70	棕色	轻壤土	小块状	5.1					208		203			
剖12	高山土	黑毡土	黑毡土			1	0~20	黄黑紫色	中壤土	块状	4.7	218.3	3.91	3.95		755		330		E 102°12′23.8″ N 26°47′19.7″	72
						2	20~40	黄紫色	中壤土	块状	4.7	125.8	3.89	2.44		465	7.0	272			
剖13	人为土	水稻土	冲积型水稻土	红黄色冲积水稻土	姜石泥田	1	0~12	灰紫色	砂壤土	块状	6.3	37.5	2.37	1.41		179		129	红壤性冲积物	E 102°14′23.3″ N 26°42′56.2″	100
						2	12~25	黄紫色	中壤土	块状	8.0	20.8	1.39	1.10							
						3	25~61	灰紫色	中壤土	块状	7.0										
剖14	人为土	水稻土	冲积型水稻土	紫色冲积水稻土	冷湿田	1	0~20	黄灰紫色	中壤土	块状	6.1	40.4	2.15	1.16		173	2.0	81	紫色冲积物	E 102°14′55.0″ N 26°41′26.5″	73
						2	20~30	黄紫色	重壤土	整体状	5.4	34.4	1.35	0.74							
						3	30~60	灰蓝色	重壤土	整体状	7.0										
						4	60~100		轻黏土		7.0										

续表 Continued

剖面号 Soil profile	土纲 Soil order	土类 Soil great group	亚类 Soil subgroup	土属 Soil genus	土种 Soil species	土层码 Layer code	土层厚度 Depth/cm	颜色 Soil color	质地 Soil texture	土壤结构 Soil structure	pH	有机质 OM/(g/kg)	全氮 TN/(g/kg)	全磷 TP/(g/kg)	全钾 TK/(g/kg)	碱解氮 AN/(mg/kg)	有效磷 AP/(mg/kg)	速效钾 AK/(mg/kg)	土壤母质 Parent material	剖面点坐标 Profile coordinate	匹配指数 Matching index/%
剖15	人为土	水稻土	冲积型水稻土	紫色冲积水稻土	胶泥田	1	0—15	黄灰紫色	轻黏土	大块状	8.2	28.3	1.85	1.47		97	8.0	156	紫色冲积物	E 102°15′07.9″ N 26°43′42.2″	100
剖16	初育土	紫色土	棕紫泥	灰棕紫泥土	砂土	1	0—15	黄灰色	轻黏土	棱块状	8.4								紫色砂页岩风化物	E 102°27′38.9″ N 26°41′33.4″	84
						2	15—25	黄灰色	轻黏土	大块状	6.0										
						3	25—100	黄灰色	轻黏土												
剖17	人为土	水稻土	紫色土性水稻土	暗紫泥土	砂泥田	1	0—15	紫红色	轻黏土	粒状	4.9	10.3	0.80	0.71		64	7.0	69	紫色砂页岩风化物	E 102°15′35.3″ N 26°40′50.2″	74
						2	15—35	紫红色	轻黏土	块状	4.9	8.4	0.74	0.67							
						3	35—100	紫红色	轻黏土		4.5										
剖18	初育土	石灰(岩)土	红色石灰土	红色石灰岩	红色石渣土	1	0—20	灰褐色	重黏土	小块状	8.1	19.0	1.02	1.35		120	2.0	185	暗紫色砂泥岩风化物	E 102°33′47.9″ N 26°46′17.0″	84
						2	20—29	灰褐色	重黏土	块状	8.5	17.9	1.00	1.32							
						3	29—90	褐灰色	重黏土	块状	8.4	19.8	1.12	1.32							
剖19	初育土	新积土	冲积土	紫色冲积土	紫潮砂泥土	1	0—18	灰红色	中壤土	核状、粒状	8.2	10.1	0.75	4.10		62	35.0	183	白云质灰岩、石灰岩风化物	E 102°14′16.8″ N 26°39′45.7″	77
						2	18—30	红灰色	重黏土	小块状	8.2	5.1	0.54	4.12							
						3	30—100	红灰色	重黏土	块状	8.2										
剖20	铁铝土	红壤	棕红壤	棕红壤	红灰包土	1	0—22	灰紫色	砂壤土	粒状	8.0	13.6	0.95	1.04		64	11.0	53	河流冲积物	E 102°02′17.5″ N 26°39′24.1″	93
						2	22—42	黄灰色	砂壤土	粒状	8.1	7.2	0.95	0.85							
						3	42—100	灰紫色	轻壤土	粒状	7.3										
剖21	人为土	水稻土	冲积型水稻土	红黄色冲积水稻土	石岗底田	1	0—20	棕红色	重黏土	核状、粒状	6.2	56.9	2.52	2.95		195	10.0	476		E 102°14′33.0″ N 26°38′03.1″	86
						2	20—60	红棕色	重黏土	块状	6.0	37.4	1.52	2.51							
剖22	人为土	水稻土	冲积型水稻土	红褐色冲积水稻土	大眼泥田	1	0—16	灰黄色	中壤土	块状	5.6	31.1	1.66	1.23		123	7.0	179	红壤性冲积物	E 102°14′11.0″ N 26°36′39.6″	81
						2	16—23	褐黄色		整体状	6.4	12.6	0.62	0.97							
						3	23—25	黄红色	中壤土	块状											
						4	25—100	黄红色	中壤土												
剖23	人为土	水稻土	冲积型水稻土	紫色冲积水稻土	石渣红泥田	1	0—20	灰黄色	中壤土	小块状	5.3	24.8	1.10	0.93		129	4.0	124	煤红土冲积物	E 102°03′20.9″ N 26°37′10.9″	89
						2	20—39	黄黄色	轻壤土	块状	6.9	20.4	0.87	0.95							
剖24	铁铝土	红壤	黄红壤	黄红壤	油砂土	1	0—24	红黄色	中壤土	小块状	6.8	19.5	0.79	2.35		105	9.0	120	变质岩	E 102°09′44.6″ N 26°35′08.9″	80
						2	24—70	灰黄色	中壤土	核状、粒状	6.6	7.9	0.43	2.33							
						3	70—100	黄黄色	中壤土	块状	6.7										
剖25	初育土	新积土	冲积土	紫色冲积土	砂泥土	1	0—15	紫黄色	中壤土	小块状	6.9	35.7	2.16	3.41		172	4.0	105	河流冲积物	E 102°15′10.8″ N 26°38′56.0″	92
						2	15—30	紫黄色	中壤土	大棱柱状	6.9	28.5	1.92	3.03							
						3	30—43	紫黄色	中壤土	棱柱状	7.5										
						4	43—52	黑黑色	中壤土	块状	7.0										
剖26	初育土	紫色土	棕紫泥	暗紫泥土	砂泥土	1	0—17	紫黄色	重壤土	小块状	8.2	30.1	1.51	1.63		81	7.0	169	暗紫色砂页岩风化物	E 102°18′11.5″ N 26°36′12.6″	80
						2	17—27	暗紫色	重壤土	块状	7.8	13.3	0.98	1.01							
						3	27—100	棕紫色	重壤土	块状	7.0										
剖27	人为土	水稻土	冲积型水稻土	紫色冲积水稻土	泥田	1	0—23	灰紫色	中壤土	块状	6.3	34.9	1.85	1.15		109	3.0	169	紫色冲积物	E 102°16′41.5″ N 26°36′07.2″	93
						2	23—32	灰紫色	重壤土	块状	6.4	30.2	1.64	1.13							
						3	32—67	灰紫色	轻黏土	小块状	6.4	25.3	1.45	1.13							
剖28	人为土	水稻土	紫色土性水稻土	灰棕紫色水稻土	冷湿田	1	0—20	棕褐色	砂黏土	整体状	7.5	52.2	2.36	1.42		167	4.0	95		E 102°17′39.1″ N 26°31′15.6″	92
						2	19—50	灰蓝黑色	轻壤土	核状、粒状	6.4	22.9	1.03	1.39							
剖29	初育土	紫色土	棕紫泥	暗紫色土	大眼泥土	1	0—19	暗紫色	中壤土	块状	5.9	12.0	0.81	0.67		57	6.0	144	暗紫色砂泥岩	E 102°11′58.6″ N 26°28′37.9″	80
						2	19—50	暗紫色	中壤土	块状	6.1	9.7	0.68	0.91							
						3	50—100	棕紫色	重壤土	块状	7.5										

续表 Continued

剖面号 Soil profile	土纲 Soil order	土类 Soil great group	亚类 Soil subgroup	土属 Soil genus	土种 Soil species	土层码 Layer code	土层厚度 Depth/cm	颜色 Soil color	质地 Soil texture	土壤结构 Soil structure	pH	有机质 OM/(g/kg)	全氮 TN/(g/kg)	全磷 TP/(g/kg)	全钾 TK/(g/kg)	碱解氮 AN/(mg/kg)	有效磷 AP/(mg/kg)	速效钾 AK/(mg/kg)	土壤母质 Parent material	剖面点坐标 Profile coordinate	匹配指数 Matching index/%
剖30	铁铝土	红壤	红壤	红泥土	红泥土	1	0~18	褐红色	重壤土	块状	5.5	30.3	1.44	2.11		147	5.0	145		E 102°07′19.2″ N 26°28′21.0″	78
						2	18~50	棕棕色	重壤土	块状	5.8	22.4	1.12	1.91							
						3	50~100	棕红色	轻黏土	块状											
剖31	人为土	水稻土	紫色土性水稻土	暗紫泥田	大眼泥田	1	0~23	黄灰紫色	中壤土	团块状	7.3	18.0	1.13	0.96		218	17.0	117	暗紫色砂泥岩风化物	E 102°10′28.6″ N 26°22′04.1″	92
						2	23~36	黄黄紫色	中壤土	块状	7.9	17.2	1.16	1.02							
						3	36~90	灰黄紫色	重壤土	大块状	8.2	18.3	1.31	1.03							
剖32	铁铝土	红壤	黄红壤	老冲积红黄泥	卵石红黄泥	1	0~25	红黄色	重壤土	小块状	6.0	5.0	0.46	0.82		28	3.0	59	第四纪砾石	E 102°20′02.8″ N 26°26′20.8″	96
						2	25~80	黄黄色	轻黏土	块状	5.5	3.0	0.40	1.13							
剖33	半淋溶土	燥红土	燥紫土	燥红土	石渣红褐泥土	1	0~16	红褐色	重壤土	核状、粒状	7.6	19.6	1.05	0.74					千枚岩夹砂页岩	E 102°07′03.4″ N 26°16′44.4″	99
						2	16~70	褐红色	重壤土	块状	7.1	11.4	0.87	0.61							
						3	70~100	褐红色	中壤土	块状	7.0										
剖34	初育土	紫色土	棕紫泥	灰棕紫泥土	黄木香土	1	0~13	紫黄色	轻壤土	小块状	5.7	8.3	0.56	0.76		59	5.0	77	紫色砂页岩风化物	E 102°12′10.1″ N 26°15′15.8″	89
						2	13~60	黄黄紫	中壤土	块状	6.4	4.7	0.47	0.73							
						3	60~100	黄黄紫	中壤土	块状	6.5										
剖35	初育土	紫色土	棕紫泥	灰棕紫泥土	砂泥土	1	0~20	紫紫色	轻壤土	粒状	6.2	8.7	0.73	0.63		56	3.0	124	紫色砂页岩风化物	E 102°02′40.6″ N 26°11′26.9″	87
						2	20~90	紫紫色	中壤土	粒状	5.9	6.5	0.59	0.54							
						3	90~100	紫紫色	中壤土	块状	6.0										
剖36	人为土	水稻土	冲积型水稻土	红黄色冲积土	冷湿田	1	0~20	红黄色	中壤土	块状	5.3	38.3	1.59	0.82		121	2.0	174	红壤性冲积物	E 102°01′12.4″ N 26°10′58.4″	82
						2	20~30	红黄灰色	中壤土	块状	6.3										
						3	30~40	黄灰蓝色	重壤土		6.5										
						4	40—	灰蓝黑色	重壤土		6.5										
剖37	铁铝土	红壤	红壤	老冲积红壤土	红壤土	1	0~16	红黄色	重壤土	大块状	5.6	15.1	0.80	1.31		52	2.0	127	老冲积红壤	E 102°00′08.6″ N 26°10′43.0″	71
						2	16~85	黄黄色	轻黏土	大块状	6.1	0.8	0.45	1.07							
						3	85~100	红色	中壤土	大块状	6.8										
剖38	铁铝土	红壤	褐红壤	褐红壤土	褐红泥土	1	0~19	褐红色	轻壤土	小块状	7.3	13.1	0.77	0.86		73	4.0	303	老冲积红壤	E 102°26′35.2″ N 26°19′22.4″	89
						2	19~70	红红色	中壤土	块状	7.5	9.1	0.64	0.80							
剖39	初育土	新积土	冲积土	红黄冲积土	红黄潮砂土	1	0~25	黄黄色	紧砂土	粒状	6.3	6.6	0.42	0.88		45	11.0	104	河流冲积物	E 102°16′21.0″ N 26°17′17.2″	80
						2	25~100	棕红色	紧砂土	粒状	7.3	2.3	0.23	0.78							
剖40	铁铝土	红壤	红壤	老冲积红壤土	红砂土	1	0~19	红黄色	砂壤土	块状	6.0	12.2	0.87	1.05		66	7.0	96	老冲积红壤	E 102°18′35.6″ N 26°16′32.5″	95
						2	19~70	黄黄色	轻壤土	小块状	6.6	7.0	0.60	0.87							
						3	70~100	红黄色	中壤土	块状	7.0										
剖41	人为土	水稻土	冲积型水稻土	红黄色冲积土	砂泥田	1	0~16	红棕紫色	中壤土	大块状	6.7	28.3	1.78	1.64		165	12.0	93	红壤性冲积物	E 102°16′09.5″ N 26°16′13.1″	73
						2	16~26	棕紫色	重壤土	核块状	7.5	13.4	1.04	1.38							
						3	26~60	棕紫色	中壤土	小块状	7.0	16.6	2.10	1.48							
剖42	铁铝土	红壤	褐红壤	铁质褐红壤	铁质褐红壤土	1	0~13	褐红色	重壤土	中块状	7.3	10.6	0.59	0.89		49	2.0	292		E 102°19′07.7″ N 26°15′37.8″	72
						2	13~36	红黄色	中壤土	块状	7.1	8.6	0.57	0.87							
						3	36~100		重壤土	块状	7.2										
剖43	半淋溶土	燥红土	燥红土	碳酸盐燥红土	红褐泥土	1	0~17	灰褐色	轻壤土	块状	8.4	12.1	0.68	0.32	3.1	99		200		E 102°15′15.5″ N 26°13′55.9″	78
						2	17~80	灰棕色	轻壤土	块状	8.4	3.8	0.33	0.18	3.1	95		144			
剖44	半淋溶土	燥红土	燥红土	碳酸盐燥红土	红褐泥土	1	0~20		重壤土							46	6.0	201		E 102°05′53.5″ N 26°09′18.4″	89
						2	20~40		重壤土												
剖45	人为土	水稻土	冲积型水稻土	红褐冲积水稻土	大眼泥田	1	0~17	紫褐色	轻壤土	小块状	6.4	50.0	2.27	1.65		179		177	燥红冲积物	E 102°05′02.6″ N 26°04′60.0″	100
						2	17~26	紫红褐色	中壤土	块状	8.5	11.4	0.64	1.42							
						3	26~100	灰紫色	中壤土	柱状											

木里藏族自治县

主要土类说明

暗棕壤是木里藏族自治县的主要土壤类型，占本县地域面积的33%，分布于海拔3800—4300m的地区。其分布区属高山亚寒带气候，气温低，冻土时间长，无霜期短，土壤湿度大。暗棕壤土层薄，含石头多，土壤呈微酸性，全剖面无石灰反应。植被以针叶林为主，树种有铁杉、冷杉、云杉等，林下有少量的灌木和杂草。暗棕壤是川西山地温带、寒温带湿润气候条件下形成的地带性森林土类。母质以残积物、坡积物为主，其次有洪积物和冲积物。土壤具弱酸性腐殖质积累和轻度的酸性淋溶和弱黏化过程，具O–A–B–C剖面构型。A层厚8—15cm，A层有机质含量可达200g/kg，铁铝轻微下移。B层呈棕色，结构面见铁锰胶膜，呈弱酸性，盐基饱和度为70%—80%。

棕壤是木里藏族自治县第二大土壤类型，占本县地域面积的27%，分布在海拔2700—3200m的地区。成土母质有第四纪黏土、玄武岩、砂页岩。自然植被为针阔叶混交林，针叶树种有云南松、华山松和铁杉等，阔叶树种有各种栎类（黄背栎、高山栎）、白桦等。棕壤是在山地暖温带、中温带湿润或半湿润气候条件下发育的地带性土壤，有较多的黏粒淀积，呈棕色、棕黄色，通体土壤呈中性至微酸性，土体厚度一般为60—120cm，发育程度比较深。林下有明显的枯枝落叶层，其厚度达3—18cm。

黑毡土是木里藏族自治县第三大土壤类型，占本县地域面积的17%。黑毡土发生于青藏高原高寒略较温湿的原面上，蒿草与杂生草类的草毡层初步分解，形成初步腐殖化的暗色草根茎盘结层。该土壤色泽较深，有机质含量较高，为100—150g/kg，底土见锈色斑纹。土壤pH为6.5—8.0。

褐土占本县地域面积的13%。褐土是在暖温带半湿润区发育形成的具有黏化与钙质淋移淀积的土壤，具A–B–Bk–C剖面构型，有明显黏淀层与假菌丝状钙积层，B层呈棕褐色。土壤pH为7.0—7.5，盐基饱和度在80%以上，有时过饱和。

草毡土占本县地域面积的6%，分布在阳坡海拔4000—4600m、阴坡海拔4200—4700m的地区。草毡土是在高寒区（青藏高原）平缓高原面上，具强度生草腐殖质积累与弱度氧化还原特征，形成于高寒半湿润半干旱气候和高山草甸植被下的土壤。该土壤由于寒冻，蒿草根累积并弱度分解，呈草毡状；土体滞水，冻融交替，弱度氧化还原交替进行，造成氧化铁微弱游离。

小于本县地域面积3%的土壤类型还有黄棕壤、棕色针叶林土、石灰（岩）土、黄褐土、寒冻土、石质土、红壤等。

本区域中心区气候特征

本区域中心区气候特征值
Regional climate characteristics in central area of the region

气候带：高原亚温带湿润气候 Climate region: Plateau sub temperate humid climate	
年平均气温 /℃ Annual average temperature /℃	9.5
年平均最高气温 /℃ Annual average maximum temperature /℃	16.9
年平均最低气温 /℃ Annual average minimum temperature /℃	4.2
年降水量 /mm Annual precipitation /mm	878
≥10℃的积温 /℃ Daily temperature accumulated in a year（≥10℃）/℃	3802
年日照时数 /h Annual sunshine /h	2230
年平均相对湿度 /% Annual average relative humidity /%	62
干燥度 Dryness	0.68

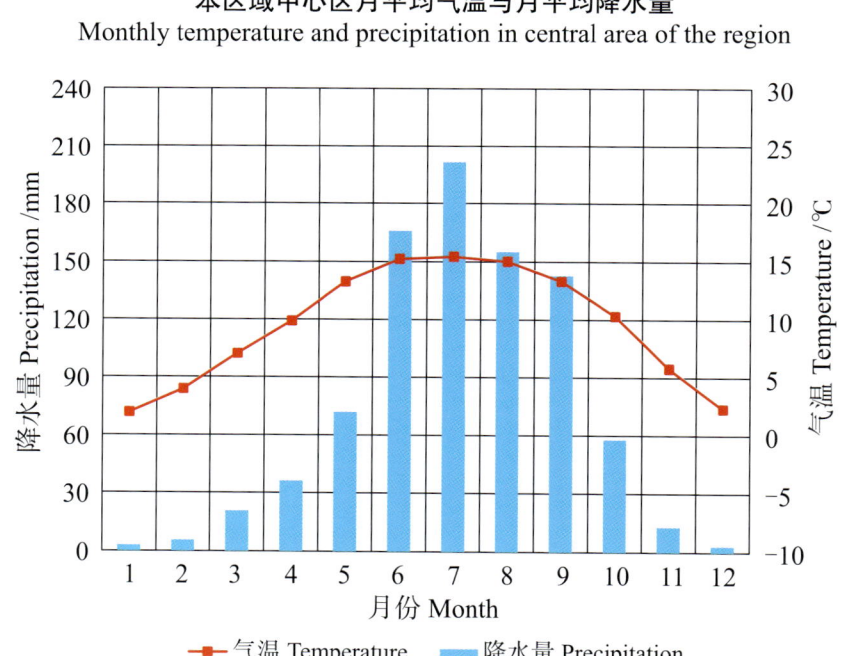

本区域中心区月平均气温与月平均降水量
Monthly temperature and precipitation in central area of the region

木里藏族自治县主要土壤类型与土壤剖面点分布图
1∶700 000

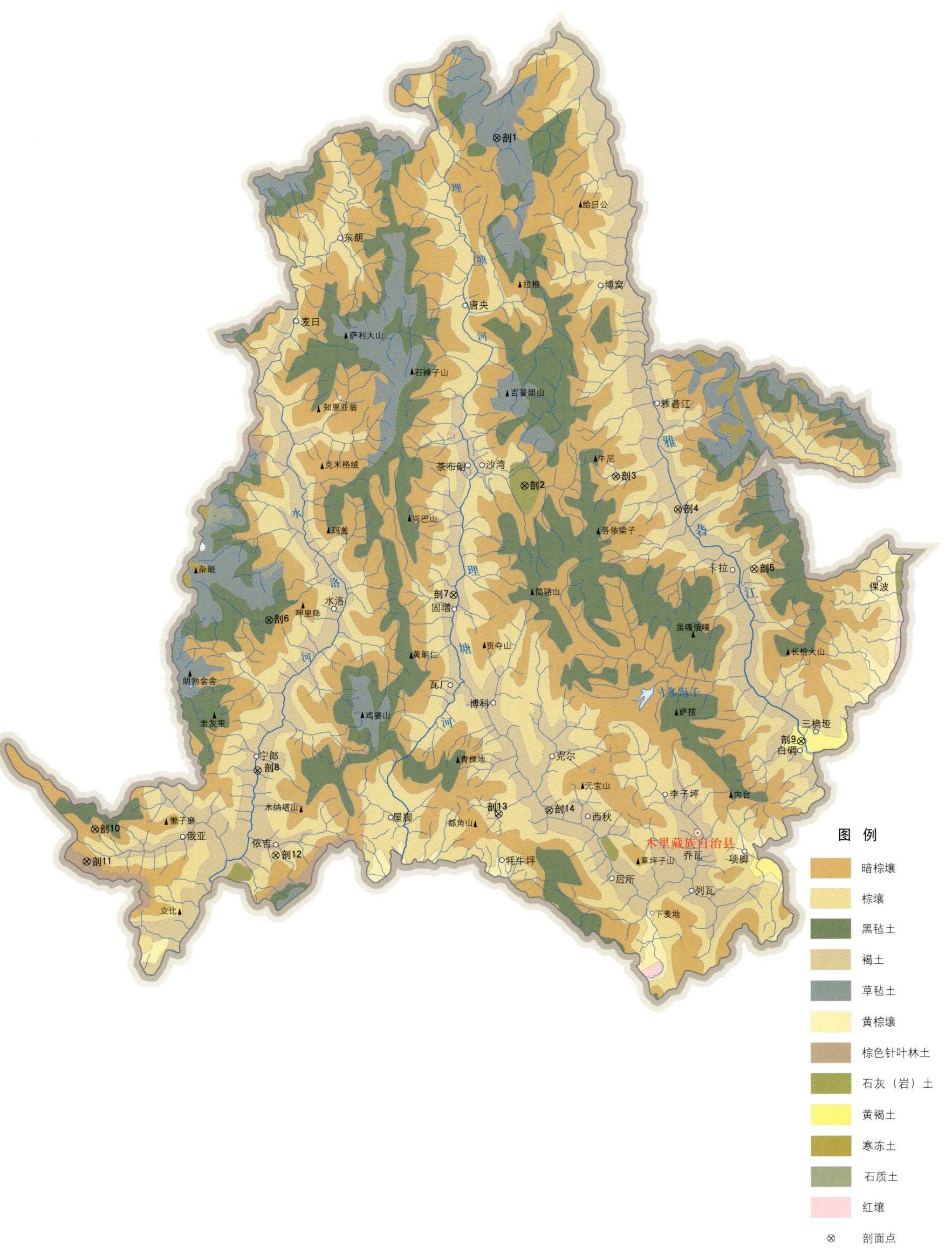

图例：暗棕壤、棕壤、黑毡土、褐土、草毡土、黄棕壤、棕色针叶林土、石灰（岩）土、黄褐土、寒冻土、石质土、红壤、⊗ 剖面点

木里藏族自治县土壤剖面理化性状表

剖面号 Soil profile	土纲 Soil order	土类 Soil great group	亚类 Soil subgroup	土属 Soil genus	土种 Soil species	土层码 Layer code	土层厚度 Depth/cm	颜色 Soil color	质地 Soil texture	土壤结构 Soil structure	pH	有机质 OM/(g/kg)	全氮 TN/(g/kg)	全磷 TP/(g/kg)	全钾 TK/(g/kg)	碱解氮 AN/(mg/kg)	有效磷 AP/(mg/kg)	速效钾 AK/(mg/kg)	土壤母质 Parent material	剖面点坐标 Profile coordinate	匹配指数 Matching index/%
剖1	高山土	草毡土				1	0—5	暗棕色	中壤土	块状		173.1	7.53	2.88		801	18.0	501	各种岩石残积物、坡积物	E 100°56′45.6″ N 29°00′28.8″	78
						2	5—20	栗色	中壤土			96.5	4.20	1.94	2.8	429	9.0	262			
						3	20—28	暗黄棕色	中壤土	小块状		166.5	7.29	3.82	3.4	819	4.0	307			
						4	28—														
剖2	初育土	石灰（岩）土	红色石灰土	红色石灰土	钙质黄红泥土	1	0—15	暗棕色	中壤土	粒状	8.0	53.9	3.27	1.92	3.1	202	29.0	461	石灰岩坡积物、残积物	E 100°59′09.2″ N 28°28′16.3″	88
						2	15—31	暗红色	中壤土	小块状	8.0	33.2	1.81	1.52	3.0	141	9.0				
						3	31—100	暗黄棕色		小棱块状	8.1	20.0	1.13	0.88	3.0	79	5.0	355			
剖3	淋溶土	棕壤	棕壤	红底棕壤	红棕夹石泥土	1	0—15	暗棕色	砂壤土	团粒状	7.2	70.1	3.50	1.76	5.3	268	22.0	582	石英砂岩、粉砂岩坡积物	E 101°08′45.6″ N 28°29′00.2″	90
						2	15—35	暗黄棕色	中壤土	块状	7.4	54.6	2.67	1.69	6.4	209	11.0	320			
						3	35—65	暗棕色	轻壤土	小块状	7.6	24.3	1.37	1.20	6.6	75	10.0	73			
剖4	半淋溶土	褐土	燥褐土	石块燥褐壤	石块砂土	A	0—13	浅灰黄色	砂壤土	粒状		73.0	3.92	3.95	3.2	290	160.0	394	变质砂岩、板岩坡积物	E 101°15′14.8″ N 28°25′52.0″	94
						2	13—40	浅灰黄色	轻壤土	小块状	8.4	45.1	2.22	4.39	3.7	179	74.0	172			
						3	40—100	浅灰黄色													
剖5	淋溶土	棕壤				1	0—1	棕色	重壤土	块状									第四纪黏土、玄武岩、砂页岩	E 101°23′10.3″ N 28°20′13.9″	76
						2	1—22	棕色	轻黏土	核状											
						3	22—57	棕色	中壤土												
						4	57—110														
剖6	高山土	黑色土	黑色土	黑色土		1	0—10	暗棕色	砂壤土			293.0	11.43	3.01	3.2	1135	71.0	506	基性岩类坡积物、残积物	E 100°32′02.8″ N 28°16′08.8″	81
						2	10—22	暗灰色	轻壤土			72.0	3.48	2.41	2.2	301	7.0	96			
						3	22—35	暗黄棕色	轻壤土			33.2	2.50	1.57	2.4	154	4.0	62			
						4	35—		中壤土			11.7	2.15	1.38	2.9	微量	12.0	38			
剖7	半淋溶土	褐土	暗褐土			1	0—10	暗棕色	砂壤土	毡状		53.7	1.75	1.86	0.4	194	5.0	63		E 100°51′29.5″ N 28°18′15.8″	77
						2	10—22	暗棕色	紧砂土	粒状		4.8	0.04	1.92	0.3	微量	3.0	22			
						3	22—65	暗灰色	砂壤土	小块状		4.3	0.07	1.89	0.3	微量	2.0	22			
						4	65—100	暗灰色	砂壤土	团块状		5.4	0.08	2.01	0.2	微量	1.0	26			
剖8	半淋溶土	褐土	褐土	残坡积褐土		1	0—18	褐色	砂壤土	小块状	6.4	69.1	3.14	1.55	1.3	212	3.0	300	残积物、坡积物	E 100°30′40.1″ N 28°02′15.0″	73
						2	18—46	褐色	中壤土	大块状		50.5	2.10	2.10	1.6	119	3.0	300			
剖9	淋溶土	黄褐土	黄褐土	砾质黄褐土	砾石黄泥土	A	0—15	黄棕色	中壤土	团块状	6.0	37.4	2.37	1.23	4.1	169	16.0	719	第四纪黄土	E 101°27′42.5″ N 28°04′10.2″	74
						2	15—37	浅棕色	中壤土	大块状	6.3	23.0	1.73	1.05	3.9	122	16.0	361			
						3	37—100	红棕色	中壤土	大块状		15.1	1.11	0.98	3.1	79	14.0	327			
剖10	淋溶土	暗棕壤	暗棕壤	暗棕壤		1	0—5	黑褐色	轻壤土	粒状										E 100°13′30.0″ N 27°56′55.2″	95
						2	5—8	棕色	中偏重壤土	粒状、块状											
						3	8—20	暗棕色	重壤土	大块状											
						4	20—68	暗棕色	重壤土	大块状											
						5	68—91	暗棕色	重壤土	大块状											
						6	91—120	黄棕色	重壤土												
						7	120—156	褐棕色													
剖11	淋溶土	棕色针叶林土	棕色针叶林土	棕色针叶林土		1	0—3	棕色											板岩坡积物、残积物	E 100°12′37.0″ N 27°53′57.9″	82
						2	3—8	浅灰色	轻壤土	粒状、块状											
						3	8—35	暗红棕色	砂壤土	块状											
						4	35—48	棕黄色	砂壤土	无明显结构											
						5	48—61														
						6	61—														

续表 Continued

剖面号 Soil profile	土纲 Soil order	土类 Soil great group	亚类 Soil subgroup	土属 Soil genus	土种 Soil species	土层码 Layer code	土层厚度 Depth/cm	颜色 Soil color	质地 Soil texture	土壤结构 Soil structure	pH	有机质 OM/(g/kg)	全氮 TN/(g/kg)	全磷 TP/(g/kg)	全钾 TK/(g/kg)	碱解氮 AN/(mg/kg)	有效磷 AP/(mg/kg)	速效钾 AK/(mg/kg)	土壤母质 Parent material	剖面点坐标 Profile coordinate	匹配指数 Matching index/%
剖12	淋溶土	棕壤	棕壤	红底棕泥土	红底棕泥土	A	0—15	黄棕色	黏壤土	团粒状	6.4	37.4	2.37	0.53	3.4	169	16.0	567	红土	E 100°32′25.1″ N 27°54′18.4″	84
						B	15—37	浅棕色	黏壤土	块状	6.3	23.0	1.73	0.46	3.2	122	16.0	362			
						C	37—100	红棕色	黏壤土		6.3	15.1	1.13	0.40	2.6	79	4.0	327			
剖13	淋溶土	棕壤	棕壤	残坡积棕壤	黑灰色砂泥土	A	0—14	暗黄棕色	轻壤土	团块状	6.4	40.9	2.05	1.54	3.7	173	10.0	358	变质砂岩、板岩残积物、坡积物	E 100°55′51.6″ N 27°57′51.8″	70
						2	14—70	红黄色	轻壤土	块状	6.1	26.0	1.43	1.45	3.7	124	7.0	245			
						3	70—100	浅红色	中壤土	粒状	6.3	5.4	0.61	0.54	3.4		4.0	329			
剖14	半淋溶土	褐土	褐土	残坡积褐土	石渣褐土	A	0—15	暗棕色	砂壤土	粒状	7.5	67.1	3.02	1.56	5.8	271	27.0	546	残积物、坡积物	E 101°01′10.2″ N 27°58′07.7″	94
						2	15—47	暗棕色	紧砂土	团粒状	7.4	47.5	2.55	1.56	5.5	227	10.0	292			
						3	47—100	暗黄棕色	砂壤土	小块状	7.2	21.8	1.65	1.21	7.1	108	4.0	213			

盐源县

主要土类说明

黄棕壤是盐源县的主要土壤类型，占本县地域面积的 36%，主要分布在海拔 2800—3100m 的地区。自然植被是以云南松为主的针阔叶混交林。成土母质多为砂页岩及花岗岩风化物。黏化特征明显，呈黄棕色，具 A-B-C 或 A-（B）-C 剖面构型，表土层之上常有枯枝落叶，表土层结构不发育，心土层多为棱块状或块状结构，结构面有棕色、暗棕色胶膜和黑色的铁锰淀积。B 层黏聚现象明显，硅铝率在 2.5 左右，铁的游离度较红壤低，交换性酸 B 层大于 A 层。土壤 pH 为 5.5—6.0。

红壤是盐源县第二大土壤类型，占本县地域面积的 26%，主要分布在海拔 2900m 以下的地区，植被类型为亚热带稀树灌丛。红壤主要由黄色粉砂质页岩发育而成，由于长期高温和干湿交替的成土条件，土壤物理风化强烈，土层深厚，黏化和脱硅富铝化过程明显。土壤中铁质氧化后使剖面呈红色，底土为棕红色，具 A-Bs-Bv 或 A-Bs-C 剖面构型。耕作土壤多数具有黏、酸、瘦、干、缺磷等特点。

棕壤是盐源县第三大土壤类型，占本县地域面积的 16%，主要分布在海拔 3100—3200m 的地区。成土母质有第四纪黏土、玄武岩、砂页岩。自然植被为针阔叶混交林。棕壤是在山地暖温带和中温带湿润或半湿润气候条件下发育的地带性土壤，有较多的黏粒淀积，为棕色、棕黄色，通体土壤呈中性至微酸性，土体厚度一般为 60—120cm，发育程度比较深。林下有明显的枯枝落叶层，其厚度达 3—18cm。

紫色土占本县地域面积的 8%，分布在海拔 1200—3200m 的地区。紫色土是由紫色砂岩、页岩、泥岩风化物，在亚热带湿润气候条件下形成的幼年土壤，基本保持了母质理化性质。本县紫色土主要由紫色砂页岩发育而成，岩石风化形成于土壤中，除钙、钠有明显淋失外，其他元素无明显淋失，铁铝积累不明显，不具有亚热带的脱硅富铝化作用。其理化性质与母岩组成直接相关，受地貌类型影响深刻，土层浅薄，剖面层次发育不明显，具 A-C 剖面构型。自然肥力高，矿质养分含量丰富，结构良好，易耕作，宜种度广。

暗棕壤占本县地域面积的 7%，分布于海拔 3800—4300m 的地区。地处高山亚寒带气候，气温低，冻土时间长，无霜期短，土壤湿度大。成土母质以残积物、坡积物为主，其次有洪积物和冲积物。土壤具弱酸性腐殖质积累和轻度的酸性淋溶和弱黏化过程。具 O-A-B-C 剖面构型，A 层厚 8—15cm，A 层有机质含量可达 200g/kg，铁铝轻微下移。B 层呈棕色，结构面见铁锰胶膜，呈弱酸性，盐基饱和度为 70%—80%。暗棕壤土层薄，含石头多，全剖面无石灰反应。

小于本县地域面积 3% 的土壤类型还有石灰（岩）土、黑毡土、水稻土、黄褐土、新积土、赤红壤、粗骨土等。

本区域中心区气候特征

本区域中心区气候特征值
Regional climate characteristics in central area of the region

气候带：北亚热带湿润气候 Climate region: North subtropical humid climate	
年平均气温 /℃ Annual average temperature /℃	14.0
年平均最高气温 /℃ Annual average maximum temperature /℃	20.8
年平均最低气温 /℃ Annual average minimum temperature /℃	8.8
年降水量 /mm Annual precipitation /mm	996
≥ 10℃的积温 /℃ Daily temperature accumulated in a year（≥ 10℃）/℃	5079
年日照时数 /h Annual sunshine /h	2407
年平均相对湿度 /% Annual average relative humidity /%	63
干燥度 Dryness	0.78

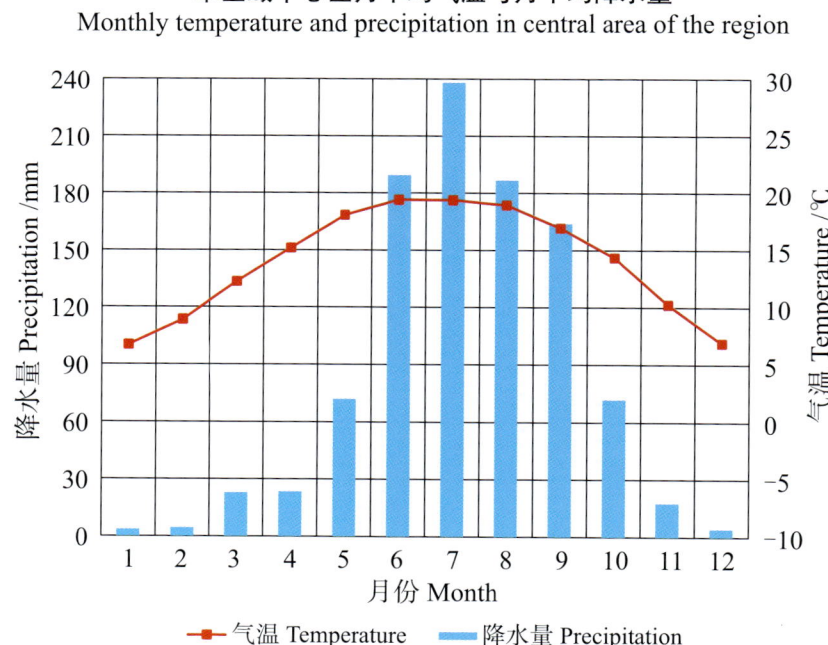

本区域中心区月平均气温与月平均降水量
Monthly temperature and precipitation in central area of the region

盐源县主要土壤类型与土壤剖面点分布图

1:580 000

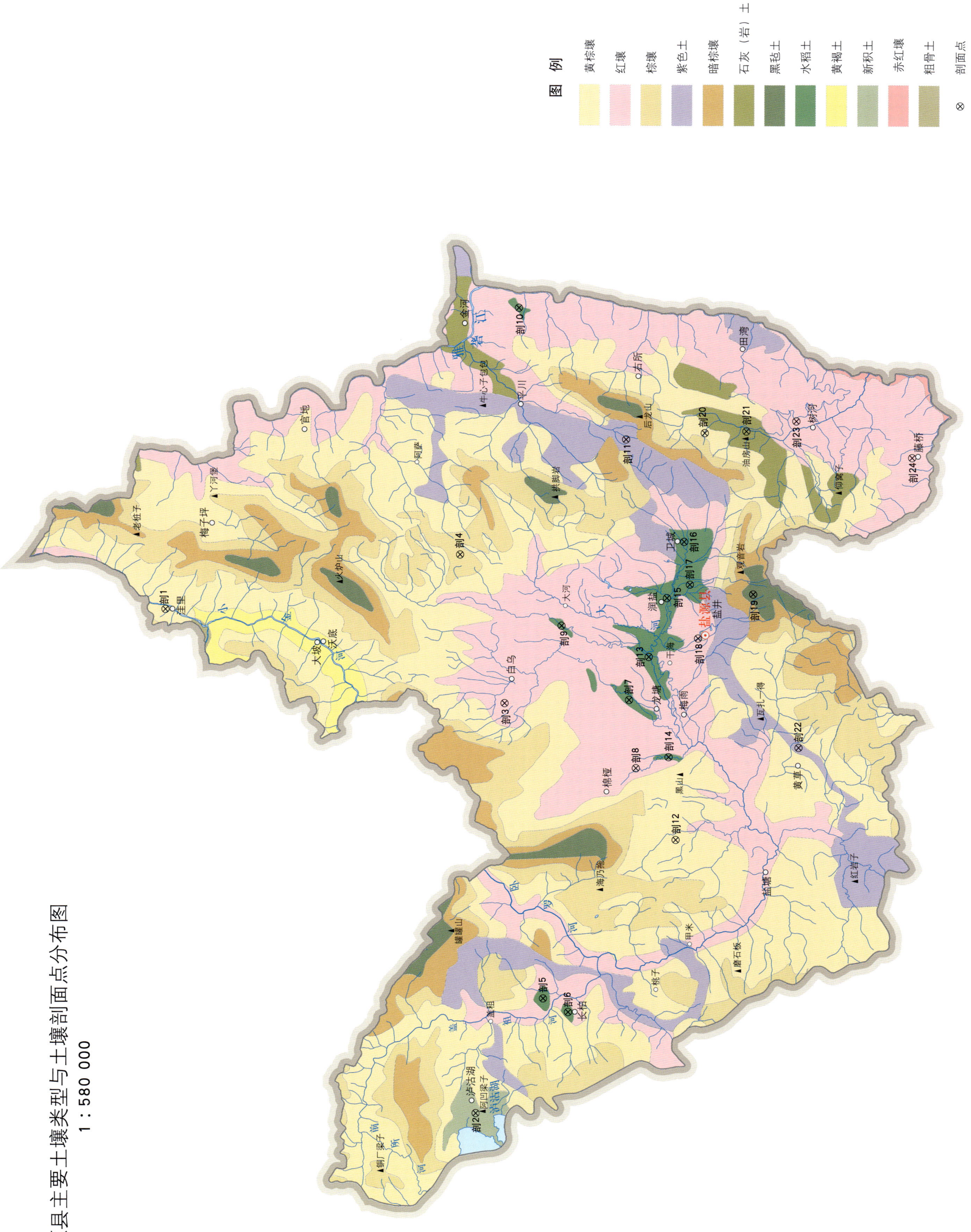

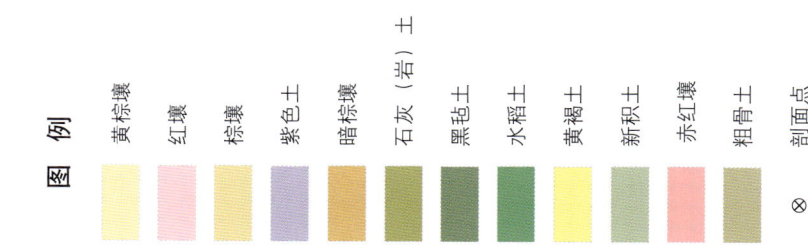

盐源县土壤剖面理化性状表

剖面号 Soil profile	土纲 Soil order	土类 Soil great group	亚类 Soil subgroup	土属 Soil genus	土种 Soil species	土层码 Layer code	土层厚度 Depth/cm	质地 Soil texture	pH	有机质 OM/(g/kg)	全氮 TN/(g/kg)	全磷 TP/(g/kg)	碱解氮 AN/(mg/kg)	有效磷 AP/(mg/kg)	速效钾 AK/(mg/kg)	土壤母质 Parent material	剖面点坐标 Profile coordinate	匹配指数 Matching index/%
剖1	淋溶土	黄棕壤	山地黄棕壤	山地黄棕壤	中层黄砂土	1	0–16	轻黏土	7.6	31.1	1.90	0.90	96	11.9	122		E 101°33′45.1″ N 28°06′16.7″	84
						2	16–40	中壤土	8.1		0.90	0.80						
						3	40—	轻壤土	8.1									
剖2	初育土	新积土	冲积土	黄红冲积土	黄红潮砂泥土	A	0–16	重黏土	7.7	13.7	0.80	0.80	55	13.5	164	黄红色新冲积物	E 100°50′08.2″ N 27°43′25.0″	82
						B	16–42	中壤土	7.3		0.70	0.80						
						C	42–100	中壤土	7.7									
剖3	铁铝土	红壤	红壤	山地红壤	锈石红泥土	1	0–13	中壤土	6.1	26.4	1.20	1.80	135	11.8	121	残积物、坡积物	E 101°25′08.4″ N 27°40′36.5″	75
						2	13–60	重壤土	6.4		0.40	1.30						
						3	60–100	中壤土	6.5									
剖4	淋溶土	棕壤	山地棕壤	山地棕壤	冷砂黄土	1	0–16	重黏土	6.6	109.9	4.80	3.40	299	24.7	224	砂岩残积物	E 101°37′52.0″ N 27°43′46.2″	97
						2	16–38	轻黏土	6.2		2.30	2.60						
						3	38–98	轻黏土	6.9									
剖5	人为土	水稻土	冲积型水稻土	灰棕冲积水稻土	灰棕鸭屎泥田	1	0–21	轻黏土	7.9	52.9	1.66	1.92	140	25.9	174		E 100°59′50.3″ N 27°38′07.8″	100
						2	21–33	中黏土	8.2		1.28	2.01						
						3	33–95	重黏土	7.9									
剖6	人为土	水稻土	冲积型水稻土	灰棕冲积水稻土	耳巴泥田	1	0–9	轻黏土	6.6	44.0	1.96	4.10	175	40.4	128		E 100°58′37.6″ N 27°36′14.0″	76
						2	9–21	重黏土	6.3		1.38	3.18						
						3	21–31	轻黏土	6.1									
剖7	人为土	水稻土	冲积型水稻土	紫色冲积水稻土	鸭屎泥田	1	0–16	重黏土	7.2	40.0	1.78	1.61	149	23.1	180		E 101°19′22.8″ N 27°30′44.3″	93
						2	16–30	重黏土	7.8		1.09	1.36						
						3	30–100	重黏土	7.8									
剖8	铁铝土	红壤	红壤	山地红壤	大红泥土	1	0–25	轻黏土	6.2	15.7	0.60	1.10	54	7.0	194		E 101°25′13.4″ N 27°31′08.8″	92
						2	25–47	轻黏土	6.7		0.40	1.10						
						3	47–100	轻黏土	6.7									
剖9	人为土	水稻土	冲积型水稻土	灰棕冲积水稻土	潮砂泥田	1	0–15	重壤土	5.4	55.9	2.40	2.37	230	43.4	181		E 101°31′37.6″ N 27°36′10.1″	96
						2	15–30	重壤土	5.9		1.41	2.43						
						3	30–50	重壤土	6.5									
剖10	人为土	水稻土	冲积型水稻土	紫色冲积水稻土	紫砂泥田	1	0–14	重黏土	6.8	31.9	1.25	1.41	108	15.6	197		E 101°58′45.5″ N 27°38′52.8″	91
						2	14–21	重黏土	7.6		1.23	1.33						
						3	21–41	重黏土	7.7									
剖11	初育土	紫色土	棕紫泥	棕紫泥土	粗砂大土	1	0–16	重黏土	5.8	39.9	1.70	1.70	182	18.7	337	紫色砂页岩残积物、坡积物	E 101°47′22.9″ N 27°30′57.2″	73
						2	16–57	重黏土	5.5		1.90	1.90						
						3	57–100	轻黏土	5.8									
剖12	淋溶土	黄棕壤			黄红鸭屎泥田	1	0–17	重黏土	6.3	61.0	1.70	3.40	146	12.3	168		E 101°13′12.4″ N 27°27′49.0″	79
						2	17–33	重黏土	6.0		1.10	2.40						
						3	33–93		6.4									
剖13	人为土	水稻土	冲积型水稻土	黄色冲积水稻土		1	0–15	轻黏土	7.8	37.2	1.86	1.55	143	24.5	149		E 101°28′50.2″ N 27°29′34.1″	91
						2	15–27	重黏土	7.9		1.06	1.19						
						3	27–62		7.9									
剖14	人为土	水稻土	冲积型水稻土	紫色冲积水稻土	紫大泥田	1	0–15		6.6	24.6	1.07	0.90	103	19.3	111		E 101°20′16.4″ N 27°28′14.2″	74
						2	15–25		7.0		0.93	1.20						
						3	25–50		7.4									

续表 Continued

剖面号 Soil profile	土纲 Soil order	土类 Soil great group	亚类 Soil subgroup	土属 Soil genus	土种 Soil species	土层码 Layer code	土层厚度 Depth/cm	质地 Soil texture	pH	有机质 OM/(g/kg)	全氮 TN/(g/kg)	全磷 TP/(g/kg)	碱解氮 AN/(mg/kg)	有效磷 AP/(mg/kg)	速效钾 AK/(mg/kg)	土壤母质 Parent material	剖面点坐标 Profile coordinate	匹配指数 Matching index/%
剖15	人为土	水稻土	冲积型水稻土	黄色冲积水稻土	灰包田	1	0—14	轻黏土	5.8	22.1	1.19	1.89	1	6.7	96		E 101°33′49.0″ N 27°28′05.9″	73
						2	14—62	轻黏土	6.6		0.83	1.64						
						3	62—80		6.1									
剖16	人为土	水稻土	冲积型水稻土	灰色冲积水稻土	黑油砂田	1	0—16	轻黏土	7.6	81.6	3.19	5.50	438	114.2	72		E 101°38′33.7″ N 27°26′42.4″	73
						2	16—26		7.8		1.64	5.90						
						3	26—37		7.5									
剖17	人为土	水稻土	冲积型水稻土	灰色冲积水稻土	潮泥田	1	0—20	轻黏土	6.5	42.9	1.41	1.93	1444	33.6	176		E 101°34′54.8″ N 27°26′20.4″	90
						2	20—56	轻黏土	7.6		1.12	1.77						
						3	56—95	轻黏土	7.8									
剖18	铁铝土	红壤	红壤	山地红壤	大红泥土	1	0—30	重壤土	6.2	58.5	1.60	1.90	186	14.9	673	残积物、坡积物	E 101°30′19.4″ N 27°25′48.0″	94
						2	30—60	轻黏土	7.0		0.60	1.00						
						3	60—100	重壤土	7.0									
剖19	高山土	黑毡土	黑毡土			1	0—17	砂壤土	4.9	177.7	7.10	4.30	175	20.1	145		E 101°33′58.0″ N 27°21′32.0″	80
						2	7—17	轻黏土	4.7	59.9	3.20	3.10	248					
						3	17—	重壤土	4.9									
剖20	淋溶土	黄棕壤	山地黄棕壤	山地黄棕壤	薄层黄砂土	1	0—10	轻壤土	6.0	25.8	1.20	1.90	16	20.9	161		E 101°47′46.7″ N 27°24′57.2″	92
						2	10—35	中壤土	6.5		1.00	2.10						
剖21	初育土	石灰（岩）土	红色石灰土	红色石灰土	红砂泥土	1	0—13	中壤土	7.7	135.5	6.10	6.30	414	0.7	573		E 101°47′50.6″ N 27°21′46.8″	82
						2	13—35	中壤土	7.9		3.90	6.10						
						3	35—	中壤土	7.8									
剖22	初育土	紫色土	棕紫泥	棕紫泥土	紫砂泥土	1	0—15	中壤土	6.2	19.0	0.80	1.10	68	15.3	162	紫色砂页岩残积物、坡积物	E 101°20′51.4″ N 27°18′19.4″	83
						2	15—50	重壤土	6.4		0.50							
						3	50—	重壤土	6.3									
剖23	铁铝土	黄壤	黄红壤	黄红泥土	灰包土	1	0—14	中壤土	5.8	18.6	1.10	1.00	89	10.3	12	粉砂岩	E 101°48′37.4″ N 27°17′58.9″	78
						2	14—42	中壤土	5.6		1.20	0.90						
						3	42—100		6.0									
剖24	铁铝土	红壤	黄红壤	黄红泥土	泡红泥土	1	0—16	重黏土	5.5	39.7	1.90	1.60	197	8.7	248	黄色黏土岩	E 101°45′18.0″ N 27°09′13.7″	84
						2	16—34	重黏土	5.9		1.20	1.30						
						3	34—100	轻黏土	5.7									

德 昌 县

主要土类说明

红壤是德昌县的主要土壤类型，占本县地域面积的33%，主要分布在海拔1200—2100m的二半山和山区。自然植被以次生云南松林为主。所处地区为亚热带气候，雨量充沛且干湿季分明。成土母质有辉岩、辉长岩、石灰岩、白云岩、花岗岩、石英闪长岩、石英长石砂岩、泥岩、页岩、千枚岩、板岩、黏土岩及第四纪红色黏土等。土壤物理风化强烈，土层深厚，黏化和脱硅富铝化过程明显。土壤中铁质氧化后使剖面呈红色，底土为棕红色，具A–Bs–Bv或A–Bs–C剖面构型。土壤质地较轻，多呈微酸性至酸性，土壤淋溶作用不强，具有较好的保肥能力。耕作土壤多数具有黏、酸、瘦、干、缺磷等特点。

黄棕壤是德昌县第二大土壤类型，占本县地域面积的22%，分布于海拔2100—2500m的地区，是重要的林牧基地。自然植被是以云南松为主的针阔叶混交林。母质多为砂页岩及花岗岩风化物，黏化特征明显，呈黄棕色，具A–B–C或A–（B）–C剖面构型。表土层之上常有枯枝落叶，有机质含量较高，表土层结构不发育，心土层多为棱块状或块状结构，结构面有棕色、暗棕色胶膜和黑色的铁锰淀积。B层黏聚现象明显，硅铝率为2.5左右，铁的游离度较红壤低，交换性酸B层大于A层。土壤pH为5.5—6.0。

棕壤是德昌县第三大土壤类型，占本县地域面积的18%，主要分布在海拔2500—3000m的山坡上。植被有栎类、壳斗科类、高山松类，部分地方由于森林遭到破坏，被生草代替，形成草甸棕壤。棕壤是在山地暖温带和中温带湿润或半湿润气候条件下发育的地带性土壤。成土母质有变质板岩、片岩、花岗岩、玄武岩、闪长岩、砂岩、石灰岩残积物、坡积物。

紫色土占本县地域面积的10%，分布在海拔1200—3200m的地区。紫色土是由紫色沉积岩层经风化作用发育而成的一种特殊岩成土。土壤受母质影响很深，风化程度低，层次分化不明显，具有自然肥力高、矿质养分含量丰富等特点，结构良好，易耕作，宜种度广。

黑毡土占本县地域面积的8%。黑毡土发生于青藏高原高寒略较温湿的塬面上，蒿草与杂生草类的草毡层初步分解，形成初步腐殖化的暗色草根茎盘结层。该土壤色泽较深，有机质含量较高，为100—150g/kg，底土见锈色斑纹。土壤pH为6.5—8.0。

水稻土占本县地域面积的6%。水稻土是在长期周期性淹灌种稻过程中形成的具有独特土体构型的特殊耕种土壤。土体一般出现糊状淹育层、较坚实板结的犁底层、渗育层、潴育层与潜育层等多种发生层。水稻土土层深厚，土质肥沃，光热条件较好，宜种性广，土壤生产性能比旱地好。

小于本县地域面积3%的土壤类型还有暗棕壤、新积土、赤红壤、石灰（岩）土、棕色针叶林土等。

本区域中心区气候特征

本区域中心区气候特征值
Regional climate characteristics in central area of the region

气候带：北亚热带湿润气候 Climate region: North subtropical humid climate	
年平均气温 /℃ Annual average temperature /℃	16.1
年平均最高气温 /℃ Annual average maximum temperature /℃	22.5
年平均最低气温 /℃ Annual average minimum temperature /℃	11.2
年降水量 /mm Annual precipitation /mm	1058
≥10℃的积温 /℃ Daily temperature accumulated in a year（≥10℃）/℃	5882
年日照时数 /h Annual sunshine /h	2362
年平均相对湿度 /% Annual average relative humidity /%	65
干燥度 Dryness	0.80

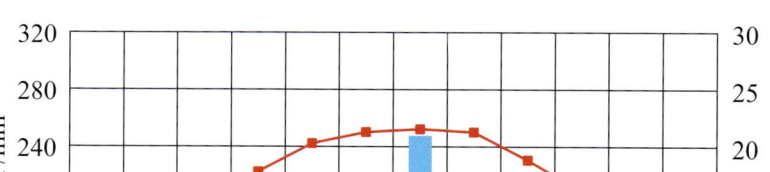

本区域中心区月平均气温与月平均降水量
Monthly temperature and precipitation in central area of the region

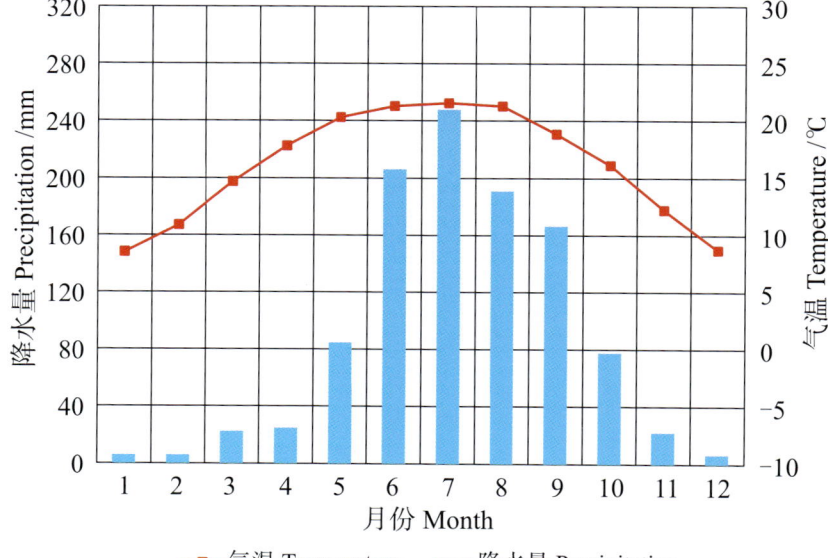

会东县主要土壤类型与土壤剖面点分布图
1:320 000

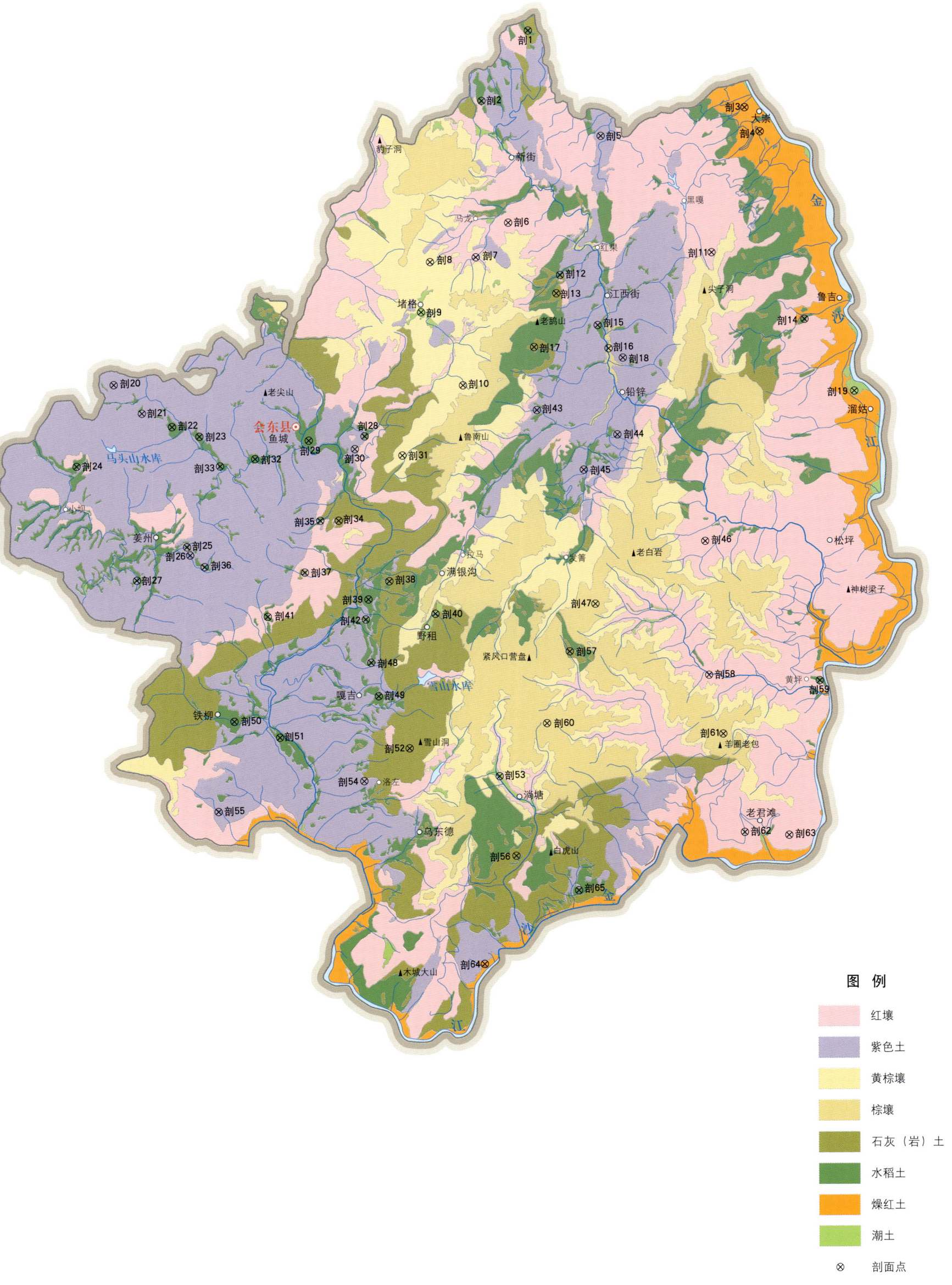

会东县土壤剖面理化性状表

剖面号 Soil profile	土纲 Soil order	土类 Soil great group	亚类 Soil subgroup	土属 Soil genus	土种 Soil species	土层码 Layer code	土层厚度 Depth/cm	颜色 Soil color	质地 Soil texture	土壤结构 Soil structure	pH	有机质 OM/(g/kg)	全氮 TN/(g/kg)	全磷 TP/(g/kg)	全钾 TK/(g/kg)	土壤母质 Parent material	剖面点坐标 Profile coordinate	匹配指数 Matching index/%
剖1	人为土	水稻土	石灰岩土性水稻土	黑色石灰性黏土	黑泥田	1	0—22	暗灰色	轻砾轻黏土	散粒状	7.8	69.4	3.10	0.42	1.8	黑色石灰土	E 102°44′37.7″ N 26°55′00.8″	85
						2	22—36	暗灰色	轻砾轻黏土	块状	8.0	60.2	2.87	0.36	1.7			
						3	36—58	灰色	轻砾轻黏土	块状	8.0	59.9	2.79	0.35	1.7			
						4	58—											
剖2	人为土	水稻土	红壤性水稻土	硅铝质红壤性水稻土	冷浸下湿田	Ag	0—15	暗红色	轻砾重壤土	无明显结构	5.3	34.9	1.59	0.54	1.5		E 102°42′31.7″ N 26°52′02.3″	86
						Pbg	15—24	黑棕色	轻砾重壤土	块状	6.2	33.1	1.44	0.58	1.5			
						G₂	24—100	暗棕色	轻砾轻黏土	块状	6.3	23.4	0.84	0.64	1.2			
						4	100—											
剖3	半淋溶土	燥红土	燥红土	生草燥红土	钙积黄砂泥土	1	0—15	暗红棕色	中壤土	核状、粒状	8.5	11.5	0.72	0.30	1.8		E 102°54′46.4″ N 26°52′00.5″	100
						2	15—31											
						3	31—											
剖4	半淋溶土	燥红土	燥红土	生草燥红土	红褐泥土	1	0—18	暗红棕色	轻砾重黏土	小块状	7.8	11.1	0.81	0.56	2.0		E 102°55′30.4″ N 26°51′00.7″	70
						2	18—100	暗红棕色	重黏土	块状	7.7	5.8	0.50	0.53	2.2			
剖5	初育土	紫色土	中性紫色土	暗紫泥土	大泥土	1	0—18	暗红棕色	中壤土		6.9	6.5	0.43	0.42	1.6	紫色泥岩夹杂色砂岩	E 102°48′06.5″ N 26°50′41.3″	85
						2	18—52	棕色	中壤土		7.1	5.2	0.37	0.46	1.3			
						3	52—											
剖6	铁铝土	红壤	黄红壤	黄红壤	酸白砂土	1	0—18	浅黄棕色	轻壤土	小块状	5.9	8.6	0.62	0.15	2.5		E 102°43′52.7″ N 26°46′59.9″	70
						2	18—32	浅棕色	轻壤土	块状	6.0	7.0	0.49	0.13	2.5			
						3	32—54	暗黄棕色	轻壤土	块状	5.5	2.9	0.32	0.12	2.7			
剖7	铁铝土	红壤	黄红壤	黄红壤		1	0—1									粉砂岩、千枚岩等坡积物、残积粉砂岩	E 102°42′23.8″ N 26°45′32.0″	96
						2	1—19	浅棕色	中壤土	粒状	6.1	27.5	1.01	0.65	0.9			
						3	19—48	暗棕红色	重壤土	棱块状	5.8	13.8	0.60	0.79	1.1			
						4	48—124	暗红棕色	重壤土	棱块状	5.6	5.3	0.51	0.87	1.0			
剖8	淋溶土	黄棕壤	山地黄棕壤	山地黄棕壤	夹石黄泥土	1	0—16	灰棕色	中壤土	粒状	6.1	27.9	1.53	1.60	1.0		E 102°40′16.7″ N 26°45′17.6″	79
						2	16—31	紫棕色	重壤土	小块状	5.8	14.5	0.76	1.94	0.5			
						3	31—83	紫棕色	中壤土	块状	5.6	5.4	0.34	1.65	0.6			
剖9	半水成土	潮土	潮土	紫色潮土	紫砂土	1	0—17	暗红棕色	中砾砂黏土	粒状	7.7	7.7	0.57	0.41	2.4	紫色冲积物	E 102°39′54.2″ N 26°43′11.4″	91
						2	17—39	暗红棕色	轻砾砂黏土	粒状	7.8	7.4	0.63	0.46	2.3			
剖10	淋溶土	黄棕壤	山地黄棕壤			1	0—2										E 102°41′53.9″ N 26°40′10.9″	96
						2	2—21	浅红棕色	中壤土	小块状	5.7	53.4	1.83	0.48	1.7			
						3	21—106	浅棕色	重壤土	碎块状	5.5	10.6	1.01	0.32	2.1			
						4	106—											
剖11	铁铝土	红壤	黄红壤	黄红壤	石渣土	1	0—17	浅棕色	中壤土	棱块状	5.5	19.3	0.82	6.20	1.2		E 102°53′21.1″ N 26°45′56.5″	77
						2	17—49	棕色	中壤土	块状	5.6	20.1	0.75	0.52	1.0			
						3	49—94	棕色	中壤土	块状	5.6	11.8	0.39	0.41	0.8			
剖12	人为土	水稻土	石灰岩土性水稻土	红色石灰性水稻土	夹石泥田	1	0—20	灰棕色	轻砾轻黏土	小块状	8.2	22.7	1.35	0.36	1.8	红色石灰土	E 102°46′19.6″ N 26°44′51.7″	80
						2	20—29	暗黄棕色	中砾轻黏土	块状	8.3	20.6	1.28	0.40	1.7			
						3	29—67	暗灰棕色	中砾重黏土	小棱柱状	8.3	16.6	1.01	0.37	1.8			
						4	67—100	紫棕色	重黏土	块状	8.2	13.4	0.92	0.36	1.7			
剖13	初育土	石灰(岩)土	红色石灰土			1	0—2										E 102°46′09.8″ N 26°44′05.6″	93
						2	2—19	棕红色	中砾重黏土			22.3	1.31	0.91	1.0			
						3	19—41	暗棕红色	轻砾轻黏土			7.0	0.44	0.72	1.2			
						4	41—109	暗棕红色	重黏土			4.8	0.43	0.57	1.1			
						5	109—											

续表 Continued

剖面号 Soil profile	土纲 Soil order	土类 Soil great group	亚类 Soil subgroup	土属 Soil genus	土种 Soil species	土层码 Layer code	土层厚度 Depth/cm	颜色 Soil color	质地 Soil texture	土壤结构 Soil structure	pH	有机质 OM/(g/kg)	全氮 TN/(g/kg)	全磷 TP/(g/kg)	全钾 TK/(g/kg)	土壤母质 Parent material	剖面点坐标 Profile coordinate	匹配指数 Matching index/%
剖14	人为土	水稻土	煤红土性水稻土	煤红土性水稻土	夹石砂泥田	1	0–16	暗灰棕色	轻砾重壤土	小块状	8.0	8.9	0.58	0.68	1.8		E 102°57′43.9″ N 26°43′13.1″	92
						2	16–21	紫棕色	轻砾重壤土	块状	8.1	5.8	0.49	0.56	1.9			
						3	21–100	棕红色	轻砾重壤土	块状	8.1	2.5	0.29	0.47	1.9			
剖15	初育土	紫色土	中性紫色土	红紫泥土	红肝石	1	0–18	暗红棕色	重壤土	小块状，核状	7.1	11.6	0.74	0.53	2.2	紫红色砂岩夹泥岩残积物、坡积物	E 102°48′06.8″ N 26°42′48.2″	89
						2	18–33	红棕色	重壤土	块状	7.2	6.9	0.46	0.39	1.9			
						3	33—											
剖16	淋溶土	棕壤	山地棕壤	山地棕壤	黑灰泥土	1	0–23	暗棕色	中壤土	粒状	5.5	62.0	2.32	1.93	1.2		E 102°48′38.5″ N 26°41′51.4″	84
						2	23–49	暗棕色	中壤土	块状	5.5	52.6	2.23	1.78	1.2			
						3	49–70	暗灰棕色	中壤土	棱块状	5.6	45.3	2.55	1.61	1.3			
						4	70—											
剖17	初育土	石灰（岩）土	红色石灰土	红色石灰土	火石子黄泥土	1	0–16	紫棕色	重壤土	小块状	8.1	22.6	1.31	0.88	3.3		E 102°45′10.8″ N 26°41′50.6″	85
						2	16–36	棕红色	重壤土	块状	8.0	13.6	0.96	0.68	3.4			
						3	36—											
剖18	初育土	紫色土	中性紫色土	红紫泥土	红砂泥土	1	0–18	暗棕红色	轻砾轻壤土	粒状	7.6	15.2	0.75	0.16	1.0	紫红色砂岩残积物、坡积物	E 102°49′18.5″ N 26°41′28.7″	74
						2	18–40	红棕色	轻砾轻壤土	小块状	6.9	15.1	0.78	0.13	0.9			
						3	40—											
剖19	半水成土	潮土	灰潮土	灰潮土		1	0–0.5									河流冲积物	E 103°00′05.4″ N 26°40′15.6″	77
						2	0.5–28	灰棕色	紫砂土	粒状	8.5	1.8	0.11	2.67	0.5			
						3	28—											
剖20	初育土	紫色土	酸性紫色土			1	0–1										E 102°25′41.2″ N 26°39′54.7″	92
						2	1–24	暗棕红色	轻砾中壤土	块状	8.0	15.0	0.52	0.45	1.4			
						3	24–45	暗棕红色	重壤土	块状	8.0	4.2	0.35	0.30	1.8			
						4	45—											
剖21	初育土	紫色土	酸性紫色土	红棕紫泥土	红砂泥土	1	0–19	棕红色	轻壤土	粒状	4.8	9.8	0.61	0.34	1.0	鲜紫红色砂岩、紫红色砂岩	E 102°27′01.1″ N 26°38′45.6″	83
						2	19–33	暗棕红色	轻壤土	块状	4.8	7.4	0.51	0.20	0.9			
						3	33—											
剖22	人为土	水稻土	紫色土性水稻土	红色紫泥水稻土	砂泥田	1	0–15	紫棕色	轻壤土	粒状	5.7	31.8	1.72	0.40	2.2		E 102°28′25.7″ N 26°38′13.6″	93
						2	15–24	暗棕红色	中砾中壤黏土	块状	6.3	11.5	0.79	0.34	2.2			
						3	24–41	棕红色	轻黏土	棱柱状	7.4	4.4	0.47	0.28	2.3			
						4	41—											
剖23	人为土	水稻土	紫色土性水稻土	红色紫泥水稻土	下湿田	1	0–19	暗棕色	轻黏土	碎块状	8.0	39.9	2.41	0.57	2.2		E 102°29′43.1″ N 26°37′51.2″	88
						2	19–31	暗棕色	轻黏土	板状	8.3	30.7	1.89	0.57	2.2			
						3	31–47	暗棕色	轻黏土	棱柱状	8.2	28.9	1.83	0.27	2.3			
						4	47–100	暗棕色	中壤土	小块状	7.9	33.0	1.95	0.53	2.3			
剖24	人为土	水稻土	红壤性水稻土	硅铝质红壤性水稻土	夹黄砂泥田	1	0–14	浅黄棕色	中壤土	块状	5.5	14.8	0.99	13.20	1.0		E 102°24′02.2″ N 26°36′30.2″	93
						2	14–25	浅棕色	轻壤土	粒状	7.1	5.9	0.13	9.50	1.0			
						3	25–67	浅棕色	轻壤土	块状	6.9	6.3	0.17	10.20	1.0			
						4	67—											
剖25	人为土	紫色土	紫色土性水稻土	黄红紫色水稻土	黄红泥田	1	0–18	红棕色	轻砾轻黏土	粒状	6.0	25.8	1.47	0.43	2.1	黄紫色稻砂岩、粉砂岩	E 102°29′14.3″ N 26°33′14.8″	90
						2	18–31	浅红棕色	轻砾重壤土	块状	7.5	10.2	0.74	0.38	1.9			
						3	31–49	紫红棕色	轻砾中壤土	块状	7.5	6.8	0.47	0.34	1.5			
						4	49—											
剖26	初育土	紫色土	酸性紫色土	黄红紫泥土	黄红砂泥土	1	0–15	暗黄棕色	轻砾中壤土	粒状	5.3	7.8	0.63	0.33	1.5		E 102°29′23.3″ N 26°32′54.6″	86
						2	15–46	浅红棕色	轻砾重壤土	块状	5.4	4.5	0.43	0.27	1.9			
						3	46—											

续表 Continued

剖面号 Soil profile	土纲 Soil order	土类 Soil great group	亚类 Soil subgroup	土属 Soil genus	土种 Soil species	土层码 Layer code	土层厚度 Depth/cm	颜色 Soil color	质地 Soil texture	土壤结构 Soil structure	pH	有机质 OM/(g/kg)	全氮 TN/(g/kg)	全磷 TP/(g/kg)	全钾 TK/(g/kg)	土壤母质 Parent material	剖面点坐标 Profile coordinate	匹配指数 Matching index/%
剖27	人为土	水稻土	冲积型水稻土	紫色冲积水稻土	砂泥田	1	0—21	暗红棕色	中壤土	团块状	7.9	15.3	1.07	0.33	1.8	紫色冲积物、沉积物	E 102°26′56.0″ N 26°31′48.7″	76
						2	21—34	紫棕色	重壤土	片状、块状	8.3	5.7	0.56	0.31	2.3			
						3	34—96	紫棕色	轻砾重壤土	棱块状	8.2	5.2	0.50	0.37	2.2			
剖28	人为土	水稻土	冲积型水稻土	石灰性冲积水稻土	砂泥田	1	0—17	紫棕色	轻砾中壤土	粒状	7.9	26.6	1.45	1.08	3.1		E 102°37′23.2″ N 26°37′59.5″	80
						2	17—28	紫棕色	轻砾重壤土	块状	8.0	18.9	1.02	0.92	3.1			
						3	28—99	紫棕色	轻砾中壤土	棱块状	8.2	13.8	0.93	1.34	3.1			
						4	99—											
剖29	人为土	水稻土	冲积型水稻土	紫色冲积水稻土	泥田	A	0—21	暗红棕色	轻砾轻黏土	小块状	8.1	28.0	1.86	0.41	2.4	紫色冲积物、沉积物	E 102°34′47.3″ N 26°37′46.2″	83
						Pb	21—30	暗红棕色	中砾轻黏土	片状、块状	8.2	13.0	1.05	0.34	2.5			
						Wa₁b₂	30—85	紫红棕色	轻砾重壤土	大棱柱状	8.1	6.5	0.60	0.39	2.5			
						4	85—100	红棕色										
剖30	初育土	紫色土	石灰性紫色土	暗紫泥土	羊肝石夹泥土	1	0—24	暗红棕色	重壤土	小块状	8.3	5.9	0.65	0.35	2.4	紫色泥岩夹杂色粉砂岩	E 102°36′56.9″ N 26°37′27.1″	77
						2	24—60			块状	8.2	5.0	0.59	0.26	2.2			
						3	60—											
剖31	淋溶土	黄棕壤	山地黄棕壤	山地黄棕壤	夹石黄泥土	1	0—20	暗红棕色	中砾重黏土	粒状	5.5	26.2	1.53	0.61	2.0		E 102°39′09.0″ N 26°37′13.8″	87
						2	20—53	浅红棕色	中砾轻黏土	块状	5.3	6.3	0.77	0.48	2.0			
						3	53—98	浅红橙色	中砾轻壤土	粒状	3.7	5.3	0.80	0.46	2.4			
剖32	人为土	水稻土	冲积型水稻土	紫色冲积水稻土	砂田	1	0—21	暗红棕色	中壤土	小块状、粒状	7.8	10.9	0.72	0.51	2.2	紫色冲积物、沉积物	E 102°32′19.0″ N 26°36′58.0″	71
						2	21—32	暗红棕色	轻砾中壤土	片状、块状	8.0	7.4	0.61	0.39	1.9			
						3	32—58	暗红棕色	重砾轻黏土	小棱块状	8.2	4.3	0.36	0.37	1.5			
						4	58—											
剖33	人为土	水稻土	冲积型水稻土	紫色冲积水稻土	下湿田	1	0—21	紫棕色	重壤土	核状、粒状	8.3	25.9	1.58	0.65	2.4	紫色冲积物、沉积物	E 102°30′41.9″ N 26°36′38.4″	72
						2	21—32	灰棕色	轻砾重壤土	核状、块状	8.3	25.9	1.55	0.65	2.5			
						3	32—47	浅灰棕色	轻砾轻黏土	板状	8.3	10.4	0.43	0.73	2.7			
						4	47—98	灰棕色	轻砾轻壤土	紧实状	8.3	15.7	0.20	0.71	2.8			
剖34	初育土	石灰（岩）土	红色石灰土	淋溶红色石灰土	小红泥土	1	0—22	浅红棕色	中砾重壤土	核状、粒状	6.5	20.4	1.01	0.90	0.9		E 102°36′15.1″ N 26°34′28.2″	76
						2	22—76	红棕色	重壤土	粒状	6.5	3.5	0.31	1.89	0.9			
						3	76—											
剖35	人为土	水稻土	冲积型水稻土	山洪冲积水稻土	夹石砂泥田	1	0—15	暗红棕色	轻砾中壤土	块状	5.6	44.9	2.30	0.68	3.1		E 102°35′23.3″ N 26°34′27.1″	99
						2	15—24	暗红棕色	轻砾中壤土	棱块状	5.8	39.9	1.84	0.67	3.1			
						3	24—40	灰黄棕色	轻砾轻壤土	块状	6.8	21.5	0.57	0.66	3.0			
						4	40—100											
剖36	人为土	水稻土	紫色土性水稻土	棕色紫色水稻土	砂泥田	1	0—14	紫棕色	重壤土	小块状	6.0	33.6	1.90	0.53	2.6	洪积物、冲积物	E 102°30′04.3″ N 26°32′25.8″	76
						2	14—25	暗红棕色	轻砾重壤土	块状	7.4	33.9	1.96	0.49	2.5			
						3	25—71	暗红棕色	轻砾重壤土	棱块状	8.4	9.2	0.70	0.43	2.3			
						4	71—											
剖37	初育土	石灰（岩）土	黑色石灰土	黑色石灰土	石林垃土	1	0—22	暗灰棕色	中壤土	核状、粒状	8.2	24.8	1.28	0.45	2.1		E 102°34′43.0″ N 26°32′16.4″	96
						2	22—58	黑棕色	中砾重黏土		8.2	22.2	1.26	0.38	1.9			
						3	58—											
剖38	初育土	石灰（岩）土	黑色石灰土			1	0—2	黑棕色	轻壤土	团粒状		52.0	2.14	1.39	0.7		E 102°38′38.8″ N 26°31′58.8″	99
						2	2—22	暗棕色	轻壤土	核状、块状		39.0	1.59	1.20	0.8			
						3	22—46											
						4	46—											
剖39	人为土	水稻土	紫色土性水稻土	暗紫泥田	大泥田	1	0—20	暗红棕色	轻砾中壤土	小块状	8.2	43.9	2.66	0.58	2.7	暗紫色泥岩、粉砂岩	E 102°37′41.5″ N 26°31′12.4″	85
						2	20—32	暗红棕色	轻砾中壤土	扁平状	8.4	38.0	2.33	0.54	2.6			
						3	32—75	暗红棕色	轻砾中壤土	棱柱状	8.5	28.3	1.73	0.52	2.8			
						4	75—100	暗棕色	轻砾中黏土	棱块状	8.5	27.3	1.64	0.55	2.6			

续表 Continued

剖面号 Soil profile	土纲 Soil order	土类 Soil great group	亚类 Soil subgroup	土属 Soil genus	土种 Soil species	土层码 Layer code	土层厚度 Depth/cm	颜色 Soil color	质地 Soil texture	土壤结构 Soil structure	pH	有机质 OM/(g/kg)	全氮 TN/(g/kg)	全磷 TP/(g/kg)	全钾 TK/(g/kg)	土壤母质 Parent material	剖面点坐标 Profile coordinate	匹配指数 Matching index/%
剖40	半成土	潮土	潮土	山洪潮土	下湿地土	1	0—21	浅棕色	轻砾中壤土	小块状	5.5	28.7	1.10	0.77	3.9	洪积物	E 102°40′48.7″ N 26°30′39.6″	74
						2	21—29	暗黄棕色	轻砾中壤土	块状	5.6	16.3	0.64	0.64	4.0			
						3	29—63	暗红棕色	中壤土	块状	5.9	25.4	0.74	0.74	4.4			
						4	63—78	暗棕色	中壤土	块状	6.7	19.6	0.81	0.81	4.1			
剖41	人为土	水稻土	红壤性水稻土	铁质红壤性水稻土	红砂泥田	1	0—15	暗棕色	中砾重黏土	小块状	5.8	21.9	1.07	0.70	1.6	玄武岩	E 102°33′02.5″ N 26°30′24.8″	70
						2	15—21	灰棕色	中壤土	块状	6.6	16.4	0.84	0.08	1.5			
						3	21—36	红棕色	轻砾中壤土	块状	6.9	7.3	0.37	0.58	1.5			
						4	36—											
剖42	人为土	水稻土	紫色土性水稻土	灰棕紫色水稻土	大土泥田	1	0—24	暗棕色	轻黏土	整体状	7.8	37.2	2.16	0.27	2.3		E 102°37′35.0″ N 26°30′22.7″	79
						2	24—37	暗棕紫色	轻砾轻黏土	大块状	7.9	33.3	1.96	0.28	2.4			
						3	37—69	暗灰棕色	轻砾轻黏土	大块状	7.8	26.4	1.65	0.28	2.3			
						4	69—											
剖43	初育土	紫色土	石灰性紫色土	红紫泥土	红泥土	1	0—19	暗棕色	中壤土	小块状	7.9	11.0	0.75	0.63	1.6		E 102°45′21.6″ N 26°39′13.3″	78
						2	19—89	暗棕红色	中壤土	棱块状	7.9	6.2	0.57	0.60	1.8			
						3	89—											
剖44	初育土	紫色土	石灰性紫色土	灰棕紫色土	羊肝夹泥土	1	0—14	紫色	轻壤	棱柱状	8.4	3.5	0.24	0.22	1.6		E 102°49′07.0″ N 26°38′16.4″	76
						2	14—30	紫色	砂壤土	棱块状	8.4	0.6	0.21	0.06	0.5			
						3	30—											
剖45	初育土	紫色土	石灰性紫色土	灰棕紫泥土	大眼泥土	1	0—22	暗棕色	轻砾重黏土	粒状、小块状	8.0	20.1	1.30	0.22	2.1	钙质砂泥岩残积物,坡积物	E 102°47′35.5″ N 26°36′47.2″	76
						2	22—50	暗棕色	中砾重黏土	块柱状	8.0	14.8	0.97	0.20	2.0			
						3	50—100	暗棕色	轻砾重黏土	棱块状	8.0	13.8	0.84	20.17	2.1			
剖46	铁铝土	红壤	黄红壤	黄红壤	黄泥土	1	0—18	浅红棕色	轻砾轻黏土	核状、粒状	5.3	18.7	1.54	0.52	3.1		E 102°53′16.4″ N 26°33′54.0″	84
						2	18—35	浅红棕色	轻砾重黏土	大块状	5.4	9.8	0.93	0.64	2.8			
						3	35—80	暗棕色	轻砾轻黏土	块状	5.4	13.2	1.02	0.49	3.1			
						4	80—											
剖47	淋溶土	棕壤	山地棕壤			1	0—4.5										E 102°48′13.3″ N 26°31′12.0″	91
						2	4.5—31	黑棕色	砂壤土	粒状		79.5	3.01	0.77	1.5			
						3	31—82	浅棕色	轻砾土	小块状		26.9	1.71	0.87	1.8			
						4	82—	浅棕色	砂壤土			23.1	0.31	0.61	0.7			
剖48	人为土	水稻土	紫色土性水稻土	紫色土性水稻土	砂泥田	1	0—17	暗灰棕色	重壤土	核状	6.4	20.9	1.28	0.43	2.0		E 102°37′52.3″ N 26°28′34.7″	87
						2	17—26	灰棕色	轻砾壤土	块状	7.7	13.4	0.93	0.46	2.0			
						3	26—53	灰棕色	中砾重黏土	棱块状	7.9	5.2	0.47	0.40	1.9			
剖49	人为土	水稻土	紫色土性水稻土	红棕紫色水稻土	红泥田	1	0—24	暗棕色	轻砾重黏土	小块状	8.3	31.3	2.16	0.24	2.4		E 102°38′15.0″ N 26°27′11.5″	78
						2	24—36	暗棕色	中壤土	棱块状	8.2	23.2	1.71	0.23	2.5			
						3	36—94	暗棕色	轻砾轻黏土	小块状	8.3	14.5	1.26	0.21	2.5			
剖50	人为土	水稻土	紫色土性水稻土	红紫色水稻土	大眼泥田	1	0—23	暗棕色	中壤土	棱块状	8.1	24.4	1.81	0.48	2.4		E 102°31′34.0″ N 26°26′01.7″	74
						2	23—35	暗棕色	轻砾土	棱块状	8.2	21.7	1.40	0.40	2.2			
						3	35—75	暗棕色	中壤土	小块状	8.3	10.6	0.89	0.29	2.3			
						4	75—											
剖51	人为土	水稻土	紫色土性水稻土	灰棕色水稻土	大泥田	1	0—17	暗红棕色	轻砾重黏土	小块状	8.3	23.1	1.43	0.48	2.3		E 102°33′41.8″ N 26°25′23.2″	94
						2	17—28	暗红棕色	轻砾土	大块状	8.3	20.6	1.34	0.48	2.5			
						3	28—100	暗红棕色	中壤土	棱块状	8.3	19.3	1.27	0.44	2.4			
剖52	初育土	石灰(岩)土	棕色石灰土	棕色石灰土	红棕泥土	1	0—18	棕红色	中砾重黏土		6.7	21.7	1.29	2.17	1.0	石灰岩	E 102°39′42.8″ N 26°25′02.3″	83
						2	18—40	浅红棕色	中砾重黏土		6.7	21.0	1.07	1.60	1.0			
						3	40—107	暗红棕色	中砾重黏土		6.4	16.3	1.05	1.68	1.0			
						4	107—											

续表 Continued

剖面号 Soil profile	土纲 Soil order	土类 Soil great group	亚类 Soil subgroup	土属 Soil genus	土种 Soil species	土层码 Layer code	土层厚度 Depth/cm	颜色 Soil color	质地 Soil texture	土壤结构 Soil structure	pH	有机质 OM/(g/kg)	全氮 TN/(g/kg)	全磷 TP/(g/kg)	全钾 TK/(g/kg)	土壤母质 Parent material	剖面点坐标 Profile coordinate	匹配指数 Matching index/%
剖53	半水成土	潮土	潮土	山洪潮土	潮砂泥土	1	0—17	红棕色	中壤土	粒状	6.6	36.3	1.95	0.90	2.2	洪积物	E 102° 43′ 54.5″ N 26° 23′ 56.0″	84
						2	17—33	浅红棕色	中砾重黏土	块状	6.6	16.6	1.21	0.73	3.0			
						3	33—97	棕色	中砾砂壤土	小块状	6.6	9.1	0.61	0.59	2.6			
						4	97—											
剖54	初育土	紫色土	石灰性紫色土	红紫泥土	红羊肝石土	1	0—18	红棕色	轻砾中壤土	小块状	8.1	12.4	0.85	0.56	2.0	钙质砂泥岩残积物，坡积物	E 102° 37′ 38.3″ N 26° 23′ 38.4″	88
						2	18—46	暗红棕色	中壤土	块状	8.1	10.2	0.74	0.51	2.0			
						3	46—											
剖55	初育土	紫色土	石灰性紫色土			1	0—24	红棕色	中壤土	小块状		31.5	1.75	0.68	2.4		E 102° 30′ 54.7″ N 26° 22′ 15.2″	81
						2	24—52	暗红棕色	中壤土	棱块状		29.4	1.68	0.75	2.6			
						3	52—96	红棕色	中壤土	块状		13.6	0.80	0.71	2.6			
剖56	初育土	石灰（岩）土	红色石灰土	红石灰土	夹石小红泥	1	0—20	暗棕色	重壤土	核状	7.4	7.7	0.75	0.53	2.7		E 102° 44′ 44.2″ N 26° 20′ 38.0″	100
						2	20—47	暗棕色	轻黏土	块状	7.5	6.5	0.69	0.62	2.7			
						3	47—											
剖57	初育土	石灰（岩）土	棕色石灰土			1	0—1.5										E 102° 47′ 04.2″ N 26° 29′ 11.8″	94
						2	1.5—17	红棕色	中砾重黏土	粒状		38.9	2.03	0.77	1.6			
						3	17—90	暗棕色	中壤土			11.8	0.90	0.80	1.6			
						4	90—											
剖58	铁铝土	红壤	黄红壤	黄红壤	黄红砂泥土	1	0—17	紫棕色	中壤土	粒状	5.9	12.2	0.95	0.29	1.4		E 102° 53′ 33.4″ N 26° 28′ 18.8″	100
						2	17—56	红棕色	中壤土	棱块状	5.8	8.9	0.83	0.24	1.5			
						3	56—	红棕色	轻壤土	块状	5.8	6.2	0.54	0.75	1.6			
剖59	人为土	水稻土	红壤性水稻土	硅铝质红壤性水稻土	酸白砂泥田	1	0—16	灰红色	重壤土	粒状	5.0	33.3	2.05	0.46	2.0		E 102° 58′ 41.5″ N 26° 28′ 09.1″	80
						2	16—27	灰红色	中壤土	块状	5.4	11.7	1.23	0.35	1.8			
						3	27—58	浅红色	轻黏土	棱块状	7.2	2.9	0.39	0.23	1.2			
						4	58—											
剖60	淋溶土	棕壤	草甸棕壤			1	0—1										E 102° 47′ 03.7″ N 26° 26′ 11.0″	100
						2	1—49	黑色	轻壤土	粒状	5.5	77.7	4.45	1.13	2.4			
						3	49—96	黄棕色	中壤土	小块状	5.4	13.0	1.35	0.73	2.8			
						4	96—	黄棕色	中砾重黏土		5.3	22.0	1.90	0.49	2.4			
剖61	淋溶土	棕壤	山地棕壤	山地棕壤	冷黄砂泥土	1	0—12	暗棕色	中壤土	粒状	5.5	34.7	1.81	1.67	1.9	多种母岩混合坡积物，残积物	E 102° 54′ 15.1″ N 26° 25′ 52.0″	86
						2	12—30	棕色	重壤土	小块状	5.4	35.1	1.86	1.64	1.9			
						3	30—67	灰棕色	重壤土	棱块状	5.3	10.1	0.96	1.60	2.2			
						4	67—											
剖62	铁铝土	红壤	山地红壤	山地红壤	夹石红砂泥土	1	0—20	暗棕红色	中壤土	粒状	6.8	11.1	0.59	0.60	1.1		E 102° 55′ 18.5″ N 26° 21′ 46.1″	75
						2	20—55	暗棕红色	中壤土	块状	6.1	4.8	0.40	0.38	1.2			
						3	55—100	浅红棕色	中壤土	棱块状	6.4	4.5	0.45	0.35	1.6			
剖63	铁铝土	红壤	红壤	山地红壤	夹石红泥土	1	0—20	浅棕色	重壤土	小块状	6.8	12.4	0.90	0.28	2.4		E 102° 57′ 22.3″ N 26° 21′ 40.3″	88
						2	20—29	暗红棕色	重壤土	棱块状	6.7	7.8	0.67	0.21	2.6			
						3	29—104	暗红色	重壤土	棱块状	5.9	5.1	0.45	0.20	2.2			
剖64	半淋溶土	燥红土	燥红土			1	0—1										E 102° 43′ 20.5″ N 26° 16′ 06.3″	88
						2	1—17	暗灰棕色	中壤土	小团块状	6.8	18.9	0.75	0.48	1.4			
						3	17—55	棕红色	重壤土	块状	7.9	7.5	0.33	0.35	1.4			
						4	55—											
剖65	人为土	水稻土	紫色土性水稻土	红紫色水稻土	红砂泥田	1	0—21	暗棕色	重壤土	块状	6.8	29.4	1.43	0.20	1.7	玄武岩，变质岩	E 102° 47′ 39.8″ N 26° 19′ 14.2″	76
						2	21—30	暗棕色	轻砾轻壤土	棱块状	7.9	17.5	1.16	0.20	1.6			
						3	30—81	灰黄棕色	轻砾中壤土		8.0	4.9	0.41	0.16	1.5			

宁 南 县

主要土类说明

红壤是宁南县的主要土壤类型，占本县地域面积的 38%，分布于金沙江、黑水河干热河谷海拔 1250m 以下的高阶地和山麓。自然植被以次生常绿阔叶林及针阔叶混交林为主，一般低山丘陵多为稀树灌丛。成土母质有辉岩、辉长岩、石灰岩、白云岩、花岗岩、石英闪长岩、石英长石砂岩、泥岩、页岩、千枚岩、板岩、黏土岩及第四纪红色黏土等。土壤物理风化强烈，土层深厚，黏化和脱硅富铝化过程明显。土壤中铁质氧化后使剖面呈红色，底土为棕红色，具 A–Bs–Bv 或 A–Bs–C 剖面构型。土壤质地较轻，多呈微酸性至酸性。耕作土壤多数具有黏、酸、瘦、干、缺磷等特点。

紫色土是宁南县第二大土壤类型，占本县地域面积的 15%。植被多为以针叶林为主的针阔叶混交林。紫色土发育于紫色砂岩、页岩残积物、坡积物。土壤受母质影响很深，风化程度低，层次分化不明显，具有发育浅、粗骨性强、土层薄、盐基较丰富、受母岩影响深，自然肥力高的特点。

黄棕壤是宁南县第三大土壤类型，占本县地域面积的 15%，分布于海拔 2400—2800m 的中山地带。成土母质多为砂页岩及花岗岩风化物，具 A-B-C 或 A-（B）-C 剖面构型。表土层之上常有枯枝落叶，有机质含量较高，表土层结构不发育，心土层多为棱块状或块状结构，结构面有棕色、暗棕色胶膜和黑色的铁锰淀积。土壤 pH 为 5.7—6.6。

暗棕壤占本县地域面积的 12%，分布在海拔 2800—3500m 的高山地带。暗棕壤是川西山地温带、寒温带湿润气候条件下形成的地带性森林土类。成土母质主要为石灰岩、白云质灰岩、砂页岩残积物、坡积物，具 O-A-B-C 剖面构型。A 层有机质含量高，弱酸性淋溶，铁铝轻微下移。B 层呈棕色，结构面见铁锰胶膜，呈弱酸性，盐基饱和度为 70%—80%。

燥红土占本县地域面积的 7%，主要分布在海拔 1300m 以下的干热河谷。成土母质多为石灰岩、砂页岩、千枚岩、花岗岩、砾岩等残积物、坡积物、洪积物。表土层为灰棕色，呈核粒状或团状结构，疏松；心土层为红褐色，呈团块状或棱块状结构，较紧实；底土层为红色、棕色或黄棕色，呈大块状或棱柱状结构。

石灰（岩）土占本县地域面积的 6%。石灰（岩）土发生于热带、亚热带石灰岩山区，是石灰岩经溶蚀风化，形成的厚薄不同的钙质饱和或含游离钙质的土壤，多见于石隙、溶洞或峰丛底部。该土壤碳酸钙淋溶程度不一，多黏土，多为铁钙质胶结物，风化程度不一，盐基饱和度高，有机质含量及胶结状态有较大差异。

小于本县地域面积 5% 的土壤类型还有水稻土、黑毡土、新积土等。

本区域中心区气候特征

本区域中心区气候特征值
Regional climate characteristics in central area of the region

气候带：中亚热带湿润气候 Climate region: Subtropical humid climate	
年平均气温 /℃ Annual average temperature /℃	15.9
年平均最高气温 /℃ Annual average maximum temperature /℃	22.1
年平均最低气温 /℃ Annual average minimum temperature /℃	11.0
年降水量 /mm Annual precipitation /mm	1108
≥ 10℃的积温 /℃ Daily temperature accumulated in a year（≥ 10℃）/℃	6025
年日照时数 /h Annual sunshine /h	2218
年平均相对湿度 /% Annual average relative humidity /%	70
干燥度 Dryness	0.82

本区域中心区月平均气温与月平均降水量
Monthly temperature and precipitation in central area of the region

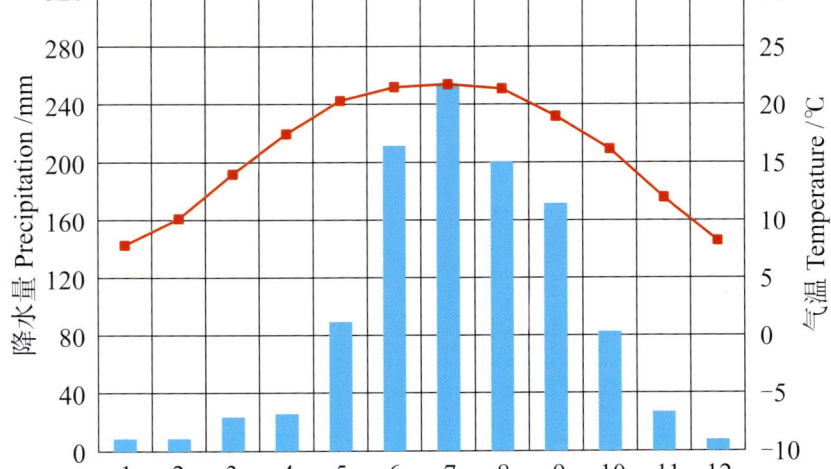

宁南县主要土壤类型与土壤剖面点分布图
1:200 000

图例
- 红壤
- 紫色土
- 黄棕壤
- 暗棕壤
- 燥红土
- 石灰（岩）土
- 水稻土
- 黑毡土
- 新积土
- ⊗ 剖面点

宁南县土壤剖面理化性状表

剖面号 Soil profile	土纲 Soil order	土类 Soil great group	亚类 Soil subgroup	土属 Soil genus	土种 Soil species	土层码 Layer code	土层厚度 Depth/cm	颜色 Soil color	质地 Soil texture	土壤结构 Soil structure	pH	有机质 OM/(g/kg)	全氮 TN/(g/kg)	全磷 TP/(g/kg)	全钾 TK/(g/kg)	碱解氮 AN/(mg/kg)	有效磷 AP/(mg/kg)	速效钾 AK/(mg/kg)	阳离子交换量 CEC/(cmol/kg)	土壤母质 Parent material	剖面点坐标 Profile coordinate	匹配指数 Matching index/%
剖1	淋溶土	黄棕壤	山地黄棕壤	黄棕壤	薄层黄棕壤	1	0—12	浅灰棕色	重壤土	粒状	5.5	25.8	1.37	0.50		108	10.0	322		玄武岩残积物、坡积物	E 102°32′10.9″ N 27°15′43.5″	100
						2	12—35	棕色	重壤土	小块状	5.6	26.0	1.28	0.50								
剖2	初育土	石灰(岩)土	红色石灰土	红色石灰土		1	0—16	红棕色	重壤土	块状	7.8	16.4	0.42	0.33		146	微量	45				100
						2	16—30	红棕色	重壤土	小块状	7.9	22.9	0.89	0.47								
剖3	人为土	水稻土	新积性水稻土	黄红色新积土	黄红泥田	1	0—16	暗黄棕色	重壤土	小块状	5.9	30.0	1.45	0.72		106	17.0	60		黄红色冲积物	E 102°35′53.5″ N 27°13′31.4″	96
						2	16—28	黄红棕色	重壤土	小块状	6.5	27.1	1.30	0.72								
						3	28—45	暗棕灰色	重壤土	大块状	6.8	17.7	0.98	0.85								
剖4	铁铝土	红壤		硅铝质红壤		1	0—2															88
						2	2—12	浅棕黄色	中壤土	团粒状	5.1	32.3	1.74	0.44		114	2.0	230		砂页岩	E 102°38′13.2″ N 27°12′58.3″	
						3	12—40	橙黄色	重壤土	块状	4.9	14.3	1.09	0.43								
						4	40—	暗棕色	中黏土	块状	5.2	11.6	1.04	0.26								
剖5	铁铝土	红壤	褐红壤	粗骨性褐红壤		1	0—12	红棕色	轻壤土	块状	5.7	6.0	0.51	0.41		30	4.0	84		砂页岩残积物、坡积物	E 102°35′11.8″ N 27°12′57.6″	75
						2	12—30	红棕色	重壤土	块状	6.0	4.2	0.42	0.48								
						3	30—	深棕红色	重壤土	柱状	6.0	2.9	0.32	0.52								
剖6	人为土	水稻土	新积性水稻土	紫色新积土性水稻土	紫大土田	1	0—15	暗棕色	重壤土	团块状	7.9	28.1	1.45	0.98		101	45.0	99		第四纪紫色冲积物	E 102°36′27.7″ N 27°12′49.3″	95
						2	15—24	黑棕色	重壤土	柱状	7.9	22.8	1.15	0.74								
						3	24—38	黑棕色	重壤土	块状	7.9	21.3	0.93	0.37								
						4	38—	棕色	轻壤土	块状	7.8	15.3	1.02	0.56								
剖7	铁铝土	黄红壤		黄红壤	夹石黄泥土	1	0—20	灰黄色	重壤土	粒状	5.2	24.0	1.37	0.61		132	8.0	115		砂页岩残积物、坡积物	E 102°31′42.3″ N 27°12′37.1″	83
						2	20—35	暗黄黄色	重壤土	块状	5.5	20.1	1.17	0.61								
						3	35—	暗褐黄色	中黏土	大块状	5.6	13.6	0.87	0.52								
剖8	铁铝土	红壤		铁铝质红壤		1	0—20	棕褐色	中壤土	块状	5.9	21.2	0.85	0.45		74	2.0	120		砂页岩	E 102°34′27.5″ N 27°12′26.3″	94
						2	20—40	红棕色	中壤土	大块状	5.9	10.5	0.56	0.34								
						3	40—	红黄色	中壤土	大块状	5.9	5.4	0.54	0.49								
剖9	人为土	水稻土	新积性水稻土	灰色新积土性水稻土	半砂半泥田	1	0—15	褐灰色	重壤土	小块状	7.7	37.4	1.76	1.36		130	3.0	230		灰色冲积物	E 102°37′12.7″ N 27°12′24.5″	70
						2	15—28	棕色	重壤土	块状	7.9	16.3	0.74	1.17								
						3	28—70	灰棕色	重壤土	块状	7.8	26.7	1.41	1.17								
剖10	初育土	新积土	新积土	灰色新积土	灰色石砂土	1	0—12	暗色	轻壤土	粒状	8.0	10.8	0.49	0.32		37	3.0	65		灰色冲积物	E 102°36′21.2″ N 27°12′23.0″	82
						2	12—25	棕灰色	砂壤土	粒状	8.0	8.8	0.44	0.30								
剖11	初育土	新积土	新积土	紫色新积土		1	0—20	紫棕色	砂壤土	粒状	8.0	19.0	1.16	0.59		60	1.0	69		紫色新冲积物	E 102°37′41.2″ N 27°12′03.6″	72
						2	20—60	灰紫色	中壤土	粒状	8.4	3.7	0.33	0.42								
剖12	人为土	水稻土	新积性水稻土	灰色新积土性水稻土	灰砂田	1	0—13	灰黄色	中壤土	粒状	8.0	13.7	0.70	0.54		50	7.0	56		灰色冲积物	E 102°38′22.6″ N 27°11′06.7″	73
						2	13—24	暗棕色	中壤土	小块状	8.0	13.6	0.80	0.56								
						3	24—80	棕色	中壤土	块状	8.0	11.0	0.57	0.52								
						4	80—															
剖13	人为土	水稻土	红壤性水稻土	褐红壤性水稻土	褐红泥田	1	0—11	棕色	重壤土	团粒状	7.4	34.2	1.79	1.81		134	84.0	103			E 102°36′41.0″ N 27°10′54.8″	89
						2	11—25	褐红色	重壤土	棱柱状	7.5	32.6	1.75	1.75								
						3	25—34	棕红色	重壤土	粒状	7.6	24.0	1.42	1.56								
剖14	人为土	水稻土	红壤性水稻土	硅铝质水稻土	黄红泥田	1	0—14	黄色	轻黏土	团块状	5.4	35.9	1.99	0.45		152	6.0	117		石英砂岩坡积物、残积物	E 102°35′57.8″ N 27°10′39.4″	82
						2	14—25	暗黄色	轻黏土	块状	6.0	30.9	1.92	0.41								
						3	25—40	暗黄棕色	轻黏土	块状	6.2	20.5	1.32	0.14								

续表 Continued

剖面号 Soil profile	土纲 Soil order	土类 Soil great group	亚类 Soil subgroup	土属 Soil genus	土种 Soil species	土层码 Layer code	土层厚度 Depth/cm	颜色 Soil color	质地 Soil texture	土壤结构 Soil structure	pH	有机质 OM/(g/kg)	全氮 TN/(g/kg)	全磷 TP/(g/kg)	全钾 TK/(g/kg)	碱解氮 AN/(mg/kg)	有效磷 AP/(mg/kg)	速效钾 AK/(mg/kg)	阳离子交换量 CEC/(cmol/kg)	土壤母质 Parent material	剖面点坐标 Profile coordinate	匹配指数 Matching index/%
剖15	半淋溶土	燥红土	燥红土	燥红土	燥红泥土	1	0—12	棕红色	重壤土	小块状	7.8	7.6	0.46	0.07		25	1.0	62			E 102°53′34.4″ N 27°12′06.1″	88
						2	12—23	棕红色	重壤土	块状	7.8	4.5	0.33	0.07								
						3	23—44	暗棕红色	重壤土	块状	7.1	3.0	0.28	0.57								
剖16	铁铝土	红壤	红壤	铁质红壤		1	0—1													玄武岩	E 102°51′47.5″ N 27°11′31.2″	82
						2	1—30	黄红色	轻黏土	粒状	6.3	10.5	0.74	1.00		38	6.0	120				
						3	30—60	棕红色	轻黏土	块状	6.4	11.8	0.73	0.96								
						4	60—	棕红色	重壤土	块状	5.5	4.7	0.56	0.92								
剖17	人为土	水稻土	燥红土性水稻土	燥红土性水稻土	夹石砂田	1	0—13	暗棕灰色	轻壤土	块状	6.6	69.2	2.85	1.76		236	66.0	169		白云岩、玄武岩坡积物、残积物	E 102°52′46.6″ N 27°10′53.4″	99
						2	13—18	暗棕灰色	砂壤土	块状	6.9	58.1	2.41	1.96								
						3	18—	红棕色	重壤土	棱柱状	7.2	27.8	1.29	2.34								
剖18	铁铝土	红壤	褐红壤	粗骨性褐红壤	褐红泥土	1	0—16	红棕色	重黏土	块状	5.8	17.9	0.87	0.68		76	11.0	119		砂页岩残积物、坡积物	E 102°51′32.8″ N 27°10′32.5″	96
						2	16—30	红棕色	轻黏土	棱柱状	5.8	11.2	0.63	0.76								
						3	30—60	红棕色	重壤土	棱柱状	5.8	8.8	0.50	0.62								
剖19	人为土	水稻土	燥红土性水稻土	碳酸盐燥红土性水稻土	暗红泥田	1	0—12	灰棕红色	中壤土	粒状	7.7	30.2	1.42	0.73		124	15.0	161		白云质灰岩坡积物、残积物	E 102°53′05.6″ N 27°10′16.3″	85
						2	12—16	灰棕红色	砂壤土	块状	7.7	29.3	1.40	0.75								
						3	16—50	灰棕红色	中壤土	块状	7.7	25.5	1.42	0.80								
剖20	铁铝土	红壤	黄红壤	黄红壤		1	0—1													砂页岩残积物、坡积物	E 102°34′34.7″ N 27°09′36.4″	85
						2	1—18	棕红色	重壤土	块状	5.7	35.0	1.32	0.56		127	2.0	75				
						3	18—43	褐棕红色	重壤土	块状	5.6	22.1	0.90	0.61								
						4	43—	褐棕红色	重壤土	块状	5.6	25.1	0.95	0.43								
剖21	初育土	石灰(岩)土	红色石灰土	红灰泥土	石灰红泥土	A₁₁	0—15	暗棕灰色	壤质黏土	粒状	7.2	33.7	1.64	0.41	3.3	133	6.0	67	16.3	石灰岩风化残积物、坡积物	E 102°38′17.5″ N 27°09′30.5″	97
						AC	15—47	红棕色	黏土	块状	7.5	16.3	1.07	0.38	3.5				17.7			
						C	47—97	亮红棕色	黏土	大块状	7.5	15.4	1.04	0.36	2.0				20.2			
剖22	淋溶土	暗棕壤	暗棕壤	山地暗棕壤	灰包土	1	0—14	褐色	中壤土	小块状	4.8	111.0	4.70	2.32		396	104.0	369		玄武岩残积、坡积物	E 102°30′11.2″ N 27°09′28.4″	93
						2	14—30	栗色	中壤土	块状	4.8	114.0	4.71	2.48								
						3	30—	灰黄色	轻壤土	块状	4.7	57.9	2.59	0.90								
剖23	人为土	水稻土	红壤性水稻土	硅铝质红壤性水稻土	夹石砂田	1	0—13	棕灰色	重壤土	团块状	6.8	47.8	2.22	1.13		169	31.0	82		石英砂岩坡积物、残积物	E 102°38′21.5″ N 27°08′33.4″	72
						2	13—19	灰棕色	重壤土	团块状	6.9	46.4	2.15	0.88								
						3	19—28	棕色	重壤土	团块状	6.9	39.9	1.91	0.73								
剖24	人为土	水稻土	红壤性水稻土	铁铝质红壤性水稻土	夹红砂田	1	0—14	红灰色	重壤土	团粒状	5.9	49.3	2.79	0.99		165	27.0	73		玄武岩坡积物、残积物	E 102°36′19.4″ N 27°08′13.2″	71
						2	14—20	暗棕红色	重壤土	块状	7.4	46.8	2.66	0.97								
						3	20—27	红棕色	重壤土	粒状	6.6	24.4	1.36	0.69								
剖25	人为土	水稻土	石灰岩土水稻土	石灰性水稻土	夹石红泥田	1	0—12	棕红色	重壤土	粒状	7.9	40.8	1.88	0.72		128	24.0	159		石灰岩坡积物、残积物	E 102°37′45.1″ N 27°08′10.0″	88
						2	12—16	灰棕色	重壤土	粒状	7.9	33.4	1.65	0.54								
剖26	人为土	水稻土	紫色土性水稻土	酸性紫色性水稻土	石骨子土	1	0—14	红紫色	重壤土	块状	5.6	21.3	1.37	0.43		89	19.0	111		砂岩、页岩坡积物、残积物	E 102°36′13.3″ N 27°07′40.4″	79
						2	14—20	红紫色	重壤土	块状	6.4	15.5	1.14	0.24								
						3	20—100	红紫色	重壤土	块状	6.8	7.8	0.74	0.31								
剖27	半淋溶土	燥红土	燥红土	碳酸盐燥红土	菱角石土	1	0—14	棕灰色	中壤土	粒状	8.1	6.9	0.45	0.38		23	10.0	87		玄武岩、石灰岩等坡积物	E 102°41′52.3″ N 27°06′14.0″	96
						2	14—35	棕灰色	中壤土	小块状	8.0	5.3	0.37	0.39								
						3	35—70	棕灰色	中壤土	块状	7.8	6.4	0.42	0.77								
						4	70—	棕黄色														
剖28	高山土	黑毡土	黑色土	棕黑毡土		1	0—3	灰黄色	轻壤土	小块状	4.9	162.0	5.85	1.16		465	18.0	320			E 102°30′45.0″ N 27°05′36.6″	75
						2	3—10	栗色	轻壤土	小块状	4.5	117.0	4.14	1.07								
						3	10—29	棕黄色	轻壤土	小块状	4.5	136.0	4.87	1.56								
						4	29—															

续表 Continued

剖面号 Soil profile	土纲 Soil order	土类 Soil great group	亚类 Soil subgroup	土属 Soil genus	土种 Soil species	土层码 Layer code	土层厚度 Depth/cm	颜色 Soil color	质地 Soil texture	土壤结构 Soil structure	pH	有机质 OM/(g/kg)	全氮 TN/(g/kg)	全磷 TP/(g/kg)	全钾 TK/(g/kg)	碱解氮 AN/(mg/kg)	有效磷 AP/(mg/kg)	速效钾 AK/(mg/kg)	阳离子交换量CEC/(cmol/kg)	土壤母质 Parent material	剖面点坐标 Profile coordinate	匹配指数 Matching index/%
剖29	铁铝土	红壤	红壤	铁质红壤	石子红泥土	1	0—14	红棕色	中壤土	小块状	5.7	24.2	1.24	1.08		89	8.0	76		玄武岩	E 102°44′38.0″ N 27°05′36.6″	95
						2	14—40	棕红色	中壤土	块状	5.4	13.1	0.68	0.71								
						3	40—	棕红色	中壤土	块状	5.4	10.6	0.52	0.69								
剖30	人为土	水稻土	新积性水稻土	灰色新积土性水稻土	大土泥田	1	0—16	暗棕色	轻黏土	块状	7.8	32.0	1.66	0.68		104	8.0	64		灰色冲积物	E 102°42′34.0″ N 27°04′12.0″	88
						2	16—26	暗灰色	重壤土	棱柱状	7.4	24.0	0.90	0.43								
						3	26—70	棕灰色	重壤土	块状	7.4	18.4	0.72	0.46								
剖31	铁铝土	红壤	红壤	硅铝质红壤	灰石砂泥土	1	0—14	浅棕黄色	中壤土	团粒状	6.7	28.5	1.78	0.76		121	26.0	263		砂页岩	E 102°41′19.0″ N 27°03′40.0″	87
						2	14—36	浅棕色	中壤土	块状	5.7	23.8	1.33	0.65								
						3	36—60	浅棕红色	重壤土	块状	5.4	20.6	1.06	0.65								
剖32	人为土	水稻土	新积性水稻土	灰色新积土性水稻土	半砂半泥田	1	0—18	灰紫色	中壤土	小块状	7.4	41.8	2.13	1.17		159	52.0	245		灰色冲积物	E 102°44′31.2″ N 27°03′21.2″	82
						2	18—28	灰紫色	中壤土	块状	7.7	36.8	1.89	1.18								
						3	28—100	红紫色	中壤土	块状	7.7	22.7	1.23	0.83								
剖33	新积土	新积土	新积土	紫色新积土	紫砂泥土	1	0—14	灰棕色	轻壤土	粒状	7.8	20.9	0.93	0.41		75	14.0	110		紫色新冲积物	E 102°42′12.6″ N 27°03′02.2″	91
						2	14—40	灰褐色	砂壤土	小块状	8.1	19.4	0.88	0.42								
剖34	半淋溶土	燥红土	燥红土	碳酸盐燥红土	菱角石土	1	0—16	棕灰色	轻壤土	粒状	8.2	7.6	0.43	0.62		27	4.0	79		玄武岩、石灰岩等坡积物	E 102°41′47.4″ N 27°02′59.6″	98
						2	16—30	灰棕色	轻壤土	粒状	8.2	7.5	0.34	0.54								
						3	30—60	灰棕色	中壤土	粒状	8.1	8.8	0.55	0.62								
剖35	初育土	紫色土	中性紫色土	灰棕紫泥土	灰紫泥土	1	0—17	紫棕色	中壤土	团块状	6.9	25.7	1.41	0.64		124	33.0	186			E 102°39′27.0″ N 27°02′34.4″	99
						2	17—60	紫棕色	中壤土	团块状	7.0	22.0	1.27	0.66								
						3	60—	紫棕色	中壤土	块状	7.4	17.7	1.04	0.63								
剖36	初育土	新积土	新积土	灰色新积土	潮砂泥土	1	0—13	褐棕色	轻壤土	粒状	8.1	8.6	0.39	0.50		30	2.0	67		灰色冲积物	E 102°44′54.2″ N 27°02′30.8″	90
						2	13—21	紫棕灰色	中壤土	小块状	8.2	6.5	0.34	0.50								
						3	21—80	灰棕色	轻壤土	小块状	8.3	5.0	0.28	0.49								
剖37	人为土	水稻土	新积性水稻土	紫色新积土性水稻土	紫砂半泥田	1	0—16	紫棕色	中壤土	粒状	7.9	26.0	1.82	0.68		102	7.0	76		第四纪紫色坡积物	E 102°39′46.1″ N 27°02′19.7″	91
						2	16—25	红紫色	重壤土	小块状	8.0	22.1	1.60	0.63								
						3	25—40	红紫色	重壤土	块状	8.0	6.7	0.69	0.63								
剖38	人为土	燥红土性水稻土	燥红土性水稻土	燥红土性水稻土	燥红泥田	1	0—15	棕灰色	中壤土	棱柱状	7.7	13.0	0.76	0.37		53	7.0	93		白云岩、玄武岩坡积物、残积物	E 102°43′50.2″ N 27°01′56.6″	77
						2	15—26	灰棕色	重壤土	棱柱状	7.4	10.7	0.60	0.34								
						3	26—41	灰棕色	中壤土	块状	7.1	8.5	0.48	0.32								
剖39	人为土	水稻土	新积性水稻土	灰色新积土性水稻土	灰砂田	1	0—12	棕灰色	中壤土	粒状	8.2	16.7	0.88	0.73		66	9.0	95		灰色冲积物	E 102°44′11.8″ N 27°01′21.7″	99
						2	12—22	棕灰色	轻壤土	粒状	8.3	15.6	0.78	0.69								
						3	22—32	灰棕色	中壤土	小块状	8.3	6.4	0.38	0.69								
						4	32—	灰棕色	轻壤土	小块状	8.2	30.9	1.76	2.91								
剖40	淋溶土	暗棕壤	暗棕壤	山地暗棕壤	红大土	1	0—2	暗灰棕色	中壤土	粒状	4.6	100.6	3.84	0.78		353	12.0	241		第四纪紫色冲积物、残积物	E 102°45′43.6″ N 27°09′48.6″	76
						2	2—8	灰棕色	重壤土	块状	4.4	69.6	2.52	0.71								
						3	8—20	灰棕色	重壤土	块状	4.4	38.6	1.72	0.72								
						4	20—50	黄棕色	重壤土	块状	4.8	9.4	0.78	0.43								
						5	50—	黄棕色	重壤土	块状	6.1	9.9	0.57	2.40								
剖41	铁铝土	红壤	红壤	铁质红壤	红土	1	0—15	褐红色	重壤土	粒状	5.5	14.4	0.78	2.45		47	72.0	41		玄武岩	E 102°44′11.8″ N 27°08′16.4″	78
						2	15—26	棕红色	重壤土	块状	6.1	10.2	0.45	2.33								
						3	26—50	灰红色	重壤土	块状	6.1	9.6	0.51	3.08								
						4	50—	暗红色	重壤土	团块状	7.8	18.9	1.15	1.02								
剖42	人为土	水稻土	燥红土性水稻土	碳酸盐燥红土性水稻田	菱角石田	1	0—17	棕灰色	重壤土	棱柱状	7.8	17.2	0.99	0.85		85	22.0	145		第四纪老冲积物	E 102°53′31.5″ N 27°05′15.6″	79
						2	17—30	灰棕色	重壤土	块状	7.9	13.3	0.85	0.77								
						3	30—															

续表 Continued

剖面号 Soil profile	土纲 Soil order	土类 Soil great group	亚类 Soil subgroup	土属 Soil genus	土种 Soil species	土层码 Layer code	土层厚度 Depth/cm	颜色 Soil color	质地 Soil texture	土壤结构 Soil structure	pH	有机质 OM/(g/kg)	全氮 TN/(g/kg)	全磷 TP/(g/kg)	全钾 TK/(g/kg)	碱解氮 AN/(mg/kg)	有效磷 AP/(mg/kg)	速效钾 AK/(mg/kg)	阳离子交换量 CEC/(cmol/kg)	土壤母质 Parent material	剖面点坐标 Profile coordinate	匹配指数 Matching index/%
剖43	铁铝土	红壤	黄红壤	黄红壤	黄红砂土	1	0—14	暗灰黄色	轻黏土	块状	5.4	27.0	1.23	0.98		115	10.0	164		砂页岩残积物、坡积物	E 102°50′35.9″ N 27°05′30.8″	91
						2	14—40	浅红棕色	轻黏土	块状	5.3	25.9	1.21	0.95								
						3	40—75	红黄色	中黏土	块状	5.6	7.4	0.55	0.70								
剖44	人为土	水稻土	新积性水稻土	紫色新积土性水稻土	夹石紫砂田	1	0—15	红紫色	重壤土	粒状	7.9	34.6	2.00	0.26		121	10.0	64		第四纪紫色冲积物	E 102°45′20.5″ N 27°03′40.0″	93
						2	15—30	红紫色	重壤土	小块状	7.9	32.8	1.89	0.28								
						3	30—40	红紫色	重壤土	块状	8.0	32.7	1.88	0.31								
						4	40—	紫灰色	重壤土	块状	8.1	15.8	1.10	0.31								
剖45	人为土	水稻土	红壤性水稻土	铁铝质红壤性水稻土	红泥田	1	0—14	暗红色	重壤土	块状	6.7	17.8	0.98	0.46		70	5.0	111			E 102°49′05.9″ N 27°03′30.2″	75
						2	14—22	暗红棕色	重壤土	块状	7.3	19.9	1.09	0.50								
						3	22—	暗红色	重壤土	块状	7.3	18.6	0.99	0.55								
剖46	人为土	水稻土	红红土性水稻土	碳酸盐燥红土性水稻土	夹石砂红田	1	0—18	暗红色	轻黏土	棱柱状	7.6	23.3	1.26	0.30		73	3.0	141		白云质灰岩	E 102°52′35.9″ N 27°03′24.1″	77
						2	18—28	暗红色	重壤土	棱柱状	7.7	25.1	1.43	0.39								
						3	28—	暗红色	重壤土	棱柱状	7.8	18.4	1.20	0.30								
剖47	初育土	石灰（岩）土	淋溶红色石灰土	淋溶红色石灰土	淋溶石渣土	1	0—16	棕灰色	重壤土	块状	7.6	10.6	0.67	0.22		45	5.0	119			E 102°49′58.8″ N 27°03′08.6″	90
						2	16—35	棕灰色	重壤土	柱状	7.9	10.8	0.67	0.22								
						3	35—	暗灰色	重壤土	柱状	7.9	9.6	0.60	0.20								
剖48	人为土	水稻土	新积性水稻土	山洪新积土性水稻土	洪积泥田	1	0—17	棕灰色	重壤土	块状	7.5	32.7	1.84	0.92		124	17.0	96		洪冲积物	E 102°45′35.3″ N 27°02′26.9″	74
						2	17—22	棕红色	中壤土	柱状	7.6	24.4	1.46	0.84								
						3	22—50	棕红色	重壤土	块状	7.8	12.5	0.73	0.75								
剖49	初育土	新积土	新积土	山洪新积土	洪积砂泥土	1	0—18	暗紫色	重壤土	块状	7.7	15.5	1.01	1.05		74	60.0	99			E 102°45′20.5″ N 27°02′12.5″	100
						2	18—36	红紫色	中壤土	块状	7.7	12.4	0.85	0.96								
						3	36—	红紫色	中壤土	块状	7.7	6.4	0.52	0.85								
剖50	初育土	紫色土	酸性紫色土	红紫泥土	石骨子土	1	0—16	暗紫色	重壤土	粒状	5.4	20.4	1.28	0.50		82	16.0	143		紫色砂页岩残积物、坡积物	E 102°49′25.7″ N 27°02′03.8″	76
						2	16—30	红紫色	重壤土	小块状	5.5	8.3	0.87	0.43								
						3	30—	红紫色	重壤土	小块状	5.4	7.6	0.91	0.38								
剖51	初育土	石灰（岩）土	红色石灰土	淋溶红色石灰土		1	0—2	褐红色	轻黏土	块状	5.6	16.4	1.28	0.30		47	1.0	138			E 102°48′04.3″ N 27°00′56.2″	85
						2	2—18	棕红色	轻黏土	棱柱状	7.0	6.2	0.41	0.26								
						3	18—50	褐棕色	轻黏土	块状	7.9	38.6	1.80	0.58								
剖52	人为土	水稻土	石灰岩土水稻土	石灰性水稻土	灰质泥田	1	0—14	棕色	轻黏土	块状	7.8	34.0	1.67	0.62		55	9.0	43		砂页岩	E 102°49′03.4″ N 27°00′19.8″	93
						2	14—21	棕色	轻黏土	粒状	4.6	65.5	3.27	1.08								
剖53	淋溶土	暗棕壤	暗棕壤	山地暗棕壤	山基土	1	0—16	暗棕灰色	轻黏土	粒状	4.7	60.5	3.13	1.12		265	9.0	184		砂页岩	E 102°35′21.6″ N 26°58′37.0″	78
						2	16—33	暗紫色	轻黏土	粒状	4.7	62.6	3.20	1.21								
						3	33—55	暗紫色	轻黏土	粒状	7.0	11.7	0.89	0.18								
剖54	初育土	紫色土	中性紫色土	灰棕紫泥土	斑鸠砂土	1	0—18	棕灰色	重壤土	块状	7.1	6.1	0.72	0.34		41	4.0	68		紫色砂岩残积物、坡积物	E 102°41′51.4″ N 26°58′24.6″	80
						2	18—	棕红色	重壤土	块状	5.9	19.9	1.05	0.65								
剖55	铁铝土	红壤	红壤	铁铝质红壤	红泥土	1	0—15	棕红色	重壤土	块状	5.8	16.5	0.90	0.55		91	9.0	278		砂页岩	E 102°44′59.6″ N 26°58′10.9″	94
						2	15—45	深棕色	重壤土	块状	4.8	49.9	1.77	0.31								
剖56	初育土	紫色土	酸性紫色土	红紫泥土		1	0—2	红紫色	轻黏土	块状	4.8	26.9	1.32	0.30		120	6.0	143		紫色砂岩残积物、坡积物	E 102°39′55.1″ N 26°57′48.2″	81
						2	2—13	红紫色	轻黏土	块状	4.8	9.3	0.92	0.34								
						3	13—40	红紫色	轻黏土	块状	4.7	69.1	3.28	1.49								
						4	40—100	暗棕色	重壤土	粒状	4.7	65.4	3.19	1.48								
剖57	淋溶土	黄棕壤	山地黄棕壤	厚层黄棕壤		1	0—16	棕棕色	重壤土	粒状	7.6	24.5	1.44	0.38		241	22.0	97		砂页岩	E 102°36′48.3″ N 26°57′09.7″	96
						2	16—45	棕棕色	中壤土	粒状	7.6	23.2	1.37	0.24								
剖58	人为土	水稻土	紫色土性水稻土	中性紫色土性水稻土	大眼泥田	1	0—16	棕紫色	中壤土	块状	8.0	21.9	1.27	0.40		76	4.0	59		紫色砂页岩	E 102°41′46.7″ N 26°56′10.7″	80
						2	16—23															
						3	23—50															

续表 Continued

剖面号 Soil profile	土纲 Soil order	土类 Soil great group	亚类 Soil subgroup	土属 Soil genus	土种 Soil species	土层码 Layer code	土层厚度 Depth/cm	颜色 Soil color	质地 Soil texture	土壤结构 Soil structure	pH	有机质 OM/(g/kg)	全氮 TN/(g/kg)	全磷 TP/(g/kg)	全钾 TK/(g/kg)	碱解氮 AN/(mg/kg)	有效磷 AP/(mg/kg)	速效钾 AK/(mg/kg)	阳离子交换量CEC/(cmol/kg)	土壤母质 Parent material	剖面点坐标 Profile coordinate	匹配指数 Matching index/%
剖59	人为土	水稻土	紫色土性水稻土	酸性紫色性水稻土	紫色泥田	1	0—15	紫灰色	重壤土	块状	6.1	15.3	0.86	0.69		58	47.0	91		砂岩、页岩坡积物、残积物	E 102°39′27.0″ N 26°54′23.8″	87
剖60	初育土	紫色土	中性紫色土	灰棕紫泥土		1	15—26	灰棕色	重壤土	块状	6.5	12.6	0.72	0.68							E 102°41′51.4″ N 26°54′12.2″	81
						2	26—43	暗灰棕色	重壤土	块状	5.8	12.2	0.64	0.75		52	3.0	74				
剖61	淋溶土	黄棕壤	山地黄棕壤	黄棕壤	薄层黄棕壤	1	0—19	棕紫色	重壤土	块状	7.1	18.4	1.12	0.06						玄武岩残积物、坡积物	E 102°36′42.1″ N 26°53′57.6″	86
						2	19—48	棕紫色	中壤土	小块状	7.0	13.2	0.93	0.06		262	8.0	133				
剖62	人为土	水稻土	紫色土性水稻土	中性紫色性水稻土	紫砂田	1	0—12	灰黄色	中壤土	块状	4.6	65.3	3.02	0.90							E 102°42′41.0″ N 26°53′46.7″	86
						2	12—28	褐黄色	中壤土	块状	4.4	57.0	2.78	0.94								
						3	28—	浅棕黄色	重壤土	块状	4.6	38.5	2.13	1.12		64	2.0	70				
剖63	初育土	紫色土	红壤性水稻土	褐红壤性水稻土	夹石泥田	1	0—14	棕紫色	轻壤土	粒状	7.4	19.1	1.15	0.38						紫色砂页岩	E 102°41′06.4″ N 26°53′37.3″	77
						2	14—22	棕紫色	砂壤土	粒状	7.3	20.9	1.17	0.24								
						3	22—45	棕紫色	轻壤土	粒状	7.9	16.5	0.98	0.31		138	6.0	75				
剖64	初育土	紫色土	石灰性紫色土	红棕紫泥土		1	0—13	淡灰棕色	轻黏土	大块状	5.7	33.6	1.86	0.45						白云岩、粉砂岩坡积物、残积物	E 102°41′41.6″ N 26°53′34.8″	78
						2	13—22	灰黄色	轻黏土	大块状	6.8	31.4	1.78	0.47								
						3	22—40	灰黄色	中壤土	块状	7.9	6.2	0.87	0.37		31	3.0	55				
剖65	人为土	水稻土	红壤性水稻土	黄红壤性水稻土	黄红砂泥田	1	0—10	暗紫色	中壤土	块状	7.9	10.8	0.66	0.48							E 102°38′55.0″ N 26°53′21.8″	95
						2	10—30	暗紫色	轻壤土	块状	8.1	13.4	0.51	0.59								
						3	30—	暗紫色	轻黏土	块状	5.3	50.9	2.32	0.50		156	24.0	78		黄红壤		
剖66	铁铝土	红壤	红壤	铁铝质红壤	夹石红砂土	1	0—14	黄红色	轻黏土	块状	5.9	35.7	1.94	0.50							E 102°45′21.6″ N 26°59′28.0″	91
						2	14—20	黄红色	重壤土	棱柱状	6.4	40.0	1.97	0.65		52	5.0	102		砂页岩		
						3	20—	红黄色	重黏土	小块状	6.4	10.0	0.66	0.32								
剖67	半淋溶土	燥红土	燥红土	硅铝质燥红壤	石子泥田	1	0—13	棕红色	重黏土	块状	6.4	9.7	0.60	0.32							E 102°48′54.4″ N 26°58′53.0″	91
						2	13—25	红紫色	轻黏土	块状	5.4	5.2	0.52	0.32						玄武岩、石灰岩等坡积物		
						3	25—	暗紫色	重黏土	大块状	8.1	14.6	0.64	0.28		38	2.0	117				
剖68	半淋溶土	燥红土	燥红土	红壤性燥红壤	粗骨燥红土	1	0—1	暗紫色	重壤土	大块状	8.1	12.9	0.57	0.25							E 102°48′06.3″ N 26°58′40.2″	95
						2	1—5	灰棕色	砂壤土	块状	7.3	15.7	0.83	0.61						石英岩坡积物、残积物		
						3	5—50	棕红色	重黏土	小块状	7.4	10.3	0.55	0.50		62	12.0	89				
						4	50—	暗棕红色	重黏土	块状	7.3	8.0	1.10	0.48								
剖69	人为土	燥红	红壤性红壤	石子泥田		1	0—15	暗棕红色	重黏土	块状	6.2	28.0	1.66	0.42							E 102°45′39.2″ N 26°58′19.6″	82
						2	15—35	暗棕黄色	轻黏土	块状	6.3	25.5	1.60	0.41								
						3	35—	红黄色	重黏土	大块状	6.3	15.1	1.12	0.43		100	2.0	70				
剖70	半淋溶土	燥红	燥红土	粗骨性燥红土		1	0—14	棕红色	重黏土	大块状	7.8	36.6	1.41	1.41						石英岩坡积物、残积物	E 102°48′54.4″ N 26°58′12.0″	74
						2	14—27	红棕色	重黏土	块状	7.7	40.9	1.68	1.50								
						3	27—40	暗棕黄色	重黏土	块状	7.4	28.9	1.14	1.52		114	41.0	103				
剖71	铁铝土	红壤	褐红壤	灰色新积红壤	夹石红砂土	1	0—16	红棕色	轻壤土	块状	7.7	6.3	0.51	0.34						砂页岩残积物、坡积物	E 102°51′17.3″ N 26°58′12.0″	81
						2	16—28	红棕色	中壤土	块状	7.3	5.4	0.43	0.29								
						3	28—40	暗棕色	轻壤土	块柱状	7.0	3.1	0.43	0.21		30	4.0	38				
剖72	人为土	水稻土	新积性水稻土	灰色新积土性水稻土	大土泥田	1	0—20	暗灰色	轻黏土	团块状	7.5	41.2	1.82	0.52						灰色冲积物	E 102°47′09.2″ N 26°57′38.9″	97
						2	20—30	黑灰色	轻壤土	棱柱状	7.9	38.9	1.71	0.49								
						3	30—58	暗棕色	中壤土	棱柱状	7.7	32.9	1.45	0.52								
						4	58—	灰棕色	重黏土	块状	7.7	10.7	0.48	0.51		136	4.0	52				
剖73	半淋溶土	燥红	燥红土			1	0—1														E 102°51′02.2″ N 26°57′17.6″	83
						2	1—18	棕红色	重黏土	柱状	7.4	24.1	1.02	0.11							E 102°51′08.3″ N 26°56′31.6″	
						3	18—50	棕红色	重黏土	棱柱状	7.2	14.0	0.63	0.06		75	2.0	202				

续表 Continued

剖面号 Soil profile	土纲 Soil order	土类 Soil great group	亚类 Soil subgroup	土属 Soil genus	土种 Soil species	土层码 Layer code	土层厚度 Depth/cm	颜色 Soil color	质地 Soil texture	土壤结构 Soil structure	pH	有机质 OM/(g/kg)	全氮 TN/(g/kg)	全磷 TP/(g/kg)	全钾 TK/(g/kg)	碱解氮 AN/(mg/kg)	有效磷 AP/(mg/kg)	速效钾 AK/(mg/kg)	阳离子交换量 CEC/(cmol/kg)	土壤母质 Parent material	剖面点坐标 Profile coordinate	匹配指数 Matching index/%
剖74	初育土	石灰（岩）土	红色石灰土	淋溶红色石灰土	淋溶红泥土	1	0–14	棕色	重壤土	块状	5.1	12.9	0.87	0.31		76	7.0	180			E 102°48′56.2″ N 26°56′26.5″	83
						2	14–30	暗红色	重壤土	棱柱状	6.6	11.7	0.71	0.41								
						3	30–50	棕红色	重壤土	块柱状	6.8	7.5	0.41	0.41								
剖75	初育土	新积土	新积土	灰色新积土	半砂半泥土	1	0–16	灰色	重壤土	块状	7.2	35.8	1.31	0.81		78	24.0	95		灰色冲积物	E 102°52′59.2″ N 26°56′04.6″	94
						2	16–36	黄灰色	重壤土	块状	7.5	13.1	0.80	0.72								
						3	36–100	灰色	重壤土	块状	7.3	12.9	0.78	0.40								
剖76	人为土	水稻土	新积性水稻土	灰色新积土性水稻土	夹石砂田	1	0–12	暗灰色	轻壤土	粒状	7.9	16.9	0.94	0.30		58	16.0	75		灰色冲积物	E 102°52′02.6″ N 26°55′56.3″	88
						2	12–17	暗灰色	砂壤土	粒状	7.9	12.1	0.72	0.90								
						3	17–															
剖77	初育土	石灰（岩）土	红色石灰土	红色石灰土	灰质红砂土	1	0–13	红棕色	重壤土	块状	7.6	25.5	1.16	0.62		81	12.0	107			E 102°46′03.0″ N 26°55′38.6″	81
						2	13–24	黄红色	中壤土	块状	7.7	23.1	1.12	0.62								
剖78	人为土	水稻土	红壤性水稻土	铁质红壤性水稻土	石子红泥田	1	0–18	褐红色	轻黏土	棱柱状	6.9	15.6	0.89	0.28		57	3.0	95		玄武岩坡积物、残积物	E 102°46′34.0″ N 26°55′20.3″	70
						2	18–29	褐红色	轻黏土	大块状	6.2	13.1	0.76	0.26								
						3	29–		轻黏土		6.8	12.0	0.81	0.26								
剖79	人为土	水稻土	红壤性水稻土	铁质红壤性水稻土	深红泥田	1	0–17	灰色	重壤土	团块状	4.9	27.9	1.67	0.79		120	31.0	102		玄武岩坡积物、残积物	E 102°46′59.9″ N 26°54′56.2″	89
						2	17–34	灰色	重壤土	块状	5.9	25.1	1.56	0.60								
						3	34–	灰色	轻壤土	粒状	7.4	11.8	0.97	0.75								
剖80	初育土	紫色土	酸性紫色土	紫色泥土	紫壤土	1	0–18	暗紫色	轻壤土	块状	6.2	12.7	0.55	0.25		58	8.0	91		紫色砂页岩残积物、坡积物	E 102°48′34.6″ N 26°54′48.3″	97
						2	18–33	暗紫色	轻壤土	块状	6.5	7.8	0.35	0.25								
						3	33–80	暗紫色	中壤土	块柱状	6.5	4.6	0.22	0.25								
剖81	半淋溶土	燥红土	燥红土	碳酸盐燥红土	夹石燥红土	1	0–18	棕红色	中壤土	块柱状	8.0	13.0	0.74	0.61		51	6.0	123			E 102°52′31.1″ N 26°54′35.3″	73
						2	18–50	棕红色	重壤土	棱柱状	8.0	12.4	0.75	0.60								
剖82	初育土	紫色土	石灰性紫色土	红棕紫泥土	灰质紫砂田	1	0–14	灰棕色	重壤土	团粒状	7.7	19.0	1.48	0.69		82	10.0	98			E 102°47′49.6″ N 26°52′53.0″	96
						2	14–60	灰棕色	重壤土	小块状	8.0	19.8	1.57									
						3	60–															
剖83	铁铝土	红壤	黄红壤	黄红壤	夹石黄泥土	1	0–14	红黄色	中壤土	粒状	6.1	46.0	2.01	2.24		157	66.0	272		砂页岩残积物、坡积物	E 102°46′45.0″ N 26°52′47.7″	93
						2	14–80	红黄色	重壤土	块状	6.1	36.9	1.67	2.52								
						3	80–	红黄色														
剖84	人为土	水稻土	紫色土性水稻土	石灰性紫色土性水稻土	紫大土田	1	0–18	红紫色	重壤土	块状	7.8	26.5	1.47	0.47		105	24.0	71		泥岩、砂岩、页岩坡积物、残积物	E 102°47′17.5″ N 26°52′27.8″	82
						2	18–26	暗紫色	重壤土	块状	7.9	20.7	1.31	0.61								
						3	26–100	暗紫色	重壤土	块状	8.0	10.1	0.98	0.39								
剖85	人为土	水稻土	红壤性水稻土	老冲积土壤红壤性水稻土	白鳝泥田	1	0–15	灰棕色	轻黏土	大块状	5.8	28.3	1.27	0.40		90	5.0	150		老冲积物	E 102°47′19.9″ N 26°52′08.4″	80
						2	15–23	灰黄色	轻黏土	块状	6.5	25.4	1.14	0.38								
						3	23–32	黄棕色	轻黏土	块状	6.9	17.9	0.87	0.24								
						4	32–	黄褐色	轻壤土	块状	6.8	10.5	0.68	0.28								
剖86	淋溶土	黄棕壤	山地黄棕壤	黄棕壤		1	0–3	灰棕黄色	轻壤土	小块状	4.9	86.7	3.72	1.69		274	34.0	49			E 102°49′12.0″ N 26°51′34.0″	73
						2	3–13	暗棕黄色	轻壤土	块状	4.9	70.9	3.10	1.55								
						3	13–45	黄褐色	中壤土	块状	5.0	24.7	1.20	1.05								
						4	45–	红黄色														

普 格 县

主要土类说明

紫色土是普格县的主要土壤类型，占本县地域面积的36%，集中分布于本县中梁子东西坡、乌科梁子西坡和螺髻山东坡的坡麓地带，与红壤呈复区分布。紫色土是紫色砂岩、页岩、泥岩风化物在亚热带湿润气候条件下形成的幼年土壤，基本保持了母质理化性质。成土母质主要为紫色砂岩、粉砂岩、泥页岩、钙质紫色砂泥页岩及少量紫红色石英粉砂岩残积物、坡积物。岩石风化形成土壤中，除钙、钠有明显淋失外，其他元素无明显淋失，铁铝积累不明显，不具有亚热带的脱硅富铝化作用。其理化性质与母岩组成直接相关，受地貌类型影响深刻，土层浅薄，剖面层次发育不明显，具A–C剖面构型，仍处于初育阶段。

暗棕壤是普格县第二大土壤类型，占本县地域面积的22%，集中分布在黎安等地。暗棕壤是川西山地温带、寒温带湿润气候条件下形成的地带性森林土类，具O–A–B–C剖面构型。A层有机质含量高，弱酸性淋溶，铁铝轻微下移。B层呈棕色，结构面见铁锰胶膜，呈弱酸性，盐基饱和度为70%—80%。

红壤是普格县第三大土壤类型，占本县地域面积的18%，分布在螺髻山海拔1040—2500m、乌科梁子海拔1040—2800m的地区。自然植被以次生常绿阔叶林及针阔叶混交林为主，低山、丘陵处多为稀树灌丛，均有不同程度的水土流失。所处地区为亚热带气候，雨量充沛且干湿季分明。成土母质有辉岩、辉长岩、石灰岩、白云岩、花岗岩、石英闪长岩、石英长石砂岩、泥岩、页岩、千枚岩、板岩、黏土岩及第四纪红色黏土等。土壤物理风化强烈，土层深厚，黏化和脱硅富铝化过程明显。土壤中铁质氧化后使剖面呈红色，底土为棕红色，具A–Bs–Bv或A–Bs–C剖面构型。土壤质地较轻，多呈微酸性至酸性，土壤淋溶作用不强，具有较好的保肥能力。耕作土壤多数具有黏、酸、瘦、干、缺磷等特点。

棕壤占本县地域面积的6%，分布在海拔2700—3200m的地区。棕壤是在山地暖温带和中温带湿润或半湿润气候条件下发育的地带性土壤。土壤处于硅铝风化阶段，具有黏化特征，土体见黏粒淀积，盐基充分淋失，具O–A–Bt–C剖面构型。

小于本县地域面积3%的土壤类型还有石灰（岩）土、水稻土、黄棕壤、灰化土、潮土、黑毡土等。

本区域中心区气候特征

本区域中心区气候特征值
Regional climate characteristics in central area of the region

气候带：中亚热带湿润气候 Climate region: Subtropical humid climate	
年平均气温 /℃ Annual average temperature /℃	16.6
年平均最高气温 /℃ Annual average maximum temperature /℃	22.6
年平均最低气温 /℃ Annual average minimum temperature /℃	12.0
年降水量 /mm Annual precipitation /mm	1056
≥10℃的积温 /℃ Daily temperature accumulated in a year (≥10℃) /℃	6512
年日照时数 /h Annual sunshine /h	2206
年平均相对湿度 /% Annual average relative humidity /%	66
干燥度 Dryness	0.80

普格县主要土壤类型与土壤剖面点分布图
1 : 230 000

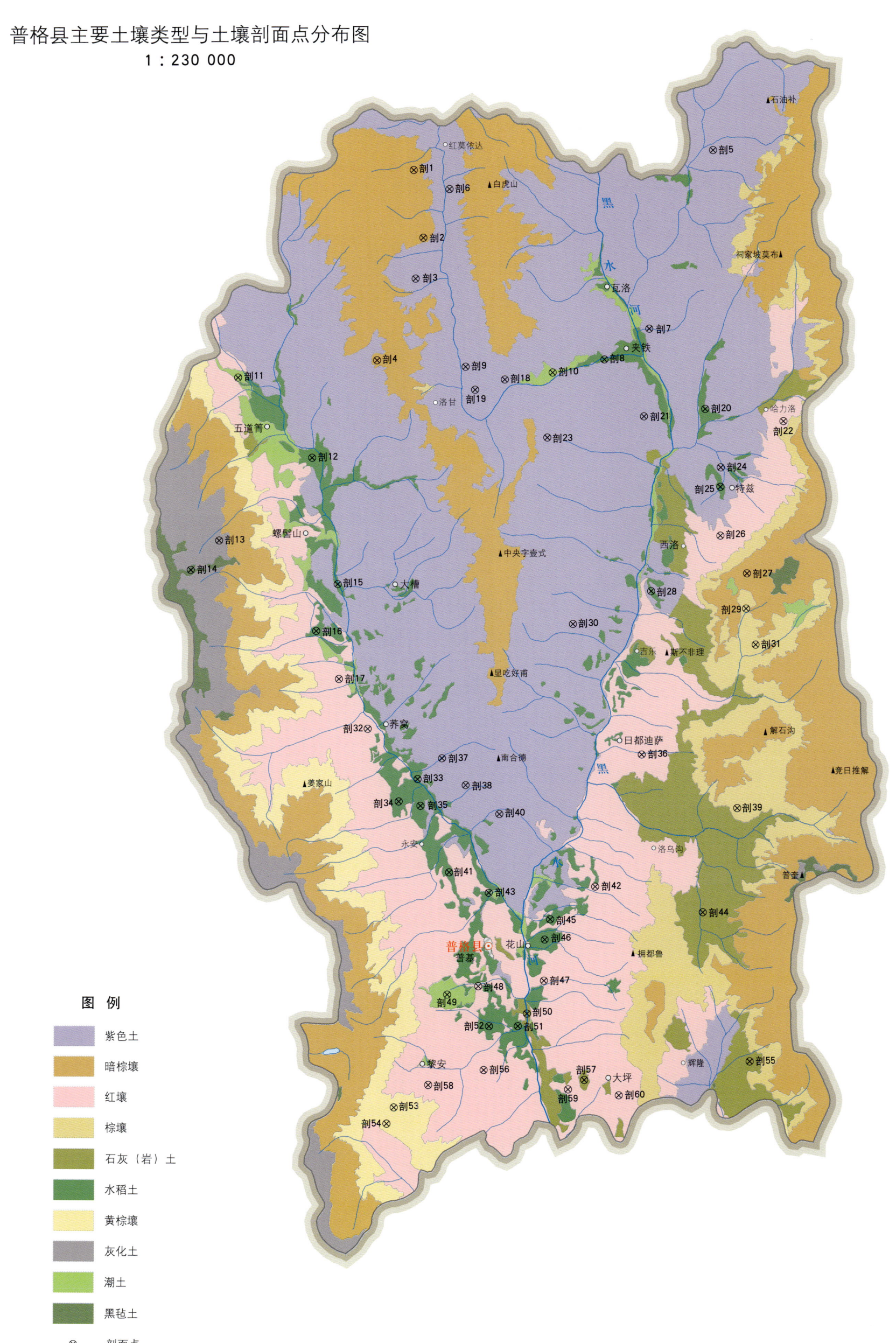

普格县土壤剖面理化性状表

剖面号 Soil profile	土纲 Soil order	土类 Soil great group	亚类 Soil subgroup	土属 Soil genus	土种 Soil species	土层码 Layer code	土层厚度 Depth/cm	颜色 Soil color	质地 Soil texture	土壤结构 Soil structure	pH	有机质 OM/(g/kg)	全氮 TN/(g/kg)	全磷 TP/(g/kg)	全钾 TK/(g/kg)	碱解氮 AN/(mg/kg)	有效磷 AP/(mg/kg)	速效钾 AK/(mg/kg)	阳离子交换量CEC/(cmol/kg)	土壤母质 Parent material	剖面点坐标 Profile coordinate	匹配指数 Matching index/%
剖1	淋溶土	暗棕壤	暗棕壤	暗棕壤	黑灰泡土	1	0~22	浅黄棕色	轻砾石土	大粒状	5.0	44.9	2.50	0.50		214	11.0	492		玄武岩	E 102°29′12.5″ N 27°46′19.2″	94
						2	22~80	浅黄棕色	轻砾石土	小块状	5.1	34.8	2.05	0.48								
						3	80~100	浅黄棕色	中砾重黏土	块状	5.0	34.4	2.09	0.48								
剖2	淋溶土	暗棕壤	暗棕壤	暗棕壤	黄灰泡土	1	0~17	紫红棕色	中壤土	粒状	4.8	60.2	2.56	0.31		244	3.0	114		紫色砂页岩	E 102°29′34.8″ N 27°44′15.7″	76
						2	17~50	紫棕色	重壤土	块状	5.1	46.2	1.87	0.28								
						3	50~100	紫色	重壤土	小梭柱状	5.2	16.6	1.01	0.29								
剖3	初育土	紫色土	酸性紫色土	红紫泥土	红紫泥土	1	0~21	紫色	中砾重黏土	小块状	6.1	36.4	1.85	0.69		171	119.0	636			E 102°29′20.8″ N 27°43′00.8″	73
						2	21~64	紫棕色	重壤重黏土	块状	5.7	29.9	1.44	0.64								
						3	64~100	紫棕色	重量黏土	块状	5.5	19.8	1.18	0.31								
剖4	淋溶土	暗棕壤	灰化暗棕壤			1	0~2														E 102°28′04.4″ N 27°40′30.0″	86
						2	2~9	暗棕色	砂壤土	粒状	4.0	553.6	13.93	0.55		714	31.0	679				
						3	9~77	棕色	中壤土	小块状	4.6	89.9	2.78	0.28								
						4	77~100	红棕色			4.6	51.8	1.66	0.20								
剖5	初育土	紫色土	石灰性紫色土	棕紫泥土	砂大土	1	0~15	紫色	少砾轻黏土	小块状	7.8	25.0	1.54	0.24		90	7.0	122			E 102°39′29.4″ N 27°47′04.9″	89
						2	15~28	紫棕色	中砾中黏土	小块状	8.0	15.1	1.23	0.25								
						3	28~90	紫棕色	中黏土	大块状	8.4	3.7	0.81	0.26								
						4	90~100	紫棕色														
剖6	初育土	紫色土	酸性紫色土	红紫泥土	夹石骨子土	1	0~19	紫棕色	多砾重壤土	粒状	6.5	35.3	1.73	0.54		166	35.0	308			E 102°30′27.3″ N 27°45′45.5″	89
						2	19~58	多砾中壤土		小梭柱状	5.5	7.8	0.58	0.18								
						3	58~100	重壤土		块状	5.5	5.0	0.54	0.14								
剖7	初育土	紫色土	石灰性紫色土	棕紫泥土	夹砂紫泥土	1	0~18	紫棕色	多砾重壤土	粒状、块状	7.5	26.4	1.82	0.38		120	11.0	160		钙质粉砂泥岩、页岩	E 102°37′24.2″ N 27°41′36.9″	71
						2	18~41	灰棕色	中砾轻壤	块状	7.6	12.4	1.12	0.27								
						3	41~100	浅棕色	中砾轻壤	梭柱状	7.7	5.0	0.74	0.16								
剖8	人为土	水稻土	紫色土性水稻土	石灰性紫色土性水稻土	暗紫大泥田	1	0~17	棕灰色	少砾轻黏土	团粒状	7.9	54.5	2.67	0.29		196	6.0	157			E 102°35′53.2″ N 27°40′39.4″	94
						2	17~26	棕灰色	少砾轻黏土	块状	7.9	48.5	2.41	0.26		170	6.0	154				
						3	26~50	棕灰色	少砾轻黏土	大梭柱状	8.1	32.0	1.76	0.23		131	6.0	158				
						4	50~77	暗棕灰色	轻黏土	散状	7.0	60.7	2.64	0.32		190	12.0	194				
						5	77~105															
剖9	初育土	紫色土	酸性紫色土	红紫泥土	斑鸠砂土	1	0~16	灰棕色	少砾中壤土	粒状	4.9	61.0	2.33	0.36		235	8.0	151			E 102°31′07.3″ N 27°40′21.4″	73
						2	16~60	棕灰色	多砾中壤土	梭柱状	4.7	64.1	2.37	0.38								
						3	60~100	棕灰色	重壤土	块状	4.9	36.3	1.63	0.33								
剖10	半水成土	潮土	潮土	紫潮泥土	紫潮砂泥土	1	0~23	紫棕色	多砾中壤	粒状	6.7	30.6	1.36	0.17		116	8.0	72		紫色洪冲积物	E 102°34′06.6″ N 27°40′13.8″	90
						2	23~100	紫棕色	多砾轻壤	块状	6.6	44.2	2.15	0.30								
剖11	半水成土	潮土	潮土	灰潮土	黑潮砂泥土	1	0~15	灰棕色	多砾中壤土	小块状	5.0	110.9	4.26	0.91		310	6.0	238		河流冲积物	E 102°23′18.6″ N 27°39′53.3″	78
						2	15~56	紫棕色	多砾中壤	小块状	5.2	76.5	3.12	0.88								
						3	56~100	浅棕黄色	多砾中壤	梭柱状	5.4	50.2	2.31	0.91								
剖12	人为土	水稻土	红壤性水稻土	铁铝质红壤性水稻土	灰泡田	1	0~19	棕灰色	少砾重壤土	小块状	6.1	48.4	2.14	0.52		201	6.0	123		石灰岩、白云质灰岩	E 102°25′54.8″ N 27°37′29.3″	89
						2	19~44	暗黄棕色	重黏土	大块状	6.5	43.6	1.91	0.59		181	14.0	123				
						3	44~75	褐棕色	中砾重黏土	块状	5.9	34.9	1.58	0.55		146	17.0	136				
						4	75~100	暗灰色	中砾轻黏土	梭柱状	6.8	27.4	0.99	0.36		107	19.0	177				

续表 Continued

剖面号 Soil profile	土纲 Soil order	土类 Soil great group	亚类 Soil subgroup	土属 Soil genus	土种 Soil species	土层码 Layer code	土层厚度 Depth/cm	颜色 Soil color	质地 Soil texture	土壤结构 Soil structure	pH	有机质 OM/(g/kg)	全氮 TN/(g/kg)	全磷 TP/(g/kg)	全钾 TK/(g/kg)	碱解氮 AN/(mg/kg)	有效磷 AP/(mg/kg)	速效钾 AK/(mg/kg)	阳离子交换量CEC/(cmol/kg)	土壤母质 Parent material	剖面点坐标 Profile coordinate	匹配指数 Matching index/%
剖13	淋溶土	灰化土	山地灰化土			1	0—8	暗棕色	多砾轻黏土	粒状	3.9	44.8	1.70	0.08		182	3.0	52			E 102°22′46.6″ N 27°34′54.6″	75
						2	8—22	浅灰色	多砾轻黏土	粒状	4.3	54.4	1.97	0.25		227	2.0	79				
						3	22—35	灰白色	多砾轻黏土	小棱柱状	4.5	112.4	3.84	0.14		355		108				
						4	35—58	黄灰色	轻砾石土	块状												
剖14	高山土	黑色土	黑色土			1	0—3														E 102°21′49.5″ N 27°33′59.4″	86
						2	3—6	黑灰色	轻壤土		4.6	134.1	5.06	0.34			27.0	169				
						3	3—24	灰灰色	重黏土	粒状	4.5	108.6	4.33	0.32								
						4	24—61	黄棕色	重黏土	小棱柱状	5.0	29.9	1.27	0.43								
剖15	人为土	水稻土	紫色土性水稻土	酸性紫色土性水稻土	红紫泥田	1	0—12	紫色	多砾重壤土	团粒状	5.3	24.0	1.58	0.12		123	11.0	59		紫色砂页岩	E 102°26′52.8″ N 27°33′38.9″	89
						2	12—35	紫棕色	重黏土	大棱柱状	6.2	12.1	1.05	0.13		66	16.0	45				
						3	35—															
剖16	人为土	水稻土	红壤性水稻土	硅铝质红壤性水稻土	黑砂泥田	1	0—15	浅灰色	小砾重壤土	粒状	5.6	86.1	3.30	0.45		277	9.0	119		长石石英砂岩、粉砂岩	E 102°26′10.7″ N 27°32′12.8″	73
						2	15—28	浅灰色	中砾重壤土	小棱柱状	5.7	78.6	2.95	0.45		257	8.0	139				
						3	28—85	暗灰色	中砾重黏土	小棱柱状	5.9	75.4	2.63	0.54		224	13.0	163				
						4	85—100	灰白色	中砾重壤土	整体状	6.4	22.1	0.91	0.21		56	7.0	103				
剖17	铁铝土	红壤	红壤			1	0—3														玄武岩、砂岩、页岩	E 102°26′59.6″ N 27°30′45.4″	91
						2	3—16	浅棕红色	轻黏土	团粒状	5.1	55.1	1.90	0.39		206	18.0	107				
						3	16—32	浅棕红色	中黏土	小棱柱状	5.5	30.5	1.31	0.31		130	1.0	58				
						4	32—51	红色	中黏土	小棱柱状	5.8	13.3	0.73	0.29		69	2.0	32				
						5	51—100	浅红色	重黏土	小棱柱状	6.1	6.7	0.51	0.31		38	3.0	32				
剖18	初育土	紫色土	中性紫色土	暗紫泥土	二泥土	1	0—21	红棕色	少砾中壤土	小棱柱状	6.9	33.7	1.81	0.45		147	86.0	322		覆钙砂岩、钙质砂岩、泥岩	E 102°32′28.0″ N 27°39′59.4″	80
						2	21—60	暗棕红色	重黏土	小棱柱状	7.1	14.8	1.03	0.19								
						3	60—100	暗棕红色	重壤土	小棱柱状	7.1	8.6	0.85	0.13								
剖19	初育土	紫色土	酸性紫色土	红紫泥土	红砂泥土	1	0—17	暗棕色	中壤土	粒状	5.4	51.2	2.48	0.40		228	18.0	157			E 102°31′27.8″ N 27°39′39.6″	79
						2	17—100	浅红棕色	中壤土	块状	5.6	10.3	0.77	0.17								
						3	100—															
剖20	人为土	水稻土	冲积型水稻土	潮土田	二泥田	1	0—14	褐色	少砾中壤土	团粒状	5.0	40.0	1.91	0.21		191	9.0	52		洪冲积物	E 102°39′22.7″ N 27°39′12.2″	86
						2	14—25	褐色	中壤土	小块状	5.3	36.5	1.78	0.17		173	6.0	28				
						3	25—40	灰黄色	多砾轻壤土	大棱柱状	5.7	22.2	1.00	0.16		90	4.0	31				
						4	40—63	棕灰色	中壤土	棱柱状	5.6	32.1	1.57	0.14		131	3.0	29				
						5	63—100	浅灰色	重壤土	小棱柱状	5.8	7.9	0.39	0.06		22	1.0	25				
剖21	初育土	紫色土	生草紫色土			1	0—7	紫色	中壤土	粒状	7.8	29.9	1.51	0.18		86	1.0	150			E 102°37′16.7″ N 27°38′56.8″	93
						2	7—33	浅棕红色	轻壤土	大棱柱状	8.0	10.0	0.87	0.23		183	9.0	114				
						3	33—78	浅棕红色	中黏土	大棱柱状	8.2	6.3	0.77	0.21								
						4	78—100	浅红棕色	少砾重壤土	大块状												
剖22	铁铝土	红壤	棕红壤	棕红壤	小黄土	1	0—19	红棕黄色	中砾轻壤土	粒状	5.6	42.6	2.00	0.52		183	9.0	114		砂页岩	E 102°42′04.4″ N 27°38′52.5″	82
						2	19—40	红黄色	中砾轻壤土	块状	5.5	16.7	0.85	0.26		52	3.0	148				
						3	40—	灰黄色	中砾重壤土	棱柱状	5.4	9.3	0.77	0.24		39	2.0	74				
剖23	初育土	紫色土	紫色土			1	0—21	灰棕色	中壤土	团粒状	4.5	37.2	1.61	0.22		183	6.0	117			E 102°33′58.3″ N 27°38′14.6″	72
						2	21—43	暗棕色	中壤土	团块状	5.0	14.7	0.88	0.14								
						3	43—100	暗红色	重黏土	大粒状	5.0	7.9	0.64	0.07								
剖24	初育土	紫色土	石灰性紫色土	棕紫泥土	羊肝石土	1	0—25	紫棕色	多砾重壤土	小块状	8.2	8.4	0.78	0.27		38	1.0	80		紫色钙质砂页岩	E 102°39′56.9″ N 27°37′26.4″	90
						2	25—100	多砾重壤土			8.3	8.9	0.91	0.28								

续表 Continued

剖面号 Soil profile	土纲 Soil order	土类 Soil great group	亚类 Soil subgroup	土属 Soil genus	土种 Soil species	土层码 Layer code	土层厚度 Depth/ cm	颜色 Soil color	质地 Soil texture	土壤结构 Soil structure	pH	有机质 OM/ (g/kg)	全氮 TN/ (g/kg)	全磷 TP/ (g/kg)	全钾 TK/ (g/kg)	碱解氮 AN/ (mg/kg)	有效磷 AP/ (mg/kg)	速效钾 AK/ (mg/kg)	阳离子 交换量CEC/ (cmol/kg)	土壤母质 Parent material	剖面点坐标 Profile coordinate	匹配指数 Matching index/%
剖25	人为土	水稻土	紫色土性水稻土	中性紫色土性水稻土	灰紫泥田	1	0—17	棕灰色	中砾重黏土	粒状	6.5	38.3	1.86	0.27		148	21.0	87			E 102°39′56.9″ N 27°36′51.1″	98
						2	17—25	暗灰黄色	多砾重黏土	块状	3.9	34.4	1.68	0.42		139	48.0	113				
						3	25—70	浅灰色	中砾重黏土	大棱柱状	6.6	22.9	1.18	0.67		118	80.0	209				
						4	70—100	灰黄色	少砾轻黏土	小棱柱状	7.2	8.3	0.63	0.24		35	31.0	216				
剖26	铁铝土	红壤	棕红壤			1	0—17	灰棕色	轻砾中壤土	粒状	4.9	96.7	4.61	0.90		360	13.0	182		砂页岩	E 102°39′59.0″ N 27°35′21.8″	88
						2	17—28	灰棕色	多砾轻黏土	块状	5.2	89.7	4.16	0.90		330	10.0	398				
						3	28—100	浅红棕色	轻砾石土	棱柱状	5.3	48.3	2.35	0.76		201	7.0	201				
剖27	淋溶土	暗棕壤	草甸暗棕壤			1	0—6	暗棕色	轻壤土	团粒状	4.5	204.0	8.00	0.75		570	23.0	198			E 102°40′54.8″ N 27°34′13.4″	75
						2	6—18	黑棕色	中壤土	大棱柱状	5.1	16.2	1.15	0.39		106	10.0	31				
						3	18—67	浅黄棕色	重壤土	小棱柱状	5.1	28.3	1.79	0.59		175	14.0	44				
						4	67—112	浅黄棕色	少砾中黏土	大棱柱状	7.9	39.4	2.25	0.25		138	2.0	136				
剖28	人为土	水稻土	紫色土性水稻土	石灰性紫色土性水稻土	棕紫大泥田	1	0—21	紫灰色	中砾中壤土	粒状	8.2	21.7	1.53	0.27		86	4.0	151		钙质粉砂岩、泥页岩	E 102°37′38.3″ N 27°33′37.8″	89
						2	21—60	紫棕色	中砾重黏土	块状	5.2	36.5	1.65	0.76		141	5.0	130				
						3	60—100	黄棕色	多砾轻黏土	粒状	5.2	13.2	0.72	0.77								
剖29	淋溶土	棕壤	山地棕壤	山地棕壤	冷黄泥土	1	0—17	浅紫棕色	小砾轻壤土	块状	5.2	7.7	0.56	0.80						玄武岩、钙质泥岩	E 102°40′54.5″ N 27°33′09.4″	95
						2	17—50	红黄色	中砾中壤土	棱柱状	6.7	21.9	1.28	0.25			2.0	178				
						3	50—100	浅棕色	大砾中壤土	大棱柱状	6.9	12.5	0.84	0.18		101						
剖30	初育土	紫色土	中性紫色土	灰棕紫色土	紫灰泥土	1	0—17	棕色	中砾重黏土	块状	7.1	9.1	0.76	0.18						钙质砂岩、粉砂岩	E 102°34′58.9″ N 27°32′34.9″	75
						2	20—44	浅棕色	轻砾重壤土	粒状	5.6	48.8	2.15	0.17		213	6.0	204				
						3	44—100	暗棕色	少砾重壤土	块状	5.6	63.2	2.79	0.69								
剖31	淋溶土	棕壤	山地棕壤	山地棕壤	冷黑砂泥田	1	0—21	棕色	中砾中壤土	棱柱状	5.6	44.1	1.96	0.96						玄武岩残积物、坡积物	E 102°41′15.7″ N 27°32′03.8″	96
						2	21—40	橙色	轻砾中壤土	粒状	4.9	32.7	1.78	0.82		166	22.0	155				
						3	40—100	浅紫红色	多砾轻黏土	块状	5.6	11.6	0.86	0.67		66	7.0	52				
剖32	铁铝土	红壤	老冲积红壤	老冲积红壤	夹红泥土	1	0—18	紫棕色	多砾轻黏土	块状	6.1	6.8	0.71	0.38		37	6.0	52		第四纪冰水沉积物	E 102°28′00.8″ N 27°29′15.4″	95
						2	18—59	紫棕色	少砾中黏土	大棱柱状	7.7	44.7	2.48	0.36		187	9.0	169				
						3	59—100	紫棕色	中砾轻黏土	小块状	8.3	14.1	1.05	0.29		60	2.0	216				
剖33	人为土	水稻土	冲积型水稻土	潮土田	紫潮大泥田	1	0—17	紫棕色	中砾中黏土	大棱柱状	8.3	25.7	1.78	0.20		113	7.0	222		紫色冲积物	E 102°29′46.0″ N 27°27′45.4″	98
						2	17—45	灰棕色	中砾重黏土	棱柱状	5.0	46.5	2.68	0.26		202	5.0	112				
						3	45—100	浅白色	多砾轻黏土	团粒状	5.3	45.2	2.68	0.21		193	4.0	68				
剖34	人为土	水稻土	红壤性水稻土	硅铝质红壤性水稻土	白尔巴泥田	1	0—17	灰黄色	中砾轻壤土	大棱柱状	5.1	39.7	2.52	0.17		176	5.0	50		长石石英砂岩、老砂岩	E 102°29′08.5″ N 27°27′03.6″	71
						2	17—27	灰黄色	多砾中壤土	大棱柱状	5.2	21.1	1.55	0.15		81	4.0	44				
						3	27—51	紫棕色	少砾中壤土	块状	5.8	35.0	1.70	0.23		173	12.0	114				
							51—90	紫棕色	重黏土	大棱柱状	5.9	24.0	1.34	0.20		124	12.0	61				
剖35	人为土	水稻土	紫色土性水稻土	酸性紫色土性水稻土	红夹砂田	1	0—18	紫棕色	小砾重壤土	整体状	6.7	18.8	1.21	0.19		102	7.0	66		紫色砂页岩	E 102°29′53.2″ N 27°26′56.4″	85
						2	28—57	紫棕色	重黏土	块状	7.3	10.9	0.84	0.12		69	2.0	92				
						3	57—100	紫棕色	多砾中壤土	粒状	4.6	75.4	3.42	0.79		302	29.0	208				
剖36	铁铝土	红壤	山地红壤		砂泥土	1	0—16	浅红棕色	多砾中壤土	块状	4.5	59.9	2.61	0.78		256	37.0	94		玄武岩、砂岩、冲积物	E 102°37′26.0″ N 27°28′39.4″	77
						2	16—38	浅红棕色	中砾中壤土	棱柱状	4.8	43.6	1.97	0.55		191	10.0	72				
						3	38—100	红棕色	中砾中壤土	小块状	6.7	22.6	1.45	0.22		107	7.0	142				
剖37	初育土	紫色土	中性紫色土	灰棕紫色土	紫大土	1	0—18	灰棕色	重黏土	块状	7.0	13.6	1.11	0.21						钙质砂岩、粉砂岩	E 102°30′35.3″ N 27°28′25.0″	90
						2	18—52	紫红色	重黏土	棱柱状	7.3	5.7	0.68	0.14		90	2.0	152				
						3	52—100	红棕色	小块状		7.3	22.7	1.25	0.21								
剖38	初育土	紫色土	中性紫色土	灰棕紫色土	黑紫泥土	1	0—22	灰棕色	中砾轻黏土	块状	7.7	10.5	0.82	0.10						钙质砂岩、泥页岩	E 102°31′25.3″ N 27°27′36.0″	88
						2	22—50	紫棕色	中砾中壤土	块状	7.9	8.1	0.66	0.09								
						3	50—100															

续表 Continued

剖面号 Soil profile	土纲 Soil order	土类 Soil great group	亚类 Soil subgroup	土属 Soil genus	土种 Soil species	土层码 Layer code	土层厚度 Depth/cm	颜色 Soil color	质地 Soil texture	土壤结构 Soil structure	pH	有机质 OM/(g/kg)	全氮 TN/(g/kg)	全磷 TP/(g/kg)	全钾 TK/(g/kg)	碱解氮 AN/(mg/kg)	有效磷 AP/(mg/kg)	速效钾 AK/(mg/kg)	阳离子交换量CEC/(cmol/kg)	土壤母质 Parent material	剖面点坐标 Profile coordinate	匹配指数 Matching index/%
剖39	淋溶土	棕壤	草甸棕壤			1	0—5	棕黑色		团粒状	5.3										E 102°40′44.8″ N 27°27′04.7″	74
						2	5—16	浅棕黄色	少砾轻黏土	团粒状	5.7	27.9	1.40	0.34		138	1.0	71				
						3	16—57	浅棕色	中砾重黏土	小棱柱状	6.4	19.4	1.04	0.33		120	2.0	78				
						4	57—77	灰棕色	中砾重黏土	块状	6.1	21.1	1.19	0.33		134	1.0					
						5	77—100	灰黄色		小块状												
剖40	初育土	紫色土	中性紫色土	灰棕紫泥土	石骨子土	1	0—12	暗红棕色	多砾重壤土	棱柱状	7.2	20.0	1.24	0.25		76	4.0	120		钙质砂岩、泥页岩	E 102°32′35.5″ N 27°26′44.5″	77
						2	12—			小块状												
剖41	人为土	水稻土	红壤性水稻土	硅铝质红壤性水稻土	锈水稻田	1	0—12	灰黄色	少砾重壤土	团粒状	5.5	39.7	1.82	0.28		178	6.0	59		长石石英砂岩、粉砂岩	E 102°30′55.1″ N 27°24′55.8″	98
						2	12—23	褐色	少砾重壤土	块状	5.7	33.2	1.57	0.25		155	4.0	61				
						3	23—43	浅黄棕色	少砾重壤土	棱柱状	6.1	19.3	0.90	0.11		94	3.0	57				
						4	43—100	黑黄色	少砾重壤土	块状	6.9	5.6	0.46	0.22		37	2.0	61				
剖42	铁铝土	红壤	山地红壤		石子红泥土	1	0—19	黑红色	轻砾石土	粒状	5.5	26.0	1.16	0.62		134	7.0	216		玄武岩、砂岩、老冲积物	E 102°35′56.0″ N 27°24′35.6″	78
						2	19—37	浅红棕色	轻砾石土	块状	5.5	26.4	1.14	0.62		128	5.0	175				
						3	37—100	浅红棕色	轻砾石土	大块状	5.8	10.2	0.57	0.45		64	3.0	167				
剖43	人为土	水稻土	冲积型水稻土	潮泥田	紫潮土田	1	0—15	暗棕色	轻砾中壤土	粒状	7.3	23.4	1.20	0.18		92	8.0	53			E 102°32′17.9″ N 27°24′20.2″	95
						2	15—25	浅棕色	轻砾轻壤土	块状	7.2	10.3	0.66	0.11		52	5.0	45				
						3	25—100															
剖44	初育土	石灰（岩）土	棕色石灰土	棕灰泥土	石灰棕泥土	1	0—16	棕色	壤质黏土	粒状	7.2	35.2	1.92	0.27		182	8.0	280		白云质灰岩风化残积物、坡积物	E 102°39′38.5″ N 27°23′52.8″	84
						A_{11} AC	16—58	棕色	壤质黏土	块状	7.1	21.5	1.45	0.26								
						C	58—100	橙色	黏土	棱柱状	7.0											
剖45	人为土	水稻土	紫色土性水稻土	中性紫色土性水稻土	暗紫泥田	1	0—17	棕灰色	中砾重黏土	粒状	6.9	26.1	1.10	0.14		96	2.0	107		玄武岩	E 102°34′25.3″ N 27°23′33.7″	87
						2	17—39	紫灰色	多砾重黏土	块状	7.3	7.5	0.52	0.12		26		148				
						3	39—100	绿灰色	多砾重黏土	大块状	7.4	4.8	0.36	0.27		16		123				
剖46	人为土	水稻土	红壤性水稻土	铁质红壤性水稻土	红泥田	1	0—18	暗灰黄色	重黏土	粒状	6.7	27.1	1.27	0.41		156	7.0	146		玄武岩	E 102°34′14.5″ N 27°22′56.3″	73
						2	18—31	褐红色	重黏土	小块状	7.7	9.6	0.49	0.43		1		135				
						3	31—100	红褐色	中壤土	小块状	7.7	5.7	0.19	0.45				131				
剖47	铁铝土	红壤	山地红壤		黄尔巴泥土	1	0—20	浅红黄色	多砾重黏土	粒状	5.3	5.4	0.62	0.14		67	1.0	70		玄武岩、砂岩、老冲积物	E 102°34′14.9″ N 27°21′40.7″	85
						2	20—46	黄橙色	多砾重黏土	块状	5.2	6.1	0.62	0.10		60	1.0	49				
						3	46—71	橙色	轻砾重壤土	小块状	5.1	4.7	0.56	0.13		56	0.5	56				
						4	71—102	黄白色	中砾重黏土	小棱柱状	5.2	3.7	0.54	0.12		38		64				
剖48	铁铝土	红壤	褐红壤	铁质褐红壤	石块土	1	0—22	红棕色	中砾石土	粒状	5.4	15.6	0.77	0.60		74	16.0	214		铁质褐红壤	E 102°32′00.6″ N 27°21′28.1″	83
						2	22—34	红棕色	轻砾石土	块状	5.3	5.5	0.40	0.49		41	7.0	171				
						3	34—102	紫红色	轻砾石土	块状	5.2	4.5	0.42	0.47		41	7.0	191				
剖49	潮土	潮土	潮土	山洪潮土	夹石泥土	1	0—16	暗棕红色	中砾石土	粒状	5.6	64.6	2.39	1.43		246	101.0	138		洪积扇、洪积锥	E 102°30′56.9″ N 27°21′11.5″	76
						2	16—100	暗棕红色	轻砾石土	块状	5.6	61.5	2.29	1.48								
剖50	初育土	石灰（岩）土	红色石灰土	红色潮土	红泥土	1	0—21	暗红棕色	中黏土	块状	8.1	20.6	1.09	0.29		74	5.0	260		石灰岩、白云质灰岩	E 102°33′41.4″ N 27°20′39.5″	97
						2	21—61	暗红棕色	轻黏土	大块状	8.2	17.5	0.88	0.24		41	2.0	205				
						3	61—100	暗红棕色	轻黏土	块状	8.3	19.2	0.96	0.27			1.0	172				
剖51	人为土	水稻土	冲积型水稻土	潮土田	潮砂田	1	0—15	暗棕色	轻壤土	块状	8.0	18.1	0.95	0.25		71	6.0	44			E 102°33′23.4″ N 27°20′16.1″	100
						2	15—28	暗棕色	紫砂土	块状	8.0	12.4	0.71	0.18		54	14.0	38				
						3	28—70	紫棕色	紫砂土	粗砂状	8.7	3.5	0.26	0.21		13	3.0	26				
						4	70—83	红棕色	砂壤土	细砂状	8.3	5.0	0.36	0.17		23	3.0	28				
						5	83—100	浅棕色		小块状												

续表 Continued

剖面号 Soil profile	土纲 Soil order	土类 Soil great group	亚类 Soil subgroup	土属 Soil genus	土种 Soil species	土层码 Layer code	土层厚度 Depth/cm	颜色 Soil color	质地 Soil texture	土壤结构 Soil structure	pH	有机质 OM/(g/kg)	全氮 TN/(g/kg)	全磷 TP/(g/kg)	全钾 TK/(g/kg)	碱解氮 AN/(mg/kg)	有效磷 AP/(mg/kg)	速效钾 AK/(mg/kg)	阳离子交换量 CEC/(cmol/kg)	土壤母质 Parent material	剖面点坐标 Profile coordinate	匹配指数 Matching index/%
剖52	人为土	水稻土	红壤性水稻土	硅铝质红壤性水稻土	黄砂泥田	1	0—18	灰黄色	多砾重壤土	团粒状	5.3	34.3	1.75	0.34		170	29.0	71		长石石英砂岩、粉砂岩	E 102°32′24.7″ N 27°20′14.6″	80
						2	18—28	褐色	多砾中壤土	块状	6.0	28.5	1.42	0.30		145	21.0	51				
						3	28—68	褐色	多砾中壤土	大棱柱状	6.8	17.2	0.92	0.34		87	17.0	41				
						4	68—100	黄棕色	重壤土	棱柱状	6.8	9.4	0.59	0.35		61	10.0	90				
剖53	淋溶土	黄棕壤	山地黄棕壤	山地黄棕壤	小黑砂泥土	1	0—14	少砾中壤土	少砾中壤土	粒状	5.2	76.7	2.80	0.40		312	3.0	155		石英砂岩	E 102°29′12.5″ N 27°17′43.1″	74
						2	14—32	浅红棕色	少砾中壤土	棱柱状	5.2	45.9	1.50	0.29								
						3	32—100	浅黄棕色	少砾重壤土	棱柱状	5.5	30.4	1.22	0.25								
剖54	淋溶土	黄棕壤	生草黄棕壤				1	0—30	黑棕色	中壤土	小团粒状	5.2	86.9	3.32	0.36			1.0	81			E 102°28′58.4″ N 27°17′13.2″	86
						2	30—54	黄棕色	多砾重壤土	小块状	5.6	14.2	1.04	0.24								
						3	54—100	浅红黄色														
剖55	初育土	石灰(岩)土	石灰(岩)土				1	0—11	暗红色	轻黏土	粒状	6.1	36.6	1.33	0.34		118	2.0	238			E 102°41′21.8″ N 27°19′21.4″	87
						2	11—54	暗红棕色	中黏土	小棱柱状	6.0	9.1	0.51	0.38		45	3.0	133				
						3	54—100	红棕色	中黏土	小棱柱状	5.7	5.4	0.40	0.37		32	3.0	74				
剖56	铁铝土	红壤	山原红壤	红泥土	厚层红泥土	Ao	0—2														第四纪老冲积物	E 102°32′15.8″ N 27°18′54.6″	87
						A₁	2—29	灰棕色	中砾轻黏土	粒状、块状	5.9	70.4	3.04	0.15	2.3	274	4.0	133	16.3			
						B	29—58	暗黄棕色	多砾轻黏土	大棱柱状	5.8	31.8	1.47	0.14	1.4	125	3.0	134	14.6			
						C	58—100	暗棕色	轻砾重黏土	大棱柱状	5.6	12.3	0.62	0.12	1.3	69	2.0	145	11.4			
剖57	初育土	石灰(岩)土	黑色石灰土	黑色石灰土	黑泥土	1	0—19	浅灰黄色	多砾重壤土	粒状	8.2	27.6	1.51	0.23			4.0	271		泥灰岩、细粒结晶白云岩	E 102°35′42.7″ N 27°18′41.0″	95
						2	19—44	浅红黄色	多砾轻黏土	块状	8.3	24.0	1.30	0.17			5.0	163				
						3	44—100	栗色	多砾重壤土	块状	8.3	23.8	1.23	0.09			6.0	178				
剖58	铁铝土	红壤	黄红壤	黄红壤	小黄泥土	1	0—20	浅红黄色	少砾轻壤土	粒状	5.5	61.7	2.95	0.39		235	6.0	574			E 102°30′22.3″ N 27°18′25.6″	79
						2	20—100	棕色	多砾重壤土	块状	5.5	36.5	1.86	0.25		163	3.0	240				
剖59	铁铝土	红壤	红壤	山地红壤	黑泥土	1	0—17	灰黄色	多砾重壤土	粒状	5.1	49.6	2.65	0.77		223	23.0	724		玄武岩、砂岩、老冲积物	E 102°35′10.0″ N 27°18′23.4″	74
						2	17—71	棕色	多砾重壤土	棱柱状	5.2	56.8	3.00	0.99		250	42.0	259				
						3	71—100	浅红棕色	少砾重壤土	粒状	5.2	45.7	2.42	1.06		217	51.0	133				
剖60	铁铝土	红壤	生草红壤				1	0—18	灰黄色	重壤土	粒状	5.6	58.5	2.75	0.70		277	3.0	296			E 102°36′54.0″ N 27°18′14.8″	95
						2	18—87	灰黄色	重壤土	粒状	5.5	41.0	2.22	0.72		206	3.0	99				
						3	87—100	灰黄色	轻黏土	小块状	5.3	35.2	1.95	0.62		180		135				

布拖县

主要土类说明

黄棕壤是布拖县的主要土壤类型，占本县地域面积的24%，主要分布于海拔2200—2700m的湖盆四周、老冲积台地及缓坡中下部。母质多为砂页岩及花岗岩风化物。黄棕壤黏化特征明显，呈黄棕色，具A-B-C或A-(B)-C剖面构型。B层黏聚现象明显，硅铝率在2.5左右，铁的游离度较红壤低。土壤pH为5.5—6.0。

暗棕壤是布拖县第二大土壤类型，占本县地域面积的21%，主要分布于海拔3000—3890m的高中山、山原中上部。土壤有机质含量高，隐灰化层明显，盐基饱和度低，黏粒淀积不明显，具O-A-B-C剖面构型。A层有机质含量高，弱酸性淋溶，铁铝轻微下移。B层呈棕色，结构面见铁锰胶膜。土壤呈弱酸性，盐基饱和度为70%—80%。

棕壤是布拖县第三大土壤类型，占本县地域面积的15%，分布于本县中山中切割谷坡中上部海拔2700—3000m的地区，为本县林牧用地及旱粮产区。棕壤是在山地暖温带和中温带湿润或半湿润气候条件下发育的地带性土壤。该土类黏化及脱钙作用明显，土壤风化程度比黄棕壤浅，盐基淋溶补偿较多。

红壤占本县地域面积的12%，主要分布于金沙江、西溪河沿岸谷坡下部海拔900—2100m地区。自然植被以次生常绿阔叶林及针阔叶混交林为主，低山、丘陵处多为稀树灌丛。土壤物理风化强烈，土层深厚，黏化和脱硅富铝化过程明显。土壤中铁质氧化后使剖面呈红色，底土为棕红色，具A-Bs-Bv或A-Bs-C剖面构型。土壤质地较轻，多呈微酸性至酸性，土壤淋溶作用不强，具有较好的保肥能力。

紫色土占本县地域面积的8%。紫色土是由紫色砂岩、页岩、泥岩风化物，在亚热带湿润气候条件下形成的幼年土壤，基本保持了母质理化性质。土层浅薄，剖面层次发育不明显，具A-C剖面构型，仍处于初育阶段。风化程度低，土壤中含岩石碎屑多，矿质养分含量丰富。

石灰（岩）土占本县地域面积的8%。石灰（岩）土发生于热带、亚热带石灰岩山区，是石灰岩经溶蚀风化，形成的厚薄不同的钙质饱和或含游离钙质的土壤，多见于石隙、溶洞或峰丛底部。成土母质为石灰岩、白云质灰岩、红灰岩、红色硅灰岩、泥灰岩、灰岩、钙质页岩等。该土壤碳酸钙淋溶程度不一，多黏土，多为铁钙质胶结物，风化程度不一，盐基饱和度高。

燥红土占本县地域面积的6%，主要分布在金沙江海拔1300m以下的干热河谷。植被为稀树灌丛草被，具有多茸毛、多刺、叶小等适应干旱环境的形态特征。成土母质多为石灰岩、砂页岩、千枚岩、花岗岩、砾岩等残积物、坡积物、洪积物。表土层为灰棕色，呈核粒状或团状结构，疏松。心土层为红褐色，呈团块状或棱块状结构，较紧实。底土层为红色、棕色或黄棕色，呈大块状或棱柱状结构。

小于本县地域面积3%的土壤类型还有潮土、黑毡土、水稻土、沼泽土等。

本区域中心区气候特征

本区域中心区气候特征值
Regional climate characteristics in central area of the region

气候带：暖温带湿润气候 Climate region: Warm temperate humid climate	
年平均气温 /℃ Annual average temperature /℃	16.5
年平均最高气温 /℃ Annual average maximum temperature /℃	22.5
年平均最低气温 /℃ Annual average minimum temperature /℃	12.1
年降水量 /mm Annual precipitation /mm	1058
≥10℃的积温 /℃ Daily temperature accumulated in a year (≥10℃) /℃	6693
年日照时数 /h Annual sunshine /h	2132
年平均相对湿度 /% Annual average relative humidity /%	68
干燥度 Dryness	0.81

布拖县主要土壤类型与土壤剖面点分布图
1∶250 000

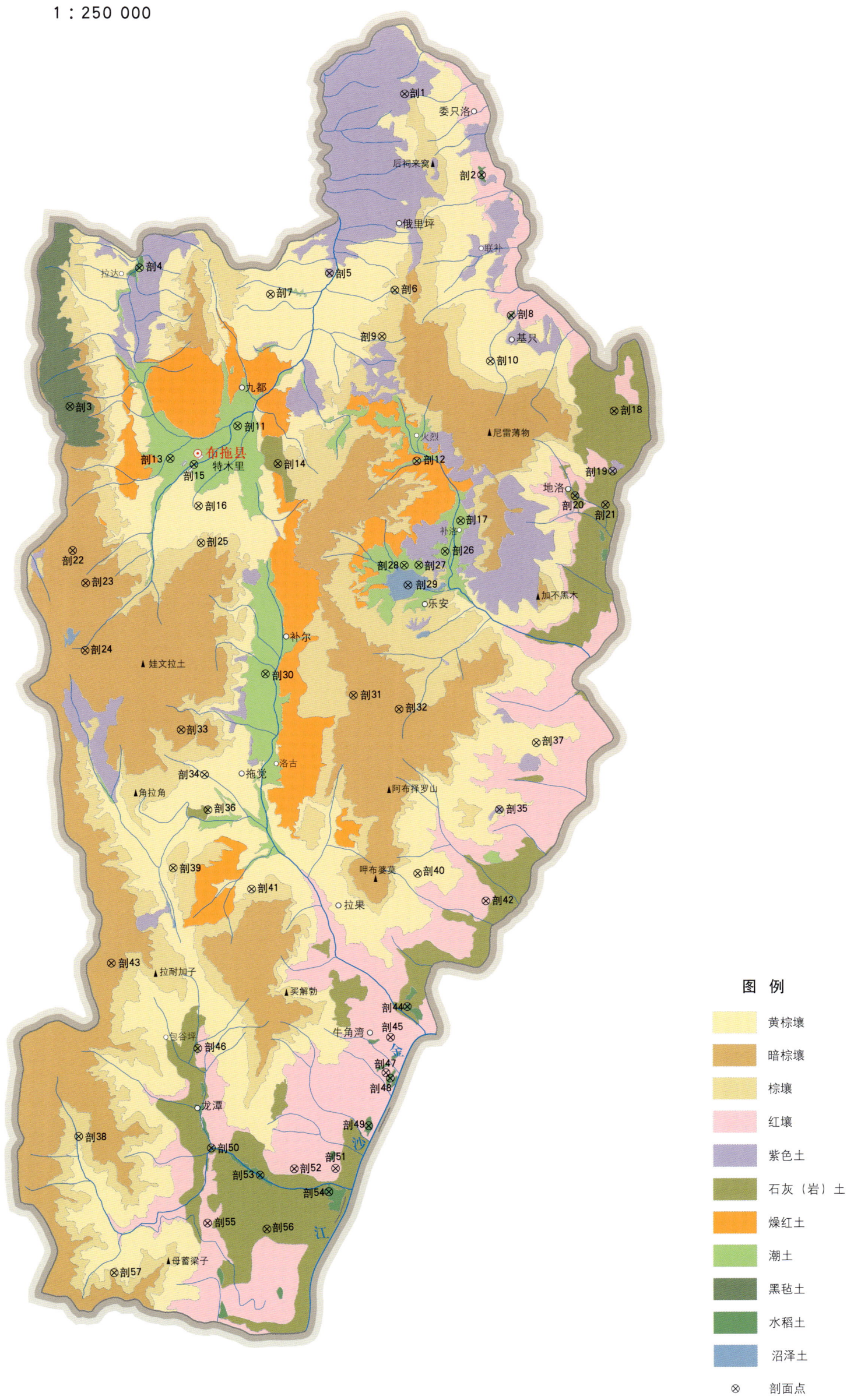

布拖县土壤剖面理化性状表

剖面号 Soil profile	土纲 Soil order	土类 Soil great group	亚类 Soil subgroup	土属 Soil genus	土种 Soil species	土层码 Layer code	土层厚度 Depth/cm	颜色 Soil color	质地 Soil texture	土壤结构 Soil structure	pH	有机质 OM/(g/kg)	全氮 TN/(g/kg)	全磷 TP/(g/kg)	全钾 TK/(g/kg)	碱解氮 AN/(mg/kg)	有效磷 AP/(mg/kg)	速效钾 AK/(mg/kg)	土壤母质 Parent material	剖面点坐标 Profile coordinate	匹配指数 Matching index/%
剖1	初育土	紫色土	酸性紫色土	红紫泥土	红泥土	1	0—12	暗红色	重壤土	粒状	5.6	23.8	1.57	0.90		136	6.0	98		E 102°55′27.1″ N 27°53′48.1″	93
剖2	人为土	水稻土	淹育水稻土	红壤性水稻土	大土泥田	2	12—40	暗棕红色	重壤土	小块状	5.6	17.5	1.65	8.04		80	4.0	66	玄武岩、第四纪老冲积物	E 102°58′10.2″ N 27°51′21.6″	76
						3	40—90	红棕色	重壤土	块状	5.4	26.8	0.95	0.84		153	2.0	42			
						1	0—15	浅棕色	重壤土	块状	7.7	30.7	1.67	1.84		156	46.0	172			
						2	15—24	暗红棕色	重壤土	片状	7.9	36.4	2.07	2.20		164	42.0	152			
						3	24—70	暗红棕色	重壤土	柱状	7.8	8.6	0.74	1.25		51	12.0	12			
						4	70—100														
剖3	高山土	黑色土	棕黑色土			1	0—2													E 102°44′04.9″ N 27°44′01.0″	90
						2	2—36	黑色	中壤土	粒状	5.3	76.0	3.29	1.17		300	15.0	28			
						3	36—74	黑棕色	中壤土	核状、粒状	5.8	14.0	0.91	1.25		75	10.0	62			
						4	74—87	暗棕色	中壤土		5.8	5.6	0.59	1.07		38	21.0	55			
						5	87—100														
剖4	人为土	水稻土	淹育水稻土	酸性紫泥田	紫泥田	1	0—14	紫色	重壤土	块状、粒状	5.4	40.6	1.50	1.06		106	18.0	42		E 102°46′23.7″ N 27°48′18.3″	100
						2	14—21	暗红棕色	重壤土	棱柱状	5.7	34.7	1.26	1.16		94	14.0	45			
						3	21—48	红棕色	重壤土	大棱柱状	5.9	33.4	1.22	1.26		101	16.0	63			
						4	48—87	浅红棕色		棱柱状											
						5	87—100														
剖5	初育土	紫色土	酸性紫色土			1	0—4													E 102°52′58.1″ N 27°48′15.1″	86
						2	4—12	浅红色	重壤土	粒状	5.5	9.9	3.10	1.30		133	8.0	110			
						3	12—61	暗红棕色	重壤土	粒状、块状	5.4	38.9	1.10	1.23		123		110			
						4	61—98	暗棕红色	轻黏土	小棱柱状	5.9	15.0	1.10	1.71		73		129			
剖6	淋溶土	棕壤	棕壤	硅质棕壤	黄泥土	1	0—15	暗黄棕色	重壤土	粒状	5.2	76.0	3.96	2.32		336	17.0	94	石英砂岩、粉砂岩残积物、坡积物	E 102°55′14.9″ N 27°47′46.7″	94
						2	15—47	棕色	重壤土	块状	5.2	76.9	3.66	2.45		303	15.0	53			
						3	47—65	暗棕灰色	重壤土	块状	5.3	56.8	3.14	2.25		278	11.0	63			
						4	65—100														
剖7	淋溶土	黄棕壤	黄棕壤	硅质黄棕壤	黄泥土	1	0—16	浅棕色	中壤土	粒状、块状	5.3	25.7	1.42	3.37		149	16.0	200		E 102°50′56.8″ N 27°47′34.4″	93
						2	16—34	黄棕色	重壤土	棱柱状	5.0	9.7	0.44	2.17		54	10.0	180			
						3	34—85	浅黄棕色	重壤土	棱片状	5.0	8.3	0.54	4.22		51					
剖8	人为土	水稻土	淹育水稻土	红壤性水稻土	红泥田	1	0—10	暗红棕色	中壤土	棱片状	5.6	28.9	1.24	3.20		130	35.0	110	玄武岩、第四纪老冲积物	E 102°59′16.8″ N 27°47′04.9″	71
						2	10—15	浅黄棕色	重壤土	小棱柱状	5.7	24.9	1.21	2.94		121	26.0	120			
						3	15—65	暗棕红色	重壤土		6.5	15.9	0.81	2.95		85	18.0	75			
						4	65—100														
剖9	淋溶土	棕壤	棕壤	铁质棕壤	黄土	1	0—13	棕色	重壤土	粒状	6.3	69.5	3.34	4.52		335	41.0	79	玄武岩残积物、坡积物	E 102°54′49.7″ N 27°46′21.4″	93
						2	13—39	棕色	重壤土	块状	5.9	59.4	2.16	4.48		215	30.0	72			
						3	39—61	浅黄棕色	重壤土	棱柱状	5.9	31.1	1.25	2.06		108	18.0	8			
						4	61—100	紫棕色		块状											
剖10	淋溶土	黄棕壤	黄棕壤	山地黄棕壤	砾石土	1	0—12	浅红棕色	中壤土	粒状	5.1	69.1	3.52	2.81		314	14.0	95		E 102°58′35.4″ N 27°45′40.0″	71
						2	12—48	黄棕色	中壤土	粒状、块状	4.9	63.3	3.21	2.81		210	10.0	72			
						3	48—100														
剖11	半水成土	潮土	潮土	棕潮土	潮泥土	1	0—13	浅棕色	重壤土	粒状	5.7	67.0	3.37	4.28		327	20.0	463	第四纪棕色沉积物、冲积物	E 102°49′53.7″ N 27°43′31.1″	71
						2	13—69	红棕色	重壤土	块状	5.6	60.7	2.91	3.43		294	10.0	70			
						3	69—83	浅灰黄色		小块状											

续表 Continued

剖面号 Soil profile	土纲 Soil order	土类 Soil great group	亚类 Soil subgroup	土属 Soil genus	土种 Soil species	土层码 Layer code	土层厚度 Depth/cm	颜色 Soil color	质地 Soil texture	土壤结构 Soil structure	pH	有机质 OM/(g/kg)	全氮 TN/(g/kg)	全磷 TP/(g/kg)	全钾 TK/(g/kg)	碱解氮 AN/(mg/kg)	有效磷 AP/(mg/kg)	速效钾 AK/(mg/kg)	土壤母质 Parent material	剖面点坐标 Profile coordinate	匹配指数 Matching index/%
剖12	半水成土	潮土	潮土	棕潮土	半砂半泥土	1	0—12	浅红棕色	中壤土	粒状	7.6	26.8	4.57	2.59		358	4.0	117	第四纪棕色沉积物，冲积物	E 102°56′06.4″ N 27°42′33.5″	76
						2	12—80	暗棕红色	中壤土	块状	7.6	85.1	4.42	2.55		358	1.0	68			
						3	80—100														
剖13	半水成土	潮土	潮土	泥炭质潮土	泥炭土	1	0—13	黑色	重壤土	块状	6.2	206.0	5.61	2.43		446	9.0	42	第四纪湖相沉积物	E 102°47′34.9″ N 27°42′29.3″	96
						2	13—20	黑色	重壤土	整体状	5.8	236.9	5.27	2.11		331	4.0	32			
						3	20—63	黑色	轻黏土	整体状	5.5	295.0	6.60	1.97		335	2.0	30			
						4	63—92	暗灰色	重黏土	整体状	5.2	87.2	1.79	1.52		111	2.0	34			
剖14	初育土	石灰（岩）土	棕色石灰土			1	0—2	棕红色	重壤土	粒状	7.3	53.5	2.69	1.61		200	6.0	178		E 102°51′18.4″ N 27°42′23.4″	91
						2	2—10	棕黄红色		小块状											
						3	10—100														
剖15	半水成土	潮土	潮土	老冲积黄棕壤		1	0—20	浅红棕色	重壤土	粒状	5.8	43.3	1.90	3.14		189	5.0	38	第四纪沉积物，冲积物	E 102°48′24.2″ N 27°42′18.9″	95
						2	20—48	红棕色	重壤土	块状	5.7	23.8	0.90	2.85		95	3.0	27			
						3	48—100	暗红棕色													
剖16	淋溶土	黄棕壤	黄棕壤	老冲积黄棕壤	黄土	1	0—3	棕色	重壤土	粒状	5.2	68.9	3.31	3.59		333	94.0	94	第四纪老冲积物	E 102°48′35.3″ N 27°41′03.1″	73
						2	3—47	黄棕色	重壤土	小块状	5.2	66.6	3.84	3.44		331	19.0	78			
						3	47—80	灰黄棕色	轻黏土	核块状	5.5	47.2	1.89	3.60		182	65.0	72			
剖17	半水成土	潮土	潮土	棕潮土	砾石土	1	0—12	浅棕色	重壤土	粒状	6.6	34.6	1.93	1.95		210	21.0	107	第四纪棕色沉积物，冲积物	E 102°57′39.5″ N 27°40′45.0″	74
						2	12—23	黄棕色	重黏土	粒状	6.2	18.7	1.18	1.69		139	14.0	86			
						3	23—100														
剖18	初育土	石灰（岩）土	红色石灰土	红色石灰土	红砾土	1	0—12	暗红棕色	中壤土	粒状，核状	7.7	25.4	1.33	2.20		99	21.0	57		E 103°02′53.0″ N 27°44′12.1″	77
						2	12—46	红棕色	中壤土	块状，粒状	7.8	19.7	1.11	2.53		99	10.0	94			
						3	46—74														
						4	74—100														
剖19	初育土	紫色土	中性紫色土			1	0—2	暗棕色	中壤土	粒状	7.4	32.0	1.65	1.35		129	5.0	65		E 103°02′53.0″ N 27°42′21.6″	98
						2	2—7	棕色	中壤土	块状	6.8	10.7	0.85	0.87		46	7.0	34			
						3	7—18	紫色	重壤土	块状											
						4	18—100														
剖20	初育土	石灰（岩）土	黑色石灰土	黑色石灰土	黑砂泥土	1	0—23	黑棕色	中壤土	粒状	7.7	52.3	2.75	2.40		225	11.0	56		E 103°01′35.8″ N 27°41′34.8″	77
						2	23—83	暗棕色	重黏土	块状	7.5	39.4	1.74	1.30		137	2.0	53			
						3	83—100														
剖21	初育土	石灰（岩）土	红色石灰土	红色石灰土	红泥土	1	0—15	棕红色	轻黏土	粒状	7.7	20.2	1.13	0.61		80	52.0	128		E 103°02′39.0″ N 27°41′19.4″	89
						2	15—40	浅红棕色	中黏土	块状	7.8	28.9	1.41	0.81		96	1.0	130			
						3	40—73	黄棕色	重黏土	小梭柱状	7.8	23.0	1.41	1.07		73	27.0	90			
						4	73—100														
剖22	淋溶土	暗棕壤	暗棕壤	灰质暗棕壤	黄泥土	1	0—10	浅灰黄色	轻壤土	粒状，块状	5.5	45.4	1.70	3.81		132	52.0	34		E 102°44′16.1″ N 27°39′37.4″	97
						2	10—33	暗棕黄色	中黏土	粒状，块状	5.4	46.2	1.60	3.41		106	35.0	31			
						3	33—50	棕色	轻黏土	块状	5.4	17.8	1.17	2.57		60	27.0	21			
						4	50—100														
剖23	淋溶土	暗棕壤	暗棕壤	硅质暗棕壤	黄砂土	1	0—9	浅黄灰色	中壤土	粒状	6.1	126.7	3.77	6.04		226	18.0	95		E 102°44′44.3″ N 27°38′37.8″	85
						2	9—39	暗棕黄色	中壤土	梭柱状	6.0	107.6	3.04	5.70		238	27.0	32			
						3	39—100														
剖24	淋溶土	暗棕壤	灰化暗棕壤			1	0—8	棕灰色	中壤土	粒状	3.9	449.5	9.26	2.53		779	27.0	425	玄武岩，砂岩残积物	E 102°44′45.6″ N 27°36′34.0″	100
						2	8—22	灰棕色	重壤土	粒状，梭状	4.3	142.4	3.36	1.09		247	6.0	156			
						3	22—38	暗红棕色													
						4	38—100														

续表 Continued

剖面号 Soil profile	土纲 Soil order	土类 Soil great group	亚类 Soil subgroup	土属 Soil genus	土种 Soil species	土层码 Layer code	土层厚度 Depth/cm	颜色 Soil color	质地 Soil texture	土壤结构 Soil structure	pH	有机质 OM/(g/kg)	全氮 TN/(g/kg)	全磷 TP/(g/kg)	全钾 TK/(g/kg)	碱解氮 AN/(mg/kg)	有效磷 AP/(mg/kg)	速效钾 AK/(mg/kg)	土壤母质 Parent material	剖面点坐标 Profile coordinate	匹配指数 Matching index/%
剖25	淋溶土	棕壤	棕壤	残坡积棕泥土	灰泡积砂泥土	A	0—19	暗棕色	黏壤土	粒状	5.5	98.6	4.00	1.02	2.0	387	15.0	186	玄武岩风化残积物、坡积物	E 102°48′42.1″ N 27°39′55.4″	78
						B	19—60	暗灰棕色	黏壤土	粒状、块状	5.6	40.8	1.77	0.62	1.5	387	10.0	118			
						BC	60—100	浅棕色	壤质黏土	棱状、核状	5.5	26.6	0.98	0.53	1.3	367	6.0	114			
剖26	半水成土	潮土	潮土	泥炭质暗潮泥土	黑泥土	1	0—13	暗棕质色	中壤土	粒状、核状	5.7	91.3	4.71	3.33		413	14.0	49	第四纪湖相沉积物	E 102°57′07.9″ N 27°39′48.2″	96
						2	13—32	暗棕色	轻黏土	柱状	5.3	96.5	4.71	2.81		417	13.0	13			
						3	32—67	黑棕色	轻黏土	大棱柱状	5.7	167.6	4.68	4.05		416					
						4	67—100	暗黑色	重黏土	大棱柱状	5.3	103.4	4.68	3.26							
剖27	半水成土	潮土	潮土	紫色潮泥土		1	0—13	紫棕色	中壤土	粒状	5.7	66.7	3.71	3.03		364	8.0	84	第四纪紫色沉积物、冲积物	E 102°56′14.3″ N 27°39′22.0″	93
						2	13—50	紫色	中壤土	块状	5.6	48.1	2.70	3.01		331	7.0	106			
						3	50—98	暗灰棕色	中壤土	大棱柱状		22.9	1.35	2.69							
剖28	半水成土	潮土	潮土	泥炭质潮泥土	半砂半泥土	1	0—12	黑棕色	中壤土	粒状	7.5	90.4	4.98	2.19		417	13.0	118	第四纪湖相沉积物	E 102°55′44.0″ N 27°39′21.2″	97
						2	12—32	黑棕色	中壤土	块状	7.5	93.2	4.79	2.34		376	4.0	146			
						3	32—70	黑棕色	中壤土												
剖29	水成土	沼泽土	草甸沼泽土		黑泥土	1	0—36	黑棕色	中壤土	整体状	5.1	214.0	6.32	2.17		368	3.0	76	第四纪沉积物	E 102°55′52.3″ N 27°38′44.9″	96
						2	36—100	棕色	中壤土	粒状	4.8	620.9	2.69	1.35		248	6.0	54			
剖30	半水成土	潮土	潮土	棕潮土	潮砂土	1	0—23	暗黄棕色	中壤土	块状	5.1	34.3	1.70	3.02		177	4.0	53	第四纪棕色沉积物、冲积物	E 102°55′60.0″ N 27°35′56.4″	78
						2	23—52	红灰黄色	重壤土	棱柱状	5.0	40.1	2.00	2.88		220	3.0	52			
						3	52—65	暗灰黄	重壤土	整体状											
						4	65—100														
剖31	淋溶土	暗棕壤	暗棕壤	铁质暗棕壤	黑土	1	0—17	黑棕色	重壤土	粒状	5.6	67.1	3.38	3.01		325	6.0	129	玄武岩残积物、坡积物	E 102°54′03.0″ N 27°35′20.6″	71
						2	17—34	暗棕灰色	重壤土	粒状、粒状	5.4	75.7	3.75	3.29		328	3.0	62			
						3	34—100														
剖32	淋溶土	暗棕壤	暗棕壤	草甸暗棕壤		1	0—12	黑棕色	中壤土	粒状	5.5	136.3	4.01	7.54		362	40.0	20		E 102°55′38.3″ N 27°34′56.6″	86
						2	12—38	棕色	中壤土	块状											
						3	38—100														
剖33	淋溶土	暗棕壤	暗棕壤	硅质暗棕壤	黑土	1	0—10	灰棕色	中壤土	粒状	5.9	29.2	3.02	1.84		279	7.0	102		E 102°48′07.6″ N 27°34′11.3″	91
						2	10—45	暗棕灰色	重壤土	粒状、核状	5.5	48.9	1.57	1.41		156		35			
						3	45—100														
剖34	淋溶土	黄棕壤	黄棕壤	老冲积黄棕壤	黄砂泥土	1	0—17	暗黄棕色	中壤土	粒状	5.9	59.1	3.46	3.78		330	37.0	66	第四纪老冲积物	E 102°48′57.6″ N 27°32′49.6″	85
						2	17—47	黄棕色	中壤土	小块状	5.5	52.6	3.02	3.94		315	30.0	54			
						3	47—87	浅黄棕色	重壤土	棱柱状	5.4	23.0	1.62	3.19		136	41.0	31			
剖35	初育土	紫色土	中性紫色土	暗紫泥土	红泥土	1	0—15	暗棕红色	重壤土	粒状	6.7	30.2	1.74	0.94		130	7.0	112		E 102°59′08.5″ N 27°31′54.8″	91
						2	15—53	棕红色	重壤土	块状	6.9	282.2	1.53	0.91		115	6.0	76			
						3	53—100														
剖36	初育土	石灰(岩)土	棕色石灰土	棕色石灰土	红砂泥土	1	0—17	棕红色	中壤土	粒状	7.3	56.1	2.48	3.70		221	26.0	103		E 102°54′05.9″ N 27°31′45.1″	84
						2	17—100	暗棕红色	中壤土	块状											
剖37	淋溶土	黄棕壤	粗骨性黄棕壤			1	0—4	暗黄棕色	中砾轻壤土	粒状	5.4	91.3	3.79	5.01		320	15.0	292		E 103°00′23.4″ N 27°33′59.0″	90
						2	4—19	黄黄棕色	中砾轻壤土	粒状、核状	5.3	81.3	3.27	5.07		313	8.0	65			
						3	19—50	浅黄棕色													
						4	50—100														
剖38	淋溶土	棕壤	棕壤	灰质棕壤	黄泥土	1	0—17	灰棕色	中壤土	核状、粒状	7.5	23.8	1.45	2.33		134	39.0	111		E 102°44′48.5″ N 27°21′42.8″	71
						2	17—43	暗棕色	重壤土	粒状、片状	7.5	7.8	0.62	2.44		67	34.0	77			
						3	43—71	浅棕色	重壤土	棱块状	7.5	6.5	0.60	3.30		71	18.0	67			
						4	71—100														

续表 Continued

剖面号 Soil profile	土纲 Soil order	土类 Soil great group	亚类 Soil subgroup	土属 Soil genus	土种 Soil species	土层码 Layer code	土层厚度 Depth/cm	颜色 Soil color	质地 Soil texture	土壤结构 Soil structure	pH	有机质 OM/(g/kg)	全氮 TN/(g/kg)	全磷 TP/(g/kg)	全钾 TK/(g/kg)	碱解氮 AN/(mg/kg)	有效磷 AP/(mg/kg)	速效钾 AK/(mg/kg)	土壤母质 Parent material	剖面点坐标 Profile coordinate	匹配指数 Matching index/%
剖39	淋溶土	棕壤	棕壤	硅质性水稻田	黑砂土	1	0—19	暗棕色	中壤土	粒状	5.5	98.7	4.00	2.31		387	15.0	186	石英砂岩、粉砂岩残积物、坡积物	E 102°47′55.3″ N 27°29′57.1″	88
						2	19—60	暗灰棕色	中壤土	粒状、块状	5.6	40.8	1.77	1.42		387	10.0	118			
						3	60—100	浅棕色	重壤土	核块状	5.5	26.6	0.98	1.21		367	6.0	114			
剖40	淋溶土	黄棕壤	粗骨性黄棕壤	粗骨性黄棕壤	砾石土	1	0—15	暗黄棕色	中壤土	粒状	5.5	84.3	4.69	6.72		368	26.0	72		E 102°56′21.5″ N 27°29′54.6″	76
						2	15—100	黄黄棕色	中壤土	粒状	5.6	80.6	9.31	6.93		368	18.0	72			
剖41	淋溶土	黄棕壤	黄棕壤			1	0—6													E 102°50′38.4″ N 27°29′20.0″	82
						2	6—27	暗黄棕色	重壤土	小块状、粒状	5.8	52.1	2.86	1.48		272	7.0	65			
						3	27—58	浅黄棕色	重壤土	核块状	5.7	29.8	1.81	1.27		171	3.0	50			
						4	58—100	黄棕色													
剖42	铁铝土	红壤	黄红壤			1	0—3													E 102°58′43.7″ N 27°29′05.6″	89
						2	3—20	黑红棕色	轻砾重壤土	粒状	6.8	45.0	1.01	1.72		188	36.0	138			
						3	20—35	黄红棕色	轻砾重壤土	块状	6.2	12.0	0.62	1.89		48	50.0	16			
						4	35—100	红棕色													
剖43	淋溶土	暗棕壤	暗棕壤			1	0—4													E 102°45′51.1″ N 27°26′60.0″	82
						2	4—20	暗棕色	重壤土	粒状、块状	5.6	62.1	2.24	4.07		192	9.0	54			
						3	20—42	暗棕色	重壤土	粒状	5.5	66.0	2.14	2.17		139	9.0	67			
						4	42—100													
剖44	人为土	水稻土	淹育水稻土	石灰性水稻田	石窖田	1	0—12	棕灰色	中壤土	小块状	6.8	39.8	1.93	1.41		148	10.0	90	灰岩、白云质灰岩残积物、坡积物	E 102°56′04.2″ N 27°25′48.1″	100
						2	12—17	灰黄棕色	中壤土	小块状	7.3	24.7	1.04	1.39		87	14.0	59			
						3	17—100	黄棕色													
剖45	铁铝土	红壤	红壤	红泥土	红泥土	1	0—19	棕红色	重黏土	块状	6.3	17.0	1.41	1.20		111	4.0	69	玄武岩、灰岩残积物、坡积物	E 102°55′30.7″ N 27°24′51.1″	73
						2	19—68	红色	轻黏土	棱柱状	6.4	11.7	0.88	1.16		95	2.0	69			
						3	68—100	红色													
剖46	初育土	石灰(岩)土	黑色石灰土	黑色石灰土		1	0—12	黑棕色	中砾轻壤土	粒状	7.8	49.4	2.25	1.25		126	2.0	108		E 102°48′52.6″ N 27°24′25.6″	89
						2	12—80	暗棕色	中壤土	粒状、块状	7.9	48.6	2.12	1.17		119		94			
						3	80—100													
剖47	铁铝土	红壤	红壤	红泥土	夹石土	1	0—13	暗棕红色	中壤土	粒状	6.2	28.9	1.14	1.42		104	11.0	99		E 102°55′22.1″ N 27°23′46.7″	79
						2	13—32	红色	重壤土	粒状、块状	6.1	27.2	1.05	1.46		105	6.0	75			
						3	32—100	红色													
剖48	人为土	水稻土	淹育水稻土	潮土田	潮泥砂田	1	0—12	灰黄棕色	轻壤土	团粒状	8.0	23.4	1.12	1.94		106	10.0	31		E 102°56′25.8″ N 27°23′37.0″	70
						2	12—18	黄棕色	中壤土	片状	8.0	24.2	1.25	1.81		111	12.0	31			
						3	18—70	棕色	重壤土	小块状	8.0	26.7	1.54	1.76		124	9.0	32			
						4	70—100													
剖49	人为土	水稻土	淹育水稻土	潮土田	石窖田	1	0—12	暗灰黄色	中壤土	粒状	8.4	30.7	1.72	2.15		138	12.0	29		E 102°54′48.2″ N 27°22′09.1″	70
						2	12—25	灰黄色	中壤土	块状	8.5	38.9	2.20	2.07		182	10.0	35			
						3	25—100	浅灰黄色													
剖50	初育土	石灰(岩)土	黑色石灰土			1	0—2	黑色	重壤土	粒状	8.7	53.4	2.32	1.61		180	17.0	93	玄武岩、灰岩残积物、坡积物	E 102°55′23.5″ N 27°21′25.2″	100
						2	2—6	黑棕色	中壤土	粒状、块状	8.6	34.0	1.58	1.50		130	7.0	30			
						3	6—26	暗红棕色													
						4	26—100													
剖51	铁铝土	红壤	红壤			1	0—4	暗红棕色	重壤土	粒状	6.5	26.4	1.89	0.70		104	4.0	93		E 102°53′40.2″ N 27°20′51.0″	74
						2	4—10	红色	中黏土	棱柱状	6.5	14.7	7.20	0.62		68	1.0	26			
						3	10—45													
						4	45—100													

剖面号 Soil profile	土纲 Soil order	土类 Soil great group	亚类 Soil subgroup	土属 Soil genus	土种 Soil species	土层码 Layer code	土层厚度 Depth/cm	颜色 Soil color	质地 Soil texture	土壤结构 Soil structure	pH	有机质 OM/(g/kg)	全氮 TN/(g/kg)	全磷 TP/(g/kg)	全钾 TK/(g/kg)	碱解氮 AN/(mg/kg)	有效磷 AP/(mg/kg)	速效钾 AK/(mg/kg)	土壤母质 Parent material	剖面点坐标 Profile coordinate	匹配指数 Matching index/%
剖52	铁铝土	红壤	黄红壤	黄红壤	夹石土	1	0—16	浅黄棕色	中壤土	粒状	6.2	27.7	1.05	3.27		107	53.0	77		E 102°52′15.6″ N 27°20′49.6″	76
						2	16—42	黄红色	重壤土	块状	6.5	43.8	1.67	3.04		144	42.0	92			
						3	42—86	棕红色	重壤土	块状	5.6	16.6	0.58	2.79		50	17.0	75			
剖53	人为土	水稻土	淹育水稻土	潮土田	潮泥田	1	0—13	浅棕色	中壤土	块状	5.8	25.6	1.28	1.28		106	14.0	63		E 102°51′05.4″ N 27°20′37.0″	75
						2	13—16	灰棕色	中壤土	片状	5.9	27.7	1.41	0.81		114	3.0	58			
						3	16—25	棕色	重壤土	块状	5.7	19.0	0.84	0.91		77	3.0	78			
						4	25—60	灰棕色	重壤土	小棱柱状											
						5	60—100														
剖54	人为土	水稻土	淹育水稻土	石灰性水稻田	黄砂泥田	1	0—15	灰黄色	中壤土	粒状	7.7	52.0	2.84	1.96		232	21.0	69	灰岩、白云质灰岩残积物、坡积物	E 102°53′27.3″ N 27°20′08.7″	92
						2	15—25	棕黄色	中壤土	粒状、块状	7.6	55.5	3.05	1.96		251	20.0	61			
						3	25—35	暗棕黄色	重壤土	棱块状	7.4	55.2	3.26	1.89		247	18.0	63			
						4	35—70	暗棕黄色		小棱柱状											
						5	70—100														
剖55	铁铝土	红壤	黄红壤	黄红壤	黄泥土	1	0—16	浅棕红色	轻黏土	粒状、核状	7.0	42.2	1.90	0.94		131	6.0	62		E 102°49′18.1″ N 27°19′08.8″	100
						2	16—40	黄红色	中黏土	小块状	7.2	17.0	1.01	0.59		54	2.0	21			
						3	40—100	红黄色													
剖56	初育土	石灰（岩）土	红色石灰土			1	0—2	红棕色	重壤土	粒状、块状	6.9	63.9	3.03	1.73		293	21.0	184		E 102°51′21.0″ N 27°18′59.3″	76
						2	2—11	红棕色	中壤土		6.7	11.9	0.49	1.02		76	3.0	19			
						3	11—97														
剖57	淋溶土	棕壤	棕壤			1	0—2	暗棕色	重壤土	粒状	5.8	86.4	4.16	2.06		340	3.0	59		E 102°46′06.6″ N 27°17′36.2″	78
						2	2—5	棕色	重壤土	块状、粒状	5.7	35.7	1.93	1.34		135	1.0	49			
						3	5—58	浅棕色													
						4	58—100														

续表 Continued

剖面号 Soil profile	土纲 Soil order	土类 Soil great group	亚类 Soil subgroup	土属 Soil genus	土种 Soil species	土层码 Layer code	土层厚度 Depth/cm	颜色 Soil color	质地 Soil texture	土壤结构 Soil structure	pH	有机质 OM/(g/kg)	全氮 TN/(g/kg)	全磷 TP/(g/kg)	全钾 TK/(g/kg)	碱解氮 AN/(mg/kg)	有效磷 AP/(mg/kg)	速效钾 AK/(mg/kg)	土壤母质 Parent material	剖面点坐标 Profile coordinate	匹配指数 Matching index/%
剖30	初育土	紫色土	中性紫色土	暗紫泥土	夹石红泥土	A	0—19	暗红棕色	中壤土	粒状	7.5	33.4	1.99	1.81	3.0	102	43.0	313		E 103°15′09.0″ N 27°44′19.0″	88
剖31	初育土	石灰（岩）土	黄色石灰土	黄色石灰土	黄砂泥土	2	19—34	紫灰色	轻壤土	核状	7.3	15.8	1.04	1.14	4.6	75	21.0	215	石灰岩残积物、坡积物	E 103°16′51.6″ N 27°44′11.0″	85
						3	34—60	紫色	轻壤土	核状	7.6	7.8	0.56	0.68	4.5						
剖32	淋溶土	黄棕壤	黄棕壤	铁质黄棕壤	黄泥砂土	A	0—17	棕色	轻壤土	团块状	7.8	27.3	2.03	2.64	2.6				玄武岩残积物、坡积物	E 103°17′20.0″ N 27°42′36.0″	75
						2	17—69	暗红棕色	重壤土	核状	7.6	25.9	1.91	3.42	2.1	123	23.0	222			
						3	69—87	黄棕色	重壤土	大块状	7.7	39.3	2.28	2.74	2.4						
剖33	初育土	石灰（岩）土	黄色石灰土	黄色石灰土		A	0—10	紫色	重壤土	粒状、团块状	6.5	37.6	2.34	2.24	2.2				石灰岩残积物、坡积物	E 103°04′48.7″ N 27°36′47.2″	88
						As	0—2	黄棕色	重壤土	块状	6.1	14.0	0.82	1.65	2.3	99	20.0	176			
						2	2—13	棕黄色	重壤土	团块状	7.5	43.4	2.17	0.87	4.7						
						3	13—45	浅棕色	中壤土	核块状	7.7	37.3	1.75	2.36	5.7						
剖34	初育土	石灰（岩）土	红色石灰土	红色石灰土	夹石红砂泥土	A	0—12	暗棕红色	中壤土	粒状	7.8	29.3	2.12	2.33	4.3	80	27.0	204	石灰岩	E 103°13′11.3″ N 27°36′01.0″	85
						2	12—33	红棕色	中壤土	粒状、核状	7.8	31.5	2.04	2.09	3.7						
剖35	初育土	石灰（岩）土	红色石灰土	淋溶红色石灰土	黄砂泥土	A	0—13	灰黄色	中壤土	小块状	6.9	4.1	1.27	1.92	3.4	50	71.0	311		E 103°16′21.7″ N 27°35′47.0″	82
						2	13—46	灰灰色	中壤土	核状、块状	6.9	20.4	1.37	1.37	3.2						
						3	46—62	浅灰棕色	重壤土	小块状	7.4	7.1	0.64	0.64	3.4						
剖36	初育土	石灰（岩）土	红色石灰土	红色石灰土		As	0—3						2.56							E 103°07′32.2″ N 27°29′40.6″	92
						2	3—25	灰棕黄色	中壤土	粒状、小块状	7.1	55.1	1.03								
						3	25—73	暗黄棕色	中壤土	粒状、小块状	7.7	14.2									
						4	73—100	棕黄色	中壤土	粒状、小块状	8.3										
剖37	初育土	石灰（岩）土	红色石灰土	红色石灰土	马血泥土	A	0—11	红棕色	重壤土	粒状	7.5	10.3	1.19	0.84	4.2	45	3.0	268		E 103°06′26.3″ N 27°29′39.1″	90
						2	11—22	棕红色	轻壤土	核状	7.7	15.1	1.59	0.97	4.6						
						3	22—52	暗红棕色	重黏土	核状	8.3	26.1	1.52	1.52	3.3						
剖38	初育土	石灰（岩）土	红色石灰土	红色石灰土	黄砂泥土	A	0—12	棕黄色	中壤土	团粒状	8.2	11.2	1.86	1.33	3.4	138	20.0	327		E 103°03′47.9″ N 27°29′35.9″	88
						2	12—57	黑棕色	轻壤土	块状	7.4	42.3	1.92	1.41	3.2						
剖39	铁铝土	红壤	褐红壤	泥质黄红壤	夹石黄泥土	1	0—2													E 103°04′32.9″ N 27°25′52.8″	75
						2	2—17	棕色	中壤土	粒状	7.2	25.2	1.74	0.90	2.8	133	22.0	225			
						3	17—40	浅橙黄色	重黏土	核状	7.1	26.3	1.74	0.80	3.2						
						4	40—80	棕色	中壤土	核状	7.7	11.5	1.54	0.81	3.5						
剖40	铁铝土	红壤	黄红壤	碳酸盐燥红土	夹石黄泥土	1	0—14	棕色	重黏土	粒状	6.6	13.4	1.06	2.21	5.6	117	22.0	123		E 103°06′09.6″ N 27°25′52.0″	98
						2	14—25	浅红棕色	轻壤土	核状	6.4	11.5	0.74	1.06	5.8						
剖41	半淋溶土	燥红土	燥红土		红泥土	A	0—15	暗红棕色	中壤土	粒状	7.8	16.2	1.13	0.86	2.7	34	13.0	179		E 103°04′11.3″ N 27°29′23.9″	91
						2	15—37	红红棕色	轻壤土	大块状	7.1	18.7	1.00	0.93	2.4						
						3	37—60	棕色	重壤土	块状	7.1	20.4	1.06	0.75	2.0						
剖42	铁铝土	红壤	褐红壤	褐红壤	夹石黄泥土	A	0—15	棕色	中壤土	粒状、核状	7.0	17.0	1.55	1.01	3.3	29	13.0	321		E 103°05′46.7″ N 27°25′05.5″	80
						2	15—52	浅橙棕色	中壤土	粒状、小块状	6.2	6.7	1.04	0.93	3.6						
剖43	半淋溶土	燥红土	干燥红土			1	0—2													E 103°05′13.9″ N 27°24′39.5″	96
						2	2—11	暗灰棕色	重壤土		7.2	25.4	1.55	1.16	2.5	45	7.0	169			
						3	11—48	暗灰棕色	中壤土		7.6	30.1	1.46	1.09	2.6						
						4	48—137	暗灰棕色	中壤土		7.1	7.6	1.08	1.03	2.4						
						5	87—														

昭 觉 县

主要土类说明

紫色土是昭觉县的主要土壤类型，占本县地域面积的 40%，分布遍及本县各地。紫色土是紫色砂岩、页岩、泥岩风化物在亚热带湿润气候条件下形成的幼年土壤，基本保持了母质理化性质。岩石风化过程中，除钙、钠有明显淋失外，其他元素无明显淋失，铁铝积累不明显，不具有亚热带的脱硅富铝化作用。其理化性质与母岩组成直接相关，受地貌类型影响深刻，土层浅薄，剖面层次发育不明显，具 A-C 剖面构型，仍处于初育阶段。风化程度低，土壤中含岩石碎屑多，矿质养分含量丰富。

棕壤是昭觉县第二大土壤类型，占本县地域面积的 19%，主要分布于本县海拔 2400—2800m 地区，与棕色石灰土、紫色土呈复区分布。自然植被为针阔叶混交林，针叶树种有云南松、华山松和铁杉等，阔叶树种有各种栎类（黄背栎、高山栎）、白桦等。棕壤是在山地暖温带和中温带湿润或半湿润气候条件下发育的地带性土壤，有较多的黏粒淀积，呈棕色、棕黄色，通体土壤为中性至微酸性，土体厚度一般为 60—120cm，发育程度比较深。

黄棕壤是昭觉县第三大土壤类型，占本县地域面积的 13%，主要分布于海拔 2100—2500m 的地区。自然植被主要是常绿阔叶林和落叶阔叶混交林，其上缘为针阔叶混交林。黄棕壤地带均为第四纪新构造运动上升地带，受古气候影响较深，成土母质主要是玄武岩、粉岩、粉砂岩等残积物、坡积物及其古风化物。在风化过程中，矿物释放出盐基并被淋溶，使土壤发生酸化，矿物风化形成黏粒，释放出游离铁，水化后使土壤染色呈现黄棕色。

黑毡土占本县地域面积的 6%。黑毡土发生于青藏高原高寒略较温湿的塬面上，蒿草与杂生草类的草毡层初步分解，形成初步腐殖化的暗色草根茎盘结层。该土壤色泽较深，有机质含量较高，为 100—150g/kg，底土见锈色斑纹。土壤 pH 为 6.5—8.0。

石灰（岩）土占本县地域面积的 6%。石灰（岩）土发生于热带、亚热带石灰岩山区，是石灰岩经溶蚀风化，形成的厚薄不同的钙质饱和或含游离钙质的土壤。成土母质有石灰岩、白云质灰岩、红灰岩、红色硅灰岩、泥灰岩、灰岩、钙质页岩等。

暗棕壤占本县地域面积的 6%，分布于海拔 3600—4000m 的地区。地处高山亚寒带气候，气温低，冻土时间长，无霜期短，土壤湿度大。土层薄，含石头多，土壤呈微酸性，全剖面无石灰反应。植被以针叶林为主，林下有少量的灌木和杂草。暗棕壤是川西山地温带、寒温带湿润气候条件下形成的地带性森林土类，具弱酸性腐殖质积累和轻度的酸性淋溶和弱黏化过程。

小于本县地域面积 3% 的土壤类型还有红壤、山地草甸土、潮土、燥红土、水稻土、沼泽土等。

本区域中心区气候特征

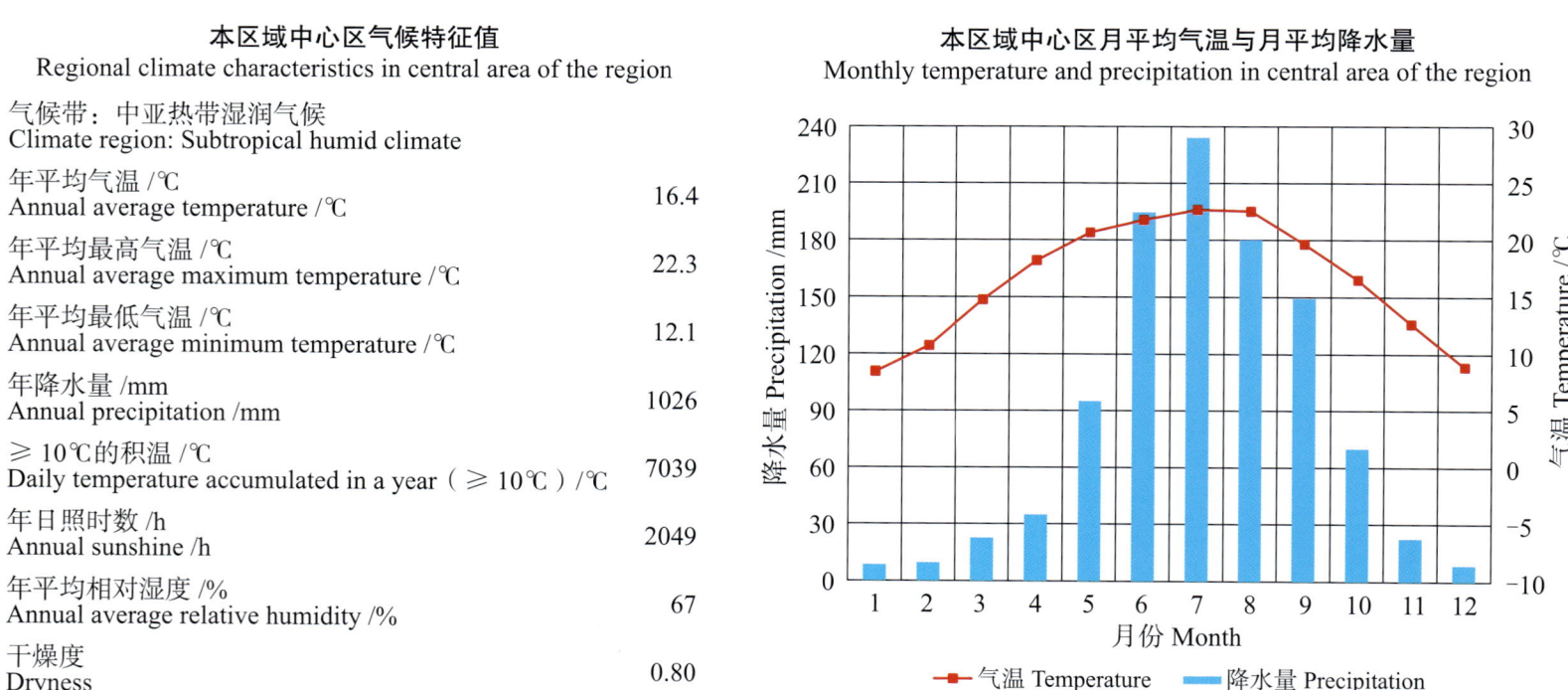

本区域中心区气候特征值
Regional climate characteristics in central area of the region

气候带：中亚热带湿润气候 Climate region: Subtropical humid climate	
年平均气温 /℃ Annual average temperature /℃	16.4
年平均最高气温 /℃ Annual average maximum temperature /℃	22.3
年平均最低气温 /℃ Annual average minimum temperature /℃	12.1
年降水量 /mm Annual precipitation /mm	1026
≥10℃的积温 /℃ Daily temperature accumulated in a year（≥10℃）/℃	7039
年日照时数 /h Annual sunshine /h	2049
年平均相对湿度 /% Annual average relative humidity /%	67
干燥度 Dryness	0.80

本区域中心区月平均气温与月平均降水量
Monthly temperature and precipitation in central area of the region

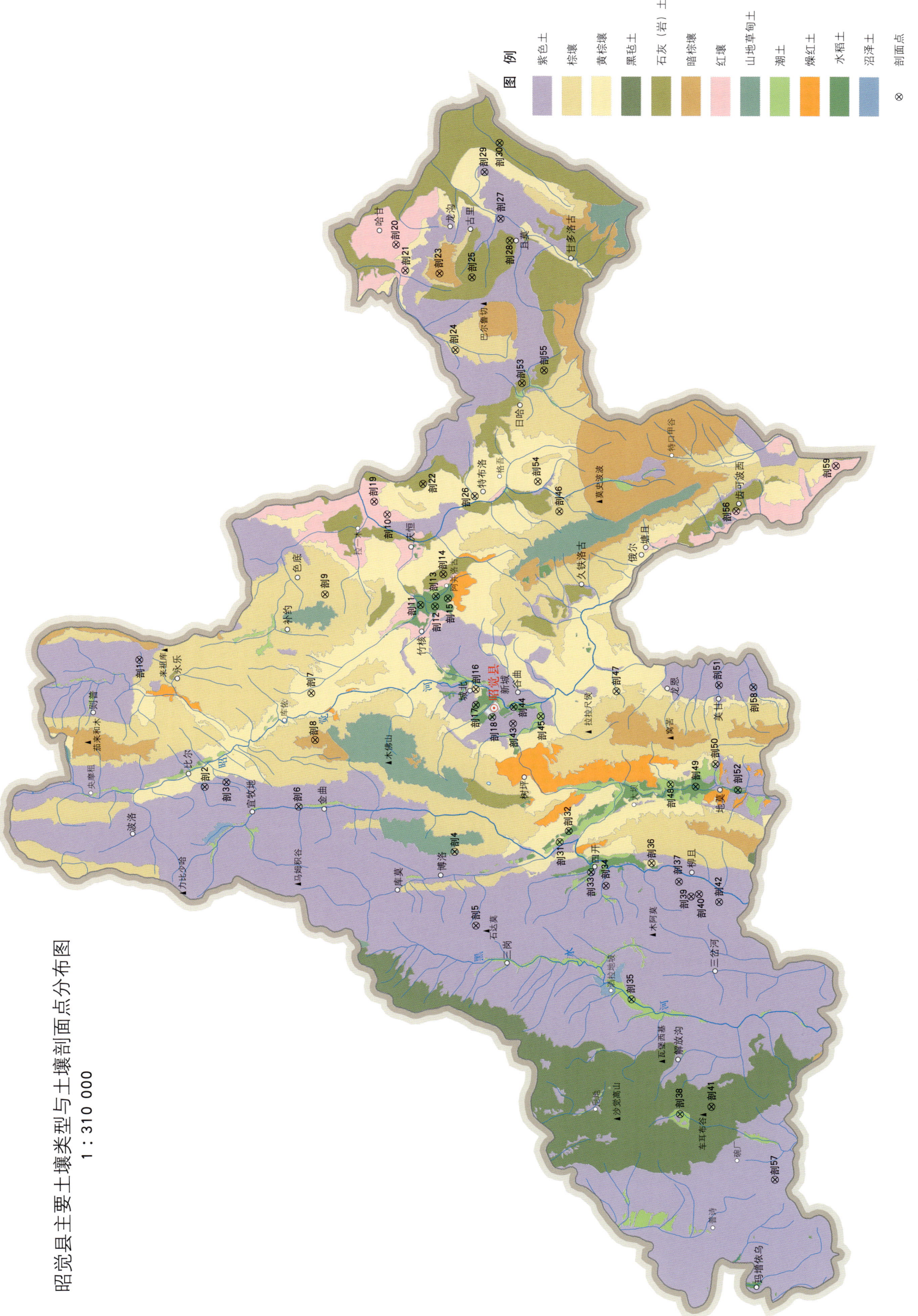

昭觉县土壤剖面理化性状表

剖面号 Soil profile	土纲 Soil order	土类 Soil great group	亚类 Soil subgroup	土属 Soil genus	土种 Soil species	土层码 Layer code	土层厚度 Depth/cm	颜色 Soil color	质地 Soil texture	土壤结构 Soil structure	pH	有机质 OM/(g/kg)	全氮 TN/(g/kg)	全磷 TP/(g/kg)	全钾 TK/(g/kg)	碱解氮 AN/(mg/kg)	有效磷 AP/(mg/kg)	速效钾 AK/(mg/kg)	土壤母质 Parent material	剖面点坐标 Profile coordinate	匹配指数 Matching index/%
剖1	初育土	紫色土	中性紫色土	暗紫泥土	石骨子土	1	0—13	紫棕色	砾石土	粒状	7.2	31.2	1.55	1.39	1.6	174	11.0	126	紫色砂岩坡积物、残积物	E 102°52′29.3″ N 28°15′47.9″	80
						2	13—27	紫色	砾石土	小块状	6.7	12.3	0.69	0.01	1.2						
						3	27—60	紫色	砾石土	块状	6.9	29.9	1.10	0.97	1.8						
剖2	初育土	紫色土	中性紫色土	红棕紫泥土	红棕大土	1	0—12	紫红色	中黏土	粒状、核状	6.8	24.3	1.74	1.01	3.0	100	9.0	126	紫色泥岩坡积物	E 102°46′29.6″ N 28°12′57.2″	80
						2	12—54	暗红色	中黏土	块状	7.0	20.0	1.33	1.05	3.0						
						3	54—100	紫红色	中黏土	块状	7.0	24.0	1.10	1.11	1.0						
剖3	初育土	紫色土	中性紫色土	棕紫泥土	棕色石骨子土	1	0—14	紫灰色	砾石土	粒状	7.2	14.9	0.79	1.51	3.7	70	5.0	162	坡积物、残积物	E 102°46′44.4″ N 28°12′02.9″	97
						2	14—34	暗灰色	砾石土	块状	7.0	25.6	1.91	1.29	3.1						
						3	34—65	灰棕色	砾石土	块状	7.8	13.3	0.99	1.51	3.4						
剖4	半水成土	山地草甸土				1	0—8									238	3.0	137	玄武岩坡积物、残积物	E 102°43′35.0″ N 28°02′20.8″	75
						2	8—21	黑褐色	中壤土	粒状	5.3	76.7	3.27	2.26	1.2						
						3	21—45	暗棕色	中壤土	小块状	5.1	80.2	3.50	2.53	1.4						
						4	45—90	棕色	中壤土	块状	5.4	53.3	2.19	2.54	1.8						
剖5	初育土	紫色土	酸性紫色土	红紫泥土	红棕砂泥土	1	0—16	棕色	重壤土	粒状	5.0	58.9	2.82	2.06	1.0	272	6.0	95	紫红色砂岩、粉砂岩坡积物	E 102°40′05.5″ N 28°01′24.2″	93
						2	16—45	紫红色	重壤土	小块状	4.9	53.3	2.55	2.01	0.9						
						3	45—100	红色	重壤土	块状	5.4	18.9	1.33	1.67	1.1						
剖6	初育土	紫色土	酸性紫色土	红紫泥土	红石骨子土	1	0—15	紫棕色	砾石土	粒状、核状	5.5	34.8	1.29	0.70	1.5	138	10.0	119	紫色残积物、坡积物	E 102°45′37.4″ N 28°08′58.2″	92
						2	15—26	浅棕色	砾石土	块状	5.4	20.5	1.13	1.57	1.6						
						3	26—85	浅棕色	砾石土	块状	5.4	11.1	0.96	1.04	1.8						
剖7	淋溶土	黄棕壤	粗骨性黄棕壤	残坡积黄棕壤	黄红砂夹石土	1	0—14	暗棕色	砾石土	粒状、核状	5.9	22.1	0.79	3.38	0.7	70	2.0	217	玄武岩坡积物、残积物	E 102°51′01.8″ N 28°08′30.1″	80
						2	14—51	暗棕色	砾石土	核状、小块状	6.0	11.8	0.51	2.54	0.9						
剖8	淋溶土	暗棕壤	暗棕壤	暗棕壤	暗棕砂泥土	1	0—12	暗棕色	重黏土	粒状	5.9	73.2	3.93	3.41	2.4	339	17.0	80		E 102°48′48.6″ N 28°08′19.0″	84
						2	12—36	黑棕色	重黏土	核状	5.7	68.5	3.69	3.31	2.4						
						3	36—80	棕色	轻黏土	小块状	5.4	32.3	2.31	2.18	2.3						
剖9	淋溶土	棕壤	棕壤			1	0—8									379	12.0	53	砂岩、粉砂岩坡积物、残积物	E 102°55′43.7″ N 28°07′59.2″	86
						2	8—25	暗棕色	重壤土	粒状、核状	5.3	70.9	3.90	1.65	2.7						
						3	25—55	棕色	重壤土	小块状	5.5	31.0	1.57	0.96	2.0						
						4	55—100	棕色	重壤土	块状	5.4	19.0	1.19	0.82	1.4						
剖10	铁铝土	红壤	黄红壤	黄红壤	黄红泥土	1	0—9	浅黄红色	轻黏土	粒状、核状	6.7	14.5	0.72	1.37	2.4	78	3.0	127	坡积物	E 102°59′34.1″ N 28°05′24.7″	87
						2	9—51	黄红色	中黏土	大块状	6.7	13.5	0.67	1.46	2.4						
						3	51—100	浅黄红色	中黏土	大块状	6.3	14.7	0.68	1.37	2.5						
剖11	人为土	水稻土	潴育水稻土	紫潮田	紫潮白鳝泥田	1	0—12	黄棕色	轻黏土	粒状、核状	6.2	32.5	1.71	0.71	1.4	142	2.0	105	近代紫色冲积物	E 102°55′17.8″ N 28°03′57.2″	87
						2	12—21	紫棕色	轻黏土	棱柱状	6.3	27.3	1.37	0.62	1.3						
						3	21—28	灰棕色	中黏土	棱柱状	6.8	23.9	1.02	0.60	1.4						
						4	28—85	灰白色	中黏土	棱柱状	6.3	12.9	1.07	0.39	1.4						
剖12	人为土	水稻土	潴育水稻土	黄红壤性水稻土	白鳝泥田	1	0—10	黄棕色	重壤土	小块状	6.3	32.7	1.55	1.08	1.6	189	9.0	221	老洪冲积物	E 102°55′14.2″ N 28°03′20.2″	97
						2	10—20	暗棕色	重壤土	板块状	7.3	22.3	1.22	1.01	1.4						
						3	20—42	暗棕色	中黏土	棱柱状	7.8	10.5	0.77	0.53	1.4						
						4	42—60	暗灰色	中黏土	棱柱状	7.5	10.3	0.71	0.50	1.5						
剖13	人为土	水稻土	淹育水稻土	紫潮田	紫潮泥田	1	0—11	紫棕色	中壤土	小块状	8.0	34.0	1.92	1.83	2.9	154	27.0	149	紫色冲积物	E 102°55′43.0″ N 28°03′18.4″	82
						2	11—23	紫色	中壤土	板块状	8.1	37.8	1.72	1.85	2.9						
						3	23—40	黑红色	中壤土	大棱柱状	8.1	32.9	1.57	1.81	2.7						
						4	40—100	黑棕色	中黏土	小棱柱状	8.0	24.2	1.64	1.74	2.9						

续表 Continued

剖面号 Soil profile	土纲 Soil order	土类 Soil great group	亚类 Soil subgroup	土属 Soil genus	土种 Soil species	土层码 Layer code	土层厚度 Depth/cm	颜色 Soil color	质地 Soil texture	土壤结构 Soil structure	pH	有机质 OM/(g/kg)	全氮 TN/(g/kg)	全磷 TP/(g/kg)	全钾 TK/(g/kg)	碱解氮 AN/(mg/kg)	有效磷 AP/(mg/kg)	速效钾 AK/(mg/kg)	土壤母质 Parent material	剖面点坐标 Profile coordinate	匹配指数 Matching index/%
剖14	初育土	石灰（岩）土	红色石灰土	淋溶性石灰土	钙质红砂泥土	1	0–13	红棕色	重壤土	粒状	6.7	32.6	1.87	2.37	2.3	108	3.0	105	灰岩堆积物	E 102°56′46.7″ N 28°03′00.7″	97
						2	13–45	暗红棕色	重壤土	小块状	7.6	24.7	1.51	1.97	2.4						
						3	45–100	棕红色	轻黏土	块状	7.3	23.3	1.38	1.89	2.4						
剖15	人为土	水稻土	淹育水稻土	红黏积水稻土	黄棕砂泥田	1	0–13	浅黄棕色	重壤土	小块状	5.9	34.4	1.81	2.10	0.9	180	19.0	47	黄红砂泥土	E 102°55′37.6″ N 28°02′48.1″	78
						2	13–23	浅黄棕色	重壤土	块状	6.3	33.0	1.02	1.88	1.2						
						3	23–47	暗红棕色	重壤土	块状	7.7	19.0	0.88	1.88	1.2						
						4	47–90	浅棕色	重壤土	块状	7.4	4.1	0.83	9.40	1.8						
剖16	淋溶土	黄棕壤	黄棕壤	老冲积黄棕壤	黄泥砂土	1	0–18	棕色	中壤土	粒状	6.3	28.6	1.12	2.58	1.4	168	15.0	76	老洪积物	E 102°51′20.2″ N 28°01′33.2″	72
						2	18–46	黄棕色	中壤土	粒状、核状	6.4	21.9	0.99	2.49	1.4						
						3	46–100	黄棕色	重壤土	块状	6.7	10.6	0.60	1.73	1.8						
剖17	人为土	水稻土	淹育水稻土	中性紫泥田	二泥田	1	0–10	紫色	重壤土	粒状、核状	6.8	31.7	1.54	1.73	2.8	154	15.0	71	紫色砂泥岩坡积物	E 102°50′35.9″ N 28°01′32.5″	77
						2	10–20	灰紫棕色	重壤土	小棱粒状	7.8	29.2	1.74	1.72	2.6						
						3	20–50	紫棕色	轻黏土	块状	7.7	33.8	1.67	2.82	2.2						
						4	50–100	灰棕色	轻黏土	大块状	6.7	13.0	0.86	1.67	2.4						
剖18	人为土	水稻土	淹育水稻土	黄棕壤性水稻田	黄泥田	1	0–10	暗黄棕色	轻黏土	粒状、核状	6.5	41.4	1.98	1.29	1.8	208	11.0	130	老洪积物	E 102°50′02.2″ N 28°00′50.9″	86
						2	10–18	灰黄棕色	轻壤土	小棱柱状	7.5	30.6	1.80	1.65	1.5						
						3	18–46	暗棕色	轻壤土	块状	7.2	26.3	1.33	1.76	1.4						
						4	46–100	黄棕色	轻黏土	大块状	7.3	14.2	0.82	0.56	1.2						
剖19	铁铝土	红壤	粗骨性红壤	铁质粗骨红壤	石子红壤	1	0–10	暗棕红色	砾石土	核状	5.7	10.3	0.55	0.62	0.6	43	1.0	43	玄武岩风化坡积物、残积物	E 103°00′10.1″ N 28°05′58.6″	87
						2	10–25	暗红色	砾石土	核状、小块状	5.6	10.5	0.71	1.06	0.8						
						3	25–60	棕褐色	砾石土	小块状	5.4	15.7	0.66	0.73	0.8						
剖20	铁铝土	红壤	粗骨性红壤	铁质粗骨红壤	夹石红砂泥土	1	0–12	暗红棕色	砾石土	粒状、小块状	6.1	21.1	1.31	0.79	0.9	96	2.0	159	坡积物、残积物	E 103°12′23.4″ N 28°05′12.5″	76
						2	12–35	黄红色	砾石土	块状、小块状	5.8	5.9	0.46	0.76	1.2						
						3	35–70	棕红色	砾石土	大块状	6.0	4.3	0.46	1.11	0.4						
剖21	铁铝土	红壤	粗骨性红壤	棕色石灰土		1	0–4	红棕色	砾石土	粒状	6.5	23.8	1.13	1.54	0.8	118	6.0	7	砂岩	E 103°11′10.3″ N 28°04′48.4″	80
						2	4–15	棕红色	砾石土	小块状	6.4	8.8	0.52	0.63	0.9						
						3	15–45	暗棕色	轻壤土	粒状、小块状	6.8	23.7	1.49	1.42	2.7						
剖22	初育土	石灰（岩）土	棕色石灰土	钙质黄砂泥土		1	0–12	棕色	轻壤土	块状	6.8	19.3	1.32	1.79	2.8	120	3.0	61	灰岩堆积物、残积物	E 103°01′03.0″ N 28°03′55.1″	71
						2	12–44	棕色	轻壤土	大块状	7.7	20.7	1.34	1.97	2.8						
						3	44–95														
剖23	淋溶土	暗棕壤	暗棕壤	硅质暗棕壤		1	0–5	黑色	中壤土	粒状	5.4	107.2	3.14	3.45	1.8	346	11.0	145	玄武岩坡积物、残积物	E 103°11′03.5″ N 28°03′21.6″	91
						2	5–20	灰黑色	中壤土	粒状	5.9	109.2	3.08	3.48	1.6						
						3	20–41	暗黑色	重壤土	小块状	5.7	93.2	2.60	1.38	1.7						
						4	41–80	中棕色	重壤土	大块状	5.3	41.9	1.30	2.43	0.9						
剖24	淋溶土	棕壤	棕壤	残坡积棕壤	冷砂土	1	0–15	浅棕色	中壤土	粒状	5.6	24.2	0.84	2.93	1.1	125	6.0	298	玄武岩坡积物、残积物	E 103°07′26.0″ N 28°02′38.8″	92
						2	15–43	浅棕色	重壤土	粒状、核状	5.6	17.2	0.61	2.37	1.2						
						3	43–100														
剖25	初育土	石灰（岩）土				1	0–5	暗棕色	重壤土	粒状	6.2	86.6	2.25	1.51	3.3	319	17.0	457	灰岩坡积物、残积物	E 103°10′54.1″ N 28°01′58.8″	76
						2	5–18	棕色	重壤土	粒状、块状	6.8	40.4	1.09	1.18	3.4						
						3	18–38	黄棕色	中砾重黏土	大块状	7.0	26.2	1.09	1.35	3.5						
						4	38–90														
剖26	淋溶土	黄棕壤	黄棕壤	残坡积黄棕壤	黄砂泥土	1	0–15	黄棕色	重壤土	粒状	6.0	22.7	1.01	1.29	1.5	153	15.0	346	砂岩、粉砂岩坡积物	E 103°00′30.2″ N 28°01′43.3″	91
						2	16–46	黄棕色	重壤土	小块状	6.3	14.3	0.66	1.18	1.4						
						3	46–106	棕色	轻壤土	块状	6.2	9.3	0.62	0.92	1.8						

续表 Continued

剖面号 Soil profile	土纲 Soil order	土类 Soil great group	亚类 Soil subgroup	土属 Soil genus	土种 Soil species	土层码 Layer code	土层厚度 Depth/cm	颜色 Soil color	质地 Soil texture	土壤结构 Soil structure	pH	有机质 OM/(g/kg)	全氮 TN/(g/kg)	全磷 TP/(g/kg)	全钾 TK/(g/kg)	碱解氮 AN/(mg/kg)	有效磷 AP/(mg/kg)	速效钾 AK/(mg/kg)	土壤母质 Parent material	剖面点坐标 Profile coordinate	匹配指数 Matching index/%
剖27	初育土	紫色土	中性紫色土	暗紫泥土	大泥土	1	0~11	暗红色	轻黏土	团块状	6.6	14.5	1.30	1.89	2.7	108	5.0	163	紫色岩坡积物	E 103°13′42.2″ N 28°00′48.6″	87
						2	11~60	暗红色	轻黏土	块状	6.5	17.8	1.28	1.69	2.5						
						3	60~100	暗红棕色	轻黏土	大块状	6.6	9.6	0.98	1.84	2.7						
剖28	初育土	石灰（岩）土	棕色石灰土	棕色石灰土	钙质黄泥土	1	0~12	暗棕色	轻黏土	粒状、小块状	6.9	29.8	1.81	2.06	3.1	117	44.0	331	灰岩堆积物	E 103°12′40.3″ N 28°00′24.8″	79
						2	12~44	棕色	轻黏土	块状	7.2	29.1	1.63	1.81	2.8						
						3	44~95	棕色	轻黏土	大块状	7.3	11.6	0.83	1.50	1.6						
剖29	初育土	紫色土	中性紫色土	暗紫泥土	二泥土	1	0~12	紫棕色	中壤土	粒状、核状	7.0	18.0	1.28	1.26	1.6	97	4.0	172	紫色砂岩坡积物、残积物	E 103°15′54.0″ N 28°01′31.1″	89
						2	12~36	红棕色	重壤土	小块状	7.1	16.5	1.13	1.07	1.7						
						3	36~100	红棕色	重壤土	块状	7.3	11.7	1.09	0.97	2.0						
剖30	初育土	石灰（岩）土	红色石灰土	红色石灰土	石渣土	1	0~12	棕色	砾石土	粒状	7.9	15.7	1.01	0.91	0.9	64	2.0	110	灰岩堆积物	E 103°17′18.0″ N 28°00′54.3″	98
						2	12~37	红棕色	砾石土	粒状、核状	7.8	10.8	0.61	0.48	0.9						
						3	37~75	红棕色	砾石土	块状	7.7	9.5	0.52	0.36	0.9						
剖31	半水成土	潮土	潮土	紫色潮土	紫潮砂土	1	0~15	浅棕色	轻壤土	粒状	7.9	10.8	0.59	1.99	1.5	47	18.0	44	河流冲积物	E 102°44′08.2″ N 27°57′55.1″	78
						2	15~31	紫棕色	中壤土	团块状	7.9	14.8	0.84	1.84	1.6						
						3	31~100	紫棕色	轻壤土	团块状	7.9	17.5	0.50								
剖32	人为土	水稻土	潴育水稻土	黄棕壤性水稻田	黄红潮泥田	1	0~10	黄棕红色	轻黏土	大块状	6.0	40.4	1.33	1.04	2.1	170	6.0	53	近代黄红壤性冲积物	E 102°44′40.6″ N 27°57′32.4″	97
						2	10~20	黄棕色	中壤土	大块状	6.5	24.0	0.87	1.28	1.9						
						3	20~45	黄棕灰色	中壤土	大块状	5.6	12.3	0.61	0.54	0.7						
						4	45~87	黄棕色	中壤土	板状	5.0	8.8	0.51	0.53	1.0						
剖33	人为土	水稻土	淹育水稻土	黄棕壤性水稻田	黄棕夹石田	1	0~12	黄棕色	砾石土	粒状、块状	5.8	19.4	1.08	7.79	2.1	76	3.0	56	老冲积物	E 102°42′44.3″ N 27°56′34.4″	72
						2	12~20	黄棕色	砾石土	粒状、核状	5.2	12.0	1.07	1.51	2.0						
						3	20~70	棕色	砾石土	块状	5.9	9.1	1.13	1.61	1.1						
剖34	初育土	紫色土	中性紫色土	棕紫泥土	棕紫夹石土	1	0~15	紫棕色	重壤土	粒状	6.7	25.6	1.44	0.63	2.4	100	3.0	190	紫色砂泥岩坡积物	E 102°42′06.1″ N 27°55′55.9″	95
						2	15~44	灰棕色	重壤土	粒状、块状	6.9	26.9	1.42	0.70	2.4						
						3	44~85	棕色	重壤土	块状	7.5	13.9	1.10	0.50	2.4						
剖35	半水成土	潮土	潮土	紫色潮土	紫潮夹石土	1	0~8	暗红棕色	砾石土	粒状、团块状	8.3	7.6	0.49	1.32	1.2	34	4.0	31	河流冲积物	E 102°36′42.5″ N 27°54′46.8″	82
						2	8~30	红棕色	砾石土	团块状、块状	8.4	12.2	0.69	1.32	1.4						
剖36	淋溶土	黄棕壤	黄棕壤	老冲积黄棕壤	黄泥土	1	0~16	棕色	中壤土	粒状、块状	6.3	39.8	2.48	1.59	2.0	160	5.0	79	第四纪沉积物	E 102°43′12.4″ N 27°54′01.4″	82
						2	16~41	黄棕色	中壤土	块状	6.0	29.1	1.69	1.17	1.9						
						3	41~60	棕色	中壤土	粒状	5.8	27.9	1.08	1.12	2.1						
剖37	初育土	紫色土	中性紫色土	红棕紫泥土	红油砂土	1	0~16	黄棕色	轻壤土	粒状	6.9	20.7	1.27	1.09	0.9	83	22.0	118	鲜红色砂岩坡积物、残积物	E 102°42′20.9″ N 27°52′50.9″	87
						2	16~42	红棕色	重壤土	小块状	6.9	23.1	1.40	1.23	0.8						
						3	42~95	红棕色	重壤土	粒状、核状	7.0	10.7	0.85	1.21	0.6						
剖38	半水成土	潮土	潮土	紫色潮土	紫潮夹石土	1	0~15	棕色	中壤土	粒状	6.0	36.1	1.93	1.38	1.8	225	16.0	243	河流冲积物	E 102°31′17.0″ N 27°52′39.4″	99
						2	15~55	紫红色	重壤土	粒状、核状	5.7	41.5	2.10	2.13	1.4						
						3	55~100	紫棕色	重壤土	块状	6.0	11.5	1.08	0.99	1.3						
剖39	初育土	紫色土	石灰性紫色土	红棕紫泥土	红棕夹石土	1	0~11	棕棕色	重壤土	粒状、核状	8.3	19.6	1.25	0.80	2.2	91	5.0	64	红棕色泥岩坡积物、残积物	E 102°41′39.3″ N 27°52′19.4″	96
						2	11~40	红棕色	重壤土	小块状	8.2	10.2	0.80	0.93	0.8						
						3	40~90	红棕色	重壤土	块状	8.1	7.1	0.59	0.60	1.5						
剖40	初育土	紫色土	石灰性紫色土	红棕紫泥土	红棕泥土	1	0~12	红棕色	轻黏土	粒状、小块状	7.8	16.5	1.52	0.72	2.8	71	3.0	251	紫色坡积物	E 102°41′46.4″ N 27°51′59.2″	77
						2	12~48	红棕色	轻黏土	块状	7.6	22.3	1.31	0.85	2.8						
						3	48~80	红棕色	轻黏土	块状	7.7	7.6	1.04	0.57	3.5						
剖41	高山土	黑毡土	黑毡土			1	0~3									160	2.0	75	坡积物、残积物	E 102°31′39.4″ N 27°51′20.2″	99
						2	3~14	黑棕色	中壤土	粒状	5.3	49.5	2.45	1.79	0.1						
						3	14~45	暗棕棕色	重壤土	块状	5.9	28.5	1.05	0.91	1.1						

续表 Continued

剖面号 Soil profile	土纲 Soil order	土类 Soil great group	亚类 Soil subgroup	土属 Soil genus	土种 Soil species	土层码 Layer code	土层厚度 Depth/cm	颜色 Soil color	质地 Soil texture	土壤结构 Soil structure	pH	有机质 OM/(g/kg)	全氮 TN/(g/kg)	全磷 TP/(g/kg)	全钾 TK/(g/kg)	碱解氮 AN/(mg/kg)	有效磷 AP/(mg/kg)	速效钾 AK/(mg/kg)	土壤母质 Parent material	剖面点坐标 Profile coordinate	匹配指数 Matching index/%
剖42	初育土	紫色土	中性紫色土			1	0–3	紫棕色	重壤土	粒状	6.8	29.7	0.98	0.94	1.9	147	8.0	129	紫色岩坡积物、残积物	E 102°41′24.7″ N 27°51′08.9″	91
						2	3–11	灰棕色	重壤土	小块状	6.9	14.0	0.57	0.83	2.1						
						3	11–25	灰棕色	重壤土	块状	7.1	8.8	0.57	0.94	2.6						
						4	25–80														
剖43	初育土	紫色土	酸性紫色土	红紫泥土	红紫泥田	1	0–12	紫色	中黏土	团块状	5.9	20.0	1.57	1.24	1.7	94	4.0	56	紫色岩坡积物	E 102°49′44.4″ N 27°59′58.2″	79
						2	12–39	红棕色	中黏土	块状	6.0	19.5	1.16	1.42	2.8						
						3	39–85	红棕色	中黏土	块状	5.4	17.5	1.06	1.50	3.3						
剖44	人为土	水稻土	淹育水稻土	黄红潮田	黄红潮泥田	1	0–11	重壤土	粒状	7.0	32.4	1.60	2.57	1.5	184	21.0	58	第四纪黄红色冲积物	E 102°50′32.1″ N 27°59′57.3″	85
						2	11–20	暗红棕色	轻壤土	大块状	7.0	33.5	1.73	2.59	1.5						
						3	20–31	暗红棕色	重壤土	棱柱状	7.7	31.4	1.95	2.48	1.5						
						4	31–86	黄棕色	重壤土	块状	7.5	19.0	0.83	1.68	1.4						
剖45	半水成土	潮土		黄红潮土	黄红潮砂子土	1	0–12	棕黄色	砾石土	小块状	7.2	23.4	1.20	2.13	1.3	130	10.0	80	河流冲积物	E 102°50′07.1″ N 27°58′47.6″	100
						2	12–34	暗棕色	砾石土	粒状	7.1	20.7	1.10	2.01	1.1						
						3	34–90	轻砾质黏土	大棱柱状	6.6	27.8	0.99	1.57	1.4							
剖46	淋溶土	棕壤		残坡积棕壤	冷泥砂土	1	0–15	浅棕色	重壤土	粒状	5.4	57.0	2.84	2.73	1.0	218	2.0	97	玄武岩坡积物	E 102°59′51.4″ N 27°58′08.4″	86
						2	15–40	暗红棕色	重壤土	粒状、核状	5.3	93.8	4.82	4.07	0.6						
						3	40–100	浅红棕色	重壤土	小块状	5.5	55.1	2.62	2.89	0.8						
剖47	淋溶土	黄棕壤				1	0–4									156	8.0	49	砂岩、粉砂岩残积物、坡积物	E 102°51′22.0″ N 27°55′36.5″	87
						2	4–15	棕色	中壤土	粒状	5.2	27.9	0.96	1.23	3.0						
						3	15–45	黄棕色	重壤土	粒状、块状	5.2	9.9	0.53	1.33	3.2						
						4	45–110	棕色	重壤土	块状	5.0	3.3	0.31	1.67	4.3						
剖48	半水成土	潮土		黄棕潮土		1	0–12	黄棕色	砾石土	粒状	6.3	12.6	0.66	1.00	0.7	37	4.0	62	河流冲积物	E 102°46′59.2″ N 27°53′16.1″	70
						2	12–57	棕色	砾石土	块状	6.5	10.4	0.52	0.93	0.7						
						3	57–80	棕色	砾石土	小块状	6.6	5.2	0.23	0.63	0.4						
剖49	人为土	水稻土	淹育水稻土	紫潮田	紫潮夹田	1	0–11	紫棕色	砾石土	粒状	7.5	16.4	1.18	1.07	2.5	106	10.0	116	第四纪紫色冲积物	E 102°46′53.8″ N 27°52′12.0″	74
						2	11–45	紫色棕色	中壤土	小块状	7.9	14.0	0.96	1.03	2.4						
剖50	半水成土	潮土		黄棕潮土	黄棕潮砂泥土	1	0–14	黄棕色	中壤土	粒状	6.2	11.5	1.79	0.91	1.5	60	1.0	61	河流冲积物	E 102°47′59.3″ N 27°51′23.4″	80
						2	14–90	暗黄棕色	中壤土	粒状	6.1	10.9	1.71	1.90	1.6						
剖51	初育土	紫色土	中性紫色土	灰棕紫色土	大眼泥土	1	0–13	棕红色	轻壤土	团团状	7.0	29.0	1.36	1.14	2.3	71	5.0	109	砂页岩坡积物	E 102°51′43.6″ N 27°51′17.6″	85
						2	13–50	暗棕红色	中黏土	块状	7.8	14.2	1.19	0.98	2.1						
						3	50–95	暗棕色	中黏土	核状	7.6	16.7	1.36	0.83	2.3						
剖52	人为土	水稻土	淹育水稻土	中性紫泥田	大眼泥田	1	0–15	紫色	中黏土	大块状	7.3	32.6	1.57	1.01	2.7				紫色岩坡积物	E 102°46′45.8″ N 27°50′25.1″	74
						2	15–25	暗红棕色	中黏土	大棱柱状	7.3	25.3	1.48	1.06	2.4						
						3	25–42	暗棕色	中黏土	小棱柱状	8.2	15.6	1.08	0.95	2.4						
						4	42–100	暗棕色	中黏土	块状	8.2	12.8	0.82	0.79	1.6						
剖53	初育土	石灰(岩)土	黑色石灰土			1	0–2	黑棕色	重壤土	粒状、核状	6.3	47.9	2.98	1.97	1.1	345	16.0	171	灰岩坡积物	E 103°05′55.0″ N 27°59′48.5″	100
						2	2–17	暗棕色	重壤土	块状	7.0	24.0	1.09	0.91	1.1						
						3	17–37	黄棕色	轻壤土	粒状	7.5	16.8	0.98	0.98	1.8						
						4	37–89	黄棕色	中壤土	粒状	5.5	29.1	1.41	1.42	1.9						
剖54	淋溶土	黄棕壤	黄棕壤	残坡积黄棕壤	石夹土	1	0–9	黄棕色	中壤土	小块状	6.0	18.3	1.13	1.48	2.0	81	10.0	126	砂岩、粉砂岩积物、残积物	E 103°01′15.2″ N 27°59′03.8″	71
						2	9–42	暗棕色	中黏土	大块状	5.7	14.9	1.95	1.54	1.9						
						3	42–85	重壤土	粒状												
剖55	初育土	石灰(岩)土	黑色石灰土	黑色石灰土	黑泥土	1	0–15	棕色	轻黏土	块状	6.6	29.2	2.19	1.19	1.8	185	16.0	97	灰岩坡积物	E 103°06′32.4″ N 27°58′52.3″	84
						2	12–45	棕色	轻黏土	块状	6.6	21.1	1.90	0.91	1.8						
						3	45–80	黄棕色	轻黏土	块状	7.1	18.5	0.85	0.87	1.8						

续表 Continued

剖面号 Soil profile	土纲 Soil order	土类 Soil great group	亚类 Soil subgroup	土属 Soil genus	土种 Soil species	土层码 Layer code	土层厚度 Depth/cm	颜色 Soil color	质地 Soil texture	土壤结构 Soil structure	pH	有机质 OM/(g/kg)	全氮 TN/(g/kg)	全磷 TP/(g/kg)	全钾 TK/(g/kg)	碱解氮 AN/(mg/kg)	有效磷 AP/(mg/kg)	速效钾 AK/(mg/kg)	土壤母质 Parent material	剖面点坐标 Profile coordinate	匹配指数 Matching index/%
剖56	铁铝土	红壤	黄红壤	黄红壤	黄红夹石土	1	0—12	黄红色	轻壤土	粒状	6.0	20.2	1.19	1.50	1.0	82	28.0	303	砂岩、粉砂岩坡积物、残积物	E 103°00′00.7″ N 27°50′39.7″	70
						2	12—35	浅红棕色	中壤土	粒状、核状	6.3	14.0	0.89	1.21	1.0						
						3	35—70	棕红色	轻砾轻黏土	块状	6.3	10.2	0.92	1.51	1.4						
剖57	初育土	紫色土	酸性紫色土			1	0—7												紫红色砂岩、粉砂岩坡积物	E 102°28′14.2″ N 27°48′36.0″	71
						2	7—15	暗红色	中壤土	粒状	4.9	66.1	1.60	0.93	2.0	281	9.0	163			
						3	15—25	暗红棕色	重壤土	粒状、核状	4.8	58.9	1.49	1.22	1.8						
						4	25—65	棕红色	中壤土	块状	5.3	8.1	0.46	0.53	1.8						
剖58	初育土	紫色土	中性紫色土	灰棕紫色土	夹砂泥土	1	0—12	暗棕红色	中壤土	团块状	6.7	23.4	1.44	0.88	2.2	141	6.0	135	紫色砂泥岩坡积物	E 102°51′38.9″ N 27°49′49.6″	91
						2	12—35	暗红棕色	重壤土	块状	6.8	22.7	1.42	1.03	2.2						
						3	35—80	暗红棕色	重壤土	棱块状	6.9	18.0	1.16	0.99	2.4						
剖59	铁铝土	红壤	黄红壤	黄红壤	黄红泥砂土	1	0—13	黄红色	重壤土	粒状、块状	6.8	23.2	1.27	1.26	1.2	110	11.0	73	砂岩、粉砂岩坡积物	E 103°02′13.5″ N 27°46′28.4″	76
						2	13—47	黄红色	重壤土	粒状、块状	6.7	21.0	1.21	1.11	1.1						
						3	47—80	红色	轻黏土	小块状	6.8	5.5	0.52	0.80	0.8						

续表 Continued

剖面号 Soil profile	土纲 Soil order	土类 Soil great group	亚类 Soil subgroup	土属 Soil genus	土种 Soil species	土层码 Layer code	土层厚度 Depth/cm	颜色 Soil color	质地 Soil texture	土壤结构 Soil structure	pH	有机质 OM/(g/kg)	全氮 TN/(g/kg)	全磷 TP/(g/kg)	全钾 TK/(g/kg)	碱解氮 AN/(mg/kg)	有效磷 AP/(mg/kg)	速效钾 AK/(mg/kg)	阳离子交换量CEC/(cmol/kg)	土壤母质 Parent material	剖面点坐标 Profile coordinate	匹配指数 Matching index/%
剖30	初育土	紫色土	酸性紫色土	灰棕紫泥土	夹砂土	1	0—9	紫棕色	中壤土	粒状	5.4	26.5	1.10	0.36	1.9	117	2.0	51		残积物、坡积物	E 102°39′48.6″ N 28°10′59.5″	85
剖31	初育土	紫色土	酸性紫色土	红棕紫泥土	红砂泥土	2	9—21	灰紫色	重壤土	块状	5.5	16.4	0.74	0.29	2.0					残积物、坡积物	E 102°40′44.8″ N 28°10′17.0″	77
						3	21—															
剖32	人为土	水稻土	冲积型水稻土	灰色冲积水稻土	白鳝泥田	1	0—20	灰棕色		小块状													
						1	0—11	白灰色	重壤土	块状	6.3	23.5	1.59	0.24	2.9	176	7.0	57			E 102°13′25.0″ N 28°07′23.5″	72
						2	11—20	灰白色	重壤土	片状、块状	6.2	24.3	1.27	0.26	3.0							
						3	20—31	黄白色	轻黏土	棱柱状	6.6	8.0	0.57	0.15	3.1							
剖33	铁铝土	红壤	黄红壤	山地黄红壤	夹石土	1	0—20	灰黄色	轻壤土	粒状	5.4	22.3	1.07	0.77	4.0	100	41.0	106			E 102°14′16.6″ N 28°06′14.8″	80
						2	20—47	暗黄色	轻壤土	小块状	5.3	14.5	0.75	0.94	3.7							
						3	47—62			块状												
剖34	铁铝土	红壤	红壤	山地红壤	红泥土	1	0—12	红色	重壤土	小块状	5.8	9.3	0.55	0.33	2.5	63	4.0	160			E 102°13′14.2″ N 28°04′43.0″	76
						2	12—48	黄红色	中壤土	块块状	5.3	4.6	0.47	0.28	2.6							
						3	48—	红色														
剖35	初育土	紫色土	酸性紫色土	灰棕紫泥土	豆瓣泥土	1	0—18	暗紫色	重壤土	小块状	5.2	20.5	1.12	0.37	1.6	154	4.0	149		残积物、坡积物	E 102°14′46.7″ N 28°04′22.1″	73
						2	18—44	棕紫色	中壤土	块状	5.4	24.6	1.20	0.42	1.3							
						3	44—															
剖36	半水成土	山地草甸土	山地草甸土	硅铁质土		1	0—4	黑ärin色	轻壤土	粒状	5.1	212.8	7.25	1.27	2.1	506	11.0	185			E 102°23′11.0″ N 28°09′55.8″	85
						2	4—34	黑棕色	重壤土	团粒状	5.2	145.6	4.73	1.02	2.4							
						3	34—55	红棕色	中壤土	块状	5.4	50.0	1.99	0.70	2.9							
						1	0—2			半腐烂状												
剖37	淋溶土	黄棕壤	山地黄棕壤	山地黄棕壤		2	2—7	黄色		块状												
						3	7—16	红棕色	重壤土	块状	5.4	40.9	1.27	0.49	2.9	162	3.0	270		残积物、坡积物	E 102°15′02.2″ N 28°07′45.5″	74
						4	16—60	红棕色	重壤土	棱柱状	5.5	38.9	1.24	0.40	2.6							
						5	60—	红棕色	轻黏土	块状	5.8	9.2	0.75	0.47	2.7							
剖38	人为土	水稻土	红壤性水稻土	红壤性水稻土	红泥巴田	1	0—20	棕褐色	重壤土	大块状	7.2	17.1	0.95	0.57	2.3	102	7.0	138		黄红坡积物	E 102°15′24.8″ N 28°06′39.6″	92
						2	20—30	棕褐色	重壤土	块状	7.9	14.6	0.88	0.50	2.4							
						3	30—57	灰棕褐色	重壤土	块柱状	8.2	11.9	0.77	0.54	2.4							
						4	57—80	黄褐色	重壤土	块状	8.2	10.8	0.77	0.52	2.6							
剖39	人为土	水稻土	冲积型水稻土	紫色冲积水稻土	下湿田	1	0—19	黑褐色	轻壤土	块状	5.6	109.5	5.32	0.54	2.1	79	6.0	59		紫色冲积物	E 102°15′28.1″ N 28°06′04.7″	98
						2	19—22	棕紫色	重壤土	块状		113.2	5.41	0.53	2.3							
						3	22—38	棕紫色	轻壤土	棱柱状		100.1	4.55	0.41	2.2							
						4	38—55	灰棕紫色	重壤土	无明显结构		175.3	6.17	0.44	2.3							
剖40	人为土	水稻土	黄红型水稻土	黄红紫水稻土	红泥田	1	0—14	灰褐色	重壤土	粒状、小块状	5.8	29.9	1.39	0.73	0.7	145	5.0	154		坡积物	E 102°16′08.8″ N 28°05′36.2″	77
						2	14—22	浅棕紫色	中壤土	块状	6.3	26.1	1.27	0.68	1.1							
						3	22—36	棕紫色	中壤土	大棱柱状	7.1	17.1	0.86	0.66	1.0							
剖41	初育土	紫色土	酸性紫色土	红棕紫泥土		1	0—18	黄棕紫色	重壤土	粒状	6.1	35.4	2.08	0.60	2.8	211	1.0	144		残积物、坡积物	E 102°17′12.8″ N 28°03′52.9″	71
						2	18—40	红棕色	中壤土	小块状	5.7	32.7	2.07	0.57	3.0							
						3	40—	红棕色														
剖42	初育土	紫色土	酸性紫色土	棕紫泥土	夹砂泥土	1	0—20	红棕色	中壤土	小块状	5.8	23.9	1.11	0.32	1.6	110	3.0	244		残积物、坡积物	E 102°15′32.0″ N 28°02′50.3″	71
						2	20—60	红紫色	中壤土	块状	5.6	17.7	0.87	0.34	1.6							
						Ao	0—2	褐色								172	1.0					
剖43	初育土	紫色土	酸性紫色土	砖红紫泥土		2	2—15	灰棕紫色	重壤土	团粒状	5.0	70.2	2.03	0.40	2.8					残积物、坡积物	E 102°27′25.2″ N 28°02′26.5″	82
						3	15—50	红紫色	轻黏土	小块状	5.1	18.5	1.10	0.27	2.8							
						4	50—	砖红紫色														

续表 Continued

剖面号 Soil profile	土纲 Soil order	土类 Soil great group	亚类 Soil subgroup	土属 Soil genus	土种 Soil species	土层码 Layer code	土层厚度 Depth/cm	颜色 Soil color	质地 Soil texture	土壤结构 Soil structure	pH	有机质 OM/(g/kg)	全氮 TN/(g/kg)	全磷 TP/(g/kg)	全钾 TK/(g/kg)	碱解氮 AN/(mg/kg)	有效磷 AP/(mg/kg)	速效钾 AK/(mg/kg)	阳离子交换量CEC/(cmol/kg)	土壤母质 Parent material	剖面点坐标 Profile coordinate	匹配指数 Matching index/%
剖44	初育土	紫色土	酸性紫色土	黄红紫泥土		1	0—9	暗棕色	中壤土	小块状	5.4	86.9	4.28	0.90	2.3	368	3.0	147		残积物、坡积物	E 102°19′29.3″ N 28°01′35.8″	97
						2	9—31	灰棕色	重壤土	小块状	4.9	60.9	3.01	0.90	2.2							
						3	31—51	黄紫色														
剖45	初育土	紫色土	酸性紫色土	红紫泥土	大泥土	1	0—18	灰红紫色	重壤土	块状	5.6	19.0	0.96	0.28	2.1	102	1.0	195		残积物、坡积物	E 102°23′10.0″ N 28°01′18.8″	91
						2	18—65	灰红紫色	中壤土	块状	5.6	10.4	0.83	0.29	2.2							
						3	65—	红紫色														
剖46	人为土	水稻土	紫色土性水稻土	红紫色水稻土	大土泥田	1	0—19	灰紫色	轻壤土	大块状	6.2	24.6	1.37	0.72	1.6	129	6.7	53		坡积物	E 102°30′48.2″ N 28°08′28.0″	85
						2	19—35	黄紫色	轻壤土	棱柱状	6.9	22.2	1.26	0.78	1.6							
						3	35—72	灰紫色	轻壤土	腐烂状	7.6	9.0	0.79	0.77	1.6							
剖47	初育土	紫色土	酸性紫色土	红紫泥土		1	0—3	褐黑色												残积物、坡积物	E 102°37′22.4″ N 28°07′55.2″	87
						2	3—8	红紫色	轻壤土	块状	5.7	50.3	1.72	0.30	1.4	190	8.0	251				
						3	8—22	暗紫色	轻壤土	小块状	5.3	24.8	1.01	0.26	1.4							
						4	22—53	红紫色	轻壤土	团粒状	5.5	7.3	0.37	0.26	1.5							
剖48	半水成土	山地草甸土	山地灌丛草甸土	山地灌丛草甸土		1	0—6	黑褐色		团粒状											E 102°33′16.9″ N 28°00′00.0″	72
						2	6—30	褐紫色	轻壤土	团粒状	4.7	63.5	3.74	0.59	1.6	337	12.0	79				
						3	30—60	黄紫色	轻壤土	小块状	5.0	61.7	2.26	0.42	1.7							
						4	60—	黄紫色		块状												
剖49	初育土	紫色土	酸性紫色土	黄红紫泥土		1	0—2	黑色		腐烂状										残积物、坡积物	E 102°19′52.0″ N 27°56′06.4″	84
						2	2—12	浅红紫色	中壤土	团粒、小块状	5.4	26.8	1.15	0.17	1.2	137		72				
						3	12—26	棕紫色	中壤土	小块状	5.4	26.1	1.06	0.18	1.2							
						4	26—68	红紫色		块状												
剖50	初育土	紫色土	酸性紫色土	红紫泥土	豆面土	1	0—15	棕紫色	中壤土	团块状	6.1	38.0	1.99	0.98	1.8	258	21.0	415		残积物、坡积物	E 102°18′43.6″ N 27°55′02.6″	88
						2	15—58	棕紫色	重壤土	块状	5.9	22.3	1.37	0.80	1.9							

冕 宁 县

主要土类说明

红壤是冕宁县的主要土壤类型，占本县地域面积的21%，主要分布在海拔1330—2600m的地区。红壤是经历了长期的较高温度以及在干湿季节的交替环境下，经脱硅富铝化作用形成的土壤。成土母岩种类繁多，有花岗岩、石英闪长岩、流纹岩、玄武岩、千枚岩、炭质页岩、泥岩、砂岩、基性岩等残积物、坡积物。土壤中铁质氧化后使剖面呈红色，底土为棕红色，具A–Bs–Bv或A–Bs–C剖面构型。

黄棕壤是冕宁县第二大土壤类型，占本县地域面积的19%，主要分布于安宁河流域北山关以南地区和雅砻江流域。黄棕壤是北亚热带常绿阔叶林和落叶阔叶林下，经过黏化和微弱富铝化成土过程形成的地带性土壤。在风化过程中，矿物释放出盐基并被淋溶，使土壤发生酸化，矿物风化形成黏粒，释放出游离铁，水化后使土壤染色呈现黄棕色。

棕壤是冕宁县第三大土壤类型，占本县地域面积的16%。棕壤是在山地暖温带和中温带湿润或半湿润气候条件下发育的地带性土壤。有较多的黏粒淀积，土壤呈棕色、棕黄色，为中性至微酸性，土体厚度一般为60—120cm，发育程度比较深。

灰化土占本县地域面积的9%。灰化土属于铁铝有机质络合淋溶强烈的土壤，大多见于无冻层的砂质土壤，表层有机质层及腐殖质层深厚，下移的富啡酸络合淋移铁铝成分，并在B层形成明显腐殖质与铁铝络合淀积层。在寒冷湿润针叶林下，表层有机质层深厚，强烈淋溶和SiO_2淀积形成灰化层A_2，具A_1–A_2–B–BC剖面构型。

石灰（岩）土占本县地域面积的9%。石灰（岩）土发生于热带、亚热带石灰岩山区，是石灰岩经溶蚀风化，形成的厚薄不同的钙质饱和或含游离钙质的土壤，多见于石隙、溶洞或峰丛底部。成土母质为石灰岩、白云质灰岩、红灰岩、红色硅灰岩、泥灰岩、灰岩、钙质页岩等。该土壤碳酸钙淋溶程度不一，多黏土，多为铁钙质胶结物，风化程度不一，盐基饱和度高，有机质含量及胶结状态有较大差异。

黑毡土占本县地域面积的8%。黑毡土发生于青藏高原高寒略较温湿的源面上，蒿草与杂生草类的草毡层初步分解，形成初步腐殖化的暗色草根茎盘结层。该土壤色泽较深，有机质含量较高，为100—150g/kg，底土见锈色斑纹。土壤pH为6.5—8.0。

暗棕壤占本县地域面积的7%，分布在海拔2700—3200m的中高山地带。暗棕壤是川西山地温带、寒温带湿润气候条件下形成的地带性森林土类。森林植被以针叶林及阔叶落叶林为主。

小于本县地域面积5%的土壤类型还有水稻土、新积土、紫色土、山地草甸土、寒冻土、沼泽土等。

本区域中心区气候特征

本区域中心区气候特征值
Regional climate characteristics in central area of the region

气候带：高原亚温带湿润气候 Climate region: Plateau sub temperate humid climate	
年平均气温 /℃ Annual average temperature /℃	13.4
年平均最高气温 /℃ Annual average maximum temperature /℃	20.4
年平均最低气温 /℃ Annual average minimum temperature /℃	8.3
年降水量 /mm Annual precipitation /mm	965
≥10℃的积温 /℃ Daily temperature accumulated in a year (≥10℃) /℃	5898
年日照时数 /h Annual sunshine /h	2045
年平均相对湿度 /% Annual average relative humidity /%	63
干燥度 Dryness	0.77

本区域中心区月平均气温与月平均降水量
Monthly temperature and precipitation in central area of the region

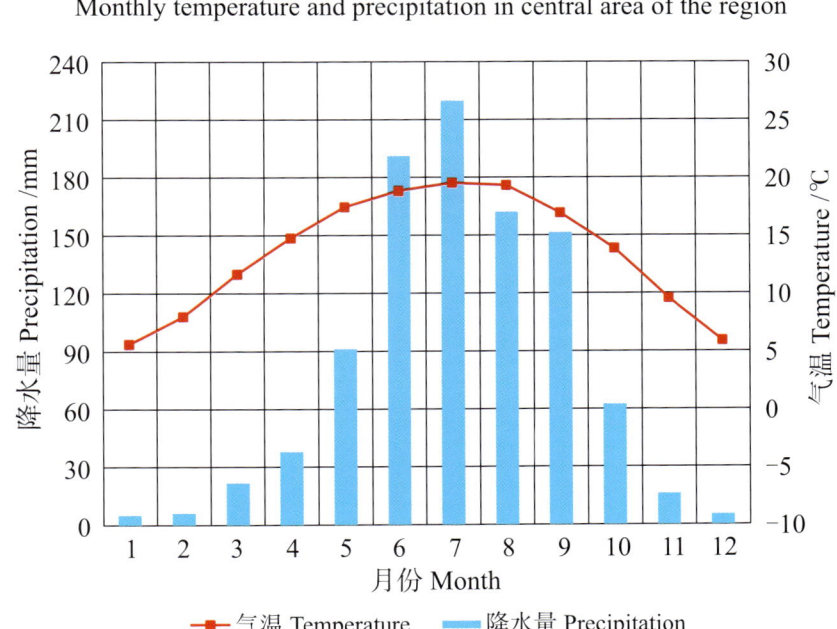

冕宁县主要土壤类型与土壤剖面点分布图
1 : 350 000

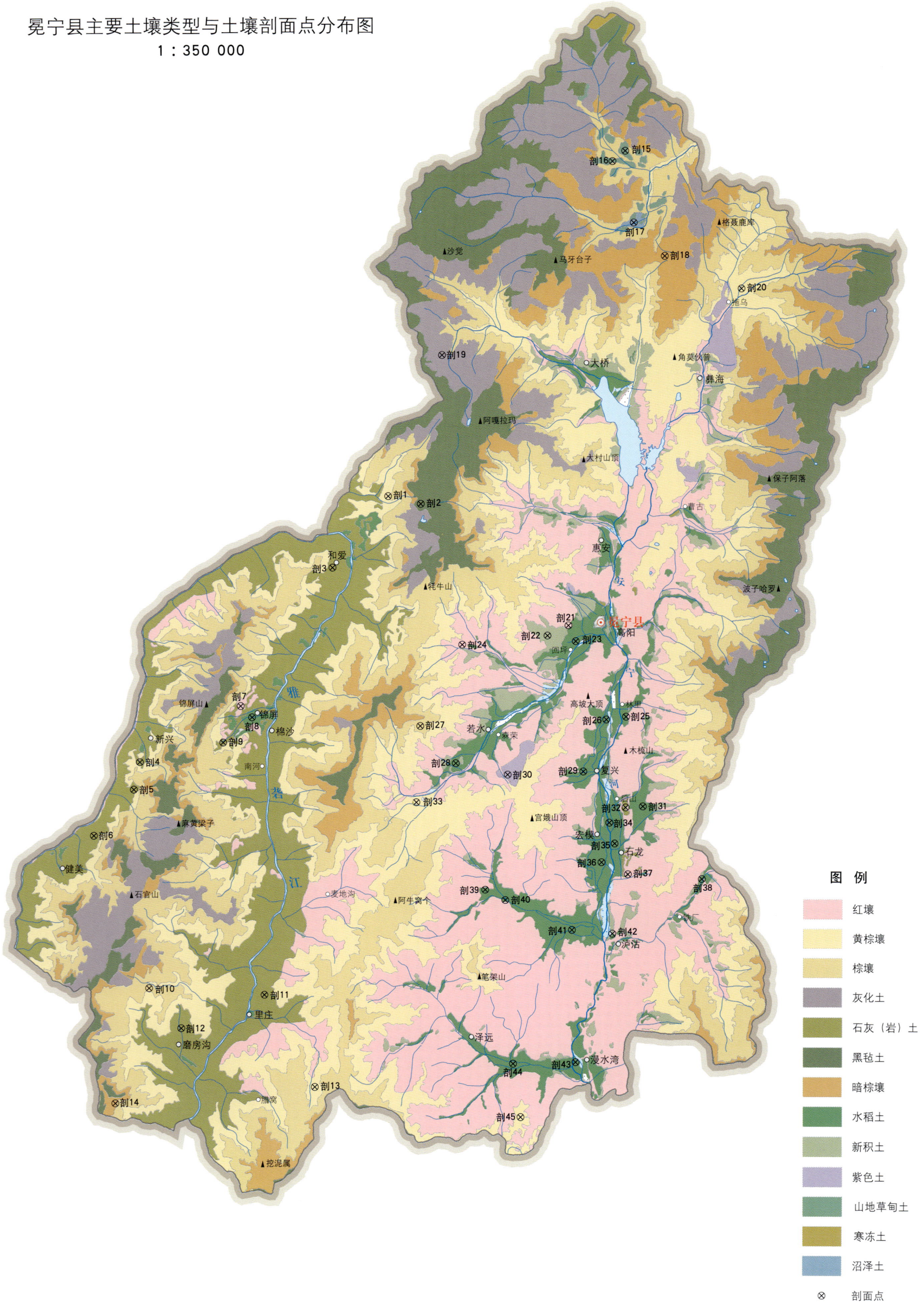

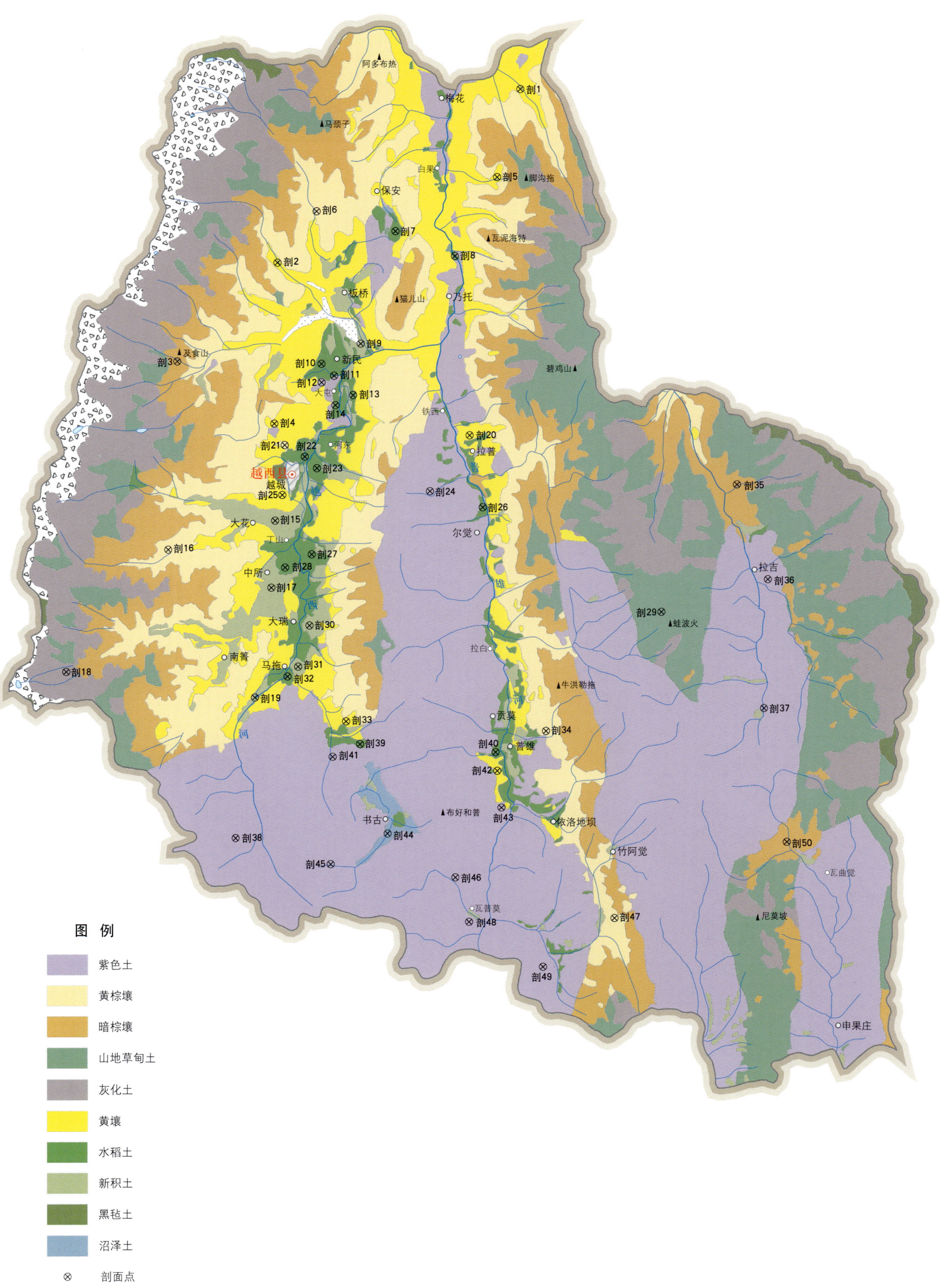

越西县土壤剖面理化性状表

剖面号 Soil profile	土纲 Soil order	土类 Soil great group	亚类 Soil subgroup	土属 Soil genus	土种 Soil species	土层码 Layer code	土层厚度 Depth/cm	颜色 Soil color	质地 Soil texture	土壤结构 Soil structure	pH	有机质 OM/(g/kg)	全氮 TN/(g/kg)	全磷 TP/(g/kg)	碱解氮 AN/(mg/kg)	有效磷 AP/(mg/kg)	速效钾 AK/(mg/kg)	阳离子交换量CEC/(cmol/kg)	土壤母质 Parent material	剖面点坐标 Profile coordinate	匹配指数 Matching index/%
剖1	铁铝土	黄壤	生草黄壤	矿子黄泥土		1	0—7	灰黄色	砂壤土	小粒状	5.8	59.2	2.69	1.29	150	1.5	106		砂页岩	E 102°38′33.3″ N 28°51′19.6″	85
						2	7—22	灰黄色	轻壤土	小块状	5.9	30.5	1.62	1.28	107	2.4	42				
						3	22—	灰黄色	中壤土	块状	6.2	9.1	0.80	1.34	369	3.6	33				
剖2	铁铝土	黄壤	山地黄壤		夹石砂泥土	A	0—13	黄色	中壤土		7.5	24.9	1.98	7.04	176	23.6	127		石灰岩、白云质灰岩、白云岩等	E 102°29′37.3″ N 28°45′24.8″	95
						2	13—43	浅棕黄色	中壤土	块状											
						3	43—	浅棕黄色	重壤土	大块状											
剖3	淋溶土	暗棕壤	灰化暗棕壤	砂页岩黄泥		1	0—22	暗棕色	轻壤土	核状、粒状	5.3	92.4	3.10	1.78	261	1.6	144		砂页岩、炭质页岩	E 102°25′57.7″ N 28°42′05.0″	89
						2	22—32	灰棕色	中壤土	小块状	5.7	72.8	3.13	1.69	279	1.4	105				
						3	32—40	灰棕色	中壤土	棱块状	5.5	63.1	2.51	1.48	267	0.8	88				
						4	40—	黄棕色	中壤土	块状	5.3	74.8	3.12	1.69	370	2.4	134				
剖4	铁铝土	黄壤	山地黄壤	山地黄泥土	黄泥土	1	0—17	黄色	重壤土	小块状	5.3	23.1	1.25	1.20	160	3.9	200		砂页岩、炭质页岩	E 102°29′39.0″ N 28°40′07.5″	89
						2	17—25	黄色	重壤土	块状											
						3	25—100	黄色	重壤土	大块状											
剖5	铁铝土	黄壤	山地黄壤			A	0—11	黄色	轻黏土		7.7	28.4	2.15	4.71	265	41.5	212		砂岩、泥岩风化坡积物	E 102°37′46.2″ N 28°48′24.5″	85
						2	11—30	黄色	中壤土												
						3	30—	褐色	中壤土	粒状块状	4.7		5.70					16.0			
剖6	淋溶土	黄棕壤	山地黄棕壤			1	0—10	黄棕色	重壤土	核状、粒状	4.6		2.50					5.7	砂岩、页岩	E 102°31′02.3″ N 28°47′08.0″	76
						2	10—45	棕褐色	重壤土	核状、棱块状	4.7		1.90					6.3			
						3	45—80	棕褐色	轻黏土		4.7		1.40					8.3			
						4	80—120		轻黏土		4.7		1.20					5.9			
						5	120—														
剖7	人为土	水稻土	冲积型水稻土	紫色洪冲积水稻土	烂泥田	A	0—15	浅灰紫色	轻壤土	粒状	5.9	42.8	2.83	1.39	246	3.4	130		近代河流冲积物、洪积物	E 102°34′00.5″ N 28°46′32.5″	94
						2	15—27	浅棕紫色	中壤土	小块状											
						G	27—47	深灰色	重壤土	块状											
剖8	人为土	水稻土	黄壤性水稻土	矿子黄泥田	矿子黄泥田	A	0—18	黄色	重壤土	片状、块状	5.7	24.5	1.09	3.11	134	17.4	120		石灰岩、白云岩	E 102°36′15.1″ N 28°45′46.8″	80
						2	18—27	棕黄色	重壤土	片状、大棱柱状											
						P	27—57	棕黄色	重壤土	大棱柱状											
						4	57—68	棕黄色	重壤土												
剖9	新积土	冲积土	冲积土	黄色冲积土	石子土	A	0—9	黄色	轻壤土	粒状	7.9	16.0	0.98	2.11	106	11.8	72		近代河流黄色冲积物	E 102°32′48.8″ N 28°42′49.3″	74
						2	9—30	棕黄色	中壤土	小块状											
						3	30—70	黄色	重壤土	小块状											
剖10	人为土	水稻土	黄壤性水稻土	砂页岩黄泥田	黄砂泥田	A	0—15	黄色	重壤土	片状	5.3	28.9	1.57	1.89	175	9.2	99		砂页岩	E 102°31′21.4″ N 28°42′07.2″	84
						2	15—22	灰黄色	重壤土	棱柱状											
						3	22—30	浅灰黄色	重壤土	棱柱状											
						4	30—63	棕黄色	重壤土												
剖11	人为土	水稻土	冲积型水稻土	黄色洪冲积性水稻土	大土泥田	A	0—13	黄色	重壤土	小块状	5.9	75.4	2.99	1.27	297	3.6	123		现代河流黄色冲积物	E 102°31′50.9″ N 28°41′44.5″	77
						2	13—30	黄色	重壤土	块状											
						3	30—75	黄色	重壤土	棱柱状											
						4	75—														
剖12	初育土	紫色土	棕紫泥	暗棕紫泥土	大眼泥	A	0—16	暗紫色	中壤土	小块状	5.2	17.0	1.15	1.29	77	9.2	87		暗紫色粉砂岩、泥岩	E 102°31′22.8″ N 28°41′30.8″	77
剖13	人为土	水稻土	黄壤性水稻土	老冲积黄泥田	黄泥田	A	0—15	黄色	重壤土	大块状	5.5	26.9	1.57	1.65	167	11.2	98		第四纪水沉积物、冰碛物	E 102°32′34.4″ N 28°41′07.4″	78
						2	15—24	黑色	重壤土	片状											
						3	24—50	浅灰黄色	轻黏土	棱柱状											

续表 Continued

剖面号 Soil profile	土纲 Soil order	土类 Soil great group	亚类 Soil subgroup	土属 Soil genus	土种 Soil species	土层码 Layer code	土层厚度 Depth/cm	颜色 Soil color	质地 Soil texture	土壤结构 Soil structure	pH	有机质 OM/(g/kg)	全氮 TN/(g/kg)	全磷 TP/(g/kg)	碱解氮 AN/(mg/kg)	有效磷 AP/(mg/kg)	速效钾 AK/(mg/kg)	阳离子交换量CEC/(cmol/kg)	土壤母质 Parent material	剖面点坐标 Profile coordinate	匹配指数 Matching index/%
剖14	人为土	水稻土	黄壤性水稻土	老冲积黄泥田	白鳝泥田	A	0—17	浅黄色	轻壤土	块状	5.5	34.4	1.34	0.51	198	1.5	218		第四纪冰水沉积物、冰碛物	E 102°31′55.6″ N 28°40′46.9″	89
						2	17—33	灰白色	重壤土	棱柱状											
						3	33—83		重壤土	棱柱状											
剖15	初育土	新积土	冲积土	灰色冲积土	石夹土	A	0—15	灰色	中壤土	粒状、小块状	5.9	20.6	1.35	1.10	137	3.1	98		近代河流灰色冲积物	E 102°39′46.0″ N 28°36′56.5″	73
						2	15—56	灰黄色	重壤土	块状											
						3	56—100	灰黄色	中壤土	块状											
剖16	淋溶土	黄棕壤	山地黄棕壤	砂页岩黄棕壤	石块土	A	0—14	灰黄色			5.9	21.7	1.06	2.46	129	6.1	165		砂页岩风化物	E 102°25′47.6″ N 28°35′54.6″	95
						2	14—55	灰黄色													
						D	55—														
剖17	初育土	新积土	冲积土	黄冲积土	半砂半泥土	A	0—14	灰黄色	中壤土	核状、粒状	5.6	21.5	1.40	2.20	128	7.6	2		近代河流黄色冲积物	E 102°29′40.9″ N 28°31′44.0″	75
						2	14—80	黄色	中壤土	核状、粒状											
						3	80—105	黄色	中壤土	块状											
剖18	淋溶土	灰化土				Ao	0—5	灰色	轻壤土	板片状	4.3	30.5	1.50	1.34	155	3.6	170	2.4	砂页岩残积物、坡积物	E 102°22′05.5″ N 28°31′48.6″	70
						2	5—25	深棕色	砂壤土	核状、粒状	4.4		0.80					3.1			
						3	25—48	黄棕色	轻壤土	块状	4.4		0.40					3.8			
						4	48—75														
剖19	初育土	新积土	冲积土	紫色冲积土	半砂半泥土	A	0—16	紫色	中壤土	片状	6.1	30.5	1.55	1.34	155	3.6	170		近代河流紫黄色冲积物	E 102°29′10.0″ N 28°31′06.6″	82
						2	16—26	紫色	中壤土	大块状											
						3	26—62	紫色	中壤土	大块状											
剖20	铁铝土	黄壤	山地黄壤	老冲积黄泥土	黄砂泥土	1	0—15	灰黄色	中壤土	小块状	5.7	33.4	2.04	1.81	204	11.9	148		第四纪冰碛物	E 102°36′57.6″ N 28°39′53.6″	97
						2	15—60	黄色	中壤土	块状											
						3	60—102	灰黄色	重壤土	大块状											
剖21	淋溶土	黄棕壤	山地黄棕壤	山地黄棕壤	黄棕砂泥土	1	0—18	黄棕色	中壤土	微团粒状	5.7	39.8	1.79	1.69	146	10.0	237		玄武岩等坡积物	E 102°30′03.6″ N 28°39′25.6″	81
						2	18—55	黄棕色	重壤土	块状											
						3	55—		轻壤土	大块状											
剖22	人为土	水稻土	冲积型水稻土	灰色洪冲积水稻土	石子田	A	0—16	灰黑色	中壤土	大棱柱状	6.0	45.7	2.56	1.25	202	5.6	85		近代河流灰色洪积物	E 102°30′49.4″ N 28°39′03.7″	73
						2	16—25	黄灰色	中壤土	粒状											
						P	25—51		轻壤土	小块状											
剖23	人为土	水稻土	黄壤性水稻土	砂页岩黄泥田	冷砂田	A	0—16	黄灰色	中壤土	棱柱状	6.7	34.3	1.74	1.79	256	10.2	107		砂页岩	E 102°31′17.0″ N 28°38′41.6″	83
						2	16—26	浅灰黄色	中壤土	粒状											
						3	26—55	黄黄色	中壤土	小块状											
剖24	初育土	紫色土	棕紫泥	红棕紫泥土	半砂半泥土	A	0—15	红紫紫色	中壤土	小块状	5.6	35.7	1.89	1.36	174	5.2	217		粉砂岩、泥岩	E 102°35′31.9″ N 28°38′01.7″	86
						2	15—35	棕紫色	中壤土	粒状											
						3	35—100		重壤土	块状											
剖25	黄壤	黄壤	山地黄壤	砂页岩黄泥	豆面土	1	0—15	黄色	中壤土	粒状	4.9	12.1	0.60	0.73	92	2.5	91		砂页岩、炭质页岩	E 102°30′00.7″ N 28°37′47.3″	82
						2	15—38	黄棕色	轻壤土	小块状											
						3	38—68	棕黄色	轻壤土	小块状											
						D	68—														
剖26	铁铝土	水稻土	紫色土性水稻土	红棕紫泥水稻土	红泥田	A	0—18	红紫色	轻壤土	大块状	6.0	37.7	1.69	1.03	171	3.6	183		紫色泥岩、粉砂岩风化坡积物	E 102°30′31.4″ N 28°37′32.5″	85
						3	18—28	黄色	重壤土	片状、块状											
						P	28—55	棕黄色	轻壤土	大棱柱状											
						H	64—102														
剖27	人为土	水稻土	冲积型水稻土	灰色洪冲积水稻土	黑砂泥田	A	0—16	灰黑色	中壤土	小块状	5.9	33.3	1.82	1.16	217	4.9	132		近代河流灰色洪积物	E 102°31′09.8″ N 28°35′52.1″	75
						2	16—40	灰色		片状											
						3	40—100	灰黄色		棱柱状											

续表 Continued

剖面号 Soil profile	土纲 Soil order	土类 Soil great group	亚类 Soil subgroup	土属 Soil genus	土种 Soil species	土层码 Layer code	土层厚度 Depth/cm	颜色 Soil color	质地 Soil texture	土壤结构 Soil structure	pH	有机质 OM/(g/kg)	全氮 TN/(g/kg)	全磷 TP/(g/kg)	碱解氮 AN/(mg/kg)	有效磷 AP/(mg/kg)	速效钾 AK/(mg/kg)	阳离子交换量CEC/(cmol/kg)	土壤母质 Parent material	剖面点坐标 Profile coordinate	匹配指数 Matching index/%
剖28	人为土	水稻土	冲积型水稻土	黄色洪冲积性水稻土	砂泥田	A	0—16	浅灰黄色	中壤土	核状、粒状	5.9	22.3	1.07	1.28	165	5.6	114		现代河流黄色冲积物	E 102°30′10.8″ N 28°35′25.1″	95
						2	16—24	浅灰黄色	重壤土	块状											
						W	24—84	黄色	重壤土	小棱柱状											
剖29	半水成土	山地草甸土				As	0—5	暗棕色	轻壤土	粒状	4.5		0.20					4.4	砂页岩残积物、坡积物	E 102°44′16.8″ N 28°34′14.2″	93
						2	5—20	灰黑色	轻壤土	粒状	5.2	50.4	3.41	1.59	305	1.6	166				
						3	20—30	黄棕色	轻壤土	小块状	5.4	90.1	3.10	1.80	313	2.4	122				
剖30	初育土	新积土	冲积土	灰色冲积土	石砾土	A	0—10	黄灰色	轻壤土		5.3	19.6	1.08	3.24	122	10.3	93		近代河流灰色冲积物	E 102°31′08.4″ N 28°33′31.3″	85
						2	10—54	灰色	中壤土	块状											
						3	54—100	灰色	轻壤土	粒状											
剖31	初育土	新积土	冲积土	紫色冲积土	红砂土	A	0—12	紫色	中壤土	小块状	7.3	17.2	1.06	1.22	103	1.2	80		近代河流紫色冲积物	E 102°30′45.0″ N 28°32′09.6″	90
						2	12—32	紫色	轻壤土	粒状											
						3	32—48	紫色	轻壤土	小块状											
						4	48—														
剖32	人为土	水稻土	冲积型水稻土	紫色洪冲积水稻土	红砂田	A	0—14	紫色	砂壤土	粒状	7.8	14.5	0.94	1.20	90	5.4	82		近代河流冲洪积物	E 102°30′21.6″ N 28°31′49.8″	92
						2	14—29	紫色	轻壤土	小块状											
						P	29—46	紫色	轻壤土	棱柱状											
剖33	铁铝土	黄壤	山地黄壤	老冲积黄泥土	黄泥土	A	0—18	黄色	重壤土	小块状	7.0	25.5	1.68	2.22	158	7.7	228		第四纪冰碛物	E 102°32′35.2″ N 28°30′23.8″	95
						2	18—100	黄色	重壤土	棱柱状											
剖34	淋溶土	黄棕壤	山地黄棕壤	山地黄棕壤	夹石土	A	0—17	灰黄棕色	中壤土	粒状	5.4	39.0	2.18	6.14	234	26.2	106		玄武岩等坡积物	E 102°40′04.1″ N 28°30′13.7″	100
						2	17—26	黄棕色													
						3	26—														
剖35	淋溶土	暗棕壤	山地暗棕壤		夹石土	1	0—13	暗棕色	中壤土	核状、粒状	5.3	40.0	2.11	1.75	231	10.0	202		砂页岩、石灰岩、玄武岩等	E 102°47′00.2″ N 28°38′29.4″	79
						2	13—48	暗棕色	中壤土	团块状											
						3	48—75	棕黄色	中壤土	大块状											
						D	75—														
剖36	初育土	紫色土	棕紫泥	灰棕色紫泥土	灰石骨土	A	0—16	灰紫色	中壤土	小块状	5.2	45.2	3.11	3.12	183	10.3	158		灰紫色砂泥岩	E 102°48′14.0″ N 28°35′23.6″	73
						2	16—48	棕紫色	重壤土	团粒状											
						3	48—100	灰紫色	重壤土	大块状											
剖37	初育土	紫色土	棕紫泥	灰棕色紫泥土	夹砂土	A	0—13	灰紫色	中壤土	粒状	5.6	30.0	1.84	1.83	154	13.3	275		灰紫色砂泥岩	E 102°48′11.2″ N 28°31′08.0″	95
						2	13—57	灰紫色	中壤土	块状											
						3	57—112	棕紫色	中壤土	粒状、块状	4.7			0.40				3.8			
剖38	初育土	紫色土	生草紫色土			3	0—14	棕紫色	重壤土	小棱块状	4.7			0.40				4.9	紫砂岩	E 102°28′33.2″ N 28°26′28.0″	96
						4	14—65	棕紫色	中壤土	大块块状								3.9			
						5	65—100	棕紫色	重壤土	粒状											
剖39	人为土	水稻土	紫色土性水稻土	红砂紫泥水稻土	红砂泥田	1	0—16	红紫色	中壤土	片状	5.2	27.8	1.40	1.19	157	10.1	112		紫色泥岩、粉砂岩风化坡积物	E 102°33′07.2″ N 28°29′39.5″	83
						2	16—24	棕紫色	中壤土	棱柱状											
						P	24—56	紫色	重壤土	粒状、核状											
剖40	人为土	水稻土	冲积型水稻土	紫色洪冲积水稻土	半砂半泥田	A	0—18	紫色	中壤土	小块状	5.9	35.2	1.82	1.24	192	5.1	156		近代河流冲洪积物	E 102°38′11.8″ N 28°29′29.8″	83
						2	18—30	浅灰紫色	中壤土	粒柱状											
						3	30—59	紫色	中壤土	小棱柱状											
剖41	初育土	紫色土	棕紫泥	红棕紫泥土	豆瓣泥	A	0—20	红棕紫色	重壤土	大块状	6.3	24.6	1.83	1.25	184	10.0	262		粉砂岩、泥岩	E 102°32′07.1″ N 28°29′13.2″	84
						2	20—86	红棕紫色	重壤土	棱柱状											
						3	86—100	棕紫色	中壤土	核状、粒状											
剖42	铁铝土	黄壤	山地黄壤	矿子黄泥土	鸡血土	A	0—13	鸡血色	中壤土	核状、粒状	5.6	17.8	1.28	1.07	84	2.2	74		石灰岩、白云质灰岩、白云岩等	E 102°38′16.4″ N 28°28′52.9″	100
						2	13—43	鸡血色	中壤土	小块状											

续表 Continued

剖面号 Soil profile	土纲 Soil order	土类 Soil great group	亚类 Soil subgroup	土属 Soil genus	土种 Soil species	土层码 Layer code	土层厚度 Depth/cm	颜色 Soil color	质地 Soil texture	土壤结构 Soil structure	pH	有机质 OM/(g/kg)	全氮 TN/(g/kg)	全磷 TP/(g/kg)	碱解氮 AN/(mg/kg)	有效磷 AP/(mg/kg)	速效钾 AK/(mg/kg)	阳离子交换量 CEC/(cmol/kg)	土壤母质 Parent material	剖面点坐标 Profile coordinate	匹配指数 Matching index/%
剖43	初育土	紫色土	红紫泥土	红紫泥土	洪砂泥土	A	0—15	红紫色	中壤土	团粒状	5.5	26.6	1.52	1.34	159	119.0	222		红紫色粉砂岩、泥岩	E 102°38′27.6″ N 28°27′40.0″	78
						2	15—100	黄棕紫色	中偏重壤土	块状											
剖44	水成土	沼泽土	泥炭沼泽土	泥炭沼泽土	泥炭土	A	0—12	暗灰色	轻黏土										湖积物、洪积物	E 102°34′13.8″ N 28°26′43.1″	71
						H	12—	灰黑色													
剖45	初育土	紫色土	黄红紫泥土	黄红紫泥土	夹石砂土	1	0—14	黄紫色	轻壤土	粒状	5.6	42.7	2.00	1.71	170	6.5	145		砂岩、泥岩残积物、坡积物	E 102°32′07.4″ N 28°25′40.4″	100
						2	14—67	黄棕紫色	中壤土	小块状											
						3	87—121	黄棕紫色	中壤土												
剖46	初育土	紫色土	黄红紫泥土	黄红紫泥土	夹砂泥土	A	0—17	黄紫色	中壤土	团粒状	5.8	35.9	2.67	2.51	202	11.9	255		砂岩、泥岩残积物、坡积物	E 102°36′46.8″ N 28°25′19.6″	99
						2	17—50	黄棕紫色	重壤土	大块状											
						3	50—		重壤土	大块状											
剖47	淋溶土	黄棕壤	山地黄棕壤	砂页岩黄棕壤	黄棕泥土	A	0—14	黄棕色	中壤土	棱状、粒状	5.5	35.7	1.77	2.70	206	6.8	282		砂页岩风化物	E 102°42′45.7″ N 28°24′06.5″	79
						2	14—42	黄棕色	中壤土	棱块状											
						3	42—100	暗棕黄色	重壤土	棱块状											
剖48	初育土	紫色土	红紫泥土	红紫泥土	大土泥	A	0—12	紫红色	中偏重壤土	小块状	6.5	40.5	2.37	2.52	221	9.2	301		红紫色粉砂岩、泥岩	E 102°37′19.9″ N 28°23′52.2″	100
						2	12—65	黄紫色	重壤土	大块状											
						3	65—	红紫色	重壤土	粒状											
剖49	初育土	紫色土	棕紫泥	棕紫泥土	砂泥土	1	0—18	棕紫色	重壤土	块状	5.4	39.0	1.82	1.15	206	5.2	253		砂岩、泥岩残积物、坡积物	E 102°40′07.7″ N 28°22′27.5″	97
						2	18—66	浅棕紫色	重壤土												
						3	66—	棕紫色													
剖50	淋溶土	暗棕壤	山地暗棕壤	山地暗棕壤	灰棕泥土	A	0—15	灰黑色	中壤土	棱状、粒状	4.8	60.6	5.13	4.00	440	29.8	382		砂页岩、石灰岩、玄武岩等	E 102°49′08.0″ N 28°26′43.4″	78
						2	15—21	棕黄色	中壤土	块状											
						3	21—100	棕黄色	中壤土	棱块状											

甘 洛 县

主要土类说明

黄棕壤是甘洛县的主要土壤类型，占本县地域面积的 28%。黄棕壤弱度富铝化，黏聚现象明显，呈黄棕色黏土，具 A-B-C 或 A-（B）-C 剖面构型，硅铝率在 2.5 左右，铁的游离度较红壤低，交换性酸 B 层大于 A 层，pH 为 5.5—6.0。

暗棕壤是甘洛县第二大土壤类型，占本县地域面积的 19%。暗棕壤是在温带湿润地区针阔叶混交林下发育，具有明显有机质富集和弱酸性淋溶的土壤，具 O-A-B-C 剖面构型。弱酸性淋溶使铁铝轻微下移。B 层呈棕色，结构面见铁锰胶膜。土壤呈弱酸性，盐基饱和度为 70%—80%。土壤冻结期长。

黄壤是甘洛县第三大土壤类型，占本县地域面积的 14%。黄壤多见于海拔 700—1200m 的山区。土壤有机质累积较多，中度脱硅富铝化，具 O-A-AB-B-C 剖面构型。pH 为 4.5—5.5。淀积层（B 层）富含水合氧化物（针铁矿），呈黄色，有时多含三水铝石。

棕壤占本县地域面积的 13%。棕壤发生于湿润暖温带落叶阔叶林下，但大部分已被垦殖，以旱作为主。该土壤处于硅铝风化阶段，具有黏化特征，呈棕色。土体见黏粒淀积，盐基充分淋失，pH 为 6.0—7.0，见少量游离铁。

紫色土占本县地域面积的 11%。紫色土是由热带、亚热带紫红色岩层直接风化形成的 A-C 型土壤。其理化性质与母岩组成直接相关，土层浅薄，剖面层次发育不明显，仍处于初育阶段。母岩富含矿质养分，且风化迅速。

石灰（岩）土占本县地域面积的 8%。石灰（岩）土发生于热带、亚热带石灰岩山区，是石灰岩经溶蚀风化，形成的厚薄不同的钙质饱和或含游离钙质的土壤，多见于石隙、溶洞或峰丛底部。该土壤碳酸钙淋溶程度不一，多黏土，多为铁钙质胶结物，风化程度不一，盐基饱和度高，有机质含量及胶结状态有较大差异。

红壤占本县地域面积的 5%。红壤主要发生于中亚热带常绿阔叶林下，呈中度脱硅富铝化特征，土壤黏粒中游离铁占全铁的 50%—60%。红壤具深厚红色土层，淀积层（B 层）底层可见深厚红、黄、白相间网纹红色黏土。黏土矿物以高岭石、赤铁矿为主，黏粒硅铝率为 1.8—2.4，风化淋溶系数小于 0.2，盐基饱和度小于 35%，pH 为 4.5—5.5。

小于本县地域面积 3% 的土壤类型还有灰化土、水稻土、山地草甸土、潮土、沼泽土等。

本区域中心区气候特征

本区域中心区气候特征值
Regional climate characteristics in central area of the region

气候带：北亚热带湿润气候 Climate region: North subtropical humid climate	
年平均气温 /℃ Annual average temperature /℃	14.4
年平均最高气温 /℃ Annual average maximum temperature /℃	20.7
年平均最低气温 /℃ Annual average minimum temperature /℃	10.0
年降水量 /mm Annual precipitation /mm	970
≥10℃的积温 /℃ Daily temperature accumulated in a year (≥10℃) /℃	7161
年日照时数 /h Annual sunshine /h	1761
年平均相对湿度 /% Annual average relative humidity /%	68
干燥度 Dryness	0.96

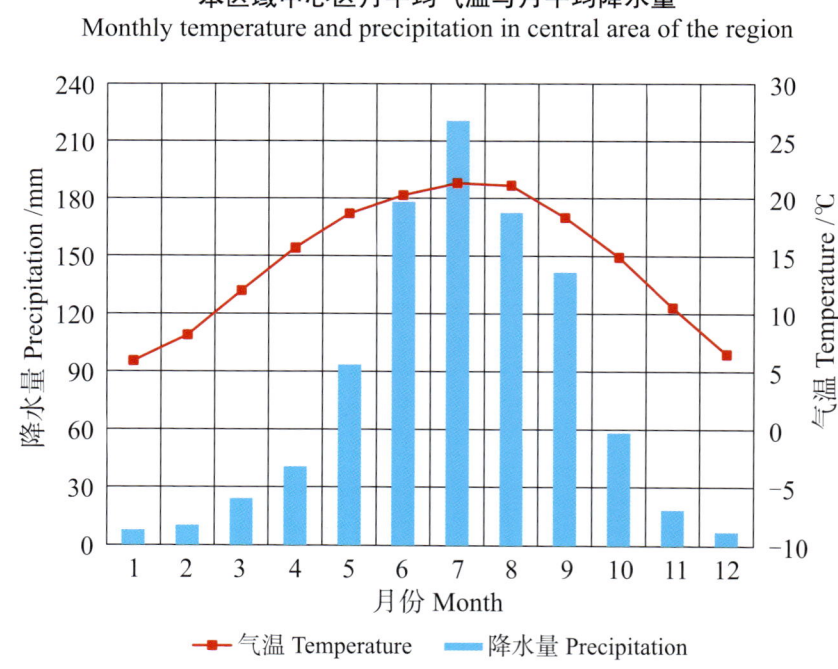

本区域中心区月平均气温与月平均降水量
Monthly temperature and precipitation in central area of the region

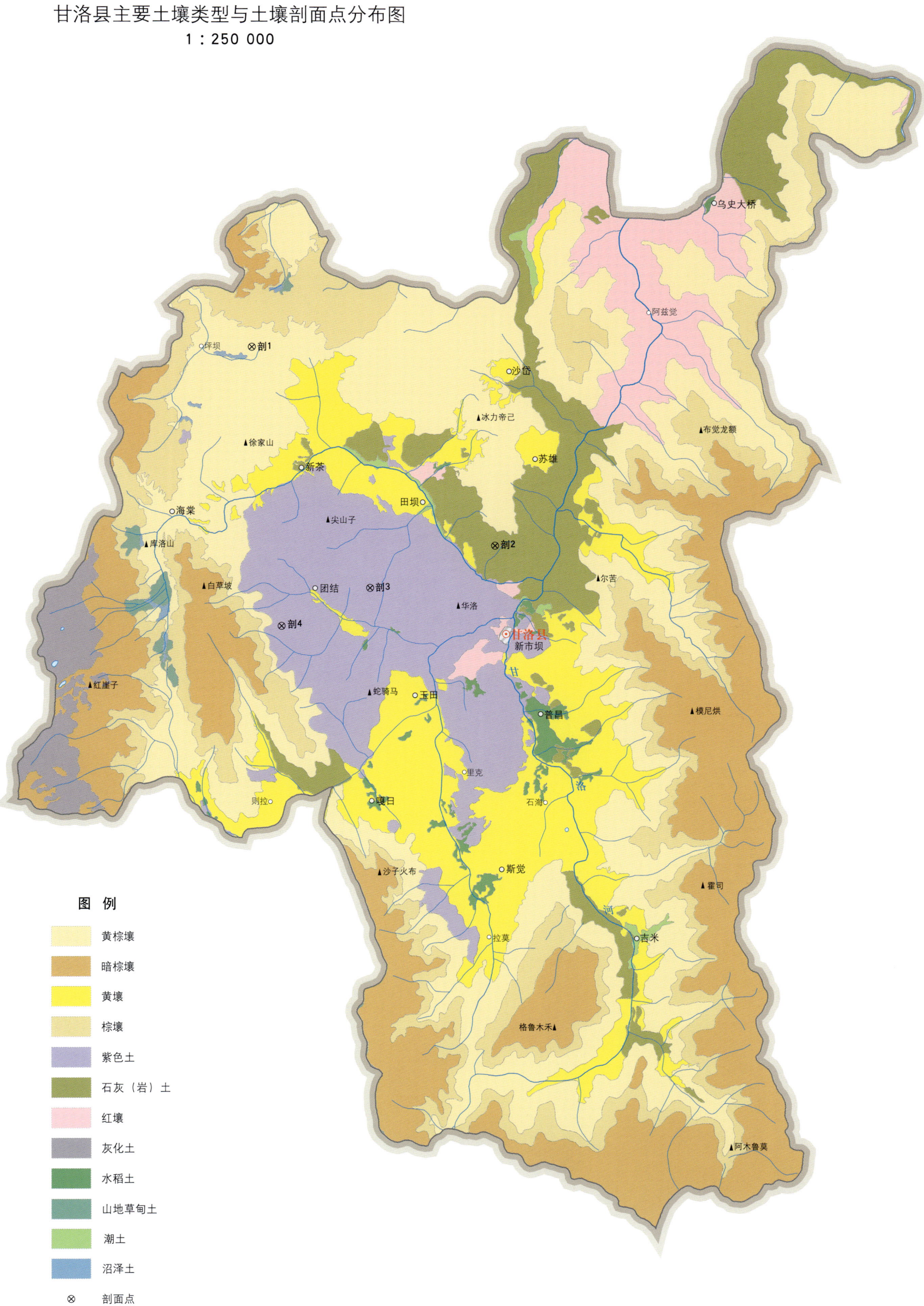

甘洛县土壤剖面理化性状表

剖面号 Soil profile	土纲 Soil order	土类 Soil great group	亚类 Soil subgroup	土属 Soil genus	土种 Soil species	土层码 Layer code	土层厚度 Depth/cm	颜色 Soil color	质地 Soil texture	土壤结构 Soil structure	pH	有机质 OM/(g/kg)	全氮 TN/(g/kg)	全磷 TP/(g/kg)	全钾 TK/(g/kg)	碱解氮 AN/(mg/kg)	有效磷 AP/(mg/kg)	速效钾 AK/(mg/kg)	阳离子交换量 CEC/(cmol/kg)	土壤母质 Parent material	剖面点坐标 Profile coordinate	匹配指数 Matching index/%
剖1	淋溶土	黄棕壤	黄棕壤	老冲积黄棕壤	卵石冷黄泥土	A	0—20	黄棕色	重壤土	团粒状	5.7	4.4	0.23	0.13	1.3	159	8.4	258	26.9	老冲积物	E 102°36′08.4″ N 29°07′45.4″	80
						B	20—45	黄棕色	重壤土	块状	5.8	3.3	0.17	0.11	1.7				28.1			
						C	45—89	黄棕色		整块状	5.6								29.3			
剖2	初育土	石灰(岩)土	红色石灰土	黄色石灰土	钙质黄红泥土	A	0—19	棕黄色	重壤土	块状	8.2	2.7	0.14	0.04		84	4.4	103		石灰岩风化残积物、坡积物	E 102°45′43.0″ N 29°01′18.5″	87
						B	19—40	棕黄色	重壤土	块状	8.2	2.5	0.14	0.06								
						C	40—80	棕黄色	重壤土	大块状	8.3											
剖3	初育土	紫色土	石灰性紫色土	红棕紫泥土	红棕砂泥土	A	0—22	红棕紫色	重砾质中壤土	粒状	8.4	1.1	0.10	0.06	1.6	60	1.3	50		泥岩、粉砂岩风化残积物、坡积物	E 102°40′54.8″ N 28°59′47.4″	70
						B	22—34	红棕紫色	重砾质重壤土	粒状、小块状	8.2	1.1	0.09	0.05	1.2							
						C	34—80	暗红棕色	重砾质中壤土	块状	8.0											
剖4	初育土	紫色土	石灰性紫色土	原生钙质紫泥土	钙质灰棕紫砂泥土	A	0—18	紫棕色	轻砾轻黏土	小块状	8.3	1.1	0.09	0.02	1.8	42	1.5	76	21.9	紫色砂页岩风化残积物、坡积物	E 102°37′30.9″ N 28°58′26.2″	80
						B	18—64	紫棕色	中砾中壤土	小块状	8.3	0.7	0.06	0.02	1.7				23.1			
						C	34—46	紫棕色	中壤土	块状	8.3				1.7				36.2			

美 姑 县

主要土类说明

黄棕壤是美姑县的主要土壤类型，占本县地域面积的33%，主要分布在海拔2200—2700m的地区。黄棕壤是北亚热带常绿阔叶林和落叶阔叶林下，经过黏化和微弱富铝化成土过程形成山地垂直的地带性土壤。在风化过程中，矿物释放出盐基并被淋溶，使土壤发生酸化，矿物风化形成黏粒，释放出游离铁，水化后使土壤染色呈现黄棕色。该土类土体厚，发育浅，通气不良，水肥气热不协调。

紫色土是美姑县第二大土壤类型，占本县地域面积的22%。母岩是紫色砂岩、页岩、泥岩，岩性松软，在冷热变化时物理崩解强烈，风化成土。土壤物质既无矿物和化学成分的明显变化，也无强烈的淋失，其组成和性质基本上取决于母岩。

暗棕壤是美姑县第三大土壤类型，占本县地域面积的15%，分布在北部海拔2500—3500m的沟谷和阴坡上。成土过程主要表现为温带湿润植被下的弱酸性腐殖质积累、弱度淋溶与黏化过程，土壤呈弱酸性至强酸性，矿物风化不够强烈，黏粒含量少，有机质含量较高。土体厚度为43—100cm，Ao层厚0—4cm，A_1层一般为4—20cm，为黑色或灰黑色，粒状、片状结构，质地为中壤土至轻壤土，较疏松，pH为4.0—5.0。AB-B层为棕色或黄棕色，含砾石，质地为中壤土至重壤土，呈块状、棱柱状、小块状结构，有较多的黏粒、铁锈、铁锰淀积，pH为5.0—6.0，通体较湿、无石灰反应。

棕壤占本县地域面积的11%，主要分布于本县巴普、峨曲古、洪溪等地海拔2700—3200m的山坡上。棕壤是在山地暖温带和中温带湿润或半湿润气候条件下发育的地带性土壤，有较多的黏粒淀积，呈棕色、棕黄色，通体土壤为微酸性至中性，土体厚度一般为60—80cm，土壤发育不深，有机质含量为30—50g/kg，pH为6.5—7.5。

黑毡土占本县地域面积的8%。黑毡土发生于青藏高原高寒略较温湿的塬面上，蒿草与杂生草类的草毡层初步分解，形成初步腐殖化的暗色草根茎盘结层。该土壤色泽较深，有机质含量较高，为100—150g/kg，底土见锈色斑纹。土壤pH为6.5—8.0。

黄壤占本县地域面积的4%。黄壤形成于亚热带温暖湿润气候和常绿针阔叶混交林条件下，具有黏化、黄化和弱富铝化成土过程，剖面上下呈均一黄色、黄棕色，土壤呈酸性至微酸性，质地过砂或过黏。

小于本县地域面积3%的土壤类型还有石灰（岩）土、山地草甸土、棕色针叶林土、红壤、沼泽土等。

本区域中心区气候特征

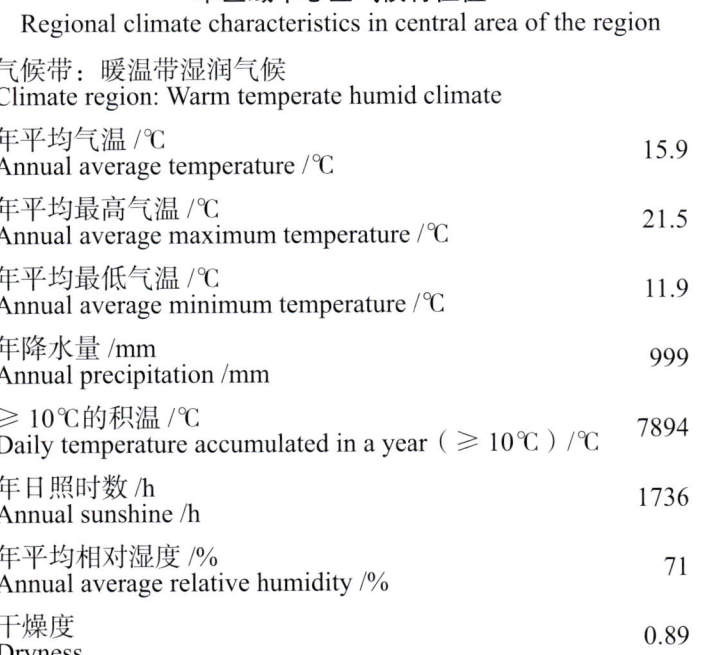

本区域中心区气候特征值
Regional climate characteristics in central area of the region

气候带：暖温带湿润气候 Climate region: Warm temperate humid climate	
年平均气温 /℃ Annual average temperature /℃	15.9
年平均最高气温 /℃ Annual average maximum temperature /℃	21.5
年平均最低气温 /℃ Annual average minimum temperature /℃	11.9
年降水量 /mm Annual precipitation /mm	999
≥10℃的积温 /℃ Daily temperature accumulated in a year（≥10℃）/℃	7894
年日照时数 /h Annual sunshine /h	1736
年平均相对湿度 /% Annual average relative humidity /%	71
干燥度 Dryness	0.89

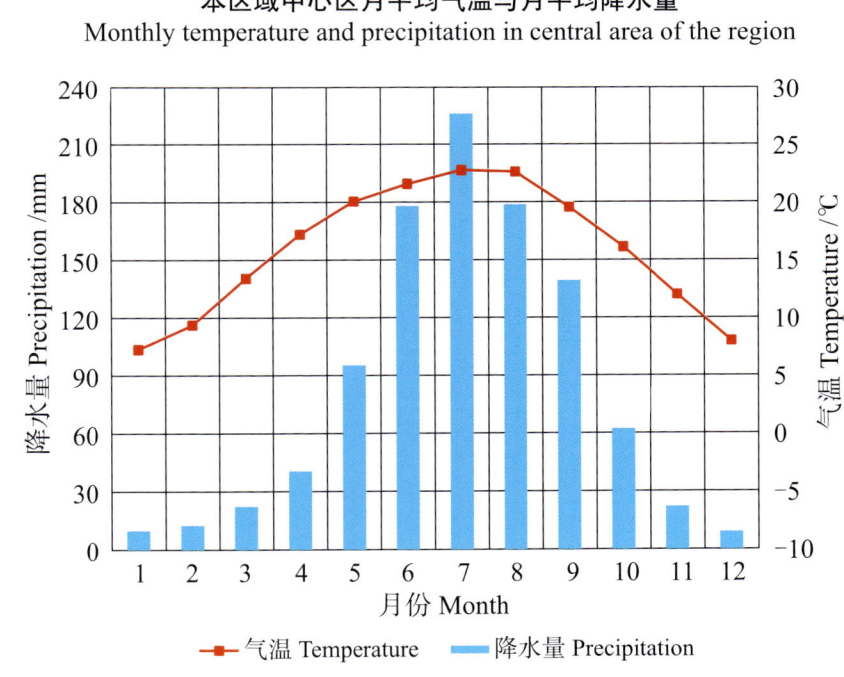

本区域中心区月平均气温与月平均降水量
Monthly temperature and precipitation in central area of the region

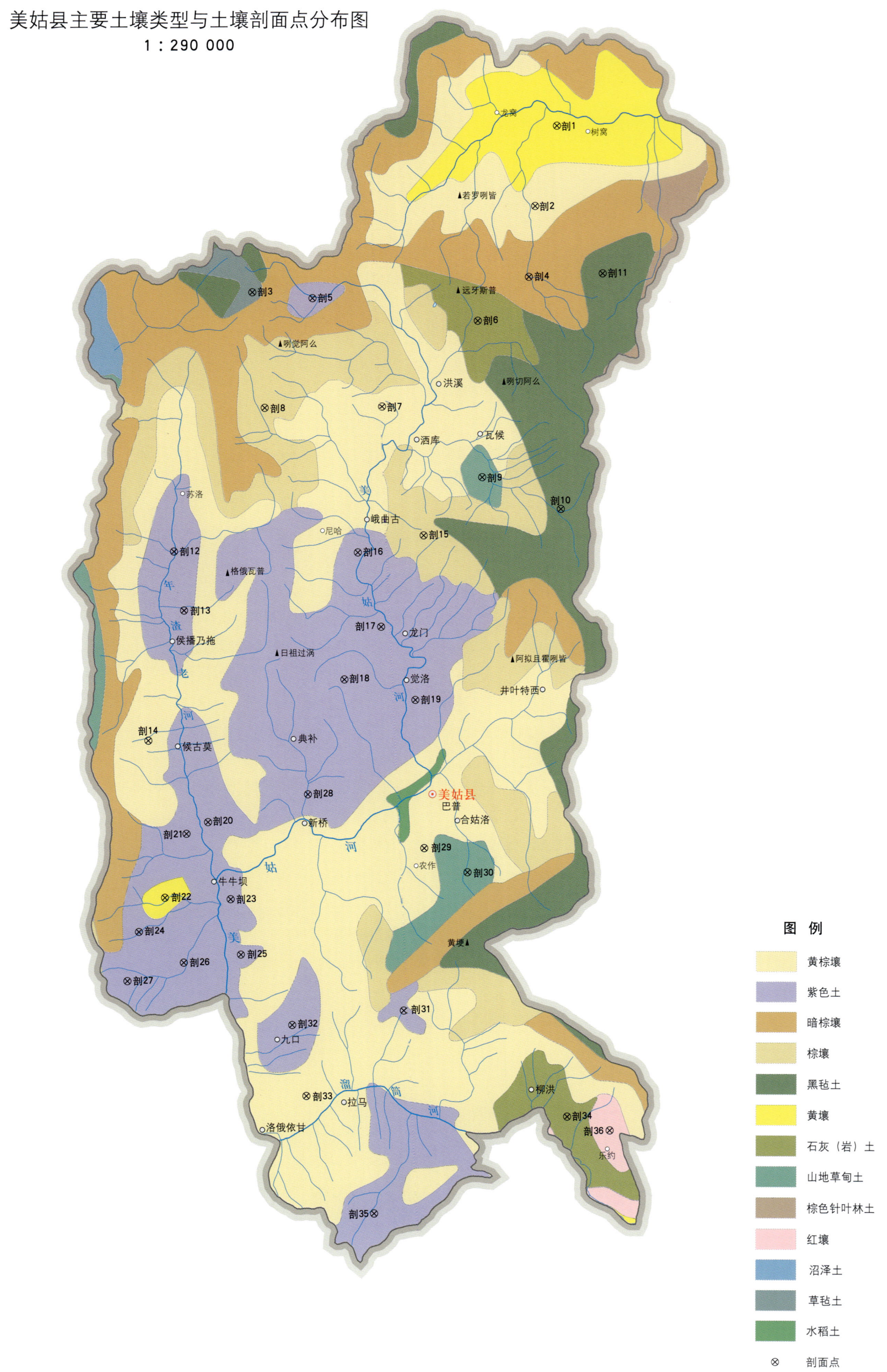

美姑县土壤剖面理化性状表

剖面号 Soil profile	土纲 Soil order	土类 Soil great group	亚类 Soil subgroup	土属 Soil genus	土种 Soil species	土层码 Layer code	土层厚度 Depth/cm	颜色 Soil color	质地 Soil texture	土壤结构 Soil structure	pH	有机质 OM/(g/kg)	全氮 TN/(g/kg)	全磷 TP/(g/kg)	全钾 TK/(g/kg)	碱解氮 AN/(mg/kg)	有效磷 AP/(mg/kg)	速效钾 AK/(mg/kg)	阳离子交换量CEC/(cmol/kg)	土壤母质 Parent material	剖面点坐标 Profile coordinate	匹配指数 Matching index/%
剖1	铁铝土	黄壤	黄壤	冷砂黄泥	扁砂黄泥土	1	0—12	暗棕色	重壤土	粒状	5.8	86.7	2.38	0.79	1.6	395	6.0	703	25.6	页岩坡积物	E 103°12′59.0″ N 28°45′37.1″	77
						2	12—22	暗棕色	中壤土	块状	5.2	56.2	2.17	0.62	1.8				29.8			
						3	22—50	棕黄色	轻壤土	棱状	4.6	32.4	0.89	0.33	1.8				25.6			
剖2	淋溶土	黄棕壤	黄棕壤	黄棕壤草被土		1	1—9	黑黄色	重壤土	团粒状	6.1	122.0	0.39	1.28	3.5	148	4.0	192	46.5	泥灰岩坡积物	E 103°12′05.0″ N 28°42′31.7″	89
						2	9—17	黑黄色	重壤土	小块状	5.2	14.3	0.79	0.56	4.2				24.9			
						3	17—49	黄棕色	重黏土	块状	5.3	31.9	1.61	0.76	3.7				19.8			
						4	49—100	红棕色	轻壤土	块状	5.3	19.5	1.21	0.79	3.6				21.8			
剖3	高山土	草毡土	草毡土			1	1—15		轻壤土		5.0									玄武岩残积物	E 102°59′44.5″ N 28°39′02.8″	90
						2	15—31	黑棕色	轻壤土	团粒状	5.0											
						3	31—53	暗黄棕色	中壤土	粒状	5.0											
						4	53—88	暗黄紫色	中壤土	粒状	5.0											
剖4	淋溶土	暗棕壤	暗棕壤	暗棕泥土	暗棕泥土	1	0—18	暗棕色	重壤土	团粒、小块状	3.7	68.8	2.74	0.94	1.5	282	2.0	110	35.7	砂岩风化坡积物	E 103°11′51.0″ N 28°39′47.5″	70
						2	18—36	棕色	重壤土	棱状、棱块状	3.9	46.9	1.77	0.81	1.7				37.8			
						3	36—52	棕状	重壤土	棱状、棱块状	3.9	32.6	1.41	0.68	1.8				33.4			
						4	52—100	棕色		小棱块状												
剖5	初育土	紫色土	酸性紫色土	灰棕紫泥草被土		1	0—20	紫色	中壤土	小块状、粒状	6.2	28.3	1.04	0.58	1.2	123	1.0	106	14.0	紫色泥岩	E 103°02′22.9″ N 28°38′51.4″	81
						2	20—34	黄红色	轻黏土	小块状	6.4	10.8	0.66	0.41	1.4				13.2			
剖6	初育土	石灰(岩)土	红色石灰土	淋溶红色石灰土	红土	1	0—10	黄红色	轻黏土	团粒状	8.4	14.7	0.78	0.34	2.6	57	3.0	348	21.1	白云质灰岩坡积物、残积物	E 103°09′37.8″ N 28°38′04.6″	77
						2	10—15	紫红色	轻壤土	小块状	7.5	9.7	0.57	0.31	2.8				22.2			
						3	15—23	紫红色	轻壤土	小块状	6.7	5.7	0.47	0.31	2.8				40.8			
						4	23—35	黄红色	重壤土	小块状	6.8	2.6	0.31	0.32	3.4				35.5			
						5	35—52															
剖7	淋溶土	黄棕壤	粗骨性黄棕壤	石渣黄泥土	石渣黄砂土	1	0—13	棕色	轻壤土	粒状	5.1	71.2	2.03	0.61	1.0	240	1.0	62	35.6	玄武岩残积物、坡积物	E 103°05′29.8″ N 28°34′44.0″	79
						2	13—34	棕状	中壤土	小块状	5.1	32.4	1.24	0.30	1.2				26.1			
						3	34—40	黄棕色	重壤土	块状												
剖8	淋溶土	棕壤	棕壤	残坡积棕壤	棕泥土	1	0—12	灰棕色	重壤土	团粒状、小块状	6.3	45.0	2.65	1.16	4.6	229	12.0	318	29.0	白云质灰岩残积物、坡积物	E 103°00′21.6″ N 28°34′36.5″	91
						2	12—18	灰棕色	重壤土	粒状、小块状	6.7	33.1	2.22	0.47	5.0				25.1			
						3	18—42	黄棕色	重壤土	棱块状	6.8	22.4	1.82	1.11	4.9				21.4			
						4	42—68	棕黄色	重壤土	块状	6.3	19.9	1.47	1.13	5.4				23.3			
剖9	半水成土	山地草甸土	山地灌丛草甸土			1	0—4	棕色	重壤土	粒状	5.0	39.9	1.65	0.88	1.6	178	5.0	249	27.4	玄武岩残坡积物	E 103°09′55.4″ N 28°32′03.1″	78
						2	4—19	棕色	中壤土	粒状	4.5	40.7	1.44	0.87	1.6				31.8			
						3	19—60	浅黄棕色	重壤土	块状	4.4	23.6	0.89	0.78	1.7				27.6			
						4	60—98	棕色	中壤土	块状	5.3											
剖10	高山土	黑毡土	棕黑毡土			1	0—4	棕色	砾质中壤土	粒状	3.6	205.0	5.57	3.51	0.7	474	5.0	222	64.0	玄武岩残坡积物	E 103°13′23.2″ N 28°30′52.2″	100
						2	4—22	棕色	重壤土	小块状、小块状	6.7	60.3	1.97	2.70	0.6				40.6			
						3	22—42	黄棕色	重壤土	块状	6.8	30.7	1.14	2.80	0.6				28.2			
						4	42—82	棕色	砾质重壤土	块状	4.0											
						5	82—				4.1											
剖11	高山土	黑毡土	黑毡土			1	0—4	黑棕色	砾质中壤土	团粒状	4.4	241.0	6.68	3.33	1.0	523	5.0	128	92.3	玄武岩坡积物	E 103°15′04.5″ N 28°39′57.6″	79
						2	4—20	黄棕色	中壤土	小块状	4.4	101.0	3.05	2.60	1.0				86.9			
						3	20—49	棕色	中壤土	小块状	4.8	56.2	1.97	2.26	1.1				42.1			
						4	49—73	棕色	中壤土	小棱块状	5.0	31.4	1.17	2.41	0.9				37.4			
						5	73—100	灰黄棕色	中壤土	块状												

续表 Continued

剖面号 Soil profile	土纲 Soil order	土类 Soil great group	亚类 Soil subgroup	土属 Soil genus	土种 Soil species	土层码 Layer code	土层厚度 Depth/cm	颜色 Soil color	质地 Soil texture	土壤结构 Soil structure	pH	有机质 OM/(g/kg)	全氮 TN/(g/kg)	全磷 TP/(g/kg)	全钾 TK/(g/kg)	碱解氮 AN/(mg/kg)	有效磷 AP/(mg/kg)	速效钾 AK/(mg/kg)	阴离子交换量 CEC/(cmol/kg)	土壤母质 Parent material	剖面点坐标 Profile coordinate	匹配指数 Matching index/%
剖12	初育土	紫色土	酸性紫色土	红紫泥土	红紫砂土	1	0–20	紫红色	轻壤土	粒状	5.9	9.7	0.43	1.00	1.6	450	3.0	2	20.0	红色粗粉砂岩坡积物	E 102°56′29.8″ N 28°29′00.6″	82
						2	20–30	暗紫红色	中壤土	小块状	6.5	4.9	0.56	4.30	2.5							
						3	30–54	紫红色	中壤土	小块状	6.5	4.9	0.56	4.30	2.5							
						4	56–86	紫红色														
剖13	初育土	紫色土	酸性紫色土	暗紫泥森林土		1	0–5													砂岩残积物	E 102°56′58.6″ N 28°26′44.9″	78
						2	5–16	黄黑色	中壤土	粒状	5.6	25.0	1.22	0.51	1.7	73	5.0	124	12.8			
						3	16–52	黄棕色	重壤土	块状	5.8	14.9	1.30	0.52	1.6				11.7			
						4	52–100	黄棕色	重壤土	块状	5.9	20.0	3.75	0.52	1.6				13.8			
剖14	淋溶土	黄棕壤	黄棕壤	黄棕泥土	油黑大泥土	1	0–22	灰黄色	重壤土	团粒状	8.0	22.2	1.53	0.53	3.1	77	7.0	145	16.2	白云质灰岩坡积物	E 102°55′30.4″ N 28°21′42.1″	79
						2	22–32	灰棕黄色	重壤土	小块状	8.0	20.9	1.18	0.76	3.3				17.0			
						3	32–100	灰棕黄色	中壤土	小块状	8.0	10.5	0.64	0.64	3.0				18.0			
剖15	淋溶土	棕壤	棕壤	残坡积棕壤	棕砂泥土	1	0–15	暗灰棕色	中壤土	粒状、团粒状	6.4	52.5	1.42	1.16	4.7	173	3.0	3	39.0	灰绿色砂岩页岩坡积物	E 103°07′23.9″ N 28°29′47.4″	73
						2	15–40	暗棕色	重壤土		6.6	26.4	1.09	1.26	3.1				27.4			
						3	40–60	暗棕色	中壤土		6.3	19.9	1.04	1.31	3.5				23.3			
剖16	初育土	紫色土	酸性紫色土	红棕紫泥土	红砂土	1	0–20	红棕紫色	重壤土	小块状	5.9	10.9	0.63	0.41	2.4	61	18.0	145	42.9	紫红色泥岩坡积物、残积物	E 103°04′31.8″ N 28°29′05.3″	78
						2	20–45	红棕紫色	重壤土	块状	6.0	8.8	0.58	0.50	2.2				20.8			
						3	45–100	红棕紫色	中壤土	块状	6.0	15.2	0.78	0.59	2.3				28.9			
剖17	初育土	紫色土	石灰性紫色土	暗紫泥土	暗紫骨子土	1	0–22	紫	重壤土	粒状	7.9	14.3	0.59	1.13	4.1	103	2.0	153	24.1	紫色砂岩残坡积物、残积物	E 103°05′36.2″ N 28°26′15.0″	86
						2	22–57	暗紫色	中壤土	小块状、粒状	8.1	18.8	0.88	1.12	4.0				19.7			
						3	57–100	暗紫色														
剖18	初育土	紫色土	酸性紫色土	灰棕紫泥土	羊砂泥土	1	0–10	红棕色	中壤土	团粒状	5.2	25.3	0.85	0.41	1.7	145	7.0	87	14.2	紫色砂泥岩坡积物、冲积物	E 103°04′01.9″ N 28°24′11.9″	84
						2	10–18	红紫色	中壤土	团粒状	5.7	14.6	0.50	0.42	1.9							
						3	18–27	红紫色	重壤土	小块状	6.6	22.8	1.28	0.57	1.9				14.2			
						4	27–56	红紫色	重壤土	粒状、小块状	6.2	5.2	0.54	0.62	2.7				9.2			
剖19	初育土	紫色土	中性紫色土	棕紫泥土	稻砂泥土	1	0–20	黄紫色	重壤土	块状	6.2	6.8	0.55	0.30	2.0	130	5.0	355	17.0	紫红色砂岩坡积物	E 103°07′09.1″ N 28°23′27.2″	84
						2	20–50	紫色	重壤土	团粒状	6.2	28.4	0.91	0.33	2.0				15.6			
						3	50–100	暗灰棕色	重壤土	小块状	5.9	14.9	0.55	0.33	2.2				21.3			
剖20	初育土	紫色土	酸性紫色土	灰棕紫泥土	灰棕紫泥土	1	0–14	暗棕色	中壤土	团粒、小块状	5.7	73.9	1.73	0.26	0.5	199	2.0	115	11.5	暗紫色砂岩坡积物、残积物	E 102°58′10.9″ N 28°18′36.0″	97
						2	14–19	灰棕色	轻壤土	小块状	4.1	7.0	0.22	0.12	0.5				22.3			
						3	19–43	灰棕色	中壤土	小块状	3.9	2.8	0.17	0.05	0.6				12.2			
剖21	初育土	紫色土	酸性紫色土	暗紫泥被土	卵石紫泥土	1	0–8	暗紫色	重壤土	小块状	4.4	53.6	2.04	0.92	1.6	300	6.0	388	10.0	紫红色、暗紫紫泥岩坡积物	E 102°57′15.1″ N 28°18′07.9″	73
						2	8–29	暗紫色	重壤土	梭状	5.9	26.7	0.94	0.62	1.6				32.1			
						3	29–51	暗紫色	重壤土	梭状	5.3	15.3	0.58	4.52	1.6				24.1			
剖22	铁铝土	黄壤	黄壤	老冲积黄泥土	红棕紫骨子土	1	0–17	浅黄色	中壤土	粒状	5.3	25.5	1.06	0.48	1.0	118	21.0	121	21.8	第四纪老冲积物	E 102°56′21.5″ N 28°15′39.2″	94
						2	17–42	红棕色	轻黏土	梭状	5.9	31.9	1.91	1.23	2.6				8.5			
						3	42–100	红棕色	中壤土	块状	7.0	10.0	0.78	1.22	3.0							
剖23	初育土	紫色土	中性紫色土	棕紫泥土	红棕紫骨子土	1	0–16	黄红棕色	重壤土	粒状	8.2	19.8	1.08	0.51	2.8	100	6.0	114	17.1	紫色泥岩残积物	E 102°57′15.2″ N 28°14′18.6″	100
						2	16–42				7.9								18.8			
剖24	初育土	紫色土	石灰性紫色土	暗紫泥土	石块紫泥土	1	0–17	暗紫色	重壤土	团粒状	8.2	19.8	1.08	0.51	2.8	104	26.0	191	18.9	紫红色、灰绿色泥岩残坡积物	E 102°55′13.6″ N 28°15′38.5″	77
						2	17–47	暗紫色	重壤土	块状	8.4	11.1	0.72	4.06	2.6				18.9			
剖25	初育土	紫色土	石灰性紫色土	红棕紫泥土	红绸土	1	0–20	棕红色	轻黏土	梭柱状	8.5	17.4	0.64	0.34	2.7				19.0	紫红、灰绿色泥岩坡积物	E 102°59′43.4″ N 28°13′29.3″	91
						2	20–35															
						3	35–70															

续表 Continued

剖面号 Soil profile	土纲 Soil order	土类 Soil great group	亚类 Soil subgroup	土属 Soil genus	土种 Soil species	土层码 Layer code	土层厚度 Depth/cm	颜色 Soil color	质地 Soil texture	土壤结构 Soil structure	pH	有机质 OM/(g/kg)	全氮 TN/(g/kg)	全磷 TP/(g/kg)	碱解氮 AN/(mg/kg)	有效磷 AP/(mg/kg)	速效钾 AK/(mg/kg)	土壤母质 Parent material	剖面点坐标 Profile coordinate	匹配指数 Matching index/%
剖14	人为土	水稻土	冲积型水稻土	红黄冲积性水稻土	潮砂泥田	A	0—13	黄灰色	轻黏土	粒状	7.9	33.0	1.89	2.83	127	11.5	99	红黄色冲积物	E 103° 46′ 07.3″ N 28° 22′ 40.4″	89
						2	13—26	褐灰色	轻黏土	块状	7.9									
						W	26—100	褐黄色		棱柱状										
剖15	铁铝土	黄壤	黄壤	矿子黄泥土	白鳝泥土	A	0—19	白灰色	轻黏土	块状	7.6	22.7	1.77	0.76	101	7.3	307		E 103° 47′ 26.4″ N 28° 22′ 35.7″	94
						2	19—40		轻黏土		7.4									
						3	40—100			棱柱状										
剖16	铁铝土	黄壤	黄壤	矿子黄泥土	灰尖土	A	0—17	灰白色	重壤土	微团粒状	7.8	27.6	1.42	0.97	117	57.0	589		E 103° 40′ 02.3″ N 28° 19′ 52.3″	78
						2	17—39	黄黄色		块状	8.0									
						3	39—100	灰黄色		块状										
剖17	人为土	水稻土	冲积型水稻土	红黄冲积性水稻土	半砂半泥田	A	0—15	棕黄色	重壤土	小块状	7.9	21.1	1.27	2.24	90	20.2	157	红黄色冲积物	E 103° 38′ 30.8″ N 28° 19′ 31.8″	84
						2	15—25	黄黄色	重壤土	片状	7.9									
						P	25—100		砂质土											
剖18	铁铝土	黄壤性水稻土	玄武黄黄泥性水稻土	夹石白鳝泥田		A	0—19	灰白色	重壤土	小块状	6.1	27.2	1.38	1.78	162	14.4	277	玄武岩黄泥土	E 103° 37′ 48.0″ N 28° 17′ 57.1″	87
						2	19—48	灰白色	重壤土	片状	6.7									
						W	48—100	白色	轻壤土											
剖19	人为土	水稻土	黄壤性水稻土	玄武黄黄泥性水稻土	夹石带砂田	A	0—14	棕褐色	重壤土	粒状	6.6	44.6	2.11	2.42	220	27.1	205	玄武岩黄泥土	E 103° 38′ 15.1″ N 28° 17′ 55.1″	89
						2	14—23	灰黄色	重壤土	片状	7.0									
						P	23—100	黄色	中壤											
剖20	初育土	新积土	冲积土	山洪冲积土	白鳝泥土	A	0—26	棕黄色	重黏土	微团粒状	6.8	31.9	1.85	1.77	146	25.2	98	河流冲积物	E 103° 35′ 29.4″ N 28° 17′ 29.8″	75
						2	26—40	棕灰色	轻黏土	块状	7.8									
						3	40—		黏质重壤土	重块状										
剖21	铁铝土	黄壤	黄壤	矿子黄泥土	死黄泥土	A	0—10	黄褐色	重壤土	团块状	7.8	23.3	1.38	1.98	117	19.3	174		E 103° 39′ 24.1″ N 28° 16′ 58.1″	93
						2	10—60	浅黄色	轻壤土	结核状	7.8									
						3	60—100	黄色	黏质壤土	棱柱状										
剖22	铁铝土	黄壤	冷砂黄泥土	扁砂土		A	0—17	灰褐色	重壤土	小块状	7.3	8.4	0.54	0.36	35	2.5	30	砂页岩	E 103° 37′ 48.8″ N 28° 16′ 38.3″	92
						2	17—30	黄褐色	重壤土	块状	7.4									
						3	30—100	浅黄色	重壤土	小块状										
剖23	人为土	水稻土	黄壤性水稻土	玄武黄黄泥性水稻土	夹石黄泥田	A	0—19	黄灰色	重壤土	块状	5.0	32.5	1.73	1.85	200	26.7	277	玄武岩黄泥土	E 103° 37′ 18.8″ N 28° 16′ 34.0″	83
						2	19—29	灰黄色	中壤	片状	6.1									
						3	29—62	黄黄色	壤土	块状										
						W	62—100			棱柱状										
剖24	铁铝土	黄壤	冷砂黄泥土	黄砂泥土		A	0—13	棕褐色	轻壤土	核状	5.6	24.5	1.65	1.02	159	3.2	274	砂页岩	E 103° 41′ 26.5″ N 28° 16′ 38.3″	75
						2	13—46	棕色	轻壤土	块状	5.1									
						3	46—100	鲜黄色	黏质壤土	大块状										
剖25	铁铝土	黄壤	冷砂黄泥土	黄砂泥土		A	0—13	灰黄色	中壤	小块状	6.0	18.7	1.02	0.80	105	3.3	151	砂页岩	E 103° 40′ 39.4″ N 28° 15′ 53.6″	73
						2	24—100	白黄色	壤土	粒状	5.9									
剖26	人为土	水稻土	冲积型水稻土	黄色冲积水稻土	泥夹石田	A	0—19	棕黄色	轻壤土	小块状	5.5	39.0	2.09	2.83	203	37.8	121	玄武岩黄泥土	E 103° 36′ 26.3″ N 28° 15′ 52.6″	90
						2	19—33	棕色	重壤土	棱柱状	6.0									
						A	33—100													
剖27	人为土	水稻土	紫色土性水稻土	灰棕紫泥性水稻土	灰紫泥田	A	0—20	黄紫色	中壤		5.0	18.0	0.96	1.11	80	65.9	169	紫色砂页岩、泥岩等风化物	E 103° 40′ 01.8″ N 28° 15′ 27.7″	96
						2	20—30	灰紫色	中壤		5.3									
						P	30—80	棕紫色		块状										

续表 Continued

剖面号 Soil profile	土纲 Soil order	土类 Soil great group	亚类 Soil subgroup	土属 Soil genus	土种 Soil species	土层码 Layer code	土层厚度 Depth/cm	颜色 Soil color	质地 Soil texture	土壤结构 Soil structure	pH	有机质 OM/(g/kg)	全氮 TN/(g/kg)	全磷 TP/(g/kg)	碱解氮 AN/(mg/kg)	有效磷 AP/(mg/kg)	速效钾 AK/(mg/kg)	土壤母质 Parent material	剖面点坐标 Profile coordinate	匹配指数 Matching index/%
剖28	人为土	水稻土	冲积型水稻土	黄色冲积水稻土	白鳝泥田	A	0—15	棕色	轻黏土	小块状	6.5	21.9	1.51	1.73	114	16.7	107	砂页岩风化物	E 103°34′15.2″ N 28°15′11.5″	73
						2	15—28	白灰色	轻黏土	块状	6.5									
						A	28—40	黄黄色	黏土	块状										
						W	40—80	黄白色	黏土											
						5	80—	红灰色												
剖29	人为土	水稻土	黄壤性水稻土	冷砂黄泥田	大泥田	A	0—13	黄黄色	重壤土	小块状	5.9	30.4	1.61	0.58	150	7.4	141		E 103°42′32.7″ N 28°15′08.7″	87
						2	13—30	灰黄色	重壤土	片状	7.1									
						W	30—100	黄黄色	黏土	棱柱状										
剖30	人为土	水稻土	黄壤性水稻土	矿子黄泥田	黄泥田	A	0—13	浅灰黄色	轻黏土	小块状	8.0	13.2	0.85	1.41	76	5.2	159	石灰岩、白云岩等风化物	E 103°41′00.6″ N 28°15′04.0″	84
						2	13—23	灰黄色	轻黏土	块状	8.0									
						W	23—100	黄色	黏土	棱柱状										
剖31	初育土	石灰（岩）土	红色石灰土	红色石灰泥土	渣胡豆土	A	0—13	棕黄色	中壤土	粒状	7.8	13.9	0.96	0.77	56	3.6	106	石灰岩坡积物、残积物	E 103°33′12.2″ N 28°14′53.8″	99
						2	13—45	浅黄色	中壤土	小块状	7.9									
剖32	人为土	水稻土	黄壤性水稻土	冷砂黄泥田	冷砂田	A	0—12	黄黄色	轻壤土	片状	6.3	32.6	2.21	1.17	144	23.3	182	砂页岩风化物	E 103°43′23.3″ N 28°14′49.6″	99
						2	12—28	白灰色	轻黏土	棱柱状	7.1									
						W	28—100	黄黄色	黏土											
剖33	人为土	水稻土	冲积型水稻土	冷砂黄泥田	夹砂泥田	A	0—13	棕黄色	重壤土	小块状	5.4	25.4	1.26	0.94	134	20.4	158	砂页岩风化物	E 103°42′27.0″ N 28°14′35.5″	93
						2	13—21	灰棕色	重壤土	片状	6.0									
						W	21—100	灰黄色	黏质中重壤土											
剖34	铁铝土	红壤	黄红壤	红黄泥土	褐红土	A	0—12	红黄色	中壤土	粒状	8.0	20.0	1.17	1.92	68	8.4	163		E 103°43′05.0″ N 28°13′52.8″	70
						2	12—39	红黄色	中壤土	块状	8.2									
						3	39—100	黄黄色	轻黏土	大棱柱状										
剖35	铁铝土	黄壤	黄壤	冷砂黄泥土	大泥土	A	0—18	褐黄色	轻壤土	核状	5.5	44.5	2.45	2.16	244	13.4	232	砂页岩	E 103°42′05.7″ N 28°13′41.2″	75
						2	18—38	鲜黄色	轻黏土	核状	5.4									
						3	38—100	红黄色	黏质中重壤土											
剖36	铁铝土	红壤	黄红壤	红黄冲积土	红黄泥土	A	0—13	红黄色	黏质中重壤土	微团粒状	7.8	25.7	1.65	2.74	129	70.1	299		E 103°33′19.2″ N 28°13′40.5″	100
						2	13—46	红黄色	轻黏土	块状	7.9									
						3	46—100	红白色	黏土	棱柱状										
剖37	初育土	新积土	冲积土	红黄冲积土	白眼砂土	A	0—18	黄黄色	砂壤土	粒状	8.2	5.7	0.33	1.28	19	2.1	60	河流冲积物	E 103°42′57.1″ N 28°13′01.0″	85
						2	18—38	红黄色	紧砂土	粒状	8.4									
						3	38—100													
剖38	初育土	新积土	冲积土	红黄冲积土	潮砂土	A	0—18	黄褐色	砂壤土	粒状	8.1	10.8	0.46	2.08	46	17.8	105	河流冲积物	E 103°42′42.2″ N 28°12′15.7″	81
						2	18—34	棕黄色	轻壤土	粒状	8.1									
						3	34—100			小块状										
剖39	铁铝土	黄壤	黄壤	冷砂黄泥土	黄泥土	A	0—17	褐棕色	重壤土	团粒状	6.0	21.6	1.16	2.57	104	9.0	155	砂页岩	E 103°49′32.2″ N 28°19′30.3″	76
						2	17—49	棕黄色	轻壤土	块状	5.6									
						3	49—100			大块状										
剖40	初育土	石灰（岩）土	红色石灰土	红色石灰泥土	夹石红泥土	A	0—18	棕红色	重壤土	小块状	7.9	11.1	0.62	1.52	41	11.8	62	石灰岩、白云岩	E 103°29′40.2″ N 28°09′09.0″	88
						2	18—43	黄红色	轻黏土	块状	7.9									
						3	43—100	褐黄色	黏质中重壤土											
剖41	铁铝土	红壤	生草红壤	黄棕泥土	黄棕泥土	1	0—10	棕红色	轻黏土	微团粒状	6.5	21.7	1.02	1.83	80	14.4	169		E 103°27′24.6″ N 28°08′42.0″	96
						2	10—23	棕褐色	轻壤土	块状	6.9	8.7	0.47	1.68	20	36.5	128			
						3	23—100													
剖42	淋溶土	黄棕壤	山地黄棕壤			A	0—18	黄褐色	重壤土	核状	7.3	47.4	2.87	2.71		25.0	334	石灰岩、砂页岩	E 103°21′04.7″ N 28°06′50.4″	83
						2	18—25	棕黄色	重壤土	块状	7.3									
						3	25—100	棕黄色	轻壤土	棱柱状										

续表 Continued

剖面号 Soil profile	土纲 Soil order	土类 Soil great group	亚类 Soil subgroup	土属 Soil genus	土种 Soil species	土层码 Layer code	土层厚度 Depth/cm	颜色 Soil color	质地 Soil texture	土壤结构 Soil structure	pH	有机质 OM/(g/kg)	全氮 TN/(g/kg)	全磷 TP/(g/kg)	碱解氮 AN/(mg/kg)	有效磷 AP/(mg/kg)	速效钾 AK/(mg/kg)	土壤母质 Parent material	剖面点坐标 Profile coordinate	匹配指数 Matching index/%
剖43	淋溶土	暗棕壤	草甸暗棕壤			1	0—5	褐色		粒状									E 103°21′26.6″ N 28°06′08.6″	87
						2	5—11		壤土	块状										
						3	11—56													
剖44	人为土	水稻土	冲积型水稻土	红黄冲积性水稻土	潮砂田	A	0—20	棕灰色	砂砾质中壤土	微团粒状	7.8	24.1	1.20	5.04	106	65.2	129	红黄色冲积物	E 103°26′55.9″ N 28°05′57.1″	73
						2	20—28	灰褐色	中壤土	小块状	7.9									
						A	28—40	红黄色	砂壤土	块状										
						P	40—100													
剖45	淋溶土	黄棕壤	山地黄棕壤	黄棕泥土	夹石黄棕泥	A	0—18	褐黄色	轻黏土	微团粒状	5.4	66.3	4.83	1.69	318	13.4	568		E 103°21′15.0″ N 28°04′52.2″	75
						2	18—52	黄棕色	轻黏土		5.3									
						3	52—100	棕黄色	黏质重壤土											
剖46	淋溶土	黄棕壤	生草黄棕壤			1	0—20	浅褐黄	中壤土	团粒状	5.4	111.4				20.0	30		E 103°20′44.5″ N 28°04′05.5″	78
						2	20—60	黄褐色	轻黏土	核状	5.1	25.8				20.0	60			
						3	60—120	黄棕色	轻黏土	块状	5.0	24.7				20.0	48			
						4	120—160	黄棕色	轻黏土	棱状	5.1									
剖47	铁铝土	黄壤	生草黄壤			1	0—17	褐黑色	轻壤土	核状、粒状	5.0	99.4				5.0	30		E 103°25′08.4″ N 28°04′01.9″	80
						2	17—50	黄褐色	轻壤土	核状、块状	4.3	53.1				5.0	40			
						3	50—100	黄色	重壤土	棱块状	4.7	27.6								
						4	101—126		重壤土		4.7									
剖48	铁铝土	黄壤	黄壤	矿子黄壤土	石砾土	A	0—17	棕黄色	重壤土	小块状	7.0	23.9	1.34	1.24	113	134.5	91	凝灰岩	E 103°20′51.0″ N 27°59′21.8″	85
						2	17—46	褐黄色	重壤土		7.2									
						3	46—100	褐黄色	轻壤土											
剖49	初育土	石灰(岩)土	红色石灰土	红色石灰土	黑砂泥土	A	0—17	黑色	重壤土	团粒状	7.7	101.5	3.89	3.91	272	25.6	52	石灰岩、白云岩	E 103°29′21.7″ N 27°58′15.9″	73
						2	17—44		重壤土	块状	7.8									
						3	44—100													
剖50	人为土	水稻土	紫色土性水稻土	灰棕紫泥性水稻土	红砂田	A	0—17	红紫色	重壤土	微团粒状	5.0	20.1	1.26	0.83	151	10.5	89	紫色砂页岩、泥岩等风化物	E 103°17′23.6″ N 27°56′43.1″	90
						2	17—30	红棕色	重壤土	片状	5.0									
						P	30—100	红紫色												

中国土壤剖面数据集·重庆、四川卷

附 录

附录1　重庆市县级行政区及分县主要土壤类型与土壤剖面点分布图地域名对照表

地级行政区划	县级行政区划[1]	分县主要土壤类型与土壤剖面点分布图地域名[2]	地级行政区划	县级行政区划[1]	分县主要土壤类型与土壤剖面点分布图地域名[2]
重庆市	万州区	万州区	重庆市	璧山区	璧山县
	涪陵区	涪陵市		铜梁区	铜梁县
	渝中区			潼南区	潼南县
	大渡口区			荣昌区	荣昌县
	江北区	江北区		开州区	开县
	沙坪坝区	沙坪坝区		梁平区	梁平县
	九龙坡区	九龙坡区		武隆区	武隆县
	南岸区	南岸区		城口县	城口县
	北碚区	北碚区		丰都县	丰都县
	綦江区	綦江区		垫江县	垫江县
	大足区	大足县		忠县	忠县
	渝北区	江北县		云阳县	云阳县
	巴南区	巴县		奉节县	奉节县
	黔江区	黔江土家族苗族自治县		巫山县	巫山县
	长寿区	长寿县		巫溪县	巫溪县
	江津区	江津市		石柱土家族自治县	石柱土家族自治县
	合川区	合川市		秀山土家族苗族自治县	秀山土家族苗族自治县
	永川区	永川市		酉阳土家族苗族自治县	酉阳土家族苗族自治县
	南川区	南川市		彭水苗族土家族自治县	彭水苗族土家族自治县

注：1）为民政部于2022年3月发布的《2021年中华人民共和国行政区划代码》中的县级行政区名称。该名称也作为本数据集分县目录。分县排序按《2021年中华人民共和国行政区划代码》中的地级、县级行政区排列。

2）分县主要土壤类型与土壤剖面点分布图地域名是全国第二次土壤普查中分县采样调查、制图的县级行政区名称。分县主要土壤类型与土壤剖面点分布图采用的县级行政域是从国家测绘局获取的1∶25万DLG（公众版）数据（使用许可协议编号：非2011—1011）。附录1显示了全国第二次土壤普查时的县级行政区域名与《2021年中华人民共和国行政区划代码》中的县级行政区名称之间的关联。附录1中仅有《2021年中华人民共和国行政区划代码》中的县级行政区名称，而没有对应的分县主要土壤类型与土壤剖面点分布图地域名的分县，表示该县级行政区无土壤剖面数据，未纳入分县目录。

附录2 四川省县级行政区及分县主要土壤类型与土壤剖面点分布图地域名对照表

地级行政区划	县级行政区划[1]	分县主要土壤类型与土壤剖面点分布图地域名[2]	地级行政区划	县级行政区划[1]	分县主要土壤类型与土壤剖面点分布图地域名[2]
成都市	锦江区		自贡市	大安区	大安区
	青羊区			沿滩区	沿滩区
	金牛区	金牛区		荣县	荣县
	武侯区			富顺县	富顺县
	成华区		攀枝花市	东区	
	龙泉驿区	龙泉驿区		西区	
	青白江区	青白江区		仁和区	仁和区
	新都区	新都县		米易县	米易县
	温江区	温江县		盐边县	盐边县
	双流区	双流县	泸州市	江阳区	
	郫都区	郫县		纳溪区	纳溪县
	新津区	新津县		龙马潭区	
	金堂县	金堂县		泸县	泸县
	大邑县	大邑县		合江县	合江县
	蒲江县	蒲江县		叙永县	叙永县
	都江堰市	都江堰市		古蔺县	古蔺县
	彭州市	彭州市	德阳市	旌阳区	旌阳区
	邛崃市	邛崃县		罗江区	罗江县
	崇州市	崇庆县		中江县	中江县
	简阳市	简阳县		广汉市	广汉市
自贡市	自流井区			什邡市	什邡县
	贡井区	贡井区		绵竹市	绵竹县

续表

地级行政区划	县级行政区划[1]	分县主要土壤类型与土壤剖面点分布图地域名[2]	地级行政区划	县级行政区划[1]	分县主要土壤类型与土壤剖面点分布图地域名[2]
绵阳市	涪城区		乐山市	峨边彝族自治县	峨边彝族自治县
	游仙区			马边彝族自治县	马边彝族自治县
	安州区	安县		峨眉山市	峨眉山市
	三台县	三台县	南充市	顺庆区	顺庆区
	盐亭县	盐亭县		高坪区	
	梓潼县	梓潼县		嘉陵区	
	北川羌族自治县	北川羌族自治县		南部县	南部县
	平武县	平武县		营山县	营山县
	江油市	江油市		蓬安县	蓬安县
广元市	利州区			仪陇县	仪陇县
	昭化区	市辖区*		西充县	西充县
	朝天区			阆中市	阆中市
	旺苍县	旺苍县	眉山市	东坡区	
	青川县	青川县		彭山区	彭山县
	剑阁县	剑阁县		仁寿县	仁寿县
	苍溪县	苍溪县		洪雅县	洪雅县
遂宁市	船山区	市辖区*		丹棱县	丹棱县
	安居区			青神县	青神县
	蓬溪县	蓬溪县	宜宾市	翠屏区	翠屏区
	大英县			南溪区	南溪县
	射洪市	射洪县		叙州区	宜宾县
内江市	市中区	市辖区*		江安县	江安县
	东兴区			长宁县	长宁县
	威远县	威远县		高县	高县
	资中县	资中县		珙县	珙县
	隆昌市	隆昌县		筠连县	筠连县
乐山市	市中区	市辖区*		兴文县	兴文县
	沙湾区			屏山县	屏山县
	五通桥区		广安市	广安区	市辖区*
	金口河区	金口河区		前锋区	
	犍为县	犍为县		岳池县	岳池县
	井研县	井研县		武胜县	武胜县
	夹江县	夹江县		邻水县	邻水县
	沐川县	沐川县		华蓥市	华蓥市

续表

地级行政区划	县级行政区划[1]	分县主要土壤类型与土壤剖面点分布图地域名[2]	地级行政区划	县级行政区划[1]	分县主要土壤类型与土壤剖面点分布图地域名[2]
达州市	通川区	市辖区*	阿坝藏族羌族自治州	壤塘县	壤塘县
	达川区			阿坝县	阿坝县
	宣汉县	宣汉县		若尔盖县	若尔盖县
	开江县	开江县		红原县	红原县
	大竹县	大竹县	甘孜藏族自治州	康定市	康定县
	渠县	渠县		泸定县	泸定县
	万源市	万源市		丹巴县	丹巴县
雅安市	雨城区	市辖区*		九龙县	九龙县
	名山区	名山县		雅江县	雅江县
	荥经县	荥经县		道孚县	道孚县
	汉源县	汉源县		炉霍县	炉霍县
	石棉县	石棉县		甘孜县	甘孜县
	天全县	天全县		新龙县	新龙县
	芦山县	芦山县		德格县	德格县
	宝兴县	宝兴县		白玉县	白玉县
巴中市	巴州区	市辖区*		石渠县	石渠县
	恩阳区			色达县	色达县
	通江县	通江县		理塘县	理塘县
	南江县	南江县		巴塘县	巴塘县
	平昌县	平昌县		乡城县	乡城县
资阳市	雁江区	市辖区*		稻城县	稻城县
	安岳县	安岳县		得荣县	得荣县
	乐至县	乐至县	凉山彝族自治州	西昌市	西昌市
阿坝藏族羌族自治州	马尔康市	马尔康县		会理市	会理县
	汶川县	汶川县		木里藏族自治县	木里藏族自治县
	理县	理县		盐源县	盐源县
	茂县	茂县		德昌县	德昌县
	松潘县	松潘县		会东县	会东县
	九寨沟县	南坪县		宁南县	宁南县
	金川县	金川县		普格县	普格县
	小金县	小金县		布拖县	布拖县
	黑水县	黑水县		金阳县	金阳县

续表

地级行政区划	县级行政区划[1]	分县主要土壤类型与土壤剖面点分布图地域名[2]	地级行政区划	县级行政区划[1]	分县主要土壤类型与土壤剖面点分布图地域名[2]
凉山彝族自治州	昭觉县	昭觉县	凉山彝族自治州	越西县	越西县
	喜德县	喜德县		甘洛县	甘洛县
				美姑县	美姑县
	冕宁县	冕宁县		雷波县	雷波县

注：1）为民政部于2022年3月发布的《2021年中华人民共和国行政区划代码》中的县级行政区名称。该名称也作为本数据集分县目录。分县排序按《2021年中华人民共和国行政区划代码》中的地级、县级行政区排列。

2）分县主要土壤类型与土壤剖面点分布图地域名是全国第二次土壤普查中分县采样调查、制图的县级行政区名称。分县主要土壤类型与土壤剖面点分布图采用的县级行政域是从国家测绘局获取的1∶25万DLG（公众版）数据（使用许可协议编号：非2011—1011）。附录2显示了全国第二次土壤普查时的县级行政区域名与《2021年中华人民共和国行政区划代码》中的县级行政区名称之间的关联。附录2中仅有《2021年中华人民共和国行政区划代码》中的县级行政区名称，而没有对应的分县主要土壤类型与土壤剖面点分布图地域名的分县，表示该县级行政区无土壤剖面数据，未纳入分县目录。

* 在附录2中，凡分县主要土壤类型与土壤剖面点分布图地域名表示为"市辖区"的地域，均指在全国第二次土壤普查中，在城市中心区及近郊区完成的采样调查和制图。此时，县级行政区名称与分县主要土壤类型与土壤剖面点分布图地域名不是完全的对应关系。如广元市市辖区主要土壤类型与土壤剖面点分布图代表土壤调查中广元市城区及近郊区的土壤分布状况。此时将"市辖区"作为这一节的标题。

附录3 专题图基础地理要素图例

附录4 土壤图土类图例

图例	土类名	色码（RGB）	色码（CMYK）	图例	土类名	色码（RGB）	色码（CMYK）
	砖红壤	253, 139, 149	0, 56, 26, 0		棕钙土	250, 221, 212	2, 17, 13, 0
	赤红壤	253, 160, 170	0, 47, 17, 0		灰钙土	230, 214, 165	11, 15, 40, 1
	红　壤	252, 199, 209	1, 29, 6, 0		灰漠土	246, 237, 182	4, 6, 36, 0
	黄　壤	250, 238, 14	2, 5, 92, 0		灰棕漠土	232, 207, 118	8, 19, 62, 1
	黄棕壤	247, 231, 171	3, 9, 40, 0		棕漠土	238, 220, 86	5, 12, 76, 1
	黄褐土	249, 236, 121	2, 5, 64, 0		黄绵土	249, 223, 2	1, 13, 93, 0
	棕　壤	238, 218, 147	6, 14, 50, 1		红黏土	247, 149, 143	1, 52, 33, 0
	暗棕壤	226, 181, 98	9, 33, 68, 2		新积土	184, 199, 156	30, 11, 44, 2
	白浆土	223, 226, 205	15, 7, 22, 0		龟裂土	254, 252, 55	0, 7, 86, 0
	棕色针叶林土	206, 169, 142	18, 35, 40, 4		风沙土	242, 242, 180	6, 2, 39, 0
	灰化土	183, 169, 182	31, 31, 16, 4		石灰（岩）土	176, 175, 85	28, 21, 75, 9
	漂灰土*	220, 219, 162	15, 9, 44, 1		火山灰土	223, 167, 170	11, 41, 19, 2
	燥红土	250, 161, 9	0, 46, 95, 0		紫色土	199, 177, 221	28, 31, 0, 0
	褐　土	225, 201, 153	12, 21, 43, 1		磷质石灰土	240, 250, 156	7, 1, 51, 0
	灰褐土	228, 219, 186	12, 12, 30, 0		石质土	171, 181, 150	35, 18, 43, 5
	黑　土	142, 164, 151	46, 21, 38, 8		粗骨土	196, 187, 132	23, 21, 53, 4
	灰色森林土	162, 178, 175	40, 19, 27, 4		草甸土	128, 171, 117	51, 14, 63, 7

续表

图例	土类名	色码（RGB）	色码（CMYK）	图例	土类名	色码（RGB）	色码（CMYK）
	黑钙土	230, 188, 50	6, 30, 88, 1		潮　土	169, 219, 118	34, 1, 68, 0
	栗钙土	214, 195, 161	17, 22, 37, 2		砂姜黑土	191, 202, 188	29, 13, 26, 1
	栗褐土	240, 213, 157	5, 18, 43, 1		林灌草甸土	171, 191, 44	31, 12, 93, 5
	黑垆土	201, 204, 125	22, 12, 60, 3		山地草甸土	132, 184, 161	52, 9, 42, 3
	沼泽土	144, 183, 212	49, 14, 8, 2		灌漠土	158, 184, 110	39, 12, 67, 6
	泥炭土	150, 140, 173	46, 41, 10, 6		草毡土	150, 172, 169	45, 20, 29, 6
	草甸盐土	222, 145, 201	21, 49, 0, 0		黑毡土	129, 157, 106	48, 19, 63, 14
	滨海盐土	232, 206, 217	10, 22, 5, 0		寒钙土	198, 214, 203	26, 8, 21, 1
	酸性硫酸盐土	187, 159, 184	29, 38, 9, 3		冷钙土	194, 194, 96	23, 15, 72, 5
	漠境盐土	209, 130, 159	16, 58, 11, 3		冷棕钙土	183, 186, 169	31, 20, 32, 3
	寒原盐土	187, 159, 184	29, 38, 9, 3		寒漠土	235, 223, 181	9, 12, 33, 0
	碱　土	227, 211, 211	13, 18, 11, 0		冷漠土	223, 197, 102	11, 22, 68, 2
	水稻土	107, 176, 107	59, 9, 72, 3		寒冻土	196, 171, 79	19, 29, 77, 8
	灌淤土	136, 146, 47	38, 24, 90, 21				

注：* 漂灰土，《中国土壤分类与代码》（GB/T 17296—2009）中无此土类，在全国第二次土壤普查中完成的中国 1∶100 万土壤图和分县土壤图中含漂灰土，主要分布于西藏自治区南部，总面积约为 112 km²。

附录5 中国主要土壤类型简表

土纲名[1]	土类名[2]	主要成土条件及特征[3]	分布区域	WRB 土组名[4]	MR[5]/%	百分比[6]/%
铁铝土纲 Ferrallisols	砖红壤 Latosols	热带雨林或季雨林下，强烈脱硅富铝化，游离铁占全铁的80%，土壤呈砖红色，具A-Bs-Bv-C剖面构型	海南、广东等	Acrisols	29	0.46
	赤红壤 Latosolic red soils	南亚热带季雨林下，脱硅富铝化程度次于砖红壤、强于红壤，铁的游离度介于二者之间，土壤呈赤红色，具A-Bs-C剖面构型	广东、云南、广西、福建等	Acrisols	40	2.23
	红壤 Red soils	中亚热带常绿阔叶林下，中度脱硅富铝化，具有深厚红色土层，具A-Bs-Bv或A-Bs-C剖面构型	南部的江西、福建、湖南等	Cambisols	35	6.79
	黄壤 Yellow soils	亚热带湿润气候条件下，多见于海拔700—1200m的山区，中度富铝化，土壤有机质累积较多，土壤呈黄色，具O-A-AB-B-C剖面构型	贵州、四川、云南、西藏、台湾等	Cambisols	45	2.65
淋溶土纲 Alfisols	黄棕壤 Yellow-brown soils	北亚热带暖湿落叶阔叶林下，弱度富铝化，母质多为砂页岩及花岗岩风化物，黏化特征明显，土壤呈黄棕色，具A-B-C或A-(B)-C剖面构型	长江中下游沿江低山丘陵区，以及云南、贵州、四川、陕西、西藏等	Cambisols	39	2.37
	黄褐土 Yellow-cinnamon soils	北亚热带地区，黄土状母质，无游离碳酸钙，黏化淀积明显，土壤呈灰黄棕色，具A-B-C或A-Bt-C剖面构型	河南、安徽面积最大，陕南、鄂北、江苏、川东北、江西等地也有分布	Luvisols	58	0.59
	棕壤 Brown soils	湿润暖温带地区，处于硅铝风化阶段，盐基已淋失，土体见黏粒淀积，土壤呈棕色，具O-A-Bt-C剖面构型	辽东至苏北低山丘陵，以及内蒙古、河南、西藏、云南、湖北等地的山地垂直带	Luvisols	51	2.73
	暗棕壤 Dark brown soils	湿润温带地区，针阔叶混交林下，弱酸性淋溶，有机质富集明显，土体B层呈棕色，具O-A-B-C剖面构型	黑龙江、吉林、内蒙古等	Cambisols	48	4.12

续表

土纲名[1]	土类名[2]	主要成土条件及特征[3]	分布区域	WRB 土组名[4]	MR[5]/%	百分比[6]/%
淋溶土纲 Alfisols	白浆土 Bleached baijiang soils	湿润温带平缓岗地森林草原下，上层土壤周期性滞水，还原铁、锰，漂洗形成灰黄色至灰白色白浆土层 E，具 Ah-E-Bt-C 剖面构型	黑龙江、吉林等	Luvisols	46	0.49
	棕色针叶林土 Brown coniferous forest soils	寒温带针叶林下，酸性淋溶，表层盐基饱和度降低，B 层呈棕色，具 O-A-AB-B-C 剖面构型	内蒙古、黑龙江、四川、云南、吉林、新疆等	Cambisols	47	1.15
	灰化土 Podzolic soils	寒冷湿润针叶林下，表层有机质层深厚，强烈淋溶和 SiO_2 淀积形成灰化层 A_2，具 A_1-A_2-B-BC 剖面构型	西藏	Podzols	100	<0.01
半淋溶土纲 Semi-alfisols	燥红土 Torrid red soils	热带、亚热带干旱河谷与雨区稀树草原下形成的盐基饱和的红色土壤，具 A-B-C（D）剖面构型	海南、贵州、云南、四川等	Luvisols	100	0.08
	褐土 Cinnamon soils	暖温带半湿润，黏化与钙质淋移淀积，盐基饱和，B 层呈棕褐色，具 A-B-Bk-C 剖面构型	河北、山西、北京等	Cambisols	48	2.88
	灰褐土 Gray-cinnamon soils	温带干旱、半干旱山地云冷杉下，腐殖质累积与钙积作用明显，弱黏淀特征，具 Ao-A-B-C 剖面构型	甘肃、内蒙古、新疆、西藏、青海、宁夏等地的山地垂直带	Cambisols	43	0.65
	黑土 Black soils	温带半湿润草甸草原下，具深厚的腐殖质层，无石灰性的黑色土壤，底层轻度淋溶，具 A-ABh-BhC-C 剖面构型	东北平原	Phaeozems	31	0.68
	灰色森林土 Gray forest soils	温带森林植被下，腐殖质层深厚，弱度淋溶，剖面下部见硅粉，具 O-A-AB 或（B）-BC-C 剖面构型	内蒙古、新疆、河北	Phaeozems	77	0.34
钙层土 Pedocals	黑钙土 Chernozems	温带半湿润草甸草原下，具深厚的腐殖质层、碳酸钙淋溶淀积层	内蒙古、新疆、吉林、黑龙江、青海、甘肃	Chernozems	50	1.51
	栗钙土 Castanozems	温带半干旱草原下，具有栗色腐殖质层和灰白色钙积层	内蒙古、新疆、河北、山西、吉林等	Kastanozems	61	4.18
	栗褐土 Castano-cinnamon soils	暖温带半干旱草原及灌木下，弱度黏化和弱度淋溶，通体有石灰反应	山西、内蒙古、河北	Cambisols	40	0.47
	黑垆土 Dark loessial soils	黄土高原上，由黄土母质发育，有机质含量低，腐殖质层深厚，无明显黏化层	甘肃面积最大，其次为陕北和宁南地区	Cambisols	59	0.21
干旱土 Aridisols	棕钙土 Brown caliche soils	温带干旱草原向荒漠过渡区，具浅棕色薄腐殖质层、灰白色薄钙积层，钙积层接近地表	内蒙古、甘肃、青海、新疆	Cambisols	36	2.81
	灰钙土 Sierozems	暖温带干旱草原下，母质多为黄土，低腐殖质、弱淋溶，具腐殖质层和钙积层	甘肃、宁夏、新疆、青海、内蒙古、陕西	Cambisols	63	0.50

续表

土纲名[1]	土类名[2]	主要成土条件及特征[3]	分布区域	WRB 土组名[4]	MR[5]/%	百分比[6]/%
漠土 Desert soils	灰漠土 Gray desert soils	温带干旱漠境边缘区	宁夏、内蒙古、甘肃、新疆等	Cambisols	44	0.72
	灰棕漠土 Gray-brown desert soils	温带干旱中心	新疆、内蒙古等	Cambisols	78	3.11
	棕漠土 Brown desert soils	暖温带极干旱漠境中心	新疆、甘肃等	Cambisols	65	2.69
初育土 Amorphic soils	黄绵土 Loessial soils	黄土高原上，由黄土母质直接翻耕形成，具 A-C 剖面构型	陕西、甘肃、山西、宁夏等	Cambisols	33	1.97
	红黏土 Red primitive soils	由第三纪红色黏土及部分第四纪老黄土发育	陕西、甘肃、河南、山西、辽宁等	Regosols	48	0.07
	新积土 Neo-alluvial soils	新近冲积、洪积、坡积、塌积或人工堆垫，具 A-C 或（A）-C 剖面构型	全国各地，以吉林、陕西面积最大，其次为黑龙江、宁夏、四川等	Fluvisols	51	0.57
	龟裂土 Takyr	干旱、漠境地区山前细土洪积微弱发育，表层为不规则龟裂结皮	新疆、甘肃、内蒙古、宁夏	Cambisols	72	0.06
	风沙土 Aeolian soils	半干旱、干旱及滨海地区，由风成沙性母质发育	新疆、内蒙古、甘肃、青海等	Arenosols	75	7.03
	石灰（岩）土 Limestone soils	由热带、亚热带石灰岩母质发育	贵州、广西、四川、湖南等	Cambisols	80	1.73
	火山灰土 Volcanic ash soils	由火山喷发碎屑、粉尘状堆积物发育，具 A-C 剖面构型	黑龙江、江苏、海南等	Andosols	53	0.04
	紫色土 Purplish soils	由热带、亚热带紫红色岩层侵蚀发育，土层浅薄，具 A-C 剖面构型	四川、云南、湖南、贵州、广西等	Cambisols	68	2.44
	磷质石灰土 Phospho-calcic soils	热带珊瑚岛礁上，由海鸟粪与珊瑚礁风化物形成	南海的西沙、南沙、东沙、中沙诸岛	Arenosols	81	<0.01
	石质土 Lithosols	石质山地岩石风化残积物，风化层厚度一般小于10cm，具 A-R 剖面构型	西北和华北山地	Leptosols	100	1.87
	粗骨土 Skeletal soils	基岩风化残积物、坡积物，属于 A-C 或（A）-C 剖面构型	辽宁、内蒙古、山东、浙江等地的河谷阶地、丘陵、低山和中山	Regosols	93	1.76
水成土 Aqueous soils	沼泽土 Bog soils	所处地势低洼，长期地表积水，还原作用形成潜育层 G，泥炭层或腐泥层厚度小于50cm，具 H-G 剖面构型	黑龙江、青海、内蒙古等地的沟谷、平原河湖滨低洼地区均有分布，主要分布于东北	Gleysols	53	1.53
	泥炭土 Peat soils	泥炭层 H 厚度大于50cm，其下为潜育层 G，具 H-G 剖面构型	青海、四川、黑龙江、吉林等	Histosols	48	0.06

续表

土纲名[1]	土类名[2]	主要成土条件及特征[3]	分布区域	WRB 土组名[4]	MR[5]/%	百分比[6]/%
半水成土 Semi-aqueous soils	草甸土 Meadow soils	冷湿条件下受地下水浸润并在草甸植被下发育，有明显腐殖质累积，铁、锰氧化还原形成锈纹层 Cu，具 A-Cu 或 A-C-Cu 剖面构型	黑龙江、内蒙古、新疆、四川等	Cambisols	92	3.54
	潮土 Fluvo-aquic soils	河流冲积平原或低平阶地耕作土壤，地下水位高，底土氧化还原交替形成锈纹层 Cu，具 A_{11}-A_{12}-Cu 或 A_{11}-C-Cu 剖面构型	主要分布于黄淮海平原，内蒙古、辽宁、湖北等地的河谷平原，滨湖低地与山间谷地也有分布	Cambisols	85	3.71
	砂姜黑土 Lime concretion black soils	河湖沉积物经脱沼与长期耕作形成，底土见砂姜	主要分布于安徽、河南、山东、江苏等，河北、湖北、广西等地也有分布	Cambisols	79	0.54
	林灌草甸土 Shrubby meadow soils	漠境河谷平原沿河一带的胡杨林下发育，有交替氧化还原作用，具 Ao-AC-C 剖面构型	新疆、内蒙古、甘肃等	Cambisols	87	0.24
	山地草甸土 Mountain meadow soils	中海拔山顶平台草甸植被下发育的薄层土壤，草皮层 As 下见铁锰锈纹、胶膜，具 As-A-C-D 剖面构型	除青藏高原及西北高山区以外，各省、自治区、直辖市均有分布，以西部为多，西南部次之	Cambisols	60	0.04
盐碱土 Alkali-saline soils	草甸盐土 Meadow solonchaks	草甸土、潮土、沼泽土地区，盐分累积量大于6g/kg，有盐化表土层 Az，具 Az-C 剖面构型	从长江口到松辽平原均有分布	Solonchaks	55	1.21
	滨海盐土 Coastal solonchaks	母质为滨海沉积物，盐分来自海水和高矿化潜水，通常含盐量为10g/kg，具 Az-Cz 剖面构型	山东、浙江、福建等沿海地区	Solonchaks	47	0.31
	酸性硫酸盐土 Acid sulphate soils	热带、南亚热带滨海低平原的海潮可及处，红树林残体形成的硫化物经氧化形成硫酸，土壤呈强酸性	海南、广东、广西、福建、台湾等	Solonchaks	36	<0.01
	漠境盐土 Desert solonchaks	极端干旱的漠境条件，含盐量通常在100g/kg以上	新疆、青海、甘肃等	Solonchaks	50	0.31
	寒原盐土 Frigid plateau solonchaks	青藏高寒地区退缩内陆湖盆、河间洼地	西藏	Solonchaks	88	0.10
	碱土 Solonetzes	碱化度（交换性钠占阳离子交换量百分比）大于20%	零星分布于东北、华北、西北的内陆地区	Solonetz	50	0.06
人为土 Anthrosols	水稻土 Paddy soils	长期季节性淹灌、排水，水下翻耕，氧化还原交替，形成多种发生层分异：淹育层 Aa、犁底层 Ap、渗育层 P、潴育层 W 与潜育层 G	全国各地，以四川、江西、湖南等地面积为大	Anthrosols	83	4.93
	灌淤土 Irrigated warped soils	引用高泥沙含量灌溉水淤灌，加厚土层大于50cm	新疆、宁夏、甘肃、河北、青海、西藏等	Anthrosols	70	0.22

续表

土纲名[1]	土类名[2]	主要成土条件及特征[3]	分布区域	WRB 土组名[4]	MR[5]/%	百分比[6]/%
人为土 Anthrosols	灌漠土 Irrigated desert soils	干旱荒漠地区，坎儿井水长期耕灌	新疆、甘肃、宁夏、青海等地的荒漠绿洲地带	Anthrosols	68	0.12
高山土 Alpine soils	草毡土 Felty soils	高寒区平缓高原面上，强度生草腐殖质累积与弱度氧化还原形成草毡层	青海、西藏、四川、新疆等	Cambisols	69	5.46
	黑毡土 Dark felty soils	高寒区略较温湿的原面上，草毡层初步分解，色泽较暗，有机质含量较高	西藏、四川、新疆、甘肃等	Cambisols	61	2.73
	寒钙土 Frigid calcic soils	高寒半干旱区，弱度腐殖质累积，底层积钙	西藏、青海、新疆、甘肃等	Calcisols	70	7.88
	冷钙土 Cold calcic soils	高寒区冷凉半干旱原面下，具弱腐殖质累积与钙积特征	新疆、西藏、甘肃等	Cambisols	45	1.43
	冷棕钙土 Cold brown calcic soils	高寒区温凉的半干旱河谷处，土壤弱腐殖质累积，弱度淋溶与积钙	西藏	Cambisols	67	0.09
	寒漠土 Frigid desert soils	高寒干旱条件下成土	青藏高原西北部海拔4000m以上地区，涉及新疆、四川、西藏、青海等	Cryosols	87	0.29
	冷漠土 Cold desert soils	亚高山冷凉干旱条件下成土	西藏海拔4500m以下的湖盆、河谷及山地中下部	Cambisols	42	0.03
	寒冻土 Frigid frozen soils	高山冰川冰缘地带条件下，以物理风化为主	青藏高原冰缘地区，涉及新疆、西藏、甘肃等	Leptosols	100	3.23

注：1) 中国土壤分类系统中土纲名及土纲英译名。
2) 中国土壤分类系统中土类名及土类英译名。
3) 本栏所用土层及后缀代码释义。
　　自然土壤：A 表土层，As 草根层、草毡层，A_2 灰化层，B 母质特征消失的表下层，C 受成土作用影响小的母质层，D 未受成土作用影响的碎屑层，R 坚硬岩石层，E 漂白层、白浆层，H 泥炭状有机质层，Hi 纤维状泥炭层，He 半分解泥炭层，O 凋落物有机质层。
　　旱地土壤：A_{11} 旱耕层，A_{12} 亚耕层，C_1 心土层，C_2 底土层。
　　水田土壤：Aa 耕作层（淹育层），Ap 犁底层（淹育层），P 渗育层，W 潴育层，G 潜育层，Gw 脱潜层，M 腐泥层。
　　土层后缀代码：d 漂灰特征，c 铁结核或硬结核，f 冰冻特征，h 有机质淀积，k 石灰聚积，n 碱化特征，q 硅聚积，t 黏粒淀积，v 网纹特征，x 脆盘，z 易溶盐聚积，su 硫化物聚积，b 埋藏或重叠，e 漂洗特征，g 潜育特征，i 弱分解有机质，m 胶结或固结，p 人工扰动，s 三氧化二物聚积，u 锈色斑纹，w 色泽或结构发育，y 石膏聚积，mo 铁锰胶膜。
4) 世界土壤资源参比基础（world reference base for soil resources，WRB）工作组发布土组名，WRB 土组划分原则与中国土壤分类系统中土纲接近。
5) WRB 土组对中国土壤分类系统中各土类的最大可参比性（maximum referencibility，MR）。
6) 该土类面积占各土类总面积的百分比。

附录 6　重庆市、四川省主要土壤类型表

省域	土纲名[1]	土类名[2]	WRB 土组名[3]	MR[4]/%	百分比[5]/%
重庆市	铁铝土纲 Ferrallisols	红壤 Red soils	Cambisols	35	0.2
		黄壤 Yellow soils	Cambisols	45	29.1
	淋溶土纲 Alfisols	黄棕壤 Yellow-brown soils	Cambisols	39	7.8
		黄褐土 Yellow-cinnamon soils	Luvisols	58	1.0
		棕壤 Brown soils	Luvisols	51	1.3
	初育土 Amorphic soils	新积土 Neo-alluvial soils	Fluvisols	51	0.2
		石灰（岩）土 Limestone soils	Cambisols	80	11.5
		紫色土 Purplish soils	Cambisols	68	32.6
		粗骨土 Skeletal soils	Regosols	93	0.2
	半水成土 Semi-aqueous soils	山地草甸土 Mountain meadow soils	Cambisols	60	0.2
	人为土 Anthrosols	水稻土 Paddy soils	Anthrosols	83	15.3
四川省	铁铝土纲 Ferrallisols	赤红壤 Latosolic red soils	Acrisols	40	0.1
		红壤 Red soils	Cambisols	35	2.6
		黄壤 Yellow soils	Cambisols	45	5.6
	淋溶土纲 Alfisols	黄棕壤 Yellow-brown soils	Cambisols	39	5.1
		黄褐土 Yellow-cinnamon soils	Luvisols	58	0.7
		棕壤 Brown soils	Luvisols	51	6.4
		暗棕壤 Dark brown soils	Cambisols	48	7.6
		棕色针叶林土 Brown coniferous forest soils	Cambisols	47	1.7
	半淋溶土纲 Semi-alfisols	燥红土 Torrid red soils	Luvisols	100	0.2
		褐土 Cinnamon soils	Cambisols	48	4.1

续表

省域	土纲名[1]	土类名[2]	WRB 土组名[3]	MR[4]/%	百分比[5]/%
四川省	初育土 Amorphic soils	新积土 Neo-alluvial soils	Fluvisols	51	0.2
		石灰（岩）土 Limestone soils	Cambisols	80	2.3
		紫色土 Purplish soils	Cambisols	68	19.6
		石质土 Lithosols	Leptosols	100	0.2
		粗骨土 Skeletal soils	Regosols	93	0.3
	水成土 Aqueous soils	沼泽土 Bog soils	Gleysols	53	1.3
		泥炭土 Peat soils	Histosols	48	0.3
	半水成土 Semi-aqueous soils	草甸土 Meadow soils	Cambisols	92	0.6
		潮土 Fluvo-aquic soils	Cambisols	85	0.1
		山地草甸土 Mountain meadow soils	Cambisols	60	0.1
	人为土 Anthrosols	水稻土 Paddy soils	Anthrosols	83	8.0
	高山土 Alpine soils	草毡土 Felty soils	Cambisols	69	15.7
		黑毡土 Dark felty soils	Cambisols	61	13.3
		寒冻土 Frigid frozen soils	Leptosols	100	3.5

注：1）中国土壤分类系统中土纲名及土纲英译名。
2）中国土壤分类系统中土类名及土类英译名。
3）世界土壤资源参比基础（world reference base for soil resources, WRB）工作组发布土组名，WRB 土组划分原则与中国土壤分类系统中土纲接近。
4）WRB 土组对中国土壤分类系统中各土类的最大可参比性（maximum referencibility, MR）。
5）该土类占四川省、重庆市各省、市域面积百分比，土类面积不足本省、市域面积0.05%的土类未列入本表。

附录 7　分省土壤有机质含量图有机质含量分级图例

图例	分级序号	色码（CMYK）	色码（RGB）	图例	分级序号	色码（CMYK）	色码（RGB）
	1	2, 2, 17, 0	255, 255, 220		8	38, 0, 74, 0	157, 218, 104
	2	4, 1, 35, 0	248, 255, 190		9	42, 0, 80, 0	146, 210, 90
	3	8, 0, 47, 0	238, 255, 165		10	48, 1, 85, 0	132, 200, 80
	4	17, 0, 53, 0	220, 249, 150		11	52, 4, 89, 1	123, 190, 70
	5	23, 0, 60, 0	203, 242, 135		12	54, 11, 94, 3	115, 175, 55
	6	28, 0, 62, 0	185, 235, 130		13	61, 18, 98, 7	92, 158, 37
	7	34, 0, 68, 0	169, 225, 118		14	64, 24, 100, 15	70, 138, 20

附录 8　重庆市、四川省典型剖面 0—20cm 土层土壤理化性状中位数与平均数

土壤理化性状[1]	重庆市[2]			四川省[2]			川渝[2]			西南地区[3]			全国[4]		
	中位数	平均数	样本量*	中位数	平均数	样本量*	中位数	平均数	样本量*	中位数	平均数	样本量*	中位数	平均数	样本量*
有机质 /(g/kg)	16.8	20.4	1149	19.3	28.2	4653	18.6	26.6	5802	23.6	33.2	11258	18.6	25.4	53243
pH	6.5	6.6	1211	6.8	6.8	4839	6.7	6.7	6050	6.5	6.6	11668	6.8	6.8	54014
全氮 /(g/kg)	1.04	1.18	1192	1.03	1.23	3033	1.04	1.22	4225	1.31	1.65	9621	1.06	1.37	49409
全磷 /(g/kg)	0.41	0.46	410	0.66	0.92	4589	0.62	0.88	4999	0.67	0.96	10208	0.60	0.78	50185
全钾 /(g/kg)	18.7	19.0	275	1.9	2.0	2231	2.0	3.9	2506	10.0	11.9	6093	18.0	17.5	29736
碱解氮 /(mg/kg)	81	85	987	90	114	2652	86	106	3639	103	131	7200	90	114	19316
有效磷 /(mg/kg)	4.4	7.5	277	5.0	8.8	2590	5.0	8.6	2867	5.0	8.3	4749	4.4	7.5	23100
速效钾 /(mg/kg)	87	101	270	83	101	2621	84	101	2891	91	115	4606	90	110	23841
阳离子交换量 /(cmol/kg)	16.0	16.4	354	17.2	17.7	1711	16.8	17.5	2065	15.5	17.3	4382	13.1	14.8	22361

注：
1）土壤全氮、全磷、全钾、碱解氮、有效磷、速效钾含量均以 N、P、K 纯养分量计。
2）本表收录的重庆市和四川省典型土壤剖面分别为 1338 个和 5186 个，共计 6524 个。通过对剖面数据的土层厚度转换，附录 8 给出了这些典型剖面 0—20cm 土层土壤理化性状中位数与平均数。全国第二次土壤普查剖面采样为典型土类采样，而非网格化采样。0—20cm 土层土壤理化性状中位数与平均数对四川省 20 世纪 80 年代土壤肥力性状况状况，直辖市土壤理化性状况具有一定参考价值。
3）西南地区包括云南、贵州、重庆、四川和西藏 5 个省、自治区、直辖市，本数据集收录该地区的剖面共计 12873 个。
4）本数据集全集收录的剖面共计 63792 个。
* 样本量的单位为"个"。

附录9　重庆市、四川省主要土地利用类型0—30cm土层土壤有机质含量[1]

土地利用类型	重庆市		四川省		川渝		西南地区[2]		全国	
	占市域面积百分比[3]/%	有机质/(g/kg)	占省域面积百分比/%	有机质/(g/kg)	占地域面积百分比/%	有机质/(g/kg)	占地域面积百分比/%	有机质/(g/kg)	占地域面积百分比/%	有机质/(g/kg)
耕地	22.70	16.62	10.76	14.49	12.50	15.03	7.05	20.99	13.52	18.65
园地	3.41	15.75	2.48	17.16	2.61	16.92	1.99	21.27	2.13	16.68
林地	56.91	18.61	52.35	29.32	53.01	27.59	36.16	28.72	30.04	26.96
草地	0.29	24.41	19.95	36.52	17.10	36.52	39.21	19.50	27.97	19.18
湿地	0.18	13.10	2.53	45.93	2.19	45.50	2.40	15.95	2.48	17.56

注：1）各土地利用类型0—30cm土层土壤有机质含量由本卷编制的重庆市土壤有机质含量图、四川省土壤有机质含量图和自然资源部土地科学数据中心编制的2019年1∶100万比例尺全国土地利用缩编图通过叠加、计算生成。其中，耕地包括水田、水浇地和旱地；园地包括果园、茶园和其他园地；林地包括有林地、灌木林地和其他林地；草地包括天然牧草地、人工牧草地和其他草地；湿地包括沼泽地、沿海滩涂和内陆滩涂。
2）西南地区包括云南、贵州、重庆、四川和西藏5个省、自治区、直辖市。
3）土地利用类型占省（直辖市）域面积百分比根据第三次全国国土调查发布的2019年土地利用现状分类面积汇总数据计算生成。

附录10 重庆市、四川省耕地、园地、林地和草地中主要土壤类型占比[1)]

重庆市								四川省								川渝							
耕地		园地		林地		草地		耕地		园地		林地		草地		耕地		园地		林地		草地	
土类名	占比/%	土类名	占比/%	土类名	占比/%	土类名	占比/%	土类名	占比/%	土类名	占比/%	土类名	占比/%	土类名	占比/%	土类名	占比/%	土类名	占比/%	土类名	占比/%	土类名	占比/%
紫色土	48.8	紫色土	49.5	黄壤	40.2	山地草甸土	85.9	紫色土	55.9	紫色土	38.4	紫色土	16.7	黑毡土	32.8	紫色土	54.1	紫色土	40.3	紫色土	17.7	黑毡土	32.8
水稻土	31.6	水稻土	32.2	紫色土	22.7	黄壤	10.2	水稻土	30.8	水稻土	32.0	暗棕壤	12.5	草毡土	28.7	水稻土	31.0	水稻土	32.1	黄壤	13.3	草毡土	28.7
黄壤	12.3	石灰(岩)土	8.0	石灰(岩)土	15.2	棕壤	3.9	黄壤	5.2	红壤	11.4	棕壤	10.9	寒冻土	7.6	黄壤	7.0	红壤	9.5	暗棕壤	10.5	寒冻土	7.6
石灰(岩)土	5.6	黄壤	7.8	黄棕壤	12.3			红壤	2.2	黄壤	9.0	黑毡土	10.1	沼泽土	4.3	石灰(岩)土	2.4	黄壤	8.8	棕壤	9.5	沼泽土	4.3
黄棕壤	0.6	红壤	0.4	水稻土	5.0			石灰(岩)土	1.3	石灰(岩)土	2.4	草毡土	9.4	暗棕壤	3.3	红壤	1.8	石灰(岩)土	3.3	黄棕壤	9.4	暗棕壤	3.3
红壤	0.4	黄棕壤	0.4	棕壤	2.2			黄棕壤	1.2	黄棕壤	1.7	黄棕壤	8.9	褐土	2.5	黄棕壤	1.0	黄棕壤	1.4	黑毡土	8.5	褐土	2.5
新积土	0.2	粗骨土	0.3	黄褐土	1.5			新积土	0.6	褐土	1.1	黄壤	8.2	草甸土	2.3	新积土	0.5	褐土	0.9	草毡土	7.8	草甸土	2.3
粗骨土	0.1	新积土	0.1	粗骨土	0.3			黄褐土	0.5	棕壤	0.9	褐土	6.3	棕壤	1.8	黄褐土	0.4	棕壤	0.7	石灰(岩)土	5.5	棕壤	1.8
合计	99.6	合计	98.6	合计	99.4	合计	100.0	合计	97.7	合计	96.9	合计	82.8	合计	83.3	合计	98.2	合计	97.1	合计	82.1	合计	83.3

续表

西南地区 2)								全国							
耕地		园地		林地		草地		耕地		园地		林地		草地	
土类名	占比/%	土类名	占比/%	土类名	占比/%	土类名	占比/%	土类名	占比/%	土类名	占比/%	土类名	占比/%	土类名	占比/%
紫色土	29.8	紫色土	19.2	黄壤	14.7	寒钙土	47.7	水稻土	14.9	水稻土	14.3	红壤	16.7	寒钙土	21.8
水稻土	21.4	赤红壤	17.9	红壤	11.5	草毡土	20.1	潮土	14.3	红壤	13.1	暗棕壤	10.3	草毡土	14.4
黄壤	13.6	水稻土	16.3	紫色土	11.4	寒冻土	9.6	草甸土	9.1	砖红壤	11.5	黄壤	7.0	栗钙土	9.7
红壤	12.7	红壤	14.7	黄棕壤	9.5	黑毡土	8.1	褐土	6.1	褐土	10.5	黄棕壤	6.3	棕毡土	7.4
石灰(岩)土	8.7	砖红壤	12.9	暗棕壤	8.4	冷钙土	2.4	紫色土	4.8	赤红壤	9.6	棕壤	5.8	寒冻土	5.3
黄棕壤	4.8	黄壤	9.3	黑毡土	7.6	草甸土	2.1	红壤	4.7	紫色土	5.6	赤红壤	5.1	风沙土	4.8
赤红壤	3.3	石灰(岩)土	3.2	棕壤	6.8	石质土	1.2	黑土	3.4	粗骨土	5.0	褐土	4.6	灰棕漠土	4.4
棕壤	1.1	黄棕壤	2.4	石灰(岩)土	6.3	沼泽土	1.2	黑钙土	3.2	潮土	4.8	紫色土	4.5	黑钙土	4.0
合计	95.3	合计	95.9	合计	76.2	合计	92.4	合计	60.4	合计	74.5	合计	60.3	合计	71.7

注：1) 耕地、园地、林地和草地中主要土壤类型占比由本表编制过程中产生。其中，耕地包括水田、水浇地和旱地；园地包括果园、茶园和其他园地；林地包括有林地、灌木林地和其他林地；草地包括天然牧草地、人工牧草地和其他草地。本表仅列出占比较大的土壤类型。编制本表所用的 2019 年 1:100 万比例尺全国土地利用编图通过叠加、计算生成。当该省、自治区、直辖市中某土地利用类型所含土壤类型较多时，本表仅列出占比较大的土壤类型。

2) 西南地区包括云南、贵州、重庆、四川和西藏 5 个省、自治区、直辖市。

附录11 《中国土壤剖面数据集》参编单位

国家科技基础性工作专项重点项目"我国1∶5万土壤图籍编撰及高精度数字土壤构建"主持与参加单位	
中国农业科学院农业资源与农业区划研究所	湖南农业大学
中国科学院南京土壤研究所	西北农林科技大学
中国农业科学院农业环境与可持续发展研究所	沈阳大学
中国科学院地理科学与资源研究所	山东省国土测绘院
国家基础地理信息中心	辽宁省基础测绘院
全国农业技术推广服务中心	黑龙江省农业科学院土壤肥料与环境资源研究所
中国农业大学	海南省农业科学院
华中农业大学	上海市农业科学院生态环境保护研究所
中国地质大学(北京)	城信迪赛(北京)科技有限公司
参加数据集各分卷审核和修订工作的单位	
北京市农林科学院植物营养与资源研究所	广西农业科学院农业资源与环境研究所
河北省农林科学院农业资源环境研究所	重庆市农业技术推广总站
山西省农业科学院农业环境与资源研究所	贵州省农业科学院土壤肥料研究所
辽宁省农业科学院植物营养与环境资源研究所	云南省农业科学院农业环境资源研究所
吉林省农业科学院农业资源与环境研究所	甘肃省农业科学院土壤肥料与节水农业研究所
江苏省农业科学院农业资源与环境研究所	青海省农林科学院土壤肥料研究所
福建省农业科学院	宁夏农林科学院农业资源与环境研究所
江西省土壤肥料技术推广站	新疆农业科学院土壤肥料与农业节水研究所
山东省农业科学院农业资源与环境研究所	西藏自治区农牧科学院
湖南省土壤肥料研究所	

续表

参加分县大比例尺纸质土壤图与土种志收集的单位	
北京市耕地建设保护中心	福建省农田建设与土壤肥料技术总站
天津市农田建设管理处	山东省土壤肥料总站
河北省土壤肥料总站	河南省土壤肥料站
山西省耕地质量监测保护中心	湖北省耕地质量与肥料工作总站（湖北省土壤肥料调查测试中心）
内蒙古自治区土壤肥料和节水农业工作站	湖南省土壤肥料工作站
辽宁省土壤肥料总站	广东省农业科学院农业资源与环境研究所
吉林省土壤肥料总站	河池市土壤肥料工作站
黑龙江八一农垦大学	成都土壤肥料测试中心
上海市农业技术推广服务中心	云南省土壤肥料工作站
江苏省农业科学院	陕西省耕地质量与农业环境保护工作站
扬州市土壤肥料站	甘肃省耕地质量建设保护总站
安徽省土壤肥料总站	

注：表中各参编单位仅出现一次，参与多项工作的单位不重复列出。

参考文献

[1] 张维理，徐爱国，张认连，等.土壤分类研究回顾与中国土壤分类系统的修编[J].中国农业科学，2014，47（16）：3214-3230.

[2] 张维理，KOLBE H，张认连，等.世界主要国家土壤调查工作回顾[J].中国农业科学，2022，55（18）：3565-3583.

[3] MCBRATNEY A B，MENDONÇA SANTOS M L，MINASNY B. On digital soil mapping[J]. Geoderma, 2003 (117): 3-52.

[4] USDA. Natural Resources Conservation Service[EB/OL]. Soils National Soil Information System (NASIS)[2021-12-01]. http://www.nrcs.usda.gov/wps/portal/nrcs/detail/soils/survey/cid=nrcs142p2_053552.

[5] CSIRO Land and Water. Australian Soil Resource Information System (ASRIS)[EB/OL]. [2021-12-01]. http://www.asris.csiro.au/asris.

[6] European Soil Data Centre[EB/OL]. [2021-12-01]. http://eusoils.jrc.ec.europa.eu/.

[7] 全国土壤普查办公室.全国第二次土壤普查暂行技术规程[M].北京：农业出版社，1979.

[8] 张维理，张认连，徐爱国，等.中国1∶5万比例尺数字土壤的构建[J].中国农业科学，2014，47（16）：3195-3213.

[9] 张维理，傅伯杰，徐爱国，等.中国土壤调查结果的地统计特征[J].中国农业科学，2022，55（13）：2572-2583.

[10] 张维理.海量空间数据提取、整合与制图表达方法概要[J].中国农业科学，2014，47（16）：3231-3249.

[11] 张维理.智能化海量空间信息分析与地图制图软件包IMAT设计及构建[J].中国农业科学，2014，47（16）：3250-3263.

[12]《第一次全国地理国情普查地图集》编纂委员会.第一次全国地理国情普查地图集[M].北京：中国地图出版社，2019.

[13] 中国地图出版社.中国地图集[M].3版.北京：中国地图出版社，2022.

[14] 全国土壤质量标准化技术委员会.土壤制图 1∶25 000 1∶50 000 1∶100 000 中国土壤图用色和图例规范：GB/T 36501—2018[S].北京：中国标准出版社，2018.

[15] 张维理，KOLBE H，张认连.土壤有机碳作用及转化机制研究进展[J].中国农业科学，2020，53（2）：317-331.

[16] 周北燕，石家星.中国地形图[M].北京：中国地图出版社，2009.

[17]《中华人民共和国气候图集》编委会.中华人民共和国气候图集[M].北京：气象出版社，2002.

[18] 中国标准化与信息分类编码研究所，全国农业技术推广服务中心.中国土壤分类与代码：GB/T 17296—1998[S].

[19] 中国标准研究中心.中国土壤分类与代码：GB/T 17296—2000[S].

[20] 全国信息分类编码标准化技术委员会.中国土壤分类与代码：GB/T 17296—2009[S].北京：中国标准出版社，2009.

[21] ISSS, ISRIC, FAO. World Reference Base for Soil Resources. Wageningen/Rome, 1998.

[22] SHI X Z, YU D S, XU S X, et al. Cross-reference for relating Genetic Soil Classification of China with WRB at different scales[J]. Geoderma, 2010 (155): 344-350.

[23] 全国土壤普查办公室.中国土种志 第一卷[M].北京：中国农业出版社，1993.

[24] 全国土壤普查办公室.中国土种志 第二卷[M].北京：中国农业出版社，1994.

[25] 全国土壤普查办公室.中国土种志 第三卷[M].北京：中国农业出版社，1994.

[26] 全国土壤普查办公室.中国土种志 第四卷[M].北京：中国农业出版社，1995.

[27] 全国土壤普查办公室.中国土种志 第五卷[M].北京：中国农业出版社，1995.

[28] 全国土壤普查办公室.中国土种志 第六卷[M].北京：中国农业出版社，1996.

[29] 全国土壤普查办公室.中国土壤[M].北京：中国农业出版社，1998.